T0280885

Neues

Pharmazeutisches Manual

von

Eugen Dieterich.

Mit in den Text gedruckten Holzschnitten.

Achte, vermehrte Auflage.

Springer-Verlag Berlin Heidelberg GmbH
1901

ISBN 978-3-662-35595-4 ISBN 978-3-662-36424-6 (eBook)
DOI 10.1007/978-3-662-36424-6
Softcover reprint of the hardcover 8th edition 1901

Druck von Theodor Hofmann in Gera.

Vorwort zur achten Auflage.

Die vorliegende Neubearbeitung ist unter denselben Gesichtspunkten, wie sie in den Vorworten zu den früheren Auflagen wiederholt zum Ausdruck gebracht wurden, verfasst. Nach Kräften habe ich mich bemüht, neuere Erfahrungen zu verwerten, Veraltetes zu beseitigen und die Aufnahme neuer Vorschriften von ihrer Brauchbarkeit, welche ich durch Versuche feststellte, abhängig zu machen. Durch Fortsetzen verschiedener praktischen Studien war ich imstand, grössere Abteilungen des Buches, von denen ich nur die Seifen, Suppositorien, Tabletten, Tinten und Verbandstoffe, ferner die technischen Abhandlungen erwähnen will, zu erweitern, bezw. gänzlich umzuarbeiten. In letzterer Beziehung kann ich vor Allem auf die „Tinten", bei denen grosse Fortschritte und Vereinfachungen erzielt wurden, hinweisen.

Vorschriften lokaler Apothekervereine, wie sie in den letzten Jahren mehrfach veröffentlicht wurden, habe ich einen Platz im Buche eingeräumt, dabei aber nicht versäumt, die Quellen anzugeben. Ich hielt das für notwendig, einerseits um das geistige Eigentum nicht zu verletzen, andererseits auch um die Vorschriften zu charakterisieren.

Die Herstellungsvorschriften des Deutschen Arzneibuches IV. habe ich diesmal im Urtext aufgenommen, wenn auch die Behandlung der deutschen Sprache in diesem Gesetzbuch trotz erheblicher Verbesserungen immer noch eine ungenügende, ferner die Interpunktion eine veraltete und der Aufbau der Vorschriften nur zu häufig ein unlogischer ist. Ich habe dabei zumeist nicht verabsäumt, auf die Unrichtigkeiten und Mängel in diesen Vorschriften hinzuweisen und die wünschenswerten Verbesserungen vorzuschlagen.

Die immer dringender hervortretende Notwendigkeit für den Apotheker, die Vermehrung seiner Einkünfte in der Erweiterung des Handverkaufs zu suchen, hat auch in der vorliegenden achten Auflage durch Aufnahme entsprechender Vorschriften besondere Berücksichtigung erfahren. Zahlreiche Anregungen hierzu erhielt ich aus Apotheker- und Droguistenkreisen, nicht minder aber haben die kritischen Besprechungen des Buches zu seiner Entwicklung beigetragen und seinen Ausbau fördern helfen. Von der ersten Auflage an bin ich gerechten Wünschen gerne nachgekommen; ich hoffe dies auch ferner so zu halten und werde immer dankbar dafür sein, wenn ich auf Irrtümer oder auf mögliche Verbesserungen aufmerksam gemacht werde.

Der Umstand, dass das „Neue pharmazeutische Manual“ immer mehr ein internationales Buch wurde, hatte mich schon früher veranlasst, in einem Nachtrag zur sechsten Auflage für die in den Vorschriften deutsch angegebenen Bestandteile lateinische, französische und englische Übersetzungen in einem besonderen Verzeichnis beizufügen. Wie der Erfolg gezeigt hat, ist dadurch der Gebrauch des Buches in nichtdeutschen Ländern erheblich erleichtert und ermöglicht worden. Diesem internationalen Verlangen habe ich in der vorliegenden achten Auflage noch weiter dadurch Rechnung getragen, dass ich insonderheit bei Flüssigkeiten, welche in verschiedenen Konzentrationen gebräuchlich sind, das spezifische Gewicht oder den prozentualen Gehalt beifügte.

Schon von der fünften Auflage an hat die Verlagshandlung in dankenswerter Weise für die einzelnen Auflagen eine erhöhte Anzahl von Exemplaren herstellen lassen. Es ist mir dadurch die Möglichkeit geboten worden, mehr Zeit auf die Neubearbeitung verwenden und das Buch von Auflage zu Auflage noch mehr als früher verbessern zu können. Ich war immer bestrebt, dem Worte „Neu“ in der Bezeichnung „Neues pharmazeutisches Manual“ gerecht zu werden und damit das Werk auf der Höhe der fortschreitenden Zeit zu halten. Ich gebe mich der Hoffnung hin, dass mir dies auch in der achten Auflage gelungen ist, und übergebe dieselbe mit dem Wunsche, dass meine Arbeit auch diesmal eine wohlwollende Beurteilung finden möge, hiermit der Oeffentlichkeit.

Helfenberg bei Dresden, Juli 1901.

Eugen Dieterich.

Für die mit † versehenen Artikel sind in dem am Schluss befindlichen Verzeichnis die Bezugsquellen angegeben.

Abdampfen.

Man versteht darunter die Erwärmung oder Erhitzung einer Flüssigkeit bis zur Entwicklung von Dämpfen. Es wird dadurch eine allmähliche Verflüchtigung der Flüssigkeit und weiter eine Sonderung flüchtiger von nicht flüchtigen (festen) Bestandteilen, wenn solche in der abzudampfenden Flüssigkeit vorhanden sind, erreicht.

Man bewirkt das Abdampfen

I. auf freier Flamme oder im Sandbad,
II. im Dampfbad,
III. im Wasserbad,
IV. im Vakuumapparat,
V. im Exsiccator.

Zu I. Die freie Flamme wendet man zumeist bei den Lösungen von Mineralsalzen an und unterscheidet dabei zwei Systeme, nämlich das des Oberfeuers und das des Unterfeuers. Bei ersterem streicht die Flamme oder auch nur erhitzte Luft über die Oberfläche der Lösung hin und nimmt die Dämpfe derselben mit, während bei letzterem die Lösung ins Kochen gebracht und auf diese Weise von dem in Dampfform übergehenden Lösungsmittel getrennt und befreit wird. Das Oberfeuer kommt zumeist nur im Grossbetrieb zur Anwendung.

Auch das Sandbad ist nur in solchen Fällen am Platze, in welchen Temperaturen von über 100° C keine Zersetzungen herbeiführen.

Zu II. Das Dampfbad besteht darin, die abgedampfte Flüssigkeit in flachen Schalen, welche von Wasserdampf umspielt werden, zu erhitzen. In der Regel wird die Flüssigkeit dabei einer Temperatnr von 90° C und darüber ausgesetzt. Es darf dieses Verfahren nur auf Lösungen angewandt werden, welche durch die genannte Temperatur eine Veränderung nicht erleiden.

Zu III. Das Wasserbad nennt man ein Verfahren, bei welchem die Schale, in welcher sich die abzudampfende Flüssigkeit befindet, in Wasser von bestimmter Temperatur hängt. Es hat den grossen Vorzug, dass man damit jede beliebige Temperatur zur Anwendung bringen kann, und ist zumeist angezeigt bei Lösungen, deren Siedepunkt tiefer, als der des Wassers liegt.

Zu IV. Die Vakuumapparate bestehen aus kupfernen, innen mit Zinn plattierten kugelförmigen oder cylindrischen Hohlgefässen, die unten durch Mantel und Dampf erhitzt und mit der Luftpumpe ausgepumpt werden. Einerseits durch die Luftverdünnung und andrerseits durch die Nachhilfe des Erhitzens kann eine im Apparat befindliche verdampfbare Flüssigkeit bei einer unter 100° C liegenden Temperatur zum Kochen gebracht werden. Durch das fortwährende Abpumpen der Dämpfe wird die Luftverdünnung dauernd, es wird dadurch aber auch so viel Verdunstungskälte erzeugt, dass eine stark kochende Flüssigkeit, z. B. ein dünner wässeriger Pflanzenauszug selten mehr wie 40° C zeigt. Die Temperatur steigt erst mit der fortschreitenden Eindickung und dem dadurch herbeigeführten langsameren Sieden. Das Abdampfen verläuft dabei in einem Vakuumapparat, je nach Verhalten der Flüssigkeit, 5 bis 10 mal schneller, als das Einkochen in einem offenen Kessel gleicher Grösse. Berücksichtigt man dabei, dass im Vakuum die Luft abgeschlossen ist, so finden wir hier alle Bedingungen, welche für die Herstellung von Pflanzenextrakten wünschenswert erscheinen, vereint. Wenn in neuerer Zeit einige, allerdings sehr vereinzelte Stimmen, welche die Vakuumpräparate als minderwertig bezeichnen wollten, laut wurden, so muss ihnen jedwedes Verständnis für diese Angelegenheit abgesprochen werden.

Die Schwierigkeit, Vakuumapparate auch in kleinen Laboratorien zur Anwendung zu bringen, besteht in dem Mangel eines Motors zum Betrieb der Luftpumpe.

Neuerdings bauen die Firmen *Gust. Christ* und *E. A. Lenz* in Berlin kleine Vakuumapparate, bei welchen die Luftverdünnung durch eine Wasserstrahlpumpe erzeugt wird. Solche

Apparate sind demnach überall dort anwendbar, wo eine Wasserleitung mit höherem Druck (3—4 Atmosphären) vorhanden ist, sie bedingen also keinen besonderen Motor. Ausserdem sind diese Apparate noch so eingerichtet, dass die abgezogenen Dämpfe in tropfbar flüssigem Zustand wieder gewonnen werden können. Man hat daher bei weingeistigen Extrakten nicht nötig, den Weingeist besonders abzudestillieren, sondern man gewinnt ihn während des Abdampfens nebenher. Es ist dies ein ausserordentlicher Vorteil deshalb, weil man sowohl die Verluste, welche durch die besondere Behandlung in einer Blase entstehen, als auch die beim Destillieren notwendige höhere Temperatur vermeidet.

Ein grösserer derartiger Apparat wird von *Georg Ib. Mürrle* in Pforzheim gebaut. Derselbe befördert das Abdampfen durch ein besonderes Rührwerk und hat wie die beiden vorher besprochenen die Vorzüge, dass die mit der Luftpumpe abgezogenen Dämpfe durch Verdichtung als Destillate wiedergewonnen werden können, ferner dass man den Apparat nicht nur mit Dampf, sondern auch mit heissem Wasser von jeder beliebigen Temperatur heizen kann.

Diese Vielseitigkeit verlangt eine nähere hier folgende Beschreibung (s. Abbildung 3):

A ist die von der Transmission aus betriebene Luftpumpe,
B Sammelgefäss für das Destillat,
C Kühler,
D Vakuumapparat, im Unterteil doppelwandig, um durch Einführen von Dampf durch Ventil 12 in den Zwischenraum geheizt zu werden. Will man geringere Temperatur haben, so füllt man den Zwischenraum anstatt mit Dampf mit Wasser, welches man durch die Dampfschlange 10 von Ventil 13 aus beliebig erhitzt.
E ist ein Kondensationstopf, welcher das Kondensationswasser aus der Schlange 10 oder aus dem mit Dampf geheizten Zwischenraum selbstthätig ableitet.

Das Arbeiten mit dem Apparat geschieht in der Weise, dass man zunächst sämtliche Hähne schliesst und die Pumpe in Bewegung setzt. Nach Öffnen des Hahnes 2 wird die Luft aus B durch die Schlange 7 und weiter aus dem Apparat D gesaugt. Hat man ein Vakuum von ca. 65 cm Quecksilbersäule erreicht, so schliesst man den Hahn 2 und beobachtet den Zeiger des Vakuummeters, ob es seine Stellung behält. Wenn nicht, so ist an irgend einer Verschraubung eine Undichtheit vorhanden. die erst beseitigt werden muss. Bleibt der Zeiger stehen, dann kann man den Hahn 2 wieder öffnen; weiter saugt man durch 25 mittels Schlauches so viel der einzudampfenden Flüssigkeit ein, dass dieselbe ungefähr ein Viertel Raum im Apparat einnimmt. Man heizt nun durch Öffnen des Ventiles 12 und setzt das Rührwerk 18 in Bewegung (19). Die Flüssigkeit wird in lebhaftes Sieden kommen und wird vielleicht auch Neigung zum Übersteigen zeigen. Letzteres beobachtet man durch das im Apparat befindliche Fenster und verhütet es durch Verminderung des in die Heizschlange einströmenden Dampfes d. h. durch Zurückdrehen des Ventils 12.

Ich lasse nachstehend die Abbildungen eines kleineren und grösseren solchen Apparates von *Christ* und *Lenz*, ferner zweier grösserer Apparate von *Mürrle* und *Neubäcker* folgen.

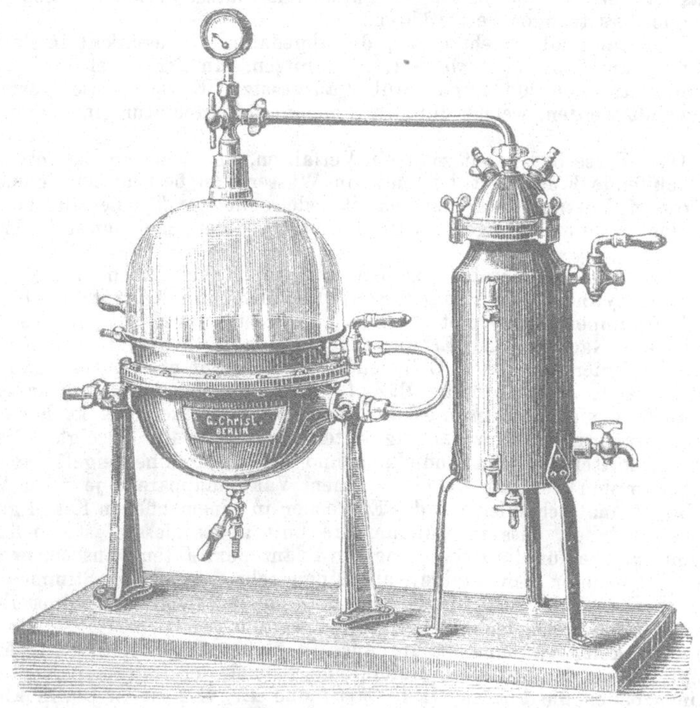

Abb. 1. **Kleiner Laboratoriums-Vakuumapparat von Gust. Christ in Berlin.**

Ersterer ist für 5 l Inhalt eingerichtet, die obere Kugelhälfte ist eine leicht abnehmbare Glasglocke. Der Kondensator gestattet das Wiedergewinnen des übergehenden Destillates. In Ermangelung von Dampf kann der Apparat durch heisses Wasser, welches aus einem auf der Abbildung nicht ersichtlichen Cylinder zugeführt wird, erhitzt werden. Um auch Flüssigkeiten, welche Zinn angreifen, in diesem Apparat abdampfen zu können, liefert der Fabrikant besondere Porzellan-Einsatzkessel.

Die Abbildung zu dem grösseren Apparat ist hiernach ohne weiteres verständlich. Die Luftverdünnung wird hier durch eine mit Dampfkraft getriebene Luftpumpe bewirkt; es giebt aber auch solche für Handbetrieb.

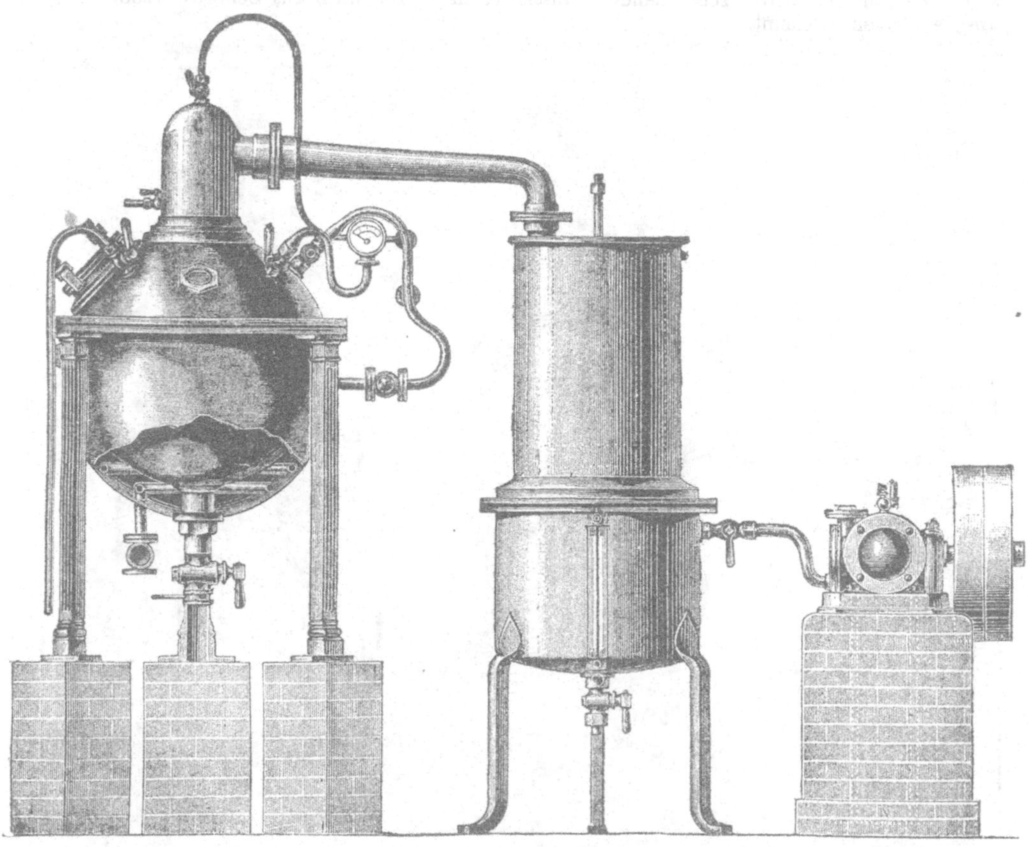

Abb. 2. **Grösserer Laboratoriums-Vakuumapparat von E. A. Lentz in Berlin.**

Einen eigenartig konstruierten Verdampfapparat (s. Abbildung 4), der speciell dazu bestimmt ist, beim Eindampfen stark schäumender Flüssigkeiten die auftretenden Schaumblasen sofort zu zerstören und damit alle die Widerwärtigkeiten zu vermeiden, die beim Überkochen, d. h. beim Übertreten von Flüssigkeitsteilen in den Kondensator und in die Luftpumpe unvermeidlich sind, baut die Apparatebauanstalt von *Paul Neubäcker* in Danzig. Der Apparat kann gleich vorteilhaft auch zum Eindampfen weniger stark schäumender Substanzen benützt werden und ergiebt auf alle Fälle eine energische Cirkulation während des Verdampfens.

Bei diesem Apparat, dessen Verdampfungskörper nebenstehend abgebildet ist, ist der Dampfraum durch einen Zwischenboden geteilt. Ein, beziehungsweise mehrere durch Ventile abgeschlossene Stutzen a verbinden die beiden Dampfräume miteinander, ein Einhängerohr b reicht bis in den Flüssigkeitsraum des Apparates.

Die Wirkung dieser Konstruktion äussert sich folgendermassen:

Bei eintretender Verdampfung werden zunächst die Dämpfe durch den Ventilteller a am Entweichen gehindert. Dieselben üben demnach rückwärts einen Druck auf den Flüssigkeitsspiegel aus und treiben die Flüssigkeit durch das Einhängerohr b bis über den Zwischenboden. Dadurch entsteht in dem Dampfraum unter dem Zwischenboden ein um ein Geringes höherer Druck als über demselben. Dieser geringe Überdruck genügt, um den Ventilteller zu heben. Die Schaumblasen treten durch das Ventil aus dem unteren in den oberen Dampfraum, expandiren infolge der Druckdifferenz und platzen hierbei. Die trockenen Dämpfe entweichen nach oben, die abgeschleuderten Flüssigkeitsteilchen fliessen durch das Einhängerohr b nach unten.

Durch dies Zurückfliessen der abgeschleuderten Flüssigkeitsteilchen entsteht in dem Apparat eine äusserst heftige Cirkulation, welche bewirkt, dass der Apparat mit verhältnismässig kleiner Heizfläche ziemlich grosse Quantitäten zu verdampfen vermag, und ausserdem bietet diese Konstruktion noch den Vorzug, dass bei richtiger Regulierung ein Überkochen selbst bei äusserst heftig schäumenden Flüssigkeiten — Extrakte aus Senegawurzeln usw. — ausgeschlossen erscheint.

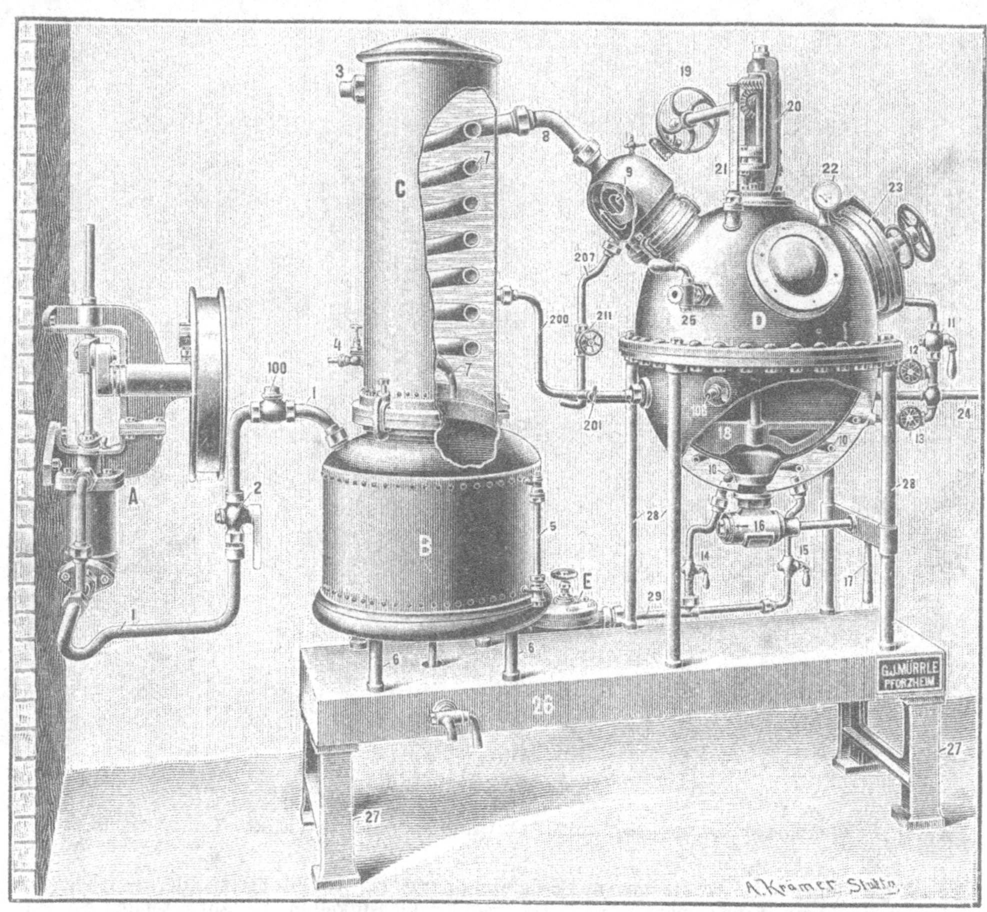

Abb. 3. **Vakuumapparat mit Rührwerk von Gg. Jb. Mürrle in Pforzheim.**

Grössere Versuche mit diesem Apparat wurden — zum Teil in meiner Gegenwart — in der Chem. Fabrik Helfenberg A. G. gemacht. Es wurden dazu stark schäumende Extraktlösungen, z. B. von Senega, Liquiritia, Malz, Bärentraubenblättern benützt. Die erzielten Ergebnisse waren durchaus zufriedenstellend, sofern der Neubäcker'sche Apparat mehr als die doppelten Mengen Extraktbrühen zu dünnen Extrakten eindampfen liess, wie gewöhnliche Vakuumapparate. Der Eindampfprozess verlief ohne das geringste Hindernis, fast wie bei nicht schäumenden Flüssigkeiten. Auch bei nicht oder wenig schäumenden Extraktbrühen übertraf der Apparat in der Leistungsfähigkeit die einfachen Vakuumapparate.

Alle im pharmazeutischen Laboratorium verwendeten Vakuumapparate müssen, was nochmals betont sein möge, innen mit einer wenigstens 1 cm dicken Schicht von englischem Zinn plattiert sein.

Die Verdampfung geht um so rascher vor sich, je grösser die Oberfläche der Flüssigkeit ist. Man wendet deshalb flache Gefässe an und achtet darauf, dass die Wandungen derselben die Oberfläche der Flüssigkeit nicht zu weit überragen. Es würden sich sonst die entwickelten Dämpfe an den Gefässwandungen verdichten und in die Flüssigkeit zurückfliessen. Um die Oberfläche der Flüssigkeit zu vergrössern, wendet man das Rühren an. Man befördert damit das Verdampfen ganz ausserordentlich, erhöht nicht nur die Dampfentwicklung und fördert damit die Verdunstung, sondern man erzeugt ausserdem noch die

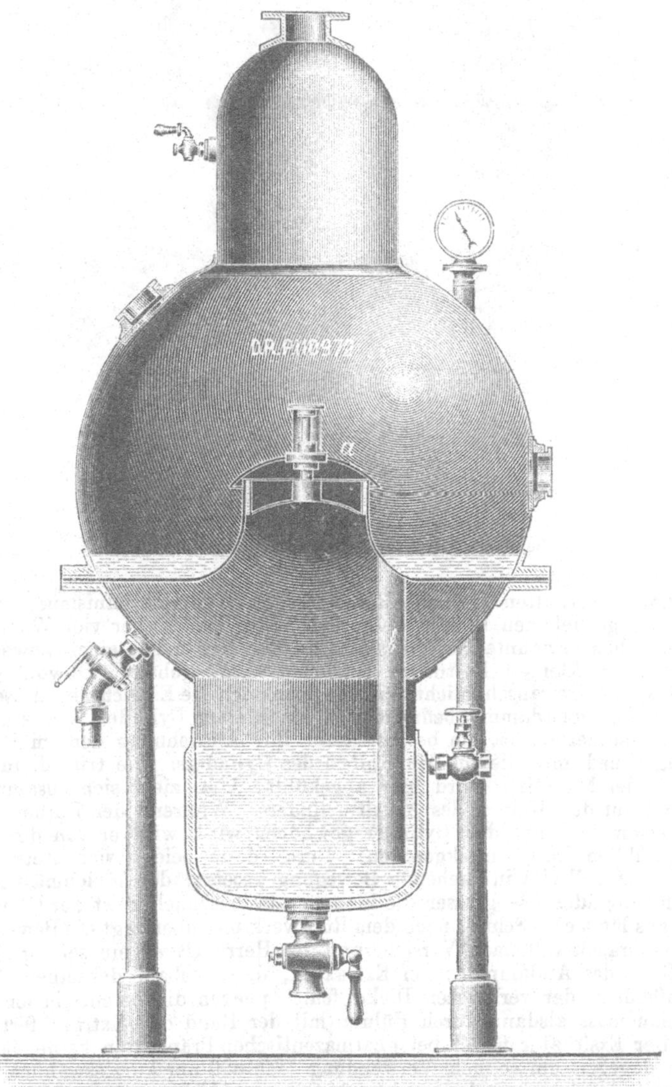

Abb. 4. Vakuumapparat zum Abdampfen schäumender Flüssigkeiten von Paul Neubäcker in Danzig.

Verdunstungskälte und erniedrigt, worauf ein besonderer Wert zu legen ist, die Temperatur. Leider ist es in Apothekenlaboratorien vielfach Sitte (besser Unsitte), z. B. die abdampfenden Extraktlösungen sich selbst zu überlassen und nur das Verdunstete von Zeit zu Zeit nachzugiessen. Es sind dadurch die Flüssigkeiten mindestens doppelt lange der Erhitzung und allen ihren Folgen ausgesetzt. Wer Extrakte herstellen will, muss auch Sorge tragen, dass die ihm möglichen und zur Bereitung unerlässlichen Hilfsmittel Anwendung finden. Wer nicht über die zum Rühren der Extrakte notwendigen Arbeitskräfte verfügt, sollte besser keine Extrakte machen. Nicht im Bewusstsein, das Extrakt selbst bereitet, sondern darin, die Regeln der Kunst (dazu gehört auch das Rühren) dabei eingehalten zu haben, liegt der Schwerpunkt. Sehr wohl kann diese Anforderung gestellt werden; denn wo die Arbeitskraft zum Rühren fehlt, tritt hier die Mechanik an ihre Stelle. Vielfach noch sind die von Mohr eingeführten, mit Uhrwerk getriebenen Rührer im Gebrauch. Dieselben sind irgendwo im Laboratorium befestigt und arbeiten ganz gut; aber sie haben den Nachteil, dass sie nur an der ihnen zugewiesenen Stelle zu brauchen sind, und ferner, dass sie zeitweilig aufgezogen werden müssen.

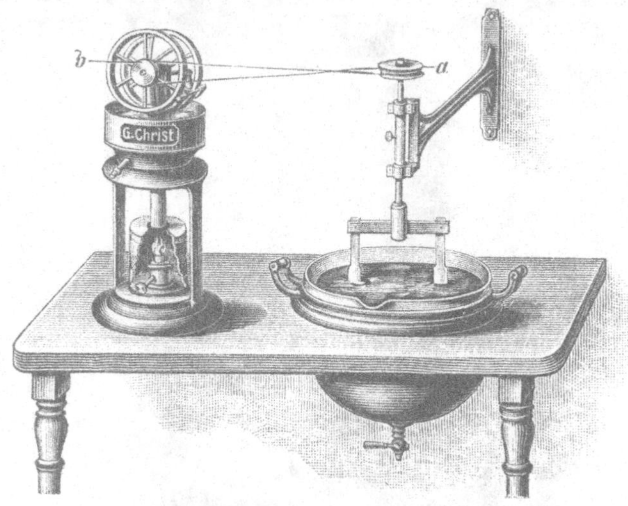

Abb. 5. Extraktrührer,
betrieben durch den Christschen Heissluftmotor.

Ganz ähnlich verhalten sich die Rührwerke mit Federmechanismus, während die von der Wasserleitung getriebenen Rührer wesentlich besser sind, aber viel Wasser verbrauchen.

Der oben schon erwähnte Herr *Gustav Christ* in Berlin hat einen beweglichen Rührer, welcher durch einen kleinen Luftmotor betrieben wird, gebaut. Obwohl die vorstehende Abbildung den Apparat veranschaulicht, will ich doch noch die Einrichtung desselben erläutern:

Über der Weingeistflamme befindet sich ein kleiner Cylinder, der sog. Feuertopf; in diesem wird die Luft erwärmt, sie bewegt durch ihre Ausdehnung den im Feuertopf befindlichen Verdränger und mit diesem den Kolben des Cylinders. Sie tritt dadurch zugleich in den oberen Teil der Maschine, wird hier abgekühlt, d. h. zieht sich zusammen, und wirkt dadurch saugend auf den Kolben des Arbeitscylinders. Während der Kolben durch die Ausdehnung der heissen Luft aus dem Cylinder geschoben wird, wird er von der sich zusammenziehenden abgekühlten Luft zurückgezogen. Durch diese beiden sich stets wiederholenden Wirkungen wird eine Welle in drehende Bewegung gesetzt; den gleichmässigen Gang regulieren zwei Schwungräder. Je grösser die Flamme, desto schneller ist der Gang der Maschine. Von der Welle aus läuft eine Schnur nach dem Rührwerk und überträgt die Bewegung auf dieses. Der Weingeistverbrauch soll nach Versicherung des Herrn *Christ* ein sehr geringer sein.

Gegen Ende des Abdampfens bei Extrakten, d. h. sobald denselben nur noch wenig an der Beschaffenheit der verlangten Dicke fehlt, pflegen die beschriebenen Vorrichtungen zu versagen; man muss alsdann durch Rühren mit der Hand das Extrakt fertig machen.

Zu V. Der Exsiccator findet bei pharmazeutischen Präparaten keine, bei wissenschaftlichen Arbeiten dagegen um so mehr Verwendung. Ich will nur kurz erwähnen, dass Schwefelsäure im Exsiccator viel energischer wirkt, als Calciumchlorid.

Abschäumen.

Das Abschäumen bildet einen Teil des Klärens von Flüssigkeiten und ist für letzteres insofern von grosser Wichtigkeit, als die grössere oder geringere Sorgfalt, welche man auf dasselbe verwendet, sehr oft das Gelingen der ganzen Arbeit bedingt.

Um eine Flüssigkeit abzuschäumen, erhitzt man sie möglichst langsam zum Kochen, entfernt das Kochgefäss nach einmaligem Aufwallen vom Feuer, nimmt den Schaum mit einem siebartig durchlöcherten Löffel sorgfältig ab, erhitzt wieder zum Kochen, schäumt in gleicher Weise ab und wiederholt dies so oft, als noch Schaumbildung stattfindet. Kocht man eine Flüssigkeit, welche durch Abschäumen klärbar ist, längere Zeit, ohne den Schaum abzunehmen, so verteilen sich die ausgeschiedenen trübenden Teile wieder so fein in der Flüssigkeit, dass sie erneuten Versuchen, sie durch weiteres Kochen oder Filtrieren abzuscheiden, hartnäckig Widerstand leisten. Ist das Abschäumen beendet, so bringt man den Schaum auf ein Seihtuch und gewinnt hier durch längeres Abtropfenlassen noch jenen Teil der Flüssigkeit, der zwischen den Schaumblasen eingelagert und zurückgehalten worden war.

Die Bedingungen, unter welchen die Schaumentwicklung stattfindet, werden im Kapitel „Klären" besprochen werden.

Acetum.

Acetum purum. Essig.

20,0 verdünnte Essigsäure v. 30 pCt,
80,0 destilliertes Wasser

mischt man.

Die Verdünnung enthält in 100 Teilen 6 Teile Essigsäure und entspricht den Anforderungen, welche das D. A. IV und die Ph. Austr. VII an „Acetum" stellen. Der Vorzug dieser Verdünnung vor gewöhnlichem Essig besteht darin, dass sie bei Verwendung eines guten oder vorher auf 100° C erhitzten und wieder abgekühlten destillierten Wassers keine Flocken abscheidet. Der so hergestellte Essig ist keimfrei und eignet sich besonders gut zum Einmachen von Früchten, Gurken usw.

Acetum aromaticum.

Aromatischer Essig. Vierräuber-Essig.

a) Vorschrift des D. A. IV.

Zu bereiten aus:

1 Teil Lavendelöl,
1 „ Pfefferminzöl,
1 „ Rosmarinöl,
1 „ Wacholderbeeröl,
1 „ Kassiaöl,
2 Teile Citronenöl,
2 „ Eugenol,
441 „ Weingeist von 90 pCt,
650 „ verdünnter Essigsäure v. 30 pCt

und

1900 Teile Wasser.

Man löst die Oele in dem Weingeist, fügt die Säure und das Wasser hinzu, lässt die trübe Mischung acht Tage lang unter häufigem Umschütteln stehen und filtriert sie sodann.

Es tritt raschere Klärung ein, wenn man der Mischung vor Zusatz des Wassers 10,0 *feinstes Talkpulver zusetzt* und das Wasser auf 70—80° C erhitzt.

b) Vorschrift der Ph. Austr. VII.

25,0 Pfefferminzblätter,
25,0 Rosmarinblätter,
25,0 Salbeiblätter,
5,0 Engelwurzel,
5,0 Zittwerwurzel,
5,0 Nelken,

zerschnitten oder zerstossen, lässt man bei ca. 15° C drei Tage mit

1000,0 Essig von 6 pCt

unter öfterem Umschütteln in verschlossener Flasche stehen, seiht ab, presst aus und filtriert, nachdem man die Pressflüssigkeit mehrere Tage im Keller der Ruhe überlassen hat.

Acetum camphoratum.

Kampfer-Essig.

1,0 Kampfer,
9,0 Weingeist von 90 pCt,
90,0 Essig von 6 pCt.

Man löst den Kampfer im Weingeist, fügt den Essig hinzu, stellt einige Tage kühl und filtriert.

Acetum Cantharidis.

Vinegar of Cantharides.

Vorschrift der Ph. Brit.

100,0 spanische Fliegen, Pulver M/8,
110,0 Essigsäure von 96 pCt,
690,0 verdünnte Essigsäure von 33 pCt

erhitzt man zwei Stunden lang bei 93—94° C, bringt nach dem Erkalten in einen Verdrängungsapparat und lässt abtropfen.

Den Rückstand zieht man weiter durch Aufgiessen, Abtropfenlassen und Abpressen aus mit

265,0 verdünnter Essigsäure v. 33 pCt.

Die filtrierte Pressflüssigkeit vereinigt man

mit der Verdrängungsflüssigkeit und bringt das Gewicht mit

q. s. verdünnter Essigsäure v. 33 pCt

auf

1000,0.

Die 2 Stunden andauernde Erhitzung nimmt man in einem im Heisswasserbad stehenden, mit Pergamentpapier verbundenen Steinguttopf vor.

Das spezifische Gewicht des fertigen Präparates soll 1,060 betragen.

Die erforderliche Essigsäure von 33 pCt mischt man am einfachsten aus 100 Teilen verdünnter Essigsäure von 30 pCt und 5 Teilen Essigsäure von 96 pCt.

Acetum carbolisatum.

Acetum carbolicum. Acetum phenylatum.
Karbolessig.

4,0 krystallisierte Karbolsäure,
96,0 reiner Essig von 6 pCt.

Man löst und filtriert, wenn es nötig sein sollte.

Acetum carbolisatum odoratum.

Wohlriechender Karbolessig. Karbol-Räucheressig.

5,0 krystallisierte Karbolsäure,
5,0 Kölnisch-Wasser,
90,0 reiner Essig von 6 pCt.

Man löst und mischt, stellt einige Tage kühl und filtriert.

Der Karbolessig dient zum Räuchern von Krankenzimmern und wird mit einer Etikette †, welche nachstehende Anweisung trägt, abgegeben:

Gebrauchsanweisung.

„Zum Desinfizieren der Zimmerluft lässt man 1 Esslöffel voll Karbolessig in einer Untertasse auf dem Ofen oder über einer schwachen Flamme langsam verdunsten. Man wiederholt dieses Verfahren alle 3—4 Stunden.“

Acetum Colchici.

Zeitlosen-Essig.
Ph. G. I.

100,0 zerstossenen Zeitlosensamen,
100,0 Weingeist von 90 pCt,
900,0 Essig von 6 pCt

lässt man in Zimmertemperatur 8 Tage stehen, presst dann aus und filtriert, nachdem man die Seihflüssigkeit einige Tage kühl gestellt hatte.

Acetum Convallariae.

Maiblumenessig.

Vorschrift d. Dresdner Ap. V.

10,0 feingeschnittene Maiblumen,
10,0 Weingeist von 90 pCt,
18,0 verdünnte Essigsäure v. 30 pCt
72,0 destilliertes Wasser

lässt man in verschlossener Flasche 8 Tage bei 15—20° C stehen, presst dann aus und filtriert die Pressflüssigkeit nach mehrtägigem Stehen.

Acetum Digitalis.

Fingerhut-Essig.
Ph. G. II.

10,0 geschnittene Fingerhutblätter,
10,0 Weingeist von 90 pCt,
18,0 verdünnte Essigsäure v. 30 pCt,
72,0 destilliertes Wasser

lässt man 8 Tage in Zimmertemperatur stehen und presst dann aus. Man überlässt die Seihflüssigkeit 2 bis 3 Tage in kühlem Raum der Ruhe und filtriert sie dann.

Das Auspressen muss zwischen hölzernen Pressschalen vorgenommen werden; stehen nur Metallschalen zur Verfügung, so hilft man sich dadurch, dass man dieselben mit Pergamentpapier auslegt.

Acetum Dracunculi.

Esdragon-Essig.

100,0 frischen geschnittenen Esdragon,
1000,0 Weinessig,
1,0 Salicylsäure

lässt man 8 Tage in Zimmertemperatur stehen, presst aus, erhitzt die Seihflüssigkeit auf fast 100° C, filtriert sie nach mehrtägigem Stehen und füllt das Filtrat auf nicht zu grosse Flaschen, die man fest verschliesst und liegend aufbewahrt.

Man hat zwischen Holzschalen auszupressen oder, wenn nur Metallschalen vorhanden, diese mit Pergamentpapier auszulegen.

Wesentlich haltbarer wird der Esdragon-Essig, wenn man an Stelle des Weinessigs eine 6 prozentige verdünnte Essigsäure (s. „Acetum“) nimmt. Der Auszug hat aber dann nicht den angenehmen Geschmack und Geruch, wie bei Verwendung von Weinessig.

Die Einwirkung von Tageslicht ist zu vermeiden.

Acetum fumale.

Räucher-Essig.

85,0 Räuchertinktur,
5,0 Essigäther,
10,0 verdünnte Essigsäure v. 30 pCt.

Man mischt, stellt einige Tage kühl und filtriert.

Es empfiehlt sich die Verwendung einer Etikette † mit folgender

Gebrauchsanweisung:

„Einen Kaffeelöffel voll verdunstet man in einer Untertasse durch Erhitzen auf dem

† S. Bezugsquellen-Verzeichnis.

heissen Ofen oder über einer schwachen Weingeistflamme.“

Acetum fumale excelsius.

Blumen-Räucher-Essig.

400,0 Benzoëtinktur,
300,0 Weingeist von 90 pCt,
50,0 Essigäther,
50,0 Jasminessenz (Esprit de Jasmin triple),
100,0 verdünnte Essigsäure v. 30 pCt,
0,01 Cumarin,
10 Tropfen Rosenholzöl,
5 „ Orangeblütenöl,
5 „ Ceylonzimtöl,
5 „ Wintergreenöl.

Man mischt, stellt einige Tage kühl und filtriert.

Die Gebrauchsanweisung lautet wie bei Acetum fumale.

Acetum Lavandulae.

Lavendel-Essig.

100,0 Lavendelblüten,
100,0 Weingeist von 90 pCt,
900,0 reiner Essig von 6 pCt.

Man lässt 8 Tage in Zimmertemperatur stehen und presst zwischen Holzschalen oder zwischen mit Pergamentpapier ausgelegten Metallschalen aus. Die Seihflüssigkeit erhitzt man bis fast zum Kochen, überlässt sie dann einige Tage in kühlem Raum der Ruhe und filtriert sie. Das Filtrat füllt man auf kleine Flaschen ab und bewahrt diese liegend auf.

Die Einwirkung des Tageslichtes ist zu vermeiden.

Es empfiehlt sich die Verwendung einer Etikette † mit folgender

Gebrauchsanweisung:

„Einen Kaffeelöffel voll verdünnt man im Ballon eines Verstäubers mit einem Weinglas voll Wasser und verstäubt diese Flüssigkeit im Zimmer.“

Acetum odoratum.

Riechessig.

30,0 Hoffmann'scher Lebensbalsam,
30,0 Kölnisch-Wasser,
20,0 Jasminessenz (Esprit de Jasmin triple),
10,0 Essigäther,
10,0 Essigsäure von 96 pCt,
0,02 Cumarin.

Man mischt, stellt einige Tage kühl und filtriert. Gebrauchsanweisung wie bei Acetum Lavandulae.

---

† S. Bezugsquellen-Verzeichnis.

Acetum Pyrethri compositum.

Zusammengesetzter Bertramwurzelessig.

100,0 Bertramwurzel, Pulver M/8,
15,0 Opium, Pulver M/25,
100,0 Weingeist von 90 pCt,
900,0 reiner Essig von 6 pCt.

Bereitung wie bei „Acetum Lavandulae“.

Acetum Rosarum.

Rosen-Essig.

25,0 weingeistiges Rosenextrakt,
815,0 destilliertes Wasser,
100,0 Weingeist von 90 pCt,
50,0 Essigsäure von 96 pCt,
10,0 gebrannter Alaun, Pulver M/30,
1,0 feingeriebene Cochenille,
5 Tropfen Rosenöl.

Die Cochenille reibt man mit dem Alaun und etwas Wasser zusammen und setzt sie so der Extraktlösung zu. Nach 24stündigem Stehen filtriert man und erhält einen angenehm nach Rosen riechenden Essig, der sich durch hübsche rote Farbe auszeichnet.

Es empfiehlt sich die Verwendung einer Etikette † mit folgender

Gebrauchsanweisung:

„Einen Esslöffel voll verdünnt man mit einem Glas warmen Wasser und spült mit dieser Verdünnung nach den Mahlzeiten den Mund aus.“

Acetum Rosmarini.

Rosmarin-Essig.

100,0 Rosmarinblätter,
100,0 Weingeist von 90 pCt,
900,0 reiner Essig von 6 pCt.

Bereitung und Gebrauchsanweisung wie bei „Acetum Lavandulae“.

Acetum Rubi Idaei.

Himbeer-Essig.

a) Ph. G. I.

10,0 Himbeersirup,
20,0 reinen Essig von 6 pCt

mischt man.

b) 30,0 Himbeersaft (Succus),
60,0 destilliertes Wasser,
10,0 verdünnte Essigsäure v. 30 pCt

mischt man.

c) Da die rote Farbe des Himbeersaftes bald verloren geht, stellt man den Himbeeressig häufig künstlich her. Die Vorschrift hierzu lautet nach *E. Dieterich.*

10,0 Helfenberger hundertfache Himbeeressenz,
100,0 verdünnte Essigsäure v. 30 pCt,
100,0 gereinigten Honig,
800,0 destilliertes Wasser

mischt man und löst darin

0,08 Weinrot II,†
0,05 Ponceau G.†

Wenn nötig, filtriert man nach mehrtägigem Stehen. Statt des Honigs kann man auch weissen Sirup (60 Zucker und 40 Wasser) nehmen.

Unterschieden werden kann der künstliche Himbeeressig vom natürlichen durch Ausschütteln mit Amylalkohol. Derselbe färbt sich im ersteren Falle licht-orange, wogegen er im letzteren fast farblos bleibt.

Eine hübsche Etikette † ist zu empfehlen und mit nachstehender Gebrauchsanweisung zu versehen:

Gebrauchsanweisung:

„Man mischt 1 Esslöffel voll mit einem Glas frischen Wasser oder Zuckerwasser und benützt die Mischung als kühlendes Getränk in der wärmeren Jahreszeit. Mit warmem Wasser gemischt, dient der Himbeeressig zum Ausspülen des Mundes nach den Mahlzeiten.“

Acetum Sabadillae.

Sabadill-Essig.

10,0 gequetschte Sabadillfrüchte,
10,0 Weingeist von 90 pCt,
18,0 verdünnte Essigsäure v. 30 pCt,
72,0 destilliertes Wasser

lässt man in einer verschlossenen Flasche acht Tage hindurch bei 15 bis 20° C stehen, schüttelt inzwischen häufig und presst dann aus. Die Pressflüssigkeit stellt man einige Tage in einen kühlen Raum und filtriert sie dann.

Acetum Scillae.

Meerzwiebelessig. Vinegar of Squill.

a) Vorschrift des D. A. IV.

Zu bereiten aus:

5 Teilen mittelfein zerschnittener, getrockneter Meerzwiebel,
5 „ Weingeist von 90 pCt,
9 „ verdünnter Essigsäure v. 30 pCt,
36 „ Wasser.

Man mischt die Flüssigkeiten, fügt die Meerzwiebel hinzu und lässt die Mischung in einer verschlossenen Flasche 3 Tage lang bei 15 bis 20° C unter häufigem Umschütteln stehen. Alsdann seiht man die Flüssigkeit ohne starkes Auspressen durch und filtriert sie nach 24stündigem Stehen.

So lautet die Vorschrift des Deutschen Arzneibuches. Dass diese Ausführung durch das Auspressen mit Verlust verknüpft ist, liegt auf der Hand. Man kann ruhig zwischen Holzschalen oder nötigenfalls zwischen mit Pergamentpapier ausgelegten Metallschalen auspressen, hat dann aber im Interesse leichteren Filtrierens obiger Seihflüssigkeit 1 g feines Talkpulver zuzusetzen und dem Filtrieren ein mehrtägiges Stehen im Keller oder noch besser im Eiskeller (Eisschrank) vorangehen zu lassen.

b) Vorschrift der Ph. Austr. VII.

50,0 kleinzerschnittene Meerzwiebel,
50,0 verdünnten Weingeist v. 68 pCt,
50,0 destilliertes Wasser,
30,0 verdünnte Essigsäure v. 20,4 pCt

maceriert man drei Tage lang in einem Verdrängungsapparat, lässt die Flüssigkeit ablaufen und übergiesst den Rückstand mit einer Mischung aus

1 Teil verdünnter Essigsäure von 20,4 pCt,
3 Teilen destilliertem Wasser.

Man lässt weiter abtropfen, bis das Gesamtgewicht der aufgefangenen filtrierten Flüssigkeit

500,0

beträgt.

Man thut gut, nur abgesiebte, klein zerschnittene Meerzwiebelschalen zu verwenden. Im übrigen giebt die Vorschrift ein gutes Präparat, welches durchschnittlich 5,3 pCt Essigsäure enthält.

c) Vorschrift der Ph. U. St.

10,0 Meerzwiebel, Pulver $^{M}/_{8}$,
900,0 reinen Essig von 6 pCt

lässt man sieben Tage in Zimmertemperatur stehen, seiht ab, bringt das Gewicht der Seihflüssigkeit mit reinem Essig von 6 pCt auf

1000 ccm oder 1008,0 g

und filtriert.

Vergleiche hierzu unter a) und b).

Acetum Sinapis.

Senf-(Speise)-Essig.

200,0 schwarzen Senf, Pulver $^{M}/_{8}$,
200,0 frische Meerrettichwurzel,
200,0 „ Selleriewurzel,
200,0 frisches Esdragonkraut,
100,0 Zwiebeln,
50,0 frische Citronenschalen,
10,0 Knoblauch,

sämtlich entsprechend zerkleinert, übergiesst man mit

---

† S. Bezugsquellen-Verzeichnis.

9000,0 Weinessig,
lässt 24 Stunden stehen und fügt dann
1000,0 Weingeist von 90 pCt
hinzu. Man lässt nun acht Tage in Zimmertemperatur stehen, presst zwischen Holzschalen oder zwischen mit Pergamentpapier ausgelegten Metallschalen aus, löst
500,0 Zucker, Pulver M/8,
in der Seihflüssigkeit und verfährt weiter, wie unter „Acetum Dracunculi" angegeben wurde.

Acetum stomaticum.

Acetum dentifricium. Mundessig. Zahnessig.

200,0 zusammengesetzte Parakresse-Tinktur,
200,0 Löffelkrautspiritus,
100,0 aromatische Tinktur,
50,0 Essigäther,
30,0 Essigsäure von 96 pCt,
5,0 Salicylsäure,
400,0 destilliertes Wasser,
5,0 fein zerriebene Cochenille,
1,0 Salbeiöl,
1,0 Pfefferminzöl (engl. Mitcham.)

Man mischt, erhitzt im Dampfapparat auf 60 bis 70° C, stellt einige Tage kühl und filtriert.

Der Mundessig hat, obgleich er auch unter der Bezeichnung „Zahnessig" geht, weniger die Aufgabe, Zähne zu verbessern, als die, den Mund nach den Mahlzeiten von den Speiseresten zu reinigen und zugleich zu desinfizieren.

Die Gebrauchsanweisung lautet dem entsprechend:

„Zu einem Glase warmen Wasser giebt man einen Theelöffel voll Mundessig und spült damit nach den Mahlzeiten den Mund aus."

Acetum Vini artificialis.

Künstlicher Weinessig.

120,0 Essigessenz von 50 pCt,
880,0 Wasser,
1,0 Cognakessenz,
1,0 Zuckercouleurtinktur

mischt man.

Dieser Essig ist von weissgelber Farbe.

Um roten Weinessig herzustellen, setzt man obiger Mischung

1,0 von den Kelchen befreite Malvenblüten

zu und seiht diese nach einigen Stunden wieder ab. Die Beibehaltung der Zuckercouleur macht die rote Farbe frischer.

Eine hübsche Etikette † ist zu empfehlen.

Der künstliche Weinessig hat von dem natürlichen den Vorzug, dass er weniger dem Verderben ausgesetzt ist und sich deshalb besser zum Herstellen von Sauerfrüchten eignet.

Acetum vulnerarium.

Wundessig.

10,0 Schafgarbe-Extrakt,
10,0 Kaskarille-Extrakt,
10,0 Aloë-Extrakt,
30,0 Alaun,
30,0 Kochsalz,
120,0 aromatisches Wasser,
120,0 Pfefferminzwasser,
120,0 Salbeiwasser,
350,0 destilliertes Wasser,
100,0 verdünnte Essigsäure v. 30 pCt,
100,0 Benzoëtinktur.

Man löst die Extrakte und Salze in den Wässern, fügt Essigsäure und Benzoëtinktur hinzu, erhitzt im Dampfbad auf 60 bis 70° C und stellt einige Tage kühl, um schliesslich zu filtrieren.

Acidum aceticum aromaticum.

Gewürzhafte Essigsäure.

Ph. G. I.

9,0 Nelkenöl,
6,0 Lavendelöl,
6,0 Citronenöl,
3,0 Bergamottöl,
3,0 Thymianöl,
1,0 Kassiaöl,
25,0 Essigsäure von 96 pCt.

Man mischt und filtriert nach einigen Tagen.

Die Gewürzessigsäure dient zum Füllen der Riechfläschchen.

Acidum aceticum aromaticum camphoratum.

Aromatische Kampfer-Essigsäure.

98,0 Gewürzessigsäure,
2,0 Kampfer.

Nötigenfalls zu filtrieren.

Acidum aceticum aromaticum excelsius.

Riech-Essigsäure.

Nach *E. Dieterich.*

100,0 Bergamottöl,
100,0 Citronenöl,
4,0 Ylang-Ylangöl,
2,0 Wintergreenöl,
800,0 Essigsäure von 96 pCt.

Nach mehrtägigem Stehen in kühlem Raum filtriert man.

Soll die Riech-Essigsäure ausser in Riechfläschchen auch pure verkauft werden, so em-

---

† S. Bezugsquellen-Verzeichnis.

pfiehlt es sich, eine Spur Ponceau oder Cochenille zuzusetzen. Eine hübsche Farbe hebt stets das Aussehen eines Artikels.

Acidum aceticum camphoratum.

Kampfer-Essigsäure.

10,0 Kampfer,
20,0 Weingeist von 90 pCt,
70,0 verdünnte Essigsäure v. 30 pCt.

Wenn alles gelöst ist, stellt man einige Tage kühl und filtriert dann.

Acidum aceticum carbolisatum.

Karbol-Essigsäure.

10,0 krystallisierte Karbolsäure,
85,0 verdünnte Essigsäure v. 30 pCt,
5,0 Eucalyptusöl.

Die Karbol-Essigsäure dient zum Räuchern von Krankenzimmern und wird ähnlich wie eine Räucheressenz auf eine heisse Platte getropft. Die Anwendung in dieser geringen Menge erheischt einen starken Prozentsatz an Karbolsäure, während eine schwache Parfümierung, zu der ebenfalls ein Desinficiens gewählt ist, angezeigt erscheint, um den Karbolgeruch etwas zu verdecken.

Acidum carbolicum liquefactum.

Verflüssigte Karbolsäure. Zerflossene Karbolsäure.

Vorschrift des D. A. IV. u. d. Ph. Austr. VII.

100,0 krystallisierte Karbolsäure

schmilzt man bei gelinder Wärme und fügt

10,0 destilliertes Wasser

hinzu.

Das spez. Gew. bei der Mischung soll 1,068 bis 1,069 betragen.

Acidum chloro-nitrosum.

Aqua regia. Acidum nitrohydrochloricum. Königswasser. Nitrohydrochloric acid.

a) 25,0 reine Salpetersäure von 1,40 spez. Gew.

mischt man durch allmählichen Zusatz mit

75,0 Salzsäure von 1,124 spez. Gew.

Die Mischung ist stets frisch zu bereiten; sie färbt sich nach einiger Zeit gelb.

b) Vorschrift der Ph. U. St.

51,0 reine Salpetersäure von 1,414 spez. Gew.,
191,0 reine Salzsäure von 1,163 spez. Gew.

mischt man in einer geräumigen Flasche und verwahrt die Flüssigkeit, sobald das Aufbrausen vorüber ist und sie eine bernsteingelbe Farbe angenommen hat, in einer nur halb gefüllten Glasstöpselflasche an einem kühlen Orte.

Acidum chloro-nitrosum dilutum.

Acidum nitro-hydrochloricum dilutum. Diluted nitrohydrochloric acid.

a) Vorschrift der Ph. Brit.

95,0 Salpetersäure v. 1,42 spez. Gew.

mischt man mit

125,0 Salzsäure von 1,16 spez. Gew.,

lässt in einem nur lose verschlossenen Gefässe 24 Stunden stehen und mischt dazu in kleinen Mengen

780,0 destilliertes Wasser.

Das spez. Gew. soll 1,07 betragen.

b) Vorschrift der Ph. U. St.

54,0 reine Salpetersäure von 1,414 spez. Gew.

mischt man in einer geräumigen Flasche mit

200,0 reiner Salzsäure v. 1,163 spez. Gew.

und setzt, wenn das Aufbrausen vorüber ist,

746,0 destilliertes Wasser

hinzu.

Acidum hydrochloricum dilutum.

Verdünnte Salzsäure. Diluted hydrochloric acid.

a) Vorschrift des D. A. IV.

1 Teil Salzsäure v. 1 124 spez. Gew.,
1 „ destilliertes Wasser

werden gemischt.

Die Mischung soll ein spez. Gewicht von 1,061 haben.

b) Vorschrift der Ph. Austr. VII.

120,0 Salzsäure von 1,12 spez. Gew.,
111,0 destilliertes Wasser

mischt man.

Das spez. Gewicht soll 1,05 betragen.

c) Vorschrift der Ph. Brit. und der Ph. U. St.

50,0 reine Salzsäure v. 1,16 spez. Gew.

verdünnt man mit

q. s. destilliertem Wasser (109,0)

zum spez. Gewicht von 1,052.

Geht man von der Salzsäure des D. A. IV aus, so braucht man zu

50,0 Salzsäure v. 1,124 spez. Gew.

etwa

65,0 destilliertes Wasser.

Acidum hydrocyanicum dilutum.

Diluted hydrocyanic acid.

a) Vorschrift der Ph. Brit.

In einem Kolben löst man

112,0 gelbes Blutlaugensalz
in
500,0 destilliertem Wasser
und setzt dazu eine erkaltete Mischung aus
90,0 konzentrierter Schwefelsäure v. 1,836—1,840 spez. Gew.,
200,0 destilliertem Wasser.

Man verbindet nun den Kolben mit einem Kühler, legt
400,0 destilliertes Wasser
vor und destilliert langsam und bei guter Kühlung, bis der Inhalt der Vorlage 850,0 beträgt.

Zu letzterem setzt man so viel destilliertes Wasser (etwa 150,0), als nötig ist, um die Flüssigkeit auf einen Gehalt von 2 pCt HCN zu bringen.

b) Vorschrift der Ph. U. St.

Die Vorschrift der Ph. U. St. zeigt von der vorigen nur ganz unwesentliche Abweichungen. Der Gehalt des Präparates an HCN soll gleichfalls 2 pCt betragen.

Acidum nitricum dilutum.

Verdünnte Salpetersäure. Diluted nitric acid.

a) Vorschrift der Ph. Austr. VII.
200,0 Salpetersäure v. 1,30 spez. Gew.,
243,0 destilliertes Wasser
mischt man.

Das spez. Gew. soll 1,29 betragen.

b) Vorschrift der Ph. Brit.
Reine Salpetersäure v. 1,42 spez. Gew.
verdünnt man mit
destilliertem Wasser
bis zum spez. Gew. von 1,101.

Geht man von der Salpetersäure des D. A. IV aus, so braucht man zu
100,0 Salpetersäure v. 1,153 spez. Gew.
etwa
43,0 destilliertes Wasser.

c) Vorschrift der Ph. U. St.
100,0 reine Salpetersäure von 1,414 spez. Gew.,
580,0 destilliertes Wasser
mischt man. Das spez. Gewicht soll 1,057 betragen.

Geht man von der Salpetersäure des D. A. IV aus, so braucht man zu
100,0 Salpetersäure v. 1,153 spez. Gew.
etwa
150,0 destilliertes Wasser.

Acidum sulfuricum dilutum.

Verdünnte Schwefelsäure. Diluted sulfuric acid.

a) Vorschrift des D. A. IV.
1 Teil *reine* Schwefelsäure v. 1,836 bis 1,840 spez. Gew.
und
5 Teile destilliertes Wasser
werden gemischt.

Die Mischung soll ein spez. Gewicht von 1,110 bis 1,114 haben.

b) Vorschrift der Ph. Austr. VII.
100,0 reine Schwefelsäure von 1,84 spez. Gew.
giesst man unter Rühren in
476,0 destilliertes Wasser.

Das spez. Gewicht soll 1,12 betragen.

c) Vorschrift der Ph. Brit.
Reine Schwefelsäure von 1,843 spez. Gew.
verdünnt man mit
destilliertem Wasser
bis zum spez. Gewicht von 1,094.

Man braucht zu einem Teil Schwefelsäure von 1,843 spez. Gew. etwa 6,1 Teil destilliertes Wasser.

Geht man von der Säure des D. A. IV. aus, so braucht man zu
100,0 Schwefelsäure von 1,836—1,840 spez. Gew.,
588—618,0 destilliertes Wasser.

d) Vorschrift der Ph. U. St.
100,0 Schwefelsäure von 1,835 spez. Gew.,
825,0 destilliertes Wasser.

Das spez. Gewicht der Mischung soll 1,070 betragen.

Acidum trichloraceticum liquefactum.

Verflüssigte Trichloressigsäure.

Vorschrift d. Dresdner Ap.-V.
8,0 Trichloressigsäure,
2,0 destilliertes Wasser
mischt man.

Adeps balsamicus.

Balsamfett.

100,0 frisch ausgelassenes Schweinefett,
10,0 Tolubalsam,
5,0 Äther,
10,0 entwässertes Natriumsulfat, Pulver M/30.

Wenn das Fett so weit abgekühlt ist, dass es sich trübt, setzt man den im Äther gelösten Balsam und das Glaubersalz zu. Man erwärmt nun allmählich, erhitzt eine Stunde lang im Dampfapparat unter stetem Rühren und filtriert schliesslich durch Filtrierpapier im Dampftrichter (s. Filtrieren). Der Balsam kommt auf diese Weise mit dem Fett in die innigste

Berührung und giebt wohl alle in Fett löslichen Teile ab.

Die Aufbewahrung hat in Steingutgefässen stattzufinden.

Das Balsamfett erreicht zwar an Haltbarkeit das Benzoëfett nicht, giebt aber einen guten Körper für Pomaden und für Salben, deren Geruch empfindliche Kranke belästigt, ab.

Adeps benzoatus.

Adeps benzoïnatus. Axungia Porci benzoata. Benzoëfett.

a) Vorschrift des D. A. IV.

1 Teil Benzoësäure

wird in

99 Teilen Schweineschmalz,

welche im Wasserbad geschmolzen sind, gelöst.

b) Vorschrift der Ph. Austr. VII.

100,0 Schweinefett

erhitzt man mit

4,0 Siam-Benzoë, Pulver M/15,

zwei Stunden lang im Wasserbad und seiht hierauf ab.

Die Österreichische Pharmakopöe lässt das Benzoëfett nur zur Zinksalbe verwenden; soll dasselbe auch zur Herstellung anderer, empfindlicher Salben benützt werden, so verfährt man besser folgendermassen:

c) e resina nach *E. Dieterich.*

100,0 frisch ausgelassenes Schweinefett,
10,0 Siam-Benzoë, Pulver M/15,
10,0 entwässertes Natriumsulfat, Pulver M/30.

Man erhitzt das Fett mit der Benzoë und dem Glaubersalz, welche man vorher mischt, eine Stunde lang im Dampfapparat unter stetem Rühren, seiht ab und filtriert. Das Glaubersalz erfüllt den doppelten Zweck, das Fett zu entwässern und das Zusammenschmelzen der Benzoë zu verhüten.

Die Aufbewahrung hat in Steingutgefässen zu erfolgen.

d) e resina. Vorschrift des Dresdner Ap.-V.

5,0 gepulvertes Benzoëharz,
100,0 frisch ausgelassenes Schweinefett

digeriert man im Wasserbad und giesst dann klar vom Rückstand ab.

Für Parfümeriezwecke genügt bereits ein Zusatz von 1—2 pCt Benzoë. Soll dagegen das Fett zur Bleisalbe verwendet werden und eine weiss bleibende Bleisalbe liefern, dann ist die Vorschrift c anzuwenden.

Das nach a) bereitete Benzoëfett eignet sich nicht für Bleisalbe; dieselbe würde, damit bereitet, bald gelb werden. Zu diesem Zweck muss $1\frac{1}{2}$ pCt Benzoësäure in Fett gelöst werden.

Adeps Lanae cum Aqua.

Wasserhaltiges Wollfett.

Vorschrift d. D. A. IV.

75 Teile Wollfett

und

25 Teile Wasser

werden gemischt.

Adeps ruber.

Adeps purpuratus. Butyrum cancerinum. Krebsbutter.

1,0 Alkannin

löst man durch Erhitzen auf dem Dampfbad in

1000,0 Schweinefett.

Man lässt dann einige Minuten absetzen und giesst klar von dem sehr geringen Bodensatz ab.

Wünscht man eine kräftigere Färbung, so nimmt man auf obige Menge Fett

1,5 Alkannin.

Adeps saponaceus.

Steadine.

75,0 Schweinefett,
10,0 Natronlauge v. 1,17 spez. Gew.,
10,0 destilliertes Wasser,
5,0 Weingeist von 90 pCt.

Man erwärmt das Fett so weit, dass es sich verrühren lässt, und mengt die vorher gemischten Flüssigkeiten hinzu.

Der Weingeistzusatz ist gemacht, um die Seifenbildung zu befördern.

Man kann die Steadine auch durch Vermischen von

25,0 überfetteter Kaliseife (Sapo unguinosus)

mit

75,0 Schweinefett

herstellen.

Adeps styraxatus.

Storaxfett.

Man bereitet es wie Adeps balsamicus aus rohem Storax (liquidus) und verwendet es in derselben Weise.

Adeps suillus.

Axungia Porci. Schweineschmalz. Schweinefett.

1000,0 Schmer, von Fleischteilen befreit,

mahlt man auf der Fleischhackmaschine und zerlässt die breiartige Masse im Dampfbad. Man seiht nun ab, presst aus, behandelt die Seihflüssigkeit $\frac{1}{2}$ Stunde lang unter Rühren im Dampfbade mit

20,0 entwässertem Natriumsulfat, Pulver M/30,

und filtriert durch Filtrierpapier im Dampftrichter (s. Filtrieren).

Das so erhaltene Fett ist von gleichmässiger Beschaffenheit, sehr weiss und frei von jenem Bratengeruche, wie er jedem auf freiem Feuer ausgelassenen Fette anhaftet. Der verwendete Schmer muss ganz frisch sein; ein mehrtägiges Lagern, selbst im Eiskeller, beeinträchtigt bereits die Gleichartigkeit. Ein Auswaschen mit Wasser, wie es in älteren Werken vielfach und sogar vom Deutschen Arzneibuch empfohlen wird, kann man durch Reinigen des Schmers von blutigen oder Fleischteilen umgehen; eine Hauptsache ist es dagegen, erstens die Zerkleinerung des Schmers auf der Fleischhackmaschine vorzunehmen, um im Dampfbad ohne grösseren Verlust und in möglichst kurzer Zeit ausschmelzen zu können, zweitens das ausgelassene Fett mit Glaubersalz zu entwässern und schliesslich die vollständige Absonderung aller Faserteile, welche die Haltbarkeit beeinträchtigen, durch Filtrieren zu bewirken. Das allgemein übliche Schneiden des Schmers in Würfel erfordert beim Auslassen ein zu langes und starkes Erhitzen und ist deshalb zu verwerfen. Das Auswaschen solcher Würfel mit Wasser erreicht, da das Wasser nur auf die äusseren Teile einwirken kann, seinen Zweck nur in geringem Masse und ist deshalb als unnötig zu bezeichnen.

Zur Aufbewahrung sind nur Glas-, Steingut- oder Blechgefässe zu verwenden, Holzfässer dagegen zu verwerfen.

Adeps viridis.

Adeps viridatus. Unguentum viride.

a) mit apfelgrüner Färbung:

2,5 Chlorophyll Schütz †

verreibt man mit

10,0 Schweinefett

und setzt der Verreibung

990,0 Schweinefett,

welch letzteres man vorher im Dampfbad schmolz, zu. Man lässt 15 Minuten absetzen und giesst von dem sehr geringen Bodensatze klar ab.

b) mit gesättigt grüner Färbung:

5,0 Chlorophyll Schütz †
1000,0 Schweinefett.

Bereitung wie bei a.

Aether bromatus.

Aethylbromid.

Vorschrift des D. A. IV.

12,0 reine Schwefelsäure 1,84 spez. G.,
7,0 Weingeist 0,816 spez. Gew.

werden gemischt und nach dem Erkalten allmählich mit

12 Teilen gepulvertem Kaliumbromid

versetzt. Die Mischung unterwirft man der Destillation im Sandbad. Das Destillat schüttelt man zuerst mit einem gleichen Raumteil Schwefelsäure, sodann mit einer Lösung von Kaliumkarbonat (1 = 20), entwässert es dann mit Calciumchlorid und destilliert es im Wasserbad.

Da das Äthylbromid sehr flüchtig ist, müssen beim Destillieren und Rektifizieren die Verschlüsse sehr sorgfältig gemacht sein.

Das Präparat wird am besten in kleinen Flaschen und vor Einwirkung des Tageslichtes geschützt aufbewahrt.

Aether camphoratus.

Kampferäther.

10,0 Kampfer,
90,0 Äther.

Man filtriert, wenn der Kampfer gelöst ist, und ersetzt den dabei entstehenden Verlust an Äther.

Aether cantharidatus.

Spanischfliegenäther. Kantharidenäther.

100,0 spanische Fliegen, Pulver M/30,

feuchtet man mit

50,0 Äther

an, packt das Pulver in einen Verdrängungsapparat, übergiesst hier mit weiteren

100,0 Äther,

verschliesst die Ablauföffnung des Verdrängungsapparates, bedeckt ihn auch oben und lässt 24 Stunden ziehen.

Man lässt nun, ähnlich wie bei den Fluidextrakten, langsam in eine gewogene Abdampfschale abtropfen und giesst unterdessen so lange Äther nach, als der Ablauf gefärbt erscheint. Man wird im Ganzen 500,0 Äther brauchen.

Den ätherischen Auszug lässt man so lange offen in der Schale stehen, bis sein Gewicht durch Verdunsten des Äthers auf

100,0

zurückgegangen ist.

Nach dieser Vorschrift enthält der Auszug alle ätherlöslichen Teile der in Arbeit genommenen Kanthariden.

Aether Cantharidini.

Kantharidinäther (loco Aetheris cantharidati).
Nach *E. Dieterich.*

1,0 Kantharidin

zerreibt man zu Pulver, bringt dasselbe in ein Kölbchen und erhitzt es hier bis zur Lösung mit

40,0 Aceton.

Andererseits wiegt man

940,0 Äther

---

† S. Bezugsquellen-Verzeichnis.

in eine Flasche, bringt die Temperatur desselben durch Einstellen der Flasche in warmes Wasser auf 25° C und setzt nun unter Umschwenken nach und nach die Kantharidinlösung zu.

Schliesslich trägt man noch

2,0 Hanfextrakt,

ein und schüttelt bis zur Lösung desselben.

Das Hanfextrakt ist nur Färbemittel; es soll dadurch Verwechslungen vorgebeugt werden.

Der Kantharidinäther ist in Wirkung weit sicherer wie der Äther cantharidatus.

Aether carbolisatus.

Karboläther

1,0 krystallisierte Karbolsäure,
99,0 Äther

mischt man und schüttelt bis zur Lösung der Karbolsäure.

Aether jodatus.

Jodäther.

10,0 Jod,
10,0 Ricinusöl,
80,0 Äther.

Man bringt in eine Glasflasche und löst durch öfteres Schütteln.

Aether mercurialis.

Solutio Sublimati aetherea. Ätherische Sublimatlösung.

2,0 Quecksilberchlorid, zerrieben,
98,0 Äther

bringt man in eine Glasflasche und löst durch öfteres Schütteln.

Aether phosphoratus.

Phosphoräther.

1,0 Phosphor,
200,0 Äther.

Man schneidet den Phosphor in kleine Stückchen, trägt diese in den Äther ein und lässt in verschlossener Flasche unter häufigem Umschütteln mindestens 3 Tage lang stehen. Man filtriert nun durch Glaswolle und wäscht das Filter mit Äther bis zu einem Gewicht des Filtrates von

200,0

nach.

Das Filtrat ist, auf kleine Fläschchen abgefüllt, vor Tageslicht geschützt und kühl aufzubewahren.

Aether terebinthinatus.

Terpentinäther.

20,0 rektifiziertes Terpentinöl,
80,0 Äther

mischt man und filtriert, wenn nötig.

Alcohol phosphoratus.

Phosphoralkohol.

5,0 Phosphor

übergiesst man in einem im Wasserbad befindlichen Kolben mit

100,0 Weingeist von 90 pCt,

setzt zur Rückflusskühlung ein Dreiröhrensystem oder einen Kugelkühler auf und erhitzt so lange, bis aller Phosphor gelöst ist. Man lässt dann erkalten, filtriert und ersetzt etwa entstandenen Verlust mit Weingeist.

Aloë purificata.

Durch Weingeist gereinigte Aloë. Purified Aloes.

Vorschrift der Ph. U. St.

1000,0 Socotrin-Aloë

erhitzt man im Wasserbad bis zum Schmelzen, rührt

200 ccm Weingeist von 94 pCt

darunter und giesst durch ein vorher in kochendem Wasser angewärmtes Sieb $^{M}/_{20}$. Das Durchgossene dampft man im Wasserbad soweit ein, bis eine herausgenommene Probe sich nach dem Erkalten leicht zerbrechen lässt, und verfährt dann mit der gesamten Masse in derselben Weise.

Alumina hydrata.

Thonerdehydrat.

100,0 Kalialaun

löst man in

1000,0 destilliertem Wasser

und filtriert die Lösung.

Andererseits verdünnt man

110,0 Ätzammoniak von 10 pCt

mit

1000,0 destilliertem Wasser

und trägt diese Verdünnung nach und nach in die Alaunlösung ein.

Die Mischung soll alkalisch reagieren; nötigenfalls ist noch Aetzammoniak tropfenweise zuzusetzen.

Den entstandenen Niederschlag erhitzt man auf 100° C und wäscht ihn dann unter Absetzenlassen so oft mit destilliertem Wasser aus, bis eine abfiltrierte Probe, mit einigen Tropfen Salpetersäure versetzt, durch Baryumnitratlösung nicht mehr getrübt wird.

Man sammelt nun den Niederschlag auf einem genässten dichten Leinentuch, presst ihn in demselben aus und trocknet ihn bei 100° C.

Den trockenen Niederschlag zerreibt man.

Aluminium acetico-tartaricum.

Essig-weinsaure Thonerde.

a) Nach *Saidemann:*

50,0 krystallisierte essigsaure Thonerde,
20,0 Weinsäure

zerreibt man zu Pulver, bringt dieses mit

120,0 destilliertem Wasser

in eine Porzellanschale und erhitzt so lange im Dampfbad, bis Lösung erfolgt ist. Man filtriert nun, dampft das Filtrat zur Saftdicke ein und lässt erkalten. Die erkaltete dicke Masse giesst man 2—3 mm dick auf flache Teller, trocknet bei 25—30° C, stösst die dicken Lamellen hierauf ab und bewahrt sie in gut verschlossenen Gefässen auf.

b) 100,0 frisch bereitete Aluminiumacetatlösung,
3,5 Weinsäure

dampft man im Wasserbad unter Umrühren so lange ein, bis sich eine Salzhaut bildet; man giesst nun die Lösung in dünner Schicht in Porzellanteller oder man streicht sie auf gut gereinigte Glasplatten

Man trocknet bei 25—30° C, stösst dann die Lamellen ab und bewahrt sie in gut verschlossenen Glasbüchsen auf.

Ammoniacum via humida depuratum.

Ammoniacum colatum.
Auf nassem Wege gereinigtes Ammoniakharz.
Nach *E. Dieterich*.

1000,0 Ammoniacum (Handelssorte: in lacrymis)

stösst man zu gröblichem Pulver, feuchtet dieses in einer emaillierten Schale mit

250,0 Weingeist von 90 pCt

an, knetet tüchtig damit durch, verbindet das Gefäss mit Pergamentpapier und stellt zurück. Nach 12 Stunden erhitzt man auf 50° C und knetet so lange, bis alle Gummiharzteile sich gelöst haben. Es bedarf dies einer mehrstündigen Arbeit. Man fügt nun

500,0 Weingeist von 90 pCt

hinzu, mischt gleichmässig und reibt das Ganze mittels hölzerner Keule durch ein sehr feinmaschiges Messingsieb. Den Rückstand bringt man in die Schale zurück, erhitzt auf 90° C und wiederholt das Kneten. Man giesst nun abermals

250,0 Weingeist von 90 pCt

zu und reibt durch das Sieb.

Die durchgeriebenen Massen mischt man, lässt sie 24 Stunden absetzen, giesst vom sandigen Bodensatz vorsichtig ab und verdampft das Abgegossene auf dem Dampfbad unter fortwährendem Rühren so lange, bis eine herausgenommene Probe des Rückstandes nach dem Erkalten spröde erscheint und sich zerreiben lässt. Man stellt nun Rollen von bestimmtem Gewicht (100 g) auf nassem Pergamentpapier her, schlägt diese in Pergamentpapier ein und bewahrt sie so auf.

Die Ausbeute wird 70—80 pCt betragen.

Sehr altes und ausgetrocknetes Ammoniacum löst sich schwierig in Weingeist. Man wartet dann nicht ab, bis die Gummiteilchen alle durch das Kneten vergangen sind, sondern reibt durch. Den Rückstand dagegen behandelt man hierauf durch Erhitzen auf 90° C mit

200,0 verdünntem Weingeist v. 68 pCt.

Es wird dann sofort Lösung erfolgen. Man reibt abermals durch, dampft aber diese Masse für sich allein ab, um schliesslich beide Massen, solange sie noch heiss sind, mit einander zu mischen.

Ammonium carbonicum pyro-oleosum.

Brenzliches Ammoniumkarbonat.
Ph. G. I.

32,0 Ammoniumkarbonat

zerreibt man mittelfein und vermischt mit

1,0 ätherischem Tieröl.

Die Mischung ist in gut verschlossenem Gefäss vor Tageslicht geschützt aufzubewahren.

Ammonium chloratum ferratum.

Eisensalmiak.

Vorschrift des D. A. IV.

32 Teile mittelfein gepulvertes Ammoniumchlorid

werden in einer Porzellanschale mit

9 Teilen Eisenchloridlösung

gemischt und unter fortwährendem Umrühren im Wasserbade zur Trockne eingedampft.

Vor Licht geschützt aufzubewahren.

Amylum jodatum.

Jodstärke.

20,0 Jod,
750,0 Äther,
1000,0 Weizenstärke, Pulver M/30.

Das Jod löst man in Äther und mischt es in dieser Form der Stärke bei. Man breitet die feuchte Masse auf Glasplatten aus, setzt sie nun der Zimmertemperatur aus, unterstützt das Austrocknen durch fortwährendes Zerkleinern und bewahrt die verriebene Jodstärke sofort, nachdem sie trocken, in gut verschlossenen Gläsern auf.

Ich gebe dem Äther den Vorzug, um die Zeit des Trocknens zu verkürzen und damit die Verdunstung von Jod möglichst zu verringern.

Amylum jodatum solubile.

Dextrinum jodatum. Lösliche Jodstärke. Joddextrin.

5,0 Jod

löst man in

25,0 Äther,

verreibt diese Lösung mit

100,0 weissem Roh-Dextrin

und trocknet an der Luft durch Ausbreiten auf einer Glasplatte.

Antidotum Arsenici.

Antidotum Arsenici albi.
Gegenmittel gegen arsenige Säure.

a) Vorschrift der Ph. Germ. II. Ferrum oxydatum hydratum liquidum.

100,0 Ferrisulfatlösung 1,43 spez. Gew.

verdünnt man mit

250,0 destilliertem Wasser.

Andrerseits reibt man

15,0 gebrannte Magnesia

mit

250,0 destilliertem Wasser

zu einer gleichmässigen Masse an und setzt diese in kleinen Partien unter stetem Abkühlen und mit Vermeidung von Erwärmen der Eisenlösung zu.

Wird am besten frisch bereitet.

b) Vorschrift der Ph. Austr. VII. Magnesium hydrooxydatum in aqua.

75,0 gebrannte Magnesia

schüttelt man in einer Flasche an mit

500,0 warmem destillierten Wasser.

Die Mischung soll nur im Bedarfsfalle bereitet werden.

Aquae aromaticae.

Aquae destillatae. Aromatische Wässer. Destillierte Wässer.

Die destillierten oder aromatischen Wässer stellen eine wässrige, bezw. wässrig-weingeistige Lösung der flüchtigen Bestandteile derjenigen Droguen dar, aus denen sie bereitet wurden Da nun letztere zumeist ätherische Öle enthalten und diese den aromatischen Wässern das hervorragende Merkmal verleihen, so pflegt man die arzneiliche Wirksamkeit derselben, wenn man bei den geringen Mengen gelöster Bestandteile von einer solchen überhaupt sprechen kann, auf die ätherischen Öle zurückzuführen, die sie enthalten; ja man findet häufig die Ansicht vertreten, dass die aromatischen Wässer überhaupt nur eine Lösung ätherischer Öle darstellen und dass ihre Bereitung durch Destillation nur deshalb geraten sei, weil man auf diese Weise ein untrügliches Merkmal für die Echtheit des verwendeten Öles in Händen habe. Die aromatischen Wässer enthalten jedoch thatsächlich ausser den ätherischen Ölen noch andere flüchtige Pflanzenbestandteile, die dem Wasser in vielen Fällen ein ganz besonderes, von den zugehörigen Ölen abweichendes Gepräge zu geben vermögen, wie dies z. B. hervorragend beim Pfefferminzwasser der Fall ist.

Man stellt die aromatischen Wässer in der Weise her, dass man die zerkleinerte Drogue trocken auf das Sieb einer dazu eingerichteten Destillierblase legt, Dampf unter das Sieb leitet, diesen verdichtet und das Wasser vom mitgerissenen Öl durch Filtrieren oder durch eine Florentiner Flasche trennt. Allseitig hält man es für geboten, eine mit dem Dampfstrome zu destillierende Drogue mit Wasser vorher anzufeuchten und so für das Eindringen des Dampfes in die Zellen geeignet zu machen. Jahrelang arbeitete auch ich nach diesem Grundsatze, bis einmal beim Abtreiben von Öl durch ein Versehen die übliche Anfeuchtung unterblieb und nicht, wie ich erwartete, weniger, sondern sogar ein Mehr von 15 bis 25 pCt an Öl gewonnen wurde. Eine Reihe von in dieser Richtung angestellten Versuchen ergab dann die überraschende Thatsache, dass man eine höhere Ausbeute von Öl oder ein kräftigeres Wasser gewinnt, wenn man die zerkleinerte Drogue trocken auf das Sieb der Blase bringt. Eine weitere Notwendigkeit besteht, wie unter „Destillation“ noch eingehender besprochen werden soll, darin, anfangs mit möglichst wenig Dampfentwickelung zu arbeiten. Das meiste Öl kommt anfangs zum Übergehen; ist die Dampfentwicklung zu stark, so reisst die in der Blase befindliche und durch die Erhitzung rasch sich ausdehnende Luft die Dämpfe des Öles mit fort, und zwar so schnell, dass die Abkühlung im Kühler nicht hinreicht. Es tritt damit ein Verlust an Aroma ein, der sich beim Destillieren von ätherischen Ölen beziffern und bei aromatischen Wässern am Geschmacke erkennen lässt. In der Regel geht bei Einhaltung dieses Verfahrens das gesamte, in der Pflanze enthaltene Öl über. Da sich davon nur ein kleiner Teil im Wasser gelöst befindet, so gewinnt man den Überschuss an Öl als Nebenprodukt.

Das D. A. IV. und die Ph. Austr. VII. lassen die Pflanzenteile mit grösseren Mengen Wasser in die Blase bringen; diese Art der Darstellung ist, wie aus dem Vorhergehenden hervorgeht, durchaus veraltet und sollte im Zeitalter der Dampfapparate als überwunden betrachtet werden. Eine derartig benützte Blase so zu reinigen, dass sie wieder zur Bereitung von destilliertem Wasser dienen kann, gehört überhaupt zu den Kunststücken, während eine solche Reinigung in kurzer Zeit bei der durch Dampf gespeissten Einsatzblase des Dampfapparates mitsamt dem Helm und Kühler dadurch zu erzielen ist, dass man die Blase bei abgelassenem Kühlwasser ausdampft.

Der Verbrauch an aromatischen Wässern ist ein verhältnismässig geringer, die Haltbarkeit eine sehr beschränkte, und somit bilden diese Wässer eine Quelle steter Verdriesslichkeiten, umsomehr als sich auch der Beginn einer Veränderung dieser meist zur Geschmacksverbesserung verordneten Heilmittel sofort durch den Geschmack bemerkbar macht. Frühere Arzneigesetzbücher führten, diesen Übelstand erkennend, sogenannte konzentrierte aromatische Wässer ein, allein auch diese sind nicht viel haltbarer, als die einfachen. Einen Ausweg aus dieser Unannehmlichkeit gestattet für die einigermassen gangbaren Wässer die Verwendung der hundertfachen aromatischen Wässer, die, durch Destillation hergestellt, nicht blos als Lösungen von ätherischen Ölen in Weingeist anzusprechen sind; für die selten begehrten Wässer bedient man sich der Bereitung aus Öl und Wasser, ein Notbehelf, der jedenfalls der Abgabe eines zwar destillierten, aber alten und verdorbenen Wassers vorzuziehen ist. Vergleiche weiter hierzu unter Essent. Aquar. aromat.

Manche frische Blüten und Kräuter, z. B. Fliederblüten und Lindenblüten, liefern kräftige und besser riechende Wässer, wie die getrockneten; das gleiche Verhältnis besteht zwischen frisch getrockneten und gelagerten Kräutern.

Bei der Bereitung aromatischer Wässer aus Öl erhält man ein gebundeneres Präparat durch Verwendung von heissem destillierten Wasser.

Zur Aufbewahrung der aromatischen Wässer ist zu bemerken, dass dieselben Licht, Luft und hohe Temperatur nicht vertragen.

Aqua aërata.

Luftwasser.

3,0 Kaliumnitrat,
117,0 Magnesiumsulfat

löst man in

880,0 destilliertem Wasser

und filtriert die Lösung.

Aqua aetherata.

Ätherwasser.

5,0 Äther,
95,0 destilliertes Wasser

schüttelt man so lange mit einander, bis der Äther vollkommen vom Wasser aufgenommen ist.

Aqua albuminata.

Eiweisswasser.

25,0 frisches Hühnereiweiss,
(1 Eiweiss)
1000,0 destilliertes Wasser,
10,0 Natriumchlorid

bringt man in eine Zweiliterflasche, schüttelt einige Male kräftig durch, lässt dann eine Stunde ruhig absetzen und seiht durch.

Das Eiweisswasser dient in Fällen, in welchen Fleischbrühe oder Milch nicht vertragen werden, als Nahrungsmittel und wird zu dem Zweck im Warmwasserbad auf 35° C erhitzt.

Aqua Amygdalarum amararum.

Bittermandelwasser.

a) Vorschrift des D. A. IV.

12 Teile grob gepulverte, bittere Mandeln

werden mittels Presse ohne Erwärmen soweit als möglich von dem fetten Öle befreit und dann in ein mittelfeines Pulver verwandelt. Dieses mischt man mit

20 Teilen gewöhnlichem Wasser,

bringt den Brei in eine geräumige Destillierblase, welche so eingerichtet ist, dass Wasserdämpfe hindurchstreichen können, und destilliert unter sorgfältiger Abkühlung

9 Teile

in eine Vorlage ab, welche

3 Teile Weingeist von 90 pCt

enthält.

Das Destillat wird auf einen Gehalt von Cyanwasserstoff geprüft und nötigenfalls mit einer Mischung aus

1 Teil Weingeist von 90 pCt

und

3 Teilen Wasser

verdünnt, so dass in 1000 Teilen desselben etwa 1 Teil Cyanwasserstoff enthalten ist.

Spez. Gew. 0,970—0,980.

b) concentrata der Ph. Austr. VII.

800,0 bittere Mandeln

zerstösst man und befreit sie durch wiederholtes Pressen vom fetten Öle. Den Presskuchen pulvert man, teilt ihn in zwölf Teile und trägt davon elf Teile allmählich in

6000,0 siedendes destilliertes Wasser

ein, die sich in einer Destillierblase befinden. Nachdem man die Mischung noch einige Minuten nach dem letzten Eintragen im Kochen erhalten hat, lässt man völlig erkalten, setzt den zurückbehaltenen zwölften Teil des Mandelkuchens hinzu und lässt über Nacht ruhig stehen. Man unterwirft alsdann der Destillation, bis

1000,0

oder so viel in die Vorlage übergegangen sind, dass 1000 Teile des Destillates 1 Teil Blausäure enthalten.

Für die „beste Vorschrift" zur Herstellung von Bittermandelwasser ist seit Langem mit den scharfsinnigsten theoretischen Gründen gestritten worden, ohne dass Einigkeit erzielt worden wäre. Vom rein praktischen Gesichtspunkte aus gebe ich der nachstehenden, mir von Herrn *C. A. Jungclaussen* gütigst überlassenen und von mir erprobten Vorschrift, die eine höhere Ausbeute erzielen lässt, als die beiden vorhergehenden, den Vorzug:

c) nach *C. A. Jungclaussen:*

1200,0 bittere Mandeln

verwandelt man (am besten auf einer Reibmaschine, wie solche in den Küchen gebräuchlich) zu Pulver und befreit dies ohne Anwendung von Wärme durch starkes Pressen nach Möglichkeit vom fetten Öle. Man bringt den Presskuchen nochmals in die Reibmaschine und pulvert ihn hier, rührt das erhaltene Pulver in einer Porzellanbüchse mit

2200,0 Wasser

an und lässt $^1/_2$ Stunde stehen. Man mischt sodann

100,0 Weingeist von 90 pCt

hinzu und bringt die Masse sofort auf das mit einem Tuche belegte Sieb einer Dampfdestillierblase. Man giebt nun

200,0 Weingeist von 90 pCt

in eine geeignete Flasche, legt diese vor und treibt langsam

1000,0,

die man zurückstellt, und dann noch weitere

300,0

über.

Nachdem man den Nachlauf mit

100,0 Weingeist von 90 pCt

versetzt hat, mischt man davon oder von einer Mischung, welche aus drei Gewichtsteilen Weingeist von 90 pCt und einem Gewichtsteil Wasser besteht, dem ersten Destillat so viel hinzu, dass in 1000 Teilen der Verdünnung 1 Teil Cyanwasserstoff enthalten ist. Das Bittermandelwasser ist vor Tageslicht zu schützen.

Nach diesem Verfahren erhält man eine höhere Ausbeute, als nach dem des Arzneibuches und der Ph. Austr. VII. Der Unterschied zwischen dem Verfahren a) und c) besteht darin, dass bei letzterem den mit Wasser angerührten Mandeln etwas Weingeist vor dem Destillieren zugesetzt wird.

Aqua Amygdalarum amararum diluta.

Aqua Cerasorum. Aqua Cerasorum amygdalata. Verdünntes Bittermandelwasser. Kirschwasser.

Vorschrift der Ph. Germ. I. und der Ph. Austr. VII.

10,0 Bittermandelwasser

verdünnt man mit

190,0 destilliertem Wasser.

Vor Licht geschützt aufzubewahren.

Aqua Anethi.

Dillwasser. Dill Water.

Vorschrift der Ph. Brit.

100,0 gequetschten Dillsamen

übergiesst man mit

2000,0 gewöhnlichem Wasser

und destilliert

1000,0

davon ab.

Zweckmässiger ist das unter Aqua Anisi beschriebene Verfahren.

Aqua Anisi.

Aniswasser.

a) 30,0 Anissamen

zerquetscht man, bringt das gröbliche Pulver auf das mit einem Tuch belegte Sieb einer Dampfdestillierblase und zieht

1000,0

über.

b) 10 Tropfen Anisöl,
1000,0 heisses destilliertes Wasser

mischt man durch Schütteln.

Das Aniswasser ist trübe, wird aber mit der Zeit klar.

Aqua antephelidica.

Sommerprossenwasser.

1,0 Zinksulfophenylat

löst man in

20,0 Glycerin,
70,0 Rosenwasser,

und fügt

8,0 Weingeist von 90 pCt,
1,0 Kölnisch-Wasser,
1,0 Kampferspiritus

hinzu.

Die Gebrauchsanweisung lautet:

„Morgens und abends wäscht man die mit Sommersprossen bedeckten Hautteile mit Seife gut ab, trocknet sie mit dem Handtuche und feuchtet sie sofort mit dem Sommersprossenwasser an. Letzteres lässt man eintrocknen".

Aqua Arnicae.

Arnikawasser.

a) 100,0 geschnittene Arnikablüten

geben, wie bei Aqua Anisi beschrieben wurde, 1000,0 Destillat.

b) 1 Tropfen Arnika-Blüten-Öl,
1000,0 heisses destilliertes Wasser

mischt man durch Schütteln.

Das Arnikawasser ist klar.

Aqua aromatica.

Aqua aromatica spirituosa. Aromatisches Wasser. Geistig-aromatisches Wasser.

a) 50,0 zerschnittene Salbeiblätter,
25,0 „ Rosmarinblätter,
25,0 „ Pfefferminzblätter,
25,0 „ Lavendelblüten,
15,0 gequetschten Fenchel,
15,0 grobgepulverten Zimt

feuchtet man mit

350,0 Weingeist von 90 pCt

an und lässt in bedecktem Gefässe einige Stunden stehen. Man bringt nun die Mischung auf das mit einem Tuch bedeckte Sieb einer Dampfdestillierblase und treibt

1000,0

über.

Das Destillat ist trübe.

b) Vorschrift der Ph. Austr. VII.

50,0 zerschnittene Lavendelblüten,
50,0 „ Salbeiblätter,
50,0 „ Melissenblätter,
50,0 „ Krauseminzblätter,
25,0 grob gepulverte Muskatnuss,
25,0 „ „ Nelken,
25,0 „ „ Macis,
25,0 gequetschten Fenchel,
25,0 grob gepulverten Zimt,
25,0 „ „ Ingwer

übergiesst man mit

500,0 Weingeist von 90 pCt,
4000,0 Wasser

und destilliert nach zwölfstündigem Stehen

2500,0

über.

Das Destillat ist klar.

Aqua Asae foetidae.

Asant-Wasser.

1 Tropfen Asafötida-Öl,
1000,0 heisses destilliertes Wasser

mischt man durch Schütteln.

Das Asantwasser ist klar.

Vor dem Gewinnen des Asantwassers durch Destillation muss geradezu gewarnt werden, weil die Reinigung der dazu benützten Destillierblase fast zu den Unmöglichkeiten gehört.

Aqua Asae foetidae composita.

Aqua foetida antihysterica. Zusammengesetztes Asantwasser. Prager Wasser.

Ph. G. I.

40,0 Asant,
25,0 Galbanum,
20,0 Myrrhe,
50,0 Baldrianwurzel,
50,0 Zittwerwurzel,
12,0 Angelikawurzel,
40,0 Pfefferminzblätter,
25,0 Quendel,
25,0 römische Kamillen,
3,0 kanadisches Bibergeil.

Sämtliche Bestandteile zerkleinert man unmittelbar vor dem Gebrauch (vorrätige Pulver zu verwenden ist nicht ratsam) feuchtet sie mit

350,0 Weingeist von 90 pCt

an und lässt in bedecktem Gefäss 2 Stunden stehen. Man bringt nun die Mischung auf das mit einem Tuche bedeckte Sieb einer Dampfdestillierblase und treibt

1000,0

mit dem direkten Dampfstrahl über.

Das zusammengesetzte Asantwasser ist trübe. Man reinigt die Blase und den Kühler am besten dadurch, dass man das Kühlwasser aus letzterem entfernt und nun durch beide Apparate den Dampf strömen lässt.

Aqua Aurantii corticis.

Pomeranzenschalenwasser.

1 Tropfen Bitter-Pomeranzen-Öl,
100,0 heisses destilliertes Wasser

mischt man durch Schütteln.

Die Mischung ist trübe.

Aqua Aurantii florum.

Aqua Naphae. Aqua florum Naphae. Orangenblütenwasser.

2 Tropfen Orangenblütenöl Ia.
1000,0 heisses destilliertes Wasser

mischt man durch Schütteln.

Die Mischung ist trübe.

Für den Handverkauf ist eine hübsche Etikette † zu empfehlen.

Aqua Calami.

Kalmuswasser.

a) 50,0 Kalmuswurzel, Pulver M/5,

geben nach dem bei Aqua Anisi beschriebenen Verfahren

1000,0 Destillat.

b) 10 Tropfen Kalmusöl,
1000,0 heisses destilliertes Wasser.

mischt man durch Schütteln.

Das Kalmuswasser ist trübe,

Aqua Calcariae.

Aqua Calcis. Kalkwasser.

Vorschrift des D. A. IV. u. der Ph. Austr. VII.

100,0 Ätzkalk

löscht man mit

† S. Bezugsquellen-Verzeichnis.

400,0 Wasser,

setzt dann

5000,0 Wasser

zu, lässt einige Stunden abestzen und giesst hierauf die überstehende Flüssigkeit ab und weg.

Man setzt sodann abermals

5000,0 Wasser

zu, bringt in eine Flasche, verschliesst diese gut und stellt in den Keller. Bei Bedarf giesst man klar ab und filtriert, wenn es notwendig sein sollte.

Die der Flasche entnommene Menge kann man durch Zugiessen von frischem Wassers ersetzen, um weitere Mengen Kalkwasser abzufiltrieren.

Aqua Camphorae.

Aqua camphorata. Kampferwasser. Camphor Water.

a) 0,2 feingeriebenen Kampfer

löst man durch Schütteln in

100,0 heissem destillierten Wasser.

Nach dem Erkalten filtriert man. Das Filtrat ist klar.

Ein anderwärts empfohlenes Anreiben des Kampfers mit Magnesia ist, wie angestellte Versuche bewiesen, zwecklos, weil das Wasser nicht mehr wie 0,2 pCt Kampfer aufzunehmen vermag.

b) Vorschrift der Ph. Brit.

10,0 Kampfer in kleinen Stücken

bindet man in ein Musselinbeutelchen, bringt letzteres in eine Flasche, beschwert es, um es am Boden derselben festzuhalten, mit einem Stück Glas und übergiesst das Ganze mit

3200,0 destilliertem Wasser.

Man lässt unter öfterem Umschütteln zwei Tage lang stehen und filtriert bei Bedarf die erforderliche Menge ab.

c) Vorschrift der Ph. U. St.

8,0 Kampfer,
5,0 gefälltes Calciumphosphat,
5,0 Weingeist von 94 pCt

verreibt man aufs innigste, setzt nach und nach

990,0 destilliertes Wasser

hinzu und filtriert.

d) 2,0 Kampferspiritus,
98,0 destilliertes Wasser

mischt man.

Aqua carbolisata.

Karbolwasser.

a) Vorschrift des D. A. IV.

22 Teile verflüssigte Karbolsäure

und

978 Teile Wasser

werden gemischt.

b) Vorschrift der Ph. Austr. VII.

33,0 verflüssigte Karbolsäure

mischt man durch Schütteln mit

967,0 destilliertem Wasser.

Man darf nur frisch destilliertes oder 15 Minuten im Dampfbad erhitztes und wieder erkaltetes destilliertes Wasser verwenden.

Aqua carbolisata ad usum mercatorium.

Aqua phenylata. Karbolwasser für den Handverkauf.

2,0 verflüssigte Karbolsäure

löst man durch Schütteln in

100,0 destilliertem Wasser.

Für den Handverkauf ist eine Etikette † mit genauer Gebrauchsanweisung zu empfehlen.

Aqua Carbonei sulfurati.

Aqua sulfocarbonea. Schwefelkohlenstoff-Wasser.

2 Tropfen Schwefelkohlenstoff

löst man durch Schütteln in

100,0 destilliertem Wasser.

Aqua carminativa.

Windwasser.

a) 50,0 römische Kamillen,
15,0 Citronenschalen,
15,0 Krauseminzblätter,
15,0 Kümmel,
15,0 Koriander,
15,0 Fenchel,

sämtlich entsprechend zerkleinert, bringt man auf das Sieb der Destillierblase und treibt mit Dampf

1000,0

ab.

Das Destillat ist trübe.

b) Vorschrift des Münch. Ap. Ver. (n. Hager).

1,0 Pomeranzenschalenöl,
1,0 Kümmelöl,
1,0 Citronenöl,
1,0 Korianderöl,
1,0 Fenchelöl,
1,0 Krauseminzöl,
100,0 Weingeist von 90 pCt,
900,0 Kamillenwasser.

Vor dem Gebrauche filtriert man.

c) Vorschrift der Badischen Ergänzungstaxe:

50,0 Kamillen,
20,0 Krauseminzblätter,
20,0 Kümmel,
20,0 Fenchel,
20,0 Citronenschalen,
20,0 Pomeranzenschalen,

alle entsprechend zerkleinert, feuchtet man mit

---

† S. Bezugsquellen-Verzeichnis.

150,0 Weingeist von 90 pCt
an, lässt 24 Stunden stehen, bringt dann auf das Sieb der Destillierblase und treibt mit Dampf
1000,0
über.

d) Vorschrift der Ph. Austr. VII.
30,0 römische Kamillen,
30,0 Orangenschalen,
30,0 Citronenschalen,
30,0 Krauseminzblätter,
30,0 Kümmel,
30,0 Koriander,
30,0 Fenchel,
sämtlich zerschnitten und zerstossen, übergiesst man mit
4000,0 Wasser,
lässt das Gemisch 24 Stunden stehen und destilliert
2000,0
ab.

e) Vorschrift d. Dresdner Ap. V.
10 Tropfen römisches Kamillenöl,
5 „ Citronenöl,
5 „ Krauseminzöl,
5 „ Kümmelöl,
5 „ Korianderöl,
5 „ Fenchelöl
löst man in
100,0 Weingeist von 90 pCt
und fügt sodann
900,0 destilliertes Wasser
hinzu.

Aqua carminativa regia.

Vorschrift d. Dresdner Ap. V.
10,0 zerstossene Cochenille,
5,0 Alaun,
1000,0 Zucker,
3000,0 Windwasser (Aq. carminativa)
1000,0 Melissengeist (Spir. Melissae)
lässt man 8 Tage bei 15—20° C stehen und filtriert sodann.

Aqua Carvi.

Kümmelwasser.

a) 30,0 zerquetschter Kümmel
geben nach dem bei Aqua Anisi beschriebenen Verfahren
1000,0 Destillat.

b) 10 Tropfen Kümmelöl,
1000,0 heisses destilliertes Wasser
mischt man durch Schütteln.

Das Kümmelwasser ist trübe.

Das Kümmelwasser wird als blähungstreibendes Hausmittel vielfach gebraucht und ist dann bei Abgabe mit einer Etikette †, welche eine Anleitung für den Gebrauch giebt, zu versehen.

Aqua Cascarillae.

Kaskarillwasser.

a) 20,0 Kaskarillrinde, Pulver M/5,
bringt man auf das Sieb der Destillierblase und treibt mit Dampf
1000,0
ab.

b) 4 Tropfen Kaskarillöl,
1000,0 heisses destilliertes Wasser
mischt man durch Schütteln.

Das Kaskarillwasser ist klar.

Aqua Castorei.

Bibergeilwasser.

10,0 frisches Bibergeil
verreibt man sorgfältig in einem Porzellanmörser mit
15,0 Weingeist von 90 pCt,
160,0 destilliertem Wasser,
bringt die Lösung in eine Retorte, falls man nicht über eine kleine Blase verfügt, und destilliert
100,0
ab.

Frisches Bibergeil giebt ein kräftiger riechendes Wasser, weshalb es dem gepulverten vorzuziehen ist.

Das Destillat ist klar.

Aqua Chamomillae.

Kamillenwasser.

a) Ph. G. I.
100,0 Kamillen
geben nach dem bei Aqua Anisi beschriebenen Verfahren
1000,0 Destillat.

Das frische Destillat ist trübe, wird aber später klar unter Ausscheidung von Flocken.

b) Vorschrift der Ph. Austr. VII.
100,0 Kamillen
lässt man mit
3000,0 Wasser
24 Stunden stehen und destilliert alsdann
1000,0
davon ab.

Zur bequemen Herstellung beider Wässer eignet sich ferner ein aus frischen Blüten hergestelltes 100faches Wasser, wie es im Handel als „Helfenberger“ bekannt ist.

---

† S. Bezugsquellen-Verzeichnis.

Aqua Chamomillae concentrata.

Aqua Chamomillae decemplex. Starkes Kamillenwasser. Zehnfaches Kamillenwasser.

1000,0 Kamillen

quetscht man im Mörser, feuchtet sie mit

200,0 Weingeist von 90 pCt

an und lässt eine Stunde lang in bedecktem Gefässe stehen.

Man bringt nun die feuchte Masse auf das mit einem Tuch bedeckte Sieb der Dampfdestillierblase und treibt sofort mit dem Dampfstrahl

1000,0

über.

Ein klares Destillat, das man zum Gebrauch mit der neunfachen Menge dest. Wassers verdünnt.

Aqua Chloroformii.

Chloroformwasser.

1,0 Chloroform

löst man durch Schütteln in

200,0 destilliertem Wasser.

Das Chloroformwasser ist vor Tageslicht zu schützen.

Aqua Cinnamomi.

Aqua Cinnamomi spirituosa. Zimtwasser. Geistiges Zimtwasser.

a) Vorschrift des D. A. IV.

1 Teil grob gepulverter chinesischer Zimt

wird mit

1 Teil Weingeist von 90 pCt

und der nötigen Menge gewöhnlichem Wasser übergossen und 12 Stunden stehen gelassen. Darauf werden aus der Mischung

10 Teile

abdestilliert.

Zimtwasser ist anfangs trübe und wird später klar.

Soweit die Vorschrift des Arzneibuches.

Besser verfährt man so, dass man den Zimt mit dem Weingeist anfeuchtet, nach 12 Stunden auf das mit einem Tuche belegte Sieb der Dampfdestillierblase bringt und mit dem direkten Dampfstrahl

10 Teile

übertreibt. Man erhält so ein kräftigeres Destillat, wie nach der Vorschrift des Arzneibuches.

b) Vorschrift der Ph. Austr. VII.

100,0 zerstossenen Zimt

lässt man mit

2000,0 Wasser,

125,0 verdünntem Weingeist v. 68 pCt

12 Stunden stehen und destilliert

500,0

davon ab.

Aqua Cinnamomi Ceylanici.

Ceylon-Zimtwasser.

Man bereitet es mit Ceylonzimt wie Aqua Cinnamomi.

Aqua Cinnamomi simplex.

Einfaches Zimtwasser.

a) 100,0 chinesischen Zimt, Pulver M/5,

bringt man auf das mit einem Tuch bedeckte Sieb der Dampfdestillierblase und treibt mit dem Dampfstrahl

1000,0

über.

Das Destillat ist anfangs trübe, klärt sich aber mit der Zeit.

Das im Wasser nicht gelöste, zu Boden gesunkene Öl gewinnt man durch Trennung in einem Scheidetrichter.

b) Vorschrift der Ph. Austr. VII.

100,0 zerstossenen Zimt

lässt man mit

2000,0 Wasser

12 Stunden stehen und destilliert

1000,0

davon ab.

Vergleiche unter a).

Aqua Citri.

Citronenwasser.

50,0 frische Citronenschale

zerquetscht man im Mörser sehr gut, bringt sie auf das mit einem Tuch bedeckte Sieb der Dampfdestillierblase und treibt mit dem direkten Dampfstrahle

1000,0

über.

Das Destillat ist trübe.

Das aus frischer Schale bereitete Citronenwasser kann durch etwas anderes nicht ersetzt werden. Nur im alleräussersten Fall und wenn man im Besitz eines frischen Öles ist, mag es gestattet sein, das Citronenwasser in der unter Aqu Anisi b) angegebenen Weise zu bereiten.

Aqua Cochleariae.

Löffelkrautwasser.

a) durch Destillation:

1000,0 frisches blühendes Löffelkraut

zerquetscht man im Mörser, setzt der Masse

100,0 Weingeist von 90 pCt

zu und bringt sie auf das mit einem Tuch bedeckte Sieb der Dampfdestillierblase. Man zieht nun sofort

1000,0

über.

b) durch Vermischen:

10,0 Löffelkrautspiritus

verdünnt man mit

90,0 heissem destillierten Wasser.

Nach dem Erkalten filtriert man.

Das Löffelkrautwasser ist klar.

Aqua Creosoti.

Kreosotwasser.

1,0 Kreosot,
99,0 warmes destilliertes Wasser von 50—60° C

mischt man durch kräftiges Schütteln und filtriert die Mischung nach dem Erkalten.

Muss stets frisch bereitet werden.

Aqua cresolica.

Kresolwasser.
D. A. IV.

1 Teil Kresolseifenlösung

und

9 Teile Wasser

werden gemischt.

Für Heilzwecke ist destilliertes, für Desinfektionszwecke gewöhnliches Wasser zu nehmen. Mit gewöhnlichem Wasser bereitet, eine etwas trübe Flüssigkeit, welche Öltropfen nicht abscheiden darf, mit destilliertem Wasser hergestellt, sei die Flüssigkeit hellgelb und klar. Sie enthält in 100 Teilen 5 Teile rohes Kresol.

Aqua destillata.

Destilliertes Wasser.

Man bringt gewöhnliches Wasser in eine Destillierblase und erhitzt die Blase auf freiem Feuer, oder man gewinnt das destillierte Wasser als Nebenprodukt im Dampfapparat. Zu letzterem ist zu bemerken, dass es den Anforderungen des Arzneibuches für gewöhnlich nicht entspricht. In beiden Fällen giesst man das zuerst Übergehende so lange weg, als es beim Vermischen mit dem doppelten Raumteil Kalkwasser noch eine Trübung erleidet oder nach Zusatz einiger Tropfen Salpetersäure und Silbernitratlösung opalisierend wird. Treten diese Reaktionen nicht mehr ein, so kann das Destillat als genügend rein gelten und aufgefangen werden.

Sollte das zu destillierende gewöhnliche Wasser organische Substanzen gelöst enthalten, so setzt man kleine Mengen Kaliumpermanganat so lange zu, bis die schwach violette Färbung bleibend ist.

Bei Gegenwart von Ammoniak macht man einen Zusatz von etwas Alaun.

Das destillierte Wasser zieht gern Kohlensäure aus der Luft an und verliert dann die durch vorsichtiges Arbeiten erreichte Eigenschaft, durch Kalkwasser nicht getrübt zu werden. Es muss deshalb in gut verschlossenen Flaschen aus Glas oder Steingut in kühlem Raum (Keller) aufbewahrt werden.

Aqua Ferri pyrophosphorici.

Pyrophosphorsaures Eisenwasser.

1,5 Natrium-Ferripyrophosphat,
0,25 Natriumchlorid,
0,25 Natriumkarbonat

löst man in

38,0 destilliertem Wasser,

filtriert die Lösung, giesst sie in eine Selterswasserflasche und füllt letztere mit aus destilliertem Wasser bereitetem Sodawasser.

Aqua Foeniculi.

Fenchelwasser.

a) Vorschrift des D. A. IV.

1 Teil gequetschten Fenchel

wird mit der nötigen Menge Wasser angefeuchtet; darauf werden aus der Mischung

30 Teile

abdestilliert.

Fenchelwasser ist anfangs trübe und wird später klar.

Ein besseres Verfahren besteht darin, den Fenchel auf das mit einem Tuche belegte Sieb der Dampfdestillierblase zu bringen und die vorgeschriebene Menge Destillat mit dem direkten Dampfstrahle überzutreiben.

b) Vorschrift der Ph. Austr. VII.

Aus

100,0 gequetschtem Fenchel,
4000,0 Wasser

bereitet man, wie unter Aq. Cinnamomi simplex b beschrieben,

2000,0 Destillat.

Für den Notfall verfährt man folgendermassen:

c) 20 Tropfen Fenchelöl,
1000,0 heisses destilliertes Wasser

mischt man durch Schütteln.

Aqua Foeniculi ophtalmica.

Fenchelaugenwasser.

Vorschrift des Wiener Apoth.-Haupt-Gremiums.

10,0 Fencheltinktur,
50,0 destilliertes Wasser

mischt man.

Aqua Glandium Quercus.

Nach *Rademacher*.
Aqua Quercus *Rademacher*. *Rademachers* Eichelwasser.

600,0 von der Becherhülle befreite Eicheln, Pulver M/8,

feuchtet man mit

150,0 Spiritus von 90 pCt,
450,0 Wasser

an und lässt die Mischung in bedecktem Gefäss 24 Stunden stehen. Man bringt dann die durchfeuchtete Masse auf das mit einem Tuch bedeckte Sieb der Destillierblase und treibt mit dem Dampfstrahl

1000,0

über.

Das Destillat ist klar.

Aqua glycerinata.

Glycerinwasser.

10,0 Glycerin,
20,0 destilliertes Wasser

mischt man.

Aqua Hyssopi.

Isopwasser.

1 Tropfen Isopöl,
200,0 heisses destilliertes Wasser

mischt man durch Schütteln.

Wo dieses Wasser stark geht, stellt man es besser durch Destillation her; man gewinnt dann auf die bei Aqua Anisi beschriebene Weise aus 1 Teil Isopkraut 10 Teile Destillat.

Aqua jodata.

Jodwasser.

0,2 Jod,
0,4 Jodkalium

löst man in

1000,0 destilliertem Wasser

und filtriert.

Aqua Juniperi.

Wacholderwasser.

1 Tropfen Wacholderbeeröl,
500,0 heisses destilliertes Wasser

mischt man durch Schütteln.

Wacholderöl ist ebenso ergiebig wie schwer löslich.

Es genügen deshalb 2 Tropfen für 1 l Wasser.

Wo es stark geht, stellt man es durch Destillation gequetschter Wacholderbeeren auf die bei Aqua Anisi beschriebene Weise her und gewinnt aus 1 Teil derselben 20 Teile Destillat. Das Wacholderwasser ist schwach trübe.

Aqua Lauro-Cerasi.

Kirschlorbeerwasser.

1200,0 frische Kirschlorbeerblätter

zerschneidet man klein, zerquetscht sie im Mörser, bringt sie auf das Sieb der Destillierblase und treibt mit Dampf

1000,0

in eine Vorlage, welche

100,0 Weingeist von 90 pCt

enthält, über.

Man destilliert dann noch weitere

200,0

ab und benützt diesen Nachlauf zum Einstellen des Vorlaufes auf den vorschriftsmässigen Cyanwasserstoffgehalt, der — wie beim Bittermandelwasser — in 1000 Teilen Wasser einen Teil betragen soll.

Das spez. Gewicht soll 0,988—0,990 sein. War das Wasser ursprünglich zu stark und der Zusatz des ganzen Nachlaufs notwendig, so wird es zu schwer sein; man fügt dann noch Weingeist, ungefähr den zehnten Teil des verwendeten Nachlaufes, hinzu.

Das Kirschlorbeerwasser ist klar oder wenigstens nahezu klar.

Man bewahrt das Kirschlorbeerwasser vor Tageslicht geschützt, am besten in dunkeln, nicht zu grossen und gut verschlossenen Flaschen im Keller auf.

Aqua Lavandulae.

Lavendelwasser.

1 Tropfen Lavendelöl Ia,
200,0 heisses destilliertes Wasser

mischt man durch Schütteln.

Das Lavendelwasser ist anfangs schwach trübe, wird aber später klar.

Aqua Magnesiae.

Aqua Magnesii bicarbonici. Magnesiawasser.

50,0 Magnesiumsulfat

löst man in

100,0 destilliertem Wasser

und filtriert die Lösung.

Andrerseits löst man

60,0 Natriumkarbonat

in

200,0 destilliertem Wasser,

filtriert die Lösung ebenfalls und giesst das Filtrat unter Rühren nach und nach in die Magnesiumsulfatlösung. Den entstandenen Niederschlag bringt man auf ein Filter, wäscht ihn hier mit destilliertem Wasser so lange aus, bis sich der Ablauf mit Bariumnitrat nur noch schwach trübt, und verteilt ihn dann in so viel destilliertem Wasser, dass das Gesamtgewicht

1000,0

beträgt. Man leitet nun Kohlensäure bis zur vollständigen Lösung des Niederschlages ein, füllt die Lösung auf Flaschen von ungefähr 200 g Inhalt ab und bewahrt diese im Keller liegend auf.

Aqua marina artificialis.

Künstliches Meerwasser, Seewasser für Aquarien.
Nach *Lachmann.*

1325,0 Kochsalz,
100,0 Magnesiumsulfat,
30,0 Kaliumsulfat,
150,0 Chlormagnesium

löst man in

50 l Brunnenwasser,

bringt in die Lösung einige mit Algen besetzte Steine, um ihr Sauerstoff zuzuführen, und lässt leicht zugedeckt im Freien an einem kühlen Ort stehen.

Man filtriert dann durch Schwammabfall und bringt das Filtrat in die Aquarien. In diesem künstlichen Seewasser halten sich die Lebewesen selbst verschiedener Meere gut, nur ist es notwendig, das verdunstete Wasser zu ergänzen, und empfehlenswert, einen feinen Luftstrom dauernd einzublasen. Gerade letzteres bietet besondere Vorteile, ist aber leider nicht überall zu beschaffen.

Aqua Matico.

Matikowasser.

a) 100,0 fein zerschnittene Matikoblätter

bringt man auf das mit einem Tuche bedeckte Sieb einer Dampfdestillierblase und treibt mit dem direkten Dampfstrahl.

1000,0

über.

Das Destillat ist anfänglich trübe, wird aber später klar.

b) Vorschrift d. Dresdner Ap. V.

1,0 ätherisches Matikoöl

schüttelt man mit

2000,0 warmem destillierten Wasser

gut durch, lässt die Flüssigkeit 24 Stunden stehen und filtriert sie dann.

Aqua Melissae.

Melissenwasser.

a) Vorschrift d. Ph. G. I.

100,0 geschnittenes Melissenkraut

geben nach dem bei Aqua Anisi beschriebenen Verfahren

1000,0 Destillat.

b) Vorschrift der Ph. Austr. VII.

Aus

200,0 zerschnittenen Melissenblättern,
3000,0 Wasser

bereitet man, wie unter Aqua Chamomillae b beschrieben,

1000,0 Destillat.

Erwähnenswert ist die bequeme Herstellung aus dem destillierten Helfenberger hundertfachen Wasser.

Das Melissenwasser ist klar.

Aqua Melissae concentrata.

Aqua Melissae decemplex. Starkes Melissenwasser. Zehnfaches Melissenwasser.

1000,0 fein zerschnittene Melissenblätter

feuchtet man mit

200,0 Weingeist von 90 pCt

an und lässt eine Stunde in bedecktem Gefässe stehen. Man bringt dann die feuchte Masse auf das mit einem Tuche bedeckte Sieb der Dampfdestillierblase und treibt mit dem Dampfstrahl

1000,0

ab.

Ein klares Destillat, das man zum Gebrauch mit dem neunfachen Gewicht destilliertem Wasser verdünnt.

Aqua Menthae crispae.

Krauseminzwasser.

Ph. G. I.

100,0 geschnittenes Krauseminzkraut

geben nach dem bei Aqua Anisi beschriebenen Verfahren

1000,0 Destillat.

Das Krauseminzwasser ist anfangs trübe, wird aber später klar.

Aqua Menthae crispae concentrata.

Aqua Menthae crispae decemplex. Starkes Krauseminzwasser. Zehnfaches Krauseminzwasser.

1000,0 fein zerschnittene Krauseminzblätter

feuchtet man mit

200,0 Weingeist von 90 pCt

an und lässt 1 Stunde lang in bedecktem Gefässe stehen; man bringt dann die feuchte Masse auf das mit einem Tuch bedeckte Sieb der Dampfdestillierblase und treibt mit dem Dampfstrahl

1000,0

ab.

Ein klares Destillat, das man zum Gebrauch mit dem neunfachen Gewicht destilliertem Wasser verdünnt.

Aqua Menthae crispae poliens.

Moirée- oder Appreturwasser. Glanzwasser. Krauseminzwasser.

Man schüttelt

1,0 Tragant, Pulver M/50,

mit

20,0 Weingeist von 90 pCt

an und fügt noch

1000,0 Krauseminzwasser

hinzu.

Das Appreturwasser dient dazu, Seidenstoffen Moiréeglanz zu verleihen.

Man giebt dazu nachstehende

Gebrauchsanweisung:

„Man bestreicht die Seide auf der Rückseite schwach mit einem Schwämmchen, welches man in das Appreturwasser eingetaucht hat, und plättet sie dann trocken.“

Aqua Menthae piperitae.

Pfefferminzwasser.

a) Vorschrift des D. A. III.

1 Teil grob zerschnittene Pfefferminzblätter

wird mit der nötigen Menge gewöhnlichem Wasser angefeuchtet; darauf werden aus der Mischung

10 Teile

abdestilliert.

Hierzu ist zu bemerken, dass man das Kraut besser auf das Sieb einer Dampfdestillierblase bringt und die vorgeschriebene Menge Destillat mit dem direkten Dampfstrahl übertreibt.

Das Pfefferminzwasser ist gleich nach der Destillation trübe, wird mit der Zeit etwas klarer, aber nie völlig klar.

b) Vorschrift der Ph. Austr. VII.

Man bereitet es aus Pfefferminzblättern wie das Melissenwasser nach Vorschrift b.

Aqua Menthae piperitae concentrata.

Aqua Menthae piperitae decemplex. Starkes Pfefferminzwasser. Zehnfaches Pfefferminzwasser.

1000,0 fein zerschnittene Pfefferminzblätter

feuchtet man mit

200,0 Weingeist von 90 pCt

an und lässt 1 Stunde lang in bedecktem Gefässe stehen.

Man bringt nun die feuchte Masse auf das mit einem Tuch bedeckte Sieb der Dampfdestillierblase und treibt mit dem direkten Dampfstrahl

1000,0

ab.

Ein klares Destillat, das man beim Gebrauch mit dem neunfachen Gewicht Wasser verdünnt.

Aqua Menthae piperitae spirituosa.

Weingeistiges Pfefferminzwasser.

a) Vorschrift d. Ph. G. I.

200,0 fein zerschnittene Pfefferminzblätter

feuchtet man mit

200,0 Weingeist von 90 pCt

an und lässt eine Stunde lang in bedecktem Gefäss stehen.

Man bringt dann die feuchte Masse auf das mit einem Tuch bedeckte Sieb der Dampfdestillierblase und treibt

1000,0

über.

b) 200,0 zehnfaches Pfefferminzwasser

vermischt man mit

100,0 Weingeist von 90 pCt

und verdünnt die Mischung mit

700,0 warmem destillierten Wasser von 35 bis 40° C.

Das frisch destillierte weingeistige Pfefferminzwasser ist anfänglich trübe, wird aber mit der Zeit klar. Die Vorschrift b liefert ein sofort klares Wasser.

Aqua Nicotianae nach *Rademacher*.

Rademachers Tabakwasser.

100,0 frische Tabaksblätter

werden zerkleinert, im Mörser gequetscht und mit

20,0 Weingeist von 90 pCt

und

400,0 destilliertem Wasser

12 Stunden maceriert. Man gewinnt dann

100,0 Destillat

und bewahrt dieses kühl auf.

Das Tabakwasser ist klar.

Aqua ophthalmica.

Augenwasser.

a) 0,5 Zinksulfat,
100,0 Rosenwasser.

b) 0,5 Zinksulfat,
100,0 destilliertes Wasser,
1,0 safranhaltige Opiumtinktur.

c) 0,2 Kupferalaun,
100,0 Holunderblütenwasser.

d) 0,1 Silbernitrat,
100,0 destilliertes Wasser.

e) 1,0 Bleiessig,
100,0 destilliertes Wasser.

f) 2,0 Borsäure,
98,0 destilliertes Wasser.

Bei der Verwendung von aromatischen Wässern ist darauf zu achten, dass dieselben frei von Weingeist sind.

Sie dürfen in diesen Fällen also nicht durch Verdünnen konzentrierter Wässer hergestellt werden.

g) n. *Beer:*
0,5 Kupferalaun,
3 Tropfen Bleiessig,
5 „ safranhaltige Opiumtinktur,
100,0 destilliertes Wasser.

Man filtriert.

h) n. *Conradi:*
0,02 Quecksilberchlorid,
100,0 destilliertes Wasser,
5 Tropfen safranhaltige Opiumtinktur.

i) n. *Horst:*
5,0 Ammoniumchlorid,
10,0 Zinksulfat,

836,0 destilliertes Wasser,
3,0 Kampfer,
140,0 verdünnt. Weingeist von 68 pCt,
6,0 Safrantinktur.

Man löst den Kampfer im Weingeist, setzt die Safrantinktur hinzu und giesst in die Lösung der Salze.

k) n. *Jaeger:*
0,5 Kupferalaun,
0,5 safranhaltige Opiumtinktur,
0,5 Bleiessig,
99,0 destilliertes Wasser.

Aqua ophthalmica nach *Romershausen.*

Romershausens Augenwasser.

15,0 Romershausens Augenessenz (Spir. ophth. R.),
85,0 destilliertes Wasser

mischt man.

Eine grünliche, milchtrübe Flüssigkeit.

Aqua Opii.

Opiumwasser.
Ph. G. I.

10,0 Opium, Pulver M/20,

maceriert man mit

100,0 destilliertem Wasser

24 Stunden lang. Dann destilliert man

50,0

über, wozu bei kleinen Mengen eine Glasretorte dienen kann. Der Rückstand kann auf Opiumalkaloide verarbeitet werden.

Das Destillat ist klar, wird auf kleine Flaschen abgefüllt und kühl aufbewahrt.

Aqua Petroselini.

Petersilienwasser.

a) Vorschrift d. Ph. G. I.

50,0 gequetschte Petersilienfrüchte

geben nach dem bei Aqua Anisi angegebenen Verfahren

1000,0 Destillat.

b) 1 Tropfen Petersiliensamenöl,
1000,0 heisses destilliertes Wasser

mischt man durch Schütteln.

Das Petersilienwasser ist anfangs trübe, wird aber später klar.

Aqua Petroselini concentrata.

Aqua Petroselini decemplex.
Starkes Petersilienwasser. Zehnfaches Petersilienwasser.

500,0 zerquetschte Petersilienfrüchte

feuchtet man mit

200,0 Weingeist von 90 pCt

an und lässt eine Stunde lang stehen. Man bringt nun die feuchte Masse auf das mit einem Tuche bedeckte Sieb der Dampfdestillierblase und treibt mit dem Dampfstrahl

1000,0

über.

Wollte man, wie bei den andern konzentrierten Wässern, zur Herstellung von 1000,0 Destillat 1000,0 Petersilienfrüchte in Arbeit nehmen, so würde eine Menge ätherisches Öl verloren gehen. Denn, ähnlich wie beim Fenchel, sind die Früchte ölreich und würden beim Einhalten jenes Verhältnisses mehr ätherisches Öl liefern, als das Wasser trotz des Weingeistzusatzes aufzunehmen vermöchte.

Ein klares Destillat, das man beim Gebrauch mit dem neunfachen Gewicht destilliertem Wasser verdünnt.

Aqua phagedaenica flava.

Altschadenwasser.
Ph. G. I.

1,0 Quecksilberchlorid

löst man in

20,0 destilliertem Wasser

und setzt dann nach und nach

280,0 Kalkwasser

zu.

Ist stets frisch zu bereiten.

Aqua phagedaenica nigra.

Aqua nigra. Schwarzes Wasser.
Ph. G. I.

1,0 Quecksilberchlorür

verreibt man sorgfältig mit

60,0 Kalkwasser.

Aqua Picis.

Teerwasser.

a) Vorschrift des D. A. IV.

1 Teil Holzteer

wird mit

3 Teilen grob gepulvertem Bimstein.

welchen man vorher mit Wasser auswusch und wieder trocknete, gemischt und zum Gebrauch aufbewahrt.

2 Teile solcher Mischung

werden mit

5 Teilen Wasser

5 Minuten lang geschüttelt. Die Flüssigkeit wird alsdann filtriert.

Das Teerwasser soll bei jedesmaligem Bedarf frisch bereitet oder doch nur für kurze Zeit vorrätig gehalten werden.

Hierzu gestatte ich mir zu bemerken:

Man kann den Bimstein auch durch ausgewaschenes Holzkohlenpulver ersetzen, erreicht aber seinen Zweck auf folgende noch einfachere Weise.

b) nach *E. Dieterich.*

100,0 Holzteer

wiegt man in eine Flasche, welche 2000 ccm fasst, giebt

1000,0 heisses Wasser von 50—60° C

dazu und schüttelt 2 Minuten lang. Man giesst die Mischung durch angefeuchtete Watte und schüttelt das Durchgelaufene mit

20,0 Talkpulver, M/50.

Man filtriert sodann durch Papier, giesst nötigenfalls das zuerst Durchlaufende zurück und erhält so ein goldklares Filtrat.

Das Teerwasser ist vor Einfluss des Tageslichtes zu schützen.

Aqua Picis concentrata.

Starkes Teerwasser.

250,0 Holzteer,
15,0 Natriumbikarbonat,
1000,0 Wasser

setzt man im Wasserbad in geschlossenem Gefäss einer Temperatur von 35—40° C 3 Stunden lang aus. Man schüttelt zum Schluss kräftig durch, stellt die Mischung einige Tage in den Keller und filtriert dann.

Das Filtrat ist und bleibt klar.

Aqua Plumbi.

Aqua plumbica. Aqua Saturni. Bleiwasser.

a) Vorschrift des D. A. IV.

1 Teil Bleiessig,
49 Teile destilliertes Wasser

werden gemischt.

Will man die Bildung von Bleikarbonat möglichst vermeiden, so erhitzt man das Wasser vorher 15 Minuten im Dampfbad und lässt es wieder erkalten.

b) Vorschrift der Ph. Austr. VII.

1,0 Bleiessig,
50,0 destilliertes Wasser

mischt man.

Aqua Plumbi Goulardi.

Aqua Goulardi. Aqua Plumbi spirituosa.
Goulardsches Wasser.
Diluted solution of subacetate of Lead.

a) Vorschrift der Ph. G. I.

2,0 Bleiessig

verdünnt man mit

90,0 gewöhnlichem Wasser

und fügt

8,0 Weingeist von 90 pCt

hinzu.

b) Vorschrift der Ph. Austr. VII.

2,0 Bleiessig,
100,0 Wasser,
5,0 verdünnten Weingeist v. 68 pCt

mischt man in derselben Weise, wie bei der vorhergehenden Vorschrift.

Die Ph. Austr. VII. lässt noch gewöhnliches Wasser verwenden; man giebt jedoch neuerdings und zwar mit Recht dem destillierten den Vorzug.

c) Vorschrift der Ph. Brit.

2,0 Bleiessig Ph. Brit.

verdünnt man mit

1,5 Weingeist von 88,76 Vol. pCt,
121,5 destilliertem Wasser

und filtriert.

Aqua Plumbi opiata.

Opiumhaltiges Bleiwasser.

15,0 Bleiacetat

löst man in

500,0 destilliertem Wasser.

Andrerseits verdünnt man

30,0 einfache Opiumtinktur

mit

455,0 destilliertem Wasser.

und mischt beide Flüssigkeiten.

Das opiumhaltige Bleiwasser muss stets frisch bereitet werden.

Aqua Quassiae nach *Rademacher.*

Rademachers Quassiawasser.

10,0 Quassiarinde, Pulver M/8,
50,0 Quassiaholz, Pulver M/8,
20,0 Weingeist von 90 pCt,
500,0 destilliertes Wasser.

Man maceriert 24 Stunden und destilliert dann

150,0

ab.

Das Destillat ist klar.

Aqua Rosae.

Rosenwasser. Rose water.

a) Vorschrift des D. A. IV.

4 Tropfen Rosenöl

werden mit

1 Liter lauwarmem Wasser

einige Zeit lang geschüttelt; darauf wird die Mischung filtriert.

Ich bemerke dazu, dass man unter „lauwarm“ eine Temperatur von 37 bis 38° C versteht.

b) Vorschrift der Ph. Austr. VII.
Man bereitet es in derselben Weise aus
0,25 Rosenöl,
1000,0 warmem destillierten Wasser v. 37 bis 38° C.

c) Vorschrift des Ph. U. St.
Man bereitet es durch Mischen gleicher Teile starken Rosenwassers und destillierten Wassers. Das starke Rosenwasser wird als Nebenprodukt bei der Rosenöldestillation gewonnen.

Aqua Rosmarini.

Aqua Anthos. Rosmarinwasser.

1 Tropfen franz. Rosmarinöl,
100,0 heisses destilliertes Wasser
mischt man durch Schütteln.
Das Rosmarinwasser ist anfänglich trübe, wird aber später klar.

Aqua Rubi Idaei.

Himbeerwasser.

a) Vorschrift der Ph. Austr. VII.
Von
200,0 reifen frischen Himbeeren,
2000,0 Wasser
destilliert man
1000,0
ab.
Das Himbeerwasser ist ein unbeständiges Präparat, das man richtiger jedesmal frisch aus dem haltbaren zehnfachen Himbeerwasser oder aus der 100fachen Essenz mischt.

Aqua Rubi Idaei decemplex.

Zehnfaches Himbeerwasser.
Nach *E. Dieterich*.

2000,0 frische Himbeeren
zerquetscht man und mischt dann
1000,0 Wasser
hinzu.
Man bringt nun in eine Blase, destilliert
900,0
über und fügt dem Destillat
100,0 Weingeist von 90 pCt
hinzu.
Ein aus Himbeer-Presskuchen hergestelltes Wasser hat, wie von mir in grossem Massstab angestellte Destillationen ergaben, mit dem aus frischen Früchten bereiteten kaum eine Ähnlichkeit, weshalb ich die Presskuchen zur Herstellung von Himbeerwasser für ganz ungeeignet erklären muss. In früherer Zeit, als man mit unvollkommenen Pressen noch nicht imstande war, allen Saft aus den Kuchen zu gewinnen, mögen letztere infolge dieses Saftgehaltes ein besseres *Destillat* geliefert haben, heute dagegen ist es schade um die Arbeit.

Das nach obiger Vorschrift bereitete Destillat ist von ganz ausgezeichneter Qualität und hält sich ziemlich lange, wenn es auf kleine Flaschen gefüllt und liegend im Keller aufbewahrt wird.

Aqua Rutae.

Rautenwasser.

100,0 zerschnittene Rautenblätter
bringt man auf das Sieb der Destillierblase und treibt mit Dampf
1000,0
ab.
Das Destillat ist trübe, wird aber mit der Zeit klar.

Aqua Saidschütz factitia.

Künstliches Saidschützer Wasser.

70,0 Magnesiumsulfat,
5,0 Natriumbikarbonat
löst man in
700,0 destilliertem Wasser,
filtriert die Lösung in eine Mineralwasserflasche, setzt
15,0 verdünnte reine Schwefelsäure von 1,11—1,14 sp. G.
zu und verkorkt rasch.
Man verbindet den Kork und bewahrt die Flasche liegend im Keller auf.

Aqua Salviae.

Salbeiwasser.
Ph. G. I.

100,0 geschnittene Salbeiblätter
geben nach dem unter Aqua Anisi beschriebenen Verfahren
1000,0 Destillat.
Das Salbeiwasser ist anfangs trübe, wird aber später klar.

Vorschrift der Ph. Austr. VII.
Man bereitet es aus Salbeiblättern wie das Aqua Chamomillae b.

Aqua Salviae concentrata.

Aqua Salviae decemplex.
Starkes Salbeiwasser. Zehnfaches Salbeiwasser.

1000,0 fein zerschnittene Salbeiblätter
feuchtet man mit
200,0 Weingeist von 90 pCt
an und lässt eine Stunde lang in bedecktem Gefäss stehen. Man bringt sodann die feuchte Masse auf das mit einem Tuch bedeckte Sieb der Dampfdestillierblase und treibt
1000,0
mit dem Dampfstrahl ab.

Ein klares Destillat, dass man beim Gebrauch mit dem neunfachen Gewicht destilliertem Wasser verdünnt.

Aqua Sambuci.

Fliederblütenwasser. Holunderblütenwasser.
Ph. G. I.

100,0 getrocknete Holunderblüten

oder

500,0 frische Holunderblüten

geben nach dem unter Aqua Anisi beschriebenen Verfahren

1000,0 Destillat.

Aus den frischen Blüten erhält man ein Destillat von viel besserem Geruch, wie aus getrockneter Ware.

Die Herstellung aus einem aus frischen Blüten destillierten 100fachen Wasser sei hier besonders empfohlen.

DasHolunderblütenwasser istanfangs schwach trübe, wird aber später klar.

Aqua Sambuci concentrata.

Aqua Sambuci decemplex.
Starkes Flieder- oder Holunderblütenwasser.
Zehnfaches Flieder- oder Holunderblütenwasser.

1000,0 zerschnittene trockne Holunderblüten

feuchtet man mit

200,0 Weingeist von 90 pCt

an und lässt eine Stunde lang in bedecktem Gefäss stehen. Man bringt sodann die feuchte Masse auf das mit einem Tuch bedeckte Sieb der Dampfdestillierblase und treibt

1000,0

mit dem Dampfstrahl ab.

Ein klares Destillat, welches beim Gebrauch mit dem neunfachen Gewicht destilliertem Wasser verdünnt wird.

Aqua scarlatina.

Scharlachwasser.

30,0 Kaliumbioxalat,
15,0 kryst. Natriumkarbonat,
7,5 Kaliumkarbonat,
0,6 Kochenille, zerrieben,
1000,0 destilliertes Wasser.

Man filtriert nach 24 Stunden.

Das Scharlachwasser dient zum Auffrischen der Farbe des scharlachroten Militärtuches und wird aufgebürstet.

Gebrauchsanweisung.

„Man giebt von dem Scharlachwasser etwas in eine Untertasse, taucht dann eine reine Bürste ein wenig in dasselbe und bürstet es auf das Tuch. Man setzt das Bürsten so lange fort, bis das Scharlachwasser gleichmässig auf dem Tuch verteilt ist, und lässt dann an der Luft trocknen.“

Aqua sedativa nach *Raspail*.

Raspails beruhigendes Wasser. Eau sédative de Raspail.

50,0 Natriumchlorid

löst man in

890,0 destilliertem Wasser,

fügt

10,0 Kampferspiritus,
50,0 Ammoniakflüssigkeit (10 pCt)

und schliesslich

2 Tropfen Rosenöl

hinzu.

Eine trübe Flüssigkeit, die man vor der Abgabe umzuschütteln hat.

Aqua Serpylli.

Quendelwasser.

1 Tropfen Feldthymianöl,
200,0 heisses destilliertes Wasser

mischt man durch Schütteln.

Das Quendelwasser ist, frisch bereitet, trübe, wird aber später klar.

Aqua Sinapis.

Senfwasser.

1 Tropfen ätherisches Senföl,
200,0 destilliertes Wasser

mischt man durch Schütteln.

Das Senfwasser ist klar.

Aqua Strychni nach *Rademacher*.

Aqua Nucum vomicarum n. *Rademacher*.
Rademachers Brechnusswasser.

660,0 geraspelte Brechnüsse,
63,0 Weingeist von 90 pCt,
1000,0 gewöhnliches Wasser

lässt man in geschlossenem Gefäss 24 Stunden stehen. Man bringt dann die feuchte Masse auf das mit einem Tuch bedeckte Sieb der Dampfdestillierblase und treibt

1000,0

über.

Man erhält ein klares Destillat.

Aqua Tiliae.

Lindenblütenwasser.
Ph. G. I.

100,0 getrocknete Lindenblüten

oder

500,0 frische Lindenblüten

liefern nach dem unter Aqua Anisi beschriebenen Verfahren

1000,0 Destillat.

Das Lindenblütenwasser aus frischen Blüten verdient unbedingt den Vorzug; auch die Herstellung aus einem aus frischem Kraut gewonnenen 100fachen Wasser ist zu empfehlen.

Das Lindenblütenwasser ist klar.

Aqua Tiliae concentrata.

Aqua Tiliae decemplex.
Starkes Lindenblütenwasser. Zehnfaches Lindenblütenwasser.
Ph. G. I.

1000,0 fein zerschnittene trockne Lindenblüten

feuchtet man mit

200,0 Weingeist von 90 pCt

an und lässt 1 Stunde lang in bedecktem Gefäss stehen.

Man bringt dann die feuchte Masse auf das mit einem Tuch bedeckte Sieb der Dampfdestillierblase und treibt mit dem Dampfstrahl

1000,0

ab.

Ein klares Destillat, das beim Gebrauch mit dem neunfachen Gewicht destilliertem Wasser verdünnt wird.

Aqua Valerianae.

Baldrianwasser.
Ph. G. I.

100,0 Baldrianwurzeln

geben nach dem unter Aqua Anisi beschriebenen Verfahren

1000,0 Destillat.

Das Baldrianwasser ist klar.

Aqua vitae

wird unter „Liqueur“ behandelt werden.

Aqua vulneraria acida.

Aqua vulneraria Thedeni. *Thedens* Wundwasser.

a) 50,0 reinen Essig,
25,0 verdünnten Weingeist v. 68 pCt,
8,0 verdünnte Schwefelsäure von 1,11—1,14 sp. G.,
17,0 gereinigten Honig

mischt man.

b) ein feineres Präparat erhält man folgendermassen:

10,0 verdünnte Essigsäure v. 30 pCt,
47,5 Rosenwasser,
17,5 Weingeist von 90 pCt,
8,0 verdünnte Schwefelsäure von 1,11—1,14 sp. G.
17,0 gereinigten Honig

mischt man.

Beide Mischungen lässt man einige Tage kühl stehen, ehe man sie filtriert.

Das frische Filtrat ist gelb, dunkelt aber bis lichtbraun nach.

Aqua vulneraria spirituosa.

Aqua vulneraria vinosa. Weisse Arquebusade.

30,0 Pfefferminzblätter,
30,0 Rosmarinblätter,
30,0 Rautenblätter,
30,0 Salbeiblätter,
30,0 Wermutkraut,
30,0 Lavendelblüten,

sämtlich entsprechend zerkleinert, netzt man mit

500,0 Weingeist von 90 pCt,

bringt nach 12stündigem Stehen in bedecktem Gefäss auf das Sieb einer Destillierblase und treibt mit Dampf

1000,0

ab.

Das Destillat ist trübe, wird auf dem Lager etwas durchscheinender, nie aber ganz klar.

Argentum nitricum c. Kalio nitrico.

Argentum nitricum mitigatum. Lapis infernalis mitigatus. Salpeterhaltiges Silbernitrat.

Vorschrift des D. A. IV.

1 Teil Silbernitrat,
2 Teile Kaliumnitrat

werden gemischt, vorsichtig zerschmolzen und in Stäbchenform gegossen.

Argentum nitricum c. Argento chlorato.

Silberchloridhaltiges Silbernitrat.

Vorschrift d. Ergänzungsb. d. D. Ap. V.

100,0 zerriebenes Silbernitrat,
10,0 Salzsäure von 1,125 sp. G.

mischt man in einer Porzellanschale, dampft die Mischung vorsichtig ein, schmilzt sie dann unter Vermeidung von Überhitzung und giesst sie in Stäbchenform aus.

Arsenikseife zum Präparieren von Tierbälgen.

25,0 arsenige Säure,
12,5 Kaliumkarbonat,
25,0 Wasser

kocht man in einem Glaskolben bis zur Lösung. Man vermischt dann die Lösung mit

250,0 Talgseife, Pulver M/8

und setzt schliesslich

5,0 Kampfer,
10,0 Naphtalin

hinzu.

Mit dieser Seife reibt man die Tierbälge vor dem Trocknen auf der Innenseite ein.

Asa foetida via humida depurata.

Asa foetida colata. Auf nassem Wege gereinigter Asant.

Nach *E. Dieterich.*

Man verfährt wie bei Ammoniacum via humida depuratum und verwendet Asa foetida in lacrymis.

Die Ausbeute wird 60—65 pCt betragen.

Ausstattung der Handverkaufsartikel.

(Aufmachung.)

Obwohl die Arzneimittel bis zu einem gewissen Grad an althergebrachte Formen gebunden sind, so müssen sie sich dennoch in der Neuzeit von Jahr zu Jahr mehr den neueren Formen anpassen, seitdem eine rührige pharmaceutische Industrie solche geschaffen, alte mit neuem reizvollen Gewande umgeben und dadurch den Geschmack des Publikums nach dieser Richtung hin geleitet hat.

In ähnlicher, nur noch verstärkter Weise macht sich die veränderte Geschmacksrichtung geltend bei den Handverkaufsartikeln; das Ausserachtlassen dieses Umstandes mag nicht wenig dazu beigetragen haben, dass sich manche Verkaufsgegenstände, z. B. Parfümerien, zum grössten Teil andere Verkaufsstellen gesucht haben! Das Publikum begnügt sich heutigen Tages nicht mehr mit einer gewöhnlichen Arzneiflasche, einer gelben Salbenbüchse, einer Papiertektur und einer geschriebenen Bezeichnung, es will den guten Kern in guter Schale haben, es beansprucht eine äusserlich angenehm ins Auge fallende Ausstattung, wie es sie von Parfümerien, Spezialitäten und Geheimmitteln her kennt. Mag bei der Ausstattung der letzteren und zwar in den Gebrauchsanweisungen manche widerliche Reklame unterlaufen, so ist es Sache des prüfenden Geschäftsmannes, das Übermass vom Erlaubten zu trennen, wie es die Standeswürde gebietet.

Die Ausstattung zerfällt in folgende Teile:

a) der Verschluss;
b) die Etikette und Gebrauchsanweisung;
c) der Einschlag.

a) Der Verschluss der Flaschen kann durch eingeriebene Glasstopfen oder durch Korke bewirkt sein; immer macht es sich jedoch nötig, dem Verschluss einen Überzug oder Verband zu geben. Man kann hierzu Pergament, Blase, Pergamentpapier, Stanniol, Lammleder, Goldschlägerhäutchen, Guttaperchapapier und Zinnkapseln verwenden. In der Regel nimmt man das Lammleder, Goldschlägerhäutchen und Guttaperchapapier für kleinere Fläschchen, wie sie bei Parfümerien und kosmetischen Gegenständen üblich sind, und benützt die Blase, das Pergament, das Pergamentpapier, das Stanniol und die Zinnkapseln für Flaschen grösseren Inhalts. Neuerdings kommen Zinnkapseln in den Handel, welche aufgepasst werden können, ohne dass man den Kork abschneiden muss; sie eignen sich sehr gut zum Überziehen der Korke von Medizinflaschen und bieten den Vorteil, dass sie die Firma in die flache Mitte einzupressen gestatten. Für den gewöhnlichen Gebrauch kann der Zinnkapselverschluss als billig, bequem und elegant nicht genug empfohlen werden, während die sonst noch genannten Verbände für besondere Fälle Anwendung finden mögen. Auch dem Faden, mit welchem der Überzug festgebunden wird, widme man seine Aufmerksamkeit, sowohl was Farbe wie Befestigung anbetrifft.

Zum Verschliessen von Porzellanbüchsen eignet sich besonders der Zinn-, Nickel- und Celluloiddeckel.

b) Die Etiketten müssen für die verschiedenen Gegenstände ein von einander abweichendes Äussere zeigen, damit sie sich dem Gedächtnis des Publikums einprägen. Deutlich hervortreten muss die Bezeichnung, während die Gebrauchsanweisung in kleiner Schrift Platz finden oder auf besonderem Blatt mitgegeben werden kann. Es ist nicht unbedingt notwendig, dass die Etiketten auch die Firma tragen, ja es ist dies auch nur dann möglich, wenn man grössere Mengen auf einmal zu bestellen imstande ist. Die Firma kann, wenn sie auf der Etikette fehlt, durch Marke oder sogen. Firmenstreifen besonders angebracht werden. Der Schwerpunkt liegt in einer schönen, in die Augen fallenden Etikette.

Sehr in Aufnahme sind die mit Farbendruck hergestellten Etiketten gekommen. Auf pharmaceutischem Gebiet hat sich *Adolf Vomáčka* in Prag II viel Verdienste darum erworben. Seine Etiketten sind künstlerisch ausgeführt, bieten Abwechslung und haben einen verhältnismässig niederen Preis. Neuerdings stellt er auch geprägte Etiketten und Verschlussmarken in hübscher Ausführung her.

Die Etikette kann in vielen Fällen die Gebrauchsanweisung tragen, fällt letztere zu lang aus, so muss sie beigegeben werden.

Die für das Publikum berechneten Gebrauchsanweisungen sind klar, verständlich und nicht zu kurz abzufassen; das Publikum liebt nicht die gedrängte Kürze, es zieht vielmehr die gefälligen Formen, wie sie im persönlichen Umgang üblich sind, vor, wenn dazu auch einige Worte mehr nötig sind. Dass alle Marktschreierei vermieden werden muss, hatte ich schon eingangs angedeutet.

c) Der Einschlag, der bei jedem Gegenstand, welcher den Händen des Publikums übergeben wird, notwendig und vor allem üblich ist, bietet eine passende Gelegenheit zur Verbreitung der Firma und zum Angebot verschiedener Verkaufsgegenstände. Bei dem Bedrucken der Einschlagpapiere muss vor allem die Firma hervortreten; ihr kann sich eine kleine Auslese von Angeboten anschliessen. Jedem Gegenstand ist über Verwendung oder Eigentümlichkeit eine kleine Beschreibung beizugeben, so dass das Publikum Interesse für dieses oder jenes gewinnen kann. Ganz zwecklos erscheint es mir dagegen, ein grosses Verzeichnis von Gegenständen aufzuführen, weil die Bezeichnung allein, oder dass der Gegenstand da oder dort käuflich ist, niemanden interessieren wird; man wird ermüdet das Blatt beiseite legen und höchstens die ersten Nummern lesen. Da nun alle Handverkaufsartikel gleichmässig angeboten werden müssen und die gleiche Pflege verdienen, so hilft man sich am besten dadurch, dass man Einwickelpapiere verschiedener Grösse zum Angebot verschiedener Gegenstände benützt. Es erfolgt dadurch eine Verteilung, welche, ein und derselbe Empfänger gedacht, den Reiz der Neuheit bewahrt und dem Gedächtnis nicht zuviel zumutet. Ein kurz erläutertes Einzelangebot wird mehr Nutzen bringen, wie die Aufzählung eines Viertelhunderts von Gegenständen.

Die Frage, ob man bei den Angeboten von Gegenständen des Handverkaufs Preise angiebt, möchte ich entschieden bejahen; es ist aber dann notwendig, in die Konkurrenz einzutreten und nicht starr an Gewohnheitspreisen festzuhalten. Das Publikum vergleicht und wird dahin gehen, wo es seinen Vorteil zu finden glaubt, es wird aber nicht Umfrage halten, um sich dann erst zu entscheiden.

Erwähnung verdient hier noch die neuerdings vielfach verwendete und besonders auch für Flaschen sehr geeignete Faltschachtel. Dieselben, hübsch etikettiert, hat ein gefälliges Äussere und bietet für den Inhalt mehr Schutz, als der Papierumschlag.

Auf Einzelheiten in den verschiedenen Ausstattungen einzugehen, verbietet hier der Raum, doch glaube ich, dass die Spezialitäten des Handels in vielen Fällen als Vorbilder dienen können und dass es nur vom Geschmack und Schönheitssinn abhängt, das Beste darunter zu berücksichtigen.

Auro-Natrium chloratum.

Natriumgoldchlorid.

Vorschrift des D. A. III.

13,0 reines Gold

löst man unter gelindem Erwärmen in einer aus

16,0 Salpetersäure v. 1,153 spez. Gew.

und

48,0 Salzsäure von 1,124 spez. Gew.

bestehenden Mischung.

Die Lösung verdünnt man mit

40,0 destilliertem Wasser

und löst darin auf

20,0 reines ausgetrocknetes Natriumchlorid.

Die klare Flüssigkeit dampft man im Wasserbad unter Umrühren zur Trockne ein.

Bacilli caustici.

Lapis causticus. Ätzstifte.

10,0 Ätzkalk aus Marmor,
20,0 Ätzkali

zerreibt man, schmilzt in einem Porzellan- oder Silbertiegel und giesst in erhitzte Höllensteinformen, die man mit Talkpulver bestreute, aus.

Die erkalteten Stifte bewahrt man in gut verschlossenen Gefässen auf.

Bacilli gelatinosi

„siehe unter Bougies".

Bacilli Liquiritiae crocati.

5 Tropfen Rosenöl

verreibt man mit

590,0 Zucker, Pulver M/30,

mischt dann hinzu

100,0 Veilchenwurzel, Pulver M/50,
100,0 arabisches Gummi, „ „
150,0 Weizenstärke, „ „
50,0 geschältes Süssholz, „ „
10,0 Tragant, „ „

fügt

25,0 Safrantinktur,
q. s. Gummischleim

hinzu und stösst damit zu einer bildsamen Masse an.

Man formt daraus Stengel von 5—6 mm Dicke, bestreut dieselben mit Süssholzpulver und trocknet sie in Zimmertemperatur. Die trockenen Stengelchen bestreicht man, um ihnen eine gleichmässige gelbe Farbe zu geben, mit zehnfach verdünnter Safrantinktur.

Bacilli Zinci chlorati.

Chlorzink-Stifte.

a) 20,0 Chlorzink,
10,0 Chlorkalium

verreibt man miteinander, schmilzt in einem Porzellantiegel und giesst in erwärmte Höllensteinformen, die man vorher mit Talkpulver bestreute, aus.

b) 10,0 Kaliumchlorat,
30,0 Kaliumnitrat,
60,0 Chlorzink

verreibt man, jedes für sich, möglichst fein, mischt sie dann und knetet die immer mehr zusammenballende Masse so lange, bis sie bildsam wie eine Pillenmasse ist. Man rollt sodann Stäbchen aus, lässt diese bis zum Erstarren ruhig liegen und bewahrt sie dann in weiten Glasröhren auf.

Backpulver.

Hefepulver. Trockenhefe.

75,0 gereinigten Weinstein,
25,0 Natriumbikarbonat

mischt man, nachdem man den Weinstein vorher trocknete. Man bewahrt die Mischung in gut verschlossenen Gefässen auf und verabfolgt sie in Dosen zu 20 g in verschlossenen Papierbeuteln, auf welchen sich nachstehende Anweisung befindet:

Gebrauchsanweisung.

„Man mengt das dem Beutel entnommene Backpulver mit dem Weizenmehl, fügt die anderen Bestandteile hinzu und knetet den Teig gleichmässig durch. Man bringt diesen in die Form und dann sofort zum Backen in den Ofen. Man darf also den Teig in der Form vorher nicht, wie bei der Verwendung von Hefe, aufgehen lassen."

Nachstehend drei Recepte:

Sandtorte.

1 Backpulver

mischt man mit

190 g feinstem Weizenmehl

sehr genau. Ferner verrührt man

250 g Butter,

mischt dann das

Gelb von 4 Eiern,

ferner

180 g nicht zu feines Zuckerpulver,

hierauf das zu Schnee geschlagene Weiss von 4 Eiern und schliesslich das mit dem Backpulver vermengte Mehl hinzu. Wenn der Teig gleichmässig geknetet ist, bringt man ihn sofort (also ohne ihn vorher aufgehen zu lassen) in die Form und in den heissen Ofen.

Altdeutscher Napfkuchen.

1 Backpulver,
500 g feinstes Weizenmehl,
125 g verrührte Butter,
125 g nicht zu feines Zuckerpulver,
2 Stück Eigelb,
1/3 Liter Milch, knapp,
100 g geriebene Mandeln,
2 Stück Eiweiss als Schnee,
etwas abgeriebene Citronenschale.

Man kann den Geschmack verbessern, wenn man einige bittere Mandeln dazu nimmt.

Man hält das bei der Sandtorte angegebene Verfahren ein.

Topfkuchen.

1 Backpulver,
500 g feinstes Weizenmehl,
100 g verrührte Butter,
125 g nicht zu feines Zuckerpulver,
2 Stück Eigelb,
1/3 Liter Milch, knapp,
30 g Rosinen (Sultaninen),
30 g Korinthen,
30 g klein zerschnittenes Citronat,
2 Stück Eiweiss als Schnee.

Man verfährt bei der Bereitung des Teiges so, wie bei der Sandtorte angegeben ist.

Balnea, Bäder.

Bade- und Trinkanstalten findet man so häufig und mit Recht mit Apotheken verbunden, dass diesem Kapitel die besondere Aufmerksamkeit geschenkt werden soll.

Die Herstellung von Bädern ist einfach und besonders lohnend, wenn der Betrieb ein lebhafter ist. Um es dahin zu bringen, hat man in den Badezimmern einen Anschlag zu machen, auf welchem sämtliche Bäder, welche verabreicht werden, nebst Preisen verzeichnet sind. Wie in allen Dingen muss auch hier etwas für Veröffentlichung gethan werden.

Es wird nicht schwer sein, nach folgenden Vorschriften, bei welchen ich mich auf die gebräuchlichsten Formen beschränke, weitere Zusammenstellungen zu machen. So würde z. B. ein kohlensäurehaltiges Solbad so zu bereiten sein, dass man die Formel des Kohlensäurebades benützte, aber vorher im Wasser die verordnete Sole löste.

Es ist selbstverständlich, dass die verwendeten Chemikalien nicht chemisch rein zu sein brauchen, da es für ein Bad ziemlich gleichgiltig ist, ob z. B. Natrium bicarbonicum etwas Chlor oder Monokarbonat enthält oder nicht.

Die angegebenen Mengen sind für Vollbäder berechnet, so dass für Fussbäder der zehnte und für Handbäder der zwanzigste Teil zu nehmen sind.

Alaun-Bad.

250,0 rohen Alaun, Pulver M/30,
verabfolgt man in Papierbeutel.

Alkalisches Bad.

Soda-Bad.

500,0 Krystall-Soda
zerstösst man im Mörser zu gröblichem Pulver und verabfolgt dieses in einem mit Ceresinpapier ausgelegten Papierbeutel.

Alkalisches Seifenbad.

250,0 Krystall-Soda
zerstösst man zu gröblichem Pulver, mischt dann, ähnlich wie beim Speziesmischen,
250,0 Hausseife, Pulver M/30,
darunter und verabreicht die Mischung in einem mit Ceresinpapier ausgelegten Papierbeutel.

Ameisen-Bad.

250,0 Ameisenspiritus,
250,0 Ameisentinktur.
Man mischt und filtriert.

Aromatisches Bad.

1,0 Pfefferminzöl,
100,0 Hoffmann'scher Lebensbalsam,
200,0 gereinigter Honig.
Man mischt. — Man kann auch 500 aromatische Badekräuter, Species Balneorum, verabreichen und diese heiss aufzugiessen anordnen.

Arnika-Bad.

250,0 Arnikatinktur,
250,0 gereinigter Honig.
Man mischt.

Baldrian-Bad.

250,0 Baldriantinktur,
10,0 Essigäther
mischt man. Der Essigäther hat nur den Zweck, den Baldriangeruch etwas zu verdecken.

Chlorkalk-Bad.

250,0 Chlorkalk
verabfolgt man in einer Steingutbüchse.

Eisen-Bad.

100,0 Eisenweinstein,
900,0 heisses destilliertes Wasser.
Die Lösung ist zu filtrieren. Man kann auch den fein gepulverten Eisenweinstein in Papier abgeben.

Eisen-Kohlensäure-Bad.

A. Mit wenig Kohlensäure.

Nr. 1. 200,0 Natriumbikarbonat
wird in Papier verabfolgt.

Nr. 2. 50,0 Eisenvitriol
löst man durch Schütteln in der Flasche in
150,0 roher Salzsäure von ca. 1,165 spez. Gew.,
90,0 Wasser.
Mit „Vorsicht" zu bezeichnen!

B. Mit mehr Kohlensäure.

Man nimmt doppelt so viel Natriumbikarbonat und Salzsäure, wie bei A vorgeschrieben ist. Die Eisenvitriolmenge bleibt dieselbe.

Die überschüssige Menge von Natriumbikarbonat und Salzsäure ist bestimmt, dem Bad freie Kohlensäure zu liefern.

Wegen geringer Haltbarkeit der Eisenlösung ist dieselbe immer frisch zu bereiten.

Auf der Gebrauchsanweisung muss im Interesse der Zinkbadewannen bemerkt werden, dass dem Badewasser zuerst das Natron, Nr. 1, und dann erst die Eisenlösung, Nr. 2, zugesetzt wird.

Fichtennadel-Bad.

250,0 Fichtennadelextrakt,
2,0 Latschenkiefernöl,
50,0 Weingeist von 90 pCt

mischt man innig mit einander und verdünnt durch entsprechenden Wasserzusatz soweit, dass die Mischung die Beschaffenheit eines dicken Saftes hat.

Die Mischung kann nicht lange vorrätig gehalten werden. Statt des Latschenkiefernöles kann man auch Wacholderholzöl nehmen.

Jod-Bad.

Nr. 1. 500,0 Kochsalz

verabfolgt man in Papierpackung.

Nr. 2. 5,0 Jod,
10,0 Jodkalium,
40,0 destilliertes Wasser.

Man vollzieht die Lösung gleich in der Flasche.

Die Trennung der Bestandteile in 2 Teile dürfte empfehlenswert sein, um dem Publikum nicht zu grosse Flaschen in die Hände geben zu müssen.

Für den Gebrauch ist darauf aufmerksam zu machen, dass Jodbäder nicht in Metallbadewannen genommen werden dürfen.

Jod-Brom-Schwefelbad.

Aachener Bad.

Nr. 1. 2,0 Bromkalium,
2,0 Jodkalium.
50,0 Schwefelkalium,
30,0 Kaliumsulfat,
50,0 Natriumsulfat,
100,0 Natriumbikarbonat,
500,0 Kochsalz.

Die Salze stösst man gröblich und verabfolgt in Papier mit Nr. 1 bezeichnet.

Nr. 2. 100,0 rohe Salzsäure v. ca. 1,165 spez. Gew.

Mit „Vorsicht“ zu bezeichnen.

Die Gebrauchsanweisung muss dahin lauten, dass die Salzmischung dem Bade zuerst, und dann der Inhalt der Flasche (Nr. 2) zugesetzt wird.

Für das Aachener Bad giebt es eine Anzahl ganz wunderlicher und willkürlicher Zusammenstellungen. Die obige Vorschrift habe ich mit Zuhilfenahme der Quellenanalysen ausgearbeitet und hoffe damit der Wirklichkeit nahe gekommen zu sein.

Kleien-Bad.

1000,0 Weizenkleie

erhitzt man mit

5000,0 Wasser

1 Stunde im Dampfbad und seiht dann ab im Spitzbeutel unter allmählichem Druck.

Vielfach bringt man die Kleie in einen Beutel und kocht sie aus; das Verfahren ist wohl bequemer, aber die Extraktion ganz ungenügend.

Kohlensäure-Bad.

A. Schwach:

Nr. 1. 300,0 Natriumbikarbonat.
Nr. 2. 300,0 rohe Salzsäure von ca. 1,165 spez. Gew.

B. Mittelstark:

Nr. 1. 600,0 Natriumbikarbonat.
Nr. 2. 600,0 rohe Salzsäure von ca. 1,165 spez. Gew.

C. Stark:

Nr. 1. 1000,0 Natriumbikarbonat.
Nr. 2. 1000,0 rohe Salzsäure von ca. 1,165 spez. Gew.

Das Natriumbikarbonat packt man in Papier; die Salzsäure bezeichnet man mit „vorsichtig“.

In der Gebrauchsanweisung ist in Rücksicht auf Metallwannen ausdrücklich hervorzuheben, dass zuerst das Natron im Badewasser gelöst und dann erst die Salzsäure in dünnem Strahl unter Rühren eingegossen wird.

Die Menge der Salzsäure ist der des Natrons absichtlich nicht äquivalent, um die alkalische Reaktion vorherrschen zu lassen.

Leim-Bad.

1000,0 besten Leim

quellt man mit

5000,0 Wasser

ein.

Wenn die Aufquellung eine gleichmässige geworden ist, schmilzt man auf dem Dampfbad, setzt zu

50,0 Kölnisch-Wasser,

giesst in grosse Chokoladeformen oder in Ermangelung solcher in Suppenteller aus und stellt kalt.

Nach dem völligen Erkalten nimmt man die Gelatine aus den Formen heraus und verabreicht in Pergamentpapierpackung.

Die Gelatine löst sich leicht in badewarmem Wasser auf.

Leim-Schwefel-Bad.

Es wird wie das vorige bereitet, nur dass man beim Schmelzen des aufgequollenen Leimes noch

20,0 Schwefelkalium

hinzufügt.

Malz-Bad.

Man weicht

1000,0 geschrotenes Gerstenmalz

in

2000,0 Wasser

ein, lässt 2 Stunden stehen, giesst dazu

4000,0 heisses Wasser

und erhält ungefähr eine Stunde in der Temperatur von 65 bis 70° C.

Man seiht nun ab und presst aus.

Wenn möglich, soll man lufttrockenes Malz wählen. Wird ein dunkelfarbiger Auszug gewünscht, so färbt man, wenn anders kein Farbmalz zur Verfügung steht, mit Zuckerkouleur (Tinct. Sacchari).

Mineralsäure-Bad.

Säure-Bad.

300,0 rohe Salzsäure v. ca. 1,165 sp. G.

verabreicht man in Glasflasche, bezeichnet mit „Vorsichtig" und ordnet die Verwendung einer Holzwanne an.

Quecksilber-Bad.

Sublimat-Bad.

10,0 Quecksilberchlorid,
90,0 verdünnter Weingeist v. 68 pCt.

Man löst, filtriert, bezeichnet mit „Vorsicht" und giebt nur auf ärztliche Verordnung ab. Dieses Bad darf ebenfalls nicht in Zinkbadewannen genommen werden; für alle solche Bäder dürften innen mit Ölanstrich versehene Holzbadewannen sich am besten eignen. Auch muss die vorsichtigste Entfernung des gebrauchten Badewassers anempfohlen werden.

Schwefel-Bad.

50,0 Schwefelkalium,
1000,0 Wasser.

Man löst und filtriert und setzt dann

50,0 Kölnisch-Wasser

zu.

Schwefel-Kohlensäure-Bad.

Nr. 1. 50,0 Schwefelkalium, Pulver M/5,
150,0 Natriumbikarbonat

mischt man und verabfolgt in Papier.

Nr. 2. 200,0 rohe Salzsäure von ca. 1,165 spez. Gew.

Mit „Vorsicht" zu bezeichnen.

Die Salzsäuremenge ist so bemessen, dass neben der Kohlensäure sich noch etwas Schwefelwasserstoff entwickelt.

Schwefel-Seifen-Bad.

250,0 Schmierseife,
50,0 Glycerin,
25,0 Schwefelkalium, Pulver M/15,

mischt man in einer Abdampfschale unter Erhitzen auf dem Dampfbad und verabfolgt in einer Steingutkruke.

Beim Gebrauch ist die Mischung in heissem Wasser zu lösen und dem Bad zuzusetzen.

Schwefel-Soda-Bad.

50,0 Schwefelkalium, Pulver M/5,
500,0 zerstossene Krystallsoda.

Beide Salze werden unmittelbar vor dem Gebrauch gemischt und können in Papier verabfolgt werden, sofern nicht ein längeres Aufbewahren beabsichtigt wird.

Will man die Bade-Bestandteile in hübscherer Form bieten, so schmilzt man das Salzgemisch im Dampfapparat, giesst in eine Pergamentpapierkapsel und zerreibt nach dem Erkalten.

Seifen-Bad.

2000,0 Seifenspiritus,
50,0 Kölnisch-Wasser.

Kommt der Kostenpunkt in Betracht, so vermischt man gleichmässig

250,0 Hausseife, Pulver M/30,
500,0 destilliertes Wasser,
500,0 Weingeist von 90 pCt,
2,0 Lavendelöl

und giebt die dickliche Masse in einer Büchse ab.

Noch einfacher wird die Sache, wenn man

500,0 Helfenberger Kaliseife zu Seifenspiritus

erwärmt,

2,0 Lavendelöl

zumischt und verabfolgt.

Senf-Bad.

50,0 Senfspiritus.

Der Senfspiritus bildet die bequemste Form für die Bereitung eines Senfbades. Wird dagegen Senfmehl gewünscht, so verabreicht man

100,0 entöltes Senfmehl

oder

500,0 gewöhnliches Senfmehl.

Sol-Bad.

A. Neutral:

400,0 Kochsalz,
100,0 entwässertes Magnesiumchlorid

mischt man und verabfolgt die Mischung in einer Steingutbüchse.

B. Alkalisch:

500,0 Kochsalz,
250,0 Krystallsoda.

Man zerstösst letztere gröblich, mischt sie mit dem Kochsalz und verabfolgt die rasch feucht werdende Mischung in einer Steingutbüchse.

C. Kohlensauer:

Nr. 1. 400,0 Kochsalz,
300,0 Natriumbikarbonat

mischt man und verabfolgt die Mischung in Papier.

Nr. 2. 300,0 rohe Salzsäure von ca. 1,165 spez. Gew.

verabfolgt man in einer Flasche und bezeichnet diese „vorsichtig".

Zu C. giebt man folgende Gebrauchsanweisung:

„Man löst zuerst Nr. 1 (den Inhalt des Papierbeutels) in dem vorher auf 36 bis 38⁰ C erwärmten Badewasser und giesst dann Nr. 2 (den Inhalt der Flasche) in dünnem Strahl und unter Umrühren des Badewassers hinzu."

Tannin-Bad.

50,0 Gerbsäure,
0,5 Sassafrasholzöl,
200,0 verdünnter Weingeist von 68 pCt.

Man filtriert, wenn alles gelöst ist.

Will man dem Bade einen schwachen Juchtengeruch geben, so nimmt man statt des Sassafrasöls dieselbe Menge rekt. Birkenteeröl.

Terpentinöl-Bad.

Nach *Pinkney.*

100,0 Kaliseife (D. A. IV.)

mischt man unter Erhitzen auf dem Dampfbad mit

100,0 Wasser,

fügt dann

90—120,0 Terpentinöl

hinzu und rührt so lange, bis das Gemisch gleichmässig ist.

Vor dem Gebrauch lässt man die Masse in 1 Liter heissem Wasser lösen und diese Lösung dem Badewasser zusetzen.

Schluss der Abteilung „Balnea".

Balsamum Chironis.

Chironscher Balsam.

60,0 Olivenöl,
15,0 Terpentin,
15,0 filtriertes gelbes Wachs

schmilzt man zusammen, setzt

0,03 Alkannin,
0,3 Kampfer

in

7,0 Olivenöl

gelöst, hinzu und rührt unter die halberkaltete Masse

3,5 Perubalsam.

Balsamum Copaivae ceratum.

Man schmilzt

100,0 filtriertes gelbes Wachs

und setzt, wenn es zu erkalten beginnt, hinzu

200,0 Kopaivabalsam.

Man erleichtert sich die Arbeit dadurch, dass man den Balsam vor dem Zusetzen auf 50—60⁰C erhitzt.

Die Mischung findet als Pillenmasse Verwendung.

Balsamum divinum.

Balsamum digestivum.

200,0 Lärchenterpentin,
800,0 Olivenöl

mischt man unter Erwärmen; dann setzt man hinzu

10,0 Benzoë, Pulver M/30,
10,0 Olibanum, „ M/30,
10,0 rohen Storax (liquidus),
25,0 Safrantinktur,
100,0 Aloëtinktur,
50,0 entwässertes Natriumsulfat, Pulver M/30,

digeriert eine Stunde lang im Dampfbad unter langsamem Rühren, lässt absetzen, seiht ab (wo die Einrichtung vorhanden ist, filtriert man) und setzt schliesslich

0,5 Wacholderbeeröl,
0,2 Angelikawurzelöl

zu.

Balsamum Frahmii.

Balsamum terebinthinatum Frahmii.

20,0 filtriertes gelbes Wachs

schmilzt man, fügt hinzu

10,0 Terpentinöl,
70,0 Lärchenterpentin
und rührt bis zum Erkalten.

Balsamum Locatelli.

Balsamum Italicum. Wundbalsam.

30,0 filtriertes gelbes Wachs,
40,0 Olivenöl
schmilzt man. Der abgekühlten Masse fügt man dann hinzu
25,0 Lärchenterpentin,
5,0 Perubalsam,
0,2 Alkannin
und rührt bis zum Erkalten.

Balsamum Locatelli album.

Weisser Wundbalsam.

20,0 weisses Wachs,
35,0 Olivenöl
schmilzt man zusammen, setzt der etwas abgekühlten Masse
25,0 Lärchenterpentin
zu und mischt nach dem Erkalten.
20,0 Rosenwasser
unter.

Man verwendete früher Weisswein dazu und kochte damit mehrere Stunden. Die Mitaufnahme solcher Alchimisterei erschien mir nicht notwendig.

Balsamum nervinum.

Nervenbalsam. Nervensalbe.

125,0 ausgelassenes Rindermark,
125,0 Muskatbutter
schmilzt man, setzt
4,0 Nelkenöl,
8,0 Macisöl,
4,0 zerriebenen Kampfer,
8,0 Tolubalsam,
16,0 Weingeist von 90 pCt
hinzu und rührt bis zum Erkalten.

Balsamum Nucistae.

Muskatbalsam. Magenbalsam.

a) Vorschrift des D. A. IV.
2 Teile gelbes Wachs,
1 Teil Olivenöl,
6 Teile Muskatnussöl
werden im Wasserbade zusammengeschmolzen, durchgeseiht und in Kapseln ausgegossen.

b) Ein billigeres Präparat erhält man nach folgender Vorschrift:
350,0 Olivenöl,
130,0 gelbes Wachs,
20,0 Walrat
schmilzt man, lässt etwas erkalten, setzt dann
500,0 Muskatbutter,
0,1 Alkannin
zu und, wenn diese geschmolzen,
0,5 ätherisches Orleanextrakt †,
vorher gelöst in
10,0 Weingeist von 90 pCt
Man seiht nun durch und giesst in Tafeln aus.

Alkanna- und Orlean-Extrakt dürfen nicht gleichzeitig im Weingeist gelöst werden, da sich das Alkannin aus konzentrierter Lösung bei Gegenwart von Orleanfarbstoff sofort ausscheidet. Es muss daher genau in der oben angegebenen Reihenfolge verfahren werden.

Balsamum ophthalmicum n. *Arlt.*

Arlts Augenbalsam.

2,0 Perubalsam,
1,5 Lavendelöl,
1,5 Nelkenöl,
1,5 rektifiziertes Bernsteinöl,
95,0 Weingeist von 90 pCt
mischt man.

Balsamum ad Papillas Mammarum.

Brustwarzenbalsam.

2,5 weingeistiges Rosenextrakt,
2,5 Borsäure
löst man in
85,0 Quittenschleim,
10,0 Glycerin,
und fügt
1 Tropfen Rosenöl
hinzu.

Die Wirkung dieses Mittels ist eine sehr gute, die Haltbarkeit desselben aber nur eine begrenzte, so dass eine Anfertigung bei jedesmaligem Gebrauch empfohlen werden muss.

Von der Aufnahme weingeist- und stark glycerinhaltiger Mittel glaubte ich absehen zu dürfen, da dieselben erfahrungsgemäss heftige Schmerzen verursachen.

Es empfiehlt sich die Verwendung einer Etikette † mit folgender

Gebrauchsanweisung:

„Nach jedesmaligem Anlegen des Kindes wäscht man die Warze mit lauwarmem Wasser, trocknet sie ab, bestreicht sie dann mit dem Balsam und belegt sie mit weichem Verbandmull."

---

† S. Bezugsquellen-Verzeichnis.

Balsamum contra Perniones.

Frostbalsam.

a) Bei Frostballen.

5,0 Kaliumjodid,
10,0 Kampfer,
10,0 Glycerin,
70,0 Seifenspiritus,
5,0 kryst. Karbolsäure.

Die Karbolsäure setzt man zuletzt zu und filtriert dann.

Die Anwendung dieses Präparats ist nur zu empfehlen, wenn keine offenen Wunden vorhanden sind. In diesem Fall verweise ich auf die nächste Formel.

b) Bei Frostwunden.

5,0 Gerbsäure,
20,0 destilliertes Wasser.

Man löst und mischt unter

75,0 Hebra-Salbe.

Die Haltbarkeit dieser Salbe ist eine kurze, weshalb die Herstellung derselben vor dem jedesmaligen Gebrauch empfohlen wird.

Gebrauchsanweisung:

„Man streicht den Balsam messerrückendick auf ein Stückchen weichen Stoff (Leinwand oder Schirting), bedeckt damit die Froststelle und legt darüber eine dünne Schicht Watte. Alle zwei Tage erneuert man den Verband."

Balsamum Postampiense.

Potsdamer Balsam.

85,0 Hoffmann'schen Lebensbalsam,
10,0 zusammengesetzten Angelikaspiritus,
2,0 Spanisch-Pfeffertinktur,
3,0 alkoholische Ammoniakflüssigkeit

mischt man, stellt einige Tage kalt und fitriert dann. Man füllt das Filtrat auf Flaschen von ungefähr 100 g Inhalt und giebt beim Verabfolgen derselben an das Publikum folgende Gebrauchsanweisung zu.

„Zum Gebrauch des

Potsdamer Balsams

bei Zahnschmerz, Rheumatismus, Gicht, Nervenschwäche, Frost, Augenschwäche, Wadenmuskelkrämpfen usw. anzuwenden.

Bei rheumatischem oder nervösem Zahnschmerz reibt man zuerst die leidende Backe ein wenig ein, befeuchtet dann etwas lose Baumwolle, etwa von der Grösse einer Walnuss, damit, schlägt diese in ein leinenes Tuch und legt dies um die leidende Backe. (Es verursacht dies etwas Brennen, welches jedoch nach 10—15 Minuten und mit ihm die Schmerzen aufhören.) Öfters hören auch schon die Zahnschmerzen dadurch auf, dass man wenig befeuchtete Watte in das betreffende Ohr steckt. Bei Rheumatismus und Gicht, Lähmung und Kontraktheit in den Gliedern werden dieselben mehrere Male bei Vermeidung von Erkältung stark eingerieben. Bei hartnäckigem Rheumatismus thut man wohl, befeuchtete Watte um die leidenden Teile zu legen. Bei Unterleibsschwäche und Magenkrampf reibt man den Unterleib, nachdem die Flüssigkeit etwas erwärmt worden, gut ein. Bei rheumatischen Kopfschmerz reibt man die Stirn ein, und atmet den Dunst durch Verreibung in den Händen durch die Nase ein. Zum Gebrauch als stärkendes Mittel gegen Nervenschwäche reibt man den Körper nach dem Bad damit ein. Als Frostmittel gegen nicht aufgebrochenen Frost reibt man die leidenden Teile öfters stark damit ein. Bei Augenschwäche lasse man den Dunst durch Verreibung in den Händen direkt in die Augen treten, und reibt man sanft um die Augen äusserlich ein."

Eine Verantwortung für diese schwülstige und viel versprechende Anweisung möchte ich nicht übernehmen. Ich führe sie nur an, weil sie althergebracht ist.

Balsamum stomachicum.

Magenbalsam.

60,0 Muskatnussöl,
15,0 Olivenöl,
15,0 gelbes filtriertes Wachs,
5,0 Hoffmann'scher Lebensbalsam,
1,0 Majoranöl,
1,0 Krauseminzöl,
1,0 Salbeiöl,
2,0 Rosmarinöl.

Man schmilzt das Wachs mit dem Olivenöl, setzt das Muskatnussöl und, wenn auch dieses geschmolzen ist, die ätherischen Öle zu.

Schliesslich giesst man in Tafeln (s. Cerata) aus.

Balsamum strumale.

Kropfbalsam.

10,0 Kaliumjodid,
90,0 Seifenspiritus,
2 Tropfen Perubalsam,
1 „ Rosenöl.

Man löst und mischt.

Diese Vorschrift ist etwas vereinfacht der *Colignon*'schen nachgebildet und unterscheidet sich von letzterer noch dadurch, dass das Bromkalium durch Jodkalium ersetzt worden ist.

Die Etikette † muss Anleitung für den Gebrauch geben.

---

† S. Bezugsquellen-Verzeichnis.

Balsamum tranquillans.

Oleum Hyoscyami compositum.

500,0 Belladonnaöl,
500,0 Bilsenkrautöl,
1,0 Wermutöl,
2,0 Lavendelöl,
2,0 Rosmarinöl,
2,0 Thymianöl

mischt man durch Schütteln.

Balsamum universale.

Universalbalsam.

25,0 Kampferöl,
50,0 Bilsenkrautöl,
15,0 gelbes Wachs

schmilzt man und rührt unter die erkaltende Masse

10,0 Bleiessig.

Unter Universalbalsam wird sehr vielerlei verstanden. Obige Vorschrift erschien mir als die vernünftigste; ich glaubte ihr deshalb einen Platz einräumen zu sollen.

Balsamum vitae nach *Rosa*.

Dr. *Rosas* Lebensbalsam.

100,0 Lebensthee (Spec. Hierae picrae),
4,0 zerquetschter Anis,
4,0 zerquetschte Wacholderbeeren,
670,0 Weingeist von 90 pCt,
330,0 destilliertes Wasser.

Man lässt 8 Tage in Zimmertemperatur stehen, seiht ab, filtriert und setzt der Flüssigkeit

15,0 weissen Sirup

hinzu.

Balsamum vulnerarium.

Wundbalsam. Blutstillender Balsam.

10,0 Eisenchloridlösung (10 pCt),
10,0 Perubalsam,
20,0 Glycerin,
60,0 balsamische Tinktur

mischt man.

Baroskop-Füllung.

2,0 Ammoniumchlorid,
2,0 Kampfer,
2,0 Kaliumnitrat,
30,0 Weingeist von 90 pCt,
64,0 heisses destilliertes Wasser.

Man bewirkt die Lösung am leichtesten dadurch, dass man die Salze und den zerkleinerten Kampfer in eine Flasche bringt, den Weingeist dazu wiegt und das heisse Wasser nach und nach hinzufügt. Man lässt nun abkühlen und filtriert sofort.

Wird die Lösung vorrätig gehalten und scheiden sich Krystalle ab, so ist sie beim Auswiegen oder Füllen der Baroskope bis zur Lösung der Ausscheidungen zu erwärmen.

Lockere Krystallbildung soll schlechtes, fest lagernde Krystallschicht schönes Wetter bedeuten.

Bay-Rum.

Spiritus Myrciae compositus.

a) Vorschrift von Schimmel & Co.

16,0 Bayöl,
1,0 Pomeranzenöl, süss,
1,0 Pimentöl,
1000,0 Korn-Spiritus von 90 pCt, †
782,0 destilliertes Wasser

mischt man.

Nach mehrtägigem Stehen filtriert man.

Wie für alle Spirituosen ist auch für den Bay-Rum eine hübsche Etikette † zu empfehlen.

b) Vorschrift d. Dresdner Ap. V.

16,0 Bayöl,
1,0 Nelkenöl,
1,0 Pimentöl,
75,0 Jamaikarumessenz,
2650,0 Weingeist von 90 pCt,
1850,0 destilliertes Wasser

mischt man, lässt die Mischung 8 Tage in einem kühlen Raum stehen und filtriert sie dann.

Versendet wird das Präparat zu Bayrum-Water.

Beizflüssigkeiten für Holz siehe **„Holzbeizen“.**

Bismutum oxyjodatum.

Bismutum subjodatum. Basisches Wismutjodid.
Nach *B. Fischer*.

95,4 krystallisiertes Wismutnitrat

löst man in der Kälte in

127,0 Eisessig.

Andrerseits bereitet man sich eine Lösung von

33,2 Kaliumjodid,
50,0 Natriumacetat,
2000,0 destilliertem Wasser.

Man trägt nun erstere Lösung in letztere unter Umrühren ein. Jeder einfallende Tropfen bewirkt zuerst die Ausscheidung eines grünlich-braunen Niederschlages, der dann sofort eine citronengelbe Farbe annimmt. Bei fortschreitendem Zusatz der essigsauren Wismutlösung geht die Farbe in lebhaftes Ziegelrot

† S. Bezugsquellen-Verzeichnis.

über. Man wäscht den Niederschlag durch Absetzenlassen so lange aus, als das abgezogene Waschwasser noch sauer reagiert, sammelt ihn dann auf einem feinen Leinentuch, presst schwach aus und trocknet schliesslich bei 100° C.

Bismutum salicylicum.

Bismutum subsalicylicum.
Salicylsaures Wismut. Wismutsalicylat.
Nach *Jailles* und *Ragouci*.

200,0 Natriumsalicylat

löst man in

5000,0 destilliertem Wasser,

filtriert die Lösung und setzt dem Filtrat

5,0 Natronlauge v. 1,170 spez. Gew.

zu.

Man verreibt nun in einer geräumigen Schale

100,0 kryst. Wismutnitrat

und fügt allmählich obige Lösung hinzu.

Den entstandenen Niederschlag wäscht man durch Absetzenlassen 3 mal mit destilliertem Wasser aus, sammelt ihn dann auf einem feinen genässten Leinentuch und trocknet ihn schliesslich bei 40° C.

Das so gewonnene Präparat ist das saure Wismutsalicylat.

Die basische Verbindung gewinnt man in derselbe Weise, aber man setzt das Auswaschen des Niederschlages so lange fort, bis das Waschwasser mit Eisenchlorid keine violette Färbung mehr giebt.

Bismutum subnitricum.

Magisterium Bismuti. Basisches Wismutnitrat.

a) Vorschrift des D. A. IV.

1 Teil grob gepulvertes Wismut

wird in

5 Teile Salpetersäure von 1,200 spez. Gew.,

welche zuvor auf 75—90° C erhitzt war, ohne Unterbrechung in kleinen Mengen eingetragen und die gegen das Ende sich abschwächende, heftige Einwirkung durch verstärktes Erhitzen der Wismutlösung unterstützt. Letztere wird nach mehrtägigem Stehen klar abgegossen und zum Krystallisieren eingedampft. Die erhaltenen Krystalle werden mit wenig salpetersäurehaltigem Wasser einige male abgespült; hierauf wird

1 Teil derselben

mit

4 Teilen Wasser

gleichmässig zerrieben und unter Umrühren in

21 Teile siedendes Wasser

eingetragen.

Sobald der Niederschlag sich ausgeschieden hat, wird die überstehende Flüssigkeit entfernt, der Niederschlag gesammelt, nach völligem Ablaufen des Filtrates mit einem gleichen Raumteile kaltem Wasser nachgewaschen und nach Ablaufen der Flüssigkeit bei 30° C ausgetrocknet.

b) Vorschrift der Ph. Austr. VII.

200,0 fein gepulvertes Wismutmetall

mischt man mit

20,0 Kaliumnitrat,

schmilzt das Gemisch in einem Tiegel unter allmählich gesteigerter Hitze und hält unter öfterem Umrühren eine Viertelstunde lang im Fluss. Das geschmolzene Metall giesst man in Wasser und reinigt es von den Schlacken. Von diesem so gereinigten und darauf grob gepulverten Metall trägt man

100,0

allmählich in einen Kolben ein, der

260,0 Salpetersäure von 1,3 spez. Gew.

enthält, unterstützt bei langsam erfolgender Lösung die Einwirkung der Salpetersäure durch Erwärmen und kocht zuletzt auf. Die erhaltene Flüssigkeit filtriert man, vermischt sie mit

6000,0 destilliertem Wasser von 40° C Wärme,

sammelt den Niederschlag auf einem Filter, wäscht ihn mit

500,0 destilliertem Wasser von +15° C

aus, presst ihn zwischen Fliesspapier aus und trocknet ihn an einem kühlen schattigen Ort.

Hierzu ist zu bemerken, dass die Ausscheidung des arsensauren Wismuts schneller und vollkommener vor sich geht, wenn man die salpetersaure Lösung vor der Filtration durch Glaswolle zunächst mit Wasser bis zur beginnenden Trübung verdünnt.

Bismutum tannicum.

Wismuttannat.

80,0 basisches Wismutnitrat

übergiesst man in einer Flasche mit

100,0 destilliertem Wasser,

schüttelt um und setzt

65,0 Ammoniakflüssigkeit (10 pCt)

zu. Man lässt die Mischung unter öfterem Schütteln 1 Stunde lang stehen und wäscht dann den Niederschlag durch Absetzenlassen und Abheben der darüber stehenden Flüssigkeit so lange mit destilliertem Wasser aus, als das Waschwasser alkalisch reagiert.

Man filtriert nun den Niederschlag ab, lässt ihn gut abtropfen, bringt ihn sodann in eine Porzellanabdampfschale und vermischt ihn hier mit einer Lösung von

100,0 Tannin

in

100,0 destilliertem Wasser.

Man dampft diese Mischung bei einer Temperatur von ungefähr 90° C im Wasserbad zur

Trockne ein, trocknet im Schrank vollständig aus und zerreibt schliesslich zu Pulver.

Bleichen von Elfenbein und Knochen.

Nach *Königswarter* und *Ebell.*

Die Knochen reinigt man durch Bürsten in 10-prozentiger Sodalösung, während bei Elfenbein eine derartige Vorbearbeitung nicht notwendig ist. Beide legt man in ein Bad, welches aus 25-prozentigem Wasserstoffsuperoxyd †, welches man mit Salmiakgeist genau neutralisiert hat, ein, erwärmt auf 30° C und lässt 24 Stunden darin.

Wenn die gewünschte Bleichung noch nicht erreicht ist, wiederholt man das Bad, unterlässt aber das Erwärmen desselben. Zuletzt legt man 24 Stunden in Wasser und trocknet dann am Sonnenlicht.

Bleichen der Haare

s. Parfümerien „Haarbleichmittel".

Bleichen von Lein- und Mohnöl.

Nach *E. Dieterich.*

500,0 Lein- oder Mohnöl

schüttelt man in einer Glasflasche mit einer Lösung von

10,0 Kaliumpermanganat

in

250,0 Wasser

tüchtig durch, lässt 24 Stunden in warmer Temperatur stehen und versetzt dann mit

15,0 zerstossenem schwefligsauren Natron.

Man schüttelt nun so lange, bis letzteres gelöst, und fügt hinzu

20,0 rohe Salzsäure von ca. 1,165 spez. Gew.

Man schüttelt öfters und wäscht, wenn die vorher braune Masse hellfarbig geworden, mit Wasser, in welchem man etwas Kreide fein verteilte, so lange aus, bis das Wasser nicht mehr sauer reagiert.

Die Scheidung des letzten Restes Wasser von Öl bewirkt man auf dem Scheidetrichter. Man filtriert schliesslich durch entwässertes Natriumsulfat, Pulver M/30.

Bleichen von Schellack.

Lacca in tabulis alba. Gebleichter Schellack.

1000,0 Chlorkalk

verrührt man möglichst gleichmässig in

40 l Wasser,

bringt die Mischung in ein entsprechend grosses Gefäss aus hartem Holz und trägt nun

5000,0 blonden Schellack,

den man vorher so weit im Mörser behandelte, um ihn durch ein grobes Speziessieb sieben zu können, ein. Nach 24 Stunden fügt man eine Verdünnung von

5,0 konzentrierter Schwefelsäure v. 1,838 spez. Gew.

mit

5 l Wasser

und hierauf

30 l kochend heisses Wasser

hinzu. Den nun hellfarbigen Schellack, welcher an die Oberfläche getreten sein wird, nimmt man aus dem Bad, knetet ihn in nahezu heissem Wasser und zieht ihn dann in die bekannten Stangen aus.

Bleichen von Schwämmen.

Spongiae albae.
Nach *E. Dieterich.*

Man legt die Schwämme in eine Lösung von

2,0 Kaliumpermanganat

in

1000,0 Wasser,

lässt sie 24 Stunden darin liegen, wäscht mit warmem Wasser nach, drückt sie gut aus und bringt sie nun in ein Bad von

10,0 schwefligsaurem Natron

in

1000,0 Wasser.

Während sich die Schwämme hierin befinden, setzt man hinzu

25,0 rohe Salzsäure von ca. 1,165 spez. Gew.

und mischt gut durch öfteres Ausdrücken und Einsaugenlassen.

Die Schwämme bleichen hierbei unter der Hand und können nun herausgenommen und mit warmem Wasser ausgewaschen werden.

Um sicher zu sein, dass jede Spur Säure entfernt ist, legt man schliesslich die gebleichten Schwämme in eine Lösung von

5,0 Natriumthiosulfat

in

1000,0 Wasser.

Die Anwendung von Alkalien zu diesem letzteren Zweck ist unthunlich, weil dadurch eine Bräunung der Schwämme herbeigeführt werden würde.

Sollen die Schwämme chirurgischen Zwecken dienen, so ist es empfehlenswert, sie vor dem Bleichen durch Klopfen und Schlagen vom anhängenden Sand mechanisch zu befreien und ausserdem noch 24 Stunden lang in ein Bad, welches 2 pCt rohe Salzsäure enthält, zu legen. So vorbereitet und gut ausgewaschen behandelt man sie dann mit der Bleichflüssigkeit.

---

† S. Bezugsquellen-Verzeichnis.

Bleichen von vergilbten oder stockfleckigen Geweben, Bildern usw.

Nach *Königswarter* und *Ebell.*

Man feuchtet die Gewebe mit Wasser an, wringt sie wieder aus und legt sie in eine Mischung von

1000,0 Wasserstoffsuperoxyd, †
50,0 Salmiakgeist von 10 pCt.

Sobald die Gewebe weiss geworden, spült man sie mit reinem Wasser gut aus.

Blutegel-Aufbewahrung.

Torferde, Torfmull oder Torfstreu feuchtet man mit so viel Wasser an, dass sie reichlich feucht aber nicht breiig oder schmierig werden, füllt damit zum dritten Teil eine gut gereinigte Steingutbüchse, setzt die Blutegel, nachdem man sie in frischem Wasser abgewaschen hat, ein und verbindet die Büchse mit reinem Leinen- oder Baumwollenstoff. Man bewahrt im Keller an einer luftigen Stelle, wo Schimmelbildung nicht zu beobachten ist, auf und giesst alle 3—4 Wochen etwas Wasser nach, und zwar ohne dasselbe unterzurühren. Man kann auch die zu Bädern benützte Moorerde verwenden.

Vor dem Herausnehmen der Egel muss man die Hände mit unparfümierter Seife auf das Sorgfältigste reinigen.

Die erste Bedingung für die richtige Aufbewahrung von Blutegeln ist die Reinlichkeit. Alle Aufbewahrungsverfahren versagen, wenn — wie dies nur zu oft geschieht — die Egel mit ungewaschenen Händen herausgenommen werden. Torferde ist ein natürliches Desinfektionsmittel und deshalb zur Aufbewahrung von Blutegeln geeigneter, als alle Kunstmittel. Sie erleichtert ausserdem mechanisch den Egeln das Abstreifen der Schleimabsonderung.

Bohnerwachs.

Bohnermasse. Bohnercrême.

a) für Holzfussböden:

200,0 gelbes Wachs,
800,0 Wasser

erhitzt man zum Kochen, setzt dann

25,0 Kaliumkarbonat

zu, kocht noch einen Augenblick, nimmt vom Feuer und fügt hinzu

20,0 Terpentinöl.

Man rührt nun bis zum Erkalten und verdünnt mit so viel

Wasser,

dass das Ganze

1000,0

beträgt.

Sind die Fussböden gut erhalten, so kann man auf 1500,0 verdünnen.

Zum Braunfärben empfiehlt sich Kasselererde, die mit 10prozentiger Pottaschelösung angerieben wird, für dunkelbraun ausserdem noch ein Zusatz von etwas Russ. Ein helleres Braun erzielt man durch Zusetzen von fein verriebenem Goldocker. Orleansfarbstoff ist für diesen Farbton nicht zu empfehlen, weil Orleans im Tageslicht bald verbleicht.

Man stellt häufig das Bohnerwachs durch vollständige Verseifung des Wachses her, wozu bedeutend grössere Mengen Pottasche notwendig sind. Der Glanz der damit gebohnten Böden wird aber bald matt und „steht nicht“, wie der Bohner sich ausdrückt.

Bei einem guten Bohnerwachs soll das Wachs durch die Pottasche nur emulgiert sein, während die kleine Menge Terpentinöl den Zweck hat, diese Vermischung zu erleichtern.

b) für Linoleum oder Parket (Linoleumcrême):

50,0 gelbes Wachs,
100,0 Karnaubawachs

schmilzt man im Dampfbad und setzt dann unter Vermeidung unnötigen Erhitzens

450,0 Terpentinöl,
400,0 Benzin

zu. Man rührt bis zum Erkalten und füllt in Blechdosen von 0,5 oder 1,0 kg ab.

Will man dieses Bohnerwachs zum Auffrischen gebeizter Möbel verwenden, so verdünnt man obige Menge mit noch weiteren

500,0 Terpentinöl

und streicht mit dem Pinsel auf. Nach 24 Stunden reibt man mit einem wollenen Lappen ab.

Gebrauchsanweisung für a und b:

„Man reibt die Bohnermasse mit einem wollenen Lappen in den Fussboden oder in das Linoleum ein und setzt das Reiben so lange fort, bis die geriebene Fläche glänzt.“

c) Für Tanzböden (Saalwachs):

1000,0 weiches Braunkohlen-Paraffin v. ungefähr 40 °C Schmelzpunkt

schmilzt man und setzt

20,0 Mirbanessenz

zu. Man giesst sodann in Blechdosen zu 1 kg Inhalt aus.

Die Gebrauchsanweisung hierzu lautet:

„Man schmilzt das Wachs durch Einstellen der Büchse in heisses Wasser und bespritzt den Saalboden mit der geschmolzenen Masse. Am besten eignet sich hierzu eine verbrauchte Flaschenbürste, die man eintaucht und ausschleudert. Durch das Tanzen verteilt sich die aufgespritzte Menge von selbst über den Boden.“

---

† S. Bezugsquellen-Verzeichnis.

Bordeauxbrühe
gegen die Pilzkrankheit des Weinstocks.

30,0 trocken gelöschten Kalk

verrührt man mit

470,0 Wasser.

Andrerseits löst man

30,0 Kupfervitriol

in

470,0 warmem Wasser.

Man vermischt dann beide Flüssigkeiten.

Boroglycerinum.

Glycerinum boricum. Boroglycerin.

62,0 Borsäure

verreibt man mit

104,0 Glycerin,

erhitzt die Mischung in einer flachen gewogenen Schale unter fortwährendem Rühren im Sandbad auf 150° C und erhält so lange in dieser Temperatur, bis die Masse auf

100,0

abgedampft ist.

Man giesst sie dann sofort auf Glasplatten, welche man mit Talkpulver polierte und dann schwach anwärmte, lässt erkalten und stösst hierauf die Krusten ab.

Das Boroglycerin zieht Feuchtigkeit aus der Luft an und muss deshalb in gut verkorkten Glasbüchsen aufbewahrt werden. Es dient zum Konservieren von Milch, Früchten, anatomischen Präparaten usw.

Bougies. Cereoli. Wundstäbchen.

A. Bacilli gelatinosi. Gelatine-Bougies.

Die Bereitung der Gelatine-Bougies besteht darin, dass man das betreffende Medikament mit im Dampfbad geschmolzener Glyceringelatine (siehe daselbst) mischt und die Mischung, die man nötigenfalls auf freier Flamme ganz kurze Zeit, um sie dünnflüssiger zu erhalten, mit entsprechender Vorsicht nacherhitzte, in Formen giesst.

Die Formen, welche man zu diesem Zweck benützt, sind aus Zinn oder vernickeltem Eisen; letzteren möchte ich den Vorzug geben. Beim Schmelzen und Mischen muss man durch vorsichtiges Rühren die Bildung von Luftblasen zu verhindern suchen; die Formen reibt man vorher mit Öl aus, so dass sie einen ganz zarten Überzug bekommen, wärmt sie vor dem Gebrauch an — bei zähflüssigen Massen macht man sie sogar heiss — und kühlt sie, sobald sie vollgegossen sind, sofort schnell ab.

Die aus den Formen genommenen Bougies lässt man stets einige Stunden an der Luft stehen, wobei die Aussenfläche derselben noch fester wird, ehe man sie in Schachteln zwischen Wachspapier abgiebt.

Das einzuverleibende Medikament muss man stets in lösliche Form zu bringen suchen; löst sich dasselbe leicht in der heissen Glyceringelatinemasse, so kann man es in fein gepulvertem Zustand zusetzen, im anderen Fall verwendet man es in konzentrierter Lösung und stellt nötigenfalls die Konsistenz durch geringen Tragantzusatz wieder her.

Die Bereitung der Bougies bewegt sich in der zu Anfang angedeuteten Weise, so lange das betreffende Medikament keinen die Konsistenz der Mischung störenden Einfluss auf die Glyceringelatine ausübt; sie macht erst dann Schwierigkeiten, wenn die Gelatinemasse durch den Arzneistoff zähflüssig oder wenn sie durch denselben sogar dünnflüssig oder schmierig wird. Die folgenden Beispiele zeigen den Weg für jeden dieser drei Fälle.

Das Vorstehende gilt auch für die Herstellung von Gelatine-Suppositorien und -Vaginalkugeln.

Bacilli gelatinosi c. acido tannico.

Cereoli acidi tannici elastici. Tannin-Bougies.

a) Vorschrift nach *E. Dieterich.*

5,0 Gerbsäure

löst man in

20,0 Weingeist von 90 pCt,

rührt

1,5 Tragant, Pulver M/50

darunter, trägt das Gemisch ein in

93,5 geschmolzene harte Glyceringelatine,

verdampft den Weingeist durch Erhitzen unter Rühren im Dampfbad, giesst aus und kühlt die Form möglichst schnell, am besten mit Eis, ab.

b) Vorschrift d. Ergänzungsbuches d. D. Ap.V.

20,0 Gelatine,
20,0 Glycerin,
20,0 Wasser

schmilzt man im Dampfbad und setzt der heissen Masse eine Lösung von

1,0 Gerbsäure

in

1,0 destilliertem Wasser

zu.

Man giesst 6 cm lange Stäbchen.

Bacilli gelatinosi c. Alumine.

Cereoli Aluminis elastici. Alaun-Bougies.

70,0 weiche Glyceringelatine

schmilzt man, setzt dazu

5,0 Alaun, Pulver M/50,

die man mit

25,0 Glycerinsalbe D. A. IV.

verrieb, erhitzt einige Augenblicke auf freiem Feuer, giesst sofort in die heissen Formen, lässt wenige Minuten ruhig stehen und kühlt dann die Formen schnell, am besten mit Eis, ab.

Bacilli gelatinosi c. Argento nitrico.

Cereoli Argenti nitrici elastici. Höllenstein-Bougies.

0,5 Silbernitrat

löst man in

0,5 destilliertem Wasser.

Andrerseits schmilzt man im Dampfbad

100,0 harte Glyceringelatine,

setzt die Silberlösung zu, giesst aus und kühlt die Form möglichst schnell, am besten mit Eis, ab.

In derselben Weise stellt man Bougies mit höherem Silbernitratgehalt — gebräuchlich sind solche von 0,5—3,0 pCt Gehalt — her.

Die so bereiteten Bougies werden nach kürzerer oder längerer Zeit, je nach der Menge des zugesetzten Silbernitrats, bräunlich und zuletzt schwarz; es empfiehlt sich daher diese Art stets frisch zu bereiten. Eine geringe Reduktion des Silbernitrats schadet der Anwendbarkeit dieser Bougies nichts; denn wenn man dieselben einige Zeit in destilliertes Wasser eintaucht, so bringt Salzsäure in letzterem einen starken Niederschlag von Silberchlorid hervor.

Der Vorschlag, an Stelle obiger Glyceringelatine eine Agar-Agar-Gelatine zu verwenden, ist nicht empfehlenswert. Die Bereitung der letzteren ist umständlich, die damit hergestellten Bougies sind selbst bei hohem Glyceringehalt zum Schwinden geneigt und — erleiden mit Silbernitrat gleichfalls die oben beschriebenen Veränderungen.

Bacilli gelatinosi c. Chloralo hydrato.

Cereoli Chlorali hydrati elastici. Chloralhydrat-Bougies.

95,0 harte Glyceringelatine

schmilzt man, fügt

5,0 fein zerriebenes Chloralhydrat

hinzu, giesst aus und kühlt die Form möglichst schnell, am besten mit Eis, ab.

Bacilli gelatinosi c. Jodoformio.

Cereoli Jodoformii elastici.

a) 33 1/3 pCt; Vorschrift des Münch. Ap. Ver.

10,0 Gelatine,
10,0 destilliertes Wasser,
20,0 Glycerin,
20,0 Jodoformpulver.

Man lässt die Gelatine mit Wasser und Glycerin 1/2 Stunde aufquellen, schmilzt dann rasch auf dem Wasserbad, rührt das mit etwas Wasser angeriebene Jodoform darunter und giesst in Wachspapierhülsen aus.

b) 10 pCt; Vorschrift d. Ergänzungsbuches d. D. Ap. V.

3,0 Gelatine, zerschnitten,
3,0 Wasser,
3,0 Glycerin

lässt man 10 Minuten stehen, schmilzt dann im Wasserbad und mischt

1,0 gepulvertes Jodoform

hinzu.

Die heisse Mischung saugt man in gut geölte Glasröhren auf.

Bacilli gelatinosi c. Ferro sesquichlorato.

Cereoli Ferri sesquichlorati elastici. Eisenchlorid-Bougies.

70,0 weiche Glyceringelatine,
25,0 Glycerinsalbe

schmilzt man zusammen, setzt

10,0 Eisenchloridlösung v. 10 pCt

hinzu, erhitzt einige Augenblicke auf freiem Feuer und verfährt genau so, wie bei den Alaun-Bougies.

Bacilli gelatinosi c. Kalio jodato.

Cereoli Kalii jodati elastici. Jodkalium-Bougies.

95,0 harte Glyceringelatine

schmilzt man, fügt

5,0 fein zerriebenes Jodkalium

hinzu, giesst, wenn dasselbe gelöst ist, aus und kühlt die Form möglichst schnell, am besten mit Eis, ab.

B. Kakaoöl-Bougies.

Die Bereitung der Kakaoöl-Bougies gestaltet sich mittels der Bougiesspritzen † (s. Abbildung) zu einer ebenso einfachen, wie sauberen Arbeit. Man mischt den Arzneistoff, je nach seiner Natur in wässeriger Lösung oder mit Mandelöl verrieben, innig mit gepulvertem Kakaoöl, drückt die Masse in die Bougiesspritze, verschliesst letztere mit dem Mundstück der gewünschten Stärke und presst daraus durch Drehung der Schraubenspindel Stränge, denen man nur durch sanftes Rollen mit einem Brettchen hinsichtlich der geraden Form etwas nachzuhelfen braucht. Die kleine Presse ist mit einer Matrize ausgerüstet, welche in der Mitte einen Dorn trägt und durch diese röhrenförmige Bougies (Hohl-Bougies) liefert. Dieselben haben den Zweck, durch Einsaugen irgendwie medikamentöse Flüssigkeit in die Höhlung aufzunehmen.

In Ermangelung dieser Spritze verfährt man derartig, dass man die angestossene Masse wie einen Pillenstrang mittelst eines Brettchens ausrollt.

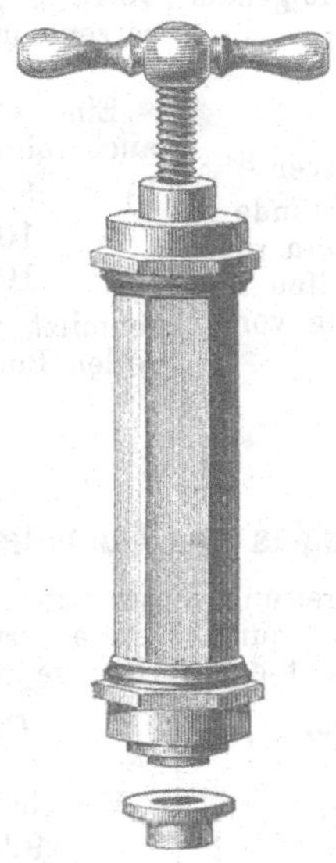

Abb. 6. **Bougies-Spritze von Rob. Liebau in Chemnitz.**

Bacilli Jodoformii.

Cereoli Jodoformii. Jodoformbougies. Jodoformstäbchen.

a)
25,0 fein gepulvertes Jodoform,
70,0 grob gepulvertes Kakaoöl,
5,0 Ricinusöl.

b)
50,0 fein gepulvertes Jodoform,
45,0 grob gepulvertes Kakaoöl,
5,0 Ricinusöl.

c) 50 pCt; Vorschrift d. Ergänzb. d. D. Ap. V.

10,0 fein gepulvertes Jodoform,
9,0 gepulvertes Kakaoöl,
1,0 Mandelöl.

Man soll die geschmolzene Masse in 3 mm weite Glasröhrchen einsaugen oder in Höllensteinformen ausgiessen.

d) 92 pCt; Vorschrift d. Ergänzb. d. D. Ap. V.

92,0 fein gepulvertes Jodoform,
5,0 gepulvertes arabisches Gummi

stösst man mit einer Mischung aus gleichen Teilen Wasser und Glycerin zu einer bildsamen Masse an und rollt Stäbchen aus, welche man in einer Temperatur von 40—50° C trocknet.

Man knetet bei a und b die Mischung zur bildsamen Masse und bedient sich der *Liebau*schen Bougiesspritze oder man rollt, wenn eine Spritze nicht zur Verfügung steht, die Masse zu Stäbchen aus.

Ein Schmelzen der Masse und Einsaugen in Glasröhren ist verwerflich, weil das Jodoform rasch zu Boden sinkt und weil dadurch die gleichmässige Verteilung desselben verloren geht.

† S. Bezugsquellen-Verzeichnis.

Bacilli Loretini.

Cereoli Loretini. Loretin-Stäbchen. Loretin Bougies.
Nach *Schinzinger*.

a) 5%;
5,0 Loretin,
95,0 Kakaoöl,

b) 10%:
10,0 Loretin,
90,0 Kakaoöl.

Man verreibt das Loretin sehr fein mit etwas geschmolzenem Kakaoöl, fügt den Rest des letzteren in Pulverform hinzu und knetet eine bildsame Masse daraus.

Aus dieser formt man Stäbchen durch Ausrollen.

C. Elastische Kakaoöl-Bougies.

Auf Grund einer von *A. Kremel* gegebenen Vorschrift bin ich durch Versuche zu folgender Zusammensetzung gekommen:

a) 50,0 Kakaoöl

schmilzt man, rührt

25,0 arabisches Gummi, Pulver $^{M}/_{50}$

unter und erhält die Mischung ½ Stunde in einer Temperatur von 30—35° C. Man rührt dann unter Abkühlen bis zum Erkalten und arbeitet nach und nach eine Mischung von

12,5 Glycerin,
12,5 destilliertem Wasser

darunter.

Diese Masse kann in verschlossenem Gefäss vorrätig gehalten und mit verschiedenen Zusätzen durch Kneten vermischt werden.

Eine ebenfalls elastische Masse kann man auch folgendermassen herstellen:

b) 80,0 Kakaoöl,
10,0 reines Wollfett,
10,0 gelbes Wachs

schmilzt man und stellt daraus durch Ausrollen Bougies her.

D. Bougies aus Gummimasse.

Die Zusammensetzung und Bereitung dieser Art von Bougies ist genau dieselbe, wie diejenige der Pastenstifte, so dass hier nur auf diese verwiesen zu werden braucht. Wie die vorigen, werden sie am bequemsten mit der Spritze gepresst.

Bacilli gummosi c. acido tannico.

Cereoli acidi tannici gummosi.

Vorschrift des Münch. Ap. Ver.

10,0 Gerbsäure,
10,0 gepulverte Borsäure

stösst man mit einer Mischung gleicher Teile

Gummischleim,
destilliertem Wasser,
Glycerin

zur bildsamen Masse an und formt daraus Stäbchen.

Bacilli gummosi c. Jodoformio.

Cereoli Jodoformi gummosi.

Vorschrift des Münch. Ap. Ver.

92,0 Jodoformpulver,
5,0 arabisches Gummi, Pulver $^{M}/_{30}$,

stösst man mit einer Mischung gleicher Teile

Glycerin,
destilliertem Wasser

zur bildsamen Masse an und formt daraus Stäbchen, welche man bei 40—50° C trocknet.

Ist ein schwächerer Jodoformgehalt gefordert, so ersetzt man das Jodoform teilweise durch gepulverte Borsäure.

Schluss der Abteilung „Bougies“.

Bronze-Farben.

Die Bronze-Farben, wie sie in den Apotheken gefordert werden, dienen zumeist nur vorübergehenden Zwecken, d. h. man verlangt von denselben neben der Eigenschaft des schnellen Trocknens zwar eine möglichst lange Erhaltung des Glanzes, legt aber weniger Wert auf die Beständigkeit des Überzuges gegen Nässe und Witterungseinflüsse.

Wo es sich um letztere handelt, verwendet man am besten Firnis, Kopalfirnis, Kopallack als Bindemittel; man kann eine solche Verreibung jedoch nicht vorrätig halten, weil die vorhandenen oder sich bildenden freien Öl- bezw. Harzsäuren lösend auf das Kupfer der Bronzen einwirken und Grünfärbung oder auch baldiges Blindwerden des Aufstriches verursachen.

Die käuflichen flüssigen Bronzen bestehen zumeist aus einer mit Terpentinöl hergestellten Harzlösung und sind aus den erwähnten Gründen zu verwerfen, eine andere Art ist aus geschmolzenem Dammarharz, Kautschuk und Benzin zusammengesetzt, zeigt den beregten Übelstand zwar in kaum merklichem Masse, hat aber den Nachteil, dass das Benzin zu schnell verdunstet, wodurch das Arbeiten mit der Flüssigkeit sehr erschwert wird.

Die nachfolgenden Vorschriften vermeiden diese Übelstände; die Bronze-Tinktur eignet sich vorzüglich zur Verzierung von Korbwaren, Gipsfiguren, Rahmen, Lederwaren u. s. w., das Bronzierungspulver a) ersetzt die Firnisanreibung.

Die Bronze-Farben werden hauptsächlich in Gold-, Silber- und Kupferfarbe verlangt.

Bronze-Tinktur.

55,0 Bronzepulver,
25,0 Borax-Schellacklösung (s. diese),
10,0 Weingeist von 90 pCt.

Man reibt das Bronzepulver ganz allmählich mit der Flüssigkeit an und giebt die Tinktur in nicht zu enghalsigen Fläschchen von etwa 30,0 Inhalt mit folgender Gebrauchsanweisung ab:

„*Man schüttelt das Fläschchen vor dem Gebrauch, bis sein Inhalt vollständig gleichmässig geworden ist und trägt die Flüssigkeit sodann mit einem Fischhaarpinsel auf, schüttelt aber bei jedesmaligem Eintauchen von neuem auf.*"

Bronzierungs-Pulver.

a) Wetterbeständig:
60,0 Bronzepulver,
40,0 Dextrin,
0,1 Kaliumdichromat.

Man verreibt das Dichromat sehr fein und vermischt es dann mit den andern Bestandteilen.

b) nicht wetterbeständig:
75,0 Bronzepulver,
25,0 Dextrin.

Man giebt beide in Papierbeuteln mit je 10 g Inhalt ab und fügt folgende Gebrauchsanweisung bei:

„*Den Inhalt des Beutels rührt man mit 10 g Wasser allmählich an und setzt das Rühren so lange fort, bis die Masse knotenfrei ist. Man trägt sie dann mit einem Fischhaarpinsel auf.*"

Schluss der Abteilung „Bronze-Farben".

Brünierungs-, Damaszierungs-Flüssigkeiten, Beizen für Gewehrläufe.

I.

a) 14,0 Eisenchloridlösung von 1,281 spez. Gew.
3,0 Quecksilberchlorid,
3,0 Kupfervitriol,
3,0 rauchende Salpetersäure,
80,0 destilliertes Wasser.

b) 10,0 Schwefelkalium,
900,0 destilliertes Wasser.

Mit **a)** streicht man den vorher gut abgeschmirgelten Lauf zwei- bis dreimal mit einem Schwämmchen oder einem weichen Fischhaarpinsel an, stellt nach jedem Strich, um das Trocknen zu verlangsamen, in einen kühlen Raum und bearbeitet vor jedem neuen Strich tüchtig mit der Stahldrahtbürste.

Scheint der Lauf dunkel genug, so legt man ihn in das Bad **b)**, lässt ihn 10=12 Tage darin und wäscht dann mit warmem Wasser und zuletzt mit Seifenwasser ab.

Schliesslich reibt man den trockenen Lauf mit Leinölfirnis ein.

Die besten Ergebnisse erzielt man bei diesem Verfahren, wenn man das Bad **b)**, bevor man die durch Korke verschlossenen Gewehrläufe einlegt, auf 30—40° C erwärmt.

II.

a) 2,0 rauchende Salpetersäure,
98,0 destilliertes Wasser.

b) 1,0 Silbernitrat,
99,0 destilliertes Wasser.

Den gut abgeschmirgelten Gewehrlauf streicht man so oft unter jedesmaligem vorherigen Trocknen im kühlen Raum und Behandeln mit der Stahldrahtbürste, wie dies bereits unter I angegeben, mit **a)** an, bis eine hübsche Oxydschicht vorhanden. Man reinigt nun gut mit der Drahtbürste und bestreicht unter jedesmaligem Belichten so oft mit **b)**, bis der Lauf hübsch dunkel ist, um schliesslich mit Leinölfirnis einzureiben.

Soll bei damaszierten Läufen das Gefüge scharf hervortreten, so schleift man nach der Brünierung die Läufe mit dem Ölstein ab, so dass die Felder blank erscheinen.

Brünieren von Kupfer.

Das zu brünierende Kupfer putzt man mit Glaspapier blank, erhitzt über Kohlenfeuer und bestreicht es dann mit folgender Lösung:

5,0 Kupferacetat,
7,0 Ammoniumchlorid,
3,0 verdünnte Essigsäure v. 30 pCt,
85,0 destilliertes Wasser.

Schliesslich reibt man mit einer Lösung, welche aus 1 Wachs und 4 Terpentinöl bereitet ist, ab.

Buchdruckwalzenmasse.

500,0 Tischlerleim

lässt man in

2000,0 Wasser

aufquellen und fügt

500,0 raffiniertes Glycerin von 20° C

hinzu.

Man dampft sodann im Dampfbad und unter langsamem Rühren bis zu einem Gesamtgewicht von

1000,0

ab.

Butyrum saturninum.

Bleibutter.

50,0 Bleiessig,
50,0 Olivenöl.

Die Bleibutter ist Volksheilmittel und wird bei Verbrennungen mit Vorliebe und wohl auch mit Erfolg angewendet. Sie ist, da sie sich nur kurze Zeit hält, stets frisch zu bereiten.

Cachou Prinz Albert.

2,5 Muskatblüte, Pulver M/30,
2,5 Veilchenwurzel, „ M/50,
2,5 Süssholz, „ M/50,
0,5 Malabar-Kardamomen, Pulv. M/30,
0,25 Nelken, Pulver M/30,
0,02 Vanillin,
0,01 Cumarin,
0,005 Moschus,
3 Tropfen Pfefferminzöl,
2 „ Rosenöl,
2 „ Citronenöl,
2 „ Orangenblütenöl,
1 „ Ceylon-Zimtöl.

Man stösst mit Gummischleim an, fertigt 0,05 schwere Pillen und versilbert dieselben.

Calcium oxysulfuratum.

Calciumoxysulfuret.

a) Vorschrift der Ph. Austr. VII.

30,0 Ätzkalk,

in Stückchen zerschlagen, besprengt man mit

20,0 Wasser.

Nach dem Löschen des Ätzkalkes setzt man

60,0 Schwefelblumen

hinzu.

Die Ph. Austr. lässt das Präparat zur Bereitung des Calcium oxysulfuratum solutum (siehe dieses) verwenden.

Ein reineres und als Enthaarungsmittel wirksameres Präparat erhält man nach folgender Vorschrift:

b) 30,0 Ätzkalk aus Marmor

zerreibt man zu möglichst feinem Pulver, mischt

20,0 Wasser

und, wenn dies gleichmässig verteilt ist,

60,0 gefällten Schwefel

hinzu.

Man bewahrt beide Präparate in gut verschlossenen Gläsern auf.

Calcium oxysulfuratum solutum.

Solutio Vlemingkx. Liquor Calcii oxysulfurati.

Vorschrift der Ph. Austr. VII.

30,0 Calciumoxysulfuret

löst man in

200,0 siedendem Wasser

und kocht die Lösung unter beständigem Umrühren auf

120,0

ein.

Man bewahrt in gut verschlossenen Gläsern auf.

Calcium phosphoricum.

Calciumphosphat.

a) Vorschrift des D. A. IV.

20 Teile Calciumkarbonat

werden mit

50 Teilen Salzsäure v. 1,124 spez. Gew.

und

50 Teilen Wasser

übergossen. Die Mischung wird, sobald die Entwicklung von Kohlensäure bei gewöhnlicher Temperatur aufgehört hat, erwärmt. Die klar abgegossene Flüssigkeit wird mit Chlorwasser im Überschusse vermischt, darauf erwärmt, bis der Chlorgeruch verschwunden ist, und eine halbe Stunde lang bei 35—40° C mit

1 Teil Kalkhydrat

stehen gelassen. Der filtrierten, erkalteten, mit

1 Teil Phosphorsäure von 1,154 spez. Gew.

angesäuerten Calciumchloridlösung setzt man eine filtrierte Lösung von

61 Teilen Natriumphosphat

in

300 Teilen warmem Wasser,

die bis auf 25—20° C abgekühlt ist, nach und nach unter Umrühren zu. Hierauf wird das Ganze so lange umgerührt, bis der entstandene Niederschlag krystallinisch geworden ist. Dieser wird auf einem angefeuchteten, leinenen Tuche gesammelt und so lange mit Wasser ausgewaschen, bis eine Probe der Waschflüssigkeit, nach dem Ansäuern mit Salpetersäure, mit Silbernitratlösung nur noch eine schwache Opaleszenz zeigt. Nach vollständigem Abtropfen wird der Niederschlag stark ausgepresst, bei gelinder Wärme getrocknet und fein gepulvert.

b) Vorschrift der Ph. Austr. VII.

100,0 gefälltes kohlensaures Calcium

löst man, wie unter a) in

300,0 reiner Salzsäure von 1,12 spez. Gew.
300,0 destilliertem Wasser.

Man behandelt die Lösung wie unter a) mit

50,0 Chlorwasser,
10,0 Ätzkalk,

filtriert, säuert die Lösung mit verdünnter Essigsäure an und fällt mit einer Lösung von

360,0 Natriumphosphat

in

2000,0 destilliertem warmen Wasser.

Den Niederschlag sammelt man nach einigen Stunden auf einem feuchten Tuch, wäscht ihn mit Wasser so lange aus, bis die ablaufende Flüssigkeit nur noch schwache Chlorreaktion giebt, trocknet ihn bei gelinder Wärme und bewahrt ihn zerrieben auf.

Calcium sulfuratum.

Calciumsulfid.

500,0 gebrannten Kalk, Pulver M/30,
400,0 sublimierten Schwefel

mischt man, drückt die Mischung fest in einen Schmelztiegel ein, bedeckt diesen und bringt ihn in Holzkohlenfeuer. Man erhitzt bis zur Rotglut und erhält 1 Stunde darin. Nach dem Erkalten zerkleinert man den Tiegelinhalt in Körner und bewahrt ihn in gut verschlossenen Glasbüchsen auf.

Calcium sulfuricum praecipitatum.

Gefälltes Calciumsulfat.

1000,0 Calciumchlorid,

gelöst in

10000,0 destilliertem Wasser.

Andrerseits

3000,0 kryst. Natriumsulfat

gelöst in

10000,0 destilliertem Wasser.

Man lässt beide Lösungen gleichzeitig und unter stetem Rühren in ein Gefäss laufen, welches

20000,0 destilliertes Wasser

enthält, lässt dann den entstandenen Niederschlag absetzen und wäscht ihn 2 mal mit destilliertem Wasser im Fällungsgefäss aus; man sammelt dann den Niederschlag auf einem genässten leinenen Tuch, presst ihn aus und trocknet ihn bei einer Temperatur, welche 15° C nicht übersteigt. Man bewahrt den Niederschlag in gut verschlossenen Glasgefässen auf.

Die Ausbeute wird gegen 1300,0 betragen.

Das Präparat dient zur Herstellung der Mineralwassersalze.

Camphora carbolisata.

Karbolkampfer.

100,0 krystallisierte Karbolsäure,
200,0 Kampfer

verreibt man, lässt die Mischung in bedeckter Schale einige Stunden oder so lange stehen, bis sich ein rötliches Öl gebildet hat, und bewahrt dies in gut verschlossenem Glas auf.

Camphora-Naphthalinum.

Naphthalinum camphoratum. Naphthalin-Kampfer.

a) unparfümiert:

75,0 Naphthalin,
25,0 Kampfer

schmilzt man auf dem Dampfbad vorsichtig miteinander und giesst die geschmolzene Masse in Papierkapseln oder in Blechformen aus.

Dient als Mottenmittel und ist in mit hübscher Etikette † versehenem Glas oder Blechbüchse zu verabreichen.

b) wohlriechend nach *E. Dieterich:*

800,0 Naphthalin,
200,0 Kampfer

schmilzt man wie das vorige und setzt der heissen Masse zu

0,5 Cumarin,
0,2 Nerolin, †
5,0 künstliches Bittermandelöl.

Man giesst in Tafelformen oder komprimiert Tabletten daraus.

Dient ebenfalls als Mottenmittel. Verpackung wie beim unparfümierten Naphthalin-Kampfer.

Gebrauchsanweisung:

„Man legt den Naphthalin-Kampfer in reichlicher Zahl zwischen die zu schützenden Pelz-, Wolle-, Filz-, Rosshaar-Gegenstände oder zwischen Federkissen, rollt diese dicht zusammen, schlägt sie in festes Packpapier ein, verschnürt die Packete und verklebt dann die

---

† S. Bezugsquellen-Verzeichnis.

übereinandergeschlagenen Teile des Papieres mit weichem, z. B. Zeitungspapier, so dass die Umhüllung nirgends eine Öffnung zeigt. Diese Packete bewahrt man in einem trockenen kühlen Raum auf.“

Candelae.

Räucherkerzchen.

Nach *E. Dieterich.*

Der Gebrauch der Räucherkerzchen hat gegenüber früheren Zeiten bedeutend nachgelassen, da das feinere Publikum Räucheressenzen und Räucherpapier dem etwas aufdringlichen Parfüm der Räucherkerzchen, welches durch das Verglimmen der organischen Substanz hervorgerufen wird, vorzieht. Nichtsdestoweniger sind die Räucherkerzchen in manchen Gegenden noch immer sehr beliebt, wozu vielleicht die ungemein bequeme Anwendung beitragen mag, und bilden zugleich einen nicht zu unterschätzenden Ausfuhrgegenstand nach überseeischen Ländern.

Die Bereitung der Räucherkerzchen besteht darin, dass man die Bestandteile derselben zu einer bildsamen Masse anstösst, letztere, wenn es sich um die Darstellung im Kleinen handelt, auf der Pillenmaschine zu Strängen von 10 mm Dicke ausrollt, diese zerschneidet und mittelst eines kleinen Rollbrettchens nach Art der Stuhlzäpfchen zu einem spitzen Kegel ausrollt. Das sonst übliche Kneten mittelst Daumen und Zeigefinger kann nie so gefällige Formen schaffen, wie das Ausrollen. Arbeitet man in grösseren Mengen, so kann man sich zum Pressen der Stränge einer Pillenstrangpresse † bedienen.

Um die oben erwähnten, den Räucherkerzchen anhängenden Übelstände nach Möglichkeit zu beseitigen, vermeide man thunlichst die Verwendung von Sandelholzpulver; nach meinen Versuchen hat sich Kohle als derjenige Stoff erwiesen, welcher die Parfüme beim Verbrennen am meisten zur Geltung kommen lässt.

Eine weitere Verbesserung erreicht man dadurch, dass man das den Körper bildende Pulver mit der Salpeterlösung tränkt, dann wieder trocknet und nochmals pulvert. Man erzielt dadurch einesteils eine Ersparnis an Salpeter, andernteils eine Verminderung des brenzlichen Geruchs.

Ein sehr hübsches ansprechendes Äussere lässt sich weiterhin den Kerzchen durch Bronzieren derselben geben; letzteres besteht darin, dass man die noch feuchten Kerzchen mit verschiedenfarbigen trockenen Bronzen bepinselt.

Die folgenden Vorschriften sind nach diesen Grundsätzen aufgestellt und ausgearbeitet; ausserdem habe ich das Parfüm nach Möglichkeit den modernen Anforderungen angepasst.

Candelae Ammonii chlorati.

Salmiakkerzchen.

650,0 Lindenkohle, Pulver M/50,

tränkt man mit einer Lösung von

250,0 Ammoniumchlorid,
75,0 Kaliumnitrat,
5,0 Zucker,
0,2 Cumarin

in

700,0 destilliertem Wasser,

trocknet wieder und pulvert. Man mischt unter

20,0 Tragant, Pulver M/50,

stösst mit

q. s. Tragantschleim,

in welchem 2 pCt Salpeter gelöst sind, zu einer bildsamen Masse an und fügt derselben hinzu

5 Tropfen Rosenöl,
5 „ Rosenholzöl,
20 „ Perubalsam.

Die noch feuchten Kerzchen bepinselt man mit trockener Silberbronze (Zinn) und giebt ihnen dadurch ein höchst elegantes Aussehen.

Salmiakkerzchen werden in Zimmern von Hustenkranken verbrannt.

Candelae Ammonii jodati.

Jodammoniumkerzchen.

825,0 Lindenkohle, Pulver M/50,

tränkt man mit einer Lösung von

100,0 Ammoniumjodid,
50,0 Kaliumnitrat,
5,0 Zucker,
0,2 Cumarin

in

1000,0 destilliertem Wasser,

trocknet und pulvert.

Man verreibt nun damit

20,0 Tragant, Pulver M/50
5 Tropfen Rosenöl,
5 „ Sandelholzöl,
20 „ Perubalsam

† S. Bezugsquellen-Verzeichnis.

und stösst mit

q. s. Tragantschleim,

in welchem 2 pCt Salpeter gelöst sind, zur bildsamen Masse an.

Die noch feuchten Kerzchen bepinselt man mit Zinnbronze.

Ihre Verwendung ist die der Jodkerzchen.

Candelae Benzoës.

Benzoëkerzchen.

500,0 Lindenkohle, Pulver M/50,

tränkt man mit einer Lösung von

80,0 Kaliumnitrat,

in

600,0 destilliertem Wasser,

trocknet und pulvert wieder.

Man mischt dann hinzu

400,0 Benzoë, Pulver M/30,
20,0 Tragant, Pulver M/50,
0,2 Cumarin

und stösst mit

q. s. Tragantschleim,

in welchem 2 pCt Salpeter gelöst sind, zu einer bildsamen Masse an.

Man bepinselt die feuchten Kerzchen mit trockener Goldbronze.

Candelae carbolisatae.

Karbolkerzchen.

830,0 Lindenkohle, Pulver M/50,

tränkt man in einer Lösung von

50,0 Kaliumnitrat

in

1000,0 destilliertem Wasser,

trocknet und pulvert.

Man mischt dann unter

20,0 Tragant, Pulver M/50,

hierauf

100,0 krystallisierte Karbolsäure,
1,0 Wintergreenöl,
0,5 Cumarin

und stösst mit Hilfe von

q. s. Tragantschleim,

in welchem 2 pCt Salpeter gelöst sind, zur bildsamen Masse an.

Die feuchten Kerzchen bepinselt man mit trockener Silberbronze (Zinn). Sie dienen zum Räuchern in Krankenzimmern.

Candelae Cinnabaris.

Zinnoberkerzchen.

500,0 Sandelholz, Pulver M/50,

tränkt man mit einer Lösung von

150,0 Kaliumnitrat

in

800,0 destilliertem Wasser,

trocknet und pulvert.

Man mischt nun

200,0 Zinnober,
30,0 Tragant, Pulver M/50,
20,0 Perubalsam,
0,5 Cumarin,
10,0 Hoffmann'schen Lebensbalsam

hinzu und stösst mit

q. s. Tragantschleim,

welcher 2 pCt Salpeter enthält, zur bildsamen Masse an.

Man formt Kerzchen daraus und trocknet dieselben an der Luft. Die schöne rote Farbe lässt eine Bronzierung überflüssig erscheinen.

Candelae fumales.

Räucherkerzchen.

a) 900,0 Lindenkohle, Pulver M/50,

tränkt man mit einer Lösung von

15,0 Kaliumnitrat

in

1000,0 destilliertem Wasser,

trocknet und pulvert.

Man mischt nun gut unter

20,0 Tragant, Pulver M/50,

sodann

50,0 Benzoëtinktur,
20,0 Perubalsam,
20,0 rohen Storax,
20,0 Tolubalsam,
10,0 Hoffmann'schen Lebensbalsam,
0,5 Cumarin

und stösst mit

q. s. Tragantschleim,

in welchem 2 pCt Salpeter gelöst sind, an.

Auch bei diesen ist, wie schon früher, das Vergolden oder Versilbern, des eleganten Aussehens wegen, zu empfehlen.

b) 25,0 Kaliumnitrat

löst man in

750,0 destilliertem Wasser

und tränkt mit dieser Lösung

900,0 Lindenkohle, Pulver M/50.

Man trocknet die feuchte Masse, zerreibt und siebt sie und mischt hinzu

25,0 Tragant, Pulver M/50,
20,0 rohen Storax,
20,0 Benzoë, Pulver M/30,
0,2 Cumarin,
0,5 Vanillin,
0,2 Moschus,
0,1 Zibeth,
1,5 Rosenöl,
1,0 Bergamottöl,
10 Tropfen Ylang-Ylangöl,
10 „ Rosenholzöl,

5 Tropfen Sandelholzöl,
5 „ Ceylonzimtöl,
1 „ Veilchenwurzelöl,
1 „ Kaskarillöl.

Wenn die Mischung gleichmässig ist, stösst man sie mit

q. s. Tragantschleim,

in welchem 2 pCt Salpeter gelöst sind, zu einer bildsamen Masse an und formt daraus Räucherkerzchen, welche man noch feucht durch Aufpinseln mit irgend einer Metallbronze überzieht.

Um den Storax gleichmässig untermischen zu können, löst man ihn am besten in einer Kleinigkeit (5,0) Essigäther.

Man verabreicht die Räucherkerzchen in mit hübscher Etikette † versehener Glasbüchse oder Schachtel.

Candelae fumales rubrae.

Rote Räucherkerzchen.

725,0 Sandelholz, Pulver M/50,

tränkt man mit einer Lösung von

75,0 Kaliumnitrat

in

1000,0 Wasser,

trocknet und pulvert.

Man mischt nun gut unter

30,0 Tragant, Pulver M/50,

sodann

50,0 Benzoëtinktur,
20,0 Perubalsam,
40,0 rohen Storax,
40,0 Tolubalsam,
10,0 Hoffmann'schen Lebensbalsam,
0,5 Cumarin

und stösst mit

q. s. Tragantschleim,

in welchem 2 pCt Salpeter gelöst sind, an.

Die aus Kohle bereiteten Kerzchen sind solchen aus Sandelholzpulver stets vorzuziehen, da das Holz trotz des höheren Salpeterzusatzes stets einen unangenehmen Nebengeruch giebt. Ausserdem ist das Aussehen eines bronzierten Kohlenkerzchens immer noch hübscher, wie das stumpfe Rot des Sandelholzpulvers.

Candelae Kalii nitrici.

Salpeterkerzchen.

580,0 Sandelholz, Pulver M/50,
300,0 Kaliumnitrat, „ M/20,
80,0 Cedernholz, „ M/50,
20,0 Benzoë, „ M/30,
20,0 Tragant, „ M/50,
0,2 Cumarin,
10 Tropfen Rosenöl,
10 „ Sassafrasöl

mischt man und stösst mit

q. s. Tragantschleim

an.

Die noch feuchten Kerzchen bronziert man gelb.

Die Verwendung von Kohle neben einer so grossen Menge Salpeter ist unmöglich, weshalb hier das Sandelpulver aushelfen muss.

Die Salpeterkerzchen werden in derselben Weise wie das Salpeterpapier gebraucht.

Candelae jodatae.

Jodkerzchen.

885,0 Lindenkohle, Pulver M/50,

tränkt man mit einer Lösung von

40,0 Kaliumnitrat,
5,0 Zucker

in

1000,0 destilliertem Wasser,

trocknet, pulvert und vermischt mit

20,0 Tragant, Pulver M/50.

Andrerseits löst man

50,0 Jod,
0,1 Nerolin †

in

200,0 Äther,

mischt diese Lösung der salpetrisierten Kohle zu, lässt einen Augenblick an der Luft liegen und stösst nun mit

q. s. Tragantschleim,

welcher 2 pCt Salpeter enthält, zur bildsamen Masse an.

Die Kerzchen trocknet man an der Luft und überzieht sie dann zweimal mit einer doppelt starken Benzoëtinktur (40:100), um die Verdunstung des Jodes wenigstens einigermassen zu hemmen.

Die Aufbewahrung hat in gut verschlossenen Gläsern stattzufinden.

Eine Bronzierung ist hier nicht möglich.

Candelae Kreosoti.

Kreosotkerzchen.

890,0 Lindenkohle, Pulver M/50,

tränkt man mit einer Lösung von

40,0 Kaliumnitrat

in

1000,0 destilliertem Wasser,

trocknet, pulvert und mengt mit

20,0 Tragant, Pulver M/50.

Man mischt nun hinzu

50,0 Kreosot,
0,5 Cumarin,
1,0 Wintergreenöl

und stösst mit

q. s. Tragantschleim,

---

† S. Bezugsquellen-Verzeichnis.

welcher 2 pCt Salpeter gelöst enthält, zu einer bildsamen Masse an.

Die noch feuchten Kerzchen bronziert man gelb, trocknet sie langsam an der Luft und bewahrt sie in gut geschlossenen Gefässen auf.

Candelae Opii nitratae.

600,0 Sandelholz, Pulver M/50,
300,0 Kaliumnitrat, „ M/20,
20,0 Benzoë, „ M/30,
20,0 Opium, „ M/30,
20,0 Tragant, „ M/50,
5 Tropfen Rosenöl,
10 „ Sassafrasholzöl,
0,2 Cumarin

mischt man und stösst mit

q. s. Tragantschleim

zur bildsamen Masse an.

Man formt Kerzchen und bronziert dieselben.

Candelae Picis.

Teerkerzchen.

830,0 Lindenkohle, Pulver M/50,

tränkt man mit einer Lösung von

50,0 Kaliumnitrat

in

1000,0 Wasser,

trocknet und pulvert.

Man mischt dann

20,0 Tragant, Pulver M/50,

hierauf

100,0 Holzteer,
1,0 Cumarin

unter und stösst mit Hilfe von

q. s. Tragantschleim,

in welchem 2 pCt Salpeter gelöst sind, zur bildsamen Masse an.

Man formt Kerzchen und bepinselt dieselben mit Bronze.

Candelae salicylatae.

Salicylkerzchen.

850,0 Lindenkohle, Pulver M/50,

tränkt man mit einer Lösung von

40,0 Kaliumnitrat

in

1000,0 Wasser,

trocknet, pulvert und mischt mit

100,0 Salicylsäure,
20,0 Tragant, Pulver M/50,
0,5 Cumarin.

Man setzt nun

2,0 Wintergreenöl

zu und stösst mit

q. s. Tragantschleim,

welcher 2 pCt Salpeter gelöst enthält, zur bildsamen Masse an, um Kerzchen daraus zu formen.

Noch feucht bepinselt man dieselben mit Bronze.

Candelae Stramonii.

Candelae antiasthmaticae. Asthmakerzchen. Stechapfelkerzchen.

600,0 Stechapfelblätter, Pulver M/50,
370,0 Kaliumnitrat, „ M/30,
5,0 Zucker, „ M/30,
20,0 Tragant, „ M/50,
15,0 Perubalsam.

Man mischt gut und stösst mit

q. s. Tragantschleim

an.

Die noch feuchten Candelae bepinselt man mit Weingeist von 90 pCt, in welchem

0,1 pCt Ätzkali

gelöst ist.

Die Kerzchen müssen hübsch grün aussehen, weshalb notwendig das beste Stechapfelblätterpulver zu nehmen ist.

Das Bepinseln mit der weingeistigen Kalilauge geschieht, um die grüne Farbe lebhafter zu machen.

Schluss der Abteilung „Candelae“.

Carbo Spongiae.

Schwammkohle.

100,0 Schwamm-Abfälle

maceriert man 10 bis 12 Stunden in einem Bad von

50,0 reiner Salzsäure v. 1,124 sp. G.,
950,0 destilliertem Wasser,

wäscht dann so lange mit warmem Wasser aus, bis das Waschwasser neutral ist, und trocknet bei ca. 100° C.

Man zerschneidet nun möglichst fein, bringt in einen Schmelztiegel, bedeckt denselben, ohne ihn zu verschmieren, und erhitzt bei mässigem Kohlenfeuer so lange, als noch Dämpfe entweichen. Ist dies nicht mehr der Fall, so kann man den Vorgang als beendet betrachten und die entstandene Kohle nach dem Erkalten zu feinem Pulver zerreiben.

Die Ausbeute beträgt 25 bis 30 pCt.

Die Meerschwämme bedürfen zum Verkohlen nur geringer Hitze. Man kann deshalb, wenn man einen genügend grossen Porzellantiegel besitzt, die Arbeit auf dem Petroleumherd vornehmen und kann den Vorgang hier bequemer beobachten, wie bei Benützung eines hessischen Tiegels und der hierzu notwendigen Kohlenfeuerung.

Cardolum.

Cardoleum. Cardol.

100,0 westindische Anakardien

zerquetscht man möglichst gut im Mörser, maceriert sie mit

200,0 absolutem Alkohol,
200,0 Äther

unter öfterem Schütteln 3 Tage, presst aus und behandelt noch 2mal in gleicher Weise mit

200,0 absolutem Alkohol,
200,0 Äther.

Man filtriert die Flüssigkeit, destilliert den Ätherweingeist ab, um ihn später ausschliesslich zu demselben Präparat zu benützen, und dampft unter öfterem Zufügen geringer Mengen Äther bei nur 50° C zu einem dünnen Extrakt ab.

Das Cardol zieht Blasen und muss deshalb mit Vorsicht behandelt werden.

Cascara Sagrada examarata.

Entbitterte Cascara. Entbitterte Sagradarinde.

500,0 Cascara Sagrada, Pulver M/50,
50,0 gebrannte Magnesia,
1000,0 destilliertes Wasser

mischt man gleichmässig, lässt 12 Stunden stehen, trocknet auf dem Dampfbad unter Rühren ein, pulvert wieder und siebt abermals durch Sieb M/50.

Das so vorbereitete Pulver verarbeitet man auf Fluidextrakt.

Centrifugieren.

Schleudern.

Die Centrifugen oder Schleudermaschinen † bilden in der Grossindustrie seit langem die unentbehrlichen Hilfsmittel zum Trennen fester Körper von Flüssigkeiten. So schleudert man in den Zuckerfabriken die auskrystallisierten Zuckersäfte und gewinnt auf diese Weise Farinzucker und Melasse; vom Krystallbrei schleudert man die Mutterlauge ab und wäscht während des Schleuderns die letzten Reste Mutterlauge mit Wasser nach und nach aus.

Die Schleuder besteht aus einer sogenannten Lauftrommel, welche von einem feststehenden Mantel, der Sammeltrommel, umgeben ist. Der Antrieb erfolgt bei den pharmaceutisch in Betracht kommenden Schleudern von unten, wodurch die Verunreinigung des Schleuderinhaltes mit dem Schmiermittel für die Lager der Antriebswelle vermieden wird. Die Lauftrommel ist in ihrem Umkreis siebartig durchlöchert und wird je nach der Beschaffenheit des zu schleudernden Gutes entweder so, wie sie ist, verwendet oder mit gröberem oder feinerem Seihstoff belegt. Die Sammeltrommel ist mit einem Abflussrohr verbunden, durch welches die abgeschleuderte Brühe fortgeleitet wird.

Beim Gebrauch der Schleuder vermeide man stoss- und ruckweise Bewegungen, weil diese von Nachteil sowohl für die Maschine, als auch für das Gelingen der Arbeit sind; man setze die Maschine langsam und gleichmässig in Gang, steigere letzteren nach und nach und lasse die Schleuder bei Beendigung der Arbeit von selbst auslaufen. Man suche ferner die Füllung der Schleuder möglichst gleichmässig zu verteilen, da die Maschine sonst unruhig und stossend arbeitet.

Handelt es sich um die Trennung von Niederschlägen, Krystallen usw. von der Mutterlauge, so erreicht man die erwähnte gleichmässige Verteilung am besten in der Art, dass man die aufgerührte Flüssigkeit langsam in die in vollem Gange befindliche Schleuder eingiesst. Man fährt, wenn man die Schleuder ausnützen will, damit fort, solange als die Trommel noch aufnahmefähig ist, d. i. solange die langsam hineingegossene Flüssigkeit nicht über den Rand der Schleuder hinausgeworfen wird. Man giesst sodann in derselben Weise das Aussüsswasser nach. Bei schleimigen Niederschlägen insbesondere leistet die Schleuder vorzügliche Dienste.

Bei Herstellung der Extrakte ist die Schleuder entbehrlich; ja sie vermag hierbei mit einer guten Presse nicht in Wettbewerb zu treten, da man bei Verwendung der letzteren immer eine höhere Ausbeute erzielt. Ich führe dies darauf zurück, dass mit dem Auspressen nach dem erstmaligen Ausziehen die Pflanzenteile zerrissen und somit für das zweite Ausziehen aufgeschlossen werden. Es verdient dagegen hervorgehoben zu werden, dass die Arbeit des Schleuderns bequemer ist und rascher vor sich geht, wie die des Pressens, und darin mag der

---

† S. Bezugsquellen-Verzeichnis.

Grund liegen, dass Schleudern für Handbetrieb jetzt mehrfach in pharmaceutischen Laboratorien zur Gewinnung von Seihflüssigkeiten benützt werden und bis auf den erwähnten Mangel gute Dienste leisten. Die ersten Schleuderbrühen sind zumeist trübe, wenn man auch die Siebtrommel mit Tuch ausgelegt hat; giesst man dagegen die trüben Brühen in die Schleuder während des Schleuderns in dünnem Strahl zurück, so kann man fast immer klare Flüssigkeiten erhalten, weil die in der Siebtrommel verbleibenden festen Teile, die sich gleichmässig an der Wandung der Lauftrommel angelegt haben, als Filter wirken und die Brühen klären. Die Schleuder ist, soweit meine Erfahrung reicht, im allgemeinen mehr da am Platz, wo man die getrennten Teile wieder verwendet, nicht aber da, wo der eine von beiden wertlos wird.

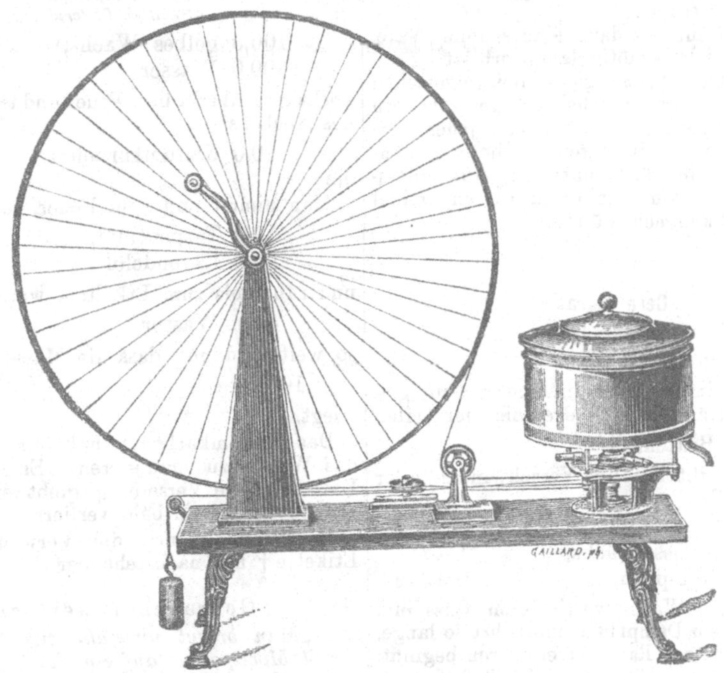

Abb. 7. Centrifuge (Schleuder) von E. A. Lentz in Berlin.

Eine weitere Verwendung findet die Schleuder in der Neuzeit bei der Analyse von Harn, bei bakteriologischen, Nahrungsmittel- und anderen Untersuchungen, um Flüssigkeiten, welche schwer abzufiltrierende oder schwer auszuwaschende Niederschläge enthalten, zu klären. Man benützt dazu Einsätze, welche auf die Laboratoriumschleudern aufgeschraubt werden. Durch Schleudern trennt sich Niederschlag und Flüssigkeit zumeist vollkommen, so dass man letztere mittelst einer Pipette absaugen kann. Das Auswaschen geschieht dann durch Ersetzen der Flüssigkeit mit Wasser und wiederholtes Schleudern. Derartige Arbeiten gelingen am besten bei einer möglichst hohen Umdrehungsgeschwindigkeit der Schleuder, die ja auch in manchem der vorher beschriebenen Fälle erwünscht ist. Für all' diese Zwecke ist die oben abgebildete Schleuder zu empfehlen.

Die hohe Geschwindigkeit ist bei vorstehender Schleuder durch Vergrösserung des Schwungrades erreicht, die Gefahr des Schwerfälligwerdens durch Verwendung eines Fahrradrades vermieden und der bei grosser Umlaufgeschwindigkeit leicht eintretenden Unsicherheit des Ganges durch die Art der Lagerung und durch eine besondere Spannrolle entgegengearbeitet.

Bei Neuanschaffung solcher Maschinen hat man ganz besonders auf dauerhafte Ausführung und gute Verzinnung der Siebtrommel zu achten, weil im andern Fall die Freude eine sehr kurze ist; da ferner die Lager stark in Anspruch genommen werden, so ist immer für gutes Ölen derselben Sorge zu tragen.

Cera flava filtrata.

Filtriertes gelbes Wachs.

1000,0 gelbes Wachs.

Man schmilzt im Dampfbad, entwässert durch Zusatz von

50,0 entwässertem Natriumsulfat, Pulver M/30,

und nachfolgendes, wenigstens viertelstündiges Rühren und filtriert durch Papier im Dampftrichter (s. Filtrieren).

Man bekommt nur dann eine schöne Ware, wenn man nicht unnötig lange erhitzt

Das filtrierte Wachs giebt bei gegossenen Ceraten oder ausgerollten hellfarbigen Pflastern tadellose Präparate, die frei von jeder Verunreinigung sind. Im Interesse dieser Schönheit verwende ich für besagte Fälle ausschliesslich Filtrat und werde daher auf diesen Artikel öfters zurückkommen müssen.

Cera nigra.

Schwarzwachs.

40,0 gelbes Wachs

schmilzt man im Dampfbad in einer geräumigen Reibschale, trägt dann in drei bis vier Teilen

40,0 Büttenruss

ein und verreibt bis zum Verschwinden aller körnigen Teile.

Man schmilzt nun andrerseits

900,0 gelbes Wachs,
20,0 Kolophon,

trägt den mit Wachs verriebenen Russ ein, nimmt aus dem Dampfbad und rührt so lange, bis das Wachs am Rand zu erstarren beginnt. Man giesst jetzt in Stangen- oder Tafelformen aus.

Das so bereitete Wachs schwärzt vorzüglich und giebt — bekanntlich die Hauptsache bei Schwarzwachs — die Schwärze leicht ab.

Cera politoria.

Polierwachs. Harte Möbelpolitur. Möbelwachs.

500,0 gelbes Wachs

schmilzt man und fügt hinzu

500,0 rektifiziertes Terpentinöl.

Man giesst in möglichst dicke Tafeln aus, schneidet sie nach dem Erkalten mit Draht, ähnlich wie bei der Seife, in quadratische Stücke von gewünschter Grösse und schlägt diese in Stanniol ein.

Es empfiehlt sich die Verwendung einer Etikette † mit nachstehender

Gebrauchsanweisung:

„Die aufzupolierenden Möbel überfährt man leicht mit dem Polierwachs, verreibt dieses dann unter Aufdrücken mit einem Leinenbausch, auf den man 5—10 Tropfen Terpentinöl gegeben hat, und überreibt dann mit Flanell ganz leicht so lange, bis hoher Glanz entstanden ist.“

† S. Bezugsquellen-Verzeichnis.

Cera politoria liquida.

Möbelpolitur. Weiche Möbelpolitur. Linoleumpolitur.

Nach *E. Dieterich.*

100,0 gelbes Wachs,
500,0 Wasser

kocht man über freiem Feuer und trägt während des Kochens

10,0 Kaliumkarbonat

ein

Man nimmt nun vom Feuer, setzt hinzu

10,0 Terpentinöl,
5,0 Lavendelöl

und rührt bis zum Erkalten, worauf man mit

q. s. Wasser

so weit verdünnt, dass die Masse

1000,0

wiegt.

Das Kaliumkarbonat hat nur den Zweck, das Wachs zu emulgieren. Eine mit mehr Kali bewirkte Verseifung giebt eine Politur, welche den Glanz bald verliert.

Es empfiehlt sich die Verwendung einer Etikette † mit nachstehender

Gebrauchsanweisung:

„Man bringt ungefähr eine Messerspitze voll Möbelpolitur auf ein Stück Flanell und verreibt dieselbe hier mit einem zweiten Stück Flanell, so dass auf beiden die Politur gleichmässig verteilt ist. Man reibt nun mit beiden Flanellen die zu polierenden Möbel unter Druck ab und poliert mit reinem Flanell ohne Anwendung von Druck nach.“

Cera rubra.

Rotwachs.

100,0 präparierte Mennige,
100,0 präparierten Zinnober,
50,0 Lärchenterpentin

verreibt man sehr gut. Andrerseits schmilzt man im Dampfbad

750,0 gelbes Wachs

und setzt diesem unter stetem Rühren nach und nach obige Verreibung zu. Wenn die Masse so weit abgekühlt ist, dass man kein Absetzen der Farben mehr zu befürchten hat, giesst man in Tafeln aus.

Japanwachs und Ceresin können hier keine

Verwendung finden, weil der zu färbende Faden beide nicht in genügender Menge annimmt.

Das Giessen in hohe Formen ist wegen der damit verbundenen ungleichen Verteilung der Farbe nicht empfehlenswert.

Ceratum.

Wachssalbe. Wachspflaster.

Die Cerate oder Wachspflaster bilden ihrer Festigkeit nach eine Zwischenstufe zwischen den Pflastern und Salben, wenngleich sie die äussere Form, die der Tafel und Stange, mit ersteren gemeinsam haben.

In verschiedenen Fällen bediene ich mich im Interesse der Haltbarkeit der benzoïrten Fette und Öle.

Die Herstellung der Ceratmassen ist sehr einfach, die Schwierigkeiten beginnen erst da, wo es sich darum handelt, die Massen in äusserlich gefällige Formen zu bringen. Am ungeeignetsten zu diesem Zweck ist das althergebrachte Verfahren, die Masse in Papierkapseln auszugiessen und sodann mittelst eines Messers zu zerteilen; lässt sich das erstarrte Wachspflaster auch leicht vom Papiere lösen, so biegt sich doch die Tafel während des Erstarrens an den Seiten in die Höhe, so dass die Fläche krumm wird.

Das folgende Verfahren ist einfach und liefert dabei hübsche Ergebnisse:

Man bedient sich zum Ausgiessen nicht harzhaltiger Massen, wie Ceratum Cetacei, kleiner Chokoladeformen, welche durch Rippen in beliebig viele Quadrate eingeteilt sind, und verfährt in der Weise, dass man die nicht zu warme Masse in die Formen einwiegt, letztere sodann auf einem genau wagerechten Tisch zum Erstarren hinstellt und sodann 24 Stunden lang in einen möglichst kühlen Raum bringt. Es genügt alsdann gelindes Klopfen, um die Tafel, welche auf der dem Blech zugekehrten Seite ein glänzendes Aussehen besitzt, aus der Form zu entfernen. Man hüte sich, zu früh auszuformen, ein solches giebt entweder Bruch oder matte Gussflächen. Oleum Cacao lässt sich in derselben Weise zu Tafeln verarbeiten.

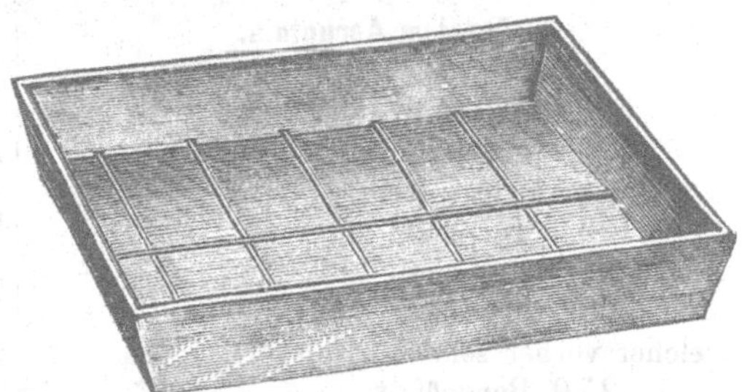

Abb. 8. **Gussform für Tafelcerate von E. A. Lentz in Berlin,**
für 10 Teile (zu 35×40 mm), 12 Teile (zu 25×50 mm), 20 Teile (zu 35×20 mm).

Harzhaltige Wachspflaster, wie Ceratum Aeruginis, Ceratum resinae Pini, auch Emplastrum fuscum bringt man in dieselbe geschmackvolle Form auf folgende Weise:

Man bedeckt die Form mit einem entsprechend grossen Stück starken Stanniol (die glänzende Seite nach oben), drückt dasselbe mit einem weichen Wischtuch ein und formt, indem man mit der einen Hand in der Mitte festhält, mit der anderen die Ecken aus. Auf diese Weise erhält die Blechform einen genau anschliessenden Stanniolüberzug. Man giesst nun die geschmolzene Masse wie oben beschrieben ein, stellt 24 Stunden kalt und zieht schliesslich das Stanniol von der Pflastertafel ab.

Eine Vereinfachung dieses Verfahrens besteht darin, dass man die Blechformen mit Seifenspiritus ausstreicht und trocknen lässt. Die Seifenschicht verhindert das Ankleben der Pflastermasse an die Blechform, so dass die Pflastertafeln gut aus den Formen gehen; sie vermindert aber auch den Glanz auf der Gussfläche, so dass das Stanniolverfahren in dieser Hinsicht den Vorzug verdient.

Die Benützung der Papierkapsel ist, für mich wenigstens, ein überwundener Standpunkt ich halte aber auch das neuerdings empfohlene, mit Pergamentpapier überspannte Brett zum Ausgiessen nicht für praktisch. Will man eine Papierkapsel durchaus benützen, so giebt man dem Papier einen Beleg von Stanniol und falzt dieses, um ihm Halt zu geben, gleichzeitig mit dem Papier um. Man wird auf diese Weise Tafeln von sehr hohem Glanz erhalten.

Zu demselben Zweck bringt neuerdings Apotheker *B. Seybold* in Gremsdorf Bez. Liegnitz emaillierte gerippte Eisengussformen in den Handel. Wie ich mich überzeugte, sind dieselben sehr hübsch gearbeitet, dabei billig und ausserdem dauerhafter als Blechformen. Tafelförmige Zinkgussformen, die gleichfalls vielfach im Gebrauch sind, bieten nicht mehr Vorteile als die Eisengussformen, kosten aber erheblich mehr.

Zum Giessen von dünneren Stangen benützt man Röhrenformen aus Weissblech mit Korkverschluss auf einer Seite, oder, wenn man mehr Geld anlegen will, die sehr praktischen

Gussformen aus Eisen. Dieselben sind aus Gusseisen und bestehen aus zwei genau zusammengepassten Hälften. Beide Hälften zusammengelegt und mit den Flügelschrauben befestigt, bilden ein Ganzes und bieten vier 200 mm lange, 9, 12 oder 15 mm weite kreisrunde und fein auspolierte Kanäle. Beim Ausgiessen stellt man die Formen aufrecht auf eine glatte Tischfläche und legt etwas Pergamentpapier unter; nach dem Erkalten, was sehr schnell geschieht, legt man die Formen um, lüftet die Flügelschrauben und hebt die obere Hälfte ab, worauf sich die fertigen Stangen sehr leicht herausnehmen lassen. Vor jedesmaligem Ausgiessen ist es gut, die Kanäle mit einem wollenen Lappen auszureiben. Die vielfach üblichen Holzformen haben den Nachteil, dass das in das Holz eingesogene Fett und Öl mit der Zeit ranzig wird.

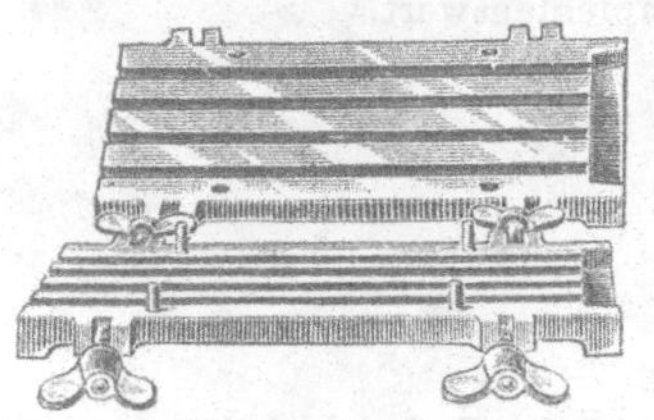

Abb. 9. Gussform für Stangencerate von Rob. Liebau in Chemnitz.

Zum Ausgiessen dicker Stangen bedient man sich ausschliesslich kreisrunder oder oblonger Röhren aus Weissblech und verschliesst erstere mit Kork und letztere durch Einstechen in eine glattgeschnittene Kartoffel.

Wenn man derartige Formen wenig braucht, so kann man sich dadurch helfen, dass man über einen recht glatten Holzstab von entsprechender Form und Dicke Stanniol wickelt und darüber festes Papier, das zugeklebt und am unteren Ende umgebogen wird. Nach dem Herausnehmen des Holzes hat man so eine Form, aus welcher man die (nicht sehr warm) eingegossenen Stangen gleich mit Stanniolüberzug erhält.

Das Öffnen der Formen darf auch hier erst nach 24stündigem Stehen erfolgen.

Ceratum Aeruginis.

Grünspancerat. Hühneraugencerat.

a) 500,0 gelbes Wachs,
250,0 gereinigtes Fichtenharz

schmilzt man, löst darin

150,0 Terpentin

und fügt zuletzt hinzu

50,0 gepulverten Grünspan,

welcher vorher sehr fein mit

25,0 Benzoëfett,
25,0 Benzoëöl

angerieben war.

Die halberkaltete Masse giesst man in Tafeln aus. Statt des Benzoë-Fettes und -Öles kann man auch Schweinefett und Olivenöl nehmen, die ersteren tragen aber zur Haltbarkeit des Cerates bei.

b) Vorschrift d. Ergänzungsb. d. D. Ap. V.

500,0 gelbes Wachs,
250,0 gereinigtes Fichtenharz,
200,0 Terpentin,
50,0 fein gepulverter Grünspan.

Bereitung wie bei a).

Das Präparat der Vorschrift b) hat den Nachteil, dass es bald austrocknet und aussen eine spröde Kruste bildet.

Ceratum arboreum in bacillis.

Baumwachs.

400,0 gereinigtes Fichtenharz,
150,0 gelbes Wachs,
150,0 Japanwachs,
30,0 Rindstalg

schmilzt man, setzt

240,0 Terpentin

und zuletzt noch eine Lösung von

2,0 weingeistigem Kurkumaextrakt

in

8,0 Weingeist von 90 pCt

hinzu.

Um die Masse auszurollen, belegt man einen Tisch mit nassem Pergamentpapier und benützt diesen Belag statt eines Pflasterbrettes. Auch die heisseste und klebrigste Pflastermasse wird an nassem Pergamentpapier niemals anhängen, weshalb man sogar das Malaxieren auf demselben vornehmen kann.

Die frisch ausgerollten Stangen schlägt man, wenn der Verbrauch nicht ein rascher ist, sofort in Wachspapier oder Stanniol ein und schützt sie so vor dem Austrocknen.

Es empfiehlt sich, die für den Verkauf abgepackten Stangen mit einer hübschen Etikette †, welche eine kurze Gebrauchsanweisung trägt, zu versehen.

Ceratum arboreum liquidum.

Flüssiges Baumwachs.

Nach *E. Dieterich.*

650,0 gereinigtes Fichtenharz,
80,0 gelbes Vaselin

schmilzt man im Dampfbad. Andrerseits stellt man durch Erhitzen aus.

60,0 gewöhnlicher Kaliseife,
60,0 kryst. Soda,
150,0 Wasser

eine Lösung her und rührt diese nach und nach in die geschmolzene Harzmischung. Man rührt die Masse, bis sie dick ist, und füllt sie in Blechbüchsen zu 500 oder 1000 g.

† S. Bezugsquellen-Verzeichnis.

Ceratum Camphorae.

Kampfercerat.

30,0 weisses Wachs,
60,0 Benzoëfett

schmilzt man mit einander, fügt

10,0 Kampferöl

hinzu und giesst die Masse in Tafeln aus.

Statt des Benzoëfettes kann man auch Schweinefett nehmen; ersteres verdient aber den Vorzug.

Ceratum Cetacei album.

Ceratum Cetacei Ph. Austr. VII.
Walrat-Cerat. Weisse Lippenpomade.

a) 25,0 weisses Wachs,
25,0 Walrat,
50,0 Mandelöl

schmilzt man und parfümiert mit

1 Tropfen Rosenöl.

b) Das Ergänzungsbuch des Apothekervereins giebt neuerdings dieselbe Vorschrift.

c) Vorschrift der Ph. Austr. VII.

100,0 weisses Wachs,
100,0 Walrat,
100,0 Mandelöl

schmilzt man, seiht durch und giesst in Papierkapseln aus.

Auch dieses Cerat ist nicht so geschmeidig, wie das nach a) bereitete.

Ceratum Cetacei flavum.

Gelbe Lippenpomade.

60,0 Mandelöl,
30,0 filtriertes gelbes Wachs

schmilzt man im Dampfbad, setzt zu

0,5 Citronenöl,
0,5 Bergamottöl,
0,3 weingeistiges Kurkumaextrakt,

letzteres gelöst in

10,0 Weingeist von 90 pCt,

lässt einen Augenblick stehen, um die nicht gelösten Extraktteile absetzen zu lassen, und giesst aus.

Ceratum Cetacei rubrum.

Ceratum labiale.
Lippenpomade. Weintraubenpomade.

a) 60,0 Mandelöl,
35,0 filtriertes gelbes Wachs,
5,0 Walrat

schmilzt man im Dampfbad, setzt zu

0,5 Citronenöl,
0,5 Bergamottöl,
0,2 Alkannin

und giesst in Tafeln oder Stangen aus.

b) 45,0 festes Paraffin,
55,0 flüssiges Paraffin

schmilzt man und parfümiert bezw. färbt mit

0,5 Bergamottöl,
0,5 Citronenöl,
0,2 Alkannin,

sonst wie bei a).

In Bezug auf Heilkraft dürfte das Ceratum Cetacei nach der Vorschrift a) den Vorzug verdienen.

Um das Aroma zu schützen, empfiehlt sich ein sofortiges Abpacken in Stanniol.

c) das Ergänzungsbuch d. D. Ap.-V. hat neuerdings die Vorschrift a) aufgenommen, lässt aber auf obige Mengen nur

0,1 Alkannin

nehmen.

Ceratum Cetacei rubrum salicylatum.

Salicyl-Lippenpomade.

60,0 Mandelöl,
35,0 filtriertes gelbes Wachs,
5,0 Walrat

schmilzt man im Dampfbad, dann setzt man

0,5 Salicylsäure

zu und erhitzt noch so lange, bis die Salicylsäure gelöst ist. Man parfümiert, bezw. färbt mit

0,5 Bergamottöl,
0,5 Citronenöl,
0,1 Wintergreenöl,
0,2 Alkannin

und giesst aus.

Auch hier ist nach dem Erkalten ein sofortiges Einschlagen in Stanniol geboten.

Ceratum fuscum.

Unguentum fuscum. Emplastrum fuscum molle.
Muttersalbe. Braunes Cerat.

a) Vorschrift der Ph. Austr. VII.

250,0 einfaches Diachylonpflaster

erhitzt man unter beständigem Umrühren, bis sich die Masse schwarzbraun gefärbt hat. Man fügt dann

100,0 gelbes Wachs,
150,0 Schweinefett

hinzu und giesst nach gehöriger Abkühlung in Tafeln aus.

b) Einfacher und bequemer verfährt man nach folgender Vorschrift:

50,0 schwarzes Mutterpflaster,
40,0 Schweinefett,
10,0 gelbes Wachs

schmilzt man und giesst in Tafeln aus.

Ceratum Loretini.

Loretin-Cerat.
Nach *Trnka.*

10,0 Loretin,
40,0 weisses Walratcerat,
60,0 Benzoëfett,
4,0 Perubalsam.

Ceratum Plumbi in tabulis.

Ceratum Goulardi. Bleicerat.

25,0 weisses Wachs,
50,0 Benzoëfett.

Man schmilzt zusammen, setzt der erkaltenden Masse unter Umrühren

10,0 Bleiessig,
15,0 destilliertes Wasser,
2 Tropfen Rosenöl

zu und giesst dann in Tafeln aus, welche nach dem Erkalten zu teilen und in Stanniol einzuschlagen sind.

Ceratum Resinae Pini.

Emplastrum basilicum. Gelbes Cerat.

Vorschrift von *E. Dieterich.*

500,0 filtriertes gelbes Wachs,
250,0 gereinigtes Fichtenharz,
125,0 Benzoëtalg.

Man schmilzt im Dampfbad, setzt zu

125,0 Terpentin,

lässt einen Augenblick absetzen und giesst in Tafeln aus.

Ältere Vorschriften, wie die des Ph. G. I. und des Ergänzungsb. d. D. Ap. V., begnügen sich mit Hammeltalg, dementsprechend wird ein so bereitetes Cerat dem obigen in Güte nachstehen.

Schluss der Abteilung „Ceratum".

Cetaceum saccharatum.

Saccharum Cetacei.
Walratzucker. Walratpulver.
Ph. G. I.

Man schmilzt in einer Reibschale im Dampfbad

25,0 Walrat

und setzt nach und nach zu

75,0 Zucker, Pulver M/50.

Nach gehörigem Mischen lässt man erkalten, pulvert und bewahrt in gut verschlossenen Gefässen auf, weil bei Luftzutritt rasch ein Ranzigwerden eintritt.

Charta adhaesiva.

Ostindisches Pflanzenpapier.
Nach *E. Dieterich.*

450,0 arabisches Gummi, Pulver M/20,

löst man kalt in einer Schale unter stetem Rühren in

550,0 destilliertem Wasser,

versetzt mit

10 Tropfen Palmarosa-Öl Ia

und seiht ab.

Diese Lösung streicht man mit Hilfe eines breiten Pinsels auf weisses oder, wenn fleischfarbenes gewünscht wird, auf blassrotes Seidenpapier und trocknet an der Luft.

Wenn man arabisches Gummi heiss löst, so erhält man nach dem Trocknen einen sehr spröden Überzug; eben dies ist der Fall, wenn das Trocknen in geheiztem Raume vorgenommen wird.

Das trockene Papier legt man mit der Strichseite nach unten flach, beschwert es und lässt es so 1 Tag liegen, dann erst zerschneidet man in die gewünschten Grössen.

Charta adhaesiva arnicata.

Arnikapapier. Arnika-Klebpapier.
Nach *E. Dieterich.*

Man bereitet Charta adhaesiva (s. diese Vorschrift) und überpinselt dieselbe auf der Glanzseite mit einer Mischung von

85,0 Arnikatinktur,
10,0 Benzoëtinktur,
5,0 weissem Sirup.

Im übrigen verfährt man wie bei Charta adhaesiva.

Charta adhaesiva salicylata.

Salicyl-Klebpapier.
Nach *E. Dieterich.*

Man bereitet es wie Charta adhaesiva, nur dass man unter Einhaltung der dortigen Verhältnisse mit dem Gummi zugleich

10,0 Salicylsäure

löst.

Charta antiasthmatica.

Asthma-Papier.

170,0 Kaliumnitrat,
10,0 Stechapfelextrakt,
20,0 Zucker

löst man in

1000,0 heissem destillierten Wasser.

Man seiht die Lösung durch, lässt sie abkühlen und tränkt weisses Filtrierpapier in der Weise damit, dass man einen Bogen flach auf den Tisch legt und mit einem gleich grossen Stück Flanell, welches man in die Lösung getaucht und nur schwach ausgewunden hatte, bedeckt und sanft drückt. Der Bogen saugt sich voll und wird dann zum Trocknen aufgehängt. Diese Bereitungsweise hat den Vorteil, dass das Papier die Lösung gleichmässig verteilt enthält und dass es beim Aufhängen nicht leicht reisst.

Charta antirheumatica transparens.

Charta antirheumatica Anglica.
Englisches Gichtpapier.

10,0 Spanisch-Pfeffertinktur,
10,0 Euphorbiumtinktur,
20,0 Terpentin,
60,0 Terpentinöl,
500,0 absoluter Alkohol,
400,0 gereinigtes Fichtenharz.

Man wiegt die erstgenannten 5 Bestandteile in eine Flasche, trägt dann das in kleine Stückchen geklopfte Harz ein und löst durch Schütteln. Dann seiht man durch und trägt mittelst eines breiten weichen Pinsels auf beliebig gefärbtes Seidenpapier auf, dieses dann entweder auf heisser, mit rauhem Packpapier belegter Platte oder auf Schnuren an der Luft trocknend.

Für den Verkauf sind hübsche, mit Gebrauchsanweisung versehene Etiketten † zu empfehlen.

Charta carbolisata.

Karbolpapier.

40,0 festes Paraffin,
40,0 flüssiges Paraffin.

Man schmilzt, setzt zu

20,0 krystallisierte Karbolsäure

und imprägniert damit auf warmer, nicht heisser Platte, ähnlich wie bei Charta ceresinata, weisses Seidenpapier.

Charta ceresinata.

Ceresinpapier.

Man tränkt durch Auflegen und Verreiben Schreib- oder Seidenpapier mit geschmolzenem Ceresin.

Der Artikel lässt sich im Kleinen weder so schön, noch so billig herstellen, wie in Fabriken.

Ceresin verdient wegen seiner indifferenten Eigenschaften vor Bienenwachs den Vorzug. Pflanzenwachs oder Stearin sind ganz ungeeignet.

Charta chemica.

Papier chimique. Papier Fayard et Blayn.

90,0 braunes Pflaster

schmilzt man und trägt dann

5,0 Englisch Rot (Eisenoxyd),

das man mit

5,0 Ricinusöl

fein verrieb, ein.

Man streicht nun die Masse mittels breiten Pinsels auf Seidenpapier auf.

Charta Cerussae.

Bleiweisspapier.

Man tränkt Filtrierpapier durch Eintauchen in Bleiessig. Man trocknet die getränkten Bogen in geheiztem Raum und lässt sie hier wenigstens 8 Tage hängen. In dieser Zeit hat sich das Subacetat grösstenteils in Karbonat verwandelt.

Das Papier gehört zu den Volksheilmitteln und wird gegen Rheumatismus auf die schmerzhaften Stellen und Glieder aufgelegt.

Charta epispastica.

Papier épispastique.

a) stärkeres.

50,0 gelbes Wachs,
25,0 Terpentin,
25,0 Krotonöl.

b) schwächeres.

50,0 weisses Wachs,
35,0 Terpentin,
15,0 Krotonöl.

Man schmilzt das Wachs, löst den Terpentin darin, fügt das Krotonöl hinzu und trägt die erkaltende Masse mit einem weichen Pinsel ungefähr kartenblattstark auf geleimtes, aber unsatiniertes Schreibpapier auf. Ein satiniertes Papier kann hier nicht Anwendung finden, weil die Masse von der glatten Fläche abblättern würde.

Man schneidet das fertige Papier sofort in Stücke von der Grösse einer Spielkarte und bewahrt es in Blechbüchsen auf.

Die Verwendung von gelbem und weissem Wachs zu a) und b) hat den Zweck, beide Papiere an der Farbe erkennen zu lassen.

---

† S. Bezugsquellen-Verzeichnis.

Charta exploratoria.

Reagenspapier.

Nach *E. Dieterich.*

Zur Herstellung von Reagenspapieren gebraucht man sowohl Filtrier-, als auch Postpapier; während man jedoch in chemischen und pharmazeutischen Laboratorien zumeist nur Filtrierpapier zur Herstellung der Reagenspapiere benützt, zieht man in industriellen Kreisen vielfach das Postpapier vor. Das Postpapier hat den Vorzug, die allerdings etwas langsamer eintretende Farbenveränderung schärfer erkennen zu lassen, weil die Flüssigkeit die Papierfaser nicht durchdringt und weil dadurch das Papier der Farbschicht als weisse Unterlage dient; die gefärbten Postpapiere eignen sich deshalb gut zum Tüpfeln; es ist aber auch zu beachten, dass manche Farbstoffe empfindlicher sind, wenn sie auf Post-, andere wieder, wenn sie auf Filtrierpapier befestigt werden.

Zur Bereitung von Reagenspapier verfährt man zunächst so, dass man das zum Tränken mit der Farbstofflösung bestimmte Papier 24 Stunden lang in zehnfach verdünnten Salmiakgeist legt, sodann die Flüssigkeit abpresst und die einzelnen Bogen in einem ungeheizten Raum an der Luft durch Aufhängen auf Schnüre oder Holzstäbe trocknet. Man beseitigt durch diese Behandlung den störenden Einfluss der freien Säure, welche in allen Papieren in geringerem oder stärkerem Mass und sehr oft in ungleichmässiger Verteilung vorhanden ist und schliesslich sich in fleckigem Aussehen des fertigen Reagenspapieres äussert.

Das so vorbereitete Papier behandelt man in der Weise, dass man

a) das Filtrierpapier durch die Farbstofflösung zieht, an einem Glasstab abstreicht und durch Aufhängen trocknet;

b) das Postpapier durch Auftragen der Farbstofflösung auf einer Seite mit weichem breiten Pinsel färbt und wie das vorige trocknet.

Die gesteigerten Ansprüche an die Reinheit der Chemikalien, sowie die Vervollkommnung und Verfeinerung der Untersuchungsverfahren haben in der Neuzeit das Bedürfnis nach besonders „empfindlichen" Reagenspapieren geschaffen und das einfach als „himmelblau" oder „zwiebelrot" bezeichnete Lackmuspapier, die Vertreter veralteter Gewohnheit, in den Hintergrund gedrängt.

Um empfindliche Papiere zu erhalten, muss man die Farbstofflösungen, wenn nicht wie beim roten Lackmus angesäuerte Papiere verlangt werden, scharf neutralisieren, so dass die Neutralität gleichzeitig im Papier und im Farbstoff vorhanden ist. Ferner ist es notwendig, nicht zu konzentrierte Farbstofflösungen zu verwenden, da mit der Vermehrung des Farbstoffes die Empfindlichkeit nachlässt und umgekehrt mit der Verringerung steigt. Alle Pflanzenfarbstoffe leiden durch höhere Temperaturen; ein Eindampfen der Lösungen ist deshalb unzulässig, wenigstens würde die Empfindlichkeit dadurch zurückgehen.

Die höchste Empfindlichkeit bestimmt man ziffermässig und zwar durch die wässerigen Verdünnungen von Schwefelsäure oder Salzsäure einerseits und Kaliumhydroxyd oder Ammoniak andrerseits. Spricht man z. B. von einer Empfindlichkeit von 1:30000 SO_3, so drückt die hohe Zahl selbstverständlich die Wassermenge aus. Bemerkenswert ist, dass die Empfindlichkeit der Reagenspapiere entsprechend dem Molekulargewicht gegen Salzsäure grösser ist, als gegen Schwefelsäure, und grösser gegen Ammoniak als gegen Ätzkali.

Bei der Verschiedenheit der zu Reagenspapieren gebrauchten Farbstoffe sowohl, als auch der Papiere muss man, ehe man die ganze ins Auge gefasste Menge herstellt, kleine Proben machen und die Empfindlichkeit derselben ziffermässig prüfen. Ist dieselbe nicht genügend, so hat man den Farbstofflösungen je nach Ausfall der Vorprüfungen noch Säure oder Alkali zuzusetzen.

Ein Reagenspapier, dessen Empfindlichkeit nicht ziffermässig festgestellt ist, ist unzuverlässig; es liegt auch keine Beruhigung darin, es selbst gemacht zu haben. Über die Güte desselben entscheidet nur eine genaue Prüfung und Feststellung der Empfindlichkeit nach dem bezifferten Grad der Säure- oder Alkali-Verdünnungen. Das beste Beispiel hierzu liefert das ungerechterweise so viel gerühmte Georginenpapier, das sich, wie ich ziffermässig nachgewiesen habe, nicht entfernt mit dem altbewährten Lackmuspapier in der Empfindlichkeit messen kann. Ich gebe deshalb zur Herstellung des Georginenpapieres keine Vorschrift.

Die Aufbewahrung der Reagenspapiere hat in geschlossenen Gläsern oder Blechbüchsen unter Abhaltung des Tageslichtes stattzufinden, da sich empfindliche Reagenspapiere beim Liegen an der Luft naturgemäss leicht verändern.

Charta exploratoria amylacea.

Stärkepapier.

10,0 Weizenstärke

rührt man mit

10,0 destilliertem Wasser

an und verwandelt dann durch Zugiessen von

980,0 heissem destillierten Wasser

in einen dünnen Kleister.

Man trägt die noch heisse Masse mittelst weichen Pinsels auf Postpapier auf und hat hierbei darauf zu achten, dass man jede Stelle nur einmal mit dem Pinsel berührt, weil sich im anderen Falle Faserteile vom Papier ablösen.

Man trocknet in ungeheiztem Raum.

Man kann mit diesem Papier Jod selbst noch in 25000facher Verdünnung nachweisen.

Charta exploratoria Azolithmini.

Azolithmin-Papier.

1,0 Azolithmin,
0,5 kryst. Natriumkarbonat

löst man in

1000,0 destilliertem Wasser,

neutralisiert mit

q. s. verdünnter Schwefelsäure

und verfährt wie in der Einleitung angegeben wurde.

Die höchste Empfindlichkeit des blau aussehenden und durch Säure rot werdenden Papieres beträgt

gegen SO_3 1 : 40000,
gegen HCl 1 : 50000.

Charta exploratoria Congo.

Kongopapier.

0,1 Kongorot

löst man in

750,0 Weingeist von 90 pCt,
250,0 destilliertem Wasser

und färbt damit Papier, wie in der Einleitung angegeben wurde.

Die höchste Empfindlichkeit beträgt

gegen SO_3 1 : 2500,
gegen HCl 1 : 3000.

Durch Versetzen mit Säuren kann man ein blaues Kongopapier von ähnlichem Wert wie das rote herstellen.

Charta exploratoria Curcumae.

Charta exploratia lutea. Kurkumapapier.

15,0 Kurkumawurzel, Pulver M/8,

zieht man mit

100,0 Weingeist von 90 pCt

durch Maceration aus. Man filtriert die Tinktur, verdünnt sie mit

400,0 Weingeist von 90 pCt,
500,0 destilliertem Wasser

und verfährt in der in der Einleitung angegebenen Weise

Die höchste Empfindlichkeit beträgt

gegen KHO 1 : 15000,
gegen NH_3 1 : 40000.

Durchschnittlich darf man eine Empfindlichkeit von 10000 resp. 30000 verlangen.

Charta exploratoria Fernambuci.

Fernambukpapier. Rotholzpapier.

80,0 geraspeltes Fernambukholz

maceriert man 24 Stunden mit

1000,0 destilliertem Wasser,

filtriert dann und setzt tropfenweise so viel Ammoniak zu, bis die Lösung eine blaurote Färbung anzunehmen beginnt. Man verfährt dann weiter in der in der Einleitung angegebenen Weise. Bei sorgfältiger Bereitung zeigt das Papier gegen NH_3 eine Empfindlichkeit von 1 : 80000.

Postpapier eignet sich wegen seines Gehaltes an Thonerde zur Befestigung dieses Farbstoffes nicht.

Charta exploratoria Haematoxylini.

Blauholzpapier. Kampechepapier.

40,0 geraspeltes Blauholz,
1000,0 destilliertes Wasser

maceriert man 24 Stunden, filtriert dann und versetzt das Filtrat tropfenweise mit so viel Ammoniak, bis dunkel-blaurote Färbung eintritt.

Man tränkt damit Filtrierpapier (Postpapier eignet sich wegen seines Thonerdegehaltes nicht), wie in der Einleitung angegeben.

Bei sorgfältiger Bereitung hat das Papier frisch gegen NH_3 eine Empfindlichkeit von 1 : 80—90000.

Charta exploratoria Kalii jodati amylacea.

Jodkalium-Stärkepapier.

25,0 Weizenstärke

rührt man mit

25,0 destilliertem Wasser

an, giesst dann nach und nach

950,0 heisses destilliertes Wasser

zu, erhitzt noch 30 Minuten im Dampfbad und setzt schliesslich

4,0 Kaliumjodid

zu. Man seiht die Masse durch und trägt sie mittels weichen Pinsels auf Postpapier auf.

Charta exploratoria Laccae musicae caerulea.

Blaues Lackmuspapier.

50,0 besten Lackmus

zieht man durch Maceration 12 Stunden lang mit

q. s. destilliertem Wasser

aus, dass schliesslich das Filtrat

1000,0

beträgt. Man setzt nun tropfenweise

q. s. verdünnte Schwefelsäure

zu, bis das Blau einen schwach rötlichen Schein anzunehmen beginnt, und verfährt in der in der Einleitung angegebenen Weise.

Die höchste Empfindlichkeit beträgt

gegen SO_3 1 : 40000,
gegen HCl 1 : 50000.

Es darf daher eine minimale Empfindlichkeit von 30000 resp. 40000 beansprucht werden.

Charta exploratoria Laccae musicae rubra.

Rotes Lackmuspapier.

50,0 besten Lackmus

maceriert man 24 Stunden mit

1100,0 destilliertem Wasser

und filtriert.

Man setzt nun

q. s. verdünnte Schwefelsäure

zu, bis volle Rötung eingetreten ist, lässt 24 Stunden absetzen, giesst ab und filtriert nochmals.

Man verfährt jetzt so, wie in der Einleitung angegeben wurde.

Das zweite Filtrieren macht sich notwendig, weil durch das Ansäuern ein bräunlicher, flockiger Niederschlag, der entfernt werden muss, entsteht.

Die höchste Empfindlichkeit beträgt

gegen KHO 1 : 20000,
gegen NH_3 1 : 60000;

man kann daher als Minimum 15000 bezw. 45000 verlangen.

Charta exploratoria Malvae.

Malvenpapier.

20,0 von den Kelchen befreite Stockrosenblüten,
1,0 Salmiakgeist von 10 pCt,
900,0 Weingeist von 90 pCt,
100,0 destilliertes Wasser

maceriert man 8 Tage, presst aus und filtriert.

Mit dem Filtrat färbt man Post- oder Filtrierpapier in der in der Einleitung angegebenen Weise.

Die äusserste Empfindlichkeit beträgt gegen

SO_3 1 : 10000,
HCl 1 : 13000,
KHO 1 : 8000,
NH_3 1 : 20000.

Das Malvenpapier sieht violett aus und wird durch Säuren rot, durch Alkalien grün. Es hat viel Ähnlichkeit mit dem fälschlicherweise so viel gerühmten Georginenpapier, ist aber empfindlicher als dieses.

Charta exploratoria Plumbi.

Bleipapier.

100,0 essigsaures Blei

löst man in

1000,0 destilliertem Wasser,

filtriert die Lösung und tränkt damit Filtrierpapier.

Schluss der Abteilung „Charta exploratoria".

Charta ad Fonticulos.

Fontanellpapier.

75,0 Bleipflaster,
7,5 gereinigtes Fichtenharz,
5,0 Ricinusöl,
5,0 gelbes Wachs,
7,5 Terpentin.

Wenn die ersten vier Bestandteile geschmolzen sind, setzt man den Terpentin zu, seiht durch und trägt mittels weichen Pinsels auf unsatiniertes, aber geleimtes Papier auf.

Charta haemostatica.

Charta stiptica. Blutstillendes Papier.

900,0 Eisenchloridlösung

erwärmt man in einem Kolben oder in einer Porzellanschale und löst darin

50,0 Alaun.

Die noch warme Lösung streicht man mit einem weichen Pinsel auf Filtrierpapierstreifen und trocknet diese in stark geheiztem Raum unter Abhaltung des Tageslichtes. Das trockene Papier ist sofort zusammenzurollen und in gut verkorkten braunen Glasbüchsen aufzubewahren.

Charta nitrata.

Salpeterpapier.

Vorschrift des D. A. IV.

Weisses Filtrierpapier wird mit einer Auflösung von

1 Teil Kaliumnitrat

in

5 Teilen Wasser

getränkt und darauf getrocknet. Da diese Vorschrift jeder näheren Beschreibung entbehrt, sei folgendes erwähnt:

Man nimmt eine hölzerne, mit Pergamentpapier ausgelegte Pressschale, die so gross sein muss, um die flachliegenden Bogen aufnehmen zu können, legt einen Bogen Filtrierpapier ein und giesst heisses Filtrat darauf, bringt einen weiteren Bogen auf den eben getränkten und begiesst ihn ebenfalls. Das wiederholt man so lange, bis alle Salpeterlösung verbraucht ist. Man bedeckt den nassen Papierstoss mit Pergamentpapier und Pressbrettern, beschwert letztere mit Gewichten und lässt die abgepresste Lösung aus der Schale, der man eine schräge Lage gegeben hat, ablaufen. Sobald das gepresste Papier nur noch tropfenweise Flüssigkeit lässt, hängt man die Bogen sofort zum Trocknen auf.

Auf diese Weise erhält man ein Salpeterpapier, welches den Salpeter gleichmässig verteilt enthält und welches vor allem am Rand nicht dicker ist, als in den übrigen Teilen.

Charta nitrata odorifera.

Wohlriechendes Salpeterpapier.

50,0 Räuchertinktur

verdünnt man mit

50,0 Weingeist von 90 pCt

und streicht diese Mischung mit einem Haarpinsel auf Salpeterpapier auf.

Man trocknet an der Luft, faltet die getrockneten Bogen zusammen, schlägt sie in Ceresinpapier ein und verabfolgt in einem mit Gebrauchsanweisung versehenen Briefumschlag an das Publikum.

Durch die Parfümierung riecht dieses Salpeterpapier beim Verbrennen angenehmer, als ohne Parfüm.

Es eignet sich daher ganz besonders für empfindliche Personen.

Charta resinosa.

Charta antarthritica. Charta piceata.
Deutsches Gichtpapier. Pechpapier.

a) Vorschrift v. *E. Dieterich.*

25,0 gereinigtes Fichtenharz,
25,0 Schiffspech,
25,0 gelbes Wachs

schmilzt man, löst dann darin

25,0 Terpentin

und seiht durch.

b) Vorschrift d. Ph. G. I.

6,0 Schiffspech,
6,0 Terpentin,
4,0 gelbes Wachs,
10,0 Kolophon.

Man bestreicht mit der Masse, je nachdem es in der Gegend, für die man arbeitet, gebräuchlich ist, mit dem Pinsel oder mit der Pflasterstreichmaschine dickeres oder dünneres Papier und bewahrt in kühlem Raum über Schnüren hängend, auf.

Soll das Gichtpapier nicht sehr stark kleben, so vermindert man bei a) die Menge des zuzusetzenden Terpentins bis auf die Hälfte.

Charta resinosa thiolata.

Thiol-Gichtpapier.

25,0 gereinigtes Fichtenharz,
25,0 Schiffspech,
25,0 gelbes Wachs

schmilzt man, löst dann

20,0 Terpentin

darin und mischt schliesslich

5,0 flüssiges Thiol

darunter.

Man verwendet die Masse so, wie bei Charta resinosa angegeben ist.

Die Idee, ein solches Gichtpapier herzustellen, stammt von *Dr. Emil Jacobsen,* dem Erfinder des Thiols.

Charta salicylata.

Salicylpapier.

50,0 flüssiges Paraffin,
50,0 festes Paraffin

schmilzt man mit einander, setzt

1,0 fein zerriebene Salicylsäure

hinzu und tränkt mit dieser Masse

q. s. dünnes weisses Löschpapier.

Gebrauchsanweisung:

„Bei Wundwerden der Füsse legt man das Papier zwischen die Zehen und auf die übrigen wunden Stellen. Die Füsse müssen täglich mit lauem Wasser und Seife gewaschen werden, auch ist das Papier jeden Tag zu erneuern."

Chininum ferro-citricum.

Ferro-Chininum citricum. Ferri et Quininae Citras.
Citronensaures Eisenchinin.
Citrate of Iron and Quinine.

a) Vorschrift der Ph. Austr. VII.

60,0 Citronensäure

löst man in

5000,0 destilliertem Wasser,

setzt

30,0 gepulvertes Eisen

hinzu und erwärmt unter häufigem Umrühren im Wasserbad, bis die Einwirkung der Säure auf das Eisen aufgehört hat.

Man filtriert die noch warme Lösung, dampft dieselbe bis zu einem dünnen Sirup ein, lässt erkalten und setzt

frisch bereitetes, gut ausgewaschenes und noch feuchtes Chinin

hinzu, das aus

13,5 schwefelsaurem Chinin

durch Auflösen des letzteren in schwefelsäurehaltigem Wasser und Fällen mittels Natronlauge bereitet war.

Nach bewirkter Lösung streicht man die Flüssigkeit in dünner Schicht auf Glas- oder Porzellanplatten und trocknet bei gelinder Wärme an einem dunklen Ort.

Das Präparat ist von rotbrauner Farbe und enthält etwa 10 pCt Chinin.

b) Vorschrift der Ph. Brit.

198,0 Ferrisulfatlösung v. 10 pCt Fe,

mit

1500,0 destilliertem Wasser

verdünnt, fällt man in der unter Ferrum citricum ammoniatum beschriebenen Weise mit

230,0 Ammoniakflüssigkeit,

vorher verdünnt mit

1500,0 destilliertem Wasser,

bringt den völlig ausgewaschenen Niederschlag in eine Auflösung von

90,0 Citronensäure

in

160,0 destilliertem Wasser

und erhitzt im Wasserbad bis zur Lösung des Eisenhydroxyds. Andrerseits löst man

30,0 Chininsulfat

in

50,0 verdünnter Schwefelsäure von 1,094 spez. Gew.,

230,0 destilliertem Wasser,

fällt das Alkaloid durch einen gelinden Überschuss Ammoniak, sammelt es auf einem Filter und wäscht es aus, bis das Auswaschwasser keine Schwefelsäurereaktion mehr giebt. Man bringt nun das Chinin in die Eisencitratlösung, erwärmt im Wasserbad bis zur Lösung, lässt erkalten und setzt nach und nach in kleinen Mengen

45,0 Ammoniakflüssigkeit,

die man mit

38,0 destilliertem Wasser

verdünnt hatte, hinzu, wobei man Sorge trägt, dass man das bei jedem Zusatz sich ausscheidende Chinin erst wieder in Lösung bringt, ehe man einen weiteren Zusatz macht. Man filtriert die Lösung, dampft ein bis zur Dicke eines dünnen Sirups, streicht auf Glas- oder Porzellantafeln und trocknet bei einer 37° C nicht übersteigenden Wärme. Das Präparat ist von grünlich-goldgelber Farbe und enthält etwa 13,7 pCt Chinin.

c) Vorschrift der Ph. U. St.

85,0 Eisencitrat Ph. U. St.

löst man bei einer 60° C nicht übersteigenden Wärme in

160,0 destilliertem Wasser,

setzt dazu

12,0 bei 100° C getrocknetes Chinin,

3,0 Citronensäure,

die man vorher mit

20,0 destilliertem Wasser

angerieben hatte, und rührt bis zur Lösung. Man dampft darauf bei einer 60° C nicht übersteigenden Wärme zum Sirup, streicht auf Glasplatten nnd trocknet.

Das Eisencitrat Ph. U. St. stellt man dar, indem man Ferrisulfatlösung v. 10 pCt Fe mit Ammoniak fällt, das Eisenhydroxyd in Citronensäure löst, genau wie unter Ferrum citricum ammoniatum b) beschrieben und die Lösung bei 60° C nicht übersteigender Wärme zum Sirup dampft, den man dann auf Glastafeln trocknet. Obige 85,0 Eisencitrat Ph. U. St. entsprechen 145,0 Ferrisulfatlösung von 10 pCt Fe; geht man von letzterer aus, so braucht man die Lösung des Eisencitrats nicht erst einzudampfen.

Chininum tannicum.

Chininum tannicum insipidum. Chinin-Tannat. Geschmackloses Chinin-Tannat. Gerbsaures Chinin.

a) 100,0 Gerbsäure

löst man in

2500,0 destilliertem Wasser.

Andrerseits stellt man sich eine Lösung von

35,0 Natriumbikarbonat

in

2500,0 destilliertem Wasser

her und neutralisiert damit genau die Tanninlösung.

Man übergiesst nun

60,0 Chininsulfat

mit

500,0 destilliertem Wasser,

setzt tropfenweise

q. s. verdünnte Schwefelsäure (ca. 38,0) v. 1,110—1,114 sp. G.

so lange unter Rühren zu, bis Lösung erfolgt ist, und verdünnt mit

2000,0 destilliertem Wasser.

Nachdem man beide Lösungen, die von Natriumtannat und die von Chininsulfat, filtriert hat, giesst man sie gleichzeitig in dünnem Strahl und unter Umrühren in ein grösseres Gefäss, welches

1000,0 destilliertes Wasser

enthält, und wäscht hier durch Absetzenlassen und Abgiessen der überstehenden Flüssigkeit den Niederschlag so lange mit Wasser aus, als das Waschwasser sauer reagiert. Man sammelt nun den Niederschlag auf einem genässten dichten Leinentuch, presst ihn nach dem Abtropfen gelind aus und trocknet ihn bei einer 25° C nicht übersteigenden Wärme.

Die Ausbeute wird 75,0 bis 80,0 betragen.

Das D. A. IV. fordert einen Chiningehalt von 30—32 pCt und lässt nur Spuren von Schwefelsäure zu.

b) Vorschrift des Ph. Austr. VII.

10,0 schwefelsaures Chinin

löst man in

6,0 verdünnter Schwefelsäure von 1,12 spez. Gew.,
300,0 destilliertem Wasser,

filtriert die Lösung, setzt dazu eine Lösung von

23,0 Gerbsäure

in

150,0 destilliertem Wasser

und stellt die Mischung, bis sich der Niederschlag abgesetzt hat, an einen kalten Ort. Man sammelt den Niederschlag auf einem Filter, wäscht ihn mit wenig destilliertem Wasser, trocknet ihn rasch bei gelinder, 30° C nicht übersteigenden Wärme und pulvert ihn. Das Präparat der Ph. Austr. VII. hat einen Chiningehalt von etwa 20 pCt und wird meistens einen geringen Schwefelsäuregehalt besitzen.

c) nach *de Vrij-Stroink.*

20,0 reines Chinin,
80,0 Tannin

verreibt man in einer Schale mit

200,0 destilliertem Wasser

und erhitzt die Mischung im Dampfbad unter Rühren, bis sich eine bildsame Masse von der Mutterlauge getrennt hat. Man lässt erkalten, giesst die Mutterlauge ab, ersetzt sie durch

200,0 destilliertes Wasser,

knetet 5 Minuten unter Belassen auf dem Dampfbad durch, zieht das Waschwasser ab, erhitzt die zurückbleibende Masse noch 5 Minuten und lässt dann erkalten.

Das nun fertige Chinintannat zerreibt man zu Pulver.

Die letztere Verbindung enthält 24—25 pCt Chinin und ist völlig geschmacklos.

Die Ausbeute wird 80,0—85,0 betragen.

Chloralum camphoratum.

Chloralkampfer.

50,0 zerriebenes Chloralhydrat,
50,0 zerriebenen Kampfer

verreibt man in einer Reibschale so lange mit einander, bis eine ölartige Masse entsteht.

Chloroformium benzoatum.

Chloroformium benzoicum. Benzoë-Chloroform.

3,0 Benzoësäure

löst man in

97,0 Chloroform.

Es dient als Antisepticum zur Behandlung stinkender Geschwüre.

Chloroformium camphoratum.

Kampfer-Chloroform.

10,0 Kampfer

löst man in

90,0 Chloroform

und filtriert die Lösung.

Chloroformium glycerinatum.

Glycerin-Chloroform.

10,0 Seifenspiritus,
80,0 Chloroform

mischt man und setzt

10,0 Glycerin

zu.

Citronensaft-Brillantine.

Nach *Unna.*

10,0 Glycerin,
10,0 Citronensaft,
80,0 Kölnischwasser oder verdünnter Weingeist von 68 pCt.

In Fällen, in welchen das Haar nach dem Waschen mit Seife zu trocken und spröde wird, lässt Unna dasselbe nach dem Waschen mit Seife obige Brillantine einbürsten oder einkämmen.

Coffeïnum citricum.

Caffeïnum citricum. Kaffeïncitrat.

50,0 Kaffeïn,
50,0 Citronensäure, Pulver M/30,
50,0 destilliertes Wasser

mischt man innig und lässt die Mischung an der Luft austrocknen.

Es handelt sich hier nicht um eine chemische Verbindung, sondern um ein mechanisches Gemisch; doch soll das Kaffeïn bei Gegenwart von Citronensäure besser wirken.

Coffeïnum citricum effervescens.

Caffeïnum citricum effervescens. Brausendes Kaffeïncitrat.

Nach *E. Dieterich.*

2,0 Kaffeïncitrat,
2,0 Citronensäure, Pulver M/30,
45,0 Weinsteinsäure, „ M/30,
54,0 Natriumbikarbonat, „ M/30,
100,0 Zucker, „ M/30,

mischt man mit einander, feuchtet sie dann mit

50,0 Weingeist von 90 pCt

an und reibt die Masse durch ein weitmaschiges Rosshaarsieb.

Die entstandenen Körner trocknet man bei 25 bis 30° C, zerreibt die meist lose zusammenhängende Masse vorsichtig und bewahrt das nun fertige Präparat in gut verschlossenen Glasbüchsen auf.

Coffeïnum citricum effervescens c. Kalio bromato.

Brausendes Kaffeïncitrat-Bromsalz.

2,0 Kaffeïncitrat,
10,0 Kaliumbromid,
55,0 Natriumbikarbonat, Pulver M/30,
45,0 Weinsteinsäure, „ M/30,
90,0 Zucker, „ M/30,
50,0 Weingeist von 90 pCt.

Bereitung wie bei Coffeïnum citricum effervescens.

Coffeïnum citricum effervescens c. Phenacetino.

Brausendes Kaffeïncitrat mit Phenacetin.

2,0 Kaffeïncitrat,
1,0 Citronensäure, Pulver M/30,
8,0 Phenacetin,
45,0 Weinsteinsäure, „ M/30,
54,0 Natriumbikarbonat, „ M/30,
92,0 Zucker, „ M/30,
50,0 Weingeist von 90 pCt.

Bereitung wie bei Coffeïnum citricum effervescens.

Coffeïnum natrio-benzoïcum.

Coffeïno-Natrium benzoicum. Kaffeïn-Natriumbenzoat.

44,0 Kaffeïn,
56,0 Natriumbenzoat

überzieht man in einer Porzellan-Abdampfschale mit

200,0 destilliertem Wasser,

dampft die Lösung zur Trockne ein und zerreibt den Rückstand zu Pulver.

Coffeïnum natrio-citricum.

Coffeïno-Natrium citricum. Kaffeïn-Natriumcitrat.

52,0 Kaffeïn,
48,0 Natriumcitrat,
200,0 destilliertes Wasser.

Bereitung wie bei Coffeïnum natrio-benzoïcum.

Coffeïnum natrio-salicylicum.

Coffeïno-Natrium salicylicum. Kaffeïn-Natriumsalicylat.

60,0 Kaffeïn,
40,0 Natriumsalicylat,
200,0 destilliertes Wasser.

Bereitung wie bei Coffeïnum natrio-benzoïcum.

Cohobieren s. Destillieren.

Collemplastra.

Emplastra Resinae elasticae. Kautschukpflaster.

A. Nach *E. Dieterich.*

Die Kautschukpflaster sind eine Errungenschaft der Neuzeit; in Amerika zuerst hergestellt, bürgern sie sich auch bei uns immer mehr ein, und es ist wohl ihren vorzüglichen Eigenschaften nicht zum kleinsten Teil zuzuschreiben, dass die Pflaster überhaupt von seiten der Ärzte wieder einer besonderen Beachtung unterzogen werden.

Die Kautschukpflaster zeichnen sich durch eine hohe Klebkraft aus; trotzdem lassen sie sich jederzeit mühelos von der Haut entfernen; die Grundmasse erlaubt ferner einen grossen Prozentsatz an wirksamen Arzneimitteln zuzumischen, ohne dass jene Eigen schaften aufgehoben werden, und befähigt somit die Pflaster auch zu ganz besonderen Wirkungen. Das beliebteste Kautschukpflaster ist das Kautschukheftpflaster, und in der That, die hier vorhandene Vereinigung von Geschmeidigkeit, Klebkraft und Reizlosigkeit ist wohl geeignet, das Pflaster als Ideal eines Heftpflasters erscheinen zu lassen, das längst das gewöhnliche Heftpflaster verdrängt hätte, wenn es auch im Preis mit demselben wetteifern könnte.

Bei der Herstellung der Kautschukpflaster ist der wichtigste Punkt die richtige Auswahl des zu verwendenden Kautschuks, weil hiervon die Haltbarkeit der Pflaster abhängig ist. Wie ich selbst festzustellen vielfach Gelegenheit hatte, eignet sich nur ein gut gereinigter Para-Kautschuk, während z. B. Madagaskar-Ware Massen liefert, welche sich auf dem Lager verändern und schmierig werden. Ich kann aus eigener Erfahrung die Resina elastica in foliis No. 12 und 13 von *Gehe & Co.* in Dresden empfehlen und muss vor allen billigeren Sorten warnen. Wenn auch frisch die fraglichen Kautschukpflaster noch so vortrefflich zu sein scheinen, so beweist dies noch nicht, dass sie z. B. nach 3—4 Monaten noch dieselben Eigenschaften zeigen werden.

Die Masse, welche nach dem folgenden Verfahren gewonnen wird, ist nicht fest, sodass sie nach Art der Harzpflaster geschmolzen und so aufgestrichen werden kann, sondern dickflüssig; sie stellt eine Mischung verschiedenartiger Stoffe mit ätherischer Kautschuklösung dar. Man streicht diese flüssige Masse mit einer Kastenstreichmaschine sehr dick (messerrückendick) auf, vermeidet aber jede Erhitzung sowohl der Maschine als auch der Masse und wählt ein dicht geschlossenes, unappretiertes Gewebe. Das frisch gestrichene Pflaster lässt man 12 Stunden in einem Raum, dessen Temperatur nicht unter 17° C beträgt, wagerecht auf Rahmen, welche mit Stoff bespannt sind, liegend trocknen, bedeckt es dann mit einem gleichgrossen Streifen appretiertem Mull und rollt es ein. Das Trocknen auf Stoffunterlage gestattet das Verdunsten des Lösungsmittels auch nach unten. Legt man das frisch gestrichene Pflaster auf eine Tischfläche, so wird die aufgestrichene Pflasterschicht blasig. Zum Schneiden in Bandform bedient man sich der Pflasterschneidemaschine, zum Perforieren der Perforiermaschine, wie sie unter „Emplastra" beschrieben sind.

Um alle Formen des Kautschukpflasters jederzeit bereiten zu können, geht man von einem Kautschukpflasterkörper aus und stellt mit diesem die notwendigen Mischungen her. Mehrere Nummern, so auch das Collemplastrum adhaesivum enthalten einen Zusatz von Salicylsäure; derselbe hat die Bestimmung, den Hautreiz der in der Masse enthaltenen Harze aufzuheben, und erfüllt diesen Zweck sehr gut.

Für die bei den einzelnen Vorschriften genannten Pulvern ist der Feinheitsgrad namhaft gemacht. Derselbe muss genau eingehalten werden, weil von der Feinheit der zugesetzten Pulver die Konsistenz und damit zusammenhängend die Klebkraft der Kautschukpflaster abhängig ist. Zu grobe Pulver geben zu trockene, zu feine schmierige Pflaster.

Die Vorschriften müssen überhaupt, wenn sie gute Ergebnisse liefern sollen, in allen Teilen gewissenhaft beobachtet werden.

Statt des Äthers als Lösungsmittel kann man Benzin oder Benzol verwenden. Äther verdient aber den Vorzug, weil er leichter verdunstet.

Die folgenden Vorschriften erzielen Kautschukpflaster, welche den amerikanischen Vorbildern gleichen.

Corpus ad Collemplastrum.

Kautschukpflasterkörper.

30,0 Harzöl, †
40,0 Kopaivabalsam von Maracaïbo,
20,0 Lärchenterpentin,
40,0 gelbes Kolophon,
12,0 gelbes Wachs

schmilzt man und seiht die Mischung durch ein engmaschiges Tuch in eine entsprechend grosse Blechflasche mit weiter Öffnung. Man setzt nun

600,0 Äther

zu, rührt, bis sich alle Harzteile gelöst haben, und fügt

100,0 Blätter-Kautschuk, †

den man vorher in kleine Stücke schnitt, hinzu.

Man rührt nun ununterbrochen 6 Stunden lang, verschliesst sodann die Büchse mit Kork und stellt sie bis zum andern Tag zurück. Der Raum, in welchem die Arbeit vorgenommen wird, muss eine Temperatur von 15—20° C haben, auch soll nachts die Temperatur nicht unter 15° C sinken. Am andern Morgen verrührt man die Masse gut und wiederholt das Rühren alle 6 Stunden so oft, bis alle Knoten verteilt und gelöst sind. Erst wenn die Masse völlig gleichmässig ist, setzt man

q. s. Äther

zu, dass schliesslich das Gesamtgewicht

800,0

beträgt.

Dieser Körper wird nun in einem gut verschlossenen Gefäss für den weiteren Gebrauch zurückgestellt. Bei den nachstehenden Vorschriften werde ich stets von obigen **800,0 Körper** ausgehen.

Collemplastrum adhaesivum.

Kautschuk-Heftpflaster. Gummielasticum-Heftpflaster.

800,0 Kautschukpflasterkörper,
88,0 Veilchenwurzel, Pulver M/50,
20,0 Sandarak, Pulver M/30,
20,0 Harzöl, †
3,0 Salicylsäure, fein verrieben,
150,0 Äther.

Man mischt die Pulver recht gleichmässig in einer grossen Schale, feuchtet sie mit dem

† S. Bezugsquellen-Verzeichnis.

vorgeschriebenen Äther und dem Harzöl an und rührt nach und nach den Körper darunter. Die Masse ist nun strichfertig.

Collemplastrum Aluminii acetici.

Essigsaurethonerde-Kautschukpflaster. 5 pCt.

800,0 Kautschukpflasterkörper,
65,0 Veilchenwurzel, Pulver M/50,
20,0 Sandarak, Pulver M/30,
17,0 Aluminiumacetat, fein verrieben,
35,0 Harzöl, †
150,0 Äther.

Bereitung wie bei Collempl. adhaesiv.

Collemplastrum Arnicae.

Arnika-Kautschukpflaster.

800,0 Kautschukpflasterkörper,
90,0 Arnikablüten, Pulver M/30,
20,0 Sandarak, Pulver M/30,
3,0 Salicylsäure, fein verrieben,
20,0 Harzöl, †
300,0 Äther.

Bereitung wie bei Collempl. adhaesiv.

Collemplastrum aromaticum.

Aromatisches Kautschukpflaster.
Magen-Kautschukpflaster.

800,0 Kautschukpflasterkörper,
85,0 Veilchenwurzel, Pulver M/50,
10,0 Spanischer Pfeffer, Pulver M/30,
20,0 Sandarak, Pulver M/30,
24,0 Harzöl, †
5,0 Lärchenterpentin,
2,5 Krauseminzöl,
2,5 Rosmarinöl,
1,0 Pfefferminzöl,
2,0 Muskatbutter,
160,0 Äther.

Man mischt die Öle mit dem Äther, feuchtet mit der Mischung die Pulver an und verfährt im übrigen wie bei Collemplastrum adhaesivum.

Collemplastrum Belladonnae.

Belladonna-Kautschukpflaster.

800,0 Kautschukpflasterkörper,
70,0 Belladonnablätter, Pulver M/50,
20,0 Sandarak, Pulver M/30,
3,0 Salicylsäure, fein verrieben,
30,0 Harzöl, †
160,0 Äther.

Das Belladonnapulver muss vor der Verwendung getrocknet und dann nochmals gesiebt werden.

Im übrigen ist die Bereitung wie bei Collemplastrum adhaesivum.

Collemplastrum boricum.

Bor-Kautschukpflaster.
5 pCt.

800,0 Kautschukpflasterkörper,
70,0 Veilchenwurzel, Pulver M/50,
20,0 Sandarak, Pulver M/30,
16,0 Borsäure, Pulver M/30,
3,0 Salicylsäure, fein verrieben,
20,0 Harzöl, †
150,0 Äther.

Bereitung wie bei Collempl. adhaesivum.

Soll ein Borsäure-Kautschukpflaster mit höherem Prozentsatz hergestellt werden, so bricht man für je 16,0 Borsäure, die man der Masse mehr zusetzt, 10,0 Veilchenwurzelpapier ab.

Collemplastrum Cantharidini.

Kantharidin-Kautschukpflaster.

800,0 Kautschukpflasterkörper,
88,0 Veilchenwurzel, Pulver M/50,
20,0 Sandarak, Pulver M/30,
20,0 Harzöl, †
6,0 Salicylsäure, fein verrieben,
2,5 Kantharidin, „ „
150,0 Äther.

Bereitung wie bei Collempl. adhaesiv. Das Kantharidin nebst der Salicylsäure verreibt man am besten mit einigen Tropfen Harzöl.

Collemplastrum Cantharidini perpetuum.

Immerwährendes Kantharidin-Kautschukpflaster.

800,0 Kautschukpflasterkörper,
30,0 Veilchenwurzel, Pulver M/50,
50,0 Euphorbium, „ M/30,
20,0 Weihrauch, „ M/30,
20,0 Harzöl, †
6,0 Salicylsäure, fein verrieben,
0,25 Kantharidin, fein verrieben,
150,0 Äther.

Man verreibt das Kantharidin und die Salicylsäure mit etwas Harzöl und verfährt im übrigen wie bei Collempl. adhaesivum.

Collemplastrum Capsici.

Kapsikum-Kautschukpflaster.

800,0 Kautschukpflasterkörper,
90,0 Veilchenwurzel, Pulver M/50,
20,0 Weihrauch, „ M/30,
20,0 ätherisches Kapsikumextrakt,
15,0 Harzöl, †

† S. Bezugsquellen-Verzeichnis.

6,0 Salicylsäure, fein verrieben,
150,0 Äther.

Bereitung wie bei Collemplastrum adhaesivum. Das Kapsikumpflaster wird vielfach durchbrochen hergestellt.

Collemplastrum carbolisatum.

Karbol-Kautschukpflaster.
10 pCt.

800,0 Kautschukpflasterkörper,
80,0 Veilchenwurzel, Pulver M/50,
20,0 Sandarak, Pulver M/30,
36,0 krystallisierte Karbolsäure,
15,0 Harzöl, †
150,0 Äther.

Bereitung wie bei Collempl. adhaesivum.

Collemplastrum Chrysarobini.

Chrysarobin-Kautschukpflaster.
5 pCt.

800,0 Kautschukpflasterkörper,
57,0 Veilchenwurzel, Pulver M/50,
16,0 Chrysarobin, fein verrieben,
20,0 Sandarak, Pulver M/30,
25,0 Harzöl, †
150,0 Äther.

Will man einen höheren Prozentsatz erzielen, so nimmt man für weitere je 16,0 Chrysarobin (5 pCt) 20,0 Veilchenwurzelpulver weniger. Im übrigen ist die Bereitung wie bei Collemplastrum adhaesivum.

Collemplastrum Creolini.

Kreolin-Kautschukpflaster.
5 pCt.

800,0 Kautschukpflasterkörper,
88,0 Veilchenwurzel, Pulver M/50,
20,0 Sandarak, Pulver M/30,
25,0 Harzöl, †
18,0 Kreolin,
150,0 Äther.

Man verreibt das Kreolin mit den gemischten Pulvern und verfährt weiter, wie unter Collemplastrum adhaesivum angegeben ist.

Collemplastrum Hydrargyri cinereum.

Graues Quecksilber-Kautschukpflaster.
20 pCt.

800,0 Kautschukpflasterkörper,
80,0 Veilchenwurzel, Pulver M/50,
20,0 Sandarak, Pulver M/30,
20,0 Harzöl, †
60,0 Quecksilber,
150,0 Äther.

Man verreibt das Quecksilber mit dem Harzöl unter Zusatz von

5,0 Veilchenwurzelpulver

und verfährt im übrigen wie bei Collemplastrum adhaesivum.

Collemplastrum Hydrargyri carbolisatum.

Karbol-Quecksilber-Kautschukpflaster.
20 : 5 pCt.

800,0 Kautschukpflasterkörper,
85,0 Veilchenwurzel, Pulver M/50,
20,0 Sandarak, Pulver M/30,
20,0 Harzöl, †
15,0 krystallisierte Karbolsäure,
60,0 Quecksilber,
150,0 Äther.

Man verreibt das Quecksilber mit dem Harzöl unter Zusatz von

5,0 Veilchenwurzelpulver

und verfährt im übrigen wie bei Collemplastrum adhaesivum.

Collemplastrum Hydrargyri c. Loretino.

Loretin-Quecksilber-Kautschukpflaster.
20 : 5 pCt.

800,0 Kautschukpflasterkörper,
85,0 Veilchenwurzel, Pulver M/50,
20,0 Sandarak, Pulver M/30,
20,0 Harzöl, †
15,0 Loretin.
60,0 Quecksilber.

Man verreibt das Quecksilber unter Zusatz des Loretins mit dem Harzöl und verfährt im ürigen wie bei Collemplastrum adhaesivum.

Collemplastrum Ichthyoli.

Ichthyol-Kautschukpflaster.
5 pCt.

800,0 Kautschukpflasterkörper,
80,0 Veilchenwurzel, Pulver M/50,
20,0 Sandarak, Pulver M/30,
17,0 Ichthyol-Natrium,
25,0 Harzöl, †
6,0 Salicylsäure, fein verrieben,
150,0 Äther.

Man verreibt das Ichthyol-Natrium unter Zusatz von Harzöl und etwas Äther mit der Pulvermischung und verfährt weiter so, wie bei Collemplastrum adhaesivum angegeben ist.

Collemplastrum Jodoformii.

Jodoform-Kautschukpflaster.
5 pCt.

800,0 Kautschukpflasterkörper,
65,0 Veilchenwurzel, Pulver M/50,

† S. Bezugsquellen-Verzeichnis.

20,0 Sandarak, Pulver M/30,
16,0 Jodoform, präpariertes,
30,0 Harzöl, †
150,0 Äther.

Bereitung wie bei Collemplastrum adhaesivum. Will man einen höheren Prozentgehalt erzielen, so nimmt man für je 5 pCt

17,0 Jodoform

mehr und bricht für diese Menge

15,0 Veilchenwurzelpulver

ab.

Collemplastrum Kreosoti salicylatum.

Kreosot-Salicyl-Kautschukpflaster.
5 : 5 pCt.

800,0 Kautschukpflasterkörper,
75,0 Veilchenwurzel, Pulver M/50,
20,0 Sandarak, Pulver M/30,
15,0 Salicylsäure, fein verrieben,
30,0 Harzöl, †
15,0 Kreosot,
150,0 Äther.

Bereitung wie bei Collemplastrum adhaesivum.

Collemplastrum Loretini.

Loretin-Kautschukpflaster 5 pCt.

800,0 Kautschukpflasterkörper,
65,0 Veilchenwurzel, Pulver M/50,
20,0 Sandarak, Pulver M/30,
10,0 Loretin, fein verrieben,
30,0 Harzöl, †
150,0 Äther.

Bereitung wie bei Collemplastrum adhaesivum.

Collemplastrum Mentholi.

Menthol-Kautschukpflaster.
10 pCt.

800,0 Kautschukpflasterkörper,
88,0 Veilchenwurzel, Pulver M/50,
20,0 Sandarak, Pulver M/30,
3,0 Salicylsäure, fein verrieben,
6,0 Harzöl, †
30.0 Menthol,
150,0 Äther.

Bereitung wie bei Collemplastrum adhaesivum.

Collemplastrum oxycroceum.

Oxykrozeum-Kautschukpflaster.

800,0 Kautschukpflasterkörper,
50,0 rotes Sandelholz, Pulver M/50,
20,0 Sandarak, Pulver M/30,
1,0 ätherisches Kapsikumextrakt,
2,0 Wacholderbeeröl,
5,0 Elemiharz, weiches,
15,0 Harzöl, †
150,0 Äther.

Bereitung wie bei Collemplastrum adhaesivum.

Collemplastrum Picis liquidae.

Teer-Kautschukpflaster.
10 pCt.

800 0 Kautschukpflasterkörper,
85,0 Veilchenwurzel, Pulver M/50,
20,0 Sandarak, Pulver M/30,
3,0 Salicylsäure, fein verrieben,
35,0 gereinigter Holzteer,
12,0 Harzöl, †
150,0 Äther.

Bereitung wie bei Collemplastrum adhaesivum.

Collemplastrum Pyrogalloli.

Pyrogallol-Kautschukpflaster. 5 pCt.

800,0 Kautschukpflasterkörper,
70,0 Veilchenwurzel, Pulver M/50,
20,0 Sandarak, Pulver M/30,
16,0 Pyrogallol, fein verrieben,
3,0 Salicylsäure, fein verrieben,
20,0 Harzöl, †
150,0 Äther.

Bereitung wie bei Collemplastrum adhaesivum.

Collemplastrum Resorcini.

Resorcin-Kautschukpflaster.

a) 5 pCt.

800,0 Kautschukpflasterkörper,
60,0 Veilchenwurzel, Pulver M/50,
20,0 Sandarak, Pulver M/30,
16,0 Resorcin, fein verrieben,
3,0 Salicylsäure, fein verrieben,
30,0 Harzöl, †
150,0 Äther.

b) 10 pCt.

800,0 Kautschukpflasterkörper,
40,0 Veilchenwurzel, Pulver M/50,
20,0 Sandarak, Pulver M/30,
32,0 Resorcin, fein verrieben,
3,0 Salicylsäure, fein verrieben,
30,0 Harzöl, †
150,0 Äther.

Bereitung wie bei Collemplastrum adhaesivum.

Collemplastrum salicylatum.

Salicyl-Kautschukpflaster.

a) 5 pCt.

800,0 Kautschukpflasterkörper,
75,0 Veilchenwurzel, Pulver M/50,

† S. Bezugsquellen-Verzeichnis.

20,0 Sandarak, Pulver M/30,
17,0 Salicylsäure, fein verrieben,
25,0 Harzöl, †
170,0 Petroleumäther.

b) 10 pCt.
800,0 Kautschukpflasterkörper,
70,0 Veilchenwurzel, Pulver M/50,
20,0 Sandarak, Pulver M/30,
34,0 Salicylsäure, fein verrieben,
22,0 Harzöl, †
185,0 Petroleumäther.

c) 20 pCt.
800,0 Kautschukpflasterkörper,
60,0 Veilchenwurzel, Pulver M/50,
20,0 Sandarak, Pulver M/30,
68,0 Salicylsäure, fein verrieben,
20,0 Harzöl, †
200,0 Petroleumäther.

Bereitung wie bei Collemplastrum adhaesivum.

Collemplastrum Styracis.
Storax-Kautschukpflaster.
10 pCt.

800,0 Kautschukpflasterkörper,
80,0 Veilchenwurzel, Pulver M/50,
20,0 Sandarak, Pulver M/30,
3,0 Salicylsäure, fein verrieben,
35,0 gereinigter Storax,
12,0 Harzöl, †
150,0 Äther.

Bereitung wie bei Collemplastrum adhaesivum.

Collemplastrum Sublimati.
Sublimat-Kautschukpflaster.
0,5 pCt.

800,0 Kautschukpflasterkörper,
90,0 Veilchenwurzel, Pulver M/50,
20,0 Sandarak, Pulver M/30,
2,0 Sublimat, fein verrieben,
25,0 Harzöl, †
160,0 Äther.

Man löst das Sublimat im Äther und verfährt weiter so, wie unter Collemplastrum adhaesivum angegeben ist.

Collemplastrum Thioli.
Thiol-Kautschukpflaster.
5 pCt.

800,0 Kautschukpflasterkörper,
60,0 Veilchenwurzel, Pulver M/50,
20,0 Sandarak, Pulver M/30,
16,0 Thiol, fein gepulvert,
20,0 Harzöl, †
150,0 Äther.

Bereitung wie bei Collemplastrum adhaesivum.

Will man ein zehnprozentiges Pflaster herstellen, so verdoppelt man die Thiolmenge und nimmt

16,0 Veilchenwurzelpulver

weniger.

Collemplastrum Zinci.
Zink-Kautschukpflaster.
10 pCt.

800,0 Kautschukpflasterkörper,
60,0 Veilchenwurzel, Pulver M/50,
20,0 Sandarak, Pulver M/30,
35,0 Zinkoxyd,
27,0 Harzöl, †
150,0 Äther.

Das Zinkoxyd verreibt man fein unter Zuhilfenahme von etwas Äther mit dem Harzöl. Im übrigen verfährt man wie bei Collemplastrum adhaesivum.

Collemplastrum Zinci ichthyolatum.
Zink-Ichthyol-Kautschukpflaster.
10 : 5 pCt.

800,0 Kautschukpflasterkörper,
50,0 Veilchenwurzel, Pulver M/50,
20,0 Sandarak, Pulver M/30,
30,0 Zinkoxyd,
3,0 Salicylsäure, fein verrieben,
45,0 Harzöl, †
15,0 Ichthyolnatrium,
150,0 Äther.

Man verreibt das Zinkoxyd mit dem Harzöl, mischt das Ichthyolnatrium hinzu und verfährt weiter so, wie es bei Collemplastrum adhaesivum angegeben ist.

Collemplastrum Zinci salicylatum.
Zink-Salicyl-Kautschukpflaster.
10 : 5 pCt.

800,0 Kautschukpflasterkörper,
40,0 Veilchenwurzel, Pulver M/50,
20,0 Sandarak, Pulver M/30,
30,0 Zinkoxyd,
60,0 Harzöl, †
15,0 Salicylsäure, fein verrieben,
175,0 Äther.

Man verreibt das Zinkoxyd mit dem Harzöl und verfährt im übrigen wie bei Collemplastrum adhaesivum.

---

† S. Bezugsquellen-Verzeichnis.

B. Nach *Schneegans* und *Corneille.*

Die *Schneegans-Corneille*'schen Kautschukpflaster haben mit den amerikanischen Fabrikaten und den deutschen Nachahmungen nichts gemein als den Namen. Während bei letzteren eine möglichst hohe Klebkraft angestrebt wird, sind die folgenden salbenartiger und stehen mehr den *Beiersdorff*'schen Guttaperchapflastermullen nahe. *Schn.* u. *C.* verwenden Benzin als Lösungsmittel des Kautschuks; man erhält aber leichter und eine gleichmässigere Lösung mit Äther.

Man verfährt dann so, dass man

100,0 Blätter-Kautschuk †

in kleine Stückchen zerschneidet, mit

900,0 Äther

in eine geräumige Flasche bringt und hier so lange schüttelt, bis sich der Kautschuk fast ganz gelöst hat. Den etwa verdunsteten Äther ersetzt man.

Das übrige Verfahren zur Bereitung der Massen besteht darin, dass man das Dammarharz auf freiem Feuer schmilzt, Wachs, Talg, Wollfett, dann das Medikament und schliesslich die Kautschuklösung der abgekühlten Mischung zusetzt. Man verdunstet nun den Äther bei mässigem Erwärmen und unter Rühren und streicht schliesslich mit der Pflasterstreichmaschine auf Schirting oder noch besser auf Guttaperchamull † auf. Das gestrichene Pflaster lässt man bis zum andern Tag ruhig liegen, bedeckt es mit Mull und rollt es ein.

Die Vorschriften lauten folgendermassen:

Borsäure-Kautschukpflaster.

20 pCt.

20,0 Dammarharz,
25,0 Benzoëtalg,
15,0 filtriertes gelbes Wachs,
12,0 Wollfett,
20,0 Borsäure, Pulver M/50,
{ 8,0 Kautschuk in Blättern,
{72,0 Äther.

Die Borsäure reibt man, ehe man sie der Masse zusetzt, mit etwas Benzoëtalg an.

Ichthyol-Kautschukpflaster.

20 pCt.

20,0 Dammarharz,
20,0 Benzoëtalg,
20,0 filtriertes gelbes Wachs,
{12,0 Wollfett,
{20,0 Ichthyolnatrium,
{ 8,0 Kautschuk in Blättern,
{72,0 Äther.

Das Ichthyol verreibt man unter Erwärmen mit dem Lanolin und setzt es so der erkaltenden geschmolzenen Masse zu.

Jodoform-Kautschukpflaster.

20 pCt.

15,0 Dammarharz,
30,0 Benzoëtalg,
20,0 Wollfett,
{10,0 Glycerin,
{20,0 Jodoformpulver,
{ 5,0 Kautschuk in Blättern,
{45,0 Äther.

Das Jodoform verreibt man mit dem Glycerin, setzt es aber erst nach Hinzufügen der Kautschuklösung und nach dem Verdunsten des Äthers hinzu.

Quecksilber-Kautschukpflaster.

20 pCt.

25,0 Dammarharz,
12,0 Benzoëtalg,
15,0 filtriertes gelbes Wachs,
20,0 Wollfett,
20,0 Quecksilber,
{ 8,0 Kautschuk in Blättern,
{72,0 Äther.

Das Quecksilber verreibt man am besten mit 5,0 Wollfett und 5,0 Benzoëtalg und bricht diese von obigen Mengen ab. Die Quecksilberverreibung darf der Masse erst nach Hinzufügen der Kautschuklösung und nach dem Verdampfen des Äthers zugesetzt werden.

Zink-Kautschukpflaster.

20 pCt.

20,0 Dammarharz,
25,0 Benzoëtalg,
15,0 Wollfett,
{12,0 Glycerin,
{20,0 Zinkoxyd,
{ 8,0 Kautschuk in Blättern,
{72,0 Äther.

Das Zinkoxyd verreibt man mit dem Äther und setzt es der geschmolzenen Masse zu, bevor man die Kautschuklösung einträgt.

† S. Bezugsquellen-Verzeichnis.

Zink-Quecksilber-Kautschukpflaster.

10:20 pCt.

20,0 Dammarharz,
12,0 Benzoëtalg,
10,0 filtriertes gelbes Wachs,
20,0 Wollfett
20,0 Quecksilber,
10,0 Zinkoxyd.
{ 8,0 Kautschuk in Blättern,
{ 72,0 Äther.

Das Quecksilber verreibt man mit 5,0 Benzoëtalg und 5,0 Wollfett und bricht diese von obigen Mengen ab. Die fertige Quecksilberverreibung benützt man zum Verreiben des Zinkoxyds. Ist auch hier die gewünschte Feinheit erreicht, so setzt man die Verreibung der Masse erst zu, nachdem die Kautschuklösung eingetragen und der Äther verdunstet worden war.

Schluss der Abteilung „Collemplastra".

Collodium.

Kollodium.

Vorschrift des D. A. IV.

400 Teile rohe Salpetersäure von 1,380—1,400 spez. Gew.

werden vorsichtig mit

1000 Teilen roher Schwefelsäure von 1,830—1,840 spez. Gew.

gemischt; nachdem die Mischung bis auf 20° C abgekühlt ist, drückt man in dieselbe

55 Teile gereinigte Baumwolle

ein und lässt das Gemisch 24 Stunden lang bei 15—20° C stehen. Hierauf bringt man die Kollodiumwolle in einen Trichter und lässt sie 24 Stunden lang zum Abtropfen des Säuregemisches stehen. Die zurückbleibende Kollodiumwolle wäscht man sodann mit Wasser so lange aus, bis die Säure vollständig entfernt ist, drückt sie aus und trocknet sie bei 25° C.

Darauf werden

2 Teile dieser Kollodiumwolle

in einer Flasche mit

6 Teilen Weingeist von 90 pCt

durchfeuchtet und mit

42 Teilen Äther

versetzt. Die Mischung wird wiederholt geschüttelt, und die gewonnene Lösung nach dem Absetzen klar abgegossen.

Zu dieser Vorschrift ist sehr viel zu bemerken.

Man verlangt doch, dass sich die Kollodiumwolle, das Kolloxylin, möglichst vollständig in der Ätherweingeistmischung löst. Dies ist aber nur dann der Fall, wenn die rohe Salpetersäure ein spez. Gew. von mindestens 1,42 hat. Ist die Säure schwächer, so wird das damit bereitete Kolloxylin nur teilweise löslich sein.

Es ist ferner zu bemerken, dass die Nitrierung der Baumwolle von verschiedenen nicht bekannten Verhältnissen abhängig ist und nicht immer gleich rasch vor sich geht. Eine zu kurze, aber auch eine zu lange Einwirkung des Säuregemisches kann eine teilweise oder ganz unlösliche Kollodiumwolle liefern. Es *ist deshalb empfehlenswert*, eine Probe der Baumwolle nach 24-stündigem Stehen zu entnehmen, mit Wasser säurefrei zu machen und dann mit Weingeist durch öfteres Waschen zu entwässern. Setzt man dann zu der weingeistnassen Probe Äther, so muss sie sofort durchsichtig werden und sich lösen. Ist das der Fall, so wäscht man die Kollodiumwolle sofort aus, entgegen dem Arzneibuch lässt man aber das Säuregemisch nicht erst 24 Stunden in einem Trichter abtropfen. Dadurch würde die Säureeinwirkung je nach der Menge Wasser, welche sie aus der Luft anzieht, fortdauern und zu negativen Resultaten führen können.

Die zu verwendende Baumwolle muss vor dem Wägen bei 90—100° C getrocknet werden.

An Stelle der Baumwolle kann man mit Vorteil altes Baumwollen- oder Leinengewebe (Wäschereste) verwenden. Dieselben sind in ihrer Vergangenheit zumeist so oft gewaschen worden, dass sie die reinste Faser darstellen. Dabei arbeitet es sich mit den Geweben viel angenehmer als mit Baumwolle, und dieselben sind, was ebenfalls Erwähnung verdient, billiger.

Bei der Bereitung des Kollodiums schlägt das Arzneibuch nicht das richtige Verfahren ein. Man erzielt nämlich ein rascheres Auflösen des Kolloxylins, wenn man dasselbe zuerst mit dem Äther übergiesst und dann erst den Weingeist, am besten in 2 Partien, zusetzt. Bei Einhalten der vom Arzneibuch angegebenen Reihenfolge ballt sich die Wolle gern zusammen und löst sich dann schwer auf.

Das Absetzen der ungelösten Teile kann man dadurch beschleunigen, dass man auf

100 Teile Kollodium
1/2 Teil feinstes Talkpulver,

das man vorher mit etwas Weingeist anreibt, zusetzt. Die ungelösten Teile werden dadurch beschwert und im Volumen verringert.

Im Handel kennt man 3 Sorten Kollodium, die man als „simplex, duplex und triplex" bezeichnet. Sie haben folgende Konzentrationen und Zusammensetzungen:

a) simplex oder 2-prozentig für photographische Zwecke:

2,0 Kolloxylin (Kollodiumwolle),
50,0 Äther,
50,0 absoluter Alkohol.

b) duplex oder 4-prozentig für pharmaceutische Zwecke:

4,0 Kolloxylin (Kollodiumwolle),
84,0 Äther,
12,0 Weingeist von 90 pCt.

c) triplex oder 6-prozentig.

6,0 Kolloxylin (Kollodiumwolle),
82,0 Äther,
12,0 Weingeist von 90 pCt.

Ein sog. Collodium gelatinosum, auch Celloidin †, des Handels ist durch Lösen von Kolloxylin in Ätherweingeist, Filtrieren der Lösung und Abdestillieren des Lösungsmittels hergestellt. Man erhält damit ein sehr schönes Kollodium, muss aber für 1 Teil Kolloxylin 5 Teile Celloidin nehmen.

Collodium acetonatum.

Aceton-Kollodium.

Vorschrift d. Dresdner Ap. V.

4,0 Kolloxylin (Kollodiumwolle),
96,0 Aceton.

Man löst, lässt 6—8 Tage absetzen und giesst dann vom Bodensatz ab.

Collodium antephelidicum.

Sommersprossenkollodium.

2,0 Zinksulfophenylat,
10,0 Weingeist von 90 pCt,
88,0 Kollodium von 4 pCt,
2 Tropfen Citronenöl,
2 „ Bergamottöl.

Man löst, lässt absetzen und giesst klar ab.

Collodium Arnicae.

Arnika-Kollodium.

70,0 Kollodium von 4 pCt,
30,0 ätherische Arnikatinktur

mischt man.

Collodium cantharidatum.

Spanischfliegen-Kollodium.

Vorschrift des D. A. IV.

1 Teil grob gepulverte Spanische Fliegen

wird mit der hinreichenden Menge Äther erschöpft; der klare Auszug wird in gelinder Wärme zur Sirupdicke eingedampft und mit so viel Kollodium (4 pCt) vermischt, dass das Gesamtgewicht

1 Teil

beträgt.

Da die spanischen Fliegen jedem Lösungsmittel, besonders aber dem Äther, grossen Widerstand entgegensetzen, ist es sehr zu empfehlen, feines Pulver zu verwenden. Auch wäre es richtiger, an Stelle des Äthers Essigäther oder Aceton zu benützen, da diese mehr Cantharidin, als Äther zu lösen vermögen.

Collodium Cantharidini.

Kantharidin-Kollodium.

Nach *E. Dieterich*.

0,1 Kantharidin

verreibt man fein mit

15,0 Terpentin,

fügt dann

5,0 Aceton

hinzu, erhitzt vorsichtig bis zur vollständigen Lösung, giesst diese Lösung in

80,0 Kollodium von 4 pCt

ein und schüttelt um. Wer eine grünliche Farbe vorzieht, fügt

1,0 Hanftinktur

hinzu.

Die Menge des Terpentins ist besonders hoch bemessen, um die Einwirkung auf die Haut zu erleichtern.

Collodium carbolico-salicylatum n. *Unna*.

Karbol-Salicyl-Kollodium.

10,0 krystallisierte Karbolsäure,
10,0 Salicylsäure

löst man in

40,0 Kollodium von 4 pCt.

Collodium carbolisatum.

Karbol-Kollodium.

5,0 krystallisierte Karbolsäure,
95,0 Kollodium von 4 pCt,
1 Tropfen Rosenöl.

Ist für den Handverkauf verwendbar, weshalb es angebracht erscheint, dasselbe etwas zu parfümieren.

Collodium Chrysarobini.

Chrysarobin-Kollodium.

10,0 Chrysarobin,

möglichst fein verrieben, vermischt man mit

90,0 Kollodium von 4 pCt.

Collodium Cocaïni stypticum.

Blutstillendes Kokaïn-Kollodium.

5,0 Kokaïnhydrochlorid,
15,0 Gerbsäure

löst man in

† S. Bezugsquellen-Verzeichnis.

30,0 absolutem Alkohol
und vermischt diese Lösung mit
50,0 elastischem Kollodium.

Collodium corrosivum.

Collodium Sublimati. Sublimat-Kollodium.

a) 5,0 Quecksilberchlorid,
95,0 elastisches Kollodium.

b) Vorschrift d. Dresdner Ap. V.
1,0 Quecksilberchlorid,
60,0 elastisches Kollodium.

Das Sublimat zerreibt man trocken und löst es im Kollodium durch Schütteln.

Andere Vorschriften verordnen 10 pCt Sublimat, eine Menge, welche nach ärztlicher Ansicht zu hoch bemessen ist.

Collodium diachylatum.

Diachylon-Kollodium.

10,0 Bleipflaster
erwärmt man, setzt dann
10,0 Weingeist von 90 pCt,
20,0 Äther
zu, rührt bis zur Lösung und wiegt dann
60,0 Kollodium von 4 pCt
hinzu. Schliesslich mischt man durch Schütteln.

Collodium elasticum.

Elastisches Kollodium.

Vorschrift des D. A. IV.
1 Teil Ricinusöl,
5 Teile Terpentin,
94 „ Kollodium von 4 pCt
werden gemischt.

Es wäre richtiger, Lärchenterpentin zu verwenden, da derselbe ein geschmeidigeres Kollodium liefert, nicht so rasch wie der gewöhnliche Terpentin austrocknet und viel weniger hautreizend wirkt.

b) Vorschrift der Ph. Austr. VII.
49,0 Kollodium von 4 pCt
mischt man mit
1,0 Ricinusöl.

Collodium ferratum.

Collodium stypticum. Blutstillendes Kollodium.

10,0 krystallisiertes Eisenchlorid,
90,0 elastisches Kollodium.
Man löst durch Schütteln und setzt
5 Tropfen Salbeiöl
hinzu.

Collodium jodatum.

Jod-Kollodium.

5,0 Jod,
95,0 elastisches Kollodium.
Man löst durch Schütteln.

Collodium Jodoformii.

Jodoform-Kollodium.

a) 5 pCt:
5,0 Jodoform,
95,0 elastisches Kollodium.

b) 10 pCt:
10,0 Jodoform,
90,0 elastisches Kollodium.
Man löst durch Schütteln.

Collodium Jodoformii balsamicum.

Balsamisches Jodoform-Kollodium.

5,0 Jodoform,
5,0 Perubalsam,
5,0 medizinische Seife
löst man in
85,0 Kollodium von 4 pCt.

Collodium Loretini.

Loretin-Kollodium.
Nach *Schinzinger*.

a) 5 pCt:
5,0 Loretin,
10,0 Weingeist von 96 pCt,
fein miteinander verrieben, vermischt man mit
85,0 elastischem Kollodium.

b) 10 pCt:
10,0 Loretin,
15,0 Weingeist von 96 pCt,
75,0 elastischem Kollodium.
Bereitung wie bei a).

Collodium Olei Crotonis.

Kroton-Kollodium.

10,0 Krotonöl,
90,0 Kollodium von 4 pCt.
Man mischt.

Mehr als die vorgeschriebene Menge Krotonöl darf man nicht nehmen, sonst scheidet sich dasselbe beim Trocknen der Kollodionhaut in kleinen Perlen aus und bildet beim Verwischen einen Hautreiz an Stellen, an welchen er nicht beabsichtigt war.

Collodium oxynaphtoïcum.

Nach *Helbig.*

1,0 *a*-Oxyd-Naphtoësäure,
199,0 Kollodium von 4 pCt.

Wegen der Nichtflüchtigkeit soll die Oxynaphtoësäure im Kollodium dem Jodoform vorzuziehen sein.

Collodium contra Perniones.

Frostbeulen-Kollodium.

50,0 Jod-Kollodium,
50,0 Ätherweingeist

mischt man.

Gebrauchsanweisung:

„Man bestreicht die Frostbeulen mit dem Frostbeulen-Kollodium, solange dieselben noch nicht aufgebrochen sind.“

Collodium salicylatum.

Collodium ad Clavos. Salicyl-Kollodium. Hühneraugen-Kollodium. Warzentinktur.

a) Nach *E. Dieterich.*

1,0 Hanfextrakt,
10,0 Salicylsäure,
10,0 Lärchenterpentin,
50,0 Kollodium von 4 pCt,
30,0 Ätherweingeist.

Die Lösung bewirkt man durch Schütteln, dann setzt man noch zu

2,0 Eisessig.

b) 10,0 Salicylsäure,
10,0 Milchsäure,
60,0 Kollodium von 4 pCt,
20,0 Ätherweingeist.

Man löst und verwendet wie oben. Die Wirkung ist gleichfalls eine gute.

c) Vorschrift des Münch. Ap. Ver.

10,0 Salicylsäure

löst man in

90,0 Kollodium von 4 pCt.

d) Vorschrift d. Ergänzb. d. D. Ap. V.

1,0 Indisch-Hanfextrakt,
10,0 Salicylsäure,
5,0 Terpentin,
82,0 Kollodium,
2,0 Essigsäure.

e) Vorschrift d. Dresdner Ap. V.

1,0 Indisch-Hanfextrakt,
10,0 Salicylsäure,
89,0 Kollodium.

Der Atherweingeist bei a) und b) ist zugesetzt, um das spätere Dickwerden des Salicyl-Kollodiums zu verhüten.

Man füllt das Salicyl- oder Hühneraugen-Kollodium auf kleine Fläschchen von 10 g Inhalt und fügt einen Pinsel und eine hübsche Etikette † bei.

Gebrauchsanweisung:

„Man streicht mit dem beigegebenen Pinsel das Kollodium auf das Hühnerauge, vermeidet aber, die neben dem Hühnerauge liegende Haut zu treffen. Nach 2 Tagen nimmt man ein Fussbad und wiederholt das Aufstreichen. Das Fläschchen muss stets fest verkorkt werden.“

Collodium Saloli.

Salol-Kollodium.

10,0 Salol,
10,0 Äther.

Man löst und vermischt mit

80,0 elastischem Kollodium.

Collodium tannatum.

Tannin-Kollodium.

a) 5,0 Gerbsäure,
15,0 Weingeist von 90 pCt.

Man löst und setzt dann

80,0 Kollodium von 6 pCt,
1 Tropfen äther. Birkenteeröl,

hinzu.

b) Vorschr. des Münch. Ap. Ver.

5,0 Gerbsäure,
15,0 Weingeist von 90 pCt,
80,0 Kollodium von 4 pCt.

Collodium Thioli n. *Jacobsen.*

Thiol-Kollodium.

5,0 gepulvertes Thiol

löst man in

95,0 elastischem Kollodium.

Collodium Thymoli.

Thymol-Kollodium.

5,0 Thymol

löst man in

95,0 Kollodium von 4 pCt,

lässt absetzen und giesst klar ab.

---

† S. Bezugsquellen-Verzeichnis.

Collyrium adstringens luteum.

Aqua ophtalmica adstringens. Gelbes Augenwasser. Gelbes zusammenziehendes Augenwasser.

a) Vorschrift der Ph. Austr. VII.

0,5 Ammoniumchlorid,
1,25 Zinksulfat

löst man in

200,0 destilliertem Wasser.

Andrerseits löst man

0,4 Kampfer

in

20,0 verdünnt. Weingeist von 68 pCt,

vermischt beide Lösungen, setzt noch

0,1 Safran

hinzu, lässt 24 Stunden unter öfterem Umschütteln stehen und filtriert.

An Stelle des Safrans setzt man einfacher

2,0 Safrantinktur

hinzu und filtriert sofort.

b) Vorschr. d. Ergänzb. d. D. Ap. V.

5,0 Ammoniumchlorid,
10,0 Zinksulfat

löst man in

800,0 destilliertem Wasser.

Andrerseits löst man

3,0 Kampfer

in

160,0 verdünntem Weingeist v. 68 pCt,

mischt beide Lösungen und fügt

8,0 Safrantinktur

hinzu.

Coniferengeist.

Koniferensprit. Tannenduft. Fichtennadeläther.

80,0 Fichtennadelöl (Ol. Pini silvestris),
10,0 Wacholderbeeröl,
5,0 franz. Rosmarinöl,
3,0 Lavendelöl,
2,0 Citronenöl,
900,0 Weingeist von 90 pCt.

Man mischt, filtriert und bewahrt an vor dem Licht geschützter Stelle auf.

Man giebt in Fläschchen von 50 g Inhalt an das Publikum ab und fügt folgende Gebrauchsanweisung bei:

„Um sich den Nadelwaldgeruch im Zimmer künstlich herzustellen, füllt man den Behälter eines Zerstäubers mit Wasser, setzt eine Kleinigkeit des Koniferengeistes zu und verstäubt diese Mischung.“

Hübsche Etiketten † zu empfehlen.

Conserva Electuarii.

Electuarium e Senna concentratum. Latwergen-Konserve.

500,0 konzentriertes Tamarindenmus,
350,0 Zucker, Pulver M/30,
150,0 Alexandriner Sennesblätter, Pulver M/50,
5 Tropfen Orangenblütenöl.

Man stösst an und formt Pastillen oder Rhomben von 2 g Gewicht daraus. Jedes Stück entspricht 1 Kaffeelöffel voll Latwerge.

Zum Überziehen der Konserven mit Chokoladeguss gehört ein gewisses Geschick, weshalb sich bei der Herstellung in kleinen Mengen die Versilberung empfiehlt. Dieselbe lässt sich am besten ausführen, solange die Konserven noch frisch und nicht sehr stark mit Zuckerpulver bestreut sind.

Das Verfahren des Überziehens mit Chokoladeguss wird unter Conserva Tamarindorum beschrieben werden.

Conserva Ribium.

Johannisbeer-Konserve.

1000,0 abgepflückte Johannisbeeren

bringt man, nachdem man sie gewaschen und auf einem Sieb gut hat abtropfen lassen, mit

1000,0 zerstossenem Zucker

in eine Porzellanschale und erhitzt auf dem Dampfbad unter fortwährendem Rühren so lange, bis eine herausgenommene Probe beim Erkalten geléeartig erstarrt. Man füllt die nun fertige Masse, nachdem sie auf 40—50° C abgekühlt ist, in trockene und etwas erwärmte Weithalsgläser. Man verschliesst mit paraffinierten Korken, verbindet diese aber, um ein Lockerwerden zu verhüten.

Wie für alle Genussmittel ist auch für dieses eine hübsche Etikette † notwendig.

Conserva Rosae florum.

Confectio Rosae Gallicae. Confectio Rosae. Rosen-Konserve. Confection of Rose.

a) Vorschrift der Preuss. Arzneitaxe:

100,0 frische Rosenblätter,
200,0 gepulverter Zucker.

Man zerstösst die Rosenblätter in einem steinernen Mörser mit hölzernem Pistill zu feinem Brei und vermischt diesen dann mit dem Zucker.

b) Vorschrift der Ph. Brit.

25,0 frische Rosenblüten

zerstösst man im Marmormörser zu einer gleichmässig feinen Masse, reibt durch ein Sieb und setzt allmählich

75,0 Zucker, Pulver M/30,

† S. Bezugsquellen-Verzeichnis.

zu. Man bewahrt das Präparat in gut verschliessbaren Glasbüchsen auf.

Soll dasselbe längere Zeit aufbewahrt werden, so empfiehlt es sich, es 1/2 Stunde im Dampfbad zu erhitzen oder 0,01 Salicylsäure auf obige Menge zuzusetzen.

c) Vorschrift der Ph. U. St.

80,0 Rosenblätter, Pulver M/30

reibt man an mit

160,0 starkem, auf 65° C erwärmtem Rosenwasser

und setzt alsdann

640,0 Zucker, Pulver M/50,
120,0 gereinigten Honig

hinzu.

Conserva Rosae fructuum.

Confectio Rosae caninae fructuum. Confection of Hips.

Vorschrift der Ph. Brit.

100,0 frische, vom Samen befreite Hagebutten

zerstösst man in einem steinernen Mörser zu Brei, reibt diesen durch ein Sieb und mischt unter das durchgeriebene Mus

200,0 Zucker, Pulver M/30.

Conserva Tamarindorum.

Tamarinden-Konserve.

Nach *E. Dieterich.*

500,0 konzentriertes Tamarindenmus,
300,0 Zucker, Pulver M/30,
20,0 Jalapenknollen, Pulver M/30,
200,0 Weizenstärke, Pulver M/30,
5 Tropfen Orangenblütenöl.

Man stösst an, rollt die Masse 5 bis 6 mm stark aus und sticht mit einer Blechröhre 2,5 g schwere Kuchen aus, die man im Trockenschrank bei 50—60° C trocknet.

Um diese mit Chokoladeguss zu überziehen, verfährt man in folgender Weise:

20,0 Chokoladenpulver,
70,0 Zucker, Pulver M/8,

mischt man und rührt mit

30,0 Gummischleim,
q. s. Rosenwasser

zu einem dünnen Brei an.

Mittels Borstenpinsels bestreicht man damit die eine Seite der ausgestochenen Kuchen, trocknet und bestreicht dann auf der anderen Seite. Auch kann man die frisch gestrichenen Flächen mit Krystallzucker bestreuen.

Das Trocknen der überzogenen Kuchen nimmt man zuerst im warmen Zimmer auf Horden, welche dicht mit Krystallzucker bestreut sind, vor und bringt dann 24 Stunden in einen Trockenschrank, dessen Temperatur 25° C nicht übersteigt.

Gebrauchsanweisung:

„Man isst je nach Bedürfnis täglich, jeden zweiten oder dritten Tag entweder morgens nüchtern oder auch abends vor dem Zubettgehen eine halbe oder eine ganze Konserve. Kindern giebt man nur halb so viel."

Conserva Tamarindorum Grillon.

Tamar Indien Grillon.

Nach *E. Dieterich.*

500,0 konzentriertes Tamarindenmus,
330,0 Zucker, Pulver M/30,
100,0 Weizenstärke, Pulver M/30,
50,0 Alexandriner Sennesblätter, Pulver M/30,
20,0 Jalapenknollen, Pulver M/30.

Man verfährt wie bei der vorhergehenden Konserve.

Gebrauchsanweisung wie bei Conserva Tamarindorum.

Conservierungsmittel

s. Konservierungsmittel.

Cortex Frangulae examarata.

Entbitterte Faulbaumrinde.

Man stellt sie mit Cortex Frangulae wie Cascara Sagrada examarata her.

Cuprum aluminatum.

Lapis divinus. Kupferalaun. Augenstein.

Vorschrift des D. A. IV.

16 Teile Kali-Alaun,
16 „ Kupfersulfat,
16 „ Kaliumnitrat

werden in fein gepulvertem Zustand gemischt und in einer Porzellanschale durch mässiges Erhitzen geschmolzen. Darauf entfernt man diese vom Feuer, mengt der Masse eine vorher bereitete Mischung aus

1 Teil mittelfein gepulvertem Kampfer

und

1 Teil fein gepulvertem Kali-Alaun

durch Rühren bei und giesst das Ganze in eine Stäbchenform oder auf eine kalte Platte aus; in letzterem Fall zerbricht man die erkaltete Masse in Stücke.

Cuprum oxydatum.

Kupferoxyd.

100,0 Kupfersulfat

löst man in

500,0 heissem destillierten Wasser

und filtriert die Lösung.

Desgleichen stellt man eine filtrierte Lösung aus

150,0 krystallisiertem Natriumkarbonat

und

500,0 heissem destillierten Wasser

her, mischt beide Lösungen, erhitzt die Mischung auf 90° C und wäscht den Niederschlag durch Absetzenlassen und Abziehen der überstehenden Flüssigkeit so oft mit kaltem destillierten Wasser aus, bis das Waschwasser durch Barymnitratlösung nicht mehr getrübt wird.

Man sammelt nun den Niederschlag auf einem genässten dichten Leinentuch, drückt oder presst ihn aus und trocknet ihn. Man bringt das trockene Pulver in einen Schmelztiegel und erhitzt es bis zur Rotglut und unterbricht den Glühprozess, wenn sich eine herausgenommene abgekühlte Probe ohne Aufbrausen in Salpetersäure löst.

Cuprum sulfuricum ammoniatum.

Kupferammoniumsulfat.

100,0 Kupfersulfat

giebt man in ein Weithalsglas von 2 l Fassungsvermögen, wiegt

300,0 Ammoniakflüssigkeit

darauf und bewegt das Gefäss so lange, bis sich die Krystalle gelöst haben. Man fügt dann

600,0 Weingeist von 90 pCt

hinzu, sammelt den dadurch entstandenen Niederschlag auf einem Filter, lässt ihn gut abtropfen und trocknet, ohne ihn vorher auszuwaschen.

Curry-Powder.

a) 50,0 Kurkumawurzel,
20,0 weisser Pfeffer,
10,0 Nelkenpfeffer,
10,0 entöltes Senfmehl,
5,0 Kümmel,
2,5 Koriander,
2,5 spanischer Pfeffer.

Alle Bestandteile pulvert man fein, M/30, und mischt sie.

b) Nach *Buchheister:*

75,0 spanischer Pfeffer,
75,0 Kardamomen,
75,0 Ingwer,
100,0 Piment,
100,0 Kurkuma,
125,0 schwarzer Pfeffer,
150,0 Zimtkassie,
300,0 Koriander.

Alle Teile, in nicht zu feiner Pulverform, mischt man.

c) Nach *Buchheister:*

230,0 Kurkuma,
230,0 Koriander,
150,0 schwarzer Pfeffer,
125,0 spanischer Pfeffer,
100,0 Ingwer,
60,0 Kardamomen,
30,0 Zimtkassie,
30,0 Macis,
30,0 Nelken,
15,0 Kümmel.

Bereitung wie bei b.

Dampfapparate siehe unter **„Destillieren“**.

Dekantieren.

Decantieren. Absetzenlassen.

Es wird darunter das Abgiessen einer Flüssigkeit von einem am Boden des Gefässes abgelagerten unlöslichen Körper, dem Bodensatz, verstanden. Das Absetzenlassen wird in mannichfachen Fällen, z. B. bei trüben Extraktlösungen, beim Auswaschen von Niederschlägen usw. angewandt. Man bedient sich dazu besonderer Gefässe, der Dekantiergefässe, welche verschliessbare Ausflussöffnungen in verschiedener Höhe in der Seitenwand haben und so ermöglichen, die Flüssigkeit in beliebiger Höhe ablaufen zu lassen. Die Dekantiergefässe können je nach Bedürfnis aus Glas, Thon oder Holz bestehen.

Decoctum.

Dekokt. Abkochung.

Das Ausziehen von Pflanzenteilen mit Wasser bei Siedehitze verfolgt den Zweck, die *wasserlöslichen, nicht flüchtigen Bestandteile* derselben zu gewinnen. Man glaubte früher, dass dazu ein heftiges Sieden notwendig sei, die Erfahrung hat jedoch gelehrt, dass man durch Erhitzen im Dampfbad dieselbe Wirkung erzielt. Letzteres Verfahren ist, wenn man die Wahl hat, immer vorzuziehen, weil dasselbe für eine möglichst geringe Veränderung der in Lösung gehenden Stoffe weit mehr Gewähr bietet, als das Kochen auf freiem Feuer.

Harte Hölzer erhitzt man in der Regel längere Zeit, wie z. B. Quassia. Man bereitet sie aber dadurch vor, dass man sie vorher 12 Stunden maceriert. Man löst dadurch das Pflanzeneiweiss auf und verhindert so, dass es innerhalb der Holzzellen gerinnt und dem Eindringen des Wassers hinderlich ist.

Das D. A. IV. lässt die in der Rezeptur vorkommenden Abkochungen durch halbstündiges Erhitzen im Wasserbad bereiten, die Ph. Austr. VII. ebenfalls, letztere gestattet dabei aber noch das halbstündige Kochen.

Die zu Abkochungen notwendigen Apparate sind unter „Infusum" und unter „Kolieren" nachzulesen.

Decoctum Aloës compositum.

Compound decoction of Aloës.

Vorschrift der Ph. Brit.

8,0 Aloëextrakt,
4,0 Myrrhe

pulvert man gröblich und kocht 5 Minuten lang mit

4,0 Kaliumkarbonat,
32,0 Süssholzextrakt,
1000,0 destilliertem Wasser.

Man fügt nun hinzu

4,0 Safran,

bedeckt das Gefäss und lässt abkühlen.

Jetzt setzt man

250,0 zusammengesetzte Kardamomtinktur

zu, maceriert noch 2 Stunden, seiht durch ein feines Flanelltuch und bringt die Seihflüssigkeit mit

q. s. destilliertem Wasser

auf ein Gewicht von

1000,0.

Die Dosis *pro die* beträgt 15 bis 30 gr.

Decoctum Chinae acidum.

Saure China-Abkochung.

a) 10,0 China-Rinde, Pulver M/8,
1,0 verdünnte Schwefelsäure,
110,0 heisses destilliertes Wasser

erhitzt man in einer Porzellanbüchse 1/2 Stunde im Dampfbad. Man seiht dann ab und setzt

q. s. destilliertes Wasser

zu, dass die Seihflüssigkeit

100,0

beträgt.

b) Form. magistr. Berol.

170,0 Chinaabkochung aus 10,0 Chinarinde,
0,5 reine Salzsäure von 1,124 spez. Gew.,
29,5 weissen Sirup

mischt man.

Decoctum Condurango.

Form. magistr. Berol.

180,0 Condurangoabkochung aus 15,0 Condurangorinde,
0,5 reine Salzsäure von 1,124 spez. Gew.,
19,5 weissen Sirup

mischt man.

Decoctum Frangulae compositum.

Zusammengesetzte Faulbaumrinde-Abkochung.

10,0 Faulbaumrinde, Pulver M/5,
110,0 destilliertes Wasser

erhitzt man 30 Minuten im Dampfbad, setzt

2,0 geschnittene Rhabarber,
0,5 Hopfen,
0,5 Stechkörner

zu, erhitzt noch 10 Minuten, seiht durch und bringt die Seihflüssigkeit mit

q. s. destilliertem Wasser

auf

100,0.

Wenn genügend Zeit für die Fertigstellung der Abkochung ist, so empfiehlt es sich, die Rinde vor dem Erhitzen wenigstens 2 Stunden mit dem Wasser stehen zu lassen.

Decoctum Sarsaparillae compositum (fortius).

Decoctum Zittmanni fortius.
Stärkere Sarsaparill-Abkochung.
Stärkeres zusammengesetztes Sarsaparilladekokt.

a) Vorschrift des D. A. IV.

20 Teile mittelfein zerschnittene Sarsaparille

werden mit

520 Teilen Wasser

24 Stunden lang bei 35—40° C stehen gelassen und nach Zusatz von

1 Teil Zucker

und

1 Teil Kali-Alaun

in einem bedeckten Gefässe unter wiederholtem Umrühren 3 Stunden lang im Wasserbade erhitzt. Darauf wird die Mischung unter Zusatz von

1 Teil gequetschtem Anis,
1 „ Fenchel,
5 Teilen mittelfein zerschnittenen Sennesblättern
und
2 Teilen grob zerschnittenem Süssholze

noch eine Viertelstunde lang im Wasserbad gelassen und die Flüssigkeit dann durch Pressen abgeschieden.

Nach dem Absetzen und Abgiessen wird das Gewicht der Abkochung durch Wasserzusatz auf

500 Teile

gebracht.

Hierzu ist zu bemerken, dass man das Absetzen und die Klärung der Abkochung durch Zusatz von

5 Teilen feinstem Talkpulver

beschleunigen kann.

b) Vorschrift der Ph. Austr. VII.

40,0 zerschnittene Sarsaparillawurzel,
2,0 gepulverten Zucker,
2,0 Alaun

digeriert man 24 Stunden lang mit der erforderlichen Menge (also 1040,0) destilliertem Wasser, kocht eine Stunde lang, setzt gegen Ende des Kochens

1,6 zerquetschten Anis,
1,6 „ Fenchel,
10,0 zerschnittene Sennesblätter,
5,0 zerschnittenes Süssholz

hinzu, scheidet die Flüssigkeit durch Pressen ab und seiht durch ein Tuch. Die Seihflüssigkeit soll

1000,0

betragen.

Vom pharmaceutischen Standpunkte aus ist der Vorschrift a) trotz ihrer Mängel der Vorzug zu geben. Siehe die Bemerkungen unter a).

Decoctum Sarsaparillae compositum mitius.

Decoctum Zittmanni mitius.
Schwächere Sarsaparill-Abkochung.
Schwächeres zusammengesetztes Sarsaparilladekokt.

a) Vorschrift der Ph. Austr. VII.

20,0 zerschnittene Sarsaparillawurzel

kocht man unter Zugabe des Rückstandes von der Bereitung des stärkeren Absudes mit der erforderlichen Menge Wasser eine Stunde lang. Zu Ende des Kochens setzt man dazu in zerstossenem oder zerschnittenem Zustand

1,0 Süssholz,
1,0 Citronenschalen,
1,0 Kardamomen,
1,0 Zimtrinde,

presst die Flüssigkeit aus und seiht sie durch ein Tuch. Die Seihflüssigkeit soll

1000,0

betragen.

Zu dieser Vorschrift ist zu bemerken, dass die Verwendung des Rückstandes von der vorigen Abkochung nicht empfehlenswert ist, da dieser Rückstand nichts Verwendbares mehr enthalten kann. Die Sarsaparille ist durch die voraufgehende Behandlung erschöpft, und aus dem ausgezogenen Fenchel, Anis und den Sennesblättern kann selbst einstündiges Kochen wirksame Bestandteile nicht mehr in Lösung überführen. Man verfährt daher besser nach folgender Vorschrift:

b) 20,0 Sarsaparille

pulvert man gröblich, digeriert mit

1030,0 destilliertem Wasser

6 Stunden lang bei 35—40° C, und erhitzt dann in bedecktem Gefäss im Dampfbad 1 Stunde lang. Man fügt hierauf

2,0 Citronenschale,
2,0 chinesischen Zimt,
2,0 Malabar-Kardamomen,
2,0 Süssholz,

alle entsprechend zerkleinert, hinzu, erhitzt noch $^1/_4$ Stunde, scheidet sodann die Flüssigkeit durch Pressen ab und versetzt die Seihflüssigkeit mit 10,0 feinstem Talkpulver.

Nach dem Absetzen und Abgiessen bringt man das Gewicht auf

1000,0.

Decoctum Senegae.

Form. magistr. Berol.

175,0 Senegaabkochung aus 10,0 Senegawurzel,
5,0 anisölhalt. Ammoniakflüssigkeit,
20,0 weissen Sirup

mischt man.

Decoctum contra taeniam n. *Bloch*.

Blochs Bandwurmmittel.

240,0 Granatwurzelrinde, Pulver $^M/_8$,
1400,0 destilliertes Wasser

kocht man bei gelindem Wallen auf ein Viertel Raumteil ein, nimmt vom Feuer, setzt

40,0 Kosoblüten

hinzu, lässt im bedeckten Gefäss erkalten und seiht ab.

Zur Seihflüssigkeit im Betrag von

420,0

setzt man

80,0 Weingeist von 90 pCt.

Desinfektionsmittel.

Die Ansichten über Desinfektionsmittel haben im letzten Jahrzehnt durch die Fortschritte der Bakteriologie einen völligen Umschwung erfahren. Während man früher zufrieden war, wenn ein Mittel einen üblen Geruch beseitigte, verlangt man heute, dass auch die Bakterien dabei ihre Lebensfähigkeit einbüssen. Man trennt deshalb die Begriffe „Desodorisieren" und „Desinfizieren". Wir besitzen eine ganze Menge von sogenannten Desinfektionsmitteln, welche nur „desodorisieren", und andrerseits auch solche, welche „desinfizieren", d. h. keimtötend wirken, ohne zugleich zu desodorisieren, d. h. den üblen Geruch zu entfernen.

Zu den desodorisierenden Mitteln gehören in erster Linie die Eisenoxydul- und Eisenoxydsalze. Alle desodorisierenden Mittel haben nur bedingten Wert. Weiter giebt es keine Desinfektionsmittel, welche allgemein wirken, d. h. alle Sporen mit gleichem Erfolg töten: sie sind nur zu häufig in ihrer Wirkung einseitig und können in dem einen Fall vortreffliche Dienste leisten und trotzdem in einem andern versagen. Es tritt auch der Fall ein, dass für die eine Art von Keimen dünne Lösungen genügen, während auf andere nur konzentrierte Lösungen desselben Mittels wirken.

Die erhöhte Aufmerksamkeit, welche Behörden und Bevölkerung in der Neuzeit den ansteckenden Krankheiten widmen, hat die Industrie veranlasst, eine grosse, noch immer wachsende Zahl von Desinfektionsmitteln, die zumeist die als keimtötend geschätzten Phenole in wasserlöslicher Form enthalten, auf den Markt zu bringen, unter denen Creolin und Lysol die bekanntesten sind. Es ist hier nicht am Platz, diese zu besprechen; im Nachfolgenden sollen vielmehr, dem Zweck dieses Buches entsprechend, einige empfehlenswerte Zusammensetzungen gegeben werden.

Zum Einstreuen in Aborte, Schleusen usw. sind die Pulver sehr beliebt, während die Lösungen zum Auswaschen von Gefässen, Gebrauchsgegenständen der Krankenstuben, Wäsche usw. verwendet werden.

Auf die Anweisung des Preussischen Ministeriums zur Ausführung der Desinfektion bei Cholera kann hier nur verwiesen werden.

Acidum sulfocarbolicum crudum.

Rohe Sulfo-Karbolsäure,

300,0 rohe Karbolsäure von 25 pCt

bringt man in eine in kaltem Wasser stehende Steingutbüchse und giesst recht langsam in dünnem Strahl unter Rühren

150,0 rohe Schwefelsäure von 1,836 bis 1,846 spez. Gew.

hinein. Man verdünnt dann die Mischung unter fortwährendem Kühlen vorsichtig mit

550,0 Wasser.

Jede Überhitzung ist zu vermeiden.

Die rohe Karbol-Schwefelsäure ist ein wirksames und dabei billiges Desinfektionsmittel für Abtrittgruben, Latrinen, Schleussen usw.

Desinfektions-Lösungen.

Solutiones desinfectorii.

a) 15,0 Kaliseife,
15,0 Kalilauge von 1,126 spez. Gew.,
10 l weiches Wasser.

b) 15,0 Kaliseife,
15,0 Kalilauge von 1,126 spez. Gew.,
20,0 krystallisierte Karbolsäure,
10 l weiches Wasser.

Da die offizinelle Kaliseife wenig freies Alkali enthält und diesem ein grosser Teil der Wirkung zugeschrieben werden muss, ist bei a und b ein besonderer Zusatz von Lauge gemacht.

Beide Lösungen wirken zugleich desodorisierend und desinfizierend.

c) 50,0 krystallisierte Karbolsäure,
950,0 Wasser.

Die Lösung ist mit „Vorsichtig" zu bezeichnen und dient zumeist zum Verstäuben.

d) 50,0 rohe Sulfo-Karbolsäure,
950,0 Wasser.

Die Lösung dient zum Eingiessen in Aborte-Dejektionsgefässe usw.

e) 10,0 Kaliumpermanganat,
990,0 Wasser.

f) 1,0 Sublimat,
1—5000,0 Wasser.

g) Zum Anstrich für die Wände von Kellern, besonders Gährungskellern (nach *Königswarter* und *Ebell*):

1000,0 Wasserstoffsuperoxyd †,
15000,0 Wasser

mischt man und bestreicht mit der Mischung die Kellerwände.

h) Zur Desinfektion von Gährbottichen zur Verhütung schädlicher Pilzbildung:

Man verwendet die unter g angegebene Lösung.

---

† S. Bezugsquellen-Verzeichnis.

Alle Lösungen giebt man literweise ab und giebt Gebrauchsanweisung, je nachdem sie zum Reinigen von Wäsche, Dejektionsgefässen, Fussböden usw. oder für chirurgische Zwecke dienen sollen, ab.

Desinfektions-Pulver.

Pulvis desinfectorius.

a) 2000,0 rohe Karbolsäure
verrührt man in
3000,0 gelöschtem Kalk,
lässt 12 Stunden ruhig stehen und vermischt dann mit
5000,0 Torfmull.

Man verpackt das Pulver in Blechbüchsen oder bei grösseren Mengen in Fässer.

Der Torfmull hat die zweifache Bestimmung, Flüssigkeit aufzusaugen und zu desodorisieren.

b) 2000,0 Sulfo-Karbolsäure
vermischt man, wenn man in grossem Massstab arbeitet, durch Umschaufeln mit
4000,0 gemahlenem Gips,
4000,0 Torfmull.

Die Masse bewährt sich zum Einstreuen in Abtrittsgruben.

c) 2000,0 rohe Karbolsäure,
3000,0 gesiebte Braunkohlenasche,
5000,0 Torfmull.

Der Gehalt der Braunkohlenasche an Sulfaten des Aluminiums und des Eisens wirkt hier desodorisierend und unterstützt darin den Torfmull.

d) Nach *Buchheister:*
300,0 gepulverten Eisenvitriol,
300,0 trocken gelöschten Kalk,
400,0 Torfmull
mischt man.

Desinfektionsmasse

nach *Sävern.*

100,0 trocken gelöschten Kalk,
15,0 Magnesiumchlorid
rührt man mit
q. s. warmem Wasser
an und fügt dann
15,0 Steinkohlenteer
hinzu.

Desinfektionsseife.

Karbolseife. Sapo carbolisatus.

75,0 Stearinseife, Pulver M/50,
25,0 krystallisierte Karbolsäure
mischt man im schwach erwärmten Mörser und presst dann in die Toilette-Seifenform. Die Seife eignet sich ausgezeichnet zum Händewaschen für Ärzte, schäumt gut und löst sich langsam auf. Es ist, wie sich in der Praxis zeigte, der Gehalt an Karbolsäure durchaus nicht zu hoch bemessen. Die Seife muss in Metallbüchsen abgegeben werden.

Latrinen-Öl.

250,0 dunkles Kolophon,
750,0 schweres Steinkohlenteeröl †
erhitzt man unter öfterem Rühren im Dampfbad bis zur Lösung des Kolophons.

Gebrauchsanweisung:

„Das Latrinen-Öl giesst man in die Abort-Gruben und Fässer, schliesst damit den Inhalt derselben luftdicht ab und beseitigt so den Geruch solcher Anstalten auch in der heissesten Jahreszeit fast ganz. In eine Grube giebt man je nach ihrer Grösse 1 bis 2 kg, in ein Fass 200 g. In den Gruben und Fässern erneuert man die Ölschicht bei ihrer jedesmaligen Entleerung.

Phenosalyl n. *Christmas.*

77,0 krystallisierte Karbolsäure,
7,0 Salicylsäure,
15,0 Milchsäure,
1,0 Menthol
mischt man durch Schmelzen im Wasserbad.

Die Mischung löst sich leicht in Glycerin und in 25 Teilen Wasser.

Die desinfizierende Wirkung ist doppelt so gross wie die der Karbolsäure, aber schwächer wie die des Sublimats.

Destillieren.

Unter Destillation versteht man das Trennen flüchtiger von nicht flüchtigen oder flüchtiger von weniger flüchtigen Stoffen. Sie wird bewerkstelligt durch Erhitzen der zu trennenden Mischung, wodurch die flüchtigen Teile in den dampfförmigen Zustand übergeführt und durch Abkühlung wieder verdichtet werden.

Die Destillation zerfällt daher in zwei Vorgänge:

1. Entwicklung der Dämpfe,
2. Verdichtung derselben.

Die Dampfentwicklung findet in besonderen Apparaten, den Destillierblasen, statt.

Während man früher zumeist kupferne und innen verzinnte Blasen und direkte Feuerung anwendete, tritt heutzutage der Wasserdampf an Stelle des Feuers, und die Blasen sind mit

† S. Bezugsquellen-Verzeichnis.

einem Dampfmantel versehen. Bei kleineren Einrichtungen bedient man sich solcher Blasen, welche ganz aus Zinn gearbeitet sind und bei denen der Dampfmantel durch ein Heisswasserbad ersetzt ist. Wir finden diese Einrichtung bei den in den meisten Apothekenlaboratorien vorhandenen Dampfapparaten.

Die Erhitzung durch Dampfmantel bringt den Inhalt einer Blase auf 100° C und demnach Wasser zum Kochen, wogegen durch das Heisswasserbad der Dampfapparate eine so hohe Temperatur nicht erzielt werden kann. Es führt daher bei letzteren ein besonderes Zinnrohr den Wasserdampf vom Kessel in die Blase und auf diesem Weg zum Kühler.

Ich glaube nicht zu übertreiben, wenn ich behaupte, dass die meisten der in den Apotheken befindlichen Dampfapparate, soweit sie älteren Konstruktionen angehören, nur kostspielige Schaustücke sind, dem praktischen Bedarf aber nicht genügen.

Abb. 10. Verbesserter Dampfapparat von E. A. Lentz in Berlin.

Der Hauptfehler liegt gewöhnlich darin, dass die Heizfläche, bez. der Dampfraum für eine volle Ausnützung der mit dem Apparat verbundenen Einrichtungen ein zu kleiner ist, dass also die Dampfentwicklung nicht im Verhältnis zum Verbrauch steht; dann aber ist auch die Anordnung der einzelnen Teile so unbequem, dass ein öfteres Arbeiten geradezu lästig empfunden werden muss.

Diese Fehler sind in den der jüngsten Zeit angehörenden Konstruktionen vermieden, so dass ich sie hier nicht unerwähnt lassen will. Der hier abgebildete Apparat von *E. A. Lentz* in Berlin trägt Kühlfass und Abdampfkessel auf einer vom Ofen unabhängigen, leicht zugänglichen Platte, unter welcher sich bequem grössere Auffanggefässe aufstellen lassen, und besitzt einen genügenden Dampfraum. Die Einsatzgefässe sind mit dem *Lentz*'schen Bajonettverschluss versehen, wodurch die vielfach erwünschte Möglichkeit geboten ist, den Dampf schwach zu spannen. Blanke Teile sind nach Möglichkeit vermieden.

Ein neuester Dampf-Destillier-, Abdampf- und Koch-Apparat von *Gustav Christ* in Berlin, Fürstenstr. 17, ist deshalb besonders erwähnenswert, weil er bei einem Raumanspruch von nur 1,5 qm den meisten Anforderungen entspricht (s. Abb. 11). Die Vorzüge des neuen Apparates sind:

a) Die Feuerung hat die Konstruktion eines Füllofens, ist regulierbar und von allen Feuerungen am billigsten;
b) der Apparat arbeitet mit gespannten Dämpfen;
c) durch Abnahme des Helmes von der Destillierblase erhält man einen umlegbaren Dampfkochkessel;
d) für Abdampfzwecke ist eine 10 Literschale vorhanden;
e) zum Destillieren ist eine kupferne und ausserdem noch ein Zinneinsatzblase vorhanden;
f) destilliertes Wasser wird nebenbei gewonnen;
g) der Apparat bedarf keiner besonderen Montage zum Aufstellen, sondern wird einfach an die Wasserleitung angeschlossen.

Der Wert des Apparates liegt in seiner Vielseitigkeit und in dem Umstand, dass er wenig Raum beansprucht.

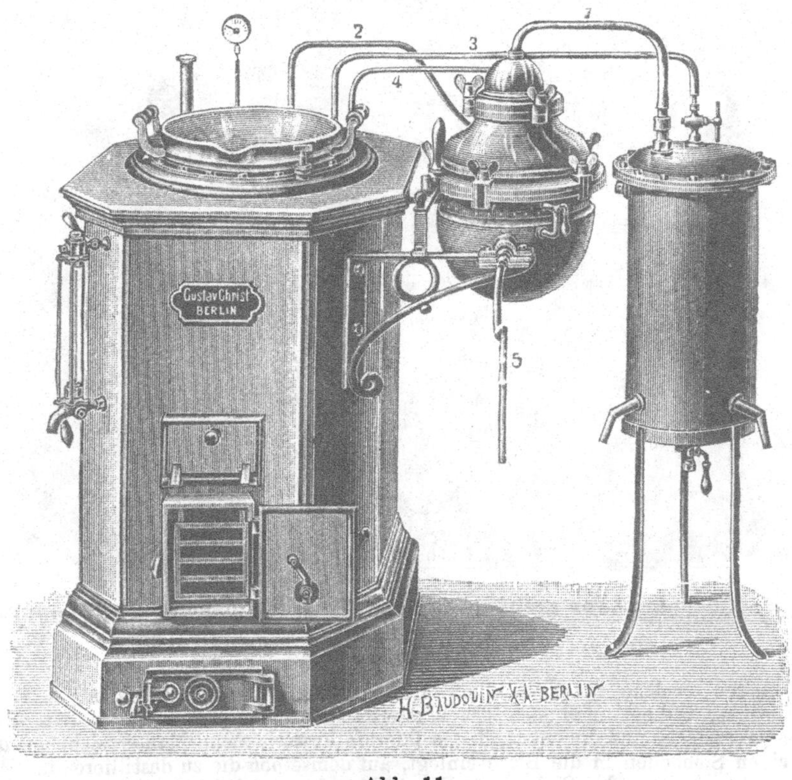

Abb. 11.

Dampf-Destillier-, Abdampf- und Koch-Apparat von Gustav Christ in Berlin.

Wo der Kostenpunkt nicht allzusehr in Frage kommt, thut man bei Neuanschaffungen immer gut, sich für einen Apparat mit gespannten Dämpfen zu entscheiden. Nicht nur dass das Arbeiten mit letzterem ungemein bequemer und zuverlässiger ist, so besitzt auch ein solcher Apparat bei denselben Grössenverhältnissen eine bei weitem höhere Leistungsfähigkeit, als einer ohne gespannten Dampf — grössere Mengen von destilliertem Wasser z. B. lassen sich mit gewöhnlichen Apparaten gar nicht gewinnen, Pflaster nur unter bestimmten Bedingungen wasserfrei kochen usw.

Bei grossen Einrichtungen pflegt man den Dampfentwickler von den einzelnen Hilfsapparaten zu trennen, wo Raumersparnis am Platz ist, empfiehlt sich der nachstehend (S. 92) abgebildete „Dampfapparat für gespannten Dampf von *E. A. Lentz* in Berlin". Der Apparat

arbeitet mit einer Dampfspannung von $1/2$ Atmosphäre, bedarf zur Aufstellung keiner behördlichen Erlaubnis und ist im übrigen nach denselben Grundsätzen erbaut, wie der bereits beschriebene *Lentz*'sche Dampfapparat ohne Spannung. Die einzelnen Hilfsapparate befinden sich entweder, wie in der Zeichnung angegeben, auf einer Verlängerung der Ofenplatte, oder können auch, wo der Raum es erlaubt, einzeln an der Wand befestigt werden.

Bei den Apparaten mit gespanntem Dampf ist es nötig, Einsatzgefässe besonders zu befestigen, damit sie durch den Dampf nicht gehoben werden. Man bedient sich hierzu bei Metall-Aufgussbüchsen und Schalen der schon früher erwähnten Bajonettverschlüsse, kann diese aber bei Porzellangegenständen nicht anwenden, weil bei der verschiedenen Ausdehnung, welche Porzellan und der dasselbe umgebende Metallring besitzen, letzterem ein Spielraum zur Ausdehnung gelassen werden muss, will man nicht ersteres zersprengen. Dieser Übelstand wird durch die „Patentverschlussdichtung für Porzellaneinsatzgefässe von *G. Christ* in Berlin" beseitigt; die neue Dichtung wird dadurch ermöglicht, dass sich Porzellan- und Metallring unabhängig von einander ausdehnen können.

Abb. 12. **Dampfapparat für gespannten Dampf von $1/2$ Atmosphäre Spannung von E. A. Lentz in Berlin.**

Bei Stoffen, welche für sich allein erhitzt, eine Zersetzung erleiden, z. B. bei den ätherischen Ölen, bedient man sich des Wasserdampfes, um jene Stoffe in dampfförmigen Zustand zu verwandeln und die entstandenen Dämpfe fortzureissen. Man erreicht das dadurch, dass man einen Siebboden in die Blase einlegt, auf demselben die zu destillierenden Pflanzenteile ausbreitet und unter das Sieb einen Wasserdampfstrom einführt.

Wenn ich auch nicht näher auf das Destillieren ätherischer Öle eingehen kann, so möchte ich doch eine ziffermässig von mir gemachte Beobachtung erwähnen*), nämlich, dass man, wenn man die zu destillierenden Pflanzenteile trocken auf dem Siebboden der Blase ausbreitet, eine höhere Ausbeute an ätherischem Öl erhält, als wenn man sie vorher nässt, letzteres um, wie man vielfach annimmt, „die Zellen aufzuschliessen". Ich habe bei Vergleichsversuchen Unterschiede in den Ausbeuten an ätherischen Ölen von 15 bis 25 Prozent zu Gunsten des Trockenverfahrens festgestellt. Bei beiden Verfahren ist der Verlauf der Destillation ein vollständig verschiedener; während bei Anwendung trockener Pflanzenteile zu Anfang das meiste Öl mit nur wenig Wasser übergeht und nur die letzten Reste Öl mit mehr Wasser vermischt erscheinen, tritt bei der Verarbeitung genässter Vegetabilien das Öl vom ersten Augenblick an gemeinsam mit Wasser auf und geht ganz allmählich über. Infolgedessen

*) Siehe auch Aquae aromaticae.

wird ein Teil Öl im Wasser gelöst, beziehentlich fein verteilt sein und dadurch teilweise verloren gehen. Dass die Pflanzenteile je nach Bedürfnis zerkleinert sein müssen, setze ich als selbstverständlich voraus.

Hat man Pflanzenteile abzutreiben, aus welchen bereits Extrakte gewonnen wurden, z. B. die Pressrückstände von Extractum Cascarillae, Succus Juniperi usw., also nasse Vegetabilien, so hat man natürlich keine andere Wahl, als sie in diesem Zustand in die Blase zu bringen.

Flüssigkeiten, welche bei niederer Temperatur, als Wasser sieden, lassen sich aus dem Heisswasserbad der Dampfapparate gut destillieren; natürlich sind, um Verluste zu vermeiden, die Verbindungsstellen gut zu dichten. Für Äther und ähnliche Stoffe empfiehlt sich die Retorte, wenn nicht besondere Einrichtungen vorhanden sind.

Die Einleitung einer Destillation muss langsam vor sich gehen, damit die in der Blase und im Kühler vorhandene Luft, welche sich durch die Erwärmung bedeutend ausdehnt, allmählich entweichen kann. Giebt man zu schnell Hitze, so reisst die ausströmende Luft jene Dämpfe, welche man tropfbar flüssig zu machen wünscht, so rasch durch den Kühler, dass sie nicht Zeit finden, sich zu verdichten, und unsichtbar oder als weisse Nebel mit der Luft entweichen und verloren gehen.

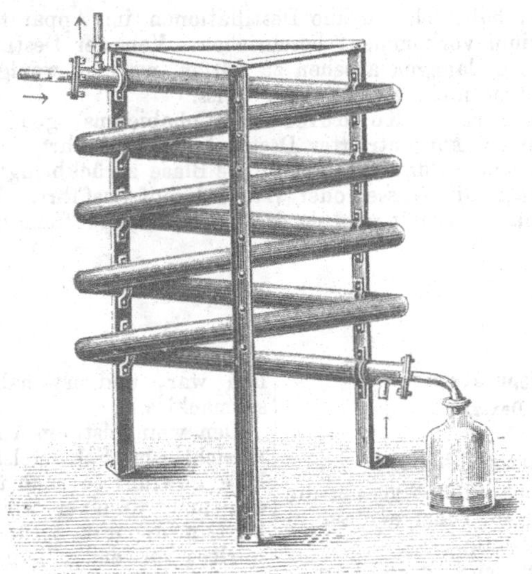

Abb. 13. **Dieterich'scher Spiralkühler.**

Die **Verdichtung** der aus der Blase getriebenen Dämpfe bewirkt man in Röhren oder zwischen Flächen, welche man durch Wasser kühlt. Letztere sind in Apotheken-Laboratorien wenig bekannt, fast allgemein eingeführt ist dagegen das Röhrensystem mit Kühlfass. Da verzinnte Kupferrohre sehr bald ihren Zinnüberzug verlieren, benützt man ausschliesslich reine Zinnrohre. Man findet dieselben verschiedentlich konstruiert, in Spiralform, cylindrisch mit Seitenöffnungen zum Reinigen, immer aber von ziemlich weitem bis sehr weitem Durchmesser. So praktisch die Cylinderform wegen der Möglichkeit, eine Reinigung vornehmen zu können, auf den ersten Augenblick erscheint, so giebt es, vom wirtschaftlichen Standpunkt aus betrachtet, doch nichts Unpraktischeres, als weite Hohlräume für Verdichtungszwecke. Um zu verdichten, hat man die betreffenden Dämpfe möglichst zusammenzudrängen und ihnen viel Kühlfläche zu bieten; wir ermöglichen dies aber nicht in weiten, sondern in ganz engen Röhren. Von mir angestellte Versuche mit weiten Kühlröhren älterer Konstruktion und engen (1 cm Durchmesser) neuerer Einrichtung haben das unfehlbare Übergewicht der letzteren bewiesen. Fabriken, welche bekanntlich im Interesse ihres Daseins Verluste sorgsam vermeiden müssen, wenden daher zumeist Engröhrensysteme an, während man weite Kühlrohre fast nur bei den schön aussehenden Dampfapparaten der Apotheken findet. Wer in der Lage ist, sich neu einzurichten, thut weise, dieser Frage seine Aufmerksamkeit zu schenken und die entsprechenden Anforderungen zu stellen.

Eng zusammenhängend mit der Kühlschlange ist das in allen Apotheken übliche Kühlfass. Es unterliegt wohl keinem Zweifel, dass es seine Schuldigkeit voll und ganz thut, aber auch, dass es zur Kühlung bedeutender Mengen Wasser bedarf. Nicht überall steht Wasser in beliebiger Menge zur Verfügung, so dass sehr oft durch Tragen desselben vom Brunnen nach dem Laboratorium der Bedarf gedeckt werden muss. Spartanischen Grundsätzen steht aber unser altehrwürdiges Kühlfass direkt entgegen, denn es verbraucht nach von mir angestellten Berechnungen mehr als doppelt so viel Wasser, als zur Abkühlung und Verdichtung des Destillates notwendig ist. Ich habe mir schon vor Jahren Kühler in der Weise gebaut, dass ich für grosse Blasen ein 9 m langes, für kleinere Blasen ein 6 m langes Zinnrohr von 1 cm lichter Weite in eine gleichmässige Spirale, deren Windungen 50 cm Durchmesser hatten, biegen liess. Andrerseits stellte ich eine Spirale von denselben Massen aus Kupferrohr, dessen lichte Weite 4 cm betrug, her, drehte die Zinnspirale in die Kupferspirale, stellte an beiden Enden einen Verschluss her, wie wir ihn am *Liebig*'schen Kühler kennen, führte unten kaltes Wasser zu und liess es oben ablaufen, während ich das obere Ende des Zinnrohres mit einer Destillierblase verband. Um mich gegen ein Übersteigen und Verstopfen der Schlange zu schützen, liess ich an jener Stelle, an welcher das Zinnrohr an die Blase anschliesst, ein enges Metallsieb einschieben; die Blase ist ausserdem mit Sicherheitsventil versehen. Ich habe mir so eine ganz vortreffliche Kühlung mit denkbar geringstem und leicht regelbarem Wasserverbrauch geschaffen und kann diese Einrichtung warm empfehlen. Diese „Spiral-Kühler" †), wie ich sie bezeichne, fertigt die Kupferschmiede und Maschinenfabrik von *Gustav Christ* in Berlin, Fürstenstrasse 17, nach meinen Angaben an. Die vorstehende Abbildung 13 veranschaulicht den Apparat.

Mit Vorstehendem habe ich nur die Destillationen im Apparat, die ja am häufigsten im Apotheken-Laboratorium vorkommen, beschrieben. Von der Destillation aus der Retorte und Kochflasche glaube ich dagegen absehen zu dürfen, weil sie weniger oft ausgeführt wird, und weil ich Neues darüber nicht zu berichten weiss.

Es mag hier noch kurz des Kohobierens (Cohobierens) gedacht werden. Man versteht darunter das Gewinnen konzentrierter Destillate und verfährt dabei so, dass man das gewonnene Destillat mit neuen Pflanzenteilen in die Blase zurückbringt und somit die Destillation mit Destillat anstatt mit Wasser oder Wasserdampf ausführt. Wiederholt man dieses Verfahren 3, 4 oder 5 mal, so erhält man ein drei-, vier- oder fünffach konzentriertes Destillat.

Dextrinum depuratum.

Gereinigtes Dextrin.

Nach *E. Dieterich.*

a) 1000,0 blondes Kartoffeldextrin

siebt man durch ein feines Sieb M/30, um die Unreinigkeiten zu entfernen, rührt es dann in einer Weithalsglasbüchse mit

50,0 Ammoniakflüssigkeit von 10 pCt,
1500,0 Weingeist von 90 pCt,

welche man vorher mit einander mischt, an, und verkorkt die Glasbüchse. Nach 24stündigem Stehen bringt man die Masse auf einen grossen, unten mit Watte verstopften Glastrichter, bedeckt den Trichter mit einer Glas- oder, wenn eine solche nicht vorhanden, Pappscheibe und lässt die überstehende Flüssigkeit abtropfen. Sobald dies geschehen, wäscht man mit

1000,0 Weingeist von 90 pCt,

welchen man in Mengen von 100,0 aufgiesst, nach.

Man lässt schliesslich vollständig abtropfen und trocknet das gereinigte Dextrin in einer Wärme von 25 bis 30° C.

Die Ausbeute wird

900,0 bis 930,0

betragen.

Der ammoniakalische Weingeist löst eine kaffeebraune, den eigentümlichen Dextringeruch einschliessende Masse auf. Das gereinigte Dextrin erscheint deshalb weisser, als es ursprünglich war, und ist nahezu geruch- und geschmacklos.

Den weingeistigen Auszug neutralisiert man vorsichtig mit Schwefelsäure und destilliert ihn. Man gewinnt so noch über 1000,0 Weingeist, den man zu einer weiteren Herstellung von Dextrin. depurat. zurückstellen oder als Brennspiritus verwenden kann.

b) 1000,0 blondes Kartoffeldextrin,
10,0 Calciumkarbonat

übergiesst man mit

2000,0 destilliertem Wasser.

Man rührt öfters um, maceriert 2 Tage, giesst klar vom Bodensatz ab und bringt dann auf ein Seihtuch von Wollgaze. Die Seihflüssigkeit dampft man zur Mucilagodicke ein und giesst nun die Dextrinlösung in dünnem Strahl unter Rühren in ein entsprechend grosses Gefäss, welches

2000,0 Weingeist von 90 pCt

enthält.

Nach 24stündigem Stehen giesst man die überstehende Flüssigkeit ab, bringt den gummiartigen Bodensatz in eine Abdampfschale und dampft ihn unter stetem Rühren im Dampfbad bis zur Extraktdicke ab. Man nimmt nun die Masse aus der Schale, zerzupft sie, breitet sie auf Pergamentpapier aus und trocknet bei 25—30° C. Schliesslich pulvert man fein, M/30.

† S. Bezugsquellen-Verzeichnis.

Die Ausbeute beträgt

600,0 bis 650,0.

Das nach Verfahren a) gewonnene Präparat enthält Stärke, ist aber sonst frei von Verunreinigungen, während das nach b) gereinigte Dextrin frei von Amylum ist, dafür aber Kalkverbindungen enthält.

Dextrinum purum.

Reines Dextrin.
Ph. G. I.

150,0 Kartoffelstärke,
4,0 Oxalsäure

rührt man mit

750,0 destilliertem Wasser

an und erhitzt im Dampfbad unter Rühren so lange, als eine kleine herausgenommene Probe durch Jodlösung gebläut wird.

Man fügt nun

4,0 Calciumkarbonat

hinzu, stellt 48 Stunden an einen kühlen Ort, filtriert dann und dampft das Filtrat im Dampfbad so weit ein, dass sich die Masse zerzupfen und auf Pergamentpapier ausbreiten lässt. Man trocknet bei einer Wärme von 25 bis 30° C und pulvert schliesslich.

Eier-Konservierungsflüssigkeit.

Konservierungsflüssigkeit für Eier.

250,0 Natronwasserglas,
750,0 Wasser

kocht man auf und lässt die Verdünnung erkalten. Man bringt sie nun in eine Büchse, legt so viele Eier ein, dass sie von der Flüssigkeit reichlich bedeckt werden, und verbindet die Büchse mit Pergamentpapier, dem man zur Verminderung der Verdunstung Ceserinpapier untergelegt hat.

Eisbereitung.

Bei der Herstellung von Eis in der Apotheke kann es sich nur um geringe Mengen handeln. Zu dem Zweck haben die Herren *Warmbrunn, Quilitz & Co.* in Berlin eine kleine handliche Maschine (s. Abbildung 14) konstruiert, die in 20 (nicht 15) Minuten 500 g Eis liefert und, wie ich mich durch Versuche damit überzeugte, sicher funktioniert.

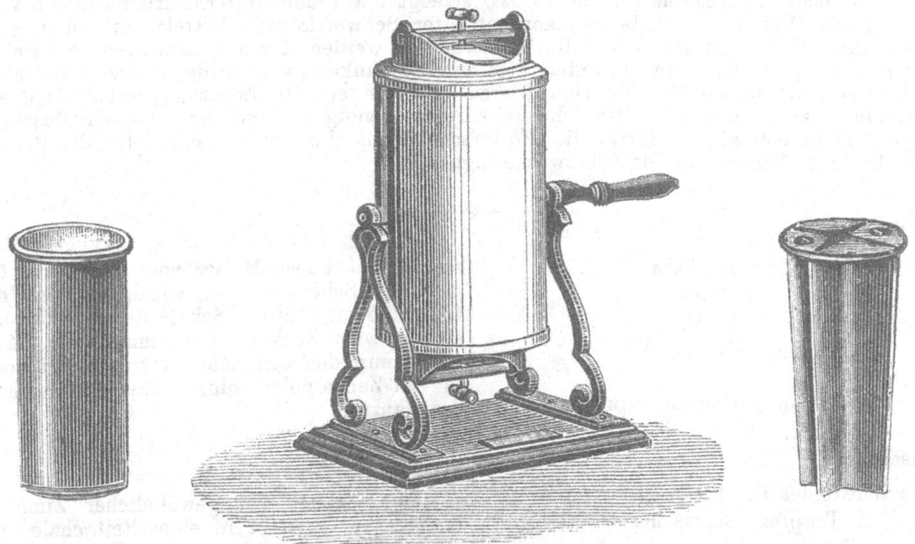

Abb. 14. **Eismaschine von Warmbrunn, Quilitz & Co. in Berlin.**

Die Maschine besteht aus einem doppelwandigen Blechcylinder, welcher aussen mit Asbest bekleidet ist, zur Aufnahme der Kältemischung und einem inneren Blecheinsatz von kreuzförmigen Querschnitt, in welchem die Eisbildung vor sich geht. Der Blechcylinder ruht mit zwei Zapfen in Lagern und kann durch eine Kurbel gedreht werden.

Zur Herstellung des Eises in dieser Maschine verfährt man folgendermassen:

Man füllt den Einsatz zunächst mit möglichst kaltem Wasser, bezw. wenn reines keimfreies Eis erzielt werden soll, mit frisch gekochtem destillierten Wasser, aber nicht ganz voll, sondern nur bis etwa 1 cm unter dem oberen Rand. Alsdann legt man die Gummiplatte auf den Einsatz, auf die Gummiplatte die Blechplatte und schraubt den Deckel fest. Man dreht nun die Maschine um, schüttet durch die andere Öffnung 3 kg trockenes Ammoniumnitrat in den Cylinder, giesst schnell 3 Liter recht kaltes Wasser hinzu und schliesst sofort den Deckel. Nun dreht man die Maschine langsam 20 Minuten lang, öffnet nach Ablauf dieser Zeit schnell den Deckel, unter welchem sich das Eisgefäss befindet, hebt den Einsatz mit dem Eis heraus und taucht ihn einige Augenblicke in bereit gehaltenes heisses Wasser. Hierdurch löst sich das Eis von der Gefässwandung ab, und beim Umkehren des Einsatzes fällt das Eis als zusammenhängende Masse heraus.

Die Wirkung der Maschine beruht auf der Thatsache, dass beim Auflösen von Ammoniumnitrat in Wasser eine bedeutende Kältebildung stattfindet. Die Temperatur sinkt hierbei um etwa 25 Grad. Je kälter die verwendeten Materialien, Salz und Wasser, sind, um so günstiger ist das Ergebnis. Es ist nicht zu empfehlen, Wasser zu verwenden, das wärmer als 15 Grad Celsius ist. Wenn nur Wasser von erheblich höherer Temperatur zur Verfügung steht, so muss es vorher abgekühlt werden. Dies geschieht am einfachsten dadurch, dass man die erforderlichen 3 Liter Wasser einige Zeit in ein grösseres Gefäss stellt, in welchem sich Wasser befindet, das durch Zusatz von etwas salpetersaurem Ammoniak abgekühlt ist.

Auch das Salz, sowie die Eismaschine selbst sollen möglichst kühl sein. Wenn die verwendeten Stoffe wärmer als 25 Grad Celsius sind, so findet überhaupt keine Eisbildung statt.

Nach Beendigung der Eisbildung hat die Salzlösung in der Regel noch eine Temperatur von einigen Graden unter Null. Sie kann alsdann zur Abkühlung von Getränken und dergl. verwendet werden.

Nach dem Gebrauch muss die Maschine ausgespült und abgetrocknet werden. Die Salzlösung wird unter möglichster Vermeidung von Verlust bis zur vollständigen Trockene eingedampft und das Salz bis zum nächsten Gebrauch trocken aufbewahrt. Da bei einer Herstellung nur gegen 50 g (nicht 20 g) Salz verloren gehen und das Eindampfen bei Gelegenheit in der Küche auf dem Herd oder in der Apotheke auf dem Dampfapparat nebenher erfolgen kann, so sind die Kosten für das erzeugte Eis äusserst gering.

Von den Angaben des Prospektes, welcher der Eismaschine beigegeben ist, weichen meine damit gemachten Erfahrungen nur insofern ab, als 20 Minuten (nicht 15) zur völligen Eisbildung notwendig sind, und vom Salze gegen 50 g (nicht 20 g) beim jedesmaligen Gebrauch verloren gehen.

Eine neue Eismaschine (Patent *Fleuss)* erzeugt die Temperaturerniedrigung durch Verdunstung von Wasser mit Hilfe von konzentrierter Schwefelsäure. Mittels Luftpumpe wird Wasser zum Verdunsten gebracht, die Wasserdünste werden durch konzentrierte Schwefelsäure gesogen — und so kommt, unterstützt durch Schaukelbewegung des ganzen Apparates, das Wasser in 20 bis 30 Minuten zum frieren. Da die erzielte Eismenge verhältnismässig klein, ein öfteres Eindampfen der Schwefelsäure notwendig ist und der Preis der Maschine über 300 Mark beträgt, so dürfte die *Fleuss*'sche Eismaschine sich weniger für die Praxis, wohl aber zum Experiment für Lehrzwecke eignen.

Elaeosacchara.

Ölzucker.

a) Vorschrift des D. A. IV.

1 Teil ätherisches Öl

wird mit

50 Teilen mittelfein gepulvertem Zucker

gemischt.

b) Vorschrift der Ph. Austr. VII.

1 Tropfen ätherisches Öl

mischt man mit

2,0 gepulvertem Zucker.

Elaeosaccharum Citri.

Citronenölzucker.

1 frische Citrone

reibt man auf der Fläche eines Stückes Zucker, schabt mit einem Messer vom Zucker die ölgetränkte Schicht ab und wiederholt dies Verfahren so oft, bis die Schale der Frucht vollständig vom Zucker aufgenommen ist. Man wiegt nun den Citronenzucker und fügt noch so viel Zuckerpulver hinzu, dass das Gewicht des Ganzen

500,0

beträgt.

Man trocknet bei gewöhnlicher Zimmertemperatur, zerreibt in einer Reibschale und siebt durch ein nicht zu feines Sieb, M/20.

Der auf diese Weise bereitete Zucker kann durch einen mit Öl hergestellten nicht ersetzt werden und bildet als Zuthat zu feinen Bäckereien, süssen Speisen usw. für unsere Hausfrauen einen unentbehrlichen Bedarfs-, für den Verfertiger aber einen Handverkaufsartikel. Der Citronenölzucker wird am besten in Opodeldokgläsern aufbewahrt und abgegeben. Es ist

† S. Bezugsquellen-Verzeichnis.

darauf zu sehen, dass das Präparat nur wenige Wochen alt und in gut verschlossenen Gefässen im Dunkeln aufbewahrt werde.

In derselben Weise bereitet man Apfelsinen- und Pomeranzen-Zucker.

Elaeosaccharum Crotonis.

Krotonölzucker.

10,0 Zucker, Pulver M/50,
5 Tropfen Kassiaöl,
2 „ Krotonöl.

Man mischt gut, bereitet diesen Ölzucker aber stets frisch.

Elaeosaccharum Cumarini.

Saccharum Cumarini. Kumarinzucker.
Nach *E. Dieterich.*

1,0 Kumarin,
999,0 Zucker, Pulver M/50,

mischt man sorgfältig und bewahrt die Mischung in gut verschlossenen Gefässen auf.

Der Kumarinzucker ersetzt zur Bereitung von „Maiwein" den Waldmeister vollständig und wird zu 2 g pro 1 Flasche Wein verwendet. Unter Essentia Asperulae komme ich darauf zurück.

Elaeosaccharum Vanillae.

Saccharum Vanillae. Vanillezucker.

10,0 Vanille

zerschneidet man mit der Scheere oder einem scharfen Messer in möglichst kleine Stückchen, feuchtet diese mit

10,0 Weingeist von 90 pCt

an und zerstösst nach 30 Minuten mit

20,0 Milchzucker in Trauben

tüchtig. Man fügt nun hinzu die Hälfte von

70,0 Stückenzucker,

fährt mit dem Stossen noch eine Zeit lang fort und schlägt durch ein Sieb M/20.

Den Rückstand bringt man mit dem Zuckerrest in den Mörser und wiederholt die beschriebene Bearbeitung so lange, bis nahezu alles durch das Sieb gegangen.

Mit Hilfe von

q. s. Zucker, Pulver M/50,

bringt man schliesslich das Gewicht auf

100,0,

mischt gut und bewahrt in fest verschlossenem Gefäss auf.

Durch das Anfeuchten mit Weingeist wird die Vanille spröde und leicht zerreisslich.

Auch der Vanillezucker bildet einen gangbaren Handverkaufsartikel, muss aber dann, um in grösseren Mengen verkauft werden zu können, mit noch 9 Teilen Zucker gemischt werden.

Die Abgabe an das Publikum hat in verschlossenen Opodeldokgläsern, welche eine Etikette † mit nachstehender Gebrauchsanweisung tragen, zu erfolgen.

Gebrauchsanweisung.

„Man setzt vom Vanillezucker den Speisen oder Getränken, welchen man Vanillegeschmack zu geben wünscht, eine Kleinigkeit und so viel zu, dass der Geschmack entsprechend hervortritt."

Elaeosaccharum Vanillini.

Saccharum Vanillini. Vanillinzucker.
Nach *E. Dieterich.*

3,0 Vanillin

verreibt und mischt man sorgfältig mit

97,0 Zucker, Pulver M/50,

und bewahrt die Mischung in gut verschlossenen Glasbüchsen auf.

Diese Mischung hat ungefähr die Stärke der Vanille und wird an deren Stelle gebraucht; sie verhält sich daher wie 1 : 10 Elaeosacchari Vanillae.

Um den Vanillinzucker als Handverkaufsartikel zu verwerten, mischt man ihn mit 99 Teilen Zuckerpulver und giebt ihm eine Etikette † mit Gebrauchsanweisung, wie sie bei Vanillezucker angegeben ist. Hier muss es natürlich „Vanillinzucker" statt „Vanillezucker" heissen.

Electuarium anthelminthicum.

Wurmlatwerge.

5,0 Süssholzextrakt,
20,0 gereinigten Honig
25,0 gereinigtes Tamarindenmus

vermischt man mit

5,0 Jalapenknollen, Pulver M/30,
20,0 Wurmsamen, Pulver M/20,
20,0 Farnwurzel, Pulver M/30.

Die Wurmlatwerge ist ein beliebtes und wirksames Mittel für Kinder und wird, je nach Alter derselben, zu halben und ganzen Theelöffeln gegeben. Der Geschmack derselben ist durch das Süssholzextrakt, welches wegen seiner lange auf der Zunge haftenden Süssigkeit zur Geschmacksverbesserung nicht genug empfohlen werden kann, wesentlich angenehmer.

Electuarium antidysentericum.

10,0 Kaskarillextrakt,
10,0 Süssholzextrakt,

löst man in

40,0 Pomeranzenschalensirup

und mischt dann hinzu

5,0 aromatisches Pulver,
35,0 Chokoladepulver.

---

† S. Bezugsquellen-Verzeichnis.

Das Süssholzextrakt hat auch hier die Aufgabe der Geschmacksverbesserung und erfüllt diese sehr gut. Die Latwerge wird theelöffelweise genommen und kann in ihrer Wirkung verstärkt werden durch einen Zusatz von 0,25 Opiumextrakt auf die vorstehende Menge Latwerge.

Electuarium antihaemorrhoidale.

Hämorrhoidenlatwerge.

10,0 Sennesblätter, Pulver M/50,
10,0 Fenchel, Pulver M/20,
10,0 gereinigten Schwefel,
10,0 Magnesiumkarbonat

mischt man mit

30,0 Pomeranzenschalensirup,
30,0 Pfefferminzsirup.

Man nimmt 2 bis 3mal täglich 1 Theelöffel voll.

Electuarium aromaticum seu stomachicum.

Magen-Latwerge. Aromatische Latwerge.

a) Vorschrift der Ph. Austr. VII.

100,0 Pfefferminzblätter,
100,0 Salbeiblätter,
20,0 Engelwurzel,
20,0 Ingwerwurzel,
10,0 Zimtrinde,
10,0 Muskatnuss,
10,0 Gewürznelken

pulvert man und verarbeitet mit

gereinigtem Honig

in erforderlicher Menge im Wasserbad zur Latwerge.

Es werden dazu

1000,0 gereinigter Honig

nötig sein.

b) 5,0 Pomeranzenschalenextrakt

löst man in

30,0 weissem Sirup,
30,0 gereinigtem Honig

und mischt dann hinzu

5,0 aromatisches Pulver,
5,0 Kalmuswurzel, „ M/30,
5,0 Ingwer, „ M/30,
5,0 Salbeiblätter, „ M/50,
15,0 Pfefferminzblätter, Pulver M/50.

Die Latwerge hält sich gut und kann vorrätig gehalten werden. Sie wird theelöffelweise genommen.

Electuarium febrifugum.

Fieberlatwerge.

20,0 Fliedermus

löst man in

10,0 Kaliumacetatlösung,
30,0 Pomeranzenschalensirup,
15,0 Süssholzsirup.

Man mischt dann

20,0 Chinarinde, Pulver M 50,
5,0 aromatisches Pulver

hinzu und verordnet, theelöffelweise zu nehmen. Ich möchte übrigens bezweifeln, dass heute jemand bei einem Fieber mit einer Latwerge zu kurieren beginnt, anstatt den Arzt zu Rate zu ziehen.

Electuarium laxans n. *Ferrand.*

Ferrands Abführlatwerge.

45,0 Manna

löst man durch vorsichtiges Erhitzen in

45,0 gereinigtem Honig.

Man seiht durch und mischt

10,0 gebrannte Magnesia

zu.

Wird esslöffelweise vor dem Frühstück genommen und bei Phthisikern gerne angewendet.

Electuarium lenitivum.

Electuarium aperiens. Abführ-Latwerge.
Eröffnende Latwerge.

a) Vorschrift der Ph. Austr. VII.

200,0 Zwetschenmus,
100,0 gereinigtes Tamarindenmus,
100,0 Holundersalse (Holundermus),
50,0 gepulverte Sennesblätter,
50,0 gereinigten Weinstein

verarbeitet man im Wasserbad mit der nötigen Menge

gereinigten Honig

zur Latwerge.

b) 10,0 gereinigten Weinstein,
10,0 Alex. Sennesblätter, Pulver M/50,

mischt man mit

60,0 gereinigtem Tamarindenmus,
20,0 Fliedermus,
20,0 gereinigtem Honig

zu einer Latwerge.

Electuarium lenitivum n. *Winther.*

Winthers Abführ-Latwerge.

1,0 Citronensäure

löst man in

59,0 Mannasirup

und mischt dann

20,0 gereinigtes Tamarindenmus,
10,0 Sennesblätter, Pulver M/50,
10,0 gereinigten Weinstein

hinzu.

Da der Geschmack der offizinellen Sennalatwerge hinter dem der *Winther*'schen zurücksteht, so wird letzterer besonders bei Verabreichung an Kinder vielfach der Vorzug gegeben.

Electuarium phosphoratum.

Pasta phosphorata. Phosphorpaste. Phosphorlatwerge. Rattengift.

0,6 Schwefel,

reibt man an mit

0,6 Wasser,

setzt

2,0 Phosphor

hinzu, übergiesst mit

50,0 Wasser

und erwärmt vorsichtig auf dem Dampfbad.

Sobald der Phosphor geschmolzen ist, lässt man erkalten, setzt

8,0 Hammeltalg,
2,0 Borax, Pulver M/30,
1,0 Beinschwarz,
35,0 Roggenmehl

hinzu und mischt gut.

Das zuweilen angewandte Verfahren, die Latwerge mit einem Span in der zur Abgabe bestimmten Büchse zusammenzurühren, ist unbedingt zu verwerfen, weil die Verteilung des Giftes eine zu unvollkommene ist.

Der Schwefelzusatz erhöht die Giftwirkung, während der Boraxzusatz die Verteilung des Phosphors ganz ausserordentlich befördert und gleichzeitig die Latwerge haltbarer macht.

Die Etikette † muss die Giftigkeit der Phosphorlatwerge kennzeichnen und folgende Gebrauchsanweisung tragen.

Gebrauchsanweisung:

„Man beschmiert Brotstücke von 15 mm Dicke dünn mit der Phosphorpaste und darüber geschmolzenen Talg. Man schneidet sodann Würfel und rollt diese in Mehl, das man auf Papier ausgebreitet hat. Diese Würfel, in die Gänge gebracht, werden von den Ratten gern angenommen, und verfehlen dann ihre Wirkung nicht".

Electuarium Rhei compositum.

Zusammengesetzte Rhabarberlatwerge.

5,0 Rhabarberwurzel, Pulver M/50,
5,0 Fenchel. „ M/30,
10,0 Süssholz, „ M/50,
10,0 Sennesblätter, „ „
20,0 Zucker, „ „

mischt man mit

20,0 gereinigtem Tamarindenmus,
30,0 Mannasirup

zu einer Latwerge.

Electuarium e Senna.

Confectio Sennae. Sennalatwerge. Confection of Senna.

a) Vorschrift des D. A. IV.

1 Teil fein gepulverte Sennesblätter

wird mit

4 Teilen weissem Sirup

und darauf mit

5 Teilen gereinigtem Tamarindenmus

innig gemischt. Darauf wird das Gemisch eine Stunde lang im Wasserbad erwärmt.

Im Interesse der besseren Haltbarkeit wurde von mehreren Seiten ein Konzentrieren der Sennalatwerge vorgeschlagen. Es wäre daher richtiger gewesen, statt des Zuckersaftes Zuckerpulver zu nehmen.

b) Vorschrift der Ph. Brit.

80,0 Feigen,
40,0 Pflaumen

kocht man in einem Kupferkessel mit

160,0 destilliertem Wasser

vier Stunden lang unter Ergänzung des verdampfenden Wassers, fügt

60,0 Röhrenkassie,
60,0 rohes Tamarindenmus

hinzu und digeriert zwei Stunden lang. Man reibt alsdann das weiche Mus durch ein Haarsieb und trennt so die Samen und harten Teile vom reinen Mus.

Letzterem setzt man

200,0 Zucker, Pulver M/30,
5,0 Süssholzwurzelextrakt

hinzu, löst bei mässiger Wärme, rührt ein Gemisch aus

47,0 Sennesblätter, Pulver M/50,
20,0 Koriander, Pulver M/20,

darunter und bringt das Gewicht der Masse je nach Erfordernis durch Abdampfen oder durch Zusatz von destilliertem Wasser auf

500,0.

Zum Durchreiben empfiehlt sich die Verwendung eines 25-maschigen Siebes.

c) Vorschrift der Ph. U. St.

60,0 zerschnittene Feigen,
35,0 „ Pflaumen,
80,0 Röhrenkassie,
50,0 rohes Tamarindenmus,
250,0 Wasser

erhitzt man in einem bedeckten Gefäss drei

---

† S. Bezugsquellen-Verzeichnis.

Stunden lang im Wasserbad. Man reibt alsdann das Mus zuerst durch ein grobes Sieb, dann durch ein Haarsieb, erhitzt den verbleibenden Rückstand mit

75,0 Wasser

kurze Zeit im Dampfbad, behandelt ihn wie vorher und mischt beide Pulpen. Man löst darauf in der Pulpa durch Erhitzen im Dampfbad

250,0 Zucker, Pulver M/50,

verdampft bis zu einem Gewicht von

448,0

und mischt zuletzt noch

50,0 Sennesblätter, Pulver M/50,
2,5 Korianderöl

hinzu.

Electuarium Sennae concentratum.

Konzentrierte Sennalatwerge.

a) Vorschrift v. *Liebreich:*

100,0 Sennalatwerge

dampft man unter stetem Rühren bis auf ein Gewicht von

75,0

ein.

b) Vorschrift v. *Wilckens:*

70,0 konzentriertes Tamarindenmus „*Helfenberg*"

erhitzt man im Dampfbad, rührt nach und nach

80,0 weissen Sirup

und, wenn die Masse gleichmässig und fast erkaltet ist,

20,0 Sennesblätter, Pulver M/50,

darunter.

Nach beiden Vorschriften erhält man Latwerge, welche nicht gärt.

c) Vorschrift v. *E. Dieterich:*

20,0 Sennesblätter, Pulver M/60,
55,0 Zucker, Pulver M/30,
75,0 konzentriertes Tamarindenmus „*Helfenberg*"

mischt man durch Stossen im Mörser.

Von dieser konzentrierten Latwerge vermischt man 3 Teile mit 1 Teil Wasser und erhält damit das officinelle Electuarium Sennae.

Electuarium taenifugum infantum.

Bandwurmlatwerge. Wurmlatwerge für Kinder.

30,0 von den Schalen befreite Kürbiskerne,
3,0 destilliertes Wasser

stösst man im Mörser zu einer gleichförmigen Masse so lange, als man noch feste Teile fühlt, worauf man allmählich zusetzt

30,0 gereinigten Honig.

Ohne Vorbereitungskur erhält das Kind eine Tasse Milch zum Frühstück, eine Stunde später die Latwerge auf zweimal und einen knappen Esslöffel voll Ricinusöl in viertelstündigen Zwischenräumen. Der Erfolg soll ein sehr guter sein und das Mittel soll gern genommen und gut vertragen werden.

Electuarium Theriaca.

Theriak.

1,0 Opium, Pulver M/30,

maceriert man in verschlossener Glasbüchse 1 Stunde mit

6,0 Xereswein,

worauf man hinzufügt

72,0 gereinigten Honig,

nachdem man hierin vorher löste

1,0 Ferrosulfat.

Man setzt nun ferner zu

6,0 Angelikawurzel, Pulver M/30,
4,0 Schlangenwurzel, " "
2,0 Baldrianwurzel, " "
2,0 Meerzwiebel, " "
2,0 Zittwerwurzel, " "
2,0 chinesischen Zimt, " "
1,0 Malabar-Kardamomen, " "
1,0 Myrrhe, " "

mischt gut, erhitzt das Gemisch im Dampfbad auf 90° C und bewahrt dann an kühlem Standort in gut verschlossenem Gefäss auf.

Elixir amarum.

Bitteres Elixir.

Vorschrift des D. A. IV.

2 Teile Wermutextrakt

und

1 Teil Pfefferminz-Ölzucker

werden mit

5 Teilen Wasser

verrieben und mit

1 Teil aromatischer Tinktur

und

1 Teil bitterer Tinktur

gemischt.

Nach dem Absetzen wird die Mischung filtriert.

Dazu ist zu bemerken, dass man die Klärung dadurch beschleunigen kann, dass man obiger Menge

1/10 Teil feinstes Talkpulver,

das man mit etwas Wasser anreibt, zusetzt, das Ganze im Wasser- oder Dampfbad auf 90—95° C erhitzt, 2 Tage in den Keller stellt und dann filtriert.

Elixir ammoniato-opiatum.

97,0 Brustelixir,
2,5 safranhaltige Opiumtinktur.

Man mischt.

Elixir antasthmaticum n. *Boerhave.*

Asthmaelixir.

40,0 Alantwurzel,
40,0 Kalmuswurzel,
10,0 Veilchenwurzel,
10,0 Haselwurzel,
10,0 Anis,

entsprechend zerkleinert, maceriert man mit

1000,0 verdünntem Weingeist v. 68 pCt

8 Tage und presst aus.

In der Seihflüssigkeit löst man

40,0 gereinigten Süssholzsaft,
10,0 Kampfer,

lässt einige Tage kühl stehen und filtriert.

Elixir anticatarrhale n. *Hufeland.*

Hufelands Brustelixir.

6,0 Kardobenediktenextrakt,
4,0 Bittersüss-Extrakt

löst man in

80,0 Fenchelwasser,
10,0 Bittermandelwasser,

lässt einige Tage kühl stehen und giesst vom Bodensatz ab.

Viermal des Tages 60 Tropfen zu nehmen.

Elixir aperitivum n. *Clauder.*

7,0 Aloë, Pulver M/8,
6,0 Myrrhe, „ „
3,0 geschnittener Safran,
12,0 Kaliumkarbonat,
80,0 Fliederwasser,
20,0 Weingeist von 90 pCt.

Man lässt 8 Tage in Zimmertemperatur stehen, seiht dann ab und filtriert.

Elixir Aurantii compositum.

Pomeranzenelixir.

Vorschrift des D. A. IV.

20 Teile grob zerschnittene Pomeranzenschalen,
4 Teile grob gepulverter chinesischer Zimt,
1 Teil Kaliumkarbonat

werden mit

100 Teilen Xereswein

übergossen und 8 Tage lang bei 15—20° C stehen gelassen.

In der abgepressten Flüssigkeit, welche durch Zusatz von Xereswein auf

92 Teile

zu bringen ist, werden gelöst:

2 Teile Enzianextrakt,
2 „ Wermutextrakt,
2 „ Bitterkleeextrakt.

Nach dem Absetzen wird die Mischung filtriert.

Man kann, was ich sehr empfehlen möchte, die Ausscheidung der unlöslichen Teile und den Verlauf des Filtrierens sehr beschleunigen durch Zusatz von

1/5 Teil feinstem Talkpulver,

in etwas Wasser angerieben, zu obiger Masse.

Elixir Cascarae Sagradae.

Kaskaraelixir.

10,0 Pomeranzenschalentinktur,
15,0 Zimtwasser,
30,0 weissen Sirup,
5,0 verdünnten Weingeist v. 68 pCt,
40,0 Kaskara-Fluidextrakt

mischt man und filtriert die Mischung nach zweitägigem Stehen.

Elixir Chinae Calisayae.

Elixir Calisayae.
China-Calisaya-Elixir. Calisayaelixir.

a) Vorschrift der Badischen Ergänzungstaxe:

72,0 Calisaya-Chinarinde,
30,0 Pomeranzenschalen,
1,8 Kardamomen,
9,0 Sternanis,
9,0 Zimtrinde,
6,0 Nelken,
4,8 rotes Sandelholz,

alle entsprechend zerkleinert, lässt man 14 Tage lang mit

720,0 verdünntem Weingeist v. 68 pCt,
720,0 destilliertem Wasser

bei Zimmertemperatur stehen, presst dann aus und fügt zur Pressflüssigkeit

300,0 Zucker,
200,0 destilliertes Wasser.

Man lässt abermals mehrere Tage stehen und filtriert dann.

b) Vorschrift des Hamburger Ap. V.

200,0 Calisaya-Chinarinde,
7,5 frische Pomeranzenschalen,
45,0 Sternanis,
45,0 Ceylonzimt,
45,0 Koriander,
45,0 Kümmel,
10,0 Cochenille,

alle möglichst fein zerkleinert, perkoliert man mit einer Mischung von

6000,0 destilliertem Wasser,
2000,0 Weingeist von 90 pCt,

bringt den Auszug auf ein Gewicht von

8000,0

und löst hierin

2000,0 Zucker.

Schliesslich filtriert man.

Beide Vorschriften weichen ausserordentlich von einander ab. Welche das dem Original am nächsten stehende Präparat liefert, vermag ich nicht zu entscheiden.

Elixir Colae.

Kolaelixir.

1,0 Vanillin

löst man in

500,0 Kolatinktur

und fügt

499,0 weissen Sirup

hinzu.

Elixir Guaranae.

Guaranaelixir.

20,0 Guarana,
20,0 Glycerin,
70,0 Zimtwasser,
5,0 Pomeranzenschalentinktur,
5,0 Vanilletinktur.

Man lässt 8 Tage in Zimmertemperatur stehen, presst aus und filtriert nach einigen Tagen.

Elixir Liquiritiae aromatisatum.

Aromatisches Süssholzelixir.

10,0 aromatische Tinktur,
5,0 Zimttinktur,
2 Tropfen Orangenblütenöl,
2 „ Macisöl,
1 „ Sternanisöl,
85,0 Süssholzsirup.

Man benützt das aromatische Süssholz-Elixir zur Geschmacksverbesserung.

Elixir Malti.

Vinum Malti. Malzwein.

10,0 Malzextrakt

löst man in

90,0 Malagawein

und filtriert die Lösung nach mehrtägigem Stehen.

Elixir Pepsini compositum.

Pepsinelixir.

2,0 aromatische Tinktur,
2,0 bittere Tinktur,
6,0 weinige Rhabarbertinktur,
30,0 Pepsinwein,
30,0 Xereswein,
30,0 Pomeranzenschalensirup.

Man mischt, lässt einige Tage in kühlem Raum stehen und filtriert.

Das Pepsinelixir findet oft im Handverkauf seine Nehmer und wird hier mit einer Gebrauchsanweisung versehen, welche 1 Theelöffel voll vor jeder Mahlzeit verordnet.

Elixir Proprietatis n. *Paracelsus.*

Saures Aloë Elixir.
Ph. G. I.

6,0 Aloë, Pulver M/5,
6,0 Myrrhe, Pulver M/5,
3,0 geschnittenen Safran

setzt man mit

74,0 Weingeist von 90 pCt,
6,0 verdünnter Schwefelsäure

an und lässt 8 Tage in Zimmertemperatur stehen.

Man seiht nun durch, stellt einige Tage in kühlen Raum und filtriert.

Elixir le Roi.

Leroy-Elixir.

I. Grad.

2,5 zerstossenes Jalapenharz,
14,0 Jalapenknollen, Pulver M/8,
300,0 verdünnten Weingeist v. 68 pCt.

Man digeriert 3 Tage, seiht ab, filtriert und vermischt die Flüssigkeit mit

200,0 weissem Sirup.

II. Grad.

Man bereitet ihn wie I aus

4,0 zerstossenem Jalapenharz,
19,0 Jalapenknollen, Pulver M/8,
300,0 verdünntem Weingeist v. 68 pCt,
140,0 weissem Sirup,

welch' letzteren man mit

60,0 Sennaaufguss (aus 15,0 Sennesblättern bereitet)

gemischt hat.

III. Grad.

Man bereitet ihn wie I aus

6,0 zerstossenem Jalapenharz,
29,0 Jalapenknollen, Pulver M/8,
300,0 verdünntem Weingeist v. 68 pCt,
120,0 weissem Sirup,

welch' letzteren man mit

80,0 Sennaaufguss (aus 20,0 Sennesblättern bereitet)

gemischt hat.

IV. Grad.

Man bereitet ihn wie I aus

8,0 zerstossenem Jalapenharz,
38,0 Jalapenknollen, Pulver M/8,
300,0 verdünntem Weingeist v. 68 pCt,
100,0 weissem Sirup,

welch' letzteren man mit

100,0 Sennaaufguss (aus 25,0 Sennesblättern bereitet)

gemischt hat.

Elixir e Succo Liquiritiae.

Brustelixir.

Vorschrift des D. A. IV.

1 Teil gereinigter Süssholzsaft

wird in

3 Teilen Fenchelwasser

gelöst. Die Lösung wird mit

1 Teil anetholhaltiger Ammoniakflüssigkeit (Liq. Ammonii anisatus)

versetzt.

Nach längerem Stehen bei einer Temperatur von etwa 20° C wird die Flüssigkeit unter möglichster Vermeidung von Ammoniakverlust filtriert.

Das Arzneibuch verlangt ausserdem, dass das Filtrat eine klare Flüssigkeit sein soll. Jeder Laborant wird mir zustimmen, wenn ich behaupte, dass die „möglichste Vermeidung von Ammoniakverlust" so lange ein frommer Wunsch bleiben muss, als die Abscheidung der unlöslichen Stoffe ausschliesslich durch längeres Stehen bei 20° C bewirkt werden soll. Man erreicht ein gutes Filtrieren nur dadurch, dass man die Ausscheidungen durch Talkpulver beschwert und zugleich im Volumen vermindert. Ich empfehle daher, auf 50 Teile Elixir 2 Teile feinstes Talkpulver zuzusetzen, dann das Elixir kühl zu stellen und nach 8 Tagen zu filtrieren.

Elixir tonicum.

Nervenelixir.

10,0 ätherische Chloreisentinktur,
90,0 weisser Sirup.

Man mischt und setzt, wenn man das Präparat vorrätig hält, dem direkten Sonnenlichte aus.

Emplastra.

Pflaster.

Während es im Anfang der zweiten Hälfte des 19. Jahrhunderts schien, als ob die Pflaster ihren arzneilichen Wert verlieren und zu Volksheilmitteln herabgedrückt werden sollten, hat der Aufschwung, welchen die Dermatologie zur selben Zeit nahm, das Vertrauen zu den Pflastern wieder hergestellt. Es ist daher eine dankbare Aufgabe der Pharmacie, ihre Kunstfertigkeit auch auf diesem Gebiete zu zeigen, und Präparate zu liefern, welche den hochgestellten Anforderungen unserer Zeit entsprechen.

Man unterscheidet in der Neuzeit sowohl vom praktischen Standpunkt aus wie auch in Hinsicht auf die Zusammensetzung zwei grosse Gruppen von Pflastern, die gewöhnlichen Pflaster, Emplastra, und die Kautschukpflaster, Collemplastra, welch letztere in einem besonderen Kapitel besprochen sind.

Die Pflaster werden ihrer Zusammensetzung nach zumeist in Harz- und in Bleipflaster eingeteilt; da beide jedoch von der praktischen Seite aus keine verschiedenartige Behandlung erfordern, so möchte ich sie im folgenden in zwei anderen Gruppen, als „Pflaster in Masse" und als „gestrichene Pflaster" gesondert besprechen.

Pflaster in Masse sollen von der Beschaffenheit sein, dass sie zwischen den Fingern rasch weich werden und sich bei Anwendung nicht zu hoher Temperatur streichen lassen. Sie dürfen trotzdem bei längerem Liegen nicht ihre Form verlieren durch Zerlaufen und andererseits durch Verlust an Wassergehalt nicht austrocknen und spröde werden. Ferner sollen Massen, welche pflanzliche oder Kanthariden-Pulver enthalten, nicht schimmeln. Da man von allen Pflastern ausserdem eine gewisse Klebkraft erwartet, und da diese durch die letztgenannten Veränderungen vermindert wird, so ergiebt sich als Bedingung von selbst, dass die weichen und harten Bestandteile, aus welchen sich eine Pflastermasse zusammensetzt, in richtigem Verhältnis zu einander stehen und dass alle Pflaster von einem ihre Zersetzung herbeiführenden Wassergehalt frei sein müssen.

Die Grundlage aller Bleipflastermassen bildet das einfache Bleipflaster, welches durch Kochen gewonnen wird; Pflastermassen werden in der Regel durch Schmelzen hergestellt. Man vollzieht dies im Dampfbad und nimmt nur bei Dammarharz oder syrischem Asphalt seine Zuflucht zum freien Feuer, bedient sich desselben aber mit Vorsicht. Die härteren und zumeist am schwersten schmelzenden Bestandteile einer Pflasterzusammensetzung schmilzt man zuerst und setzt dann die leichter schmelzenden, zuletzt aber jene Stoffe, welche sich in erhöhter Temperatur teilweise oder ganz verflüchtigen, z. B. Terpentin oder ätherische Öle, zu.

Bleipflaster, das in vielen Zusammensetzungen den Körper bildet, muss gut ausgewaschen und nahezu frei von Glycerin und Wasser sein. Pflanzliche und Kanthariden-Pulver müssen frisch getrocknet und nochmals gesiebt werden, ehe sie Pflastermassen zugesetzt werden dürfen. Derartige Pflaster dürfen ferner nicht in Blechkasten aufbewahrt werden. Alle Pflastermassen sind durch Tücher zu seihen; Unreinigkeiten, welche man auf diese Weise nicht entfernen kann, beseitigt man entweder durch Absetzenlassen und Abschaben vom erkalteten Kuchen oder durch Abschaben von der in diesem Fall meist schaumigen Oberfläche, je nachdem die gedachten Unreinigkeiten schwerer oder leichter wie die Pflastermasse waren und sich am Boden oder an der Oberfläche ausschieden.

Soll ein Pflaster, z. B. Empl. Lithargyri, ausgewaschen werden, so ist dies durch Kneten unter warmem Wasser vorzunehmen. Man kann das Auswaschen dadurch beschleunigen, dass man dem Waschwasser 25 pCt Weingeist von 90 pCt zusetzt. Ein ausgewaschenes Pflaster enthält stets viel Wasser und wird hiervon durch Abdampfen, welches man in Kochkesseln mit gespannten Dämpfen unter stetem Rühren vornimmt, nach Möglichkeit befreit. Da die Temperatur des offenen Dampfbads nicht ausreicht, so befördert man hier das Abdampfen durch öfteres Zugiessen von neunziggrädigem Weingeist (s. Empl. Litharg. unter a). Man erreicht auf diese Weise annähernd das, was bei einer grösseren Dampfanlage mit weniger Schwierigkeiten möglich ist.

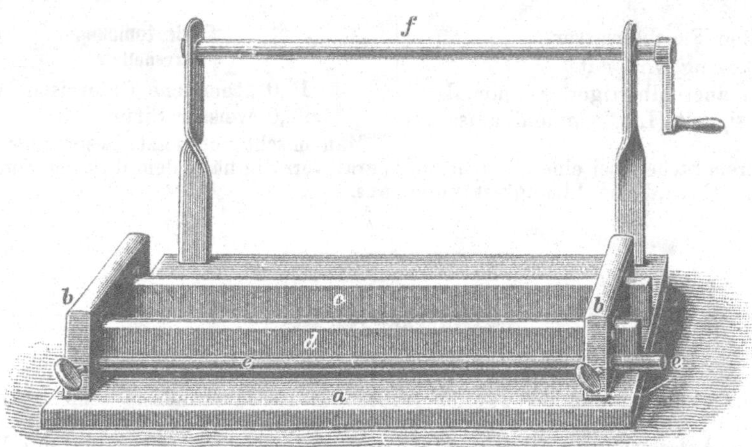

Abb. 15. **Pflasterstreichmaschine (Kastenmaschine) von Rob. Liebau in Chemnitz.**

Beim Kneten oder Malaxieren darf niemals die dünnflüssige Masse in kaltes Wasser gegossen werden; vielmehr rührt man die Masse, bis sie dicklich zu werden beginnt, und bringt die ganze Menge derselben auf nasses, auf einem ebenfalls genässten Tisch ausgebreitetes Pergamentpapier, hier das Kneten und Ausrollen in dünne Stangen ausführend. Ist viel Masse vorhanden, so erhöht man die Ränder des Pergamentpapieres dadurch, dass man Holzleisten oder dergleichen unter dieselben legt. Es wird durch diese Art des Malaxierens ein Übermass von Wasser und trotzdem jedes Ankleben vermieden. Ein weiterer Vorteil liegt darin, dass eine grössere Fläche, als sie das Pflasterbrett zu bieten vermag, verfügbar wird. Bei Pflastern, welche mit Öl malaxiert und ausgerollt werden, bietet das Pergamentpapier keinen besonderen Nutzen. Dagegen eignet es sich sehr gut zum Auflegen der fertigen Stangen, wobei es im letzteren Fall trocken, im ersteren aber nass zu verwenden ist.

Neuerdings folgt man dem im Jahre 1876 von der Helfenberger Fabrik gegebenen Beispiel und stellt die Pflasterstangen auf mechanischem Wege durch Pressen her. Man bedient sich dazu der sogenannten Pflasterpressen (siehe unter „Pressen") und erhält damit Stangen von grosser Gleichmässigkeit, doch erfordern diese Maschinen ebenfalls eine besondere Geschicklichkeit in der Handhabung und vor allem Übung. Sie eignen sich deshalb nur für grössere Geschäfte.

Das Formen der Pflaster in Tafeln ist unter „Cerata" bereits beschrieben. Abgepackt werden alle Arten Pflaster, Cerate, Talg usw. am besten in Ceresinseidenpapier und darüber in Stanniol, das man zur besseren Unterscheidung und um das hübsche Aussehen zu erhöhen, bunt wählen und mit Etiketten versehen kann.

Die Ceresinpapier-Unterlage ist notwendig, weil sich angeklebtes Stanniol nur schwer und in kleinen Stücken vom Pflaster trennen lässt.

Die gestrichenen Pflaster spielen heute eine viel grössere Rolle als in der guten alten Zeit, in der das Publikum das „Pflasterschmieren" als Kunst mit dem Apotheker gemeinschaftlich betrieb; man hält jetzt vielmehr eine ganze Reihe von gestrichenen Pflastern, Sparadraps, vorrätig.

Von einem gestrichenen Pflaster verlangt man, abgesehen von der sauberen Arbeit, dass es sich bei gewöhnlicher Temperatur zusammenrollen lässt, ohne aneinander zu kleben, dass es jedoch bei Körperwärme gut klebt.

Zur Herstellung gestrichener Pflaster muss man mehr noch, als bei den Massen ausschliesslich wasserfreie Körper verwenden, auch muss das geschmolzene Pflaster durchaus knotenfrei sein. In Rücksicht auf das gute Aussehen und auf sparsamen Pflasterverbrauch muss man ferner eine möglichst gleichmässige Verteilung der Masse auf dem Stoff anstreben. Die Kunst des Handstrichs, die von Fall zu Fall geübt wurde, ist nahezu verloren gegangen, der grössere Bedarf ermöglicht das Streichen auf mechanischem Weg. Man benützt dazu die „Pflasterstreichmaschinen", deren es alle möglichen und unmöglichen Systeme giebt, und die sehr oft das, was ihnen nachgerühmt wird, nicht leisten.

Je einfacher die Bauart einer Pflasterstreichmaschine ist, um so mehr entspricht sie; sie lässt sich dann leicht handhaben und rasch reinigen und man wird nicht zu grossen Verlust an Masse haben. Für sehr zweckmässig halte ich die Kastenmaschine mit verschiebbarer Breite, wie sie (s. Abb. 15) *Rob. Liebau* in Chemnitz baut. Sie besteht aus einer fein gehobelten Gusseisenplatte, zu deren beiden Seiten Ständer angebracht sind, zwischen welche genau gearbeitete Lineale geschoben werden. Am vorderen Ständer ist ein mit feinen Löchern versehenes Messingrohr zum Erwärmen des vorderen Lineals mittels Gas oder Benzin; am hinteren Teil befindet sich ein Wickelapparat zum Aufwickeln der Stoffstreifen. Der Stoff wird zwischen den Linealen und der Platte hindurchgeschoben und die flüssige Pflastermasse aufgegossen, doch empfiehlt es sich, dass beim Streichen zwei Mann thätig sind, von denen der eine den Stoff hindurchzieht, der andere, die Kurbel in der Hand behaltend, den Stoff langsam von der Spindel ablaufen lässt; man erzielt auf diese Weise ein hochelegantes Pflaster. Die Maschine ist sehr leicht zu reinigen und, da die Platte massiv ist, unveränderlich. Das Stellen der Maschine kann entweder durch die zu beiden Seiten angebrachten Federn oder durch Unterschieben von Kartenblättern und sonstigen Papierstreifen bewirkt werden. Durch das Einschieben der beigegebenen Schieber zwischen die Lineale hat man es in der Hand, ohne Pflasterverlust schmale oder breite Streifen zu streichen. Die *Liebau*'sche Maschine ist in der Leistung dem Bedarf in einer Apotheke angepasst, wenn sie auch, was übrigens nicht in der Absicht liegt, im Grossbetrieb nicht genügen würde.

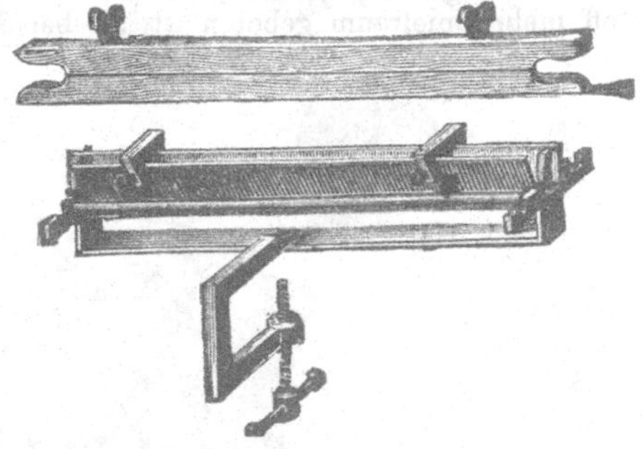

Abb. 16. **Pflasterstreichmaschine nach Luhme von E. A. Lentz in Berlin.**

Einfacher noch, aber für gewöhnlichen Bedarf ausreichend ist die Pflasterstreichmaschine nach *Luhme* (s. Abb. 16), wie sie *E. A. Lentz* in Berlin baut. Eine eiserne Platte und zwei eiserne, zu einander geneigte Lineale mit Begrenzungskeilen bilden einen langgestreckten Trichter, zur Aufnahme der geschmolzenen Pflastermasse; der Stoff läuft über zwei Messingwalzen und wird zur sicheren Führung in die über der Maschine abgebildeten hölzernen Klemmbacken eingespannt. Die Maschine wird durch eine Zwinge am Tisch befestigt, der Trichter muss vor dem Gebrauch erwärmt werden. Die Maschine wird in einer Breite von 320 mm und 470 mm gebaut.

Die gestrichenen Pflaster werden in verschiedenen Breiten und oft in grossen Längen — ich erinnere nur an das Heftpflasterband — angewendet und müssen daher zerschnitten werden, da die Streichmaschinen nicht für jede Breite eingerichtet sein können und auch das Streichen schmaler Streifen nicht praktisch erscheint. Das Schneiden mit der Schere liefert weder saubere, noch schnelle Arbeit, man bedient sich deshalb mit Vorteil der nachstehend abgebildeten Maschine (s. Abb. 17), die zwar eine sehr sorgfältige Handhabung erfordert, aber auch einen schönen glatten Schnitt liefert.

Die Maschine besteht aus zwei durch Reibungsrollen verbundene Wellen, welche je drei Messerrollen (Kreisscheren) tragen. Das Pflaster wird mittels eines Einlauf- und Ablaufbrettes durch die obere und untere Welle, nachdem dieselben peinlich genau eingestellt sind, hindurchgeführt und je nach Bedarf in Streifen von verschiedenen Breiten zerschnitten.

In neuerer Zeit hat sich das durchbrochene oder durchlochte (perforierte) gestrichene Pflaster immer mehr bei uns eingebürgert. Die Durchbrechung besteht darin, dass in das Pflaster in regelmässigen Abständen kreisrunde Löcher eingeschlagen sind, welche die Ausdünstung der Haut gestatten, aber auch ein besseres Anschmiegen des Pflasters an die Haut bewirken sollen. Zur Herstellung durchbrochener Pflaster bedarf es, wenn die Arbeit sauber sein soll, besonderer Maschinen, von denen die nachfolgende (s. Abb. 18) ein Beispiel giebt. Das Ausschlagen geschieht hier durch Stahlstifte, die sich genau in Stahllöcher einsenken; zwischen beiden liegt dabei das Pflaster. Auch Buchstaben lassen sich auf diese Weise einstanzen.

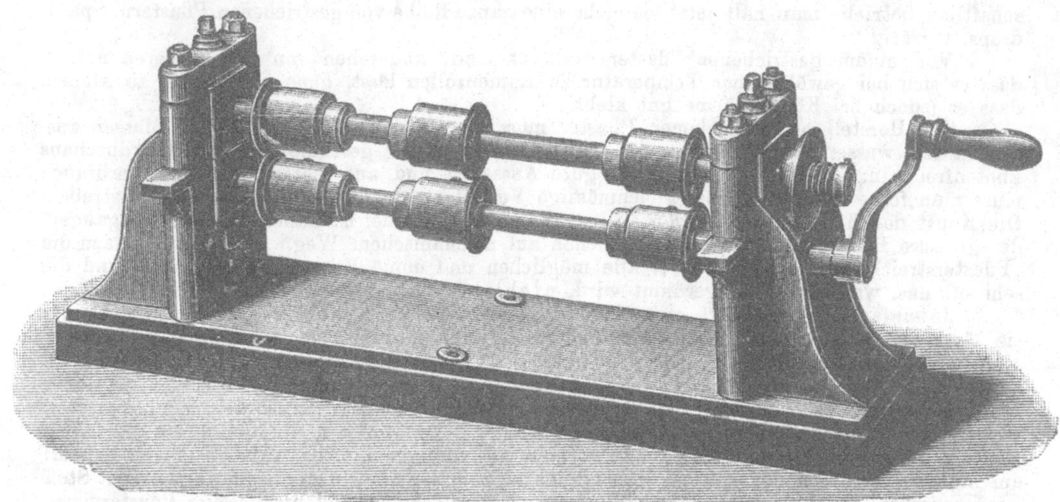

Abb. 17. **Pflasterschneidemaschine von E. A. Lentz in Berlin.**

An Stelle des durchlochten Pflasters verwendet man in neuerer Zeit den von der *Chem. Fabrik Helfenberg A. G.* hergestellten „Streifenstrich". Die Pflastermasse ist bei demselben streifenförmig aufgestrichen, so dass der Ausdünstung der Haut durch den unbestrichenen Stoff mehr Spielraum geboten ist, als bei der Durchlochung.

Abb. 18. **Pflasterperforiermaschine von E. A. Lentz in Berlin.**

Eine neue Sorte von Pflastern, welche ein Mitteldinġ zwischen Pflastern und Salben bilden und als „Mollplaste" bezeichnet sind, werden von der *Chem. Fabrik Helfenberg, A. G.*, in den Handel gebracht. Ich werde in einem besonderen Kapitel näher auf diesen Gegenstand eingehen.

Zur Aufbewahrung gestrichener Pflaster sei bemerkt, dass feuchte Räume die Güte vermindern und dass eine mittlere Temperatur (13—17° C) sich am besten eignet. Die Grundbedingung für die Haltbarkeit wird aber, wie schon gesagt, stets sein und bleiben: die Verwendung wasserfreier Massen. Trotzdem darf man gestrichenen Pflastern ein längeres als drei-, höchstens viermonatliches Aufbewahren im allgemeinen nicht zumuten. Werden nach solchem Zeitraum die Pflaster spröde und verlieren sie ihre Klebkraft, so hat man sich das selbst zuzuschreiben, kann aber nicht die Beschaffenheit des Pflasters dafür verantwortlich machen.

Emplastrum acre.

Scharfes Pflaster.

12,5 gemeines Olivenöl,
45,0 gelbes Wachs.

Man schmilzt, setzt zu

12,5 Terpentin

und mischt unter

5,0 Euphorbium, Pulver M/30,
25,0 spanische Fliegen, Pulver M/30.

Man erhitzt die Mischung 2 Stunden im Dampfbad, lässt sie dann unter öfterem Umrühren abkühlen und rollt das Pflaster schliesslich in dünne Stangen aus.

Das scharfe Pflaster findet meist in der Tierheilkunde Anwendung.

Emplastrum adhaesivum.

Heftpflaster.

a) Vorschrift des D. A. III.

100,0 Bleipflaster,
10,0 gelbes Wachs

schmilzt man im Dampfbad und fügt eine geschmolzene Mischung aus

10,0 Dammarharz,
10,0 Kolophon,
1,0 Terpentin

hinzu.

b) Vorschrift des D. A. IV.

40 Teile Bleipflaster,

welches durch längeres Erwärmen im Wasserbade vom Wasser befreit wurde, werden mit

2,5 Teilen festem Paraffin,
2,5 „ flüssigem „

zusammengeschmolzen. Darauf wird eine geschmolzene Mischung aus

35 Teilen Kolophon,
10 „ Dammar

hinzugefügt und die noch warme Masse mit einer Lösung von

10 Teilen Kautschuk

in

75 „ Petroleumbenzin

unter Umrühren versetzt. Das Gemisch wird schliesslich unter fortgesetztem Rühren bis zur vollständigen Verdunstung des Petroleumbenzins im Wasserbade erwärmt.

Das die neue Vorschrift des neuesten Deutschen Arzneibuches!

Man wird nicht behaupten können, dass die Heftpflastervorschrift des D. A. III. ein Meisterstück war, noch weniger wird man dies aber der neuen Formel nachrühmen können. Das zum Lösen des Kautschuks benützte Petroleumbenzin soll wieder vollständig verdunstet werden. Das ist eine reine Unmöglichkeit; angestellte Versuche haben ergeben, dass hierzu ein 24-stündiges Erhitzen und Rühren nicht hinreichen, selbst bei Anwendung gespannter Dämpfe nicht. Je nach den Mengen Benzin, welche im Pflaster zurückbleiben, wird die Konsistenz desselben eine verschiedene sein. Das Benzin müsste unbedingt durch Äther ersetzt werden. Was ist aber auch bei dieser Verbesserung das Resultat? Antwort: eine sich auf dem Lager verändernde Masse, die im Anfang zu stark klebt, um eine Hantierung damit zuzulassen, die dagegen später die Klebkraft so sehr einbüsst, dass die Verwendung als Heftpflaster illusorisch wird.

c) Vorschrift der Ph. Austr. VII.

250,0 Schweinefett,
250,0 Olivenöl,
250,0 feinst gepulvertes Bleioxyd

kocht man unter beständigem Rühren bei gelinder Wärme und unter zeitweiligem Besprengen mit Wasser, bis das Bleioxyd vollständig verschwunden ist, zur richtigen Pflasterdicke, wobei man darauf sieht, dass nicht Teilchen Bleioxyd eingesprengt bleiben.

Von diesem Pflaster kocht man

250,0

bei gelinder Wärme, bis alle Feuchtigkeit beseitigt ist und fügt eine vorher zusammengeschmolzene Mischung aus

25,0 gelbem Wachs,
25,0 Dammarharz,
25,0 Kolophon,
2,5 Lärchenterpentin

hinzu.

Die noch warme Masse streicht man auf Leinwand.

In dieser Vorschrift ist zu tadeln, dass sie ein Bleipflaster vorschreibt, das nicht auszuwaschen und dadurch vom Glycerin befreit ist. Dadurch wird das Heftpflaster rasch austrocknen.

Emplastrum adhaesivum Anglicum

siehe Emplastrum Anglicum.

Emplastrum adhaesivum borosalicylatum.

Borosalicyl-Heftpflaster.
Nach *Bernegau.*

10,0 Natrium-Borosalicylat

mit

20,0 Benzoëfett

fein zerrieben, mischt man mit

2500,0 Heftpflaster D. A. III.,
125,0 Bleipflaster,
welch' letztere man vorher schmolz.

Wenn die Masse gleichmässig ist, streicht man sie auf Schirting.

Emplastrum adhaesivum carbolisatum.

Karbol-Heftpflaster.

95,0 Heftpflaster D. A. III.
schmilzt man und setzt
5,0 kryst. Karbolsäure
zu.

Um die Verdunstung der Karbolsäure möglichst zu vermindern, ist es notwendig, das Pflaster in gut verschlossenen Blechgefässen aufzubewahren; andererseits darf das Sparadrap aus denselben Gründen nicht zu lange aufbewahrt werden.

Wo Blechgefässe nicht zur Hand sind, hilft man sich dadurch, dass man die Pflasterstangen in Wachspapier und Stanniol einwickelt.

Emplastrum adhaesivum cum Jodoformio.

Emplastrum adhaesivum jodoformiatum.
Jodoform-Heftpflaster.
Nach *E. Dieterich.*

a) 10 pCt:
650,0 Bleipflaster,
30,0 Hammeltalg,
70,0 Dammarharz,
70,0 gereinigtes Fichtenharz
schmilzt man.

Man löst dann darin
10,0 Terpentin,
seiht durch und mischt, nachdem sich die Masse so weit abgekühlt hat, dass sie feste Teile auszuscheiden beginnt,
100,0 präpariertes Jodoform
hinzu.

Es ist besondere Sorgfalt darauf zu verwenden, dass das Jodoform in die abgekühlte Masse eingetragen und darin nur fein verteilt, nicht aber gelöst wird. Löst sich das Jodoform durch zu hohe Temperatur, so krystallisiert es später auf der Oberfläche des Pflasters aus und verhindert so das Kleben des Pflasters.

Das fertige Pflaster wird auf nassem Pergamentpapier zu dünnen Stangen ausgerollt.

Die Stangen werden in gut verschlossenen Blechkästen aufbewahrt.

Soll das Pflaster gestrichen werden, so ist aus den angeführten Gründen zum Schmelzen und Streichen eine möglichst niedere Temperatur anzuwenden.

b) 20 pCt:
550,0 Bleipflaster.
60,0 Schweinefett,
60,0 filtriertes gelbes Wachs,
60,0 Dammarharz,
60,0 gereinigtes Fichtenharz,
10,0 Terpentin,
200,0 präpariertes Jodoform.

Die Bereitung ist die des 10prozentigen Pflasters.

Emplastrum adhaesivum cum Jodolo.

Emplastrum adhaesivum jodolatum. Jodol-Heftpflaster.
10 pCt nach *E. Dieterich.*

650,0 Bleipflaster,
30,0 Hammeltalg,
70,0 filtriertes gelbes Wachs,
70,0 Dammarharz,
70,0 gereinigtes Fichtenharz,
10,0 Terpentin,
100,0 Jodol.

Die Bereitung ist die des Jodoform-Heftpflasters.

Emplastrum adhaesivum nigrum.

Emplastrum adhaesivum fuscum. Emplastrum adhaesivum Edinburgense. Emplastrum adhaesivum Bavaricum. Schwarzes Heftpflaster.

750,0 Bleipflaster
schmilzt man und trägt in eine andrerseits durch Schmelzen hergestellte Mischung, welche aus
80,0 Schiffspech,
80,0 gereinigtem Fichtenharz,
80,0 filtriertem gelben Wachs,
10,0 Terpentin
besteht.

Das Pflaster seiht man, solange es heiss ist, durch Wollgaze, rührt bis nahe zum Erkalten und rollt auf nassem Pergamentpapier in Stangen aus.

Emplastrum adhaesivum cum Plumbo jodato.

Emplastrum Plumbi jodati adhaesivum.
Jodblei-Heftpflaster.
10 pCt nach *E. Dieterich.*

650,0 Bleipflaster
einerseits, und
70,0 Dammarharz,
70,0 gereinigtes Fichtenharz,
70,0 filtriertes gelbes Wachs
andrerseits, schmilzt man. Man vereinigt beide Massen, seiht sie durch, lässt abkühlen und fügt hinzu
100,0 Jodblei,
welches man vorher in einer Reibschale mit
30,0 Schweinefett,
10,0 Terpentin
fein verrieb.

Man rührt, bis das Pflaster nahezu erkaltet ist, und rollt auf nassem Pergamentpapier aus.

Dieses Pflaster wird durch Zersetzung des Jodbleies auf dem Lager bald spröde, weshalb sich die Bereitung in kleinen Mengen von Fall zu Fall dringend empfiehlt.

Emplastrum adhaesivum cum Sublimato.

Emplastrum Sublimati adhaesivum.
Sublimat-Heftpflaster.
Nach *E. Dieterich.*

2,0 Quecksilberchlorid

löst man in einem Kölbchen in

10,0 Weingeist von 90 pCt,

setzt noch zu

15,0 Ricinusöl,

schüttelt um und rührt diese Mischung unter geschmolzenes

1000,0 Heftpflaster D. A. III.

Man setzt das Rühren fort bis die Masse so weit fest geworden, um sich auf nassem Pergamentpapier (s. Einleitung) ausrollen zu lassen.

Emplastrum adhaesivum salicylatum.

Salicyl-Heftpflaster.
Nach *E. Dieterich.*

20,0 Salicylsäure

verreibt man in

30,0 Schweinefett,

welches schwach erwärmt worden ist, und mischt hinzu

950,0 Heftpflaster D. A. III,

welches man vorher geschmolzen hatte.

Man rührt, bis die Masse dick zu werden beginnt, und rollt in Stangen aus.

Emplastrum Ammoniaci.

Ammoniakpflaster.
Ph. G. I. verbessert von *E. Dieterich.*

300,0 auf nassem Weg gereinigtes Ammoniakgummi,
100,0 auf nassem Weg gereinigtes Galbanum

löst man im Dampfbad in

200,0 Terpentin.

Andrerseits schmilzt man

200,0 gereinigtes Fichtenharz,
200,0 filtriertes gelbes Wachs,

rührt, bis die Masse Salbendicke hat, und trägt sie nach und nach in die ebenfalls abgekühlte Gummiharzmasse ein.

Beide Massen müssen gut abgekühlt sein, bevor sie gemischt werden dürfen. Ebenso darf man das fertige Pflaster nicht mehr erhitzen, wenn nicht körnige Ausscheidungen entstehen sollen.

Man nimmt die ganze Masse, sobald die Mischung vollendet ist, aus dem Kessel und bringt sie auf nasses Pergamentpapier, hier *sogleich* das Kneten und Ausrollen vornehmend.

Emplastrum Anglicum.

Taffetas ichthyocolletum. Taffetas adhaesivum.
Emplastrum adhaesivum Anglicum.
Klebtaffet. Englisch Pflaster. Hausenblasenpflaster.
Hausenblasentaffet.

a) Vorschrift der Ph. Austr. VII.

100,0 kleinzerschnittene Hausenblase

löst man in

2000,0 warmem destillierten Wasser,

fügt hinzu

100,0 Weingeist von 90 pCt,
10,0 gereinigten Honig

und seiht durch ein Tuch.

Die bei gelinder Wärme verflüssigte Mischung streicht man mittels eines Pinsels auf geglätteten und ausgespannten Taffet von 75 cm Länge und 60 cm Breite nach und nach sehr gleichförmig auf, wobei man nach jedem Aufstrich abwartet, bis derselbe trocken geworden ist.

Die andere Fläche des Gewebes bestreicht man mit einer Mischung aus

4,0 Benzoëtinktur,
1,0 Peruanischem Balsam.

Den gut getrockneten Taffet zerschneidet man in Stücke.

Zu obiger Vorschrift ist zu bemerken, dass die Lösung der Hausenblase sehr dünn gewählt ist; die Arbeit des Aufstreichens wird dadurch unnötigerweise in die Länge gezogen. In warmem Wasser löst sich ferner die Hausenblase nicht genügend auf, es bedarf dazu des Erhitzens im Dampfbad. Der Weingeistzusatz ist unnötig.

Die folgende Vorschrift ist vorteilhafter

b) Vorschrift v. *E. Dieterich.*

2 m Seidentaffet, 50 cm breit,

näht man zusammen, so dass 1 qm entsteht, und spannt diesen scharf in der bekannten Weise in den Rahmen.

Andrerseits schneidet man

100,0 Hausenblase

möglichst klein, erhitzt dieselben im Dampfbad zweimal mit nicht zu viel Wasser, dampft die Seihflüssigkeit auf

600,0

ein und setzt

2,0 Traubenzucker

zu.

Damit beim ersten Aufstrich die Masse nicht zu stark durchschlägt, trägt man sie ziemlich kühl und in kühlem Raum mittels Fischhaarpinsels, der wenigstens eine Breite von 10 cm hat, auf und hat dabei zu beachten, das man ohne stärkeres Aufdrücken jede Stelle nur zweimal mit dem Pinsel überfährt. Ungleichheiten, welche hierdurch scheinbar entstehen, werden durch spätere Striche stets wieder ausgeglichen.

Mit der beschriebenen Vorsicht sind die drei ersten Aufstriche auszuführen, nur ist zu beachten, dass man die eingerahmte Seide jedesmal in anderer Richtung bestreicht.

Die späteren Striche, die natürlich ebenfalls in wechselnder Richtung zu erfolgen haben, können in mässig geheiztem Raum ausgeführt werden und sind so lange fortzusetzen, bis die Masse verbraucht ist. Sollte ein Rest bleiben, so verdünnt man denselben mit der nötigen Menge Wasser, dass die Verdünnung noch zu einem Aufstrich hinreicht.

Ein neuer Aufstrich darf nur erfolgen, wenn der vorhergehende vollständig getrocknet war.

Schliesslich bestreicht man den Klebtaffet, solange er noch in den Rahmen eingespannt ist, auf der Rückseite mit Benzoëtinktur, die man mit dem gleichen Gewicht Weingeist von 90 pCt verdünnte, nimmt ihn nach dem Trocknen aus dem Rahmen, schneidet die Naht heraus und rollt den Taffet in der Weise auf ein dickes rundes Holz, dass die Strichseite nach aussen kommt.

Zur Auswahl des Seidentaffets ist zu bemerken, dass sich im Handel eine sog. Marcellinette befindet und nicht selten zur Herstellung von Englisch Pflaster empfohlen wird, dass dieselbe aber in der Kette aus Baumwolle und nur im Schuss aus Seide besteht. Die Marcellinette ist also ein Halbseidenstoff und deshalb zu Englisch. Pflaster völlig ungeeignet.

Emplastrum Anglicum arnicatum.

Taffetas ichthyocolletum arnicatum. Arnika-Klebtaffet.

Man verfährt wie beim gewöhnlichen Klebtaffet, teilt aber die Hausenblasenlösung in zwei gleiche Teile und setzt der zuletzt aufzustreichenden Hälfte

50,0 Arnikatinktur

zu. Der zu benützende Seidenstoff soll blassrosa von Farbe sein.

Emplastrum Anglicum benzoatum.

Taffetas ichthyocolletum benzoatum. Benzoë-Klebtaffet.

Man verfährt wie beim gewöhnlichen Klebtaffet, teilt aber die Hausenblasenlösung in zwei gleiche Teile und setzt der später aufzustreichenden Menge eine Lösung von

2,0 Benzoësäure aus Toluol

zu. Man benützt blassrosa Seide.

Emplastrum Anglicum c. Loretino.

Taffetas ichthyocolletum c. Loretino. Loretin-Klebtaffet.

Man verfährt wie bei Taffetas ichthyocolletum nach der unter b angegebenen Vorschrift und löst in der aus 100,0 Hausenblase gewonnenen Lösung

2,0 Natriumloretinat.

Eiserne Geräte sind zu vermeiden.

Emplastrum Anglicum salicylatum.

Taffetas ichthyocolletum salicylatum. Salicyl-Klebtaffet.

Man verfährt wie beim gewöhnlichen Klebtaffet, teilt aber die Hausenblasenlösung in zwei gleiche Teile und setzt der später aufzustreichenden Hälfte eine Lösung von

1,0 Salicylsäure

zu. Man verwendet blassrosa Seide und hat darauf zu achten, dass bei Herstellung der Masse alle eisernen Gefässe und Gerätschaften vermieden werden.

Emplastrum Anglicum vesicans.

Taffetas ichthyocolletum vesicans.
Loco Taffetas vesicans Dubuisson. Blasentaffet.

40,0 Hausenblase

zerschneidet man klein, digeriert zweimal im Dampfbad mit

q. s. destilliertem Wasser,

dass die Seihflüssigkeit

300,0

beträgt, und setzt dieser schliesslich

1,0 Traubenzucker

zu.

Man streicht nun ein Drittel der Masse so, wie bei Emplastrum Anglicum beschrieben wurde, auf ein Stück schwarze oder besser grüne Seide, welches 50 cm breit und 100 cm lang und in den Rahmen straff eingespannt ist, versetzt das noch übrige Drittel der Hausenblasenlösung mit

0,5 Kantharidin,

welches man mit

3 Tropfen Glycerin

sehr fein anreibt, nachdem man diese Verreibung mit

20,0 Essigäther,
10,0 Weingeist von 90 pCt

verdünnte, und streicht nun die Masse bei mässiger Erwärmung und unter fortwährendem Umrühren auf.

Das Kantharidin ist nur zu einem geringen Teil gelöst, verteilt sich aber in fein verriebenem Zustand in der wünschenswerten Weise.

So bequem ein blasenziehender Hausenblasentaffet ist, so birgt er doch stets die Gefahr in sich, dass ihn der Verbraucher mit der Zunge anfeuchtet und hier natürlich sofort Blasen bekommt. Bei der Abgabe ist also eine auf diesen Punkt verweisende schriftliche und mündliche Belehrung zu erteilen.

Emplastrum Arnicae.

Arnikapflaster.

90,0 Bleipflaster,
10,0 zusammengesetztes Bleipflaster,
1 Tropfen ätherisches Arnika-Blumenöl,
5,0 Arnikatinktur.

Man schmilzt die beiden ersteren, setzt das in etwas Weingeist gelöste Öl und die Tinct. Arnicae zu und rollt zu Stangen aus.

Emplastrum Arnicae molle.

Weiches Arnikapflaster.

60,0 Bleipflaster,
10,0 zusammengesetztes Bleipflaster

schmilzt man. Dann setzt man zu

30,0 fettes Kamillenöl,
1 Tropfen ätherisches Arnika-Blumenöl.

Das Pflaster wird in Blechdosen oder Holzschachteln ausgegossen und bildet, bei der Vorliebe des Publikums für Arnika, einen hübschen Handverkaufsartikel.

Emplastrum aromaticum.

Emplastrum stomachicum. Magenpflaster. Keuchhustenpflaster.

Ph. G. I. verbessert von *E. Dieterich.*

35,0 gelbes Wachs,
25,0 Hammeltalg,
5,0 gereinigtes Fichtenharz,
5,0 Terpentin.

Man schmilzt und setzt der erkalteten Masse zu

5,0 Muskatbutter,
15,0 Weihrauch, Pulver M/30,
8,0 Benzoë, " "
1,0 Pfefferminzöl,
1,0 Nelkenöl.

Man rührt, bis die Masse dick zu werden beginnt, bringt sie nun auf nasses Pergamentpapier und vollzieht hier das Kneten und Ausrollen.

Die hart gewordenen Stangen wickelt man in Wachspapier und Stanniol ein oder benützt zur Aufbewahrung Blechgefässe.

Die Vorschrift der Ph. G. I. lieferte ein viel zu weiches Pflaster, weshalb ein Teil des Terpentins durch Resina Pini ersetzt werden musste.

Emplastrum balsamicum n. *Schiffhausen.*

60,0 Seifenpflaster,
30,0 Mutterpflaster.

Man schmilzt, setzt der erkaltenden Masse zu

2,5 Perubalsam,
2,5 Kopaivabalsam,
5,0 Hammeltalg

und nimmt, wenn die Masse bis zum Dickwerden gerührt ist, das Kneten und Ausrollen in Stangen auf nassem Pergamentpapier vor.

Emplastrum Belladonnae.

Belladonnapflaster.

Ph. G. I, verbessert von *E. Dieterich.*

25,0 Belladonnablätter, Pulver M/50,
12,5 Weingeist von 90 pCt,
10 Tropfen weingeistige Ammoniakflüssigkeit.

Man mischt gut und stellt 12 bis 24 Stunden in gut bedecktem Gefäss zurück.

Nach Ablauf dieser Zeit schmilzt man

50,0 gelbes Wachs,
12,5 Olivenöl,
12,5 Terpentin,

seiht durch, trägt das gefeuchtete Belladonnapulver ein und erhitzt im Dampfbad unter zeitweiligem Umrühren 2 Stunden lang.

Man rührt nun, bis die Masse zu erstarren beginnt, und nimmt mit Hilfe von etwas Öl das Kneten und Ausrollen in Stangen vor.

Durch das Anfeuchten mit Weingeist erzielt man eine bessere Extraktion und zugleich hübschere Farbe und kräftigeren Geruch.

Das Ammoniak hat den Zweck, das Alkaloid aufzuschliessen und öllöslich zu machen.

Emplastrum Cantharidum Albespeyres.

Albespeyres-Pflaster.

Nach *E. Dieterich.*

350,0 Kolophon,
150,0 gelbes Wachs,
120,0 Terpentin,
50,0 Rindstalg,
20,0 gereinigten Storax

schmilzt man und seiht durch. Man lässt abkühlen, mischt

300,0 spanische Fliegen, Pulver M/20,

unter, digeriert bei einer Temperatur von 60 bis 65° C noch eine Stunde und giesst, wenn man die Masse nicht sofort zu streichen gedenkt, in Pergamentpapierkapseln aus.

Das Kanthаridenpulver stellt man frisch her, um sicher zu sein, dass es ganz trocken und wirksam ist.

Emplastrum Cantharidum ordinarium.

Emplastrum vesicatorium.
Gewöhnliches Spanischfliegenpflaster.

a) Vorschrift des D. A. IV.

2 Teile mittelfein gepulverte spanische Fliegen

werden mit

1 Teil Olivenöl

im Wasserbade 2 Stunden lang erwärmt. Die Mischung wird dann mit

4 Teilen gelbem Wachs,
1 Teil Terpentin

versetzt und nach dem Schmelzen bis zum Erkalten gerührt.

Hierzu ist zu bemerken, dass das sog. Erwärmen in bedecktem Gefäss und unter zeitweiligem Umrühren vorzunehmen ist.

b) Vorschrift der Ph. Austr. VII.

100,0 gelbes Wachs,
100,0 Lärchenterpentin,
20,0 Olivenöl

schmilzt man zusammen, seiht durch, trägt

125,0 gepulverte spanische Fliegen

ein und erhitzt eine Stunde lang im Wasserbad. Alsdann fügt man

10,0 Peruvianischen Balsam

hinzu.

c) Vorschrift nach *E. Dieterich.*

100,0 Olivenöl,
525,0 gelbes Wachs,
125,0 Terpentin

schmilzt man, rührt eine vorher bereitete Mischung von

1,0 Schwefelsäure v. 1,838 spez. Gew.,
10,0 Weingeist von 90 pCt

möglichst gleichmässig darunter und mischt dann

250,0 spanische Fliegen, Pulver M/30,

hinzu. Man erhält nun die Masse 2 Stunden lang unter öfterem Umrühren in einer Hitze von 60 bis 70° C und mischt schliesslich eine Verreibung von

2,0 Baryumkarbonat

mit

6,0 Weingeist von 90 pCt

hinzu.

In vorstehender Vorschrift wird auch das gebundene Kantharidin, welches nach a) und b) unbenützt verloren geht, zur Wirkung herangezogen. Die Menge der spanischen Fliegen musste, um eine Pflastermasse zu erzielen, von der Stärke des D. A. III auf den vierten Teil derjenigen des letzteren herabgemindert werden.

Die Veränderung in den Verhältnissen zwischen Wachs und Olivenöl erfordert den Wegfall eines Teiles des die feste Beschaffenheit des Pflasters beeinflussenden Pulvers.

Kantharidenpflaster darf nicht in Blechkästen aufbewahrt werden.

Emplastrum Cantharidum perpetuum.

Emplastrum Janini. Emplastrum Jaegeri.
Immerwährendes Spanischfliegenpflaster. Ohrpflaster.

a) Vorschrift des D. A. IV.

14 Teile Kolophonium

werden im Wasserbade mit

7 Teilen Terpentin

zusammengeschmolzen, dann mit

10 Teilen gelbem Wachs

und

4 Teilen Hammeltalg

gemischt. Die zerschmolzene Masse wird mit

4 Teilen mittelfein gepulverten spanischen Fliegen

und

1 Teil mittelfein gepulvertem Euphorbium

gemischt und darauf bis zum Erkalten gerührt.

Zu dieser Vorschrift habe ich Folgendes zu bemerken:

Da das immerwährende Spanischfliegenpflaster längere Zeit klebend bleiben soll, so sind ihm die beigemischten mittelfeinen Pulver daran hinderlich. Die Pulver werden stets aus der gestrichenen Fläche heraustreten und diese uneben machen. Da die Masse ohnedem hart ist, so verhindern diese Unebenheiten das dichte Anlegen des Pflasters an die Haut. Ein feineres Pulver verdient deshalb den Vorzug.

Es genügen übrigens zur Wirkung 3 Teile Kantharidenpulver, wenn man die Masse 2 Stunden lang in einer Temperatur von 60 bis 80° C erhält.

b) Vorschrift der Ph. Austr. VII.

30,0 Lärchenterpentin,
30,0 gepulverten Mastix

schmilzt man bei gelinder Wärme und setzt hinzu

10,0 gepulverte spanische Fliegen,
5,0 gepulvertes Euphorbium.

Man nehme entsprechend der unter a) befindlichen Bemerkung, möglichst feine Pulver.

c) Mouches de Milan.

20,0 Dammarharz,
20,0 gereinigtes Fichtenharz,
15,0 gelbes Wachs,
10,0 Rindstalg.

Man schmilzt, mischt

20,0 Terpentin,
5,0 gereinigten Storax

unter und seiht durch.

Der abgekühlten Masse setzt man zu

7,5 spanische Fliegen, Pulver M/30,
2,5 Euphorbium, „ M/30,

knetet auf feuchtem (nicht nassem) Pergamentpapier und rollt mit Vermeidung alles überflüssigen Wassers in sehr dünne Stangen aus.

Man wiegt diese, teilt sie in 0,5 g schwere Stückchen, die man rundet und auf Seidentaffet von Ohrform auf- und breit drückt

So gelangen die Pflaster in Wachspapierkapseln zum Verkauf und sind besonders im Südwesten Deutschlands, in der Schweiz und in Frankreich sehr beliebt.

Emplastrum Cantharidum pro usu veterinario.

Spanischfliegenpflaster für thierärztlichen Gebrauch.

Vorschrift des D. A. IV.

6 Teile Kolophonium

werden im Wasserbad mit

6 Teilen Terpentin

zusammengeschmolzen; darauf werden der halb erkalteten Mischung

3 Teile grob gepulverte spanische Fliegen,
1 Teil mittelfein gepulvertes Euphorbium

gleichmässig beigemengt.

Weshalb „grob gepulverte spanische Fliegen“? Mittelfeines Pulver giebt ein wirksameres Pflaster — oder sollen die Tiere gröber behandelt werden, als die Menschen?

Emplastrum Cantharidini loco Mezereï cantharidatum.

Drouot'sches Pflaster.
Nach *E. Dieterich.*

24000 qcm Seidentaffet

spannt man in einen Rahmen und bestreicht auf einer Seite mit einer Lösung, welche aus

160,0 Hausenblase,
20,0 Glukose,
200,0 destilliertem Wasser

bereitet ist.

Ist die Seide auf diese Weise vorbereitet, so trägt man durch öfteres Streichen mittels weichen breiten Pinsels folgende Lösung auf:

400,0 Essigäther,
32,0 Mastix,
16,0 Elemi,
16,0 Fichtenharz,
16,0 Ricinusöl,
1,0 Kantharidin.

Das Kantharidin, mit dem Ricinusöl angerieben, setzt man der Harzlösung erst zu, wenn sie filtriert ist. Bei dem Aufstreichen ist zu beobachten, dass der vorhergehende Strich stets vollständig getrocknet sein muss, ehe man einen neuen Strich beginnt.

Emplastrum carbolisatum.

Karbolpflaster.
Nach *E. Dieterich.*

90,0 Bleipflaster,
5,0 filtriertes gelbes Wachs

schmilzt man. Der halberkalteten Masse setzt man zu

5,0 krystallisierte Karbolsäure,

bringt auf nasses Pergamentpapier und nimmt hier das Kneten und Ausrollen vor.

Sobald die Stangen hinreichend erstarrt sind, schlägt man sie in Wachspapier und Stanniol ein und bewahrt sie kühl in gut verschlossenen Gefässen auf.

Emplastrum Cerussae.

Emplastrum album coctum. Bleiweisspflaster.

a) Vorschrift des D. A. IV.

7 Teile fein gepulvertes Bleiweiss

werden mit

2 Teilen Olivenöl

sorgfältig angerieben und dann mit

12 Teilen geschmolzenem Bleipflaster

gemischt. Das Gemisch wird unter Umrühren und bisweiligem Wasserzusatz gekocht, bis die Pflasterbildung vollendet ist.

Diese Vorschrift erwähnt nicht, dass das Pflaster wasserfrei gekocht werden soll. Das so bereitete Pflaster, besonders in gestrichener Form, muss sich notwendig beim Lagern verändern und austrocknen.

Das zuerst in diesem Buche empfohlene Verfahren, das Bleiweiss nicht in das geschmolzene Bleipflaster einzusieben, sondern es mit Olivenöl fein zu verreiben und in dieser Form zuzusetzen, ist auch vom D. A. IV. beibehalten worden.

b) Vorschrift der Ph. Austr. VII.

300,0 einfaches Bleipflaster,
15,0 Schweinefett,
40,0 weisses Wachs,
25,0 Olivenöl

schmilzt man zusammen und setzt unter beständigem Umrühren

120,0 Bleiweiss

hinzu.

Man erhält ein schöneres Pflaster, wenn man das Bleiweiss mit dem Olivenöl und dem Schweinefett innig verreibt, anstatt es einzusieben. Es ist weiterhin empfehlenswert, die Mühe nicht zu scheuen, das Bleiweiss wie unter a) längere Zeit zu kochen, anstatt es einfach unterzumischen. Da fast alle Handelssorten Bleiweiss kleine Mengen von basischem Bleiacetat enthalten, so wird ein Pflaster, welches das Bleiweiss nur in fein verteiltem, nicht in verseiftem Zustand enthält, nach einiger Zeit der Aufbewahrung, während welcher langsam Verseifung eintritt, kleine Mengen freie Fettsäuren enthalten. Letzteres jedoch vermag bei empfindlichen Personen Reizerscheinungen hervorzurufen und so dem Ruf eines Pflasters zu schaden, welches von alters her als mildestes Wundenbedeckungsmittel gilt.

Emplastrum Cetacei.

Emplastrum Spermaceti. Emplastrum emolliens.
Walratpflaster.

40,0 Benzoëtalg,
20,0 Benzoëfett,
20,0 Bleipflaster,
20,0 Walrat

schmilzt man, seiht durch und giesst in Tafeln aus.

Das Walratpflaster ist eine dem Unguentum

diachylon entsprechende Mischung und verdient wegen seiner heilenden Wirkung eine grössere Beachtung, als ihm in der Regel zu teil wird.

Emplastrum Chrysarobini.

Chrysarobinpflaster.

20,0 Olivenöl,
20,0 Kolophon,
40,0 gelbes Wachs,
2,0 Ammoniakgummi,
2,0 Lärchenterpentin,
12,0 Chrysarobin.

Das Chrysarobin verreibt man mit dem Öl und setzt es der geschmolzenen und halberkalteten Masse zu; das fertige Pflaster giesst man in Tafeln aus.

Emplastrum ad clavos.

Emplastrum ad clavos pedum. Hühneraugenpflaster.

a) 50,0 rotes Seifenpflaster,
50,0 zusammengesetztes Bleipflaster.

Man schmilzt und streicht auf möglichst dünnen Stoff.

b) 95,0 Heftpflaster,
5,0 Salicylsäure.

Man schmilzt das Pflaster und mischt die Salicylsäure unter. Man rollt dann entweder in Stangen aus oder giebt auf dünnen Stoff gestrichen ab.

c) Vorschrift v. *E. Dieterich:*

30,0 gereinigtes Fichtenharz,
30,0 gelbes Wachs,
10,0 Terpentin,
10,0 Elemi,
5,0 Rindstalg

schmilzt man. Wenn die Masse abzukühlen beginnt, trägt man ein:

10,0 Lindenkohle Pulver M/50,

mit welcher man vorher

2,5 Monochloressigsäure,
2,5 Glycerin

verrieben hat.

Am besten formt man aus dem schwarzen Hühneraugenpflaster Pillen, welche man auf kreisrunde Stückchen schwarzen Seidenstoff durch Breitdrücken befestigt.

Gebrauchsanweisung:

„Man nimmt ein Fussbad in warmem Seifenwasser, trocknet den Fuss gut ab und legt dann das in der Hand erweichte Pflaster auf das Hühnerauge. Nach zwei Tagen zieht man das Pflaster ab, nimmt abermals ein Fussbad und legt, wenn sich das Hühnerauge noch nicht ablösen sollte, ein neues Pflaster auf".

Emplastrum Conii.

Emplastrum Cicutae. Schierlingpflaster.

a) Man bereitet es mit Schierling, Pulver M/50, wie Emplastrum Belladonnae. Ph. G. I.

b) Vorschrift der Ph. Austr. VII.

125,0 Schweinefett,
250,0 gelbes Wachs,
25,0 Lärchenterpentin

schmilzt man zusammen, seiht durch und mischt

100,0 gepulvertes Schierlingskraut

darunter.

Emplastrum Conii ammoniacatum.

Emplastrum Cicutae cum Ammoniaco.
Nach *E. Dieterich.*

20,0 auf nassem Wege gereinigtes zerstossenes Ammoniakgummi,
20,0 Meerzwiebelessig,
20,0 Weingeist von 90 pCt

erhitzt man vorsichtig, verrührt zu einer gleichmässigen Masse und dampft so lange ab, bis das Gewicht

25,0

beträgt.

Man setzt nun

75,0 Schierlingpflaster

zu, erhitzt noch so lange, bis alles geschmolzen, und rührt noch einige Zeit.

Schliesslich knetet man und rollt mit Hilfe einiger Tropfen Öl in dünne Stangen aus.

Das Pflaster hat Neigung zur Schimmelbildung und muss deshalb an einem trockenen Ort in Papp- oder Holz-, nicht aber in Blechkästen aufbewahrt werden.

Emplastrum consolidans.

Emplastrum griseum. Galmeipflaster.

46,0 Bleipflaster,
46,0 Bleiweisspflaster.

Man schmilzt vorsichtig, trägt in die nicht mehr zu heisse Masse ein

2,0 Weihrauch, Pulver M/30,
2,0 Mastix, Pulver M/30,

und fügt schliesslich hinzu

2,0 geschlämmten Galmei,

welchen man vorher mit

2,0 gewöhnlichem Olivenöl

möglichst fein verrieb.

Man knetet und rollt auf nassem Pergamentpapier in dünne Stangen aus.

Emplastrum Dammarae.

Dammarpflaster.

65,0 Bleipflaster,
12,5 Dammar,

15,0 gelbes Wachs,
7,5 Terpentinöl.

Man schmilzt das Dammar auf freiem Feuer, setzt dann das Wachs zu und bringt nun die Masse in das Dampfbad. Wenn sie auf 100° C abgekühlt ist, fügt man nach und nach das Bleipflaster und zuletzt das Terpentinöl hinzu.

Emplastrum Dammarae compositum.

Zusammengesetztes Dammarpflaster.
Nach *Schwimmer*.

50,0 Dammarpflaster,
26,0 Bleisalbe,
16,0 Salicylsäure,
8,0 Kreosot.

Man schmilzt l. a. zusammen und giesst die halberkaltete Masse in Papierkapseln aus.

Emplastrum defensivum rubrum.

Rotes Schutzpflaster.

4,0 Kampfer

löst man in

12,0 gewöhnlichem Olivenöl

und verreibt damit möglichst fein in einer Reibschale

24,0 Bleiweiss,
12,0 präparierte Mennige.

Andrerseits schmilzt man

24,0 Benzoëtalg,
24,0 filtriertes gelbes Wachs

und setzt der erkalteten Masse obige Verreibung zu.

Man rührt das Pflaster bis fast zum Erkalten, bringt dann auf nasses Pergamentpapier, knetet und rollt in dünne Stangen aus.

Das Pflaster wird leicht ranzig, weshalb Benzoëtalg als Schutzmittel dagegen erfolgreiche Anwendung findet.

Emplastrum diaphoreticum n. *Mynsicht*.

30,0 filtriertes gelbes Wachs,
20,0 Bleipflaster,
10,0 gereinigtes Fichtenharz

schmilzt man im Dampfbad und rührt die Mischung so lange, bis sie dick zu werden beginnt.

Man mischt dann unter

10,0 Myrrhe, Pulver M/30,
2,5 Bernstein, „ M/30,
2,5 Weihrauch, „ M/30,
2,5 Mastix, „ M/30

und fügt schliesslich hinzu

5,0 auf nassem Weg gereinigtes Ammoniakgummi,
2,5 auf nassem Weg gereinigtes Galbanum,

welche man vorher unter Anwendung mässiger Wärme in

15,0 Terpentin

löste.

Das Rühren setzt man so lange fort, bis sich die Masse auf nasses Pergamentpapier bringen, hier kneten und zu dünnen Stangen formen lässt.

Emplastrum domesticum.

Hauspflaster.
Nach *Weber*.

300,0 braun gebranntes Bleipflaster,
100,0 Perubalsam,
100,0 zerriebenen Kampfer,
100,0 Olivenöl

mischt man durch Schmelzen und rührt die Masse, bis sie dick zu werden beginnt.

Emplastrum contra Favum.

Pasta ad Favum. Grindpflaster. Grindpaste.

3,0 Weizenstärke,
7,0 Roggenmehl,
75,0 destilliertes Wasser.

Man rührt kalt an, erhitzt dann unter Rühren bis zur Kleisterbildung und fügt

11,0 Kolophon,

welche man im Dampfbad mit

4,0 Lärchenterpentin

zu einer gleichmässigen Masse löste, hinzu.

Die ganze Masse rührt man bis zum Erkalten. Sie stellt eine dicke Paste vor, welche, auf Stoff dick gestrichen, gegen Kopfgrind angewendet wird.

Emplastrum ferratum.

Emplastrum martiale. Frostpflaster.

20,0 Bleipflaster,
20,0 zusammengesetztes Bleipflaster,
20,0 filtriertes gelbes Wachs.

Man schmilzt und setzt zu

20,0 englisches Rot,

welches man vorher mit

20,0 gewöhnlichem Olivenöl

fein verrieben hat.

Man giesst rasch in Tafeln aus und vermeidet zu langes Erhitzen oder Umschmelzen, weil hierdurch die Masse dick und teigartig wird, so dass sie sich nicht mehr giessen lässt.

Das Eisenpflaster wird vielfach als Frostpflaster benützt und häufig mit Kampferzusatz gewünscht. In diesem Fall löst man in obiger Menge Öl 2,0 Kampfer.

Emplastrum Ferri jodati.

Jodeisenpflaster. Frostpflaster.

80,0 gelbes Cerat

schmilzt man in eisernem Gefäss, mischt unter

5,0 Eisenpulver,

setzt nach und nach folgende Lösung zu:

30,0 Weingeist von 90 pCt,
4,0 Jod,
5,0 Zucker

und dampft unter fortwährendem Rühren auf dem Dampfbad so lange ein, bis die Masse

100,0

wiegt.

Man giesst dann in Wachspapierkapseln (nicht in Stanniol) aus.

Auch dieses Pflaster wird, und gewiss mit mehr Berechtigung wie das vorhergehende, gegen erfrorene Glieder angewendet.

Emplastrum foetidum.

Emplastrum Asae foetidae. Stinkasantpflaster.

Ph. G. I. verbessert von *E. Dieterich:*

20,0 filtriertes gelbes Wachs,
20,0 gereinigtes Fichtenharz

schmilzt man. Wenn die Masse halb erkaltet ist, trägt man sie in folgende vorher bereitete, ebenfalls abgekühlte Mischung ein:

30,0 auf nassem Weg gereinigten Asant,
10,0 auf nassem Weg gereinigtes Ammoniakgummi,
20,0 durchgeseihten Terpentin,

rührt so lange, bis die Masse dick wird, und nimmt nun das Kneten und Ausrollen auf nassem Pergamentpapier vor.

Emplastrum ad Fonticulos.

Fontanellpflaster.

95,0 Heftpflaster, D. A. III.,
5,0 Ricinusöl.

Man schmilzt im Dampfbad, seiht durch und streicht auf Schirting. Wenn das Sparadrap einige Tage kühl gelegen hat, lässt es sich leicht in kreisrunde Blättchen ausschlagen.

Emplastrum frigidum.

Kühlpflaster.

150,0 gelbes Wachs,
200,0 gereinigtes Fichtenharz,
450,0 Bleipflaster,
50,0 Terpentin.

Man schmilzt kunstgerecht und setzt dann zu

15,0 Myrrhe, Pulver M/30,
15,0 Weihrauch, „ M/30,
15,0 Fenchel, „ M/20,
45,0 Kurkumawurzel, „ M/20,
60,0 Leinkuchen, „ M/8.

Man knetet das Pflaster auf nassem Pergamentpapier und rollt es zu dünnen Stängelchen aus, sucht aber jedes Übermass von Wasser dabei zu vermeiden.

Emplastrum fuscum camphoratum.

Emplastrum fuscum. Emplastrum Matris nigrum. Emplastrum Minii adustum. Emplastrum Minii Ph. Austr. VII. Mennigpflaster Ph. Austr. VII. Mutterpflaster. Schwarzes Mutterpflaster.

Vorschrift des D. A. IV.

30 Teile feingepulverte Mennige

werden mit

60 Teilen Baumöl

unter fortwährendem Umrühren gekocht, bis die Masse eine schwarzbraune Farbe angenommen hat. Darauf werden der Mischung

15 Teile gelbes Wachs

und

1 Teil Kampfer,

mit

1 Teil Olivenöl

verrieben, hinzugefügt.

Das nach dieser Vorschrift bereitete Pflaster bleicht bei längerem Aufbewahren aus. Man setzt deshalb gleichzeitig mit dem Wachs

5 Teile schwarzes Pech

zu. Besondere Kunstgriffe beim Brennen, wie sie vorgeschlagen wurden, erfüllen diesen Zweck nicht.

Man hat beim Braunbrennen darauf zu achten, dass keine Überhitzung und damit kein Verbrennen stattfindet. Man wendet deshalb schwaches Feuer an und giebt damit dem Vorgang einen langsameren, leichter zu beherrschenden Verlauf. Fertig ist die Pflasterbildung, wenn eine auf nasses Pergamentpapier getropfte Probe nicht mehr schmierig erscheint, sondern sich zwischen den Fingern kneten lässt. Die schwarzbraune Farbe allein kann darüber keine Gewissheit verschaffen.

Das fertige Pflaster giesst man (s. Cerata) in mit Stanniol ausgelegte Formen aus.

b) Vorschrift der Ph. Austr. VII.

Aus

30,0 feinst gepulverter Mennige,
60,0 Olivenöl,
5,0 gelbem Wachs,
3,0 in wenig Olivenöl gelöstem Kampfer

bereitet man das Pflaster, wie unter a). Vergleiche auch die hierzu gemachten Bemerkungen.

Emplastrum fuscum Hamburgense.
Emplastrum Hamburgense. Hamburger Pflaster.

79,0 schwarzes Mutterpflaster,
5,0 Rindstalg,
5,0 schwarzes Pech.

Man schmilzt, mischt unter
10,0 Bernstein, Pulver M/30,
1,0 Perubalsam
und rollt in 15 mm dicke Stangen aus.

Emplastrum Galbani compositum n. *Phoebus.*
Zusammengesetztes Galbanumpflaster nach *Phoebus.*
Ph. G. I, verbessert von *E. Dieterich.*

50,0 Opium, Pulver M/30,
20,0 Wasser,
100,0 zerriebenen Kampfer,
50,0 brenzliches Ammoniumkarbonat,
30,0 Kajeputöl
mischt man kunstgerecht.

Andrerseits schmilzt man im Dampfbad unter stetem Rühren
750,0 safranhaltiges Galbanumpflaster
und setzt obige Mischung zu.

Emplastrum Galbani crocatum.
Safranhaltiges Galbanumpflaster.

40,0 Bleipflaster,
12,0 gelbes Wachs,
schmilzt man im Dampfbad unter Rühren und seiht durch.

Andrerseits löst man ebenfalls im Dampfbad
36,0 auf nassem Weg gereinigtes Galbanum
in
5,0 Terpentin,
5,0 gereinigtem Fichtenharz,
und setzt
1,5 Safran, Pulver M/20,
welcher mit
0,5 Weingeist von 90 pCt
angefeuchtet wurde, zu.

Wenn beide Massen so weit abgekühlt sind, dass sie sich bequem noch rühren lassen, trägt man allmählich letztere in die erstere unter kräftigem Rühren ein und setzt das Rühren so lange fort, bis das Pflaster gleichmässig ist und sich auf nassem Pergamentpapier kneten resp. ausrollen lässt.

Die Ph. G. I. hatte auf obige Menge 10,0 Terpentin vorgeschrieben. Die Masse war aber viel zu weich, weshalb hier die Hälfte des Terpentins durch Fichtenharz ersetzt worden ist.

Emplastrum Hydrargyri.
Emplastrum mercuriale. Quecksilberpflaster.

a) Vorschrift des D. A. IV.
30 Teile Quecksilber
werden mit
15 Teilen Wollfett
innig verrieben und in einer durch Schmelzen erhaltenen, halberkalteten Mischung aus
15 Teilen gelbem Wachs
und
90 Teilen Bleipflaster
gleichmässig verteilt.

Es ist als Fortschritt zu begrüssen, dass der früher gebräuchliche Terpentinzusatz gefallen ist.

Das Deutsche Arzneibuch verlangt für das Pflaster eine graue Farbe, ferner, dass sich Quecksilberkügelchen mit blossem Auge in diesem Pflaster nicht erkennen lassen. Der frühere Terpentingehalt brachte den grossen Nachteil mit sich, dass das Pflaster hautreizend wirkte, bei längerem Aufbewahren sehr spröde wurde und dass es dann eine graugrüne Farbe annahm.

b) Vorschrift der Ph. Austr. VII.
200,0 Quecksilber
verreibt man mit
100,0 Lanolin,
bis Quecksilberkügelchen mit blossem Auge nicht mehr zu sehen sind, und trägt die Masse unter beständigem Rühren ein in
700,0 Heftpflastermasse,
die vorher geschmolzen und halb erkaltet ist.

Das nach dieser Vorschrift bereitete Pflaster ist zu weich und verliert wegen seines vom Lanolin herrührenden Wassergehaltes bei der Aufbewahrung die Klebkraft.

c) terpentinfrei, aber harzhaltig n. *E. Dieterich:*
180,0 Quecksilber
verreibt man unter allmählichem Zusatz mit
60,0 grauer Salbe
so lange, bis sich einzelne Quecksilberkügelchen nicht mehr erkennen lassen.

Andrerseits schmilzt man kunstgerecht
573,0 Bleipflaster,
100,0 Fichtenharz,
100,0 filtriertes gelbes Wachs,
zusammen, seiht durch, rührt, bis die Masse dick zu werden beginnt, und mischt nun die Quecksilberverreibung unter.

Man bringt das Pflaster dann sofort auf nasses Pergamentpapier und rollt aus.

In dieser Vorschrift ist der Terpentin durch Fichtenharz ersetzt.

Ein sowohl von Terpentin, als auch von Harz freies Pflaster bereitet man folgendermassen:

d) terpentin- und harzfrei nach *E. Dieterich:*
187,0 Quecksilber,
40,0 graue Salbe,

675,0 Bleipflaster,
100,0 filtriertes gelbes Wachs.

Bereitung wie unter c) angegeben.

Dieses Pflaster enthält gar keine harzigen Teile und soll deshalb frei von allen reizenden Nebenwirkungen sein. Diese Vorschrift dürfte dem D. A. IV. als Vorbild gedient haben.

Die Farbe der terpentinfreien Quecksilberpflaster ist rein grau, geht auch nicht in jenen grünlichen Ton über, wie dies bei dem Pflaster des D. A. III. der Fall war; ausserdem bekommt es keine spröde Kruste, wie jenes, sondern bleibt in allen Teilen gleichmässig geschmeidig.

e) mit Quecksilberverreibung und Terpentin:

400,0 Quecksilberverreibung (Hydrarg. extinct. = 333 g Hg) Helfenberg,
100,0 Terpentin,
1000,0 Bleipflaster,
170,0 gelbes Wachs.

Bereitung wie bei a).

f) mit Quecksilberverreibung ohne Terpentin, dem D. A. IV. entsprechend:

400,0 Quecksilberverreibung (Hydrarg. extinct. = 333 g Hg) Helfenberg,
100,0 Wollfett,
1000,0 Bleipflaster,
170,0 gelbes Wachs.

Bereitung wie bei a)

NB. Die Quecksilberverreibung Helfenberg besteht aus 5 Teilen Quecksilber und 1 Teil Wollfett.

Emplastrum Hydrargyri arsenicosum n. *Unna.*

Emplastrum ad versucas. Warzenpflaster.

100,0 Quecksilberpflaster,
2,0—5,0 gepulverte arsenige Säure

mischt man.

Man streicht das Pflaster auf möglichst dünnen Stoff und giebt nur in dieser Form auf ärztliche Verordnung hin ab.

Emplastrum Hydrargyri compositum.

Emplastrum Hydrargyri saponatum.
Zusammengesetztes Quecksilberpflaster.
Seifen-Quecksilberpflaster.

Vorschrift des Dresdner Ap.-V.

50,0 Quecksilberpflaster,
50,0 weisses Seifenpflaster

schmilzt man zusammen.

Noch einfacher erwärmt man dieselben im Trockenschrank und mischt sie dann durch Kneten.

Emplastrum Hydrargyri c. Loretino 20 + 5 pCt.

Loretin-Quecksilberpflaster.
Nach *E. Dieterich.*

400,0 Quecksilberverreibung Helfenberg (= 333 g Hg),
1020,0 wasserfreies Bleipflaster,
160,0 gelbes Wachs,
80,0 Loretin.

Emplastrum Hydrargyri de Vigo.

60,0 Quecksilberpflaster,
15,0 zusammengesetztes Bleipflaster,
15,0 echtes Oxycroceumpflaster,
2,5 gelbes Wachs

schmilzt man. Man löst darin

3,0 gereinigten Storax,
1,0 Terpentin

und mischt unter

1,0 Weihrauch, Pulver M/30,
1,0 Myrrhe, " "
1,0 Benzoë, " "
0,5 Lavendelöl.

Man rührt solange, bis sich die Masse kneten und in Stangen ausrollen lässt. Beide Arbeiten nimmt man mit Hilfe von Wasser auf nassem Pergamentpapier vor.

Da das Emplastrum Hydrargyri de Vigo meist gestrichen verlangt wird, berechnete ich die Vorschrift auf nur 100 g und möchte empfehlen, die Masse stets frisch herzustellen.

Emplastrum Hyoscyami.

Bilsenkrautpflaster.

Man bereitet dasselbe mit Bilsenkraut, Pulver M/50, wie Emplastrum Belladonnae.

Emplastrum impermeabile Russicum.

Russisches Pflaster.

5,0 Zinkweiss

verreibt man sehr fein mit

5,0 Ricinusöl

und vermischt mit

90,0 Kollodium von 6 pCt.

Man giesst dieses Kollodium in derselben Weise, wie es die Photographen thun, auf Glasplatten und wiederholt das Giessen so oft, bis die Schicht die Stärke des Goldschlägerhäutchens hat. Man bestreicht nun das Häutchen öfter mit Hausenblasenlösung, zieht es nach dem Trocknen ab und verwendet es an Stelle des Englischen Pflasters.

Wenn man mit grösseren Mengen arbeitet, füllt man die Masse in eine Kuvette und taucht die Glasplatten ein. Es ist dabei nur zu beobachten, dass man die Platte bei dem jedesmaligen Eintauchen um 90° dreht.

Emplastrum jodatum.

Jodpflaster.
Nach *E. Dieterich*

30,0 gereinigtes Fichtenharz,
30,0 gelbes Wachs,

5,0 Rindstalg,
10,0 Terpentin
schmilzt man.

Man löst andrerseits

2,0 Kaliumjodid,
1,0 Jod
in
5,0 Glycerin,
mischt mit
170,0 geschlämmter Kreide
und trägt schliesslich diese Verreibung in die abgekühlte Pflastermasse ein.

Man knetet sofort auf nassem Pergamentpapier und rollt in dünne Stangen aus.

Ich verwende eine reine Harzmasse, weil ich es für sehr unrichtig halte, Bleipflaster als Körper zu nehmen, wie dies nach anderen Vorschriften geschieht, und die Bildung von Bleijodid herbeizuführen.

Emplastrum Jodoformii.

Jodoformpflaster 10 pCt.
Nach *E. Dieterich.*

100,0 Jodoform
verreibt man sehr fein mit
50,0 Olivenöl.

Andrerseits schmilzt man im Dampfbad
850,0 Bleipflaster,
rührt das geschmolzene Pflaster so lange, bis es dick zu werden beginnt, und mischt dann die Jodoformverreibung hinzu.

Mit Hilfe von etwas Wasser rollt man das Pflaster auf nassem Pergamentpapier sofort in dünne Stangen aus.

Das Jodoformpflaster verändert sich gerne auf dem Lager und wird daher am besten frisch bereitet.

Emplastrum Lithargyri.

Emplastrum Lithargyri simplex. Emplastrum Plumbi. Emplastrum diachylon simplex. Bleipflaster.

a) Vorschrift des D. A. IV.

5 Teile Baumöl,
5 „ Schweineschmalz,
werden mit
5 Teilen fein gepulverter Bleiglätte,
welche zuvor mit
1 Teil Wasser
zu einem Brei angerieben ist, versetzt und unter wiederholtem Zusatze von Wasser und unter fortwährendem Umrühren so lange gekocht, bis die Pflasterbildung vollendet ist, und das Pflaster die nötige Härte erlangt hat. Das noch warme Pflaster wird sofort durch wiederholtes Auskneten mit warmem Wasser von Glycerin und darauf durch längeres Erwärmen im Wasserbade von Wasser befreit.

Dieser letztere Teil der Vorschrift ist gewiss besser gemeint, als ausgedrückt. Wenn man das, was das Arzneibuch anstrebt, erreichen will, hat man folgendermassen zu verfahren:

Man bringt das warme Pflaster auf feuchtes Pergamentpapier und wäscht es, wenn es hier etwas abgekühlt ist, durch Kneten in lauwarmem Wasser, oder, wenn man rasch zum Ziel gelangen will, in Wasser, welchem man 25 pCt Weingeist von 90 pCt zugesetzt hat, aus.

Das Pflaster nimmt hierbei eine nicht unbedeutende Menge Wasser auf, die durch Erhitzen wieder entfernt werden muss. Es ist erklärlich, dass dieses bei einer so dicken Masse Schwierigkeiten macht, besonders wenn man nur über einen Dampfapparat und nicht über Kochkessel, welche mit gespannten Dämpfen geheizt werden, verfügt.

In jedem dieser Fälle muss das Verdampfen des Wassers durch dauerndes Rühren mit einem breiten Scheit, auf dem Dampfapparat aber noch ausserdem dadurch unterstützt werden, dass man dem Pflaster zeitweilig Weingeist von 90 pCt in Mengen von $^1/_2$ Teil auf obige Menge zusetzt. Auf dem Dampfapparat, dessen Hitze zum fast vollständigen Entfernen des Wassers nicht genügt, ist dieser Zusatz unbedingt notwendig. Man erreicht trotzdem seinen Zweck noch nicht so, wie mit gespannten Dämpfen. Die Beendigung des Verdampfens erkennt man daran, dass das gewaschene und nun von Glycerin und Wasser freie Bleipflaster in dünnen Fäden, die man vom Scheite ablaufen lässt, fast durchsichtig ist, aber nicht mehr die weisse Farbe des frisch gekochten Pflasters besitzt, sondern nach dem Erkalten grauweiss erscheint.

Das Pflaster hat dafür eine ausserordentliche Zähigkeit gewonnen, zieht, geschmolzen, endlos lange Fäden und besitzt eine hohe Klebkraft, ohne schmierig zu sein. Bei langem Lagern hält es sich nahezu unverändert und zeigt diesen Vorzug auch in gestrichener Form, besonders aber bei seiner Verwendung zu Heftpflaster.

Dass man das Pflaster ausserdem noch absetzen zu lassen und durchzuseihen hat (siehe Einleit.), betrachte ich als selbstverständlich.

Soll es in Stangen geformt werden, so behandelt man es so, wie in der Einleitung (Emplastra) unter Kneten beschrieben wurde; keinesfalls darf man es wieder mit viel Wasser in Berührung bringen oder gar in Wasser eingiessen, wie dies in herkömmlicher aber sehr verkehrter Weise vielfach geschieht.

Will man schöne Pflasterpräparate erzielen, so verwende man nur ein ausgewaschenes und wieder fast wasserfrei gekochtes Bleipflaster als Körper und lasse sich durch die graue Farbe desselben nicht beirren.

Da in vielen Apotheken gespannte Dämpfe und Kochkessel mit Dampfmantel zur Verfügung stehen, so wird man da mit Recht von solchen Einrichtungen Gebrauch machen und mit grösserer Sicherheit, als bei Anwendung freien

Feuers auf die Gewinnung eines tadellosen Pflasters rechnen dürfen. Das Befreien des Pflasters vom Wasser nach dem Auswaschen „durch längeres Erwärmen" ist, wie aus dem oben Gesagten hervorgeht, ein frommer Wunsch des Arzneibuches. Auch die Farbe „geblichweiss" ist nicht zutreffend und rührt vom Wassergehalt her. Ist das Pflaster wirklich nahezu glycerin- und wasserfrei, dann zeigt es, wie schon erwähnt, eine grauweisse Farbe. Ein gut ausgekochtes Bleipflaster darf höchstens 3 pCt Wasser enthalten, in der Regel enthält es aber weniger und zwar nach den in der Helfenberger Fabrik ausgeführten Bestimmungen sogar bis 0,4 pCt. Aus je 20 kg Glätte, Fett und Öl erhielt ich durch Auswaschen des Pflasters und Eindampfen der Waschwässer etwas über 4 kg Glycerin von 1,23 sp. G., also auf die Glyceride berechnet 10 vom Hundert. Da man annimmt, dass die Glyceride bis 12 pCt Glycerin enthalten, so wären bei obigen Zahlen nur höchstens 2 pCt Glycerin, auf die Glyceride berechnet, dem Auswaschen entgangen. Bemerkt möge noch sein, dass es sich nicht verlohnt, dieses Glycerin als Nebenprodukt zu gewinnen, weil das Eindampfen der Waschwässer höhere Kosten verursacht, als das zu gewinnende Glycerin wert ist.

Siehe auch Emplastrum Lithargyri oleïnicum.

b) Vorschrift der Ph. Austr. VII.

1000,0 feinst gepulvertes Bleioxyd,
2000,0 Schweinefett

kocht man wie unter a) beschrieben zum Pflaster, ohne letzteres auszuwaschen. (!)

Die österreichische Pharmakopöe lässt zum Heft- und Quecksilberpflaster einen anderen Bleipflasterkörper verwenden, als zu den Ceraten und zu den übrigen, Bleipflaster als Grundmasse enthaltenden Pflastern, obwohl ersterer auch zu diesen völlig brauchbar ist.

Über die Technik der Bleipflasterbereitung siehe unter a).

Emplastrum Lithargyri compositum.

Emplastrum Plumbi compositum. Emplastrum diachylon compositum. Emplastrum gummosum. Gummipflaster. Zusammengesetztes Diachylonpflaster.

a) Vorschrift des D. A. IV.

24 Teile Bleipflaster

und

3 Teile gelbes Wachs

werden bei gelinder Wärme geschmolzen. Darauf wird zu der halb erkalteten Masse eine unter Zusatz von etwas Wasser im Wasserbade hergestellte und durchgeseihte Mischung aus

2 Teilen Ammoniakgummi,
2 „ Galbanum,
2 „ Terpentin

zugefügt.

Einen befremdlichen Eindruck macht das vorgeschriebene Schmelzen bei gelinder Wärme. Hierzu sei daran erinnert, dass Wachs 64 bis 66° C und Bleipflaster 80—90° C zum Schmelzen beanspruchen. Nach meiner Ansicht geht dies weit über den Begriff der gelinden Wärme hinaus.

b) Vorschrift der Ph. Austr. VII.

150,0 gelbes Wachs,
80,0 Kolophon

schmilzt man zusammen.

Andererseits schmilzt man

125,0 durch Kochen mit Wasser gereinigtes Ammoniakgummi

mit

40,0 Lärchenterpentin

zusammen, setzt diese Mischung zur ersteren, seiht durch und fügt zuletzt

1000,0 einfaches Bleipflaster

hinzu.

Da das Kochen mit Wasser nur ein höchst unvollkommenes Reinigungsverfahren darstellt, so haften diesem Pflaster in Bezug auf das Aussehen dieselben Mängel an, wie dem vorigen.

Es möge mir erlaubt sein, hier eine Verschrift zu geben, welche ein Gummipflaster von der Vorzüglichkeit des Helfenberger Fabrikates liefert:

c) nach *E. Dieterich:*

750,0 Bleipflaster,
100,0 gelbes Wachs

schmilzt man und seiht die Mischung durch.

Man mischt nun im Dampfbad

50,0 auf nassem Weg gereinigtes Ammoniakgummi,
50,0 auf nassem Weg gereinigtes Galbanum,
50,0 Terpentin

und rührt unter diese Mischung die halb erkaltete Bleipflastermasse, nicht umgekehrt!

Man bringt nun das fertige Pflaster, wenn es halb erkaltet ist, auf nasses Pergamentpapier und rollt es da zu Stangen aus.

Da die auf nassem Weg gereinigten Gummiharze keine pulverigen Schmutzteile enthalten, sondern aus reinen Harzen und gummösen Teilen bestehen, liefern sie weichere Pflaster. Man muss deshalb weniger davon nehmen und das Wachs etwas vermehren.

Emplastrum Lithargyri compositum rubrum.

Rotes Gummipflaster.
Nach *E. Dieterich.*

720,0 Bleipflaster,
110,0 gelbes Wachs

schmilzt man und seiht durch.

Andererseits löst man

50,0 auf nassem Weg gereinigtes Ammoniakgummi,
50,0 auf nassem Weg gereinigtes Galbanum

in

50,0 Terpentin

und trägt erstere Masse, wenn sie genügend abgekühlt ist, unter kräftigem Rühren in letztere ein.

Man fügt noch hinzu

10,0 Englisches Rot,

welches man in erwärmter Reibschale mit

10,0 Schweinefett

sehr fein verrieb, und rührt, bis die Masse so weit abgekühlt ist, um sich auf nassem Pergamentpapier kneten und ausrollen zu lassen.

Emplastrum Lithargyri molle.

Emplastrum Matris album. Weisses Mutterpflaster.

40,0 Bleipflaster,
30,0 Benzoëfett,
15,0 Benzoëtalg,
15,0 filtriertes gelbes Wachs.

Man schmilzt, seiht durch und giesst in Tafeln, wie unter „Ceratum" angegeben ist, aus.

Das Pflaster neigt bei Anwendung von gewöhnlichem Fett sehr zum Ranzigwerden, hält sich dagegen bei Benützung von Benzoëfett und desgl. Talg ganz ausgezeichnet.

Die Masse ist ziemlich dünnflüssig und zeigt leicht Unreinlichkeiten am Boden der Tafeln. Es ist daher notwendig, filtriertes Wachs zu wählen und die Masse noch ausserdem durchzuseihen.

Emplastrum Lithargyri oleïnicum.

Ölsäurepflaster. Ölsäurebleipflaster.

Nach *E. Dieterich.*

1000,0 Bleiglätte

führt man in einer Zinnschale oder besser emaillierten Blechschale mit

200,0 Weingeist von 90 pCt

an und setzt dann unter flottem Rühren mit einem breiten, unten gerundeten Rührscheit

1800,0 rohe Ölsäure,

die man vorher durchseihte und wieder erkalten liess, mit einem Mal zu und fährt mit dem Rühren so lange fort, bis die Masse dick wird.

Man bringt nun die Schale in das Dampfbad und erhitzt hier, ohne das Rühren zu unterbrechen, so lange, bis ein durchsichtiges Pflaster von bräunlicher Farbe entstanden ist.

Man erhitzt dann noch eine weitere Stunde lang im Dampfbad, aber um die in jeder Glätte enthaltenen Unreinigkeiten absetzen zu lassen, diesmal jedoch ohne zu rühren, und lässt schliesslich erkalten. Durch Anwärmen im Dampfbad löst sich der Pflasterkuchen von der Schalenwand und kann durch Umstürzen der Schale entfernt werden.

Man schabt die am Boden befindlichen Unreinigkeiten ab und verwendet die nun fertige Pflastermasse nach Bedürfnis.

Emplastrum Lithargyri c. Resina Pini.

Vorschrift des Dresdner Ap. V.

80,0 Bleipflaster,
20,0 gereinigtes Fichtenharz

schmilzt man zusammen.

Emplastrum Meliloti.

Melilotenpflaster. Steinkleepflaster.

a) Ph. G. I. verbessert von *E. Dieterich.*

Man bereitet es mit Melilotenkraut, Pulver M/50, wie Emplastrum Belladonnae, versäume aber auch hier nicht den Zusatz der weingeistigen Ammoniakflüssigkeit, da man hierdurch die grüne Farbe und das Aroma wesentlich verbessert.

b) Vorschrift der Ph. Austr. VII.

400,0 Kolophon,
800,0 gelbes Wachs,
400,0 Olivenöl

schmilzt man, seiht durch, fügt hinzu

100,0 durch Kochen mit Wasser gereinigtes Ammoniakgummi,

welches man vorher mit

250,0 Lärchenterpentin

zusammengeschmolzen hat, und setzt der halberkalteten Masse eine Mischung aus

600,0 gepulvertem Steinkleekraut,
40,0 „ Wermutkraut,
40,0 gepulverten Kamillen,
40,0 „ Lorbeerfrüchten

hinzu.

Emplastrum Meliloti compositum.

Zusammengesetztes Melilotenpflaster.

68,0 Melilotenpflaster,
10,0 Benzoëtalg,
5,0 Terpentin

schmilzt man und mischt dann folgende, vorher gemengten Pulver unter:

5,0 Kamillen, Pulver M/50,
5,0 Veilchenwurzel, „ M/50,
5,0 Altheewurzel, „ M/50,
2,0 Safran, „ M/20.

Man formt mit Hilfe von etwas Öl in Stangen und schlägt dieselben nach genügendem Erstarren, um ihnen den angenehmen Geruch zu erhalten, in Wachspapier und Stanniol ein.

Emplastrum Mentholi.

Mentholpflaster.
Nach *E. Dieterich.*

75,0 Bleipflaster,
10,0 gelbes Wachs,
5,0 gereinigtes Fichtenharz

schmilzt man miteinander, seiht die Masse durch und fügt

10,0 Menthol

hinzu.

Man lässt abkühlen und rollt in Stangen aus.

Das Mentholpflaster wird bei Nervenschmerzen und Rheumatismus aufgelegt oder als Magenpflaster benützt.

Emplastrum Mezereï cantharidatum.

Emplastrum Drouoti. Spanischfliegen-Seidelbastpflaster. Drouotisches Pflaster.
Ph. G. I.

30,0 spanische Fliegen, Pulver $^{M}/_{20}$,
10,0 fein zerschnittene Seidelbastrinde

setzt man mit

100,0 Essigäther

an, lässt 8 Tage in Zimmertemperatur stehen und filtriert dann. In der Tinktur löst man

4,0 Sandarak,
2,0 weiches Elemi,
2,0 Fichtenharz

und filtriert die Lösung.

Andrerseits stellt man sich eine Lösung aus

20,0 Hausenblase,
2,0 Glukose

in

200,0 Wasser

her und streicht mit dieser Masse

3000,0 qcm schwarze Florence-Seide,

welche in einen Rahmen gespannt ist, lässt trocknen und wiederholt den Aufstrich so oft, bis alle Masse verbraucht ist.

Man streicht nun in derselben Weise die aus den Kanthariden und der Seidelbastrinde hergestellte harzhaltige Tinktur auf und verbraucht sie gleichfalls für die vorhandene Fläche.

Man lässt zwei Tage in einem Raum, dessen Temperatur 17—20° C beträgt, stehen und schneidet dann das fertige Pflaster vom Rahmen ab.

Glukose verdient vor Zucker, besonders aber vor Glycerin den Vorzug, weil sie die Hausenblasenschicht gleichmässiger geschmeidig erhält.

Das Emplastrum Cantharidini loco Drouoti ist in seiner Wirkung sicherer, wie das Emplastrum Mezereï cantharidatum.

Emplastrum Minii rubrum.

Ceratum Minii. Rotes Mennigpflaster.

Ph. G. I. verbessert von *E. Dieterich.*

25,0 filtriertes gelbes Wachs,
25,0 Benzoëtalg,
9,0 Olivenöl

schmilzt man und trägt in die abgekühlte Masse ein:

25,0 präparierte Mennige,
1,0 Kampfer,

welche man vorher mit

15,0 Olivenöl

angerieben hat.

Die erkaltende Masse giesst man in Tafeln aus.

Das Pflaster wird vor dem sonst leicht eintretenden Ranzigwerden durch den Benzoëtalg hinreichend geschützt.

Emplastrum miraculosum.

Mirakelpflaster.

96,0 schwarzes Mutterpflaster.

Man schmilzt, mischt

3,0 Bernstein, Pulver $^{M}/_{30}$,
1,0 gebrannten Alaun, Pulver $^{M}/_{30}$,

unter und giesst in Tafeln aus.

Emplastrum narcoticum.

Narkotisches Pflaster.

100,0 Belladonnapflaster,
100,0 Schierlingpflaster,
100,0 Bilsenkrautpflaster

schmilzt man, knetet mit Hilfe von etwas Öl und rollt aus. Handelt es sich um die Herstellung einer kleineren Menge, so mischt man die 3 Pflaster durch vorsichtiges Erwärmen und Kneten.

Emplastrum Olei Crotonis.

90,0 zusammengesetztes Bleipflaster,
10,0 Krotonöl.

Man schmilzt zuerst das Gummipflaster im Dampfbad, setzt dann das Krotonöl zu und giesst in die Tafelformen aus, wenn nicht ein sofortiges Streichen der Pflastermasse beabsichtigt ist.

Emplastrum opiatum.

Opiumpflaster.
Ph. G. I. verbessert von *E. Dieterich.*

20,0 Elemi,
30,0 Terpentin,
15,0 gelbes Wachs.

Man schmilzt kunstgerecht, seiht durch, mischt

18,0 Weihrauch, Pulver M/30,
10,0 Benzoë, „ M/30,
5,0 Opium, „ M/30,
2,0 Perubalsam

unter und rührt so lange, bis die Masse hinreichend dick ist, um auf dem nassen Pergamentpapier geknetet und in Stangen geformt zu werden.

Die von der Ph. G. I. gegebene Vorschrift liefert ein zu weiches Pflaster. Dementsprechend ist, wie schon in den früheren Auflagen dieses Buches, obige verbesserte Vorschrift aufgenommen.

Emplastrum oxycroceum.

Emplastrum Galbani rubrum. Oxycroceumpflaster. Harziges Safranpflaster.

a) Ph. G. I. verbessert von *E. Dieterich.*

40,0 gereinigtes Fichtenharz,
20,0 gelbes Wachs,
2,5 Hammeltalg.

Man schmilzt und rührt folgende, vorher mit einander gemischten Pulver unter:

5,0 Mastix, Pulver M/30,
5,0 Myrrhe, „ M/30,
5,0 Weihrauch, „ M/30,
2,5 Safran, „ M/20.

Zuletzt setzt man noch hinzu

5,0 auf nassem Weg gereinigtes Ammoniakgummi,
5,0 auf nassem Weg gereinigtes Galbanum,

nachdem man sie bei gelindem Erhitzen in

10,0 Terpentin

gelöst hat.

Kneten und Ausrollen nimmt man auf nassem Pergamentpapier vor.

b) Vorschrift der Ph. Austr. VII.

50,0 gelbes Wachs,
100,0 Kolophon

schmilzt man zusammen, seiht durch und setzt zum halb erkalteten Gemisch

25,0 durch Kochen mit Wasser gereinigtes Ammoniakgummi,
25,0 ebenso gereinigtes Galbanum,

die vorher mit

25,0 Lärchenterpentin

zusammengeschmolzen waren. Alsdann rührt man darunter

30,0 feinst gepulverten Weihrauch,
30,0 „ „ Mastix,
15,0 „ „ mit verdünntem Weingeist angefeuchteten Safran.

Emplastrum oxycroceum venale

s. Emplastrum Picis rubrum.

Emplastrum contra Perniones n. *Rust.*

Rusts Frostpflaster.

70,0 Bleipflaster

schmilzt man. Wenn die Masse etwas abgekühlt ist, setzt man hinzu

5,0 Kampfer,

vorher verrieben in

20,0 Perubalsam,

und schliesslich

5,0 Opium, Pulver M/30.

Man giesst in Tafelformen aus und schlägt die erkalteten Tafeln in Wachspapier ein.

Emplastrum Picis flavum.

Gelbes Pechpflaster.

55,0 gereinigtes Fichtenharz,
25,0 filtriertes gelbes Wachs

schmilzt man. In der noch heissen Masse löst man

19,0 Terpentin,
1,0 Hammeltalg,

seiht durch und rührt die Masse so lange, bis sie sich auf nassem Pergamentpapier kneten und ausrollen lässt.

Die Verwendung der reinsten Zuthaten ist hier notwendig, weil gerade diese Masse infolge ihrer halbdurchsichtigen Beschaffenheit jedes Körnchen Unreinigkeit erkennen lässt.

Um die bekannten eirunden Pechpflaster auf Schafleder herzustellen, verfährt man am besten folgendermassen: Man streicht das geschmolzene und gut abgekühlte Pflaster mit der Hand oder mit der Maschine auf Pergamentpapier, schneidet die gewünschte Grösse aus und drückt das Sparadrap mit der Pflasterseite auf das auf warmer Platte befindliche Leder stark auf. Wenn die Pflasterschicht gut haftet, lässt man erkalten, feuchtet das Pergamentpapier und zieht es vorsichtig ab, so dass sich die Pflasterschicht nun auf dem Leder befindet.

Emplastrum Picis irritans.

Reizendes Pechpflaster.

55,0 gereinigtes Fichtenharz,
20,0 filtriertes gelbes Wachs

schmilzt man. In die etwas abgekühlte Masse trägt man ein

5,0 Euphorbium, Pulver M/30,

welche man vorher mit

20,0 Terpentin

anrieb.

Die Masse wird bis zum Erkalten gerührt

und dann auf das nasse Pergamentpapier zum Kneten und Ausrollen gebracht.

Streichen auf Leder siehe Empl. Picis flavum.

Emplastrum Picis liquidae.

Teer-Pflaster. Helgoländer-Pflaster.

30,0 gelbes Wachs,
20,0 schwarzes Pech

schmilzt man.

Man setzt dann zu

50,0 Holzteer,

seiht durch, lässt abkühlen und giesst in Holz- oder Blechschachteln aus.

Emplastrum Picis nigrum.

Emplastrum oxycroceum nigrum. Schwarzes Pechpflaster. Schwarzes Oxycroceumpflaster.

25,0 gereinigtes Fichtenharz,
25,0 schwarzes Pech,
30,0 gelbes Wachs,
1,0 Rindstalg

schmilzt man.

Man setzt dann zu

19,0 Terpentin,

seiht durch und rührt so lange, bis die Masse die zum Kneten und Ausrollen auf Pergamentpapier notwendige Beschaffenheit besitzt.

Emplastrum Picis rubrum.

Emplastrum oxycroceum venale.
Rotes Pechpflaster. Sogen. Oxycroceumpflaster.
Nach *E. Dieterich.*

a) 42,0 gereinigtes Fichtenharz,
26,0 gelbes Wachs,
2,0 Rindstalg

schmilzt man und seiht durch.

Andrerseits erhitzt man

10,0 Sandelholz, Pulver M/50,

mit

20,0 Terpentin

eine Stunde lang im Dampfbad, vermischt dann beide Massen und rührt so lange, bis die Dicke das Kneten und Ausrollen auf dem nassen Pergamentpapier erlaubt.

b) 540,0 gelbes Wachs,
540,0 Kolophon

schmilzt man und seiht die Masse durch. Man fügt nun hinzu eine Mischung von

90,0 gepulvertem Ammoniakgummi,
90,0 Olibanum, Pulver M/20,

und färbt schliesslich mit

12,0 rotem Sandelholz, Pulver M/50,
50,0 Weingeist von 90 pCt.

Diese Vorschrift unterscheidet sich von der schon vorhandenen nur durch einen Gehalt an Gummiharzen.

Ein mit Sandelpulver bereitetes Pflaster hat vor dem mit Orlean gefärbten den grossen Vorzug, nicht zu bleichen, nicht zu rasch spröde zu werden, und die ihm beim Ausrollen gegebene Form zu behalten, weil es keinen Weingeist enthält.

In manchen Gegenden verlangt man auch von der Marke „venale“ einen Gehalt an Ammoniakgummi, in welchem Fall man der Zusammensetzung a 5,0 davon hinzufügt und zu diesem Zweck durch Erhitzen auf dem Dampfapparat gleichzeitig mit dem Sandelholzpulver in Terpentin löst.

Emplastrum Plumbi jodati.

Jodbleipflaster.
Nach *E. Dieterich.*

10,0 Jodblei

verreibt man sehr fein mit

5,0 Schweinefett

und mischt die Verreibung mit

95,0 Bleipflaster,

welches man vorher schmolz, durchseihte und abkühlen liess.

Das Pflaster rührt man so lange, bis es genügend dick ist, um sich auf nassem Pergamentpapier kneten und zu dünnen Stangen ausrollen zu lassen.

Jede übermässige Erhitzung ist zu vermeiden, weil sich das Jodblei leicht zersetzt.

Emplastrum Plumbi sulfurati.

Schwefelbleipflaster.

95,0 zusammengesetztes Bleipflaster.

Man schmilzt, mischt darunter

10,0 Ammoniumsulfid

und erhitzt unter fortwährendem Rühren noch so lange, bis das Gewicht der Masse

100,0

beträgt.

Es geht bei diesem Verfahren selbstverständlich ohne einigen Geruch nicht ab.

Emplastrum resolvens.

25,0 Schierlingpflaster,
25,0 zusammengesetztes Bleipflaster,
25,0 Seifenpflaster

schmilzt man mit einander, nimmt vom Dampfbad und setzt

25,0 Quecksilberpflaster

zu. Man löst letzteres, nötigenfalls unter nochmaliger Anwendung des Dampfbades, unter Rühren und benützt zum Kneten und Ausrollen das nasse Pergamentpapier.

Emplastrum resolvens camphoratum.

2,5 Kampfer,
5,0 Olivenöl

verreibt man gut mit einander und vermischt mit

50,0 Bleipflaster,
42,5 Melilotenpflaster,

welche man vorher schmolz. Man giesst das Pflaster in Tafeln aus.

Emplastrum ad Rupturas nigrum.

Schwarzes Bruchpflaster.
Nach *E. Dieterich*.

30,0 schwarzes Pech,
40,0 gelbes Wachs,
15,0 Hammeltalg.

Man schmilzt, setzt

15,0 Terpentin

zu, seiht durch und giesst in Tafeln aus.

Emplastrum ad Rupturas rubrum.

Emplastrum ad Fracturas. Emplastrum sticticum.
Rotes Bruchpflaster. Rotes Stichpflaster.
Nach *E. Dieterich*.

25,0 gereinigtes Fichtenharz,
40,0 gelbes Wachs,
15,0 Benzoëtalg

schmilzt man.

Andrerseits erhitzt man

5,0 Sandelholz, Pulver M/50,

mit

15,0 Terpentin

1/2 Stunde im Dampfbad und mischt nun beide Massen mit einander. Man giesst in Tafeln aus.

Emplastrum Sabinae.

Sadebaumpflaster.

25,0 Sadebaumspitzen, Pulver M/30,
12,5 Weingeist von 90 pCt

mischt man und stellt 12 Stunden in bedecktem Gefäss zurück.

Andrerseits schmilzt man

48,0 gelbes Wachs,
12,5 Olivenöl,
12,5 Terpentin,

trägt das gefeuchtete Pulver ein, erhitzt im Dampfbad unter zeitweiligem Umrühren noch 2 Stunden, fügt dann

2,0 Sadebaumöl

hinzu und rührt nun die Masse, bis sie so weit erstarrt ist, um sich mit Hilfe von etwas Öl kneten und in Stangen formen zu lassen.

Emplastrum santalinum.

Rotes Sandelpflaster.
Nach *E. Dieterich*.

32,0 gereinigtes Fichtenharz,
25,0 gelbes Wachs,
5,0 Benzoëtalg

schmilzt man und seiht die Mischung durch.

Andrerseits mischt man

20,0 durchgeseihten Terpentin

mit

10,0 Sandelholz, Pulver M/50,
2,0 Safran, „ M/20,
2,0 Weihrauch, „ M/30,
2,0 Myrrhe, „ M/30,
2,0 Alaun, „ M/30,

erhitzt 1 Stunde im Dampfbad und mischt beide Massen.

Das Sandelpflaster wird je nach Sitte in Tafeln oder Stangen verlangt, kann also in Tafelformen gegossen oder mit Hilfe von etwas Wasser geknetet und ausgerollt werden.

Emplastrum saponatum.

Emplastrum saponatum album. Seifenpflaster.
Weisses Seifenpflaster.

a) Vorschrift des D. A. IV.

70 Teile Bleipflaster,
10 „ gelbes Wachs

werden bei mässiger Wärme geschmolzen. Darauf werden zu der halb erkalteten Masse unter Umrühren

5 Teile mittelfein gepulverte medizinische Seife

und

1 Teil Kampfer,

welche mit

1 Teil Olivenöl

zuvor verrieben sind, zugefügt.

Das Deutsche Arzneibuch schreibt nur ein mittelfeines (M/26) Seifenpulver vor. Wer dagegen ein wirklich schönes Pflaster zu erhalten wünscht, muss ein sehr feines Seifenpulver verwenden. Die mit „gelblichweiss“ angegebene Farbe ist für frisch bereitetes Pflaster eben so wenig, wie für älteres zutreffend. Frisch ist das Pflaster gelblich, bei Verwendung von schönem Wachs sogar gelb, es bleicht aber bald aus und sieht dann aussen ziemlich weiss, innen, auf dem Querschnitt, dagegen weissgrau aus. Die Verwendung von filtriertem Wachs ist sehr zu empfehlen.

b) Vorschrift der Ph. Austr. VII.

Man bereitet es aus

600,0 einfachem Bleipflaster,
100,0 weissem Wachs,
50,0 gepulverter venetianischer Seife,
10,0 Kampfer,

welchen man in

40,0 Olivenöl

löst, wie unter a). Siehe auch die Bemerkungen daselbst.

Emplastrum saponatum molle.

Weiches Seifenpflaster.

75,0 Seifenpflaster,
25,0 Kampferöl

schmilzt man und giesst die Masse in Tafeln aus.

Emplastrum saponatum rubrum.

Rotes Seifenpflaster.

75,0 Bleipflaster,
10,0 gelbes Wachs

schmilzt man und seiht die Mischung durch. Der abgekühlten Masse mischt man zu

5,0 medizinische Seife, Pulver M/50,

und

4,0 Mennige,
1,0 Kampfer,

nachdem man beide letzteren vorher mit

5,0 Olivenöl

verrieben bezw. gelöst hatte.

Man rührt die Masse so lange, bis sie dick zu werden beginnt, bringt sie dann auf nasses Pergamentpapier und nimmt hier, bei Vermeidung alles überflüssigen Wassers, das Kneten und Ausrollen vor.

Das Pflaster kann auch in Tafelformen gegossen werden.

Emplastrum saponatum salicylatum.

Salicyl-Seifenpflaster.
Nach *E. Dieterich.*

850,0 weisses Seifenpflaster,
50,0 filtriertes gelbes Wachs

schmilzt man unter Rühren im Dampfbad, lässt die Masse halb erkalten und rührt dann

100,0 feinst verriebene Salicylsäure

darunter.

In der Regel wird dieses Pflaster nur gestrichen geführt. Man streicht auf Schirting.

Emplastrum stomachale.

Magenpflaster.

Vorschrift des Dresdner Ap. V.

1000,0 Bleipflaster,
500,0 Bleiweisspflaster,
150,0 gelbes Wachs,
150,0 Fichtenharz

schmilzt man zusammen und fügt hierauf hinzu

25,0 Kampfer,
2,0 Wermutöl,
2,0 Rosmarinöl,
2,0 rektifiziertes Bernsteinöl,
1,0 Lavendelöl,
1,0 Kümmelöl,
1,0 Kalmusöl,
1,0 Krauseminzöl.

Emplastrum stomachale Berolinense.

Berliner Magenpflaster.

550,0 Bleiweisspflaster,
142,0 Kolophon,
300,0 gelbes Wachs.

Man schmilzt dieselben, fügt der Masse, wenn sie halb erkaltet ist, zu

1,0 Kamillenöl mit Citronenöl (Ol. Chamom. citrat.),
1,0 Wermutöl,
1,0 Kümmelöl,
1,0 Pfefferminzöl,
4,0 Krauseminzöl

bringt dann auf nasses Pergamentpapier und nimmt hier das Kneten und Ausrollen vor.

Emplastrum stomachale n. *Klepperbein.*

Klepperbein'sches Magenpflaster.

78,0 Bleipflaster,
10,0 Bleiweisspflaster,
5,0 gelbes Wachs,
5,0 Terpentin

schmilzt man und seiht durch.

Dann setzt man zu

1,0 Krauseminzöl,
1,0 Rosmarinöl

und rührt so lange, bis sich die Masse auf nassem Pergamentpapier kneten und in Stangen ausrollen lässt.

Soll das Pflaster in Büchsen ausgegossen werden, so ersetzt man das Wachs durch dieselbe Menge Olivenöl.

Emplastrum sulfuratum.

Schwefelpflaster.

40,0 schwarzes Pech,
10,0 gelbes Wachs

schmilzt man.

Man mischt dann der etwas abgekühlten Masse hinzu

10,0 Bernstein, Pulver M/30,
20,0 geschwefeltes Leinöl

und

10,0 auf nassem Weg gereinigtes Galbanum,

welch letzteres man vorher bei gelindem Erhitzen in

10,0 Terpentin

löste.

Man giesst das ziemlich weiche Pflaster in Blechdosen oder Holzschachteln aus.

Emplastrum Tartari stibiati.
Brechweinsteinpflaster.

80,0 zusammengesetztes Bleipflaster

schmilzt man. Der abgekühlten Masse mischt man hinzu

20,0 Brechweinstein, Pulver M/30,

und rührt noch so lange, bis die Masse hinreichend dick ist, um sich auf nassem Pergamentpapier kneten und ausrollen zu lassen. Man hat dabei das Wasser auf die allernotwendigste Menge zu beschränken.

Emplastrum Thapsiae extensum.
Sparadrap de thapsia. Thapsiapflaster.

420,0 gelbes Wachs,
450,0 gereinigtes Fichtenharz

schmilzt man im Dampfbad unter Rühren, setzt dann

50,0 Lärchenterpentin

zu und seiht die Masse durch ein Tuch.

Man verreibt ausserdem möglichst fein

75,0 Thapsiaharz

mit

50,0 Glycerin

und rührt die Verreibung unter die abgekühlte Pflastermasse. Wenn die Mischung gleichmässig ist, streicht man sie mit der Maschine auf Schirting.

Emplastrum de Tribus.
Dreierlei Pflaster.

100,0 Schierlingpflaster,
100,0 Quecksilberpflaster,
100,0 Melilotenpflaster.

Wenn es sich um Herstellung kleiner Mengen handelt, vermischt man die drei Pflaster durch Kneten. Sollen aber grössere Mengen bereitet werden, dann schmilzt man das Schierling- und Melilotenpflaster auf dem Dampfbad und löst hierin, nachdem man das Gefäss vom Apparat genommen hat, das zerkleinerte Quecksilberpflaster.

Man rührt bis nahezu zum Erkalten, knetet und rollt aus mit Zuhilfenahme einiger Tropfen Öl.

Emplastrum universale.
Universalpflaster.

75,0 schwarzes Mutterpflaster,
10,0 schwarzes Pech,
15,0 gewöhnliches Olivenöl

schmilzt man, lässt die Masse gut abkühlen und giesst sie in Holzschachteln aus.

Emplastrum universale n. *Walther*.
*Walther*sches Universalpflaster.

50,0 schwarzes Mutterpflaster,
7,0 Schiffspech,
30,0 Schweinefett

schmilzt man auf dem Dampfbad mit einander.

Man verreibt dann

1,0 gebrannten Alaun, Pulver M/50,
1,0 Bernstein, Pulver M/50

mit

10,0 Schweinefett

und setzt die Verreibung der halberkalteten Pflastermasse zu. Man giesst (s. Cerata) in Tafeln aus.

Emplastrum volatile.
Flüchtiges Pflaster.

65,0 Heftpflaster D. A. III.,
10,0 Benzoëtalg.

Man schmilzt und trägt in die halberkaltete Masse

15,0 Ölseife, Pulver M/30,
5,0 Ammoniumkarbonat, Pulver M/20,
5,0 Ammoniumchlorid, „ M/20,

ein.

Man bringt nun auf nasses Pergamentpapier und nimmt hier das Kneten und Ausrollen in Stangen vor.

Es ist jede übermässige Inanspruchnahme von Wasser zu vermeiden.

Emplastrum Zinci.
Zinkpflaster.

50,0 Bleipflaster,
30,0 Benzoëfett

schmilzt man.

Andrerseits verreibt man

10,0 Zinkoxyd

sehr fein mit

10,0 destilliertem Wasser

und mengt dieses Präparat der fast erkalteten anderen Masse unter.

Man füllt mit dem noch weichen Pflaster Blechdosen oder Holzschachteln, soweit nicht ein freies Auswiegen gebräuchlich ist. — Das Zinkpflaster ist ein kühlendes Mittel, welches bei leichten Brandwunden gute Dienste thut.

Schluss der Abteilung „Emplastra".

Emulsiones.

Emulsionen.

Man bezeichnet als Emulsionen milchähnliche Flüssigkeiten, welche Öle, Wachs oder Harze in Wasser fein verteilt enthalten und sowohl aus Samen durch Anstossen mit Wasser oder direkt aus Ölen, Wachs oder Harzen mit Hilfe von arabischem Gummi oder Eigelb bereitet sind.

Um aus Samen eine Emulsion zu gewinnen, wäscht man dieselben (die Mandeln werden in besonderen Fällen auch durch Einweichen in warmes Wasser von der äusseren Schale befreit und, wenn man bequem arbeiten will, auf einer Reibmaschine, wie sie die moderne Kücheneinrichtung bietet, gerieben), stösst sie, wenn das vom Waschen anhängende Wasser nicht hinreichen sollte, mit einer Kleinigkeit Wasser zu einem feinen gleichartigen Teig an, setzt nach und nach unter fortwährendem Stossen noch mehr Wasser und schliesslich in grösseren Mengen den Rest Wasser zu und seiht durch Stoff. In der Regel bereitet man aus 1 Teil Samen 10 Teile Emulsion, wie es auch das D. A. IV. und die Ph. Austr. VII vorschreiben.

Zur Herstellung einer Öl-Emulsion schlägt man häufig verschiedene Wege ein. Am besten verfährt man, wenn man 2 Teile Öl in eine breite geräumige Reibschale giebt, 1 Teil nicht zu fein gepulvertes arabisches Gummi in das Öl schüttet und nach Zusatz von 1,5 Teilen Wasser flott rührt, bis die Masse dick geworden und ein quietschendes Geräusch während des Rührens von sich giebt. Auf diese Art muss sich jedes Öl zur Emulsion verarbeiten lassen. Bequemer arbeitet es sich, wenn man das Verhältnis von 1 Teil Gummi, 2 Teilen Öl und 2 Teilen Wasser wählt, es giebt jedoch einzelne Sorten Mandelöl und Kopaivabalsam, die sich nur nach ersterem Verfahren emulgieren lassen.

Man verdünnt nun durch allmählichen Zusatz mit der vorgeschriebenen Menge Wasser — das D. A. IV. und die Ph. Austr. VII schreiben 2 Teile Öl, 1 Teil arabisches Gummi und 17 Teile Wasser zur Bereitung der Öl-Emulsion vor. Man findet vielfach zum Abwägen von Öl und Wasser eine Arzneiflasche; ich möchte an ihrer Stelle ein Abdampfschälchen, das sich leichter reinigen lässt, vorschlagen,

Emulsionen aus Kopaiva- oder Perubalsam bereitet man wie Öl-Emulsionen.

Gummiharze zerreibt man fein und verrührt sie dann in ihrem gleichen Gewicht Wasser mit der Keule, um sie schliesslich in der ganzen Wassermenge fein zu verteilen. Da sie selbst Gummi enthalten, ist ein Zusatz von arabischem Gummi nicht unbedingt notwendig; ein Zusatz davon erleichtert aber die Arbeit und befördert die feine Verteilung.

Kampfer lässt sich nur schwierig in Wasser verteilen. Man verreibt ihn zuerst für sich mittels einiger Tropfen Weingeist, sodann mit der zehnfachen Menge an arabischem Gummi und setzt allmählich das Wasser zu.

Bärlappsamen verreibt man zuerst anhaltend trocken, bis die Masse krümlich wird, ehe man das Wasser zusetzt.

Wachs- und Kakaoölemulsionen bereitet man im erwärmten Mörser mit heissem Wasser und rührt so lange, bis die Wärme der Flüssigkeit unter den Schmelzpunkt erwähnter Bestandteile herabgesunken ist. Man verwendet hierbei auf 1 Teil Wachs oder Kakaoöl 1 Teil arabisches Gummi und 1,5 Teile Wasser.

Sollen mehrere Bestandteile zu einer Emulsion vereinigt werden, so bereitet man mit jedem für sich zunächst die Emulsion und mischt dann letztere beide.

Emulsio Ammoniaci.

10,0 auf nassem Weg gereinigtes Ammoniakgummi,
5,0 arabisches Gummi, Pulver M/20,

verreibt man in kühlem Raum in einer Reibschale zuerst trocken und dann mit

10,0 kaltem destillierten Wasser

so lange, bis die Masse gleichmässig ist. Man setzt dann nach und nach zu

75,0 destilliertes Wasser.

Jede Erhitzung ist zu vermeiden. Wenn genau nach obiger Angabe verfahren wird, erhält man stets eine tadellose Emulsion.

Emulsio Amygdalarum.

Mandelmilch.

10,0 gewaschene oder frisch geschälte süsse Mandeln

stösst man (s. Einleitung) mit

q. s. Wasser

kunstgerecht an, dass die Emulsion nach dem Durchseihen

100,0

wiegt.

Emulsio Amygdalarum composita.

Zusammengesetzte Mandelmilch.

5,0 süsse Mandeln,
1,0 Bilsenkrautsamen,

beide gut gewaschen, stösst man mit
50,0 verdünntem Bittermandelwasser
zur Emulsion und seiht durch.

Man mischt dann
5,0 Zucker, Pulver M/30,
und
1,0 gebrannte Magnesia
mit einander und setzt diese der Milch zu.

Die zusammengesetzte Mandelmilch muss stets frisch bereitet werden.

Emulsio Amygdalarum gummosa.

Emulsio gummosa. Gummi-Mandelmilch.

90,0 Mandelmilch,
10,0 Gummischleim
mischt man.

Emulsio Amygdalarum saccharata.

Emulsio Amygdalarum dulcificata.
Gezuckerte Mandelmilch.

10,0 süsse Mandeln
wäscht man, stösst sie mit
q. s. Wasser
zur Milch, so dass dieselbe nach dem Durchseihen
90,0
wiegt. Man fügt dann
10,0 weissen Sirup
hinzu.

Die Mandelmilch muss stets frisch bereitet werden.

Die Ph. Austr. VII lässt die Mandelmilch in demselben Verhältnis bereiten, jedoch die Mandeln zugleich mit der entsprechenden Menge Zucker, 10 : 6, anstossen.

Emulsio Asae foetidae.

Asant-Emulsion.

Man bereitet sie wie Emulsio Ammoniaci.

Emulsio camphorata.

Kampfer-Emulsion.

10,0 süsse Mandeln
stösst man mit
90,0 Kampferwasser
zur Emulsion.

Man fügt dann noch
10,0 Zucker, Pulver M/30,
hinzu.

Emulsio Camphorae monobromatae.

2,0 Kampfermonobromid
löst man in
15,0 Mandelöl,
setzt dann zu
7,5 arabisches Gummi, Pulver M/20,
15,0 destilliertes Wasser
und rührt bis zur Emulsionbildung. Man verdünnt dann nach und nach mit
q. s. destilliertem Wasser,
dass das Ganze
100,0
beträgt.

Emulsio Cerae.

Wachs-Emulsion.

10,0 filtriertes gelbes Wachs
schmilzt man im Dampfbad in einer geräumigen Reibschale, die Keule durch Einlegen in heisses Wasser ebenfalls erhitzend, setzt
30,0 Gummischleim
zu und verrührt, wie in der Einleitung beschrieben worden ist, zur Emulsion. Man verdünnt schliesslich mit
60,0 warmem destillierten Wasser.

Emulsio extracti Filicis n. *Widerhofer.*

Widerhofers Bandwurmmittel.

18,0 Farnextrakt
mischt man mit
46,0 Pomeranzenschalensirup,
12,0 arabischem Gummi, Pulver M/20,
und reibt damit
24,0 Kamala
an.

Schon die Hälfte dürfte für einen Erwachsenen genügen.

Emulsio Galbani.

Galbanum-Emulsion.

Man bereitet sie wie Emulsio Ammoniaci.

Emulsio Guajaci.

Guajakharz-Emulsion.

Man bereitet sie mit Guajakharz wie Emulsio Ammoniaci.

Emulsio laxativa Viennensis.

25,0 Manna
löst man in einer Reibschale ohne Anwendung von Wärme in
75,0 Mandelmilch.

Man seiht durch, fügt
5,0 Zimtwasser
und
q. s. destilliertes Wasser

hinzu, dass das Gewicht der ganzen Menge
100,0
beträgt.

Emulsio oleosa.

Mixtura oleosa. Öl-Emulsion.

a) 10,0 Mandelöl,
5,0 arabisches Gummi, Pulver M/30,
10,0 destilliertes Wasser.

Man bereitet kunstgerecht eine Emulsion und verdünnt sie mit
75,0 destilliertem Wasser.

b) Für die Armenpraxis.
10,0 Mohnöl,
5,0 arabisches Gummi, Pulver M/30,
10,0 weisser Sirup,
75,0 destilliertes Wasser.

Bereitung wie bei a).

c) Vorschrift der Ph. Austr. VII.
10,0 frisches Mandelöl,
5,0 gepulvertes Akaziengummi

verreibt man innig mit
10,0 einfachem Sirup

und stellt unter beständigem Umrühren mit
175,0 destilliertem Wasser

eine Emulsion her.

Es ist nicht recht einzusehen, weshalb man das Gummi und Öl mit Sirup verreiben soll; es dürfte wohl einfacher sein, zuerst die Emulsion zu bereiten und zuletzt den Sirup zuzusetzen.

Emulsio Papaveris.

Emulsio communis. Mohnsamenmilch.

Form. magistr. Berol.
185,0 Mohnsamenemulsion, aus 20,0 Mohnsamen bereitet,
15,0 weisser Sirup.

Emulsio ad Papillas mammarum.

Brustwarzen-Emulsion.

8,0 Mandelöl,
2,0 Perubalsam,
6,0 arabisches Gummi, Pulver M/30,
8,0 Rosenwasser.

Man bereitet kunstgerecht eine Emulsion und verdünnt sie mit
74,0 Rosenwasser,

in welchem man vorher
2,0 Borsäure

löste.

Zusätze von Weingeist und dergleichen rufen auf den wunden Warzen so heftige Schmerzen hervor, dass sie geradezu unbegreiflich sind. Dieselben Erscheinungen treten, worauf besonders hingewiesen sein möge, bei einem Zuviel an Perubalsam auf.

Emulsio phosphorata.

Phosphor-Emulsion.

5,0 Phosphoröl (= 0,005 Phosphor),
3,0 arabisches Gummi, Pulver M/20,
5,0 destilliertes Wasser.

Man bereitet kunstgerecht eine Emulsion, verdünnt sie mit
77,0 Pfefferminzwasser

und setzt
10,0 weissen Sirup

zu.

Emulsio Picis liquidae.

Solutio Picis alcalina. Teer-Emulsion.

1,0 Holzteer,
1,0 krystallisiertes Natriumkarbonat

verreibt man in einer Reibschale. Man setzt dann allmählich
98,0 destilliertes Wasser

zu, bringt in eine Flasche, schüttelt tüchtig und filtriert nach einigen Stunden.

Emulsio Resorcini.

Resorcin-Emulsion.

1,0 Resorcin

löst man in
79,0 Mandelmilch

und setzt
20,0 Pomeranzenschalensirup

zu.

Emulsio ricinosa.

Form. magistr. Berol.
40,0 Ricinusöl,
12,0 gepulvertes arabisches Gummi,
20,0 weisser Sirup,
128,0 destilliertes Wasser.

Man bereitet kunstgerecht eine Emulsion.

Emulsio salicylata.

Salicyl-Emulsion.

15,0 Mandelöl,
8,0 arabisches Gummi, Pulver M/20,
15,0 Orangenblütenwasser

verarbeitet man zur Emulsion. Man verreibt dann darin

2,0 Salicylsäure,

verdünnt mit

50,0 Orangenblütenwasser

und setzt

10,0 weissen Sirup

zu.

Die Salicylsäure erschwert das Emulgieren, weshalb sie nachträglich zuzusetzen ist.

Emulsio contra **Taeniam.**

Bandwurm-Emulsion.

60,0 Granatwurzelrinde, Pulver M/8,
240,0 destilliertes Wasser,

maceriert man zehn Stunden, erhitzt dann zwei Stunden lang im Dampfbad und presst aus. Den Rückstand erhitzt man nochmals zwei Stunden mit

200,0 destilliertem Wasser,

presst aus und dampft die Seihflüssigkeit bis zum Gewicht von

130,0

ein.

Mit diesem Auszug und

30,0 Ricinusöl,
15,0 arabischem Gummi, Pulver M/20,

bereitet man kunstgerecht eine Emulsion und setzt schliesslich

25,0 Süssholzsirup

zu.

Diese, auf eine erwachsene Person berechnete Dosis wird morgens nach einer Tasse Kaffee oder Thee in Zeit von einer halben Stunde in zwei Hälften genommen,

Schluss der Abteilung „Emulsiones".

Essentiae Aquarum aromaticarum.

Essenzen zu aromatischen Wässern.

Verschiedene aromatische Wässer werden in manchen Geschäften so selten gebraucht, dass man bei direkter Herstellung derselben aus den ätherischen Ölen nach dem früher angeführten Vorschriften noch viel zu grosse Mengen erhält.

Für solche Fälle benützt man 200-fache Essenzen, welche durch Auflösen von ätherischen Ölen in Weingeist hergestellt werden. Man darf dabei jedoch nie vergessen, dass es sich immer nur um einen Notbehelf handelt, und dass man besser thut, sie da zu benützen, wo man die denselben Zweck dienenden, aus frischen Pflanzenteilen bereiteten hundertfachen Wässern nicht erlangen kann.

Als selbstverständlich setze ich voraus, dass man zur Bereitung der 200-fachen Essenzen nur beste Öle benützt und die Essenzen vor Luft und Licht geschützt aufbewahrt.

Die 200-fache Konzentration bedingt, auf 10 g Wasser 1 Tropfen Essenz zu nehmen.

Essentia Aquae Anisi 200-plex.

Aniswasser-Essenz.

1,0 Anisöl

löst man in

9,0 Weingeist von 90 pCt.

Man nimmt 1 Tropfen davon auf 10 g Wasser.

Essentia Aquae Arnicae 200-plex.

Arnikawasser-Essenz.

0,2 Arnikablütenöl

löst man in

10,0 Weingeist von 90 pCt.

Man nimmt 1 Tropfen auf 10 g Wasser.

Essentia Aquae Asae foetidae 200-plex.

Asantwasser-Essenz.

0,2 Asantöl

löst man in

10,0 Weingeist von 90 pCt.

Man nimmt 1 Tropfen auf 10 g Wasser.

Essentia Aquae Aurantii corticis 200-plex.

Pomeranzenschalenwasser-Essenz.

0,5 Pomeranzenschalenöl

löst man in

10,0 Weingeist von 90 pCt.

Man nimmt 1 Tropfen auf 10 g Wasser.

Essentia Aquae Aurantii florum 200-plex.
Pomeranzenblütenwasser-Essenz. Orangenblütenwasser-Essenz.

0,2 Orangenblütenöl
löst man in
10,0 Weingeist von 90 pCt.
Man nimmt 1 Tropfen auf 10 g Wasser.

Essentia Aquae Calami 200-plex.
Kalmuswasser-Essenz.

1,0 Kalmusöl,
löst man in
9,0 Weingeist von 90 pCt.
Man nimmt 1 Tropfen auf 10 g Wasser.

Essentia Aquae Camphorae 200-plex.
Kampferwasser-Essenz.

4,0 Kampfer
löst man in
6,0 Weingeist von 90 pCt.
Man nimmt 1 Tropfen auf 10 g Wasser.

Essentia Aquae Carvi 200-plex.
Kümmelwasser-Essenz.

0,5 Kümmelöl
löst man in
10,0 Weingeist von 90 pCt.
Man nimmt 1 Tropfen auf 10 g Wasser.

Essentia Aquae Cascarillae 200-plex.
Kaskarillwasser-Essenz.

0,5 Kaskarillöl
löst man in
10,0 Weingeist von 90 pCt.
Man nimmt 1 Tropfen auf 10 g Wasser.

Essentia Aquae Citri 200-plex.
Citronenwasser-Essenz.

1,0 Citronenöl
löst man in
9,0 Weingeist von 90 pCt.
Man nimmt 1 Tropfen auf 10 g Wasser.

Essentia Aquae Hyssopi 200-plex.
Isopwasser-Essenz.

1,0 Isopöl
löst man in
9,0 Weingeist von 90 pCt.
Man nimmt 1 Tropfen auf 10 g Wasser.

Essentia Aquae Juniperi 200-plex.
Wacholderwasser-Essenz.

0,5 Wacholderbeeröl,
10,0 Weingeist von 90 pCt.
Man löst und nimmt 1 Tropfen dieser Essenz auf 10 g Wasser.

Essentia Aquae Kreosoti 200-plex.
Kreosotwasser-Essenz.

3,0 Kreosot,
7,0 Weingeist von 90 pCt
mischt man.
Man nimmt 1 Tropfen auf 10 g Wasser.

Essentia Aquae Lavandulae 200-plex.
Lavendelwasser-Essenz.

1,0 Lavendelöl
löst man in
9,0 Weingeist von 90 pCt.
Man nimmt 1 Tropfen auf 10 g Wasser.

Essentia Aquae Petroselini 200-plex.
Petersilienwasser-Essenz.

1,0 Petersiliensamenöl
löst man in
9,0 Weingeist von 90 pCt.
Man nimmt 1 Tropfen auf 10 g Wasser.

Essentia Aquae Rosmarini 200-plex.
Rosmarinwasser-Essenz.

1,0 franz. Rosmarinöl
löst man in
9,0 Weingeist von 90 pCt.
Man nimmt 1 Tropfen auf 10 g Wasser.

Essentia Aquae Rutae 200-plex.
Rautenwasser-Essenz.

1,0 Rautenöl
löst man in
9,0 Weingeist von 90 pCt.
Man nimmt 1 Tropfen auf 10 g Wasser.

Essentia Aquae Salviae 200-plex.
Salbeiwasser-Essenz.

1,0 Salbeiöl
löst man in
9,0 Weingeist von 90 pCt.
Man nimmt 1 Tropfen auf 10 g Wasser.

Essentia Aquae Serpylli 200-plex.
Quendelwasser-Essenz.

0,5 Feldthymianöl
löst man in
10,0 Weingeist von 90 pCt.
Man nimmt 1 Tropfen auf 10 g Wasser.

Essentia Aquae Sinapis 200-plex.
Senfwasser-Essenz.

0,5 ätherisches Senföl
löst man in
10,0 Weingeist von 90 pCt.
Man nimmt 1 Tropfen auf 10 g Wasser.

Schluss der Abteilung „Essentiae Aquarum aromaticarum".

Essentia Aceti.
Essig-Essenz.

Sie besteht aus reiner 50-prozentigen Essigsäure † und wird in 0,5 l Flaschen mit folgender Gebrauchsanweisung abgegeben:

Essig-Essenz
zur Bereitung von
reinstem Speise- und Einmache-Essig.

Diese Flasche enthält die Essenz für
$12^1/_2$ l gewöhnlichen Speise-Essig, oder
$7^1/_2$ l starken Speise-Essig, oder
5 l stärksten Einmache-Essig.

Zur Bereitung von Speise-Essig verdünnt man die Essenz mit Brunnenwasser, für Einmache-Essig kocht man das Brunnenwasser vorher ab und lässt es erkalten, ehe man mit der Essenz mischt.

* * *

Die Haltbarkeit des aus Essenzen bereiteten Essigs ist eine vorzügliche, ebenso halten sich damit eingemachte Früchte, Gemüse usw. ausgezeichnet; der Geschmack ist dagegen nicht so mild, wie bei Verwendung von Weinessig. Die Bezeichnung „Pasteurs Essigessenz" ist eine willkürliche; wenigstens hat der berühmte Gelehrte, an den der Erfinder dieser Bezeichnung, wie es scheint, zu erinnern wünscht, nichts damit zu thun.

Essentia Menthae piperitae.
Essence of Peppermint.

Vorschrift der Ph. Brit.
10,0 Pfefferminzöl,
37,0 Weingeist von 88,76 Vol. pCt.

Essentia Saccharini.
Saccharinessenz.
Nach *B. Fischer*.

20,0 Saccharin
verteilt man in
200,0 destilliertem Wasser
und fügt in kleinen Mengen
q. s. Natriumkarbonat
hinzu, bis sich das Saccharin gelöst hat.
Ein Natronüberschuss ist zu vermeiden.
Man verdünnt nun die Lösung mit
720,0 destilliertem Wasser,
fügt noch
60,0 Cognak
hinzu und filtriert.
Von dieser Essenz nimmt man 20 Tropfen auf eine Tasse Kaffee.

Essentia Tamarindorum.
Tamarindenessenz.

a) Vorschrift v. *E. Dieterich*.
400,0 zusammengesetztes Tamarindenextrakt *Helfenberg*, †
60,0 Weingeist von 90 pCt,
540,0 destilliertes Wasser.
Man löst, stellt die Lösung einige Tage kühl und filtriert sie dann.

b) Vorschrift des Berliner Apotheker-Vereins:
330,0 gereinigtes Tamarindenmus,
50,0 entharzte Sennesblätter
übergiesst man mit
2000,0 kochendem Wasser
und lässt 12 Stunden stehen. Hierauf seiht man durch, presst den Rückstand leicht ab, kocht die Seihflüssigkeit einmal auf, seiht nochmals durch und dampft bis zum Gewicht von
700,0
ein.
525,0 dieser Flüssigkeit
neutralisiert man genau mit
q. s. (ca. 90 g) Natronlauge von 1,170 spez. Gew.
und mischt hinzu
100,0 Weingeist von 90 pCt,
100,0 weissen Sirup,
5,0 Vanilletinktur
und den Rest von
175,0 der sauren Kolatur.

† S. Bezugsquellen-Verzeichnis.

Man lässt 6—8 Tage absetzen, filtriert dann. Das nach b) hergestellte Präparat hat einen wenig angenehmen Geschmack.

c) Vorschrift des Münch. Ap. Ver.

500,0 rohes Tamarindenmus,
2500,0 heisses destilliertes Wasser.

Man knetet das Tamarindenmus mit heissem Wasser gut durch, lässt es einige Stunden stehen und seiht ohne Pressung durch ein Haarsieb ab. Die Seihflüssigkeit dampft man auf

1000,0

ab und neutralisiert

750,0

derselben mit einer hinreichenden Menge von Magnesiumkarbonat.

Andererseits maceriert man

50,0 geschnittene Sennesblätter,
2,0 gebrannte Magnesia,
500,0 destilliertes Wasser

24 Stunden, seiht ab ohne Pressung, setzt beide Tamarindenauszüge zu, erhitzt zum Kochen, seiht nochmals ab durch Flanell und dampft die Seihflüssigkeit auf das Gewicht von

800,0

ein. Die erkaltete Flüssigkeit versetzt man mit

50,0 weissem Sirup,
50,0 Pomeranzenschalensirup,
50,0 Zimtsirup,
50,0 verdünntem Weingeist v. 68 pCt,

lässt absetzen und filtriert.

Extracta.

Extrakte.

Der Verbrauch der eingedampften Pflanzenauszüge oder Extrakte hat bei uns gegen frühere Zeiten bedeutend nachgelassen; auffallend muss es daher erscheinen, dass in Amerika gerade das umgekehrte Verhältnis obwaltet, und dass eine daselbst neu ausgearbeitete Form der Extrakte, die Fluidextrakte, auch bei uns an Boden gewannen, so dass ihr schon das D. A. III das volle Bürgerrecht erteilt hat. Mag der Rückgang in der Anwendung der alten Extrakte auch in erster Linie veränderter ärztlicher Richtung, die danach strebt, mit einheitlichen Körpern zu arbeiten, zuzuschreiben sein, so drängt doch jener die Fluidextrakte betreffende Umstand die Erwägung auf, dass vielleicht unsere jetzigen Darstellungsverfahren und unsere jetzigen Formen für die Extrakte verbesserungsbedürftig sind und dass unsere bisherigen Extrakte nicht in dem Mass, wie sie es müssten, die vollen wirksamen Bestandteile des Pflanzenteiles in unveränderter Form enthalten.

In der That, sieht man die Arzneigesetzbücher der letzten fünfzig Jahre durch, so bemerkt man in den Extraktbereitungsvorschriften keinen Fortschritt, obwohl wenigstens im letzten Jahrzehnt auf diesem Gebiet manches Beherzigenswerte zu Tage gefördert worden ist. Soll sich dieser Zustand ändern, so darf sich ein Arzneibuch bestimmten Forderungen, wie die der Weingeistbehandlung der wässerigen Extrakte, der Verwendung des Vakuums zum Eindampfen, der Forderung eines bestimmten Alkaloidgehaltes für die narkotischen Extrakte usw. nicht verschliessen, wie es bezüglich des letzteren Punktes bereits von der Niederländischen und der Vereinigten-Staaten-Pharmakopöe und neuerdings vom D. A. IV geschehen ist.

Wenn ich im folgenden mit Aufstellung neuer Verfahren vielfach vom Arzneibuch abweiche, so soll darin durchaus nicht eine Verleitung zur Ungesetzlichkeit liegen, ich will vielmehr nur die Wege anzeigen, durch welche Verbesserungen zu erzielen sind, und glaube mich hierzu um so mehr berechtigt, als meine Vorschläge alle praktisch erprobt sind. Die seit meinen Veröffentlichungen in No. 27, Jahrgang 1885 der Pharmazeutischen Centralhalle gewonnenen Erfahrungen werden hier entsprechende Verwendung finden.

Als Hauptregeln für die Darstellung aller Extrakte dürfen gelten:

1. Nur beste Pflanzenteile, wo zulässig, in möglichst zerkleinertem Zustand, dürfen zur Verarbeitung kommen.
2. Da ein zu langes Erhitzen Zersetzungen im Gefolge hat, sollen, um das Eindampfen abzukürzen, die Mengen des Lösungsmittels so niedrig wie möglich bemessen werden.
3. Die Maceration muss in mittlerer Temperatur (15—20° C) vorgenommen werden, je nach Beschaffenheit des Stoffes und des Lösungsmittels 24—48 Stunden dauern.
4. Der Digestion, für welche sich eine Temperatur von 35—40° C am besten eignet, hat stets eine sechs- bis zwölfstündige Maceration voranzugehen.
5. Als Wärmequelle beim Abdampfen darf nur Wasserdampf, niemals freies Feuer benützt werden.
6. Es dürfen zum Eindampfen nur Porzellanschalen Verwendung finden, weil die die Hitze besser leitenden Metallschalen stets dunklere Präparate, mitunter sogar solche mit brenzlichem Geruch liefern.

7. Es muss während des Eindampfens dauernd gerührt werden, da, wie schon unter 6 erwähnt, durch Abkürzung des Eindampfens stets ein hellfarbigeres Extrakt von besserem Geruch erzielt wird. (Das Rühren darf also nicht bloss ab und zu, wie es vielfach Gebrauch ist, besorgt werden.)
8. Wo sich beim Eindampfen weingeistiger Auszüge ein späterer Weingeistzusatz notwendig macht, kann das vorher gewonnene Destillat benützt werden.

Diese Regeln mögen folgende Begründungen erfahren:

Zu 1. Die Verarbeitung bester Pflanzenteile ist eigentlich selbstverständlich, denn gute Präparate erhält man eben nur aus guten Rohstoffen; sie muss aber betont werden, weil vielfach der Glaube verbreitet ist, dass] zur Bereitung von Extrakten, welche nach Ansicht der Pharmakopöen nur braun oder dunkelbraun auszusehen und klar oder trübe löslich zu sein brauchen, alles gut genug ist. Für die Beschaffung bester Rohstoffe ist es notwendig, dieselben vorher auf ihren Gehalt an Extraktivstoffen, bezw. Alkaloïden zu prüfen und jede minderwertige Ware auszuscheiden. — Ein hoher Grad der Zerkleinerung ist notwendig, um dadurch den Raum und damit zusammenhängend die Menge des Lösungsmittels verringern zu können.

Zu 2. Ein zu starkes oder zu langes Erhitzen, z. B. herbeigeführt durch Verwendung von Metallschalen oder durch Unterlassen des Rührens oder durch Benützung zu grosser Menge Lösungsmittel, äussert sich schliesslich durch eine zu dunkle Farbe der erhaltenen Extrakte, oft auch durch Ausscheidungen in denselben. Es ist also notwendig, den Abdampfvorgang möglichst abzukürzen und die Temperatur dabei nach Möglichkeit zu erniedrigen. Man erreicht dies am besten in Vakuumapparaten (s. „Abdampfen").

Zu 3 und 4. Die der Digestion vorangehende Maceration hat den Zweck, die Zellmembranen zu erweichen und zum Diffundieren geeignet zu machen.

Man erzielt zumeist durch diese Vorbehandlung höhere Ausbeute an Extrakt.

Zu 5 und 6. Die Vorschriften, kein freies Feuer, sondern nur Wasserdampf als Heizmittel und ferner nur Porzellanschalen beim Abdampfen zu verwenden, sind so allgemein anerkannt, dass eine besondere Begründung entbehrlich erscheint.

Nach dem sehr richtigen Vorschlag von *Knobloch* mischt man bei der Extraktbereitung die ersten und zweiten Auszüge nicht mit einander, sondern dampft jeden für sich ab. Auf diese Weise wird die im ersten Auszug enthaltene grössere Menge von Extraktivstoffen weniger lang der Erhitzung ausgesetzt, als wenn beide Auszüge vereint eingedampft werden.

Die in den meisten Apotheken zum Abdampfen benützten sog. Dampfapparate sind, da sie gleichzeitig zum Destillieren dienen, unter „Destillieren" besprochen.

* * *

Man teilt die Extrakte nach dem Lösungsmittel, welches zu ihrer Bereitung verwendet wurde, ein in wässrige, weingeistige und ätherische und weiter nach ihrem Feuchtigkeitsgehalt in flüssige, dicke und trockne. Aus praktischen Gründen will ich im folgenden die drei erstgenannten, sowie die Extracta narcotica sicca einer Allgemeinbesprechung unterziehen, sie jedoch gemeinsam im einzelnen behandeln; aus denselben Gründen werde ich die Fluidextrakte und die Dauerextrakte in besonderen Abschnitten besprechen.

A. Wässerige Extrakte.

Die Zerkleinerung der Pflanzenteile ist eine für jeden Fall gesondert zu behandelnde Frage. Wenn es sich nicht um Stoffe mit sehr hohem Schleimgehalt handelt, so strebt man in Rücksicht auf ein vollkommenes Ausziehen eine möglichste Zerkleinerung an, umsomehr, wenn Hölzer und Wurzeln vorliegen; man verarbeitet also Cortex Cascarillae, Cortex Chinae, Stipites Dulcamarae, Rhizoma Graminis, Lignum Campechianum, Radix Liquiritiae, Lignum Quassiae usw. als grobe Pulver. Gelangen jedoch schleimhaltige Pflanzenteile, wie Radix Gentianae, Radix Taraxaci, Radix Rhei zur Verarbeitung, so verwendet man diese im geschnittenen und abgesiebten Zustand. Entfernt man das feine Pulver nicht durch Absieben, so hat man unendliche Mühe mit dem Pressen, Klären und Filtrieren und erlangt schliesslich doch kein tadelloses Präparat. Kräuter verwendet man mehr oder minder fein geschnitten.

Das Ausziehen bewirkt man am besten so, dass man den Stoff 12—24 Stunden mit Wasser maceriert, dann auspresst, den Rückstand mit heissem Wasser übergiesst und nach ein- bis zweistündigem Stehen nochmals auspresst. Durch die kalte Behandlung enthält der erste Auszug das in jeder Pflanze befindliche Pflanzeneiweiss, welches auf diese Weise zur Klärung der Brühen mit herangezogen werden kann.

Hat man Pflanzenteile auszuziehen, welche, wie Gentiana oder Taraxacum, Pektin oder Inulin enthalten, so muss das zweite Ausziehen gleichfalls kalt bewirkt werden, weil sich die genannten Stoffe in heissem Wasser lösen, aber nicht in das Extrakt übergehen sollen.

Pflanzenteile mit heissem Wasser zu übergiessen, ohne dass eine Maceration vorherging (das *D. A. IV.* und die *Ph. Austr. VII* schreiben dies wiederholt vor) halte ich für unpraktisch und fehlerhaft.

Zum Ausziehen soll man nur so viel Wasser nehmen, als notwendig, um, wie schon in den Hauptregeln ausgeführt wurde, das Abdampfen möglichst abzukürzen. Je mehr die Pflanzenteile zerkleinert sind, um so weniger Flüssigkeit wird zum Ausziehen notwendig sein.

Bei wässerigen Extrakten kann nach meinen Erfahrungen der noch von *Mohr* ventilierte Streit, ob die Verdrängung (Perkolation) nicht dem Auspressverfahren vorzuziehen sei, kurz und bündig zu Gunsten des letzteren entschieden werden. Die meisten Pflanzenteile, ganz besonders im Sommer, halten nur eine 12-, höchstens 24-stündige Maceration aus und schimmeln oder werden unfehlbar sauer, wenn man ihnen, wie dies beim Verdrängen notwendig ist, eine längere Zeit zumutet. Dass aber (ich erinnere an die Liquiritia) sauere oder gelatinierte Auszüge Verluste im Gefolge haben und ausserdem keine mustergültigen Extrakte liefern, ist zu bekannt, um eigens betont werden zu müssen. Ich ziehe das Auspressen auch deshalb vor, weil dadurch die Pflanzenfasern zerrissen und für das zweite Ausziehen dem Wasser zugängig gemacht werden. Schwierigkeit bietet das Verfahren heutzutage deshalb nicht, weil man Pressen in allen Grössen und verhältnismässig niederen Preis erhält.

Das Klären der Extraktbrühen geht bei Benützung des natürlichen Eiweisses zumeist sehr glatt vor sich, wenn man den kalten Auszug mit dem heiss bereiteten mischt, verrührtes Filtrierpapier hinzusetzt und sodann unter Abschäumen aufkocht. Filtriert man durch Flanellspitzbeutel, die man vorher durch Begiessen mit in Wasser verrührtem Filtrierpapier gedichtet hat, und giesst das zuerst Ablaufende einige Mal zurück, so erhält man goldklare Filtrate, die im Vakuumapparat stets und beim Abdampfen auf dem Dampfbad meistens klarlösliche Extrakte liefern.

Bei geringem Eiweissgehalt und ungenügender Klärung kocht man ein zweites Mal mit feinem Talkpulver und einer neuen Menge verrührter Papierfaser auf. Da diese bei der Behandlung der Extraktbrühen vorkommenden Arbeiten sehr sorgfältig geschehen müssen, wenn man die „Klarlöslichkeit“ erzielen will, so sind sie in besonderen Abschnitten, unter „Abschäumen“, „Filtrieren“ und „Klären“ besprochen.

Die derartig geklärten Brühen liefern beim Eindampfen auf dem offenen Dampfbad nicht immer klarlösliche Extrakte, weil zumeist noch schleimartige Bestandteile vorhanden sind, die sich beim Eindicken ausscheiden. Das D. A. III lässt die Brühen ungefähr auf den dritten, die Ph. Austr. VII auf den vierten Raumteil eindampfen und zum Absetzen bei Seite stellen — einige schwerlösliche Salze wird man wohl auf diese Weise entfernen, in den allerseltensten Fällen aber vorhandenen trübenden Schleim! Nur die Behandlung der bis zu einem gewissen Grad eingedampften Brühe mit einer genügenden Menge Weingeist, wie sie in jedem einzelnen Fall beschrieben werden wird, ermöglicht die Entfernung der Schleimteile. Da letztere weder für die Wirkung eines Extrakts in Betracht kommen, ja sogar die Haltbarkeit beeinträchtigen, so dürfte die Weingeistbehandlung als eine hervorragende Verbesserung der Extraktbereitungsverfahren anzusprechen sein. Auch *Traub* hat sich diesen Standpunkt zu eigen gemacht; er schlägt vor, nur die wässrigen Auszüge von Chinarinde, Aloë und Ratanhiawurzel ohne weiteres einzudampfen, dagegen solche von Kardobenediktenkraut, Tausendgüldenkraut, Taraxacum usw. durch Weingeistbehandlung von den Schleimstoffen zu befreien. Die dazu notwendigen Weingeistmengen sind verschieden und deshalb bei den einzelnen Vorschriften angegeben; jedenfalls dürfen sie nicht zu knapp bemessen werden.

Das D. A. IV hat zu meiner Genugthuung bei den wässerigen Extrakten die Weingeistbehandlung eingeführt, freilich hat es sich, wie es scheint, von ökonomischen Rücksichten leiten lassen und die Weingeistmengen ausserordentlich niedrig gegriffen.

Über das Eindampfen der Brühen ist bereits im allgemeinen Teil „Extrakte“ gesprochen worden; s. auch „Abdampfen“.

Häufig kommt es vor, dass wässerige Extrakte (ich erinnere an Extractum Cascarillae) harzige Teile beim Abdampfen ausscheiden, man dampft dann etwas weiter ab, als eigentlich notwendig ist, und bringt durch Zusatz von Weingeist zu dem noch heissen Extrakt auf die vorschriftsmässige Dicke. Man erzielt dadurch ein gleichmässiges Extrakt.

Pflanzenteile mit Aroma, welche zur Herstellung wässeriger Extrakte dienten, enthalten nach dem Erschöpfen mit Wasser fast noch alles ätherische Öl. So kann man dasselbe nachträglich durch Destillation gewinnen aus den Pressrückständen von Extractum Cascarillae, Extractum Myrrhae, Succus Juniperi, Sirupus Chamomillae, Sirupus Cinnamomi, Sirupus Foeniculi, Sirupus Menthae pip. usw.

Ein Unterschied zwischen den mit Wasser ausgezogenen und den aus nichtausgezogenen Pflanzenteilen destillierten Ölen konnte bis jetzt nicht festgestellt werden; mindestens eignen sich dieselben für Parfümeriezwecke.

B. Weingeistige Extrakte.

Die möglichste Zerkleinerung der auszuziehenden Stoffe ist hier ebenso wie bei den wässerigen Extrakten geboten, nur aus anderen Gründen. Während dort das Verdampfen grosser Mengen Flüssigkeit vermieden werden muss, um nicht die durch zu langes Abdampfen möglichen Zersetzungen herbeizuführen, arbeitet man hier mit gepulverten Stoffen, weil sie den niedrigsten Verbrauch des kostspieligen Lösungsmittels ermöglichen. Obgleich ein Pulvern aromatischer Pflanzenteile ein vorheriges Trocknen und damit einen Verlust an Aroma voraussetzt, so kommt derselbe doch nicht in Betracht, weil beim Abdampfen der Auszüge ohnehin fast alles Aroma verjagt wird. Zur Begründung dieser Ansicht erinnere ich an Extractum Absinthii. Wenn man von den Auszügen den Weingeist abdestilliert, erscheint das Destillat durch das gleichzeitig mit übergehende ätherische Öl braungrün und je dunkler, je ölhaltiger das Destillat wird. Genau so muss das Öl beim Abdampfen entweichen. Versuche, welche ich durch Destillieren je eines ganzen Kilogramms verschiedener solcher Extrakte anstellte, haben die Richtigkeit dieses Schlusses ergeben, sofern sie nur Spuren an ätherischem Öl lieferten.

Hat man nicht zu grosse Mengen vor sich, so kann man hier das Verdrängen (Perkolieren) anwenden — die Ph. Austr. VII. lässt sämtliche weingeistigen Extrakte auf dem Verdrängungsweg bereiten. Man muss sich aber auf einen langsamen Verlauf der Arbeit gefasst machen. Schneller fährt man natürlich, wenn man 2 mal je 2 Tage maceriert und jedesmal auspresst. In beiden Fällen, dem des Pressverfahrens und dem des Verdrängens, bringt man schliesslich die Auszüge in die Destillierblase und treibt mit Dampf den darin enthaltenen Weingeist ab.

Die Auszüge filtriert man, destilliert den Weingeist ab und dampft, ohne nochmals zu filtrieren, ein. Auch hier giebt das Vakuum bessere Präparate, wie das offene Dampfbad. So scheidet sich auf letzterem beim Eindampfen von Absinth-Auszügen das Harz in Körnern und Knoten aus, während im Vakuum (wahrscheinlich infolge des rascheren Verlaufs des Abdampfens) ein vollkommen gleichmässiges Extrakt gewonnen wird. Da man von jedem Extrakt eine gleichmässige Beschaffenheit verlangen kann, so muss den mit verdünnten Weingeist bereiteten Extrakten, sobald sie durch Verjagen des Weingeistes harzige Teile fallen lassen, Weingeist und zwar so oft und so viel zugesetzt werden, bis die Ausscheidungen wieder in Lösung übergeführt sind.

Ähnlich wie bei den wässerigen Extrakten ist auch der verdünnte Weingeist nicht imstande, aromatischen Pflanzenteilen alles ätherische Öl zu entziehen. Man kann dasselbe deshalb abdestillieren aus den Pressrückständen von Extractum Absinthii, Extractum Aurantii cort., Extractum Calami, Extractum Helenii, Extractum Millefolii, Extractum Sabinae, Extractum Valerianae, Sirupus Aurantii cort. usw.

Diese nachträglich gewonnenen Öle stehen den aus unausgezogenen Droguen hergestellten wesentlich nach und sind deshalb für pharmazeutische Zwecke nicht verwendbar.

C. Ätherische Extrakte.

Für die Vorbereitung der Pflanzenteile gilt hier das im vorigen Abschnitt Gesagte.

Für die Äther-Extraktion eignet sich ganz besonders das Verdrängungsverfahren, weil es den geringsten Ätherverlust mit sich bringt.

Ferner seien noch die Äther-Extraktionsapparate von *Gust. Christ* in Berlin als praktisch für den Gebrauch im pharmazeutischen Laboratorium empfohlen.

Von den Auszügen destilliert man den Äther oder Ätherweingeist ab und dampft das Extrakt in einer Porzellanschale bis zur vorgeschriebenen Dicke ein.

Extracta narcotica sicca.

Zur Herstellung trockner narkotischer Extrakte verfährt man am besten so, dass man in eine entsprechend grosse Abdampfschale

120,0 Süssholzpulver, $^{M}/_{50}$,

bringt, die Schale 3—4 Stunden in den Trockenschrank stellt und nun auf das Pulver, ohne dass man die Schalenwandung beschmiert, z. B.

100,0 Bilsenkrautextrakt

wiegt. Man bringt dann die Schale ins Dampfbad, vermischt durch Rühren mittels Spatels das Extrakt mit dem Pulver so lange, als man eine Zerkleinerung der Extraktteile wahrnimmt, giebt jetzt die Masse in einen Mörser, stösst tüchtig durch und legt hierauf die Mischung, auf Pergamentpapier ausgebreitet, in den Trockenschrank. Bei einer Temperatur von 25—30° C lässt sich das Extrakt nach 8, höchstens 10 Stunden pulvern und durch ein Seidensieb, $^{M}/_{50}$, schlagen. Vor dem Pulvern bringt man durch Zusatz von Süssholzpulver auf ein Gewicht von

200,0.

Das D. A. IV. schreibt für 100,0 Extrakt nur 75,0 Süssholzpulver vor und lässt die am Gewicht von 200,0 fehlende Menge erst nach dem Trocknen hinzufügen. Es ist dagegen einzuwenden, dass dadurch das Extrakt stets von ungleichmässiger Farbe sein wird und dass das Trocknen viel langsamer vor sich geht, als bei Anwendung obiger Mengen. Auch das vom Arzneibuch angeordnete „Zerreiben" genügt nicht und ist durch „Verwandeln in feines Pulver" zu ersetzen, weil die mit Süssholz gemischten Extrakte zu einer hornartig harten Masse austrocknen und durch „Zerreiben" nicht in feine Pulverform übergeführt werden können.

Die Ph. Austr. VII. lässt an Stelle des Süssholzpulvers Milchzucker verwenden; die Bereitung ist dieselbe

Sehr ist das Trockenlegen der Extrakte mit arabischem Gummi nach *Kremel* zu empfehlen. Man verfährt dabei genau so, wie bei der oben angegebenen Verwendung von Süssholzpulver, hält auch dieselben Gewichtsmengen ein, erzielt aber — was besonders betont zu werden verdient — trockene Extrakte, welche sich in Wasser lösen.

* * *

Extractum Absinthii.

Wermutextrakt.

Vorschrift des D. A. IV.

2 Teile mittelfein zerschnittener Wermut

werden mit einem Gemisch von

2 Teilen Weingeist von 90 pCt

und

8 Teilen Wasser

24 Stunden lang bei 15—20° C unter wiederholtem Umrühren ausgezogen und schliesslich ausgepresst.

Der Rückstand wird in gleicher Weise mit einem Gemisch von

1 Teil Weingeist von 90 pCt

und

4 Teilen Wasser

24 Stunden lang behandelt. Die abgepressten Flüssigkeiten mischt man, erhitzt sie im Wasserbad, lässt sie 2 Tage lang stehen, filtriert und dampft sie zu einem dicken Extrakt ein.

Hierzu ist nachstehendes zu bemerken:

Man verwendet besser feinzerschnittenes Kraut und zerquetscht dieses ausserdem noch im Mörser. Die Pressflüssigkeiten stellt man 24 Stunden kalt, filtriert sie dann und zieht vom Filtrat durch Destillation

1300,0 Weingeist

ab.

Wendet man die Verdrängung (s. Perkolieren) an, so ist aus dem Kraut ein Pulver, M/30, herzustellen.

Von dem ausgezogenen Stoff wird durch Dampf der Weingeist abgetrieben; destilliert man weiter, so erhält man noch etwas ätherisches Öl.

Die Ausbeute an Extrakt beträgt 320,0 bis 330,0.

Extractum Aconiti.

Extractum Aconiti Tuberum. Extractum Aconiti radicis. Akonitextrakt. Eisenhutknollenextrakt. Sturmhutknollenextrakt.

a) Vorschrift der Ph. G. II.

1000,0 Eisenhutknollen, Pulver M/8,

maceriert man mit

2000,0 Weingeist von 90 pCt,
1500,0 destilliertem Wasser

48 Stunden lang und presst dann aus.

Die Pressrückstände behandelt man in der gleichen Weise mit

1000,0 Weingeist von 90 pCt,
750,0 destilliertem Wasser,

vereinigt die Flüssigkeiten und lässt sie mindestens 1 Tag in kühlem Raum stehen.

Man filtriert nun, destilliert vom Filtrat ab

2500,0 Weingeist

und dampft zu einem sehr dicken Extrakt ein.

Um die in demselben befindlichen harzigen Teile in Lösung zu halten, empfiehlt es sich,

q. s. Weingeistdestillat

hinzuzusetzen, bis die vorgeschriebene Dicke erreicht ist.

Von dem ausgezogenen Pulver ist der Weingeist durch Dampf abzudestillieren.

Die Ausbeute beträgt, je nach Güte der Knollen, 30 pCt und darüber.

An die Stelle des Macerationsverfahrens könnte mit Vorteil die Verdrängung treten.

b) Vorschrift der Ph. Austr. VII.

1000,0 gepulverte Eisenhutknollen

durchfeuchtet man in einem Porzellangefäss mit so viel

verdünntem Weingeist von 68 pCt,

dass das Pulver angequollen ist, ohne sich zusammenzuballen. Nach Ablauf einer Stunde bringt man die Masse in einen Verdrängungsapparat, übergiesst sie mit

2000,0 verdünntem Weingeist v. 68 pCt

und lässt 48 Stunden stehen.

Man verdrängt alsdann mit

6000,0 verdünntem Weingeist v. 68 pCt,

destilliert von den vereinigten Flüssigkeiten im Wasserbad den Weingeist ab und dampft zu einem dicken Extrakt ein.

Zum Anfeuchten des Pulvers wird man etwa

40,0 verdünnten Weingeist v. 68 pCt

gebrauchen; sollten sich beim Eindampfen der vom Weingeist befreiten Flüssigkeit Harzteile ausscheiden, so verfährt man, wie unter b) beschrieben.

Extractum Alcannae aethereum.

Alkannin. Ätherisches Alkannaextrakt.

Man bereitet es aus grob gepulverter Alkannawurzel wie Extractum Filicis. Statt des Äthers kann man auch den billigeren Petroläther verwenden. Man erhält mit diesem aber kein so schönes Präparat, da der Petrolätherauszug beim Eindampfen unlösliche Teile ausscheidet.

Extractum Aloës.

Extractum Aloës Socotrinae. Aloëextrakt.
Extrakt of Socotrine Aloes.

a) Vorschrift des D. A. IV.

1 Teil Aloë

wird in

5 Teilen siedendem Wasser

gelöst. Die Flüssigkeit wird mit

5 Teilen Wasser

gemischt, nach 2 Tagen von dem Harze abgegossen, filtriert und zu einem trockenen Extrakte eingedampft.

Dem ist nur hinzuzufügen, dass man durch Eindampfen im Vakuumapparat ein hellfarbigeres Extrakt erhält. Ferner wird man gut thun, das Aloëextrakt sofort nach der Herstellung möglichst fein zu pulvern und es in dieser, zur Verarbeitung bequemen Form in gut verschlossenen und vor Tageslicht geschützten Glasbüchsen aufzubewahren.

b) Vorschrift der Ph. Austr. VII.

1000,0 Aloë

übergiesst man mit

5000,0 siedendem Wasser,

rührt, bis sich alles gelöst hat, und stellt dann zurück. Nach 2 Tagen giesst man die klare Flüssigkeit vom ausgeschiedenen Harz ab, seiht sie durch und dampft sie dann zu einem trockenen Extrakt ein.

c) Vorschrift der Ph. Brit.

1000,0 Aloë, in kleinen Stücken,

trägt man ein in

10000,0 kochendes destilliertes Wasser,

setzt zwölf Stunden bei Seite, giesst vom Bodensatz ab und seiht durch. Die Flüssigkeit dampft man im Wasserbad oder in einem warmen Luftstrom zur Trockne.

Das nach dieser Vorschrift bereitete Extrakt enthält mehr Harz, als das nach a) hergestellte; es wird daher auch mehr Neigung zum Zusammenbacken besitzen.

Extractum Aloës acido sulfurico correctum.

Ph. G. I, verbessert von *E. Dieterich*.

1000,0 Aloë

übergiesst man mit

5000,0 kochendem destillierten Wasser,

rührt gut um und lässt erkalten. Man fügt dann hinzu

50,0 reine Schwefelsäure,

welche man vorher mit

100,0 destilliertem Wasser

verdünnte, überlässt 24 Stunden der Ruhe und dampft die abgegossene klare Flüssigkeit in einer Porzellanschale zu einem trockenen Extrakt ein.

Man bereitete früher dieses Präparat aus Aloëextrakt; man erreicht aber, wie ich mich überzeugte, ein schöneres Präparat, wenn man direkt von Aloë ausgeht.

Die Ausbeute beträgt ungefähr 400,0.

Extractum Artemisiae.

Beifussextrakt.

1000,0 fein zerschnittene Beifusswurzel

zerquetscht man durch Stossen im Mörser, übergiesst dann mit

1000,0 Weingeist von 90 pCt,
4000,0 destilliertem Wasser,

lässt 24 Stunden stehen und presst aus. Den Pressrückstand behandelt man in der gleichen Weise mit

500,0 Weingeist von 90 pCt,
2000,0 destilliertem Wasser.

Die abgepresste Flüssigkeit filtriert man, destilliert vom Filtrat

1200,0 Weingeist

ab und dampft die zurückbleibende Flüssigkeit zu einem dicken Extrakt ein.

Verarbeitet man grössere Mengen, so destilliert man von der ausgezogenen Wurzel gleichfalls den Weingeist ab.

Extractum Aurantii corticis.

Pomeranzenschalenextrakt.
Ph. G. I. verbessert von *E. Dieterich*.

1000,0 Pomeranzenschalen

zerstösst man im Mörser, maceriert sie 48 Stunden mit

1200,0 Weingeist von 90 pCt,
1800,0 destilliertem Wasser

und presst dann aus.

Die Pressrückstände behandelt man in derselben Weise mit

800,0 Weingeist von 90 pCt,
1200,0 destilliertem Wasser,

vereinigt die Pressflüssigkeiten und lässt sie 24 Stunden im kühlen Raum stehen.

Man filtriert jetzt, destilliert vom Filtrat

1500,0 Weingeist

ab und dampft zu einem sehr dicken Extrakt ein.

Noch warm setzt man demselben, um harzige Ausscheidungen zu lösen,

q. s. Weingeistdestillat

zu, bis man die gewünschte Dicke erreicht.

Die Verdrängung (s. Perkolieren) ist bei diesem Extrakt anwendbar; man muss dann aber die Pomeranzenschalen in ein feines Pulver, M/30, verwandeln.

Von dem ausgezogenen Rückstand wird durch Dampf der Weingeist abgezogen; destilliert man länger und legt man dann eine Florentiner Flasche vor, so gewinnt man noch bis zu 1 pCt eines sehr guten ätherischen Öles.

Die Ausbeute an Extrakt beträgt ungefähr 300,0.

Extractum Belladonnae.

Extractum Belladonnae foliorum. Belladonnaextrakt. Tollkirschenblätterextrakt.

a) Vorschrift des D. A. IV.

20 Teile der frischen, oberirdischen Teile der blühenden Atropa Belladonna

werden mit

1 Teil Wasser

besprengt, zerstossen und ausgepresst. Der Rückstand wird in gleicher Weise mit

3 Teilen Wasser

behandelt. Die abgepressten Flüssigkeiten werden gemischt, auf 80° C erwärmt, durchgeseiht und bis auf 2 Teile eingedampft; alsdann werden

2 Teile Weingeist von 90 pCt

zugefügt. Die Mischung wird bisweilen umgeschüttelt und nach 24 Stunden durchgeseiht. Der Rückstand wird mit

1 Teil verdünntem Weingeist von 68 pCt

etwas erwärmt und wiederholt umgeschüttelt. Die nach dem Absetzen klar abgegossene Flüssigkeit wird der früher erhaltenen hinzugefügt, die Mischung filtriert und zu einem dicken Extrakt eingedampft.

Das Deutsche Arzneibuch schreibt ein Durchseihen des mit Weingeist versetzten dünnen, wässerigen Extraktes vor. Man fährt aber besser, wenn man vorsichtig abgiesst oder abhebt. Für den unbestimmten Begriff „etwas erwärmen" möchte ich 35—40° C vorgeschrieben wissen. Hat man grössere Mengen in Arbeit, so verlohnt es sich, vom weingeistigen Filtrat den Weingeist abzudestillieren.

Die Ausbeute wird 2—3 pCt betragen.

b) Vorschrift der Ph. Austr. VII.

Man bereitet es aus gepulverten Belladonnablättern, wie das Eisenhutknollenextrakt.

Verfährt man genau nach Vorschrift der Pharmakopöe, so erhält man, je nach dem Chlorophyllgehalt der Blätter, ein mehr oder minder schwer und völlig trübe lösliches Extrakt, welches sich besonders schlecht zur Herstellung des trockenen Extrakts eignet.

Man entfernt das Chlorophyll dadurch, dass man die vom Weingeist durch Destillation befreite Flüssigkeit, bevor man sie eindampft, erkalten lässt und filtriert.

Die Ausbeute beträgt ungefähr 18 pCt.

Extractum Calabaricae Fabae.

Kalabarbohnenextrakt.
Nach *E. Dieterich*.

1000,0 Kalabarbohnen, Pulver $^{M}/_{15}$,

zieht man mit

1200,0 Weingeist von 90 pCt,
1800,0 destilliertem Wasser

6 Tage bei 15—20° C aus und presst dann ab.

Den Pressrückstand behandelt man in der gleichen Weise mit

800,0 Weingeist von 90 pCt,
1200,0 destilliertem Wasser,

lässt die vereinigten Tinkturen 6 Tage in kühlem Raum stehen, filtriert sie dann und dampft das Filtrat auf ein Gewicht von

200,0

ein. Man fügt nun

100,0 Weingeist von 90 pCt

hinzu und setzt das Eindampfen so lange fort, bis ein dickes Extrakt zurückbleibt.

Die Ausbeute beträgt 130,0—140,0.

Vom Abdestillieren des Weingeistes ist abzusehen, da die dabei entstehenden Ausscheidungen in der Blase hängen bleiben und so für das Extrakt verloren gehen würden.

Extractum Calami.

Extractum Calami aromatici. Extractum Acori Calami. Kalmusextrakt.

a) Vorschrift des D. A. IV.

2 Teile fein zerschnittener Kalmus

werden mit einem Gemische von

4 Teilen Weingeist von 90 pCt

und

6 Teilen Wasser

4 Tage lang bei 15—20° C unter wiederholtem Umrühren ausgezogen und schliesslich ausgepresst. Der Rückstand wird in gleicher Weise mit einem Gemische von

2 Teilen Weingeist von 90 pCt

und

3 Teilen Wasser

24 Stunden lang behandelt.

Die abgepressten Flüssigkeiten mischt man, erhitzt sie im Wasserbade, lässt sie 2 Tage lang stehen, filtriert und dampft sie zu einem dicken Extrakt ein.

Soweit die Vorschrift des Arzneibuches. Dazu ist zu bemerken, dass man gut thut, von den filtrierten Auszügen

5 Teile Weingeist

abzudestillieren, den Rückstand auf

1 Teil,

dann nach Zusatz von

$^{1}/_{20}$ Teil Weingeistdestillat

zu einem dicken Extrakt einzudampfen. Der letzte Weingeistzusatz hat den Zweck, die Abscheidung von Harzteilen zu verhindern.

Die Extraktausbeute wird ungefähr 30 pCt des verwendeten Kalmus betragen.

Im Gegensatz zum Deutschen Arzneibuch wendet man besser nicht geschnittene, sondern gröblich gepulverte Wurzel an und erreicht damit eine um einige Prozent reichlichere Ausbeute an Extrakt. Den beim Trocknen und Pulvern etwa eintretenden Verlust an ätherischem Öl braucht man nicht zu berücksichtigen, weil dasselbe beim Eindampfen der Auszüge ohnehin verloren geht und schliesslich nur noch spurenweise im Extrakt vorhanden ist.

b) Vorschrift der Ph. Austr. VII.

Man bereitet es aus gepulverter Kalmuswurzel, wie das Eisenhutknollenextrakt. Die Ausbeute wird ungefähr 18 Prozent betragen. Über die Gewinnung des Öls aus der ausgezogenen Wurzel siehe unter a).

Extractum Campechiani ligni.

Campecheholzextrakt.

Ph. G. I, verbessert von *E. Dieterich.*

1000,0 geraspeltes Campecheholz

trocknet man scharf und verwandelt es durch Stossen im Mörser in ein gröbliches Pulver. Man maceriert dasselbe 24 Stunden mit

4000,0 destilliertem Wasser,

erhitzt 2 bis 3 Stunden im Dampfbad und presst aus.

Den Pressrückstand zieht man nochmals mit

3000,0 destilliertem Wasser

durch 2-stündiges Erhitzen im Dampfbad aus und presst die Flüssigkeit ab. Die beiden Seihflüssigkeiten lässt man absetzen, dampft sie ab auf ein Gewicht von

250,0,

setzt

125,0 Weingeist von 90 pCt

zu und dampft sie bis zur Trockne ein.

Der wässrige Blauholzauszug enthält stets gelöste Harze, welche sich beim Eindampfen in Körnern ausscheiden. Der nachträgliche Weingeistzusatz verhindert dies und ermöglicht die Erzielung eines ganz gleichmässig gemischten Extraktes.

Die Ausbeute beträgt gegen 135,0.

Extractum Cannabis.

Extractum Cannabis Indicae. Hanfextrakt. Indisch-Hanfextrakt.

a) Ph. G. II, verbessert von *E. Dieterich.*

1000,0 Hanfkraut, Pulver M/8,

5000,0 Weingeist von 90 pCt

maceriert man 4 Tage und presst aus. Den Pressrückstand behandelt man in derselben Weise, aber nur 2 Tage lang, mit

2500,0 Weingeist von 90 pCt.

Man vereinigt die Tinkturen, filtriert sie, destilliert den Weingeist ab und dampft den Blasenrückstand zu einem dicken Extrakt ein.

Vom ausgezogenen Kraut ist der Weingeist ebenfalls abzutreiben.

Mit Vorteil wendet man bei Herstellung dieses Extraktes das Verdrängungsverfahren an. Aber man muss dann das Kraut feiner (M/20) pulvern (s. Perkolieren).

Das gewonnene Weingeist-Destillat hat einen *höchst unangenehmen Geruch.* Man kann denselben teilweise dadurch entfernen, dass man den Weingeist mit gröblichem Holzkohlenpulver (1/20 des Weingeistgewichts) 8 Tage lang maceriert und dann nach Zusatz von 20 pCt Wasser destilliert. Auf diese Weise gereinigt, lässt sich das Destillat wenigstens zur Herstellung von Sapo kalinus usw. verwenden.

Zu warnen ist vor dem Verarbeiten des im Handel vorkommenden „Herba Cannabis pro extracto“. Es enthält massenhaft fremde Körper, auch Schmutz, und liefert niemals ein Extrakt von schön grüner Farbe; auch ist ein solches Präparat kaum als Extractum Cannabis anzusprechen.

Die aus gutem Kraut gewonnene Ausbeute beträgt 14—16 pCt.

b) Vorschrift der Ph. Austr. VII.

Man bereitet es aus zerschnittenem indischen Hanfkraut mit Weingeist von 90 pCt, wie das Eisenhutknollenextrakt Ph. Austr. VII.

Extractum Cantharidum acetosum.

100,0 spanische Fliegen, Pulver M/8,

480,0 Weingeist von 90 pCt,

20,0 verdünnte Essigsäure v. 30 pCt

lässt man 8 Tage lang bei 15—20° C stehen, presst dann aus, überlässt die Lösung einige Tage der Ruhe und filtriert. Das Filtrat dampft man bei höchstens 60° C so weit ein, dass das Extrakt nach dem Erkalten butterdick ist.

Die Ausbeute beträgt ungefähr 30,0.

Extractum Capsici aethereum.

Capsicin. Ätherisches Kapsikumextrakt.

Es wird mit Äther aus gröblich gepulvertem Spanischen Pfeffer wie Extractum Filicis bereitet.

Extractum Capsici spirituosum.

Man bereitet es wie Extractum Aurantii corticis und wird ungefähr 20 pCt Ausbeute erhalten.

Extractum Cardui benedicti.

Kardobenediktenextrakt.

a) Vorschrift des D. A. IV.

1 Teil mittelfein zerschnittenes Kardobenediktenkraut

wird mit

5 Teilen siedendem Wasser

übergossen und 6 Stunden bei 35 bis 40° C unter wiederholtem Umrühren ausgezogen und schliesslich ausgepresst. Der Rückstand wird in gleicher Weise mit

3 Teilen siedendem Wasser

3 Stunden lang behandelt. Die ausgepressten Flüssigkeiten werden gemischt und bis auf

2 Teile

eingedampft. Nach dem Erkalten wird

1 Teil Weingeist von 90 pCt

zugefügt. Die Mischung lässt man 2 Tage lang an einem kühlen Orte stehen, filtriert und dampft sie zu einem dicken Extrakt ein.

b) Vorschrift von *E. Dieterich:*

1000,0 fein zerschnittenes Kardobenediktenkraut

lässt man mit

4000,0 destilliertem Wasser

24 Stunden bei 15—20° C stehen und presst dann aus. Die Pressrückstände übergiesst man mit

2000,0 kochend heissem destillierten Wasser

und presst nach einer Stunde abermals aus.

Die vereinigten Pressflüssigkeiten versetzt man mit aus

20,0 Filtrierpapierabfall

hergestelltem Papierbrei, kocht unter Abschäumen einmal auf und filtriert durch Flanell-Spitzbeutel, nachdem man dieselben (s. Filtrieren) durch Papierbrei gedichtet hat.

Das nicht völlig klare Filtrat dampft man im Vakuum oder im offenen Dampfbad auf ein Gewicht von

500,0

ein, versetzt mit

500,0 Weingeist von 90 pCt,

stellt die Mischung 2 bis 3 Tage zurück und filtriert sie dann.

Den Filterrückstand behandelt man in gleicher Weise mit

250,0 verdünntem Weingeist v. 68 pCt

und presst den ziemlich festen Rückstand vorsichtig aus.

Die vereinigten Filtrate dampft man, nachdem man den Weingeist abdestilliert hat, zum dicken Extrakt ein.

Nach ersterem Verfahren beträgt die Ausbeute ungefähr 200,0, nach letzterem 160,0.

Extractum Cascarae Sagradae spirituosum.

Extractum Rhamni Purshianae spirituosum.
Weingeistiges Kaskaraextrakt.

a) spissum:

1000,0 Sagradarinde, Pulver M/8,
1200,0 Weingeist von 90 pCt,
1800,0 destilliertes Wasser

lässt man 6—7 Tage in verschlossenem Gefäss in Zimmertemperatur stehen und presst dann aus.

Den Pressrückstand behandelt man in gleicher Weise 3 Tage lang mit

800,0 Weingeist von 90 pCt,
1200,0 destilliertem Wasser.

Die gemischten Pressflüssigkeiten lässt man einige Tage in kühlem Raum stehen, filtriert sie dann und destilliert vom Filtrat

1500,0 Weingeist

ab. Die zurückbleibende Flüssigkeit dampft man zu einem sehr dicken Extrakt ein. Noch warm verdünnt man dasselbe, um harzige Ausscheidungen zu lösen, mit

q. s. obigem Weingeistdestillat

bis ein dickes Extrakt entstanden ist.

Man wird 270,0—300,0 dickes Extrakt erhalten.

b) siccum:

Man verfährt wie bei a, dampft aber zur Trockne ein. Die Ausbeute wird 230,0—250,0 betragen.

Der Nachtrag zur Badischen Arzneitaxe lässt die Rinde mit verdünntem Weingeist von 68 pCt. ausziehen.

Extractum Cascarillae.

Kaskarillextrakt.

Vorschrift des D. A. IV.

1 Teil grob gepulverte Kaskarillrinde

wird mit

5 Teilen siedendem Wasser

übergossen, 24 Stunden lang bei 15—20° C ausgezogen und schliesslich ausgepresst. Der Rückstand wird in gleicher Weise mit

3 Teilen siedendem Wasser

24 Stunden lang behandelt. Die abgepressten Flüssigkeiten dampft man bis auf

2 Teile

ein, lässt sie einige Tage lang an einem Orte stehen, giesst klar ab und dampft sie zu einem dicken Extrakt ein:

Vor allem wäre besser mittelfein gepulverte Kaskarille vorgeschrieben.

Weiter leidet kein Extrakt mehr unter dem Eindampfen, wie das aus der Kaskarillrinde gewonnene. Es sind deshalb die zum Ausziehen vorgeschriebenen Wassermengen viel zu hoch bemessen. Es genügen zum ersten 2500,0 und zum zweiten Ausziehen 1500,0 Wasser. Es wird dadurch die Zeit des Abdampfens auf die Hälfte herabgesetzt. Ferner ist es unbedingt notwendig, die Rinde beim ersten Ausziehen mit kaltem Wasser anzusetzen, 24 Stunden stehen zu lassen und dann 2—3 Stunden im Dampfbad zu erhitzen. Auch die vorgesehene kleine Menge verdünnter Weingeist darf nicht zu klein bemessen werden, da das Kaskarillextrakt beim Eindampfen auf offenem Dampfbad ziemlich viel Harz ausscheidet.

Für diesen Teil der Vorschrift möchte ich folgende Fassung vorschlagen:

Die vereinigten Seihflüssigkeiten dampft man bis auf ein Drittel ihrer Raummenge ein, lässt 24 Stunden in einem kühlen Raum stehen und dampft das Abgegossene zu einem sehr dicken Extrakt ab. Da sich beim Abdampfen reichliche Mengen Harz ausscheiden, löst man das dicke, noch heisse Extrakt in

1/10 Teil Weingeist von 90 pCt,

lässt 24 Stunden stehen und dampft wieder bis zur vorgeschriebenen Dicke ein. Das Extrakt wird nun vollständig gleichmässig sein.

Die Ausbeute wird 80,0—90,0 betragen.

Die ausgezogene Rinde lässt sich mit Vorteil noch auf ätherisches Öl verarbeiten. Ich erhielt aus ausgezogener Rinde noch über 1 pCt. Öl.

Extractum Catechu aquosum.

Wässeriges Katechuextrakt.

1000,0 Katechu (Gambir- oder Pegu-)

zerreibt man, übergiesst das Pulver mit

5000,0 destilliertem Wasser

und lässt 3 Tage stehen.

Man seiht dann die Flüssigkeit ab, drückt den Rückstand ohne stärkeres Pressen aus und behandelt ihn in gleicher Weise 24 Stunden lang mit

2500,0 destilliertem Wasser.

Man mischt die Auszüge, stellt sie 24 Stunden in einen kühlen Raum, filtriert sie dann und dampft das Filtrat zum trockenen Extrakt ein.

Die Ausbeute wird 750,0 betragen.

Extractum Catechu spirituosum.

Weingeistiges Katechuextrakt.

1000,0 zerstossenes Katechu (Gambir- oder Pegu-),
1500,0 Weingeist von 90 pCt,
1500,0 destilliertes Wasser

lässt man 8 Tage bei 15—20° C stehen.

Man filtriert dann, dampft das Filtrat auf

1000,0

ein, setzt

250,0 Weingeist von 90 pCt

zu und verdampft zur Trockne.

Die Ausbeute beträgt ungefähr 700,0.

Extractum Centaurii minoris.

Tausendgüldenkrautextrakt.

a) Vorschrift der Ph. Austr. VII.

1000,0 zerschnittenes Tausendgüldenkraut

übergiesst man mit

6000,0 heissem destillierten Wasser,

lässt 2 Stunden unter öfterem Umrühren stehen und presst aus. Den Rückstand behandelt man mit

2000,0 heissem destillierten Wasser

in gleicher Weise, kocht die vereinigten Flüssigkeiten auf, lässt über Nacht absetzen, seiht durch und bereitet daraus ein dickes Extrakt.

Zu dieser Vorschrift ist das unter Extract. Cardui benedicti Gesagte nachzulesen.

Die Ausbeute wird etwa 200,0—222,0 betragen.

b) Man bereitet nach der modifizierten Vorschrift zu Extractum Cardui benedicti. Die Ausbeute wird dann 22 pCt. betragen. Da das Tausendgüldenkraut beträchtliche Mengen Harz enthält, die neben dem Bitterstoff usw. als wirksam vielleicht in Betracht kommen, so scheint es mir richtiger, ein weingeistiges Extrakt nach der zu Extr. Absinthii gegebenen Vorschrift herzustellen.

Extractum Chamomillae.

Kamillenextrakt.

Ph. G. I, verbessert von *E. Dieterich.*

1000,0 Kamillen

pulvert man gröblich, übergiesst sie mit

2000,0 Weingeist von 90 pCt,
3000,0 destilliertem Wasser,

lässt in verschlossenem Gefäss unter bisweiligem Umschütteln 5—6 Tage bei 15—20° C stehen und presst dann aus. Den Pressrückstand behandelt man in gleicher Weise mit

1000,0 Weingeist von 90 pCt,
1500,0 destilliertem Wasser,

presst aber schon nach 3 Tagen aus. Die vereinigten Pressflüssigkeiten lässt man 2 Tage in kühlem Raume stehen, filtriert sodann, destilliert vom Filtrat

2500,0 Weingeist

ab und dampft die zurückbleibende Flüssigkeit zu einem dicken Extrakt ein. Während des Eindampfens setzt man 2 bis 3 mal je

25,0 Weingeistdestillat

zu, um harzige Ausscheidungen in Lösung überzuführen.

Hat man grössere Mengen Kamillen in Arbeit genommen, so destilliert man auch von den Pressrückständen den Weingeist ab.

Die Ausbeute wird 280,0—300,0 betragen.

Extractum Chelidonii.

Schöllkrautextrakt.

Ph. G. I, verbessert von *E. Dieterich.*

1000,0 frisches blühendes Schöllkraut

besprengt man mit

50,0 destilliertem Wasser,

zerstösst es dann und presst es aus; den Pressrückstand behandelt man in der gleichen Weise mit

150,0 destilliertem Wasser.

Die vereinigten Pressflüssigkeiten erhitzt man auf 80° C, seiht durch ein Tuch, das auf demselben Zurückbleibende ausdrückend, und dampft die Seihflüssigkeit auf

100,0

ein. Man mischt diese in einer Flasche mit

100,0 Weingeist von 90 pCt,

lässt die Mischung unter öfterem Umschütteln 24 Stunden stehen und filtriert sie dann. Den

Filterrückstand bringt man in die Flasche zurück, behandelt ihn in gleicher Weise mit

50,0 verdünntem Weingeist v. 68 pCt,

erwärmt aber diesmal die Mischung. Man filtriert abermals, vereinigt die beiden Filtrate, lässt sie 24 Stunden in kühlem Raum stehen und giesst dann klar ab. Von dem Abgegossenen destilliert man

120,0 Weingeist

ab und dampft die zurückbleibende Flüssigkeit zu einem dicken Extrakt ein.

Die Ausbeute wird 35,0—40,0 betragen.

Extractum Chinae aquosum.

Extractum Chinae Ph. Austr. VII. Wässriges Chinaextrakt.

a) Vorschrift des D. A. IV.

1 Teil grob gepulverte Chinarinde

wird mit

10 Teilen Wasser

48 Stunden lang bei 15—20° C unter wiederholtem Umrühren ausgezogen und schliesslich ausgepresst. Der Rückstand wird in gleicher Weise mit

10 Teilen Wasser

48 Stunden lang behandelt. Die abgepressten Flüssigkeiten vereinigt man, dampft sie bis auf 2 Teile ein, filtriert nach dem Erkalten und stellt daraus ein dünnes Extrakt her.

Gegen diese Vorschrift ist einzuwenden, dass durch die grossen Wassermengen das Eindampfen der Lösungen unnötig in die Länge gezogen wird und dass darunter das Extrakt leidet. Mindestens ist beim zweiten Ausziehen die Wassermenge um die Hälfte zu vermindern. Es empfiehlt sich ferner, das Extrakt zur dicken Beschaffenheit einzudampfen und dann 50,0 Weingeist von 90 pCt darunter zu rühren. Dadurch führt man die entstandenen Ausscheidungen in Lösung über. Schliesslich verdient die mittelfein gepulverte Rinde im Interesse einer reichlicheren Ausbeute den Vorzug.

Die Ausbeute wird je nach Qualität der Rinde 17—25 pCt betragen.

Die ausgezogene Rinde kann noch auf Alkaloide verarbeitet werden.

b) Vorschrift der Ph. Austr. VII.

1000,0 zerstossene Chinarinde

übergiesst man mit

12000,0 destilliertem Wasser,

lässt 24 Stunden stehen, kocht die Mischung eine Stunde lang, seiht ab, kocht den Rückstand dreimal mit je

12000,0 destilliertem Wasser

aus, seiht die vereinigten Flüssigkeiten durch ein Tuch und dampft zu einem trocknen Extrakt ein.

Die Ausbeute wird 100,0—120,0 betragen.

Extractum Chinae spirituosum.

Weingeistiges Chinaextrakt.

Vorschrift des D. A. IV.

1 Teil grob gepulverte Chinarinde

wird mit

5 Teilen verdünntem Weingeist von 68 pCt

6 Tage lang bei 15—20° C unter wiederholtem Umrühren ausgezogen und schliesslich ausgepresst. Der Rückstand wird in gleicher Weise mit

5 Teilen verdünntem Weingeist von 68 pCt

3 Tage lang behandelt.

Die abgepressten Flüssigkeiten vereinigt man, lässt sie 2 Tage lang stehen, filtriert und dampft zu einem trockenen Extrakt ein.

Die Ausbeute wird 20—30 pCt betragen.

Das Deutsche Arzneibuch schreibt grobgepulverte ($M/4$) Chinarinde und zum zweiten Ausziehen eine zu reichliche Menge Weingeistverdünnung vor. Wenn man mittelfeines Chinapulver in Arbeit nimmt, so genügen zum zweiten Ausziehen $2^1/_2$ Teile verdünnter Weingeist. Hält man dieses Verhältnis ein, so destilliert man vom Filtrat vor dem Eindampfen

5 Teile Weingeist

ab; desgleichen kann man von dem ausgezogenen Pulver den Weingeist abtreiben.

Extractum Cinae.

Extractum Cinae aethereum. Wurmsamenextrakt.
Ph. G. I, verbessert von *E. Dieterich.*

1000,0 Wurmsamen

verwandelt man durch Stossen in Pulver, lässt dieses 3 Tage mit

1500,0 Weingeist von 90 pCt,
1500,0 Äther

bei 15—20° C stehen und presst dann aus.

Den Pressrückstand behandelt man in derselben Weise mit

1000,0 Weingeist von 90 pCt,
1000,0 Äther

vereinigt die Tinkturen und filtriert dieselben.

Man dampft das Filtrat, nachdem man den Äther abdestilliert hat, auf ein Gewicht von

300,0

ein, setzt, um Ausscheidungen zu vermeiden,

100,0 Äther

zu und fährt mit dem Eindampfen fort, bis ein dünnes Extrakt zurückbleibt.

Vortreffliche Dienste leistet auch hier die Verdrängung (s. Perkolieren); nur muss dann der Wurmsamen in feineres Pulver, $M/_{20}$, verwandelt werden.

Die Behandlung der gewonnenen Tinktur ist die oben angegebene.

Von dem ausgezogenen Pulver wird der Ätherweingeist durch Dampf abdestilliert.

Die Ausbeute wird 220,0—230,0 betragen.

Extractum Coffeae.

Kaffeeextrakt.

1000,0 gebrannten und feingemahlenen Kaffee

lässt man mit

1200,0 Weingeist von 90 pCt,
1800,0 destilliertem Wasser

3 Tage bei 15—20° C stehen und presst aus.

Den Pressrückstand behandelt man in derselben Weise mit

800,0 Weingeist von 90 pCt,
1200,0 destilliertem Wasser.

Die vereinigten Tinkturen filtriert man, dampft bis auf ein Gewicht von

200,0

ein und versetzt mit

50,0 Weingeist von 90 pCt.

Man fährt nun mit dem Eindampfen fort, bis ein dickes Extrakt zurückbleibt.

Die Ausbeute wird 150,0—160,0 betragen.

Extractum Colae siccum.

Extractum Colae spirituosum. Kolaextrakt.

1000,0 Kolasamen, Pulver M/8,
3000,0 Weingeist von 90 pCt,
1500,0 destilliertes Wasser

lässt man 2 Tage bei 15—20° C stehen und presst aus

Den Pressrückstand behandelt man in derselben Weise mit

2000,0 Weingeist von 90 pCt,
1000,0 destilliertem Wasser,

filtriert die vereinigten Auszüge, destilliert vom Filtrat den Weingeist ab und dampft die Extraktlösung sodann unter Rühren zur Trockne ein.

Hat man grössere Mengen Kolasamen in Arbeit genommen, so verlohnt es sich, auch vom Pressrückstand den Weingeist abzutreiben.

Die Extrakt-Ausbeute wird 80,0—85,0 betragen.

Extractum Colchici seminum.

Zeitlosensamenextrakt.

1000,0 grob gepulverte Zeitlosensamen

lässt man mit

5000,0 verdünntem Weingeist v. 68 pCt

5—6 Tage bei 15—20° C unter öfterem Umschütteln stehen und presst dann aus. Den Pressrückstand behandelt man in gleicher Weise mit

1500,0 Weingeist von 90 pCt,
1500,0 destilliertem Wasser,

presst aber schon nach 3tägigem Stehen aus.

Die vereinigten Pressflüssigkeiten stellt man 2 Tage lang in einen kühlen Raum, filtriert sie dann und destilliert vom Filtrat

4000,0 Weingeist

ab.

Die zurückbleibende Flüssigkeit dampft man zu einem dicken Extrakt ein.

Die Ausbeute wird 180,0—200,0 betragen.

Extractum Colocynthidis.

Koloquintenextrakt.

a) Vorschrift des D. A. IV.

2 Teile grob zerschnittene Koloquinten

werden mit

45 Teilen verdünntem Weingeist von 68 pCt

6 Tage lang bei 15—20° C unter wiederholtem Umrühren ausgezogen und schliesslich ausgepresst.

Der Rückstand wird in gleicher Weise mit einem Gemische von

15 Teilen Weingeist von 90 pCt

und

15 Teilen Wasser

3 Tage lang behandelt.

Die abgepressten Flüssigkeiten werden gemischt, filtriert und zu einem trockenen Extrakt eingedampft.

Es ist ein grosser Fehler dieser Vorschrift, dass zweierlei Weingeistverdünnungen zur Anwendung kommen, weil dadurch die beiden Auszüge gegenseitig Ausscheidungen hervorrufen müssen. Man hätte also konsequent entweder die erste oder zweite Verdünnung für das zweimalige Ausziehen vorschreiben müssen.

Die Ausbeute wird etwa 90,0 betragen.

b) Vorschrift der Ph. Austr. VII.

Man bereitet es aus von den Samen befreiten und grob gepulverten Koloquinten, wie das Eisenhutknollenextrakt, dampft die Extraktlösung jedoch zur Trockne. Siehe weiterhin die Bemerkung unter a).

Die Ausbeute beträgt etwa 25 pCt.

Extractum Colocynthidis compositum.

Zusammengesetztes Koloquintenextrakt.
Compound Extract of Colocynth.

a) in Masse Ph. G. I.

10,0 Koloquintenextrakt,
20,0 Rhabarberextrakt,
30,0 Skammoniumharz,
40,0 Aloë.

Man reibt die einzelnen Teile zu möglichst feinem Pulver, mischt sie mit einander, feuchtet mit

20,0 verdünntem Weingeist v. 68 pCt an und trocknet bei mässiger Wärme aus.

Man verwandelt dann in ein grobes Pulver.

b) in Pulverform:

Die oben angegebenen Bestandteile pulvert man, jeden für sich, fein und mischt sie mit einander.

c) Vorschrift der Ph. Brit.

60,0 grob geschnittene Koloquinten ohne Samen,
1600,0 Weingeist von 57 Vol. pCt

lässt man 4 Tage bei 15—20° C stehen, seiht ab, presst aus, filtriert die Pressflüssigkeit und destilliert den Weingeist ab. Zur rückständigen Flüssigkeit fügt man

120,0 Aloëextrakt, Pulver M/30,
40,0 Skammoniumharz, Pulver M/30,
30,0 Ölseife, Pulver M/50,

und dampft im Wasserbad unter beständigem Rühren ein bis zur Dicke einer Pillenmasse, wobei man, sobald die Masse ziemlich die richtige Beschaffenheit hat, noch

10,0 Kardamomensamen, Pulver M/30,

hinzufügt.

Es dürfte kein Grund vorliegen, welcher verbietet, obige 60,0 grob geschnittene Koloquinten ohne Samen durch 5,0—6,0 Koloquintenextrakt zu ersetzen.

d) Vorschrift der Ph. U. St.

500,0 durch Weingeist gereinigte Socotrinaloë

erhitzt man im Wasserbad bis zum Schmelzen, rührt darunter

85,0 Weingeist von 94 pCt,
140,0 Ölseife, Pulver M/50,
160,0 Koloquintenextrakt, Pulver M/30,
140,0 Skammoniumharz, Pulver M/30

und dampft unter beständigem Rühren so lange ab, bis sich eine herausgenommene Probe nach dem Erkalten zerbrechen lässt. Alsdann rührt man noch

60,0 Malabar-Kardamomen, Pulver M/30,

darunter, lässt erkalten und reibt zu einem feinen Pulver.

e) Vorschrift d. Ergänzb. d. D. Ap. V.

3,0 Koloquintenextrakt,
10,0 Aloëpulver,
8,0 Skammoniumharz,
5,0 Rhabarberextrakt

pulvert man fein, mischt sie, befeuchtet die Mischung mit Weingeist, stösst sie tüchtig durch und trocknet sie.

Extractum Colombo.

Extractum Calumbae. Kolomboextrakt. Kalumbaextrakt.

a) Ph. G. I., verbessert von *E. Dieterich.*

1000,0 Kolombowurzel, Pulver M/5,
1200,0 Weingeist von 90 pCt,
1800,0 destilliertes Wasser

lässt man 3 Tage lang bei 15—20° C stehen, erwärmt hierauf 3—4 Stunden auf 30—40° C und presst dann aus. Den Pressrückstand behandelt man 24 Stunden lang in der gleichen Weise mit

800,0 Weingeist von 90 pCt,
1200,0 destilliertem Wasser

und vereinigt die Pressflüssigkeiten. Man stellt dieselben 2 Tage lang in einen kühlen Raum, filtriert sie dann und destilliert vom Filtrat

1800,0 Weingeist

ab. Die zurückbleibende Flüssigkeit dampft man zu einem trockenen Extrakt ein.

Die Ausbeute wird 90,0—110,0 betragen.

b) Vorschrift der Ph. Austr. VII.

Man bereitet es aus gepulverter Kolombowurzel, wie das Eisenhutknollenextrakt, Ph. A. VII.

Die Ausbeute beträgt 9—11 pCt.

Extractum Condurango.

Kondurangoextrakt.

1000,0 Kondurangorinde, Pulver M/5,
3000,0 Weingeist von 90 pCt,
1500,0 destilliertes Wasser

lässt man unter öfterem Umschütteln 5—6 Tage lang bei 15—20° C stehen und presst dann aus. Den Pressrückstand behandelt man in der gleichen Weise mit

2000,0 Weingeist von 90 pCt,
1000,0 destilliertem Wasser,

presst aber schon nach 3 Tagen aus. Die vereinigten Flüssigkeiten stellt man 2 Tage in einen kühlen Raum, filtriert sie dann und destilliert vom Filtrat

4500,0 Weingeist

ab. Die zurückbleibende Flüssigkeit dampft man zu einem trockenen Extrakt ein.

Die Ausbeute wird 100,0—120,0 betragen.

Extractum Conii.

Extractum Cicutae. Extractum Conii herbae. Schierlingextrakt. Schierlingkrautextrakt.

a) Vorschrift der Ph. Austr. VII.

Man bereitet es aus dem gepulverten Schierlingkraut, wie das Eisenhutknollenextrakt.

Bezüglich des Chlorophyllgehaltes des Extraktes vergleiche das hierzu unter Extractum Belladonnae bemerkte.

Die Ausbeute beträgt etwa 20 pCt.

b) Ph. G. I.

1000,0 frisches blühendes Schierlingkraut

besprengt man mit

50,0 destilliertem Wasser,

zerstösst es dann und presst es aus. Den Pressrückstand behandelt man in gleicher Weise mit

150,0 destilliertem Wasser.

Die vereinigten Pressflüssigkeiten erhitzt man auf 80° C, seiht durch ein Tuch, drückt den auf dem Tuch bleibenden Rückstand aus und dampft die Seihflüssigkeit bis auf

100,0

ein.

Man mischt diese in einer Flasche mit

100,0 Weingeist von 90 pCt,

lässt die Mischung 24 Stunden in Zimmertemperatur stehen und filtriert.

Den Filterrückstand bringt man in die Flasche zurück, behandelt ihn in gleicher Weise mit

50,0 verdünntem Weingeist v. 68 pCt,

erwärmt aber diesmal die Mischung und lässt sie wieder erkalten. Man filtriert abermals, vereinigt die beiden Filtrate, lässt sie 24 Stunden in kühlem Raum stehen und giesst dann klar ab. Von dem Abgegossenen destilliert man

120,0 Weingeist

ab und dampft die zurückgebliebene Flüssigkeit zu einem dicken Extrakt ein.

Die Ausbeute wird 35,0—40,0 betragen.

Extractum Cubebarum.

Extractum Cubebae. Kubebenextrakt.

a) Vorschrift des D. A. IV.

2 Teile grob gepulverte Kubeben

werden mit einem Gemische von

3 Teilen Äther

und

3 Teilen Weingeist von 90 pCt

3 Tage lang bei 15—20° C unter wiederholtem Umschütteln ausgezogen und schliesslich ausgepresst. Der Rückstand wird in gleicher Weise mit einem Gemische von

2 Teilen Äther

und

2 Teilen Weingeist von 90 pCt

behandelt. Die abgepressten Flüssigkeiten werden gemischt, filtriert und zu einem dünnen Extrakte eingedampft.

Ich möchte diesem letzten Teil der Vorschrift folgende erweiterte Fassung geben:

Man destilliert vom Filtrat

8 Teile Äther-Weingeist

ab, dampft bis zum Gewicht von

$^2/_5$ Teilen

ein, fügt, um Ausscheidungen zu vermeiden,

$^1/_5$ Teil absoluten Alkohol

hinzu. Man fährt nun vorsichtig und unter kräftigem Rühren mit dem Eindampfen fort, bis ein dünnes Extrakt zurückbleibt.

Auch bei diesem Extrakt kann man die Verdrängung (s. Perkolieren) mit Vorteil anwenden, pulvert dann aber die Kubeben mittelfein, M/20.

Um keinen Verlust an Lösungsmittel zu erleiden, destilliert man auch von den ausgezogenen Rückständen den Ätherweingeist mit Dampf ab.

Die Ausbeute wird 17—18 pCt von dem Gewicht der in Arbeit genommenen Kubeben betragen.

b) Vorschrift der Ph. Austr. VII.

1000,0 gepulverte Kubeben

übergiesst man im Verdrängungsapparat mit einem Gemisch aus

1000,0 Äther,

1000,0 Weingeist von 90 pCt,

lässt 48 Stunden stehen und sodann die Flüssigkeit ablaufen. Den Rückstand übergiesst man darauf wiederum mit einem Gemisch aus

1000,0 Äther,

1000,0 Weingeist von 90 pCt,

und wiederholt diese Arbeiten, bis die ablaufende Flüssigkeit farblos erscheint. Von den vereinigten Flüssigkeiten destilliert man den Ätherweingeist ab und dampft den Rückstand im Wasserbad bis zur Dicke eines dünnen Extraktes ein.

Über letztere Arbeit siehe unter a).

Die Ausbeute wird 170,0—180,0 betragen.

Es ist erwähnenswert, dass die Kubeben des Handels teils ein braunes, teils ein grünliches Extrakt liefern. Es mag dahinstehen, ob diese Verschiedenheit vom Grad der Reife oder von der ungleichen Behandlung der Früchte herrührt. Jedenfalls hat — und zwar im Gegensatz zum deutschen Arzneibuch — auch das grüne Extrakt seine Berechtigung und ist nicht, wie irrtümlich mehrfach geschehen, brevi manu als „kupferhaltig" zu verwerfen; wenigstens ist es mir niemals gelungen, im grünlichen Extrakt Kupfer nachzuweisen.

Extractum Digitalis.

Fingerhutextrakt.

Ph. G. II. verbessert von *E. Dieterich*.

1000,0 frisches blühendes Fingerhutkraut

besprengt man mit

50,0 destilliertem Wasser,

zerstösst es dann und presst es aus. Den Pressrückstand behandelt man in gleicher Weise mit

150,0 destilliertem Wasser.

Die vereinigten Pressflüssigkeiten erhitzt man auf 80° C, seiht durch ein Tuch, drückt den auf dem Tuch bleibenden Rückstand aus und dampft die Seihflüssigkeit auf

100,0

ein.

Man mischt diese in einer Flasche mit

100,0 Weingeist von 90 pCt,

lässt die Mischung 24 Stunden in Zimmertemperatur stehen und filtriert sie.

Den Filterrückstand bringt man in die Flasche zurück, behandelt ihn in gleicher Weise mit

50,0 verdünntem Weingeist v. 68 pCt,

erwärmt aber diesmal die Mischung und lässt sie wieder erkalten. Man filtriert abermals, vereinigt die beiden Filtrate, lässt sie 24 Stunden in kühlem Raum stehen und giesst dann klar ab. Von dem Abgegossenen destilliert man

120,0 Weingeist

ab und dampft die zurückgebliebene Flüssigkeit zu einem dicken Extrakt ein.

Die Ausbeute wird 30,0—32,0 betragen.

Extractum Dulcamarae.

Bittersüssextrakt.

Ph. G. I, verbessert von *E. Dieterich.*

1000,0 Bittersüssstengel, Pulver M/8,

4000,0 destilliertes Wasser

lässt man 24 Stunden bei 15—20° C stehen und presst aus. Die Pressrückstände übergiesst man mit

2000,0 kochend heissem destillierten Wasser

und wiederholt nach einstündigem Stehen das Auspressen.

Die vereinigten Seihflüssigkeiten versetzt man mit einem aus

20,0 Filtrierpapier-Abfall

hergestellten Papierbrei, kocht auf, schäumt ab und filtriert durch Flanellspitzbeutel (siehe Filtrieren).

Das Filtrat dampft man auf ein Drittel ein, lässt 24 Stunden absetzen und setzt mit dem vom Bodensatz Abgegossenen das Eindampfen so lange fort, bis ein sehr dickes Extrakt zurückbleibt. Man setzt diesem

50,0 Weingeist von 90 pCt

zu, überlässt, damit sich die ausgeschiedenen Teile lösen können, der Ruhe und dampft nun zur gewünschten Dicke ein.

Ein sehr haltbares Extrakt erhält man, wenn man die Schleimteile durch Weingeist ausscheidet; man dampft dann obige Filtrate auf ein Gewicht von

500,0

ein, setzt

500,0 Weingeist von 90 pCt

hinzu und stellt 48 Stunden zurück. Man filtriert nun, behandelt den Filterrückstand mit

250,0 verdünntem Weingeist v. 68 pCt,

filtriert wieder und presst den Rückstand aus.

Die vereinigten Filtrate dampft man ein auf

300,0,

versetzt mit

50,0 Weingeist von 68 pCt

und bringt durch weiteres Eindampfen auf die Beschaffenheit eines dicken Extraktes.

Nach ersterem Verfahren beträgt die Ausbeute 160,0—180,0, nach letzterem 140,0—150,0.

Extractum Ferri pomati.

Extractum Malatis Ferri. Eisenextrakt.
Äpfelsaures Eisenextrakt.

a) Vorschrift d. D. A. IV.

50 Teile reife saure Äpfel

werden in einen Brei verwandelt und ausgepresst.

Der Flüssigkeit wird sofort

1 Teil gepulvertes Eisen

hinzugesetzt, die Mischung ohne Verzug in das Wasserbad gebracht und so lange erwärmt, bis die Gasentwicklung aufgehört hat. Die mit Wasser auf 50 Teile verdünnte Flüssigkeit lässt man mehrere Tage lang stehen, filtriert und dampft sie zu einem dicken Extrakt ein.

Um ein schönes grünschwarzes Extrakt zu erhalten, hat man vor allem die doppelte Menge Eisen zu nehmen und dann folgendes Verfahren einzuhalten.

Man lässt den Äpfelsaft 3—4 Tage in der Kälte auf das Eisen einwirken und bringt dann erst in das Dampfbad. Die Temperatur darf hier aber 50° C nie übersteigen. Wenn die Gasentwicklung aufhört, lässt man in kaltem Raum absetzen, giesst die Brühe vom ungelösten Eisen ab und dampft sie bis zur Honigdicke ein. Diesen Mellago löst man in der dreifachen Menge Wasser, filtriert und dampft das Filtrat auf die vorgeschriebene Dicke ein.

Die Ausbeute beträgt je nach Säuregehalt der Äpfel 65,0—70,0.

Das nach dem Verfahren des Arzneibuches gewonnene Extrakt giebt eine gelbbraune, nicht aber eine grünschwarze Lösung.

b) Vorschrift der Ph. Austr. VII.

3000,0 zerstossene reife saure Äpfel

kocht man mit der genügenden Menge an

destilliertem Wasser

eine Viertelstunde lang und digeriert mit

500,0 gepulvertem Eisen

einige Wochen lang an einem lauen Ort unter öfterem Umrühren und Ersatz des verdunstenden Wassers, bis eine schwarze Masse entstanden ist. Man presst diese aus, filtriert die durch Absetzenlassen geklärte Flüssigkeit und dampft sie zum dicken Extrakt im Wasserbad ein.

Nach dieser Vorschrift wird die Herstellung des Extraktes derartig in die Länge gezogen, dass der geschätzte grünschwarze Farbenton infolge der langen Berührung mit dem Sauerstoff der Luft völlig verloren geht. Die Österreichische Pharmakopöe scheint jedoch hierauf keinen Wert zu legen, da sie nur von einer „schwarzen“ Masse redet. Da ferner ein derartiges, ich möchte sagen, zu kalt bereitetes Extrakt grössere Mengen an bernsteinsaurem Eisenoxydul enthält, welches bei der Aufbewahrung krystallinisch wird, so ist dieses Extrakt, im Gegensatz zu dem nach a) bereiteten, schwerlöslich.

Extractum Filicis.

Extractum Filicis maris. Extractum Filicis liquidum. Ph. Brit. Liquid Extract of Male Fern Ph. Brit. Farnextrakt. Wurmfarnextrakt.

a) Vorschrift des D. A. IV.

1 Teil grob gepulverte Farnwurzel

wird mit

3 Teilen Äther

3 Tage lang bei 15—20° C unter wiederholtem Umschütteln ausgezogen. Nach dem Abgiessen der Flüssigkeit wird der Rückstand in früherer Weise mit

2 Teilen Äther

behandelt und ausgepresst.

Die vereinigten Flüssigkeiten werden filtriert und zu einem dünnen, vom Äther vollständig befreiten Extrakte eingedampft.

Dazu ist zu bemerken, dass man durch dieses längere Eindampfen nicht ein d ü n n e s, wie sich das deutsche Arzneibuch ausdrückt, sondern ein dickes Extrakt erhält, ferner, dass man weniger Äther verbraucht und doch eine grössere Extraktausbeute erzielt, wenn man die Farnwurzel in ein m i t t e l f e i n e s Pulver verwandelt. Mit dem vollständigen Befreien von Äther beim Eindampfen ist auch ein Verlust an ätherischem Öl und zwar auf Kosten der Wirksamkeit des Extraktes verbunden. Auch ist hier die Verdrängung sehr zu empfehlen.

Man hält in diesem Fall folgendes Verfahren ein:

1000,0 Farnwurzel, Pulver M/20,

bringt man in einen Verdrängungsapparat (Perkolator) und verdrängt so, wie unter „Perkolieren“ zu ersehen ist, bis zur Erschöpfung mit Äther. Man wird höchstens 4000,0 Äther verbrauchen. Man destilliert vom Auszug, desgleichen vom ausgezogenen Rhizom den Äther ab und dampft die Extraktflüssigkeit unter mässigem Erwärmen und unter Rühren so lange ein, als noch Äthergeruch wahrzunehmen ist.

Die Ausbeute wird ungefähr 90,0 betragen.

Es mag hier besonders betont werden, dass die Wirksamkeit des Extraktes hauptsächlich von der Verwendung des besten Rhizoms abhängt. Die Eigenschaften eines solchen lassen sich dahin zusammenfassen, dass dasselbe d u n k e l g r ü n brechen und dass eine Wurzel mit hellgrünem Bruch unter allen Umständen verworfen werden muss. Nur kräftige Exemplare der Herbstgrabung zeigen dunkelgrüne Bruchfläche, während schwächliche Exemplare und ferner die Frühjahr- oder Sommergrabung hellgrün bricht. Entfernt man von einer guten Wurzel ausserdem durch Schälen alle absterbenden oder abgestorbenen, schwarz gewordenen Teile, so wird man daraus mit Sicherheit ein Extrakt von vorzüglicher Wirkung gewinnen können.

Mit Unrecht verlangt das Arzneibuch nicht ausschliesslich Wurzel mit „grünem“ Bruch und lässt damit auch alle minderwertige Ware zu; es ist dadurch auch verantwortlich für die so oft beobachtete Unzuverlässigkeit des Extraktes.

b) Vorschrift der Ph. Austr. VII.

100,0 frisch gereinigte, getrocknete und grob zerstossene Wurmfarnwurzeln

übergiesst man im Verdrängungsapparat mit

200,0 Äther,

verschliesst den Apparat und lässt zwei Tage lang ruhig stehen. Man lässt alsdann die Flüssigkeit ablaufen und wiederholt das Verfahren, bis der Äther farblos abläuft.

Von den vereinigten Flüssigkeiten destilliert man den Äther ab und dampft den Rückstand bei gelinder Wärme im Wasserbad bis zur Dicke eines dünnen Extraktes ein.

Die Ausbeute beträgt etwa 90,0.

Vergleiche weiter unter a).

c) Die Ph. Brit. lässt das Extrakt ebenfalls durch Verdrängung bereiten.

Extractum Frangulae.

Faulbaumrindenextrakt.

a) spissum:

Man bereitet es aus gröblich gepulverter Faulbaumrinde, wie Extractum Dulcamarae.

b) siccum:

Man trocknet das dicke Extrakt vollständig aus.

Extractum Galegae.

Galegaextrakt.

1000,0 Galegakraut

übergiesst man mit

6000,0 destilliertem Wasser

und presst nach 6-stündigem Stehen aus.

Den Rückstand übergiesst man mit

4000,0 siedendem destillierten Wasser

und presst nach $1/2$ Stunde aus.

Man vereinigt nun die Pressflüssigkeiten, dampft sie im Dampfbad unter stetem Rühren auf

2000,0

ein und stellt die abgedampfte Flüssigkeit in einen kühlen Raum.

Nach 24stündigem Stehen filtriert man und dampft das Filtrat zu einem dicken Extrakt ein.

Extractum Gentianae.

Extract of Gentian. Enzianextrakt.

a) Vorschrift des D. A. IV.

1 Teil in Scheiben zerschnittene Enzianwurzel

wird mit

5 Teilen Wasser

48 Stunden lang bei 15—20° C unter wiederholtem Umrühren ausgezogen und schliesslich ausgepresst. Die Flüssigkeit wird eingedampft, während der Rückstand in gleicher Weise mit

3 Teilen Wasser

12 Stunden lang behandelt wird.

Die abgepresste Flüssigkeit wird mit dem ersten Auszug vereinigt.

Die Mischung dampft man hierauf auf

3 Teile

ein, versetzt sie nach dem Erkalten mit

1 Teil Weingeist von 90 pCt,

lässt sie 2 Tage lang an einem kühlen Orte stehen, filtriert und dampft sie zu einem dicken Extrakt ein.

b) Vorschrift der Ph. Austr. VII.

1000,0 klein zerschnittene Enzianwurzel

lässt man mit

6000,0 destilliertem Wasser

24 Stunden stehen und presst aus. Den Rückstand übergiesst man mit

2000,0 destilliertem Wasser,

lässt wiederum 24 Stunden stehen und presst aus.

Die vereinigten Flüssigkeiten lässt man absetzen, kocht sie auf, seiht durch ein Tuch und bereitet daraus ein dickes Extrakt.

In obiger Vorschrift ist die Menge des zuerst aufzugiessenden Wassers etwas hoch, die des zuletzt aufzugiessenden Wassers etwas zu niedrig bemessen.

Die Ausbeute beträgt ungefähr 280,0—380,0.

c) Vorschrift der Ph. Brit.

1000,0 geschnittene Enzianwurzel,
10000,0 kochendes destilliertes Wasser

lässt man zwei Stunden stehen, kocht sodann 15 Minuten, seiht ab und presst aus. Die Flüssigkeit dampft man im Wasserbad ab bis zur Dicke einer Pillenmasse.

Diese Vorschrift berücksichtigt weder die Erzielung grösstmöglicher Ausbeute, noch die Gewinnung eines pektinfreien Extraktes.

Die Ph. Austr. VII und die Ph. Brit. fordern nicht, wie das D. A. IV., ein klarlösliches Extrakt, die Herstellung des diesen beiden Gesetzbüchern genügenden Extraktes ist daher mit keinen Schwierigkeiten verbunden. Anders liegt die Sache bei dem Extrakt des Deutschen Arzneibuches; hier wird die Vorschrift des letzteren sehr häufig im Stich lassen.

Viel sicherer wird man ein klar lösliches Extrakt nach folgenden Vorschriften erhalten:

d) Vorschrift von *E. Dieterich.*

1000,0 kleingeschnittene staubfreie Enzianwurzel,
3500,0 destilliertes Wasser

lässt man 24 Stunden bei 15—20° C stehen und presst dann aus.

Die erhaltene Seihflüssigkeit vermischt man mit Papierfaser, welche man aus

20,0 Filtrierpapierabfall

durch Verrühren mit Wasser herstellt, kocht unter Abschäumen auf und filtriert (s. Filtrieren) durch Flanellspitzbeutel. Während man das Filtrat abdampft, zieht man die Pressrückstände in der vorherigen Weise nochmals zwölf Stunden lang aus mit

2500,0 destilliertem Wasser.

Man behandelt den zweiten Auszug durch Aufkochen und Abschäumen, wie den ersten, mit

10,0 Filtrierpapierabfall,

filtriert und dampft beide Auszüge, nachdem man sie vereinigt, auf ein Gewicht von

750,0

ein, fügt dem dünnen Extrakt

1500,0 Weingeist von 90 pCt

hinzu, überlässt 24 Stunden der Ruhe und filtriert. Den Filter-Rückstand maceriert man mit

1250,0 verdünntem Weingeist v. 68 pCt,

seiht auf einem dichten Tuch ab, presst aus und filtriert.

Die vereinigten Filtrate bringt man in eine Blase und destilliert über

2000,0 Weingeist.

Die der Blase entnommene Extraktlösung dampft man zu einem dicken Extrakt ein, lässt dieses 8 Tage im kühlen Raum stehen, um alle im Wasser unlöslichen Teile auszuscheiden, löst es dann in der dreifachen Menge Wasser, filtriert und dampft zur vorgeschriebenen Dicke ein.

Die Ausbeute beträgt nach Verfahren d) 25—35 pCt bei Verarbeitung einer nicht künstlich vergorenen Wurzel. Letztere liefert viel weniger Extrakt; die Ausbeute kann in diesem Fall sogar bis 13 pCt herabgehen.

Es darf nur staubfreie Wurzel verarbeitet werden, weil im andern Fall die Auszüge Wurzelteile enthalten und aus denselben beim Erhitzen Pektinstoffe aufnehmen würden.

Das Deutsche Arzneibuch wendet viel grössere Wassermengen an; man läuft hierbei jedoch wegen der längeren Zeitdauer des Eindampfens Gefahr, ein trübe lösliches und vor Allem dunkler gefärbtes Extrakt zu erhalten.

Eine sofort nach dem Ausgraben getrocknete Wurzel hat weissgelbes, nicht rötliches Fleisch. Die Rötung tritt erst bei längerem Lagern durch Gärung ein. Da die rote Ware beliebter ist, wie die gelbe, wird von den Sammlern die Gärung, bez. Rötung dadurch künstlich erzeugt, dass sie die frische Wurzel auf dichte Haufen werfen und festtreten. Die Wurzel bleibt so lange liegen, bis Selbsterhitzung und Veränderung der Farbe eingetreten ist. Nun erst wird sie getrocknet und erhält das Aussehen, wie es uns aus den Beschreibungen der älteren Pharmakopöen bekannt ist. Durch die Gärung, gleichgültig, ob sie auf natürlichem oder künstlichem Weg erfolgte, geht der Zuckergehalt der Wurzel zurück. Eine rote Wurzel giebt daher, je nach dem Grad der Gärung weniger Extrakt, als die ungegorene. Ausserdem hat ersteres Extrakt die sehr unangenehme Eigenschaft, seine Klarlöslichkeit in kurzer Zeit zu verlieren. Löst man ein solches Extrakt in kaltem Wasser, filtriert und dampft abermals ein, so tritt in der Regel dieselbe Erscheinung nochmals, ja 3 bis 4 mal hintereinander auf, ehe man durch wiederholtes Lösen, Filtrieren und Eindampfen eine bleibende Klarlöslichkeit erzielt. Da die gelbe Wurzel im Handel nicht allgemein vorkommt, entschieden aber den Vorzug verdient, werde ich im Bezugsquellen-Verzeichnis eine Firma dafür aufnehmen.

Bemerken will ich noch, dass durch oben beschriebene Weingeistbehandlung auch aus gegorener Wurzel ein klarlösliches Extrakt hergestellt werden kann. Die Weingeistbehandlung ist für diesen Fall das einzige und letzte Rettungsmittel.

Die völlige Klarlöslichkeit des Enzianextraktes ist übrigens ein sehr unnötiger Luxus, den sich das Deutsche Arzneibuch gestattet.

Extractum Glandium Quercus.

Eichelkaffeeextrakt.
Nach *E. Dieterich.*

1000,0 geröstete Eicheln, Pulver M/8,
4800,0 destilliertes Wasser,
1200,0 Weingeist von 90 pCt

lässt man 48 Stunden bei 15—20⁰ C stehen und presst dann aus.

Die Pressrückstände behandelt man in derselben Weise mit

2400,0 destilliertem Wasser,
600,0 Weingeist von 90 pCt

und wiederholt das Auspressen.

Die Seihflüssigkeiten filtriert man, destilliert vom Filtrat

1500,0 Weingeist

ab und dampft die der Blase entnommene Extraktlösung bis auf ein Gewicht von

150,0

ein. Man setzt, um die ausgeschiedenen Teile wieder in Lösung überzuführen,

100,0 Weingeist-Destillat

zu, überlässt 24 Stunden der Ruhe und setzt nun das Abdampfen so lange fort, bis sich das Extrakt durch Zupfen zerkleinern und, auf Pergamentpapier verteilt, im Trockenschrank vollständig austrocknen lässt. Man bewahrt schliesslich das getrocknete und zerriebene Extrakt im Glas mit gutem Verschluss auf.

Die Ausbeute wird um 100,0 betragen.

Das Ausziehen mit Weingeistzusatz ist notwendig, weil die Eicheln viel schleimige Teile enthalten.

Extractum Glandium Quercus saccharatum.

Extractum Glandium saccharatum.
Verzuckerter oder löslicher Eichelkaffee.
Nach *E. Dieterich.*

Man bereitet dasselbe wie das vorige unter Beibehaltung der angegebenen Verhältnisse, versetzt aber die Extraktlösung, nachdem man den Weingeist abdestilliert hat, mit

200,0 Zucker, Pulver M/8,
200,0 Milchzucker, Pulver M/8,

dampft damit bis zu einem Gewicht von

550,0

ein, setzt

100,0 Weingeist-Destillat

zu und fährt mit dem Eindampfen so lange fort, bis sich die steife Masse durch Zupfen zerkleinern und auf Pergamentpapier ausbreiten lässt.

Man trocknet bei einer Temperatur von 25 bis 30⁰ C. und verwandelt schliesslich in ein feines Pulver.

Die Ausbeute beträgt um 500,0, so dass ein Teil Extrakt-Saccharat zwei Teilen gerösteter Eicheln gleichkommt.

Es ist darauf zu achten, dass die Eicheln genügend geröstet sind; zu wenig geröstete Eicheln geben ein ausserordentlich leicht feucht werdendes Extrakt.

Da das Extrakt leicht Feuchtigkeit aus der Luft anzieht, ist es in gut verschlossenen Glasbüchsen aufzubewahren, ferner ebenso an das Publikum abzugeben. Die Gebrauchsanweisung für letzteres lautet:

„Der lösliche Eichelkaffee wird von Kindern am liebsten in Milch genommen. Man löst daher, je nach dem Alter des Kindes, 1 kleine bis 1 grosse Messerspitze voll Extrakt in einer Tasse heisser Milch und versüsst, wenn nötig, mit etwas Zucker."

Extractum Gossypii.

Vorschrift d. Hamb. Ap. V.

1000,0 Gossypiumwurzelrinde, mittelfein gepulvert,

zieht man mit

1250,0 Weingeist von 90 pCt,
3750,0 Wasser

3 Tage lang bei 15—20⁰ C unter wieder-

holtem Umrühren aus und presst schliesslich aus.

Den Rückstand behandelt man in gleicher Weise mit

750,0 Weingeist von 90 pCt,
2250,0 Wasser,

mischt die abgepressten Auszüge, lässt die Mischung 2 Tage stehen, filtriert sie und dampft das Filtrat zu einem dicken Extrakt ein.

Da der Weingeist wiedergewonnen wird, möchte ich empfehlen, vom Filtrat 1500,0 Weingeist abzudestillieren.

Extractum Graminis.

Queckenextrakt. Queckenwurzelextrakt.

a) Vorschrift der Ph. II, verbessert von *E. Dieterich.*

1000,0 geschnittene Queckenwurzel

quetscht man im Mörser, übergiesst sie mit

4000,0 kochendem destillierten Wasser

und presst nach 2 Stunden aus.

Den Pressrückstand behandelt man in gleicher Weise mit

3000,0 kochendem destillierten Wasser

Die vereinigten Pressflüssigkeiten kocht man auf 1000,0 ein, stellt 24 Stunden in kühlen Raum, filtriert und dampft das Filtrat zur vorgeschriebenen Dicke ein.

Die Ausbeute wird bis zu 32 pCt betragen.

Im Gegensatz zu dem sonst üblichen Eindampfen ist hier ein Einkochen notwendig, weil nur hierdurch ein klarlösliches Extrakt gewonnen werden kann.

Ein teilweise gegorenes Rhizom widersteht auch diesem Verfahren; in diesem Fall erzielt man die Klarlöslichkeit durch Weingeistbehandlung, wie sie unter Extr. Gentianae e) beschrieben ist.

Durch das Einkochen, das notwendig ist, um die vom Deutschen Arzneibuch vorgeschriebene Klarlöslichkeit zu erzielen, wird offenbar eine teilweise Zersetzung der extraktiven Teile hervorgerufen. Es wäre deshalb viel richtiger, wenn das Deutsche Arzneibuch sich mit einem „schwach trübe löslich" begnügte und die Klarlöslichkeit nicht durch Veränderungen im Extrakt zu erreichen suchte.

b) Vorschrift der Ph. Austr. VII.

Man bereitet es aus zerschnittener Queckenwurzel, wie das Enzianextrakt, dampft aber nur bis zur Dicke eines dünnen Extraktes ein.

Da die Queckenwurzel nur wenig Eiweissstoffe enthält und da weiterhin die wässrigen Auszüge grosse Neigung zum Sauerwerden besitzen, so ist die Behandlung der Wurzel mit kaltem Wasser hier nicht angebracht; man verfährt vielmehr besser nach Vorschrift a.

Extractum Granati corticis.

Extractum Granati. Extractum Punicae Granati. Granatwurzelrindenextrakt. Granatrindenextrakt.

a) Vorschrift der Ph. Austr. VII.

Man bereitet es aus gepulverter Granatrinde, wie das Eisenhutknollenextrakt.

Die Ausbeute beträgt 18—20 pCt.

b) Vorschrift von *E. Dieterich.*

1000,0 Granatwurzelrinde, Pulver M/8,
1400,0 Weingeist von 90 pCt,
2100,0 destilliertes Wasser

lässt man bei 15—20° C 48 Stunden stehen und presst aus.

Nachdem man den Pressrückstand in gleicher Weise mit

800,0 Weingeist von 90 pCt,
1200,0 destilliertem Wasser

behandelt hat, filtriert man die abgepressten Auszüge und dampft sie (bei grösseren Mengen destilliert man den Weingeist ab) ein auf ein Gewicht von

250,0,

versetzt mit

100,0 Weingeist von 90 pCt

und fährt mit dem Eindampfen fort, bis ein dickes oder, wo es gebräuchlich ist, ein trockenes Extrakt erhalten wird. Das gewonnene Präparat ist durchaus gleichmässig und zeigt besonders in der ersteren Form keine harzigen Ausscheidungen.

Von dickem Extrakt erhält man circa 200,0, von trockenem 160,0.

Da die Österreichische Pharmakopöe Stammrinde, Astrinde und Wurzelrinde, das Deutsche Arzneibuch nur Stammrinde und Wurzelrinde verwenden lässt, so sind die nach derselben Vorschrift beider Gesetzbücher hergestellten Extrakte nicht völlig gleichwertig.

Extractum Gratiolae.

Gottesgnadenkrautextrakt.
Nach Ph. G. I.

1000,0 frisches blühendes Gottesgnadenkraut

besprengt man mit

50,0 destilliertem Wasser,

zerstösst es dann und presst aus. Den Pressrückstand behandelt man in gleicher Weise mit

150,0 destilliertem Wasser.

Die vereinigten Pressflüssigkeiten erhitzt man auf 80° C, seiht durch ein Tuch, drückt den auf dem Tuche bleibenden Rückstand aus und dampft die Seihflüssigkeit auf

100,0

ein.

Man mischt diese in einer Flasche mit

100,0 Weingeist von 90 pCt,

lässt die Mischung 24 Stunden in Zimmertemperatur stehen und filtriert.

Den Filterrückstand bringt man in die Flasche zurück, behandelt ihn in gleicher Weise mit

50,0 verdünntem Weingeist v. 68 pCt,

erwärmt aber diesmal die Mischung. Man filtriert abermals, vereinigt die beiden Filtrate, lässt sie 24 Stunden in kühlem Raum stehen und giesst dann klar ab. Von dem Abgegossenen destilliert man

120,0 Weingeist

ab und dampft die zurückgebliebene Flüssigkeit zu einem dicken Extrakt ein.

Die Ausbeute wird gegen 30,0 betragen.

Extractum Guajaci ligni aquosum.

Wässeriges Guajakholzextrakt.

Man bereitet es aus grob gepulvertem Guajakholz wie Extractum Cascarillae.

Extractum Guajaci ligni spirituosum.

Weingeistiges Guajakholzextrakt.

Man bereitet es aus gröblich gepulvertem Lignum Guajaci (M/8) wie Extractum Aurantii corticis. Die Ausbeute beträgt ungefähr 13 pCt.

Wenn man über fein gepulvertes Holz verfügt, ist der Weg der Verdrängung (s. Perkolieren) zu empfehlen.

Extractum Helenii.

Alantwurzelextrakt.

Nach Ph. G. I, verbessert von *E. Dieterich.*

1000,0 Alantwurzel, Pulver M/8,
1200,0 Weingeist von 90 pCt,
1800,0 destilliertes Wasser

lässt man unter öfterem Umschütteln 5—6 Tage bei 15—20° C stehen und presst sodann aus. Den Pressrückstand behandelt man in gleicher Weise mit

800,0 Weingeist von 90 pCt,
1200,0 destilliertem Wasser,

presst aber schon nach 3 Tagen aus.

Die vereinigten Pressflüssigkeiten stellt man 2 Tage in einen kühlen Raum, filtriert dann und destilliert vom Filtrat

1600,0 Weingeist

ab. Die zurückbleibende Flüssigkeit dampft man zu einem dicken Extrakt ein, wobei man 2—3 mal je 25,0 von obigem Weingeistdestillat zusetzt, um harzige Ausscheidungen in Lösung zu halten.

Die Ausbeute wird ungefähr 300,0 betragen.

Auch bei diesem Extrakt leistet die Verdrängung gute Dienste (s. Perkolieren).

Zu bemerken ist, dass man aus dem ausgezogenen Wurzelpulver ausser dem darin enthaltenen Weingeist auch *noch* ätherisches Öl durch Destillation gewinnen kann. Dasselbe geht erst dann über, wenn bereits aller Weingeist abdestilliert ist.

Extractum Hippocastani.

Kastanienextrakt.

Nach *E. Dieterich.*

1000,0 Rosskastanienrinde, Pulver M/8,
3500,0 destilliertes Wasser

lässt man bei 15—20° C 12 Stunden stehen, erhitzt dann 2 bis 3 Stunden im Dampfbad und presst aus.

Die Pressrückstände setzt man mit

2000,0 destilliertem Wasser

nochmals 2 Stunden lang der Dampfhitze aus und wiederholt das Auspressen. Die vereinigten Brühen dampft man auf ein Gewicht von

500,0

ein, mischt

250,0 Weingeist von 90 pCt

zu, lässt 24 Stunden stehen und filtriert. Den Filterrückstand zieht man mit

50,0 Weingeist von 90 pCt,
100,0 destilliertem Wasser

aus, sammelt auf einem dichten Seihtuch, presst aus und filtriert die Pressflüssigkeit.

Die vereinigten Filtrate dampft man ein auf ein Gewicht von

200,0,

setzt

100,0 Weingeist von 90 pCt

zu und dampft dann zur Trockne ein.

Die Ausbeute beträgt etwa 140,0.

Extractum Hydrastis.

Hydrastisextrakt.

Nach *E. Dieterich.*

1000,0 Hydrastiswurzel, Pulver M/8,
4000,0 verdünnten Weingeist v. 68 pCt

lässt man 5—6 Tage unter öfterem Umschütteln bei 15—20° stehen und presst dann aus.

Den Pressrückstand behandelt man in gleicher Weise mit

3000,0 verdünntem Weingeist v. 68 pCt,

nimmt aber das Auspressen schon nach 3 Tagen vor.

Die vereinigten Auszüge stellt man 2 Tage in einen kühlen Raum, filtriert sie dann und destilliert vom Filtrat

5000,0 Weingeist

ab. Die zurückbleibende Flüssigkeit dampft man zu einem trockenen Extrakt ein.

Die Ausbeute wird ungefähr 200,0 betragen.

Extractum Hyoscyami.

Bilsenkrautextrakt. Extract of Hyosciamus.

a) Vorschrift des D. A. IV.

20 Teile der frischen oberirdischen Teile von Hyoscyamus niger

werden mit

1 Teil Wasser

besprengt, zerstossen und ausgepresst. Der Rückstand wird in gleicher Weise mit

3 Teilen Wasser

behandelt. Die abgepressten Flüssigkeiten werden gemischt, auf 80° C erwärmt, durchgeseiht und bis auf 2 Teile eingedampft; alsdann werden

2 Teile Weingeist von 90 pCt

zugefügt. Die Mischung wird bisweilen umgeschüttelt und nach 24 Stunden durchgeseiht. Der Rückstand wird mit

1 Teil verdünntem Weingeist von 68 pCt

etwas erwärmt und wiederholt umgeschüttelt. Die nach dem Absetzen klar abgegossene Flüssigkeit wird der früher erhaltenen hinzugefügt, die Mischung filtriert und zu einem dicken Extrakt eingedampft.

Hierzu ist zu bemerken, dass man sich das Filtrieren der weingeistigen Extraktlösungen sparen kann, wenn man dieselben 24 Stunden in einem kühlen Raum der Ruhe überlässt. Man kann sie dann klar abgiessen. Empfehlen möchte ich,

120,0 Weingeist

abzudestillieren und dann erst mit dem Eindampfen zu beginnen.

Die Ausbeute wird 28,0—31,0 betragen.

b) Vorschrift der Ph. Austr. VII.

Man bereitet es aus gepulverten Bilsenkrautblättern, wie das Eisenhutknollenextrakt.

Bezüglich des Chlorophyllgehaltes des Extraktes vergleiche das hierzu unter Extractum Belladonnae Bemerkte.

Die Ausbeute beträgt etwa 22 pCt.

c) Vorschrift der Ph. Brit.

Frische Blätter und junge Triebe von Bilsenkraut

zerstösst man in einem Steinmörser und presst den Saft aus; letzteren erhitzt man langsam auf 54,5° C und sammelt das sich hierbei abscheidende Chlorophyll auf einem Kattunfilter. Man erhitzt dann weiter bis zum Kochen, seiht durch, dampft im Wasserbad zur Sirupdicke ein und setzt das vorher abgeseihte Chlorophyll wieder zu. Sodann dampft man unter fleissigem Umrühren bei einer 60° C nicht übersteigenden Wärme bis zur Dicke einer Pillenmasse ein

---

Extractum Ipecacuanhae.

Emetinum impurum. Brechwurzelextrakt.
Nach *E. Dieterich.*

1000,0 Brechwurzel, Pulver M/8,
5000,0 Weingeist von 90 pCt

lässt man bei 15—20° C 12 Stunden lang stehen, erhöht dann 48 Stunden lang die Temperatur auf 30—50° C und presst aus. Man versetzt den erhaltenen Auszug mit

5000,0 destilliertem Wasser,

bringt in eine Blase und zieht über

4000,0 Weingeist.

Den Blaseninhalt filtriert man und dampft ihn bis zur Sirupdicke ein. Man setzt nun das gleiche Gewicht Weingeist zu und dampft wieder bis zur vorherigen Dicke ab.

Die noch heisse Masse streicht man auf Glastafeln, trocknet in einem vor Licht geschützten, auf ca. 30° C erwärmten Raum, und gewinnt so Lamellen.

Die Ausbeute wird ungefähr 35,0 betragen.

Eine andere Vorschrift lässt den weingeistigen Auszug zum Extrakt abdampfen, lösst dieses in der fünffachen Menge Wasser, filtriert und dampft das Filtrat zum Extrakt ab. Bei der Schwerlöslichkeit des Emetins in Wasser wird dasselbe bei diesem Verfahren unfehlbar abfiltriert und aus dem Extrakt entfernt werden.

Dieser Fehler wird bei dem oben beschriebenen Verfahren vermieden, wenn auch zugegeben werden muss, dass das gewonnene Extrakt nicht ganz frei von harzigen Bestandteilen ist.

Extractum Juglandis corticis.

Extractum Juglandis. Wallnussschalenextrakt.
Extract of Juglans.

a) Vorschrift von *E. Dieterich.*

1000,0 frische Wallnussschalen

zerstösst man im steinernen Mörser und zieht mit

1000,0 Weingeist von 90 pCt

bei 15—20° C 8 Tage lang aus. Man presst nun ab, filtriert die Flüssigkeit nach 24stündigem Stehen und dampft ein bis zu einem Gewicht von

250,0.

Man setzt nun zu

250,0 Weingeist von 90 pCt,

fährt mit dem Abdampfen fort, bis ein Gewicht von

100,0

erreicht ist, fügt nochmals

50,0 Weingeist von 90 pCt

hinzu und bringt schliesslich die Arbeit zu Ende, indem man ein dickes Extrakt herstellt.

Dieses weingeistige Extrakt besitzt sehr viel Färbevermögen und stellt im Gegensatz zu dem früher gebräuchlichen, aus den wässrigen Auszügen gewonnenen Präparat eine sehr gleichmässige Masse von kräftigem Geschmack dar.

Die Ausbeute wird gegen 80,0 betragen.

b) Vorschrift der Ph. U. St.

Das Extrakt bereitet man aus der Wurzelrinde von Juglans cinerea mit verdünntem Weingeist von 48,6 pCt nach dem Verdrängungsverfahren (s. Perkolieren) und dampft es bis zur Dicke einer Pillenmasse ein.

Extractum Juglandis folii.

Nussblätterextrakt.
Nach *E. Dieterich*.

1000,0 fein zerschnittene Nussblätter,
1600,0 Weingeist von 90 pCt,
2400,0 destilliertes Wasser

lässt man unter öfterem Umschütteln 4 bis 5 Tage bei 15—20° C stehen und presst dann aus. Den Pressrückstand behandelt man in gleicher Weise mit

1000,0 Weingeist von 90 pCt,
1500,0 destilliertem Wasser,

nimmt aber das Auspressen schon nach 2 Tagen vor. Die vereinigten Auszüge stellt man 2 Tage in einen kühlen Raum, filtriert dan nund destilliert vom Filtrat

1200,0 Weingeist

ab. Man dampft nun die zurückbleibende Flüssigkeit zu einem dicken Extrakt ein, setzt aber von Zeit zu Zeit 2 bis 3 mal 25,0 obiges Weingeistdestillat zu, um die harzigen Ausscheidungen in Lösung zu erhalten.

Die Ausbeute wird 280,0 bis 300,0 betragen.

Extractum Juniperi spirituosum.

Weingeistiges Wacholderbeerenextrakt.

Man bereitet es aus zerquetschten Wacholderbeeren wie Extractum Absinthii und wird aus 1000 Teilen ungefähr 325 Teile Ausbeute erhalten. — Das weingeistige Extrakt enthält die wirksamen Bestandteile, besonders das Harz und das Öl, in weit höherem Masse und umgekehrt weniger Schleimstoffe, als das bekannte Roob.

Extractum Koso aethereum.

Ätherisches Kosoblütenextrakt.

Man bereitet es nach der zu Extr. Cinae gegebenen Vorschrift. Die Ausbeute wird ungefähr 5 pCt betragen.

Wie dort, so ist auch hier das Verdrängungsverfahren (s. Perkolieren) mit Vorteil anzuwenden, aus wirtschaftlichen Rücksichten darf nur nicht übersehen werden, von dem ausgezogenen Pulver den Äther mit Dampf abzudestillieren.

Extractum Lactucae virosae.

Giftlattichextrakt.
Nach Ph. G. I.

1000,0 frisches blühendes Giftlattichkraut

besprengt man mit

50,0 destilliertem Wasser,

zerstösst es dann und presst aus. Den Pressrückstand behandelt man in gleicher Weise mit

150,0 destilliertem Wasser.

Die vereinigten Pressflüssigkeiten erhitzt man auf 80° C, seiht durch ein Tuch, drückt den auf dem Tuch bleibenden Rückstand aus und dampft die Seihflüssigkeit auf

100,0

ein.

Man mischt diese in einer Flasche mit

100,0 Weingeist von 90 pCt,

lässt die Mischung 24 Stunden bei 15—20° C stehen und filtriert.

Den Filterrückstand bringt man in die Flasche zurück, behandelt ihn in gleicher Weise mit

50,0 verdünntem Weingeist v. 68 pCt,

erwärmt aber diesmal die Mischung. Man filtriert abermals, vereinigt die beiden Filtrate, lässt sie 24 Stunden in kühlem Raum stehen und giesst dann klar ab. Von dem Abgegossenen destilliert man

120,0 Weingeist

ab und dampft die zurückgebliebene Flüssigkeit zu einem dicken Extrakt ein.

Die Ausbeute wird 2—2½ pCt betragen.

Extractum Levistici.

Liebstöckelextract.
Nach *E. Dieterich*.

1000,0 Liebstöckelwurzel, Pulver M/5,
1200,0 Weingeist von 90 pCt,
1800,0 destilliertes Wasser

lässt man 5—6 Tage unter öfterem Umschütteln bei 15—20° C stehen und presst dann aus.

Den Pressrückstand behandelt man in gleicher Weise mit

800,0 Weingeist von 90 pCt,
1200,0 destilliertem Wasser,

nimmt aber das Auspressen schon nach 3 Tagen vor.

Die vereinigten Auszüge stellt man 2 Tage in einen kühlen Raum, filtriert sie dann und destilliert vom Filtrat

1500,0 Weingeist

ab. Die zurückbleibende Flüssigkeit dampft man zu einem dicken Extrakt ein.

Die Ausbeute wird ungefähr 180,0 betragen,

Extractum Liquiritiae.

Extractum Liquiritiae radicis. Süssholzextrakt.

a) Vorschrift von *E. Dieterich.*

1000,0 geschnittenes Süssholz

trocknet man und verwandelt es in gröbliches Pulver, M/5. Man lässt dieses 12 Stunden bei 15—20° C mit

3000,0 destilliertem Wasser

stehen, presst dann aus, übergiesst den Pressrückstand mit

2000,0 heissem destillierten Wasser,

und wiederholt nach einstündigem Stehen das Auspressen.

Man verrührt nun

20,0 Filtrierpapierabfall

mit Wasser, kocht hiermit die vereinigten Brühen unter Abschäumen auf und setzt das Kochen mindestens 15 Minuten fort, ehe man durch Flanell-Spitzbeutel (s. Filtrieren) filtriert.

Das Filtrat muss, was unter Umständen durch öfteres Zurückgiessen erreicht wird, vollständig klar sein und wird dann zur Honigdicke eingedampft. Das Extrakt stellt man 2 Tage in einen kühlen Raum, löst es dann in 2 Teilen Wasser, filtriert und dampft das Filtrat zu einem dicken Extrakt ein.

Die Ausbeute beträgt bei getrockneter russischer Wurzel 35 bis 38 pCt, bei spanischer 20 bis 25 pCt.

Da die Auszüge leicht sauer werden und dann kaum mehr ein klarlösliches Extrakt liefern, nimmt man die Arbeit am besten in kühler Jahreszeit vor und beschleunigt sie so viel als möglich.

b) Vorschrift der Ph. Austr. VII.

Man bereitet es aus zerstossener Süssholzwurzel wie das Enzianextrakt Ph. Austr. VII.

Extractum Liquiritiae Spiritu depuratum.

Weingeistiges Süssholzextrakt.
Nach *E. Dieterich.*

1000,0 grob gepulvertes russisches Süssholz

übergiesst man mit

5000,0 kaltem Wasser,

lässt 4 Stunden unter öfterem Umrühren stehen und presst aus. Den Presskuchen zieht man nochmals aus, diesmal aber mit

3000,0 kochendem Wasser

und presst abermals aus.

Die vereinigten Brühen dampft man sofort unter Rühren in Porzellanschalen bis auf ein Gewicht von

500,0

ein, versetzt diese noch heisse Extraktlösung mit

1000,0 Weingeist von 90 pCt

und stellt 24 Stunden zurück. Nach dieser Zeit filtriert man durch Papier, destilliert vom Filtrat

900,0 Weingeist

ab und dampft den Blasenrückstand zu einem mitteldicken Extrakt ein. Das Extrakt ist klar löslich im Wasser.

Die Ausbeute beträgt bei Verwendung russischer Wurzel 130,0, höchstens 150,0.

Es ist, besonders im Sommer, notwendig, die Arbeit zu beschleunigen. Wenn man morgens 6 Uhr beginnt, kann mittags bereits mit dem Eindampfen begonnen und abends der Weingeist zugesetzt werden.

Das mit Weingeist gereinigte Süssholzextrakt dient hauptsächlich zur Herstellung von Sirupus oder Pasta Liquiritiae.

Extractum Lupulini.

Lupulinextrakt.

1000,0 gereinigtes Lupulin

maceriert man 8 Tage lang mit

3000,0 Weingeist von 90 pCt

und presst aus. Den Pressrückstand behandelt man mit

2000,0 Weingeist von 90 pCt

in derselben Weise, vereinigt die Auszüge und filtriert sie.

Man dampft das Filtrat zu einem dicken Extrakt ab und wird 280,0 Ausbeute erhalten.

Verwendet man zum Ausziehen des Lupulins verdünnten Weingeist, so beträgt die Ausbeute 450,0—480,0.

Wie bei allen weingeistigen Extrakten kann auch hier die Verdrängung (s. Perkolieren) mit Vorteil stattfinden und von den Auszügen der Weingeist abdestilliert werden.

Extractum Malti.

Malzextrakt.

a) diastasehaltig, Vorschrift von *E. Dieterich.*

1000,0 bestes Gerstenmalz

quetscht man, maischt es dann mit

1000,0 destilliertem Wasser

ein und lässt in gewöhnlicher Zimmertemperatur unter öfterem Umrühren 2 Stunden lang stehen. Man verdünnt dann die Maische mit

4000,0 heissem destillierten Wasser von 70° C,

bringt die ganze Masse auf eine Temperatur von 55—60° C und erhält eine Stunde lang darin. Man seiht dann ab, presst das Zurückbleibende aus, filtriert die Brühe durch Spitzbeutel und dampft sie im Vakuum zu einem dicken Extrakt ein.

b) diastasefrei, Vorschrift der Ph. G. I., verbessert von *E. Dieterich.*

Man verfährt wie bei a), erhitzt aber die Masse, nachdem man sie eine Stunde lang in einer Temperatur von 55—60° C erhalten hat, zum Sieden und presst dann erst aus.

Man giebt dem diastasehaltigen Malzextrakt von therapeutischer Seite den Vorzug. Merkwürdigerweise zeigt es auch eine grössere Haltbarkeit, wie das diastasefreie Präparat.

Man stellt an Malzextrakte heutzutage sehr hohe Anforderungen und verlangt vor allem eine blonde Färbung. Es ist dies nur durch Eindampfen im Vakuumapparat zu erreichen. Wer also ein konkurrenzfähiges Präparat liefern will, muss über ein Vakuum verfügen.

Die Ausbeute bei Anwendung obiger Vorschriften beträgt 680,0—740,0 Extrakt, je nach Qualität des verwendeten Malzes.

Extractum Malti calcaratum.

Malzextrakt mit Kalk.

1,0 Calciumhypophosphit

löst man durch Erwärmen in

4,0 weissem Sirup

und mischt unter

95,0 Malzextrakt,

nachdem man letzteres vorher etwas anwärmte.

Man verfährt am bequemsten so, dass man die das Extrakt enthaltende Büchse in einen Topf heisses Wasser stellt und die Lösung mit einem nicht zu schmalen Spatel unterrührt.

Extractum Malti chinatum.

Chinamalzextrakt.

5,0 wässeriges Chinaextrakt,
95,0 Malzextrakt

wiegt man in eine Büchse, erwärmt und mischt durch Rühren.

Die Mischung unterscheidet sich im Aussehen wenig von reinem Malzextrakt und schmeckt bei weitem besser, als das Chinin-Malzextrakt.

Extractum Malti chininatum.

Malzextrakt mit Chinin.

0,25 Chininsulfat,
0,25 verdünnte Schwefelsäure,
4,50 weisser Sirup.

Man löst durch Erwärmen und mischt in der unter Extractum Malti calcaratum angegebenen Weise mit

95,0 Malzextrakt.

Wegen des wenig angenehmen Geschmackes möchte ich die Zusammensetzung nicht für eine glückliche halten.

Extractum Malti chinino-ferratum.

Malzextrakt mit Eisen und Chinin.

0,5 Eisenchinincitrat,
4,5 weisser Sirup,
95,0 Malzextrakt.

Man löst durch Erwärmen das Eisen-Chinincitrat im weissen Sirup und setzt die Lösung dem erwärmten Extrakt zu.

Extractum Malti eigonatum.

Extractum Malti c. Eigono. Eigon-Malzextrakt.
Nach *K. Dieterich.*

a) stark mit 3 pCt Jod:

20,0 Jod-Eigonnatrium

löst man unter Erhitzen in

50,0 destilliertem Wasser

und dampft die Lösung auf ein Gewicht von

40,0

ein.

Andrerseits erwärmt man

80,0 Malzextrakt,

vermischt damit die heisse Eigonlösung und dampft die Mischung auf

100,0 Gesamtgewicht

ein.

b) schwach mit 0,3 pCt Jod:

2,0 Jod-Eigonnatrium,
5,0 destilliertes Wasser,
98,0 Malzextrakt.

Man verfährt so, wie unter a) angegeben ist, und dampft auf

100,0 Gesamtgewicht

ein.

c) ganz schwach mit 0,03 pCt Jod:

0,2 Jod-Eigonnatrium,
1,0 destilliertes Wasser.

Man löst heiss und vermischt die Lösung mit

100,0 Malzextrakt,

das man vorher erwärmte.

Extractum Malti ferrato-manganatum.

Eisenmangan-Malzextrakt.
(0,2 pCt Fe und 0,1 pCt Mn.)
Nach *E. Dieterich.*

2,0 Eisendextrinat (10 pCt Fe),
1,0 Mangandextrinat (10 pCt Mn)

löst man durch Erhitzen in

10,0 destilliertem Wasser,

dampft die Lösung auf ein Gewicht von

6,0

ab und vermischt sie nun mit

94,0 Malzextrakt.

Nur Malzextrakt mit sehr geringem Säuregehalt kann Verwendung finden.

Extractum Malti ferratum.

Malzextrakt mit Eisen.

a) Vorschrift der Ph. G. I.

2,0 Ferripyrophosphat-Ammoniumcitrat

löst man durch Erhitzen in

8,0 weissem Sirup

und mischt diese Lösung unter

90,0 Malzextrakt,

nachdem man letzteres vorher erwärmt hat.

b) Vorschrift von *E. Dieterich*.

4,0 Eisendextrinat (10 pCt Fe),
8,0 weisser Sirup,
88,0 Malzextrakt.

Bereitung wie bei a). Die nach b) erhaltene Mischung besitzt vor a) den Vorzug, nur ganz entfernt nach Eisen zu schmecken.

Extractum Malti ferro-jodatum.

Malzextrakt mit Jodeisen.
Nach *E. Dieterich*.

1,0 zehnfachen Jodeisensirup

mischt man mit

99,0 Malzextrakt,

welches man vorher erwärmte.

Zehnfachen Jodeisensirup bringt die *Chem. Fabrik Helfenberg* in den Handel.

Extractum Malti jodatum.

Malzextrakt mit Jodkalium.

0,1 Kaliumjodid

in

4,0 Süssholzsirup

gelöst, mischt man mit

95,0 Malzextrakt,

nachdem man letzteres vorher anwärmte.

Extractum Malti lupulinatum.

Malzextrakt mit Hopfen.

1 Tropfen Hopfenöl,
1,0 Hopfenextrakt

verreibt man mit

4,0 Zucker, Pulver $^{M}/_{30}$.

Andererseits erwärmt man

95,0 Malzextrakt

und rührt die Verreibung unter.

Extractum Malti manganatum.

Mangan-Malzextrakt.
(0,1 pCt Mn.)
Nach *E. Dieterich*.

1,0 Mangandextrinat (10 pCt Mn)

löst man durch Erhitzen in

4,0 destilliertem Wasser

und vermischt die Lösung mit

95,0 Malzextrakt.

Nur Malzextrakt mit sehr geringem Säuregehalt darf zu dieser Zusammensetzung verwendet werden.

Extractum Malti c. Oleo Jecoris Aselli.

Leberthran-Malzextrakt.
Nach *E. Dieterich*.

50,0 Malzextrakt

verreibt man mit

50,0 Leberthran

in der Weise, dass man das Leberöl in kleinen Mengen (anfangs zu 5,0, später zu 10,0) dem mässig erwärmten Malzextrakt zusetzt und nicht eher eine neue Menge von ersterem hinzufügt, ehe nicht die vorhandene vollkommen untergemischt, bezw. emulgiert ist. Die Emulsion wird, je mehr die Menge des Öles steigt, allmählich so steif, dass sie sich nur noch schwer bewegen lässt; man stellt dann die nötige Dünnflüssigkeit durch Zusatz weniger Tropfen destillierten Wassers wieder her.

Extractum Malti pepsinatum.

Malzextrakt mit Pepsin.
Nach *E. Dieterich*.

1,0 Pepsin

verreibt man mit

0,1 reiner Salzsäure,
3,9 weissem Sirup

und vermischt mit

95,0 Malzextrakt,

welches man vorher erwärmte.

Extractum Mezereï.

Seidelbastextrakt.
Nach Ph. G. I.

1000,0 feingeschnittene Seidelbastrinde,
4000,0 Weingeist von 90 pCt.

Man maceriert 8 Tage, presst aus und behandelt den Pressrückstand in derselben Weise mit

3000,0 Weingeist von 90 pCt.

Die vereinigten Auszüge filtriert man und dampft sie zu einem dünnen Extrakt ab.

Man wird gegen 100,0 Ausbeute erhalten.

Extractum Mezereï aethereum.

Ätherisches Seidelbastextrakt.
Nach *E. Dieterich*.

100,0 Seidelbastextrakt

verreibt man gleichmässig mit

300,0 Lindenkohle, Pulver $^{M}/_{50}$,

und zieht im Verdrängungsapparat (s. Perkolieren) mit

1000,0 Äther

aus. Wenn sämtlicher Äther abgetropft ist,

presst man den Rückstand rasch aus, filtriert den Auszug und dampft ihn zu einem dünnen Extrakt ein.

Die Ausbeute wird 60,0 betragen.

Man kann auch das Extrakt direkt aus der Rinde herstellen, dann hält man folgendes Verfahren ein:

1000,0 Seidelbastrinde, Pulver M/5,
1500,0 Äther,
1500,0 Weingeist von 90 pCt,

lässt man unter öfterem Umschütteln 4 bis 5 Tage in Zimmertemperatur stehen und seiht dann ab. Den verbleibenden Rückstand behandelt man in gleicher Weise mit

1000,0 Äther,
1000,0 Weingeist von 90 pCt,

presst aber schliesslich aus. Man vereinigt nun die Auszüge, filtriert und dampft das Filtrat zu einem dünnen Extrakt ein.

Die Ausbeute wird bei Einhaltung dieser Vorschrift gegen 80,0 betragen.

Extractum Millefolii.

Schafgarbenextrakt.

Nach Ph. G. I, verbessert von *E. Dieterich.*

1000,0 fein zerschnittene Schafgarbe,
1600,0 Weingeist von 90 pCt,
2400,0 destilliertes Wasser

lässt man 5 bis 6 Tage unter öfterem Umschütteln bei 15—20° C stehen und presst dann aus.

Den Pressrückstand behandelt man in gleicher Weise mit

1200,0 Weingeist von 90 pCt,
1800,0 destilliertem Wasser,

nimmt aber das Auspressen schon nach 3 Tagen vor.

Die vereinigten Auszüge stellt man 2 Tage in einen kühlen Raum, filtriert dann und destilliert vom Filtrat.

2400,0 Weingeist

ab. Die zurückbleibende Flüssigkeit dampft man zu einem dicken Extrakt ein.

Die Ausbeute wird 220,0—230,0 betragen.

Will man das Verdrängungsverfahren (s. Perkolieren), das hier sehr am Platz ist, anwenden, so hat man das Kraut in Pulferform zu bringen. Von dem erschöpften Kraut destilliert man schliesslich den Weingeist mit Dampf ab. Setzt man die Destillation unter Vorlegung der Florentiner Flasche fort, so gewinnt man noch eine Kleinigkeit ätherisches Öl.

Es verlohnt sich dies jedoch nur, wenn man grössere Mengen Kraut verarbeitet.

Extractum Myrrhae.

Myrrhenextrakt.

Nach Ph. G. I, verbessert von *E. Dieterich.*

1000,0 Myrrhe, Pulver M/8,
4000,0 destilliertes Wasser

lässt man 48 Stunden unter öfterem Umschütteln bei 15—20° C stehen, seiht ab und filtriert den Auszug. Man dampft das Filtrat bis auf ein Gewicht von

600,0

ein, setzt

100,0 Weingeist von 90 pCt

zu und dampft nun zur Trockne ab.

Die Ausbeute wird gegen 500,0 betragen.

Es gehen harzige Teile in den wässerigen Auszug mit über, deren Ausscheidungen zu verhindern der Zweck des Weingeist-Zusatzes ist.

Hat man eine grössere Menge Myrrhe in Arbeit genommen, so verlohnt es sich, von den ausgezogenen Rückständen das ätherische Öl abzudestillieren.

Das trockene Extrakt, wenn fein gepulvert, verliert bei längerem Aufbewahren die Eigenschaft, sich in Wasser zu lösen. Es empfiehlt sich deshalb nicht, das Extrakt zu pulvern.

Extractum Opii.

Opiumextrakt.

a) Vorschrift des D. A. IV.

2 Teile mittelfein gepulvertes Opium

werden 24 Stunden lang mit

10 Teilen Wasser

bei 15—20° C unter wiederholtem Umschütteln ausgezogen und schliesslich ausgepresst. Der Rückstand wird nochmals mit

5 Teilen Wasser

in gleicher Weise behandelt.

Die abgepressten Flüssigkeiten werden gemischt, filtriert und zu einem trockenen Extrakt eingedampft.

Im Gegensatz zu dieser Vorschrift thut man besser, frisches Opium in Arbeit zu nehmen und folgenden Gang einzuhalten:

b) Vorschrift von *E. Dieterich.*

100,0 frisches Opium

zerschneidet man in dünne Scheiben, übergiesst diese mit

500,0 destilliertem Wasser

und lässt 24 Stunden stehen. Man rührt, wenn die Masse aufgeweicht ist, kräftig und so lange um, bis alle Knoten verteilt sind.

Man seiht nach Ablauf der angegebenen Zeit ab und presst den auf dem Tuch verbleibenden Rückstand aus. Den Presskuchen behandelt man in gleicher Weise mit

250,0 destilliertem Wasser.

Man vereinigt die Seihflüssigkeiten, dampft sie auf ungefähr

750,0

ein, lässt 24 Stunden in kühlem Raum stehen und giesst klar vom Bodensatz ab. Man dampft nun zur Trockne ein und bewahrt das trockne

Extrakt, da es hygroskopisch ist, vor Luft geschützt auf.

Die Ausbeute wird 45,0—55,0 betragen.

c) Vorschrift der Ph. Austr. VII.

100,0 gepulvertes Opium

lässt man 48 Stunden mit

800,0 destilliertem Wasser

unter öfterem Umschütteln stehen, giesst die Flüssigkeit ab, presst den Rückstand aus und behandelt ihn mit

400,0 destilliertem Wasser

in gleicher Weise, wobei man aber nur 24 Stunden stehen lässt.

Die vereinigten Flüssigkeiten filtriert man und dampft sie im Wasserbad zum trockenen Extrakt ein.

d) Vorschrift der Ph. Brit.

Die Ph. Brit. lässt

100,0 Opium

zunächst mit

750,0 destilliertem Wasser,

dann zweimal mit je

250,0

ausziehen und die vereinigten Flüssigkeiten zur Dicke einer Pillenmasse verdampfen.

e) Vorschrift der Ph. U. St.

100,0 Opium, Pulver M/30,

reibt man an mit

1000,0 destilliertem Wasser,

lässt 12 Stunden unter bisweiligem Umrühren stehen, filtriert durch ein Doppelfilter und wäscht den Rückstand mit destilliertem Wasser aus, bis die abtropfende Flüssigkeit farblos erscheint. Man dampft sodann die Flüssigkeit bis auf etwa

200,0

ein, bestimmt nach dem Erkalten das Gewicht genau und ermittelt in je einer Probe den Trockenrückstand und den Morphingehalt. Auf Grund dieser Zahlen versetzt man die Extraktlösung mit

q. s. Milchzucker, Pulver M/30,

dass ein Extrakt von 18 pCt Morphingehalt erhalten wird, dampft zur Trockne und pulvert das Extrakt.

Extractum Pimpinellae.

Bibernellenextrakt.

Nach *E. Dieterich.*

1000,0 Bibernellwurzel, Pulver M/5,
2000,0 Weingeist von 90 pCt,
1500,0 destilliertes Wasser

lässt man 5—6 Tage unter öfterem Umschütteln bei 15—20° C stehen und presst dann aus.

Den Pressrückstand behandelt man in gleicher Weise mit

1600,0 Weingeist von 90 pCt,
1200,0 destilliertem Wasser,

nimmt aber das Auspressen schon nach 3 Tagen vor.

Die vereinigten Auszüge stellt man 2 Tage in einen kühlen Raum, filtriert dann und destilliert vom Filtrat

3000,0 Weingeist

ab. Die zurückbleibende Flüssigkeit dampft man zu einem dicken Extrakt ein.

Die Ausbeute wird ungefähr 180,0 betragen.

Extractum Pini silvestris.

Kiefernadelextrakt.

1000,0 frische Kiefersprossen,

die man am besten im Mai sammelt, zerschneidet man möglichst klein, übergiesst sie mit

5000,0 siedendem Wasser,

lässt 2 Stunden im bedeckten Gefäss stehen und presst dann aus. Man übergiesst den Pressrückstand nochmals mit

2000,0 siedendem Wasser,

lässt 1 Stunde stehen und presst abermals aus.

Jeder Auszug wird für sich eingedampft und zwar bis zu einem mässig dicken Extrakt.

Zuletzt vereinigt man die eingedampften Auszüge und setzt so viel Weingeist zu, dass man ein dünnes Extrakt erhält.

Der Weingeistzusatz hat den Zweck, die beim Eindampfen ausgeschiedenen Harzteile in Lösung überzuführen.

Extractum Plantaginis.

Spitzwegerichextrakt.

Man bereitet es aus dem frischen Spitzwegerich wie Extractum Hyoscyami D. A. IV.

Extractum Pulsatillae.

Küchenschellenextrakt.

Nach Ph. G. I, verbessert v. *E. Dieterich.*

1000,0 frisches blühendes Küchenschellenkraut

besprengt man mit

50,0 destilliertem Wasser,

zerstösst es dann und presst es aus. Den Pressrückstand behandelt man in gleicher Weise mit

150,0 destilliertem Wasser.

Die vereinigten Pressflüssigkeiten erhitzt man auf 80° C, seiht durch ein Tuch, drückt den auf dem Tuch bleibenden Rückstand aus und dampft die Seihflüssigkeit auf

100,0

ein.

Man mischt diese in einer Flasche mit

100,0 Weingeist von 90 pCt,

lässt die Mischung 24 Stunden bei 15—20° C stehen und filtriert.

Den Filterrückstand bringt man in die Flasche zurück und behandelt ihn in gleicher Weise mit

50,0 verdünntem Weingeist v. 68 pCt,

erwärmt aber diesmal die Mischung. Man filtriert abermals, vereinigt die beiden Filtrate, lässt sie 24 Stunden in kühlem Raum stehen und giesst dann klar ab. Von dem Abgegossenen destilliert man

120,0 Weingeist

ab und dampft die zurückgebliebene Flüssigkeit zu einem dicken Extrakt ein.

Die Ausbeute wird gegen 28,0 betragen.

Extractum Quassiae ligni.

Quassiaextrakt.

a) Vorschrift der Ph. G. II, verbessert von *E. Dieterich.*

1000,0 Quassiaholz, Pulver $^{M}/_{5}$,
3000,0 destilliertes Wasser

lässt man bei 15—20° C 12 Stunden stehen, erhitzt dann 2 Stunden im Dampfbad und presst schliesslich aus.

Den Pressrückstand behandelt man mit

2000,0 destilliertem Wasser

nochmals 2 Stunden im Dampfbad und presst wieder aus.

Die Brühen dampft man auf ein Drittel ihres Raumteils ein, lässt absetzen, seiht durch ein Tuch und dampft die Seihflüssigkeit bis zu einem dicken Extrakt, das man schliesslich vollständig austrocknet, ein.

Will man ein von Schleimteilen freies Extrakt erzielen, dann dampft man die beiden vereinigten Auszüge ein bis auf ein Gewicht von

150,0

versetzt mit

150,0 Weingeist von 90 pCt

und filtriert die Mischung nach 12-stündigem Stehen.

Das Filtrat dampft man zur Trockne ein.

Die Ausbeute beträgt bei Anwendung des ersteren Verfahrens, je nachdem das Holz mehr oder weniger Rinde enthielt, 20,0—25,0, bei letzterem 15,0—17,0.

b) Vorschrift der Ph. Austr. VII.

Man bereitet es aus zerstossenem Quassiaholz, wie das Chinaextrakt. Ph. Austr. VII.

Extractum Quebracho aquosum.

Wässeriges Quebrachoextrakt.

Man bereitet es aus Quebrachorinde, wie Extr. Quassiae.

Die Ausbeute beträgt um 11 pCt.

Extractum Quebracho spirituosum.

Weingeistiges Quebrachoextrakt.

a) spissum nach *E. Dieterich.*

1000,0 fein zerschittene Quebrachorinde,
1400,0 Weingeist von 90 pCt,
2100,0 destilliertes Wasser

lässt man 5—6 Tage unter öfterem Umschütteln bei 15—20° C stehen und presst dann aus.

Den Pressrückstand behandelt man in gleicher Weise mit

800,0 Weingeist von 90 pCt,
1200,0 destilliertem Wasser,

nimmt aber das Auspressen schon nach 3 Tagen vor.

Die vereinigten Auszüge stellt man 2 Tage in einen kühlen Raum, filtriert dann und destilliert vom Filtrat

1800,0 Weingeist

ab. Die zurückbleibende Flüssigkeit dampft man zu einem dicken Extrakt ein.

Die Ausbeute wird ungefähr 110,0 betragen.

b) siccum.

Man bereitet es wie a), dampft aber zu einem trockenen Extrakt ab.

Die Ausbeute wird 90,0—100,0 betragen.

Extractum Ratanhiae.

Ratanhiaextrakt.

a) Vorschrift der Ph. G. I, verbessert von *E. Dieterich.*

1000,0 Ratanhiawurzel, Pulver $^{M}/_{5}$,
4000,0 destilliertes Wasser

lässt man bei 15—20° C 24 Stunden stehen und presst aus. Die Pressrückstände behandelt man in derselben Weise mit

3000,0 destilliertem Wasser,

lässt die vereinigten Brühen absetzen und dampft sie ein bis auf ein Gewicht von

200,0.

Man setzt nun

100,0 Weingeist von 90 pCt

zu und dampft weiter bis zur Trockene ab.

Man kann dieses Extrakt, so lange es noch Sirupdicke hat, auf Glastafeln aufstreichen und auf diese Weise Lamellen herstellen.

Die Ausbeute ist verschieden und beträgt durchschnittlich 7 bis 10 pCt der in Arbeit genommenen Wurzel.

b) Vorschrift der Ph. Austr. VII.

Man bereitet es aus der klein zerstossenen Ratanhiawurzel wie das Enzianextrakt, stellt daraus jedoch ein trockenes Extrakt her.

Extractum Rhei.

Rhabarberextrakt. Extract of Rhubarb.

a) Vorschrift des D. A. IV.

2 Teile grob zerschnittener Rhabarber

werden mit einem Gemische von

4 Teilen Weingeist von 90 pCt

und

6 Teilen Wasser

24 Stunden lang bei 15—20° C unter wiederholtem Umrühren ausgezogen und schliesslich ausgepresst. Der Rückstand wird in gleicher Weise mit einem Gemisch von

2 Teilen Weingeist von 90 pCt

und

3 Teilen Wasser

behandelt. Die abgepressten Flüssigkeiten mischt man, lässt sie 2 Tage lang stehen, filtriert und dampft sie zu einem trockenen Extrakt ein.

Mit dem Arzneibuch halte ich es für richtig, zerschnittenen und nicht gepulverten Rhabarber zu verwenden, dagegen ist weniger Lösungsmittel in Anwendung zu bringen. Mit Berücksichtigung dieser Änderung und einiger für die Arbeit notwendigen genaueren Angaben lautet dann die Vorschrift folgendermassen:

b) Vorschrift von *E. Dieterich.*

1000,0 geschnittenen abgesiebten Rhabarber
1200,0 Weingeist von 90 pCt,
1800,0 destilliertes Wasser,

lässt man bei 15—20° C 48 Stunden lang stehen und presst dann aus. Den Pressrückstand behandelt man in der gleichen Weise mit

1000,0 Weingeist von 90 pCt,
1500,0 destilliertem Wasser,

vereinigt die Auszüge, filtriert sie und destilliert vom Filtrat

2000,0 Weingeist

ab.

Man entnimmt der Blase die Extraktlösung, dampft sie ein auf ein Gewicht von

750,0

fügt hinzu

100,0 Weingeistdestillat

und fährt nun mit dem Abdampfen so lange fort, bis das Extrakt dick genug ist, um aus der Schale genommen und, in kleine Stückchen zerteilt, auf Pergamentpapier im Trockenschrank vollständig ausgetrocknet und schliesslich zerrieben zu werden.

Die angegebenen Flüssigkeitsmengen sind vollkommen hinreichend. Der zuletzt vorgesehene Weingeistzusatz bringt die entstandenen Ausscheidungen zur Lösung und erleichert das Austrocknen.

Die Ausbeute wird ungefähr 450,0 bis 500,0 betragen.

Bei diesem Extrakt habe ich durch Verdrängen günstige Resultate nicht erzielen können.

c) Vorschrift der Ph. Austr. VII.

Man bereitet es aus zerstossener Rhabarberwurzel, wie das Tausendgüldenkrautextrakt Ph. Austr. VII, stellt daraus jedoch ein trockenes Extrakt her.

Hierzu ist zu bemerken, dass man nur dann auf Extraktbrühen, die sich klar abseihen lassen, rechnen kann, wenn man eine in Scheiben geschnittene, durch Absieben sorgfältig vom feinen Staub befreite Rhabarberwurzel verwendet.

d) Vorschrift der Ph. Brit.

160,0 Rhabarber, Pulver M/8,
550,0 verdünnt. Weingeist von 57 pCt

maceriert man 48 Stunden, bringt in einen Verdrängungsapparat (s. Perkolieren), lässt abtropfen und verdrängt mit destillierem Wasser, bis die Gesamtflüssigkeit

1000 ccm

beträgt, oder bis der Rhabarber erschöpft ist. Man destilliert den Weingeist ab und verdampft im Wasserbad bis zur Dicke einer Pillenmasse.

Vergleiche unter b).

e) Vorschrift der Ph. U. St.

Man stellt das Extrakt nach dem Verdrängungsverfahren (s. Perkolieren) mit einem Lösungsmittel aus

66,0 Weingeist von 94 pCt,
20,0 destilliertem Wasser

her und dampft den Auszug bis zur Dicke einer Pillenmasse ein.

Vergleiche unter b).

Extractum Rhei alkalinum.

Tinctura Rhei aquosa sicca. Trockene Rhabarbertinktur. Alkalinisches Rhabarberextrakt.
Nach *E. Dieterich.*

1000,0 geschnittenen Rhabarber,
100,0 Borax, Pulver M/20,
100,0 Kaliumkarbonat

feuchtet man möglichst gleichmässig mit

1000,0 Weingeist von 90 pCt

an, giesst dann

6000,0 heisses destilliertes Wasser

darüber und bedeckt das Gefäss mit einem passenden Deckel.

Nach 6-stündigem Stehen seiht man ab, presst leicht aus, dampft die Brühe zu einem trocknen Extrakt ab und verwandelt letzteres in ein grobes Pulver, M/8.

Die Ausbeute wird ungefähr 500,0 betragen. Dieses Extrakt bildet einen geeigneten Körper zur Darstellung der Tinctura Rhei aquosa und wird dann nach folgender Vorschrift verwendet:

5,0 alkalinisches Rhabarberextrakt,
75,0 destilliertes Wasser,
15,0 Zimtwasser,
10,0 Weingeist von 90 pCt

löst und mischt man.

Extractum Rhei compositum.

Zusammengesetztes Rhabarberextrakt.

a) Pulverform nach dem D. A. IV.

6 Teile Rhabarberextrakt,
2 „ Aloëextrakt,
1 Teil Jalapenharz,
4 Teile medizinische Seife

werden gesondert scharf getrocknet, sodann fein zerrieben und gemischt.

Dazu möchte ich bemerken, dass das Verreiben keine so feinen Pulver liefert, um die vier Bestandteile ganz gleichmässig mischen zu können. Ich halte es für notwendig, feine und gesiebte Pulver ($^{M}/_{30}$) herzustellen.

b) in Masse nach Ph. G. II, verbessert von *E. Dieterich*

30,0 Rhabarberextrakt,
10,0 Aloëextrakt,
5,0 Jalapenharz,
20,0 medizinische Seife

verwandelt man, jeden Bestandteil für sich, in feines Pulver ($^{M}/_{30}$), mischt sie zusammen und stösst mit einer Mischung von

5,0 Äther,
5,0 Weingeist von 90 pCt

im Mörser an. Die gut durchgearbeitete Masse zerreisst man in möglichst kleine Teile, bringt diese auf Pergamentpapier und beginnt das Trocknen mit 20° C, nach und nach auf 30° C steigernd.

Eine höhere Erhitzung würde das Extrakt schmierig und dadurch gänzlich unbrauchbar machen. Ich verfahre in der Regel so, am ersten Tag 20° C, am zweiten 25° C und am dritten 30° C zu geben und am vierten Tag das Präparat dem Trockenschrank zu entnehmen.

Wenn das Extrakt in verschlossenem Gefäss einige Tage kühl gestanden hat, lässt es sich leicht zerreiben.

Extractum Rosarum spirituosum.

Weingeistiges Rosenextrakt.

Nach *E. Dieterich.*

1000,0 mittelfein geschnittene Rosenblätter

lässt man mit

5000,0 verdünntem Weingeist v. 68 pCt

24 Stunden bei 15—20° C stehen, presst aus und dampft die Pressflüssigkeit auf ein Gewicht von

500,0

ein. Den eingedampften Auszug setzt man 24 Stunden der Kellertemperatur aus, filtriert ihn sodann und dampft das Filtrat zum Sirup ein. Man mischt dann

q. s. Glycerin

hinzu, dass das Gesamtgewicht

250,0

beträgt.

Von diesem Extrakt, das völlig klar löslich ist, sind 25,0 zur Herstellung von 1 kg Rosenhonig (s. Mel rosatum) notwendig.

Extractum Sabinae.

Sadebaumextrakt.

Nach Ph. G. II., verbessert von *E. Dieterich.*

1000,0 fein geschnittene Sadebaumspitzen,
1200,0 Weingeist von 90 pCt,
1800,0 destilliertes Wasser

lässt man 5—6 Tage unter öfterem Umschütteln bei 15—20° C stehen und presst dann aus.

Den Pressrückstand behandelt man in gleicher Weise mit

800,0 Weingeist von 90 pCt,
1200,0 destilliertem Wasser,

nimmt aber das Auspressen schon nach 3 Tagen vor.

Die vereinigten Auszüge stellt man 2 Tage in einen kühlen Raum, filtriert dann und destilliert vom Filtrat

1600,0 Weingeist

ab. Die zurückbleibende Flüssigkeit dampft man zu einem dicken Extrakt ein.

Die Ausbeute wird 100,0—120,0 betragen.

Wendet man das Verdrängungsverfahren (s. Perkolieren) an, so sind die Summitates vorher fein zu pulvern.

Wenn man die ausgezogenen Rückstände destilliert, so gewinnt man den darin enthaltenen Weingeist und bei fortgesetztem Abtreiben bis zu 1 pCt äther. Öl.

Extractum Saponariae.

Seifenwurzelextrakt.

Man bereitet es aus gröblich gepulverter Seifenwurzel ($^{M}/_{8}$) nach der zu Extractum Cascarillae gegebenen Vorschrift.

Die Ausbeute wird 27 bis 28 pCt betragen.

Extractum Sarsaparillae.

Sarsaparillextrakt.

Nach *E. Dieterich.*

1000,0 Sarsaparillwurzel, Pulver M/8,
1500,0 Weingeist von 90 pCt,
1500,0 destilliertes Wasser

lässt man 5—6 Tage unter öfterem Umschütteln bei 15—20° C stehen und presst dann aus.

Den Pressrückstand behandelt man in gleicher Weise mit

1000,0 Weingeist von 90 pCt,
1000,0 destilliertem Wasser,

nimmt aber das Auspressen schon nach 3 Tagen vor.

Die vereinigten Auszüge stellt man 2 Tage in einen kühlen Raum, filtriert dann und destilliert vom Filtrat

2000,0 Weingeist

ab. Die zurückbleibende Flüssigkeit dampft man zu einem dicken Extrakt ein.

Die Ausbeute wird ungefähr 200,0 betragen.

Wendet man die Verdrängung (s. Perkolieren) an, so muss die Wurzel vorher in ein feines Pulver verwandelt werden.

Extractum Scillae.

Meerzwiebelextrakt.

a) Vorschrift der Ph. G. II, verbessert von *E. Dieterich.*

1000,0 Meerzwiebel. Pulver M/8,
2500,0 verdünnten Weingeist v. 68 pCt

lässt man bei 15—20° C 48 Stunden stehen und presst aus. Den Pressrückstand behandelt man in derselben Weise mit

1500,0 verdünntem Weingeist v. 68 pCt,

vereinigt die Auszüge, filtriert sie und destilliert vom Filtrat

2500,0 Weingeist

ab, während man die zurückbleibende Extraktlösung bis zu einem Gewicht von

500,0

abdampft, mit

50,0 Spiritusdestillat

versetzt und mit dem Eindampfen fortfährt, bis ein dickes Extrakt erreicht ist.

Es löst sich ziemlich klar im Wasser und ist von gelbbrauner Farbe.

Die Ausbeute beträgt ungefähr 360,0.

Die Verdrängung kann hier nicht angewendet werden.

b) Vorschrift der Ph. Austr. VII.

Man bereitet es aus getrockneten und gepulverten Meerzwiebelschalen, wie das Eisenhutknollenextrakt Ph. Austr. VII.

Da die Meerzwiebelschalen stark aufquellen, so ist es ratsam, nur klein geschnittene, vom feinen Pulver durch Absieben befreite Meerzwiebelschalen zu verwenden.

Extractum Secalis cornuti.

Extractum haemostaticum. Ergotinum.

Mutterkornextrakt.

a) Vorschrift des D. A. IV.

2 Teile grob gepulvertes Mutterkorn

werden mit

4 Teilen Wasser

6 Stunden lang bei 15—20° C unter wiederholtem Umschütteln ausgezogen und schliesslich ausgepresst. Der Rückstand wird in gleicher Weise behandelt. Die abgepressten Flüssigkeiten werden vereinigt, durchgeseiht und bis auf 1 Teil eingedampft. Den Rückstand mischt man mit

1 Teil Weingeist v. 90 pCt,

lässt unter wiederholtem Schütteln 3 Tage stehen, filtriert und dampft zu einem dicken Extrakt ein.

Die Ausbeute wird durchschnittlich 15 pCt vom Gewicht des in Arbeit genommenen Mutterkorns betragen.

Zum zweiten Ausziehen genügen 3 Teile Wasser vollkommen. Im Interesse einer höheren Extraktausbeute möchte ich raten, das Mutterkorn nicht zu grob zu pulvern und vielleicht ein Sieb mit 8 Maschen anzuwenden.

b) Vorschrift der Ph. Austr. VII.

100,0 grob gepulvertes Mutterkorn

mischt man mit

200,0 destilliertem Wasser,

bringt das Gemisch in einen Verdrängungsapparat (s. Perkolieren) und lässt 12 Stunden stehen. Man lässt alsdann abtropfen, erwärmt diese Flüssigkeit im Wasserbad, bis sich mehr oder minder grosse Flocken abgeschieden haben und lässt erkalten. Den Rückstand im Verdrängungsapparat verdrängt man mit

300,0 destilliertem Wasser,

dampft die abtropfende Flüssigkeit bis zur Sirupdicke ein, vermischt sie mit der ersten, inzwischen filtrierten Flüssigkeit und bringt sie zur Wägung. Man versetzt diese Flüssigkeit alsdann unter Umrühren mit der dreifachen Menge

Weingeist von 90 pCt,

lässt unter öfterem Schütteln 24 Stunden stehen, filtriert und dampft im Wasserbad zu einem dicken Extrakt ein.

Die Ausbeute wird 15,0—20,0 betragen.

Da die wässrigen Auszüge des Mutterkorns sich sehr schnell verändern, so ist hier das Verdrängungsverfahren nicht empfehlenswert. Will man nach dem Macerationsverfahren arbeiten, so kann man nach a) verfahren, muss dann aber anstatt 500,0 Weingeist von 90 pCt

1500,0

nehmen, da die Bestandteile des Extraktes hierdurch andere werden.

Extractum Senegae.

Senegaextrakt.

Nach Ph. G. I, verbessert von *E. Dieterich.*

1000,0 Senegawurzel, Pulver M/8,
1200,0 Weingeist von 90 pCt,
1800,0 destilliertes Wasser

lässt man 5—6 Tage unter öfterem Umschütteln bei 15—20° C stehen und presst dann aus.

Den Pressrückstand behandelt man in gleicher Weise mit

800,0 Weingeist von 90 pCt,
1200,0 destilliertem Wasser,

nimmt aber das Auspressen schon nach 3 Tagen vor.

Die vereinigten Auszüge stellt man 2 Tage in einen kühlen Raum, filtriert dann und destilliert vom Filtrat

1600,0 Weingeist

ab. Die zurückbleibende Flüssigkeit dampft man zu einem trockenen Extrakt ein.

Die Ausbeute wird ungefähr 250,0 betragen.

Mit Vorteil kann man hier das Verdrängen (s. Perkolieren) anwenden, muss dann aber die Wurzel in ein feines Pulver verwandeln.

Extractum Sennae.

Sennaextrakt.

Man bereitet es aus fein zerschnittenen Alexandriner Sennesblättern, wie Extractum Cardui benedicti, scheidet aber, wie dort angegeben, die Schleimteile durch Weingeist ab.

Die Ausbeute beträgt 25—28 pCt.

Extractum Stramonii.

Stechapfelextrakt.

Nach Ph. G. I, verbessert von *E. Dieterich.*

1000,0 frisches blühendes Stechapfelkraut

besprengt man mit

50,0 destilliertem Wasser,

zerstösst es dann und presst es aus. Den Pressrückstand behandelt man in gleicher Weise mit

150,0 destilliertem Wasser.

Die vereinigten Pressflüssigkeiten erhitzt man auf 80° C, seiht durch ein Tuch, drückt den auf dem Tuch bleibenden Rückstand aus und dampft die Seihflüssigkeit auf

100,0

ein.

Man mischt diese in einer Flasche mit

100,0 Weingeist von 90 pCt,

lässt die Mischung 24 Stunden in Zimmertemperatur stehen und filtriert.

Den Filterrückstand bringt man in die Flasche zurück, behandelt ihn in gleicher Weise mit

50,0 verdünntem Weingeist v. 68 pCt,

erwärmt aber diesmal die Mischung. Man filtriert abermals, vereinigt die beiden Filtrate, lässt sie 24 Stunden in kühlem Raum stehen und giesst dann klar ab. Von dem Abgegossenen destilliert man

120,0 Weingeist

ab und dampft die zurückgebliebene Flüssigkeit zu einem dicken Extrakt ein.

Die Ausbeute wird gegen 30,0 betragen.

Extractum Strychni aquosum.

Extractum Nucis vomicae aquosum.
Wasseriges Brechnussextrakt.

Nach Ph. G. I, verbessert von *E. Dieterich.*

1000,0 geraspelte Brechnüsse,
2500,0 destilliertes Wasser

lässt man bei 15—20° C 24 Stunden stehen und presst aus. Während man den Auszug eindampft, behandelt man den Pressrückstand wie vorher mit

1500,0 destilliertem Wasser

und fügt die Brühe dem ersten Auszug hinzu. Man fährt nun mit dem Eindampfen fort, bis ein Gewicht von

1000,0

erreicht ist, stellt 24 Stunden zum Absetzenlassen zurück und dampft dann die klar abgegossene Lösung zur Trockne ein.

Es ist ein gelbbraunes Pulver, welches mit Wasser eine trübe Lösung von weissgrüner Farbe giebt.

Die Ausbeute beträgt ungefähr 170,0.

Extractum Strychni spirituosum.

Extractum Nucis vomicae spirituosum. Weingeistiges Brechnussextrakt. Extract of Nux Vomica.

a) Vorschrift des D. A. IV.

10 Teile grob gepulverte Brechnuss

werden bei einer 40° C nicht übersteigenden Temperatur mit

20 Teilen verdünntem Weingeist von 68 pCt

24 Stunden lang unter wiederholtem Umschütteln ausgezogen und schliesslich ausgepresst. Der Rückstand wird in gleicher Weise mit

15 Teilen verdünntem Weingeist von 68 pCt

behandelt. Die abgepressten Flüssigkeiten mischt man, stellt sie mehrere Tage lang bei Seite, filtriert und dampft sie zu einem trocknen Extrakt ein.

Zu dieser Vorschrift ist zu bemerken, dass nicht grob gepulverte Brechnüsse, sondern geraspelte im Handel vorkommen.

Es muss also heissen:

„geraspelte Brechnüsse".

Das Verfahren ist dann noch in folgender Weise zu erweitern:

Von den filtrierten Auszügen destilliert man

2000,0 Weingeist

ab und dampft die Extraktlösung so weit ein, dass man das Extrakt zerzupfen und auf Pergamentpapier im Schrank austrocknen kann.

Die Ausbeute wird 75,0 betragen.

Das Extrakt enthält etwa 10 pCt fettes Öl, welches das Austrocknen des Extraktes erschwert. Will man dasselbe entfernen, so verfährt man am besten derartig, dass man die vereinigten weingeistigen Auszüge mit dem zehnten Raumteil Petroleumäther ausschüttelt.

b) Vorschrift der Ph. Austr. VII.

Man bereitet es aus geraspelten Brechnüssen, wie das Eisenhutknollenextrakt Ph. Austr. VII. Das Extrakt ist im Gegensatz zu dem des D. A. IV dick, nicht trocken.

c) Vorschrift der Ph. Brit.

1000,0 Weingeist von 88,76 Vol. pCt

mischt man mit

300,0 destilliertem Wasser

und rührt mit

330,0 dieser Mischung
150,0 geraspelte Brechnüsse

an. Man lässt unter öfterem Umrühren 12 Stunden stehen, bringt in einen Verdrängungsapparat (s. Perkolieren), giesst sofort noch

330,0 der Weingeistmischung

auf und lässt abtropfen. Man verdrängt alsdann mit dem Rest der Weingeistmischung, presst den Rückstand aus, filtriert und mischt die gesamten Flüssigkeiten.

Um nun hieraus ein Extrakt von bestimmtem Alkaloidgehalt herzustellen, verfährt man folgendermassen:

25,0 Extraktlösung

dampft man im Wasserbad bis nahe zur Trockne, löst den Rückstand in

15,0 destilliertem Wasser,
15,5 verdünnter Schwefelsäure von 1,094 spez. Gew.,
10,0 Chloroform,

erwärmt gelinde und schüttelt gut durch. Sobald sich das Chloroform abgeschieden hat, beseitigt man dasselbe, versetzt die saure Flüssigkeit mit überschüssigem Ammoniak und

20,0 Chloroform,

erwärmt gelinde und schüttelt gut durch. Man bringt alsdann die Chloroformlösung in ein gewogenes Schälchen, verdampft sie im Wasserbad zur Trockne, trocknet eine Stunde lang bei 100° C und bringt nach dem Erkalten zur Wägung.

Man destilliert nun von der Gesamtextraktlösung, nachdem man sie gewogen hat, den Weingeist ab und dampft sie so weit ein, dass 1 Teil auf obige Weise ermittelten Alkaloides $6\frac{2}{3}$ Teile fertiges Extrakt giebt, 100 Teile des letzteren also 15 Teile Alkaloid enthalten.

d) Vorschrift der Ph. U. St.

1000,0 geraspelte Brechnüsse

befeuchtet man mit einer Mischung aus

50,0 Essigsäure von 36 pCt,
615,0 Weingeist von 94 pCt,
250,0 destilliertem Wasser

und lässt in einem geschlossenen Gefäss 24 Stunden an einem warmen Ort stehen. Man bringt sodann in einen Verdrängungsapparat (s. Perkolieren) und erschöpft mit einer Mischung aus

615,0 Weingeist von 94 pCt,
250,0 destilliertem Wasser.

Man destilliert von den vereinigten Auszügen den Weingeist ab, verdampft die Flüssigkeit in einer gewogenen Porzellanschale bis auf ein Gewicht von

150,0,

bringt in einem 500 ccm Kolben, indem man die Schale mit heissem Wasser nachspült, und lässt erkalten. Man setzt nun den vierten Raumteil Äther hinzu, mischt durch vorsichtiges Umschwenken, wobei man Obacht zu geben hat, dass nicht Emulsionsbildung eintritt, giesst den Äther ab, und wiederholt diese Behandlung, bis alles Fett entfernt ist, bis also fünf Tropfen der Ätherlösung beim Verdunsten auf Filtrierpapier einen öligen Rückstand nicht mehr hinterlassen. Von den vereinigten ätherischen Auszügen destilliert man den Äther ab, setzt zum öligen Rückstand

15,0 heisses destilliertes Wasser

und tropfenweise Essigsäure bis zur sauren Reaktion und filtriert durch ein genässtes Filter, indem man mit wenig heissem Wasser nachwäscht. Das Filtrat setzt man zu der Extraktlösung, verdampft diese bis auf

200,0

und lässt erkalten. Man wägt nun nochmals genau und verfährt, um ein Extrakt von bestimmten Alkaloidgehalt zu gewinnen, folgendermassen:

In 5,0 der Extraktlösung bestimmt man durch Trocknen bei 100° C bis zum gleichbleibenden Gewicht den Trockenrückstand.

In 4,0 der Extraktlösung ermittelt man den Alkaloidgehalt, indem man die mit Ammoniakflüssigkeit alkalisch gemachte Extraktlösung mit Chloroform ausschüttelt, das Chloroform verdunstet, den Verdampfungsrückstand mit $\frac{1}{10}$ N-Schwefelsäure aufnimmt und mit $\frac{1}{100}$

N-Kalilauge unter Verwendung von Brasilholztinktur als Indikator zurücktitriert.

Man mischt nun zur Extraktlösung

q. s. Milchzucker, Pulver M/30,

dass man ein Extrakt von 15 pCt Alkaloidgehalt erhält, dampft zur Trockne und pulvert.

Extractum Tamarindorum.

Decoctum Tamarindorum concentratum.
Tamarindenextrakt.
Nach *E. Dieterich*.

1000,0 Tamarinden

übergiesst man mit

5000,0 heissem destillierten Wasser

und lässt unter öfterem Umrühren 24 Stunden stehen. Man seiht dann durch einen dichten Leinenbeutel, presst zwischen hölzernen Schalen aus und filtriert die Lösung. Man kann auch eine Metallpresse benützen, wenn man sie mit Pergamentpapier auslegt.

Das Filtrat dampft man zu einem dünnen Extrakt ein.

Es ist von brauner Farbe, in dünner Schicht klar durchsichtig und in Wasser fast klar löslich.

Die Ausbeute beträgt durchschnittlich 500,0, so dass man bei der Verwendung zu Decoctum Tamarindorum die Hälfte der vorgeschriebenen Tamarinden zu nehmen hat.

Extractum Tamarindorum partim saturatum.

Mildes Tamarindenextrakt. Tamarinden-Limonade.
Nach *E. Dieterich*

15,0 Natriumkarbonat

löst man in

25,0 destilliertem Wasser,

vermischt die Lösung mit

90,0 Tamarindenextrakt

und dampft die Mischung in einer geräumigen Schale unter Rühren bis auf ein Gewicht von

100,0

ein.

Das Extrakt schmeckt angenehm, schwach säuerlich und hat eine kräftigere Wirkung als das reine Tamarindenextrakt; es kommt dem *Erba*'schen Präparat gleich. Man füllt es auf Flaschen von 100 ccm ab und giebt ihm folgende Anweisung mit:

„*Tamarinden-Limonade. Man löst ungefähr 1 Esslöffel voll Saft in einem Glas frischem Wasser oder Zuckerwasser und trinkt die Mischung als Limonade. Sie wirkt gelind abführend.*“

Extractum Taraxaci.

Löwenzahnextrakt.

a) Vorschrift des D. A. IV.

1 Teil mittelfein geschnittener Löwenzahn

wird mit

5 Teilen Wasser

48 Stunden lang bei 15—20° C unter wiederholtem Umrühren ausgezogen und schliesslich ausgepresst. Der Rückstand wird in gleicher Weise mit

3 Teilen Wasser

12 Stunden lang behandelt. Die abgepressten Flüssigkeiten werden vereinigt, bis auf

2 Teile

eingedampft und mit

1 Teil Weingeist von 90 pCt

versetzt.

Die Mischung lässt man 2 Tage lang an kühlem Ort stehen, filtriert und dampft sie zu einem dicken Extrakt ein.

Das Extrakt muss sich klar im Wasser lösen.

Die Ausbeute wird 250,0 betragen.

b) Vorschrift der Ph. Austr. VII.

Man bereitet es aus den zu gleichen Teilen gemischten zerschnittenen Blättern und Wurzeln des Löwenzahns, wie das Enzianextrakt, bereitet jedoch ein dünnes Extrakt daraus.

Extractum Tormentillae.

Tormentillextrakt.

Man bereitet es aus gröblich gepulverter (M/8) Wurzel wie Extractum Ratanhiae. Es ist ein rötlichbraunes Pulver, welches mit Wasser eine trübe, rotbraune Lösung giebt.

Die Ausbeute beträgt, wenn die Wurzel in ein gröbliches Pulver verwandelt war, 20 pCt.

Ein Ausziehen mit heissem Wasser liefert wohl eine höhere Ausbeute an Extrakt, ist aber nicht zu empfehlen, weil man dadurch ein mit harzigen Teilen überladenes und damit in kaltem Wasser wenig lösliches Extrakt erhält.

Extractum Trifolii fibrini.

Bitterkleeextrakt.

a) Vorschrift des D. A. IV.

1 Teil mittelfein zerschnittener Bitterklee

wird mit

5 Teilen siedendem Wasser

übergossen, 6 Stunden lang bei 35—40° C unter wiederholtem Umrühren ausgezogen und schliesslich ausgepresst. Der Rückstand wird in gleicher Weise mit

3 Teilen siedendem Wasser

3 Stunden lang behandelt. Die abgepressten Flüssigkeiten werden vereinigt, bis auf

2 Teile

eingedampft und mit

1 Teil Weingeist von 90 pCt

versetzt. Die Mischung lässt man 2 Tage lang an einem kühlen Orte stehen, filtriert und dampft sie zu einem dicken Extrakt ein.

Das Extrakt soll in Wasser klar löslich sein.

Das Deutsche Arzneibuch lässt auch den ersten Auszug mit siedendem Wasser herstellen und sich damit die Gelegenheit entgehen, das im Bitterklee enthaltene Pflanzeneiweiss als das von der Natur an die Hand gegebene Klärmittel zu benützen. Man hält deshalb besser das folgende Verfahren ein:

b) Vorschrift von *E. Dieterich.*

1000,0 Bitterklee, fein zerschnitten,

übergiesst man mit

5000,0 kaltem destillierten Wasser,

lässt 24 Stunden bei gewöhnlicher Temperatur stehen und presst aus. Den Pressrückstand übergiesst man mit

3000,0 siedendem destillierten Wasser,

lässt 2 Stunden stehen und wiederholt das Auspressen. Man vereinigt die beiden Pressflüssigkeiten, versetzt sie mit

20,0 Filtrierpapierabfall,

den man in etwas kaltem Wasser verrührte, kocht damit unter Abschäumen auf und filtriert durch Flanellspitzbeutel (s. Filtrieren). Das Filtrat dampft man auf ungefähr

2500,0

ein, stellt 24 Stunden kalt und filtriert durch Papier. Man verfährt dann weiter, wie das Deutsche Arzneibuch IV angiebt.

c) Vorschrift der Ph. Austr. VII.

Man bereitet es aus zerschnittenen Bitterkleeblättern, wie das Tausendgüldenkrautextrakt Ph. Austr. VII.

Extractum Valerianae.

Baldrianextrakt.

Nach Ph. G. I, verbessert von *E. Dieterich.*

1000,0 Baldrianwurzel, Pulver M/5,

1200,0 Weingeist von 90 pCt,

1800,0 destilliertes Wasser

lässt man 5—6 Tage unter öfterem Umschütteln bei 15—20° C stehen und presst dann aus.

Den Pressrückstand behandelt man in gleicher Weise mit

800,0 Weingeist von 90 pCt,

1200,0 destilliertem Wasser,

nimmt aber das Auspressen schon nach 3 Tagen vor.

Die vereinigten Auszüge stellt man 2 Tage in einen kühlen Raum, filtriert dann und destilliert vom Filtrat

1600,0 Weingeist

ab. Die zurückbleibende Flüssigkeit dampft man zu einem dicken Extrakt ein.

Die Ausbeute wird ungefähr 200,0 betragen.

Mit Vorteil wendet man auch hier die Verdrängung (s. Perkolieren) an, muss dann aber aus der Wurzel ein feines Pulver herstellen.

Schluss der Abteilung „Extracta“.

Extracta fluida.

Flüssige Extrakte. Fluidextrakte.

Die von Amerika zu uns herübergekommenen Fluidextrakte verdanken ihre Entstehung einerseits dem Wunsche, die sämtlichen wirksamen Bestandteile eines Pflanzenteils in einer Form zu haben, in der das Verhältnis der löslichen Bestandteile zu den Droguen einfach und für alle das gleiche ist, andererseits der Erwägung, dass der kalt bereitete Auszug die beste Gewähr für das Vorhandensein jener Bestandteile in ursprünglicher Beschaffenheit bietet.

Wie jedoch alle Theorie grau ist, so hat auch dies Verfahren seine Schattenseiten. Je feiner man die Drogue pulvert und je langsamer man verdrängt, um so reichlicher beladen ist der Vorlauf an löslichen Bestandteilen; es gelingt jedoch nicht, davon mehr als 70 bis 75 pCt in den Vorlauf überzuführen, der Rest befindet sich im Nachlauf. Das Eindampfen des letzteren, besonders im Dampfbad, bedingt Veränderungen, die sich durch Bodensätze im fertigen Extrakt geltend machen. Früher schüttelte man diese zumeist wohl auf, das D. A. IV. lässt sie nach dem Absetzen abfiltrieren. Hier ist also ganz besonders zum Eindampfen des Nachlaufs das Vakuum am Platz! Die Verdrängung verdient unter allen Umständen den Vorzug vor dem Ausziehen der Pflanzenteile durch Maceration oder Digestion und dem nachherigen Eindampfen der vereinigten Auszüge deshalb, weil der grössere Teil des Löslichen nicht der möglichen Veränderung durch Erhitzen ausgesetzt wird.

Das D. A. IV. giebt folgende allgemeine Vorschriften:

„100 Teile der gepulverten Drogue werden mit der zur Befeuchtung angegebenen Menge des Lösungsmittels gleichmässig vermischt und in einem gut geschlossenen Gefässe 2–3 Stunden lang beiseite gestellt. Das Gemisch wird darauf in einen geeigneten Perkolator so fest eingedrückt, dass grössere Lufträume sich nicht bilden können, und mit dem Lösungsmittel so lange übergossen, bis der Auszug aus der unteren Öffnung abzutropfen beginnt, während die Drogue noch von dem Lösungsmittel bedeckt bleibt. Nunmehr wird die untere Öffnung des Perkolators geschlossen, derselbe oben zugedeckt und das Ganze 24 Stunden lang bei 15—20° C stehen gelassen. Nach dieser Zeit lässt man in der Weise abtropfen, dass in einer Minute nicht mehr als 40 Tropfen abfliessen.

Den zuerst erhaltenen, einer Menge von 85 Teilen der trockenen Drogue entsprechenden Auszug stellt man beiseite und giesst in den Perkolator so lange von dem Lösungsmittel nach, bis die Drogue vollständig erschöpft ist. Der dabei gewonnene zweite Auszug wird durch Abdampfen oder, um den Weingeist wiederzugewinnen, durch Destillation und nachheriges Abdampfen in ein dünnes Extrakt verwandelt, jedoch ist die Temperatur, bei welcher das Abdampfen geschieht, so zu wählen, dass etwa flüchtige Bestandteile der Droguen so wenig wie möglich verloren gehen. Dem so erhaltenen dünnen Extrakte wird soviel des vorgeschriebenen Lösungsmittels zugesetzt, dass die Lösung, mit den zurückgestellten ersten 85 Teilen Auszug gemischt, 100 Teile Fluidextrakt giebt.

Das fertige Fluidextrakt wird einige Tage lang der Ruhe überlassen und dann, wenn nötig, filtriert."

Diese allgemeine Beschreibung zeigt der Fassung in der vorigen Ausgabe des Arzneibuches gegenüber den grossen Fortschritt, dass alle Fluidextrakte einheitlich hergestellt werden. Manches hätte darin aber besser ausgedrückt werden können: so ist es selbstverständlich,

dass sich grössere Lufträume nicht bilden können, wenn die gefeuchtete Drogue „fest in den Perkolator eingedrückt" wird;

dass der Auszug nach dem Übergiessen mit dem Lösungsmittel nur „aus der unteren Öffnung abtropfen" kann.

Weiter ist die Sorge um die etwa im zweiten Teil des Auszuges enthaltenen flüchtigen Stoffe überflüssig, da sich nach den von mir veröffentlichten Untersuchungsergebnissen die weitaus grösste Menge sämtlicher löslichen Teile im ersten Auszug befinden, und weil weiter, wie ich durch Versuche nachgewiesen habe, beim Abdampfen der Extraktauszüge selber im Vakuumapparat alle flüchtigen Teile verloren gehen.

Diese kleinen Irrtümer hätten vermieden werden sollen.

In den Fluidextrakten entspricht 1 Teil Extrakt 1 Teil Drogue — nur die Ph. Austr. VII. macht unbegreiflicherweise eine Ausnahme.

Das Verfahren der Verdrängung selbst ist unter „Perkolieren" besprochen.

Bei Aufstellung der einzelnen Vorschriften werde ich, soweit das D. A. IV. keine Vorschriften giebt, der U. St.-Pharmakopöe folgen, mir aber insofern eine Änderung erlauben, als ich für die durch Abdampfen zu erzielende Extraktmenge ein bestimmtes Gewicht vorschreibe und aus 100,0 Rohstoff nicht 100 ccm, sondern 100,0 g Extrakt gewinnen lasse.

Die zum Anfeuchten der Pflanzenpulver vorgeschriebenen Mengen des Lösungsmittels habe ich auf Grund der in der *Chem. Fabrik Helfenberg A. G.* gemachten Erfahrungen zumeist erhöht.

Der Zusatz von Glycerin zu den Lösungsmitteln hat den Zweck, ein Ausscheiden von unlöslich gewordenen Teilen bei längerem Lagern zu verhindern. Die meisten Vorschriften lassen dieses Glycerin jener Menge des Lösungsmittels zusetzen, welche zum Anfeuchten der zerkleinerten Drogue benützt wird. Wie nun *Desvignes* gezeigt hat, ist das Glycerin dem Aufnehmen löslicher Teile beim Ausziehen der Drogue hinderlich; er empfiehlt daher das Ausziehen ohne Glycerin und den Zusatz des letzteren zum Nachlauf vor dem Eindampfen desselben.

Extractum Aconiti fluidum.

Akonit-Fluidextrakt.

100,0 Akonitknollen, Pulver M/30,

feuchtet man mit

50,0 Weingeist von 90 pCt,

in welchem man

1,0 Weinsäure

löste, gleichmässig an und drückt in den Verdrängungsapparat ein.

Man verdrängt mit

q. s. Weingeist von 90 pCt,

stellt

90 ccm des Vorlaufes

zurück, dampft den Nachlauf auf ein Gewicht von

5,0 bis 6,0

ein, löst dieses im Vorlauf und bringt mit

q. s. Weingeist von 90 pCt

auf

100,0.

Einschliesslich der zum Anfeuchten verwendeten Weingeistmenge bedarf man zum vollständigen Ausziehen des Rohstoffes um 350,0 Weingeist von 90 pCt.

Extractum Adonidis fluidum.

Adonis-Fluidextrakt.

Man stellt es aus dem fein gepulverten Kraut von Adonis vernalis wie Extractum Frangulae fluidum mit verdünntem Weingeist von 68 pCt durch „Verdrängen" her.

Extractum Aurantii corticis fluidum.

Pomeranzenschalen-Fluidextrakt.

100,0 Pomeranzenschalen, Pulver M/20,

feuchtet man mit

50,0 eines Lösungsmittels,

welches aus 2 T. Weingeist von 90 pCt und 1 T. destilliertem Wasser besteht, an und verdrängt unter Nachgiesen desselben Lösungsmittels.

Man stellt

85 ccm Vorlauf

zurück, dampft den Nachlauf bis auf ein Gewicht von

10,0

ein, löst dieses Extrakt im Vorlauf und bringt mit

q. s. verdünnt. Weingeist v. 68 pCt

auf

100,0.

Zum Erschöpfen des Rohstoffes bedarf man incl. der zum Anfeuchten genommenen Menge gegen 400,0 Lösungsmittel.

Extractum Berberis aquifolii fluidum.

Berberis-Fluidextrakt.

100,0 Berberiswurzel, Pulver M/30,

feuchtet man mit einer aus

30,0 Weingeist von 90 pCt,

15,0 destilliertem Wasser

hergestellten Mischung an und verdrängt mit einem aus 2 T. Weingeist von 90 pCt und 1 T. destilliertem Wasser bestehenden Lösungsmittel.

Man stellt

70 ccm Vorlauf

zurück, dampft den Nachlauf, dem man vorher

10,0 Glycerin

zusetzt, auf

25,0—30,0 dünnes Extrakt

ein, löst dieses im Vorlauf und bringt mit

q. s. verdünntem Weingeist v. 68 pCt

auf ein Gewicht von

100,0.

Bis zur Erschöpfung des Rohstoffes bedarf man ausser der zum Anfeuchten benützten Flüssigkeit noch gegen 350,0 Lösungsmittel.

Extractum Bucco fluidum.

Bukko-Fluidextrakt.

Man stellt es aus fein gepulverten Bukkoblättern mit verdünntem Weingeist von 68 pCt durch Perkolation wie Extractum Frangulae fluidum her.

Extractum Bursae pastoris fluidum.

Hirtentäschel-Fluidextrakt.

Man stellt es aus dem fein gepulverten Kraut mit verdünntem Weingeist von 68 pCt durch Perkolation wie Extractum Frangulae fluidum her.

Extractum Calami fluidum.

Kalmus-Fluidextrakt.

100,0 Kalmuswurzel, Pulver M/30,

feuchtet man mit

50,0 Weingeist von 90 pCt

gleichmässig an und verdrängt mit weiteren Mengen von Weingeist.

Man stellt

85 ccm Vorlauf

zurück, dampft den Nachlauf auf

10,0 dünnes Extrakt

ein, löst dieses im Vorlauf und bringt mit

q. s. Weingeist von 90 pCt

auf ein Gewicht von

100,0.

Um den Rohstoff zu erschöpfen, hat man im ganzen 350,0—400,0 Weingeist notwendig.

Extractum Cannabis indicae fluidum.

Hanf-Fluidextrakt.

100,0 indischen Hanf, Pulver M/20,

befeuchtet man mit

50,0 Weingeist von 90 pCt

und verdrängt mit weiteren Weingeistmengen.

Man stellt

80 ccm Vorlauf

zurück, dampft den Nachlauf auf

14,0 bis 15,0 dünnes Extrakt

ein, löst dieses im Vorlauf und bringt mit

q. s. Weingeist von 90 pCt

auf ein Gewicht von

100,0.

Im ganzen hat man zum Erschöpfen des Rohstoffes 450,0—500,0 Weingeist nötig.

Extractum Cascarae amargae fluidum.

Man stellt es aus der fein gepulverten Rinde von Picramnia antidesma mit verdünntem Weingeist von 68 pCt durch Perkolation wie Extractum Frangulae fluidum her.

Extractum Cascarae Sagradae fluidum.

Extractum Sagradae fluidum.
Extractum Rhamni Purshianae fluidum.
Sagrada-Fluidextrakt.

100,0 Kaskara Sagrada, Pulver M/30,

feuchtet man mit

50,0 eines Lösungsmittels,

welches aus 2 T. destilliertem Wasser und 1 T. Weingeist von 90 pCt besteht, an und verdrängt mit demselben Lösungsmittel.

Man stellt

75 ccm Vorlauf

zurück, dampft den Nachlauf auf

20,0 dünnes Extrakt

ein, löst dieses im Vorlauf und bringt mit

q. s. verdünntem Weingeist v. 68 pCt

auf ein Gewicht von

100,0.

Die Sagradarinde leistet dem Ausziehen viel Widerstand. Man bedarf daher, um sie zu erschöpfen, gegen 800,0 Lösungsmittel.

Extractum Cascarae Sagradae examaratae fluidum.

Extractum Rhamni Purshianae examarati fluidum. Extractum Sagradae examaratae fluidum. Entbittertes Sagrada-Fluidextrakt. Flüssiges amerikanisches Kreuzdornextrakt.

a) Man hält das bei Extractum Cascarae Sagradae fluidum angegebene Verfahren ein, verwendet aber entbitterte Kaskara Sagrada und als Lösungsmittel verdünnten Weingeist von 68 pCt.

b) Vorschrift der Ph. Austr. VII.

Man bereitet es aus der gepulverten Rinde von Rhamnus Purshiana, wie das Hydrastis-Fluidextrakt Ph. Austr. VII, setzt dieser aber 10 pCt gebrannte Magnesia zu.

Extractum Cascarae Sagradae compositum fluidum.

Extractum Sagradae compositum fluidum. Zusammengesetztes Sagrada-Fluidextrakt.

40,0 Sagrada-Fluidextrakt,

40,0 Süssholz- „

20,0 Berberis- „

mischt man.

Extractum Castaneae fluidum.

Kastanien-Fluidextrakt.

100,0 Kastanienblätter, Pulver M/30,

feuchtet man mit

50,0 Lösungsmittel,

welches aus 3 Teilen Weingeist und 7 Teilen Wasser besteht, an und verdrängt mit demselben Lösungsmittel.

Man stellt

80 ccm Vorlauf

zurück, dampft den Nachlauf auf

15,0 dünnes Extrakt

ein, löst dieses im Vorlauf und setzt

q. s. Weingeist von 90 pCt

zu bis zum Gesamtgewicht von

100,0.

Man braucht *500,0—550,0* Lösungsmittel.

Extractum Chinae fluidum.

China-Fluidextrakt.

100,0 Chinarinde, Pulver M/30,

feuchtet man an mit

50,0 Weingeist von 90 pCt

und packt die Mischung in den Perkolator.

Man verdrängt mit

q. s. verdünntem Weingeist v. 68 pCt,

stellt

60 ccm Vorlauf

zurück, dampft den Nachlauf, dem man vorher

25,0 Glycerin

zusetzt, auf

35,0 dünnes Extrakt

ein, löst dieses im Vorlauf und bringt mit

q. s. Weingeist von 90 pCt

auf ein Gewicht von

100,0.

Ausser der zum Anfeuchten benützten Flüssigkeit braucht man bis zum Erschöpfen ungefähr noch 350,0 verdünnten Weingeist.

Extractum Cocae fluidum.

Koka-Fluidextrakt.

a) 100,0 Kokablätter, Pulver M/30,

feuchtet man mit

50,0 eines Lösungsmittels,

welches aus 2 Teilen Weingeist von 90 pCt und 1 Teil destilliertem Wasser besteht, an und verdrängt mit demselben Lösungsmittel.

Man stellt

80,0 ccm Vorlauf

zurück, dampft den Nachlauf auf

15,0 dünnes Extrakt

ein, lösst dieses im Vorlauf und bringt mit

q. s. Weingeist von 90 pCt

auf ein Gewicht von

100,0.

Man bedarf im ganzen ungefähr 400,0 Lösungsmittel zum Erschöpfen.

b) Die Vorschrift des Münch. Ap. Ver. und der Bad. Ergänzungstaxe verwenden Weingeist von 68 pCt.

Extractum Coffeae fluidum.

Kaffee-Fluidextrakt.

100,0 Kaffeebohnen, Pulver M/8,

feuchtet man mit

35,0 Lösungsmittel,

welches aus 3 Teilen Weingeist und 7 Teilen destilliertem Wasser besteht, an und verdrängt mit demselben Lösungsmittel.

Man stellt

85 ccm Vorlauf

zurück, dampft den Nachlauf auf

10,0 dünnes Extrakt
ein, löst dieses im Vorlauf und setzt
q. s. Weingeist von 90 pCt
zu bis zu einem Gesamtgewicht von
100,0.
Man braucht um 700,0 Lösungsmittel.

Extractum Colae fluidum.

Kola-Fluidextrakt.

Man stellt es aus Kolasamen, Pulver M/30, so her, wie das Extractum Coffeae fluidum.

Ausser der zum Anfeuchten benützten Flüssigkeit bedarf man noch gegen 700,0 Lösungsmittel.

Extractum Colchici fluidum.

Zeitlosen-Fluidextrakt.

100,0 Herbstzeitlosensamen, Pulver M/8,
feuchtet man mit
30,0 eines Lösungsmittels,
welches aus 2 Teilen Weingeist von 90 pCt und 1 Teil destilliertem Wasser besteht, an und verdrängt mit demselben Lösungsmittel so lange, als der ablaufende Auszug bitter schmeckt.

Man stellt
90 ccm Vorlauf
zurück, dampft den Nachlauf auf
5,0 dünnes Extrakt
ein, löst dieses im Vorlauf und bringt mit
q. s. Weingeist von 90 pCt
auf ein Gewicht von
100,0.

Im ganzen hat man 600—700,0 Lösungsmittel zum Erschöpfen notwendig.

Extractum Colombo fluidum.

Kolombo-Fluidextrakt.

100,0 Kolombowurzel, Pulver M/8,
feuchtet man mit
50,0 eines Lösungsmittels,
welches aus gleichen Teilen Weingeist von 90 pCt und destilliertem Wasser besteht, gleichmässig an und verdrängt mit demselben Lösungsmittel.

Man stellt
75 ccm Vorlauf
zurück, dampft den Nachlauf auf
20,0 dünnes Extrakt
ein, löst dies im Vorlauf und bringt mit
q. s. verdünntem Weingeist v. 68 pCt,
auf ein Gewicht von
100,0.

Man braucht zur Erschöpfung gegen 350,0 Lösungsmittel.

Extractum Condurango fluidum.

Kondurango-Fluidextrakt.

Vorschrift des D. A. IV.

Aus
100 Teilen mittelfein gepulverter Kondurangorinde,
welche mit einem Gemische von
15 Teilen Weingeist von 90 pCt,
25 Wasser
und
10 Teilen Glycerin
zu befeuchten sind, werden mit der nötigen Menge eines Lösungsmittels, bestehend aus
1 Teil Weingeist von 90 pCt
und
3 Teilen Wasser
nach dem bei „Extracta fluida“ näher beschriebenen Verfahren 100 Teile Fluidextrakt dargestellt.

Man braucht zum Erschöpfen fein gepulverter Rinde ungefähr 400,0 Lösungsmittel.

Das Deutsche Arzneibuch IV. lässt die Rinde nur mittelfein pulvern. Wie Versuche ergeben haben, ist der Vorlauf am meisten mit Extraktivstoffen beladen bei Verwendung ganz feinen Pulvers. Das Arzneibuch hat sich demnach nur zu einem halben Fortschritt aufgeschwungen, was aber niemanden hindern kann, die Rinde fein zu pulvern und damit einen grösseren Teil der Extraktivstoffe dem Eindampfen zu entziehen.

Wie schon in der Einleitung angegeben wurde, ist es richtiger, das Glycerin dem Nachlauf zuzusetzen.

Extractum Coto fluidum.

Coto-Fluidextrakt.

Vorschrift des Münch. Ap. Ver.

Man bereitet es aus gepulverter Cotorinde wie das Hydrastis-Fluidextrakt.

Extractum Cubebarum fluidum.

Kubeben-Fluidextrakt.

100,0 Kubeben, Pulver M/20
feuchtet man mit
25,0 Weingeist von 90 pCt
gleichmässig an und verdrängt mit weiteren Mengen von Weingeist.

Man stellt
85 ccm Vorlauf
zurück, dampft den Nachlauf auf
10,0 dünnes Extrakt
ein, löst dieses im Vorlauf und fügt bis zum Gewicht von

100,0.
Weingeist von 90 pCt hinzu.
Im ganzen wird man bis zur Erschöpfung 350,0 Weingeist brauchen.

Extractum Damianae fluidum.
Damiana-Fluidextrakt.

100,0 Damianablätter, Pulver M/30,
feuchtet man mit
50,0 eines Lösungsmittels,
welches aus 2 Teilen Weingeist von 90 pCt und 1 Teil destilliertem Wasser besteht, an und verdrängt mit demselben Lösungsmittel.
Man stellt
65 ccm Vorlauf
zurück, dampft den Nachlauf, dem man vorher
10,0 Glycerin
zusetzt, auf
30,0 dünnes Extrakt
ein, löst dies im Vorlauf und bringt mit
q. s. verdünntem Weingeist v. 68 pCt
auf ein Gewicht von
100,0.

Ausser der zum Anfeuchten benützten Flüssigkeit bedarf man zum Verdrängen ungefähr 450,0 Lösungsmittel.

Extractum Digitalis fluidum.
Fingerhut-Fluidextrakt.

100,0 Fingerhutblätter, Pulver M/30,
feuchtet man mit
50,0 verdünntem Weingeist v. 68 pCt
an und verdrängt mit demselben Lösungsmittel.
Man stellt
80 ccm Vorlauf
zurück, dampft den Nachlauf auf
15,0 dünnes Extrakt
ein und löst dieses im Vorlauf.
Man bringt nun mit
q. s. Weingeist von 90 pCt
auf ein Gewicht von
100,0.

Einschliesslich der zum Anfeuchten benützten Menge verdünnten Weingeistes braucht man zur völligen Erschöpfung 350,0.

Extractum Dulcamarae fluidum.
Bittersüss-Fluidextrakt.

100,0 Bittersüssstengel, Pulver M/30,
feuchtet man mit
50,0 eines Lösungsmittels,
welches aus gleichen Teilen Weingeist und destilliertem Wasser besteht, an und verdrängt mit weiteren Mengen dieser Verdünnung.
Man stellt
75 ccm Vorlauf
zurück, dampft den Nachlauf auf
20,0 dünnes Extrakt
ein und löst dieses im Vorlauf
Man bringt nun mit
q. s. verdünntem Weingeist v. 68 pCt
auf ein Gewicht von
100,0.

Im Ganzen braucht man etwa 450,0 Lösungsmittel, um das Pulver zu erschöpfen.

Extractum Frangulae fluidum.
Faulbaumrinde-Fluidextrakt.
Fluid extract of Frangula.

a) Vorschrift des D. A. IV.
Aus
100 Teilen mittelfein gepulverter Faulbaumrinde,
welche mit 35 Teilen eines Lösungsmittels, bestehend aus
3 Teilen Weingeist von 90 pCt
und
7 Teilen Wasser,
zu befeuchten sind, werden mit der nötigen Menge desselben Lösungsmittels nach dem bei Extracta fluida näher beschriebenen Verfahren 100 Teile Fluidextrakt dargestellt.

Dazu ist zu bemerken, dass gegen die Verwendung „mittelfein" gepulverter Rinde der schon bei Extractum Condurango fluidum erhobene Einwand gilt.

b) Vorschrift der Ph. U. St.
Man bereitet es in derselben Weise, wie unter a), nur mit dem Unterschiede, dass man als Lösungsmittel ein Gemisch aus
41,0 Weingeist von 94 pCt,
80,0 destilliertem Wasser
verwendet.

Extractum Frangulae examaratae fluidum.
Entbittertes Faulbaumrinde-Fluidextrakt.

Es wird aus entbitterter Faulbaumrinde und verdünntem Weingeist von 68 pCt genau so bereitet, wie Extractum Frangulae fluidum.

Extractum Gelsemii fluidum.

100,0 Gelsemiumwurzel, Pulver M/30,
feuchtet man mit
50,0 Weingeist von 90 pCt
an und verdrängt mit weiteren Mengen Weingeist von 90 pCt.
Man stellt
85 ccm Vorlauf

zurück, dampft den Nachlauf auf

10,0 dünnes Extrakt

ein, löst dieses im Vorlauf und setzt

q. s. Weingeist von 90 pCt

bis zu einem Gewicht von

100,0

zu.

Zur Erschöpfung braucht man im ganzen 450,0—500,0 Weingeist.

Extractum Gentianae fluidum.

Enzian-Fluidextrakt.

100,0 Enzianwurzel, Pulver M/8,

feuchtet man gleichmässig mit

50,0 eines Lösungsmittels,

welches aus gleichen Teilen Weingeist von 90 pCt und destilliertem Wasser besteht, an und verdrängt mit weiteren Mengen desselben Lösungsmittels.

Man stellt

80 ccm Vorlauf

zurück, dampft den Nachlauf auf

15,0 dünnes Extrakt

ein, löst dieses im Vorlauf und bringt mit

q. s. verdünntem Weingeist v. 68 pCt

auf ein Gewicht von

100,0.

Man hat zum Erschöpfen 400,0—450,0 Lösungsmittel nötig.

Extractum Gossypii fluidum.

100,0 Gossypiumwurzelrinde, Pulver M/30,

feuchtet man mit

30,0 Weingeist von 90 pCt,
20,0 destilliertem Wasser

an und verdrängt mit einem Lösungsmittel, welches aus 1 Teil Weingeist von 90 pCt und 3 Teilen destilliertem Wasser besteht.

Man stellt

75 ccm Vorlauf

zurück, dampft den Nachlauf, dem man vorher

3,0 Glycerin

zusetzt, auf

15,0 dünnes Extrakt

ein, löst dieses im Vorlauf und bringt mit

q. s. Weingeist von 90 pCt

auf ein Gewicht von

100,0.

Ausser der zum Anfeuchten benützten Flüssigkeit braucht man gegen 450,0 Lösungsmittel.

Extractum Graminis fluidum.

Quecken-Fluidextrakt.

100,0 höchst fein zerschnittene Queckenwurzel

feuchtet man mit

30,0 heissem destillierten Wasser

an und verdrängt sofort mit kochend heissem destillierten Wasser, indem man nicht tropfenweise, sondern in dünnem Strahl ablaufen lässt.

Die erhaltene Flüssigkeit dampft man ein auf

80 ccm;

man setzt dann

20 ccm Weingeist von 90 pCt

zu, mischt und stellt 48 Stunden beiseite. Man filtriert sodann und bringt das Gewicht des Filtrats durch Zusatz von

q. s. verdünntem Weingeist v. 68 pCt

auf

100,0.

Extractum Grindeliae fluidum.

a) Vorschrift von *E. Dieterich:*

100,0 Grindeliakraut, Pulver M/30,

feuchtet man mit

50,0 verdünntem Weingeist v. 68 pCt

an und verdrängt mit demselben Lösungsmittel.

Man stellt

85 ccm Vorlauf

zurück, dampft den Nachlauf auf

10,0 dünnes Extrakt

ein, löst dieses im Vorlauf und bringt mit

q. s. Weingeist von 90 pCt

auf ein Gewicht von

100,0.

Man braucht im ganzen 700,0—750,0 Lösungsmittel zum Erschöpfen.

b) Vorschrift d. Ergänzb. d. D. Ap. V.

Man verfährt wie bei a, verwendet aber als Lösungsmittel ein aus 3 Teilen Weingeist von 90 pCt und 7 Teilen Wasser bestehendes Gemisch.

Extractum Guaranae fluidum.

Guarana-Fluidextrakt.

100,0 Guarana, Pulver M/30,

feuchtet man mit

30,0 verdünntem Weingeist v. 68 pCt

an und verdrängt mit demselben Lösungsmittel.

Man stellt

75 ccm Vorlauf

zurück, dampft den Nachlauf auf

20,0 dünnes Extrakt

ein, löst dieses im Vorlauf und bringt mit

q. s. Weingeist von 90 pCt

auf ein Gewicht von

100,0.

Man verbraucht zum Erschöpfen in allem ungefähr 600,0 Lösungsmittel.

Extractum Hamamelidis fluidum.

Fluid extract of Hamamelis.

Vorschrift der Ph. U. St.

100,0 Hamameliskraut, Pulver M/30,

feuchtet man mit

50,0 Lösungsmittel,

welches aus

12,5 Glycerin,
41,0 Weingeist von 94 pCt,
80,0 destilliertem Wasser

besteht, an und verdrängt zunächst mit dieser Mischung, alsdann mit einem Gemisch aus

41,0 Weingeist von 94 pCt,
80,0 destilliertem Wasser.

Man stellt

80 ccm Vorlauf

zurück, dampft den Nachlauf auf

15,0 dünnes Extrakt

ein, löst dieses im Vorlauf und bringt mit

q. s. von letzterem Gemisch

auf ein Gewicht von

100,0.

Im ganzen braucht man zum Erschöpfen ungefähr 550,0 Lösungsmittel.

Wie schon in der Einleitung betont wurde, wäre es richtiger, das Glycerin dem Nachlauf zuzusetzen.

Extractum Hydrastis fluidum.

Extractum Hydrastidis fluidum. Hydrastis-Fluidextrakt. Flüssiges Gelbwurzelextrakt. Fluid extract of Hydrastis.

a) Vorschrift des D. A. IV.

Aus

100 Teilen mittelfein gepulvertem Hydrastisrhizom,

welche mit 35 Teilen verdünntem Weingeist zu befeuchten sind, werden mit der nötigen Menge verdünntem Weingeist (68 pCt) nach dem bei „Extracta fluida" näher beschriebenen Verfahren 100 Teile Fluidextrakt dargestellt.

Aus den unter Extractum Condurango fluidum angegebenen Gründen verdient die „fein" gepulverte Wurzel den Vorzug.

b) Vorschrift der Ph. Austr. VII.

100,0 gepulverte canadische Gelbwurzel

feuchtet man mit der nötigen Menge

verdünntem Weingeist von 68 pCt

an, ohne dass sich das Pulver zusammenballt. Nach einer Stunde bringt man die Masse in einen Verdrängungsapparat, übergiesst sie mit so viel

verdünntem Weingeist von 68 pCt,

dass sie eben bedeckt wird und sammelt nach 48 Stunden von dieser Flüssigkeit

85,0 Vorlauf.

Die weitere Behandlung ist dieselbe, wie unter a), nur soll das Gewicht der filtrierten Flüssigkeit

150,0

betragen; das hieran etwa Fehlende soll man durch verdünnten Weingeist von 68 pCt ersetzen.

Vergleiche weiter unter a).

c) Vorschrift der Ph. U. St.

Man bereitet es wie unter a) mit dem Unterschiede, dass man als Lösungsmittel zunächst eine Mischung von

12,5 Glycerin,
50,0 Weingeist von 94 pCt,
30,0 destilliertem Wasser,

sodann von

50,0 Weingeist von 94 pCt,
30,0 destilliertem Wasser

verwendet und mit letzterer Mischung ergänzt.

Es wäre richtiger, das Glycerin dem Nachlauf zuzusetzen.

Extractum Hyoscyami fluidum.

Bilsenkraut-Fluidextrakt.

100,0 Bilsenkraut, Pulver M/30,

feuchtet man mit

50,0 verdünntem Weingeist v. 68 pCt

an und verdrängt mit demselben Lösungsmittel.

Man stellt

90 ccm Vorlauf

zurück, dampft den Nachlauf auf

5,0 dünnes Extrakt

ein, löst dieses im Vorlauf und bringt mit

q. s. Weingeist von 90 pCt

auf ein Gewicht von

100,0.

Im ganzen sind zum erschöpfenden Ausziehen ungefähr 400,0 Lösungsmittel notwendig.

Extractum Ipecacuanhae fluidum.

Brechwurzel-Fluidextrakt.

100,0 Brechwurzel, Pulver M/50,

feuchtet man mit

50,0 Weingeist von 90 pCt
an und verdrängt mit
q. s. Weingeist von 90 pCt.

Sämtlichen gewonnenen Auszug dampft man bis auf einen Rückstand von
50,0
ab, setzt
100,0 destilliertes Wasser
zu und fährt mit Abdampfen so lange fort, bis das Gewicht der Masse
75,0
beträgt.

Man lässt erkalten, filtriert, wäscht den auf dem Filter bleibenden Rückstand mit Wasser so lange nach, bis der Ablauf geschmacklos ist, dampft sämtliches Filtrat auf
50 ccm
ab, lässt abkühlen und fügt
q. s. Weingeist von 90 pCt
hinzu, dass die Ausbeute
100,0
wiegt.

Zur erschöpfenden Perkolation sind höchstens 350,0 Weingeist notwendig.

Extractum Jaborandi fluidum.

Jaborandi-Fluidextrakt.

Man stellt es aus fein gepulverten Jaborandiblättern mit verdünntem Weingeist von 68 pCt durch Perkolation wie Extractum Frangulae fluidum her.

Extractum Kava-Kava fluidum.

Kava-Kava-Fluidextrakt.

100,0 Kava-Kava, Pulver M/30,
feuchtet man mit
50,0 verdünntem Weingeist v. 68 pCt
an und verdrängt mit
q. s. verdünntem Weingeist v. 68 pCt.

Man stellt
60 ccm Vorlauf
zurück, dampft den Nachlauf, dem man vorher
25,0 Glycerin
zusetzt, auf
35,0 dünnes Extrakt
ein, löst dieses im Vorlauf und bringt mit
q. s. Weingeist von 90 pCt
auf
100,0.

Ausser der zum Anfeuchten benützten Flüssigkeit hat man ungefähr 500,0 verdünnten Weingeist von 68 pCt zur erschöpfenden Perkolation nötig.

Extractum Koso fluidum.

Koso-Fluidextrakt.

100,0 Kosoblüten, Pulver M/8,
feuchtet man gleichmässig mit
50,0 Weingeist von 90 pCt
an und verdrängt mit weiterer Zuhilfenahme von
q. s. Weingeist von 90 pCt.

Man stellt
85 ccm Vorlauf
zurück, dampft den Nachlauf auf
10,0 dünnes Extrakt
ein, löst dieses im Vorlauf und bringt mit
q. s. Weingeist von 90 pCt
auf ein Gewicht von
100,0.

Im ganzen braucht man zur erschöpfenden Perkolation ungefähr 500,0 Weingeist.

Extractum Liquiritiae fluidum.

Süssholz-Fluidextrakt.

100,0 Süssholz, Pulver M/8,
feuchtet man gleichmässig mit
50,0 Lösungsmittel,
welches aus
3 Teilen Ammoniakflüssigkeit,
49 „ Weingeist von 90 pCt,
48 „ destilliertem Wasser
besteht, an und verdrängt mit weiteren Mengen desselben Lösungsmittels.

Man stellt
70 ccm Vorlauf
zurück, dampft den Nachlauf, nachdem man ihm
3,0 Ammoniakflüssigkeit
zusetzte, auf
25,0 dünnes Extrakt
ein, löst dies im Vorlauf und bringt mit
q. s. verdünntem Weingeist v. 68 pCt
auf ein Gewicht von
100,0.

Zum erschöpfenden Ausziehen benötigt man höchstens 300,0 Lösungsmittel.

Extractum Lobeliae fluidum.

Lobelien-Fluidextrakt.

100,0 Lobelienkraut, Pulver M/30,
feuchtet man gleichmässig mit
50,0 Lösungsmittel,
welches aus
gleichen Teilen Weingeist v. 90 pCt
und destilliertem Wasser

besteht, an und verdrängt mit weiteren Mengen desselben Lösungsmittels.

Man stellt

90 ccm Vorlauf

zurück, dampft den Nachlauf auf

5,0 dünnes Extrakt

ein, löst dieses im Vorlauf und bringt mit

q. s. verdünntem Weingeist v. 68 pCt

auf ein Gewicht von

100,0.

Um das Pulver zu erschöpfen, braucht man im ganzen 600,0 Lösungsmittel.

Extractum Lupulini fluidum.

Lupulin-Fluidextrakt.

100,0 Lupulin

feuchtet man gleichmässig mit

30,0 Weingeist von 90 pCt

an und verdrängt mit weiteren Mengen Weingeist von 90 pCt.

Man stellt

70 ccm Vorlauf

zurück, dampft den Nachlauf auf

25,0 dünnes Extrakt

ein, löst dieses im Vorlauf und bringt mit

q. s. Weingeist von 90 pCt

auf ein Gewicht von

100,0.

Zum erschöpfenden Ausziehen benötigt man ungefähr 400,0 Weingeist.

Extractum Manaca fluidum.

Manaka-Fluidextrakt.

100,0 Manakawurzel, Pulver $^{M}/_{30}$,

feuchtet man mit

50,0 Weingeist von 90 pCt

an und verdrängt mit

q. s. verdünntem Weingeist v. 68 pCt.

Man stellt

60 ccm Vorlauf

zurück, dampft den Nachlauf, dem man vorher

20,0 Glycerin

zusetzt, auf

40,0 dünnes Extrakt

ein, löst dieses im Vorlauf und bringt mit

q. s. Weingeist von 90 pCt

auf ein Gewicht von

100,0.

Ausser der zum Anfeuchten dienenden Flüssigkeit braucht man zum erschöpfenden Ausziehen 450,0—500,0 verdünnten Weingeist von 68 pCt.

Extractum Maydis stigmatum fluidum.

Maisnarben-Fluidextrakt.

a) Vorschrift von *E. Dieterich:*

100,0 Maisnarben, Pulver $^{M}/_{30}$,

feuchtet man mit

50,0 verdünntem Weingeist v. 68 pCt

an und verdrängt mit weiteren Mengen desselben Lösungsmittels.

Man stellt

85 ccm Vorlauf

zurück, dampft den Nachlauf auf

10,0 dünnes Extrakt

ein, löst dieses im Vorlauf und bringt mit

q. s. verdünntem Weingeist v. 68 pCt

auf ein Gewicht von

100,0.

Man bedarf zum erschöpfenden Ausziehen im ganzen 350,0—400,0 Lösungsmittel.

b) Das Ergänzungsbuch des D. Ap. V. schreibt als Lösungsmittel ein Gemisch von 3 Teilen Weingeist von 90 pCt und 7 Teilen Wasser vor.

Extractum Maydis Ustilaginis fluidum.

Maisergot-Fluidextrakt.

Man stellt es aus fein gepulverten Maisergot (Ustilago Maydis) wie Extractum Secalis cornuti fluidum D. A. IV. her.

Extractum Myrtilli foliorum fluidum.

Heidelbeerkraut-Fluidextrakt.

Man stellt es aus den feingepulverten Heidelbeerblättern mit verdünntem Weingeist von 68 pCt durch Perkolation wie Extractum Frangulae fluidum her.

Extractum Piscidiae fluidum.

Piscidia-Fluidextrakt.

100,0 Piscidiarinde, Pulver $^{M}/_{30}$,

feuchtet man mit

50,0 Weingeist von 90 pCt

an und verdrängt mit

q. s. verdünntem Weingeist v. 68 pCt.

Man stellt

70 ccm Vorlauf

zurück, dampft den Nachlauf, dem man vorher

10,0 Glycerin

zusetzt, auf

25,0 dünnes Extrakt

ein, löst dieses im Vorlauf und bringt mit

q. s. Weingeist von 90 pCt

auf ein Gewicht von

100,0.

Ausser der zum Anfeuchten benützten Flüssigkeit braucht man bis zur Erschöpfung noch ungefähr 450,0 verdünnten Weingeist von 68 pCt.

Extractum Pruni Virginianae fluidum.

Fluid extract of Wild cherry.

Vorschrift der Ph. U. St.

100,0 Virginische Kirschenbaumrinde, (Wild cherry), Pulver M/8,

feuchtet man mit

35,0 Lösungsmittel,

welches aus

12,5 Glycerin,
20,0 destilliertem Wasser

besteht, an, verdrängt zunächst mit diesem und dann mit einer Mischung aus

70,0 Weingeist von 94 pCt,
15,0 destilliertem Wasser.

Man stellt

80 ccm Vorlauf

zurück, dampft den Nachlauf zum dünnen Extrakt ein, löst dieses im Vorlauf und bringt mit letzterer Mischung auf ein Gewicht von

1000,0.

Es wäre richtiger, das Glycerin dem Nachlauf zuzusetzen.

Extractum Quassiae fluidum.

Quassia-Fluidextrakt.

100,0 Quassiaholz, Pulver M/30,

feuchtet man gleichmässig mit

50,0 Lösungsmittel,

welches aus gleichen Teilen Weingeist von 90 pCt und destilliertem Wasser besteht, an und verdrängt mit weiteren Mengen desselben Lösungsmittels.

Man stellt

85 ccm Vorlauf

zurück, dampft den Nachlauf auf

10,0 dünnes Extrakt

ein, löst dieses im Vorlauf und bringt mit

q. s. verdünntem Weingeist v. 68 pCt

auf ein Gewicht von

100,0.

Zum Erschöpfen des schwer ausziehbaren Quassiaholzes hat man 700,0—800,0 Lösungsmittel nötig.

Extractum Quebracho fluidum.

Flüssiges Quebrachoextrakt. Quebracho-Fluidextrakt.

a) Vorschrift der Ph. Austr. VII.

100,0 gepulverte Quebrachorinde

lässt man mit

400,0 destilliertem Wasser

36 Stunden lang stehen, kocht sodann eine Stunde lang, lässt erkalten und versetzt unter Umrühren mit

100,0 Weingeist von 90 pCt.

Nach 24-stündigem Stehen an einem warmen Ort seiht man ab, presst aus, filtriert die Flüssigkeit, dampft sie im Wasserbad ein bis zu einem Gewicht von

90,0,

vermischt nach dem Erkalten mit

10,0 Weingeist von 90 pCt

und filtriert nach 24-stündigem Stehen.

b) Vorschrift des Dresdner Ap. V.

100,0 gepulvertes Quebrachoholz,
400,0 destilliertes Wasser

lässt man 3 Tage bei 15—20° C stehen und kocht dann eine Stunde.

Nach dem Erkalten fügt man

100,0 Weingeist von 90 pCt

hinzu, lässt weitere 2 Tage stehen, presst hierauf und filtriert.

Das Filtrat dampft man auf

90,0

ein, fügt

10,0 Weingeist von 90 pCt

hinzu, lässt einige Tage stehen und filtriert schliesslich.

Da dieses Extrakt grosse Neigung besitzt wiederholt nachzutrüben, so thut man gut, die Flüssigkeit vor dem letzten Filtrieren 8 Tage lang an einen kühlen Ort zu stellen und ebendaselbst zu filtrieren.

Extractum Rhei fluidum.

Rhabarber-Fluidextrakt.

100,0 Rhabarber, Pulver M/8,

feuchtet man mit

50,0 verdünntem Weingeist v. 68 pCt

an und verdrängt mit demselben Lösungsmittel.

Man stellt

75 ccm Vorlauf

zurück, dampft den Nachlauf auf

20,0 dünnes Extrakt

ein, löst dieses im Vorlauf und bringt mit

q. s. Weingeist von 90 pCt

auf ein Gewicht von

100,0.

Im ganzen bedarf man zum Erschöpfen des leicht ausziehbaren Pulvers gegen 400,0 Lösungsmittel.

Extractum Rhois aromaticae fluidum.

Man stellt es aus dem gröblichen Pulver der Wurzelrinde von Rhus aromatica wie Extractum Condurango fluidum D. A. IV. her.

Extractum Sabinae fluidum.

Sadebaum-Fluidextrakt.

100,0 Sadebaumspitzen, Pulver M/20,
feuchtet man gleichmässig mit
40,0 Weingeist von 90 pCt
an und verdrängt mit demselben Lösungsmittel.
Man stellt
85 ccm Vorlauf
zurück, dampft den Nachlauf auf
10,0 dünnes Extrakt
ein, löst dieses im Vorlauf und bringt mit
q. s. Weingeist von 90 pCt
auf ein Gewicht von
100,0.

Man braucht im ganzen zum erschöpfenden Ausziehen 450,0—500,0 Weingeist von 90 pCt.

Extractum Sarsaparillae fluidum.

Sarsaparill-Fluidextrakt.

a) 100,0 Sarsaparille, Pulver M/20,
befeuchtet man gleichmässig mit
50,0 einer Mischung,
welche aus
1 Teil Weingeist von 90 pCt
und
2 Teilen destilliertem Wasser
besteht, an und verdrängt mit derselben Mischung.
Man stellt
70,0 ccm Vorlauf
zurück, dampft den Nachlauf, dem man vorher
10,0 Glycerin
zusetzt, auf
25,0 dünnes Extrakt
ein, löst dieses im Vorlauf und bringt mit
q. s. Weingeist von 90 pCt
auf ein Gewicht von
100,0.

Ausser der zum Anfeuchten benützten Flüssigkeit braucht man zum vollständigen Ausziehen des Pulvers 450,0—500,0 Lösungsmittel.

b) Die Badische Ergänzungstaxe empfiehlt, das Sarsaparill-Fluidextrakt nach der vom Deutschen Arzneibuch III. zu Condurango-Fluidextrakt gegebenen Vorschrift zu bereiten.

Extractum Scillae fluidum.

Meerzwiebel-Fluidextrakt.

100,0 Meerzwiebel, Pulver M/8,
feuchtet man gleichmässig mit
40,0 Weingeist von 90 pCt
an und verdrängt mit weiteren Mengen Weingeist.
Man stellt
85 ccm Vorlauf
zurück, dampft den Nachlauf auf
10,0 dünnes Extrakt
ein, löst dieses im Vorlauf und bringt mit
q. s. Weingeist von 90 pCt
auf ein Gewicht von
100,0.

Man bedarf zum erschöpfenden Ausziehen gegen 500,0 Weingeist.

Extractum Secalis cornuti fluidum.

Extractum Ergotae fluidum. Extractum Ergotae liquidum. Mutterkorn-Fluidextrakt. Liquid extract of Ergot. Fluid extract of Ergot.

a) Vorschrift des D. A. IV.

Aus
100 Teilen grob gepulvertem Mutterkorn,
welche mit 35 Teilen eines Lösungsmittels, bestehend aus
2 Teilen Weingeist von 90 pCt
und
8 Teilen Wasser
zu befeuchten sind, werden mit der nötigen Menge desselben Lösungsmittels nach dem bei Extracta fluida näher beschriebenen Verfahren 100 Teile Fluidextrakt in der Weise dargestellt, dass dem zweiten Auszug vor dem Abdampfen 2,4 Teile Salzsäure von 1,124 spez. Gew. hinzugefügt werden.

Auch hier möchte ich im Gegensatz zum Deutschen Arzneibuch ein möglichst feines Mutterkornpulver empfehlen. Ich erreiche damit einen rascheren Verlauf der Arbeit, einen geringeren Verbrauch von Lösungsmitteln und einen höheren Gehalt an gelösten Stoffen.

b) Vorschrift der Ph. Brit.

1000,0 Mutterkorn, Pulver M/8,
5000,0 destilliertes Wasser
digeriert man 12 Stunden, giesst die Flüssigkeit ab, übergiesst den Rückstand mit
2500,0 destilliertem Wasser,
wiederholt das Verfahren, seiht ab, presst aus und verdampft im Wasserbad auf
700,0.

Nach dem Erkalten vermischt man die Flüssigkeit mit
315,0 Weingeist von 88,76 Vol. pCt
und filtriert nach einer Stunde ab. Die Gesamtflüssigkeit soll alsdann
1000,0
betragen.

c) Vorschrift der Ph. U. St.

1000,0 frisch gepulvertes Mutterkorn, Pulver M/30,
befeuchtet man mit
300,0

einer Mischung aus

21,0 Essigsäure von 36 pCt,
917,0 verdünnt. Weingeist v. 48,6 pCt,

verdrängt zunächst mit diesem Gemisch und sodann mit verdünntem Weingeist von 48,6 pCt. Man stellt

850 ccm Vorlauf

zurück, dampft den Nachlauf bei einer 50° C nicht übersteigender Hitze zum dünnen Extrakt ein, löst dieses im Vorlauf und bringt dieses mit

q. s. verdünnt. Weingeist v. 48,6 pCt

auf ein Gewicht von

1000,0.

Extractum Senegae fluidum.

Senega-Fluidextrakt.

100,0 Senegawurzel, Pulver M/20,

feuchtet man gleichmässig mit

50,0 Lösungsmittel,

welches aus 2 Teilen Weingeist von 90 pCt und 1 Teil destilliertem Wasser besteht, an und verdrängt mit weiteren Mengen desselben Lösungsmittels.

Man stellt

80 ccm Vorlauf

zurück, dampft den Nachlauf auf

15,0 dünnes Extrakt

ein, löst dieses im Vorlauf, nachdem man ihm unmittelbar vorher

2,0 Ammoniakflüssigkeit

zusetzte, und bringt mit

q. s. verdünntem Weingeist v. 68 pCt

auf ein Gewicht von

100,0.

Zum erschöpfenden Ausziehen braucht man 550,0—600,0 Lösungsmittel.

Extractum Sennae fluidum.

Senna-Fluidextrakt.

100,0 Alexandriner Sennesblätter, Pulver M/20,

feuchtet man gleichmässig mit

50,0 Lösungsmittel,

welches aus 3 Teilen Weingeist v. 90 pCt und 4 Teilen destilliertem Wasser besteht, an und verdrängt mit weiteren Mengen desselben Lösungsmittels.

Man stellt

80 ccm Vorlauf

zurück, dampft den Nachlauf auf

15,0 dünnes Extrakt

ein, löst dieses im Vorlauf und bringt mit

q. s. verdünntem Weingeist v. 68 pCt

auf

100,0.

Man benötigt zum erschöpfenden Ausziehen um 400,0 Lösungsmittel.

Extractum Strychni fluidum.

Brechnuss-Fluidextrakt.

100,0 Brechnüsse, Pulver M/30,

nässt man mit

100,0 Lösungsmittel,

welches aus 8 Teilen Weingeist v. 90 pCt und 1 Teil destilliertem Wasser besteht, und lässt in einem verschlossenen Gefäss 48 Stunden lang stehen. Man verdrängt alsdann mit dem angegebenen Lösungsmittel, stellt

90 ccm Vorlauf

zurück, dampft den Nachlauf auf

5,0 dünnes Extrakt

ein, löst diese im Vorlauf und bringt mit

q. s. Weingeist von 90 pCt

auf ein Gewicht von

100,0.

Man bedarf zum vollständigen Ausziehen zwischen 700,0 und 800,0 Lösungsmittel.

Extractum Taraxaci fluidum.

Löwenzahn-Fluidextrakt.

100,0 Löwenzahn, Wurzel mit Kraut, Pulver M/20,

feuchtet man gleichmässig mit

50,0 Lösungsmittel,

welches aus 2 Teilen Weingeist v. 90 pCt und 3 Teilen destilliertem Wasser besteht, an und verdrängt mit weiteren Mengen des angegebenen Lösungsmittels.

Man stellt

80 ccm Vorlauf

zurück, dampft den Nachlauf auf

15,0 dünnes Extrakt

ein, löst dieses im Vorlauf und bringt mit

q. s. verdünntem Weingeist v. 68 pCt

auf ein Gewicht von

100,0.

Um völlig zu erschöpfen, braucht man 350,0 bis 400,0 Lösungsmittel.

Extractum Uvae Ursi fluidum.

Bärentraubenblätter-Fluidextrakt.

100,0 Bärentraubenblätter, Pulv. M/20,

feuchtet man mit

25,0 Weingeist von 90 pCt,
25,0 destilliertem Wasser
an und verdrängt mit dem gleichen Lösungsmittel.
Man stellt
65 ccm Vorlauf
zurück, dampft den Nachlauf, dem man vorher
10,0 Glycerin
zusetzt, auf
30,0 dünnes Extrakt
ein, löst dieses im Vorlauf und bringt mit
q. s. Weingeist von 90 pCt
auf ein Gewicht von
100,0.
Zum Erschöpfen benötigt man, die zum Anfeuchten benützte Flüssigkeit nicht mitgerechnet, 550,0—600,0 Lösungsmittel.

Extractum Valerianae fluidum.
Baldrian-Fluidextrakt.

100,0 Baldrianwurzel, Pulver M/30,
feuchtet man gleichmässig mit
50,0 Lösungsmittel,
welches aus 2 Teilen Weingeist von 90 pCt und 1 Teil destilliertem Wasser besteht, an und verdrängt mit weiteren Mengen desselben Lösungsmittels.
Man stellt
90 ccm Vorlauf
zurück, dampft den Nachlauf auf
5,0 dünnes Extrakt
ein, löst dieses im Vorlauf und bringt mit
q. s. Weingeist von 90 pCt
auf ein Gewicht von
100,0.
Die zum erschöpfenden Ausziehen nötige Menge Lösungsmittel beträgt 400,0—450,0.

Extractum Viburni Opuli fluidum.
Viburnum-Fluidextrakt. Fluid extract of Viburnum Opulus.
Vorschrift der Ph. U. St.
100,0 Viburnumrinde, Pulver M/30,
feuchtet man mit
50,0 Lösungsmittel,
welches aus
123,0 Weingeist von 94 pCt,
50,0 destilliertem Wasser
besteht, an und verdrängt mit weiteren Mengen desselben Lösungsmittels.
Man stellt
80 ccm Vorlauf
zurück, dampft den Nachlauf auf
12,0 dünnes Extrakt
ein, löst dieses im Vorlauf und setzt
q. s. Lösungsmittel
zu bis zu einem Gewicht von
100,0.
Zum erschöpfenden Ausziehen sind 550,0 bis 600,0 Lösungsmittel notwendig.

Extractum Viburni prunifolii fluidum.

Man stellt es aus der gepulverten Wurzelrinde von Viburnum prunifolium wie Extractum Frangulae fluidum D. A. IV. her.

Extractum Zingiberis fluidum.
Ingwer-Fluidextrakt.

100,0 Ingwer, Pulver M/20,
feuchtet man mit
50,0 Weingeist von 90 pCt
an und verdrängt mit weiteren Mengen Weingeist von 90 pCt.
Man stellt
80 ccm Vorlauf
zurück, dampft den Nachlauf auf
15,0 dünnes Extrakt
ein, löst dieses im Vorlauf und bringt mit
q. s. Weingeist von 90 pCt
auf ein Gewicht von
100,0.
Um völlig zu erschöpfen, bedarf man 450,0 bis 500,0 Weingeist von 90 pCt.

Schluss der Abteilung „Extracta fluida".

Extracta solida.

Infusa sicca. Decocta sicca. Dauerextrakte. Solid-Extrakte.
Nach *E. Dieterich.*

Mit dem Namen „Dauerextrakte" bezeichnet man wässerige, mit Hilfe von Zucker und Milchzucker zur Trockne gebrachte Pflanzenauszüge, bei denen das Verhältnis zwischen Zucker und *löslichem* Stoff so gewählt ist, dass ein Teil Dauerextrakt einem Teil Drogue, wie bei den Fluidextrakten, entspricht.

Kommen dieser Form wässriger Auszüge alle jene Vorzüge zu, welche die weingeistigen Fluidextrakte in Bezug auf Annehmlichkeit und Genauigkeit der Dosierung besitzen, so zeichnet sie sich ausserdem vor den gewöhnlichen wässerigen Extrakten noch dadurch aus, dass sie jeder Veränderung in der Zusammensetzung bei der Aufbewahrung hinderlich ist.

Die Haltbarkeit der Dauerextrakte ist nach meinen vieljährigen Erfahrungen eine ganz vorzügliche, so dass in dieser Beziehung der Zweck vollkommen erreicht erscheint. Damit zusammenhängend wurde die Wirkung nach monatelangen Versuchen in einem grossen Krankenhaus ärztlicherseits als normal und „prompt" bezeichnet.

Obwohl bei der Herstellung das Abdampfen im Vakuum dem auf offenem Dampfbad aus bekannten Gründen vorgezogen werden muss, so darf ich doch zur Ehre des letzteren anführen, dass zu den erwähnten, in jenem Krankenhaus mit Erfolg gemachten Versuchen Dauerextrakte dienten, welche sämtlich und absichtlich auf offenem Dampfbad hergestellt worden waren.

Es kann also das offene Dampfbad, sobald dem Eindampfen die nötige Aufmerksamkeit geschenkt und die Arbeit nicht unnötig ausgedehnt wird, für die Herstellung der Dauerextrakte als zulässig erklärt werden.

Zum Ausziehen wird, wenigstens vorläufig, nur Wasser benützt, und zur Trockenlegung verwendet man je nach Bedürfnis Zucker oder Milchzucker oder beide zusammen und zwar so viel davon, dass ein Teil des Dauerextrakts der gleichen Menge des verarbeiteten Pflanzenteiles entspricht.

Die Aufbewahrung hat in geschlossenen Gefässen stattzufinden.

Die Anwendung der Dauerextrakte ist eine vielseitige und möglich in Lösung, Pulvern, Pillen, Pastillen, Latwergen, Suppositorien, Vaginalkugeln usw.

Trotzdem die neue Extraktform bei ihrem Erscheinen in der Öffentlichkeit verschiedentliches Misstrauen erregte, haben nach und nach Erfahrung und Praxis die Frage der Daseinsberechtigung der Dauerextrakte zu Gunsten derselben entschieden. Ich müsste es daher für eine Lücke im Manual halten, wollte ich die Vorschriften dazu in demselben fehlen lassen.

Ich werde nur eine verhältnismässig kleine Zahl der gedachten Präparate beschreiben, weil ich glaube, dass es richtiger ist, die weitere Entwickelung der Zukunft zu überlassen.

Extractum Belladonnae solidum.

Belladonna-Dauerextrakt.

1000,0 geschnittene Belladonnablätter,
5000,0 destilliertes Wasser

lässt man bei 15—20° C 24 Stunden lang stehen und presst aus.

Den Pressrückstand übergiesst man mit

3000,0 kochendem destillierten Wasser

und presst nach einstündigem Stehen aus.

Man verrührt nun

25,0 Filtrierpapier-Abfall,

kocht damit unter Abschäumen die vereinigten Brühen auf, fügt

750,0 Milchzucker, Pulver M/8,

zu, kocht abermals auf und filtriert.

Das Filtrat dampft man im Vakuum oder im Dampfbad ein, bis ein so dickes Extrakt übrig bleibt, dass es sich auseinander zupfen und auf Pergamentpapier ausbreiten lässt. Man trocknet bei 25—30° C, bringt mit

q. s. Milchzucker, Pulver M/30,

auf ein Gewicht von

1000,0

und pulvert (M/30).

Extractum Cascarillae solidum.

Decoctum Cascarillae siccum. Kaskarill-Dauerextrakt.

1000,0 Kaskarillrinde, Pulver M/8,
2500,0 destilliertes Wasser

lässt man bei 15—20° C 24 Stunden lang stehen und presst aus.

Den Pressrückstand übergiesst man mit

2000,0 kochendem destillierten Wasser

und presst nach einstündigem Stehen aus.

In den vereinigten Brühen löst man durch Aufkochen und unter Abschäumen

600,0 Zucker, Pulver M/8,
300,0 Milchzucker, Pulver M/8,

seiht durch, lässt die Brühe 24 Stunden lang absetzen und dampft die vom Bodensatz abgegossene Flüssigkeit im Vakuum oder im Dampfbad ein, bis ein so dickes Extrakt übrig bleibt, dass es sich auseinander zupfen und auf Pergamentpapier ausbreiten lässt.

Man trocknet bei 25—30° C, bringt das Gesamtgewicht mit

q. s. Milchzucker, Pulver M/30,

auf

1000,0

und pulvert (M/30).

Extractum Chinae solidum.

Decoctum Chinae siccum. China-Dauerextrakt.

1000,0 Chinarinde, Pulver M/8,
5000,0 destilliertes Wasser

lässt man 12 Stunden lang bei 15—20° C stehen, erhitzt dann 2 Stunden im Dampfbad und presst aus.

Den Pressrückstand erhitzt man mit

3000,0 destilliertem Wasser

noch 1 Stunde im Dampfbad und wiederholt das Auspressen.

In den vereinigten Brühen löst man durch Kochen

600,0 Zucker, Pulver M/8,
250,0 Milchzucker, Pulver M/8,

seiht durch, lässt 2 Stunden, ohne abzukühlen, absetzen und dampft die vom Bodensatz abgegossene Brühe im Vakuum oder im Dampfbad zu einem so dicken Extrakt ein, dass es sich zerzupfen und auf Pergamentpapier ausbreiten lässt.

Man trocknet bei 25—30° C, bringt das Gesamtgewicht mit

q. s. Milchzucker, Pulver M/30,

auf

1000,0

und pulvert (M/30).

Extractum Colombo solidum.

Decoctum Colombo siccum. Kolombo-Dauerextrakt.

1000,0 geschnittene Kolombowurzel,
6000,0 destilliertes Wasser

lässt man 24 Stunden bei 15—20° C stehen und presst aus.

Den Pressrückstand übergiesst man mit

4000,0 kochendem destillierten Wasser

und presst nach 1 Stunde aus.

In den vereinigten Brühen löst man durch Kochen

400,0 Zucker, Pulver M/8,
400,0 Milchzucker, Pulver M/8,

seiht die Lösung durch, lässt sie 2 Stunden lang, ohne sie abzukühlen, absetzen und dampft die vom Bodensatz abgegossene Brühe im Vakuum oder im Dampfbad zu einem so dicken Extrakt ein, dass es sich zerzupfen und auf Pergamentpapier ausbreiten lässt.

Man trocknet bei 25—30° C, bringt das Gesamtgewicht mit

q. s. Milchzucker, Pulver M/30,

auf

1000,0

und pulvert (M/30).

Extractum Conii solidum.

Schierling-Dauerextrakt.

1000,0 feingeschnittenes Schierlingkraut,
5000,0 destilliertes Wasser

lässt man 12 Stunden bei 15—20° C stehen und presst aus.

Den Pressrückstand übergiesst man mit

3000,0 kochendem destillierten Wasser

und presst nach einstündigem Stehen aus.

Man verrührt

25,0 Filtrierpapierabfall,

kocht damit die vereinigten Brühen unter Abschäumen auf, fügt

750,0 Milchzucker, Pulver M/8,

hinzu, wiederholt das Aufkochen und seiht durch.

Die Seihflüssigkeit dampft man im Vakuum oder im Dampfbad zu einem so dicken Extrakt ein, dass es sich zerzupfen und auf Pergamentpapier ausbreiten lässt.

Man trocknet bei 25—30° C, bringt mit

q. s. Milchzucker, Pulver M/30,

auf ein Gesamtgewicht von

1000,0

und pulvert (M/30).

Extractum Digitalis solidum.

Infusum Digitalis siccum.
Digitalis-(Fingerhut)-Dauerextrakt.

1000,0 fein zerschnittene Fingerhutblätter,
5000,0 destilliertes Wasser

lässt man 12 Stunden bei 15—20° C stehen und presst aus.

Den Pressrückstand übergiesst man mit

3000,0 kochendem destillierten Wasser

und presst nach einstündigem Stehen aus.

Man verrührt

25,0 Filtrierpapierabfall,

kocht damit die vereinigten Auszüge unter Abschäumen auf, fügt

750,0 Milchzucker, Pulver M/8,

hinzu, wiederholt das Aufkochen und seiht durch.

Die Seihflüssigkeit dampft man im Vakuum oder im Dampfbad zu einem so dicken Extrakt ein, dass es sich zerzupfen und auf Pergamentpapier ausbreiten lässt.

Man trocknet bei 25—30° C, bringt mit

q. s. Milchzucker, Pulver M/30,

auf ein Gesamtgewicht von

1000,0

und pulvert (M/30).

Extractum Frangulae solidum.

Decoctum Frangulae siccum.
Faulbaumrinde-Dauerextrakt.

1000,0 Faulbaumrinde, Pulver M/8,
4000,0 destilliertes Wasser

lässt man 24 Stunden bei 15—20° C stehen und presst aus.

Den Pressrückstand übergiesst man mit

3000,0 kochendem destillierten Wasser

und presst nach einstündigem Stehen aus.
Man verrührt
25,0 Filtrierpapierabfall
und kocht damit die vereinigten Auszüge unter Abschäumen auf.
Man fügt nun
500,0 Milchzucker, Pulver M/8,
200,0 Zucker, Pulver M/8,
hinzu, wiederholt das Aufkochen mit Abschäumen und seiht durch.
Die Seihflüssigkeit lässt man 2 Stunden absetzen und dampft die vom Bodensatz abgegossene Brühe im Vakuum oder im Dampfbad zu einem so dicken Extrakt ein, dass es sich zerzupfen und auf Pergamentpapier ausbreiten lässt.
Man trocknet bei 25—30° C, bringt mit
q. s. Milchzucker, Pulver M/30,
auf ein Gesamtgewicht von
1000,0
und pulvert (M/30).

Extractum Granati cort. solidum.

Decoctum Granati cort. siccum.
Granatwurzelrinde-Dauerextrakt.

1000,0 Granatwurzelrinde, Pulver M/8,
lässt man 12 Stunden bei 15—20° C stehen mit
5000,0 destilliertem Wasser,
erhitzt dann in bedecktem Gefäss 2 Stunden im Dampfbad und presst aus.
Den Pressrückstand erhitzt man nochmals 2 Stunden lang mit
3000,0 destilliertem Wasser
und presst abermals aus.
In den vereinigten Auszügen löst man durch Kochen
700,0 Milchzucker, Pulver M/8,
seiht durch und stellt die Brühe 2 Stunden zum Absetzen zurück.
Die vom Bodensatz abgegossene Brühe dampft man im Vakuum oder im Dampfbad zu einem so dicken Extrakt ein, dass es sich zerzupfen und auf Pergamentpapier ausbreiten lässt.
Man trocknet bei 25—30° C, bringt mit
q. s. Milchzucker, Pulver M/30,
auf ein Gesamtgewicht von
1000,0
und pulvert (M/30).

Extractum Hyoscyami solidum.

Bilsenkraut-Dauerextrakt.

1000,0 fein zerschnittenes Bilsenkraut,
5000,0 destilliertes Wasser
lässt man 12 Stunden bei 15—20° C stehen und presst aus.
Den Pressrückstand übergiesst man mit
3000,0 kochendem destillierten Wasser
und presst nach einstündigem Stehen aus.
Man verrührt
25,0 Filtrierpapier-Abfall
und kocht damit unter Abschäumen die vereinigten Auszüge auf.
Man fügt nun
750,0 Milchzucker, Pulver M/8,
hinzu, kocht nochmals unter Abschäumen auf und seiht durch.
Die Seihflüssigkeit dampft man im Vakuum oder im Dampfbad zu einem so dicken Extrakt ein, dass es sich zerzupfen und auf Pergamentpapier ausbreiten lässt.
Man trocknet bei 25—30° C, bringt mit
q. s. Milchzucker, Pulver M/30,
auf ein Gesamtgewicht von
1000,0
und pulvert (M/30).

Extractum Ipecacuanhae solidum.

Infusum Ipecacuanhae siccum.
Brechwurzel-Dauerextrakt.

1000,0 Brechwurzel, Pulver M/8,
6000,0 destilliertes Wasser,
300,0 Weingeist von 90 pCt
lässt man bei 15—20° C 24 Stunden stehen und seiht durch.
Den auf dem Seihtuch bleibenden Rest behandelt man in der gleichen Weise mit
3000,0 destilliertem Wasser,
300,0 Weingeist von 90 pCt
24 Stunden lang, presst aber jetzt den Rückstand aus.
Die vereinigten Brühen lässt man 48 Stunden absetzen, giesst klar ab und filtriert den Rest.
Im klaren Auszug löst man
450,0 Milchzucker, Pulver M/8,
450,0 Zucker, Pulver M/8,
durch Aufkochen und unter Abschäumen und seiht durch.
Die Seihflüssigkeit dampft man im Vakuum oder Dampfbad zu einem so dicken Extrakt ein, dass es sich zerzupfen und auf Pergamentpapier ausbreiten lässt.
Man trocknet bei 25—30° C, bringt mit
q. s. Milchzucker, Pulver M/30,
auf ein Gesamtgewicht von
1000,0
und pulvert (M/30).
Ein heisses Ausziehen der Wurzel liefert ein trübe lösliches Extrakt; der Weingeistzusatz hat den Zweck, das Emetin leichter in Lösung überzuführen.

Extractum Opii solidum.

Opium-Dauerextrakt.

1000,0 Opium, Pulver M/20,

lässt man 24 Stunden bei 15—20° C mit

8000,0 destilliertem Wasser,

stehen, seiht durch und presst schwach aus.

Den Pressrückstand übergiesst man mit

4000,0 kochendem destillierten Wasser

und presst nach einstündigem Stehen aus.

Man verrührt

25,0 Filtrierpapierabfall

und kocht damit die vereinigten Auszüge unter Abschäumen auf

Man fügt nun

400,0 Milchzucker, Pulver M/8,

hinzu, wiederholt das Aufkochen und seiht durch, das Seihtuch mit etwas Wasser nachwaschend.

Die Seihflüssigkeit dampft man im Vakuum oder im Dampfbad zu einem so dicken Extrakt ein, dass es sich zerzupfen und auf Pergamentpapier ausbreiten lässt.

Man trocknet bei 25—30° C, bringt mit

q. s. Milchzucker, Pulver M/30,

auf ein Gesamtgewicht von

1000,0

und pulvert (M/30).

Extractum Quassiae solidum.

Quassia-Dauerextrakt.

1000,0 Quassiaholz, Pulver M/8,
5000,0 destilliertes Wasser

lässt man 24 Stunden bei 15—17° C stehen und presst aus.

Den Pressrückstand übergiesst man mit

4000,0 kochendem destillierten Wasser,

erhitzt zwei Stunden im Dampfbad und presst aus.

Man verrührt

15,0 Filtrierpapierabfall

und kocht damit die vereinigten Auszüge unter Abschäumen auf.

Man fügt nun

900,0 Zucker, Pulver M/8,

hinzu, wiederholt das Aufkochen und seiht durch.

Die Seihflüssigkeit dampft man im Vakuum oder im Dampfbad zu einem so dicken Extrakt ein, dass es sich zerzupfen und auf Pergamentpapier ausbreiten lässt.

Man trocknet bei 25—30° C, bringt mit

q. s. Zucker, Pulver M/30,

auf ein Gesamtgewicht von

1000,0

und pulvert (M/30).

Extractum Rhei solidum.

Infusum Rhei siccum. Rhabarber-Dauerextrakt.

1000,0 Rhabarber,

in Scheiben geschnitten und staubfrei, lässt man 24 Stunden bei 15—20° C mit

4000,0 destilliertem Wasser

stehen und presst aus.

Den Pressrückstand übergiesst man mit

3000,0 kochendem destillierten Wasser

und presst nach einstündigem Stehen abermals aus.

In den vereinigten Auszügen löst man durch Kochen und unter Abschäumen

600,0 Milchzucker, Pulver M/8,

seiht durch Flanell und dampft die Seihflüssigkeit im Vakuum oder im Dampfbad zu einem so dicken Extrakt ein, dass es sich zerzupfen und auf Pergamentpapier ausbreiten lässt.

Man trocknet bei 25—30° C, bringt mit

q. s. Milchzucker, Pulver M/30,

auf ein Gesamtgewicht von

1000,0

und pulvert (M/30).

Eiserne Geräte muss man in Rücksicht auf die Farbe des Präparates vermeiden.

Extractum Scillae solidum.

Infusum Scillae siccum. Meerzwiebel-Dauerextrakt.

1000,0 geschnittene Meerzwiebel,
5000,0 destilliertes Wasser

lässt man 24 Stunden bei 15—20° C stehen und presst aus.

Den Pressrückstand übergiesst man mit

4000,0 kochendem destillierten Wasser

und presst nach einstündigem Stehen abermals aus.

Die vereinigten Brühen versetzt man mit

100,0 Weingeist von 90 pCt,

stellt in verkorkter Flasche 48 Stunden zurück und filtriert dann.

Im Filtrat löst man durch Kochen und unter Abschäumen

600,0 Milchzucker, Pulver M/8,

und seiht durch.

Die Seihflüssigkeit dampft man im Vakuum oder im Dampfbad zu einem so dicken Extrakt ein, dass es sich zerzupfen und auf Pergamentpapier ausbreiten lässt.

Man trocknet bei 25—30° C, bringt mit

q. s. Milchzucker, Pulver M/30,

das Gesamtgewicht auf

1000,0

und pulvert (M/30).

Extractum Secalis cornuti solidum.

Decoctum Secalis cornuti siccum.
Mutterkorn-Dauerextrakt.

1000,0 Mutterkorn, Pulver M/8,
6000,0 destilliertes Wasser

lässt man 24 Stunden bei 15—20° C stehen und presst aus.

Den Pressrückstand übergiesst man mit

5000,0 kochendem destillierten Wasser

und presst nach einstündigem Stehen abermals aus.

Man verrührt

25,0 Filtrierpapierabfall

mit Wasser, kocht damit die vereinigten Brühen unter Abschäumen auf, setzt

800,0 Milchzucker, Pulver M/8,

zu, wiederholt das Aufkochen und seiht durch.

Die Seihflüssigkeit dampft man im Vakuum oder im Dampfbad zu einem so dicken Extrakt ein, dass es sich zerzupfen und auf Pergamentpapier verteilen lässt.

Man trocknet bei 25—30° C, bringt mit

q. s. Milchzucker, Pulver M/30,

auf ein Gesamtgewicht von

1000,0

und pulvert (M/30).

Extractum Sennae solidum.

Infusum Sennae siccum. Senna-Dauerextrakt.

1000,0 zerschnittene Alexandriner Sennesblätter,
6000,0 destilliertes Wasser

lässt man 24 Stunden bei 15—20° C stehen und presst aus.

Den Pressrückstand übergiesst man mit

5000,0 kochendem destillierten Wasser

und presst nach einstündigem Stehen abermals aus.

Man verrührt

25,0 Filtrierpapierabfall

mit Wasser, kocht damit die vereinigten Auszüge unter Abschäumen auf, setzt dann

800,0 Milchzucker, Pulver M/8,

zu, kocht nochmals auf und seiht durch.

Die Seihflüssigkeit dampft man im Vakuum oder im Dampfbad zu einem so dicken Extrakt ein, dass es sich zerzupfen und auf Pergamentpapier ausbreiten lässt.

Man trocknet bei 25—30° C, bringt mit

q. s. Milchzucker, Pulver M/30,

auf ein Gesamtgewicht von

1000,0

und pulvert (M/30).

Extractum Senegae solidum.

Decoctum Senegae siccum. Senega-Dauerextrakt.

1000,0 Senegawurzel, Pulver M/8,
4000,0 destilliertes Wasser

lässt man 24 Stunden bei 15—20° C stehen und presst aus.

Den Pressrückstand übergiesst man mit

3000,0 kochendem destillierten Wasser

und presst nach einstündigem Stehen abermals aus.

Man verrührt

25,0 Filtrierpapierabfall

in Wasser, kocht damit die vereinigten Auszüge unter Abschäumen auf, fügt

700,0 Milchzucker, Pulver M/8,

hinzu, wiederholt das Aufkochen und seiht dann durch.

Die Seihflüssigkeit dampft man im Vakuum oder im Dampfbad zu einem so dicken Extrakt ein, dass es sich zerzupfen und auf Pergamentpapier ausbreiten lässt.

Man trocknet bei 25—30° C, bringt mit

q. s. Milchzucker, Pulver M/30,

auf ein Gesamtgewicht von

1000,0

und pulvert (M/30).

Extractum Stramonii solidum.

Stechapfel-Dauerextrakt.

1000,0 zerschnittene Stechapfelblätter,
5000,0 destilliertes Wasser

lässt man 12 Stunden bei 15—20° C stehen und presst aus.

Den Pressrückstand übergiesst man mit

3000,0 kochendem destillierten Wasser

und presst nach einstündigem Stehen abermals aus.

Man verrührt

25,0 Filtrierpapierabfall

mit Wasser, kocht damit die vereinigten Auszüge unter Abschäumen auf, setzt dann

750,0 Milchzucker, Pulver M/8,

zu, wiederholt das Aufkochen und seiht durch.

Die Seihflüssigkeit dampft man im Vakuum oder im Dampfbad zu einem so dicken Extrakt ein, dass es sich zerzupfen und auf Pergamentpapier ausbreiten lässt.

Man trocknet bei 25—30° C, bringt mit

q. s. Milchzucker, Pulver M/30,

auf ein Gesamtgewicht von

1000,0

und pulvert (M/30).

Extractum Uvae Ursi solidum.

Infusum Uvae Ursi siccum.
Bärentraubenblätter-Dauerextrakt.

1000,0 Bärentraubenblätter, Pulver M/8,
4000,0 destilliertes Wasser

lässt man 24 Stunden bei 15—20° C stehen und presst aus.

Den Pressrückstand erhitzt man mit

3000,0 destilliertem Wasser

eine Stunde lang im Dampfbad und wiederholt das Auspressen.

Man verrührt in Wasser

25,0 Filtrierpapierabfall,

kocht damit die vereinigten Auszüge auf, setzt hierauf

700,0 Milchzucker, Pulver M/8,

zu, wiederholt das Aufkochen und seiht durch.

Die Seihflüssigkeit dampft man im Vakuum oder im Dampfbad zu einem so dicken Extrakt ein, dass sich dasselbe zerzupfen und auf Pergamentpapier ausbreiten lässt.

Man troknet bei 25—30° C, bringt mit

q. s. Milchzucker, Pulver M/30,

auf ein Gesamtgewicht von

1000,0

und pulvert (M/30).

Schluss der Abteilung „Extracta solida".

Farben für Öl-Anstriche.

Geriebene Ölfarben. Geriebene Firnisfarben.

Nach *E. Dieterich.*

Das Verreiben der Mineralfarben mit Firnis bewerkstelligt man auf der Farbreibmaschine, neuerdings wegen ihrer Verwendung zu Salben auch „Salbenmühle" (s. Unguenta) genannt. Da man, wenn man mit Vorteil arbeiten will, von bestimmten Verhältnissen des Firnisses zur Mineralfarbe ausgehen muss, will ich diese hier aufführen.

Für die Arbeit des Verreibens ist zu bemerken, dass jede Mischung 2mal durch die Mühle gehen muss; man verreibt das erste Mal mit gröberer, das zweite Mal dagegen mit feinerer Einstellung. Den Feinheitsgrad prüft man durch Aufreiben mit dem Finger auf eine Glasplatte.

Für das Streichen sind die Farben entsprechend mit Leinölfirnis zu verdünnen; unter Umständen kann man ihnen auch noch einen kleinen Zusatz von Terpentinöl geben. Jede Ölfarbe muss mit dem Pinsel dünn aufgetragen und recht gut und gleichmässig „vertrieben", d. h. verteilt werden. Auf Holz ist diese Arbeit, da es den Firnis sofort einsaugt, ziemlich anstrengend, auf Metallflächen dagegen leichter ausführbar.

Da der erste Anstrich in der Regel nicht genügend deckt und den Untergrund noch erkennen lässt, so wiederholt man ihn. Es darf dies aber erst dann geschehen, wenn der vorhergehende Strich vollkommen trocken ist, d. h. sich nicht mehr klebrig anfühlt. Wiederholt man die Anstriche zu rasch hintereinander, so erhält man niemals eine trockene Fläche; selbst nach Monaten wird sich dieselbe noch klebrig anfühlen. Ausserdem wird später der aufgetragene Lack in kurzer Zeit rissig. Am besten kann man dieses bei Ölgemälden, bei welchen der Maler die Zeit des völligen Austrocknens abzuwarten nicht Geduld besass, beobachten.

Recht wesentlich wird das Trocknen durch Siccativpulver, besonders aber durch einen Zusatz von präparierter Bleiglätte befördert. Diese Zusätze müssen natürlich mit verrieben und damit gleichzeitig in der Farbe verteilt werden. Je mehr diesem Punkt bei Farben, welche dem Verkauf dienen sollen, Beachtung geschenkt wird, um so grösserer Beliebtheit und Abnahme werden sich jene von Seiten des Publikums erfreuen.

Die hier folgenden Zusammensetzungen sind praktisch von mir erprobt und seit Jahren im Gebrauch.

Blau.

1000,0 Ultramarin,
50,0 Siccativpulver,
450,0 Leinölfirnis.

Die Farbe wird selten für sich allein angewandt; sie dient meistens zum „Verbrechen" anderer Farben.

Braun.

Ockerbraun.

1000,0 Goldocker (bez. gew. Ocker),
100,0 präp. Bleiglätte,
400,0 Leinölfirnis.

Die Farbe dient zum Anstreichen von Thüren, Fenstern, Flaschen- oder Büchergestellen, besonders aber von Fussböden.

Wenn der Anstrich gedeckt hat, überzieht man ihn dünn mit Kopal- oder Bernstein-Firnis.

Dunkelbraun.

1000,0 Englisch-Rot,
50,0 präp. Bleiglätte,
20,0 Petroleumruss,
400,0 Leinölfirnis.

Die Farbe dient zum Anstrich von Thüren und Fenstern nach aussen; sie wird auch zum „Absetzen" hellerer Felder verwendet.

Hellbraun.

Obige Verreibung mit einem geringen Zusatz von geriebenem Bleiweiss.

Grau.

Geriebenes Bleiweiss mit einem sehr geringen Zusatz von geriebenem Russ. Um „Silbergrau" zu erzielen, kann man etwas geriebenes Ultramarin neben dem Russschwarz hinzufügen. Einen noch hübscheren Ton soll man durch Zusatz von geriebenem Graphit (Plumbago) erhalten.

Rot.

a) Mennigrot.

1000,0 präp. Mennige,
200,0 „ Bleiglätte,
150,0 Leinölfirnis.

Die Farbe dient zumeist als Grundfarbe für eiserne Gegenstände, welche irgend einen beliebigen Ölfarbe-Anstrich erhalten sollen. Sie ist z. B. unentbehrlich bei eisernen Zäunen und Thoren und bietet als Grundfarbe den meisten Schutz gegen das Rosten.

Der Glättezusatz ist hier nicht wegen des Trocknens, sondern gemacht, um das Ablaufen der Farbe auf der glatten Metallfläche zu verhindern. Zu dem gleichen Zweck ist die geriebene Farbe für den Anstrich möglichst wenig mit Leinölfirnis zu verdünnen, um so mehr aber mit dem Pinsel zu vertreiben.

b) Englisch-Rot.

Eisenrot. Eisenmennige.

1000,0 Englisch-Rot,
100,0 präp. Bleiglätte,
400,0 Leinölfirnis.

Man streicht damit ebenfalls Metallgegenstände, besonders Eisen an, letzteres aber nur dann, wenn es mit „Mennigrot" vorgestrichen wurde.

Schwarz.

100,0 Petroleumruss,
20,0 präp. Bleiglätte,
200,0 Leinölfirnis.

Die Verreibung kann für schwarze Anstriche benützt, muss aber dann sehr dünn aufgetragen werden. Zumeist dient sie als Zusatz.

Weiss.

a) 1000,0 Bleiweiss,
50,0 präp. Bleiglätte,
5,0 geriebenes Ultramarin,
2,0 geriebener Petroleumruss,
300,0 Leinölfirnis.

b) 1000,0 Zinkweiss (sog. Schneeweiss),
20,0 Siccativpulver,
1,0 geriebenes Ultramarin,
400,0 Leinölfirnis.

Die weissen Anstriche, wie sie an Thüren und Fenstern üblich sind, stellt man zumeist so her, dass man 2 mal mit Bleiweissfarbe vorstreicht, dann 1 Strich mit Zinkweissfarbe macht und schliesslich mit Dammarlack dünn überzieht.

Schluss der Abteilung „Farben für Öl-Anstriche".

Farben für Wasser-Anstriche.

Wasserfarben. Wasserfarb-Anstriche für die Aussenseite von Häusern und für innere Räumlichkeiten.
Nach *E. Dieterich.*

Gelb, Sgraffitogelb.

2000,0 Eisenvitriol

löst man in

10 l heissem Wasser

und giesst diese Lösung nach dem Erkalten unter

100 l Kalkweisse (verdünnte, zum „Weissen" bestimmte Kalkmilch).

Es scheidet sich sofort Eisenoxydul ab, so dass die Farbe grau aussieht. Ebenso erscheint sie beim Auftragen auf die Kalkwand. Ziemlich rasch jedoch geht durch die Oxydation des Eisens das Grau in Gelb über. Der Anstrich ist so fest und dauerhaft, dabei billig, dass er in dieser Hinsicht von anderen Anstrichen nicht entfernt erreicht wird. Er eignet sich besonders für Laboratorien, Fabriklokale, Hausfluren, Ställe usw. Da nun gelb nicht jedermanns Lieblingsfarbe ist, so kann man, um Steingrau oder Steingrün, ferner um ein Rotgelb zu erzielen,

Frankfurter Schwarz,
Grüne Erde,
Englisch-Rot
in entsprechenden Mengen zusetzen.

Für den Handverkauf lässt sich die Farbe insofern verwerten, als man die Eisenvitriollösung als „Sgraffitolösung" an die Bauhandwerker verkauft. S. auch „Flammenschutz-Anstrich".

Farbe für Butter.

Butterfarbe. Karottin.

Nach *E. Dieterich.*

a) 2,0 ätherisches Orleanextrakt †
löst man in
98,0 Olivenöl.

Das ätherische Extrakt löst sich vollständig in Öl auf.

b) 10,0 getrockneten gepulverten Orlean (Guadeloupe)
erhitzt man 1—2 Stunden lang im Dampfbad unter öfterem Rühren mit
100,0 Olivenöl,
lässt 8 Tage absetzen und giesst klar vom Bodensatz ab.

Die Gebrauchsanweisung lautet:

„Unmittelbar vor dem Buttern setzt man dem Rahm pro Liter 6 Tropfen Butterfarbe zu.

Man bewahre die Farbe in kühlem Raum auf."

Nach beiden Vorschriften erhält man Farben von gleicher Ergiebigkeit; ein Unterschied besteht nur darin, dass die Herstellung nach a) bequemer, aber etwas teuerer, nach b) dagegen billiger und dafür etwas umständlicher ist.

Man füllt, um das Tageslicht abzuhalten und den sich mit der Zeit bildenden Bodensatz etwas zu verhüllen, auf braune Flaschen von 200—250 g Inhalt.

c) zehnfach konzentrierte Butterfabe.
10,0 ätherisches Orleanextrakt †,
10,0 weingeistiges Kurkumaextrakt
löst man durch zweistündiges Erhitzen im Wasserbad in
100,0 Olivenöl,
lässt die Lösung 24 Stunden ruhig stehen und filtriert schliesslich.

Diese Farbe unterscheidet sich von a) und b) dadurch, dass man sie nicht dem Rahm, sondern direkt der Butter zusetzt.

Die Gebrauchsanweisung lautet:

„Man setzt 1 kg der frisch aus dem Fasse genommenen Butter 3 Tropfen der Farbe zu und knetet die Butter so lange, bis die Farbe gleichmässig verteilt ist."

Farbe für Käse.

Käsefarbe.

Nach *E. Dieterich.*

10,0 Orlean Guadeloupe (nicht getrocknet)
verreibt man mit
100,0 destilliertem Wasser,
setzt
2,5 Ätznatron
zu und erhitzt eine Stunde im Dampfbad. Man fügt dann
20,0 Talk, Pulver M/50,
hinzu, stellt kühl und giesst nach 8 Tagen vom Bodensatz ab.

Die Gebrauchsanweisung lautet:

„Man nimmt, je nachdem man eine hellere oder dunklere Farbe wünscht, auf 100 Liter Milch bis 10 Kubikcentimeter Farbe.

— 5 Kubikcentimeter gleich 1 Kaffeelöffel voll. —

Man bewahre die Farbe in kühlem Raum auf."

Aus den bei der Butterfarbe angegebenen Gründen füllt man in braune Flaschen von 200—250 g Inhalt, verkorkt gut und verschliesst mit Zinnkapsel.

Farben für Eier.

Nach *E. Dieterich.*

Die alte Sitte, zu Ostern Eier zu färben, ist immer in Blüte gewesen, trotzdem bis vor ungefähr einem Jahrzehnt die mit Zwiebelschalen, Gras, Farbhölzern usw. erzielten Farben nichts weniger als ansprechend genannt werden konnten. Mit der Erfindung der Anilinfarben ist auch in dieser Richtung eine neue Epoche eingetreten, und die Eierfarben oder

† S. Bezugsquellen-Verzeichnis.

„Brillant-Eierfarben", wie sie nicht ohne Berechtigung bezeichnet werden, sind Handelsartikel geworden.

Sie bestehen aus einer Mischung von Farbe, Citronensäure und Dextrin und werden in Wachskapseln und diese in Papierbeutel, welche nachstehende Gebrauchsanweisung tragen, gepackt:

„Man löst die Farbe in einem irdenen Topf in 1/2 l kochendem Wasser auf und rührt so lange, bis sich alles gelöst hat. Andererseits siedet man fünf reingewaschene Eier 5 Minuten lang in Wasser, bringt sie ins Farbbad und lässt sie unter öfterem Wenden einige Minuten oder so lange darin, bis die Färbung hinreichend dunkel ist. Man trocknet sie dann mit einem weichen Tuch ab, ohne zu drücken, und reibt sie, damit sie Glanz bekommen, mit etwas Öl oder Speck ein.

Das Farbbad ist so stark, dass man noch weitere 5 oder mehr Eier in der angegebenen Weise damit färben kann."

Jede Dosis für 5 Eier beträgt 5 g.

Will man verschiedene Farben in einem Beutelchen verabfolgen, so wiegt man Dosen von 2,5 g ab, füllt sie in Kapseln aus Glanzpapier von derselben Farbe und giebt z. B. je 1 Dosis Gelb, Grün, Blau, Rosa in ein Beutelchen.

Die Gebrauchsanweisung hätte dann zu lauten:

„Man löst je ein Pulver in irdenem Töpfchen in 1/4 l kochendem Wasser und rührt so lange um, bis alles gelöst ist. Andererseits siedet man bis 5 reingewaschene Eier fünf Minuten lang in Wasser, bringt sie nach einander ins Farbbad und lässt sie unter öfterem Wenden einige Minuten oder so lange darin, bis die Färbung hinreichend dunkel ist. Man trocknet sie dann mit einem weichen Tuch ab, ohne aufzudrücken, und reibt sie, damit sie Glanz bekommen, mit etwas Öl oder Speck ein."

Über der Gebrauchsanweisung hat natürlich jeder Beutel die Bezeichnung: „Brillant-Eierfarbe" und die Angabe der Farbe zu tragen.

Zu den Farbenmischungen, für welche hier die Vorschriften folgen, verwendete ich Farben von *Franz Schaal* in Dresden. Ich gebe die Marken genau an, da sich nicht alle, wohl aber die von mir verwendeten Marken zu Eierfarben eignen.

Gelb.

15,0 Naphtolgelb S, †
40,0 Citronensäure, Pulver M/30,
75,0 Dextrin

mischt man und teilt in 20 Dosen.

Grün.

15,0 Brillantgrün 0, †
20,0 Citronensäure, Pulver M/30,
65,0 Dextrin

mischt man und teilt in 20 Dosen.

Blau.

4,0 Marineblau BN, †
40,0 Citronensäure, Pulver M/30,
56,0 Dextrin

mischt man und teilt in 20 Dosen.

Violett.

4,0 Methyl-Violett 6 B, †
20,0 Citronensäure, Pulver M/30,
76,0 Dextrin

mischt man und teilt in 20 Dosen.

Rubinrot.

4,0 Diamant-Fuchsin I kl. kryst. †

zerreibt man möglichst fein und vermischt mit

20,0 Citronensäure, Pulver M/30,
76,0 Dextrin.

Man teilt in 20 Dosen.

Rosa.

5,0 Eosin A, †
95,0 Dextrin

mischt man und teilt in 20 Dosen.

Orange.

10,0 Orange II, †
20,0 Citronensäure, Pulver M/30,
70,0 Dextrin

mischt man und teilt in 20 Dosen.

Chokoladebraun.

30,0 Vesuvin S, †
40,0 Citronensäure, Pulver M/30,
30,0 Dextrin

mischt man und teilt in 20 Dosen.

Schluss der Abteilung „Farben für Eier".

† S. Bezugsquellen-Verzeichnis.

Farben, löslich in Ölen und Fetten.

Gelb.

Ätherisches Orleanextrakt, †
Kurkuma, Karthamin.

Rot.

Alkannin.

Grün.

Chlorophyll Schütz. †

Braun.

Alkannin und Chlorophyll gemischt.

Das Präparat, welches Schütz unter der Bezeichnung „Chlorophyll" in den Handel bringt, ist nur in Ölen und Fetten löslich. Ein in Weingeist lösliches Pflanzen-Grün bezeichnet er als „grünen Pflanzenfarbstoff".

Neuerdings befinden sich auch öllösliche Anilinfarben † im Handel; abgesehen davon, dass die meisten eines Zusatzes von Ölsäure bedürfen, so habe ich ein befriedigendes Blau und Grün noch nicht darunter entdecken können.

Farben, löslich in Spirituosen.

Gelb.

Kurkuma, Orlean, Safran.

Orange.

Weingeistiges Sandelholzextrakt, †
Cochenille.

Rot.

Alkannin.

Blau.

Indigokarminlösung.

Grün.

Grüner Pflanzenfarbstoff Schütz, †
Kurkuma, gemischt mit Indigokarminlösung.

Braun.

Katechutinktur; Zuckercouleur.

Farben für Zuckerwaren.

Gelb.

Abkochung oder Tinktur von Gelbbeeren,
Kurkumatinktur.

Orange.

Weingeistige Lösung des weingeistigen Sandelholzextraktes †
in Verbindung mit dem ätherischen Orleanextrakt. †

Rot.

Ammoniakalische Karminlösung
in entsprechender Verdünnung.

Blau.

Indigokarminlösung.

Grün.

Grüner Pflanzenfarbstoff Schütz. †

Braun.

Katechutinktur,
Süssholzsaft.

Zweifellos giebt es noch eine grosse Zahl von Farben und Farbenabstufungen, besonders wenn man die Teerfarben in Betracht zieht. Für eine ausführliche Behandlung ist hier aber nicht der Platz und weiter bedarf die Anwendung der Teerfarben keiner besonderen Anleitung. Es sei daher nur erwähnt, dass zu Genusszwecken nur arsenfreie Anilinfarben Verwendung finden dürfen.

Farben für Stoffe.

Nach *E. Dieterich.*

Die Ergiebigkeit und Billigkeit der Anilinfarben hat in der Familie eine Kunstfertigkeit hervorgerufen, wie sie früher an dieser Stelle nicht gekannt war. Man ist imstande, mit leichter Mühe und um weniges Geld ältere, verblasste Stoffe selbst aufzufärben und sich die Farbe mit Anleitung in einer Apotheke oder Droguenhandlung zu beschaffen. Je nach dem Zweck, dem der zu färbende Stoff zu dienen hat, wendet man das „Färben im Bad"

† S. Bezugsquellen-Verzeichnis.

und das „Färben durch Aufbürsten“ an und hat für beide Arten gesonderte Mischungen vorrätig.

Die folgenden Vorschriften habe ich mit Unterstützung eines tüchtigen Fachmannes ausgearbeitet; da die Anilinfarben des Handels sehr von einander abweichen, so habe ich die Marken der Farben- und Droguenhandlung von *Franz Schaal* in Dresden für diese meine Vorschriften zu Grunde gelegt. Ohne Zweifel werden auch die aus anderen Handlungen bezogenen Farben zu den Mischungen vielfach geeignet sein; ich musste mich aber an eine bestimmte Bezugsquelle binden und kann nur bei Verwendung ihrer Marken für das Gelingen der Zusammensetzungen eine Verantwortung übernehmen.

Die kleinen zum Färben notwendigen Mengen der Teerfarben würden in den Händen des ungeübten Publikums Gefahr laufen, verloren zu werden; man vermehrt deshalb den Raumteil mit Dextrin.

A. Zum Färben im Bad.

Der Verkäufer der Farben wird zumeist auch der Berater des Publikums sein und die jedem Farbepäckchen beigegebene Gebrauchsanweisung, die nicht noch mehr erweitert werden kann, erläutern und ergänzen müssen. Es ist selbstverständlich, dass man beim Auffärben alter Stoffe nicht beliebig eine Farbe auf die andere setzen kann, sondern dass hier bestimmte Regeln gelten. Die Wahl der Farbe wird daher die fürs Publikum brennendste sein und dem Verkäufer am ehesten Gelegenheit geben, seine Unterstützung zu leihen.

Ich gestatte mir nun, folgende Regeln aufzustellen:

a) Weisse, d. h. ungefärbte, aber gebleichte Stoffe können mit jeder Farbe gefärbt werden.

b) Gelbe Stoffe lassen sich überfärben mit Orange, Rot, Grün, Braun, Grau oder Schwarz. Mit Dunkelblau oder mit Violett oder mit einem nicht zu gesättigtem Schwarz erhält man ein dunkles Olivenbraun.

c) Rote Stoffe überfärbt man mit Rot, Violett, Kaffeebraun, Dunkelbraun. Mit Schwarz, Dunkelblau oder Dunkelgrün erzielt man gesättigt dunkelbraune Töne.

d) Violette Stoffe überfärbt man mit Violett, Dunkelgrau, Kaffeebraun oder Dunkelbraun. Mit Orange erhält man braun, mit Dunkelgrün ein dunkles Bronzebraun.

e) Blaue Stoffe eignen sich zum Färben mit Blau, Violett, Schwarz, Kaffeebraun, Dunkelbraun oder Dunkelgrün. Mit Orange erhält man Braun.

f) Grüne Stoffe können die Grundlage bilden für Grün, Kaffeebraun, Dunkelbraun oder Dunkelgrau. Durch Überfärben mit Schwarz erhält man ganz Dunkelgrün bis Schwarz.

g) Braune Stoffe lassen sich überfärben mit Braun oder Schwarz. Durch Rot erhält man Rotbraun, durch Schwarz oder Dunkelblau erzielt man ein tiefes Dunkelbraun.

h) Graue Stoffe färbt man mit Grau, Braun, Dunkelrot oder Dunkelgrün. Ist der Stoff hellgrau, so kann man Marineblau aufsetzen. Mit Violett erhält man Grauviolett, mit Dunkelblau ein mehr oder weniger gesättigtes Dunkelblaugrau bis Schwarz.

i) Schwarze Stoffe kann man nur in Schwarz auffärben.

Während man früher verschiedene Beizen notwendig hatte, sind solche bei meinen Zusammensetzungen vollständig entbehrlich. Desgleichen ist die Behandlung aller Stoffe gleich.

Um nicht bei jeder Vorschrift die für alle gültige Gebrauchsanweisung anführen zu müssen, schicke ich sie so weit voraus, als sie allen Zusammensetzungen zukommt und führe bei den Vorschriften nur das auf, was der allgemein gültigen Gebrauchsanweisung, die hier folgt, zuzusetzen ist.

Angabe der Farbe......

Gebrauchsanweisung.

„Den von Flecken befreiten und in warmem Seifenwasser gereinigten Stoff, nachdem er in Wasser sorgfältig ausgespült worden ist, legt man in soviel Regen- oder Flusswasser, welches sich in einem entsprechend grossen irdenen oder kupfernen Gefäss befindet, dass das Wasser einige Finger hoch darüber steht. Man löst nun die Farbe in einem eigenen Gefäss durch einige Minuten währendes Kochen in Regen- oder Flusswasser, nimmt den Stoff aus dem Wasser, drückt ihn gut über dem Gefäss aus, mischt die Farblösung unter das Wasser, in welchem sich der Stoff so eben befand, und bringt den Stoff in das nun fertige Farbbad zurück. Man erhitzt nun unter fortwährendem Wenden des Stoffes bis zum Kochen, lässt das Sieden, was besonders bei Baumwolle notwendig ist, einige Minuten

andauern, nimmt den Stoff aus dem Bad, spült ihn in Wasser gut ab und trocknet ihn an der Luft, nachdem man ihn schwach ausgedrückt hat.

Soll der Stoff beim Plätten Glanz erhalten, so bestreicht man die Rückseite mit einem Schwämmchen mit Tragantwasser und plättet dann trocken."

Da die Farbepäckchen einen einheitlichen Verkaufspreis haben müssen, so sind die Farbenmengen diesem angepasst. Die verschiedenen Päckchen stehen daher zu den zu färbenden Stoffen in bestimmtem, durch das Gewicht der Stoffe bezifferten Verhältnis. Deshalb muss jedes Farbepäckchen ausser der Gebrauchsanweisung die Angabe, für wie viel Stoff der Inhalt hinreicht, tragen. Diese besonderen Vermerke finden ihren Platz bei den einzelnen Vorschriften.

Das ausserordentliche Färbevermögen der hier in Frage kommenden Teerfarben erfordert eine sorgfältige Verpackung. Man füllt daher jede Dosis à 20 g in ein Papierbeutelchen und steckt dieses in ein weiteres, mit der Farbenbezeichnung und Gebrauchsanweisung versehenes. Man verschliesst beide Beutelchen durch Verkleben, wozu man sich am besten eines Streifens gummierten Papiers bedient.

Nachstehend die einzelnen Vorschriften:

Gelb.

20,0 Naphtolgelb S pat., †
4,0 Oxalsäure, Pulver M/30,
76,0 Dextrin.

Man mischt und teilt in 5 Dosen.

Zusatz zur Gebrauchsanweisung:

„*Für 200—250 g Seide oder Wolle. (Für Baumwolle nicht geeignet.)*"

Goldorange.

30,0 Orange II, †
6,0 Oxalsäure, Pulver M/30,
64,0 Dextrin.

Man mischt und teilt in 5 Dosen.

Zusatz zur Gebrauchsanweisung:

„*Für 300—400 g Seide, Wolle oder Baumwolle.*"

Scharlach.

15,0 Echtponceau G G N, †
3,0 Oxalsäure, Pulver M/30,
82,0 Dextrin.

Man mischt und teilt in 5 Dosen.

Zusatz zur Gebrauchsanweisung:

„*Für 100—150 g Seide, Wolle oder Baumwolle.*"

Kaiserrot.

20,0 Erythrosin I N, †
80,0 Dextrin.

Man mischt und teilt in 5 Dosen.

Zusatz zur Gebrauchsanweisung:

„*Für 300—350 g Seide, Wolle oder Baumwolle.*"

Kirschrot.

20,0 Cerise D IV, †
80,0 Dextrin.

Man mischt und teilt in 5 Dosen.

Zusatz zur Gebrauchsanweisung:

„*Für 500—600 g Seide, Wolle oder Baumwolle.*"

Amarantrot.

8,0 Diamantfuchsin I kleinkryst., †
92,0 Dextrin.

Man mischt und teilt in 5 Dosen.

Zusatz zur Gebrauchsanweisung:

„*Für 250—300 g Seide, Wolle oder Baumwolle.*"

Violett, rötlich.

30,0 Methyl-Violett R, †
70,0 Dextrin.

Man mischt und teilt in 5 Dosen.

Zusatz zur Gebrauchsanweisung:

„*Für 400—500 g Seide, Wolle oder Baumwolle.*"

Violett, bläulich.

25,0 Methyl-Violett 3 B, †
75,0 Dextrin.

Man mischt und teilt in 5 Dosen.

Zusatz zur Gebrauchsanweisung:

„*Für 400—500 g Seide, Wolle oder Baumwolle.*"

Himmelblau.

12,0 Wasserblau I B, †
3,0 Oxalsäure, Pulver M/30,
85,0 Dextrin.

Man mischt und teilt in 5 Dosen.

Zusatz zur Gebrauchsanweisung:

„*Für 250—300 g Seide, Wolle oder Baumwolle.*"

Kornblau.
Kaiserblau.

12,0 Wasserblau T B, †
3,0 Oxalsäure, Pulver M/30,
85,0 Dextrin.

Man mischt und teilt in 5 Dosen.

† S. Bezugsquellen-Verzeichnis.

Zusatz zur Gebrauchsanweisung:

„Für 150—200 g Seide, Wolle, Baumwolle oder Leinen."

Dunkelblau.

40,0 Echtblau R, †
10,0 Oxalsäure, Pulver M/30,
50,0 Dextrin.

Man mischt und teilt in 5 Dosen.

Zusatz zur Gebrauchsanweisung:

„Für 200—250 g Seide oder Wolle. (Eignet sich nicht für Baumwolle.)"

Marineblau.

20,0 Neuviktoriagrün II, †
20,0 Methyl-Violett B, †
60,0 Dextrin.

Man mischt und teilt in 5 Dosen.

Zusatz zur Gebrauchsanweisung:

„Für 400—450 g Seide, Wolle oder Baumwolle."

Grün.

25,0 Neuviktoriagrün II, †
75,0 Dextrin.

Man mischt und teilt in 5 Dosen.

Zusatz zur Gebrauchsanweisung:

„Für 500—600 g Seide, Wolle oder Baumwolle."

Kaffeebraun.

40,0 Vesuvin B, †
60,0 Dextrin.

Man mischt und teilt in 5 Dosen.

Zusatz zur Gebrauchsanweisung:

„Für 200—250 g Seide, Wolle oder Baumwolle".

Modebraun.

25,0 Vesuvin B, †
75,0 Dextrin.

Man mischt und teilt in 5 Dosen.

Zusatz zur Gebrauchsanweisung:

„Für 250—300 g Seide, Wolle oder Baumwolle".

Bismarckbraun.

25,0 Vesuvin S, †
75,0 Dextrin.

Man mischt und teilt in 5 Dosen.

Zusatz zur Gebrauchsanweisung:

„Für 300—350 g Seide, Wolle oder Baumwolle."

Schwarz.

30,0 Anilin-Tiefschwarz R, †
10,0 Oxalsäure, Pulver M/30,
60,0 Dextrin.

Man mischt und teilt in 5 Dosen.

Zusatz zur Gebrauchsanweisung:

„Für 50—100 g Seide oder Wolle. (Eignet sich nicht für Baumwolle.)"

Grau.

15,0 Nigrosin W, †
5.0 Oxalsäure, Pulver M/30,
80,0 Dextrin.

Man mischt und teilt in 5 Dosen.

Zusatz zur Gebrauchsanweisung:

„Für 200—250 g Seide oder Wolle. (Eignet sich nicht für Baumwolle.)"

B. Farben zum Aufbürsten. Aufbürstfarben. Phönixfarben.

Die ausserordentliche Färbekraft der Teerfarben gestattet, durch blosses Aufbürsten der heissen mit Beize versetzten Farblösungen ein teilweises Befestigen der Farbstoffe auf den Stoffen zu erzielen. Es ist selbstverständlich, dass ein so oberflächliches Färben einer Wäsche nicht widersteht, überhaupt nicht von grosser Dauer sein kann; doch das wird auch nicht beabsichtigt und es handelt sich mehr um einen Notbehelf. Für einen solchen ist dagegen die Wirkung eine bedeutende zu nennen und um so höher anzuschlagen, weil sie mit wenig Kosten und Mühe erreicht werden kann.

Die Gebrauchsanweisung, welche ausser Benennung und Farbe auf die Beutel gedruckt ist, gilt für alle Farben gleich und lautet:

„Zum Färben durch Aufbürsten eignen sich ***verblasste Möbelstoffe*** *und* ***Bänder*** *in* ***Wolle, Seide, Plüsch, Sammet, Rips*** *usw.* ***Mützen, Filzhüte, Filzschuhe, wollene Kleider, Krawatten*** *usw.*

Man bringt das Pulver in einen reichlich gemessenen 1/2 Liter heisses Wasser, kocht 3 Minuten lang, taugt eine Bürste in die heisse Farblösung und überbürstet damit recht vollständig und gleichmässig die zu färbenden Stoffe. Wenn dieselben getrocknet sind, bürstet man mit einer trockenen Bürste tüchtig glatt und setzt dies so lange fort, als noch überschüssige Farbe abstäubt.

Fett- und sonstige Flecke sind vor dem Färben aus den Stoffen zu entfernen."

† S. Bezugsquellen-Verzeichnis.

Man teilt in Dosen zu 20 g, füllt sie in Papierbeutel, verklebt diese mit einem gummierten Papierstreifen und steckt sie in einen weiteren solchen, dem Bezeichnung, Farbe und Gebrauchsanweisung aufgedruckt sind, verschliesst aber auch die äussere Hülle durch Verkleben.

Als feststehende Regel gilt, dass man nur diejenige Farbe aufbürsten darf, welche der verblasste Stoff schon trägt.

Nachstehend die Vorschriften zu den Mischungen:

Schwarz.

15,0 Anilin-Tiefschwarz R, †
10,0 Oxalsäure, Pulver M/30,
75,0 Dextrin.

Man mischt und teilt in 5 Dosen.

Braun.

15,0 Vesuvin B, †
55,0 Eisenalaun, Pulver M/30,
30,0 Dextrin.

Man mischt und teilt in 5 Dosen.

Bordeauxrot.

8,0 Eosin B B N, †
55,0 Alaun, Pulver M/30,
37,0 Dextrin.

Man mischt und teilt in 5 Dosen.

Ponceaurot.

12,0 Ponceau R R, †
60,0 Alaun, Pulver M/30,
28,0 Dextrin.

Man mischt und teilt in 5 Dosen.

Violett, rötlich.

8,0 Methyl-Violett R, †
55,0 Alaun, Pulver M/30,
37,0 Dextrin.

Man mischt und teilt in 5 Dosen.

Violett, bläulich.

8,0 Methyl-Violett 3 B, †
45,0 Alaun, Pulver M/30,
47,0 Dextrin.

Man mischt und teilt in 5 Dosen.

Hellblau.

8,0 Anilin-Wasserblau T B, †
60,0 Alaun, Pulver M/30,
5,0 Oxalsäure, Pulver M/30,
27,0 Dextrin.

Man mischt und teilt in 5 Dosen.

Dunkelblau.

12,0 Echtblau R, †
60,0 Alaun, Pulver M/30,
5,0 Oxalsäure, Pulver M/30,
23,0 Dextrin.

Man mischt und teilt in 5 Dosen.

Grün, bläulich.

12,0 Methyl-Grün, bläulich, †
48,0 Alaun, Pulver M/30,
40,0 Dextrin.

Man mischt und teilt in 5 Dosen.

Grün, gelblich.

12,0 Methyl-Grün, gelblich, †
48,0 Alaun, Pulver M/30,
40,0 Dextrin.

Man mischt und teilt in 5 Dosen.

Schluss der Abteilung „Farben für Stoffe“.

Farina Hordei praeparata.

Präpariertes Gerstenmehl.

1000,0 Gerstenmehl

drückt man in zinnerne, in einem Dampfapparat passende Infundierbüchsen ein, so dass letztere 2/3 davon gefüllt sind, und erhitzt mindestens 30 Stunden im Dampfbad in der Weise, dass man nach je 10 Stunden die Masse aus den Büchsen nimmt, mischt und wie vorher in die Gefässe zurückbringt. Man zerreibt, siebt schliesslich die rötliche Masse und wird ungefähr

900,0

Ausbeute erhalten.

Da nicht überall Gerstenmehl zu bekommen ist, so verfährt man auch nach folgender Arbeitsweise: Man nimmt

1000,0 Gerste,

netzt dieselben mit

50,0 Wasser,

† S. Bezugsquellen-Verzeichnis.

lässt 6 Stunden in Zimmertemperatur stehen, bringt sie in ein verdecktes Zinngefäss und erhitzt sie 6 Stunden im Dampfbad. Man trocknet dann im Trockenschrank oder in einer Abdampfschale auf dem Dampfapparat und erhitzt nun in Infundierbüchsen genau so, wie nach ersterer Vorschrift mit dem Gerstenmehl geschieht, 30 Stunden im Dampfbad.

Die veränderte Gerste verwandelt man dann durch Stossen, oder in einer Kugeltrommel, wenn dieselben vorhanden, in ein sehr feines Pulver.

Die Ausbeute wird

750,0—800,0

betragen.

Die zweite Vorschrift bietet den Vorteil, für Reinheit des Präparates unter allen Umständen einstehen zu können.

Das präparierte Gerstenmehl ist mit Unrecht etwas in Vergessenheit geraten und durch neuere Nährpräparate verdrängt worden. Es dürfte sich aber empfehlen, ihm die Aufmerksamkeit wieder zuzuwenden, da es sich als Nährmittel bewährt hat und gut vertragen wird.

Das sogenannte Aufschliessen stärkemehlhaltiger Präparate, also von Leguminosen-, Hafer- usw. Mehl besteht darin, dass man das betreffende Korn mit seinem Gewicht Wasser quellen lässt und hierauf heissen Wasserdämpfen aussetzt. Die so „aufgeschlossene" Frucht trocknet man alsdann, mahlt sie und trennt sie durch Sieben von den Kleien. Es steht schliesslich frei, noch Nährsalze dem Präparat beizufügen.

Das „Aufschliessen" ist also ein einfacher Verkleisterungsprozess, welcher aber durch längeres Dünsten in höherem Grad zur Durchführung kommt, wie dies beim Kochen einer Mehlsuppe möglich ist. Es wird damit eine höhere Leichtverdaulichkeit unbestritten erreicht.

Fällen.

Niederschlagen. Präcipitieren.

Mit „Präcipitieren, Fällen, Niederschlagen" bezeichnet man das Verfahren, durch welches man aus einer Lösung durch Zusatz eines gasförmigen, flüssigen oder auch festen Körpers die Abscheidung eines anderen festen Körpers bewirkt.

Dasjenige, wodurch man die Abscheidung hervorruft, nennt man „Fällungsmittel", den abgeschiedenen Körper „Niederschlag, Präcipitat".

Der Niederschlag kann krystallinisch, grobpulverig, feinpulverig, flockig, schleimig usw. beschaffen sein; durch Änderung der Fällungsbedingungen hat man es sehr oft in der Hand, ihn in dem einen oder dem anderen Zustand zu erhalten. Ganz besonders gilt dies in Bezug auf die Dichte des Niederschlags. Man kann hierfür im allgemeinen die Regel aufstellen, dass ein Niederschlag umso feinpulveriger ausfällt, je grösser die Verdünnung war in welcher er entstanden ist; weiterhin wird die Dichte beeinflusst durch die Temperatur, durch die Schnelligkeit, mit der die Fällung vorgenommen wird und durch die Zeitdauer des Auswaschens.

Bei höherer Temperatur gewonnene Niederschläge sind dichter, als kalt erzeugte; letztere werden zuweilen nachträglich dichter, wenn man sie durch Behandeln mit warmer oder heisser Auswaschflüssigkeit einer höheren Temperatur aussetzt.

Ein allmählicher Verlauf des Fällungsvorgangs ruft einen feinkörnigeren Niederschlag hervor, als der umgekehrte Fall. Manche Niederschläge, z. B. Eisenhydroxyd, werden dichter, wenn das Auswaschen eine gewisse Zeitdauer überschreitet.

Die Erzeugung feinpulveriger Niederschläge kann verschiedene Zwecke verfolgen; es kann damit, wenn es sich um ein Arzneimittel handelt, die Wirkung oder z. B. bei einer Farbe die Deckkraft erhöht werden; bei einem Niederschlag, der ausgewaschen und dann in irgend einer Flüssigkeit gelöst werden muss, wird durch erhöhte Feinheit beides erleichtert, ja man kann den Satz aufstellen:

„Je feiner ein Niederschlag ist, desto grösser ist seine Löslichkeit."

Die Art und Weise, in welcher man die Fällungsflüssigkeiten miteinander mischt, ist nicht immer gleichgiltig; bei der Herstellung von Ammoniumchromat erhält man beispielsweise einen anderen Körper, wenn man die Chromsäure in das Ammoniak einträgt, als wenn man umgekehrt verfährt, man hat also diesen Punkt sorgfältig zu beachten.

Ein sehr empfehlenswertes Verfahren in ausserordentlich grosser Verdünnung zu fällen, ist das folgende:

Man stellt sich die beiden Fällungsflüssigkeiten nicht zu verdünnt her, füllt ein drittes grösseres Gefäss zur Hälfte oder zu zwei Dritteilen mit Wasser und lässt nun unter stetem Rühren die Fällungsflüssigkeiten gleichzeitig und langsam einlaufen, indem man die Zuflüsse am besten durch Hähne regelt. Soll das eine Fällungsmittel dabei dauernd vorwalten, so giebt man demselben beim Einlaufen einen winzigen Vorsprung.

Die kleinen zulaufenden Mengen der Lösungen werden beim Eintritt von der grossen Wassermenge aussergewöhnlich stark verdünnt und liefern, da sie dadurch langsamer auf einander wirken, den feinstmöglichen Niederschlag.

Flockige und schleimige Niederschläge lassen sich in der Regel schwieriger abscheiden. als die pulverförmigen, und können sehr oft ohne Anwendung hoher Temperatur gar nicht gewonnen werden.

Alle Niederschläge, welche gewaschen und dann gelöst werden sollen, setzen letzterem um so weniger Widerstand entgegen, je schneller das Auswaschen vor sich ging, beziehentlich je weniger lange die Luft einwirken konnte.

Das Auswaschen geht am gleichmässigsten und darum am raschesten durch Absetzenlassen vor sich. Je nach dem spezifischen Gewicht des Niederschlags kann man in einem Tage 1—10 mal waschen. In der Regel genügen aber 5—10 Waschungen zur Entfernung der löslichen Salze. Das Waschen auf Tüchern und Filtern beansprucht längere Zeit, weil die Waschflüssigkeit zumeist ungleichmässig in den dicht gelagerten Niederschlag eindringt und weil — das Nachgiessen oft vergessen wird. Übrigens giebt es Fälle, in welchen das Waschen auf Filtern oder Tüchern unentbehrlich ist.

Wird der Niederschlag gepresst, so geschieht dies am besten in dichten Leinentüchern und unter allmählichem Druck. Grobkörnige Niederschläge kann man auch ausschleudern.

Fel Tauri depuratum siccum.

Trockne gereinigte Ochsengalle.

100,0 frische Ochsengalle,
100,0 Weingeist von 90 pCt

mischt man, setzt

20,0 angefeuchtete gereinigte Knochenkohle

zu, schüttelt 20 Minuten, lässt 48 Stunden ruhig stehen und filtriert.

Vom Filtrat destilliert man

80,0 Weingeist

ab und dampft den Rückstand zur Trockne ein.

Die Ausbeute wird

6,5

betragen.

Fel Tauri depuratum spissum.

Gereinigte Ochsengalle

300,0 frische Ochsengalle

dampft man im Dampfbad auf

100,0

ein und vermischt mit

100,0 Weingeist von 90 pCt.

Man überlässt in verschlossem Gefäss 24 Stunden der Ruhe, filtriert, destilliert vom Filtrat

90,0 Weingeist

ab und dampft den Rückstand zu einem dicken Extrakt ein.

Die Ausbeute wird

30,0

betragen.

Fel Tauri inspissatum.

Eingedampfte Ochsengalle.

100,0 frische Ochsengalle

dampft man im Dampfbad zu einem dicken Extrakt ein. Die Ausbeute schwankt zwischen

11,0—13,0.

Fensterputzpaste.

90,0 Schlemmkreide,
5,0 weissen Bolus,
5,0 Englisch-Rot

reibt man in einer Reibschale mit

50,0 Wasser,
25,0 Brennspiritus

an und füllt die Masse in ein Weithalsglas.

Die Gebrauchsanweisung lautet:

„Man feuchtet einen Lappen mit Brennspiritus, trägt dann die Putzpaste ungefähr bohnengross auf die Fensterscheibe auf und verreibt mit dem Lappen nach allen Seiten und bis zur Trockne.

Die Glasbüchse muss stets gut verkorkt werden, damit die Paste nicht austrocknet."

Ferro-Chininum peptonatum.

Eisen-Chinin-Peptonat.

(20 pCt Fe und 25 pCt Chininhydrochlorid.)

Nach *E. Dieterich.*

16,0 Eisenpeptonat (von 25 pCt Fe),

löst man durch Kochen in

80,0 destilliertem Wasser.

Andererseits verreibt man

5,0 Chininhydrochlorid

mit

10,0 destilliertem Wasser,

setzt tropfenweise

q. s. Salzsäure

bis zur Lösung hinzu, vermischt mit der Eisenpeptonatlösung, dampft bis zum dünnen Sirup, streicht auf Glastafeln und trocknet.

Rotbraune Lamellen, welche sich in heissem Wasser fast klar lösen. Das Präparat dient zur Herstellung des Liquor Ferri peptonati c. Chinino.

Ferro-Kalium tartaricum crudum.

Tartarus ferratus crudus. Globuli martiales.
Roher Eisenweinstein. Eisenkugeln.

a) Vorschrift der Ph. Austr. VII.

40,0 Eisenpulver,
200,0 reinen gepulverten Weinstein

mischt man in einer eisernen Pfanne mit etwa

80,0 Wasser

zu einem Brei, digeriert unter zeitweiligem Umrühren und Wiederersetzen des verdunstenden Wassers, bis das Eisen nahezu gelöst ist und eine herausgenommene Probe zum grössten Teil in warmem Wasser löslich erscheint.

Man trocknet alsdann bei mässiger Wärme ein und formt aus dem Rückstand 30,0 schwere Kugeln, die man bei gelinder Wärme völlig austrocknet.

Man darf die Erwärmung nicht über 50° C treiben, da sich nur unterhalb dieser das leicht lösliche Salz bildet.

b) 100,0 Eisenfeile,
500,0 rohen Weinstein, Pulver M/20,

mischt man mit

200,0 Wasser,

setzt unter zeitweiligem Umrühren 2—3 Tage der Luft aus und erhitzt dann unter öfterem Ersatz des verdampfenden Wassers so lange bei 50° C, bis sich die Masse mit schwarzgrüner Farbe in Wasser löst. Man setzt darauf

250,0 Zucker, Pulver M/8,

zu, trocknet die Masse vollständig aus und bringt sie entweder wie unter a) in Kugelform, oder zerreibt sie zu gröblichem Pulver oder, wenn die Gelegenheit hierzu vorhanden ist, presst die Masse, so lange sie noch bildsam ist, mit einer Succuspresse in Faden.

Der Zuckerzusatz erhöht die Haltbarkeit und Löslichkeit des Präparates.

Das Stehenlassen der Mischung an der Luft bevor man mit dem Erhitzen beginnt, lässt die dunkelgrüne Farbe rascher eintreten.

Die Ausbeute beträgt etwas über

800,0.

Ferro-Kalium tartaricum purum.

Tartarus ferratus purus.
Reiner Eisenweinstein.

320,0 Eisenchloridlösung v. 10 pCt Fe,

mit

1200,0 destilliertem Wasser

verdünnt, und

320,0 Ammoniakflüssigkeit v. 10 pCt,

mit

1200,0 destilliertem Wasser

verdünnt.

Beide Lösungen giesst man gleichzeitig in dünnem Strahl unter Umrühren in ein Gefäss, welches

6000,0 destilliertes Wasser

enthält und zu zwei Dritteilen davon gefüllt ist und setzt, da die Mischung alkalisch sein muss, nötigenfalls noch etwas Ammoniakflüssigkeit zu. Man wäscht den entstandenen Niederschlag durch Absetzenlassen und Abnehmen des überstehenden Wassers mittels Hebers täglich 3mal und so oft mit kaltem destillierten Wasser aus, bis das Waschwasser chlorfrei ist, bringt dann den Niederschlag auf ein Tuch und lässt ihn hier ungefähr 12 Stunden lang abtropfen.

Man mischt ihn jetzt in einer Porzellanschale mit

200,0 gereinigtem Weinstein,
25,0 reinem Kaliumkarbonat

und erhitzt im Wasserbad, dessen Temperatur 60° C nicht übersteigen darf, vor Sonnenlicht geschützt, unter Umrühren so lange, bis die Masse die Beschaffenheit eines dünnen Extraktes hat.

Man nimmt nun vom Dampfbad, löst in

360,0 destilliertem Wasser,

lässt einige Stunden absetzen und filtriert.

Das Filtrat wird auf Lamellen verarbeitet oder zur Trockne verdampft und zu gröblichem Pulver verrieben.

Die Ausbeute beziffert sich durchschnittlich auf

230,0.

Ferro-Natrium pyrophosphoricum.

Natrium pyrophosphoricum ferratum.
Pyrophosphorsaures Eisenoxyd-Natrium.
Natrium-Ferripyrophosphat.

1000,0 Natriumpyrophosphat

löst man in

2000,0 destilliertem Wasser,

filtriert die Lösung, lässt sie vollständig erkalten und trägt nach und nach in Mengen von ungefähr 50 ccm unter Umrühren

600,0 Eisenchloridlösung v. 10 pCt Fe,

verdünnt mit

900,0 destilliertem Wasser

in der Weise ein, dass man einen neuen Teil

immer erst dann zusetzt, wenn sich der entstandene Niederschlag wieder aufgelöst hat.

Die entstandene lichtgrüne Flüssigkeit filtriert man und versetzt das Filtrat mit

5000,0 Weingeist von 90 pCt.

Den hierdurch ausgeschiedenen Niederschlag sammelt man auf einem Filter, wäscht ihn mit etwas Weingeist nach, presst zwischen Filtrierpapier aus und trocknet bei einer Temperatur von 20—25° C.

Will man Lamellen herstellen, so versetzt man obige lichtgrüne Flüssigkeit mit

10,0 Natriumpyrophosphat,

erwärmt eine halbe Stunde, filtriert dann und dampft das Filtrat so weit ab, dass sich die Masse mittels Pinsels auf Glasplatten streichen lässt (s. Lamellen). Nach dem Trocknen stösst man die gebildeten Schuppen ab.

Ferrum aceticum siccum.

Trocknes (basisch-)essigsaures Eisenoxyd.
Trocknes (basisches) Ferriacetat.

100,0 Eisenchloridlösung v. 10 pCt Fe

verdünnt man mit

400,0 destilliertem Wasser,

und ebenso

100,0 Ammoniakflüssigkeit v. 10 pCt

mit

400,0 destilliertem Wasser.

Beide Lösungen möglichst kalt, giesst man gleichzeitig in dünnem Strahl unter Umrühren in ein Gefäss, welches

2000,0 destilliertes Wasser

enthält und zu zwei Dritteilen davon gefüllt ist.

Man wäscht den entstandenen Niederschlag durch Absetzenlassen und Abnehmen des überstehenden Wassers mittels Hebers täglich dreimal und so oft mit kaltem destillierten Wasser aus, bis das Waschwasser chlorfrei ist.

Man sammelt dann den Niederschlag auf einem dichten, genässten und gewogenen Leinentuch, presst ihn in demselben langsam und so weit aus, bis sein Gewicht ungefähr

75,0

beträgt, und bringt ihn schliesslich in eine entsprechend grosse Enghalsflasche, welche

27,0 konzentr. Essigsäure von 96 pCt

enthält, hier durch sofortiges und anhaltendes Schütteln die Lösung bewirkend.

Der im Vergleich zum Präparat des Arzneibuches ungefähr doppeltstarke Liquor wird nun in möglichst dicker Schicht auf wagerecht liegende Glasplatten aufgetragen und an einem warmen Ort, dessen Temperatur nicht über 25° C liegt, vor Tageslicht geschützt, getrocknet. Das eingetrocknete Salz springt, wenn die Glasplatten mit Weingeist sauber geputzt waren, beim Trocknen von selbst in Lamellen ab.

Die Ausbeute beträgt

26,0—28,0.

Ferrum albuminatum.

Ferrum albuminatum solubile. Eisenalbuminat.
Ferrialbuminat. Lösliches Eisenalbuminat.
Nach *E. Dieterich.*

a) mit 20 pCt Fe:

300,0 flüssiges Eisenoxychlorid von 3,5 pCt Fe

verdünnt man mit

10000,0 destilliertem Wasser von 50° C Wärme.

Andererseits erwärmt man eine filtrierte Lösung von

75,0 trockenem Hühnereiweiss

in

10000,0 destilliertem Wasser

auf die gleiche Temperatur und giesst dieselbe langsam unter Rühren in die Eisenlösung.

Die schwach sauer reagierende Mischung neutralisiert man sehr vorsichtig und scharf mit

q. s. (7,5) Natronlauge (D. A. IV.)

die man mit dem zwanzigfachen Gewicht Wasser verdünnt hatte.

Die Verdünnung der Lauge hat den Zweck, eine möglichst scharfe Neutralisation zu ermöglichen; natürlich sind dazu sehr empfindliche Reagenspapiere notwendig. Zu wenig oder zu viel Lauge ist Ursache, dass sich das Ferrialbuminat nicht vollständig abscheidet.

Den entstandenen Niederschlag lässt man absetzen, wäscht ihn mit destilliertem Wasser von 50° C so lange aus, bis das Waschwasser chlorfrei ist, und sammelt ihn auf einem genässten Leinentuch. Den abgetropften Niederschlag presst man schwach aus, streicht ihn in dicker Schicht auf Glasplatten und trocknet bei 40—50° C.

Man erhält so durchsichtige Lamellen von granatroter Farbe, welche sich in stark verdünnter Lauge (0,15 pCt Na HO) klar lösen. Um bei Verwendung des Präparates zu Liquor Ferri albuminati das Lösen zu erleichtern, stellt man aus den Lamellen ein sehr feines Pulver her und bewahrt dies in braunen gutverschlossenen Glasbüchsen auf.

Das lösliche Ferrialbuminat enthält ungefähr 20 pCt Fe.

Die Ausbeute beträgt 70,0—80,0.

b) mit 13—14 pCt Fe:

Man verfährt wie bei der Vorschrift a), nimmt aber statt der dort angegebenen Menge

90,0 trockenes Hühnereiweiss.

Zum Neutralisieren ist dann etwas weniger Lauge notwendig.

Beide Präparate unterscheiden sich dadurch, dass man zur Bereitung von 1 kg Liquor

20,0 Ferrialbuminat v. 20 pCt Fe (a)

und

8,0 Natronlauge v. 1,170 spez. Gew.,

dagegen

30,0 Ferrialbuminat von 13—14 pCt Fe (b)

und

7,0 Natronlauge v. 1,170 spez. Gew.

notwendig hat.

Siehe Liquor Ferri albuminati.

Ferrum albuminatum c. Natrio citrico.

Eisenalbuminat-Natriumcitrat.

Nach *E. Dieterich.*

Den bei Ferrum albuminatum solubile aus 300,0 Liquor Ferri oxychlorati gewonnenen Eisenalbuminat-Niederschlag presst man, nachdem er chlorfrei gewaschen ist, schwach unter der Presse aus.

Andererseits löst man

7,5 Citronensäure

in

30,0 destilliertem Wasser

und neutralisiert unter Kochen mit

q. s. (15,0—17,0) Natriumkarbonat.

Man zerbröckelt nun den Niederschlag so fein wie möglich, bringt ihn in eine Porzellanschale, übergiesst hier mit der inzwischen erkalteten Natriumcitratlösung und überlässt, nachdem man die Schale bedeckt hat der Ruhe. Sobald sich, was sehr bald der Fall sein wird, ein Teil des Niederschlags gelöst hat, befördert man den Vorgang durch gutes Verrühren mit einem Pistill. Sollte die Masse zu dick sein, so setzt man so viel Wasser zu, dass eine Flüssigkeit von der Dicke eines dünnen Sirups entsteht. Wenn sich alles gelöst hat, seiht man durch, giesst die Seihflüssigkeit auf Glasplatten, verteilt sie hier und trocknet bei 25 bis 35° C. Die trockene Schicht lässt sich ohne Schwierigkeit in Lamellenform von den Glasplatten abstossen. Da die Masse leicht schaumig wird, ist die Anwendung eines Pinsels beim Auftragen derselben auf die Glasplatten nicht statthaft.

Die granatroten luftbeständigen Lamellen müssen mit Wasser eine klare neutrale Lösung liefern.

Der Eisengehalt beträgt 15 pCt.

Verwendet wird das Präparat zur Herstellung eines trüben Liquor Ferri albuminati.

Ferrum benzoïcum oxydatum.

Benzoësaures Eisenoxyd. Ferribenzoat.

10,0 Benzoësäure (Acid. benz. e. Toluolo)

übergiesst man mit

200,0 destilliertem Wasser,

15,0 Ammoniakflüssigkeit v. 10 pCt.

Die erhaltene Lösung filtriert man, setzt

15,5 Eisenchloridlösung v. 10 pCt Fe,

welche man mit

500,0 destilliertem Wasser

verdünnt hatte, zu und wäscht den entstandenen Niederschlag durch Absetzenlassen und Abheben der überstehenden Flüssigkeit so lange mit kaltem destillierten Wasser aus, bis das Waschwasser von Silbernitrat nur noch schwach getrübt wird. Man sammelt den Niederschlag auf einem genässten dichten Leinentuch, presst ihn vorsichtig aus und trocknet bei einer Höchsttemperatur von 30° C an vor Licht geschütztem Ort.

Die Ausbeute beträgt bei vorsichtigem Arbeiten

15,0.

Das benzoësaure Eisenoxyd dient zur Herstellung von Oleum Jecoris Aselli ferratum, löst sich aber nur, wenn es frisch bereitet ist.

Ferrum bromatum.

Eisenbromür. Ferrobromid.

35,0 Eisenpulver

übergiesst man in einer Reibschale mit

300,0 destilliertem Wasser,

fügt dann allmählich zu

63,5 Brom

und rührt noch so lange, bis die rote Farbe in Blassgrün übergegangen ist. Man filtriert nun und dampft das Filtrat bei einer Temperatur, welche 50° C nicht übersteigt, zur Trockne ein. Das erhaltene Salz zerreibt man, drückt es in dünner Schicht zwischen 2 Glasplatten zusammen und setzt es auf beiden Seiten dem Sonnenlicht aus, bis die Farbe weisslich ist. Man füllt dann lose in enge, cylindrische Gläser, verschliesst diese gut und bewahrt sie an einer Stelle auf, wo sie stets vom unmittelbaren Sonnenlicht berührt werden.

Die Ausbeute beträgt gegen

90,0.

Ferrum carbonicum effervescens.

Brausendes Ferrokarbonat.

Nach *E. Dieterich.*

50,0 Ferrosulfat D. A. IV.,

30,0 Natriumbikarbonat,

340,0 Zucker, Pulver $^{M}/_{30}$,

mischt man in einer Porzellanschale, fügt

75,0 verdünnten Weingeist v. 68 pCt

hinzu, vermischt gut und erhitzt im Dampfbad unter Rühren, bis eine krümelige Masse von grünlicher Farbe zurückbleibt. Man trocknet die Masse völlig aus, pulvert sie f e i n, vermischt das Pulver mit

240,0 Weinsteinsäure, Pulver $^{M}/_{30}$,

340,0 Natriumbikarbonat,

feuchtet es gleichmässig an mit

200,0 Weingeist von 90 pCt,

lässt eine halbe Stunde ruhig in bedecktem Gefäss stehen und reibt dann durch ein weitmaschiges Rosshaarsieb.

Die gekörnte feuchte Masse breitet man auf

Pergamentpapier in dünner Schicht aus und trocknet scharf.

Das fertige Präparat bewahrt man in braunen Glasbüchsen, welche gut verkorkt werden müssen, auf.

Der Gehalt an Ferrokarbonat beträgt ungefähr 2 pCt.

Ferrum carbonicum saccharatum.

Ferri Carbonas saccharata. Zuckerhaltiges Ferrokarbonat. Gezuckertes kohlensaures Eisen. Saccharated Carbonate of Iron.

a) Vorschrift des D. A. IV.

5 Teile Ferrosulfat

werden in

20 Teilen siedendem Wasser

gelöst und in eine geräumige Flasche filtriert, welche eine klare Lösung von

3,5 Teil Natriumbikarbonat

in

50 Teilen lauwarmem Wasser

enthält.

Nachdem der Inhalt der Flasche vorsichtig gemischt worden ist, wird sie mit heissem Wasser gefüllt, lose verschlossen und bei Seite gestellt. Die über dem Niederschlage stehende Flüssigkeit wird mit Hilfe eines Hebers abgezogen, und die Flasche wieder mit heissem Wasser angefüllt. Nach dem Absetzen wird die Flüssigkeit abermals abgezogen und diese Behandlung so oft wiederholt, bis die abgezogene Flüssigkeit durch Baryumnitratlösung kaum noch getrübt wird. Der von der Flüssigkeit möglichst befreite Niederschlag wird in eine Porzellanschale gebracht, welche

1 Teil fein gepulverten Milchzucker

und

3 Teile mittelfein gepulverten Zucker

enthält. Die Mischung wird im Wasserbad zur Trockne verdampft, zu Pulver zerrieben und diesem noch soviel gut ausgetrockneter, gepulverter Zucker zugemischt, dass das Gewicht

10 Teile

beträgt.

Bei der Fällung des Ferrokarbonats ist die Arbeit möglichst zu beschleunigen.

Die vom Arzneibuche III. und IV. vorgeschriebene Farbe geht rasch verloren bei der Pulverform, hält sich aber viel länger bei der Aufbewahrung des Präparates in Stücken. Es wäre deshalb die letztere Form vorzuziehen, da ja das Zerreiben zu Pulver von Fall zu Fall ausgeführt werden kann.

b) Vorschrift der Ph. Austr. VII.

60,0 krystallisiertes Natriumkarbonat

löst man in

240,0 destilliertem Wasser,

filtriert die Lösung, erhitzt sie in einem geräumigen Kolben bis zum Sieden, fügt zunächst

10,0 gereinigten Honig

und dann in kleinen Mengen

50,0 gepulvertes krystallisiertes Ferrosulfat

hinzu. Das hierbei entstehende stärkere Aufbrausen mässigt man durch Zusatz kleiner Mengen Weingeist.

Das gebildete Ferrokarbonat wäscht man wie unter a) mit kochendem destillierten Wasser aus, vermischt den stark ausgepressten Niederschlag mit

40,0 gepulvertem Zucker

und trocknet schnell im Wasserbad.

Es ist zu beachten, dass man zu diesem Präparat nur tadellose ausgesuchte Krystalle von Ferrosulfat verwendet, die man erst kurz vor dem Gebrauch zu Pulver reibt, wenn man es nicht vorzieht, das haltbare, durch Weingeist gefällte Präparat des Deutschen Arzneibuches zu benützen.

c) Vorschrift der Ph. Brit.

Die Ph. Brit. lässt das Präparat in der unter a) beschriebenen Weise aus

50,0 Ferrosulfat,

gelöst in

2000,0 destilliertem Wasser,

31,25 Ammoniumkarbonat,

gelöst in

2000,0 destilliertem Wasser,

und

25,0 Zuckerpulver

bereiten.

Ferrum chloratum.

Eisenchlorür. Ferrochlorid.

500,0 Salzsäure v. 1,124 spez. Gew.

bringt man in einem Glaskolben, setzt nach und nach

100,0 Eisenspäne oder Eisenfeile

zu und erwärmt schliesslich so lange, bis alle Gasentwicklung aufgehört hat. Man filtriert nun, dampft das Filtrat auf ein Gewicht von

300,0

ein, setzt

1,0 Salzsäure

zu und fährt mit dem Abdampfen noch so lange fort, bis die Masse krystallinisch zu werden beginnt. Man kühlt nun rasch ab, indem man die Abdampfschale in ein Gefäss mit kaltem Wasser setzt, trocknet das Salz durch Drücken zwischen Filtrierpapier und bringt es in kleine Gläser. Die eingeschliffenen Stöpsel verbindet man mit feuchtem Pergamentpapier und verpicht den Verband nach dem Trocknen.

Die Ausbeute wird

275,0

betragen.

Ferrum chloratum purum.

(Insolatione paratum.)
Oxydfreies Eisenchlorür. Oxydfreies Ferrochlorid.

500,0 Salzsäure v. 1,124 spez. Gew.

bringt man in einen Glaskolben, setzt derselben nach und nach

100,0 Eisenspäne oder Eisenfeile

zu und erwärmt schliesslich so lange, bis alle Gasentwicklung aufgehört hat. Man filtriert nun, dampft das Filtrat auf ein Gewicht von

300,0

ein, setzt

5,0 Salzsäure

zu und fährt mit dem Eindampfen so lange fort, bis eine breiige Masse entsteht, die durch rasches Abkühlen (Einsetzen der Schale in ein mit kaltem Wasser gefülltes Gefäss) erstarrt. Man zerreibt nun die Salzmasse, bringt das Pulver in 5 mm dicker Schicht auf flache Porzellanteller oder auf Glasplatten und setzt den unmittelbaren Sonnenstrahlen unter häufigem Wenden und Umrühren so lange aus, bis das Salz weiss geworden und eine Auflösung davon mit Ferrocyankalium nur eine weissliche Trübung giebt.

Das gebleichte Salz füllt man dann sofort in enge, cylindrische Gläser, deren eingeriebene Stöpsel man mit genässtem Pergamentpapier verbindet, um den Verband nach dem Trocknen zu verpichen. Die gefüllten Gläser bewahrt man an einem Ort auf, wo sie dem unmittelbaren Sonnenlicht ausgesetzt sind.

Durch dies etwas umständliche Verfahren entsteht gewöhnlich Verlust, so dass die Ausbeute

260,0

meistens nicht übersteigt

Ferrum citricum.

Ferrum citricum oxydatum. Eisencitrat. Ferricitrat.

Vorschrift des D. A. IV.

25 Teile Eisenchloridlösung (10 pCt Fe)

werden mit

100 Teilen Wasser

gemischt und in ein Gemisch von

25 Teilen Ammoniakflüssigkeit (10 pCt)

und

25 Teilen Wasser

eingegossen. Ein kleiner Überschuss von Ammoniakflüssigkeit (soll wohl heissen „Ammoniak"? *E. D.*) soll dabei vorhanden sein.

Der erhaltene Niederschlag wird zunächst durch wiederholte Zugabe von Wasser und nach dem Absetzen durch vorsichtiges Abgiessen der klar überstehenden Flüssigkeit, dann auf einem Filter so lange ausgewaschen, bis einige Tropfen des mit Salpetersäure angesäuerten Filtrates durch Silbernitratlösung höchstens noch opalisierend getrübt werden. Der ausgewaschene und gut abgetropfte Niederschlag wird in eine Lösung von

9 Teilen Citronensäure

in

10 Teilen Wasser

eingetragen und bei gewöhnlicher oder einer 50° C nicht übersteigenden Temperatur bis zur nahe vollständigen Lösung stehen gelassen. Die Lösung wird filtriert, das Filtrat bei einer 50° C nicht übersteigenden Temperatur bis zur Sirupdicke eingedampft und der Sirup (? *E. D.*) bei derselben Temperatur auf Glasplatten gestrichen und getrocknet.

Zum Auswaschen des Niederschlages muss ich bemerken, dass dasselbe auf dem Filter, besonders wenn es sich um etwas grössere Mengen handelt, ungleichmässig von statten geht und dass man mit Absetzenlassen und Abziehen des Waschwassers rascher und dabei vollständiger zum Ziel gelangt.

Ferrum citricum ammoniatum.

Ferri et Ammonii Citras. Eisenoxyd-Ammoniumcitrat. Ferri-Ammoniumcitrat. Citrate of Iron and Ammonia. Iron and Ammonium Citrate.

a) 100,0 Eisenchloridlösung v. 10 pCt Fe

verdünnt man mit

400,0 destilliertem Wasser

und giesst die Mischung in ein Gemenge von

100,0 Ammoniakflüssigkeit v. 10 pCt

und

300,0 destilliertem Wasser,

wobei ein kleiner Überschuss von Ammoniak vorhanden sein muss.

Den hierbei entstandenen Niederschlag wäscht man zunächst durch vorsichtiges Abgiessen so lange aus, bis einige Tropfen des mit Salpetersäure angesäuerten Filtrates durch Silbernitratlösung höchstens opalisierend getrübt werden.

Den ausgewaschenen Niederschlag trägt man in eine Lösung von

54,0 Citronensäure

in

140,0 destilliertem Wasser

ein und lässt bei gewöhnlicher oder einer 50° C nicht übersteigenden Wärme bis zur nahezu vollständigen Lösung stehen.

Die Lösung versetzt man mit

q. s. Ammoniakflüssigkeit v. 10 pCt

bis zum schwachen Überschuss der letzteren und filtriert dann. Man dampft das Filtrat zur Sirupdicke ein und verarbeitet dann die Masse durch Aufstreichen auf wagerecht liegende Glasplatten zu Lamellen.

Die Ausbeute beträgt

60,0.

b) Vorschrift der Ph. Brit.

Eine Mischung von

280,0 Ferrisulfatlösung v. 10 pCt Fe,
1000,0 destilliertem Wasser

fällt man, wie beim vorigen Präparat beschrieben, mit einer Mischung von

385,0 Ammoniakflüssigkeit v. 10 pCt,
1000,0 destilliertem Wasser,

sättigt mit dem ausgewaschenen Eisenhydroxyd eine Auflösung von

100,0 Citronensäure

in

100,0 destilliertem Wasser,

nötigenfalls noch Eisenhydroxyd zusetzend, filtriert, fügt

130,0 Ammoniakflüssigkeit v. 10 pCt

hinzu und dampft im Wasserbad ein, wobei man Sorge trägt, dass durch bisweiligen Zusatz von Ammoniakflüssigkeit die alkalische Reaktion erhalten bleibt. Die weitere Behandlung ist dieselbe wie unter a).

c) Die Vorschrift der Ph. U. St. entspricht, in ihre Einzelheiten zerlegt, genau derjenigen der Ph. Brit.

Ferrum citricum effervescens.

Brausendes Eisencitrat.

a) Präparat von hochgelber Farbe:

50,0 grünes Eisenoxyd-Ammoniumcitrat

zerreibt man zu einem sehr feinen Pulver, mischt mit

500,0 Natriumbikarbonat,
350,0 Weinsäure, Pulver M/30,
50,0 Citronensäure, Pulver M/30,
400,0 Zucker, Pulver M/30,

und feuchtet in einer Abdampfschale unter sehr schwachem Erwärmen auf dem Dampfapparat mit

300,0 Weingeist von 90 pCt

an. Die feuchte Masse reibt man behufs Körnung mittels Pistills durch ein grobes Haar- oder verzinntes Metallsieb von 2 mm Maschenweite, bringt in dünnen Schichten auf Horden und trocknet im Trockenschrank bei 30 bis 35° C aus. Schliesslich reibt man die meist lose zusammenhängende Masse nochmals vorsichtig durchs Sieb und bewahrt das nun fertige, schön citronengelbe Präparat, um es vor Zersetzung durch Licht zu schützen, in braunen Gläsern auf.

Die Ausbeute beträgt um

1300,0.

b) Präparat von weisser Farbe:

96,0 Forri-Natriumpyrophosphat

zerreibt man zu Pulver, mischt dann mit

240,0 Citronensäure, Pulver M/30,
240,0 Natriumbikarbonat,
480,0 Zucker, Pulver M/25,

und erhitzt in einem Porzellanmörser im Wasserbad unter anhaltendem Reiben so lange, bis sich die Mischung zusammenballt und, wie unter a) angegeben, durch das Sieb reiben lässt.

Nach dem Erkalten reibt man die gekörnte zusammenhängende Masse abermals durch ein, jetzt aber gröberes Sieb und füllt das Präparat auf gut zu verschliessende braune Glasbüchsen ab.

Die Ausbeute wird

1000,0

betragen.

c) Vorschrift d. Ergänzb. d. D. Ap.-V.

20,0 Ferri-Natriumpyrophosphat,
35,0 Citronensäure,
45,0 Natriumbikarbonat,
100,0 Zucker,

alle mittelfein, gepulvert, mischt man und bringt die Mischung unter tropfenweisem Zusatz von Weingeist durch sanftes Reiben in eine krümelige Masse.

Man reibt diese durch ein Sieb aus verzinntem Eisendraht von 2 mm Maschenweite und trocknet bei einer 40° C nicht übersteigenden Wärme.

Ferrum citricum effervescens cum Magnesia.

Brausendes Eisen-Magnesium-Citrat.

50,0 Eisenoxyd-Ammoniumcitrat,
25,0 Magnesiumkarbonat,
500,0 Natriumbikarbonat,
400,0 Weinsäure,
75,0 Citronensäure,
400,0 Zucker,

alle sehr fein (M/30) gepulvert und gemischt, erwärmt man in einer Abdampfschale im Dampfbad sehr schwach und feuchtet mit

300,0 Weingeist von 90 pCt

an. Die feuchte Masse behandelt man dann in derselben Weise, wie bei Ferrum citricum effervescens angegeben ist. Das fertige, schön citronengelbe Präparat bewahrt man, vor Licht geschützt, am besten in braunen Gläsern auf.

Die Ausbeute beträgt gegen

1400,0.

Zur Herstellung eines weissen Präparates gilt das im vorigen Absatz Gesagte.

Ferrum dextrinatum.

Ferridextrinat. Eisendextrinat.

Nach *E. Dieterich.*

a) 10 pCt:

Eine filtrierte Lösung von

150,0 Natriumkarbonat

in

300,0 destilliertem Wasser

lässt man in sehr dünnem Strahl ununterbrochen unter Rühren einlaufen in

300,0 Eisenchloridlösung v. 10 pCt Fe,

welche sich in einem entsprechend grösseren Gefäss befinden. Die hierbei eintretende Erwärmung muss unter allen Umständen vermieden werden; es ist deshalb notwendig, das die Eisenlösung enthaltende Gefäss in kaltes, am besten Eiswasser zu stellen.

Durch das Natriumkarbonat scheidet sich unter Entweichen von Kohlensäure Ferrihydroxyd aus; dasselbe löst sich jedoch bei dauerndem Rühren sofort wieder auf, die Farbe geht dabei in ein dunkles Rotbraun über, und es bildet sich Ferrioxychlorid.

Wenn die Natronlösung verbraucht und damit die Oxychloridierung des Eisenchlorids vollendet ist, giebt man die Eisenlösung in ein Gefäss, welches mindestens 15 l fasst, und verdünnt dieselbe mit

6 l destilliertem Wasser,

dessen Temperatur 15° C nicht übersteigt.

Man lässt nun in diese verdünnte Ferrioxychloridlösung eine möglichst kalte filtrierte Lösung von

150,0 Natriumkarbonat

in

6 l destilliertem Wasser

in dünnem Strahl und unter fortwährendem Rühren einlaufen, wäscht den dadurch entstandenen Niederschlag durch Absetzenlassen mit destilliertem Wasser, dessen Temperatur höchstens 15° C betragen darf, so lange aus, als das Waschwasser noch eine Chlorreaktion giebt. Man sammelt nun den Niederschlag auf einem genässten feinmaschigen Leinentuch, lässt ihn abtropfen und presst ihn gelind aus. Man bringt ihn hierauf in eine Porzellanschale, mischt durch Rühren mit einer Keule

250,0 reines Dextrin, Pulver M/30,

gleichmässig darunter, fügt

30,0 Natronlauge (D. A. IV.)

hinzu und erhitzt im Dampfbad. Schon nach kurzer Zeit wird sich die anfänglich dicke Masse verflüssigen und es wird Lösung eintreten. Dampft man diese so lange ein, als sie sich noch rühren lässt, bringt dann die Masse auf Pergamentpapier in den Trockenschrank und pulvert schliesslich, so erhält man ein Ferridextrinat mit 10 pCt Fe.

b) 3 pCt:

Man hält die Vorschrift a) ein, setzt aber, wenn sich der Niederschlag durch das Erhitzen mit Dextrin und Lauge völlig gelöst hat, noch

700,0 reines Dextrin, Pulver M/30,

hinzu und dampft dann erst weiter ein.

Die Ausbeute an 10prozentigem Präparat wird 300,0, die an 3prozentigem 1000,0 betragen. Durch das Pulvern wird in beiden Fällen ein kleiner Verlust entstehen.

Die Verwendung eines grösseren Überschusses an Natriumkarbonat zum Ausfällen des Ferrihydroxyds und die Einhaltung einer niederen Temperatur, ferner die starke Verdünnung der Fällungsflüssigkeiten (s. den Artikel „Präcipitieren") haben zur Folge, dass sich der ausgewaschene Niederschlag leichter im Dextrin und in der Lauge löst.

Die Einhaltung dieser Vorsichtsmassregeln bewirkt, dass die oben vorgesehene Laugenmenge so niedrig bemessen werden konnte.

Nach beiden Verfahren a und b stellt man Ferrum saccharatum oxydatum mit 3 und 10 pCt Fe her, nimmt dann aber an Stelle des Dextrins besten Zucker.

Ferrum dextrinatum verum.

Echtes oder alkalifreies Eisendextrinat.
Nach *E. Dieterich.*

Man bereitet es wie das Ferrum saccharatum oxydatum verum und nimmt statt des dort vorgeschriebenen Zuckers reines Dextrin.

Das Dextrinat hat vor dem Saccharat den Vorzug der grösseren Haltbarkeit.

Ferrum dialysatum c. Natrio citrico.

Ferrum oxychloratum c. Natrio citrico.
Nach *E. Dieterich.*

30,0 Citronensäure

löst man in einer Porzellanschale in

120,0 destilliertem Wasser

und neutralisiert unter Erhitzen mit

q. s. (60,0—65,0) Natriumkarbonat.

Man fügt

1000,0 flüssiges Eisenoxychlorid oder ebensoviel dialysierte Eisenflüssigkeit v. 3,5 pCt Fe

hinzu und dampft bis zur Sirupdicke ein. Die erkaltete Masse streicht man auf Glasplatten, trocknet bei 40° C, stösst sodann die Lamellen ab und bewahrt sie in gut verschlossenen Gefässen auf.

Der Eisengehalt des Präparates beträgt 31 bis 33 pCt.

Ferrum inulinatum.

Ferriinulinat. Eiseninulinat.
Nach *E. Dieterich.*

Man bereitet es mit Inulin, wie Ferrum dextrinatum. Es hat mit diesem grosse Ähnlichkeit und unterscheidet sich von ihm nur dadurch, dass es sich in kaltem Wasser schwer, um so leichter aber in heissem Wasser löst.

Man kann ein 10- und ein 3-prozentiges Präparat herstellen.

Ferrum jodatum c. Kalio citrico.

Eisenjodür-Kaliumcitrat

9,0 Eisenpulver,
60,0 destilliertes Wasser

reibt man zusammen und trägt unter fortwährendem Rühren nach und nach

24,0 Jod

ein. Wenn alles Jod gelöst ist, filtriert man die Lösung, wäscht das Filter mit

10,0 destilliertem Wasser

nach und löst im Filtrat noch

12,0 Jod.

Man stellt sich ferner eine Lösung von

38,0 Citronensäure

in

150,0 destilliertem Wasser

her, neutralisiert diese mit einer Lösung von

q. s. (41—42,0) reinem Kaliumkarbonat

in

75,0 destilliertem Wasser

und filtriert.

Das Filtrat giesst man in die Jodeisenlösung, rührt die Mischung so lange, bis Grünfärbung eintritt, und dampft sie dann vorsichtig in einer Porzellanschale unter Rühren zur Trockne ein.

Die Ausbeute beträgt reichlich

100,0.

Das Präparat ist hellgelbgrün, hygroskopisch und hat nicht den adstringierenden Geschmack des reinen Eisenjodürs. In weissem Zuckersirup gelöst, liefert es eine haltbare lichtgrüne Lösung und könnte wohl als Basis für den Jodeisensirup dienen.

Ferrum jodatum saccharatum.

Zuckerhaltiges Eisenjodür. Zuckerhaltiges Ferrojodid.
Ph. G. I.

6,0 Eisenpulver,
20,0 destilliertes Wasser,
16,0 Jod

bringt man in eine Glasflasche und stellt unter öfterem Umschütteln so lange bei Seite, bis die rote Farbe in eine grünliche übergegangen ist.

Man bringt dann

80,0 Milchzucker, Pulver M/50,

in eine Porzellanschale, filtriert auf diesen die Jodeisenlösung, wäscht das Filter mit einer Kleinigkeit Wasser nach und dampft nun die gemischte Masse im Dampfbad unter fortwährendem Rühren zur Trockne ab. Man zerreibt die zurückbleibende Masse zu Pulver und fügt demselben

q. s. Milchzucker, Pulver M/50,

hinzu, dass das Gesamtgewicht

100,0

beträgt.

Gut ausgetrocknet bleibt das Präparat in kleinen, sorgfältig verschlossenen Fläschchen lange Zeit unverändert, während es sich im andern Fall rasch zersetzt.

Handelt es sich darum, kleine Mengen rasch zu bereiten, so verwendet man als Lösungsmittel gleiche Teile Weingeist von 90 pCt und Wasser.

Ferrum lacticum.

Ferrolaktat. Eisenlaktat. Milchsaures Eisenoxydul.

50,0 Milchzucker

löst man ohne Anwendung von Hitze in

1000,0 sauren Molken

und bringt die Lösung in ein Gefäss, welches nur zu $^2/_3$ davon gefüllt wird. Andererseits wiegt man

110,0 Natriumkarbonat

ab, setzt davon den Molken bis zur ungefähren Neutralisation zu und stellt den Natronrest zurück, während man die Molken in einem warmen Zimmer sich selbst überlässt. Die durch die Gährung entstehende Milchsäure stumpft man nach 1 Tag mit dem vorhandenen Natron ab und wiederholt dies so oft, bis nach 4 bis 5 Tagen die Säurebildung aufhört, was mit dem Verbrauch der Soda zusammenfallen wird.

Man säuert nun mit

q. s. verdünnnter Schwefelsäure

die trübe Flüssigkeit schwach an, behandelt unter Erwärmen auf 30° C $^1/_2$ Stunde mit

50,0 gereinigter Knochenkohle,

setzt eine wässrige Auflösung von

5,0 trocknem Blutalbumin

zu, kocht einmal auf, schäumt ab und seiht durch ein dichtes, vorher genässtes Leinentuch. Die Seihflüssigkeit filtriert man und dampft sie im Dampfbad bis zum vierten Teil ihres Gewichtes ein. Nötigenfalls filtriert man nochmals.

Man giesst nun in die abgedampfte noch heisse Masse eine ebenfalls heisse Auflösung von

110,0 krystallisiertem Ferrosulfat

in

250,0 destilliertem Wasser,

seiht rasch durch, um die entstandenen Flocken abzuscheiden, und stellt die klare Lösung in die Kälte, oder kühlt das Gefäss künstlich ab, dabei durch fortwährendes Rühren die Krystallisation so lange störend, bis das Ganze eine breiige Beschaffenheit angenommen hat. Man bringt nun den Krystallbrei auf ein Leinentuch, lässt die Mutterlauge abtropfen, wäscht ersteren mit etwas Wasser, dann mit Weingeist von 90 pCt nach, presst ihn und trocknet ihn schliesslich auf Lösch- oder Filtrierpapier. Die Mutterlauge ergiebt noch etwas Ferrolaktat, das unreiner ist und bei der nächsten Herstellung der Lauge zugesetzt wird.

Die Ausbeute beträgt

40,0.

Obgleich das milchsaure Eisenoxydul meist in Fabriken gemacht wird, so glaubte ich doch, bei den geringen Schwierigkeiten, welche seine Herstellung bietet, es hier aufnehmen zu sollen.

Ferrum lactosaccharatum.

Ferrilaktosaccharat. Eisenmilchzucker.

Nach *E. Dieterich.*

Man bereitet dasselbe mit reinem Milchzucker genau so wie Ferrum dextrinatum und kann sowohl ein 10-, als auch ein 3-prozentiges Präparat, wie sie unter der Bezeichnung „Marke Dieterich-Helfenberg" bekannt sind, gewinnen.

Beide Verbindungen lösen sich leicht und klar in Wasser und haben alle Eigenschaften der indifferenten Eisenverbindungen.

Ferrum mannitatum.

Ferrimannitat. Eisenmannit.

Nach *E. Dieterich.*

Man stellt es mit Mannit wie Ferrum dextrinatum her. Der Mannit vermag am meisten Eisen zu binden, sodass sogar ein 40-prozentiges Präparat darstellbar ist. Die Haltbarkeit des 40-prozentigen Präparates ist eine beschränkte.

Gepulvert ist die Farbe des Eisenmannits hellockerbraun. Es löst sich klar in Wasser mit rotbrauner Farbe.

Ferrum oleïnicum oxydatum.

Ölsaures Eisenoxyd. Ferrioleat.

20,0 medizinische Seife

löst man in

500,0 heissem destillierten Wasser

und setzt

12,0 Eisenchloridlösung v. 10 pCt Fe,

welche man vorher mit

500,0 warmem destillierten Wasser

verdünnte, zu. Die gefällte Eisenseife dampft man im Dampfbad unter Rühren so lange ein, bis sie an Gewicht nicht mehr verliert.

Die Ausbeute beträgt

18,0.

Ferrum oleïnicum oxydulatum.

Ölsaures Eisenoxydul. Ferrooleat.

20,0 krystallisiertes Ferrosulfat,

gelöst in

500,0 warmem destillierten Wasser,

und

20,0 medizinische Seife,

gelöst in

500,0 heissem destillierten Wasser,

behandelt man wie beim Oxydsalz.

Die Ausbeute beträgt

17,0.

Ferrum oxydato-oxydulatum.

Aethiops martialis. Eisenmohr.

100,0 Ferrisulfatlösung (10 pCt Fe)

verdünnt man mit

200,0 destilliertem Wasser

und löst in der Verdünnung

24,0 krystallisiertes Ferrosulfat.

Andererseits verdünnt man

110,0 Ammoniakflüssigkeit v. 10 pCt

mit

200,0 destilliertem Wasser

und giesst beide Flüssigkeiten unter Rühren zu gleicher Zeit in dünnem Strahl in ein genügend grosses Gefäss, welches

500,0 destilliertes Wasser

enthält.

Man erhitzt nun die Mischung in einem eisernen Kessel zum Sieden und erhält so lange darin, bis der Niederschlag vollkommen schwarz erscheint, sammelt ihn sodann auf einem leinenen Tuch, wäscht ihn hier mit

1000,0 heissem destillierten Wasser

aus, presst dann das Wasser ab und trocknet.

Das nun fertige Präparat zerreibt man zu Pulver und bewahrt es in gut verschlossenen Gläsern auf.

Die Ausbeute wird 21,0 betragen.

Ferrum oxydatum fuscum.

Eisenhydroxyd. Ferrihydroxyd. Eisenoxydhydrat.

100,0 Eisenchloridlösung v. 10 pCt Fe,

verdünnt mit

400,0 destilliertem Wasser,

und

100,0 Ammoniakflüssigkeit v. 10 pCt,

ebenfalls verdünnt mit

400,0 destilliertem Wasser.

Beide Lösungen, möglichst kalt, giesst man gleichzeitig in dünnem Strahl und unter Umrühren in ein Gefäss, welches

2000,0 destilliertes Wasser

enthält und nur zu zwei Dritteilen davon gefüllt ist.

Man wäscht den entstandenen Niederschlag durch Absetzenlassen und Abnehmen der überstehenden Flüssigkeit mittels Hebers täglich dreimal und so oft mit kaltem destillierten Wasser aus, bis das Waschwasser chlorfrei ist.

Man sammelt nun den Niederschlag auf einem dichten, genässten und gewogenen Leinentuch, presst ihn in demselben bis zu einem Gewicht von

50,0

aus, zerbröckelt ihn dann in kleine Stückchen und trocknet diese, auf Pergamentpapier ausgebreitet, bei einer Temperatur, welche 30° C nicht übersteigen darf. Die Ausbeute beträgt ungefähr

35,0.

Ferrum peptonatum.

Ferripeptonat. Eisenpeptonat
Nach *E. Dieterich.*

10,0 trockenes Hühnereiweiss

löst man in

1000,0 destilliertem Wasser,

setzt

18,0 reine Salzsäure v. 1,124 spez. G.,
0,5 Pepsin

hinzu, digeriert bei 40° C 12 Stunden und dann noch so lange, bis Salpetersäure in einer herausgenommenen Probe nur noch eine schwache Trübung hervorruft.

Man lässt nun erkalten, neutralisiert mit Natronlauge, seiht durch und versetzt die Seihflüssigkeit mit

120,0 flüssigem Eisenoxychlorid von 3,5 pCt Fe,

welche man mit

1000,0 destilliertem Wasser

verdünnte.

Man neutralisiert abermals, jetzt aber sehr genau mit zwanzigfach verdünnter Natronlauge und wäscht den dadurch entstandenen Niederschlag durch Absetzenlassen einmal mit destilliertem Wasser aus.

Den ausgewaschenen Niederschlag sammelt man auf einem genässten dichten Leinentuch, bringt ihn, wenn er völlig abgetropft ist, in eine Porzellanschale und mischt

1,5 reine Salzsäure v. 1,124 spez. G.

hinzu. Man dampft nun die Masse (der Niederschlag löst sich inzwischen) so weit ein, dass sie sich, fast erkaltet, mit einem weichen Pinsel auf Glasplatten streichen lässt, trocknet und stösst schliesslich die Lamellen ab.

Die dunkel-granatroten Lamellen lösen sich langsam in kaltem, schneller in heissem Wasser. Der Eisengehalt beträgt 25 pCt.

Verwendet wird das Präparat zur Herstellung des Liquor Ferri peptonati.

Man kann das Peptonisieren des Hühnereiweisses umgehen, wenn man statt desselben

10,0 trockenes kochsalzarmes Pepton

nimmt. Ob dieses Pepton aus Eiweiss, Fleisch, Blutserum, Blutfibrin oder Leim hergestellt ist, kommt nicht in Betracht, weil das Pepton hier nur Träger des Medikamentes, nicht aber selbst Medikament oder gar Nährmittel ist.

Ferrum phosphoricum oxydatum.

Ferriphosphat. Eisenoxydphosphat. Ferrum phosphoricum album.

100,0 Eisenchloridlösung v. 10 pCt Fe,

verdünnt mit

900,0 destilliertem Wasser,

und

100,0 Natriumphosphat,

gelöst in

900,0 destilliertem Wasser.

Beide Lösungen giesst man in ein Gefäss mit

2000,0 destilliertem Wasser,

wäscht den entstandenen Niederschlag aus, sammelt ihn und presst bis zu einem Gewicht von

100,0

aus; dann zerbröckelt man denselben und trocknet ihn im Trockenschrank aus.

Die Ausbeute beträgt

23,0—24,0.

Es möge noch bemerkt sein, dass der bedeutende Überschuss an Natriumphosphat ein absichtlicher und notwendiger ist.

Ferrum phosphoricum oxydatum cum Natrio citrico.

Ferriphosphat-Natriumcitrat.

Man verfährt wie bei Ferrum phosphoricum oxydatum, trocknet aber den gepressten Niederschlag nicht, sondern trägt ihn in eine heisse Lösung, welche aus

55,0 Citronensäure

und

110,0 destilliertem Wasser

hergestellt ist, ein und erhitzt das ganze so lange, bis sich der Niederschlag gelöst hat.

Andrerseits stellt man eine Lösung von

110,0 Natriumkarbonat

in

220,0 destilliertem Wasser

her und fügt diese der ersteren allmählich zu. Man erhitzt das ganze nochmals, bis alle Kohlensäure entwichen ist, filtriert dann und dampft das Filtrat zur Sirupdicke oder so weit ab, um durch Aufstreichen auf Glastafeln Lamellen daraus herstellen zu können.

Das Präparat darf nur schwach sauer reagieren. Die Menge des Natriumkarbonats muss daher unter Umständen noch etwas erhöht werden.

Die Ausbeute wird

90,0

betragen.

Ferrum phosphoricum oxydulatum.

Ferrophosphat. Eisenoxydulphosphat.
Ferrum phosphoricum coeruleum

100,0 krystallisiertes Ferrosulfat,

gelöst in

900,0 destilliertem Wasser

und

130,0 Natriumphosphat,

gelöst in

870,0 destilliertem Wasser.

Beide Lösungen, möglichst kalt, giesst man gleichzeitig in dünnem Strahl und unter Umrühren in ein Gefäss, welches

2000,0 destilliertes Wasser

enthält und nur zur knappen Hälfte davon gefüllt ist.

Den entstandenen Niederschlag wäscht man durch Absetzenlassen und Abnehmen der überstehenden Flüssigkeit mittels Hebers täglich 3 mal und so oft mit kaltem destillierten Wasser aus, bis das abgenommene Waschwasser mit Baryumnitratlösung keine Trübung mehr giebt. Das Waschwasser enthält zwar auch freie Phosphorsäure, wenn aber die Auswaschung so gründlich ist, dass das Freisein von Natriumsulfat erreicht ist, kann man sich eine besondere Prüfung auf Phosphorsäure ersparen.

Man sammelt nun den Niederschlag auf einem genässten dichten Leinentuch, presst ihn in demselben bis zu einem Gewicht von

100,0

aus, zerbröckelt ihn dann in kleine Stückchen und trocknet ihn ohne Anwendung von Wärme an der Luft oder am Sonnenlicht.

Die Ausbeute beträgt

45,0.

Ferrum pyrophosphoricum oxydatum.

Ferripyrophosphat.

100,0 Eisenchloridlösung v. 10 pCt Fe,

verdünnt mit

400,0 destilliertem Wasser,

und andererseits

65,0 Natriumpyrophosphat,

gelöst in

435,0 destilliertem Wasser

Beide Lösungen giesst man zu gleicher Zeit in dünnem Strahl und unter Umrühren in ein Gefäss, welches

2000,0 destilliertes Wasser

enthält und nur zur Hälfte davon gefüllt ist.

Man stellt die Mischung 24 Stunden kühl und wäscht dann mit kaltem destillierten Wasser durch Absetzenlassen und Abziehen des Waschwassers mittels Hebers so lange aus, bis letzteres chlorfrei befunden wird. Man sammelt darauf den Niederschlag auf einem Filter, lässt ihn hier möglichst abtropfen und trocknet ihn schliesslich in gewöhnlicher Zimmertemperatur, das Trocknen durch Unterlegen von Thonplatten usw. unterstützend.

Die Ausbeute wird

25,0

betragen.

Ferrum pyroposphoricum cum Ammonio citrico.

Ferripyrophosphat-Ammoniumcitrat.

Dem nach der vorhergehenden Vorschrift gewonnenen Niederschlag setzt man, nachdem man das letzte Waschwasser so weit wie möglich abgegossen hat,

22,5 Citronensäure

und nach deren Lösung

q. s. (30,0) Ammoniakflüssigkeit von 10 pCt

zu, so dass letztere vorherrscht.

Wenn nach längerem Stehen und öfterem Umrühren Lösung erfolgt ist, dampft man bis zur Sirupdicke ab und streicht auf Glasplatten auf, um die getrocknete Masse später in Form von Lamellen abzustossen.

Die Ausbeute beträgt etwas über

60,0.

Ferrum saccharatum oxydatum.

Ferrum oxydatum saccharatum.
Ferrisaccharat. Eisenzucker.

Vorschrift des D. A. IV.

30 Teile Eisenchloridlös. (10 pCt Fe)

werden mit

150 Teilen Wasser

verdünnt; dann wird nach und nach unter Umrühren eine Lösung von

26 Teilen Natriumkarbonat

in

150 Teilen Wasser

mit der Vorsicht zugesetzt, dass bis gegen Ende der Fällung vor jedem neuen Zusatze die Wiederauflösung des entstandenen Niederschlages abgewartet wird.

Nachdem die Fällung vollendet ist, wird der Niederschlag so lange ausgewaschen, bis das zum Auswaschen benützte Wasser, nach dem Verdünnen mit 5 Raumteilen Wasser, durch Silbernitratlösung höchstens opalisierend getrübt wird; alsdann wird der Niederschlag auf einem angefeuchteten Tuch gesammelt, nach dem Abtropfen gelinde ausgedrückt und hierauf in eine Porzellanschale mit.

50 Teilen mittelfein gepulverten Zucker

und bis zu

5 Teilen Natronlauge v. 1,17 sp. G.

vermischt.

Die Mischung wird im Wasserbad bis zur völligen Klärung (Lösung? *E. D.*) erwärmt, worauf unter Umrühren zur Trockne eingedampft, zu mittelfeinem Pulver zerrieben und mit soviel gepulvertem Zucker versetzt, dass das Gewicht der Gesamtmenge

100 Teile

beträgt.

Auch das Arzneibuch IV. befindet sich mit dieser Vorschrift nicht auf der Höhe der Zeit, sofern es den Niederschlag nicht in zweckentsprechender Weise herstellen lässt und dadurch um 66 pCt zu viel Lauge anwenden muss, um die Lösung des Niederschlages herbeizuführen. Da man von therapeutischer Seite den alkaliarmen Verbindungen den Vorzug giebt, so verdient die von mir unter Ferrum dextrinatum gegebene Vorschrift den Vorzug. Bei Ausführung derselben hat man nur nötig, statt Dextrin beste Raffinade zu nehmen.

Ferrum saccharatum oxydatum verum.

Echter oder alkalifreier Eisenzucker.

Nach *E. Dieterich.*

100,0 Eisenchloridlösung v. 10 pCt Fe

verdünnt man mit

400,0 destilliertem Wasser.

Andererseits verdünnt man

100,0 Ammoniakflüssigkeit v. 10 pCt,

ebenfalls mit

400,0 destilliertem Wasser.

Beide Lösungen, möglichst kalt, lässt man in dünnem Strahl und unter Rühren gleichzeitig in ein Gefäss, welches

2000,0 destilliertes Wasser

enthält und nur zu zwei Dritteilen davon gefüllt ist, laufen.

Den Niederschlag wäscht man durch Absetzenlassen mit recht kaltem destillierten Wasser aus, bis das Waschwasser empfindliches Lackmuspapier nicht mehr bläut und keine Chlorreaktion mehr zeigt. Man sammelt ihn dann auf einem genässten dichten Leinentuch, presst ihn bis zu einem Gewicht von

80,0

aus, verreibt ihn sofort mit

316,0 Zuckerpulver,

bringt die Mischung in ein durch einen passenden Deckel verschliessbares Gefäss und erhitzt 10 Stunden lang in kochendem Wasser oder im Dampfbad. Nach dieser Zeit erscheint die Mischung in Wasser klar löslich. Man giesst dann die Masse in Pergamentpapierkapseln, trocknet im Schrank bei 40—50° C aus und bewahrt das nun völlig trockene Präparat in gut verschlossenem Glas auf. Frisch löst sich dieser Eisenzucker klar in Wasser, aber bereits nach 14 Tagen wird er trübe löslich; dagegen hält sich die aus dem frischen Präparat hergestellte Lösung, selbst ohne Zusatz von Weingeist, lange Zeit unverändert.

Der alkalifreie Eisenzucker enthält 3 pCt Fe.

Ferrum sesquichloratum crystallisatum.

Krystallisiertes Eisenchlorid.

Vorschrift der Ph. Austr. VII.

100,0 Eisendraht

übergiesst man in einem geräumigen Glaskolben mit

500,0 reiner Salzsäure von 1,12 spez. Gew.,

1000,0 destilliertem Wasser,

lässt erst einige Zeit in der Kälte stehen und erwärmt alsdann, bis eine Einwirkung der Säure nicht mehr zu bemerken ist. Man filtriert darauf und leitet in die Flüssigkeit im langsamen Strom so lange Chlorgas ein, bis ein herausgenommener Tropfen, mit Wasser verdünnt, mit Ferricyankaliumlösung keine blaue Färbung mehr giebt. Man dampft hierauf die Flüssigkeit im Wasserbad bis zur Sirupdicke ein und stellt zur Krystallisation an einen kühlen Ort, wobei man Sorge trägt, dass die Schale durch eine Glasplatte möglichst dicht von der Aussenluft abgeschlossen wird. Die krystallinisch erstarrte Masse zerschlägt man und bringt sie möglichst schnell in das Aufbewahrungsgefäss.

Soweit die Pharmakopöe.

Man verwendet mit Vorteil zur Herstellung dieses Präparates die in Eisendrehereien abfallenden schmiedeeisernen Drehspäne, wobei man nur darauf zu achten hat, dass dieselben nicht mit Öl verunreinigt sind.

Ferrum sulfuratum.

Ferrosulfid. Eisensulfür. Schwefeleisen.

60,0 Eisenfeile

und

40,0 Schwefelblüte

drückt man abwechselnd in 5 mm dicken Schichten in einen Schmelztiegel ein und zwar so, dass die unterste Schicht aus Eisen und die oberste aus Schwefel besteht. Den ungefähr zu $^3/_4$ seines Raumes gefüllten Tiegel bedeckt man mit einem Stück Ziegel, verstreicht die Fugen bis auf eine kleine Öffnung mit Lehm und lässt den Kitt trocknen.

Man erhitzt dann im Kohlenfeuer zu Anfang nur mässig, verstärkt das Feuer, so bald kein Schwefel mehr aus der gelassenen Öffnung brennt, bis zum Rotglühen und erhält den Tiegel noch eine halbe Stunde in dieser Temperatur. Man hebt ihn dann aus dem Feuer, nimmt, sobald die Masse völlig erkaltet ist, heraus und zerstösst sie in einem eisernen Mörser zu gröblichem Pulver. Würde man den Tiegel öffnen, solange der Inhalt noch glühte, so ginge durch den Sauerstoff der Luft ein Teil des Schwefeleisens in Ferrosulfat über.

Die Ausbeute beträgt, wenn die Erhitzung nicht zu weit getrieben wurde,

85,0.

Ferrum sulfuratum purum.

Reines Schwefeleisen.

100,0 krystallisiertes Ferrosulfat

löst man in

400,0 destilliertem Wasser

und giesst unter Umrühren in diese Lösung ein

150,0 Ammoniakflüssigkeit v. 10 pCt,

nachdem man letztere vorher mit

350,0 destilliertem Wasser

verdünnt hatte. Man leitet nun in die Mischung

q. s. Schwefelwasserstoffgas

ein, bis Übersättigung eintritt, wäscht den schwarz gewordenen Niederschlag durch Absetzenlassen und Abnehmen des überstehenden Wassers mittels Hebers so lange aus, als das Waschwasser sich mit Baryumnitratlösung noch trübt, und sammelt ihn dann auf einem Filter oder auf dichtem Leinentuch. Es steht nun je nach Bedürfnis frei, entweder das Präparat in feuchtem Zustand zu verarbeiten oder es zu trocknen.

Da das gefällte Schwefeleisen starke Neigung besitzt, sich zu oxydieren, so muss man die ganze Arbeit thunlichst beschleunigen.

Die Ausbeute wird

28,0 trocknes Präparat

betragen.

Ferrum sulfuricum.

Ferrum sulfuricum oxydulatum. Ferrosulfat.

Vorschrift des D. A. IV.

2 Teile Eisen

werden mit einer Mischung aus

3 Teilen Schwefelsäure von 1,838 spez. Gew.

und

8 Teilen Wasser

unter Erwärmen gelöst. Die noch warme Lösung wird, sobald die Gasentwicklung nachgelassen hat, in 4 Teile Weingeist filtriert, welcher durch Umrühren in kreisender Bewegung erhalten wird. Das auf solche Weise abgeschiedene Krystallmehl wird sofort auf ein Filter gebracht, mit Weingeist nachgewaschen, dann ausgepresst und auf Filtrierpapier zum raschen Trocknen ausgebreitet.

Man bewahrt es in gut verschlossenen Gläsern auf.

Ferrum sulfuricum siccum.

Getrocknetes Ferrosulfat.
D. A. III.

100,0 krystallisiertes Ferrosulfat

erwärmt man im Wasserbad allmählich in einer Porzellanschale so lange, bis der Rückstand nur noch

64—65,0

wiegt.

Ferrum tannicum.

Ferrum tannicum oxydatum. Ferritannat.

Einerseits löst man

100,0 Tannin

in

750,0 destilliertem Wasser

und andrerseits verdünnt man

150,0 Eisenacetatlösung

mit

300,0 destilliertem Wasser.

Man giesst nun unter Rühren die Lösung der Gerbsäure in dünnem Strahl in die des Eisens, wäscht den entstandenen Niederschlag durch Absetzenlassen und Abziehen der überstehenden Flüssigkeit mit Wasser aus, sammelt ihn dann auf einem genässten dichten Leinentuch, presst schwach aus und trocknet. Die trockne Masse zerreibt man zu Pulver und bewahrt dieses in vor Tageslicht geschützten Glasbüchsen auf.

Die Ausbeute wird 90,0 betragen.

Ferrum tartaricum.

Ferrum tartaricum oxydatum.
Ferritartrat. Weinsaures Eisenoxyd.

100,0 Eisenchloridlösung v. 10 pCt Fe,

verdünnt mit

400,0 destilliertem Wasser,

und

100,0 Ammoniakflüssigkeit v. 10 pCt,

ebenfalls verdünnt mit

400,0 destilliertem Wasser.

Man stellt aus beiden Lösungen Eisenhydroxyd her, wie unter Ferrum citricum beschrieben wurde, presst den Niederschlag auf

50,0

aus und trägt ihn in eine Lösung ein, welche man aus

40,0 Weinsäure

und

150,0 destilliertem Wasser

herstellte. Man bewirkt die Verteilung des Niederschlags durch Rühren oder Schütteln, bringt in eine Flasche und stellt diese in kühlen vor Licht geschützten Raum. Wenn die Lösung, welche man durch öfteres Schütteln unterstützt, erfolgt ist, filtriert man und dampft das Filtrat zur Sirupdicke ab. Man streicht nun die Masse auf wagerecht liegende Glasplatten und stösst sie nach dem Trocknen in Form von Lamellen ab.

Die Ausbeute wird

52,0

betragen.

Ferrum valerianicum.

Ferrum valerianicum oxydatum. Ferrivalerianat.
Baldriansaures Eisenoxyd.

25,0 Natriumkarbonat,

gelöst in

175,0 destilliertem Wasser,

neutralisiert man mit ungefähr

21,0 Baldriansäure.

Man filtriert und versetzt mit

24,0 Eisenchloridlösung v. 10 pCt Fe,

nachdem man letztere mit

400,0 destilliertem Wasser

verdünnt hat. Den entstandenen Niederschlag lässt man absetzen, sammelt ihn auf einem dichten feinmaschigen Leinentuch, das man vorher nässte, und presst ihn langsam, aber so weit wie möglich, aus Den Presskuchen zerbröckelt man und trocknet in Zimmertemperatur. Das trockne Präparat zerreibt man und bewahrt es in gut verschlossenen Gläsern auf. Die Ausbeute beträgt

20,0.

Feuerlöschdosen.

Bucher'sche Feuerlöschdosen.

59,0 Salpeter, Pulver M/30,
36,0 Schwefelblüte,
4,0 Lindenkohle, Pulver M/50,
1,0 Englisch-Rot

trocknet man, mischt und füllt in runde Pappdosen von 2,5 kg Inhalt. An der Seite der gefüllten Dose führt man durch eine eingestochene Öffnung eine Zündschnur ein, und zwar so, dass sich 10 cm derselben innerhalb und 15 cm ausserhalb der Dose befinden, legt das äussere Ende um die Dose herum, und klebt einen reichlich langen Papierstreifen darauf, auf welchem steht: „Zündschnur!"

Die Feuerlöschdosen finden ihre Anwendung in geschlossenen Räumen und wirken, durch die Zündschnur zur Entzündung gebracht, sauerstoffentziehend.

Ich war selbst einmal in der Lage, von den bei mir immer in Bereitschaft stehenden Feuerlöschdosen Gebrauch zu machen und zwar mit ausgezeichnetem Erfolg, so dass ich die Herstellung und den Verkauf der Feuerlöschdosen aus eigener Erfahrung empfehlen kann.

Feuerlöschwasser.

Feuerlöschmasse.

20,0 rohes Chlorcalcium,
5,0 „ Kochsalz

löst man in

75,0 Wasser.

Das Feuerlöschwasser wird mittels Handspritze ins Feuer gespritzt. Die Salze überziehen die brennenden Teile, so dass letztere, einmal davon getroffen nicht gleich wieder in Brand geraten.

Das Feuerlöschwasser wird hektoliterweise verkauft und in grösseren Gebäuden an zugänglichen Stellen nebst Handspritze für vorkommende Fälle bereit gestellt.

Der Erfolg ist ein augenblicklicher, so dass im Entstehen eines Feuers selbst mit einer geringen Menge ausserordentliches geleistet werden kann.

Als Ergänzung der Feuerlöschdosen kann auch dieses Mittel warm zum Verkauf an Behörden und Private empfohlen werden.

Die Feuerlöschgranaten, welche gleichfalls Salzlösungen enthalten, und in der Hauptsache durch diese zu wirken bestimmt sind, stehen dem Feuerlöschwasser im Erfolg bei weitem nach, auch ist ihr Preis ein ganz unverhältnismässig hoher.

Feuerwerkskörper.

Die Herstellung der Feuerwerkskörper in Apotheken kann sich nur auf einige wenige gangbare Sorten beschränken, weshalb ich nur eine kleine Zahl von Vorschriften hier niederlegen werde, dabei aber raten möchte, wegen der Gefahr der Selbstentzündung mit Ausnahme der Salonflammen keine Vorräte zu halten und nicht sublimierten, sondern einen nicht zu fein gepulverten Stangenschwefel zu benützen. Die verschiedenen Bestandteile muss man, jeden für sich, gut trocknen und mit einer Holzkeule mischen. Das Arbeiten bei Licht ist unstatthaft, ebenso dürfen in der Nähe keine Feuerungsanlagen in Betrieb sein, wie überhaupt jede mögliche Vorsicht geboten erscheint.

Die Mischungen stopft man trocken in Papierhülsen; den Hülsen giebt man einen Durchmesser von 20—25 mm und eine Höhe von 60—80 mm. Je nach Farbe der Flamme benützt man Hülsen. welche mit gleichfarbigem bunten Stanniol überzogen sind. Zum Gebrauch *im Freien* giebt man die gewöhnlichen und billigeren bengalischen Flammen, während man für geschlossene Räume Salon- oder Theaterflammen zu liefern hat.

Bengalische Flammen.

Weiss.

70,0 Salpeter, Pulver M/20,
24,0 Stangenschwefel, „ „
6,0 rohes schwarzes Schwefelantimon, Pulver M/20.

Man mischt und stopft in die Hülsen.

Gelb.

67,0 Salpeter, Pulver M/20,
22,0 Stangenschwefel „ „
11,0 Natriumbikarbonat, „ „

Man mischt und stopft in die Hülsen.

Grün.

2,5 rohes schwarzes Schwefelantimon, Pulver M/20.
15,5 Stangenschwefel, Pulver M/20,
15,0 Kaliumchlorat, „ „
66,5 Baryumnitrat, „ „

oder:

1,0 Körnerlack (Lacca in granis), Pulver M/20,
0,5 Quecksilberchlorür,
2,0 Russ,
15,0 Kaliumchlorat Pulver M/20,
17,5 Stangenschwefel, „ „
64,0 Baryumnitrat, „ „

Man mischt und stopft in die Hülsen.

Blau.

10,0 Kupferoxyd,
20,0 Stangenschwefel, Pulver M/20,
30,0 Kaliumchlorat, „ „
40,0 Salpeter, „ „

Man mischt und stopft in die Hülsen.

Rot.

3,0 Lindenkohle, Pulver M/50,
6,5 rohes schwarzes Schwefelantimon, Pulver M/20,
10,0 Kaliumchlorat, Pulver M/20,
16,0 Stangenschwefel, „ „
64,5 Strontiumnitrat, „ „

oder:

3,5 Lindenkohle, Pulver M/50,
10,0 Kaliumchlorat, „ M/20,
20,0 Stangenschwefel, „ „
66,5 Strontiumnitrat, „ „

Man mischt und stopft in die Hülsen.

Violett.

1,0 Lindenkohle, Pulver M/50,
20,5 Schlemmkreide,
20,5 Stangenschwefel, Pulver M/20,
27,0 Kaliumchlorat, „ „
31,0 Salpeter, „ „

Man mischt und stopft in die Hülsen.

Salon- und Theaterflammen.

Die Salon- und Theaterflammen haben, wie schon in der Einleitung erwähnt wurde, den Vorzug, 1. durch die sich beim Brennen entwickelnden Gase weniger zu belästigen und 2. sich nicht von selbst zu entzünden. Ihre Lagerung ist daher eine weniger gefahrvolle.

Die Bereitungsweise der Schellack- und Stearinflammen besteht darin, dass man den Schellack oder die Stearinsäure schmilzt, die vorher gemischten getrockneten Pulver nach und nach einträgt und die erkaltete Masse in feines Pulver verwandelt. Selbstverständlich darf eine Überhitzung des Schellacks nicht stattfinden, da dieselbe für das Eintragen einer kaliumchlorathaltigen Mischung leicht verhängnisvoll werden könnte. Ausserdem verliert überhitzter Schellack die für die Untermischung von Pulvern notwendige Dünnflüssigkeit.

Die Salonflammen füllt man, wie bei den bengalischen angegeben, in Papierhülsen.

Weiss.

4,5 Stearinsäure,
4,5 Baryumkarbonat,
18,0 Milchzucker, Pulver M/30,
18,0 Salpeter, „ M/20,
55,0 Kaliumchlorat, „ „

Man mischt und stopft in die Hülsen.

Gelb.

22,5 Schellack,
22,5 Natriumoxalat, Pulver M/20,
27,5 Salpeter, „ „
27,5 Kaliumchlorat, „ „

Man mischt und stopft in die Hülsen.

Grün.

25,0 Milchzucker, Pulver M/30,
25,0 Baryumnitrat, „ M/20,
50,0 Kaliumchlorat, „ „

Man mischt und stopft in die Hülsen.

Blau.

19,0 Schellack,
36,0 Kaliumchlorat, Pulver M/20,
45,0 Kupferammoniumsulfat.

Man mischt und stopft in die Hülsen.

Rot.

4,5 Bärlappsamen,
4,5 Strontiumoxalat, Pulver M/20,
18,0 Milchzucker, „ „

18,0 Salpeter, Pulver M/20,
55,0 Kaliumchlorat, „ „

Man mischt und stopft in die Hülsen;

oder

16,0 Schellack,
84,0 Strontiumnitrat, Pulver M/20.

Magnesiumflammen.

Von der „Chemischen Fabrik auf Aktien vormals *E. Schering*)" eingeführt, übertreffen die Magnesiumflammen an Glanz alles bisher dagewesene. Obwohl ihr Preis ein etwas höherer ist, bieten sie doch wieder den Vorteil, wesentlich langsamer zu brennen. Ihrer Zusammensetzung nach sind sie den Salon- und Theaterflammen beizuzählen, werden aber ihrer Schönheit wegen auch im Freien benützt.

Weiss.

14,0 Schellack, Pulver M/20,
84,0 Baryumnitrat, „ „

Man schmilzt den Schellack, mischt den Baryt unter und verwandelt die erkaltete Masse in Pulver. Man fügt nun

2,5 gepulvertes Magnesium

hinzu, stopft die Mischung entweder lose in Papier, oder, wenn man die Flammen als Fackeln benützen will, möglichst fest in Zinkblechhülsen, die man auf langen Stäben befestigt.

Rot.

16,0 Schellack, Pulver M/20,
81,5 Strontiumnitrat, „ „
2,5 gepulvertes Magnesium.

Man verfährt wie bei der vorigen Mischung.

Blitzpulver.

Die Blitzpulver dienen sowohl Theaterzwecken, als auch besonders als Lichtquellen für photographische Augenblicksaufnahmen. Da die Mischungen auch durch Schlag explodieren, mischt man die Bestandteile unmittelbar vor dem Gebrauch mit einem Kartenblatt. Je nach Bedürfnis macht man kleine Patronen von 0,5—2 g Inhalt und benützt als Umhüllungsmaterial Salpeterpapier.

Man hat dann zum Gebrauch nur nötig, die Enden der Umhüllung mit einem Streichholz anzuzünden.

a) 40,0 Kaliumpermanganat, Pulver M/50,
60,0 Magnesium, Pulver M/30,

b) 20,0 Aluminium, Pulver M/30,
15,0 Schwefelantimon, „ „
65,0 Kaliumchlorat, „ M/20.

Beide Mischungen sind in der Wirkung gleich vorzüglich.

Schluss der Abteilung „Feuerwerkskörper".

Filtrieren. Filtern.

Man versteht unter Filtrieren die mechanische Trennung eines festen Körpers von einer Flüssigkeit durch Seihen und bedient sich dieser Art in drei Fällen:

a) um aus einer Mischung beider Körper den flüssigen zu gewinnen und den festen als wertlos zu beseitigen (z. B. bei Tinkturen, Salzlösungen usw.),

b) umgekehrt wie bei a) (z. B. bei Niederschlägen usw.),

c) um beide Körper für sich zu gewinnen und zu verwerten, wie dies z. B. in der Analyse zumeist vorkommt.

Als Filtrierstoff benützt man bei kleineren Mengen das ungeleimte Papier, bei grösseren gewebte Stoffe aus Wolle, Baumwolle und Leinen, den Wollfilz und neuerdings die Cellulose.

Das beste Filtrierpapier wird mit der Hand (Büttenpapier) aus Leinen und Hanffasern hergestellt. Es muss langfaserig gemahlen sein, um die nötige Festigkeit zu bekommen, und erhält eine seine Durchlässigkeit bedingende Zerreissung der Fasern in ihrer Längsrichtung durch Ausfrierenlassen der frisch geschöpften und auf Holzstäbe in dünnen Lagen aufgehängten Bogen. Das Ausfrieren muss, da nicht jeder Winter kalt oder so lange kalt ist, bis die meist einfach eingerichtete Papiermühle den Jahresbedarf gedeckt hat, oft dadurch ersetzt werden, dass der Papierstoff in der Holländermühle möglichst langsam gemahlen wird. Der Erfolg ist aber bei weitem nicht der, welchen man durch Frost erzielt, und es kann das langsamere und sorgfältigere Stoffmahlen nur als Notbehelf gelten.

Mit Steigerung der Arbeitslöhne und der Leistungsfähigkeit der Papiermaschinen ist das Handpapier selten geworden. Eine dem Handpapier nahe stehende Sorte gewinnt man auf der sogenannten Nassmaschine, welche eine geringe Leistungsfähigkeit hat und sich von der eigentlichen Papiermaschine dadurch unterscheidet, dass sie keine Trockenvorrichtung besitzt. Die nassen Bogen werden, ebenso wie beim geschöpften Papier, dem Frost ausgesetzt und liefern schliesslich ein Filtrierpapier, welches dem Handpapier in Güte nahe steht und uns dasselbe in der Jetztzeit zumeist ersetzen muss.

Äusserlich unterscheiden sich beide Sorten wenig und nur durch den Rand, der beim Handpapier dünn und in krummer Linie verläuft, während er beim Nassmaschinenpapier glatt geschnitten erscheint.

Ein auf der grossen Papiermaschine gearbeitetes Löschpapier ist für Filtrierzwecke völlig unbrauchbar.

Die Anforderungen, welche man an gute Ware stellt, lassen sich kurz in folgende Punkte zusammenfassen:

1. das Papier muss fest sein, um beim Filtrieren nicht zu reissen;
2. es muss klar filtrieren;
3. es muss gleichmässig im Stoff sein, d. h. es darf keine dünnen Stellen oder gar Löcher haben.

Beim Filtrieren durch Papier bedient man sich in der Regel eines Trichters: man legt aber auch das Papier auf ein aufgespanntes Seihtuch auf und gewinnt so ein Filter von grösserer Ausdehnung.

Das für einen Trichter bestimmte Papier faltet man entweder glatt oder in Stern- oder Fächerform. Ich unterlasse es, die Anleitung zu dieser Kunst zu geben, da ich das Bekanntsein voraussetzen darf; für Ungeübtere ist die Benützung des Filterfalters von *Otto Ziegler* in Augsburg, der schön gefaltete Filter giebt, zu empfehlen.

Um klare Filtrate zu erhalten und rasch zu filtrieren, feuchtet man das Filter vorher an und zwar mit derselben Flüssigkeit, welche man aufzugiessen beabsichtigt. Um eine mit Spiritus dilutus bereitete Tinktur zu filtrieren, bedient man sich des Spiritus diluti als Anfeuchtungsmittel, für Säfte nimmt man Sirup. simplex, für Oleum Hyoscyami etwas Oleum Provinciale, für wässerige Salzlösungen oder in Wasser fein verteilte Niederschläge destilliertes Wasser u. s. f.

Beim Aufgiessen auf das bis in die Spitze des Trichters geschobene Filter gebraucht man die Vorsicht, die Flüssigkeit an den Filterwandungen herablaufen zu lassen.

Bei langsam filtrierenden Flüssigkeiten, wie Säften, nimmt man sehr häufig seine Zuflucht zum Luftsauger. Ich habe damit bis jetzt günstige Ergebnisse nicht erzielen können und gefunden, dass sich das Filtrierpapier rasch mit festen Teilen beschlägt, während diese ohne Saugen in der Schwebe bleiben. Ich fand ferner, dass ein Saugen mit hoher Luftleere stets trübe Filtrate liefert. Bei Säften ziehe ich vor, die Pflanzenauszüge für sich und vor dem Aufkochen mit Zucker zu filtrieren.

Ein gutes Mittel, um klare Filtrate zu erhalten, ist auch der Zusatz von feinem Talkpulver zur trüben Flüssigkeit. Nach mehrmaligem Zurückgiessen filtriert die Flüssigkeit zumeist klar, man kann dieses Mittel jedoch nur beim Filtrieren durch Papier anwenden.

Um eine grössere filtrierende Fläche zu erzeugen, belegt man ein aufgespanntes Seihtuch mit Filtrierpapier; man muss jedoch letzteres, um ein Anfügen an die Seihtuchwandungen zu ermöglichen, vorher zwischen den Händen vollständig zerknittern.

Filz- oder Flanellspitzbeutel filtrieren meistens erst dann klar, wenn die trübe durchgelaufene Flüssigkeit oft zurückgegossen wird; um ihre Wirkung zu verstärken, bedient man sich besonders bei letzteren des folgenden Verfahrens:

Man verrührt eine hinreichende Menge Filtrierpapierabfall in nicht zu viel kaltem Wasser, verdünnt mit warmem Wasser und begiesst damit die Wandungen des vorher genässten und wieder ausgedrückten Filz- oder Spitzbeutels. Der Beutelstoff saugt die Flüssigkeit begierig an, während die Papierfaser als dichter Belag die Oberfläche überzieht. Man gewinnt so einen Spitzbeutel mit Filtrierpapier-Überzug. Nachdem man das überflüssige Wasser einige Minuten lang hat abtropfen lassen, setzt man einen Trichter mit weitem Rohr auf und beschickt durch diesen den Spitzbeutel. Man leitet auf diese Weise den Strahl der Flüssigkeit in die Mitte des Spitzbeutels und verhütet so, dass der Filtrierpapierbelag von den Wandungen abgespült wird. Es kann vorkommen, dass das allererste Filtrat zurückgegossen werden muss; im übrigen verläuft aber die Arbeit glatt und man kann auf diese Weise ungemein grosse Mengen goldklaren Filtrats gewinnen.

Besonders empfohlen sei dieses Verfahren zum Filtrieren von Honiglösungen, Extraktbrühen usw.

Gelingt es auf eine der vorstehend beschriebenen Weisen nicht, eine Flüssigkeit blank zu filtrieren, so muss man letztere zunächst einer besonderen Behandlung unterziehen, wozu die Abschnitte „Abschäumen“ und „Klären“ die Fingerzeige geben.

Einen grossen Einfluss auf die Schnelligkeit des Filtrierens übt die zweckentsprechende Form des Trichters aus; man hat daher beim Einkauf diesem Punkt seine Aufmerksamkeit zu widmen.

Gleichgiltig, ob ein Trichter gross oder klein ist, darf seine Röhre nur eine enge Öffnung haben. Trichtern mit weiten Öffnungen giebt man einen Wattepfropfen und bietet damit der Spitze des Filters eine Unterstützung.

Die Wandungen des Trichters sind am besten gerippt; solche gerippte Trichter aus Porzellan und Glas sind jetzt überall käuflich. Ferner dürfen die Wandungen nicht, wie dies bei Glastrichtern manchmal vorkommt, nach innen gewölbt, sondern müssen gerade sein.

Da gerippte Trichter nicht überall vorhanden sind, so verhütet man das feste Anlegen des Filtrierpapieres an die glatte Trichterwand dadurch, dass man zuert einen Trichter aus Rosshaargaze in den Glas-, Porzellan- oder Emailletrichter einsetzt. Man kann sich solche Einsätze selbst herstellen aus verbrauchten Rosshaarsiebböden. Je gröber die Maschen sind, desto besser eignet sich die Gaze zum besprochenen Zweck. Metallgazeeinsätze sind zu verwerfen.

Für jene vielen Fälle, in welchen Glas oder Porzellan nicht unbedingt notwendig sind, möchte ich Trichter aus emalliertem Eisenblech anraten. Sie haben den grossen Vorzug, nicht zu zerbrechen, höchstens springen bei gewaltsamer Behandlung Stücke der Emaille ab.

Um Stoffe zu filtrieren, welche bei gewöhnlicher Temperatur nicht flüssig sind, bedient man sich eines mit Dampf geheizten Trichters, des „Dampftrichters"; nachstehende Abbildung veranschaulicht die Einrichtung.

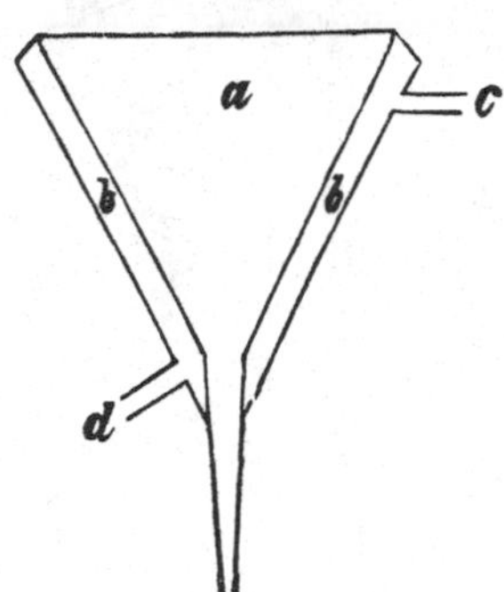

Abb. 20a.
a ist der Trichterraum,
b der Dampfmantel,
c der Dampfzugang,
d der Dampfrückgang.

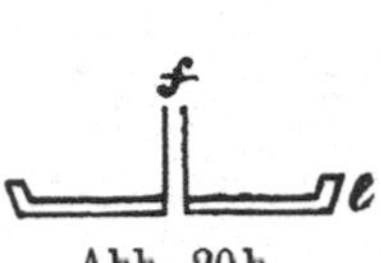

Abb. 20b.
Eine kreisrunde Eisenblechplatte mit Dille und aufgebogenem Rand, welcher genau in die Infundierbüchsenöffnung eines Dampfapparates passt;
e ist die kreisrunde Einsatzplatte,
f die Dille zum Dampfdurchlassen.

Setzt man die Platte Abb. 20b in die Öffnung des im Gang befindlichen Dampfapparates ein, verbindet *f* der Platte mit *c* des Trichters durch Gummischlaug, befestigt an *d* ebenfalls ein Stück Schlauch, um es in einem beliebigen Gefäss endigen zu lassen, so besitzt man einen mit Dampf geheizten Trichter, welcher eine Temperatur von 70—75° C zeigt und sich vortrefflich eignet zum Filtrieren von Fett, Talg, Kakaoöl, Wachs usw. Benötigt man, wie bei Oleum Cacao, einer niedrigeren Temperatur, so verengert man den dampfzuführenden Schlauch durch Zusammenquetschen.

Die Dampfzufuhr darf keine zu geringe sein, weshalb man den Dillen wenigstens einen Durchmesser von 15 mm geben muss. Den Trichter lässt man sich am besten reichlich gross und mit Deckel versehen herstellen.

Zum Filtrieren verwendet man gutes Filtrierpapier.

Abb. 21 zeigt denselben Trichter aus Kupfer mit Glastrichtereinsatz für unmittelbaren Dampfanschluss.

Nicht so allgemein verwendungsfähig und weniger bequem, aber für viele Fälle ausreichend ist der Heisswassertrichter, wie ihn Abb. 22 veranschaulicht Der einwandige Trichter aus Kupfer oder Weissblech umschliesst einen Glastrichter, welcher mit ersteren durch einen dicht schliessenden Gummipfropfen verbunden ist. Den Zwischenraum zwischen beiden Trichtern füllt man mit Wasser aus und erwärmt dieses von dem seitlichen Ansatz aus durch eine darunter gestellte Flamme.

Einen verschraubbaren Heisswassertrichter stellt der *Unna*sche Trichter (Abb. 23) vor, der zum Filtrieren bei Dampfdruck unter gleichzeitiger Sterilisation bestimmt ist. Den Zwischenraum zwischen Glas- und Metalltrichter füllt man nur teilweise mit Wasser an und schraubt den Trichter zu. Erhitzt man nun das Ansatzrohr, bis sich Dampf entwickelt und schliesst dann den im Deckel befindlichen Hahn, so drückt der Dampf auf die zu filtrierende Flüssigkeit.

Selbstwirkende Nachfüller, wie man sie mit allen möglichen Ausstattungen zuweilen abgebildet sieht, haben nur dann einen Zweck, wenn die Filtration Tage in Anspruch nimmt und sehr langsam vor sich geht. Am einfachsten bedient man sich einer mit der zu filtrierenden Flüssigkeit gefüllten Flasche, welche man umstürzt und mit dem Hals in die im Filter befindliche Flüssigkeit hineintauchen lässt. Mit dem Sinken des Höhenstandes im Filter tritt Luft in die Flasche und dafür Flüssigkeit so lange aus, bis der gestiegene Höhenstand den Flaschenhals wieder luftdicht abschliesst.

Erwähnenswert sind noch die in der Gross-Industrie längst im Gebrauch befindlichen und auch im Apotheken-Laboratorium sich mehr und mehr einbürgernden Filterpressen. Sie

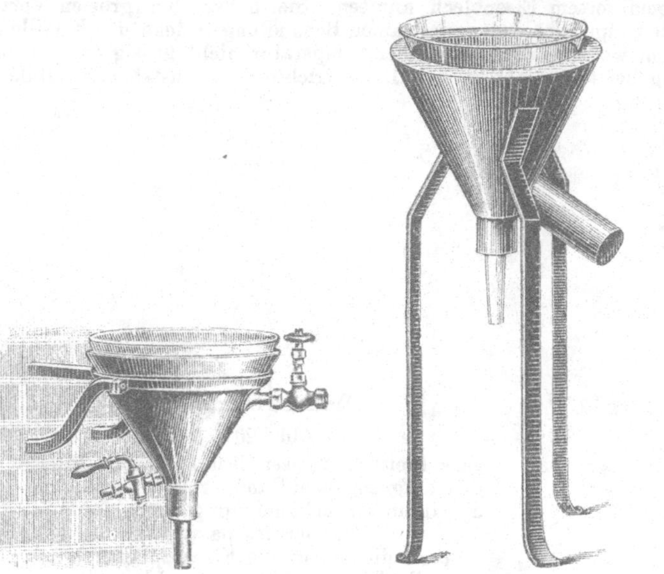

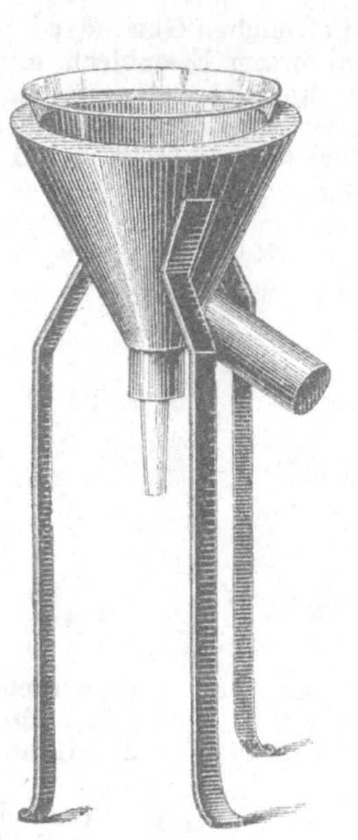

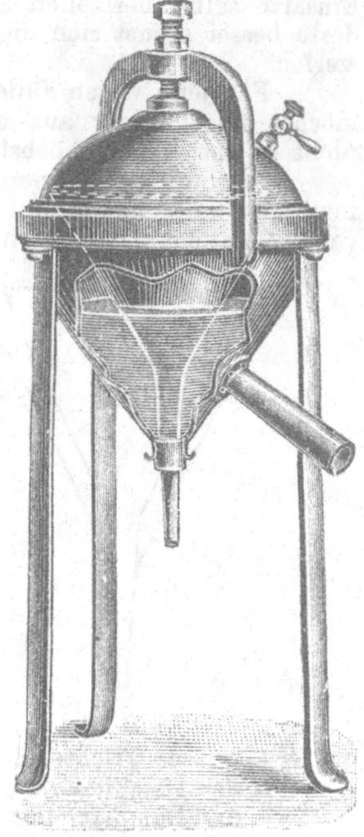

Abb. 21. **Dampftrichter** von *Gust. Christ* in Berlin.

Abb. 22. **Heisswassertrichter** von *Gust. Christ* in Berlin.

Abb. 23. ***Unna*scher Trichter** von *Gust. Christ* in Berlin.

dienen zum Sammeln und Auswaschen von Niederschlägen, zum Klären bezw. Filtrieren trüber Flüssigkeiten, ja sogar zum Auslaugen fester Bestandteile. Die Filterpresse besteht aus einem System von Zellen oder Kammern, welche aus aufeinanderliegenden, mit Filtertüchern be-

Abb. 24. **Filterpresse von *Gust. Christ* in Berlin.**

kleideten Rahmen gebildet werden. Abwechselnd nimmt die eine Zelle die zu filtrierende Flüssigkeit auf, während die nächstfolgende zum Abfliessen des Filtrats dient. Je mehr Zellen vorhanden sind, um so leistungsfähiger ist natürlich die Presse.

Die Rahmen werden je nach der beabsichtigten Verwendung aus Eisen, Bronze oder Holz hergestellt und können mit Überzügen aus Blei, Zinn oder Hartgummi versehen werden. Die Flüssigkeiten werden den Zellen mit einem Pumpwerk zugeführt, also eingepresst, daher die Bezeichnung „Filterpresse“ †. — Für den Kleinbetrieb baut *Gust. Christ* in Berlin neuerdings hübsche Filterpressen in kleineren Verhältnissen. Ich kann dieselben (s. Abb. 24) als zweckentsprechend empfehlen.

Firnisse, Lacke, Polituren usw.

Im Volksleben unterscheidet man die Begriffe nicht mit der Strenge und Schärfe, wie es der Fachmann zu thun gewöhnt ist. So findet man häufig, dass die Bezeichnungen „Firnis“ und „Lack“ beliebig und willkürlich angewendet werden. Es mag deshalb an dieser Stelle vor allem festgestellt werden, dass man unter „Firnis“ in erster Linie eingekochtes oder unter Zusatz von Metalloxyden gekochtes Leinöl versteht, dass man aber auch alle jene Mischungen, welche aus Terpentinöl-Harzlösungen und Leinölfirnis bestehen, als „Firnisse“ bezeichnet. Allerdings hört man oft von einem Kopal- oder Bernsteinlack sprechen, dann aber fehlerhafter Weise, denn es muss Kopal- oder Bernsteinfirnis heissen. Als „Lacke“ bezeichnet man die Lösungen von Harzen in Terpentinöl oder Weingeist und unterscheidet „Terpentinöl“- und „Weingeistlacke“.

Die Herstellung von Kopal-, Bernstein- und anderen Firnissen setzt grössere, selbst maschinelle Einrichtungen voraus; es ist deshalb der Platz nicht hier, derartige Fabrikationen zu beschreiben. Zweck des Nachstehenden wird also nur sein können, solche Vorschriften zu geben, welche sich mit einfachen Mitteln ausführen lassen, diese aber im Interesse der Übersichtlichkeit in die Gruppen:

I. Firnisse,
Reine Firnisse,
Harz-Firnisse;

II. Lacke,
Terpentinöl-Lacke,
Weingeist-Lacke;

III. Polituren

zu gliedern.

Es giebt natürlich, wie überall, so auch hier Zwischenstufen, so dass die gezogenen Grenzen nicht immer genau eingehalten werden können.

I. Firnisse.

Reine Firnisse.

Diese bestehen nur aus Leinöl. In der Malerei finden auch Mohnölfirnisse Anwendung, diese kommen aber hier nicht in Betracht.

Metallfreier Leinöl-Firnis.

1000,0 Leinöl

erhitzt man unter fortwährendem Rühren bis zum schwachen Ausstossen von weissen Dämpfen und so lange auf freiem Feuer, bis das Gewicht nur noch

900,0

beträgt.

Man setzt nach dem Erkalten

50,0 Terpentinöl

zu, so dass die Ausbeute

950,0

ist.

Der metallfreie Leinölfirnis bildet die Grundlage für Kopal- und Bernsteinfirnis. Er kann niemals durch einen blei- oder manganhaltigen Leinölfirnis ersetzt werden.

Leinöl-Siccativ.

1000,0 Leinöl

kocht man in derselben Weise, wie beim metall-

† S. Bezugsquellen-Verzeichnis.

freien Leinölfirnis angegeben, bis zu einer vogelleimartigen Masse oder zum ungefähren Gewicht von

850,0

ein.

Das Leinöl-Siccativ dient dazu, Ölfarbe-Anstriche durch einen Zusatz von beiläufig 10 pCt rasch zum Trocknen zu bringen. Es hat vor dem borsauren Manganoxydul, welches denselben augenblicklichen Erfolg bewirkt, den Vorzug, den Anstrichen eine gewisse Elastizität zu geben, während jenes spröde macht und ein baldiges Springen und Reissen des Anstrichs herbeiführt.

Bleihaltiger Leinöl-Firnis.

1000,0 Leinöl

erhitzt man mit

25,0 präparierter Bleiglätte

so lange auf freiem Feuer, als noch Schaum aufsteigt. Man nimmt dann vom Feuer und lässt, ehe man den Firnis verwendet, wenigstens 14 Tage absetzen.

Die Ausbeute wird ungefähr

950,0

betragen.

Der bleihaltige Leinölfirnis findet Verwendung bei allen dunklen Ölfarbe-Anstrichen und muss nur bei Weiss vermieden werden.

Mangan-Leinöl-Firnis.

1000,0 Leinöl

und

40,0 borsaures Manganoxydul

erhitzt man auf mässigem freien Feuer und unter Rühren so lange, bis die gesättigte gelbe Farbe des Leinöls einem blassen Gelbgrün gewichen ist. Um den Farbenübergang beobachten zu können, bringt man einige Tropfen des verwendeten Leinöls auf einen Porzellanteller und während des Kochens Gegenproben daneben. Das Ende der Erhitzung ergiebt sich ferner noch im Aufhören des Schäumens.

Den Firnis nimmt man dann vom Feuer, kühlt, wenn dies möglich ist, durch Einstellen des Kessels in kaltes Wasser rasch ab und stellt etwa 14 Tage zum Absetzen zurück.

Die Ausbeute wird

925,0

betragen.

Der Mangan-Leinölfirnis eignet sich seiner hellen Farbe wegen zum Anreiben von Blei- und Zinkweiss, trocknet aber, besonders mit letzterem, langsamer, wie der bleihaltige Leinölfirnis.

Harz-Firnisse.

Sie werden zumeist so hergestellt, dass man das Harz mit Abschluss der Luft schmilzt, dann in Terpentinöl löst und schliesslich eine bestimmte Menge Leinölfirnis zusetzt.

Bernstein-Firnis I a.

400,0 Bernsteinabfall

schmilzt man unter Abschluss der Luft auf freiem Feuer, lässt etwas abkühlen, löst dann das Harz in

400,0 Terpentinöl

und setzt zuletzt

300,0 metallfreien Leinölfirnis

zu.

Der Bernsteinfirnis dient hauptsächlich zu Fussboden-Anstrichen, da er elastischer ist, als Kopal-Firnis.

Bernstein-Firnis II a.

500,0 Bernstein-Kolophon,
200,0 metallfreien Leinöl-Firnis

schmilzt man auf freiem Feuer, kühlt bis circa 100° C ab und versetzt mit

q. s. Terpentinöl

bis zu einem Gesamtgewicht von

1000,0.

Man bringt dann im Dampfbad zur Lösung.

Kopal-Firnis I a.

400,0 Manila-Kopal

schmilzt man langsam in einem bedeckten Gefäss auf freiem Feuer.

Man giesst die geschmolzene Masse in flache Schalen, löst das erkaltete Harz unter Erwärmen in

400,0 Terpentinöl

und setzt schliesslich

300,0 metallfreien Leinölfirnis

zu.

Statt des Manila- kann man auch ostindischen Kopal nehmen. Der beste Firnis ist derjenige, der sich schleifen lässt und unter der fälschlichen Bezeichnung „Wagenlack" bekannt ist. Es mag darauf aufmerksam gemacht sein, dass gute Kopale sehr schwer schmelzen und dunkle Dämpfe ausstossen, aber erst durch die durch das Schmelzen herbeigeführte Zersetzung die an ihnen geschätzte Härte erhalten.

Kopal-Firnis II a.

Man bereitet denselben aus afrikanischem Kopal wie den vorhergehenden. Er dient zum Lakieren billiger Möbel usw.

Matt-Firnis.

Mattlack. Matter Möbellack. Bruneolin.

a) 150,0 gelbes Wachs,
450,0 Terpentinöl,
150,0 Bernsteinfirnis Ia.

b) 200,0 gelbes Wachs,
600,0 Terpentinöl,
200,0 Kopalfirnis.

c) 300,0 gelbes Wachs,
300,0 Leinölfirnis,
400,0 Terpentinöl.

Um diese Massen gelblich oder braun zu färben, setzt man

10,0—20,0 Goldocker

oder

10,0—20,0 Umbrabraun,

jedes vorher mit dem gleichen Gewicht Leinölfirnis höchst fein verrieben, zu.

Die Masse trägt man mit einem nicht zu steifen Pinsel dünn auf und bürstet am anderen Tag mit einer weichen Bürste über.

Wachs-Firnis.

Linoleum-Firnis. Für Linoleum, Wachstuch usw.

150,0 gelbes Wachs

schmilzt man, verdünnt mit

300,0 Terpentinöl

und fügt dann

150,0 Bernsteinfirnis Ia

hinzu.

Die Masse reibt man auf das Linoleum mit einem wollenen Lappen auf.

Schultafel-Anstrich.

70,0 Lindenkohle, Pulver M/50,
20,0 Bimsstein, Pulver M/50,
10,0 präparierte Bleiglätte

verreibt man innig mit

100,0 Leinölfirnis,
30,0 Terpentinöl.

Man streicht diese Masse auf die Tafel auf, vertreibt die Farbe mit dem Pinsel möglichst dünn und lässt mindestens 8 Tage in hoher Zimmertemperatur trocknen, bevor man einen zweiten Anstrich aufträgt.

Hat man rohes frisch gehobeltes Holz vor sich, so reibt man dasselbe einige Tage vor dem Anstrich mit obiger Farbe mittels eines Lappens recht dünn ein.

Man wiederholt diesen Anstrich noch zweimal in derselben Weise, schleift aber jeden Anstrich, wenn er trocken ist, mit feinem Sand oder Bimssteinpulver und Wasser ab.

Eine so angestrichene schwarze Tafel nimmt die Kreide gut an und hält jahrelang.

Das Verfahren ist erprobt.

II. Lacke.

Terpentinöl-Lacke.

Sie werden zum Teil durch Schmelzen der Harze, zum Teil auf kaltem Weg hergestellt.

Asphalt-Lack.

Eisenlack.

400,0 syrischen Asphalt

schmilzt man über freiem Feuer, lässt erkalten, zerstösst und löst in

q. s. Terpentinöl,

dass das Gesamtgewicht

1000,0

beträgt.

Man löst vielfach den Asphalt im Terpentinöl, ohne ihn vorher zu schmelzen, erhält dabei jedoch einen immer klebenden Anstrich, während durch das Schmelzen der Asphalt eine gewisse Härte bekommt.

Bernsteinkolophon-Lack.

600,0 Bernsteinkolophon

stösst man gröblich und löst in

400,0 Terpentinöl.

Der mit dem Bernsteinkolophonlack hergestellte Strich ist wenig widerstandsfähig; es wird daher dieser Lack nur für Zwecke verwendet, bei welchen eine längere Dauer nicht beabsichtigt ist.

Dammar-Lack.

600,0 Dammarharz

schmilzt man vorsichtig auf freiem Feuer, erhitzt hier noch so lange, bis aller Schaum verschwunden ist, lässt erkalten, zerstösst und löst in

q. s. Terpentinöl,

dass das Gesamtgewicht

1000,0

beträgt.

Ähnlich wie beim Asphaltlack löst man vielfach das Dammarharz im Terpentinöl, ohne es vorher zu schmelzen. Der mit einem solchen Lack gemachte Anstrich bleibt aber immer klebend, während durch das Schmelzen eine gewisse Festigkeit und Härte erzielt wird.

Man benützt den Dammar-Lack zum Anreiben von Zinkweiss oder Überziehen von weissen Anstrichen.

Kolophon-Lack.

Sarglack. Holzlack.

a) 400,0 amerikanisches Kolophon

zerstösst man in kleine Stücke und löst in

600,0 Terpentinöl.

Der Kolophon-Lackstrich findet Anwendung für Holzspielsachen, Särge usw.

b) 400,0 amerikanisches Kolophon,
500,0 Brennspiritus,
100,0 Terpentinöl.

Weingeist-Lacke.

Ihre Grundlage ist ein in Weingeist gelöstes Harz; die Lösung ist meistens durch besondere Zusätze den verschiedenen Zwecken angepasst.

Buchbinder-Lack.

Portefeuille-Lack.

150,0 Schellack, blond,
40,0 Sandarak,
20,0 Lärchenterpentin,
5,0 weingeistige Ammoniakflüssigkeit,
1,0 Lavendelöl,
830,0 Weingeist von 90 pCt

lässt man bei 15—20° C unter öfterem Umschütteln stehen, bis alles gelöst ist, und filtriert dann.

Für den Gebrauch ist die Anweisung zu geben, dass die frisch gestrichene Ware, um den Glanz zu erhöhen, über Kohlenfeuer getrocknet werden muss.

Will man ohne dieses Hilfsmittel hohen Glanz erzielen, dann muss man den Lack konzentrierter (man nimmt 100,0 Weingeist weniger) herstellen.

Celluloid-Lack.

Etikettenlack. Zaponlack.
Nach *E. Dieterich.*

a) 2,0 Kolloxylin

übergiesst man mit

30,0 Äther,

fügt

70,0 Weingeist von 95 pCt

und schliesslich

1,0 Kampfer

hinzu.

b) 50,0 Kollodium D. A. IV,
40,0 Weingeist von 95 pCt,
10,0 Äther,
1,0 Kampfer.

Der Lack eignet sich besonders zum Überziehen von Papieretiketten an Gefässen, welche Öle oder Spirituosen enthalten. Man kann den Lack mit Teerfarben beliebig färben.

Statt 2,0 Kolloxylin kann man auch 10,0 Collodium gelatinosum † nehmen.

Der Celluloidlack befindet sich im Handel und wird nach einer Mitteilung der Pharm. Centralh. von *Max Franke* in Berlin S, Brandenburgerstrasse 45, hergestellt.

Chokoladewarenlack.

Schokoladelack.

75,0 Sumatra-Benzoë,
75,0 blonden Schellack,
1,0 Vanillin

löst man in

850,0 Weingeist von 95 pCt

filtriert die Lösung und wäscht das Filter mit

q. s. Weingeist von 95 pCt

nach, dass das Gewicht des Filtrats

1000,0

beträgt.

Dosenlack.

160,0 blonden Schellack,
80,0 Sandarak

löst man in

800,0 Weingeist von 95 pCt,

setzt dann

25,0 Lärchenterpentin

zu und filtriert.

Nach Wunsch kann der Lack mit weingeistigem Sandelholzextrakt † oder Drachenblut mehr oder weniger rot gefärbt werden.

Etikettenlack.

a) 200,0 Sandarak,
50,0 Mastix,
25,0 Lärchenterpentin,
800,0 Weingeist von 90 pCt.

† S. Bezugsquellen-Verzeichnis.

Man maceriert unter öfterem Umschütteln, bis alles gelöst ist, filtriert und fügt dem Filtrat

q. s. Weingeist von 90 pCt

hinzu, dass das Gewicht

1000,0

beträgt.

b) 400,0 gebleichten Schellack,
20,0 Kopaivabalsam,
20,0 Lärchenterpentin

löst man durch Erwärmen in

600,0 Weingeist von 95 pCt,

lässt erkalten und filtriert.

c) nach *Pospišil.*

50,0 weissen Schellack

löst man unter schwachem Erwärmen in

80,0 Weingeist von 95 pCt,

setzt

5,0 Kopaivabalsam

zu, lässt einen Tag stehen und filtriert.

Man klebt die Etiketten mit frischem Stärkekleister auf und lässt sie gut antrocknen. Man überstreicht sie dann 2 mal mit Kollodium und lackiert sie schliesslich einmal.

Setzt man dem Etikettenlack Anilinfarben zu, so ist man imstande, die schönsten Farbentöne mit Benützung von gewöhnlichen weissen Papier-Etiketten zu erzielen. Man hat aber das Verbleichen der Anilinfarben in Betracht zu ziehen.

Fassglasur.

200,0 Kolophon,
10,0 gelbes Wachs

schmilzt man und verdünnt die geschmolzene Masse mit

800,0 Weingeist von 95 pCt,

in welchem man vorher

50,0 dunkeln Schellack,
20,0 Lärchenterpentin,
10,0 Harzöl †

löste.

Goldkäferlack.

Anilin-Bronzelack.

8,0 Diamantfuchsin,
4,0 Methylviolett, weingeistlösliches, †

zerreibt man zu Pulver, erhitzt dieses im Wasserbad mit

100,0 Weingeist von 95 pCt

bis zur vollkommenen Lösung, fügt dann

10,0 Sumatra-Benzoë

zu und setzt das Erhitzen noch 15 Minuten fort. Man filtriert die noch heisse Lösung durch etwas Watte und wäscht das Filter mit

q. s. Weingeist von 95 pCt

nach, dass das Filtrat

100,0

wiegt.

Goldlack.

Goldleistenlack.

a) stark gefärbt mit schwachem Glanz:

40,0 Gummigutt,
5,0 Drachenblut.
5,0 weingeist. Sandelholzextrakt, †
750,0 blonden Schellack,
75,0 Sandarak,
25,0 Lärchenterpentin

löst man unter Erwärmen in

900,0 Weingeist von 95 pCt

und filtriert.

b) schwächer gefärbt mit starkem Glanz:

30,0 Gummigutt,
3,0 weingeist. Sandelholzextrakt, †
400,0 blonden Schellack,
50,0 Sandarak,
25,0 Lärchenterpentin

löst man durch Erwärmen in

800,0 Weingeist von 95 pCt,

versetzt die Lösung mit

20,0 Talk, Pulver M/50,

schüttelt kräftig damit um und filtriert dann.

c) Englischer:

330,0 Körnerlack,
30,0 Gummigutt,
640,0 Weingeist von 95 pCt.

d) Holländischer:

330,0 Körnerlack,
20,0 Drachenblut,
20,0 Gummigutt,
3,0 weingeistiges rotes Sandelholzextrakt,
630,0 Weingeist von 95 pCt.

Goldleistenlack.

250,0 Körnerlack,
30,0 Gummigutt,
3,0 weingeistiges rotes Sandelholzextrakt,
17,0 Lärchenterpentin,
700,0 Weingeist von 95 pCt.

Holzlack, roter.

300,0 Körnerlack,
30,0 Lärchenterpentin,

† S. Bezugsquellen-Verzeichnis.

15,0 Drachenblut,
5,0 weingeistiges rotes Sandelholzextrakt,
650,0 Weingeist von 95 pCt.

Korblack.

a) gelb:
200,0 Schellack,
150,0 Kolophon,
650,0 Weingeist von 90 pCt.
Man färbt beliebig mit Anilinfarben.

b) weiss:
200,0 weissen Schellack,
150,0 hellstes Kolophon
löst man in
650,0 Weingeist von 90 pCt
und filtriert die Lösung.

Metall-Lack.

75,0 Schellack, blond,
75,0 Sandarak,
10,0 Lärchenterpentin
löst man in
900,0 Weingeist von 90 pCt,
filtriert und setzt noch
q. s. Weingeist von 90 pCt
zu, dass das Gesamtgewicht
1000,0
beträgt.

Alle Arten von poliertem Metall werden durch einen Anstrich mit diesem Lack geschützt.

Der Mettalllack hat nicht den Zweck, dem zu lackierenden Metallgegenstand Glanz zu verleihen, sondern er soll den durch Putzen und Polieren hervorgerufenen, also bereits vorhandenen Glanz vor dem Einfluss der Luft schützen und dauernd machen.

Die Gebrauchsanweisung lautet:

„*Man streicht den Lack mit einem weichen Pinsel dünn auf das vorher blank geputzte Metall und trocknet dann in einem warmen Raum, dessen Temperatur mindestens 40° C beträgt. Kleinere Gegenstände kann man bei entsprechender Vorsicht am geheizten Ofen trocknen.*“

Möbellack, russischer.

200,0 Schellack
löst man unter Erwärmen in
500,0 Weingeist von 95 pCt.
Man fügt dann
40,0 Lärchenterpentin,
30,0 Talk, Pulver M/50
hinzu, schüttelt einige Minuten tüchtig und stellt in kühlen Raum.

Nach 8 Tagen filtriert man durch ein mit Weingeist genässtes Filter.

Pillenlack, Pastillenlack.

a) 7,0 Tolubalsam,
2,0 Schellack,
1,0 medizinische Seife,
20,0 Äther,
65,0 Weingeist von 90 pCt.
Man maceriert, bis sich die Harze und die Seife gelöst haben, filtriert und setzt
q. s. Weingeist von 90 pCt
zu, dass das Gesamtgewicht
100,0
beträgt.

b) 5,0 Mastix,
5,0 Sumatra-Benzoë,
10,0 Weingeist von 95 pCt,
80,0 Äther.
Man maceriert bis zur Lösung der Harze, filtriert und wäscht mit soviel Äther nach, dass das Filtrst
100,0
wiegt.

Das Lackieren der Pillen nimmt man am besten in einer geräumigen Abdampfschale vor und giesst, wenn die gleichartige Verteilung nicht gelungen sein sollte, etwas Äther zu.

Stock-Lack.

150,0 Schellack,
150,0 Sandarak,
15,0 Lärchenterpentin,
5,0 Sassafrasöl
löst man in
700,0 Weingeist von 90 pCt,
filtriert und fügt
q. s. Weingeist von 90 pCt
hinzu, dass das Gesamtgewicht
1000,0
beträgt.

Strohhutlack.

a) gelblich:
200,0 Schellack,
200,0 Kolophon,
600,0 Weingeist von 90 pCt.
Man färbt beliebig mit Anilinfarben.

b) weiss:
200,0 weisser Schellack,
200,0 hellstes Kolophon,
600,0 Weingeist von 90 pCt.

Zuckerwarenlack.

100,0 Sandarak,
100,0 Sumatra-Benzoë,
20,0 Lärchenterpentin

löst man in

800,0 Weingeist von 95 pCt

und filtriert die Lösung.

III. Polituren.

Gelbe Politur.

200,0 blonder Schellack,
800,0 Weingeist von 90 pCt.

Man löst unter schwachem Erwärmen und seiht durch.

Weisse Politur.

100,0 afrikanischen Kopal

setzt man gepulvert mindestens 14 Tage der Einwirkung des Lichtes und der Luft aus, löst dann in

400,0 Weingeist von 95 pCt

durch Digestion und filtriert.

Andererseits führt man

100,0 gebleichten Schellack

mit

400,0 Weingeist von 95 pCt

in Lösung über und filtriert.

Beide Filtrate mischt man und bringt durch Zusatz von

q. s. Weingeist von 95 pCt

auf ein Gesamtgewicht von

1000,0.

Polierwachs.

s. Cera politoria.

Schluss der Abteilung „Firnisse, Lacke, Polituren“.

Flammenschutzmittel.

I. Imprägnieren von Geweben.

Flammenschutzstärke.

a) 2,0 Stärke

verkleistert man mit

85,0 Wasser.

In der heissen Masse löst man

8,0 Ammoniumsulfat,
3,0 Borsäure,
2,0 Borax,

taucht die Stoffe ein und wringt sie aus.

b) 15,0 wolframsaures Natron,
2,0 Hausseife

löst man in

83,0 Wasser,

taucht die Gewebe in die heisse Lösung und wringt sie aus.

c) 5,0 Ammoniumphosphat,
2,0 Hausseife

löst man in

93,0 Wasser

und wendet die Lösung, wie die vorige, heiss an.

d) zum Stärken von Vorhängen:

20,0 wolframsaures Natron,
20,0 Borax, Pulver M/30,
60,0 Stärke, „ M/30,

mischt man und verwendet die Mischung wie gewöhnliche Stärke.

II. Anstrich für Theater-Requisiten.

a) 5,0 Stärke

verkleistert man kunstgerecht mit

150,0 Wasser.

Man fügt dann hinzu

1,5 Leim,
15,0 Ammoniumchlorid,
5,0 Borsäure

und mischt, wenn alles gelöst,

5,0 Kalifeldspatpulver

darunter.

Die Masse muss möglichst frisch verbraucht und hierbei öfters umgerührt werden.

b) 150,0 Ammoniumchlorid,
50,0 Calciumchlorid
löst man in
1000,0 Wasser,
verrührt
300,0 Schlemmkreide
darin und streicht damit die zu schützenden Holzgegenstände an.

III. Anstrich für Holzgeräte, hölzerne Decken, Verschläge usw.

Wetterfester Glasanstrich.

a) weiss:
1000,0 Zinkweiss,
500,0 Natronwasserglas,
500,0 Wasser
verreibt man, verwendet die Verreibung aber sofort, indem man sie mit
q. s. Natronwasserglas
verdünnt.

b) ockergelb:
200,0 Eisenocker,
50,0 Zinkweiss,
800,0 Natronwasserglas
verreibt man fein miteinander.

Beide Anstriche werden steinhart und sind wetterfest. Sie eignen sich deshalb sowohl zum Anstreichen von Glasdächern, als auch zum Herstellen der Schilder auf Gefässen aus Steingut oder Glas; besonders aber zum Anstreichen von Holzbauten, deren Entflammbarkeit man vermindern will. Für ungehobelte Böden, Balken, Sparren eignet sich besonders der Ockeranstrich. Er kommt ausserdem in Farbe und Glanz dem Ölfarbenanstrich nahezu gleich.

Durch Vermischen der Massen a) und b) erhält man je nach dem Mischungsverhältnis Ledergelb von verschiedener Abtönung.

* * *

Zum Schlusse sei erwähnt, dass alle Flammenschutzmittel keine völlige Sicherheit gewähren und die Verbreitung eines Feuers nur verlangsamen, nicht aber verhindern. Mit dem Zeitgewinn ist aber sehr oft die Unterdrückung eines Brandes ermöglicht.

Schluss der Abteilung „Flammenschutzmittel“.

Flaschenlacke.

Die Weinflaschen werden in den geschmolzenen Flaschenlack eingetaucht.

Die Herstellung der Flaschenlacke weicht von der der Siegellacke nur in so weit ab, als die zuzusetzende Farbe, um sie ergiebiger zu machen, mit dem vorgeschriebenen Terpentin fein abgerieben wird, während man die anderen Pulver mit dem Schwerspat mischt und in dieser Mischung nach dem Durchsieben unter die geschmolzene Harzmasse rührt.

Weiss:
160,0 Terpentin,
600,0 helles Kolophon,
160,0 Metallweiss, †
700,0 Schwerspat. †

Gelb:
160,0 Terpentin,
600,0 helles Kolophon,
80,0 Chromgelb,
320,0 Schwerspat. †

Himmelblau:
160,0 Terpentin,
600,0 möglichst helles Kolophon,
80,0 Ultramarinblau,
80,0 Metallweiss, †
440,0 Schwerspat. †

Blau:
160,0 Terpentin,
600,0 helles Kolophon,
80,0 Ultramarinblau,
620,0 Schwerspat. †

Rosa:
160,0 Terpentin,
600,0 helles Kolophon,
40,0 Karmin, †
160,0 Metallweiss, †
800,0 Schwerspat. †

Lila:
160,0 Terpentin,
600,0 helles Kolophon,
40,0 Karmin, †
160,0 Metallweiss, †
20,0 Ultramarinblau,
800,0 Schwerspat. †

† S. Bezugsquellen-Verzeichnis.

Rot:

200,0 Terpentin,
600,0 amerikanisches Kolophon,
100,0 Stearin,
60,0 deutscher Zinnober, †
1200,0 Schwerspat. †

Braun:

200,0 Terpentin,
600,0 amerikanisches Kolophon,
100,0 Stearin,
80,0 Englisch Rot, †
1200,0 Schwerspat. †

Schwarz:

160,0 Terpentin,
600,0 amerikanisches Kolophon,
60,0 Stearin,
4,0 Kienruss,
1200,0 Schwerspat. †

Gold, transparent:

100,0 Terpentin,
100,0 japanesisches Wachs,
800,0 helles Kolophon,
5,0 Schaumgold.

Silber, transparent:

100,0 Terpentin,
100,0 japanesisches Wachs,
800,0 helles Kolophon,
10,0 unechtes Blattsilber.

Flaschenlack, flüssiger.

40,0 Schellack,
10,0 Lärchenterpentin,
1,0 Borsäure

löst man in

70,0 Weingeist von 95 pCt,
5,0 Äther

und setzt, wenn der Lack gefärbt gewünscht wird, irgend eine weingeistlösliche Anilinfarbe zu.

Körper giebt man dem flüssigen Flaschenlack dadurch, dass man obiger Menge

20,0 Talk, Pulver M/50,

zusetzt. Man muss dann beim Gebrauch öfters umschütteln.

Der flüssige Flaschenlack verdient vor den geschmolzenen Harzen unbedingt den Vorzug und wird jetzt überall in Weinhandlungen angewendet zum Überpinseln der Korke vor dem Verkapseln.

Flaschen-Gelatine, flüssige.

50,0 Gelatine,
50,0 arabisches Gummi,
2,0 Borsäure

löst man in

700,0 kaltem Wasser,

bringt die Lösung zum Sieden, schäumt ab und seiht durch.

Andrerseits rührt man

50,0 Weizenstärke

mit

100,0 kaltem Wasser

an, setzt unter Rühren die kochende Gelatinelösung zu, so dass Kleisterbildung stattfindet, und färbt nun die Masse mit einer wasserlöslichen Anilinfarbe, z. B.

2,0 Fuchsin

oder

5,0 Wasserblau

usw.

Der Flaschenkopf wird in die warme Masse eingetaucht und muss an der Luft trocknen. Der getrocknete Überzug ist glasig durchsichtig und haftet sehr fest.

Die Gelatine ist das billigste Verlackungsmittel, aber der Überzug setzt trotz des Zusatzes von Borsäure leicht Schimmel an. Es verdient deshalb der vorhergehende, aus Harzen hergestellte Flaschenlack den Vorzug.

Flaschen-Schilder.

s. Flammenschutz-Anstrich, weisser.

Fleckenreinigungsmittel.

Die Reinigung von Flecken hat sich zu einer gewissen Kunst herausgebildet und wird in Wäschereien mit Vorliebe gepflegt, ja es giebt sogar besondere „Fleckenreinigungs-Anstalten“. *Ad. Vomáčka* in Prag liefert für die verschiedenen Fleckenreinigungsmittel hübsche Etiketten, hat aber auch die Anwendung der Mittel und die Behandlungsweise der Flecke mit grossem Geschick zusammengestellt und in umstehende tabellarische Form gebracht.

Nachstehend die gebräuchlichsten Fleckenreinigungsmittel.

---

† S. Bezugsquellen-Verzeichnis.

Fleckseifen.

Gallseifen.

I.

5,0 Quillayarindenextrakt,
5,0 Borax

zerreibt man fein und löst durch Reiben in

20,0 frischer Ochsengalle

so weit als möglich. Man mischt dann

75,0 Hausseife, Pulver M/30,

hinzu, stösst zu einer knetbaren Masse an, und formt Stücke von beliebiger Grösse daraus.

II.

10,0 Borax, Pulver M/30,
70,0 Hausseife, Pulver M/30,

mischt man, stösst mit

20,0 Kaliseife zum Seifenspiritus,

wenn nötig unter Erwärmen, zur knetbaren Masse an und formt in Stücke.

Fleckstifte.

Aus der Fleckseife I oder II formt man 2 cm dicke und 5 cm lange Stängelchen, lässt dieselben an der Luft trocknen und schlägt sie in Stanniol ein.

Eine hübsche Etikette † mit Gebrauchsanweisung ist zu empfehlen.

Antifer.

Tintenfleckwasser. Rostfleckwasser.

2,0 Kaliumbioxalat

löst man in

88,0 destilliertem Wasser,

setzt

10,0 Glycerin

zu und filtriert.

Gebrauchsanweisung:

„Man feuchtet die Tinten- oder Rostflecke mit dem Antifer an, lässt drei Stunden unter öfterem Reiben der gefeuchteten Stelle liegen und wäscht dann mit warmem Wasser aus. Nötigenfalls wiederholt man das Verfahren".

Fleckwässer.

a) 50,0 weingeistige Ammoniakflüssigkeit,
50,0 rektifiziertes Terpentinöl,
50,0 Äther,
5,0 Lavendelöl,
845,0 Weingeist von 90 pCt.

Man mischt und filtriert.

b) 20,0 weingeistige Ammoniakflüssigkeit,
50,0 Äther,
20,0 Benzin.
5,0 Lavendelöl,
225,0 Quillayatinktur (s. diese),
330,0 verdünnter Weingeist von 68 pCt,
10,0 weisse Kaliseife.

Man mischt, bez. löst, lässt die Lösung 8 Tage in Zimmertemperatur stehen und filtriert sie dann.

c) 10,0 rektifiziertes Terpentinöl,
10,0 Benzin,
10,0 Ammoniakflüssigkeit,
70,0 Weingeist von 90 pCt

mischt man.

d) *Brönner*sches.

999,0 Benzin
0,5 Citronellöl
0,5 Mirbanöl.

Man mischt. — Das sogenannte *Brönner*sche Fleckwasser eignet sich besonders gut zum Waschen von Handschuhen.

Eine hübsche Etikette † mit Gebrauchsanweisung ist notwendig.

e) Französisches nach *Buchheister*:

100,0 Quillayatinktur,
100,0 Äther,
25,0 Salmiakgeist von 10 pCt,
870,0 Benzin,
5,0 Lavendelöl.

Die Mischung muss vor dem Gebrauch umgeschüttelt werden.

f) Wasserstoffsuperoxyd. †

Nach *Königswarter* und *Ebell* feuchtet man Rotwein Obst-, Kaffee- und Stock-Flecke stark mit Wasserstoffsuperoxyd und gleich darauf mit Salmiakgeist an. Die Flecke werden nach kurzer Zeit verschwinden. Man wäscht die Stellen mit reinem Wasser nach.

Tintenflecke aller Art behandelt man in der gleichen Weise. Eisentinten hinterlassen einen gelblichen Fleck, den man mit verdünnter Salzsäure und gutem Nachwaschen mit Wasser beseitigt.

† S. Bezugsquellen-Verzeichnis.

Fleckenreinigungs-Tabelle.

Besondere Bemerkung: Bevor man an die Reinigung eines gefärbten Stoffes geht, prüfe man immer an einem unbrauchbaren Stückchen oder an einer wenig sichtbaren Stelle, ob die hier vorgeschriebene Behandlung des Fleckes der Farbe nicht schadet. Wäre dies der Fall, dann lässt sich der Fleck nicht tilgen, ohne dass man einen grösseren Schaden durch die Zerstörung der Farbe anstellen würde.

Alle in der nachfolgenden Tabelle erwähnten Präparate, als: Antifer, Bleichlösung (Eau de Javelle), Fettfleckpulver, Fleckstift, Fleckwasser sind bei *Ad. Vomáčka* käuflich, und das Gelingen der nachstehend beschriebenen Reinigung von der Verwendung der hierzu eigens bestimmten Präparate abhängig.

<table>
<tr><th rowspan="3">Flecke von</th><th colspan="4">Stoffe</th></tr>
<tr><th rowspan="2">Weisswaren.</th><th colspan="2">gefärbte</th><th rowspan="2">Seide, Atlas und ähnliche heiklere Stoffe</th></tr>
<tr><th>Baumwolle</th><th>Wolle</th></tr>
<tr><td>unbekannter Abstammung.</td><td colspan="2">Man löst etwas Seife in lauem Wasser auf, setzt auf 1 l der Lösung 2 Kaffeelöffel „Fleckwasser“ zu und wischt die Flecke mit einem in diese Lösung eingetauchten Schwamme aus, um sie schliesslich im Wasser auszuwaschen.</td><td>Ein „Fleckstift“ wird in einer Flasche „Fleckwasser“ I gelöst und in dieser Lösung der Fleck ausgewaschen. Darauf wird er in reinem Wasser ausgespült u. an der Luft abgetrocknet.</td><td>Zu nebenstehender Lösung mischt man das Eigelb von 2 Eiern zu und bestreicht damit den Fleck. Hierauf wäscht man ihn in lauem Wasser, spült in kaltem aus und trocknet bei gelinder Wärme. Zum Plätten wird nur ein laues Bügeleisen genommen.</td></tr>
<tr><td>Staub.</td><td colspan="2">Klopfe und bürste aus.</td><td colspan="2">Alte, eingetrocknete Flecke werden mit Eigelb, dann mit verdünnt. „Fleckwasser“ I bestrichen, trocknen gelassen, weggekratzt und mit einem nassen Leinenläppchen ausgewischt.</td></tr>
<tr><td>Schweiss.</td><td>Der Fleck wird mit „Bleichlösung“ (Eau de Javelle) ausgewaschen.</td><td colspan="2">Der Fleck wird sehr gründlich mit „Bleichlösung“ (Eau de Javelle) ausgewaschen.</td><td>Der Fleck wird in der sehr stark mit reinem Wasser verdünnten „Bleichlösung“ (Eau de Javelle) ausgewaschen.</td></tr>
<tr><td>Milch, Suppe, kleine Fettflecke überhaupt.</td><td>Der Fleck wird mit einer warmen Lösung eines „Fleckstiftes“ in Wasser ausgewaschen.</td><td colspan="2">Der Fleck wird mit einem in „Fleckwasser“ getauchten Schwamm ausgewischt, der Überschuss mit Saugpapier entfernt und dann mit einer „Fleckstift“-Lösung nachgewaschen.</td><td>Der Fleck wird mit einem in „Fleckwasser“ getauchten Schwamme ausgewischt und der Überschuss sorgfältig mit Saugpapier entfernt.</td></tr>
<tr><td>Butter, Fett, Öl, Ölfarben, Firnis.</td><td colspan="3">Der Stoff wird nass gemacht, einige Male mit einem in „Fleckwasser“ II getauchten Schwamme ausgewischt, ein Stück Saugpapier aufgelegt und die nasse Stelle mit einem heissen Plätteisen überfahren. Dann wird der ganze Stoff in heissem Seifenwasser ausgewaschen.</td><td>Etwas „weisser Bolus“ wird mit „Fleckwasser“ IV zu einem dünnen Teig angerührt und dieser über den Fleck ausgebreitet. Hat sich das „Fleckwasser“ verflüchtigt, so wird die Stelle ausgebürstet, eventuell mit einer Brotkrume ausgewischt.</td></tr>
<tr><td>dto. veraltet.</td><td colspan="4">Alte Fett-, Öl- oder Firnisflecke werden mit Chloroform aufgeweicht, dann wie oben verfahren.</td></tr>
<tr><td>Stearin, Wachs.</td><td colspan="4">Der Fleck wird so weit wie möglich mit einem Messer abgetragen, dann mit einem nassen Handtuch unterlegt, mit einige Male zusammengelegtem Saugpapier bedeckt und dann mit heissem Plätteisen überfahren. Sollte ein Fettfleck zurückbleiben, so wird dann wie oben verfahren.</td></tr>
<tr><td>Harz, Teer, Wagenschmiere und ähnl.</td><td>Der Stoff wird nass gemacht, mit feinem „Terpentinöl“ ausgewischt, mit Saugpapier bedeckt und mit heissem Plätteisen überfahren, worauf er in warmem Seifenwasser ausgewaschen wird.</td><td colspan="2">Der Stoff wird nass gemacht, der Fleck mit Butter beschmiert, gründlich eingeseift und einige Minuten so stehen gelassen, dann abwechselnd mit „Terpentinöl“ und heissem Wasser ausgewaschen. Hat dies nichts geholfen, so wird der Fleck mit Eigelb, dem „Terpentinöl“ zugemischt wurde, bestrichen, mit Saugpapier bedeckt und mit heissem Plätteisen überfahren; dann wird der Rest weggekratzt und gründlich ausgewaschen. Als letztes Mittel kann man ein Auswaschen mit Wasser versuchen, dem man etwas Salzsäure zusetzte.</td><td>Der Fleck wird mit etwas Chloroform bestrichen und wenn er verschwunden ist, mit „weissem Boluspulver“ bestreut, mit Saugpapier bedeckt und durch Überfahren mit einem heissen Plätteisen aufgesogen. Sollte dies nichts helfen, so mischt man dem Chloroform etwas Eigelb zu und verfährt, wie oben angegeben wurde. Der Rest wird mit einer Brotkrume weggewischt.</td></tr>
</table>

Flecke von	Stoffe			
	Weisswaren	gefärbte		Seide, Atlas und ähnliche heiklere Stoffe
		Baumwolle	Wolle	
Urin.	Der Fleck wird zuerst mit etwas Spiritus, dann mit einer sehr schwachen „Antifer-Lösung“ in Wasser ausgewaschen.			
Kalk, Lauge, Alkalien.	Wasche mit reinem Wasser aus.	Man löst 1 „Antifer“ in warmem Wasser auf, breitet einen Tropfen dieser Lösung neben dem anderen über dem nass gemachten Stoffe aus und wäscht ihn nach dem Verschwinden des Flecks sogleich mit reinem Wasser gründlich aus.		
Essig, Most, saurem Wein, Obst u. ähnl.	Wasche mit reinem Wasser aus, dem man etwas „Fleckwasser“ II beigemischt hat.	Über dem Fleck wird etwas „Fleckwasser“ II ausgebreitet und nach dem Verschwinden desselben der Stoff gründlich mit Wasser ausgewaschen.		
Säuren.	Frische Säureflecken lassen sich mit „Fleckwasser“ durch Auftropfen desselben entfernen, bei alten Säureflecken, wo der Stoff meist versengt ist, hilft nichts.			
Pflanzen-, Obst-Farbstoffe, Rotwein, Kirschen, Weichseln, Holunder, Erdbeeren und ähnl.	Der Fleck wird leicht durch Eintauchen in „Eau de Javelle“ entfernt, muss jedoch sofort nach dem Verschwinden gründlich mit Wasser ausgewaschen werden.	Der Fleck wird mit heissem Seifenwasser, dem je nach der Empfindlichkeit des Stoffes mehr oder weniger von „Eau de Javelle“ zugesetzt wurde, ausgewaschen und dann mit etwas Wasser ausgespült, welchem ein wenig „Fleckwasser“ zugegeben wurde. Schliesslich wird er in viel Wasser nachgewaschen.		Nebenstehendes mit sehr stark verdünnten Lösungen.
Gras.	Werden mit siedendem Wasser ausgewaschen.	Man lässt sich in der Apotheke eine stark verdünnte Zinnchloridlösung herstellen, mit welcher man den Fleck anfeuchtet und dann mit grossen Mengen Wasser nachwäscht.		
Gerbstoff, grünen Nüssen und ähnl.	Der Fleck wird mit stark verdünnter Lösung des „Eau de Javelle“ ausgewaschen.	Man versuche, wenn es die Farbe zulässt, nebenstehendes Verfahren mit sehr verdünnten Lösungen, da sonst nichts anderes hilft.		
Kaffee, Chokolade.	Der Fleck wird mit einem Eigelb, welches mit etwas „Fleckwasser“ zu einer dünnen Flüssigkeit verrührt wurde, bestrichen, in warmem Wasser ausgewaschen und noch feucht mit einem heissen Plätteisen auf der verkehrten Seite geplättet.			
Anilintinten.	Wasche mit Spiritus, dem starker Essig (Essigessenz) zugemischt wurde, aus und bleiche dann mit „Eau de Javelle“ nach.	Wenn die Farbe des Stoffes es zulässt, versuche man Nebenstehendes. Sollte dies nicht der Fall sein, so versuche man einen sehr starken Spiritus allein, da sonst keine Hilfe.		
Galläpfel-, Alizarintinte, Rost.	Hierzu wird „Antifer“ nach der diesem beigegebenen Anweisung verwendet.	Leidet die Farbe des Stoffes nicht darunter, so versucht man Nebenstehendes. Sonst lässt man auf den Fleck einen Tropfen eines Talglichtes fallen und wäscht beides mit einer konzentrierten phosphorsauren Natronlösung aus der Apotheke aus.		Bei sehr feinen Stoffen hilft gewöhnlich nichts. Lässt es die Farbe zu, so kann man versuchen, den Fleck mit starkem Essig anzufeuchten, eine Zeit lang mit Buchenholzasche bedeckt stehen zu lassen und endlich mit starkem Seifenwasser auszuwaschen.
Abgeschossene Stofffarbe	restauriert man mit der „Aufbürstfarbe“, für deren Verwendung dem Präparat die nötige Gebrauchsanweisung beiliegt.			
a) Wein, Bier, Punsch und ähnl. *b)* Zucker, Schleim, Leim, Gelatine, Blut und ähnl.	In reinem weichen Wasser wird 1/2 „Fleckstift“ gelöst und mit dieser für *a)* stärkeren, für *b)* sehr schwachen Lösung, welche man gut absetzen lässt und dann erwärmt, der Fleck ausgewaschen.			

Schluss der Abteilung „Fleckenreinigungsmittel“.

Fliegen-, Mücken- und Schnackenmittel.

Im Allgemeinen ist zu bemerken, dass in geschlossenen Räumen, besonders in Wohnungen starker Luftzug das beste Mittel gegen Fliegen, Mücken usw. ist. Bei der ländlichen Bevölkerung giebt es nicht nur deshalb, weil Stallungen in der Nähe sind, die meisten Fliegen, vielmehr ist der Grund dafür mit demselben Recht auch darin zu suchen, dass ein Lüften der Wohnräume fast niemals oder doch nur selten stattfindet. Im Freien müssen zum Abhalten der Fliegen usw. künstliche Mittel, zu denen ich nachstehend Vorschriften gebe, angewandt werden.

Fliegenleim.

600,0 Kolophon,
380,0 Leinöl
20,0 gelbes Wachs

schmilzt man und seiht durch. Will man eine hübsche Farbe geben, so fügt man zuletzt

10,0 Sandelholz, Pulver M/50,

hinzu.

Der Zusatz von Wachs vermindert bei hoher Temperatur das Abtropfen der Masse von den Schnüren oder Stäben und zieht durch den an Honig erinnernden Geruch, so wenig sich derselbe den menschlichen Organen bemerklich macht, die Fliegen an.

Die Etikette † trägt die Gebrauchsanweisung.

Fliegenpapier, giftiges.

Nach *E. Dieterich.*

20,0 arsensaures Kalium (Kalium arsenicicum cryst.),
80,0 Zucker

löst man in

900,0 destilliertem Wasser.

Mit der Lösung tränkt man Löschpapier, welches vorher mit den entsprechenden Stempeln versehen wurde, und trocknet es auf Schnüren oder dünnen Holzstäben.

Die Ausbeute hängt von der Saugfähigkeit des Papiers ab und kann deshalb nicht mit Sicherheit bestimmt werden.

Von der Verwendung arsenigsaurer Salze ist abzusehen, weil dieselben weniger gern wie die arsensauren, von den Fliegen angenommen werden und weil bei den damit Arbeitenden sehr schnell eine mit heftigen Schmerzen verbundene Vereiterung der Nagelbecken eintritt.

Nach dem deutschen Giftgesetz vom 1. Juli 1895 ist der Verkauf von arsenhaltigem Fliegenpapier verboten. Die Vorschrift dazu mag aber ihren Platz behalten, weil in giftigem Fliegenpapier ein namhafter Export stattfindet.

Fliegenpapier, giftfreies.

Nach *E. Dieterich.*

1000,0 Quassiaholz (Surinam),

gröblich gepulvert, maceriert man mit

5000,0 weichem Wasser

24 Stunden, kocht dann 1 Stunde, seiht ab und presst aus.

Der Seihflüssigkeit setzt man

150,0 besten Melassesirup

zu, dampft auf ein Gewicht von

1000,0

ein und tränkt damit Löschpapier.

Von den giftfreien Fliegenmitteln kann nach meinen Erfahrungen nur noch Piper longum als wirksam empfohlen werden. Der hohe Preis desselben steht aber der Verwendung entgegen, dagegen sind Zusätze wie Koloquinten-, Brechweinstein usw., die man öfters empfohlen sieht, entschieden zu verwerfen, und zwar deshalb, weil derartige Zusätze die Fliegen vom Naschen erfahrungsgemäss abhalten.

Fliegenpulver.

a) 25,0 langen Pfeffer, Pulver M/30,
25,0 Quassiaholz (Surinam), Pulv. M/30,
50,0 Zucker, Pulver M/30,

mischt man, feuchtet mit

20,0 verdünntem Weingeist v. 68 pCt

an, trocknet und pulvert nochmals fein (M/30).

Man bewahrt das Fliegenpulver in gut verschlossenen Gläsern auf und wendet es in der Weise an, dass man etwas davon auf eine Untertasse aufstreut.

b) 25,0 feinstes Insektenpulver,
25,0 Veilchenwurzel, Pulver M/50,
25,0 Stärkepulver,
25,0 Talk, Pulver M/50.

Bereitung wie bei a.

Abgegeben wird es zu 20 g in Opodeldokgläsern.

Fliegenwasser.

Aqua muscarum.

200,0 Quassiasirup,
200,0 Weingeist von 90 pCt,
4600,0 Wasser.

Man mischt erst bei Bedarf und giebt unfiltriert ab, mit der Weisung, mit dem Fliegenwasser ein auf einem Teller befindliches Stück Stoff oder Fliesspapier reichlich zu tränken.

† S. Bezugsquellen-Verzeichnis.

Fliegen- und Mücken-Essenz.

Bremsen-Essenz.

a) Zum Gebrauch im Zimmer.

10,0 Eukalyptol,
10,0 Essigäther,
40,0 Kölnisch-Wasser,
50,0 Chrysanthemumtinktur.

Man mischt und giebt in Gläsern von 20 oder 50 g an das Publikum mit folgender Gebrauchsanweisung ab:

„Die mit ungefähr der zehnfachen Menge Wasser hergestellte Verdünnung wird in den von Fliegen und Mücken heimgesuchten Zimmern dreimal des Tags verstäubt. Die Essenz dient gleichzeitig zum Einreiben der Haut, um Fliegen und Mücken vom Stechen abzuhalten.“

b) Zum Gebrauch im Freien:

10,0 fettes Lorbeeröl,
10,0 Eukalyptol,
10,0 Äther,
70,0 Weingeist von 90 pCt.

c) 10,0 fettes Lorbeeröl,
10,0 Naphtalin,
5,0 Kaliseife,
75,0 Chrysanthemumtinktur.

Man mischt und giebt b oder c in Flaschen von 100 g an das Publikum mit einer Etikette †, welche folgende Gebrauchsanweisung trägt, ab:

„Man tränke ein Stückchen Flanell oder dergleichen mit dieser Essenz und bestreiche damit diejenigen Teile des Pferdes oder Rindes, an welchen es vor Fliegen, Mücken oder Bremsen am meisten belästigt wird.“

Fliegen- und Mücken-Kerzen.

Schnackenkerzen. Candelae contra Culicas et Muscas. Mottenkerzen.

10,0 Salpeter

verreibt man sehr fein mit

10,0 Tragantschleim.

Andererseits mischt man

10,0 feinst gemahlenes (M/50) Insektenpulver,
1,5 Altheewurzel, Pulver M/50,
1,5 Tragant, Pulver M/50,

stösst die Pulver mit dem salpeterhaltigen Tragantschleim an und formt Kerzchen von etwa 2,0 Gewicht daraus.

Die frischen Kerzen pinselt man mit trockenem Bronzepulver (gelb oder rot), trocknet sie dann bei 40—50° C und verabreicht sie an das Publikum in Pappschachteln.

Angebrannt sind die Kerzchen ein gutes Schutz- und Vertilgungsmittel obengenannter Insekten.

Fliegen- und Mückenöl.

Bremsenöl. Insektenöl.

50,0 gepresstes Lorbeeröl,
50,0 Eukalyptol,
100,0 Mirbanessenz,
300,0 Petroleum,
500,0 Rüböl,
2,0 Chlorophyll Schütz †

mischt man und giebt in Flaschen von 200 g Inhalt mit nachstehender Gebrauchsanweisung auf der Etikette † ab:

„Man giesst etwas von dem Bremsenöl auf einen wollenen Lappen oder auf ein Stück weiches Leder und reibt damit die Haare des zu schützenden Tieres ab.“

Fliegen- und Mückenliniment.

Bremsenliniment.

100,0 gepresstes Lorbeeröl,
100,0 grüne Seife,
700,0 Wasser

erhitzt man im Dampfbad so lange, bis die Masse gleichmässig ist, und setzt dann

100,0 Petroleum

zu. Man rührt nun, bis die Masse kalt ist.

Man reibt mit diesem Liniment die Haare der Tiere ab.

Fliegen- und Mückenpuder.

a) 5,0 Eukalyptol

mischt man innig mit

20,0 Veilchenwurzel, Pulver M/50,
75,0 Stärke, Pulver M/50,

und füllt in Streubüchsen.

b) 50,0 Insektenpulver M/50,
25,0 Stärke, Pulver M/50,
25,0 Talk, Pulver M/50.

Die Hauptsache ist, dass das Insektenpulver so fein als nur möglich gepulvert ist.

Dient zum Einpudern.

Der Gebrauch des Puders ist am bequemsten, weshalb diese Form am meisten als Mittel zum Abhalten der Fliegen und Mücken zu empfehlen sein dürfte.

Fliegen- und Mückensalbe.

Für Tiere.

10,0 fettes Lorbeeröl,
10,0 Eukalyptol,

† S. Bezugsquellen-Verzeichnis.

30,0 Petroleum,
50,0 Ceresin.

Man schmilzt l. a. und giesst in Blechdosen aus.

Fliegen- und Mückenstifte.

Für Menschen.

4,0 Eukalyptol,
1,0 Anisöl,
35,0 flüssiges Paraffin,
60,0 festes Paraffin.

Man schmilzt l. a. und giesst in Stangen aus. Die zu schützenden Stellen werden mit den Stiften bestrichen.

Man darf von den besonders bei Tieren gebrauchten Mitteln, um die Fliegen, Bremsen und Mücken abzuhalten, nicht zu viel erwarten, da mit der bei grosser Hitze rascher vor sich gehenden Verflüchtigung der wirksamen Bestandteile die Wirkung nachlässt. Immerhin kann das Eukalyptol das beste bis jetzt bekannte Schutzmittel genannt worden.

Schluss der Abteilung „Fliegen-, Mücken- und Schnackenmittel".

Folia Sennae deresinata.

Entharzte Sennesblätter.

1000,0 Sennesblätter

maceriert man mit

4000,0 Weingeist von 90 pCt

8 Tage.

Man presst dann aus, benetzt den Presskuchen mit

500,0 Weingeist von 90 pCt,

lässt unter öfterem Umwenden und Mischen 24 Stunden in bedecktem Gefäss stehen und zerteilt auf einer Horde.

Durch das Benetzen lassen sich die einzelnen Teile des Presskuchens leicht trennen und die Sennesblätter bekommen ein hübscheres Aussehen.

Die Ausbeute beträgt ungefähr

900,0.

Das Abdestillieren des Weingeistes dürfte sich von selbst verstehen.

Folia Stramonii nitrata

s. Species antiasthmaticae.

Fomentum frigidum n. *Schmucker*.

*Schmucker*scher Umschlag.

100,0 Kaliumnitrat,
100,0 Ammoniumchlorid

löst man in

800,0 heissem destillierten Wasser,

tränkt mit dieser Lösung starkes Filtrierpapier und lässt dieses auf Holzstäbchen trocknen.

Zur Herstellung des *Schmucker*schen Umschlags legt man das Papier in eine Binde ein und nässt diese mit stark verdünntem Essig.

Das Vorstehende ist die alte *Schmucker*sche Vorschrift; viel besser dürfte sich zur Herstellung Ammoniumnitrat eignen.

Fomentum Thioli.

Thiol-Priessnitz-Umschlag.

10,0—40,0 flüssiges Thiol,
190,0—160,0 destilliertes Wasser

mischt man.

Froststifte.

I.

30,0 Kampfer

löst man durch längeres Erhitzen im Dampfbad in

65,0 Benzoëtalg,

setzt

5,0 Weingeist von 90 pCt

zu, rührt so lange, bis die Masse zu erkalten beginnt, und giesst in Stangenformen aus.

II.

40,0 flüssiges Paraffin,
50,0 festes Paraffin

schmilzt man im Dampfbad, lässt etwas abkühlen und löst

2,0 Jod

darin. Man rührt dann

5,0 Gerbsäure, Pulver M/30,

unter, fügt noch

5,0 Weingeist von 90 pCt

hinzu, und giesst, wenn die Abkühlung hinreichend fortgeschritten ist, in Stangenformen aus.

Fructus Colocynthidis praeparati.

Präparierte Koloquinten.

50,0 von den Samen befreite Koloquinten

arbeitet man im Mörser mit Gummischleim, welchen man aus

10,0 arabischem Gummi

und

40,0 destilliertem Wasser

herstellte, gleichmässig durch, breitet auf Pergamentpapier aus, trocknet und pulvert schliesslich ($^{M}/_{30}$).

Fumigatio Chlori.

Chlor-Räucherung.

25,0 Kochsalz,
25,0 Braunstein

pulvert man ($^{M}/_{30}$), mischt, breitet auf einem flachen Porzellangefäss (Teller) aus und übergiesst mit

50,0 roher Schwefelsäure.

Dient zum Räuchern von Krankenzimmern. Dieselben sind während des Räucherns geschlossen zu halten.

Fumigatio nitrica.

Salpetersäure-Räucherung.

100,0 Salpeter, kleinkrystallisiert,

übergiesst man nach und nach mit

100,0 roher Schwefelsäure,

welche man mit

50,0 Wasser

verdünnte.

Galbanum via humida depuratum.

Galbanum colatum. Auf nassem Weg gereinigtes Galbanum.

Nach *E. Dieterich.*

Man verfährt wie bei Ammoniacum via humida depuratum und verwendet Galbanum in granis.

Die Ausbeute wird 70—75 pCt betragen.

Gargarisma desodorans.

Gurgelwasser gegen übelriechenden Atem.

0,1 Saccharin,
0,2 Salicylsäure,
0,2 Salol,
0,1 Vanillin,
100,0 verdünnter Weingeist v. 68 pCt.

Gebrauchsanweisung:

„Man nimmt auf ½ Glas warmes Wasser einen halben Kaffeelöffel voll und gurgelt täglich 5—6 mal.“

Gargarisma tannatum.

Tannin-Gurgelwasser.

Vorschrift des Münch. Ap. Ver.

2,0 Gerbsäure,
0,1 Opiumextrakt

löst man in

88,0 destilliertem Wasser

und setzt

10,0 Glycerin

hinzu.

Die Vorschrift ist nicht rationell, da bekanntermassen die Opiumalkaloide durch die Gerbsäuren ausgefällt werden.

Geigenharz.

10,0 Dammarharz

schmilzt man auf freiem Feuer, erhitzt so lange vorsichtig, als die Masse schäumt, fügt

90,0 weisses Kolophon

hinzu und bringt auch dieses zum Schmelzen. Man setzt nun das Gefäss ins Dampfbad, belässt daselbst unter Rühren ½ Stunde lang, seiht durch und giesst in 2—3 cm dicke Tafeln aus.

Geigenharz muss vollkommen wasserfrei, hart und doch nicht spröde sein. Die richtige Härte giebt der Dammar-Zusatz, während durch das Erhitzen die Feuchtigkeit entfernt wird.

Gelatina Acidi acetici n. *Unna.*

Essigsäure-Gelatine, -Leim n. *Unna.*

10,0 Gelatine,
35,0 destilliertes Wasser,
50,0 Glycerin v. 1,23 sp. G.,
5,0 Essigsäure von 96 pCt.

Man lässt die Gelatine im Wasser aufquellen, erhitzt dann mit dem Glycerin bis zur Lösung und fügt zuletzt die Essigsäure zu.

Gelatina Acidi salicylici n. *Unna.*

Salicylsäure-Gelatine, -Leim n. *Unna.*

a) 5 pCt:

10,0 Gelatine,
45,0 destilliertes Wasser,
40,0 Glycerin v. 1,23 sp. G.,
5,0 Salicylsäure.

b) 10 pCt:

10,0 Gelatine,
35,0 destilliertes Wasser,
45,0 Glycerin v. 1,23 sp. G.,
10,0 Salicylsäure.

c) 20 pCt:

10,0 Gelatine,
20,0 destilliertes Wasser,
50,0 Glycerin v. 1,23 sp. G.,
20,0 Salicylsäure.

Man verreibt die Salicylsäure sehr fein mit der hierzu nötigen Menge Glycerin. Andrerseits lässt man die Gelatine im vorgeschriebenen Wasser aufquellen, erwärmt, wenn nötig, schwach und erhitzt dann den Rest Glycerin, bis alles gelöst ist. Schliesslich mischt man die verriebene Salicylsäure hinzu.

Gelatina aetherea.

Äther-Gelatine.

20,0 Hühnereiweiss,
80,0 Äther

schüttelt man so lange heftig miteinander, bis die Masse vollständig gleichmässig geworden ist.

Gelatina Aluminii acetici n. *Unna*.

Essigsaure Thonerde-Gelatine, -Leim n. *Unna*.

5,0 Gelatine,
55,0 destilliertes Wasser,
30,0 Glycerin v. 1,23 spez. Gew.,
10,0 trockne basisch-essigsaure Thonerde.

Man verreibt das Aluminiumacetat sehr fein mit dem Glycerin und setzt die Verreibung der wässerigen Gelatinelösung zu.

Gelatina Argillae n. *Unna*.

Thonerde-Gelatine, -Leim n. *Unna*.

5,0 Gelatine,
55,0 destilliertes Wasser,
30,0 Glycerin v. 1,23 spez. Gew.,
10,0 Thonerdehydrat.

Man löst die Gelatine im Wasser und setzt dann das mit dem Glycerin fein verriebene Thonerdehydrat zu.

Gelatina Arnicae.

Arnika-Gallerte. Arnika-Jelly.

10,0 Weizenstärke

verrührt man mit

20,0 destilliertem Wasser,

in welchem man vorher

0,2 Ätzkali

löste, fügt

100,0 Glycerin v. 1,23 sp. G.

hinzu und erhitzt bis zur Verkleisterung.

Man rührt dann

15,0 Arnikatinktur

unter und füllt noch warm in Zinntuben.

Gelatina Camphorae n. *Unna*.

Kampfer-Gelatine, -Leim n. *Unna*.

5,0 Gelatine
65,0 destilliertes Wasser,
25,0 Glycerin v. 1,23 spez. Gew.,
5,0 Kampfer.

Man lässt die Gelatine im Wasser aufquellen, löst durch schwaches Erhitzen und setzt dann den mit dem Glycerin verriebenen Kampfer zu.

Gelatina carbolisata.

Karbol-Gelatine, -Leim.

30,0 Gelatine

quellt man in

64,0 destilliertem Wasser

auf, erhitzt dann bis zur Lösung im Dampfbad und fügt

5,0 Glycerin von 1,23 spez. Gew.,
1,0 krystallisierte Karbolsäure

zu.

In geschmolzenem Zustand wird die Karbolgelatine mit einem Pinsel auf Brandwunden aufgestrichen.

Gelatina Carrageen.

Irländischmoos-Gallerte.

100,0 irländisches Moos

übergiesst man mit

4000,0 destilliertem Wasser,

lässt 10 Minuten stehen, erhitzt dann eine halbe Stunde im Dampfbad, seiht hierauf ab und presst schwach aus.

Man versetzt die Seihflüssigkeit mit

200,0 grob gepulvertem Zucker,

dampft auf

2000,0

ab, seiht nochmals durch ein wollenes Seihtuch und fährt unter zeitweiliger Abnahme des Schaumes mit dem Abdampfen so lange fort, bis das Gewicht nur noch

1000,0

beträgt.

Die Gallerte muss stets frisch bereitet werden.

Gelatina Chlorali hydrati n. *Unna*.

Chloralhydrat-Gelatine, -Leim n. *Unna*.

10,0 Gelatine
40,0 destilliertes Wasser,
40,0 Glycerin von 1,23 spez. Gew.,
10,0 Chloralhydrat.

Man fügt der Gelatinelösung zuletzt das Chloralhydrat hinzu.

Gelatina Chrysarobini n. *Unna*.

Chrysarobin-Gelatine, -Leim n. *Unna*.

5,0 Gelatine,
50,0 destilliertes Wasser,

90,0 Glycerin von 1,23 spez. Gew.,
5,0 Chrysarobin.

Man löst die Gelatine im Wasser, setzt das Glycerin hinzu und verdampft bis auf ein Gewicht von 95,0.

Man fügt sodann das zu feinem Pulver verriebene Chrysarobin hinzu.

Gelatina Cornu Cervi.

Hirschhorn-Gelatine.

40,0 geraspeltes Hirschhorn,
0,5 Citronensäure

maceriert man mit

300,0 destilliertem Wasser

2 Stunden und erhitzt dann $1/2$ Stunde im Dampfbad. Man seiht nun durch, presst aus, klärt die Seihflüssigkeit mit

5,0 Eiweiss,

seiht wieder durch, versetzt mit

20,0 Zucker, Pulver $M/_{15}$,

und dampft ein bis auf ein Gewicht von

100,0.

Gelatina Cornu Cervi artificialis.

Künstliche Hirschhorn-Gelatine.

10,0 Gelatine

löst man in

60,0 destilliertem Wasser,

setzt dann

0,5 Citronensäure,
10,0 Weisswein,
20,0 Glycerin von 1,23 spez. Gew.

zu, seiht durch, bringt durch Zusatz von

q. s. destilliertem Wasser

auf ein Gewicht von

100,0

und lässt erkalten.

Gelatina Ergotini lamellata.

Ergotin-Lamellen.
Nach *E. Dieterich.*

5,0 Gelatine

löst man durch vorheriges Einquellen und nachheriges Erhitzen in

10,0 destilliertem Wasser,

fügt

10,0 Mutterkornextrakt

hinzu und giesst die Masse in eine mit etwas Öl ausgeriebene, *tafelförmige* Zinnform, welche 15 cm im Quadrat misst und durch Rippen in 100 kleine Quadrate abgeteilt ist. Man bringt nun die Form in genau wagerechter Stellung in den Trockenschrank und trocknet hier bei einer Temperatur, welche nicht unter 40° C herabsinkt und 50° C nicht übersteigt, aus; man hat jedoch zu beobachten, dass das Trocknen nicht länger ausgedehnt wird, als notwendig ist; man zieht dann das eine gewisse Elastizität besitzende Blatt von der Form ab und zerschneidet es, den durch die Rippen hervorgebrachten Einschnitten folgend, mit der Schere in 100 Quadrate. Jedes Quadrat wird 0,15 wiegen und 0,1 Ergotin enthalten.

Entstanden ist dieses Präparat aus dem Bedürfnisse der Ärzte, für den Notfall Ergotin in handlicher Form bei sich zu führen, und ohne Zeitverlust eine Ergotinlösung selbst bereiten zu können.

Der Gegenstand ist seit Jahren im Handel und ziemlich viel im Gebrauch. Das Präparat des Handels trägt auf jedem Quadrat in erhabener Schrift die Aufschrift „Ergotin".

Wohl könnte man neben der Bezeichnung noch das Gewicht in die Zinnform einprägen lassen, würde dann aber für jede Dosis einer besonderen Form bedürfen.

Gelatina glycerinata.

Glycerin-Gelatine.
Zum Einschliessen mikroskopischer Präparate.

7,0 Gelatine

übergiesst man mit

42,0 destilliertem Wasser,

lässt 3—4 Stunden stehen, setzt dann

50,0 Glycerin von 1,23 spez. Gew.,
1,0 verflüssigte Karbolsäure

zu und erwärmt vorsichtig und unter Rühren im Dampfbad so lange, bis die Masse gleichmässig ist und alle durch die Karbolsäure entstandenen Flocken verschwunden sind.

Andrerseits bringt man etwas feine Glaswolle auf einen Trichter, wäscht dieselbe mit destilliertem Wasser aus und filtriert nun die Gelatine-Masse durch die noch nasse Wolle.

Die Gelatine bewahrt man in kleinen Gefässen, die sehr gut verschlossen werden müssen, auf. Grössere Gefässe sind nicht zu empfehlen, weil das häufige Öffnen die Gefahr der Verunreinigung in sich birgt.

Die Gelatine kann nicht in allen Fällen den Kanadabalsam ersetzen, weil sie manche tierische Materien so durchsichtig macht, dass einzelne Formen nicht mehr sichtbar sind.

Gelatina glycerinata cruda

s. Hektographenmasse.

Gelatina glycerinata dura.

Harte Glycerin-Gelatine. Harter Glycerinleim.
Als Körper für Bougies, Suppositorien und Vaginalkugeln.

25,0 Gelatine

übergiesst man mit

25,0 destilliertem Wasser,

lässt einige Stunden quellen, fügt

50,0 Glycerin von 1,23 spez. Gew.

hinzu und erhitzt unter Rühren im Dampfbad bis zur Lösung.

Gelatina glycerinata mollis.

Weiche Glycerin-Gelatine. Weicher Glycerinleim. Als Körper für Bougies, Suppositorien und Vaginalkugeln.

15,0 Gelatine,
45,0 destilliertes Wasser,
50,0 Glycerin von 1,23 spez. Gew.

Man verfährt wie beim vorigen Präparat.

* * *

Beide Massen hält man vorrätig und verwendet sie zur Herstellung oben angeführter Arzneiformen nach den Grundsätzen, welche unter „Bougies" des näheren erläutert sind. Beim Umschmelzen der Massen vermeide man durch langsames und vorsichtiges Rühren mittelst eines rund geschmolzenen Glasstabes die Bildung von Luftblasen nach Möglichkeit.

Gelatina Ichthyoli n. *Unna.*

Gelatina Ichthyoli glycerinata. Ichthyol-Gelatine, -Leim n. *Unna.*

10,0 Gelatine,
25,0 destilliertes Wasser,
60,0 Glycerin von 1,23 spez. Gew.,
10,0 Ichthyol-Ammonium.

Man lässt die Gelatine im Wasser quellen, erhitzt dann mit dem Glycerin bis zur völligen Lösung und setzt zuletzt das Ichthyol zu.

Gelatina Jodoformii n. *Unna.*

Gelatina Jodoformii glycerinata. Jodoform-Gelatine, -Leim n. *Unna.*

a) 5 pCt:

5,0 Gelatine,
70,0 destilliertes Wasser,
20,0 Glycerin von 1,23 spez. Gew.,
5,0 Jodoform.

b) 10 pCt:

5,0 Gelatine,
65,0 destilliertes Wasser,
20,0 Glycerin von 1,23 spez. Gew.,
10,0 Jodoform.

Man löst die Gelatine im Wasser und fügt zuletzt das mit dem Glycerin fein verriebene Jodoform hinzu.

Gelatina Lactis.

Milch-Gelée.
(Nach *Sigmund-Liebreich.*)

1000,0 frische Kuhmilch,
500,0 besten Raffinade-Zucker

kocht man auf ein Gewicht von

1200,0

ein.

Andrerseits löst man

30,0 Gelatine

durch Quellenlassen und geringes Erwärmen in

200,0 Weisswein,

vermischt diese Lösung mit der erkaltenden Milchabkochung und fügt zum Ganzen, wenn die vollständige Erkaltung fast eingetreten ist, hinzu den Saft von

3—4 Citronen.

Man giesst in Gläser von 100,0 Inhalt aus und lässt vollständig erstarren.

Die Herstellung bietet nicht die geringste Schwierigkeit, sobald man den Citronensaft nicht zu früh, d. h. nicht der heissen Masse zusetzt.

Das Milch-Gelée dient als angenehm schmeckendes Nährmittel.

Gelatina Lichenis Islandici.

Isländischmoos-Gallerte.

300,0 isländisches Moos, fein zerschnitten,

übergiesst man mit

1000,0 destilliertem Wasser,

lässt 10 Minuten stehen und erhitzt dann eine halbe Stunde im Dampfbad. Man seiht sodann ab, presst leicht aus, versetzt die Seihflüssigkeit mit

300,0 grob gepulvertem Zucker

und dampft bis zu einem Gewicht von

2000,0

ab. Man seiht nun abermals durch und fährt unter öfterem Abnehmen des sich bildenden Schaumes mit dem Abdampfen so lange fort, bis das Gewicht nur noch

1000,0

beträgt.

Die Gallerte muss stets frisch bereitet werden.

Gelatina Lichenis Islandici saccharata sicca.

Trockene versüsste Isländischmoos-Gallerte.

100,0 fein zerschnittenes isländisches Moos,
6,0 Kaliumkarbonat,
1000,0 destilliertes Wasser

lässt man zusammen 24 Stunden stehen, seiht dann die Flüssigkeit ab und wäscht das zurückbleibende Moos so oft mit Wasser nach, bis das Waschwasser nicht mehr bitter oder alkalisch schmeckt.

Man übergiesst nun das entbitterte Moos mit

750,0 Wasser,

erhitzt 4 Stunden im Dampfbad, seiht durch

und behandelt den Rückstand 2 Stunden hindurch mit

500,0 destilliertem Wasser,

um schliesslich wieder durchzuseihen.

Die vereinigten Flüssigkeiten dampft man, nachdem man sie mit

35,0 Zucker, Pulver M/15,

versetzt hat, im Dampfbad und unter Rühren zu einem sehr dicken Extrakt ein, zerreisst die nun zähe Masse in kleine Stückchen und trocknet diese, auf Pergamentpapier ausgebreitet, im Trockenschrank vollständig aus.

Das trockene Präparat pulvert man (M/30) und versetzt es mit

q. s. Zucker, Pulver M/30,

dass der Gehalt an Zucker die Hälfte des Gesamtgewichts ausmacht.

Gelatina Liquiritiae pellucida

siehe „Pasta Liquiritiae".

Gelatina Lithargyri n. *Unna*.

Gelatina Lithargyri glycerinata.
Bleiglätte-Gelatine, -Leim n. *Unna*.

5,0 Gelatine,
65,0 destilliertes Wasser,
20,0 Glycerin von 1,23 spez. Gew.,
10,0 Bleiglätte.

Man löst die Gelatine in Wasser und setzt dann die mit dem Glycerin fein verriebene Bleiglätte zu.

Gelatina Loretini 5 %.

Gelatina glycerinata Loretini. Loretin-Gelatine, -Leim.
Nach *E. Dieterich*.

5,0 Gelatine,
65,0 destilliertes Wasser,
25,0 Glycerin von 1,23 spez. Gew.,
5,0 Loretin.

Gelatina Naphtoli-β n. *Unna*.

Gelatina-Naphtoli-β glycerinata.
β-Naphtol-Gelatine, -Leim n. *Unna*.

5,0 Gelatine,
65,0 destilliertes Wasser,
25,0 Glycerin von 1,23 spez. Gew.,
6,0 Naphtol-β.

Man löst die Gelatine im Wasser und fügt das Glycerin hinzu. Mit ungefähr 10 g dieser Masse verreibt man das Naphtal-β in einer erwärmten Reibschale und setzt diese Mischung der Gelatinemasse unter Umrühren zu.

Gelatina Plumbi acetici n. *Unna*.

Gelatina Plumbi acetici glycerinata.
Bleiacetat-Gelatine, -Leim n. *Unna*.

5,0 Gelatine,
65,0 destilliertes Wasser,
20,0 Glycerin von 1,23 spez. Gew.,
10,0 Bleiacetat.

Man löst die Gelatine in 30,0 Wasser, verwendet das übrige Wasser und das Glycerin zum Lösen des Bleiacetats und mischt schliesslich beide Lösungen.

Gelatina Plumbi carbonici n. *Unna*.

Gelatina Plumbi carbonici glycerinata.
Gelatina Cerussae.
Bleiweiss-Gelatine, -Leim n. *Unna*.

5,0 Gelatine,
65,0 destilliertes Wasser,
20,0 Glycerin von 1,23 spez. Gew.,
10,0 Bleiweiss.

Man löst die Gelatine im Wasser und setzt dann das mit dem Glycerin fein verriebene Bleiweiss zu.

Gelatina Plumbi jodati n. *Unna*.

Gelatina Plumbi jodati glycerinata.
Jodblei-Gelatine, -Leim n. *Unna*.

5,0 Gelatine,
60,0 destilliertes Wasser,
25,0 Glycerin von 1,23 spez. Gew.,
10,0 Bleijodid.

Man löst die Gelatine im Wasser und setzt dann das mit dem Glycerin fein verriebene Bleijodid zu.

Gelatina Ribium.

Johannisbeergelée.

3000,0 rote Johannisbeeren,
1000,0 weisse „

kämmt man mit einer silbernen Gabel unter Entfernung der Stiele ab, bringt sie mit

500,0 Wasser

auf freies Feuer und lässt hier unter Rühren so lange kochen, bis sämtliche Beeren aufgesprungen sind. Man bringt dann die ganze Masse auf ein wollenes Tuch und lässt, ohne zu pressen, den Saft abtropfen.

Man kocht nun den Saft mit

3000,0 Zucker, Pulver M/15,

20 Minuten oder so lange, bis eine herausgenommene kleine Probe nach dem Erkalten gelatiniert, unter fortwährendem Abschäumen auf freiem Feuer, seiht dann nochmals durch, giesst den durchgeseihten Zuckersaft sofort in kleine Glasbüchsen aus und kühlt diese durch Einstellen in kaltes Wasser rasch ab.

Durch das Erkalten gesteht die Masse. Man verkorkt schliesslich die Büchsen und bewahrt in kühlem, aber trockenem Raum auf.

Eine hübsche Etikette † ist zu empfehlen.

Gelatina Ribium nigrorum.

Schwarzes Johannisbeergelée.

Man bereitet es, wie das vorhergehende, lässt aber den Saft mit dem Zucker nur 10 Minuten lang kochen.

Gelatina Rubi fruticosi.

Brombeergelée.

Man bereitet es, wie das Johannisbeergelée, setzt aber beim Kochen der Beeren auf 4000,0 derselben 500,0 Zucker mehr zu.

Gelatina Rubi Idaei.

Himbeergelée.

a) Man bereitet es wie das Johannisbeergelée.

b) 2,0 Gelatine

löst man in

58,0 destilliertem Wasser,

setzt

1,0 Citronensäure,

49,0 Himbeersirup

zu und lässt die Masse in irgend einem passendem Gefäss erkalten.

Das Himbeergelée bildet ein angenehmes Erfrischungsmittel für Kranke und Gesunde und wird in der Regel mit buntfarbiger Etikette † abgegeben.

Gelatina Salep.

Salepgelée.

3,0 Salep, Pulver M/50,

rührt man mit

80,0 destilliertem Wasser

an, erhitzt die Mischung 20—25 Minuten lang im Dampfbad, setzt

-20,0 Pomeranzenschalensirup

zu und kühlt rasch und so lange ab, bis das Ganze zu einer Gallerte erstarrt ist.

Gelatina Sublimati n. *Unna.*

Gelatina Sublimati glycerinata. Sublimat-Gelatine, Leim n. *Unna.*

10,0 Gelatine,

40,0 destilliertes Wasser,

50,0 Glycerin von 1,23 spez. Gew.,

0,1 Quecksilberchlorid.

Man löst einerseits die Gelatine im Wasser und andererseits das Sublimat im Glycerin und trägt letztere Lösung in erstere unter Rühren ein.

Gelatina Sulfuris n. *Unna.*

Gelatina Sulfuris glycerinata. Schwefel-Gelatine, Leim n. *Unna.*

5,0 Gelatine,

65,0 destilliertes Wasser,

20,0 Glycerin von 1,23 spez. Gew.,

10,0 präcipitierter Schwefel.

Man löst die Gelatine im Wasser und fügt den mit dem Glycerin fein verriebenen Schwefel hinzu.

Gelatina Zinci carbonici.

Zinkkarbonat-Gelatine, -Leim.

Nach *E. Dieterich.*

30,0 Zinksulfat

in

200,0 destilliertem Wasser

kalt gelöst.

30,0 Natriumkarbonat

in

200,0 destilliertem Wasser

kalt gelöst.

Man filtriert beide Lösungen, giesst sie in einander und wäscht den entstandenen Niederschlag bis zum Freisein von Sulfaten aus.

Man bringt nun den Niederschlag in ein unten mit feiner Leinwand verbundenes cylindrisches Gefäss, lässt abtropfen und giesst

40,0 Glycerin von 1,23 spez. Gew.

darauf.

Was abtropft, benützt man zum Aufquellen und Lösen von

10,0 Gelatine.

Man wiegt nun den glycerinhaltigen Niederschlag, wiegt auch die Gelatinelösung, mischt letztere mit dem Niederschlag unter vorsichtigem Erwärmen und fügt schliesslich

q. s. destilliertes Wasser

bis zum Gesamtgewicht von

100,0

hinzu.

Gelatina Zinci dura.

Gelatina Zinci glycerinata dura. Harte Zink-Gelatine Harter Zinkleim.

a) nach *Unna*:

15,0 Gelatine

lässt man in

45,0 destilliertem Wasser

aufquellen, setzt

† S. Bezugsquellen-Verzeichnis.

25,0 Glycerin von 1,23 spez. Gew.
zu und erhitzt bis zum Lösen der Gelatine.
Andererseits verreibt man
10,0 Zinkoxyd
möglichst fein mit
15,0 Glycerin von 1,23 spez. Gew.,
setzt die Verreibung der Gelatinelösung zu und bringt mit
q. s. destilliertem Wasser
auf das Gewicht von
100,0.

b) nach *Hodora:*
15,0 Gelatine
löst man in der unter a) angegebenen Weise in
50,0 destilliertem Wasser.
Andererseits verreibt man
25,0 Zinkoxyd,
10,0 Glycerin von 1,23 spez. Gew.,
15,0 Wasser,
mischt die Verreibung mit der Gelatinelösung und setzt
q. s. destilliertes Wasser
zu bis zum Gesamtgewicht von
100,0.

Gelatina Zinci mollis.

Gelatina Zinci glycerinata mollis.
Weiche Zink-Gelatine. Weicher Zinkleim.

a) nach *Unna:*
10,0 Gelatine
löst man in der in der vorigen Vorschrift angegebenen Weise in
40,0 destilliertem Wasser,
setzt der Lösung
25,0 Glycerin von 1,23 spez. Gew.
und weiter eine Verreibung von
10,0 Zinkoxyd
mit
15,0 Glycerin von 1,23 spez. Gew.
zu.
Man bringt schliesslich mit
q. s. destilliertem Wasser
auf
100,0
Gesamtgewicht.

b) nach *Hodora:*
12,5 Gelatine
löst man in der unter a angegebenen Weise in
55,0 destilliertem Wasser.
Andererseits verreibt man
20,0 Zinkoxyd,
12,5 Glycerin von 1,23 spez. Gew.,
7,5 Wasser,
mischt die Verreibung mit der Gelatinelösung und setzt
q. s. destilliertes Wasser
zu bis zum Gesamtgewicht von
100,0.

Gelatina Zinci salicylata n. *Unna.*

Gelatina Zinci glycerinata salicylata.
Zink-Salicyl-Gelatine, -Leim n. *Unna.*

a) 15,0 beste Gelatine
lässt man mit
45,0 destilliertem Wasser
aufquellen und erhitzt bis zum Lösen der Gelatine.
Andererseits verreibt man
10,0 Zinkoxyd,
2,0 Salicylsäure
mit
30,0 Glycerin von 1,23 spez. Gew.,
setzt die Verreibung der Gelatinemasse zu und bringt mit
q. s. destilliertem Wasser
auf ein Gewicht von
100,0.

b) Unter Beibehaltung der unter a) angegebenen übrigen Bestandteile und Verhältnisse nimmt man
15,0 Zinkoxyd,
5,0 Salicylsäure.
Es ist darauf zu achten, dass bestes Gelatine zur Verwendung kommt.

Gelatina Zinci sulfurata.

Schwefel-Zinkleim n. *Unna.*

95,0 weicher Zinkleim nach Unna,
5,0 gefällter Schwefel.

Gelatina Zinco-Ichthyoli n. *Unna.*

Gelatina Zinco-Ichthyoli glycerinata.
Zink-Ichthyol-Gelatine, -Leim n. *Unna.*

12,5 Gelatine
lässt man in
40,0 destilliertem Wasser
aufquellen, setzt
25,0 Glycerin von 1,23 spez. Gew.
zu und erhitzt bis zum Lösen der Gelatine.
Andererseits verreibt man
10,0 Zinkoxyd
mit
13,0 Glycerin von 1,23 spez. Gew.,
fügt
2,0 Ichthyol-Ammon
hinzu und vermischt die Verreibung mit der Gelatinelösung.

Man bringt mit

q. s. destilliertem Wasser

auf ein Gewicht von

100,0.

Gelatina Zinco-Thioli.

Gelatina Zinco-Thioli glycerinata.
Zinkthiol-Gelatine, -Leim.

10,0 flüssiges Thiol,
15,0 Gelatine,
15,0 Zinkoxyd,
25,0 Glycerin von 1,23 spez. Gew.,
35,0 destilliertes Wasser.

Bereitung wie bei Gelatina Zinco-Ichthyoli.

Gelatole.

Emulsion of Zinc-Oxide. Zink-Gelatole.
Zinc-Gelatole-Ointment. Nach *E. Bosetti.*

2,5 Zinkoxyd

verreibt man fein mit

7,0 Olivenöl.

Andererseits löst man in einer Schale durch Erhitzen

1,5 Gelatine

in

5,0 destilliertem Wasser,

setzt die Zinkverreibung in kleinen Mengen und unter beständigem Rühren hinzu und verdünnt die Emulsion unter Erwärmen mit einer Lösung von

1,0 Borsäure

in

68,0 destilliertem Wasser,

der man

15,0 Glycerin von 1,23 spez. Gew.

zugesetzt hatte.

Gewürz für Pflaumenmus.

Musgewürz.

10,0 Malabar-Kardamomen,
10,0 Ingwer,
20,0 chinesischen Zimt,
20,0 Nelken,
40,0 Koriander

pulvert man und siebt sie durch ein Sieb von $^{M}/_{8}$.

Gewürzöl für Backzwecke.

a) fein

30,0 Citronenöl,
7,5 Zimtkassienöl,
7,5 Nelkenöl,
7,5 Macisöl,
3,0 Bittermandelöl,
3,0 Kardamomenöl,
2,0 Anisöl,
32,0 Veilchenwurzeltinktur,
7,5 Safrantinktur.

b) gewöhnlich

12,5 Citronenöl,
3,0 Zimtkassienöl,
3,0 Macisöl,
2,0 Nelkenöl,
2,5 Safrantinktur,
77,0 absoluter Alkohol.

Gipsmasse, bildsame.

93,0 gebrannten Gips, Pulver,
7,0 Altheewurzel, Pulver $^{M}/_{50}$,

mischt man und rührt die Mischung mit

q. s. Wasser

an, dass eine leicht knetbare Masse daraus entsteht.

Man verwendet diese sehr langsam erstarrende Masse zur Herstellung von Stuckarbeiten sowohl, als auch zum Verdichten von Destillierapparaten.

Das Altheepulver kann aus geringwertiger Wurzel hergestellt sein.

Will man die Masse zum Giessen verwenden, so vermehrt man die Wassermenge.

Gipsum bituminatum.

Geteerter Gips.

80,0 gebrannten Gips

mischt man mit

20,0 Buchenteer.

Glacialin.

Milchkonservierungspulver.

40,0 Borsäure, Pulver $^{M}/_{30}$,
60,0 Natriumbikarbonat

mischt man.

Gebrauchsanweisung:

„Man setzt 1 l Milch vor dem Sieden 1 g = 1 kleine Messerspitze voll vom Glacialin zu und erhält die Milch mindestens $^{1}/_{4}$ Stunde kochend.“

Glans Thyreoïdeae sicca.

Trockene Schilddrüse.

100,0 frische Schilddrüsen,
5,0 Milchzucker, Pulver $^{M}/_{30}$,
5,0 arabisches Gummi, Pulver $^{M}/_{30}$,

verreibt man in einer Reibschale zu einer gleichmässigen Masse, streicht diese auf eine Glasplatte und trocknet bei einer Temperatur, welche 30° C nicht übersteigen darf. Nach dem Trocknen pulvert man möglichst fein.

Das Präparat enthält ungefähr die Hälfte trockene Schilddrüsen.

Glanzstärke.

a) Vorschrift n. *Zwick:*

100,0 weisses Wachs,
100,0 Stearin

schmilzt man, nimmt die Masse vom Feuer, rührt

25,0 Salmiakgeist von 10 pCt

darunter und setzt dann

2 l kochendheisses Wasser

unter Umrühren zu. Wenn die Masse gleichmässig ist, lässt man sie erkalten und vermischt sie mit

10000,0 bester Weizenstärke.

Man giesst die Masse in Formen, lässt sie trocknen und verkauft sie in unregelmässigen Stücken.

b) Vorschrift n. *E. Dieterich:*

200,0 Stearin

reibt man auf einem Küchenreibeisen zu gröblichem Pulver und vermischt dasselbe unter Reiben in einem grossen Mörser mit

10000,0 bester Weizenstärke.

Gliricin.

Rattentod.

a) 25,0 Weizenmehl

rührt man mit

50,0 frischer Milch

an und erhitzt unter Zusatz von

5,0 Hammeltalg,
0,5 Kochsalz

20 Minuten im Dampfbad. Man mischt dann durch Kneten

120,0 frische fein geschnittene Meerzwiebel

darunter und verabreicht in gut verkorkten Glasbüchsen. Die Haltbarkeit ist nur von kurzer Dauer, weshalb man das Präparat am besten frisch bereitet.

Die frische Meerzwiebel besitzt eine bei weitem grössere Wirkung, als die getrocknete.

b) 100,0 frische Meerzwiebeln

zerreibt man, knetet das Zerriebene unter

200,0 Brotteig,

formt dicke Fladen aus der Mischung und bäckt diese in Fett.

Die erkalteten Kuchen zerschneidet man in kleine Stücke und stellt diese an den von Ratten besuchten Plätzen auf.

Globuli camphorati.

Kampferkugeln.

Vorschrift d. Wiener Apoth.-Haupt-Gremiums.

590,0 Schlämmkreide,
395,0 gepulvertes Bleiweiss,
15,0 verriebenen Kampfer,
q. s. Wasser

knetet man zu einer bildsamen Masse und formt aus dieser Kugeln von 30—35 mm Durchmesser. Man trocknet dieselben an der Luft.

Globuli ad Erysipelas.

Globuli camphorati. Rotlaufkugeln. Elisabethinerkugeln.

552,0 geschlämmte Kreide,
368,0 Bleiweiss,
44,0 Alaun, Pulver M/30,
22,0 Ammoniumchlorid,
14,0 zerriebenen Kampfer

stösst man mit Wasser zur bildsamen Masse an und formt daraus Kugeln von 35,0 Schwere. Man trocknet bei gewöhnlicher Temperatur und reibt die Kugeln mittels eines wollenen Läppchens blank.

Glycerinum Arnicae.

Glycerinum arnicatum. Arnika-Glycerin.

a) 10,0 Arnikablüten,
100,0 Glycerin von 1,23 spez. Gew.

lässt man 8 Tage bei 15—17° C stehen, presst dann aus und filtriert die Pressflüssigkeit.

b) 50,0 Arnikatinktur,
90,0 Glycerin von 1,23 spez. Gew.

dampft man unter Rühren im Wasserbad bis auf ein Gesamtgewicht von

100,0

ab.

Glycerinum boraxatum.

Glycerinum Boracis. Borax-Glycerin. Glycerin of Borax.

a) 20,0 Borax, Pulver M/40,

löst man unter Erwärmen in

80,0 Glycerin von 1,23 spez. Gew.

und filtriert.

Man kann die Lösung auch durch Reiben im Mörser erreichen, kommt aber mit Erwärmen schneller zum Ziel.

b) Die Ph. Brit. lässt die Lösung durch Anreiben aus

20,0 Boraxpulver,
100,0 Glycerin von 1,23 spez. Gew.,
40,0 destilliertem Wasser

bereiten.

Glycerinum boraxatum rosatum.

Borax-Rosen-Glycerin.
(Ersatz für Mel rosatum.)

5,0 Borax,
2,0 weingeistiges Rosenextrakt Helfenberg,
löst man in einer Reibschale mit
63,0 Glycerin von 1,23 spez. Gew.,
30,0 destilliertem Wasser
und filtriert.

Glycerinum carbolisatum.

Karbol-Glycerin.

5,0 verflüssigte Karbolsäure,
85,0 Glycerin von 1,23 spez. Gew.,
10,0 destilliertes Wasser
mischt man.

Glycerinum chloroformiatum.

Chloroform-Glycerin.

10,0 Chloroform,
20,0 Weingeist von 90 pCt,
70,0 Glycerin von 1,23 spez. Gew.
mischt man durch Schütteln.

Glycerinum creosotatum.

Kreosot-Glycerin.

2,0 Kreosot,
8,0 Weingeist von 90 pCt,
90,0 Glycerin von 1,23 spez. Gew.
mischt man.

Glycerinum ferratum.

2,0 Eisenchloridlösung,
98,0 Glycerin von 1,23 spez. Gew.
mischt man. — Dient zum innerlichen Gebrauch.

Glycerinum jodatum.

Jod-Glycerin.

1,0 Jod,
1,0 Kaliumjodid
löst man in
98,0 Glycerin von 1,23 spez. Gew.

Glycerinum jodatum causticum.

Ätzendes Jod-Glycerin.

25,0 Jod,
25,0 Kaliumjodid
löst man durch Reiben und schwaches Erwärmen in
50,0 Glycerin von 1,23 spez. Gew.

Glycerinum jodoformiatum.

Jodoform-Glycerin.

10,0 Jodoform
verreibt man äusserst fein mit
90,0 Glycerin von 1,23 spez. Gew.
und setzt
0,1 Kumarin
zu.

Glycerinum Loretini 1 pCt.

Nach *Déjace*.

1,0 Loretin
sehr fein in
99,0 Glycerin von 1,23 spez. Gew.
verrieben.

Glycerinum odoriferum.

Wohlriechendes Glycerin. Toilette-Glycerin.

70,0 Glycerin von 1,23 spez. Gew.
30,0 Rosenwasser
erwärmt man, setzt
2 Tropfen Mixtura odorifera excelsior,
1 Tropfen Wintergreenöl
zu und schüttelt einige Minuten kräftig um.

Glycerinum saponatum n. *Hebra*.

Sapo-Glycerinum.
Hebras Seifenglycerin.

Hebra verwendet eine Lösung von Seife in Glycerin als Grundlage für verschiedene arzneistoffliche Zusätze. Den Erfordernissen entsprechend, lässt er ein härteres und ein weicheres Seifenglycerin bereiten und bedient sich dazu einer neutralen Kokoskernseife, bemerkt aber, dass sich jede harte Natronseife, also auch eine Talgseife eignet. Da die meisten im Handel befindlichen Kernseifen alkalisch sind, eignen sich wohl die nach *Liebreich* von *Heine* hergestellten „centrifugierten" Seifen besonders gut. Das verwendete Glycerin soll ein spez. Gewicht von ungefähr 1,23 haben.

Die *Hebra*schen Vorschriften lauten:

19,0 Kernseife,
76,0 Glycerin,
5,0 Salicylsäure.

18,0 Kernseife,
72,0 Glycerin,
5,0 Resorcin,
5,0 Salicylsäure.

18,0 Kernseife,
72,0 Glycerin,
5,0 Kreosot,
5,0 Salicylsäure.

17,0 Kernseife,
72,0 Glycerin,
10,0 Holzteer,
1,0 Salicylsäure.

19,0 Kernseife,
76,0 Glycerin,
5,0 Zinkoxyd.

12,0 Kernseife,
68,0 Glycerin,
20,0 Zinkoxyd.

15,0 Kernseife,
75,0 Glycerin,
10,0 gefällter Schwefel.

7,0 Kernseife,
63,0 Glycerin,
10,0 Zinkoxyd,
20,0 gefällter Schwefel.

19,0 Kernseife,
76,0 Glycerin,
5,0 Jodoform.

15,0 Kernseife,
75,0 Glycerin,
10,0 Jodoform.

10,0 Kernseife,
70,0 Glycerin,
20,0 Jodoform.

5,0 Kernseife,
45,0 Glycerin,
50,0 Jodoform.

9,0 Kernseife,
81,0 Glycerin,
10,0 Chrysarobin.

20,0 Kernseife,
79,0 Glycerin,
1,0 salzsaures Hydroxylamin.

9,0 Kernseife,
86,0 Glycerin,
5,0 Ichthyol-Ammon.

8,0 Kernseife,
72,0 Glycerin,
10,0 Ichthyol-Ammon,
10,0 Zinkoxyd.

19,0 Kernseife,
79,0 Glycerin,
2,0 Karbolsäure.

15,0 Kernseife,
70,0 Glycerin,
5,0 Salicylsäure,
5,0 Resorcin,
5,0 gefällter Schwefel.

8,0 Kernseife,
70,0 Glycerin,
2,0 Salicylsäure,
20,0 Zinkoxyd.

12,0 Kernseife,
78,0 Glycerin,
5,0 weisses Quecksilberpräcipitat,
5,0 basisches Wismutnitrat.

19,0 Kernseife,
75,0 Glycerin,
2,0 Jod,
4,0 Kaliumjodid.

12,0 Kernseife,
83,0 Glycerin,
5,0 Kreolin.

9,0 Kernseife,
86,0 Glycerin,
5,0 flüssiges Thiol.

Glycerinum sulfurosum.

Schwefelsäure-Glycerin.

90,0 Glycerin,
10,0 destilliertes Wasser.

Man mischt dieselben und leitet bis zur Sättigung

q. s. Schwefligsäureanhydrid

ein. Man verdünnt nun mit

q. s. Glycerin von 1,23 spez. Gew.,

dass in 100 Teilen 10 Teile schweflige Säure enthalten sind oder dass von 100 Teilen des Glycerinum sulfurosum 4 Teile Jod entfärbt werden.

Glycerinum tannatum.

Glycerinum acidi tannici. Tannin-Glycerin. Glycerine of tannic acid.

a) 10,0 Gerbsäure

löst man nach dem Anreiben durch mässiges Erwärmen in

90,0 Glycerin von 1,23 spez. Gew.

und filtriert die Lösung.

b) Die Ph. Brit. lässt die Lösung in derselben Weise aus

10,0 Gerbsäure,
50,0 Glycerin von 1,23 spez. Gew.

bereiten.

Gossypium antirheumaticum.

Watta antirheumatica. Gichtwatte.

3,0 rektif. Birkenteeröl,
3,0 „ Terpentinöl,
3,0 Wacholderholzöl,
3,0 Rosmarinöl,
3,0 Nelkenöl,
5,0 Kampfer

löst man in

80,0 Weingeist von 90 pCt,

50,0 Spanisch-Pfeffertinktur,

filtriert die Lösung und besprengt damit — am besten mittels Verstäubers —

2000,0 gereinigte Baumwolle.

Letztere muss man, um sie von allen Seiten mit der Essenz in Berührung zu bringen, in dünne Lagen zerzupfen und öfters wenden. Man lässt eine Stunde an der Luft trocknen und packt dann in Wachspapier.

Die Etikette † trägt eine passende Gebrauchsanweisung.

Gossypium aromaticum.

Watta aromatica. Aromatische Watte.

5,0 Nelkenöl

löst man in

75,0 Weingeist von 90 pCt,

setzt noch

20,0 (Sumatra-)Benzoëtinktur,

10,0 Hoffmannschen Lebensbalsam

zu, filtriert und besprengt damit — am besten mittels Verstäubers —

2000,0 gereinigte Baumwolle.

Man zerzupft letztere in dünne Lagen und wendet sie während des Tränkens öfters um. Die aromatisierte Watte lässt man 1 Stunde an der Luft liegen und schlägt sie dann in Wachspapier ein.

Die Gebrauchsanweisung befindet sich auf der Etikette †.

Gossypium jodatum.

Watta jodata. Jodwatte.

10,0 Jod,

fein zerrieben streut, man zwischen

100,0 gereinigte Baumwolle,

welche man schichtweise in ein Weithalsglas gestopft hat. Man erhitzt nun durch Einsetzen in heisses Wasser, öffnet, um die Luft entweichen zu lassen, den Kork öfters, verschliesst schliesslich das Glas fest und fährt mit der Erhitzung so lange fort, bis alles Jod dampfförmig die Baumwolle durchdrungen hat. Man nimmt nun aus dem Bad und stellt sofort an einen kühlen Ort, da bei langsamem Abkühlen sich das Jod in zu grossen Krystallen verdichtet.

Gossypium stypticum.

Watta styptica. Blutstillende Watte.

60,0 Eisenchloridlösung v. 10 pCt Fe

mischt man mit

60,0 Weingeist von 90 pCt.

Man tränkt dann mit der Mischung

40,0 gereinigte Baumwolle,

trocknet, vor Licht geschützt, im Trockenschrank und bewahrt in gut verschlossenen braunen Gläsern auf.

Graphites depuratus.

Gereinigter Graphit.

100,0 geschlemmten Graphit,

1000,0 Wasser

kocht man 1 Stunde lang, lässt dann absetzen und giesst die überstehende Flüssigkeit ab. Man fügt hierauf zu dem Zurückbleibenden

5,0 Salzsäure von 25 pCt,

5,0 Salpetersäure von 25 pCt,

hält die Mischung 24 Stunden lang in einer Temperatur von 30—40 °C und wäscht dann so lange mit heissem Wasser aus, bis das Waschwasser nicht mehr sauer reagiert. Schliesslich sammelt man den Niederschlag auf einem Filter und trocknet ihn.

Guttapercha depurata.

Gereinigte Guttapercha.

100,0 rohe Guttapercha

erweicht man in badewarmem Wasser und zerzupft in kleine Stückchen. Man löst diese dann in

600,0 Schwefelkohlenstoff,

lässt die Lösung 24 Stunden absetzen und filtriert durch Glaswolle in eine genügend grosse Flasche, welche

600,0 Weingeist von 90 pCt

enthält. Man schüttelt nun das Filtrat mit dem Weingeist und stellt die Mischung so lange bei Seite, bis sich zwei Schichten, deren untere die Guttaperchalösung und die obere die weingeistige Tinktur ist, gebildet haben.

Man zieht letztere mittels Hebers so weit wie möglich ab und wäscht die Guttaperchalösung in derselben Weise nochmals mit

500,0 Weingeist von 90 pCt

aus, trennt wieder beide Schichten, bringt die Guttaperchalösung mit

250,0 destilliertem Wasser

in eine Blase oder, wenn es sich um die hier vorgesehene kleine Menge handelt, in eine Retorte und destilliert unter sehr guter Kühlung in der Weise ab, dass man das Destillat nicht nur unter etwas Wasser auffängt, sondern sogar das Ausflussende des Kühlrohres (der Schlange) unter Wasser münden lässt. Den Blasenrückstand knetet man in warmem Wasser eine Zeit lang und formt ihn schliesslich in dünne Stangen.

Bei der Entzündlichkeit des Schwefelkohlenstoffes ist während der Arbeit die äusserste Vorsicht geboten.

† S. Bezugsquellen-Verzeichnis.

Die Ausbeute beträgt je nach der Güte der Rohware

60,0—80,0

Statt des Schwefelkohlenstoffs kann man auch Chloroform nehmen; man hat aber davon auf 100,0 Guttapercha mindestens 1500,0 nötig, fällt aus der filtrierten Lösung die Guttapercha in Flocken durch Zusatz von Weingeist und trennt schliesslich wieder Weingeist und Chloroform durch Wasserzusatz. Dasselbe scheidet das Chloroform grossenteils aus dem Weingeist aus. Mit dem Niederschlag verfährt man, wie oben angegeben.

Hamsterpatronen.

50,0 Salpeter,
35,0 Schwefelblüte,
10,0 zerstossenen amerikanischen Asphalt,
5,0 Sägespäne

mischt man und füllt damit Papierhülsen, welche innen aus Salpeterpapier, aussen aus Packpapier bestehen.

Haematogen.

Nach *Schmidt*.

3000 ccm defibriniertes Rinderblut,
1000 „ Äther

mischt man in einer Flasche, lässt die Mischung mehrere Tage stehen und trennt dann im Scheidetrichter. Das Blut dampft man unter stetem Rühren im Wasserbad bei einer Temperatur von höchstens 35° C auf ¾ seines Volumens ein, wägt es sodann und mischt auf

100 Teile desselben

30 Teile reines Glycerin von 1,23 spez. Gew.,
10 Teile Kognak

hinzu.

Das so gewonnene Präparat soll dem *Hommel*schen Original in jeder Weise am nächsten kommen. Die Ausführung dieses Verfahrens steht Jedermann frei, da Hommel sich ein ganz anderes Verfahren hat patentieren lassen.

Hausschwamm-Mittel.

a) Antimerulion:

950,0 Kochsalz,
50,0 Borsäure

pulvert (M/30) man, mischt und giebt die Mischung mit folgender Gebrauchsanweisung ab:

„Man löse das Pulver in 5 l kochend heissem Wasser und bestreiche mittels Pinsels die vor Schwamm zu schützenden oder bereits angegriffenen, vorher äusserlich gereinigten Holzteile.“

b) 50,0 Kupfervitriol,
50,0 Eisenvitriol

löst man in

300,0 heissem Wasser,

lässt die Lösung erkalten und verreibt damit (am besten auf einer Farbreibmühle)

25,0 rohen Galmei.

c) 1000,0 rohen Galmei,
500,0 Natronwasserglas,
500,0 Wasser

verreibt man auf einer Farbreibmühle und verdünnt die Verreibung sofort mit

3000,0 Natronwasserglas.

Diese Anstrichmasse ist nicht haltbar, sie muss deshalb stets frisch bereitet werden.

Heber.

Der Heber ist eine im Winkel von ungefähr 45° gebogene Röhre, deren beide durch die Biegung getrennte Röhrenteile man Schenkel nennt. Die Schenkel unterscheiden sich in der Länge um ein Viertel bis ein Drittel von einander. Die Biegung, welche diese Schenkel trennt, kann einen grösseren oder kleineren Bogen vorstellen, aber sie kann auch aus zwei kurzen Bögen mit kurzem Zwischenschenkel bestehen. Während der Heber im ersteren Fall als zweischenkelig gilt, nennt man den letzteren dreischenkelig.

Der Heber dient dazu, eine Flüssigkeit von einem Gefäss in ein anderes überzuführen; es wird daher sowohl zum Abfüllen grösserer Gefässe auf kleinere, als auch zum „Abhebern“ von Flüssigkeiten, aus denen sich Niederschläge abgesetzt haben, ferner zum „Vorziehen“ der unteren Schicht bei zwei über einander stehenden Flüssigkeitsschichten benützt.

Um den Heber in Thätigkeit zu setzen, senkt man den kürzeren Schenkel in die überzuführende Flüssigkeit und saugt den längeren an. Die Flüssigkeit füllt dadurch beide Schenkel und fliesst durch den längeren ab.

Zum Ansaugen des Hebers hat man verschiedene, am Heber angebrachte Vorrichtungen, die alle den Zweck haben, beim Ansaugen mit dem Mund eine Verunreinigung desselben mit der einzusaugenden Flüssigkeit zu vermeiden. Handelt es sich um Wasser oder um eine andere wertlose Flüssigkeit, so verfährt man am einfachsten derart, dass man einen Gummischlauch mit Wasser füllt und beide Enden mit den Fingern zuhält. Man senkt nun das eine Ende in die zu hebende Flüssigkeit und öffnet den Schlauch durch Entfernung des Fingers, den anderen Teil des Schlauches lässt man aussen am Gefäss herabhängen. Entfernt man nun auch hier den verschliessenden Finger, so wird sofort die Heberwirkung eintreten.

Heber mit Ansaugevorrichtungen sind überall im Handel. Von neueren Konstruktionen sei nur die von *Hch. Hartwig* in Gehlberg in Thüringen erwähnt. Man füllt denselben mittels Gummisaugers, wie nachstehende Abbildung und Gebrauchsanweisung ergeben.

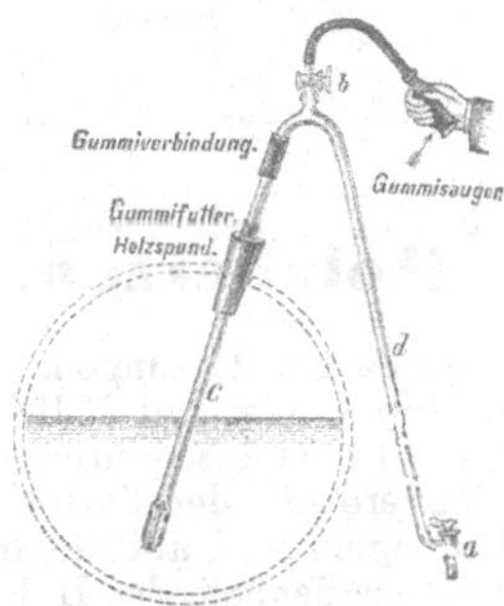

Abb. 25.

„Man steckt den Heber in das abzufüllende Gefäss, schliesst den Hahn a, öffnet den Hahn b und saugt durch langsames Drücken des Gummisaugers die Flüssigkeit im Schenkel c in die Höhe. Der Schenkel d füllt sich durch Überlauf. Man hat nun bei dieser Manipulation darauf zu achten, dass nicht durch zu rasches Ansaugen die Flüssigkeit in den Gummisauger mitgerissen wird. Nach Schliessen des oberen Hahnes b ist der Heber zum Gebrauch fertig. Soll der Heber befestigt werden, dass der freie Schenkel nicht hin und her schwankt, so bedient man sich dazu besonderer Holzspunde.

Man löst die am Heber befindliche Gummiverbindung und steckt den mit Fussventil versehenen Schenkel von unten her in die im Spund angebrachte Öffnung und befestigt denselben dadurch, dass man ein kleines Gummifutter, bestehend aus einem Stückchen Schlauch, zwischen Holz- und Glasschenkel schiebt. Der Spund wird dann auf das betreffende Fass, Ballon usw. gesteckt und der Schenkel in demselben soweit nach unten geschoben, bis das Fussventil fast den Boden berührt.

Nachdem die Schenkel abermals durch die Gummiverbindung vereinigt worden sind, ist der Heber wieder gebrauchsfertig.

Die Entleerung des im gefüllten Zustand ausgehobenen Hebers geschieht in folgender Weise:

Der Hahn b wird geöffnet, der Gummisauger entfernt und zunächst der Ventilschenkel durch Lüften des Fussventils entleert. (NB. Man hebt das Ventil mit einem Holzstäbchen, Draht oder dergleichen von unten her etwas an.) Den Hahnschenkel lässt man alsdann durch den Hahn leerlaufen.“

Zu erwähnen ist noch das in manchen Fällen anwendbare „Anblasen“ der Heber. Man denke sich eine Spritzflasche, deren Spritzrohr nicht in eine Spitze ausgezogen, dafür aber soweit verlängert ist, dass das Ende tiefer liegt, als der Boden der Flasche. Bläst man nun in die Pseudospritzflasche, so entsteht aus dem verlängerten Spritzrohr ein Heber.

Die in der Technik gebräuchlichen Stechheber beruhen auf dem Prinzip der Pipetten, sind aber im pharmazeutischen Laboratorium wenig im Gebrauch.

Hektographenmasse.

Massa hectographica.

Nach *E. Dieterich.*

22,5 beste Gelatine

lässt man mit

40,0 Wasser

$^1/_4$ Stunde unter öfterem Durchrühren quellen, fügt dann

70,0 Glycerin von 1,23 spez. Gew.

hinzu, bringt auf das Dampfbad und dampft hier unter stetem Rühren so lange ab, bis das Gesamtgewicht der Masse

100,0

beträgt.

Es muss darauf geachtet werden, dass die Masse nicht schaumig wird, weshalb man zum Rühren am besten einen runden Glasstab nimmt und die Rührbewegung nur langsam vollzieht.

Wird eine weissliche Hektographenmasse verlangt, so setzt man auf obige Menge, wenn das Abdampfen vollendet ist,

10,0 Blanc fixe en pâte,

das jede Farbenhandlung führt, zu.

Statt Gelatine kann man auch den billigeren Kölner- oder noch besser Leder-Leim nehmen, aber die so bereitete Masse liefert nicht so viele Abzüge, als die Gelatinemasse. Die beste Gelatine giebt auch die beste Hektographenmasse.

Holzbeizen.

Unter Holzbeizen versteht man Farbstofflösungen, welche zum Färben von Holz benützt werden. Sie lassen sich entweder direkt oder mit Hilfe von Beizflüssigkeiten auf dem Holz befestigen. In vielen Fällen wird die Farbe erst durch die Beizflüssigkeit auf der Faser erzeugt, in anderen wird durch die letztere nur der Farbenton bestimmt.

Die Wirkung der Farbstofflösungen wird aber nicht allein durch die Beizflüssigkeiten, sondern auch durch die natürliche Beschaffenheit des Holzes, z. B. Gerbstoffgehalt, beeinflusst. Infolgedessen werden verschiedene Holzarten durch ein und dieselbe Holzbeize oft ganz verschieden gefärbt.

Alle hier angegebenen Beizen sind mit Eiche, Kirschbaum, Weissbuche, Rotbuche, Ahorn, Esche, Erle, Birke, Linde, Pappel, Kiefer und Fichte probiert. Eine übersichtliche Anordnung war nicht ganz leicht. Ich glaubte dem praktischen Bedürfnis am besten dadurch zu entsprechen, dass ich zunächst die mit laufenden Buchstaben bez. Zahlen versehenen Vorschriften zu den Beizflüssigkeiten und Farbstofflösungen neben einander aufführte und dann in einer Tabelle nach Farben ordnete. Hinter der Tabelle folgt die Gebrauchsanweisung und einige Bemerkungen. Von einer näheren Bezeichnung der mehr oder weniger grossen Abweichungen in der Färbung der verschiedenen Hölzer habe ich absehen müssen, da die Abstufungen zu mannigfaltig und meist nicht genau zu bezeichnen sind. Ausserdem sind Alter des zu beizenden Holzes und andere Umstände auf den Farbenton von Einfluss.

A. Beizflüssigkeiten.

a) 100,0 holzessigsaure Eisenlösung.

b) 2,0 Kaliumbichromat
löst man in
100,0 Wasser.

c) 1,0 Kupfersulfat,
1,0 Kaliumchlorat
löst man in
100,0 Wasser.

d) 1,0 Chlorbaryum
löst man in
100,0 Wasser.

e) 1,0 Chlorcalcium
löst man in
100,0 Wasser.

f) 2,0 Magnesiumsulfat
löst man in
100,0 Wasser.

g) 2,5 Mangansulfat
löst man in
100,0 Wasser.

h) 3,0 Chromalaun
löst man in
100,0 Wasser.

i) 1,0 Eisenchlorid
löst man in
100,0 Wasser.

k) 2,0 Eisenvitriol
löst man in
100,0 Wasser.

l) 2,0 Kupfersulfat
löst man in
100,0 Wasser.

m) 2,0 Zinnsalz
löst man in
100,0 Wasser.

n) 3,0 Alaun
löst man in
100,0 Wasser.

B. Farbstofflösungen.

1. 20,0 Blauholzextrakt
löst man in
80,0 Wasser.

2. 10,0 Blauholzextrakt
löst man in
90,0 Wasser.

3. 20,0 Chloranilin,
80,0 Weingeist von 90 pCt.

4. 10,0 Kasslerbraun
verreibt man mit
30,0 Ammoniakflüssigkeit,
bringt in eine Flasche, verkorkt und lässt 24 Stunden stehen.

Man fügt dann
50,0 Wasser
und
10,0 Weingeist von 90 pCt
hinzu, lässt die Mischung einige Tage stehen und filtriert sie dann.

5. 10,0 Kasslerbraun,
5,0 Pottasche,
50,0 Wasser
kocht man eine halbe Stunde mit einander.

Man lässt dann erkalten, fügt
q. s. Wasser
bis zum Gewicht von
90,0
und schliesslich
10,0 Weingeist von 90 pCt
hinzu.

6. 5,0 Alizarin
reibt man sorgfältig mit
100,0 Wasser
an und setzt dann
q. s. Ammoniakflüssigkeit v. 10 pCt
hinzu, so dass eine stark nach Ammoniak riechende Lösung entsteht.

7. 0,5 Alkannin,
5,0 weingeistiges Sandelholzextrakt,
5,0 Drachenblut,
90,0 Weingeist von 90 pCt.

Die Lösung filtriert man.

8. 5,0 weingeistiges Sandelholzextrakt,
10,0 Aloë
löst man in
85,0 Weingeist von 90 pCt
und fügt
2,0 Natronlauge v. 1,170 spez. Gew.
hinzu.

9. 1,0 Gallussäure
löst man in
100,0 Wasser.

10. 0,7 Nigrosin (wasserlöslich)
löst man in
100,0 Wasser.

	Schwarz	Braun	Rot	Grau
I	1 + a	4	7	9 + k
II	2 + b	5	8	10
III	c + 3	6	n + 6	
IV		d, e, f, g, h, i, k, l oder m + 6		

Gebrauchsanweisung:

„Man bestreicht das Holz mit der Beize, lässt eintrocknen und reibt dann die gebeizten Flächen mit Leinöl ein. Besteht die Beize aus zwei Flüssigkeiten, so bestreicht man zunächst mit der in der Tabelle zuerst bezeichneten Lösung und nach dem Eintrocknen mit der in zweiter Linie angegebenen. Heisst es also z. B. in der Tabelle „c + 3", so ist darunter zu verstehen, dass das Holz zuerst mit Beizflüssigkeit **c** *und nach dem Trocknen mit Farblösung* **3** *zu bestreichen ist. Heisst es aber nur „5", so ist keine Beizflüssigkeit notwendig und das Bestreichen mit Farblösung allein hinreichend. Sind mehrere Buchstaben aufgeführt, so hat man unter denselben die Wahl. Steht die Ziffer vor dem Buchstaben, so kommt zuerst die Farblösung und hierauf die Beizflüssigkeit in Anwendung. Es ist also die in der Tabelle angegebene Reihenfolge zwischen Beizflüssigkeiten und Farblösungen genau einzuhalten."*

Bemerkungen.

i oder k + 6 färben Eiche und Kirschbaum schwarz. Mit i + 6 wird der Farbenton blauschwarz und mit k + 6 braunschwarz. Das Braun, welches man mit den unter IV genannten Beizen erzielt, hat fast bei allen Hölzern einen mehr oder weniger violetten bis roten Stich.

Ebenholzbeize.

Nach *Buchheister.*

100,0 Blauholzextrakt

löst man unter Erhitzen in

200,0 Wasser

und setzt dann sofort zu

200,0 Holzessig,

500,0 holzessigsaures Eisen.

Man seiht die Mischung durch ein engmaschiges Tuch und bewahrt die Seihflüssigkeit in Zimmertemperatur auf. Vor der Abgabe ist die Flüssigkeit umzuschütteln.

Man bestreicht das zu beizende Holz zweimal kräftig mit der Beize, lässt 2—3 Tage stehen und reibt die gebeizte Fläche dann mit Leinöl ein.

Schluss der Abteilung „Holzbeizen".

Hydrargyro-Plumbum jodatum.

Quecksilber-Bleijodid.

100,0 Bleijodid,

50,0 Quecksilberjodid

mischt man gut, rührt mit

120,0 destilliertem Wasser

an und dampft unter stetem Rühren bei einer Temperatur, welche 65° C nicht übersteigt, so lange ein, bis ein feuchter Krystallbrei entstanden ist. Man bringt denselben auf Pergamentpapier, trocknet ihn an vor Licht geschützter Stelle bei mässiger Wärme aus und zerreibt ihn schliesslich zu Pulver, dieses in gut verschlossenem, braunen oder schwarzen Glase aufbewahrend.

Die vermehrte Anwendung des Bleijodids in der Dermatologie veranlasste mich zur Einreihung dieses Präparates.

Hydrargyrum bijodatum.

Hydrargyrum bijodatum rubrum. Deutojoduretum Hydrargyri. Rotes Quecksilberjodid. Quecksilberjodid. Mercurijodid.

Vorschrift der Ph. Austr. VII.

100,0 Quecksilberchlorid

löst man in

1500,0 destilliertem Wasser,

filtriert die Lösung und setzt zu derselben eine filtrierte Lösung von

125,0 Kaliumjodid

in

500,0 destilliertem Wasser.

Man lässt den Niederschlag absetzen, sammelt ihn auf einem Filter, wäscht ihn mit destilliertem Wasser aus und trocknet bei gewöhnlicher Temperatur.

Ein feiner verteiltes Präparat erhält man, wenn man beide Lösungen gleichzeitig unter Umrühren in dünnem Strahl in ein Gefäss giesst, welches

2000,0 destilliertes Wasser

enthält.

Den Niederschlag wäscht man am besten durch Anrühren und Absetzenlassen aus.

Die Ausbeute wird 160,0 betragen.

Hydrargyrum chloratum mite praecipitatione paratum.

Hydrargyrum chloratum praecipitatum. Calomel via humida paratum. Gefälltes Quecksilberchlorür.

Vorschrift der Ph. Austr. VII.

In eine filtrierte warme Lösung von

100,0 Quecksilberchlorid

in

3000,0 destilliertem Wasser

leitet man Schwefligsäureanhydrid ein bis zur Sättigung der Flüssigkeit, lässt letztere alsdann im bedeckten Gefäss an einem 70—80° C warmen Ort einige Stunden stehen, sammelt den Niederschlag auf einem Filter, wäscht ihn aus und trocknet bei Abschluss des Lichtes. Das Schwefligsäureanhydrid entwickelt man aus

Englischer Schwefelsäure

und

grob zerstossener Kohle

in hinreichender Menge.

Hierzu ist folgendes zu bemerken:

Die Abscheidung des Quecksilberchlorürs geht am besten bei 60—70° C vor sich; man thut weiter gut, anstatt der oben vorgeschriebenen 3000,0 destilliertes Wasser 6000,0 zu nehmen.

Das Schwefligsäureanhydrid entwickelt man aus grob gepulverter Holzkohle, die man mit englischer Schwefelsäure zu einem dünnen Brei angerührt hat.

Hydrargyrum c. Calcio carbonico.

40,0 Quecksilber,

60,0 Calciumkarbonat.

Man setzt dem vorher getrockneten kohlensauren Kalk ungefähr den vierten Teil des Quecksilbers zu, verreibt solange, bis man keine Kügelchen mehr bemerkt, fügt dann eine gleiche Quecksilbermenge zu, verreibt wie vorher und fährt so fort, bis alles Quecksilber, ohne dass man einzelne Kügelchen desselben wahrnehmen kann, untergerieben ist.

Bei längerem Lagern und Gegenwart von Feuchtigkeit bildet sich Quecksilberoxyd, weshalb nur kleine Mengen dieses Präparates und diese nur in gut verschlossenen Gefässen vorrätig gehalten werden dürfen.

Hydrargyrum cum Creta.

Mercury with Chalk.

a) Vorschrift der Ph. Brit.

40,0 Quecksilber

verreibt man in einem Porzellanmörser mit

80,0 geschlämmter Kreide,

bis Quecksilberkügelchen nicht mehr zu erkennen sind und das ganze eine gleichmässig graue Farbe angenommen hat.

Vergleiche unter Hydrargyrum c. Calcio carbonico.

b) Vorschrift der Ph. U. St.

In eine starkwandige Flasche, die etwa 100,0 fasst, wiegt man

38,0 Quecksilber,
10,0 gereinigten Honig,
2,0 destilliertes Wasser,

verschliesst die Flasche, schüttelt zunächst eine halbe Stunde, sodann von Zeit zu Zeit, sodass die Schütteldauer im ganzen 10 Stunden beträgt bez. bis in einer herausgenommenen Probe bei vierfacher Vergrösserung Quecksilberkügelchen nicht mehr wahrzunehmen sind. Zum Schütteln bedient man sich am besten einer mechanischen Vorrichtung. Man reibt sodann in einem Mörser

57,0 geschlämmte Kreide

mit

q. s. destilliertem Wasser

zu einem feinen Brei, fügt den Inhalt der Flasche hinzu, spült letztere mit wenig Wasser nach und trocknet bei gewöhnlicher Temperatur. Die trockene Masse verreibt man nochmals innig.

Hydrargyrum depuratum.

Gereinigtes Quecksilber.

1000,0 rohes Quecksilber,
15,0 Eisenchloridlösung v. 10 pCt Fe,
85,0 destilliertes Wasser

bringt man in eine starke Glasflasche, welche zur Hälfte davon gefüllt wird, und schüttelt so lange kräftig, bis das ganze zu einem gleichmässigem Brei geworden ist. Man stellt nun die Mischung einige Tage beiseite, zieht die wässrige Flüssigkeit ab, ersetzt dieselbe durch

100,0 verdünnte Salzsäure von 1,061 spez. Gew.,

schüttelt 15 Minuten durch, lässt wieder absetzen und wäscht nun mit heissem destillierten Wasser noch so oft aus, als das Waschwasser sauer reagiert.

Ein älteres Verfahren bestand darin, mit verdünnter Salpetersäure auszuschütteln; es wurde aber verlassen, weil es entweder nicht alle fremden Metalle löste oder, wenn es dies wirklich that, auch Quecksilber in Lösung überführte.

Hydrargyrum jodatum.

Hydrargyrum jodatum flavum. Quecksilberjodür. Mercurojodid.

a) Vorschrift der Ph. Austr. VII.

80,0 Quecksilber,
50,0 Jod

verreibt man in einer gläsernen Reibschale unter Befeuchten mit Weingeist von 90 pCt so lange, bis alle Metallkügelchen verschwunden sind, wobei man darauf achtet, dass die Masse während des Verreibens immer feucht bleibt, wäscht mit Weingeist aus und trocknet an einem schattigen Ort.

Empfehlenswert sind folgende Abänderungen:

b) 80,0 gereinigtes Quecksilber,
20,0 verdünnten Weingeist v. 68 pCt

bringt man in eine Reibschale, rührt mit dem Pistill allmählich in 8—10 kleinen Zusätzen

50,0 Jod

unter und fährt mit dem Verreiben so lange fort, bis die Masse gleichmässig dunkelgelbgrün ist und bis sich metallische Quecksilberkügelchen mit der Lupe nicht mehr erkennen lassen. Man spült nun mit

200,0 Weingeist von 90 pCt

in ein Becherglas und wäscht mit Weingeist durch Absetzenlassen und Abgiessen so oft aus, bis der ablaufende Weingeist durch Schwefelammon nicht mehr gefärbt wird. Man bringt jetzt den Bodensatz auf ein Filter, lässt abtropfen und trocknet bei 20° C an dunklem Ort, wie man überhaupt die ganze Bereitung an einem vor Tageslicht möglichst geschützten Platz vornehmen muss.

Das fertige Präparat, welches

125,0

wiegen wird, ist in braunem oder schwarzem Glas aufzubewahren.

Die Verwendung von verdünntem Weingeist, ehe man Jod zusetzt, hat den grossen Vorzug, einer zu starken Erwärmung vorzubeugen, vorausgesetzt, dass man das Jod in sehr kleinen Mengen und nicht zu rasch hintereinander zusetzt. Bei Herstellung grösserer Mengen muss man den Mörser mit Eis kühlen.

Hydrargyrum oleïnicum.

Quecksilberoleat.
Nach *E. Dieterich.*

25,0 Quecksilberoxyd

rührt man in einer Abdampfschale mittels Pistills mit

25,0 Weingeist von 90 pCt

an und setzt dann durch rasches Zugiessen

75,0 gereinigte Ölsäure

unter fortwährendem Rühren zu.

Man fährt mit dem Rühren fort, bis die Masse dick zu werden beginnt, lässt sie in dieser Form 24 Stunden stehen und erhitzt sie unter stetem Rühren so lange bei ungefähr 60° C, bis sie Salbenbeschaffenheit erlangt hat und bis Teile des Quecksilberoxyds nicht zu erkennen sind.

Da es nicht wünschenswert ist, zu lange zu erhitzen, so enthält das Präperat kleine Mengen Weingeist. Die Ausbeute wird ungefähr 100,0 betragen. Der Gehalt an Quecksilberoxyd beziffert sich auf 25 pCt.

Das Präparat hat die Farbe eines sehr hellen Bleipflasters.

Das Anrühren mit Weingeist hat den Zweck, die Einwirkung der Ölsäure zu verlangsamen. Ohne dieses Vorbeugungsmittel bilden sich gern feste Klumpen, welche sich später nicht wieder auflösen.

Diese Vorschrift hat auch in dem Ergänzungsbuch des D. Ap. V. Aufnahme gefunden.

Hydrargyrum oxydatum flavum.

(Via humida paratum.) Gelbes Quecksilberoxyd.
Gefälltes Quecksilberoxyd.
Auf nassem Weg bereitetes Quecksilberoxyd.

a) Vorschrift des D. A. IV.

2 Teile Quecksilberchlorid

werden in

40 Teilen warmem Wasser

gelöst und in eine kalte Mischung aus

6 Teilen Natronlauge von 1,17 spez. Gew.

und

10 Teilen Wasser

unter Umrühren langsam eingegossen.

Diese Mischung wird unter kräftigem Umrühren eine Stunde lang bei mässiger Wärme stehen gelassen; der entstandene Niederschlag wird alsdann gesammelt, mit warmem Wasser ausgewaschen und, vor Licht geschützt, bei 30° C getrocknet.

Gegen die Vorschrift selbst ist nichts einzuwenden, aber es musste angegeben werden, welche Temperatur unter „mässiger Wärme" und unter „warmem Wasser" zu verstehen ist. Die III. und IV. Ausgabe des Deutschen Arzneibuches hat eine vollständige Verwirrung in die Begriffe „warm" und „heiss" gebracht dadurch, dass sie sogar die Siedetemperatur des Wassers noch als „warm" bezeichnen. Es muss deshalb, wenn anders keine Irrtümer entstehen sollen, genaue Temperaturangabe an Stelle der unbestimmten Angaben verlangt werden.

b) Vorschrift der Ph. Austr. VII.

Eine filtrierte Lösung von

100,0 Quecksilberchlorid

in

1000,0 warmem destillierten Wasser

giesst man tropfenweise in eine klare Lösung von

45,0 Kaliumhydroxyd

in

150,0 destilliertem Wasser,

sammelt den Niederschlag auf einem Filter, wäscht ihn aus und trocknet ihn an einem dunklen Ort.

Man erhält ein viel schöneres Präparat nach folgendem Verfahren:

c) Vorschrift von *E. Dieterich:*

100,0 Quecksilberchlorid

löst man in

2000,0 destilliertem Wasser

und verdünnt andrerseits

300,0 Natronlauge v. 1,17 spez. Gew.

mit

1750,0 destilliertem Wasser.

Beide Lösungen giesst man in dünnem Strahl und zu gleicher Zeit unter Umrühren in ein Gefäss, welches

1000,0 warmes destilliertes Wasser von 40° C

enthält und nur zum vierten Teil davon gefüllt ist, und lässt eine Stunde stehen.

Man lässt den entstandenen Niederschlag absetzen und wäscht ihn durch Abziehen der überstehenden Flüssigkeit so oft mit warmem destillierten Wasser von 30—35° C aus, bis das Waschwasser nicht mehr auf Chlor reagiert.

Man sammelt ihn nun auf einem Filter, lässt gut abtropfen und trocknet bei 25 bis 30° C an einer vor Tageslicht geschützten Stelle.

Die Ausbeute beträgt

75,0—77,0.

Wie bei allen farbigen Niederschlägen ist auch die Farbe des auf nassem Weg hergestellten Quecksilberoxyds von der Verdünnung der beiden Lösungen abhängig und zwar wird die Färbung desto heller sein, je feiner der Niederschlag ist, bezw. je grösser die Verdünnung der Lösungen war.

So erhält man eine wesentlich dunklere Abstufung, wenn man das Sublimat in wenig oder gar warmem Wasser löst und die Lauge minder verdünnt, oder wenn man die Lösungen, wie es fast überall Sitte ist, in einander und nicht, wie ich dies überall anwende, in ein drittes, mit Wasser zum Teil gefülltes Fällungsgefäss giesst.

Da man von einem Niederschlag die höchstmögliche Feinheit verlangen muss, so sind diejenigen Vorsichtsmassregeln, welche eine solche bedingen, anzuwenden, und hierzu rechne ich auch das von mir empfohlene Fällungsverfahren.

Hydrargyrum praecipitatum album.

Hydrargyrum bichloratum ammoniatum. Mercurius praecipitatus albus. Quecksilberammoniumchlorid. Merkuriammoniumchlorid. Weisses Präcipitat.

a) Vorschrift des D. A. IV.

2 Teile Quecksilberchlorid

werden in

40 Teilen warmem Wasser

gelöst. Die Lösung wird nach dem Erkalten unter Umrühren langsam mit

3 Teilen Ammoniakflüssigkeit (10 pCt)

oder soviel vermischt, dass diese (wohl „dieses", nämlich das Ammoniak? *E. D.*) ein wenig vorwaltet. Der entstandene Niederschlag wird auf einem Filter gesammelt, nach dem Ablaufen der Flüssigkeit allmählich mit

18 Teilen Wasser

ausgewaschen und, vor Licht geschützt, bei 30° C getrocknet.

Zur Nomenklatur des Arzneibuches bei diesem Präparat ist zu bemerken, dass es nicht „weisser" sondern „weisses" Präcipitat heisst. Praecipitatum ist bekanntlich generis neutrius.

In Bezug auf das vorgeschriebene „warme" Wasser und den Mangel einer Temperaturangabe beziehe ich mich auf das unter Hydrargyrum oxydatum flavum Gesagte.

b) Vorschrift der Ph. Austr. VII.

Man stellt das Präparat wie unter a) beschrieben dar, nimmt aber anstatt 900,0 nur

800,0 destilliertes Wasser

zum Auswaschen.

Hydrargyrum praecipitatum album pastaceum.

Weisses Präcipitat in Pastenform.

Den nassen Niederschlag, wie er nach dem im vorigen Abschnitt angegebenen Verfahren gewonnen wird, bringt man auf ein dichtes und genässtes Leinentuch, das man nass gewogen hat, und presst ihn bis zu einem Gewicht von

180,0

aus. Man nimmt dann den Niederschlag aus dem Tuch, verreibt ihn mit

90,0 konzentriertem Glycerin,

das man sich vorher durch Eindampfen auf 90 pCt seines ehemaligen Gewichts herstellte, und bewahrt die Mischung, welche natürlich vollständig gleichartig sein muss, in gut verschlossenem Glas und vor Tageslicht geschützt auf.

Die so hergestellte Paste enthält 33 $1/3$ pCt weisses Präcipitat und lässt sich leicht mit Fett mischen. Es wäre nicht schwer, den nassen Niederschlag durch schärferes Pressen auf ein noch geringeres Gewicht, wie das angegebene, zu bringen. Es würde dann aber das Verreiben mit Glycerin grössere Schwierigkeiten machen.

Die Idee, weisses Präcipitat nicht auszutrocknen, sondern als Paste aufzubewahren, stammt von *Mielck*.

Hydrargyrum salicylicum.

Salicylsaures Quecksilberoxyd. Quecksilbersalicylat. Nach *B. Fischer*.

27,0 Quecksilberchlorid

löst man in

540,0 heissem destillierten Wasser,

lässt die Lösung auf 15° C abkühlen und filtriert sie unter Umrühren in eine kalte Mischung von

81,0 Natronlauge v. 1,17 spez. Gew.

und

200,0 destilliertem Wasser.

Man wäscht den Niederschlag durch Absetzenlassen mit kaltem destillierten Wasser bis zum Freisein von Chlor aus, sammelt ihn auf einem Filter, bringt den dicken Brei in eine Kochflasche und giebt so viel Wasser zu, dass ein dünner Brei entsteht.

Man fügt hierauf auf einmal

15,0 Salicylsäure

hinzu, verteilt diese und erhitzt nun im heissen Wasserbad unter Schütteln so lange, bis die gelbe Masse des Quecksilberoxyds in die schneeweisse des Salicylates übergegangen ist. Man bringt letzteres auf ein Filter, wäscht mit warmem Wasser zur Entfernung des Salicylsäureüberschusses bis zum Verschwinden der sauren Reaktion aus, lässt dann abtropfen und trocknet anfänglich bei gelinder Wärme und schliesslich bei 100° C.

Hydrargyrum stibiato-sulfuratum.

Schwefelantimonquecksilber.

Vorschrift d. Ergänzb. d. D. Ap.-V.

50,0 geschlämmten Spiessglanz,
50,0 schwarzes Quecksilbersulfid

mischt man.

Hydrargyrum sulfuratum nigrum.

Schwarzes Quecksilberfulfid.

50,0 gereinigtes Quecksilber,
50,0 gereinigten Schwefel

reibt man in angewärmtem Porzellanmörser in der Weise zusammen, dass man das Quecksilber in 2 Hälften, die zweite Hälfte aber erst dann zusetzt, wenn die erste vollständig untergerieben ist und keine Kügelchen mehr erkennen lässt. Dieses Merkmal gilt auch für die Vollendung der Verreibung.

Man kann die Arbeit dadurch unterstützen, dass man den Mörser öfters auf dem Dampfapparat erwärmt oder aber während des Reibens daselbst belässt. In letzterem Fall ist ein Stück Pappe oder Tuch unter den Mörser zu legen, um Überhitzung zu vermeiden.

Hydrargyrum sulfuricum.

Merkurisulfat. Quecksilberoxydsulfat.

12,0 Salpetersäure von 1,153 spez. Gew.,

verdünnt man in einem geräumigen Glaskolben mit

10,0 destilliertem Wasser,

fügt allmählich

30,0 Schwefelsäure von 1,838 spez. Gew.

und dann

54,0 gereinigtes Quecksilber

hinzu.

Man erhitzt nun im Sandbad so lange, als sich rotgelbe Dämpfe entwickeln, bringt sodann den Kolbeninhalt in eine Porzellanschale und dampft unter stetem Rühren im Dampfbad zur Trockne ein.

Hydrargyrum tannicum oxydulatum.

Merkurotannat. Quecksilbertannat.

60,0 Merkuronitrat, frisch bereitet und oxydfrei,

verreibt man in einem entsprechend grossen Porzellanmörser fein unter allmählichem Zusatz einer Lösung von

36,0 Gerbsäure

in

60,0 destilliertem Wasser

und verdünnt die breiige Masse, wenn sich harte Teile in derselben nicht mehr fühlen lassen, nach und nach mit

6000,0 destilliertem Wasser.

Den entstandenen Niederschlag sammelt man auf einem genässten feinmaschigen Leinentuch und wäscht ihn hier mit destilliertem Wasser, in welchem man 5 pCt Gerbsäure gelöst, so lange aus, bis das ablaufende Wasser frei von Salpetersäure ist. Schliesslich lässt man das Wasser gut abtropfen und lässt den Niederschlag unter Abhaltung des Tageslichtes im Filtertuche bei 15—20° C trocknen.

Man bewahrt das Präparat in braunen Gläsern auf.

Hydromel infantum.

Kindermet.

a) Vorschrift der Ph. Austr. VII.

90,0 Mannahaltigen Sennaaufguss,
30,0 „ Sennasirup

mischt man.

b) 25,0 dreifachen Wiener Trank

löst man in

75,0 destilliertem Wasser

und fügt

25,0 Mannasirup

hinzu.

Induktionsflüssigkeit.

Liquor electrophorus Elementfüllung. Batteriefüllung. Electrophorfüllung. Chromelementfüllung.

300,0 Kaliumdichromat

löst man kalt in

3000,0 Wasser

und setzt der Lösung unter Umrühren

300,0 englische Schwefelsäure von 1,83 spez. Gewicht

zu.

Zuletzt fügt man

10,0 Merkurisulfat in fein. Pulv.

hinzu.

Der Zusatz des letzteren bezweckt, die Zinkkathode blank zu erhalten.

Infusum, Infundieren.

Aufguss, Aufgiessen.

Das Ausziehen von Pflanzenteilen mit heissem Wasser unter nur ganz kurze Zeit dauernder Erhitzung, wie es im „Aufguss“ geschieht, verfolgt den Zweck, weniger die wasserlöslichen überhaupt, als die flüchtigen, aromatischen. zuweilen, ich möchte sagen, nicht wägbaren Bestandteile derselben zu gewinnen.

Bedenkt man, welche Unterschiede im Geschmack und dementsprechend in der anregenden Wirkung eine verschiedene Bereitungsweise der volksgebräuchlichen Aufgüsse „Kaffee“ und „Thee“ hervorzubringen vermag, so wird man die Notwendigkeit einer besonders peinlichen Sorgfalt in der Bereitungsweise der in der Rezeptur vorkommenden Aufgüsse nicht ableugnen können.

Letztere bereitet man nach dem D. A. IV. in der Weise, dass man die Pflanzenteile im verschlossenen Gefäss 5 Minuten mit der vorgeschriebenen Menge heissen Wasser erhitzt, sodann abkühlen lässt und durchseiht; die Ph. Austr. VII. schreibt dasselbe Verfahren vor, erlaubt daneben aber noch das Ersetzen des Erhitzens im Dampfbad durch $^1/_4$-stündiges Stehenlassen.

Um zur Bereitung der Aufgüsse und Abkochungen nicht täglich den Dampfapparat heizen zu müssen, bedient man sich in der Rezeptur sogenannter tragbarer Wasserbäder mit einer oder mit mehreren Aufgussbüchsen, zum Heizen mit Gas, Petroleum oder Weingeist, wie ihn die Abbildungen 26 und 27 zeigen. Das Wasserbad ist bei dem abgebildeten Apparat 26 aus Kupfer ohne jede Lötung hergestellt, wodurch bewirkt wird, dass bei etwa eintretendem Wassermangel der Apparat nicht zerschmilzt.

Sehr bequem und empfehlenswert besonders für Nacht- und Eilrezeptur ist der patentierte Schnellaufgussapparat mit beständigem Wasserstand von *E. A. Lentz* (Abb. 27) in Berlin. Das ganz aus Gusseisen hergestellte Wasserbad hat in seinem Innern eine Hülse, welche oben die Aufgussbüchse trägt und unten in einer kleinen nur wenig Wasser enthaltenden Pfanne endigt. Ausserhalb dieser Hülse befindet sich der grössere Wasservorrat; dieser ist mit der kleinen Pfanne durch einen Kanal verbunden und erhält dieselbe auf demselben Wasserstand. Erhitzt man nun durch eine darunter gestellte Flamme jene erwähnte kleine Pfanne, so gerät das Wasser in wenigen Minuten ins Kochen, der Dampf umspült die Aufgussbüchse und steigt dann über den Rand der Hülse hinweg in den Hals des Wasserbehälters, sich hier verdichtend. Zum gelegentlichen Nachfüllen dient ein kleiner Ansatz mit als Sicherheitsventil wirkendem Messingstopfen. Der Apparat wird für eine und auch für zwei Aufgussbüchsen geliefert, ferner für Spiritus- oder Benzinlampen. Bei dieser Gelegenheit will ich nicht unterlassen, die sehr praktischen Weingeist- und Benzinlampen von *Gustav Barthel* in Dresden-Striesen warm zu empfehlen.

Abb. 26.
Aufguss-(Infundier-)Apparat von Kupfer ohne Lötung
von *E. A. Lentz* in Berlin.

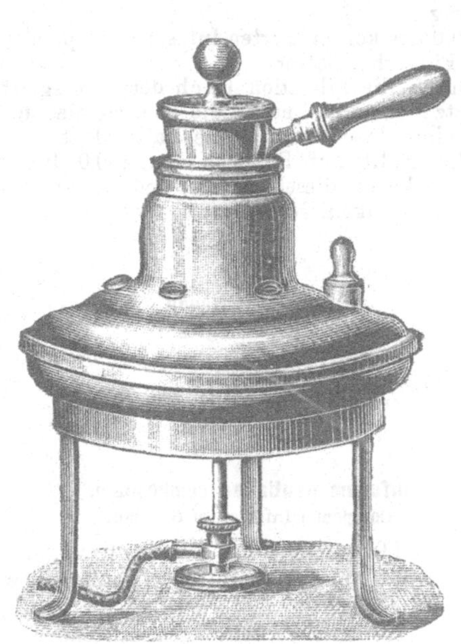

Abb. 27.
Schnell-Aufguss-(Infundier)-Apparat mit beständigem Wasserstand
von *E. A. Lentz* in Berlin.

Der erkaltete Aufguss wird durchgeseiht; über die hierzu gehörigen zweckentsprechenden Apparate ist unter „Kolieren" nachzulesen.

Bei den im Laboratorium in grösseren Mengen zu bereitenden Aufgüssen handelt es sich zumeist um andere Zwecke, als in der Rezeptur. Man lässt hier, besonders bei schwerer ausziehbaren Pflanzenteilen in der Regel das aufgegossene Wasser mehrere Stunden einwirken; zuweilen geht auch dem heissen Aufguss eine kalte Behandlung vorauf. Über derartige Fälle ist der Abschnitt „Extracta" einzusehen.

Infusum Calumbae.

Infusion of Calumba.

Vorschrift der Ph. Brit.

15,0 *fein geschnittene Columbowurzel,*
300,0 kaltes destilliertes Wasser

lässt man eine Stunde in bedecktem Gefäss stehen und seiht ab.

Infusum Digitalis concentratum.

Konzentrierter Digitalis-Aufguss.

25,0 geschnittene Fingerhutblätter

erhitzt man mit

250,0 destilliertem Wasser

1/4 Stunde im Dampfbad und presst aus. Den Rückstand behandelt man in der gleichen Weise mit

200,0 destilliertem Wasser,

presst wieder aus und versetzt die vereinigten Brühen mit

50,0 Weingeist von 90 pCt.

Nach dem Erkalten filtriert man den Auszug und setzt dem Filtrat

q. s. destilliertes Wasser

zu, dass das Gesamtgewicht

500,0

beträgt.

20,0 des konzentrierten Infusums entsprechen 1,0 Fingerhutblätter.

Durch die Filtration nach dem Weingeistzusatz entfernt man die ausgeschiedenen Schleimteile und erhöht die Haltbarkeit.

Man füllt auf Flaschen von 100,0 Inhalt ab, verkorkt dieselben gut und bewahrt in kühlem dunkeln Raum auf.

Infusum Galegae.

Galega-Aufguss.

5,0 Galegakraut,
100,0 siedendes Wasser.

Infusum Gentianae compositum.

Compound Infusion of Gentian.

4,0 geschnittene Enzianwurzel,
4,0 fein geschnittene Pomeranzenschale,
8,0 frische fein geschnittene Citronenschale,
320,0 kochendes destilliertes Wasser

lässt man eine Stunde im bedeckten Gefäss stehen und seiht ab.

Infusum Ipecacuanhae compositum.

Zusammengesetzter Brechwurzel-Aufguss.

a) 5,0 Brechwurzel, Pulver M/8,
3,0 Weinstein

giesst man l. a. auf mit

q. s. kochendem destillierten Wasser,

dass die Seihflüssigkeit

100,0

beträgt. Man fügt noch

15,0 Meerzwiebelsauerhonig

hinzu.

b) Form. magistr. Berol.

175,0 Brechwurzelaufguss aus 5,0 Brechwurzel,
5,0 anisölhaltige Ammoniakflüssigkeit,
20,0 weissen Sirup

mischt man.

Infusum Ipecacuanhae concentratum.

Konzentrierter Brechwurzel-Aufguss.

25,0 Brechwurzel, Pulver M/8,

erhitzt man mit

250,0 destilliertem Wasser

1/2 Stunde im Dampfbad, nimmt vom Dampf, setzt

50,0 Weingeist von 90 pCt

zu, lässt noch 1/2 Stunde ruhig stehen und seiht durch.

Den Rückstand behandelt man in der gleichen Weise mit

200,0 destilliertem Wasser,
25,0 Weingeist von 90 pCt,

vereinigt die Seihflüssigkeit und filtriert sie. Dem Filtrat fügt man

q. s. destilliertes Wasser

hinzu, dass das Gesamtgewicht

500,0

beträgt.

20,0 des konzentrierten Infusums entsprechen 1,0 Brechwurzel.

Man füllt das Präparat auf Flaschen von 100,0 Inhalt, verkorkt diese gut und bringt sie in einen dunkeln und kühlen Raum zur Aufbewahrung.

Infusum laxans.

Abführtrank.

Form. magistr. Berol.

45,0 Magnesiumsulfat

löst man in

155,0 Sennaaufguss aus 15,0 geschnittenen Sennesblättern.

Infusum laxativum n. *Hufeland.*

Infusum Sennae salinum.

Hufelands Abführtrank.

10,0 geschnittene Sennesblätter

übergiesst man mit

160,0 kochendem Wasser

und bringt nach halbstündigem Stehen auf

140,0 Seihflüssigkeit.

Man löst in derselben

20,0 Natriumsulfat,
20,0 Manna

und seiht nochmals durch.

Infusum Quassiae.

Infusion of Quassia.

Vorschrift der Ph. Brit.

4,0 grob gepulvertes Quassiaholz,
320,0 kaltes destilliertes Wasser

lässt man im bedeckten Gefäss eine halbe Stunde stehen und seiht ab.

Infusum Rhei.

Form. magistr. Berol.

3 Tropfen Pfefferminzöl

verreibt man mit

10,0 Natriumbikarbonat,

löst dieses in

175,0 Rhabarberaufguss aus 8,0 Rhabarber

und setzt dazu

15,0 weissen Sirup.

Infusum Scillae concentratum.

Konzentrierter Meerzwiebel-Aufguss.

25,0 zerschnittene Meerzwiebel

erhitzt man mit

250,0 destilliertem Wasser,

½ Stunde im Dampfbad, seiht durch und presst aus. Den Rückstand behandelt man in der gleichen Weise mit

200,0 destilliertem Wasser,

vereinigt die Seihflüssigkeiten und mischt hinzu

50,0 Weingeist von 90 pCt

und

q. s. destilliertes Wasser,

dass das Gesamtgewicht

500,0

beträgt.

Man stellt in verkorkter Flasche mindestens 2 Tage in den Keller und filtriert dann.

20,0 konzentriertes Infusum

entsprechend 1,0 Meerzwiebel.

Infusum Sennae compositum.

Wiener Trank.

a) Vorschrift des D. A. IV.

50 Teile mittelfein zerschnittene Sennesblätter

werden mit

450 Teilen heissem Wasser

übergossen und 5 Minuten lang im Wasserbad erwärmt. In der nach dem Erkalten abgepressten Flüssigkeit werden

50 Teile Kaliumnatriumtartrat,
1 Teil Natriumkarbonat

und

100 Teile Manna

gelöst. Die Lösung seiht man durch, bringt sie mit kochendem Wasser auf

475 Teile,

setzt

25 Teile Weingeist von 90 pCt

zu und lässt sie 24 Stunden lang absetzen. Die Flüssigkeit ist vom Bodensatz klar abzugiessen.

b) Vorschrift des D. A. III.

100,0 mittelfein zerschnittene Sennesblätter

übergiesst man mit

700,0 heissem Wasser

und erwärmt 5 Minuten im Dampfbad. In der nach dem Erkalten durchgeseihten Flüssigkeit löst man

100,0 Kaliumnatriumtartrat,
300,0 Manna.

Die erhaltene Flüssigkeitsmenge soll nach dem Absetzen und Durchseihen

1000,0

betragen.

Das Deutsche Arzneibuch III. und IV. schreibt vor, die Sennesblätter mit heissem Wasser zu übergiessen. Man erhält aber ein klareres Präparat, wenn man durch Anwendung eines auf nur 50° C erhitzten Wassers das Pflanzeneiweiss in den Auszug überführt und durch nachheriges Erhitzen zum Klären benützt. Ein auf diese Weise hergestellter Wiener Trank ist ausserdem haltbarer, wie der nach dem Verfahren des Arzneibuches gewonnene.

Die dreifache Konzentration des Präparates des D. A. IV. hat Extraktform, die des D. A. III. ist eine trockene Masse.

c) Vorschrift der Ph. U. St.

60,0 feingeschnittene Sennesblätter,
20,0 gequetschten Fenchel

übergiesst man in einem Gefäss mit Deckel mit

800,0 kochendem Wasser

und lässt erkalten. Man seiht ab, presst aus, löst in der Seihflüssigkeit

120,0 Manna,
120,0 Magnesiumsulfat,

seiht nochmals durch und bringt mit Wasserzusatz auf ein Gewicht von

1000,0.

Infusum Sennae compositum duplex.

Doppelter Wiener Trank.

Ein nach der vorhergehenden Vorschrift b) bereitetes Infusum Sennae compositum versetzt man mit

20,0 Talkpulver

und filtriert durch ein genässtes Filter.

Man dampft dann das Filtrat — am besten im Vakuum — bis auf ein Gewicht von

500,0

ein.

Infusum Sennae compositum triplex.

Dreifacher Wiener Trank.

Man verfährt wie beim Infusum Sennae compositum duplex, dampft aber das Filtrat zur Trockne ein.

Infusum Sennae cum Manna.

Mannahaltiger Senna-Aufguss.

Vorschrift der Pharm. Austr. VII.

25,0 Alexandrinische Sennesblätter

übergiesst man mit

200,0 heissem destillierten Wasser,

seiht nach einer Viertelstunde ab und löst in der Seihflüssigkeit

35,0 Manna.

Man verfährt unter Benützung der bei Infusum Sennae compositum gegebenen Winke.

Schluss der Abteilung „Infusum".

Injectio Bismuti.

Form. magistr. Berol.

5,0 Basisches Wismutnitrat

reibt man an mit

195,0 destilliertem Wasser.

Injectio Brou.

Vorschrift des Münch. Ap. Ver.

0,5 Zinksulfat

löst man in

50,0 destilliertem Wasser,

setzt dazu eine Lösung von

1,0 Bleiacetat

in

50,0 destilliertem Wasser

und fügt zuletzt hinzu

2,0 Katechutinktur,

2,0 safranhaltige Opiumtinktur.

Injectio composita.

Form. magistr. Berol.

1,0 Zinksulfat

löst man in

99,0 destilliertem Wasser

und setzt dazu eine Lösung von

1,0 Bleiacetat

in

99,0 destilliertem Wasser.

Injectio mitis.

Form. magistr. Berol.

0,5 Zinksulfophenylat,

200,0 destilliertes Wasser.

Injectio simplex.

Form. magistr. Berol.

0,5 Zinksulfat,

200,0 destilliertes Wasser.

Jodoformium desodoratum.

Geruchloses Jodoform.

a) 1,0 Kumarin,

1000,0 Jodoform

mischt man innig. Das Kumarin entspricht zwar nicht vollständig seinem Zweck, leistet aber von den empfohlenen Mitteln noch das meiste.

b) Form. magistr. Berol.

2 Tropfen Sassafrasöl

verreibt man mit

10,0 Jodoform.

Von einem Geruchlosmachen im eigentlichen Sinn des Wortes kann natürlich keine Rede sein. Der Jodoformgeruch ist nur verändert. Die Summe des Geruches ist eher noch stärker als vorher.

Kalium aceticum.

Terra foliata Tartari. Kaliumacetat.

320,0 verdünnte Essigsäure von 30 pCt

sättigt man in einer geräumigen Porzellanschale unter Rühren mittels Glasstabes im Dampfbad durch allmähliches Eintragen von ungefähr

150,0 Kaliumbikarbonat.

Wenn alle Kohlensäure entwichen ist, muss die Lösung noch schwach sauer reagieren; sollte dies nicht der Fall sein, so säuert man sie etwas mit Essigsäure bis zu diesem Grade an.

Man filtriert nun die Lösung, dampft das Filtrat unter fortwährendem Rühren bis auf ein Gewicht von

175,0

ein, setzt

50,0 Weingeist von 90 pCt

zu und fährt mit dem Eindampfen wieder fort, bis eine krystallinische krümelige Masse entsteht. Man bringt dieselbe auf Pergamentpapier, trocknet im Trockenschrank möglichst rasch bei einer Temperatur von 40—50° C und bringt schliesslich das trockne Salz in eine dicht verschliessbare Glasbüchse.

Die Ausbeute wird

155,0

betragen.

Der Weingeistzusatz erleichtert das Eindampfen zur Trockne und vermeidet ein Bräunen des Salzes.

Kalium bijodatum.

Kalium jodo-jodatum.
Zweifach Jodkalium. Kaliumbijodid.

80,0 Kaliumjodid,
20,0 Jod

reibt man zusammen. Die Mischung ist in gut verschlossenem Glas aufzubewahren, wird aber noch besser bei Bedarf frisch bereitet.

Kalium nitricum tabulatum.

Salpeterplätzchen.

80,0 Kaliumnitrat,
20,0 Kaliumsulfat

mischt man in fein gepulvertem (M/20) Zustand mit einander, bringt in einen Porzellantiegel und schmilzt auf der Flamme. Die geschmolzene Masse bringt man in einen innen blank polierten, vorher erhitzten eisernen Löffel, in dessen Boden sich ein von innen durch einen starken und gespitzten Draht verschlossenes Loch befindet. Lüftet man den Verschluss durch Lockern des Drahtes, so beginnt die Masse aus dem Löffel zu treten und von der Spitze des Drahtes abzutropfen. Man hat es so in der Gewalt, grössere oder kleinere Tropfen zu erzeugen, und lässt diese auf Pergamentpapier fallen. Je nachdem man den Löffel hoch oder niedrig hält, bekommen die Plätzchen eine mehr oder weniger breite Form.

Kalium sulfuratum crudum.

Kalium sulfuratum pro balneo. Schwefelkalium zu Bädern. Kalium sulfuratum D. A. III.
Rohe Schwefelleber.

a) Vorschrift des D. A. IV.

1 Teil Schwefel,
2 Teile Pottasche

werden gemischt und in einem geräumigen bedeckten Gefässe so lange unter wiederholtem Umrühren über gelindem Feuer erhitzt, bis die Masse aufhört zu schäumen, und eine Probe sich ohne Abscheidung von Schwefel in Wasser löst. Die Masse wird sodann ausgegossen und nach dem Erkalten zerstossen.

b) Vorschrift der Ph. Austr. VII.

Man bereitet es ebenso; die Ph. Austr. VII stellt jedoch geringere Anforderungen an das Präparat, indem sie verlangt, dass dasselbe grösstenteils in Wasser löslich sei.

Kalium sulfuratum purum.

Hepar sulfuris kalinum. Reine Schwefelleber.
Reines Schwefelkalium. Kalischwefelleber.

100,0 gereinigten Schwefel,
200,0 reines Kaliumkarbonat

mischt man, bringt in einen grösseren Porzellantiegel und schmilzt über einer entsprechend heissen Flamme (Gas, Petroleum oder Weingeist) unter Umrühren mit dem Porzellanstab und erhitzt so lange, bis die Masse ruhig fliesst und eine Probe davon sich im Wasser ohne Ausscheidung von Schwefel löst. Man giesst nun die fertige Schwefelleber auf Porzellanteller und zerstösst das erkaltete Präparat in erbsengrosse Stücke, um es sodann in Glasbüchsen, welche gut verschlossen werden müssen, aufzubewahren.

Die Ausbeute wird

240,0

betragen.

Die Vorschrift der Ph. Austr. VII lautet ebenso.

Kalium tartaricum.

Neutrales weinsaures Kalium. Dikaliumtartrat.

100,0 gereinigten Weinstein,
100,0 destilliertes Wasser

erhitzt man im Dampfbad in einer geräumigen Porzellanschale und trägt allmählich unter Umrühren mit einem Glasstab

54,0 oder q. s. Kaliumbikarbonat

ein, dass die Lösung, nachdem alle Kohlensäure durch mindestens viertelstündiges Erhitzen verjagt ist, schwach alkalisch reagiert.

Man filtriert nun rasch und dampft so lange ein, bis sich Krystalle auszuscheiden beginnen, stellt dann, nachdem man die Schale mit Pergamentpapier verbunden hat, einige Tage in kühlem Raum und giesst hiernach die Mutterlauge von den Krystallen ab. Die Krystalle lässt man auf einem unten mit Watte verstopften Trichter abtropfen und im Trockenschrank trocknen, während man die Mutterlauge auf die Hälfte ihres Gewichts eindampft und wie vorher krystallisieren lässt. Wenn auch das bei der zweiten Krystallisation gewonnene Salz dem zuerst erhaltenen in Weisse nachsteht, so ist es doch noch verwendbar, wogegen ein drittes Eindampfen und Krystallisieren ein ungenügendes Produkt ergeben würde. Während man daher die zweite Ausbeute mit der ersten vereinigt, dampft man die Mutterlauge zur Trockne ab und hebt den erhaltenen Rückstand auf, um ihn bei weiteren Bereitungen der Salzlösung vor dem Filtrieren zuzusetzen.

Handelt es sich dagegen um eine grössere Menge gelbgefärbter Mutterlauge, so behandelt man dieselbe, nachdem man sie mit ihrem vierfachen Gewicht Wasser verdünnt hat, mit etwas gereinigter Knochenkohle, filtriert und bringt das Filtrat zur Krystallisation.

Der Sättigungsprozess verläuft beim Eintragen des doppeltkohlensauren Kaliums in die Weinsteinlösung ruhiger, wie umgekehrt, und bringt nicht so leicht die Gefahr des Überschäumens mit sich.

Die Ausbeute an farblosem Salz wird

120,0—130,0

betragen.

Kalium tartaricum boraxatum.

Tartarus boraxatus. Boraxweinstein.

100,0 Borax

löst man in

1000,0 destilliertem Wasser,

setzt

250,0 gereinigten Weinstein

zu, erhitzt so lange im Dampfbad, bis der Weinstein gelöst ist, filtriert und dampft das Filtrat ein, bis eine dicke, zähe Masse übrig bleibt. Man nimmt dieselbe aus der Schale, zerzupft sie in kleine Stückchen, breitet diese auf Pergamentpapier aus und trocknet im Trockenschrank bei 30—35° C.

Schliesslich zerreibt man, trocknet das Pulver nochmals 24 Stunden und bewahrt es in gut verschlossenen Gefässen auf.

Man kann das Filtrat auch zur Sirupdicke eindampfen und daraus durch Aufstreichen auf Glasplatten Lamellen herstellen. Da das Salz aber schnell feucht wird, so setzt dieses Verfahren trockne Arbeitsräume und rasches gewandtes Arbeiten voraus.

Die Ausbeute wird

310,0—315,0

betragen.

Kammfett, gereinigtes.

Nach *E. Dieterich.*

1000,0 Kammfett,
250,0 Weingeist von 90 pCt,
250,0 destilliertes Wasser,
10,0 Natronlauge

mischt man in einer Flasche, lässt unter öfterem Durchschütteln 24 Stunden in derselben stehen und erhitzt dann im Dampfapparat in einer Abdampfschale so lange, bis das Gewicht der ganzen Masse nur noch

1250,0

beträgt. Man bringt nach dem Erkalten in eine Abklärflasche, wäscht hier so oft mit warmem Wasser aus, als das Waschwasser noch alkalisch reagiert, und filtriert schliesslich das Öl im Dampftrichter durch Filtrierpapier über entwässertes Natriumsulfat, Pulver M/30.

Das so gereinigte Kammfett wird von vielen als Pomadengrundlage verlangt, muss aber, da es immer einen besonderen Geruch behält, mit kräftigen Parfüms versetzt werden.

Kältemischungen.

1. 300,0 Ammoniumchlorid,
100,0 Kaliumnitrat,
600,0 Kaliumchlorid.

Man trocknet und pulverisiert jede Substanz für sich (M/20), mischt und übergiesst mit

1000,0 kaltem Wasser.

Die Temperatur-Erniedrigung beträgt ungefähr 30° C.

2. 275,0 Ammoniumchlorid,
275,0 Kaliumnitrat,
450,0 fein. kryst. Natriumsulfat.

Die beiden ersten trocknet man, pulvert fein (M/20), mischt mit dem Glaubersalz und übergiesst gegebenenfalls mit

1000,0 kaltem Wasser.

Die Temperatur-Erniedrigung beträgt 25° C.

3. 1000,0 zerriebenes Ammoniumnitrat übergiesst man mit

1000,0 kaltem Wasser.

Die Temperatur-Erniedrigung beträgt 30° C.

* * *

Bei allen Kältemischungen ist es eine Hauptsache, dass die Salze fein gepulvert und möglichst trocken sind, dass man die Gefässe vorher abkühlt und möglichst kaltes Brunnenwasser verwendet. Nach dem Gebrauch kann die Salzlösung zur Trockne verdampft, gepulvert und wieder als Kältemischung benützt werden. Von Schneemischungen sah ich vollständig ab, da Schnee doch nur selten zu erlangen ist.

Keratin.

Hornstoff.

Vorschrift des D. A. III.

100,0 geschabte Federspulen,
500,0 Äther

und

500,0 Weingeist von 90 pCt

lässt man 8 Tage stehen, giesst dann ab und wäscht die Späne mit lauwarmem Wasser aus.

Man löst sodann

10,0 Pepsin

in

10000,0 Wasser,

fügt

50,0 Salzsäure von 1,124 spez. Gew.

hinzu, trägt die ausgewaschenen Federspulenspäne ein und erwärmt das ganze 12 Stunden bei ungefähr 40 ⁰ C.

Man wäscht sodann abermals mit destilliertem Wasser gut aus, trocknet und kocht in einem Kolben mit Rückflusskühler 30 Stunden lang mit

1000,0 Essigsäure von 96 pCt.

Man filtriert sodann die Lösung von den ungelösten Teilen durch Glaswolle ab, dampft das Filtrat in einer Porzellanschale zur Sirupdicke ein und streicht diese Masse auf gut gereinigte Glasplatten auf. Man trocknet und stösst die Lamellen ab.

Das Entfetten der Federspulen geht rascher vor sich, wenn man dieselben vor der Ätherweingeist-Behandlung 10 Stunden lang bei 40 ⁰ C mit Wasser behandelt, auf einem Tuch abtropfen lässt und dann sofort in dem Ätherweingeist bringt.

Das Keratin dient zum Überziehen von Pillen (s. Pilulae).

Kesselsteinmittel.

a) 100,0—200,0 Krystallsoda für 1 □m Fläche des Kessels.

Die Menge des Sodazusatzes hängt von dem Kalkgehalt des Wassers ab, ebenso die Zeiträume (1—4 Wochen), in welchem das Wasser des Kessels abgelassen werden muss.

b) 50,0 Glukose pro 1 □m Kesselfläche.

Ich habe seit Jahren beide Mittel angewendet und kann besonders letzteres empfehlen. Der Kalk scheidet sich, soweit er nicht in Lösung bleibt, als Schlamm ab, während er sich weit weniger und dann nur als eine weiche, poröse Schicht an den Wandungen ablagert.

Kitte und Klebmittel.

Nach *E. Dieterich.*

Gute Kitte sind immer gesucht, obwohl es für dieselben eine Unzahl von Vorschriften giebt. Liegt der Grund des Versagens so vieler Vorschriften häufig genug auch darin, dass ein für den bestimmten Gegenstand nicht geeigneter Kitt angewendet oder auch der richtige in falscher Weise gebraucht wird, so ist doch die Mehrzahl der Anweisungen unsachgemäss zusammengestellt. Ich erinnere nur an die althergebrachte Ammoniakharzlösung mit Weingeist mit Leimlösung — Weingeist ist das beste Mittel, um die Klebkraft des Leimes aufzuheben!

Allgemeine Regeln lassen sich bei der Verschiedenheit der Kitt- und Klebstoffe nur in bedingter Weise aufstellen. *Adolf Vomáčka* in Prag, welcher hübsche Etiketten für die verschiedenen Kitte auf Lager hält, fasst dieselben folgendermassen zusammen:

„Nicht alle Gegenstände können mit einem und demselben Kitt dauernd zusammengefügt werden. Demnach kittet man feineres Glas und Porzellan, Bernstein, Horn, Elfenbein, Fischbein, Schildpatt, Perlmutter, Leder und ähnliches nach der unten stehenden Anweisung, indem man die Bruchflächen vorher, wenn möglich an einer nicht russenden Flamme (Spiritusflamme) anwärmt und den geeigneten Kitt aufstreicht.

Gröbere Glas- und Porzellan-, Alabaster-, Fayence-, Steingut-, Thon- und Gipssachen kittet man mit d) oder e).

Allgemein ist genau zu befolgen: Zerbricht etwas und kann man es nicht sofort kitten, so bewahre man es (in Seidenpapier) sehr sorgfältig vor Staub geschützt auf.

Der Grund der meisten Misserfolge mit noch so guten Kitten ist, dass die Bruchflächen bestaubt, von dem event. Gefässinhalt, besonders Milch, Suppe und anderen fetten Flüssigkeiten vollgesogen oder vom Angreifen mit fettigen Händen beschmutzt werden, so dass ein Kitt entweder schwer oder gar nicht haften kann.

Es gelten beim Kitten als Grundregeln: Nur reine Bruchflächen zu kitten, in welchem Falle der Kitt gut haftet und nicht sichtbar ist, und den Kitt ganz dünn aufzutragen, wodurch die Bruchstelle nur wenig erweitert wird und der gekittete Gegenstand bessere Dauerhaftigkeit aufweist. Mit was immer Bruchflächen verunreinigt sind, sie müssen vor dem Kitten mit einer warmen Waschpulver-Lösung oder Lauge gut gereinigt, mit reinem Wasser überaus gründlich abgespült und vor Staub und jeder Berührung mit der Hand geschützt, getrocknet werden. Um gekittete Bruchflächen bei gefärbten Gegenständen möglichst unkenntlich zu machen, färbt man den Kitt mit einer passenden Farbe bis zur nötigen Abtönung. Die gekitteten Teile werden möglichst fest zusammengeschnürt, der austretende Kitt sofort entfernt, der Gegenstand an einem lauen, nicht warmen Ort zum Trocknen gestellt und dort möglichst lange unberührt und unbewegt stehen gelassen."

Nachstehende Vorschriften geben die gebräuchlichsten Mittel und entsprechen den meisten Anforderungen.

Kitte und Klebmittel.

1) Für Aquarien.

100,0 präparierte Bleiglätte,
100,0 feinen weissen Sand,
100,0 gebrannten Gips,
5,0 borsaures Manganoxydul,
350,0 Kolophonpulver, M/30,

stösst man mit

q. s. Leinölfirnis

zu einer Paste an.

2) Für Eisen.

(Risse in eisernen Öfen.)

10,0 fein gepulverten Braunstein,
40,0 trocknen Lehm,
50,0 Boraxpulver, M/30,

mischt man und giebt mit folgender Gebrauchsanweisung ab:

„Man knetet das Pulver mit etwas Milch zu einem dicken Teig an, verschmiert damit die Risse im Eisen und lässt mindestens 24 Stunden in der Kälte trocknen.

Durch das Heizen des Ofens schmilzt der Kitt und verschliesst den Riss vollständig."

3) Für Glas.

100,0 Kölner Leim

löst man unter Erwärmen in

150,0 Essigsäure von 96 pCt,

fügt

5,0 Ammoniumbichromat,

nachdem man es zu Pulver rieb, hinzu und bewahrt, um vor Tageslicht zu schützen, in kleinen braunen Fläschchen auf.

Die Gebrauchsanweisung lautet:

„Man bestreicht die Bruchflächen mit dem Kitt, lässt einige Tage trocknen und stellt dann ins Sonnenlicht so, dass die Kittstelle unmittelbar von der Sonne beschienen wird."

4) Für Porzellan, Marmor, Alabaster, Glas usw.

a) 10,0 gebrannten Kalk

pulvert man in einer Reibschale und verreibt mit

25,0 frischem Hühnereiweiss

zu einer gleichmässigen Masse.

Man verdünnt nun mit

10,0 Wasser,

rührt damit

55,0 gebrannten Gips

an und verwendet den Kitt sofort.

b) 100,0 frisches Kasein

verrührt man gut in einer Reibschale und mischt mit

q. s. Natronwasserglas,

dass eine gleichmässige honigdicke Masse entsteht.

Man bewahrt dieselbe in einer Weithalsbüchse auf.

Der Kitt ist durchsichtig, nicht wasserfest, lässt sich leicht handhaben und hält sich längere Zeit.

c) 100,0 frisches Kasein

verreibt man recht innig mit

20,0 zu Pulver gelöschtem Kalk

und kittet damit die Bruchteile zusammen.

d) 40,0 Zinkweiss,
40,0 Schlämmkreide

mischt man recht genau und rührt die Mischung mit

20,0 Natronwasserglas

an.

Der Kitt ist unmittelbar vor dem Gebrauch zu bereiten.

e) nach *Böttger:*

80,0 Schlämmkreide,
20,0 Natronwasserglas

mischt man.

Der Kitt muss stets frisch bereitet werden, da er rasch erhärtet.

Er dient zum Ausstreichen von Fugen im Marmor usw.

5) Für Papier, Stoffe, Leder usw.

5,0 Borax

löst man in

95,0 Wasser

und setzt

q. s. Kasein

zu, dass eine honigdicke Masse entsteht.

6) Pflanzenleim für Papier und Tapeten.

40,0 Kartoffelstärke

rührt man mit

50,0 kaltem Wasser

an. Man stellt sich nun eine kochend heisse Lösung von

50,0 krystallisiertem Calciumchlorid

in

600,0 Wasser

her und giesst diese in dünnem Strahl unter fortwährendem Rühren zur Stärke. Den gebildeten Kleister, der bald klar und durchsichtig wird, erhält man, ebenfalls unter Rühren, 3 Stunden im Kochen und ergänzt das verdunstete Wasser schliesslich soweit, dass der fertige Pflanzenleim

250,0

wiegt.

Der Pflanzenleim ist haltbar und eignet sich besonders gut zum Tapezieren. Die damit aufgezogenen Tapeten springen nicht so leicht ab, wie bei Verwendung gewöhnlichen Kleisters.

7) Dextrin-Leim. Pack-Leim.

Flüssiger Leim. (Zum Aufkleben von Papier)

60,0 Borax

löst man durch Erwärmen in

420,0 Waser,

setzt

480,0 Dextrin, hellgelb,
50,0 Glukose

zu und erhitzt vorsichtig unter fortwährendem Umrühren bis zur vollständigen Lösung, ergänzt das verdampfte Wasser und giesst durch Flanell.

Dieser Leim hält sich ziemlich lange klar und besitzt sehr hohe Klebekraft, trocknet auch sehr schnell, wird aber bei unvorsichtigem, 90° C übersteigendem und zu lange fortgesetztem Erhitzen leicht braun.

8) Kleisterleim zum Aufkleben von Papier auf Blech, Glas usw.

400,0 Weizenstärke,

rührt man mit

1000,0 Wasser

an.

Andererseits löst man

40,0 Gelatine

durch Kochen in

1800,0 Wasser

und setzt die kochende Lösung der angerührten Stärke durch Eingiessen in nicht zu starkem Strahl zu.

Wenn die Kleisterbildung vollendet ist, fügt man

400,0 Natronwasserglas

hinzu.

Dieser Leimkleister ist haltbar; auch kann er in Blechbüchsen längere Zeit aufbewahrt werden, ohne durch Säurebildung Rost zu bilden.

Die Klebkraft kann man noch erheblich dadurch erhöhen, dass man der noch heissen Masse

200,0 gewöhnlichen Terpentin

zusetzt. Der Klebstoff haftet dann auf den glattesten, sogar auf polierten Metallflächen.

9) Für Papier, Stoff, Leder, Holz usw.

Syndetikon.

Fischleim. Universalkitt.

a) 100,0 Chlorcalcium

löst man in

400,0 Wasser.

In dieser Lösung quellt man

500,0 besten Kölner Leim

12 Stunden lang und erhitzt im Dampfbad bis zur vollständigen Lösung.

b) 250,0 Zucker

löst man in einem Glaskolben im Wasserbad in

750,0 Wasser,

setzt

65,0 gelöschten Kalk

zu und erwärmt die Mischung 3 Tage lang auf 70—75° C unter öfterem Umschütteln. Man lässt dann erkalten und giesst nach dem Absetzen klar ab und ergänzt das verdunstete Wasser.

In

400,0 der klaren Lösung

quellt man

600,0 besten Kölner Leim,

der vorher in kleine Stücke zerschlagen wurde, drei Stunden lang ein und erhitzt dann in einem bedeckten Gefäss unter zeitweiligem Umrühren mindestens 10 Stunden lang im Dampfbad.

Man ergänzt darauf das verdampfte Wasser, neutralisiert den stark alkalischen Leim genau mit Oxalsäure, wozu etwa 30,0 erforderlich sein werden und fügt zuletzt

1,0 verflüssigte Karbolsäure

hinzu. Sollte der Leim noch etwas zu dickflüssig sein, so verdünnt man mit 10—20,0 Essigsäure von 90 pCt.

Die Zusammensetzung II entspricht dem Original vollkommen.

Das Syndetikon eignet sich sogar zum Kitten von Porzellan, wenn der gekittete Gegenstand nicht mit Wasser in Berührung gebracht werden soll.

Lederriemen müssen an der zu leimenden Stelle vorher mit Benzin entfettet werden.

Diamantkitt.

500,0 besten Kölner Leim,
400,0 Wasser,
100,0 Essigsäure von 96 pCt

lässt man 5—6 Stunden quellen, löst dann unter Anwendung gelinder Wärme und fügt schliesslich

1,0 krystallisierte Karbolsäure

hinzu.

Universalkitt.

Cement of Pompeji transparent.

a) 250,0 Zucker
löst man in einem Glaskolben in
750,0 Wasser,
setzt der Lösung
65,0 gelöschten Kalk
zu und erhitzt unter öfterem Umschütteln 3 Tage lang auf 70—75° C. Man lässt dann erkalten, ergänzt das verdunstete Wasser und giesst nach dem Absetzen klar ab.

In
200,0 der klaren Lösung,
verdünnt mit
200,0 Wasser,
lässt man
550,0 besten Kölner Leim
aufquellen (ca. 3 Stunden) und erhitzt dann bis zur vollständigen Lösung.

Das verdunstete Wasser ergänzt man und setzt dann dem stark alkalisch reagierenden Leim
50,0 Essigsäure von 90 pCt,
1,0 krystallisierte Karbolsäure
zu.

b) Einfacher stellt man sich den Universalkitt dadurch her, dass man
50,0 Syndetikon a oder b
und
50,0 Diamantkitt
unter Erwärmen mit einander mischt.

10) Zum Zusammenkitten von Lederriemen, Leder auf Holz, Metall usw.

Guttaperchakitt.

20,0 Guttapercha
löst man in
20,0 Schwefelkohlenstoff,
20,0 Terpentinöl
und fügt dann
40,0 gepulverten (M/20) syrischen Asphalt
zu. Nach mehrtägigem Stehen ist die Masse gleichmässig; sollte sie zu dünnflüssig sein, so dampft man sie so weit ab, dass sie im erkalteten Zustand Honigdicke besitzt.

Das Leder muss an der Stelle, an welcher es mit dem Kitt bestrichen werden soll, mit Benzin entfettet werden.

Der Kitt ist haltbar.

11) Für Pferdehufe.

Hufkitt.

30,0 gereinigtes Ammoniakharz,
10,0 Terpentin
schmilzt man im Dampfbad und setzt nach und nach unter fortwährendem Rühren zu
60,0 Guttapercha.

Beim Gebrauch erweicht man die Masse in heissem Wasser und drückt sie in die vorher gereinigte Hufspalte ein.

Wird schwarzer Hufkitt gewünscht, so verreibt man vor dem Schmelzen 2 g Russ mit dem Terpentin.

12) Zum Verdichten eiserner Gefässe.

Eisenkitt. Rostkitt.

85,0 Eisenfeile,
10,0 Schwefelblumen,
5,0 Ammoniumchlorid, Pulver M/20,
rührt man mit
q. s. Wasser
zu einer dicklichen Masse an und bestreicht damit die vorher durch Schaben gereinigte Stelle. Nach achttägigem Stehen ist der Kitt eisenhart und widersteht jedem Kochen. Er eignet sich daher zum Ausbessern von Dampfapparaten, welche an einer Niete undicht geworden sind.

13) Zum Bestreichen der Pappedichtungen von Doppelkesseln, Röhren usw.

85,0 präparierte Bleiglätte,
15,0 Leinölfirnis
stösst man im erwärmten Mörser so lange, bis eine bildsame Masse entstanden ist.

14) Lutum für Blasen, Retorten usw.

60,0 gepulverten und gesiebten Lehm,
30,0 Roggenmehl,
10,0 Kleie
mischt man und rührt die Mischung bei Bedarf zu einer leicht knetbaren Masse an.

15) Zum Befestigen von Metallbuchstaben auf Glas usw.

Metallbuchstabenkitt.

40,0 Bleiglätte, präp.,
20,0 Bleiweiss
mischt man und rührt nach und nach mit
q. s. Kopalfirnis
an. Man stösst die Masse tüchtig und so lange bis sie weich und gleichmässig ist.

Der Kitt ist unter Wasser aufzubewahren, hält sich aber nur kurze Zeit.

16) Harzkitt für Messerhefte.

60,0 Kolophon
schmilzt man, setzt vorsichtig

15,0 Schwefelblumen

und zuletzt eine Mischung von

20,0 feiner Eisenfeile,
5,0 Salmiakpulver

zu.

17) Zum Verdichten von Holzfugen (chinesischer Blutkitt).

100,0 trocken gelöschten Kalk,
2,0 Kali-Alaun, Pulver M/30,
75,0 geschlagenes Ochsenblut

mischt man sehr gut.

Der Kitt ist wasserdicht.

Schluss der Abteilung „Kitte und Klebmittel".

Klären.

Unter „Klären" versteht man das Verfahren, die in einer Flüssigkeit schwebenden und sie trübenden festen Körperchen so zum Zusammenballen unter sich selbst oder zum Anhängen an andere, zugesetzte feste Körper zu bringen, dass sie sich durch Abseihen oder Filtrieren abscheiden lassen.

Bei der Extraktbereitung, beim Reinigen des Honigs, ferner bei einigen Tinkturen bereitet das Klarwerden mitunter grosse Schwierigkeiten. Man hat verschiedene Mittel, sein Ziel zu erreichen.

Eines der besten Klärmittel ist das Eiweiss, das uns in den Pflanzen die Natur selbst an die Hand giebt. Man benützt es zum Klären dadurch, dass man die Pflanzenteile kalt auszieht und somit den grössten Teil des Eiweisses in den Auszug bekommt. Mit der Klärkraft des letzteren kommt man in den meisten Fällen aus, wo dies nicht zutrifft, setzt man Hühnereiweiss hinzu. Kocht man nun den Auszug auf, so gerinnt das Eiweiss, schliesst andere in der Flüssigkeit schwebende Körperchen mit ein und trennt somit alle festen Teile von den flüssigen. Die Wirkung des Eiweisses kann erhöht werden durch Zusatz von Cellulose in der Form von fein verriebenem Filtrierpapier. Man erreicht damit den weiteren Zweck, dass der Cellulose-Zusatz das auf das Klären folgende Filtrieren erleichtert.

Bei allen Klärmitteln, welche Aufkochen im Gefolge haben, ist das „Abschäumen" von einer gewissen Wichtigkeit; dasselbe ist deshalb in einem besonderen Abschnitt besprochen.

Leim- und Schleimteile in einer Flüssigkeit entfernt man durch vorsichtiges Ausfällen mit Tannin. Es sind davon aussergewöhnlich geringe Mengen nötig; sie werden von den Leim- und Schleimteilen gebunden, und eine so geklärte Flüssigkeit darf kein Tannin enthalten und nicht die bekannte Eisenreaktion geben. Man erhöht auch hier die Wirkung durch Erhitzen. Es ist oft gleichgiltig ob Leim oder Schleim in einer Flüssigkeit vorhanden sind; beide halten sie aber feste Körperchen in der Schwebe und lassen diese durch gewöhnliche Klärmittel nicht zur Ausscheidung gelangen. Dieser Fall kommt manchmal beim Honig, besonders wenn er etwas gegoren hat, vor.

Ein anderes Verfahren, Leim, Eiweiss, Pektin und sonstige schleimige Bestandteile auszuscheiden, besteht darin, die betreffenden Flüssigkeiten (Tinkturen, Extraktlösungen, Pflanzenauszüge usw.) mit einer bestimmten Menge Weingeist, die durch Versuch festgestellt werden muss, zu versetzen. Es entstehen dadurch grössere oder kleinere Flocken, die sich häufig sofort, manchmal auch erst nach längerer Zeit ausscheiden. Die hierzu erforderlichen Mengen Weingeist sind sehr verschieden und betragen von ein Viertel bis zum Dreifachen vom Gewicht der zu klärenden Flüssigkeit. Temperaturerhöhung fördert zumeist die Ausscheidung und bewirkt besonders ein dichteres Zusammensintern der ausgefällten Flocken.

Harzige und wachsartige stoffe, wie sie uns z. B. im Honig begegnen, entfernt man durch Bolus unter Zuhilfenahme von fein verrührtem Filtrierpapier und Aufkochen.

Jede Klärung kann man dadurch fördern, dass man die ausgeschiedenen Teile beschwert, d. h. einen dchweren Körper hinzusetzt, welcher die Unreinigkeiten niederreisst und am Boden als dichten Schlamm ablagern lässt. Ich erinnere an die Tinctura Rhei vinosa, die man rasch dadurch klären kann, dass man auf 1 kg Tinktur 10 g fein gepulverten Talk zusetzt. Ähnlich verfährt man bei schwer filtrierenden Säften. Man muss sich aber hüten, zu viel Talkpulver anzuwenden, weil ein Überschuss desselben ebenfalls in der Schwebe bleibt und, da er jedes Filter durchdringt, nicht abfiltriert werden kann. Man muss daher, ehe man eine grössere Menge der zu klärenden Flüssigkeit in Arbeit nimmt, einen kleinen Vorversuch machen. In der Regel nimmt man zum Anfang 1 g Talkpulver auf 1000 g Flüssigkeit und steigert ersteres, wenn der Erfolg nicht sofort eintritt, viertelgrammweise.

Zur Entfernung der durch Klären und Kochen von einer Flüssigkeit getrennten festen Teile schäumt man ab, seiht durch, filtriert oder lässt absetzen, Verfahren, welche im Einzelfall besprochen sind.

Klärpulver für alkoholische Getränke.

40,0 trocknes Hühnereiweiss,
30,0 Milchzucker,
20,0 Stärke,
10,0 Talk, Pulver M/50,

alle fein gepulvert (M/30) und gemischt.

Zum Klären von Wein, Liqueuren, Punsch- und sonstigen Essenzen nimmt man auf ein Liter je nach dem Grad der Trübung 1—5 g der Pulvermischung, schüttelt damit und wiederholt dies, während man einige Tage im warmem Zimmer stehen lässt. Man filtriert schliesslich.

Das Klärpulver, mit entsprechender Gebrauchsanweisung versehen, bildet einen dankbaren Handverkaufsartikel.

Wie schon unter „Klären" bemerkt wurde, leistet reines Talkpulver ganz ähnliche Dienste und hat im Gegensatz zu obiger Mischung noch den Vorzug, ganz unlöslich zu sein; obige Mischung wirkt aber kräftiger.

Klauenöl, gereinigtes.

1000,0 rohes Klauenöl,
100,0 Weingeist von 90 pCt,
1,0 Tannin

bringt man in eine Abklärflasche, schüttelt stark um und lässt unter täglichem Wiederholen des Schüttelns 8 Tage im warmen Zimmer stehen.

Man zieht dann den Weingeist oben ab, wäscht mit

50,0 Weingeist von 90 pCt

nach und stellt das Öl in eine Temperatur von ungefähr 12 ⁰ C. Hier überlässt man mindestens 3 Monate, und zwar vor Licht geschützt, der Ruhe und filtriert dann in derselben Temperatur die körnigen Ausscheidungen ab.

Vielfach behandelt man das Klauenöl mit Natriumbikarbonat. Wenn man das Öl aber nicht bis zum Kochen erhitzt — und dies ist hier nicht statthaft —, so bleiben Spuren der entstandenen Seife im Öl gelöst und hindern die Ausscheidung festerer Glyceride. Andererseits wirkt der Weingeist und besonders das Tannin ausscheidend auf den reichlich vorhandenen Schleim.

Kneippsche Heilmittel.

Nach *Landauer* und *Oberhäuser*.

Das Kneippsche Heilverfahren ist mehr und mehr modern geworden und dürfte sich noch eine Zeit lang auf der Oberfläche erhalten. Es scheint daher angebracht, die zur Kur notwendigen Heilmittel hier aufzuführen und zwar auf Grund einer Veröffentlichung, welche von den bevollmächtigten Fabrikanten dieser Mittel, den Herren *Landauer* und *Oberhäuser* in Würzburg ausgingen. Dieselben schreiben in der Pharm. Zeit. 1893, S. 233 u. a. wörtlich:

„Vom Attich verlangt Kneipp die Wurzel und ist diese so viel gebraucht, dass wir hiervon allein von Neudenau in Baden 200 Ztr. erhielten. Augentrost flüssig, zu dem unten die Vorschrift steht, ist keine Zinklösung. Die Knochenmehle werden aus frischen Ochsenknochen einer Konservenfabrik von uns selbst im grossen durch Brennen hergestellt und werden die Knochenmehle auch offen abgegeben. Das graue Knochenmehl ist eine Mischung von weissem und schwarzem Knochenmehl und Weihrauchpulver zu gleichen Teilen. Lehmsalbe ist feiner Bolus, mit Wasser vermittels der Salbenmühle zur Salbe angerührt! Als Bandwurmmittel geben wir das Helfenberger in Kapseln ab. Malefizöl besteht aus Ol. Crotonis und Amygdalarum im Verhältnis von 1 : 6 Hexenschuss und Pechpflaster kennt wohl jeder Apotheker als Empl. Picis. Veilchenblätter und -wurzel stammen von Viola odorata. Johanniskraut-, Salbei- und Rautenöl sind fette Öle, genau wie Ol. Hyoscyami bereitet. Wermutpillen aus Herb. Absynthii pulv. mit Gummi arabic. Calendulasalbe ist Ungt. Cerae bereitet mit Flor. und Herb. Calendulae. Reisetropfen enthalten keine Chinarinde, sondern Kamillen, Wermut, Tausendgüldenkraut und Arnika. Wühlhuberpillen sind pulverisiertes Wühlhuber zu Pillen geformt. Alle Tinkturen und Auszüge werden möglichst nur aus frischen Kräutern hergestellt.

Wenn noch weitere Aufschlüsse gewünscht werden, geben wir auch diese.

Wer in Kneippschen Heilmitteln einen Absatz erreichen will, der führe vor allem unsere Kneipps Pillen und übrigen Spezialitäten, welche alle weitere Reklame selbst besorgen, und verkaufe nur tadellose beste Vegetabilien, wie es die unsrigen sind. Wer unsere Thees usw. einmal gesehen hat, wird begreifen, dass das Vertrauen, das Herr Pfarrer Kneipp in uns gesetzt hat, auch ein berechtigtes war."

Augentrost.

0,2 Aloëextrakt,
10,0 Fenchel,
10,0 Augentrost,
20,0 Weingeist von 90 pCt,
80,0 destilliertes Wasser.

Blutreinigungsthee.

10,0 Holunderblüten,
10,0 Holunderblätter,
10,0 Attich,
10,0 Sandel,
10,0 Faulbaumrinde,
10,0 Mistel,
5,0 Schlehblüten,
5,0 Erdbeerblätter,
5,0 Brennesselblätter,
2,5 Wacholderspitzen.

Hustenthee.

20,0 Huflattich,
10,0 Brennesselblätter,
10,0 Zinnkraut,
5,0 Fenchel,
5,0 Wacholderbeeren,
5,0 Spitzwegerich,
5,0 Malvenblüten,
5,0 Lindenblüten,
2,5 Bockshornklee,
2,5 Wollblumen.

Magentrost.

3,0 Johanniskraut,
1,0 Schafgarbe,
1,0 Wacholderbeeren,
1,0 Hagebutten,
1,0 Enzianwurzel,
0,5 Wermut,
0,5 Bitterklee,
0,5 Zinnkraut,
0,5 Augentrost,
0,5 Tausendgüldenkraut,
0,1 Pfefferminzöl,
100,0 Weingeist von 60 pCt.

Blutbildendes Knochenmehl.

1,0 milchsaures Eisen,
0,5 Mangan, phosphorsaures, milchsaures,
100,0 Knochen, weissgebrannte frische.

Wassersuchtsthee.

40,0 Zinnkraut,
20,0 Hagebutten,
10,0 Rosmarin,
10,0 Holunderwurzel,
10,0 Sassafras,
5,0 Raute,
5,0 Bitterklee,
5,0 Bärentraube,
5,0 Mistel,
5,0 Sandel,
5,0 Wacholderbeeren.

Wühlhuberthee I.

8,0 Aloë,
8,0 Bockshornklee,
25,0 Fenchel,
25,0 Wacholderbeeren.

Wühlhuberthee II.

6,0 Aloë,
6,0 Bockshornklee,
12,0 Fenchel,
18,0 Wacholderbeeren,
18,0 Attichwurzel.

Pfarrer Seb. Kneipps Pillen.

4,0 Rhabarber,
4,0 Aloëextrakt,
1,0 Rhabarberextrakt,
1,0 Seife,
0,3 Wacholderbeeren,
0,3 Foenumgraecum,
0,3 Attich,
0,3 Fenchel.

Daraus 60 Pillen gemacht.

Schluss der Abteilung „Kneippsche Heilmittel".

Kohobieren s. Destillieren.

Kolieren.

Colieren. Abseihen. Durchseihen.

Das „Kolieren oder Abseihen“ dient dazu, einen festen Körper von der ihn umgebenden Flüssigkeit zu trennen, ohne Rücksicht darauf, dass letztere völlig klar erhalten wird; es kommt hauptsächlich beim Ausziehen von Pflanzenteilen in Anwendung, wird meist mit dem Pressverfahren vereinigt und bildet oft die Vorarbeit für das Filtrieren.

Als „Seihstoff oder Kolatorium“ (Koliertuch) benützt man Stoffe aus Draht, Rosshaar, Wolle, Baumwolle, Gaze, Jute, Hanf und Leinen. Für schleimige Flüssigkeiten wählt man die drei ersten, für Säfte den Flanell, für Laugen behufs Trennung vom Kalk, Hanf oder Leinen, für saure Flüssigkeiten Wollstoffe, zum Sammeln von Niederschlägen Baumwolle, Hanf oder Leinen usw.

Bei kleineren Mengen spannt man das Seihtuch auf ein Tenakel (Seihtuchrahmen). Handelt sich's aber um ein Kolieren in grösserem Massstab, so lässt man sich aus verzinntem Kupfer oder aus Weissblech ein „Rahmen-Kolatorium“ machen. Dasselbe stellt einen kreisrunden Rahmen mit oben 32 cm und unten 28 cm Durchmesser und von 20 cm Höhe vor. Die engere Seite überspannt man mit einem Koliertuch, bindet dasselbe hinter dem eingelegten Draht fest, setzt das Kolatorium auf zwei Latten, welche über das Sammelgefäss gelegt sind, auf und beginnt nun mit dem Eingiessen. Der Durchschnitt des Rahmen-Kolatoriums hat nachstehende Form. (Von der Abbildung eines Tenakels sehe ich ab.)

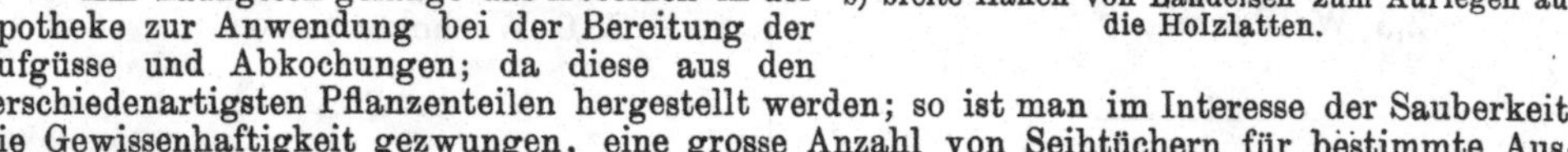

Abb. 28. **Rahmen-Kolatorium.**

a) Eingelegter Draht zum Festbinden des Tuches; b) breite Haken von Bandeisen zum Auflegen auf die Holzlatten.

Will man in noch grösserem Umfang Abseihungen vornehmen, so wendet man das Kastenkolatorium an. Man legt einen Holzkasten, dessen Boden durchlöchert ist, mit einem Tuch oder mit einem der Form des Kastens angepassten Sack aus und schöpft die durchzuseihenden Flüssigkeiten ein.

Am häufigsten gelangt das Abseihen in der Apotheke zur Anwendung bei der Bereitung der Aufgüsse und Abkochungen; da diese aus den verschiedenartigsten Pflanzenteilen hergestellt werden; so ist man im Interesse der Sauberkeit, wie Gewissenhaftigkeit gezwungen, eine grosse Anzahl von Seihtüchern für bestimmte Auszüge vorrätig zu halten, denn die Faser des Seihstoffes hat zu manchen Bestandteilen der Brühen Verwandtschaft, wie die durch Wasser nicht zu entfernende Färbung gebrauchter Seihtücher beweist, und giebt das Aufgenommene unter Umständen an andere Auszüge ab.

Als ein Fortschritt sind daher die in vielen Geschäften eingeführten Metallsiebe, die auch bezüglich der Haltbarkeit nichts zu wünschen übrig lassen, wenn man sie sofort nach dem Gebrauch mit Wasser reinigt und trocknet, anzusprechen; sie haben nur den einen Nachteil, dass man in ihnen die ausgezogenen Pflanzenteile nicht wie bei den Seihtüchern auspressen kann. Beide Vorzüge vereinigt die nachfolgend abgebildete kleine Kolierpresse von *E. A. Lentz* in Berlin aus verzinntem Eisen; sowohl der kleine Presscylinder von 75 mm Durchmesser, wie der am Hebelarm angehängte Presskolben lassen sich herausnehmen und leicht reinigen.

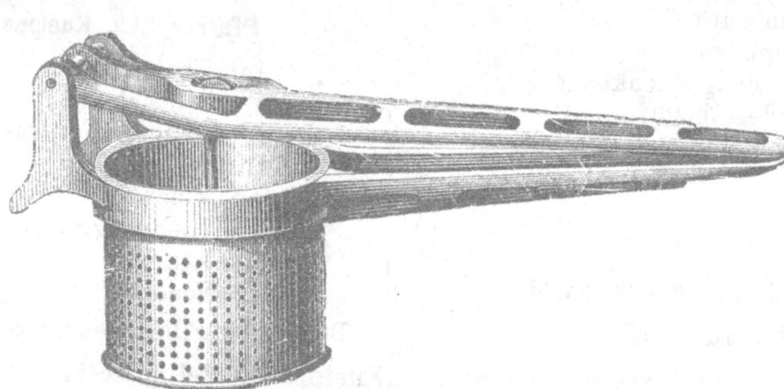

Abb. 29.

Die Benützung der Schleuder ist zu vorstehenden Zwecken, wie unter „Centrifugieren“ ausgeführt ist, nicht zu empfehlen.

Durch Spitzbeutel findet in der Regel das Durchseihen statt, wenn man eine bereits abgeseihte Flüssigkeit einer zweiten Reinigung unterwerfen will. Man k a n n dadurch goldklare Flüssigkeiten erzielen und erreicht damit bereits Filtrationen, weshalb ich dies Verfahren unter „Filtrieren“ besprochen habe.

Um möglichst reine Flüssigkeiten zu erzielen, müssen alle Seihtücher vor dem Eingiessen genässt werden und zwar bei Säften mit Sirupus simplex, bei wässerigen Auszügen mit Wasser, bei verdünntem Weingeist mit einer ebensolchen Verdünnung.

Konservierungsmittel.

Es ist vor allem zu denselben zu bemerken, dass sie in mehreren Staaten, besonders auch in Deutschland nicht in allen Teilen gestattet sind.

Der Vollständigkeit wegen treffe ich nach dieser Richtung hin keine Auswahl unter den Vorschriften.

Konservesalze für Fleisch.

a) nach *Jannasch.*

35,0 Kochsalz,
35,0 Salpeter,
30,0 Borsäure.

Man mischt die drei Bestandteile und lässt sie möglichst fein, M/30, pulvern.

Es dient zum Konservieren von Fleischwaren.

Von ganz ähnlicher Zusammensetzung sind die Präservierungssalze von Gause, Liesenthal und ferner das sogen. Hagener.

b) 80,0 Kochsalz,
10,0 Salpeter,
10,0 Salicylsäure.

Die beiden ersten Bestandteile pulvert man fein, M/30, und mischt sie dann mit Salicylsäure.

Die Etikette † muss folgende Gebrauchsanweisung tragen:

„Das zu konservierende Fleisch usw. wird mit dem Pulver eingerieben und ist, bevor es in der Küche Verwendung findet, mit kaltem Wasser einigemal abzuwaschen."

c) Berlinit zum Pökeln (Fabrikat von *Delcendahl & Küntzel*).

50,0 Kochsalz,
30,0 Kaliumnitrat,
20,0 Borsäure

mischt man.

d) Konservesalz nach *Heydrich.*

75,0 Kochsalz,
15,0 Kaliumnitrat,
10,0 Borsäure

mischt man.

Wie schon der Name ergiebt, kann mit den Konservierungssalzen a) bis d) nur frisches Fleisch vor dem Verderben geschützt, bereits verdorbenes aber nicht wieder geniessbar gemacht werden.

Für Haushaltungen kann die Salicylsäure-Zusammensetzung warm empfohlen werden.

e) Konservierungspaste für Wurstgut.

30,0 Salpeter, Pulver M/30,
25,0 Borsäure, „ M/30,
45,0 Glycerin

mischt man gleichmässig zu einer Paste.

Die Konservierungspaste findet Anwendung bei reinen Fleischwürsten, z. B. Cervelat- und Mettwurst und hat den Zweck, dieselben haltbarer zu machen. Dadurch wird auch die rote Fleischfarbe erhalten.

Gebrauchsanweisung.

„Auf 5 kg Wurstgut setzt man 1 Esslöffel voll oder 30 g Konservierungspaste zu."

Konservierungs-Essenz

für eingesottene Fruchte, Marmeladen usw.

10,0 Salicylsäure,
90,0 Rum.

Man löst und filtriert. Wenn der Einkochungsprozess vollendet ist, mischt man auf 1 kg eingesottene Masse einen Esslöffel voll von der obigen Essenz hinzu.

Sie eignet sich auch, solche Konserven, bei welchen sich auf der Oberfläche Schimmelbildung zeigt, nach Abnehmen der Schimmelhaut durch Aufgiessen einer kleinen Menge vor weiteren Schimmeln zu schützen.

Konservierungs-Zucker

für eingesottene Früchte, Marmeladen usw.

2,0 Salicylsäure,
3,0 Citronensäure,
95,0 Zucker, Pulver M/30.

Man mischt.

Der Konservierungs-Zucker dient dazu, durch Aufstreuen auf die bereits in Büchsen gefüllten Konserven eine Schutzdecke zu bilden.

Eine hübsche Etikette † trägt folgende Gebrauchsanweisung.

---

† S. Bezugsquellen-Verzeichnis.

„Man bestreut die Oberfläche des in Büchsen gefüllten gedünsteten Obstes oder der Obstkonserven mit dem Konservierungs-Zucker und stellt auf diese Weise eine Schutzdecke her. Auf je 500 g Konserve nimmt man 5 g Konservierungs-Zucker."

Konzentrieren.

Conzentrieren.

Man versteht darunter die Verminderung der Flüssigkeitsmenge, in welcher sich ein Körper gelöst befindet, und erreicht dies zumeist durch Abdampfen (s. d.).

Kreosotum chloroformiatum.

Chloroform-Kreosot.

25,0 Kreosot,
25,0 Chloroform,
25,0 Weingeist von 90 pCt,
25,0 Seifenspiritus

mischt man, stellt die Mischung 24 Stunden kühl und filtriert sie.

Das Filtrat leistet als schmerzstillendes Mittel bei hohlen Zähnen gute Dienste.

Kreosotum sinapisatum.

Senf-Kreosot.

2,0 Senföl,
48,0 absoluten Alkohol,
50,0 Kreosot

mischt man

Kreosotum venale.

Kreosot für den Handverkauf.

50,0 Kreosot,
50,0 absoluten Alkohol

mischt man.

Es wird wie die beiden vorhergehenden Mischungen gegen Zahnweh gebraucht und muss mit einer Etikette †, welche genaue Gebrauchsanweisung trägt, versehen werden.

Kumis.

0,5 frische Presshefe

verrührt man mit einem Hornlöffel in

60,0 Wasser,

bringt die Verrührung in eine starke Flasche, welche ungefähr 400 ccm fasst, fügt

4,0 Zucker, Pulver M/8,
7,0 Milchzucker, Pulver M/8,

hinzu und füllt die Flasche mit

q. s. abgekochter und wieder erkalteter Kuhmilch

bis zum Halse voll. Man verkorkt die Flasche mit der Maschine, verbindet den Kork und schüttelt gut um. Man legt nun die Flasche 6 Stunden an einen warmen Ort (Küche) und weitere 48 Stunden in den Keller.

Der Kumis ist nun fertig, muss aber vor dem Gebrauch aufgeschüttelt werden.

Kupferkalkbrühe.

Kalkkupferbrühe. Nach *Hollrung.*

2000,0 Kupfervitriol

zerklopft man mit einem Hammer in kleine Stückchen, bindet die zerkleinerten Krystalle in ein Stück Sackleinwand und hängt den Packen so weit in

50 l Wasser,

welches sich in einem alten Fett- oder Petroleumfass befindet, dass der Packen gerade vom Wasser bedeckt ist. Nach 5—6 Stunden ist der Kupfervitriol gelöst.

Man kann auch heisses Wasser verwenden, dann muss man aber die Lösung völlig kalt werden lassen, bevor man die Kalkmilch zusetzt. Die Verwendung eiserner Gefässe ist unstatthaft. Das verwendete Fass muss mindestens 100 Liter fassen.

Die Kalkmilch stellt man folgendermassen her:

2000,0 Ätzkalk

löscht man mit Wasser regelrecht ab, verdünnt dann den Kalkbrei nach und nach mit

50 l kaltem Wasser

und giesst die so bereitete Kalkmilch, die man 5—10 Minuten hat absetzen lassen, allmählich unter Rühren in die Kupfervitriollösung — nicht umgekehrt. Man erhält so ein lichthimmelblaues Gemisch, die Kupferkalkbrühe, die nun zum Gebrauch fertig ist und für diesen Zweck öfters umgerührt werden muss.

Die Mischung verändert sich beim Aufbewahren, sie muss deshalb möglichst von Fall

---

† S. Bezugsquellen-Verzeichnis.

zu Fall bereitet werden, wozu man am besten den Kalkbrei und die Vitriollösung vorrätig hält.

Lab-Essenz.

Liquor seriparus.

100,0 Labmagen

zerkleinert man auf einer Fleischhackmaschine und übergiesst sie dann mit einer Mischung von

500,0 destilliertem Wasser

und

100,0 Weingeist von 90 pCt,

in welcher man vorher

30,0 Natriumchlorid,
20,0 Borsäure

löste. Man bringt das Ganze in eine Enghalsflasche, verkorkt und lässt, vor Tageslicht geschützt, eine Woche in gewöhnlicher Zimmertemperatur unter zeitweiligem Schütteln stehen. Man setzt dann

20,0 Talkpulver, $^{M}/_{50}$,

zu, lässt unter öfterem Umschütteln 2 Tage in einem kühlen Raum stehen und filtriert schliesslich.

Das anfänglich trübe Filtrat giesst man auf das Filter so oft zurück, bis es klar ist, füllt es dann auf kleine Fläschchen, welche man nach dem Korken verpicht, und bewahrt im Dunkeln auf.

Beim Verkauf verabreicht man gleichzeitig ein Einnehmegläschen und lässt pro 10 l Milch 5 g Essenz abmessen.

Die Ausbeute beträgt ungefähr

500,0.

Lab-Pulver.

Pulvis seriparus.
Nach *E. Dieterich.*

a) 100,0 Labmagen

zerkleinert man auf der Fleischhackmaschine, lässt, um eine möglichst feine Masse zu erhalten, einigemal durch die Maschine gehen, vermischt dann den erhaltenen Brei mit

20,0 Natriumchlorid,
60,0 Milchzucker, Pulver $^{M}/_{50}$,

trägt diese Masse in 1—2 mm dicker Schicht auf Glasplatten auf und bringt diese zum Trocknen in den auf 35—40° C erhitzten Trockenschrank. Nach dem Trocknen stellt man aus den unregelmässigen Lamellen ein möglichst feines Pulver her, bringt das Gewicht desselben mit

q. s. Milchzucker, Pulver $^{M}/_{50}$,

auf

100,0

und bewahrt dieses in gut verschlossenen Gläsern auf.

Beim Verkauf giebt man Anweisung, 1 g Labpulver auf 10 l Milch zu nehmen.

b) Von

100,0 Labmagen

schabt man die Schleimhaut sorgfältig ab, mischt diese mit

20,0 Natriumchlorid,
60,0 Milchzucker, Pulver $^{M}/_{50}$

und verfährt im Übrigen, wie unter a) angegeben ist.

Lac Ferri.

Eisenmilch.

a) Vorschrift von *E. Dieterich:*

41,5 Natriumphosphat,
42,0 krystall. Natriumkarbonat

löst man in

1000,0 destilliertem Wasser.

Andrerseits bereitet man eine Verdünnung von

50,0 Eisenchloridlösung v. 10 pCt Fe

mit

1000,0 destilliertem Wasser.

Man giesst beide Lösungen gleichzeitig unter Rühren in ein Gefäss, welches

5000,0 destilliertes Wasser (mit Eis gekühlt)

enthält, lässt den Niederschlag absetzen, wäscht ihn durch Absetzenlassen aus, wozu ein zweimaliges Auffüllen genügt, und verdünnt ihn mit

q. s. gekochtem u. wieder erkaltetem destillierten Wasser

so weit, dass das Gesamtgewicht

2000,0

beträgt.

Der Zusatz des Natriumkarbonats bezweckt die beim Vermischen der Eisenchlorid- und Natriumphosphatlösung entstehende freie Salzsäure zu binden, weil diese sich so schwer auswaschen lässt, dass inzwischen der Niederschlag körnig wird. Zum letzten Auswaschen darf nur ein Wasser verwendet werden, welches vorher aufgekocht und dann wieder erkaltet war. Diese Vorsicht erhöht die Haltbarkeit der Eisenmilch.

Die so bereitete Eisenmilch hält sich tagelang, ohne dass sich der fein verteilte Niederschlag absetzt; sie enthält 0,25 pCt Fe.

Lac Ferri pyrophosphorici.

Eisenmilch.

20,0 Natriumpyrophosphat

löst man in

450,0 destilliertem Wasser,

fügt

50,0 Glycerin v. 1,23 spez. Gew.

hinzu und filtriert.

Andrerseits verdünnt man

30,0 Eisenchloridlösung v. 10 pCt Fe

mit

450,0 destilliertem Wasser.

Man kühlt nun beide Lösungen möglichst stark in Eis, das man mit Kochsalz bestreut hat, ab und setzt die Eisenlösung unter langsamem Rühren dem zuerst bereiteten Filtrat ganz allmählich zu.

Lac Magnesiae glycerinatum.

Glycerinhaltige Magnesiamilch.

10,0 gebrannte Magnesia

verreibt man l. a. mit

100,0 destilliertem Wasser,

setzt

40,0 Glycerin von 1,23 spez. Gew.

zu und mischt.

Die Mischung ist haltbar.

Lacca in tabulis decolorata

siehe „Bleichen von Schellack“.

Lacca in tabulis nigra.

Schwarzer Schellack.

100,0 Ultramarinblau

feuchtet man mit

50,0 Weingeist von 90 pCt

an. Andrerseits schmilzt man

900,0 braunen Schellack,

mischt das spiritusfeuchte Ultramarinblau darunter und giesst die Masse, wenn sie gleichmässig ist, in mit Vaselin eingefettete Bacillenformen aus.

Die Uhrmacher und Mechaniker verwenden den schwarzen Schellack als Kitt.

Lamellen.

Blättchen. Blätterpräparate.

Mit dem Namen „Lamellen, Blättchen“ bezeichnet man eine Form, in welche man mit Vorliebe Präparate bringt, die sich nicht krystallinisch herstellen lassen, denen man dadurch aber ein krystallähnliches Aussehen verleiht.

Das Verfahren besteht darin, dass man das zur Sirupdicke abgedampfte und abgekühlte Präparat mittels weichen Pinsels auf Glastafeln streicht, welche mit verdünnter Schwefelsäure und Weingeist geputzt und mit Talkpulver und einem reinen Leinentuch nachpoliert sind, dass man dann diese zum Trocknen anfänglich in Zimmertemperatur, dann in den Trockenschrank stellt und den Aufstrich, wenn er trocken und abgekühlt ist, mit einem spitzen Instrument abstösst. Die pulverförmigen Teile siebt man ab, löst sie nochmals in Wasser und verfährt wie vorher.

Es ist wohl zu beachten, dass die Masse fast kalt aufgestrichen wird, weil sich sonst die Lamellen nicht vom Glas ablösen.

Bei geringen Mengen empfiehlt es sich, gewöhnliche grössere Glasflaschen zum Aufstreichen zu benützen. Sie sind weniger zerbrechlich wie Glasscheiben, sind bequemer zu handhaben und liefern gebogene Lamellen. Die letzteren bieten den Vorteil, hübscher auszusehen und lockerer aufeinander zu lagern.

Die Herstellung der Lamellen ist einfach, verlangt aber Sauberkeit und Genauigkeit bei der Arbeit.

Lanolinum und Lanolimenta.

Lanolin und Lanolin-Salben.

Nach *E. Dieterich.*

Das „Lanolin“ ist eine Mischung von 75 Teilen reinem Wollfett mit 25 Teilen Wasser; es zeichnet sich durch seine Fähigkeit aus, rasch von der Haut aufgenommen zu werden und mehr als das eigene Gewicht Wasser aufzunehmen. Es kann nur durch vorsichtige Erwärmung erweicht, nicht aber unmittelbar geschmolzen werden, weil durch zu starke Erhitzung sich das Wasser von der Fettmasse, mit welcher es übrigens ziemlich fest verbunden ist, trennen würde. Wendet man daher das Lanolin, wie ich weiter unten begründen werde, in Gemeinschaft mit anderen Fetten an, so schmilzt man letztere und verrührt dann das Lanolin in der heissen Masse, wenn nötig, noch etwas Wärme mit Vorsicht zu Hilfe nehmend. Bei Verwendung zu Salben muss es, um das Gleichgewicht zwischen der Hautaufnahme des Lanolins und der des einverleibten Arzneimittels herzustellen, durch Zusatz von 15—25 pCt Fett, Talg usw. ausgeglichen werden. Das Lanolin wird zu rasch von der Haut aufgenommen und lässt z. B. ein damit verriebenes Metalloxyd als trockne Schicht auf der Haut zurück, während durch den Zusatz von Glyceriden der notwendige Ausgleich geschaffen wird. Die Lanolinsalben bezeichne ich in der Einzahl mit *„Lanolimentum“*.

Obwohl die Fabrikation von Lanolin erhebliche Fortschritte gemacht hat, ist doch ein völlig weisses Lanolin immer noch ein frommer Wunsch geblieben. Andrerseits muss aber anerkannt werden, dass das heutige Produkt, wie es z. B. nach *Liebreichs* Verfahren geliefert wird, fast geruchlos ist.

Lanolinum.

Lanolin.

75,0 reines Wollfett,
25,0 destilliertes Wasser
mischt man genau.

Lanolinum boricum in bacillis.

Bor-Lanolin.

30,0 Benzoëtalg
schmilzt man, verrührt darin
60,0 Lanolin
und mischt schliesslich
10,0 Borsäure, Pulver M/30,
hinzu.

Man giesst die erkaltende Masse zu dicken Stangen aus und giebt diese in Metallbüchsen mit verschiebbarem Boden ab.

Lanolinum carbolisatum in bacillis.

Karbol-Lanolin.

20,0 Benzoëtalg,
20,0 gelbes Wachs
schmilzt man, verrührt darin
55,0 Lanolin
und fügt dann
5,0 kryst. Karbolsäure
hinzu.

Die erkaltende Masse giesst man in Stangenformen und giebt die Stangen in Metallbüchsen mit verschiebbarem Boden ab.

Lanolinum pro receptura.

Vorschrift des Münch. Ap. Ver.

100,0 Lanolin,
20,0 flüssiges Paraffin
mischt man.

Lanolinum salicylatum in bacillis.

Salicyl-Lanolin.

25,0 Benzoëtalg,
8,0 gelbes Wachs
schmilzt man, löst
2,0 Salicylsäure
darin und verrührt dann in der Masse
65,0 Lanolin.

Die erkaltende Masse giesst man in Stangenformen und giebt die Stangen in Metallbüchsen mit verschiebbarem Boden ab.

Lanolimentum Belladonnae.

Belladonna-Lanolinsalbe.

10,0 Belladonna-Extrakt
in
5,0 Glycerin von 1,23 spez. Gew.
gelöst, vermischt man mit
20,0 Wachssalbe
und
65,0 Lanolin.

Lanolimentum boricum.

Bor-Lanolinsalbe.

10,0 Borsäure, Pulver M/30,
20,0 Wachssalbe,
70,0 Lanolin
vermischt man genau miteinander.

Lanolimentum Boroglycerini.

25,0 Lanolin,
65,0 Paraffinsalbe,
5,0 Boroglycerin,
5,0 Glycerin v. 1,23 spez. Gew.,
2 Tropfen Rosenöl,
mischt man und rührt bis zum Schaumigwerden.

Lanolimentum cereum.

Wachs-Lanolinsalbe.

80,0 Lanolin,
20,0 Wachssalbe
mischt man.

Lanolimentum Cerussae.

Bleiweiss-Lanolinsalbe.

30,0 präpariertes Bleiweiss
verreibt man in erwärmtem Mörser mit
20,0 Wachssalbe,
fügt nach und nach
45,0 Lanolin
und zuletzt
5,0 Glycerin von 1,23 spez. Gew.
hinzu.

Das Glycerin ist zugesetzt, um die Haltbarkeit zu erhöhen.

Lanolimentum Cerussae camphoratum.

Kampfer-Bleiweiss-Lanolinsalbe.

90,0 Bleiweiss-Lanolinsalbe
vermischt man mit
5,0 fein geriebenem Kampfer,
welchen man mit
5,0 Lanolin
innig verrieben hatte.

Lanolimentum Cocaïni.

Kokain-Lanolinsalbe.

0,2 Kokainhydrochlorid
löst man in
1,0 destilliertem Wasser
und vermischt mit
1,0 Olivenöl
und
8,0 Lanolin
zu einer Salbe.

Lanolimentum Conii.

Schierling-Lanolinsalbe.

Man bereitet es mit Schierlingextrakt wie Lanolimentum Belladonnae.

Lanolimentum diachylon.

Bleipflaster-Lanolinsalbe.

30,0 Bleipflaster,
30,0 Olivenöl
schmilzt man mit einander und verrührt mit der heissen Masse
40,0 Lanolin.

Lanolimentum Digitalis.

Digitalis-Lanolinsalbe.

Man bereitet es mit Fingerhutextrakt wie Lanolimentum Belladonnae.

Lanolimentum Hydrargyri album.

Weisse Quecksilber-Lanolinsalbe.

10,0 weisses Quecksilberpräcipitat
verreibt man in erwärmtem Mörser mit
20,0 Wachssalbe
und setzt allmählich
70,0 Lanolin
zu.

Lanolimentum Hydrargyri cinereum.

Unguentum Hydrargyri cinereum cum Lanolino paratum. Graue Quecksilber-Lanolinsalbe.

a) 100,0 Quecksilber
verreibt man mit
15,0 Lanolin,
15,0 grauer Quecksilbersalbe.

Wenn die Tötung, welche auffallend rasch von statten geht, beendet ist, vermischt man mit
20,0 Hammeltalg,
in welchem man, nachdem man ihn schmolz,
165,0 Lanolin
verrührt hat.

b) Vorschrift der Preuss. Arzneitaxe und des Münch. Ap. Ver.
100,0 Quecksilber,
200,0 Lanolin.

Die nach dieser Vorschrift bereitete Salbe ist von so zäher Beschaffenheit, dass sie sich nicht einreiben lässt.

Lanolimentum Hydrargyri rubrum.

Rote Quecksilber-Lanolinsalbe.

10,0 rotes Quecksilberoxyd,
20,0 Wachssalbe,
70,0 Lanolin.

Bereitung wie bei Lanolimentum Hydrargyri album.

Lanolimentum Hyoscyami.

Bilsenkraut-Lanolinsalbe.

Man bereitet es mit Bilsenkrautextrakt wie Lanolimentum Belladonnae.

Lanolimentum Ichthyoli.

Ichthyol-Lanolinsalbe.

10,0 Ichthyolammonium,
20,0 Wachssalbe,
70,0 Lanolin
mischt man gut mit einander.

Lanolimentum Kalii jodati.

Jodkalium-Lanolinsalbe.

20,0 Kaliumjodid,
0,5 Natriumthiosulfat
löst man in
10,0 destilliertem Wasser,
10,0 Glycerin von 1,23 spez. Gew.

Andrerseits stellt man eine Mischung von
30,0 Wachssalbe
und
130,0 Lanolin
her und rührt die Kaliumjodidlösung unter.

Lanolimentum leniens.

Lanolin-Cream.

a) 60,0 Lanolin,
30,0 destilliertes Wasser,
10,0 Wachssalbe,
1 Tropfen Rosenöl
mischt man gleichmässig.

b) Vorschrift der Badischen Ergänzungstaxe:
75,0 Lanolin,
45,0 destilliertes Wasser,
30,0 flüssiges Paraffin,
5 Tropfen Rosenöl
10 „ Millefleuressenz
mischt man.

c) Vorschrift des Ergänzungsb. d. D. Ap. Ver.
20,0 Walrat,
60,0 gelbes Vaselin
schmilzt man, löst in der geschmolzenen Masse
80,0 reines Wollfett
und rührt der erkalteten Masse nach und nach
100,0 destilliertes Wasser
unter. Man setzt das Rühren so lange fort, bis die Masse schaumig ist.

Siehe auch Lanolin-Crême.

Lanolimentum leniens salicylatum.

Salicyl-Lanolincream

70,0 Lanolin,
19,0 destilliertes Wasser,
10,0 Wachssalbe,
1,0 Salicylsäure,
1 Tropfen Rosenöl
mischt man gleichmässig.

Lanolimentum Loretini 5 pCt.

Loretin-Lanolinsalbe.

5,0 Loretin,
20,0 Wachssalbe,
75,0 Lanolin
mischt man.

Lanolimentum Mezereï.

Seidelbast-Lanolinsalbe.

10,0 Seidelbast-Extrakt,
20,0 Wachssalbe,
70,0 Lanolin
mischt man gut.

Lanolimentum opiatum.

Opium-Lanolinsalbe.

5,0 Opiumextrakt
löst man in
5,0 Glycerin von 1,23 spez. Gew.
und vermischt mit
20,0 Wachssalbe,
70,0 Lanolin.

Lanolimentum Plumbi.

Blei-Lanolinsalbe.

20,0 Wachssalbe,
65,0 Lanolin,
8,0 Bleiessig,
7,0 destilliertes Wasser
vermischt man gleichmässig.

Lanolimentum Plumbi tannici.

Bleitannat-Lanolinsalbe.

5,0 Gerbsäure
verreibt man gut mit
20,0 Wachssalbe
und
65,0 Lanolin
und mischt dann
10,0 Bleiessig
hinzu.

Man bekommt durch diese Reihenfolge eine feinere Verteilung des Bleitannats, wie bei dem unmittelbaren Zusammenbringen von Gerbsäure und Bleiessig.

Lanolimentum rosatum.

Rosen-Lanolinsalbe.

20,0 Wachssalbe,
60,0 Lanolin
mischt man und setzt dann
20,0 Rosenwasser
zu.

Da die Rosensalbe zu den Kühlsalben gehört, bedarf sie einer grösseren Wassermenge, als die Ph. G. I. vorschreibt.

Der Wassergehalt des Lanolins ist noch ausserdem berücksichtigt.

Lanolimentum Sabinae.
Sadebaum-Lanolinsalbe.

10,0 Sadebaum-Extrakt,
20,0 Wachssalbe,
70,0 Lanolin

mischt man gut mit einander.

Lanolimentum sulfuratum.
Schwefel-Lanolinsalbe.

30,0 gefällten Schwefel

verreibt man mit

15,0 Olivenöl

und

55,0 Lanolin.

Da es bei dei Schwefelsalbe auf eine feine Verteilung des Schwefels ganz besonders ankommt, ist das Schwefelpräcipitat gewählt.

Lanolimentum Zinco-Ichthyoli.
Zink-Ichthyol-Lanolinsalbe.

10,0 rohes Zinkoxyd

verreibt man fein mit

10,0 Ichthyolammonium

und vermischt mit

60,0 Lanolin,
20,0 Wachssalbe.

Lanolimentum Thioli.
Thiol-Lanolinsalbe.

10,0 flüssiges Thiol,
20,0 Benzoëfett,
70,0 Lanolin

mischt man mit einander.

Lanolimentum Zinci.
Zink-Lanolinsalbe.

10,0 rohes Zinkoxyd

verreibt man sehr fein mit

10,0 destilliertem Wasser,

setzt nach und nach

60,0 Lanolin

und zuletzt

20,0 Wachssalbe

zu.

Schluss der Abteilung „Lanolinum und Lanolimentum".

Lanolimentum extensum.

Lanolin-Salbenmulle.

Nach *E. Dieterich.*

Die Herstellung der Lanolinsalbenmulle ist dieselbe, wie die der Salbenmulle, und wird unter „Unguentum extensum" näher beschrieben werden. An dieser Stelle möchte ich nur darauf aufmerksam machen, dass die Zusammensetzungen, welche Lanolin enthalten, vor Temperaturen, welche 60° C überschreiten, zu hüten sind, weil dadurch leicht das im Lanolin enthaltene Wasser ausgeschieden oder verdunstet wird.

Lanolimentum carbolisatum extensum. 10 pCt.
Karbol-Lanolinsalbenmull.

6,0 gelbes Wachs,
14,0 Benzoëtalg

schmilzt man im Dampfbad mit einander, rührt, nachdem man vom Dampf genommen,

70,0 Lanolin

gleichmässig darunter und fügt schliesslich

10,0 krystallisierte Karbolsäure

hinzu.

Die Masse streicht man halb erkaltet auf unappretierten Mull.

Lanolimentum Chrysarobini extensum. 10 pCt.
Chrysarobin-Lanolinsalbenmull.

10,0 Chrysarobin

verreibt man sehr fein mit

70,0 Lanolin.

Andrerseits schmilzt man im Dampfbad

2,0 gelbes Wachs

mit

18,0 Benzoëtalg

zusammen, trägt das im Lanolin verriebene Chrysarobin in die geschmolzene Masse ein, rührt, nachdem man aus dem Dampfbad genommen, so lange, bis die Masse gleichmässig ist, und streicht mit der Maschine auf unappretierten Mull.

Lanolimentum Hydrargyri album extensum. 10 pCt.

Weisser Präcipitat-Lanolinsalbenmull.

10,0 weisses Quecksilberpräcipitat
verreibt man sehr fein mit
70,0 Lanolin.

Andrerseits schmilzt man im Dampfbad
3,0 gelbes Wachs
mit
17,0 Benzoëtalg,
setzt, nachdem man vom Dampf genommen hat, obige Verreibung zu, rührt so lange bis die Masse gleichmässig ist, und streicht sie dann auf unappretierten Mull.

Lanolimentum Hydrargyri bichlorati extensum. 1 pCt.

Sublimat-Lanolinsalbenmull.

1,0 Quecksilberchlorid
löst man in
5,0 Weingeist von 90 pCt
und
4,0 Glycerin von 1,23 spez. Gew.

Andrerseits schmilzt man im Dampfbad
6,0 gelbes Wachs
und
14,0 Benzoëtalg
zusammen, rührt, nachdem man vom Dampf genommen hat,
70,0 Lanolin
gleichmässig darunter und fügt schliesslich die Sublimatlösung hinzu. Während des Streichens auf unappretierten Mull muss man die Masse fortwährend rühren.

Lanolimentum Hydrargyri cinereum extensum. 20 pCt.

Grauer Quecksilber-Lanolinsalbenmull.

20,0 Quecksilber
verreibt man mit
3,0 Lanolin,
3,0 grauer Quecksilbersalbe.

Andrerseits schmilzt man im Dampfbad
6,0 gelbes Wachs
mit
9,0 Benzoëtalg
zusammen, rührt, nachdem man vom Dampf genommen,
60,0 Lanolin
und schliesslich die Quecksilberverreibung gleichmässig darunter.

Man streicht die halberkaltete Masse auf unappretierten Mull.

Lanolimentum Hydrargyri cinereum carbolisatum extensum 20 : 5 pCt.

Grauer Quecksilber-Karbol-Lanolinsalbenmull.

20,0 Quecksilber
verreibt man mit
3,0 Lanolin,
3,0 grauer Quecksilbersalbe.

Andrerseits schmilzt man im Dampfbad
10,0 gelbes Wachs,
5,0 Benzoëtalg,
rührt, nachdem man vom Dampf genommen,
55,0 Lanolin,
dann die Quecksilberverreibung und schliesslich
5,0 krystallisierte Karbolsäure
darunter.

Man streicht die halb erkaltete Masse auf unappretierten Mull.

Lanolimentum Hydrargyri rubrum extensum. 10 pCt.

Roter Quecksilber-Lanolinsalbenmull.

10,0 rotes Quecksilberoxyd,
70,0 Lanolin,
4,0 gelbes Wachs,
16,0 Benzoëtalg.

Bereitung wie bei Lanolimentum Hydrargyri album extensum.

Lanolimentum Ichthyoli extensum. 10 pCt.

Ichthyol-Lanolinsalbenmull.

6,0 gelbes Wachs
schmilzt man im Dampfbad mit
14,0 Benzoëtalg
zusammen, rührt, nachdem man vom Dampf genommen
70,0 Lanolin
gleichmässig darunter und mischt schliesslich
10,0 Ichthyolammonium
hinzu.

Man streicht auf unappretierten Mull.

Lanolimentum Jodoformii extensum. 10 pCt.

Jodoform-Lanolinsalbenmull.

10,0 Jodoform (alcoholisatum),
70,0 Lanolin,
2,0 gelbes Wachs,
18,0 Benzoëtalg.

Bereitung wie bei Lanolimentum Chrysarobini extensum.

Lanolimentum Kalii jodati extensum. 10 pCt.

Jodkalium-Lanolinsalbenmull.

10,0 Kaliumjodid,
0,5 Natriumthiosulfat

löst man in

7,0 destilliertem Wasser,
8,0 Glycerin von 1,23 spez. Gew.

Andererseits schmilzt man im Dampfbad

7,5 gelbes Wachs,
7,5 Benzoëtalg,

rührt, nachdem man vom Dampf genommen, wenn nötig, unter zeitweiligem Anwärmen

60,0 Lanolin

gleichmässig darunter und fügt zuletzt die Kaliumjodidlösung hinzu.

Die Masse darf erst dann, wenn sie halb erkaltet ist, auf unappretierten Mull gestrichen werden. Sie ist dabei aber fortwährend zu rühren.

Lanolimentum Loretini extensum. 10 pCt.

Loretin-Lanolinsalbenmull.

10,0 Loretin,
70,0 Lanolin,
2,0 gelbes Wachs,
18,0 Benzoëtalg.

Man verreibt das Lanolin sehr fein mit dem Benzoëfett.

Lanolimentum Resorcini extensum. 10 pCt.

Resorcin-Lanolinsalbenmull.

10,0 Resorcin,
70,0 Lanolin,
2,0 gelbes Wachs,
18,0 Benzoëtalg.

Bereitung wie bei Lanolimentum Chrysarobini extensum.

Lanolimentum salicylatum extensum. 10 pCt.

Salicyl-Lanolinsalbenmull.

10,0 Salicylsäure,
70,0 Lanolin,
2,0 gelbes Wachs,
18,0 Benzoëtalg.

Bereitung wie bei Lanolimentum Chrysarobini extensum.

Lanolimentum Thioli extensum.

Thiol-Lanolinsalbenmull.

6,0 gelbes Wachs

schmilzt man im Dampfbad mit

14,0 Benzoëtalg

zusammen, rührt, nachdem man vom Dampf genommen

70,0 Lanolin

gleichmässig darunter und mischt schliesslich

10,0 flüssiges Thiol

hinzu.

Man streicht auf unappretierten Mull.

Lanolimentum Zinci extensum. 10 pCt.

Zink-Lanolinsalbenmull.

10,0 Zinkoxyd,
70,0 Lanolin,
3,0 gelbes Wachs,
17,0 Benzoëtalg.

Bereitung wie bei Lanolimentum Hydrargyri album extensum.

Lanolimentum Zinci ichthyolatum extensum. 10 : 5 pCt.

Zink-Ichthyol-Lanolinsalbenmull.

10,0 Zinkoxyd

verreibt man innig mit

5,0 Ichthyolammonium

und setzt

65,0 Lanolin

zu.

Andrerseits schmilzt man im Dampfbad

5,0 gelbes Wachs

mit

15,0 Benzoëtalg,

mischt, nachdem man vom Dampf genommen, obige Masse gleichmässig unter und streicht auf unappretierten Mull.

Lanolimentum Zinci salicylatum extensum. 10 : 5 pCt.

Zink-Salicyl-Lanolinsalbenmull.

10,0 Zinkoxyd,
5,0 Salicylsäure,
65,0 Lanolin,
2,0 gelbes Wachs,
18,0 Benzoëtalg.

Bereitung wie bei Lanolimentum Hydrargyri album extensum.

Schluss der Abteilung „Lanolimentum extensum“.

Lederappreturen, Lederlacke und Lederschmieren.

Nach *E. Dieterich.*

Die Lederappreturen sollen die Stiefelwichse ersetzen. Vor letzterer haben sie den Vorzug, dass es keines Bürstens bedarf, um den Glanz hervorzurufen; sie sind jedoch teurer als jene. Von den Lederlacken unterscheiden sich die Appreturen dadurch, dass der von ihnen hervorgebrachte Überzug, um seiner Bestimmung genügen zu können, eine starke Schmiegsamkeit und Elastizität besitzen muss.

Die Lederlacke sind weingeistige Harzlösungen, bestimmt, Lederzeug, welches im Gebrauch eine gewisse Steifheit bewahrt, Glanz zu verleihen.

Die Lederschmieren sollen, wie ihr Name sagt, das Leder geschmeidig machen. So einfach es erscheint, letzterem Zweck zu genügen, so findet man doch häufig die ungeeignetsten Fette in Vorschriften zu Lederschmieren vereinigt.

I. Leder-Appreturen.

Es giebt solche mit Mattglanz und andere mit Hochglanz. Die ersteren sind fette Wachslösungen in verschiedenen Farbentönen; Appreturen mit Hochglanz sind nur in schwarzer Farbe gebräuchlich.

A. Appreturen mit Mattglanz.

a) gelb:

200,0 gelbes Wachs,
100,0 Fischthran,
630,0 Benzin,
50,0 Seifenspiritus,
20,0 Goldocker.

b) braun:

200,0 gelbes Wachs,
100,0 Fischthran,
630,0 Benzin,
50,0 Seifenspiritus,
20,0 Umbrabraun.

c) schwarz:

200,0 gelbes Wachs,
100,0 Fischthran,
640,0 Benzin,
50,0 Seifenspiritus,
10,0 Kienruss.

Man schmilzt das Wachs mit dem Thran, setzt nach und nach das Benzin und hierauf den Seifenspiritus zu. Zuletzt mischt man die mit etwas Thran fein verriebene Farbe hinzu und rührt die Masse gleichmässig.

B. Appretur mit Hochglanz.

Schwarz.

Französische Leder-Appretur. Leder-Appretur. Leder-Glanzlack. Wichse-Appretur.

Für Kutschwagen und Pferdegeschirre:

100,0 blonden Schellack,
50,0 Borax,
675,0 Wasser

erhitzt man im Dampfbad auf höchstens 60 ⁰ C *unter häufigem* Rühren so lange, bis sich alles gelöst hat, setzt der noch heissen Masse

100,0 Zucker,
60,0 Glycerin von 1,23 spez. Gew.,
25,0 Nigrosin

zu, rührt noch weiter, bis auch das Nigrosin gelöst ist, und bringt schliesslich mit Wasser auf

1000,0 Gesamtgewicht.

Die Gebrauchsanweisung lautet:

„Kutsch-Geschirre und -Wagen, Stiefel und sonstiges Lederzeug reinigt man gut durch Waschen mit Seifenwasser, lässt trocknen und überstreicht dann mit der Appretur, wozu man sich eines Pinsels oder Schwämmchens bedient.“

II. Leder-Crême für Schuhe.

Lederpaste.

Körper.

300,0 gelbes Wachs

schmilzt man im Dampfbad und setzt dann nach und nach

1000,0 Terpentinöl

zu.

Andrerseits stellt man sich aus

120,0 gepulverter Hausseife,
1000,0 Wasser

eine Lösung her und setzt diese der erstarrenden, noch etwas warmen Wachslösung unter flottem Rühren zu.

Bei den farbigen Zusammensetzungen verfährt man derart, dass man dem Körper eine Farbelösung untermischt und die Mischung auf der Farbenmühle verreibt.

a) gelb:

2400,0 Körper,
25,0 Nankinggelb,
120,0 Weingeist von 90 pCt.

b) braun:

2400,0 Körper,
50,0 Havanabraun,
150,0 Wasser.

c) rot:
2400,0 Körper,
6,0 Fuchsin,
50,0 Weingeist von 90 pCt,
50,0 Wasser.

d) schwarz:
2400,0 Körper,
20,0 Tiefschwarz E, †
100,0 Wasser,
50,0 Weingeist von 90 pCt.

III. Lederlacke.

a) gelber Lederlack:
100,0 Schellack, blond,
50,0 Sandarak,
50,0 Mastix,
20,0 Lärchenterpentin,
5,0 Ricinusöl,
5,0 Oxalsäure,
800,0 Weingeist von 90 pCt.

Man löst durch Maceration, filtriert und fügt
q. s. Weingeist von 90 pCt
hinzu, dass das Gesamtgewicht
1000,0
beträgt.

Der gelbe Lederlack dient zum Anstreichen gelben Lederzeuges bei Pferdegeschirren. Ist dasselbe schon gebraucht, so muss es vorher mit Benzin gereinigt werden. Der Oxalsäure-Zusatz erhöht die gelbe Farbe.

Durch zweimaligen Strich erhöht man den Glanz.

b) roter Juchtenlack:
100,0 Sandarak,
50,0 Mastix,
20,0 Lärchenterpentin,
5,0 Elemi (weich),
5,0 Ricinusöl.

Man löst durch Maceration in
850,0 Weingeist von 90 pCt,
fügt
10,0 rekt. Birkenteeröl,
5,0 Fuchsin
hinzu, filtriert nach Lösung des letzteren und setzt noch
q. s. Weingeist von 90 pCt
hinzu, dass das Gesamtgewicht
1000,0
beträgt.

Der Lack dient dazu, um gelbem Lederzeug, das man vorher mit Benzin entfettet, den Anschein des Juchtenleders zu geben.

bb) roter Juchtenlack:
120,0 Schellack,
15,0 Dammar, gepulvert,
60,0 Lärchenterpentin
löst man unter öfterem Umschütteln in
1100,0 Weingeist von 95 pCt,
fügt dann
180,0 rotes Sandelholzpulver
hinzu, lässt noch 3 Tage stehen und filtriert.
Dieser Lack hat den Zweck, getragenen und mit Benzin entfetteten Juchtenstiefeln die ursprüngliche Farbe wieder zu geben.

c) schwarzer Glanzlederlack (Militärlack).
150,0 braunen Schellack,
50,0 Kolophon,
30,0 geschabte Ölseife,
10,0 Lärchenterpentin,
10,0 Harzöl
löst man durch Erhitzen in
850,0 Weingeist von 95 pCt,
fügt sodann
15,0 weingeistlösliches Nigrosin
hinzu, setzt das Erhitzen bis zum Lösen auch dieses fort und seiht hierauf die Lösung durch etwas Watte.

d) schwarzer Mattlack für Leder:
200,0 braunen Schellack,
40,0 geschabte Ölseife,
20,0 Lärchenterpentin,
20,0 gelbes Wachs,
800,0 Weingeist von 95 pCt
erhitzt man auf 70° C und erhält in dieser Temperatur, bis sich alles gelöst hat.

Man fügt dann der heissen Masse
10,0 weingeistlösliches Nigrosin
hinzu, lässt sie erkalten und seiht sie durch Gaze. Mit einer Kleinigkeit der Harzlösung verreibt man sehr fein
10,0 Petroleumruss,
vermischt die Verreibung mit dem Lack und setzt schliesslich
q. s. Weingeist von 95 pCt
hinzu, dass das Ganze
1000,0
wiegt.

e) schwarzer Geschirrlack:
125,0 Schellack,
25,0 geschabte Ölseife
löst man durch Maceration in
800,0 Weingeist von 95 pCt.

Andrerseits schmilzt man in entsprechend grossem Gefäss

† S. Bezugsquellen-Verzeichnis.

25,0 Lärchenterpentin,
15,0 gelbes Wachs

zusammen und setzt unter fortwährendem Erwärmen die Schellacklösung dieser geschmolzenen Masse zu.

Man fügt nun noch fein zerriebenes

25,0 weingeistlösliches Nigrosin,
20,0 Glycerin

hinzu und bringt mit

q. s. Weingeist von 95 pCt

auf ein Gesamtgewicht von

1000,0.

Statt des Anilin-Farbstoffes kann man auch 50,0 Russ nehmen, hat denselben aber sehr gut in einer kleinen Menge der weingeistigen Lösung zu verreiben.

Die dazu gehörige Gebrauchsanweisung lautet:

„Das zu lackierende Lederzeug (Pferdegeschirr usw.) reinigt man mit einer warmen Lösung von grüner Seife in Wasser oder einer Mischung von 3 Teilen Spiritus und 1 Teil Salmiakgeist, lässt gut trocknen und streicht dann den Lederlack mit einem weichen Pinsel auf. Wenn der Lack aufgetrocknet ist, bürstet man mit einer trockenen Bürste über den Anstrich.“

IV. Lederschmieren.

a) Schwarz:

4,0 gelbes Wachs,
16,0 Terpentinöl,
5,0 geschabte Ölseife,
73,0 Fischthran,
2,0 Kienruss.

Man schmilzt das Wachs vorsichtig mit dem Terpentinöl zusammen, setzt den mit dem Fischthran verriebenen Kienruss, zuletzt die Seife hinzu und erhitzt so lange im Dampfbad, bis letztere gelöst ist. Man rührt alsdann bis zum Erkalten.

Man trägt die Schmiere mittelst einer Bürste auf.

b) Gelb:

Man hält die unter a) angegebene Vorschrift ein, nimmt aber an Stelle des Kienruss

25,0 Goldocker.

Man löst sodann

5,0 Borax, Pulver M/30,

durch Erwärmen in

95,0 raffiniertem Glycerin

und rührt diese Lösung unter die inzwischen erkaltete Fettmasse. Die nun fertige Schmiere muss in allen Teilen gleichmässig sein.

c) Farblos.

Lederriemenschmiere. Treibriemenschmiere.

500,0 Fischthran,
250,0 Rindstalg,
250,0 Wollfett

mischt man durch Schmelzen.

V. Wasserdichte Stiefelschmieren.

a) 750,0 gewöhnliches Baumöl,
250,0 gelbes Wachs,
1,0 Alkannin,
10 Tropfen Mirbanessenz,
5 „ Citronellöl.

b) 700,0 Schweineschmalz,
150,0 Fischthran,
100,0 Wollfett,
50,0 gelbes Wachs

schmilzt man und lässt fast erkalten.

c) 500,0 rohes, aber entsäuertes Wollfett,
500,0 Rindstalg

schmilzt man zusammen.

Man giesst die geschmolzenen Massen zu 200 g in Blechdosen aus.

Von den drei Vorschriften liefert c) die billigste und beste Stiefelschmiere. Dieselbe hat sich auf der Jagd und bei Alpenersteigungen vorzüglich bewährt.

Schluss der Abteilung „Lederappreturen, Lederlacke und Lederschmieren“.

Lederwurmessenz.

Mittel gegen Lederwurm.

200,0 Naphtalin

löst man in

400,0 Terpentinöl,
200,0 Petroleum

und setzt der Lösung

100,0 rohe Karbolsäure,
100,0 Naphtalin

zu.

Man streicht das gegen Wurmfrass zu schützende Leder mit der Essenz an, wozu man sich eines Schwämmchens oder eines Pinsels bedient. Die geeignetste Zeit dazu ist das Frühjahr.

Lichen Islandicus examaratus.

Entbittertes Isländisch-Moos.

100,0 fein geschnittenes Isländisch-Moos

maceriert man mit einer Mischung, beziehentlich Auflösung von

500,0 destilliertem Wasser,
50,0 Weingeist von 90 pCt,
5,0 Kaliumkarbonat

3 Stunden und presst die Brühe ab. Den Pressrückstand bringt man dann auf einen Spitzbeutel und wäscht so lange mit kaltem Wasser aus, als das Ablaufwasser nur noch schwach alkalisch reagiert.

Wie der Versuch ergeben hat, trägt der Weingeistzusatz wesentlich zur Entbitterung bei.

Die Ausbeute beträgt

80,0—82,0.

Limonaden, Limonaden- und Bowlen-Essenzen. Bonbons, Pastillen und Pulver zu Limonaden.

Zur Herstellung der Limonaden sind die reinsten und besten Zuthaten erforderlich, besonders darf man an der Güte des Zuckers nicht sparen, wenn man die Haltbarkeit dieser Präparate, die zumeist überhaupt nur eine geringe ist, nicht auf ein ganz kleines Mass herabdrücken will.

Die Haltbarkeit der Limonaden-Essenzen und der Bowlen-Essenzen dagegen lässt nichts zu wünschen übrig. Die Herstellung der Essenzen aus frischen Früchten, wie Ananas, Apfelsinen usw. ist nur in grösserem Massstab durchführbar. Man kauft dieselben besser und bereitet sich nur die Säfte.

Essentia Asperulae artificialis.

Essentia Vini majalis. Maiwein-Essenz. Waldmeister-Essenz.

0,1 Kumarin,
5,0 Citronensäure,
10,0 grüner Thee,
100,0 verdünnten Weingeist v. 68 pCt

lässt man 3 Tage stehen, filtriert, setzt dem Filtrat

0,5 Süss-Pomeranzenöl,
0,5 Bitter-Pomeranzenöl,
q. s. grünen Pflanzenfarbstoff von *Schütz* †

zu und füllt auf Fläschchen von ungefähr 20 g Inhalt.

Man giebt folgende Gebrauchsanweisung:

„Auf 1 Flasche leichten Weisswein nimmt man ½ knapp gemessenen Kaffeelöffel voll Essenz, fügt 75 g Zucker und ½ Weinglas voll Selterswasser hinzu. Man erhält so eine Maibowle, welche einer aus frischem Kraut bereiteten durchaus gleichkommt."

Essentia Asperulae saccharata.

Essentia Vini majalis saccharata. Maiwein-Extrakt. Waldmeister-Extrakt.

2,0 Waldmeister-Essenz.
8,0 Weingeist von 90 pCt,
110,0 weissen Sirup

mischt man und füllt auf eine Hundertgrammflasche. Sollte dieselbe nicht ganz voll werden, so nimmt man noch etwas weissen Sirup zu Hilfe.

Diese Menge ist auf eine Flasche Wein berechnet und wird mit folgender Gebrauchsanweisung auf der Etikette versehen:

„Man vermischt den Inhalt dieses Fläschchens mit einer Flasche leichtem Weisswein und besitzt dann eine vortreffliche Maiweinbowle."

Beide mit einander in Beziehung stehende Vorschriften liefern einen tadellosen Maitrank und sind leicht herzustellen.

Essentia cardinalis saccharata.

Kardinal-Extrakt.

20,0 Bischof-Essenz,
20,0 Rum,
500,0 Sauerkirschsirup,
500,0 weissen Sirup

mischt man und füllt die Mischung auf Fläschchen von 60 g Inhalt.

Gebrauchsanweisung.

„Um Kardinal zu bereiten, vermischt man den Inhalt des Fläschchens mit 1 Flasche leichtem Weisswein."

Essentia episcopalis,

Bischof-Essenz.

100,0 Pomeranzenschale, Curassao,
50,0 unreife Pomeranzen,

† S. Bezugsquellen-Verzeichnis.

5,0 chinesischen Zimt,
5,0 Nelken

zerkleinert man entsprechend, maceriert acht Tage hindurch mit

500,0 Weingeist von 90 pCt,
500,0 destilliertem Wasser

und presst dann aus.

Man setzt dann zu

40,0 Tropfen Bitter-Pomeranzenöl,
10,0 „ Citronenöl,

lässt einige Tage kühl stehen und filtriert.

Die Gebrauchsanweisung lautet;

„Man nehme auf 1 Flasche Rotwein 1 knappen Esslöffel voll Essenz und 70—80 g Zucker.“

Man kann mit der Bischof-Essenz auch „Kardinal“ bereiten und giebt hierzu folgende Anweisung:

„Auf 1 Flasche Weisswein nehme man 50 g Zucker und 20 Tropfen der Essenz.“

Essentia episcopalis saccharata.

Bischof-Extrakt.

100,0 Bischof-Essenz,
900,0 weissen Sirup

mischt man und füllt auf Fläschchen zu 150 g.

Die Anweisung würde dann lauten:

„Um rasch „Bischof“ zu bereiten, mische man den Inhalt dieses Fläschchens mit einer Flasche Rotwein.“

Die Herstellung von Kardinal aus Bischof-Extrakt ist ausgeschlossen.

Essentia ad Limonadam Aurantii.

Apfelsinen-Limonaden-Essenz.

90,0 verdünnten Weingeist v. 68 pCt.
10,0 Citronensäure,
5 Tropfen Süss-Pomeranzen-schalenöl.

Man löst, lässt einige Tage kühl und im Dunkeln stehen und filtriert.

Man füllt in Fläschchen von 50 oder 100 g Inhalt ab und giebt folgende Gebrauchsanweisung dazu:

„Man nehme, um Apfelsinen-Limonade herzustellen, auf ungefähr 1/4 l Zuckerwasser 1 knappen Kaffeelöffel voll Essenz.

Die Essenz ist vor dem Tageslicht zu schützen.“

Essentia ad Limonadam Aurantii saccharata.

Apfelsinen-Limonaden-Extrakt.

100,0 weisser Sirup,
20,0 Apfelsinen-Limonaden-Essenz.

Man mischt und füllt in eine 100 g Flasche, die davon gerade voll wird.

Die Gebrauchsanweisung lautet:

„Zur bequemen Herstellung von Apfelsinen-Limonade giebt man den vierten Teil des Flascheninhalts zu 1/4 l Wasser.“

Essentia ad Limonadam Citri.

Citronen-Limonaden-Essenz.

Man bereitet sie mit bestem Citronenöl wie Essentia ad Limonadam Aurantii.

Man versieht die Flasche mit einer hübschen Etikette †.

Essentia ad Limonadam Citri saccharata.

Citronen-Limonaden-Extrakt.

Man bereitet sie mit Citronen-Limonaden-Essenz wie Essentia ad Limonadam Aurantii saccharata.

Eine geschmackvolle Etikette † ist zu empfehlen.

Limonada Citri.

Citronen-Limonade.

5,0 Citronensäure,
2,0 Citronen-Ölzucker

löst man in

900,0 destilliertem Wasser,

fügt noch

100,0 weissen Sirup

hinzu und filtriert.

Man füllt auf Flaschen von 300,0 Inhalt ab.

Limonada gazosa.

Limonade gazeuse. Brauselimonade.

7,5 Citronensäure,
1,0 Citronen-Ölzucker,

löst man in

500,0 destilliertem Wasser,

fügt

10,0 weissen Sirup

hinzu, filtriert und bringt das Filtrat in eine entsprechend grosse Mineralwasserflasche, so dass dieselbe vollständig davon gefüllt ist. Man fügt dann

3,0 Natriumbikarbonat

hinzu, verkorkt rasch und bindet den Kork fest.

Die Flasche überlässt man im Keller oder besser im Eisschrank einige Stunden der Ruhe. Nach vorsichtigem Schütteln ist die Limonade dann zum Verbrauch fertig.

Der Überschuss an Säure giebt der Limonade einen frischen Geschmack; wird rein alkalische

† S. Bezugsquellen-Verzeichnis.

Limonade gewünscht, so nimmt man ein Drittel der Säure und verdoppelt das Natron.

Die Limonade kann im gewöhnlichen Keller nur 3 Tage, im Eiskeller oder Eisschrank 8 Tage aufbewahrt werden.

Limonada Magnesii citrici.

Limonada purgans.
Limonade purgative. Purgierlimonade.

75,0 Citronensäure

löst man in

680,0 destilliertem Wasser,

trägt unter Erwärmen nach und nach

45,0 Magnesiumkarbonat

und zuletzt

2,0 Citronen-Ölzucker

ein, filtriert die erkaltete Lösung und mischt ihr

200,0 weissen Sirup

zu.

Man füllt auf Flaschen von 300,0 Inhalt ab. Die Etikette † muss Gebrauchsanweisung tragen.

Limonada Magnesii citrici gazosa.

Potio Magnesii citrici effervescens.
Limonada purgativa. Limonada purgans gazosa.
Limonade purgative gazeuse.
Purgier-Brauselimonade. Abführende Limonade.

a) Vorschrift der Ph. Austr. VII.

12,0 Citronensäure,
7,0 gepulvertes kohlensaures Magnesium

löst man in

300,0 warmem destillierten Wasser,

setzt

40,0 gepulverten Zucker,

der mit

1 Tropfen Citronenöl

verrieben wurde, zu, filtriert und lässt erkalten.

In diese Flüssigkeit trägt man schnell

1,5 Natriumbikarbonat in Stücken

ein und schliesst sofort mit Selterswasserflaschenverschluss.

Die nach dieser Vorschrift bereitete Limonade ist etwas schwach an Wirkung; stärkere Limonaden geben folgende Vorschriften:

b) 45,0 Citronensäure

löst man in einer Porzellanschale in

500,0 destilliertem Wasser

und setzt unter Rühren und Erhitzen auf dem Dampfbad nach und nach

30,0 Magnesiumkarbonat

zu.

Man lässt die Lösung erkalten und filtriert sie dann durch ein mit heissem Wasser ausgewaschenes Filter.

Andrerseits giebt man in 2 Flaschen, deren jede gegen 300 ccm fasst, je

1,0 Citronen-Ölzucker,
1,5 Natriumbikarbonat

und dann

20,0 weissen Sirup,

so dass die Pulver vom Sirup bedeckt sind. Man überschichtet hierauf letztere mit je der Hälfte der Magnesiumcitratlösung, verkorkt die Flaschen und mischt durch langsames und öfteres Umkehren der Flaschen.

Diese Limonade ist nicht haltbar und deshalb frisch zu bereiten.

Auf der Etikette † ist Gebrauchsanweisung anzubringen.

Limonada mannata.

Manna-Limonade.

100,0 Manna

löst man in

500,0 destilliertem Wasser,

verrührt in der Lösung

1,0 weissen Bolus

und kocht unter Abschäumen auf.

Man fügt dann

1,0 Citronen-Ölzucker

zu, filtriert, löst im Filtrat

3,0 Citronensäure

auf und versetzt schliesslich mit

50,0 weissem Sirup.

Das Gesamtgewicht soll

600,0

betragen.

Die Manna-Limonade ist ein angenehmes Abführmittel, welches sich besonders gut für Kinder eignet.

Limonada purgativa gazosa.

Purgier-Brauselimonade.

25,0 Kaliumnatriumtartrat,
1,0 Citronen-Ölzucker

löst man in

520,0 destilliertem Wasser

und filtriert in zwei Flaschen, deren jede bereits

25,0 weissen Sirup

enthält.

Man giebt dann, ohne zu schütteln, in jede Flasche

2,0 Natriumbikarbonat

und

3,0 Citronensäure in Krystallen

und verkorkt rasch.

Diese Limonade hat natürlich nicht den Wohlgeschmack der mit Magnesiumcitrat be-

---

† S. Bezugsquellen-Verzeichnis.

reiteten, aber ihr Preis stellt sich nicht unerheblich niedriger.

Etikette † mit Gebrauchsanweisung ist notwendig

Limonada purgativa Tamarindorum.

Tamarinden-Limonade.

30,0 Tamarindenextrakt

löst man in

300,0 destilliertem Wasser,

filtriert in eine Flasche, in welcher sich

25,0 Himbeersirup

bereits befinden, setzt, ohne zu schütteln,

3,0 Magnesiumkarbonat

zu und verkorkt rasch.

Man benützt am besten eine Sodawasserflasche.

Um das Überschäumen beim Zusetzen der Magnesia zu verhüten, reibt man dieselbe mit etwas weissem Sirup zu einer dicklichen Masse an und giesst diese rasch ein. Bei rascher Arbeit kann man die Magnesia unmittelbar eintragen.

Die Tamarinden-Limonade ist ein angenehmes, für Kinder und Frauen geeignetes Abführmittel.

Limonada vinosa.

Wein-Limonade.

5,0 Weinsäure,
25,0 Weingeist von 90 pCt,
50,0 Pomeranzenblütensirup,
250,0 Xereswein,
675,0 destilliertes Wasser.

Man löst, filtriert und füllt auf Mineralwasserflaschen von 300,0 Inhalt.

Soll die Limonade moussieren, so nimmt man nicht 1,0 sondern 6,0 Weinsäure und giebt zuletzt in jede der drei Flaschen 2,0 Natriumbikarbonat. Den Weingeist kann man, wenn etwas feineres geliefert werden soll, durch Cognak ersetzen.

Limonade-Bonbons.

800,0 Zucker,
100,0 Natriumbikarbonat,
100,0 Weinsäure.

Fein gepulvert, M/30, mischt man dieselben, setzt

6 Tropfen Citronenöl

und

200,0 Weingeist von 90 pCt

zu und drückt die noch feuchte Masse in Mengen von 20,0 in kleine Chocoladeformen, die man vorher mit geschmolzenem Kakaoöl auspoliert hat. Man bringt nun die gefüllten Formen in den Trockenschrank und trocknet rasch aus. Die trockenen Tafeln gehen leicht aus der Form und werden dann in Stanniol eingeschlagen.

Ein solches Täfelchen, in einem Glase Wasser gelöst, giebt eine angenehm schmeckende Citronen-Limonade.

Von der Verwendung künstlicher Fruchtäther ist entschieden abzuraten. Zu empfehlen ist dagegen die Herstellung von Orangeblüten- (auf obige Mengen 3 Tropfen Orangeblütenöl), Apfelsinen- (5 Tropfen Pomeranzenschalenöl), Rosen- (2 Tropfen Rosenöl) und Himbeer-Limonade-Bonbons, wobei zu letzteren 5,0 Helfenberger hundertfache Himbeeressenz zu nehmen ist. Die rote Farbe bei den Himbeer- und Rosen-Bonbons erhält man durch geringen Zusatz einer Tinktur, welche man sich aus

20,0 fein geriebener Cochenille,
5,0 von den Kelchen befreiten zerschnittenen Malvenblüten,
5,0 Weinsäure,
100,0 Weingeist von 90 pCt

bereitet.

Die Bonbons bilden einen gangbaren Handverkaufsartikel.

Limonade-Pastillen.

20,0 Citronensäure,
100,0 arabisches Gummi,
880,0 Zucker,

sämtlich gepulvert, M/30, mischt man mit

10 Tropfen Citronenöl,

stösst mit

q. s. verdünntem Weingeist v. 68 pCt

zu einer Masse an, welche sich ausrollen und zu 1,0 schweren Pastillen ausstechen lässt.

Wie bei den Limonade-Bonbons lassen sich dieselben Abstufungen unter den nämlichen Mengenverhältnissen machen.

Limonade-Pulver.

Pulvis ad Limonadam.

a) 25,0 Weinsäure,
975,0 Zucker,

beide fein gepulvert, M/30, mischt man und setzt

10 Tropfen Citronenöl

zu.

b) 75,0 Citronensäure, Pulver M/30,
925,0 Zucker, Pulver M/30,

mischt man und verreibt in der Mischung

20 Tropfen Citronenöl.

Die Citronensäure schmeckt angenehmer, als die Weinsäure, aber sie ist leicht die Ursache, dass das Limonadepulver feucht wird.

† S. Bezugsquellen-Verzeichnis.

Auch hier sind die gleichen Abänderungen möglich, wie bei den Limonade-Bonbons.

Um Himbeer-Limonadepulver zu bereiten, verreibt man 5,0 Helfenberger hundertfache Himbeeressenz und q. s. Malventinktur (s. Limonade-Bonbons mit dem Zucker, lässt an der Luft trocknen und mischt dann die Säure hinzu.

Schluss der Abteilung „Limonaden usw".

Linctus diureticus n. *Hufeland.*

Hufelands harntreibender Trank.

10,0 Bärlappsamen

verreibt man mit

20,0 Eibischsirup

und setzt

70,0 destilliertes Wasser

zu.

Linctus gummosus.

50,0 weissen Sirup,
50,0 Gummischleim

mischt man.

Linctus pectoralis.

Brusttrank.

70,0 Gummischleim,
30,0 Mohnsirup

mischt man.

Linimentum Aconiti.

Liniment of Aconite.

Vorschrift der Ph. Brit.

100,0 grob gepulverte Akonitknollen

feuchtet man mit

90,0 Weingeist von 88,76 Vol. pCt

an, maceriert 3 Tage, bringt das Gemisch in einen Verdrängungsapparat (s. Perkolieren) und verdrängt mit

q. s. Weingeist von 88,76 Vol. pCt.

Das Abtropfende fängt man in einem Gefäss auf, in welchem sich

5,0 Kampfer

befinden und sammelt so viel Flüssigkeit, dass dieselbe einschliesslich des Kampfers

150,0

beträgt.

Linimentum ammoniato-camphoratum.

Linimentum volatile camphoratum.
Flüchtiges Kampferliniment.

a) Vorschrift des D. A. IV.

3 Teile Kampferöl,
1 Teil Mohnöl,
1 Teil Ammoniakflüssigkeit (10 pCt)

werden durch Schütteln zu einem gleichmässigen Linimente vereinigt. Wenn es nach längerem Stehen dickflüssig geworden ist, so ist es durch Zusatz einer kleinen Menge Wasser wieder auf die richtige Konsistenz zu bringen.

Eine stets gleich dünnflüssig bleibende Mischung erhält man nach folgender Vorschrift:

b) 75,0 Kampfer-Sesamöl,
25,0 Ammoniakflüssigkeit v. 10 pCt.

Ich gebe dieser Mischung den Vorzug.

c) Form. magistr. Berol.

20,0 Kampferöl,
60,0 Rüböl,
20,0 Ammoniakflüssigkeit

mischt man.

Linimentum ammoniato-phosphoratum.

Phosphorliniment.

1,0 Phosphor

löst man l. a. in

75,0 Sesamöl

und mischt dann

24,0 Ammoniakflüssigkeit v. 10 pCt

hinzu.

Linimentum ammoniatum.

Linimentum volatile. Flüchtiges Liniment.
Ammoniakliniment.

a) Vorschrift des D. A. IV.

3 Teile Olivenöl,
1 Teil Mohnöl,
1 „ Ammoniakflüssigkeit (10 pCt)

werden durch Schütteln zu einem gleichmässigen Liniment vereinigt. Wenn es nach längerem Stehen zu dickflüssig geworden ist, so ist es durch Zusatz einer kleinen Menge Wasser wieder auf die richtige Konsistenz zu bringen.

b) Vorschrift der Ph. Austr. VII.

80,0 Olivenöl,
20,0 Ammoniakflüssigkeit von 10 pCt

mischt man durch Schütteln.

Man erhält bessere, als die obigen, in der Beschaffenheit unveränderliche Präparate nach folgenden Vorschriften:

c) 75,0 Sesamöl,
25,0 Ammoniakflüssigkeit v. 10 pCt.

d) Form. magistr. Berol.

80,0 Rüböl,
20,0 Ammoniakflüssigkeit

mischt man.

Linimentum Belladonnae.

Liniment of Belladonna.

a) Vorschrift der Ph. Brit.

Man bereitet es aus grob gepulverter Belladonnawurzel, wie das Liniment of Aconite.

b) Vorschrift der Ph. U. St.

50,0 Kampfer

löst man in

950,0 Belladonna-Fluidextrakt.

Linimentum Calcariae.

Linimentum contra Combustiones. Kalkliniment. Brandliniment.

50,0 Leinöl,
50,0 Kalkwasser

mischt man.

Soll das Liniment nicht wieder auseinandergehen, so muss das Kalkwasser die richtige Stärke haben; auch muss genau gewogen werden.

Es ist gut, wenn die Etikette † Gebrauchsanweisung trägt

S. auch Linimentum contra Combustiones und Linimentum Loretini contra Combustiones.

Linimentum Calcariae opiatum.

Opiumhaltiges Kalkliniment.

95,0 Kalkliniment,
5,0 Opiumtinktur

mischt man.

Linimentum Camphorae Ph. Brit.

siehe „Oleum camphoratum".

Linimentum Camphorae compositum.

Compound Liniment of Camphor.

Vorschrift der Ph. Brit.

100,0 Kampfer,
4,5 Lavendelöl

löst man in

500,0 Weingeist von 88,76 Vol. pCt

und setzt nach und nach unter Umschütteln

180,0 Ammoniakflüssigkeit von 0,891 spez. Gew. (32,5 pCt NH^3)

hinzu.

Linimentum Capsici.

Kapsikum-Liniment.
An Stelle des Pain-Expeller.

Vorschrift d. Wiener Apoth.-Haupt-Gremiums.

200,0 spanischer Pfeffer, Pulver $^{M}/_{20}$,
650,0 Weingeist von 90 pCt

setzt man an, lässt in verschlossener Flasche 8 Tage stehen und presst dann aus.

Der Pressflüssigkeit setzt man zu

30,0 Kampfer,
10,0 Rosmarinöl,
10,0 Lavendelöl,
10,0 Thymianöl,
10,0 Nelkenöl,
2,0 Zimtkassienöl,
100,0 Ammoniakflüssigkeit v. 10 pCt,
3,0 medizinische Seife,
5,0 gebrannten Zucker.

Man schüttelt einige Minuten, stellt dann die Mischung mindestens 8 Tage in den Keller und filtriert hierauf.

Linimentum causticum n. *Hebra*.

Hebras Ätzliniment.

15,0 Ätzkali

löst man in

35,0 destilliertem Wasser

und vermischt die Lösung mit

50,0 Leinöl.

Linimentum Chlorali hydrati.

Chloralhydrat-Liniment.

15,0 Chloralhydrat

verreibt man zu Pulver und digeriert es dann so lange mit

85,0 Mandelöl,

bis es sich vollständig gelöst hat.

---

† S. Bezugsquellen-Verzeichnis.

Linimentum Chlorali hydrati saponatum.

Chloralhydrat-Seifen-Liniment.

10,0 Chloralhydrat
löst man in
90,0 Seifenspiritus
und filtriert.

Linimentum Chloroformii.

Oleum chloroformiatum.
Chloroform-Liniment. Chloroformöl.

a) 10,0 Chloroform,
20,0 Olivenöl
mischt man.

Die Schweizer Pharmakopöe schreibt 4 T. Öl auf 1 T. Chloroform vor.

b) Form. magistr. Berol.
20,0 Chloroform,
80,0 flüchtiges Liniment
mischt man.

S. auch Oleum Chloroformii.

Linimentum Chloroformii camphoratum.

Linimentum Chloroformii Ph. Brit. Liniment of Chloroform Ph. Brit. Chloroform-Kampfer-Liniment.

a) 10,0 Chloroform,
20,0 Kampferöl
mischt man.

b) Vorschrift der Ph. Brit.
100,0 Kampferöl Ph. Brit.,
150,0 Chloroform
mischt man.

c) Vorschrift der Ph. U. St.
300 ccm Chloroform,
700 „ Seifenliniment Ph. U. St.
mischt man.

Linimentum Chloroformii saponatum.

Chloroform-Seifen-Liniment.

25,0 Chloroform,
75,0 Seifenspiritus
mischt man und filtriert.

Linimentum contra Combustiones.

Brand-Liniment. *Liniment gegen Verbrennungen.*

a) 3,0 Silbernitrat
löst man in
10,0 destilliertem Wasser
und vermischt die Lösung mit
90,0 Leinöl.

b) 5,0 Menthol
löst man durch schwaches Erwärmen in
45,0 Olivenöl
und mischt dann
40,0 Kalkwasser
hinzu.

S. auch Linimentum Calcariae und Linimentum Loretini contra Combustiones.

Linimentum exsiccans.

5,0 Tragant, Pulver M/50,
2,0 Glycerin v. 1,23 spez. Gew.,
100,0 Wasser.

Man verteilt den Tragant möglichst rasch in einer geräumigen Reibschale im Wasser, fügt das Glycerin hinzu und erhitzt das Ganze in einer bedeckten Porzellan-Infundierbüchse im Dampfbad so lange, bis die Masse gleichmässig ist.

Linimentum Hydrargyri.

Quecksilber-Liniment.

20,0 graue Salbe
löst man in
35,0 Kampfer-Sesamöl
und mischt zuletzt
5,0 Ammoniakflüssigkeit v. 10 pCt
hinzu.

Linimentum Jodi.

Liniment of Jodine.

Vorschrift der Ph. Brit.
75,0 Jod,
30,0 Jodkalium,
15,0 Kampfer
löst man in
500,0 Weingeist von 88,76 Vol. pCt.

Linimentum jodato-camphoratum.

Jod-Kampfer-Liniment. Frostbalsam.

5,0 Kaliumjodid,
5,0 Kampfer
löst man in
80,0 Seifenspiritus,
filtriert die Lösung und setzt dann
5,0 Glycerin v. 1,23 spez. Gew.,
5,0 Benzoëtinktur
zu.

Man giebt das Liniment in 10 g Fläschchen ab mit der Gebrauchsanweisung, die Frostbeulen damit zu bepinseln.

Linimentum Loretini contra **Combustiones.**

Linimentum Calcariae c. Loretino.
Brandliniment mit Loretin.
Nach *E. Dieterich.*

2,0 Calciumloretinat,
50,0 Leinöl,
50,0 Kalkwasser
mischt man.

Linimentum Loretini exsiccans.

Loretin-Trockenliniment.
Nach *Trnka.*

5,0 Loretin oder Wismutloretinat,
5,0 feinst gepulverter Tragant,
2,0 Glycerin v. 1,23 spez. Gew.,
100,0 destilliertes Wasser.

Das Loretin wird mit etwas Wasser fein verrieben. Die übrige Bereitung ist wie beim Linimentum exsiccans.

Linimentum Picis n. *Lassar.*

Lassars Teer. Teerliniment.

40,0 Buchenteer,
40,0 Birkenteer,
10,0 Olivenöl,
10,0 verdünnten Weingeist v. 68 pCt
mischt man ohne Anwendung von Wärme.

Linimentum Saloli.

Salol-Liniment. Salol-Brandwunden-Liniment.

a) 10,0 Salol
verreibt man sehr fein mit
45,0 Leinöl
und fügt
45,0 Kalkwasser
hinzu.

b) 1,0 Kaliumkarbonat,
48,0 Lanolin,
10,0 Olivenöl,
15,0 Zinkoxyd,
15,0 Weizenstärke,
5,0 Salol,
6,0 gefällten Schwefel
mischt man.

Nach *Grätzer* leistet das Liniment als Ersatz des Jodoforms Dienste, besonders bei Hautausschlägen.

Linimentum saponato-ammoniatum.

Flüssiges Seifen-Liniment.

a) Ph. G. I.
25,0 Seifenspiritus,
25,0 Ammoniakflüssigkeit v. 10 pCt,
50,0 destilliertes Wasser
mischt man und filtriert.

b) 1,0 Ölseife
löst man durch Erwärmen in
30,0 Wasser,
10,0 Weingeist,
lässt die Lösung erkalten und fügt
15,0 Ammoniakflüssigkeit v. 10 pCt.
hinzu.

Linimentum saponato-camphoratum.

s. Saponimentum camphoratum.

Linimentum saponato-sulfuratum.

Schwefel-Opodeldock.

40,0 Kaliseife,
40,0 gemeines Olivenöl
mischt man unter Erwärmen.

Andererseits bereitet man sich eine Lösung aus
5,0 Schwefelkalium
und
15,0 destilliertem Wasser
und setzt diese der zuerst bereiteten Mischung zu.

Linimentum Saponis.

Seifenliniment. Liniment of Soap. Soap Liniment.

a) Vorschrift der Ph. Brit.
96,0 fein geschabte Ölseife,
48,0 Kampfer,
16,0 Rosmarinöl,
646,0 Weingeist von 88,76 Vol. pCt,
194,0 destilliertes Wasser
lässt man 7 Tage unter häufigem Umschütteln stehen und filtriert.

b) Vorschrift der Ph. U. St.
45,0 Kampfer
löst man in
615,0 Weingeist von 94 pCt,
fügt
70,0 Ölseife, Pulver M/50,
9,0 Rosmarinöl
hinzu und schüttelt 5 Minuten lang. Man füllt alsdann mit
q. s. destilliertem Wasser
auf
1000 ccm
auf, schüttelt, bis die Flüssigkeit völlig klar ist, setzt 24 Stunden an einen kühlen Ort bei Seite und filtriert.

Linimentum Styracis.

Storax-Liniment.

a) 10,0 Kaliseife

löst man durch Umrühren und Erwärmen in

50,0 Ricinusöl

und lässt unter fortwährendem Rühren fast ganz erkalten.

Andererseits macht man durch Erwärmen

40,0 gereinigten Storax

flüssig und mischt ohne weitere Anwendung von Wärme erstere Zusammensetzung nach und nach unter.

b) 35,0 gereinigten Storax,
10,0 Weingeist von 90 pCt

mischt man durch Erwärmen und setzt dann zu

5,0 Ricinusöl.

c) Form. magistr. Berol., auch Vorschrift d. Ergänzb. d. D. Ap.-V.

50,0 gereinigten Storax,
25,0 Weingeist von 90 pCt,
25,0 Leinöl

mischt man.

Linimentum Terebinthinae n. ***Stockes.***

Stockes Terpentin-Liniment.

5,0 Olivenöl,
15,0 Eigelb

mischt man in einer geräumigen Reibschale, setzt dann allmählich

65,0 Wasser von 35° C

zu und fügt hierauf unter kräftigem Schütteln in kleinen Mengen hinzu

100,0 Terpentinöl,
50,0 Essigsäure von 96 pCt.

Linimentum terebinthinatum.

Terpentin-Liniment.

a) Vorschrift d. Ph. G. II.

6,0 rohes Kaliumkarbonat

vermischt man innig mit

54,0 Schmierseife

und setzt nach und nach

40,0 Terpentinöl

zu.

b) 5,0 rohes Kaliumkarbonat,
50,0 Kaliseife

verreibt man fein mit einander und setzt dann allmählich zu

35,0 Terpentinöl

und schliesslich

10,0 Weingeist von 90 pCt.

Linimentum Thymoli.

Thymol-Liniment.

5,0 Thymol

löst man in

85,0 Seifenspiritus,

fügt

15,0 Glycerin v. 1,23 spez. Gew.

hinzu und filtriert.

Liqueure und Branntweine.

Nach *E. Dieterich.*

Fast in jeder Apotheke werden einige Branntweine oder Liqueure hergestellt, so dass man von einem Bedürfnis nach Vorschriften für dieselben wohl sprechen darf. Diesem Bedürfnis wird sich hier nur mit einer gewissen Beschränkung Rechnung tragen lassen, auch müssen die von mir zusammengestellten Vorschriften in ihrer ganzen Anlage hierauf Rücksicht nehmen.

Mit Ausnahme der Formeln für Benediktiner und Maraskino, gehe ich nicht von Grundessenzen, von Zuckerlösungen und verdünntem Weingeist, wie solches die Fabrikation im grossen erfordert, aus, sondern ich lasse die Stoffe in der ursprünglichen Form, wie sie in der Apotheke vorhanden sind, verwenden, so dass es nicht erst besonderen Umrechnens oder des eigenen Bezugs dieser oder jener Essenz bedarf, wenn man rasch einige Liter oder nur eine Probe eines beliebigen Liqueurs bereiten will. Meine Anleitungen werden also für die Anlage einer Fabrik nicht genügen, wohl aber, wie ich hoffe, die Anforderungen, welche man in der Apotheke an die Liqueur-Bereitung stellt, befriedigen.

Der Einfachheit wegen führe ich nur drei Klassen auf, nämlich Branntweine, Liqueure und Eier-Crêmes.

Als Allgemeinregeln darf ich — es dient dies zugleich als Erklärung für meine Herstellungsweisen — festsetzen:

a) alle Mischungen müssen erhitzt werden;
b) die fertigen Schnäpse sind vor Tageslicht zu schützen;
c) die Aufbewahrung muss in gut verschlossenen Gefässen und bei möglichst hoher Wärme stattfinden.

Zu a) und c) ist zu erwähnen, dass das heisse Mischen sowohl, wie die Aufbewahrung in der Wärme das „Altern" und die Bildung des Bouquets, wie es eigentlich nur langes Lagern hervorbringt, befördert. Ausserdem ist die Luft, um die Zersetzung der ätherischen Öle zu verhüten, und vor allem das Licht abzuhalten. Es empfiehlt sich daher, die filtrierten Schnäpse auf Flaschen zu füllen, gut zu verkorken, dann die Flaschen in dunkles Papier zu wickeln und auf Bretter zu stellen, welche man in einem geheizten Zimmer ziemlich nahe unter der Decke, also so hoch wie möglich anbringen lässt. Die Etikettierung nimmt man dagegen erst vor, wenn man den Liqueur oder Schnaps zum Verbrauch oder Verkauf bringt, weil die Etiketten in der immerhin räucherigen Zimmerluft durch langes Stehen gelb werden würden.

Dagegen bemerke ich ausdrücklich, dass alle Branntweine und Liqueure am besten schmecken, wenn sie eine Temperatur von nicht über 10° C haben und im Eisschrank gekühlt sind.

Ich empfehle die ätherischen Öle der Fabrik von *Schimmel & Co.* in Leipzig als ganz vorzüglich. Es ist ferner anzuraten, nur besten Raffinadezucker und Kornsprit † zu verwenden. Kartoffelsprit, auch noch so gut rektifiziert, ist für Liqueure und Branntweine weniger geeignet.

Zum Färben der Branntweine sowohl, wie der Liqueure benützt man folgende Farbstoffe

Kurkumatinktur (1 : 5),
Katechutinktur,
Zuckercouleurtinktur,
Schütz' alkoholischen Pflanzenfarbstoff (grün), †
Cochenille,
Malvenblüten.

Zum Filtrieren der Branntweine und Liqueure bedient man sich Spitzbeutel aus dichtem Flanell oder Filz. Ich gebe ersteren den Vorzug, weil sie sich leichter reinigen und ohne grosse Kosten erneuern lassen. Handelt es sich um kleine Mengen, so nimmt man Filtrierpapier, gebraucht aber die Vorsicht, das Filter vorher mit Weingeist zu feuchten und mit heissem Wasser zu füllen. Ist letzteres abgelaufen so beginnt man mit dem Filtrieren des Liqueurs. Versäumt man das vorherige Waschen, so wird der Liqueur einen Geschmack erhalten, welcher an den Geruch frischer Leinwand erinnert.

Einen nicht klar filtrierten Liqueur oder Branntwein schüttelt man mit dem bereits aufgeführten Klärpulver oder mit Talkpulver, lässt einige Tage in kühlem Raum stehen und nimmt dann erst die Filtration vor.

Ich will noch erwähnen, dass hübsche Etiketten † für alle Genussmittel, als auch für Spirituosen sehr anzuraten sind.

Den Punschen und Punschessenzen, für welche dieselben Regeln der Herstellung Geltung haben, wird ein besonderer Abschnitt gewidmet werden.

A. Branntweine.

(NB. Sie unterscheiden sich von den Liqueuren dadurch, dass sie nicht süss schmecken.)

Anisette.

0,5 Fenchelöl,
1,0 Anisöl,
2,0 Sternanisöl

löst man in

4,2 l Kornsprit von 90 pCt, †

setzt

20,0 geschnittenes Süssholz,
10,0 Natriumchlorid,
200,0 Zucker, Pulver M/8,
25,0 versüssten Salpetergeist

zu und giesst

5600,0 kochendes Wasser

darunter.

Nach dem Erkalten filtriert man.

Boonekamp of Magbitter.

5 Tropfen ätherisches Bitter-Mandelöl,
5 Tropfen Sternanisöl,
5 „ Korianderöl,
5 „ Majoranöl.
5 „ Macisöl,

† S. Bezugsquellen-Verzeichnis.

5 Tropfen Pfefferminzöl,
10 „ Bitter-Pomeranzenöl,
10 „ franz. Wermutöl,
5 „ Angelikawurzelöl,
10 „ Citronenöl,
30,0 versüssten Salpetergeist,
50,0 zerschnittenen Lärchenschwamm,
50,0 Süssholz, Pulver M/8,
50,0 Bitterklee-Extrakt,
100,0 Galgantwurzel, Pulver M/8,
200,0 Zucker, Pulver M/8,
200,0 Kognak,
4,5 l Kornsprit von 90 pCt †

mischt man, giesst

5500,0 kochendes Wasser

zu und bedeckt das Gefäss.

Nach dem Erkalten färbt man mit Kurkumatinktur blassgelb und filtriert.

Getreide-Kümmel.

4,5 l Kornsprit von 90 pCt, †
800,0 Zucker, Pulver M/8,
20,0 versüssten Salpetergeist,
2,5 Carvol,
5 Tropfen Anisöl,
5 „ Petersiliensamenöl,
1 „ Rosenöl

mischt man, giesst

5500,0 kochendes Wasser

zu und filtriert nach dem Erkalten.

Himbeergeist.

4,5 l Kornsprit von 90 pCt,
200,0 Zucker, Pulver M/8,
100,0 Helfenberger hundertfache Himbeeressenz,
100,0 zerstossenes Johannisbrot,
20,0 versüssten Salpetergeist,
10,0 Natriumchlorid,
10,0 Süssholz, Pulver M/8,
2,0 Essigäther

mischt man, giesst

5500,0 kochendes Wasser

zu, lässt erkalten und filtriert.

Ingwer.

4,5 l Kornsprit von 90 pCt, †
200,0 Zucker, Pulver M/8,
10,0 Pomeranzenschalentinktur,
20,0 versüssten Salpetergeist,
1 Tropfen ätherisches Bitter-Mandelöl

mischt man, giesst

5500,0 kochendes Wasser

zu und wirft in die heisse Mischung

200,0 Ingwer, Pulver M/8,
20,0 Galgantwurzel, Pulver M/8,

bedeckt das Gefäss und filtriert nach 24 Stunden. Man färbt dann mit Zuckercouleurtinktur dunkelgelb.

Brächte man den Ingwer mit dem unverdünnten Weingeist zusammen und dadurch die Harze zur Lösung, so würde ein trüber Schnaps entstehen.

Kalmus.

5 l Kornsprit von 90 pCt †,
200,0 Zucker, Pulver M/8,
20,0 versüssten Salpetergeist,
2,5 Kalmusöl,
0,5 Angelikawurzelöl,
5 Tropfen ätherisches Bittermandelöl

mischt man und giesst

6000,0 kochendes Wasser

zu.

Nach dem Erkalten färbt man mit Katechutinktur lichtbraun.

Kirschgeist. (Kirschwasser.)

4,5 l Kornsprit von 90 pCt †,
200,0 Zucker, Pulver M/8,
20,0 versüssten Salpetergeist,
1,0 Essigäther,
2,0 Kumarinzucker,
10 Tropfen ätherisches Bittermandelöl,
2 Tropfen Nelkenöl,
2 „ Citronenöl

mischt man und giesst

5500,0 kochendes Wasser

zu.

Nach dem Erkalten filtriert man. Das Kirschwasser muss farblos sein.

Nordhäuser Kornbranntwein.

50,0 zerstossenes Johannisbrot,
10,0 Süssholz, Pulver M/8,
5,0 Veilchenwurzel, Pulver M/8,

übergiesst man mit

4,4 l Kornsprit von 90 pCt †,

fügt

10,0 Natriumchlorid,
15,0 versüssten Salpetergeist,

† S. Bezugsquellen-Verzeichnis.

1,0 Essigäther,
10 Tropfen Jasminessenz (Esprit de Jasmin triple),
2 Tropfen Wacholderbeeröl

hinzu und giesst dann

5600,0 kochendes Wasser

darunter. Man bedeckt nun das Gefäss, lässt langsam abkühlen und filtriert.

Das Johannisbrot sowohl, als auch das Süssholz geben einen milden Nachgeschmack.

Man giebt dem Nordhäuser in der Regel keine Farbe; sollte er aber gelblich gewünscht werden, so setzt man einige Tropfen Zuckercouleurtinktur zu.

Pfefferminz.

2,5 bestes englisches Pfefferminzöl,
5 Tropfen Anisöl,
10,0 versüssten Salpetergeist,
5,0 Gerbsäure,
800,0 Zucker, Pulver M/8,
5 l Kornsprit von 90 pCt †,

mischt man, giesst

6000,0 kochendes Wasser

zu und färbt nach dem Erkalten blassgrün.

Slibowitz.

4,4 l Kornsprit von 90 pCt †,
200,0 Zucker, Pulver M/8,
150,0 zerstossenes Johannisbrot,
20,0 Süssholz, Pulver M/8,
20,0 versüssten Salpetergeist,
20,0 Helfenberger hundertfache Himbeeressenz,
15,0 Natriumchlorid,
1,0 Essigäther,
10 Tropfen ätherisches Bittermandelöl,
10 Tropfen Jasminessenz (Esprit de Jasmin triple),
1 Tropfen Anisöl

mischt man und giesst zu

5400,0 kochendes Wasser.

Nach dem Erkalten filtriert man und färbt mit q. s. Zuckercouleurtinktur dunkel-weingelb.

Wacholder. (Genêver.)

2,0 Wacholderbeeröl,
0,5 Anisöl,
10,0 Natriumchlorid,
20,0 versüssten Salpetergeist,
200,0 Zucker, Pulver M/8,
4,5 l Kornsprit von 90 pCt †

mischt man, giesst

5500,0 kochendes Wasser

zu und filtriert nach dem Erkalten.

Wermut. (Absinth.)

4,5 l Kornsprit von 90 pCt, †
200,0 Zucker, Pulver M/8,
5,0 Kumarinzucker,
20,0 versüssten Salpetergeist,
3,0 französisches Wermutöl,
5 Tropfen ätherisches Bittermandelöl,
3 Tropfen Anisöl

mischt man, giesst

5500,0 kochendes Wasser

zu, färbt nach dem Erkalten lebhaft grün und filtriert.

B. Liqueure.

Anis-Liqueur.

1,5 Anisöl,
0,5 Sternanisöl,
5 Tropfen Fenchelöl,
2 „ Krauseminzöl,
4,5 l Kornsprit von 90 pCt †

mischt man, giesst eine kochend heisse Lösung von

3000,0 Zucker

in

4000,0 Wasser

zu und bedeckt das Gefäss.

Nach dem Erkalten färbt man wenig grün, so dass die grüne Farbe nur in dicker Schicht hervortritt, und filtriert.

Apfelsinen-Liqueur.

5 Tropfen ätherisches Bittermandelöl,
5 Tropfen Citronenöl,
2,0 Süss-Pomeranzenöl,
2,0 fein zerriebene Cochenille,
2,0 Citronensäure,

† S. Bezugsquellen-Verzeichnis.

5,0 Kumarinzucker,
50,0 Arrak,
4,5 l Kornsprit von 90 pCt †

mischt man, giesst eine kochend heisse Lösung von

3500,0 Zucker

in

4500,0 Wasser

zu und bedeckt das Gefäss.

Nach dem Erkalten fügt man

10 Tropfen Zuckercouleurtinktur

hinzu und filtriert.

Benediktiner-Essenz.

Santo-Benito-Essenz Helfenberg.

1,0 Myrrhe,
1,0 zerstossene, von den Schalen befreite Malabar-Kardamomen,
1,0 zerstossene Muskatblüte,
10,0 Ingwer, Pulver M/8,
10,0 Galgantwurzel, Pulver M/8,
10,0 geschnittene Pomeranzenschale,
4,0 Aloëextrakt,
160,0 Kornsprit von 90 pCt, †
80,0 destilliertes Wasser.

Man maceriert 8 Tage, presst aus und filtriert. Dem Filtrat setzt man zu

40,0 Zuckercouleurtinktur,
20,0 Süssholzextrakt,
200,0 versüssten Salpetergeist,
30,0 Essigäther,
1,0 Ammoniakflüssigkeit,
0,12 Kumarin,
1,0 Vanillinzucker,
3,0 Citronenöl,
3,0 Bitter-Pomeranzenöl,
2,5 franz. Wermutöl,
2,0 Galgantöl.
1,0 Ingweröl, extrastark, †
15 Tropfen Anisöl,
15 „ Kaskarillöl,
12 „ ätherisches Bittermandelöl,
10 Tropfen Schafgarbenöl,
7 „ Sassafrasöl,
6 „ Angelikawurzelöl,
4 „ Isopöl,
2 „ Kardamomöl,
2 „ Hopfenöl,
1 „ Wacholderbeeröl,
1 „ Rosmarinöl.

Man filtriert nach mehrtägigem Stehen und wäscht das Filter mit

q. s. verdünntem Weingeist v. 68 pCt

nach, bis das Gesamtgewicht

500,0

beträgt.

Bei längerem Stehen setzt die Essenz stets ab; sie muss daher beim Gebrauch umgeschüttelt werden.

Das Wort „Benediktiner“ ist geschützt.

Benediktiner-Liqueur.

Santo-Benito-Liqueur Helfenberg.

1750,0 Kornsprit von 90 pCt, †
75,0 Benediktiner-Essenz

mischt man in einem Gefäss, welches mindestens 10 l fasst. Man giesst dann unter Rühren langsam eine kochend heisse Lösung von

1750,0 Zucker

in

1550,0 destilliertem Wasser

hinzu, lässt erkalten und filtriert.

Bei den Bouquet-Liqueuren, zu denen auch der Benediktiner zählt, müssen die Bestandteile so bemessen sein, dass keiner hervortritt. Viele Stoffe in geringen Mengen ist der leitende Gedanke.

Wenn der Liqueur gut ausfallen soll, muss die Essenz mindestens 2 Jahre, der Liqueur selbst wenigstens 1 Jahr lagern. Der Ammoniakzusatz ersetzt zum Teil, aber nicht vollständig die Lagerung. Selbstverständlich können nur beste Öle angewendet werden.

Flaschen zum Benediktiner muss man sich eigens anfertigen lassen; die Glasfabrik von *Fr. Siemens* in Dresden liefert solche.

Das Wort „Benediktiner“ ist geschützt.

China-Bitter.

500,0 Chinatinktur,
100,0 Pomeranzenschalentinktur,
50,0 Ingwertinktur,
20,0 Arrak,
5 Tropfen Citronenöl,
2 „ ätherisches Bittermandelöl,
500,0 Kolonialsirup,
4,5 l Kornsprit von 90 pCt †

mischt man, giesst eine kochend heisse Lösung von

3000,0 Zucker

in

4000,0 Wasser

zu und bedeckt das Gefäss.

Nach dem Erkalten filtriert man.

China-Liqueur.

200,0 Chinarinde, Pulver M/8,
120,0 zerschnitt. Pomeranzenschalen,
50,0 „ Curassaoschalen,

---

† S. Bezugsquellen-Verzeichnis.

30,0 chinesischen Zimt, Pulver M/8,
1,0 Nelken, Pulver M/8,
2,0 Malabar-Kardamomen, Pulv. M/8,
6000,0 Weingeist von 90 pCt,

bringt man in eine Weithalsglasbüchse, setzt

1,0 Gelatine,

gelöst in

4500,0 destilliertem Wasser,

zu, lässt 2 Tage macerieren, presst dann aus, löst

7000,0 Zucker

darin und filtriert.

Das Filtrat hat eine schöne Farbe, riecht aromatisch und hat einen angenehm bitteren Geschmack.

Chokolade-Liqueur.

250,0 geröstete Kakaobohnen

stösst man zu möglichst feinem Pulver, bringt dieses mit

3 Tropfen ätherischem Bittermandelöl,
2,0 fein zerriebener Cochenille,
50,0 Vanilletinktur,
100,0 Arrak,
4 l Kornsprit von 90 pCt †

in eine Ansatzflasche und digeriert 8 Tage in einer Temperatur von 30—40° C. Sodann giesst man eine kochend heisse Lösung von

4500,0 Zucker

in

3500,0. Wasser

hinzu.

Nach dem Erkalten, das man im bedeckten Mischgefäss vor sich gehen lässt, lässt man mehrere Tage in einem kalten Raum stehen und filtriert dann.

Citronen-Liqueur.

5 Tropfen Süss-Pomeranzenöl,
2,0 Citronenöl,
0,5 fein zerriebene Cochenille,
5,0 Citronensäure,
50,0 Arrak,
4 l Kornsprit von 90 pCt †

mischt man, giesst eine kochend heisse Lösung von

3500,0 Zucker

in

4000,0 Wasser

zu und bedeckt das Gefäss. Nach dem Erkalten färbt man mit einigen Tropfen Kurkumatinktur blassgelb und filtriert.

Dieser Liqueur, mit dem Chokolade-Liqueur zu gleichen Teilen gemischt, ist ein vortrefflicher Nachtisch-Liqueur.

Curassao.

a) 500,0 Curassaorinde

zerkleinert man und maceriert mit

5 l Kornsprit von 90 pCt †

8 Tage lang,

Man bringt nun das Ganze in eine Destillierblase, fügt noch

5 Tropfen ätherisches Bittermandelöl,
2 Tropfen Citronenöl,
50,0 Arrak,
4000,0 Wasser

zu und destilliert

6000.0

über.

Andererseits löst man

3500,0 Zucker

in

3000,0 Wasser

und giesst die kochend heisse Lösung in das Destillat.

Nach dem Erkalten filtriert man. Der Liqueur ist farblos.

b) 25,0 Currassaorinde,
1,0 Süss-Pomeranzenöl,
1,0 Bitter-Pomeranzenöl,
10 Tropfen Citronenöl,
5 „ ätherisches Bittermandelöl,
1,0 fein zerriebene Cochenille,
50,0 Kognak,
4,5 l Kornsprit von 90 pCt

mischt man, giesst eine kochend heisse Lösung von

3500,0 Zucker

in

4000,0 Wasser

zu und bedeckt das Gefäss.

Nach dem Erkalten giebt man

10 Tropfen Zuckercouleurtinktur

hinzu und filtriert dann.

Himbeer-Liqueur.*)

100,0 Helfenberger 100-fache Himbeeressenz,
20,0 versüssten Salpetergeist,

*) Dieser Liqueur enthält, wie der Chokolade-Liqueur, verhältnismässig viel Zucker. Man bezeichnet solche süsse Liqueure mit dem Terminus technicus „für Damengeschmack“. Man kann auch die anderen Liqueure, zu denen hier Vorschriften gegeben sind, in solche süsse Liqueure umwandeln, wenn man unter Belassung der übrigen Verhältnisse 25—30 pCt Zucker mehr nimmt.

† S. Bezugsquellen-Verzeichnis.

1 Tropfen Rosenöl,
1 „ Orangenblütenöl,
1 „ ätherisches Bittermandelöl,
500,0 Himbeersirup,
2,0 zerschnittene, von den Kelchen befreite Malvenblüten,
7,5 fein zerriebene Cochenille,
3,5 l Kornsprit von 90 pCt †

mischt man, giesst eine kochend heisse Lösung von

4500,0 Zucker

in

5500,0 Wasser

zu, bedeckt das Gefäss und filtriert nach dem Erkalten.

Hygienischer Liqueur.

4,5 l Kornsprit von 90 pCt †
10,0 Salicylsäure,
25,0 chines. Zimt, Pulver M/8,
50,0 Galgantwurzel, „ „
25,0 Karmelitergeist,
25,0 versüssten Salpetergeist,
50,0 zusammengesetzte Aloëtinktur,
5,0 Safrantinktur,
5,0 Ingwertinktur,
5,0 Spanisch-Pfeffertinktur,
5,0 Süssholzextrakt,
5,0 Kumarinzucker,
5 Tropfen Angelikawurzelöl,
10 „ Ceylon-Zimtöl,
5 „ Kalmusöl,
5 „ Nelkenöl,
5 „ Macisöl,
5 „ äther. Kamillenöl,
100,0 Wacholdermus

mischt man, giesst eine kochend heisse Lösung von

3500,0 Zucker

in

4000,0 Wasser

zu und filtriert nach dem Erkalten.

Ingwer-Liqueur.

10 Tropfen Ingweröl,
5 „ ätherisches Bittermandelöl,
20,0 Macistinktur,
20,0 Vanilletinktur,
50,0 versüssten Salpetergeist,
4,5 l Kornsprit von 90 pCt †,
500,0 gereinigten Honig

mischt man, giesst eine kochend heisse Lösung von

3000,0 Zucker

in

3750,0 Wasser

darunter und fügt dann sofort

50,0 Ingwer, Pulver M/8,

hinzu. Man deckt das Gefäss zu, lässt 24 Stunden stehen und filtriert.

Die Ingwerwurzel darf nicht mit dem unverdünnten Weingeist zusammengebracht werden, weil sich das darin enthaltene Harz vollständig lösen und dann den Liqueur trüben würde.

Nach obiger Vorschrift wird ein mild schmeckender Liqueur gewonnen. Soll derselbe kräftiger sein, so ist die Ingwerwurzelmenge zu verdoppeln.

Jagd-Liqueur.

0,5 franz. Wermutöl,
0,5 Kalmusöl,
5 Tropfen ätherisches Bittermandelöl,
2 Tropfen Angelikawurzelöl,
5 „ Kassiaöl,
10,0 Wermuttinktur,
5,0 Spanisch-Pfeffertinktur,
50,0 Rum,
50,0 versüssten Salpetergeist,
4,5 l Kornsprit von 90 pCt, †
25,0 Wacholdermus

mischt man und giesst eine kochend heisse Lösung von

3000,0 Zucker

in

4000,0 Wasser

zu.

Man trägt dann sofort ein

50,0 Ingwer, Pulver M/8,
20,0 Galgantwurzel, „ „
20,0 Pomeranzenschalen, „ „
20,0 chinesischen Zimt, „ „
50,0 gerösteten Kaffee, „ „

bedeckt das Gefäss, lässt 24 Stunden ruhig stehen, filtriert und färbt mit dem *Schütz*chen Farbstoff † gelbgrün.

Kaffee-Liqueur.

500,0 gerösteten Kaffee, Pulver M/8,
200,0 Kognak,
20,0 versüssten Salpetergeist,
4,5 l Kornsprit von 90 pCt, †
6000,0 Wasser

bringt man in eine Destillierblase, maceriert 12—24 Stunden, zieht

6000,0

---

† S. Bezugsquellen-Verzeichnis.

über und giesst hierzu eine kochend heisse Lösung von

4500,0 Zucker

in

2000,0 Wasser.

Man fügt sodann

50,0 gebrannten Kaffee, Pulver M/8,
10,0 Vanilletinktur,
2 Tropfen ätherisches Bittermandelöl

hinzu, lässt 24 Stunden in bedecktem Gefäss stehen und filtriert.

Kalmus-Liqueur.

2,5 Kalmusöl,
5 Tropfen Kümmelöl,
2 „ Angelikawurzelöl,
2 „ ätherisches Bittermandelöl,
50,0 versüssten Salpetergeist,
1,0 fein zerriebene Cochenille,
4,5 l Kornsprit von 90 pCt †

mischt man, giesst eine kochend heisse Lösung von

3000,0 Zucker

in

4000,0 Wasser

zu, filtriert und färbt mit Zuckercouleurtinktur gelbbraun, aber nicht zu dunkel.

Kola-Liqueur.

250,0 Kolanüsse, Pulver M/15,
25,0 gerösteten Kaffee, Pulver M/8,
2,0 fein zerriebene Cochenille,
100,0 Arrak,
3500,0 Kornsprit von 90 pCt †

digeriert man in einer Ansatzflasche 8 Tage, filtriert und giesst dazu eine kochend heisse Lösung von

4000,0 Zucker

in

3500,0 Wasser.

Man fügt zuletzt

5,0 Vanilletinktur,
3 Tropfen ätherisches Bittermandelöl

hinzu.

Der so gewonnene Kola-Liqueur ist sehr süss. Durch Verringerung der Zuckermenge auf 3000,0 erhält man einen kräftiger schmeckenden Liqueur.

Kräuter-Magen-Bitter.

5 Tropfen ätherisches Bittermandelöl,
2 Tropfen Angelikawurzelöl,
5 „ Kalmusöl,
5 „ Macisöl,
5 „ Krauseminzöl,
5 „ Schafgarbenöl,
5 „ franz. Wermutöl,
50,0 versüssten Salpetergeist,
50,0 Enziantinktur,
4,5 l Kornsprit von 90 pCt, †
300,0 Wacholdermus

mischt man, giesst eine kochend heisse Lösung von

3000,0 Zucker

in

4000,0 Wasser

darunter und setzt sofort zu

50,0 geschnittene Melissenblätter,
25,0 Galgantwurzel, Pulver M/8,
25,0 Ingwer, Pulver M/8,
25,0 Süssholz, Pulver M/8,
20,0 Bitterklee-Extrakt,
10,0 Gerbsäure.

Man lässt im bedeckten Gefäss 24 Stunden stehen, filtriert und färbt bis zu einem gesättigten Gelbgrün.

Kümmel-Liqueur.

a) Russischer Alasch.

2 Tropfen Anisöl,
2 „ ätherisches Bittermandelöl,
5 „ Petersilienöl,
3 „ Rosenöl,
2,0 Carvol,
2,0 Vanilletinktur,
20,0 versüssten Salpetergeist,
4,5 l Kornsprit von 90 pCt †

mischt man, giesst eine kochend heisse Lösung von

3000,0 Zucker

in

3500,0 Wasser

zu und filtriert.

b) Französischer Kümmelliqueur.

2,0 Anisöl,
2,0 Rosenöl,
4,0 Carvol,
50,0 Vanilletinktur,
100,0 versüsster Salpetergeist,
4,5 l Kornsprit von 90 pCt,

---

† S. Bezugsquellen-Verzeichnis.

3000,0 Zucker,
3000,0 Wasser.

Bereitung wie bei a.

Maraskino-Essenz.

5 Tropfen Veilchenwurzelöl,
10 „ ätherisches Bittermandelöl,
1,0 Rosenöl,
3,0 Orangeblütenöl,
0,5 Kumarin,
2,0 Butteräther,
5,0 Helfenberger 100-faches Petersilienwasser,
20,0 Helfenberger 100-faches Kamillenwasser,
50,0 Helfenberger 100-faches Zimtwasser,
100,0 Helfenberger 100-faches Fliederwasser,
300,0 Helfenberger 100-fache Himbeerwasser-Essenz,
50,0 Jasmin-Essenz (Esprit de Jasmin triple),
100,0 Vanilletinktur,
100,0 Essigäther,
250,0 Bittermandelwasser,
1470,0 versüssten Salpetergeist

mischt man, lässt einige Tage ruhig stehen und filtriert.

Maraskino-Liqueur.

200,0 Maraskino-Essenz,
1500,0 Kornsprit von 90 pCt †

bringt man in ein Gefäss von mindestens 10 l Inhalt, giesst langsam unter Rühren eine kochend heisse Lösung von

1800,0 Zucker

in

1500,0 destilliertem Wasser

hinzu, lässt erkalten und filtriert.

Sollte das Filtrat weniger als 5000,0 wiegen, so ergänzt man das Fehlende mit einer aus gleichen Teilen Kornsprit und Wasser hergestellten Mischung.

Um ein gutes Fabrikat zu erzielen, muss die Essenz wenigstens 2 Jahre und der damit hergestellte Liqueur mindestens 1 Jahr lagern.

Beste Rohstoffe und genaues Einhalten der Vorschrift vorausgesetzt, gewinnt man einen Maraskino, der sich vom echten, von dem bekanntlich der halbe Liter gegen 7 *M* kostet, nicht unterscheidet.

Maraskino-Flaschen in beliebiger Zahl liefert die Firma *Otto Buhlmann* in Leipzig, am Thüringer Bahnhof.

Muskat-Liqueur.

5 Tropfen ätherisches Bittermandelöl,
5 „ Majoranöl,
5 „ Nelkenöl,
3,0 Macisöl,
0,5 fein zerriebene Cochenille,
20,0 versüssten Salpetergeist,
4,5 l Kornsprit von 90 pCt, †
500,0 gereinigten Honig

mischt man, giesst eine kochend heisse Lösung von

3000,0 Zucker

in

4000,0 Wasser

darunter und fügt sofort hinzu

25,0 Galgantwurzel, Pulver M/8,
25,0 Ingwer, Pulver M/8,
25,0 chinesischen Zimt, Pulver M/8,
5,0 Gerbsäure.

Nach 24-stündigem Stehen in bedecktem Gefäss filtriert man und färbt mit Zuckercouleurtinktur lebhaft madeiragelb.

Nuss-Liqueur.

1000,0 frische grüne Wallnussschalen (zerschnitten),
20,0 frische Citronenschalen,
4,5 l Kornsprit von 90 pCt, †
4000,0 Wasser

bringt man in eine Destillierblase, lässt 24 Stunden macerieren, zieht

6000,0

über und fügt dem Destillat

500,0 gereinigten Honig,
200,0 frische grüne Wallnussschalen (zerschnitten),
10,0 Süssholz, Pulver M/8,
20,0 versüssten Salpetergeist,
100,0 Kognak,
3,0 Kumarinzucker,
5 Tropfen franz. Wermutöl,
15 „ Nelkenöl,
5 „ Kassiaöl,
5 „ ätherisches Bittermandelöl

hinzu und giesst eine kochend heisse Lösung von

3000,0 Zucker

in

† S. Bezugsquellen-Verzeichnis.

2500,0 Wasser
darunter.

Nach 24-stündigem Stehen filtriert man und färbt mit Zuckercouleurtinktur kaffeebraun.

Pepsin-Bitter.

200,0 Pepsinwein,
800,0 Chinabitter

mischt man, lässt 4 Wochen im Keller oder in einem anderen, möglichst kalten Raum lagern und filtriert dann.

Pfefferminz-Liqueur.

2,0 bestes engl. Pfefferminzöl,
5 Tropfen Krauseminzöl,
5 „ Rosenöl,
2 „ franz. Wermutöl,
2 „ ätherisches Bittermandelöl,
20,0 versüssten Salpetergeist,
4,5 l Kornsprit von 90 pCt †

mischt man, giesst eine kochend heisse Lösung von

3500,0 Zucker

in

4000,0 Wasser

darunter, filtriert nach dem Erkalten und färbt lebhaft grün.

Pomeranzen-Liqueur.

a) 5 Tropfen ätherisches Bittermandelöl,
5 Tropfen Süss-Pomeranzenöl,
15 „ Bitter-Pomeranzenöl,
1,0 Citronensäure,
3,0 fein zerriebene Cochenille,
25,0 Ingwertinktur,
50,0 Pomeranzenschalentinktur,
100,0 Bischof-Essenz,
50,0 versüssten Salpetergeist,
4,2 l Kornsprit von 90 pCt †

mischt man, giesst eine kochend heisse Lösung von

3500,0 Zucker

in

4000,0 Wasser

zu, filtriert nach dem Erkalten und färbt mit Zuckercouleurtinktur dunkelorange.

b) 5 Tropfen ätherisches Bittermandelöl,
5 Tropfen Süss-Pomeranzenöl,
5 „ Rosenöl,
25 „ Bitter-Pomeranzenöl,
3,0 fein zerriebene Cochenille,
25,0 Ingwertinktur,
25,0 Pomeranzenschalentinktur,
50,0 Bischof-Essenz,
50,0 versüssten Salpetergeist,
1500,0 Xeres-Wein,
3000,0 Kornsprit von 90 pCt †

mischt man, giesst eine kochend heisse Lösung von

4500,0 Zucker

in

3000,0 Wasser

hinzu, filtriert nach dem Erkalten und färbt mit Zuckercouleurtinktur gesättigt orange.

Punsch-Liqueur.

0,5 Citronenöl
750,0 (1 Flasche) Rotwein,
1500,0 besten Rum,
3 l Kornsprit von 90 pCt †
$^1/_2$ Citrone, Saft und Schale (letztere zerschnitten),

übergiesst man mit einer kochend heissen Lösung von

3000,0 Zucker (je nach Geschmack auch 4000,0)

in

4000,0 Wasser,

lässt $^1/_2$ Stunde in bedecktem Gefäss stehen, entfernt durch Abseihen die Citronenschalen, da sie bei langem Ausziehen leicht dem Liqueur einen bitteren Geschmack verleihen, filtriert und färbt mit Zuckercouleurtinktur licht rotbraun.

Quitten-Liqueur.

5 Tropfen Citronenöl,
1,0 fein zerriebene Cochenille,
50,0 Arrak,
4 l Kornsprit von 90 pCt, †
2 l ausgepressten Quittensaft

mischt man und giesst eine kochend heisse Lösung von

4000,0 Zucker

in

2000,0 Wasser

unter Umrühren nach und nach hinzu. Man bedeckt das Gefäss, filtriert den Inhalt am andern Tag und färbt das Filtrat mit etwas Kurkumatinktur blassgelb.

---

† S. Bezugsquellen-Verzeichnis.

Rosen-Liqueur.

15 Tropfen Rosenöl,
5 „ Orangeblütenöl,
5 „ ätherisches Bittermandelöl,
20,0 Helfenberger 100-fache Himbeeressenz,
5,0 Vanilletinktur,
4,0 fein zerriebene Cochenille,
1,0 „ zerschnittene, von den Kelchen befreite Malvenblüten,
4 l Kornsprit von 90 pCt †

mischt man, giesst eine kochend heisse Lösung von

4000,0 Zucker

in

4000,0 Wasser

zu, lässt 6 Stunden in bedecktem Gefäss stehen und filtriert.

Spanischer Bitter.

100,0 Wacholdermus,
10,0 Enzianextrakt,
20,0 Kardobenediktenextrakt,
5 Tropfen Angelikaöl,
5 „ franz. Wermutöl,
10 „ Galgantöl,
5 „ Kalmusöl,
5 „ Wacholderbeeröl,
5 „ Kassiaöl,
5 „ Schafgarbenöl,
5 „ Krauseminzöl,
2 „ ätherisches Bittermandelöl,
5,0 Kumarinzucker,
5,0 fein zerschnittene, von den Kelchen befreite Malvenblüten,
10,0 Süssholz, Pulver M/8,
50,0 Galgantwurzel, Pulver M/8,
5 l Kornsprit von 90 pCt, †
500,0 Kolonialsirup

übergiesst man mit einer kochend heissen Lösung von

2000,0 Zucker

in

4000,0 Wasser,

bedeckt das Gefäss, lässt 24 Stunden stehen, färbt mit Zuckercouleurtinktur dunkel rotbraun und filtriert.

Thee-Liqueur.

100,0 grünen Thee,
100,0 schwarzen Thee,
5,0 Vanilletinktur,
2 Tropfen ätherisches Bittermandelöl,
2,0 fein zerriebene Cochenille,
20,0 versüssten Salpetergeist,
50,0 Arrak,
4 l Kornsprit von 90 pCt †

übergiesst man mit einer kochend heissen Lösung von

4500,0 Zucker

in

4000,0 Wasser,

bedeckt das Gefäss, lässt eine halbe Stunde stehen, seiht ab und filtriert.

Ein längeres Ausziehen des Thees giebt dem Liqueur einen herben Geschmack.

Vanille-Liqueur.

50,0 Vanilletinktur,
50,0 Arrak,
20,0 versüssten Salpetergeist,
2 Tropfen ätherisches Bittermandelöl,
2 Tropfen Rosenöl,
2,0 Kumarinzucker,
0,2 fein zerriebene Cochenille,
4 l Kornsprit von 90 pCt †

mischt man, giesst eine kochend heisse Lösung von

4000,0 Zucker

in

4000,0 Wasser

darunter und filtriert sofort.

Wacholder-Liqueur.

100,0 Wacholdermus,
100,0 zerstossene und zerquetschte Wacholderbeeren,
2,0 fein zerschnittene, von den Kelchen befreite Malvenblüten,
0,5 Wacholderbeeröl,
5 Tropfen ätherisches Bittermandelöl,
5 l Kornsprit von 90 pCt †

übergiesst man mit einer kochend heissen Lösung von

3000,0 Zucker

in

4000,0 Wasser,

bedeckt das Gefäss, lässt 12—24 Stunden stehen und filtriert.

---

† S. Bezugsquellen-Verzeichnis.

Wermut-Liqueur.

1,0 franz. Wermutöl,
5 Tropfen Angelikaöl,
5 „ Galgantöl,
5 „ ätherisches Bittermandelöl,
20,0 versüssten Salpetergeist,
5 l Kornsprit von 90 pCt †

mischt man, giesst eine kochend heisse Lösung von

3000,0 Zucker

in

4000,0 Wasser

darunter, filtriert sofort und färbt lebhaft grün.

Zimt-Liqueur.

500,0 gereinigten Honig,
100,0 Helfenberger 100-faches Zimtwasser,
50,0 versüssten Salpetergeist,
50,0 Zimttinktur,
750,0 (1 Flasche) Weisswein,
2,0 fein zerriebene Cochenille,
5 Tropfen ätherisches Bittermandelöl,
4,5 l Kornsprit von 90 pCt †

mischt man, giesst eine kochend heisse Lösung von

3000,0 Zucker

in

4000,0 Wasser

darunter, filtriert sofort und färbt mit Zuckercouleurtinktur feurig lichtbraun.

C. Eier-Crêmes.

Eier-Kognak.

Eier-Cognac. Advokat.

40 Stück Hühnereier

schlägt man aus in eine geräumige Schale, verrührt sie hier gleichmässig mit

2000,0 Zuckerpulver,

setzt dann nach und nach und recht behutsam unter flottem Rühren eine Mischung von

2500,0 Kognak,
200,0 Weingeist von 90 pCt,
2,5 Vanilletinktur (1 : 5),
30,0 Kurkumatinktur (1 : 5),
1,0 Cochenilletinktur (1 : 5),
10,0 Citronensäure

hinzu und koliert hierauf.

Eine Hauptsache bei der Herstellung ist, dass man die Eier mit dem Zucker sehr gut verrührt und dann die Spirituosenmischung in kleinen Partien recht langsam zufügt.

Schluss der Abteilung „Liqueure und Branntweine“.

Liquor Aluminii acetici.

Aluminium aceticum solutum. Aluminiumacetatlösung. Essigsaure Aluminiumlösung.

a) Vorschrift des D. A. IV.

30 Teile Aluminiumsulfat,
36 „ verdünnte Essigsäure von 30 pCt,
13 Teile Calciumkarbonat

und

100 Teile Wasser.

Das Aluminiumsulfat wird in 80 Teilen Wasser gelöst, die verdünnte Essigsäure zugesetzt und in diese Flüssigkeit allmählich unter beständigem Rühren das in 20 Teilen Wasser angeriebene Calciumkarbonat eingetragen. Die Mischung bleibt 24 Stunden lang bei gewöhnlicher Temperatur stehen und wird inzwischen wiederholt umgerührt. Nach dem Durchseihen wird der Niederschlag ohne Auswaschen ausgepresst und die Flüssigkeit filtriert.

Das spez. Gew. soll 1,044—1,048 betragen.

b) Vorschrift der Ph. Austr. VII.

Wie unter a), nur muss man bei Verwendung der verdünnten Essigsäure der Ph. Austr. VII. anstatt 80,0 nur 62,0 Wasser zum Lösen des Aluminiumsulfats nehmen und anstatt 36,0 verdünnte Essigsäure von 30 pCt 54,0 verdünnte Essigsäure von 20,4 pCt zusetzen.

c) nach *Athenstädt:*

12,0 trockenes basisches Aluminiumacetat †

zerreibt man zu Pulver, dann mit

† S. Bezugsquellen-Verzeichnis.

6,0 destilliertem Wasser
zu einem feinen Brei und fügt
25,0 destilliertes Wasser,
4,0 verdünnte Essigsäure v. 30 pCt
hinzu.

Man trägt nun ganz allmählich, am besten unter Abkühlung des Gefässes, und unter Rühren
6,0 reine konzentrierte Schwefelsäure von 1,838 spez. Gew.
ein und verdünnt nach erfolgter Lösung mit
60,0 heissem destillierten Wasser.

Der vollkommen klaren und ungefähr 30° C warmen Flüssigkeit mischt man dann nach und nach hinzu
6,0 Calciumkarbonat,
lässt 15 Minuten unter Rühren stehen und entfernt den abgeschiedenen Gips durch Abseihen und Pressen in einem genässten Leinentuch.

Die Seihflüssigkeit filtriert man und bringt sie auf ein spez. Gew. von 1,044—1,046.

Die Ausbeute beträgt 90,0—91,0.

d) nach *Burow:*
60,0 Aluminiumsulfat
löst man in
500,0 destilliertem Wasser
und ferner
100,0 krystallisiertes Bleiacetat
in
300,0 destilliertem Wasser,
kühlt beide Lösungen bis auf + 10° C ab, giesst unter Umrühren die Bleilösung langsam in die Aluminiumsulfatlösung, lässt in kühlem Raum 3—4 Tage stehen und filtriert.

In der Kälte setzt der Liquor immer noch etwas Bleisulfat ab, weshalb ein möglichst kühler Aufbewahrungsort zu wählen ist.

Die Menge des Aluminiumsulfats, welche genau nur 54,09 betragen sollte, erhöhte ich auf 60,0, weil der Bleizucker infolge Verlustes an Krystallwasser oft etwas stärker ist, als er sein sollte, und weil ein Überschuss an Aluminiumsulfat die Ausscheidung des Bleisulfats befördert.

Letzteres scheidet sich aus dünnen Lösungen leichter ab, als aus konzentrierten, weshalb ich den sonst üblichen Alaun, durch welchen das Präparat unnötigerweise einen Gehalt von Kaliumsulfat erhält, durch Aluminiumsulfat ersetzte.

Liquor Aluminii acetici glycerinatus.

Glycerinhaltige Aluminiumacetatlösung.

300,0 Aluminiumsulfat
löst man in
670,0 destilliertem Wasser,
bringt die Lösung in eine geräumige Abdampfschale und setzt
360,0 verdünnte Essigsäure v. 30 pCt
zu.

Andererseits rührt man
130,0 Calciumkarbonat
mit
200,0 destilliertem Wasser
an und setzt diese Mischung allmählich der Aluminiumsulfatlösung zu.

Man lässt in kühlem Raum unter öfterem Rühren 24 Stunden stehen, bringt auf ein genässtes Leinentuch, presst den Niederschlag, ohne ihn vorher auszuwaschen, aus, lässt die Flüssigkeit absetzen und filtriert.

Schliesslich setzt man dem Filtrat
130,0 Glycerin von 1,23 spez. Gew.
zu.

Die Ausbeute wird
1300,0
betragen.

Liquor Aluminii chlorati.

Aluminiumchloridlösung.

25,0 Aluminiumsulfat
löst man in
40,0 heissem destillierten Wasser
und weiter
25,0 Baryumchlorid
in
50,0 heissem destillierten Wasser,
mischt beide Lösungen und erhitzt das Ganze im Dampfbad auf 70—75 ° C.

Nach dem Erkalten filtriert man und wäscht mit so viel Wasser nach, dass das Gewicht des Filtrats
100,0
beträgt.

Liquor Aluminii subsulfurici.

Basisch-Aluminiumsulfatlösung.

100,0 Aluminiumsulfat
löst man in
500,0 destilliertem Wasser.

Andererseits verdünnt man
165,0 Ammoniakflüssigkeit v. 10 pCt
mit
400,0 destilliertem Wasser
und giesst beide Flüssigkeiten in dünnem Strahl und zu gleicher Zeit in ein Gefäss, welches mindestens 6 l fast und
4000,0 destilliertes Wasser
enthält.

Den entstandenen Niederschlag rührt man 15 Minuten kräftig, um ihn etwas dichter zu machen und wäscht ihn durch Absetzenlassen und Abziehen der überstehenden Flüssigkeit so oft mit destilliertem Wasser aus, bis das Waschwasser keine Reaktion auf Schwefelsäure mehr giebt. Bei jeder Erneuerung ist es notwendig, mindestens 10 Minuten den Niederschlag mit der neuen Menge Wasser zu rühren.

Man sammelt schliesslich den Niederschlag auf einem feuchten Leinentuch, lässt ihn abtropfen, bringt ihn in eine geräumige Reibschale, setzt

150,0 Aluminiumsulfat,

welche man vorher zu Pulver rieb, zu, und reibt so lange mit dem Pistill, bis sich das Aluminiumsulfat gelöst hat. Man überlässt nun unter öfterem Umrühren 24 Stunden der Ruhe, erhitzt 1/2 Stunde im Dampfbad, seiht durch ein nasses Leinentuch und bringt mit Hilfe von destilliertem Wasser auf ein Gewicht von

1500,0.

Liquor Ammonii acetici.

Ammonium aceticum solutum. Ammoniumacetatlösung. Essigsaure Ammoniumlösung.

a) Vorschrift des D. A. IV.

5 Teile Ammoniakflüssigkeit von 10 pCt

werden mit

6 Teilen verdünnter Essigsäure von 30 pCt

gemischt und bis zum Sieden erhitzt. Nach vollständigem Erkalten wird die Mischung mit Ammoniakflüssigkeit neutralisiert, filtriert und mit der erforderlichen Menge Wasser auf das spez. Gew. von 1,032—1,034 gebracht.

Zum Herstellungsverfahren selbst ist nichts zu erwähnen, nur für die Aufbewahrung sind gut verschlossene Gläser zu empfehlen, da der Liquor im andern Fall durch Entweichen von Ammoniak sauer wird. Zum Einstellen der Neutralität benützt man Lackmuspapier.

b) Vorschrift der Ph. Austr. VII.

100,0 verdünnte Essigsäure v. 20,4 pCt

versetzt man in einer Porzellanschale unter Umrühren allmählich mit

zerriebenem Ammoniumkarbonat

bis zur Neutralisation (ungefähr 20,5). Man filtriert und bringt die Lösung auf ein spez. Gew. von 1,03.

Da die Flüssigkeit freie Kohlensäure enthält, so lässt sie sich nur a n n ä h e r n d neutral herstellen.

Liquor Ammonii anisatus.

Anisölhaltige Ammoniakflüssigkeit.

a) Vorschrift des D. A. IV.

1 Teil Anethol

wird in

24 Teilen Weingeist von 90 pCt

gelöst und die Lösung mit

5 Teilen Ammoniakflüssigkeit (10 pCt)

versetzt.

b) Vorschrift der Ph. Austr. VII.

1,0 Anisöl

löst man in

24,0 Weingeist von 90 pCt

und fügt dann

5,0 Ammoniakflüssigkeit

hinzu.

Liquor Ammonii aromatico-aethereus.

Aromatisch-ätherische Ammoniakflüssigkeit.

40,0 Weingeist von 90 pCt,
20,0 Ammoniakflüssigkeit v. 10 pCt,
15,0 Ätherweingeist,
15,0 aromatische Tinktur

mischt man.

Liquor Ammonii aromaticus.

Aromatische Ammoniakflüssigkeit.

1,0 Nelkenöl,
1,0 Macisöl,
1,0 Ceylonzimtöl,
50,0 Weingeist von 90 pCt,
25,0 Ammoniakflüssigkeit v. 10 pCt

mischt man.

Liquor Ammonii benzoïci.

Benzoësaure Ammoniakflüssigkeit.

a) mit 10 pCt Ammoniumbenzoat:

17,5 auf nassem Weg bereitete Benzoësäure

verteilt man in

50,0 destilliertem Wasser

und fügt unter Rühren allmählich

24,0 Ammoniakflüssigkeit v. 10 pCt

hinzu.

Ist die Flüssigkeit noch sauer, so setzt man bis zur Neutralisation tropfenweise Ammoniakflüssigkeit zu, bringt dann mit Hilfe von Wasser auf ein Gesamtgewicht von

200,0

und filtriert.

b) mit 20 pCt Ammoniumbenzoat:

Man hält die Vorschrift a ein, bringt aber schliesslich das Gesamtgewicht auf nur

100,0.

Die sublimierte Säure eignet sich zur Herstellung von Salzen weniger gut, wie die auf nassem Weg hergestellte, weil die der ersteren anhängenden brenzlichen Produkte die Salze färben und ihnen einen unangenehmen Geruch verleihen.

Liquor Ammonii carbonici.
Ammoniumkarbonatlösung.
Ph. G. I.

10,0 Ammoniumkarbonat
löst man in
50,0 destilliertem Wasser
und filtriert die Lösung.

Liquor Ammonii carbonici pyro-oleosi.
Brenzlig-kohlensaure Ammoniakflüssigkeit.
Ph. G. I.

10,0 brenzlig-kohlensaures Ammoniak
löst man in
50,0 destilliertem Wasser,
lässt einige Tage in niederer Temperatur stehen und filtriert dann.

Liquor Ammonii foeniculati.
Fenchelölhaltige Ammoniakflüssigkeit.

1,0 Fenchelöl,
24,0 Weingeist von 90 pCt.
Man löst und setzt dann zu
5,0 Ammoniakflüssigkeit v. 10 pCt.

Liquor Ammonii succinici.
Bernsteinsaure Ammoniakflüssigkeit.
Ph. G. I.

10,0 Bernsteinsäure,
80,0 destilliertes Wasser
erhitzt man in einer Abdampfschale im Dampfbad und setzt nach und nach
10,0 oder q. s. brenzlich-kohlensaures Ammoniak
zu, bis die Flüssigkeit neutral ist.

Nach mehrtägigem Stehen im kühlen Raum filtriert man.

Liquor Ammonii succinici aethereus.
Ätherische bernsteinsaure Ammoniakflüssigkeit.

50,0 bernsteinsaure Ammoniakflüssigkeit,
50,0 Ätherweingeist
mischt man.

Liquor Ammonii valerianici.
Baldriansaure Ammoniakflüssigkeit.

20,0 Baldriansäure
mischt man mit
20,0 Weingeist von 90 pCt.

Andrerseits verdünnt man
28,0 Ammoniakflüssigkeit v. 10 pCt
mit
32,0 destilliertem Wasser,
mischt beide Flüssigkeiten und filtriert.

Der Liquor enthält 20 pCt valeriansaures Ammonium.

Liquor anodynus terebinthinatus n. *Rademacher*

10,0 rektifiziertes Terpentinöl,
90,0 Ätherweingeist
mischt man und bewahrt die Mischung an einer vor Tageslicht geschützten Stelle auf.

Liquor Arsenici bromati.

98,0 *Fowler*sche Lösung,
2,0 Brom
mischt man.

Liquor Bismuti et Ammonii Citratis.
Solution of Citrate of Bismuth and Ammonia.
Citronensaure Wismut-Ammoniumlösung.

Vorschrift der Ph. Brit.
26,0 Wismutcitrat
reibt man mit
q. s. destilliertem Wasser
zu einer Paste an, setzt unter fortwährendem Reiben so viel
Ammoniakflüssigkeit von 10 pCt
hinzu, dass das Salz gerade gelöst ist, und verdünnt mit
destilliertem Wasser
bis auf
300,0.

Das spez. Gew. soll 1,07 betragen.

Liquor Calcii chlorati n. *Rademacher.*

50,0 Calciumchlorid
löst man in
100,0 destilliertem Wasser
und filtriert die Lösung.

Liquor Calcii oxysulfurati

s. „Calcium oxysulfuratum solutum“.

Liquor Calcii saccharati.
Zuckerkalklösung.

5,0 trocknen, gelöschten Kalk,
10,0 Zucker

reibt man zusammen, bringt sie in eine Flasche, welche bereits

100,0 destilliertes Wasser

enthält, erhitzt die Mischung auf 90° C und filtriert sie nach 24 Stunden.

Liquor Calcii sulfurati.

Schwefelcalciumlösung.
Nach der Preuss. Arzneitaxe.

100,0 gebrannten Kalk

löscht man in einer geräumigen Porzellanschale mit Wasser zu Pulver, fügt

200,0 sublimierten Schwefel,
2000,0 destilliertes Wasser

hinzu, kocht 1/4 Stunde lang und seiht durch ein genässtes Leinentuch. Die Seihflüssigkeit dampft man auf

1200,0

ein und füllt sie nach dem Erkalten auf Flaschen, die man gut verschliesst.

Liquor Carbonis detergens.

Vorschrift des Dresdner Ap. V.

32,0 Steinkohlenteer

löst man in

76,0 Quillayatinktur,

stellt die Lösung 8 Tage kalt und filtriert sie dann.

Liquor Chinini lactici.

Chininlaktatlösung. Zu subkutanen Einspritzungen.
Nach *Vigier*.

20,0 Chininsulfat

löst man in

400,0 destilliertem Wasser,
7,5 verdünnter Schwefelsäure

und fällt die Lösung mit

q. s. Ammoniakflüssigkeit,

die man mit der zwanzigfachen Menge Wasser verdünnte, aus.

Den Niederschlag sammelt man auf einem Filter und wäscht ihn hier mit destilliertem Wasser so lange, als das Waschwasser noch alkalisch reagiert, aus.

Man verteilt ihn nun in so viel Wasser, dass das Gesamtgewicht

100,0

beträgt, erhitzt im Dampfbad auf 80° C und setzt nach und nach

q. s. Milchsäure,

bis eine neutrale Lösung entstanden ist, zu.

Man filtriert und bringt durch Nachwaschen des Filters mit destilliertem Wasser auf einen Raumteil von

100,0 ccm.

Liquor Chlorali bromatus.

Ersatz für Bromidia.

Vorschrift des Dresdner Ap. V.

8,0 Chloralhydrat,
6,0 Kaliumbromid,
0,3 Bilsenkrautextrakt,
0,05 Hanfextrakt,
4,0 Pfefferminzwasser,
30,0 Orangenblütenwasser,
6 Tropfen Chloroform,
3,0 Ingwertinktur,
45,0 Süssholzsirup,
32.0 destilliertes Wasser.

Liquor corrosivus.

Ätzflüssigkeit.

5,0 Kupfersulfat,
5,0 Zinksulfat

löst man in

80,0 Essig

und setzt dann

10,0 Bleiessig

zu.

Muss stets frisch bereitet werden

Liquor Cresoli saponatus.

Kresolseifenlösung.

Vorschrift d. D. A. IV.

1 Teil Kaliseife

wird im Wasserbad geschmolzen, darauf mit

1 Teil rohem Kresol

gemischt und die Mischung bis zur Lösung erwärmt.

Liquor Ferri acetici pyrolignosi.

Holzessigsaures Eisen.

1000,0 rohen Holzessig,
100,0 Eisendrehspäne

maceriert man so lange, als Gasentwicklung stattfindet, digeriert dann 10—12 Stunden bei 50—60° C, lässt erkalten und seiht durch ein dichtes wollenes Tuch. Die Seihflüssigkeit bringt man auf ein spez. Gew. von 1,115.

Das „holzessigsaure Eisen“ wird in Färbereien zum Beizen benützt und wird noch gut bezahlt.

Liquor Ferri albuminati.

Eisenalbuminatlösung.

A. Aus frisch gefälltem Albuminat.

a) Vorschrift des D. A. IV.

35 Teile trockenes Hühnereiweiss

werden in

1000 Teilen Wasser

gelöst. Die Lösung wird durchgeseiht und in eine Mischung aus

120 Teilen Eisenoxychloridlösung (3,5 pCt Fe)

und

1000 Teilen Wasser

in dünnem Strahle unter Umrühren eingegossen.

Zur vollständigen Fällung des gebildeten Eisenalbuminates wird nötigenfalls mit einer sehr verdünnten Natronlauge (5 Teile Natronlauge und 95 Teile Wasser) neutralisiert. Der entstandene Niederschlag wird nach dem Absetzen und Abgiessen der überstehenden Flüssigkeit durch wiederholtes Mischen mit Wasser und Absetzenlassen soweit ausgewaschen, bis die überstehende Flüssigkeit (wohl eine derselben entnommene Probe? E. D.), nach dem Ansäuern mit Salpetersäure und nach Zusatz von Silbernitratlösung, nur noch schwach opalisiert. Der dann nach dem Abgiessen der Flüssigkeit auf einem leinenen Seihtuch gesammelte Niederschlag wird in eine zuvor gewogene, genügend grosse Flasche gebracht, mit

3 Teilen Natronlauge von 1,17 spez. Gew.

welche mit

50 Teilen Wasser

verdünnt sind, versetzt und durch Umschütteln gelöst. Nach vollständiger Lösung fügt man hinzu

150 Teile Weingeist von 90 pCt,
100 „ Zimtwasser,
2 „ aromatische Tinktur,

und so viel Wasser, bis das Gesamtgewicht der Flüssigkeit

1000 Teile

beträgt.

Der nach dieser Vorschrift gewonnene Liquor ist frisch tadellos, zeigt aber nach den von mir damit gemachten Erfahrungen den Übelstand, bald zu gelatinieren. Es ist daran nur die zu geringe Laugenmenge schuld. Ein haltbares Präparat erhält man dagegen nach dem *Dieterich-Barthel*schen Verfahren, das dem Arzneibuch als Vorbild gedient hat. Wenn das Arzneibuch die Alkalimenge verringern wollte, so that es besser, einen Teil davon so, wie die Vorschrift B b) zeigt, durch Citronensäure zu binden. Auch hätte die Verdünnung des Weingeistes mit dem Zimtwasser und das allmähliche Zusetzen dieser Verdünnung vorgeschrieben werden sollen, da 90-prozentiger Weingeist in der alkalischen Eisenalbuminatlösung Ausscheidungen hervorbringt.

b) Nach *Dieterich-Barthel.*

120,0 flüssiges Eisenoxychlorid von 3,5 pCt Fe

verdünnt man mit

4000,0 destilliertem Wasser von 50° C.

Andrerseits erwärmt man eine Lösung von

30,0 trockenem Eiweiss

in

4000,0 destilliertem Wasser

ebenfalls auf 50° C und giesst die Eiweisslösung langsam unter Rühren in die Eisenlösung.

Man neutralisiert nun sehr genau die trübe Mischung mit

q. s. Natronlauge v. 1,17 spez. Gew. (ungefähr 3,0),

die man mit dem zwanzigfachen Gewicht Wasser verdünnt hatte, lässt den dadurch entstandenen Niederschlag absetzen, wäscht ihn so lange mit warmem Wasser (50° C Temperatur) aus, bis das Waschwasser chlorfrei ist, und sammelt ihn auf einem genässten Leinentuch.

Wenn der Niederschlag vollständig abgetropft ist und eine dicke Masse bildet, bringt man ihn in eine Weithalsflasche, setzt mit einem Mal

5,0 Natronlauge v. 1,17 spez. Gew.

zu und rührt langsam und so lange, bis völlige Lösung erfolgt ist.

Man mischt nun

150,0 Weingeist von 90 pCt,
100,0 Zimtwasser,
2,0 aromatische Tinktur

hinzu, verdünnt die Mischung mit

q. s. destilliertem Wasser,

als zusammen mit der Ferrialbuminatlösung an

1000,0

fehlt, und setzt die Verdünnung der letzteren zu.

Es ist notwendig, den Weingeist durch das Zimtwasser zu verdünnen, weil der unverdünnte Weingeist in der Eisenalbuminatlösung Ausscheidungen hervorbringen würde. Um den Liquor zu versüssen und feiner zu aromatisieren, setzt man

150,0 weissen Zuckersirup,
1,0 Maraskinoessenz (s. Liqueure)

zu, nimmt dafür 150,0 Wasser weniger und lässt die aromatische Tinktur weg.

B. Aus trockenem Ferrialbuminat.

a) alkalisch und klar.

Nach *E. Dieterich.*

8,0 Natronlauge v. 1,17 spez. Gew.

verdünnt man mit

780,0 destilliertem Wasser,
reibt damit in einem Porzellanmörser
20,0 lösliches Eisenalbuminat, Helfenberg (20 pCt Fe)
an und spült in eine entsprechend grosse Flasche. Man lässt unter öfterem Schütteln 24 Stunden stehen und setzt zu der nun fast klaren Lösung folgende Mischung allmählich zu:
150,0 Weingeist von 90 pCt,
100,0 Zimtwasser,
2,0 Maraskinoessenz (s. Liqueure).

b) sehr wenig alkalisch bis neutral und trübe.

Nach *E. Dieterich.*

Man verfährt wie bei a), setzt aber, ehe man die alkoholische Mischung hinzufügt, eine Lösung von
1,0 Citronensäure,
100,0 destilliertem Wasser
nach und nach zu. Die alkalische Ferrialbuminatlösung wird dadurch nahezu neutralisiert und zugleich trübe.

Die zum Lösen der Citronensäure vorgeschriebene Wassermenge ist von obigen 780,0 abzuziehen.

Will man a) oder b) fein aromatisieren und dabei versüssen, so nimmt man unter Weglassung der aromatischen Tinktur 150,0 Wasser weniger und dafür
150,0 weissen Zuckersirup.

C. Aus Ferrum albuminatum cum Natrio citrico.

Neutral und trübe.

Nach *E. Dieterich.*
(Dem *Drees*schen Präparat ähnlich.)

28,0 Eisenalbuminat-Natriumcitrat Helfenberg (15 pCt Fe)
löst man unter öfterem Schütteln in
770,0 destilliertem Wasser
und setzt der Lösung
75,0 Weingeist von 90 pCt,
100,0 Kognak,
1,5 Ingwertinktur,
1,5 Galganttinktur,
1,5 Ceylon-Zimttinktur
zu.

Alle nach obigen Vorschriften gewonnenen Liquores lässt man 24 Stunden absetzen und giesst von den wenigen Flocken, welche sich möglicherweise am Boden ansammelten, ab.

Um diesen Liquor zu versüssen und feiner zu aromatisieren, setzt man zu
150,0 weissen Zuckersirup,
2,0 Maraskinoessenz (s. Liqueure)
und lässt dafür die 3 Tinkturen und 150,0 Wasser weg.

Bei allen beträgt der Eisengehalt 0,4 pCt.

Liquor Ferri albuminati.

Eine Spur sauer.
Nach *E. Dieterich.*

10,0 trockenes Eiweiss
löst man in
350,0 destilliertem Wasser
und filtriert die Lösung.

Andererseits mischt man
120,0 flüssiges Eisenoxychlorid v. 3,5 pCt Fe,
370,0 destilliertes Wasser
mit einander, vereinigt die Eiweisslösung mit dieser Mischung und erhitzt das Ganze im Dampfbad eine halbe Stunde lang auf 80 bis 90° C.

Man lässt erkalten, fügt
100,0 Kognak,
75,0 Weingeist von 96 pCt
und
q. s. destilliertes Wasser
hinzu, dass das Gesamtgewicht
1000,0
beträgt.

Um den Liquor zu versüssen und zu aromatisieren, setzt man auf obige Menge
150,0 weissen Zuckersirup
und
1,0 Benediktineressenz (s. Liqueure)
zu und bricht am Wasser 150,0 ab.

Eine klare, im auffallenden Licht etwas trüb erscheinende Flüssigkeit von rotbrauner Farbe, welche auf die Hälfte ihres Raumteiles eingedampft sehr schwach sauer reagiert. Geruch und Geschmack erinnern an Cognak. Hundert Teile enthalten 0,42 Eisen.

Von allen Ferrialbuminat-Liquores lässt sich dieser am bequemsten herstellen.

Der Liquor lässt sich mit Weingeist in allen Verhältnissen mischen, ohne dass eine Abscheidung erfolgt; ebenso bleibt er beim Erhitzen unverändert. Ammoniak bringt einen Niederschlag hervor, der sich im Überschuss wieder löst. Schwefelammonium erzeugt ebenfalls einen Niederschlag und löst denselben bei weiterem Zusatz wieder auf, wobei die entstehende klare Flüssigkeit eine dunklere Farbe annimmt. Kaliumferrocyanat und Rhodankalium bringen keine Veränderungen hervor.

Säuren geben Ausscheidungen.

Liquor Ferri albuminati dialysatus.

Dialysierter Eisenalbuminat-Liquor.
Nach *E. Dieterich.*
(Dem *Lyncke*schen Präparat ähnlich.)

8,0 Natronlauge v. 1,17 spez. Gew.
verdünnt man mit
580,0 destilliertem Wasser,
reibt damit in einem Porzellanmörser
20,0 lösliches Eisenalbuminat, Helfenberg (20 pCt Fe)

an und spült in eine entsprechend grosse Flasche.

Man lässt unter öfterem Schütteln 24 Stunden stehen, bringt die Lösung in einen Dialysator und dialysiert unter täglich zweimaligem Erneuern des Wassers so lange, bis die verbrauchten Wässer nicht mehr alkalisch reagieren. Es wird dies nach 5—8 Tagen der Fall sein.

Man unterbricht nun die Dialyse und setzt dem dialysierten Liquor nach und nach eine Mischung von

150,0 Weingeist von 90 pCt,
100,0 Zimtwasser,
2,0 aromatischer Tinktur

und schliesslich

q. s. destilliertes Wasser

zu, dass das Gesamtgewicht

1000,0

beträgt.

Durch das Dialysieren wird der Alkaligehalt des Liquors zwar ausserordentlich vermindert, aber nicht völlig entfernt. Eine zu weit gehende Herabsetzung des Alkalis bringt Zersetzung des Liquors, d. h. Ausscheidung von Ferrialbuminat hervor, da eine gewisse Menge Alkali zur Lösung notwendig ist. Es ist deshalb darauf zu achten, dass das Dialysieren rechtzeitig unterbrochen wird.

Der so gewonnene Liquor, ursprünglich goldklar, erscheint im auffallenden Licht etwas trübe; er reagiert nicht auf rotes Lackmuspapier und könnte für neutral gelten, wenn nicht die genauen Untersuchungen ergeben hätten, dass eine Spur Alkali noch vorhanden ist.

Liquor Ferri albuminati saccharatus.

Sirupus Ferri albuminati. Eisenalbuminatsirup.
Nach *Brautlecht*.

a) Vorschrift von *E. Dieterich.*

10,0 trockenes Eiweiss

löst man in

100,0 destilliertem Wasser,

fügt zur Lösung

25,0 Natronlauge v. 1,17 spez. Gew.

hinzu und erhitzt im Dampfbad auf 80 bis 90° C.

Andrerseits mischt man

150,0 destilliertes Wasser,
180,0 flüssiges Eisenoxychlorid von 3,5 pCt Fe,

löst durch Erhitzen auf 80—90° C

500,0 Zucker, Pulver M/8,

darin, vereinigt mit der heissen Albuminlösung, fügt

20,0 aromatische Tinktur

hinzu und bringt mit

q. s. destilliertem Wasser

auf ein Gesamtgewicht von

1000,0

b) Vorschrift von *E. Dieterich.*

42,0 Eisenalbuminat-Natriumcitrat, Helfenberg (15 pCt Fe)

schüttelt man in eine Flasche, welche

200,0 destilliertes Wasser,
4,0 Natronlauge v. 1,17 spez. Gew.

enthält. Man schüttelt zuweilen, bis Lösung erfolgt ist, und setzt dann zu

750,0 weissen Sirup,
20,0 aromatische Tinktur.

Bei beiden Vorschriften lässt man 8 Tage absetzen und giesst dann von dem geringen Bodensatz klar ab.

Eine dicke, klare, dunkelrotbraune Flüssigkeit von aromatischem Geruch. Der Geschmack ist süss aromatisch und lässt den Eisengehalt wohl erkennen. Hundert Teile enthalten 0,63 Eisen.

Der Saft reagiert schwach alkalisch. Mit Weingeist gemischt trübt sich derselbe. Ammoniak bringt keine Veränderung hervor. Durch Schwefelammonium wird der Liquor dunkler, ohne dass eine Ausscheidung stattfände. Zusatz von Säure bewirkt Trübung, ebenso scheidet sich beim Kochen ein flockiger Niederschlag, wahrscheinlich Eiweiss, ab.

Der Eisenalbuminatsaft lässt sich mit Milch und eiweisshaltigen Flüssigkeiten vermischen, ohne dieselben organisch zu verändern.

c) Vorschrift des Münchner Apotheker-Vereins (nach *Hager*):

250,0 frisches Hühnereiweiss,
150,0 destilliertes Wasser,
500,0 weissen Sirup,
125,0 Eisenzucker von 3 pCt Fe.

Man verreibt das Eiweiss mit Wasser und Sirup, seiht durch und löst in der Seihflüssigkeit den Eisenzucker.

Dieser Liquor enthält kein Eisenalbuminat, sondern ist eine eiweisshaltige Eisensaccharatlösung.

* * *

Von den vorstehenden Vorschriften ist die dritte (c) die wenigst empfehlenswerte, weil sie das Eisen nicht als Albuminat, sondern als Saccharat enthält. Jedenfalls verdient diese Zusammensetzung nicht die Bezeichung „Liquor oder Sirupus Ferri albuminati", richtiger wäre vielmehr „Liquor oder Sirupus Ferri saccharati albuminatus".

Liquor Ferri c. Cacao.
Aromatische Eisenessenz mit Kakao.

Vorschrift des Hamb. Ap. V.

20,0 entölten Kakao,
240,0 Wasser,
240,0 Weingeist von 90 pCt

stellt man 3 Tage lang unter öfterem Umschütteln bei Seite und filtriert dann.

Dem Filtrat mischt man

33,0 Eisensirup von 6,6 pCt,
240,0 weissen Sirup,
3,0 Pomeranzentinktur,
1,5 aromatische Tinktur,
1,5 Vanilletinktur,
5 Tropfen Essigäther

und so viel Wasser hinzu, dass das Gesamtgewicht

1000,0

beträgt.

Liquor Ferri chlorati.
Eisenchlorürlösung.
Ph. G. I.

11,0 Eisen,
52,0 Salzsäure von 1,124 spez. Gew.

giebt man in einen geräumigen Kolben, lässt 15 Minuten kalt einwirken und erwärmt dann im Wasserbad bei 25° C so lange, als noch Gasentwicklung stattfindet. Man feuchtet dann ein Filter mit destilliertem Wasser, das man vorher aufkochte und mit

2 Tropfen Salzsäure

versetzt hatte, und filtriert rasch.

Das Filtrat bringt man mit

q. s. aufgekochtem destillierten Wasser

auf ein Gewicht von

100,0.

Das spez. Gew. soll 1,226—1,230 betragen.

Liquor Ferri jodati.
Eisenjodürlösung.

Vorschrift des D. A. IV.

41 Teile Jod

werden mit

50 Teilen Wasser

übergossen. In diese Mischung werden

12 Teile gepulvertes Eisen

unter fortwährendem Umrühren und, wenn nötig, unter Abkühlen nach und nach eingetragen. Die entstandene grünliche Lösung wird filtriert.

100 Teile enthalten 50 Teile Eisenjodür.

Eisenjodürlösung ist bei Bedarf frisch zu bereiten.

Wird Eisenjodür verschrieben, so sind 2 Teile frisch bereitete Eisenjodürlösung zu nehmen und nötigenfalls in einer eisernen Schale rasch einzudampfen.

Man möchte hierzu fragen, weshalb gerade 2 Teile Eisenjodürlösung eingedampft werden sollen? Die einzudampfende Menge richtet sich doch wohl nach dem Bedarf an trockenem Eisenjodür. Gemeint ist wahrscheinlich, dass 2 Teile Eisenjodürlösung durch Eindampfen 1 Teil trockenes Präparat liefern.

Das Deutsche Arzneibuch bestimmt, dass die Eisenjodürlösung bei Bedarf frisch zu bereiten sei. Nach meinen Erfahrungen hält sich das Präparat, wenn es in sehr kleine Fläschchen abgefüllt und 2—3 Tage dem Sonnenlicht ausgesetzt, dann aber im Dunkeln aufbewahrt wird.

Liquor Ferri nitrici.
Salpetersaure Eisenoxydlösung.

60,0 Salpetersäure (spez. Gew. 1,185)

bringt man in eine Kochflasche und trägt nach und nach

5,0 Eisendraht,

den man vorher in kleine Stückchen schnitt, ein. Wenn alles Eisen gelöst ist, dampft man die Lösung in einer gewogenen Abdampfschale im Dampfbad unter fortwährendem Rühren ein bis auf ein Gewicht von

22,0,

setzt

10,0 destilliertes Wasser

zu und dampft, um alle überschüssige Säure zu verjagen, nochmals bis zum vorherigen Gewicht ab.

Man verdünnt nun mit

78,0 destilliertem Wasser,

filtriert durch Glaswolle und bewahrt den Liquor in einem mit eingeriebenem Stöpsel verschliessbaren Glase auf.

Liquor Ferri oxychlorati.
Flüssiges Eisenoxychlorid.

a) Vorschrift des D. A. IV.

35 Teile Eisenchloridlösung (10 pCt Fe)

werden mit

160 Teilen Wasser

verdünnt. Darauf wird das Gemisch in eine aus

35 Teilen Ammoniakflüssigkeit (10 pCt)

und

320 Teilen Wasser

bestehende Mischung unter Umrühren eingegossen.

Der entstandene Niederschlag wird vollständig ausgewaschen, ausgepresst und mit

3 Teilen Salzsäure v. 1,124 spez. Gew.

versetzt. Nach dreitägigem Stehen wird die

Mischung bis zur vollständigen Lösung des Niederschlages auf etwa 40° C erwärmt, und die entstandene Lösung durch Zusatz von Wasser auf das spez. Gew. von 1,050 gebracht.

Es ist dazu zu bemerken, dass der Niederschlag trotz des Erwärmens nicht vollständig gelöst und dass die Lösung, bevor sie durch Wasserzusatz auf das vorgeschriebene spez. Gewicht gebracht wird, filtriert werden muss. Es tritt sonst der Fall ein, dass der Liquor auf dem Lager durch Absetzen nicht gelöster und nur verteilter Niederschlagreste spezifisch zu leicht wird.

Am besten löst sich der Niederschlag, wenn man die Eisenchloridlösung durch einen Teil der vorgeschriebenen Ammoniakflüssigkeit oxychloridiert und dann erst ausfällt. Dieser so gewonnene Niederschlag ist so leicht löslich, dass selbst der dritte Teil der vom Arzneibuch vorgeschriebenen Salzsäuremenge genügt.

Man hält dann folgendes Verfahren ein:

b) Vorschrift von *E. Dieterich:*

75,0 Ammoniakflüssigkeit v. 10 pCt

verdünnt man mit

75,0 destilliertem Wasser

und giesst diese Verdünnung in kleineren Partien nach und nach in dünnem Strahl unter kräftigem Rühren in

100,0 Eisenchloridlösung v. 10 pCt Fe,

welche sich in einem durch kaltes Wasser gekühlten Gefäss befindet, ein.

Durch Wiederauflösen des fortwährend entstehenden Niederschlags entsteht Dunkelfärbung der Eisenlösung und Oxychlorid. Man setzt noch

250,0 destilliertes Wasser

zu.

Andrerseits verdünnt man

25,0 Ammoniakflüssigkeit v. 10 pCt

mit

500,0 destilliertem Wasser,

giesst beide Lösungen gleichzeitig in dünnem Strahl unter Rühren in ein hinreichend grosses Gefäss, welches

2000,0 destilliertes Wasser

enthält, wäscht den Niederschlag so aus, wie unter Ferrum aceticum siccum angegeben wurde, presst ihn dann bis zu einem Gewicht von

100,0

aus, und trägt in eine Flasche, welche

8,5 Salzsäure von 1,124 spez. Gew.

enthält, ein. Wenn die Lösung des Niederschlags, welche man durch Schütteln unterstützt, erfolgt ist, verdünnt man auf

250,0,

lässt einige Tage absetzen und filtriert dann.

Das Filtrat bringt man aut ein spez. Gew. von 1,050, wodurch sich eine Ausbeute von gegen 280,0 ergeben wird.

Das Präparat verträgt kein Tageslicht.

Bei meinen Arbeiten über die „indifferenten" Eisenverbindungen machte ich die Erfahrung, dass ein Liquor Ferri oxychlorati, zu dem man den Niederschlag ebenfalls aus Oxychlorid herstellte, sich anders verhielt, wie bei der Gewinnung des Niederschlags aus Ferrisesquichlorid oder Ferrisulfat.

Nach obiger Vorschrift stellt man sich auf die einfachste Weise zuerst die Oxychloridlösung her und gewinnt dann hieraus den Eisenniederschlag.

Liquor Ferri oxydati dialysati.

Dialisierte Eisenflüssigkeit.

350,0 Eisenchloridlösung v. 10 pCt Fe

giebt man in eine Porzellanbüchse, welche sich behufs Abkühlung in Eiswasser befindet und lässt aus einem darüberstehenden Gefäss tropfenweise und unter fortwährendem Rühren hinzutreten

240,0 Ammoniakflüssigkeit v. 10 pCt.

Die durch jeden Tropfen Ammoniak entstehende Ausscheidung löst sich durch das Rühren wieder auf. Es muss aber vermieden werden, dass das Ammoniak zu rasch zugeführt wird und dass dadurch Erwärmung eintritt oder dass das Rühren unterbrochen wird.

Ist alles Ammoniak verbraucht, so rührt man noch 15 Minuten und lässt dann die Mischung 12 Stunden ruhig stehen. Man bringt sie hierauf in einen Dialysator und dialysiert unter täglich zweimaliger Erneuerung des Wassers so lange, bis die Exarysatorflüssigkeit nur noch schwach sauer reagiert.

Man setzt schliesslich soviel destilliertes Wasser zu, dass das Gesamtgewicht

1000,0

beträgt.

Der Liquor enthält 3,5 pCt Eisen.

Nach einer anderen Vorschrift dialysiert man

1000,0 Eisenoxychloridlösung

und dampft sie schliesslich bei 30° C wieder bis zu einem Gewicht von

1000,0

ab.

Liquor Ferri peptonati.

Eisenpeptonatliquor.

Nach *Dieterich-Barthel.*

a) unversüsst:

120,0 flüssiges Eisenoxychlorid von 3,5 pCt Fe

verdünnt man mit

2000,0 destilliertem Wasser.

Andrerseits löst man

30,0 trockenes Pepton (kochsalzarm) †

in

2000,0 destilliertem Wasser

† S. Bezugsquellen-Verzeichnis.

und giesst diese Lösung unter Rühren in die Eisenlösung.

Man neutralisiert nun die ziemlich klare Mischung sehr genau mit

q. s. Natronlauge von 1,17 spez. Gew. (ungefähr 3,0),

die man mit der zwanzigfachen Menge Wasser verdünnte, wäscht den dadurch entstandenen Niederschlag durch Absetzenlassen so lange mit destilliertem Wasser aus, bis das Waschwasser chlorfrei abläuft, und sammelt ihn dann auf einem genässten dichten Leinentuch.

Nach Abtropfen des Wassers bringt man den eine dicke Masse bildenden Niederschlag in eine Abdampfschale, setzt

1,4 Salzsäure von 1,124 spez. Gew.

zu und erhitzt im Dampfbad bis zur vollständigen Lösung.

Man fügt nun eine Mischung von

75,0 Weingeist von 90 pCt,
100,0 Kognak

und

q. s. destilliertem Wasser

hinzu, dass das Gesamtgewicht

1000,0

beträgt.

Wird eine Aromatisierung verlangt, so bedient man sich auf obige Menge eines Zusatzes von

1,0 Benediktineressenz (s. Liqueure),
10 Tropfen Essigäther.

b) unversüsst:

Man verfährt so, wie bei **Ferrum peptonatum** angegeben wurde, dampft aber das in Salzsäure gelöste Ferripeptonat nicht ein, sondern verdünnt mit

q. s. destilliertem Wasser

auf ein Gewicht von

825,0

und fügt

75,0 Weingeist von 90 pCt,
100,0 Kognak,
1,0 Benediktineressenz (s. Liqueure),
10 Tropfen Essigäther

hinzu.

c) versüsst:

16,0 Eisenpeptonat, Helfenberg (25 pCt Fe)

löst man durch einstündiges Quellen und nachheriges Kochen in

550,0 destilliertem Wasser

und lässt die Lösung erkalten.

Man stellt sich dann eine Mischung von

100,0 Kognak,
75,0 Weingeist von 90 pCt,
200,0 weissem Zuckersirup,
1,0 Benediktineressenz (s. Liqueure),
10 Tropfen Essigäther

her und setzt diese nach und nach der Eisenpeptonallösung zu. Schliesslich bringt man mit destilliertem Wasser auf ein Gesamtgewicht von

1000,0.

Der nach diesen Vorschriften bereitete Liquor besitzt einen vorzüglichen Geschmack; eine andere ebenfalls recht gute Aromatisierung an Stelle der Benediktineressenz ist folgende:

4,0 aromatische Tinktur,
4,0 Zimttinktur,
4,0 Vanilletinktur.

Der Liquor Ferri peptonati bildet eine klare rotbraune Flüssigkeit, welche sehr schwach sauer reagiert, schwach eisenartig schmeckt und 0,42 pCt Eisen enthält.

Der Liquor erleidet durch Versetzen mit Weingeist und durch Erhitzen keine Veränderung. Mit wenig Ammoniak versetzt entsteht ein Niederschlag, der sich im Überschuss von NH_3 wieder löst, aber — hierin unterscheidet sich das Peptonat vom Albuminat — nach 1—2 Stunden wieder vollständig ausfällt. Im Wasserbad bis zur Trockne eingedampft, muss sich der Rückstand — ebenfalls im Gegensatz zum Albuminat — (wenn auch etwas trübe) wieder in Wasser lösen.

d) alkalisch (0,6 pCt Fe), Vorschrift des Berliner A. V.:

24,0 trockenes Eisenpeptonat (25 pCt Fe)

löst man in

200,0 kochendem destillierten Wasser.

Der erkalteten Lösung mischt man hinzu

200,0 weissen Sirup,

hierauf versetze mit

100,0 verdünnter Natronlauge (1 + 9),

so dass der anfangs entstehende Niederschlag wieder gelöst ist. Die klare Flüssigkeit vermische mit

370,0 destilliertem Wasser,
100,0 Weingeist von 90 pCt,
3,0 Pomeranzenschalentinktur.
1,5 aromatischer Tinktur,
1,5 Vanilletinktur,
5 Tropfen Essigäther.

e) Vorschrift des Hamb. Ap.-V.:

125,0 Eisenpeptonatsirup,
100,0 weissen Sirup,
100,0 Weingeist,
3,0 Pomeranzentinktur,
1,5 aromatische Tinktur,
1,5 Vanilletinktur,
5 Tropfen Essigäther

mischt man mit

q. s. Wasser,
dass das Gesamtgewicht der Mischung
1000,0
beträgt.

Liquor Ferri peptonati c. Chinino.

(0,4 pCt Fe und 0,5 pCt Chinin.)
Eisenpeptonat-Liquor mit Chinin.
Nach *E. Dieterich.*

a) 5,0 Chininhydrochlorid
reibt man mit
50,0 destilliertem Wasser
an und fügt bis zur Lösung
q. s. (4,0—5,0) Salzsäure
hinzu.

Man vermischt diese Lösung mit
950,0 Eisenpeptonatliquor c.

Noch bequemer ist folgendes Verfahren:

b) 21,0 Eisen-Chinin-Peptonat
löst man durch Erhitzen in
600,0 destilliertem Wasser
und setzt nach dem Erkalten eine Mischung von
200,0 weissem Zuckersirup,
100,0 Kognak,
75,0 Weingeist von 90 pCt,
1,0 Benediktineressenz (s. Liqueure)
hinzu.

Man bringt dann mit Wasser auf ein Gesamtgewicht von
1000,0.

Liquor Ferri sesquibromati.

Ferrum sesquibromatum liquidum seu solutum.
Eisenbromidlösung.

3,0 Eisenpulver,
50,0 destilliertes Wasser,
5,4 Brom
verwandelt man l. a. in Eisenbromür. Man filtriert dann, wäscht das Filter mit destilliertem Wasser nach und fügt dem Filtrat
2,7 Brom
und
q. s. destilliertes Wasser
hinzu, dass das Gesamtgewicht
100,0
beträgt.

Der Liquor enthält 10 pCt Eisenbromid und ist in kleinen Gläsern mit eingeschliffenen Glasstöpseln aufzubewahren.

Liquor Ferri sesquichlorati.

Ferrum sesquichloratum solutum. Liquor Ferri perchloridi. Liquor Ferri chloridi. Eisenchloridlösung. Solution of Perchloride of Iron. Solution of ferric chloride.

a) Vorschrift des D. A. IV.
1 Teil Eisen
wird mit
4 Teilen Salzsäure v. 1,124 spez. Gew.
in einem geräumigen Kolben, unter Vermeidung eines Verlustes, so lange gelinde erwärmt, bis eine Gasentwicklung nicht stattfindet. Die Lösung nebst dem ungelösten Eisen wird alsdann noch warm auf ein zuvor gewogenes Filter gebracht, der Filterrückstand mit Wasser nachgewaschen, getrocknet und gewogen. Für je
100 Teile aufgelöstes Eisen
werden der Lösung hinzugefügt:
260 Teile Salzsäure v. 1,124 spez. Gew.
und
135 Teile Salpetersäure von
1,153 spez. Gew.

Die Mischung wird in einem mit Trichter bedeckten, etwa zur Hälfte gefüllten Glaskolben im Wasserbade so lange erhitzt, bis sie eine rötlich-braune Farbe angenommen hat, und bis ein zur Probe herausgenommener Tropfen, nach dem Verdünnen mit Wasser, mit Kaliumferricyanidlösung nicht mehr gebläut wird. Die Flüssigkeit wird dann in einer gewogenen Porzellanschale im Wasserbade eingedampft, bis das Gewicht des Rückstandes für je 100 Teile darin enthaltenes Eisen 483 Teile beträgt und der Rückstand so oft wieder mit Wasser verdünnt und auf 483 Teile eingedampft, bis die Salpetersäure vollständig entfernt ist. Ist dieses erreicht, so wird die Flüssigkeit vor dem Erkalten mit Wasser bis zum zehnfachen Betrage des Gewichtes an darin aufgelöstem Eisen verdünnt.

Das spez. Gew. soll 1,280—1,282 betragen und 100 Teile enthalten 10 Teile Eisen.

b) Vorschrift der Ph. Austr. VII.
50,0 krystallisiertes Eisenchlorid
löst man in
50,0 destilliertem Wasser
und stellt auf ein spez. Gew. von 1,28.

Der Eisengehalt beträgt 10,3 pCt.

c) Vorschrift der Ph. Brit.
100,0 starke Eisenchloridlösung von 14,08 pCt Fe Ph. Brit.,
281,0 destilliertes Wasser
mischt man. Das spez. Gew. soll 1,11 betragen, entsprechend einem Eisengehalt von 3,69 pCt. Geht man von der Eisenchloridlösung D. A. IV. aus, so verdünnt man
100,0 Eisenchloridlösung v. 10 pCt Fe
mit
170,0 destilliertem Wasser.

d) Vorschrift der Ph. U. St.

Der Liquor wird auf dieselbe Weise bereitet, wie der des D. A. IV.; man verdünnt jedoch bis zum spez. Gew. von 1,387, entsprechend einem Eisengehalt von 13 pCt.

Liquor Ferri sesquijodati.

Ferrum sesquijodatum liquidum seu solutum. Eisenjodidlösung.

Man bereitet dieses Präparat, wie den Liquor Ferri sesquibromati, indem man an Stelle des Broms zuerst

5,81 Jod,

später

2,91 Jod

anwendet.

Der Liquor enthält 10 pCt Eisenjodid und ist in kleinen Gläsern mit eingeriebenem Stöpsel aufzubewahren.

Liquor Ferri subacetici.

Liquor Ferri acetici. Eisenacetatlösung.

a) Vorschrift des D. A. III.

100,0 Eisenchloridlösung v. 10 pCt Fe

verdünnt man mit

500,0 Wasser

und fügt die Verdünnung alsdann unter Umrühren einer Mischung von

100,0 Ammoniakflüssigkeit v. 10 pCt,
2000,0 Wasser

mit der Vorsicht hinzu, dass die Flüssigkeit alkalisch bleibt.

Den Niederschlag wäscht man so lange aus, bis das mit einigen Tropfen Salpetersäure versetzte Filtrat durch Silbernitratlösung nicht mehr getrübt wird, presst ihn dann möglichst stark aus und lässt ihn in einer Flasche mit

80,0 verdünnter Essigsäure v. 30 pCt

an einem kühlen Ort unter öfterem Umschütteln so lange stehen, bis er sich vollkommen oder mit Hinterlassung eines sehr geringen Rückstandes aufgelöst hat. Hierauf setzt man der filtrierten Lösung so viel Wasser zu, dass ihr spez. Gew. 1,087—1,091 beträgt.

Die Erfahrung lehrt, dass sich Niederschläge um so leichter auswaschen und in Lösung überführen lassen, je feiner sie sind.

Das Arzneibuch unterlässt es auch, für den ausgepressten Niederschlag ein Gewicht anzugeben, und schreibt 80,0 verd. Essigsäure vor; es sind aber bereits 76,0 zur Lösung hinreichend.

Das D. A. IV. hat dieses wenig haltbare Präparat — und wohl mit Recht — ganz fallen lassen.

b) Vorschrift von *E. Dieterich.*

100,0 Eisenchloridlösung v. 10 pCt Fe

verdünnt man mit

400,0 destilliertem Wasser,

und andrerseits

100,0 Ammoniakflüssigkeit v. 10 pCt

verdünnt mit

400,0 destilliertem Wasser.

Beide Mischungen, möglichst kalt, giesst man gleichzeitig in dünnem Strahl unter Umrühren in ein Gefäss, welches

2000,0 destilliertes Wasser

enthält und zu zwei Dritteilen davon gefüllt ist. Die vereinigten Flüssigkeiten müssen alkalisch reagieren, was nötigenfalls durch Zusatz von etwas Ammoniakflüssigkeit erreicht wird. Man wäscht den entstandenen Niederschlag durch Absetzenlassen und Abnehmen der überstehenden Flüssigkeit mittels Hebers täglich 3 mal und so oft mit möglichst kaltem destillierten Wasser aus, bis das Waschwasser keine Chlorreaktion mehr giebt.

Man sammelt nun den Niederschlag auf einem dichten, genässten und gewogenen Leinentuch, lässt das Wasser abtropfen und presst ihn bis zu einem Gewicht von

75,0

aus.

Dann bringt man ihn in eine Flasche, welche

76,0 verdünnte Essigsäure v. 30 pCt

enthält und schüttelt mindestens $^1/_4$ Stunde, stellt dann beiseite und wiederholt das Schütteln so oft, bis sich der Niederschlag vollständig gelöst hat,

Hierauf filtriert man und setzt so viel destilliertes Wasser zu, dass das spezifische Gewicht des Filtrats nicht unter 1,091 bei 15° C beträgt.

Liquor Ferri acetici scheidet auf dem Lager Oxyd aus, er muss deshalb auf das höchste spezifische Gewicht eingestellt werden.

Beim Ausfällen sowohl, wie beim Auswaschen des Niederschlags ist streng darauf zu achten, dass die Temperatur der Fällungsflüssigkeiten und des Wassers 15° C nicht übersteigt. Nur in niederer Temperatur lässt sich ein Liquor erzielen, welcher eine haltbare Tinktur liefert.

Liquor Ferri sulfurici oxydati.

Ferrisulfatlösung.

80,0 krystallisiertes Ferrosulfat,
40,0 Wasser,
15,0 Schwefelsäure v. 1,838 spez. G.
18,0 Salpetersäure v. 1,153 spez. G.

erhitzt man im Wasserbad in einem Kolben, bis die Flüssigkeit braun und klar geworden ist und bis ein Tropfen davon, mit Wasser verdünnt, durch Kaliumferricyanidlösung nicht mehr blau gefärbt wird. Man dampft nun die Lösung im Wasserbad in einer gewogenen Porzellanschale so lange ab, bis eine krümelige Masse zurückbleibt, löst diese in

120,0 Wasser

und dampft abermals so weit, wie vorher, ab. Man wiederholt dieses Verfahren so oft, als noch Salpetersäure im Liquor nachgewiesen werden kann. Wenn dies nicht mehr der Fall ist, bringt man die Flüssigkeit mit Wasser auf ein Gesamtgewicht von

160,0.

Das spez. Gew. muss 1,428—1,430 betragen.

Liquor Ferro-Mangani jodopeptonati.

Pepto-Jodeigon-Eisenmanganliquor.
(pCt: 0,6 Fe, 0,1 Mn, 0,003 J.)

Vorschriften von *K. Dieterich.*

a) 40,0 trockenes Eisenmangan-Jodpeptonat (Helfenberg)

übergiesst man mit

550,0 kaltem destillierten Wasser,

lässt 3 Stunden stehen und erhitzt dann im Dampfbad so lange bis Lösung erfolgt ist.

Man lässt erkalten und setzt folgende, vorher bereitete Mischung zu:

100,0 Kognak,
75,0 Weingeist von 90 pCt,
200,0 weissen Zuckersirup.
2,0 Benediktineressenz.

Schliesslich bringt man durch Wasserzusatz auf ein Gesamtgewicht von

1000,0.

b) 2,0 Pepto-Jodeigon

löst man in

998,0 Eisenmanganpeptonat-Liquor Helfenberg.

Das Wort „Eigon" ist geschützt.

Liquor Ferro-Mangani jodosaccharati.

Jod-Eisenmangan-Saccharat Liquor.

Vorschrift von *K. Dieterich.*

2,0 Jod-Eigonnatrium

löst man in

998,0 Eisenmangansaccharat-Liquor Helfenberg.

Das Wort „Eigon" ist geschützt.

Liquor Ferro-Mangani peptonati.

Eisen-Manganpeptonat-Liquor.
(0,6 pCt Fe und 0,1 pCt Mn.)

a) Nach *E. Dieterich.*

40,0 Eisen-Manganpeptonat, Helfenberg,

löst man durch einstündiges Quellen und nachheriges Kochen in

550,0 destilliertem Wasser

und lässt die Lösung erkalten.

Man stellt sich dann eine Mischung von

100,0 Kognak,
75,0 Weingeist von 90 pCt,
200,0 weissem Zuckersirup,
4,0 aromatischer Tinktur,
4,0 Ceylonzimttinktur,
4,0 Vanilletinktur,
0,5 Essigäther

her und setzt diese nach und nach der Eisen-Manganpeptonatlösung zu. Schliesslich bringt man mit destilliertem Wasser auf ein Gesamtgewicht von

1000,0.

Eine noch wohlschmeckendere Aromatisierung kann man dem Liquor geben, wenn man an Stelle der drei Tinkturen insgesamt

1,0 Benediktineressenz (s. Liqueure)

nimmt. Man lässt den Liquor absetzen und giesst ihn von den etwa zu Boden fallenden wenigen Flocken klar ab.

Das Eisen-Manganpeptonat wird von der Helfenberger Fabrik in den Handel gebracht; will man den Bezug desselben umgehen, so verfährt man in folgender Weise:

b) Man löst

10,0 Citronensäure

in

50,0 destilliertem Wasser,

neutralisiert genau mit Ammoniakflüssigkeit, setzt diese Mischung sodann einer heiss bereiteten Lösung von

24,0 Eisenpeptonat (25 pCt Fe)

zu, mischt hierzu noch eine Auflösung von

3,7 krystallisiertem Manganchlorür

in

10,0 destilliertem Wasser

und hält im übrigen die obige Vorschrift ein.

Der nach der zweiten Vorschrift bereitete Liquor ist nicht haltbar und schmeckt stark salmiakartig.

c) Alkalisch mit 0,6 pCt Fe und 0,1 pCt Mn

Vorschrift des Berliner Ap. V.:

24,0 Eisenpeptonat (25 pCt Fe)

löst man in

200,0 heissem destillierten Wasser.

Der erkalteten Lösung mischt man hinzu

200,0 weissen Sirup,

versetzt hierauf mit

10,0 Natronlauge von 1,17 spez. Gew.,

die man mit

90,0 destilliertem Wasser

verdünnt hat, so dass der anfangs entstehende Niederschlag wieder gelöst wird. Die klare Flüssigkeit vermischt man mit

50,0 flüssigem Manganglukosat (2 pCt Mn),

dem man vorher einige Tropfen Natronlauge bis zur deutlichen schwach alkalischen Reaktion zugesetzt hat.

Der klaren Mischung fügt man hinzu

320,0 destilliertes Wasser,
100,0 Weingeist von 90 pCt,
3,0 Pomeranzenschalentinktur,
1,5 aromatische Tinktur,
1,5 Vanilletinktur,
5 Tropfen Essigäther.

d) Vorschrift d. Hamb. Ap. V.

50,0 Mangansirup,
125,0 Eisenpeptonatsirup,
100,0 Weingeist,
3,0 Pomeranzenschalentinktur,
1,5 aromatische Tinktur,
1,5 Vanilletinktur,
5 Tropfen Essigäther

mischt man mit

q. s. Wasser,

dass das Gesamtgewicht der Mischung

1000,0

beträgt.

Liquor Ferro-Mangani saccharati.

Eisen-Mangansaccharat-Liquor.
(0,6 pCt Fe und 0,1 pCt Mn.)

a) Nach *E. Dieterich.*

60,0 Eisensaccharat Helfenberg (10 pCt Fe),
10,0 Mangansaccharat Helfenberg (10 pCt Mn)

oder

60,0 Eisenmangansaccharat Helfenberg

löst man durch Erwärmen in

410,0 destilliertem Wasser

und lässt die Lösung erkalten.

Man stellt sich dann eine Mischung von

100,0 Kognak,
75,0 Weingeist von 90 pCt,
180,0 weissem Zuckersirup,
3,0 Pomeranzenschalentinktur,
1,0 aromatischer Tinktur,
1,0 Vanilletinktur,
1,0 Ceylonzimttinktur,
5 Tropfen Essigäther

her und setzt diese nach und nach der Eisen-Mangansaccharatlösung zu.

Von allen Eisen- oder Eisenmangan-Liquores ist dieser der wohlschmeckendste.

b) Vorschrift des Berliner Apotheker-Vereins:

200,0 Eisensaccharat (3 pCt Fe)

löst man in

644,0 destilliertem Wasser

und vermischt die Lösung mit

50,0 flüssigem Manganglukosat (2 pCt Mn),
100,0 Weingeist von 90 pCt,
3,0 Pomeranzenschalentinktur,
1,5 aromatischer Tinktur,
1,5 Vanilletinktur,
5 Tropfen Essigäther.

c) Vorschrift d. Hamb. Ap. V.

50,0 Mangansirup,
90,0 Eisensirup von 6,6 pCt,
125,0 weissen Sirup,
100,0 Weingeist,
3,0 Pomeranzenschalentinktur,
1,5 aromatische Tinktur,
1,5 Vanilletinktur,
5 Tropfen Essigäther

mischt man mit

q. s. Wasser,

dass das Gesamtgewicht

1000,0

beträgt.

Liquor Haemoglobini.

Haematogen.

Vorschrift d. Münchn. Ap. V.

100,0 Hämoglobinextrakt †

löst man in

150,0 destilliertem Wasser

und fügt dann hinzu

30,0 Glycerin v. 1,23 spez. Gew.,
20,0 deutschen Kognak,
0,3 Benediktineressenz.

Man schüttelt die Lösung von Zeit zu Zeit kräftig um und füllt nach 24 Stunden ab.

Liquor Hydrargyri albuminati.

Hydrargyrum albuminatum liquidum seu solutum.
Quecksilber-Albuminatlösung.
Nach *E. Dieterich.*

a) Mit 1 pCt Sublimat:

15,0 frisches Hühnereiweiss

schlägt man zu Schnee, lässt letzteren durch längeres Stehen sich wieder verflüssigen und

† S. Bezugsquellen-Verzeichnis.

setzt dann unter Rühren eine Lösung zu, welche man aus

1,0 Quecksilberchlorid,
4,0 Natriumchlorid,
80,0 destilliertem Wasser

herstellte. Nachdem die Mischung, vor Tageslicht geschützt, 1—2 Tage kühl gestanden hat, filtriert man sie.

b) mit 5 pCt Sublimat:

25,0 frisches Hühnereiweiss,
5,0 Quecksilberchlorid,
5,0 Natriumchlorid,
65,0 destilliertes Wasser.

Man verfährt wie bei der Vorschrift a). Sollte das Filtrieren Schwierigkeiten bereiten, so versetzt man die nach a) oder b) bereiteten Mischungen mit

2,0 Talk, Pulver M/50,

schüttelt tüchtig durch, stellt noch einen Tag kühl und filtriert dann.

Man bewahrt die Quecksilber-Albuminatlösungen, auf kleine Fläschchen abgefüllt, an kühlem Ort im Dunkeln auf.

Liquor Hydrargyri formamidati.

Quecksilberformamidlösung.

Vorschrift des Ergänzungsb. d. D. Ap. V.

1,0 Quecksilberchlorid

löst man in

50,0 destilliertem Wasser

und fällt die Lösung mit Natronlauge aus. Den ausgewaschenen Niederschlag löst man unter Zusatz von Wasser und unter Anwendung von Wärme in der eben hinreichenden Menge vom Formamid. Die erhaltene Lösung füllt man mit Wasser auf 100 ccm auf und filtriert sie.

Liquor Hydrargyri nitrici oxydati.

Hydrargyrum nitricum oxydatum liquidum seu solutum. Merkurinitratlösung.

12,5 Quecksilberoxyd

löst man in einem kleinen Kolben unter öfterem Bewegen desselben in

27,0 Salpetersäure v. 1,185 spez. Gew.

und verdünnt dann die Lösung mit

q. s. destilliertem Wasser

auf ein Gesamtgewicht von

100,0.

Hat sich das Quecksilberoxyd nicht vollständig gelöst, so setzt man tropfenweise noch etwas Salpetersäure zu, bis vollständige Klarheit erreicht ist. Man filtriert die Lösung durch Glaswolle und bewahrt sie in einem Glase mit eingeriebenem Stöpsel auf.

Liquor Hydrargyri peptonati.

Quecksilberpeptonatlösung. Peptonquecksilberlösung.

1,0 Quecksilberchlorid

löst man in

20,0 destilliertem Wasser.

Andrerseits löst man

3,0 trockenes Pepton (kochsalzarm) †

in

10,0 destilliertem Wasser.

Man giesst nun die Peptonlösung langsam unter Rühren in die Sublimatlösung, lässt die Mischung 1 Stunde stehen, sammelt den Niederschlag auf einem Filter und lässt ihn hier gut abtropfen.

Man bereitet nun eine Lösung aus

1,0 Natriumchlorid

in

50,0 destilliertem Wasser,

verteilt den Niederschlag in dieser Flüssigkeit und schwenkt so lange vorsichtig um, bis sich der Niederschlag gelöst hat.

Schliesslich bringt man mit

q. s. destilliertem Wasser

auf ein Gesamtgewicht von

100,0.

Wenn nötig, filtriert man. Man füllt auf kleine Fläschchen und bewahrt diese, vor Tageslicht geschützt, kühl auf.

Liquor Kalii acetici.

Kalium aceticum solutum. Kaliumacetatlösung.

a) Vorschrift des D. A. IV.

Zu

50 Teilen verdünnter Essigsäure von 30 pCt

fügt man allmählich

24 Teile Kaliumbikarbonat

hinzu, erhitzt die Lösung zum Sieden, neutralisiert sie hierauf mit Kaliumbikarbonat und verdünnt die erkaltete Flüssigkeit mit Wasser bis zum spez. Gew. 1,176—1,180.

b) Vorschrift der Ph. Austr. VII.

70,0 reines Kaliumkarbonat

trägt man allmählich ein in

300,0 verdünnte Essigsäure von 20,4 pCt,

erhitzt bis zur Entfernung der Kohlensäure, neutralisiert mit Kaliumkarbonat und dampft im Wasserbad ein, bis die erkaltete Flüssigkeit ein spez. Gew. von 1,20 besitzt.

---

† S. Bezugsquellen-Verzeichnis.

Liquor Kalii arsenicosi.

Solutio arsenicalis Fowleri. Liquor arsenicalis Ph. Brit. Liquor Potassii arsenitis Ph. U. St. Fowlersche Lösung. Fowlers Arsenlösung. Arsenical solution Ph. Brit. Solution of Potassium Arsenite Ph. U. St.

a) Vorschrift des D. A. IV.

1 Teil arsenige Säure

und

1 Teil Kaliumkarbonat

werden mit

2 Teilen Wasser

bis zur völligen Lösung gekocht und hierauf mit

40 Teilen Wasser

versetzt. Der Flüssigkeit werden

10 Teile Weingeist,
5 „ Lavendelspiritus

und so viel Wasser zugegeben, dass das Gesamtgewicht

100 Teile

beträgt.

Es wäre zu wünschen, dass bei weiteren Bearbeitungen des deutschen Arzneibuches der ganz unnütze Überschuss an Alkali ebenfalls beseitigt würde.

b) Vorschrift der Ph. Austr. VII.

1,0 arsenige Säure,
1,0 Kaliumkarbonat

verreibt man mit einander und erhitzt in einem Kölbchen mit

10,0 destilliertem Wasser

bis zur völligen Lösung der arsenigen Säure. Nach dem Erkalten setzt man

5,0 aromatischen Spiritus

und soviel destilliertes Wasser zu, dass das Gesamtgewicht

100,0

beträgt. Hierauf filtriert man.

Diese Vorschrift giebt ein schwach trübes Präparat, welches nach mehrwöchentlicher Aufbewahrung klar wird. Will man das Präparat sofort klar haben, so klärt man durch Zusatz von 1,0 Talkpulver.

Das Zusammenreiben der arsenigen Säure mit dem Kaliumkarbonat ist unnötig, wenn man, wie es das Deutsche Arzneibuch vorschreibt, zur Lösung nur 2,0 Wasser nimmt.

c) Vorschrift der Ph. Brit.

1,0 arsenige Säure,
1,0 Kaliumkarbonat,
50,0 destilliertes Wasser

kocht man in einem Kölbchen bis zur völligen Lösung, setzt nach dem Erkalten

2,5 zusammengesetzte Lavendeltinktur Ph. Brit.

hinzu und bringt das Gesamtgewicht mit

q. s. destilliertem Wasser

auf

101,7.

d) Vorschrift der Ph. U. St.

1,0 arsenige Säure,
2,0 Kaliumbikarbonat,
10,0 destilliertes Wasser

kocht man bis zur Lösung, verdünnt mit

80,0 destilliertem Wasser,

setzt

8,0 zusammengesetzte Lavendeltinktur Ph. U. St.

hinzu und bringt die Gesamtmenge mit

q. s. destilliertem Wasser

auf

100 ccm.

Man filtriert alsdann.

Liquor Kalii carbonici.

Kalium carbonicum solutum. Kaliumkarbonatlösung.

Vorschrift des D. A. IV.

11 Teile Kaliumkarbonat

werden in

20 Teilen Wasser

gelöst. Die Lösung wird filtriert und erforderlichen Falles auf das spez. Gew. 1,330—1,334 verdünnt.

Liquor Kalii hypochlorosi.

Kaliumhypochloridlösung. Bleichlösung. Eau de Javelle. *Javelle*sche Lauge.

20,0 Chlorkalk,
100,0 Wasser

verreibt man.

Andererseits löst man

20,0 Pottasche

in

600,0 Wasser

und trägt diese Flüssigkeit langsam unter Rühren in die Chlorkalklösung ein.

Man lässt die Mischung 24 Stunden kühl stehen, giesst die klare Flüssigkeit ab und setzt nun

10,0 rohe Salzsäure von 1,165 spez. Gew.

zu.

Man füllt die *Javelle*sche Lauge auf nicht zu grosse Flaschen und bewahrt diese im Keller an einer vor Tageslicht geschützten Stelle auf.

Liquor Lithantracis acetonatus.

Teeracetonlösung.

Vorschrift des Dresdner Ap. V.

10,0 Steinkohlenteer,
20,0 Benzol,
73,0 Aceton.

Man löst, lässt mehrere Tage absetzen und filtriert dann.

Liquor Lithantracis compositus.

Zusammengesetzte Teerlösung.

Vorschrift des Dresdner Ap. V.

5,0 zerriebenes Kaliumsulfid,
4,0 Natronlauge v. 1,17 spez. Gew.,
20,0 Weingeist von 90 pCt

erwärmt man bei 40 ^{0} C eine Stunde lang in geschlossenem Gefäss, lässt dann erkalten, filtriert und bringt das Filtrat mit Weingeist von 90 pCt auf ein Gewicht von

29,0.

Diesem Filtrat setzt man zu

50,0 einfache Teerlösung (Liq. Lithantrac. simpl.),
10,0 Resorcin,
2,0 Salicylsäure,
20,0 Weingeist von 90 pCt,
0,5 Ricinusöl.

Liquor Lithantracis simplex.

Einfache Teerlösung.

Vorschrift des Dresdner Ap. V.

10,0 Steinkohlenteer,
20,0 Benzol,
20,0 Weingeist von 90 pCt

setzt man unter öfterem Umschütteln einer Temperatur von 35 ^{0} C aus, lässt dann erkalten und giesst möglichst klar vom Bodensatz ab. Man fügt dann noch hinzu

5,0 Weingeist von 90 pCt,
4,0 Natronlauge von 1,17 spez. Gew.,
1,0 Ricinusöl.

Liquor Magnesii acetici.

Magnesiumacetatlösung.

160,0 verdünnte Essigsäure v. 30 pCt

erwärmt man in einer geräumigen Abdampfschale auf dem Dampfbad und trägt sodann in dieselbe eine Verreibung von

40,0 Magnesiumkarbonat

mit

40,0 destilliertem Wasser

nach und nach ein. Man erhitzt dann so lange, bis alle Kohlensäure verjagt ist, neutralisiert nötigenfalls durch einen weiteren Zusatz von Magnesiumkarbonat, filtriert und dampft das Filtrat bis auf ein Gewicht von

100,0.

ein.

Liquor Magnesii citrici.

Magnesiumcitratlösung.

17,5 Citronensäure

löst man im Dampfbad in

75,0 destilliertem Wasser,

trägt allmählich

6,0 Magnesiumkarbonat

ein, erhitzt, bis sich alle Kohlensäure verflüchtigt hat, filtriert und setzt dem Filtrat so viel destilliertes Wasser zu, dass das Gesamtgewicht

100,0

beträgt.

Liquor Morphinae Acetatis.

Solution of Acetate of Morphine.

Vorschrift der Ph. Brit.

1,0 Morphiumacetat

löst man in einer Mischung aus

2,0 verdünnter Essigsäure von 3,63 pCt,
20,0 Weingeist von 88,76 Vol. pCt,
73,0 destilliertem Wasser.

Liquor Morphinae Hydrochloratis.

Solution of Hydrochlorate of Morphine.

Vorschrift der Ph. Brit.

1,0 Morphiumhydrochlorid

löst man in einer Mischung aus

2,0 verdünnter Chlorwasserstoffsäure von 1,052 spez. Gew.
20,0 Weingeist von 88,76 Vol. pCt,
73,0 destilliertem Wasser.

Liquor Natrii arsenicici.

Natriumarseniatlösung.

a) nach Pearson:

1,0 Natriumarseniat

löst man in

500,0 destilliertem Wasser.

b) Vorschrift d. Ergänzb. d. D. Ap. V.

1,0 Arsensäure, b. 100 ^{0} C getrocknet,
2,0 Natriumkarbonat,
10,0 destilliertes Wasser

löst man unter Erwärmen, lässt erkalten und fügt dann so viel Wasser hinzu, dass das Gesamtgewicht

100,0

beträgt.

Liquor Natrii carbolici.

Natriumphenylatlösung.

20,0 Natronlauge v. 1,17 spez. Gew.
verdünnt man mit
30,0 destilliertem Wasser,
setzt
50,0 kryst. Karbolsäure
zu und filtriert durch Glaswolle.

Das Filtrat ist vor Luft und Tageslicht zu schützen.

Liquor Natrii hypochlorosi.

*Labarraque*sche Lauge.

20,0 Chlorkalk
reibt man sehr sorgfältig mit
100,0 Wasser
an, setzt der Mischung eine kalte Lösung von
25,0 roher Krystallsoda
in
400,0 Wasser
zu, lässt 6 Stunden in einer Absetzflasche absetzen, giesst klar ab, rührt den Bodensatz nochmals mit
100,0 Wasser
an, lässt absetzen und bringt ihn schliesslich zum Abtropfen auf ein leinenes gebleichtes Tuch.

Die so erhaltene *Labarraque*sche Lauge bewahrt man in einer mit eingeriebenem Stöpsel verschliessbaren Flasche vor Licht geschützt auf.

Der Liquor, dessen Ausbeute
500,0
betragen wird, enthält ungefähr 1/2 pCt wirksames Chlor.

Man füllt die Flüssigkeit auf nicht zu grosse Flaschen und bewahrt diese, vor Tageslicht geschützt, im Keller auf.

Liquor Natrii nitrici n. *Rademacher*.

Salpetertropfen. St. Peterstropfen.

10,0 Natriumnitrat
löst man in
20,0 destilliertem Wasser,
filtriert die Lösung und wäscht das Filter mit so viel Wasser nach, dass das Gesamtgewicht des Filtrats
30,0
beträgt.

Liquor pectoralis.

s. Mixtura pectoralis.

Liquor Pepsini.

Solution of Pepsin. Liquid Pepsin.

Vorschrift der Ph. U. St.
40,0 Pepsin
löst man in
12,0 Salzsäure von 1,16 spez. Gew.,
400,0 Glycerin v. 1,23 spez. Gew.,
548,0 destilliertem Wasser
und filtriert.

Liquor Picis alkalinus.

10,0 Ätzkali
löst man in
30,0 destilliertem Wasser
und
30,0 Weingeist von 90 pCt,
setzt
30,0 Holzteer
zu, mischt, filtriert nach 24 Stunden und fügt dem Filtrat
q. s. verdünnten Weingeist v. 68 pCt
zu, dass das Gesamtgewicht
100,0
beträgt.

Liquor Plumbi caustici.

Nach *Gerhardt*.

70,0 destilliertes Wasser
bringt man in ein gewogenes Kölbchen, fügt
33,0 Ätzkali,
3,3 Bleiglätte
hinzu und kocht so lange, bis sich die Glätte gelöst hat. Man ersetzt dann das verdunstete Wasser und bringt auf ein Gewicht von
100,0.

In eine Flasche, deren eingeschliffener Stöpsel mit Vaseline eingerieben wurde, gefüllt, lässt man absetzen und giesst später vom Bodensatz ab.

Liquor Plumbi subacetici.

Liquor Plumbi Subacetatis. Plumbum aceticum basicum solutum. Acetum Plumbi. Acetum Lithargyri. Bleiessig. Bleiextrakt. Basisch essigsaure Bleilösung. Solution of Subacetate of Lead.

a) Vorschrift des D. A. IV.
3 Teile rohes Bleiacetat
werden mit
1 Teil Bleiglätte
verrieben und unter Zusatz von
1/2 Teil Wasser
in einem bedeckten Gefäss im Wasserbad er-

hitzt, bis die anfänglich gelbliche Mischung gleichmässig weiss oder rötlichweiss geworden ist.

Alsdann werden weitere

9½ Teil Wasser

allmählich zugefügt. Wenn die Masse ganz oder bis auf einen kleinen Rückstand zu einer trüben Flüssigkeit gelöst ist, lässt man diese in einem wohlverschlossenen Gefässe zum Absetzen stehen und filtriert endlich.

Zu dieser Vorschrift ist zu bemerken, dass das Verreiben von Bleiacetat mit Bleiglätte eine ebenso unnötige, wie ungesunde Arbeit ist. Man kann dies umgehen, wenn man die Vorschrift c) einhält.

b) Vorschrift der Ph. Austr. VII.

30,0 essigsaures Blei

verreibt man mit

10,0 gepulvertem Bleioxyd

und bringt die Mischung in eine Flasche, welche

100,0 destilliertes Wasser

enthält. Man stellt die gut verschlossene Flasche unter öfterem Umschütteln so lange bei Seite, bis nur noch ein Bodensatz von weisser Farbe vorhanden ist und filtriert alsdann.

Das Zusammenreiben von Bleiglätte und Bleizucker ist auch hier überflüssig; es ist ferner zu empfehlen, nur ausgekochtes destilliertes Wasser zum Ansetzen zu verwenden und nur mit diesem den Bleiessig auf ein spez. Gew. von 1,23—1,24 zu stellen.

Die beiden Gesetzbücher schreiben ein Zusammenreiben von Glätte und Bleizucker vor; wenn diese stäubende Arbeit aber in grösserem Umfang und öfter ausgeführt wird, so ist sie unbedingt gesundheitsschädlich. Ausserdem lässt sich die Glätte durch Anreiben mit Wasser völlig verteilen, so dass das trockene Verreiben als eine sehr unnötige Arbeit bezeichnet werden muss.

Unter Beibehaltung der oben angegebenen Verhältnisse hält man besser folgendes Verfahren ein:

c) Vorschrift von *E. Dieterich*:

30,0 Bleiglätte

verrührt man in einer Steingutbüchse mit

35,0 ausgekochtem destillierten Wasser,

erhitzt im Dampfbad, trägt nach und nach

90,0 krystallisiertes Bleiacetat

ein, und erhitzt so lange, bis die gelbrote Farbe in Weiss oder Rötlichweiss übergegangen ist.

Man verdünnt nun mit

275,0 ausgekochtem destillierten Wasser,

erhitzt noch 5 Minuten, stellt an einen kühlen Ort und filtriert. Das Filtrat stellt man mit ausgekochtem destillierten Wasser auf ein spez. Gew. von 1,235—1,240 ein. Die Verwendung von ausgekochtem destillierten Wasser ist für die Haltbarkeit des Bleiessigs von wesentlicher Bedeutung.

d) Vorschrift der Ph. Brit.

30,0 Bleiacetat,
21,0 Bleiglätte,
120,0 destilliertes Wasser

kocht man unter beständigem Umrühren eine halbe Stunde lang, filtriert die Flüssigkeit, lässt erkalten und verdünnt mit destilliertem Wasser bis auf

150,0.

Das spez. Gew. soll 1,275 betragen.

Liquor Saponis stibiati.

Flüssige Spiessglanzseife.

6,0 Ätzkali,
6,0 Goldschwefel,
18,0 destilliertes Wasser

erwärmt man in einem Kölbchen so lange, bis alles gelöst ist, fügt

18,0 destilliertes Wasser,
36,0 Weingeist von 90 pCt,
18,0 medizinische Seife, Pulver M/50,

hinzu und fährt mit dem Erwärmen fort, bis auch die Seife in Lösung übergegangen ist. Man filtriert und setzt dem Filtrat, wenn nötig, so viel Weingeist von 90 pCt zu, dass das Gewicht

100,0

beträgt.

Liquor Sodae Arseniatis.

Liquor Sodii Arsenatis. Solution of Arseniate of Soda. Solution of Sodium Arsenate.

a) Vorschrift der Ph. Brit.

0,914 bei 150° C nicht übersteigender Hitze entwässertes arsensaures Natrium

löst man in

100,0 destilliertem Wasser.

b) Vorschrift der Ph. U. St.

1,0 bei 150° C nicht übersteigender Hitze entwässertes arsensaures Natrium

löst man in so viel

destilliertem Wasser,

dass die Gesamtmenge

100 ccm

beträgt.

Liquor Stibii chlorati.

Butyrum Antimonii Stibii. Spiessglanzbutter. Ph. G. I.

100,0 geschlämmtes schwarzes Schwefelantimon,
500,0 rohe Salzsäure v. 1,165 spez. Gew.

bringt man in einen Kolben, lässt 24 Stunden ruhig stehen und erhitzt im Sandbad so lange, als noch Einwirkung stattfindet.

Nach dem Erkalten filtriert man durch Glaswolle in eine tubulierte Retorte und destilliert aus dieser im Sandbad

200,0

ab. Man wechselt die Vorlage und legt eine solche vor, welche

200,0 destilliertes Wasser

enthält und einen so weiten Hals besitzt, dass der Hals der Retorte bis in die Mitte des Kolbens reicht und die hier abfliessenden Tropfen in das Wasser fallen, dann setzt man die Destillation so lange fort, bis das Destillat im Wasser der Vorlage eine bleibende Trübung hervorruft, und giebt hierauf den noch heissen Retorten-Inhalt in ein schmales und hohes Glasgefäss. Nach mehrtägigem Stehen giesst man die überstehende Flüssigkeit, deren Gewicht ungefähr

230,0

betragen wird, in eine gewogene Flasche ab und vermischt mit

q. s. verdünnter Salzsäure von 1,061 spez. Gew.,

von welcher ungefähr 150,0 notwendig sein werden, so dass das spez. Gew. der Mischung 1,345—1,360 beträgt.

Liquor stypticus benzoatus.

10,0 Benzoë, Pulver M/15,

verteilt man in

50,0 destilliertem Wasser

und

50,0 glycerinhaltiger Aluminiumacetatlösung,

maceriert die Mischung 12 Stunden, digeriert sie dann ebenso lange und filtriert nach eintägigem Stehen.

Liquor Strychninae Hydrochloratis.

Solution of Hydrochlorate of Strychnine.

Vorschrift der Ph Brit.

1,0 krystallisiertes Strychnin

löst man durch Erwärmen in

2,0 verdünnter Chlorwasserstoffsäure von 1,052 spez. Gew.,
50,0 destilliertem Wasser

und setzt alsdann

23,0 destilliertes Wasser,
20,0 Weingeist von 88,76 Vol. pCt

hinzu.

Die Flüssigkeit soll nicht im Kalten aufbewahrt werden.

Liquor Vitriolorum Villati.

Aqua styptica Villati. Liquor Villati. *Villat*ische Lösung.

5,0 Zinksulfat,
5,0 Kupfersulfat

löst man in

40,0 Essig.

Weiter löst man

10,0 Bleiacetat

in

40,0 Essig,

mischt beide Lösungen und entfernt das entstandene Bleisulfat durch Absetzenlassen und Filtrieren.

Ex tempore bereitet man die Lösung in folgender Weise:

10,0 Kupfersulfat,
10,0 Zinksulfat

löst man in

120,0 destilliertem Wasser

und filtriert die Lösung.

Liquor Zinci bromati.

Zinkbromidlösung.

a) 20,0 Zinkbromid

löst man in

80,0 destilliertem Wasser

und filtriert.

Ist kein Zinkbromid zur Hand, so stellt man sich den Liquor ex tempore folgendermassen her:

b) 21,2 Kaliumbromid,
25,4 Zinksulfat

verreibt man miteinander zu möglichst feinem Pulver, setzt

20,0 destilliertes Wasser

zu, überlässt 30—45 Minuten der Ruhe, setzt dann

100,0 Weingeist von 90 pCt

zu, filtriert, wäscht das Filter mit

50,0 Weingeist von 90 pCt

nach und dampft das Filtrat bis auf

100,0

ein.

Liquor Zinci chlorati.

Chlorzinklösung. Zinkchloridlösung.

10,0 Zinkchlorid

löst man in

90,0 destilliertem Wasser
und filtriert die Lösung durch Glaswolle.

Lithium benzoïcum.

Lithiumbenzoat.

30,0 Lithiumkarbonat,
300,0 destilliertes Wasser
erwärmt man in einer Abdampfschale im Dampfbad, setzt allmählich
100,0 auf nassem Weg bereitete Benzoësäure
zu, filtriert die Lösung rasch durch Watte und dampft sie so weit ab, dass eine feuchte krystallinische Masse entsteht, welche man bei einer Temperatur von 25—30° C vollständig austrocknet.

Die Ausbeute beträgt reichlich
100,0.

Lithium carbonicum effervescens.

Brausendes Lithiumkarbonat.
Nach *E. Dieterich.*

10,0 Lithiumkarbonat,
30,0 Natriumbikarbonat,
20,0 Weinsäure,
40,0 Zucker,
sämtlich gepulvert, $^{M}/_{30}$, mischt man gut und befeuchtet mit
40,0 Weingeist von 90 pCt
unter längerem Kneten. Diese Masse reibt man dann durch ein verzinntes Metallsieb oder durch einen emaillierten Durchschlag und trocknet anfänglich bei 20° C, dann bei mindestens 40° C vollständig aus.

Die etwas zusammengebackene Masse trennt man durch vorsichtiges Drücken und bewahrt sie in gut schliessenden Gefässen auf.

Der Zuckerzusatz ist des Geschmackes wegen nicht entbehrlich.

Lithium citricum effervescens.

Brausendes Lithiumcitrat.
Nach *E. Dieterich.*

10,0 Lithiumcitrat,
30,0 Natriumbikarbonat,
20,0 Weinsäure,
20,0 Milchzucker,
20,0 Zucker
in Pulverform, $^{M}/_{30}$, mischt man, befeuchtet mit
40,0 Weingeist von 90 pCt
und verarbeitet weiter, wie unter Lithium carbonicum effervescens beschrieben.

Löschwasser für Handspritzen.

Nach *E. Dieterich.*

100,0 Kochsalz,
100,0 Calciumchlorid
löst man in
800,0 Wasser.

Beim Aufspritzen auf brennende Gegenstände verdunstet das Wasser und das zurückbleibende Salz schützt diese durch Inkrustieren vor weiterem Entflammen.

Lötfett.

Man schmilzt
45,0 Kolophon,
45,0 Rindstalg
mit einander und rührt unter die erkaltende Masse
10,0 Ammoniumchlorid, Pulver $^{M}/_{30}$.
Es wird beim Löten wie Kolophon angewendet und bewährt sich vorzüglich.

Lycopodium salicylatum.

Salicyl-Lykopodium.
Nach *E. Dieterich.*

1,0 Salicylsäure
löst man in
50,0 Weingeist von 90 pCt,
mischt diese Lösung gleichmässig unter
100,0 gereinigten Bärlappsamen
und trocknet das Ganze bei 25—30° C.

Maceratio Altheae.

Form. magistr. Berol.

179,0 Eibischauszug, aus 15,0 kalt bereitet,
1,0 Salzsäure v. 1,124 spez. Gew.,
20,0 weissen Sirup
mischt man.

Malaxieren s. „Emplastra".

Mäusegifte.

I. Arsenikpaste:
4,0 arsenige Säure, Pulver $^{M}/_{40}$,
38,0 Schweinefett,
58,0 Roggenmehl,
0,5 Anisöl
mischt man.

II. Arsenikpillen (Pilulae Arsenici):
50,0 arsenige Säure, Pulver $^{M}/_{40}$,
50,0 Roggenmehl,
10,0 Spodium,
60,0 oder q. s. frischen Käse

stösst man zu einer Pillenmasse und formt daraus 1000 Pillen.

Man bestreut dieselben mit gesiebter Kleie und trocknet sie vor Abgabe 2—3 Stunden an der Luft.

III. Arsenikpulver:

15,0 arsenige Säure, Pulver M/40,
20,0 Zucker, Pulver M/40,
30,0 Roggenmehl,
30,0 Weizenkleie,
5,0 Spodium

mischt man gut.

Man stellt das Pulver unter den entsprechenden Vorsichtsmassregeln, auf Tellern ausgebreitet, auf.

IV. Arsenikweizen:

50,0 arsensaures Kalium (Kalium arsenicicum cryst.)

löst man in

500,0 heissem Wasser,

färbt die Lösung mit

0,5 Fuchsin,

das man fein zerrieben einträgt, und vermischt damit

1000,0 Weizen.

Man bedient sich dazu am besten einer Weithalsglasflasche und setzt die Giftlösung unter fortwährendem Schütteln in kleinen Mengen zu.

Das arsensaure Kalium wird besser von den Mäusen angenommen, wie das arsenigsaure Salz.

V. Baryt-Pillen (Pilulae Baryi):

350,0 Baryumkarbonat

rührt man mit

1000,0 Wasser

an und setzt von

2500,0 bestem Roggenmehl

so viel zu, dass ein dicker Brei entsteht.

Man bringt denselben dann unter die Breche, einen Apparat, wie ihn die Bäcker zur Herstellung fester Teige benützen, und knetet hier den Rest des Mehls darunter.

Die fertige Pillenmasse, welche sehr gleichmässig und gut durchgearbeitet sein muss, bringt man nun in eine sogenannte Succuspresse, deren Boden je nach Grösse des Cylinders mehr oder weniger Löcher enthält, und presst die Masse in Stränge von beliebiger Länge — am besten so lang, als die Hand-Pillenmaschinen, auf welchen das Schneiden der Stränge vorgenommen werden soll, breit sind.

Die fertigen Pillen lässt man an der Luft trocknen.

VI. Phosphor-Pillen (Pilulae Phosphori):

50,0 Phosphor

übergiesst man mit

500,0 mässig heissem Wasser

und rührt, wenn der Phosphor geschmolzen ist, von

2500,0 bestem Roggenmehl

so viel unter, dass ein dünner Brei entsteht. Man rührt diesen so lange, bis man den Phosphor gleichmässig verteilt glaubt, fügt noch

500,0 heisses Wasser

und wieder Mehl hinzu, bis ein Teig entstanden, und bringt diesen unter die im vorigen Absatz erwähnte Breche (Pillenmasse-Knetapparat s. Pilulae), hier das noch übrig gebliebene Mehl darunter arbeitend. Man stellt nun Pillen her (s. vor. Absatz).

Zum Beschweren der Phosphorpillen nimmt man am besten Schwerspatpulver.

Das von anderer Seite vorgeschlagene Verfahren, Erbsen in Phosphorbrei einzurollen, ist nicht als zweckentsprechend zu bezeichnen

VII. Strychnin-Weizen, Giftweizen:

2,0 Strychninnitrat

löst man in

500,0 Wasser,

bringt die Lösung in eine Weithalsglasbüchse, trägt

0,5 Methylviolett

und dann

1000,0 Weizen

ein, schüttelt, bis die Lösung aufgesogen ist, stellt 6 Stunden zurück und trocknet bei einer 30° C nicht übersteigenden Temperatur.

Weizen eignet sich besser zum Vergiften als Hafer, Gerste oder Malz, weil bei letzteren zu viel durch die Schalen, welche die Mäuse ablösen und nicht fressen, verloren geht.

VIII. Strychnin-Hafer,
„ -Gerste,
„ -Malz

bereitet man wie Strychnin-Weizen.

Wenn man gleichzeitig mit dem Strychninsalz

0,1 Saccharin,
0,05 Natriumkarbonat

auf die unter VII angegebenen Mengen in dem vorgeschriebenen Wasser löst, soll die vergiftete Frucht von den Mäusen lieber angenommen werden. Nach meinen Erfahrungen ist diese Versüssung aber nicht notwendig.

* * *

Bei Ausführung vorstehender Vorschriften ist in Deutschland das Giftgesetz vom 1. Juli 1895 zu berücksichtigen.

Magnesia hydrica.

Magnesiumhydroxyd. Magnesiumhydrat.

70,0 frisch gebrannte Magnesia

verteilt man in

500,0 destilliertem Wasser
und bewahrt die Mischung in gut verschlossenem Glas auf.

Magnesia hydrica pultiformis.

Breiförmiges Magnesiumhydroxyd.

30,0 Magnesiumsulfat
löst man in
100,0 destilliertem Wasser
und filtriert die Lösung.

Andrerseits verdünnt man
55,0 Natronlauge v. 1,170 spez. Gew.
mit
100,0 destilliertem Wasser,
vermischt beide Flüssigkeiten, wäscht den entstandenen Niederschlag so lange mit warmem destillierten Wasser durch Absetzenlassen aus, als das Waschwasser noch alkalisch reagiert, sammelt ihn auf einem genässten Leinentuch, vermischt mit
q. s. destilliertem Wasser,
dass das Gesamtgewicht
100,0
beträgt und bewahrt diese Mischung in gut verschlossenem Glas auf.

Magnesia c. Rheo.

Rhabarber-Magnesia. Magnesia mit Rhabarber.

25,0 Rhabarber, Pulver M/50,
75,0 gepulvertes Magnesiumkarbonat
mischt man.

Magnesium benzoïcum.

Magnesiumbenzoat.

45,0 Magnesiumkarbonat,
300,0 destilliertes Wasser
erhitzt man im Dampfbad in einer Abdampfschale, trägt allmählich
100,0 auf nassem Weg bereitete Benzoësäure
ein und verdampft dann zur Trockne.

Die Ausbeute wird
115,0—120,0
betragen.

Magnesium boro-citricum.

Magnesiumborocitrat.

15,0 gebrannte Magnesia,
15,0 Borsäure, Pulver M/20,
50,0 Citronensäure, Pulver M/20
mischt man, setzt dann
20,0 destilliertes Wasser
zu und rührt so lange, bis ein Teig entsteht. Derselbe erhärtet bald, worauf man ihn zu Pulver reibt.

Magnesium boro-tartaricum.

Magnesiumborotartrat.

15,0 gebrannte Magnesia,
15,0 Borsäure, Pulver M/20,
60,0 Weinsteinsäure, Pulver M/20,
20,0 destilliertes Wasser.
Bereitung wie bei Magnesium boro-citricum.

Magnesium carbonicum ponderosum.

Schweres Magnesiumkarbonat.

100,0 Magnesiumsulfat
löst man in
500,0 heissem destillierten Wasser,
filtriert die Lösung und erhält sie heiss.

Andererseits stellt man in derselben Weise eine heisse Lösung von
125,0 Natriumkarbonat
in
500,0 heissem destillierten Wasser
her und mischt beide Lösungen. Die Mischung erhitzt man noch so lange im Dampfbad, bis der Niederschlag schwer und pulverig geworden. Man wäscht ihn nun mit heissem Wasser so lange aus, bis in einer mit Salzsäure versetzten Probe des Waschwassers Baryumnitratlösung keine Trübung mehr hervorbringt. Den Niederschlag sammelt, trocknet und zerreibt man nun.

Magnesium citricum.

Magnesiumcitrat.

a) Vorschrift der Ph. Austr. VII.

Eine Lösung von
50,0 Citronensäure
in
150,0 destilliertem Wasser
erhitzt man in einer Porzellanschale zum Sieden und trägt nach und nach
35,0 Magnesiumkarbonat
ein. Nachdem die Kohlensäure-Entwicklung aufgehört hat, filtriert man die Lösung noch heiss und stellt einige Tage an einen kalten Ort. Die ausgeschiedene Masse befreit man durch Auspressen von der Mutterlauge, trocknet sie bei einer 25° C nicht übersteigenden Wärme und reibt sie zu Pulver.

b) 24,0 gebrannte Magnesia,
80,0 Citronensäure, Pulver M/20,
28,0 destilliertes Wasser.

Bereitung wie bei Magnesium boro-citricum.
Die Ausbeute beträgt über
100,0.

Die Mengenverhältnisse entsprechen denen unter a).

Magnesium citricum effervescens.

Magnesii Citras effervescens. Brausemagnesia.
Effervescent Magnesium citrate.

a) Vorschrift des D. A. IV. und der Ph. U. St.

5 Teile Magnesiumkarbonat

und

15 Teile Citronensäure

werden mit

2 Teilen Wasser

gemischt und bei höchstens 30° C getrocknet. Der Rückstand wird zu einem mittelfeinen Pulver zerrieben und darauf mit

17 Teilen Natriumbikarbonat,
8 „ Citronensäure

und

4 „ mittelfein gepulverten Zucker

gemischt. Hierauf verwandelt man das Gemenge, indem man tropfenweise Weingeist zusetzt, durch sanftes Reiben in eine krümelige Masse, welche nach dem Trocknen bei gelinder Wärme durch Absieben gekörnt wird.

Dazu ist zu bemerken, dass ein „tropfenweiser“ Zusatz doch etwas zu niedrig bemessen erscheint; denn auf 500 g Mischung z. B. braucht man ungefähr 100,0 Weingeist = 2000 Tropfen! es dürfte also besser „ccmweise“ heissen. Ferner erhält man eine viel gleichmässigere Körnung, wenn man die krümelige Masse feucht durch ein grobmaschiges Haar- oder verzinntes Metallsieb schlägt. Die zum letzten Trocknen vom Arzneibuch vorgeschriebene „gelinde Wärme“ ist mit 25° C zu beziffern.

b) Vorschrift der Ph. Austr. VII.

Mit

50,0 Magnesiumkarbonat,
150,0 grob gepulverter Citronensäure,
20,0 destilliertem Wasser

und weiterhin mit

170,0 Natriumbikarbonat,
80,0 Weinsäure,
40,0 gepulvertem Zucker

verfährt man wie unter a).

Man vergleiche auch die darunter stehenden Bemerkungen.

Eine billige Marktware erhält man nach folgender Vorschrift:

c) für den Handverkauf, Vorschrift von *E. Dieterich*.

25,0 Magnesiumkarbonat,
75,0 Citronensäure,
400,0 Weinsäure,
400,0 Zucker,
500,0 Natriumbikarbonat,

sämtlich fein (M/30) gepulvert, mischt man und befeuchtet in einer Porzellanschale unter Erwärmen mit

400,0 Weingeist von 95 pCt.

Die feuchte Masse granuliert man, indem man sie mittels einer Keule durch ein grobes Haar- oder verzinntes Metallsieb drückt, trocknet nun scharf, zerreibt vorsichtig die meist lose zusammenhängende Masse und schlägt nochmals durch ein grobes Sieb.

Die Ausbeute wird

1300,0

betragen.

Das letztere Präparat ist eine Nachahmung des englischen „effervescent citrat of magnesia“, das sich bekanntlich grosser Beliebtheit erfreut, aber zum geringsten Teil Magnesiumcitrat ist.

Der grosse Säureüberschuss ist von wesentlichem Einfluss auf die Löslichkeit des Präparats.

Magnesium citricum lamellatum.

Magnesiumcitrat in Lamellen.

100,0 gebrannte Magnesia,
350,0 Citronensäure, Pulver M/20,
50,0 destilliertes Wasser

mischt man, erwärmt in einer Porzellanbüchse auf dem Dampfbad, bis die Mischung geschmolzen ist, streicht dieselbe dann auf gut polierte Glasplatten, trocknet rasch im Trockenschrank bei einer Temperatur von 30—40° C, stösst ab und bewahrt die Lamellen in sehr gut verschlossenem Glas auf.

Die Ausbeute beträgt infolge des unvermeidlichen Verlustes höchstens

375,0.

Magnesium citricum solubile.

Lösliches Magnesiumcitrat.

150,0 krystallisierte Citronensäure, grob zerrieben,

erhitzt man in einer starken Steingutschale im Dampfbad unter Zusatz von

30,0 destilliertem Wasser

bis zur Lösung, dann knetet man möglichst rasch

100,0 Magnesiumkarbonat

darunter, formt aus der entstehenden bildsamen Masse eine Kugel und legt diese auf Pergamentpapier so lange in den Trockenschrank, dessen Temperatur 30° C nicht übersteigen darf, bis die Masse trocken ist. Man reibt dann zu Pulver.

Das Pulver löst sich klar unter Aufbrausen beim Übergiessen mit heissem Wasser.

Magnesium ferro-citricum effervescens.

Ferro-Magnesium citricum effervescens.
Brausendes Eisenmagnesiumcitrat.

Vorschrift des Dresdner Ap. V.

50,0 grünes Eisenoxyd-Ammoniumcitrat,

25,0 Magnesiumkarbonat,
500,0 Natriumbikarbonat, Pulver M/30,
400,0 Weinsäure, " "
75,0 Citronensäure, " "
400,0 Zucker, Pulver M/30

mischt man in einer Porzellanschale, fügt nach und nach

300,0 Weingeist von 90 pCt

hinzu und erwärmt nun die Masse unter fortwährendem Durcharbeiten im Wasserbad so lange, bis sie krümelig ist. Man reibt sie nun durch ein Rosshaarsieb von 2 mm Maschenweite, trocknet bei 30—35° C und reibt nach dem Trocknen abermals und vorsichtig durch das schon gebrauchte Sieb.

Das Präparat ist citronengelb und unterscheidet sich vom Ferrum citricum effervescens durch den verhältnismässig sehr geringen Gehalt an Magnesiumkarbonat.

Magnesium lacticum.

Magnesiumlaktat.

20,0 Milchsäure,
200,0 destilliertes Wasser

erhitzt man im Wasserbad, trägt dann nach und nach

10,0 Magnesiumkarbonat

ein, filtriert die heisse Lösung und dampft das Filtrat zur Krystallisation ein.

Magnesium oxydatum.

Magnesia usta. Gebrannte Magnesia.

Vorschrift der Ph. Austr. VII.

Kohlensaures Magnesium

stampft man in ein unglasiertes Thongefäss, bis es nahe gefüllt ist, und erhitzt nach aufgelegtem Thondeckel, bis eine der Mitte der Masse entnommene, mit Wasser angerührte Probe nach Zusatz verdünnter Schwefelsäure nicht mehr aufbraust.

Die erkaltete Masse füllt man sofort in ein Gefäss und bewahrt sie unter gutem Verschluss auf.

Man wende nur schwache Rotglut an, da ein stark geglühtes Präparat sich schwer in Säuren löst und langsam in Hydrat verwandelt.

Magnesium phosphoricum.

Magnesiumphosphat.

100,0 krystallisiertes Natriumphosphat

löst man in

400,0 destilliertem Wasser.

Andrerseits löst man

60,0 Magnesiumsulfat

in

200,0 destilliertem Wasser,

filtriert beide Lösungen, mischt sie und stellt 8 Tage lang in einen kühlen Raum, dessen Temperatur 10° C nicht übersteigt. Dann sammelt man die Krystalle auf einem lose mit Baumwolle verstopften Trichter, wäscht sie mit

20,0 destilliertem Wasser,

breitet auf Filtrierpapier aus, lässt sie bei Zimmertemperatur verwittern, trocknet dann im Trockenschrank bei 20—25° C vollständig aus und zerreibt zu Pulver.

Die Ausbeute wird

45,0

betragen.

Magnesium salicylicum.

Magnesiumsalicylat.

Nach *B. Fischer*.

14,0 Salicylsäure,
200,0 destilliertes Wasser

bringt man in einer geräumigen Porzellanschale auf das Dampfbad und trägt in die heisse Masse nach und nach

5,0 Magnesiumkarbonat (möglichst eisenfrei)

ein. Wenn alle Kohlensäure entwichen ist, prüft man mit Lackmuspapier auf die Reaktion und fügt, wenn sie sauer sein sollte, noch etwas Magnesia hinzu. Ist die Lösung nahezu neutral, lässt man sie erkalten und filtriert sie dann. Man setzt nun etwas Salicylsäure bis zur deutlich sauren Reaktion zu, filtriert, wenn nötig, nochmals, dampft dann bis zur Bildung eines Krystallhäutchens ein und rührt bis zum Erkalten. Man erhält so einen feinen Krystallbrei, den man durch Absaugen von der Mutterlauge befreit.

Die Arbeit in kleinem Massstab durchzuführen, empfiehlt sich nicht.

Magnesium sulfuricum effervescens.

Brausendes Bittersalz.

20,0 entwässertes Magnesiumsulfat,
5,0 krystallisiertes Magnesiumsulfat,
35,0 Natriumbikarbonat,
20,0 Weinsteinsäure, Pulver M/20,
10,0 Citronensäure, Pulver M/20,
10,0 Zucker, Pulver M/20,

mischt man und erhitzt die Mischung so lange im Wasserbad, bis die Masse krümelig wird. Man reibt sie dann durch ein verzinntes Metallsieb und lässt an der Luft trocknen.

Magnesium tartaricum.

Magnesiumtartrat.

100,0 Magnesiumkarbonat,
300,0 destilliertes Wasser

erhitzt man in einer Porzellanschale im Dampfbad, trägt nach und nach

165,0 Weinsteinsäure

ein, verdampft zur Trockne und reibt den Rückstand zu Pulver.

Die Ausbeute beträgt gegen

190,0.

Manganum boricum oxydulatum.

Borsaures Manganoxydul. Siccativ. Siccativpulver.

Den Rückstand von der Chlorwasserbereitung verdünnt man mit der zehnfachen Menge Wasser und versetzt mit einer dünnen Sodalösung unter kräftigem Umrühren so weit, dass eine geringe Menge eines blassrötlichen Niederschlags entsteht. Dieser Niederschlag löst sich bei weiterem Rühren wieder auf, während sich dafür Sesquioxyde des Eisens und der Thonerde als braune Flocken ausscheiden. Ist der zuerst erhaltene Niederschlag verschwunden, ohne dass die Flüssigkeit hellfarbig geworden ist, so setzt man noch Sodalösung zu.

Die vollständige Entfernung der Sesquioxyde erkennt man daran, dass etwas vom ausgefällten kohlensauren Oxydul ungelöst bleibt.

Man filtriert und fällt mit einer sehr dünnen Boraxlösung so lange aus, als noch ein Niederschlag entsteht, sammelt denselben, ohne ihn vorher zu waschen, auf einem Tuch und trocknet.

Man verwendet auf diese Weise die bei der Herstellung von Chlorwasser zurückbleibenden unreinen Manganchlorürlösungen am vorteilhaftesten und erhält einen Artikel, der in guter Beschaffenheit, d. h. ohne Zusatz von Zinkoxyd, mit dem er allgemein verfälscht wird, von Firnisfabrikanten und Anstreichern sehr gesucht ist.

Manganum dextrinatum.

Mangandextrinat.
Nach *E. Dieterich.*

a) 3 pCt Mn:

87,5 Kaliumpermanganat

löst man durch Erwärmen in

4500,0 destilliertem Wasser

und lässt erkalten. Man trägt dann unter Rühren

45,0 Zucker, Pulver M/30,

ein und lässt 24 Stunden möglichst kalt stehen.

Den nach Verlauf dieser Zeit ausgeschiedenen Niederschlag wäscht man durch Absetzenlassen und Abziehen der überstehenden Flüssigkeit mit destilliertem Wasser so lange aus, bis das Waschwasser beim Verdampfen auf dem Platinblech keinen Rückstand mehr hinterlässt. Man sammelt nun den Niederschlag auf einem Tuch, presst ihn bis zu einem Gewicht von

300,0

aus, verreibt ihn mit

960,0 reinem Dextrin, Pulver M/30,

und fügt dann

50,0 Natronlauge, 1,17 spez. Gew.

hinzu.

Man erhitzt die Mischung im Dampfbad in bedecktem Gefäss so lange, bis ein entnommener Tropfen sich klar im Wasser löst, und dampft schliesslich zur Trockne ein.

Die vorstehenden Verhältnisse ergeben eine Ausbeute von reichlich 1 kg eines 3-prozentigen Präparats.

b) 10 pCt Mn:

Man verfährt wie bei a), nimmt aber nicht 960,0, sondern nur

290,0 Dextrin.

Sowohl das 3-, als auch das 10-prozentige Dextrinat stellt ein dunkelbraunes, in kochendem Wasser lösliches Pulver dar. Konzentrierte Lösungen sind einige Zeit haltbar und werden es dauernd, wenn man ihnen einen Überschuss von Dextrin zusetzt.

Der Kohlensäurestrom bringt für den Augenblick auf die Lösung keine Wirkung hervor, dagegen fällen Mineralsäuren zuerst unlösliches Mangandextrinat aus, bei weiterem Zusatz findet Zerlegung der Verbindung und Lösung unter Bildung des entsprechenden anorganischen Salzes statt. Schwefelammon fällt fleischfarbenes Schwefelmangan aus. Ammoniak und Ätzalkalien bringen keine Veränderungen hervor. Kohlensäure scheidet bei längerem Einleiten die Verbindung aus.

Mangandextrinat scheint, entsprechend dem Eisendextrinat, die festeste unter den alkalischen Mangan-Verbindungen zu sein.

Die Ähnlichkeit mit dem Eisen zeigt sich bei den drei Verbindungen auch im Verhalten zur Citronensäure; sie lassen sich damit neutralisieren, ohne dadurch ausgefällt oder zersetzt zu werden.

Manganum glycosatum liquidum.

Liquor Mangani glycosati. Flüssiges Manganglykosat (2 pCt Mn.)

Vorschrift des Berliner Ap. V.:

87,0 Kaliumpermanganat

löst man in

5000,0 heissem Wasser.

Der auf ungefär 60° C erkalteten Lösung fügt man hinzu

50,0 Stärkezucker.

Nach 1-stündigem Stehen wäscht man den Niederschlag durch Dekantieren und Absetzenlassen 2 mal aus, sammelt denselben auf einem Tuche, presst leicht ab und erwärmt ihn unter Zusatz von

600,0 Stärkezucker,
225,0 Natronlauge von 1,17 spez. Gew.

in einer Porzellanschale oder noch besser in einer Porzellaninfundierbüchse so lange auf dem Wasserbad, bis eine herausgenommene Probe sich im Wasser klar löst. Die erhaltene Lösung verdünnt man mit Wasser, dem 5 pCt Weingeist zugesetzt sind, bis zum Gewicht von

1500,0.

Will man das Manganglykosat in Pulverform herstellen, so dampft man die erhaltene Lösung zur Trockne ein und zerreibt die Masse mit Zuckerpulver bis zum Gewicht von

1000,0.

Dieses trockene Präparat enthält dann 3 pCt Mn.

Das Kaliumpermanganat wird durch Glukose viel rascher reduziert als durch Raffinade; aber die Temperaturerhöhung dabei ist ebenfalls höher. Die Folge davon ist, dass der erhaltene Niederschlag schwerer löslich ist, und zu seiner Lösung mehr Natronlauge erfordert, als der durch Raffinade gewonnene.

Manganum mannitatum.

Manganmannitat. Manganmannit.
Nach *E. Dieterich*.

Man kann eine 3- und eine 10-prozentige Verbindung nach den unter „Manganum dextrinatum“ gegebenen Vorschriften herstellen, wenn man anstatt des dort vorgeschriebenen Dextrins Mannit nimmt.

Das Manganmannitat ist ein dunkelbraunes Pulver, welches sich mit derselben Farbe in heissem Wasser löst. Es zeigt dieselben Eigenschaften, wie das Dextrinat, wird aber in seiner Lösung durch den Kohlensäurestrom sofort zersetzt.

Manganum saccharatum.

Mangansaccharat. Manganzucker.
Nach *E. Dieterich*.

Der Manganzucker wird als 3- und als 10-prozentiges Präparat nach den unter „Manganum dextrinatum“ gegebenen Vorschriften bereitet; man nimmt nur Zuckerpulver an Stelle des Dextrins.

Der Manganzucker, ein dunkelbraunes Pulver, ist als 3-prozentiges Präparat ziemlich luftbeständig, als 10-prozentiges dagegen hygroskopisch. Leicht löslich in Wasser giebt er eine dunkelbraun gefärbte Lösung und zeigt in solcher dasselbe chemische Verhalten, wie das Dextrinat. Nur gegen Kohlensäure ist er ebenso empfindlich, wie das Manganmannitat.

Manna depurata.

Gereinigte Manna.

1000,0 Manna Calabrina

löst man in

3000,0 heissem destillierten Wasser,

setzt

10,0 weissen Bolus,

welchen man in

100,0 destiliertem Wasser

verteilte, zu und kocht unter Abschäumen so lange, als noch Schaum entsteht, filtriert durch einen wollenen Spitzbeutel, giesst das Filtrat so oft zurück, bis es völlig klar erscheint und dampft es unter Rühren im Dampfbad zur Trockne ein.

Die Ausbeute beträgt ungefähr

750,0.

Manna tartarisata.

Weinstein-Manna.

10,0 Weinstein,
2,0 Tragant, Pulver $^{M}/_{30}$,

mischt man und stösst die Mischung im erwärmten Mörser mit

88,0 Manna

zu einer bildsamen Masse. Man rollt diese dann aus und sticht 2 g schwere Pastillen daraus. Zum Bestreuen nimmt man Milchzucker.

Massa cacaotina saccharata.

Vorschrift d. Dresdner Ap. V.

50,0 Zucker, Pulver $^{M}/_{30}$,
50,0 entölte gepulverte Kakao

mischt man.

Massa Pilularum Balsami Copaivae.

Kopaivabalsam-Pillenmasse.

10,0 Kopaivabalsam,
3,0 Glycerin v. 1,23 spez. Gew.

verreibt man innig mit einander und mischt nachfolgende Bestandteile in der angegebenen Reihenfolge hinzu:

10,0 Zucker, Pulver $^{M}/_{50}$,
10,0 gebrannte Magnesia,
8,0 Süssholz, Pulver $^{M}/_{50}$.

Man knetet zur Pillenmasse. Dieselbe ist haltbar und kann in gut verschlossenen Gefässen vorrätig gehalten werden. Die daraus hergestellten Pillen lösen sich in Wasser von 20° C und unterscheiden sich dadurch vorteilhaft von den mit Wachs bereiteten.

Massa Pilularum n. *Blaud.*

*Blaud*sche Pillenmasse.

a) Vorschrift des Münch. Ap. Ver. und des Ergänzungsb. d. D. Ap. V.

9,0 entwässertes Ferrosulfat,
3,0 Zuckerpulver,
7,0 Kaliumkarbonat,
0,7 gebrannte Magnesia,
1,4 Altheewurzelpulver,
4,0 Glycerin v. 1,23 spez. Gew.

Die Masse ist zu 100 Pillen bestimmt.

Diese Vorschrift entspricht der in früheren Auflagen dieses Buches enthaltenen; ich habe dieselbe verlassen, da die folgende ein schöneres und vollkommeneres Präparat liefert, das Ergänzungsbuch d. D. Ap. V. dagegen hat diese minderwertige Vorschrift jetzt aufgenommen.

b) nach *E. Dieterich.*

100,0 krystallisiertes Ferrosulfat,
22,5 Zucker

zerreibt man, löst sie durch Erhitzen in

50,0 destilliertem Wasser,
30,0 Glycerin v. 1,23 spez. Gew.

und trägt dann in drei Partien

73,0 zerriebenes Kaliumbikarbonat

ein. Wenn letzteres gelöst ist, fügt man

17,5 Altheewurzel, Pulver M/50,

hinzu und dampft die Masse unter fortwährendem Rühren bis auf ein Gewicht von

200,0

ein. Die erkaltete Masse stösst man im Mörser nochmals kräftig durch.

Diese Menge ist zu 1500 Pillen bestimmt. Jede Pille enthält dann 0,027 Eisenkarbonat.

Da die Masse nicht mehr Kaliumbikarbonat enthält, als zur Zerlegung des Ferrosulfats notwendig ist, so haftet ihr einerseits nicht der laugenartige Geruch der aus gleichen Teilen krystallisiertem Ferrosulfat und Kaliumkarbonat bereiteten Masse an, andererseits zeichnen sich die daraus formierten Pillen durch gefällige kleine Form aus.

Die Masse ist hübsch grün und bleibt es auch bei Aufbewahrung im geschlossenen Gefäss; die aus ihr hergestellten Pillen sind stets leicht löslich.

c) nach *Schnabel.*

60,0 gefälltes Ferrosulfat,
10,0 weissen Zucker

löst man in tarierter Schale im Dampfbad in

30,0 destilliertem Wasser,
10,0 Glycerin v. 1,23 spez. Gew.

und trägt nach und nach

44,0 zerriebenes Kaliumbikarbonat

ein.

Man dampft nun die Masse unter beständigem Rühren auf

89,0

ein, fügt

1,0 Tragant, Pulver M/50,

den man mit

2 ccm Weingeist von 90 pCt

anrieb, hinzu und mischt gut.

Von dieser Masse entsprechen 3 Teile ungefähr 2 Teilen Ferrosulfat.

6,75 dieser Masse,

mit

1,25 Süssholz, Pulver M/50,

angestossen, geben 30 Pillen.

Diese Masse soll vor der *Dieterich*schen, der sie nachgebildet ist, den Vorzug haben, weniger leicht zu schimmeln.

Massa Pilularum Creosoti.

Kreosot-Pillenmasse.

a) Vorschrift d. D. A. IV.

10 Teile Kreosot,
19 „ fein gepulvertes Süssholz

werden gut miteinander verrieben und dann mit

1 Teil Glycerin v. 1,23 spez. Gew.

zu einer Pillenmasse verarbeitet, aus welcher Pillen von 0,15 g geformt werden. Sie werden mit Zimtpulver bestreut.

Besser wäre es, das Kreosot mit dem Glycerin zu emulgieren und dann erst das Süssholz zuzusetzen. Das so emulgierte Kreosot wird durch das Pulver besser gebunden.

b) Vorschrift von *E. Dieterich*:

10,0 Kreosot,
2,0 Glycerin v. 1,23 spez. Gew.

verreibt man innig mit einander, setzt das Verreiben mit

10,0 Süssholzsaft, Pulver M/30,

einige Minuten fort und knetet dann

20,0 Süssholz, Pulver M/50,

darunter.

c) Vorschrift von *E. Dieterich*:

1,0 gebrannte Magnesia,
2,0 Glycerin v. 1,23 spez. Gew.

verreibt man fein und setzt dann

10,0 Kreosot

zu. Hierauf fügt man der Reihe nach

5,0 gebrannte Magnesia,
5,0 Süssholzsaft, Pulver M/30,
q. s. (16,0—18,0) Süssholz, Pulver M/50

hinzu.

d) Vorschrift von *E. Dieterich*:

Man nimmt statt der in Vorschrift b) angegebenen 10,0 Süssholzsaft eine Mischung von

5,0 arabischem, Gummi, Pulver M/50,
5,0 Zucker, Pulver M/30,

verfährt aber im übrigen, wie dort angegeben.

Das Kreosot tritt nicht aus der Masse heraus, da es sich emulgiert. Die daraus hergestellten Pillen lösen sich leicht im Wasser, also auch im Magensaft.

Zu diesen Vorschriften ist noch folgendes zu bemerken:

Nimmt man an Stelle des für das Süssholz vorgeschriebenen Pulvers M/50 ein gröberes Pulver, so gebraucht man zwar weniger davon, erhält aber trotzdem grössere Pillen.

Die Vorschrift c) ist besonders zur Herstellung von Pillen mit 0,1 Kreosotgehalt zu empfehlen, da die Masse durch den Zusatz der gebrannten Magnesia sehr wenig umfangreich erscheint; sie bewahrt auch bei längerer Aufbewahrung ihre Leichtlöslichkeit.

Seife, welche ebenfalls als Bindungsmittel für Kreosot empfohlen worden ist, halte ich nicht für geeignet, da sie Magen- und Darmschleimhäute reizt und leicht Durchfall hervorruft.

Wenn man die Glycerinmenge verdoppelt, kann man die Masse vorrätig halten, muss sie aber in gut verschlossenem Gefäss aufbewahren.

e) Vorschrift des Münchn. Ap. Ver.

5,0 Gelatine

lässt man zwei Stunden in

40,0 Gummischleim

aufquellen, schmilzt auf dem Dampfbad, löst darin

5,0 arabisches Gummi, Pulver M/30,

emulgiert mit dieser Mischung im erwärmten Mörser

100,0 Kreosot

und stösst mit

100,0 Altheewurzelpulver,
100,0 Süssholzsaftpulver

zur Pillenmasse an.

Massa Pilularum Picis liquidae.

Teer-Pillenmasse.
Nach *E. Dieterich.*

1,0 gebrannte Magnesia,
2,0 Glycerin v. 1,23 spez. Gew.

verreibt man fein und setzt

10,0 Holzteer

zu.

Hierauf fügt man der Reihe nach

5,0 gebrannte Magnesia,
5,0 Süssholzsaft, Pulver M/30,
q. s. (14,0—16,0) Süssholz, Pulver M/50,

hinzu.

Man stellt 100 Pillen aus dieser Masse her.

Die Masse ist, da sich der Teer in emulgiertem Zustand darin befindet, in Wasser leicht löslich.

Sie unterscheidet sich dadurch vorteilhaft von der einfachen Thon-Teermischung.

Massa Pilularum n. *Ruff.*

*Ruff*sche Pillenmasse.

Vorschrift der Ph. Austr. VII.

60,0 Aloë,
30,0 Myrrhe,
10,0 Safran

pulvert man fein (M/30) und mischt.

Massierseife.

20,0 weisse Kaliseife

löst man durch Erwärmen in

30,0 Glycerin von 1,23 spez. Gew.,
30,0 Wasser,

fügt

10,0 Weingeist von 90 pCt,
5 Tropfen Hoffmannschen Lebensbalsam

hinzu und filtriert noch warm.

Medulla bovina.

Ausgelassenes Rindermark.

1000,0 frisches rohes Rindermark

zerkleinert man unmittelbar, nachdem es dem Tiere entnommen ist, mit dem Wiegemesser oder auf der Fleischhackmaschine und erhitzt es im Dampfbad so lange, bis alle Teile gut verschmolzen sind, seiht ab und presst den Rückstand in geheizten oder wenigstens erhitzten Pressschalen aus. Das ablaufende vermischt man mit

50,0 entwässertem Natriumsulfat, Pulver M/30,

erhitzt unter Rühren noch 15 Minuten im Dampfbad und filtriert im Dampftrichter, wie unter „Filtrieren“ angegeben ist.

Die Ausbeute beträgt

920,0—930,0.

Mel boraxatum.

Boraxhonig.

10,0 Borax, Pulver M/30,

löst man unter Erwärmen in

90,0 Rosenhonig.

Mel Colchici.

Zeitlosenhonig.

10,0 Zeitlosenzwiebel, Pulver M/8,

maceriert man 24 Stunden mit

60,0 destilliertem Wasser,

presst aus, kocht die Brühe einen Augenblick auf, um das Eiweiss zum Gerinnen zu bringen und dadurch die Flüssigkeit zu klären, setzt ihr

25,0 Weingeist von 90 pCt

zu und stellt 24 Stunden zurück, filtriert, fügt

100,0 gereinigten Honig

hinzu und dampft die Mischung im Dampfbad ein bis auf ein Gewicht von

100,0.

Mel depuratum.

Gereinigter Honig.

a) Vorschrift des D. A. IV.

2 Teile Honig

werden im Wasserbade mit

3 Teilen Wasser

eine Stunde lang erwärmt, nach dem Abkühlen auf etwa 50° C durch dichten Flanell geseiht und durch möglichst beschleunigtes Einengen im Wasserbad bis zum spez. Gew. 1,330 gebracht.

Es müsste ein ganz frisch den Waben entnommener Honig sein, wenn er nach diesem Verfahren einen nur halbwegs befriedigenden gereinigten Honig liefern sollte.

So sehr das Bestreben, dem gereinigten Honig das Aroma des ungereinigten zu erhalten, zu loben ist, so kann man doch unmöglich vom Apotheker verlangen, dass er seinen Einkauf an ungereinigtem Honig der Reinigungsvorschrift anpasse.

b) Vorschrift der Ph. Austr. VII.

4,0 Carageen,
2000,0 Wasser

erhitzt man zum Sieden, setzt

2000,0 Honig

hinzu und kocht eine Viertelstunde lang, wobei man den Schaum sorgfältig mittels eines Löffels abnimmt. Die heisse Flüssigkeit seiht man durch ein wollenes Tuch und dampft ein bis zur Sirupdicke.

Auch diese Vorschrift setzt besondere Sorten Honig voraus und wird sehr oft in Stich lassen. Zu tadeln ist das Hineinbringen eines Körpers, der nicht wieder herausgeschafft werden kann; das Aufkochen wird dagegen manche Sorte zu klären ermöglichen, die nach a) kein befriedigendes Präparat giebt. Da so vortreffliche Honigsorten, wie sie das Deutsche Arzneibuch vorauszusetzen scheint, nur zum geringsten Teil im Handel vorkommen, und da zuweilen die verschiedenen Honigsorten verschiedene Behandlungsweisen erfordern, sei diesen Verhältnissen in folgenden Vorschriften Rechnung getragen:

c) Vorschrift von *E. Dieterich*:

1000,0 rohen Honig

löst man durch Erwärmen in

1500,0 destilliertem Wasser,

in welchem man vorher

10,0—15,0 weissen Bolus

fein verrieben hatte, bringt die Lösung zum Kochen, schäumt ab und filtriert, wenn sich die Flüssigkeit „gebrochen" hat, d. h. wenn sich grobe Flocken in der nun klaren Flüssigkeit ausgeschieden haben, durch wollene Spitzbeutel, wobei man das zuerst trübe Durchgehende zurückgiesst (s. „Filtrieren").

Die Klärung durch Bolus kann man wesentlich unterstützen, indem man 10,0—15,0 Filtrierpapierabfälle in der Honiglösung verrührt und mit aufkocht.

Das Filtrat dampft man dann ein bis auf ein Gewicht von ungefähr

1050,0.

War der Rohhonig sauer, so geht die Klärung nur teilweise oder gar nicht vor sich. Man neutralisiert dann die vergeblich mit Bolus gekochte Aoniglösung mit

1,0—1,5 Calciumkarbonat

und wiederholt das Kochen. Um aber den Kalk, der dem Honig eine dunklere Farbe giebt, wieder zu entfernen, lässt man die Honiglösung auf 30° C abkühlen, versetzt sie mit der Lösung von

5,0 trocknem (= 35,0 frischem) Hühnereiweiss,

wiederholt das Kochen und Abschäumen und filtriert nochmals.

Es giebt Honigsorten, die der Klärung auch nach der Neutralisation mit Calciumkarbonat noch Widerstand leisten. Als letztes mir bekanntes Mittel setzt man dann

1,0 Tannin

zu, kocht auf und wiederholt die oben angegebene Eiweissklärung, um das überschüssige Tannin wieder zu entfernen.

Es hat jedenfalls seine grossen Schwierigkeiten, aus einem schlechten Rohhonig ein leidliches Depurat herzustellen. Man thut daher gut, beim Einkauf von Rohhonig den Säuregehalt zu bestimmen und jede Ware abzulehnen, welche pro 10 g mehr als 5 ccm Zehntelnormallauge zur Neutralisation braucht. Honigsorten, deren Säuremengen unter dieser Grenze liegen, klären sich nach dem vorstehenden Verfahren auch gut.

Das vom Arzneibuch vorgeschriebene spez. Gewicht von 1,33 ist für Sommertemperatur zu niedrig bemessen und kann die Ursache zur Gährung des Honigs werden. Für diese Jahreszeit ist der Honig bis auf 1,35 einzudicken. Richtiger würde demnach das Arzneibuch mit 1,33—1,35 beziffern.

Mel despumatum.

Abgeschäumter Honig.

1000,0 rohen Honig

löst man in

1500,0 destilliertem Wasser,

in welchem man

10,0 Filtrierpapier-Abfälle

verrührt hat, kocht die Lösung langsam auf, schäumt ab und filtriert. Das Filtrat, welches niemals goldklar ausfällt, dampft man bis auf ein Gewicht von

1000,0

ein.

Mel Foeniculi.

Fenchelhonig.

a) Vorschrift von *E. Dieterich:*

50,0 zehnfachen Fenchelsirup Helfenberg,
950,0 gereinigten Honig,

mischt man und fügt noch

20,0 Fenchelölzucker

hinzu.

b) Nach *Grimm:*

150,0 gereinigten Honig,
300,0 weissen Sirup,
5,0 fenchelölhaltige Ammoniakflüssigkeit.

Es ist notwendig, dass die Etikette † eine entsprechende Gebrauchsanweisung trägt.

Mel rosatum.

Rosenhonig.

Vorschrift des D. A. IV.

1 Teil mittelfein zerschnittene Rosenblätter

wird mit

5 Teilen verdünntem Weingeist von 68 pCt

24 Stunden lang in einem verschlossenen Gefäss unter wiederholtem Umschütteln bei 15 bis 20° C ausgezogen; die abgepresste und filtrierte Flüssigkeit wird mit

9 Teilen gereinigtem Honig

und

1 Teil Glycerin von 1,23 spez. Gew.

bis auf 10 Teile eingedampft.

So lautet die Vorschrift des Deutschen Arzneibuchs. Sie hat, wie schon die früheren der Ph. G. II. u. III, den Nachteil, dass man danach einen weingeisthaltigen Rosenhonig erhält. Welchen Zweck das Glycerin hat, ist nicht ersichtlich.

Einfacher ist es, sich den Rosenhonig D. A. IV. aus weingeistigem Rosenblätterextrakt herzustellen. Man löst dann

25,0 weingeistiges Rosenblätterextrakt Helfenberg

durch Erwärmen in

875,0 gereinigtem Honig

und fügt, um dem Arzneibuch nachzukommen,

100,0 Glycerin v. 1,23 spez. Gew.

hinzu.

Auf diese Weise erhält man ein weingeistfreies Präparat.

b) Vorschrift der Ph. Austr. VII.

20,0 Rosenblumen

übergiesst man mit

200,0 heissem Wasser,

lässt 3 Stunden stehen, presst aus, vermischt die filtrierte Flüssigkeit mit

500,0 gereinigtem Honig

und verdampft im Wasserbad bis zur Dicke des gereinigten Honigs

Der nach dieser Vorschrift bereitete Rosenhonig ist zumeist trübe. Ein blankes Präparat erhält man durch Verwendung des unter a) erwähnten Rosenblätterextrakts. Man hat alsdann

10,0 weingeistiges Rosenblätterextrakt †

in

990,0 gereinigtem Honig

zu lösen.

Mel rosatum cum Borace.

Mel rosatum boraxatum.
Borax-Rosenhonig. Rosenhonig mit Borax.

10,0 Borax, Pulver M/50,

verteilt man in

90,0 Rosenhonig.

Vor Abgabe muss die Mischung geschüttelt oder gerührt werden.

Mel rosatum salicylatum.

Mel salicylatum. Salicyl-Rosenhonig.

1,0 Salicylsäure,
100,0 Rosenhonig.

Man verreibt die Salicylsäure mit einigen Tropfen Rosenhonig möglichst fein und mischt den übrigen Rosenhonig dazu.

Mel rosatum tannatum.

Mel tannatum. Tannin-Rosenhonig.

5,0 Gerbsäure,

löst man in einer Reibschale und ohne Anwendung von Wärme in

95,0 Rosenhonig.

---

† S. Bezugsquellen-Verzeichnis.

Mentholin.
Menthol-Schnupfenpulver.

20,0 Borsäure,
7,0 Veilchenwurzel,
30,0 gerösteten Kaffee,
10,0 Zucker,
30,0 Milchzucker

pulvert man fein ($^M/_{40}$) und mischt

3,0 Menthol

damit.

Man verabreicht das Mentholin in Glasbüchsen oder in kleinen Blechdosen, neuerdings in solchen von Remontoiruhrform †. Es wird bei Schnupfen wie Schnupftabak angewendet.

Eine hübsche Etikette † mit Gebrauchsanweisung ist zu empfehlen.

Met.
Honigbier.

12 kg rohen Honig,
60 l Wasser,
20 g weissen Bolus

kocht man unter Abschäumen auf, setzt

300 g Hopfen

zu und wiederholt das Aufkochen.

Man seiht nun die Flüssigkeit durch ein weitmaschiges Tuch, kühlt rasch ab, verrührt

1 l obergärige Bierhefe

darin, füllt sofort in ein reines Fass, das vollständig von der Poniglösung gefüllt wird, und lagert dieses bei 15° C.

Nach Vollendung der Gärung zieht man den Met von der Hefe ab auf ein anderes Fass, das gleichfalls davon gefüllt wird, spundet zu und lässt 2 Monate in einem Keller, dessen Höchsttemperatur 12° C beträgt, liegen. Man zieht schliesslich auf Flaschen und bewahrt diese stehend auf.

Mittel gegen Ameisen.
Ameisenmittel.

50,0 Naphtalin,
50,0 Solaröl oder Petroleum,
200,0 Sägespäne

mischt man und bestreut mit der feuchten Masse ganz dünn, aber in möglichst weitem Umfang die von den Ameisen heimgesuchten Stellen.

Die Mischung ist in Blechbüchsen zu verabfolgen.

Mittel gegen Ameisenstich
s. Mittel gegen Bienenstich.

---

† S. Bezugsquellen-Verzeichnis.

Mittel gegen Bienenstich.
Bienenstichmittel.

a) 90,0 Gartenerde oder trockenen Lehm,
10,0 gröblich gepulverten Kalisalpeter

nischt man, feuchtet die Mischung soweit mit Wasser an, dass sie eine Paste bildet und legt diese, in Verbandmull eingehüllt, auf die Stichstelle auf.

b) Salpeterpapier, zehnfach zusammengelegt,

schlägt man in Verbandmull ein und giebt dasselbe ab mit der Weisung, die Kompresse in kaltes Wasser rasch einzutauchen und auf die Stichstelle aufzulegen.

Mittel gegen Blattläuse.
Blattlausmittel.

Man verabreicht in Blechstreubüchsen folgende Pulvermischung:

70,0 gesiebte Asche,
10,0 Schwefelblumen,
20,0 gebrannten Gips.

Mittel gegen Blutlaus.
Blutlausmittel.

a) Vorschrift von *E. Dieterich*:

100,0 Schmierseife

löst man unter Erhitzen in

800,0 Wasser.

Andrerseits schmilzt man auf freiem Feuer

50,0 Kolophon,

setzt

100,0 schweres Steinkohlenteeröl (sogen. rohe Karbolsäure) †

zu und vermischt diese Masse mit der Seifenlösung.

b) Knodalin, ein Geheimmittel gegen Blutlaus:

600,0 Fuselöl,
3,0 Nitrobenzol

mischt man mit

400,0 Schmierseife

und fügt zuletzt

10,0 xanthogensaures Kalium

hinzu.

Beim Gebrauch wird es mittels Pinsels aufgetragen.

Ich möchte der Vorschrift a) den Vorzug geben; die Zusammensetzung ist nach meinen Erfahrungen von vorzüglicher Wirkung und hat nicht den geradezu unerträglichen Geruch der Mischung b).

c) *Nestles* Pflanzentinktur:

50,0 Schmierseife

löst man in

200,0 Brennspiritus

und

100,0 Fuselöl.

Die Lösung verdünnt man mit

4700,0 Wasser.

Für die drei Zusammensetzungen gilt nachstehende

Gebrauchsanweisung:

„Man bestreicht im Herbst und im darauffolgenden Frühjahr die Stämme und Äste der Äpfelbäume mit dem Blutlausmittel und bedient sich dazu eines dicken Borstenpinsels. Tritt die Blutlaus durch Einschleppung im Sommer auf, so bepinselt man nur die betroffenen Stellen.

Mittel gegen Flöhe.

Flohmittel.

Man wendet gegen Flöhe am besten gutes Insektenpulver an. Haben sich dieselben in den Ritzen der Fussböden oder Bettstellen festgesetzt, so streicht man die Ritzen mit einer Lösung von

5,0 Kaliseife

in

95,0 Wasser,
0,5 Nitrobenzol

aus.

Das ist das einfachste und zugleich billigste Mittel.

Mittel gegen Holzwurm.

Holzwurmmittel.

Man spritzt mit einer kleinen Glasspritze in die Bohrlöcher folgende Lösung:

90,0 Solaröl oder Petroleum,
10,0 Naphtalin.

Man dichtet die Spritze in die Bohrlöcher mit gekautem Brot ein. Das Verfahren ist sehr wirksam, wenn auch nicht mühelos.

Mittel gegen Kleiderläuse.

Kleiderlausmittel.

Das radikalste Mittel ist das Waschen der betreffenden Kleider und Wäsche in einer 2-prozentigen Lösung von Schmierseife. Einstreuen von Insektenpulver, mehrere Tage fortgesetzt, um die junge Brut zu vernichten, thut ebenfalls gute Dienste.

Mittel gegen Kopfläuse.

Läusemittel.

5,0 Kaliseife,
1,0 Schwefelkalium

löst man in

94,0 warmem Wasser

und parfümiert die Lösung mit

0,5 Nitrobenzol.

Man wäscht mit dieser Lösung den Kopf 3 Tage hintereinander je einmal und kämmt die Haare sofort nach dem Waschen mit einem engen Kamm aus.

Mittel gegen Kornwurm.

Kornwurmmittel.
Nach *Buchheister*.

Das auf einem Boden ausgebreitete Getreide begiesst man mit Schwefelkohlenstoff, schaufelt oberflächlich durch und bedeckt dann die Getreidehaufen mit dichten Leinentüchern.

Man lässt so mindestens 8 Tage unberührt liegen, schaufelt dann das Getreide wöchentlich einmal und so oft durch, bis kein Geruch mehr wahrgenommen wird und reinigt es schliesslich auf der Putzmühle von den Spuren des Kornwurmes.

Mittel gegen Luftrisse im Holz.

85,0 Glycerin v. 1,23 spez. Gew.,
15,0 Wasser

mischt man.

Gebrauchsanweisung:

„Man streicht mittels Pinsels das Schutzmittel auf die entstandenen Luftrisse. Besonders wirksam ist es beim Bestreichen des Stirnholzes.“

Mittel gegen Schnecken.

Schneckenmittel.

Man bestreut die Schnecken mit folgender Pulvermischung:

75,0 gesiebte Asche,
25,0 gebrannter Gips.

Mittel gegen Wanzen.

Wanzenmittel. Wanzentod.

20,0 käufliche Kaliseife

löst man durch Erhitzen in

75,0 Wasser

und fügt der Lösung

5,0 Glycerin v. 1,23 spez. Gew.

hinzu.

Gebrauchsanweisung.

„Ritzen und Spalten, gleichfalls das Innere der Bettstellen, bepinselt man alle 8 Tage mit dem Wanzentod.“

Mittel gegen Wespenstich.

s. Mittel gegen Bienenstich.

Mixtura acida.

Vorschrift des Münchn. Ap. Ver.

1,0 verdünnte Salzsäure von 1,061 spez. Gew.,
10,0 Himbeersirup,
89,0 destilliertes Wasser

mischt man.

Mixtura Acidi hydrochlorici.

Form. magistr. Berol.

1,0 Salzsäure von 1,124 spez. Gew.,
3,0 Pomeranzenschalentinktur,
20,0 weissen Sirup,
176,0 destilliertes Wasser

mischt man.

Mixtura alcoholica.

Aqua vitae.

Form. magistr. Berol.

3,0 zusammengesetzte Chinatinktur,
40,0 Weingeist von 90 pCt,
157,0 destilliertes Wasser

mischt man.

Mixtura Altheae.

Maceratio Altheae.

Form. magistr. Berol.

1,0 Salzsäure von 1,124 spez. Gew.,
179,0 Eibischschleim, aus 15,0 Eibischwurzel bereitet,
20,0 destilliertes Wasser

mischt man.

Mixtura antihectica n. *Griffith*.

Mixtura Ferri composita.

*Griffith*sche Mixtur.

a) 6,0 Ferrosulfat

löst man in

250,0 Rosenwasser.

Andrerseits löst man

8,0 Kaliumkarbonat

in

250,0 Rosenwasser

und giesst erstere Lösung langsam und unter Umschwenken in letztere.

Man verreibt dann

18,0 Myrrhe, Pulver M/50,
18,0 Zucker, „ M/20,

nachdem man beide gemischt hat, mit obiger Flüssigkeit und verdünnt nach und nach die Verreibung mit

390,0 Rosenwasser,
60,0 Lavendelspiritus.

b) Vorschrift d. Ergänzb. d. D. Ap. V.

1,25 Ferrosulfat,
1,5 Kaliumkarbonat,
250,0 Krauseminzwasser.

Man löst die Salze in je der Hälfte Krauseminzwasser, mischt die Lösungen und verreibt bezw. löst in der Mischung

4,0 Myrrhe, Pulver M/50,

welche man vorher mit

15,0 Zucker, Pulver M/30,

mischte.

Stets frisch zu bereiten und mit dem Vermerk „Umschütteln“ abzugeben.

Mixtura antirheumatica.

Form. Magistr. Berol.

10,0 Natriumsalicylat

löst man in

185,0 destilliertem Wasser

und setzt

5,0 Pomeranzenschalentinktur

hinzu.

Mixtura Cretae.

Chalk Mixture.

a) Vorschrift der Ph. Brit.

10,0 geschlämmte Kreide,
10,0 arabisches Gummi, Pulver M/30,
300,0 einfaches Zimtwasser

reibt man zusammen und setzt

20,0 einfachen Sirup

hinzu.

b) Vorschrift der Ph. U. St.

40,0 arabisches Gummi, Pulver M/30,
60,0 geschlämmte Kreide,
100,0 Zucker, Pulver M/50,

mischt man innig und verreibt das Gemisch mit

q. s. Zimtwasser,

dass die Gesamtmenge

1000,0 ccm

beträgt.

Das Zimtwasser der Ph. U. St. bereitet man in der Weise, dass man zunächst

2,0 Zimtöl
mit
4,0 gefälltem Calciumphosphat
innig verreibt, sodann so viel
destilliertes Wasser
zusetzt, dass die Gesamtmenge
1000,0 ccm
beträgt, und filtriert.

Mixtura diuretica.

Form. magistr. Berol.
30,0 Kaliumacetatlösung,
2 Tropfen Petersilienöl,
170,0 destilliertes Wasser.

Mixtura gummosa.

Gummi-Mixtur.

a) 25,0 Gummischleim,
15,0 weissen Sirup,
60,0 destilliertes Wasser
mischt man miteinander.
Stets frisch zu bereiten.

b) Form. magistr. Berol.
20,0 Gummischleim,
20,0 weissen Sirup,
160,0 destilliertes Wasser
mischt man.

Mixtura Morphini Stockes.

Vorschrift des Dresdner Ap. V.
0,05 Morphinhydrochlorid,
5,0 Kirschlorbeerwasser,
30,0 Mandelsirup,
30,0 Gummischleim,
80,0 destilliertes Wasser.

Mixtura Natrii bicarbonici.

Form. magistr. Berol.
10,0 Natriumbikarbonat
löst man in
175,0 destilliertem Wasser
und setzt
5,0 Pomeranzenschalentinktur,
10,0 Glycerin v. 1,23 spez. Gew.
hinzu.

Mixtura nervina.

Form. magistr. Berol.
4,0 Natriumbromid,
4,0 Ammoniumbromid,
8,0 Kaliumbromid
löst man in
184,0 destilliertem Wasser.

Mixtura nitrica.

Form. magistr. Berol.
6,0 Kaliumnitrat
löst man in
164,0 destilliertem Wasser
und setzt
30,0 weissen Sirup
hinzu.

Mixtura odorifera.

Oleum Milleflorum. Tausendblumenöl.

45,0 Bergamottöl,
30,0 Citronenöl,
20,0 Lavendelöl,
2,0 Kassiaöl,
2,0 Nelkenöl,
1,0 Wintergreenöl,
0,5 Kumarin
mischt man. Wenn das Kumarin gelöst ist, stellt man die Mischung einige Tage kalt und filtriert dann.

Mixtura odorifera excelsior.

Oleum Milleflorum excelsius.

40,0 Bergamottöl,
30,0 Citronenöl,
20,0 Lavendelöl,
5,0 Orangeblütenöl,
3,0 Ceylonzimtöl,
2,0 Nelkenöl,
1,0 Wintergreenöl,
0,5 Ylang-Ylangöl,
0,5 Heliotropin,
0,1 Kumarin.
Behandlung wie bei der vorigen Nummer.

Mixtura odorifera moschata.

Oleum Milleflorum moschatum.

60,0 Bergamottöl,
15,0 Citronenöl,
10,0 Lavendelöl,
7,0 Orangeblütenöl,
5,0 Rosenöl,
2,0 Ceylonzimtöl,
1,0 Wintergreenöl,
0,5 Ylang-Ylangöl,
3 Tropfen Veilchenwurzelöl,
0,2 Heliotropin,
0,2 Vanillin,

0,15 Kumarin,
1,0 Moschus.
Man maceriert 8 Tage lang und filtriert dann.

Mixtura oleoso-balsamica.
Balsamum vitae n. *Hoffmann.*
*Hoffmann*scher Lebensbalsam.

a) Vorschrift des D. A. IV.
1,0 Lavendelöl,
1,0 Eugenol,
1,0 Zimtöl,
1,0 Thymianöl,
1,0 Citronenöl,
1,0 ätherisches Muskatnussöl,
4,0 Perubalsam,
240,0 Weingeist von 90 pCt
werden gemischt. Die Mischung wird mehrere Tage lang unter häufigem Umschütteln an einem kühlen Orte stehen gelassen und schliesslich filtriert.

b) Vorschrift der Ph. Austr. VII.
2,0 Lavendelöl,
2,0 Citronenöl,
1,0 Nelkenöl,
1,0 Macisöl,
1,0 Orangeblütenöl,
0,25 (5 Tropfen) Zimtöl,
2,0 Perubalsam,
500,0 aromatischen Spiritus
digeriert man einige Tage und filtriert.

Mixtura pectoralis.
Liquor pectoralis.

Form. magistr. Berol.
5,0 anishaltige Ammoniakflüssigkeit,
30,0 Eibischsirup,
165,0 destilliertes Wasser
mischt man.

Mixtura Pepsini.

Form. magistr. Berol.
5,0 Pepsin,
1,0 Salzsäure v. 1,124 spez. Gew.,
170,0 destilliertes Wasser,
20,0 weisser Zuckersirup,
5,0 Pomeranzenschalensirup.

Mixtura solvens.
Lösende Mixtur. Salmiakmixtur.

a) Form magistr. Berol.
5,0 Ammoniumchlorid,
2,0 gereinigten Süssholzsaft
löst man in
193,0 destilliertem Wasser.

b) Vorschrift d. Ergänzb. d. D. Ap. V.
5,0 Ammoniumchlorid,
5,0 gereinigten Süssholzsaft
löst man in
190,0 destilliertem Wasser.

Mixtura solvens stibiata.
Lösende Brechweinsteinmixtur.

Form. magistr. Berol.
0,05 Brechweinstein,
5,0 Ammoniumchlorid,
2,0 gereinigten Süssholzsaft
löst man in
193,0 destilliertem Wasser.

Mixtura Stockes.
Vorschrift des Münchn. Ap. V.
2 Eigelb
mischt man mit
100,0 Zimtwasser
und setzt
50,0 Weingeist von 90 pCt,
20,0 weissen Sirup
hinzu.

Mixtura sulfurica acida.
Liquor acidus Halleri.
Elixir acidum n. *Haller*. *Haller*sches Sauer.

Vorschrift des D. A. IV. und der Ph. Austr. VII.
1 Teil Schwefelsäure von 1,838 spez. Gew.
wird unter Umrühren mit
3 Teilen Weingeist von 90 pCt
gemischt.
Die klare, farblose Flüssigkeit soll ein spez. Gew. von 0,990—1,002 haben.

Mixtura vinosa.

Form. magistr. Berol.
4,0 zusammengesetzte Chinatinktur,
25,0 Weingeist von 90 pCt,
25,0 weissen Sirup,
146,0 destilliertes Wasser
mischt man.

Mollplaste.

Salbenpflaster.
Nach *K. Dieterich.*

Die „Mollplaste", welche der *Chemischen Fabrik Helfenberg A. G.* durch Deutsches Reichspatent und durch Wortmarke geschützt sind, vereinigen die Eigenschaften der Hartpflaster mit denen der Salben. In Tuben verabfolgt, wird der Inhalt nach Bedarf auf Stoff gebracht, hier ausgestrichen und so angewendet, oder man breitet die Masse direkt auf der Haut aus und bedeckt dann mit Stoff oder einer Lage Watte. Die Klebkraft der Massen ist eine ganz ausserordentliche, so dass sie in dieser Hinsicht die harten Pflaster, die ausserdem noch ein Erwärmen vor deren Anwendung nötig machen, bei Weitem übertreffen. Dass die Einwirkung der weichen Massen, denen man verschiedene Medikamente inkorporieren kann, auf die Haut eine raschere und intensivere ist, liegt nahe. Das Heft-Mollplast kann vom Arzt leicht in der Tasche getragen werden und dürfte die geeignetste Form sein, rasch einen Verband herzustellen.

Morsuli. Morsellen.

Nach *E. Dieterich.*

Zur Herstellung der Morsellen kocht man zunächst gepulverten, M/40, Zucker mit dem vierten Teil seines Gewichts Wasser zur Tafeldicke, d. h. so weit ein, bis eine herausgenommene Probe sich federnflockenartig abschleudern lässt, rührt die vom Feuer genommene Masse so lange, bis sie sich zu trüben beginnt, und setzt dann die Gewürze usw. zu.

Man giesst nun in die stark genässten, zerlegbaren Formen aus Eichenholz, breitet die Masse in denselben, ähnlich wie beim Formen der Chokoladetafeln, durch Aufschlagen auf den Tisch gleichmässig aus, lässt etwas abkühlen und schneidet, nachdem man die Seitenteile der Form entfernt hat, mit einem dünnen und scharfen Messer in Streifen.

Bei der Bereitung der Morsellen sind folgende Regeln zu beobachten:

1. Man verwendet nur beste Raffinade und kocht dieselbe mit dem Wasser nicht zu dick ein.
2. Man schält die Mandeln frisch und schneidet sie nebst den Pistazien der Länge nach in Streifen, die kandierten Pommeranzenschalen dagegen und das Citronat in kleine Würfel.
3. Von den gröblich gepulverten Species siebt man den Staub ab.
4. Als roten Farbstoff verwendet man ammoniakalische Karminlösung, als grünen das in Ätherweingeist gelöste *Schütz*sche Chlorophyll, als blauen Indigokarminlösung und als gelben Kurkumatinktur.

Um zu beurteilen, wie viel Masse eine vorhandene Form aufnimmt, misst man die Bodenfläche derselben. Jeder qcm erfordert 1 g Zucker nebst den anderen Zusätzen. Für eine Form, welche z. B. 1000 mm in der Länge und 75 mm in der Breite misst, also eine Bodenfläche von 750 qcm hat, geht man von 750 g Zucker aus.

Zur Bestimmung der Tafeldicke des Zuckers wendet *Kubel* nicht die Federprobe, sondern die Temperaturbestimmung an. Er schreibt darüber wörtlich:

„Zur Herstellung der Morsellen wird der Zucker in einer kupfernen Pfanne mit Stiel mit 200 pCt Wasser zum Sieden gebracht unter häufigerem Umrühren mit einem hölzernen Spatel. Nach kurzer Zeit hängt man das Thermometer in die kochende Zuckermasse. Man benützt ein Thermometer zu chemischen Zwecken, dessen Skala bis 200° C geht, dieses wird in einem grösseren Korke befestigt, damit es mit Hilfe desselben auf den Rand der Pfanne gehängt werden kann, und zwar so, dass es tief in die kochende Zuckermasse reicht, und über dem Korke die Skala von etwa 115° C ab sichtbar ist. Unterhalb des Korkes, an diesem befestigt, umgiebt ein schmaler Streifen Papier die Thermometerröhre, um zu verhüten, dass diese unmittelbar auf dem Rande der Pfanne liegt. Zur weiteren Schonung wird das Thermometer in ein Gefäss mit heissem Wasser gestellt, aus diesem kommt es in die heisse Zuckermasse und aus dieser wieder in das heisse Wasser. Die Zuckermasse wird nun eingekocht, bis die Temperatur derselben genau auf 123° C gestiegen ist, sie hat dann die Morsellenkonsistenz, eine kleine mit dem Spatel fortgeschleuderte Menge der Masse zeigt die Federprobe aufs beste. Rasch wird das Thermometer entfernt, die Pfanne vom Feuer genommen, die Mandeln usw. zugeschüttet, alles durchgerührt und die Masse in die stark angefeuchtete Form gegossen. Durch gelindes Aufstossen derselben wird bewirkt, dass die gefärbten Mandelschnitte an die Oberfläche kommen, auch kann man diese durch Aufstreuen von etwas buntem Streuzucker noch mehr verzieren. Nach etwa 3 Minuten ist die richtig gekochte Masse erstarrt, die Form wird auseinandergenommen, und die hinreichend erhärtete Masse noch warm in Streifen zerschnitten. Die einzelnen Formenteile werden darauf von den anhängenden Zuckerteilchen durch Abwaschen befreit und wieder zusammengestellt. Während dieser Arbeiten ist der neue Satz zum Ausgiessen fertig, so dass sich in der Stunde nahezu 4 Sätze herstellen lassen. Soll ein Kakaozusatz stattfinden, so wird in kleinere Stücke zerschlagene Kakaomasse, auf 700 g Zucker 80 bis 100 g Kakaomasse der Zuckermasse bei beginnendem Kochen zugefügt und etwas länger gerührt, bis gleichmässige Mischung erzielt ist. Auch hier wird genau die Endtemperatur von 123° C eingehalten, die Federprobe ist bei dieser Mischung sehr unsicher, während die Thermometerprobe nie im Stiche lässt."

Für die gegebenen Vorschriften sei noch bemerkt, dass man, wenn man billiger arbeiten will, nur nötig hat, die für die Zuckermasse bestimmten Zusätze in den Mengen auf die Hälfte zu verringern.

Morsuli aromatici.

Aromatische Morsellen.

1000,0 Zucker

kocht man mit

200,0 Wasser

zur Tafeldicke, rührt

20,0 Morsellenspecies,
40,0 Citronat,
40,0 kandierte Pomeranzenschalen,

welche beide letztere man vorher in Würfel schnitt, unter und fügt dann

40,0 ungefärbte Mandeln,
40,0 gefärbte "
40,0 Pistazien,

sämtlich in länglicher Form geschnitten, hinzu. Man hält die Masse, während man die Zusätze macht, auf dem Dampfapparat warm, schlägt sie noch so lange mit einem breiten Spatel, bis sie gleichmässig ist, und giesst dann aus.

Morsuli Cacao.

Kakao-Morsellen.

1000,0 Zucker,
200,0 Wasser,
150,0 ungefärbte Mandeln,
10,0 Vanillezucker.

Man verfährt wie bei Morsuli aromatici, setzt aber zuletzt

200,0 Vanille-Chokolade,

die sehr hart und mit dem Wiegemesser in erbsengrosse Stückchen geschnitten sein muss, zu.

Morsuli Citri.

Citronen-Morsellen.

1000,0 Zucker,
200,0 Wasser,
60,0 Citronat,
60,0 kandierte Pomeranzenschalen,
30,0 weisse Mandeln,
30,0 Pistazien,
10,0 Citronensäure, Pulver M/30,
die feingewiegte Schale einer frischen Citrone,
10,0 Morsellenspecies,

die man vorher in

15,0 Arrak

einweicht.

Bereitung wie bei Morsuli aromatici.

Morsuli Coffeae.

Kaffee-Morsellen.

1000,0 Zucker,
200,0 Wasser,
50,0 ungefärbte Mandeln,
50,0 rotgefärbte "
10,0 Vanillezucker (10-prozentig),
30,0 frisch geröstete und grob gemahlene Kaffeebohnen,

welche man vorher mit

20,0 Kognak

nässte.

Der gemahlene Kaffee muss von feinem Pulver befreit sein.

Morsuli imperatorii.

Kaiser-Morellen.

1000,0 Zucker,
200,0 Wasser,
60,0 Citronat,
40,0 ungefärbte Mandeln,
40,0 gefärbte Mandeln,
40,0 Pistazien,
20,0 Pomeranzenschalenparenchym,
10,0 Helfenberger 100-fache Himbeeressenz,
5,0 Jasminessenz (Esprit de Jasmin triple),
2 Tropfen Rosenöl,
2 " Orangeblütenöl,
1 " ätherisches Bittermandelöl.

Das Pomeranzenschalenparenchym, welches bei der Herstellung von Flavedo abfällt, trocknet man, zerkleinert es mit dem Wiegemesser zu feinen Species und setzt es, nachdem man es mit den Essenzen und Ölen getränkt hat, als letztes der Masse zu. Die Morsellen haben einen maraskinoartigen Geschmack.

Morsuli mannati.
Manna-Morsellen.

500,0 Zucker,
100,0 Wasser

kocht man zur Tafeldicke, setzt

100,0 Kaliumnatriumtartrat, Pulver M/20,
100,0 Süssholz, Pulver M/50,
500,0 Manna,

welche letztere man mit dem Wiegemesser zu erbsengrossen Stücken zerkleinerte, und schliesslich

5 Tropfen Citronenöl

zu. Sonstige Herstellung wie bei Morsuli aromatici. Die Mannamasse darf nicht lange erhitzt werden, damit die Manna nicht zerschmilzt.

Morsuli Marcipanis.
Marzipan-Morsellen.

1000,0 Zucker,
200,0 Wasser,
235,0 frisch geschälte süsse Mandeln,
15,0 " " bittere "
40,0 Citronat,
40,0 kandierte Pomeranzenschalen,
10,0 Vanillezucker (10-prozentig),
3 Tropfen Rosenöl.

Die Mandeln stösst man mit ungefähr 20,0 Wasser zu einer gleichmässigen Paste. Sonst ist die Bereitung wie bei Morsuli aromatici.

Morsuli stomachici.
Magen-Morsellen.

1000,0 Zucker,
200,0 Wasser,
40,0 Citronat,
40,0 kandierter Kalmus,
40,0 kandierte Pomeranzenschalen,
40,0 rot- und gelbgefärbte Mandeln,
40,0 Pistazien,
40,0 Morsellenspecies,
20,0 Ingwertinktur,
1 Tropfen Citronenöl.

Die Ingwertinktur und das Citronenöl mischt man mit den Gewürzen und setzt die Mischung zuletzt zu. Im übrigen ist die Herstellung wie die der Morsuli aromatici.

Morsuli Vanillae.
Vanille-Morsellen.

1000,0 Zucker,
200,0 Wasser,
40,0 Citronat,
50,0 ungefärbte Mandeln,
50,0 rotgefärbte "
50,0 Pistazien,
50,0 Krystallzucker, Pulver M/5,
12,5 Vanillezucker,
2 Tropfen Rosenöl,
1 " Orangeblütenöl.

Das Krystallzuckerpulver stellt man am besten durch Stossen von weissem Kandiszucker her; es muss vom feinen Pulver befreit sein. Der übrige Gang der Herstellung ist dem bei Morsuli aromatici angegebenen gleich.

Morsuli Zingiberis.
Ingwer-Morsellen.

1000,0 Zucker,
200,0 Wasser,
50,0 Citronat,
50,0 kandierte Pomeranzenschalen,
50,0 Ingwer, Pulver M/8,
20,0 chinesischer Zimt, Pulver M/8,
5,0 Malabar-Kardamomen, " "
5,0 Nelken, Pulver M/8,
1 Tropfen ätherisches Bittermandelöl.

Das gröbliche Pulver der Gewürze muss staubfrei sein. Die Bereitung ist wie bei Morsuli aromatici.

Schluss der Abteilung „Morsuli".

Moschus ad usum mercatorium.
Moschus für den Handverkauf.

1,0 Moschus,
3,0 Bocksblut, Pulver M/40,

mischt man, verreibt mit

2 Tropfen Zuckercouleurtinktur

und bewahrt in gut verschlossenem Gefäss auf.

Mostrich.

Senf. Tafelsenf. Speisesenf.

Während früher der aus grobem Senfmehl bereitete „deutsche“ Mostrich noch im Handel zu finden war und häufig in den Apotheken hergestellt wurde, ist derselbe zur Zeit durch die Erzeugnisse der Mostrich-Fabriken, welche durchgehends in französischer Art arbeiten und den eingequellten Senfsamen zwischen Granitsteinen in besonderen Mühlen, wie sie *Otto Behrle* in Renchen in Baden baut, vermahlen, fast verdrängt und wird nur hier und da noch im Kleinen hergestellt.

Der deutsche Mostrich ist vom französischen Tafelsenf so grundverschieden im Geschmack und wird deshalb dem letzteren so häufig vorgezogen, dass es geboten scheint, ihm hier einen Platz anzuweisen und selbst die einfachste Form, wie sie zumeist aus den Händen der Hausfrau hervorgeht, und zwar an erster Stelle, aufzuführen.

Zumeist füllt man den Mostrich für den Verkauf in Glasbüchsen, manchmal jedoch auch in Steingutbüchsen ab. In beiden Fällen verwendet man Etiketten †, welche durch Buntdruck hergestellt sind.

a) deutscher, aus unentöltem Senfmehl ohne Gewürz.

250,0 schwarzen Senf, Pulver M/8,
250,0 weissen Senf, „ „

rührt man mit

500,0 Essigsprit

an, mischt nach 24 Stunden

250,0 Zucker, Pulver M/15,
250,0 Wasser

hinzu und lässt in offenem flachen Gefäss unter öfterem Umrühren unbedeckt mehrere Tage oder so lange stehen, bis der Mostrich mässig scharf ist. Man setzt dann noch

250,0 Wasser

zu und füllt in Steingutbüchsen.

b) deutscher, aus unentöltem Senfmehl mit Gewürz.

180,0 schwarzen Senf, Pulver M/8,
120,0 weissen Senf, „ „
1,0 Nelken, „ M/20,
1,0 chinesischen Zimt, „ M/30,
5,0 schwarzen Pfeffer, „ „
10,0 Esdragon, „ „

mischt man und rührt mit

500,0 Speise-Essig

an.

Andrerseits zerstösst man

1/2 Zwiebel

und

1,0 Knoblauch

mit

150,0 Zucker

und

32,0 Kochsalz

zu einer gleichmässigen Mischung, setzt diese der Senfmasse zu und lässt das Ganze unter zeitweiligem Umrühren so lange an der Luft stehen, bis die übermässige Schärfe vergangen ist.

Der Knoblauch, welcher dem Senf den dem französischen Fabrikat eigenen Geschmack verleiht, kann wegbleiben, ebenso der Esdragon.

bb) Münchner, aus unentöltem Senfmehl mit Gewürz.

360,0 schwarzen Senf, Pulver M/8,
720,0 weissen Senf, „ „
900,0 Zuckerpulver,
270,0 Weizenmehl
6,0 Nelken, Pulver M/20,
8,0 schwarzen Pfeffer, Pulver M/30,
1,25 Safran, Pulver M/30,
30,0 Kochsalz

mischt man, rührt die Mischung mit

2700,0 Speise-Essig,
450,0 Wasser

an und füllt auf Flaschen.

c) deutscher, aus entöltem Senfmehl.

150,0 entölter schwarzer Senf, Pulver M/30,
100,0 entölter weisser Senf, Pulver M/30,
1,0 Nelken, Pulver M/20.
1,0 chinesischer Zimt, Pulver M/30,
5,0 schwarzer Pfeffer, Pulver M/30,
560,0 Speise-Essig,
1,0 Knoblauch,
1 Zwiebel,
150,0 Zucker,
32,0 Kochsalz.

Bereitung wie beim vorhergehenden. Leider hält sich dieser Senf nicht lange. Auch hier kann Knoblauch nötigenfalls wegbleiben.

d) französischer Tafel-Mostrich.

300,0 schwarzen Senf

quellt man 12 Stunden lang mit

300,0 Speise-Essig

ein und vermahlt dann zwischen Granitsteinen in der sogenannten Senfmühle zu einer feinen und körnerfreien Masse.

Während dieses Mahlens lässt man nach und nach — die Masse würde durch die Ergiebigkeit des Senfs sonst zu dick werden —

† S. Bezugsquellen-Verzeichnis.

300,0 Speise-Essig
zulaufen.

Man zerstösst dann

2,0 Knoblauch
mit

50,0 Zucker
möglichst fein, mischt

25,0 Kochsalz,
25,0 feingewiegte Sardellen,
25,0 Esdragon, Pulver M/30,
2,0 Nelkenpfeffer, „ M/20,
1,0 Muskatblüte „ „
1,0 chinesischen Zimt „ M/30,

hinzu und rührt diese Mischung unter die Senfmasse.

Vielfach verwendet man an Stelle des Esdragons Esdragonöl. Es kann aber davon nur abgeraten werden, da das Öl ein ganz anderes Aroma hat, wie das Kraut.

e) **französischer Burgunder-Mostrich.**

300,0 schwarzen Senf
quellt man mit

200,0 Speise-Essig
und

100,0 Rotwein
12 Stunden ein und vermahlt unter Zulaufenlassen von

300,0 Speise-Essig,
wie es unter c) beschrieben wurde, fein.

Man setzt dann in derselben Weise, wie ich in voriger Nummer angab, zu:

1,0 Knoblauch,
50,0 Zucker,
25,0 Kochsalz,
25,0 feingewiegte Kapern,
25,0 Esdragon, Pulver M/30,
1,0 chinesichen Zimt „ „
1,0 Nelkenpfeffer, „ M/20,
1,0 Muskatblüte, „ „
1,0 Nelken, „ „

Wenn man bei den zwei letzten Vorschriften statt der ganzen Senfkörner, wie man sie in den Senffabriken verwendet, von Senfmehl ausgeht, so kann man auch in einer geräumigen unglasierten Reibschale (z. B. aus Chamottemasse) französischen Senf, freilich in nicht sehr grosser Menge, bereiten. Man hat nur darauf zu achten, dass man beim Zerreiben nicht zu viel Essig nachlaufen lässt, damit die Masse vom Pistill gefasst und nicht zu dünn wird. Will man im Grösseren arbeiten, so empfiehlt sich die Anschaffung einer Senfmühle.

Ein Mehlzusatz zu Speisesenf ist völlig zu verwerfen. Es wird dadurch nicht blos die Haltbarkeit beeinträchtigt, sondern die Farbe nimmt auch einen grauen Ton an. Zwar begegnet man letzterem durch Zusatz von Kurkumatinktur, aber nur auf Kosten des Geschmacks.

Beim Abfassen von Mostrich auf Glasbüchsen überzieh eman die Korke nicht, wie dies häufig geschieht, mit Stanniol, sondern mit Guttaperchapapier, das denselben Dienst verrichtet und in Verbindung mit Essig nicht gesundheitsschädlich ist.

Schluss der Abteilung „Mostrich“.

Mostrichpulver

zur Selbstbereitung von Mostrich.

Tafelsenfpulver. Speisesenfpulver.

a) **zu deutschem Mostrich ohne Gewürz:**

400,0 schwarzes Senfpulver,
400,0 weisses Senfpulver,
200,0 Zucker, Pulver M/15,

mischt man, füllt die Mischung in Pergamentpapierbeutel und giebt folgende Gebrauchsanweisung dazu:

„Man rührt das Pulver mit 1¼—1½ Liter Weinessig an, lässt unter öfterem Umrühren einige Tage oder so lange offen an der Luft stehen, bis der Geschmack entsprechend ist, und füllt dann den Senf in Glasbüchsen.“

b) **zu deutschem Mostrich mit Gewürz:**

320,0 schwarzes Senfpulver,
300,0 weisses Senfpulver,
100,0 Kochsalz, Pulver M/30,
230,0 Zucker, „ „
2,0 Nelken, „ „
8,0 chinesischen Zimt, Pulver M/50,
10,0 schwarzen Pfeffer, „ „
30,0 Esdragonkraut, „ M/30,

mischt man und giebt die unter a) aufgestellte Gebrauchsanweisung mit auf den Weg.

c) **zu französischem Tafel-Mostrich:**

600,0 schwarzen entölten Senf, Pulver M/30,
150,0 Zucker, „ „
75,0 Esdragonkraut, „ „
75,0 Kochsalz, „ M/20,
6,0 Nelkenpfeffer, Pulver M/20,
3,0 Muskatblüte, „ „
3,0 chinesischen Zimt, „ M/30,
10,0 Borsäure „ „

mischt man und verabfolgt die Mischung in Pergamentpapierbeutel unter Beigabe der bei a) aufgeführten Gebrauchsanweisung.

Motten-Essenz.

Motten-Spiritus. Motten-Tinktur.

a) 1,0 Patchouliöl,
9,0 Mirbanessenz,
50,0 Naphtalin,
20,0 kryst. Karbolsäure,
20,0 Kampfer,
50,0 rektifiziertes Terpentinöl,
850,0 Weingeist von 90 pCt.

Man mischt, lässt einige Tage ruhig stehen und filtriert dann.

b) 100,0 feingeschnittenen spanischen Pfeffer,
900,0 Weingeist von 96 pCt,
50,0 Terpentinöl

lässt man 8 Tage lang in Zimmertemperatur stehen und presst dann aus. In der Pressflüssigkeit löst man

40,0 Naphtalin,
10,0 Kampfer,
10,0 Nelkenöl,

lässt 2 Tage kühl stehen und filtriert dann.

Für beide Tinkturen lautet die Gebrauchsanweisung folgendermassen:

„Man giesst die Essenz auf Fliesspapier und legt dieses zwischen die zu schützenden Pelz- oder Wollgegenstände. Letztere packt man dann gut ein und bewahrt sie in einem kühlen Raum auf."

Motten-Papier.

a) 50,0 Naphtalin,
25,0 krystallisierte Karbolsäure,
25,0 Ceresin.

b) 25,0 Ceresin,
25,0 Kampfer,
50,0 Naphtalin,
1,0 Mirbanessenz.

Man schmilzt zusammen und streicht die heisse Masse mittels breiten Pinsels auf ungeleimtes Papier, das sich auf einer erwärmten Platte befindet.

Will man letztere, da die Nähe freien Feuers ausgeschlossen ist, vermeiden, so setzt man der Masse

10,0 Weingeist von 95 pCt

zu, muss dann aber mit dem Pinsel oft umrühren.

Motten-Pulver.

10,0 spanischen Pfeffer, Pulver M/30,
40,0 Naphtalinpulver,
50,0 gepulverte Chrysanthemumblüten

mischt man und giebt in Opodeldokgläsern ab.

Die Gebrauchsanweisung würde lauten:

„Man streue dieses Pulver in reichlicher Menge zwischen die zu schützenden Pelz- oder Wollgegenstände, packe sie gut ein und bewahre sie in kühlen Räumen auf."

Motten-Species.

Motten-Kräuter.

10,0 Patchouliblätter,
20,0 Rosmarinblätter,
20,0 Thymianblätter,
20,0 Salbeiblätter

zerschneidet und mischt man.

Andrerseits bereitet man sich eine heisse Lösung von

20,0 Naphtalin,
2,0 Mirbanessenz,
5,0 Terpentinöl,
50,0 Weingeist von 90 pCt

und besprengt damit die Kräuter.

Die Gebrauchsanweisung lautet:

„Man näht die Kräuter in Schirtingsäckchen ein und legt diese in grösserer Zahl zwischen die vor Motten zu schützenden Pelz- und Wollgegenstände. Letztere packt man dann in feste Packete und bewahrt diese in kühlen Räumen auf."

Mucilago Amyli.

Stärkekleister.

1,0 Weizenstärke

verrührt man mit

2,0 destilliertem Wasser

und giesst dann in dünnem Strahl und unter flottem Rühren

97,0 kochendes Wasser

zu.

Wenn notwendig, seiht man die Masse durch.

Mucilago Cydoniae.

Quittenschleim.

a) Vorschrift der Ph. Austr. VII.

2,0 Quittensamen

schüttelt man mit

50,0 destilliertem Wasser

und seiht ab.

b) 2,0 Quittenkörner,
100,0 Rosenwasser

schüttelt man 25—35 Minuten mit einander und seiht dann durch.

Mucilago Cydoniae sicca.

Trockener Quittenschleim.

100,0 Quittenkörner

maceriert man unter öfterem Umrühren 1/2 Stunde mit

1000,0 destilliertem Wasser,

seiht den Schleim durch ein Sieb ab und wiederholt das Verfahren mit

500,0 destilliertem Wasser.

Die vereinigten Auszüge seiht man durch ein dichtes Tuch und versetzt die Seihflüssigkeit mit

1000,0 warmem Weingeist von 90 pCt.

Die Flüssigkeit trennt sich dadurch in zwei Schichten, von denen man die untere dicke auf Glasplatten streicht und hier durch Trocknen und Abstossen Lamellen gewinnt, während man von der überstehenden dünnen Flüssigkeit den Weingeist abdestilliert.

Die Ausbeute an Lamellen beträgt

12,0—15,0.

Zur Herstellung des Mucilago nimmt man auf 100,0 Wasser 0,3 Lamellen.

Mucilago Gummi arabici.

Mucilago Gummi Acaciae. Gummischleim. Akaziengummischleim.

a) Vorschrift des D. A. IV.

1 Teil mit Wasser abgewaschenes arabisches Gummi

wird in

2 Teilen Wasser

gelöst und die Lösung durchgeseiht.

Diese Vorschrift des Arzneibuchs ist dahin zu ergänzen, dass man zum Lösen des Gummis, wenn man eine klare Lösung erhalten will, keine Wärme anwenden darf.

b) Vorschrift der Ph. Austr. VII.

100,0 gepulvertes Akaziengummi

löst man durch Verreiben in

200,0 destilliertem Wasser

und seiht durch.

Die Verwendung gepulverten Gummis beschleunigt zwar die Fertigstellung des Schleimes, schliesst aber die Gewinnung einer klaren Lösung aus.

Mucilago Lini seminis.

Leinsamenschleim.

25,0 Leinsamen

übergiesst man mit

125,0 warmem destillierten Wasser,

maceriert unter öfterem Rühren 6 Stunden und seiht durch.

Die Ausbeute beträgt reichlich

100,0.

Mucilago Salep.

Salepschleim.

Vorschrift des D. A. IV.

1 Teil mittelfein gepulverter Salep

wird in eine Flasche geschüttet, welche

9 Teile Wasser

enthält. Nachdem das Pulver durch Umschütteln gut verteilt worden ist, versetzt man das Gemisch mit

90 Teilen siedendem Wasser

und schüttelt es in derselben Flasche bis zum Erkalten.

Der Salepschleim ist stets frisch zu bereiten. Dazu ist zu bemerken, dass das Salepdekokt, wie es im Gegensatz zu „Salepschleim“ zumeist benannt ist, vielfach durchgeseiht verlangt wird.

Mucilago Tragacanthae.

Tragantschleim.

1,0 Tragant, Pulver M/50,

rührt man in einer Reibschale mit

5,0 Glycerin v. 1,23 spez. Gew.

an und fügt dann noch

94,0 destilliertes Wasser

hinzu.

Man erwärmt die Mischung unter fortwährendem Rühren bis auf 40° C und setzt das Rühren so lange fort, bis der Schleim vollständig gleichmässig ist.

Nährflüssigkeiten.

a) für Bakterien nach *Pasteur.*

5,0 Ammoniumtartrat,
1,0 Kaliumphosphat,
100,0 Zucker

löst man in

1000,0 destilliertem Wasser

und filtriert die Lösung.

b) für Bakterien nach *Cohn.*

10,0 Ammoniumtartrat,
10,0 Ammoniumacetat,
0,5 Kaliumphosphat,
0,3 Magnesiumsulfat,
0,3 Calciumchlorid

löst man in

1000,0 destilliertem Wasser

und filtriert die Lösung.

c) für Bakterien nach *Miquel.*

20,0 Pepton,
2,0 Gelatine,
5,0 Natriumchlorid,
0,5 Kaliumkarbonat,
1000,0 destilliertes Wasser.

Man löst durch Erwärmen und filtriert die Lösung.

d) für Züchtung der Urtiere nach *Bergmann.*

100,0 Zucker,
10,0 Ammoniumtartrat,
10,0 Natriumphosphat oder Kaliumphosphat

löst man in

1000,0 destilliertem Wasser

und filtriert die Lösung.

Nährgelatine.

5,0 Gelatine,
2,0 Fleischextrakt

löst man in

150,0 destilliertem Wasser,

filtriert die Lösung, kocht sie auf und verteilt sie in Reagiercylinder, welche man vorher auskochte.

Man verschliesst die Cylinder mit Wattepfropfen, die längere Zeit einer Temperatur von 150° C ausgesetzt worden waren, und lässt 4 Wochen lang ruhig stehen.

Nur die Gelatine, welche sich so lange klar und unverändert erhält, ist probemässig, während jene, welche punktförmige Trübungen zeigt, nochmals und so oft aufgekocht werden muss, bis sie klar bleibt.

Eine gleich brauchbare Gelatine erhält man auch durch Lösen von 5 Teilen Gelatine in 100 Teilen Heuaufguss.

Nährsalzmischung für Blumen.

Blumendünger.

a) nach *Knop.*

100,0 Calciumphosphat,
25,0 Kaliumnitrat,
25,0 Kaliumphosphat,
25,0 Magnesiumsulfat,
5,0—10,0 Ferriphosphat

mischt man und dosiert zu 2,0 mit der Weisung, dass diese Dose in 1 l Wasser zu „lösen" und die „Lösung" zum Begiessen der Blumen zu verwenden sei.

Jedenfalls wäre es richtiger, statt des Calciumphosphat das saure Salz, wie es in der Landwirtschaft unter der Bezeichnung „Superphosphat" Verwendung findet, zu nehmen. Man könnte dann auch mit mehr Recht von einem „Lösen" der Mischung sprechen.

b) 40,0 Ammoniumnitrat,
20,0 Ammoniumphosphat,
25,0 Kaliumnitrat,
5,0 Ammoniumchlorid,
6,0 Calciumsulfat.
4,0 Ferrosulfat.

Man mischt, macht Dosen zu je 2,0 und lässt eine Dosis in 1 l Wasser lösen.

Die Etiketten † müssen eine geeignete Gebrauchsanweisung tragen.

Natrium aethylicum.

Natriumäthylat.

100,0 absoluten Alkohol

giebt man in einen die vierfache Menge fassenden Glaskolben, stellt diesen in Eiswasser und trägt nach und nach

12,0 metallisches Natrium

in erbsengrossen Stückchen ein, und zwar eine neue Menge nicht früher, als bis sich die vorherige fast gelöst hat. Da zuletzt das Lösen langsamer verläuft und damit die Gefahr des zu starken Erhitzens verringert ist, nimmt man den Kolben aus der Kühlflüssigkeit, schüttelt den Inhalt, setzt, wenn die Einwirkung nur noch schwach ist. den Rest des Natriums zu und überlässt zwei Stunden der Ruhe.

Man entleert den Kolbeninhalt in eine Abdampfschale und erhitzt vorsichtig im Dampfbad, bis alles oder nahezu alles Natrium sich gelöst hat.

Bleibt etwas Natrium ungelöst, so setzt man in sehr kleinen Mengen noch so viel Alkohol

† S. Bezugsquellen-Verzeichnis.

zu, bis vollständige Lösung erfolgt ist. Man erhitzt nun noch so lange, bis eine der Masse entnommene Probe beim Erkalten erstarrt, kühlt dann rasch ab, zerreibt die Masse zu gröblichem Pulver und bewahrt dies in gut verschlossenen Glasbüchsen auf.

Die Ausbeute beträgt reichlich

20,0.

Natrium boro-salicylicum.

Natrium-Borosalicylat.

Nach *Bernegau.*

32,0 Natriumsalicylat,
25,0 Borsäure

beide fein gepulvert, verreibt man mit

q. s. destilliertem Wasser

zu einem dünnen Brei. Die rasch hart werdende Masse trocknet man bei einer 50° C nicht übersteigenden Temperatur und verwandelt sie dann in Pulver.

An anderer Stelle giebt derselbe Autor andere Verhältnisse an, nämlich auf 35,0 Borsäure nur 17,0 Natriumsalicylat.

Man erhält auch hiermit unter Zuhilfenahme von Wasser eine hart werdende Masse. Welcher Mischung die bessere Wirkung zukommt, mag dahinstehen.

Das Natrium-Borosalicylat soll eine dem Jodoform ähnliche Wirkung haben.

Natrium carbolicum.

Natriumphenylat.

40,0 Ätznatron

löst man in

80,0 verflüssigter Karbolsäure,

dampft in einer Porzellanschale unter Umrühren ab bis zu einem Gewicht von

100,0

und giesst die dickliche Masse auf einen mit Paraffin-Öl abpolierten Teller aus.

Nach dem Erkalten sind die Krusten sofort in Glasbüchsen zu bringen und hier durch gutes Verschliessen gegen Feuchtwerden zu schützen.

Der Überschuss an Karbolsäure ist notwendig, weil ein Teil davon beim Eindampfen verloren geht.

Natrium phosphoricum effervescens.

Brausendes Natriumphosphat.

100,0 krystallisiertes Natriumphosphat, Pulver M/8,
100,0 Natriumbikarbonat, Pulver M/30,
54,0 Weinsteinsäure, " "
36,0 Citronensäure, " "

mischt man, fügt dann

30,0 Weingeist von 95 pCt

hinzu und erhitzt einige Augenblicke unter fortwährendem Rühren, oder so lange, bis die Masse krümelig wird. Man schlägt sie sodann durch ein grobes verzinntes Metallsieb und trocknet bei 25° C.

Natrium sulfuricum effervescens.

Brausendes Natriumsulfat.

50,0 trockenes Natriumsulfat, Pulver M/30,
10,0 kleinkrystallis. Natriumsulfat,
100,0 Natriumbikarbonat, Pulver M/30,
54,0 Weinsteinsäure, " "
36,0 Citronensäure, " "

mischt man, fügt

30,0 Weingeist von 95 pCt

hinzu und erhitzt dann einige Augenblicke unter Rühren im Dampfbad und zwar so lange, bis die Masse krümelig geworden ist. Man reibt dann durch ein grobes verzinntes Metallsieb und trocknet bei 25° C.

Natrium salicylicum.

Natriumsalicylat.

(Ex tempore.)

60,0 Natriumbikarbonat,
100,0 Salicylsäure

mischt man mit einander, feuchtet die Mischung mit

50,0 Weingeist von 90 pCt

an und trocknet die Masse auf dem Dampfbad langsam aus.

Die Ausbeute beträgt

125,0—127,0.

Will man das Salz umkrystallisieren, so löst man es im Dampfbad im vierfachen Gewicht Weingeist, sammelt nach dem Erkalten die Krystalle, dampft die Lösung weiter ein und verfährt wie bei jeder Krystallisation.

Natrium santonicum.

Santoninnatron.

100,0 Santonin,
400,0 destilliertes Wasser,

bringt man in einen Glaskolben, setzt

80,0 Natronlauge v. 1,17 spez. Gew.

zu und erhitzt im Wasserbad so lange, bis das Santonin, das im Überschuss vorhanden, nahezu gelöst ist.

Man filtriert nun die Lösung, dampft das Filtrat ein und bringt es zur Krystallisation

Die Ausbeute beträgt

115,0.

Die ganze Arbeit muss in einem vor Tageslicht geschützten Raum vorgenommen werden.

Natrium sulfuratum.

Natriumsulfid. Schwefelnatrium.

60,0 entwässertes Natriumkarbonat,
40,0 gereinigten Schwefel

schmilzt man in der bei Kalium sulfuratum angegebenen Weise, nur unter grösserer Erhitzung.

Es bildet einen Bestandteil der schwefelhaltigen Saponimente und kann dort durch Kaliumsulfid nicht ersetzt werden.

Natrium tartaricum.

Natriumtartrat.

100,0 Natriumkarbonat

löst man in einer Abdampfschale durch Erhitzen im Dampfbad in

500,0 destilliertem Wasser

und neutralisiert durch allmählichen Zusatz von

q. s. (53,0) Weinsteinsäure.

Man filtriert dann, dampft ab und bringt zur Krystallisation.

Die letzte, gelb aussehende Mutterlauge verdampft man zur Trockene, zerreibt den Salzrückstand zu Pulver und bringt dieses auf einen lose mit Watte verstopften Trichter, es hier mit Weingeist auswaschend.

Das Salz wird dadurch fast farblos und kann, nachdem man es trocknete, umkrystallisiert werden.

Nopptinktur.

Man versteht darunter Farblösungen, mit welchen man in den Tuchfabriken einzelne Fäden oder Streifen in einem Stück Tuch, die durch irgend einen Zufall ungenügend oder falsch gefärbt verwebt wurden und so das ganze Stück minderwertig oder unverkäuflich machen würden, nachfärbt. Es sind infolgedessen die verschiedensten Farbentöne notwendig. Es steht mir nur eine einzige, aber gute Vorschrift, die ich hier folgen lasse, zur Verfügung:

Für Blauschwarz:

10,0 Blauholzextrakt Ph. G. I.,
1,0 Oxalsäure

verreibt man fein, fügt dann

180,0 Wasser

hinzu und lässt die Mischung 24 Stunden stehen.

Man fügt dann

1,0 Kaliumchromat (gelbes),
8,0 Borax, Pulver M/30,

hinzu und erwärmt unter Rühren so lange im Wasserbad, bis die Flüssigkeit einen schönen dunkelblauen Farbton angenommen hat.

Man lässt erkalten, bringt das Gewicht mit Wasser auf

170,0,

mischt nach und nach

30,0 Weingeist von 90,0 pCt

hinzu und stellt zurück.

Nach 8 Tagen filtriert man.

Öldichtmachen von Holzfässern.

Man übergiesst

50,0 Kölner Leim,
10,0 rohes Chlorcalcium

mit

1000,0 Wasser,

lässt 12 Stunden stehen und erhitzt dann bis zur vollkommenen Lösung. Andrerseits spült man das betreffende Fass gut aus, lässt es (mit dem Spundloch nach unten gerichtet) 2 bis 3 Tage trocknen und giesst nun die kochend heisse Leimlösung ein.

Man rollt das Fass nach verschiedenen Seiten und lässt die Leimlösung dann sofort durch das Spundloch ablaufen.

Mit dem offenen Spundloch nach oben muss nun das Fass 5—6 Tage im kühlen Raum (nicht Keller) trocknen.

Ohrenwolle.

1,0 Alkannin,
45,0 Kampfer,
4,0 Kajeputöl

löst man in

200,0 Äther

und tränkt damit

100,0 Verbandwatte,

indem man die ätherische Lösung in einem Weithalsglas herstellt und die Watte in dieselbe eindrückt.

Man trocknet schliesslich an der Luft und verpackt die getränkte Wolle in Tampons von 1,0 Gewicht in Stanniol.

Olea pro injectione.

Injektionsöle.

Nach *Lang*.

Die subkutane Quecksilberbehandlung wird von Jahr zu Jahr gebräuchlicher, wenn auch derselben noch manche Nachteile anhaften. Für die Bereitung der verschiedenen Zusammensetzungen sei darauf aufmerksam gemacht, dass die Verreibungen äusserst fein sein müssen. Bei der Verwendung von metallischem Quecksilber eignet sich besonders gut die durch höchste Feinheit ausgezeichnete Quecksilber-Verreibung Helfenberg.

Oleum cinereum.

Graues Öl.

3,0 Quecksilber,
3,0 reines Wollfett,
4,0 flüssiges Paraffin.

1 ccm enthält 0,391 Hg.
Einzelgabe: 0,1 ccm.

Oleum cinereum fortius.

Graues Öl (stark).

9,0 graue Salbe, stark n. *Lang*,
4,0 Olivenöl

mischt man zu einem dicken Öl. Die Mischung enthält ungefähr 50 pCt Hg.
Einzelgabe: 0,1 ccm.

Oleum cinereum mite.

Graues Öl (mild).

6,0 Graue Salbe, mild nach *Lang*,
4,0 Olivenöl

mischt man zu einem dickflüssigen Öl. Die Mischung enthält ungefähr 30 pCt Hg.
Einzelgabe: 0,1 ccm.

Oleum Hydrargyri chlorati mitis via humida et vapore parati.

4,5 Calomel,
4,0 reines Wollfett,
4,5 flüssiges Paraffin.

1 ccm enthält 0,371 Hg.
Einzelgabe: 0,5 ccm.

oder

4,0 Calomel,
3,0 reines Wollfett,
5,4 flüssiges Paraffin.

1 ccm enthält 0,391 Hg.
Einzelgabe: 0,5 ccm.

Oleum Hydrargyri oxydati flavi seu rubri.

4,0 Quecksilberoxyd,
3,5 reines Wollfett,
4,5 flüssiges Paraffin.

1 ccm enthält 0,392 Hg.
Einzelgabe: 0,5 ccm.

Oleum Hydrargyri oxydulati nigri.

4,7 schwarzes Quecksilberoxydul,
3,0 reines Wollfett,
6,2 flüssiges Paraffin.

1 ccm enthält 0,393 Hg.
Einzelgabe: 0,5 ccm.

Oleum Hydrargyri salicylici basici.

6,0 salicylsaures Quecksilber (*Heyden*),
2,0 reines Wollfett,
4,0 flüssiges Paraffin.

1 ccm enthält 0,421 (0,370 Hg).
Einzelgabe: 0,5 ccm.

Oleum Hydrargyri diphenylici seu carbolici.

7,0 diphenylsaures Quecksilber (*Merk*),
2,5 reines Wollfett,
5,0 flüssiges Paraffin.

1 ccm enthält 0,357 Hg.
Einzelgabe: 0,5 ccm.

Oleum Hydrargyri thymolo-acetici.

7,0 thymolessigsaures Quecksilber (*Merk*),
2,5 reines Wollfett,
5,0 flüssiges Paraffin.

1 ccm enthält 0,392 Hg.
Einzelgabe: 0,5 ccm.

Oleum Hydrargyri resorcino-acetici.

5,6 resorcin-essigsaures Quecksilber (*Merk*),
2,0 reines Wollfett,
5,5 flüssiges Paraffin.

1 ccm enthält 0,385 Hg.
Einzelgabe: 0,5 ccm.

Die beiden folgenden Präparate werden nur als Paraffinemulsion gebraucht:

Oleum Hydrargyri benzoïci oxydati.

4,5 benzoësaures Quecksilberoxyd,
40,0 flüssiges Paraffin.

0,5 ccm enthält 0,039 Hg.
Unmittelbar vor dem Gebrauch aufzuschütteln!
Einzelgabe: 0,5 ccm.

Oleum Hydrargyri tribromphenolici.

6,5 tribromphenolsaures Quecksilber,
18,0 flüssiges Paraffin.

0,5 ccm enthält 0,039 Hg.
Unmittelbar vor dem Gebrauch aufzuschütteln!
Einzelgabe: 0,5 ccm.

Schluss der Abteilung „Olea pro injectione".

Oleum Absinthii infusum.

Fettes Wermutöl.

100,0 Wermut (Kraut und Blüten), Pulver M/8,
75,0 Weingeist von 90 pCt,
2,0 Ammoniakflüssigkeit v. 10 pCt,
1000,0 Olivenöl.

Bereitung wie bei Oleum Hyoscyami b.

Oleum Amygdalarum.

Mandelöl.
Ph. Austr. VII.

Man presst gepulverte süsse Mandeln, in Säckchen gefüllt, anfangs leicht, dann sehr stark aus. Das Öl filtriert man.

Die Ausbeute an Öl kann aus guten bruchfreien Mandeln bis 50 pCt betragen, sie richtet sich nach dem auszuübenden Druck.

Oleum Arnicae infusum.

Fettes Arnikaöl.

100,0 feingeschnittene Arnikablüten,
10,0 Kurkumawurzel, Pulver M/8,
1,0 Ammoniakflüssigkeit v. 10 pCt,
100,0 Weingeist von 90 pCt,
1000,0 Olivenöl.

Bereitung wie bei Oleum Hyoscyami b.

Oleum balsamicum n. *Bouchardat.*

Bouchardats balsamisches Öl.

10,0 Benzoë,
10,0 Tolubalsam

löst man in

50,0 Äther,

mischt diese Lösung mit

1000,0 Mandelöl,

erwärmt das Ganze unter Rühren so lange, bis der Äther verdampft ist, setzt dann

2,0 Kajeputöl,
2,0 Citronenöl,

zu und filtriert nach dem Erkalten.

Oleum Baunscheidtii.

Baunscheidt-Öl.

Vorschrift von *Richter:*

1,0 Krotonöl,
9,0 Ricinusöl

mischt man und füllt die Mischung auf Fläschchen von 10 g Inhalt.

Oleum Belladonnae.

Belladonnaöl.
Nach *E. Dieterich.*

100,0 Belladonnablätter, Pulver M/8,
75,0 Weingeist von 90 pCt,
2,0 Ammoniakflüssigkeit v. 10 pCt,
1000,0 Olivenöl.

Bereitung wie bei Oleum Hyoscyami b.

Oleum camphoratum.

Linimentum Camphorae Ph. Brit. Kampferöl.
Liniment of Camphor Ph. Brit.

a) Vorschrift des D. A. IV.

1 Teil Kampfer

wird in

9 Teilen Olivenöl

gelöst. Die Auflösung wird filtriert.

b) Vorschrift der Ph. Austr. VII.

25,0 gepulverten Kampfer

löst man durch Verreiben in

75,0 Olivenöl

und filtriert.

c) Vorschrift der Ph. Brit.

3,0 Kampfer

löst man in

11,0 Olivenöl

und filtriert.

d) Vorschrift der Ph. U. St.

20,0 Kampfer

löst man in

80,0 Baumwollensamenöl

und filtriert.

Oleum camphoratum forte.

Starkes Kampferöl.

Vorschrift des D. A. IV.

1 Teil Kampfer

wird in

4 Teilen Olivenöl

gelöst. Die Auflösung wird filtriert.

Oleum Cannabis.

Hanföl.

250,0 fein zerstossener Hanfsamen,
150,0 Weingeist von 90 pCt,
1000,0 Olivenöl.

Bereitung wie bei Oleum Hyoscyami b.

Oleum cantharidatum.

Spanischfliegenöl.

Vorschrift des D. A. IV.

3 Teile grob gepulverte spanische Fliegen

lässt man mit

10 Teilen Olivenöl

10 Stunden lang in einem verschlossenen Kolben im Wasserbade unter wiederholtem Umschwenken stehen, presst aus und filtriert.

So weit die Vorschrift des D. A. IV. Besser verwendet man feines Spanischfliegenpulver, feuchtet es mit

30,0 Weingeist von 96 pCt

an und behandelt es dann erst mit Öl.

Man erhält durch letzteres Verfahren ein wirksameres Öl.

Oleum Cantharidini.

(Loco Olei cantharidati.)
Kantharidinöl.
Nach *E. Dieterich.*

1,0 Kantharidin

fein zerrieben, löst man durch Erhitzen im Wasserbad in

40,0 Aceton

und trägt die Lösung unter Rühren langsam in

960,0 Olivenöl,

das man vorher auf 50° C erwärmte, ein. Das noch warme Öl füllt man in eine Glasflasche, verkorkt diese fest und bewahrt die Flasche in Zimmertemperatur vor Tageslicht geschützt auf. Beim Aufbewahren in einem kühlen Raum würde das Kantharidin teilweise wieder auskrystallisieren.

Oleum carbolisatum.

Karbolöl.

2,0 krystallisierte Karbolsäure,
98,0 Olivenöl

mischt man durch Erwärmen.

Die Etikette † muss eine Gebrauchsanweisung tragen, damit das Karbolöl nicht für ungeeignete Zwecke verwendet wird.

Oleum Chamomillae infusum.

Fettes Kamillenöl.
Nach *E. Dieterich.*

100,0 Kamillen, Pulver M/8,
75,0 Weingeist von 90 pCt,
1,0 Ammoniakflüssigkeit v. 10 pCt,
1000,0 Olivenöl.

Bereitung wie bei Oleum Hyoscyami b.

Oleum Chloroformii.

Chloroformöl.

a) Vorschrift des D. A. IV.

1 Teil Chloroform

und

1 Teil Olivenöl

werden gemischt.

b) 80,0 feines Olivenöl,
20,0 Chloroform.

c) Form. magistr. Berol.
80,0 Rapsöl,
20,0 Chloroform.

---

† S. Bezugsquellen-Verzeichnis.

Oleum Conii.

Schierlingöl.

Nach *E. Dieterich.*

100,0 Schierlingkraut, Pulver M/8,
75,0 Weingeist von 90 pCt,
2,0 Ammoniakflüssigkeit v. 10 pCt,
1000,0 Olivenöl.

Bereitung wie bei Oleum Hyoscyami b.

Oleum ferro-jodatum.

1,0 Eisenpulver

mischt man mit

100,0 Olivenöl,

setzt der Mischung

0,3 Jod,

es damit verreibend, zu und schüttelt so lange, bis Lösung erfolgt ist. Man stellt dann 24 Stunden zurück und giesst vom Bodensatz ab. Luft und Licht sind möglichst abzuhalten.

Oleum Formicarum.

Ameisenöl.

200,0 frische Ameisen

zerstösst man mit

200,0 entwässertem Natriumsulfat,

digeriert die Mischung durch 10 Stunden bei 60—70° C mit

1000,0 Olivenöl,

presst dann aus und filtriert.

Die Entwässerung durch Glaubersalz befähigt das Öl mehr aufzulösen.

Oleum Habacuccinum.

Habakuköl.

1,0 ätherisches Kamillenöl,
6,0 Thymianöl,
6,0 Rautenöl,
6,0 Reinfarnöl,
200,0 fettes Wermutöl

mischt man.

Oleum Hyoscyami.

Bilsenkrautöl.

a) Vorschrift des D. A. IV.

4 Teile mittelfein zerschnittene Bilsenkrautblätter

werden mit

3 Teilen Weingeist von 90 pCt

befeuchtet, einige Stunden lang stehen gelassen, alsdann mit

40 Teilen Olivenöl

vermischt und im Wasserbad unter wiederholtem Umrühren erwärmt, bis der Weingeist verflüchtigt ist.

Darauf wird das Gemisch ausgepresst und das Öl filtriert.

Das nach dieser Vorschrift bereitete Öl enthält nur Spuren von Alkaloid. Um letzteres, als das wirksame Prinzip, in das Öl überzuführen, verfährt man besser wie folgt:

b) Vorschrift von *E. Dieterich*:

100,0 Bilsenkraut, Pulver M/8,

mischt man mit

75,0 Weingeist von 95 pCt,

denen man vorher

2,0 Ammoniakflüssigkeit v. 10 pCt

zusetzte, drückt das feuchte Pulver in ein entsprechend grosses cylindrisches Gefäss (Steingutbüchse) ein, verschliesst dieses und stellt 6 Stunden zurück.

Man wiegt nun

600,0 Olivenöl

darauf, digeriert unter häufigem Umrühren 10 bis 12 Stunden in einer Temperatur von 60 bis 70° C und presst aus. Den Pressrückstand behandelt man nochmals in der angegebenen Weise mit

400,0 Olivenöl,

vereinigt die beiden öligen Auszüge, erhitzt sie unter Rühren 1/2 Stunde auf dem Dampfbad, lässt 2 Tage ruhig an kühlem Ort stehen und filtriert dann.

Das Kraut in Pulverform zu nehmen, während das Arzneibuch geschnittenes vorschreibt, bietet den grossen Vorteil, dass man infolge des geringen Raumteils ein zweimaliges Ausziehen vornehmen kann und dadurch ein dunkler gefärbtes und damit wohl auch wirksameres Öl erhält

Die Ausbeute beträgt ungefähr

920,0.

Der Ammoniakzusatz hat den Zweck, die als Salze im Kraut enthaltenen Alkaloide aufzuschliessen und dadurch öllöslich zu machen. Ausserdem erhält man so ein schön grün gefärbtes Öl.

Oleum Hyoscyami c. Chloroformio.

Chloroform-Bilsenkrautöl.

80,0 Bilsenkrautöl,
20,0 Chloroform

mischt man.

Oleum Hyperici.

Johannisöl.

Siehe Oleum rubrum.

Oleum Jecoris Aselli aetherisatum.

96,0 Leberthran,
4,0 Äther

mischt man.

Oleum Jecoris Aselli aromaticum.

Aromatischer Leberthran.

1000,0 Leberthran,
5,0 Citronenöl,
2,0 Neroliöl No. 00,
1,0 englisches Pfefferminzöl,
0,1 Vanillin,
0,01 Kumarin.

Die beiden letzten Bestandteile löst man unter schwachem Erwärmen in den ätherischen Ölen und vermischt die Lösung mit dem Leberthran.

Oleum Jecoris Aselli chloralisatum.

Leberthran mit Chloralhydrat.

5,0 Chloralhydrat

zerreibt man, mischt mit

95,0 Leberthran

und erwärmt so lange, bis sich das Chloralhydrat gelöst hat.

Oleum Jecoris Aselli dulcificatum.

Versüsster Leberthran.
Nach *E. Dieterich.*

86,0 Leberthran,
10,0 zehnfachen Süssholzsirup,
4,0 Äther

mischt man durch Schütteln.

Die emulsionartige Mischung lässt den Leberthrangeschmack weniger hervortreten und ist für Kinder besonders zu empfehlen.

Oleum Jecoris Aselli ferratum.

Eisenleberthran.
Nach *E. Dieterich.*

2,0 fünfzigfach konzentrierten Eisenleberthran von 3 pCt Fe (Helfenberg),
98,0 feinsten frischen Medizinal-Leberthran

mischt man.

Da der Eisenleberthran schon nach kurzer Zeit einen wenig angenehmen Geruch und Geschmack annimmt, stellt man ihn am besten aus der vorrätig gehaltenen Konzentration her. Die 50-fache Konzentration der *Chem. Fabr. Helfenberg A. G.* ist ein tadelloses Präparat.

Zur Verdünnung darf nur weisser Medizinalthran verwendet werden, weil geringere Qualitäten Thran trübe Mischungen liefern.

Oleum Jecoris Aselli ferratum concentratum.

Konzentrierter Eisenleberthran, 2 pCt Fe.
Nach *E. Dieterich.*

a) 57,5 flüssiges Eisenoxychlorid von 3,5 pCt Fe

verdünnt man mit

200,0 destilliertem Wasser.

Andrerseits stellt man sich aus

10,0 Benzoësäure,
200,0 destilliertem Wasser,
q. s. (ca. 15,0) Ammoniakflüssigkeit

eine neutrale Lösung her, filtriert sie und giesst dann in das Filtrat langsam und unter Umrühren die Eisenlösung ein. Den entstandenen Niederschlag wäscht man nicht aus, sondern sammelt ihn auf einem Filter und presst nach dem Ablaufen des Wassers bis auf ein Gewicht von

20,0

ab.

Man mischt nun den Niederschlag in einer Abdampfschale mit

5,0 Natriumchlorid,

setzt sofort

100,0 Leberthran

zu und erhitzt im Dampfbad unter fortwährendem Rühren so lange, bis die anfänglich ockerbraune, trübe Mischung dunkelbraun und klar geworden ist. Man lässt dann einige Minuten absetzen und filtriert.

b) 57,5 flüssiges Eisenoxychlorid von 3,5 pCt Fe

verdünnt man mit

200,0 destilliertem Wasser.

Andrerseits löst man

3,5 medizinische Seife

unter Erwärmen in

200,0 destilliertem Wasser,

lässt die Lösung erkalten und giesst nun in dieselbe unter Umrühren langsam die Eisenflüssigkeit.

Den Niederschlag sammelt man, ohne ihn auszuwaschen auf einem Filter, lässt ihn abtropfen und presst bis auf ein Gewicht von

20,0

aus.

Man vermischt ihn nun in einer Abdampfschale mit

5,0 Natriumchlorid,

setzt sofort

100,0 Leberthran

zu und verfährt genau so, wie bei **a)** angegeben ist.

Die Bereitung eines konzentrierten Eisen-Leberthrans bietet den grossen Vorteil, dass nur ein kleiner Teil des Leberthrans der Erhitzung ausgesetzt wird, und ferner, dass man die Verdünnung stets frisch bereiten kann.

Die Vorschrift b) führt leichter wie a) zum Ziel.

Der Zusatz von Natriumchlorid hat den Zweck, wasserentziehend zu wirken und die Löslichkeit der Eisenverbindung zu erleichtern.

Sublimiertes Eisenchlorid, das zur Herstellung von Eisen-Leberthran verschiedentlich vorgeschlagen wurde, ist nur teilweise in Leberthran löslich und liefert ein kaum geniessbares Präparat.

Oleum Jecoris Aselli ferro-jodatum.

Jodeisen-Leberthran.

a) 2,0 Eisenpulver,
4,0 Jod,
10,0 Äther,
40,0 Leberthran

verreibt man so lange miteinander, bis eine schwarze Mischung entstanden ist. Man fügt nun

q. s. Leberthran

bis zum Gesamtgewicht von

1000,0

hinzu, lässt einige Tage absetzen und filtriert dann.

Eine Reihe von Vorschriften schreibt Erhitzen der Mischung vor. Es muss entschieden vor jeder Anwendung von Hitze gewarnt werden, weil der Thran dadurch einen ekelerregenden Geschmack bekommt und für die meisten Menschen ungeniessbar wird. Der bei obiger Vorschrift vorgesehene Äther dient zugleich als Geschmackskorrigens und als konservierendes Mittel.

Es ist notwendig, dass der Jodeisenleberthran in kleinen gut verkorkten Flaschen, am besten in braunen, und vor Tageslicht geschützt in kühler Temperatur aufbewahrt wird.

b) mit 0,03 pCt $Fe J_2$:

2,0 fünfzigfach konzentrierter Jodeisenleberthran v. 3 pCt $Fe J_2$ (Helfenberg),
98,0 feinster frischer Medizinal-Leberthran.

Es gilt hier das bei Oleum Jecoris Aselli ferratum Gesagte.

Oleum Jecoris Aselli jodatum.

Jod-Leberthran.

0,1 Jod,
100,0 Leberthran.

Man verreibt das Jod in einer Reibschale anfangs mit einigen Tropfen Leberthran, setzt dann die ganze Menge zu, füllt in eine Flasche und schüttelt öfters um, bis eine Ablagerung von Jod am Boden des Gefässes nicht mehr stattfindet.

Oleum Jecoris Aselli jodoformiatum.

Jodoform-Leberthran.

0,5 Jodoform

löst man durch Verreiben in einem Mörser und durch Erwärmen in

100,0 Leberthran

und fügt

2 Tropfen Pfefferminzöl,
1 „ Sandelholzöl

hinzu.

Oleum Jecoris Aselli phosphoratum.

Phosphor-Leberthran.

0,1 Phosphor

befreit man durch Drücken zwischen Filtrierpapier vom Wasser und löst durch Erwärmen in

10,0 Olivenöl.

Man mischt dann mit

990,0 Leberthran.

Oleum jodatum.

Jodöl.

0,5 Jod

verreibt man mit

100,0 Olivenöl,

bringt das Ganze in eine Flasche und schüttelt so oft um, bis sich am Boden des Gefässes kein Jod mehr ablagert.

Oleum jodoformiatum.

Jodoformöl.

5,0 Jodoform,
15,0 Äther,
80,0 Mandelöl.

Man schüttelt so lange, bis sich das Jodoform gelöst hat.

Oleum laurinum filtratum.

Filtriertes Lorbeeröl.

1000,0 Lorbeeröl
schmilzt man im Dampfbad, setzt
50,0 entwässertes Natriumsulfat, Pulver M/30,
hinzu, rührt zehn Minuten lang und filtriert im Dampftrichter.

Oleum Liliorum.

Lilienöl.

2,0 fettes Jasminöl,
10,0 Benzoëöl,
88,0 Olivenöl
mischt man.

Oleum Lini sulfuratum.

Balsamum Sulfuris. Schwefelbalsam.
Geschwefeltes Leinöl.
Ph. G. I.

100,0 sublimierten Schwefel,
600,0 Leinöl
giebt man in ein die doppelte Menge fassendes eisernes Gefäss und erhitzt langsam und unter stetem Rühren bis auf 120° C, nimmt dann vom freien Feuer, stellt auf die heisse Platte und fährt mit dem Erhitzen, wobei die Temperatur von 130° C nicht überschritten werden und nicht unter 120° C herabsinken darf, unter flottem Rühren so lange fort, bis ein herausgenommener Tropfen auf einer weissen Porzellanunterlage glänzend schwarzbraun erscheint und keinen krystallinischen Schwefel mehr ausscheidet. Die Lösung des Schwefels nimmt mehrere Stunden in Anspruch.

Schwefelausscheidung würde eintreten, wenn die Hitze nicht genügte, während ein Überhitzen die Bildung einer dicken, zähen Masse zur Folge haben würde, weshalb man sich eines Thermometers bei der Arbeit bedient

Die Ausbeute beträgt
670,0.

Oleum Loretini 20—30 pCt.

Loretinöl.
Nach *Déjace.*

20,0—30,0 Loretin oder Wismutloretinat,
80,0—70,0 sterilisiertes Olivenöl.

Oleum Meliloti.

Melilotenöl.

a) 100,0 Steinklee mit Blüten, Pulver M/8,
75,0 Weingeist von 90 pCt,
2,0 Ammoniakflüssigkeit v. 10 pCt,
1000,0 Olivenöl.
Bereitung wie bei Oleum Hyoscyami b.

b) 800,0 feines Olivenöl,
200,0 grünes Öl,
0,1 Kumarin.
Das Kumarin löst man durch Erwärmen in einem kleinen Teil des Olivenöls.

Oleum Menthae infusum.

Fettes Pfefferminzöl.

75,0 Olivenöl,
25,0 grünes Öl,
0,5 Krauseminzöl,
1,0 Pfefferminzöl
mischt man.

Oleum Menthae terebinthinatum.

5,0 Pfefferminzöl,
5,0 Krauseminzöl,
90,0 rektifiziertes Terpentinöl
mischt man.

Oleum Mezereï.

Seidelbastöl.

10,0 ätherisches Seidelbastextrakt,
gelöst in
10,0 Äther,
vermischt man mit
100,0 Olivenöl
in einer Flasche, digeriert unter öfterem Schütteln 3 Tage, lässt dann absetzen und giesst das klare Öl ab.

Oleum Milleflorum

siehe Mixtura odorifera.

Oleum Naphtalini.

Naphtalinöl.

10,0 Naphtalin
löst man bei gelinder Wärme in
90,0 gewöhnlichem Olivenöl.

Oleum nervinum.

Nervenöl.

5,0 Rosmarinöl,
5,0 Thymianöl,
10,0 fettes Lorbeeröl,
80,0 „ Kamillenöl
mischt man mit einander.

Oleum Nucum Juglandis infusum.

Walnussschalenöl. Nussschalenöl.

100,0 Wallnussschalen, Pulver M/8,
100,0 Ätherweingeist,
3,0 Ammoniakflüssigkeit v. 10 pCt,
1000,0 Olivenöl.

Bereitung wie bei Oleum Hyoscyami b. Sollte grünes Nussschalenöl begehrt werden, so hilft man sich durch einen Zusatz von 20 pCt grünem Öl.

Eine hübsche Etikette † mit Gebrauchsanweisung ist zu empfehlen.

Oleum Olivarum benzoatum.

Benzoëöl.
Nach *E. Dieterich*.

100,0 Olivenöl,
10,0 Sumatra-Benzoë, Pulver M/8,
10,0 entwässertes Natriumsulfat, Pulver M/30.

Bereitung wie bei Adeps benzoatus b.

Oleum Ovorum.

Eieröl.

1000,0 Eigelb (etwa 50 Stück),
50,0 destilliertes Wasser

verquirlt man mit einander und erhitzt die Masse dann unter Rühren so lange im Dampfbad in einer Schale, bis sie sich verdickt hat und eine Probe beim Drücken zwischen den Fingern Öl zeigt.

Man presst nun zwischen heissen Platten aus, versetzt das gewonnene trübe Öl mit

10,0 entwässertem Natriumsulfat, Pulver M/30,

schüttelt öfters und lässt schliesslich absetzen.

Das klar vom Bodensatz abgegossene Öl wird reichlich

100,0

wiegen.

Der Pressrückstand kann zum Füttern von Haustieren benützt werden.

Oleum Ovorum artificiale.

Künstliches Eieröl.

2,0 gelbes Wachs,
5,0 Kakaoöl

schmilzt man und setzt nach und nach

93,0 Olivenöl

zu.

Oleum phosphoratum.

Phosphoröl.

1,0 Phosphor

befreit man durch Drücken zwischen Filtrierpapier vom anhängenden Wasser, löst ihn durch Erhitzen im Wasserbad in

99,0 Mandelöl

und fügt nach erfolgter Lösung weitere

900,0 Mandelöl

hinzu.

Da kein anderes Öl so sehr unter dem Erhitzen leidet, wie gerade Mandelöl, nimmt man zum Lösen nur einen Teil und vermeidet dadurch das Erhitzen der übrigen Menge.

Oleum plumbato-camphoratum.

Oleum camphorato-plumbatum.

5,0 Bleiessig,
25,0 destilliertes Wasser,
70,0 Kampferöl

mischt man durch Schütteln.

Die Mischung dient zum Umschlag bei offenen Frostbeulen.

Oleum Populi.

Pappelknospenöl. Pappelöl.
Nach *E. Dieterich*.

100,0 trockene, gut im Mörser zerquetschte Pappelknospen,
100,0 Ätherweingeist,
2,0 Ammoniakflüssigkeit,
1000,0 Olivenöl.

Bereitung wie bei Oleum Hyoscyami b).

Wird wohlriechendes Pappelknospenöl begehrt, so mischt man

100,0 Pappelknospenöl
mit 3—5 Tropfen Mixtura odorifera excelsior.

Oleum Ricini dulcificatum.

Versüsstes Ricinusöl.
Nach *E. Dieterich*.

85,0 Ricinusöl,
10,0 zehnfachen Süssholzsirup,
5,0 Ätherweingeist

mischt man.

Der Süssholzgeschmack tritt sehr stark hervor, so dass diese Mischung eine erhebliche Verbesserung ist.

Ein Ricinusöl in Extraktform erhält man durch Vermischen mit Malzextrakt. Man hält dann folgende Vorschrift ein:

Oleum Ricini cum Extracto Malti.

Ricinusöl mit Malzextract.
Nach *E. Dieterich*.

50,0 Malzextrakt

erwärmt man in einer Reibschale auf 35° C und rührt dann in kleinen Partien

50,0 Ricinusöl

† S. Bezugsquellen-Verzeichnis.

darunter, wobei zu beobachten ist, dass neue Mengen Öl immer erst dann zugesetzt werden dürfen, wenn die vorhergehenden vollständig emulgiert sind. Mit jedem weiteren Ölzusatz wird die Masse steifer und zuletzt so, dass man sie kaum zu rühren vermag. Mit der letzten Ölmenge giebt man noch

1 Tropfen Krauseminzöl

dazu.

Man lässt die Mischung in einem erwärmten Esslöffel nehmen, weil sich die zähe Masse von einem kalten Löffel zu schwer ablöst.

Oleum rubrum.

Rotes Öl.

2,0 Alkannin

löst man in

1000,0 Olivenöl.

Das rote Öl bildet die Grundlage für Makassaröl, Hyperikumöl usw.

Oleum Scorpionis artificiale.

Künstliches Skorpionöl.

10,0 Benzoëfett

löst man in gelinder Wärme in

90,0 Olivenöl.

Oleum Sesami camphoratum.

Kampfer-Sesamöl.

10,0 Kampfer

löst man durch öfteres Schütteln in

90,0 Sesamöl

und filtriert.

Es dient zur Bereitung eines flüssig bleibenden Linimentum ammoniato-camphoratum.

Oleum Stramonii.

Stechapfelöl.

100,0 Stechapfelblätter, Pulver $^{M}/_{8}$,
75,0 Weingeist von 90 pCt,
2,0 Ammoniakflüssigkeit,
1000,0 Olivenöl.

Bereitung wie bei Oleum Hyoscyami b).

Oleum Terebinthinae rectificatum.

Gereinigtes Terpentinöl.

Vorschrift des D. A. IV.

Ein Gemisch von

1 Teil Terpentinöl

mit

6 Teilen Kalkwasser

wird der Destillation unterworfen, bis ungefähr drei Viertel des Öles übergegangen sind. Dieses Destillat wird klar abgehoben. Spez. Gew. 0,860—0,870.

Dem ist noch hinzuzufügen, dass das so gewonnene Öl wasserhaltig ist und zum raschen Verderben neigt. Man schüttelt deshalb das abgehobene Öl mit

2,0 entwässertem Natriumsulfat, Pulver $^{M}/_{30}$,

lässt einige Tage stehen und filtriert dann.

Oleum Terebinthinae sulfuratum.

Balsamum Sulfuris terebinthinatum. Schwefelbalsam. Ph. G. I.

25,0 geschwefeltes Leinöl

erhitzt man in einer Abdampfschale im Dampfbad und mischt dann durch allmählichen Zusatz

75,0 Terpentinöl,

welches man vorher ebenfalls erwärmte, unter.

Man lässt die Mischung 3 Tage in verkorkter Flasche in einer Temperatur von 15—20° C stehen und filtriert sie schliesslich.

Oleum viride.

Grünes Öl.

5,0 Chlorophyll *Schütz* †

löst man durch gelindes Erwärmen in

1000,0 Olivenöl,

stellt 8 Tage beiseite und giesst klar ab.

Das grüne Öl ist ein geeignetes Mittel, die Farbe fetter Pflanzenöle, wie Belladonna-, Schierling-, Bilsenkraut-Öl, wo diese gebräuchlich sind, aufzufrischen, wenn man nicht vorzieht, in solchen Fällen gleich mit Chlorophyll zu arbeiten.

Desgleichen dient Oleum viride als Zusatz zu Kräuterölen, wie sie in Form von Haarölen öfters verlangt werden.

Oleum Zinci.

Form. magistr. Berol.

25,0 käufliches Zinkoxyd

verreibt man innig mit

25,0 Olivenöl.

Eine völlig gleichmässige Verreibung wird man nur durch die Salbenmühle erreichen.

Olfactorium anticatarrhoïcum.

Riechmittel gegen Schnupfen.

a) nach *Hager*:

10,0 krystallisierte Karbolsäure,
20,0 Weingeist von 90 pCt,

† S. Bezugsquellen-Verzeichnis.

12,0 Ammoniakflüssigkeit v. 10 pCt,
20,0 destilliertes Wasser
mischt man.

b) fortius nach *Hager*:

10,0 krystallisierte Karbolsäure,
5,0 Terpentinöl,
20,0 Weingeist von 90 pCt,
12,0 Ammoniakflüssigkeit v. 10 pCt
mischt man.

Fünfzig-Gramm-Flaschen mit weiter Öffnung beschickt man zu 1/3 mit vorstehender Mischung und füllt dann mit einem solchen Bausche Baumwolle, dass dieser die Flüssigkeit gerade aufsaugt. „Bei beginnendem Schnupfen, Stockschnupfen, chronischem Katarrh und anderen katarrhalischen Leiden häufig zu riechen", lautet die Anweisung *Hagers*.

c) nach *Wünsche*:

1,0 Menthol,
9,0 Chloroform
mischt man und giebt die Mischung in ein Opodeldokglas, welches mit Watte oder noch besser mit dem porösen Verbandmull gestopft ist.

d) nach *E. Dieterich*:

2,0 Menthol,
1,0 Eukalyptol,
3,0 absoluten Alkohol,
4,0 Chloroform
mischt man.

Die nach d) bereitete Mischung giebt man in kleine Opodeldokgläser mit so viel Verbandmull, dass die Flüssigkeit aufgesaugt wird.

Der Gebrauch ist wie bei den *Hager*schen Mitteln.

Oxymel Aeruginis.

Grünspan-Sauerhonig.

10,0 feingeriebener Grünspan,
5,0 verdünnte Essigsäure von 30 pCt,
85,0 gereinigten Honig
mischt man und schüttelt die Mischung, besonders auch vor der Abgabe, öfters um.

Oxymel Colchici.

Zeitlosen-Sauerhonig.

50,0 Zeitlosenessig,
100,0 gereinigten Honig
mischt man. Die Mischung dampft man im Dampfbad ein bis auf ein Gewicht von
100,0.

Oxymel Scillae.

Meerzwiebelhonig. Meerzwiebelsauerhonig.
Oxymel of Squill.

a) Vorschrift des D. A. IV.

1 Teil Meerzwiebelessig
und
2 Teile gereinigter Honig
werden im Wasserbade auf
2 Teile
eingedampft und durchgeseiht.

Hierzu sei bemerkt, dass das Durchseihen überflüssig ist, sobald man einen Honig verwendet, welcher nicht nach dem Verfahren des Arzneibuchs gereinigt ist. Übrigens würde in diesem Fall trotz des Durchseihens ein klarer Meerzwiebelhonig nicht erzielt werden.

b) Vorschrift der Ph. Austr. VII.

100,0 Meerzwiebelessig,
200,0 gereinigten Honig
dampft man unter Vermeidung des Aufsiedens in einer Schale ein bis zur Sirupdicke und seiht durch ein Wolltuch.

Man dampft am besten im Dampfbad und zwar wie oben bis auf
200,0
ein.

c) Vorschrift der Ph. Brit.

500,0 Meerzwiebelessig,
770,0 gereinigten Honig
verdampft man im Wasserbad, bis die erkaltete Flüssigkeit ein spez. Gew. von 1,32 besitzt.

Oxymel simplex.

Einfacher Sauerhonig.

a) Ph. G. I.

97,5 gereinigten Honig,
2,5 verdünnte Essigsäure von 30 pCt
mischt man mit einander.

b) Vorschrift der Ph. Austr. VII.

100,0 Essig,
200,0 gereinigten Honig
dampft man im Wasserbad bis zur Sirupdicke und seiht durch ein Tuch. Einfacher verfährt man, wenn man
6,25 Essigsäure
mit
200,0 gereinigtem Honig
mischt.

Panis medicatus laxans.

Abführ-Biskuit.

25,0 Jalapenharz
löst man in
80,0 Weingeist von 90 pCt

und verstreicht mit einem Pinsel je einen Gramm dieser Lösung auf der unteren Seite eines Biskuits möglichst gleichmässig. Sollte ein Gramm nicht ausreichend für die Fläche sein, so verdünnt man die Lösung mit Weingeist von 90 pCt. Man lässt trocknen und überstreicht dieselbe Fläche zum Verdecken des Geschmacks mit einer zur dickflüssigen Masse eingedampften Mischung aus

15,0 Eiweiss.
15,0 Vanillezucker,
15,0 Stärke, Pulver M/30,
100,0 Zucker, M/50.

Parfümerien, Toilette- und kosmetische Artikel.

Nach *E. Dieterich.*

Im pharmaceutischen Laboratorium kann von einer Fabrikation im grossen Stil nicht die Rede sein; immerhin aber genügt zumeist die vorhandene Einrichtung zur Herstellung einer Anzahl dieser Artikel in beschränktem Massstabe. Anders sind die für moderne Kosmetika notwendigen Rohstoffe nicht immer in einer Apotheke vorrätig, sie sind dann eigens zu beschaffen.

Ich teile das ziemlich reichhaltige Kapitel in vier Hauptgruppen ein:

A. Parfümerien, d. h. Geruchmittel;
B. Mittel zur Pflege der Haare;
C. Mittel zur Pflege der Haut;
D. Mittel zur Pflege der Zähne.

Ich muss aber dazu bemerken, dass die Grenzen zwischen den einzelnen Gruppen nicht immer scharf eingehalten werden können.

Im Gegensatz zu anderen Handbüchern werde ich die Vorschriften so einrichten, dass sie unabhängig von Grund-Pomaden, Grund-Essenzen usw., wie dies in der Fabrikation üblich, im Einzelfall ausgeführt werden können; denn es ist nicht zu verlangen, dass z. B. für eine einzige zufällig in der Apotheke begehrte Pomade erst Grundpomaden bezw. Essenzen bezogen und nur teilweise im gegebenen Fall gebraucht werden, oder dass man für solche Fälle die eine Unzahl bildenden Zusammensetzungen auf Lager hält.

Man darf nicht glauben, dass die zumeist aus Frankreich kommenden, aus Blüten bereiteten „Extraits, fetten Öle, Pomaden und Corps durs“ ausschliesslich das Parfüm jener Blüten enthalten, deren Namen sie tragen. Mit wenigen Ausnahmen, von denen ich unter anderen Jasmin nennen will, sind alle nur Zusammensetzungen, die man nach bestimmten Grundsätzen und Erfahrungen aufbaut, ja viele enthalten keine der Blüten, unter deren Firma sie in die Welt segeln und überall Anerkennung finden. Es findet dieser Brauch seine Berechtigung darin, dass es bei vielen Pflanzen nicht gelingt, den Duft, den sie aushauchen, in verwendbarer Form zu gewinnen; entweder sind die aus ihnen hergestellten Essenzen zu schwach oder zu wenig haltbar. Andrerseits ist es aber auch die Rücksicht auf die Billigkeit, welche die Veranlassung giebt, manche Essenzen, welche auch aus den Pflanzen hergestellt werden können, aus Riechstoffen zu mischen. Zur ersteren Gruppe gehören die Essenzen aus den Blüten der Eglantinen, der Jonquille, Magnolie und Lilie, zur letzteren die ätherischen Öle des türkischen Flieders, des Jelängerjelieber usw. mehr.

Die Tonkabohnen und die Vanille (in neuerer Zeit das Kumarin und das Vanillin), die Iris (jetzt das Irisöl), das Heliotropin, das Nerolin, die Jasminessenz, Moschus, Ambra und Zibeth, Rosen- und Bergamottöl, zu denen seit zwanzig Jahren noch Ylang-Ylang, Linaloësöl, das Terpineol und andere hinzutraten, bilden in der Hauptsache diejenigen Stoffe, ohne welche das Vorhandensein der verschiedenen Blüten-Extraits gar nicht möglich, überhaupt ein modernes Parfüm nicht denkbar wäre.

Das altehrwürdige Oleum mille florum der Apotheke, mit mehr oder weniger Zimt- und Nelkenöl, die durchaus nicht billige Mixtura oleoso-balsamica, entsprechen heute nicht mehr dem Geschmack des Publikums, wenigstens nicht des besseren, und stehen hinter den Zusammenstellungen der Parfümerie-Fabriken so weit zurück, dass man sich nicht wundern darf, wenn Handverkaufsartikel, wie Haaröl und Pomaden, immer mehr und mehr aus den Apotheken verschwinden.

Mit Hilfe eines Esprit triple de Jasmin oder Tubéreuse ist man in einer Apotheke im stande, sich eine ganze Reihe von Odeurs selbst zu bereiten, und zwar in kleineren Mengen. Man ist dadurch in der Lage, die modernen Anforderungen jederzeit zu befriedigen und sich einen nicht zu unterschätzenden Nebenerwerb zu verschaffen.

Die Kunst der Parfümeure beruht auf der Kenntnis der Wirkungen, welche die einzelnen Riechstoffe auf einander ausüben; die Verhältnisse der Bestandteile bilden daher in den nachfolgenden Vorschriften einen wichtigen Punkt und sind sehr genau innezuhalten. Die Verwendung bester Rohstoffe setze ich als selbstverständlich voraus.

Alle Mischungen lasse man wenigstens einige Wochen lagern, damit das Bouquet gleichmässig werde. Von ganz besonderer Wichtigkeit ist ferner die Aufmachung (vergleiche unter Handverkaufsartikel); die Parfümeriefabrikation leistet hierin Ausgezeichnetes, sodass sie als Muster nur empfohlen werden kann. Hübsche Etiketten liefert auch *Adolf Vomáčka* in Prag.

Die Öle und Essenzen zu meinen Versuchen bezog ich von *Schimmel & Co.* in Leipzig.

A. Parfümerien.

Man rechnet dazu alle jene Artikel, welche ausschliesslich dazu bestimmt sind, einen guten Geruch zu verbreiten, also:

I. Odeurs und Essenzen,
II. Wohlriechende Wässer,
III. Riech- und Räuchermittel,
IV. Sachets.

Die Grenzen zwischen den einzelnen Gruppen lassen sich nicht immer scharf ziehen; es dürfte das aber nicht sehr in Betracht kommen.

I. Odeurs und wohlriechende Essenzen.

Ambra-Essenz.

150,0 Weingeist von 90 pCt,
50,0 Esprit triple de Jasmin,
1,0 Kampfer,
1,5 Rosenöl,
1 Tropfen Veilchenwurzelöl,
1 „ Rosenholzöl,
0,5 Ambra,
0,02 Moschus,
0,05 Vanillin,
0,01 Kumarin.

Die Ambra und den Moschus reibt man mit einigen Tropfen Wasser an, ehe man sie in den Weingeist einträgt. Nach achttägiger Maceration filtriert man.

Bouquet d'Amour.

50,0 Weingeist von 90 pCt,
100,0 Esprit triple de Jasmin,
0,02 Zibeth,
0,01 Kumarin,
0,02 Heliotropin,
3,0 Bergamottöl,
2,0 Rosenöl,
2,0 Orangenblütenöl,
5 Tropfen Citronenöl,
3 „ Lavendelöl,
1 „ Rosenholzöl,
3 „ Ylang-Ylangöl,
1 „ Nelkenöl,
1 „ Veilchenwurzelöl.

Bereitung wie bei der Ambra-Essenz.

Ess-Bouquet.

100,0 Weingeist von 90 pCt,
100,0 Esprit triple de Jasmin,
0,15 Ambra,
0,03 Moschus,
0,01 Kumarin,
0,02 Heliotropin,
0,05 Vanillin,
1,5 Rosenöl,
1,5 Bergamottöl,
2,0 Orangenblütenöl,
10 Tropfen franz. Geraniumöl,
10 „ Ylang-Ylangöl,
2 „ Rosenholzöl,
2 „ Sassafrasöl,
2 „ Kassiaöl,
2 „ Wintergreenöl,
2 „ Veilchenwurzelöl,
1 „ ätherisches Bittermandelöl.

Bereitung wie bei der Ambra-Essenz.

Fliederduft.

Weisser Flieder.

200,0 Esprit triple de Jasmin,
200,0 „ „ de Rose,
200,0 „ „ de Tubéreuse,
200,0 „ „ de Jonquille,
200,0 „ „ d'Orange,
1,0 Ylang-Ylangöl,
2,5 Moschustinktur,
2,5 Ambratinktur,
5,0 Terpineol;

letzteres löst man vorher in
60,0 Weingeist von 90 pCt.

Man mischt alles.

Frangipanni.

30,0 Weingeist von 90 pCt,
150,0 Esprit triple de Jasmin,
20,0 „ „ de Tubéreuse,
0,05 Moschus,
0,05 Zibeth,
0,01 Kumarin,
0,001 Nerolin,
2 Tropfen Sandelholzöl,
2 „ Rosenholzöl,
2 „ Linaloësöl,
20 „ Rosenöl,
30 „ franz. Geraniumöl,
5 „ Ylang-Ylangöl,
2 „ Veilchenwurzelöl,
5 „ Essigäther.

Bereitung wie bei der Ambra-Essenz.

Heliotrope.

25,0 Weingeist von 90 pCt,
175,0 Esprit triple de Jasmin,
0,02 Heliotropin,
0,2 Vanillin,
0,01 Kumarin,
0,05 Ambra,
0,01 Zibeth,
2,5 Rosenöl,
20 Tropfen franz. Geraniumöl,
20 „ Orangenblütenöl,
2 „ Ylang-Ylangöl,
1 „ ätherisches Bittermandelöl,
2 „ Veilchenwurzelöl,
5 „ Essigäther,
1 „ Jononlösung †.

Bereitung wie bei der Ambra-Essenz.

Honeysuckle.

100,0 Weingeist von 90 pCt,
50,0 Esprit triple de Jasmin,
50,0 „ „ de Tubéreuse,
0,05 Vanillin,
0,01 Kumarin,
2,0 Storax,
0,01 Moschus,
2,0 Orangenblütenöl,
1,0 Rosenöl,
15 Tropfen franz. Geraniumöl,
15 „ Bergamottöl,
2 „ Citronenöl,
1 „ Veilchenwurzelöl,
1 „ ätherisches Bittermandelöl.

Bereitung wie bei der Ambra-Essenz.

Jockey-Klub.

120,0 Weingeist von 90 pCt,
50,0 Esprit triple de Jasmin,
30,0 „ „ de Tubéreuse,
5,0 versüssten Salpetergeist,
5,0 Storax,
0,02 Zibeth,
0,05 Moschus,
0,01 Kumarin,
0,03 Heliotropin,
3,0 Rosenöl,
0,5 Rosenholzöl,
3,0 Bergamottöl,
15 Tropfen franz. Geraniumöl,
15 „ Orangenblütenöl,
3 „ Ceylonzimtöl,
2 „ ätherisches Bittermandelöl,
5 „ Ylang-Ylangöl,
5 „ Linaloësöl,
1 „ Korianderöl,
2 „ Veilchenwurzelöl.

Bereitung wie bei der Ambra-Essenz.

Millefleurs.

80,0 Weingeist von 90 pCt,
100,0 Esprit triple de Jasmin,
20,0 Helfenberger hundertfache Himbeeressenz,
0,1 Ambra,
0,01 Moschus,
0,01 Kumarin,
0,02 Heliotropin,
0,02 Vanillin,
3,0 Bergamottöl,
20 Tropfen Rosenöl,
20 „ Orangenblütenöl,
20 „ franz. Geraniumöl,
10 „ Ceylonzimtöl,
5 „ Citronenöl,
3 „ Ylang-Ylangöl,
2 „ Veilchenwurzelöl,
1 „ Nelkenöl,
1 „ ätherisches Bittermandelöl.

Bereitung wie bei der Ambra-Essenz.

Patchouli.

200,0 Weingeist von 90 pCt,
1,5 Patchouliöl,
2,5 Rosenöl,
2,0 Bergamottöl,
15 Tropfen franz. Geraniumöl,

---

† S. Bezugsquellen-Verzeichnis.

5 Tropfen Sassafrasöl,
5 „ Ceylonzimtöl,
5 „ Rosenholzöl,
0,05 Vanillin,
5,0 Kampfer,
0,2 Kumarin.

Man löst und filtriert.

Spring-Flowers.

100,0 Weingeist von 90 pCt,
100,0 Esprit triple de Jasmin,
0,15 Ambra,
0,01 Moschus,
0,01 Kumarin,
0,02 Heliotropin,
0,02 Vanillin,
2,0 Rosenöl,
2,0 Bergamottöl,
2,0 franz. Geraniumöl,
2,0 Orangenblütenöl,
5 Tropfen Ylang-Ylangöl,
3 „ Ceylonzimtöl,
3 „ Wintergreenöl,
3 „ Jononlösung, †
2 „ Veilchenwurzelöl.

Veilchen-Odeur.

5 Tropfen Jononlösung, †
10,0 Orangenextrait, †
10,0 Esprit triple de Jasmin,
80,0 Weingeist von 95 pCt.

Diese Mischung kommt dem natürlichen Veilchengeruch durchaus gleich und ist von langer Dauer.

Ylang-Ylang.

100,0 Weingeist von 90 pCt,
100,0 Esprit triple de Jasmin,
1,0 Ylang-Ylangöl,
1,0 Rosenöl,
1,0 Orangenblütenöl,
0,02 Zibeth,
0,01 Kumarin,
0,05 Vanillin,
5 Tropfen franz. Geraniumöl,
2 „ Veilchenwurzelöl.

II. Wohlriechende Wässer.

Eau d'Amour.

8,0 Bergamottöl,
4,0 Rosenöl,
2,0 Citronenöl,
1,0 Ylang-Ylangöl,
1,0 Orangenblütenöl,
2 Tropfen Veilchenwurzelöl,
0,015 Moschus,
0,05 Ambra,
0,01 Kumarin,
1,0 Essigäther,
5,0 versüssten Salpetergeist,
150,0 Esprit triple de Jasmin,
830,0 Weingeist von 90 pCt.

Bereitung wie bei der Ambra-Essenz.

Eau de Bretfeld.

20,0 Bergamottöl,
5,0 Citronenöl,
2,0 Nelkenöl,
2,0 Lavendelöl,
1,5 Orangenblütenöl,
0,5 Rosenöl,
0,02 Moschus,
0,05 Vanillin,
900,0 Weingeist von 90 pCt,
50,0 destilliertes Wasser.

Bereitung wie bei der Ambra-Essenz.

Kölnisch Fliederwasser.

Flieder-Eau de Cologne.

970,0 Kölnisch Wasser,
30,0 Terpineol.

Eau de Cologne.

Kölnisch-Wasser.

I. (sauer.)

10,0 Bergamottöl,
5,0 Citronenöl,
5,0 rekt. franz. Rosmarinöl,
5,0 Orangenblütenöl,
1,0 Nelkenöl,
0,2 Ylang-Ylangöl,
1,0 Essigäther,
1,0 verdünnte Essigsäure v. 30 pCt,
825,0 Weingeist von 90 pCt,
150,0 Pomeranzenblütenwasser.

II. (neutral.)

10,0 Bergamottöl,
5,0 Citronenöl,
5,0 rekt. franz. Rosmarinöl,
1,0 Lavendelöl,
1,0 Nelkenöl,
1,0 Orangenblütenöl,

† S. Bezugsquellen-Verzeichnis.

0,1 Ylang-Ylangöl,
0,1 Wintergreenöl,
1,0 Essigäther,
825,0 Weingeist von 90 pCt,
150,0 destilliertes Wasser.

III. (ammoniakalisch.)

12,0 Bergamottöl,
5,0 Citronenöl,
2,0 rekt. franz. Rosmarinöl,
1,0 Orangenblütenöl,
0,5 Lavendelöl,
0,2 Ammoniakflüssigkeit,
890,0 Weingeist von 90 pCt,
100,0 destilliertes Wasser.

Bei den drei vorstehenden Vorschriften erhitzt man die Mischung auf 70—75° C, lässt dann einige Tage in kühler Temperatur stehen und filtriert. Ein durch Erhitzen hergestelltes Kölnisches Wasser kommt einem Destillat nahe und übertrifft das durch einfaches Mischen bereitete ganz wesentlich.

Ein Moschus- und Ambra-Zusatz, wie man ihn bei Nachahmungen häufig findet, ist unzulässig; wenigstens enthalten die Kölner Fabrikate weder das eine, noch das andere.

Man kennt drei Klassen Kölnisches Wasser, saure, neutrale und alkalische. Die zwei ersten Vorschriften stellen die erste, die dritte aber die letzte Gattung dar; bei den neutralen benützt man obige Vorschriften, lässt aber einerseits die Essigsäure oder andrerseits das Ammoniak weg.

IV. (Zu Bädern.)

5,0 Bergamottöl,
5,0 franz. rekt. Rosmarinöl,
3,0 Citronenöl,
0,5 Citronellöl,
2,0 Sassafrasöl,
1,0 Nelkenöl,
1,0 Wintergreenöl,
5,0 Äther,
5,0 Essigäther.
800,0 Weingeist von 90 pCt,
200,0 destilliertes Wasser,
0,01 Nerolin,
0,02 Eosin.

Die schwache Färbung mit Eosin giebt dem Badewasser einen sehr hübschen rötlichen Schiller. Einen noch hübscheren Erfolg erreicht man, wenn man statt des Eosins dieselbe Menge Phenolphtalëin nimmt. Dasselbe lässt das Badewasser farblos, tritt aber in einem hübschen Fleischfarbenton hervor, sobald jemand Seife beim Baden benützt.

Man füllt das zu Bädern bestimmte Kölnische Wasser auf Flaschen von 50 g Inhalt und lässt den Inhalt eines solchen Fläschchens auf ein Vollbad nehmen.

* * *

Will man, was bekanntlich das feinste Erzeugnis liefert, das Kölnische Wasser destillieren, so setzt man 50 pCt Wasser zu und zieht recht langsam und mit Vermeidung aller überflüssigen Erhitzung das ursprüngliche Gewicht des Kölnischen Wassers über. Zusätze, wie Essigsäure, Ammoniakflüssigkeit, Nerolin und Eosin sind erst **nach** der Destillation zu machen.

Das **neutrale** Kölnische Wasser muss genommen werden, wenn es in Verbindung mit Kaliumjodid zu Einreibungen verwendet wird.

Eau de la Cour.

4,0 Rosenöl,
2,0 Bergamottöl,
1,0 Orangenblütenöl,
2 Tropfen Veilchenwurzelöl,
0,05 Ambra,
0,01 Kumarin,
0,01 Moschus,
0,2 Vanillin,
100,0 Esprit triple de Tubéreuse,
150,0 „ „ de Jasmin,
5,0 versüssten Salpetergeist,
750,0 Weingeist von 90 pCt.

Bereitung wie bei der Ambra-Essenz.

Eau de Jasmin.

1,0 Rosenöl,
1,0 Orangenblütenöl,
1,0 Bergamottöl,
2 Tropfen Ylang-Ylangöl,
2 „ Veilchenwurzelöl,
0,01 Kumarin,
0,02 Heliotropin,
400,0 Esprit triple de Jasmin,
600,0 Weingeist von 90 pCt.

Bereitung wie bei der Ambra-Essenz.

Eau de Lavande ambrée.

20,0 Lavendelöl,
5,0 Bergamottöl,
1,0 Orangenblütenöl,
0,5 Rosenöl,
5 Tropfen Ylang-Ylangöl,
5 „ Feldthymianöl,
1 „ Veilchenwurzelöl,
0,01 Kumarin,
0,05 Ambra,
0,02 Moschus,
20,0 Esprit triple de Jasmin,
5,0 versüssten Salpetergeist,
850,0 Weingeist von 90 pCt,
100,0 destilliertes Wasser.

Bereitung wie bei der Ambra-Essenz.

Eau de Portugal.

30,0 Portugalöl (Ol. Néroli Portugal),
10,0 Citronenöl,
5,0 Bergamottöl,
5,0 rekt. franz. Rosmarinöl,
1,0 Rosenöl,
0,5 Orangenblütenöl,
0,5 Nelkenöl,
0,02 Moschus,
0,001 Nerolin,
850,0 Weingeist von 90 pCt,
100,0 destilliertes Wasser.

Bereitung wie bei Eau de Cologne.

Eau de la Reine.

8,0 Bergamottöl,
4,0 Rosenöl,
1,0 Orangenblütenöl,
0,5 Ylang-Ylangöl,
1 Tropfen Veilchenwurzelöl,
0,01 Kumarin,
0,02 Heliotropin,
0,04 Ambra,
0,02 Moschus,
50,0 Esprit triple de Jasmin,
50,0 „ „ de Tubéreuse,
900,0 Weingeist von 90 pCt.

Bereitung wie bei der Ambra-Essenz.

Eau de Sérail.

5,0 Bergamottöl,
2,0 Rosenöl,
2,0 Orangenblütenöl,
5 Tropfen Rosenholzöl,
5 „ Linaloësöl,
1 „ Veilchenwurzelöl,
1 „ Ceylonzimtöl,
0,03 Moschus,
0,01 Zibeth,
0,01 Kumarin,
0,2 Vanillin,
0,02 Heliotropin,
50,0 Esprit triple de Jasmin,
5,0 Essigäther,
5,0 versüssten Salpetergeist,
10,0 Arrak,
30,0 destilliertes Wasser.

Bereitung wie bei der Ambra-Essenz.

III. Riech- und Räuchermittel.

Riechsalze.

1. 10 Tropfen Rosenöl,
15 „ Bergamottöl,
5 Tropfen Orangenblütenöl,
1 „ Ylang-Ylangöl,
1 „ Veilchenwurzelöl,
0,03 Kumarin

löst man in

5,0 Essigsäure von 96 pCt

und

5,0 Essigäther

und mischt diese Lösung unter

90,0 kleinkrystallisiertes essigsaures Natron.

Das Ganze bewahrt man in gut verschlossener Glasbüchse auf.

Wird eine rote Färbung dieses Riechsalzes gewünscht, so löst man gleichzeitig mit den aromatischen Bestandteilen 1 mg Fuchsin in der Essigsäure auf.

2. 50,0 Ammoniumchlorid,
50,0 Ammoniumkarbonat

zerstösst man zu einem sehr groben staubfreien Pulver und setzt folgende Mischung zu:

5,0 Weingeist von 90 pCt,
5,0 Glycerin v. 1,23 spez. Gew.,
1,0 Bergamottöl,
1,0 Citronenöl,
0,5 Rosenöl,
0,02 Kumarin,
0,01 Moschus.

Das Ganze bewahrt man in gut verschlossener Glasbüchse auf.

3. 80,0 Ammoniumkarbonat

reibt man zu Pulver und mischt mit

20,0 Ammoniakflüssigkeit v. 10 pCt.

Man giebt die Mischung in eine Porzellanbüchse, verbindet dieselbe mit Pergamentpapier, das man stark mit Paraffinöl einrieb, und stellt einige Tage in einen kühlen Raum. Die inzwischen entstandene gleichmässige Salzmasse zerreibt man und parfümiert sie mit

2,0 Bergamottöl,
1,0 Rosenöl,
10 Tropfen Orangenblütenöl,
2 „ Ylang-Ylangöl,
2 „ Nelkenöl,
1 „ Veilchenwurzelöl,
0,05 Kumarin,
0,01 Moschus.

Die beiden letzten Nummern gehen auch unter der Bezeichnung Englisches oder Weisses Riechsalz.

Räucheressenz. Räuchertinktur.

Essentia fumalis. Tinctura fumalis.

30,0 Sumatra-Benzoë, Pulver M/8,
20,0 Storax,
5,0 Perubalsam,

2,0 Bergamottöl,
1,0 Rosenöl,
0,5 Ylang-Ylangöl,
0,5 Rosenholzöl,
5 Tropfen franz. Geraniumöl,
5 „ Sandelholzöl,
5 „ Sassafrasöl,
5 „ Kassiaöl,
5 „ Nelkenöl,
2 „ ätherisches Bittermandelöl,
1 „ Veilchenwurzelöl,
0,05 Kumarin,
0,5 Vanillin,
0,1 Moschus,
10,0 Essigäther,
30,0 Esprit triple de Jasmin,
150,0 Weingeist von 90 pCt.

Man giebt sämtliche Bestandteile in eine verschlossene Flasche, maceriert unter öfterem Schütteln mehrere Tage und filtriert.

Das Filter wäscht man mit so viel Weingeist nach, dass das Gewicht des Filtrats

250,0

beträgt.

Die nach obiger Vorschrift bereitete Essenz ist zwar teuer, aber fein. Will man eine billigere und doch wohlriechende Essenz, so nehme man zu obiger Vorschrift die 4-fache Menge Weingeist und die 2-fachen Mengen von Benzoë, Storax, Perubalsam und Bergamottöl.

Lavendelsalz.

Lavender-Salts.

Ein Weithalsglas mit weiter Öffnung und eingeriebenem Stöpsel von ungefähr 200 ccm Inhalt füllt man mit Ammoniumkarbonat, (glasig) in Würfeln von beiläufiger Grösse eines Kubikcentimeters und giesst die Zwischenräume mit nachstehender Essenz aus:

10,0 Lavendelöl,
5,0 weingeistiger Ammoniakflüssigkeit,
85,0 absolutem Alkohol.

Die Gebrauchsanweisung lautet:

„Dieses Salz ist das beste und angenehmste Räuchermittel. Durch Öffnung des Stöpsels reinigt sich die Luft eines Zimmers innerhalb einiger Minuten und erhält dadurch eine gewisse Frische.“

Zum Ersatz der durch häufigen Gebrauch verdunsteten Flüssigkelt giebt man die Essenz auch für sich in Enghalsfläschchen von 30 bis 40 g Inhalt ab.

Räucherlack.

Lacca ad fornacem. Ofenlack.

600,0 Sumatra-Benzoë,
120,0 Olibanum,
15,0 Kaskarillrinde,
15,0 Bernstein

pulvert man fein ($^{M}/_{30}$) und mischt unter Erwärmen mit

150,0 Tolubalsam,
60,0 Perubalsam,
15,0 Bergamottöl,
3,0 Nelkenöl,
4,0 Ceylonzimtöl,
2,0 Sandelholzöl,
1,0 Sassafrasöl,
0,1 Kumarin,
15,0 Rebenschwarz (Frankfurter Schwarz).

Sollte die Masse zu hart sein, so nimmt man etwas Benzoëtinktur zu Hilfe. Das Kumarin verreibt man am besten mit dem Rebenschwarz und mischt es dem Pulver unter.

Die fertige Masse rollt man in 10 mm dicke Stangen aus und schlägt dieselben nach dem Erkalten in Stanniol ein.

Der Ofenlack ist eine der ältesten und ehrwürdigsten Formen unter den Räuchermitteln, aber er ist durch die modernen Parfümerien längst überholt und wird nur noch wenig gebraucht.

Räucher-Papier.

Charta fumalis.

50,0 Sumatra-Benzoë, Pulver $^{M}/_{8}$,
50,0 Storax

löst man durch Maceration in

100,0 Weingeist von 90 pCt,
50,0 Äther.

Das Filtrat mischt man mit

100,0 Räucheressenz,

setzt der Mischung noch

2,0 Essigsäure von 96 pCt

hinzu und streicht die Masse mittels breiten Fischhaarpinsels auf Kanzleipapier.

Das getränkte Papier trocknet man auf Schnüren, reibt das trockene Papier, um ein Zusammenkleben zu verhüten, mit Talkpulver ab, und verpackt es zu 5—6 Blatt, in Wachspapier oder Stanniol eingeschlagen, in mit Gebrauchsanweisung versehene Umschläge.

Die Gebrauchsanweisung würde lauten:

„Man erhitzt das Papier auf heisser Platte oder über der Lampe mit Vorsicht so lange, bis es sich zu bräunen beginnt.“

Räucher-Pulver.

Pulvis fumalis. Königsrauch. Kaiser-Räucherpulver. Pulvis fumalis ordinarius. Pulvis fumalis arthiiticus. Flussrauch. Gichtrauch. Flussräucherpulver.

20,0 gequetschte Wacholderbeeren,
20,0 Weihrauch, Pulver M/30,
20,0 Bernstein, " "
10,0 Mastix, " "
10,0 Lavendelblüten, " "
10,0 Berufkraut (Herba Siteritidis), Pulver M/30,
10,0 Storax

mischt man.

2. 1000,0 Räucherpulverspecies †

tränkt man mit einer Essenz, welche man sich aus folgenden Bestandteilen bereitet:

50,0 Sumatra-Benzoë, Pulver M/8,
50,0 Storax,
200,0 Räucher-Essenz,
250,0 Äther.

Wenn man Kräuter und Tinktur gleichmässig mischen will, so verfährt man am besten, dies durch Zusammenschütteln in einer Weithalsflasche in der Weise zu thun, dass man die Flasche zur Hälfte mit Species füllt und die entsprechende Menge Tinktur in kleinen Mengen zusetzt und unterschüttelt. Hält man die Verteilung noch nicht für genügend, so fügt man noch so viel Äther hinzu, als man Tinktur genommen hatte, schüttelt noch eine Zeit lang, trocknet dann an der Luft und bewahrt schliesslich in gut verschlossenen, vor Licht geschützten Gefässen auf.

Die Gebrauchsanweisung würde lauten:

„*Das Räucherpulver ist auf heisser Platte nur so weit zu erhitzen, dass es nicht verkohlt.*“

3. 45,0 Sandelholz,
30,0 Sassafrasholz,
10,0 chinesischen Zimt,
10,0 Nelken,
5,0 Kaskarillrinde

verwandelt man in ein staubfreies gröbliches Pulver (M/8), tränkt dieses mit einer Lösung, welche aus

5,0 Salpeter

und

80,0 destilliertem Wasser

besteht, und trocknet gut aus.

Man mischt dann hinzu:

25,0 Storax,
25,0 Tolubalsam,

welchen man in

50,0 Äther

löste, trocknet an der Luft und mengt schliesslich darunter:

25,0 Sumatra-Benzoë, Pulver M/8,
20,0 Olibanum, " "
5,0 Wacholderbeeren, " "

Das Ganze bewahrt man in gut verschlossenem Gefäss auf.

Die Gebrauchsanweisung würde lauten:

„*Um ein mittelgrosses Zimmer zu räuchern, streut man von diesem Pulver eine starke Messerspitze voll auf glühende Kohlen.*“

IV. Sachets, Riechkissen.

Die einzelnen Bestandteile, aus welchen die Riechkissen bereitet werden, müssen gröblich zerschnitten und staubfrei sein. In Feinheit des Korns stehen sie zwischen dem Pulvis grossus und den Species.

Einen sehr geeigneten Körper für Riechkissen bildet das beim Schälen der Pomeranzenschalen abfallende Mark wie es *Wilh. Kathe* in Halle a/S. herstellt. Es wird mit dem Wiegemesser fein zerschnitten und stellt in trockenem Zustand eine sehr leichte, elastische und staubfreie Theeform vor, die sich beliebig färben und zu Riechkissen und Räucherpulver gleich gut verarbeiten lässt.

Ebenso wie bei den Bouquets, Extraits usw. lassen sich alle möglichen Verschiedenheiten machen; doch werde ich mich darauf beschränken, nur die hauptsächlichsten Formen aufzuführen.

Ess-Bouquet-Sachet.

250,0 Veilchenwurzel,
250,0 Sandelholz,
250,0 Rosenblumenblätter,
250,0 Pomeranzenschalenmark †

zerkleinert man entsprechend und parfümiert sie mit:

0,01 Moschus,
0,05 Kumarin,
0,5 Vanillin,
1,5 Rosenöl,
1,5 Bergamottöl,
1,5 Orangenblütenöl,
0,5 Rosenholzöl,
0,5 Ylang-Ylangöl,
5 Tropfen franz. Geraniumöl,
2 " Kassiaöl,
2 " ätherisches Bittermandelöl,
50,0 Esprit triple de Jasmin.

Die fertige Mischung bewahrt man in gut verschlossenen Glasbüchsen auf, schützt dieselben aber vor Tageslicht.

---

† S. Bezugsquellen-Verzeichnis.

Frangipanni-Sachet.

250,0 Veilchenwurzel,
250,0 Rosenblumenblätter,
80,0 Feldthymian,
20,0 Sassafrasholz,
400,0 Pomeranzenschalenmark †

zerkleinert man entsprechend und parfümiert mit:

0,01 Moschus,
0,01 Zibeth,
0,05 Kumarin,
10 Tropfen Rosenöl,
5 „ Rosenholzöl,
2 „ Sandelholzöl,
2 „ franz. Geraniumöl,
1 „ ätherisches Bittermandelöl,
50,0 Esprit triple de Jasmin.

Behandlung wie beim vorhergehenden.

Heliotrope-Sachet.

250,0 Veilchenwurzel,
250,0 Rosenblumenblätter,
30,0 Sandelholz,
470,0 Pomeranzenschalenmark †

zerkleinert man entsprechend und parfümiert sie folgendermassen:

0,1 Heliotropin,
0,2 Vanillin,
0,01 Kumarin,
0,01 Ambra,
1,5 Rosenöl,
10 Tropfen franz. Geraniumöl,
5 „ Orangenblütenöl,
2 „ Ylang-Ylangöl,
1 „ ätherisches Bittermandelöl,
30,0 Esprit triple de Jasmin.

Behandlung wie beim ersten.

Jockey-Club-Sachet.

250,0 Veilchenwurzel,
250,0 Rosenblumenblätter,
50,0 Sumatra-Benzoë,
20,0 Sandelholz,
5,0 Nelken,
425,0 Pomeranzenschalenmark †

zerkleinert man entsprechend und parfümiert sie folgendermassen:

0,01 Zibeth,
0,01 Moschus,
0,04 Kumarin,
1,0 Rosenöl,
1,5 Bergamottöl,
10 Tropfen franz. Geraniumöl,
5 Tropfen Orangenblütenöl,
5 „ Rosenholzöl,
2 „ Kassiaöl
2 „ Korianderöl,
2 „ ätherisches Bittermandelöl,
2 Tropfen Ylang-Ylangöl,
50,0 Esprit triple de Jasmin.

Behandlung wie beim ersten.

Millefleurs-Sachet.

250,0 Veilchenwurzel,
250,0 Rosenblumenblätter,
50,0 Lavendelblüten,
50,0 Feldthymian,
50,0 chinesichen Zimt,
50,0 Sumatra-Benzoë,
5,0 Nelken,
300,0 Pomeranzenschalenmark †,

zerkleinert man entsprechend und parfümiert sie folgendermassen:

0,02 Ambra,
0,01 Moschus,
0,02 Kumarin,
0,05 Heliotropin,
0,3 Vanillin,
2,0 Bergamottöl,
20 Tropfen Rosenöl,
20 „ Orangenblütenöl,
4 „ franz. Geraniumöl,
4 „ Ylang-Ylangöl,
1 „ ätherisches Bittermandelöl,
20,0 Karmelitergeist,
20,0 Helfenberger hundertfache Himbeeressenz,
40,0 Esprit triple de Jasmin,
20,0 „ „ „ Tubéreuse.

Behandlung wie beim ersten.

Patchouly-Sachet.

250,0 Veilchenwurzel,
250,0 Patchoulykraut,
250,0 Rosenblumenblätter,
20,0 Sassafrasholz,
20,0 Sandelholz,
10,0 Lavendelblüten,
200,0 Pomeranzenschalenmark †

zerkleinert man entsprechend und parfümiert sie folgendermassen:

5,0 Kampfer,
0,02 Moschus,
0,01 Zibeth,
0,01 Kumarin,
0,001 Nerolin,

† S. Bezugsquellen-Verzeichnis.

0,5 Rosenöl,
0,5 Rosenholzöl,
1,5 Bergamottöl,
5 Tropfen franz. Geraniumöl,
2 „ ätherisches Bittermandelöl.

Behandlung wie beim ersten.

Ylang-Ylang-Sachet.

300,0 Veilchenwurzel,
300,0 Rosenblumenblätter,
400,0 Pomeranzenschalenmark †

zerkleinert man entsprechend und parfümiert sie folgendermassen:

0,02 Kumarin,
0,2 Vanillin,
0,01 Zibeth,
0,01 Moschus,
1,5 Ylang-Ylangöl,
1,0 Rosenöl,
1,0 Bergamottöl,
5 Tropfen franz. Geraniumöl,
50,0 Esprit triple de Jasmin.

Bereitung wie früher.

B. Pflege der Haare.

Die Ansichten, wie man die Haare pflegt, sind sehr verschieden und scheinen vielfach von Gewohnheit, wie Bildungsgrad abhängig; denn während in niederen gesellschaftlichen Kreisen das Haar zumeist wenig gereinigt, dafür aber sehr gründlich pomadisiert wird, verfährt man in der höheren Gesellschaft wesentlich vernünftiger, d. h. umgekehrt, wie eben beschrieben. Gute Haarwaschwässer beanspruchen daher mindestens dieselbe Beachtung wie Pomaden, Haaröle usw., und sind, wenn sie ihren Zweck erfüllen, sehr gesucht.

Haarfette und Haarwaschwässer dürfen aber nicht bloss vom Standpunkt der Reinlichkeit betrachtet werden, sie unterstützen sich vielmehr gegenseitig, und je nach der eigenartigen Beschaffenheit des Haares ist der Gebrauch der einen oder der anderen in den Vordergrund zu stellen. Die Fette verhindern im allgemeinen die Wasserverdunstung vom Haarboden und und den Haaren, wie sie starkes Schwitzen, Wind, grosse Hitze, starker Wärmewechsel usw. hervorbringen und wodurch das Haar seinen schönen Glanz, seine Glätte und Weichheit verliert. Die Haarfette sind also da anzuwenden, wo das Haar nicht genügendes natürliches Haarfett besitzt, ferner zum Einreiben der Kopfhaut nach dem Baden derselben.

Die Haarwaschwässer sind mild alkalische, weingeistige Flüssigkeiten, bestimmt, dem Haar, welches eine übermässige Fettabsonderung besitzt und dessen Boden daher zur Schuppenbildung neigt, dieses Übermass zu nehmen. Sie nützen mehr, als einfache Waschungen mit Seife, und hinterlassen beim Gebrauch ein weit angenehmeres Gefühl als diese, weil der Weingeist die Wirkung der Alkalien schwächt und die Ursache ist, dass noch ein kleiner Teil des Haarfettes zurückbleibt. Die Haarwaschwässer sind deshalb auch überall an Stelle der Seifenwaschungen zu empfehlen.

Beide Eigenschaften des Haares, das Übermass und der Mangel an natürlichem Fett rufen schliesslich, wenn die Haarpflege im erwähnten Sinn nicht ausgleichend eintritt, dasselbe Übel, nämlich den Haarausfall, hervor.

Bei der Bereitung von Haarfetten muss die Grundbedingung die Verwendung guter, reiner, keineswegs ranziger Bestandteile sein; ich werde daher nur von solchen ausgehen und Öle und Fette ausschliessen, die wohl billig sein mögen, dafür aber als für den beabsichtigten Zweck ungeeignet gelten müssen. Eine Ausnahme mache ich mit der Pomaden-Grundlage 3, nachdem sie sich infolge des niederen Preises fast allgemein eingebürgert hat und als billige Pomade kaum zu umgehen ist.

Stangenpomade und Bartwichse, ferner Bandolinen, Brillantinen und Haarfärbemittel werden ebenfalls, wenn auch kürzer, bedacht werden.

I. Bandolinen.

Die Bandolinen dienen zum Glätten der Haare und müssen daher irgend einen klebenden Bestandteil enthalten. Während man früher fast ausschliesslich Quittenschleim verwendete, benützt man in neuerer Zeit billigere Stoffe, wie Tragant, Japan-Gelatine, ja sogar Gummi arabicum. Letzteres soll nach dem Ausspruch eines zu Rate gezogenen Fachmannes wenig geeignet sein, weil es zu stark klebt; ich nehme deshalb von seiner Verwendung Abstand.

a) 1,0 Japan-Gelatine (Tjen-Tjan)

löst man in

350,0 destilliertem Wasser,

fügt

150,0 Glycerin, v. 1,23 spez. Gew.,
5,0 Esprit triple de Jasmin,
1 Tropfen Rosenöl,
1 „ Orangenblütenöl,
1 „ Moschustinktur (1 : 10)

hinzu und filtriert noch warm.

† S. Bezugsquellen-Verzeichnis.

b) 200,0 Quittenschleim,
150,0 Glycerin v. 1,23 spez. Gew.,
150,0 Orangenblütenwasser,
2 Tropfen Bergamottöl,
mischt man, erwärmt auf 40—50° C und seiht durch ein feinmaschiges Tuch.

c) 1,0 Tragant, Pulver M/50,
rührt man mit
10,0 Weingeist von 90 pCt,
an und verdünnt sofort mit
60,0 destilliertem Wasser.

Wenn der Schleim gleichmässig ist, fügt man
30,0 Glycerin v. 1,23 spez. Gew.,
1 Tropfen Rosenöl,
1 „ Bergamottöl
hinzu.

Will man die Bandolinen rötlich färben, so benützt man hierzu eine ammoniakalische Karminlösung, niemals aber einen Teerfarbstoff, da sich derselbe auch bei spurenweisem Vorhandensein auf die Kopfhaut und die Haare niederschlägt, was um so bemerkbarer wird, wenn jemand sich täglich die Haare mit Bandoline glättet.

II. Bartwichse in Stangen.

Die Herstellung ist bereits unter Cerata beschrieben. Da die Bartwichsen in verschiedenen Farben, und zwar meist in dunklen Abstufungen verlangt werden, so bedient man sich für Braun der bekannten Umbra-Erde, für Schwarz des Russes. Wird auch Blond verlangt, so nimmt man Goldocker. Natürlich müssen die Farben mit einigen Tropfen Öl fein verrieben werden, ehe man sie der Masse zusetzt.

a) weich:

55,0 gelbes (weisses) Wachs,
15,0 Ricinusöl
schmilzt man und setzt ihnen
30,0 Lärchenterpentin,
1 Tropfen Perubalsam,
5 „ Bergamottöl
zu.

Die halberkaltete Masse giesst man in Stangen aus.

b) hart:

60,0 gelbes (weisses) Wachs,
10,0 Ricinusöl
schmilzt man und setzt dann zu
25,0 Lärchenterpentin,
5,0 Elemi,
5 Tropfen Perubalsam,
3 „ Bergamottöl.

Die Masse giesst man aus, wenn sie halb erkaltet ist.

Werden feinere Parfüme gewünscht, so verwendet man eine der unter „Mixtura odorifera“ angegebenen Mischungen an Stelle des Bergamottöls.

Färbung der Bartwichsen:

Hell-Blond:
auf
100,0 Masse,
2,5 Goldocker.

Dunkel-Blond:
2,0 Goldocker,
0,5 Umbrabraun.

Hell-Braun:
4,0 Umbrabraun.

Dunkel-Braun:
2,0 Umbrabraun,
2,0 Kasslerbraun.

Schwarz:
2,0 feinster Russ (Gasruss).

III. Bartwichse, Ungarische.

10,0 Ölseife, Pulver M/50,
verreibt man mit
30,0 Gummischleim,
verdünnt mit
30,0 destilliertem Wasser,
setzt
25,0 weisses Wachs,
10,0 Glycerin v. 1,23 spez. Gew.,
2,5 Lärchenterpentin
zu und erhitzt im Dampfbad unter Rühren so lange, bis das Wachs geschmolzen und die Masse gleichmässig ist.

Man fügt nun
2 Tropfen Bergamottöl,
2 „ Citronenöl,
1 „ Rosenöl
hinzu und giesst in kleine Glasbüchsen aus oder füllt in Tuben.

Auch die ungarische Bartwichse wird häufig gefärbt verlangt. Man setzt dann obiger Masse 5,0 Ocker, Umbra-Erde oder Russ, je nachdem welche Farbe man erzielen will, zu, reibt dieselben aber vorher mit dem Glycerin an.

IV. Brillantinen.

Die Brillantinen haben die Aufgabe, die Haare, besonders die des Bartes, glänzend zu machen und ihnen eine gewisse Steifheit zu geben, und werden durch kleine Bürsten aufgestrichen. Bei der reichlichen Menge, in welcher sie, besonders bei grossen Bärten, zur Anwendung kommen, dürfen sie nur schwach parfümiert werden.

a) 20,0 Ricinusöl,
2,0 medizinische Seife,
10,0 Sumatra-Benzoë, Pulver M/8,

löst man in

180,0 absolutem Alkohol,

setzt

1 Tropfen Rosenöl,
5 „ Bergamottöl

zu und filtriert.

b) 30,0 Glycerin v. 1,23 spez. Gew.,
100,0 Weingeist von 90 pCt,
70,0 destilliertes Wasser,
5 Tropfen Bergamottöl,
1 „ Orangenblütenöl

mischt man.

c) 10,0 Ricinusöl,
10,0 Glycerin v. 1,23 spez. Gew.,
10,0 Sumatra-Benzoë, Pulver M/8,
2,0 medizinische Seife,
200,0 Weingeist von 90 pCt

maceriert man 24 Stunden, parfümiert dann mit

2 Tropfen mixtura odorifera excelsior,
5 Tropfen Essigäther

und filtriert.

V. Haar- und Kopfwaschwässer.

Kopfschuppenwässer. Spiritus crinales.

Vergleiche hierzu die Bemerkungen am Anfange des Abschnittes (B. Pflege der Haare).

Bay-Rum-Water.

20,0 Ammoniumkarbonat,
30,0 Borax,
50,0 Rosenhonig,
100,0 Rum,
800,0 Rosenwasser,
10 Tropfen Bergamottöl,
5 „ Rosmarinöl,
1 „ ätherisches Lorbeerblätteröl.

Man löst und filtriert.

Blumen-Haarwaschwasser.

20,0 Borax,
50,0 Bouquet d'Amour (s. Odeurs),
50,0 Quillaya-Tinktur (1 : 5),
400,0 Weingeist von 90 pCt,
480,0 destilliertes Wasser.

Man löst, beziehentlich mischt und filtriert.

Eau de Quinine.

Chininhaarwasser.

1,0 Cininsulfat,
10,0 Kölnisch-Wasser,
100,0 Rum,
150,0 Weingeist von 90 pCt,
50,0 Glycerin v. 1,23 spez. Gew.,
600,0 Rosenwasser,
q. s. Alkannin.

Man löst das Chinin in den weingeisthaltigen Flüssigkeiten, setzt dann Glycerin und Wasser zu und färbt schliesslich schwach rot mit einer Spur Alkannin.

Haarspiritus n. *Unna*.

Spiritus Capillorum n. *Unna*.

25,0 Resorcin,
25,0 Ricinusöl,
750,0 Weingeist von 95 pCt,
200,0 Kölnisch-Wasser.

Gebrauchsanweisung:

„Man feuchtet damit ein Stückchen Flanell und frottiert den Haarboden.“.

Haarwuchsspiritus.

Spiritus trichophyticus.

4,0 Chininhydrochlorat,
10,0 Tannin,
880,0 verdünnter Weingeist v. 68 pCt,
10,0 Kantharidentinktur,
60,0 Glycerin von 1,23 spez. Gew.,
40,0 Kölnisch-Wasser,
0,1 Vanillin,
5,0 rotes Sandelholzpulver.

Man lässt die Mischung 4 Tage stehen und filtriert sie dann.

Haarwuchswasser.

1,0 Quecksilberchlorid,
600,0 destilliertes Wasser,
200,0 Kölnisch-Wasser,
200,0 Glycerin v. 1,23 spez. Gew.

Gebrauchsanweisung:

„Man tränkt ein Stückchen Flanell mit dem Haarwuchswasser und frottiert den Haarboden.“

Honey-Water.

Honig-Wasser.

50,0 gereinigter Honig,
50,0 Quillayatinktur (1 : 5),
50,0 Rum,
100,0 Weingeist von 90 pCt,
100,0 Orangenblütenwasser,
630,0 Rosenwasser,
20,0 Borax,
0,5 Kumarinzucker.

Man löst, beziehentlich mischt und filtriert.

Kopfschuppenwasser.

a) nach *Paschkis:*
20,0 Kaliumkarbonat,
980,0 Rosenwasser.

b) 50,0 Borax,
950,0 Rosenwasser.

c) 60,0 Marseilleseife
löst man in
300,0 Kölnischem Wasser,
640,0 Franzbranntwein.

d) 40,0 Kaliumkarbonat,
12 Stück Eigelb,
q. s. Rosenwasser
bis zum Gesamtgewicht von
1000,0.

Naphtol-Waschwasser.

2,5 β-Naphtol,
95,0 Glycerin v. 1,23 spez. Gew.,
2,5 Wintergreenöl,
1,0 Rosenöl,
1,0 Orangenblütenöl,
1,0 Terpineol,
5 Tropfen Veilchenwurzelöl,
0,1 Heliotropin,
900,0 Quillayatinktur.

Man mischt, lässt die Mischung einige Tage kühl stehen und filtriert dann.

Das Filtrat füllt man auf Flaschen von 200 g Inhalt und versieht diese mit folgender Gebrauchsanweisung:

„Man wäscht die Kopfhaut mit warmer Seifenlösung unter leichtem Bürsten ab, trocknet die Haare mit einem Handtuch, oder noch besser mit Seidenpapier und reibt 1 Esslöffel voll Naphtol-Waschwasser mit einem kleinen Schwämmchen in die feuchten Haare und besonders in die Kopfhaut ein. Man kämmt dann die Haare glatt, verbindet den Kopf mit einem Tuch und nimmt nach einer Stunde den Verband ab. Man wiederholt dieses Verfahren täglich bis zum Verschwinden der Kopfschuppen.“

Rosmarin-Waschwasser.

10,0 Kaliumkarbonat,
50,0 Rosmarinspiritus.
50,0 Kölnisch-Wasser,
200,0 Weingeist von 90 pCt,
700,0 destilliertes Wasser.

Man giebt alles in eine Flasche, schüttelt bis zur Lösung des Kaliumkarbonats, stellt 24 Stunden kühl und filtriert.

Salicyl-Waschwasser.

Spiritus crinalis. Schuppenwaschwasser.

25,0 Salicylsäure,
50,0 Glycerin v. 1,23 spez. Gew.,
925,0 verd. Weingeist von 68 pCt,
5 Tropfen Wintergreenöl,
1 „ Rosenöl,
1 „ Orangenblütenöl.

Man löst und filtriert.

Die Gebrauchsanweisung lautet:

„Man wäscht den Kopf mit warmem Seifenwasser gut ab, spült mit reinem warmen Wasser nach und trocknet mit einem Handtuch ab. Sodann giebt man 2 Esslöffel voll Schuppenwasser in ein Weinglas, füllt dieses mit warmem Wasser voll und nässt mit disser Verdünnung mittels Schwämmchens Haare und Kopf möglichst gründlich. Man trocknet dann die Haare so weit ab, dass sie nicht mehr tropfen, kämmt einmal durch und verbindet den Kopf mit einem Tuch. Nach einer halben Stunde entfernt man den Verband und ordnet dann die Haare.“

Seifen-Haarwasser.

200,0 Seifenspiritus D. A. IV.,
100,0 Glycerin v. 1,23 spez. Gew.,
50,0 Rum,
50,0 Lavendelspiritus,
350,0 Weingeist von 90 pCt,
250,0 Rosenwasser,
0,1 Vanillin,
2 Tropfen Wintergreenöl,
5,0 rotes Sandelholzpulver

mischt man, lässt 2 Tage stehen und filtriert dann.

Shampooing-Water.

Shampoo-Fluid.

3 frische Hühnereier
verquirlt man tüchtig und verdünnt mit
800,0 Rosenwasser.

Man setzt dann folgende Mischung nach und nach zu:

50,0 Seifenspiritus,
10,0 Kaliumkarbonat,
10,0 Ammoniakflüssigkeit v. 10 pCt,
0,5 Kumarinzucker,
2 Tropfen Rosenöl,
2 „ Bergamottöl,
1 „ franz. Geraniumöl,
1 „ ätherisches Bittermandelöl,

schüttelt um und seiht durch ein dichtes Leinentuch.

Das Shampooing-Water gehört zu den angenehmsten Kopfwaschwässern. Es besitzt den grossen Vorzug, vortrefflich zu reinigen und die Kopfhaut geschmeidig zu erhalten, so dass die Schuppenbildung vermindert wird.

Seine Haltbarkeit ist eine beschränkte; vielleicht könnte sie aber erhöht werden, wenn man statt der vorgeschriebenen Pottasche 20 g Borax nehmen würde.

VI. Haaröle.

Olea capillorum.

Für feine Haaröle nimmt man als Körper am besten Mandelöl und demnächst Provenceröl, auch Ricinusöl und geruchlose Paraffinöle können Verwendung finden. Will man noch billiger arbeiten, so greift man zu dem wenig empfehlenswerten Sesamöl. Neuerdings kommt ein gereinigtes Erdnussöl unter dem Namen „Kronenöl“ † in den Handel, das dem Provenceröl in Güte sehr nahe steht und als Haarölkörper empfohlen werden kann. Da es vollständig farblos hergestellt wird, so ist die Gelegenheit geboten, etwas Besonderes in der Haarölbereitung zu liefern und damit die Aufmerksamkeit des Publikums zu erregen.

Gefärbte Haaröle sind mindestens ebenso beliebt, wie die gelben, „Rot“ hat zumeist den Vorzug. Hier und da wird jedoch noch „Grün“, wahrscheinlich als untrügliches Kennzeichen für den Gehalt an wirksamen pflanzlichen Stoffen, begehrt. Während man im ersteren Fall Alkannin benützt, bedient man sich im letzteren des *Schütz*schen Chlorophylls. Braun erzielt man durch gleichzeitige Anwendung von Alkannin und Chlorophyll. Als Regel gilt, nicht sehr gesättigt zu färben, da eine leichte Färbung weit feuriger erscheint und mehr Eindruck macht als eine gesättigte.

Zum Verkauf von Haarölen sind weisse Gläser, am besten von breitgedrückter Form, zu verwenden, damit der Inhalt möglichst glänzend erscheint.

Benzoë-Haaröl.

500,0 Benzoëöl,
500,0 Kronenöl † oder Mandelöl,
5,0 Perubalsam,
10,0 fettes Jasminöl,
2,0 Bergamottöl,
0,1 Alkannin,
0,01 Kumarin,
0,1 Vanillin.

Man löst das Kumarin und Alkannin durch Verreiben im Öl, lässt einige Tage ruhig stehen und filtriert dann.

Die geringe Menge roten Farbstoffs giebt dem Öl einen zarten Stich ins Orange und lässt es fremdartiger erscheinen, als wenn es im gewöhnlichen roten Kleide auftreten würde.

China-Haaröl.

200,0 Benzoëöl,
800,0 Kronenöl † oder Mandelöl.
20,0 Perubalsam,
15,0 fettes Jasminöl,
2,0 Tausendblumenöl,
5,0 Salicylsäure,
0,01 Kumarin,
0,5 Alkannin,
2,5 Chlorophyll *Schütz*. †

Die letzten vier Bestandteile löst man durch Verreiben im Öl. Nach mehrtägigem Stehen filtriert man. Das Filtrat ist von hübscher brauner Farbe.

Heliotrope-Haaröl.

900,0 Mandelöl,
50,0 Benzoëöl,
50,0 fettes Jasminöl,
1 Tropfen Veilchenwurzelöl,
1 „ ätherisches Bittermandelöl

mischt man und verreibt damit

0,1 Heliotropin,
0,01 Kumarin,
0,3 Vanillin,
0,01 Moschus.

Nach mehrtägigem Stehen filtriert man. Es empfiehlt sich, dem Öl durch Zusatz von

1,0 Chlorophyll *Schütz*, †

eine sehr schwache Färbung zu geben, doch darf dieselbe nur ein zarter Stich ins Grüne sein.

† S. Bezugsquellen-Verzeichnis.

Jasmin-Haaröl.

875,0 Mandelöl,
75,0 fettes Jasminöl,
50,0 Benzoëöl,
2,0 Bergamottöl,
0,5 Rosenöl,
1 Tropfen Veilchenwurzelöl,
1 „ ätherisches Bittermandelöl

mischt man und verreibt damit

0,01 Kumarin,
0,01 Moschus.

Nach mehrtägigem Stehen filtriert man.

Klettenwurzel-Haaröl.

900,0 Olivenöl,
100,0 Benzoëöl,
0,5 Alkannin,
3,0 Chlorophyll *Schütz*, †

erwärmt man bis zur Lösung und parfümiert dann mit

2,0 Bergamottöl,
0,5 Lavendelöl,
0,5 Rosenöl,
0,01 Kumarin.

Sollte das Öl nicht klar sein, so filtriert man es. Das Filtrat ist von gesättigt brauner Farbe.

Kräuter-Haaröl.

500,0 Olivenöl,
500,0 Ricinusöl,
5,0 Perubalsam,
3,0 Bergamottöl,
5 Tropfen Rosmarinöl,
5 „ franz. Wermutöl,
5 „ Kamillenöl,
5 „ Feldthymianöl,
2 „ ätherisches Bittermandelöl,
1 „ Veilchenwurzelöl,
1 „ Arnikawurzelöl,
0,02 Kumarin,
2,0 Chlorophyll *Schütz*. †

Die beiden letzten Bestandteile löst man im Öl durch Verreiben in einer Reibschale. Ein Filtrieren wird kaum notwendig sein.

Krystall-Haaröl.

850,0 Kronenöl, farblos, †
100,0 Walrat,
50,0 Kakaoöl

schmilzt man, setzt

0,01 Moschus,

den man mit einigen Tropfen Öl verreibt, zu und digeriert 10 Stunden bei einer Temperatur von 30—40° C.

Man filtriert dann im Dampftrichter und setzt der noch warmen Masse

0,02 Heliotropin,
0,01 Kumarin,
2,0 Bergamottöl,
1,0 Rosenöl,
1 Tropfen Veilchenwurzelöl

zu, giesst in Weithalsgläser aus, stellt diese in warmes Wasser und verlangsamt dadurch die Abkühlung, um möglichst grosse Krystalle zu erzielen.

Makassar-Haaröl.

a) 1000,0 Kronenöl, †
1,0 Alkannin,
3,0 Bergamottöl,
1,0 Citronenöl,
0,01 Kumarin.

b) 800,0 Mandelöl,
200,0 Benzoëöl,
1,0 Alkannin,
2,0 Bergamottöl,
1,0 Rosenöl,
5 Tropfen Orangenblütenöl,
1 „ Veilchenwurzelöl,
0,02 Heliotropin,
0,01 Kumarin.

Pappel-Haaröl.

Haarwuchsöl.

450,0 Olivenöl,
50,0 Kakaoöl

schmilzt man mit einander unter Anwendung von möglichst wenig Wärme und setzt dann zu

400,0 fettes Pappelknospenöl,
100,0 Benzoëöl,
2,0 Mixtura odorifera excelsior,
0,01 Kumarin,
0,2 Vanillin,
2,0 Chlorophyll *Schütz*, †
1 Tropfen Veilchenwurzelöl,
10 „ Essigäther.

Das Öl ist blassgrün und scheidet, sich dabei schwach trübend, geringe Mengen Kakaoöl aus.

---

† S. Bezugsquellen-Verzeichnis.

Vanille-Haaröl.

900,0 Mandelöl,
100,0 Benzoëöl,
1,0 Vanillin,
0,01 Kumarin,
0,01 Moschus,
0,2 Alkannin,
0,5 Chlorophyll *Schütz*, †
10 Tropfen Rosenöl,
5 „ Orangenblütenöl,
1 „ Veilchenwurzelöl.

Nach 3—4-tägiger Maceration filtriert man. Das Filtrat ist lichtbraun.

Veilchen-Haaröl.

950,0 Mandelöl,
50,0 fettes Jasminöl,
1,0 Bergamottöl,
1,0 Rosenöl,
2 Tropfen Veilchenwurzelöl,
0,01 Moschus,
0,01 Kumarin,
0,02 Heliotropin.

Die letzten drei Stoffe verreibt man mit dem Öl, maceriert dann 8 Tage und filtriert schliesslich.

Eine violette, in Öl lösliche Farbe herzustellen, ist mir leider nicht gelungen, sonst würde ich hier Gebrauch davon gemacht haben.

Waldmeister-Haaröl.

500,0 Mandelöl,
400,0 weisses Paraffinöl,
15,0 Benzoëöl,
50,0 Kakaoöl.

Man erwärmt bis zur Lösung, verreibt damit

0,03 Kumarin,
0,01 Heliotropin,
0,01 Moschus,

erwärmt 10 Stunden auf 30° C, lässt dann 1 Tag ruhig stehen und filtriert.

Man setzt dann zu

10 Tropfen Rosenöl,
10 „ Bergamottöl,
1 „ Veilchenwurzelöl,
1 „ Citronenöl

und färbt mit

2,0 Chlorophyll *Schütz* †.

VII. Haar-Pomaden.

Unguenta pomadina.

Die Anforderungen, welche von seiten der Käufer an diesen Artikel gemacht werden, sind ausserordentlich verschieden und stehen zumeist mit dem Preis in Beziehung. Feinere Sorten werden daher aus möglichst reinen Fetten und guten Parfümen bereitet sein, während die billige Alltagsware mit Wasser gestreckt und aus entsprechend geringwertigeren Stoffen hergestellt wird. Ich werde den Anforderungen nach diesen beiden Richtungen hin gerecht zu werden suchen und auch jene Vorschriften beifügen, welche durch gedrückte Konkurrenzpreise bedingt sind; aber ich will mich bestreben, auch die billigeren Sorten so gut, wie es möglich ist, vorzusehen.

Als Körper für Pomaden benützt man Schweinefett, Ochsenmark, Kakaoöl, Wachssalben, Kokosöl-Mischungen, Vaseline usw., das letztere in neuerer Zeit zur sogenannten „Familienpomade“. Bei allen diesen Stoffen gilt es als erste Bedingung, dass sie frisch, ohne Beigeruch und nicht ranzig sind. Diejenigen Körper, welche zu Pomaden verwendet werden, die ein längeres Lagern aushalten sollen, müssen wasserfrei sein.

Um Schweinefett ohne brenzlichen Beigeruch zu erhalten, ist es so auszulassen, wie ich unter Adeps suillus beschrieb. Wasserfrei erhält man alle Fette durch Behandeln mit entwässertem Natriumsulfat und Filtrieren, wie oben erwähnte Stelle angiebt.

Schliesslich müssen alle zu Pomade verwendeten Fette, um sie von häutigen Teilen zu befreien, filtriert werden.

Man zieht vielfach den Talg als Pomadengrundlage heran und setzt Mischungen mit demselben sogar Wasser zu. Bekanntlich aber nimmt kein anderes Fett mit der Zeit einen so unangenehmen Geruch an, wie Talg, so dass man, wenn man eine Masse härter machen will, je nach Preiserfordernis besser Wachs oder Ceresin hierzu benützt.

Die Raumvermehrung durch Zusatz von Wasser, Pottasche, Borax- oder Seifelösungen, ferner Schaumigrühren ist bei billigen Sorten allgemein üblich. Für das geeignetste Füllmaterial, das die Schaumbildung ungemein befördert und zugleich haltbar machend wirkt, kann ich die Boraxlösung empfehlen, während Seife und Pottasche, als die Haare und Kopfhaut spröde machend, unbedingt verworfen werden müssen.

Man darf jedoch nicht vergessen, dass der Wasserzusatz das Ranzigwerden begünstigt.

Als Farbstoffe dienen bei Haarpomaden Chlorophyll, Alkannin, Katechu, ätherisches Orleånextrakt, Kurkumatinktur. Ein sehr hübsches Braun erhält man ferner durch gleichzeitige Verwendung von Alkannin und Chlorophyll.

Um eine schöne weisse Pomade zu erzielen, setzt man dem Körper vielfach Stearinsäure

† S. Bezugsquellen-Verzeichnis.

zu. Ich möchte bezweifeln, ob dies für die Haltbarkeit der Pomade und für den Haarboden, auf den man doch ebenfalls Rücksicht nehmen sollte, zuträglich ist. Man erreicht genau dasselbe Resultat, wenn man Walrat zuschmilzt und die Masse dann bis fast zum Erkalten rührt, um die Krystallisation zu stören.

Für sogenannte geruchlose Pomaden verwendet man eine Mischung von Mandel- und Kakaoöl oder Mandelöl und weissem Wachs.

Alle billigen Sorten Pomaden sind kräftig, alle feineren schwach zu parfümieren.

Der Einfachheit wegen werde ich den Vorschriften zu Pomaden solche zu Pomaden-Grundlagen vorausschicken, bemerke aber, dass das weisse Wachs überall durch das gelbe ersetzt werden kann, wenn die Pomade gefärbt wird.

Pomaden-Grundlagen.

1. 725,0 Schweinefett,
75,0 weisses Wachs

schmilzt man, lässt erkalten, bis die Masse zu erstarren beginnt, und rührt mit breitem Holzspatel oder hölzernem breitem Pistill sehr flott und so lange, bis die Masse dick geworden ist.

Man rührt nun eine Lösung von

10,0 Borax

in

200,0 warmem destillierten Wasser

unter und setzt das Rühren noch so lange fort, bis die Masse blendend weiss und schaumig ist.

2. 100,0 Schweinefett,
400,0 Kokosöl,
100,0 Ceresin, weiss und geruchlos,
10,0 Borax,
400,0 destilliertes Wasser.

Bereitung wie bei 1.

3. 750,0 gelbes Paraffinöl,
250,0 halbweisses Ceresin

schmilzt man und rührt die Masse bis fast zum Erkalten.

4. 500,0 Schweinefett,
250,0 Benzoëfett,
250,0 Ochsenmark

schmilzt man.

Man rührt bis nahezu zum Erkalten.

5. 500,0 Schweinefett,
250,0 Benzoëfett,
250,0 Kakaoöl

schmilzt man und rührt, indem man das Gefäss durch Einstellen in kaltes Wasser kühlt, bis fast zum Erstarren.

6. 200,0 weisses Wachs,
600,0 Olivenöl,
200,0 Benzoëfett

schmilzt man und rührt fast bis zum Erstarren.

7. 200,0 weisses Wachs,
500,0 Ricinusöl,
300,0 Benzoëfett.

Bereitung wie bisher.

8. 600,0 Kakaoöl,
300,0 Mandelöl,
100,0 weisses Wachs

schmilzt man und rührt die Masse unter Abkühlen bis fast zum Erkalten.

9. 800,0 Schweinefett,
100,0 Walrat,
100,0 Mandelöl.

Man schmilzt und rührt dann so lange, bis Erstarrung der Masse eintritt.

Man erhält hiermit die weisseste aller wasserfreien Pomaden-Grundlagen, weshalb bei dieser Nummer jede Färbung ausgeschlossen bleibt.

10. 400,0 Schweinefett,
300,0 Benzoëöl,
300,0 Lanolin.

Man schmilzt das Fett und rührt, nachdem man vom Dampf genommen hat, das Lanolin und schliesslich das Benzoëöl unter.

* * *

Zur Bereitung der Pomaden ist zu erwähnen, dass man die Grundlage stets frisch herzustellen hat und das Parfüm erst dann zusetzt, wenn die Masse zu erstarren beginnt. Sollen die Pomaden auf kleine Gefässe abgefasst werden, was sich besonders bei den feinen Sorten empfiehlt, so muss dies sofort nach Fertigstellung geschehen.

Die Aufbewahrung an kühlem trockenen Ort ist zu empfehlen.

Äpfel-Pomade.

1000,0 Grundlage 1,
5,0 Mixtura odorifera,
1,0 Äpfeläther,
1,0 Chlorophyll *Schütz*, †
q. s. Kurkumatinktur,

bis die Pomade eine gelbgrüne Farbe angenommen hat. Das Chlorophyll löst man in einigen Tropfen fettem Öl.

† S. Bezugsquellen-Verzeichnis.

Bären-(Löwen-)Fett-Pomade.

1000,0 Grundlage 4,
25,0 fettes Jasminöl,
1,0 Rosenöl,
1,0 Bergamottöl,
1 Tropfen Veilchenwurzelöl,
0,01 Kumarin.

In durchsichtigen Glasbüchsen abzugeben.

Benzoë-Pomade.

1000,0 Benzoëfett,
10,0 fettes Jasminöl,
5 Tropfen Rosenöl,
1 „ Veilchenwurzelöl,
0,02 Kumarin.

In durchsichtige Glasbüchsen zu füllen.
Wird die Benzoë-Pomade rot gewünscht, so setzt man 0,5 Alkannin zu.

Blumenduft-Pomade.

1000,0 Grundlage 5,
30,0 fettes Jasminöl,
15 Tropfen Rosenöl,
15 „ Bergamottöl,
2 „ Ylang-Ylangöl,
2 „ Linaloësöl,
2 „ Orangenblütenöl,
1 „ Veilchenwurzelöl,
0,02 Heliotropin,
0,01 Kumarin,
0,5 Chlorophyll *Schütz*. †

In weisse Milchglasbüchsen zu füllen.

China-Pomade.

1000,0 Grundlage 6,
20,0 Perubalsam,
0,5 Alkannin,
2,5 Chlorophyll *Schütz*, †
0,5 Bergamottöl,
2 Tropfen ätherisches Bittermandelöl,
0,01 Kumarin,
10,0 weingeistiges Chinaextrakt.

Das Chinaextrakt löst man in etwas Weingeist.

Familien-Pomade.

1000,0 Grundlage 3,
5,0 Bergamottöl,
3,0 Citronenöl,
2,0 Lavendelöl,
0,5 Rosenholzöl,
2 Tropfen Kassiaöl,
2 „ ätherisches Bittermandelöl,
0,02 Kumarin.

In dekorierte Blechdosen auszugiessen.

Frangipanni-Pomade.

1000,0 Grundlage 7,
30,0 fettes Jasminöl,
10 Tropfen Rosenöl,
10 „ Bergamottöl,
3 „ Sandelholzöl,
3 „ Rosenholzöl,
2 „ Linaloësöl,
5 „ franz. Geraniumöl,
5 „ weingeistige Veilchenwurzelöllösung (1 : 10),
5 Tropfen Moschustinktur,
5 „ Zibethtinktur,
0,01 Kumarin.

In durchsichtige Glasbüchsen auszugiessen.

Geruchlose Pomade.

1000,0 Grundlage 8,
0,1 Alkannin

oder

1,0 Chlorophyll *Schütz*, †

je nachdem eine rötliche oder grünliche Färbung gewünscht wird. Soll die Pomade farblos sein, so verwendet man die Grundlage 8 ohne jeden Zusatz.

Die gefärbte Pomade füllt man in weisse Milchglas-, die weisse dagegen in durchsichtige Glasbüchsen.

Gewöhnliche Haarpomaden.

a) 1000,0 Grundlage 2,
10,0 Mixtura odorifera,
0,01 Kumarin.

Wenn die Pomade rot gewünscht wird, setzt man

1,0 Alkannin

zu.

b) 1000,0 Grundlage 1,
5,0 Bergamottöl,
3,0 Citronenöl,
2,0 Lavendelöl,
2 Tropfen Kassiaöl,
2 „ ätherisches Bittermandelöl,

† S. Bezugsquellen-Verzeichnis.

2 Tropfen Kaskarillöl,
10 „ Essigäther,
0,02 Kumarin.

Zur Rotfärbung benützt man
1,0 Alkannin.

Ein hübsches Rosa erhält man, wenn man auf obige Mengen nur 0,5 Alkannin nimmt.

Man füllt in dekorierte Blechdosen.

Glycerin-Pomade.

920,0 Grundlage 7,
30,0 fettes Jasminöl,
50,0 Glycerin v. 1,23 spez. Gew.
3,0 Borax,
0,01 Kumarin,
0,02 Heliotropin,
5 Tropfen Ambratinktur,
2 „ Moschustinktur,
10 „ Rosenöl,
3 „ franz. Geraniumöl,
3 „ Bergamottöl,
3 „ Orangenblütenöl,
3 „ Kassiaöl,
1 „ Veilchenwurzelöl.

Den Borax löst man im Glycerin.

Man füllt in durchsichtige Glasbüchsen.

Haarwuchspomade n. *Lassar*.

15,0 Pilocarpinhydrochlorid,
30,0 Chininhydrochlorid,
80,0 präcipit. Schwefel,
160,0 Perubalsam,
715,0 ausgelassenes Ochsenmark

mischt man.

Heliotrope-Pomade.

1000,0 Grundlage 4,
30,0 fettes Jasminöl,
0,05 Heliotropin,
0,2 Vanillin,
0,01 Kumarin,
10 Tropfen Rosenöl,
10 „ Orangenblütenöl,
1 „ Ylang-Ylangöl,
1 „ ätherisches Bittermandelöl,
5 Tropfen weingeistige Veilchenwurzelöllösung (1 : 10),
5 Tropfen Essigäther,
5 Tropfen Moschustinktur,
1,0 Chlorophyll *Schütz*. †

Man füllt in weisse Milchglasbüchsen.

Himbeer-Pomade.

1000,0 Grundlage 5,
10,0 fettes Jasminöl,
25,0 Helfenberger hundertfache Himbeer-Essenz,
1,0 Essigäther,
0,01 Kumarin,
5 Tropfen Rosenöl,
5 „ Bergamottöl,
1 „ Ylang-Ylangöl,
1 „ ätherisches Bittermandelöl,
5 Tropfen weingeistige Veilchenwurzelöllösung, (1 : 10),
3 Tropfen Moschustinktur,
0,5 Alkannin.

Der geschmolzenen Masse setzt man das Alkannin und, wenn sie zu erstarren beginnt, die übrigen Bestandteile zu.

Man giesst dann in weisse Milchglasbüchsen aus.

Jasmin-Pomade.

950,0 Grundlage 9,
50,0 fettes Jasminöl,
10 Tropfen Rosenöl,
10 „ Bergamottöl,
1 „ Ylang-Ylangöl,
5 „ weingeist. Veilchenwurzelöllösung (1 : 10),
2 Tropfen Moschustinktur,
0,02 Heliotropin,
0,01 Kumarin.

Man setzt die Parfüme der erkaltenden Grundlage zu und giesst dann sofort in kleine flache Glasbüchsen aus. In blauem Glas tritt das blendende Weiss noch mehr hervor.

Kakao-Pomade.

1000,0 Grundlage 8,
0,5 Rosenöl,
0,5 Bergamottöl,
0,05 Vanillin,
0,01 Kumarin.

In weisse Milchglasbüchsen zu füllen.

† S. Bezugsquellen-Verzeichnis.

Kräuter-Pomade.

1000,0 Grundlage 6,
20,0 fettes Jasminöl,
0,01 Kumarin,
10 Tropfen Rosenöl,
10 „ Bergamottöl,
5 „ Feldthymianöl,
2 „ Majoranöl,
1 „ franz. Wermutöl,
1 „ Kamillenöl,
1 „ Veilchenwurzelöl,
5 „ Moschustinktur,
3,0 Chlorophyll *Schütz* †.

Am hübschesten sieht diese Pomade in weissen Milchglasbüchen aus.

Krystall-Pomade.

Eis-Pomade.

500,0 Ricinusöl,
380,0 Kronenöl, farblos, †
120,0 Walrat,
20,0 fettes Jasminöl,
0,5 Rosenöl,
0,5 Bergamottöl,
5 Tropfen Orangenblütenöl,
2 „ franz. Geraniumöl,
1 „ Veilchenwurzelöl,
0,01 Kumarin,
0,02 Heliotropin.

Diese Pomade nimmt sich am besten in durchsichtigen Glasbüchsen aus.

Um die Masse möglichst grobkrystallinisch zu erhalten, verlangsamt man die Abkühlung dadurch, dass man die ausgegossenen Büchsen in warmes Wasser stellt und hier mindestens 6 Stunden ruhig stehen lässt.

Lanolin-Pomade.

Lanolin-Pomadencrême.

1000,0 Grundlage 10,
20,0 fettes Jasminöl,
15 Tropfen Bergamottöl,
10 „ Rosenöl,
5 „ Citronenöl,
2 „ Rosenholzöl,
1 „ Ylang-Ylangöl,
1 „ Macisöl,
0,05 Heliotropin,
0,01 Kumarin,
0,001 Nerolin,
0,1 Alkannin.

Man verreibt die letzten vier Bestandteile mit dem Jasminöl und rührt unter die Masse; zuletzt fügt man die ätherischen Öle hinzu.

Makassar-Pomade.

1000,0 Grundlage 3,
1,5 Alkannin,
8,0 Mixtura odorifera excelsior.

Millefleurs-Pomade.

Tausendblumenpomade.

1000,0 Grundlage 4,
30,0 fettes Jasminöl,
10,0 Helfenberger hundertfache Himbeeressenz,
0,01 Kumarin,
0,03 Heliotropin,
10 Tropfen Bergamottöl,
10 „ Rosenöl,
10 „ Orangenblütenöl,
3 „ franz. Geraniumöl,
3 „ Kassiaöl,
2 „ Ylang-Ylangöl,
2 „ ätherisches Bittermandelöl,
1 „ Veilchenwurzelöl,
5 „ Ambratinktur,
5 „ Moschustinktur,
1,0 Chlorophyll *Schütz*. †

Man füllt in weisse Milchglasbüchsen.

Ochsenmark-Pomade.

1000,0 Grundlage 4,
5,0 Mixtura odorifera excelsior,
0,5 ätherisches Orleanextrakt. †

Man füllt in weisse Milchglasbüchsen.

Pappel-Pomade.

750,0 Grundlage 5,
250,0 Helfenberger echte Pappelsalbe,
2,0 Mixtura odorifera excelsior,
1,0 Chlorophyll *Schütz*. †

Man füllt in weisse Milchglasbüchsen.

Pomeranzenblüten-Pomade.

1000,0 Grundlage 9,
20,0 fettes Jasminöl,
1,0 Orangenblütenöl,
5 Tropfen Rosenöl,
5 „ Bergamottöl,
1 „ Ylang-Ylangöl,
1 „ ätherisches Bittermandelöl,
5 „ Ambratinktur,

† S. Bezugsquellen-Verzeichnis.

2 Tropfen Moschustinktur,
5 „ weingeistige Veilchenwurzelöllösung (1 : 10),
0,05 Heliotropin,
0,01 Kumarin.

Die Pomade muss möglichst weiss sein und wird in blaue Glasbüchsen abgefasst. In blauem Glas tritt das Weiss der Masse noch mehr hervor.

Reseda-Pomade.

1000,0 Grundlage 6,
30,0 fettes Jasminöl,
10 Tropfen Rosenöl,
10 „ Bergamottöl,
5 „ Orangenblütenöl,
2 „ Ylang-Ylangöl,
1 „ ätherisches Bittermandelöl,
5 „ Moschustinktur,
5 „ weingeistige Veilchenwurzelöllösung (1 : 10),
0,05 Heliotropin,
0,01 Kumarin,
0,5 Chlorophyll *Schütz.* †

Man füllt in weisse Milchglasbüchsen.

Ricinus-Pomade.

1. 1000,0 Grundlage 7,
3,0 Mixtura odorifera excelsior,
5,0 fettes Jasminöl.

Man füllt in durchsichtige Glasbüchsen.

2. 875,0 Ricinusöl,
125,0 Walrat

schmilzt man, parfümiert mit

3,0 Mixtura odorifera excelsior,
5,0 fettem Jasminöl

und giesst in weisse Glasbüchsen, die man in warmem Wasser, wie bei der Krystall-Pomade, langsam abkühlen lässt, aus.

Diese zweite Nummer steht der Krystall-Pomade sehr nahe, hat aber durch den höheren Ricinusölgehalt noch mehr wie jene die Eigenschaft, die Haare zu glätten.

Rosen-Pomade.

1000,0 Grundlage 5,
30,0 fettes Jasminöl,
1,5 Rosenöl,
0,5 Orangenblütenöl,
5 Tropfen Bergamottöl,
2 „ Ylang-Ylangöl,
1 Tropfen ätherisches Bittermandelöl,
1 Tropfen Veilchenwurzelöl,
5 „ Moschustinktur,
0,02 Heliotropin,
0,01 Kumarin,
0,5 Alkannin.

Man füllt in weisse Milchglasbüchsen.

Vanille-Pomade.

1000,0 Grundlage 6,
10,0 fettes Jasminöl,
0,3 Vanillin,
0,01 Kumarin,
15 Tropfen Rosenöl,
15 „ Bergamottöl,
3 „ Moschustinktur,
0,2 ätherisches Orleanextrakt, †
0,1 Alkannin.

Man füllt in weisse Milchglasbüchsen.

Veilchen-Pomade.

950,0 Schweinefett,
50,0 weisses Wachs,
30,0 fettes Jasminöl,
0,01 Kumarin,
0,02 Heliotropin,
15 Tropfen Rosenöl,
2 „ Veilchenwurzelöl,
2 „ Bergamottöl,
0,5 Alkannin.

Der fertigen Masse setzt man einige Tropfen einer Indigokarminlösung (1 : 100) zu, bis die Farbe violett ist, muss aber mit diesem Zusatz sehr vorsichtig zu Werke gehen.

Man füllt die zartviolette Pomade in Milchglasbüchsen.

Waldmeister-Pomade.

1000,0 Grundlage 5,
20,0 fettes Jasminöl,
30,0 weingeistige Storaxlösung (1 : 2),
0,02 Kumarin,
0,02 Heliotropin,
15 Tropfen Rosenöl,
15 „ Bergamottöl,
2 „ franz. Geraniumöl,
1 „ ätherisches Bittermandelöl,
1 Tropfen Süss-Pomeranzenöl,
5 „ weingeistige Veilchenwurzelöllösung (1 : 10),

---

† S. Bezugsquellen-Verzeichnis.

5 Tropfen Ambratinktur,
1,5 Chlorophyll *Schutz*. †
Man füllt in weisse Milchglasbüchsen.

VIII. Stangen-Pomaden.

Cerata pomadina.

Die Stangenpomaden stehen in ihren Zusammensetzungen den Stangen-Bartwichsen sehr nahe und werden in derselben Weise zum Glätten und Steifen der Haare angewendet. Ihre Herstellung ist ebenfalls die bei den Ceraten beschriebene und schon bei den Bartwichsen angezogene.

Man führt in der Regel folgende 6 Abstufungen:

a) Weiss:

50,0 weisses Wachs,
25,0 Ricinusöl,
25,0 Lärchenterpentin,
10 Tropfen Mixtura odorifera excelsior.

b) Hellblond:

50,0 gelbes Wachs,
25,0 Ricinusöl,
25,0 Lärchenterpentin,
2,0 ätherisches Orleanextrakt, †
10 Tropfen Mixtura odorifera excelsior.

c) Dunkelblond:

60,0 gelbes Wachs,
15,0 Ricinusöl,
25,0 Lärchenterpentin,
2,0 Goldocker,
0,5 Umbrabraun,
10 Tropfen Mixtura odorifera excelsior.

d) Hellbraun:

50,0 gelbes Wachs,
25,0 Ricinusöl,
25,0 Lärchenterpentin,
4,0 Umbrabraun,
10 Tropfen Mixtura odorifera excelsior.

e) Dunkelbraun:

50,0 gelbes Wachs,
25,0 Ricinusöl,
25,0 Lärchenterpentin,
2,5 Umbrabraun,
2,5 Kasslerbraun,
5 Tropfen Mixtura odorifera excelsior.

f) Schwarz:

50,0 gelbes Wachs,
25,0 Ricinusöl,
25,0 Lärchenterpentin,
2,0 feinster Russ (Gasruss),
5 Tropfen Mixtura odorifera excelsior.

Die Stangen-Pomaden werden in Stanniol eingeschlagen und mit entsprechenden Etiketten versehen.

IX. Haarfärbemittel.

Die Anforderungen, welche man an ein gutes Haarfärbemittel stellt, bestehen darin, dass es

1. sich leicht anwenden lässt,
2. rasch und immer gleichmässig färbt,
3. eine natürliche und dauerhafte Farbe giebt,
4. nicht gesundheitsschädlich ist.

Die Jahrzehnte hindurch gebrauchten und sogar beliebten Bleimittel erfüllten nur die letzte Bedingung nicht, weshalb sie durch die modernen Giftgesetze unmöglich wurden. Es kamen dadurch die Silberfarben mehr in Aufnahme und beherrschen wohl auch heute das Feld. Denn wenn auch teurer, als die Bleimittel, geben sie dafür eine dauerhaftere und dabei ebenso schöne Farbe und sind vor allem unschädlich.

Man darf übrigens nicht glauben, dass das Färben mit Schwefelblei durch das Verbot überall unterdrückt sei; im Gegenteil stellen es unsere Haarkünstler nach eigenen Rezepten immer noch — und nicht vereinzelt — her und wenden es natürlich auch an. Einen angeblich erlaubten Gebrauch machen sie beim Färben toter Haare davon. Wohl wird man einen Unterschied machen dürfen zwischen den Anforderungen, die man an die für lebende und tote Haare bestimmten Färbemittel zu stellen hat; aber gerade die Bleifarben wird man um deswillen selbst bei totem Haar verurteilen müssen, weil letztere mit den Körperteilen mehr oder weniger in Berührung kommen und weil durch Vermittelung des Schweisses Blei in die Poren der Haut eindringen könnte.

Wir begegnen allerdings derselben Gefahr bei der Verwendung von mit Blei gefärbten Pelzwaren. Ich nehme aber an, dass hier noch eine Lücke im Gesetz besteht und dass das gegebene Beispiel nicht als nachahmenswert gelten darf.

Bei Ausarbeitung der nachstehenden Vorschriften habe ich die Anforderungen, welche man an das Färben lebender Haare stellt, vom gesundheitlichen Standpunkt aus strenger aufgefasst, wie bei toten Haaren und diese Auffassung zum Ausdruck gebracht.

Das als Haarfarbe durch ein Patent geschützte Paraphenylendiamin musste unberücksichtigt bleiben. Dasselbe bewährt sich, was den Erfolg als Färbemittel anbelangt, vorzüg-

† S. Bezugsquellen-Verzeichnis.

lich, ruft aber nach Mitteilung des Herrn Dr. *Schweissinger* in Dresden mitunter sehr unangenehme Nebenerscheinungen (Hautausschläge, Anschwellung des Gesichts usw.) hervor. Einige Dresdner Friseure, welche das Mittel verkauft hatten, kamen dadurch in grosse Verlegenheit und in Gefahr, gerichtlich zur Verantwortung gezogen zu werden.

Gute Ergebnisse erzielte ich mit ammoniakalischem Silbernitrat in Verbindung mit Pyrogallussäure, mit Kaliumpermanganat und Schwefelkupfer. Letzteres ist nicht so schädlich wie Schwefelblei, weshalb es wenigstens für tote Haare Anwendung finden kann.

Die Silberfarbe ist auf Grund der quantitativen Bestimmung der weltberühmten und mit 5 M. verkauften „Teinture Richards" nachgebildet und bringt, trotzdem die Selbstkosten nur 1 M. betragen, denselben vorzüglichen Erfolg hervor.

Mit Wismutverbindungen konnte ich nach den in anderen Büchern vorhandenen Vorschriften keine befriedigenden Ergebnisse erzielen. Ich musste schliesslich meine Versuche einstellen.

Um das nachstehende Material übersichtlicher zu machen, teile ich die Haarfärbemittel in zwei Gruppen:

A. Für lebende Haare,
B. Für tote Haare.

Die Mittel sind ohne Ausnahme praktisch erprobt und — worauf besonders viel ankommt — mit ausführlichen Gebrauchsanweisungen versehen. Es muss aber bemerkt werden, dass nicht alle Haare die Färbung gleich gut annehmen, und dass es ein wesentlicher Unterschied ist, ob die Haare schon viel von ihrer ursprünglichen Farbe verloren haben oder nicht. Es färbt sich ferner ein starkes Haar stets dunkler, wie ein feines. Schliesslich kommt es auch darauf an, wie viel man Färbemittel mit der Bürste aufträgt. Jedenfalls muss sich der Färbende durch öfteren Gebrauch eine gewisse Fertigkeit aneignen.

A. Für lebende Haare.

Silberfarben.

Die Silberfarben setzen sich aus 3 Flüssigkeiten zusammen:

I. Pyrogallussäurelösung,
II. Ammoniakalischer Silbernitratlösung,
III. Natriumthiosulfatlösung.

Während I und II zum Färben dienen, wird III nur in einem einzigen Fall zum Nachdunkeln bei Tiefschwarz, im übrigen dagegen ausschliesslich zum Entfernen der auf der Haut entstandenen schwarzen Flecke benützt.

a) Für Schwarz, bez. Schwarzbraun.

I. { 0,5 Pyrogallussäure,
12,0 Weingeist von 90 pCt,
38,0 destilliertes Wasser.

II. { 2,5 Silbernitrat,
22,0 destilliertes Wasser,
7,5 Ammoniakflüssigkeit v. 10 pCt.

Man löst das Silbernitrat im Wasser und setzt das Ammoniak nach und nach zu.

III. { 0,3 Natriumthiosulfat,
20,0 destilliertes Wasser.

b) Für Braun.

I. Wie bei a.

II. { 1,5 Silbernitrat,
26,0 destilliertes Wasser,
4,5 Ammoniakflüssigkeit v. 10 pCt.

Bereitung wie bei a.

III. Wie bei a.

c) Für Hellbraun bis Aschblond

I. Wie bei a.

II. { 1,0 Silbernitrat,
28,0 destilliertes Wasser,
3,0 Ammoniakflüssigkeit v. 10 pCt.

Bereitung wie bei a.

III. Wie bei a.

Die Lösungen I und III füllt man in Fläschchen mit Korkverschluss, II dagegen in ein solches mit eingeschliffenem Stopfen. Man stellt die Mittel derart zusammen, dass man die Lösungen I, II, III von je einer Farbenabstufung in einen Karton packt, zwei kleine weiche Zahnbürsten, deren Stiele mit I und II gezeichnet sind, hinzufügt und folgende, allen Silberfarben mit geringer Abänderung zukommende Gebrauchsanweisung beigiebt:

Gebrauchsanweisung

zum

Hervorbringen einer tiefschwarzen Farbe:

„Man wäscht das Haar mit schwacher, warmer Sodalösung, spült es mit warmem Wasser gut nach, trocknet es mit einem feinen Handtuch und nach diesem durch Reiben mit weissem Seidenpapier ab.

Man giebt nun etwas von Lösung I auf eine Untertasse, taucht die Bürste I in die Lösung und bürstet damit die Haare. Wenn man alle Teile getroffen zu haben glaubt, kämmt man das Haar tüchtig durch und verteilt auf diese Weise die Lösung gleichmässig im Haar. Ist dies geschehen, so wartet man 5 Minuten, giesst sodann etwas von der Lösung II auf eine andere Untertasse und bürstet diese mit der Bürste II ins Haar. Man hat sich dabei zu hüten, dass die Haut nicht getroffen wird. Auch diesmal kämmt man die Haare gut durch und erzielt dadurch eine gleichmässige Verteilung der Lösung. Man lässt nun 10 Minuten verstreichen, giesst sodann etwas Lösung III auf eine dritte Untertasse, tränkt damit ein vorher genässtes und wieder ausgedrücktes Schwämmchen und überfährt damit die Haare nach allen Richtungen, um schliesslich zur gründlichen Verteilung die Haare abermals tüchtig durchzukämmen.

Dann wartet man wenigstens 3 Stunden und wäscht nach Verlauf dieser Zeit Kopf und Haare mit Seife und warmem Wasser aus.

Um Flecke von der Haut zu entfernen, taucht man ein leinenes Läppchen in Wasser, nimmt etwas Seife und Lösung III dazu und reibt die schwarzen Flecke weg.

Die Bürsten dürfen nicht verwechselt werden, auch muss man sich in acht nehmen, dass man nichts auf die Wäsche spritzt, weil diese Flecke nicht wieder entfernt werden können; es empfiehlt sich daher, beim Gebrauch etwas umzubinden.

Es sei noch darauf aufmerksam gemacht, dass sich starke Haare dunkler färben, als feine; dadurch wird z. B. bei Anwendung ein- und desselben Mittels der Bart dunkler ausfallen, als das Hauptbaar. Man kann diese Verschiedenheit dadurch etwas vermeiden, dass man die Lösung II recht sparsam im Barthaar aufträgt und trotzdem die gleichmässige Verteilung durch etwas längeres Kämmen erreicht."

Für das Hervorbringen von Aschblond bis Schwarzbraun tritt bei vorstehender Gebrauchsanweisung nur insofern eine Änderung ein, als die Behandlung des Haares mit Lösung III wegfällt. Die Lösung III dient dann nur zum Entfernen der Hautflecke.

Bei der schon erwähnten Verschiedenheit, mit welcher die Haare die Färbung annehmen, empfiehlt es sich, für den Anfang ein Mittel für hellere Färbung zu wählen und, wenn dies nicht genügen sollte, lieber das Färben 2 mal anzuempfehlen.

Manganfarbe.

Die Manganfarbe besteht aus nur zwei Flüssigkeiten, nämlich aus Lösungen von Kaliumpermanganat und Natriumthiosulfat. Es lässt sich damit nur blond, dieses aber sehr schön färben. Die Farbe ist nicht so dauerhaft wie Silber und bedarf deshalb öfter der Erneuerung.

Nachstehend die Vorschrift mit ausführlicher Gebrauchsanweisung.

Blond:

I. { 5,0 Kaliumpermanganat,
95,0 destilliertes Wasser.

Man füllt in eine braune Flasche mit eingeriebenem Stopfen.

II. { 1,0 Natriumthiosulfat,
25,0 destilliertes Wasser.

Gebrauchsanweisung:

„Man wäscht das Haar mit schwacher warmer Sodalösung, spült es mit warmem Wasser gut nach, trocknet es mit einem feinen Handtuch und nach diesem durch Reiben mit weissem Seidenpapier ab.

Man giebt nun von der Lösung I etwas auf eine Untertasse, taucht eine neue, weiche Zahnbürste ein und bürstet damit die Haare. Man kämmt darauf das Haar mit einem sauberen, nicht fettigen Kamm tüchtig und verteilt dadurch die Farblösung überallhin gleichmässig.

Um Flecke von der Haut zu entfernen, taucht man ein leinenes Läppchen in Wasser, nimmt etwas Seife und Lösung II dazu und reibt damit die Flecke weg."

Bleifarbe.

Schwarz.

4,0 Natriumthiosulfat

löst man in

50,0 destilliertem Wasser.

Andrerseits löst man

1,3 Bleiacetat

in

40,0 destilliertem Wasser,

giesst nach und nach diese Lösung in die erstere und setzt der Mischung

5,0 Glycerin v. 1,23 spez. Gew.,
1 Tropfen Orangenblütenöl

zu. Es ist jede Wärme bei der Bereitung zu vermeiden.

Man füllt in braune Flaschen, da die Mischung lichtempfindlich ist, und verkorkt diese gut.

Die Gebrauchsanweisung lautet:

„Man wäscht das Haar mit warmer schwacher Sodalösung, spült es mit warmem Wasser gut nach, trocknet es mit einem feinen Handtuch und nach diesem durch Reiben mit weissem Seidenpapier ab.

Man giebt nun von dem Flascheninhalt etwas auf eine Untertasse, taucht eine neue weiche Zahnbürste ein und bürstet damit die Haare. Man kämmt darauf das Haar mit einem sauberen, nicht fettigen Kamm tüchtig durch und verteilt dadurch die Farblösung gleichmässig."

Bleifarben sind in Deutschland und Österreich-Ungarn verboten.

B. Für tote Haare.

Das Mittel setzt sich aus 3 Flüssigkeiten zusammen:

I. Pyrogallussäurelösung,
II. Kupferchloridlösung,
III. Natriumthiosulfatlösung.

Ähnlich wie beim Silbernitratmittel dienen I und II zum Färben, während man III zum Reinigen der Finger benützt.

Vorschriften.

a) Für Dunkel-Kastanienbraun.

I. 6,0 Pyrogallussäure,
40,0 Weingeist von 90 pCt,
54,0 destilliertes Wasser.

II. 4,0 Kupferchlorid,
96,0 destilliertes Wasser.

III. 2,0 Natriumthiosulfat,
98,0 destilliertes Wasser.

b) Für Hell-Kastanienbraun.

I. 4,0 Pyrogallussäure,
40,0 Weingeist von 90 pCt,
56,0 destilliertes Wasser.

II. 2,5 Kupferchlorid,
97,5 destilliertes Wasser.

III. Wie bei a.

Die Gebrauchsanweisung lautet folgendermassen:

„Man entfettet die Haare dadurch, dass man sie wiederholt in dünner warmer Sodalösung auswäscht, spült sehr gut mit Wasser nach und trocknet sie mit einem weichen Tuch und schliesslich mit Seidenpapier so viel wie möglich ab.

Man bürstet dann die Lösung I, von der man etwas in eine Untertasse gegossen hat, in das Haar und kämmt, um die Lösung gleichmässig zu verteilen, gründlich durch. Nach 15—20 Minuten (so lange mögen die Haare im warmem Zimmer trocknen) trägt man mit einer anderen Bürste die Lösung II auf, kämmt ebenfalls tüchtig durch und trocknet. Dem trockenen Haar giebt man dadurch einen höheren Glanz, dass man es mit einem engen Kamm längere Zeit kämmt.

Die Lösung III benützt man zum Reinigen der Finger.“

X. Haarbleichmittel.

Man wendet zum Bleichen oder zum Hellermachen einer Farbe, deren Ton man ganz nach Belieben heller oder dunkler halten kann, fast ausschliesslich Wasserstoffsuperoxyd, das man in diesem Fall nicht alkalisch, sondern sauer macht, an. Das Wasserstoffsuperoxyd darf nicht zu alt sein, sonst ist es leicht unwirksam. Nachstehend die Vorschrift zu einem solchen „Aureoline“ genannten Mittel:

Aureoline.

2000,0 Wasserstoffsuperoxyd,
3,5 Schwefelsäure v. 1,836 sp. Gew.,
7,0 Salzsäure von 1,124 spez. Gew.

mischt man, lässt die Mischung unter Abschluss des Tageslichtes einige Tage abklären und füllt die dann klare Flüssigkeit unter Zurücklassung des Bodensatzes in braune Flaschen von 100 g Inhalt.

Die Gebrauchsanweisung lautet wie bei dem Haarfärbemittel „Bleifarbe“. Die Nuance des Bleichgrades erreicht man durch Wiederholung des Aufstriches. Man kann auf diese Weise hellbraune, blonde, ja sogar weisse Haare erzielen.

C. Pflege der Haut.

Die hierzu gebräuchlichen Mittel kann man in die Gruppen:

I. Crêmes,
II. Waschwässer,
III. Hände-Waschmittel,
V. Puder und Schminken

einteilen und darf wohl von allen behaupten, dass sie beliebt sind, wenn man auch manchem, wie z. B. den Schminken, nicht nachsagen kann, dass sie die Haut wesentlich zu verbessern pflegen.

Während die Crêmes im Cold-Cream ihren Vertreter haben und fettiger Natur sind, herrscht bei den Waschmitteln das Alkali ebenso vor, wie bei den meisten der Kopfwaschwässer. Puder und Schminken sind einfach Deckmittel, welche ihren Zweck nur äusserlich zu erreichen suchen und leider vielfach keine Rücksicht darauf nehmen, ob unter dieser oberflächlichen Verschönung die Haut selbst leidet und ob die Anwendung gesundheitsschädlich ist. So findet man nur zu häufig Vorschriften für weisse und rötliche Puder und Schminken, welche Zinnober und Bleiweiss vorschreiben, was bei Fettschminken, die ähnlich einer Salbe eingerieben werden, doppelt bedenklich erscheint. Dass ich solche Beispiele nicht nachahme und unter die Schönheits- und Toilettenmittel nur solche aufnehme, welche unschädlich sind, brauche ich kaum erst zu versichern.

I. Crêmes.

Die Crêmes sind Walratsalben mit starkem Zusatz von Wasser, die hauptsächlich gegen aufgesprungene Haut angewendet werden. Ihre Haltbarkeit ist eine gute, wenn sie in dicht geschlossenen Gefässen aufbewahrt werden.

Cold-Cream.

80,0 weisses Wachs,
80,0 Walrat,
560,0 Mandelöl

schmilzt man, lässt nahezu erkalten und rührt schaumig. Erst jetzt setzt man

280,0 destilliertes Wasser,

in welchem man vorher

5,0 Borax

löste, und zuletzt

0,05 Kumarin,
1,5 Rosenöl,
1,5 Orangenblütenöl,
5 Tropfen franz. Geraniumöl,
2 „ Ylang-Ylangöl,
1 „ Veilchenwurzelöl,
4 „ Ambratinktur

zu. Die Masse muss vollständig schaumig sein.

Boroglycerin-Cream.

Boroglycerin-Crême. Boroglycerin-Lanolin. Lanolimentum Boroglycerini.

a) Vorschrift von *E. Bosetti*:

10,0 Borsäure

löst man durch einstündiges Erhitzen in

40,0 Glycerin von 1,23 spez. Gew.

und fügt

200,0 destilliertes Wasser

hinzu.

Andrerseits schmilzt man

50,0 Lanolin

und

700,0 Paraffinsalbe (etwas härter als das Präparat des D. A. IV.)

zusammen, färbt diese Masse mit

0,1 Alkannin,

mischt das Boroglycerin darunter, rührt möglichst schaumig und parfümiert mit

10 Tropfen Rosenöl,
10 „ Bergamottöl.

Man füllt schliesslich in Zinntuben.

Der Boroglycerin-Cream dient als Mittel gegen aufgesprungene Hände, Lippen usw.

b) Vorschrift des Berliner Apotheker-Vereins:

20,0 Borsäure,
100,0 Glycerin von 1,23 spez. Gew.,
50,0 destilliertes Wasser

erwärmt man bis zur Lösung und vermischt mit

350,0 wasserfreiem Lanolin,
150,0 Olivenöl.

Die Mischung wird in Tuben abgefüllt.

Wenig geeignet an dieser Stelle ist das Olivenöl, weil es der Mischung schon nach kurzer Zeit einen unangenehmen Geruch verleiht.

Borosalicyl-Cream.

Borosalicyl-Crême.
Nach *Bernegau*.

20,0 Natrium-Borosalicylat,

löst man unter Erwärmen auf 40° C in

40,0 Arnika-Glycerin

und mischt dann

20,0 Lanolin,
20,0 amerikanisches Vaselin

hinzu. Man rührt bis zum Erkalten und füllt in Tuben.

Die Mischung soll ein gutes Mittel gegen Fussschweiss, Wundlaufen usw. sein.

Glycerin-Cold-Cream.

Glycerin-Crême.
Crême céleste.

80,0 weisses Wachs,
80,0 Walrat,
600,0 Mandelöl,
120,0 Glycerin von 1,23 spez. Gew.,
120,0 destilliertes Wasser,
5,0 Borax,
0,01 Kumarin,
1,0 Rosenöl,
1,0 Bergamottöl,
0,5 Orangenblütenöl,
2 Tropfen Ylang-Ylangöl,
1 „ Veilchenwurzelöl,
5 „ Ambratinktur.

Die Bereitung ist die des vorhergehenden.

Der Glycerin-Cold-Cream wird vielfach rosa gefärbt verlangt. Man setzt dann der nach obiger Vorschrift bereiteten Masse

0,2 Alkannin,

gelöst in einige Tropfen Öl, zu.

Kampfer-Cold-Cream.

Kampfer-Crême.

80,0 weisses Wachs,
80,0 Walrat,
50,0 Kampfer,
500,0 Mandelöl,
270,0 destilliertes Wasser,
5,0 Borax,
0,01 Kumarin,
1,5 Rosenöl,

5 Tropfen franz. Geraniumöl,
5 „ Ylang-Ylangöl,
2 „ ätherisches Bittermandelöl,
1 „ Veilchenwurzelöl,
10 „ Moschustinktur,
5 „ Zibethtinktur.

Man bereitet ihn wie einfachen Cold-Cream.

Lanolin-Cold-Cream.

Lanolin-Crême.
Lanolimentum leniens.

a) 60,0 weisses Wachs,
60,0 Walrat,
420,0 Mandelöl

schmilzt man, verrührt in der geschmolzenen Masse

180,0 Lanolin,

rührt bis fast zum Erkalten und unter allmählichem Zusatz einer Lösung von

5,0 Borax

in

280,0 destilliertem Wasser,

bis die Masse gleichmässig schaumig ist.

Man parfümiert dann mit

1,0 Bergamottöl,
1,0 Rosenöl,
10 Tropfen Orangenblütenöl,
2 „ Ylang-Ylangöl,
1 „ Veilchenwurzelöl,
5 „ Moschustinktur,
0,01 Kumarin,
0,05 Vanillin.

Die beiden letzten Bestandteile löst man in etwas Mandelöl.

b) 25,0 reines Wollfett,
5,0 weisses Wachs,
20,0 Mandelöl,
50,0 Orangenblütenwasser,
1 Tropfen Bergamottöl.

Man füllt schliesslich in Zinntuben. Die nach b) hergestellte Mischung hat den Nachteil, bald ranzig zu werden.

Mandel-Cold-Cream.

Mandel-Crême.

80,0 weisses Wachs,
80,0 Walrat,
560,0 Mandelöl,
280,0 destilliertes Wasser,
5,0 Borax,
0,01 Kumarin,
2,0 Bergamottöl,
0,5 Rosenöl,
10 Tropfen ätherisches Bittermandelöl,
5 „ Ambratinktur.

Bereitung wie beim gewöhnlichen Cold-Cream.

Rosen-Cold-Cream.

Rosen-Crême.

80,0 weisses Wachs,
80,0 Walrat,
560,0 Mandelöl,
0,2 Alkannin,
280,0 destilliertes Wasser,
5,0 Borax,
0,1 Kumarin,
2,0 Rosenöl,
1,0 Orangenblütenöl,
10 Tropfen Esprit triple de Jasmin,
1 „ Veilchenwurzelöl,
5 „ Moschustinktur.

Bereitung wie beim einfachen Cold-Cream. Die Farbe soll zart hellrosa sein.

Salicyl-Cold-Cream.

Salicyl-Crême.

100,0 weisses Wachs,
100,0 Walrat,
600,0 Mandelöl,
100,0 destilliertes Wasser
100,0 Glycerin v. 1,23 spez. Gew.,
5,0 Salicylsäure,
0,01 Kumarin,
0,5 Rosenöl,
0,5 Orangenblütenöl,
0,5 Bergamottöl,
5 Tropfen Wintergreenöl,
1 „ Ylang-Ylangöl,
3 „ Moschustinktur.

Die Salicylsäure mit Glycerin fein verrieben, setzt man zuletzt zu. Im übrigen ist die Bereitung wie bei gewöhnlichem Cold-Cream.

Salol-Lanolin-Crême.

Menthol-Salol-Lanolin.

1,5 Menthol,
3,0 Salol,
25,0 flüssiges Paraffin,
75,0 Lanolin.

Man verreibt das Salol möglichst fein mit etwas flüssigem Paraffin und vermischt die Verreibung mit den anderen Teilen ohne Anwendung von Wärme.

Vaseline-Cold-Cream.
Vaseline-Crême.
Unguentum Vaselini leniens.

a) 75,0 weisses Wachs,
75,0 Walrat,
450,0 Mandelöl,
200,0 amerikanische Vaseline (Chesebrough),
200,0 destilliertes Wasser,
10,0 Borax,
0,02 Kumarin,
1,0 Rosenöl,
1,0 Bergamottöl,
5 Tropfen franz. Geraniumöl,
2 „ Rosenholzöl,
1 „ Veilchenwurzelöl,
5 „ Zibethtinktur.

b) 150,0 Paraffinsalbe,
3,0 medizinische Seife, Pulver $^{M}/_{50}$,
mischt man, setzt nach und nach
10,0 Glycerin v. 1,23 spez. Gew.,
40,0 destilliertes Wasser
und schliesslich
2 Tropfen Rosenöl,
2 „ Orangenblütenöl,
2 „ Bergamottöl
zu.

c) 100,0 Paraffinsalbe,
50,0 Lanolin,
3,0 medizinische Seife, Pulver $^{M}/_{50}$,
mischt man, setzt nach und nach
50,0 destilliertes Wasser
und zuletzt
2 Tropfen Rosenöl,
2 „ Orangenblütenöl,
2 „ Bergamottöl
zu.

d) 200,0 Mandelöl,
400,0 weisse Paraffinsalbe,
100,0 Walrat,
70,0 weisses Wachs,
240,0 Rosenwasser,
4,0 Borax,
5 Tropfen Orangenblütenöl,
3 „ Rosenöl,
10 „ Bergamottöl.

e) 130,0 Walrat,
130,0 weisses Wachs,
640,0 flüssiges Paraffin
schmilzt man und verrührt in der erkaltenden Masse
25,0 Lanolin.
Andrerseits löst man in
320,0 destilliertem Wasser,
5,0 medizinische Seife,
5,0 Boraxpulver
und mischt diese Lösung unter den Salbenkörper.
Zuletzt parfümiert man mit
10 Tropfen Rosenöl,
10 „ Orangenblütenöl,
10 „ franz. Geraniumöl.
Bereitung wie die des gewöhnlichen Cold-Creams.

Veilchen-Cold-Cream.
Veilchen-Crême.

80,0 weisses Wachs,
80,0 Walrat,
560,0 Mandelöl,
0,2 Alkannin,
280,0 destilliertes Wasser,
5,0 Borax,
0,01 Kumarin,
10,0 Esprit triple de Jasmin,
5 Tropfen Rosenöl,
5 „ Orangenblütenöl,
2 „ Veilchenwurzelöl,
1 „ ätherisches Bittermandelöl,
5 Tropfen Moschustinktur,
5 „ Ambratinktur,
q. s. Indigokarminlösung (1 : 100).

Bereitung wie beim einfachen Cold-Cream. Die Farbe soll zart violett sein.

II. Haut-Waschwässer.

Mittel, welche zur Erhöhung der Schönheit dienen sollen, müssen vor allem selbst hübsch und gefällig aussehen und dementsprechend „aufgemacht“ sein. Während man klare Flüssigkeiten in weissen Gläsern verabreicht, verwendet man für die, welche pulverförmige Körper verteilt enthalten oder sonstwie ein milchiges Aussehen haben, farbige, am besten blaue Gläser.

Die einmal zur Mode gewordenen, hochtrabenden Bezeichnungen sind, da sich das Publikum daran gewöhnt hat, beizubehalten.

Aqua cosmetica n. *Bretfeld.*
Aqua Bretfeldii. Spiritus Bretfeldii.
***Bretfeld*sches Wasser.**

850,0 Kölnisches Wasser,
150,0 Rosenwasser,
2,0 zusammengesetzte Moschustinktur.

Aqua cosmetica Glycerini.
Glycerin-Toilettenwasser.

20,0 Borax,
1,0 Kumarinzucker
löst man in
940,0 Rosenwasser,
setzt zu
50,0 Glycerin v. 1,23 spez. Gew.,
2 Tropfen Ambratinktur,
5 „ Rosenöl,
1 „ Orangenblütenöl,
q. s. ammoniakalische Karminlösung (1 : 100)
bis eine ganz blassrote Färbung erreicht ist, und filtriert schliesslich.

Aqua cosmetica n. *Kummerfeld.*
Aqua Kummerfeldii.
*Kummerfeld*sches Waschwasser.

a) 20,0 gefällten Schwefel
verreibt man allmählich mit
50,0 Glycerin v. 1,23 spez. Gew.
Andrerseits löst man
2,0 Kampfer
in
50,0 Kölnisch-Wasser
und ferner
20,0 Borax
in
870,0 destilliertem Wasser,
mischt alles zusammen und fügt noch hinzu
3 Tropfen Moschustinktur.

Eine Eigentümlichkeit dieser Mischung ist es, dass der Schwefel anfänglich zu Boden sinkt, aber sofort an die Oberfläche steigt, sobald man schüttelt. Er verbindet sich dabei mit einer Menge kleiner Luftbläschen und wird von denselben getragen. Will man dies vermeiden, so füge man
50,0 Äther
hinzu.

b) 1,0 fein zerriebenen Kampfer,
2,0 arabisches Gummi, Pulver M/30,
12,0 gefällten Schwefel
verreibt man unter allmählichem Zusatz mit
140,0 Rosenwasser
und fügt
145,0 Kalkwasser
hinzu.

Man verabreicht in blauer Flasche und giebt auf der Gebrauchsanweisung an, dass die Mischung beim Gebrauch umzuschütteln ist.

c) Vorschrift des Dresdner Ap. Ver.
1,0 Kampfer,
2,0 arabisches Gummi,
10,0 gefällten Schwefel
verreibt man sehr fein mit
5,0 Glycerin v. 1,23 spez. Gew.,
82,0 Rosenwasser.

Aqua cosmetica Lilionèse.
Lilionèse.

15,0 Borax,
5,0 Kaliumkarbonat
löst man in
900,0 Rosenwasser
und fügt
25,0 Kölnisch-Wasser,
25,0 Benzoëtinktur
hinzu. Andrerseits verreibt man
100,0 Talkpulver, M/50,
mit
50,0 Glycerin v. 1,23 spez. Gew.
und verdünnt die Verreibung mit der zuerst bereiteten Lösung.

Man giebt in blauen Gläsern ab und lässt vor dem Gebrauch umschütteln.

Aqua cosmetica orientalis n. *Hebra.*
Aqua orientalis n. *Hebra.*
Hebras orientalisches Waschwasser.

0,015 Quecksilberchlorid
löst man in
95,0 Bitter-Mandelemulsion
und setzt
1,0 Benzoëtinktur
zu.

Die Mischung hält side nicht lange und muss deshalb bei Bedarf frisch bereitet werden.

Man giebt in blauer Flasche ab und verordnet vor dem Gebrauch jedesmaliges Umschütteln.

Cosmetisches Liniment n. *Hebra.*
Hebras Kosmetisches Liniment. *Hebras* Schwefelpaste.
Pasta sulfurata n. *Hebra.*

20,0 Kaliumkarbonat
löst man in
20,0 Glycerin v. 1,23 spez. Gew.,
verreibt mit der Lösung
20,0 gefällten Schwefel
und fügt
20,0 verdünnten Weingeist v. 68 pCt,
20,0 Äther
hinzu.

Gegen Mitesser soll es abends aufgepinselt und morgens abgewaschen werden.

Eau de Lys de Lohse.

10,0 Zinkoxyd,
10,0 Talkpulver, M/50,

verreibt man mit
50,0 Glycerin v. 1,23 spez. Gew.
und setzt dann zu
900,0 Rosenwasser,
20,0 Benzoëtinktur,
5,0 Esprit triple de Jasmin,
1,0 Kumarinzucker,
3 Tropfen Moschustinktur,
2 „ weingeistige Veilchenwurzelöllösung (1 : 10),
1 Tropfen Ylang-Ylangöl.

Man bereitet die Mischung bei Bedarf frisch und giebt in blauem Glas ab.

Glycerin gegen aufgesprungene Haut.

1,0 Borsäure
löst man durch Erwärmen in
100,0 Glycerin v. 1,23 spez. Gew.
und verdünnt mit
100,0 Rosenwasser.

Es ist unrichtig, unverdünntes Glycerin für den gedachten Zweck zu verwenden, weil es reizend auf die aufgesprungene Haut wirkt.

Glycerin-Gallerte.

Glycerine Jellie for hands.

a) 50,0 Glycerinsalbe,
50,0 Tragantschleim
mischt man, löst darin
1,0 Borax, Pulver M/50,
und fügt hinzu
1 Tropfen Rosenöl.

b) 2,5 beste Gelatine
quellt man in
50,0 Rosenwasser
auf, löst dann durch vorsichtiges Erwärmen, fügt hierauf
50,0 Glycerin v. 1,23 spez. Gew.
hinzu, filtriert die Masse durch einen erwärmten Trichter, se dem Filtrat
1 Tropfen Orangenblütenöl,
zu und füllt auf hübsche Weithalsgläser von 50 oder 100 g Inhalt ab.

Man stellt die gefüllten Glasbüchsen 24 Stunden in die Kälte und nimmt dann die Aufmachung vor.

Gurkenmilch.

20,0 Borax,
20,0 Natriumacetat
löst man in
850,0 Rosenwasser
und fügt hinzu
25,0 Seifenspiritus,
25,0 Benzoëtinktur,
60,0 Glycerin v. 1,23 spez. Gew.,
5 Tropfen Bergamottöl,
2 „ Rosenöl,
2 „ weingeistige Veilchenwurzelöllösung (1 : 10),
3 „ Moschustinktur,
1,0 Kumarinzucker.

Man giebt in blauen Gläsern ab.

Jungfernmilch.

Lait virginal.

5,0 Tolubalsam
löst man durch Erwärmen in
15,0 Weingeist von 90 pCt,
fügt
20,0 Benzoëtinktur,
20,0 Seifenspiritus,
50,0 Glycerin v. 1,23 spez. Gew.,
15,0 Borax,
200,0 Orangenblütenwasser,
300,0 Rosenwasser,
500,0 destilliertes Wasser
hinzu, nachdem man vorher den Borax im destillierten Wasser löste.

Schliesslich parfümiert man mit
5,0 Esprit triple de Jasmin,
3 Tropfen Rosenöl,
2 „ weingeistiger Veilchenwurzelöllösung (1:10),
2 „ Zibethtinktur,
0,5 Kumarinzucker.

Man giebt in blauen Flaschen ab.

Kakaoölmilch.

Cacaoölmilch.

10,0 Borax, Pulver M/30,
15,0 medizinische Seife, Pulver M/50,
45,0 gröblich gepulvertes Kakaoöl,
15,0 Kokosöl,
50,0 Wasser
verreibt man in einer schwach erwärmten Reibschale mindestens 10 Minuten lang. Man verdünnt dann ganz allmählich mit
840,0 Rosenwasser,
das man auf 40° C erwärmte, schüttelt die Mischung kräftig durch und parfümiert sie mit
20 Tropfen Bergamottöl,
5 „ Orangenblütenöl,
1 „ Veilchenwurzelöl,
10,0 Vanillinzucker.

Kokosmilch.

Cocosmilch.

10,0 Borax, Pulver M/30,
20,0 medizinische Seife, Pulver M/50,
50,0 Wasser,
70,0 Kokosöl,
850,0 warmes Rosenwasser von 40° C,
10 Tropfen Bergamottöl,
5 „ Orangenblütenöl,
2 „ Wintergreenöl,
1 „ Ylang-Ylangöl,
1 „ Bittermandelöl.

Man verfährt wie bei der Kakaoölmilch.

Lanolinmilch.

a)
10,0 Borax, Pulver M/30,
20,0 medizinische Seife, Pulver M/50,
70,0 Wasser,
30,0 Kokosöl,
70,0 Lanolin,
800,0 warmes Rosenwasser von 40° C,
10 Tropfen Bergamottöl,
10 „ Orangenblütenöl,
5 „ Rosenöl,
1 „ Wintergreenöl,
1 „ Veilchenwurzelöl.

Man verfährt wie bei Kakaoölmilch.

b) nach *Paschkis:*
0,25 medizinische Seife
löst man durch Erwärmen in
10,0 destilliertem Wasser
und rührt die Lösung unter
5,0 Lanolin,
welches man vorher mit
10,0 destilliertem Wasser
verrieben hatte. Man setzt allmählich noch
74,0 destilliertes Wasser
und zuletzt
1,0 Benzoëtinktur
hinzu.

Die Lanolin-Milch dient zum Waschen der Hände, nachdem man sie mit Seife gereinigt hat.

Mai-Tau.

Maitau-Wasser.

5,0 Borax,
50,0 Natriumthiosulfat,
50,0 Glycerin v. 1,23 spez. Gew.,
850,0 destilliertes Wasser.

Man löst und parfümiert mit
50,0 Kölnisch-Wasser,
10 Tropfen Orangenblütenöl,
2 „ Ylang-Ylangöl,
20 Tropfen Jasminessenz (Esprit triple de Jasmin),
2 „ Ambratinktur,
2 „ Moschustinktur.

Von den schwefelhaltigen Wässern ist dieses jedenfalls das wirksamste, weil der Schwefel in und auf der Haut niedergeschlagen wird und dadurch im Entstehungszustand wirkt.

Menthol-Cream.

4,0 Glycerin v. 1,23 spez. Gew.,
90,0 Tragantschleim
mischt man.

Man löst dann
1,0 Menthol,
1 Tropfen Wintergreenöl
in
5,0 Weingeist von 96 pCt
und setzt diese Lösung ersterer Mischung in kleinen Mengen unter kräftigem Schütteln zu.

Der Menthol-Cream wirkt kühlend und wird von den Barbieren zum Waschen des Gesichts nach dem Rasieren benützt.

Rosenmilch.

1,0 Salicylsäure,
1,0 Benzoësäure
löst man in einer Reibschale in
850,0 Rosenwasser
und fügt hinzu
50,0 Glycerin v. 1,23 spez. Gew.,
50,0 Weingeist von 90 pCt,
20,0 Benzoëtinktur,
5 Tropfen Rosenöl,
2 „ Bergamottöl,
1 „ Orangenblütenöl,
10 „ Esprit triple de Jasmin,
2 „ weingeistige Veilchenwurzelöllösung (1 : 10),
5 „ Moschustinktur,
2,0 Kumarinzucker.

Schliesslich färbt man blassrosa mit
q. s. ammoniakalischer Karminlösung.

Man giebt in weissen Gläsern ab.

Sommersprossenwasser.

Nach *Paschkis.*

60,0 Kaliumkarbonat,
20,0 Kaliumchlorat,
15,0 Borax,
60,0 Zucker,
150,0 Glycerin v. 1,23 spez. Gew.,
330,0 Rosenwasser.
355,0 Orangenblütenwasser.

Vinaigre de Cologne.

Kölner Toilettenessig.

98,0 Kölnisch-Wasser nach Vorschrift I,
2,0 Essigsäure von 96 pCt

mischt man und filtriert nach mehrtägigem Stehen.

Vinaigre des fleurs d'orange.

Orangenblütenessig.

100,0 verdünnte Essigsäure,
900,0 Orangenblütenwasser.

Vinaigre de Lavande.

5,0 Lavendelöl,
1,0 Palmrosenöl,

löst man in

50,0 Essigsäure v. 96 pCt

und verdünnt die Lösung mit

950,0 Himbeerwasser.

Vinaigre de Millefleurs.

Tausendblumenessig.

20,0 Esprit triple de Jasmin,
10,0 Helfenberger 100-fache Himbeeressenz,
0,05 Ambra,
0,01 Moschus,
0,01 Kumarin,
0,05 Heliotropin,
1,0 Bergamottöl,
5 Tropfen Rosenöl,
5 „ Orangenblütenöl,
2 „ Ceylonzimtöl,
2 „ Ylang-Ylangöl,
2 „ ätherisches Bittermandelöl,
1 „ Veilchenwurzelöl,
20,0 Essigsäure von 96 pCt,
20,0 Essigäther,
500,0 Weingeist von 90 pCt,
450,0 destilliertes Wasser.

Bereitung wie bei der Ambra-Essenz.

Vinaigre de Toilette.

Toiletten-Essig.

100,0 Kölnisch-Wasser nach Vorschrift I,
2 Tropfen ätherisches Bittermandelöl,
0,02 Moschus,
20,0 Essigsäure von 96 pCt,
10,0 versüssten Salpetergeist,
20,0 Helfenberger 100-fache Himbeeressenz,
600,0 Weingeist von 90 pCt,
260,0 destilliertes Wasser.

Bereitung wie bei der Ambra-Essenz.

Vinaigre aux Violettes.

0,5 Rosenöl,
0,5 Bergamottöl,
1 Tropfen Ylang-Ylangöl,
2 „ Veilchenwurzelöl,
1 „ Kassiaöl,
0,01 Moschus,
0,05 Ambra,
0,01 Kumarin,
0,01 Heliotropin,
20,0 Esprit triple de Jasmin,
20,0 Essigsäure von 96 pCt,
700,0 Weingeist von 90 pCt,
260,0 destilliertes Wasser.

Bereitung wie bei der Ambra-Essenz.

Waschwasser gegen Hautfinnen und Mitesser.

a) 10,0 Borax,
20,0 Ammonsulphid,
40,0 Glycerin v. 1,23 spez. Gew.,
930,0 Rosenwasser,
2 Tropfen Ylang-Ylangöl,
2 „ Wintergreenöl,

b) 30,0 krystallisiert. Natriumkarbonat,
30,0 Borax,
40,0 präcipitierter Schwefel,
100,0 Glycerin v. 1,23 spez. Gew.,
100,0 Seifenspiritus,
700,0 Rosenwasser.

Gebrauchsanweisung.

„Man wäscht Abends vor dem Schlafengehen das Gesicht mit Seife, trocknet es ab und reibt es dann mit Waschwasser ab."

III. Hände-Waschmittel.

Waschmittel für die Hände müssen mit Parfüms versehen sein, welche der damit gewaschenen Hand lange anhaften. Bezüglich der Mandelkleien ist zu bemerken, dass sich dieselben nicht sehr lange aufbewahren lassen und da, wo ihr Verbrauch nicht flott von statten geht, nur in kleineren Mengen angefertigt werden dürfen.

Hand-Pasten.

a) 300,0 geschälte süsse Mandeln,
200,0 „ bittere Mandeln,
10,0 Rosenwasser,
30,0 Borax, Pulver M/50,
stösst man in einem Mörser zu einer gleichmässigen Masse an, setzt dann
50,0 Kampferöl,
50,0 Walrat,
welche man vorher mit einander schmolz, und ferner
200,0 Kartoffelmehl,
100,0 Talkpulver, M/50,
die man mit
200,0 Rosenwasser
anrührt, zu. Man arbeitet nun die Masse so lange durch, bis sie gleichmässig ist, parfümiert sie mit
1,0 Bergamottöl,
0,5 Rosenöl,
5 Tropfen Kassiaöl,
2 „ Nelkenöl,
2 „ Rosenholzöl,
2 „ Sassafrasöl,
1 „ Ylang-Ylangöl,
1 „ Veilchenwurzelöl,
5 „ Zibethtinktur,
5 „ Moschustinktur,
0,1 Kumarin
und füllt sie in flache Glas- oder Porzellandosen von ungefähr 50 g Inhalt.

Wird die Paste rosa gewünscht, so färbt man mit Alkannin.

b) 250,0 geschälte süsse Mandeln,
250,0 „ bittere Mandeln,
10,0 Rosenwasser
stösst man zu einer gleichmässigen Masse an.

Andrerseits verquirlt man
3 Hühnereier
mit
30,0 Borax, Pulver M/50,
10,0 fein geriebenem Kaliumkarbonat,
verdünnt mit
100,0 Glycerin v. 1,23 spez. Gew.,
und rührt mit dieser Mischung
250,0 Maismehl (beziehungsweise Bohnenmehl)
an, um diesen Teig nach und nach den angestossenen Mandeln zuzusetzen.

Man färbt mit einigen Tropfen Kurkumatinktur und parfümiert mit
1,5 Rosenöl,
1,0 Bergamottöl,
10 Tropfen Orangenblütenöl,
2 „ franz. Geraniumöl,
2 „ Sassafrasöl,
1 „ Veilchenwurzelöl,
5 „ Moschustinktur,
0,01 Kumarin,
0,05 Vanillin.

Man füllt die nun fertige Paste in flache Glas- oder Porzellandosen von etwa 50 g Inhalt.

c) 200,0 Kokosseife,
20,0 Borax, Pulver M/50,
10,0 Kaliumkarbonat
löst man in der Wärme in
100,0 destilliertem Wasser,
100,0 Glycerin v. 1,23 spez. Gew.
setzt
50,0 Walrat
zu, rührt so lange, bis der Walrat geschmolzen und untergemischt ist, und benützt diese Masse, um
500,0 Kartoffelmehl,
50,0 Talkpulver, M/50,
zu einer gleichmässigen Paste anzustossen.

Man parfümiert mit
0,5 ätherischem Bittermandelöl,
0,1 Patchouliöl,
1,5 Bergamottöl,
0,5 Rosenöl,
1 Tropfen Veilchenwurzelöl,
3 „ Moschustinktur,
3 „ Zibethtinktur,
0,01 Kumarin.

Man füllt wie bei den vorhergehenden beiden Nummern in Glas- oder Porzellandosen.

Hand-Waschpulver.

a) 150,0 Stearinseife, Pulver M/50,
150,0 Hausseife, Pulver M/50,
100,0 Veilchenwurzel, Pulver M/50,
200,0 Mandelkleie,
100,0 Talkpulver, M/50,
200,0 Bohnenmehl,
20,0 Borax, Pulver M/30,
mischt man und setzt
50,0 Kölnisch-Wasser,
5 Tropfen Moschustinktur,
5 „ ätherisches Bittermandelöl,
mit welchem man vorher
50,0 Glycerin v. 1,23 spez. Gew.
mischt, zu.

b) 150,0 Stearinseife, Pulver M/50,
150,0 Hausseife, „ „
100,0 weissen Sand, „ „
500,0 Bohnenmehl,
20,0 Borax, Pulver M/30,
mischt man mit einander.

Andrerseits erwärmt man
50,0 Glycerin v. 1,23 spez. Gew.,

10,0 Kaliumkarbonat,
50,0 Kokosöl
unter Umrühren so lange, bis eine gleichmässige Masse erhalten wird, und vermengt diese mit der Pulvermischung.

Man parfümiert schliesslich mit
0,5 ätherischem Bittermandelöl,
1,0 Rosenöl,
1,5 Bergamottöl,
3 Tropfen Ylang-Ylangöl,
1 „ Veilchenwurzelöl,
5 Moschustinktur,
0,08 Kumarin.

Mandelkleien.

a) 50,0 Kakaoöl
schmilzt man in einem entsprechend grossen Gefäss, rührt
100,0 Talkpulver M/50,
und, wenn dies gleichmässig verteilt ist,
500,0 Bohnenmehl
und
250,0 Mandelkleie
unter.

Man setzt dann noch
50,0 Glycerin v. 1,23 spez. Gew.,
50,0 Kölnisch-Wasser,
0,01 Kumarin,
20 Tropfen ätherisches Bittermandelöl,
5 Tropfen Ambratinktur
zu.

Das Kumarin löst man im Kölnischen Wasser.

b) 50,0 Kakaoöl
schmilzt man in einem entsprechend grossen Gefäss, mischt
100,0 Kartoffelmehl,
20,0 Borax, Pulver M/50,
50,0 Glycerin v. 1,23 spez. Gew.
und wenn die Masse gleichmässig ist, nach und nach
100,0 weissen Sand, Pulver M/50,
100,0 Veilchenwurzel, „ „
300,0 Mandelkleie,
300,0 Bohnenmehl
hinzu.

Schliesslich parfümiert man mit
1,0 ätherischem Bittermandelöl,
2,0 Bergamottöl,
0,5 Rosenöl,
10 Tropfen Geraniumöl,
5 „ Rosenholzöl,
1 „ Veilchenwurzelöl,
5 „ Moschustinktur,
0,01 Kumarin.

c) nach *Paschkis*:
917,0 Mandelmehl,
65,0 Veilchenwurzelpulver,
12,0 Citronenöl,
4,0 Bittermandelöl,
2,0 Citronellöl.

Mandelkleie gegen spröde Haut.

Nach *Paschkis*.

490,0 Kastanienpulver,
250,0 Mandelmehl,
200,0 Veilchenwurzelpulver,
50,0 Natriumbikarbonat,
10,0 Bergamottöl.

Mandelpaste.

a) nach *Paschkis*:
360,0 bittere Mandeln,
420,0 Rosenwasser,
215,0 Weingeist von 90 pCt,
5,0 Bergamottöl.

Man schält die Mandeln, stösst sie mit dem Rosenwasser zu einer feinen Paste an und setzt sodann allmählich die übrigen Bestandteile zu.

b) nach *E. Dieterich*:
200,0 süsse Mandeln,
200,0 bittere Mandeln,
400,0 Rosenwasser,
195,0 Glycerin v. 1,23 spez. Gew.,
2 Tropfen Rosenöl,
4 „ Orangenblütenöl,
1 „ Wintergreenöl,
0,01 Kumarin.

Man schält die Mandeln, reibt sie dann auf einer Reibmaschine und stösst sie hierauf mit Hilfe von etwas Rosenwasser zu einer äusserst feinen Paste an.

Zum Schluss fügt man nach und nach die übrigen Bestandteile hinzu.

Kali-Crême.

Sapo kalinus leniens.

100,0 geschmolzenes Kokosöl,
sobald es auf 25° C abgekühlt ist, mischt man mit
200,0 Kalilauge von 1,34 spez. Gew. (bereitet aus 68,0 Ätzkali und 132,0 Wasser),
lässt 48 Stunden ruhig stehen, löst die Seife in
1200,0 heissem destillierten Wasser
und setzt

2,0 Lavendelöl
hinzu.

Das Mittel dient gegen Sommersprossen, Mitesser usw.

Seifen-Crême.

Crême à la rose.

240,0 Kokosöl,
280,0 Kalilauge,
20,0 Weingeist von 90 pCt

mischt man, lässt 24 Stunden stehen, erwärmt 3—4 Stunden im Dampfbad und verdünnt die nun fertige Masse mit

200,0 Glycerin v. 1,23 spez. Gew.,
200,0 weissem Sirup,

in welchen man vorher

50,0 Stearinseife, Pulver M/50,

verrieben hatte.

Schliesslich fügt man

1,0 Bergamottöl,
0,2 Rosenholzöl,
3 Tropfen Ceylonzimtöl,
1 „ Veilchenwurzelöl,
5 „ Moschustinktur,
0,01 Kumarin

und

q. s. warmes Wasser

bis zu einem Gesamtgewicht von

1000,0

hinzu und färbt mit ammoniakalischer Karminlösung bis zu einem zarten Rosa.

Wird Mandelseifen-Crême verlangt, so ersetzt man bei obiger Vorschrift das Rosenholzöl durch 1 g Bittermandelöl.

IV. Puder und Schminken.

Während man den Puder nur in Form eines Pulvers anwendet, hat man in Schminken mehr Abwechslung, nämlich trockene, d. h. pulverförmige, dann flüssige, fette und feste.

Puder sowohl, wie Schminken, müssen zarte, feinste Pulver zur Grundlage haben und dürfen sich niemals rauh anfühlen. Während Puder stets parfümiert wird, ist dies bei Schminken nicht immer der Fall, obgleich sich beide Schönheitsmittel sehr nahe stehen und gegenseitig ergänzen.

In der Anwendung unterscheiden sich Puder und Schminke nur insoweit, als ersterer ausschliesslich mit der Quaste aufgetragen, also aufgestäubt und letztere mit Handschuhleder verrieben wird.

Poudre de Maréchal.

Marschall-Puder. Weisser Puder.

200,0 bestes Zinkweiss

verreibt man mit

100,0 Veilchenwurzel, Pulver M/50,

so lange, bis die Mischung ein gleichmässig zartes Pulver vorstellt. Man mischt dann

350,0 Weizenstärke, Pulver M/30,
350,0 Talk, „ M/50,

hinzu, parfümiert mit

2,0 Bergamottöl,
1,0 Rosenöl,
0,5 Orangenblütenöl,
5 Tropfen Moschustinktur,
0,01 Kumarin

und schlägt schliesslich durch ein feines Sieb. Den im Sieb verbleibenden Rückstand verreibt man wiederholt mit kleinen Mengen des durchs Sieb gegangenen Pulvers, bis alles die Maschen des Siebes durchdrungen hat.

Das Kumarin löst man, ehe man es mit den Ölen mischt, in einigen Tropfen Essigäther.

Reis-Puder.

100,0 Zinkweiss,
100,0 Veilchenwurzel, Pulver M/50,
800,0 feinstes Reismehl,
1,0 Rosenöl,
5 Tropfen franz. Geraniumöl,
5 „ Ambratinktur,
1 „ Ylang-Ylangöl,
0,01 Kumarin,
1,0 Essigäther.

Bereitung wie bei Marschall-Puder.

Rosen-Puder.

2,5 roten Karmin

löst man in

5,0 Ammoniakflüssigkeit v. 10 pCt,

verdünnt mit

20,0 verdünnt. Weingeist v. 68 pCt

und setzt nach und nach

200,0 Talk, Pulver M/50,

zu.

Wenn die Mischung gleichmässig ist, breitet man dieselbe auf Papier aus und lässt sie an der Luft trocknen, wozu 24 Stunden Zeit notwendig sein dürften.

Man zerreibt dann zu feinem Pulver, mischt

50,0 Veilchenwurzel, Pulver M/50,
750,0 Weizenstärke, „ M/30,

hinzu und parfümiert mit

2,0 Rosenöl,
1,0 Orangenblütenöl,
1,0 Bergamottöl,
10,0 Esprit triple de Jasmin,
0,01 Kumarin,
2,0 Essigäther,
5 Tropfen Moschustinktur.

Schliesslich schlägt man wie bei Marschall-Puder angegeben wurde, durch ein feines Sieb.

Veilchen-Puder.

100,0 Zinkweiss,
200,0 Veilchenwurzel, Pulver M/50,
200,0 Talk, " "
500,0 Weizenstärke, " M/30,
15,0 Esprit triple de Jasmin,
0,5 Rosenöl,
0,5 Bergamottöl,
1 Tropfen Ylang-Ylangöl,
5 " Moschustinktur.
0,01 Kumarin.

Das Kumarin löst man in der Jasminessenz; im übrigen kommt die Herstellung der des Marschall-Puders gleich.

Trockene Schminken.

Weiss:

200,0 Zinkweiss,
100,0 Weizenstärke, Pulver M/30,

verreibt man mit einander, bis das Ganze ein gleichmässig zartes Pulver vorstellt, setzt nach und nach

200,0 Talk, Pulver M/50,

und noch

500,0 Weizenstärke, Pulver M/30,

zu. Man parfümiert dann mit

2,0 Bergamottöl,
10 Tropfen Rosenöl,
5 " Citronenöl,
1 " Veilchenwurzelöl,
5 " Ambratinktur,
0,01 Kumarin,
5,0 Essigäther

und siebt die Mischung durch ein feines Sieb, wie es bei Marschall-Puder beschrieben ist.

Um das sogenannte Perl-Weiss herzustellen, ersetzt man die Hälfte des oben vorgesehenen Zinkweisses durch basisches Wismutnitrat, wodurch übrigens eine besondere Wirkung durchaus nicht erzielt wird.

Rosa:

15,0 roten Karmin

löst man in

30,0 Ammoniakflüssigkeit v. 10 pCt,

verdünnt die Lösung mit

20,0 verdünntem Weingeist v. 68 pCt

und setzt nach und nach

500,0 Talk, Pulver M/50,

zu. Die gleichmässig gefärbte Mischung trocknet man in Zimmertemperatur, auf Papier ausgebreitet, zerreibt sie dann und mischt mit

500,0 Weizenstärke, Pulver M/30.

Man parfümiert dann mit

10,0 Esprit triple de Jasmin,
1,0 Rosenöl,
10 Tropfen franz. Geraniumöl,
10 " Bergamottöl,
1 " Ylang-Ylangöl,
1 " Veilchenwurzelöl,
0,01 Kumarin

und schlägt durch ein feines Sieb, wie unter Marschall-Puder beschrieben wurde. Das Kumarin löst man in der Jasminessenz.

Wird die rote oder Rosenschminke dunkler gefärbt verlangt, so verdoppelt man die Karminmenge.

Flüssige Schminken.

Weiss:

300,0 Zinksulfat,

gelöst in

1000,0 destilliertem Wasser

und

300,0 Natriumkarbonat,

ebenfalls in

1000,0 destilliertem Wasser

gelöst.

Man giesst beide Lösungen gleichzeitig und unter Umrühren in dünnem Strahl in ein entsprechend grosses Gefäss, in welchem sich

5000,0 destilliertes Wasser

befinden. Man sammelt nun den Niederschlag auf einem nassen und dichten Leinentuch und lässt ihn abtropfen.

Man bringt dann in eine geräumige Reibschale

200,0 Talk, Pulver M/50,

reibt diese mit dem nassen Niederschlag an und fügt

q. s. destilliertes Wasser

hinzu, dass das Ganze

1000,0

wiegt.

Schliesslich parfümiert man mit

10,0 Esprit triple de Jasmin,
10 Tropfen Bergamottöl,
5 " Rosenöl,
5 " Orangenblütenöl,
1 " Ylang-Ylangöl,
1 " Veilchenwurzelöl,
5 " Moschustinktur,
0,01 Kumarin.

Das Kumarin löst man in der Jasminessenz.

Rot.

a) Man versetzt die flüssige weisse Schminke mit einer Lösung von

10,0 rotem Karmin

in

20,0 Ammoniakflüssigkeit v. 10 pCt,

nachdem man die Lösung mit

10,0 destilliertem Wasser

verdünnt hatte.

b) 1,5 roten Karmin
löst man in
3,0 Ammoniakflüssigkeit v. 10 pCt,
verdünnt die Lösung mit
25,0 Glycerin v. 1,23 spez. Gew.
und
75,0 Rosenwasser.
Man parfümiert mit
3 Tropfen Rosenöl,
2 „ Orangenblütenöl,
1 „ Moschustinktur,
0,001 Kumarin.

Fettschminken.

Weiss.

100,0 Zinkweiss,
150,0 flüssiges Paraffin,
350,0 festes „
400,0 Kakaoöl,
1,0 Bergamottöl,
1,0 Rosenöl,
0,5 Citronenöl,
2 Tropfen franz. Geraniumöl,
1 „ Veilchenwurzelöl,
5 „ Zibethtinktur,
0,01 Kumarin.

Man giesst die erkaltete Masse in dicke Stangenformen, wie unter „Cerata“ beschrieben wurde.

Rot.

400,0 Kakaoöl,
400,0 weisses Wachs,
200,0 Olivenöl
schmilzt man, parfümiert mit
1,5 Rosenöl,
0,5 Bergamottöl,
0,5 Orangenblütenöl,
5 Tropfen franz. Geraniumöl,
1 „ Veilchenwurzelöl,
1 „ Ceylonzimtöl,
3 „ Moschustinktur
und rührt der erkalteten Masse eine Lösung von
20,0 rotem Karmin
in
40,0 Ammoniakflüssigkeit v. 10 pCt
unter.

Schliesslich giesst man in dicke Stangenformen aus und kühlt rasch ab.

Schwarz.

50,0 Lampenruss
verreibt man sorgfältig mit
250,0 flüssigem Paraffin.
Andrerseits schmilzt man
350,0 Kakaoöl
und
400,0 weisses Wachs.

Der geschmolzenen Masse mischt man allmählich die Verreibung hinzu, parfümiert mit
1,5 Rosenöl,
0,5 Bergamottöl,
5 Tropfen Citronenöl,
5 „ Orangenblütenöl,
2 „ franz. Geraniumöl,
1 „ Veilchenwurzelöl,
3 „ Moschustinktur
und giesst die erkaltende Masse in dicke Stangenformen.

Rote Schminke-Täfelchen.

5,0 roten Karmin
löst man in
10,0 Ammoniakflüssigkeit v. 10 pCt.
Andrerseits mischt man
75,0 Talk, Pulver M/50,
25,0 Dextrin, Pulver M/50,
5 Tropfen Bergamottöl,
2 „ Rosenöl,
1 „ Sassafrasöl
mit einander, mengt die Karminlösung gleichmässig unter und stösst mit
q. s. weissem Sirup
zu einer bildsamen Masse an.

Man formt aus derselben kreisrunde Pastillen, die man an der Luft trocknet.

Beim Gebrauch wird die zu schminkende Stelle mit einigen Tropfen Wasser gefeuchtet, dann mit dem Schminketäfelchen überstrichen und schliesslich der gelöste Farbstoff mit etwas Leder leicht verrieben.

D. Pflege der Zähne.

Diese Abteilung spielt eine beachtenswerte Rolle, wenn sie sich auch nicht aus so mannigfachen und zahlreichen Formen zusammensetzt, wie die vorher besprochene.

Nach Einführung der Antisepsis lässt man sich beim Pflegen der Zähne von ganz anderen Gesichtspunkten leiten, wie früher; es handelt sich heute nicht mehr wie sonst um eine Erhaltung ausschliesslich durch die Reinigung; man besitzt heute vielmehr ganz bestimmte Mittel, welche fäulnishemmend wirken, und die Wirkung, die durch Reinlichkeit erzielt wird, noch unterstützen.

Die aufzuführenden Mittel zerfallen in folgende Gruppen:

I. Zahnpulver,
II. Zahnpasten,
III. Mundwässer.

Zahnwehmittel dienen nicht dazu, die Zähne zu pflegen, weshalb sie an anderen Stellen aufgeführt werden. Immerhin wird die Grenze nicht scharf gezogen werden können.

I. Zahnpulver.

Pulvis dentifricius.

Die Ansichten über die Güte von Zahnpulvern sind, wenigstens beim Publikum, noch sehr verschieden, und dementsprechend auch die Anforderungen. Wie fast bei allen Toilette-Gegenständen wird auch hier auf ein gefälliges Äussere und oftmals mehr auf hübsche Farbe und angenehmen Geschmack, beziehentlich Geruch gesehen, wie auf die Fähigkeit, die Zähne zu reinigen und zu erhalten. Es bietet aber durchaus keine Schwierigkeiten, solche Eigenschaften zu vereinigen und Zahnpulver herzustellen, welche vorzüglich aussehen, ebenso schmecken bez. riechen und nebenher doch den Hauptzweck, die Zähne zu reinigen, ohne ihnen zu schaden, erfüllen.

Die modernen Zahnpulver bewegen sich, wenn sie nicht weiss gelassen werden, zumeist in zarten oder in feurigen Farben und nur noch in vereinzelten Fällen verwendet man Kohle oder das rote Sandelpulver. Den Körper zu ersteren bildet durchgehends der gefällte kohlensaure Kalk in Mischung mit Veilchenwurzelpulver, Magnesia, Bimssteinpulver usw. Alle zu Zahnpulvern benützten Stoffe müssen höchst fein gepulvert sein, desgleichen müssen die Mischungen, um sie völlig gleichartig zu erhalten, gesiebt werden.

Als Parfüm bilden das Pfefferminz-, das Nelken- und das Rosenöl die Grundlagen, während weitere aromatische Zusätze nur dazu dienen, den Geruch verschieden abzustufen.

Als Geschmacksmittel benützt man, da Zucker wegen seiner ungünstigen Einwirkung auf die Zähne mit Vorsicht zu gebrauchen ist, Süssholzpulver und neuerdings das Saccharin.

Ehe ich zur Bearbeitung der Zahnpulver selbst schreite, schicke ich die Vorschriften zu den farbigen Zahnpulverkörpern voraus.

Farbige Zahnpulverkörper.

I. Rot.

20,0 Cochenille-Karmin

löst man in einer entsprechend grossen Reibschale in

50,0 Ammoniakflüssigkeit v. 10 pCt,

verdünnt mit

50,0 verdünntem Weingeist v. 68 pCt,

setzt nach und nach zu

1000,0 gefälltes Calciumkarbonat,

das Ganze so lange verreibend, bis eine gleichmässige Mischung erzielt ist.

Man breitet dann die feuchte Masse auf Papier aus, schützt sie durch Bedecken vor Tageslicht und trocknet in gewöhnlicher Zimmertemperatur. Erst die lufttrockne Masse darf man im Trockenschrank höherer Temperatur aussetzen. Würde man dies sofort thun, so verlöre das Pulver die für seine Bestimmung notwendige zarte Beschaffenheit.

In der gleichen Weise werden alle folgenden Körper behandelt.

II. Rosa.

10,0 Cochenille-Karmin,
40,0 Ammoniakflüssigkeit v. 10 pCt.,
60,0 verdünnten Weingeist v. 68 pCt,
1000,0 gefälltes Calciumkarbonat.

III. Korallenrot.

25,0 weingeistiges Sandelholzextrakt, †
100,0 Weingeist von 90 pCt,
1000,0 gefälltes Calciumkarbonat.

IV. Violett.

2,5 Alkannin,
100,0 Äther,
1000,0 gefälltes Calciumkarbonat.

V. Braun.

250,0 Katechutinktur,
50,0 Ammoniakflüssigkeit v. 10 pCt.,
1000,0 gefälltes Calciumkarbonat.

VI. Grün.

20,0 Chlorophyll *Schütz* †,
100,0 Äther,
1000,0 gefälltes Calciumkarbonat.

* * *

Wie schon eingangs erwähnt, müssen die Zahnpulvermischungen gesiebt werden. Was auf dem Sieb zurückbleibt, verreibt man, mischt mit dem gleichen Raumteil der durchs Sieb geschlagenen Masse und siebt wieder. Man wiederholt das so oft, bis auf dem Sieb kein nennenswerter Rückstand mehr bleibt.

---

† S. Bezugsquellen-Verzeichnis.

Carabellis-Zahnpulver.

Pulvis dentifricius Carabelli.

465,0 gefälltes Calciumkarbonat,
30,0 Bimsstein, Pulver M/50,
125,0 Milchzucker, „ „
125,0 chines. Zimt, „ „
125,0 Veilchenwurzel, „ „
125,0 Lindenkohle, „ „
5,0 Vanillezucker
mischt man.

China-Zahnpulver.

Pulvis dentifricius Chinae.

a) 720,0 Zahnpulverkörper V,
150,0 Chinarinde, Pulver M/50,
100,0 Milchzucker, „ „
30,0 Bimsstein, „ „
0,2 Saccharin,
10,0 Pfefferminzöl,
2,5 Bitter-Pomeranzenöl,
2,5 Nelkenöl
mischt man.

b) 10,0 weingeistiges Chinaextrakt
löst man durch Erwärmen in
50,0 Weingeist von 90 pCt,
tränkt damit
100,0 gefälltes Calciumkarbonat,
trocknet an der Luft und vermischt mit
700,0 Zahnpulverkörper V,
100,0 Milchzucker, Pulver M/50,
50,0 Veilchenwurzel, „ „
30,0 Bimsstein, „ „
20,0 Süssholz, „ „
0,3 Saccharin,
7,5 Pfefferminzöl,
1,0 Nelkenöl,
1,0 Rosenöl,
1,0 Bitter-Pomeranzenöl.

Chinin-Zahnpulver.

Pulvis dentifricius Chinini.

825,0 gefälltes Calciumkarbonat,
100,0 Veilchenwurzel, Pulver M/50,
100,0 Milchzucker, „ „
0,25 Saccharin,
25,0 Bimsstein, Pulver M/50,
25,0 Magnesiumkarbonat,
20,0 Gerbsäure,
5,0 Chininhydrochlorid,
1,0 Rosenöl,
5,0 Pfefferminzöl.
5 Tropfen Ylang-Ylangöl,
5 „ ätherisches Bittermandelöl
mischt man innig.

Hahnemannsches Zahnpulver.

Pulvis dentifricius Hahnemanni.

500,0 Lindenkohle, Pulver M/50,
300,0 Kalmuswurzel, „ „
200,0 Veilchenwurzel, „ „
5,0 Bergamottöl
mischt man.

Homöopathisches Zahnpulver.

Pulvis dentifricius homöopathicus.

500,0 gefälltes Calciumkarbonat,
250,0 Milchzucker, Pulver M/50,
250,0 Magnesiumkarbonat
mischt man.

Hufelandsches Zahnpulver.

Pulvis dentifricius Hufelandi.

30,0 Chinarinde, Pulver M/50,
60,0 Sandelholz, „ „
8,0 Kali-Alaun, „ M/30,
1,0 Bergamottöl,
1,0 Nelkenöl
mischt man.

Kalichloricum-Zahnpulver.

Pulvis dentifricius c. Kalio chlorico.

465,0 gefälltes Calciumkarbonat,
30,0 Bimsstein, Pulver M/50,
250,0 Kaliumchlorat, klein krystallinisches,
125,0 Milchzucker, Pulver M/50,
125,0 Veilchenwurzel, Pulver M/50,
10,0 Menthol,
5,0 Nelkenöl,
1,0 Palmenrosenöl
mischt man vorsichtig!

Korallen-Zahnpulver.

Pulvis dentifricius Coralliorum.

800,0 Zahnpulverkörper III,
100,0 Veilchenwurzel, Pulver M/50,
100,0 Milchzucker, „ „
30,0 Bimsstein, „ „
15,0 Süssholz, „ „
30,0 Magnesiumkarbonat,
20,0 Natriumchlorid,

5,0 Pfefferminzöl,
5,0 Krauseminzöl,
1,0 Wintergreenöl,
1,0 Nelkenöl,
1,0 Kassiaöl.
Man mischt innig.

Kräuter-Zahnpulver.

Pulvis dentifricius herbarum.

650,0 Zahnpulverkörper VI,
120,0 Salbei, Pulver M/50,
100,0 Milchzucker, " "
50,0 Veilchenwurzel, " "
30,0 Bimsstein, " "
20,0 Süssholz, " "
20,0 Natriumchlorid,
10,0 Gerbsäure,
2,0 Kumarinzucker,
5,0 Krauseminzöl,
2,5 Pfefferminzöl,
1,0 Rosenöl,
1,0 Kalmusöl,
1,0 Thymianöl,
5 Tropfen ätherisches Bittermandelöl
mischt man.

Myrrhen-Zahnpulver.

Pulvis dentifricius Myrrhae.

325,0 Zahnpulverkörper III,
325,0 " V,
120,0 Milchzucker, Pulver M/50,
100,0 Veilchenwurzel, " "
0,3 Saccharin,
50,0 Myrrhe, Pulver M/30,
50,0 Borax, " "
30,0 Bimsstein, " M/50,
5,0 Pfefferminzöl
2,5 Nelkenöl,
2,5 ätherisches Macisöl;
5 Tropfen Ylang-Ylangöl
mischt man.

Natron-Zahnpulver.

Pulvis dentifricius natronatus.

650,0 gefälltes Calciumkarbonat,
100,0 Milchzucker, Pulver M/50,
100,0 Veilchenwurzel, " "
50,0 Natriumbikarbonat,
30,0 Magnesiumkarbonat,
20,0 Natriumchlorid,
2,0 Kumarinzucker,
1,0 Rosenöl,
1,0 Bergamottöl,
1,0 Pfefferminzöl,
0,5 Nelkenöl
mischt man.

Pfefferminz-Zahnpulver.

Pulvis dentifricius Menthae.

800,0 Zahnpulverkörper VI,
100,0 Milchzucker, Pulver M/50,
60,0 Veilchenwurzel, " "
30,0 Bimsstein, " "
10,0 Gerbsäure,
3,0 Kumarinzucker,
5,0 Esprit triple de Jasmin,
5,0 Pfefferminzöl,
2,5 Krauseminzöl,
0,5 Rosenöl
mischt man.

Ratanhia-Zahnpulver.

Pulvis dentifricius Ratanhiae.

700,0 Ratanhiawurzel, Pulver M/50,
150,0 Weinstein, Pulver M/30,
150,0 Milchzucker, Pulver M/50,
5,0 Pfefferminzöl,
2,0 Nelkenöl,
0,5 Senföl
mischt man.
Wird gegen Zahnfleischblutungen angewendet.

Rosen-Zahnpulver.

Pulvis dentifricius rosatus.

800,0 Zahnpulverkörper II,
120,0 Veilchenwurzel, Pulver M/50,
100,0 Milchzucker, " "
30,0 Bimsstein, " "
30,0 Magnesiumkarbonat,
15,0 Süssholz, Pulver M/50,
5,0 Gerbsäure,
3,0 Kumarinzucker,
2,0 Rosenöl,
1,0 Orangenblütenöl,
1,0 Bergamottöl,
1,0 Pfefferminzöl,
5 Tropfen ätherisches Bittermandelöl
mischt man innig.

Rotes Zahnpulver.

Pulvis dentifricius ruber.

750,0 Zahnpulverkörper I,
100,0 Milchzucker, Pulver M/50,
100,0 Veilchenwurzel, " "
30,0 Bimsstein, " "
20,0 Süssholz, " "

3,0 Kumarinzucker,
5,0 Pfefferminzöl,
1,0 Geraniumöl,
1,0 Rosenöl
mischt man innig

Salicyl-Zahnpulver.
Pulvis dentifricius salicylatus.

750,0 präparierten Kieselguhr,
130,0 Milchzucker, Pulver M/50,
110,0 Veilchenwurzel, „ „
10,0 Salicylsäure,
2,0 Kumarinzucker,
5,0 Pfefferminzöl,
2,0 Nelkenöl,
1,0 Wintergreenöl
mischt man innig.

Salol-Zahnpulver.
Pulvis dentifricius Saloli.

750,0 gefälltes Calciumkarbonat,
100,0 Milchzucker, Pulver M/50,
100,0 Veilchenwurzel, „ „
30,0 Bimsstein, „ „
20,0 Salol,
5,0 Pfefferminzöl,
1,0 Geraniumöl,
0,5 Sternanisöl,
0,5 Nelkenöl
mischt man innig.

Schwarzes Zahnpulver.
Pulvis dentifricius niger.

800,0 Lindenkohle, Pulver M/50,
200,0 Salbei, „ „
4,0 Nelkenöl,
4,0 Pfefferminzöl,
2,0 Kalmusöl,
10 Tropfen Sandelholzöl
mischt man.

Seifen-Zahnpulver n. *Lassar.*
Lassars Zahnpulver.

100,0 gefälltes Calciumkarbonat,
2,5 Kaliumchlorat, kleinkrystallin.,
2,5 Bimsstein, Pulver M/50,
2,5 medizinische Seife, Pulver M/50,
1,0 Pfefferminzöl
mischt man.

Sepia-Zahnpulver.
Pulvis dentifricius Sepiae.

600,0 gefälltes Calciumkarbonat,
100,0 Ossa sepiae, Pulver M/50,
100,0 Milchzucker, „ „
100,0 Veilchenwurzel, „ „
50,0 Natriumchlorid,
50,0 Magnesiumkarbonat,
4,0 Bergamottöl,
1,0 Rosenöl,
0,5 Orangenblütenöl,
4,0 Pfefferminzöl,
5 Tropfen Ylang-Ylangöl
mischt man.

Tannin-Zahnpulver.
Pulvis dentifricius Tannini.

370,0 gefälltes Calciumkarbonat,
250,0 Zahnpulverkörper III,
200,0 Milchzucker, Pulver M/50,
100,0 Veilchenwurzel, „ „
30,0 Bimsstein, „ „
30,0 Süssholz, „ „
20,0 Gerbsäure,
5,0 Pfefferminzöl,
1,0 Orangenblütenöl,
0,5 Anisöl
mischt man.

Thymol-Zahnpulver.
Pulvis dentifricius Thymoli.

350,0 Zahnpulverkörper II,
350,0 „ III,
135,0 Milchzucker, Pulver M/50,
70,0 Veilchenwurzel, „ „
30,0 Bimsstein, „ „
50,0 Magnesiumkarbonat,
0,3 Saccharin,
5,0 Thymol,
3,0 Kumarinzucker,
3,0 Pfefferminzöl,
2,0 Nelkenöl,
0,5 Orangenblütenöl
mischt man innig.

Das Thymol schmilzt man mit etwas Weingeist im Wasserbad in einem Probierröhrchen und mischt es so mit den Pulvern.

Vegetabilisches Zahnpulver n. *Popp.*
Pulvis dentifricius vegetabilis.

600,0 Veilchenwurzel, Pulver M/50,
350,0 gefälltes Calciumkarbonat,
45,0 Bimsstein, Pulver M/50,

5,0 Florentinerlack,
30,0 Weingeist von 90 pCt.

Man verreibt den Florentinerlack mit dem Weingeist, setzt dann in kleinen Mengen das Calciumkarbonat und zuletzt die anderen Bestandteile hinzu. Die Mischung trocknet man und schlägt sie alsdann durch ein Sieb.

Veilchen-Zahnpulver.
Pulvis dentifricius Violarum.

620,0 Zahnpulverkörper IV,
200,0 Veilchenwurzel, Pulver M/50,
100,0 Milchzucker, „ „
30,0 Bimsstein, „ „
25,0 Süssholz, „ „
25,0 Magnesiumkarbonat,
3,0 Kumarinzucker,
0,1 Heliotropin,
10,0 Esprit triple de Jasmin,
1,0 Rosenöl,
0,5 Pfefferminzöl,
2 Tropfen Ambratinktur

mischt man innig.

Weinstein-Zahnpulver.
Pulvis dentifricius Tartari. Wiener Zahnpulver.

500,0 Weinstein Pulver M/30,
450,0 Milchzucker, „ „
50,0 Florentiner Lack, Pulver M/30,
6,0 Pfefferminzöl,
3,0 Nelkenöl

mischt man innig.

Dieses Zahnpulver leistet bei Zähnen, welche zu Kalkansatz neigen, sehr gute Dienste, während es bei solchen, die durch Säuren leicht „stumpf“ werden, nicht zu empfehlen ist.

Weisses Zahnpulver.
Pulvis dentifricius albus. Perl-Zahnpulver.

650,0 gefälltes Calciumkarbonat,
120,0 Milchzucker, Pulver M/50,
100,0 Magnesiumkarbonat,
100,0 Veilchenwurzel, Pulver M/50,
30,0 Bimsstein, „ „
2,0 Kumarinzucker,
1,0 Rosenöl,
3,0 Pfefferminzöl,
5 Tropfen Ylang-Ylangöl,
5 „ Citronenöl,
2 „ Wintergreenöl

mischt man.

Weisses Englisches Zahnpulver.
Pulvis dentifricius Anglicus. Kampfer-Zahnpulver.

a) 750,0 gefälltes Calciumkarbonat,
120,0 Magnesiumkarbonat,
100,0 Milchzucker, Pulver M/50,
30,0 Bimsstein, „ „
20,0 Kampfer,
30,0 Äther.

Den im Äther gelösten Kampfer verreibt man mit dem Bimssteinpulver, trocknet dieses an der Luft und mischt dann mit den anderen Bestandteilen.

b) 670,0 gefälltes Calciumkarbonat,
100,0 Milchzucker, Pulver M/50,
100,0 Magnesiumkarbonat,
100,0 Veilchenwurzel, Pulver M/50,
30,0 Bimsstein, „ „
20,0 Kampfer,
30,0 Äther.

Bereitung wie bei a.

II. Zahnpasten.
Pastae dentifriciae.

Man unterscheidet weiche und harte Zahnpasten, deren erstere die Beschaffenheit einer Latwerge besitzen, während letztere feste Stücke bilden. Calciumkarbonat, Bimsstein, Seife usw. in feingepulvertem Zustand bilden die hauptsächlichsten Grundstoffe für die Pasten. Es werden, ähnlich wie bei den Zahnpulvern, auch bei diesen Formen besondere Ansprüche an die äussere Form, an den Geschmack und an den Geruch erhoben.

Die Färbemittel sind die schon bei den Zahnpulvern aufgeführten, so dass in den meisten Fällen die Zahnpulverkörper als Grundlagen dienen können.

a. Weiche Zahnpasten.
Zahnlatwergen.

Die weichen Zahnpasten sind entweder alkalisch oder sauer und werden am besten in flachen weissen Milchglasdosen, in welchen die Färbung am vorteilhaftesten hervortritt, oder in Tuben gefüllt, abgegeben.

Kalodont.

a) 400,0 Zahnpulverkörper II,
100,0 Veilchenwurzel, Pulver M/50,
50,0 Bimsstein, „ „
50,0 medizinische Seife, „ „
200,0 Glycerin v. 1,23 spez. Gew.,
200,0 Gummischleim,
5,0 Kumarinzucker,
12,5 Pfefferminzöl,
3,0 Citronenöl,

1,0 Salbeiöl,
0,5 Wintergreenöl.

Man mischt die Pulver und verreibt die Öle damit. Andererseits löst man die Seife im Glycerin und Gummischleim und trägt dann die Pulvermischung ein.

b) 250,0 gefälltes Calciumkarbonat,
80,0 gebrannte Magnesia,
150,0 Stearinseife, Pulver $^{M}/_{50}$,
0,5 Cochenille-Karmin

mischt man gleichmässig mit

200,0 Glycerin v. 1,23 spez. Gew.,
300,0 Stärkesirup,

und parfümiert mit

2,0 Pfefferminzöl,
2,0 Nelkenöl,
0,5 Zimtöl,
0,5 Salbeiöl,
0,5 Wintergreenöl.

Weiche China-Zahnpaste.

China-Zahnlatwerge.

450,0 Zahnpulverkörper V,
50,0 Bimsstein, Pulver $^{M}/_{50}$,
100,0 Veilchenwurzel, Pulver $^{M}/_{50}$,
10,0 wässeriges Chinaextrakt,
200,0 Gummischleim,
200,0 Glycerin v. 1,23 spez. Gew.,
5,0 Pfefferminzöl,
2,0 Nelkenöl,
1,0 Wintergreenöl,

Man verreibt die Öle mit den Pulvern, löst das Extrakt im Gummischleim und Glycerin und mischt alles zur Latwerge zusammen.

Weiche Kalichloricum-Zahnpaste.

a) 100,0 Zahnpulverkörper III,
200,0 gefälltes Calciumkarbonat,
50,0 Bimsstein, Pulver $^{M}/_{50}$,
100,0 Veilchenwurzel, Pulver $^{M}/_{50}$,
250,0 gepulvertes Kaliumchlorat,
150,0 Gummischleim,
150,0 Glycerin v. 1,23 spez. Gew.,
5,0 Pfefferminzöl,
2,0 Nelkenöl,
1,0 Palmrosenöl,
1,0 Wintergreenöl.

Bereitung wie bei der weichen China-Zahnpaste, nur mit dem Unterschied, dass man das Kaliumchlorat mit dem Gummischleim und dem Glycerin verreibt und dann erst die vorher gemischten Pulver zusetzt.

b) 50,0 Kaliumchloratpulver

verreibt man mit

250,0 Glycerin v. 1,23 spez. Gew.

und setzt dann nach und nach

250,0 medizinische Seife, Pulver $^{M}/_{50}$,
225,0 gefälltes Calciumkarbonat,
225,0 Veilchenwurzel, Pulver $^{M}/_{50}$,
4,0 Menthol,
2,0 Nelkenöl,
1,0 Kampfer,
10 Tropfen Sassafrasöl

zu.

Weiche Korallen-Zahnpaste.

Korallen-Zahnlatwerge.

300,0 Zahnpulverkörper III,
200,0 Calciumkarbonat,
50,0 Bimsstein Pulver $^{M}/_{50}$,
50,0 medizinische Seife, Pulver $^{M}/_{50}$,
200,0 Gummischleim,
200,0 Glycerin v. 1,23 spez. Gew.,
3,0 Kumarinzucker,
5,0 Pfefferminzöl,
5,0 Krauseminzöl,
5,0 Nelkenöl,
1,0 Wintergreenöl.

Bereitung wie bei der vorhergehenden.

Weiche Kräuter-Zahnpaste.

Kräuter-Zahnlatwerge.

500,0 Zahnpulverkörper VI,
50,0 Bimsstein, Pulver $^{M}/_{50}$,
50,0 medizinische Seife, Pulver $^{M}/_{50}$,
2,0 Kumarinzucker,
200,0 Gummischleim,
200,0 Glycerin v. 1,23 spez. Gew.,
5,0 Pfefferminzöl,
3,0 Salbeiöl,
2,0 Kalmusöl,
2,0 Origanumöl,
1,0 Thymianöl,
5 Tropfen Veilchenwurzelöl.

Bereitung wie bei der weichen China-Zahnpaste.

Odontine-Zahnpaste.

450,0 Zahnpulverkörper II,
100,0 Veilchenwurzel, Pulver $^{M}/_{50}$,
50,0 Bimsstein, „ „
5,0 Kumarinzucker,
200,0 Gummischleim,
200,0 Glycerin v. 1,23 spez. Gew.,
10,0 Pfefferminzöl,

5,0 Salbeiöl,
3,0 Nelkenöl,
0,5 Rosenholzöl.

Bereitung wie bei der weichen China-Zahn-Paste.

Weiche Rosen-Zahnpaste.

Rosen-Zahnlatwerge.

350,0 Zahnpulverkörper II,
100,0 Veilchenwurzel, Pulver M/50,
100,0 Bimsstein, „ „
50,0 medizinische Seife, „ „
5,0 Kumarinzucker,
200,0 Gummischleim,
200,0 Glycerin v. 1,23 spez. Gew.,
2,0 Pfefferminzöl,
2,0 Rosenöl,
1,0 Orangenblütenöl,
1,0 Bergamottöl,
5 Tropfen Rosenholzöl,
3 „ Moschustinktur.

Bereitung wie bei der weichen China-Zahnpaste.

Weiche Salicyl-Zahnpaste.

Salicyl-Zahnlatwerge.

450,0 präparierter Kieselguhr,
80,0 Veilchenwurzel, Pulver M/50,
50,0 Bimsstein, „ „
20,0 Salicylsäure,
1,0 Kumarinzucker,
200,0 Gummischleim,
200,0 Glycerin v. 1,23 spez. Gew.,
5,0 Krauseminzöl,
2,0 Nelkenöl,
1,0 Wintergreenöl,
5 Tropfen Sassafrasöl.

Bereitung wie bei der weichen China-Zahnpaste.

Weiche Salol-Zahnpaste.

330,0 Zahnpulverkörper III,
100,0 Milchzucker, Pulver M/50,
100,0 Veilchenwurzel, „ „
50,0 Bimsstein, „ „
20,0 Salol,
2,0 Kumarinzucker,
200,0 Gummischleim,
200,0 Glycerin v. 1.23 spez. Gew.,
4,0 Pfefferminzöl,
2,0 Nelkenöl,
5 Tropfen Wintergreenöl,
5 „ Ceylonzimtöl.

Bereitung wie bei der weichen China-Zahnpaste.

Weiche Thymol-Zahnpaste.

Thymol-Zahnlatwerge.

450,0 Zahnpulverkörper III,
150,0 Veilchenwurzel, Pulver M/50,
50,0 Bimsstein, „ „
5,0 Thymol,
3,0 Kumarinzucker,
200,0 Gummischleim,
200,0 Glycerin v. 1,23 spez. Gew.,
5,0 Pfefferminzöl,
2,0 Nelkenöl,
5 Tropfen Sassafrasöl.

Bereitung wie bei der weichen China-Zahnpaste.

Weiche Veilchen-Zahnpaste.

350,0 Zahnpulverkörper IV,
150,0 Veilchenwurzel, Pulver M/50,
50,0 Bimsstein, „ „
50,0 medizinische Seife, „ „
3,0 Kumarinzucker,
200,0 Gummischleim,
200,0 Glycerin v. 1,23 spez. Gew.,
20,0 Esprit triple des Jasmin,
1,0 Rosenöl,
1,0 Pfefferminzöl,
1,0 Bergamottöl,
1,0 Krauseminzöl,
5 Tropfen Rosenholzöl,
5 „ Orangenblütenöl,
3 „ Ylang-Ylangöl,
1 „ Veilchenwurzelöl,
3 „ Ambratinktur.

Bereitung wie bei der weichen China-Zahnpaste.

b. Harte Zahnpasten.

Die harten Zahnpasten enthalten 20 pCt Seife und werden daher häufig als Zahnseifen bezeichnet. Sie stellen harte Stücke vor, die in Stanniol eingeschlagen und so bereitet werden, dass man die im Mörser angestossene knetbare Masse in eine mit Seifenspiritus ausgestrichene Morsellenform eindrückt, hier höchstens 6 Stunden der Ruhe überlässt und dann in beliebig grosse Stücke schneidet. Um den Stücken äusserlich eine gleichmässige Färbung zu geben, bestreicht man sie mit einer entsprechenden Farbstofflösung, die bei jeder Vorschrift besonders angegeben werden wird.

Die verschiedenen Formen der harten Zahnpasten sind denen der weichen Pasten und der Zahnpulver entsprechend, weshalb die verschiedenen Zahnpulverkörper hier ebenfalls als Grundlagen dienen.

Harte Eukalyptus-Zahnpaste.

Man bereitet sie wie die Thymol-Zahnpaste, nimmt aber an Stelle der vorgeschriebenen 10,0 Thymol 20,0 Eukalyptol.

Harte Kalichloricum-Zahnpaste.

200,0 Zahnpulverkörper III,
200,0 Kaliumchloratpulver,
200,0 gefälltes Calciumkarbonat,
50,0 Bimsstein, Pulver M/50,
100,0 Veilchenwurzel, „ „
200,0 medizinische Seife, „ „
100,0 Weingeist von 90 pCt,
50,0 Glycerin v. 1,23 spez. Gew.,
10,0 Menthol,
5,0 Nelkenöl,
1,0 Wintergreenöl.

Bereitung wie bei der Korallen-Zahnpaste, nur mit dem Unterschied, dass man das Kaliumchlorat mit dem Glycerin und dem Weingeist anreibt und dann erst die anderen Teile hinzusetzt.

Harte Korallen-Zahnpaste.

Korallen-Zahnseife.

600,0 Zahnpulverkörper III,
100,0 Veilchenwurzel, Pulver M/50,
50,0 Bimsstein, „ „
200,0 medizinische Seife, „ „
50,0 Glycerin v. 1,23 spez. Gew.,
100,0 Weingeist von 90 pCt,
3,0 Kumarinzucker,
5,0 Pfefferminzöl,
5,0 Krauseminzöl,
5,0 Nelkenöl,
1,0 Wintergreenöl.

Man reibt die Seife mit dem Glycerin und Weingeist an, setzt die anderen Bestandteile zu und stösst, bis eine knetbare Masse erhalten wird.

Die fertigen Stücke bestreicht man, nachdem sie 24 Stunden in Zimmertemperatur trockneten, mit Benzoëtinktur, in welcher man vorher 5 pCt weingeistiges Sandelholzextrakt löste.

Harte Kräuter-Zahnpaste.

Kräuter-Zahnseife.

500,0 Zahnpulverkörper IV,
200,0 Salbeiblätter, Pulver M/50,
50,0 Bimsstein, „ „
200,0 medizinische Seife, „ „
50,0 Glycerin v. 1,23 spez. Gew.,
100,0 Weingeist von 90 pCt,
3,0 Kumarinzucker,
5,0 Pfefferminzöl,
3,0 Salbeiöl,
2,0 Kalmusöl,
2,0 Origanumöl,
1,0 Thymianöl,
1 Tropfen Veilchenwurzelöl.

Bereitung wie vorher. Die 24 Stunden an der Luft getrockneten Stückchen bestreicht man mit einer ätherischen Chlorophyll-Lösung von 2 pCt Gehalt.

Harte Rosen-Zahnpaste.

Rosen-Zahnseife.

600,0 Zahnpulverkörper II,
100,0 Veilchenwurzel, Pulver M/50,
50,0 Bimsstein, „ „
200,0 medizinische Seife, „ „
50,0 Glycerin v. 1,23 spez. Gew.,
100,0 Weingeist von 90 pCt,
4,0 Kumarinzucker,
2,0 Rosenöl,
1,0 Bergamottöl,
1,0 Orangenblütenöl,
1,0 Pfefferminzöl,
0,5 franz. Geraniumöl,
5 Tropfen Wintergreenöl,
5 „ Rosenholzöl,
2 „ Ylang-Ylangöl,
1 „ Veilchenwurzelöl,
5 „ Moschustinktur.

Bereitung wie vorher. Die 24 Stunden an der Luft getrockneten Stückchen bestreicht man mit Benzoëtinktur, in welcher man 5 pCt weingeistiges Sandelholzextrakt löste.

Harte rote Zahnpaste.

Rote Zahnseife.

700,0 Zahnpulverkörper I,
50,0 Bimsstein, Pulver M/50,
200,0 medizinische Seife, „ „
50,0 Glycerin v. 1,23 spez. Gew.,
100,0 Weingeist von 90 pCt,
5,0 Pfefferminzöl,
2,0 Nelkenöl,
1,0 Salbeiöl,
0,5 Sandelholzöl.

Bereitung wie vorher; die fertigen Stückchen bestreicht man mit derselben Tinktur wie die Rosen-Zahnpaste.

Harte Salol-Zahnpaste.

Salol-Zahnseife.

600,0 Zahnpulverkörper II,
200,0 medizinische Seife, Pulver M/50,
80,0 Milchzucker, „ „

50,0 Bimsstein, Pulver M/50,
20,0 Salol,
50,0 Glycerin v. 1,23 spez. Gew.,
100,0 Weingeist von 90 pCt,
3,0 Kumarinzucker,
5,0 Pfefferminzöl,
3,0 Nelkenöl,
1,0 Wintergreenöl,
1,0 Ceylonzimtöl,
5 Tropfen Sandelholzöl.

Bereitung wie bei der Rosen-Zahnpaste.

Harte Thymol-Zahnpaste.

Thymol-Zahnseife.

700,0 Zahnpulverkörper III,
50,0 Bimsstein, Pulver M/50,
200,0 medizinische Seife, „ „
50,0 Glycerin v. 1,23 spez. Gew.,
100,0 Weingeist von 90 pCt,
3,0 Kumarinzucker,
10,0 Thymol,
10,0 Pfefferminzöl,
3,0 Nelkenöl,
1,0 Sassafrasöl.

Bereitung und Überstreichen der fertigen Stücke wie bei der vorhergehenden.

Harte Veilchen-Zahnpaste.

Veilchen-Zahnseife.

500,0 Zahnpulverkörper IV,
200,0 Veilchenwurzel, Pulver M/50,
50,0 Bimsstein, „ „
200,0 medizinische Seife, „ „
50,0 Glycerin v. 1,23 spez. Gew.,
100,0 Weingeist von 90 pCt,
5,0 Kumarinzucker,
20,0 Esprit triple de Jasmin,
1,0 Rosenöl,
0,5 Pfefferminzöl,
2 Tropfen Ylang-Ylangöl,
1 „ Veilchenwurzelöl,
2 „ Ambratinktur.

Bereitung wie vorher. Die fertigen Stücke überstreicht man einfach mit Benzoëtinktur.

III. Zahntinkturen.

Tincturae odontalgicae. Essentiae odontalgicae.
Zahnessenzen. Zahnwässer. Mundwässer.

Die Zahntinkturen werden, mit Wasser verdünnt, zum Ausspülen des Mundes benützt und haben neben ihrer schützenden und erhaltenden, zum Teil fäulniswidrigen Wirkung die Aufgabe, im Mund einen angenehmen Geschmack zurückzulassen. Es ist dies bei dem unangenehmen Geschmack vieler Mittel, z. B. des Thymols, nicht immer genügend durchzusetzen; doch thut hier die Gewohnheit viel, wenn das Äussere des Mundwassers im übrigen für sich einnimmt.

Dem allgemeinen Brauch folgend, führe ich da, wo deutsche Namen nicht gebräuchlich sind, die fremden Bezeichnungen auf.

Für alle Zahntinkturen kann folgende Gebrauchsanweisung gelten:

„Auf ein gewöhnliches Trinkglas (etwa 1/4 l) warmes Wasser nehme man einen Kaffeelöffel voll Zahntinktur oder auf 1/4 Glas 25 Tropfen."

Anatherin-Mundwasser.

10,0 chinesischen Zimt, Pulver M/8,
10,0 Chinarinde, „ „
10,0 Guajakholz, „ „
10,0 Bertramwurzel, „ „
10,0 Sandelholz, „ „
10,0 Galgantwurzel, „ „
5,0 Alkannawurzel, „ „
10,0 Natriumchlorid „ „
2000,0 Weingeist von 90 pCt,
1000,0 destilliertes Wasser

maceriert man 8 Tage und presst aus.
Der Seihflüssigkeit setzt man

7,5 Pfefferminzöl,
3,0 Nelkenöl,
2,0 Salbeiöl,
2,0 Origanumöl,
0,5 Kassiaöl,
10,0 versüssten Salpetergeist

zu, lässt einige Tage stehen und filtriert.

Eau de Botot.

a) 25,0 Sternanis, Pulver M/8,
25,0 Nelken, „ „
25,0 Galgantwurzel, „ „
25,0 chinesischer Zimt, „ „
10,0 fein zerriebene Cochenille,
5,0 Gerbsäure,
5,0 Perubalsam,
10,0 Pfefferminzöl,
1,0 Rosenöl,
0,5 Orangenblütenöl,
1 Tropfen Veilchenwurzelöl,
1,0 Kumarinzucker,
1000,0 verdünnter Weingeist v. 68 pCt.

Man maceriert 8 Tage, presst aus und filtriert.

b) 15,0 Gewürznelken, Pulver M/8,
15,0 Ceylonzimt, „ „
15,0 Anis, „ „
10,0 Cochenille, „ „
1000,0 Weingeist von 90 pCt

lässt man 8 Tage ziehen, seiht dann ab und drückt den Rückstand aus. In der Seihflüssigkeit löst man

7,5 Pfefferminzöl,

lässt 2 Tage kühl stehen und filtriert dann.

Eau dentifrice.

Mundwasser. Zahntinktur.

a) 200,0 Körnerlack, Pulver M/8,
20,0 Myrrhe, „ „
50,0 Kali-Alaun,
1200,0 destilliertes Wasser

erhitzt man im Wasserbad 3—4 Stunden und seiht durch.

Der noch heissen Seihflüssigkeit setzt man

100,0 Löffelkrautspiritus,
5 Tropfen Salbeiöl,
5 „ Pfefferminzöl,
5 „ Rosenöl,
2,0 Kumarinzucker

zu, lässt 24 Stunden kühl stehen, filtriert und setzt ferner dem Filtrat

q. s. verdünnten Weingeist v. 68 pCt

zu, dass das Gesamtgewicht

1000,0

beträgt.

Auf 1 Glas Wasser 1 Esslöffel voll zu nehmen.

b) 100,0 Ratanhiawurzel, Pulver M/8,
50,0 chinesischer Zimt, „ „
800,0 destilliertes Wasser,
200,0 Weingeist von 90 pCt,
10,0 Salicylsäure,
10 Tropfen Pfefferminzöl,
2 „ Nelkenöl,
1 „ Ylang-Ylangöl.

Man maceriert 8 Tage und filtriert.

Eukalyptus-Zahntinktur.

Eukalyptus-Mundwasser.

20,0 Eukalyptol,
20,0 Menthol,
5,0 Nelkenöl,
1,0 Wintergreenöl,
0,1 Heliotropin,
10,0 Essigäther,
2,0 alkoholischer Pflanzenfarbstoff *Schütz* †,
1000,0 Weingeist von 90 pCt.

Man mischt, lässt die Mischung 2 Tage im Keller stehen und filtriert sie dann.

Joanovits Zahntinktur.

Joanovits Mundwasser.

5,0 Gerbsäure

löst man in

95,0 Parakressentinktur.

Kaiser-Zahntinktur.

Kaiser-Mundwasser.

10,0 Pfefferminzöl,
5,0 Krauseminzöl,
5,0 Salbeiöl,
3,0 Nelkenöl,
15 Tropfen Rosenöl,
5 „ Orangenblütenöl,
3 „ Wintergreenöl,
2 „ Ylang-Ylangöl,
1 „ Veilchenwurzelöl,
5,0 Essigäther,
15,0 Helfenberger 100-fache Himbeeressenz,
1000,0 Weingeist von 90 pCt,
20,0 Gerbsäure,
20,0 Salicylsäure,
4,0 fein zerriebene Cochenille,
5,0 Kumarinzucker.

Man maceriert 24 Stunden und filtriert.

Kräuter-Zahntinktur.

Kräuter-Zahnessenz. Kräuter-Mundwasser.

50,0 zusammengesetzte Parakressetinktur
25,0 Quillayatinktur (1 : 5),
25,0 Holztinktur,
100,0 Löffelkrautspiritus,
850,0 Weingeist von 90 pCt,
10,0 Gerbsäure,
20,0 Borsäure,
3,0 Kumarinzucker,
7,5 Salbeiöl,
7,5 Pfefferminzöl,
3,0 Origanumöl,
3,0 Nelkenöl,
5 Tropfen Ylang-Ylangöl,
1 „ Veilchenwurzelöl,
2,0 alkoholischer Pflanzenfarbstoff *Schütz*. †

Man mischt und filtriert.

Myrrhen-Zahntinktur.

Myrrhen-Mundwasser.

50,0 Myrrhentinktur,
10,0 Ratanhiatinktur,

† S. Bezugsquellen-Verzeichnis.

10,0 Zimttinktur,
10,0 Benzoëtinktur,
10,0 Guajaktinktur,
10,0 Pomeranzenschalentinktur,
50,0 Löffelkrautspiritus,
100,0 Rosenhonig,
850,0 verdünnten Weingeist v. 68 pCt,
10,0 Gerbsäure,
1,0 fein zerriebene Cochenille,
3,0 Kumarinzucker,
5,0 Pfefferminzöl,
1,0 Nelkenöl,
1,0 Salbeiöl,
5 Tropfen Wacholderbeeröl,
5 „ Wintergreenöl,
5 „ Rosenholzöl,
1 „ Ylang-Ylangöl,
1 „ Veilchenwurzelöl.

Man mischt, beziehentlich löst, lässt 24 Stunden ruhig stehen und filtriert.

Saccharin-Zahntinktur.

Saccharin-Mundwasser. Nach *Paul.*

0,5 Saccharin,
4,0 Natriumbikarbonat,
50,0 Weingeist von 90 pCt,
50,0 destilliertes Wasser,
0,5 Cochenilletinktur,
20 Tropfen deutsches Pfefferminzöl.

Man löst und filtriert. Einige Tropfen davon in einem Glas Wasser dienen zum Ausspülen des Mundes.

Salicyl-Zahntinktur.

Salicyl-Mundwasser.

50,0 Salicylsäure,
4,0 fein zerriebene Cochenille,
2,0 Kumarinzucker,
5,0 Essigäther,
10,0 versüsster Salpetergeist,
950,0 verdünnt. Weingeist v. 68 pCt,
5,0 Pfefferminzöl,
1,0 Nelkenöl,
1,0 Salbeiöl,
10 Tropfen Rosenöl,
10 „ Wintergreenöl,
5 „ Senföl,
2 „ Ylang-Ylangöl,
1 „ Veilchenwurzelöl.

Man maceriert 24 Stunden und filtriert.

Salol-Zahntinktur.

Salol-Mundwasser.

a) Nach *Sahli:*

10,0 Nelken, Pulver M/8,
10,0 Ceylonzimt, „ „
10,0 Sternanis, „ „
5,0 fein zerriebene Cochenille,
1000,0 Weingeist von 90 pCt

maceriert man 8 Tage, setzt

5,0 Pfefferminzöl,
25,0 Salol

zu, schüttelt öfters um und filtriert nach 24 Stunden.

b) 2,5 Salol,
97,0 Weingeist von 90 pCt,
0,5 Pfefferminzöl,
1 Tropfen Nelkenöl,
1 „ Kümmelöl,
0,004 Saccharin.

Thymol-Zahntinktur.

Thymol-Mundwasser.

10,0 Thymol,
10,0 Benzoësäure aus Toluol,
100,0 Glycerin v. 1,23 spez. Gew.,
15,0 Eukalyptol,
10,0 Pfefferminzöl,
1,0 Nelkenöl,
1,0 Salbeiöl,
1,0 weingeistiges Sandelholzextrakt,
5,0 Kumarinzucker,
50,0 Chloroform,
1000,0 Weingeist von 90 pCt.

Man löst und filtriert.

Schluss der Abteilung „Parfümerien, Toilette- und kosmetische Artikel“.

Passulae laxativae.

Abführ-Rosinen.

30,0 dreifacher Wiener Trank,
30,0 Zimtwasser.

Man löst, bringt auf eine Temperatur von 25 ° C, trägt

100,0 kleine Rosinen,

nachdem man dieselben vorher abgewaschen und getrocknet hatte, ein, mischt gut und lässt bei derselben Temperatur 12 Stunden stehen.

In dieser Zeit haben die Rosinen die Flüssigkeit eingesogen, worauf man sie auf Pergamentpapier ausbreitet und im Trockenschrank austrocknet. Man bewahrt in verschlossenem Glasgefäss auf.

Die Arbeit beginnt man morgens, um zu ermöglichen, dass man die mit dem Wiener Trank gemischten Rosinen 12 Stunden in der vorgeschriebenen Temperatur erhalten kann.

Als Abführmittel für Kinder sind die Passulae laxativae in manchen Gegenden beliebt.

Pasta Cacao.

Kakaomasse. Chokolade.

Wie bekannt, bedarf die Herstellung der Kakaomasse grosser maschinellen Einrichtungen, weshalb es sich hier nur darum handeln kann, Formeln zu solchen Mischungen zu geben, welche aus der käuflichen Kakaomasse bereitet werden können.

Eine gute Chokolade soll nicht zu süss sein, eine Geschmacksrichtung, welche früher fast nur von den schweizer und französischen Fabrikanten vertreten wurde, die heute aber auch in Deutschland allgemeiner geworden ist. Da man von einer in einer Apotheke gekauften Chokolade ganz besonders erwarten darf, dass sie von bester Beschaffenheit ist, so werde ich jede Überladung mit Zucker, wenn damit auch ein billigerer Preis erzielt wird, vermeiden, und diejenigen Verhältnisse von Zucker zur Kakaomasse annehmen, welche von Fabriken bei Herstellung von guten Marken eingehalten werden.

Die Bereitungsweise will ich, da sie als allgemein bekannt vorauszusetzen ist, bei der ersten Vorschrift kurz erwähnen und hier nur darauf aufmerksam machen, dass alle Bestandteile, welche der geschmolzenen Kakaomasse zugemischt werden, besonders aber der Zucker, sehr fein gepulvert sein müssen. Ist der Zucker zu grobkörnig, dann erhalten die Chokoladetafeln beim Erkalten nicht die nötige Härte und Festigkeit. Ein Pulver M/50 ist hier unbedingt nötig. Eine gleichmässige, beim Erstarren sehr hart werdende Masse kann man durch sehr genaues Mischen, wie man dies in Fabriken durch Maschinen erzielt, erhalten. Im kleinen Laboratorium, wo man die Mischung der verschiedenen Bestandteile zumeist im erhitzten grossen Mörser vornimmt, erreicht man dies — wenigstens annähernd — durch längeres kräftiges, mindestens 1/2 Stunde andauerndes Stossen der Masse. Letztere wird dadurch ausserordentlich geschmeidig, lässt sich leicht in Formen durch Aufschlagen verteilen und liefert harte Tafeln, welche, selbst von dunkler Farbe, einen ebenso dunkeln und dabei glatten (nicht körnigen) Bruch zeigen.

Es kommt häufig vor, dass die Kakaotafeln auf dem Lager weisslich beschlagen. Während man den Überzug früher für ausgeschwitztes Kakaoöl hielt, weiss man jetzt, dass derselbe von einem Schimmelpilz herrührt und bei Gegenwart von Feuchtigkeit besonders stark auftritt. Hieraus ergiebt sich die Notwendigkeit, die Kakaomasse unter Rühren eine Zeit lang im Dampfbad zu erhitzen und die ihr zuzumischenden Bestandteile vorher scharf auszutrocknen.

Chokoladen, welchen ein sehr langes Lagern zugemutet wird, bestreicht man mit einer Mischung gleicher Teile Benzoëtinktur und Weingeist von 90 pCt. Es empfiehlt sich ein solches Verfahren überhaupt bei Mischungen, welche hygroskopische Bestandteile, z. B. Extrakte enthalten.

Die Blechformen müssen sehr gut gereinigt und vor allem fettfrei sein, bevor sie in Gebrauch genommen werden. In den Keller dürfen die gefüllten Formen nur dann gebracht werden, wenn dieser, was nicht häufig der Fall, völlig trocken ist. Man bringt sie besser in ein kühles Zimmer, öffnet die Fenster desselben und gönnt der Masse etwas mehr Zeit zum Erstarren. Die so gewonnenen Tafeln werden keinen Schimmelanflug bekommen und hohen Glanz zeigen.

Als Einhüllungsmittel ist Stanniol allgemein gebräuchlich und wohl mit Recht.

Pasta Cacao aromatica.

Gewürz-Chokolade.

500,0 Kakaomasse,
500,0 Zucker, Pulver M/50,
10,0 chinesischer Zimt, Pulver M/50,
2,0 Malabar-Kardamomen, „ „
2,0 Nelken, Pulver M/50,
1,0 Muskatblüte, Pulver M/50.

Man schmilzt die Masse im Dampfbad, erhitzt hier unter Rühren 1/2 Stunde und setzt den vorher scharf ausgetrockneten Zucker, nachdem man die Gewürze untermischte, zu.

Man bringt nun die abgewogene Masse in die Blechformen und schlägt dieselben möglichst gleichmässig und so oft auf die Tischplatte auf, bis die Masse in der Form verteilt ist. Bezüglich des Erstarrens verweise ich auf die Einleitung.

Pasta Cacao carragenata.

Carrageen-Chokolade. Irländisch-Moos-Chokolade.

100,0 Irländisch-Moos

kocht man mit

3000,0 destilliertem Wasser

aus, löst in der Seihflüssigkeit durch Kochen und unter Abschäumen

550,0 Zucker,

seiht nochmals durch und dampft die Seihflüssigkeit zur Extraktdicke ein. Man bringt nun die Masse auf Pergamentpapier, trocknet sie im Schrank scharf aus, verwandelt in ein sehr feines Pulver (M/50) und mischt dieses mit

500,0 Kakaomasse

in der bei Pasta Cacao aromatica angegebenen Weise.

Pasta Cacao Amyli Marantae.

Arrow-root-Chokolade.

400,0 Kakaomasse,
300,0 Zucker, Pulver M/50,
300,0 Marantastärke, Pulver M/50,
1,0 Vanillinzucker.

Bereitung wie bei Pasta Cacao aromatica.

Pasta Cacao Colae.

Pasta Cacao nucum Colae. Kola-Chokolade.

405,0 Kakaomasse,
450,0 Zucker, Pulver M/50,
100,0 Kolasamen, Pulver M/30,
25,0 Kakaoöl,
5,0 Vanillinzucker,
15,0 destilliertes Wasser.

Die Bereitung ist die bei Pasta Cacao aromatica angegebene. Das Wasser setzt man zuletzt zu, es macht die Masse gleichmässiger.

Pasta Cacao extracti Carnis.

Fleischextrakt-Chokolade.

50,0 Fleischextrakt

dampft man in einer Porzellanschale im Dampfbad möglichst weit ein, setzt nach und nach

470,0 Zucker, Pulver M/50,

hinzu, verreibt so lange, bis das Extrakt gleichmässig verteilt ist, und vermischt mit

500,0 Kakaomasse,

die man vorher im Dampfbad, wie es bei Pasta Cacao aromatica angegeben wurde, schmolz. Die fertigen Tafeln bestreicht man mit einer Mischung von gleichen Teilen Benzoëtinktur und Weingeist von 90 pCt.

Pasta Cacao extracti Chinae.

China-Chokolade.

2,5 weingeistiges Chinaextrakt,
10,0 chinesischer Zimt, Pulver M/50,
2,5 Ingwer, " "
500,0 Zucker, " "
485,0 Kakaomasse.

Bereitung wie bei Pasta Cacao aromatica.

Pasta Cacao extracti Glandium Quercus.

Eichel-Kakao.
Nach *E. Dieterich.*

100,0 verzuckerter Eichelkaffee, Pulver M/50,
500,0 Zucker, Pulver M/50,
400,0 Kakaomasse.

Bereitung wie bei Pasta Cacao aromatica. Die Etikette † muss gleichzeitig eine Anleitung für den Gebrauch geben.

Pasta Cacao extracti Glandium maltosi.

Eichelmalz-Kakao oder Chokolade.
Nach *E. Dieterich.*

a) in Tafeln:

200,0 Helfenberger Eichelmalzextrakt, Pulver M/30,
350,0 Zucker, Pulver M/50,
450,0 Kakaomasse.

Bereitung wie bei Pasta Cacao aromatica.

b) in Pulverform:

100,0 Helfenberger Eichelmalzextrakt, Pulver M/30,
600,0 Zucker, Pulver M/50,
300,0 entölter Kakao.

Man mischt und verabreicht in Blechdosen.

Pasta Cacao extracti Malti.

Malzextrakt-Chokolade.
Nach *E. Dieterich.*

100,0 trockenes Malzextrakt

verreibt man mit

450,0 Zucker, Pulver M/50,

und mischt mit dem im Dampfbad geschmolzenen

450,0 Kakaomasse.

Die fertigen Tafeln bestreicht man mit einer Mischung von gleichen Teilen Benzoëtinktur und Weingeist von 90 pCt.

---

† S. Bezugsquellen-Verzeichnis.

Pasta Cacao ferrata et mangano-ferrata.

Eisen- und Eisenmangan-Chokolade.

Nach *E. Dieterich.*

a) 20,0 zuckerhaltiges Ferrokarbonat, Pulver M/50,
5,0 chinesischer Zimt, Pulver M/50,
2,0 Vanillinzucker,
500,0 Zucker, Pulver M/50,
475,0 Kakaomasse.

Enthält 0,20 pCt Fe.

b) 50,0 Helfenberger Eisenzucker (3 pCt Fe),
2,0 Vanillinzucker,
500,0 Zucker, Pulver M/50,
450,0 Kakaomasse.

Enthält 0,15 pCt Fe.

Bereitung wie bei Pasta Cacao aromatica.

In ähnlicher Weise lassen sich Eisenchokoladen mit

c) 15,0 Helfenberger Eisendextrinat (10 pCt Fe),

d) 10,0 Helfenberger Eisenalbuminat-Natriumcitrat (16 pCt Fe),

e) 5,0 Helfenberger Eisenpeptonat (25 pCt Fe),

f) 10,0 Helfenberger Eisenmanganpeptonat (ca. 15 pCt Fe und 2,5 pCt Mn),

g) 15,0 Helfenberger Eisenmangansaccharat (ca. 10 pCt Fe und 1,6 pCt Mn)

herstellen.

Pasta Cacao Guaranae.

Guarana-Chokolade.

50,0 Guarana, Pulver M/30,
500,0 Zucker, " M/50,
450,0 Kakaomasse.

Bereitung wie bei Pasta Cacao aromatica.

Pasta Cacao Hordei praeparati.

Gerstenpräparat-Chokolade. Gersten-Chokolade.

100,0 präpariertes Gerstenmehl,
450,0 Zucker, Pulver M/50,
450,0 Kakaomasse.

Bereitung wie bei Pasta Cacao aromatica. Die fertigen Tafeln bestreicht man mit einer Mischung von gleichen Teilen Benzoëtinktur und Weingeist von 90 pCt.

Pasta Cacao Lichenis Islandici.

Isländischmoos-Chokolade.

100,0 versüsste Isländisch-Moos-Gallerte, Pulver M/50,
450,0 Zucker, " "
450,0 Kakaomasse.

Bereitung wie bei Pasta Cacao aromatica. Die fertigen Tafeln bestreicht man mit einer Mischung von gleichen Teilen Benzoëtinktur und Weingeist von 90 pCt.

Pasta Cacao Magnesiae.

Magnesia-Chokolade.

250,0 gebrannte Magnesia,
375,0 Zucker, Pulver M/50,
375,0 Kakaomasse.

Man vermischt Zucker und Magnesia möglichst sorgfältig und trägt die Mischung allmählich in die geschmolzene Kakaomasse ein. Bei der Neigung der gebrannten Magnesia, sich mit Fetten zu verseifen, besonders bei Gegenwart von Wasser, ist es bei diesem Präparat doppelt notwendig, den Zucker und die Magnesia scharf zu trocknen und die Kakaomasse eine Zeit lang im Dampfbad zu erhitzen, bevor man mit dem Mischen der Masse beginnt. Ob trotz dieser Vorsicht nicht doch noch Magesiumoleat entsteht, lasse ich dahingestellt, wie ich überhaupt die Zusammenstellung nicht für eine glückliche halten möchte.

Pasta Cacao Malti.

Malz-Chokolade.

200,0 Malzmehl, Pulver M/50,
350,0 Zucker, " "
450,0 Kakaomasse.

Mehl und Zucker, scharf getrocknet, mischt man und trägt dann in kleinen Mengen in die geschmolzene Kakaomasse ein.

Die fertigen Tafeln bestreicht man mit einer Mischung von gleichen Teilen Benzoëtinktur und Weingeist von 90 pCt.

Pasta Cacao Olei Ricini.

Ricinusöl-Chokolade.

250,0 entölten Kakao,
250,0 Ricinusöl

erhitzt man, trägt

500,0 Zucker, Pulver M/50,
5,0 Vanillinzucker

ein und formt Tafeln, wie bei Pasta Cacao aromatica beschrieben wurde.

Pasta Cacao purgativa.

Purgier-Chokolade.

a) 200,0 gebrannte Magnesia,
400,0 Zucker, Pulver M/50,
100,0 Ricinusöl,
300,0 Kakaomasse.

Das Ricinusöl schmilzt man mit der Kakaomasse; im übrigen ist die Bereitung die der Pasta Cacao Magnesiae.

b) 5,0 Jalapenharz,
20,0 Süssholz, Pulver M/50,
475,0 Zucker, „ „
500,0 Kakaomasse.

Das Jalapenharz zerreibt man, mischt es sorgfältig mit den beiden Pulvern und setzt die Mischung in kleinen Mengen der heissen Kakaomasse zu.

Pasta Cacao saccharata.

Gesundheits-Chokolade.

500,0 Zucker, Pulver M/50,
490,0 Kakaomasse,
10,0 Marantastärke.

Bereitung wie bei Pasta Cacao aromatica.

Pasta Cacao Salep.

Salep-Chokolade.

50,0 Salep, Pulver M/50,
500,0 Zucker, „ „
450,0 Kakaomasse.

Bereitung wie bei Pasta Cacao aromatica.

Pasta Cacao vanillata.

Vanille-Chokolade.

a) 4,0 Vanillinzucker,
600,0 Zucker, Pulver M/50,
400,0 Kakaomasse.

b) 5,0 Vanillinzucker,
100,0 Milchzucker, Pulver M/50,
450,0 Zucker, „ „
450,0 Kakaomasse.

Die letzte Nummer schmeckt am wenigsten süss und lässt dadurch den Kakao-Geschmack mehr hervortreten. Sie gilt daher mit Recht für die feinste Nummer.

Die Bereitung ist die bei Pasta Cacao aromatica angegebene.

Schluss der Abteilung „Pasta Cacao“.

Pasta arsenicosa.

Pasta Acidi arsenicosi et Kreosoti. Nervtötende Paste.

a) 2,0 arsenige Säure, Pulver,
1,0 Morphinacetat

mischt man mit

q. s. Kreosot

zu einer weichen Paste.

b) 2,0 arsenige Säure, Pulver,
0,5 Morphinhydrochlorat,
0,5 Kokainhydrochlorat,
q. s. Kreosot.

Bereitung wie bei a.

c) 2,0 arsenige Säure, Pulver,
5,0 Tannin,
0,5 Morphinhydrochlorat,
q. s. Kreosot.

Bereitung wie bei a.

Die Arsenpaste wird in der zahnärztlichen Praxis zum Nervtöten vor dem Plombieren benützt.

Die Zusammensetzung b ist die am meisten verwendete.

Pasta aseptica.

Aseptische Paste.

Form. magistr. Berol.

1,0 Salicylsäure,
10,0 Borsäure, Pulver M/50,
20,0 Zinkoxyd,
70,0 amerikanisches Vaselin

verreibt man fein mit einander.

Pasta carbolica n. *Lister.*

Listers Karbolpaste.

5,0 kryst. Karbolsäure,
50,0 Olivenöl,
q. s. präparierte Kreide

mischt man bis zur Festigkeit einer weichen Paste, die beim Gebrauch auf Stanniol aufgestrichen wird.

Pasta carbolisata.

Karbolpaste.

a) 50,0 kryst. Karbolsäure

löst man durch Erwärmen in

350,0 Leinöl

und vermischt mit

600,0 präparierter Kreide

b) 50,0 kryst. Karbolsäure,
450,0 Olivenöl,
500,0 Weizenstärke, Pulver M/50.

Bereitung wie bei der vorhergehenden Paste.

Pasta caustica.

Pasta caustica Viennensis. Wiener Ätzpaste.

75,0 Ätzkali,
25,0 feingesiebten (M/30) Ätzkalk.

Man zerreibt das Ätzkali möglichst fein für sich allein und dann mit kleinen Partien Kalk. Die fertige Mischung ist in sehr gut verschlossenen Glasbüchsen aufzubewahren und wird behufs Anwendung mit Weingeist zu einem Teig angerührt.

Pasta cerata.

Wachspaste.
Nach *E. Dieterich.*

27,0 gelbes Bienenwachs,
8,0 Kokosöl

schmilzt man und rührt der etwas abgekühlten Masse

4,0 Lanolin

unter.

Man löst nun

1,0 Borax

in

60,0 destilliertem Wasser,

und mischt diese Lösung allmählich unter die Wachsmasse.

Die Wachspaste, von *Schleich* als Salbenkörper empfohlen, muss in verschlossenen Gefässen aufbewahrt werden.

Pasta ad Combustiones.

Brandpaste.

50,0 Talk, Pulver M/50,
10,0 Natriumbikarbonat

mischt man und setzt

10,0 Glycerin v. 1,23 spez. Gew.,

und

q. s. destilliertes Wasser

zu, dass eine weiche Paste entsteht.

Die Paste kann vorrätig gehalten werden und dient zum Auflegen bei Verbrennungen.

Pasta Cucurbitae seminum.

Kürbiskern-Paste.
Bandwurmmittel aus Kürbiskernen.

40,0 Kürbiskerne

befreit man von den Schalen, zerstösst mit

30,0 Zucker,
5,0 Rosenwasser

im Mörser zu einer gleichförmigen Masse und lässt diese gegen Bandwurm morgens auf einmal und 10 Minuten darnach 2 Esslöffel voll Ricinusöl nehmen.

In dieser Weise genommen hat das Mittel häufig Erfolg, wenn es auch das Farnextrakt in Zuverlässigkeit nicht erreicht.

Pasta depilatoria.

Depilatorium. Antikrinin. Rusma Turcorum.
Enthaarungsmittel.

a) Rusma Turkorum nach *Plenck*:

2,0 Auripigment,
15,0 gebrannten Kalk,
2,5 Weizenmehl

verreibt man zu Pulver, bezw. mischt und bewahrt in gut geschlossenem Glas auf. Beim Gebrauch rührt man die Mischung mit kochend heissem Wasser zur dünnen Paste an und verabreicht diese in Glasbüchsen. Es ist Gift-Etikette notwendig.

b) nach *Clasen*:

50,0 Baryumsulfid,
25,0 Zinkoxyd,
25,0 Stärke, Pulver M/30.

Man verreibt das Baryumsulfid zu sehr feinem Pulver und mischt die beiden anderen Bestandteile hinzu.

Die Mischung giebt man zu 50 oder 100 g in gut verkorkten Weithalsgläsern ab und fügt die am Schlusse folgende Gebrauchsanweisung bei.

c) Antikrinin. Giftfreies Enthaarungsmittel.

60,0 Strontiumsulfid,
20,0 Zinkoxyd,
19,0 Stärke,
1,0 Menthol.

Die Bestandteile pulvert man sehr fein und mischt sie dann. Das Strontiumsulfid hat vor dem Baryumsulfid den Vorzug, dass es nicht giftig ist und beim Anrühren mit Wasser keinen Schwefelwasserstoff entwickelt.

Der Zusatz von Menthol bei c) hat den Zweck, die ätzende Wirkung auf die Haut weniger empfindlich zu machen.

Gebrauchsanweisung:

„Man rührt das Enthaarungsmittel mit etwas Wasser zu einem dünnen Brei an und trägt diesen, am besten mit einem spatelartig geschnittenen Holzspan, strohhalmdick auf die zu enthaarende Stelle auf. Nach dem Eintrocknen, d. h. nach 10—15 Minuten, hebt man die Kruste von der glatten Haut ab, wäscht letztere mit etwas Wasser und reibt sie nach dem Abtrocknen mit Öl ein.“

Pasta dextrinata.

Dextrinpaste.

100,0 käufliches weisses Dextrin,
100,0 Glycerin v. 1,23 spez. Gew.,
100,0 destilliertes Wasser.

Man mischt gleichmässig und erhitzt im Dampfbad eine halbe Stunde unter Ersetzen des verdunsteten Wassers.

Die Dextrinpaste bildet die Grundlage für eine Reihe von arzneilichen, in der Dermatologie gebrauchten Pasten.

Pasta escharotica Canquoin.

Canquoins Ätzpaste.

I. 10,0 Zinkchlorid,
20,0 Weizenmehl.

II. 10,0 Zinkchlorid,
30,0 Weizenmehl.

III. 10,0 Zinkchlorid,
40,0 Weizenmehl.

IV. 10,0 Zinkchlorid,
50,0 Weizenmehl.

Man pulvert das Zinkchlorid möglichst fein, mischt mit der Hälfte des Mehles und stösst die Mischung mit Hilfe von etwas Wasser zu einem dünnen Teig an. Nun setzt man den Rest des Mehles zu und rollt die Masse in dünne Platten aus. Man belegt diese mit Ceresinpapier, rollt sie cylindrisch zusammen und bewahrt die Rollen in gut verschlossenen Glasbüchsen auf.

Pasta gummosa.

Pasta Altheae. Gummipaste. Lederzucker.

a) Vorschrift der Ph. Austr. VII.

500,0 gepulvertes Akaziengummi,
500,0 gepulverten Zucker

löst man in

500,0 heissem Wasser,

verdampft zur Teigdicke und setzt gegen Ende das zu Schaum geschlagene

Eiweiss von 12 Eiern

hinzu. Man dampft unter beständigem Umrühren so lange ein, bis eine herausgenommene Probe weder vom Holzspatel abläuft noch an den Händen klebt, setzt

50,0 Orangenblütenwasser

hinzu, erhält die Masse noch kurze Zeit bei gelinder Wärme und giesst sie auf ein hölzernes, mit Stärkemehl bestreutes Brett aus.

Zu dieser Vorschrift ist zu bemerken, dass man ein weiteres Eindampfen, sobald das Eiweiss zugesetzt ist, lieber vermeidet, wie es bei folgender Vorschrift der Fall ist:

b) 600,0 arabisches Gummi, Pulver M/8,

löst man ohne Anwendung von Wärme in

600,0 Wasser

und seiht die Lösung unter Pressen durch dichten Flanell. Man bringt die Seihflüssigkeit in einen mit Dampf geheizten Kessel, rührt nach und nach

600,0 Zucker, Pulver M/30,

denen man vorher

3,0 Tragant, Pulver M/50,

zusetzte, hinzu, dampft bis zur Honigdicke ab und mischt nun

450,0 frisches Eiweiss,

das man im kühlen Raum zu Schaum schlug, unter fortwährendem Schlagen mit einem b r e i t e n Holzspatel darunter.

Wenn die Masse gleichmässig ist, giebt man

4,0 Orangenblüten-Ölzucker

hinzu, giesst in Papierkapseln aus und trocknet bei einer Temperatur von 40—45° C.

Von der fast trockenen Masse weicht man das Papier los, indem man einen Augenblick über Wasserdampf hält, legt die vom Papier befreite Paste umgekehrt auf Pergamentpapier und trocknet nochmals 24 Stunden.

Man erweicht dann die Paste durch Erwärmen auf einer mit Pergamentpapier belegten heissen Platte und schneidet sie in schmale Streifen, wozu man sich bei dünnen Platten der Schere, bei dickeren des Messers bedient, indem man die Kuchen mit der Messerspitze bis zur Hälfte einritzt.

Das Ausgiessen in Papierkapseln ist eine umständliche Arbeit und bietet stets die Gefahr, dass die Paste von den Fingern beschmutzt wird. Besser verfährt man daher in der Weise, dass man flache Holzkästen zwei Finger hoch mit Weizenstärkepuder füllt und in diese Schicht Vertiefungen mit Chokoladeblechformen eindrückt. Man giesst nun die Eindrücke mit der Pastenmasse, die nicht zu hart sein darf und ohne Nachhilfe mit dem Spatel breit fliessen muss, aus und stellt die Holzkästen 24 Stunden in einen kühlen Raum, dann in den Trockenschrank, bis die Paste so hart ist, um als gleichförmige Tafeln aus den Puderformen genommen werden zu können.

Den anhängenden Puder stäubt man ab, legt die Paste umgekehrt auf Pergamentpapier und trocknet noch 48 Stunden. Den Puder trocknet man gleichfalls, siebt ihn und bewahrt ihn für fernere Fälle auf.

Eine auf diese Weise hergestellte Paste zeigt ein weit hübscheres Äussere, als die in Papier ausgegossene; ausserdem ist diese Handhabung viel bequemer und bietet noch den Vorteil, jede beliebige Form giessen zu können.

Wo nicht ein grösserer Bedarf in Gummipaste ist, so dass die öftere Herstellung eine gewisse Übung verleiht, thut man besser, dieselbe zu kaufen.

Hier und da wird noch die mit Althea bereitete Pasta Altheae verlangt; man maceriert dann 50,0 Altheewurzel drei Stunden mit 600,0 Wasser, bringt auf 600,0 Seihflüssigkeit und löst in diesem Auszug das arabische Gummi. Im Übrigen verfährt man wie oben angegeben wurde.

Bei einer mit Vanille aromatisierten Gummipaste nimmt man an Stelle des Pomeranzenblüten-Ölzuckers auf obige Mengen 4,0 Vanillinzucker.

Pasta Ichthyoli n. *Unna*.

Ichthyolpaste.

3,0—10,0 Ichthyol-Ammonium,
30,0 destilliertes Wasser,
30,0 Glycerin v. 1,23 spez. Gew.,
30,0 Dextrin.

Man mischt unter gelindem Erwärmen.

Pasta Jujubae.

Pâte de Jujubes. Jujubenpaste.

100,0 Jujuben

befreit man von den Kernen, übergiesst sie mit

1000,0 destilliertem Wasser,

lässt 12 Stunden macerieren und seiht durch, indem man das Seihtuch schwach ausdrückt.

Den auf denselben verbleibenden Rückstand übergiesst man mit

500,0 kochendem destillierten Wasser

und seiht nach einstündigem Stehen unter schwachem Ausdrücken ab.

In den vereinigten Seihflüssigkeiten löst man, ohne zu erwärmen,

600,0 arabisches Gummi, Pulver M/8,
2,0 trocknes Hühnereiweiss,

fügt

400,0 Zucker, Pulver M/30,

hinzu, verrührt

10,0 Filtrierpapierabfall

darin und kocht unter Abschäumen auf. Wenn die Masse keinen Schaum mehr ausscheidet, filtriert man durch dichte vorher genässte Flanell-Spitzbeutel, zuletzt mit heissem Wasser nachwaschend, und dampft das klare Filtrat im Dampfbad unter Rühren ein bis zu einem Gewicht von

1600,0.

Man setzt nun mit dem Rühren aus, fügt zur Masse

1 Tropfen Orangenblütenöl

hinzu und belässt sie noch so lange im Dampfbad, bis ihr Gewicht auf

1300,0—1400,0.

zurückgegangen ist.

Man entfernt die auf der Oberfläche gebildete Schaumhaut und giesst die darunter befindliche klare Masse in Papierkapseln oder in mit Öl ausgeriebene flache Blechformen. Schliesslich trocknet man im Trockenschrank vollständig aus, zieht durch Erwärmen über Dampf die Papierkapsel ab oder hebt nach schwachem Erwärmen aus der Blechform und schneidet noch warm in Streifen und Rhomben, wozu man sich des Rollmessers bedient.

Die zerschnittene Paste bringt man, auf Pergamentpapier ausgebreitet, nochmals in den Trockenschrank und belässt hier bei einer Temperatur von 20—25° C noch 48 Stunden. Schliesslich bewahrt man in gut verschlossenen Büchsen von Glas oder, bei grösseren Mengen, von Blech auf.

Die Ausbeute wird

850,0—900,0

betragen.

Das erste Ausziehen durch Maceration hat den Zweck, das Pflanzeneiweiss in Lösung überzuführen und beim Aufkochen der Seihflüssigkeiten zum Klären mit zu benützen. Durch dieses vorherige Abklären hat man weit weniger Verlust, als wenn man die trübe Seihflüssigkeit zum Eindampfen bringt.

Pasta Kaolini glycerinata.

Thonerdepaste.

50,0 Kaolin oder weissen Bolus

verreibt man sehr fein mit

50,0 Glycerin v. 1,23 spez. Gew.

Die Thonerdepaste dient als Grundlage für arzneiliche Zusätze und findet damit in der Dermatologie Anwendung.

Pasta Kaolini oleosa.

Thonerde-Ölpaste.

60,0 Kaolin oder weissen Bolus

verreibt man sehr fein mit

40,0 Leinöl.

Wird in ähnlicher Weise wie die vorige Paste verwendet.

Pasta Lichenis islandici.

Isländischmoos-Paste.

100,0 entbittertes Isländisch-Moos

maceriert man mit

1000,0 destilliertem Wasser

eine Stunde lang, erhitzt dann ebensolange im Dampfbad und seiht unter Ausdrücken durch. Das ausgezogene Moos erhitzt man mit

500,0 destilliertem Wasser

nochmals eine Stunde und seiht wieder durch, diesmal jedoch den Rückstand auspressend.

In den vereinigten Seihflüssigkeiten löst man, ohne besonders zu erhitzen,

500,0 arabisches Gummi, Pulver M/8,
2,0 trockenes Hühnereiweiss,

fügt dann

400,0 Zucker, Pulver M/30,

hinzu, verrührt

10,0 Filtrierpapierabfall

darin und kocht unter Abschäumen langsam auf.

Wenn die Masse keinen Schaum mehr aufwirft, filtriert man durch dichte Flanell-Spitzbeutel, nachdem man dieselben vorher nässte (s. Filtrieren), und dampft das klare Filtrat im Dampfbad unter Rühren ein bis zu einem Gewicht von

1500,0—1550,0.

Man fügt nun der Masse

0,3 Opiumextrakt,
1 Tropfen Orangenblütenöl,
10,0 Zucker, Pulver M/30,

nachdem man dieselben mit einander mischte, hinzu und belässt, ohne umzurühren, im Dampfbad, bis sich das Gewicht auf

1250,0

vermindert hat.

Die an der Oberfläche gebildete Haut entfernt man, giesst die klare Masse in Papier- oder Blechkapseln aus und verfährt weiter in der bei Pasta Jujubae beschriebenen Weise.

Die Ausbeute wird ungefähr

850,0

betragen.

Pasta Liquiritiae.

Gelatina Liquiritiae pellucida Ph. Austr. VII. Süssholzpaste. Durchsichtige Lakrizgallerte.

a) Vorschrift von *E. Dieterich*:

600,0 arabisches Gummi, Pulver M/8,

löst man ohne Erwärmen in

2500,0 destilliertem Wasser,

fügt

400,0 Zucker,
2,0 trockenes Hühnereiweiss,

welch letzteres man vorher in etwas Wasser löste, hinzu, verrührt

10,0 Filtrierpapierabfall

darin, kocht unter Abschäumen auf und filtriert durch dichte, vorher genässte Flanell-Spitzbeutel (s. Filtrieren), zuletzt mit etwas Wasser nachwaschend; das Filtrat dampft man im Dampfbad unter Rühren ein bis zu einem Gewicht von

1600,0,

setzt

10,0 klar lösliches Süssholzextrakt, Helfenberg,

zu und erhitzt nun, ohne zu rühren, noch so lange, bis das Gewicht auf

1300,0—1400,0

vermindert oder die Masse so dick geworden ist, dass eine herausgenommene *Probe* beim Erkalten nicht mehr fliesst.

Die auf der Oberfläche gebildete Haut entfernt man dann und giesst die darunter befindliche klare Masse in Papier- oder geölte Blechkapseln aus. Die weitere Behandlung ist die bei Pasta Jujubae angegebene.

Die nach dieser Vorschrift bereitete Süssholzpaste ist im durchfallenden Licht völlig klar.

b) Vorschrift der Ph. Austr. VII.

40,0 zerstossene geschälte Süssholzwurzel

übergiesst man mit

3000,0 destilliertem Wasser,

lässt 12 Stunden lang stehen und seiht durch.

In der Brühe löst man

1000,0 zerstossenes arabisches Gummi,
800,0 zerstossenen Zucker,

seiht nochmals durch, dampft auf die Hälfte ein, entfernt sorgfältig das oben schwimmende Häutchen und den Schaum, setzt

40,0 Orangenblütenwasser

hinzu und giesst in Papierkapseln aus.

Eine völlig klare, blanke Paste wird man nach dieser Vorschrift nicht erzielen, weil dem eigentlichen Klären darin zu wenig Aufmerksamkeit geschenkt ist. Will man von der Süssholzwurzel ausgehen, so verfährt man besser nach folgender Vorschrift:

c) Vorschrift von *E. Dieterich*:

40,0 Süssholz, Pulver M/8,

maceriert man mit

250,0 destilliertem Wasser

12 Stunden lang und presst aus.

In der Brühe löst man ohne Anwendung von Wärme durch Rühren

600,0 arabisches Gummi, Pulver M/8,

fügt

400,0 Zucker, Pulver M/30,
2,0 trockenes Hühnereiweiss,

welch letzteres man vorher mit Hilfe von etwas Wasser in Lösung überführte, hinzu, verrührt

10,0 Filtrierpapierabfall

darin, kocht unter Abschäumen auf und filtriert durch dichte, vorher genässte Flanell-Spitzbeutel, indem man zuletzt mit etwas Wasser nachwäscht (s. Filtrieren). Das Filtrat dampft man im Dampfbad unter Rühren bis zu einem Gewicht von

1600,0

ein, setzt nun mit dem Rühren aus, erhitzt aber noch so lange, bis das Gewicht auf

1300,0—1400,0

zurückgegangen ist.

Man behandelt nun weiter, wie unter a) bereits angegeben wurde. Bei Vorschrift a) und c) beträgt die Ausbeute ungefähr

900,0.

Das Verfahren der Ph. G. I. lässt den durch Maceration gewonnenen Süssholzauszug filtrieren und dann mit Gummi und Zucker erhitzen. Sie übersieht dabei, dass das Süssholz Pflanzeneiweiss enthält und dass dieses beim Erhitzen eine Trübung, gegen welche das vorherige Filtrieren nicht schützen kann, hervorrufen muss. Richtiger verfährt man daher so, dass man dieses Pflanzeneiweiss zum Klären des Zuckers und Gummis mit heranzieht und die Wirkung durch Zusatz von tierischem Eiweiss erhöht.

Man erhält, besonders wenn man durch Flanell-Spitzbeutel filtriert, nach c) eine völlig klare Lösung, welche beim Eindampfen nur noch wenig als Haut ausscheidet.

Der kürzeste, unter a) angegebene Weg besteht natürlich darin, klarlösliches Süssholzextrakt zu verwenden. Dasselbe muss aber unter allen Umständen im Vakuum bereitet sein, da ein auf dem Dampfapparat hergestelltes Extrakt zu dunkelfarbig ist.

* * *

Die Süssholzpaste muss durchsichtig, im durchfallenden Licht klar, im auffallenden von hellbraungelber Farbe sein.

Pasta Liquiritiae flava.

Gelber Lakrizteig.

Vorschrift der Ph. Austr. VII.

120,0 gereinigten Süssholzsaft,
1000,0 zerstossenes arabisches Gummi

löst man in der nötigen Menge Wasser, seiht durch und setzt hinzu

1000,0 zerstossenen Zucker, in der nötigen Menge Wasser gelöst,
Eiweiss von 20 Eiern.

Man verdunstet bei gelinder Wärme, bis ein zäher Teig entstanden ist, fügt zuletzt noch

2,0 Vanille,

mit

15,0 Zuckerpulver

verrieben hinzu und giesst aus.

Das Präparat ist undurchsichtig, von sandartiger Farbe.

Pasta Liquiritiae gelatinata.

Braune Reglise.

200,0 Gelatine

quellt und löst man durch Erwärmen in

400,0 Wasser.

Man setzt dann eine Mischung von

300,0 arabisches Gummi, Pulver $^{M}/_{30}$,
300,0 Zucker, Pulver $^{M}/_{30}$,

hierauf

200,0 Glycerin v. 1,23 spez. Gew.,
20,0 gereinigten Süssholzsaft

zu und erwärmt die Mischung noch so lange, bis alles gelöst ist.

Man seiht nun die Lösung durch und dampft sie unter Rühren bis zur Extraktdicke ein.

Die gleichmässige Masse giesst man auf schwach geöltes Weissblech in 3—4 mm dicker Schicht aus und sticht nach dem Erkalten derselben mittels Blechcylinders kreisrunde Pastillen daraus, die einen Durchmesser von 20 oder weniger Millimeter haben. Die ausgestochenen Kuchen breitet man auf Pergamentpapier aus und trocknet bei 20—25 ° C.

Die braune Reglise ist von schwarzbrauner Farbe und undurchsichtig.

Pasta Mellis.

Honigpaste. Honigteig.

350,0 Roggenmehl

erhitzt man unter bisweiligem Umrühren in einer zinnernen Infundierbüchse im Dampfbad 10 Stunden lang, mischt mit

185,0 Wasser,
475,0 rohem Honig

und erhitzt, bis die Masse zu einem Teig geworden ist.

Pasta Naphtoli n. *Lassar.*

Lassars Naphtolpaste.

10,0 β-Naphtol,
50,0 gefällten Schwefel,
20,0 gelbes Vaselin,
20,0 Kaliseife

mischt man zur Paste.

Pasta oleosa Zinci n. *Lassar.*

Lassars Zinkölpaste.

60,0 reinstes Zinkoxyd,
40,0 Olivenöl

verreibt man sehr fein miteinander.

Pasta pectoralis.

Pâte pectorale.

20,0 Brustthee

maceriert man 12 Stunden mit

1500,0 Wasser,

seiht durch und presst aus.

In der Seihflüssigkeit löst man ohne Anwendung von Wärme

600,0 arabisches Gummi, Pulver $^{M}/_{8}$,
2,0 trockenes Hühnereiweiss,

verrührt

5,0 Filtrierpapierabfall

darin und kocht, nachdem man noch

400,0 Zucker, Pulver M/30,

hinzufügte, unter Abschäumen auf.

Wenn die Flüssigkeit keinen Schaum mehr aufwirft, filtriert man durch dichte Flanell-Spitzbeutel (s. Filtrieren), bis die Flüssigkeit klar ist, und wäscht zuletzt die Filter mit heissem Wasser nach.

Das klare Filtrat dampft man unter Rühren im Dampfbad ein bis zu einem Gewicht von

1600,0,

setzt dann

0,5 Opiumextrakt,

welches man in

20,0 Bittermandelwasser

löste, zu und fährt mit dem Erhitzen, von jetzt ab jedoch ohne Rühren, fort, bis die Masse honigdick oder im Gewicht bis auf

1300,0

zurückgegangen ist.

Man entfernt nun die auf der Oberfläche gebildete Haut und giesst die darunter befindliche klare Masse in Papier- oder geölte Blechkapseln aus.

Die weitere Behandlung ist die bei Pasta Jujubae angegebene.

Pasta Plumbi n. *Unna*.

Bleipaste.

10,0 Reisstärke,
30,0 Bleiglätte,
30,0 Glycerin v. 1,23 spez. Gew.,
60,0 Essig.

Man mischt beide Pulver, rührt sie mit dem Glycerin an, verdünnt mit dem Essig und erhitzt im Dampfbad unter Rühren, bis das Gesamtgewicht nur noch 80,0 beträgt.

Pasta Resorcini fortior n. *Lassar*.

Lassars stärkere Resorcinpaste.

20,0 Resorcin,
20,0 Zinkoxyd,
20,0 Stärke

verreibt man sehr fein mit

40,0 flüssigem Paraffin.

Pasta Resorcini mitis n. *Lassar*.

Lassars milde Resorcinpaste.

10,0 Resorcin,
25,0 Zinkoxyd,
25,0 Stärke

verreibt man sehr fein mit

40,0 flüssigem Paraffin.

Pasta für Streichriemen.

Streichriemenpaste.

a) rot:

30,0 Blutstein, Pulver M/50.
30,0 Graphit, „
15,0 Pariser Rot,
30,0 Schweinefett,
30,0 Kaliseife.

b) schwarz:

15,0 feingeschlämmter Schmirgel,
15,0 Lindenkohle, Pulver M/50,
15,0 Zinnasche,
15,0 Blutstein, Pulver M/50,
10,0 Ölsäure,
30,0 Schweinefett.

Man mischt sehr genau. Die schwarze Paste ist etwas schärfer, als die rote; letztere dient mehr zum Nachpolieren.

Die Gebrauchsanweisung lautet:

„Man verteilt die Paste, etwa erbsengross, auf dem vorher genässten Streichriemen, indem man sie mit dem Finger möglichst gleichmässig verreibt. Nach dem Trocknen ist der Streichriemen zum Gebrauch fertig.“

Pasta Thioli.

Thiolpaste.

3,0—10,0 flüssiges Thiol,
30,0 destilliertes Wasser,
30,0 Glycerin v. 1,23 spez. Gew.,
30,0 Dextrin

löst man unter Erwärmen und rührt bis zum Erkalten.

Pasta uretralis.

Nach *Unna*.

4,0 gelbes Wachs,
94,0 Kakaoöl,
2,0 Perubalsam.

Den Perubalsam setzt man erst zu, wenn die Wachs-Kakaoölmischung zu erkalten beginnt.

Pasta Zinci.

Pasta Zinci oxydati. Zinkpaste.

a) 25,0 Zinkoxyd,
25,0 Weizenstärke,
50,0 amerikanisches Vaselin

verreibt man fein mit einander.

b) Vorschrift von *Unna*:

86,0 Benzoëzinksalbe,
10,0 Zinkoxyd,
4,0 Kieselguhr.

Bereitung wie bei a).

---

c) Vorschrift des Hamb. Ap. V.

5,0 Kieselguhr,
25,0 Zinkoxyd,
70,0 aus Harz bereitetes Benzoëfett.

Bereitung wie bei a).

Pasta Zinci c. Amylo.

Zink-Stärkepaste.

a) Vorschrift von *Unna*:

20,0 Zinkoxyd,
20,0 Stärke, Pulver M/50,
20,0 Glycerin v. 1,23 spez. Gew.,
20,0 Gummischleim

mischt man innig mit einander.

b) Form. magistr. Berol.

25,0 Zinkoxyd,
25,0 Weizenstärke,
50,0 Vaseline (Chesebrough)

mischt man.

Pasta Zinci c. Bolo.

Zink-Boluspaste.
Nach *Unna*.

30,0 weisser Bolus,
30,0 Leinöl,
30,0 Zinkoxyd,
20,0 Bleiessig.

Man verreibt einerseits den Bolus mit dem Öl und andrerseits das Zinkoxyd mit dem Bleiessig und mischt dann beide Verreibungen.

Pasta Zinci boro-salicylica.

Zink-Bor-Salicyl-Paste.

5,0 Zinkoxyd,
5,0 Stärke,
1,0 Borsäure, Pulver M/50,
1,0 Salicylsäure,
0,2 Jodoform,
14,0 Bleipflaster,
14,0 Hammeltalg,
60,0 Vaseline,
0,2 Perubalsam

mischt man.

Pasta Zinci chlorati.

80,0 Zinkchlorid

löst man in

10,0 destilliertem Wasser.

Andrerseits mischt man

20,0 Zinkoxyd

und

60,0 bei 100° C getrocknetes Weizenmehl

mit einander und stösst die Mischung mit der Zinkchloridlösung zu einem Teig an. Man formt daraus Tafeln oder Stangen, je nachdem es gewünscht wird, und trocknet diese bei einer Temperatur, welche man allmählig von 50 auf 100° C steigert.

Die Paste bewahrt man in gut verschlossenen Gläsern auf.

Pasta Zinci composita.

Zusammengesetzte Zinkpaste.

Vorschrift des Hamb. Ap. V.

50,0 Zinkpaste,
50,0 weiche Zinkpaste

mischt man.

Pasta Zinci cuticolor.

Nach *Unna*.

0,6 roten Bolus,
3,0 Glycerin v. 1,23 spez. Gew.

verreibt man fein, vermischt mit

97,0 Zinkpaste n. *Unna*

und fügt zuletzt zu

20 Tropfen rote Eosinlösung (1:500).

Pasta Zinci c. Dermatolo.

Zink-Dermatol-Paste.
Nach *Unna*.

10,0 Dermatol,
10,0 Zinkoxyd

verreibt man mit

q. s. Leinöl

zur Paste und mischt

20,0 reines Wollfett,

das man vorher erwärmte, hinzu.

Pasta Zinci ichthyolata cuticolor.

Zink-Ichthyol-Paste.
Nach *Unna*.

1,0 Ichthyol,
97,0 Zinkpaste n. *Unna*

mischt man und fügt hinzu

2,0 rote Eosinlösung (1 : 500).

Bei höherem Ichthyolgehalt ist die Menge der Eosinlösung entsprechend zu vermehren.

Pasta Zinci loretinata.
Loretin-Zinkpaste 5 + 20%.
Nach *E. Dieterich.*

5,0 Loretin,
20,0 Zinkoxyd,
25,0 Stärke,
25,0 Vaseline,
25,0 reines Wollfett (adeps lanae).

Pasta Zinci mollis.
Weiche Zinkpaste.

Vorschrift des Hamb. Ap. V.

25,0 gefälltes Calciumkarbonat,
25,0 Zinkoxyd,
25,0 Leinöl,
25,0 Kalkwasser

verreibt man mit einander.

Pasta Zinci salicylata.
Pasta salicylica. Zinkpaste nach *Lassar.*

a) Vorschrift von *Lassar:*

2,0 Salicylsäure,
25,0 Zinkoxyd,
25,0 Stärke,
50,0 Vaseline

mischt man zu einer Paste mit einander.

b) Form. magistr. Berol.

2,0 Salicylsäure,
24,0 Zinkoxyd,
24,0 Weizenstärke,
50,0 Vaseline (Chesebrough)

mischt man.

Pasta Zinci sulfurata n. *Unna.*
Unnas Zinkschwefelpaste.

a) 10,0 Zinkoxyd,
10,0 gefällter Schwefel,
10,0 Kieselguhr,
10,0 reines Wollfett,
20,0 Rüböl,
40,0 destilliertes Wasser.

b) 14,0 Zinkoxyd,
10,0 gefällter Schwefel,
4,0 Kieselguhr,
72,0 Benzoëfett (1 : 100 aus Harz bereitet).

Pasta Zinci sulfurata composita.
Zusammengesetzte Zinkschwefelpaste.

Vorschrift des Hamb. Ap. V.

50,0 weiche Zinkpaste,
50,0 Zinkschwefelpaste

mischt man.

Pasta Zinci sulfurata cuticolor.
Nach *Unna.*

0,6 roten Bolus,
3,0 Glycerin v. 1,23 spez. Gew.,

verreibt man fein, vermischt mit

97,0 Zinkschwefelpaste n. *Unna*

und fügt zuletzt zu

30 Tropfen rote Eosinlösung (1:500).

Pasta Zinci sulfurata rubra.
Pasta Zinci sulfurata c. Cinnabari.
Rote Zinkschwefelpaste.
Nach *Unna.*

1,0 Zinnober,
99,0 Zinkschwefelpaste

mischt man.
Diese Vorschrift hat sich auch der Hamburger Apotheker-Verein angeeignet.

Pasta Zinci sulfurata rubra composita.
Zusammengesetzte rote Zinkschwefelpaste.

Vorschrift des Hamb. Ap. V.

50,0 weiche Zinkpaste,
50,0 rote Zinkschwefelpaste

mischt man.

Pastilli.

Trochisci. Pastillen. Trochisken.

Unter Pastillen versteht man runde oder ovale Täfelchen, welche aus Zucker, Pflanzenpulver oder Chokolademasse in feuchter oder teigartiger Form ohne Anwendung von besonders starkem Druck (Unterschied von den Tabletten oder komprimierten Medikamenten) bereitet sind. Die ältere Bezeichnung ist „Trochisci“; diese stellte man früher derart her, dass man grosse Pillen fertigte und diese breit drückte. Unsere elegantere Zeit brachte die Pastillen mit sich, doch werden die Bezeichnungen „Pastilli" und „Trochisci" so häufig für gleichbedeutend gehalten, dass ich es für das Richtigste hielt, sie in einer Gruppe zu behandeln.

Das D. A. IV. vermehrt die hier herrschende Bezeichnungsvermengung noch dadurch, dass sie auch die Tabletten unter die Trochisci mit einbegreift; ich meine, man sollte hier ohne sich um die Ableitung der Worte zu kümmern, einfach der Praxis folgen und mit Trochisci nur die Zeltchen bezeichnen, als deren Hauptvertreter die Santoninzeltchen bekannt sind.

Es muss gleich hier betont werden, dass die Pastillen in den Apotheken viel weniger als früher gebraucht und immer mehr durch die komprimierten Tabletten verdrängt werden, trotzdem die Anforderungen, welche man an beide Formen stellt, sehr verschiedene sind. Während man die Pastillen im Munde langsam vergehen lässt oder sogar kaut, verschluckt man die komprimierten Tabletten, wenigstens die kleineren, ganz, ohne sie zu zerbeissen.

Eine Pastille soll sich leicht im Mund auflösen und darf deshalb nicht zu viel Bindemittel enthalten. Es ist als ein Fehler anzusehen, wenn sich eine Pastille im Munde verhält wie ein Täfelchen Porzellanmasse, und wenn Stunden notwendig sind, um die steinharte Masse in Lösung überzuführen.

Gleichmässig schöne Pastillen können nur in grösserem Massstabe bereitet werden. Wo der Verbrauch ein sehr geringer, ist der Bezug der Pastillen aus einer Fabrik anzuraten.

Man kann die Pastillen nach vier Arten bereiten:

1. durch Herstellung eines Teiges und Ausstechen der Pastillen;
2. durch Feuchten der Pulvermischung mit verdünntem arabischen Gummischleim und Zusammenpressen dieser feuchten Masse;
3. durch Einschliessen des Arzneistoffes in Kakaomasse (Plätzchen);
4. durch Breitdrücken frisch hergestellter Pillen (Trochisken).

1.

Das Ausstechen aus Teigmasse ist das älteste und bekannteste Verfahren und besteht darin, dass man den Arzneistoff mit feinem Zuckerpulver mischt, die Mischung mit Tragantschleim, den man mit seinem gleichen Gewicht Wasser verdünnt, zu einem Teig anstösst, diesen mittels einer Nudel-(Mangel)-Rolle in einen breiten Kuchen von bestimmter und gleichmässiger Dike ausrollt und aus diesem endlich Pastillen aussticht, die man anfänglich an der Luft und dann in der Wärme trocknet.

Um auf diese Weise Pastillen von einem bestimmten Gehalt an Arzneimittel zu erhalten, verfährt man derartig, dass man zunächst den angestossenen Teig wiegt und hieraus berechnet, wie schwer jede Pastille werden muss; sodann walzt man zum gleichmässig dicken Kuchen aus, sticht von Zeit zu Zeit eine Probepastille aus, wiegt dieselbe, vereinigt sie nötigenfalls wieder mit dem Kuchen und wiederholt dies Verfahren, bis man die richtige Dicke des Kuchens getroffen hat.

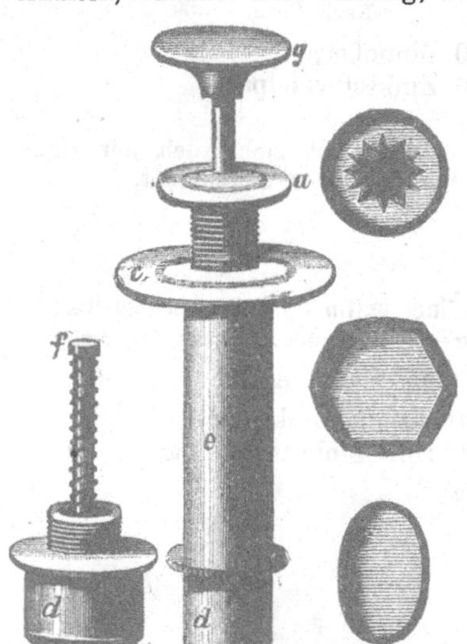

Abb. 30. **Pastillenstecher von *E. A. Lentz* in Berlin.**

Die Schattenseite dieses Verfahrens liegt vor allem darin, dass man wohl kaum die Masse so einteilen kann, um ohne Abfälle arbeiten zu können, was ja in der Rezeptur sehr störend ist; für letzteren Fall empfiehlt sich daher mehr das unter 2 beschriebene Verfahren.

Die Verwendung von Weingeist als Bindemittel ist bei Pastilli aërophori usw. geboten, im übrigen aber nicht zu empfehlen, da es den so bereiteten Pastillen zumeist an der notwendigen Festigkeit mangelt. Der Tragantschleim liefert in der von mir vorgeschriebenen Verdünnung eine festere und doch nicht zu harte Masse. Ein zu feines Zuckerpulver ist zu vermeiden, weil dadurch die Löslichkeit der Pastillen verringert wird.

Zum Ausstechen der Pastillen aus dem Kuchen bedient man sich der sogenannten Pastillenstecher. Bei Auswahl eines solchen sehe man genau darauf, dass der Stempel sich völlig dicht beim Auf- und Niederbewegen an die Rohrwandung anlegt. Ist der Apparat nicht sauber gearbeitet, so setzt sich beim Gebrauch leicht etwas von der klebrigen Pastillenmasse zwischen Rohr und Stempel und erschwert die Arbeit ungemein. Beim Gebrauch kann man Stempel und Rohr leicht mit Talkpulver einpudern, um das Anhaften der Masse zu verhüten. Ein empfehlenswerter Pastillenstecher ist der ganz aus vernickeltem und poliertem Metall angefertigte von *E. A. Lentz* in Berlin, dessen Einrichtung die Abbildung 30 veranschaulicht.

Die an das Rohr *e* befestigte Handscheibe *c* ist mit einer Stellschraube *a* verbunden, durch welche die Stärke der auszustechenden Pastille eingestellt wird; an das Rohr *e* wird das Mundstück *d* angeschraubt, welches den Stempel enthält. Sticht man nun eine Pastille aus und drückt auf den Teller *g*, so wird der Stempel nach unten geschoben und drückt die Pastille heraus, um beim Loslassen des Tellers *g* durch die Feder *f* wieder in seine frühere Lage zurückzukehren. Die weiter vorhandenen Abbildungen zeigen drei verschiedene Pastillenformen; der Stempel kann mit beliebiger Prägung versehen sein, die dann auf der Pastille erhaben erscheint.

Eleganter und sauberer ist die Herstellung mittels der Pastillenmaschine, die sich jedoch naturgemäss nur für die Bereitung grösserer Mengen eignet.

Die nachstehend abgebildete Pastillenmaschine von *E. A. Lentz* in Berlin trägt an der drehbaren Welle 4—5 Pastillenstempel, die sich auf und nieder bewegen und die Pastillen aus dem ihnen durch sich fortbewegende Gurte zugeführten Teig ausstanzen; der Abfall fällt auf die unteren Gurte und wird von diesen fortgeführt. Die Maschine wird in zwei Grössen gebaut und vermag täglich 20—30 Kilo Pastillen zu liefern.

Abb. 31. **Pastillenmaschine von *E. A. Lentz* in Berlin.**

2.

Zur Herstellung von Pastillen durch Zusammenpressen einer feuchten Pulvermischung verfährt man folgendermassen:

Man mischt den Arzneistoff mit einem Zuckerpulver, welches im Korn zwischen Pulvis subtilis und Pulvis grossus steht ($^{M}/_{20}$), und feuchtet die Mischung mit einem, mit seinem Gewicht Wasser verdünnten Gummischleim so weit an, dass sie krümelige Beschaffenheit zeigt.

Man braucht bei gröberem Zuckerpulver etwas weniger, bei feinerem dagegen etwas mehr Gummischleim, durchschnittlich 35,0—40,0 auf 1000,0 Pulvermischung. Feines Zuckerpulver ist hier nicht geeignet.

Will man nun, wie es in der Rezeptur notwendig ist, genau abteilen, so wiegt man die Masse und teilt mit der Wage in die gewünschte Zahl Dosen.

Um hieraus Pastillen zu formen, bedient man sich häufig des Pastillenstechers, indem man mit demselben das Pulver durch Hineindrücken in dasselbe sammelt; es ist diese Art aber wenig empfehlenswert, weil sie nur bei grosser Geschicklichkeit gleichmässige Pastillen liefert und weil man den für einen gewissen Druck, welchen man immerhin ausüben muss, nicht eingerichteten Pastillenstecher damit verdirbt. Ausserdem macht sich der bei Beschreibung des vorigen Verfahrens erwähnte Übelstand, dass sich klebende Masse zwischen Rohr und Stempel einschiebt und den Stempel mit der Rohrwandung verklebt, hier noch weit mehr bemerkbar. Weit empfehlenswerter ist die Benützung eines kleinen Apparats, den die Herren *Bach & Riedel* in Berlin unter der Bezeichnung „Pastillen-Dosierer“ zu liefern sich bereit erklärt haben.

Wie die umstehende Abbildung 32 zeigt, besteht der Dosierer aus 2 Teilen, *a* dem Stempel und *b* der Hülse, beide schwer von Gewicht und aus hartem Metall gearbeitet.

Die Handhabung ist folgende:

Man setzt die Hülse *b* senkrecht und mit der scharfkantigen Seite nach unten auf Pergamentpapier, füllt eine Dosis in dieselbe, presst mit dem Stempel *a* mittels zwei kurzer, durch das Gewicht des Stempels unterstützter Stösse zusammen und schiebt, indem man den Apparat hebt, die Pastille aus der Hülse. Es ergiebt sich von selbst, dass man die Hülse mit der linken und den Stempel mit der rechten Hand fasst.

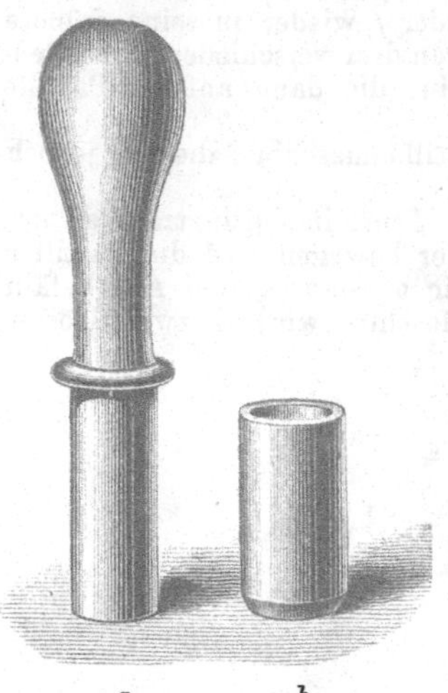

Abb. 32.
Pastillen-Dosierer. †

Um in grösserem Massstab mit dem Dosierer zu arbeiten, bringt man die gefeuchtete Masse auf Pergamentpapier, legt 5 oder 6 mm dicke Stäbchen, je nachdem es das Gewicht der herzustellenden Pastillen erfordert, an zwei entgegengesetzte Seiten und breitet die Masse in eine gleichmässige Schicht aus, indem man mit einem Lineal genau in lotrechter Stellung über die Stäbchen streicht. Eine Schiefstellung des Lineals würde an verschiedenen Punkten Druck ausüben und so eine ungleiche Verteilung der Masse herbeiführen. Man setzt nun die Hülse *b* in die ausgebreitete Masse ein, presst, wie schon beschrieben, mit dem Stempel zusammen und legt die ausgestossene Pastille auf einem anderen Pergamentpapier ab.

Man trocknet die Pastille im Trockenschrank oder auf nicht zu heisser Platte. Die einzelnen Teile kleben dadurch zusammen und bilden eine Masse, welche klingend hart und durch die Verwendung gröberen Zuckerpulvers doch so porös ist, dass sie sich im Munde fast augenblicklich auflöst.

3.

Bei Bereitung der Kakao-Pastillen verfährt man so, dass man den Arzneistoff mit dem Zuckerpulver, das möglichst fein sein muss, verreibt, die Mischung mit der geschmolzenen Kakaomasse innig mengt und die Masse im heissen Mörser mindestens $^1/_2$ Stunde lang kräftig stösst. Man erhält nur hierdurch eine geschmeidige Masse, die sich in den Formen leicht verteilen lässt und hier zu dunkelfarbigen Plätzchen erstarrt. Man dosiert die Masse nun mit einem Messlöffel oder mit der Wage, bringt die Dosen in die Blechformen, breitet sie durch Aufschlagen der Formen auf die Tischplatte aus und lässt dann in einem kühlen, trockenen Raum abkühlen, um nach 24 Stunden die erstarrten Pastillen abzustossen.

Wie schon bei Pasta Cacao begründet wurde, muss das zu den Kakaopastillen verwendete Zuckerpulver vorher scharf getrocknet werden. Die aussergewöhnliche Feinheit (Pulver $^M/_{50}$) ist notwendig, um eine leicht formbare Masse und ausserdem glatte und glänzende Pastillen zu erhalten.

4.

Die Herstellung der Pastillen durch Breitdrücken, der Formen, die im Allgemeinen als „Trochisci" bezeichnet werden, besteht darin, dass man eine Pillenmasse anstösst, daraus grosse Pillen formt und diese breit drückt. Man verwendet zu letzterem besondere Stempel, erhält aber die schönsten Formen, wenn das Breitdrücken in dem unter 2 beschriebenen Pastillen-Dosierer vorgenommen wird.

Um eine gut formbare Masse zu erzielen, müssen die verschiedenen Bestandteile möglichst fein gepulvert sein.

Pastilli acidi carbolici.

Karbolsäurepastillen.

Vorrschrift d. Ergänzungsb. d. D. Ap. V.

100,0 krystallisierte Karbolsäure,
10,0 Stearinsäureseife

erhitzt man mit einander, bis eine klare Lösung entsteht.

Nach dem Erkalten knetet man die Masse und formt bei niederer Temperatur Pastillen von 1 oder 2 g Gewicht daraus.

Pastilli acidi citrici.

Trochisci acidi. Säure-Pastillen.

Nach Verfahren 1:

20,0 Citronensäure, Pulver $^M/_{30}$,
980,0 Zucker, „ „
0,5 Citronenöl,
q. s. mit gleicher Menge Wasser verdünnter Tragantschleim.

Nach Verfahren 2:

20,0 Citronensäure, Pulver $^M/_{30}$,
980,0 Zucker, „ $^M/_{20}$,
0,5 Citronenöl,

---

† S. Bezugsquellen-Verzeichnis.

q. s. (35,0—40,0) mit gleicher Menge Wasser verdünnter Gummischleim.

Man stellt 1000 Pastillen von je 0,02 Gehalt her.

Pastilli acidi tannici.

Trochisci Tannini. Trochisci acidi tannici. Tannin-Pastillen. Tannic acid Lozenges. Troches of tannic acid.

a) Nach Verfahren 1:

25,0 Gerbsäure,
975,0 Zucker, Pulver M/30,
5 Tropfen Kassiaöl,
q. s. mit gleicher Menge Wasser verdünnter Tragantschleim.

Nach Verfahren 2:

25,0 Gerbsäure,
975,0 Zucker, Pulver M/20,
5 Tropfen Kassiaöl,
q. s. 35,0—40,0 mit gleicher Menge Wasser verdünnter Gummischleim.

Die Masse giebt 1000 Pastillen von je 0,025 Gehalt.

b) Vorschrift der Ph. Brit.

32,5 Gerbsäure,
gelöst in
40,0 destilliertem Wasser,
18,0 Tolubalsamtinktur,
95,0 Gummischleim (1 : 1,5 bereitet),
990,0 Zucker, Pulver M/30,
40,0 arabisches Gummi, „ „.

Die Masse soll 1000 Pastillen geben.

c) Vorschrift der Ph. U. St.

60,0 Gerbsäure,
650,0 Zucker, Pulver M/30,
20,0 Tragant, „ M/50,
q. s. Orangenblütenwasser.

Die Masse soll 1000 Pastillen geben.

Pastilli aërophori.

Trochisci aërophori. Brause-Pastillen.

300,0 Natriumbikarbonat, Pulver M/30,
250,0 Weinsäure, „ „
450,0 Zucker, „ „
feuchtet man mit
q. s. Weingeist von 90 pCt,

dass die Masse zusammenballt, wie dies bei Magnesium citricum effervescens beschrieben wurde, rollt sie zu einem breiten Kuchen und sticht rasch aus. Den Abfall bringt man in die Reibschale zurück und feuchtet nochmals, ehe man mit dem Ausrollen und Ausstechen fortfährt.

Die Pastillen trocknet man im Trockenschrank scharf aus. Ihre Festigkeit ist keine allzugrosse, weshalb sie, wenn Bruch vermieden werden soll, stets mit einer gewissen Rücksicht behandelt werden müssen.

Aus obiger Masse sollen je nach Erfordernis 500 oder 1000 Pastillen gemacht werden.

Pastilli aërophori Selters.

Trochisci aërophori Selters. Selters-Pastillen.

500,0 Natriumbikarbonat, Pulver M/30,
375,0 Weinsäure, „ „
25,0 Natriumchlorid, „ „
100,0 Zucker, „ „
q. s. Weingeist von 90 pCt.

Die Bereitung ist wie bei der vorigen Nummer.

Man bereitet 500 Pastillen aus der Masse.

Pastilli Altheae.

Trochisci Altheae. Pastilles de guimauve. Althee-Pastillen. Eibisch-Pastillen.

Nach Verfahren 1:

75,0 Altheewurzel, Pulver M/50,
925,0 Zucker, „ M/30,
2 Tropfen Rosenöl,
q. s. Rosenwasser.

Man formt aus dieser Masse 1000 Pastillen.

Pastilli Amyli jodati.

Trochisci Amyli jodati. Jodstärke-Pastillen.

Nach Verfahren 1:

50,0 Jodstärke,
950,0 Zucker, Pulver M/30,
q. s. mit gleicher Menge Wasser verdünnter Tragantschleim.

Nach Verfahren 2:

50,0 Jodstärke,
950,0 Zucker, Pulver M/20,
q. s. (35,0—40,0) mit gleicher Menge Wasser verdünnter Gummischleim.

Die Masse giebt 1000 Pastillen von je 0,05 Gehalt.

Pastilli antatrophici.

Trochisci antatrophici. Ernährungs-Pastillen.

Nach Verfahren 1:

200,0 Calciumphosphat,
100,0 Calciumkarbonat,
30,0 reduziertes Eisen,
670,0 Zucker, Pulver M/30,
q. s. mit gleicher Menge Wasser verdünnter Tragantschleim.

Nach Verfahren 2:

200,0 Calciumphosphat.
100,0 Calciumkarbonat,
30,0 reduziertes Eisen,
670,0 Zucker, Pulver M/20,
q. s. (35,0—40,0) mit gleicher Menge Wasser verdünnter Gummischleim.

Die Masse giebt 1000 Pastillen von einem Gehalt von 0,20 Calciumphosphat, 0,10 Calciumkarbonat und 0,03 Eisen pro Stück.

Pastilli antirhachitici.

Trochisci antirhachitici.
Ernährung fördernde Pastillen.

Nach Verfahren 1:

50,0 Rhabarber, Pulver M/50,
25,0 reduziertes Eisen,
925,0 Zucker, Pulver M/30,
q. s. mit gleicher Menge Wasser verdünnter Tragantschleim.

Nach Verfahren 2:

50,0 Rhabarber, Pulver M/50,
25,0 reduziertes Eisen,
925,0 Zucker, Pulver M/20,
q. s. (35,0—40,0) mit gleicher Menge Wasser verdünnter Gummischleim.

Man formt aus der Masse 1000 Pastillen, deren jede 0,05 Rhabarber und 0,025 Eisen enthält.

Pastilli antiseptici.

Trochisci antiseptici. Antiseptische Pastillen.
Nach *Schmidt*.

40,0 Borsäure, Pulver M/30,
40,0 Borax, „ „
25,0 Citronensäure, „ „
2,0 Natriumbenzoat,
1,0 Thymianöl,
3,0 Citronenöl,
1,0 Pfefferminzöl,
400,0 Zucker, Pulver M/30,
q. s. mit gleicher Menge Wasser verdünnter Tragantschleim.

Man stellt 1000 Pastillen nach Verfahren 1 her.

Die antiseptischen Pastillen sollen Kindern, welche nicht gurgeln können, als Vorbeugungsmittel gegen Diphtherie gegeben werden.

Pastilli Argenti nitrici.

Trochisci Argenti nitrici.
Silbernitrat-Pastillen.

10,0 Silbernitrat,
250,0 Zucker, Pulver M/50,
250,0 Kakaomasse,
2,0 Vanillinzucker.

Nach Verfahren 3 stellt man aus dieser Masse 1000 Pastillen von je 0,01 Gehalt her.

Pastilli Balsami tolutani.

Trochisci Balsami tolutani.
Tolubalsam-Pastillen.

50,0 Tolubalsam,
950,0 Zucker, Pulver M/30,
q. s. mit gleicher Menge Wasser verdünnter Tragantschleim.

Man formt 1000 Pastillen aus der Masse.

Pastilli Bilinenses.

Trochisci Bilinenses. Biliner Pastillen.

Nach Verfahren 1:

100,0 Natriumbikarbonat, Pulver M/30,
10,0 entwässertes Natriumsulfat, Pulver M/30,
890,0 Zucker, Pulver M/30,
q. s. mit gleicher Menge Wasser verdünnter Tragantschleim.

Nach Verfahren 2:

100,0 Natriumbikarbonat, Pulver M/30,
10,0 entwässertes Natriumsulfat, Pulver M/30,
940,0 Zucker, Pulver M/20,
q. s. (35,0—40,0) mit gleicher Menge Wasser verdünnter Gummischleim.

Man formt 1000 Pastillen aus der Masse.

Pastilli Bismuti carbonici.

Trochisci Bismuti carbonici.
Wismutkarbonat-Pastillen.

250,0 Wismutkarbonat,
350,0 Zucker, Pulver M/50,
400,0 Kakaomasse.

Nach Verfahren 3 formt man 1000 Pastillen von je 0,25 Gehalt aus der Masse.

Pastilli Bismuti subnitrici.

Trochisci Bismuti subnitrici.
Wismutnitrat-Pastillen.

250,0 basisches Wismutnitrat,
350,0 Zucker, Pulver M/50,
400,0 Kakaomasse.

Man verfährt nach Verfahren 3 und formt 1000 Pastillen von je 0,25 Gehalt aus der Masse.

Pastilli Calcii phosphorici.

Trochisci Calcii phosphorici. Calciumphosphat-Pastillen.

Nach Verfahren 1:

100,0 Calciumphosphat,
900,0 Zucker, Pulver M/20,
q. s. mit gleicher Menge Wasser verdünnter Trangantschleim.

Nach Verfahren 2:

100,0 Calciumphosphat,
900,0 Zucker, Pulver M/20,
q. s. (35,0—40,0) mit gleicher Menge Wasser verdünnter Gummischleim.

Giebt 1000 Pastillen von je 0,1 Gehalt. Um Pastillen von 0,25 Gehalt herzustellen, nimmt man 250,0 Calciumphosphat und 750,0 Zuckerpulver.

Pastilli Cannabis extracti.

Trochisci Cannabis. Pastilli Cannabis Indicae extracti. Hanfextrakt-Pastillen.

50,0 Hanfextrakt,
250,0 Zucker, Pulver M/50,
200,0 Kakaomasse,
2,0 Vanillinzucker.

Man verfährt nach Verfahren 3 und formt 1000 Pastillen von je 0,05 Gehalt aus der Masse.

Pastilli Carbonis.

Trochisci Carbonis. Kohle-Pastillen.

250,0 Lindenkohle, Pulver M/50,
350,0 Zucker, " "
400,0 Kakaomasse.

Man bereitet nach Verfahren 3 1000 Pastillen von je 0,25 Gehalt.

Pastilli Carbonis n. *Belloc.*

Trochisci Carbonis n. *Belloc.* *Bellocs* Kohle-Pastillen.

1500,0 Lindenkohle, Pulver M/50,
15,0 Tragant, " "
q. s. weisser Sirup.

Man bereitet nach Verfahren 3 1000 Pastillen von je 1,5 Gehalt.

Pastilli Chinini.

Trochisci Chinini. Chinin-Pastillen.

25,0 Chininhydrochlorid,
50,0 Süssholz, Pulver M/50,
200,0 Zucker, Pulver M/50,
225,0 Kakaomasse.

Nach Verfahren 3 stellt man 1000 Pastillen von je 0,025 Gehalt her.

In derselben Weise verfährt man bei einem Gehalt von 0,05, 0,1 usw.

Pastilli Chinini tannici.

Trochisci Chinini tannici. Chinintannat-Pastillen.

Nach Verfahren 1:

50,0 Chinintannat,
950,0 Zucker, Pulver M/30,
q. s. mit gleicher Menge Wasser verdünnter Tragantschleim.

Nach Verfahren 2:

50,0 Chinintannat,
950,0 Zucker, Pulver M/20,
q. s. (35,0—40,0) mit gleicher Menge Wasser verdünnter Gummischleim.

Giebt 1000 Pastillen von je 0,05 Gehalt.

Pastilli Cinchonini.

Trochisci Cinchonini. Cinchonin-Pastillen.

Man bereitet sie aus Cinchoninsulfat in derselben Weise und Stärke wie die Chinin-Pastillen.

Pastilli Cinchonini n. *Petzold.*

Pastilli Cinchonae. Trochisci Cinchonini n. *Petzold.* Cinchonintabletten. Nervenplätzchen.

1,35 Kaffeïn,
0,54 Cinchoninhydrochlorid,
2,70 Vanillezucker,
0,40 Ceylonzimt, Pulver M/50,
8,50 entölter Kakao, " "
18,81 Zucker. " M/30,
0,10 Tragant, " M/50,
q. s. Glycerinwasser.

Man stösst zum Teig und formt 27 Pastillen nach Verfahren 1.

Obige Vorschrift wurde von *Petzold* selbst veröffentlicht.

Pastilli Cocaïni.

Trochisci Cocaïni. Kokaïn-Pastillen.

0,5 Kokainhydrochlorid,
0,1 Vanillin,
0,5 Weingeist von 90 pCt,
100,0 Zucker, Pulver M/30,
q. s. mit gleicher Menge Wasser verdünnter Tragantschleim.

Man stellt nach Verfahren 1 100 Pastillen her.

Pastilli Coccionellae.

Trochisci Coccionellae. Cochenille-Pastillen.

50,0 Cochenille, Pulver M/30,
250,0 Zucker, „ M/50,
200,0 Kakaomasse.

Man arbeitet nach Verfahren 3 und bereitet 1000 Pastillen von je 0,05 Gehalt aus der Masse.

Pastilli Coffeïni.

Trochisci Coffeïni. Kaffeïn-Pastillen.

Nach Verfahren 1:

25,0 Kaffeïn,
975,0 Zucker, Pulver M/30,
q. s. mit gleicher Menge Wasser verdünnter Tragantschleim.

Nach Verfahren 2:

25,0 Kaffeïn,
975,0 Zucker, Pulver M/20,
q. s. (35,0—40,0) mit gleicher Menge Wasser verdünnter Gummischleim.

Giebt 1000 Pastillen von je 0,025 Gehalt. Bei einem Gehalt von 0,05 nimmt man die doppelte Menge Kaffeïn und 25,0 Zucker weniger.

Pastilli Colae.

Trochisci Colae. Kola-Pastillen.

a) Vorschrift von *E. Dieterich:*

500,0 Kolasamen, Pulver M/50,
500,0 Zucker, Pulver M/30,

mischt man, stösst mit

q. s. Tragantschleim, mit gleicher Menge Wasser verdünnt,

zur knetbaren Masse an und formt 1000 Pastillen nach Verfahren 1 daraus.

b) Vorschrift des Münchn. Ap. V.

50,0 Kolasamen, Pulver M/50,
25,0 Kakaomasse,
25,0 Zucker, Pulver M/50,

Man stellt nach Verfahren 3 100 Pastillen her.

Pastilli Daturini.

Trochisci Daturini. Daturin-Pastillen.

5,0 Daturin,
250,0 Zucker, Pulver M/50,
250,0 Kakaomasse.

Nach Verfahren 3 fertigt man 1000 Pastillen von je 0,0005 Gehalt an.

Pastilli Digitalini.

Trochisci Digitalini. Digitalin-Pastillen.

1,0 Digitalin,
250,0 Zucker, Pulver M/50,
250,0 Kakaomasse.

Nach Verfahren 3 fertigt man 1000 Pastillen von je 0,001 Gehalt an.

Pastilli Emsenses.

Trochisci Emsenses.
Recte: Pastilli Amisienses. Emser Pastillen.

Nach Verfahren 1:

200,0 Natriumbikarbonat, Pulver M/30,
50,0 Natriumchlorid, „ „
750,0 Zucker, „ „
q. s. mit gleicher Menge Wasser verdünnter Tragantschleim.

Nach Verfahren 2:

200,0 Natriumbikarbonat, Pulver M/30,
50,0 Natriumchlorid, „ „
750,0 Zucker, „ M/20,
q. s. (35,0—40,0) mit gleicher Menge Wasser verdünnter Gummischleim.

Giebt 1000 Pastillen.

Pastilli Ergotini.

Trochisci Ergotini. Ergotin-Pastillen.

a) 50,0 Mutterkornextrakt,
50,0 Süssholz, Pulver, M/50,
200,0 Zucker, „ „
200,0 Kakaomasse.

Man verreibt das Extrakt mit dem Süssholzpulver, trocknet im Trockenschrank und pulvert. Im übrigen verfährt man nach Verfahren 3.

b) 300,0 Mutterkorn-Dauerextrakt,
200,0 Kakaomasse.

Man verfährt nach Verfahren 3. Beide Massen geben 1000 Pastillen mit einem Gehalt von je 0,05 Ergotin.

Pastilli expectorantes.

Trochisci expectorantes. Husten-Pastillen.

Nach Verfahren 1:

50,0 trockenes Bilsenkrautextrakt,
25,0 Goldschwefel,
925,0 Zucker, Pulver M/30,
q. s. mit gleicher Menge Wasser verdünnter Tragantschleim.

Nach Verfahren 2:

50,0 trockenes Bilsenkrautextrakt,
25,0 Goldschwefel,
925,0 Zucker, Pulver M/20,
q. s. (35,0—40,0) mit gleicher Menge Wasser verdünnter Gummischleim.

Giebt 1000 Pastillen.

Pastilli Ferri carbonici saccharati.

Trochisci Ferri carbonici. Eisenkarbonat-Pastillen.

25,0 zuckerhaltiges Ferrokarbonat, Pulver M/50,
250,0 Zucker, Pulver M/50,
250,0 Kakaomasse,
2,0 Vanillinzucker.

Man verfährt nach Verfahren 3 und stellt 1000 Pastillen von einem Gehalt von je 0,025 her.

Bei einem Gehalt von 0,05—0,10—0,20 nimmt man 50,0—100,0—200,0 zuckerhaltiges Ferrokarbonat und bricht entsprechend an der Kakaomasse ab.

Pastilli Ferri jodati.

Trochisci Ferri jodati. Eisenjodür Pastillen.

100,0 zuckerhaltiges Eisenjodür,
200,0 Zucker, Pulver M/50,
200,0 Kakaomasse,
2,0 Vanillinzucker.

Man bereitet nach Verfahren 3 aus der Masse 1000 Pastillen, deren jede 0,1 zuckerhaltiges Eisenjodür oder 0,02 Ferrojodid enthält. Wünscht man Pastillen vom doppelten Gehalt, so nimmt man 200,0 zuckerhaltiges Eisenjodür und dafür 100,0 Zuckerpulver weniger.

Pastilli Ferri lactici.

Trochisci Ferri lactici. Ferrolaktat-Pastillen.

50,0 Ferrolaktat,
250,0 Zucker, Pulver M/50,
200,0 Kakaomasse,
2,0 Vanillinzucker.

Nach Verfahren 3 stellt man 1000 Pastillen her, deren jede einen Gehalt von 0,05 Ferrolaktat hat.

Pastilli Ferri oxydati dextrinati.

Trochisci Ferri dextrinati. Eisendextrinat-Pastillen
Nach *E. Dieterich.*

Nach Verfahren 1:

100,0 Eisendextrinat (10 pCt Fe), Pulver M/50,
900,0 Zucker, Pulver M/50,
q. s. mit gleicher Menge Wasser verdünnter Tragantschleim.

Nach Verfahren 2:

100,0 Eisendextrinat (10 pCt Fe), Pulver M/50,
900,0 Zucker, Pulver M/20,
q. s. (35,0—40,0) mit gleicher Menge Wasser verdünnter Gummischleim.

Nach Verfahren 3:

100,0 Eisendextrinat (10 pCt Fe), Pulver M/50,
450,0 Zucker, Pulver M/50,
450,0 Kakaomasse,
2,0 Vanillinzucker.

Nach jedem der drei Verfahren stellt man 1000 Pastillen von je 0,01 Eisengehalt her.

Pastilli Ferri oxydati saccharati.

Trochisci Ferri oxydati saccharati.
Eisenzucker-Pastillen.
Nach *E. Dieterich.*

Nach Verfahren 1:

333,0 Eisenzucker (3 pCt Fe), Pulv. M/50,
666,0 Zucker, „ M/30,
q. s. mit gleicher Menge Wasser verdünnter Tragantschleim.

Nach Verfahren 2:

333,0 Eisenzucker (3 pCt Fe), Pulv. M/50,
666,0 Zucker, „ M/20,
q. s. (35,0—40,0) mit gleicher Menge Wasser verdünnter Gummischleim.

Nach Verfahren 3:

333,0 Eisenzucker (3 pCt Fe), Pulv. M/50,
270,0 Kakaomasse,
2,0 Vanillinzucker.

In jedem der drei Fälle stellt man 1000 Pastillen, deren jede 0,01 Gehalt an Eisen hat, her.

Die Ferrisaccharat-Pastillen sind sowohl mit Kakao, wie mit Zucker gebräuchlich.

Pastilli Ferri pulverati.

Trochisci Ferri pulverati. Eisen-Pastillen.

50,0 Eisenpulver,
250,0 Zucker, Pulver M/50,
200,0 Kakaomasse,
2,0 Vanillinzucker.

Nach Verfahren 3 bereitet man 1000 Pastillen von je 0,05 Gehalt.

Pastilli Ferri pyrophosphorici oxydati.

Trochisci Ferri pyrophosphorici.
Ferripyrophosphat-Pastillen.

100,0 Ferripyrophosphat,
200,0 Zucker, Pulver M/50,
200,0 Kakaomasse,
2,0 Vanillinzucker.

Nach Verfahren 3 bereitet man 1000 Pastillen von je 0,1 Gehalt.

Pastilli Ferri reducti.

Trochisci Ferri reducti. Eisen-Pastillen.

25,0 reduziertes Eisen,
275,0 Zucker, Pulver M/50,
200,0 Kakaomasse,
2,0 Vanillinzucker.

Nach Verfahren 3 bereitet man 1000 Pastillen, deren jede 0,025 Gehalt hat. Häufig werden auch Pastillen mit einem Gehalt von 0,05 und 0,1 verlangt.

Pastilli Ferri sulfurici.

Trochisci Ferri sulfurici. Ferrosulfat-Pastillen.

50,0 Ferrosulfat,
250,0 Zucker, Pulver M/50,
200,0 Kakaomasse,
2,0 Vanillinzucker.

Nach Verfahren 3 bereitet man 1000 Pastillen von je 0,05 Gehalt an Ferrosulfat.

Pastilli Ferro-Magnesiae.

Trochisci Ferro-Magnesiae. Eisen-Magnesia-Pastillen.

25,0 Ferrosulfat,
50,0 Magnesiumkarbonat,
200,0 Zucker, Pulver M/50,
225,0 Kakaomasse,
2,0 Vanillinzucker.

Man verreibt das Ferrosulfat mit der Magnesia, mischt den Zucker hinzu und verfährt dann nach Verfahren 3.

Die Masse giebt 1000 Pastillen.

Pastilli Guaranae.

Trochisci Guaranae. Guarana-Pastillen.

100,0 Guarana, Pulver M/30,
400,0 Zucker, „ M/50,
2,0 Vanillinzucker,
500,0 Kakaomasse.

Nach Verfahren 3 bereitet man 1000 Pastillen.

Pastilli Gummi arabici.

Trochisci Gummi arabici.
Gummi-Pastillen. Husten-Pastillen.

Nach Verfahren 1:

400,0 arabisches Gummi, Pulver M/30,
600,0 Zucker, „ „
5,0 Orangenblüten-Ölzucker,
q. s. weisser Sirup.

Nach Verfahren 2:

300,0 arabisches Gummi, Pulver M/30,
700,0 Zucker, „ M/20,
5,0 Orangenblüten-Ölzucker,
q. s. (30,0—35,0) mit gleicher Menge Wasser verdünnter Gummischleim.

In beiden Fällen stellt man 1000 Pastillen her. Bei Verfahren 2 hat man sich vor einem zu starken Feuchten zu hüten.

Pastilli Hydrargyri bichlorati

s. Tabulettae.

Pastilli Hydrargyri chlorati.

Trochisci Hydrargyri chlorati. Kalomel-Pastillen.

25,0 Quecksilberchlorür,
975,0 Zucker, Pulver M/30,
1,0 weingeistiges Kurkumaextrakt,
0,5 Weingeist von 90 pCt,
q. s. mit gleicher Menge Wasser verdünnter Tragantschleim.

Man löst das Kurkumaextrakt im Weingeist und verfährt im übrigen nach Verfahren 1, indem man 1000 Pastillen von je 0,025 Gehalt herstellt. Die Gelbfärbung hat den Zweck, den Einfluss des Lichts abzuhalten.

Auch Verfahren 3 ist für Kalomel zu empfehlen; die Vorschrift lautet dann folgendermassen:

25,0 Quecksilberchlorür,
250,0 Zucker, Pulver M/50,
225,0 Kakaomasse.

Man stellt 1000 Pastillen her.

Pastilli Hydrargyri jodati.

Trochisci Hydrargyri jodati. Quecksilberjodür-Pastillen.

15,0 Quecksilberjodür,
250,0 Zucker, Pulver M/50,
235,0 Kakaomasse.

Man stellt 1000 Pastillen von je 0,015 Gehalt her.

Pastilli Hydrargyri sulfurati nigri.

Trochisci Hydrargyri sulfurati nigri.
Schwefelquecksilber-Pastillen.

200,0 schwarzes Quecksilbersulfid,
800,0 Zucker, Pulver M/30,
q. s. mit gleicher Menge Wasser verdünnter Tragantschleim.

Man bereitet nach Verfahren 1 aus der Masse 1000 Pastillen von 0,2 Gehalt.

Pastilli Ipecacuanhae.

Trochisci Ipecacuanhae. Ipecacuanhapastillen.
Brechwurzelzeltchen. Ipecacuanha Lozenges.
Troches of Ipecac.

a) Vorschrift von *E. Dieterich*:

Nach Verfahren 1:

5,0 Brechwurzel-Dauerextrakt,
495,0 Zucker, Pulver M/30,
q. s. mit gleicher Menge Wasser verdünnter Tragantschleim.

Nach Verfahren 2:

5,0 Brechwurzel-Dauerextrakt,
495,0 Zucker, Pulver M/20,
q. s. (ca. 18,0) mit gleicher Menge Wasser verdünnter Gummischleim.

Man stellt aus jeder Masse 1000 Pastillen her, deren jede die löslichen Teile von 0,005 Brechwurzel enthält.

b) Vorschrift der Ph. Austr. VII.

10,0 gepulverte Brechwurzel,
500,0 Zuckerpulver,
q. s. verdünnter Weingeist v. 69 pCt.

Man stellt daraus 1000 Zeltchen her.
Über die Unzweckmässigkeit der Verwendung von Weingeist vergleiche das Allgemeine (1) unter „Pastilli".

c) Vorschrift der Ph. Brit.

5,5 Brechwurzel, Pulver M/50,
40,0 arabisches Gummi, „ M/30,
945,0 Zucker, „ „

man stösst mit

q. s. Gummischleim (1 : 1,5)

zur Masse und formt 1000 Pastillen daraus.

d) Vorschrift der Ph. U. St.

20,0 Brechwurzel, Pulver M/50,
20,0 Tragant, „ „
650,0 Zucker, „ M/30,
q. s. Apfelsinenschalensirup Ph. U. St.

Die Masse soll 1000 Pastillen geben.

e) Vorschrift d. Ergänzb. d. D. Ap.-V.

1,0 fein zerschnittene Brechwurzel

erhitzt man 2 Stunden im Dampfbad mit

10,0 destilliertem Wasser,

seiht die Flüssigkeit ab, vermischt mit dieser

200,0 Zucker, Pulver M/30

und stellt aus der Mischung durch Druck 200 Pastillen her.

Pastilli Kalii chlorici.

Trochisci Kalii chlorici. Trochisci Potassii Chloratis.
Kaliumchloratpastillen.
Chlorate of Potassium Lozenges.

a)

Nach Verfahren 1:

200,0 Kaliumchlorat, Pulver M/30,
800,0 Zucker, „ „
q. s. mit gleicher Menge Wasser verdünnter Gummischleim.

Nach Verfahren 2:

200,0 Kaliumchlorat, Pulver M/30,
800,0 Zucker, „ M/20,
q. s. (35,0—40,0) mit gleicher Menge Wasser verdünnter Tragantschleim.

Aus jeder Masse stellt man 1000 Pastillen von 0,2 Gehalt her.
Öfters werden Pastillen von 0,1 Gehalt gewünscht. Man nimmt dann die Hälfte Kaliumchlorat und entsprechend mehr Zucker.

b) Vorschrift der Ph. Brit.

324,0 Kaliumchlorat, Pulver M/30,
985,0 Zucker, „ „
40,0 arabisches Gummi, „ „
95,0 Gummischleim (1 : 1,5).

Die Masse soll 1000 Pastillen geben.

c) Vorschrift der Ph. U. St.

300,0 Kaliumchlorat, Pulver M/30,
1200,0 Zucker, „ „
60,0 Tragant, „ M/50,
20,0 Citronenessenz,
q. s. destilliertes Wasser.

Die Masse soll 1000 Pastillen geben.
Die Citronenessenz Ph. U. St. stellt man dar durch 24-stündiges Macerieren von 5,0 Citronenöl, 5,0 frischer Citronenschale, 90,0 Weingeist von 95 pCt.

Pastilli Kalii jodati.

Trochisci Kalii jodati. Jodkalium-Pastillen.

200,0 Kaliumjodid,
100,0 Süssholz, Pulver M/50,
700,0 Zucker, „ M/30,
q. s. mit gleicher Menge Wasser verdünnter Tragantschleim.

Man arbeitet nach Verfahren 1 und stellt 1000 Pastillen von je 0,2 Gehalt her.

Das Süssholzpulver dient als Geschmacksverbesserer und verhindert das Weichwerden beim Anziehen von Feuchtigkeit.

Pastilli Kermetis.

Trochisci Kermetis. Kermes-Pastillen.

20,0 rotes Schwefelantimon,
900,0 Zucker, Pulver M/30,
80,0 arabisches Gummi, „ „
80,0 Orangenblütenwasser.

Man stellt 2000 Pastillen von je 0,02 Gehalt nach Verfahren 1 aus der Masse her.

Diese Vorschrift entstammt der Ph. Helvet.

Pastilli laxantes.

Trochisci laxantes. Abführ-Pastillen. Abführ-Trochisken.

2,0 Scamoniumharz, Pulver M/30,
1,0 Jalapenharz, „ „
10,0 Rhabarber, „ M/50,
5,0 aromatisches Pulver,
20,0 Kakaomasse,
50,0 Zucker, Pulver M/50,
2,0 Tragant, „ „

Man mischt, stösst mit

5,0 Glycerin v. 1,23 spez. Gew.,
q. s. destilliertem Wasser

zur Pillenmasse und formt 100 Trochisken nach Verfahren 4 daraus.

Pastilli Lithii carbonici.

Trochisci Lithii carbonici. Lithiumkarbonat-Pastillen.

Nach Verfahren 1:

50,0 Lithiumkarbonat,
950,0 Zucker, Pulver M/30,
q. s. mit gleicher Menge Wasser verdünnter Tragantschleim.

Nach Verfahren 2:

50,0 Lithiumkarbonat,
950,0 Zucker, Pulver M/20,
q. s. (35,0—40,0) mit gleicher Menge Wasser verdünnter Gummischleim.

Man bereitet 1000 Pastillen von je 0,05 Gehalt. Ein Gehalt von 0,1 ist ebenfalls gebräuchlich. Man nimmt dann die doppelte Menge Lithiumkarbonat und bricht entsprechend am Zucker ab.

Pastillen mit Lithium-Benzoat oder -Citrat werden in derselben Weise hergestellt.

Pastilli Lycopodii.

Trochisci Lycopodii. Lycopodium-Pastillen.

a) 250,0 Bärlappsamen,
350,0 Zucker, Pulver M/50,
400,0 Kakaomasse.

b) 500,0 Bärlappsamen,
150,0 Zucker, Pulver M/50,
350,0 Kakaomasse.

Man stellt 1000 Pastillen nach Verfahren 3 dar.

Pastilli Magnesii carbonici.

Trochisci Magnesii carbonici. Magnesiumkarbonat-Pastillen.

150,0 Magnesiumkarbonat,
850,0 Zucker, Pulver M/30,
q. s. mit gleicher Menge Wasser verdünnter Tragantschleim.

Man stellt 1000 Pastillen von 0,15 Gehalt nach Verfahren 1 her.

Einen Gehalt von 0,3 erreicht man, wenn man 300,0 Magnesiumkarbonat und 700,0 Zucker nimmt.

Pastilli Magnesii citrici.

Trochisci Magnesii citrici. Magnesiumcitrat-Pastillen.

2000,0 Magnesiumcitrat, Pulver M/30,
500,0 Zucker, „ „
q. s. mit gleicher Menge Wasser verdünnter Tragantschleim.

Man stellt 1000 Pastillen nach Verfahren 1 dar.

Pastilli Magnesiae ustae.

Trochisci Magnesiae ustae. Magnesia-Pastillen.

100,0 gebrannte Magnesia,
500,0 Zucker, Pulver M/50,
400,0 Kakaomasse.

Man stellt 1000 Pastillen nach Verfahren 3 her.

Pastilli Magnesio-Natrii lactici.

Trochisci Magnesio-Natrii lactici. Magnesium-Natriumlaktat-Pastillen.

Nach Verfahren 1:

50,0 Magnesiumlaktat,
50,0 Natriumlaktat,
900,0 Zucker, Pulver M/30,
q. s. mit gleicher Menge Wasser verdünnter Tragantschleim.

Nach Verfahren 2:

50,0 Magnesiumlaktat,
50,0 Natriumlaktat,

900,0 Zucker, Pulver M/20,
q. s. (35,0—40,0) mit gleicher Menge Wasser verdünnter Gummischleim.

Man stellt aus jeder Masse 1000 Pastillen her.

Werden diese Pastillen mit Pepsin verlangt, so setzt man obigen Mengen je 30,0 davon zu und bricht so viel am Zucker ab.

Pastilli Mannae.

Trochisci Mannae. Manna-Pastillen. Manna-Trochisken.

20,0 auserlesene Manna

verreibt man sorgfältig mit

70,0 Zucker, Pulver M/50,

mischt

10,0 arabisches Gummi, Pulver M/50,
2,0 Tragant, „ „

darunter und stösst mit

q. s. Mannasirup

zur Pillenmasse an.

Man formt 100 Pastillen nach Verfahren 4. Dient als Kinder-Abführmittel.

Pastilli Menthae piperitae.

Trochisci Menthae piperitae. Pfefferminz-Pastillen. Troches of Peppermint.

a)

Nach Verfahren 1:

1000,0 Zucker, Pulver M/30,
8,0 engl. Pfefferminzöl,
2,0 Krauseminzöl.
5 Tropfen Ingweröl,
q. s. mit gleicher Menge Wasser verdünnter Tragantschleim.

Nach Verfahren 2:

1000,0 Zucker, Pulver M/20,
8,0 englisches Pfefferminzöl,
2,0 Krauseminzöl,
5 Tropfen Ingweröl,
q. s. (35,0—40,0) mit gleicher Menge Wasser verdünnter Gummischleim.

Man stellt 1000 Pastillen her.

b) Vorschrift der Ph. U. St.

10,0 Pfefferminzöl,
800,0 Zucker, Pulver M/30,
q. s. Tragantschleim.

Die Masse soll 1000 Pastillen geben.

Der Tragantschleim der Ph. U. St. besteht aus 6,0 Tragant, 18,0 Glycerin, 76,0 destilliertem Wasser.

Pastilli Menthae piperitae Anglici.

Trochisci Menthae piperitae Anglici. Trochisci digestivi. Pastilli digestivi. Englische Pfefferminzpastillen.

100,0 Natriumbikarbonat, Pulver M/50,
50,0 Natriumchlorid, „ M/30,
7,0 englisches Pfefferminzöl,
1,0 Ingweröl,
800,0 Zucker, Pulver M/30,
q. s. arabischer Gummischleim.

Man stellt 1000 Pastillen nach dem Verfahren 1 her.

Unter der Bezeichnung „Englische Pfefferminz-Pastillen" versteht man auch zuweilen die nach der vorhergehenden Vorschrift hergestellten Pastillen.

Pastilli Morphii.

Trochisci Morphii. Morphium-Pastillen.

5,0 Morphinhydrochlorid,
500,0 Zucker, Pulver M/20,
q. s. mit gleicher Menge Wasser verdünnter Tragantschleim.

Nach Verfahren 1 stellt man 1000 Pastillen von 0,005 Morphiumgehalt her.

Gebräuchlich sind noch folgende Stärken:

0,0075
0,010
0,015
0,02
0,03.

Pastilli Morphii et Ipecacuanhae.

Pastilli pectorales. Trochisci Morphii et Ipecacuanhae. Morphine and Ipecacuanha Lozenges.

a) Vorschrift des Ergänzb. d. D. Ap. V.

0,150 fein zerschnittene Brechwurzel,
10,0 destilliertes Wasser

erhitzt man 2 Stunden im Dampfbad, seiht dann ab und dampft die Seihflüssigkeit zur Trockne ab.

Den Rückstand vermischt man sehr genau mit

0,1 Morphinhydrochlorid

und

100,0 Zucker, Pulver M/30,

und stellt 100 Pastillen nach Verfahren 1 her.

b) Vorschrift der Ph. Brit.

18,0 Tolubalsamtinktur

mischt man mit

95,0 Gummischleim (1 : 1,5)

setzt dazu eine Auflösung von

1,8 Morphinhydrochlorid

in

20,0 destilliertem Wasser

und zuletzt eine Mischung von

5,4 Brechwurzel, Pulver M/50,
40,0 arabischem Gummi, " M/30,
945,0 Zucker, " M/20.

Man knetet nun mit

q. s. Gummischleim

zur Masse und bereitet daraus 1000 Pastillen.

Pastilli Natrii bicarbonici.

Trochisci Natrii bicarbonici. Pastilli e Natrio hydrocarbonico. Trochisci Sodii Bicarbonatis. Natriumbikarbonat-Pastillen. Natron-Pastillen. Bicarbonate of Sodium Lozenges.

a) Nach Verfahren 1:

100,0 Natriumbikarbonat, Pulver M/30,
900,0 Zucker, " "
q. s. mit gleicher Menge Wasser verdünnter Tragantschleim.

Nach Verfahren 2:

100,0 Natriumbikarbonat, Pulver M/30,
900,0 Zucker, " M/20,
q. s. (35,0—40,0) mit gleicher Menge Wasser verdünnter Gummischleim.

Man fertigt 1000 Pastillen von je 0,1 Gehalt.

Nach Bedarf aromatisiert man obige Masse mit

5,0 engl. Pfefferminzöl,
5,0 Citronenöl,
2,0 Ingweröl,
0,5 Orangenblütenöl,
0,5 Rosenöl.

b) Vorschrift der Ph. Austr. VII.

3,0 fein gepulvertes Natriumbikarbonat,
45,0 gepulverten Zucker,
2 Tropfen Pfefferminzöl,

welch' letzteres in der nötigen Menge von

verdünntem Weingeist von 69 pCt

gelöst ist, mischt man mit einander und bereitet daraus eine Masse, aus der man 30 Pastillen formt.

Über die Unzweckmässigkeit der Verwendung von Weingeist vergleiche das Allgemeine (1) unter „Pastilli".

c) Vorschrift der Ph. Brit.

Man bereitet sie in derselben Weise und von demselben Gehalt, wie die Kaliumchloratpastillen Ph. Brit.

d) Vorschrift der Ph. U. St.

10,0 Muskatnüsse, Pulver M/15,

verreibt man innig mit

600,0 Zucker, Pulver M/50,

mischt

200,0 Natriumbikarbonat, Pulver M/30,

hinzu und formt mit

q. s. Tragantschleim

1000 Pastillen.

Pastilli Nitroglycerini.

Trochisci Nitroglycerini. Nitroglycerin-Pastillen.

a) mit 0,0005 g Gehalt:

0,5 Nitroglycerin,
100,0 Zucker, Pulver M/50,
100,0 Kakaomasse.

b) mit 0,001 g Gehalt:

1,0 Nitroglycerin,
100,0 Zucker, Pulver M/50,
100,0 Kakaomasse.

Man stellt aus jeder Masse 1000 Pastillen nach Verfahren 3 her.

Pastilli Opii.

Trochisci Opii. Opium-Pastillen.

Nach Verfahren 1:

10,0 Opium, Pulver M/30,
490,0 Zucker, " "
q. s. mit gleicher Menge Wasser verdünnter Tragantschleim.

Nach Verfahren 2:

10,0 Opium, Pulver M/30,
490,0 Zucker, " M 20,
q. s. (ca. 20,0) mit gleicher Menge Wasser verdünnter Gummischleim.

Man bereitet 1000 Pastillen von je 0,01 Gehalt.

Pastilli pectorales albi.

Trochisci bechici albi. Weisse Husten-Pastillen.

a) 30,0 Veilchenwurzel, Pulver M/50,
70,0 Süssholz, " "
200,0 Dextrin, " "
600,0 Zucker, " M/30,
20 Tropfen Anisöl,
q. s. weisser Sirup.

Man bereitet 1000 Pastillen nach Verfahren 1.

b) 50,0 Veilchenwurzel, Pulver M/50,
50,0 Süssholz, " "
50,0 Dextrin, " "
300,0 Zucker, " M/30,
3 Tropfen Rosenöl,

1 Tropfen Orangenblütenöl,
q. s. weisser Sirup.

Man bereitet 1000 Pastillen nach Verfahren 1.

Pastilli pectorales citrini.

Trochisci bechici citrini. Gelbe Husten-Pastillen.

50,0 Veilchenwurzel, Pulver M/50,
50,0 Süssholz, " "
50,0 Dextrin, " "
300,0 Zucker, " M/30,
10,0 Safran, Pulver M/30,
q. s. weisser Sirup.

Man bereitet 1000 Pastillen nach Verfahren 1.

Pastilli pectorales nigri.

Trochisci bechici nigri. Schwarze Husten-Pastillen.

25,0 Anis, Pulver M/20,
25,0 Fenchel, " "
50,0 Veilchenwurzel, " M/50,
100,0 Süssholz, " M/30,
2,0 Kumarinzucker,
300,0 Zucker, " M/30,
q. s. Süssholzsirup.

Man stellt 1000 Pastillen nach Verfahren 1 dar.

Pastilli pectorales opiati.

Trochisci pectorales opiati.
Opiumhaltige Husten-Pastillen.

100,0 Süssholzextrakt,
200,0 Süssholz, Pulver M/50,
5,0 Opium, " M/30,
10,0 Tragant, " M/50,
700,0 Zucker, " M/30,
q. s. Tragantschleim.

Man verreibt zuerst das Süssholzpulver mit dem erwärmten Extrakt, setzt dann die übrigen, vorher gemischten Pulver zu und stösst mit dem Tragantschleim zu einer knetbaren Masse, aus der man 1000 Pastillen formt, an. Jede Pastille enthält 0,005 Opium.

Pastilli Pepsini.

Trochisci Pepsini. Pepsin-Pastillen.

Nach Verfahren 1:

200,0 Pepsin,
10,0 Citronensäure,
100,0 Natriumchlorid, Pulver M/30,
690,0 Milchzucker, " "
q. s. Tragantschleim (unverdünnt).

Nach Verfahren 2:

200,0 Pepsin,
10,0 Citronensäure,
100,0 Natriumchlorid, Pulver M/30,
690,0 Milchzucker, " "
q. s. (13,0—14,0) mit gleicher Menge Wasser verdünnter Gummischleim.

Man formt 1000 Pastillen von je 0,2 Gehalt.

Die Pastilli Pepsini aciduli werden in der Weise bereitet, dass man den oben angegebenen Massen je 40,0 Citronensäure zusetzt.

Pastilli Podophyllini.

Trochisci Podophyllini. Podophyllin-Pastillen.

5,0 Podophyllin,
20,0 Süssholz, Pulver M/50,
2,0 Tragant, " "
60,0 Zucker, " "

stösst man mit

3,0 Glycerin v. 1,23 spez. Gew.,
q. s. Gummisirup

zur Pillenmasse an und formt 100 Pastillen nach dem Verfahren 4 daraus.

Pastilli purgantes.

Trochisci purgantes. Abführ-Pastillen.

a) 5,0 Jalapenharz, Pulver M/30,
10,0 Sennesblätter, " M/50,
10,0 Rhabarber, " "
2,0 Tragant, " "
70,0 Zucker, " "

stösst man mit

q. s. gereinigtem Tamarindenmus,

zur Pillenmasse an und formt 100 Pastillen nach dem Verfahren 4 daraus.

b) Vorschrift des Dresdner Ap. V.

Augenkügelchen.

5,0 Quecksilberchlorür,
10,0 Jalapenknollen, Pulver M/30,
3,0 Hirschhorn, " "
2,0 Scamoniumharz, " "
2,0 Zimtkassie, " M/50,
78,0 Zucker, " M/30,
5 Tropfen Zimtkassienöl.

Man stellt mit Hilfe von Tragantschleim 100 Pastillen nach Verfahren 1 her.

Pastilli Rhei.

Trochisci Rhei. Rhabarber-Pastillen.

150,0 Rhabarber, Pulver M/50,
50,0 Süssholz, " "
350,0 Zucker, " "
450,0 Kakaomasse,
2 Tropfen Kassiaöl.

Man stellt 1000 Pastillen nach Verfahren 3 her. Jede Pastille enthält 0,15 Rhabarber.

Das Süssholzpulver trägt wesentlich zur Verbesserung des Geschmacks bei.

Pastilli Saccharini.

Trochisci Saccharini. Saccharin-Pastillen.
Nach *B. Fischer.*

3,0 Saccharin,
2,0 entwässertes Natriumkarbonat,
50,0 Mannit

verreibt man fein mit einander, knetet unter Zusatz von verdünntem Weingeist von 68 pCt einen Teig und formt 100 Pastillen nach Verfahren 1 daraus.

Pastilli Salis Carolini.

Trochisci Salis Carolini. Karlsbader Salz-Pastillen.

1000,0 künstliches Karlsbader Salz, Pulver M/30,
500,0 Zucker, „ M/20.
q. s. (15,0—16,0) mit gleicher Menge Wasser verdünnter Gummischleim.

Nach Verfahren 2 stellt man 1000 Pastillen her. Eine Pastille ist in einem Glas heissem Wasser zu lösen.

Pastilli Salis Ammoniaci.

Pastilli Ammonii chlorati. Pastilli Liquiritiae.
Trochisci Salis Ammoniaci. Trochisci Liquiritiae.
Trochisci Ammonii chloridi. Salmiakpastillen.
Troches of Ammonium chloride.

a) Vorschrift der Ph. U. St.

500,0 Zucker, Pulver M/30,
250,0 Süssholzsaft, „ „
100,0 Ammoniumchlorid, „ „
20,0 Tragant „ M/50,
q. s. Tolubalsamsirup.

Die Masse soll 1000 Pastillen geben.

b) 100,0 Süssholz, Pulver M/50,
10,0 Ammoniumchlorid, „ M/30,
100,0 Süssholz, „ M/50,
30,0 Steinklee, „ „
10,0 Tragant, „ „
200,0 Zucker, „ M/30,
5 Tropfen Anisöl,
5 „ Fenchelöl

stösst man mit

q. s. weissem Sirup

zur Pillenmasse an und formt 1000 Pastillen nach dem Verfahren 1 daraus.

c) 20,0 Ammoniumchlorid, Pulver M/30,
60,0 Süssholzsaft, „ „
20,0 Süssholz, „ „
2 Tropfen Anisöl,
2 „ Fenchelöl,
q. s. Glycerinwasser.

Man stösst zur Masse und stellt 200 Pastillen nach dem Verfahren 1 daraus her. Man kann den Teig auch zu einem Kuchen ausrollen und Rhomben aus diesem schneiden. Man bestreut ihn dann mit Süssholz, Pulver M/30, bepinselt ihn, um ihn glänzend zu machen, mit Weingeist, lässt trocknen und zerschneidet.

Schliesslich trocknet man bei gelinder Wärme (20—25° C).

d) Vorschrift d. Dresdner Ap. V.

8,0 Ammoniumchlorid, Pulver M/30,
24,0 Süssholzsaft,
68,0 Zucker, Pulver M/30,
2 Tropfen Anisöl,
2 „ Fenchelöl.

Man stellt 100 Pastillen nach Verfahren 1 her.

Pastilli Santonini.

Trochisci Santonini.
Santonin-Pastillen. Wurm-Pastillen.

a) Vorschrift der Ph. Austr. VII.

2,5 gepulvertes Santonin,
100,0 gepulverter Zucker,
q. s. verdünnter Weingeist v. 68 pCt.

Man formt daraus 100 Pastillen.

Über die Unzweckmässigkeit der Verwendung von Weingeist vergleiche das Allgemeine (1) unter „Pastilli“.

b) Nach Verfahren 1:

25,0 gepulvertes Santonin,
475,0 Zucker, Pulver M/30,
0,25 roter Karmin,
10 Tropfen Ammoniakflüssigkeit,
q. s. mit gleicher Menge Wasser verdünnter Tragantschleim.

Den Karmin löst man im Ammoniak, bevor man ihn der Masse zusetzt.

c) Nach Verfahren 3:

25,0 Santonin, Pulver M/50,
275,0 Zucker, „ „
200,0 Kakaomasse.

In beiden Fällen stellt man 1000 Pastillen von je 0,025 Gehalt her. Sehr gebräuchlich ist auch ein Gehalt von 0,05. Man nimmt dann auf obige Massen statt 25,0

50,0 Santonin.

Pastilli Santonini purgantes.

Trochisci Santonini purgantes.
Pastilli vermifugi. Abführende Santonin-Pastillen.
Abführende Wurm-Pastillen.

25,0 Santonin, Pulver M/50,
25,0 Jalapenharz, „ M/30,
500,0 Zucker, „ M/50,
450,0 Kakaomasse.

Nach Verfahren 3 stellt man 1000 Pastillen her.

Pastilli Senegae.

Trochisci Senegae. Senega-Pastillen.

50,0 Senega-Dauerextrakt,
950,0 Zucker, Pulver M/30,
q. s. Tragantschleim (unverdünnt).

Man formt 1000 Pastillen nach Verfahren 1. Es sei hier erwähnt, dass 1 Teil Dauerextrakt die löslichen Bestandteile von 1 Teil Senegawurzel enthält.

Pastilli seripari acidi.

Trochisci seripari acidi. Molken-Pastillen.

250,0 Weinsäure, Pulver M/30,
250,0 Zucker, „ M/20,
500,0 Milchzucker, „ M/30,
q. s. (35,0—40,0) mit gleicher Menge Wasser verdünnter Gummischleim.

Man bereitet 1000 Pastillen nach Verfahren 2. Die gerade nach diesem Verfahren hergestellten Pastillen sind wegen ihrer raschen Löslichkeit und ihrer schnellen Wirksamkeit allen anderen vorzuziehen.

Auf 1 Liter Milch von 50—60° C nimmt man 5 Pastillen.

Pastilli seripari aluminati.

Trochisci seripari aluminati. Alaun-Molken-Pastillen.

2000,0 Alaun, Pulver M/30,
1000,0 Milchzucker, Pulver M/20,
q. s. (40,0—45,0) mit gleicher Menge Wasser verdünnter Gummischleim.

Man bereitet 1000 Pastillen nach Verfahren 2. Im übrigen gilt das zur vorigen Nummer Gesagte.

Pastilli seripari ferruginosi.

Trochisci seripari ferruginosi. Eisen-Molken-Pastillen.

200,0 Weinsäure, Pulver M/30,
100,0 *trockenes Eisenacetat,*
700,0 Milchzucker, Pulver M/20,
q. s. (13,0—14,0) mit gleicher Menge Wasser verdünnter Gummischleim.

Nach Verfahren 2 bereitet man 1000 Pastillen. Im übrigen gilt das bei „Pastilli seripari acidi“ Gesagte.

Pastilli seripari tamarindinati.

Trochisci seripari tamarindinati.
Tamarinden-Molken-Pastillen.

200,0 Weinsäure, Pulver M/20,
800,0 Milchzucker, „ „
20,0 Tamarindenextrakt,
q. s. (5,0—6,0) mit gleicher Menge Wasser verdünnter Gummischleim.

Das Extrakt verreibt man mit dem Milchzucker, mischt dann die Weinsäure, ferner den verdünnten Gummischleim hinzu, und verfährt weiter nach Verfahren 2, indem man 1000 Pastillen herstellt.

Das bei Pastilli seripari acidi Gesagte gilt auch hier.

Pastilli Stibii sulfurati aurantiaci.

Trochisci Stibii sulfurati aurantiaci.
Goldschwefel-Pastillen.

Nach Verfahren 1:

15,0 Goldschwefel,
485,0 Zucker, Pulver M/30,
q. s. mit gleicher Menge Wasser verdünnter Tragantschleim.

Nach Verfahren 2:

15,0 Goldschwefel,
485,0 Zucker, Pulver M/20,
q. s. (etwa 18,0) mit gleicher Menge Wasser verdünnter Gummischleim.

In beiden Fällen formt man 1000 Pastillen von je 0,015 Gehalt aus der Masse.

Pastilli Stibii sulfurati aurantiaci et Ipecacuanhae.

Trochisci Stibii sulfurati aurantiaci et Ipecacuanhae.
Goldschwefel-Ipecacuanha-Pastillen.

Nach Verfahren 1:

15,0 Goldschwefel,
7,5 Brechwurzel-Dauerextrakt,
480,0 Zucker, Pulver M/30,
q. s. mit gleicher Menge Wasser verdünnter Tragantschleim.

Nach Verfahren 2:

15,0 Goldschwefel,
7,5 Brechwurzel-Dauerextrakt,
480,0 Zucker, Pulver M/20,

q. s. (etwa 18,0) mit gleicher Menge Wasser verdünnter Gummischleim.

In beiden Fällen stellt man 1000 Pastillen von je 0,015 : 0,0075 Gehalt her.

Pastilli Stibii sulfurati aurantiaci et Morphii.

Trochisci Stibii sulfurati aurantiaci et Morphii. Goldschwefel-Morphium-Pastillen.

Nach Verfahren 1:

15,0 Goldschwefel,
5,0 Morphinhydrochlorid,
480,0 Zucker, Pulver M/30,
q. s. mit gleicher Menge Wasser verdünnter Tragantschleim.

Nach Verfahren 2:

15,0 Goldschwefel,
5,0 Morphinhydrochlorid,
480,0 Zucker, Pulver M/20,
q. s. (etwa 18,0) mit gleicher Menge Wasser verdünnter Gummischleim.

In beiden Fällen stellt man 1000 Pastillen von je 0,015: 0,005 Gehalt her.

Pastilli Stibii sulfurati nigri.

Trochisci Stibii sulfurati nigri. Schwefelantimon-Pastillen.

200,0 schwarzes Schwefelantimon,
400,0 Zucker, Pulver M/50,
400,0 Kakaomasse.

Man bereitet 1000 Pastillen nach Verfahren 3.

Pastilli stomachici.

Trochisci stomachici. Magen-Pastillen.

25,0 Galgantwurzel, Pulver M/50,
25,0 aromatisches Pulver,
5,0 Vanillinzucker,
1 Tropfen Angelikaöl,
1 „ Macisöl,
1 „ Pfefferminzöl,
250,0 Zucker, Pulver M/50,
200,0 Kakaomasse.

Man arbeitet 1000 Pastillen nach Verfahren 3.

Pastilli strumales.

Trochisci strumales. Kropf-Pastillen.

Nach Verfahren 1:

200,0 Schwammkohle, Pulver M/30,
100,0 Weizenstärke, „ M/50,
800,0 Zucker, „ „
10,0 Tragant, „ „
q. s. Tragantschleim, unverdünnt.

Man formt 1000 Pastillen aus der Masse. Die Vorschrift ist der Ph. Helvet. entnommen.

Pastilli contra tussim.

Trochisci contra tussim. Husten-Pastillen.

7,5 Benzoësäure,
7,5 Gerbsäure,
485,0 Zucker, Pulver M/30,
q. s. mit gleicher Menge Wasser verdünnter Tragantschleim.

Man arbeitet 1000 Pastillen von je 0,0075 Gehalt nach Verfahren 1.

Pastilli Sulfuris praecipitati.

Trochisci Sulfuris praecipitati. Schwefel-Pastillen.

Nach Verfahren 1:

200,0 gefällter Schwefel,
800,0 Zucker, Pulver M/30,
q. s. mit gleicher Menge Wasser verdünnter Tragantschleim.

Nach Verfahren 2:

200,0 gefällter Schwefel,
800,0 Zucker, Pulver M/20,
q. s. (35,0—40,0) mit gleicher Menge Wasser verdünnter Gummischleim.

In beiden Fällen stellt man 1000 Pastillen von je 0,2 Gehalt her.

Pastilli Thyreoïdeae.

Trochisci Thyreoïdeae. Schilddrüsenpastillen.

20,0 trockene Schilddrüsen, Pulver,
40,0 Zucker, Pulver M/50,
40,0 Kakaomasse.

Man stellt 100 Pastillen nach Verfahren 3 her.

Pastilli Vichyenses.

Trochisci Vichyenses. Vichy-Pastillen.

Nach Verfahren 1:

90,0 Natriumbikarbonat, Pulver M/30,
10,0 Kaliumbikarbonat, „ „
5,0 Natriumphosphat, „ „
5,0 Natriumchlorid, „ „
900,0 Zucker, „ „
q. s. mit gleicher Menge Wasser verdünnter Tragantschleim.

Nach Verfahren 2:

90,0 Natriumbikarbonat, Pulver M/30,
10,0 Kaliumbikarbonat, „ „
5,0 Natriumphosphat, „ „
5,0 Natriumchlorid, „ „

900,0 Zucker, Pulver M/20,
q. s. (35,0—40,0) mit gleicher Menge Wasser verdünnter Gummischleim.

Man bereitet in beiden Fällen 1000 Pastillen.

Pastilli vomici.

Trochisci vomici. Brech-Pastillen.

3,0 Brechweinstein,
60,0 Brechwurzel-Dauerextrakt,
40,0 Kakaomasse.

Man bereitet 100 Pastillen von je 0,03 : 0,6 Gehalt nach Verfahren 3.

Wünscht man die Pastillen halb so stark, so fertigt man aus obiger Masse 200 Pastillen.

Pastilli Zinci oxydati.

Trochisci Zinci oxydati. Zinkoxyd-Pastillen.

Nach Verfahren 1:

25,0 Zinkoxyd,
475,0 Zucker, Pulver M/30,
q. s. mit gleicher Menge Wasser verdünnter Tragantschleim.

Nach Verfahren 2:

25,0 Zinkoxyd,
475,0 Zucker, Pulver M/20,
q. s. (etwa 18,0) mit gleicher Menge Wasser verdünnter Gummischleim.

In beiden Fällen stellt man 1000 Pastillen von je 0,025 Gehalt her.

Pastilli Zingiberis.

Trochisci Zingiberis. Ingwer-Pastillen.
Troches of ginger.

a) Nach Verfahren 1:

100,0 Ingwer, Pulver M/50,
900,0 Zucker, „ M/30,
q. s. mit gleicher Menge Wasser verdünnter Tragantschleim.

Nach Verfahren 2:

100,0 Ingwer, Pulver M/50,
900,0 Zucker, „ M/20,
q. s. (35,0—40,0) mit gleicher Menge Wasser verdünnter Gummischleim.

In beiden Fällen stellt man 1000 Pastillen von je 0,1 Gehalt her.

b) Vorschrift der Ph. U. St.

200,0 Ingwertinktur,
1300,0 Zucker, Pulver M/50,

mischt man innig, trocknet an der Luft, verwandelt in Pulver M/30, mischt hinzu

40,0 Tragant, Pulver M/50,

und formt mit

q. s. Ingwersirup

1000 Pastillen.

Schluss der Abteilung „Pastilli".

Patinierungsflüssigkeit

für Kupfer, Rotguss, Bronce usw.

300,0 technisches Aluminiumsulfat

löst man in

800,0 warmem Wasser

und setzt der Lösung

360,0 verdünnte Essigsäure v. 30 pCt

zu.

Andrerseits reibt man

150,0 Schlemmkreide

mit

200,0 Wasser

an und trägt diese Verreibung unter Rühren nach und nach in jene Lösung ein.

Mit dieser Mischung bepinselt man die vorher *fettfrei geriebenen* zu patinierender Kupfer- oder Bronce-Gegenstände.

Die Patina entwickelt sich, besonders in trockener Witterung ziemlich rasch.

Pepsinum effervescens.

Brausendes Pepsin.

5,0 Pepsin,
10,0 Natriumchlorid,
20,0 Citronensäure,
20,0 Weinsäure,
50,0 Natriumbikarbonat,
95,0 Zucker,
50,0 Weingeist von 90 pCt.

Bereitung wie bei Coffeïnum citricum effervescens.

Pepsinum effervescens c. Bismuto citrico-ammoniato.

Brausendes Pepsin-Wismut.

5,0 Pepsin,
5,0 Wismut-Ammoniumcitrat,
10,0 Natriumchlorid,
20,0 Citronensäure,
20,0 Weinsäure,
50,0 Natriumbikarbonat,
90,0 Zucker,
50,0 Weingeist von 90 pCt.

Bereitung wie bei Coffeïnum citricum effervescens.

Perkolieren.

Deplacieren. Verdrängen.

Das Perkolieren, Deplacieren oder Verdrängen im pharmazeutischen Sinn besteht darin, dass man zerkleinerte Pflanzenteile mit einer nur zur Entstehung einer gesättigten Lösung hinreichenden Menge von Lösungsmittel übergiesst, dann die entstandene Lösung langsam entfernt und in demselben Mass gleichzeitig durch frisches Lösungsmittel ersetzt, bis der Pflanzenteil seiner löslichen Stoffe beraubt ist.

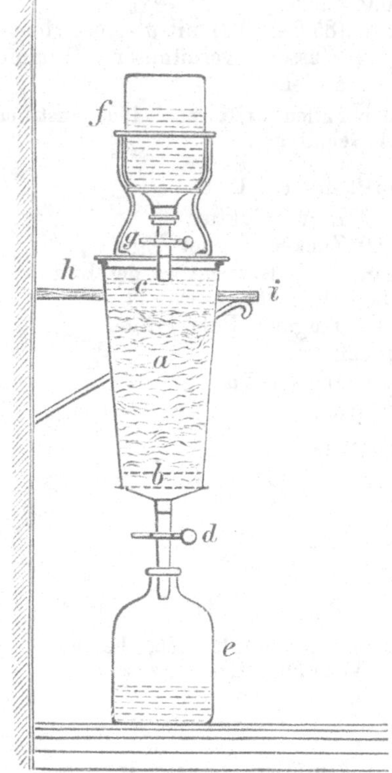

Abb. 33.

*Christ-Dieterich*scher **Perkolator.** †

a) Raum zur Aufnahme der auszuziehenden Pflanzenteile;
b) Filtrier-Vorrichtung;
c) überstehende Flüssigkeit;
d) Hahn zum Regulieren des Abflusses; Vorlage;
e) selbtthätige Nachfüllflasche;
f) Hahn zum Verschliessen oder Öffnen der
g) Nachfüllflasche;
h) Verschlussdeckel;
i) Gestell, an der Wand zu befestigen.

† S. Bezugsquellen-Verzeichnis.

Die zu dieser Vornahme notwendigen Apparate nennt man Deplacier- oder Verdrängungs-Apparate, Perkolatoren.

Dieselben sind in der Hauptsache konische Cylinder, deren dünnerer Teil nach unten gerichtet ist, enthalten in der Spitze eine Filtriervorrichtung und einen zum Regeln des Abflusses dienenden Glashahn.

Die Verdrängungsapparate stellt man aus Glas, Chamotte, verzinntem Kupfer und emailliertem Eisenblech her. Ich selbst benützte seit Jahren Verdrängungsapparate, aus allen diesen Stoffen hergestellt, kann aber das emaillierte Eisenblech als das geeignetste Material empfehlen.

Die Kupferschmiede und Maschinenfabrik von *Gust. Christ* in Berlin, Fürstenstr. 17, liefert grössere Verdrängungsapparate aus verzinntem Kupfer und auf meine Veranlassung hin auch kleinere aus emailliertem Eisenblech. Die letzteren, in 3 Grössen hergestellt, haben in der Hauptsache die von mir praktisch erprobte Form und führen die Bezeichnung „*Christ-Dieterich*sche Perkolatoren".

Siehe Abbildung 33.

Hübsche Verdrängungsapparate aus Glas, in der Form dem von mir angegebenen ähnlich (siehe Abbildung 34), stellen *von Poncets* Glashüttenwerke in Berlin SO, Köpenickerstr. 54, her. Die Behandlung ist die des *Christ-Dieterich*schen.

Um nun einen Verdrängungsapparat zu beschicken, feuchtet man zunächst 2 Teile der nach Möglichkeit fein gepulverten Pflanzenteile mit 1 Teil derjenigen Flüssigkeit, welche man zum Ausziehen benützen will, gleichmässig an, drückt die feuchte Masse in den unten mit einer starken Lage entfetteter Watte verschlossenen Verdrängungsapparat ein und lässt, nachdem man entsprechend viel Flüssigkeit (Menstruum) aufgegossen hat, die Abflussöffnung des Apparates so lange unverschlossen, bis die Luft ausgetrieben ist und die durchgedrungene Flüssigkeit abzutropfen beginnt. Man verschliesst nun den Abfluss, lässt 2 Tage macerieren und beginnt dann mit dem Verdrängen in der Weise, dass man unter stetem

Nachgiessen in der Minute 15—20 Tropfen in das Sammelgefäss austreten lässt und damit so lange fortfährt, als der Ablauf gefärbt erscheint. Wollte man diese Arbeit durch rascheres Ablaufenlassen — das D. A. IV. lässt z. B. 40 Tropfen in der Minute ablaufen — beschleunigen, so würde man die Erschöpfung keineswegs früher wie mit langsamem Abtropfen erreichen, dafür aber entsprechend mehr Lösungsmittel verbrauchen.

Das letztere beansprucht zur Aufnahme der löslichen Teile eine bestimmte Zeit, die sich nur durch Verwendung fein gepulverter Substanz, sonst aber durch nichts abkürzen lässt.

Das Deutsche Arzneibuch IV. lässt bei der Bereitung der Fluidextrakte mittelfein gepulverte Pflanzenteile zum Verdrängen verwenden. Es ist dies bedauernswert, weil dadurch das Ausziehen erschwert und infolgedessen der Verbrauch an Lösungsmittel vermehrt wird. Der zurückzustellende erste Auszug enthält in diesem Fall weniger an löslichen Teilen, wie bei Verwendung feinen Pulvers, also müssen im Nachlauf unverhältnismässig grössere Mengen von löslichen Teilen dem Erhitzen des Eindampfens ausgesetzt werden!

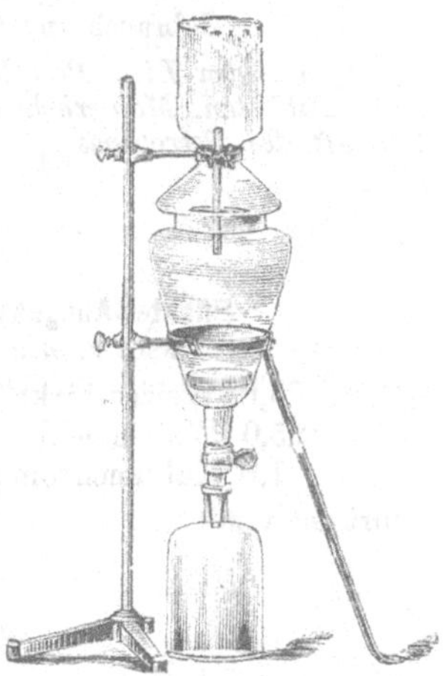

Abb. 34. **Glas-Perkolator** der *von Poncet*schen Glashütten-Werke. †

Wird während der Arbeit das Nachgiessen versäumt und ist das Pulver nicht mehr von Flüssigkeit bedeckt, so tritt damit eine wesentliche Verzögerung der Arbeit ein. Um das Leerlaufen zu verhindern und beim Nachgiessen überhaupt eine gewisse Regelmässigkeit zu erreichen, bedeckt man den Verdrängungsapparat mit einer starken Pappscheibe, in deren Mitte sich ein kreisrundes Loch von 5—10 cm Durchmesser befindet. Man füllt nun eine Enghalsflasche mit Lösungsmittel, steckt die Pappscheibe über den Hals, hält die Öffnung mit einer Hand zu, stürzt um und setzt so die Flasche mit der Pappscheibe auf den Verdrängungsapparat auf, dass der Hals der Flasche in den Verdrängungsapparat reicht. Es wird nun dem Verdrängungsapparat so viel Lösungsmittel zufliessen, bis die steigende Flüssigkeit den Flaschenhals berührt und weiteres Ausfliessen hindert.

Siehe Abbildung 33 und 34.

Kein anderes Extraktionsverfahren leistet in Bezug auf erschöpfendes Ausziehen und hohe Ausbeuten so viel, als das Verdrängen; aber keines beansprucht auch so viel Zeit. Sie wird sich deshalb mehr für Arbeiten in kleinem, als im grossen Umfang eignen.

Die Frage, welche Form von Verdrängungsapparaten, die konische oder die cylindrische, die zweckentsprechendste sei, kann ich auf Grund eigener und von amerikanischen Schriftstellern veröffentlichten Erfahrungen dahin beantworten, dass der nach unten sich verjüngenden Form bei weitem der Vorzug gebührt.

Die Anwendung von hydraulischem Druck, wie sie öfters empfohlen wird, bringt keinen nennenswerten Nutzen und ist deshalb entbehrlich.

Mit kleinen Apparaten lassen sich — zahlreiche Versuche haben dies ergeben — gleichmässige Werte nicht erzielen, so dass die hieraus gezogenen Schlüsse zumeist falsch sind. Zuverlässige Berechnungen über die Leistungsfähigkeit verschieden geformter Apparate sind nach meinen Beobachtungen nur möglich, wenn diese Apparate mindestens 10 Liter fassen.

Eine erschöpfende Abhandlung über die Ausführung der Verdrängung, sowie über die verschiedenen Verdrängungsapparate befindet sich Pharm. Centralhalle 1884, No. 26 und 27.

Vergleiche weiter unter „Extracta fluida".

Perücken-Klebwachs.

200,0 Dammar,
200,0 gereinigtes Fichtenharz,
400,0 gelbes Wachs,
200,0 Lärchenterpentin

schmilzt man l. a., seiht durch, löst in der Seihflüssigkeit

0,5 Alkannin

und parfümiert mit

10 Tropfen Bergamottöl,
10 „ Citronenöl,
5 „ franz. Geraniumöl.

Petroleumverbesserungs-Tabletten.

90,0 Naphtalin,
10,0 Kampfer in Pulverform

† S. Bezugsquellen-Verzeichnis.

mischt man und stellt daraus komprimierte Tabletten von 1 g Gewicht her.

Gebrauchsanweisung:

„In einem Liter Petroleum löst man 5 bis 10 Tabletten. Man erhöht dadurch die Leuchtkraft des Petroleums.“

Pflaster-Ausgusspapier.

Nach *E. Dieterich.*

75,0 Weizenstärke,
25,0 Weizenmehl,
1,0 Kaliumchromat

rührt man mit

100,0 Wasser

an und setzt dann

900,0 kochendes Wasser,

in welchem man

10,0 Glycerin v. 1,23 spez. Gew.,
10,0 Traubenzucker,
2,5 Bleiacetat

löste, zu. Man erhält einen dünnen, blassgelb gefärbten Kleister, welchem man noch warm mit einem breiten Fischhaarpinsel auf starkes Schreibpapier möglichst gleichmässig aufträgt. Das gestrichene Papier trocknet man in einem kühlen Zimmer, legt es dann gleichmässig aufeinander und presst es 24 Stunden in einer Schraubenpresse.

Obige Masse giebt 50—55 Bogen von 33/42 cm Format.

Pilulae.

Pillen.

Mit dem Namen „Pillen“ bezeichnet man Kügelchen von etwa 0,10—0,15 g Gewicht welche aus einer anfänglich bildsamen Masse hergestellt werden und die Eigenschaft besitzen, im Magendarmkanal zu zerfallen.

Über die Herstellung der Pillen schreibt das D. A. IV.:

„Zur Herstellung von Pillen werden die Arzneistoffe, nötigenfalls mit einem geeigneten Bindemittel sorgsam gemischt, zu einer bildsamen Masse angestossen, und sodann in kugel- (selten ei- oder walzenförmige) Gestalt gebracht. Ist ein bestimmtes Bindemittel überhaupt nicht oder in unzureichender Menge verordnet, so dienen als solches gepulvertes Süssholz und gereinigter Süssholzsaft, die Bindemittel sind, wenn thunlich, in einer solchen Menge anzuwenden, dass die einzelne Pille einem Gesamtgewicht von 0,1 g entspricht. Enthält die Pillenmasse Körper, welche sich mit organischen Stoffen leicht zersetzen, z. B. Silbernitrat, so sind, wenn nicht etwas anderes verordnet ist, als Bindemittel weisser Thon und Glycerin zu benützen. Zur Herstellung einer Pillenmasse, welche Balsame, ätherische oder fette Öle in erheblicher Menge enthält, darf ein Zusatz von gelbem Wachs verwendet werden.

Zum Bestreuen der Pillen ist, wenn nicht etwas anderes vorgeschrieben ist, Bärlappsamen zu verwenden. Zum Lackieren benützt man eine alkoholische Lösung von Tolubalsam, zum Überziehen mit weissem Leim eine im Wasserbade hergestellte Lösung von 1 Teil weissem Leim in 3 Teilen Wasser, zum Versilbern reines Blattsilber.

Diese Angaben sind nach den folgenden Richtuugen hin zu ergänzen:

Bei der Anfertigung der Pillen kann man drei Abschnitte unterscheiden, nämlich die Bereitung der Pillenmasse, die Herstellung der Pillenstränge und das Formen der Pillen.

Die Bereitung der Pillenmasse ist eine Arbeit, welche Übung und Erfahrung erfordert. Der Zusatz an Bindemittel soll sowohl der Natur des Arzneimittels entsprechen, als auch so gewählt werden, dass die Masse bildsam wird, ohne dass die Pillen zu gross ausfallen oder durch Austrocknen unlöslich im Verdauungskanal werden.

Letzterer Umstand wird vor allem leicht durch Verwendung von Eibischpulver an unrechter Stelle bedingt; man vermeide dieses nach Möglichkeit, verwende es aber niemals in Verbindung mit Gummischleim, sondern ersetze denselben durch verdünntes Glycerin.

Zur Bindung von Kreosot schlägt man besser andere Wege, als den des D. A. IV. ein, die in den betreffenden Vorschriften erörtert sind.

Wasserlösliche Salze in grösseren Mengen geben zuweilen sehr schlechte Pillenmassen; hier hilft der Zusatz von 1/5 Tragant, den man mit dem Salz verreibt, ehe man unter vorsichtigem Zusatz von Wasser zu kneten beginnt.

Pillenmassen aus Ferrosulfat und Alkalibikarbonat entwickeln Kohlensäure; man verfährt mit diesen, wie unter Pilulae Blaudii angegeben.

Pillenmassen, welche nicht gut gebunden sind, versetzt man in erbsengrossen Stücken mit nachstehendem Pillenmassen-Bindemittel.

In der Rezeptur bedient man sich zum Anstossen der Pillenmasse des Mörsers; zur Herstellung grösserer Mengen kann man diesen jedoch nicht benützen, weil das „Anstossen“ mit einem gewissen Kneten verbunden ist, dessen Möglichkeit die Vergrösserung der Mörserkeule ein Ziel setzt. Von den zu diesem Zweck eigens gebauten Maschinen und Vorrichtungen empfiehlt sich wegen seiner grossen Einfachheit der nebenstehend abgebildete Pillenmasseknetapparat von *E. A. Lentz* in Berlin. Unter abwechselndem Zusatz von Pflanzenpulver und Bindemittel lässt sich mit dieser Vorrichtung ein Teig bis zu 1 Kilo zusammenwalken. Der Apparat wird in zwei Ausführungen geliefert, aus Holz zum Anschrauben an den Tisch und ganz aus Eisen und dabei heizbar.

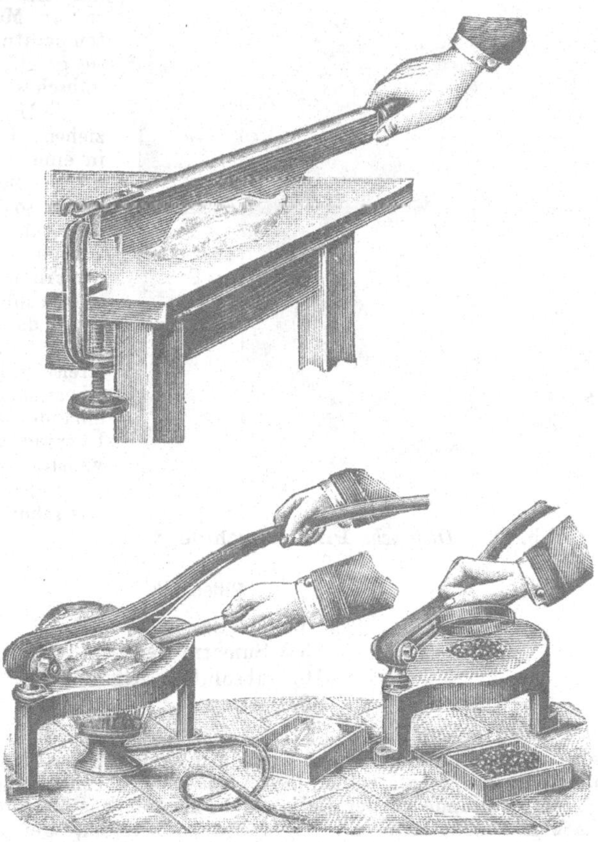

Abb. 35.
Pillenmasseknetapparate von *E. A. Lentz* in Berlin.

Die Herstellung der Pillenstränge durch Ausrollen ist nicht schwierig, wenn die Pillenmasse eine vorzügliche ist. Beim Arbeiten im Grossen presst man die Pillenstränge in der Pillenstrangpresse (siehe unter „Pressen“) und erzielt dadurch eine Gleichmässigkeit der Dicke, wie sie beim Ausrollen der Masse zu erreichen nicht möglich ist.

Das Formen der Pillen geschieht sowohl im Grossbetriebe, wie in der Rezeptur mittels besonderer Maschinen. Es kommen aus England Maschinen, welche aus drei mit auf einander passenden Kanälen versehenen Walzen bestehen. Die Walzen drehen sich gegen einander und zerschneiden den eingelegten Strang zu mehr oder weniger (gewöhnlich letzteres) runden Pillen.

In Deutschland baut *Kilian* in Berlin Maschinen, welche nur eine mit Kanälen versehene Walze tragen; dieselbe legt sich gegen eine gebogene, ebenfalls ausgekehlte Platte an und zerschneidet an dieser, wenn die Walze gedreht wird, den eingelegten Strang. Wenn auch die deutsche Maschine nicht entfernt das leistet, was sie sollte, so ist sie doch entschieden besser, als die englische Konstruktion. — Eine Rezeptur-Pillenmaschine von *Adolf Vomáčka* in Prag versinnbildlicht eine hübsche Idee, die Stränge herzustellen, während die Schneidevorrichtung der *Kilian*schen nachgebildet ist. Die Maschine hat vor allem die Aufgabe, das Arbeiten mit den Fingern zu vermeiden. So viel steht wohl fest, dass die bekannte Handmaschine noch nicht entbehrt werden kann und dass sie für kleine Mengen, wie sie in der Rezeptur vorkommen, dem Zweck am meisten entspricht. Sollte eine Verbesserung angebracht werden, so musste dies nach meiner Meinung bei der Handmaschine geschehen.

Ich glaube dies dadurch erreicht zu haben, dass ich bei der bisher üblichen Handmaschine das untere Schneidezeug muldenförmig und das obere gewölbt herstellen liess. Legt man den Strang zum Schneiden auf, so kann er, während dies vor sich geht, nicht ausgleiten.

Die Pillen können daher beliebig lang zwischen dem Schneidezeug bearbeitet und, wenn der Strang die zum Schneidezeug passende Stärke hat, vollständig gerundet werden.

Das Rollen der Pillen mit dem Fertigmacher (Pillenroller), ebenso das Bestreuen und Versilbern der Pillen kann ich, da diese Arbeiten keine Schwierigkeiten verursachen, übergehen. Ich will dagegen das Überziehen mit Gelatine, Kakaoöl, Lack, Kollodium, Keratin, Zucker, Chokolade, so weit meine Erfahrungen reichen, kurz berühren.

Das Gelatinieren führt man am kürzesten dadurch aus, dass man in eine erwärmte, grössere Abdampfschale 2,5 einer warmen Gelatinelösung (1 : 10) bringt, 100 getrocknete Pillen möglichst rasch darin so lange rollt, bis die Masse gleichmässig verteilt ist und dieselben nun auf ein mit einigen Tropfen Öl abpoliertes Weissblech bringt, und zwar in der Weise, dass sich die Pillen unter einander nicht berühren. Man trocknet einige Stunden in Zimmertemperatur und wiederholt das Verfahren. Die so gelatinierten Pillen bekommen ein sehr hübsches Aussehen.

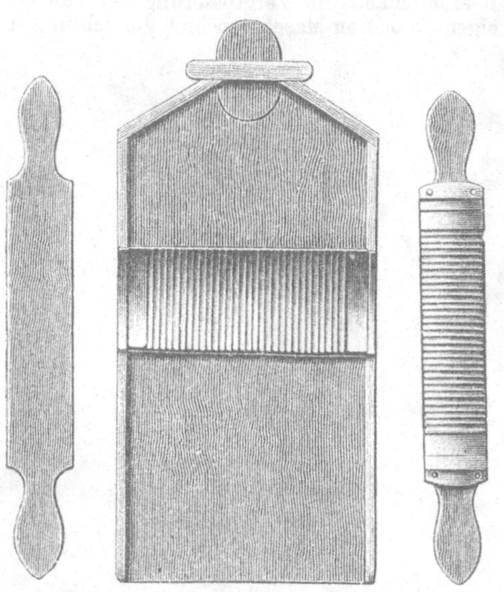

Abb. 36. *Dieterichs* **Pillenmaschine.** †

Um die Pillen mit Kakaoöl zu überziehen, bringt man 1,0 geschmolzenes Kakaöl in eine gleichmässig erwärmte, entsprechend grosse Abdampfschale und rollt 100 getrocknete Pillen so lange darin, bis sie gleichmässig geölt sind. Die Arbeit geht am besten bei einer Temperatur von 12—13° C vor sich. Man lässt die Pillen 1 Stunde in kühler Temperatur und wiederholt das Verfahren. Es ist eine Hauptsache dabei, eine grosse Schale zu verwenden, damit man die Pillen schnell und im grossen Kreise rollen lassen kann. Das Erstarren des Überzugs erkennt man, wenn die anfänglich an einanderhängenden Pillen sich trennen. Der Überzug muss, wenn die Arbeit gelungen ist, vollständig glänzend aussehen.

Ein geeigneter Lack für Pillen besteht, wie schon früher unter „Pillenlack“ angegeben, aus

Pillenlack.

5,0 Mastix,
5,0 Sumatra-Benzoë,
10,0 absolutem Alkohol,
80,0 Äther.

Die Arbeit des Lackierens besteht darin, dass man 100 gut getrocknete Pillen in eine grosse Porzellanschale bringt, 2,0 Lack zugiesst und nun möglichst rasch die Pillen so lange in der Schale rollen lässt, bis sie sich von einander trennen. Man trocknet nun die Pillen $^1/_2$ Stunde an der Luft und wiederholt das Verfahren. Es ist ein grosser Fehler, den Lack mit mehr Harz, als angegeben zu bereiten, weil er dadurch zu viel Klebkraft erhält, während man mit dünneren und aus festeren Harzen bestehenden Lacken die Pillen fertig aus der Schale bringt, freilich aber, um die genügende Menge Harz auf die Pillen zu bringen, 2—3 mal lackieren muss.

Einen Kollodium-Überzug giebt man in der eben beschriebenen Weise, muss aber das Kollodium mit seinem zweifachen Gewicht Äther verdünnen und das Überziehen 2—3 mal vornehmen.

Das Keratinieren der Pillen erfordert, dass die Pillen aus einer Masse, welche sich ausser dem Arzneistoff aus Süssholzpulver und Talg oder Kakaoöl (letztere als Bindemittel) zusammensetzt, bestehen. Diese Talgpillen werden 2—3 mal mit einer ammoniakalischen Keratinlösung überzogen. Will man den eingehüllten Arzneistoff vor der Einwirkung des in der Keratinlösung enthaltenen Ammoniaks schützen, so giebt man den Pillen vor der Keratinierung einen Überzug von Kakaoöl. — Sollen Pillen keratiniert werden, deren Bindemittel nicht Talg, sondern z. B. ein Pflanzenextrakt ist, dann macht es sich notwendig, den Pillen vor dem Keratinieren einen dünnen Kollodiumüberzug zu geben.

Das Überziehen der Pillen mit Salol, anstatt mit Keratin, hat sich nach meinen Versuchen nicht bewährt.

Das Überzuckern, Kandieren oder Dragieren wird am schönsten im Dragéekessel, wie er in Zuckerwarenfabriken gebräuchlich ist, ausgeführt. Der Dragéekessel ist aus Kupfer hergestellt und zumeist verzinnt. Er kann durch eine Dampfschlange geheizt und sowohl durch Hand- als auch durch Motorbetrieb in Bewegung gesetzt werden. Nebenstehende Abbildung zeigt einen Dragéekessel von *Gust. Christ* in Berlin, der besonders zum Überziehen von Pillen eingerichtet ist.

† S. Bezugsquellen-Verzeichnis.

Bei kleineren Mengen bedient man sich ebenfalls einer grossen Abdampfschale Man feuchtet zu dem Zweck 100 Pillen mit q. s. weissem Sirup an, setzt dann nach und nach q. s. einer Mischung, welche aus

15,0 Zucker,
70,0 Stärke,
15,0 bestem arabischem Gummi, sämtlich Pulver M/50,

besteht, zu, und rollt so lange, bis die Pillen nicht mehr aneinander kleben. Man verfährt nun nochmals genau wie vorher, bringt dann die Pillen in eine andere Schale, in welcher sich 0,5 Talkpulver befinden, und setzt hier das Rollen fort, um dem Überzug Glanz zu verleihen. Schliesslich trocknet man an der Luft und reibt die trockenen Pillen mit einem weissen Tuch gut ab, damit alles überflüssige Talkpulver entfernt wird.

Abb. 37. **Dragéekessel von *Gust. Christ* in Berlin.**

Will man auf den Glanz verzichten, so kann man einfacher so verfahren, dass man die mit weissem Sirup befeuchteten Pillen mit einem Überschuss obiger Mischung anschüttelt, letzteren absiebt und die Pillen nach dem Trocknen noch einige Male so behandelt.

Das Überziehen der Pillen mit Chokolade ist ähnlich wie das Dragieren, nur dass man eine Pulvermischung von

40,0 Kakao,
60,0 Zucker, Pulver M/50,

anwendet, die Pillen, wenn der Überzug dick genug erscheint, einige Stunden an der Luft trocknet und dann in einer Abdampfschale, die man im Wasserbad auf 35° C erwärmt hat; bis zum Erkalten rollt. Wenn die Pillen erkaltet sind, erhöht man ihren Glanz dadurch, dass man sie abermals rollt und zwar unter Zusatz von einigen Tropfen einer mit dem gleichen Raumteil Äther verdünnten Benzoëtinktur.

Pillenmassen-Bindemittel.

Bindemittel für Pillenmassen.

20,0 Tragant, Pulver M/50,

reibt man mit

65,0 Glycerin v. 1,23 spez. Gew.

an und setzt, wenn die Masse vollständig gleichmässig ist,

15,0 destilliertes Wasser

zu.

Man bewahrt das nun fertige Bindemittel in verschlossenen Glasbüchsen auf und fügt Pillenmassen, welche nicht bildsam sind, erbsengrosse Stücke davon zu.

Pilulae Agaricini.

Vorschrift des Münchner Ap. Ver.

0,5 Agaricin.
7,5 *Dower*sches Pulver,
5,0 Süssholz, Pulver M/50,
q. s. gereinigter Süssholzsaft.

Man bereitet daraus 100 Pillen.

Pilulae aloëticae.

Pilulae Aloës.

a) 15,0 Aloëextrakt,
q. s. Seifenspiritus.

Man bereitet daraus 100 Pillen und bestreut mit Süssholzpulver.

b) Form. magistr. Berol.

5,0 Aloë, Pulver M/30,
3,0 Jalapenseife,
q. s. Weingeist von 90 pCt.

Man bereitet daraus 50 Pillen.

Die nach a) und b) bereiteten Pillen lassen sich, wenn sie trocken sind, gut überzuckern.

Pilulae aloëticae ferratae.

Pilulae Italicae nigrae. Pills of aloes and iron. Eisenhaltige Aloëpillen.

a) Vorschrift des D. A. IV.

1 Teil getrocknetes Ferrosulfat
und
1 Teil gepulverte Aloë

werden gemischt und mit Hilfe von Seifenspiritus zu einer Pillenmasse verarbeitet, aus welcher 0,1 g schwere Pillen geformt werden. Den Pillen wird mit Aloëtinktur ein glänzendes, schwarzes Aussehen gegeben.

Um den Pillen Glanz zu geben, hält man besser das folgende Verfahren ein:

Man trocknet die Pillen in einer Temperatur, welche 20° C nicht übersteigt, und rollt sie dann in einer entsprechend grossen Abdampfschale unter Zusatz von sehr kleinen Mengen Weingeist von 90 pCt. Man trocknet dann wieder mehrere Tage in einer 20° C nicht übersteigenden Temperatur und bewahrt schliesslich auf. Statt des Weingeists beim Rollen kann man auch die vom Deutschen Arzneibuch vorgeschriebene Aloëtinktur nehmen, aber der Weingeist verdient den Vorzug, weil durch diese Behandlung die Pillen weniger klebend werden. Dabei wird der Zweck, die Pillen glänzend zu machen, in gleicher Weise, erreicht.

Beim Anstossen der Masse hat man sich vor einem Zuviel an Seifenspiritus zu hüten; man schützt sich dadurch davor, dass man den Mörser gelind erwärmt. Ein zu grosser Zusatz von Seifenspiritus hat zur Folge, dass die aus der Masse geformten Pillen später breit laufen.

Empfehlenswert für diese Pillen ist das Überziehen mit Zucker.

b) Vorschrift der Ph. Brit.

30,0 fein geriebenes Ferrosulfat,
40,0 Barbadosaloë, Pulver M/30,
60,0 zusammengesetztes Zimtpulver,
q. s. Rosenkonserve.

Man bereitet Pillen von 0,3 Gewicht.

Pilulae Aloës et Myrrhae.

Pills of aloes and myrrh.

a) Vorschrift der Ph. Brit.

40,0 Socotrinaloë, Pulver M/50,
20,0 Myrrhe, „ M/20,
10,0 Safran, Pulver M/20,
20,0 weisser Sirup,
q. s. Glycerin v. 1,23 spez. Gew.

Man bereitet Pillen von 0,3 Gewicht.

b) Vorschrift der Ph. U. St.

13,0 durch Weingeist gereinigte Socotrinaloë, Pulver M/30,
6,0 Myrrhe, „ „
4,0 aromatisches Pulver,
q. s. weisser Sirup.

Man bereitet daraus 100 Pillen.

Pilulae Aloës et Saponis.

Aloë-Seife-Pillen. Seifehaltige Aloëpillen.

5,0 Aloë,
2,5 medizinische Seife,
q. s. Wasser.

Man bereitet 50 Pillen.

Pilulae alterantes n. *Plumer*.

Plumers säfteverbessernde Pillen.

1,0 Plumers säftebesserndes Pulver,
1,0 Süssholzsaft, Pulver M/30,
1,0 Altheewurzel, „ M/50,

mischt man, stösst mit

q. s. destilliertem Wasser

zur Pillenmasse an und formt so viel Pillen daraus, dass jede 0,04 Pulvis Plumeri enthält. Die Vorschrift entstammt der Ph. Helvet.

Pilulae anethinae.

Vorschrift d. Münchn. Ap. Ver.

5,0 Aloë, Pulver M/30,
5,0 Koloquinten, „ „
5,0 Scamoniumharz, „ „
3,75 Jalapenharz, „ „
2,5 Nieswurzextrakt,
q. s. Gummischleim.

Man formt daraus 180 Pillen.

Pilulae antiphlogisticae n. *Hager*.

Hagers Katarrh-Pillen.

10,0 Chinidinsulfat,
7,0 Tragant, Pulver M/50,
3,0 Altheewurzel, „ „
3,0 Enzianwurzel, „ „
1,0 Sandelholz, „ „
7,5 Glycerin v. 1,23 spez. Gew.
7,5 Salzsäure.

Man bereitet 200 Pillen und bestreut mit Zimtpulver. Bei Gegenwart der Chlorwasser-

stoffsäure dürfte das Überziehen mit Kakaoöl, mehr wie das Bestreuen zu empfehlen sein.
Die Pillen sind ein vorzügliches Vorbeugungsmittel bei Influenza usw.

Die Gebrauchsanweisung lautet:

„Täglich zwei bis drei Mal je zwei Stück zu nehmen.“

Pilulae aperitivae n. *Stahl*.

*Stahl*sche Pillen.

6,0 Aloëextrakt,
3,0 zusammengesetztes Rhabarberextrakt,
1,5 zusammengesetztes Koloquintenextrakt,
1,5 Eisenpulver.

Man bereitet 100 Pillen und bestreut mit Lykopodium.

Pilulae Argenti colloidalis majores.

Vorschriften d. Dresdner Ap. V.

a) grössere:

1,0 kolloidales Silber,
10,0 Milchzucker, Pulver M/30,
q. s. Glycerin v. 1,23 spez. Gew.

Man bereitet eine bildsame Masse und daraus Pillen.
Zum innerlichen Gebrauch!

b) kleinere (Granulae):

5,0 kolloidales Silber,
2,5 Milchzucker, Pulver M/30,
q. s. Glycerin v. 1,23 spez. Gew.

Man bereitet eine bildsame Masse und daraus 100 Körner (Granulae).
Zum äusserlichen Gebrauch!

Pilulae arsenicales n. *Hebra*.

Hebras Arsenikpillen.

0,5 arsenige Säure,
5,0 Süssholzsaft, Pulver M/30,
5,0 Süssholz, „ M/50,
q. s. Gummischleim.

Man stellt 100 Pillen daraus her und bestreut mit Lykopodium.

Pilulae Asae foetidae.

Asant-Pillen.

15,0 Asant,
q. s. verdünnter Weingeist v. 68 pCt.

Man bereitet 100 Pillen und überzieht sie mit Gelatine.

Pilulae asiaticae.

a) Form. magistr. Berol.

0,05 arsenige Säure,
1,5 schwarzer Pfeffer, Pulver M/30,
3,0 Süssholz, „ M/50,
q. s. Gummischleim.

Man bereitet 50 Pillen.

b) Vorschrift d. Ergänzb. d. D. Ap. V.

1,0 arsenige Säure,
20,0 fein gepulverten Pfeffer,
50,0 „ gepulverte Süssholzwurzel

stösst man mit der nötigen Menge Gummischleim an und formt daraus 1000 Pillen.
Jede Pille enthält 1 mg arsenige Säure.

Pilulae Balsami Copaivae.

Kopaivabalsam-Pillen.

100,0 Kopaivabalsam-Pillenmasse

verarbeitet man zu 500 Pillen und bestreut dieselben mit Süssholzpulver Sollen die Pillen einen Überzug, z. B. mit Gelatine, erhalten, so sind sie vorher 24 Stunden in warmer Zimmerluft zu trocknen.
Jede Pille enthält 0,05 Kopaivabalsam.

Pilulae balsamicae Augustinorum.

Balsamische Augustinerpillen.

4,5 fein geriebenes Myrrhenextrakt
3,0 „ „ gereinigtes Ammoniakgummi,
1,5 Andornextrakt,
q. s. (etwa 6,0) gereinigter Süssholzsaft.

Man bereitet 100 Pillen und bestreut dieselben mit Süssholzpulver.

Pilulae bechicae n. *Heim*.

*Heim*sche Hustenpillen.

a) 1,2 Opium, Pulver M/30,
2,0 Fingerhutblätter, Pulver M/50,
2,0 Brechwurzel, „ „
12,0 Alantwurzelextrakt,
q. s. Altheewurzel, „ „

Man bereitet daraus 100 Pillen und bestreut sie mit Süssholzpulver.

b) Form. magistr. Berol.

5,0 Alantwurzelextrakt,
1,0 Brechwurzel, Pulver M/50,
1,0 Fingerhutblätter „ „
0,6 Opium, Pulver,
3,0 Süssholzpulver.

Man bereitet 50 Pillen.

Pilulae Blaudii.

*Blaud*sche Pillen.

Siehe Pilulae Ferri carbonici n. *Blaud.*

Pilulae Cascarae.

Pilulae Sagradae. Kaskara-Pillen. Sagrada-Pillen.

a) Vorschrift von *E. Dieterich*:

10,0 dickes weingeistiges Kaskaraextrakt

stösst man mit

q. s. Süssholzpulver M/50

zur bildsamen Masse an und formt 100 Pillen daraus. Man trocknet diese anfänglich bei 20° C, dann bei 50° C und überzuckert oder versilbert sie. Die fertigen Pillen müssen in gut verschlossenen Gläsern aufbewahrt werden.

b) Vorschrift des Dresdner Ap. V.

10,0 trockenes Sagradaextrakt,
3,0 Sagradarinde, Pulver M/50.

Man bereitet 100 Pillen daraus und überzieht sie mit Tolubalsamlösung.

Pilulae Chinini.

Chinin-Pillen.

10,0 Chininsulfat,
q. s. roher Honig.

Man bereitet daraus 100 Pillen und versilbert dieselben.

Pilulae Chinini cum Ferro.

Pilulae Ferri c. Chinino. Chinin-Eisen-Pillen.

a) Vorschrift von *Hager:*

5,0 Chininsulfat,
2,0 Eisenchloridlösung,
1,0 Salzsäure,
4,0 Bitterkleeextrakt,
10 Tropfen Glycerin v. 1,23 sp. G.,
0,5 Altheewurzel, Pulver M/50,
q. s. Enzianwurzel, „ „

Man bereitet 100 Pillen und bestreut mit Zimtpulver. Geeigneter wäre hier ein Überziehen mit Kakaoöl.

b) Form. magistr. Berol.

1,5 Chininsulfat,
5,0 reduziertes Eisen,
0,5 Enzianwurzel, Pulver M/50,
2,5 Enzianextrakt.

Man bereitet 50 Pillen.

c) Vorschrift des Münchner Ap. V.

2,0 Chininhydrochlorid,
6,0 reduziertes Eisen,
3,0 Enzianwurzelextrakt,
q. s. (ca. 0,6) Enzianwurzel, Pulv. M/50.

Man bereitet aus der Masse 60 Pillen.

Pilulae Chinini ferro-citrici.

Chinin-Eisencitrat-Pillen.

5,0 Eisenchinincitrat,
1,0 Altheewurzel, Pulver M/50,
q. s. Schafgarbenextrakt.

Man bereitet 100 Pillen und versilbert dieselben. Handelt es sich um grössere Mengen, so überzuckert man besser.

Pilulae Codeïni.

Kodeïn-Pillen.

1,0 Kodeïnhydrochlorid,
1,5 Süssholz, Pulver M/50,
q. s. Enzianextrakt

verarbeitet man zu 30 Pillen und bestreut mit Lykopodium.

Pilulae Colae.

Kola-Pillen.

15,0 Kolasamen, Pulver M/50,
5,0 Süssholzsaft, „ M/30,
q. s. Gummischleim

stösst man zur Masse, formt 100 Pillen daraus und bestreut mit Lykopodium.

Pilulae Colocynthidis compositae.

Compound pills of colocynth.

Vorschrift der Ph. Brit.

40,0 Koloquinten ohne Samen, Pulver M/30,
80,0 Barbadosaloë, Pulver M/30,
80,0 Scamoniumharz, „ M/20,
10,0 Kaliumsulfat, „ M/50,
10,5 Nelkenöl,
q. s. destilliertes Wasser.

Man bereitet Pillen von 0,3 Gewicht.

Pilulae Colocynthidis et Hyoscyami.

Pills of colocynth and henbane.

Vorschrift der Ph. Brit.

20,0 Compound pills of colocynth,
10,0 Bilsenkrautextrakt.

Man bereitet Pillen von 0,3 Gewicht.

Pilulae Cupri oxydati.

Pilulae contra Taeniam.
Nach *Schmidt*.

6,0 schwarzes Kupferoxyd,
2,0 gefälltes Calciumkarbonat,
12,0 gefällte Thonerde,
10,0 Glycerin v. 1,23 spez. Gew.

Man stösst zur bildsamen Masse und formt 120 Pillen daraus.

Die Gebrauchsanweisung lautet nach *Schmidt*:

„In der ersten Woche nimmt der Kranke 4 mal täglich je 2 Pillen, in der zweiten 4 mal je 3 Pillen und enthält sich aller sauren Speisen und Getränke. Nach Ablauf der zweiten Woche wird eine tüchtige Dosis Ricinusöl verabreicht.“

Pilulae expectorantes.

Form. magistr. Berol.

5,0 Terpinhydrat,
1,5 Süssholz, Pulver M/50,
3,0 gereinigter Süssholzsaft.

Man bereitet 50 Pillen.

Pilulae Ferri arsenicosi.

Eisen-Arsenik-Pillen

a) 0,05 arsenige Säure,
3,0 reduziertes Eisen,
3,0 Süssholzsaft, Pulver M/50,
q. s. Wasser.

Man bereitet daraus 50 Pillen.

b) Form. magistr. Berol.

3,0 reduziertes Eisen,
0,05 arsenige Säure,
1,5 schwarzer Pfeffer, Pulver M/30,
1,5 Süssholz, „ M/50,
q. s. Gummischleim.

Man bereitet 50 Pillen.

Pilulae Ferri carbonici.

Pilulae ferratae Valetti. Eisen-Pillen.

Vorschrift von *E. Dieterich.*

20,0 zuckerhaltiges Ferrokarbonat „Helfenberg“

verreibt man fein, stösst mit

3,0 weissem Zuckersirup

zur Masse an und formt aus dieser 100 Pillen von 0,02 Fe-Gehalt.

Das zuckerhaltige Ferrokarbonat „Helfenberg“ zeichnet sich durch eine grosse Haltbarkeit, die sich durch die samtgrüne Farbe kennzeichnet, aus. Es kann deshalb zu den Valettischen Pillen verwendet werden.

Pilulae Ferri carbonici n. *Blaud.*

Pilulae Ferri sulfurici n. *Blaud.*
Eisenkarbonat-Pillen. *Blaud*sche Pillen.

a) Vorschrift von *E. Dieterich:*

20,0 *Blaud*'sche Pillenmasse b (massa Pilularum *Blaudii*)

verarbeitet man zu 50 Pillen.

b) Vorschrift d. Ergänzb. d. D. Ap. V. und d. Münchner Ap. V.

23,0 *Blaud*sche Pillenmasse a (massa Pilularum *Blaudii*)

verarbeitet man zu 100 Pillen.

c) Vorschrift von *Schnabel:*

6,75 *Blaud*sche Pillenmasse c (massa Pilularum *Blaudii*)
1,25 Süssholz, Pulver M/50

stösst man zur Masse und formt 30 Pillen daraus.

d) Form. magistr. Berol.

15,0 krystallisiertes Ferrosulfat,
15,0 Kaliumbikarbonat,
2,0 Tragantpulver,
q. s. weisser Sirup.

Man bereitet 100 Pillen.

Man bestreut die Pillen mit Zimtpulver. Sollen die Pillen überzuckert werden, so trocknet man sie vorher bei einer Temperatur von 20—25° C.

Die Etikette † muss eine Gebrauchsanweisung tragen.

Pilulae Ferri c. Chinino.

Pilulae Ferro-Chinini. Eisen-Chinin-Pillen.

Vorschrift d. Münchner Ap. V.

2,0 Chininhydrochlorid,
6,0 reduziertes Eisen,
q. s. Enzianextrat und gepulv. Enzianwurzel

verarbeitet man zu 60 Pillen.

Pilulae Ferri citrici.

Form. magistr. Berol.

5,0 Ferricitrat,
1,0 Enzianwurzel, Pulver M/50,
3,0 Enzianextrakt.

Man bereitet 50 Pillen.

† S. Bezugsquellen-Verzeichnis.

Pilulae Ferri jodati n. *Blancard.*

Blancards Jodeisen-Pillen.

3,0 Eisenpulver,
5,0 destilliertes Wasser

mischt man im Porzellanmörser, setzt auf zwei mal

5,0 Jod

zu und reibt so lange, bis die rotbraune Farbe verschwunden ist. Man fügt dann

5,0 Zucker, Pulver M/50,
3,0 Altheewurzel, „ „
q. s. Süssholz, „ „

hinzu, stösst zur Pillenmasse an, bereitet daraus 120 Pillen und rollt dieselben, um ihnen ein hübsches schwarzes Aussehen zu geben, in Graphitpulver.

Die gut getrockneten Pillen lackiert man.

Jede Pille enthält 0,05 Ferrojodid.

Pilulae Ferri lactici.

Ferrolaktat-Pillen.

a) 5,0 Ferrolaktat,
2,0 Zucker, Pulver M/50,
2,0 Altheewurzel, „ „
q. s. weisser Sirup.

Man bereitet 100 Pillen, trocknet und überzuckert dieselben.

b) Form. magistr. Berol.

5,0 Ferrolaktat,
1,0 Enzianwurzel, Pulver M/50,
9,0 Enzianextrakt.

Man bereitet 50 Pillen.

c) Vorschrift des Münchner Ap. V.

9,0 Ferrolaktat,
6,0 Süssholzsaft, Pulver M/50,
q. s. Wasser.

Man bereitet 90 Pillen aus der Masse.

Pilulae Ferri lactici c. Calcio phosphorico.

Vorschrift des Münchner Ap. V.

2,5 Ferrolaktat,
5,0 Calciumphosphat,
2,0 Enzianwurzelextrakt,
q. s. Enzianwurzel, Pulver M/50.

Man stellt aus der Masse 60 Pillen her.

Pilulae Ferri lactici c. China.

Vorschrift des Münchner Ap. V.

3,0 Ferrolaktat,
2,0 wässeriges Chinaextrakt,
0,3 weingeistiges Brechnussextrakt,
q. s. Enzianwurzel, Pulver M/50.

Man stellt aus der Masse 60 Pillen her.

Pilulae Ferri c. Magnesia.

Eisen-Magnesia-Pillen.

a) 12,0 Ferrosulfat,
2,0 gebrannte Magnesia,
q. s. (etwa 24 Tropfen) Glycerin von 1,23 spez. Gew.

Man bereitet 100 Pillen und überzuckert dieselben.

b) Form. magistr. Berol.

7,5 krystallisiertes Ferrosulfat,
1,0 gebrannte Magnesia,
q. s. Glycerin v. 1,23 spez. Gew.

Man bereitet 50 Pillen.

c) Vorschrift des Ergänzb. des D. Ap. V.

20,0 Ferrosulfat,
2,0 Zucker

löst man unter Erwärmen im Wasserbad in gewogener Porzellanschale in

10,0 Wasser

und

2,0 Glycerin v. 1,23 spez. Gew.

Man setzt nun

7,4 gebrannte Magnesia

zu und dampft das Gemisch auf ein Gewicht von

35,4

ein. Man stösst nun die Masse mit

0,8 Tragant, Pulver M/50,

und

2,0 Eibisch, „ „

an und formt 120 Pillen daraus.

Pilulae Ferri peptonati.

Form. magistr. Berol.

5,0 Eisenpeptonat,
1,0 Enzianwurzel, Pulver M/50,
3,0 Enzianextrakt.

Man bereitet 50 Pillen.

Pilulae Ferri pulverati.

Eisen-Pillen. Stahl-Pillen.

5,0 Eisenpulver,
5,0 Enzianwurzel, Pulver M/50,
q. s. Schafgarbenextrakt.

Man bereitet 100 Pillen und bestreut mit Zimtpulver.

Pilulae Ferri reducti.

Eisen-Pillen. Stahl-Pillen.

a) 3,0 reduziertes Eisen,
2,0 Zucker, Pulver M/50,
2,0 Enzianwurzel, „ „
q. s. Schafgarbenextrakt.

Man bereitet 100 Pillen und bestreut mit Zimtpulver. Bei grösseren Mengen überzuckert man.

b) Vorschrift des Münchner Ap. V.
5,0 reduziertes Eisen,
2,0 Süssholz, Pulver M/50,
q. s. gereinigter Süssholzsaft.

Man bereitet 90 Pillen.

c) Form. magistr. Berol.
5,0 reduziertes Eisen,
1,0 Enzianwurzel, Pulver M/50,
3,0 Enzianextrakt.

Man bereitet 50 Pillen.

Pilulae Ferro-Mangani peptonati.

Eisen-Mangan-Pillen. Nach *E. Dieterich.*

6,5 Helfenberger Eisen-Manganpeptonat,
5,0 Süssholzsaft, Pulver M/50,
5,0 Süssholz, „ „
5 Tropfen Glycerin v. 1,23 sp. G.,
q. s. weisser Zuckersirup.

Man bereitet 100 Pillen; jede Pille enthält 0,01 Fe u. 0,0015 Mn.

Pilulae Frangulae.

Frangula-Pillen.

10,0 trockenes wässeriges Frangulaextrakt

verreibt man möglichst fein, mischt mit

3,0 Eibischwurzel, Pulver M/50

und stösst mit

q. s. Gummischleim

zur Masse an. Man formt 100 Pillen daraus, trocknet diese anfänglich bei 20° C, dann bei 50° C und versilbert oder dragiert sie. Die fertigen Pillen bewahrt man in gut verschlossenen Gefässen auf.

Pilulae Galegae.

Galegapillen.

20,0 Galegaextrakt,
q. s. Galegakraut, Pulver M/50.

Man bereitet daraus 100 Pillen und bestreut dieselben mit Lykopodium.

Pilulae Guajacoli.

Guajakolpillen.

a) 0,05 dosis:
5,0 Guajakol

verreibt man innig mit

0,5 Glycerin v. 1,23 spez. Gew.

und stösst dann

9,5 Süssholz, Pulver M/50

darunter.

Man bereitet aus der Masse 100 Pillen.

b) 0,1 dosis:
10,0 Guajakol,
1,0 Glycerin v. 1,23 spez. Gew.,
19,0 Süssholz, Pulver M/50.

Man verfährt wie bei a und stellt 100 Pillen her.

Zum Bestreuen nimmt man mit Vorteil sehr fein gepulverten gerösteten Kaffee, auch in Verbindung mit Zimtpulver.

c) Form. magistr. Berol. 0,05.
2,5 Guajakol,
5,0 Süssholzpulver,
0,5 Kaliumkarbonat,
q. s. Glycerin v. 1,23 spez. Gew.

Man bereitet 50 Pillen.

Pilulae haemostypticae.

Nach *Denzel* oder *Fritsch.*
Blutstillende Pillen.

Vorschrift d. Hamb. Ap. V.
3,0 trockenes Hydrastisextrakt,
3,0 Gossypiumwurzelextrakt,
3,0 *Denzel*'sches Mutterkornextrakt,
3,0 gepulverten Süssholzsaft,
3,0 gepulverte Süssholzwurzel.

Man stösst zur bildsamen Masse und formt 100 Pillen daraus.

Pilulae hydragogae Heimii.

a) Form. magistr. Berol.
1,2 fein geriebenes Gummigutt,
1,2 Fingerhutblätter, Pulver M/50,
1,2 Meerzwiebel, „ „
1,2 Goldschwefel,
1,2 Bibernellextrakt,
q. s. Gummischleim.

Man bereitet 50 Pillen.

b) Vorschrift d. Ergänzb. d. D. Ap. V.
2,5 fein gepulvertes Gummigutt,
2,5 „ gepulv. Fingerhutblätter,
2,5 „ „ Meerzwiebel,
2,5 Goldschwefel,
2,5 Bibernellextrakt

stösst man mit Gummischleim zur Masse an und formt aus dieser 100 Pillen.

Pilulae Hydrargyri.

Pilulae caeruleae Anglorum. Pilulae mercuriales caeruleae. Quecksilber-Pillen. Blue pills. Mercurial pills.

a) Vorschrift der Ph. Brit.

20,0 Quecksilber

verreibt man, nötigenfalls unter Zusatz von etwas Wasser, so lange mit

10,0 Rosenkonserve,

bis keine Quecksilberkügelchen mehr wahrgenommen werden. Man fügt dann

20,0 Rosenkonserve,
10,0 Süssholz, Pulver M/50

hinzu, stösst zur Pillenmasse an und formt 150 Pillen daraus.

b) 30,0 Quecksilber,
10,0 rohen Honig

verreibt man l. a., stösst mit

20,0 Süssholz, Pulver M/50,
50,0 Zucker, „ „

zur Masse und formt Pillen von 0,2 Gewicht daraus.

Die fertigen Pillen trocknet man an der Luft, bestreut sie aber nicht, um die blaugraue Farbe nicht zu verdecken.

Blue Pills sind ein beliebtes Hausmittel der Engländer und werden überall da begehrt, wo Engländer verkehren.

Pilulae Hydrargyri bichlorati.

Form. magistr. Berol.

0,25 Quecksilberchlorid,
6,0 weisser Bolus,
q. s. Glycerinsalbe.

Man bereitet 50 Pillen.

Pilulae Hydrargyri laxantes.

Pilulae mercuriales laxantes. Pilulae n. *Bellost*. Abführende Quecksilber-Pillen.

6,0 Quecksilber,
1,0 Aloë, Pulver M/30,
6,0 rohen Honig

verreibt man bis zur vollkommenen Tötung des Quecksilbers.

Man mischt dann

5,0 Aloë, Pulver M/30,
2,0 Scamoniumharz, „ „
30,0 Rhabarber „ M/50,
10,0 schwarzen Pfeffer, „ M/30,
q. s. gereinigten Honig

hinzu, stösst zur Pillenmasse und formt Pillen von 0,2 Gewicht daraus.

Pilulae imperiales.

Kaiser-Pillen.

4,0 Jalapenharz, Pulver M/30,
4,0 Aloë, „ „
2,0 Quecksilberchlorür,
1,0 Koloquintenextrakt,
2,0 medizinische Seife, Pulver M/50,
1,0 Enzianextrakt,
q. s. destilliertes Wasser.

Man bereitet 100 Pillen und bestreut sie mit Lykopodium.

Die Kaiserpillen gehen in manchen Gegenden in sehr grossen Mengen und bilden einen Artikel des Hausierhandels und der Jahrmärkte. Vor etwa 30 Jahren wurden sie sogar in beträchtlichen Mengen auf der Messe in Frankfurt a. M. gehandelt und dort von niederrheinischen Händlern für Holland und Belgien aufgekauft.

Pilulae Jalapae.

Jalapen-Pillen.

Vorschrift des D. A. IV.

3 Teile Jalapenseife

und

1 Teil fein gepulverte Jalapenwurzel

werden unter Zusatz von Weingeist zu einer Pillenmasse angestossen, aus welcher Pillen von 0,1 g Gewicht geformt werden. Sie werden mit Bärlappsamen bestreut und vor der Aufbewahrung an einem warmen Orte ausgetrocknet.

Der Schluss der Vorschrift ist genauer folgendermassen zu fassen:

Man trocknet die Pillen, da sie zu weich sind bei 20 ° C und bewahrt, wenn sie fest genug geworden, in gut verschlossener Glasbüchse auf. Da beim Trocknen Gewichtsverlust entsteht und da das Deutsche Arzneibuch 0,1 g schwere Pillen vorschreibt, so müssen die Pillen frisch ungefähr den zehnten Teil mehr wiegen, also 0,11 g statt 0,1 g.

Pilulae Jalapae compositae.

Abführende oder Blutreinigungs-Pillen.

10,0 Jalapenharz, Pulver M/30,
10,0 Jalapenknollen, „ M/50,
10,0 Aloë, „ M/30,
10,0 mediz. Seife, „ M/50,
q. s. weisser Sirup.

Man bereitet 300 Pillen und bestreut dieselben mit Lykopodium.

Die Etikette † muss Gebrauchsanweisung tragen.

† S. Bezugsquellen-Verzeichnis.

Pilulae Kalii permanganici.

Kaliumpermanganat-Pillen.

10,0 Kaliumpermanganat

verreibt man sehr fein mit

10,0 weissem Thon

und knetet mit einigen Tropfen Wasser zur Masse. Man formt 100 Pillen daraus, trocknet diese und überzieht sie mit Kollodium.

Pilulae Kreosoti.

Kreosot-Pillen.

a) 100,0 Kreosot-Pillenmasse (s. Massa Pilularum Kreosoti)

verarbeitet man zu so viel Pillen, dass jede derselben 0,05, 0,1 oder 0,15 Kreosot enthält und bestreut sie entweder mit fein gepulvertem gerösteten Kaffee oder man überzuckert sie. Im letzteren Fall rollt man sie bereits mit gebrannter Magnesia aus und in Talkpulver nach, um sie recht glatt zu erhalten; erst dann beginnt man mit dem Überzuckern.

b) Vorschrift des D. A. IV.

10 Teile Kreosot

und

19 Teile fein gepulvertes Süssholz

werden gut mitander verrieben und dann mit

1 Teil Glycerin v. 1,23 spez. Gew.

zu einer Pillenmasse verarbeitet, aus welcher Pillen von 0,15 g geformt werden. Sie werden mit Zimtpulver bestreut.

Jede Pille enthält 0,05 Kreosot. Es wäre richtiger, das Kreosot mit dem Glycerin zu emulgieren.

Pilulae laxantes.

Pilulae purgantes. Abführende oder Blutreinigungs-Pillen. Purgierpillen.

a) Form. magistr. Berol.

5,0 Aloë,
2,5 gepulverte Jalapenknollen,
q. s. Seifenspiritus.

Man stellt 50 Pillen her.

b) Vorschrift der Ph. Austr. VII.

60,0 Aloë, Pulver M/30,
90,0 Jalapenknollen, „ M/50,
30,0 medizinische Seife, „ „
15,0 Anis, „ M/30,
q. s. Weingeist von 90 pCt.

Man bereitet 1000 Pillen und bestreut, wenn es erforderlich sein sollte, mit Lykopodium.

Dieselben Pillen, mit Zinnober bestreut, gehen als **Tittmannsche Purgierpillen.**

Nach einer Vorschrift des Wiener Apoth. Haupt-Grem. stellt man 0,1 schwere Pillen her und überzieht sie mit ätherischer Chloreisentinktur; ferner dragiert man 0,2 g schwere Pillen mit Zucker.

Pilulae laxantes n. *Brandt*.

Pilulae aperitivae. *Brandts* Schweizer-Pillen.

2,0 Aloëextrakt, Pulver M/30,
2,0 Wermutextrakt,
2,0 Bitterkleeextrakt.
2,0 Ivaextrakt (v. Achillea moschata),
3,0 Bergpetersilienextrakt (von Selinum Oreoselinum),
q. s. Enzianwurzel, Pulver M/50.

Man stellt 100 Pillen her.

Diese Vorschrift ist von *Brandt* als diejenige veröffentlicht worden, nach welcher seine Schweizerpillen bereitet werden; nach den Untersuchungen von *Feldhaus* jedoch enthalten dieselben etwa 37 pCt Aloë (nicht Aloëextrakt) und 50 pCt Enzianwurzelpulver, die mit Enzian-, Bitterklee- oder Wermutextrakt zur Pillenmasse verarbeitet sind.

Pilulae laxantes majores.

Pilulae laxantes, purgantes fortes.
Stark abführende Pillen.

a) 10,0 Aloë, Pulver M/30,
10,0 Jalapenknollen „ M/50,
5,0 Jalapenharz, „ M/30,
5,0 Rhabarber, „ M/50,
1,0 Glycerin v. 1,23 spez. Gew.,
q. s. destilliertes Wasser.

Man stellt 100 Pillen her und bestreut dieselben mit Lykopodium.

b) Form. magistr. Berol.

0,4 Koloquintenextrakt,
4,0 Aloëextrakt,
4,0 Jalapenseife,
q. s. Weingeist von 90 pCt.

Man bereitet 50 Pillen.

Pilulae laxantes n. *Morison*.

*Morison*sche Pillen.

a) schwächere:

5,0 Aloë, Pulver M/30,
5,0 Jalapenharz, „ „
5,0 Koloquinten, „ „
5,0 Weinstein, „ „
q. s. Aloëtinktur.

Man bereitet Pillen von 0,15 Gewicht und bestreut sie mit Süssholzpulver.

b) stärkere:

5,0 Aloë, Pulver M/30,
5,0 Meerzwiebelextrakt,

5,0 Koloquinten, Pulver M/30,
5,0 Gummigutt, „ „
5,0 Weinstein, „ „
q. s. Aloëtinktur.

Man bereitet 0,125 schwere Pillen und bestreut sie mit Süssholzpulver.

Pilulae laxantes n. *Redlinger*.

*Redlinger*sche Pillen.

2,0 Quecksilberchlorür,
4,0 Jalapenharz Pulver M/30,
2,0 medizinische Seife, „ M/50,
2,0 Enzianwurzel, „ „
1,0 Fenchel, „ M/30,
q. s. Gummischleim.

Man bereitet 0,15 schwere Pillen und bestreut mit möglichst wenig Lykopodium. Eine Holzschachtel enthält 15 Stück.

Pilulae laxantes n. *Strahl*.

Pilulae contra obstructiones n. *Strahl*.
*Strahl*sche Pillen.

a)

I.	II.	III.	IV.	
—	—	0,3	2,5	Koloquintenextrakt, Pulver M/30,
—	—	—	2,5	Scamoniumharz, Pulver M/30,
4,2	2,0	5,0	2,5	Aloëextrakt, Pulver M/30,
6,0	8,0	10,0	5,0	zusammengesetztes Rhabarberextrakt,
2,5	4,0	—	—	Rhabarberextrakt,
6,0	—	5,0	2,0	Rhabarber, Pulver M/50,
—	4,0	—	—	Sennesblätter, „ „
0,3	0,3	0,3	0,3	basisches Wismutnitrat,
0,3	0,3	0,3	0,3	Brechwurzel, Pulver M/50.

Man fertigt 120 Pillen und bestreut mit Veilchenwurzelpulver. Mit der Nummer steigt die Wirkung der Pillen.

b) Vorschrift des Münchn. Ap. Ver. (n. *Hager*).

7,5 zusammengesetztes Rhabarberextrakt,
4,0 Aloëextrakt,
0,3 Krähenaugenextrakt,
4,0 Rhabarber, Pulver M/50,
q. s. destilliertes Wasser.

Man bereitet 120 Pillen.

Pilulae odoriferae.

Cachou Prince Albert.
Pillen gegen übelriechenden Atem. Mund-Pillen.
Nach *E. Dieterich*.

10,0 Veilchenwurzel, Pulver M/50,
0,02 Moschus,
0,05 Kumarin,
0,5 Vanillin,
5 Tropfen Rosenöl,
5 „ Orangenblütenöl,
5 „ Pfefferminzöl,
5 „ Krauseminzöl,
2 „ Ylang-Ylangöl,
q. s. Süssholzextrakt.

Man stellt 0,05 schwere Pillen her, versilbert dieselben und giebt 50 Stück in kleinen Metalldöschen ab.

Pilulae Picis liquidae.

Teer-Pillen.

100,0 Teer-Pillenmasse (massa pilularum Picis liquidae)

verarbeitet man zu so viel Pillen, dass jede derselben 0,1 Teer enthält und bestreut sie mit fein gepulvertem gerösteten Kaffee.

Sollen die Pillen einen Überzug mit Zucker oder Chokolade erhalten, so rollt man sie mit Milchzuckerpulver aus, glättet sie sodann mit feinem Talkpulver und beginnt hierauf erst mit dem Überzuckern.

Pilulae Podophyllini.

Podophyllin-Pillen.

2,0 Podophyllin,
5,0 medizinische Seife, Pulver M/50,
3,0 Altheewurzel, „ „
10 Tropfen Fenchelöl.

Man fertigt 100 Pillen und bestreut mit Lykopodium.

Pilulae reducentes Marienbadenses.

Marienbader Reduktions-Pillen.

10,0 Kaliumbromid,
20,0 Natriumbikarbonat,
20,0 Meerzwiebelextrakt,
40,0 Guajakholz, Pulver M/50,
40,0 Senegawurzel, „ „
q. s. Löwenzahnextrakt

stösst man zur Masse an und formt daraus 0,15 schwere Pillen. Man bestreut dieselben mit Zimtpulver oder man versilbert sie und trocknet dann bei 20—25° C aus.

Pilulae Rhei.

Rhabarber-Pillen.

a) 10,0 Rhabarber, Pulver M/50,
5,0 medizinische Seife, „ „
q. s. verdünnter Weingeist v. 68 pCt.

Man stellt 100 Pillen her und bestreut mit Lykopodium.

b) 15,0 Rhabarber, Pulver M/50,
q. s. verdünnter Weingeist v. 68 pCt.

Man stellt 100 Pillen her und überzieht dieselben mit Gelatine.

c) Form. magistr. Berol.

10,0 Rhabarber, Pulver M/50,
5,0 Glycerin v. 1,23 spez. Gew.

Man bereitet 50 Pillen.

d) Vorschrift des Dresdner Ap. V.

6,0 Rhabarberextrakt,
6,0 feingepulverten Rhabarber

stösst man unter Zusatz von etwas Wasser zur Masse an und formt aus dieser 100 Pillen.

Pilulae Rhei compositae.

Pilulae Rhei anglicae. Compound rhubarb pills.
Zusammengesetzte Rhabarber-Pillen.
Englische Rhabarber-Pillen.

a) Vorschrift der Ph. Brit.

5,0 Rhabarber, Pulver M/50,
4,0 Aloë, „ M/30,
2,5 Myrrhe, „ „
2,5 medizinische Seife, „ M/50,
6 Tropfen Pfefferminzöl,
q. s. weisser Sirup.

Man stellt Pillen von 0,3 Gewicht her und bestreut dieselben mit Rhabarberpulver.

b) Vorschrift der Ph. U. St.

13,0 Rhabarber, Pulver M/50,
10,0 durch Weingeist gereinigte Socotrinaloë, Pulver M/30,
6,0 Myrrhe, „ „
0,5 Pfefferminzöl,
q. s. destilliertes Wasser.

Man bereitet daraus 100 Pillen.

Pilulae solventes n. *Rosas*.

Rosas' Abführpillen.

5,0 Sennesblätter, Pulver M/50,
5,0 Kaliumsulfat, „ M/30,
5,0 medizinische Seife, „ M/50,
q. s. Löwenzahnextrakt.

Man stellt daraus Pillen her von 0,2 Gewicht.

Pilulae Scillae compositae.

Compound squill pills.

Vorschrift der Ph. Brit.

10,0 Meerzwiebeln, Pulver M/30,
8,0 Ingwer, „ „
8,0 zerriebenes gereinigtes Ammoniakgummi,
8,0 Oleinseife, Pulver M/30,
q. s. weisser Sirup.

Man bereitet Pillen von 0,3 Gewicht.

Pilulae Thioli.

Thiol-Pillen.

5,0 flüssiges Thiol,
q. s. gepulverten Süssholzsaft

stösst man zu einer knetbaren Masse an und stellt aus dieser 50 Pillen her. Man bestreut die Pillen für den sofortigen Gebrauch mit Zucker oder man trocknet und überzieht sie mit Kakao, wenn man sie aufbewahren will.

Pilulae Thyreoïdeae.

Schilddrüsenpillen.

10,0 getrocknete u. verriebene Schilddrüsen,
5,0 Süssholz, Pulver M/50,
0,01 Vanillin,
q. s. Gummischleim.

Man formt 100 Pillen und bestreut dieselben mit Lykopodium.

Pilulae tonico-nervinae.

Nervenanregende Pillen.

4,0 Asant, feinzerrieben,
4,0 Ferrosulfat,
q. s. Kardobenediktenextrakt.

Man stellt 100 Pillen her und überzieht dieselben mit Silber.

Pilulae contra tussim.

Husten-Pillen.

a) Vorschrift d. Ergänzb. d. D. Ap. V.

0,2 Morphinhydrochlorid,
0,65 Brechwurzel, Pulver M/50,
1,0 Goldschwefel,
5,0 Zucker, Pulver M/30,
5,0 Süssholz, „ M/50.

Man bereitet mit Wasser eine Pillenmasse und daraus 100 Pillen.

b) Form. magistr. Berol.

0,1 Morphinhydrochlorid,
0,3 Brechwurzel, Pulver M/50,
0,5 Goldschwefel,
2,5 Zucker, „ „
2,5 Süssholz, „ „
q. s. destilliertes Wasser.

Man bereitet 50 Pillen.

Pilulae Unguenti Hydrargyri.

Quecksilbersalbe-Pillen.
Nach *E. Dieterich.*

3,0 graue Quecksilbersalbe,
3,0 Kakaoöl,
3,0 Süssholz, Pulver M/50.

Man stellt 100 Pillen daraus her und bestreut dieselben mit Lykopodium.

Schluss der Abteilung „Pilulae".

Pix liquida depurata.

Gereinigter Holzteer.
Nach *E. Dieterich.*

1000,0 Holzteer,
500,0 Äther,
100,0 entwässsertes Natriumsulfat, Pulver M/30,

giebt man in eine Absetzflasche, schüttelt 5 Minuten lang und lässt unter wiederholtem kräftigen Schütteln 24 Stunden stehen. Man lässt dann die zu Boden gegangene Salzlösung ablaufen, filtriert den in Äther gelösten Teer und destilliert im Wasserbad den Äther ab.

Die Ausbeute an reinem Teer beträgt über 900,0, die an Äther ungefähr 350,0.

Plättflüssigkeit.

Amerikanischer Wäscheglanz. Glanz-Plättöl.
Nach *E. Dieterich.*

a) 50,0 Borax, Pulver M/30,
5,0 Tragant, „ M/50,
945,0 Wasser,
5 Tropfen Lavendelöl.

Man löst und presst durch ein Seihtuch.

b) 50,0 Borax, Pulver M/30,
5,0 Tragant, „ M/50,
945,0 Wasser.

Man löst, seiht durch und verreibt mit der Seihflüssigkeit

50,0 Talk, Pulver M/50.

Schliesslich parfümiert man mit

5 Tropfen Lavendelöl.

Die Gebrauchsanweisung für beide Nummern dieses sehr gangbaren Handverkaufsartikels lautet:

„Einen Liter frisch gekochte Stärke verdünnt man mit 1/4 Liter Plättflüssigkeit, stärkt mit der Mischung die Wäsche und plättet wie gewöhnlich."

c) 5,0 Kaliumkarbonat,
15,0 Stearinsäure,
100,0 Weingeist von 90 pCt,
200,0 destilliertes Wasser

erhitzt man, bis die Masse gleichmässig ist, verdünnt mit

650,0 heissem destillierten Wasser

und rührt bis zum Erkalten.

Man giebt in gläsernen, verkorkten Weithalsbüchsen ab mit folgender Gebrauchsanweisung:

„Man stärkt die Wäsche wie gewöhnlich, plättet sie, überstreicht die geplätteten Stellen mit obiger Masse, wozu man sich am besten eines Schwämmchens bedient, und plättet nochmals."

Plättmasse.

950,0 Stearinsäure

schmilzt man, rührt

50,0 absoluten Alkohol

darunter und giesst in quadratische Blöcke von 1 kg Gewicht aus.

Die erkalteten Blöcke packt man in Stanniol und Pergamentpapier und giebt folgende Gebrauchsanweisung:

„Beim Plätten der Stärke-Wäsche fährt man mit der heissen Plättglocke rasch über die Plättmasse und plättet dann sofort damit. Die Plättglocke gleitet dadurch rascher über die Fläche und giebt ihr einen höheren Glanz, als dies bei einfachem Plätten möglich ist. Sowohl eiserne wie messingene Plättglocken müssen nach dem Gebrauch gut gereinigt werden, da das Metall bei längerer Einwirkung von der Plättmasse angegriffen wird."

Plumbum causticum.

Ätz-Blei n. *Gerhard.*

20,0 präparierte Bleiglätte,
80,0 Ätzkali

verreibt man trocken mit einander, bringt die Mischung in einen Porzellantiegel, bedeckt denselben und erhitzt allmählich und so lange, bis die Masse fliesst und die rötliche Farbe in Graugelb übergegangen ist. Man giesst nun in Höllensteinformen, die man mit Talkpulver bestreute, aus.

Plumbum chloratum.

Bleichlorid. Chlorblei.

400,0 Bleiacetat

löst man in

1200,0 destilliertem Wasser

und filtriert die Lösung.

Andrerseits verdünnt man

350,0 Salzsäure

mit

1000,0 destilliertem Wasser.

Man giesst nun unter Umrühren gleichzeitig beide Flüssigkeiten in dünnem Strahl in ein Steingut- oder Glasgefäss, welches entsprechend gross ist und

2000,0 destilliertes Wasser

enthält. Den entstandenen Niederschlag wäscht man durch Absetzenlassen und Abziehen der überstehenden Flüssigkeit so lange mit kaltem Wasser aus, bis das Waschwasser nur noch schwach sauer reagiert.

Man sammelt dann den Niederschlag auf einem genässten dichten Leinentuch, presst ihn vorsichtig aus und trocknet.

Die Ausbeute wird

260,0

betragen.

Plumbum jodatum.

Bleijodid. Jodblei.

115,0 Bleiacetat

löst man in

400,0 destilliertem Wasser

und setzt der Lösung

5,0 verdünnte Essigsäure v. 30 pCt

zu.

Andrerseits löst man

100,0 Kaliumjodid

in

400,0 destilliertem Wasser.

Man giesst nun unter Umrühren gleichzeitig beide Lösungen in ein entsprechend grosses Glasgefäss, welches

2000,0 destilliertes Wasser

enthält, lässt den Niederschlag absetzen und bringt ihn, nachdem man die überstehende Flüssigkeit abzog, in einen gläsernen, unten mit einem dichten Leinentuch verbundenen Verdrängungs-Apparat. Man wäscht hier so lange mit kaltem destillierten Wasser nach, bis das ablaufende Waschwasser nur noch schwach sauer reagiert.

Man trocknet dann den Niederschlag bei gelinder Wärme.

Die Ausbeute wird

130,0

betragen.

Plumbum subaceticum siccum.

Trockenes Bleisubacetat.

300,0 Bleiglätte

verrührt man mit

200,0 ausgekocht. destill. Wasser,

erwärmt im Dampfbad und trägt nach und nach

900,0 Bleiacetat

ein. Man rührt bis die Krystalle gelöst sind und die rötliche Farbe verschwindet, alsdann verdünnt man mit

700,0 ausgekocht. destill. Wasser,

filtriert möglichst rasch und wäscht das Filter mit ausgekochtem destillierten Wasser nach.

Das Filtrat dampft man bei ganz gelinder Wärme von nicht über 40° C zur Trockene ein und bewahrt das Präparat in gut verschlossenem Glas auf.

Man wird eine Ausbeute von 1100,0—1200,0 erhalten.

Um Bleiwasser herzustellen, löst man 5,5 bis 6,0 trockenes Präparat in 1000,0 Wasser. Will man den Liquor Plumbi subacetici daraus bereiten, so nimmt man auf dieselbe Menge trockenes Präparat 20,0 ausgekochtes destilliertes Wasser.

Plumbum tannicum.

Bleitannat.

100,0 Tannin

löst man ohne Anwendung von Wärme in

1000,0 destilliertem Wasser.

Andrerseits verdünnt man

300,0 Bleiessig

mit

800,0 destilliertem Wasser

und giesst die Verdünnung langsam und unter Rühren in die Tanninlösung.

Den entstandenen Niederschlag wäscht man mit destilliertem Wasser durch Absetzenlassen und Abziehen des überstehenden Waschwassers 4 mal aus, sammelt ihn dann auf einem genässten dichten Leinentuch, drückt ihn schwach aus und trocknet, auf Pergamentpapier ausgebreitet, bei einer Temperatur von 25—30° C.

Plumbum tannicum pultiforme.

Teigförmiges Bleitannat.

a) 15,0 Gerbsäure

löst man in

150,0 destilliertem Wasser

und filtriert die Lösung.

Andrerseits verdünnt man

30,0 Bleiessig

mit

120,0 destilliertem Wasser.

Man giesst nun unter Umrühren beide Flüssigkeiten gleichzeitig in dünnem Strahl in ein Gefäss, welches

500,0 destilliertes Wasser

enthält, sammelt den entstandenen Niederschlag auf einem gewogenen nassen Leinentuch und lässt so viel Flüssigkeit, zuletzt nötigenfalls durch vorsichtiges Drücken abtropfen, bis das Gewicht des Niederschlags

90,0

beträgt.

Man bringt dann letzteren in eine Reibschale und mischt

10,0 Weingeist von 90 pCt

hinzu.

b) Vorschrift des Ergänzb. d. D. Ap. V.

8,0 mittelfein zerschnittene Eichenrinde

kocht man mit einer hinreichenden Menge Wasser eine halbe Stunde, sodass

40,0 wässeriger Auszug

erhalten wird.

Der filtrierten Abkochung setzt man unter Umrühren so lange Bleiessig (etwa 4,0) zu, als ein Niederschlag entsteht. Diesen mittels eines Filters gesonderten, noch feuchten, ungefähr 12,0 betragenden Niederschlag bringt man in Form eines dicklichen Breies in ein Glas und vermischt ihn hier mit

1,0 Weingeist von 90 pCt.

Potio laxativa.

Abführtrank.

25,0 Natriumsulfat,
0,3 Aloë,
0,05 Bilsenkrautextrakt

löst man in

150,0 Fenchelwasser.

Potio laxativa le Roi.

Abführender Königstrank.

1,0 Scamoniumharz,
1,0 Jalapenharz,
50,0 verdünnter Weingeist v. 68 pCt,
50,0 Sennasirup.

Man löst.

Potio Riveri.

Saturatio Riveri. *River*scher Trank.

a) mit Citronensäure (Vorschrift des D. A. IV.):

4 Teile Citronensäure

werden in einer Flasche in

190 Teilen Wasser

gelöst; darauf werden

9 Teile Natriumkarbonat

in kleinen Krystallen zugefügt und durch mässiges Umschwenken langsam gelöst; alsdann wird das Glas verschlossen.

Nur auf Verordnung zu bereiten.

b) mit Essig:

63,0 Essig,
130,0 destilliertes Wasser

mischt man und trägt nach und nach

9,0 Natriumkarbonat

in kleinen Krystallen ein.

Wenn letzteres gelöst, verschliesst man die Flasche.

Nur auf Verordnung zu bereiten.

c) mit Citronensaft:

60,0 frisch gepressten Citronensaft

verdünnt man mit

135,0 destilliertem Wasser

und trägt in die Verdünnung nach und nach

9,0 Natriumkarbonat

in kleinen Krystallen ein.

Wenn letzteres gelöst, verschliesst man die Flasche.

Der *River*sche Trank wird nur auf Verordnung bereitet.

Potio simplex.

Saturatio simplex.

Form. magistr. Berol.

80,0 Essig,
15,0 weissen Zuckersirup,
90,0 destilliertes Wasser

mischt man und setzt hinzu

15,0 Kaliumkarbonatlösung.

Potus citricus.
Citronensäure-Trank.

2,5 Citronensäure
löst man in
900,0 destilliertem Wasser
und versüsst mit
100,0 weissem Sirup.

Potus imperialis.
Kaisertrank.

5,0 Weinstein
löst man in
200,0 heissem destillierten Wasser
fügt dann
740,0 kaltes destilliertes Wasser,
50,0 weissen Sirup,
5,0 Citronen-Ölzucker
hinzu und schüttelt um.

Potus phosphoricus.
Phosphorsäure-Trank.

10,0 Phosphorsäure,
90,0 weissen Sirup,
900,0 destilliertes Wasser
mischt man.

Potus tartaratus.
Weinstein-Trank.

10,0 Weinstein
löst man in
900,0 heissem destillierten Wasser
und fügt
90,0 Himbeersirup
hinzu. Beim Gebrauch umzuschütteln.

Potus tartaricus.
Weinsäure-Trank.

2,5 Weinsäure
löst man in
900,0 destilliertem Wasser
und fügt
100,0 weissen Sirup
hinzu.

Präparieren

siehe Lävigieren.

Präparierflüssigkeit, *Wickersheim*sche.

100,0 rohen Alaun,
25,0 Kochsalz,
12,0 Salpeter,
60,0 Potasche,
10,0 arsenige Säure,
3000,0 Wasser

erhitzt man bis zum Kochen und so lange, bis sich alles gelöst hat. Man lässt die Lösung abkühlen, filtriert sie und wäscht das Filter mit so viel Wasser nach, dass das Filtrat

3000,0

wiegt.

Man fügt nun
1500,0 Glycerin v. 1,23 spez. Gew.,
300,0 Methylalkohol
hinzu und mischt.

Die aufzubewahrenden Präparate werden in Glasbüchsen gebracht und hier mit der Präparierflüssigkeit übergossen; die Glasbüchsen verschliesst man gut. Wünscht man trockene Präparate, so lässt man, je nach

Grösse der Gegenstände, 6—12 Tage in der Flüssigkeit liegen und trocknet dann an der Luft.

Fäulnis und der sonst damit verbundene Geruch werden durch Anwendung der Flüssigkeit vermieden.

Pressen.

Der Pressen bedient man sich entweder zum Trennen von festen und flüssigen Körpern oder zum Formen von bildsamen Massen und ferner auch dazu, feste Körper auf einen kleineren Raumteil zu bringen, als sie für gewöhnlich einnehmen.

Je nach der Eigenart des erwähnten Zwecks ist die Einrichtung der Pressen verschieden. Pressen zum Trennen von festen und flüssigen Körpern sind die ältesten und die im pharmazeutischen Laboratorium am häufigsten gebrauchten. Die bekannteste Konstruktion ist die einfache Spindelpresse mit zinnener Pressschale, niedergehender Schraube und und umlegbarem Oberteil; sie mag für viele Zwecke ausreichend sein, kann aber mit den Erzeugnissen der Neuzeit nicht wetteifern. In dieser hat man beim Bau der Pressen dem eigentlichen Zweck derselben, dem auszuübenden Druck mehr Aufmerksamkeit, wie bisher geschenkt; man hat durch starke Übersetzungen — Differentialsysteme — das Mittel geschaffen, mit geringer Kraftanstrengung einen so hohen Druck auszuüben, dass derartige Pressen für kleinere Arbeiten die hydraulischen Pressen ersetzen können.

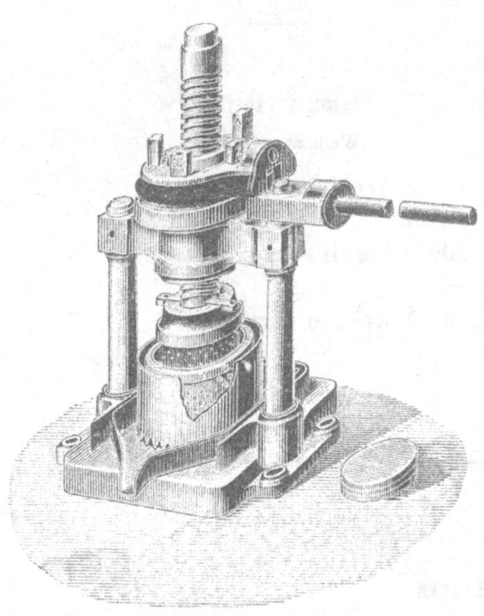

Abb. 38. **Tinkturen-, Fleischsaft- und Mandelölpresse mit *Duchscher*schem Differentialhebel.** †

Nach meinen Erfahrungen vorzüglich konstruierte Pressen sind die von *Duchscher*, deren Vertrieb *Gustav Christ* in Berlin besorgt und die in den verschiedensten Grössen angefertigt werden. Bei einer mit *Duchscher*schem Differentialhebel versehenen Presse geht man nicht, wie bei den älteren Pressen, bei der Arbeit mit dem Hebel um die ganze Schraubenspindel herum, sondern man führt die Pressplatte durch Hin- und Herbewegen des seitlich angebrachten Hebels nach unten und hat dadurch ein viel bequemeres Arbeiten; durch Verstellen zweier Keile befördert man durch dieselbe Bewegung die Pressplatte nach oben.

Die vorstehende Abbildung 38 ist die einer Presse, welche gleichzeitig als Tinkturen-, als Fleischsaft- und als Mandelölpresse zu dienen vermag.

Die Arbeit des Trennens flüssiger und fester Körper durch Pressen zerfällt in drei Teile:

1. die Vorbereitung der zu pressenden Masse;
2. das Einsetzen derselben in die Presse;
3. Ausüben des Druckes.

Die Masse, welche mit einer Flüssigkeit behandelt und dann ausgepresst werden soll, darf nicht aus so grossen Stücken bestehen, um dem Druck zu grossen Widerstand entgegen zu setzen, sie darf aber auch nicht so feinkörnig sein, dass sie sich mit der Flüssigkeit zu einem gleichartigen Brei mischt und deren Abfluss hindert. Obwohl jedes Pressgut anderer Art ist, darf man doch im allgemeinen ein grobes Pulver als diejenige Form bezeichnen, welche die Flüssigkeit ablaufen und sich zugleich zu einem festen Kuchen zusammenpressen lässt. Kräuter, welche bei der Behandlung mit Flüssigkeiten schleimig werden, sind nur zu zerschneiden.

Um die auszupressende Masse in die Presskörbe einzusetzen („letztere zu beschicken"), legt man sie, wenn es sich um feinkörnige Massen handelt, mit Tüchern aus, während dies z. B. bei zerschnittenen Kräutern nicht notwendig ist.

Ölige Massen oder Niederschläge müssen unter allen Umständen in Tücher eingeschlagen werden.

Das Ausüben des Druckes kann schneller oder muss langsamer vor sich gehen, je nach-

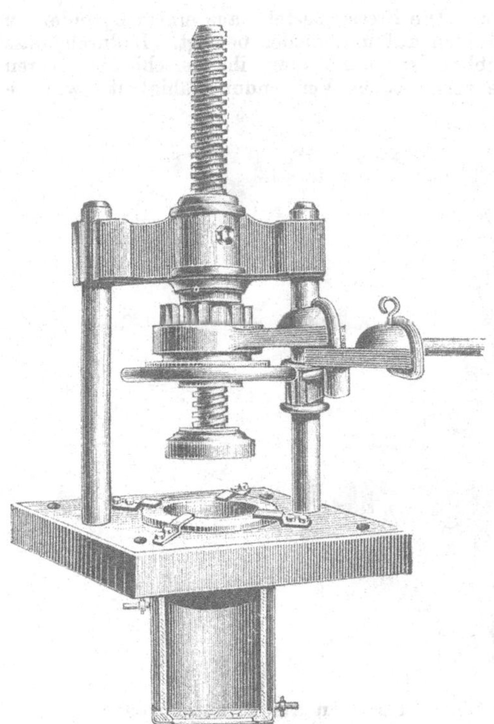

Abb. 39. **Succuspresse mit *Duchscher* schen Differentialhebel.** †

dem sich die Flüssigkeit leicht oder schwer von den festen Bestandteilen trennt. Als Regel darf man aufstellen, dass um so langsamer gepresst werden muss, je feinpulveriger der abzuscheidende feste Körper ist. Nichteinhalten dieser Regel hat zur Folge, dass sich entweder die Maschen des Tuchs verstopfen und dass bei weiterem Druck das Tuch reisst, oder dass — was bei Niederschlägen gern vorkommt — dieser die Maschen des Tuchs durchdringt.

Über Filterpressen siehe unter „Filtrieren"; über Seihpressen (Colierpressen) siehe unter „Colieren".

Um knetbare Massen zu pressen, z. B. Pillenmassen in Stränge, Succus Liquiritiae in Cachouform, Pflaster in Stangen, Extrakte (Extr. Rhei comp.) in Fäden, Seifen in Fäden, müssen die Pressen besonders stark gebaut und ausserdem noch mit heizbaren Cylindern versehen sein. Bei den genannten Massen ist eine allmähliche Anwendung des Druckes noch notwendiger, wie bei der Trennung flüssiger von festen Körpern. Ein zu rasches Pressen würde auch den stärksten Cylinder zersprengen.

Bei allen Pressen ist es eine Hauptsache, den Druck möglichst gleichmässig anzuwenden. Es wird dies niemals bei unmittelbarem Bewegen der Spindel, wohl aber der Fall sein, wenn der Antrieb wie beim Differentialhebel, übersetzt ist.

Die nebenstehende Abbildung 39 veranschaulicht eine Succuspresse (Cachoupresse) mit heizbarem Cylinder, in der man auch Seife und Extrakte in Fäden pressen kann.

Zum Pressen von Pflastern in Stangen, von Pillenmassen in Stränge und von Kakaoöl zu Stuhlzäpfchen sind besondere Pressen in Gebrauch, wo es sich um eine ununterbrochene fabrikmässige Herstellung handelt. Für den Gebrauch im Apothekenlaboratorium eignet sich vorzüglich die Spindelpresse von *E. A. Lentz* in Berlin, die den grossen Vorzug besitzt, zu

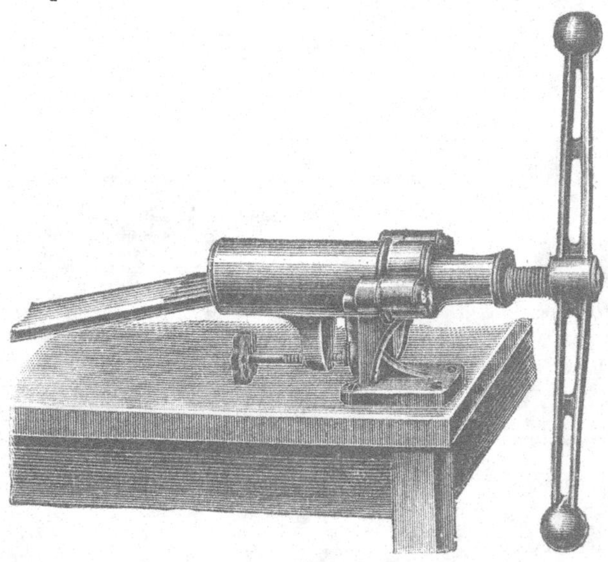

Abb. 40. **Spindelpresse von *E. A. Lentz* in Berlin als Pillenstrangpresse.**

† S. Bezugsquellen-Verzeichnis

allen drei Arbeiten verwendet werden zu können. Die Presse besteht aus einem Cylinder, in welchem sich ein an einer Spindel befestigter Kolben auf und nieder bewegt. Dadurch, dass die eigentliche Presse vom Unterteil abschraubbar ist, kann man ihr verschiedene Lagen geben; einzusetzende Mundstücke bewirken die verschiedene Verwendungsfähigkeit, wie die nachtehenden Abbildungen erläutern.

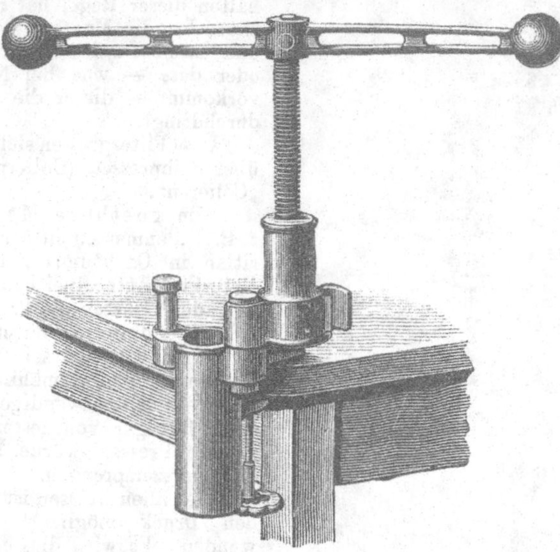

Abb. 41. **Spindelpresse von *E. A. Lentz* in Berlin als Pflasterpresse, geöffnet zur Aufnahme des Pflasters.**

Bei Verwendung der Spindelpresse als Pillenstrangpresse setzt man als Mundstück eine Platte ein, welche eine Anzahl in einer Ebene liegende, der Dicke des gewünschten Pillen-

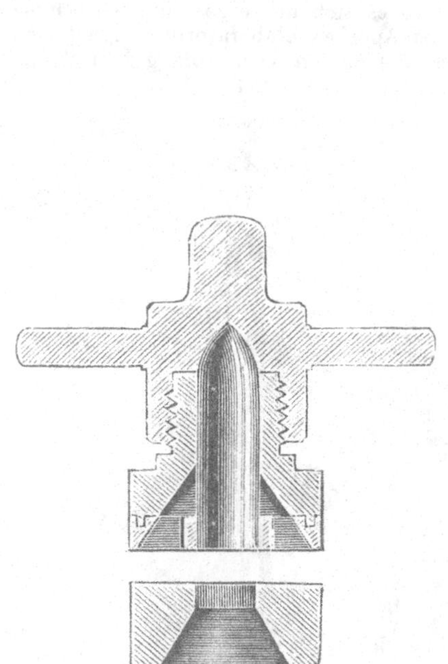

Abb. 42. **Mundstück und Kopfform zur Hohl-Suppositorienpresse.**

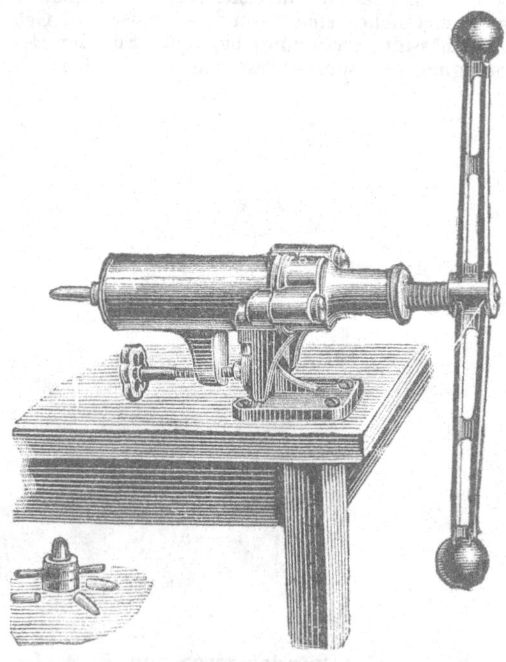

Abb. 43. **Spindelpresse von *E. A. Lentz* in Berlin als Hohl-Suppositorienpresse.**

stranges entsprechende Bohrungen enthält, bringt die gut durchgeknetete Pillenmasse in die Presse und drückt sie durch Drehen der Spindel durch die Bohrungen; durch ein untergelegtes, sanft geneigtes Blech unterstützt man das Vorwärtsgleiten der Stränge.

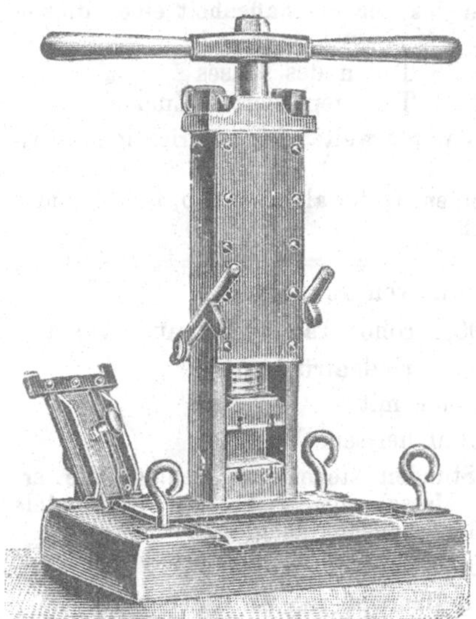

Abb. 44. Paketpresse von *Gustav Christ* in Berlin.

Der Gebrauch der Spindelpresse als Pflasterpresse findet in derselben Weise statt. Um das Pflaster bequem in die Presse bringen zu können, giesst man es gleich bei der Bereitung in eiserne Hülsen, welche zur Weite des Presscylinders passen; ratsam ist es, harte Pflastermassen, ehe man sie presst, einige Stunden in einen Raum von 30—40° C Wärme zu legen, desgleichen die Presse.

Um die Spindelpresse zur Herstellung hohler Stuhlzäpfchen aus Kakaoöl verwenden zu können, setzt man ein doppelwandiges Mundstück ein, presst die Masse gegen eine vorgeschraubte Kopfform, um den Kopf zu formen, nimmt diese ab und presst weiter bis zur gewünschten Länge. Ein eigens geformtes Messerchen schneidet die fertigen Zäpfchen ab, die verschiedenen Grössen werden durch verschieden gebohrte Mundstücke hervorgerufen. Mittels eines einfach durchbohrten Mundstückes presst man dann noch die Verschlussstöpsel.

Über Pastillenpressen siehe unter „Pastilli".

Zu den Pressen zur Erzeugung kleinerer Raumteile eines Körpers gehört die nebenstehend abgebildete Paket-Presse für Verbandstoffe von *Gustav Christ* in Berlin. Mittels dieser Presse presst man die Verbandstoffe, besonders Watte, in handliche Pakete von 100—1000 Gramm; die Presse verschnürt dieselben zugleich.

Über Tablettenpressen siehe unter „Tabletten".

Schluss der Abteilung „Pressen".

Pulpae.

Muse. Breihe.

Pulpa, das Fruchtmark, stellt man durch Einweichen der betreffenden Früchte mit Wasser, nötigenfalls unter Anwendung höherer Temperatur, Durchreiben des weich gewordenen Markes durch ein feines Haarsieb (das Deutsche Arzneibuch zieht fehlerhafterweise ein grobes vor) und nachheriges Eindampfen der durchgeriebenen Masse her.

Die Muse haben in der pharmazeutischen Praxis nur noch zwei Vertreter; die Ph. Austr. VII. enthält ausserdem das als Nahrungsmittel geschätzte Pflaumenmus.

Pulpa Cassiae.

Pulpa Cassiae Fistulae. Röhrenkassienmus. Cassienmus.

a) Vorschrift der Ph. Austr. VII.

Man nimmt aus den

Früchten der Röhrenkassie

das Fruchtmus mit den Querwänden und Samen mittels eines Spatels heraus, laugt diese mit warmem Wasser aus, schlägt die Brühe durch ein Haarsieb und verdampft sie in einer Porzellanschale im Wasserbad bis zur Dicke eines flüssigen Extrakts.

Zu

3 Teilen dieses Muses

mischt man

1 Teil gepulverten Zucker

und dampft alsdann im Wasserbad bis zur richtigen Musdicke ein.

Zu dieser Vorschrift ist folgendes zu bemerken:

Trennt man die Flüssigkeit vom Mark und dampft sie für sich ein, so wird das Eindampfen wesentlich beschleunigt und zugleich der sonst leicht eintretende Fehler vermieden, dass durch ein zu langes Erhitzen das Mus einen bitterlichen Geschmack annimmt. Die folgende Abänderung berücksichtigt diesen Punkt:

1000,0 Röhrenkassie

zerstösst man, weicht mit

2000,0 warmem Wasser

ein und schlägt nach 6 Stunden unter Nachgiessen von

1000,0 warmem Wasser

durch ein Haarsieb.

Die durchgeriebene Masse bringt man in Beutel, lässt die Flüssigkeit abtropfen und presst dann das Mark so weit aus, dass es einen steifen Brei bildet. Die vom Mark getrennte Flüssigkeit dampft man im Dampfbad unter fortwährendem Rühren in Porzellanschalen zur Extraktdicke ein, vermischt mit dem ausgepressten Mark und setzt auf

3 Teile dieser Pulpa,
1 Teil Zucker, Pulver M/30,

zu.

Die Ausbeute beträgt

1200,0—1300,0.

Pulpa Prunorum.

Pflaumenmus.

Vorschrift der Ph. Austr. VII.

Man kocht

getrocknete und zerschnittene Pflaumen

mit Wasser unter fortwährendem Umrühren, bis sie erweicht sind, schlägt den Brei durch ein Haarsieb und dampft ihn im Wasserbad ein bis zu einem dicken Extrakt.

3 Teile dieses Muses

versetzt man mit

1 Teil gepulvertem Zucker

und dampft im Wasserbad ein bis zur richtigen Musdicke.

Pulpa Tamarindorum depurata.

Gereinigtes Tamarindenmus.

a) Vorschrift des D. A. IV.

Tamarindenmus wird mit heissem Wasser gleichmässig erweicht, durch ein zur Herstellung grober Pulver bestimmtes Sieb gerieben und in einem Porzellangefässe im Wasserbade bis zur Konsistenz eines dicken Extraktes eingedampft. Darauf wird

5 Teilen dieses noch warmen Muses
1 Teil gepulverter Zucker

hinzugefügt.

b) Vorschrift der Ph. Austr. VII.

1000,0 Tamarindenfrüchte

übergiesst man mit

1000,0 heissem destillierten Wasser,

lässt unter öfterem Umrühren stehen, bis die Masse erweicht ist, schlägt durch ein Haarsieb und verdampft im Wasserbad in einer Porzellanschale bis zur Beschaffenheit eines dicken Extrakts. Man setzt dann je

3 Teilen des Muses
1 Teil gepulverten Zucker

zu und dampft weiter bis zur richtigen Musdicke.

Empfehlenswerter als a) und b) ist folgendes Verfahren:

c) Vorschrift von *E. Dieterich:*

1000,0 rohes Tamarindenmus (Tamarindenfrüchte)

verrührt man mit

2000,0 heissem Wasser,

lässt 6 Stunden stehen und schlägt die erweichte Masse mittels breiten Holzspatels unter allmählichem Nachgiessen von

1000,0 heissem Wasser

durch ein Haarsieb von 25 Maschen.

Das durchgeriebene Mark bringt man in Pressbeutel, lässt es hier abtropfen und presst es dann zwischen hölzernen Schalen aus bis zu einem Gewicht von ungefähr

700,0.

Andrerseits dampft man im Dampfbad die abgelaufene und abgepresste Brühe in einer Porzellanschale unter fortwährendem Rühren bis zur Beschaffenheit eines dicken Extrakts ein, vermischt damit das ausgepresste Mark und setzt

5 Teilen dieser Pulpa,
1 Teil Zucker, Pulver M/30,

zu.

Die Ausbeute beträgt, wenn man gute Tamarinden in Arbeit nahm, nicht unter

1500,0.

Die Vorschrift c) weicht von a) insofern ab, als sie bestimmte Wassermengen vorschreibt und dadurch einen Überschuss an Wasser und demgemäss das Eindampfen zu grosser Flüssigkeitsmengen vermeidet. Die Wassermenge der Vorschrift b) halte ich für zu gering. Von a) und b) entfernt sich die Vorschrift c) weiterhin dadurch, dass sie sich auf das Eindampfen der vom Mark getrennten Brühe beschränkt. Durch die Entfernung des Markes wird das Eindampfen abgekürzt; ein zu langes Erhitzen giebt dem Mus einen bitterlichen Geschmack, was nicht der Fall ist, wenn man das Eindicken, beziehentlich das Erhitzen so viel als möglich beschränkt.

An der Vorschrift des D. A. IV. ist ferner zu tadeln, dass sie nur ein 10-maschiges Sieb zum Durchseihen verwenden lässt, während doch ein Mus um so schöner ausfällt, je feiner das

Sieb ist. Ich halte ein 25-maschiges Sieb für den geringstmöglichen Feinheitsgrad; in der *Chem. Fabr. Helfenberg A. G.* verwendet man nur 30-maschige Siebe zu dem gedachten Zweck.

Pulpa Tamarindorum concentrata.

Konzentriertes Tamarindenmus.
Nach *E. Dieterich*.

1000,0 rohes Tamarindenmus

verrührt man mit

2000,0 heissem Wasser,

lässt 6 Stunden stehen und schlägt die erweichte Masse mittels breiten Holzspatels unter allmählichem Nachgiessen von

1000,0 heissem Wasser

durch ein Haarsieb von 25 Maschen.

Das durchgeriebene Mark bringt man in leinene Pressbeutel, lässt es hier abtropfen und presst es dann zwischen hölzernen Schalen aus bis zu einem Gewicht von mindestens

500,0.

Andrerseits dampft man im Dampfbad die abgelaufene und abgepresste Brühe in einer Porzellanschale unter fortwährendem Rühren bis zur Dicke eines Extraktes ein und verrührt nun nach und nach mit einem hölzernen Pistill das ausgepresste Mark darin.

Auf

4 Teile dieses Muses

mischt man

1 Teil Zucker, Pulver M/30,

hinzu.

Die Ausbeute wird

1100,0—1200,0

betragen.

Um aus dem konzentrierten das officinelle Mus zu bereiten, verdünnt man 750,0 des ersteren mit 250,0 destilliertem Wasser.

Schluss der Abteilung „Pulpae".

Pulvern.

Herstellung von Pulvern.

Pulvern ist das Zerreissen eines festen Körpers in möglichst viele, folglich feine Teilchen. Man unterscheidet feine und gröbliche Pulver und hat zwischen diesen beiden Urbildern noch verschiedene Zwischenstufen.

Das zu pulvernde Gut muss entsprechend vorbereitet, in der Regel, um es spröde und für die Zerreisung geeignet zu machen, getrocknet werden. Um nun dieses zu erleichtern, hat bei dicken, fleischigen Wurzeln ein Schneiden in Stücke vorherzugehen (siehe unter „Species"). Faserige Wurzeln, wie Rad. Asari, Serpentariae, Valerianae usw. müssen, da ihnen erdige Teile anhängen, vor dem Trocknen im Mörser leicht gequetscht und durch Absieben von der anhängenden Erde befreit werden.

Ein scharfes Trocknen gehört zu den Grundbedingungen, um ein feines (nicht splitteriges) und ein schön gefärbtes Pulver zu erhalten (siehe unter „Trocknen"). Um einige Beispiele anzuführen, sei erwähnt, dass die Schönheit eines Süssholzpulvers abhängig ist vom Trockengrad der zu verarbeitenden Wurzel, ferner, dass scharf getrocknete Sennesblätter ein grüneres Pulver liefern, wie ungenügend trockene. Ich erkläre mir das dahin, dass der hohe Gehalt an wässerigen, löslichen Stoffen im letzteren Fall färbend wirkt, d. h. durch seinen braunen Farbstoff die chlorophyllhaltige Pflanzenfaser überzieht. Ganz ähnliche Erscheinungen beobachtete ich beim Pulvern narkotischer Kräuter.

Der für ein Apotheken-Laboratorium allgemein-brauchbarste Pulverisier-Apparat ist der Mörser. Während die verschieden konstruierten Mühlen sich nur für besondere Fälle eignen, und auch da noch einer aufmerksamen Bedienung bedürfen, entspricht der Mörser allen billigen Anforderungen. Seine Leistungen erreichen nicht die Höhe in Bezug auf Schönheit des Pulvers, wie wir sie von anderen Apparaten gewöhnt sind; für das kleine Apothekenlaboratorium ist er jedoch durch keine andere Konstruktion zu ersetzen. Für grössere Geschäfte empfiehlt es sich, neben dem Mörser eine Kugeltrommel † und eine Pulverisiermühle †, an Stelle der letzteren da, wo Dampfkraft vorhanden ist, besonders für ölige Samen, eine Excelsiormühle † zu benützen. Mit einer solchen Einrichtung kann eine Apotheke bei aufmerksamer Bedienung der genannten Apparate den Erzeugnissen jeder Pulverisier-Anstalt die Spitze bieten.

Die Kugeltrommel besteht aus einer eisernen Trommel, welche fest auf einer drehbaren Axe sitzt und innerhalb eine grosse Anzahl Kugeln aus Hartguss von etwa 20 mm

---

† S. Bezugsquellen-Verzeichnis.

Durchmesser enthält. Wird nun das zu zerkleinernde Gut in die Mühle gebracht und letztere anhaltend gedreht, so zerschlagen die im Innern herumgeschleuderten Kugeln das Gut in die feinsten Teile. Die Trommel arbeitet, da sie geschlossen ist, ohne Staub, aber mit vielem Geräusch.

Die Pulverisiermühle (Abb. 45) ist ähnlich wie die darauf folgende, die Excelsiormühle, gebaut; die hohe Umdrehungszahl der Mahlscheiben wird durch ein Vorgelege, der gleichmässige Gang durch ein Schwungrad hervorgebracht. Beim Gebrauch erzeugt man durch Einstellung der Mahlscheiben zunächst ein grobes Pulver, aus dem man dann erst durch Zusammenschrauben der Scheiben und nochmaliges Mahlen ein feineres herstellt. Die Mühle liefert ein mittelfeines Pulver und besitzt eine Leistungsfähigkeit, je nach der Grösse, von stündlich 5—25 Kilo; die kleineren sind für Handbetrieb.

Abb. 45. **Pulverisiermühle.**

Die Excelsiormühle (Abb. 46) besitzt zwei Mahlscheiben aus Hartguss, die verstellbar sind. Sie ist ausserordentlich leistungsfähig, erfordert aber maschinellen Betrieb, um letzteres zu sein; im Handbetrieb wird sie besser durch die vorhergehende ersetzt.

Die Mühle für Mutterkorn sei hier nur erwähnt, da eine solche jetzt in jeder Apotheke vorhanden sein dürfte; empfehlenswert ist die von *Gustav Christ* in Berlin.

Wenn ich andere Mühlenkonstruktionen, z. B. die Bogardus-, die Walzenmühle usw., nicht in Betracht ziehe, so geschieht es, weil ich sie nicht empfehlen kann. Gerade die beiden letztgenannten haben den grossen Fehler einer viel zu geringen Leistungsfähigkeit.

Alle Pulverisier- oder Mahl-Mühlen beanspruchen eine sehr aufmerksame Behandlung, die bei den kleineren noch nötiger ist, als bei den grossen. Ganz besonders dürfen sie nicht überladen werden; vielmehr ist der Zufluss so zu regeln, dass er geringer ist wie die Mahlfähigkeit, weil im andern Fall ein Verstopfen eintritt. Dem ähnlich soll man auch bei der Pulverisiertrommel die Mengen, mit denen man sie beschickt, eher zu klein wie zu gross bemessen.

Abb. 46. **Excelsiormühle.**

Salze, wie Salmiak usw., dürfen nur in Marmormörsern zu Pulver verwandelt werden.

Dem Pulvern folgt das Sieben. Für feine Pulver verwendet man Siebböden aus Seiden-, für mittlere aus Rosshaar- und für gröbere aus Draht-Gaze. Den Feinheitsgrad eines Pulvers bestimmt man neuerdings nach der Zahl der Maschen, welche sich auf einem qcm des verwendeten Siebes befinden. Hat z. B. eine Siebgaze 30 × 30 Maschen auf einem qcm, so bezeichnet man das damit gesiebte Pulver als No. 30 usw.

Ich halte es nicht für richtig, die Feinheitsgrade so, wie es das Deutsche Arzneibuch thut, durch fortlaufende Nummern auszudrücken, und zwar deshalb nicht, weil bei Einführung neuer Feinheitsgrade die frühere Reihenfolge umgestossen werden müsste.

Es würde dies leicht zu Irrtümern führen. Ich werde deshalb bei meinem bisherigen Verfahren bleiben und die Maschenzahl zur Bezeichnung des Feinheitsgrades benützen. Um aber die Angaben dieses Buches, obwohl es solche Bezifferungen viel früher, als das Arzneibuch einführte, nicht zu den Angaben des letzteren im Gegensatz zu bringen, habe ich die Bezeichnung No. fallen lassen und an deren Stelle ein M (Masche) setzen.

Die neue Schreibweise wird dann die folgende sein: M/50, M/40 usw.

Um das Stäuben auf das geringstmöglichste Mass zu beschränken, nimmt man diese Arbeit in Trommelsieben vor.

Gebräuchlich und im Handel befindlich sind z. Z. folgende Siebnummern:

M/50, M/40, M/30 } für feine Pulver.

M/25, M/20 } für mittelfeine Pulver.

M/15, M/8, M/5 } für gröbliche und grobe Pulver.

Wenn man in einer Apotheke 2 Seidengazesiebe M/50 und M/30, 1 Rosshaarsieb M/20 und 2 Drahtsiebe M/8 und M/5 im Gebrauch hat, also über 5 Feinheitsgrade verfügt, so ist dem Bedürfnis vollauf genügt.

Für das Apothekenlaboratorium eignet sich am besten das Handsieb. Siebmaschinen sind nur im Grossbetrieb von Vorteil und auch dann nur, wenn gleichzeitig 3 oder 4 Siebe eingesetzt werden können. Maschinen mit einem einzigen Sieb, wie sie mehrfach angeboten werden, haben vor dem Handsieb nichts voraus.

Von pflanzlichen Pulvern ist ein möglichst hoher Feinheitsgrad zu verlangen, da die darin enthaltenen Holzzellen der Verdauung um so weniger widerstehen, je mehr sie zerrissen und zerkleinert sind.

Die grössere Aufmerksamkeit ist dem Herstellen der feinen Pulver zu schenken; ich führe deshalb in nachstehendem die Drogen auf, für welche drei verschieden feine Siebe (M/20, M/30 und M/50) Anwendung finden.

Sieb M/20:

Ammonium chloratum,
Baccae Juniperi,
Cubebae,
Flores Cinae,
Fructus Amomi,
„ Anisi vulgaris,
Fructus Anisi stellati,
„ Capsici annui,
„ Carvi,
„ Coriandri,
„ Foeniculi.

Sieb M/30:

Acidum boricum,
„ citricum,
„ oxalicum,
„ tartaricum,
Alumen crudum,
„ ustum,
Benzoë,
Boletus Laricis,
Borax,
Bulbus Scillae,
Cantharides,
Caryophylli,
Coccionella,
Crocus,
Euphorbium,
Fabae St. Ignatii,
Flores Chrysanthemi,
„ Koso,
„ Lavendulae,
„ Pyrethri roseï,
Fructus Cardamomi,
Fucus crispus,
Guarana,
Gummi arabicum,
Herba Sabinae,
Kalium chloricum,
„ nitricum,
„ sulfuricum,
Lactucarium,
Macis,
Myrrha,
Natrium bicarbonicum,
„ chloratum,
„ sulfuricum siccum,
Olibanum,
Opium,
Radix Angelicae,
„ Levistici,
Rhizoma Calami,
„ Curcumae,

Rhizoma Filicis,
„ Zedoariae,
„ Zingiberis,
Sandaraca,
Secale cornutum,
Semen Sabadillae,
„ Strychni,
Strontinum nitricum,
Succinum,
Succus Liquiritiae,
Tartarus depuratus,
„ natronatus,
Tubera Jalapae.

Sieb $^{M}/_{50}$.

Carbo Tiliae,
Cortex Cascarillae,
„ Chinae,
„ Cinnamomi,
„ Condurango,
„ Frangulae,
„ Fructus Aurantii,
„ Granati radicis,
„ Quebracho,
„ Quercus,
Crocus,
Flores Chamomillae vulgaris,
„ Convallariae,
Folia Cocae,
„ Belladonnae,
„ Digitalis,
„ Eucalypti,
„ Jaborandi,
„ Matico,
„ Sennae,
„ Strammonii,
Fructus Aurantii,
Gallae,
Herba Absinthii,
„ Aconiti,
„ Altheae,
„ Centaurii,
„ Conii,
„ Farfarae,
„ Gratiolae,
„ Hyoscyami,
„ Lactucae virosae,
„ Lobeliae inflatae,
„ Majoranae,
„ Polygalae,
„ Pulsatillae,
„ Salviae,
„ Trifolii,
Indigo,
Lapis Pumicis,
Lichen Islandicus,
Lignum Quassiae,
Ossa Sepiae,
Piper album,
„ longum,
„ nigrum,
Radix Altheae,
„ Belladonnae,
„ Bryoniae,
„ Colombo,
„ Galangae,
„ Gentianae,
„ Helenii,
„ Hellebori nigri,
„ Hydrastis,
„ Ipecacuanhae,
„ Iridis,
„ Liquiritiae,
„ Ononidis,
„ Pimpinellae,
„ Pyrethri Germanici,
„ „ Romani,
„ Ratanhiae,
„ Rhei,
„ Sarsaparillae,
„ Senegae,
„ Sumbuli,
„ Tormentillae,
„ Valerianae,
„ Veratri albi,
Saccharum,
„ Lactis,
Sapo domesticus,
„ Hispanicus,
„ medicatus,
„ stearinicus,
Secale cornutum exoleatum,
Talcum venetum,
Tartarus stibiatus,
Tragacantha,
Tubera Aconiti,
„ Salep.

Die vorstehenden Feinheitsgrade stehen hinter den Leistungen der Fabriken erheblich zurück; um so unbegreiflicher ist es daher, dass das Deutsche Arzneibuch noch geringere Anforderungen, als die obigen sind, stellt. Um den Grundsatz, stets das Beste zu fordern und zu leisten, nicht zu einem leeren Wort herabsinken zu lassen, bin ich bei den früher von mir festgestellten Feinheitsgraden der Pulver stehen geblieben und habe die des Arzneibuchs als nicht zeitgemäss unberücksichtigt gelassen.

Beim Sieben selbst ist darauf zu achten, dass die Siebe vollkommen trocken sind und die Siebböden, wenn sie sich (bei öligem Pulver) leicht verstopfen, öfters ausgebürstet oder gekehrt werden.

Während des Pulverns und Siebens ziehen die Pulver zumeist viel Feuchtigkeit aus der Luft an. Es ist daher notwendig, sie vor dem Füllen in verschlossene Gefässe nochmals zu trocknen. Bei allen pflanzlichen Pulvern ist ausserdem noch das Tageslicht abzuhalten.

Pulvis aërophorus.

Brausepulver.

Vorschrift des D. A. IV.

26 Teile Natriumbikarbonat,
24 „ Weinsäure,
50 „ Zucker

werden in mittelfein gepulvertem und trockenem Zustande gemischt.

So ratsam es ist, die Säure und den Zucker vor der Vermischung zu trocknen, so wenig empfehlenswert ist dies, was das Deutsche Arzneibuch wohl hätte erwähnen sollen, beim Natron, weil die Monokarbonatbildung dadurch hervorgerufen wird.

Obige Vorschrift ist die Grundlage für das Citronen-Brausepulver (Zusatz von 5 Tropfen Citronenöl) und Pfefferminz-Brausepulver (Zusatz von 3 Tropfen Pfefferminzöl).

Pulvis aërophorus anglicus.

Pulvis aërophorus Ph. Austr. VII.
Englisches Brausepulver. Sodapowder.

a) Vorschrift des D. A. IV.

2,0 g mittelfein gepulvertes Natriumbikarbonat

und

1,5 g mittelfein gepulverte Weinsäure

werden getrennt verabfolgt.

Das Natriumbikarbonat wird in gefärbter, die Weinsäure in weisser Papierkapsel abgegeben.

b) Vorschrift der Ph. Austr. VII.

Wie oben, nur schreibt das Gesetzbuch vor, das Natriumbikarbonat in blauer, die Säure in weisser Papierkapsel abzugeben.

Pulvis aërophorus Carolinensis.

Karlsbader Brausepulver. Nach *E. Dieterich.*

1. 88,0 entwässertes Natriumsulfat, Pulver $^{M}/_{30}$,
36,0 Natriumchlorid, Pulver $^{M}/_{30}$,
36,0 Weinsäure, „ „

mischt man und teilt in 50 Dosen, welche man in weisse Kapseln füllt.

2. 120,0 Natriumbikarbonat, Pulver $^{M}/_{30}$,
4,0 Kaliumsulfat, „ „

mischt man und teilt in 50 Dosen, die man in blaue oder rote Kapseln füllt.

Sowohl die farbigen als auch die weissen Kapseln tragen folgende Gebrauchsanweisung:

„Man fülle 2 gewöhnliche Wassergläser zum vierten Teil mit heissem Wasser, löse das Pulver in der farbigen Kapsel in einem, das in der weissen im anderen Glase auf, mische beide Flüssigkeiten durch Zusammengiessen und trinke entweder während oder nach dem Aufbrausen."

Um Karlsbader Brausepulver in den Apotheken glasweise zu schenken, empfehlen sich die Mineralwasser- oder Brausepulverkannen † (s. Abbildung 47), wie sie die Porzellanhandlung von *Moritz Seyffert* in Meissen führt.

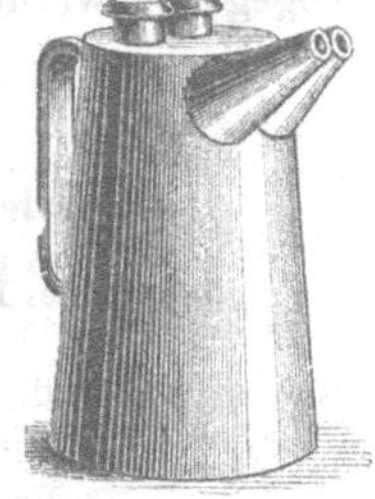

Abb. 47.

Die Kanne ist in der Mitte durch eine Zwischenwand in 2 Abteilungen geschieden und hat dementsprechend 2 Eingussund 2 Ausgussöffnungen. In je eine Abteilung giebt man 5 Dosen des Karlsbader Brausepulvers No. 1 und 2, giesst je 1 l mässig heisses Wasser darauf und erhält die Kanne in einem Wasserbad auf einer Temperatur von 50° C. Beim Gebrauch fliessen beide Lösungen zu gleicher Zeit aus, so dass die Umsetzung erst im Glas stattfindet.

Da sich die Lösungen mehrere Tage halten, so ist auch bei schwachem Verbrauch ein Verderben nicht zu besorgen.

Pulvis aërophorus ferratus granulatus.

Granulae aërophorae seu effervescentes ferratae.
Gekörntes Eisen-Brausepulver.

a) 50,0 Ferrolaktat,
25,0 Magnesiumkarbonat,
500,0 Natriumbikarbonat,
475,0 Weinsäure,
950,0 Zucker,
400,0 Weingeist von 90 pCt.

b) 30,0 entwässertes Ferrosulfat,
20,0 Zucker,

† S. Bezugsquellen-Verzeichnis.

400,0 Weinsäure,
550,0 Natriumbikarbonat,
200,0 Weingeist von 90 pCt.

Die trockenen Bestandteile pulvert man (M/30), mischt die Pulver, befeuchtet mit dem Weingeist und behandelt so, wie bei Ferr. citric. effervescens angegeben wurde.

Pulvis aërophorus granulatus.

Granulae aërophorae seu effervescentes.
Gekörntes Brausepulver.

500,0 Natriumbikarbonat,
50,0 Magnesiumkarbonat,
450,0 Weinsäure,
2000,0 Zucker,
500,0 Weingeist von 90 pCt.

Die trockenen Bestandteile pulvert man (M/30), mischt die Pulver, befeuchtet die Mischung mit dem Weingeist und körnt in derselben Weise wie bei Ferr. citr. effervescens angegeben wurde.

Pulvis aërophorus laxans.

Pulvis aërophorus Seidlitzensis.
Abführendes Brausepulver Seidlitzpulver.
Seidlitzpowder.

a) Vorschrift d. D. A. IV.

7,5 g mittelfein gepulvertes Natriumkaliumtartrat

mit

2,5 g mittelfein gepulvertem Natriumbikarbonat

gemischt, und

2,0 g mittelfein gepulverte Weinsäure

werden getrennt verabfolgt.

Das Salzgemisch wird in gefärbter, die Säure in weisser Papierkapsel abgegeben.

b) Vorschrift der Ph. Austr. VII.

Man giebt ab

10,0 feinst gepulvertes weinsaures Kali-Natrium,

gemischt mit

3,0 Natriumbikarbonat

in blauer Papierkapsel und

3,0 feinst gepulverte Weinsäure

in weisser Papierkapsel.

Pulvis aërophorus Magnesiae.

Magnesia-Brausepulver.

10,0 Weinsäure, Pulver M/30,
20,0 Citronenölzucker „ „
40,0 Magnesiumkarbonat,
30,0 Zucker, Pulver M/30,

mischt man und bewahrt die Mischung in gut verschlossenem Glas auf.

Pulvis aërophorus Tartari.

Weinstein-Brausepulver.

50,0 Magnesiumkarbonat,
100,0 gereinigten Weinstein

mischt man.

Pulvis aërophorus zingiberatus.

Ingwer-Brausepulver.

100,0 Brausepulver
1 Tropfen Ingweröl

mischt man.

Pulvis albificans.

Mützenpulver.

25,0 Zinn

schmilzt man, setzt

30,0 Quecksilber

zu und verreibt mit

45,0 geschlämmter Kreide,

bis Metallkügelchen mit unbewaffnetem Auge nicht mehr erkannt werden können.

Pulvis alterans n. *Plumer*.

Pulvis Plumeri. *Plumers* säfteverbesserndes Pulver.

a) Form. magistr. Berol.

0,05 Quecksilberchlorür,
0,05 Goldschwefel,
0,5 Zucker, Pulver M/50,
0,2 Eibischwurzel, „ „

mischt man zu einer Dosis.

Es werden 10 Dosen verordnet.

b) Vorschrift d. Ergänzb. d. D. Ap. V.

1,0 Quecksilberchlorür,
1,0 Goldschwefel,
10,0 mittelfein gepulverten Zucker

mischt man. Soll vor der Abgabe frisch bereitet werden.

Pulvis antiasthmaticus fumalis.

Asthma-Räucherpulver nach *Cléry*.

3,0 Opium, Pulver M/30,
45,0 Stechapfelblätter, „ M/50,
45,0 Belladonnablätter, „ „

mischt man, verreibt dann mit einer Lösung von

7,0 Kaliumnitrat,
20,0 destilliertem Wasser,
trocknet und pulvert die trockene Masse nochmals.

Die Gebrauchsanweisung lautet:
„Man streut das Pulver auf ein über einer Lampe erhitztes glühendes Blech und atmet den entstehenden Rauch ein."

Pulvis antiepilepticus albus.

Markgrafenpulver. Fraisenpulver.

30,0 Veilchenwurzel, Pulver M/50,
60,0 Pfingstrosenwurzel, „ „
60,0 Magnesiumkarbonat, „ „
60,0 Krebssteine, „ „
3 Blätter Blattgold
mischt man in der Weise, dass man das Blattgold zuletzt hinzufügt und nur so weit zerreibt, dass die Flitter desselben noch deutlich zu erkennen sind.

Pulvis antiepilepticus ruber.

Rotes Markgrafenpulver.

25,0 Veilchenwurzel, Pulver M/50,
50,0 Pfingstrosenwurzel, „ „
50,0 Magnesiumkarbonat, „ „
50,0 Krebssteine, „ „
12,5 Zinnober,
3 Blätter Blattgold
mischt man wie das vorige.

Pulvis antiphlogisticus.

Entzündungswidriges Pulver.

15,0 Kaliumnitrat, Pulver M/30,
15,0 Kaliumsulfat, „ „
70,0 Weinstein, „ „
mischt man.

Pulvis antirhachiticus.

Form. magistr. Berol.

16,0 gefälltes Calciumkarbonat,
7,5 Calciumphosphat,
1,5 Ferrilaktat,
25,0 Milchzucker, Pulver M/50,
mischt man.

Pulvis antispasmodicus.

Krampfstillendes Pulver.

50,0 Kaliumnitrat, Pulver M/30,
50,0 Kaliumsulfat, „ „
mischt man.

Pulvis antispasmodicus infantium.

Krampfstillendes Kinderpulver.

25,0 präparierte Austernschalen,
25,0 gebranntes Hirschhorn, Pulver M/50,
25,0 Baldrianwurzel, Pulver M/50,
25,0 Mistelstengel, „ „
mischt man.

Pulvis aromaticus.

Pulvis Cinnamomi compositus. Aromatisches Pulver. Zusammengesetztes Zimtpulver. Aromatic powder. Compound powder of cinnamon.

a) Vorschrift d. Ph. G. I. u. des Ergänzb. d. D. Ap. V.

50,0 chinesischen Zimt, Pulver M/50,
30,0 Malabar-Kardamomen, „ M/30,
20,0 Ingwer, „ „
mischt man.

b) Vorschrift der Ph. Brit.

50,0 Ceylonzimt, Pulver M/50,
50,0 Kardamomen-Samen, „ M/30,
50,0 Ingwer, „ „
mischt man.

c) Vorschrift der Ph. U. St.

35,0 Ceylonzimt, Pulver M/50,
35,0 Ingwer, „ M/30,
15,0 Kardamomen-Samen, „ „
15,0 Muskatnüsse, „ M/20,
mischt man.

Pulvis aromaticus laxativus.

Pulvis aperitivus aromaticus. Tragea aromatica viridis. Abführendes aromatisches Pulver.

15,0 Alexandriner Sennesblätter, Pulver M/50,
7,5 Pomeranzenschalen, Pulver M/50,
7,5 chinesischen Zimt, „ „
7,5 Anis, „ M/30,
7,5 Süssholz, „ M/50,
7,5 Rhabarber, „ „
7,5 Ingwer, „ M/30,
7,5 Weinstein, „ „
32,5 Zucker, „ M/50,
mischt man.

Pulvis aromaticus ruber.

Tragea aromatica. Rotes aromatisches Pulver.

3,0 Ceylonzimt, Pulver M/50,
1,5 Ingwer, „ M/30,
0,5 Galgantwurzel, „ M/50,
0,5 Muskatnüsse, „ M/20,
0,5 Nelken, „ „
2,0 Sandelholz, „ M/50,
92,0 Zucker, „ „
mischt man.

Pulvis arsenicalis n. *Cosmus*.

*Cosmus*sches Pulver.

120,0 Zinnober,
8,0 Knochenkohle, Pulver M/50,
12,0 Drachenblut, „ „
40,0 arsenige Säure, „ „
mischt man sorgfältig.

Pulvis Cacao compositus.

Racahout.

150,0 entölten Kakao,
200,0 Marantastärke,
50,0 Salep, Pulver M/50,
600,0 Zucker, „ „
2,0 Vanillinzucker
mischt man.

Pulvis Calcariae compositus.

Zusammengesetztes Kalkpulver.

Vorschrift d. Dresdner Ap. V.

12,0 Calciumphosphat,
12,0 Ferrolaktat,
6,0 fein gepulverte Pomeranzenschale,
24,0 geschlämmte Austernschalen,
46,0 Milchzucker
mischt man.

Pulvis carminativus.

Pulvis ad flatum. Windpulver für Erwachsene.

20,0 Anis, Pulver M/30,
10,0 Kümmel, „ „
10,0 Koriander, „ „
10,0 Fenchel, „ „
15,0 aromatisches Pulver,
5,0 Natriumbikarbonat, Pulver M/30,
30,0 Zucker, „ M/50,
mischt man.

Pulvis carminativus infantium.

Kinder-Windpulver.

15,0 Anis, Pulver M/30,
10,0 Fenchel, „ „
5,0 gebrannte Magnesia,
70,0 Zucker, Pulver M/50,
mischt man.

Pulvis causticus n. *Esmarch*.

Pulvis inspersorius anticarcinomaticus.
*Esmarch*s schmerzloses Ätzpulver.

1,0 arsenige Säure, Pulver M/50,
1,0 Morphinsulfat,
8,0 Quecksilberchlorür,
48,0 arab. Gummi, Pulver M/50,
mischt man.

Pulvis Chinini tannici compositus.

Vorschrift d. Dresdner Ap. V.

2,5 Chinintannat,
15,0 Natriumbikarbonat,
15,0 mittelfein gepulverten Zucker
mischt man.

Pulvis Cretae aromaticus.

Confectio aromatica. Aromatic powder of chalk.

Vorschrift der Ph. Brit.

40,0 Ceylonzimt, Pulver M/50,
30,0 Safran „ M/20,
30,0 Muskatnüsse, „ „
15,0 Nelken, „ „
10,0 Kardamomensamen, „ M/30,
250,0 Zucker, „ M/50,
110,0 geschlämmte Kreide
mischt man.

Wenn das Pulver eine stärkere Färbung zeigen soll, so befeuchtet man den Safran zuvor mit etwas Wasser oder Weingeist, ehe man ihn mit Zucker verreibt, oder man befeuchtet das Pulver und setzt es beim Reiben einem starken Druck aus.

Pulvis Cretae aromaticus cum Opio.

Aromatic powder of chalk and opium.

Vorschrift der Ph. Brit.

39,0 Aromatic powder of chalk,
1,0 Opium, Pulver M/30,
mischt man.

Pulvis cuticolorans.

Nach *Unna.*

4,0 roten Bolus,
16,0 weissen Bolus,
40,0 Zinkoxyd,
40,0 Magnesiumkarbonat

mischt man sehr fein.

Pulvis dentifricius albus.

Weisses Zahnpulver.

Vorschrift der Ph. Austr. VII.
Man mischt

5,0 gepulverte Veilchenwurzel,
5,0 gepulvertes kohlensaures Magnesium,
40,0 gefälltes kohlensaures Calcium,
4 Tropfen Pfefferminzöl,

welches in wenig Weingeist von 90 pCt gelöst war, und siebt durch.

Über die bei der Bereitung der Zahnpulver in Betracht kommenden Grundsätze siehe unter Parfümerien.

Pulvis dentifricius niger.

Schwarzes Zahnpulver.

Vorschrift der Ph. Austr. VII.
Man mischt

20,0 gepulverte Chinarinde,
20,0 „ Salbeiblätter,
20,0 gereinigte Holzkohle

und siebt durch.

Über die bei der Bereitung der Zahnpulver in Betracht kommenden Grundsätze siehe unter „Parfümerien".

Pulvis diaphoreticus.

Schweisstreibendes Pulver.

0,5 Goldschwefel,
0,5 Kampfer,
8,0 gereinigten Schwefel,
8,0 Zucker, Pulver M/50,

verreibt und mischt man mit einander und teilt in 4 Dosen, welche man in Wachskapseln füllt.

Pulvis diaphoreticus n. *Graefe.*

Graefes schweisstreibendes Pulver.

0,1 zerriebenen Kampfer,
0,03 Opium, Pulver M/30,
0,3 Kaliumnitrat, „ „
10,0 Zucker, „ M/50,

mischt man. Soll vor dem Schlafengehen in Thee genommen werden.

Pulvis digestivus.

Verdauung beförderndes Pulver.

10,0 geschlämmte Austernschalen,
20,0 Kaliumsulfat, Pulver M/30,

mischt man.

Pulvis digestivus compositus.

Zusammengesetztes verdauungbeförderndes Pulver.

5,0 Ammoniumchlorid, Pulver M/20,
10,0 Rhabarber, „ M/50,
20,0 Kaliumsulfat, „ M/30,

mischt man.

Pulvis diureticus.

Harntreibendes Pulver.

a) 0,5 Meerzwiebel, Pulver M/30,
0,5 Fingerhutblätter, „ M/50,
1,5 chinesischer Zimt, „ „
5,0 Borax, „ M/30,
10,0 Weinstein, „ „
1,0 Wacholderbeeröl.

Man mischt, teilt in 10 Dosen und giebt in Wachskapseln ab.

b) 5,0 Kaliumnitrat, Pulver M/30,
5,0 Altheewurzel, „ M/50,
10,0 Süssholz, „ „
30,0 arabisches Gummi, „ „
30,0 Milchzucker, „ „

mischt man.

Pulvis emeticus.

Brechpulver.

Form. magistr. Berol.

0,1 Brechweinstein,
1,5 Brechwurzel, Pulver M/50,

mischt man. Es werden 2 Dosen verordnet.

Pulvis expectorans.

Form. magistr. Berol.

0,15 Benzoësäure,
0,03 zerriebenen Kampfer,
0,5 Zucker.

Es werden 10 Dosen verordnet.

Pulvis exsiccans.

Trocknendes Pulver.

Form. magistr. Berol.

50,0 Zinkoxyd,
50,0 Weizenstärke

mischt man.

Pulvis exsiccans c. Loretino 33 pCt.
Trocknendes Loretinstreupulver.
Nach *Dèjace.*

10,0 Wismutloretinat,
10,0 weisses Zinkoxyd,
10,0 fein gepulverte Borsäure.

Pulvis fumalis n. *Engel.*
Engels Räucherpulver.

25,0 Myrrhe, Pulver M/30,
50,0 Zucker, „ „
50,0 Bernstein, „ „
145,0 Weihrauch, „ „
145,0 Mastix, „ „
585,0 roten Thon, „ „
mischt man.

Pulvis galactopaeus Ph. Sax.
Ammenpulver.

Nach der Zusammenstellung des Dresdner Ap. V.

20,0 fein gepulverte Pomeranzenschalen,
20,0 mittelfein gepulverten Fenchel,
20,0 „ „ Zucker,
40,0 Magnesiumkarbonat
mischt man.

Pulvis gummosus.
Gummipulver.

a) Vorschrift des D. A. IV.

50 Teile fein gepulvertes arabisches Gummi,
30 Teile fein gepulvertes Süssholz
und
20 Teile mittelfein gepulverten Zucker
werden gemischt.

b) Vorschrift der Ph. Austr. VII.

Man mischt
50,0 gepulverte Weizenstärke,
50,0 „ geschälte Süssholzwurzel,
100,0 gepulvertes Akaziengummi,
100,0 gepulverten Zucker
und schlägt durch ein Sieb.

Pulvis gummosus alkalinus.
Sapo vegetabilis.
Alkalisches Gummipulver. Vegetabilische Seife.

10,0 feingeriebenes Kaliumkarbonat,
90,0 arabisches Gummi, Pulver M/30,
mischt man und bewahrt in wohlverschlossenem Glas auf.

Pulvis haemorrhoïdalis.
Hämorrhoidenpulver.

Form. magistr. Berol.

10,0 Sennesblätter, Pulver M/50,
10,0 gebrannte Magnesia,
10,0 gereinigten Weinstein,
10,0 gereinigten Schwefel,
10,0 Zucker, Pulver M/50,
mischt man.

Pulvis infantium n. *Hufeland.*
Hufelands Kinderpulver.

25,0 Magnesiumkarbonat,
25,0 Baldrianwurzel, Pulver M/50,
37,5 Veilchenwurzel, „ „
10,0 Anis, „ M/20,
2,5 Safran, „ „
mischt man.

Pulvis inspersorius Alumnoli.
Alumnol-Streupulver.

10,0 Alumnol,
45,0 Talk, Pulver M/50,
45,0 Weizenstärke, „ „
mischt man.

Das Alumnol-Streupulver dient zum Einpudern von wundgeriebener Haut, leichten Verbrennungen, Schweissfüssen usw.

Pulvis inspersorius Anosminae.
Anosmin-Fusspulver.

5,0 Maismehl, Pulver M/50,
95,0 Alaun, „ M/30,
mischt man.

Pulvis inspersorius bismuticus.
Wismut-Streupulver.

10,0 basisches Wismutnitrat,
45,0 Veilchenwurzel, Pulver M/50,
45,0 Talk, „ „
1 Tropfen Rosenöl,
1 „ Bergamottöl
mischt man.

Pulvis inspersorius carbolisatus.
Karbol-Streupulver. Nach *E. Dieterich.*

5,0 verflüssigte Karbolsäure,
25,0 Zinkoxyd

verreibt man sehr sorgfältig miteinander und mischt dann

35,0 Weizenstärke, Pulver M/50,
35,0 Talk, „ „

hinzu.

Pulvis inspersorius Dermatoli.
Pulvis inspersorius c. Bismuto subgallico.
Dermatol-Streupulver.

200,0 Dermatol,
700,0 Talk, Pulver M/50,
100,0 Weizenstärke, „ „

mischt man.

Pulvis inspersorius diachylatus.
Diachylon-Wundpulver. Diachylon-Streupulver.
Nach *E. Dieterich.*

5,0 Bleipflaster,
2,0 gelbes Wachs

übergiesst man in einem Kölbchen mit

20,0 Äther,

verkorkt und lässt unter öfterem Schwenken stehen, bis die Lösung erfolgt ist. Die Lösung wird keine vollkommene sein, da ein kleiner Teil der Bleiverbindung nur schwebend erscheint.

Man mischt nun

45,0 Weizenstärke, Pulver M/50,
45,0 Talk, „ „
3,0 Borsäure, „ „

mit einander, verreibt die ätherische Lösung damit, parfümiert mit

1 Tropfen Wintergreenöl,
1 „ Bergamottöl

und lässt, auf Pergamentpapier ausgebreitet, in gewöhnlicher Zimmertemperatur bis zum Verschwinden des Äthergeruchs trocknen.

Man füllt hierauf in Glasbüchsen, welche mit Zinnkapseln ohne Kork verschlossen sind.

Die Gebrauchsanweisung lautet:

„Man durchsticht die Zinnkapsel und erhält auf diese Weise eine Streubüchse. Man streut den Diachylon-Wundpuder auf wundgeriebene Hautstellen, z. B. wunde Füsse, auch nässende Flechten und benützt ihn ferner gegen das Wundwerden kleiner Kinder. Vor dem Wiederholen des Einstreuens ist die betreffende Stelle mit Seife sauber abzuwaschen.“

Pulvis inspersorius n. *Hebra.*
Hebras Einstreupulver.

5,0 Veilchenwurzel, Pulver M/50,
5,0 Talk, „ „
6,0 Zinkoxyd,
84,0 Weizenstärke, „ „

mischt man.

Pulvis inspersorius Eigoni.
Jodeigon-Streupulver.
Nach *K. Dieterich.*

a) 10 pCt:

10,0 Jodeigon, feinst gepulvert,
45,0 gebrannte Magnesia,
45,0 Talk, Pulver M/50.

b) 30 pCt:

30,0 Jodeigon, feinst gepulvert,
35,0 gebrannte Magnesia,
35,0 Talk, Pulver M/50.

Jodeigon (Jodeiweiss) ist ein geruchloser Ersatz des Jodoforms.

Pulvis inspersorius lanolinatus.
Lanolin-Puder. Lanolin-Streupulver.
Nach *E. Dieterich.*

5,0 wasserfreies Lanolin

löst man in

20,0 Äther

und verreibt die Lösung mit

45,0 Weizenstärke, Pulver M/50.

Andrerseits mischt man

2,0 Borsäure, Pulver M/50,

mit

50,0 Talk, Pulver M/50,

setzt die inzwischen durch Trocknen vom Äther befreite Lanolin-Stärke zu und aromatisiert schliesslich mit

1 Tropfen Hoffmannschen Lebensbalsam,
1 Tropfen Wintergreenöl.

Man mischt sehr genau und bewahrt den Puder in gut verschlossenen Glasbüchsen auf.

Pulvis inspersorius Loretini.
Loretin-Streupulver. Wundpulver.
Nach *Schinzinger.*

a) 50,0 Loretin,
50,0 gebrannte Magnesia.

b) 30,0 Loretin,
70,0 feinstes Talkpulver.

c) 40,0 Loretin,
30,0 gebrannte Magnesia,
30,0 feinstes Talkpulver.

d) 40,0 Loretin,
30,0 gebrannte Magnesia,
30,0 Iriswurzel, feinst gepulvert.

Pulvis inspersorius rosatus.

Rosen-Streupulver. Nach *E. Dieterich.*

3,0 Karmin

löst man in

6,0 Ammoniakflüssigkeit v. 10 pCt.,

verdünnt die Lösung mit

4,0 Weingeist von 90 pCt

und verreibt damit

700,0 Talk, Pulver M/50,

unter allmählichem Zusatz des letzteren. Man trocknet die Pulvermischung an der Luft, vermischt damit

200,0 Veilchenwurzel, Pulver M/50,
100,0 Zinkoxyd,
10,0 Salicylsäure

und parfümiert mit

1,0 Rosenöl,
0,5 Bergamottöl,
0,05 Kumarin,
3 Tropfen Moschustinktur (1:10).

Das Kumarin löst man in einigen Tropfen Weingeist.

Pulvis inspersorius salicylatus.

Salicyl-Fussstreupulver.

a) Vorschrift von *E. Dieterich:*

3,0 Salicylsäure,
20,0 Zinkoxyd,
27,0 Weizenstärke, Pulver M/50,
50,0 Talk, „ „
2 Tropfen Wintergreenöl

mischt man.

b) Vorschrift des Dresdner Ap. V.

1,0 fein gepulverte Salicylsäure,
99,0 Zinkstreupulver,

mischt man.

Die Etikette † trägt eine kurze Anleitung für den Gebrauch.

Pulvis inspersorius Saloli.

Salol-Fussstreupulver. Salol-Streupulver.

a) gegen Fussschweiss:

2,0 Salol,
98,0 Talk, Pulver M/50,
1 Tropfen Wintergreenöl.

Ein Zusatz von Stärke ist für diesen Zweck nicht statthaft, weil dieselbe ein Zusammenballen der Mischung verursachen würde. Ein Pulver, welches mit der Streubüchse verteilt werden soll, muss aber möglichst locker sein.

b) gegen Geschwüre und Flechten:

5,0 Salol,
45,0 Weizenstärke, Pulver M/50,
50,0 Talk, „ „

mischt man. Die Mischung wird bald krümelig. Für den beabsichtigten Zweck scheint dies nicht von Bedeutung zu sein.

Pulvis inspersorius Tannoformii.

Tannoform-Streupulver.

10,0 Tannoform,
20,0 Talk, Pulver M/50,

mischt man.

Pulvis inspersorius Thioli.

Thiol-Streupulver n. *Jacobsen.*

20,0 Thiol, Pulver M/50,
80,0 Weizenstärke, „ „

mischt man.

Pulvis inspersorius Zinci.

Pulvis inspersorius Russicus. Zink-Streupulver.
Pulvis exsiccans. Russisches Fussstreupulver.

a) 10,0 Veilchenwurzel, Pulver M/50,
30,0 Zinkoxyd,
60,0 Talk, Pulver M/50,

mischt man.

b) 50,0 Zinkoxyd,
50,0 fein gepulverte Weizenstärke

mischt man.

Diese Mischung wird in Russland vielfach gebraucht und leistet, wie ich mich überzeugte, vortreffliche Dienste.

Die Etikette † trägt eine kurze Anleitung für den Gebrauch.

Pulvis Ipecacuanhae opiatus.

Pulvis Ipecacuanhae compositus. Pulvis Doweri. Pulvis Ipecacuanhae cum Opio. Pulvis Ipecacuanhae et Opii. *Dower*sches Pulver. Compound powder of ipecacuanha. Powder of ipecac and opium.

a) Vorschrift des D. A. IV. u. d. Ph. U. St.

10 Teile mittelfein gepulvertes Opium,
10 „ fein gepulverte Brechwurzel,
80 „ „ gepulverter Milchzucker

werden gemischt.

---

† S. Bezugsquellen-Verzeichnis.

b) Vorschrift der Ph. Austr. VII.

Man mischt

10,0 gepulvertes Opium,
10,0 gepulverte Brechwurzel,
80,0 gepulverten Zucker

durch längeres Verreiben aufs innigste.

c) Vorschrift der Ph. Brit.

10,0 Opium, Pulver M/30,
10,0 Brechwurzel, „ M/50,
80,0 Kaliumsulfat, „ „

mischt man.

Pulvis Jalapae compositus.

Pulvis purgans. Abführpulver. Zusammengesetztes Jalapenpulver.

a) 1,5 Jalapenknollen, Pulver M/30,
0,1 Quecksilberchlorür

mischt man. Soll auf einmal genommen werden.

b) 10,0 Jalapenknollen, Pulver M/30,
10,0 Sennesblätter, „ M/50,
10,0 Kaliumsulfat, „ M/30,

mischt man.

c) 5,0 Jalapenknollen, Pulver M/30,
10,0 Sennesblätter, „ M/50,
10,0 Kaliumsulfat, „ M/30,

mischt man.

Pulvis ad Lac artificale n. *Scharlau*.

*Scharlau*sches Milchpulver.

2,0 Natriumchlorid, Pulver M/30,
1,0 Ferrosulfat, „ „
5,0 Calciumlaktat,
8,0 Natriumbikarbonat, „ „
25,0 Natriumphosphat, „ „
550,0 Milchzucker, „ M/50,

mischt man.

Man verquirlt ein Eiweiss in 0,5 l warmem Wasser und löst einen Esslöffel dieses Pulvers darin. Diese Lösung soll die Kuhmilch ersetzen.

Pulvis laxans.

Abführpulver.

Form. magistr. Berol.

0,2 Quecksilberchlorür,
1,0 Jalapenknollen, Pulver M/30,

mischt man. Es werden 3 Dosen verordnet.

Pulvis Liquiritiae compositus.

Pulvis pectoralis. Brustpulver. Compound powder of glycyrrhiza.

a) Vorschrift d. D. A. IV. und der Ph. Austr. VII.

60 Teile mittelfein gepulverter Zucker,
20 „ fein gepulverte Sennesblätter,
20 „ fein gepulvertes Süssholz,
10 „ mittelfein gepulverter Fenchel,
10 „ gereinigter Schwefel

werden gemischt.

Das deutsche Arzneibuch schreibt ein m i t t e l f e i n e s Zuckerpulver vor. Man erhält aber bei Verwendung eines feinen Zuckerpulvers eine gleichmässiger aussehende Mischung.

b) Vorschrift der Ph. U. St.

500,0 Zucker, Pulver M/50,
236,0 Süssholz, „ „
180,0 Sennesblätter, „ „
80,0 gereinigten Schwefel,
4,0 Fenchelöl

mischt man.

Pulvis Magnesiae compositus.

Pulvis Foeniculi compositus. Ammen-Pulver.

50,0 Magnesiumkarbonat,
25,0 Fenchel, Pulver M/30,
10,0 Pomeranzenschalen, „ „
15,0 Zucker, „ M/50,

mischt man.

Pulvis Magnesiae c. Rheo.

Magnesia c. Rheo. Pulvis Magnesiae compositus. Pulvis infantium. Kinderpulver.

Vorschrift des D. A. IV.

50 Teile feingepulvertes Magnesiumkarbonat,
35 Teile Fenchelölzucker,
15 „ fein gepulverter Rhabarber

werden gemischt.

Pulvis pectoralis crocatus.

Gelbes Brustpulver.

5,0 Safran, Pulver M/30,

verreibt man in einer entsprechend grossen Reibschale mit

5,0 Weingeist von 90 pCt

und mischt nach und nach

80,0 Zucker, Pulver M/50,

hinzu. Man trocknet die Mischung, auf Papier ausgebreitet, an der Luft, während man folgende Pulver mit einander mengt:

100,0 Süssholz, Pulver M/50,
100,0 Veilchenwurzel, " "
100,0 arabisches Gummi, " "
20,0 Tragant, " "
500,0 Zucker, " "

Schliesslich setzt man den Safran-Zucker zu und mischt.

Pulvis pectoralis n. *Quarin.*

Brustpulver n. *Quarin.*

Vorschrift d. Wiener Apoth.-Haupt-Gremiums.

125,0 Puderstärke,
125,0 Süssholz, Pulver M/50,
250,0 arabisches Gummi, " "
250,0 Süssholzsaft, " M/30,
1000,0 Zucker, " M/50,
20,0 trockenes Bittersüssextrakt

mischt man.

Pulvis pectoralis Viennensis.

Fiakerpulver. Wiener Brustpulver.

0,75 Bilsenkrautextrakt,
0,75 Goldschwefel,
3,0 Anis, Pulver M/20,
15,0 Sennesblätter, " M/50,
15,0 Süssholz, " "
15,0 Schwefelblumen, " M/30,
50,0 Zucker, " M/50,

mischt man.

Pulvis pectoralis n. *Wedel.*

*Wedel*sches Brustpulver.

30,0 Süssholz, Pulver M/50,
10,0 Veilchenwurzel, " "
15,0 gereinigten Schwefel,
45,0 Zucker, Pulver M/50,
10 Tropfen Anisöl,
10 " Fenchelöl

mischt man.

Pulvis contra Pediculos.

Läusepulver.

a) 20,0 Sabadillsamen, Pulver M/20,
20,0 Stephanskörner, " "
20,0 Wermut, " M/50,
20,0 Anis, " M/30,
20,0 Chrysanthemumblüten, Pulver M/50,

mischt man und verreibt mit

1,0 Eukalyptol.

b) 25,0 Stephanskörner, Pulver M/20,
25,0 Sabadillsamen, " "
15,0 weisse Nieswurz, " M/30,
35,0 Tabakblätter, " "

mischt man.

Pulvis Plumeri.

s. Pulvis alterans n. Plumer.

Pulvis purgans.

Abführpulver.

8,0 Jalapenknollen, Pulver M/30,
8,0 gereinigt. Weinstein, " "
8,0 Fenchelölzucker

mischt man und teilt die Mischung in 6 Teile. Ein Pulver bildet eine Dosis.

Pulvis resolvens.

Gliederpulver.

40,0 Ammoniumchlorid, Pulver M/20,
40,0 Rhabarber, " M/50,
20,0 Süssholz, " "
0,4 Brechwurzel, " "

mischt man.

Pulvis Rhei compositus.

Zusammengesetztes Rhabarberpulver. Compound powder of rhubarb. *Gregorys* powder.

a) Vorschrift der Ph. Brit.

20,0 Rhabarber, Pulver M/50,
10,0 Ingwer, Pulver M/30,
60,0 gebrannte Magnesia

mischt man. Wünscht man ein dichteres Pulver, so verwendet man die sogenannte s c h w e r e gebrannte Magnesia.

b) Vorschrift der Ph. U. St.

25,0 Rhabarber, Pulver M/50,
10,0 Ingwer, " M/30,
65,0 gebrannte Magnesia

mischt man.

Pulvis Rhei salinus.

Salziges Rhabarberpulver.

75,0 Kaliumsulfat, Pulver M/30,
25,0 Rhabarber, " M/50,

mischt man.

Pulvis Rhei tartarisatus.

Pulvis digestivus n. *Klein.*
Kleins Weinstein-Rhabarberpulver.

10,0 Pomeranzenschalen, Pulver M/30,
10,0 Kaliumtartrat, „ M/20,
10,0 Rhabarber, „ M/50,

mischt man.

Pulvis salicylicus c. Talco.

Pulvis inspersorius salicylatus. Salicyl-Streupulver.

Vorschrift des D. A. IV.

3 Teile fein gepulverte Salicylsäure,
10 „ Weizenstärke,
87 „ Talk

werden gemischt.

Siehe auch Pulvis inspersorius.

Pulvis sternutatorius albus.

Schneeberger Schnupftabak.

5,0 medizinische Seife, Pulver M/50,
20,0 Veilchenwurzel, „ „
75,0 weisse Bohnen, „ M/30,
1,0 Mixtura odorifera

mischt man. Das Bohnenpulver ist absichtlich nicht so fein gewählt. Durch die Seife wird die Nieswurz vollständig entbehrlich.

Pulvis sternutatorius gallicus.

Französischer Schnupftabak.

25,0 Haselwurzblätter, Pulver M/30,
25,0 Betonienblätter, „ „
25,0 Majoran, „ „
25,0 Maiblumenblüten, „ „

mischt man. Auch hier dürfen die Pulver nicht zu fein sein.

Pulvis sternutatorius viridis.

Grüner Schnupftabak.

20,0 Majoran, Pulver M/30,
25,0 Steinklee, „ „
25,0 Lavendelblüten, „ „
25,0 Veilchenwurzel, „ M/50,

mischt man und benetzt mit folgender Lösung:

5,0 medizinische Seife,
20,0 verdünnter Weingeist v. 68 pCt,
1,0 *Schütz*s grüner Pflanzenfarbstoff †,
10 Tropfen Mixtura odorifera.

Man lässt an der Luft trocknen und bewahrt in vor Licht geschützten Gefässen auf.

† S. Bezugsquellen-Verzeichnis.

Pulvis stomachicus.

Magenpulver.

a) 20,0 Aronwurzel, Pulver M/50,
20,0 Kalmuswurzel, „ „
20,0 Enzianwurzel, „ „
20,0 Pomeranzenschalen, „ „
10,0 Ingwer, „ M/30,
10,0 Kaliumtartrat, „ M/50,
1,0 Kümmelöl

mischt man.

b) Form. magistr. Berol.

5,0 basisches Wismutnitrat,
5,0 Rhabarber, Pulver M/50,
20,0 Natriumbikarbonat

mischt man.

Pulvis strumalis.

Kropfpulver.

30,0 Schwammkohle, Pulver M/50,
30,0 Zucker, „ „
30,0 Milchzucker, „ „
5,0 Magnesiumkarbonat,
5,0 aromatisches Pulver

mischt man.

Die Etikette † muss eine Gebrauchsanweisung tragen.

Pulvis sulfurato-saponatus.

Schwefelseifenpulver.

5,0 feingeriebenes Schwefelnatrium,
5,0 calcinierte Soda,
5,0 Kochsalz, Pulver M/30,
85,0 Ölseife, „ „

mischt man. Die Mischung giebt man in Glas ab.

Pulvis Sulfuris compositus.

Zusammengesetztes Schwefelpulver.

20,0 gefällten Schwefel,
40,0 Weinstein,
10,0 Magnesiumkarbonat,
30,0 Zucker, Pulver M/50,
15 Tropfen Fenchelöl

mischt man.

Pulvis temperans.

Pulvis refrigerans. Niederschlagendes Pulver.

Vorschrift d. Ph. G. I. u. d. Ergänzb. d. D. Ap. V.

10,0 Kaliumnitrat, Pulver M/30,

30,0 Weinstein, Pulver M/30,
60,0 Zucker, „ M/50,
mischt man.

Pulvis temperans ruber.

Rotes niederschlagendes Pulver. Rotes Schreckpulver.

10,0 Zinnober,
100,0 niederschlagendes Pulver
mischt man.

Pulvis contra tussim n. *Steiger*.

Pulvis anticatarrhalicus. *Steigers* Hustenpulver.

10,0 arabisches Gummi, Pulver M/30,
10,0 Zucker, „ M/50,
mischt man.

Punsch, Punschessenzen, Grogessenzen.

Nach *E. Dieterich*.

Die Verschiedenartigkeit in der Zusammensetzung dieser Getränke ist die Folge der Abweichungen jenes Begriffes, den wir mit Geschmack bezeichnen. In den Apotheken erwartet das Publikum eine gute Essenz, nicht aber eine grosse Auswahl in solchen Produkten vorzufinden. Wenige gute Vorschriften, bei denen im Zuckergehalt ein Spielraum gelassen ist, dürften daher an dieser Stelle dem Zweck entsprechen.

Bezüglich der Herstellung ist zu bemerken, dass man die weingeistigen mit den aromatischen Bestandteilen versetzt und in diese (nicht umgekehrt) die kochend heisse Zuckerlösung in dünnem Strahl und unter Umrühren eingiesst. Grössere Mengen filtriert man durch Filzfilter, kleinere durch Papier. Für beide Fälle ist es notwendig, dass die Filter, besonders solche aus Papier, vorher mit heissem Wasser ausgewaschen werden, weil sonst das Filtrat einen eigentümlichen Beigeschmack, der bei der Verdünnung der Essenz mit heissem Wasser noch mehr hervortritt, erhält.

Für die Aufbewahrung und Lagerung gilt das bei den Liqueuren Gesagte.

Schwedischer Punsch.

2 Flaschen Weisswein,
1 Flasche Arrak,
½ „ Kognak,
1400,0 Zucker, Pulver M/20,
5000,0 Wasser.

Derselbe wird kalt getrunken.

Einfache Punschessenz.

a) 8 l Arrak,
1 l Wasser,
5—6000,0 Zucker, Pulver M/20,
50,0 Citronensäure.

Man löst Zucker und Säure durch Erwärmen im Arrak und filtriert.

b) 5 l Rum,
250,0 Orangenblütenwasser,
5—6000,0 Zucker, Pulver M/20,
2 l Moselwein,
10 Tropfen bestes Citronenöl.

Bereitung wie bei a),

Kardinal-Punschessenz.

1 Flasche Rotwein,
1 „ Arrak,
7—850,0 Zucker, Pulver M/20,
5,0 Bischofessenz,
½ Citrone (Saft und Schale),
2,0 zerriebene Cochenille,
1,0 von den Kelchen befreite Malvenblüten.

Die Bereitung wird bei der Wein-Punschessenz beschrieben werden.

Rotwein-Punschessenz.

550,0 Rotwein,
500,0 Arrak,
200,0 Sauerkirschsirup,
2—350,0 Zucker, Pulver M/20,
10,0 schwarzer Thee,
2,5 frische Citronenschalen,
Saft einer Citrone,
3,0 zerriebene Cochenille,
2,0 von den Kelchen befreite Malvenblüten.

Man erhitzt die Mischung auf 70—80° C,

lässt dann 24 Stunden im Kühlen stehen und filtriert.

Den Arrak kann man zur Hälfte durch Rum ersetzen.

Diese Essenz ist die einfachste und giebt — nach meinem Geschmack — den besten Punsch. Ausserdem verträgt er sich ausgezeichnet.

Thee-Punschessenz.

a) 1 Citrone,
5 Apfelsinen

schält man, zerschneidet die Schalen, presst den Saft aus den Früchten aus, vereinigt Saft und Schalen, übergiesst sie mit

2 l Rum,
4 l Arrak

und seiht nach 24-stündigem Stehen durch.

Andrerseits bereitet man sich durch Übergiessen und viertelstündiges Stehenlassen von

50,0 grünem Thee,
50,0 schwarzem Thee

mit

1 l heissem Wasser

einen Aufguss.

Ferner löst man

5—6000,0 Zucker, Pulver M/8,
30,0 Citronensäure

in

2 l Wasser,

giesst die heisse Lösung in die Spirituosen und setzt den Theeaufguss zu.

Schliesslich filtriert man.

b) 4 l Arrak,
4 l Rum,
20,0 Vanilletinktur,
25 Tropfen bestes Citronenöl,
500,0 Theeaufguss (aus 50,0),
6—7500,0 Zucker,
30,0 Citronensäure,
4000,0 Wasser.

Bereitung wie vorher.

Weisswein-Punschessenz.

550,0 Weisswein (Mosel-),
450,0 Arrak,
100,0 Kognak,
200,0 Kirschsirup,
2—350,0 Zucker, Pulver M/20,
10,0 schwarzer Thee,
Saft einer halben Citrone.

Man erhitzt die Mischung auf 70—80° C, lässt 24 Stunden kalt stehen und filtriert.

Will man der Essenz etwas stärkeren Citronengeschmack geben, so setzt man ihr vor dem Erhitzen 2,5 g frische Citronenschale zu, entfernt diese darnach aber sofort wieder, weil ein längeres Verweilenlassen gern einen bitterlichen Nachgeschmack giebt.

Den Arrak kann man zur Hälfte durch Rum ersetzen.

Der aus dieser Essenz bereitete Punsch ist vorzüglich und bekommt vor allem gut.

Punsch-Zeltchen.

s. unter Rotulae.

Grogessenzen.

a) 250,0 flüssige Raffinade, †
750,0 Rum.

b) 200,0 flüssige Raffinade, †
800,0 Arrak.

c) 220,0 flüssige Raffinade, †
400,0 Rum,
380,0 Arrak.

d) 200,0 flüssige Raffinade, †
800,0 Kognak.

e) 200,0 flüssige Raffinade, †
400,0 Kognak,
400,0 Rum.

Die flüssige Raffinade hat vor gewöhnlichem Zucker den Vorzug, aus weingeistiger Lösung nicht auszukrystallisieren.

Die mit Kognak oder mit Kognak und Rum zusammen bereiteten Essenzen (d und e) liefern den mildesten Grog, während Rum allein die beliebte „steife“ Qualität giebt.

Schluss der Abteil„ Punsch, Punschessenzen, Grogessenzen“.

Putz-Öl.

900,0 rohe Ölsäure (Oleïn),
100,0 Petroleum,
0,5 Alkannin

mischt man und filtriert.

Mit dem Putz-Öl werden oxydierte Stellen an Metallen eingerieben. Man putzt dann mit irgend einem Putzpulver nach. Bei Abgabe ist das Publikum darauf aufmerksam zu machen, dass das Putz-Öl feuergefährlich ist.

† S. Bezugsquellen-Verzeichnis.

Putz-Pomade.

100,0 japanisches Wachs

schmilzt man mit

550,0 roher Ölsäure (Oleïn)

zusammen, vermischt damit

350,0 Putzpomadepulver RT †

und setzt

3,0 Mirbanöl

zu.

Die noch warme Mischung reibt man auf einer Farbreibmaschine (sogen. Salbenmühle) und giesst sie in halbflüssigem Zustand in Blechdosen.

Während man früher die einzelnen Teile, aus denen sich das zur Pomade benützte Putzpulver zusammensetzt, selbst pulvern musste, ist jetzt die geeignete Mischung fertig im Handel.

Putz-Pulver.

a) Pariser — für Silber:

90,0 gebrannte Magnesia,
10,0 feinstes Englisch-Rot

mischt man innig. Man kann auch kohlensaure Magnesia nehmen; die gebrannte putzt aber bei weitem besser.

b) für Gold:

50,0 gebrannte Magnesia,
50,0 feinstes Englisch-Rot

mischt man innig.

Beide Pulver werden trocken angewendet.

Eine hübsche Etikette † mit Gebrauchsanweisung ist zu empfehlen.

Putz-Wasser.

Für Silber:

25,0 Natriumthiosulfat.

in

75,0 Wasser

gelöst. Man reibt damit das oxydierte Silber ab und entfernt leicht die Oxydschicht, Da das Putzwasser nicht zugleich poliert, ist es notwendig, das gereinigte und wieder trockene Metall trocken mit gebrannter Magnesia oder Putzpulver a) nachzupolieren.

Radierstift.

Tinten-Radierstift.

70,0 Bimsstein, Pulver M/50,
10,0 Sandarak, „ M/30,
5,0 Tragant, „ M/50,
5,0 Dextrin, „ „

† S. Bezugsquellen-Verzeichnis.

mischt man, stösst mit

q. s. Gummischleim

zur Pillenmasse an und rollt oder presst (s. unter Pressen) dieselbe in Bleistiftdicke, 5 cm lange Stifte aus.

Die an der Luft getrockneten Stifte wickelt man in Stanniol und benützt sie wie Radiergummi.

Rasierseife.

Sapo ad barbam.

600,0 Hammeltalg,
350,0 Kokosöl,
50,0 reines Wollfett

schmilzt man, lässt die Mischung auf 30° C abkühlen, rührt

400,0 Natronlauge von 1,41 spez. Gew.,
20,0 krystallisierte Soda

darunter und setzt das Rühren so lange fort (15—20 Minuten), bis die Masse gleichmässig ist.

Man fügt nun hinzu

80,0 Wasser,
20,0 Weingeist,
1,0 Bergamottöl,
1,0 Lavendelöl,
1,0 Perubalsam,
10 Tropfen Kümmelöl,
5 „ Nelkenöl,
5 „ Zimtöl

und giesst die Mischung sofort in ein viereckiges, mit nassem Pergamentpapier ausgelegtes Holzkästchen aus, bedeckt dieses und lässt es so 4 Tage in Zimmertemperatur oder noch besser an einem warmen Ort stehen. Inzwischen tritt Selbsterhitzung und Seifenbildung ein. Man schneidet dann die Seife in Stücke und schlägt diese in Stanniol ein.

Rasierseife, antiseptische.

Salol-Rasierseife.

Man mischt vorstehender Rasierseife, solange die Masse noch warm und leimig ist,

30,0 feingeriebenes Salol

zu und rührt gut durch. Im übrigen verfährt man, wie oben angegeben ist.

Die Salol-Rasierseife soll ein gutes Heil- und Schutzmittel gegen Bartflechte sein.

Rasierseifenpulver.

1000,0 Talgseife, Pulver M/50,
0,05 Kumarin,
5 Tropfen Bergamottöl,

3 Tropfen Hoffmannschen Lebensbalsam,
2 Tropfen Wintergreenöl

mischt man innig und füllt zum Verkauf auf kleine Glas- oder Blechbüchsen ab.

Rasierseifenpulver, antiseptisches.

Salol-Rasierseifenpulver.

970,0 obiges Rasierseifenpulver,
30,0 feingeriebenes Salol

mischt man mit einander.

Rattengifte

s. unter „Mäusegifte und Phosphorlatwerge“.

Resina Jalapae.

Jalapenharz.

a) Vorschrift des D. A. IV.

1 Teil grob gepulverte Jalapenwurzel

wird mit

4 Teilen Weingeist von 90 pCt

24 Stunden lang unter wiederholtem Umschütteln bei 35—40° C ausgezogen und dann ausgepresst. Der Rückstand wird in gleicher Weise mit

2 Teilen Weingeist von 90 pCt

behandelt.

Von den gemischten und filtrierten Auszügen destilliert man den Weingeist ab und wäscht das zurückgebliebene Harz mit warmem Wasser, bis sich letzteres nicht mehr färbt. Das Harz wird dann im Wasserbade unter Umrühren ausgetrocknet, bis es nach dem Erkalten zerreiblich ist.

b) Vorschrift der Ph. Austr. VII.

Man übergiesst

1000,0 grob gepulverte Jalapenknollen

mit heissem Wasser in erforderlicher Menge, lässt sie drei Tage lang weichen, presst aus und trocknet. Man übergiesst die Knollen alsdann mit

2000,0 Weingeist von 90 pCt,

digeriert 24 Stunden, presst aus und wiederholt dies Verfahren noch zweimal mit jedesmal derselben Menge Weingeist von 90 pCt.

Die vereinigten weingeistigen Auszüge filtriert man, destilliert den Weingeist im Wasserbad ab, bringt den Rückstand in kochendes destilliertes Wasser und kocht, bis die letzten Weingeistreste sich verflüchtigt haben. Man giesst alsdann die überstehende Flüssigkeit ab, wäscht mit warmem Wasser genügend aus und erwärmt in einer Porzellanschale, bis eine herausgenommene Probe nach dem Erkalten sich zerreiben lässt.

c) Vorschrift von *E. Dieterich*:

1000,0 Jalapenknollen

verwandelt man in f e i n e s Pulver, M/30, feuchtet dasselbe mit

250,0 Weingeist von 90 pCt

an und drückt es in einen Verdrängungsapparat ein.

Man giesst nun von

4000,0 Weingeist von 90 pCt

so viel auf, dass derselbe das Pulver bedeckt, lässt die Ablauföffnung des Verdrängungsapparates offen, bis die Flüssigkeit zu tropfen beginnt, verschliesst sodann und verbindet oben mit Pergamentpapier. Nach zweitägigem Stehen lässt man unter fortwährendem Nachgiessen des übrigen Weingeistes die Flüssigkeit langsam in eine Glasflasche abtropfen, nimmt, wenn aller Weingeist verbraucht ist und das Abtropfen aufhört, die Masse aus dem Verdrängungsapparat und presst sie aus. Die vereinigten Tinkturen filtriert man, versetzt sie mit

200,0 destilliertem Wasser

und destilliert von der Mischung ungefähr

3500,0 Weingeist

über. Den in der Blase verbleibenden Rest bringt man in eine Abdampfschale und dampft unter Rühren im Dampfbad so lange ab, bis sich die wässerige Flüssigkeit vollständig geklärt hat.

Man wäscht nun das Harz mit warmem destillierten Wasser von 40° C so oft aus, bis letzteres klar abläuft, erhitzt es unter Rühren noch eine Zeit lang im Dampfbad und rollt es schliesslich mit Hilfe von fast kaltem Wasser in Stangen aus, die man, um ein schnelles Erstarren herbeizuführen, sofort in möglichst kaltes, am besten Eis-Wasser, legt.

Die Ausbeute an Harz beträgt, wenn man die echte Jalape verwendet,

80,0—140,0,

dagegen nur ungefähr die Hälfte, wenn die sogenannten Stipites in Arbeit genommen werden.

In den letzten Jahren gelingt es jedoch nur selten, eine hochprozentige Rohware zu erhalten.

Das früher vielfach angewandte, auch von der Ph. Austr. VII. noch beliebte Verfahren, die Wurzel vor der Weingeistbehandlung mit Wasser auszuziehen, ist völlig zwecklos und nicht zu empfehlen. Dagegen ist es ratsam, die später ablaufende Hälfte der Verdrängungsflüssigkeit, die sich von der ersteren leicht trennen lässt, zum ersten Ausziehen der nächsten Menge Jalapenpulver zu verwenden, sobald man in der Lage ist, öfter hintereinander arbeiten zu können.

Das Verdrängungsverfahren ermöglicht, die Knollen vollständig auszubeuten; hat man jedoch grössere Mengen Jalapenharz herzustellen, so wendet man dasselbe, da es viel Zeit erfordert, besser nicht an und maceriert dafür das Pulver 3mal unter jedesmaligem Auspressen.

Resina Scamonii.

Scamoniumharz.

Es wird aus der Scamoniumwurzel unter Vermeidung eiserner Gerätschaften beim Verdrängen, Destillieren und Auswaschen wie die Resina Jalapae hergestellt. Die Wurzel liefert ungefähr 10 pCt Ausbeute.

Rotulae.

Zuckerküchelchen. Zuckerkuchen. Zuckerplätzchen.

Nach *E. Dieterich.*

Die Zuckerplätzchen sind herabgefallene und erstarrte Tropfen; sie werden in Fabriken in der Weise hergestellt, dass eine zur Tafeldicke eingekochte Zuckerlösung auf Weissblech, welches heiss mit Wachs poliert wurde und erkaltet ist, aufgetropft wird. Um hierbei gleichmässig grosse Tropfen zu erzielen, ist viel Geschick und fortdauernde Übung nötig.

Es giebt aber Fälle, in welchem die Form der Rotulae jeder andern vorzuziehen und es wünschenswert ist, die Anfertigung selbst und ohne Aufwand jener Geschicklichkeit, wie sie bei Ausübung des eben geschilderten Verfahrens einem Fabrikpersonal zueigen wird, vorzunehmen.

Man verfährt dann folgendermassen:

95,0 Zucker, Pulver M/50,
5,0 Weizenstärke, „ „
0,5 Tragant, „ „

mischt man und rührt mit

q. s. weissem Sirup

zu einer dickflüssigen Masse an.

Man füllt dieselbe nun in ein 20 cm langes, 108 mm breites Stück Pergamentpapierdarm, dessen eines Ende man vorher zuband, bindet dann auch das andere Ende zu, nachdem man eine Federpose mit dem spitzen geöffneten Ende nach aussen einsetzte, und ist nun imstande, durch diese Öffnung die Masse auszudrücken. Während man die Federpose zwischen den Zeige- und Mittelfinger der linken Hand nimmt, übt man mit der rechten Hand Druck auf den gefüllten Darm aus und ladet Tropfen um Tropfen auf Pergamentpapier ab, indem man die Federpose fast damit in Berührung bringt. Die Tropfen nehmen die Form der Rotulae an und werden zuerst an der Luft und schliesslich im Trockenschrank getrocknet.

Es gehört nur sehr wenig Übung dazu, um nach diesem Verfahren befriedigende Ergebnisse zu erzielen. Um so besser werden die Plätzchen ausfallen, je feiner das Zuckerpulver war.

Rotulae Altheae.

Eibisch-Küchelchen.

95,0 Zucker, Pulver M/50,
5,0 Altheewurzel, „ „
q. s. zehnfacher Eibischsirup.

Die Bereitungsart wurde in der Einleitung angegeben.

Rotulae Chamomillae.

Kamillen-Küchelchen.

95,0 Zucker, Pulver M/50,
5,0 Weizenstärke, „ „
0,5 Tragant, „ „
5 Tropfen ätherisches Kamillenöl,
q. s. zehnfacher Kamillensirup.

Man verfährt wie in der Einleitung angegeben wurde.

Will man die Kamillenküchelchen nur mit Öl machen, so nimmt man auf

100,0 Zuckerküchelchen
5 Tropfen ätherisches Kamillenöl,

und löst letzteres in

20,0 Äther.

Rotulae Citri.

Citronen-Küchelchen.

93,0 Zucker, Pulver M/50,
5,0 Weizenstärke, „ „
2,0 Citronensäure, „ „
5 Tropfen Citronenöl,
q. s. weisser Sirup.

Man verfährt wie in der Einleitung angegeben wurde.

Die Citronenküchelchen dienen Touristen als durstlöschendes Mittel.

Rotulae Menthae piperitae.

Pfefferminz-Küchelchen. Pfefferminzplätzchen.

a) Vorschrift des D. A. IV.

200 Teile Zuckerplätzchen

werden mit einer Lösung von

1 Teil Pfefferminzöl,

in

2 Teilen Weingeist

benetzt und zum Verdunsten des Weingeistes kurze Zeit an der Luft ausgebreitet.

b) Vorschrift der Ph. Austr. VII.

70,0 Zuckerplätzchen,
1,0 Pfefferminzöl,
1,0 Äther.

Man löst das Öl im Äther und benetzt mit der Lösung die Zuckerplätzchen.

Rotulae Menthae rosatae.

Rosen-Pfefferminzküchelchen.

100,0 Zuckerküchelchen,
5 Tropfen Pfefferminzöl,
2 „ Rosenöl,
20,0 Äther.

Bereitung wie beim vorhergehenden.

Die Rosen-Pfefferminzküchelchen haben einen sehr angenehmen Geschmack und können besonders der Damenwelt empfohlen werden.

Rotulae Tamarindorum.

Tamarinden-Küchelchen.

90,0 Zucker, Pulver M/50,
5,0 Weizenstärke, „ „
0,5 Tragant, Pulver M/50,
5,0 Tamarindenextrakt,
q. s. Himbeersirup.

Man verfährt wie in der Einleitung angegeben wurde, und kann, wenn man nicht über Tamarindenextrakt verfügt, das officinelle Tamarindenmus nehmen, muss dann aber den Himbeersaft weglassen.

Rotulae Vanillae.

Vanille-Küchelchen.

10,0 Zuckerküchelchen

tränkt man in der bei Rotulae Menthae piperitae angegebenen Weise mit folgender Lösung:

0,05 Vanillin,
20,0 Äther.

Rotulae Zingiberis.

Ingwer-Zeltchen. Ingwer-Küchelchen.

100,0 Zuckerküchelchen

tränkt man in der bei Rotulae Menthae angegebenen Weise mit folgender Lösung:

2 Tropfen Ingweröl,
20,0 Äther.

Punsch-Zeltchen. Punsch-Küchelchen.

100,0 Zuckerküchelchen

tränkt man in der bei Rotulae Menthae angegebenen Weise mit folgender Lösung:

1,0 Citronensäure,
2 Tropfen Citronenöl,
10,0 Arrak.

Die Zeltchen werden nicht getrocknet, sondern feucht aufbewahrt und abgegeben.

Schluss der Abteilung „Rotulae“.

Saccharum aluminatum.

Alaunzucker.

50,0 Kali-Alaun, Pulver M/30,
50,0 Zucker, „ M/50,

mischt man.

Saccharum Lactis depuratum.

Gereinigter Milchzucker.

Nach *E. Dieterich.*

1000,0 rohen Milchzucker

löst man in

4000,0 heissem Wasser,

versetzt mit

20,0 feuchter gereinigter Knochenkohle

und rührt eine halbe Stunde.

Man fügt nun

10,0 weissen Thon,

den man mit

100,0 Wasser

anrührte, hinzu und kocht auf.

Die Flüssigkeit bricht sich dadurch in ähnlicher Weise, wie beim Reinigen des Honigs, und wird rasch filtriert.

Das nahezu farblose Filtrat dampft man ein, bis das Ganze einen Krystallbrei vorstellt. Man bringt diesen auf einen Verdrängungstrichter und wäscht ihn hier so lange mit kaltem destillierten Wasser nach, bis das Waschwasser nicht mehr gefärbt erscheint.

Man lässt vollständig abtropfen, breitet die feuchte Masse auf Pergamentpapier aus und trocknet rasch im Trockenschrank. Verfügt man über eine Centrifuge, so schleudert man den Krystallbrei vorher aus.

Das Trocknen muss möglichst beschleunigt werden, da der Milchzucker Neigung zur Schimmelbildung besitzt.

Die abgelaufenen Mutterlaugen und Waschwässer dampft man zur Trockne ein und bewahrt sie zur nächsten Herstellung auf.

Die Ausbeute beträgt durchschnittlich

900,0.

Sal bromatum.

Alkali bromatum. Bromsalz.

40,0 Kaliumbromid,
40,0 Natriumbromid,
20,0 Ammoniumbromid

verreibt man gröblich und mischt mit einander.

Sal bromatum effervescens.

Alkali bromatum effervescens. Brausendes Bromsalz.

a) 50-prozentig:

200,0 Kaliumbromid,
200,0 Natriumbromid,
100,0 Ammoniumbromid,
400,0 Natriumbikarbonat,
360,0 Weinsäure,
200,0 absoluter Alkohol.

Man trocknet mit Ausnahme von Natriumbikarbonat jeden Bestandteil für sich, pulvert, M/30, mischt und arbeitet die Mischung mit dem Alkohol durch. Die feuchte Masse reibt man durch ein grobes Haarsieb, breitet auf Pergamentpapier aus und trocknet rasch bei 25—30° C.

Nach dem Trocknen zerdrückt man die etwas zusammenhängenden Körner vorsichtig, um sie von einander zu trennen, und bewahrt in gut verschlossener Glasbüchse auf.

Das völlige Austrocknen der einzelnen Bestandteile ist notwendig, um ein Gelbwerden des Präparates zu vermeiden.

b) Vorschrift des Berliner Apotheker-Vereins. Wörtliche Wiedergabe. 40-prozentig:

550,0 Natriumbikarbonat,
160,0 Milchzucker,
600,0 Kaliumbromid,
180,0 Natriumbromid,
20,0 Ammoniumbromid,
245,0 Citronensäure,
245,0 Weinsäure.

Sämtliche Ingredienzien werden als feines Pulver und mit Ausnahme von Natrium bicarbonicum und Acidum tartaricum gut ausgetrocknet, in obiger Reihenfolge nach vorherigem Durchsieben innig gemischt. Das ganze erwärme man in einer Porzellanschale langsam und unter Umrühren mit einem Glasstab, bis die Masse krümlig geworden, reibe sie sofort durch ein verzinntes Drahtsieb von 4 mm Maschenweite, trockne sie im Trockenschrank mehrere Stunden hindurch aus und fülle das Präparat noch warm in trockene Gläser. Soll es ein recht elegantes Aussehen haben (!), so siebe man das Pulver durch ein verzinntes Drahtsieb von 1 oder 2 mm Maschenweite ab. Die Gläser werden mit gut schliessenden, mit Wachspapier an der unteren Seite überkleideten Stopfen verschlossen und zwar so, dass der Stopfen noch etwas über den Rand des Glases hervorragt, damit beim Öffnen eine Durchbohrung des Stopfens vermieden wird, hierauf mit Stanniol oder Stanniolkapseln tektiert.

Die Vorschrift b ist insofern mangelhaft, als sie ein Erwärmen der Masse vorschreibt und dadurch leicht ein Gelblichwerden des Salzes herbeiführt. Das Anfeuchten der Salzmischung mit Weingeist ist das einzig richtige Mittel zum Binden der Salzteile.

c) 33,33 pCt. Vorschrift d. Ergänzb. d. D. Ap. V.

400,0 Kaliumbromid,
400,0 Natriumbromid,
200,0 Ammoniumbromid,
1000,0 Natriumbikarbonat,
380,0 Citronensäure,
445,0 Weinsäure,
175,0 Zucker

werden als feines, jedes für sich, bei sehr gelinder Wärme getrocknet und in obiger Reihenfolge nach vorherigem Durchsieben innig gemischt und mit

300,0 absolutem Alkohol

gut durchfeuchtet, bis eine krümelige Masse entsteht, die möglichst schnell durch ein verzinntes Drahtsieb No. 1 gerieben und sofort bei ca. 40° C getrocknet wird.

Sal bromatum effervescens cum Ferro.

Alkali bromatum effervescens cum Ferro.
Brausendes Bromsalz mit Eisen.

20,0 Ferripyrophosphat-Ammoniumcitrat

verreibt man in einem Mörser mit

6,0 destilliertem Wasser,

mischt mit

40,0 Zucker, Pulver M/50,

trocknet bei 30—40° C vollständig aus und zerreibt den Rückstand zu einem feinen Pulver.

Andrerseits pulvert man

200,0 Kaliumbromid,
200,0 Natriumbromid,
100,0 Ammoniumbromid,
400,0 Natriumbikarbonat,
360,0 Weinsäure,

trocknet jeden Bestandteil für sich, mischt und arbeitet die Mischung mit

200,0 absolutem Alkohol

durch. Unter die feuchte Masse rührt man das Zucker-Eisen-Pulver, reibt durch ein grobes Haarsieb und verfährt dann weiter, wie unter Sal bromatum effervescens angegeben ist.

Sal Carolinum factitium.

Künstliches Karlsbader Salz.

Siehe Salia Aquarum mineralium.

Sal Carolinum effervescens.

Brausendes Karlsbader Salz. Nach *E. Dieterich.*

100,0 künstliches Karlsbader Salz, Pulver M/30,
100,0 Natriumbikarbonat, Pulver M/30,
54,0 Weinsteinsäure, „ „
36,0 Citronensäure, „ „

Man mischt, erhitzt die Mischung im Dampfbad unter Kneten so lange, bis sie eine krümelige Masse bildet, und reibt diese durch ein grobes verzinntes Metallsieb. Schliesslich trocknet man bei 25° C.

Salia Aquarum mineralium factitia. Salia Thermarum factitia.

Künstliche Mineralwasser-Salze. Künstliche Quellsalze.

Nach *E. Dieterich.*

Die von *Struve* eingeführten und jetzt überall gebräuchlichen künstlichen Mineralwässer bildeten die Vorstufe für die *Sandow*schen Mineralwassersalze. Während erstere das Vorurteil, mit dem auch sie anfänglich zu kämpfen hatten, längst überwunden und sich sogar in einzelnen Nummern in Pharmakopöen (Pharm. Gall. und Helvet.) eingeführt haben, dürfen sich letztere eines solchen Erfolges bis jetzt noch nicht rühmen.

Die Zusammensetzung der zur Herstellung von Mineralwässern bestimmten Salze muss sich von der der Quell- oder Mutterlaugensalze, welche durch Eindampfen natürlicher Wässer gewonnen sind, unterscheiden und zwar dadurch, dass die Mineralwassersalze die erdigen Bestandteile, welche den Quellsalzen in der Hauptsache fehlen, enthalten. Es genügt daher nicht, nur Alkalisalze zu mischen, ebensowenig, wie die Auflösung eines ächten oder künstlichen Karlsbader Salzes dem natürlichen Wasser entspricht, vielmehr müssen vornehmlich die Calcium- oder Magnesiumsalze eine Berücksichtigung finden.

Die Grundlage für die folgenden Zusammensetzungen bildeten die bekannten Mineralwasser-Analysen. Es stellte sich aber bei den Versuchen heraus, dass bei Gegenwart von schwefelsauren Alkalien Calcium und Magnesium nicht an Chlor, sondern an Schwefelsäure gebunden ist. Versetzt man Magnesiumchloridlösung mit Natriumkarbonat, so entsteht der bekannte Niederschlag; setzt man nun Natriumsulfat zu, so löst er sich wieder auf. Der gleiche Fall tritt ein, wenn man statt des Magnesium- das Calciumchlorid nimmt. Die Karbonate von Magnesium und Calcium gehen in Sulfate über, so dass Natriumkarbonat wohl neben Calcium- und Magnesiumsulfaten bestehen kann, ohne dieselben zu zerlegen, nicht aber neben den betreffenden Chloriden. Ich rechnete daher die letzteren in Sulfate und die entsprechenden Mengen Natriumsulfat in Chloride um. Eine absolute Unlöslichkeit des Calciumsulfats war nicht zu befürchten, nachdem ich durch eine Reihe von Versuchen festgestellt hatte, dass das präcipitierte Calciumsulfat der Löslichkeit in Wasser nicht allzuviel Widerstand entgegensetzte, w e n n e s f r i s c h b e r e i t e t u n d s e h r f e i n m i t d e n a n d e r e n S a l z e n v e r r i e b e n w u r d e, und dass diese Löslichkeit bei Gegenwart schwefelsaurer Alkalien zunahm.

Leider hat sich aber im Laufe der Zeit gezeigt, dass das Publikum an der Trübung Anstoss nimmt, welche beim Lösen älterer calciumsulfathaltiger Mineralwassersalze oft entsteht; ich hielt es deshalb für richtiger, trotzdem das Calciumsulfat den Geschmack der so hergestellten Wässer verbessert, auf einen Zusatz derselben zu verzichten und dasselbe durch schweres Calciumkarbonat zu ersetzen.

Nur in wenigen Fällen war es notwendig, willkürliche, jedoch nicht einschneidende Abweichungen von den Mineralwasser-Analysen vorzunehmen.

Die Schwierigkeit der Einverleibung von Eisenoxydulsalzen zu überwinden ist mir, wie vorauszusehen, nicht gelungen. Ich musste daher von der Herstellung von Salzen für starke Eisenwässer, wie Bockleter, Pyrmonter usw., gänzlich absehen und konnte nur da den Eisenzusatz, wo er mehr nebensächlich ist, berücksichtigen. Wenn ich mir bei Verwendung des Ferrosulfats hierzu auch sagen musste, dass die Hydroxydbildung unvermeidlich sein würde, so durfte ich dem entgegenhalten, dass auch die natürlichen Wässer in Flaschen eine gleiche Veränderung erleiden.

Als Kohlensäurequelle lasse ich entsprechend der Ph. Gall. den Zusatz eines kohlensauren Wassers benützen; ich halte dies in den Händen des Publikums für richtiger, als das Abmessen von Mineralsäuren durch dasselbe.

Zu den folgenden Vorschriften ist zu bemerken, dass die jeweilige Gesamtmenge 10 l Mineralwasser, einer für eine Trinkkur mindestens notwendigen Wassermenge, entspricht und dass für die Bereitung der Salze, wie schon erwähnt, ein ganz vortreffliches Verreiben vorausgesetzt wird. Die Mischungen füllt man, wo etwas anderes bei den Vorschriften nicht angegeben wird, in Glasbüchsen und verkorkt diese gut. Die Gebrauchsanweisungen werden den einzelnen Vorschriften beigefügt.

Lohnend wird die Herstellung der Mineralwassersalze nur da sein, wo der Bedarf ein grösserer ist. Bei kleineren Mengen sind die Unkosten für Originalgläser, Etiketten usw. so gross, dass ich den Bezug der *Sandow*schen Präparate empfehlen möchte.

Die nun folgenden Zusammensetzungen zerfallen in zwei Gruppen:

A. Salze zur Nachahmung natürlicher
und
B. Salze zur Herstellung künstlicher, nicht in der Natur vorkommender Mineralwässer.

A. Salze zur Nachahmung natürlicher Wässer.

Aachen, Kaiserquelle.

1,2 entwässertes Natriumsulfat,
13,5 Natriumbikarbonat,
26,5 Natriumchlorid,
0,35 entwässertes Magnesiumsulfat,
2,0 schweres Calciumkarbonat,
0,8 Natriumsulfid.

Gebrauchsanweisung:

Salz für 10 l

Aachener Kaiserquelle.

Eine starke Messerspitze voll davon giebt man in ein Viertelliterglas, giesst bis zur Hälfte Sodawasser und dann unter Umrühren so viel heisses Wasser zu, dass das Glas voll wird. Das nun fertige Mineralwasser trinkt man so heiss wie möglich unter häufigem Absetzen innerhalb 10 Minnten.

Man trinkt täglich 3—5 Gläser voll.“

Bilin, Josephsquelle.

47,0 Natriumbikarbonat,
4,0 entwässertes Natriumsulfat,
4,0 Natriumchlorid,
2,2 Kaliumsulfat,
3,0 entwässertes Magnesiumsulfat,
3,0 schweres Calciumkarbonat.

Gebrauchsanweisung:

„Salz für 10 l

Biliner Josephsquelle.

Einen Kaffeelöffel voll davon giebt man in ein Viertelliterglas, giesst bis zur Hälfte Brunnenwasser hinzu, rührt, bis sich das Salz gelöst hat, und füllt das Glas nun mit Sodawasser bis zum Rand.

Das nun fertige Mineralwasser trinkt man innerhalb 10 Minuten unter häufigem Absetzen. Man trinkt täglich 2—4 Gläser voll.“

Eger, Franzensbrunnen.

16,0 Natriumbikarbonat,
11,0 Natriumchlorid,
27,0 entwässertes Natriumsulfat,
1,3 „ Magnesiumsulfat,
2,5 schweres Calciumkarbonat,
0,4 entwässertes Ferrosulfat.

Gebrauchsanweisung:

Salz für 10 l

Egerer Franzensbrunnen.

Einen knappen Kaffeelöffel voll
usw. wie bei Biliner Josephsquelle.

Am Schluss:
Man trinkt täglich 3—4 Gläser voll.“

Eger, Luisenquelle.

11,0 Natriumbikarbonat,
11,0 Natriumchlorid,
23,0 entwässertes Natriumsulfat,
2,5 schweres Calciumkarbonat,
0,4 entwässertes Ferrosulfat.

Gebrauchsanweisung:

„Salz für 10 l
Egerer Luisenquelle.
Einen knappen Kaffeelöffel voll
usw. wie bei Biliner Josephsquelle.
Am Schluss:
Man trinkt täglich 3—4 Gläser voll.“

Eger, Salzquelle.

23,5 entwässertes Natriumsulfat,
11,0 Natriumchlorid,
13,0 Natriumbikarbonat,
1,7 entwässertes Magnesiumsulfat,
2,0 schweres Calciumkarbonat,
0,14 entwässertes Ferrosulfat.

Gebrauchsanweisung:

„Salz für 10 l
Egerer Salzquelle.
Einen knappen Kaffeelöffel voll
usw. wie bei Biliner Josephsquelle.
Am Schluss:
Man trinkt täglich 3—4 Gläser voll.“

Elster, Salzquelle.

0,7 Kaliumchlorid,
13,0 Natriumbikarbonat,
16,0 Natriumchlorid,
59,5 entwässertes Natriumsulfat,
1,3 schweres Calciumkarbonat,
1,2 entwässertes Magnesiumsulfat,
0,55 „ Ferrosulfat.

Gebrauchsanweisung:

„Salz für 10 l
Elsterer Salzquelle.
Einen gehäuften Kaffeelöffel voll
usw. wie bei Biliner Josephsquelle.
Am Schluss:
Man trinkt täglich 3—4 Gläser voll.“

Ems, Kesselbrunnen.

8,0 Natriumchlorid,
25,0 Natriumbikarbonat,
0,5 Kaliumsulfat,
3,0 schweres Calciumkarbonat,
2,1 entwässertes Magnesiumsulfat.

Gebrauchsanweisung:

„Salz für 10 l
Emser Kesselbrunnen.
Eine Messerspitze voll
usw. wie bei Aachener Kaiserquelle.
Am Schluss:
Man trinkt täglich 3—5 Gläser voll.“

Ems, Kränchen.

10,0 Natriumchlorid,
30,0 Natriumbikarbonat,
0,5 Kaliumsulfat,
3,0 schweres Calciumkarbonat,
2,0 entwässertes Magnesiumsulfat.

Gebrauchsanweisung:

„Salz für 10 l
Emser Kränchen.
Eine Messerspitze voll davon giebt man in ein Viertelliterglas, füllt dasselbe zu zwei Dritteilen mit Sodawasser und dann bis an den Rand mit kochend heissem Wasser. Das nun fertige Mineralwasser trinkt man für sich oder in Vermischung mit heisser Milch. Im letzteren Fall nimmt man statt des heissen Wassers kochend heisse Milch. Man trinkt täglich 4—6 Gläser voll.“

Friedrichshall, Bitterwasser.

1,0 Kaliumsulfat,
40,0 entwässertes Natriumsulfat,
115,0 Natriumchlorid,
10,0 Natriumbikarbonat,
1,4 Natriumbromid,
8,0 schweres Calciumkarbonat,
133,0 entwässertes Magnesiumsulfat.

Gebrauchsanweisung:

„Salz für 10 l
Friedrichshaller Bitterwasser.
Einen Esslöffel voll
usw. wie bei Biliner Josephsquelle.
Am Schluss:
Man trinkt 1—2 Gläser voll.“

Heilbrunn, Adelheidsquelle.

0,5 Natriumbromid,
0,3 Natriumjodid,
48,0 Natriumchlorid,
14,0 Natriumbikarbonat,
1,2 schweres Calciumkarbonat.

Gebrauchsanweisung:

„Salz für 10 l

Heilbrunner Adelheidsquelle.

Einen knappen Kaffeelöffel voll
usw. wie bei Biliner Josephsquelle.
Am Schluss:
Man trinkt täglich 3—4 Gläser voll.“

Karlsbad.

Sal Carolinum factitium. Sal thermarum Carolinarum factitium. Künstliches Karlsbader Salz.

a) Vorschrift des D. A. IV.

44 Teile getrocknetes Natriumsulfat,
2 „ Kaliumsulfat,
18 „ Natriumchlorid,
36 „ Natriumbikarbonat

werden in mittelfein gepulvertem Zustande gemischt.

Ein wesentlich besser schmeckendes Präparat erhält man nach folgender Vorschrift:

b) 1,6 Kaliumsulfat,
10,0 Natriumchlorid,
27,5 Natriumbikarbonat,
15,0 entwässertes Natriumsulfat,
5,0 schweres Calciumkarbonat,
2,0 entwässertes Magnesiumsulfat.

Gebrauchsanweisung:

„Salz für 10 l

Karlsbader Mineralwasser.

Einen knappen Kaffeelöffel voll
usw. wie bei Aachener Kaiserquelle.
Am Schluss:
Man trinkt täglich 3—5 Gläser voll.“
Siehe auch Sal Carolinum effervescens.
Eine hübsche Etikette † ist zu empfehlen.

Kissingen, Ragoczi.

1,1 Kaliumsulfat,
17,0 Natriumbikarbonat,
9,0 entwässertes Natriumsulfat,
40,0 Natriumchlorid,
13,0 entwässertes Magnesiumsulfat,
5,0 schweres Calciumkarbonat,
0,3 entwässertes Ferrosulfat.

Gebrauchsanweisung:

„Salz für 10 l

Kissinger Ragoczi.

Einen starken Kaffeelöffel voll
usw. wie bei Biliner Josephsquelle, aber mit dem Nachsatz:

Soll der Ragoczi heiss getrunken werden, so übergiesst man das Salz mit Sodawasser und fügt dann heisses gewöhnliches Wasser hinzu. Man trinkt täglich 3—4 Gläser voll.“

Kissingen, Soolsprudel.

0,25 Lithiumchlorid,
0,24 Ammoniumchlorid,
1,3 Kaliumchlorid,
137,0 Natriumchlorid,
20,0 Natriumbikarbonat,
17,0 entwässertes Natriumsulfat,
6,0 schweres Calciumkarbonat,
54,0 entwässertes Magnesiumsulfat,
0,7 „ Ferrosulfat.

Gebrauchsanweisung:

„Salz für 10 l

Kissinger Soolsprudel.

Einen knappen Esslöffel voll
usw. wie bei Biliner Josephsquelle.
Am Schluss:
Man trinkt täglich 1—2 Gläser voll.“

Krankenheil, Jodschwefelquelle.

Bernhardsquelle.

1,6 Natriumchlorid,
5,0 Natriumbikarbonat,
0,35 entwässertes Magnesiumsulfat,
0,015 Natriumjodid,
0,5 Natriumsulfid.

Gebrauchsanweisung:

„Salz für 10 l

Krankenheiler Jodschwefelquelle.

Ein Federmesserspitzchen voll
usw. wie bei Biliner Josephsquelle.
Am Schluss:
Man trinkt täglich 5—8 Gläser voll.“

Krankenheil, Jodsodaquelle.

Georgenquelle.

0,015 Natriumjodid,
0,12 entwässertes Natriumsulfat,
0,12 Kaliumsulfat,

† S. Bezugsquellen-Verzeichnis.

1,1 Natriumchlorid,
5,1 Natriumbikarbonat,
0,35 entwässertes Magnesiumsulfat,
0,2 Natriumsulfid.

Gebrauchsanweisung:

„Salz für 10 l
Krankenheiler Jodsodaquelle.
Ein Federmesserspitzchen voll
usw. wie bei Biliner Josephsquelle.
Am Schluss:
Man trinkt täglich 5—8 Gläser voll.“

Kreuznach, Elisenquelle.

0,4 Natriumbromid,
0,1 Lithiumchlorid,
90,0 Natriumchlorid,
5,0 Natriumbikarbonat,
3,7 entwässertes Magnesiumsulfat,
5,0 sthweres Calciumkarbonat,
0,2 rentwässertes Ferrosulfat.

Gebrauchsanweisung:

„Salz für 10 l
Kreuznacher Elisenquelle.
Einen stark gehäuften Kaffeelöffel voll
uslbe wie bei Biliner Josephsquelle.
enm Schluss:
Mcnictrinkt täglich 3—5 Gläser voll.“

Lippspringe, Arminiusquelle.

0,8 Natriumbikarbonat,
8,0 entwässertes Natriumsulfat,
5,0 schweres Calciumkarbonat,
4,0 entwässertes Magnesiumsulfat.

Gebrauchsanweisung:

„Salz für 10 l
Lippspringer Arminiusquelle.
Eine Messerspitze voll giebt man in ein Viertelliterglas, giesst bis zu $^3/_4$ Sodawasser und dann unter Umrühren so viel heisses gewöhnliches Wasser zu, dass das Glas voll wird. Das nun fertige Mineralwasser trinkt man unter öfterem Absetzen innerhalb 5 Minuten. Man trinkt täglich 4—6 Gläser voll.“

Marienbad, Ferdinandsbrunnen.

0,03 Natriumbromid,
0,65 Kaliumsulfat,
34,0 entwässertes Natriumsulfat,
19,5 Natriumchlorid,
37,5 Natriumbikarbonat,
0,1 Lithiumchlorid,
7,5 entwässertes Magnesiumsulfat,
5,0 schweres Calciumkarbonat,
0,7 entwässertes Ferrosulfat.

Gebrauchsanweisung:

„Salz für 10 l
Marienbader Ferdinandsbrunnen.
Einen gehäuften Kaffeelöffel voll
usw. wie bei Biliner Josephsquelle.
Am Schluss:
Man trinkt täglich 2—3 Gläser voll.“

Marienbad, Kreuzbrunnen.

0,15 Lithiumkarbonat,
34,0 entwässertes Natriumsulfat,
23,0 Natriumchlorid,
33,0 Natriumbikarbonat,
0,6 Kaliumsulfat,
5,0 schweres Calciumkarbonat,
7,7 entwässertes Magnesiumsulfat,
0,03 Mangansulfat,
0,3 entwässertes Ferrosulfat.

Gebrauchsanweisung:

„Salz für 10 l
Marienbader Kreuzbrunnen.
Einen gehäuften Kaffeelöffel voll
usw. wie bei Biliner Josephsquelle.
Am Schluss:
Man trinkt täglich 2—3 Gläser voll.“

Mergentheim, Bitterwasser.

0,02 Lithiumchlorid,
0,09 Natriumbromid,
1,0 Kaliumchlorid,
15,0 Natriumbikarbonat,
14,0 entwässertes Natriumsulfat,
65,0 Natriumchlorid,
10,0 schweres Calciumkarbonat,
27,0 entwässertes Magnesiumsulfat,
0,12 „ Ferrosulfat.

Gebrauchsanweisung:

„Salz für 10 l
Mergentheimer Bitterwasser.
Einen knappen Esslöffel voll
usw. wie bei Biliner Josephsquelle.
Am Schluss:
Man trinkt täglich 1—2 Gläser voll.“

Ofen, Hunyadi János Bitterquelle.

0,5 Kaliumsulfat,
14,0 Natriumchlorid,
52,0 Natriumbikarbonat,
180,0 entwässertes Natriumsulfat,
5,0 schweres Calciumkarbonat,
24,5 entwässertes Magnesiumsulfat,
0,2 „ Ferrosulfat.

Gebrauchsanweisung:

„Salz für 10 l
Hunyadi János Bitterquelle.
Einen Esslöffel voll
usw. wie bei Biliner Josephsquelle.
Am Schluss:
Man trinkt täglich 1—1½ Glas voll.“

Püllna, Bitterwasser.

115,0 entwässertes Natriumsulfat,
6,0 Kaliumsulfat,
25,0 Natriumchlorid,
17,0 Natriumbikarbonat,
190,0 entwässertes Magnesiumsulfat,
2,0 schweres Calciumkarbonat.

Gebrauchsanweisung:

„Salz für 10 l
Püllnaer Bitterwasser.
Einen starken Esslöffel voll
usw. wie bei Biliner Josephsquelle.
Am Schluss:
Man trinkt täglich 1—1½ Glas voll.“

Pyrmont, Salzquelle.

0,1 Lithiumkarbonat,
26,0 Natriumbikarbonat,
34,0 entwässertes Natriumsulfat,
84,0 Natriumchlorid,
27,0 entwässertes Magnesiumsulfat,
8,0 schweres Calciumkarbonat,
0,12 entwässertes Ferrosulfat.

Gebrauchsanweisung:

„Salz für 10 l
Pyrmonter Salzquelle.
Einen knappen Esslöffel voll
usw. wie bei Biliner Josephsquelle.
Am Schluss:
Man trinkt täglich 2—3 Gläser voll.“

Saidschütz, Bitterwasser.

44,0 Kaliumnitrat,
1,6 Kaliumsulfat,
44,0 entwässertes Natriumsulfat,
13,0 Natriumbikarbonat,
174,0 entwässertes Magnesiumsulfat,
3,0 schweres Calciumkarbonat.

Gebrauchsanweisung:

„Salz für 10 l
Saidschützer Bitterwasser.
Einen Esslöffel voll
usw. wie bei Biliner Josephsquelle.
Am Schluss:
Man trinkt täglich 1—2 Gläser voll.“

Salzbrunn, Obersalzbrunnen.

0,4 Kaliumsulfat,
33,0 Natriumbikarbonat,
2,0 Natriumchlorid,
0,02 Lithiumchlorid,
5,0 entwässertes Magnesiumsulfat,
0,5 „ Natriumsulfat.

Gebrauchsanweisung:

„Salz für 10 l
Obersalzbrunnen.
Eine Messerspitze voll
usw. wie bei Biliner Josepsquelle.
Am Schluss:
Man trinkt täglich 5—6 Gläser voll.“

Salzschlirf, Bonifaziusquelle.

0,05 Natriumjodid,
0,05 Natriumbromid,
102,0 Natriumchlorid,
1,6 Kaliumsulfat,
2,0 Lithiumkarbonat,
15,0 entwässertes Magnesiumsulfat,
25,0 schweres Calciumkarbonat,
0,15 entwässertes Ferrosulfat.

Gebrauchsanweisung:

„Salz für 10 l
Salzschlirfer Bonifaziusquelle.
Einen gehäuften Kaffeelöffel voll
usw. wie bei Biliner Josephsquelle.
Man trinkt täglich 2—4 Gläser voll.“

Soden.

a) Milchbrunnen:
0,2 Kaliumbikarbonat,
0,2 Kaliumsulfat,

1,5 Kaliumchlorid,
15,0 Natriumbikarbonat,
15,0 Natriumchlorid,
5,2 entwässertes Magnesiumsulfat,
2,5 schweres Calciumkarbonat,
0,1 entwässertes Ferrosulfat.

Gebrauchsanweisung:

„*Salz für 10 l*
Sodener Milchbrunnen.
Einen knappen Kaffeelöffel voll
usw. wie bei Lippspringer Arminiusquelle.
Am Schluss:
Man trinkt täglich 5—7 Gläser voll."

b) Soolquelle:

0,2 Kaliumbikarbonat,
6,5 Kaliumchlorid,
23,5 Natriumbikarbonat,
124,0 Natriumchlorid,
4,7 entwässertes Magnesiumsulfat,
4,0 schweres Calciumkarbonat,
0,24 entwässertes Ferrosulfat.

Gebrauchsanweisung:

„*Salz für 10 l*
Sodener Soolquelle.
Einen knappen Esslöffel voll
usw. wie bei Lippspringer Arminiusquelle.
Am Schluss:
Man trinkt täglich bis zu 3 Gläser voll."

Tarasp, Luciusquelle.

0,012 Natriumjodid,
0,16 Natriumbromid,
0,24 Kaliumsulfat,
10,0 entwässertes Natriumsulfat,
18,5 Natriumchlorid,
88,0 Natriumbikarbonat,
0,3 Ammoniumchlorid,
3,0 schweres Calciumkarbonat,
11,6 entwässertes Magnesiumsulfat,
0,34 Lithiumkarbonat,
0,12 entwässertes Ferrosulfat.

Gebrauchsanweisung:

„*Salz für 10 l*
Tarasper Luciusquelle.
Einen reichlichen Esslöffel voll
usw. wie bei Biliner Josephsquelle.
Am Schluss:
Man trinkt täglich bis zu 4 Gläser voll."

Vichy, Source de la grande Grille.

2,0 Kaliumsulfat,
5,0 Natriumchlorid,
60,0 Natriumbikarbonat,
3,0 entwässertes Magnesiumsulfat,
1,0 gefälltes Natriumphosphat.

Gebrauchsanweisung:

„*Salz für 10 l*
Source de la grande Grille.
Einen starken Kaffeelöffel voll
usw. wie bei Lippspringer Arminiusquelle.
Am Schluss:
Man trinkt täglich 3—4 Gläser voll."

Wildungen.

a) Georg-Victor-Brunnen:

1,0 Natriumbikarbonat,
1,0 entwässertes Natriumsulfat,
0,2 Kaliumsulfat,
0,1 Natriumchlorid,
8,0 schweres Calciumkarbonat,
5,0 „ Magnesiumkarbonat,

Gebrauchsanweisung:

„*Salz für 10 l*
Wildunger Georg-Victor-Quelle.
Eine kleine Messerspitze voll
usw. wie bei Biliner Josephsquelle.
Am Schluss:
Man trinkt täglich bis 6 Gläser voll."

b) Helenen-Quelle:

3,0 Natriumbikarbonat,
3,5 Natriumchlorid,
0,1 Kaliumsulfat,
0,05 entwässertes Natriumsulfat,
3,0 schweres Calciumkarbonat,
3,0 „ Magnesiumkarbonat.

Gebrauchsanweisung:

„*Salz für 10 l*
Wildunger Helenenquelle.
Eine kleine Messerspitze voll
usw. wie bei Biliner Josephsquelle.
Am Schluss:
Man trinkt täglich je nach Alter und Konstitution 4—8 Gläser voll."

B. Salze zur Nachahmung künstlicher, in der Natur nicht vorkommenden Wässer.

Kohlensaures Alaunwasser.

38,0 Kali-Alaun, Pulver M/30,

verabreicht man in einer Glasbüchse oder in einer Schachtel mit folgender Gebrauchsanweisung:

„Salz für 10 l

kohlensaures Alaunwasser.

Einen halben Kaffeelöffel voll davon giebt man in ein Viertelliterglas, giesst bis zur Hälfte gewöhnliches Wasser hinzu, rührt, bis sich das Salz gelöst hat, und füllt dann das Glas mit kohlensaurem Brunnenwasser bis zum Rand voll.

Das nun fertige Mineralwasser trinkt man innerhalb 10 Minuten unter häufigem Absetzen.“

Es ist selbstverständlich, dass hier keine Wässer, welche wie das Selters- oder Sodawasser, kohlensaure Alkalien enthalten, genommen werden dürfen.

Kohlensaures Ammoniakwasser.

12,0 Ammoniumkarbonat

verreibt man fein, vermischt mit

12,0 Natriumbikarbonat

und füllt in eine Glasbüchse, die man gut verkorkt und mit folgender Gebrauchsanweisung versieht:

„Salz für 10 l

kohlensaures Ammoniakwasser.

Eine Messerspitze voll davon giebt man in ein Viertelliterglas, giesst bis zur Hälfte gewöhnliches Wasser hinzu, rührt mit einem silbernen Löffel, bis sich das Salz gelöst hat, und füllt dann das Glas mit Sodawasser bis zum Rand voll.

Das nun fertige Mineralwasser trinkt man innerhalb 10 Minuten unter häufigem Absetzen.“

Kohlensaures Bitterwasser.

40,0 Natriumbikarbonat,

80,0 entwässertes Magnesiumsulfat

verreibt und mischt man gut; man füllt in eine Glasbüchse, verkorkt dieselbe fest und giebt folgende Gebrauchsanweisung:

„Salz für 10 l

kohlensaures Bitterwasser.

Zwei Kaffeelöffel voll“

usw. wie beim kohlensauren Ammoniakwasser.

Kohlensaures Bromsalzwasser.

4,0 Kaliumbromid,

4,0 Natriumbromid,

2,0 Ammoniumbromid

verreibt man gröblich, mischt und teilt in vier Dosen, welche man in Wachspapierkapseln füllt. Die Gebrauchsanweisung lautet:

„Salz für 1 l

kohlensaures Bromsalzwasser.

Man giebt den Inhalt einer Kapsel in ein Viertelliterglas“

usw. wie bei kohlensaurem Ammoniakwasser.

Ich lasse hier nur für 1 l Salz verabreichen, um dem Publikum nicht zu viel Bromsalz in die Hand zu geben.

Kohlensaures Chromwasser n. *Güntz.*

0,02 Kaliumdichromat,

0,06 Kaliumnitrat,

0,06 Natriumcitrat,

0,12 Natriumchlorid

mischt man, füllt die Mischung in ein Glas und verkorkt dasselbe gut.

Die Gebrauchsanweisung lautet:

„Salz für 1/2 l

kohlensaures Chromwasser.

Die Hälfte des Glasinhalts“

usw. wie beim kohlensauren Ammoniakwasser.

Kohlensaures Eisensalmiakwasser.

4,0 Eisensalmiak,

36,0 Natriumchlorid

verreibt man miteinander, teilt in 40 Dosen und füllt dieselben in Wachspapierkapseln. Die Gebrauchsanweisung lautet:

„Salz für 10 l

kohlensaures Eisensalmiakwasser.

Man giebt den Inhalt einer Kapsel in ein Viertelliterglas.“

usw. wie bei kohlensaurem Alaunwasser.

Sodawasser darf auch hier keine Verwendung finden.

Kohlensaures Jodsodawasser.

21,0 entwässertes Natriumkarbonat,

1,5 Natriumchlorid,

1,5 Natriumjodid

mischt und verreibt man miteinander, teilt in 40 Dosen, füllt diese in Wachspapierkapseln und giebt folgende Gebrauchsanweisung:

„Salz für 10 l

kohlensaures Jodsodawasser.

Man giebt den Inhalt einer Kapsel in ein Viertelliterglas“

usw. wie bei kohlensaurem Ammoniakwasser.

Kohlensaures Lithionwasser.

2,0 Lithiumkarbonat,
18,0 Natriumbikarbonat

verreibt und mischt man.

Man teilt in 40 Dosen, füllt diese in Wachspapierkapseln und giebt folgende Gebrauchsanweisung:

„Salz für 10 l

kohlensaures Lithionwasser.

Man giebt den Inhalt einer Kapsel in ein Viertelliterglas“

usw. wie bei kohlensaurem Ammoniakwasser.

Kohlensaures Magnesiawasser.

100,0 entwässertes Magnesiumsulfat,
150,0 Natriumbikarbonat

verreibt und mischt man gut miteinander.

Man füllt die Mischung in eine Glasbüchse, verkorkt dieselbe gut und giebt folgende Gebrauchsanweisung:

„Salz für 10 l

kohlensaures Magnesiawasser.

Einen halben Esslöffel voll davon“

usw. wie bei kohlensaurem Ammoniakwasser.

Kohlensaure Natrokrene.

0,5 Kaliumsulfat,
0,5 Kaliumchlorid,
19,0 Natriumchlorid,
32,0 Natriumbikarbonat,
3,5 gefälltes Calciumsulfat,
3,5 entwässertes Magnesiumsulfat

verreibt man äusserst fein (siehe Einleitung) und mischt. Man füllt die Mischung in eine Glasbüchse, verkorkt dieselbe gut und giebt folgende Gebrauchsanweisung:

„Salz für 10 l

kohlensaure Natrokrene.

Einen knappen Kaffeelöffel voll“

usw. wie bei kohlensaurem Ammoniakwasser.

Pyrophosphorsaures Eisenwasser.

45,0 Natrium-Ferripyrophosphat,
5,0 entwässertes Natriumpyrophosphat,
5,0 Natriumchlorid

verreibt und mischt man gut miteinander.

Man füllt die Mischung in eine Glasbüchse, verkorkt dieselbe gut und giebt folgende Gebrauchsanweisung:

„Salz für 10 l

pyrophosphorsaures Eisenwasser.

Eine Messerspitze voll davon“

usw. wie bei kohlensaurem Ammoniakwasser.

Weinsaures Kaliwasser.

20,0 Natriumchlorid,
230,0 Kaliumtartrat

verreibt man gröblich und mischt. Man füllt die Mischung in eine Glasbüchse, verkorkt dieselbe gut und giebt folgende Gebrauchsanweisung:

„Salz für 10 l

weinsaures Kaliwasser.

Einen Esslöffel voll davon“

usw. wie bei kohlensaurem Ammoniakwasser.

Schluss der Abteilung „Salia Aquarum mineralium“.

Salia Balneorum.

Badesalze. Mutterlaugensalze.

Nach *E. Dieterich.*

Die beim Auskrystallisieren des Kochsalzes zurückbleibenden Mutterlaugen werden wegen ihres Gehalts an Bromsalzen zu Bädern benützt und sehr geschätzt. Da die Mutterlaugen noch 65—75 pCt Wasser enthalten, so ist ihr Versand in dieser Form zu teuer; man stellt daher durch Eindampfen Mutterlaugensalze her und bringt diese fassweise zum Versand. Je nach Bedürfnis kann man aus solchen Salzen durch Lösen derselben in 2—3 Teilen Wasser *die ursprünglichen Mutterlaugen* gewinnen oder aber die Salze selbst an das Publikum abgeben.

Da der künstlichen Herstellung der Mutterlaugensalze nicht die geringsten Schwierigkeiten entgegenstehen, habe ich mit Zugrundelegung bekannter Analysen die Vorschriften für die gebräuchlichsten Formen ausgearbeitet. Ich dachte mir dabei die beim Eindampfen konzentrierter Laugen gewonnenen Salze und hielt den Gehalt an Natriumbromid dementsprechend etwas höher.

Es ist selbstverständlich, dass zur Zusammensetzung keine chemisch reinen Präparate notwendig sind. Man wird also rohes Chlorcalcium, gewöhnliches Kochsalz usw. verwenden können. Obwohl ein rohes Natriumbromid nicht im Handel ist, so zweifle ich doch nicht, dass es die betreffenden Fabriken auf Wunsch gern beschaffen.

Die Herstellung der Salzmischung ist einfach und besteht darin, die einzelnen Bestandteile, so weit dies nötig ist, gröblich zu pulvern und zu mischen.

Die Mischungen verpackt man für die Abgabe kleinerer Mengen an das Publikum zu 500,0 in Steingutbüchsen und verbindet dieselben mit Wachs- und darüber mit feuchtem Pergamentpapier.

In den Vorschriften sind die vom Krystallwasser befreiten Salze vorgesehen; sind solche gerade nicht zur Hand, so kann man die entsprechenden Mengen der krystallisierten Formen dafür verwenden.

Clemenshall.

945,0 Natriumchlorid,
25,0 Magnesiumchlorid,
5,0 Calciumchlorid,
5,0 Natriumbromid,
20,0 gefälltes Calciumsulfat.

Friedrichshall.

377,0 Natriumchlorid,
3,0 Natriumbromid,
50,0 Kaliumchlorid,
190,0 Calciumchlorid,
370,0 Magnesiumchlorid,
10,0 gefälltes Calciumsulfat,

Hallein.

693,0 Natriumchlorid,
270,0 Magnesiumchlorid,
4,2 Natriumbromid,
10,0 gefälltes Calciumsulfat,
22,8 Natriumsulfat.

Kreuznach.

63,0 Natriumchlorid,
75,0 Kaliumchlorid,
750,0 Calciumchlorid,
110,0 Magnesiumchlorid,
2,0 Natriumbromid.

Moorsalz.

Moorbädersalz.

900,0 Ferrosulfat,
20,0 gefälltes Calciumsulfat,
20,0 Magnesiumsulfat,
40,0 Natriumsulfat,
20,0 Ammoniumsulfat.

Reichenhall.

60,0 Kaliumchlorid,
720,0 Magnesiumchlorid,
1,5 Lithiumchlorid,
140,0 Natriumchlorid,
8,5 Natriumbromid,
70,0 Magnesiumsulfat.

Rottenmünster.

930,0 Natriumchlorid,
25,0 Magnesiumchlorid,
20,0 Calciumchlorid,
10,0 Natriumbromid,
15,0 gefälltes Calciumsulfat.

Schwenningen.

924,0 Natriumchlorid,
25,0 Magnesiumchlorid,
25,0 Calciumchlorid,
6,0 Natriumbromid,
20,0 gefälltes Calciumsulfat.

Seesalz.

Sal marinum

800,0 Natriumchlorid,
110,0 Magnesiumchlorid,
20,0 Calciumchlorid,
3,0 Kaliumbromid,
2,0 Kaliumjodid,
65,0 Magnesiumsulfat.

Sulz.

938,0 Natriumchlorid,
25,0 Magnesiumchlorid,
5,5 Calciumchlorid,
6,5 Natriumbromid,
25,0 gefälltes Calciumsulfat.

Unna.

119,0 Natriumchlorid,
35,0 Kaliumchlorid,
270,0 Magnesiumchlorid,
570,0 Calciumchlorid,
3,0 Natriumjodid,
3,0 Natriumbromid.

Schluss der Abteilung „Salia Balneorum".

Salsen

s. Succi inspissati.

Sanguis bovinus inspissatus.

Eingedampftes Rindsblut.

Frisches defibriniertes Rindsblut erhitzt man in einer flachen Porzellanschale unter Umrühren so lange im Dampfbad, bis es eine krümelige Masse vorstellt. Man breitet dieselbe auf Pergamentpapier aus und trocknet sie im Trockenschrank bei 30—35° C. Schliesslich zerreibt man zu gröblichem Pulver und bewahrt dasselbe in gut verschlossenen Glasbüchsen auf.

Sapones.

Seifen.

Die Herstellung von Seifen wurde im Apotheken-Laboratorium eigentlich niemals gepflegt. Mit Ausnahme der wenigen in den Pharmakopöen enthaltenen und in der Regel nicht auf der Höhe ihrer Zeit stehenden Formen kommen Seifenpräparate nicht vor. Die Pharmacie nahm bis jetzt wenig Notiz von den grossen Fortschritten, welche die Seifenindustrie im Laufe der Zeit gemacht hatte, und blieb bis heute bei ihren alten — um nicht zu sagen: veralteten — Bereitungsweisen stehen. So kam es, dass die medizinischen Seifen ausschliesslich in Seifenfabriken hergestellt wurden und dass sie in den Apotheken eigentlich nur als Handelsartikel gekannt waren und noch sind. Aber auch andere Seifengattungen, besonders solche für technische Zwecke, sind berufen, zu den Handverkaufsartikeln der Apotheken zu zählen, umsomehr, als ihrer Herstellung im Apotheken-Laboratorium Schwierigkeiten nicht entgegenstehen. Obwohl es Brauch ist, die einzelnen Stücke der medizinischen Seifen in hübsche Formen zu pressen und sie dann geschmackvoll einzuhüllen, so ist ersteres doch nicht so dringend notwendig, wenn nur letzteres nicht verabsäumt wird. Für hübsche Aufmachungen sorgen aber die Etikettenfabriken z. B. von *Ad. Vomáčka* in Prag II. Die Herstellung in der Apotheke bietet sowohl dem Arzt, als auch dem Publikum eine bestimmte Gewähr dafür, dass der medikamentöse Zusatz der Angabe entspricht. Diese Gewähr soll bis jetzt bei den im Handel befindlichen Sorten nicht immer vorhanden gewesen sein. Es schien mir deshalb an der Zeit, eine Anzahl von Herstellungsvorschriften, die sich in der Apotheke ausführen lassen, auszuarbeiten und bei den Natronseifen vor allem das Kaltverfahren zu Grund zu legen. Ich beschränke mich bei Auswahl der Sorten nicht ausschliesslich auf die medizinischen Seifen, ich berücksichtige vielmehr auch einige gangbare Toilette- und mehrere Wirtschaftsseifen. Von einer besonderen Gruppenbildung der einzelnen Gattungen sah ich ab; ich behielt dafür die bisherige alphabetische Reihenfolge bei.

Sapa amygdalinus.

Mandelseife.

Nach *E. Dieterich.*

1000,0 Kokosöl

schmilzt man, lässt auf 25° C abkühlen und *fügt unter stetem Rühren*

75,0 krystallisierte Soda,

gelöst in

450,0 käufliche Natronlauge von 1,41 spez. Gew.

und, wenn die Masse gleichmässig ist, ohne Zeitverlust

100,0 Wasser,
5,0 Mirbanöl,

5,0 künstliches Bittermandelöl,
5,0 Lavendelöl

hinzu. Im übrigen verfährt man so, wie bei Sapo Boracis angegeben ist.

Sapo Benzini mollis.

Benzinseife. Benzin-Fleckseife.

100,0 Stearinseife, Fadenform,
65,0 feingeschnittene Kokosseife

löst man durch Erwärmen und unter Ersetzen des verdampfenden Wassers in

600,0 destilliertem Wasser.

Man fügt dann

45,0 Ammoniakflüssigkeit v. 10 pCt.

und hierauf

190,0 Benzin

hinzu, rührt, bis sich die hierdurch entstandenen Seifenausscheidungen wieder gelöst haben, und kühlt rasch ab. Die erstarrte Masse rührt man abermals und zwar so lange, bis sie gleichmässig cremeartig ist.

Die Gebrauchsanweisung lautet:

„*Die Benzinseife dient zum Entfernen von Fett- oder Harzflecken aus Stoffen. Man reibt die Flecke mit der Seife ein, überlässt einige Minuten der Ruhe und bürstet mit warmem Wasser nach. Sollte der Fleck hierdurch erst teilweise entfernt worden sein, so wiederholt man das Verfahren.*“

Sapo Boracis.

Borax-Seife.
Nach *E. Dieterich.*

600,0 Kokosöl,
200,0 Schweinefett,
200,0 Ricinusöl

schmilzt man, lässt die geschmolzene Masse auf 25° C abkühlen, setzt dann unter stetem Rühren

450,0 käufliche Natronlauge von 1,41 spez. Gew.,

in welcher man vorher

50,0 krystallisierte Soda,
75,0 Borax, Pulver $^{M}/_{30}$,
150,0 Talk, „ $^{M}/_{50}$,

löste bezw. gleichmässig verrührte und, sobald die Masse gleichmässig ist, ohne Zeitverlust

100,0 Wasser,
100,0 Glycerin v. 1,23 spez. Gew.,
0,5 Zimtkassienöl,
0,5 Nelkenöl,
1,5 Bergamottöl,
1,5 Sassafrasöl,
2,5 Citronenöl,
2,5 Citronellöl

hinzu. Man rührt nun noch so lange, bis einzelne Teile in der Mischung nicht mehr zu erkennen sind, und bringt nun die Masse möglichst rasch in ein schon bereit stehendes, mit nassem Pergamentpapier ausgelegtes Holzkästchen, das man bedeckt. Jeder Zeitverlust ist zu vermeiden, weil durch den Wasserzusatz sofort Seifenbildung unter Selbsterhitzung und damit ein Festwerden der Masse eintritt. Man lässt das Kästchen 3 Tage in warmer Zimmertemperatur stehen, schneidet die dann fertige Seife mit dünnem Messingdraht in gleichgrosse Stücke, lässt diese 3 Tage an der Luft trocknen und schlägt sie dann in Stanniol ein.

Sapo Calomelanos mollis.

Kalomelseife.

Vorschrift des Dresdner Ap. V.

50,0 Kalilauge von 1,128 spez. Gew.,
100,0 Natronlauge v. 1,170 „ „
300,0 Mandelöl,
30,0 Weingeist von 90 pCt

verseift man.

Auf je

100,0 Seife

mischt man

50,0 durch Dampf bereitetes Quecksilberchlorür,
20,0 Mandelöl

hinzu.

Sapo camphoratus.

Kampferseife.
Nach *E. Dieterich.*

500,0 Kokosöl,
250,0 Rindstalg,
250,0 Ricinusöl

schmilzt man und löst darin

20,0 verriebenen Kampfer.

Man lässt die Mischung auf 25° C abkühlen, rührt dann

450,0 käufliche Natronlauge von 1,41 spez. Gew.,

in welcher man vorher löste

50,0 krystallisierte Soda,

gleichmässig und dann

100,0 Wasser,
50,0 Glycerin v. 1,23 spez. Gew.,
0,5 Zimtkassienöl,
0,5 Nelkenöl,
2,5 Rosmarinöl,
2,5 Lavendelöl,
2,5 Citronellöl

darunter.

Im Weiteren hält man das bei Sapo Boracis angegebene Verfahren ein.

Sapo carbolicus.

Karbolseife.
Nach *E. Dieterich.*

800,0 Rindstalg,
200,0 Kokosöl

schmilzt man, lässt die Mischung auf 30° C abkühlen und setzt dann unter stetem Rühren

500,0 käufliche Natronlauge von 1,41 spez. Gew.,

in welcher man vorher löste

75,0 krystallisierte Soda,

und

50,0 reine Karbolsäure

und, sobald die Masse gleichmässig ist, ohne Zeitverlust

100,0 Wasser,
2,5 Rosmarinöl,
2,5 Lavendelöl,
2,5 Citronellöl

hinzu. Weiter verfährt man so, wie bei Sapo Boracis angegeben ist; man ändert nur insofern die Behandlung der fertigen Seife, als man die frisch geschnittenen Stücke nicht an der Luft trocknet, sondern dieselben, um einem Verdunsten der Karbolsäure vorzubeugen, sofort in Stanniol einschlägt.

Sapo carbolisatus ammoniatus.

Ammon-Karbol-Seife. Pissoir-Seife.
Nach *E. Dieterich.*

500,0 Kokosöl,
500,0 Rindstalg

schmilzt man, lässt auf 25° C abkühlen, fügt dann unter stetem Rühren

100,0 rohe Karbolsäure,
50,0 gröblich gepulvertes Ammoniumkarbonat,
450,0 käufliche Natronlauge von 1,41 spez. Gew.,

in welcher man vorher löste

75,0 krystallisierte Soda,

und, sobald die Mischung gleichmässig ist, ohne Zeitverlust

100,0 Wasser

hinzu. Weiter verfährt man so, wie bei Sapo Boracis angegeben ist.

Die Ammon-Karbol-Seife wird zum Waschen der Tiere gegen Ungeziefer und auch als Desinfektionsmittel zum Einlegen in die Pissoirbecken verwendet.

Sapo Creolini.

Kreolinseife.
Nach *E. Dieterich.*

600,0 Rindstalg,
200,0 Kokosöl,
200,0 Ricinusöl

schmilzt man, lässt die geschmolzene Masse auf 25° C abkühlen und fügt unter stetem Rühren

450,0 käufliche Natronlauge von 1,41 spez. Gew.,

in welcher man vorher löste

50,0 krystallisierte Soda,

und, wenn die Mischung gleichmässig ist, ohne Zeitverlust

100,0 Kreolin,
100,0 Wasser,
2,0 Zimtkassienöl,
2,0 Nelkenöl,
5,0 Sassafrasöl,
5,0 Citronellöl

hinzu. Im übrigen verfährt man so, wie bei Sapo Boracis angegeben ist.

Sapo domesticus.

Hausseife. Kernseife.
Nach *E. Dieterich.*

I. 9000,0 Talg,
1000,0 Kokosöl

schmilzt man und lässt die geschmolzene Masse auf 30° C abkühlen.

Man rührt sodann

5000,0 käufliche Natronlauge von 1,41 spez. Gew.,

in welcher man vorher löste

1000,0 krystallisierte Soda,

darunter und setzt, wenn die Mischung gleichmässig ist, noch

1000,0 Wasser

zu. Man bringt nun die Masse **sofort** in einen schon bereit gehaltenen, mit nassem Pergamentpapier ausgelegten Holzkasten, **deckt diesen** zu und überlässt 3 Tage hindurch in Zimmertemperatur der Ruhe. Es tritt bald Selbsterhitzung und damit Seifenbildung ein. Schliesslich schneidet man die fertige Seife mittels dünnen Messingdrahtes in Stücke.

II. 5000,0 Talg,
5000,0 Kokosöl,
5000,0 käufliche Natronlauge von 1,41 spez. Gew.,
1000,0 krystallisierte Soda.

* * *

1000,0 Wasser.

Bereitung wie bei I.

III. 2000,0 Talg,
8000,0 Kokosöl,
4750,0 käufliche Natronlauge von 1,41 spez. Gew.,
1000,0 krystallisierte Soda.

* * *

1000,0 Wasser.

Bereitung wie bei I.

Selbstredend giebt die Vorschrift I die beste Kernseife; immerhin sind die Qualitäten II und III gleichfalls gut und den im Handel befindlichen guten Sorten gleichzuachten.

IV. Aus Fettresten.

Man hält das Verfahren I ein, verwendet aber statt des dort vorgeschriebenen Talges die in der Küche abfallenden, durch Umschmelzen und Durchseihen gereinigten Fettreste.

Da die letzteren in der Regel auch weichere Fette, z. B. Schweineschmalz, Bratenfett usw. enthalten, wird die daraus gewonnene Seife nicht so hart ausfallen, als eine mit Talg hergestellte. Immerhin erzielt man aus solchen Abfällen noch eine Kernseife, welche sich mit mancher Handelsmarke gleichen Namens messen kann.

Sapo familiaris.

Familien-Toilettenseife. Familienseife.
Nach *E. Dieterich*.

1000,0 Kokosöl

schmilzt man, lässt es dann auf 25° C abkühlen und fügt unter stetem Rühren

450,0 käufliche Natronlauge v. 1,41 spez. Gew.,

in welcher man vorher löste

50,0 krystallisierte Soda

und, sobald die Mischung gleichmässig ist, ohne Zeitverlust

100,0 Wasser,
1,0 Zimtkassienöl,
2,5 Sassafrasöl,
2,5 Citronellöl

hinzu. Im Übrigen verfährt man so, wie bei Sapo Boracis angegeben ist.

Sapo fellitus.

Gallseife.

100,0 frische Ochsengalle,
90,0 Stearinseife, Pulver M/50,
10,0 Borax, „ M/30,

mischt man unter Erwärmen, setzt dann

10,0—20,0 Weingeist von 90 pCt

zu und drückt die Masse in eine mit Stanniol ausgelegte Morsellenform ein.

Man überlässt einen oder mehrere Tage der Ruhe und schneidet dann in beliebig grosse Stücke.

Sapo fellitus mollis.

Weiche Gallseife.

100,0 frische Ochsengalle,
50,0 weisse Kaliseife,
40,0 Ölseife, Pulver M/50,
10,0 Borax, „ M/30,
10,0 Ammoniakflüssigkeit v. 10 pCt

mischt man unter schwachem Erwärmen.

Siehe auch „Fleckseifen“.

Sapo Glycerini.

Glycerinseife.
Nach *E. Dieterich*.

800,0 Rindstalg,
200,0 Kokosöl

schmilzt man, lässt die geschmolzene Masse auf 30° C abkühlen und fügt unter stetem Rühren

450,0 käufliche Natronlauge v. 1,41 spez. Gew,

in welcher man vorher löste

75,0 krystallisierte Soda,

und, wenn die Mischung gleichmässig ist, ohne Zeitverlust

100,0 Wasser,
200,0 Glycerin v. 1,23 spez. Gew.,
0,5 Zimtkassienöl,
0,5 Nelkenöl,
1,0 künstliches Bittermandelöl,
2,5 Sassafrasöl,
2,5 Rosmarinöl,
2,5 Citronellöl

hinzu. Im übrigen verfährt man so, wie bei Sapo Boracis angegeben ist.

Sapo Glycerini liquidus.

Flüssige Glycerinseife.

a) Vorschrift von *E. Dieterich*:

30,0 weisse Kaliseife,
30,0 Glycerin v. 1,23 spez. Gew.,
30,0 weisser Sirup,
10,0 Weingeist von 90 pCt,
2 Tropfen Kassiaöl,
2 „ Geraniumöl,
2 „ Sassafrasöl,
2 „ Nelkenöl,
5 „ Citronellöl,
2 „ Wintergreenöl,
1 „ Moschustinktur (1:10).

Man mischt, lässt einige Tage stehen und filtriert.

b) 30,0 weisse Kaliseife,
60,0 Glycerin v. 1,23 spez. Gew.,
10,0 Weingeist von 90 pCt.

Man mischt und parfümiert wie bei a).

c) Vorschrift d. Dresdner Ap. V.
40,0 weisse Kaliseife,
50,0 Glycerin.
Man löst und fügt
10,0 Weingeist von 90 pCt
hinzu.

Sapo Ichthyoli.
Ichthyolseife.
Nach *E. Dieterich.*

600,0 Rindstalg,
200,0 Kokosöl,
200,0 Ricinusöl
schmilzt man, lässt die geschmolzene Masse auf 25° C abkühlen und fügt unter stetem Rühren
450,0 käufliche Natronlauge v. 1,41 spez. Gew.,
in welcher man vorher löste
50,0 krystallisierte Soda,
und, wenn die Mischung gleichmässig ist, ohne Zeitverlust
100,0 Wasser,
75,0 Ichthyol-Natrium,
1,0 Zimtkassienöl,
1,0 Nelkenöl,
2,5 Sassafrasöl,
2,5 Citronellöl,
0,05 Nerolin †
hinzu. Im Übrigen verfährt man so, wie bei Sapo Boracis angegeben ist.

Sapo jalapinus.
Jalapenseife.

Vorschrift des D. A. IV.
1 Teil fein gepulvertes Jalapenharz
und
1 Teil medizinische Seife
werden gemischt.

Sapo Olei Jecoris Aselli.
Leberthranseife.

{120,0 Natronlauge von 1,168—1,172 spez. Gew.,
100,0 Leberthran,
12,0 Weingeist von 90 pCt,}
200,0 destilliertes Wasser,
{25,0 Kochsalz,
3,0 rohes, kryst. Natriumkarbonat,
80,0 destilliertes Wasser.}
Bereitung wie bei Sapo medicatus.

Sapo jodato-sulfuratus.
Jod-Schwefel-Seife.

400,0 Kokosöl,
400,0 Rindstalg,
150,0 Ricinusöl,
50,0 reines Wollfett
schmilzt man, lässt die Mischung auf 28° C abkühlen und fügt dann unter stetem Rühren
450,0 käufliche Natronlauge von 1,41 spez. Gew.,
in welcher man vorher
50,0 Kaliumjodid,
50,0 Natriumthiosulfat,
70,0 krystallisierte Soda
löste, und wenn die Masse gleichmässig ist, ohne Zeitverlust
100,0 Wasser,
50,0 Glycerin v. 1,23 spez. Gew.,
0,5 Zimtkassienöl,
0,5 Nelkenöl,
1,0 Pfefferminzöl,
2,0 Rosmarinöl,
2,0 Bergamottöl,
2,0 Citronellöl
hinzu. Weiter verfährt man dann so, wie bei Sapo Boracis angegeben ist.

Sapo Kalii jodati.
Jod-Kaliumseife.
Nach *E. Dieterich.*

400,0 Kokosöl,
400,0 Rindstalg,
150,0 Ricinusöl,
50,0 reines Wollfett
schmilzt man, lässt die Mischung auf 28° C abkühlen und fügt dann unter stetem Rühren
450,0 käufliche Natronlauge von 1,41 spez. Gew.,
in welcher man vorher
100,0 Kaliumjodid,
50,0 krystallisierte Soda
löste, und wenn die Masse gleichmässig ist, ohne Zeitverlust
100,0 Wasser,
50,0 Glycerin v. 1,23 spez. Gew.,
0,5 Zimtkassienöl,
0,5 Nelkenöl,
2,0 Citronenöl,
2,0 Bergamottöl,
3,0 Citronellöl
hinzu. Weiter verfährt man so, wie bei Sapo Boracis angegeben ist.

† S. Bezugsquellen-Verzeichnis.

Sapo kalinus.

Kaliseife.

a) Vorschrift des D. A. IV.

20 Teile Leinöl

werden im Wasserbade in einem geräumigen tiefen Zinn- oder Porzellangefäss erwärmt und dann unter Umrühren mit einer Mischung aus

27 Teilen Kalilauge von 1,128 spez. Gew.

und

2 Teilen Weingeist von 90 pCt

versetzt. Die erhaltene Mischung wird bis zur vollständigen Verseifung weiter erwärmt.

Da die käufliche Lauge wegen ihres Gehalts an Kohlensäure das Öl weniger rasch zu verseifen vermag, wie eine frisch gekochte Lauge, so stellt man sich letztere am besten von Fall zu Fall selbst dar und hält dann folgendes Verfahren ein:

b) Vorschrift von *E. Dieterich:*

1000,0 Kaliumkarbonat,
600,0—800,0 Ätzkalk,

welch letzteren man mit seinem Gewicht Wasser löschte, kocht man mit

q. s. Wasser

zu Lauge, lässt einige Minuten absetzen, schöpft die klare Lauge ab und kocht die Kalkmasse noch 2 mal mit frischem Wasser aus.

Die gewonnene Lauge dampft man so weit ein, dass sie ein spez. Gew. von 1,180 zeigt, seiht sie nochmals durch ein dichtes Leinentuch und vermischt mit

3000,0 Leinöl,

indem man eine halbe Stunde lang rührt. Man setzt dann

300,0 Weingeist von 90 pCt

zu, bedeckt das Gefäss mit einem gut passenden Deckel oder verbindet es mit Pergamentpapier, bringt es an eine Stelle, welche eine Temperatur von 50—60 ⁰ C hat, z. B. in ein Sandbad von dieser Temperatur, und lässt hier 12 Stunden stehen. Nach dieser Zeit ist die Seife fertig und wird eine Ausbeute von

5000,0—5500,0

geben.

Das erwähnte Sandbad kann man sich mit leichter Mühe herstellen, indem man eine in den Dampfapparat passende Schale mit Sand füllt.

Ausser dem Laugekochen kann die ganze Arbeit im Dampfapparat vorgenommen werden.

Sapo kalinus albus.

Weisse Kaliseife.

Vorschrift von *E. Dieterich:*

135,0 Kalilauge von 1,128 spez. Gew.,
100,0 Olivenöl,
10,0 Weingeist von 90 pCt

mischt und lässt in geschlossenem Gefäss unter öfterem Umschütteln oder Umrühren 24 Stunden stehen. Man erhitzt dann die Masse im Wasserbad so lange, bis vollständige Verseifung erfolgt ist.

Sapo kalinus Creolini.

Kreolin-Kaliseife.

90,0 Kaliseife,
10,0 Kreolin

mischt man.

Sapo kalino-sulfuratus.

Schwefel-Kaliumseife.

1100,0 Schmierseife

dampft man im Dampfbad unter Rühren mit einem breiten hölzernen Rührscheit ein bis zu einem Gewicht von

950,0.

Man mischt dann

50,0 Schwefelkalium,

welche man vorher durch Stossen im eisernen Mörser in gröbliches Pulver verwandelte, unter, füllt die Mischung noch warm in eine Steingutbüchse und verbindet diese mit Pergamentpapier.

Die Schwefelkaliumseife wird zu 100—200 g in Vollbädern bei Ekzema impetiginosum skrophulöser Kinder angewendet.

Sapo Lanae adipis.

Lana-Seife.

Nach *E. Dieterich.*

400,0 Kokosöl,
300,0 Schweinefett,
300,0 Rindstalg,
100,0 reines Wollfett (adeps Lanae)

schmilzt man, lässt die geschmolzene Masse auf 30 ⁰ C abkühlen, fügt dann unter stetem Rühren

470,0 käufliche Natronlauge von 1,41 spez. Gew.,

in welcher man vorher löste

50,0 krystallisierte Soda,

und, sobald die Mischung gleichmässig ist, ohne Zeitverlust

100,0 Glycerin v. 1,23 spez. Gew.,
100,0 Wasser,
0,5 Zimtkassienöl,
0,5 Nelkenöl,
1,0 Rosenholzöl,
1,0 Sassafrasöl,
2,0 Rosmarinöl,
2,0 Citronellöl

hinzu. Im Weiteren verfährt man so, wie bei Sapo Boracis angegeben ist.

Die Lanaseife ist eine der besten Toiletten-seifen. Sie macht die Haut ausserordentlich geschmeidig und verhindert dadurch das Aufspringen derselben.

Sapo lapidis Pumicis.

Bimssteinseife.
Nach *E. Dieterich*.

1000,0 Kokosöl

schmilzt man, lässt auf 30 ° C abkühlen und rührt

600,0 Bimsstein, Pulver M/50,

darunter. Man fügt dann unter stetem Rühren

470,0 käufliche Natronlauge von 1,41 spez. Gew.,

in welcher man vorher löste

75,0 krystallisierte Soda,

und, sobald die Mischung gleichmässig ist, ohne Zeitverlust

100,0 Wasser,
0,5 Zimtkassienöl,
0,5 Nelkenöl,
1,5 Rosmarinöl,
1,5 Citronellöl

hinzu. Im Weiteren verfährt man so wie unter Sapo Boracis angegeben ist.

Sapo Loretini.

Loretin-Seife.
Nach *E. Dieterich*

500,0 Kokosöl,
250,0 Rindstalg,
250,0 Ricinusöl

schmilzt man und lässt die geschmolzene Masse auf 30 ° C abkühlen.

Andrerseits löst man durch vorsichtiges Erwärmen

75,0 Loretin,
50,0 krystallisierte Soda

in

450,0 käuflicher Natronlauge v. 1,41 spez. Gew.

und setzt diese Lösung, sobald sie auf ca. 20 ° C abgekühlt ist, der Fettmischung unter stetem Rühren zu. Wenn die Mischung gleichmässig geworden ist, fügt man ohne Zeitverlust

100,0 Wasser,
100,0 Glycerin v. 1,23 spez. Gew.,
0,5 Zimtkassienöl,
0,5 Nelkenöl,
1,0 Rosmarinöl,
1,0 Citronellöl,
2,0 Perubalsam

hinzu und verfährt im Weiteren so, wie bei Sapo Boracis angegeben ist.

Sapo medicatus.

Sapo medicinalis. Medizinische Seife.

a) Vorschrift des D. A. IV.

120 Teile Natronlauge von 1,17 spez. Gew.

werden im Wasserbad erhitzt, dann nach und nach mit einem geschmolzenen Gemenge von

50 Teilen Schweineschmalz

und

50 Teilen Olivenöl

versetzt und unter Umrühren 1/2 Stunde lang erhitzt. Darauf fügt man der Mischung

12 Teile Weingeist von 90 pCt

und, sobald die Masse gleichförmig geworden ist,

200 Teile Wasser

hinzu und erhitzt, nötigenfalls unter Zusatz kleiner Mengen Natronlauge, weiter, bis ein durchsichtiger, in heissem Wasser ohne Abscheidung von Fett löslicher Seifenleim gebildet ist. Alsdann wird eine filtrierte Lösung von

25 Teilen Natriumchlorid

und

3 Teilen Soda

in

80 Teilen Wasser

zugefügt, die ganze Masse unter Umrühren weiter erhitzt, bis sich die Seife vollständig abgeschieden hat. Die erkaltete, von der Mutterlauge getrennte Seife wird mehrmals mit geringen Mengen Wasser ausgewaschen, dann vorsichtig aber stark ausgepresst, in Stücke zerschnitten und an einem warmen Ort getrocknet.

Medizinische Seife ist zum Gebrauch fein zu pulvern.

Wenn man obige Vorschrift ganz genau einhält, bekommt man eine Seife, deren weingeistige Lösung von Phenolphtaleïn unfehlbar gerötet wird. Sie enthält aber sowohl unzersetzte Glyceride, als auch freie Fettsäuren (bis 2 pCt) und wird in kurzer Zeit ranzig. Will man letzteres umgehen, so nimmt man von Anfang an statt 120,0 besser

130,0 Natronlauge,

verdünnt den Seifenleim mit

130,0 Wasser

und nimmt zum Aussalzen die anderthalbfache Menge der Kochsalzlösung.

Auf diese Weise kann man die Anforderungen des Arzneibuches befriedigen, mit Einhaltung des von ihm angegebenen Verfahrens dagegen nicht.

b) Vorschrift der Ph. Austr. VII.

50,0 Natronlauge von 1,35 spez. Gew.

erhitzt man im Wasserbad, trägt nach und nach

100,0 geschmolzenes Schweinefett

ein und setzt unter zeitweiligem Umrühren das Erhitzen fort, bis das Fett vollständig verschwunden ist.

Die beim Erkalten erhärtete Masse schneidet man in Täfelchen und trocknet an einem warmen Ort.

Die Vorschrift der österreichischen Pharmakopöe liefert ein ganz unreines Präparat, da die Seife weder ausgesalzen, noch eine Gewähr für eine völlige Verseifung des Fettes geboten wird.

Sapo mercurialis.

Sapo Hydrargyri. Sapo mercurialis cinereus.
Graue Merkurialseife.

a) Vorschrift von *E. Dieterich.*

1000,0 Quecksilber

verreibt man unter allmählichem Zusatz des Quecksilbers mit

200,0 grauer Salbe

und mischt, wenn die Tötung so weit vollendet ist, um auch unter der Lupe kein Metallkügelchen mehr erkennen zu lassen,

1600,0 weisse Kaliseife,
200,0 Ölseife, Pulver M/50,
200,0 Schweinefett

hinzu.

Eine so bereitete Merkurialseife bleibt stets gleichartig und scheidet beim Einreiben keine Metallkügelchen aus. Infolge ihrer Überfettung ist sie nicht alkalisch und lässt sich in die Haut einreiben, ohne dass man Wasser zur Hilfe nehmen muss.

b) Vorschrift des Münchner Ap. V.

Man bereitet sie wie unter a) aus

1000,0 Quecksilber,
100,0 Talg,
1600,0 Kaliseife,
200,0 medizinischer Seife,
100,0 Schweinefett.

c) Vorschrift des Dresdner Ap, V.

100,0 Quecksilber,
7,0 Benzoëtalg,
13,0 Benzoëfett

verreibt man l. a. und setzt dann

155,0 Kaliseife,
25,0 gepulverte Hausseife

hinzu.

Zu den Vorschriften b) und c) ist zu bemerken, dass die Verwendung der mit Leinöl bereiteten Kaliseife ein sehr übel riechendes Präparat liefert. Es ist daher unbedingt notwendig, die unter a) vorgeschriebene **weisse** Kaliseife zu benützen.

Sapo mercurialis albus.

Weisse Merkurialseife.
Nach *E. Dieterich.*

50,0 Quecksilberoleat

mischt man in einer Reibschale mit

50,0 weisser Kaliseife.

Die weisse Merkurialseife hat vor der grauen den Vorzug der Farblosigkeit und wird deshalb neuerdings lieber wie jene angewendet.

Sapo Millefiorum.

Millefleurs-Seife.
Nach *E. Dieterich.*

800,0 Kokosöl,
100,0 Rindstalg,
100,0 Ricinusöl

schmilzt man, lässt die geschmolzene Masse auf 25° C abkühlen und fügt unter stetem Rühren

450,0 käufliche Natronlauge von 1,41 spez. Gew.,

in welcher man vorher löste

50,0 krystallisierte Soda,

und, sobald die Mischung gleichmässig ist, ohne Zeitverlust

100,0 Wasser,
0,5 Zimtkassienöl,
0,5 Nelkenöl,
1,0 Bergamottöl,
1,0 Citronenöl,
1,0 Lavendelöl,
1,0 Rosmarinöl,
1,0 Rosenholzöl,
1,0 Citronellöl,
2,0 Perubalsam,
2,0 Moschustinktur

hinzu. Im Übrigen verfährt man so, wie bei Sapo Boracis angegeben ist.

Sapo Naphtalini.

Naphtalin-, Parasiten-Seife.
Nach *E. Dieterich.*

500,0 Kokosöl,
500,0 Rüböl,
200,0 Naphtalin

schmilzt man, lässt die geschmolzene Masse auf 20° C abkühlen, setzt dann unter stetem Rühren

450,0 käufliche Natronlauge von 1,41 spez. Gew.,

in welcher man vorher löste

75,0 krystallisierte Soda,

und, sobald die Mischung gleichmässig ist, ohne Zeitverlust

100,0 Wasser,
10,0 Nitrobenzol,
40,0 Petroleum oder Solaröl

zu. Im Übrigen verfährt man so, wie bei Sapo Boracis angegeben ist.

Sapo Naphtoli.

Naphtolseife.

Man bereitet dieselbe wie Sapo Ichthyoli, nimmt aber statt des dort vorgeschriebenen Ichthyol dieselbe Menge β-Naphtol.

Sapo Olei cadini.

Wacholderteer-Seife.
Nach *E. Dieterich.*

500,0 Rindstalg,
150,0 Kokosöl,
150,0 Ricinusöl

schmilzt man, lässt die Mischung auf 30° C abkühlen, fügt dann unter stetem Rühren

200,0 Wacholderteer,
20,0 Benzol,
5,0 Nitrobenzol,
430,0 käufliche Natronlauge von 1,41 spez. Gew.,

in welch letzterer man vorher löste

50,0 krystallisierte Soda,

und wenn die Masse gleichmässig ist, ohne Zeitverlust

100,0 Wasser

hinzu. Weiter verfährt man so, wie unter Sapo Boracis angegeben ist.

Sapo oleïnicus crudus.

Sapo hispanicus, venetus. Ölseife. Venetianische, Spanische, Marseilleer Seife.

4500,0 käufliche Natronlauge v. 1,41 spez. Gew.,
9000,0 gewöhnl. Olivenöl,
1000,0 Kokosöl.

* * *

1000,0 Wasser.

Bereitung wie bei Sapo domesticus.

Sapo oleïnicus purus.

Reine Ölseife.

{ 130,0 Natronlauge von 1,168—1,172 spez. Gew.,
100,0 Olivenöl,
12,0 Weingeist von 90 pCt, }
200,0 destilliertes Wasser,
{ 37,5 Kochsalz,
4,5 rohes kryst. Natriumkarbonat,
120,0 destilliertes Wasser. }

Bereitung wie bei Sapo medicatus.

Sapo Picis.

Teerseife.

100,0 Holzteer,
800,0 Ölseife, Pulver M/50,
100,0 Stearinseife, „ „

mischt man unter Erhitzen im Wasserbad, drückt die heisse Masse in 4 cm dicker Schicht in Papierkapseln, überlässt hier einige Tage der Ruhe und schneidet nun, nachdem man das Papier abgezogen hat, in beliebig grosse Stücke.

Sapo Picis liquidae.

Teerseife.
Nach *E. Dieterich.*

a) hart.

400,0 Rindstalg,
200,0 Kokosöl,
200,0 Ricinusöl

schmilzt man, lässt die Mischung auf 30° C abkühlen, fügt dann unter stetem Rühren

200,0 Holzteer,
20,0 Benzol,
5,0 Nitrobenzol,
450,0 käufliche Natronlauge v. 1,41 spez. Gew.,

in welch letzterer man vorher löste

75,0 krystallisierte Soda,

und wenn die Masse gleichmässig ist, ohne Zeitverlust

100,0 Wasser

hinzu. Man verfährt dann weiter so, wie bei Sapo Boracis angegeben ist.

b) weich. Form. magistr. Berol.

40,0 Holzteer,
60,0 gewöhnliche Kaliseife,
60,0 Weingeist von 90 pCt,
40,0 destilliertes Wasser.

Man löst.

Sapo Picis sulfuratus.

Teer-Schwefel-Seife.
Nach *E. Dieterich.*

500,0 Rindstalg,
200,0 Kokosöl,
200,0 Ricinusöl

schmilzt man, lässt die Mischung auf 30° C abkühlen, fügt dann unter stetem Rühren

100,0 Holzteer,
10,0 Benzol,
5,0 Nitrobenzol,
430,0 käufliche Natronlauge v. 1,41 spez. Gew.,

in welch letzterer man vorher löste

50,0 krystallisierte Soda
und wenn die Masse gleichmässig ist, ohne Zeitverlust
30,0 Natriumsulfid,
gelöst in
100,0 Wasser
hinzu. Man verfährt dann weiter so, wie bei Sapo Boracis angegeben ist.

Sapo salicylatus.

Salicylseife.

Nach *E. Dieterich.*

400,0 Kokosöl,
400,0 Rindstalg,
200,0 Ricinusöl
schmilzt man, lässt die Mischung auf 28° C abkühlen und fügt dann unter stetem Rühren
450,0 käufliche Natronlauge von 1,41 spez. Gew.,
in welcher man vorher löste
50,0 krystallisierte Soda,
und, wenn die Masse gleichmässig ist, ohne Zeitverlust
100,0 Natriumsalicylat,
50,0 Talk, Pulver M/50,
angerieben mit
100,0 Wasser,
50,0 Glycerin v. 1,23 spez. Gew.,
und weiter damit
0,5 Nelkenöl,
0,5 Zimtkassienöl,
2,5 Rosmarinöl,
2,5 Citronellöl,
2,5 gereinigten Storax
hinzu. Weiter verfährt man so, wie bei Sapo Boracis angegeben wurde.

Sapo ad Scabiem.

Krätzeseife.

Nach *E. Dieterich.*

400,0 Rindstalg,
200,0 Kokosöl,
200,0 Ricinusöl,
200,0 rohen kolierten Storax
schmilzt man bei möglichst niederer Temperatur und lässt dann die Mischung auf 25° C abkühlen. Man fügt dann unter stetem Rühren
430,0 käufliche Natronlauge von 1,41 spez. Gew.,
in welcher man vorher löste
50,0 krystallisierte Soda,
ferner
50,0 Benzol
und, wenn die Masse gleichmässig ist, ohne Zeitverlust
100,0 sublimierten Schwefel,
mit
100,0 Wasser,
20,0 Brennspiritus
verrieben, und
5,0 Nitrobenzol
hinzu. Im Übrigen verfährt man so, wie bei Sapo Boracis angegeben wurde.

Sapo stearinicus.

Stearinseife.

a) Vorschrift von *E. Dieterich:*

1000,0 Stearinsäure
schmilzt man und trägt sie unter Rühren nach und nach in eine im Dampfbad befindliche Lösung von
560,0 krystallisiertem Natriumkarbonat
in
3000,0 destilliertem Wasser
ein. Wenn sämtliche Stearinsäure eingetragen ist, setzt man
100,0 Weingeist von 90 pCt
zu, bedeckt das Gefäss und lässt mindestens 6 Stunden oben auf dem Dampfapparat stehen.

Nach dieser Zeit salzt man die Seife mit einer filtrierten Lösung von
250,0 Kochsalz,
25,0 Krystall-Soda
in
750,0 Wasser
aus, bringt sie auf ein Leinentuch und presst nach dem Erkalten aus.

Will man die Salze, die jede Stearinsäure als Verunreinigung enthält, entfernen, so salzt man die Seifenlösung nicht aus, sondern füllt sie in Pergamentpapierdärme, um diese in warmes Wasser einzuhängen und zu dialysieren.

Mit Vorteil lässt sich diese Arbeit jedoch nur in grossem Massstab ausführen.

Die Ausbeute an ausgesalzener Seife beträgt reichlich
1100,0.

b) vereinfachtes Verfahren von *E. Dieterich:*

570,0 krystallisiertes Natriumkarbonat
löst man im Dampfbad in
1500,0 destilliertem Wasser
und setzt nach und nach unter Umrühren
1000,0 Stearinsäure
zu. Wenn die Masse nicht mehr schäumt, lässt man sie erkalten, schneidet sie dann in Stücke und verfährt weiter damit nach Bedürfnis.

Man muss zur Bereitung ein genügend grosses Gefäss benützen, weil die Masse durch die Kohlensäureentwicklung gern überschäumt.

Sapo sulfuratus.

Schwefelseife.

50,0 gefällten Schwefel,
950,0 Ölseife, Pulver M/50,

stösst man in einem erhitzten eisernen Mörser mit

q. s. verdünnten Weingeist v. 68 pCt

zu einer knetbaren Masse an. Man formt dieselbe in beliebig grosse Stücke, lässt diese an der Luft trocknen und schlägt sie dann in Wachsseidenpapier ein.

Sapo Sulfuris.

Schwefelseife.
Nach *E. Dieterich.*

600,0 Kokosöl,
300,0 Ricinusöl,
100,0 Rindstalg

schmilzt man, lässt die Mischung auf 25° C abkühlen und fügt dann unter stetem Rühren

450,0 käufliche Natronlauge von 1,41 spez. Gew.,

in welcher man vorher löste

50,0 krystallisierte Soda,

und, wenn die Masse gleichmässig ist, ohne Zeitverlust

150,0 gefällten Schwefel,

mit

100,0 Wasser,
50,0 Glycerin v. 1,23 spez. Gew.

angerieben, und ferner sofort

0,5 Zimtkassienöl,
0,5 Nelkenöl,
2,0 Rosmarinöl,
2,0 Pfefferminzöl,
2,0 Citronellöl

hinzu. Man verfährt dann weiter, wie unter Sapo Boracis angegeben ist.

Sapo terebinthinatus.

Terpentinseife.
Ph. G. I.

60,0 Ölseife, Pulver M/50,
10,0 fein zerriebenes Kaliumkarbonat,
60,0 Terpentinöl

mischt man. Die Mischung ist anfänglich weiss, wird später aber gelb.

Sapo Thymoli.

Thymolseife.

Man bereitet sie wie Sapo Ichthyoli, nimmt aber statt des dort vorgeschriebenen Ichthyol dieselbe Menge

Thymol.

Sapo unguinosus.

Sapo leniens. Salbenseife. Mollin.
Nach *E. Dieterich.*

1000,0 Kaliumkarbonat,
600,0—800,0 Ätzkalk,
q. s. Wasser,
4000,0 Schweinefett,
400,0 Weingeist von 90 pCt.

Man verfährt genau, wie bei Sapo kalinus angegeben wurde, setzt der fertigen Seife

1500,0 Glycerin v. 1,23 spez. Gew.

zu und erhält so eine Ausbeute von durchschnittlich

8000,0.

Man kann auch von fertiger Kalilauge ausgehen. Man nimmt dann auf obige Verhältnisse

5000,0 Kalilauge von 1,126—1,136 spez. Gewicht,

dampft diese aber auf ein Gewicht von

4000,0

ab, bevor man sie zum Verseifen des Fettes benützt.

Die Salbenseife, welche sich durch Neutralität und die Eigenschaft, wie eine Salbe eingerieben werden zu können, auszeichnet, wird in bestimmten Fällen als Salbenkörper benützt. Sie enthält etwa 12 pCt unverseiftes Fett.

Während diese Vorschrift von mir ausgearbeitet ist und fabrikmässig ausgeführt wird, stammt die Idee einer derartigen Seife von den Herren *Unna* und *Mielck* und ist eine Folge der von *Unna* seiner Zeit empfohlenen überfetteten Natronseifen. Ein unter der Bezeichnung „Mollin" im Handel befindliches Präparat entspricht demselben Zweck, wie die *Unna*sche Salbenseife.

Die Salbenseife bildet für den Apotheker das beste Material, sich die medizinischen Seifen und zwar in weicher Form, selbst herzustellen.

Nach von mir angestellten Versuchen sind folgende Zusätze ausführbar:

pCt
5 Schwefelammonium,
10 Arnikatinktur,
10 Perubalsam,
5 Kampfer,
10 Karbolsäure,
25 Chloroform,
10 Kreolin,
10 Ichthyol,
10 Jodoform,
10 Jodol,
5 Loretin,
10 Kreosot,
20 Bimsstein,
{ 10 Bimsstein,
{ 10 subl. Schwefel,
5—10 Kaliumjodid,

{5 Kaliumjodid,
2 Kaliumbromid,
5 gefällter Schwefel,}
als Jod-Brom-Schwefelseife
1 Naphtol,
10 Birkenteeröl,
10 Holzteer,
{10 Holzteer,
5 gefällter Schwefel,}
als Teerschwefelseife,
5 Salol,
20 durchgeseihter Storax,
10 gefällter Schwefel,
10 Thymol,
10 Zinkoxyd,
{10 Zinkoxyd,
10 Ichthyol,}
{10 Zinkoxyd,
10 Holzteer.}

Ausserdem giebt *Unna* noch folgende Vorschriften:

Sapo unguinosus ichthyolatus.

Ichthyol-Salbenseife.

100,0 Salbenseife,
5,0—50,0 Ichthyolammonium

mischt man. *Unna* behält sich diesen Spielraum vor.

Sapo unguinosus Kalii jodati.

Jodkalium-Salbenseife.

10,0 Kaliumjodid,
10,0 destilliertes Wasser,
80,0 Salbenseife

mischt man l. a.

Sapo unguinosus lanolinatus.

Sapo-lanolino-unguinosus. Sapo-Lanolinum. Lanolin-Salbenseife.

a) 80,0 Salbenseife,
20,0 wasserhaltiges reines Wollfett

mischt man.

b) Vorschrift von *Stern:*
20,0 Kaliseife,
25,0 reines Wollfett

mischt man.

Sapo unguinosus mercurialis.

Quecksilber-Salbenseife.

1000,0 Quecksilber,
200,0 graue Salbe,
2000,0 Salbenseife.

Bereitung wie bei „Sapo mercurialis“.

Sapo unguinosus piceo-ichthyolatus.

Ichthyol-Teer-Salbenseife.

12,0 Ichthyolammonium,
20,0 Cadinöl,
70,0 Salbenseife

mischt man.

Sapo Vaselini.

Vaselin-Seife.

Man bereitet sie wie Sapo Lanae adipis, nimmt aber statt des reinen Wollfettes dieselbe Menge gelbes Vaselin.

Die Vaselinseife ist eine beliebte Toiletteseife, welche eine ähnliche aber schwächere Wirkung wie die Lanaseife hat.

Sapones medicinales pulvinares.

Pulverförmige medizinische Seifen. Medizinische Pulverseifen.

Nach *Eichhoff*.

Der grosse Unfug, welcher Jahrzehnte hindurch von gewissenlosen oder unwissenden Fabrikanten mit den sogenannten medizinischen Seifen getrieben wurde, brachte es schliesslich dahin, dass diese Arzneiform in Misskredit kam. *Unnas* Verdienst war es, dass die Aufmerksamkeit der Arzte wieder auf die Seifenbehandlung gelenkt wurde; *Unna* gab derselben den richtigen wissenschaftlichen Untergrund, indem er sowohl die Zusammensetzung der Seifengrundlagen selbst, als auch der Mischungen mit Arzneimitteln genau vorschrieb. *Unna* führte ferner ausser den bekannten alkalischen Seifen zwei neue Formen in die Dermatotherapie ein, die neutralen und überfetteten.

Während *Unna* für die Seifen die Stückenform beibehalten hat, hat *Eichhoff* neben derselben noch die Pulverform eingeführt. Die *Eichhoff*schen Pulverseifen sollen die Stückenseifen ergänzen, weil die trockne Form für die Haltbarkeit vieler Arzneimischungen mehr Gewähr bietet, als die Stückenform; letztere ist wiederum bei den meisten flüssigen Arzneimitteln die allein mögliche. Weitere Vorzüge haften nach *Eichhoff* der Pulverform dadurch an, dass man durch Abwägen genauer dosieren kann, wie bei den Stückenseifen, dass man nur die zur Wirkung kommende Menge nass zu machen braucht und dass sich ihr Gebrauch billiger stellt.

Für den Apotheker haben die Pulverseifen ein erhöhtes Interesse; während nämlich zur Herstellung von Seife in Stücken maschinelle Einrichtungen notwendig sind, lassen sich die Pulvermischungen in jeder Apotheke fertigstellen. Ich lasse deshalb die *Eichhoff*schen Vorschriften mit einzelnen Änderungen, wie sie sich bei Ausführung im Apotheken-Laboratorium notwendig machen, hier folgen, und schicke noch voraus, dass *Eichhoff* ebenso wie *Unna* alkalische, neutrale und überfettete Seifen verlangt.

A.

Seifenkörper.

Als Grundlage lässt *Eichhoff* neutrale Seifen und zwar eine Mischung von 75 pCt neutraler Stearinseife und 25 pCt medizinischer Seife benützen.

Neutrale Pulverseife.

75,0 neutrale Stearinseife, Pulver M/50,
25,0 medizinische Seife, „ „

mischt man.

Überfettete Pulverseife.

95,0 neutrale Pulverseife,
5,0 gepulvertes Kakaoöl

mischt man.

Alkalische Pulverseife.

95,0 neutrale Pulverseife,
5,0 entwässertes Natriumkarbonat, Pulver M/30,

mischt man.

Es empfiehlt sich, die als Körper dienenden Pulverseifen stets frisch zu mischen.

B.

Für die Zusammensetzungen halte ich die von *Eichhoff* gegebene Reihenfolge, obwohl sie nicht alphabetisch ist, ein. Die Zahl der Formeln kann noch erheblich vermehrt werden. Von lateinischen Bezeichnungen, die nur bei ungebräuchlicher Wortbildung den Inhalt der Mischungen ausdrücken würden, glaubte ich absehen zu sollen. Die Herstellung besteht in einfachem Mischen der feingepulverten Bestandteile:

1. **Salicyl-Pulverseife.**

a) neutral:
5,0 Salicylsäure,
95,0 neutrale Pulverseife.

b) überfettet:
5,0 Salicylsäure,
95,0 überfettete Pulverseife.

---

2. **Salicyl-Resorcin-Pulverseife.**

a) neutral:
5,0 Salicylsäure,
5,0 Resorcin,
90,0 neutrale Pulverseife.

b) überfettet:
5,0 Salicylsäure,
5,0 Resorcin,
90,0 überfettete Pulverseife.

---

3. **Salicyl-Schwefel-Pulverseife.**

a) neutral:
5,0 Salicylsäure,
5,0 gereinigter Schwefel,
90,0 neutrale Pulverseife.

b) überfettet:
5,0 Salicylsäure,
5,0 gereinigter Schwefel,
90,0 überfettete Pulverseife.

---

4. **Salicyl-Resorcin-Schwefel-Pulverseife.**

a) neutral:
5,0 Salicylsäure,
5,0 Resorcin,
5,0 gereinigten Schwefel,
85,0 neutrale Pulverseife.

b) überfettet:
5,0 Salicylsäure,
5,0 Resorcin,
5,0 gereinigter Schwefel,
85,0 überfettete Pulverseife.

---

5. **Schwefel-Pulverseife.**

a) neutral:
10,0 gereinigter Schwefel,
90,0 neutrale Pulverseife.

b) überfettet:
10,0 gereinigter Schwefel,
90,0 überfettete Pulverseife.

c) alkalisch:
10,0 gereinigter Schwefel,
90,0 alkalische Pulverseife.

---

6. **Kampfer-Schwefel-Pulverseife.**

a) neutral:
2,0 Kampfer,
5,0 gereinigter Schwefel,
93,0 neutrale Pulverseife.

b) überfettet:
2,0 Kampfer,
5,0 gereinigter Schwefel,
93,0 überfettete Pulverseife.

c) alkalisch:
2,0 Kampfer,
5,0 gereinigter Schwefel,
93,0 alkalische Pulverseife.

---

7. **Perubalsam-Pulverseife.**

Alkalisch:
5,0 Perubalsam,
5,0 entwässertes Natriumkarbonat, Pulver M/30,
2,5 destilliertes Wasser

verreibt man innig, erhitzt unter Rühren, bis sich die Masse zu Pulver reiben lässt, und vermischt dieses mit
90,0 alkalischer Pulverseife.

---

8. **Kampfer-Schwefel-Perubalsam-Pulverseife.**

Alkalisch:
5,0 Perubalsam,
5,0 entwässertes Natriumkarbonat, Pulver M/30,
5,0 gereinigten Schwefel,
5,0 destilliertes Wasser

verreibt man innig, erhitzt unter Rühren, bis sich alles Wasser verflüchtigt hat, lässt dann erkalten und vermischt mit
80,0 alkalischer Pulverseife.

---

9. **Naphtol-Schwefel-Pulverseife.**

a) neutral:
5,0 β-Naphtol,
5,0 gereinigter Schwefel,
90,0 neutrale Pulverseife.

b) überfettet:
5,0 β-Naphtol,
5,0 gereinigter Schwefel,
90,0 überfettete Pulverseife.

---

10. **β-Naphtol-Pulverseife.**

Überfettet:
5,0 β-Naphtol,
95,0 überfettete Pulverseife.

---

11. **Kampfer-Pulverseife.**

a) neutral:
5,0 Kampfer,
95,0 neutrale Pulverseife.

b) überfettet:
5,0 Kampfer,
95,0 überfettete Pulverseife.

c) alkalisch:
5,0 Kampfer,
95,0 alkalische Pulverseife.

---

12. **Borax-Pulverseife.**

a) neutral:
5,0 Borax,
95,0 neutrale Pulverseife.

b) überfettet:
5,0 Borax,
95,0 überfettete Pulverseife.

---

13. **Thymol-Pulverseife.**
Kinderseife.

a) neutral:
2,0 Thymol,
98,0 neutrale Pulverseife.

b) überfettet:
2,0 Thymol,
98,0 überfettete Pulverseife.

---

14. **Benzoë-Pulverseife.**

a) neutral:
3,0 fein gepulvertes Benzoëharz,
97,0 neutrale Pulverseife.

b) überfettet:
3,0 fein gepulvertes Benzoëharz,
97,0 überfettete Pulverseife.

---

15. **Bimsstein-Pulverseife.**

a) neutral:
20,0 Bimsstein, Pulver M/30,
80,0 neutrale Pulverseife.

b) überfettet:
20,0 Bimsstein, Pulver M/30,
80,0 überfettete Pulverseife.

c) alkalisch:
20,0 Bimsstein, Pulver M/30,
80,0 alkalische Pulverseife.

---

16. **Chlorkalk-Pulverseife.**

a) neutral:
10,0 Chlorkalk,
90,0 neutrale Pulverseife.

b) alkalisch:
10,0 Chlorkalk,
90,0 alkalische Pulverseife.

---

17. **Jod-Pulverseife.**

Überfettet:
2,0 Jod,
98,0 überfettete Pulverseife.

Die Jod-Pulverseife muss stets frisch bereitet werden.

---

18. **Aristol-Pulverseife.**

Überfettet:
2,0 Aristol,
98,0 überfettete Pulverseife.

Stets frisch zu bereiten.

---

19. **Europhen-Pulverseife.**

Überfettet:
2,0 Europhen,
98,0 überfettete Pulverseife.

Stets frisch zu bereiten.

---

20. **Chinin-Pulverseife.**

a) neutral:
2,0 Chininsulfat,
98,0 neutrale Pulverseife.

b) überfettet:
2,0 Chininsulfat,
98,0 überfettete Pulverseife.

---

21. **Chrysarobin-Pulverseife.**

a) neutral:
10,0 Chrysarobin,
90,0 neutrale Pulverseife.

b) überfettet:
10,0 Chrysarobin,
90,0 überfettete Pulverseife.

---

22. **Pyrogallol-Pulverseife.**

a) neutral:
5,0 Pyrogallol,
95,0 neutrale Pulverseife.

b) überfettet:
5,0 Pyrogallol,
95,0 überfettete Pulverseife.

c) alkalisch:
5,0 Pyrogallol,
95,0 alkalische Pulverseife.

---

23. **Jodoform-Pulverseife.**

a) neutral:
3,0 Jodoform,
97,0 neutrale Pulverseife.

b) überfettet:
3,0 Jodoform,
97,0 überfettete Pulverseife.

---

24. **Jodol-Pulverseife.**

a) neutral:
3,0 Jodol,
97,0 neutrale Pulverseife.

b) überfettet:
3,0 Jodol,
97,0 überfettete Pulverseife.

c) alkalisch:
3,0 Jodol,
97,0 alkalische Pulverseife.

24a. **Loretin-Pulverseife.**

a) neutral:
5,0 Loretin,
95,0 neutrale Pulverseife.

b) überfettet:
5,0 Loretin,
95,0 überfettete Pulverseife.

---

25. **Menthol-Pulverseife.**

a) neutral:

5,0 Menthol,
95,0 neutrale Pulverseife.

b) überfettet:

5,0 Menthol,
95,0 überfettete Pulverseife.

c) alkalisch:

5,0 Menthol,
95,0 alkalische Pulverseife.

---

26. **Salol-Pulverseife.**

Überfettet:

5,0 Salol,
95,0 überfettete Pulverseife.

---

27. **Sublimat-Chlornatrium-Pulverseife.**

Überfettet:

2,0 Sublimat,
1,0 Natriumchlorid,
2,0 Stearinsäure

verreibt man sehr fein mit einander und mischt dann

95,0 überfettete Pulverseife

hinzu.

---

28. **Tannin-Pulverseife.**

a) neutral:

5,0 Tannin,
95,0 neutrale Pulverseife.

b) überfettet:

5,0 Tannin,
95,0 überfettete Pulverseife.

c) alkalisch:

5,0 Tannin,
95,0 alkalische Pulverseife.

---

29. **Thiol-Pulverseife.**

a) neutral:

5,0 pulverförmiges Thiol,
95,0 neutrale Pulverseife.

b) überfettet:

5,0 pulverförmiges Thiol,
95,0 überfettete Pulverseife.

c) alkalisch:

5,0 pulverförmiges Thiol,
95,0 alkalische Pulverseife.

---

30. **Naphtalin-Pulverseife.**

a) neutral:

5,0 Naphtalin,
95,0 neutrale Pulverseife.

b) überfettet:

5,0 Naphtalin,
95,0 überfettete Pulverseife.

c) alkalisch:

5,0 Naphtalin,
95,0 alkalische Pulverseife.

---

31. **Cantharidin-Pulverseife.**

Überfettet:

0,2 Cantharidin,
99,8 überfettete Pulverseife.

Schluss der Abteilung „Sapones medicinales pulvinares“.

Saponimentum.

Opodeldok.

Nach *E. Dieterich.*

Die seifehaltigen Linimente oder Saponimente haben ihren Hauptvertreter im gewöhnlichen Opodeldok, dem Saponimentum camphoratum. Ist dieser bereits seit Paracelsus bekannt und als Hausmittel über die ganze Erde verbreitet, so gehört das Bestreben, die Verwendungsfähigkeit des Opodeldoks zu erweitern und diese beliebte Arzneiform der Dermatotherapie dienstbar zu machen, wesentlich der Neuzeit an.

Die Saponimente werden an Stelle der medizinischen Seifen verwendet und haben vor diesen die nachhaltigere Wirkung, für den Apotheker aber den Vorzug voraus, dass dieser sich die Zusammensetzungen selbst und in kleinen Mengen herstellen und sie nicht blos in der Rezeptur, sondern vor allem im Handverkauf verwerten kann.

Die Hauptbedingung für Haltbarkeit der Saponimente ist die Verwendung neutraler Seifen, weshalb für die hier folgenden Vorschriften kochsalzarme Seifen, die sich in der Praxis bewährt haben, gewählt sind; die Oleïnseife kann nötigenfalls auch durch medizinische Seife ersetzt werden.

Ein weiterer wichtiger Punkt liegt in der Ausführung der Arbeit selbst: Man giesse die Opodeldoke da, wo die Natur des Arzneimittels es gestattet, so heiss wie möglich aus und kühle die ausgegossene Masse so schnell wie möglich ab. Zu diesem Behufe stelle man die kleinen Glasbüchsen, in welche man die flüssigen Massen giesst, möglichst tief in recht kaltes Wasser, in welchem man, wenn man es haben kann, noch Schnee oder Eisstückchen verteilt.

Saponimentum Ammonii sulfurati.

Schwefel-Ammon-Opodeldok.

60,0 Helfenberger Stearinseife,
40,0 „ Oleïnseife,
600,0 Weingeist von 90 pCt.

Man löst, filtriert und setzt

300,0 Schwefelammonium,
5,0 Lavendelöl

und

q. s. Weingeist von 90 pCt

zu, dass das Gesamtgewicht

1000,0

beträgt.

Man giesst in kleine, am besten braune Glasbüchsen aus, da das Tageslicht abgehalten werden muss.

Saponimentum Arnicae.

Arnika-Opodeldok.

50,0 Helfenberger Stearinseife,
10,0 „ Oleïnseife

löst man durch Erhitzen in

690,0 Weingeist von 90 pCt,

fügt

250,0 Arnikatinktur,
2 Tropfen ätherisches Arnikaöl

hinzu, filtriert und ergänzt den Verlust durch Weingeist, so dass das Gesamtgewicht

1000,0

beträgt.

Man giesst in kleine, am besten braune Glasbüchsen aus, da der Arnika-Opodeldok im Tageslicht ausbleicht.

Saponimentum Arnicae camphoratum.

Arnika-Kampfer-Opodeldok.

Man setzt dem einfachen Arnika-Opodeldok

2½ pCt Kampfer

zu.

Saponimentum Arsenici hydrosulfurati. (1 pCt.)

Schwefelarsen-Opodeldok.

75,0 Helfenberger Stearinseife,
50,0 „ Oleïnseife

löst man durch Erhitzen in

670,0 Weingeist von 90 pCt,

fügt

2,0 Lavendelöl

hinzu und filtriert.

Andrerseits setzt man einer Lösung von

10,0 Arsensäure

in

143,0 destilliertem Wasser,
50,0 Schwefelammonium

zu.

Man mischt nun beide Lösungen, ergänzt den Verlust, so dass das Gesamtgewicht

1000,0

beträgt, lässt einen Augenblick absetzen und giesst aus.

Der Schwefelarsen-Opodeldok ist lichtempfindlich und wird deshalb am besten in braunen Glasbüchsen (und nur auf ärztliche Verordnung) abgegeben.

Saponimentum Balsami Peruviani. (10 pCt.)

Perubalsam-Opodeldok.

60,0 Helfenberger Stearinseife,
40,0 „ Oleïnseife,
2,0 Ätznatron

löst man durch Erhitzen in

800,0 Weingeist von 90 pCt,

setzt

100,0 Perubalsam

zu und filtriert. Entstandenen Verlust gleicht man durch Weingeist aus, so dass das Gesamtgewicht

1000,0

beträgt.

Saponimentum camphoratum.

Linimentum saponato-camphoratum. Gewöhnlicher Opodeldok. Kampferhaltiges Seifenliniment.

a) Vorschrift des D. A. IV.

40 Teile medizinische Seife,
10 „ Kampfer

werden bei Wärme in

420 Teilen Weingeist von 90 pCt

gelöst. Nachdem die noch warme Lösung unter Benützung eines bedeckten Trichters in das zur Aufbewahrung des fertigen Opodeldoks bestimmte Gefäss filtriert worden ist, fügt man

2 Teile Thymianöl,
3 „ Rosmarinöl,
25 „ Ammoniakflüssigkeit (10 pCt)

hinzu und kühlt das Gemisch schnell ab.

b) Vorschrift der Ph. Austr. VII.

40,0 zerschnittene venetianische Seife,
80,0 „ gewöhnliche weisse Seife

löst man bei gelinder Wärme in

500,0 verdünntem Weingeist v. 68 pCt,

filtriert und mischt hinzu

5,0 Lavendelöl,
5,0 Rosmarinöl,
20,0 Ammoniakflüssigkeit v. 10 pCt,
10,0 Kampfer,

welch letzteren man in Weingeist von 90 pCt gelöst hat.

c) Vorschrift von *E. Dieterich.*

35,0 Helfenberger Stearinseife,
20,0 Kampfer

löst man durch Erhitzen in

885,0 Weingeist von 90 pCt,

filtriert, setzt

4,0 Thymianöl,
6,0 Rosmarinöl,
50,0 Ammoniakflüssigkeit v. 10 pCt

und

q. s. Weingeist von 90 pCt

zu, dass das Gesamtgewicht

1000,0

beträgt.

Saponimentum camphoratum liquidum

s. Spiritus saponato-camphoratus.

Saponimentum camphoratum jodatum.

Kampferhaltiger Jodopodeldok.

90,0 gewöhnlichen Opodeldok

schmilzt man durch Erwärmen und löst darin

10,0 Ammoniumjodid,

das man vorher zerrieb.

Wenn nötig filtriert man.

Saponimentum Cantharidini. (0,5 pCt.)

Kantharidin-Opodeldok.

100,0 Helfenberger Stearinseife,
50,0 „ Oleïnseife

löst man durch Erhitzen in

450,0 Weingeist von 90 pCt,
95,0 destilliertem Wasser

und filtriert.

Andrerseits bereitet man eine Lösung von

5,0 Kantharidin

in

300,0 Aceton,

setzt diese der heissen Seifenlösung zu und filtriert. Bei Verabreichung ans Publikum ist dasselbe darauf aufmerksam zu machen, dass nach dem Gebrauch die Büchse stets wieder sorgfältig verschlossen werden mus. Der Kantharidin-Opodeldok, nach den Angaben des Herrn Dr. *Unna* bereitet, zieht trotz seines hohen Kantharidin-Gehaltes nur langsam Blasen. Die Gegenwart von Seife scheint die Wirkung zu beeinträchtigen, da man auf 1000,0 reiner Harz- oder Ölmasse nur 1,5 Kantharidin braucht, um ein rasches und heftiges Blasenziehen zu bewirken.

Saponimentum Capsici.

Kapsikum-Opodeldok.

50,0 Helfenberger Stearinseife,
10,0 „ Oleïnseife

löst man durch Erhitzen im Wasserbad in

720,0 Weingeist von 90 pCt,

fügt dann

30,0 Kampfer,
200,0 Kapsikumtinktur,
20,0 Ammoniakflüssigkeit v. 10 pCt,
3,0 Menthol

hinzu, filtriert, bringt das Gesamtgewicht des Filtrats auf

1000,0

und giesst in Glasbüchsen aus.

Saponimentum carbolisatum. (5 pCt.)

Karbol-Opodeldok.

40,0 Helfenberger Stearinseife,
10,0 „ Oleïnseife

löst man durch Erhitzen in

900,0 Weingeist von 90 pCt,

filtriert und fügt

50,0 kryst. Karbolsäure,
q. s. Weingeist von 90 pCt

hinzu, dass das Gesamtgewicht

1000,0

beträgt.

Saponimentum Chlorali hydrati. (5 pCt.)
Chloral-Opodeldok.

75,0 Helfenberger Stearinseife,
50,0 „ Oleïnseife
löst man durch Erhitzen in
823,0 Weingeist von 90 pCt,
fügt
50,0 Chloralhydrat,
2,0 Lavendelöl
hinzu, filtriert und ergänzt den Verlust durch
q. s. Weingeist von 90 pCt,
dass das Gesamtgewicht
1000,0
beträgt.

Saponimentum Chloroformii. (30 pCt.)
Chloroform-Opodeldok.

100,0 Helfenberger Stearinseife,
50,0 „ Oleïnseife
löst man durch Erhitzen in
450,0 Weingeist von 90 pCt
und
98,0 destilliertem Wasser,
filtriert und fügt
300,0 Chloroform,
2,0 Lavendelöl
und
q. s. Weingeist von 90 pCt
hinzu, dass das Gesamtgewicht
1000,0
beträgt.

Beim Ausgiessen sind die Büchsen möglichst dicht zu verschliessen. Dem Publikum ist die gleiche Vorsicht anzuraten.

Saponimentum Hydrargyro-Kalii jodati. (2 pCt.)
Quecksilber-Jodkalium-Opodeldok.

75,0 Helfenberger Stearinseife,
50,0 „ Oleïnseife
löst man durch Erhitzen in
733,0 Weingeist von 90 pCt.

Andrerseits löst man
20,0 Kaliumjodid
in
100,0 Weingeist von 90 pCt
und fügt
10,0 Quecksilberchlorid
hinzu. Beide Lösungen vereinigt man und versetzt mit
2,0 Lavendelöl
und
q. s. Weingeist von 90 pCt,
dass das Gesamtgewicht
1000,0
beträgt. Schliesslich filtriert man. Der hohe Überschuss von Kaliumjodid ist notwendig, um bei längerem Lagern die Ausscheidung von Krystallen zu verhüten.

Saponimentum Ichthyoli.
Ichthyol-Opodeldok.

a) 5 pCt.
70,0 Helfenberger Stearinseife,
20,0 „ Oleïnseife
löst man durch Erhitzen in
850,0 Weingeist von 90 pCt,
setzt der Lösung
5,0 Lavendelöl
zu und bringt das Gewicht derselben mit
q. s. Weingeist von 90 pCt
auf
900,0.

Andrerseits mischt man in einer erwärmten Abdampfschale
50,0 Ichthyolammonium
mit
75,0 destilliertem Wasser,
giesst die Seifenlösung langsam in diese Mischung und filtriert.

Man fügt nun
25,0 Äther
hinzu, giesst aus und kühlt am besten durch Eiswasser ab.

b) 10 pCt.
80,0 Helfenberger Stearinseife,
20,0 „ Oleïnseife,
700,0 Weingeist von 90 pCt,
5,0 Lavendelöl,
100,0 Ichthyolammonium,
150,0 destilliertes Wasser,
50,0 Äther.

Man verfährt wie beim vorhergehenden und ersetzt den Verlust durch Weingeist von 90 pCt, so dass die Ausbeute
1000,0
beträgt.

Der Ichthyol-Opodeldok wird nach mehrtägigem Stehen trübe.

Saponimentum jodatum.
Linimentum saponato-jodatum.
Jodkalium-Opodeldok.

a) 5 pCt.
50,0 Helfenberger Stearinseife,
50,0 „ Oleïnseife,
750,0 Weingeist von 90 pCt,
100,0 destilliertes Wasser,
50,0 Glycerin v. 1,23 spez. Gew.,

50,0 Ammoniumjodid,
1,0 Lavendelöl.
Man verfährt wie bei b.

b) 10 pCt.
75,0 Helfenberger Stearinseife,
75,0 „ Oleïnseife
löst man durch Erhitzen in
600,0 Weingeist von 90 pCt,
98,0 destilliertem Wasser,
50,0 Glycerin v. 1,23 spez. Gew.
Man fügt dann hinzu
100,0 Ammoniumjodid,
2,0 Lavendelöl,
filtriert und bringt schliesslich durch
q. s. Weingeist von 90 pCt
auf ein Gesamtgewicht von
1000,0.

c) Vorschrift der badischen Ergänzungstaxe u. d. Ergänzb. d. D. Ap. V.
In
90,0 Opodeldok,
den man bei gelinder Wärme geschmolzen hat, löst man
10,0 Ammoniumjodid.

Saponimentum jodato-sulfuratum. (5 : $2^1/_2$ pCt.)
Jod-Schwefel-Opodeldok.

75,0 Helfenberger Stearinseife,
48,0 „ Oleïnseife
löst man durch Erhitzen in
600,0 Weingeist von 90 pCt,
setzt dann zu:
50,0 Kaliumjodid,
25,0 Ammoniumpolysulfid,
50,0 Glycerin v. 1,23 spez. Gew.,
und
150,0 destilliertes Wasser.
Man vermeidet jede unnötige Erhitzung, filtriert sofort und bringt mit
q. s. Weingeist von 90 pCt
und
2,0 Lavendelöl
auf ein Gesamtgewicht von
1000,0.

Nach dem Ausgiessen sind die Gläser sofort fest zu verschliessen und vor Licht geschützt aufzubewahren.

Saponimentum Jodi.
Jod-Opodeldok.

40,0 Helfenberger Stearinseife
löst man durch Erhitzen in
840,0 Weingeist von 90 pCt,
filtriert, setzt dem Filtrat
100,0 Jodtinktur,
4,0 Thymianöl,
6,0 Rosmarinöl,
20,0 Ricinusöl
zu und giesst, nachdem man mit
q. s. Weingeist von 90 pCt
auf ein Gewicht von
1000,0
brachte, in braune Gläser aus.

Saponimentum Jodoformii. (1 pCt.)
Jodoform-Opodeldok.

50,0 Helfenberger Stearinseife,
10,0 „ Oleïnseife
löst man durch Erhitzen in
900,0 Weingeist von 90 pCt,
fügt
10,0 Jodoform
zu, schüttelt so lange, bis sich dasselbe gelöst hat, filtriert und setzt dem Filtrat
30,0 Essigäther
und
q. s. Weingeist von 90 pCt
zu, dass das Gesamtgewicht
1000,0
beträgt.
Ist vor Licht geschützt aufzubewahren.

Saponimentum Kreosoti. (2 pCt.)
Kreosot-Opodeldok.

40,0 Helfenberger Stearinseife,
10,0 „ Oleïnseife
löst man durch Erhitzen in
918,0 Weingeist von 90 pCt,
filtriert und fügt dem Filtrat
20,0 Kreosot,
2,0 Lavendelöl
und
q. s. Weingeist von 90 pCt
hinzu, dass das Gesamtgewicht
1000,0
beträgt.

Saponimentum Loretini. (5 pCt.)
Loretin-Opodeldok.

75,0 Helfenberger Stearinseife,
75,0 „ Oleïnseife
löst man durch Erhitzen in
400,0 Weingeist von 90 pCt,
100,0 Glycerin v. 1,23 spez. Gew.
und filtriert die Lösung.

Andrerseits löst man durch Erwärmen
50,0 Natriumloretinat
in
300,0 destilliertem Wasser,
filtriert auch diese Lösung und vermischt das Filtrat mit der heissen Seifenlösung. Man giesst nun in Glasbüchsen aus und kühlt dieselben durch Einstellen in kaltes Wasser rasch ab.

Saponimentum Naphtoli.
Naphtol-Opodeldok.

35,0 Helfenberger Stearinseife,
10,0 „ Oleïnseife
löst man durch Erhitzen in
943,0 Weingeist von 90 pCt,
fügt
10,0 Naphtol,
2,0 Lavendelöl
hinzu, schüttelt bis zur Lösung, filtriert und ergänzt den Verlust durch
q. s. Weingeist von 90 pCt,
dass das Gesamtgewicht
1000,0
beträgt.

Saponimentum Natrii salicylici. (15 pCt.)
Salicyl-Opodeldok.

50,0 Helfenberger Stearinseife,
20,0 „ Oleïnseife
löst man durch Erhitzen in
678,0 Weingeist von 90 pCt,
100,0 destilliertem Wasser,
setzt
150,0 Natriumsalicylat,
2,0 Lavendelöl
zu, schüttelt bis zur Lösung und filtriert. Den Verlust ergänzt man durch
q. s. Weingeist von 90 pCt,
dass das Gesamtgewicht
1000,0
beträgt.

Saponimentum Natrii subsulfurosi. (5 pCt.)
Natriumthiosulfat-Opodeldok.

60,0 Helfenberger Stearinseife,
40,0 „ Oleïnseife
löst man durch Erhitzen in
448,0 Weingeist von 90 pCt,
400,0 destilliertem Wasser,
fügt
50,0 Natriumthiosulfat,
2,0 Lavendelöl
hinzu, schüttelt bis zur Lösung, filtriert und ergänzt den Verlust durch
q. s. Weingeist von 90 pCt,
so dass das Gesamtgewicht
1000,0
beträgt.

Saponimentum Natrii sulfurati. (2 pCt.)
Schwefelnatrium-Opodeldok.

50,0 Helfenberger Stearinseife,
20,0 „ Oleïnseife
löst man durch Erhitzen in
750,0 Weingeist von 90 pCt
und setzt der Lösung
2,0 Lavendelöl
zu.

Andrerseits löst man in einer Reibschale
20,0 reines Natriumsulfid
in
250,0 destilliertem Wasser,
erhitzt diese Lösung in einer Kochflasche, mischt sie dann mit der Seifenlösung und filtriert.

Ist sehr lichtempfindlich und wird daher am besten in braune Glasbüchsen ausgegossen.

Saponimentum Picis liquidae. (10 pCt.)
Teer-Opodeldok.

60,0 Helfenberger Stearinseife,
40,0 „ Oleïnseife,
5,0 Ätznatron
löst man durch Erhitzen in
800,0 Weingeist von 90 pCt,
fügt
100,0 Holzteer,
5,0 Lavendelöl
hinzu, erhitzt noch 15 Minuten, filtriert und ergänzt den Verlust durch
q. s. Weingeist von 90 pCt,
so dass das Gesamtgewicht
1000,0
beträgt. Da der Teer meist Säuren enthält, ist der Zusatz von kaustischem Natron notwendig.

Saponimentum Picis liquidae sulfuratum.
(10 : 2 pCt.)
Teer-Schwefel-Opodeldok.

75,0 Helfenberger Stearinseife,
50,0 „ Oleïnseife,
10,0 Ätznatron
löst man durch Erhitzen in
50,0 Glycerin v. 1,23 spez. Gew.,
600,0 Weingeist von 90 pCt,
fügt

100,0 Holzteer

hinzu und erhitzt noch 15 Minuten.

Andrerseits löst man

20,0 reines Natriumsulfid

in

100,0 destilliertem Wasser,

vereinigt beide Lösungen, filtriert rasch und setzt

5,0 Lavendelöl

und

q. s. Weingeist von 90 pCt

hinzu, dass das Gesamtgewicht

1000,0

beträgt. Nach dem Ausgiessen in kleine Gläser kühlt man dieselben rasch ab und bewahrt sie, gut verschlossen, vor dem Licht geschützt auf.

Saponimentum Pyrogalloli. (5 pCt.)

Pyrogallol-Opodeldok.

60,0 Helfenberger Stearinseife,
35,0 „ Oleïnseife

löst man durch Erhitzen in

860,0 Weingeist von 90 pCt,

fügt

50,0 Pyrogallol,
2,0 Lavendelöl

hinzu, schüttelt bis zur Lösung, filtriert und ergänzt den Verlust durch

q. s. Weingeist von 90 pCt,

dass das Gesamtgewicht

1000,0

beträgt.

Schon während der Arbeit ist der Einfluss des Tageslichts möglichst zu beschränken, während das fertige Präparat gänzlich davor zu schützen ist.

Saponimentum Resorcini. (5 pCt.)

Resorcin-Opodeldok.

40,0 Helfenberger Stearinseife,
20,0 „ Oleïnseife

löst man durch Erhitzen in

890,0 Weingeist von 90 pCt,

fügt

50,0 Resorcin,
2,0 Lavendelöl

hinzu, bis auch dieses sich gelöst hat, filtriert und ergänzt den Verlust durch

q. s. Weingeist von 90 pCt,

dass das Gesamtgewicht

1000,0

beträgt.

Saponimentum Resorcini. (10 pCt.)

Resorcin-Opodeldok.

60,0 Helfenberger Stearinseife,
40,0 „ Oleïnseife,
800,0 Weingeist von 90 pCt,
100,0 Resorcin,
2,0 Lavendelöl.

Bereitung wie beim vorigen.

Saponimentum Resorcini et Natrii salicylici. (aa 10 pCt.)

Resorcin-Salicyl-Opodeldok.

60,0 Helfenberger Stearinseife,
40,0 „ Oleïnseife,

löst man durch Erhitzen in

500,0 Weingeist von 90 pCt,
100,0 destilliertem Wasser,
100,0 Glycerin v. 1,23 spez. Gew.,

fügt dann

100,0 Natriumsalicylat,
100,0 Resorcin,
2,0 Lavendelöl

hinzu und schüttelt, bis auch diese sich gelöst haben. Man filtriert nun und ergänzt den Verlust durch

q. s. Weingeist von 90 pCt,

dass das Gesamtgewicht

1000,0

beträgt.

Saponimentum Styracis. (20 pCt.)

Storax-Opodeldok.

60,0 Helfenberger Stearinseife,
35,0 „ Oleïnseife,
5,0 Ätznatron

löst man durch Erhitzen in

700,0 Weingeist von 90 pCt,

fügt

200,0 Storax

hinzu, erhitzt noch 15—20 Minuten und filtriert.

Mit

q. s. Weingeist von 90 pCt

bringt man das Gesamtgewicht auf

1000,0.

Saponimentum Thioli. (5 pCt.)

Thiol-Opodeldok.

70,0 Helfenberger Stearinseife,
20,0 „ Oleïnseife

löst man durch Erhitzen in

850,0 Weingeist von 90 pCt,

setzt der Lösung

2,0 Lavendelöl

zu, filtriert sie und bringt das Gewicht des Filtrats mit

q. s. Weingeist von 90 pCt
auf
900,0.

Andrerseits mischt man in einer erwärmten Abdampfschale

50,0 flüssiges Thiol,
50,0 destilliertes Wasser

mit einander, giesst die Mischung langsam in die Seifenlösung, fügt

25,0 Äther

hinzu und giesst aus.

Saponimentum Thymoli. (5 pCt.)

Thymol-Opodeldok.

40,0 Helfenberger Stearinseife,
20,0 „ Oleïnseife

löst man durch Erhitzen in

890,0 Weingeist von 90 pCt,

fügt

50,0 Thymol

hinzu, schüttelt bis zur Lösung, filtriert und bringt mit Hilfe von

q. s. Weingeist von 90 pCt

auf ein Gesamtgewicht von

1000,0.

Schluss der Abteilung „Saponimentum".

Saturation.

Sättigung.

Unter „Saturation" versteht man sowohl den Vorgang des Absättigens einer Säure durch Alkalikarbonat oder durch ein Karbonat der alkalischen Erden, als auch die erhaltene mit Kohlensäure gesättigte Lösung selbst.

Die Saturation kommt fast nur in der Rezeptur vor; sie ist eine veraltete Arzneiform, die dem Umstand Rechnung tragen soll, dass manche Arzneimittel, wie Digitalispräparate, Kaliumjodid usw. besser schmecken oder vom Magen besser vertragen werden, wenn sie sich in stark kohlensaurer Lösung befinden. Dies lässt sich aber heutigen Tags, wo die Fabrikate der Mineralwasserfabriken überall mit leichter Mühe zu haben sind, weit einfacher und sachgemässer durch derartige Zusätze beim Einnehmen der Medizin erreichen, als dadurch, dass man eine Arznei all' den Zufällen aussetzt, welche bei den Mineralwasserflaschen bekannt und nicht zu umgehen sind!

Da es sich bei der Saturation nicht um eine scharfe Neutralisation handelt, so wendet man beide Bestandteile in stöchiometrisch berechneten Mengen an; ein Einstellen mit Reagenspapier ist dabei nicht notwendig. Zur Erleichterung der Berechnung hat man Tabellen aufgestellt, in welchen die an Säure und Alkali notwendigen Mengen angegeben sind. Ich füge zwei solche „Saturationstabellen" dieser Besprechung bei, bemerke aber, dass ich bei den in luftrockenem Zustand zur Anwendung kommenden Chemikalien deren Feuchtigkeitsgrad berücksichtigt habe.

Saturationstabelle A.

1,0	Essig D. A. IV.	Meerzwiebel-, Zeitlosen-, Fingerhut-Essig. (5,1% Essigsäure).	Verdünnte Essigsäure D. A. IV.	Citronensäure D. A. IV.	Weinsäure D. A. IV.	Frischer Citronensaft (7,2% Citronensäure.)
Ammoniumkarbonat.	16,9	20,0	3,4	1,19	1,254	16,54
Kaliumkarbonat.	14,5	17,0	2,9	1,015	1,08	14,108
Kaliumkarbonat-Lösung. D. A. IV.	4,83	5,68	1,0	0,34	0,36	4,70
Kaliumbikarbonat.	10,0	11,76	2,0	0,7	0,752	9,73
Magnesiumkarbonat.	21,45	25,27	4,29	1,508	1,600	20,96
Kryst. Natriumkarbonat	6,99	8,23	1,4	0,489	0,524	6,79
Natriumbikarbonat.	11,9	14,0	2,38	0,833	0,893	11,57

Saturationstabelle B.

	Ammoniumkarbonat.	Kaliumkarbonat.	Kaliumkarbonat-Lösung. D. A. IV.	Kaliumbikarbonat.	Magnesiumkarbonat.	Kryst. Natriumkarbonat.	Natriumbikarbonat.
Essig D. A. IV. 100,0	5,90	6,89	20,68	10,00	4,66	14,3	8,4
Meerzwiebel-, Zeitlosen-, Fingerhut-Essig. (5,1% Essigsäure) 100,0	5,01	5,88	17,64	8,53	3,95	12,15	7,14
Verdünnte Essigsäure. D. A. IV. 10,0	2,941	3,448	10,34	5,0	2,33	7,14	4,20
Citronensäure. D. A. IV. 10,0	8,40	9,85	29,55	14,28	6,63	20,44	12,00
Weinsäure. D. A. IV. 10,0	7,97	9,26	27,77	13,29	6,21	19,08	11,19
Frischer Citronensaft. (7,2% Citronensäure.) 100,0	6,04	7,08	21,24	10,27	4,77	14,72	8,64

Bei der verschiedenen Zusammensetzung des Ammonium- und Magnesiumkarbonats einerseits und des Citronensaftes andrerseits dürfen die betreffenden Zahlen auf völlige Genauigkeit keinen Anspruch erheben. Im übrigen stellen sich die Berechnungen auf den rein praktischen Standpunkt und gehen von Werten aus, welche, wie schon erwähnt, in der Wirklichkeit durch die lufttrockenen Präparate geboten werden.

Wünscht der Arzt, dass Säure oder Alkali vorherrschen, so verordnet er dies besonders; im allgemeinen liegt der Schwerpunkt im Gehalt an freier Kohlensäure.

Die Bereitung einer Saturation besteht darin, dass man die Säure in Wasser löst, oder, wenn es sich um eine flüssige Säure handelt, damit mischt, das Alkali zusetzt und einige Minuten der Ruhe überlässt, damit der Vorgang der Kohlensäureentwicklung langsam verläuft und das Wasser möglichst viel Kohlensäure bindet. Ist vom Alkali eine grössere Menge notwendig, so setzt man es in mehreren Teilen zu; niemals aber setze man die Säure zum Alkali, weil sich hierbei zunächst Bikarbonat bildet, welches bei weiterem Säurezusatz die Kohlensäure leicht stürmisch abgiebt. Ist das Alkali in Lösung übergegangen, so mischt man die Flüssigkeit durch vorsichtiges Schwenken (starkes Schütteln ist zu vermeiden), setzt dann erst den etwa verordneten Zuckersaft hinzu und verkorkt sofort die Flasche. Die ganze Arbeit nimmt man in der zur Verabreichung bestimmten Arzneiflasche, die von entsprechender Stärke in den Wandungen sein muss, vor.

Schilder, waschbare, auf Glas- und Steingutgefässen.

Man stellt dieselben durch 2—3-maliges Auftragen mit dem weissen Flammenschutz-Anstrich (s. diesen) her.

Schlämmen.

Das Schlämmen ist eine Arbeit, welche sich zumeist an das Lävigieren (Präparieren, nasse Verreiben) anschliesst und darin besteht, dass man die lävigierte Masse mit grösseren Wassermengen verdünnt und nach einigen Minuten, die zum Absetzen der gröberen Teile zumeist genügen, vom Bodensatz abgiesst. Man verreibt letzteren von neuem und wiederholt die vorige Arbeit, und zwar beides so oft, bis die Verreibung eine so feine und eingehende ist, dass alle fein verriebenen Teile bei dem Abgiessen mitgerissen werden.

Aus den Abgüssen fängt man den abgeschlämmten Körper, nachdem man das überstehende Wasser abnahm, auf Tüchern oder Filtern auf und trocknet ihn schliesslich.

Schneiden.

Die Zerkleinerung der Rohdrogen durch Schneiden erstreckt sich im wesentlichen nur auf Wurzeln und Kräuter.

Kräuter und Blüten schneidet man im Kleinen mit dem Wiegemesser, bei grösseren Mengen bedient man sich ebenso wie zum Zerschneiden der Wurzel des Kräuter- oder Wurzelschneidemessers, von denen das Kräuterschneidemesser mit Hebelmesser, Zuführungsblech und Stellvorrichtung das bekannteste und einfachste ist, was bis jetzt noch durch keine „Verbesserung“ überholt wurde.

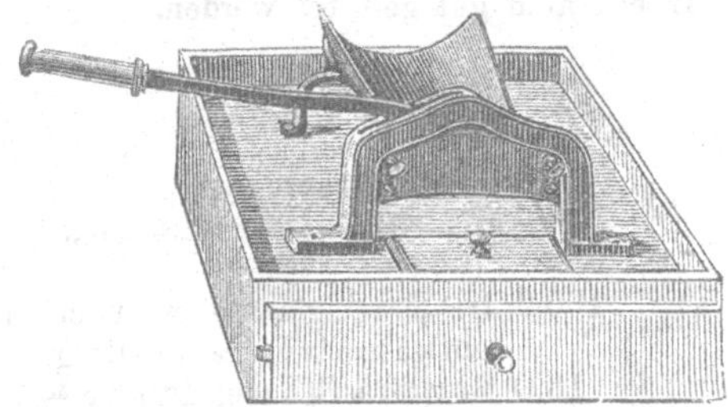

Abb. 48. **Kräuterschneidemesser.**

Im Grossbetriebe benützt man zum Schneiden der Kräuter und Wurzeln Vorrichtungen, die nach denselben Grundsätzen gebaut sind, wie die bekannten Häckselschneidemaschinen.

Um den Verlust, der beim Schneiden durch Bildung von pulverigen Teilen (Staub) entsteht, möglichst zu verringern, feuchtet man das betreffende Kraut oder die Blüten 12 Stunden vorher mit 15—20 pCt Wasser an, drückt sie in irgend ein Gefäss ein und bedeckt letzteres. Das Schneiden der jetzt zähe gewordenen Pflanzenteile wird durch diese Vorbereitung wohl etwas erschwert, aber dafür entsteht, besonders wenn man oft absiebt, wenig Abfall.

Bei Wurzeln und Rinden, welche leicht brechen, wendet man dasselbe Verfahren an, setzt aber bis 50 pCt Wasser, und zwar in mindestens drei Teilen in einstündigen Zwischenpausen zu.

Da nur so viel Wasser angewendet wird, als von den Pflanzen gebunden werden kann, und da ein Verlust an löslichen Bestandteilen nicht möglich ist, erscheint das Verfahren völlig unbedenklich. Eine z. B. so behandelte und in Scheiben geschnittene Brechwurzel ist bei kunstgerechter Behandlung, die man in den Droguen-Appreturen wohl voraussetzen darf, durchaus nicht minderwertig, denn sie hat nicht die geringsten Verluste erlitten. Von einer trockenen Brechwurzel springt beim Schneiden die Rinde ab, eine trockene Eibischwurzel giebt einen faserigen Schnitt. Die geschnittenen Teile trocknet man sofort im Trockenschrank, wenn sie nicht eine weitere Behandlung im Stampftrog erfahren müssen.

Aromatische Pflanzenteile sind trocken zu zerkleinern, da das wiederholte Trocknen einen Verlust an Aroma mit sich bringen würde.

Vergleiche weiter unter „Spezies“.

Schnupfenmittel.

Nach *Helbig*.

1,0 α-Oxynaphtoësäure,

fein gepulvert, verabreicht man in einer doppeltgrossen Pappschachtel mit folgender Gebrauchsanweisung:

„*Man schüttelt die Schachtel um, öffnet den Deckel und riecht an dem Inhalt. Anfangs tritt Reizung der Nasenschleimhäute, bald darauf aber Besserung ein.*“

Siehe auch Olfactorium.

Schwabenpulver.

a) 50,0 gemahlener gebrannter Gips,
50,0 Weizenmehl.

b) 50,0 Borax, Pulver M/30,
50,0 Weizenmehl.

Man mischt obige Pulver und giebt sie in Blechbüchsen ab. Zum Gebrauch breitet man obige Mischungen auf flachen Gefässen (Tellern) oder auf Papier aus und stellt oder legt diese abends auf den Fussboden der von den Schwaben heimgesuchten Räumlichkeiten.

Eine Etikette † mit Gebrauchsanweisung ist zu empfehlen.

Schwefel-Band.

Band-Schwefel.

Man schneidet ein möglichst raues, dickes Packpapier (sogen. Schrenz) in 25 mm breite Streifen und zieht diese zwei- bis dreimal in einem breiten, flachen Eisengefäss durch geschmolzenen arsenfreien Schwefel.

Man schmilzt auf erhitzter, mit etwas Sand bedeckter Platte, hütet sich aber vor Überhitzung, weil dadurch der Schwefel zähflüssig und die Entwicklung von schwefliger Säure zu stark wird. Wegen letzterer muss der Arbeitsraum gut gelüftet werden.

Sebum benzoatum.

Benzoëtalg. Balsamischer Hirschtalg.
Nach *E. Dieterich.*

a) 100,0 frisch ausgelassenen, noch nicht entwässerten Hammeltalg,
10,0 Sumatra-Benzoë, Pulver M/8,
10,0 entwässertes Natriumsulfat, Pulver M/20,

behandelt man wie Adeps benzoatus.

Für bestimmte Zwecke genügt die Hälfte der vorgeschriebenen Benzoëmenge, für die leicht ranzig werdenden Salbenmulle dagegen kann nur ein in obigen Verhältnissen hergestellter Benzoëtalg verwendet werden.

b) 99,0 Hammeltalg

schmilzt man und löst unter Rühren darin

1,0 Benzoësäure.

Der nach dieser Vorschrift bereitete Benzoëtalg ist für Salbenmulle, besonders wenn sie Bleisalze enthalten, ungeeignet. Für diese Verwendung ist die Menge der Benzoësäure von 1,0 auf

1,5

zu erhöhen.

b) Vorschrift des Dresdner Ap. V.

100,0 frisch ausgelassenen Hammeltalg

erwärmt man im Dampfbad mit

5,0 Benzoëpulver

unter Umrühren eine Stunde lang und koliert dann.

Es ist zu dieser Vorschrift zu bemerken, dass sich die Benzoë am Boden des Gefässes festsetzt und dass sie trotz Rührens nicht schwebend in der Masse gehalten werden kann.

Man giebt den Benzoëtalg im Handverkauf an Stelle des gewöhnlichen Hammeltalges in Tafelform, Stangen und in den bekannten Dosen mit verschiebbarem Boden ab. Vom Publikum wird der Benzoëtalg dem gewöhnlichen Sebum stets vorgezogen.

Für tierische Fette ist die Benzoë bezw. die Benzoësäure das wirksamste Konservierungsmittel, während hier Salicylsäure oder Karbolsäure nicht entfernt genügen.

Mit der Bezeichnung „balsamischer Hirschtalg" liefert *Ad. Vomáčka* sehr hübsche Etiketten. †

Sebum bovinum.

Rindstalg.

1000,0 frischen Rindstalg

zerschneidet man in grössere Stücke und Streifen und mahlt diese auf einer Fleischhackmaschine zu einem zarten Brei. Man lässt diesen im Dampfbad aus und presst das Fett zwischen erhitzten Pressschalen von den faserigen Hautteilen ab.

Den durchgeseihten Talg versetzt man mit

50,0 entwässertem Natriumsulfat, Pulver M/20,

erhitzt das Ganze unter Rühren noch 1/4 Stunde im Dampfbad und filtriert schliesslich in einem Dampftrichter (beschrieben unter „Filtrieren").

Die Ausbeute wird ungefähr

850,0

betragen.

Das Mahlen des rohen Talges auf der Fleischhackmaschine hat vor dem Inwürfelschneiden den Vorzug, dass durch erstere Zerkleinerung die Fettzellen zerrissen werden, ein kürzeres Erhitzen notwendig ist und eine grössere Ausbeute erzielt wird. Die Behandlung mit getrocknetem Glaubersalz bezweckt die Entwässerung und das Filtrieren die Entfernung aller, die Haltbarkeit beeinträchtigenden hautigen Teile und des zugesetzten Glaubersalzes. Man erzielt auf die beschriebene Art, die seit mehr als 25 Jahren von mir bei Talg und Schweinefett angewandt wurde, Produkte, die an Schönheit, Reinheit und Haltbarkeit nichts zu wünschen übrig lassen, sobald man den Rohtalg oder das Rohfett frisch, d. h. unmittelbar nachdem es aus dem Tiere ausgebrochen wurde, in Arbeit nimmt. Frische Rohware ist die Grundbedingung für ein tadelloses Präparat.

Sebum carbolisatum. (10 pCt.)

Karboltalg.

850,0 Benzoëtalg,
50,0 weisses Wachs

schmilzt man, versetzt mit

100,0 kryst. Karbolsäure

und giesst in Formen, wie bei Benzoëtalg, aus.

† S. Bezugsquellen-Verzeichnis.

Die Karbolsäure ist nicht imstande, das Ranzigwerden des Talges aufzuhalten, weshalb Benzoëtalg die Grundlage bilden muss.

Sebum carbolisatum. (5 pCt.)

Karboltalg.

950,0 Benzoëtalg,
50,0 kryst. Karbolsäure.

Man verfährt wie oben.

Eine geschmackvolle Etikette † mit kurzer Anleitung für den Gebrauch ist zu empfehlen.

Sebum ovile.

Hammeltalg.

1000,0 frischer Hammeltalg,
50,0 entwässertes Natriumsulfat, Pulver M/20,

liefern, ebenso behandelt, wie bei Sebum bovinum angegeben wurde, eine Ausbeute von

870,0—880,0.

Sebum salicylatum.

Salicyltalg.

a) Vorschrift des D. A. IV.

2 Teile Salicylsäure

und

1 Teil Benzoësäure

werden in

97 Teilen Hammeltalg,

welcher im Wasserbad geschmolzen ist, gelöst.

Der neuerliche Zusatz von Benzoësäure ist als ein grosser Fortschritt zu begrüssen.

b) Vorschrift von *E. Dieterich.*

980,0 Benzoëtalg

schmilzt man, setzt

20,0 Salicylsäure

zu, erhitzt noch so lange, bis Lösung erfolgt ist, und giesst in Formen aus.

Wünscht man den Salicyltalg stärker parfümiert, so fügt man hinzu

10 Tropfen Wintergreenöl.

Geschmackvolle Etikette † ist zu empfehlen.

Semen Colae tostum.

Nuces Colae tostae. Geröstete Kolasamen. Geröstete Kolanüsse. Geröstete Gurunüsse.

500,0 Kolasamen

wischt man mit einem Tuch ab, bringt sie dann in eine geräumige Rösttrommel und röstet sie darin bei langsamem und mässigem Feuer wie Kaffeebohnen, d. h. so lange, bis die Samen weisse Dämpfe ausstossen und eine dunkelbraune (nicht schwarzbraune) Farbe angenommen haben. Man nimmt nun die Samen aus der Trommel und kühlt sie durch Schwingen in einem Metallsieb rasch ab.

Beim Erhitzen ist die grösste Vorsicht notwendig, und ein möglichst langsamer Verlauf bei schwachem Feuer anzustreben. Im anderen Fall verbrennen die Samen aussen, während sie innen zu schwach geröstet sind. Die gerösteten Samen sollen auf dem Bruch gleichmässig dunkelbraun aussehen.

Die Ausbeute wird gegen 350,0 betragen.

Es ist zu bemerken, dass durch das Rösten ein erheblicher Teil des in den Kolasamen enthaltenen Kaffeïns und Theobromins verloren geht.

Serum.

Molke.

Mit dem Namen „Molke“ bezeichnet man die Flüssigkeit, welche nach Abscheidung des Kaseïns und der Butter aus der Milch zurückbleibt.

Diese Abscheidung vollzieht sich von selbst durch das Sauerwerden der Milch, die Bereitung der Molken ist also gleichbedeutend mit einem künstlichen Abscheiden des Kaseïns. Der letztere Weg ist der hier zu behandelnde.

Man stellt an Molken vor allem die Anforderung, dass sie möglichst klar (nicht flockig) sind und dadurch appetitlich aussehen. Man erreicht dies am besten durch Verwendung abgerahmter Milch und scheidet das Kaseïn entweder durch Lab (-Essenz, -Pulver) oder durch Säuren, Alaun usw. aus. Alle diese die Gerinnung des Käsestoffs bewirkenden Mittel setzt man der kalten Milch zu, erhitzt bei Lab auf 40, höchstens 50 ⁰ C, bei Säuren, Alaun usw. bis zum schwachen Sieden.

Während ein Zuviel an Lab für die Molken keine anderen Nachteile als einen Stoffverlust mit sich bringt, ist ein Überschuss von Pflanzensäuren oder Alaun in den Molken sehr

---

† S. Bezugsquellen-Verzeichnis.

störend, wenn nicht ausdrücklich „saure" Molken gewünscht werden. Säuren lassen sich durch Neutralisation mit Magnesia binden, nicht aber Alaun. Zu wenig Lab sowohl, wie zu wenig von den letztgenannten Stoffen liefert trübe Molken, weil nicht alles Kaseïn zum Gerinnen gebracht wurde.

Setzt man, wie dies häufig vorgeschrieben wird, das Gerinnungsmittel der erhitzten Milch zu, so erhält man niemals so klare Molken, als wenn man, wie ich oben angab, von kalter Milch ausgeht. Um trübe Molken zu klären, benützt man Hühnereiweiss. Man schlägt das Weisse eines Eies zu Schaum, versetzt damit 5—10 l Molke, je nachdem sie mehr oder weniger trübe ist, kocht auf und schäumt mit dem Schaumlöffel ab. Schliesslich seiht man durch ein Leinentuch.

Die Molken müssen täglich frisch bereitet werden und werden zumeist warm genossen, vielfach auch in Vermischung mit anderen Getränken, z. B. alkalischen Säuerlingen, eisenhaltigen Mineralwässern, Kräutersäften usw. Beim Vermischen mit kohlensäurehaltigen Wässern verfährt man derart, dass man ein Trinkglas zu $^1/_3$ mit dem Mineralwasser füllt, heisse Molke zugiesst, bis die Flüssigkeit ungefähr $^2/_3$ des Glases einnimmt, und das letzte Drittel für den Fall des Aufschäumens freilässt.

Zu Labmolken bedient man sich in den Apotheken am besten der Labessenz oder des Labpulvers, mit denen es sich gut arbeitet, wenn auch der Preis ein wesentlich höherer ist, als bei Benützung des Labmagens.

Bei den einzelnen Vorschriften gebe ich das Verfahren nur kurz an, da Vorstehendes hinreichend anweisen dürfte.

Serum Lactis.

Molke.

a) Vorschrift der Ph. Austr. VII.

800,0 frische Kuhmilch

kocht man auf und setzt bei Beginn des Siedens

8,0 Essig

hinzu. Nach erfolgter Gerinnung seiht man die halberkaltete Flüssigkeit durch und kocht sie mit dem zu Schaum geschlagenen Eiweiss eines Eies nochmals auf. Nach abermaligem Abseihen stumpft man die Säure durch Zusatz von

kohlensaurem Magnesium

ab, lässt erkalten und filtriert.

Wenn saure Molken verlangt werden, unterlässt man die Neutralisation durch Magnesiumkarbonat.

Vergleiche zu dieser Vorschrift die allgemeinen Bemerkungen unter „Molke".

b) 1000,0 abgerahmte Milch,
5,0 Labessenz

mischt man, erhitzt auf 40—50° C, überlässt 10—15 Minuten der Ruhe und seiht durch.

c) 1000,0 abgerahmte Milch,
1,5 Citronensäure.

Man setzt die zu gröblichem Pulver geriebene Säure der Milch zu, erhitzt diese bis zum schwachen Kochen und seiht durch.

Serum Lactis acidum.

Weinstein-Molken.

1000,0 abgerahmte Milch,
10,0 Weinstein

erhitzt man allmählich bis zum Kochen und seiht durch.

Serum Lactis aluminatum.

Alaun-Molken.

1000,0 abgerahmte Milch,
10,0 Kali-Alaun, Pulver M/50,

erhitzt man allmählich bis zum Kochen und seiht durch.

Serum lactis tamarindinatum.

Tamarinden-Molken.

a) 1000,0 abgerahmte Milch,
20,0 Tamarindenextrakt

erhitzt man allmählich bis zum Kochen und seiht durch.

b) 40,0 rohes Tamarindenmus

verteilt man möglichst gleichmässig in

1000,0 abgerahmter Milch,

erhitzt die Mischung zum Kochen und seiht durch.

Serum Lactis vinosum.

Wein-Molken.

800,0 abgerahmte Milch,
200,0 Weisswein,
2,0 Weinstein

erhitzt man allmählich bis zum Kochen und seiht durch.

Schluss der Abteilung „Serum".

Siccativ.

Bleifreies Siccativ.

a) 800,0 Zinkweiss,
200,0 borsaures Manganoxydul

mischt man.

b) 500,0 Zinkweiss,
500,0 borsaures Manganoxydul

mischt man.

Beide dienen zum Trocknen des Zinkweiss-Anstrichs; man reibt $1^1/_2$ pCt a) oder $^1/_2$ pCt b), auf das Zinkweiss berechnet, unter die Farbe.

Siegellacke.

Man unterscheidet im Handel:

Brieflacke,
Packlacke,
Tabaklacke.

Da die gewöhnlicheren Sorten aussergewöhnlich billig sein müssen, so ist es erklärlich, dass sie nicht ausschliesslich aus Harzen und Farbstoffen bestehen können, sondern dass sie zur Erhöhung des Gewichts auch mineralische Stoffe enthalten. Die nachstehenden Vorschriften stammen aus einer renomierten Fabrik, welche ihren Betrieb eingestellt hat; sie sind also in äusserster Bedeutung des Wortes „praktisch erprobt“ und liefern, wie ich mich überzeugte, vorzügliche Ergebnisse.

Die Herstellung besteht darin, dass man den Terpentin und die Harze in einem thönernen (nicht metallenen) Gefäss auf mässigem, am besten Holzkohlenfeuer unter schwachem Rühren schmilzt und der geschmolzenen Masse die gemischten, durch ein feines Drahtsieb geschlagenen Mineralien nach und nach unterrührt. Man erhitzt nun noch einige Augenblicke, um die untergerührte Luft auszutreiben, nimmt sodann vom Feuer und giebt abseits von demselben das Terpentinöl und die aromatischen Stoffe hinzu.

Um die zum Formengiessen notwendige Abkühlung zu beschleunigen, giesst man ungefähr den sechsten Teil auf feuchtes Pergamentpapier und bringt die Masse, sobald sie nahezu erstarrt ist, in das Gefäss zurück.

Man rührt nun so lange, bis sich die erkalteten Teile gelöst haben, und giesst dann die Masse in genässte Siegellackformen †. Die noch nicht völlig erstarrten Stangen nimmt man aus den Formen, legt sie zwölfstück- und reihenweise auf ein mit Ceresin schwach bestrichenes Eisenblech und hält dieses in eine geheizte Ofenröhre. Dadurch wird die Masse so weich, dass die scharfen Kanten rund schmelzen, und dass das Eindrücken eines Stempels möglich wird. Man legt, ist dies geschehen, die Stangen sofort auf eine genässte Marmorplatte oder in Ermanglung einer solchen auf feuchtes Pergamentpapier.

Es ist selbstverständlich, dass die mineralischen Zusätze die feinste Mehlform haben müssen. Auch ist es notwendig, dass man dieselben vor dem Eintragen in die Harzmasse sehr genau mit einander mischt.

I. Brieflacke.

Feinster roter Karminlack:

40,0 Terpentin,
60,0 amerikanisches Kolophon,
160,0 feinsten Blutschellack,
100,0 Karminzinnober, †
60,0 Schwerspat, †
40,0 Leichtspat, †
20,0 Tolubalsam,
40,0 Terpentinöl.

Feinster roter Brieflack:

a) 60,0 Terpentin,
120,0 amerikanisches Kolophon,
200,0 blonder Schellack,
80,0 deutscher Zinnober, †
100,0 Schwerspat, †
60,0 Leichtspat, †
40,0 Terpentinöl.

b) 40,0 Terpentin,
120,0 amerikanisches Kolophon,
200,0 blonder Schellack,
70,0 deutscher Zinnober, †
120,0 Schwerspat, †
80,0 Leichtspat, †
20,0 Lavendelöl,
40,0 Terpentinöl.

Feiner roter Brieflack:

a) 60,0 Terpentin,
200,0 amerikanisches Kolophon,
240,0 blonder Schellack,
80,0 deutscher Zinnober, †

† S. Bezugsquellen-Verzeichnis.

240,0 Schwerspat, †
100,0 Leichtspat, †
40,0 Terpentinöl.

b) 60,0 Terpentin,
240,0 amerikanisches Kolophon,
200,0 blonder Schellack,
70,0 deutscher Zinnober, †
320,0 Schwerspat, †
160,0 Leichtspat, †
40,0 Terpentinöl.

Mittelfeiner roter Brieflack:

a) 60,0 Terpentin,
320,0 amerikanisches Kolophon,
200,0 blonder Schellack,
60,0 deutscher Zinnober, †
400,0 Schwerspat, †
200,0 Leichtspat, †
40,0 Terpentinöl.

b) 60,0 Terpentin,
400,0 amerikanisches Kolophon,
160,0 blonder Schellack,
40,0 deutscher Zinnober, †
600,0 Schwerspat, †
200,0 Leichtspat, †
40,0 Terpentinöl.

Feiner schwarzer Brieflack:

60,0 Terpentin,
200,0 amerikanisches Kolophon,
200,0 Schellack,
4,0 Kienruss,
240,0 Schwerspat, †
160,0 Leichtspat, †
40,0 Terpentinöl.

Mittelfeiner schwarzer Brieflack:

60,0 Terpentin,
360,0 amerikanisches Kolophon,
160,0 Schellack,
4,0 Kienruss,
560,0 Schwerspat, †
200,0 Leichtspat, †
40,0 Terpentinöl.

II. Packlacke.

Braun, mittelfein:

40,0 Terpentin,
400,0 amerikanisches Kolophon,
120,0 Schellack,
80,0 Englisch Rot, †
560,0 Schwerspat, †
240,0 Leichtspat, †
40,0 Terpentinöl.

Rot, mittelfein:

40,0 Terpentin,
400,0 amerikanisches Kolophon,
120,0 Schellack,
30,0 deutscher Zinnober, †
560,0 Schwerspat, †
240,0 Leichtspat, †
40,0 Terpentinöl.

Braun, fein:

40,0 Terpentin,
320,0 amerikanisches Kolophon,
200,0 Schellack,
80,0 Englisch-Rot, †
400,0 Schwerspat, †
200,0 Leichtspat, †
40,0 Terpentinöl.

Rot, fein:

40,0 Terpentin,
320,0 amerikanisches Kolophon,
200,0 blonder Schellack,
50,0 deutscher Zinnober, †
400,0 Schwerspat, †
200,0 Leichtspat, †
40,0 Terpentinöl.

III. Tabaklacke.

Sie dienen zum Siegeln der Tabakpackete.

Braun, mittelfein:

200,0 Terpentin,
600,0 amerikanisches Kolophon,
120,0 Schellack,
80,0 Englisch-Rot, †
1200,0 Schwerspat, †
40,0 Terpentinöl.

Rot, mittelfein:

200,0 Terpentin,
600,0 amerikanisches Kolophon,
120,0 Schellack,
40,0 deutscher Zinnober, †
1200,0 Schwerspat, †
40,0 Terpentinöl.

Braun, fein:

200,0 Terpentin,
400,0 amerikanisches Kolophon,
200,0 Schellack,
80,0 Englisch-Rot, †
800,0 Schwerspat, †
40,0 Terpentinöl.

† S. Bezugsquellen-Verzeichnis.

Rot, fein:
200,0 Terpentin,
400,0 amerikanisches Kolophon,
200,0 Schellack,
60,0 deutscher Zinnober, †
800,0 Schwerspat, †
40,0 Terpentinöl.

Sinapismus.

Senfteig.

50,0 grob gepulverten Senfsamen

rührt man mit

50,0 kaltem destillierten Wasser

zu einem Brei an.

Stets frisch zu bereiten.

Sirupi.

Sirupe. Säfte.

Es ist eine berechtigte Forderung der Neuzeit, der auch das D. A. IV. und die Ph. Austr. VII. Rechnung tragen, dass alle Säfte, mit Ausnahme der Sir. Amygdalar., klar sein müssen. Es unterliegt aber auch keinem Zweifel, dass man nicht immer ohne Schwierigkeiten diesem Verlangen Rechnung zu tragen imstande ist und zumeist mit einer gewissen Kunst verfahren muss, um nicht gezwungen zu sein, zu dem die Haltbarkeit beeinträchtigenden Filtrieren des fertigen Saftes seine Zuflucht zu nehmen.

Als allgemeine Regeln kann man für die Erzielung klarer und haltbarer Säfte aufstellen:

a) Verwendung des besten ungebläuten Zuckers oder Klären desselben;
b) Klären (Befreien vom Pflanzeneiweiss) und Filtrieren der Pflanzenauszüge vor dem Aufkochen mit Zucker;
c) sorgfältiges Abschäumen beim Aufkochen des Sirups;
d) Ergänzen des Gewichts-Verlusts durch weissen Sirup oder destilliertes Wasser, das man vorher auf 100° C erhitzte;
e) rasches Arbeiten im Gegensatz zum tagelangen Filtrieren;
f) Einfüllen des erkalteten Saftes in scharf ausgetrocknete Gefässe.

Das Klären des Zuckers bewerkstelligt man so, dass man

600,0 Zucker, Pulver M/8,
400,0 destilliertes Wasser

einige Minuten sich selbst überlässt, dann unter fortwährendem Abschäumen kocht, bis die vom Spatel ablaufenden Tropfen Faden zu ziehen beginnen. Man kocht dann nochmals mit

200,0 destilliertem Wasser

unter Abschäumen auf und setzt das Kochen so lange fort, bis das Gewicht des Ganzen

700,0

beträgt. Man fügt nun den Pflanzenauszug hinzu und verfährt nach Vorschrift.

Der Zucker kommt jetzt im Handel häufig so rein vor, dass sich ein Klären desselben nicht notwendig macht. Ich beschränke mich deshalb darauf, dieses Reinigungsverfahren nur für den Notfall an dieser Stelle zu erwähnen und unterlasse es, bei den einzelnen Vorschriften darauf zurückzukommen.

Neuerdings stellen verschiedene Fabriken sogen. flüssige Raffinade †, auch Invertzucker genannt, her. Dieses Fabrikat enthält nur 20 pCt Wasser, ist goldklar und besitzt für bestimmte Zwecke den grossen Vorzug, dass der Zucker grossenteils invertiert ist und deshalb nicht auskrystallisiert. Durch den geringen Wassergehalt ist die Haltbarkeit ausserdem eine ganz ausgezeichnete. Die flüssige Raffinade eignet sich besonders gut zum Herstellen von Limonadesäften, Liqueuren, Punschessenzen, Konserven usw.

Zum Klären der Pflanzenauszüge benützt man das darin enthaltene Pflanzeneiweiss oder, wenn dies nicht ausreichen sollte, Hühnereiweiss in der unter „Klären" beschriebenen Weise. Wo kein Farbstoff in Betracht kommt, kann man die Wirkung des Pflanzeneiweisses durch verrührten Filtrierpapierabfall unterstützen. In den Fällen, wo Wein-

† S. Bezugsquellen-Verzeichnis.

geist beim Ausziehen mit verwendet wird, ist der Auszug durch Filtrieren klar zu erzielen. Hühnereiweiss hat den grossen Nachteil, dass es aus dem zu klärenden Auszuge nicht vollständig ausfällt und deshalb nicht selten die Ursache späterer Veränderungen der damit behandelten Präparate ist.

Die Schaumbildung ist gewöhnlich reichlich, wenn man geklärten Zucker und filtrierten Pflanzenauszug mit einander aufkocht. Hier ist besonders ein langsamer Verlauf des Aufkochens und ein sorgfältiges Abnehmen des Schaums nach den unter „Abschäumen" gegebenen Anweisungen anzuraten.

Nicht klare Säfte müssen filtriert werden. Man versetzt sie dann mit 1 bis 2 pCt feinstem Talkpulver, lässt 8 Tage kühl stehen und filtriert dann durch ein mit weissem Sirup angefeuchtetes Filter.

Als Kochgefässe verwendet man bei Fruchtsäften am besten blanke Kupfer- oder Messinggefässe, für die anderen Nummern dieselben, aber stark verzinnt, und für den Mandelsaft Porzellanschalen.

Einzelvorschriften behalte ich mir für den besonderen Fall vor.

Erwähnung verdient noch die Herstellung der einfachen Säfte aus zehnfach konzentrierten Säften.

Sirupus Aetheris.

5,0 Äther,
5,0 Weingeist von 90 pCt,
90,0 weissen Sirup

mischt man durch Schütteln.

Sirupus Altheae.

Eibischsirup.

a) Vorschrift des D. A. IV.

2 Teile grob zerschnittene Eibischwurzel

werden mit Wasser abgewaschen und mit

1 Teil Weingeist von 90 pCt

und

50 Teilen Wasser

3 Stunden lang bei 15—20° C ohne Umrühren ausgezogen.

Aus

37 Teilen der nach dem Durchseihen ohne Pressung erhaltenen Flüssigkeit

und

63 Teilen Zucker

werden

100 Teile Sirup

bereitet.

b) Vorschrift der Ph. Austr. VII.

20,0 zerschnittene Eibischwurzel,
300,0 destilliertes Wasser

lässt man unter öfterem Umrühren 2 Stunden stehen, seiht ab ohne auszupressen und löst in

250,0 Seihflüssigkeit

durch einmaliges Aufkochen

400,0 zerstossenen Zucker.

In kürzerer Zeit wie nach a) und sicherer wie nach b) erhält man einen tadellosen Saft, wenn man den Eibischwurzelauszug vor dem Zusetzen des Zuckers klärt, und zwar nach folgender Vorschrift:

c) Vorschrift v. *E. Dieterich*:

20,0 zerschnittene Eibischwurzel

wäscht man unter Reiben mit einer Bürste mit kaltem Wasser ab, maceriert 3 Stunden unter öfterem Rühren mit

450,0 destilliertem Wasser

und seiht dann durch.

Die Seihflüssigkeit kocht man mit

3,0 Filtrierpapierabfall,

welche man mit etwas kaltem Wasser gut verrührte, unter Abschäumen auf und filtriert.

Mit dem Filtrat kocht man, gleichfalls unter Abschäumen,

650,0 Zucker

auf und seiht den nun fertigen Saft durch ein Flanelltuch.

Sirupus Amygdalarum.

Sirupus amygdalinus. Sirupus emulsivus. Mandelsirup.

a) Vorschrift des D. A. IV.

15 Teile süsse Mandeln

und

3 Teile bittere Mandeln

werden geschält, abgewaschen und mit

40 Teilen Wasser

zur Emulsion angestossen.

Aus

40 Teilen der nach dem Durchseihen erhaltenen Flüssigkeit

und

60 Teilen Zucker

werden

100 Teile Sirup

bereitet.

Der Saft, nach dieser Vorschrift bereitet, ist wenig haltbar. Man verfährt besser nach c).

b) Vorschrift der Ph. Austr. VII.

160,0 geschälte süsse Mandeln,
40,0 „ bittere Mandeln

stösst man mit

240,0 gepulvertem Zucker,
400,0 destilliertem Wasser

zur Emulsion, seiht durch und presst aus. Die Seihflüssigkeit versetzt man mit

200,0 gepulvertem Zucker

und löst durch anhaltendes Umrühren.

Für diese Vorschrift gilt dasselbe, wie für die unter a); man verfährt besser folgendermassen:

c) Vorschrift v. *E. Dieterich*:

In der nach a) bereiteten Mandelmilch löst man durch einmaliges Aufkochen

600,0 Zucker, Pulver M/20,
50,0 arabisches Gummi, Pulver M/30.

Die beiden Pulver mischt man vorher und rührt die Mischung mit der kalten Emulsion an.

Den aufgekochten Saft bringt man mit weissem Sirup auf ein Gewicht von

1000,0.

Dieser Saft hält sich vorzüglich und entmischt sich nicht bei längerem Stehen.

Eine Erleichterung beim Anstossen der Mandeln zur Emulsion kann man sich dadurch verschaffen, dass man die geschälten Mandeln auf einer Semmelreibmaschine reibt und dann erst in den Mörser bringt. Man nützt die Mandeln mehr aus und erleichtert sich ausserdem die Arbeit des Stossens.

Sirupus Aquae Amygdalarum amararum.

Bittermandelwassersirup.

10,0 Bittermandelwasser,
90,0 weissen Sirup

mischt man.

Sirupus antiscorbuticus.

Sirupus Cochleariae compositus. Pariser Saft.

5,0 Ceylonzimt,
30,0 Pomeranzenschalen,
500,0 frisches Löffelkraut,
500,0 frische Brunnenkresse,
500,0 „ Bachbunge,
500,0 frischen Meerrettich

zerkleinert und zerstöst man.

Man übergiesst dann mit

1500,0 Weisswein,

maceriert 2 Tage und presst aus. Die Brühe versetzt man mit

50,0 Talg, Pulver M/50,

schüttelt 5 Minuten kräftig und filtriert (das *zuerst Durchgelaufene zurückgiessend*) durch ein genässtes Papierfilter.

Man löst nun im Dampfbad (Kochen ist hier ausgeschlossen) in

1500,0 des Filtrates
2400,0 Zucker, Pulver M/8,

und seiht durch.

Sirupus antiscorbuticus jodatus.

1,250 Jod,
0,625 Kaliumjodid

verreibt man in einer Porzellanschale, löst in

10,0 destilliertem Wasser

und vermischt die Lösung mit

1000,0 Pariser Saft.

Man setzt die Mischung unter öfterem Umschütteln in einer Flasche einer Temperatur von 20—25° C im Trockenschrank 24 Stunden lang aus und füllt sie dann in kleine Flaschen, die man gut verkorkt und liegend aufbewahrt, ab.

Die beiden vorstehenden Vorschriften entstammen der Ph. Helvet.

Sirupus Asparagini.

Vorschrift des Münchner Ap. Ver.

2,0 Asparagin

löst man in

98,0 weissem Sirup.

Sirupus Aurantii corticis.

Pomeranzenschalensirup. Orangenschalensirup.
Syrup of orange peel.

a) Vorschrift des D. A. IV.

1 Teil grob zerschnittene Pomeranzenschalen

wird mit

9 Teilen Weisswein

2 Tage lang bei 15—20° C unter wiederholtem Umrühren ausgezogen.

Aus

8 Teilen der filtrierten Flüssigkeit

und

12 Teilen Zucker

werden

20 Teile Sirup

bereitet.

b) Vorschrift der Ph. Austr. VII.

30,0 zerschnittene Orangenschalen,
30,0 verdünnten Weingeist v. 69 pCt,
300,0 destilliertes Wasser

digeriert man während einer Nacht, seiht ab presst den Rückstand aus und löst in

250,0 Seihflüssigkeit

durch einmaliges Aufkochen

400,0 zerstossenen Zucker.

Nach dem Abseihen und Auskühlen setzt man dem Sirup

30,0 Orangenschalentinktur

hinzu.

Der Saft ist nicht völlig klar.

c) Vorschrift der Ph. Brit.

10,0 Pomeranzenschalentinktur,

100,0 weissen Sirup

mischt man

Das spez. Gewicht soll 1,282 betragen.

d) Vorschrift der Ph. U. St.

50,0 vom Mark befreite, fein geschnittene frische Apfelsinenschalen,

66,0 Weingeist von 94 pCt

erhitzt man in einer Kochflasche im Wasserbad bis zum Sieden des Weingeistes, lässt 5 Minuten sieden, verschliesst die Flasche und lässt erkalten. Man filtriert alsdann und wäscht mit so viel Weingeist von 94 pCt nach, dass die Gesamtmenge

82,0

beträgt. Man mischt darauf in einem Mörser

50,0 gefälltes Calciumphosphat,

150,0 Zucker, Pulver M/50,

verreibt damit die Tinktur, fügt

300,0 destilliertes Wasser

hinzu, filtriert, giesst so oft zurück, bis das Filtrat blank erscheint, löst in letzterem

550,0 Zucker, Pulver M/50,

und wäscht mit so viel Wasser das Filter nach, dass die Gesamtmenge der Flüssigkeit

1000,0 ccm

beträgt.

Sirupus Aurantii florum.

Pomeranzenblütensirup.

a) Vorschrift der Ph. G. II.

60,0 Zucker

löst man durch Kochen in

20,0 Wasser

und setzt der erkaltenden Lösung

q. s. Orangenblütenwasser

zu, dass das Gesamtgewicht

100,0

beträgt.

b) Vorschrift v. *E. Dieterich*:

600,0 Zucker, Pulver M/8,

klärt man (s. Einleitung) mit

400,0 destilliertem Wasser,

kocht dann unter sorgfältigem Abschäumen auf ein Gewicht von

800,0

ein, setzt der erkalteten Masse

200,0 Orangenblütenwasser

zu und seiht durch dichten Flanell.

Sirupus Aurantii fructuum.

Orangensirup. Orangenfruchtsirup.

Frische Orangen

zerquetscht man in einem steinernen Mörser, presst sie aus, lässt den Saft 12 Stunden in einer Wärme von 30—40° C stehen, filtriert ihn und kocht

400,0 dieses Safts

mit

600,0 Zucker, Pulver M/8,

zum Sirup.

Sirupus Balsami Peruviani.

Perubalsamsirup.

a) Ph. G. I.

50,0 Perubalsam

übergiesst man mit

450,0 heissem destillierten Wasser,

lässt unter öfterem Umschütteln 24 Stunden bei 15—20° C stehen und filtriert dann.

In

400,0 Filtrat

löst man durch einmaliges Aufkochen

600,0 Zucker

und seiht die Lösung durch ein Flanelltuch.

b) Vorschrift v. *E. Dieterich*:

20,0 Talk, Pulver M/50,

verreibt man in

1000,0 weissem Sirup,

giebt die Verreibung in einen Kolben oder in eine dünnwandige Glasflasche, wiegt

50,0 Perubalsam

dazu, erhitzt die Flasche im Wasserbad auf 60—70° C und schüttelt nun den Inhalt recht kräftig mindestens 5 Minuten lang. Man lässt dann die Mischung 2 Tage in einer Temperatur von 15—20° C stehen und filtriert sie hierauf durch ein Papierfilter, das man mit weissem Sirup anfeuchtete.

Sollte das Filtrat nicht ganz klar sein, so giesst man es auf das Filter zurück.

Das Verfahren b) ist das einfachere.

Sirupus Balsami Tolutani.

Sirupus tolutanus. Tolubalsamsirup. Syrup of Tolu.

a) 50,0 Tolubalsam

übergiesst man mit

450,0 heissem destillierten Wasser,

schüttelt 5 Minuten lang und lässt dann unter öfterem Schütteln 30 Minuten lang im Wasserbad von 60—70 ° C stehen. Man überlässt sodann die Mischung der Ruhe, filtriert nach 24 Stunden, löst in

400,0 Filtrat

durch einmaliges Aufkochen

600,0 Zucker

und seiht den heissen Saft durch ein Flanelltuch.

b) Vorschrift v. *E. Dieterich*:

20,0 Talk, Pulver M/50,

verreibt man in

1000,0 weissem Sirup,

giebt die Verreibung in einen Kolben oder in eine dünnwandige Glasflasche, wiegt

50,0 Tolubalsam

dazu und erhitzt die Flasche im Wasserbad auf 60—70 ° C. Man schüttelt sodann 5 Minuten lang kräftig durch, stellt die Flasche wieder in das Wasserbad und belässt sie unter zeitweiligem Schütteln 30 Minuten darin. Man überlässt hierauf die Mischung 2 Tage lang der Ruhe in einer Temperatur von 15—20 ° C und filtriert schliesslich durch ein Papierfilter, das man vorher mit weissem Sirup anfeuchtete.

Sollte das Filtrat nicht ganz klar sein, so giesst man es auf das Filter zurück.

c) Vorschrift der Ph. Brit.

25,0 Tolubalsam,

420,0 destilliertes Wasser

kocht man eine halbe Stunde lang im leicht bedeckten Kessel bis auf etwa

350,0

ein, lässt erkalten und filtriert. Im Filtrat löst man durch Erhitzen im Wasserbad

660,0 Zucker, Pulver M/8.

Die Gesamtflüssigkeit soll

1000,0

betragen und ein spez. Gew. von etwa 1,330 besitzen.

d) Vorschrift der Ph. U. St.

10,0 Tolubalsam

löst man bei mässiger Wärme in

45,0 Weingeist von 94 pCt

und reibt mit dieser Lösung ein Gemisch aus

150,0 Zucker, Pulver M/50,

50,0 gefälltem Calciumphosphat

an. Man verdampft den Weingeist bei gelinder Wärme, verreibt den Rückstand mit

500,0 destilliertem Wasser

und filtriert durch ein genässtes Filter, wobei man das durchlaufende so oft zurückgiesst, bis es klar abläuft. Man erhitzt sodann die Flüssigkeit auf 60 ° C, löst darin durch Umrühren

700,0 Zucker, Pulver M/50,

lässt erkalten, seiht durch und wäscht mit so viel destilliertem Wasser nach, dass die Gesamtmenge

1000 ccm

beträgt.

Sirupus Calcariae.

Kalksirup.

600,0 Zucker, Pulver M/8,

400,0 Kalkwasser

kocht man auf. Man stellt die Lösung 2 Tage in den Keller und filtriert sodann durch Papier.

Sirupus Calcariae ferratus.

Kalk-Eisensirup. Eisen-Kalksirup.

60,0 Zucker, Pulver M/30,

4,0 Eisenzucker (10 pCt Fe)

mischt man, setzt

40,0 Kalkwasser

zu, erwärmt bis zur Lösung und filtriert.

Der Saft schmeckt angenehm, besitzt eine hell-braunrote Farbe und enthält

0,4 pCt Fe und ungefähr

0,04 pCt CaO.

Sirupus Calcii glycero-phosphorici.

Calciumglycerophosphatsirup.

10,0 Calciumglycerophospat,

1,0 Citronensäure

verreibt man in einer Reibschale und löst in

1000,0 weissem Zuckersirup

ohne Anwendung von Wärme.

Sirupus Calcii hypophosphorosi.

Calciumhypophosphitsirup.

1,0 Calciumhypophosphit

löst man in

30,0 destilliertem Wasser,

mischt

64,0 Zucker, Pulver M/30,

6,0 Kalkwasser

hinzu und erhitzt unter zeitweiligem Rühren eine halbe Stunde oder so lange auf 40—50 ° C, bis der Zucker gelöst ist. Man filtriert nun sogleich und bewahrt das Filtrat in kleineren, gut verschlossenen Flaschen in kühlem Raum auf.

Der Saft muss alkalisch reagieren.

Die Vorschrift ist der Ph. Helv. entnommen.

Sirupus Calcii hypophosphorosi ferratus.

Kalkeisensirup.

Vorschrift d. Ergänzb. d. D. Ap. V.

2,0 Calciumhypophosphitsirup,
1,0 Eisenhypophosphitsirup

mischt man.

Sirupus Calcii jodati.

Jodcalciumsirup.

2,3 Kaliumjodid,
1,5 Calciumchlorid

löst man in

97,0 weissem Sirup.

Enthält 2 pCt Calciumjodid.

Sirupus Calcii phospho-lactici.

Calciumphospholactatsirup.

2,5 Calciumkarbonat

löst man unter Erwärmen in einer Mischung von

6,0 Milchsäure,
30,0 Wasser

und fügt der Lösung

5,5 Phosphorsäure

hinzu. Man filtriert nun durch ein Filter von 12, höchstens 15 cm Durchmesser und wäscht mit so viel destilliertem Wasser nach, dass das Filtrat

50,0

wiegt.

Dieses vermischt man mit

200,0 weissem Sirup.

Sirupus Capillorum Veneris.

Sirupus Capilli Veneris. Kapilärsaft. Frauenhaarsirup.

Vorschrift der Ph. Austr. VII.

10,0 zerschnittenes Frauenhaar (Herb. Capill. Veneris)

erhitzt man mit

120,0 heissem destillierten Wasser

eine Stunde lang im Dampfbad.

Man seiht ab, kocht

100,0 Seihflüssigkeit

mit

160,0 zerstossenem Zucker

unter Klären zum Sirup, seiht diesen durch und setzt demselben

2,0 Orangenblütenwasser

hinzu.

b) 10,0 feingeschnittenes Frauenhaar (Herb. Capill. Veneris)

übergiesst man mit

110,0 destilliertem Wasser,

lässt 2 Stunden stehen und erhitzt dann eine Viertelstunde im Dampfbad.

Man seiht nun durch, versetzt die Seihflüssigkeit mit

1,0 Talk, Pulver $^{M}/_{50}$,

und filtriert durch genässtes Papier.

Im Filtrat löst man durch Kochen

160,0 Zucker, Pulver $^{M}/_{8}$,

filtriert noch heiss und fügt dem filtrierten Saft

2,0 Orangenblütenwasser

hinzu.

Sirupus Carnis.

Fleischsirup.

5,0 Fleischextrakt

löst man durch Erwärmen in

95,0 weissen Sirup

und setzt

5 Tropfen reine Salzsäure

zu.

Einen haltbareren Saft erhält man, wenn man den weissen Sirup durch flüssige Raffinade † ersetzt.

Sirupus Castaneae vescae.

Kastaniensirup.

Vorschrift d. Dresdner Ap. V.

50,0 Kastanienfluidextrakt,
50,0 weissen Sirup

mischt man.

Sirupus Catechu.

Katechusirup.

Vorschrift des Münchn. Ap. Ver. (n. *Hager).*

15,0 Catechutinktur,
85,0 weissen Sirup

mischt man.

Sirupus Cerasorum.

Kirschensirup. Kirschsaft.

a) Vorschrift des D. A. IV.

Saure, schwarze Kirschen zerstösst man mit den Kernen und lässt sie so lange in einem bedeckten Gefäss bei ungefähr 20° C unter wiederholtem Umrühren stehen, bis ein Raumteil einer abfiltrierten Probe sich mit ½ Raumteil Weingeist v. 90 pCt ohne Trübung mischt.

Aus

7 Teilen des nach dem Abpressen filtrierten Flüssigkeit

† S. Bezugsquellen-Verzeichnis.

und
13 Teilen Zucker
werden
20 Teile Sirup
bereitet.

Sirupus Cerasorum acidorum.
Sauerkirschensirup.

Man verwendet die dunkeln (sog. Ostheimer) Weichseln .und verfährt wie beim gewöhnlichen Kirschsaft.

Sirupus Chamomillae.
Kamillensirup.
Ph. G. I.

100,0 Kamillen
zerquetscht man im Mörser, feuchtet das Pulver mit
50,0 Weingeist von 90 pCt
an, giesst dann
400,0 destilliertes Wasser
zu und lässt unter öfterem Umrühren bei 15—20° C 24 Stunden stehen. Man presst sodann aus, filtriert den Auszug und löst in
400,0 Filtrat
durch einmaliges Aufkochen
600,0 Zucker, Pulver M/8.

Sollte das Filtrat des Auszugs nicht ganz klar sein, so schüttelt man es mit
2,5 Talk, Pulver M/50,
kräftig durch und giesst es auf das Filter zurück.

Sirupus Chinae.
Chinasirup.

a) 80,0 Chinarinde, Pulver M/8,
20,0 Zimt, „ „
500,0 Rotwein
lässt man 2 Tage bei einer Temperatur von 15—20° C stehen, presst aus und stellt die Pressflüssigkeit in einen kühlen Raum. Nach 2 Tagen filtriert man und löst in
400,0 Filtrat
durch einmaliges Aufkochen
600,0 Zucker, Pulver M/8.

Man seiht schliesslich durch Flanell.

b) 2,0 wässeriges Chinaextrakt,
0,1 Citronensäure
löst man durch Erwärmen in
98,0 weissem Sirup.

Nach mehrtägigem Stehen filtriert man den Saft durch Papier, wenn nötig, unter Zusatz von 1 pCt feinstem Talkpulver.

Sirupus Chinae ferratus.
China-Eisensirup.

a) 10,0 Eisenzucker von 3 pCt Fe
löst man in
80,0 weissem Sirup
und setzt
10,0 Chinatinktur
zu.

Enthält 0,3 pCt Fe.

b) 2,0 wässeriges Chinaextrakt,
1,0 Ferri-Ammmoniumcitrat,
0,1 Citronensäure
löst man in
6,0 destilliertem Wasser
und vermischt die Lösung mit
81,0 weissem Sirup.

Sirupus Chinini.
Chininsirup.

0,5 Chininsulfat
löst man in
4,0 Weingeist von 90 pCt
unter Zusatz von
10 Tropfen verdünnt. Schwefelsäure
und vermischt mit
95,0 weissem Sirup.

Sirupus Chinini ferratus.
Chinin-Eisensirup.

0,5 Eisenchinincitrat
löst man in
4,5 destilliertem Wasser
und vermischt die Lösung mit
95,0 weissem Sirup.

Sirupus Chlorali hydrati.
Chloralhydrat-Sirup.

10,0 Chloralhydrat
löst man in
10,0 Weingeist von 90 pCt
und mischt
85,0 weissen Sirup
hinzu. Man stellt die Mischung unter öfterem Rühren eine Stunde zurück, filtriert und bringt mit
q. s. weissem Sirup
auf ein Gewicht von
100,0.

Sirupus Cichoreï cum Rheo.

Sirupus Rhei compositus.
Zusammengesetzter Rhabarbersaft.

40,0 zerschnittenen Rhabarber,
40,0 zerschnittene Cichorienwurzel,
60,0 zerschnittenes Cichorienkraut,
20,0 zerschnittenen Erdrauch,
20,0 zerschnittene Hirschzunge (Herb. Scolopendrii),
10,0 zerquetschte Judenkirschen,
4,0 chinesischen Zimt, Pulver M/8,
4,0 geraspeltes Sandelholz,
400,0 destilliertes Wasser

maceriert man 6 Stunden, erhitzt dann eine Stunde im Dampfbad und presst aus.

Die Brühe versetzt man mit

4,0 Talk, Pulver M/50,

schüttelt kräftig durch und filtriert durch genässtes Papier.

Im Filtrat löst man durch Aufkochen

650,0 Zucker, Pulver M/8,

seiht durch Flanell und bringt die Seihflüssigkeit mit

q. s. destilliertem Wasser

auf ein Gewicht von

1000,0.

Sirupus Cinnamomi.

Zimtsirup.

a) Vorschrift des D. A. IV.

1 Teil grob gepulverter chinesischer Zimt

wird 2 Tage lang mit

5 Teilen Zimtwasser

bei 15—20 ° C unter wiederholtem Umschütteln ausgezogen.

Aus

4 Teilen der filtrierten Flüssigkeit

und

6 Teilen Zucker

werden 10 Teile Sirup bereitet.

In der Regel muss der Saft durch Papier filtriert werden, nötigenfalls unter Zusatz von 1 pCt feinstem Talkpulver.

b) Vorschrift der Ph. Austr. VII.

100,0 grob zerstossene Zimtrinde,
500,0 geistiges Zimtwasser

digeriert man 24 Stunden lang, seiht ab, presst aus, löst in

400,0 Seihflüssigkeit

durch einmaliges Aufkochen

640,0 zerstossenen Zucker

und filtriert.

Siehe die Bemerkung unter a).

Sirupus Citri.

Sirupus succi Citri. Citronensirup.

a) Ph. G. I.

650,0 Zucker, Pulver M/8,

löst man durch einmaliges Aufkochen in

350,0 geklärtem filtrierten Citronensaft

und seiht durch Flanell.

Da der Saft zumeist nicht völlig klar ist, muss er durch Papier filtriert werden, am besten unter Zusatz von 1 pCt feinstem Talkpulver.

b) Die Ph. Austr. VII. lässt in derselben Weise

160,0 Zucker

in

100,0 frisch gepresstem, durch Absetzen und Filtrieren geklärten Citronensaft

lösen.

Sirupus Citri factitius.

Künstlicher Citronensaft.

a) Für den Handverkauf.

30,0 Citronensäure,
2,0 Citronen-Ölzucker

löst man ohne Anwendung von Wärme in

1000,0 weissem Sirup,

stellt einige Tage zurück und filtriert dann.

b) Zur Herstellung von Brauselimonaden.

1000,0 weissen Zuckersirup,
100,0 Citronensäure.

Man löst und fügt hinzu

3,5 terpenfreies Citronenöl *Haensel*,

welch letzteres man vorher in

10,0 absolutem Alkohol

löste. Man färbt schliesslich den Saft mit dem im Handel befindlichen giftfreien Citronengelb.

Sirupus Coccionellae.

Cochenillesirup.

15,0 gröblich gepulverte Cochenille,
10,0 Kaliumkarbonat,
20,0 Weinstein,
50,0 Weingeist von 90 pCt

übergiesst man mit

300,0 siedendem destillierten Wasser,

lässt den Aufguss langsam erkalten, filtriert ihn sodann und wäscht das Filter mit so viel destilliertem Wasser nach, dass man

400,0 Filtrat

erzielt. Man löst in diesem durch einmaliges Aufkochen

600,0 Zucker

und seiht die Lösung durch.

Sirupus Codeïni.

Codeïnsirup.

a) 0,2 Codeïnphosphat

löst man in

5,0 Weingeist von 90 pCt

und mischt dazu

95,0 weissen Sirup.

10,0 Saft enthalten 0,02 Codeïn.

b) Vorschrift des Münchn. Ap. Ver. (n. *Hager.*)

0,2 Codeïn

löst man in

100,0 weissem Sirup.

c) Vorschrift der Badischen Ergänzungstaxe.

2,0 Codeïnphosphat

löst man in

30,0 destilliertem Wasser

und vermischt die Lösung mit

968,0 weissem Sirup.

d) Vorschrift des Dresdner Ap. V.

0,1 Codeïnphosphat

löst man in

100,0 weissem Sirup.

Sirupus Coffeae.

Kaffeesirup.

Nach *E. Dieterich.*

a) 200,0 gerösteten Kaffee

pulvert man möglichst fein ($^{M}/_{30}$), übergiesst das Pulver mit

700,0 kochendem Wasser,

erhitzt 10 Minuten im Dampfbad, setzt

30,0 Weingeist von 90 pCt

zu, nimmt vom Dampf und presst nach einer halben Stunde aus.

Die Brühe filtriert man, setzt dem Filtrat noch

20,0 Weingeist von 90 pCt

zu und löst darin unter einmaligem Aufkochen und Abschäumen

600,0 Zucker, Pulver $^{M}/_{8}$.

Schliesslich seiht man durch ein dichtes Flanelltuch.

b) 200,0 gerösteten Kaffee

pulvert man möglichst fein ($^{M}/_{30}$), feuchtet sie dann mit

250,0 warmem Wasser,

50,0 Kognak

an und übergiesst mit

800,0 kochendem weissen Sirup.

Man bedeckt das Gefäss und stellt es $^1/_4$ Stunde an einen mässig warmen Ort. Sodann lässt man 24 Stunden in Zimmertemperatur stehen und filtriert schliesslich.

Die Vorschrift b) liefert auf einfachste Weise den besten Saft. Man hat nur darauf zu achten, dass der zum Aufgiessen benützte weisse Sirup kochend heiss ist und dass man dann nur warm, nicht heiss stellt.

Sirupus Creosoti.

Kreosotsirup.

Vorschrift d. Dresdner Ap. V.

10,0 Kreosot,

3,5 gebrannte Magnesia

verreibt man sehr fein und mischt dann hinzu

7,0 weissen Sirup,

16,5 Pfefferminzwasser.

Sirupus Croci.

Safransirup.

a) Ph. G. I.

20,0 zerschnittenen Safran,

450,0 Weisswein

lässt man bei 15—20° C zwei Tage stehen, presst dann aus und filtriert den Auszug.

In

400,0 Filtrat

löst man durch einmaliges Aufkochen

600,0 Zucker, Pulver $^{M}/_{8}$,

und seiht den Saft durch ein Flanelltuch.

Da der Saft zumeist nicht vollständig klar ist, muss er in diesem Fall durch Papier filtriert werden.

Eine Vorschrift für den Notfall lautet:

b) 15,0 Safrantinktur

85,0 weissen Sirup

mischt man.

Sirupus Cydoniorum.

Quittensirup.

35,0 filtrierter Quittensaft,

65,0 Zucker, Pulver $^{M}/_{8}$.

Man bereitet den Sirup wie den Kirschsaft und löst den Zucker in der bei Sirupus Cerasorum angegebenen Weise darin.

Sirupus Diacodii.

Beruhigungssaft.

75,0 Mohnsirup,
25,0 Süssholzsirup
mischt man.

Sirupus Digitalis.

Fingerhutsirup.

1,0 Fingerhutextrakt,
löst man in
1,0 destilliertem Wasser
und vermischt die Lösung mit
100,0 weissem Sirup.

Da sich diese Mischung nur kurze Zeit hält, bereitet man diesen Sirup stets frisch.

Sirupus Eigoni.

Eigon-Sirup.
Nach *K. Dieterich.*

(0,3 pCt Jod.)

2,0 Pepto-Jod-Eigon
löst man unter Erhitzen in
5,0 destilliertem Wasser
und vermischt die Lösung mit
93,0 Himbeersaft.

Sirupus Ergotini.

Sirupus Secalis cornuti. Ergotinsirup.

2,0 Mutterkornextrakt
löst man in
3.0 Zimtwasser,
fügt
100,0 weissen Sirup
hinzu und erhitzt einen Augenblick auf 100° C.

Nach dem Erkalten füllt man in kleine Flaschen und verkorkt diese gut.

Da sich diese Mischung nur kurze Zeit hält, bereitet man diesen Sirup am besten frisch.

Sirupus Ferri albuminati.

Eisenalbuminatsirup.

a) Vorschrift von *E. Dieterich:*

S. Liq. Ferri albuminati saccharat.

b) Vorschrift d. Dresdner Ap. V.

3,0 getrocknetes Hühnereiweiss
löst man in
17,0 destilliertem Wasser
und sodann
20,0 Eisensaccharat von 3 pCt Fe.

Schliesslich vermischt man die Lösung mit
60,0 weissem Sirup.

Der Dresdner Ap. V. irrt sich, wenn er diese Mischung, welche zweifellos nur ein eiweisshaltiger Eisensaccharatsirup ist, für Eisenalbuminatsirup hält.

Sirupus Ferri hypophosphorosi.

Eisenhypophosphitsirup. Ferrohypophosphitsirup.

Vorschrift d. Ergänzb. d. D. Ap. V.

3,0 Ferrosulfat
löst man in einer Verdünnung von
3,0 Phosphorsäure von 1,154 spez. Gew.
mit
4,5 destilliertem Wasser.

In diese Lösung trägt man ein
2,05 Calciumhypophosphit,
lässt die Mischung 5 Minuten stehen und entfernt dann den entstandenen Niederschlag durch Abseihen und Pressen.

Die Pressflüssigkeit filtriert man und vermischt 1,0 Teil davon mit 8,0 Teilen weissem Sirup.

Sirupus Ferri jodati.

Sirupus Ferri jodidi. Jodeisensirup. Jodeisensaft. Syrup of iodide of iron. Syrup of ferrous iodide.

a) Vorschrift des D. A. IV.

40 Teile Jod
werden mit
50 Teilen Wasser
übergossen. In diese Mischung werden
12 Teile gepulvertes Eisen
unter fortwährendem Umrühren und, wenn nötig, unter Abkühlen nach und nach eingetragen. Die entstandene grünliche Lösung wird durch ein kleines Filter in
850 Teile kalten weissen Sirup
filtriert. Durch Auswaschen des Filters mit destilliertem Wasser wird das Gewicht des Sirups auf
1000 Teile
gebracht.

Der nach dieser Vorschrift gewonnene Saft ist stets von gelblicher Farbe, wird aber rasch nahezu farblos, wenn man ihn im Wasserbad auf 70—80° C erhitzt und in dieser Temperatur bis zum Verschwinden der Farbe erhält.

b) Vorschrift der Ph. Austr. VII.

Zu einer in einer Flasche befindlichen Mischung von
16,0 Eisenpulver,
348,0 destilliertem Wasser
setzt man nach und nach unter Umschütteln
40,0 Jod.

Sobald die Flüssigkeit eine schwach grüne Farbe zeigt, filtriert man sie durch ein genässtes Filter in einen Kolben, welcher

564,0 gepulverten Zucker

enthält, wobei man das Filter nicht nachwäscht. Man löst den Zucker durch Schütteln und Erwärmen.

Beide Vorschriften geben einen Sirup von 5 pCt Eisenjodürgehalt; die erstere ist, da sie einfacher ist, mit der von mir gegebenen Abänderung vorzuziehen.

c) Vorschrift der Ph. Brit.

65,0 Zucker, Pulver M/8,

löst man durch Erwärmen in

25,0 destilliertem Wasser.

Andrerseits stellt man aus

4,7 Jod,
2,5 Eisenpulver,
7,0 destilliertem Wasser

eine farblose Lösung (nach a) her, setzt derselben

6,0 Zuckerlösung

zu, kocht gelinde 10 Minuten lang, filtriert noch heiss in den übrigen warmen Sirup und mischt. Die Gesamtflüssigkeit soll

100,0

betragen und ein spezifisches Gewicht von 1,385 haben.

Der Eisenjodürgehalt beträgt $5^2/_3$ pCt.

d) Vorschrift der Ph. U. St.

Man stellt wie beschrieben aus

83,0 Jod,
25,0 Eisendraht, in kleinen Stücken,
150,0 destilliertem Wasser

eine grünliche Lösung her, erhitzt, ehe man das ungelöste Eisen abfiltriert, bis zum Kochen, filtriert durch einen Trichter, dessen Spitze dicht an der Oberfläche von

600,0 weissem Sirup

mündet. Man wäscht das Filter nach mit einer Mischung von

25,0 destilliertem Wasser,
33,0 weissem Sirup,

welche bis nahe an 100° C erhitzt worden war, und bringt die Flüssigkeit mit

q. s. weissem Sirup

auf ein Gesamtgewicht von

1000,0.

Der Eisenjodürgehalt beträgt 10 pCt.

e) Herstellung aus zehnfachem Jodeisensirup.

100,0 zehnfachen Jodeisensirup Helfenberg

verdünnt man mit

90,0 weissem Zuckersirup.

Die Verdünnung entspricht dem D. A. IV.

Sirupus Ferri oxydati.

Eisenzuckersirup. Eisenzuckersaft. Eisensirup. Flüssiger Eisenzucker.

a) Vorschrift des D. A. IV.

1 Teil Eisenzucker (3 pCt Fe),
1 „ Wasser,
1 „ weisser Sirup

werden gemischt.

b) Vorschrift von *E. Dieterich*:

10,0 Eisenzucker (10 pCt Fe)

löst man durch Erwärmen in

10,0 destilliertem Wasser

und mischt die Lösung mit

80,0 weissem Sirup.

c) Vorschrift v. *Danner*:

100,0 Eisenzucker (10 pCt Fe)

löst man unter Erhitzen in

860,0 weissem Sirup

und setzt dann

0,01 Vanillin,
40,0 Zimtwasser

zu.

Das Vanillin verreibt man vor dem Zusetzen mit

5,0 Zucker, Pulver M/30.

d) mit 6,6 pCt Fe.

200,0 Eisenzucker von 10 pCt Fe

löst man unter Erwärmen in

100,0 destilliertem Wasser.

* * *

Von den vier Vorschriften liefert die dritte das wohlschmeckendste Präparat. Im Eisengehalt sind alle vier gleich.

Sirupus Ferri peptonati.

Eisenpeptonatsaft.

a) Vorschrift v. *E. Dieterich*:

16,0 Eisenpeptonat (25 pCt Fe)

löst man durch Erhitzen in

100,0 destilliertem Wasser,

fügt der Lösung

940,0 weissen Sirup

hinzu, dampft unter Rühren bis zu einem Gewicht von

950,0

ab und setzt nach dem Erkalten

50,0 Kognak,
1,0 aromatische Tinktur,
1,0 Zimttinktur,
1,0 Ingwertinktur,
1,0 Vanilletinktur,
10 Tropfen Essigäther

zu.

Der Saft enthält 0,4 pCt Fe.

b) Vorschrift des Hamb. Ap. V.

8,0 trockenes Pepton

löst man in

100,0 heissem Wasser

und setzt der Lösung nach dem Erkalten

174,0 Eisenoxychloridlösung von 3,5 pCt Fe

unter fortwährendem Umrühren und allmählich zu. Den durch genaues Neutralisieren mit zehnfach verdünnter Natronlauge erhaltenen Niederschlag wäscht man möglichst schnell durch Dekantieren mit Wasser so lange aus, bis eine Probe des Waschwassers durch Silbernitratlösung nicht mehr verändert wird. Den Niederschlag sammelt man auf einem genässten leinenen Tuch, verreibt ihn nach dem Abtropfen in einer Schale mit

100,0 weissem Sirup,

bringt ihn durch Erwärmen mit verdünnter Natronlauge (1 = 10), wozu etwa 90,0 erforderlich sind, in Lösung und dampft die Mischung auf ein Gesamtgewicht von

125,0

ein.

Sirupus Ferri pyrophosphorici.

Eisenpyrophosphatsirup.

2,0 Ferripyrophosphat mit Ammoniumcitrat

löst man in

98,0 weissem Sirup.

Sirupus Ferri pyrophosphorici chinatus.

China-Eisenpyrophosphatsaft.

10,0 Ferripyrophosphat mit Ammoniumcitrat

löst man in

490,0 weissem Sirup.

Andrerseits löst man

5,0 wässeriges Chinaextrakt

in

485,0 weissem Sirup

und mischt beide Lösungen mit einander.

Sirupus Ferri, Chininae et Strychninae phosphatus.

Sirup of the phosphates of iron, quinine and strychnine.

Vorschrift der Ph. U. St.

10,0 Eisencitrat

löst man durch Erhitzen in

50,0 destilliertem Wasser,

fügt

10,0 Natriumpyrophosphat

hinzu, löst auch dieses, setzt dazu

82,0 Phosphorsäure von 1,71 spez. Gew.,

30,0 Chininsulfat,

0,2 Strychnin

und rührt, bis die Lösung vollendet ist. Man filtriert, setzt zum Filtrat

125,0 Glycerin v. 1,23 spez. Gew.

und bringt mit

q. s. weissem Sirup

auf eine Gesamtmenge von

1000,0 ccm.

Sirupus Ferri salicylici.

Eisensalicylatsirup.

25,0 Eisenzucker von 3 pCt Fe

löst man in

45,0 Glycerin v. 1,23 spez. Gew.

Andrerseits führt man

5,0 Natriumsalicylat

mit

25,0 weissem Sirup

in Lösung über und mischt beide Flüssigkeiten.

Sirupus Ferro-Kalii tartarici.

Sirupus Tartari ferrati. Eisenweinsteinsirup.

2,5 Eisenweinstein

löst man in

2,5 Zimtwasser

und vermischt die Lösung mit

95,0 weissem Sirup.

Sirupus Foeniculi.

Fenchelsirup.

Ph. G. I.

100,0 zerquetschten Fenchel

feuchtet man mit

50,0 Weingeist von 90 pCt

an, übergiesst dann mit

450,0 destilliertem Wasser

und lässt 24 Stunden in einer Temperatur von 15—20 ⁰ C stehen.

Man presst nun aus, verrührt in der Seihflüssigkeit

2,0 Filtrierpapierabfall,

kocht unter Abschäumen einmal auf und filtriert dann durch Papier.

In

350,0 Filtrat

löst man durch einmaliges Aufkochen

650,0 Zucker, Pulver M/8,

und seiht die heisse Lösung durch Flanell.

Der Saft ist unter den in der Einleitung angegebenen Vorsichtsmassregeln aufzubewahren, da er immer zur Schimmelbildung neigt.

Hat man grössere Mengen Fenchelsaft herzustellen, so lohnt es sich, aus den Pressrückständen das ätherische Öl abzudestillieren.

Sirupus Fragariae vescae.

Erdbeersaft.

a) auf heissem Weg:

1000,0 frische zerquetschte Erdbeeren (am besten Walderdbeeren)

lässt man unter Zusatz von 2 pCt Zucker in Zimmertemperatur ausgären, mischt hierauf

100,0 guten Weisswein

hinzu, lässt 24 Stunden ruhig stehen, presst ab und klärt den gewonnenen Fruchtsaft durch Filtrieren unter Zusatz von 1 pCt seines Gewichts fein darin verteilten Talkpulver.

In je

500,0 geklärten Fruchtsaft

löst man kalt oder durch Erwärmen bis auf 30° C

800,0 Krystallzucker,

setzt auf je 1000,0 fertigen Sirup

2,0 Citronensäure

zu, seiht durch Flanell und füllt in kleine, luftdicht zu verschliessende Flaschen.

Um den Saft haltbarer zu machen, ist der Zusatz einer geringen Menge Salicylsäure, ca. 1 g pr. kg, zu empfehlen.

Die Vorschrift liefert einen ebenso wohlschmeckenden, wie haltbaren Saft.

b) auf kaltem Weg nach *E. Dieterich:*

750,0 frische Erdbeeren,
100,0 gröblich gepulverten Zucker,
37,5 gepulverte Citronensäure

giebt man in eine Weithalsflasche von ungefähr 3 l Rauminhalt, rollt die Erdbeeren im Pulver, so dass sie von allen Seiten gleichmässig damit bedeckt sind, und überschichtet sie dann mit

900,0 gröblichem Zuckerpulver.

Der die Erdbeeren umgebende Zucker, besonders aber auch die obenauf liegende Zuckerschicht ziehen schnell Saft und nach 24 Stunden — so lange muss dieser Ansatz stehen — ist der grössere Teil der Zuckerschicht im gezogenen Saft untergesunken und gelöst.

Man setzt nun

200,0 Weingeist von 90 pCt

zu, schüttelt kräftig und von Zeit zu Zeit so lange und so oft um, bis aller Zucker gelöst ist. Die Mischung stellt man, nachdem man die Flasche gut verkorkt hat, in den Keller, lässt sie hier 8 Tage stehen und presst sie sodann aus.

Den Pressrückstand verrührt man gleichmässig mit

100,0 destilliertem Wasser

und wiederholt das Auspressen.

Die vereinigten Pressflüssigkeiten versetzt man mit

5,0 feinstem Talkpulver,

das man vorher mit wenig Wasser verrieb, schüttelt die Flüssigkeit mindestens 5 Minuten lang und stellt sie nun ebenfalls in den Keller. Nach 8 Tagen hebert man die klare Flüssigkeitsschicht ab und bringt den trüben Bodensatz auf ein mit heissem Wasser ausgewaschenes Papierfilter.

Der erhaltene klare Saft, den man in verkorkten Flaschen aufbewahrt, hat eine prächtige Farbe, ist in Aroma und Geschmack ganz vorzüglich und dabei haltbar. Er giebt mit Weisswein verdünnt die beste Erdbeerbowle, kann aber auch zu Limonade und zu Fruchtsaucen verwendet werden.

Der auf kaltem Weg bereitete Saft verdient vor dem durch Erhitzen gewonnenen bei Weitem den Vorzug.

Sirupus Frangulae.

Faulbaumrindensirup.

5,0 Faulbaumrinden-Fluidextrakt,
95,0 weissen Sirup

mischt man.

Sirupus Galegae.

Galegasirup.

5,0 Galegaextrakt,

gelöst in

5,0 destilliertem Wasser,

vermischt man mit

87,5 weissem Sirup

und fügt zuletzt

2,0 Fencheltinktur

hinzu.

Nach mehrtägigem Stehen filtriert man die Mischung.

Sirupus gummosus.

Gummisirup.

25,0 Gummischleim,
75,0 weissen Sirup

mischt man.

Der Gummisirup ist stets frisch zu bereiten.

Sirupus Heroini.

Heroinsirup.

Vorschrift d. Münchn. Ap. V.

1,0 Heroin,
9,0 verdünnte Essigsäure,
990,0 weissen Sirup.

Sirupus hypophosphorosus compositus.

Hypophosphitsirup. Fellows Sirup.

Vorschrift des Dresdner Ap. V.

2,25 Manganohypophosphit,
2,25 Ferrohypophosphit,
5,00 Kaliumcitrat,
2,00 Citronensäure

löst man unter gelindem Erwärmen in

60,0 destilliertem Wasser.

Andrerseits löst man

35,0 Calciumhypophosphit,
17,5 Kaliumhypophosphit,
17,5 Natriumhypophosphit,
1,125 Chininhydrochlorat

in

300,0 destilliertem Wasser

und vermischt beide Lösungen.

In der Mischung löst man ohne Anwendung von Wärme

775,0 Zuckerpulver,

fügt

15,0 Brechnusstinktur

hinzu und bringt schiesslich durch Zusatz von destilliertem Wasser auf ein Gesamtgewicht von

1300,0.

Sirupus Jaborandi.

Jaborandisirup.

100,0 zerschnittene Jaborandiblätter

erwärmt man 4 Stunden bei einer 35 °C nicht übersteigenden Temperatur mit

450,0 destilliertem Wasser,
20,0 Weingeist von 90 pCt,

seiht durch und presst aus. In der Pressflüssigkeit verrührt man

2,0 Filtrierpapierabfall,

kocht unter Abschäumen einmal auf und filtriert.

In

350,0 Filtrat

löst man durch einmaliges Aufkochen

650,0 Zucker, Pulver M/8,

und seiht die heisse Lösung durch Flanell.

Sollte der Saft nicht klar sein, so filtriert man ihn durch Papier, nötigenfalls unter Zusatz von 1 pCt feinstem Talkpulver.

Sirupus Ipecacuanhae.

Brechwurzelsirup.

a) Vorschrift des D. A. IV.

1 Teil fein zerschnittene Brechwurzel

wird mit

5 Teilen Weingeist von 90 pCt

und

40 Teilen Wasser

2 Tage lang bei 15—20 °C unter wiederholtem Umrühren ausgezogen.

Aus

40 Teilen der filtrierten Flüssigkeit

und

60 Teilen Zucker

werden

100 Teile Sirup

bereitet.

Es empfiehlt sich, nicht zerschnittene, sondern gröblich gepulverte Wurzeln zu verwenden, weil das Emetin, um das es sich hier handelt, schwer löslich ist. Ferner geschieht das Ausziehen der Wurzel am besten in einer verkorkten Glasbüchse, wodurch an Stelle des „Umrührens“ das Umschütteln tritt.

Der Neigung des Safts zum Verderben begegnet man am besten dadurch, dass man die Zuckermenge um 50,0 erhöht und dementsprechend zum Ausziehen der Wurzel ebensoviel Wasser weniger nimmt.

b) Vorschrift der Ph. Austr. VII.

10,0 gepulverte Brechwurzel,
50,0 verdünnten Weingeist v. 68 pCt,
400,0 destilliertes Wasser

maceriert man 2 Tage lang unter öfterem Umschütteln, seiht ab und filtriert. In

420,0 Seihflüssigkeit

löst man durch einmaliges Aufkochen

600,0 gepulverten Zucker,

und seiht durch.

Siehe die Bemerkung unter a).

Eine sehr einfache Vorschrift ist nach *E. Dieterich* folgende:

c) 10,0 Brechwurzel-Dauerextrakt Helfenberg

löst man durch Erwärmen in

990,0 weissem Sirup.

Da sich das Dauerextrakt klar löst, so beschränkt sich die Herstellung auf das Auflösen.

Sirupus Jodi.

Jod-Sirup.

0,5 Jod,
1,0 Kaliumjodid

löst man in

99,0 weissem Sirup.

Sirupus Kalii bromati.

Bromkaliumsirup.

50,0 Kaliumbromid

löst man durch schwaches Erhitzen in

50,0 destilliertem Wasser
und mischt
900,0 weissen Sirup
hinzu.

Sirupus Liquiritiae.

Sirupus Glycyrrhizae. Süssholzsirup.

a) Vorschrift des D. A. IV.

4 Teile grob zerschnittenes Süssholz
werden mit
1 Teil Ammoniakflüssigkeit (10 pCt)
und
20 Teilen Wasser
12 Stunden lang bei 15—20° C unter wiederholtem Umrühren ausgezogen und alsdann ausgepresst; die abgepresste Flüssigkeit wird einmal zum Sieden erhitzt und im Wasserbade auf
2 Teile
eingedampft; der Rückstand wird mit
2 Teilen Weingeist von 90 pCt
versetzt, die Mischung nach 12 Stunden filtriert und das Filtrat durch Zusatz von weissem Sirup auf
20 Teile
gebracht.

b) Vorschrift v. *E. Dieterich*:

30,0 klar lösliches Süssholzextrakt Helfenberg
löst man durch Erwärmen in
50,0 destilliertem Wasser
und fügt der Lösung eine Mischung von
2,0 Ammoniakflüssigkeit v. 10 pCt,
100,0 Weingeist von 90 pCt,
800,0 weissem Sirup
hinzu.

Die Mischung ist klar und wird deshalb nicht filtriert.

Zu dieser zweiten Vorschrift ist noch zu bemerken, dass nur ein im Vakuum abgedampftes Süssholzextrakt Verwendung finden kann, weil das auf offenem Dampfbad gewonnene Extrakt zu dunkelfarbig ist und dementsprechend einen zu dunklen Sirup liefert.

Sirupus magistralis.

Sirupus Ferri pomati.

10,0 äpfelsaures Eisenextrakt
löst man in
40,0 Zimtwasser
und vermischt mit dieser Lösung
200,0 Pomeranzenschalensirup,
500,0 zusammengesetzten Rhabarbersirup,
240,0 weissen Sirup,
10,0 Zimttinktur.

Sirupus Mangani oxydati.

Mangansirup.

Vorschrift des Hamb. Ap. V.

58,0 Kaliumpermanganat
löst man in
3000,0 heissem Wasser
und setzt der auf 60° C abgekühlten Lösung
350,0 Zuckerpulver
zu.

Den entstandenen Niederschlag wäscht man nach dem Absetzen zweimal mit heissem Wasser aus, sammelt ihn auf einem Tuch und presst ihn gelinde aus.

Man mischt ihn nun mit
670,0 Zuckerpulver,
23,0 Natronlauge v. 1,17 spez. Gew.,
400,0 Wasser
und dampft die Mischung auf
1000,0 Gesamtgewicht
ein.

Sirupus Mannae.

Mannasirup.

Vorschrift des D. A. IV.

10 Teile Manna
werden in einem Gemische von
2 Teilen Weingeist von 90 pCt
und
33 Teilen Wasser
gelöst, die Lösung wird sodann filtriert. Aus dem Filtrate und
55 Teilen Zucker
werden
100 Teile Sirup
bereitet.

Vor allem ist hierzu zu bemerken, dass selbst die beste Manna viel Schleimteile enthält, die der Entfernung wert sind. Man löst deshalb besser die Manna durch Aufkochen und unter Zusatz von
1,0 weissem Bolus
auf, filtriert dann und wäscht das Filter mit so viel destilliertem Wasser nach, dass man 500,0 Filtrat erhält.

Sirupus Mannae cum Rheo.

Manna-Rhabarbersaft.

50,0 Rhabarbersirup,
25,0 Mannasirup,
25,0 Sennasirup
mischt man.

Sirupus Menthae crispae.

Krauseminzsirup.

Ph. G. I., verbessert von *E. Dieterich.*

100,0 feinzerschnittene Krauseminzblätter

feuchtet man mit

50,0 Weingeist von 90 pCt

an, übergiesst dann mit

500,0 destilliertem Wasser

und lässt 24 Stunden bei 15—20° C stehen. Man presst dann aus, verrührt in der Seihflüssigkeit

2,0 Filtrierpapierabfall,

kocht unter Abschäumen einmal auf und filtriert durch Papier.

In

350,0 Filtrat

löst man durch einmaliges Aufkochen

650,0 Zucker, Pulver M/8,

und seiht die noch heisse Lösung durch Flanell.

Hat man eine grössere Menge Kraut in Arbeit genommen, so verlohnt es sich, von den Pressrückständen das ätherische Öl abzudestillieren.

Sirupus Menthae piperitae.

Pfefferminzsirup. Pfefferminzsaft.

a) Vorschrift des D. A. IV.

2 Teile mittelfein zerschnittene Pfefferminzblätter

werden mit

1 Teil Weingeist von 90 pCt

darauf mit

10 Teilen Wasser

einen Tag lang bei 15—20° C unter wiederholtem Umrühren ausgezogen und alsdann ausgepresst.

Aus

7 Teilen der abgepressten und filtrierten Flüssigkeit

und

13 Teilen Zucker

werden

20 Teile Sirup

bereitet.

Ein nicht klarer Saft muss filtriert werden; man setzt ihm vorher 1 pCt feines Talkpulver zu.

b) Vorschrift der Ph. Austr. VII.

100,0 zerschnittene Pfefferminzblätter

behandelt man wie unter a) mit

50,0 Weingeist von 90 pCt

und weiter mit

500,0 destilliertem Wasser.

In

400,0 Seihflüssigkeit

löst man alsdann durch Kochen

600,0 zerstossenen Zucker.

Siehe die Bemerkung unter a).

Sirupus Mororum.

Sirupus Mori. Maulbeersirup.

a) Man verarbeitet frische schwarze Maulbeeren und verfährt damit so, wie bei Sirupus Cerasorum angegeben ist.

Sollte der Sirup nicht klar sein, so versetzt man ihn mit

1 pCt Talk, Pulver M/50,

und filtriert durch Papier.

b) Vorschrift der Ph. Austr. VII.

3000,0 reife Maulbeeren

quetscht man zu Brei, rührt

200,0 zerstossenen Zucker

darunter, lässt stehen, bis die weingeistige Gärung vorüber ist, seiht ab und presst aus. Den Saft lässt man absetzen, filtriert ihn und verkocht je

100,0 Saft

mit

160,0 zerstossenen Zucker

zum Sirup, den man durchseiht.

Sirupus Morphini.

Morphinsirup.

1,0 Morphinhydrochlorid

löst man in

1000,0 weissem Sirup.

Sirupus Myrtilli.

Heidelbeersirup.

Man bereitet ihn aus frischen Heidelbeeren, wie den Sirupus Cerasorum.

Sirupus Natrii bicarbonici.

Natriumbikarbonatsirup.

4,0 Natriumbikarbonat

löst man in

96,0 weissem Sirup.

Sirupus opiatus.

Opiumsirup.

1,0 Opiumextrakt

löst man in

10,0 Weingeist von 90 pCt

und mischt hinzu

990,0 weissen Sirup.

Ist stets frisch zu bereiten.

Sirupus Papaveris.

Sirupus capitum Papaveris. Sirupus Diacodii. Mohnsaft. Mohnsirup. Beruhigungssaft.

a) Vorschrift des D. A. IV.

10 Teile mittelfein zerschnittene Mohnköpfe

werden mit

7 Teilen Weingeist von 90 pCt

durchfeuchtet, darauf mit

70 Teilen Wasser

24 Stunden lang bei 15—20° C unter wiederholtem Umrühren ausgezogen und alsdann ausgepresst. Die abgepresste Flüssigkeit wird einmal zum Sieden erhitzt, im Wasserbade auf

35 Teile

eingedampft und filtriert. Aus dem Filtrate und

65 Teilen Zucker

werden

100 Teile Sirup

bereitet.

b) Vorschrift von *E. Dieterich*:

100,0 Mohnköpfe, Pulver M/8,

digeriert man in einer 35° C nicht übersteigenden Temperatur 4 Stunden lang mit

400,0 destilliertem Wasser,
100,0 Weingeist von 90 pCt

und presst scharf aus.

In der Pressflüssigkeit verrührt man

3,0 Filtrierpapierabfall,

kocht dieselbe einmal unter Abschäumen auf, lässt erkalten und filtriert.

In

400,0 Filtrat

löst man durch Kochen und unter Abschäumen

650,0 Zucker, Pulver M/8,

und seiht den Saft durch Flanell.

Durch die Verwendung gepulverter Mohnköpfe an Stelle der zerschnittenen braucht man zum Ausziehen weniger Wasser und umgeht das bei der Vorschrift des Arzneibuchs notwendige Eindampfen des Auszugs.

Trüben Mohnsaft versetzt man mit 1 pCt feinstem Talkpulver und filtriert ihn dann durch Papier.

c) Vorschrift der Ph. Austr. VII.

100,0 zerstossene Mohnköpfe

befeuchtet man mit

50,0 verdünntem Weingeist von 68 pCt,

setzt

500,0 destilliertes Wasser

hinzu und erhitzt eine Stunde lang im Wasserbad.

In der Seihflüssigkeit von

350,0

löst man durch Kochen

650,0 zerstossenen Zucker,

klärt durch Abschäumen und seiht durch.

Das Erhitzen im Dampfbad erschwert die spätere Klärung. Vergleiche unter b).

Sirupus pectoralis.

Brustsaft.

10,0 Brechwurzelsirup,
20,0 Klatschrosensirup,
35,0 Eibischsirup,
35,0 Süssholzsirup

mischt man.

Sirupus Pepsini.

Pepsinsirup. Pepsinsaft.
Nach *Vulpius*.

1,5 Pepsin Witte (1 : 3000)

löst man bei einer 40° C nicht übersteigenden Temperatur in

6,5 destilliertem Wasser,

fügt

80,0 weissen Sirup,
10,0 Pomeranzenschalensirup

und zuletzt

2,0 Salzsäure v. 1,124 spez. Gew.

hinzu.

Man mischt durch Schütteln.

Da sich die Pepsinwirkung mit der Zeit verringert, ist die Herstellung kleinerer Mengen geboten.

Sirupus Phellandrii.

Wasserfenchelsirup.

Man bereitet ihn wie Sirupus Foeniculi.

Sirupus Plantaginis.

Spitzwegerichsaft.

a) Vorschrift des Münchn. Ap. V.

10,0 Spitzwegerichextrakt

löst man in

500,0 gereinigtem Honig,
500,0 weissem Sirup.

Das Spitzwegerichextrakt soll aus Spitzwegerichblättern wie das Bilsenkrautextrakt bereitet werden.

b) 20,0 Spitzwegerichextrakt,
500,0 gereinigter Honig.
500,0 weisser Sirup.

Bereitung wie bei a).

Sirupus Pruni Virginianae.

Syrup of wild cherry.

Vorschrift der Ph. U. St.

150,0 Virginische Kirschbaumrinde (wild cherry), Pulver M/8,

befeuchtet man mit der nötigen Menge eines Gemisches aus

188,0 Glycerin v. 1,23 spez. Gew.,
300,0 destilliertem Wasser,

lässt 24 Stunden stehen, bringt in einen Verdrängungsapparat und verdrängt mit dem Rest obigen Gemisches. Wenn alles abgetropft ist, verdrängt man noch mit so viel Wasser, dass die Gesamtmenge des Abgelaufenen

450 ccm

beträgt; man löst darin durch Rühren, ohne zu erhitzen,

700,0 Zucker, Pulver M/50,

seiht durch und bringt mit

q. s. destilliertem Wasser

auf eine Gesamtmenge von

1000 ccm.

Sirupus Pulmonum Vitularum.

Kälberlungensirup.

300,0 fein geschnittene Kälberlungen,
50,0 geschnittene Datteln,
50,0 „ Jujuben,
50,0 geschnittenes Lungenkraut,
10,0 „ Süssholz,
10,0 geschnittene Schwarzwurzel

erhitzt man mit

500,0 heissem Wasser

mehrere Stunden im Dampfbad, seiht ab, presst aus und kocht

400,0 Seihflüssigkeit

mit

600,0 Zucker, Pulver M/8,

zu

1000,0 Sirup.

Sirupus Quassiae.

Quassiasirup. Fliegensirup.

Nach *E. Dieterich.*

1000,0 geraspeltes Quassiaholz (Surinam)

rührt man mit

5000,0 Wasser

an, lässt 24 Stunden stehen, kocht dann eine halbe Stunde lang, stellt wieder 24 Stunden zurück und presst nun aus. Man versetzt die Brühe mit

150,0 braunem Sirup

und dampft auf

200,0

ein. Der Quassiasirup dient zum Töten der Fliegen.

Ein weniger konzentrierter Quassiaauszug würde zu schwach in der Wirkung sein und die Fliegen höchstens betäuben, aber nicht töten. Zusätze wie Brechweinstein sind meinen Erfahrungen zufolge zwecklos.

Sirupus Rhamni catharticae.

Sirupus Spinae cervinae. Kreuzdornbeerensirup.

Vorschrift des D. A. IV.

Frische Kreuzdornbeeren zerstösst man und lässt sie so lange in einem bedeckten Gefässe bei ungefähr 20° C unter wiederholtem Umrühren stehen, bis ein Raumteil einer abfiltrierten Probe sich mit 0,5 Raumteilen Weingeist ohne Trübung mischt.

Aus

7 Teilen der nach dem Abpressen filtrierten Flüssigkeit

und

13 Teilen Zucker

werden

20 Teile Sirup

bereitet.

Sirupus Rhei.

Rhabarbersirup. Rhabarbersaft.

a) Vorschrift des D. A. IV.

10 Teile in Scheiben zerschnittener Rhabarber,
1 Teil Kaliumkarbonat,
1 „ Natriumborat

werden mit

80 Teilen Wasser

12 Stunden lang bei 15—20° C unter wiederholtem Umrühren ausgezogen. Die durch gelindes Ausdrücken gewonnene Flüssigkeit wird zum Aufkochen erhitzt.

Aus

60 Teilen der nach dem Erkalten filtrierten Flüssigkeit,
20 Teilen Zimtwasser

und

120 Teilen Zucker

werden

200 Teile Sirup

bereitet.

Hierzu ist vor allem zu bemerken, dass die Verwendung von Metallgefässen vermieden werden muss, ferner, dass man einen kräftiger schmeckenden Saft erhält, wenn man den Zucker nur im Rhabarberauszug löst und dann erst das Zimtwasser zusetzt. Nach dem Verfahren des Arzneibuchs wird der grösste Teil des Zimtaromas in die Luft gejagt.

Beim Kochen des Saftes empfiehlt sich das Abschäumen.

b) Vorschrift der Ph. Austr. VII.

50,0 zerstossene Rhabarberwurzel,
1,0 reines Kaliumkarbonat

übergiesst man mit

600,0 heissem destillierten Wasser,

lässt eine Stunde stehen und presst aus. Die Seihflüssigkeit von

500,0

verkocht man mit

800,0 zerstossenem Zucker

zum Sirup, klärt durch Abschäumen und seiht durch.

Man thut besser, wie das D. A. IV., eine in Scheiben geschnittene Rhabarberwurzel oder mindestens eine solche zu verwenden, von der man das feine Pulver durch Absieben entfernt hat, da sonst die Flüssigkeit stark schleimig wird.

Sirupus Rhoeados.

Klatschrosensirup.

a) Ph. G. I. aus frischen Blüten:

200,0 frische Klatschrosen

übergiesst man in einer Porzellanschale mit

400,0 siedendem destillierten Wasser

und lässt 1/2 Stunde im Dampfbad stehen. Man seiht dann ab, ohne zu pressen und filtriert die Seihflüssigkeit.

In

350,0 Filtrat

löst man durch Aufkochen und Abschäumen

650,0 Zucker, Pulver M/8,

und seiht den noch heissen Saft durch ein Flanelltuch.

b) aus trockenen Blüten nach *E. Dieterich:*

50,0 getrocknete fein zerschnittene Klatschrosenblätter,
1,0 Citronensäure,
400,0 destilliertes Wasser

erwärmt man bei einer 35 ⁰ C nicht übersteigenden Temperatur 4 Stunden in einem Porzellangefäss und presst dann aus.

Die Brühe kocht man unter sorgfältigem Abschäumen in einem blanken Kupferkessel auf und filtriert.

In

350,0 Filtrat

löst man durch Aufkochen und Abschäumen

650,0 Zucker, Pulver M/8,

und seiht den noch heissen Saft durch ein Flanelltuch.

Trüben Saft versetzt man mit 1 pCt feinstem Talkpulver und filtriert ihn durch Papier.

Bei der Bereitung des Safts aus trockenen Blüten ist darauf zu achten, dass dieselben von schöner Farbe sind. Bei beiden Vorschriften sind zinnerne oder gar eiserne Gefässe sorgfältig zu vermeiden.

Sirupus Ribium.

Sirupus Ribis. Johannisbeersirup. Ribiselsirup.

a) Man verarbeitet frische rote Johannisbeeren und verfährt damit so, wie bei Sirupus Cerasorum angegeben ist.

Sollte der Sirup nicht klar sein, so versetzt man ihn mit 1 pCt feinstem Talkpulver und filtriert ihn durch Papier.

b) Vorschrift der Ph. Austr. VII.

Man bereitet ihn aus den reifen zerquetschten Früchten von Ribes rubrum, wie den Maulbeersirup Ph. Austr. VII.

Sirupus Ribium nigrorum.

Schwarzer Johannisbeersaft.

Man verarbeitet frische schwarze Johannisbeeren und verfährt damit so, wie bei Sirupus Cerasorum angegeben ist.

Sirupus Rubi fruticosi.

Brombeersirup.

Man verarbeitet frische Brombeeren und verfährt damit so, wie bei Sirupus Cerasorum angegeben ist.

Sollte der Sirup nicht klar sein, so versetzt man ihn mit 1 pCt feinstem Talkpulver und filtriert ihn durch Papier.

Sirupus Rubi Idaei.

Himbeersirup. Himbeersaft.

a) Vorschrift des D. A. IV.

Frische Himbeeren zerdrückt man und lässt sie so lange in einem bedeckten Gefäss bei ungefähr 20 ⁰ C unter wiederholtem Umrühren stehen, bis 1 Raumteil einer abfiltrierten Probe sich mit 0,5 Raumteilen Weingeist von 90 pCt ohne Trübung mischt.

Aus

7 Teilen der nach dem Abpressen filtrierten Flüssigkeit

und

13 Teilen Zucker

werden

20 Teile Sirup

bereitet.

b) Vorschrift der Ph. Austr. VII.

Man bereitet ihn aus reifen zerquetschten Himbeeren, wie unter a) angegeben ist.

c) Vorschrift v. *E. Dieterich*:

Für Limonade eignet sich besser der nach folgender Vorschrift hergestellte, weniger süss, dagegen kräftiger schmeckende Saft:

Man verfährt nach Vorschrift a), löst aber in

500,0 filtriertem Saft

unter langsamem Aufkochen und unter Abschäumen

500,0 Zucker, Pulver M/8,
7,5 Citronensäure.

Wenn man einen haltbaren Saft gewinnen will, so darf man nur reinsten ungebläuten Zucker verwenden. Eine Ersparnis in dieser Richtung rächt sich später in der Regel dadurch, dass der Sirup seine schöne Farbe verliert und einen bitterlichen Geschmack annimmt.

Zur Haltbarmachung des Himbeersafts im allgemeinen empfiehlt die Firma Dr. *F. von Heyden Nachfolger* in Radebeul-Dresden einen Zusatz von 0,1 Salicylsäure zu 1 kg frisch gepresstem Saft vor Eintritt der Gärung, ferner für die Ausfuhr von Sirupus Rubi Idaei 0,1 Salicylsäure auf 1 kg.

d) auf kaltem Weg nach *E. Dieterich*:

750,0 frische Himbeeren,
25,0 gepulverte Citronensäure,
100,0 gröblich gepulverter Zucker.

Man rollt die Himbeeren in einer Weithalsflasche in den Pulvern und bedeckt sie dann mit einer Schicht von

900,0 gröblichem Zuckerpulver.

Nach 24 Stunden setzt man

150,0 Weingeist von 90 pCt

zu, schüttelt 5 Minuten lang, stellt 8 Tage in den Keller und presst sodann aus. Den Pressrückstand verrührt man mit

100,0 destilliertem Wasser

und wiederholt das Auspressen.

Zu den vereinigten Pressflüssigkeiten verreibt man

5,0 feinstes Talkpulver,

schüttelt 5 Minuten lang und stellt 8 Tage in den Keller.

Man hebert sodann den überstehenden klaren Saft ab und filtriert den trüben Rückstand.

Die Vorschrift zur Bereitung der Säfte auf kaltem Weg ist ausführlich unter Sirupus Fragariae b) gegeben und dort nachzulesen.

Der auf kaltem Weg hergestellte Himbeersaft darf nicht für medizinische Zwecke verwendet werden, als Genussmittel stellt er aber jeden anders bereiteten Himbeersaft in den Schatten. Er ist von prachtvoller Farbe, vortrefflich von Aroma und Geschmack und ausserordentlich haltbar.

Jahrelange Versuche haben mich zu dieser und zu der unter Sirupus Fragariae angegebenen Vorschrift geführt.

Sirupus Rubi Idaei artificialis.

Künstlicher Himbeersaft.

5,0 Citronensäure

löst man durch Erwärmen in

1000,0 weissem Sirup

und setzt der noch warmen Masse

10,0 Helfenberger hundertfache Himbeeressenz,
1,0—2,0 flüssiges Himbeerrot †

hinzu.

Der künstliche Himbeersaft wird nur zu Brauselimonade und zwar notgedrungen gemacht, weil sich die mit echtem Himbeersaft bereiteten Brauselimonaden in kurzer Zeit zersetzen und missfarbig werden.

Eine damit hergestellte Brauselimonade erhält auf dem Etikett den Zusatz „mit natürlichem Himbeeraroma.“ Damit ist dem Nahrungsmittelgesetz gegenüber jede Täuschung ausgeschlossen.

Es kommt künstlicher Himbeersaft im Handel massenhaft vor, aber derselbe ist zumeist mit den aus Amylalkohol gewonnenen Fruchtäthern bereitet und hat mit natürlichem Himbeersaft nur in der Farbe Ähnlichkeit. Da die oben vorgesehene Essenz aus Himbeeren destilliert ist, so kommt das nach beiden Vorschriften gewonnene Produkt der echten Ware sehr nahe.

Nachgewiesen wird der künstliche Saft durch Aufschütteln mit Amylalkohol; der letztere färbt sich hellrot, während er bei natürlichem Saft farblos bleibt.

Sirupus Sacchari invertati.

Invertzuckersirup. Flüssige Raffinade.

Vorschrift von *Holfert*:

10 kg beste ungebläute Raffinade,
5 kg Wasser

kocht man unter Abschäumen und stetem Umrühren auf

13 kg Gewicht

ein, fügt

10,0 g Citronensäure

zu und fährt mit dem Einkochen so lange fort, bis die Masse nur noch

12 kg

wiegt.

Der Invertzuckersirup ist nun fertig. Er schmeckt weniger süss, als weisser uninvertierter Sirup, ist aber sehr haltbar und krystallisiert nicht aus.

---

† S. Bezugsquellen-Verzeichnis.

Sirupus Sambuci.
Fliedersirup.

100,0 Fliedermus
löst man durch Erwärmen in
900,0 weissem Sirup
und setzt
5,0 Helfenberger hundertfache Fliederwasseressenz
zu.

Verwendet man ein Mus, wie es die Vorschrift dieses Manuals vorsieht, so erhält man einen hübsch violetten Saft.

Sirupus Sarsaparillae compositus.
Zusammengesetzter Sarsaparillsirup.
Ph. G. I.

125,0 Sarsaparillwurzel,
75,0 Guajakholz,
75,0 Sassafrasholz,
75,0 Chinawurzel,
50,0 Chinarinde,
25,0 Anis
verwandelt man in ein gröbliches Pulver (M/8), lässt es mit
1250,0 destilliertem Wasser
bei 15—20° C 24 Stunden stehen, setzt dann eine Stunde der Hitze des Dampfbads aus und presst hierauf aus.

Die Seihflüssigkeit versetzt man mit
20,0 Talk, Pulver M/50,
dampft sofort im Dampfbad unter Rühren auf ein Gewicht von
370,0
ein, lässt die Flüssigkeit erkalten und füllt sie mit
50,0 Weingeist von 90 pCt
in eine Flasche.

Nach 24-stündigem Stehen filtriert man und wäscht das Filter mit so viel destilliertem Wasser nach, dass man
350,0 Filtrat
erhält.

Man löst in diesem durch Aufkochen und unter Abschäumen
650,0 Zucker, Pulver M/8,
und seiht den Saft durch Flanell. Sollte der Sirup trübe sein, so versetzt man ihn mit 1 pCt feinstem Talkpulver und filtriert ihn durch Papier.

Ein Klären des Zuckers ist hier nicht zu empfehlen.

Sirupus Scillae.
Meerzwiebelsirup. Syrup of squill.

a) 2,5 grob gepulverten Ceylonzimt,
2,5 fein zerschnittenen Ingwer,
50,0 Meerzwiebelessig
lässt man bei 15—20° C unter zeitweiligem Schütteln drei Tage in einem verschlossenen Glas stehen.

Man seiht nun unter Ausdrücken durch ein Tuch und filtriert die Seihflüssigkeit.

Aus
40,0 Filtrat
und
60,0 Zucker
bereitet man
100,0 Sirup.

b) Vorschrift d. Dresdner Ap. V.
50,0 zerschnittene Meerzwiebeln,
100,0 verdünnte Essigsäure,
250,0 destilliertes Wasser,
35,0 Weingeist von 90 pCt
lässt man 3 Tage bei 15—20° stehen und seiht dann ab.

In
320,0 Seihflüssigkeit
löst man
480,0 Zucker.

c) Vorschrift des Münchn. Ap. V.
3,0 Meerzwiebelextrakt
löst man in
97,0 weissem Sirup.

d) Vorschrift der Ph. Brit.
200,0 Zucker, Pulver M/8,
löst man durch gelindes Erwärmen in
104,0 Meerzwiebelessig.

Das spezifische Gewicht soll etwa 1,345 betragen.

e) Vorschrift der Ph. U. St.
450,0 Meerzwiebelessig Ph. U. St.
erhitzt man bis zum Kochen, filtriert, löst im Filtrat durch Rühren, ohne weiter zu erhitzen,
800,0 Zucker, Pulver M/50,
seiht ab, lässt erkalten und bringt mit
q. s. destilliertem Wasser
auf eine Gesamtmenge von
1000 ccm.

Sirupus Senegae.
Senegasirup. Syrup of senega.

a) Vorschrift des D. A. IV.
1 Teil mittelfein zerschnittene Senegawurzel
wird mit
1 Teil Weingeist von 90 pCt

und

9 Teilen Wasser

2 Tage lang bei 15—20° C unter wiederholtem Umrühren ausgezogen und alsdann ausgepresst.

Aus

8 Teilen der abgepressten und filtrierten Flüssigkeit

und

12 Teilen Zucker

werden

20 Teile Sirup

bereitet.

Zu dieser Vorschrift ist zu bemerken, dass man besser gröblich gepulverte Wurzel verwendet, ferner

100,0 Pressflüssigkeit

mit

0,5 Filtrierpapierabfall

aufkocht und dann erst filtriert und dass man schliesslich besser auf

7 Teile Filtrat
13 „ Zucker

nimmt. Der nach Vorschrift a) bereitete Sirup ist wenig haltbar.

Ex tempore und auf die bequemste Weise kann man einen klaren Senegasaft auf nachstehende Weise bereiten:

b) 50,0 Senega-Dauerextrakt Helfenberg

löst man durch Erhitzen auf dem Dampfbad in

950,0 weissem Sirup.

c) Vorschrift der Ph. Austr. VII.

50,0 grob gepulverte Senegawurzel,
100,0 verdünnten Weingeist v. 68 pCt,
450,0 destilliertes Wasser

maceriert man zwei Tage, presst ab und filtriert.

In

400,0

Seihflüssigkeit löst man durch einmaliges Aufkochen

600,0 zerstossenen Zucker

und seiht durch.

d) Vorschrift der Ph. U. St.

200,0 ccm Senegafluidextrakt,
300,0 destilliertes Wasser,
5,0 Ammoniakflüssigkeit von 10 pCt

mischt man, setzt 5 Stunden bei Seite und filtriert. Man wäscht mit so viel Wasser nach, dass das Filtrat

550 ccm

beträgt, löst darin ohne Anwendung von Wärme durch Rühren

700,0 Zucker, Pulver M/50,

seiht durch und setzt so viel destilliertes Wasser hinzu, dass die Gesamtmenge

1000,0 ccm

beträgt.

Sirupus Sennae.

Sennasirup. Syrup of senna.

a) Vorschrift des D. A. IV.

10 Teile mittelfein zerschnittene Sennesblätter

und

1 Teil gequetschter Fenchel

werden mit

5 Teilen Weingeist

durchfeuchtet, darauf mit

60 Teilen Wasser

12 Stunden lang bei 15—20° C unter wiederholtem Umrühren ausgezogen und alsdann ohne Pressung durchgeseiht. Der Auszug wird einmal zum Sieden erhitzt und in einem bedeckten Gefässe zum Erkalten stehen gelassen.

Aus

35 Teilen der filtrierten Flüssigkeit

und

65 Teilen Zucker

werden

10 Teile Sirup

bereitet.

Man erhält ein klareres Filtrat, wenn man die Seihflüssigkeit mit

0,5 pCt Filtrierpapierabfall

unter Abschäumen langsam aufkocht.

Beim Kochen des Sirups ist ein vorsichtiges Abschäumen ebenfalls sehr zu empfehlen. Je sorgfältiger man die Eiweissstoffe entfernt, um so klarer und haltbarer wird der Saft sein.

Die bequemste Weise, einen goldklaren Saft herzustellen, ist nachstehende:

b) 50,0 Senna-Dauerextrakt Helfenberg

löst man durch Erhitzen in

950,0 weissem Sirup.

c) Vorschrift der Ph. Brit.

180,0 mittelfein zerschnittene Sennesblätter

übergiesst man mit

800,0 destilliertem Wasser,

lässt 24 Stunden bei 50° C stehen, presst ab und seiht durch. Den Pressrückstand behandelt man 6 Stunden lang in derselben Weise mit

360,0 destilliertem Wasser,

mischt die Auszüge und verdampft im Wasserbad bis auf

120,0.

Nach dem Erkalten mischt man die Flüssigkeit mit einer Lösung von

0,05 Corianderöl

in 29,0 Weingeist von 88,76 Vol. pCt, filtriert und wäscht mit Wasser soweit nach, dass die Flüssigkeit

180,0

beträgt. In dieser löst man durch Aufkochen

275,0 Zucker, Pulver M/8.

Die Gesamtmenge soll

480,0

von etwa 1,31 spez. Gew. betragen.

Sirupus Sennae cum Manna.

Sirupus mannatus. Senna-Mannasaft. Mannahaltiger Sennasirup.

a) Vorschrift des D. A. III.

50,0 Mannasirup,
50,0 Sennasirup

mischt man.

b) Vorschrift der Ph. Austr. VII.

35,0 zerschnittene Sennesblätter,
2,0 zerstossenes Sternanis

erhitzt man 2 Stunden lang mit

350,0 heissem destillierten Wasser

im Dampfbad, seiht ab und presst aus. In

250,0

Seihflüssigkett löst man durch Aufkochen

400,0 zerstossenen Zucker,
100,0 Manna,

klärt durch Abschäumen und seiht ab.

Die Manna zerbröckelt man vor der Verwendung; im übrigen ist die Beachtung der unter Sennasirup angegebenen Vorsichtsmassregeln zu empfehlen.

Sirupus simplex.

Sirupus Sacchari. Sirupus albus. Weisser Sirup. Weisser Zuckersaft. Weisser Zuckersirup. Einfacher Sirup.

a) Vorschrift des D. A. IV.

Aus

3 Teilen Zucker

und

2 Teilen Wasser

werden

5 Teile Sirup

bereitet.

Ein schönes Präparat erhält man folgendermassen:

b) Vorschrift von *E. Dieterich:*

600,0 weissen Zucker

klärt man so, wie in der Einleitung beschrieben ist, und bereitet

1000,0 Sirup

daraus. Den Saft filtriert man, so lange er noch lauwarm ist.

c) Vorschrift der Ph. Austr. VII.

400,0 zerstossenen Zucker

klärt man mit

250,0 destilliertem Wasser,

kocht zu Sirup und seiht ab.

d) 80,0 flüssige Raffinade, †
(s. Sirupus Sacchari invertati)
20,0 destilliertes Wasser

mischt man.

Diese letztere Mischung findet nur für Genusszwecke, besonders zu Limonaden, Liqueuren usw. Verwendung. Auch hat man darauf zu achten, dass die flüssige Raffinade nicht gerbsäurehaltig ist. Sie darf deshalb nur in Steingut- oder Glasgefässen, nicht aber in Holzgefässen gelagert oder versandt werden.

Sirupus Tamarindorum.

Tamarindensaft.
Nach *E. Dieterich.*

25,0 Tamarindenextrakt

löst man in

75,0 Himbeersirup.

Mit Wasser verdünnt bildet der Tamarindensaft eine angenehm schmeckende und abführende Limonade.

Sirupus Tamarindorum natronatus.

Natronhaltiger Tamarindensaft.

5,0 krystallisiertes Natriumkarbonat

verreibt man mit

10,0 destilliertem Wasser,

mischt

30,0 Helfenberger Tamarindenextrakt

hinzu, verdampft unter Rühren im Dampfbad bis zum Gewicht von

35,0

und setzt

65,0 Himbeersirup

zu.

Durch den Natronzusatz hat dieser Saft einen weniger sauren Geschmack wie der vorige und eine stärkere Wirkung.

Sirupus Theae.

Theesirup.

a) Vorschrift v. *E. Dieterich*:

100,0 schwarzen Thee

übergiesst man mit

550,0 kochendem Wasser,

seiht nach 30 Minuten unter gelindem Ausdrücken ab, filtriert die Seihflüssigkeit und löst in

---

† S. Bezugsquellen-Verzeichnis.

420,0 Filtrat
unter Erhitzen
600,0 Zucker, Pulver M/8.
Man setzt dem erkalteten Saft
2,0 Vanilletinktur
zu und filtriert ihn dann.

b) Vorschrift der Badischen Ergänzungstaxe:
100,0 schwarzen Thee
übergiesst man mit
500,0 siedendem Wasser
und lässt 12 Stunden bei 15—20° C stehen.
400,0 filtrierter Auszug
giebt mit
600,0 Zucker
1000,0 Sirup.

Sirupus Valerianae.

Baldriansirup.

50,0 grob gepulverte Baldrianwurzel
50,0 Weingeist von 90 pCt,
450,0 destilliertes Wasser
lässt man in geschlossenem Gefäss 3 Tage bei einer Temperatur von 15—20° C stehen, presst dann aus und filtriert.
In
400,0 Filtrat
löst man durch einmaliges Aufkochen
600,0 grob gepulverten Zucker
und seiht die heisse Lösung durch ein Flanelltuch.

Sirupus Vanillae.

Vanille-Sirup.

5,0 Vanilletinktur,
95,0 weissen Sirup
mischt man.

Sirupus Violarum.

Sirupus Violae. Veilchensirup.

200,0 frische, von den Kelchen befreite Veilchenblüten
durchfeuchtet man mit
50,0 Weingeist von 90 pCt,
übergiesst sie mit
300,0 siedendem destillierten Wasser,
erhitzt noch 1/2 Stunde im Dampfbad, lässt stehen und presst dann aus.
Die Seihflüssigkeit versetzt man mit
3,0 Talk, Pulver M/50,
filtriert sie durch Papier und löst durch Aufkochen und unter Abschäumen in
350,0 Filtrat,
650,0 Zucker, Pulver M/8,
um schliesslich den noch heissen Saft durch Flanell zu seihen.

Wenn frische Veilchenblüten nicht zur Verfügung stehen, kann man auf obige Verhältnisse 40,0 getrocknete nehmen.

Ist der Sirup trübe, so versetzt man ihn mit 1 pCt feinstem Talkpulver und filtriert ihn durch Papier.

Es empfiehlt sich die Aufbewahrung in kleinen Fläschchen.

Sirupus Violarum artificialis.

Künstlicher Veilchensirup.
Nach *E. Dieterich*.

15,0 zerschnittene, von den Kelchen befreite Malvenblüten,
10,0 Veilchenwurzel, Pulver M/8,
50,0 Weingeist von 90 pCt,
350,0 destilliertes Wasser
lässt man 24 Stunden bei 15—20° C stehen, seiht ab, kocht die Seihflüssigkeit, nachdem man ihr
0,1 Ferrosulfat
zugesetzt hat, einmal auf und filtriert.
In
350,0 Filtrat
löst man durch Aufkochen und unter Abschäumen
650,0 Zucker, Pulver M/8,
und seiht den noch heissen Sirup durch Flanell, um ihn schliesslich
0,02 Kumarinzucker,
1,0 Jasminessenz (Esprit triple de Jasmin)
zuzusetzen.
Trüben Sirup mischt man mit 1 pCt feinstem Talkpulver und filtriert ihn dann durch Papier.

Sirupus Zinci bromati.

Zinkbromidsirup.

1,0 Zinkbromid
löst man in
99,0 weissen Sirup
und filtriert nötigenfalls.

Sirupus Zingiberis.

Ingwersirup. Syrup of ginger.

a) 50,0 fein zerschnittenen Ingwer
durchfeuchtet man mit
50,0 Weingeist von 90 pCt,
lässt dann mit
400,0 destilliertem Wasser
2 Tage bei 15—20° C stehen und presst hierauf aus. Die Seihflüssigkeit versetzt man mit
4,0 Talk, Pulver M/50,
filtriert durch Papier und löst in

350,0 Filtrat,
650,0 Zucker, Pulver M/8,

durch Kochen und unter Abschäumen. Den noch heissen Sirup seiht man durch Flanell. Sollte derselbe trübe sein oder beim Lagern nachtrüben, so vermischt man ihn mit 1 pCt feinstem Talkpulver und filtriert ihn durch Papier.

Ex tempore kann man den Saft nach folgendem Verfahren herstellen:

b) 10,0 Ingwertinktur,
90,0 weissen Sirup

mischt man.

c) Vorschrift der Ph. Brit.

2,0 starke Ingwertinktur Ph. Brit.

mischt man mit

80,0 weissem Sirup.

Die Mischungen b und c kann man nicht vorrätig halten, da sie nachtrüben.

d) Vorschrift der Ph. U. St.

25,0 Ingwerfluidextrakt,
15,0 gefälltes Calciumphosphat

verreibt man mit einander und verdampft den Weingeist bei mässiger Wärme. Den Rückstand verreibt man mit

450,0 destilliertem Wasser,

filtriert, löst im Filtrat

850,0 Zucker, Pulver M/50,

durch Rühren ohne zu erhitzen, seiht ab und wäscht mit so viel Wasser nach, dass die Gesamtmenge

1000,0 ccm

beträgt.

Das Ingwerfluidextrakt Ph. U. St. bereitet man, wie das unter Extractum Zingiberis fluidum beschriebene, mit dem Unterschied, dass man anstatt Weingeist von 90 pCt solchen von 94 pCt verwendet.

Schluss der Abteilung „Sirupi".

Solutio Acidi picronitrici.

Esbachs Reagenz.

1,0 Pikrinsäure,
3,0 Citronensäure,
96,0 destilliertes Wasser.

Man löst und filtriert.

Solutio Bismuti alkalina.

Nylanders Reagenz.

2,0 Wismutsubnitrat,
4,0 Kalio-Natriumtartrat,
50,0 Natronlauge v. 1,17 spez. Gew.,
44,0 destilliertes Wasser.

Man löst und filtriert durch Glaswolle.

Solutio boro-salicylica.

Borsalicyllösung.

6,0 Borsäure,
1,0 Salicylsäure,
293,0 destilliertes Wasser.

Man löst und filtriert die Lösung.

Solutio Guttaperchae.

Traumaticin

10,0 gereinigte Guttapercha

zerschneidet man in kleine Stückchen, übergiesst dieselben mit

80,0 Chloroform,

fügt

5,0 entwässertes Natriumsulfat, Pulver M/30,

hinzu und schüttelt öfters und so lange um, bis Lösung erfolgt ist. Man lässt absetzen und giesst klar ab. Durch das Natriumsulfat wird die Entwässerung und Klärung bewirkt.

Um eine hellfarbige Lösung zu erhalten, nimmt man gebleichte Guttapercha zum Auflösen.

Solutio Indigo.

Indigo-Schwefelsäure. Indigo-Lösung.

20,0 feinzerriebenen Indigo

trocknet man scharf und trägt ihn allmählich ein in

80,0 rauchende Schwefelsäure,

welch letztere sich in einer geräumigen, gut gekühlten Glasflasche oder in einem Kolben befinden. Die Lösung wird je nach der Temperatur in 4—6 Tagen erfolgt sein.

Jede Erhitzung, durch welche ein Teil des Indigos zersetzt werden würde, ist zu vermeiden. Es muss deshalb der Indigo frisch getrocknet sein, weil das begierige Anziehen der darin enthaltenen Feuchtigkeit durch die Schwefelsäure eine Temperaturerhöhung bewirkt; aus dem gleichen Grund ist der Indigo nach und nach einzutragen und das Gefäss zu kühlen.

Solutio Jodi n. *Lugol.*

*Lugol*sche Jodlösung.

a) 5,0 Jod,
10,0 Kaliumjodid
löst man in
85,0 destilliertem Wasser.
Stets frisch zu bereiten.

b) Form. magistr. Berol.
5,0 Kaliumjodid,
20,0 Jodtinktur,
175,0 destilliertes Wasser.

Solutio Jodi n. *Mandl.*

*Mandl*sche Jodlösung.

I.
1,25 Jod,
5,00 Kaliumjodid,
93,75 Glycerin von 1,23 spez. Gew.

II.
2,5 Jod,
10,0 Kaliumjodid,
87,5 Glycerin von 1,23 spez. Gew.

III.
4,0 Jod,
15,0 Kaliumjodid,
81,0 Glycerin von 1,23 spez. Gew.

Solutio Laccae tabulatae ammoniacalis.

Ammoniakalische Schellacklösung.

2,0 Schellack (orange),
15,0 Ammoniakflüssigkeit v. 10 pCt
lässt man in verschlossener Flasche einige Tage stehen, verdünnt dann mit
85,0 destilliertem Wasser
und erwärmt unter öfterem Umschütteln bei 40—50° C so lange, bis völlige Lösung erfolgt ist.

Solutio Laccae tabulatae boraxata.

Borax-Schellacklösung.

25,0 Borax,
150,0 Schellack (orange),
1000,0 destilliertes Wasser
erhitzt man im Wasserbad auf höchstens 60° C unter öfterem Schütteln so lange, bis Lösung erfolgt ist.

Solutio Loretini aquosa.

Loretinlösung.
Nach *Schinzinger.*

1,0—2,0 Loretin,
1000,0 destilliertes Wasser.
Dient als Ersatz des Karbolwassers und der Sublimatlösung.

Solutio Natrii chlorati physiologica.

Physiologische Kochsalzlösung.

6,0 Natriumchlorid,
994,0 destilliertes Wasser.
Man löst, filtriert und sterilisiert die Lösung.

Solutio Natrii loretinici.

Natriumloretinatlösung.
Nach *Schnaudigel.*

10,0—20,0 Natriumloretinat,
1000,0 destilliertes Wasser.
Verwendung wie Solutio Loretini.

Solutio Natrii nitrici.

Form. magistr. Berol.
8,0 Natriumnitrat
löst man in
192,0 destilliertem Wasser.

Solutio Piperacini cum Phenocollo.

Vorschrift des Münchn. Ap. Ver.
1,0 Piperacin
löst man in
5,0 destilliertem Wasser,
giesst die Lösung in eine durch Eis gut gekühlte Flasche mit kohlensaurem Wasser, mischt, ohne zu schütteln, setzt nach zehn Minuten eine Lösung von
1,0 salzsaurem Phenocoll
in
20,0 destilliertem Wasser
hinzu und verkorkt rasch.

Solutio Resinae elasticae aetherea.

Ätherische Kautschuklösung.

50,0 Kautschuk in Blättern, †
2,0 Ölsäure,
500,0 Äther

† S. Bezugsquellen-Verzeichnis.

bringt man in eine Weithalsflasche, verkorkt gut und stellt 3—4 Tage zurück. Man rührt nun mit einem Holzspatel tüchtig und so lange durch, bis die Masse gleichmässig ist und fügt

500,0 Äther

zu.

Nachdem man die Kautschukmasse in der neuen Äthermenge etwas verteilt hat, schüttelt man kräftig um, stellt unter öfterem Schütteln zurück, bis vollständige Lösung erfolgt ist, und lässt schliesslich absetzen.

Auf diese Weise löst sich der Kautschuk so vollkommen im Äther auf, dass sich die mit Äther noch weiter verdünnte Lösung sogar filtrieren lässt, ohne etwas auf dem Filter zurückzulassen.

Solutio Tannini.

Form. magistr. Berol.

5,0 Gerbsäure,

löst man in

45,0 Glycerin v. 1,23 spez. Gew.

Solutio Vlemingka.

Siehe Calcium oxysulfuratum solutum.

Species.

Kräuter. Thee. Theegemische.

Gröblich durch Schneiden zerkleinerte, vom Staub befreite Pflanzen oder Pflanzenteile, welche zur Bereitung von Aufgüssen (Infusen), Absüden (Dekokten) oder Umschlägen (Kataplasmen) dienen, bezeichnet man als Species.

Zum gröblichen Zerkleinern der Wurzeln und Kräuter bedient man sich der Schneidemesser, wie dies unter „Schneiden" näher erörtert worden ist.

Da man die Schneidemesser für feineren und gröberen Schnitt einstellen kann, so genügt bei Kräutern diese Behandlung in Verbindung mit dem Absieben zumeist, um sie in den gewünschten Feinheitsgrad zu bringen. Wurzeln bedürfen gewöhnlich noch einer weiteren Zerkleinerung, die man im Stampftrog mit dem Stampfmesser vornimmt.

Harte Rinden und Samen zerkleinert man im grossen Eisenmörser mit schwerer Keule.

Mit dem Zerkleinern ist das Absieben verbunden, eine häufige Anwendung des letzteren verringert den Abfall.

Die Feinheitsgrade der geschnittenen Pflanzen bestimmt das Deutsche Arzneibuch derart, dass es für:

grob geschnittene Droguen Siebe mit 4 mm weiten Maschen,
mittelfeine solche mit 3 mm Maschenweite,
feine 2 mm weite Siebmaschen vorschreibt.

Zu Umschlägen dienende Theegemische verlangen das D. A. IV. und die Ph. Austr. VII. „grob gepulvert".

Aromatische Kräuter bewahrt man, nachdem man sie vorher schwach trocknete, in Blechkästen, alle anderen in Holzkästen auf.

Die als Volksheilmittel gebrauchten Theemischungen müssen mit ausführlichen Gebrauchsanweisungen versehen werden. Solche unentbehrliche Anleitungen liefert in hübscher Ausführung, zum Teil in Buntdruck *Ad. Vomáčka* in Prag.

Vergleiche unter „Schneiden".

Species Altheae.

Eibischkräuter. Kinderbettthee.

a) Vorschrift der Ph. Austr. VII.

1000,0 Eibischblätter,
500,0 Eibischwurzel,
250,0 Süssholzwurzel,
100,0 Malvenblüten

zerkleinert man und mischt.

b) Vorschrift v. *Fernell*:

10,0 Queckenwurzel,
10,0 Melonensamen,
10,0 Eibischblätter,
20,0 Eibischwurzel,
20,0 Süssholz,
30,0 Malvenblätter

zerkleinert man und mischt.

Species amarae.

Bittere Kräuter.

100,0 Wermut,
100,0 Bitterklee,
100,0 Enzianwurzel
mischt man.

Species amaricantes.

Bitterthee.

Vorschrift der Ph. Austr. VII.

200,0 Wermut,
200,0 Tausendgüldenkraut,
200,0 Pomeranzenschale,
100,0 Bitterklee,
100,0 Kalmuswurzel,
100,0 Enzianwurzel,
30,0 chinesischen Zimt
zerkleinert man und mischt.

Species Anglicae.

Englischer Thee.

75,0 Faulbaumrinde,
12,5 Kümmel,
12,5 Pomeranzenschalen
entsprechend zerkleinert bezw. gequetscht, mischt man.

Species anthelminthicae.

Wurmthee.

25,0 Wermut,
25,0 Kamillen,
25,0 Rainfarnblüten,
25,0 Wurmsamen
mischt man.

Species antiasthmaticae.

Herbae antiasthmaticae. Asthmakräuter.

a) Vorschrift von *E. Dieterich*:

1000,0 Stechapfelblätter
feuchtet man mit
200,0 Weingeist von 90 pCt
und überlässt in einem Gefäss, welches man möglichst fest verschliesst, eingedrückt 24 Stunden der Ruhe.

Man bereitet nun eine Lösung von
400,0 Kaliumnitrat,
30,0 Natriumnitrat,
3,0 Kaliumkarbonat
und
1500,0 destilliertem Wasser,
filtriert dieselbe und tränkt damit das weingeistfeuchte Kraut. Man drückt das Kraut nochmals in das vorherige Gefäss ein, lässt wieder 24 Stunden stehen und trocknet dann vorsichtig bei 25—30 ° C.

Statt 1000,0 Stechapfelblätter kann man auch eine Mischung von
500,0 Stechapfelblättern,
250,0 Tollkirschenblättern,
250,0 Bilsenkraut
verwenden.

Der Zusatz von Weingeist und Kaliumkarbonat giebt dem Kraut eine grünere Farbe, während man ihm durch das Natriumnitrat stets einen gewissen Grad von Feuchtigkeit erhält und dadurch ein Sprödewerden einerseits und ein zu rasches Brennen andrerseits vermeidet.

Die Kräuter müssen vollständig frei von Stengel und Rippen sein, weil das gleichmässige Brennen sonst erschwert wird.

b) Vorschrift der Badischen Ergänzungstaxe:

400,0 Stechapfelblätter,
100,0 Tollkirschenblätter,
100,0 Bilsenkraut,
200,0 Weingeist von 90 pCt,
200,0 Kaliumnitrat,
1,0 Kaliumkarbonat,
1200,0 Wasser.
Bereitung wie bei a).

Species aperientes.

Bromthee.

40,0 Faulbaumrinde,
15,0 Sennesblätter,
15,0 Lindenblüten,
15,0 Schlehenblüten,
15,0 Sassafrasholz
zerkleinert man und mischt.

Species aromaticae.

Species resolventes. Gewürzhafte Kräuter.

Vorschrift des D. A. IV.

2 Teile Pfefferminzblätter,
2 „ Quendel,
2 „ Thymian,
2 „ Lavendelblüten,
1 Teil Gewürznelken
werden fein zerschnitten und nach Zusatz von
1 Teil grob gepulverten Kubeben
gemengt.

Auch das Deutsche Arzneibuch IV. schreibt für die Gewürznelken feines Schneiden und nur für die Kubeben grobes Pulvern vor. Vermutlich liegt hier ein Versehen vor; denn so sehr bei den Kräutern das Schneiden am Platz ist, eben so notwendig müssen die Nelken grob gepulvert werden.

b) Vorschrift der Ph. Austr. VII.

100,0 Dostenkraut,
100,0 Salbeiblätter,
100,0 Krauseminzblätter,
100,0 Lavendelblüten

zerschneidet man und mengt.

Species aromaticae pro cataplasmate.

Ph. Austr. VII.

Man verwandelt die Species aromat. in ein grobes Pulver.

Species Balneorum.

Badekräuter.

100,0 Pfefferminzblätter,
100,0 Salbeiblätter,
100,0 Rosmarinblätter,
100,0 Thymian,
100,0 Kamillen.

Die Kräuter sind staubfrei zu liefern und werden vor der Abgabe mit

250,0 Weingeist von 90 pCt

versetzt. Sie erhalten dadurch ein wesentlich schöneres Aussehen, einen kräftigeren Geruch und bieten ferner den Vorteil, sich besser in Packete formen zu lassen.

Species bechicae.

Hustenthee.

45,0 Eibischwurzel,
45,0 Süssholz,
10,0 Fenchel

zerkleinert man und mischt.

Species carminativae.

Blähungtreibende Kräuter.

20,0 Anis,
20,0 Kümmel,
20,0 Koriander,
20,0 Fenchel,
20,0 Angelikawurzel

zerkleinert man und mischt.

Species diureticae.

Harntreibender Thee. Harntreibende Kräuter.

a) Vorschrift des D. A. IV.

1 Teil Liebstöckelwurzel,
1 „ Hauhechelwurzel,
1 „ Süssholz

werden grob zerschnitten und nach Zusatz von

1 Teil gequetschten Wacholderbeeren

gemengt.

Eine andere und ältere Vorschrift lautet folgendermassen:

b) 20,0 Süssholz,
15,0 Liebstöckelwurzel,
15,0 Hauhechelwurzel,
15,0 Stiefmütterchenkraut,
15,0 Wacholderbeeren,
10,0 Petersiliensamen,
10,0 Anis

zerkleinert man und mischt.

Species emollientes.

Species ad Cataplasma. Erweichende Kräuter.

a) Vorschrift des D. A. IV.

1 Teil Eibischblätter,
1 „ Malvenblätter,
1 „ Steinklee,
1 „ Kamillen,
1 „ Leinsamen

werden grob gepulvert und gemengt.

b) Vorschrift der Ph. Austr. VII.

20,0 Eibischblätter,
20,0 Malvenblätter,
20,0 Steinklee

zerschneidet man und mischt mit

40,0 zerstossenem Leinsamen.

Species emollientes pro cataplasmate.

Ph. Austr. VII.

Man verwandelt die Spec. emollientes in ein gröbliches Pulver.

Species ad Enema.

Kräuter zum Klystier.

50,0 Eibischblätter,
25,0 Kamillen,
25,0 Leinsamen

zerkleinert man und mischt.

Species ad Fomentum.

Blähungskräuter.

40,0 Hopfen,
15,0 Quendel,
15,0 Rosmarin,
15,0 Lavendelblüten,
15,0 Kamillen

zerkleinert man und mischt.

Species ad Gargarisma.

Gurgelkräuter.

30,0 Holunderblüten,
30,0 Malvenblätter,
40,0 Eibischblätter
zerkleinert man und mischt.

Species Gasteyenses.

Species Gastinenses. Species laxativae Gasteyenses.
Gasteiner Thee.

a) 3,0 Rosenblätter,
3,0 Rittersporn,
6,0 Korallenwursel (Rad. Polypodii),
10,0 Scabiosenblätter,
13,0 Sennesblätter,
13,0 Korinthen,
13,0 Feigen,
13,0 Süssholz,
13,0 Manna,
13,0 weissen Zuckerkand
zerkleinert und mischt man.

b) Vorschrift des Wiener Apoth.-Haupt-Gremiums.
100,0 ganze Alexandriner Sennesblätter,
100,0 zerschnittenes Süssholz,
20,0 zerschnittene Engelsüsswurzel,
20,0 „ Malvenblüten,
20,0 „ Rosenblätter,
200,0 zerkleinerte kalabrische Manna,
welch letztere man vorher mit
20,0 Zucker, Pulver M/20,
bestreut hat.
Man mischt sämtliche Bestandteile.

Species gynaecologicae n. *Martin.*

Form. magistr. Berol.
25,0 Faulbaumrinde,
25,0 Sennesblätter,
25,0 Schafgarbe,
25,0 Queckenwurzeln
zerkleinert und mischt man.

Species Hackeri.

Vorschrift des Münchn. Ap. V.
20,0 Pfefferminzblätter,
20,0 Krauseminzblätter,
20,0 Sternanis,
20,0 entharzte Sennesblätter
zerkleinert und mischt man.

Species Hamburgenses.

Nach *Lohmann.*
Hamburger Thee.

200,0 Sennesblätter,
50,0 Koriander,
100,0 Manna,
10,0 Weinsäure.

Man trocknet die Manna scharf, zerstösst sie gröblich, trocknet nochmals, mischt nun die in 5,0 verdünntem Weingeist von 68 pCt gelöste Weinsäure hinzu und reibt durch einen emaillierten, weitlöcherigen Durchschlag, so dass „Granulae“ entstehen. Man vermischt diese mit den anderen Bestandteilen.

Nach meiner Meinung erreicht man denselben Zweck, wenn man den gequetschten Koriander mit Weinsäurelösung tränkt und trocknet, die Manna dagegen in der angegebenen Weise für sich körnt.

Species herbarum alpinarum.

Alpenkräuterthee.

Vorschrift des Münchn. Ap. V.
40,0 Faulbaumrinde,
20,0 Sennesblätter,
10,0 Lindenblüten,
10,0 Holunderblüten,
5,0 Wollblumen,
5,0 Schlehenblüten,
5,0 Hauhechelwurzel,
5,0 Liebstöckelwurzel
zerkleinert man entsprechend und mischt sie.

Species Hispanicae.

Thea Hispanica. Spanischer Thee.

85,0 Schafgarbe,
85,0 Pfefferminze,
85,0 Ehrenpreis,
85,0 Huflattigkraut,
85,0 Lindenblüte,
50,0 Stiefmütterchenkraut,
50,0 Klatschrosen,
10,0 Rosmarinblätter,
10,0 Himmelschlüssel,
10,0 Kornblumen,
10,0 Lorbeerblätter,
85,0 Queckenwurzel,
30,0 Engelsüsswurzel,
30,0 Kalmuswurzel,
10,0 Iriswurzel,
30,0 Sassafrasholz,
30,0 Fenchel,
30,0 Anis,
30,0 Weinbeeren,
80,0 Johannisbrot,
80,0 Perlgerste,
alle entsprechend vorbereitet, mischt man.

Die Original-Gebrauchsanweisung zum spanischen Thee trägt oben ein Kreuz und hat nachstehende Fassung und Form:

Nutzen und Gebrauch des sehr kostbaren weit und breit berühmten extra fein **Spanischen Kräuter-Thée**, so komponirt wird aus etlich vierzig der kostbarsten Kräuter und anderen Stücken.

Als nämlichen und erstlichen: reiniget dieser **Thée** das versäuerte und unreine Geblüt, und versüsset dasselbe. Zweitens benimmt er allen bösen Schleim auf der Brust, vertreibt auch die übelsteckende Karthäre, Engbrüstigkeiten und das harte Schnaufen sammt allen Schlagflüssen. Drittens ist dieser Gebrauch eine sehr vortreffliche Stärkung des Herzens, reinigt auch von Grund aus die Lungen, Leber, Milz und Nieren. Viertens, wenn ein Mannsbild an der Colika, oder ein Weibsbild an der Mutter leidet, und dieses **Thée** sich bedienet, werden selbige von Stund an Besserung und Genesung verspüren. Fünftens führet er auch alle Säure aus dem Magen, vertreibt den **Tartenischen** Schleim aus demselben, und macht guten Appetit zum Essen und Trinken. Sechstens ist dieser Gebrauch sehr nutzbar denenjenigen, so an Stein, Sand und Gries leiden, massen er dieses alles auf eine ganz subtile Art durch den **s. v.** Urin ausführet.

Der Gebrauch ist wie bei dem Indianer Orientalischen **Thée** außer daß man diesen etwas länger an einem warmen Orte stehen lässet; und kann auch in die sechs Tagen gebraucht werden, wenn man nur vor dem Trinken ein wenig frischen daran thut. Damit man aber nicht mit andern und falschem **Thée** verführet oder betrogen werde, so ist zu merken, daß die Päckel, so in 6 Loth bestehen, alle mit einem spanischen Kreuze müssen verpetschirt sein, und mit vier Buchstaben. **(B. B. L. V.)**

Specis pro Infantibus.

Kinderthee.

a) 80,0 Hirschhorn,
18,0 Süssholz,
2,0 chinesischen Zimt

zerkleinert man und mischt.

b) Vorschrift des Münchn. Ap. V.

10,0 Kamillen,
10,0 Fenchel,
20,0 Eibischwurzel,
20,0 Süssholz,
20,0 Queckenwurzel,
5,0 Petersiliensamen,

alle entsprechend vorbereitet, mischt man.

Species pro Infantibus Vienenses.

Kinderthee. Zweierthee.

3,0 unreife Mohnköpfe,
12,0 Süssholz,
25,0 Queckenwurzel,
60,0 Eibischwurzel

zerkleinert man und mischt.

Species laxantes.

Species laxativae St. Germain. Species purgativae. Abführender Thee.

a) Vorschrift d. D. A. IV.

Zu bereiten aus

160 Teilen mittelfein zerschnittenen Sennesblättern,
160 „ Holunderblüten,
50 „ gequetschten Fenchel,
50 „ „ Anis,
25 „ Kaliumtartrat,
15 „ Weinsäure.

Der gequetschte Fenchel und Anis werden zunächst mit der Lösung des Kaliumtartrats in 50 Teilen Wasser gleichmässig durchfeuchtet und nach halbstündigem Stehen mit der Lösung der Weinsäure in 15 Teilen Wasser ebenso gleichmässig durchdrängt, darauf getrocknet und mit den übrigen Stoffen gemengt.

b) Vorschrift der Ph. Austr. VII.

70,0 entharzte Sennesblätter,
40,0 Lindenblüten,
20,0 Fenchel,

zerschnitten und zerstossen, mischt man mit

10,0 Weinstein.

Species laxantes n. *Hofer*.

Vorschrift des Münchn. Ap. V.

10,0 Sennesblätter,
1,0 römische Kamillen,
1,0 Schlehenblüten,
1,0 Klatschrosenblüten,
1,0 Taubnesselblüten,
1,0 Kümmel,

zerkleinert und mischt man.

Species Lichenis islandici.

Isländischmoosthee.

Vorschrift des Münchn. Ap. V.

100,0 isländisches Moos,
50,0 Süssholzwurzel,
50,0 Eibischwurzel

zerkleinert man entsprechend und mischt sie.

Species Lignorum.

Species ad decoctum Lignorum. Species Guajaci compositae. Holzthee. Blutreinigungsthee.

a) Vorschrift des D. A. IV.

5 Teile Guajakholz,
3 „ Hauhechelwurzel,
1 Teil Süssholz,
1 „ Sassafrasholz

werden grob zerschnitten und gemengt.

b) Vorschrift der Ph. Austr. VII.

50,0 Klettenwurzel,
50,0 Sarsaparille,
25,0 Süssholz,
25,0 rotes Sandelholz,
100,0 Wacholderholz,
100,0 Guajakholz,
100,0 Sassafraswurzel

zerschneidet man und mischt.

Species Lignorum c. Senna.

Vorschrift des Münchn. Ap. V.

50,0 Holzthee (Spec. Lignor.),
20,0 zerschnittene Tinnevelly-Sennesblätter

mischt man.

Species Lini.

Leinthee.

a) 40,0 ganzen Leinsamen,
10,0 zerquetschten Fenchel,
10,0 feinzerschnittenes Süssholz

mischt man.

b) Vorschrift des Dresdner Ap. V.

80,0 ganzen Leinsamen,
10,0 zerquetschten Fenchel,
10,0 „ Anis,
20,0 fein zerschnittenes Süssholz

mischt man.

Species majales.

Maikurthee.

500,0 spanischer Thee,
50,0 kleinkrystallisiertes Natriumsulfat,
25,0 Wollblumen,
25,0 Klatschrosen

mischt man.

Species Morsulorum.

Morsellen-Species.

a) Vorschrift v. *E. Dieterich:*

40,0 chinesischen Zimt,
20,0 Nelken,
20,0 Malabar-Kardamomen,
10,0 Ingwer,
5,0 Galgantwurzel,
5,0 Muskatnüsse

verwandelt man in gröbliches Pulver, von welchem man die feinen Teile absiebt.

b) Vorschrift v. *Kubel:*

7,5 Macis,
7,5 Nelken,
7,5 Galgantwurzel,
7,5 Muskatnüsse,
30,0 Ingwerwurzel,
40,0 Zimtkassie.

Man zerkleinert durch vorsichtiges Stossen, siebt durch ein Sieb $^{M}/_{8}$—$^{M}/_{10}$ und schlägt mittels Siebes $^{M}/_{25}$ das feine Pulver ab.

Species narcoticae.

Narkotische Kräuter.

25,0 Belladonnablätter,
25,0 Bilsenkraut,
25,0 Schierling,
25,0 Kamillen

zerkleinert man und mischt.

Species nervinae.

Nerventhee.

a) 50,0 Pfefferminzblätter,
50,0 Baldrian

zerkleinert man und mischt.

b) Form magistr. Berol.

33,0 Bitterklee,
33,0 Pfefferminzblätter,
33,0 Baldrian

zerkleinert man und mischt.

c) Vorschrift d. Münchn. Ap. V.

100,0 Baldrianwurzel,
100,0 Bärentraubenblätter,
100,0 Fieberklee

zerkleinert man entsprechend und mischt sie.

Species pectorales.

Species ad infusum pectorale. Brustthee.

a) Vorschrift des D. A. IV.

8 Teile Eibischwurzel,
3 „ Süssholz,
1 Teil Veilchenwurzel,
4 Teile Huflattigblätter,
2 „ Wollblumen

werden grob zerschnitten und nach Zusatz von

2 Teilen gepulvertem Anis

gemengt.

b) Vorschrift der Ph. Austr. VII.

200,0 Eibischblätter,
150,0 Süssholz,
50,0 Eibischwurzel,
50,0 Perlgerste,
5,0 Wollkrautblüten,
5,0 Malvenblüten,
5,0 Klatschrosenblüten,
5,0 Sternanis

zerkleinert man und mischt.

c) Vorschrift v. *Wegscheider*:

600,0 Eibischwurzel,
450,0 Süssholz,
450,0 Leinsamen,
450,0 Fenchel,
150,0 Sennesblätter,

entsprechend zerkleinert oder gequetscht, mischt man.

Species pectorales c. fructibus.

Brustthee mit Früchten.

30,0 Johannisbrot, grob zerschnitten,
15,0 Feigen, grob zerschnitten,
20,0 Perlgerste

mischt man mit

80,0 Brustthee.

Species pectorales laxantes.

Abführender Brustthee.

25,0 zerschnittene Sennesblätter,
75,0 Brustthee mit Früchten

mischt man.

Species resolventes.

Zerteilende Kräuter. Hjernes Testament.

a) 35,0 Melissenblätter,
35,0 Dosten,
10,0 Kamillen,
10,0 Lavendelblüten,
10,0 Holunderblüten

zerschneidet man grob und mischt sie.

b) Vorschrift d. Dresdner Ap. V.

2,0 Pfefferminzblätter,
2,0 Melissenblätter,
2,0 Majoranblätter,
2,0 Dostenblätter,
1,0 Kamillen,
1,0 Lavendelblüten,
1,0 Holunderblüten,

alle fein zerschnitten, mischt man.

Species stomachicae n. *Dietl.*

Dietls Magenthee.

30,0 chinesischen Zimt,
30,0 Pfefferminzblätter,
40,0 Tausendgüldenkraut

zerkleinert man und mischt.

Species ad vitam longam.

Species ad longam vitam. Lebensthee.

30,0 Aloë,
5,0 Rhabarber,
5,0 Enzianwurzel,
5,0 Zitwerwurzel,
5,0 Galgantwurzel,
5,0 Myrrhe,
5,0 Safran,
10,0 Lärchenschwamm,
5,0 Theriak.

Die 7 ersten Bestandteile zerschneidet man grob, während man den Lärchenschwamm gröblich pulvert und den Theriak damit verreibt.

Schluss der Abteilung „Species“.

Spiritus aethereus.

Spiritus Aetheris. Liquor anodynus mineralis nach *Hoffmann.* Ätherweingeist. Hoffmannstropfen. Spirit of ether.

a) Vorschrift des D. A. IV. und der Ph. Austr. VII.

1 Teil Äther

und

3 Teile Weingeist von 90 pCt

werden gemischt.

Das spez. Gew. soll nach dem D. A. IV. 0,805—0,809, nach der Ph. Austr. VII. 0,820 betragen.

b) Vorschrift der Ph. Brit.

220,0 Äther,
500,0 Weingeist von 88,76 Vol. pCt

mischt man. Das spez. Gewicht soll 0,809 betragen.

Spiritus Aetheris chlorati.

Versüsster Salzgeist.

100,0 Braunstein in erbsengrossen Stücken,
1000,0 Weingeist von 90 pCt,
250,0 rohe Salzsäure v. 1,165 spez. Gew.

bringt man in einen geräumigen Kolben mit kurzem Hals, überlässt, nachdem man mischte, 24 Stunden der Ruhe und destilliert dann aus dem Wasserbad mittels *Liebig*schen Kühlers ungefähr

1050,0

über.

Das Destillat, welches mehr oder weniger Säure enthält, versetzt man mit

20,0 entwässertem Natriumkarbonat,

lässt unter öfterem Schütteln 24 Stunden stehen und rektifiziert dann aus dem Wasserbad.

Die Ausbeute beträgt ungefähr

1000,0.

Das spez. Gew. soll 0,838—0,842 betragen.

Spiritus Aetheris nitrosi.

Spiritus nitrico-aethereus. Spiritus Nitri dulcis. Versüsster Salpetergeist. Spirit of nitrous ether.

a) Vorschrift des D. A. IV.

3 Teile Salpetersäure von 1,153 spez. Gew.

werden mit

5 Teilen Weingeist von 90 pCt

vorsichtig überschichtet und 2 Tage lang ohne Umschütteln stehen gelassen. Alsdann wird die Mischung in einer Glasretorte der Destillation im Wasserbad unterworfen, und das Destillat in einer Vorlage aufgefangen, welche

5 Teile Weingeist von 90 pCt

enthält. Die Destillation wird fortgesetzt, solange noch etwas übergeht, jedoch abgebrochen, wenn in der Retorte gelbe Dämpfe auftreten. Das Destillat wird mit gebrannter Magnesia neutralisiert, nach 24 Stunden im Wasserbade bei anfänglich sehr gelinder Erwärmung rektifiziert und in einer Vorlage aufgefangen, welche

2 Teile Weingeist

enthält. Die Destillation wird unterbrochen, sobald das Gesamtgewicht der in der Vorlage befindlichen Flüssigkeit 8 Teile beträgt.

Das spez. Gew. soll 0,840—0,850 betragen.

b) Vorschrift der Ph. Brit.

Zu

100,0 Weingeist von 88,76 Vol. pCt

setzt man allmählich unter Umrühren

22,0 Schwefelsäure v. 1,843 spez. Gew.,

dann

21,0 Salpetersäure v. 1,42 spez. Gew.,

giesst die Mischung in eine Retorte, welche

12,0 feinen Kupferdraht

enthält und destilliert mit eingesetztem Thermometer und bei guter Kühlung bei einer 77 bis 79° C nicht übersteigenden Hitze, bis

60,0

übergegangen sind. Man lässt erkalten, giesst in die Retorte

4,0 Salpetersäure v. 1,42 spez. Gew.

und destilliert nochmals, bis die Gesamtmenge des Aufgefangenen

70,0

beträgt. Dieses mischt man mit

200,0 bezw. mit so viel Weingeist von 88,76 Vol. pCt,

dass das spez. Gew. 0,840—0,845 beträgt.

Spiritus Ammonii aromaticus.

Spiritus Ammoniae aromaticus. Spiritus Ammoniae compositus. Aromatischer Ammoniakspiritus. Aromatic spirit of ammonia.

a) Vorschrift der Ph. Brit.

2,0 Citronenöl,
1,5 Macisöl

löst man in

300,0 Weingeist von 88,76 Vol. pCt,

setzt

180,0 destilliertes Wasser

hinzu und destilliert zunächst

400 ccm,

sodann

27 ccm

über. Zu letzterem fügt man

21,5 Ammoniakflüssigkeit von 0,891 spez. Gew. (32,5 pCt NH^3),

löst darin unter gelindem Erwärmen

12,0 Ammoniumkarbonat

und vermischt mit der erkalteten Lösung das erste Destillat.

Das spez. Gewicht soll 0,886 betragen.

b) Vorschrift der Ph. U. St.

34,0 Ammoniumkarbonat

löst man in

87,0 Ammoniakflüssigkeit v. 10 pCt NH^3,

fügt nach einander

574,0 Weingeist von 94 pCt,
8,5 Citronenöl,
1,0 Lavendelöl,
1,0 Macisöl

hinzu und verdünnt mit

q. s. destilliertem Wasser

auf eine Gesamtmenge von

1000 ccm oder 905,0 g.

Spiritus Ammonii succinatus.

30,0 Hoffmannschen Lebensbalsam,
30,0 Weingeist von 90 pCt,
40,0 Ammoniakflüssigkeit v. 10 pCt,
3 Tropfen rektifiziertes Bernsteinöl

mischt man.

Wird gegen Insektenstiche angewendet.

Spiritus Angelicae compositus.

Zusammengesetzter Angelikaspiritus.

Vorschrift des D. A. IV.

16 Teile mittelfein zerschnittene Angelikawurzel,
4 „ mittelfein zerschnittener Baldrian,
4 „ gequetschte Wacholderbeeren

werden mit

75 Teilen Weingeist von 90 pCt

und

125 Teilen Wasser

24 Stunden lang bei 15—20° C unter wiederholtem Umschütteln ausgezogen; von diesem Gemisch werden

100 Teile

abdestilliert.

In dem Destillate werden

2 Teile Kampfer

gelöst.

Spez. Gewicht 0,890—0,900.

Da in jedem Apotheken-Laboratorium ein Dampfapparat vorhanden ist, so verfährt man in Rücksicht hierauf besser folgendermassen: Man setzt die Pflanzenteile nur mit dem Weingeist an, bringt danach die feuchte Masse auf das mit einem Tuche belegte Sieb der im Dampfapparat befindlichen Blase und treibt mit dem unter das Sieb geführten Dampfstrahl

100,0 Teile Destillat

über.

Man erhält auf diese Weise ein viel kräftigeres Destillat, wie nach der Vorschrift des Arzneibuchs.

Spiritus Anhaltinus.

Aqua Anhaltina. Anhaltingeist.

a) 10,0 Nelken,
10,0 Ceylonzimt,
10,0 Kubeben,
10,0 Fenchel,
10,0 Lorbeeren,
10,0 Rosmarinblätter,
10,0 Mastix,
10,0 Muskatnüsse,
10,0 Olibanum,
10,0 Galgantwurzel

zerkleinert man entsprechend, digeriert sie mit

100,0 Lärchenterpentin,
950,0 verdünntem Weingeist v. 68 pCt

8 Tage, fügt hierauf

150,0 Wasser

hinzu und destilliert

800,0

über.

Die Vorschrift ist der Ph. Helvet. entnommen.

b) Vorschrift des Münchn. Ap. V. (n. *Hager*).

2,0 Moschustinktur,
5,0 Rosmarinöl,
5,0 Fenchelöl,
5,0 Nelkenöl,
5,0 Macisöl,
5,0 Cassiaöl,
600,0 Weingeist von 90 pCt

mischt man.

Spiritus Anisi.

Anisgeist.

Vorschrift der Ph. Austr. VII.

250,0 zerstossenen Anis,
1000,0 Weingeist von 90 pCt,
1500,0 Wasser

maceriert man 12 Stunden und destilliert

1500,0

davon ab.

Spiritus Arnicae anglicus.

Englischer Arnikaspiritus.

1,0 ätherisches Arnikablütenöl

löst man in

720,0 Weingeist von 90 pCt.

Spiritus aromaticus.

Aromatischer Spiritus.

Vorschrift d. Ergänzb. d. D. Ap. V.

25,0 grob gepulverte Gewürznelken,
25,0 „ gepulverten Ceylonzimt,
50,0 zerquetschten Koriander,
25,0 grob zerschnittenen Majoran,
25,0 „ gepulverte Muskatnuss,
750,0 Weingeist von 90 pCt,
850,0 Wasser

lässt man unter öfterem Umschütteln 24 Stunden bei 15—20° C stehen und destilliert dann

1000,0

ab.

Spiritus Balsami Peruviani.

Spiritus Peruvianus.

Form. magistr. Berol.

20,0 Perubalsam,
40,0 Weingeist von 90 pCt

mischt man.

Spiritus balsamicus.

Balsamum chymicum. Balsamum Fioraventi.

40,0 Lorbeeren,
40,0 Galbanum,
40,0 Myrrhe,
20,0 Nelken,
20,0 chinesischen Zimt,
20,0 Angelikawurzel,
20,0 Alantwurzel,
20,0 Kalmuswurzel,
20,0 Galgantwurzel,
20,0 Zitwerwurzel,
20,0 Ingwer,
20,0 rohen Storax,
10,0 Aloë,
10,0 Kubeben,
10,0 Muskatnüsse,

entsprechend zerkleinert, digeriert man 8 Tage mit

1200,0 Weingeist von 90 pCt,
20,0 Terpentinöl,

setzt dann

600,0 Wasser

zu und destilliert

1000,0

über.

Die Vorschrift entstammt der Ph. Helvet.

Spiritus caeruleus.

Spiritus coeruleus. Blauer Spiritus.

1,0 Grünspan

löst man in

50,0 Ammoniakflüssigkeit v. 10 pCt

und setzt der Lösung

75,0 Lavendelspiritus,
75,0 Rosmarinspiritus

zu. Nach mehrtägigem Stehen filtriert man.

Spiritus Calami.

Spiritus antirheumaticus. Kalmusspiritus.

Vorschrift des Ergänzb. des D. Ap. V.

250,0 mittelfein zerschnittene Kalmuswurzel,
750,0 Weingeist von 90 pCt,
750,0 Wasser

lässt man 24 Stunden bei 15—20° C unter bisweiligem Umschütteln stehen und destilliert darauf

1000,0

ab.

Spez. Gew. 0,895—0,905.

Spiritus camphorato-crocatus.

Gelber Kampferspiritus.

8,0 Safrantinktur,
92,0 Kampferspiritus

mischt man.

Spiritus camphoratus.

Spiritus Camphorae. Kampferspiritus. Kampfergeist. Spirit of camphor.

a) Vorschrift des D. A. IV.

1 Teil Kampfer

wird in

7 Teilen Weingeist von 90 pCt

gelöst und darauf mit

2 Teilen Wasser

versetzt.

Nach dem Deutschen Arzneibuch IV. soll das spez. Gewicht 0,885—0,889 betragen.

b) Vorschrift der Ph. Austr. VII.

10,0 zerriebenen Kampfer

löst man in

90,0 verdünntem Weingeist v. 68 pCt

und filtriert.

c) Vorschrift der Ph. Brit.

10,0 Kampfer

löst man in

75,0 Weingeist von 88,76 Vol. pCt.

Das spez. Gewicht soll 0,850 betragen.

Spiritus capillorum Heidelbergensis.

Heidelberger Haarwasser.

Vorschrift des Hamb. Ap. V.

0,2 Quecksilberchlorid,
50,0 destilliertes Wasser,
150,0 Weingeist von 90 pCt,
20,0 Glycerin v. 1,23 spez. Gew.,
20,0 Hoffmannscher Lebensbalsam.

Spiritus Carvi.

Kümmelgeist.

Vorschrift der Ph. Austr. VII.

Man bereitet ihn wie den Anisgeist.

Spiritus Chamomillae.
Kamillenspiritus.

2,5 ätherisches Kamillenöl
löst man in
97,5 Weingeist von 90 pCt.

Spiritus Chloroformii.
Chloroformspiritus. Spirit of chloroform.

a) Form. magistr. Berol.
20,0 Chloroform,
80,0 Kampferspiritus
mischt man.

b) Vorschrift der Ph. Brit.
10,0 Chloroform,
106,0 Weingeist von 88,76 Vol. pCt
mischt man.
Das spez. Gewicht soll 0,871 betragen.

c) Vorschrift der Ph. U. St.
10,0 Chloroform,
86,0 Weingeist von 94 pCt
oder
6 ccm Chloroform,
94 „ Weingeist von 94 pCt
mischt man.

Spiritus Cochleariae.
Löffelkrautspiritus.

Vorschrift des D. A. IV.
4 Teile getrocknetes Löffelkraut
werden mit
1 Teil zerstossenem, weissem Senfsamen
und
40 Teilen Wasser
in einer Destillierblase 3 Stunden lang stehen gelassen, alsdann mit
15 Teilen Weingeist
durchmischt und destilliert, bis 20 Teile übergegangen sind.
Spez. Gew. 0,908—0,918.

Spiritus Cochleariae artificialis.
Künstlicher Löffelkrautspiritus.
Nach *Schimmel & Co.*

0,5 künstliches Löffelkrautöl,
1000,0 verdünnter Weingeist v. 68 pCt.
Man löst und filtriert.

Spiritus Cochleariae compositus.
Aqua antiscorbutica n. *Sydenham*.
Zusammengesetzter Löffelkrautspiritus.

1,0 Pomeranzenschalenöl,
1,0 Macisöl,
1,0 Krauseminzöl,
1,0 Salbeiöl,
10,0 Senfspiritus,
500,0 Löffelkrautspiritus,
500,0 verdünnter Weingeist v. 68 pCt.
Man mischt und filtriert nach mehrtägigem Stehen.

Spiritus Creosoti.
Spiritus Kreosoti.

Form. magistr. Berol.
2,0 Kreosot
98,0 Franzbranntwein
mischt man.

Spiritus desinfectorius carbolisatus.
Karbolspiritus.

20,0 krystallisierte Karbolsäure,
1,0 Citronellöl,
1,0 Sassafrasöl,
980,0 verdünnter Weingeist v. 68 pCt.
Man filtriert nach mehrtägigem Stehen.
Gegenstände, welche nicht gewaschen werden können, bestreicht oder bestäubt man mit dem Karbolspiritus.

Spiritus dilutus.
Verdünnter Weingeist.

Vorschrift des D. A. IV. und der Ph. Austr. VII.
7 Teile Weingeist von 90 pCt,
3 „ Wasser
werden gemischt.
Das spez. Gewicht soll nach dem D. A. IV. 0,892—0,896, nach der Ph. Austr. VII. 0,894 bis 0,896 betragen.

Spiritus Formicarum.
Ameisenspiritus. (Richtiger Spiritus formicicus, Ameisensäurespiritus.)

Vorschrift des D. A. IV.
35 Teile Weingeist von 90 pCt,
13 „ Wasser,
2 „ Ameisensäure (25 pCt)
werden gemischt.
Das D. A. IV. schreibt für diese Mischung ein spez. Gew. von 0,894—0,898 vor.

Spiritus Formicarum compositus.

Zusammengesetzter Ameisenspiritus.

98,0 Ameisenspiritus,
1,0 Terpentinöl,
1,0 Lavendelöl.

Nach mehrtägigem Stehen filtriert man.

Spiritus Formicarum destillatus.

Destillierter Ameisenspiritus.

500,0 frische Ameisen

zerquetscht man recht gründlich im Mörser, bringt die breiige Masse in eine Weithalsflasche und fügt hier

750,0 Weingeist von 90 pCt

hinzu.

Man lässt die Mischung 2 Tage stehen und destilliert dann in der unter Spiritus Angelicae compositus angegebenen Weise

1000,0

über.

Spiritus Frumenti artificialis.

Künstlicher Kornbranntwein.

5,0 zerschnittenes Johannisbrot,
5,0 „ Süssholz,
1,0 geschnittene Veilchenwurzel,
2,0 Natriumchlorid,
2,0 versüsster Salpetergeist,
3 Tropfen Essigäther,
10,0 Wacholderspiritus,
400,0 Weingeist von 90 pCt.

Man mischt in einem grösseren Gefäss, giesst

600,0 kochendes Wasser

zu, lässt bedeckt 24 Stunden stehen und filtriert.

Spiritus Juniperi.

Wacholderspiritus. Wacholdergeist.

a) Vorschrift des D. A. IV.

1 Teil gequetschte Wacholderbeeren,
3 Teile Weingeist von 90 pCt,
3 „ Wasser

lässt man 24 Stunden lang bei 15—20 ° C unter wiederholtem Umrühren stehen; von diesem Gemische werden

4 Teile

abdestilliert.

Spez. Gew. 0,895—0,905.

Man erhält ein kräftigeres Destillat, wenn man die Wacholderbeeren nur mit dem Weingeist ansetzt und dann auf das mit einem Tuch belegte Sieb einer Dampfdestillierblase bringt. Man treibt dann die vorgeschriebene Menge Destillat mit dem unmittelbaren Dampfstrahl ab.

b) Vorschrift der Ph. Austr. VII.

150,0 zerquetschte Wacholderbeeren,
500,0 Weingeist von 90 pCt,
1000,0 Wasser

maceriert man 12 Stunden und destilliert

600,0

davon ab.

Siehe die Bemerkung unter a).

Spiritus Juniperi compositus.

Zusammengesetzter Wacholderspiritus.

5 Tropfen Kümmelöl,
10 „ Fenchelöl,
15 „ Wacholderbeeröl,
100,0 verdünnter Weingeist v. 68 pCt.

Man mischt und filtriert nach einigen Tagen.

Spiritus Lavandulae.

Lavendelspiritus. Lavendelgeist. Spirit of lavender.

a) Vorschrift des D. A. IV.

1 Teil Lavendelblüten,
3 Teile Weingeist von 90 pCt,
3 „ Wasser

lässt man 24 Stunden lang bei 15—20 ° C unter wiederholtem Umrühren stehen; von diesem Gemisch werden

4 Teile

abdestilliert.

Das spez. Gew. soll 0,895—0,905 betragen.

Man erhält ein weit kräftigeres Destillat, wenn man so verfährt, wie ich bei Spiritus Juniperi als Verbesserung vorschlug.

b) Vorschrift der Ph. Austr. VII.

Man bereitet ihn aus Lavendelblüten, wie den Wacholdergeist.

c) Vorschrift der Ph. Brit.

1,0 Lavendelöl,
40,0 Weingeist von 88,76 Vol. pCt

mischt man.

d) Vorschrift der Ph. U. St.

45,0 Lavendelöl,
775,0 Weingeist von 95,1 pCt

oder:

50 ccm Lavendelöl,
950 „ Weingeist von 95,1 pCt

mischt man.

Spiritus Lavandulae compositus.

Zusammengesetzter Lavendelspiritus.

80,0 Lavendelspiritus,
20,0 Rosmarinspiritus,

1,0 chinesischer Zimt,
1,0 Muskatnüsse,
1,0 rotes Sandelholz.

Man maceriert 5—6 Tage und filtriert.

Spiritus Lumbricorum.

Regenwurmspiritus.

3,0 brenzlig-kohlensaure Ammoniakflüssigkeit,
97,0 verdünnter Weingeist v. 68 pCt.

Man mischt und filtriert.

Spiritus Mastichis compositus.

Spiritus matricalis. Mutterspiritus.

50,0 Mastix,
50,0 Olibanum,
50,0 Myrrhe,
1000,0 Weingeist von 90 pCt,
500,0 destilliertes Wasser

bringt man in eine Blase, lässt hier 24 Stunden macerieren und destilliert dann

1000,0

über.

Spiritus Melissae.

Melissen-Spiritus. Melissengeist.

a) 250,0 zerschnittene Melissenblätter,
750,0 Weingeist von 90 pCt,

lässt man 24 Stunden bei 15—20° C unter bisweiligem Umrühren stehen, bringt dann die feuchte Masse auf das mit einem Tuch belegte Sieb einer Dampfdestillierblase und treibt mit dem direkten Dampfstrahl

1000,0

über.

Ein kürzeres Verfahren ist das folgende:

b) 50,0 Helfenberger hundertfaches Melissenwasser

mischt man mit

950,0 verdünnt. Weingeist v. 68 pCt.

Das spezifische Gewicht soll 0,895—0,905 betragen.

Spiritus Melissae compositus.

Spiritus aromaticus. Karmelitergeist. Aromatischer Spiritus. Zusammengesetzter Melissengeist.

a) Vorschrift des D. A. IV.

14 Teile Melissenblätter,
12 „ Citronenschalen,
6 „ Muskatnuss,
3 „ Chinesischer Zimt,
3 „ Gewürznelken

werden mittelfein zerschnitten oder grob zerstossen und mit

150 Teilen Weingeist v. 90 pCt

und

250 Teilen Wasser

übergossen; von diesem Gemische werden

200 Teile

abdestilliert.

Das spez. Gew. soll 0,900—0,910 betragen.

Wenn man sich an diese Vorschrift wörtlich hielte, würde man ein wenig befriedigendes Präparat erhalten. Denn vor allem müsste der Destillation eine längere Maceration vorausgehen. Dann aber thut man auch gut, von der überall zu Gebote stehenden Dampfdestillierblase Gebrauch zu machen. Man verfährt also besser so, dass man die Vegetabilien mit dem Weingeist allein 24 Stunden bei 15 bis 20° C stehen lässt, dann die feuchte Masse auf das mit einem Tuch belegte Sieb der Dampfdestillierblase bringt und nun die vorgeschriebene Menge Destillat mit dem unmittelbaren Dampfstrahl abtreibt.

Für den Handverkauf empfiehlt es sich hübsche Etiketten † mit kleiner Gebrauchsanweisung zu verwenden.

b) Vorschrift der Ph. Austr. VII.

50,0 Melissenblätter,
20,0 Citronenschalen,
30,0 Koriander,
8,0 Malabarkardamomen,
8,0 Muskatnüsse,
8,0 Zimt,

zerschnitten bezw. zerstossen, übergiesst man mit

250,0 Weingeist von 90 pCt,
500,0 Wasser,

maceriert 12 Stunden und destilliert

300,0

über.

Vergleiche hierzu die Bemerkung unter a).

c) aus frischem Melissenkraut.

1400,0 frisches Melissenkraut,
500,0 frische Citronenschalen,
120,0 Muskatnüsse,
60,0 Zimtkassie,
60,0 Nelken,

alle entsprechend zerkleinert, übergiesst man mit

6000,0 Weingeist von 95 pCt,

lässt 3 Tage stehen, bringt dann das Ganze auf das mit einem Tuch belegte Sieb der Dampfdestillierblase und treibt unter Anwendung des direkten Dampfstrahles

8000,0 Destillat

über.

---

† S. Bezugsquellen-Verzeichnis.

Diese Vorschrift liefert ein weit besseres Produkt als a) und b).

Spiritus Melissae compositus crocatus.

Gelber Karmelitergeist.

100,0 Karmelitergeist,
10 Tropfen Safrantinktur

mischt man.

Spiritus Menthae crispae Anglicus.

Englische Krauseminzessenz.

10,0 Krauseminzöl,
90,0 Weingeist von 90 pCt.

Man mischt und filtriert nach mehrtägigem Stehen.

Spiritus Menthae piperitae.

Spiritus Menthae piperitae Anglicus.
Englische Pfefferminzessenz. Pfefferminzgeist.
Spirit of peppermint.

a) Vorschrift des D. A. IV.

1 Teil Pfefferminzöl,
9 Teile Weingeist von 90 pCt

werden gemischt.

Das spez. Gew. soll 0,836—0,840 betragen.

Da die Lösung in der Regel schleimige Teile ausscheidet, empfiehlt es sich, sie mehrere Tage bei kühler Temperatur stehen zu lassen und dann zu filtrieren. Die beste Essenz erhält man mit englischem Öl.

b) Vorschrift der Ph. Austr. VII.

Man bereitet ihn aus Pfefferminzblättern, wie den Wacholdergeist.

c) Vorschrift der Ph. Brit.

1,0 Pfefferminzöl,
40,0 Weingeist von 88,76 Vol. pCt

mischt man.

d) Vorschrift der Ph. U. St.

10,0 zerschnittene Pfefferminzblätter,
82,0 Pfefferminzöl,
740,0 Weingeist von 94 pCt

maceriert man 24 Stunden, filtriert und wäscht das Filter mit so viel Weingeist von 94 pCt nach, dass die Gesamtmenge

1000,0 ccm

beträgt.

Spiritus ophthalmicus n. *Pagenstecher*.

Pagenstechers Augenessenz (Augenspiritus).

76,0 Melissenspiritus,
20,0 Lavendelspiritus,
2,5 Kampferspiritus,
1,5 versüssten Salpetergeist

mischt man.

Spiritus ophthalmicus n. *Nengenfind*.

Nengenfinds Augenessenz.

95,0 Weingeist von 90 pCt,
5,0 Rosmarinöl,
3 Tropfen Baldrianöl,
0,25 Kampfer.

Man gebraucht diesen Augengeist derart, dass man einige Tropfen davon in die hohle Hand giesst, verreibt und die Hände vor die Augen hält, so dass der Dunst auf letztere einwirkt.

Spiritus ophthalmicus n. *Romershausen*.

Romershausens Augenessenz.
Tinctura ophthalmica n. *Romershausen*.

a) 30,0 Fenchelöl,
1000,0 verdünnter Weingeist v. 68 pCt,
0,5 *Schützs* grüner Pflanzenfarbstoff †.

Man filtriert nach mehrtägigem Stehen.

b) Tinctura Foeniculi, s. diese.

Die Etikette † muss eine ausführliche Gebrauchsanweisung tragen.

Spiritus peruvianus.

Form. magistr. Berol.

10,0 Perubalsam

löst man in

40,0 Weingeist von 90 pCt

und filtriert.

Spiritus Rosmarini.

Spiritus Anthos. Rosmarinspiritus. Rosmaringeist.

a) 250,0 Rosmarinblätter

zerquetscht man im Mörser, bringt sie in eine Weithalsflasche, übergiesst sie hier mit

750,0 Weingeist von 90 pCt

und lässt 24 Stunden bei 15—20° C stehen. Man bringt nun die feuchte Masse auf das mit einem Tuch bedeckte Sieb einer Dampfdestillierblase und treibt mit dem unmittelbaren Dampfstrahl

1000,0

über.

Das spez. Gewicht beträgt 0,895—0,905.

† S. Bezugsquellen-Verzeichnis.

b) Vorschrift der Ph. Austr. VII.

Man bereitet ihn aus Rosmarinblättern, wie den Wacholdergeist.

Spiritus Rosmarini compositus.

Aqua Hungarica. Spiritus vulnerarius. Ungarisches Wasser.

20,0 Lavendelspiritus,
20,0 Salbeispiritus,
60,0 Rosmarinspiritus

mischt man.

Spiritus Rusci.

Form. magistr. Berol.

25,0 Birkenteeröl,
25,0 Weingeist von 90 pCt

mischt man.

Spiritus Russicus.

Spiritus antarthriticus Russicus. Russischer Spiritus. Bestuscheff-Spiritus.

50,0 zerstossenen Senfsamen,
100,0 destilliertes Wasser

rührt man zu einem Teig an und fügt nach 15 Minuten hinzu

20,0 spanischen Pfeffer,
20,0 Kampfer,
20,0 Natriumchlorid,
50,0 Ammoniakflüssigkeit v. 10 pCt,
800,0 Weingeist von 90 pCt.

Nach achttägiger Maceration seiht man durch, filtriert und setzt dem Filtrat zu

30,0 Terpentinöl,
30,0 Äther.

Spiritus Salviae.

Salbeispiritus.

250,0 Salbeiblätter,

fein zerschnitten, giebt man in eine Weithalsflasche, übergiesst sie hier mit

750,0 Weingeist von 90 pCt

und lässt 24 Stunden bei 15—20° C stehen. Man bringt nun die feuchte Masse auf das mit einem Tuch bedeckte Sieb einer Dampfdestillierblase und treibt mit dem unmittelbaren Dampfstrahl

1000,0

über.

Das spez. Gew. beträgt 0,895—0,905.

Spiritus saponato-camphoratus.

Linimentum saponato-camphoratum liquidum. Flüssiger Opodeldok.

Vorschrift des D. A. IV.

60 Teile Kampferspiritus,
75 „ Seifenspiritus,
12 „ Ammoniakflüssigkeit (10 pCt),
1 Teil Thymianöl,
2 Teile Rosmarinöl

werden gemischt und filtriert.

Da die Mischung zumeist nachtrübt, empfiehlt es sich, sie vor dem Filtrieren einige Tage in den Keller zu stellen.

Spiritus saponato-jodatus.

Jodseifenspiritus.

6,0 Kaliumjodid

löst man in

94,0 Seifenspiritus,

lässt die Lösung 8 Tage im kühlen Raum stehen und filtriert sie sodann.

Spiritus saponatus.

Spiritus Saponis kalini Ph. Austr. VII. Spiritus Saponis. Seifenspiritus. Seifengeist. Kaliseifengeist.

a) Vorschrift des D. A. IV.

Zu bereiten aus

6 Teilen Olivenöl,
7 „ Kalilauge von 1,128 spez. Gew.,
30 „ Weingeist von 90 pCt,
17 „ Wasser.

Das Olivenöl wird mit der Kalilauge und einem Viertel der vorgeschriebenen Menge Weingeist in einer verschlossenen Flasche unter häufigem Schütteln bei Seite gestellt, bis die Verseifung vollendet ist und eine Probe der Flüssigkeit mit Wasser und Weingeist sich klar mischen lässt. Darauf fügt man der Flüssigkeit die noch übrigen drei Viertel des Weingeistes und das Wasser hinzu und filtriert die Mischung.

Spez. Gew. 0,925—0,935.

b) Einfaches Verfahren von *E. Dieterich:*

60,0 Olivenöl,
70,0 Kalilauge,
100,0 Weingeist von 90 pCt

giebt man in eine Flasche, erhitzt im Wasserbad auf 40—50 ° C und schüttelt 15 Minuten oder so lange, bis eine klare Lösung, d. h. Verseifung des Öles erfolgt ist. Man fügt dann

200,0 Weingeist von 90 pCt,
170,0 destilliertes Wasser

hinzu, überlässt an einem kühlen Ort mehrere Tage der Ruhe und filtriert schliesslich.

c) 55,0 Ätzkali,
100,0 destilliertes Wasser,
300,0 Olivenöl,
400,0 Weingeist von 90 pCt

bringt man in einen Kolben, erwärmt auf 30° C und verfährt wie bei b.

Andrerseits stellt man sich eine Mischung von

1100,0 Weingeist von 90 pCt,
1050,0 destilliertem Wasser

her, verdünnt damit die Seifenlösung und filtriert schliesslich.

d) 100,0 Kaliseife zur Bereitung des Seifenspiritus Helfenberg,
300,0 Weingeist von 90 pCt,
200,0 destilliertes Wasser.

Man löst durch öfteres Schütteln in einer Flasche, lässt 24 Stunden stehen und filtriert.

* * *

Alle vier vorstehende Vorschriften liefern das offizinelle Präparat mit einem spez. Gew. von 0,925—0,935.

e) Vorschrift der Ph. Austr. VII.
100,0 Kaliseife

löst man durch Digerieren in

50,0 Lavendelgeist

und filtriert.

Die „Kaliseife" der österreichischen Pharmakopöe ist die käufliche, an welche nur das Verlangen gestellt wird, dass sie sich im Weingeist ohne Abscheidung von Öl löse.

Spiritus saponatus aus Natronseife.

Spiritus saponatus Ph. Austr. VII. Seifengeist Ph. Austr. VII. Seifenspiritus aus Natronseife.

a) Vorschrift der Ph. Austr. VII.
125,0 venetianische Seife,
750,0 Weingeist von 90 pCt,
2,0 Lavendelöl,
250,0 destilliertes Wasser

digeriert man bis zur Lösung der Seife und filtriert.

Das spez. Gew. dieses Seifenspiritus beträgt 0,890—0,899.

Vergleiche unter b).

b) Vorschrift v. *E. Dieterich:*
15,0 Helfenberger Oleïnseife,
50,0 Weingeist von 90 pCt,
35,0 destilliertes Wasser.

Man maceriert unter öfterem Schütteln, bis sich die Seife gelöst hat, lässt dann 8 Tage in einem kühlen Raum ruhig stehen und filtriert hierauf.

Der aus Natronseife bereitete Seifenspiritus wirkt auf die Haut weniger reizend, als der mit Kaliseife hergestellte. Die von Salzen fast ganz befreite Ölseife liefert ein klar bleibendes Präparat.

Das spez. Gewicht beträgt 0,925—0,935.

Spiritus Saponis kalini.

Kaliseifenspiritus.

a) Vorschrift v. *Hebra:*
30,0 Kaliseife,
30,0 Weingeist von 90 pCt,
30,0 Lavendelspiritus

erwärmt man im Wasserbad, bis Lösung erfolgt ist, stellt dann die Lösung einige Tage kühl und filtriert sie schliesslich.

b) Vorschrift d. Ergänzb. d. D. Ap. V.
10,0 Kaliseife,
10,0 Weingeist von 90 pCt.

Man löst und filtriert die Lösung.

c) Vorschrift d. Dresdner Ap. V.
200,0 Kaliseife,
100,0 Weingeist von 90 pCt,
10,0 Lavendelspiritus.

Man löst und filtriert.

d) Vorschrift v. *Unna:*
100,0 Kaliseife

löst man durch Erwärmen in

50,0 Weingeist von 90 pCt,

setzt

4 Tropfen Lavendelöl

zu, lässt einige Tage ruhig stehen und filtriert dann.

e) Vorschrift d. Hamb. Ap. V.

Kommt der Vorschrift b gleich.

Spiritus Serpylli.

Quendelspiritus.
Ph. G. I.

250,0 Quendel

fein zerschnitten, giebt man in eine Weithalsglasflasche, übergiesst ihn hier mit

750,0 Weingeist von 90 pCt

und lässt 24 Stunden bei 15—20° C stehen. Man bringt nun die feuchte Masse auf das mit einem Tuch belegte Sieb einer Dampfdestillierblase und treibt mit dem unmittelbaren Dampfstrahl

1000,0

über.

Das spez. Gewicht beträgt 0,895—0,905.

Spiritus Serpylli compositus.

Zusammengesetzter Quendelspiritus.

80,0 Quendelspiritus,
5,0 Brechnusstinktur,
15,0 Ammoniakflüssigkeit v. 10 pCt

mischt man. Die Mischung lässt man zwei Tage im Keller stehen und filtriert sie dann.

Spiritus Sinapis.

Senfspiritus. Senfgeist.

a) Vorschrift des D. A. IV.

1 Teil Senföl

und

49 Teile Weingeist von 90 pCt

werden gemischt.

Das spez. Gewicht soll 0,833—0,837 betragen.

Die Lösung scheidet nach mehreren Tagen Flocken aus, weshalb es sich empfiehlt, sie einige Tage kühl zu stellen und dann zu filtrieren.

Es wäre richtiger, an Stelle des starken den verdünnten Weingeist zu verwenden. Da dieser weniger rasch verdunstet, wirkt ein damit bereiteter Senfspiritus nachhaltiger.

b) Vorschrift der Ph. Austr. VII.

2,0 Senföl

löst man in

100,0 Weingeist von 90 pCt.

Man bereitet die Mischung nur im Bedarfsfall.

Siehe die Bemerkung unter a).

Spiritus Sinapis chloroformiatus.

Chloroform-Senfspiritus.

50,0 Senfspiritus,
50,0 Chloroform

mischt man.

Dient zum Einreiben gegen Zahnschmerz.

Spiritus strumalis.

Kropfspiritus.

5,0 Kaliumjodid,
90,0 Seifenspiritus,
5,0 Kölnisch-Wasser.

Man löst durch Schütteln in einer Flasche, lässt 24 Stunden ruhig stehen und filtriert dann.

Eine hübsche Etikette † mit kurzer Anleitung für den Gebrauch ist zu empfehlen.

Spiritus Thymi.

Thymian-Spiritus.

6,0 Thymianöl

löst man in

1000,0 verdünntem Weingeist v. 68 pCt.

Nach mehrtägigem Stehen filtriert man.

Spiritus Vini Cognac ferratus.

Spiritus Cognac ferratus. Cognac ferratus. Spiritus vini ferratus. Eisen-Kognak. Eisenhaltiger Weinspiritus. Nach *E. Dieterich*.

83,0 Kognak,
2,0 Gelatinelösung 1 : 100

mischt man, lässt 24 Stunden in kühlem Raum stehen und filtriert. Zu dem Filtrat setzt man eine Lösung von

1,0 Eisensaccharat, 10 pCt Fe,
10,0 weissem Sirup,

in

4,0 destilliertem Wasser,

stellt einige Tage kalt und filtriert, wenn es nötig ist.

Spiritus Vini Gallici artificialis.

Franzbranntwein.

a) 10,0 Galläpfeltinktur,
5,0 aromatische Tinktur,
5,0 gereinigter Holzessig,
10,0 versüsster Salpetergeist,
1,0 Essigäther,
570,0 verdünnnten Weingeist v. 68 pCt,
400,0 destilliertes Wasser.

Nach mehrtägigem Stehen filtriert man die Mischung.

Die Flaschen werden in der Regel mit geschmackvollen Etiketten † versehen.

b) Vorschrift des Münchn. Ap. V.

4,0 verdünnte Essigsäure v. 30 pCt,
4,0 Essigäther,
40,0 aromatische Tinktur,
40,0 Kognakessenz,
20,0 versüssten Salpetergeist,
5000,0 Weingeist von 90 pCt

mischt man und setzt

2500,0 destilliertes Wasser

hinzu.

† S. Bezugsquellen-Verzeichnis.

c) Form. magistr. Berol.

0,4 aromatische Tinktur,
0,5 versüssten Salpetergeist,
6 Tropfen Ratanhiatinktur,
100,0 Weingeist von 90 pCt

mischt man und bringt mit

q. s. destilliertem Wasser

auf ein Gesamtgewicht von

200,0.

Spiritus Vini Gallici salinus.

Franzbranntwein mit Salz.

5,0 Kochsalz

verreibt man sehr fein und setzt

95,0 Franzbranntwein

zu.

Spiritus Vini peruvianus.

Peru-Kognak.

Vorschrift des Münchn. Ap. V.

25,0 Perubalsam

mischt man mit

75,0 grob gepulvertem gewaschenen Bimstein,

reibt die Mischung mit

1000,0 Weinbranntwein

an und filtriert.

Man erreicht dasselbe auf bequemere Weise, wenn man Balsam und Weinbranntwein zusammen im Wasserbad auf 40—50° C erhitzt, die Mischung dann 8 Tage kühl stellt und schliesslich filtriert.

Spongia cerata.

Wachs-Schwamm.

Kleinlöcherige Badeschwämme wäscht man gut in Wasser aus, bringt sie dann in ein Bad, welches 10 pCt Chlorwasserstoffsäure enthält, belässt hier 24 Stunden, wäscht so lange aus, als das Waschwasser noch sauer reagiert, und legt nun in ein weiteres Bad, welchem man 10 pCt Ammoniakflüssigkeit zusetzt.

Man lässt auch hier 24 Stunden, wäscht einigemal mit Wasser aus und trocknet.

Die trockenen Schwämme taucht man in geschmolzenes Wachs, bis sie sich vollgesogen haben, und presst sie zwischen heissen Platten, welche man mit Pergamentpapier belegt, aus. Man lässt in der Presse fast erstarren, nimmt heraus, zieht das Pergamentpapier ab, beschneidet die fetten Ränder und bewahrt zum Gebrauch auf.

Spongia compressa.

Press-Schwamm.

Kleinlöcherige Badeschwämme reinigt man, wie bei Spongia cerata beschrieben wurde, schneidet sie, nachdem sie ausgedrückt worden sind, aber noch nass, in fingerlange Streifen von 3—4 cm Durchmesser und umwickelt dieselben dicht und möglichst fest mit Bindfaden, so dass dünne Cylinder entstehen. Man trocknet dieselben und bewahrt sie, ohne die Umwicklung abzunehmen, auf.

Spongia gelatinata.

Gelatine-Schwamm.

Man stellt denselben wie den Press-Schwamm her, indem man den gereinigten und getrockneten Schwamm (siehe Spongia cerata) in eine warme Lösung von

100,0 Gelatine

in

300,0 Wasser,
5,0 Glycerin v. 1,23 spez. Gew.

taucht, vollsaugen lässt, teilweise wieder ausdrückt, in Streifen schneidet und mit Bindfaden umwickelt, den man vorher in geschmolzenem Talg tränkte. Letzteres ist notwendig, damit der Faden nicht durch die Gelatine festgeklebt wird. Man trocknet dann bei 25—30° C und entfernt schliesslich den Bindfaden.

Spongia jodoformiata.

Jodoform-Schwamm.

10,0 Jodoform

löst man in

40,0 Weingeist von 90 pCt,
50,0 Äther,

tränkt mit dieser Lösung die gereinigten (s. Spongia cerata) und getrockneten Schwämme, drückt die übrige Lösung aus und lässt an der Luft trocknen.

Man tränkt nun in Gelatinelösung, wie bei Spongia gelatinata beschrieben wurde, und umwickelt die geschnittenen Streifen mit getalgtem Bindfaden.

Die in Zimmerwärme getrockneten Cylinder bewahrt man in verschlossenem Gefäss auf.

Spongia salicylata.

Salicyl-Schwamm.

5,0 Salicylsäure

löst man in

45,0 Weingeist von 90 pCt,
50,0 Äther

und verfährt wie beim Jodoform-Schwamm.

In ähnlicher Weise wird Bor-, Resorcin-, Salol-, Thymol- usw. Schwamm hergestellt.

Spreng-Cylinder.

12,0 Bleiacetat

löst man in

88,0 Wasser,

tränkt damit in Viertelbogen geschnittenes Fliesspapier und trocknet. Man bestreicht dann mit Kleister, in welchem man 10 pCt Salpeter gelöst hatte, rollt je einen Viertelbogen über eine Stricknadel recht fest und dicht zu einem Cylinder zusammen und lässt diesen an der Luft trocknen. Am einen Ende angebrannt, glimmen sie langsam und thun dieselben Dienste wie Sprengkohle.

Spreng-Kohle.

90,0 Lindenkohle, Pulver M/50,
2,0 Salpeter, „ M/30,
1,0 Benzoë, „ „
2,0 Tragant, „ M/50,

mischt man sehr innig, stösst mit

q. s. Tragantschleim

zu einer knetbaren Masse an und rollt dieselbe zu bleistiftlangen und ebenso dicken Cylindern aus.

Spumatin.

Cremolin. Gummicrême.

30,0 Saponin *(Gehe & Co.)*

löst man unter Erwärmen in

970,0 weissem Zuckersirup,

lässt die Lösung erkalten und filtriert sie dann.

Man setzt 10 g Spumatin 1 kg Limonadesirup zu und erzielt damit die notwendige Schaumbildung in der Limonade.

Stärke-Glanz.

5,0 Stearinsäure

schmilzt man, setzt

5,0 absoluten Alkohol

zu und verreibt mit

95,0 Weizenstärke, Pulver M/50.

Die mit dieser Masse gestärkte Wäsche plättet sich leicht und sieht hübsch weiss und glänzend aus.

Die Plättglocken, besonders solche aus Messing, müssen nach dem Plätten stets gut gereinigt werden.

Stärkeglanzpulver.

Nach *Buchheister.*

50,0 Stearin

verwandelt man durch Reiben auf dem Küchenreibeisen in Pulver und mischt dieses mit

50,0 Borax, Pulver M/50,
900,0 bester Weizenstärke.

Steatinum

ist die von *Mielck* eingeführte Bezeichnung für „Salben-Mulle“, die unter „Unguenta extensa“ besprochen werden sollen.

Stempelfarben und permanente Stempelkissen.

Die Stempelfarben sind dünn- bis dickflüssige Massen, welche entweder die Farben gelöst oder nur fein verteilt enthalten. Man verwendet zu denselben Anilin- und Mineralfarben, löst die ersteren in Öl oder Glycerin und verreibt die letzteren ausschliesslich mit Öl.

Für Kautschukstempel eignen sich nur die Glycerin-Stempelfarben, während für Metallstempel sowohl die Glycerin-, als auch die öligen Stempelfarben verwendet werden können.

Die öligen Stempelfarben, gleichgiltig, ob die Farbe darin gelöst oder nur verteilt ist, benützt man gern für Dokumente, Urkunden, Wechsel usw., weil sie einer Behandlung mit Wasser besser widerstehen, als die Glycerinfarben.

Das einfachste und billigste Stempelkissen ist ein Stück Buchdruckwalzenmasse; man kann es aber nur für ölige Farben verwenden. Für die Glycerinfarben hat man poröse Kautschukkissen.

Das neueste auf diesem Felde sind die selbstfärbenden „permanenten“ Stempelkissen. Dieselben finden hier eine Stelle.

Die in nachstehenden Vorschriften verwendeten Anilinfarben sind aus der Handlung von *Franz Schaal* in Dresden.

A. Stempelfarben.

I. Ölige Stempelfarben.

A. In Öl verriebene Körperfarben.

a) 25,0 Ultramarin

verreibt man höchst fein auf dem Präparierstein mit

75,0 Olivenöl.

b) 10,0 Pariserblau,
5,0 Ultramarin,
85,0 Olivenöl.

Pariserblau allein verreibt sich sehr schwer mit Öl, verhältnismässig leicht dagegen, wenn man etwas Ultramarin, das hier als Zwischenlagerung wirkt, dazu nimmt.

c) 25,0 Grünspan,
5,0 Ölsäure,
70,0 Olivenöl.

Bereitung wie bei a.

d) 40,0 Zinnober,
60,0 Olivenöl.

Bereitung wie bei a.

e) 15,0 Gas-Russ,
85,0 Olivenöl.

Bereitung wie bei a.

B. In Öl gelöste Anilinfarben.

a) 1,5 öllösliches Anilin-Bordeauxrot †,
1,5 „ „ -Scharlachrot †

verreibt man sehr fein mit

5,0 roher Ölsäure,

setzt nach und nach

95,0 Ricinusöl

zu und erwärmt das Ganze unter Rühren auf 40° C.

Die Farbe stempelt rot.

Auf dieselbe Weise werden bereitet:

b) 3,0 öllösliches Anilin-Blau †,
5,0 rohe Ölsäure,
95,0 Ricinusöl.

Die Farbe stempelt blau.

c) 3,0 öllösliches Anilin-Violett †,
5,0 rohe Ölsäure,
95,0 Ricinusöl.

Die Farbe stempelt violett.

d) 5,0 öllösliches Anilin-Schwarz †,
6,0 rohe Ölsäure,
94,0 Ricinusöl.

Die Farbe stempelt blauschwarz.

e) 2,5 öllösliches Anilin-Blau †,
1,5 „ „ -Citronengelb †,
5,0 rohe Ölsäure,
95,0 Ricinusöl.

Die Farbe stempelt grün.

II. Glycerin-Stempelfarben.

3,0 Anilin-Wasserblau I B †,
15,0 gelbes Dextrin

mischt man und löst die Mischung durch Erwärmen im Wasserbad in

15,0 destilliertem Wasser.

Man fügt dann hinzu

70,0 Glycerin v. 1,23 spez. Gew.

Das beim Lösen verdunstete Wasser ist zu ersetzen.

In derselben Weise und mit derselben Masse löst man noch folgende Pigmente:

2,0 Methylviolett 3 B †,
2,0 Diamant-Fuchsin I †,
4,0 Anilingrün D †,
5,0 Vesuvin B †,
3,0 Phenolschwarz B †,
3,0 Eosin BB N †.

B. Dauernde (permanente) Stempelkissen.

Die flüssigen Stempelfarben haben bei aller Brauchbarkeit den Nachteil, dass die damit getränkten Stempelkissen trotz des Glycerin- bezw. Ölgehalts der Farbe schon nach verhältnismässig kurzer Zeit austrocknen, bezw. verharzen. Sie geben dann keine, oder nur sehr farbschwache Abdrücke, wodurch sich ein öfteres Auffärben der Kissen notwendig macht. Da erfahrungsgemäss dieses Auffrischen selten mit der erforderlichen Sorgfalt vorgenommen wird — gewöhnlich wird zu viel Farbe aufgetragen und diese auch noch schlecht verrieben — so werden in der Regel nach erfolgtem Auffärben erst eine beträchtliche Anzahl schlechter, verschwommener Stempelabdrücke erzielt, ehe man zu einem erträglichen Ergebnis kommt. Dann ist es in der Regel auch mit der Färbekraft des Stempelkissens vorbei. Die Schreibwaren-Industrie hat sich bemüht, auch diesen Übelstand zu bekämpfen, sie brachte sogenannte

† S. Bezugsquellen-Verzeichnis.

dauernde (permanente) Stempelkissen in den Handel, welche vermöge ihrer guten Eigenschaften sich bald den Markt zu erobern und die flüssigen Stempelfarben zu verdrängen versprechen. Ich habe verschiedene Fabrikate untersucht und gefunden, dass dieselben eine ziemlich feste tierische Leim- oder Pflanzengallerte als Grundlage hatten. Versuche, welche ich anstellte, haben zu befriedigenden Ergebnissen geführt; ich gebe in nachstehendem die Vorschriften, nach welchen ich in meinen Kontoren ausprobierte und als vorzüglich befundene Stempelkissen angefertigt habe.

Zunächst stellt man sich die Stempelkissen-Masse nach folgender Vorschrift her:

Stempelkissen-Masse.

35,0 japan. Gelatine (Tjen Tjang)

kocht man mit

3000,0 Wasser

unter beständigem Umrühren, um Anbrennen zu vermeiden, bis zur völligen Lösung, giesst kochend heiss durch Flanell, mischt mit

600,0 Glycerin v. 1,23 spez. Gew.

und dampft auf

1000,0 Gesamtgewicht

ein. Diese Masse erstarrt sehr rasch und lässt sich leicht aus dem Gefäss herauslösen.

Violettes Stempelkissen.

1000,0 Stempelkissenmasse

zerschneidet man in kleine Stücke, schmilzt im Dampfbad in einer Porzellan- oder Emailleschale, setzt

60,0 Methylviolett 3 B †

zu und rührt bis zur völligen Lösung um. Diese Lösung giesst man in flache Blechkästen aus, lässt erkalten, und überspannt die Kästen mit Mull oder unappretiertem Schirting. Die so erhaltenen Kissen werden in geeigneter Weise mittels Leim in den Stempelkästen befestigt und bezeichnet:

Dauernde Stempelkissen, stets fertig zum Gebrauch.

„Sollte die Oberfläche bei sehr langem Offenstehen etwas austrocknen, so genügt es, dieselbe mit einigen Tropfen Wasser oder Glycerin zu befeuchten, um das Kissen sofort wieder gebrauchsfertig zu machen.“

In derselben Weise stellt man die folgenden Farben her:

Rot.

1000,0 Stempelkissen-Masse,
80,0 Eosin BBN. †

Blau.

1000,0 Stempelkissen-Masse,
80,0 Phenolblau 3 F. †

Grün.

1000,0 Stempelkissen-Masse,
50,0 Anilingrün D. †

Schwarz.

1000,0 Stempelkissen-Masse,
100,0 Nigrosin. †

Schluss der Abteilung „Stempelfarben und dauernde Stempelkissen“.

Sterilisieren.

Keimfreimachen.

Bearbeitet von Dr. *E. Bosetti.*

Das „Sterilisieren“ oder „Keimfreimachen“ ist von den in das Gebiet der Bakteriologie fallenden Arbeiten diejenige, welche bislang zumeist Eingang in das Apothekenlaboratorium gefunden hat; sie dürfte in Zukunft noch weiter in dasselbe eindringen, da in der Jetztzeit die Behörden den ihr zu Grunde liegenden Anschauungen eine erhöhte Beachtung zu Teil werden lassen.

Um Flüssigkeiten von entwicklungsfähigen Keimen der Kleinlebewesen zu befreien, bedient man sich entweder des Zusatzes keimtötender Mittel, oder des Filtrierens oder des Erhitzens.

† S. Bezugsquellen-Verzeichnis.

Der Zusatz keimtötender Mittel kann nur in verhältnismässig wenigen Fällen zur Anwendung gelangen, er beschränkt sich zumeist auf die wässerigen Lösungen, welche zu Waschwässern und Verbandwässern gebraucht werden und besteht in Chemikalien, wie Quecksilberchlorid, Karbolsäure usw. In der Neuzeit kommt man jedoch von der Verwendung derartiger Lösungen immer mehr zurück, nachdem sich gezeigt hat, dass die Annahme von der keimtötenden Kraft solcher Flüssigkeiten vielfach auf irrigen Voraussetzungen beruhte und dass die keimtötenden Stoffe, wenn sie wirklich alle bekannten krankheitserregenden Keime zerstören sollten, in einer Menge angewendet werden müssten, welche ihre Verwendung von vornherein ausschliesst.

Nichtsdestoweniger hat die Erfahrung gelehrt, dass für manche Fälle der Zusatz gewisser Antiseptica das Keimfreimachen durch Erhitzen ersetzen kann. So genügt bei den zum Einspritzen unter die Haut bestimmten Lösungen der Zusatz von 1 pCt Salicylsäure zum Morphiumhydrochlorid, ferner das Vorhandensein einer Spur Karbolsäure oder Borsäure zu einer Atropinlösung oder das Einlegen eines Thymolkrystalls in solche Lösungen, um auf Monate hinaus jede dem unbewaffneten Auge sichtbare Zersetzung und Pilzbildung hintanzuhalten, wenn die Lösungen vor Licht und Luft geschützt aufbewahrt werden und bei der Bereitung derselben gekochtes destilliertes Wasser und mit kochendem Wasser ausgewaschene Filter verwendet wurden.

Das Keimfreimachen durch Filtrieren geschieht unter vermindertem Druck und unter Verwendung von aus Kieselgur gepressten Filterkörpern (*Berckefeld*schen Filtern) oder von Filtrierzellen aus porösem (Biskuit-)Porzellan (Chamberlandfilter). Für das pharmazeutische Laboratorium ist diese Art des Keimfreimachens vor der Hand zumeist entbehrlich; sie findet eine ausgedehnte Anwendung bei der Trennung von Bakterien von den durch sie erzeugten Produkten, wie bei der Bereitung des Tuberkulins usw.

Das Keimfreimachen durch Erhitzen ist die einfachste, bequemste und zugleich sicherste Art und Weise des Sterilisierens; von den Fällen, in denen dasselbe für das pharmazeutische Laboratorium in Betracht kommt, mögen die wichtigsten im folgenden beschrieben werden.

Auf die Herstellung des zu den Lösungen benötigten destillierten Wassers verwende man besondere Sorgfalt; man blase den Kühler zunächst mit einem Dampfstrom einige Zeit aus, bevor man letzteren verdichtet und verschliesse den zwischen Auffanggefäss und Kühlschlangenende verbleibenden Raum dicht mit Watte.

Sterilisierte Flüssigkeiten müssen sich in Gläsern befinden, deren Fassungsraum einer einmaligen Verwendung entspricht; angebrochene Lösungen müssen verworfen werden, da die Berührung mit der Luft wieder Keime hineinbefördert. Aus demselben Grunde darf eine keimfreigemachte Flüssigkeit nicht filtriert werden, das Filtrieren hat vielmehr vor dem Keimfreimachen zu geschehen.

Beim Sterilisieren von Milch hat man darauf zu achten, dass man nur solche Milch verwendet, welche möglichst befreit ist von den groben, beim Melken hineingelangenden Unreinigkeiten, die man als Milchschmutz bezeichnet, da letzterer das Keimfreimachen ungünstig beeinflusst. Man beseitigt den Milchschmutz im kleinen durch sorgfältiges Abseihen, auch durch Schleudern, im grossen durch Filtrieren mittels sterilisierter Schwammfilter. Das Keimfreimachen der Milch hat ferner baldmöglichst nach dem Melken zu geschehen; Zusätze, wie Wasser, Zucker, Haferschleim müssen vor dem Sterilisieren gemacht werden.

Was nun die Ausführung des Verfahrens anbetrifft, so wird allen Anforderungen in gesundheitlicher Beziehung genügt, wenn die Milch etwa 40 Minuten bei einer Temperatur nicht unter 100°, also bei 100—101° C erhitzt wird; es werden dadurch alle etwa vorhandenen krankheitserregenden Bakterien und ihre Sporen getötet, wenn auch die Milch nicht von Bakterien überhaupt frei wird. Da aber Magen und Darmkanal immer Bakterienmassen unschädlicher Art enthalten und da weiterhin neuere Untersuchungen ergeben haben, dass auch die Frauenmilch in der Mutterbrust nicht frei von Keimen ist, die dem Säugling doch wohl absichtlich von der Natur zugeführt werden, so kann man sich mit Obigem in allen Fällen beruhigen, in denen nicht keimfreie Dauermilch verlangt wird. Völlig keimfreie Milch kann man nur durch Anwendung höherer Temperaturen erzielen; man darf aber nicht vergessen, dass bei Temperaturen über 102° C grosse Veränderungen in der Milch vor sich gehen, die sich durch die Farbe und den Geschmack bemerkbar machen.

Die zu $^7/_8$ gefüllten Flaschen verschliesst man mit einem Wattepfropfen oder bedeckt sie praktischer mit den zu den *Soxhlet*schen Apparaten beigegebenen Gummiplatten und Schutzhülsen, die dem Austreten der Luft während des Erhitzens keinen Widerstand leisten, beim Erkalten der Flaschen jedoch einen völlig dichten Verschluss derselben bewirken.

Sirupe und Salzlösungen, welche Erhitzen vertragen, stellt man nach denselben Regeln keimfrei her; werden sie sofort verbraucht, so kann man sie auch durch Kochen sterilisieren.

Flüssigkeiten, welche Erhitzen auf 100° C nicht ohne Veränderung zu erleiden vertragen, wie die zu Augenwässern und zum Einspritzen unter die Haut bestimmten Alkaloidlösungen, unterwirft man der unterbrochenen Sterilisation in folgender Weise:

Man bringt die Lösungen, nachdem man sie durch mit heissem destillierten Wasser längere Zeit ausgewaschene oder besser noch durch Erhitzen keimfrei gemachte Filter klar filtriert hat, in Gläser aus schwerschmelzbarem Glas (Kaliglas), welche die zu einmaligem Gebrauch nötigen Mengen fassen und vorher durch halbstündiges Erhitzen auf 200° C sterilisiert wurden, und verschliesst sie mit Korken, die von Wurmlöchern frei und ebenfalls durch Erhitzen auf 200° C keimfrei gemacht worden sind. Ein gegen chemische Einflüsse widerstandsfähiges Glas muss man deshalb verwenden, weil weiches Glas Alkali an die Lösung abgiebt, das manche Alkaloide, z. B. Morphium, Strychnin aus ihren Salzen ausscheidet, bei Physostigmin Rotfärbung der Lösung verursacht. Auch das Jenaer Geräteglas von *Schott* und Genossen dürfte hier passend angewendet werden können.

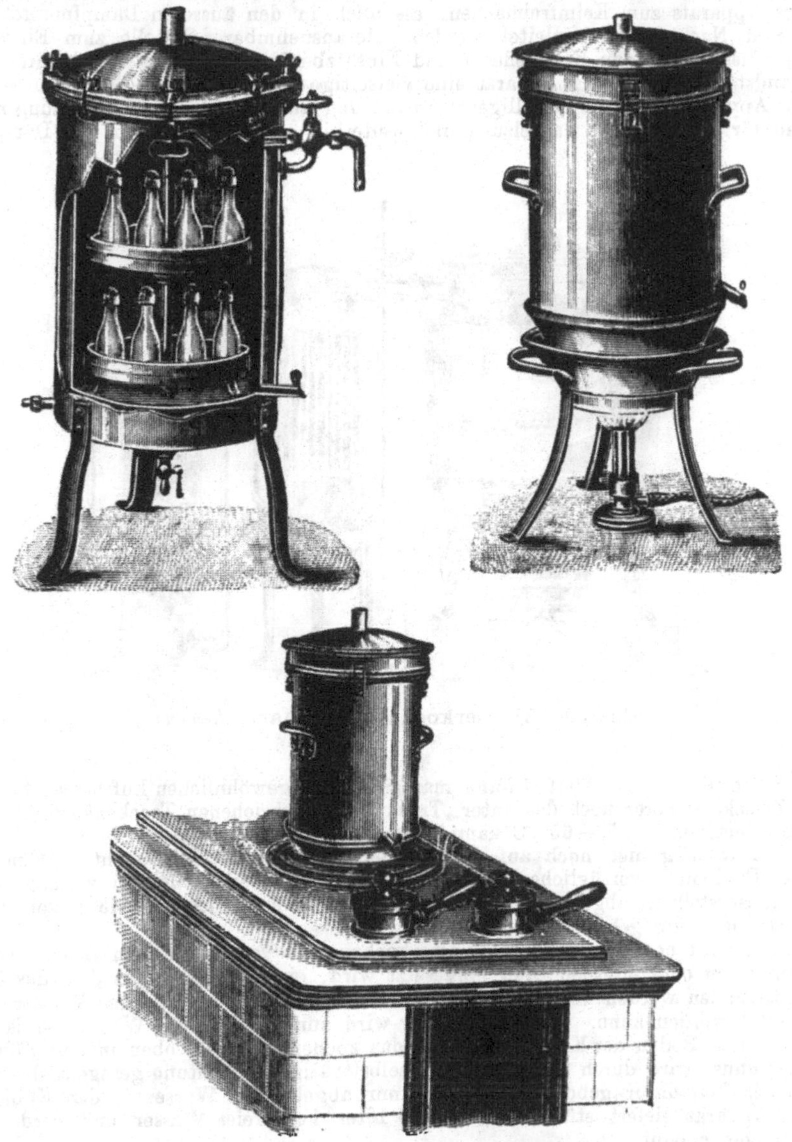

Abb. 49. **Dampfsterilisierapparate von *Gust. Christ* in Berlin.**

Die so vorbereiteten Gläser bringt man in eine unten zugeschmolzene Glasröhre, schmilzt letztere vor der Gebläselampe zu und erhitzt nun das Rohr ein bis zwei Stunden lang auf 52—65° C. Man tötet hierdurch alle lebenden Bakterien, nicht aber etwa vorhandene Dauersporen; diese keimen am zweiten oder dritten Tage darnach aus und werden dann auf dieselbe Art vernichtet. Nach acht Tagen ist das Verfahren beendet.

Verbandstoffe verpackt man in den Mengen, welche auf einmal zur Verwendung kommen, in Filtrierpapier, macht sie durch halbstündiges Erhitzen in strömendem Wasserdampf keimfrei und umhüllt sie dann sofort mit Pergamentpapier.

Milch, Sirup, Lösungen, Verbandstoffe sterilisiert man am besten durch Erhitzen im strömendem Wasserdampf, da einerseits die Benützung desselben als Heizquelle am bequemsten ist, andererseits der strömende Wasserdampf von 100 ^{0} C da, wo er unmittelbar einwirken kann, in kurzer Zeit alle Keime abtötet. Sehr geeignet für das Apothekenlaboratorium ist von den vorstehend abgebildeten Sterilisationsapparaten von *Gust. Christ* in Berlin der erste; er ist zum Anschluss an die Dampfrohrleitung eines mit gespannten Dämpfen arbeitenden Dampfapparats bestimmt. Mittels eines Dreiwegehahns kann der Dampf sowohl in das Innere des Apparats zum Keimfreimachen, als auch in den äusseren Dampfmantel zum Anwärmen und Nachtrocknen geleitet werden. Herausnehmbare Gestelle zum Einsetzen von Flaschen, Einsatzkörbe von Korbgeflecht und Einsatzbehälter von Nickelblech mit Verschluss für Verbandstoffe sichern dem Apparat eine vielseitige Verwendbarkeit.

Der Apparat wird auch in billigerer Ausführung aus Weisblech in Verbindung mit einem Wasserbad für Spiritus oder Gasheizung und weiterhin zum Einsetzen in den Dampfapparat geliefert.

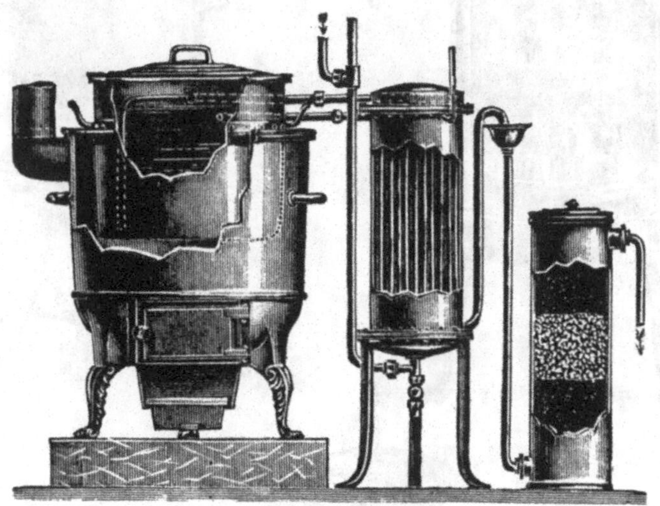

Abb. 50. **Wasserkochapparat nach** *Siemens.*

Zum Sterilisieren bei 200 ^{0} C kann man sich eines gewöhnlichen Luftbades, für pharmazeutische Zwecke sicherer noch des unter „Trocknen" beschriebenen Trockenkastens bedienen; zum Keimfreimachen bei 52—65 ^{0} C kann man das Wasserbad benützen.

Weiterhin mag hier noch auf einen Apparat aufmerksam gemacht werden, der in Zeiten von Epidemien vorzügliche Dienste in vielen Gegenden zu leisten vermag, d. i. der Apparat zur Herstellung abgekochten, keimfreien Wassers nach *Siemens,* wie er von der Firma *E. A. Lentz* in Berlin gebaut wird.

Der Apparat besteht aus einem Wasserkochapparat von verzinntem Eisen, welches in einen gemauerten oder eisernen Ofen eingesetzt wird, einem Kühler, aus dem das keimfreie Wasser entnommen werden und einem Kies-Kohlefilter, durch welchen das Wasser nach Belieben geleitet werden kann. Das Kühlwasser wird zum Speisen des Wasserkessels benützt, es fliesst auf den Boden des Kessels, während das kochende Wasser oben in den Kühler tritt. Der Wasserzufluss wird durch eine besondere, selbstthätige Vorrichtung geregelt, durch welche zugleich Sicherheit dafür geboten wird, dass nur abgekochtes Wasser in den Kühler fliesst.

Der Apparat liefert stündlich 150—200 Liter keimfreies Wasser und wird auch für kleinere Mengen gebaut.

Stibium sulfuratum aurantiacum.

Sulfur auratum Antimonii.

Vorschrift der Ph. Austr. VII.

In einem eisernen Kessel löst man

1900,0 krystallisiertes Natriumkarbonat

in

8400,0 heissem Wasser,

setzt einen Brei von

420,0 Calciumhydroxyd

und

2500,0 Wasser

hinzu, erhitzt zum Sieden und trägt in diese Mischung nach einander

210,0 Schwefelblumen,
630,0 geschlämmten Spiessglanz

ein. Man kocht unter Ersatz des verdampfenden Wassers, bis die aschgraue Färbung der Masse verschwunden ist, stellt den bedeckten Kessel zum Absetzen der Flüssigkeit bei Seite, zieht die klare Flüssigkeit ab (filtriert sie, *E. D.*) und dampft ein zur Krystallisation. Die Krystalle wäscht man mit etwas Natronlauge ab. Von diesen Krystallen löst man je

350,0

in

2000,0 destilliertem Wasser

und mischt die Lösung mit

105,0 reiner Schwefelsäure von 1,84 spez. Gewicht,

die mit

4300,0 destilliertem Wasser

verdünnt war.

Den entstandenen Niederschlag wäscht man durch Absetzenlassen völlig aus, trocknet ihn bei gelinder Wärme unter Abschluss des Lichts und bewahrt ihn bei Lichtabschluss auf.

Da nach obiger Vorschrift die Bildung von Natriumthiosulfat in grösserer Menge stattfindet, so hat man sorgfältig darauf zu achten, dass man die Krystallisation des *Schlippe*schen Salzes nicht zu weit treibt. Bei der Fällung muss man die Lösung des *Schlippe*schen Salzes in die verdünnte Säure giessen, nicht umgekehrt, und das Auswaschen des Niederschlags so schnell wie möglich vornehmen, damit das Präparat durch Zersetzung des Schwefelwasserstoffs nicht ungebundenen Schwefel beigemengt enthalte.

Die Ausbeute an *Schlippe*schem Salz wird etwa 1400,0, die an Goldschwefel 560,0 betragen.

Stibium sulfuratum rubrum.

Kermes minerale. Mineralkermes.

25,0 Natriumkarbonat,
250,0 destilliertes Wasser

erhitzt man in einem eisernen Kessel zum Sieden; darauf giebt man unter Rühren

1,0 geschlämmten Spiessglanz

hinzu, kocht 2 Stunden hindurch unter fortwährendem Ersatz des verdampften Wassers und filtriert die kochend heisse Flüssigkeit in ein Gefäss, welches etwas kaltes Wasser enthält und durch Einstellen in kaltes Wasser gekühlt ist.

Man sammelt den beim Erkalten sich ausscheidenden Niederschlag auf einem Filter und wäscht ihn auf demselben so lange mit Wasser aus, bis die Flüssigkeit gefärbt abzufliessen beginnt. Zuletzt presst man ihn zwischen Fliesspapier, trocknet ihn an einem dunklen Ort bei 20—25° C und zerreibt ihn schliesslich.

Vor Tageslicht geschützt aufzubewahren.

Durch die rasche Abkühlung erhält man einen feineren Niederschlag, wie ohne dieselbe. Die angenehme Folge davon ist, dass das Auswaschen kürzere Zeit beansprucht.

Stilus dilubilis.

Pasten-Stift.

Nach einer Idee *Unnas* bearbeitet von *E. Dieterich.*

Der Pastenstift hat sein Vorbild im Höllensteinstift. Die Masse besteht aus Stärke, Dextrin, Zucker und Tragant und bildet den Träger für eine ganze Reihe von Arzneimitteln, wie sie in der modernen Dermatologie Anwendung finden. Bei der Bereitung verfährt man derart, dass man die Pulver sorgfältig mischt, mit Wasser zu einer knetbaren Masse anstösst und diese in Stränge von 5 mm Dicke ausrollt oder presst (s. unter Pressen.) Man schneidet die Stränge in 5 cm lange Stifte, lässt dieselben auf Pergamentpapier in gewöhnlicher Zimmertemperatur trocknen und umhüllt sie dann mit Stanniol. An einem Ende des Stiftes bringt man die Etikette an.

Stilus acid. salicyl. dilubilis.
Salicyl-Pastenstift.
10 pCt.

10,0 Salicylsäure,
5,0 Tragant, Pulver M/50,
30,0 Stärke, " "
35,0 Dextrin, " M/30,
20,0 Zucker, " M/50,
q. s. destilliertes Wasser.

Giebt 40—45 Stifte.

Stilus acid. salicyl. dilubilis.
Salicyl-Pastenstift.
40 pCt.

40,0 Salicylsäure,
5,0 Tragant, Pulver M/50,
10,0 Stärke, " M/30,
25,0 Dextrin, " "
20,0 Zucker, " M/50,
q. s. destilliertes Wasser.

Giebt 45—48 Stifte.

Stilus Arsenico-Sublim. dilubilis.
Arsen-Sublimat-Pastenstift.
10 : 5 pCt.

10,0 feingeriebene arsenige Säure,
5,0 feingeriebenes Quecksilberchlorid,
5,0 Tragant, Pulver M/50,
30,0 Stärke, " M/30,
30,0 Dextrin, " "
20,0 Zucker, " M/50,
q. s. destilliertes Wasser.

Giebt 39—41 Stifte.

Stilus Cocaïni dilubilis.
Kokaïn-Pastenstift.
5 pCt.

5,0 Kokaïnhydrochlorid,
5,0 Tragant, Pulver M/50,
35,0 Stärke, " M/30,
35,0 Dextrin, " "
20,0 Zucker, " M/50,
q. s. destilliertes Wasser.

Giebt 48—50 Stifte.

Stilus Ichthyoli dilubilis.
Ichthyol-Pastenstift.
20 pCt.

20,0 Ichthyolnatrium,
5,0 Tragant, Pulver M/50,
30,0 Stärke, Pulver M/30,
35,0 Dextrin, " "
10,0 Zucker, " M/50,
q. s. destilliertes Wasser.

Giebt 39—40 Stifte.

Stilus Jodoformii dilubilis.
Jodoform-Pastenstift.
40 pCt.

40,0 Jodoform,
5,0 Tragant, Pulver M/50,
10,0 Stärke, " M/30,
30,0 Dextrin, " "
15,0 Zucker, " M/50,
q. s. destilliertes Wasser.

Giebt 32—33 Stifte.

Stilus Loretini dilubilis.
Loretin-Pastenstift.
20 pCt.

20,0 Loretin,
5,0 Tragant, Pulver M/50,
20,0 Zucker, " "
30,0 Stärke, " M/30,
25,0 Dextrin, " "
q. s. destilliertes Wasser.

Man knetet zur bildsamen Masse und stellt aus dieser durch Ausrollen 5 mm dicke und 50 mm lange Stifte her. Man trocknet diese in einer Temperatur von 25—30 ° C und wickelt sie dann in Stanniol ein.

Stilus Pyrogalloli dilubilis.
Pyrogallol-Pastenstift.
40 pCt.

40,0 Pyrogallol,
5,0 Tragant, Pulver M/50,
13,0 Stärke, " M/30,
2,0 ätherisches Orleanextrakt †,
20,0 Dextrin, Pulver M/30,
20,0 Zucker, " M/50,
q. s. destilliertes Wasser.

Giebt 40—41 Stifte.

Stilus Resorcini dilubilis.
Resorcin-Pastenstift.
40 pCt.

40,0 Resorcin,
5,0 Tragant, Pulver M/50,

† S. Bezugsquellen-Verzeichnis.

10,0 Stärke, Pulver M/30,
25,0 Dextrin, " "
20,0 Zucker, " M/50,
q. s. destilliertes Wasser.
Giebt 39—40 Stifte.

Stilus Saponis dilubilis.
Seife-Pastenstift.
60 pCt.

60,0 wasserfreie Kaliseife,
40,0 weissen Bolus, Pulver M/50,
knetet man zusammen.
Giebt 32—34 Stifte.

Wasserfreie Kaliseife stellt man sich dadurch her, dass man Sapo kalinus im Dampfbad unter Rühren mit breitem hölzernen Spatel so weit eindampft, als noch eine Abnahme des Gewichts festgestellt werden kann.

Stilus Sublimati dilubilis.
Sublimat-Pastenstift.
10 pCt.

10,0 feingeriebenes Quecksilberchlorid,
5,0 Tragant, Pulver M/50,
25,0 Stärke, " M/30,
40,0 Dextrin, " "
20,0 Zucker, " M/50.
q. s. destilliertes Wasser.
Giebt 44—45 Stifte.

Stilus Thioli dilubilis.
Thiol-Pastenstift
20 pCt.

20,0 Thiol, Pulver M/50,
5,0 Tragant, " "
30,0 Weizenstärke, " "
35,0 Dextrin, " M/30,
10,0 Zucker, " M/50,
q. s. destilliertes Wasser.
Giebt 39—40 Stifte.

Stilus Zinci oxydati dilubilis.
Zink-Pastenstift.
20 pCt.

20,0 Zinkoxyd, feingerieben,
5,0 Tragant, Pulver M/50,
20,0 Zucker, " "
30,0 Stärke, " M/30,
25,0 Dextrin, " "
q. s. destilliertes Wasser.
Giebt 32—34 Stifte.

Stilus Zinci sulfo-carbol. dilubilis.
Zinksulfophenylat-Pastenstift.
20 pCt.

20,0 Zinksulfophenylat,
5,0 Tragant, Pulver M/50,
25,0 Stärke, " M/30,
30,0 Dextrin, " "
20,0 Zucker, " M/50,
q. s. destilliertes Wasser.
Giebt 35—36 Stifte.

Schluss der Abteilung „Stilus dilubilis".

Stilus unguens.

Salbenstift.

Nach einer Idee *Unnas* bearbeitet von *E. Dieterich.*

Der Salbenstift hat sein Vorbild in der Lippenpomade, vielleicht auch im Salicyl-Vaselin, im Benzoë- und Salicyl-Talg, überhaupt in jenen Stangenformen, welche man heute in Metalldosen mit verschiebbaren Böden verabreicht.

Der Salben-Stift besteht aus Wachs, Olivenöl und etwas Harz, letzteres, um die Masse zäher zu machen. Wo spezifisch schwere Stoffe dieser Masse zugesetzt und mit ihr gegossen werden müssen, ohne dass sie zu Boden sinken dürfen, verdickt man die Masse mit medizinischer Seife.

Man verfährt bei der Herstellung derart, dass man die Seife in die geschmolzene Masse einträgt, im Dampfbad mindestens eine Stunde lang erhitzt und jetzt erst den Arzneistoff hinzufügt. Man rührt, bis sich die Masse abgekühlt hat und giesst dann in Blechformen aus, wie sie unter Ceratum beschrieben wurden.

Die Karbolsäure und Kreosot enthaltenden Stifte bekommen einen ziemlich hohen

Prozentsatz Olibanum, nachdem es sich in der Praxis gezeigt hat, dass durch dasselbe die Verflüchtigung beider Stoffe verlangsamt wird.

Die Salben-Stifte sind 10 cm lang, etwa 18 mm dick und in Stanniol eingehüllt. Die Etikette befindet sich an einem Ende.

Stilus acidi borici unguens.
Bor-Salbenstift.
20 pCt.

20,0 Borsäure, Pulver M/30,
40,0 gelbes Wachs,
35,0 Olivenöl,
5,0 Kolophon.

Stilus acidi carbolici unguens.
Karbol-Salbenstift.
10 pCt.

10,0 krystallisierte Karbolsäure,
20,0 Olibanum, Pulver M/30,
40,0 gelbes Wachs,
30,0 Olivenöl.

Stilus acidi carbolici unguens.
Karbol-Salbenstift.
30 pCt.

30,0 krystallisierte Karbolsäure,
20,0 Olibanum, Pulver M/30,
50,0 gelbes Wachs.

Stilus acidi salicylici unguens.
Salicyl-Salbenstift.
10 pCt.

10,0 Salicylsäure,
5,0 Kolophon,
45,0 gelbes Wachs,
40,0 Olivenöl.

Stilus acidi salicylici unguens.
Salicyl-Salbenstift.
20 pCt.

a) 20,0 Salicylsäure,
5,0 Kolophon,
40,0 gelbes Wachs,
35,0 Olivenöl.

b) 20,0 Salicylsäure,
25,0 gelbes Wachs,
55,0 reines Wollfett.

Stilus acidi salicylici unguens.
Salicyl-Salbenstift.
40 pCt.

40,0 Salicylsäure,
5,0 Kolophon,
25,0 gelbes Wachs,
30,0 Olivenöl.

Stilus Arsenico-Sublim. unguens.
Arsen-Sublimat-Salbenstift.
10 : 5 pCt.

10,0 feingeriebene arsenige Säure,
5,0 Quecksilberchlorid,
15,0 medizinische Seife, Pulver M/50,
5,0 Kolophon,
35,0 gelbes Wachs,
30,0 Olivenöl.

Stilus Cannabis unguens.
Cannabis-Salbenstift.
10 pCt.

10,0 Hanfextrakt,
5,0 Kolophon,
45,0 gelbes Wachs,
40,0 Olivenöl.

Stilus Cantharidini unguens.
Kantharidin-Salbenstift.
0,5 pCt.

0,5 Kantharidin,
10,0 Kolophon,
45,0 gelbes Wachs,
45,0 Olivenöl.

Stilus Chrysarobini unguens.
Chrysarobin-Salbenstift.
30 pCt.

a) 30,0 Chrysarobin,
5,0 Kolophon,
35,0 gelbes Wachs,
30,0 Olivenöl.

b) 30,0 Chrysarobin,
20,0 gelbes Wachs,
50,0 reines Wollfett.

Stilus Chrysarobini salicylatus unguens.
Chrysarobin-Salicyl-Salbenstift.
10 : 20 pCt.

10,0 Chrysarobin,
20,0 Salicylsäure,
20,0 gelbes Wachs,
50,0 reines Wollfett.

Stilus Creolini unguens.
Kreolin-Salbenstift.
10 pCt.

10,0 Kreolin,
20,0 Olibanum, Pulver M/30,
40,0 gelbes Wachs,
30,0 Olivenöl.

Stilus Hydrargyri oxyd. unguens.
Quecksilberoxyd-Salbenstift.
5 pCt.

5,0 rotes Quecksilberoxyd,
10,0 medizinische Seife, Pulver M/50,
5,0 Kolophon,
40,0 gelbes Wachs,
40,0 Olivenöl.

Stilus Ichthyoli unguens.
Ichthyol-Salbenstift.
30 pCt.

30,0 Ichthyolnatrium,
10,0 medizinische Seife, Pulver M/50,
5,0 Kolophon,
35,0 gelbes Wachs,
20,0 Olivenöl.

Stilus Jodi unguens.
Jod-Salbenstift.
20 pCt.

20,0 Jod,
5,0 Kolophon,
40,0 gelbes Wachs
35,0 Olivenöl.

Stilus Jodoformii unguens.
Jodoform-Salbenstift.
40 pCt.

40,0 Jodoform,
5,0 Kolophon,
30,0 gelbes Wachs,
25,0 Olivenöl.

Stilus Kreosoti unguens.
Kreosot-Salbenstift.
10 pCt.

10,0 Kreosot,
20,0 Olibanum, Pulver M/30,
40,0 gelbes Wachs,
30,0 Olivenöl.

Stilus Kreosoti unguens.
Kreosot-Salbenstift.
40 pCt.

40,0 Kreosot,
20,0 Olibanum, Pulver M/30,
40,0 gelbes Wachs.

Stilus Kreosoti et acid. salicylici unguens.
Kreosot-Salicyl-Salbenstift.
20 : 10 pCt.

20,0 Kreosot,
10,0 Salicylsäure,
10,0 Kolophon,
45,0 gelbes Wachs,
15,0 Olivenöl.

Stilus Loretini unguens.
Loretin-Salbenstift.
30 pCt.

a) 30,0 Loretin,
30,0 gelbes Wachs,
30,0 Olivenöl,
10,0 reines Wollfett.

b) 30,0 Wismutloretinat,
30,0 gelbes Wachs,
30,0 Olivenöl,
10,0 reines Wollfett.

Stilus Paraffini unguens.
Paraffin-Salbenstift.

50,0 festes Paraffin,
50,0 flüssiges Paraffin.

Stilus Plumbi oleïnici et acid. salicyl. unguens.
Bleioleat-Salicyl-Salbenstift.
40 : 20 pCt.

20,0 Salicylsäure,
40,0 Bleipflaster,
20,0 gelbes Wachs,
20,0 Olivenöl.

Stilus Pyrogalloli unguens.
Pyrogallol-Salbenstift.
30 pCt.

30,0 Pyrogallol,
5,0 Kolophon,
2,0 ätherisches Orleanextrakt, †
35,0 gelbes Wachs,
28,0 Olivenöl.

Stilus Resorcini unguens.
Resorcin-Salbenstift.
30 pCt.

30,0 Resorcin,
5,0 Kolophon,
35,0 gelbes Wachs,
30,0 Olivenöl.

Stilus Saponis unguens.
Seifen-Salbenstift.
20 pCt.

20,0 wasserfreie Kaliseife,
5,0 Kolophon,
40,0 gelbes Wachs,
35,0 Olivenöl.

Bezüglich der wasserfreien Kaliseife s. Stilus Saponis dilubilis.

Stilus Saponis, Picis et Ichthyoli unguens.
Seifen-Teer-Ichthyol-Salbenstift.
10 : 10 : 5 pCt.

10,0 wasserfreie Kaliseife (Bereitung s. unter Stilus Saponis dil.),
10,0 Holzteer,
5,0 Ichthyolnatrium,
5,0 Kolophon,
40,0 gelbes Wachs,
30,0 Olivenöl.

Stilus Sublimati unguens.
Sublimat-Salbenstift.
1 pCt.

1,0 feingeriebenes Quecksilberchlorid,
25,0 medizinische Seife, Pulver M/50,
5,0 Kolophon,
35,0 gelbes Wachs,
34,0 Olivenöl.

Stilus Sublimati unguens.
Sublimat-Salbenstift.
10 pCt.

a) 10,0 feingeriebenes Quecksilberchlorid,
20,0 medizinische Seife, Pulver M/50,
5,0 Kolophon,
35,0 gelbes Wachs,
30,0 Olivenöl.

b) 1,0 Sublimat,
33,0 gelbes Wachs,
60,0 reines Wollfett.

Stilus Sublimati salicylatus unguens.
Sublimat-Salicyl-Salbenstift.
1 : 20 pCt.

1,0 Sublimat,
20,0 Salicylsäure,
24,0 gelbes Wachs,
55,0 reines Wollfett.

Stilus Sulfuris unguens.
Schwefel-Salbenstift.
20 pCt.

20,0 gefällter Schwefel,
40,0 gelbes Wachs,
35,0 Olivenöl,
5,0 Kolophon.

Stilus Zinci chlorati unguens.
Chlorzink-Salbenstift.
20 pCt.

20,0 Zinkchlorid, fein gerieben,
10,0 weisser Bolus, Pulver M/50,
10,0 medizinische Seife, " "
5,0 Kolophon,
30,0 gelbes Wachs,
25,0 Olivenöl.

Stilus Zinci oxydati unguens.
Zink-Salbenstift.
20 pCt.

20,0 Zinkoxyd, fein verrieben,
40,0 gelbes Wachs,
5,0 Kolophon,
35,0 Olivenöl.

---

† S. Bezugsquellen-Verzeichnis.

Stilus Zinci sulfo-carbolici unguens.
Zinksulfophenylat-Salbenstift.
5 pCt.

5,0 Zinksulfophenylat,
15,0 medizinische Seife, Pulver M/50,
5,0 Kolophon,
40,0 gelbes Wachs,
35,0 Olivenöl.

Schluss der Abteilung „Stilus unguens".

Stilus Mentholi.
Migräne-Stift. Menthol-Stift.

Reines Menthol schmilzt man, giesst es in Zinnformen, welche Höhlungen von der ungefähren Form eines Fingerhuts haben, kühlt mindestens 12 Stunden im Eiskeller oder Eisschrank und setzt den aus der Form genommenen Kegel in Holzhülsen † ein. Die Befestigung erreicht man durch Ausstreichen der Holzbüchse mit steifer Lösung von russischem Leim.

Zusätze von Thymol zum Menthol, die, wie behauptet wurde, für die richtige Beschaffenheit des Stifts notwendig seien, machen den Stift selbst schon bei 2 pCt schmierig. Ein guter Migränestift darf nur aus reinem Menthol hergestellt werden.

Stilus Sinapis.
Senf-Stift.

85,0 Menthol,
10,0 Walrat

schmilzt man, setzt

5,0 ätherisches Senföl

zu und giesst, wie in der vorigen Vorschrift angegeben wurde, aus.

Streichfläche
für schwedische Zündhölzer.

20,0 Bimsstein, Pulver M/50,
10,0 Schmirgel, „ M/30,
30,0 Manganoxyd,
40,0 Gummischleim (1 : 2)

verreibt man fein, am besten auf einer Farbenmühle und fügt der Masse

40,0 amorphen Phosphor

und

80,0 Wasser

hinzu. Man streicht das Gemisch, sobald es gleichmässig ist, mit einem Pinsel, oder mit einer Bürste auf starkes Papier, verreibt gut und lässt trocknen. Wenn nötig, wiederholt man den Aufstrich.

Styrax liquidus colatus.

1000,0 Storax

erhitzt man unter langsamem Rühren im Wasserbad so lange, bis er dünnflüssig ist, und seiht ihn dann unter Pressen durch ein wollenes Tuch.

Die Ausbeute wird um 850,0 betragen.

Styrax liquidus depuratus.
Gereinigter Storax.

a) Vorschrift des D. A. IV.

Zum Gebrauch befreit man Storax durch Erwärmen im Wasserbade von dem grössten Teil des anhängenden Wassers, löst ihn in gleichen Teilen Weingeist (von 90 pCt) auf, filtriert die Lösung und dampft sie ein, bis das Lösungsmittel verflüchtigt ist.

Diese Vorschrift ist fehlerhaft. Das mit dem Harz zum grössten Teil emulgierte Wasser kann durch „Erwärmen" nicht entfernt werden. Um das Wasser aus dem Storax zu entfernen, ist volles Erhitzen unter Rühren notwendig. Dass damit ein erheblicher Verlust an Aroma verknüpft ist, bedarf wohl keiner näheren Erklärung. Das geeignetste Lösungsmittel ist Äther (s. Vorschrift c).

b) Vorschrift der Ph. Austr. VII.

Vor der Verwendung reinigt man den Storax durch Auflösen in der halben Gewichtsmenge Benzol, filtriert und verdampft das Lösungsmittel.

Die Reinigung mit Benzol steht etwa auf derselben Stufe, wie die mit Weingeist, da beide Flüssigkeiten bei 80 ° C sieden.

Das beste Verfahren ist das folgende:

c) Vorschrift von *E. Dieterich:*

1000,0 Storax,
750,0 Äther

giebt man in eine Klärflasche, schüttelt, bis sich der Storax gelöst hat, setzt

100,0 entwässertes Natriumsulfat, Pulver M/30,

zu und stellt nach nochmaligem kräftigen Schütteln zurück.

Die sich am Boden der Flasche abscheidende

---

† S. Bezugsquellen-Verzeichnis.

Salzlösung lässt man ablaufen und das Ganze so lange stehen, als noch Abscheidung erfolgt. Die auf diese Weise gewonnene entwässerte Ätherlösung filtriert man in bedecktem Trichter in kühlem Raum, z. B. Keller, destilliert im Wasserbad den Äther ab und entnimmt den reinen Storax der Blase.

Die Ausbeute am gereinigten Storax wird 800,0—860,0 die an Äther-Destillat 400,0 bis 450,0 betragen.

Sublimieren.

Man versteht unter Sublimieren die Verwandlung — ohne Zersetzung — eines festen Körpers in Dampfform durch Erhitzen und nachherige Verdichtung des Dampfes durch Abkühlung. Es ist derselbe Vorgang wie bei der Destillation, nur dass es sich dort um tropfbarflüssige, hier aber um feste Stoffe handelt.

Durch Sublimation trennt man flüchtige von nicht bezw. weniger flüchtigen Stoffen. Um einige Beispiele anzuführen, sublimiert man die Benzoë- und die Bernsteinsäure durch Erhitzen der bezüglichen Harze, um beide zu trennen; andrerseits reinigt man das Jod, das Quecksilberchlorid, den Salmiak usw. durch Sublimieren.

Man hat zur Sublimation zwei Räume nötig, einen, welcher dem Erhitzen und Verflüchtigen dient, und einen weiteren zur Abkühlung und Verdichtung.

Der Raum zur Aufnahme des Sublimats richtet sich in der Grösse nach dem Bedürfnis. Während leichte Sublimate, z. B. Benzoë- und Bernsteinsäure wegen ihrer grossen Raumausdehnung einen hutartigen Aufsatz, den man nötigenfalls aus Papier herstellen kann, beanspruchen, sind für schwere Körper, z. B. Quecksilber-Chlorür und -Chlorid, nur niedere Aufsatzschalen notwendig.

Je gleichmässiger die Erhitzung ist, desto weniger entsteht Verlust. Es eignen sich deshalb Chamottegefasse stets besser, wie solche aus Metall.

Im pharmazeutischen Laboratorium kamen nie viele Sublimationen vor, heute sind sie aber geradezu selten geworden. Ich darf mich deshalb auf das wenige Vorstehende beschränken und möchte nur noch erwähnen, dass die Firma *Ernst March Söhne* in Charlottenburg Sublimationsschalen aus Chamottemasse liefert.

Succus inspissatus.

Roob. Salse. Eingedickter Fruchtsaft.

Mit dem Namen „Succus inspissatus, Roob, Salse, auch Mus", obwohl letztere Bezeichnung mehr der Pulpa zukommt, bezeichnet man den durch Zerquetschen und Auspressen gewonnenen und unter Zusatz von Zucker eingedampften Saft aus frischen Beeren, Früchten und auch Schalen.

Ihrer Natur nach gehören die Salsen unter die Extrakte aus frischen Pflanzenteilen, umsomehr als der einzige Vertreter derselben, den das D. A. IV. kennt, der Wacholdersaft, nach letzterem ohne Zusatz von Zucker bereitet wird.

Die Salsen werden in manchen Gegenden noch vielfach verwendet, während ihr Gebrauch im allgemeinen gegen früher zurückgegangen ist.

Roob Laffecteur de Girandeau de St. Gervais.

6,0 Wacholdermus,
14,0 Fliedermus

löst man in

80,0 zusammengesetzten Sarsaparillsirup.

Succus Berberidis inspissatus.

Roob Berberidis. Berberitzensaft. Berberitzensalse

100,0 frische Berberitzenbeeren,

zerquetscht man, übergiesst sie mit

100,0 heissem destillierten Wasser

und presst aus, den Rückstand übergiesst man mit

100,0 heissem destillierten Wasser

und presst nochmals aus. Die vereinigten

Brühen seiht man ab durch Flanell, dampft sie bis zur Honigdicke, setzt zu

9 Teilen dieser Flüssigkeit
1 Teil Zucker, Pulver M/50,

und dampft bis zur Beschaffenheit eines dicken Extraktes ein.

Succus Ebuli inspissatus.

Roob Ebuli. Attichsaft. Attichsalse.

Man bereitet ihn aus frischen Attichbeeren, wie den Berberitzensaft.

Succus Juniperi inspissatus.

Roob Juniperi. Extractum Juniperi.
Extractum Juniperi baccarum. Wacholdermus.
Wacholdersaft. Wacholdersalse.

a) Vorschrift des D. A. IV.

1 Teil frische Wacholderbeeren

wird gequetscht und, mit

4 Teilen heissem Wasser

übergossen, 12 Stunden lang unter wiederholtem Umrühren stehen gelassen und ausgepresst. Die durchgeseihte Flüssigkeit wird zu einem dünnen Extrakte eingedampft.

Ein weit schöneres Präparat erhält man nach folgender Vorschrift:

b) Vorschrift v. *E. Dieterich*:

1000,0 Wacholderbeeren

zerstösst man zu gröblichem Pulver, maceriert dieses mit

4000,0 destilliertem Wasser

24 Stunden und presst aus.

Den Pressrückstand übergiesst man mit

2000,0 kochendem destillierten Wasser,

lässt eine Stunde lang stehen und presst abermals aus.

Man vereinigt nun die Pressflüssigkeiten, versetzt sie mit

10,0 Filtrierpapierabfall,

den man vorher mit kaltem Wasser gut verrührte, kocht unter Abschäumen auf und filtriert, sobald kein Schaum mehr aufsteigt, durch Flanellspitzbeutel. Das trübe Filtrat dampft man in Porzellanschalen unter fortwährendem Rühren im Dampfbad zu einem dünnen Extrakt ein und setzt diesem, solange es noch warm ist, 5 pCt seines Gewichts Weingeist von 90 pCt zu. Das Extrakt wird dadurch wesentlich klarer, weil sich die ausgeschiedenen harzigen Teile im Weingeist lösen.

Verfügt man über einen Vakuum-Apparat, so ist das Eindampfen natürlich in diesem vorzunehmen. In dem hier gewonnenen Extrakt sind harzige Ausscheidungen nicht zu bemerken, weshalb vom nachträglichen Weingeistzusatz abgesehen werden kann.

Die Ausbeute beträgt

380,0—400,0.

Von den ausgezogenen Rückständen destilliert man das ätherische Öl ab. Die Ausbeute daran beträgt, je nach Güte der in Arbeit genommenen Wacholderbeeren, 1—1½ pCt.

c) Vorschrift der Ph. Austr. VII.

Man kocht

zerstossene frische reife Wacholderbeeren

mit

destilliertem Wasser,

bis sie erweicht sind und presst aus. Die Brühe seiht man durch, dampft bis zur Honigdicke ein, bringt zur Wägung, setzt auf

3 Teile des eingedickten Saftes,
1 Teil gepulverten Zucker

zu und verdunstet weiter bei gelinder Wärme bis zur Musdicke.

Vergleiche hierzu unter b).

Succus Mororum inspissatus.

Maulbeersaft. Maulbeersalse.

Man bereitet ihn aus frischen Maulbeeren, wie den Berberitzensaft.

Succus Myrtilli inspissatus.

Heidelbeersaft. Heidelbeersalse.

1000,0 frische Heidelbeeren

erhitzt man im Dampfbad eine Stunde lang in einer Porzellanschale und presst dann aus.

Den Pressrückstand erhitzt man nochmals eine Stunde mit

500,0 destilliertem Wasser,

presst abermals aus, vereinigt die beiden Flüssigkeiten und kocht damit

100,0 Zucker, Pulver M/8,

auf.

Nachdem man den Succus durch ein feines Tuch geseiht hat, dampft man ihn in einer Porzellanschale unter fortwährendem Rühren im Dampfbad zur Extraktdicke ein.

Der Heidelbeersaft wird im Handverkauf in manchen Gegenden gegen Durchfall bei Kindern abgegeben.

Die Ausbeute beträgt

230,0—240,0.

Succus Nucis Juglandis corticis inspissatus.

Nussschalensaft. Nussschalensalse.

Man bereitet ihn aus frischen Walnussschalen, wie den Berberitzensaft, mit dem Unterschied, dass man

1 Teil zur Honigdicke eingedampften Saft

mit

2 Teilen Honig

zur Beschaffenheit eines dicken Extrakts eindampft.

Succus Rhamni catharticae inspissatus.

Roob Spinae cervinae. Kreuzbeersaft. Kreuzbeersalse.

1000,0 frische Kreuzbeeren

erhitzt man im Dampfbad in einer Porzellanschale 1—1½ Stunde oder so lange, bis sämtliche Beeren zersprungen sind, presst aus, digeriert den Pressrückstand mit

500,0 destilliertem Wasser

und presst abermals aus.

Die vereinigten Pressflüssigkeiten seiht man durch ein feinmaschiges Tuch und dampft die Seihflüssigkeit zu einem dicken Extrakt ein.

Die Ausbeute beträgt

125,0—130,0.

Succus Sambuci inspissatus.

Roob Sambuci. Fliedermus. Holundersalse.

a) Vorschrift der Ph. Austr. VII.

Man erhitzt

frische Holunderfrüchte

unter Umrühren zum Kochen, schlägt den Saft durch ein Haarsieb und presst den Rückstand aus. Man kocht den Saft ein bis zu einem dicken Extrakt und setzt zu

9 Teilen dieses Extraktes

1 Teil gepulverten Zucker.

Um einen brenzlichen Geschmack des Präparats zu vermeiden, ist die Behandlung im Wasserbad vorzuziehen.

b) 1000,0 frische Fliederbeeren,
500,0 destilliertes Wasser,
50,0 Zucker, Pulver M/8.

Man verfährt wie beim Succus Myrtilli inspissatus und erhält dadurch, dass man die Holunderbeeren vor dem Auspressen erhitzt, einen schön violetten Saft von vorzüglichem Geschmack.

Die Ausbeute beträgt ungefähr

240,0.

Succus Sorborum inspissatus.

Roob Sorborum. Ebereschensaft. Ebereschensalse.

Man bereitet ihn aus frischen Ebereschenbeeren, wie den Berberitzensaft.

Schluss der Abteilung „Succus inspissatus“.

Succus Carnis.

Extractum Carnis frigide paratum. Maceratio Carnis. Fleischauszug.

a) Vorschrift v. *Liebig:*

1000,0 mageres Ochsenfleisch

zerkleinert man mit dem Wiegemesser oder mit der Fleischhackmaschine, übergiesst es dann mit einer Mischung von

1200,0 destilliertem Wasser,
1,0 Salzsäure v. 1,125 spez. Gew.,
5,0 Kochsalz,

lässt 1 Stunde unter öfterem Umrühren stehen und presst dann die Flüssigkeit ab, wobei man sich eines genässten engmaschigen Leinentuches bedient

Der Saft wird auf Enghalsfläschchen von 50 oder 100 ccm Fassungsvermögen gefüllt und im Eisschrank nicht länger als 24 Stunden aufbewahrt.

b) Vorschrift des Ergänzb. d. D. A. V.

500,0 feingehacktes fett- und sehnenfreies Ochsenfleisch,
625,0 destilliertes Wasser,
1,0 Salzsäure von 1,125 spez. Gew.,
6,0 Natriumchlorid.

Bereitung wie bei a).

Succus Carnis recens expressus.

Frisch gepresster Fleischsaft.

Man befreit Ochsenfleisch möglichst von den Fettteilen, zerkleinert es dann auf der Fleischhackmaschine und presst die Masse sodann in genässtem und wieder ausgewundenem engmaschigen Leinentuch scharf aus.

Es ist dazu zu bemerken, dass man in das Presstuch nicht grosse Mengen der Fleischmasse bringen und ferner, dass man nur nach und nach Druck geben darf.

Den gewonnenen Saft seiht man nötigenfalls durch, füllt ihn dann in Enghalsfläschchen von 50 oder 100 ccm Fassungsvermögen, die bis oben gefüllt werden müssen, verkorkt die Fläschchen mit Spitzkorken und bewahrt sie im Eisschrank nicht länger als 36 Stunden auf.

Man darf nur das Fleisch des frisch geschlachteten Tieres verarbeiten, wenn der Saft nicht sofort verwendet wird.

Succus Citri factitius.

Künstlicher Citronensaft. (Für den Handverkauf.)

70,0 Citronensäure,
50,0 Zucker,
1,0 Salicylsäure

kocht man in einer Porzellanschale mit

900,0 destilliertem Wasser

auf, setzt schliesslich

5,0 Citronenölzucker

zu und filtriert noch heiss.

Das erkaltete Filtrat füllt man auf Flaschen von 50,0 Inhalt ab, verkorkt gut und bewahrt vor Tageslicht geschützt an einem kühlen Ort auf.

Der Saft hält sich 4 Wochen und darüber.

Die Ausbeute wird

1000,0

betragen.

Succus Herbarum.

Kräutersaft.

100,0 frische Cichorienblätter,
100,0 frisches Löffelkraut,
100,0 frischen Erdrauch,
100,0 frische Lattichblätter (Lactuca sativa),
100,0 frische Brunnenkresse,
100,0 „ Löwenzahnblätter (Taraxacum)

zerquetscht man in einem Marmormörser und presst aus.

Dem ausgepressten Saft setzt man

10,0 Talk, Pulver $^{M}/_{50}$,

zu, schüttelt einige Minuten kräftig und filtriert durch ein mit Wasser gefeuchtetes Filter. Das Filtrat füllt man auf Fläschchen von 50,0 Inhalt ab, verkorkt dieselben gut und bewahrt so den Saft im Keller auf.

Je nach Gebrauch können ausser den genannten auch andere Kräuter, z. B. Chelidonium, die Rumexarten usw., Verwendung finden. Desgleichen ist man nicht streng an obige Verhältnisse gebunden.

Succus Herbarum saccharatus.

800,0 Kräutersaft,
250,0 Zucker, Pulver $^{M}/_{8}$,
1,0 Salicylsäure

erwärmt man unter Umrühren solange bei einer 50 ° C nicht übersteigenden Temperatur in einer Porzellanschale, bis der Zucker gelöst ist, lässt dann eine halbe Stunde absetzen und seiht durch dichten Flanell.

Die Haltbarkeit beträgt einige Tage.

Succus Liquiritiae depuratus.

Gereinigter Süssholzsaft. Gereinigter Lakritzensaft.

1000,0 Succus Liquiritiae I Baracco

legt man vielfach zwischen dünne Strohschichten in ein hölzernes Fass ein und giesst

q. s. destilliertes Wasser

auf, dass das Ganze unter Wasser steht.

Richtiger ist es, statt des Strohs die jetzt allgemein als Packmaterial benützte Holzwolle zu verwenden; doch ist sie vorher mit kaltem Wasser durch eintägige Maceration auszuwaschen.

Man lässt den zwischen derartige Stoffe eingeschichteten Succus 2 Tage macerieren, zieht die Extraktlösung durch einen unten angebrachten Hahn ab und giesst wieder frisches Wasser auf, während man erstere durch ein feines Tuch seiht und im Dampfbad in Porzellanschalen unter fortwährendem Rühren zu einem dicken Extrakt eindampft.

Den zweiten Auszug behandelt man in derselben Weise.

Ein dreimaliges Ausziehen würde nicht lohnen, weshalb der im Fass verbleibende Rückstand, nachdem er gut abgetropft ist, entfernt werden kann.

Bezüglich des zu verwendenden Strohs ist zu bemerken, dass dasselbe vor seiner Ingebrauchnahme durch eintägige Maceration mit Wasser ausgezogen werden muss, um zu vermeiden, dass das Succus-Präparat Strohextrakt enthält und dadurch einen Beigeschmack bekommt.

Ein seit mehreren Jahren in den Handel kommender sog. Kaukasischer Rohsuccus ist zum Reinigen vollständig unbrauchbar. Es ist eine Unmöglichkeit, aus den Lösungen klare Filtrate zu erhalten. Alle in der Fachpresse erschienenen diesbezüglichen Methoden haben sich nicht bewährt.

Die Ausbeute beträgt

750,0—800,0.

Succus Liquiritiae depuratus in baculis.

Lakritzen in Stangen.

300,0 Zucker, Pulver $^{M}/_{50}$,

löst man unter Erwärmen in einem eisernen Mörser in

400,0 gereinigtem Süssholzsaft,

setzt

300,0 russisches Süssholz, Pulver $^{M}/_{50}$,

zu und stösst so lange, bis sich die Masse in dünne Stangen ausrollen oder in der Cachoupresse in Faden pressen lässt.

Succus Liquiritiae depuratus anisatus in filis.

Cachou.

300,0 Zucker, Pulver M/50,
400,0 gereinigter Süssholzsaft,
300,0 russisches Süssholz, Pulver M/50,
4,0 Anisöl,
1,0 Fenchelöl.

Bereitung wie beim Vorhergehenden. Die Masse presst man in Faden.

Succus Liquiritiae tabulatus.

Lakritzen in Tafeln.

400,0 gereinigter Süssholzsaft,
250,0 Zucker, Pulver M/50,
150,0 russisches Süssholz, „ „
300,0 Gummischleim.

Man mischt unter Erwärmen und giesst in 2 mm dicker Schicht auf Weissblech, dessen Ränder aufgebogen sind und dass man heiss mit etwas Wachs abpolierte.

Die vollgegossenen Formen lässt man bedeckt 2—3 Tage in gewöhnlicher Zimmertemperatur stehen; dann trocknet man im Trockenschrank, zieht die halb erkaltete Masse vom Blech ab und schneidet mit dem Rollmesser in Rhomben.

Um diese zu versilbern, legt man sie ausgebreitet einige Stunden in den Keller und nimmt dann die Versilberung in ähnlicher Weise wie bei den Pillen vor.

Noch einfacher verfährt man, wenn man die vom Blech abgezogenen Kuchen einige Stunden in den Keller legt, damit die Oberfläche klebend wird, dann mit Plattsilber belegt, wieder eine halbe Stunde behufs Erweichens in den Trockenschrank bringt und schliesslich mit dem Rollmesser schneidet.

Sollen im letzteren Fall die Schnittflächen ebenfalls versilbert werden, so muss dies nachträglich in der bei den Pillen gebräuchlichen Weise geschehen.

Bei der Herstellung im grösseren Massstab presst man den Succus in besonderen Pressen (Succuspressen s. „Pressen") in Bandform und schneidet aus dem Band die Rhomben. Selbstredend ist diese Arbeit einfacher und liefert gleichmässigere Formen.

Succus Taraxaci.

Juice of dandelion.

Vorschrift der Ph. Brit.

Frische Löwenzahnwurzel

zerquetscht man im Marmormörser, presst aus und vermischt

je 3 Raumteile Saft

mit

je 1 Raumteil Weingeist von 88,76 Vol. pCt.

Die Mischung stellt man 7 Tage in einen kalten Raum beiseite und filtriert.

Sulfur depuratum.

Sulfur lotum. Flores Sulfuris loti. Gereinigter Schwefel.

a) Vorschrift des D. A. IV. und der Ph. Austr. VII.

10 Teile frisch gesiebter Schwefel

werden mit

7 Teilen Wasser

und

1 Teil Ammoniakflüssigkeit von 10 pCt

angerührt, unter wiederholtem Durchmischen einen Tag lang stehen gelassen, dann vollständig ausgewaschen, bei mässiger Wärme getrocknet und zerrieben.

Ganz so einfach wie diese Vorschrift klingt, verläuft die Arbeit nicht; man hat vielmehr verschiedenes zu beobachten, weshalb ich ihr nachstehende Fassung geben möchte:

b) Vorschrift von *E. Dieterich*:

1000,0 sublimierten Schwefel

siebt man, rührt ihn mittels hölzerner Keule in einer Steingutschale mit einer Mischung, welche aus,

700,0 Wasser,
100,0 Weingeist von 90 pCt,
100,0 Ammoniakflüssigkeit v. 10 pCt

besteht, an, lässt zwei Stunden stehen und bringt in ein Absetzgefäss, welches mindestens 10 l fasst.

Man wäscht hier mit Wasser so lange aus, als der Ablauf alkalisch reagiert.

Man sammelt schliesslich den ausgewaschenen Schwefel auf einem Tuch, schleudert ihn in einer mit Tuch überspannten Schleudermaschine oder presst, wenn eine solche nicht vorhanden, aus, trocknet bei einer Höchsttemperatur von 35° C und schlägt schliesslich durch ein feines Sieb.

Die Ausbeute beträgt

950,0—960,0.

Es ist bei Erneuerung der Waschwässer darauf zu achten, dass man nur langsam umrührt und ein Zuführen von Luft, wie es rasches Rühren mit sich bringt, vermeidet, weil sich sonst sofort Luftbläschen an die einzelnen Schwefelteile anhängen und sie an die Oberfläche ziehen würden.

Zu bemerken ist, dass feinkörniger Schwefel, im Handel unter der Bezeichung „Sulfur sublimatum Gallicum", vor gröberem Sublimat den Vorzug verdient und in der gewaschenen Form leicht daran zu erkennen ist, dass er blassere Farbe zeigt. Also je gesättigter gelb die Farbe, desto grobkörniger und desto weniger zweckentsprechend als Arzneimittel ist der gereinigte Schwefel.

Sulfur jodatum.

Jodschwefel.

20,0 gefällten Schwefel

trocknet man bei 100° C, verreibt ihn mit

80,0 Jod,

bringt die Mischung in einen Glaskolben, welcher die vierfache Menge aufzunehmen imstande ist, und setzt auf denselben ein mit Kork eingepasstes langes Glasrohr.

Man erwärmt nun in einem Sandbad, dessen Temperatur 100° C nicht übersteigt, bis die Mischung geschmolzen ist, lässt erkalten, entnimmt die Masse durch Zerschlagen des Glases, zerkleinert sie in erbsen- bis haselnussgrosse Stückchen und bewahrt diese in Gläsern, welche mit eingeriebenen Stöpseln verschlossen sind, auf.

Die Ausbeute beträgt gegen

90,0.

Sulfur praecipitatum.

Lac Sulfuris. Präcipitierter Schwefel. Gefällter Schwefel. Schwefelmilch.

Vorschrift der Ph. Austr. VII.

200,0 frisch gebrannten Ätzkalk

verwandelt man mit

1200,0 Wasser

in einem eisernen Kessel zu einem Brei, setzt

500,0 Schwefelblumen,
5000,0 Wasser

hinzu und kocht unter beständigem Umrühren eine Stunde lang, indem man das verdampfte Wasser zeitweise ersetzt.

Die Lösung giesst man in eine Flasche ab, die man nach dem Erkalten der Flüssigkeit gut verschliesst.

Den Rückstand kocht man mit

3000,0 Wasser

eine halbe Stunde lang, giesst die Flüssigkeit zu der ersten und stellt zum Absetzen bei Seite. Nachdem die Flüssigkeit sich völlig geklärt hat, zieht man sie mittels eines Hebers in ein geräumiges Gefäss ab und setzt so viel

Salzsäure von 1,12 spez. Gew.
(etwa 700,0),

die mit der dreifachen Menge destilliertem Wasser verdünnt war, hinzu, dass die Flüssigkeit noch eine schwach alkalische Reaktion beibehält. Den entstandenen Niederschlag trennt man ohne Verzug von der überstehenden Flüssigkeit, wäscht ihn mit destilliertem Wasser aus, bis die ablaufende Flüssigkeit weder durch Ammoniumoxalat, noch durch Silbernitratlösung getrübt wird, trocknet an einem warmen Ort und zerreibt zu feinem Pulver.

Man sammelt den Niederschlag am besten auf einem dichten genässten Leinentuch, lässt gut abtropfen und presst ihn dann langsam und schwach aus.

Man zerbröckelt hierauf den Kuchen, breitet ihn auf mit Pergamentpapier belegten Horden aus und trocknet ihn bei einer Temperatur, welche 25° C nicht übersteigt, da sich der Schwefel sonst teilweise oxydieren und saure Reaktion annehmen würde.

Das Trocknen befördert man durch öfteres Zerkleinern der einzelnen Klumpen, reibt zuletzt den gut getrockneten Niederschlag durch ein Sieb und bewahrt ihn in fest verschlossenen Gläsern auf.

Die Ausbeute wird reichlich

600,0

betragen.

Die Fällung muss, damit die Schwefelwasserstoff-Entwickelung verlangsamt wird, möglichst nach und nach und im Freien, mit Berücksichtigung der hierfür gebotenen Vorsicht, vorgenommen werden.

Sowohl für diese Arbeit, wie auch für das Auswaschen schrieb ich „langsames“ Rühren vor. Der Schwefel hat nämlich, wie ich schon bei Sulfur depuratum hervorhob, die Eigentümlichkeit, bei Berührung mit atmosphärischer Luft kleine Teile derselben zu binden und dadurch an die Oberfläche der Flüssigkeit zu steigen. Das Umrühren darf daher nur ein vorsichtiges Bewegen der Flüssigkeit sein.

Suppositoria.

Stuhlzäpfchen.

Der Gebrauch der Stuhlzäpfchen sowohl als Hausmittel, wie auch als ärztliche Verordnungsform ist seit alters her sehr verbreitet und in der Neuzeit noch im Zunehmen begriffen.

Als Grundmasse für Herstellung der Stuhlzäpfchen benützt man Kakaoöl und Glyceringelatine, welch beiden man das Arzneimittel möglichst innig einzuverleiben sucht; man erreicht dies bei wasserlöslichen Stoffen dadurch, dass man sie in gelöster Form, bei unlöslichen, dass man sie möglichst innig mit wenig Öl verrieben der Grundmasse in näher zu beschreibender Weise zusetzt.

Zur Herstellung der Stuhlzäpfchen, welche Kakaoöl als Grundmasse haben, sind drei verschiedene Verfahren im Gebrauch. Das älteste besteht darin, dass man das Kakaoöl schmilzt, mit dem gelösten oder verriebenen Arzneimittel innig mischt und die eben im Erstarren befindliche Masse in kleine Papierdüten eingiesst. Hat man hierbei den Erstarrungspunkt des Kakaoöls nicht ganz genau getroffen, so kann es nicht ausbleiben, dass sich das zu allermeist doch nur mechanisch verteilte Arzneimittel mit dem Öl wieder entmischt, ja dass unter Umständen die Spitze von ersterem die Gesamtmenge enthält. Bricht nun beim Gebrauch des Zäpfchens durch einen Zufall die Spitze ab, so geht die Wirkung völlig verloren. Derartig bereitete Zäpfchen zeichnen sich ferner nicht durch ebenmässige und gleichartige Gestalt aus; sie erhalten diese, wenn man statt der Papierdüten Gussformen von Metall anwendet. Die durch Entmischen der geschmolzenen Masse entstehenden Nachteile lassen sich durch die Benützung der Gelatine-Suppositorienkapseln vermeiden; man giesst die Masse in diese aus zarter Gelatinehülle hergestellten Kapseln aus und schliesst sie durch ein Verschlussstück aus Fettmasse. Man giebt dem Zäpfchen dadurch zugleich einen festeren Halt, muss aber bei der Abgabe darauf aufmerksam machen, dass das Zäpfchen kurz vor dem Gebrauch, um es schlüpfrig zu machen, in Wasser getaucht werden muss.

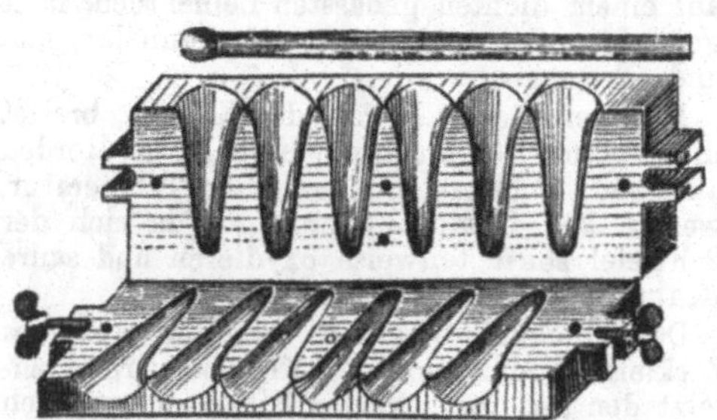

Abb. 51. **Maschine für Voll-Suppositorien von *Rob. Liebau* in Chemnitz.**

Eine andere viel gebräuchliche Bereitungsart der Stuhlzäpfchen besteht darin, dass man Arzneimittel und Kakaoöl, ersteres wie oben vorbereitet, letzteres am bequemsten in Faden- oder Pulverform im Pillenmörser, nötigenfalls unter Zuhilfenahme weniger Tropfen Öl zur bildsamen Masse anstösst, diese auf der Pillenmaschine mit etwas Talkpulver ausrollt, abteilt und die einzelnen Teile mittels Rollbrettchens in die Kegelform bringt. Dies Verfahren ermöglicht eine genauere Dosierung als das vorhergehende, ist aber bei aller Geschicklichkeit nur dann sauber und verlustlos auszuführen, wenn der Ausführende sich einer sogenannten „kalten“ Hand erfreut. Weit einfacher gestaltet sich das Verfahren, wenn man sich dazu einer der abgebildeten Vorrichtungen (Abb. 51, 52 u. 53) bedient. In diesem Fall mischt man das Arzneimittel, wie beschrieben vorbereitet, mit dem Kakaoöl, ohne zu kneten, teilt mit der Wage, bringt die einzelnen Teile nach und nach in die Formen und stampft sie fest.

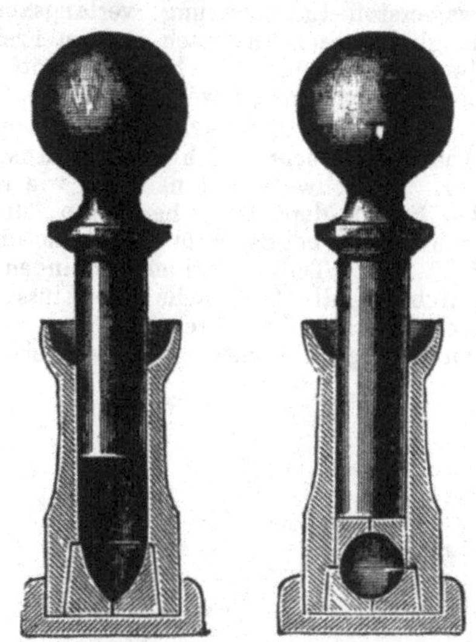

Abb. 52. **Presse für Voll-Suppositorien und Vaginalkugeln von *E. A. Lentz* in Berlin.**

Abb. 53. **Maschine für Voll- und Hohl-Suppositorien von *Rob. Liebau* in Chemnitz.**

Die Maschine von *Liebau* ist für die Kegelform, die Pressen von *Lentz* für die Projektilform bestimmt; letztere ist aus Buchsbaumholz gearbeitet und wird für 1, 2, 3 und 4 Gramm schwere Zäpfchen geliefert. Die zweite Form ist zu Vaginalkugeln.

Das dritte Verfahren der Stuhlzäpfchenbereitung beschränkt sich darauf, dass man das Arzneimittel mit etwas Schweinefett oder Kakaoöl mischt, in die fertigen Hohlsuppositorien einfüllt und letztere mit einem Verschlussstück schliesst. Dies Verfahren ist entschieden am bequemsten, jedoch nicht überall anwendbar, da die Zäpfchen nicht sehr grosse Mengen fassen.

Über die Herstellung von Hohl-Suppositorien siehe unter „Pressen".

Zur Bereitung kleinerer Mengen kann man sich der vorstehend abgebildeten Vorrichtung von *Liebau* bedienen.

Die aus Glycerin-Gelatine gegossenen Zäpfchen bereitet man in der Weise, dass man die Masse (siehe Gelatina glycerinata) schmilzt, das in Wasser verriebene oder gelöste Arzneimittel zusetzt und nun in Zinn- oder Eisenformen ausgiesst. Da sich die einzelnen Arzneistoffe jedoch verschieden gegen die Glycerin-Gelatine verhalten, so sind die unter „Bougies" gegebenen Anweisungen hierbei zu beachten.

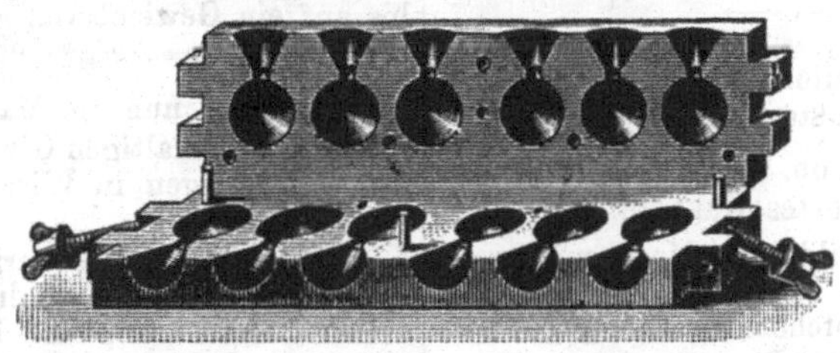

Abb. 54. **Gussform für Vaginalkugeln von *Rob. Liebau* in Chemnitz.**

Sind Formen nicht zur Hand, so formt man Stanniol über einen entsprechend grossen, einer Flasche entnommenen, eingeriebenen Glasstöpsel, drückt in Sand ein und zieht den Stöpsel heraus. Man erhält damit eine sofort hergestellte, sehr brauchbare Gussform und hat nicht einmal nötig, nach dem Erkalten das Stanniol von dem Zäpfchen abzuziehen, da es dann als Umhüllung dienen kann.

Die Bereitung der Vaginalkugeln ist der der Suppositorien gleich, nur bedient man sich anderer Gussformen (siehe Abbildung 54.)

Von der grossen Anzahl der vorhandenen Formeln führe ich nur die gebräuchlichsten auf.

Suppositoria acidi tannici.

Tannin-Stuhlzäpfchen.

a) 0,1 Dosis:

5,0 Gerbsäure,
95,0 Kakaoöl in Pulver- oder Fadenform

reibt man zusammen, stösst zur knetbaren Masse und formt daraus 50 Zäpfchen.

b) 0,25 Dosis:

2,5 Gerbsäure,
27,5 Kakaoöl in Pulver- oder Fadenform

mischt man und formt 10 Zäpfchen daraus.

Suppositoria Aloës.

Aloë-Stuhlzäpfchen.

5,0 Aloë, Pulver M/30,
45,0 Kakaoöl.

Man verfährt nach der vorhergehenden Vorschrift und formt 10 Zäpfchen daraus.

Suppositoria Belladonnae.

Belladonna-Stuhlzäpfchen.

a) 0,5 Belladonnaextrakt,
30,0 Kakaoöl.

Man verfährt wie bei Suppositoria acidi tannici und formt 10 Zäpfchen.

b) 0,5 Belladonnaextrakt,
10 Tropfen destilliertes Wasser,
35,0 weiche Glyceringelatine.

Man schmilzt die Gelatine, setzt die Extraktlösung zu und giesst 10 Zäpfchen aus.

Suppositoria Chinini.

Chinin-Stuhlzäpfchen.

10,0 Chininsulfat,
200,0 gepulvertes Kakaoöl.

Man knetet zur bildsamen Masse und formt 100 Zäpfchen daraus.

Suppositoria Chlorali.

Chloral-Stuhlzäpfchen.

17,5 weiche Glycerin-Gelatine

schmilzt man im Dampfbad, löst darin

2,5 Chloralhydrat

und giesst 10 Zäpfchen aus.

Suppositoria Cocaïni.

Kokaïn-Stuhlzäpfchen.

0,1 Kokaïnhydrochlorid,
20,0 weiche Glycerin-Gelatine.

Man schmilzt die Gelatine, löst das Kokaïnhydrochlorid darin und giesst 10 Zäpfchen aus.

Suppositoria Eigoni.

Jodeigon-Stuhlzäpfchen.

2,0 Jod-Eigon, feinst gepulvert,
98,0 gepulvertes Kakaoöl.

Man knetet zur bildsamen Masse und presst daraus 50 Zäpfchen.

Die Jodeigon-Zäpfchen werden gegen Hämorrhoiden angewandt.

Suppositoria Frangulae.

Frangula-Stuhlzäpfchen.

17,5 harte Glycerin-Gelatine

schmilzt man, setzt

2,5 Frangula-Fluidextrakt

zu und giesst 10 Zäpfchen aus.

Suppositoria Glycerini.

Glycerin-Suppositorien. Glycerin-Stuhlzäpfchen
Nach *E. Dieterich*.

a) 6,0 harte Stearinseife, Pulver M/50,

rührt man mit

94,0 Glycerin von 1,23 spez. Gew.

an, erhitzt, bis Lösung erfolgt ist, ergänzt das verdunstete Wasser und giesst die erkaltende Masse in die *Liebau*schen Formen aus.

Die erkalteten Suppositorien schneidet man am breiten Teil bis zu gleicher Länge ab und wickelt sie in Stanniol ein.

Aus 100,0 Masse stellt man, je nach Bedürfnis 25—50 Suppositorien her.

b) 3,0 krystallisiertes Natriumkarbonat

löst man unter Rühren und Erhitzen auf dem Dampfbad in

94,0 Glycerin v. 1,23 spez. Gew.,

trägt dann, um beim Entweichen der Kohlensäure ein Überschäumen zu vermeiden, allmählich

5,0 Stearinsäure

ein, setzt das Erhitzen noch so lange fort, bis die Masse schaumfrei geworden ist, und giesst sie dann in die Formen aus.

Da die Stearinsäure des Handels nicht selten sehr unrein ist, erhält man zuweilen eine trübe, in der Kälte nicht erstarrende Masse. Es verdient deshalb die Verwendung fertiger Stearinseife den Vorzug.

c) 10,0 Gelatine

übergiesst man mit

30,0 destilliertem Wasser,

setzt nach halbstündigem Quellen

90,0 Glycerin von 1,23 spez. Gew.

zu, dampft unter Rühren in gewogener Schale bis auf ein Gewicht von

100,0

ab und giesst nun die Masse aus.

Die gelatinehaltigen Glycerinzäpfchen stehen den seifehaltigen in Wirkung erheblich nach.

d) Man füllt das Glycerin in hohle Kakaoöl-Suppositorien und verschliesst die Öffnung mit einem Kakaoölpfropfen. Durch Überstreichen mit einem heissen Messer wird der Verschluss ein vollständiger.

Die Gebrauchsanweisung muss betonen, dass die Zäpfchen eine um so bessere Wirkung erzielen, je weiter sie in den After eingeschoben werden.

e) Vorschrift d. Dresdner Ap. V.

40,0 Kakaoöl,
10,0 Walrat,
25,0 Glycerin v. 1,23 spez. Gew.,
25,0 Ricinusöl.

Man formt daraus Suppositorien von 2 g Gewicht.

Suppositoria Hamamelis.

Hamamelis-Stuhlzäpfchen.

17,5 harte Glycerin-Gelatine

schmilzt man, setzt

2,5 Hamamelis-Fluidextrakt

zu und giesst 10 Zäpfchen aus.

Suppositoria Hydrastis.

Hydrastis-Stuhlzäpfchen.

17,5 harte Glycerin-Gelatine

schmilzt man, setzt

2,5 Hydrastis-Fluidextrakt

zu und giesst 10 Zäpfchen aus.

Suppositoria Jodoformii.

Jodoform-Stuhlzäpfchen.

2,0 Jodoform,
18,0 Kakaoölpulver.

Man knetet zur bildsamen Masse und formt 10 Zäpfchen daraus.

Suppositoria laxativa.
Abführ-Stuhlzäpfchen.

a) 20,0 entwässertes Natriumsulfat, Pulver M/50,
40,0 medizinische Seife, Pulver M/50,
q. s. Glycerin v. 1,23 spez. Gew.

b) 10,0 entwässertes Natriumsulfat, Pulver M/50,
10,0 medizinische Seife, Pulver M/50,
40,0 Kakaoöl.

Man stösst die Masse an und giebt ihr eine solche Beschaffenheit, dass sich daraus Suppositorien ausrollen oder pressen lassen. Jede der beiden Massen giebt 10 Zäpfchen.

Suppositoria Loretini.
Loretin-Stuhlzäpfchen.
Nach *E. Dieterich.*

0,1 Loretin,
100,0 Kakaoöl in Pulverform.

Man knetet zur bildsamen Masse und formt 50 Suppositorien daraus.

Die Loretinzäpfchen werden gegen Hämorrhoiden angewendet.

Suppositoria mercurialia.
Suppositoria Hydrargyri cinerea.
Quecksilber-Stuhlzäpfchen.

5,0 graue Salbe,
5,0 weisses Wachs,
10,0 Kakaoöl.

Man schmilzt die beiden letzteren, setzt der erkaltenden Masse die graue Salbe zu und formt durch Giessen in Formen 10 Zäpfchen daraus.

Suppositoria Morphini.
Morphium-Stuhlzäpfchen.

0,25 Morphinhydrochlorid,
20,0 Kakaoöl.

Man verfährt wie bei Suppositoria acidi tannici und formt 10 Zäpfchen.

Suppositoria Opii.
Opium-Stuhlzäpfchen.

0,5 Opiumextrakt,
10 Tropfen destilliertes Wasser,
20,0 harte Glyceringelatine.

Man bereitet 10 Zäpfchen nach Art der Suppositoria Belladonnae b).

Suppositoria Resorcini.
Resorcin-Stuhlzäpfchen.

18,5 harte Glyceringelatine

schmilzt man, setzt

1,5 Resorcin

zu und giesst 10 Zäpfchen aus.

Suppositoria Saloli.
Salol-Stuhlzäpfchen.

19,0 weiche Glyceringelatine

schmilzt man, setzt

1,0 Salol

zu und giesst 10 Zäpfchen aus.

Suppositoria Santonini.
Santonin-Stuhlzäpfchen.

20,0 weiche Glyceringelatine

schmilzt man, setzt

0,5 Santonin-Natrium

zu und giesst 10 Zäpfchen aus.

Suppositoria Secalis cornuti.
Mutterkorn-Stuhlzäpfchen.

2,5 Mutterkornextrakt

löst man in

2,5 destilliertem Wasser.

Andrerseits schmilzt man

15,0 harte Glyceringelatine,

setzt die Extraktlösung zu und giesst 10 Zäpfchen aus.

Suppositoria styptica.
Blutstillende Stuhlzäpfchen.

1,0 Eisenchloridlösung,
0,5 Stärke, Pulver M/30,
25,0 Kakaoöl.

Man bereitet 10 Zäpfchen nach Art der Suppositoria acidi tannici.

Schluss der Abteilung „Suppositoria".

Syrupi siehe Sirupi.

Tabulae Altheae.

Eibisch-Täfelchen.

10,0 Eibischwurzel, Pulver M/50,
90,0 Zucker, " "

mischt man, stösst mit

q. s. Orangenblütenwasser

zu einem steifen Teig an, rollt diesen zu einem dünnen Kuchen aus und schneidet aus letzterem rhombenförmige Stücke. Man trocknet diese bei 20—25° C im Trockenschrank.

Tabulae fumales.

Räucher-Täfelchen.

25,0 Bimsstein, gröblich gepulvert,
75,0 gebrannten Gips

mischt man, rührt mit Wasser zu einem dünnen Brei an und giesst diesen in kleinste Chokolade-Blechformen, die man vorher mit sehr wenig Öl poliert, aus.

Nach 24 Stunden nimmt man die Tafeln aus den Formen, reibt sie mit Glaspapier glatt und tränkt sie mit Räuchertinktur.

Nach oberflächlichem Trocknen wickelt man in Stanniol ein und klebt ein Band darum mit folgender Gebrauchsanweisung:

„Man lege das Täfelchen in oder auf den Ofen an nicht zu heisse Stelle und belasse es daselbst so lange, bis die Räucherung hinreichend ist. Man schlage es dann wieder in Stanniol ein und bewahre es für den nächsten Gebrauch auf."

Tabulettae compressae.

Komprimierte Medikamente. Komprimierte Arzneimittel. Komprimierte Tabletten.

Nach *E. Dieterich.*

Unter „Tabletten" oder „komprimierten Arzneimitteln" versteht man runde, zuweilen flache, meist aber beiderseits gewölbte Täfelchen, welche durch starkes Zusammenpressen von Arzneimitteln hergestellt sind und bei deren Bereitung etwaige Zusätze nicht zur Geschmacksverbesserung, wie bei den Pastillen, sondern lediglich in Rücksicht auf eine leichte Löslichkeit gemacht worden sind.

Zur Herstellung der Tabletten bedient man sich besonderer Maschinen, der Tablettenpressen, welche ermöglichen, einen starken und schnell ausgeführten Druck auf die zusammenzupressenden Bestandteile auszuüben.

Im Allgemeinen kann bemerkt werden, dass als Zusätze zu den Mischungen nur indifferente und dabei verdauliche Stoffe, wie Stärke, Milchzucker, Zucker usw. verwendet werden dürfen, dass dagegen z. B. Talkpulver, wie es *Salzmann* und *Bedall* als Zusatz zu den Tablettenmischungen empfehlen, unbedingt verworfen werden muss. Talkpulver ist zum Polieren der Stempel kaum entbehrlich, erscheint aber bei seinem Bestreben, sich mit Schleimteilen zu verbinden — hierauf beruht seine Wirkung als Klärmittel — in Rücksicht auf die Magenschleimhaut sehr bedenklich. Für Zusatz von Talkpulver zu Tabletten liegt übrigens durchaus keine Notwendigkeit vor, was sowohl die von mir, als auch die von *Weinedel* (Pharm. Ztg. 1899, No. 50) veröffentlichten, gleichfalls für die selbstdosierende Maschine amerikanischen Modells bestimmten Vorschriften beweisen.

Die *Weinedel*schen Vorschriften leiden nur an einem Fehler, das ist das notwendige Bestreuen der danach hergestellten Tabletten. Alle gepressten Tabletten, wenn anders ihre Zusammensetzung richtig ist, machen ein Bestreuen entbehrlich.

In den Apotheken, wo zumeist die Herstellung für die Rezeptur in Frage kommt, sind nur bei solchen Stoffen Zusätze notwendig, welche entweder schwer oder andrerseits zu stark kohärieren und sich dadurch als Tabletten zu langsam oder auch gar nicht lösen. Die Kohärenz erhöht man durch Zusatz von Zucker, arabischem Gummi, aber auch durch Anfeuchten mit 2—5 pCt verdünnten Weingeist, die Leichtlöslichkeit dagegen durch einen mehr oder weniger hohen Prozentsatz von Stärke. Am besten eignet sich dazu beste Reisstärke und am wenigsten gut die Kartoffelstärke.

Man verwendet die Zusätze, wenn nicht eine Volumvermehrung notwendig ist, in möglichst geringen Mengen, weil sich die Tabletten — wie bekannt — um so leichter verschlucken lassen, je kleiner sie sind.

Zur Herstellung von komprimierten Tabletten gehört eine Summe von Erfahrungen, die sich nur bei der Herstellung derselben ergiebt. Auf Grund solcher Erfahrungen weichen meine jetzigen Vorschriften von den früher von mir veröffentlichten erheblich ab.

Da die verschiedenen Arzneien und Arzneimischungen eine unter sich verschiedene Behandlung verlangen und da diese wieder von der Einrichtung der Maschine insonderheit von der mehr oder weniger steilen Lage der Spindelzüge abhängig ist, so hielt ich es für das Richtigste, die nachfolgenden Vorschriften, für die mir als gut bekannten Maschinen auszuarbeiten.

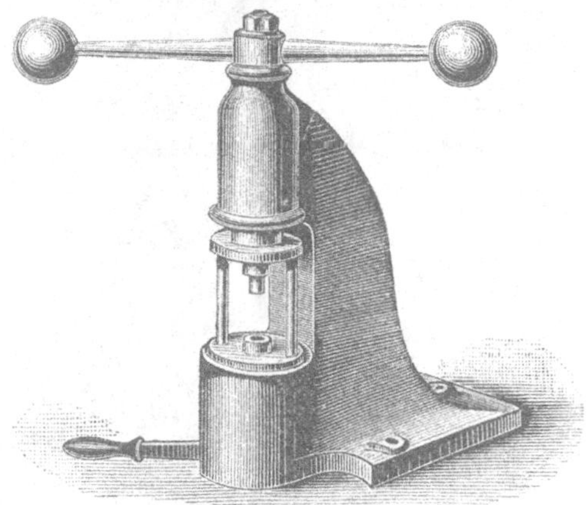

Abb. 55. **Komprimier-Maschine von *Hennig & Martin* in Leipzig.**

Bei der Maschine von *Hennig & Martin* wird durch eine mit doppelgängiger Schraube versehene Spindel der Pressstempel mittels Drehen am Balancier auf und ab bewegt. Die Bohrung des Presscylinders wird durch einen Unterstempel geschlossen, der nach erfolgter Pressung beim Zurückdrehen des Balanciers mit nach oben genommen wird und so die fertige Tablette über den Cylinder heraushebt.

Hat die Presse diese Stellung, sodrückt man den Unterstempel mit dem unten angebrachten, mit Holzgriff versehenen Hebel nieder und macht damit den Presscylinder zur Aufnahme frei. Man füllt sodann das Pulver hinein, treibt durch schnelles Drehen des Balanciers den Oberstempel in den Cylinder und dreht sofort so weit zurück, dass man die über dem Cylinder erscheinende Tablette wegnehmen kann. Die Maschine ist mit 4—6 Einsätzen ausgestattet und liefert Tabletten im Durchmesser von 7—17 mm.

Durch ihre Einfachheit besonders für Rezepturzwecke empfehlenswert ist die Maschine von *Robert Liebau*. Man verfährt beim Gebrauch desselben folgendermassen:

Nachdem man den Hebel nach oben gelegt, führt man die eine Matrize von unten in den Cylinder ein und setzt denselben in die Führung dicht am Ständer; dann schüttet man das abgefasste Pulver ein, führt die andere Matrize ein, setzt den Druckstempel auf und giebt mit dem Hebel einen kräftigen Druck. Hierauf lüftet man den Hebel, schiebt den Cylinder über die Öffnung, drückt nochmals, und die Tablette und beide Matrizen fallen in das eingeschobene Kästchen.

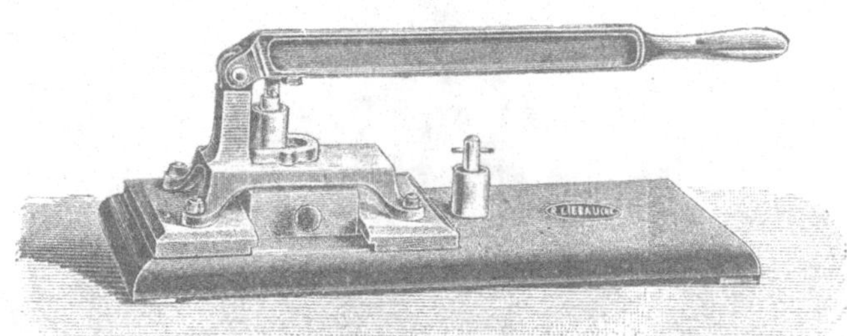

Abb. 56. **Komprimier-Maschine von *Robert Liebau* in Chemnitz.**

Bei der *Kilian*schen Maschine (Abb. 57) ist ein Schlitten der Träger eines Revolvers, in dem sich der Unterstempel befindet und der sich in ersteren auf- und niederbewegen lässt, Beim Gebrauch bewegt man den Revolver durch Verbindung mit der Spindel nach oben, schüttet das Pulver ein, legt den Deckel auf, presst mit der Spindel, geht mit derselben zurück, hebt den Deckel ab, presst dann den Revolver nieder und hebt dadurch die Tablette heraus. Zur Maschine gehören Stempel von 9—15 mm.

Die Maschine von *Lentz* (Abb. 58) enthält einen Cylinder, in dem sich der Unterstempel befindet; letzterer wird für die Stärke der Tablette eingestellt. In den Cylinder schüttet man das Pulver, setzt den Oberstempel auf, schliesst den Presskopf und dreht die Spindel herunter.

Abb. 57. **Komprimier-Maschine „Simplex" von *Fr. Kilian* in Berlin.**

Man dreht dann bei geschlossenem Kopf die Spindel zurück, hebt den langen Hebel an und befördert dadurch den Unterstempel und damit die Tablette nach oben. Die Presse besitzt Stempel von 9, 13 und 16 mm Durchmesser.

Die erste Anforderung, welche an Tabletten gestellt werden muss, ist die, dass sie fest sind und sich trotzdem leicht lösen. Zu Zusätzen, wie Zucker, auch Tragant als Quellkörper usw., muss im Interesse der späteren Löslichkeit öfters gegriffen werden, ja bei Salicylsäure ist das Ziel nur durch eine Kleinigkeit Natriumbikarbonat zu erreichen.

Zur Gewinnung fester Tabletten ist ebenfalls verschiedenes zu beobachten:

Einige Massen müssen schwach, andere stark gepresst werden, verschiedene machen ein vorheriges Bestäuben des Stempels mit Talkpulver oder Stärkepulver notwendig.

Beim Anreiben einiger Pulver mit Gummischleim ist im Auge zu behalten, dass eine Tablette nach dem Trocknen wohl um so fester erscheint, je mehr Gummischleim zugesetzt war, dass aber auch häufig das schöne Aussehen der Tablette, besonders bei pflanzlichen Pulvern, dadurch leidet.

Es gilt also hier einen Mittelweg, den die Übung mit sich bringt, einzuschlagen. Man lasse sich nicht leicht abschrecken, wenn der erste Versuch nicht sofort gelingt. Mit etwas Beobachtungsgabe, Geduld und Sauberkeit, wie sie alle Maschinen erfordern, gelangt man rasch zum Ziel.

Alle fertig gepressten Tabletten sind bei mässiger Wärme zu trocknen und in gut verschlossenen Glasbüchsen aufzubewahren.

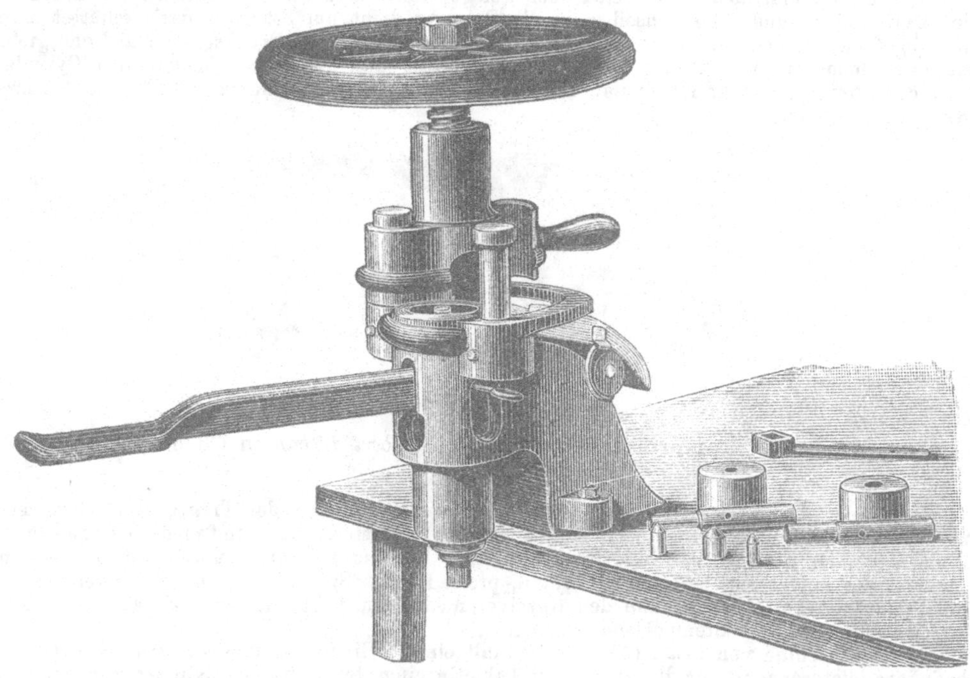

Abb. 58. **Komprimier-Maschine von *E. A. Lentz* in Berlin.**

Das zum Beimischen verwendete Zuckerpulver (M/50) muss so viel Feuchtigkeit aus der Luft angezogen haben, um sich in Klumpen zusammenzuballen.

Die folgenden Vorschriften liefern ohne Ausnahme Tabletten, welche billigen Anforderungen entsprechen. Sie werden fest, aber trotzdem nicht so hart, dass sie nicht zerbissen werden können; sie besitzen ein schönes Aussehen und lösen sich in Wasser in kurzer Zeit auf.

Die ganze Arbeit — es möge dies besonders betont werden — erfordert die äusserste Peinlichkeit und Sauberkeit.

Nach jeder Pressung müssen die Stempel mit einem Läppchen abgerieben, oder wenn etwas Masse anhängen sollte, abgewaschen werden.

Kratzen mit Metallgegenständen an den Stempeln ist unstatthaft.

Tabulettae acidi citrici.

Citronensäure-Tabletten.

a) Dosis 0,3 nach *E. Dieterich:*

Reine gepulverte Citronensäure trocknet man scharf und presst sie noch warm zu 0,3 g schweren Tabletten, muss aber nach jeder Pressung die Stempel mit einem wollenen Lappen und Talkpulver abpolieren.

b) Dosis 0,6 nach *Salzmann:*

600,0 gepulverte Citronensäure,
125,0 Milchzuckerpulver,
35,0 Talkpulver.

Die Mischung giebt 1000 Tabletten zu 0,7 g.

Die Citronensäure wird in einer Porzellanschale zunächst im Trockenschrank bei 30 bis 40° C, schliesslich auf dem Dampfapparat bei 100° C bis zum konstanten Gewicht getrocknet. Der Gewichtsverlust beträgt etwa ein Zehntel der ursprünglichen Menge. Darauf wird die Säure mit absolutem Alkohol befeuchtet, getrocknet und durch ein grobes Haarsieb geschlagen. Dem so erhaltenen Pulver werden Milchzucker und Talkum zugemischt. — Je eine oder zwei Citronensäure- und Natrontabletten dienen auch als Brausepulver.

Tabulettae acidi salicylici.

Salicylsäure-Tabletten.

a) Vorschrift v. *E. Dieterich:*

10,0 Salicylsäure,
5,0 Zucker, Pulver M/50,
5,0 Reisstärke.

Man presst 0,5 oder 1,0 schwere Tabletten daraus. Die Dosis beträgt die Hälfte des Gewichtes.

b) Vorschrift v. *Weinedel:*

5,0 Salicylsäure,
4,0 Zuckerpulver,
1,0 Marantastärke,
1,0 Natriumbikarbonat,
0,5 Tragantpulver,
0,5 arabisches Gummi,
3 Tropfen destilliertes Wasser.

Man *teilt* die Mischung in 20 Teile, presst Tabletten daraus und bestreut sie mit Stärke.

c) Vorschrift v. *Salzmann:*

500,0 Salicylsäure,
100,0 Milchzucker,
25,0 Weizenstärke,
25,0 Talk.

Man stellt 1000 Tabletten im Gewicht von 0,65 her (Dosis 0,5).

Die Salicylsäure wird mit Alkohol befeuchtet, getrocknet und durchgesiebt. Alsdann werden Zucker, Stärke und Talkum, die vorher gleichfalls getrocknet wurden, zugesetzt. — Eine Salicylsäuretablette und eine Natrontablette werden an Stelle von salicylsaurem Natron, dessen Komprimierung bisher nur unvollkommen gelungen ist, verordnet.

Tabulettae acidi tannici.

Tannin-Tabletten.

a) Vorschrift von *E. Dieterich:*

1,0 Tannin,
4,0 Zucker, Pulver M/50,
5,0 Reisstärke.

Man presst 20 Tabletten im Gewicht von 0,5 (Dosis 0,05).

b) Vorschrift v. *Salzmann:*

60,0 Tannin,
400,0 Milchzucker,
20,0 Weizenstärke,
20,0 Talk.

Man presst 1000 Tabletten im Gewicht von 0,5 (Dosis 0,06).

Die Mischung bedarf, wenn der Zucker nicht zu fein ist, keiner weiteren Vorbereitung.

Tabulettae Antifebrini.

Antifebrin-Tabletten.

a) Vorschrift v. *E. Dieterich:*

10,0 Antifebrin,
2,0 Reisstärke.

Man presst 0,3 (Dosis 0,25) oder 0,6 (Dosis 0,5) schwere Tabletten.

b) Vorschrift v. *Weinedel:*

5,0 Antifebrin,
1,5 Zucker,
1,5 Marantastärke,
0,5 Tragant,
0,5 arabisches Gummi,
5 Tropfen destilliertes Wasser.

Man teilt in 10 Teile, presst diese zu Tabletten und bestreut letztere mit Stärke.

c) Vorschrift v. *Salzmann:*

300,0 Antifebrin,
160,0 Milchzucker,
20,0 Weizenstärke,
20,0 Talk.

Man presst 1000 Tabletten im Gewicht von 0,5 (Dosis 0,3).

Das Antifebrin und der Zucker werden gemischt, mit absolutem Alkohol befeuchtet, getrocknet und durchgesiebt Alsdann werden Stärke und Talkum zugemischt.

Tabulettae Antipyrini.

Antipyrin-Tabletten.

a) Vorschrift v. *E. Dieterich:*

Man stellt sie wie Antifebrintabletten nach der Vorschrift a) her.

b) Vorschrift v. *Weinedel:*

10,0 Antipyrin,
3,0 Zucker,
1,5 Tragant,
3 Tropfen Gummischleim,
3 „ destilliertes Wasser.

Man teilt in 10 Teile, presst diese zu Tabletten und bestreut letztere mit Talkpulver.

c) Vorschrift v. *Salzmann:*

500,0 Antipyrin,
200,0 Milchzucker.

Man presst 1000 Tabletten im Gewicht von 0,7 (Dosis 0,5).

Die Masse wird so, wie bei Antifebrin angegeben ist, behandelt.

Tabulettae Bismuti subnitrici.

Wismut-Tabletten.

a) Vorschrift v. *E. Dieterich:*

10,0 basisches Wismutnitrat,
30,0 Zucker, Pulver M/50,
10,0 Reisstärke.

Um 0,05 und 0,1 Dosen Wismut zu erhalten wiegt man 0,25 bezw. 0,5 g schwere Teile ab und presst diese zu Tabletten.

b) Vorschrift v. *Weinedel:*

2,5 basisches Wismutnitrat,
5,0 Milchzucker,
1,0 arabisches Gummi,
2 Tropfen destilliertes Wasser.

Man teilt in 10 Teile, presst diese zu Tabletten und bestreut letztere mit Talkpulver.

Tabulettae bromatae n. *Erlenmayer.*

Pastilli bromati. *Erlenmayers* Bromtabletten. Brompastillen.

40,0 Kaliumbromid,
40,0 Natriumbromid,
20,0 Ammoniumbromid

verreibt man zu gröblichem Pulver und presst aus der Mischung Tabletten von 1 g Gewicht.

Ein Bindemittel ist nicht notwendig.

Tabulettae Camphorae.

Kampfertabletten.

0,5 Kampfer,
5,0 Zucker, Pulver M/50,
5 Tropfen Pfefferminzöl

verreibt man fein und stellt aus der Mischung 10 komprimierte Tabletten her.

Tabulettae Carbonis.

Kohle-Tabletten.
Nach *E. Dieterich.*

10,0 Lindenkohle, Pulver M/50,
3,0 Zucker, „ „

mischt man und setzt

q. s. Gummischleim

zu, bis eine stark krümelige Masse entsteht.

Man wiegt Dosen von 0,75 ab und presst diese.

Die Tabletten enthalten 0,5 Kohle.

Zur Erzeugung guter Tabletten muss eine harzfreie Kohle verwendet werden.

Tabulettae Chinini.

Chinin-Tabletten.

A. Mit Chininhydrochlorid.

a) Vorschrift v. *E. Dieterich:*

5,0 Chininhydrochlorid,
1,25 Milchzucker, Pulver M/50,
1,25 Reisstärke.

Man presst 0,15 und 0,375 g schwere Tabletten (Dosis 0,1 bez. 0,25 Chinin) daraus.

b) Vorschrift v. *Weinedel:*

2,5 Chininhydrochlorid,
3,0 Zucker,
2 Tropfen Gummischleim.

Man teilt in 10 Teile, presst diese zu Tabletten und bestreut letztere mit Stärke.

B. Mit Chininsulfat.

a) Vorschrift v. *E. Dieterich*:

Man hält das unter Chininhydrochlorid angegebene Verfahren a ein.

b) Vorschrift v. *Weinedel:*

5,0 Chininsulfat,
5,0 Milchzucker,
3 Tropfen Gummischleim.

Man teilt in 10 Teile, presst diese in Tabletten und bestreut letztere mit Stärke.

c) Vorschrift v. *Salzmann:*

300,0 Chininsulfat,
100,0 Milchzucker,
15,0 Hallersches Sauer,
50,0 Weizenstärke,
50,0 Talk.

Man presst 1000 Tabletten im Gewicht von 0,5 g (Dosis 0,3).

„Das Chinin wird mit der Mixtura sulfurica acida angerieben, getrocknet und durchgesiebt. Alsdann werden Zucker, Stärke und Talkum zugesetzt. Die Mischung darf nicht noch einmal erhitzt werden, weil sonst leicht Gelbfärbung eintritt."

Tabulettae Chlorali hydrati.

Chloralhydrat-Tabletten.

Nach *E. Dieterich.*

Das zu feinem Pulver verriebene Chloralhydrat lässt sich leicht zu Tabletten pressen. Man stellt dieselben 0,25—0,5—1,0 g schwer her, bewahrt sie aber in verschlossenen Gefässen auf, da sie leicht feucht werden.

Tabulettae Coffeïni.

Kaffeïn-Tabletten.

a) Vorschrift v. *E. Dieterich:*

5,0 Kaffeïn,
1,0 Citronensäure, Pulver M/30,
2,5 Reisstärke,
16,5 Zucker, Pulver M/50,

Man mischt und presst 0,25 g schwere Tabletten (Dosis 0,05).

b) Vorschrift v. *Weinedel:*

1,0 Kaffeïn,
9,0 Zucker,
3 Tropfen Gummischleim.

Man teilt in 10 Teile, presst diese zu Tabletten und bestreut diese mit Stärke.

Tabulettae Colae.

Kola-Tabletten.

a) Vorschrift v. *E. Dieterich:*

10,0 Kolanüsse, Pulver M/30,
1,0 arabisches Gummi, Pulver M/50,
1,0 Reisstärke,
10—12 Tropfen Wasser.

Man presst aus dieser Masse 10 oder 20 Tabletten.

b) Vorschrift v. *Weinedel:*

5,0 gepulverte Kolanüsse,
1,0 arabisches Gummi,
3 Tropfen destilliertes Wasser.

Man teilt in 10 Teile, presst diese zu Tabletten und bestreut diese mit Lykopodium.

Tabulettae Cubebae.

Kubeben-Tabletten.

Nach *Weinedel.*

10,0 Kubebenpulver,
1,0 gebrannte Magnesia.

Man teilt in 10 Teile, presst Tabletten daraus und bestreut diese mit gebrannter Magnesia.

Tabulettae expectorantes.

Husten-Tabletten.

Nach *Weinedel.*

0,6 trockenes Bilsenkrautextrakt,
0,3 Goldschwefel,
5,0 Zucker,
1,5 arabisches Gummi,
2 Tropfen destilliertes Wasser.

Man teilt in 10 Teile, presst diese zu Tabletten und bestreut letztere mit Lykopodium.

Tabulattae extracti Cascarae Sagradae.

Kaskara-Tabletten. Sagrada-Tabletten.

a) Vorschrift v. *E. Dieterich:*

10,0 trockenes Sagradaextrakt,
2,0 gebrannte Magnesia,
3,0 Reisstärke.

Man stellt 0,45 g (0,3 Dosis) oder 0,75 g (0,5 Dosis) schwere Tabletten her.

b) Vorschrift v. *Weinedel:*

5,0 trockenes Kaskaraextrakt,
3,0 Kakaomasse,

1,0 Kakaoöl,
1,5 Zucker.

Man teilt in 10 Teile, presst diese zu Tabletten und bestreut letztere mit gebrannter Magnesia.

Tabulettae extracti Secalis cornuti.

Tabulettae Ergotini. Ergotin-Tabletten.

a) Vorschrift v. *E. Dieterich*:

10,0 Mutterkornextrakt,
10,0 Reisstärke,
40,0 Milchzucker, Pulver M/50.

Man mischt die Masse gut, presst sofort 0,5 g (Dos. 0,1), 0,75 g (Dos. 0,15) oder 1,0 g (Dos. 0,2) schwere Tabletten daraus und trocknet diese in Temperatur, welche 30° C nicht übersteigt.

b) Vorschrift v. *Weinedel*:

1,0 trockenes Mutterkornextrakt,
3,0 Zucker,
3,0 Süssholzpulver,
2,0 arabisches Gummi,
4 Tropfen destilliertes Wasser.

Man teilt in 10 Teile, presst diese zu Tabletten und bestreut letztere mit gebrannter Magnesia.

Tabulettae Ferri Blaudii.

*Blaud*sche Tabletten.
Nach *Weinedel*.

2,0 Ferrosulfat,
2,0 Natriumbikarbonat,
1,0 Zucker,
1,0 Kakaoöl.

Man teilt in 10 Teile, presst diese zu Tabletten und bestreut letztere mit Lykopodium.

Tabulettae Ferri Blaudii cum Acido arsenicoso.

*Blaud*sche Tabletten mit Arsenik.
Nach *Weinedel*.

0,01 arsenige Säure,
2,0 Ferrosulfat,
2,0 Natriumbikarbonat,
1,0 Zucker,
1,0 Kakaoöl,
0,2 Magnesiumkarbonat.

Man teilt in 10 Teile, presst diese zu Tabletten und bestreut letztere mit Lykopodium.

Tabulettae Guaranae.

Guarana-Tabletten.

a) Vorschrift v. *E. Dieterich*:

10,0 Guarana-Paste, Pulver M/50, (v. Paullinia sorbilis),
0,5 Zucker, Pulver M/50,
0,5 Reisstärke

mischt man und verreibt mit

q. s. Gummischleim

zur krümeligen Masse. Man wiegt 0,30 g schwere Dosen ab und presst diese zu Tabletten. Jede der letzteren enthält 0,25 Guarana.

Wenn man Guarana allein presst, werden die Tabletten zu wenig fest und mit Gummischleim allein ballt sich die Masse zu sehr zusammen, während der Zuckerzusatz die Masse zum Pressen geeignet macht und zugleich die spätere Löslichkeit der Tabletten befördert.

b) Vorschrift v. *Weinedel*:

10,0 Guarana-Paste,
2,0 Zucker,
2,0 arabisches Gummi,
6 Tropfen destilliertes Wasser.

Man teilt in 10 Teile, presst zu Tabletten und bestreut letztere mit Lykopodium.

Tabulettae Hydrargyri chlorati.

Tabulettae Calomelanos. Kalomel-Tabletten.

a) Vorschrift v. *E. Dieterich*:

20,0 Kalomel,
20,0 Milchzucker, Pulver M/50,
19,5 Reisstärke,
0,5 Zinnober.

Man presst 0,3 g (Dos. 0,1), 0,45 g (Dos. 1,5) oder 0,6 g (Dos. 0,2) schwere Tabletten.

b) Vorschrift v. *Salzmann*:

200,0 Kalomel,
250,0 Milchzucker,
165,0 Weizenstärke,
80,0 Talk,
5,0 Zinnober.

Der Zinnober wird mit dem Zucker und der Stärke aufs Feinste verrieben und getrocknet. Der trockenen Mischung wird das vorher mit Talkum gemischte Quecksilberchlorür zugesetzt, gemischt und durchgesiebt.

Tabulettae Hydrargyri bichlorati.

Pastilli Hydrargyri bichlorati. Sublimattabletten. Sublimatpastillen.
D. A. IV.

5,0 Quecksilberchlorid,
5,0 Natriumchlorid,

beide fein gepulvert, färbt man lebhaft mit der wässerigen Lösung einer roten Anilinfarbe und stellt dann durch Druck Cylinder von 1 oder 2 g Gewicht her, von denen jeder einzelne doppelt so lang als dick sein muss.

Es ist bemerkenswert, dass diese Cylinder, entgegen der bisherigen Begriffsauffassung, als Pastillen bezeichnet sind.

Tabulettae Ipecacuanhae.

Ipecacuanha-Tabletten.

a) Vorschrift v. *E. Dieterich:*

1,0 Ipecacuanha, Pulver M/50,
24,0 Zucker, Pulver M/50,
25,0 Reisstärke.

Man presst aus der Mischung 0,25 g (Dos. 0,005) oder 0,5 g (Dos. 0,01) schwere Tabletten.

b) Vorschrift v. *Weinedel:*

5,0 Ipecacuanha,
2,0 Zucker,
1,0 arabisches Gummi,
9 Tropfen destilliertes Wasser.

Man teilt in 10 Teile, presst diese zu Tabletten und bestreut letztere mit Lykopodium.

Tabulettae Ipecacuanhae opiatae.

Tabulettae pulveris Doweri. *Dower*sche Tabletten.

a) Vorschrift v. *E. Dieterich:*

Man presst *Dower*sches Pulver ohne jedwede Beimischung zu 0,2—0,6 g schwere Tabletten.

b) Vorschrift v. *Weinedel:*

2,5 *Dower*sches Pulver,
1,0 Zucker,
1,0 arabisches Gummi,
2 Tropfen destilliertes Wasser.

Man teilt in 10 Teile, presst diese zu Tabletten und bestreut letztere mit Lykopodium.

Tabulettae Ipecacuanhae stibiatae.

Brechpulver-Tabletten.
Nach *Salzmann.*

19,0 Ipecacuanhapulver,
1,0 Brechweinstein

mischt man und presst 0,65 g schwere Tabletten.

Tabulettae Kalii chlorici.

Kalichloricum-Tabletten. Chlorsaure Kali-Tabletten.
Nach *E. Dieterich.*

Man verreibt Kaliumchlorat unter Zusatz von einigen Tropfen Weingeist recht fein, lässt denselben an der Luft verdunsten, wiegt 0,25 und 0,5 g schwere Dosen ab und presst diese. Die Tabletten arbeiten sich sehr leicht.

Tabulettae Kalii bromati.

Bromkalium-Tabletten.

a) Vorschrift v. *E. Dieterich.*

Man verreibt das Bromkalium möglichst fein, presst 0,25—0,5—1,0 g schwere Tabletten und bewahrt diese, da sie leicht feucht werden, in gut verschlossenen Gläsern auf.

b) Vorschrift v. *Weinedel.*

10,0 fein gepulvertes Kaliumbromat,
0,3 Tragant.

Man teilt in 10 Teile, presst diese zu Tabletten und bestreut letztere mit Talk.

Tabulettae Kalii jodati.

Jodkalium-Tabletten.
Nach *E. Dieterich.*

Man verfährt wie bei den Bromkalium-Tabletten. Die Jodkalium-Tabletten werden ebenfalls leicht feucht.

Tabulettae Kamala.

Kamala-Tabletten.
Nach *Weinedel.*

2,5 Kamala,
3,0 Zucker,
1,0 arabisches Gummi,
1,0 Kakaopulver,
3 Tropfen destilliertes Wasser.

Man teilt in 10 Teile, presst diese zu Tabletten und bestreut letztere mit Lykopodium.

Tabulettae Koso.

Koso-Tabletten.

a) Vorschrift v. *E. Dieterich:*

Fein gepulverte Kosoblüten presst man zu 0,25—0,5 g schweren Tabletten.

b) Vorschrift v. *Weinedel:*

5,0 gepulverte Kosoblüten,
2,0 Zucker,
1,0 arabisches Gummi,
1,0 Kakaopulver,
4 Tropfen destilliertes Wasser.

Man teilt in 10 Teile, presst diese zu Tabletten und bestreut letztere mit Stärke.

Tabulettae Koso et Kamala.

Koso-Kamala-Tabletten.
Nach *Weinedel.*

4,0 Kosoblüten,
4,0 Kamala,
1,5 Zucker,

1,5 arabisches Gummi,
1,5 Kakaopulver,
5 Tropfen destilliertes Wasser.

Man teilt in 10 Teile, presst diese zu Tabletten und bestreut letztere mit Stärke.

Tabulettae Lithii carbonici.

Lithion-Tabletten.

a) Vorschrift v. *E. Dieterich:*

5,0 Lithiumkarbonat,
5,0 Zucker, Pulver M/50,

mischt man und reibt mit

q. s. Gummischleim

zur krümeligen Masse an. Man wiegt 0,265 oder 0,55 g schwere Dosen ab und presst diese. Nach jeder Pressung wischt man die Stempel ab und bestäubt sie mit Talkpulver. Die Tabletten enthalten 0,12 bez. 0,25 Lithiumkarbonat.

b) Vorschrift v. *Weinedel:*

5,0 Lithiumkarbonat,
5,0 Zucker,
0,2 Tragant,
0,75 arabisches Gummi,
3 Tropfen destilliertes Wasser.

Man teilt in 10 Teile, presst diese zu Tabletten und bestreut letztere mit Talk.

Tabulettae Lithii et Natrii bicarbonici.

Lithion-Natron-Tabletten.
Nach *Weinedel.*

5,0 Lithiumkarbonat,
5,0 Natriumbikarbonat,
3,0 Zucker,
3 Tropfen Gummischleim.

Man teilt in 10 Teile, presst diese zu Tabletten und bestreut letztere mit Talk.

Tabulettae Magnesiae ustae.

Gebrannte Magnesia-Tabletten.

a) Vorschrift v. *E. Dieterich:*

10,0 gebrannte Magnesia,
1,0 Zucker, Pulver M/50,
1,0 Reisstärke,
10 Tropfen verdünnnter Weingeist von 68 pCt.

Man presst aus der frischen Mischung 0,3 g (Dosis 0,25) oder 0,6 g (Dosis 0,5) schwere Tabletten.

b) Vorschrift v. *Weinedel:*

6,0 gebrannte Magnesia,
4,0 Zucker,
7,0 Tropfen Weingeist von 90 pCt.

Man teilt in 10 Teile, presst Tabletten daraus und bestreut diese mit Talkpulver.

Tabulettae Magnesii carbonici.

Magnesia-Tabletten. Kohlensaure Magnesia-Tabletten.

a) Vorschrift v. *E. Dieterich:*

10,0 kohlensaure Magnesia,
2,0 Reisstärke

mischt man und setzt dann

10 Tropfen verdünnten Weingeist von 68 pCt

zu.

Durch den Weingeistzusatz verringert sich das Volumen in wünschenswerter Weise.

Man presst 0,3 g (Dosis 0,25) oder 0,6 g (Dosis 0,5) schwere Tabletten.

b) Vorschrift v. *Weinedel:*

5,0 Magnesiumkarbonat,
5,0 Zucker,
6 Tropfen Weingeist von 90 pCt.

Man teilt in 10 Teile, presst diese zu Tabletten und bestreut letztere mit Talk.

Tabulettae Morphini.

Morphium-Tabletten.

a) Vorschrift v. *E. Dieterich:*

0,2 Morphinhydrochlorid,
9,8 Zucker, Pulver M/50

mischt man genau, presst 0,25 g (Dosis 0,005), 0,5 g (Dosis 0,01) oder 0,75 g (Dosis 0,015) schwere Tabletten daraus.

b) Vorschrift v. *Weinedel:*

0,1 Morphinhydrochlorid,
5,0 Zucker,
1,0 arabisches Gummi,
2 Tropfen destilliertes Wasser.

Man teilt in 10 Teile, presst diese zu Tabletten und bestreut letztere mit Stärke.

c) Vorschrift v. *Salzmann:*

10,0 Morphinhydrochlorid,
465,0 Milchzucker,
25,0 Talk,
0,6 Anilinwasserblau.

Man presst 1000 Tabletten zu 0,5 g.

Morphium und Zucker sind gut zu mischen und mit dem in Alkohol gelösten Anilin blau zu färben. Der getrockneten und gesiebten Masse wird das Talkum zugesetzt.

Tabulettae Natrii bicarbonici.

Natron-Tabletten.

a) Vorschrift v. *E. Dieterich*:

10,0 Natriumbikarbonat, Pulver M/50,
1,0 Zucker, Pulver M/50,
10 Tropfen verdünnten Weingeist von 68 pCt

mischt man und presst 0,22, 0,33, 0,55 g schwere Tabletten daraus.

b) Vorschrift v. *Weinedel*:

5,0 Natriumbikarbonat,
1,0 Zucker,
1,5 arabisches Gummi,
3 Tropfen destilliertes Wasser.

Man teilt in 10 Teile, presst diese zu Tabletten und bestreut letztere mit Talk.

c) Vorschrift v. *Salzmann*:

1000,0 Natriumbikarbonat,
100,0 Milchzucker.

Giebt 1000 Tabletten zu 1,1 g.

Die Mischung bedarf keiner besonderen Vorbereitung. Ein scharfes Austrocknen des Natriumbikarbonats ist zu vermeiden.

Tabulettae Natrii bicarbonici c. Mentha.

Pfefferminz-Natrontabletten.

a) Vorschrift v. *E. Dieterich*:

Man verwendet die zu Tabulettae Nitrii bicarbonici unter a) gegebene Vorschrift, setzt aber 10 Tropfen Pfefferminzöl zu.

b) Vorschrift v. *Weinedel*:

10,0 Natriumbikarbonat,
2,0 Zucker,
2,0 arabisches Gummi,
10 Tropfen Pfefferminzöl,
5 „ destilliertes Wasser.

Man teilt in 10 Teile, presst diese zu Tabletten und bestreut letztere mit Talk.

Tabulettae Natrii bromati.

Bromnatrium-Tabletten.

a) Vorschrift v. *E. Dieterich*:

Man verreibt das Bromnatrium und presst, ohne irgend etwas zuzusetzen, 0,25—1,0 g schwere Tabletten daraus. Die Tabletten sind in verschlossenem Gefäss aufzubewahren.

b) Vorschrift v. *Weinedel*:

10,0 gepulvertes Bromnatrium,
0,5 Tragant.

Man teilt in 10 Teile, presst aus diesen Tabletten und bestreut letztere mit Talk.

Tabulettae Natrii bromati compositae.

Bromsalz-Tabletten.

Nach *Weinedel*.

4,0 Bromnatrium,
4,0 Bromkalium,
2,0 Bromammonium,
0,5 Tragant.

Man teilt in 10 Teile, presst diese zu Tabletten und bestreut letztere mit Talk.

Tabulettae Natrii carbonici.

Soda-Tabletten.

a) Vorschrift v. *E. Dieterich*:

Kleinkrystallisiertes Natriumkarbonat presst man ohne jedwede Zumischung zu 1,0 g schweren Tabletten.

b) Vorschrift v. *Salzmann*:

500,0 getrocknetes Natriumkarbonat,
50,0 Talk.

Giebt 1000 Tabletten zu 0,55 g.

Jede Tablette entspricht etwa 1 g krystallisiertem Natriumkarbonat.

Tabulettae Natrii salicylici.

Salicylnatron-Tabletten.

a) Vorschrift v. *E. Dieterich*:

10,0 Natriumsalicylat,
2,0 Reisstärke.

Man presst 1,2 (Dos. 1,0) und 0,6 g (Dos. 0,5) schwere Tabletten.

b) Vorschrift v. *Weinedel*:

10,0 Natriumsalicylat,
2,0 Natriumbikarbonat,
1,5 Zucker,
2,0 arabisches Gummi,
6 Tropfen destilliertes Wasser.

Man teilt in 10 Teile, presst aus diesen Tabletten und bestreut letztere mit Talk.

Tabulettae Opii.

Opium-Tabletten.

a) 0,2 Opium, Pulver M/30,
0,2 Reisstärke,
1,6 Milchzucker, Pulver M/50.

Man presst 0,2 g (Dos. 0,02) oder 0,3 g (Dos. 0,03) schwere Tabletten.

b) Vorschrift v. *Weinedel*:

0,2 Opium,
2,0 Kakaopulver,
3,0 Zucker,

1,0 arabisches Gummi,
1 Tropfen destilliertes Wasser.

Man teilt in 10 Teile, presst aus diesen Tabletten und bestreut letztere mit Lykopodium.

c) Vorschrift v. *Salzmann:*

60,0 gepulvertes Opium,
400,0 Milchzucker,
20,0 Stärke,
20,0 Talk.

Giebt 1000 Tabletten im Gewicht von 0,5 g. „Die gut ausgetrocknete Mischung bedarf keiner weiteren Vorbereitung."

Tabulettae pectorales.

Tabulettae pulveris Liquiritiae compositi. Brustpulver-Tabletten.

Nach *E. Dieterich.*

10,0 Brustpulver,
q. s. Gummischleim

reibt man zu einer schwach krümeligen Masse an, wiegt Dosen zu 0,52 ab und presst diese.

Nimmt man etwas zu viel Gummischleim, so fallen die Tabletten in Farbe zu dunkel aus.

Tabulettae Pepsini.

Pepsin-Tabletten.

a) Vorschrift v. *E. Dieterich:*

2,5 Pepsin,
0,5 Reisstärke

mischt man und presst 0,3 g (Dos. 0,25) schwere Tabletten daraus.

b) Vorschrift v. *Weinedel:*

2,5 Pepsin,
3,0 Zucker,
1 Tropfen destilliertes Wasser.

Man teilt in 10 Teile, presst diese zu Tabletten und bestreut letztere mit Stärke.

Tabulettae Peptoni.

Pepton-Tabletten.

10,0 Pepton, kochsalzarm,
1,0 Reisstärke.

Man presst 0,6 g (Dos. 0,5) schwere Tabletten aus der Mischung.

Tabulettae Phenacetini.

Phenacetin-Tabletten.

a) Vorschrift v. *E. Dieterich:*

5,0 Phenacetin, fein verrieben,
1,0 Reisstärke,
3 Tropfen verdünnter Weingeist von 68 pCt.

Man presst 0,3 g (Dos. 0,25) oder 0,6 g (Dos. 0,5) schwere Tabletten daraus.

b) Vorschrift v. *Weinedel:*

5,0 Phenacetin,
2,0 Zucker,
2,0 Marantastärke,
0,5 Tragant,
6 Tropfen destilliertes Wasser.

Man teilt in 10 Teile, presst diese zu Tabletten und bestreut letztere mit Stärke.

Tabulettae Podophyllini.

Podophyllin-Tabletten.

Nach *E. Dieterich.*

0,1 Podophyllin,
0,1 Reisstärke,
2,8 Zucker, Pulver M/50,

Man presst 0,3 g (Dos. 0,01) schwere Tabletten.

Tabulettae Rhei.

Rhabarber-Tabletten.

a) Vorschrift v. *E. Dieterich:*

10,0 Rhabarber, Pulver M/50,
2 Tropfen verdünnter Weingeist von 68 pCt

mischt man sehr genau und presst dann 0,1, 0,25, 0,5 g schwere Tabletten daraus.

Man hat sich zu hüten, einen zu starken Druck auszuüben, weil dadurch die Tabletten zu hart werden und an ihrer Leichtlöslichkeit verlieren.

b) Vorschrift v. *Weinedel:*

5,0 feines Rhabarberpulver,
0,5 arabisches Gummi,
0,5 Zucker,
2 Tropfen destilliertes Wasser.

Man teilt in 10 Teile, presst diese zu Tabletten und bestreut letztere mit Lykopodium.

c) Vorschrift v. *Salzmann:*

500,0 Rhabarber,
20,0 Milchzucker,
30,0 Talk.

Giebt 1000 Tabletten von 0,55 g Gewicht.

Tabulettae Saccharini.

Saccharin-Tabletten.

Nach *E. Dieterich.*

10,0 Saccharin,
90,0 Mannit

verreibt man beide fein und mischt sie. Man presst 0,3 g (Dos. 0,03) schwere Tabletten daraus.

Tabulettae Salipyrini.

Salipyrin-Tabletten.
Nach *Weinedel.*

5,0 Salipyrin,
2,0 Zucker,
2,0 arabisches Gummi,
0,5 Tragant,
3 Tropfen destilliertes Wasser.

Man teilt in 10 Teile, presst aus diesen Tabletten und bestreut letztere mit Talk.

Tabulettae Salipyrini compositae.

Zusammengesetzte Salipyrin-Tabletten.
Nach *Weinedel.*

7,0 Salipyrin,
1,0 Kaffeïn,
2,0 Zucker,
2,0 arabisches Gummi,
0,5 Tragant,
3 Tropfen destilliertes Wasser.

Man teilt in 10 Teile, presst diese zu Tabletten und bestreut letztere mit Talk.

Tabulettae Saloli.

Salol-Tabletten.

a) Vorschrift v. *E. Dieterich:*

10,0 Salol, fein verrieben,
2,0 Reisstärke,
2 Tropfen Pfefferminzöl.

Man presst 0,3 g (Dos. 0,25) oder 0,6 g (Dos. 0,5) schwere Tabletten daraus.

b) Vorschrift v. *Weinedel:*

2,5 Salol,
2,0 Zucker,
1,0 arabisches Gummi,
2 Tropfen Weingeist von 90 pCt.

Man teilt in 10 Teile, presst aus diesen Tabletten und bestreut letztere mit Talk.

Tabulettae Santonini.

Santonin-Tabletten.

a) Vorschrift v. *E. Dieterich:*

0,3 Santonin,
0,7 Reisstärke,
11,0 Zucker, Pulver M/50.

Man presst 1,2 g (Dos. 0,03) oder 2,0 g (Dos. 0,05) schwere Tabletten aus der Mischung.

b) Vorschrift v. *Weinedel:*

0,3 Santonin,
2,0 Kakaopulver,
7,5 Zucker,
1,5 Kakaoöl.

Man teilt in 10 Teile, presst diese zu Tabletten und bestreut letztere mit Lykopodium.

Tabulettae Santonini laxantes.

Abführende Santonin-Tabletten.
Nach *Weinedel.*

0,25 Santonin,
4,0 Magnesia mit Rhabarber (Kinderpulver),
5,0 Kakaopulver,
2,0 Kakaoöl.

Man teilt in 10 Teile, presst diese zu Tabletten und bestreut letztere mit Lykopodium.

Tabulettae Senegae.

Senega-Tabletten.

a) Vorschrift v. *E. Dieterich:*

2,0 Senegawurzel, Pulver M/50,
2,0 arabisches Gummi, „ „
6,0 Zucker, „ „

Man stellt 0,5 g (Dos. 0,1) schwere Tabletten her.

b) Vorschrift v. *Weinedel:*

1,0 Senegaextrakt,
2,0 Zucker,
2,0 Kakaopulver,
1,5 Kakaoöl.

Man teilt in 10 Teile, presst diese zu Tabletten und bestreut letztere mit Lykopodium.

Tabulettae Senegae compositae.

Zusammengesetzte Senega- oder Husten-Tabletten.
Nach *Weinedel.*

1,0 Senegaextrakt,
0,15 Benzoësäure,
0,1 Morphinhydrochlorid,
2,5 Zucker,
2,5 Kakaopulver,
1,5 Kakaoöl.

Man teilt in 10 Teile, presst diese zu Tabletten und bestreut letztere mit Lykopodium.

Tabulettae Sennae.

Senna-Tabletten.

a) Vorschrift v. *E. Dieterich:*

10,0 Sennesblätter, Pulver M/50,
2,0 Reisstärke,
10 Tropfen Weingeist von 90 pCt

mischt man genau und presst 0,3 g (Dos. 0,25) oder 0,6 g (Dos. 0,5) schwere Tabletten daraus.

b) Vorschrift v. *Weinedel:*

10,0 Sennesblätter,
1,5 Zucker,
1,0 arabisches Gummi,
4 Tropfen Weingeist,
1 „ destilliertes Wasser.

Man teilt in 10 Teile, presst diese zu Tabletten und bestreut letztere mit Lykopodium.

Tabulettae solventes.

Auflösende Tabletten.
Nach *Salzmann*.

200,0 Ammoniumchlorid,
200,0 Süssholzsaft,
80,0 Milchzucker,
80,0 Talk,
40,0 Stärke,
10,0 Benzoë.

Giebt 1000 Tabletten von 0,6 g Gewicht.

Tabulettae Sulfonali.

Sulfonal-Tabletten.

a) Vorschrift v. *E. Dieterich:*

5,0 Sulfonal,
5,0 Zucker, Pulver $^{M}/_{50}$,

mischt man.

Man presst 0,5 g (Dos. 0,25) oder 1,0 g (Dos. 0,5) schwere Tabletten daraus.

b) Vorschrift v. *Weinedel:*

5,0 Sulfonal,
2,5 Tragant,
2,5 Zucker,
3 Tropfen destilliertes Wasser.

Man teilt in 10 Teile, presst aus diesen Tabletten und bestreut letztere mit Talk.

Tabulettae Tyreoïdeae.

Schilddrüsen-Tabletten.

a) Vorschrift v. *Giesecke:*

Die nicht leicht auffindbaren Schilddrüsen werden, da der Fleischhauer zumeist kaum in der Lage ist, das richtige Material zu liefern; den frisch geschlachteten Tieren auf dem Schlachthofe durch einen Tierarzt entnommen. Sodann werden dieselben zur Abtötung etwaiger Kulturen schnell mit Alkohol abgespült und zwischen Fliesspapier getrocknet. Da die Drüsen eine ziemlich zähe Epidermis besitzen, ist das Eindringen des Alkohols in das Innere derselben so gut wie ausgeschlossen. Von allen Fettteilen sorgfältig befreit, um späteres Ranzigwerden zu vermeiden, werden die Drüsen nunmehr gewogen, kleingewiegt bei 30° C schnell im Vakuum vollständig zum Trocknen gebracht und abermals gewogen. Das ganze Verfahren nimmt eine verhältnismässig kurze Zeit in Anspruch und dürften durch dasselbe alle wirksamen Bestandteile unverändert erhalten bleiben. Die so getrockneten Schilddrüsen haben einen nicht unangenehmen Fleischgeruch und bedürfen zu ihrer weiteren Verarbeitung keines Aromazusatzes. Unter Zugabe von Milchzucker werden Tabletten komprimiert, deren jede einem Gehalte von 0,3 g frischer Schilddrüse entspricht.

b) Vorschrift v. *Weinedel:*

0,5 getrocknete gepulverte Schilddrüsen,
2,5 Zucker,
2,5 Kakaopulver,
1,0 Kakaoöl.

Man teilt in 10 Teile, presst Tabletten aus diesen und bestreut letztere mit Lykopodium.

Schluss der Abteilung „Tabulettae compressae“.

Tabulettae friabiles.

Tabulettae triturandae. Verreibungs-Tabletten.

Ähnlich den komprimierten Tabletten stammen auch die Verreibungstabletten aus Nord-Amerika und haben den Zweck, viele Einzelgaben in kleinem Raum transportieren zu können; sie haben aber vor jenen den Vorzug, dass sie sich rascher in wässeriger Flüssigkeit lösen oder infolge ihres loseren Gefüges leicht zerrieben werden können. Diesen Vorteilen steht der Nachteil gegenüber, dass die Festigkeit der Verreibungstabletten, wenn man sie nicht in Glasröhren verpackt, nicht hinreichend ist, um letztere für grössere Transporte genügend widerstandsfähig erscheinen zu lassen; die Verreibungstabletten werden daher im letzteren Fall nicht imstande sein, die komprimierte Form zu verdrängen. Wir besitzen in der Verreibungstablette eine pastillenähnliche, handliche Arzneiform mehr und werden ihr als solcher einen nur bedingten Wert einräumen können.

Die Herstellung erfolgt derart, dass man das Medikament mit Milchzucker, nötigenfalls unter Zuhilfenahme von Stärke, gut verreibt und die Verreibung mit verdünntem oder unverdünntem Weingeist anfeuchtet. Zum Formen der Tabetten aus der feuchten Masse bedient man sich einer aus zwei Hartgummiplatten bestehenden kleinen Maschine †. Die obere Gummiplatte enthält 50 oder 100 scharf begrenzte, kreisrunde Durchbohrungen von gleichem Durchmesser, welche zur Aufnahme der feuchten Masse dienen. Diese Platte legt man auf eine Glasplatte, füllt durch Aufstreichen mittels Falzbeines die Durchbohrungen mit der feuchten Masse und streicht die Oberfläche glatt ab.

Die zweite Gummiplatte trägt hervorragende Stifte, welche genau in die Durchbohrungen der ersten passen. Man drückt nun kräftig die Stifte in die Durchbohrungen, wodurch eine Kompression der Masse bewirkt wird, dreht beide Platten um, so dass die Durchbohrungen nach oben zu liegen kommen, und schiebt durch weiteres Zusammendrücken der Platten die Tabletten aus den Durchbohrungen, so dass sie auf den Spitzen der Stifte liegen. Man bringt nun die Maschine mit den darauf liegenden Tabletten in einen auf 25—30° C geheizten Trockenschrank, lässt hier so lange, bis sich die Tabletten abnehmen lassen, und trocknet letztere auf Pergamentpapier vollends im Schrank aus.

Schliesslich kann man sie, wenn es gewünscht, stempeln.

Bis jetzt hat man Maschinen für 3 Grössen von Tabletten.

Hoffmann-New-York machte zuerst auf die neue Form aufmerksam; neuerdings hat ihr auch *Bernegau* mehrfach das Wort geredet und dabei die nachstehenden Vorschriften angegeben.

Trotzdem die Verreibungstabletten jetzt über 12 Jahre bekannt und vielfach versucht worden sind, haben sie irgendwelche Verbreitung bis jetzt nicht gefunden, vielleicht deshalb nicht, weil die Medikamentenfabriken sich bis jetzt ablehnend verhalten haben.

Tabulettae Acidi citrici friabiles.

Citronensäure-Verreibungstabletten.

Dosis: 0,05.

5,0 Citronensäure, Pulver M/30,
45,0 Milchzucker, Pulver M/30,
q. s. verdünnt. Weingeist von 68 pCt.

Man stellt mit Maschine II 100 Tabletten her.

Tabulettae Acidi salicylici friabiles.

Salicylsäure-Verreibungstabletten.

Dosis: 0,3.

30,0 Salicylsäure,
15,0 Milchzucker, Pulver M/30,
q. s. verdünnt. Weingeist von 68 pCt.

Man stellt mit Maschine II 100 Tabletten her.

Tabulettae Chinini friabiles.

Chinin-Verreibungstabletten.

a) Dosis: 0,04.

4,0 Chininhydrochlorid,
1,5 Milchzucker, Pulver M/30,
q. s. verdünnter Weingeist v. 68 pCt.

Man stellt mit Maschine I 100 Tabletten her.

b) Dosis: 0,3.

30,0 Chininhydrochlorid,
15,0 Milchzucker, Pulver M/30,
q. s. verdünnter Weingeist v. 68 pCt.

Man stellt mit Maschine II 100 Tabletten her.

Tabulettae Hydrargyri bichlorati friabiles.

Sublimat-Verreibungstabletten.

a) Dosis: 0,1.

10,0 Sublimat, gepulvert,
3,8 Natriumchlorid, gepulvert,
10 Tropfen Eosinlösung,
q. s. verdünnter Weingeist v. 68 pCt.

Man stellt mit Maschine I 100 Tabletten her.

b) Dosis: 0,5.

50,0 Sublimat, gepulvert,
49,9 Natriumchlorid, gepulvert,
20 Tropfen Eosinlösung,
q. s. verdünnter Weingeist v. 68 pCt.

Man stellt mit Maschine II 100 Tabletten her.

c) Dosis: 1,0.

100,0 Sublimat, gepulvert,
120,0 Natriumchlorid, gepulvert,
2,0 Eosinlösung,
q. s. destilliertes Wasser.

Man stellt mit Maschine III auf zweimal 100 Tabletten her.

† S. Bezugsquellen-Verzeichnis.

Tabulettae Hydrargyri chlorati friabiles.
Kalomel-Verreibungstabletten.

Dosis: 0,1.
10,0 Kalomel,
4,0 Milchzucker, Pulver M/30,
q. s. verdünnter Weingeist v. 68 pCt.
Man stellt mit Maschine I 100 Tabletten her.

Tabulettae Hydrargyri cyanati friabiles.
Quecksilbercyanid-Verreibungstabletten.

Dosis: 0,01.
1,0 Quecksilbercyanid,
6,0 Milchzucker, Pulver M/30,
q. s. verdünnter Weingeist v. 68 pCt.
Man stellt mit Maschine I 100 Tabletten her.

Tabulettae Morphini friabiles.
Morphin-Verreibungstabletten.

Dosis: 0,01.
1,0 Morphinhydrochlorid,
5,6 Milchzucker, Pulver M/30,
q. s. verdünnter Weingeist v. 68 pCt.
Man stellt mit Maschine I 100 Tabletten her. Für Morphintabletten, welche für Injektionen bestimmt sind, nimmt man statt des Milchzuckers
8,2 Ammonium- oder Natriumchlorid.

Tabulettae Natrii bicarbonici friabiles.
Natron-Verreibungstabletten.

Dosis: 0,5.
50,0 Natriumbikarbonat,
5,0 Milchzucker, Pulver M/30,
q. s. verdünnter Weingeist v. 68 pCt.
Man stellt mit Maschine II 100 Tabletten her.

Tabulettae Natrii borosalicylici friabiles.
Borosalicyl-Verreibungstabletten.

Dosis: 0,5.
32,0 Natriumsalicylat,
25,0 Borsäure, Pulver M/30,
q. s. verdünnter Weingeist v. 68 pCt.
Man stellt mit Maschine II 100 Tabletten her.

Tabulettae Opii friabiles.
Opium-Verreibungstabletten.

Dosis: 0,03.
3,0 Opiumpulver,
3,0 Milchzucker, Pulver M/30,
q. s. absoluter Alkohol.
Man stellt mit Maschine I 100 Tabletten her.

Tabulettae Plumbi subacetici friabiles.
Bleiwasser-Verreibungstabletten.

Dosis: 1,2.
120,0 trockenes basisches Bleiacetat, Pulver,
q. s. absoluter Alkohol.
Man stellt mit Maschine II 100 Tabletten her. Eine Tablette giebt 200 g Bleiwasser.

Tabulettae Doweri friabiles.
*Dower*sche Verreibungstabletten.

Dosis: 0,4.
40,0 Dowersches Pulver,
4,1 Milchzucker, Pulver M/30,
q. s. verdünnt. Weingeist von 68 pCt.
Man stellt mit Maschine II 100 Tabletten her.

Tabulettae Rhei friabiles.
Rhabarber-Verreibungstabletten.

Dosis: 0,3.
30,0 Rhabarber, Pulver M/30,
7,5 Milchzucker, Pulver M/30,
q. s. verdünnt. Weingeist von 68 pCt.
Man stellt mit Maschine II 100 Tabletten her.

Schluss der Abteilung „Tabulettae friabiles“.

Taffetas ichthyocollatus
siehe Emplastrum Anglicum.

Tartarus ammoniatus.
Ammoniakweinstein.

50,0 Weinstein
bringt man mit

100,0 destilliertem Wasser,
50,0 Ammoniakflüssigkeit von 10 pCt

in einen Glaskolben, verbindet denselben mit Pergamentpapier und stellt so lange und unter öfterem Umschwenken des Inhalts zurück, bis sich der Weinstein gelöst hat. Man filtriert nun in eine Abdampfschale, erhitzt eine halbe Stunde auf dem Dampfbad und stellt, nachdem man die Schale mit Papier zugedreht hat, zurück. Nach vier bis fünf Tagen giesst man die Mutterlauge von den Krystallen ab, lässt diese auf einem Trichter abtropfen, während man erstere mit

5,0 Ammoniakflüssigkeit von 10 pCt

versetzt, auf zwei Drittel ihres Gewichts eindampft und nochmals zur Krystallisation zurückstellt. Man wiederholt dies Verfahren, solange man noch farblose Krystalle erhält.

Die Ausbeute wird

55,0

betragen.

Tartarus boraxatus.

Kalium tartaricum boraxatum. Kalium boricotartaricum. Cremor Tartari solubilis. Boraxweinstein.

Vorschrift des D. A. IV.

2 Teile Natriumborat

werden in einer Porzellanschale in

15 Teilen Wasser

im Wasserbade gelöst und mit

5 Teilen mittelfein gepulvertem Weinstein

versetzt.

Diese Mischung lässt man unter häufigem Umrühren im Wasserbade stehen, bis sich der Weinstein gelöst hat. Darauf dampft man die filtrierte Flüssigkeit bei gelinder Temperatur zu einer zähen, nach dem Erkalten zerreiblichen Masse ein, welche man in Bänder auszieht, völlig austrocknet und, so lange sie noch warm sind, mittelfein pulvert.

Soweit die Vorschrift des D. A. IV.

Da der Boraxweinstein leicht Feuchtigkeit aus der Luft anzieht, ist es, was ich besonders bemerken möchte, notwendig, dass man die zur Aufnahme bestimmte Glasbüchse im Trockenschrank austrocknet und nach dem Einfüllen recht gut verschliesst.

Tartarus natronatus.

Kaliumnatriumtartrat.

770,0 krystallisiert. Natriumkarbonat,
5000,0 warmes destilliertes Wasser

bringt man in eine blanke Zinnschale, rührt bis zur Lösung und trägt allmählich

1000,0 Weinstein

ein. Man erhitzt nun einige Stunden, um die Kohlensäure zu entfernen, filtriert, dampft das Filtrat so weit ein, dass eine auf dem Uhrglas gebrachte Probe Krystalle ausscheidet, und stellt nun in einer Porzellanschale zurück. Nach mehreren Tagen giesst man die Mutterlauge von den Krystallen ab, bringt letztere auf einen grossen Glastrichter, während man die Mutterlauge wieder eindampft und wie vorher weiter behandelt. Man gewinnt auf diese Weise so lange wie möglich Krystalle, löst die zuletzt erhaltenen gelblichen in destilliertem Wasser und krystallisiert sie um.

Die Ausbeute wird

1500,0

betragen.

Tierarzneimittel.

Veterinaria.

Der Vertrieb von Tierarzneimitteln bildet zur Zeit die Domäne einiger Versandgeschäfte; bei der Einfachheit der Herstellung aber könnten und sollten die Tierarzneimittel in jeder Apotheke gehegt und gepflegt werden. Die in den Fachblättern immer wiederkehrenden Anfragen zeigen, dass die bisher vorhandenen Anleitungen den Anforderungen, welche der Apotheker stellt, nicht völlig entsprechen. Das Bedürfnis darf ich also als vorhanden annehmen, es besteht nur noch die Frage, wie es am besten zu befriedigen ist. Vor allem glaube ich, dass die Aufgabe des Apothekers darin gipfelt, dem Viehbesitzer bei den kleineren, täglichen Leiden der Haustiere, bei welchen bislang Hausmittel Anwendung finden, oder aber in dringenden Fällen durch Abgabe geeigneter und auf wissenschaftlicher Höhe stehender Arzneimittel beizustehen. Der Tierarzt soll daher keineswegs entbehrlich gemacht werden; es ist dies auch nicht möglich, 1) weil der Apotheker keine Diagnose stellt, sondern seine Zusammensetzungen nur auf Grund mündlichen Berichtes abgiebt, und 2) weil eine grosse Zahl von Mitteln nur auf tierärztliche Verordnung hin verabfolgt werden darf.

Streng genommen sollte die nachfolgende Zusammenstellung nur Vorschriften enthalten, deren Bestandteile jene tierärztliche Verordnung nicht benötigen. Es müssten aber bei Durchführung dieses Grundsatzes Lücken entstehen, so dass die Vollständigkeit der Arbeit darunter leiden würde.

Um dem Apotheker Verlegenheiten zu ersparen, habe ich jene Vorschriften, welche nicht freigegebene Stoffe zu ihren Bestandteilen zählen, besonders gekennzeichnet. Aber ich habe auch Sorge getragen, dass die freigegebenen Mittel in genügender Zahl zur Wahl stehen.

Die Arbeit suchte ich dadurch übersichtlich zu gestalten, dass ich den in Frage kommenden Tieren besondere Gruppen widmete und die einzelnen Krankheiten in alphabetischer Ordnung als Untergruppen benützte. Da, wie schon erwähnt, der Apotheker seine Mittel auf mündlichen Bericht hin abgiebt, kamen alle jene Krankheiten in Wegfall, welche die Diagnose oder den thätlichen Eingriff eines Tierarztes erfordern. Es ist mir allerdings nicht immer gelungen, hier eine scharfe Grenze zu ziehen, weil die Heftigkeit im Auftreten einer Krankheit und der anfänglich nicht zu beurteilende Verlauf die Lage der Dinge ändern können. Zur leichteren Auswahl geeigneter Mittel schien es geboten, die Erscheinungen der einzelnen Krankheiten im Umriss zu beschreiben.

Als Quellen für meine Zusammenstellung benützte ich die Werke von *Fröhner, Haubner, Richter-Zorn, Wagenfeld, Zipperlen,* die Veterinary Counter Practice und die Veröffentlichungen der Pharmazeutischen Zeitung von 1891/92. Ich zog ausserdem als Berater einen tüchtigen Fachmann (praktischen Tierarzt) zu.

Viele Mittel können vorrätig gehalten werden und sind deshalb mit hübscher Verpackung zu versehen. Besonderen Wert legte ich auf die Beigabe ausführlicher Gebrauchsanweisungen, von der Ansicht ausgehend, dass der Landmann in seiner Abgeschiedenheit auf sich allein und auf die den Mitteln beigegebenen Anleitungen angewiesen ist. Je eingehender letztere den Fall behandeln, um so mehr Vertrauen wird der manchmal in Misstrauen befangene Landmann zum Mittel und seinem Verfertiger gewinnen. Die mitunter recht verwunderlichen Bezeichnungen, welche verschiedene Tierarzneimittel des Handels tragen, fügte ich öfters als Synonyma bei.

Die ganze Arbeit wird sicher in vielfacher Beziehung der Verbesserung bedürftig sein. Um solche bei Neuauflagen des Buches anbringen zu können, bedarf es nur der Anregung aus der Praxis — und um diese bitte ich hier ausdrücklich.

Die mit * gekennzeichneten Vorschriften dürfen nur auf Grund einer tierärztlichen Verordnung abgegeben werden.

I. Das Pferd.

Die nachfolgenden Vorschriften sind für erwachsene Tiere bemessen, während Fohlen nur soweit Berücksichtigung finden, als es sich um ausschliessliche Fohlenkrankheiten handelt. Im allgemeinen passt man die vorgesehenen Mengen den verschiedenen Altersstufen jüngerer Tiere in der Weise an, dass man einem Pferde von

1 Jahr 25 pCt,
2 Jahren 50 pCt,
3 u. 4 Jahren 75 pCt

der einem erwachsenen Pferd zukommenden Arzneimittelmengen zumist.

Anämie.

Blutarmut. Bleichsucht.

Die Bleichsucht ist oft die Folge zu geringer Beschäftigung und damit zusammenhängend zu geringer Bewegung in frischer Luft, besonders bei jüngeren Tieren. Sie kann aber auch hervorgerufen werden, wenn Pferde, welche sich ausschliesslich auf der Weide nährten, in Trockenfutter kommen.

Man giebt Arsenik oder Eisen, im Sommer möglichst viel Grünfutter und beschäftigt die Pferde mit leichten Arbeiten. Noch besser lässt man sie, wenn man Gelegenheit dazu hat, weiden.

---

* Arseniklösung.

150,0 Fowlersche Arsenlösung.

Gebrauchsanweisung:

„Täglich 1 mal 1 Esslöffel voll auf Brot zu geben.“

Bleichsucht-Pulver.

a) 50,0 Schwefelblüten,
25,0 Kaliumbikarbonat,
500,0 Kochsalz

mischt man.

Gebrauchsanweisung:

„Man giebt auf jedes Futter 1 Esslöffel voll.“

b) 50,0 Schwefelblüten,
25,0 Spiessglanz, Pulver M/20,
25,0 grob gepulverten Eisenvitriol,

50,0 Kalmus, Pulver M/8,
150,0 kleinkryst. Natriumsulfat,
200,0 Kochsalz
mischt man.

Gebrauchsanweisung wie bei a).

c) 300,0 Ferrisaccharat 10 pCt,
50,0 Mangansaccharat 10 pCt,
25,0 Zimt, Pulver M/8,
25,0 Nelken, " "
250,0 Kalmus, " "
350,0 Kochsalz,
1000,0 kleinkryst. Natriumsulfat
mischt man.

Gebrauchsanweisung:

„Für zwei Pferde! Man giebt auf jedes Futter jedem Pferd einen Esslöffel voll so lange, bis das Pulver verbraucht ist.“

d) 300,0 zuckerhaltiges Ferrokarbonat,
200,0 Kalmus, Pulver M/8,
100,0 Enzian, " "
200,0 Kochsalz,
1000,0 kleinkryst. Natriumsulfat
mischt man.

Gebrauchsanweisung wie bei c).

Aufziehen.

Satteldruck.

Es entstehen durch schlecht passende Geschirre oder Sättel und den hierdurch an einzelnen Stellen hervorgebrachten Druck Wunden, welche ausserordentlich schwer heilen. Man hat vor allem die Wunden täglich 2—3 mal durch Waschen mit Wasser zu reinigen und dann mit nachstehenden Salben zu behandeln.

Salben gegen Aufziehen oder Satteldruck.

a) 10,0 Zinkoxyd,
10,0 Wasser,
2,0 Salicylsäure,
25,0 Hammeltalg,
50,0 Schweinefett.

b) 40,0 Bleipflaster,
25,0 Hammeltalg,
30,0 Schweinefett,
2,0 Salicylsäure.

c) 40,0 braunes Pflaster,
40,0 Zinksalbe,
8,0 gelbes Wachs,
10,0 Wasser,
2,0 Salicylsäure.

Man bestreicht einen reinen leinenen Lappen messerrückendick mit einer der Salben und belegt damit 2—3 mal täglich die vorher mit Wasser gereinigte Wunde.

Augenentzündungen.

Die Augenentzündungen können durch mechanischen Reiz oder durch Erkältungen hervorgerufen werden. Wird die Bindehaut betroffen, so spricht man die Entzündung als eine katarrhalische an, ist dagegen die Hornhaut getrübt, so ist das Leiden ein rheumatisches.

Unter allen Umständen ist das Auge gegen die Einwirkung grellen Lichtes zu schützen; ausserdem wäscht man das Auge täglich 3 mal mit nicht zu kaltem Wasser aus und macht Umschläge mit Bleiwasser. In hartnäckigeren Fällen giebt man eine Aloëpille zum Abführen (s. unter Kolik), reibt die Backe mit scharfer Salbe ein und wendet statt des Bleiwassers folgende Lösungen an.

Augenwasser.

a) 1,0 Zinksulfat,
500,0 destilliertes Wasser.

*b) 1,0 Zinksulfat,
500,0 Fliederaufguss,
5,0 safranhaltige Opiumtinktur
mischt man.

c) 600,0 Bleiwasser,
400,0 Wasser.

Gebrauchsanweisung:

„Vierfach zusammengelegten Verbandmull taucht man in das Augenwasser und befestigt ihn in der Weise über dem Auge, dass er wie ein Vorhang darüber hängt. Alle 2 Stunden giesst man Augenwasser auf.“

Augentropfen.

0,1 Silbernitrat
gelöst in
20,0 destilliertem Wasser.

Gebrauchsanweisung:

„Man tropft täglich einmal 2—3 Tropfen in das vorher mit Wasser ausgewaschene Auge.“

Augenpulver.

Gegen Hornhauttrübung.

*a) 5,0 durch Dampf bereitetes Kalomel
mischt man mit
5,0 Milchzucker, Pulver M/50.

Gebrauchsanweisung:

„Man wäscht das Auge mit Wasser aus und bläst eine Federmesserspitze voll Augenpulver ein. Alle 2 Tage abends anzuwenden."

b) 5,0 Zucker, Pulver M/30,
0,5 Zinkoxyd
mischt man.

Gebrauchsanweisung wie bei a).

Augensalbe.

10,0 rote Quecksilbersalbe,
10,0 Zinksalbe
mischt man.

Gebrauchsanweisung:

„Linsengross täglich 1 mal ins Auge einzustreichen."

Bronchial-Katarrh.

Zumeist mit Fieber beginnend, ist die Krankheit fast immer von Husten und von Entleerung eiterartigen Schleimes durch die Nase begleitet. Sollte der anfänglich trockene Husten nicht locker werden und sich kein Nasenausfluss einstellen, so macht man die unter „Drusen" beschriebenen Bähungen, jedoch nur bis zum Eintritt des Nasenausflusses. Eine zu häufige Wiederholung der Bähungen lockert die Schleimhäute zu sehr und kann schädlich werden.

Man verbindet dem Pferd den Kehlkopf warm, giebt warme Getränke und wendet ausserdem nachstehende Arzneimittel an.

Pulver.

a) 30,0 Ammoniumchlorid,
25,0 Bockshornsamen, Pulver M/8,
25,0 Fenchel, „ „
100,0 Eibischwurzel, „ „
mischt man.

Gebrauchsanweisung:

„Man giebt das Pulver auf zweimal in warmem Mehl- oder Kleientrank."

b) 500,0 Kochsalz,
100,0 Spiessglanz, Pulver M/20,
50,0 Bockshornsamen, Pulver M/8,
50,0 Süssholz, „ „
mischt man.

Gebrauchsanweisung:

„Auf jedes Futter 1 Esslöffel voll."

c) Gegen chronischen Bronchialkatarrh:
200,0 kleinkryst. Natriumsulfat,
200,0 Kochsalz,
100,0 Natriumbikarbonat,
100,0 Süssholz, Pulver M/8,
mischt man.

Gebrauchsanweisung:

„Auf jedes Futter 1 Esslöffel voll."

Bähungsöl.

15,0 Terpentinöl,
5,0 Eukalyptol,
5,0 Kadöl
mischt man.

Gebrauchsanweisung:

„Man giebt 30 Tropfen mit einem Viertelpfund Heusamen in einen Eimer, giesst 2 Liter kochend heisses Wasser darauf und lässt das Pferd die Dämpfe 3 mal täglich 2—3 Minuten lang einatmen."

Einreibung für die Kehlkopfgegend.

20,0 graue Quecksilbersalbe,
30,0 Talg,
50,0 Bilsenkrautöl
mischt man.

Gebrauchsanweisung:

„Jeden Morgen und jeden Abend einzureiben."

Brustseuche.

Influenza.

Die Krankheit beginnt damit, dass sich das Pferd matt und träge zeigt und dabei verminderten Appetit besitzt. Nach 1—2 Tagen stellt sich Fieber, schnellerer Pulsschlag und eine ins Gelbliche spielende Rötung der Schleimhäute ein. Während sich der Durst vermehrt, geht der Appetit immer mehr zurück.

Man wendet innerliche und äusserliche Arzneimittel, unter den letzteren mit besonderem Erfolg die scharfe Salbe an.

Influenza-Pulver.

30,0 Ammoniumchlorid,
30,0 Kaliumnitrat,
100,0 kleinkryst. Natriumsulfat,
65,0 Süssholz, Pulver M/8,
mischt man.

Gebrauchsanweisung:

„Man giebt einen Esslöffel voll in warmem Kleientrank 3 mal täglich."

Influenza-Pillen.

a) 5,0 zerriebenen Kampfer,
20,0 Kaliumnitrat,
30,0 Aloë,
25,0 Leinkuchenmehl,
q. s. Wasser.

Man stellt 2 Pillen her.

Gebrauchsanweisung:

„Alle 3 Stunden 1 Pille zu geben."

*b) Gegen die öfters auftretende Diarrhöe.
8,0 Opium, Pulver M/8,
2,0 Kalomel,
5,0 Eibischwurzel, Pulver M/8,
q. s. brauner Sirup.

Man formt eine Pille.

Gebrauchsanweisung:

„Auf einmal zu geben."

c) Für denselben Fall.
20,0 Alaun, Pulver M/8,
5,0 Tannin,
25,0 Süssholz, Pulver M/8,
q. s. brauner Sirup.

Man formt 2 Pillen.

Gebrauchsanweisung:

„Alle 5 Stunden 1 Pille zu geben."

Abführlatwerge.

20,0 Aloë, Pulver M/8,
100,0 entwässertes Natriumsulfat,
50,0 Leinsamenmehl,
20,0 Kaliseife,
q. s. brauner Sirup.

Man bereitet eine steife Latwerge.

Gebrauchsanweisung:

„Man giebt die Latwerge auf zweimal mit Einhaltung einer zweistündigen Pause."

Einreibung.

30,0 Terpentinöl,
170,0 Kampferspiritus

mischt man.

Gebrauchsanweisung:

„Man besprengt den Leib, frottiert dann mit einem Strohwisch und hüllt hierauf den Leib in warme Decken ein."

Druse.

Strengel. Kropf.

Die Druse ist eine allgemein verbreitete Pferdekrankheit, die sowohl durch Erkältung (z. B. im Frühjahr und im Herbst beim Haarwechsel), als auch durch Ansteckung entstehen kann. Man unterscheidet eine gut- und eine bösartige Druse. Hier kommt nur die erstere in Betracht.

Das drusenkranke Pferd ist matt, schwitzt leicht, hat weniger Appetit und hustet. Aus den geröteten Nasenlöchern fliesst anfänglich eine wasserartige Flüssigkeit, später dicker Schleim ab. Fast gleichzeitig mit letzterem Vorgang bildet sich im Kehlgang eine Geschwulst, welche das Tier am Kauen hindert. In der Regel vereitert die Geschwulst und geht später von selbst auf. Nach Verlauf dieses Vorgangs ist das Pferd gewöhnlich wieder munter.

Bei der Entstehung der Krankheit hält man das Tier warm, d. h. man deckt es mit einer wollenen Decke zu und legt die Kehlkopfbinde an.

Innerlich giebt man leichte Abführmittel, äusserlich wendet man gegen die Kehlhopfgeschwulst zerteilende oder, wenn die Erweichung keine Fortschritte macht, scharfe Einreibungen an. Man wendet auch im letzteren Fall Breiumschläge an. Den Nasenfluss fördert man nötigenfalls durch Bähungen.

Zum Füttern ist der Hafer zu quetschen und mit warmem Wasser anzurühren; auch Kleientrank ist zu empfehlen.

Drusenlatwerge.

50,0 Spiessglanz, Pulver M/20,
60,0 Salmiak,
60,0 Schwefelblüten,
180,0 zerstossene Wacholderbeeren,
180,0 kleinkryst. Natriumsulfat,
200,0 Roggenmehl,
q. s. Wasser

mischt man zur Latwerge.

Gebrauchsanweisung:

„Man giebt alle 2 Stunden enteneigross".

b) in hartnäckigen Fällen:
100,0 Spiessglanz, Pulver M/20,
100,0 Schwefelblüten,
100,0 Fenchel, Pulver M/8,
100,0 Kalmuswurzel, „ „
200,0 Wacholderbeeren, „ M/5,
200,0 Roggenmehl,
15,0 Terpentinöl,
q. s. Wasser

mischt man zur Latwerge.

Gebrauchsanweisung:

„Man giebt 4 mal täglich enteneigross."

Drusen-Pulver.

a) 50,0 Spiessglanz, Pulver $^M/_{25}$,
250,0 kleinkryst. Natriumsulfat,
100,0 Wacholderbeeren, Pulver $^M/_5$,
mischt man.

Gebrauchsanweisung:

„Auf jedes Futter einen Esslöffel voll zu streuen."

b) 25,0 Schwefelblüten,
25,0 Spiessglanz, Pulver $^M/_{25}$,
250,0 kleinkryst. Natriumsulfat,
100,0 Süssholz, Pulver $^M/_8$,
100,0 Bockshornsamen, „ „
mischt man.

Gebrauchsanweisung:

„Auf jedes Futter einen Esslöffel voll zu streuen."

c) Für ganz leichte Fälle.
200,0 Bockshornsamen, Pulver $^M/_8$,
200,0 Anis, „ „
500,0 Kochsalz,
100,0 Natriumbikarbonat
mischt man.

Gebrauchsanweisung:

„Auf jedes Futter 2 Esslöffel voll zu streuen."

Zum Breiumschlag.

200,0 Leinsamenmehl,
200,0 Kamillen, Pulver $^M/_8$,
600,0 Weizenkleie
mischt man.

Gebrauchsanweisung:

„Man rührt das Pulver mit heissem Seifenwasser an und legt den Breiumschlag in bekannter Weise auf die Anschwellungen des Halses."

Drusensalbe.

a) 200,0 flüchtiges Liniment
mischt man mit
200,0 Terpentinöl.

Gebrauchsanweisung:

„Man reibt damit 3 mal täglich die Halsanschwellungen ein."

b) 30,0 graue Quecksilbersalbe,
30,0 grüne Seife,
40,0 Glycerin von 1,23 spez. Gew.
mischt man.

Gebrauchsanweisung:

„Man reibt die Halsanschwellung täglich 2 mal damit ein."

c) 50,0 gepresstes Lorbeeröl,
25,0 Terpentinöl,
25,0 Talg
mischt man.
Gebrauchsanweisung wie bei **a.**

Bähung zum Hervorrufen oder Befördern des Nasenausflusses.

10,0 Ammoniumkarbonat
löst man in
75,0 Wasser
und fügt
5,0 Karbolsäure,
10,0 Terpentinöl
hinzu.

Gebrauchsanweisung:

„Man lässt ca. 200,0 Heusamen in einem Eimer mit heissem Wasser übergiessen, setzt obige Lösung zu, überhängt den Kopf des Pferdes mit einer dichten Decke und stellt den dampfenden Eimer darunter. Um die Dampfentwicklung zu befördern, rührt man fortwährend den Eimerinhalt um und lässt die Dämpfe $^1/_4$ Stunde einwirken. Man macht täglich e i n e *solche Bähung."*

* * *

Handelt es sich um die bösartige Druse und ist Fieb vorhanden, so giebt man die unter „Fiebeu angegebenen Antifebrinpillen.

Durchfall.

Durchfall rührt zumeist von Erkältung her, ist aber häufig auch die Nebenerscheinung einer anderen Krankheit. Leichtere Anfälle heilt man oft schon dadurch, dass man trockenes Futter reicht und das Gesöff anwärmt oder auch mit etwas Mehl versetzt. Ist der Durchfall hartnäckig, so verabreicht man innerlich Aromatika und Bitterstoffe, in besonders schweren Fällen adstringierende Mittel. Äusserlich wendet man auf der ganzen Fläche des Bauches Einreibungen an; ausserdem frottiert man das ganze Tier mit Strohwischen und hüllt es dann in warme Decken ein, damit der durch das Frottieren hervorgerufene Schweiss einige Zeit erhalten bleibt. Das Frottieren wiederholt man alle drei Stunden.

Durchfall-Latwergen.

a) Für leichtere Fälle.
20,0 Alaun, Pulver $^M/_8$,
50,0 Kalmuswurzel, „ „

50,0 Angelikawurzel, Pulver M/8,
50,0 Wermutkraut, „ „
50,0 Roggenmehl,
q. s. Wasser.

Man bereitet eine Latwerge.

Gebrauchsanweisung:

„Alle 5 Stunden zwischen den Futterzeiten hühnereigross auf die Zunge zu streichen.“

b) Für dieselben Fälle.

15,0 Eisenvitriol, Pulver M/8,
100,0 Eibischwurzel, „ „
q. s. Wasser.

Zur Bereitung einer Latwerge.

Gebrauchsanweisung:

„Man giebt die Latwerge auf zweimal innerhalb 3 Stunden ein.“

c) Für dieselben Fälle.

50,0 Eichenrinde, Pulver M/8,
10,0 Alaun, „ „
50,0 Eibischwurzel, „ „
50,0 Roggenmehl,
q. s. Wasser.

Zur Bereitung einer Latwerge.

Gebrauchsanweisung:

„Man giebt die Hälfte und nach 5 Stunden den Rest.“

d) Für hartnäckige Fälle.

25,0 Eisenvitriol, Pulver M/8,
25,0 Alaun, „ „
50,0 Eichenrinde, „ „
50,0 Kalmuswurzel, „ „
100,0 Roggenmehl,
q. s. Wasser.

Man bereitet eine Latwerge.

Gebrauchsanweisung:

„Alle 2 Stunden hühnereigross auf die Zunge zu streichen.“

Durchfall-Pulver.

150,0 Schlämmkreide,
100,0 Kalmuswurzel, Pulver M/8,
100,0 Enzianwurzel, „ „
100,0 Wacholderbeeren, „ „
10,0 Brechnuss, „ „

mischt man.

Gebrauchsanweisung:

„Zwei Esslöffel voll auf jedes Futter zu streuen.“

Pillen.

a) Für leichtere Fälle.

20,0 Alaun, Pulver M/8,
350, Eibischwurzel, „ „
q. s. brauner Sirup.

Man stellt 2 Pillen her.

Gebrauchsanweisung:

„Alle 2 Stunden 1 Pille zu geben.“

b) Für hartnäckigere Fälle.

30,0 Gerbsäure,
50,0 Eibischwurzel, Pulver M/8,
q. s. brauner Sirup.

Man stellt 3 Pillen her.

Gebrauchsanweisung:

„Jeden Abend 1 Pille zu geben.“

Einreibung.

50,0 Senfspiritus,
50,0 Terpentinöl,
100,0 Seifenspiritus

mischt man.

Gebrauchsanweisung:

„Man frottiert den Bauch, reibt ihn mit der Hälfte obiger Mischung ein und verbindet ihn mit einer wollenen Decke. Nach 5 Stunden wiederholt man dieses Verfahren.“

Eingeweidewürmer, Würmer.

Magere Tiere werden häufiger davon heimgesucht, als gut gefütterte. Am verbreitetsten ist der Spul- oder Pallisadenwurm. Das Vorhandensein kennzeichnet sich durch Abgang von Würmern oder Teilen eines solchen mit dem Kot. In selteneren Fällen rufen Würmer kolikartige Erscheinungen hervor.

Man giebt Wurmmittel und verabreicht kräftiges und gesundes Futter.

Wurmpillen.

50,0 Hirschhornöl,
50,0 Terpentinöl,
30,0 Aloë, Pulver M/8,
20,0 Hausseife, „ „
q. s. Roggenmehl.

Man formt 4 Pillen daraus.

Gebrauchsanweisung:

„Zwei Tage hinter einander morgens und abends 1 Pille zu geben.“

Wurm-Latwerge.

a) 15,0 Reinfarnöl,
15,0 Petroleum,
100,0 Wermutkraut, Pulver M/8,
20,0 gepulverter Asant,
30,0 Aloë,
50,0 Roggenmehl,
q. s. Wasser.

Man bereitet eine Latwerge.

b) 100,0 Zittwersamen, Pulver M/8,
50,0 Wermutkraut, " "
30,0 gepulverte Aloë,
20,0 Altheewurzel, Pulver M/8,
q. s. Wasser.

Man bereitet eine Latwerge.

Gebrauchsanweisung.

„Man streicht alle 2 Stunden hühnereigross auf die Zunge.“

Ernährungsstörung.

Schlechte Ernährung.

Die Ernährungsstörung kann die Folge ungenügender oder verminderter Fresslust sein, aber auch von schwacher Verdauung herrühren. Das äussere Kennzeichen ist die Magerkeit der Tiere, weiter wird oft die zu reichliche Entwicklung von Blähungen beobachtet. Die letzteren, ebenso der Kot zeichnen sich durch einen besonders unangenehmen Geruch aus; ausserdem beobachtet man vielfach im Kot unverdaute Haferkörner. Wenn zu hastiges Fressen und damit zusammenhängend ungenügendes Kauen die Ursache sind, dann vermehrt man die dem Hafer zuzumischende Häckselmenge. Ist die schlechte Ernährung in schwacher Verdauung zu suchen, dann giebt man die nachstehenden Arzneimittel:

Pulver.

a) 250,0 Kochsalz,
100,0 Natriumbikarbonat,
50,0 Kalmus, Pulver M/8,
10,0 feingepulvertes Eisen

mischt man.

Gebrauchsanweisung:

„Auf jedes Futter einen Esslöffel voll.“

*b) 2,0 arsenige Säure,
50,0 Kaliumbikarbonat,
50,0 Wermutkraut,
50,0 kleinkryst. Natriumsulfat,

alle gepulvert, mischt man und teilt die Mischung in 10 Dosen.

Gebrauchsanweisung:

„Man giebt täglich 1 Pulver auf das Futter.“

Fieber.

Das Fieber ist ein Ausfluss anderer Krankheiten und kennzeichnet sich durch Erhöhung der Temperatur, manchmal auch durch Vermehrung des Pulses. Die Normaltemperatur des Pferdes beträgt 37—38° C, bei Fieber steigt sie auf 40, sogar auf 41° C.

Gewöhnlich beginnt das Fieber beim Pferd mit Schüttelfrost, die Haare werden struppig, die Muskeln zittern, die Füsse und Ohren fühlen sich kühl, der Rumpf dagegen heiss an.

Fieber-Latwerge.

a) 30,0 Kaliumnitrat,
300,0 kleinkryst. Natriumsulfat,
100,0 Roggenmehl,
q. s. brauner Sirup.

Man bereitet eine Latwerge.

Gebrauchsanweisung:

„Morgens und abends je die Hälfte zu geben.“

b) 45,0 Natriumbikarbonat,
75,0 Salicylsäure,
50,0 Süssholz, Pulver M/15,
50,0 Roggenmehl,
q. s. Wasser.

Man bereitet eine Latwerge.

Gebrauchsanweisung:

„Man giebt morgens die Hälfte und am anderen Morgen den Rest.“

Fieber-Trank.

30,0 Salzsäure,
170,0 braunen Sirup,
100,0 Mehl,
1000,0 Wasser

mischt man.

Gebrauchsanweisung:

„Man giebt die Mischung im warmem Trank.“

Pillen gegen Wechselfieber.

25,0 Chininhydrochlorid,
100,0 Eibischwurzel, Pulver M/15,
q. s. brauner Sirup.

Man fertigt 4 Pillen.

Gebrauchsanweisung:

„2 Tage hinter einander morgens und abends je 1 Pille zu geben.“

Pillen gegen rheumatisches Fieber.

20,0 Salol,
20,0 Eibischwurzel, Pulver M/15,
q. s. brauner Sirup.
Man formt 2 Pillen.

Gebrauchsanweisung:

„*Auf einmal zu geben.*“

***Pillen gegen Fieber bei Entzündungskrankheiten, Influenza, Druse usw.**

20,0 Antifebrin,
30,0 Eibischwurzel, Pulver M/15,
q. s. brauner Sirup.
Man formt 2 Pillen.

Gebrauchsanweisung:

„*Morgens und abends eine Pille zu geben.*“

Fresslustmangel.

Mangel an Fresslust.

Der Mangel an Fresslust tritt sehr oft als Vorbote ernsterer Krankheiten auf; häufiger ist er auf Verdauungsstörungen, auf die sogen. Verstimmung des Magens zurückzuführen.

Man regt den Appetit durch bittere und gewürzige Mittel oder auch durch Salze an.

Latwerge.

25,0 rohen Weinstein, Pulver M/8,
15,0 Spiessglanz, „ M/20,
100,0 Kalmuswurzel, „ M/8,
100,0 Enzianwurzel, „ „
100,0 Wacholderbeeren, „ M/5,
50,0 Kümmel, „ M/8,
50,0 Senfsamen, „ „
50,0 Roggenmehl,
q. s. Wasser
mischt man zu einer Latwerge.

Gebrauchsanweisung:

„*Man streicht dem Pferd täglich 3 mal 1 Esslöffel voll auf die Zunge.*“

b) 50,0 Kalmuswurzel, Pulver M/8,
50,0 Enzianwurzel, „ „
50,0 Ingwer, „ „
50,0 Wermutkraut, „ „
100,0 Kochsalz,
100,0 Roggenmehl,
15,0 Spanisch-Pfeffertinktur,
q. s. Wasser.
Gebrauchsanweisung wie bei a).

Fress-Pulver.

a) 200,0 Enzianwurzel, Pulver M/8,
100,0 kleinkryst. Natriumsulfat,
50,0 Kochsalz,
50,0 Natriumbikarbonat.

Gebrauchsanweisung:

„*Auf jedes Futter 2 Esslöffel voll.*“

b) 100,0 Enzianwurzel, Pulver M/8,
100,0 Wermutkraut, „ „
50,0 Haselwurzel, „ „
250,0 künstliches Karlsbader Salz
mischt man.

Gebrauchsanweisung:

„*Auf jedes Futter einen Esslöffel voll.*“

Pulver.

30,0 rohen Weinstein,
20,0 Spiessglanz,
50,0 Kaliumbikarbonat,
50,0 Enzianwurzel,
50,0 Kümmel,
alle in Pulverform, mischt man und teilt die Mischung in 10 Dosen.

Gebrauchsanweisung:

„*Man giebt dem Pferde täglich 1 Pulver unter das Futter.*“

Husten.

Brustkatarrh. Lungenkatarrh.

Zumeist tritt ein solches Übel gleichzeitig mit der Druse auf. Man verbindet dann die Kehle und den Hals des Tieres warm, macht Bähungen, wie sie unter „Druse“ beschrieben wurden, oder man sucht den Nasenausfluss, wenn er zu stark auftreten sollte, durch Verabreichung eines bleizuckerhaltigen Pulvers zu vermindern. Man wendet ausserdem folgende Mittel an:

Hustenpulver.

a) 50,0 Spiessglanz, Pulver M/20,
100,0 Süssholz, „ M/8,
250,0 Kochsalz
mischt man.

Gebrauchsanweisung:

„*Auf jedes Futter 2 Esslöffel voll.*“

b) 500,0 Kochsalz,
100,0 Spiessglanz, Pulver M/20,

50,0 Bockshornsamen, Pulver M/8,
50,0 Süssholz, " "
mischt man.

Gebrauchsanweisung:
„Auf jedes Futter einen Esslöffel voll.“*

*c) Gegen zu starken Schleimausfluss der Nase.
3,0 Bleiacetat,
30,0 Zuckerpulver.
Man teilt in 3 Pulver.

Gebrauchsanweisung:
„Mit jedem Futter oder 3 mal täglich in Wasser ein Pulver zu geben.“

Hustentrank.

100,0 Ammoniumchlorid,
20,0 Spiessglanz, Pulver M/20,
40,0 rohen Weinstein, Pulver M/8,
200,0 Leinkuchenmehl
mischt man und teilt die Mischung in 6 Teile.

Gebrauchsanweisung:
„Täglich zweimal ein Pulver in warmem Kleientrank zu geben.“

Zum Breiumschlag auf die Brust.

100,0 Senfmehl,
900,0 Weizenkleie
mischt man.

Gebrauchsanweisung:
„Man rührt das Pulver mit auf 70—75° C erhitzten Wasser an und macht mit dem Teig in bekannter Weise den Breiumschlag.

Der Senfzusatz hat nur den Zweck, anregend, nicht aber so heftig wie ein Senfteig zu wirken.

Bähungsöl.

Siehe Bronchial-Katarrh.

Scharfe Salbe.

150,0 Ungt. acre.

Gebrauchsanweisung:
„Man reibt den oberen Teil der Brust zwei Tage hintereinander damit ein und bedeckt die eingeriebene Stelle mit einem warmen Verband.“

Kniebeule.

Die Kniebeule entsteht zumeist durch Fallen auf die Kniee und hindert das Tier an der Bewegung. Dieselbe bildet eine Anschwellung des Kniees, welche anfänglich höhere Temperatur zeigt und sich später schwammig anfühlt.

Man stellt das Tier bis über das Knie in kaltes, am besten fliessendes Wasser und zwar täglich 2 mal 1 Stunde lang. Ausserdem macht man Umschläge mit folgender Lösung:

Zum Umschlag.

50,0 Ammoniumchlorid,
50,0 Kampferspiritus,
500,0 Essig,
1 l Wasser
mischt man.

Gebrauchsanweisung:
„Man taucht eine Leinwandbinde in die Lösung, umwickelt das Knie damit und verbindet dann recht dicht mit wollenen Binden.“

Wendet man morgens und abends die Kaltwasserbäder an, so ist in der übrigen Zeit der Umschlag zu machen. Ist die Kniebeule nach 8 Tagen nicht verschwunden, so reibt man täglich 3 Tage hintereinander scharfe Salbe (Ungt. acre) ein und behandelt sie so, wie den Stollschwamm in hartnäckigen Fällen.

Kolik.

Die Kolik gehört zu den am häufigsten vorkommenden Krankheiten. Bei der Mehrzahl der von derselben befallenen Pferde tritt Genesung ein. Die Kolik ist zumeist von hartnäckiger Verstopfung und Harnverhaltung, in seltenen Fällen von Diarrhöe begleitet. Im ersteren Fall giebt man innerlich Abführ- und krampfstillende Mittel und wendet äusserlich erwärmende Einreibungen an. Gute Erfahrungen hat man auch mit Pilokarpin- und Eserin-Einspritzungen gemacht: dieselben sind leicht anzuwenden und wirken schneller wie die gebräuchlichen Abführmittel. Bei Diarrhöe wendet man Alaun usw. mit krampfstillenden Mitteln an. In sehr schweren Fällen ist ein Aderlass von Nutzen.

Zu empfehlen ist, bei Beginn der Krankheit einen Einguss von Kaffeeabsud (s. Vorschrift) zu geben, ferner den Rücken, den Leib und die Beine mit Strohwischen bis zum Eintritt von Schweiss zu frottieren und dann den ganzen Leib mit einer Terpentinölmischung (s. Leibeinreibung) einzureiben, und zwar so lange, bis Schweiss eintritt. Man hüllt hierauf den Leib und den Rücken in wollene Decken und erhält so das Pferd längere Zeit im Schweiss.

Bei Verstopfung holt man mit geölter Hand den im Mastdarm etwa befindlichen Kot heraus und giebt alle Viertelstunden ein Klystier mit warmem Kamillenthee oder Heusamenaufguss.

Wenn Kot- und Urin-Entleerung eintritt, so hat damit in der Regel die Kolik ihr Ende erreicht.

Ist der Leib durch Gase sehr aufgetrieben, so nimmt man das Pferd aus dem Stalle und lässt es einen kurzen Trab machen.

Einguss beim Beginn der Krankheit.

100,0 gemahlenen Kaffee

kocht man mit

1000,0 Wasser

einmal auf, seiht ab, setzt

75,0 Weingeist von 90 pCt,
25,0 Kapsikumtinktur

zu und bringt mit Wasser auf ein Gesamtgewicht von

1000,0.

Gebrauchsanweisung:

„*Auf einmal einzugiessen.*"

Leibeinreibung.

80,0 Terpentinöl,
20,0 Salmiakgeist von 10 pCt,
200,0 Weingeist von 90 pCt

mischt man.

Gebrauchsanweisung:

„*Man bespritzt damit den ganzen Leib und frottiert dann 10 Minuten oder so lange, bis Schweiss eintritt. Hierauf hüllt man den Leib in wollene Decken.*"

Anfangs wird das Pferd dadurch unruhig, später tritt aber Ruhe und eine wohlthätige Erwärmung ein.

Einspritzung unter die Haut.

*a) 0,1 Physostigminsulfat

löst man in

5,0 destilliertem Wasser.

Gebrauchsanweisung:

„*Man spritzt auf einmal ein.*"

Innerlich giebt man dabei nur Kamillenthee, während die äusserliche Behandlung dieselbe wie beim Verabreichen von Abführmitteln bleibt. Klystiere werden nebenbei angewendet.

*b) Bei sehr hartnäckiger Verstopfung.

0,1 Physostigminsulfat,
0,3 Pilokarpinhydrochlorid

löst man in

10,0 destilliertem Wasser.

Gebrauch wie bei a.

Kolik-Latwerge.

a) Bei Verstopfung.

15,0 Spiessglanz, Pulver M/20,
30,0 rohen Weinstein, „ M/8,
200,0 kleinkryst. Natriumsulfat,
60,0 Kamillen, Pulver M/8,
40,0 Roggenmehl,
q. s. Wasser

mischt man zur steifen Latwerge.

Gebrauchsanweisung:

„*Man giebt die Latwerge in zwei Hälften innerhalb einer halben Stunde.*"

b) Bei Verstopfung.

500,0 Bittersalz,
100,0 Eibischwurzel, Pulver M/8,
100,0 Roggenmehl,
q. s. Wasser.

Man bereitet eine Latwerge.

Gebrauchsanweisung wie bei a.

c) Bei Verstopfung und Harnverhalten.

500,0 kleinkryst. Natriumsulfat,
100,0 Roggenmehl,
100,0 Wacholderbeeren, Pulver M/8,
q. s. Wasser.

Man bereitet eine Latwerge.

Gebrauchsanweiung wie bei a.

d) Bei Wind- oder Krampfkolik.

10,0 zerriebenen Kampfer,
20,0 Aloë, Pulver M/8,
50,0 zerquetschten Kümmel,
30,0 bittere Mandeln, Pulver M/8,
50,0 Wacholderbeeren, „ „
20,0 Hausseife, „ „
230,0 kleinkryst. Natriumsulfat,
q. s. Wasser

mischt man zu einer steifen Latwerge.

Gebrauchsanweisung:

„*Alle Stunden ein Drittel einzugeben.*"

e) Bei Krampfkolik.

20,0 Aloë, Pulver M/8,
20,0 Asant, „ „
30,0 bittere Mandeln, „ „
50,0 Kamillen, „ „
300,0 Magnesiumsulfat,
50,0 Roggenmehl

mischt man zur Latwerge.

Gebrauchsanweisung:

„*Auf einmal zu geben.*"

f) Bei Kolik mit Durchfall.

20,0 Alaun, Pulver M/8,
50,0 Kamillen, " "
50,0 Eichenrinde, " "
50,0 Wacholderbeeren, " "
q. s. bmunen Sirup

mischt man zur steifen Latwerge.

Gebrauchsanweisung:

„Alle Stunden den vierten Teil zu geben."

Kolik-Pille.

Physics.

45,0 Aloë, Pulver M/8,
q. s. grüne Seife.

Man bereitet einen Bissen.

Gebrauchsanweisung:

„Man giebt die Pille sofort nach Eintritt der Kolik."

Zum Einguss bei Krampf- oder Windkolik.

50,0 Äther

mischt man mit

500,0 Ricinusöl.

Gebrauchsanweisung:

„Auf einmal zu geben."

Gallen.

Sehnenscheidengallen.

Am häufigsten kommen die Sehnenscheidengallen vor und zwar meistens bei älteren, stark gebrauchten oder nicht kräftig genährten Tieren. Es sind Geschwülste, welche durch einen Erguss in die Sehnenscheidenhöhle entstanden sind. Sind die Gallen im Entstehen, so kann eine Kur Erfolg haben; bei älteren Gallen ist gewöhnlich alle Mühe vergebens. Die Behandlung besteht in der Anwendung von Umschlägen und grauer Salbe mit Jodkalium nach folgenden Formeln:

Zum Umschlag.

50,0 Ammoniumchlorid,
100,0 Kampferspiritus,
500,0 Essig,
1000,0 Wasser

mischt man und verreibt damit

10,0 Salicylsäure.

Gebrauchsanweisung:

„Man macht mindestens 4 Wochen lang jeden Abend einen Priessnitz-Umschlag damit."

Jeden Morgen reibt man dann folgende Salbe ein:

* 10,0 Kaliumjodid,
10,0 Wasser,
40,0 graue Merkurialseife (Sapo mercurialis),
40,0 graue Quecksilbersalbe

mischt man.

Als letztes Mittel bleibt das Brenneisen, dessen Anwendung einem Tierarzt überlassen bleiben muss.

Harnruhr.

Die Harnruhr entsteht meist durch Verabreichung verdorbenen Futters unu äussert sich durch die häufige Entleerung grosser Mengen eines wenig gefärbten Harns. Man hält das Tier warm, schützt es vor Erkältung und giebt ihm ausser den unten angegebenen Arzneimitteln gesundes und unverdorbenes Futter.

Harnruhr-Latwerge.

4,0 zerriebener Kampfer,
10,0 Ingwer, Pulver M/8,
50,0 Roggenmehl,
q. s. Wasser.

Man bereitet eine Latwerge.

Gebrauchsanweisung:

„Morgens und abends die Hälfte zu geben."

Man giebt die Latwerge 4 Tage hintereinander.

Ist die Krankheit dann noch nicht verschwunden, so giebt man folgende Latwerge:

15,0 zerriebenen Kampfer,
30,0 Alaun, Pulver m/8,
30,0 Eichenrinde, " "
30,0 Hirschhornöl,
100,0 Angelikawurzel, " "
50,0 Roggenmehl,
q. s. Wasser.

Man bereitet eine Latwerge.

Gebrauchsanweisung:

„Dreimal täglich hühnereigross dem Pferd auf die Zunge zu streichen."

Harnverhalten.

Zumeist die Folge von Erkältungen, tritt das Harnverhalten auch als Begleiter anderer Krankheiten oder gemeinsam mit denselben auf. Das Harnverhalten bringt ähnliche Erscheinungen wie die Kolik hervor, nur stellt sich das Tier öfters zum Harnlassen und zwar vergeblich an.

Man giebt warme Klystiere und innerlich harntreibende Mittel. Ausserdem frottiert man den Leib mit einer Terpentinölmischung (s. Einreibung).

Zum Trank und zum Klystier.

150,0 zerquetschte Wacholderbeeren

mischt man mit

30,0 Kamillen.

Gebrauchsanweisung:

„Man übergiesst die Mischung mit 3 l heissem Wasser, lässt 15 Minuten ziehen und giesst durch ein Tuch, dieses zuletzt ausdrückend. Von dem warmen Auszug schüttet man ein Drittel dem Pferd ein und benützt den Rest zum sofortigen Setzen eines Klystiers.“

Einreibung.

50,0 Terpentinöl,
100,0 Seifenspiritus

mischt man.

Gebrauchsanweisung:

„Man bespritzt mit dieser Einreibung den Leib des Pferdes und frottiert ihn dann mindestens 10 Minuten lang mit einem Strohwisch.“

Hufpflege.

Pflege des Hufs.

Reinlichkeit im Stall ist die erste Bedingung, um die Hufe gesund zu erhalten. Es empfiehlt sich aber auch, besonders im Sommer, die Hufe jeden Morgen mit Wasser auszuwaschen und dann erst einzuschmieren.

Es mögen die Vorschriften zu mehreren empfehlenswerten Hufschmieren hier Stelle finden. Auf die an einem andren Platze befindlichen Hufkitte soll hier nur verwiesen werden.

Hufschmiere.

a) 75,0 Talg,
25,0 Rüböl.

b) 75,0 Talg,
20,0 Rüböl,
5,0 Russ.

Man mischt durch Schmelzen. Bei b) verreibt man den Russ mit dem Rüböl möglichst fein.

c) 65,0 Talg,
20,0 Rüböl,
5,0 Kaliseife,
10,0 Wasser.

Man löst die Kaliseife unter Erwärmen im Wasser und vermischt die Lösung mit der aus Talg und Rüböl hergestellten Mischung.

Im Allgemeinen sei zu den Hufschmieren bemerkt, dass sich Vaselinmischungen in der Praxis nicht, dagegen Talgzusammensetzungen mit Seifenlösungszusatz sehr gut bewährt haben.

Lanolin-Hufschmiere.

Wollfett-Hufschmiere.

a) 50,0 rohes Wollfett,
25,0 Talg,
25,0 Fischthran.

b) 40,0 rohes Wollfett,
25,0 Talg,
20,0 Fischthran,
5,0 Kaliseife,
10,0 Wasser.

Beide Zusammensetzungen, von denen b den Vorzug verdienen dürfte, aromatisiert man mit je

10 Tropfen Mirbanessenz,
5 Citronellöl.

Salicyl-Hufschmiere.

80,0 Talg,
20,0 Fischthran,
1,0 Salicylsäure.

Man löst die Salicylsäure in der geschmolzenen Masse und rührt das Ganze bis zum Erkalten.

Magendarmkatarrh.

Der Magendarmkatarrh tritt akut oder chronisch auf und ist zumeist von Verstopfung, manchmal auch vom Durchfall begleitet. Die Fresslust ist gewöhnlich vermindert und der Durst ein vermehrter. Die Maulschleimhaut zeigt eine höhere Rötung und ist trocken. Zuweilen ist Fieber vorhanden; man giebt dann die unter „Fieber“ angegebenen Mittel (Antifebrin). Gegen Verstopfung und gegen Durchfall giebt man die unter „Kolik“ aufgeführten Arzneimittel.

Pulver.

a) Bei chronischem Fall.

100,0 Natriumbikarbonat,
100,0 Kochsalz,
100,0 kleinkryst. Natriumsulfat,
50,0 Wacholderbeeren, Pulver M/8,

mischt man.

Gebrauchsanweisung:

„Auf jedes Futter 1 Esslöffel voll."

b) Bei demselben Fall.

500,0 künstliches Karlsbader Salz,
500,0 Leinkuchenmehl

mischt man.

Gebrauchsanweisung:

„Täglich 3 mal 2 Esslöffel voll in 5 l warmem Wasser zum Saufen."

c) Bei akutem Fall.

150,0 Schlämmkreide,
150,0 Kochsalz,
50,0 Enzianwurzel, Pulver M/8,
50,0 Fenchel „ „

mischt man.

Gebrauchsanweisung:

„Auf jedes Futter einen Esslöffel voll."

Magendarmentzündung.

Die Krankheit kommt häufig vor und öfters als Verlauf einer Kolik. Die Tiere stehen mit unter den Leib gestellten Vorder- und Hinterfüssen, peitschen mit dem Schwanz und wälzen sich. Es tritt starkes Fieber, Durchfall oder Verstopfung und weiter starker Durst ein Der Verlauf ist ein rascher, oft mit tötlichem Ausgang. Man lässt reichlich Ader, giebt innerlich schleimigölige Mittel und gelindabführende Salze mit Kalomel. Äusserlich wendet man Einreibung und Senfteig an, frottiert das Tier öfters und giebt warme schleimige Getränke.

Zum Einguss.

a) 15,0 bittere Mandeln, Pulver M/8,
500,0 Ricinusöl

mischt man.

Gebrauchsanweisung:

„Auf 2 mal mit Einhaltung einer fünfstündigen Pause zu geben."

*b) 50,0 Leinmehl,
950,0 warmes Wasser

mischt man, löst

200,0 Glaubersalz

darin und setzt dann eine Verreibung von

7,5 Kalomel,
20,0 Weizenstärke

zu.

Gebrauchsanweisung:

„Man giebt den Trank auf 4 mal in halbstündigen Pausen."

*** Latwerge.**

8,0 Kalomel,
20,0 Kaliumnitrat,
180,0 kleinkryst. Natriumsulfat,
100,0 Leinkuchenmehl,
q. s. brauner Sirup

zur Latwerge.

Gebrauchsanweisung:

„Man teilt die Latwerge in 4 gleiche Teile und giebt alle Stunden einen Teil ein."

Pillen.

4,0 Kalomel,
8,0 Opium, Pulver M/8,
20,0 Eibischwurzel, „ „
q. s. Wasser.

Man formt 2 Pillen.

Gebrauchsanweisung:

„Alle 5 Stunden ein Stück zu geben."

Pulver.

200,0 Leinkuchenmehl,
200,0 kleinkryst. Natriumsulfat,
25,0 bittere Mandeln, Pulver M/8,
25,0 Kaliumnitrat, „ „
50,0 Leinöl.

Man verreibt zu einer gleichmässigen Mischung.

Gebrauchsanweisung:

„Man rührt 3 mal täglich den dritten Teil des Pulvers mit 1 l warmem Wasser an und giebt dies dem Pferd."

Einreibung.

100,0 Terpentinöl,
100,0 Salmiakgeist von 10 pCt,
100,0 Kampferspiritus

mischt man.

Gebrauchsanweisung:

„Man reibt 2 mal täglich den Leib damit ein."

Mauke.

Man versteht darunter eine rotlaufartige Entzündung der Haut im Fesselgelenk. Durch Absonderung einer serösen Flüssigkeit bildet sich eine Kruste, oft auch Pusteln. Unter günstigen Verhältnissen verlieren sich die Erscheinungen ohne üble Folgen; im andern Fall schwillt das Bein an und es kann der sogen. Igelfuss entstehen.

Die Behandlung ist nur eine äusserliche und besteht in der Hauptsache darin, dass man die kranken Füsse täglich 2—3 mal mit grüner Seifenlösung wäscht und dann mit schwachen Ätz- oder adstringierenden Mitteln behandelt.

Das beste Schutzmittel gegen Mauke ist die Reinlichkeit: man wäscht die Hufe und Fesseln der Tiere, sobald sie in den Stall zurückkehren, im Sommer mit frischem, im Winter dagegen mit warmem Wasser aus.

Waschmittel.

a) 15,0 Kupfersulfat,
15,0 Ferrosulfat,
20,0 Alaun
in
1000,0 Wasser
gelöst.

Gebrauchsanweisung:

„Den mit Seifenlösung gereinigten und mit einem Tuch getrockneten Fuss nässt man mit dem Waschmittel und verbindet ihn mit einer wollenen Binde.“

b) 50,0 Chlorkalk,
10,0 Kochsalz,
1000,0 Wasser.

Man verteilt den Chlorkalk so fein wie möglich.
Gebrauchsanweisung wie bei a).

Einreibung.

a) 4,0 Salicylsäure
löst man durch Erwärmen in
200,0 Baumöl,
lässt erkalten und verreibt
2,0 Karbolsäure
darin.

b) 100,0 Seifenspiritus,
10,0 Karbolsäure,
400,0 Wasser
mischt man.

Gebrauchsanweisung:

„Man reinigt die kranken Stellen mit Seifenwasser, trocknet sie mit einem Tuch ab und reibt sie täglich dreimal ein.“

Mondblindheit.

Die Mondblindheit ist eine zeitweise auftretende Augenentzündung und befällt in der Regel nur ein Auge, geht aber auch auf das andere über und zwar so, dass beide Augen abwechselnd leidend sind. Alle Teile des Auges sind ergriffen, besonders die Hornhaut, der Glaskörper und die Regenbogenhaut. Sie tritt in wiederholten Anfällen auf — daher die Bezeichnung „zeitweise auftretend“ — und hat schliesslich ein Schwinden des ganzen Augapfels und Erblindung zur Folge.

Das kranke Auge ist geschlossen, thränt und sondert sogar Eiter ab.

Das betroffene Tier zeigt keine Fresslust und hat zuweilen Fieber.

Die Krankheit ist nicht heilbar, sie kann nur gemildert werden.

Bei eintretendem Fieber giebt man eines der unter „Fieber“ angegebenen Mittel, lässt auch zur Ader; gegen das Augenleiden selbst wendet man folgende Tropfen an:

Augentropfen.

*a) 0,1 Atropinsulfat
löst man in
10,0 destilliertem Wasser.

Gebrauchsanweisung:

„Man bringt täglich 2—3 Tropfen in das kranke Auge.“

b) 0,2 Silbernitrat,
20,0 destilliertes Wasser.

Man löst und giebt die Lösung in braunem Glas ab.
Gebrauchsanweisung wie bei a).

Piephacke.

Als Piephacke bezeichnet man eine schwammige Geschwulst auf dem Höcker des Sprunggelenkes, die als Schönheitsfehler gilt und ebenso wie der Stollschwamm oder wie die Kniebeule behandelt wird.

Räude.

Von der Räude werden zumeist alte und schlecht genährte Pferde befallen und zwar an den Seitenflächen des Halses, in der Schultergegend, auf dem Rücken, in den Hüften, der Schwanzwurzel und an den Füssen. Ohne auf die verschiedenen Milbenarten einzugehen, will ich in Bezug auf das Heilverfahren nur kurz erwähnen, dass man die bekannten Räude- und Krätzemittel anwendet.

Die Einleitung der Kur besteht unter allen Umständen darin, dass man die befallenen Stellen mit einer warmen Lösung aus grüner Seife abwäscht. Ausserdem muss das Tier von den anderen getrennt werden und besondere Putz- und Futtergeräte erhalten.

Schmiermittel.

a) 500,0 Holzteer,
250,0 grüne Seife,
150,0 Weingeist von 90 pCt,
100,0 Schwefelblumen
mischt man in der Wärme.

Gebrauchsanweisung:

„Man streicht die Mischung mit einer Bürste oder einem steifen Pinsel auf die frisch mit Seifenwasser gewaschene und mit einem Tuch getrocknete kranke Hautstelle auf und wiederholt den Aufstrich nach 8 Tagen. In der Regel genügt der zweimalige Aufstrich. Der Teeranstrich fällt von selbst ab.

b) 20,0 Kreosot,
100,0 grüne Seife,
50,0 Weingeist von 90 pCt
mischt man.

Gebrauchsanweisung:

„Man bestreicht damit die vorher mit Seifenlösung gereinigten kranken Stellen."

Waschmittel.

a) 50,0 Schwefelkalium,
100,0 grüne Seife,
840,0 Wasser
löst man durch Erwärmen und setzt
10,0 Terpentinöl
zu.

Gebrauchsanweisung:

„Man wäscht die befallenen Stellen mit schwacher Sodalösung, trocknet mit Tüchern ab und nässt nun mit dem Waschmittel. Man führt diese Behandlung täglich einmal aus."

Salbe gegen Fussräude.

60,0 graue Quecksilbersalbe,
10,0 Salicylsäure,
130,0 Schweinefett
mischt man.

Gebrauchsanweisung:

„Man reibt die befallenen Stellen täglich einmal damit ein, wäscht sie vorher aber jedesmal mit Schmierseifenlösung ab."

Rhachitis.

Die Rhachitis ist eine bei Fohlen nicht selten auftretende Krankheit, die sich durch Anschwellen der Gelenke und Schwäche der Glieder leicht kennzeichnet.

Latwerge.

200,0 gebrannte Austerschalen, Pulver $^{M}/_{20}$,
20,0 verzuckertes Eisenkarbonat,
100,0 Milchzucker, Pulver $^{M}/_{8}$,
100,0 Leinkuchenmehl,
q. s. braunen Sirup
mischt man zur Latwerge.

Gebrauchsanweisung:

„Man giebt 3 mal täglich taubeneigross."

Pulver.

100,0 Schlämmkreide,
100,0 Calciumphosphat,
50,0 Kaliumbikarbonat,
50,0 Fenchel, Pulver $^{M}/_{8}$,
mischt man.

Gebrauchsanweisung:

„Man giebt auf jedes Futter 1 Esslöffel voll."

Rheumatismus und rheumatische Fussentzündung.

Verschlag. Rehe.

Diese Krankheit kommt bei Pferden sehr häufig vor. Zumeist werden die Weichteile des Hufes davon befallen. Die Tiere gehen dann mit vorgestreckten Beinen, treten vorsichtig auf, liegen im Stall viel, stöhnen dabei, haben schnellen Puls und zeigen zuweilen Fieber.

Innerlich giebt man leichte Abführmittel, berücksichtigt dabei die Harnabsonderung und nötigenfalls das Fieber. Da meistens Verstopfung vorhanden ist, giebt man noch Salzwasserklystiere und unterstützt damit die Abführmittel. In schweren Fällen lässt man zur Ader.

Äusserlich macht man Einreibungen und Umschläge, wendet auch die scharfe Salbe an.

Die Tiere erhalten nur halbe Rationen und zwar leichtverdauliches Futter, wie Kleientrank mit Häcksel, Mohrrüben oder rohen Kartoffeln und im Sommer Grünfutter.

Latwerge.

a) 7,5 Kampfer, zerrieben,
60,0 Kaliumnitrat,
240,0 kleinkryst. Natriumsulfat,
120,0 zerstossene Wacholderbeeren,
100,0 Roggenmehl,
q. s. Wasser.
Man bereitet eine Latwerge.

Gebrauchsanweisung:

„Man giebt alle 5 Stunden den vierten Teil der Latwerge."

b) Bei Fieber.

30,0 gepulverte Aloë,
240,0 kleinkryst. Natriumsulfat,
100,0 Roggenmehl,
q. s. Wasser.

Man bereitet eine Latwerge.

Gebrauchsanweisung:

„Man giebt die Hälfte und nach 3 Stunden den Rest."

c) Bei Fieber.

100,0 Benzoësäure,
50,0 kleinkryst. Natriumsulfat,
100,0 Roggenmehl,
q. s. Wasser.

Zur Bereitung einer Latwerge.

Gebrauchsanweisung:

„Man giebt alle 12 Stunden den vierten Teil."

Einreibung.

a) 250,0 Kampferspiritus,
30,0 Spanischpfeffertinktur,
20,0 Terpentinöl

mischt man.

Gebrauchsanweisung:

„Man reibt 3 mal täglich den Schenkel über dem kranken Fuss ein."

b) 50,0 scharfe Salbe.

Gebrauchsanweisung:

„Man reibt oberhalb des Hufes bis zum Fesselgelenk ein."

c) Bei Schulter-Rheumatismus.

250,0 flüchtiges Liniment

mischt man mit

50,0 Terpentinöl.

Gebrauchsanweisung:

„Täglich 2 mal einzureiben."

d) Bei demselben Leiden.

5,0 Euphorbium, Pulver M/30,
10,0 span. Fliegen, „ „
3,0 Salicylsäure,
20,0 Terpentin,
20,0 Terpentinöl,
20,0 Schweinefett

mischt man.

Gebrauchsanweisung:

„Man reibt zwei Tage hintereinander jedesmal die Hälfte auf das Schulterblatt ein."

Rossen, zu häufiges.

100,0 Kaliumbromid.

Gebrauchsanweisung:

„Zwei Abende hintereinander je die Hälfte im Saufen zu geben."

Ruhr.

Die Ruhr kommt häufig bei Fohlen vor und verläuft, besonders wenn sie vernachlässigt wird, gern tödlich. Man giebt innerlich Opium, auch in Verbindung mit Kalomel, und sucht äusserlich durch Einreibungen den Körper anzuregen und zu erwärmen.

Ruhr-Pillen.

*a) 5,0 Opium, Pulver M/30,
25,0 Eibischwurzel, Pulver M/8,
q. s. Wasser.

Man stellt 5 Pillen her.

Gebrauchsanweisung:

„Alle 3 Stunden eine Pille zu geben."

b) 15,0 Gerbsäure,
30,0 Süssholz, Pulver M/30,
q. s. brauner Sirup.

Man stellt 5 Pillen her.

Gebrauchsanweisung:

„Alle 3 Stunden 1 Pille zu geben."

Einguss.

50,0 zerquetschten Leinsamen,
50,0 zerstossenen Bockshornsamen

kocht man mit Wasser auf

2000,0 Kolatur.

Man setzt derselben

200,0 Leinöl

zu und lässt von der umgeschüttelten und gewärmten Mischung alle halbe Stunden $^1/_4$ Liter eingiessen.

Einreibung.

20,0 Spanischpfeffertinktur,
30,0 Senfspiritus,
150,0 Kampferspiritus
mischt man.

Gebrauchsanweisung:

„Man reibt 3 mal täglich einen Esslöffel voll auf den Leib ein und frottiert dann 5 Minuten mit einem wollenen Lappen.

Satteldruck

s. Aufziehen.

Schulterlahmheit.

Schulterlähme. Buglähme. Brustlähme.

Die Schulterlahmheit hat verschiedene Ursachen, dürfte aber in der Hauptsache mechanischen oder rheumatischen Ursprungs sein.

Ist die Lahmheit veraltet, so lässt sich wenig mehr thun, tritt sie dagegen zum erstenmal auf, so macht sich vor allem eine vollständige Schonung des Tieres notwendig. Man kühlt durch kalte Umschläge, wenn die Schulter eine Temperaturerhöhung zeigt.

Ferner wendet man scharfe Einreibungen und innerlich für den Fall des rheumatischen Charakters Natriumsalicylat an. Führen diese nach höchstens 14 Tagen nicht zur Heilung, so kommen Eiterbänder, Glüheisen oder Veratrin, letzteres in Einspritzung unter die Haut zur Anwendung. Da die eben genannten Behandlungsweisen nur ein Tierarzt ausüben kann, so beschränke ich mich darauf, die erwähnten Einreibungen in ihren Zusammensetzungen ohne Gebrauchsanweisungen aufzuführen.

Einreibung.

a) 250,0 Seifenspiritus,
250 0 Kampferspiritus,
50,0 Salmiakgeist v. 10 pCt
mischt man.

b) 50,0 Spanischfliegenöl,
50,0 Salmiakgeist v. 10 pCt,
50,0 Terpentinöl,
100,0 Rüböl
mischt man.

c) Scharfe Salbe (s. diese).

*** Injektion bei rheumatischer Schulterlähme.**

0,5 Veratrin
löst man in
25,0 Weingeist von 90 pCt.

Gebrauchsanweisung:

„Täglich 2 Fünfgrammspritzen subkutan.“

Latwerge mit Natriumsalicylat.

S. unter „Fieber“ Latwerge b).

Sehnenklapp.

Eine Entzündung der hinteren Sehne des Schienbeins zwischen Knie- und Fesselgelenk, entsteht der Sehnenklapp sowohl durch äussere Veranlassungen (Stoss, Schlag, Fehltritt) als auch durch Rheumatismus, Influenza usw.

Das Tier darf nicht benützt, muss aber täglich ½ Stunde langsam geführt werden. Ist das Leiden neu, so macht man Umschläge mit der nachstehend beschriebenen Lösung. Tritt eine Besserung nach 1 Woche nicht ein, so wendet man graue Salbe mit Kaliumjodid an.

Zum Umschlag.

50,0 Ammoniumchlorid,
50,0 Kampferspiritus,
1 l Essig,
3 l Wasser
mischt man.

Gebrauchsanweisung:

„Man macht mit dieser Lösung Priessnitz-Umschläge mindestens 8 Tage lang und erneuert dieselben morgens und abends.“

***Salbe.**

10,0 Kaliumjodid,
10,0 Wasser,
20,0 Kaliseife,
60,0 graue Quecksilbersalbe.
Man mischt.

Gebrauchsanweisung:

„Täglich 2mal vor dem Auflegen des Umschlages einzureiben“

Restitutionsfluid.

a) 150,0 Spanisch-Pfeffertinktur,
200,0 Weingeist von 90 pCt,
100,0 Kampferspiritus,
100,0 Ätherweingeist.
10,0 Terpentinöl,
20,0 Salmiakgeist v. 10 pCt,
50,0 Ammoniumchlorid,
20,0 Natriumchlorid,
350,0 Wasser.

Die Salze löst man in Wasser und setzt diese Lösung zuletzt zu.

b) 50,0 Salmiakgeist v. 10 pCt,
50,0 Kampferspiritus,
50,0 Ätherweingeist,
10,0 Terpentinöl

mischt man.

c) 50,0 Kochsalz,
50,0 Kampferspiritus,
100,0 Arnikatinktur,
200,0 Wasser

mischt man.

Will man dem Restitutionsfluid eine bräunliche Farbe geben, so setzt man auf 1000 g Fluid 5 g Kasslerbraun zu, lässt 24 Stunden stehen und filtriert dann.

Gebrauchsanweisung für a, b und c:

„Man schüttelt das Restitutionsfluid gut um, verdünnt 1/4 l davon mit 3/4 l Wasser, wäscht damit die Beine in ihrer ganzen Länge und wickelt sie dann warm mit wollenen Binden ein.“

Spat.

Der Spat ist ein Knochenauswuchs am Sprunggelenk mit chronischer Entzündung desselben. Gewöhnlich zeigt sich an der Innenfläche des Sprunggelenks, meist unterhalb desselben, eine Erhöhung, welche wärmer erscheint, als die benachbarten Teile. Das Tier geht stark lahm, besonders wenn es aus dem Stall kommt; durch die Bewegung vermindert sich die Lahmheit zumeist etwas.

Das spatlahme Pferd zieht das leidende Bein gewöhnlich mit steifgehaltenem Sprunggelenk und zuckend in die Höhe und bewegt die Hüfte auf der leidenden Seite stärker, als auf der gesunden Seite.

Eine Kur hat nur beim Entstehen Hoffnung auf Erfolg. Man macht dann Einreibungen mit grauer oder mit scharfer Salbe. Ist der Spat hartnäckig, so kommt das Glüheisen in Anwendung oder es werden Eiterbänder gezogen. Zu so eingreifender Behandlung ist natürlich ein Tierarzt notwendig.

*Spat-Salbe.

a) 20,0 Kaliumjodid,
15,0 Wasser,
25,0 Merkurialseife (Sapo mercurialis)

mischt man.

Gebrauchsanweisung:

„Drei Wochen lang bestreicht man die Geschwulst täglich 2mal dick damit.“

b) für älteres Übel.
10,0 Quecksilberjodid,
10,0 Kaliumjodid,
80,0 Merkurialseife (Sapo mercurialis).

Man mischt.

Gebrauchsanweisung:

„Man reibt täglich einmal ein, bis Ausschwitzungen eintreten. Man lässt den Schorf abtrocknen, wäscht die Narbe ab und reibt dann die Salicyl-Scharfsalbe ein.“

Spatsalbe für leichtere Fälle.

30,0 graue Quecksilbersalbe,
10,0 Salicylsäure,
60,0 Schweinefett

mischt man.

Gebrauchsanweisung:

„Man reibt ungefähr eine Woche hindurch die Spatstelle täglich einmal ein.“

Salicyl-Scharfsalbe.

20,0 spanische Fliegen, Pulver M/30,
10,0 Euphorbium, „ „
10,0 Salicylsäure,
30,0 Terpentin,
20,0 Schweinefett,
10,0 Olivenöl

erhitzt man eine Stunde lang auf 50—70° C und rührt dann bis zum Erkalten.

Gebrauchsanweisung:

„Man reibt 3 Tage hintereinander die Spatstelle täglich einmal ein.“

Stollschwamm.

Der Stollschwamm ist eine hühnerei- bis faustgrosse, weiche Geschwulst am Ellbogen, d. h. hinten am oberen Ende des Vorderschenkels. Sie wird zumeist durch Druck, z. B. beim Liegen des Tieres durch den Druck des Hufeisenstollens hervorgerufen, daher der Name. Mehr Schönheitsfehler, wie gefährlich, kann man die Geschwulst, solange sie noch im Entstehen ist, durch schleimige Breiumschläge oft zerteilen und so zum Verschwinden bringen. Ist die Geschwulst grösser und enthält sie, was man leicht durchfühlt, Flüssigkeit, so macht man an der unteren Seite einen Einstich, entleert die Flüssigkeit, spritzt die Höhlung mit zweiprozentigem Karbolwasser aus und reibt aussen die teilweise eingesunkene Geschwulst 3 Tage hintereinander mit scharfer Salbe (Ungt. acre) ein. Die Auftreibung geht dadurch zurück und wird meistens in längstens drei Wochen verschwunden sein. Wäre das nicht der Fall, so wiederholt man die Behandlung mit scharfer Salbe, oder noch besser, man wendet folgende Einreibung an:

Einreibung.

130,0 grüne Seife,
30,0 Salmiakgeist v. 10 pCt,
20,0 Petroleum,
20,0 Spanischfliegentinktur

mischt man.

Gebrauchsanweisung:

„Man reibt täglich einmal ein und zwar 2 Tage hintereinander und setzt 2 Tage aus. Man fährt in dieser Weise fort, bis die Einreibung verbraucht ist."

Strahlfäule.

Im Gegensatz zum Strahlkrebs, der hier nur erwähnt, aber nicht weiter abgehandelt werden kann, ist die Strahlfäule gutartig und besteht in einer Erweichung oder Auflösung der am Strahl befindlichen Hornteile, wobei eine übelriechende Flüssigkeit ausschwitzt. Wird die Strahlfäule vernachlässigt, so entsteht sogen. Zwanghuf.

Man wäscht den Huf täglich mit Seifenwasser aus und behandelt antiseptisch mit folgenden Lösungen:

Strahlfäule-Waschung.

a) 100,0 Chlorkalk

löst man in

1000,0 Wasser.

Gebrauchsanweisung:

„Man wäscht den Strahl zuerst mit aufgelöster Schmierseife, spült gut mit Wasser ab und wäscht mit der vorher erwärmten Chlorkalklösung nach. Wenn dies geschehen, taucht man etwas Werg in die Chlorkalklösung und drückt dies in den zwischen den Ballen befindlichen Spalt. — Täglich einmal anzuwenden."

b) 50,0 Alaun,
50,0 Kupfersulfat,
500,0 Wasser,
10 0 Karbolsäure

mischt man.

Gebrauch wie bei a).

c) 50,0 Alaun,
50,0 Kupfersulfat,
250,0 Holzessig,
250,0 Wasser

mischt man.

Gebrauch wie bei a).

Strahlfäule-Tinktur.

5,0 Salicylsäure,
20,0 Glycerin v. 1,23 spez. Gew.,
100,0 Aloëtinktur,
100,0 Galläpfeltinktur

mischt man.

Gebrauchsanweisung:

„Nachdem man den Huf mit warmem Seifenwasser ausgewaschen hat, pinselt man die Tinktur in den Strahl ein. Man tränkt dann etwas Werg mit der Tinktur und drückt es in den zwischen den Ballen befindlichen Spalt. — Täglich einmal anzuwenden."

Handelt es sich um den Strahlkrebs, so muss ein Tierarzt so bald wie möglich zu Rate gezogen werden.

Überbein.

Das Überbein entsteht meist unterhalb des Knies am Vorderbein aus einer Knochenhautentzündung, die durch äussere Ursachen, Schlag oder Stoss hervorgerufen wurde; es ist eine Knochenauftreibung, bezw. Verknorpelung und wird eigentlich nur zu den Schönheitsfehlern gerechnet. In selteneren Fällen, wenn das Überbein auf eine Sehne drückt, tritt Lahmheit, in der Regel nur in geringem Grad, ein.

Im Anfangsstadium kann man die Anschwellung vollständig wegbringen, bei längerem Bestehen dagegen nur vermindern.

Das Letztere hat gewöhnlich das gleichzeitige Aufhören der Lahmheit im Gefolge.

Man wendet die nachfolgenden Salben an:

a) Für leichtere Fälle:

10,0 fein zerriebenen Kampfer,
10,0 Salicylsäure,
30,0 graue Quecksilbersalbe,
50,0 Schweinefett

mischt man.

Gebrauchsanweisung:

„Vier Wochen lang morgens und abends einzureiben."

*b) Für hartnäckige Fälle:

10,0 Kaliumjodid,
8,0 Wasser,
1,0 Kaliseife,
80,0 graue Quecksilbersalbe

mischt man.

Gebrauchsanweisung wie bei a.

Verstopfung.

Die Verstopfung ist zumeist eine Folge ungeeigneter Fütterung, tritt aber auch als Begleiterin andrer Krankheiten, z. B. der Kolik auf und ruft diese sogar hervor. Bei einfacher Verstopfung giebt man Abführmittel und Klystiere und benützt die unter „Kolik" angegebenen, für Verstopfung vorgesehenen Arzneimittel.

II. Das Rind.

Die Mengen in den folgenden Vorschriften sind, wenn die Überschrift der Formel nichts andres bestimmt, durchgehends für ein erwachsenes Rind bemessen. Handelt es sich um ein besonders schwächliches oder ein sehr starkes Tier, oder aber um Jungvieh, so sind die Mengen zu verringern oder zu vermehren. Für Jungvieh kann man als Regel annehmen, dass es im Alter von

1 Jahr 25 pCt,
1—2 Jahren 50 pCt,
2—3 „ 75 pCt

derjenigen Mengen Arzneien erhält, die man einem erwachsenen Tier verabreicht.

Krankheiten, welche nur bei Kälbern vorkommen, finden besondere Berücksichtigung.

Augenentzündung.

Die am häufigsten vorkommende Augenentzündung ist die katarrhalische. Sie entsteht gern durch Erkältung und ist leicht daran zu erkennen, dass die Augen anfangs gerötet sind, bald darauf thränen, eine schleimige Masse ausscheiden und verkleben.

Man wäscht die Augen mit warmer Milch und hierauf alle Stunden mit folgender Lösung aus.

Augenwasser.

15,0 Bleiessig

mischt man mit

300,0 destilliertem Wasser.

Gebrauchsanweisung:

„Alle Stunden anzuwenden."

Augenfell.

Man versteht unter Augenfell eine Hornhauttrübung, welche durch heftige Entzündung oder auch durch äussere Verletzung entstanden sein kann.

Man wäscht das Auge täglich 2 mal mit warmem Wasser aus und wendet zusammengesetzte Augensalbe und damit abwechselnd Kalomel zum Einblasen an.

Augensalbe.

20,0 rote Quecksilbersalbe,
20,0 Zinksalbe.

Man verreibt damit möglichst fein

0,5 Kampfer.

Gebrauchsanweisung:

„Täglich und 8 Tage hindurch 1 Linse gross in das kranke Auge einzustreichen und mit dem Augenlid auf dem Augapfel zu verreiben."

Augenpulver.

a) 5,0 reines Zinkoxyd,
2,5 Zucker, Pulver $^{M}/_{50}$,
2,5 Milchzucker, „ „

mischt man.

*b) 5,0 durch Dampf bereitetes Kalomel,
2,5 Zucker, Pulver $^{M}/_{50}$,
2,5 Milchzucker, „ „

mischt man.

Gebrauchsanweisung für a) und b):

„Alle zwei Tage eine Federmesserspitze voll in das kranke Auge einzublasen."

Blutharnen.

Die Krankheit wird hervorgerufen durch den Genuss sauren Futters, also durch Oxalate. Sowohl das diesbezügliche Frisch-, als auch Trockenfutter können die Ursache der Krankheit werden.

Das Blutharnen kennzeichnet sich, wie schon der Name ergiebt, durch eine Rotfärbung des Harnes. Die Tiere erscheinen in der Regel nicht krankhaft. Die Krankheit tritt entsprechend ihrer Entstehung oft bei ganzen Herden auf.

Man wechselt vor allem das Futter, füttert trocken, wenn sich das Tier das Leiden auf der Weide zugezogen hat, und umgekehrt gutes Grünfutfer, wenn das Blutharnen bei der Trockenfütterung entstanden ist.

Wird die Krankheit durch den Futterwechsel allein nicht gehoben, so wendet man folgende Arznei an:

Pulver.

3,0 geschlämmtes Bleiweiss,
10,0 Natriumacetat,
12,0 zerriebenen Kampfer,
120,0 Schlämmkreide
mischt man und teilt die Mischung in 6 Dosen.

Gebrauchsanweisung:

„Morgens und abends 1 Pulver in 1 l Mehltrank zu geben.“

Blutmelken.

Das Blutmelken wird meistens durch Euterentzündung (s. diese) hervorgerufen. Die Kur muss sich also gegen diese richten.

Brunstschwäche.

Es kommt aus irgendwelchen Ursachen vor, dass bei den Rindern die Periode des Rinderns nicht eintritt. Man giebt als Anregungsmittel die nachstehende Brunstlatwerge.

Brunst-Latwerge.

100,0 Sadebaumspitzen, Pulver M/6,
100,0 Haselwurz, „ „
100,0 schwarzen Pfeffer, „ „
100,0 Eibischwurzel, „ „
q. s. Wasser
mischt man zu einer Latwerge.

Gebrauchsanweisung:

„Man giebt morgens, mittags und abends je ein Drittel der Latwerge eine Stunde vor der Fütterung.“

Darm- und Magenentzündung.

Man nimmt an, dass die Darm- und Magenentzündung durch Erkältung oder durch den Genuss giftiger Kräuter hervorgerufen wird.

Das kranke Tier hat weder Fresslust noch Durst, ist unruhig, schlägt mit den Hinterfüssen nach dem Bauche, wirft sich nieder und springt sofort wieder auf. Der Bauch ist aufgetrieben; es ist Verstopfung vorhanden. Gewöhnlich ist der dritte oder vierte Magen befallen.

Die Behandlung besteht darin, dass man sofort zur Ader lässt, innerlich Abführmittel mit Öl und Klystiere giebt, äusserlich den Leib mit reizenden Mischungen einreibt und ausserdem frottiert.

Als Futter verabreicht man Kleientrank und als Gesöff warmes Leinmehlwasser.

Die Arzneien haben folgende Zusammensetzung:

Trank.

a) Solange noch Verstopfung vorhanden:
1000,0 Kamillenthee (1 : 10),
300,0 kleinkryst. Natriumsulfat,
800,0 Leinöl,
6,0 Salicylsäure
mischt man.

Gebrauchsanweisung:

„Alle Stunden ½ l voll einzugiessen.“

b) Wenn Darmentleerung erfolgt ist:
1000,0 Kamillenthee (1 : 10),
200,0 Leinkuchenmehl,
1000,0 Leinöl
mischt man.

Gebrauchsanweisung:

„Alle 2 Stunden ½ l voll einzuschütten.“

Klystier.

1000,0 Seifenwasser,
50,0 Kochsalz,
100,0 Leinöl
mischt man.

Gebrauchsanweisung:

„Alle Stunden ein Klystier und so oft zu geben, bis Darmentleerung erfolgt.“

Einreibung.

100,0 Leinöl,
100,0 Salmiakgeist v. 10 pCt
100,0 Terpentinöl
mischt man.

Gebrauchsanweisung:

„Den Leib alle 3 Stunden damit einzureiben.“

Durchfall.

Durchfall kann ebensowohl durch Erkältung hervorgerufen sein, als in Begleitung einer anderen Krankheit auftreten.

Die dagegen angewandten Mittel sind meistens von erfolgreicher Wirkung, aber es ist notwendig, das Tier durch Frottieren in Schweiss zu bringen und dann in warme Decken zu hüllen, es überhaupt in einem warmen und zugfreien Stall unterzubringen.

Man giebt wenig Trockenfutter (gutes Heu), meidet alles Grünfutter und verabreicht zum Saufen nicht kaltes Wasser, sondern warmen Mehltrank.

Zum Trank.

*a) 10,0 Opium, Pulver M/8,
25,0 Pfefferminze, „ „
25,0 Leinkuchenmehl

mischt man.

Gebrauchsanweisung:

„Morgens und abends die Hälfte, mit 1/2 l warmem Wasser angerührt, einzuschütten."

b) 50,0 Galläpfel, Pulver M/8,
50,0 Süssholz, „ „

mischt man.

Gebrauchsanweisung:

„In einem Zwischenraum von 2 Stunden je die Hälfte mit 1/2 l warmem Wasser anzurühren und einzuschütten."

c) 20,0 Alaun, Pulver M/8,
50,0 Eichenrinde, „ „

mischt man.

Gebrauchsanweisung:

„In einem Zwischenraum von 4 Stunden je die Hälfte mit 1/2 l warmem Wasser anzurühren und einzuschütten."

Durchfall der Saugkälber.

Diese häufig vorkommende und rasch, sogar tödlich verlaufende Krankheit ist die Begleiterscheinung eines Magendarmkatarrhs, und kann ihre Ursache sowohl in der Beschaffenheit der Milch, als auch in Erkältung haben.

Das Tier ist warm einzuhüllen und erhält innerliche Mittel, desgleichen auch gegen die Reizung des Darms Stuhlzäpfchen.

Pillen.

a) 15,0 Schlämmkreide,
15,0 Alaun, Pulver M/8,
20,0 Roggenmehl,
q. s. Eigelb.

Man formt 5 Pillen.

Gebrauchsanweisung:

„Alle 5 Stunden 1 Pille zu geben."

b) 1,5 Alaun, Pulver M/8,
1,5 Salicylsäure,
20,0 Roggenmehl,
q. s. Wasser.

Man formt 5 Pillen.

Gebrauchsanweisung:

„Alle 5 Stunden 1 Pille zu geben."

Zum Trank.

Bei abnormer Magensäuerung:

5,0 Salzsäure

vermischt man mit

100,0 Kamillenaufguss (5 : 100).

Gebrauchsanweisung:

„Auf 2 mal mit einem Zwischenraum von 5 Stunden zu geben."

Suppositorien.

1,0 Gerbsäure,
3,0 Hammeltalg,
9,0 Kakaoöl.

Man knetet zu einer bildsamen Masse und formt 4 Zäpfchen daraus.

Gebrauchsanweisung:

„Morgens und abends nach der Darmentleerung 1 Zäpfchen mit dem geölten Finger so weit als möglich in den After zu schieben."

Eingeweidewürmer.

Eingeweidewürmer entstehen leicht bei ungenügender Ernährung und werden durch abführende Wurmmittel entfernt. Die Hauptsache ist dabei, das Tier am Tage vorher mager zu füttern und ihm das Wurmmittel gleichzeitig mit dem Abführmittel und niemals ohne das letztere zu verabreichen.

Wurmtrank.

30,0 Wermut, Pulver M/8,
30,0 Rainfarnkraut, „ „
30,0 Aloë, „ „
15,0 Hirschhornöl,
500,0 Leinöl

mischt man.

Gebrauchsanweisung:

„Unter Einhaltung einer Pause von 5 Stunden auf zweimal einzuschütten."

Euterentzündung.

Die Euterentzündung tritt als Folge anderer Krankheiten auf, kann aber auch durch Quetschung, Stoss, Schlag, ferner durch Erkältung hervorgerufen werden.

Das Euter sieht teilweise oder ganz gerötet aus, ist bei tiefer gehender Erkrankung geschwollen, ebenso werden die anfänglich normalen Strichen fest und schmerzhaft. Die Milch zeigt im Anfang der Krankheit nichts Absonderliches, vermindert sich aber später und wird flockig, sogar blutig oder eiterig.

Bei der Kur wird in erster Linie das Euter täglich 2 mal, morgens und abends, vorsichtig ausgemolken, ferner giebt man den Tieren nur halbe Rationen und zwar leicht verdauliches Futter. Bäder nimmt man in der Weise vor, dass man einen alten Melkeimer zur Hälfte mit lauwarmem Leinmehlaufguss füllt, von unten über das Euter schiebt und einen anderen Gegenstand, z. B. eine Bank, unter den Eimer setzt. Auf diese Weise hängt das Euter im Leinmehlaufguss. Man macht diese Bäder täglich nach dem Ausmelken und lässt sie, wenn das Tier ruhig ist, 1/2 Stunde einwirken. Nach dem Bad wäscht man das Euter mit warmem Wasser ab, trocknet es mit einem weichen Tuch und reibt jedesmal Salicylöl (s. unten) ein. Bei grosser Hitze des Euters macht man einen dünnen Beschlag von Lehm und Essig, setzt wohl auch dem Salicylöl etwas graue Quecksilbersalbe zu.

Innerlich giebt man salzige Abführmittel.

Bilden sich Knoten im Euter, so reibt man graue Quecksilberseife mit Kaliumjodid ein.

Salicylöl.

a) Für den Anfang:

1,0 Salicylsäure

löst man in

100,0 Kampferöl.

b) bei hoher Temperatur:

75,0 Kampferöl,
25,0 graue Quecksilbersalbe,
1,0 Salicylsäure

mischt man.

c) 30,0 Diachylonsalbe,
70,0 Kampferöl,
1,0 Salicylsäure

mischt man, nachdem man die Salicylsäure durch Erwärmen im Kampferöl gelöst hat.

Gebrauchsanweisung:

„Täglich 2 mal das Euter vorsichtig damit einzureiben."

Salbe bei Bildung von Knoten.

80,0 graue Merkurialseife,
10,0 Kaliumjodid,
10,0 Wasser

mischt man.

Gebrauchsanweisung:

„Man reibt die harten Stellen täglich 2 mal damit ein."

Abführmittel.

60,0 Kaliumnitrat, Pulver M/8,
600,0 kleinkryst. Natriumsulfat

mischt man.

Gebrauchsanweisung:

„Man giebt morgens, mittags und abends je den dritten Teil in 1 l Kamillenaufguss."

Fieber.

Das Fieber ist zumeist eine Begleiterscheinung anderer Krankheiten und kann oft nur mit der ursächlichen Krankheit gehoben werden. Immerhin behandelt man es für sich und erzielt damit in der Regel eine Verlangsamung der durch das Fieber herbeigeführten Kräfteabnahme.

Das Fieber kennzeichnet sich vor allem durch eine Erhöhung der Temperatur (normal 39° C), gewöhnlich ist aber auch eine Beschleunigung des Pulses wahrzunehmen.

Ist die Ursache des Fiebers noch nicht bekannt, so geht man vorläufig gegen dieses selbst vor und giebt bis auf weiteres ein gelindes Abführmittel mit Salpeter; auch kann man Kaltwasserklystiere setzen.

Fieberpulver.

a) 25,0 kleinkryst. Kaliumnitrat,
250,0 „ Natriumsulfat

mischt man.

Gebrauchsanweisung:

„Morgens und abends je die Hälfte in 1 l warmem Kleientrank einzuschütten."

b) 25,0 Salicylsäure,
15,0 Natriumbikarbonat,
300,0 Magnesiumsulfat

mischt man.

Gebrauchsanweisung wie bei a).

Flechte.

Die Flechte entsteht gerne in dumpfigen, unreinen Ställen und befällt meist ältere, nicht genügend genährte Tiere.

Die Flechte erscheint als runde, scharf begrenzte, allmählich an Umfang zunehmende, die Haut überragende Flecke, deren Oberfläche Schuppen, Krusten oder Borken trägt. Der Ausschlag ruft kahle Stellen und Eiterungen hervor.

Die Behandlung besteht darin, dass man vor allem den Stall gründlich reinigen und mit Kalk ausweissen lässt und folgende Einreibung anwendet:

Einreibung.

200,0 Schmierseife,
200,0 Wasser,
100,0 Holzteer

erhitzt man im Wasserbad, bis die Masse gleichmässig ist.

Gebrauchsanweisung:

„Man wäscht die Tiere alle 2 Tage am ganzen Körper mit warmer Schmierseifenlösung (1:20), spült mit warmem Wasser nach und schmiert, wenn die Tiere wieder trocken sind, die Einreibung recht gleichmässig in die Haare."

Fresslustmangel.

Mangel an Fresslust.

Wenn derselbe nicht der Vorbote einer ernsteren Krankheit ist, so handelt es sich um einfache Verdauungsstörungen. Man wendet folgende Mittel erfolgreich dagegen an:

Fresspulver.

a) 400,0 entwässertes Glaubersalz, Pulver M/8,
300,0 Kochsalz,
100,0 Natriumbikarbonat, Pulver M/8,
100,0 Enzianwurzel, „ „

mischt man.

Gebrauchsanweisung:

„Einem grösseren Stück Vieh giebt man 2 Esslöffel, einem kleineren 1 Esslöffel voll täglich mit etwas Wasser zur Latwerge angerührt ein. Man fährt damit 8 Tage fort und erregt dadurch die Fresslust der Tiere ganz ausserordentlich."

b) 250,0 Kalmus, Pulver M/8,
250,0 Wermut, „ „
300,0 Kochsalz,
150,0 kleinkryst. Natriumsulfat,
50,0 Ingwer, Pulver M/8.

Gebrauchsanweisung wie bei a).

c) 180,0 Süssholz, Pulver M/8,
100,0 Enzian, „ „
100,0 Kalmus, „ „
100,0 Eibisch, „ „
20,0 Nelken, „ „
200,0 kleinkryst. Natriumsulfat,
300,0 Kochsalz.

Gebrauchsanweisung wie bei a).

Zum Trank.

a) 30,0 Enzian, Pulver M/8,
300,0 Magnesiumsulfat

mischt man.

Gebrauchsanweisung:

„In 1 l warmem Wasser gelöst, auf einmal einzuschütten."

b) 100,0 Kochsalz,
250,0 kleinkryst. Natriumsulfat,
30,0 Leinsamenmehl

mischt man.

Gebrauchsanweisung:

„In 1 l warmem Wasser gelöst, auf einmal einzuschütten."

c) Für ein Kalb:
20,0 Natriumbikarbonat,
5,0 Rhabarber, Pulver M/20,

mischt man.

Gebrauchsanweisung:

„Auf zweimal in je 1 Tasse Kamillenthee einzugeben."

Gelbsucht.

Die Gelbsucht geht von Missbildungen der Leber oder von einem Darmkatarrh aus und ist, wie beim Menschen, daran zu erkennen, dass die Schleimhäute des Maules, das Weisse des Auges usw. eine gelbe Färbung zeigen.

Der Urin ist dunkel, der Kot hell gefärbt. Die Tiere fressen wenig und sind träge im Wiederkauen. Sie magern bald ab und werden träge.

Man giebt zum Anfang für beide Fälle der Entstehung Kalomel mit Glaubersalz und reibt die Lebergegend mit scharfer Salbe ein. Tritt eine Verminderung des Leidens daraufhin nicht ein, so giebt man Aloë mit Rhabarber und Glaubersalz und als harntreibendes Mittel

Wacholderbeeren. Das während der Kur verabreichte Futter muss bester Beschaffenheit sein. Im Sommer reicht man Grünfutter.

Wärme durch Frottieren und Einhüllen in Decken ist zu empfehlen.

Trank.

50,0 Natriumbikarbonat,
300,0 Glaubersalz,
50,0 zerquetschte Wacholderbeeren,
2000,0 Wasser
mischt man.

Gebrauchsanweisung:

„Morgens und abends je die Hälfte einzugiessen."

Zum Trank bei längerer Andauer der Krankheit.

50,0	Aloë,	Pulver M/8,
50,0	Rhabarber,	„ „
100,0	rohen Weinstein,	„ „
100,0	Kalmus,	„ „
100,0	kleinkryst. Glaubersalz	

mischt man.

Gebrauchsanweisung:

„Täglich dreimal 1 gehäuften Esslöffel voll in 1 l Wacholderbeeraufguss zu geben."

Halsentzündung.

Die Halsentzündung wird zumeist durch Erkältung hervorgerufen und besteht in einer Entzündung der Luftröhre und des Kehlkopfes.

Das davon befallene Tier ist am Schlucken gehindert, beim Saufen kommt die Flüssigkeit häufig durch die Nase wieder heraus, das Tier hustet viel und holt kurz und beschleunigt Atem. Zumeist ist auch Speichelfluss zu beobachten. Treten Erstickungsanfälle ein, so liegt in der Regel die häutige Bräune vor.

Die Behandlung besteht darin, dass man den Hals am Kehlkopf und an der Luftröhre entlang mit mehr oder weniger reizenden Mitteln einreibt, Bähungen macht, in schwereren Fällen Eiterbänder zieht oder auch einen Aderlass macht. Die Dauer der Krankheit beträgt 6—8 Tage.

Einreibung.

150,0 flüchtiges Liniment,
150,0 Terpentinöl
mischt man.

Gebrauchsanweisung:

„Man reibt täglich dreimal die Halsgeschwulst damit ein und verbindet den Hals warm mit Flanell."

Einspritzung.

50,0 Alaun,
3,0 Salicylsäure,
50,0 Honig,
100,0 Essig,
1800,0 warmes Wasser
mischt man.

Gebrauchsanweisung:

„Man erwärmt die Lösung und spritzt damit alle halbe Stunden das Maul aus. Man kann auch ein Stück Leinwand in die Lösung tauchen und damit die vorderen Teile des Maules ausreiben."

Scharfe Einreibung.

20,0	spanische Fliegen,	Pulver M/20,
10,0	Euphorbium,	„ „
100,0	Terpentinöl,	
100,0	Lorbeeröl	

mischt man.

Gebrauchsanweisung:

„Man reibt damit die Kehlkopfgegend und die Luftröhre täglich einmal ein."

Kalbefieber.

Die Entstehungsursache des Kalbefiebers ist bis jetzt noch nicht nachgewiesen; in der Regel stellt es sich einige Tage nach dem Kalben ein.

Die Kuh verschmäht das Futter, ist sehr unruhig, zittert stark und legt sich schliesslich nieder, ohne sich wieder erheben zu können. Sie macht den Eindruck, als ob sie rückenlahm sei, liegt auf der Seite, verdreht bei weiterem Fortschreiten der Krankheit die Augen und knirscht mit den Zähnen.

Da die Krankheit sehr rasch verläuft und höchstens 5 Tage dauert, kann nicht schnell genug Hilfe gebracht werden. Man bringt die Kuh in einen warmen, vor Zug geschützten Stall auf trockene hohe Streu und belegt sie mit einer wollenen Decke. Man giebt kühle Klystiere mit Seifenwasser und innerlich Abführmittel. Hat letzteres gewirkt, so tritt ein Krampfmittel mit Ätherzusatz an seine Stelle. Das Kreuz reibt man mit scharfer Salbe ein. Als Fiebermittel wendet man innerlich Salicylsäure an und setzt diese sowohl dem Abführmittel, als auch dem Krampfmittel zu.

Wenn das kranke Tier Futter annimmt, so giebt man ihm einen aus Kleien- und Leinsamenmehl bereiteten warmen Trank; auch Schwarzmehl ist zum Trank zu empfehlen.

Das Euter hat man so lange, als Milchabsonderung stattfindet, mindestens alle Stunden auszumelken.

Abführpulver.

20,0 zerriebenen Kampfer,
40,0 Salicylsäure,
400,0 kleinkryst. Natriumsulfat.

Man mischt und macht 4 Teile daraus.

Gebrauchsanweisung:

„*Alle 4 Stunden 1 Pulver in ½ l warmem Kamillenthee einzugeben. Tritt vor dem Verbrauch aller Pulver Darmentleerung ein, so unterlässt man das Eingeben weiterer Abführpulver.*“

Fiebertrank.

100,0 zerschnittene Baldrianwurzel

übergiesst man mit

2500,0 kochendem Wasser

und seiht nach ½ Stunde ab. Man wäscht die ausgezogene Wurzel mit so viel heissem Wasser nach, dass die Seihflüssigkeit

2,5 l

misst.

Man löst nun

20,0 Salicylsäure,
12,0 Natriumbikarbonat

in der heissen Flüssigkeit, lässt erkalten und fügt zuletzt

20,0 Ätherweingeist

hinzu.

Gebrauchsanweisung:

„*Man rührt oder schüttelt den Trank für den Gebrauch um und giebt der Kuh alle Stunden ½ l voll ein.*“

* * *

Die Krankheit ist so schwer, dass die Zuziehung eines Tierarztes dringend geboten erscheint.

Knieschwamm.

Der Knieschwamm entsteht meistens durch Fallen auf harten Boden.

Er bildet eine Beule, die lange Zeit weich ist und später hart wird.

So lange er weich ist, macht man Priessnitzumschläge mit weingeistigem Bleiwasser; bei weiterem Fortschreiten wendet man reizende Einreibung und bei noch höherem Fortschreiten scharfe Salbe an.

Das Tier muss auf weicher Streu stehen oder auf die Grasweide getrieben werden.

Zum Priessnitzumschlag.

30,0 Bleiessig,
30,0 Ammoniumchlorid,
300,0 Kampferspiritus,
1640,0 Wasser

mischt man.

Gebrauchsanweisung:

„*Morgens und abends zu erneuern.*“

Einreibung.

80,0 Leinöl,
100,0 Terpentinöl,
20,0 Salmiakgeist v. 10 pCt

mischt man.

Gebrauchsanweisung:

„*Zweimal täglich einzureiben und dann einen Wasser-Priessnitzumschlag darüber zu machen.*“

Scharfe Salbe

s. Ungt acre.

Kolik.

Die Kolik ist zumeist die Folge eines zu reichlichen Genusses schwerverdaulicher Futterstoffe; nicht ganz so gefährlich wie die Trommelsucht, kann sie bei versäumter Hilfe doch den Tod bringen.

In der Regel ist das Tier verstopft, frisst nicht, säuft aber viel, krümmt bei Fortschreiten der Krankheit den Rücken und stöhnt. Ist es nicht möglich gewesen, nach spätestens 3 Tagen Kotentleerungen herbeizuführen, so ist das Tier zumeist bald darauf verloren.

Die Kur wird damit eingeleitet, dass man den im Mastdarm befindlichen Kot mit geölter Hand entfernt und halbstündlich Klystiere setzt.

Innerlich giebt man ölige Abführmittel und nach erreichter Darmentleerung ein Magenmittel.

Klystier.

75,0 Schmierseife

löst man in

1000,0 Wasser

und setzt dann zu

250,0 Leinöl.

Gebrauchsanweisung:

„*Alle Stunden giebt man ein solches Klystier.*“

Zum Trank.

250,0 Magnesiumsulfat

löst man in

3 l Kamillenaufguss (1 : 20)

und setzt

1000,0 Leinöl

zu.

Gebrauchsanweisung:

„Man giebt alle 4 Stunden den vierten Teil (1 l).
Sollte inzwischen Kotentleerung eintreten, so setzt man mit dem Eingeben aus.“

Zur Magenstärkung.

10,0 Ingwerwurzel Pulver M/8,
10,0 Senfmehl,
10,0 Enzian, Pulver M/8,

mischt man.

Gebrauchsanweisung:

„Man giebt das Pulver in 1/2 l warmem Wasser ein, wenn die Darmentleerung erfolgte und die Kolik vorüber ist.“

Lähme der Kälber.

Die Kälberlähme entsteht durch falsche Ernährung der Kälber in Verbindung mit Erkältung und besteht in einer Entzündung der Knochen und Gliedmassen.

Die Gelenke der Beine schwellen an, werden heiss und schmerzhaft; sie versagen mehr und mehr den Dienst, die befallenen Tiere hören auf zu saugen, bekommen Krämpfe und sterben schliesslich.

Vorbeugen kann man der Krankheit dadurch, dass man der trächtigen Kuh stets gebranntes Knochenmehl mit auf das Futter giebt. Auch den Kälbern verabreicht man davon täglich ungefähr 5 g.

Ist die Krankheit bereits entwickelt, so reibt man die geschwollenen Gelenke mit weingeistigen Einreibungen ein und macht Priessnitzumschläge darüber. Innerlich giebt man gebranntes Knochenmehl oder Austernschalen in Milch oder bei Durchfall die entsprechenden bekannten Mittel.

Knochenbildendes Pulver.

100,0 geschlämmte Austernschalen, Pulver M/30

Gebrauchsanweisung:

„Täglich 3 mal 1 kleine Messerspitze in Milch zu geben.“

***Pulver bei Durchfall.**

2,0 Magnesiumkarbonat,
0,5 Opium, Pulver M/30,

mischt man.

Gebrauchsanweisung:

„Man giebt das Pulver in 1/8 Liter warmem Kamillenthee auf einmal.“

Gegen Verstopfung.

100,0 Ricinusöl.

Gebrauchsanweisung:

„In warmer Milch alle 3 Stunden ein Drittel zu geben.“

Einreibung.

50,0 Kampferspiritus,
50,0 Ameisenspiritus,
20 Tropfen Rosmarinöl

mischt man.

Gebrauchsanweisung:

„Zum Einreiben der geschwollenen Gelenke.“

Läuse.

Bei jungen Tieren häufig vorkommend, sind die Läuse bei älterem Vieh meist nur bei grosser Unreinlichkeit anzutreffen. Vorzügliche Mittel besitzen wir in der Schmierseife und im Tabak. Man stellt sich folgende Lösungen her:

Seifeneinreibung.

500,0 rohe Schmierseife,
500,0 denaturierter Weingeist,
100,0 rohes Naphtalin,
2000,0 Wasser.

Man erhitzt, bis sich alles gelöst hat, und rührt dann bis zum Erkalten.

Gebrauchsanweisung:

„Man reibt die läusebesetzten Stellen tüchtig ein und wäscht am andern Tag mit warmer Sodalösung ab. Wenn das Tier wieder trocken ist, wiederholt man dieses Verfahren noch 2 mal. Gewöhnlich sind bereits nach 2 maliger Anwendung der Seifeneinreibung die Läuse abgestorben.“

Tabakabsud.

500,0 Landtabak

giesst man mit

6 l heissem Wasser

auf und seiht nach 1/2-stündigem Stehen ab. Man setzt nun

1000,0 denaturierten Weingeist

zu.

Gebrauchsanweisung:

„Die von Läusen besetzte Stellen nässt man mit dem Mittel und wäscht am andern Tag mit warmer Sodalösung ab. Man wiederholt dieses Verfahren 3—4 mal."

Magenkatarrh.

Unverdaulichkeit. Buchverhärtung.

Die Krankheit entsteht durch unregelmässiges Füttern, Verabreichen schwerverdaulichen Futters bei ungenügender Bewegung der Tiere oder beim Füttern grosser Mengen kraftloser Futterstoffe, z. B. Häcksel.

Die Krankheit äussert sich durch unregelmässige Entleerung übelriechenden unverdaute Futterstoffe enthaltenden Kotes. Das Maul ist schleimig, die Zunge ausserdem belegt. Das Tier frisst schlecht oder gar nicht und kaut nur selten und dann unregelmässig wieder.

Man giebt schwache Abführmittel in Verbindung mit Bitterstoffen, auch Salzsäure als Anregungsmittel.

Während der Krankheit erhält das Tier nur leichtverdauliches Futter, z. B. Mehl- oder Kleientrank.

Zum Trank.

a) 20,0 Spiessglanz, Pulver M/20,
40,0 rohen Weinstein „ M/8,
60,0 Wermut, „ „
450,0 kleinkryst. Glaubersalz
mischt man.

Gebrauchsanweisung:

„Alle 4 Stunden ein Drittel in 1 l warmem Wasser einzuschütten."

b) 30,0 Aloë, Pulver M/8,
100,0 Kochsalz,
120,0 Leinkuchenmehl
mischt man.

Gebrauchsanweisung:

„Morgens und abends die Hälfte in 1/2 l warmem Wasser zu geben."

c) Für hartnäckigere Fälle:
15,0 Salzsäure,
100,0 Leinkuchenmehl,
2000,0 Wasser
mischt man.

Gebrauchsanweisung:

„Morgens und abends die Hälfte einzuschütten."

d) Bei chronischer Unverdaulichkeit:
20,0 Aloë, Pulver M/8,
40,0 Kalmus, „ „
20,0 rohen Weinstein, Pulver M/8,
10,0 Spiessglanz, „ M/20,
50,0 Leinkuchenmehl,
1000,0 Wasser
mischt man.

Gebrauchsanweisung:

„Morgens und abends die Hälfte erwärmt einzuschütten."

e) Bei chronischem Fall:
25,0 Kalmuswurzel, Pulver M/8,
25,0 Kamillen, „ „
25,0 Leinkuchenmehl,
15,0 Spiessglanz, Pulver M/20,
mischt man und rührt mit
1000,0 Wasser
an.

Gebrauchsanweisung:

„Zwei Drittel erwärmt und nach 4 Stunden den Rest einzuschütten."

Mauke.

Beim Rindvieh seltener wie bei den Pferden, findet man die Mauke am häufigsten bei den Ochsen. Sie äussert sich ebenso wie beim Pferd und wird auch in derselben Weise behandelt (s. unter „Pferd.")

Maulgrind der Kälber.

Teigmaul. Kälbergrund.

Der Maulgrind entsteht aus ähnlichen Ursachen wie die Schwämmchen, und bildet sich am Kopf, besonders den Lippen, Augen und Ohren, aus weissen Pusteln, welche eine zähe, zu einem weichen Schorf vertrocknende Flüssigkeit ausscheiden.

Man löst den Grind, wenn dies ohne Blutung geschehen kann, vorsichtig ab und reibt den Grund mit nachstehender Salbe ein. Sitzt der Schorf fest, so wendet man Borax-Glycerin zum Erweichen und nach Blosslegung der Narben die schon erwähnte Salbe an. Innerlich giebt man Rhabarber.

Borax-Glycerin.

5,0 Borax,
gelöst in
100,0 Wasser,
100,0 Glycerin v. 1,23 spez. Gew.

Gebrauchsanweisung:

„Zum Einpinseln des Grindes."

Salbe.

20,0 sublimierten Schwefel,
30,0 Leinöl,
50,0 Schweinefett

mischt man.

Gebrauchsanweisung:

„Man reibt nach Entfernung des Grindes die Narben recht vorsichtig mit der Salbe alle Tage einmal ein."

Abführmittel.

5,0 Rhabarber, Pulver M/30,
2,0 Magnesiumkarbonat,
22,0 Kaliumnatriumtartrat

mischt man.

Gebrauchsanweisung:

„Man giebt das Pulver auf einmal in etwas Milch ein."

Maulschwämmchen der Kälber.

Die Schwämmchen entstehen aus verschiedenen Ursachen und sind leicht zu beseitigen, wenn sie nur die Maulteile einnehmen und sich nicht auf die Lymphdrüsen erstrecken.

Man erkennt sie daran, dass das Kalb nicht mehr saugt. Man wird bei Untersuchung finden, dass die Innenteile geschwollen, gerötet und teilweise mit Bläschen bedeckt sind. Vor allen Dingen reinigt man das Maul alle 2 Stunden mit frischem Wasser und wendet dann nachstehende Einpinselung und innerlich das ebenfalls aufgeführte Pulver an.

Einpinselung.

500,0 Salbeiaufguss (1 : 10),
50,0 Honig,
20,0 Alaun

mischt man.

Gebrauchsanweisung:

„Man pinselt und spritzt das Maul alle 2 Stunden damit aus, nachdem man es vorher mit frischem Wasser ausgewaschen hat."

Pulver.

12,0 Rhabarber, Pulver M/30,
30,0 Schlämmkreide.

Man mischt und macht 3 Teile.

Gebrauchsanweisung:

„Drei Tage hintereinander jeden Morgen 1 Pulver in etwas Milch zu geben."

Nichtabsondern der Butter.

Nichtbuttern der Sahne.

Das Nichtabsondern der Butter hat verschiedene Entstehungsursachen, aber sehr oft seinen Grund in einem etwas zu reichlichen Säuregehalt. Ein vorzügliches Mittel ist der Zusatz von Kochsalz zur Sahne; für alle Fälle fügt man etwas Alkali hinzu.

Butterpulver.

Pulvis butyrans.

500,0 Kochsalz,
25,0 Natriumbikarbonat

mischt man.

Gebrauchsanweisung:

„Man setzt dieses Pulver 10 l Sahne (Rahm) vor dem Buttern zu und erzielt damit eine raschere und reichlichere Ausscheidung von Butter."

Räude.

Die Räude entsteht durch Ansteckung und findet günstigen Boden, wenn die Tiere schlecht genährt oder nicht rein gehalten werden.

Die Ursache sind natürlich Milben, deren beim Rind 2 Gattungen vorkommen, nämlich solche, welche aussen auf der Haut sitzen und durch Anbohren derselben eine Ausschwitzung und einen dicken Schorf hervorrufen, und weiter andere, die unter der Haut leben.

Die Behandlung besteht darin, das befallene Tier von den übrigen zu trennen, warm zu halten, gut zu füttern und mit den bekannten Räudemitteln, wie sie unter „Pferd" beschrieben wurden, zu behandeln.

Wenn die Krankheit gehoben scheint, wäscht man das Tier noch 2—3 mal mit einer warmen Lösung aus grüner Seife (1 : 20). Man gewinnt dadurch die Sicherheit, dass alle Milben nebst Eiern abgestorben sind.

Rheumatismus.

In den meisten Fällen ist Erkältung die Ursache des Rheumatismus. Er tritt entweder mit oder ohne Fieber auf und befällt gerne die Klauen und Gelenke.

Das kranke Tier ist steif, steht mühsam unter Knacken der Glieder auf, stöhnt und zittert vor Schmerzen. Die Fresslust ist oft vorhanden, oft auch teilweise oder ganz verloren; fast immer leidet das Tier an der Entleerung harten Kotes oder an Verstopfung.

Die Dauer des fieberhaften Rheumatismus beträgt 8—10 Tage, die des fieberlosen kann viele Wochen betragen.

Die Behandlung des ersteren besteht darin,

dass man vor allem einen Aderlass macht und dann salpeterhaltige Abführmittel giebt.

Ist kein Fieber vorhanden, so giebt man innerlich harntreibende und weiter solche Mittel, welche abführend wirken.

Die Klauen behandelt man mit kalten, die Gelenke mit Priessnitz-Umschlägen. Letztere werden ausserdem noch mit schwach reizenden Mischungen eingerieben.

Abführmittel bei Fieber.

60,0 Ammoniumchlorid,
60,0 kleinkryst. Kaliumnitrat,
350,0 „ Glaubersalz.

Man teilt in 4 Teile.

Gebrauchsanweisung:

„Man giebt alle 3 Stunden 1 Pulver, in 1 l warmem Wasser gelöst, ein."

Pulver bei Fieber.

25,0 Natriumbikarbonat,
75,0 Salicylsäure

mischt man und teilt die Mischung in 4 Teile.

Gebrauchsanweisung:

„Alle 3 Stunden 1 Pulver, in $^1/_2$ l warmem Wasser gelöst, einzugeben."

Trank bei Rheumatismus ohne Fieber.

100,0 Arnikablüten,
100,0 zerquetschte Wacholderbeeren

übergiesst man mit $3^1/_2$ l kochendem Wasser und seiht nach $^1/_2$ Stunde ab.

In der Seihflüssigkeit löst man

30,0 Ammoniumchlorid,
30,0 Aloëextrakt.

Gebrauchsanweisung:

„Man erwärmt 1 l des Tranks, schüttet ihn ein und wiederholt dies alle 5 Stunden."

Einreibung.

250,0 Kampferspiritus,
25,0 Terpentinöl

mischt man.

Gebrauchsanweisung:

„Man reibt die geschwollenen Gelenke alle 6 Stunden damit ein und macht dann sofort einen Priessnitz-Umschlag darüber."

Zum Priessnitz-Umschlag.

15,0 Bleiacetat

löst man in

2000,0 Wasser,
50,0 Weingeist von 90 pCt.

Ruhr.

Die Ruhr kann die Folge einer Erkältung, schlechten Futters, aber auch der Ansteckung sein. Im letzteren Fall tritt sie seuchenartig auf. Das Frühjahr und der Herbst mit ihren schroffen Temperaturwechseln sind die Zeiten der Ruhr.

Die Ruhr besteht in einer Entzündung der Darmschleimhäute, in häufigen schmerzhaften Darmentleerungen von üblem Geruch und ist oft von Fieber begleitet. Anfänglich enthalten die Kotmassen Futterreste, später Blutteile, ja sogar reines Blut. Das Tier frisst nicht und kaut nicht wieder, säuft aber um so mehr.

Wenn nicht im Anfang der Krankheit Hilfe gebracht wird, so ist später meistens jegliche Mühe vergebens.

Die Behandlung besteht darin, dass man vorerst den Leib des Tieres frottiert, dann mässig mit Terpentinöl einreibt und hierauf in warme Decken einhüllt. Das wiederholt man alle 2 Stunden.

Innerlich giebt man Opium oder Adstringentia, immer aber in Verbindung mit schleimigen Tränken und mit Öl.

Um den schmerzhaften Drang zur Darmentleerung zu mildern, giebt man die unten aufgeführten Klystiere.

Zum Trank.

a) 30,0 Alaun, Pulver M/8,
5,0 Salicylsäure,
1800,0 durchgeseihten Leinmehlaufguss,
200,0 Leinöl

mischt man.

Gebrauchsanweisung:

„Alle 3 Stunden $^1/_2$ l voll einzuschütten."

b) 25,0 Alaun, Pulver M/8,
25,0 Gerbsäure,
5,0 Salicylsäure,
200,0 Leinöl,
200,0 Pfefferminzaufguss (20 : 200)

mischt man.

Gebrauchsanweisung:

„Auf 2 mal mit 3-stündiger Pause einzuschütten."

c) 50,0 Roggenmehl

rührt man mit

100,0 kaltem Wasser
an und giesst dann
1800,0 heisses Wasser
zu, so dass das Mehl verkleistert.
Man rührt dann
50,0 Eichenrinde, Pulver M/30,
25,0 Alaun, „ M/8,
10,0 Salicylsäure,
100,0 Leinöl
dazu.

Gebrauchsanweisung:

„Alle halbe Stunden 1/2 l einzuschütten."

Klystier.

a) 1,0 Salicylsäure,
2,0 Eigelb,
100,0 Leinöl,
100,0 Wasser
mischt man.

*b) 10,0 Tischlerleim,
gelöst in
100,0 Wasser,
mischt man mit
100,0 Leinöl,
10,0 einfacher Opiumtinktur.

Gebrauchsanweisung für a und b.

„Man erwärmt die Mischung, schüttelt sie gut durch und spritzt sie dann in den Mastdarm alle halbe Stunden so oft, als der Drang zur Darmentleerung besteht. Am besten setzt man das Klystier unmittelbar nach der Darmentleerung."

Ruhr der Kälber.

Die Ruhr befällt meistens die Kälber bald nach der Geburt und ist in den selteneren Fällen heilbar. Sie gehört zu den ansteckenden Krankheiten und mahnt deshalb in Bezug auf Reinlichkeit zur peinlichsten Sorgfalt.

Die Behandlung muss rasch eintreten, wenn anders auf Erfolg gerechnet werden soll. Man hält das Tier durch Einhüllen in wollene Decken warm, giebt innerlich Mittel und ferner Stuhlzäpfchen, die letzteren zur Verminderung des schmerzhaften Reizes im Mastdarm und des Dranges zur Darmentleerung.

Trank.

a) 2,5 Salicylsäure,
2,5 Gerbsäure
löst man in
250,0 Kamillenaufguss (10 : 250).

Gebrauchsanweisung:

„Auf 2 mal mit 4-stündiger Pause zu geben."

*b) 2,0 Salicylsäure,
2,0 Opium, Pulver M/8,
250,0 Pfefferminzaufguss (10 : 250)
mischt man.

Gebrauchsanweisung:

„Auf 2 mal mit 4-stündiger Pause zu geben."

c) 25,0 Ratanhiatinktur,
25,0 weinige Rhabarbertinktur,
5 Tropfen Pfefferminzöl,
250,0 Kamillenaufguss (10 : 250)
mischt man.

Gebrauchsanweisung:

„Alle 2 Stunden 1 Esslöffel voll."

*d) 50,0 einfache Opiumtinktur,
10,0 Brechnusstinktur,
300,0 Rotwein
mischt man.

Gebrauchsanweisung:

„Alle 3 Stunden 1 Esslöffel voll."

e) 10,0 Rhabarber, Pulver M/30,
5,0 Calciumkarbonat,
400,0 Kamillenaufguss (15 : 400)
mischt man.

Gebrauchsanweisung:

„Mit 4-stündiger Pause auf 2mal einzugeben."

Stuhlzäpfchen.

0,5 Salicylsäure,
2,0 Ratanhiaextrakt
reibt man mit
3,0 Wasser,
2,0 Glycerin von 1,23 spez. Gew.
an und knetet mit
5,0 Talg,
25,0 Kakaoöl
zur bildsamen Masse. Man formt 10 Zäpfchen daraus.

Gebrauchsanweisung:

„Nach jeder Darmentleerung wäscht man den After mit etwas Bleiwasser ab und schiebt dann ein Zäpfchen mit geöltem Finger so weit als möglich in den Mastdarm ein."

Rückgang der Milch.

Die Ursache für den Rückgang der Milch ist meist eine so tiefgehende, dass Arzneimittel erfolglos dagegen sind. Trägt also nicht ein zu hohes Alter, Verfettung, eine unheilbare Krankheit usw. die Schuld und ist die Erscheinung eine nur vorübergehende, so wendet man folgende Mittel an:

Milch-Pulver.

Pulvis Vaccarum.

a) 120,0 zerquetschten Kümmel,
120,0 Kalmus, Pulver M/8,
50,0 Kochsalz,
30,0 Schwefel
mischt man.

Gebrauchsanweisung:

„*Täglich 2 mal 2 gehäufte Esslöffel voll in 1 l warmem Bier einzuschütten.*“

b) 100,0 Spiessglanz, Pulver M/20,
100,0 Schwefelblumen,
50,0 Fenchel, Pulver M/8,
50,0 zerquetschter Kümmel,
50,0 zerquetschte Wacholderbeeren,
500,0 Kochsalz.

Gebrauchsanweisung wie bei a).

c) 100,0 zerquetschter Anis,
100,0 Fenchel, Pulver M/8,
200,0 Spiessglanz, „ M/20,
200,0 Kochsalz.

Gebrauchsanweisung wie bei a).

Säuren der Milch.

Wenn das zu schnelle Sauerwerden der Milch nicht von ungenügend reingehaltenen Geschirren herrührt, so ist die Ursache in der Regel in einer zu reichlichen Säurebildung im Magen oder im Verabreichen von saurem Futter (saures Gras, Futterrübenblätter usw.) zu suchen.

Das erste Mittel wird ein nahrungsverbesserndes, das Vorlegen besten süssen Futters, sein müssen, ferner giebt man Alkalien oder alkalische Erden zur Neutralisation der überschüssigen Säure. Futterrübenblätter giesst man mit heisser Schlempe oder mit dünnem Kleientrank auf, setzt aber gleich Schlämmkreide zu, um die in den Rübenblättern enthaltenen Bioxalate abzustumpfen.

Nachstehende Zusammensetzungen werden das Übel bald heben.

Pulver.

a) 100,0 Natriumbikarbonat,
100,0 Schlämmkreide,
200,0 Fenchel, Pulver M/8,
200,0 Leinkuchenmehl
mischt man.

Gebrauchsanweisung:

„*Zwei Tage hintereinander je die Hälfte in 1 l warmem Wasser zu geben.*“

b) Bei Andauern des Übels.
200,0 Schlämmkreide,
100,0 Kochsalz,
100,0 Fenchel, Pulver M/8,
100,0 Leinkuchenmehl
mischt man.

Gebrauchsanweisung:

„*Täglich zweimal 2 gehäufte Esslöffel voll in 1/2 l warmem Wasser zu geben.*“

Schlempe-Mauke.

Fussräude.

Die Schlempe-Mauke entsteht bei Mastvieh, welches zu reichlich mit den Abfällen der Kartoffelstärkefabrikation genährt wird. Sie ist in der Regel eine wirkliche Räude und wird dementsprechend (s. unter „Pferd“) behandelt. Ist das Leiden noch im Anfang, so wendet man roten Bolus an.

Maukeanstrich.

200,0 roten Bolus, Pulver M/20,
verrührt man mit
500,0 Wasser
und setzt
10,0 Zinksulfat
zu.

Gebrauchsanweisung:

„*Man wäscht die kranken Füsse mit warmer Schmierseifenlösung (1:20), trocknet mit einem Tuch ab und pinselt nun die gereinigten Teile mit der Masse an.*“

Schulterlähme.

Buglähme.

Die Ursache der Schulterlähme ist meistens in einem Fehltritt bei Überanstrengung, in einer durch Stoss oder Fall veranlassten Quetschung oder aber in einer Erkältung zu suchen. Im letzteren Fall hat das Übel einen rheumatischen Charakter.

Gewöhnlich lahmt das Tier auf dem betreffenden Bein stark; ergiebt dann eine sehr genaue Untersuchung an den Klauen, in den Gelenken oder am übrigen Bein nichts Krankhaftes, so kann man mit ziemlicher Sicherheit Schulterlähme annehmen.

Die Kur besteht darin, dass man das Tier auf weicher Streu ruhig stehen lässt, schwach reizende Einreibungen macht, bei längerer Dauer der Lahmheit Eiterbänder zieht und seine Zuflucht zur scharfen Salbe nimmt.

Der kranke Teil ist warm mit wollenen Decken zu verbinden.

Einreibung.

100,0 Kampferspiritus,
100,0 Seifenspiritus,
50,0 Salmiakgeist von 10 pCt,
50,0 Terpentinöl

mischt man.

Gebrauchsanweisung:

„Täglich dreimal das kranke Schulterblatt damit einzureiben und dann warm zu verbinden."

Scharfe Salbe

siehe Ungt. acre.

Trommelsucht.

Blähsucht. Windsucht.

Die Krankheit entsteht durch eine ausserordentlich starke Gasentwicklung im Wanst und durch das Nichtentweichen der Gase per os oder anum. Die ungewöhnliche Gasentwicklung ist auf zu reichlichen und hastigen Genuss blähender Futterstoffe zurückzuführen.

Das kranke Tier frisst nicht, kaut nicht wieder und atmet schwach und kurz. Der Leib ist, besonders auf der linken Seite, aufgetrieben, der Rücken gekrümmt und vor dem Maule steht schaumiger Geifer

Die Krankheit verläuft ausserordentlich rasch und, wenn nicht schnell Hilfe gebracht wird, tödlich.

Bei rascher Entwicklung (20—25 Minuten sind oft hinreichend) wendet man am sichersten und erfolgreichsten das Trokar an. In Ermangelung eines solchen kann man auch ein beliebiges spitzes Messer nehmen, nur muss man dann nach erfolgtem Stich eine Federpose in die Öffnung einschieben.

Um die Luft durch das Maul zum Entweichen zu bringen, zieht man dem Tier ein starkes Strohseil durch das Maul. Das Tier kaut und stösst häufig dadurch die Luft aus. Aus dem Mastdarm entfernt man den Kot mit geölter Hand und giebt, wenn dies geschehen, ein Seifenklystier (s. Verstopfung); innerlich giebt man nachstehende Mittel und äusserlich lässt man den Leib mit einer Terpentinöleinreibung (s. Einreibung) stark frottieren.

Zum Trank.

a) 60,0 Kaliumsulfid,
60,0 Roggenmehl,
2000,0 Kalkwasser

mischt man.

Gebrauchsanweisung:

„Alle halbe Stunden 1/2 l erwärmt zu geben."

b) 40,0 Salmiakgeist von 10 pCt,
60,0 Roggenmehl,
1500,0 Kalkwasser

mischt man.

Gebrauchsanweisung:

„Alle halbe Stunden 1/2 l zu geben."

c) 60,0 Chlorkalk,
2000,0 Wasser

mischt man.

Gebrauchsanweisung:

„Alle halbe Stunden 1/2 l zu geben."

d) 100,0 Schmierseife,
100,0 Kümmel, Pulver M/8,
2000,0 Wasser

mischt man.

Gebrauchsanweisung:

„Alle halbe Stunden 1/2 l zu geben."

*e) 50,0 gebrannte Magnesia,
20,0 weisse Niesswurz, Pulver M/8,
300,0 Weingeist von 90 pCt,
600,0 Kalkwasser

mischt man.

Gebrauchsanweisung:

„Auf einmal einzuschütten."

Einreibung.

50,0 Terpentinöl,
50,0 Salmiakgeist von 10 pCt,
20,0 Kapsikumtinktur,
80,0 Wasser

mischt man.

Gebrauchsanweisung:

„Man bespritzt den Leib mit der Hälfte der Einreibung und frottiert dann mit einem Strohwisch 5 Minuten lang. Nach 20 Minuten wiederholt man das Verfahren."

Verstopfung.

Die Verstopfung ist zumeist die Folge einer ungeeigneten Fütterung, tritt aber auch in Begleitung anderer Krankheiten auf.

Man wendet dagegen in erster Linie Abführmittel an, setzt ferner Klystiere und entfernt mit geölter Hand aus dem Mastdarm die vorhandenen Kotmassen.

Zum Trank.

a) 12,0 Spiessglanz, Pulver M/20,
25,0 rohen Weinstein. „ M/8,
500,0 kleinkryst. Glaubersalz,
30,0 Aloë, Pulver M/8,
mischt man.

Gebrauchsanweisung:

„Alle 3 Stunden den vierten Teil in 1/2 l warmem Kamillenthee einzuschütten.“

b) 750,0 kleinkryst. Glaubersalz,
30,0 Aloë, Pulver M/8,
70,0 Leinkuchenmehl,
30,0 gepulverte Ölseife
mischt man.

Gebrauchsanweisung:

„Man löst das Pulver in 1 l heissem Wasser, lässt den Trank entsprechend abkühlen und giesst ihn dann auf einmal ein.“

c) 20,0 Aloë, Pulver M/8,
500,0 Leinöl
mischt man.

Gebrauchsanweisung:

„Man erwärmt den Trank und schüttet ihn auf einmal ein.“

d) Für ein Kalb:
50,0 Kaliumnatriumtartrat, Pulver M/8,
10,0 Aloë, Pulver M/8,
10,0 Leinkuchenmehl
mischt man.

Gebrauchsanweisung:

„In 1/4 l warmem Wasser auf einmal zu geben.“

---

* Einspritzung unter die Haut.

0,15 Physostigminsulfat
löst man in
5,0 destilliertem Wasser.

Gebrauchsanweisung:

„Unter die Haut einzuspritzen.“

Klystier.

100,0 Schmierseife
löst man durch Erwärmen in
1000,0 Wasser.

Gebrauchsanweisung:

„Man giebt alle Stunden ein solches Klystier.“

Wässerige Milch.

Die wässerige Milch ist oft die Folge oder Begleiterscheinung anderer Krankheiten. Die Kur muss sich dann gegen letztere richten. Häufig rührt die wässerige Milch von ungenügender Ernährung oder Verdauung her.

Man giebt dann nahrhaftes Futter, wie Körner, Schrot, Mehl und Heu.

Zur Hebung der Verdauung verabreicht man nachstehendes Pulver:

100,0 Wermut Pulver M/8,
100,0 Kalmus, „ „
100,0 Kochsalz,
20,0 rohen Weinstein, „ „
10,0 Spiessglanz, „ M/20,
mischt man.

Gebrauchsanweisung:

„Täglich 2mal 1 Esslöffel voll in 1 l Wasser zu geben.“

Zähe Milch.

Häufig durch eine innerliche, besonders Entzündungskrankheit hervorgerufen, entsteht die zähe Milch oft auch durch schlechtes Futter. Im letzteren Fall, der hier allein in Betracht kommt, giebt man vor allem bestes Futter, verabreicht dann ein Abführmittel und hierauf einige Zeit ein Magenmittel.

Abführmittel.

100,0 Kochsalz,
50,0 Natriumbikarbonat,
100,0 Leinkuchenmehl,
500,0 kleinkryst. Glaubersalz
mischt man.

Gebrauchsanweisung:

„Man löst das Pulver in 1 1/2 l warmem Wasser und giebt die Lösung auf einmal ein.“

Magenstärkendes Pulver.

100,0 Kamillen, Pulver M/8,
100,0 zerquetschten Kümmel,
100,0 Kalmus Pulver M/8,

100,0 Kochsalz,
100,0 kleinkryst. Glaubersalz
mischt man.

Gebrauchsanweisung:

„Man giebt täglich 3mal 1 gehäuften Esslöffel voll in $^1/_2$ l warmem Wasser und fährt damit so lange fort, bis die Milch wieder richtig beschaffen ist. Diese Kur muss mindestens 8 Tage dauern.“

Zurückbleiben der Nachgeburt.

Während in der Regel die Nachgeburt 4 bis 6 Stunden später als das Kalb abgeht, kommt es vor, dass sie, besonders bei älteren oder bei durch die Geburtsanstrengungen erschöpften Tieren zurückbleibt oder wenigstens verspätet abgeht. Man wartet gewöhnlich 2—3 Tage, muss dann aber durch einen Tierarzt einen operativen Eingriff machen lassen.

Ist der Abgang nach 24 Stunden nicht erfolgt, so kommen nachstehende Mittel zur Anwendung. Dieselben dürfen aber nur auf Verordnung eines Tierarztes abgegeben werden.

*Pulver.

45,0 Sadebaum, Pulver $^M/_8$,
20,0 Pottasche.
Man mischt und teilt in 3 Teile.

Gebrauchsanweisung:

„Alle 12 Stunden 1 Pulver in 1 l warmem Kleientrank zu geben.“

*Einspritzung.

200,0 zerschnittenen Sadebaum,
übergiesst man mit
2000,0 kochendem Wasser
und seiht nach $^1/_2$ Stunde ab.

Gebrauchsanweisung:

„Lauwarm in den Uterus einzuspritzen.“

III. Das Schaf.

Wie bei den Abhandlungen über das Pferd und das Rind sind die in nachstehenden Vorschriften vorgesehenen Mengen gleichfalls für erwachsene Tiere berechnet. Für Lämmer hat man je nach Grösse entsprechend weniger zu geben; dieselben werden nur dann durch Aufführung besonderer Vorschriften bedacht werden, wenn es sich um Krankheiten handelt, welche ausschliesslich bei Lämmern vorkommen.

Augenentzündung.

Die Augenentzündung kommt bei Lämmern und bei erwachsenen Tieren vor und ist zumeist katarrhalisch-rheumatischen Charakters oder durch Verletzungen hervorgerufen.

Man schützt die Tiere vor Zugluft, wäscht die Augen täglich 2mal mit überschlagenem Wasser und dann sofort mit den nachstehend verzeichneten Augenwässern aus. Innerlich giebt man leichte Abführmittel.

Augenwasser.

*a) 1,0 safranhaltige Opiumtinktur
mischt man mit
100,0 Bleiwasser.

b) 0,5 Zinksulfat
löst man in
50,0 destilliertem Wasser,
50,0 Quittenschleim.

c) 0,5 Zinksulfat
gelöst in
100,0 Kamillenaufguss (5 : 100).

Gebrauchsanweisung für a, b und c:

„Täglich 2mal die Augen damit auszuwaschen.“

Abführmittel

s. „Verstopfung“.

Bandwurmseuche.

Die Entstehung der Bandwurmseuche ist nicht bekannt, man weiss nur, dass der Bandwurm in nasser Jahreszeit und in Niederungen mehr vorkommt wie in Höhenlagen. Er erreicht eine bedeutende Grösse (bis 40 m) und befällt gern Lämmer.

Die kranken Tiere magern ab und bleiben im Wachstum zurück. Der Leib wird dick, es tritt bei fortschreitender Krankheit Durchfall, wobei schleimiger Kot mit Bandwurmstückchen abgeht, ein.

Bei einer Kur muss zugleich mit dem Wurmmittel ein Abführmittel gegeben werden. Man erreicht dann viel rascher sein Ziel, wie durch das alleinige Geben der Wurmmittel.

Nachstehende Pillen sind sehr wirksam.

Pillen.

5,0 Aloë, Pulver M/8,
1,0 Farnkrautextrakt,
0,1 Naphtalin,
q. s. Seifenspiritus.

Man stellt eine Pille her.

Gebrauchsanweisung:

Für 1 Lamm von 4–8 Monaten.

„Man giebt morgens nüchtern die Pille und wiederholt nach 8 Tagen die Kur."

Bleichsucht.

Allgemeine Wassersucht. Fäule. Wasserkropf.

Die Bleichsucht entsteht meist in nassen Sommern aus noch nicht bekannten Ursachen und äussert sich anfänglich dadurch, dass das befallene Tier einen matten Gang zeigt, Kopf und Ohren hängen lässt und hinter der Herde zurückbleibt. Die Fresslust ist gering, die Bindehaut im Auge weiss, Zahnfleisch und Maulschleimhaut bleich. Öfters ist Durchfall vorhanden.

Eine medizinische Kur hat nur dann Hoffnung auf Erfolg, wenn die Krankheit noch im Anfang sich befindet, gelingt aber auch nur dann, wenn sie durch eine passende Ernährung des Tieres unterstützt wird. Man bringt die Tiere in den Stall, lässt sie nur bei schönem Wetter auf die Weide treiben und füttert bestes Heu, Schrottrank oder Körner. Auch Malz und Lupinen haben sich als Futtermittel in Form von Schrottränken gut bewährt.

Die nachstehenden Pulver giebt man zum Trank und zur Lecke.

Zum Trank.

1000,0 zerquetschte Wacholderbeeren,
100,0 Kochsalz,
30,0 Eisenvitriol

mischt man.

Gebrauchsanweisung:

„Unter 50 l Schrottrank zu mischen und wöchentlich einmal zu geben. Die Kur muss wenigstens 12 Wochen fortgesetzt werden."

Zur Lecke.

a) 1000,0 zerquetschte Wacholderbeeren,
1000,0 Kalmus, Pulver M/8,
1000,0 Kochsalz

mischt man.

Gebrauchsanweisung:

„Mit Schrot zur Lecke 2mal wöchentlich."

b) 1000,0 zerquetschte Wacholderbeeren,
1000,0 Kochsalz,
500,0 Senfsamen,
20,0 Eisenvitriol

mischt man.

Gebrauchsanweisung wie bei a.

Blutharnen.

Das Blutharnen hat beim Schaf dieselben Ursachen und Merkmale wie beim Rind.

Die Kur ist jener ähnlich und besteht darin, die befallenen Tiere in einen warmen Stall zu bringen und ihnen gutes trockenes Futter, bezw. bestes Grünfutter zu geben. Ausserdem verabreicht man folgende

Latwerge.

a) 10,0 präpariertes Bleiweiss,
10,0 fein zerriebenen Kampfer,
20,0 bittere Mandeln, Pulver M/8,
60,0 Leinkuchenmehl,
100,0 Roggenmehl,
q. s. braunen Sirup

mischt man zur steifen Latwerge.

Gebrauchsanweisung:

„Man giebt täglich einmal haselnussgross ein."

b) 100,0 Eichenrinde, Pulver M/8,
100,0 Tormentillwurzel, „ „
100,0 Pottasche,
200,0 Kleie,
q. s. Wasser.

Man bereitet eine Latwerge.

Gebrauchsanweisung:

„Täglich einmal wallnussgross zu geben."

Durchfall.

Durchfall befällt ältere Tiere sowohl als auch Lämmer und kann bei langer Andauer ernste Folgen haben. Er entsteht durch Erkältung, aber auch durch den Übergang vom Trocken- auf das Grünfutter, kann aber ebenso durch verdorbenes Trockenfutter hervorgerufen werden.

Man giebt bei älteren Tieren ein Pulver zum Lecken, muss aber vor allem die Ursache beseitigen.

Lämmern reicht man verdauungfördernde Mittel.

Leckpulver für ältere Tiere.

20,0 Eichenrinde, Pulver M/8,
10,0 zerquetschte Wacholderbeeren,
5,0 Ingwer, Pulver M/8,
5,0 Wermut, " "
100,0 Kochsalz

mischt man.

Gebrauchsanweisung:

„Dreimal täglich 1 Esslöffel voll zum Lecken mit Schrot."

Latwerge für Lämmer.

20,0 Rhabarber, Pulver M/8,
20,0 Schlämmkreide,
2,0 Gerbsäure,
60,0 Kalmus, Pulver M/8,
20,0 Roggenmehl,
q. s. Gummischleim.

Man bereitet eine Latwerge.

Gebrauchsanweisung:

„Man giebt morgens und abends haselnussgross auf die Zunge."

Gebärmutterentzündung.

Die Gebärmutterentzündung wirkt ansteckend und befällt Schafe vor oder nach der Geburt. Im ersteren Fall stirbt die Frucht ab und geht schnell in Fäulnis über. Es fliesst dann aus der stark geröteten Scham eine übelriechende Jauche ab. Um es nicht soweit kommen zu lassen, sucht man die Geburt durch warme Bäder mit nachherigem Einhüllen in Decken und durch Bestreichen des Muttermundes mit nachstehender Salbe zu befördern und macht, wenn die Frucht abgegangen ist, antiseptische Einspritzungen in die Scheide. Innerlich verabreicht man die unten aufgeführte Lösung.

Die Ernährung muss in bestem Schrottrank und gutem Heu bestehen.

Salbe.

2,0 Bilsenkrautextrakt,
2,0 Eigelb,
2,0 Schweinefett

mischt man.

Gebrauchsanweisung:

„Den Muttermund alle 2 Stunden damit zu bestreichen."

Zum Einguss.

7,5 Salicylsäure,
4,5 Natriumbikarbonat,
60,0 Magnesiumsulfat,
5,0 bittere Mandeln, Pulver M/8,
180,0 Leinsamenabkochung (18:180).

Man löst und mischt.

Gebrauchsanweisung:

„Alle zwei Stunden einen starken Esslöffel voll einzuschütten."

Einspritzung.

5,0 Karbolsäure

löst man in

400,0 Wasser.

Gebrauchsanweisung:

„Alle 2 Stunden 80 ccm in die Scheide einzuspritzen."

Gesichtsgrind.

Der Gesichtsgrind scheint, ähnlich den Schwämmchen, ebenfalls von Verdauungsstörungen herzurühren und kommt nur bei Lämmern vor. Er bedeckt Teile oder das ganze Gesicht und wird vor allem äusserlich, aber auch innerlich behandelt, sofern man nichtsaugenden Lämmern ein gelindes Abführmittel, bei saugenden dagegen der Mutter das bei den Schwämmchen angegebene Abführmittel darreicht. Erlaubt es die Jahreszeit, so treibt man die Tiere auf grüne Weide.

Zum Einpinseln des Grindes.

5,0 Kaliumsulfid,
1 Eigelb,
20,0 Olivenöl,
20,0 Glycerin von 1,23 spez. Gew.,
20,0 Wasser

mischt man.

Gebrauchsanweisung:

„Man pinselt den Grind 3mal täglich damit ein und entfernt vor jeder neuen Einpinselung den aufgeweichten Grind durch Abschaben."

Abführmittel für das nichtsaugende Lamm.

10,0 gebrannte Magnesia,
2,0 Rhabarber, Pulver M/30

mischt man.

Gebrauchsanweisung:

„Morgens und abends je die Hälfte in 1 Tasse Haferschleim einzugeben.“

Harnruhr.

Die Harnruhr befällt ganze Herden und kann sowohl in Erkältung durch langandauernde nasskalte Witterung, als auch im Genuss junger Fichtensprossen, jungen Eichenlaubes und giftiger Kräuter ihre Ursache haben.

Die Harnruhr äussert sich dadurch, dass die Tiere bei starkem Durst sehr häufig einen wasserhellen Urin lassen.

Man bringt die Herde am besten sofort in einen warmen Stall und giebt ihnen nachstehende Mittel.

Latwerge.

100,0 fein verriebenen Kampfer,
100,0 Aloë, Pulver M/8,
50,0 Roggenmehl,
25,0 Leinöl,
q. s. Eigelb

mischt man zu einer Latwerge.

Gebrauchsanweisung:

„Jedes Schaf erhält täglich einmal haselnussgross auf die Zunge gestrichen und zwar so viele Tage hintereinander, bis das Übel gehoben ist.“

Ins Saufen.

150,0 Alaun, Pulver M/8,
150,0 Eisenvitriol, „ „

mischt man.

Gebrauchsanweisung:

„In 50 l Wasser zu lösen, zum Saufen.“

Harnverhalten.

Das Harnverhalten kommt gerne bei männlichen Tieren vor und kann durch Erkältung, aber auch durch Blasensteine hervorgerufen werden.

Die Tiere drängen fortwährend zum Urinieren, stehen mit gekrümmten Rücken da, sind unruhig und versagen das Futter.

Wenn Harnsteine die Ursache sind, so muss operativ eingegriffen und ein Tierarzt zugezogen werden. Handelt es sich aber um Blasenhalskrampf, wie er gern durch Erkältung entsteht, so wendet man nachstehende Mittel an:

Latwerge.

100,0 fein zerquetschter Hanfsamen,
50,0 Magnesiumsulfat,
10,0 bittere Mandeln, Pulver M/8,
25,0 zerquetschte Wacholderbeeren,
25,0 Roggenmehl,
q. s. Wasser.

Man bereitet eine Latwerge.

Gebrauchsanweisung:

„Man giebt stündlich taubeneigross.“

Zum Klystier.

25,0 zerquetschte Wacholderbeeren,
25,0 zerquetschten Hanfsamen.

Man mischt und giebt in einem Papierbeutel ab.

Gebrauchsanweisung:

„Mit 1¼ l heissem Wasser zu übergiessen. Nach halbstündigem Stehen seiht man die Brühe ab und nimmt davon ¼ l alle halbe Stunden zum Klystier.“

Hautjucken.

Hautjucken entsteht zumeist bei Schafen, welche nicht auf die Weide kommen, und äussert sich dadurch, dass die Tiere sich an allen erlangbaren Gegenständen scheuern und dass die geriebenen Stellen gerötet und etwas angeschwollen erscheinen.

Man macht Waschungen, giebt, wenn es Sommer ist, Grünfutter und lässt die Tiere auf die Weide gehen.

Die Krankheit ist weder gefährlich noch ansteckend.

Waschwasser.

10,0 Borsäure,
10,0 Karbolsäure

löst man in

1000,0 Wasser.

Gebrauchsanweisung:

„Man feuchtet die geröteten Stellen täglich einmal mit dem Waschwasser an.“

Insekten.

Schutz dagegen.

Die Schafe haben in jedem Alter viel durch Insekten zu leiden und werden sowohl durch Fliegen (Schmeiss-, Gold- und Kolumbacser-Fliege), als auch ganz besonders durch den sogenannten Holzbock, die Zecke, belästigt.

Man hat zwar in der grauen Quecksilbersalbe ein vortreffliches Gegenmittel, aber man zieht in der Regel unschädliche Stoffe vor. Man reibt entweder die befallenen Stellen ein oder macht Waschungen.

Einreibung.

10,0 Naphtalin,
20,0 Rüböl,
20,0 Wasser,
50,0 Schmierseife

mischt man.

Waschung.

1000,0 grob zerschnittenen Landtabak

übergiesst man mit

4500,0 kochendem Wasser,

lässt 1/2 Stunde stehen, setzt

1000,0 denaturierten Weingeist

zu, seiht die Brühe ab, presst den Rückstand aus und vermischt mit der Seihflüssigkeit

20,0 Naphtalin,

gelöst in

50,0 Terpentinöl,
50,0 Nitrobenzol.

Gebrauchsanweisung:

„Man schüttelt die Mischuug gut um und wäscht damit täglich einmal die befallenen Stellen ab.“

Kolik.

Die Ursachen der Krankheit können verschieden sein; sie kann von Erkältung, Verstopfung, auch von Würmern herrühren.

Das befallene Tier blökt ängstlich, steht mit gekrümmten Rücken, wirft sich nieder, um sofort wieder aufzustehen und versagt das Fressen. Gewöhnlich ist Harnverhalten damit verknüpft und die Darmentleerung unterbrochen.

Ist Erkältung die Ursache, so giebt man erwärmende Mittel, rührt die Kolik von Überfressen her, so giebt man Abführmittel. In beiden Fällen frottiert man das Tier, hält es warm und giebt ihm Klystiere.

Abführmittel, wenn Erkältung die Ursache ist.

2,0 spanischer Pfeffer, Pulver M/8,
8,0 Ingwer, „ „
10,0 Pfefferminze, „ „
10,0 Leinkuchenmehl,
60,0 kleinkryst. Glaubersalz.

Man mischt die Pulver und teilt die Mischung in 4 Teile.

Gebrauchsanweisung:

„Alle Stunden 1 Pulver in einer Tasse warmem schwarzen Kaffee zu geben. Statt des Kaffees kann man auch gewärmtes Bier nehmen.“

Abführmittel, wenn Überfressen die Ursache ist.

5,0 Hausseife, Pulver M/20,
10,0 Fenchel, „ M/8,
10,0 Leinkuchenmehl,
10,0 Kamillen, Pulver M/8,
80,0 kleinkryst. Glaubersalz.

Man mischt die Pulver und teilt die Mischung in 4 Teile.

Gebrauchsanweisung:

„Man rührt alle 2 Stunden 1 Pulver mit 1 Tasse warmem Wasser an, setzt einen Esslöffel voll Leinöl zu und schüttet diesen Trank dem Tier ein.“

Zum Klystier.

5,0 Hausseife, Pulver M/8,
45,0 Kochsalz.

Man mischt und teilt in 5 Pulver.

Gebrauchsanweisung:

„Alle Stunden 1 Pulver in 1/4 l Kamillenthee zu lösen und damit zu klystieren.“

Kropf.

Wie bei allen Säugetieren versteht man unter „Kropf“ eine krankhafte Anschwellung der Schilddrüse.

Man wendet dagegen bekanntlich Jod an und kann die Wirkung desselben durch Zusatz von Quecksilber und Salicylsäure wesentlich erhöhen.

Zu bemerken ist, dass Jodsalben nur auf tierärztliche Verordnung abgegeben werden dürfen.

Kropfsalbe.

*a) 10,0 Kaliumjodid,
10,0 destilliertes Wasser,
80,0 graue Quecksilbersalbe

mischt man.

*b) 10,0 Kaliumjodid,
10,0 destilliertes Wasser,
2,0 Salicylsäure,
40,0 Wachssalbe,
40,0 graue Quecksilbersalbe

mischt man.

Gebrauchsanweisung für a und b:

„Man reibt die Geschwulst täglich einmal ein.“

Lämmerlähme.

Bei Sauglämmern vorkommend, kann die Lämmerlähme dadurch entstehen, dass die Mutterschafe mit verdorbenem oder mit zu nahrhaftem Futter genährt werden. Im letzteren Fall können die Lämmer die zu nahrhafte Milch nicht verdauen.

Die Krankheit beginnt damit, dass die Tierchen weniger saugen, Mattigkeit zeigen, viel liegen, mit gekrümmten Rücken stehen und steif gehen. Der Leib ist verstopft. Im weiteren Verlauf sinken die kranken Tiere kraftlos zusammen, nehmen die Strichen nicht mehr an und bekommen einen jähen Durchfall.

Als Vorbeugungsmittel gilt, dem Mutterschaf wöchentlich 2 mal 15 g Glaubersalz als Lecke zu geben.

Eine Heilung ist meistens nur im ersten Verlauf möglich und besteht vor allem darin, dass man die befallenen Tiere warm hält und ihnen, um die Verstopfung zu heben, schwache Abführmittel und seifenhaltige Glycerinstuhlzäpfchen giebt. Die lahmen Glieder reibt man mit scharfen Mitteln, die Gliederanschwellungen mit reizenden Linimenten ein.

Abführlatwerge.

50,0 Spiessglanz, Pulver M/20,
10,0 Butter
mischt man.

Gebrauchsanweisung:

„Täglich 3 mal haselnussgross einzugeben, bis die Darmentleerung erfolgt.“

Abführeinguss.

50,0 Glaubersalz
löst man in
1000,0 Fliederaufguss (1 : 10).

Gebrauchsanweisung:

„Täglich 4 mal einen Theelöffel voll zu geben.“

Einreibung.

40,0 Terpentinöl,
60,0 Ameisenspiritus,
100,0 Kampferspiritus
mischt man.

Gebrauchsanweisung:

„Man reibt damit die lahmen Glieder täglich einmal ein.“

Einreibung für Gelenkanschwellungen.

10,0 graue Quecksilbersalbe,
90,0 flüchtiges Kampferliniment
mischt man.

Gebrauchsanweisung:

„Man reibt die Anschwellungen täglich 2 mal ein.“

Maulschwämmchen der Lämmer.

Die Maulschwämmchen entstehen, wie bei den Kälbern, zumeist aus Unregelmässigkeiten im Ernährungsprozess und äussern sich dadurch, dass die befallenen Lämmer nicht saugen und dass sich bei der Untersuchung des Maules Bläschen und wunde Stellen zeigen.

Man giebt dem Mutterschaf ein Abführmittel und dem Lamm eine alkalische, zugleich schwach abführende Latwerge; ausserdem behandelt man die Schwämmchen durch häufiges Auswaschen mit frischem Wasser, dem man etwas Essig zugesetzt hat, und mit einer Einpinselung.

Abführmittel für das Mutterschaf.

80,0 kleinkryst. Glaubersalz,
10,0 Natriumbikarbonat,
10,0 Kochsalz,
10,0 Enzian, Pulver M/8,
mischt man.

Gebrauchsanweisung:

„Man löst das Pulver in 1/2 l Wasser und giesst die Lösung auf 2 mal mit einstündiger Pause ein.“

Pulver für das Lamm.

5,0 Rhabarber, Pulver M/30,
10,0 Magnesiumkarbonat
mischt man.

Gebrauchsanweisung:

„Täglich 3 mal eine Messerspitze voll in Wasser zu geben.“

Einpinselung.

10,0 Borax, Pulver M/30,
50,0 Honig.

Man verreibt fein und setzt dann

10,0 Myrrhentinktur,
5,0 Perubalsam

zu.

Gebrauchsanweisung:

„Man pinselt das Maul 5—6 mal täglich ein, schüttelt aber vorher die Einpinselung gut um und reinigt das Maul vor jeder Einpinselung mit frischem Wasser."

Räude.

Schafräude.

Die Schafräude wird wie alle Räuden durch eine Milbe hervorgerufen und ist im höchsten Grade ansteckend.

Die Milbe sitzt oben auf der Haut (sie gräbt sich also nicht in dieselbe ein) und kann nur durch äussere Mittel vertrieben werden. Man unterstützt nur die Kur dadurch, dass man die befallenen Tiere besonders gut nährt.

Räudige Schafe sind sofort aus der Herde auszuscheiden und werden stückweise in ein Bad gebracht, zu dem man nachstehende Bestandteile liefert.

Zum Bad.

I. 1000,0 zerschnittenen Landtabak,
100,0 „ Wermut

mischt man und giebt die Mischung in einem Papierbeutel mit der Bezeichnung I ab.

II. 500,0 Schmierseife,
300,0 Holzteer,
200,0 grobgepulvertes Schwefelkalium,
400,0 Terpentinöl,
200,0 rohe Karbolsäure v. circa 20 pCt.

Man erhitzt zuerst die Seife mit dem Teer und arbeitet, wenn beide gleichmässig gemischt sind, die andern Bestandteile nach und nach darunter. Man füllt die bis zum Erkalten gerührte Mischung in eine Steingut- oder Blechbüchse und bezeichnet dieselbe mit II.

Gebrauchsanweisung:

„Die mit I bezeichneten Kräuter übergiesst man mit 20 l kochend heissem Wasser, lässt $^1/_2$ Stunde ziehen und seiht dann die Brühe durch ein altes Sieb ab. In den noch heissen Absud trägt man den Inhalt der mit II bezeichneten Büchse ein und rührt mit einem Scheit, bis sich alles gelöst hat.

Diese Masse reicht für 10 Schafe aus. Man legt jedes einzelne Stück auf die Seite (am besten auf eine Bank), macht in der Mittellinie des Leibes, d. h. vom Ohr über die Mitte des Leibes weg bis zum Schenkel einen Scheitel in die Wolle, giesst in diesen seiner ganzen Länge nach $^1/_4$ l des noch warmen Räudemittels, so dass dasselbe auf der Haut breit läuft. Man dreht nun das Schaf auf die andere Seite und verfährt ebenso. Schliesslich stellt man das Tier auf, macht einen Scheitel vom Hinterkopf an über den ganzen Hals und Rücken weg bis zum Schwanz uud giesst $^1/_2$ l warmes Räudemittel in dünnem Strahl dem Scheitel entlang ein.

Nach 8 Tagen wiederholt man das Verfahren.

Nach der Behandlung bringt man die Schafe in einem recht warmen Stall unter.

Wenn die Kur vorüber ist, müssen alle Teile des Stalles mit Kalkmilch gescheuert, die Wände aber mit Kalk geweisst werden."

Rheumatismus.

Die Steife. Die Steifheit.

Rheumatismus entsteht gewöhnlich durch Erkältung bei älteren und besonders bei jüngeren Tieren und kennzeichnet sich durch steifen Gang, sogar Lahmheit.

Man hält das kranke Tier warm, frottiert es täglich 2 mal, badet es täglich 1 mal in schwacher Sole, reibt die einzelnen Glieder mit aromatischen oder reizenden weingeisthaltigen Flüssigkeiten ein und hüllt das ganze Tier warm ein.

Innerlich giebt man Abführmittel.

Als Futter ist kräftiger Schrottrank und im Sommer Grünfutter zu empfehlen.

Zum Bad.

2000,0 Kochsalz,
500,0 krystallisierte Soda,
100,0 zerschnittene Rosmarinblätter

mischt man.

Gebrauchsanweisung;

„Man giesst diese Menge mit 50 l Wasser auf, lässt 15 Minuten ziehen und kühlt dann durch weiteren Wasserzusatz bis zur Bade-Temperatur ab.

Handelt es sich um ein Lamm, so nimmt man nur den vierten Teil der Badebestandteile und nur $12^1/_2$ l heisses Wasser. Das Bad kann 2—3 mal verwendet werden; man muss es nur wieder erwärmen."

Einreibung.

150,0 Kampferspiritus,
150,0 Seifenspiritus,
10,0 Salmiakgeist von 10 pCt,
10,0 Terpentinöl

mischt man.

Gebrauchsanweisung:

„Täglich 2 mal die Glieder damit einzureiben."

Abführmittel.

a) Für erwachsene Tiere:

50,0 kleinkryst. Glaubersalz,
200,0 Leinsamenabkochung (1 : 20),
5,0 Aloë, Pulver M/8,
20,0 Leinöl
mischt man.

Gebrauchsanweisung:

„Auf 2 mal mit Einhaltung einer 3 stündigen Pause einzugeben."

b) Für Lämmer:

20,0 Aloë,
1,5 Natriumbikarbonat,
2,5 Salicylsäure,
400,0 Leinsamenabkochung (1 : 20)
mischt man.

Gebrauchsanweisung:

„Man giebt täglich 2—3 mal, je nach Alter des Lammes, 1 Esslöffel voll ein."

Schnupfen.

Schnupfenfieber. Herbstfieber.

Diese Krankheit entsteht zumeist durch Erkältung oder rauhe Witterung.

Die befallenen Tiere zeigen entzündete Augen, in deren Winkeln Schleimabsonderung, trocknes Maul und Nase und heissen gelblichen Nasenausfluss. Sie niesen und husten, käuen bei wenig Fresslust nicht wieder, sind matt und bleiben hinter der Herde zurück.

Die Kur besteht darin, dass man die Kranken in einen warmen Stall bringt und ihnen leichtverdauliches Futter und warmes schleimiges Getränk verabfolgt. Ausserdem macht man Bähungen, reibt den Kehlkopf mit schwach reizender Salbe ein und giebt folgende Latwerge.

Latwerge.

15,0 Kaliumnitrat, Pulver M/8,
15,0 Ammoniumchlorid, „ „
20,0 Spiessglanz, „ M/20,
150,0 Fenchel, „ M/8,
100,0 Kochsalz,
100,0 Bockshornsamen, „ „
q. s. brauner Sirup.
Man bereitet eine Latwerge.

Gebrauchsanweisung:

„Täglich 2 mal taubeneigross auf die Zunge zu streichen."

Zur Bähung.

10,0 fein zerriebenes Ammoniumkarbonat,
100,0 Fenchel, Pulver M/8,
100,0 zerquetschte Wacholderbeeren
mischt man.

Gebrauchsanweisung:

„Man übergiesst 1 gehäuften Esslöffel voll mit 5 l heissem Wasser und lässt das Tier den warmen Dampf einatmen. Der Kopf ist mit einer wollenen Decke zu überhängen."

Einreibung.

25,0 Lorbeeröl,
25,0 Terpentinöl,
50,0 Schmierseife
mischt man.

Gebrauchsanweisung:

„Den Kehlkopf täglich 2 mal einzureiben."

Skorbut.

Scharbok.

Bei den 4—6 Wochen alten Sauglämmern der Merinoschafe vorkommend, scheint die Krankheit aus der krankhaften Zusammensetzung der Muttermilch, bezw. aus der ungeeigneten Ernährung der Muttertiere zu entstehen.

Die kranken Lämmer versagen die Nahrung und bekommen an den Lippen, innen und aussen, ebenso am Zahnfleisch und auf der Zunge Blasen. Das Zahnfleisch des Unterkiefers ist ausserdem noch blaurot gefärbt; die Schneidezähne lockern sich.

Die Kur besteht darin, dass man die Mutterschafe entsprechend nährt und jedenfalls das Futter wechselt. Die kranken Lämmer muss man künstlich dadurch nähren, dass man ihnen die Milch ins Maul melkt, oder, wenn sie bereits abgesetzt sind, Schrottrank eingiebt.

Äusserlich wendet man die bei den „Schwämmchen der Lämmer" angegebenen Mittel an.

Innerlich giebt man folgende Zusammensetzung:

Zum Einguss.

300,0 Angelikaaufguss (15 : 300)
mischt man mit
15,0 Salzsäure v. 1,124 spez. Gew.

Gebrauchsanweisung:

„Dem kranken Lamm täglich 2mal 1 Esslöffel voll zu geben."

Trommelsucht.

Wie beim Rind entsteht die Krankheit durch Gärung im Magen und eine heftige Entwicklung von Gasen, hervorgerufen durch zu hastigen oder übermässigen Genuss schwerverdaulichen Futters.

Das kranke Tier frisst nicht, käut auch nicht wieder; sein Leib nimmt zusehends an Umfang zu und klingt beim Aufschlagen der Hand wie eine Trommel.

Wenn nicht sehr rasch Hilfe gebracht wird, ist das Tier dem Tode preisgegeben.

Zum Trank.

20,0 Salmiakgeist von 10 pCt,
130,0 Seifenspiritus

mischt man.

Gebrauchsanweisung:

„Man giebt alle Viertelstunde 1 Esslöffel voll in einer Tasse Milch ein."

Hilft dies Mittel nicht, so muss das Trokar (s. Trommelsucht unter „Das Rind") in Anwendung kommen.

Verstopfung.

Verstopfung rührt häufig von schwer verdaulichem Futter her, kann aber auch die Folge eines plötzlichen Futterwechsels sein.

Die Tiere versagen das Futter teilweise oder ganz, haben aufgetriebenen Leib, versuchen oft den Kot zu entleeren, bringen aber nur wenig Kot oder statt dessen Schleim hervor.

Man giebt innerlich Glaubersalz in schleimigem Trank und ausserdem Klystiere.

Abführmittel.

75,0 kleinkryst. Glaubersalz,
20,0 Leinkuchenmehl,
10,0 Natriumbikarbonat,
10,0 zerquetschten Kümmel.

Man mischt und teilt die Mischung in 3 Teile.

Gebrauchsanweisung:

„Alle 3 Stunden 1 Pulver in 1/4 l warmem Wasser mit 1/2 Tasse voll Leinöl zu geben."

Zum Klystier.

5,0 Hausseife, Pulver M/8,
45,0 Roggenmehl.

Man teilt in 5 Teile.

Gebrauchsanweisung:

„Man löst ein Pulver in 1/4 l warmem Wasser und giebt alle Stunden ein solches Klystier."

IV. Das Schwein.

Wie bei den früher besprochenen Tieren werde ich auch hier die Verordnungen für erwachsene Schweine bemessen und für Ferkel solche nur dann anführen, wenn es sich eigens um Ferkelkrankheiten handelt.

Appetitlosigkeit.

Mangel an Fresslust.

Der Mangel an Fresslust ist ein Anzeichen vieler Krankheiten, kann aber auch die Folge zu reichlichen Fressens sein oder vom Darreichen weichen Futters ohne die zum Appetit reizende Abwechslung herrühren. Die Appetitlosigkeit in ihrer einfachen Form darf man annehmen, wenn sie mehrere Tage dauert, ohne dass andere Erscheinungen, z. B. Fieber, dazutreten.

Man ändert dann vor allem das Futter, giebt ein Brechmittel und hierauf nachstehendes Pulver.

Fresspulver.

20,0 Kalmus, Pulver M/8,
20,0 Enzian, „ „
20,0 Spiessglanz, „ M/20,
100,0 Natriumbikarbonat,
100,0 Kochsalz,
100,0 kleinkryst. Glaubersalz

mischt man.

Gebrauchsanweisung:

„Täglich 2mal 1 Esslöffel voll zu geben."

***Brechlatwerge.**

1,0 Brechweinstein,
3,0 Brechwurzel, Pulver M/50,
5,0 Eibischwurzel, „ M/8,
q. s. brauner Sirup.

Man bereitet eine Latwerge.

Gebrauchsanweisung:

„*Auf einmal zu geben.*"

Augenentzündung.

Die Augenentzündung kommt häufig bei jüngeren Tieren vor und kann sowohl die Folge einer äusseren Verletzung sein, als auch durch eine vorhergegangene andere Krankheit entstehen.

Man reinigt die kranken Augen täglich 3 mal durch Auswaschen mit lauwarmem Wasser und wendet dann nachstehende Augenwässer an.

Augenwasser.

*a) 2,5 Zinksulfat,
5,0 safranhaltige Opiumtinktur,
500,0 Kamillenaufguss (10 : 500).

b) 500,0 Bleiwasser,
5,0 Ammoniumchlorid.

Gebrauchsanweisung für a) und b).

„*Man wäscht die Augen täglich 3 mal zuerst mit warmem Wasser und dann mit dem Augenwasser aus.*"

Bräune.

Die Bräune ist ebenso wie der Katarrh eine Erkältungskrankheit, welche sehr häufig im Herbst und Frühjahr auftritt. Da die Krankheit nicht selten einen tödlichen Ausgang nimmt, so ist die Zuziehung eines Tierarztes ratsam, ja sogar nötig, weil bei heftigem Auftreten der Krankheit ein Aderlass notwendig wird.

Das erkrankte Tier zeigt eine bläulich-rote Färbung der Maulschleimhaut des Rüssels, atmet schwer (bei weiterem Fortschreiten mit offenem Maul), hat Schlingbeschwerden, hustet mit heiserer Stimme und fiebert zumeist. Die Kehlkopfgegend ist aussen gewöhnlich angeschwollen.

Man bringt das befallene Tier in einen warmen Stall, giebt vor allem ein Brechmittel und reibt die Halsanschwellung mit scharfer Salbe ein. Eine Stunde nach erfolgtem Erbrechen verabreicht man ein fieberwidriges Abführmittel. Man giebt ausserdem warme Seifenwasserklystiere.

***Brechmittel.**

1,0 weisse Nieswurz, Pulver M/30,
2,0 Brechwurzel, „ „
5,0 Eibischwurzel, „ M/8,

mischt man.

Gebrauchsanweisung:

„*Mit 1 Esslöffel braunem Sirup anzurühren und auf einmal einzugeben.*"

Fieberwidrige Abführlatwerge.

5,0 Salicylsäure,
3,0 Natriumbikarbonat,
5,0 Kaliumnitrat,
50,0 kleinkryst. Glaubersalz,
40,0 Roggenmehl,
q. s. Wasser.

Man bereitet eine Latwerge.

Gebrauchsanweisung:

„*Alle 2 Stunden wallnussgross einzugeben.*"

Scharfe Einreibung.

40,0 Spanischfliegenöl,
40,0 Terpentinöl,
3,0 Salicylsäure

mischt man.

Gebrauchsanweisung:

„*Man reibt täglich einmal tüchtig damit ein.*"

Durchfall.

Der Durchfall kann von Verdauungsstörungen oder Erkältung herrühren und vorübergehend sein. Er hat dann nicht viel zu bedeuten. Dauert er dagegen länger als 24 Stunden, so steht zu befürchten, dass er sich zu einer schwereren Krankheit entwickelt.

Unter allen Umständen hält man das Tier warm und giebt ihm innerlich adstringierende und aromatische Mittel, ferner bei Darmreiz Stuhlzäpfchen.

Zum Trank.

10,0 Kamillen,
10,0 grobzerschnittene Pfefferminze,
20,0 feinzerschnittene Eichenrinde,
2,0 Gerbsäure

mischt man.

Gebrauchsanweisung:

„*Mit 1/2 l kochendem Wasser aufzugiessen und vom Aufguss alle 2 Stunden den vierten Teil warm einzugeben.*"

Pulver.

2,5 fein zerriebener Eisenvitrol,
2,5 Alaun, Pulver M/30,
25,0 arabisches Gummi, „ „
20,0 Milchzucker, „ „

Man mischt und teilt in 5 Pulver.

Gebrauchsanweisung:

„Alle 3 Stunden 1 Pulver in einer Tasse warmem Kamillenthee zu geben."

Pulver gegen Durchfall der Ferkel.

1,0 Rhabarber, Pulver M/30,
10,0 Calciumkarbonat.

Man teilt in 10 Pulver.

Gebrauchsanweisung:

„Man rührt täglich 2 mal 1 Pulver in 1 Esslöffel voll Kamillenthee an und giebt dies dem Ferkel ein."

Stuhlzäpfchen.

0,5 Gerbsäure,
20,0 Kakaoöl.

Man stellt 5 Zäpfchen her.

Gebrauchsanweisung:

„Nach jeder Darmentleerung schiebt man 1 Zäpfchen mit geöltem Finger so tief wie möglich in den After ein."

Erbrechen.

Das Erbrechen hat zumeist seinen Grund in einer Überreizung der Magenschleimhäute und äussert sich dadurch, dass sich das Tier sofort nach dem Fressen bricht. Man giebt innerlich Alkalien und schleimige Mittel in nachstehender Form.

Pulver.

5,0 Schlämmkreide,
10,0 Natriumbikarbonat,
10,0 Kochsalz,
10,0 kleinkryst. Glaubersalz,
50,0 Leinkuchenmehl.

Man mischt und teilt in 5 Pulver.

Gebrauchsanweisung:

„Man giebt alle 3 Stunden 1 Pulver in einer Tasse warmen Kamillenthee."

Ferkelausschlag.

Bei unverdaulicher oder zu kräftiger Nahrung entsteht bei Ferkeln um die Augen herum ein Bläschenausschlag, der durch Nässen und Eitern der Bläschen in einen braunen Grind übergeht. Da die Augen darunter leiden, wäscht man dieselben täglich 2—3 mal mit warmem Bleiwasser aus. Den Grind bepinselt man mit unten angegebenem Liniment, während man innerlich, bei saugenden Ferkeln auch der Mutter ein schwach abführendes Pulver giebt.

Liniment zum Bepinseln.

50,0 Kalkwasser,
50,0 Leinöl,
2,0 Bleiessig

mischt man.

Gebrauchsanweisung:

„Man pinselt die Bläschen und den Grind täglich 2 mal ein."

Schwaches Abführpulver.

80,0 kleinkryst. Glaubersalz,
20,0 Kochsalz,
20,0 Spiessglanz, Pulver M/8,

mischt man.

Gebrauchsanweisung:

„Man giebt der Mutter täglich 2 mal 1 Esslöffel voll zwei Tage hintereinander.

Einem Ferkel giebt man zwei Tage hintereinander täglich 1 Kaffeelöffel voll."

Gebär- oder Milchfieber.

Das Milchfieber ist häufig die Folge von Erkältung, die nur zu leicht möglich ist, dürfte aber auch noch andere, bis jetzt unbekannte Ursachen haben.

Es tritt gewöhnlich bald nach dem Werfen der Sau auf und äussert sich dadurch, dass sich das Tier teilnahmslos, sogar gegen seine Jungen, zeigt, das Futter versagt und schlaffe Euter hat. Der Rüssel ist trocken und gerötet, ebenso erscheinen die Schamteile geschwollen und blaurot.

Hilfe ist, wenn überhaupt, nur im Anfang der Krankheit möglich und besteht darin, dass man das Tier mit einem Strohwisch frottiert, ihm Klystiere giebt und innerlich leicht abführende Fiebermittel verabreicht. Die Ferkel legt man, um die Milchabsonderung möglichst lange zu erhalten, recht oft an.

Fieberwidriges Abführmittel.

a) 10,0 Kaliumnitrat,
70,0 Magnesiumsulfat,
10,0 Roggenmehl.
Man rührt mit
120,0 kaltem Wasser
an, erhitzt zum Kochen und lässt wieder abkühlen.

Gebrauchsanweisung:

„Man giebt stündlich 2 Esslöffel voll.“

b) 4,0 Natriumbikarbonat,
7,5 Salicylsäure,
70,0 kleinkryst. Glaubersalz
löst man in
120,0 Kamillenaufguss (10 : 120).

Gebrauchsanweisung:

„Man giebt stündlich 2 Esslöffel voll.“

Zum Klystier.

3,0 Natriumbikarbonat,
5,0 Salicylsäure,
2 Eigelb,
200,0 Milch
mischt man.

Gebrauchsanweisung:

„Man giebt 2 Klystiere davon mit Einhaltung einer Pause von 2 Stunden. Ein Anwärmen auf 20—25 ° C ist zu empfehlen.

Tritt nach 6 Stunden keine Besserung ein, so wiederholt man die Klystiere.“

Katarrh.

Schnupfen.

Schnupfen entsteht gern bei raschem Temperaturwechsel, besonders im Frühjahr und im Herbst, durch Erkältung und gehört zu den beim Schwein am häufigsten vorkommenden Krankheiten.

Die befallenen Tiere fressen weniger, saufen dagegen viel, haben gerötete Augen und zeigen eine höhere Rötung am Rüssel und an der Maulschleimhaut. Aus der Nase fliesst anfangs eine wässerige, später eine schleimige Flüssigkeit; das Tier hustet dabei stark. Zumeist tritt der Katarrh gutartig auf; man giebt dann lösende Mittel. Bei Fiebererscheinungen verordnet man fieberwidrige Abführmittel oder Brechmittel.

Als Futter verabreicht man im ersteren Fall Schrot- oder Kleientrank, bei Fieber dagegen Rüben, Kohlblätter, Kartoffeln und nebenbei Kleientrank.

Lösende Latwerge.

10,0 Ammoniumchlorid,
10,0 Spiessglanz, Pulver M/20,
20,0 rohen Weinstein, Pulver M/8,
50,0 Süssholz, „ „
50,0 Leinkuchenmehl,
q. s. braunen Sirup
mischt man zu einer steifen Latwerge.

Gebrauchsanweisung:

„Täglich 3 mal walnussgross zu geben.“

Fieberwidrige Abführlatwerge.

10,0 Kaliumnitrat,
70,0 kleinkryst. Glaubersalz,
20,0 Leinkuchenmehl,
q. s. brauner Sirup.
Man bereitet eine Latwerge.

Gebrauchsanweisung:

„Alle 2 Stunden 1 Esslöffel voll.“

***Brechmittel.**

1,0 Brechweinstein,
3,0 Brechwurzel, Pulver M/50.

Gebrauchsanweisung:

„Mit einem Löffel voll braunen Sirup oder Honig gemischt, dem Tiere auf die Zunge zu streichen.“

Kolik.

Die Kolik kann die Folge schwerverdaulichen Futters, giftiger Pflanzen sein, aber auch von einer Erkältung oder von Würmern herrühren.

Die Kolik äussert sich dadurch, dass das Tier sehr unruhig ist, sich abwechselnd heftig niederwirft und wieder aufspringt, stöhnt, sogar schreit und sich manchmal bricht. Rüssel und Ohren fühlen sich kalt an, der Leib ist nicht selten aufgetrieben.

Man bringt das Tier in einen warmen Stall, frottiert es mit einem Strohwisch, giebt innerlich aromatische erwärmende, dabei abführende Mittel und setzt alle halbe Stunden Klystiere.

Zum Trank.

40,0 kleinkryst. Glaubersalz,
10,0 Pfefferminz, Pulver M/8,
10,0 Kamillen, „ „
10,0 Kochsalz
mischt man.

Gebrauchsanweisung:

„Auf 2 mal mit Einhaltung einer einstündigen Pause in je 1/4 l schwachem schwarzen Kaffee zu geben."

Wenn man vor Eintritt der Kolik durch Abgang von Würmern deren Gegenwart festgestellt hat, giebt man folgendes Mittel:

Wurmlatwerge.

60,0 kleinkryst. Glaubersalz,
20,0 Rainfarnkraut, Pulver M/8,
20,0 Ricinusöl,
2,0 Naphtalin,
20,0 Roggenmehl,
q. s. brauner Sirup
zur Bereitung einer Latwerge.

Gebrauchsanweisung:

„Man giebt alle 2 Stunden den vierten Teil ein."

Zum Klystier.

10,0 grob zerschnittene Pfefferminze,
10,0 Kamillen
übergiesst man mit
1000,0 kochendem Wasser,
seiht nach 1/4-stündigem Stehen ab und löst, bezw. mischt mit der Seihflüssigkeit
50,0 Schmierseife,
50,0 Leinöl.

Gebrauchsanweisung:

„Alle halbe Stunden erwärmt man einen knappen Viertelliter und klystiert damit."

Knochenerweichung.

Englische Krankheit. Rhachitis.

Die Krankheit kommt nicht selten bei jungen Tieren vor und kann sowohl ein Erbfehler sein, als auch von kalkarmer Muttermilch, bezw. kalkarmem Futter herrühren.

Zumeist sind beide Ursachen zugleich vorhanden.

Wenn das Ferkel noch saugt, giebt man der Mutter Kalkphosphat, ist das Ferkel dagegen bereits abgesetzt, so wirkt man in derselben Weise auf die Ernährung desselben ein. Unter allen Umständen sollen sich Mutter und Ferkel bei schönem Wetter in frischer Luft bewegen.

Pulver.

a) Für das Mutterschwein:
100,0 präp. Knochenmehl,
50,0 Kochsalz.

Gebrauchsanweisung:

„In jedes Futter 1 Kaffeelöffel voll."

b) Für ein Ferkel:
25,0 präpariertes Knochenmehl,
50,0 Milchzucker, Pulver M/30.

Gebrauchsanweisung:

„Täglich zweimal 1 kleine Messerspitze voll."

Krämpfe.

Bei den meisten schwereren Krankheiten der Schweine treten die Krämpfe als Nebenerscheinungen auf und äussern sich durch plötzliches Schreien, taumelnden Gang, schliessliches Hinfallen, Zuckungen, Laufbewegung der Beine, Knirschen mit den Zähnen und schliessliche Kot- und Urinentleerung. Die Anfälle dauern bis zu 15 Minuten.

Die Krämpfe können aber auch epileptischen Ursprungs sein, ja man findet diese sogar sehr häufig unter den Schweinen, und zwar scheint hier die Vererbung eine wichtige Rolle zu spielen.

Handelt es sich um ersteren Fall, so bringen kalte Umschläge auf den Kopf und warme Klystiere Linderung.

Bei der Fallsucht erstrebt man am besten eine möglichst schnelle Mästung der befallenen Tiere, die auch zumeist gelingt, da die Tiere in der Regel gute Fresslust behalten. Man hält die Tiere kühl und bei mässigem, leicht verdaulichen Futter in der Zeit der Anfälle und giebt das unter „Verfangen" angegebene Brechmittel.

Läusekrankheit.

Die Läusekrankheit kommt bei den alten und jungen Tieren vor, sicher aber nur dann, wenn dieselben nicht reinlich gehalten werden.

Die befallenen Tiere scheuern und reiben sich überall, finden keine Ruhe und magern ab.

Man giebt kräftiges Futter, lässt den Stall durch Auswaschen mit Sodalösung gründlich reinigen und behandelt die Tiere mit untenstehender Schwefelseife.

Schwefelseife.

100,0 grob gepulvertes Schwefelkalium,
900,0 Schmierseife
mischt man.

Gebrauchsanweisung:

„Man wäscht die Tiere alle 2 Tage mit warmem Wasser und Schmierseife ab und reibt

dann sofort die Schwefelseife an allen Teilen des Körpers ein. Man wiederholt dieses Verfahren am dritten und fünften Tag.“

Räude.

Es ist noch nicht mit Sicherheit erwiesen, dass die Räude von einer Milbe herrührt; trotzdem sie zu den seltneren Krankheitserscheinungen gehört, soll ihrer hier gedacht werden.

Sie tritt an der Innenseite der Schenkel und in den Augengruben auf und macht sich dadurch bemerklich, dass sich die Tiere fortwährend und überall zu reiben suchen und an den geriebenen Stellen die Borsten verlieren.

Man füttert die Tiere möglichst nahrhaft und macht Einreibungen.

Räude-Einreibung.

100,0 grob gepulvertes Schwefelkalium,
100,0 Rüböl,
900,0 Schmierseife

mischt man unter Erwärmen.

Gebrauchsanweisung:

„Man reibt die befallenen Stellen ein und wäscht nach 2 Tagen mit warmem Wasser ab. Man reibt nun nochmals ein und wiederholt nach abermals 2 Tagen das Abwaschen.“

Rotlauf.

Rose.

Die Krankheit entsteht zumeist in der heissen Jahreszeit, wie? ist noch nicht festgestellt.

Die befallenen Tiere sind schlafsüchtig, zeigen eine bräunlichrote Maulschleimhaut und ebenso gefärbte Augenbindehaut, sie lassen den Schwanz hängen, sind schwach auf den Hinterbeinen und haben alle Fresslust verloren. Der Atem ist rasch, die Stimme heiser und Fieber vorhanden.

Die Körperhaut rötet sich, spielt in allen Farben, es entstehen auf den roten Flecken mit Wasser gefüllte Bläschen, welche zerspringen und einen Schorf bilden.

Wenn überhaupt Hilfe möglich ist, so muss sie sehr rasch gebracht werden.

Gute Dienste leisten bei der Kur Begiessungen mit salicylsäurehaltigem Wasser, ebenso Klystiere damit. Innerlich giebt man Brech- und dann Abführmittel.

Man füttert während der Krankheit mit dünnem Mehltrank oder mit saurer Milch.

Zum Saufen giebt man kaltes Wasser mit Salicylsäure.

Salicylsäurelösung.

50,0 Salicylsäure

verreibt man sehr fein mit

250,0 Glycerin v. 1,23 spez. Gew.

Gebrauchsanweisung:

„Einen Esslöffel voll in eine Giesskanne kaltes Wasser zum Begiessen.
Einen Kaffeelöffel voll in 1/4 l kaltes Wasser zum Klystier.“

Fieberwidrige Abführlatwerge.

5,0 Salicylsäure,
3,0 Natriumbikarbonat,
10,0 Natriumnitrat,
60,0 kleinkryst. Glaubersalz,
50,0 Eibischwurzel, Pulver M/8,
q. s. braunen Sirup

mischt man zur steifen Latwerge.

Gebrauchsanweisung:

„Alle 5 Stunden den dritten Teil zu geben.“

Zum Saufen.

6,0 Natriumbikarbonat,
10,0 Salicylsäure

mischt man und teilt die Mischung in 5 Teile.

Gebrauchsanweisung:

„Man löst ein Pulver in einer Tasse warmem Wasser und giesst die Lösung in 2 l kaltes Wasser, dass man dem Schwein zum Saufen vorsetzt.“

Verfangen.

Futterrehe. Verschlag.

Das Verfangen ist ein rheumatisches Leiden, welches mit Verdauungsstörungen zusammenhängt, bez. durch solches hervorgerufen wird.

Das befallene Tier geht steif, hat Schmerzen in den Beinen, setzt die Hinterfüsse unter den Leib und macht bei gekrümmtem Rücken Bewegungen, als ob es kreuzlahm sei. Maulschleimhaut und Rüssel sind röter wie sonst, die Fresslust vermindert sich, es tritt fieberhafter Zustand ein. Der in immer kleineren Mengen entleerte Kot ist von dunkler Farbe und hart, oft mit Schleim und Blutfasern umhüllt; der Urin zeigt eine gelblichbraune Färbung.

Man frottiert das kranke Tier, giebt innerlich zuerst ein Brechmittel und eine Stunde nach der erfolgten Wirkung ein Abführmittel.

Auf den schmerzhaften Beinen macht man reizende Einreibungen.

***Brechmittel.**

1,0 kryst. Kupfersulfat,
2,0 weisse Nieswurz, Pulver M/8,
5,0 Zucker, Pulver M/30,
mischt man.

Gebrauchsanweisung:

„Auf die Zunge zu streuen."

Abführmittel.

a) 5,0 Kaliumnitrat,
50,0 kleinkryst. Glaubersalz,
10,0 Enzian, Pulver M/8,
20,0 Leinkuchenmehl
mischt man.

Gebrauchsanweisung:

„Auf 2mal in je 1/2 l warmem Wasser mit Einhaltung einer dreistündigen Pause zu geben."

b) 5,0 Spiessglanz, Pulver M/20,
10,0 rohen Weinstein, „ M/8,
10,0 Wermut, Pulver M/8,
40,0 entwässertes Glaubersalz,
35,0 Leinkuchenmehl
mischt man.

Gebrauchsanweisung:

„Alle 3 Stunden den dritten Teil in 1/2 l warmem Kamillenthee zu geben."

Scharfe Einreibung.

10,0 spanische Fliegen, Pulver M/8,
10,0 Euphorbium, „ „
10,0 Salicylsäure,
30,0 Terpentin,
20,0 Olivenöl,
20,0 Talg.
Man erhitzt eine Stunde im Dampfbad.

Gebrauchsanweisung:

„Man reibt die Beine bis zu den Schultern und Schenkeln zwei Tage hintereinander je einmal ein."

V. Der Hund.

Der Hund, obwohl Haustier, ja sogar bis zu einem gewissen Grade Familienmitglied bei uns, geniesst nicht immer diejenige Pflege, die er wie jedes andere Geschöpf zur Erhaltung seiner Gesundheit notwendig hat; nicht selten erhält er ungeeignetes oder zu viel Futter. Das Verlangen nach Arzneimitteln in Krankheitsfällen ist deshalb ein häufiges. Eine Schwierigkeit bei den Verordnungen liegt in der verschiedenen Grösse und in den nicht minder von einander unterschiedenen Rassen des Hundes. Man muss also mehr noch wie bei einem anderen Tier das Einzelindividuum berücksichtigen. Da hier nicht für jede Grösse des Hundes besondere Vorschriften gegeben werden können, so nehme ich einen mittelstarken Hund von 25 kg Gewicht an. Die verordneten Mengen würden dann für einen leichteren oder schwereren Hund entsprechend zu verringern oder zu vermehren sein. Krankheiten, welche nur bei ganz jungen, bezw. saugenden Hunden vorkommen, werden besonders berücksichtigt werden.

Appetitlosigkeit.

Mangel an Fresslust.

Infolge seiner stark entwickelten Fresslust übernimmt sich der Hund oft in seinen Genüssen und verliert den Appetit mehr oder weniger, ohne deshalb krank zu sein. Im Sommer reizt er sich selbst zum Brechen, indem er Gras frisst. Im Winter giebt man ihm bei mehrtägigem Appetitmangel ein Brechmittel und wenn die Wirkung desselben vorüber ist, ein Magenmittel.

***Brechmittel.**

0,3 Brechweinstein
mischt man mit
0,12 weisse Nieswurz, Pulver M/50.

Gebrauchsanweisung:

„Man streut das Pulver auf die Zunge."

Appetitpillen.

6,0 entwässertes Glaubersalz,
2,0 Natriumbikarbonat,
2,0 Rhabarber, Pulver M/50,
6,0 Kalmuswurzel, „ M/30,
q. s. brauner Sirup.
Man stellt 6 Pillen her.

Gebrauchsanweisung:

„Man giebt täglich 2mal 1 Pille."

Augenentzündung.

Die Augenentzündung tritt sowohl im Gefolge anderer Krankheiten, als auch selbständig auf.

Wenn das Leiden nicht ein tieferes ist (in einem solchen Fall empfiehlt sich die Zuziehung eines Tierarztes), dann wendet man eines der folgenden Wässer an und giebt innerlich schwach abführende Mittel.

Augenwasser.

a) 2,0 Bleizucker,
gelöst in
200,0 Salbeiwasser.

b) 1,0 Zinksulfat,
gelöst in
200,0 Rosenwasser.

Gebrauchsanweisung für a und b:

„Man feuchtet die kranken Augen stündlich mit dem Augenwasser an."

Einguss.

30,0 Bittersalz,
10,0 Kochsalz
löst man in
200,0 Fenchelwasser.

Gebrauchsanweisung:

„Täglich 2mal 1 Esslöffel voll einzuschütten."

Abführlatwerge.

20,0 entwässertes Glaubersalz,
5,0 Natriumbikarbonat,
5,0 Kochsalz,
20,0 Süssholz, Pulver M/8,
10,0 Bitterklee, „ „
q. s. Wacholderbeersaft.
Man bereitet eine steife Latwerge.

Gebrauchsanweisung:

„Täglich 2mal haselnussgross einzugeben."

Bläschenflechte.

Nässende Flechte

Wie die Fettflechte tritt die Bläschenflechte bei Hunden auf, welche bei zu wenig Bewegung in frischer Luft zu kräftig gefüttert werden.

Aus einem Bläschenausschlag bilden sich nässende Flecke, die an Umfang zunehmen und ein so heftiges Jucken verursachen, dass sich die Tiere an den befallenen Stellen fortwährend scheuern und bis zum Bluten reiben.

Man giebt innerlich die bei der Fettflechte angegebenen Abführpillen, hält auch dieselben Vorschriften betreffs des Futters ein und behandelt die Flechte äusserlich durch Bäder.

Zum Bad.

50,0 grobgepulvertes Schwefelkalium,
50,0 Holzteer,
400,0 Schmierseife
mischt man durch Erwärmen.

Gebrauchsanweisung:

„Den fünften Teil auf ein Bad. Man badet das Tier alle 2 Tage. Nach dem Bad reibt man die befallenen Stellen mit Zink-Kreosot-Salbe ein."

Zinkkreosotsalbe.

5,0 Kreosot,
85,0 Zinksalbe,
10,0 Wasser.
Man mischt.

Blutharnen.

Eine Blasen- oder Nierenreizung, die durch Erkältung, Nieren- oder Blasensteine, ferner durch Stösse oder Schläge in die Nierengegend hervorgerufen sein kann, hat sehr oft Blutharnen im Gefolge.

Das Tier zeigt wenig Fresslust, geht steif und lässt geröteten Urin.

Ist die Veranlassung eine äussere, so macht man kalte Umschläge in der Nierengegend; bei inneren Ursachen sind dagegen trockene warme Umschläge vorzuziehen.

Man giebt Klystiere und innerlich leichte Abführmittel.

Klystier.

15,0 Eigelb (1 Stück)
15,0 Olivenöl,
500,0 Kamillenaufguss (25 : 500).
Man stellt eine Emulsion her.

Gebrauchsanweisung:

„Man stellt die Flasche in einen Topf mit warmem Wasser von höchstens 50° C und giebt alle 3 Stunden 100 g als Klystier."

Gelindes Abführmittel.

15,0 Magnesiumsulfat,
15,0 Tamarindenmus

löst man in

150,0 Fenchelwasser.

Gebrauchsanweisung:

„Alle 2 Stunden 1 Esslöffel voll zu geben.

Durchfall.

Verdorbenes oder sehr fettes Futter, Überfressen, Saufen zu kalten Wassers, auch Erkältungen sind zumeist die Ursachen des Durchfalls, wenn der Durchfall nicht Begleiterscheinung einer andern Krankheit ist. Tritt er in letzterer Form auf, so ist er in die Behandlung der Hauptkrankheit mit einzuschliessen, tritt er dagegen selbständig auf, so ist die Kur eine wesentlich einfachere.

Man hält das kranke Tier warm, reibt den Leib mit erwärmenden weingeisthaltigen Flüssigkeiten ein, giebt innerlich Opium, Adstringentia und Kreide, ausserdem auch zur Verminderung des Darmreizes opiumhaltige Kakaoölstuhlzäpfchen.

Man giebt Fleischfutter, gekochten Reis mit verrührtem Eigelb und Fleischbrühe.

Einreibung.

50,0 Kampferspiritus
mischt man mit
50,0 Wacholderspiritus.

Gebrauchsanweisung:

„Man reibt den Leib 3mal täglich damit ein und umhüllt ihn dann mit warmen Decken."

Pillen.

*a) 1,0 Opium, Pulver M/50,
1,0 Eibischwurzel, „ „
3,0 Süssholz, „ „
q. s. Gummischleim.
Man stellt 5 Pillen her.

Gebrauchsanweisung:

„Morgens und abends 1 Pille zu geben."

b) 3,0 Gerbsäure,
2,0 basisches Wismutnitrat,
3,0 Süssholz, Pulver M/50,
3,0 arabisches Gummi, „ „
q. s. brauner Sirup.
Man fertigt 10 Pillen.

Gebrauchsanweisung:

„Dreimal täglich eine Pille zu geben."

Pulver.

a) 1,0 basisches Wismutnitrat,
2,5 Ratanhiaextrakt,
6,5 Zucker, Pulver M/30.
Man mischt und teilt die Mischung in 5 Pulver.

Gebrauchsanweisung:

„Alle 4 Stunden 1 Pulver zu geben."

b) Bei hartnäckigem Durchfall.
0,5 geschlämmtes Bleiweiss,
2,0 Wismutnitrat,
2,5 arabisches Gummi, Pulver M/30,
5,0 Zucker, „ „
Man mischt und teilt die Mischung in 10 Teile.

Gebrauchsanweisung:

„Alle 3 Stunden 1 Pulver zu geben."

Latwerge.

5,0 Rhabarber, Pulver M/50,
5,0 Kaskarillrinde, „ „
10,0 Schlämmkreide,
10,0 Kamillen, Pulver M/30,
q. s. Gummischleim.
Zur Bereitung einer Latwerge.

Gebrauchsanweisung:

„Alle 3 Stunden haselnussgross zu geben."

---

* Einguss.

10,0 Olivenöl,
5,0 arabisches Gummi, Pulver M/20,
120,0 Kamillenaufguss (6,0 : 120,0),
0,5 Bilsenkrautextrakt.
Man stellt eine Emulsion her.

Gebrauchsanweisung:

„Alle 2 Stunden 1 Esslöffel voll zu geben."

Stuhlzäpfchen.

1,2 Ratanhiaextrakt,
1,0 Wasser,
12,0 Kakaoöl.
Man stellt durch Kneten eine bildsame Masse und daraus 6 Zäpfchen her.

Gebrauchsanweisung:

„Man schiebt nach jeder grösseren Darmentleerung 1 Zäpfchen mit geöltem Finger so weit wie möglich in den After."

Eingeweidewürmer.

Die Gegenwart der Eingeweidewürmer wird gewöhnlich aus dem Kot, mit welchem ganze Würmer oder nur Teile derselben, wie beim Bandwurm, abgehen, erkannt.

Hunde, welche von Würmern geplagt sind, fressen mehr als gewöhnlich, rutschen gern auf dem Gesäss oder strecken sich in der Weise, dass die Vorderbeine mit der Brust auf dem Boden liegen, während das Hinterteil steht. Manche Hunde bekommen kolikartige Schmerzen, die sie zum stundenlangen Umherrasen treiben und oft mit Unrecht wutverdächtig erscheinen lassen.

Das beste Wurmmittel ist und bleibt das Farnextrakt. Man giebt es gleichzeitig mit einem kräftigen Abführmittel und darf mit Sicherheit in 1—2 Stunden einen vollen Erfolg erwarten. Je nach Grösse des Hundes giebt man 1—3 g, einem 25 kg schweren Hund, wie er hier als Durchschnitt ins Auge gefasst, demnach 2 g Extrakt. Mit dem Farnextrakt werden alle Arten von Würmern, sowohl Spul-, als auch Bandwürmer beseitigt.

Wurmpillen.

2,0 Farnextrakt,
3,0 Aloë,
3,0 Hausseife, Pulver M/50,

Man stellt 2 Pillen her.

Gebrauchsanweisung:

„*Man giebt beide Pillen dem nüchternen Hund frühmorgens.*"

Wurmöl.

2,0 Farnextrakt,
20,0 Ricinusöl

mischt man.

Gebrauchsanweisung:

„*Man erwärmt das Öl und giesst es morgens dem nüchternen Hund ein.*"

Erbrechen.

Erbrechen kann, trotzdem sich der Hund leicht und oft bricht, krankhaft werden und zu einer Überreizung der Magennerven führen.

Man giebt ihm dann als Futter öfter kleine Rationen Haferschleim, dem man eine Messerspitze Natriumbikarbonat zusetzt und innerlich die nachstehenden Pillen oder den Einguss.

Pillen.

2,0 basisches Wismutnitrat,
2,0 bittere Mandeln,
4,0 Eibischwurzel Pulver M/50,
q. s. Gummischleim.

Man stösst zu einer bildsamen Masse und formt 4 Pillen daraus.

Gebrauchsanweisung:

„*Alle 2 Stunden 1 Pille zu geben.*"

---

*Pulver.

0,5 basisches Wismutnitrat,
0,1 Opium, Pulver M/30,
0,5 arabisches Gummi, Pulver M/50,
1,0 Zucker, Pulver M/30,

mischt man.

Gebrauchsanweisung:

„*Auf einmal einzugeben.*"

Zum Einguss.

1,0 bittere Mandeln,
35,0 Kreosotwasser.

Man stösst zur Milch und fügt hinzu

15,0 Gummischleim.

Gebrauchsanweisung:

„*Auf 2 mal innerhalb zweier Stunden zu geben.*"

Fettflechte.

Die Fettflechte ist die Folge zu kräftiger Fütterung bei zu wenig Bewegung in frischer Luft, rührt also von ungenügendem Stoffwechsel her.

Es bilden sich auf dem Hals und Rücken einzelne Flecke mit Bläschen, die durch Zerspringen eine gelbliche Flüssigkeit ausscheiden und beim Vertrocknen einen glänzenden Überzug hinterlassen. Die Tiere reiben oder beissen sich oft blutig. Die Stellen werden kahl und sehen stark gerötet aus. Der Ausschlag wird oft mit der Räude verwechselt.

Man giebt innerlich Abführmittel und äusserlich eine Einreibung.

Am meisten wird man durch eine entsprechende Diät erreichen. Man setzt die befallenen Hunde auf halbe und zwar magere Kost und veranlasst, dass sie sich viel im Freien bewegen müssen.

Abführpillen.

20,0 entwässertes Glaubersalz,
10,0 Aloë,
q. s. brauner Sirup.

Man stellt 10 Pillen her.

Gebrauchsanweisung:

„Fünf Tage lang täglich, dann alle 2 Tage eine Pille zu geben."

Einreibung.

20,0 graue Quecksilbersalbe,
10,0 Holzteer,
70,0 Zinksalbe.

Gebrauchsanweisung:

„Man wäscht die befallenen Stellen täglich einmal mit warmem Seifenwasser, trocknet sie mit einem weichen Tuch ab und reibt dann die Salbe vorsichtig ein. Wenn der Ausschlag nachzulassen beginnt, nimmt man diese Behandlung nur alle zwei Tage vor."

Fetträude.

Die Fetträude entsteht bei zu reichlich genährten, besonders älteren Tieren durch die Haarsackmilbe, hat ihren Sitz zumeist am Kopf, am Hals und der Kehle, geht aber auch nicht selten auf den ganzen Körper über.

Man bemisst vor allem das dem Tier zu verabreichende Futter knapp, vermeidet alle Fettfütterung und macht alle 2 Tage mit der unter „Räude" angegebenen Schwefelteerseife Waschungen.

Einreibung.

20,0 Kreolin,
20,0 Schmierseife,
30,0 verdünnten Weingeist v. 68 pCt
mischt man.

Gebrauchsanweisung:

„Man wäscht die kranken Stellen alle 2 Tage mit Schwefelteerseifenlösung, trocknet mit einem Tuch ab und reibt dann die Kreolinlösung ein. Man verfährt in dieser Weise so oft, bis Heilung erfolgt."

Fettsucht.

Die Fettsucht ist zumeist das Vorrecht der Zimmerhunde und entsteht durch zu wenig Bewegung der Tiere und durch zu reichliches Futter.

Die Kur ist vor allem eine diätetische und besteht darin, dass man die Tiere auf halbes Futter setzt und dabei Fett und teilweise auch Kohlehydrate meidet. Innerlich giebt man alle 3 Tage ein gelindes Abführmittel.

Gelinde Abführpillen.

10,0 entwässertes Glaubersalz,
5,0 Hausseife, Pulver M/30,
2,5 Aloë, „ „
q. s. Wacholdersaft.

Man stellt 5 Pillen her.

Gebrauchsanweisung:

„Alle 3 Tage morgens nüchtern 1 Pille zu geben."

Gehirnentzündung.

Die Gehirnentzündung tritt meistens bei Hunden ein, welche schwer zahnen oder die Backenzähne bekommen, kann aber auch durch äussere Ursachen, z. B. Hemmung des Blutumlaufs durch zu enges Halsband, hervorgerufen werden. Gut gefütterte Hunde, welche wenig Bewegung haben, sind mehr dazu geneigt, als magere und angestrengte Tiere, z. B. Zughunde.

Das kranke Tier liegt entweder matt auf seinem Lager, hat Gliederzuckungen, entzündete Augen, heisse Nase, wenig oder gar keine Fresslust, ist teilweise auch gelähmt, oder aber es rast heiser bellend herum, stürzt in Krämpfen zusammen, ist bissig und zeigt alle Eigenschaften, die zu einer Verwechslung mit der Tollwut verleiten können.

Man zieht sofort einen Tierarzt zu, da ein Aderlass zur Einleitung der Kur gehört. Man macht Eisumschläge, am besten mit dem Gummieisbeutel oder mit einer Blase; giebt innerlich ein Abführmittel und spritzt gegen das Rasen und gegen die Krämpfe Morphinlösung ein.

Da meistens Verstopfung vorhanden ist, setzt man alle 2 Stunden Klystiere.

Die Krankheit ist schwer und führt in der Mehrzahl der Fälle zum Tod; immerhin ist nicht alle Hoffnung aufzugeben.

Abführmittel.

*a) 0,2 Kalomel,
1,0 Zucker, Pulver M/30.

Man mischt und teilt die Mischung in zwei Pulver.

Gebrauchsanweisung:

„Ein Pulver sofort und das zweite nach drei Stunden zu geben."

b) 1,0 Salicylsäure
verreibt man in
25,0 Ricinusöl.

Gebrauchsanweisung:

„Man erwärmt das Öl und schüttet es auf einmal ein."

***Morphin-Einspritzung.**

0,2 Morphinhydrochlorid

löst man in

10,0 destilliertem Wasser.

Gebrauchsanweisung:

„Man spritzt täglich 2 mal 3 ccm (0,06) ein und fährt so lange damit fort, bis die Anfälle nachlassen."

Zum Klystier.

6,0 Kaliseife

löst man unter Erwärmen in

280,0 Wasser

und fügt

15,0 Kampferspiritus

hinzu.

Gebrauchsanweisung:

„Alle Stunden 50 g kalt zum Klystier und so oft anzuwenden, bis reichlicher Stuhlgang eintritt."

Glatzflechte.

Während bei der Fett- und Bläschenflechte die Erkrankung der Haut mit Bläschenbildung beginnt, bilden sich bei der Glatzflechte zuerst Schuppen. Sie verdicken die Haut, rufen Schorf hervor und bringen schliesslich die Haare zum Ausfallen, daher der Name Glatzflechte. Wie alle Flechten, erstreckt sich auch diese nicht über den ganzen Körper, vielmehr befällt sie nur einzelne Stellen; sie unterscheidet sich dadurch von der Räude.

Man giebt innerlich die unter „Fettflechte" aufgeführten Abführpillen und wendet äusserlich die unten aufgeführte Einreibung an.

Die Diät ist die bei der Fettflechte vorgeschriebene.

Flechtensalbe.

5,0 Salicylsäure,
5,0 Kreosot

mischt man mit

90,0 Schweinefett.

Gebrauchsanweisung:

„Man wäscht die befallenen Stellen mit warmem Wasser und Seife täglich einmal ab und reibt dann die Salbe ein."

Hundehaarling.

Der Hundehaarling unterscheidet sich von der Laus, der er in Grösse wesentlich nachsteht, dadurch, dass er nicht wie jene Blut saugt, sondern Hautschuppen und feine Haare frisst. Er bringt ebenfalls Jucken der Haut, aber in geringerem Masse wie die Laus hervor.

Man wendet dieselben Mittel an, welche unter „Läuse" angegeben sind.

Hundezecke.

Holzbock.

Die Hundezecke lebt auf niederem Strauchwerk der Weg- oder Waldränder und lässt sich auf die Hunde herabfallen. Wenn sich die Zecke festgebissen hat, so beschmiert man sie am besten mit nachstehendem Öl; sie verlässt entweder sofort ihren Platz oder stirbt auf dem Feld ihrer Thätigkeit ab.

Zeckenöl.

5,0 Salicylsäure,

fein verrieben mit

15,0 Schweinefett,
15,0 Terpentin.

Man löst die Verreibung in

65,0 Terpentinöl.

Man giebt Gläschen von 20 g Inhalt an das Publikum ab.

Gebrauchsanweisung:

„Man beschmiert die Zecke vollständig mit dem Öl und wiederholt das alle Tage 2 mal, bis der Erfolg eintritt."

Katarrhfieber.

Katarrhfieber dürfte zumeist durch Erkältung entstehen und setzt sich zusammen aus einer katarrhalischen Reizung der Nasen- und Kehlkopfschleimhäute mit Fiebererscheinungen.

Das kranke Tier zeigt struppiges Haar, friert, hat abwechselnd kalte und heisse Nase, entzündete Augen und niesst viel. Aus der Nase fliesst Schleim aus, das Atmen ist erschwert. Man hält das Tier im warmen Raum und giebt ihm auflösende und fieberwidrige Mittel. Sehr zweckdienlich ist auch das Einatmen warmer Wasserdämpfe. Man taucht zu dem Zweck ein grobmaschiges dichtes Tuch in Wasser von 40 ° C und hält es dem Tier breit vor die Nase.

Zum Getränk.

2,0 Kaliumnitrat,
2,5 Salicylsäure,
1,5 Natriumbikarbonat

mischt man.

Gebrauchsanweisung:

„Man löst es in so viel Wasser, als der Hund innerhalb 24 Stunden säuft.“

Zum Einguss.

a) 150,0 Fliederaufguss (7,5 : 150,0),
7,5 Ammoniumacetatlösung
7,5 Senegasirup.

Gebrauchsanweisung:

„Alle 3 Stunden 1 Esslöffel voll (15 g) zu geben.“

b) 150,0 Fenchelaufguss (7,5 : 150,0),
3,0 Ammoniumchlorid,
5,0 Brustelixir.

Gebrauchsanweisung:

„Alle 3 Stunden 1 Esslöffel voll (15 g) zu geben.“

Krampfhusten.

Vielfach tritt der Husten im Gefolge anderer Krankheiten, häufig aber auch als selbständiges Leiden auf. Man giebt auflösende und lindernde Mittel, sucht aber auch die nervöse Reizung zu mildern.

Hustensaft.

a) 0,5 Goldschwefel,
2,0 Ammoniumchlorid,
10,0 gereinigten Süssholzsaft

löst und verreibt man mit

90,0 Eibischsaft.

Gebrauchsanweisung:

„Täglich 2 mal 1 Kaffeelöffel voll zu geben.“

b) 12,0 Kaliumbromid

löst man in

80,0 Fenchelwasser,
100,0 Mohnsaft.

Gebrauchsanweisung:

„Täglich 4 mal 1 Kaffeelöffel voll zu geben.“

***Beruhigungstropfen.**

25,0 Bittermandelwasser,
25,0 Kreosotwasser,
0,1 Morphinhydrochlorid.

Man löst.

Gebrauchsanweisung:

„Täglich 3 mal je 20 Tropfen in etwas Wasser zu geben.“

Einguss.

a) 15,0 Mandelöl,
7,5 arabisches Gummi, Pulver M/30,
40,0 Fenchelwasser,
40,0 Kreosotwasser.

Man bereitet eine Emulsion und verreibt darin

0,25 Goldschwefel.

Gebrauchsanweisung:

„Man schüttelt die Arznei um und giebt alle 2 Stunden einen Kaffeelöffel voll.“

b) 10,0 Natriumbromid

löst man in

100,0 Fenchelwasser,
50,0 Kreosotwasser.

Gebrauchsanweisung:

„Man giebt täglich viermal ½ Esslöffel voll.“

Kropf.

Er ist, wie bei anderen Tieren, eine krankhafte Anschwellung der Schilddrüse und wird durch Jod geheilt.

***Kropfsalbe.**

2,0 Kaliumjodid

löst man in

2,0 destilliertem Wasser

und setzt dann zu

12,0 Kaliseife,
12,0 Schweinefett.

Gebrauchsanweisung:

„Täglich zweimal einzureiben.“

Kropfpulver.

25,0 Schwammkohle, Pulver M/50,
25,0 Zucker, Pulver M/30,

mischt man.

Gebrauchsanweisung:

„Täglich zweimal je 1 Messerspitze voll zu geben.“

Läuse.

Läuse kommmen bei ganz jungen und bei alten Tieren am häufigsten vor und scheinen auf schlecht genährten oder unrein gehaltenen Tieren den besten Boden für ihr Fortkommen zu finden.

Man beseitigt die Läuse am schnellsten durch Waschungen mit Schwefelseifenlösungen oder mit Aufgüssen aus Tabak und Petersiliensamen. Auch das Insektenpulver thut gute Dienste.

Schwefelseife.

a) 5,0 grob gepulvert. Schwefelkalium,
95,0 Schmierseife

mischt man.

Gebrauchsanweisung:

„Man löst 1 Esslöffel voll in 1/2 l warmem Wasser und wäscht mit dieser Lösung den ganzen Hund, spült aber nicht mit Wasser nach. Nach 2 Tagen badet man denselben, trocknet ihn mit einem Tuch ab und wäscht sofort mit der Schwefelseifenlösung. Drei Waschungen sind gewöhnlich zur Entfernung der Läuse hinreichend.“

b) 100,0 zerquetschten Petersiliensamen

mischt man mit

200,0 feinzerschittenem Landtabak.

In Papierbeuteln zu verabreichen.

Gebrauchsanweisung:

„Man übergiesst den Beutelinhalt mit 1 l kochend heissem Wasser, lässt 1/2 Stunde stehen, setzt 1/4 l Branntwein zu, lässt nochmals 1/2 Stunde stehen und seiht dann die Brühe durch ein feinlöcheriges Blechsieb ab. Das auf dem Sieb Verbleibende drückt man mit der Hand aus.

Man wäscht mit der Brühe den ganzen Hund, spült aber nicht mit Wasser nach. Man hüllt ihn vielmehr warm ein und bringt ihn in ein warmes Zimmer.

Nach 2 Tagen wiederholt man das Verfahren und nach weiteren 2 Tagen badet man den Hund warm, wobei man ihn tüchtig mit Schmierseife einreibt, so dass er völlig sauber wird.“

Benzin-Emulsion.

Emulsio Benzini.

2,0 Kokosöl,
5,0 Schmierseife,
83,0 Wasser

giebt man in eine Flasche, erwärmt diese im Wasserbad bis zur Lösung der Seife, fügt dann

10,0 Benzin

hinzu und schüttelt kräftig um.

Man bewahrt die Emulsion in kühlem Raum auf.

Gebrauchsanweisung:

„Die erkrankten oder von Läusen heimgesuchten Stellen reibt man täglich 2mal ein. An jedem vierten Tag badet man das Tier in Seifenwasser.“

Magenkatarrh.

Gastrisches Fieber.

Der Hund ist, besonders in jüngeren Jahren, sehr geneigt, im Fressen des Guten zu viel zu thun und dadurch Verdauungsstörungen durch Überreizung der Magenschleimhäute herbeizuführen.

Es können diese Zustände aber auch durch den Genuss schwerverdaulichen oder verdorbenen, ferner zu kalten Futters hervorgerufen werden.

Das Haar des erkrankten Hundes ist struppig, das Tier friert, die Augen sind gerötet und thränen zuweilen, die Nasen- und Maulschleimhäute erscheinen gelblich gefärbt und die Zunge belegt. Appetitlosigkeit, Neigung zum Erbrechen, Durchfall oder Verstopfung, ferner eine gewisse Schlaffheit sind die äusseren Merkmale.

Man giebt vor allem ein Brechmittel. Bei Durchfall verordnet man aromatische Stoffe mit etwas Opium, bei Verstopfung dagegen ein Abführmittel. Hat man Anzeichen, dass Würmer vorhanden sind, so berücksichtigt man auch diese.

Man giebt dem Hund leichtverdauliches Futter und dieses nur in kleinen Mengen, hält ihn überhaupt im Fressen kurz.

* Brechmittel.

a) Bei Verstopfung:

0,3 Brechweinstein,
1,0 Brechwurz, Pulver M/50.

b) Bei Durchfall:

0,15 weisse Niesswurz, Pulver M/50,
2,0 Zucker, Pulver M/30.

Gebrauchsanweisung für a und b:

„In einem Löffel Wasser zu geben.“

Abführpillen.

4,5 Aloë, Pulver M/30,
q. s. Kaliseife.

Man stellt 3 Pillen her.

Gebrauchsanweisung:

„Alle 5 Stunden 1 Pille zu geben.“

Pulver gegen Magenkatarrh mit Durchfall.

1,0 Gerbsäure,
0,5 basisches Wismutnitrat,
10,0 Kalmus, Pulver M/50.

Man mischt und teilt die Mischung in 5 Pulver.

Gebrauchsanweisung:

„*Zwei Stunden nach der letzten Wirkung des Brechmittels 1 Pulver und weiter alle 12 Stunden ein solches in etwas Wasser zu geben.*“

Gegen Würmer.

a) 2,0 Farnwurzelextrakt
mischt man mit
20,0 Ricinusöl.

Gebrauchsanweisung:

„*Auf einmal einzugeben.*“

b) 2,0 Farnwurzelextrakt,
3,0 Aloë, Pulver M/30,
2,0 Hausseife, Pulver M/30,

Man stellt 2 Pillen her.

Gebrauchsanweisung:

„*Innerhalb 1 Stunde beide Pillen zu geben.*“

Maulschwämmchen.

Wie alle jungen Tiere sind auch die saugenden Hunde oft von der Schwämmchenkrankheit befallen. Es entstehen innen im Maul an allen Teilen Bläschen, welche teilweise vereitern und infolge der verursachten Schmerzen das Tierchen am Saugen hindern.

Man giebt der Mutter ein salziges Abführmittel und wäscht den befallenen jungen Hunden die Mäuler innen mit Alaun- oder Boraxlösung aus.

Waschwasser.

a) 10,0 Borax,
gelöst in
200,0 Salbeiwasser.

b) 5,0 Alaun,
gelöst in
200,0 Salbeiwasser.

Gebrauchsanweisung für a) und b):

„*Man taucht ein weiches leinenes Läppchen in das Waschwasser und wäscht damit den jungen Hunden alle 2 Stunden die Mäuler aus.*“

Abführmittel für die Mutter.

50,0 Natriumsulfat,
10,0 Natriumbikarbonat,
200,0 Wasser.

Gebrauchsanweisung:

„*Alle 2 Stunden 1 Esslöffel voll zu geben.*“

Ohrzwang.

Der Ohrzwang kommt, ähnlich wie der Ohrenkrebs, ebenfalls nur bei Hunden mit hängenden Ohren vor und besteht im Anfang des Leidens in einer schwachen Entzündung der Ohrmuschel und des Gehörganges. Später stellt sich zumeist ein übelriechender Ausfluss ein.

Die Schmerzen treten mit Unterbrechung auf, dann aber so heftig, dass das ruhig liegende, sogar schlafende Tier plötzlich schreiend aufspringt, den Kopf heftig schüttelt, mit der Pfote im Ohr kratzt und dann wieder so lange ruhig ist, bis der Anfall von neuem beginnt.

Man hält die Tiere warm und wäscht ihnen täglich die Ohren aus.

Waschwasser.

a) 2,0 Kupfersulfat
löst man in
100,0 Karbolwasser.

*b) 0,05 Quecksilberchlorid
löst man in
95,0 Wasser
und fügt
5,0 Glycerin v. 1,23 spez. Gew.
hinzu.

Gebrauchsanweisung für a) und b):

„*Man wäscht das Ohr 3 mal täglich mit dem vorher angewärmten Wasser aus.*“

Einpinselung.

1,0 Silbernitrat
löst man in
40,0 Karbolwasser
und setzt
10,0 Glycerin v. 1,23 spez. Gew.
zu.

Gebrauchsanweisung:

„*Man streicht die Einpinselung täglich 3 mal mit einem weichen Pinsel in das Ohr.*“

Ohrzwangöl.

1,0 Salicylsäure
löst man durch Erwärmen in
50,0 Bilsenkrautöl.

Gebrauchsanweisung:

„Man streicht das Öl täglich dreimal mit einem weichen Pinsel in das kranke Ohr.“

Ohrenkrebs.

Der Ohrenkrebs wird am meisten bei Hunden mit langen hängenden Ohren, also bei Jagd- und Dachshunden beobachtet und äussert sich dadurch, dass der Rand des Ohres anschwillt, rissig wird und einen mit Schorf bedeckten Wulst bildet. Infolge der verursachten Schmerzen schüttelt der Hund häufig den Kopf, so dass die Ohren um denselben schlagen, und kratzt viel mit den Pfoten an oder in den Ohren. In Rücksicht auf das Kopfschütteln giebt man Jagdhunden keine mit Metallknöpfen besetzten, sondern glatte weiche Lederhalsbänder.

Eine Heilung ist nur bei Beginn der Krankheit möglich und wird durch eine äusserliche Kur erreicht.

Während der Kur muss der Hund verhindert werden, sich an den Ohren zu kratzen.

Man wendet Waschwässer, Einpinselungen und bei fortgeschrittenem Leiden schwach ätzende oder adstringierende Salben, auch Jodoform an.

Waschwasser.

a) 2,0 Kupfersulfat,
2,0 Alaun
löst man in
100,0 Wasser.

b) 2,0 Bleiacetat,
2,0 Kupferacetat
löst man in
90,0 destilliertem Wasser,
10,0 Glycerin v. 1,23 spez. Gew.

Gebrauchsanweisung für a und b:

„Täglich 3 mal wäscht man die kranken Teile des Ohres mit einem in das Waschwasser getauchten Schwämmchen.“

Einpinselung.

1,0 Silbernitrat
löst man in
44,0 destilliertem Wasser
und fügt der Lösung
5,0 Glycerin v. 1,23 spez. Gew.
hinzu.

Gebrauchsanweisung:

„Man pinselt die kranken Teile des Ohres täglich 3 mal ein.“

Salbe.

a) 5,0 Gerbsäure,
5,0 basisches Wismutnitrat,
40,0 Wachssalbe
mischt man.

b) 20,0 rote Quecksilbersalbe.

Gebrauchsanweisung für a und b:

„Man bestreicht die kranken Teile des Ohres täglich einmal mit der Salbe.“

Räude.

Die Räude wird durch eine Milbe hervorgerufen, beginnt gewöhnlich an den Ohren und Augen und schreitet, wenn nichts angewendet wird, immer weiter, so dass sie schliesslich den ganzen Körper bedeckt. Sie unterscheidet sich dadurch ganz bestimmt von der Flechte, die nur an einzelnen Stellen auftritt und hier das Haar zum Ausfallen bringt. Soweit die Räude am Körper des Hundes fortgeschritten ist, gehen die Haare aus; es besteht ein heftiges Jucken und macht sich dadurch bemerklich, dass sich die Tiere an allen Gegenständen reiben, sich auf dem Rücken wälzen usw.

Man nimmt die Kur so schnell wie möglich vor und leitet dieselbe dadurch ein, dass man das Tier vorzüglich nährt und mit Schwefelteerseife wäscht. An den Stellen, wo man mit Seifenlösung aus Rücksicht auf die Augen nicht gut operieren kann, wendet man Salicylsalbe an.

Auch eine Räudesalbe ist empfehlenswert; aber unter allen Umständen müssen die befallenen Teile vor dem Einreiben gut gewaschen werden.

Schwefelteerseife.

50,0 grob gepulv. Schwefelkalium,
50,0 Holzteer,
50,0 Glycerin v. 1,23 spez. Gew.,
350,0 Schmierseife
mischt man unter Erwärmen.

Gebrauchsanweisung:

„Man löst 2 Esslöffel voll in $^1/_2$ l warmem Wasser und wäscht damit die kranken Teile,

ohne mit Wasser nachzuspülen. Nach zwei Tagen wäscht man mit gewöhnlicher Seifenlösung, trocknet ab und wäscht nun mit der Schwefelseifenlösung nach. So verfährt man alle zwei Tage, bis ein vollständiges Abheilen eintritt.“

Räudesalbe.

a) 10,0 Holzteer,
5,0 gepulvertes Schwefelkalium,
5,0 Kreosot,
80,0 Kokosöl.

b) 10,0 Holzteer,
5,0 Salicylsäure,
10,0 flüssiges Thiol,
75,0 Schweinefett.

Gebrauchsanweisung für a und b:

„Man wäscht die kranken Teile mit Schmierseife und warmem Wasser, trocknet ab und reibt die Salbe ein. Man thut dies alle zwei Tage, bis Heilung erfolgt.“

Salicylsalbe.

5,0 Salicylsäure

löst man durch Erhitzen in

90,0 Schweinefett,

rührt bis zum vollständigen Erkalten und setzt dann

5,0 Glycerin v. 1,23 spez. Gew.

zu.

Gebrauchsanweisung:

„Man reibt mit dieser Salbe die am Kopf befindlichen räudigen Stellen täglich einmal und so oft ein, bis Heilung erfolgt ist.“

Rhachitis.

Englische Krankheit.

Die Rhachitis kommt nicht selten vor und tritt nur bei ganz jungen, gewöhnlich noch saugenden Hunden auf.

Man giebt im letzteren Fall der Mutter kalkhaltige Mittel, ebenso den Jungen. Beide erhalten viel Fleischnahrung.

Knochenbildendes Pulver.

a) Für junge Tiere.

25,0 Calciumphosphat,
5,0 Magnesiumkarbonat,
70,0 Milchzucker, Pulver M/30,

mischt man.

Gebrauchsanweisung:

„Täglich 3mal 1 kleine Messerspitze voll zu geben.“

b) Für die säugende Mutter.

50,0 Calciumphosphat,
10,0 gebrannte Magnesia,
40,0 Milchzucker

mischt man.

Gebrauchsanweisung:

„Täglich 3mal eine starke Messerspitze voll zu geben.“

Rheumatismus.

Rheumatismus entsteht wie bei allen Warmblütern meistens durch Erkältung und befällt gewöhnlich die äusseren Körperteile, so dass das kranke Tier steif geht, bei Bewegung des Körpers laut schreit und oft zum Fortbewegen, besonders zum Steigen der Treppen ganz unfähig ist. Nicht selten ist Fieber vorhanden.

Man giebt Natriumsalicylat und leichte Abführmittel. Die schmerzhaften Glieder reibt man mit aromatischen Spirituosen ein.

Rheumatismusmixtur.

10,0 Salicylsäure,
6,0 Natriumbikarbonat

löst man in

150,0 Wasser.

Gebrauchsanweisung:

„Täglich 3mal ein Esslöffel voll.“

---

*Rheumatismuspillen.

5,0 Antifebrin,
5,0 Roggenmehl,
q. s. brauner Sirup.

Man macht 5 Pillen.

Gebrauchsanweisung:

„Morgens und abends 1 Pille zu geben.“

Abführmittel.

2,0 Natriumnitrat,
20,0 Ammoniumacetatlösung,
30,0 Magnesiumsulfat

löst man in

100,0 Wasser.

Gebrauchsanweisung:

„Man giebt alle Stunden 1 Esslöffel voll."

Einreibung.

a) 50,0 Kampferspiritus,
50,0 Ameisenspiritus.

b) 10,0 Terpentinöl,
150,0 Kampferspiritus,
150,0 Ameisenspiritus.

Gebrauchsanweisung für a und b:

„Man reibt täglich 3mal die schmerzhaften Glieder damit ein und umwickelt sie dann mit wollenen Binden."

Skorbut.

Diese Krankheit entsteht gewöhnlich infolge längerer Verdauungsstörungen und äussert sich durch Lockerwerden der geschwärzten Zähne, Bluten des schwammig gewordenen und an den Rändern bläulichrot gefärbten Zahnfleisches.

Man verschafft dem Tier viel Bewegung in frischer Luft und giebt ihm kräftiges, aber einfaches Futter. Süssigkeiten, welche bei Zimmerhunden häufig die Ursache des Skorbuts bilden, sind natürlich ausgeschlossen. Das Zahnfleisch bestreicht man mit zusammenziehenden Mitteln, während man zugleich Adstringentia eingiebt.

Zum Einpinseln.

a) 25,0 Myrrhentinktur,
25,0 Ratanhiatinktur
mischt man.

b) 5,0 Alaun
löst man in
50,0 Salbeiaufguss (5 : 50).

Gebrauchsanweisung für a und b:

„Man bepinselt das Zahnfleisch täglich 2mal."

Einguss.

5,0 grob zerschnittener Kalmus,
5,0 grob gepulverte Chinarinde,
5,0 „ „ Eichenrinde.
Man stellt daraus
150,0 Absud
her und mischt damit
1,5 Phosphorsäure.

Gebrauchsanweisung:

„Täglich 2mal einen Esslöffel voll zu geben."

Staupe.

Seuche.

Die Staupe ist die bekannteste und nach der Tollwut gefürchtetste Krankheit. Obwohl sie zu den „Kinderkrankheiten" des Hundes gehört, befällt sie denselben nicht selten, nachdem er bereits das zweite Jahr zurückgelegt hat.

Die Krankheit tritt sehr verschieden auf, beginnt aber meistens mit einem Schnupfen, der sich durch Husten, Niesen, Nasenfluss, gerötete und thränende Augen äussert. Hierzu gesellen sich dann Appetitlosigkeit, Verstopfung, Mattigkeit, schwankender Gang und in vielen Fällen schliesslich Krämpfe.

Die Staupe verläuft nicht selten in wenigen Tagen, sehr häufig aber zieht sich die Krankheit wochenlang hin. In derselben Weise, wie die Krankheiten nacheinander auftraten, verschwinden sie wieder, aber nur zu häufig tritt der Tod ein.

Mager gehaltene Hunde oder Tiere, welche arbeiten müssen und sich im Freien bewegen, überstehen die Krankheit leichter, wie die im Zimmer gehaltenen feineren Rassen.

Beim Beginn der Krankheit giebt man sofort ein langsam wirkendes Abführmittel, am besten Kalomel. Fehlt bereits der Appetit, so lässt man den Hund brechen. Im weiteren Verlauf der Krankheit hat man für offenen Leib des Tieres durch Glycerinstuhlzäpfchen zu sorgen.

Bei heissem Kopf macht man kalte Umschläge mit Eiswasser, das man in eine Blase füllt. In Ermangelung von Eis kann man verdünnten Weingeist mit etwas Kampfer nehmen. Bei grosser Schwäche, die gewöhnlich von Zuckungen begleitet ist, giebt man Baldrian und Kamillen mit Äther. Den Rücken reibt man mit schwach reizenden Mitteln ein. Um das Tier bei Kraft zu erhalten, füttert man gekochtes oder rohes Fleisch, je nachdem der Hund zum einen oder anderen mehr Neigung hat.

Man hält das kranke Tier warm, behütet es vor jeder Aufregung und führt es täglich 2 mal je eine halbe Stunde aus.

***Kalomelpulver.**

0,3 Kalomel,
3,0 Zucker, Pulver M/30.
Man mischt und teilt in 6 Pulver.

Gebrauchsanweisung:

„Alle 5 Stunden 1 Pulver zu geben."

Gelind wirkende Abführpillen.

4,0 Aloë, Pulver M/30,
4,0 arabisches Gummi, Pulver M/30,

1,0 Natriumnitrat,
q. s. Kaliseife.
Man stellt 8 Pillen her.

Gebrauchsanweisung:
„Täglich 3 Pillen einzugeben.“

Gelind abführende Latwerge.

20,0 entwässertes Glaubersalz,
10,0 Kamillen, Pulver M/30,
5,0 Schwefelblumen,
q. s. Wacholdersaft.
Man bereitet eine Latwerge.

Gebrauchsanweisung:
„Täglich 2mal haselnussgross einzugeben.“

Einguss gegen Schwäche und nervöses Zucken.

100,0 Baldrianaufguss (10 : 100),
10,0 Kaliumnatriumtartrat,
4,0 Äther,
15,0 Mannasirup.
Man löst, bez. mischt.

Gebrauchsanweisung:
„Täglich 3mal 1 Esslöffel voll zu geben.“

*** Brechpulver.**

0,3 weisse Niesswurz, Pulver M/30.
Man verabfolgt in einer Papierkapsel.

Gebrauchsanweisung:
„Man giebt das Brechpulver sofort nach der Erkrankung in der Weise, dass man es auf die Zunge streut.“

Auflösende Latwerge gegen den Staupeschnupfen.

0,5 Spiessglanz, Pulver M/20,
2,0 gereinigten Weinstein,
3,0 Ammoniumchlorid,
30,0 Süssholz, Pulver M/50,
q. s. Eibischsirup
mischt man zu einer steifen Latwerge.

Gebrauchsanweisung:
„Alle 2 Stunden bohnengross zu geben.“

Einreibung.

100,0 flüchtiges Liniment,
10,0 Terpentinöl
mischt man.

Gebrauchsanweisung:
„Man reibt den Rücken in seiner ganzen Länge zweimal täglich ein.“

Zum Umschlag über den Kopf.

100,0 Kampferspiritus,
100,0 Weingeist von 90 pCt,
300,0 Wasser
mischt man.

Gebrauchsanweisung:
„Man füllt die Flüssigkeit in eine Schweinsblase, verbindet sie und legt sie dem Hund auf den Kopf.“

Verstopfung.

Verstopfung wird in der Regel durch Mangel an Bewegung hervorgerufen, kann aber auch entstehen durch schwerverdauliches Futter, z. B. Knochen, und das Füttern von Knochen, welche, wie die Geflügel- oder Hammelknochen, splittern und mechanisch den Kotabgang hindern.

Als erstes Mittel giebt man dem Tier ein seifenhaltiges Glycerinstuhlzäpfchen, oder, wenn dies nicht genügend wirken sollte, unten vorgesehenes Klystier. Innerlich giebt man Abführmittel.

Klystier.

10,0 Schmierseife
löst man in
500,0 Wasser
und setzt
50,0 Leinöl
zu.

Gebrauchsanweisung:
„Man setzt alle halbe Stunden den fünften Teil als Klystier so lange, bis reichlicher Stuhlgang erfolgt.“

*** Abführpulver.**

0,1 Kalomel,
1,0 Zucker, Pulver M/30
mischt man.

Gebrauchsanweisung:
„Auf einmal zu geben.“

Abführpille.

4,0 Aloë, Pulver M/30,
q. s. Schmierseife.

Man stellt eine Pille her.

Gebrauchsanweisung:

„Zwei Stunden vor oder nach dem Futter zu geben."

Zum Einguss.

a) 2,5 Aloëextrakt,
15,0 Ricinusöl,
7,5 arabisches Gummi, Pulver M/30,
150,0 Wasser.

Man bereitet eine Emulsion.

Gebrauchsanweisung:

„Auf einmal zu geben."

b) 100,0 Wiener Trank.

Gebrauchsanweisung:

„Auf einmal einzugeben."

c) 15,0 Magnesiumsulfat,
15,0 Wacholdersaft

löst man in

100,0 Wasser.

Gebrauchsanweisung:

„Auf zweimal mit Einhaltung einer einstündigen Pause einzugeben."

Wundlaufen der Füsse.

Es tritt dieses Leiden bei manchen Hunden sehr heftig, bei andern dagegen gar nicht auf. Das Laufen auf hartem, steinigen Boden zieht gewöhnlich das Wundwerden der Füsse nach sich. Wo es angeboren ist, lässt es sich nur von Fall zu Fall heilen, aber niemals ganz beseitigen. Man wendet zusammenziehende Waschwässer an.

Waschwasser.

a) 50,0 Aluminiumacetatlösung,
40,0 Wasser,
10,0 Glycerin v. 1,23 spez. Gew.

mischt man.

b) 2,0 Kupfersulfat,
8,0 Alaun

löst man in

100,0 Wasser.

Gebrauchsanweisung für a) und b):

„Man nässt dem Hund die Füsse am Ballen und zwischen den Zehen jeden Morgen und jeden Abend mit einem in das Waschwasser getauchten Schwämmchen."

Schluss der Abteilung „Tierarzneimittel".

Tincturae.

Tinkturen.

Während man früher glaubte, dass die Digestion unbedingt notwendig sei, um alle in Pflanzenteilen enthaltenen löslichen Stoffe zu gewinnen, ist man inzwischen auf Grund umfangreicher Untersuchungen zu der Überzeugung gekommen, dass die Digestion nicht mehr als die Maceration leistet. Man arbeitet aber heute nicht mehr wie früher in mit Papier verbundenen Weithalsgefässen, sondern, um eine Verdunstung des Lösungsmittels zu hindern und dadurch gleichmässigere Präparate zu erzielen, in dicht verschlossenen Flaschen; ferner zerkleinert man die Pflanzenteile je nach ihrer besonderen Art möglichst, erleichtert damit das Eindringen des Lösungsmittels und später das Auspressen.

Diesem Verlangen kommt das Deutsche Arzneibuch IV. nicht allenthalben nach und zwar sehr mit Unrecht, denn von einer Tinktur muss verlangt werden, dass sie alle löslichen Teile, die der vorgeschriebene Weingeist aufzunehmen vermag, enthalte. Das ist aber nur möglich, wenn die Drogue hinreichend zerkleinert ist. Das „mittelfein zerschnitten" muss daher unbedingt in „fein zerschnitten", wenn nicht in „grob gepulvert" umgewandelt werden. Bei den nicht offizinellen Tinkturen lasse ich deshalb da, wo es möglich ist, die Drogue in grob gepulvertem Zustand (M/8) nehmen.

In der Regel maceriert man eine Woche, presst dann aus. — Bei kleineren Mengen kann man sich hierzu der unter „Kolieren" abgebildeten kleinen Seihpresse bedienen — lässt einige Tage ruhig stehen und filtriert. Die Ph. Brit. und die Ph. U. St. lassen sodann das durch Verdunsten oder Einziehen in die Pflanzenteile verloren gegangene Lösungsmittel ergänzen.

Bei ätherischen Tinkturen filtriert man nur und unterlässt das Auspressen, weil dasselbe einen zu grossen Ätherverlust im Gefolge haben würde, ohne dass die Ausbeute wesentlich erhöht wäre.

Handelt es sich um nicht zu kleine Mengen, so ist auch mit dem Verdrängungsverfahren (Perkolation) ein gutes Ergebnis zu erzielen; da es zwecklos wäre, bei Digestionswärme zu verdrängen, so ist der durch Verdunsten hervorgerufene Verlust an Lösungsmittel nicht so gross, dass er einen Vergleich mit der Digestion nicht aushielte. Gewöhnlich besitzen die nach dem Verdrängungsverfahren bereiteten Tinkturen einen etwas höheren Trockenrückstand. Die Verdrängung ist aber nur da am Platz, wo es sich um die Herstellung grosser Mengen von Tinkturen handelt. Da dieser Fall in den Apotheken nur ausnahmsweise vorkommt, wird man im Allgemeinen die Maceration vorschreiben müssen und nur ausnahmsweise die Verdrängung verlangen können.

Die Ph. Austr. VII. lässt alle Tinkturen aus starkwirkenden Droguen, die Ph. Brit. und die Ph. U. St. ausserdem noch die meisten der übrigen Tinkturen nach dem Verdrängungsverfahren bereiten.

Bei der Herstellung grosser Mengen beansprucht das Verdrängungsverfahren mehr Zeit als die Maceration; ersteres lässt sich auch nur bei Körpern in Anwendung bringen, bei welchen ein Verlust an ätherischem Öl, wie es das Verwandeln in feines Pulver notwendig mit sich bringt, nicht zu befürchten ist.

Das Verfahren, die Pflanzenzellen durch Befeuchten mit dem im verdünnten Weingeist enthaltenen Wasser zunächst aufzuschliessen und später erst den fehlenden Weingeist zuzusetzen, liefert keine an Verdampfungsrückstand reicheren Tinkturen wie die gewöhnliche Maceration.

Bei nicht stark wirkenden Arzneimitteln ist das Verhältnis derselben zum Lösungsmittel in Deutschland und Österreich durchschnittlich wie 1 : 5, bei stark wirkenden dagegen wie 1 : 10.

Da die Tinkturen vielfach Handelsartikel sind, so hat sich seit einigen Jahren in den beteiligten Kreisen das Streben nach Untersuchungsverfahren geltend gemacht; es mögen daher der Vollständigkeit wegen bei den gebräuchlichsten Tinkturen die im Laboratorium der Helfenberger Fabrik im Laufe der Jahre festgestellten analytischen Werte beigefügt werden. Dazu gestatte ich mir zu bemerken, dass unter „Säurezahl" der Verbrauch von X mg KOH auf 1,0 g Tinktur zu verstehen ist nach dem Verfahren von *Karl Dieterich*.*)

Tinctura Absinthii.

Wermuttinktur.

Vorschrift des D. A. IV.

Zu bereiten aus

1 Teil mittelfein zerschn. Wermut,
5 Teilen verdünntem Weingeist von 68 pCt.

Man nimmt besser möglichst fein zerschnittenen Wermut.

Analytische Werte n. *E. Dieterich:*

Spez. Gew. 0,903—0,921;
Trockenrückstand 2,22—3,21 pCt;
Säurezahl 8,68—8,96.

Tinctura Absinthii composita.

Elixir stomachicum n. *Stoughton.* *Stoughtons* Magenelixier. Zusammengesetzte Wermuttinktur.

a) Vorschrift der Ph. Austr. VII.

100,0 Wermutkraut,
40,0 Orangenschalen,
20,0 Kalmuswurzel,
20,0 Enzianwurzel,
10,0 Zimtrinde,

alles zerschnitten und zerstossen,

1000,0 verdünnt. Weingeist von 68 pCt.

Man digeriert 6 Tage.

b)
40,0 fein zerschnittener Wermut.
25,0 Enzianwurzel, Pulver M/8,
20,0 Pomeranzenschalen, „ „
15,0 zerschnittener Rhabarber,
5,0 Kaskarillrinde, Pulver M/8,
5,0 Aloë, „ M/5,
1000,0 verdünnter Weingeist v. 68 pCt.

Tinctura Aconiti.

Tinctura Aconiti radicis. Akonittinktur. Sturmhutwurzeltinktur. Tincture of aconite.

a) Vorschrift des D. A. IV.

Zu bereiten aus

1 Teil grob gepulverten Akonitknollen,
10 Teilen verdünntem Weingeist von 68 pCt.

*) Pharm. Centralh. 1896, 701.

Analytische Werte n. *E. Dieterich*:
Spez. Gew. 0,900—0,911;
Trockenrückstand 2,20—3,12 pCt;
Säurezahl 3,36—3,64.

b) Vorschrift der Ph. Austr. VII.

10,0 gepulverte Sturmhutwurzel

befeuchtet man mit wenig verdünntem Weingeist von 68 pCt, so dass sie sich nicht zusammenballt (etwa 4,0 E. D.) und lässt eine Stunde stehen. Man bringt alsdann die Masse in den Verdrängungsapparat und übergiesst sie mit so viel verdünntem Weingeist, dass die Masse bedeckt ist. Nach 48 Stunden lässt man abtropfen unter zeitweiligem Aufgiessen von verdünntem Weingeist von 69 pCt. Von letzterem sollen insgesamt

120,0

verbraucht werden; das Gewicht der erhaltenen Tinktur soll

100,0

betragen.

c) Vorschrift der Ph. Brit.

10,0 Akonitknollen, Pulver $^{M}/_{30}$,
60 ccm Weingeist von 88,76 Vol. pCt

lässt man in einem verschlossenen Gefäss unter zeitweiligem Schütteln 48 Stunden stehen, bringt die Masse in einen Verdrängungsapparat, lässt abtropfen und verdrängt mit

20 ccm Weingeist von 88,76 Vol. pCt.

Nachdem die Flüssigkeit abgetropft ist, presst man aus, filtriert die Pressflüssigkeit, mischt sie mit der durch Verdrängen erhaltenen und bringt mit

q. s. Weingeist von 88,76 Vol. pCt

auf eine Gesamtmenge von

80,0 ccm oder 67,0 g.

d) Vorschrift der Ph. U. St.

35,0 Akonitknollen, Pulver $^{M}/_{30}$,

befeuchtet man mit einer Mischung aus

70 ccm Weingeist von 94 pCt,
30 „ destilliertem Wasser,

lässt 24 Stunden stehen, bringt in einen Verdrängungsapparat und verdrängt mit so viel der Mischung, dass die erhaltene Flüssigkeitsmenge

100 ccm

beträgt.

Tinctura Aconiti ex herba recente.

Akonittinktur aus frischer Pflanze.

50,0 frisches Akonitkraut samt Knollen

zerquetscht man möglichst gut, vermischt die Masse mit

60,0 Weingeist von 90 pCt,

lässt 8 Tage bei 15—20 ° C stehen und presst dann aus. Die Seihflüssigkeit stellt man 2 Tage kalt und filtriert sie dann.

Vor Tageslicht zu schützen.

Tinctura Adonidis.

100,0 zerschnittenes Kraut von Adonis vernalis,
1000,0 verdünnter Weingeist v. 68 pCt.

Bereitung wie bei Tinctura Aconiti D. A. IV.

Tinctura Aloës.

Aloëtinktur.

Vorschrift des D. A. IV.

Zu bereiten aus:

1 Teil grob gepulverter Aloë,
5 Teile Weingeist von 90 pCt.

Analytische Werte nach *E. Dieterich:*
Spez. Gew. 0,856—0,897;
Trockenrückst. 12,41—15,87 pCt;
Säurezahl 15,40—16,52.

Tinctura Aloës composita.

Elixir ad longam Vitam. Zusammengesetzte Aloëtinktur. Lebenselixir.

Vorschrift des D. A. IV.

6 Teile grob gepulverte Aloë,
1 Teil mittelfein zerschnittenen Rhabarber,
1 Teil mittelfein zerschnittene Enzianwurzel,
1 Teil mittelfein zerschnittene Zitwerwurzel,
1 Teil Safran,
200 Teile Weingeist von 90 pCt.

Es ist richtiger, die Wurzeln in fein zerschnittenem Zustand zu verwenden.

Analytische Werte nach *E. Dieterich*:
Spez. Gew. 0,905—0,912;
Trockenrückst. 2,30—3,80 pCt;
Säurezahl 5,32—5,46.

Tinctura Aloës crocata.

Elixir Proprietatis. Safranhaltige Aloëtinktur.

40,0 Aloëtinktur,
40,0 Myrrhentinktur,
20,0 Safrantinktur

mischt man.

Tinctura Aloës dulcificata.

Versüsste Blutreinigungstropfen.

40,0 Aloë, Pulver M/5,
80,0 gereinigter Süssholzsaft,
700,0 destilliertes Wasser,
300,0 Weingeist von 90 pCt.

Man löst und mischt, überlässt einige Tage der Ruhe und filtriert dann.

Tinctura amara.

Tinctura stomachica. Bittere Tinktur. Bittere Magentropfen.

Vorschrift des D. A. IV.

Zu bereiten aus:

3 Teilen mittelfein zerschnittener Enzianwurzel,
3 Teilen mittelfein zerschnittenem Tausendgüldenkraut,
2 Teilen mittelfein zerschnittenen Pomeranzenschalen,
1 Teil grob gepulverten unreifen Pomeranzen,
1 Teil mittelfein zerschnittener Zitwerwurzel,
50 Teilen verdünntem Weingeist von 68 pCt.

Richtiger ist es, das Kraut fein zu zerschneiden und die Wurzeln grob zu pulvern, letztere mindestens aber im Mörser zu quetschen.

Analytische Werte nach *E. Dieterich:*
Spez. Gew. 0,911—0,923;
Trockenrückst. 3,96—5,83 pCt;
Säurezahl 7,00.

b) Vorschrift der Ph. Austr. VII.

2,0 Fieberkleeblätter,
2,0 Tausendgüldenkraut,
2,0 Enzianwurzel,
2,0 Orangenschalen,

zerschnitten und zerstossen,

1,0 krystall. Natriumkarbonat,
100,0 weingeistiges Zimtwasser.

Man digeriert 3 Tage.

Tinctura amara acida.

Form. magistr. Berol.

5,0 Salzsäure von 1,124 spez. Gew.,
25,0 bittere Tinktur

mischt man.

Tinctura Ambrae.

Ambratinktur.

2,0 Ambra

verreibt man mit

2,0 Milchzucker,

maceriert mit

100,0 Ätherweingeist

und filtriert nach 8 Tagen.

Tinctura Ambrae kalina.

Kalihaltige Ambratinktur.

3,0 Ambra,
3,0 Kaliumkarbonat,
60,0 Weingeist von 90 pCt,
40,0 destilliertes Wasser,
2 Tropfen Rosenöl.

Man löst, maceriert 8 Tage und filtriert.

Für Parfümeriezwecke stellt man sich eine dreimal so starke Tinktur her.

Tinctura Ambrae moschata.

Tinctura Ambrae c. Moscho. Moschushaltige Ambratinktur.

3,0 Ambra,
1,0 Moschus,
3,0 Milchzucker

verreibt man recht innig, maceriert 8 Tage mit

150,0 Ätherweingeist

und filtriert.

Der Rückstand kann für Parfümeriezwecke verwendet werden.

Tinctura Ammoniaci.

Ammoniakumtinktur.

200,0 zerriebenes Ammoniakgummi,
1000,0 Weingeist von 90 pCt.

Man erhält eine kräftiger riechende und schmeckende Tinktur, wenn man von ungereinigtem Gummiharz ausgeht.

Tinctura Angelicae.

Angelikatinktur.

20,0 fein zerschnittene Angelikawurzel,
100,0 verdünnter Weingeist v. 68 pCt.

Tinctura Angosturae.
Angosturatinktur.

20,0 fein zerschnittene Angosturarinde,
100,0 verdünnter Weingeist v. 68 pCt.

Tinctura anthartritica.
Gichttropfen.

7,5 einfache Opiumtinktur,
32,5 ammoniakhaltige Guajaktinktur,
60,0 Kalitinktur

mischt man.

Tinctura antasthmatica.
Asthmatropfen.

Vorschrift des Dresdner Ap. V.

10,0 Opiumtinktur,
10,0 Stechapfeltinktur,
10,0 anisölhaltige Ammoniakflüssigkeit

mischt man.

Tinctura anticholerica.
Tinctura antidiarrhoïca. Choleratropfen.

a) 80,0 aromatische Tinktur,
18,0 Essigäther,
2,0 Pfefferminzöl.

b) Vorschrift v. *Bastler*.

24,0 Zimttinktur,
12,0 Ätherweingeist,
4,0 Anisöl,
4,0 Cajeputöl,
4,0 Wacholderbeeröl,
1,0 *Haller*sches Sauer.

c) Vorschrift v. *Hauck*.

10,0 einfache Opiumtinktur,
10,0 aromatische Tinktur,
10,0 ätherische Baldriantinktur,
1,0 Pfefferminzöl.

d) Vorschrift von *Lorenz*.

7,5 safranhaltige Opiumtinktur,
5,0 Brechwurzelwein,
15,0 ätherische Baldriantinktur,
30 Tropfen Pfefferminzöl.

e) Vorschrift von *Wunderlich*.

4,0 einfache Opiumtinktur,
12,0 Brechwurzelwein,
84,0 ätherische Baldriantinktur,
15 Tropfen Pfefferminzöl.

Die Mischungen dürfen, auch wenn sie trübe sein sollten, nicht filtriert werden.

f) Form. magistr. Berol.

2,0 Brechnusstinktur,
3,0 einfache Opiumtinktur,
10,0 Kaskarilltinktur.

g) Vorschrift d. Ergänzb. d. D. Ap. V.

10,0 Opiumtinktur,
8,0 Kaskarilltinktur,
20,0 Ratanhiatinktur,
30,0 aromatische Tinktur,
30,0 ätherische Baldriantinktur,
2,0 Pfefferminzöl

mischt man und filtriert die Mischung nach 3tägigem Stehen.

Tinctura antifebrilis n. *Warburg*.
Warburgs Fiebertinktur.

60,0 Aloë, Pulver M/8,
30,0 Zitwerwurzel, " "
2,5 fein zerschnittene Angelikawurzel,
2,5 zerschnittener Safran,
0,8 Kampfer,
1000,0 Weingeist von 90 pCt.

Man maceriert acht Tage, filtriert und löst im Filtrat

1,5 Chininsulfat.

Tinctura antirheumatica.
Gichtfluid.

2,0 fein zerschnittenen spanischen Pfeffer,
5,0 Sadebaumspitzen,
5,0 Kampfer,
5,0 Ammoniakflüssigkeit v. 10 pCt,
90,0 Weingeist von 90 pCt

lässt man 8 Tage in Zimmertemperatur ziehen und presst dann aus. Man setzt nun der Pressflüssigkeit

1,0 Jodtinktur,
2,0 Chloroform

zu, lässt 2 Tage stehen und filtriert schliesslich.

Tinctura apoplectica rubra.
Rote Krampftropfen. Herzstärkungstropfen.

4,0 aromatische Tinktur,
4,0 Chinatinktur,
4,0 Katechutinktur,
4,0 Zimttinktur,
4,0 Kaskarilltinktur,
2,0 Sandelholz, Pulver M/8,

40,0 verdünnten Weingeist v. 68 pCt,
40,0 Ätherweingeist

maceriert man einen Tag lang und filtriert dann.

Tinctura Arnicae.

Arnikatinktur. Wohlverleihtinktur.
Tincture of arnica.

a) Vorschrift d. D. A. IV.

Zu bereiten aus:

1 Teil Arnikablüten,
10 Teilen verdünntem Weingeist (von 68 pCt).

Ich halte eine Zerkleinerung der Blüten für unbedingt notwendig und habe gefunden, dass man am schnellsten damit zum Ziel kommt, wenn man die Blüten ohne vorheriges Trocknen $^1/_2$ Stunde in der Kugeltrommel behandelt. Man erhält dadurch ein gröbliches Pulver, das wenig Volumen besitzt, und sich gut zum Ansetzen der Tinktur eignet.

Analytische Werte n. *E. Dieterich*:

Spez. Gew. 0,898—0,911;
Trockenrückst. 1,05—2,24 pCt;
Säurezahl 9,25—9,52.

b) Vorschrift der Ph. Austr. VII.

16,0 Wohlverleihwurzel,
4,0 Wohlverleihblüten,

zerstossen und zerschnitten,

100,0 verdünnt. Weingeist v. 68 pCt.

Man digeriert 3 Tage.
Vergleiche unter a).

c) Vorschrift der Ph. Brit.

Man bereitet aus

10,0 Arnikawurzel, Pulver $^M/_{40}$,

mit

q. s. Weingeist von 88,76 Vol. pCt

in derselben Weise, wie unter Akonittinktur Ph. Brit. beschrieben,

168,0 g oder 200,0 ccm Tinktur.

Tinctura Arnicae Plantae recentis.

Arnikatinktur aus der ganzen frischen Pflanze.

100,0 frische Arnikapflanzen

zerstampft man in einem Steinmörser, digeriert drei Tage lang mit

200,0 Weingeist von 90 pCt,

presst aus und filtriert.

Tinctura aromatica.

Aromatische Tinktur.

Vorschrift des D. A. IV.

Zu bereiten aus

5 Teilen grob gepulvertem chines. Zimt,
2 Teilen mittelfein zerschnittenem Ingwer,
1 Teil mittelfein zerschnittenem Galgant,
1 Teil mittelfein zerschnittenen Gewürznelken,
1 Teil zerquetschten Malabar-Kardamomen,
50 Teilen verdünntem Weingeist (v. 68 pCt.)

Man verfährt am besten, sämtliche Bestandteile, auch die Nelken, im Mörser stark zu quetschen, bevor man sie mit dem Weingeist ansetzt.

Analytische Werte n. *E. Dieterich:*

Spez. Gew. 0,898—0,906.
Trockenrückstand 1,82—2,15 pCt;
Säurezahl 7,00.

Tinctura aromatica acida.

Elixir Vitrioli n. *Mynsicht*. Acidum sulfuricum aromaticum. Saure aromatische Tinktur. Aromatic sulphuric acid.

a) Vorschrift der Ph. G. I.

10,0 chinesischer Zimt, Pulver $^M/_8$,
2,0 Malabar-Kardamomen, „ „
2,0 Nelken, „ „
2,0 Galgantwurzel, „ „
4,0 Ingwer, „ „
100,0 verdünnt. Weingeist von 68 pCt.

vorher mit

4,0 reiner Schwefelsäure

gemischt.

b) Ex tempore:

96,0 aromatische Tinktur

mischt man mit

4,0 reiner Schwefelsäure

und filtriert die Mischung sofort.

c) Vorschrift der Ph. Brit.

55,0 reine Schwefelsäure von 1,843 spez. Gewicht

mischt man mit

300,0 Weingeist von 88,76 Vol. pCt

und fügt hinzu

17,0 strong tincture of ginger,
17,0 Zimtspiritus (bereitet aus 3,0 Ceylonzimtöl und 14,0 Weingeist von 88,76 Vol. pCt).

Die Mischung soll ein spez. Gewicht von 0,911 besitzen.

d) Vorschrift der Ph. U. St.

Zu einem erkalteten Gemisch aus

224,0 Schwefelsäure von 1,835 spez. Gewicht,
700,0 Weingeist von 94 pCt

setzt man

50,0 Ingwertinktur Ph. U. St.,
1,5 Zimtöl

und so viel

Weingeist von 94 pCt,

dass die Gesamtmenge der Flüssigkeit

1000,0

beträgt.

Das spez. Gewicht soll 0,939 betragen.

Tinctura aromatico-amara.

50,0 bittere Tinktur,
50,0 aromatische Tinktur

mischt man.

Tinctura Asae foetidae.

Asanttinktur.

Ph. G. I., verbessert von *E. Dieterich.*

20,0 ausgesuchter roher Asant,
100,0 Weingeist von 90 pCt.

Man erhält aus dem ausgesuchten, ungepulverten Gummiharz eine kräftigere Tinktur, als aus der gepulverten Ware.

Analytische Werte n. *E. Dieterich*:

Spez. Gew. 0,840—0,870;
Trockenrückstand 8,07—10,32 pCt;
Säurezahl 7,00—9,52.

Tinctura Asperulae.

Waldmeistertinktur.

1000,0 frischen Waldmeister

zerstampft man in einem steinernen Mörser, übergiesst mit

1200,0 Weingeist von 90 pCt,
10,0 Kognak,

lässt eine Stunde lang unter öfterem Umrühren stehen und presst aus.

Die bräunlich-grüne Tinktur filtriert man nach einigen Tagen und setzt

q. s. *Schütz'* alkoholischen Pflanzenfarbstoff †

zu, dass eine hübsche grüne Farbe entsteht.

Die Tinktur ist zur Herstellung von Maiwein berechnet; weit geeigneter hierzu ist die bereits früher beschriebene, mit Kumarin bereitete Essentia Asperulae.

† S. Bezugsquellen-Verzeichnis.

Tinctura Aurantii.

Tinctura Aurantii corticis. Pomeranzen-(Pomeranzenschalen-)Tinktur. Orangenschalentinktur. Tincture of orange peel.

a) Vorschrift des D. A. IV.

Zu bereiten aus

1 Teil mittelfein zerschnittenen Pomeranzenschalen,
5 Teilen verdünntem Weingeist (v. 68 pCt).

Es ist richtiger, die Pomeranzenschalen sehr fein zu schneiden oder die geschnittenen Schalen im Mörser zu quetschen.

Analytische Werte n. *E. Dieterich:*

Spez. Gew. 0,917—0,928;
Trockenrückstand 5,40—8,26 pCt;
Säurezahl 9,24—9,52.

b) Die Ph. Austr. VII. lässt die Tinktur durch dreitägige Digestion wie unter a) bereiten.

c) Vorschrift der Ph. Brit.

10,0 fein zerschnittene Pomeranzenschalen,
92,0 verdünnter Weingeist v. 57 Vol. pCt.

Man maceriert 7 Tage, presst ab, filtriert und bringt mit

q. s. verdünntem Weingeist v. 57 Vol. pCt

auf ein Gesamtgewicht von 92,0 g oder auf 100 ccm.

Tinctura Aurantii fructuum immaturorum.

Unreife Pomeranzentinktur.

20,0 unreife Pomeranzen, Pulver M/8,
100,0 verdünnter Weingeist v. 68 pCt.

Tinctura Balsami Copaivae.

Tinctura Copaivae. Kopaivbalsamtinktur.

Form. magistr. Berol.

7,5 Kopaivbalsam,
7,5 aromatische Tinktur

mischt man.

Tinctura Balsami Peruviani.

Perubalsamtinktur.

100,0 Perubalsam,
1000,0 Weingeist von 90 pCt.

Man mischt, lässt einige Tage stehen und filtriert.

Tinctura Balsami Tolutani.

Tolubalsamtinktur.

10,0 Tolubalsam,
100,0 Weingeist von 90 pCt.

Tinctura Balsami Tolutani aetherea.

Ätherische Tolubalsamtinktur.

10,0 Tolubalsam,
50,0 Weingeist von 90 pCt,
50,0 Äther.

Tinctura balsamica.

Vorschrift des Wien. Apoth.-Haupt-Gremiums.

12,0 Aloë,
12,0 Myrrhe,
12,0 Weihrauch,
24,0 flüssigen Storax,
24,0 Perubalsam,
6,0 Safran

setzt man mit

800,0 Weingeist von 80 pCt

an, lässt 8 Tage unter öfterem Schütteln in Zimmertemperatur stehen und filtriert dann.

Tinctura balsamica n. *Seehofer.*

Seehofer-Balsam.

Vorschrift des Wien. Apoth.-Haupt-Gremiums.

60,0 Kaskara Sagrada,
10,0 Katechu,
10,0 Myrrhe,
10,0 zerschnittenen Rhabarber,
20,0 Zimtkassie,
30,0 Zitwerwurzel,
30,0 Zucker,
2,0 Safran,

alle entsprechend zerkleinert, setzt man mit

1000,0 Weingeist von 50 pCt

an, lässt 8 Tage stehen, presst dann aus und filtriert die Pressflüssigkeit.

Tinctura Belladonnae.

Tinctura Belladonnae foliorum. Belladonnatinktur. Tollkirschenblättertinktur Tincture of belladonna. Tincture of belladonna leaves.

a) Vorschrift der Ph. G. I. (ex herba recente).

1000,0 frische Belladonnablätter

zerstampft man in einem steinernen Mörser, maceriert dann die Masse acht Tage mit

1200,0 Weingeist von 90 pCt

und presst aus.

Nach mehrtägigem Stehen filtriert man.

Ist vor Licht geschützt aufzubewahren.

b) Vorschrift der Ph. Austr. VII.

Man bereitet sie aus gepulverten Tollkirschenblättern wie die Sturmhutwurzeltinktur.

c) Vorschrift der Ph. Brit.

Man bereitet aus

10,0 Belladonnablättern, Pulver M/50,

mit

q. s. verdünntem Weingeist von 57 Vol. pCt

in derselben Weise, wie unter Akonittinktur Ph. Brit. beschrieben, 184,0 g oder 200 ccm Tinktur.

d) Vorschrift der Ph. U. St.

Man bereitet aus

10,0 Belladonnablättern, Pulver M/50,

mit

q. s. verdünntem Weingeist von 48,6 pCt

in derselben Weise, wie unter Akonittinktur Ph. U. St. beschrieben, 94,0 g oder 100 ccm Tinktur.

Tintura Benzoës.

Benzoëtinktur.

a) Vorschrift des D. A. IV. und der Ph. Austr. VII.

Zu bereiten aus:

1 Teil grob gepulverter (Siam-) Benzoë,
5 Teilen Weingeist (von 90 pCt).

Die Ph. Austr. VII. schreibt vor, bis zur völligen Lösung des Harzes zu digerieren.

Analytische Werte n. *E. Dieterich:*

Spez. Gew. 0,862—0,884;
Trockenrückst. 13,48—16,93 pCt;
Säurezahl 31,63—32,48.

b) Benzoëtinktur für den Handverkauf.

20,0 Sumatra-Benzoë, Pulver M/5,
100,0 Weingeist von 90 pCt.

Analytische Werte n. *E. Dieterich:*

Spez. Gew. 0,864—0,883;
Trockenrückst. 10,18—15,87 pCt;
Säurezahl 25,20—25,48.

Tinctura Benzoës composita.

Tinctura balsamica. Jerusalemer Balsam. Balsamtropfen. Wundbalsam. Compound tincture of benzoin.

a) 10,0 Siam-Benzoë, Pulver M/5,
1,0 Aloë " "
2,0 Perubalsam,
75,0 Weingeist von 90 pCt.

b) 40,0 Storax, Pulver M/5,
40,0 Angelikawurzel, " M/8,
15,0 Sandelholz, " "
10,0 Myrrhe, " M/5,
20,0 Aloë, " "
2,0 Safran,
5,0 flüssiger Storax,
1000,0 verdünnter Weingeist v. 68 pCt.

c) Vorschrift der Ph. Brit.
10,0 Siam-Benzoë, Pulver M/5,
7,5 Storax,
2,5 Tolubalsam,
2,0 Socotrinaloë, Pulver M/5,
75,0 Weingeist von 88,76 Vol. pCt.

Man maceriert 7 Tage, presst ab, filtriert und bringt mit
q. s. Weingeist von 88,76 Vol. pCt
auf ein Gewicht von
84,0 g oder auf 100 ccm.

d) Vorschrift der Ph. U. St.
12,0 Siam-Benzoë, Pulver M/5,
8,0 Storax,
4,0 Tolubalsam,
2,0 durch Weingeist gereinigte Socotrin-Aloë,
70,0 Weingeist von 94 pCt

erwärmt man zwei Stunden lang in einem geschlossenen Gefäss unter häufigem Umschwenken bei einer 65° C nicht übersteigenden Temperatur, filtriert und wäscht mit
q. s. Weingeist von 94 pCt
nach, dass die Gesamtmenge erkalteter Tinktur
83,0 g oder 100 ccm
beträgt.

Tinctura Blattae orientalis.

Blattatinktur. Schabentinktur.

20,0 orientalische Blatta, Pulver M/5,
100,0 Weingeist von 90 pCt.

Tinctura Bursae Pastoris n. *Rademacher*.

Rademachers Hirtentäscheltinktur.

1000,0 frisches Hirtentäschelkraut
zerstösst man in einem steinernen Mörser, maceriert die Masse acht Tage mit
1200,0 Weingeist von 90 pCt
und presst dann aus. Nach mehrtägigem Stehen filtriert man die Pressflüssigkeit.

Die Ausbeute wird 1350,0—1400,0 betragen.

Tinctura Calabaricae fabae.

Kalabarbohnentinktur.

10,0 Kalabarbohnen, Pulver M/8,
100,0 verdünnten Weingeist v. 68 pCt
maceriert man acht Tage, filtriert und setzt dem Filtrat
q. s. verdünnten Weingeist v. 68 pCt
zu, dass das Gesamtgewicht
100,0
beträgt.

Tinctura Calami.

Tinctura Calami aromatici. Tinctura Acori.
Kalmustinktur.

a) Vorschrift des D. A. IV.

Zu bereiten aus:
1 Teil mittelfein zerschnittenem Kalmus,
5 Teilen verdünntem Weingeist (von 68 pCt).

Man wird gut thun, entweder eine fein zerschnittene Wurzel zu verwenden oder die mittelfein zerschnittene im Mörser zu quetschen.

Analytische Werte n. *E. Dieterich:*
Spez. Gew. 0,901—0,913;
Trockenrückst. 3,77—5,51 pCt;
Säurezahl 6,44—7,00.

b) Vorschrift der Ph. Austr. VII.

Man bereitet sie wie unter a) aber durch dreitägiges Digerieren.

Tinctura Calami composita.

Zusammengesetzte Kalmustinktur.

9,0 Kalmuswurzel, Pulver M/8,
3,0 Zitwerwurzel, " "
3,0 Ingwer, " "
6,0 unreife Pomeranzen, " "
100,0 verdünnter Weingeist v. 68 pCt.

Tinctura Cannabis.

Tinctura Cannabis Indicae. Hanftinktur.
Ph. G. II.

5,0 Hanfextrakt,
95,0 Weingeist von 90 pCt.

Analytische Werte nach *E. Dieterich:*
Spez. Gew. 0,839—0,845;
Trockenrückst. 4,40—4,85 pCt;
Säurezahl 5,18—5,46.

Tinctura Cantharidum.

Tinctura Cantharidis. Spanischfliegentinktur. Kantharidentinktur. Tincture of cantharides.

a) Vorschrift des D. A. IV.

Zu bereiten aus:

1 Teil grob gepulv. spanischen Fliegen,
10 Teilen Weingeist (v. 90 pCt).

Analytische Werte n. *E. Dieterich:*

Spez. Gew. 0,828—0,841;
Trockenrückst. 1,15—2,85 pCt;
Säurezahl 4,48—6,16.

b) Vorschrift der Ph. Austr. VII.

Man bereitet sie aus gepulverten spanischen Fliegen mit Weingeist von 90 pCt. wie die Sturmhutwurzeltinktur.

c) Vorschrift der Ph. Brit.

10,0 spanische Fliegen, Pulver M/8,
736,0 verdünnter Weingeist v. 57 Vol. pCt.

Man maceriert 7 Tage, filtriert und bringt mit

q. s. verdünntem Weingeist v. 57 Vol. pCt

auf ein Gewicht von

736,0 g oder auf 800 ccm.

d) Vorschrift der Ph. U. St.

50,0 spanische Fliegen, Pulver M/30,

befeuchtet man mit

25,0 Weingeist von 94 pCt,

bringt in einen Verdrängungsapparat und verdrängt mit

q. s. Weingeist von 94 pCt,

dass das aufgefangene

820,0 g oder 1000 ccm

beträgt.

Tinctura Cantharidum aetherea.

Ätherische Spanischfliegentinktur.

100,0 spanische Fliegen, Pulver M/8,
700,0 Äther,
300,0 Weingeist von 90 pCt.

Ein Auspressen der Kanthariden ist zwecklos.

Tinctura Capsici.

Tinctura Piperis hispanici. Spanischpfeffertinktur.

Vorschrift des D. A. IV.

Zu bereiten aus:

1 Teil mittelfein geschnittenem spanischen Pfeffer,
10 Teilen verdünntem Weingeist (v. 68 pCt).

Fein zerschnittener spanischer Pfeffer verdient den Vorzug.

Analytische Werte n. *E. Dieterich:*

Spez. Gew. 0,832—0,848;
Trockenrückst. 1,05—1,78 pCt;
Säurezahl 5,32—5,88.

Tinctura Cardamomi.

Kardamomentinktur.

20,0 zerquetschte Malabar-Kardamomen,
100,0 verdünnter Weingeist v. 68 pCt.

Tinctura Cardamomi composita.

Compound tincture of cardamoms.

a) Vorschrift der Ph. Brit.

Man bereitet aus

0,5 feinzerriebener Cochenille,
2,0 Ceylonzimt, Pulver M/20,
1,0 zerquetschtem Kümmel,
1,0 Kardamomen, Pulver M/20,
8,0 fein zerschnittenen, von den Samen befreiten grossen Rosinen

mit

q. s. verdünntem Weingeist v. 57 Vol. pCt

in derselben Weise, wie unter Akonittinktur Ph. Brit. beschrieben,

74,0 g oder 80 ccm Tinktur.

b) Vorschrift der Ph. U. St.

20,0 Malabarkardamomen, Pulv. M/15,
20,0 chinesischen Zimt, „ M/50,
10,0 zerquetschten Kümmel,
5,0 feinzerriebene Cochenille

mischt man, befeuchtet das Pulver mit

25,0 verdünnt. Weingeist v. 48,6 pCt,

bringt in einen Verdrängungsapparat und verdrängt mit

q. s. verdünnt. Weingeist v. 48,6 pCt,

dass die Menge des Ablaufenden

890,0 g oder 950 ccm

beträgt. Hierzu setzt man

62,0 Glycerin v. 1,23 spez. Gew.

Tinctura Cardui Mariae n. *Rademacher.*

Rademachers Stechkörnertinktur.

100,0 Stechkörner,
100,0 Weingeist von 90 pCt,
100,0 destilliertes Wasser.

Die Früchte dürfen wegen ihres hohen Schleimgehaltes nicht zerstossen werden; sie werden im ganzen Zustande angesetzt.

Tinctura carminativa.

s. Tinct. Zedoariae composita.

Tinctura Caryophylli.

Gewürznelkentinktur. Nelkentinktur.

20,0 Gewürznelken, Pulver M/5,
100,0 verdünnter Weingeist v. 68 pCt.

Tinctura Cascarae Sagradae.

Tinctura Sagradae.

a) Vorschrift des Münchn. Ap. V.

20,0 Kaskara-Fluidextrakt,
80,0 verdünnter Weingeist v. 68 pCt

mischt man.

b) Vorschrift d. Dresdner Ap. V.

20,0 grob gepulverte Sagradarinde,
100,0 verdünnter Weingeist v. 68 pCt.

Tinctura Cascarillae.

Kaskarilltinktur.

a) Ph. G. I.

20,0 gröblich gepulverte Kaskarille,
100,0 verdünnter Weingeist v. 68 pCt.

Man lässt 8 Tage bei ungefähr 15° C stehen, presst dann aus und filtriert.

b) Vorschrift der Ph. Austr. VII.

20,0 grob zerstossene Kaskarillrinde,
100,0 verdünnter Weingeist v. 68 pCt.

Man digeriert 3 Tage.

Tinctura Castorei Canadensis.

Tinctura Castorei Ph. Austr. VII. Bibergeiltinktur.

a) Vorschrift der Ph. G. I.

10,0 kanadisches Bibergeil,
100,0 Weingeist von 90 pCt.

b) Vorschrift der Ph. Austr. VII.

Man bereitet sie aus klein zerschnittenem und zerstossenem Bibergeil, wie die Orangenschalentinktur.

Tinctura Castorei Canadensis aetherea.

Ätherische Bibergeiltinktur.

10,0 kanadisches Bibergeil,
100,0 Ätherweingeist.

Tinctura Castorei composita.

Zusammengesetzte Bibergeiltinktur.

5,0 kanadisches Bibergeil,
5,0 Asant,
80,0 Weingeist von 90 pCt,
20,0 Ammoniakflüssigkeit v. 10 pCt,

Tinctura Castorei Sibirici.

Bibergeiltinktur.

Ph. G. I.

10,0 sibirisches Bibergeil,
100,0 Weingeist von 90 pCt.

Tinctura Castorei Sibirici aetherea.

Ätherische Bibergeiltinktur.

10,0 sibirisches Bibergeil,
100,0 Ätherweingeist.

Tinctura Catechu.

Katechutinktur.

Vorschrift des D. A. IV. und der Ph. Austr. VII.

Zu bereiten aus:

1 Teil grob gepulvertem Katechu,
5 Teilen verdünntem Weingeist von 68 pCt.

Analytische Werte nach *E. Dieterich*:

Spez. Gew. 0,918—0,940;
Trockenrückst. 7,31—11,52 pCt;
Säurezahl 22,12—22,68.

Tinctura Chamomillae.

Kamillentinktur.

Vorschrift der Ph. Austr. VII.

Man bereitet sie aus zerschnittenen Kamillenblüten, wie die Orangenschalentinktur.

Anstatt zerschnittener Kamillenblüten nimmt man besser Pulver M/8.

Tinctura Chamomillae Anglica.

Englische Kamillentropfen.

Vorschrift des Dresdner Ap. V.

16,0 Enzianwurzel,
32,0 römische Kamillenblüten,

5,0 römisches Kamillenblütenöl,
180,0 Weingeist von 90 pCt.

Tinctura Chelidonii n. *Rademacher.*

Rademachers Schöllkrauttinktur.

1000,0 frisches Schöllkraut

zerquetscht man sorgfältig im steinernen Mörser, vermischt die Masse mit

1200,0 Weingeist von 90 pCt,

lässt die Mischung 8 Tage bei 15—20° C stehen und presst aus. Man stellt die Seihflüssigkeit 2 Tage kalt und filtriert sie dann.

Das Filtrat ist vor Tageslicht zu schützen.

Tinctura Chinae.

Tinctura Quininae. Chinatinktur. Tincture of quinine.

a) Vorschrift des D. A. IV.

Zu bereiten aus:

1 Teil grob gepulverter Chinarinde,
5 Teilen verdünntem Weingeist von 68 pCt.

Analytische Werte nach *E. Dieterich:*
Spez. Gew. 0,908—0,924;
Trockenrückst. 4,0—6,90 pCt;
Säurezahl 9,24—9,80.

b) Vorschrift der Ph. Brit.

10,0 Chininhydrochlorid

löst man durch gelindes Erwärmen in

548 ccm Pomeranzenschalentinktur Ph. Brit,

stellt in einem geschlossenen Gefäss unter bisweiligem Umschütteln 3 Tage beiseite und filtriert.

Tinctura Chinae composita.

Elixir roborans n. *Whyt.* Tinctura composita Whytii. Tinctura Cinchonae composita. Zusammengesetzte Chinatinktur. Compound tincture of cinchona.

a) Vorschrift des D. A. IV.

Zu bereiten aus:

6 Teilen grob gepulverter Chinarinde,
2 Teilen mittelfein zerschnittenen Pomeranzenschalen,
2 Teilen mittelfein zerschnittener Enzianwurzel,
1 Teil grob gepulvertem chinesischen Zimt,
50 Teilen verdünntem Weingeist von 68 pCt.

Man verfährt richtiger, wenn man auch die Pomeranzenschalen und die Enzianwurzel in grobes Pulver verwandelt.

Analytische Werte nach *E. Dieterich:*
Spez. Gew. 0,910—0,939;
Trockenrückst. 4,46—6,91 pCt;
Säurezahl 9,52—9,80.

b) Vorschrift der Ph. Austr. VII.

60,0 grob gepulverte Chinarinde,
20,0 zerschnittene Enzianwurzel,
20,0 „ Orangenschalen,
360,0 verdünnt. Weingeist von 68 pCt,
120,0 einfaches Zimtwasser.

Man digeriert 6 Tage.
Siehe unter a).

c) Vorschrift der Ph. Brit.

Man bereitet aus

5,0 roter Chinarinde, Pulver M/30,
2,5 Pomeranzenschale, „ M/8,
0,25 fein zerriebener Cochenille,
0,5 Safran, Pulver M/20,
1,5 Schlangenwurzel, „ „

mit

q. s. verdünntem Weingeist v. 57 Vol. pCt

in derselben Weise, wie unter Akonittinktur Ph. Brit. beschrieben,

74,0 g oder 80 ccm Tinktur.

d) Vorschrift der Ph. U. St.

100,0 rote Chinarinde, Pulver M/50,
80,0 Pomeranzenschale „ M/30,
20,0 Schlangenwurzel, „ M/20,

befeuchtet man mit

200,0 einer Mischung,

bestehend aus

95,0 Glycerin v. 1,23 spez. Gew.,
700,0 Weingeist von 94 pCt,
75,0 destilliertem Wasser,

lässt 24 Stunden stehen, bringt in einen Verdrängungsapparat und verdrängt zunächst mit dem Rest der Mischung, sodann mit einer Mischung aus

700,0 Weingeist von 94 pCt,
75,0 destilliertem Wasser,

bis die Gesamtmenge des Ablaufenden

1000 ccm

beträgt.

Tinctura Chinae crocata.

Safranhaltige Chinatinktur.

60,0 grob gepulverte Chinarinde,
45,0 fein zerschnittene Pomeranzenschalen,
12,0 grob gepulverte virginische Schlangenwurzel,
4,0 Safran,

2,5 fein zerriebene Cochenille,
1000,0 verdünnter Weingeist v. 68 pCt.

Tinctura Chinioidini.
Chinioidintinktur.
Ph. G. II.

10,0 Chinioidin
löst man in einer Mischung von
85,0 verdünnten Weingeist v. 68 pCt
und
5,0 Salzsäure
und filtriert die Lösung.

Tinctura Chloroformii composita.
Compound tincture of chloroform.

Vorschrift der Ph. Brit.
2,0 Chloroform,
8,0 Weingeist von 88,76 Vol. pCt,
10,0 compound tincture of cardamoms.

Tinctura Chrysanthemi.
Chrysanthemumtinktur.

200,0 Chrysanthemumblüten, Pulv. M/8,
1000,0 Weingeist von 90 pCt.

Die Tinktur dient zum Einreiben gegen Insektenstiche und zum Verstäuben gegen Zimmerfliegen.

Die Gebrauchsanweisung lautet:

„Durch Einreiben mit der Tinktur schützt man sich für einige Zeit gegen Insektenstiche. Ausserdem benützt man die mit der gleichen Menge Wasser verdünnte Tinktur, indem man die Verdünnung verstäubt, zum Vertreiben der Zimmerfliegen.“

Tinctura Chrysanthemi aetherea.
Ätherische Chrysanthemumtinktur.

200,0 Chrysanthemumblüten, Pulv. M/8,
1000,0 Ätherweingeist.

Wird wie die vorige gebraucht.

Tinctura Chrysanthemi composita.
Zusammengesetzte Chrysanthemumtinktur.

1,0 Eukalyptol,
1,0 Anisöl,
5,0 Kampfer,
0,01 Kumarin
löst man in
100,0 Chrysanthemumtinktur.

Man filtriert nach mehrtägigem Stehen und verwendet wie Tinct. Chrysanthemi.

Tinctura Cinnamomi.
Tinctura Cinnamomi cassiae. Zimttinktur.

Vorschrift d. D. A. IV und der Ph. Austr. VII.
Zu bereiten aus:
1 Teil grob gepulvertem chinesischen Zimt,
5 Teilen verdünntem Weingeist von 68 pCt.

Analytische Werte nach *E. Dieterich:*
Spez. Gew. 0,896—0,928;
Trockenrückst. 1,90—2,47 pCt;
Säurezahl 4,20—4,76.

Tinctura Cinnamomi Ceylanici.
Tinctura Cinnamomi. Ceylonzimttinktur.
Tincture of cinnamon Ph. Brit.

a) 20,0 Ceylonzimt, Pulver M/8,
100,0 verdünnt. Weingeist v. 68 pCt.

b) Vorschrift der Ph. Brit.
Man bereitet aus
10,0 Ceylonzimt, Pulver M/20,
mit
q. s. verdünntem Weingeist v. 57 Vol. pCt
in derselben Weise, wie unter Akonittinktur Ph. Brit. beschrieben,
74,0 g oder 80 ccm Tinktur.

Tinctura Cocae.
Tinctura Coca. Kokatinktur.

20,0 fein zerschnittene Kokablätter,
100,0 verdünnter Weingeist v. 68 pCt.

Tinctura Coccionellae.
Cochenilletinktur.

10,0 Cochenille, Pulver M/8,
100,0 verdünnter Weingeist v. 68 pCt.

Tinctura Coccionellae ammoniacalis.
Ammoniakhaltige Cochenilletinktur.

65,0 Cochenille, Pulver M/8,
65,0 Ammoniakflüssigkeit v. 10 pCt,
1000,0 verdünnter Weingeist v. 68 pCt.

Tinctura Coccionellae n. *Rademacher*.

Rademachers Cochenilletinktur.

10,0 Cochenille, Pulver M/8,
120,0 verdünnter Weingeist v. 68 pCt.

Tinctura Coffeini composita.

Zusammengesetzte Koffeintinktur.

Vorschrift des Dresdner Ap. V.

10,0 Peccoblütenthee,
100,0 verdünnter Weingeist v. 68 pCt,
1,0 Koffein.

Tinctura Colae.

Tinctura Kola. Kolatinktur.

100,0 Kolasamen, Pulver M/8,
1000,0 verdünnter Weingeist v. 68 pCt.

Tinctura Colchici.

Tinctura Colchici seminis. Zeitlosentinktur. Herbstzeitlosentinktur. Zeitlosensamentinktur.

a) Vorschrift des D. A. IV.

Zu bereiten aus

1 Teil grob gepulvertem Zeitlosensamen,
10 Teilen verdünntem Weingeist (v. 68 pCt).

Analytische Werte n. *E. Dieterich*:
Spez. Gew. 0,893—0,905;
Trockenrückstand 0,55—2,06 pCt:
Säurezahl 3,92—4,48.

b) Vorschrift der Ph. Austr. VII.

Man bereitet sie aus gepulvertem Zeitlosensamen, wie die Sturmhutwurzeltinktur.

Tinctura Colocynthidis.

Koloquintentinktur.

Vorschrift des D. A. IV.

Zu bereiten aus

1 Teil grob zerschnittenen Koloquinten,
10 Teilen Weingeist (v. 90 pCt).

Analytische Werte n. *E. Dieterich:*
Spez. Gew. 0,835—0,847;
Trockenrückstand 1,0—2,56 pCt;
Säurezahl 3,36.

Tinctura Colocynthidis seminum n. *Rademacher*.

Rademachers Koloquintensamentinktur.

110,0 Koloquintensamen

wäscht man mit Wasser ab, trocknet sie dann und pulvert sie gröblich, M/8.

Man maceriert das Pulver 14 Tage mit

480,0 verdünntem Weingeist v. 68 pCt,

presst dann aus und filtriert die Pressflüssigkeit nach mehrtägigem Stehen.

Mit

q. s. verdünntem Weingeist v. 68 pCt

bringt man das Gewicht des Filtrats auf

440,0.

Tinctura Colombo.

Tinctura Calumbae. Kolombotinktur. Tincture of calumba.

a) 20,0 Kolombowurzel, Pulver M/5,
100,0 verdünnter Weingeist v. 68 pCt.

b) Vorschrift der Ph. Brit.

Man bereitet aus

10,0 Kolombowurzel, Pulver M/20,

mit

q. s. verdünntem Weingeist v. 57 Vol. pCt

in derselben Weise, wie unter Akonittinktur Ph. Brit. beschrieben,

74,0 g oder 80 ccm

Tinktur.

Tinctura Condurango.

Kondurangotinktur.

a) 10,0 fein zerschnittene Kondurangorinde,
100,0 verdünnter Weingeist v. 68 pCt.

b) Vorschrift des Münchn. Ap. V.

20,0 Kondurango-Fluidextrakt,
80,0 verdünnter Weingeist v. 68 pCt.

Tinctura Conii.

Schierlingtinktur.

1000,0 frisches Schierlingkraut

zerquetscht man möglichst gleichmässig im steinernen Mörser, vermischt die Masse mit

1200,0 Weingeist von 90 pCt

und lässt die Mischung bei 15—20° C 8 Tage stehen.

Man presst nun aus, stellt die Seihflüssigkeit 2 Tage kalt und filtriert sie dann.

Die Tinktur ist vor Tageslicht zu schützen.

Tinctura Convallariae.

Maiblumentinktur.

1000,0 frische Maiblumen

zerquetscht man möglichst gleichmässig im steinernen Mörser, vermischt die Masse mit

1200,0 Weingeist von 90 pCt

und lässt die Mischung 1 Woche bei 15—20° C stehen.

Man presst nun aus, stellt die Seihflüssigkeit 2 Tage kalt und filtriert sie dann.

Die Tinktur ist vor Tageslicht zu schützen.

Tinctura Copaïvae.

Kopaivatinktur.

Form. magistr. Berol.

7,5 Kopaivbalsam,
7,5 aromatische Tinktur.

Tinctura Coralliorum.

Korallentropfen.

15,0 Ratanhiatinktur,
15,0 Zimttinktur,
15,0 aromatische Tinktur,
55,0 verdünnten Weingeist v. 68 pCt

mischt man.

Tinctura Coto.

Kototinktur.

a) 20,0 Kotorinde, Pulver M/8,
100,0 verdünnter Weingeist v. 68 pCt.

b) 20,0 Koto-Fluidextrakt,
80,0 verdünnter Weingeist v. 68 pCt.

Tinctura Croci.

Safrantinktur.

Ph. G. II.

10,0 fein zerschnittener Safran,
100,0 verdünnter Weingeist v. 68 pCt.

Tinctura Cubebarum.

Kubebentinktur.

20,0 zerquetschte Kubeben,
100,0 Weingeist von 90 pCt.

Tinctura Cupri acetici n. *Rademacher.*

Rademachers Kupferacetattinktur.

96,0 Kupfersulfat,
120,0 Bleiacetat

zerreibt man mit einander, bis eine teigartige Masse entstanden ist.

Man bringt dieselbe in eine kupferne Pfanne und kocht mit

530,0 destilliertem Wasser

auf. Nach dem Erkalten füllt man in eine Flasche, setzt

410,0 Weingeist von 90 pCt

zu, lässt unter öfterem Schütteln vier Wochen lang stehen und filtriert.

Das Gewicht des Filtrats bringt man mit

q. s. destilliertem Wasser

auf

1000,0.

Tinctura Curcumae.

Kurkumatinktur.

20,0 Kurkumawurzel, Pulver M/8,
100,0 Weingeist von 90 pCt.

Tinctura dentifricia n. *Heider.*

Heiders Zahntropfen.

96,0 Melissengeist,
2,0 Chinatinktur,
2,0 Myrrhentinktur,
0,4 Pfefferminzöl

mischt man.

Tinctura Digitalis.

Digitalistinktur. Fingerhuttinktur. Tincture of foxglove.

a) Vorschrift des D. A. IV.

Zu bereiten aus

1 Teil Fingerhutblättern,
10 Teilen verdünntem Weingeist (v. 68 pCt).

Analytische Werte n. *E. Dieterich:*

Spez. Gew. 0,905—0,910;
Trockenrückst. 2,90—3,25 pCt.

b) aus frischen Blättern nach der Vorschrift des D. A. IV.

1000,0 frische Fingerhutblätter

zerquetscht man im steinernen Mörser möglichst gleichmässig, vermischt die Masse mit

1200,0 Weingeist von 90 pCt

und lässt die Mischung eine Woche bei 15 bis 20° C stehen. Man presst nun aus, stellt die Pressflüssigkeit 2 Tage kalt und filtriert sie dann.

Die Tinktur ist vor Tageslicht zu schützen.

Analytische Werte n. *E. Dieterich:*

Spez. Gew. 0,902—0,933;
Trockenrückst. 1,93—3,24 pCt;
Säurezahl 8,12.

c) Vorschrift der Ph. Austr. VII.

Man bereitet sie aus gepulverten Fingerhutblättern wie die Sturmhutwurzeltinktur.

d) Vorschrift der Ph. Brit.

Man bereitet sie aus

10,0 Fingerhutblättern, Pulver M/20,

mit

q. s. verdünntem Weingeist v. 57 Vol. pCt

in derselben Weise, wie unter Akonittinktur Ph. Brit. beschrieben,

74,0 g oder 80 ccm Tinktur.

e) Vorschrift der Ph. U. St.

Man bereitet aus

15,0 Fingerhutblättern, Pulver M/50,

mit

q. s. verdünnt. Weingeist v. 48,6 pCt

in derselben Weise, wie unter Akonittinktur Ph. U. St. beschrieben,

94,0 g oder 100 ccm Tinktur.

Tinctura Digitalis aetherea.

Ätherische Digitalistinktur. Ätherische Fingerhuttinktur.

Ph. G. II.

10,0 trockene, sehr fein zerschnittene Fingerhutblätter,
100,0 Ätherweingeist.

Analytische Werte n. *E. Dieterich:*
Spez. Gew. 0,813—0,823;
Trockenrückst. 0,93—2,16 pCt;
Säurezahl 7,00—7,56.

Tinctura diuretica n. *Hufeland.*

Hufelands harntreibende Tinktur.

50,0 Fingerhuttinktur,
50,0 versüssten Salpetergeist,
10,0 Wacholderbeeröl

mischt man.

Tinctura Eucalypti.

Eukalyptustinktur.

20,0 fein zerschnittene Eukalyptusblätter,
100,0 verdünnter Weingeist v. 68 pCt.

Tinctura Euphorbii.

Euphorbiumtinktur.

Ph. G. I.

100,0 Euphorbium, Pulver M/8,
1000,0 Weingeist von 90 pCt.

Tinctura excitans.

Form. magistr. Berol.

5,0 Bibergeiltinktur,
10,0 Baldriantinktur.

Tinctura Ferri acetici aetherea.

Tinctura Martis n. *Klaproth.*
Ätherische Eisenacetattinktur.

Vorschrift des D. A. III.

80,0 Eisenacetatlösung

mischt man mit

10,0 Weingeist von 90 pCt

und dann mit

10,0 Essigäther.

Es müsste unbedingt eine allmähliche Hinzumischung des Weingeistes und des Essigäthers zur Eisenacetatlösung vorgeschrieben sein, da bei Unterlassung dieser Vorsicht, also bei wörtlicher Einhaltung der Vorschrift, bald Zersetzung der Tinktur durch Bildung von basischem Acetat eintritt. Man bewahrt die Tinktur in brauner Flasche, also vor Tageslicht geschützt, in kühler Temperatur auf.

Das spez. Gew. soll 1,044—1,046 betragen.

Tinctura Ferri acetici n. *Rademacher.*

Rademachers Eisentinktur.

a) 100,0 Bleiacetat,
97,0 Ferrosulfat

stösst man in einem eisernen Mörser zu einer breiartigen, körnerfreien Masse zusammen, bringt diese in eine eiserne Pfanne, fügt

520,0 destilliertes Wasser,
80,0 verdünnte Essigsäure von 30 pCt

hinzu und kocht einmal auf.

Nach dem Erkalten giebt man die Masse in eine Flasche, setzt derselben nach und nach

330,0 Weingeist von 90 pCt

zu, verbindet dieselbe mit Pergamentpapier, das man mit einer Nadel durchsticht, und stellt mindestens zwei Monate zurück, ehe man die Tinktur vom Bodensatz abgiesst und in Gebrauch nimmt.

Eine andere Vorschrift geht vom Ferrisulfat aus; sie führt in viel kürzerer Zeit zum Ziel und ist nach *E. Bosetti* im Gelingen der Ausführung zuverlässiger, wie die ursprüngliche Vorschrift *Rademachers.* Sie lautet:

b) 195,0 Ferrisulfatlösung
verdünnt man mit
135,0 destilliertem Wasser.

Andrerseits löst man
100,0 Bleiacetat
in
320,0 destilliertem Wasser,
80,0 verdünnter Essigsäure v. 30 pCt
und filtriert.

Man giesst nun die Eisenlösung in die Bleilösung und fügt dem Ganzen nach und nach
330,0 Weingeist von 90 pCt
hinzu.

Nach 8—14-tägigem Stehen kann die Tinktur vom Bodensatz abgegossen und verwendet werden.

Ich gebe der nach b gewonnenen Tinktur entschieden den Vorzug, wenn auch der Geruch derselben nicht ganz dem des nach Vorschrift a hergestellten Präparats gleichkommt.

Tinctura Ferri acetico-formicati.

(loco Tinctura tonico nervina *Hensel*). *Hensels* Tonicum.

Vorschrift der Bad. Ergänzungstaxe.

60,0 Calciumkarbonat,
200,0 Ameisensäure (1,06),
155,0 destilliertes Wasser.

Man bringt die Ameisensäure nebst Wasser in eine Abdampfschale und trägt das Calciumkarbonat unter Rühren allmählich ein.

Andrerseits bereitet man sich eine Lösung aus
21,0 kryst. Ferrosulfat,
80,0 Ferrisulfatlösung (1,43),
320,0 verdünnter Essigsäure (30 pCt),
80,0 destilliertem Wasser,
vereinigt beide Lösungen und fügt
400,0 Weingeist von 90 pCt,
15,0 Essigäther
hinzu.

Man stellt in verschlossener Flasche 8 Tage kühl und filtriert dann.

Tinctura Ferri chlorati.

Eisenchlorürtinktur.
Ph. G. I.

25,0 frischbereitetes Eisenchlorür
löst man in
225,0 verdünntem Weingeist v. 68 pCt,
fügt
1,0 Salzsäure von 1,124 spez. Gew.
hinzu und filtriert.

Die erste deutsche Pharmakopöe empfahl die Tinktur, um sie vor Oxydation zu schützen, auf kleine Fläschchen abzufüllen; sie hätte noch hinzufügen sollen, dass diese Fläschchen im Sonnenlicht aufbewahrt werden müssen.

Ein einfaches Verfahren, die Tinktur vor Verderben zu schützen, ist das folgende:

Man setzt in den in der Höhe des Bodens befindlichen Tubus einer Klärflasche einen Glashahn ein, filtriert die Tinktur in diese Flasche und giesst oben auf dieselbe eine 1 cm starke Schicht Olivenöl. Ganz nach Belieben deckt man nun seinen Bedarf durch Ablassen mittels des Hahnes. Die Tinktur hält sich so bis zum letzten Tropfen gut. Ob man an Stelle des Olivenöls auch Paraffinum liquidum nehmen kann, ist möglich, doch fehlt mir hierfür die Erfahrung.

Tinctura Ferri chlorati aetherea.

Spiritus Ferri chlorati aethereus. Spiritus aethereus ferratus. Spiritus Ferri sesquichlorati aethereus. Liquor anodynus martiatus. Tinctura tonico-nervina n. *Bestuscheff*. Ätherische Chloreisentinktur. Eisenchloridhaltiger Ätherweingeist.

a) Vorschrift des D. A. IV.

Zu bereiten aus:
1 Teil Eisenchloridlösung (von 10 pCt Fe),
2 Teilen Äther,
7 „ Weingeist von 90 pCt.

Diese Mischung wird in weissen, nicht ganz gefüllten, gut verkorkten Flaschen den Sonnenstrahlen ausgesetzt, bis sie völlig entfärbt ist. Alsdann lässt man die Flaschen, bisweilen geöffnet, an einem schattigen Orte stehen, bis der Inhalt wieder eine gelbe Farbe angenommen hat.

Spez. Gew. 0,850—0,860.

Ich möchte hierzu bemerken, dass die Einwirkung des Lichts viel wirksamer ist, wenn man cylindrische Gläser, deren lichter Durchmesser nicht mehr als 40 mm beträgt, verwendet.

b) Vorschrift der Ph. Austr. VII.
15,0 krystallisiertes Eisenchlorid,
180,0 Ätherweingeist
behandelt man wie unter a) beschrieben.

Tinctura Ferri composita.

Tinctura Ferri aromatica. Aromatische Eisentinktur. Nachahmung der *Athenstädt*schen Tinktur.

a) Vorschrift von *E. Dieterich*:
22,0 Eisenzucker (10 pCt Fe) Helfenberg
löst man in
570,0 destilliertem Wasser,
fügt folgende Mischung, nämlich
240,0 weissen Sirup,
165,0 Weingeist von 90 pCt,
0,20 Citronensäure,
3,0 Pomeranzenschalentinktur,

0,75 aromatische Tinktur,
0,75 Ceylonzimttinktur,
0,75 Vanilletinktur,
2 Tropfen Essigäther

hinzu und filtriert, wenn es nötig sein sollte.

Diese Vorschrift fand auch in der Badischen Ergänzungstaxe Aufnahme.

b) Vorschrift des Berliner Ap. V.

75,0 Eisensaccharat (3 pCt Fe),
580,0 destilliertes Wasser.

Man löst und vermischt die Lösung mit

180,0 weissem Sirup,
165,0 Weingeist von 90 pCt,
3,0 Pomeranzenschalentinktur,
1,5 aromatischer Tinktur,
1,5 Vanilletinktur.

c) Vorschrift d. Hamb. Ap. V.

33,0 Eisensirup von 6,6 pCt,
240,0 weissen Sirup,
165,0 Weingeist von 90 pCt,
3,0 Pomeranzenschalentinktur,
1,5 aromatische Tinktur,
1,5 Vanilletinktur,
5 Tropfen Essigäther

mischt man mit

q. s. Wasser,

dass das Gesamtgewicht

1000,0

beträgt.

Tinctura Ferri jodati.

Eisenjodürtinktur.

3,0 Eisenpulver,
8,2 Jod,
20,0 destilliertes Wasser

reibt man so lange in einer Reibschale zusammen, bis die rote Farbe verschwunden ist, verdünnt dann durch allmählichen Zusatz von

70,0 Weingeist von 90 pCt,

filtriert und setzt dem Filtrat

q. s. Weingeist von 90 pCt

zu, dass das Gesamtgewicht

100,0

beträgt.

In Berücksichtigung des durch das Filtrieren entstehenden Verlusts ist die Jodmenge um 0,01 höher genommen.

Die Tinktur enthält 10 pCt Ferrojodid.

Bezüglich der Aufbewahrung gilt das bei Tinct. Ferri chlorati Gesagte.

Tinctura Ferri pomati.

Tinctura Martis pomati. Tinctura Malatis Ferri. Äpfelsaure Eisentinktur.

a) Vorschrift des D. A. IV.

1 Teil apfelsaures Eisenextrakt

wird in

9 Teilen Zimtwasser

gelöst und die Lösung filtriert.

Ein goldklares Filtrat erhält man nur dann, wenn man obiger Lösung 2,0 feinstes Talkpulver zusetzt, die Mischung unter häufigem Schütteln 2 Tage kühl stellt und dann erst filtriert.

Nach meinen Erfahrungen beträgt das spez. Gew. 1,017—1,029.

b) Vorschrift der Ph. Austr. VII.

10,0 äpfelsaures Eisenextrakt

löst man in

50,0 weingeistigem Zimtwasser

und filtriert die Lösung.

Siehe unter a). Vergleiche auch unter Extr. Ferri pomatum.

Tinctura Ferri sesquichlorati.

Tinctura Ferri sesquichloridi. Tinctura Ferri perchloridi. Tinctura Ferri chloridi. Eisenchloridtinktur. Tincture of perchloride of iron. Tincture of ferric chloride.

a) 30,0 Eisenchloridlösung,
70,0 verdünnten Weingeist v. 68 pCt

mischt man.

b) Vorschrift der Ph. Brit.

71,0 Eisenchloridlösung v. 1,42 spez. Gew.,
42,0 Weingeist von 88,76 Vol. pCt,
100,0 destilliertes Wasser,

oder:

10 ccm Eisenchloridlösung v. 1,42 spez. Gew.,
10 ccm Weingeist v. 88,76 Vol. pCt,
20 „ destilliertes Wasser

mischt man.

c) Vorschrift der Ph. U. St.

35,0 Eisenchloridlösung v. 1,387 spez. Gew.,
61,5 Weingeist von 94 pCt,

oder:

25 ccm Eisenchloridlösung v. 1,387 spez. Gew.,
75 ccm Weingeist von 94 pCt

mischt man, lässt die Tinktur in einem geschlossenen Gefäss mindestens drei Monate stehen und bewahrt in einem Glasstöpselglas vor Licht geschützt auf.

Tinctura Foeniculi.

Spiritus ophtalmicus n. *Romershausen*.
Fencheltinktur.

a) 200,0 zerstossenen Fenchel,
1000,0 verdünnten Weingeist v. 68 pCt

maceriert man acht Tage und presst aus. Der Pressflüssigkeit setzt man

3,0 Fenchelöl

zu und filtriert.

b) Vorschrift des Wiener Apoth. Haupt-Gremiums.

200,0 zerquetschten Fenchel,
1000,0 verdünnten Weingeist v. 68 pCt

lässt man bei Zimmertemperatur 8 Tage stehen und presst dann aus. Die Pressflüssigkeit stellt man mindestens 3 Tage in den Keller und filtriert sie sodann.

Tinctura Formicarum.

Brauner Ameisenspiritus.
Ph. G. I.

400,0 frische Ameisen

zerquetscht man möglichst fein in einem Mörser, bringt sie dann in eine Flasche und fügt

600,0 Weingeist von 90 pCt

hinzu. Man maceriert acht Tage, presst aus und filtriert die Pressflüssigkeit.

Tinctura Frangulae.

Faulbaumrinde-Tinktur.

a) Vorschrift des Münchn. Ap. V.

20,0 Faulbaumrinde-Fluidextrakt,
80,0 verdünnter Weingeist v. 68 pCt.

b) Vorschrift der Bad. Ergänzungstaxe.

200,0 fein zerschnittene Faulbaumrinde,
1000,0 verdünnter Weingeist von 68 pCt,

Tinctura Galangae.

Galganttinktur.

200,0 fein zerschnittene Galgantwurzel,
1000,0 verdünnter Weingeist v. 68 pCt.

Tinctura Galbani.

Galbantinktur.

200,0 zerstossenes Galbanum,
1000,0 Weingeist von 90 pCt.

Tinctura Galbani aetherea.

Ätherische Galbantinktur.

100,0 zerstossenes Galbanum,
1000,0 Ätherweingeist.

Tinctura Gallarum.

Galläpfeltinktur.

Vorschrift des D. A. IV. u. der Ph. Austr. VII.
Zu bereiten aus:

1 Teil grob gepulverten Galläpfeln,
5 Teilen verdünntem Weingeist (v. 68 pCt).

Analytische Werte n. *E. Dieterich:*

Spez. Gew. 0,949—0,960:
Trockenrückstand 8,27—16,12 pCt;
Säurezahl 37,80—38,36.

Tinctura Gelsemii.

Gelsemientinktur.

100,0 Gelsemienwurzel, Pulver M/8,
1000,0 verdünnter Weingeist v. 68 pCt.

Tinctura Gentianae.

Enziantinktur.

Vorschrift des D. A. IV.
Zu bereiten aus:

1 Teil mittelfein geschnittener Enzianwurzel,
5 Teilen verdünntem Weingeist (v. 68 pCt).

Es ist richtiger, die Wurzel entweder fein zu zerschneiden, oder wenigstens im Mörser vor dem Ansetzen zu quetschen.

Analytische Werte n. *E. Dieterich:*

Spez. Gew. 0,914—0,938;
Trockenrückstand 4,41—8,36 pCt;
Säurezahl 5,50—6,16.

Tinctura Gentianae composita.

Zusammengesetzte Enziantinktur. Compound tincture of gentian.

a) Vorschrift der Ph. Brit.

Man bereitet aus

6,0 Enzianwurzel, Pulver M/50,
3,0 Pomeranzenschale, Pulver M/20,
1,0 Kardamonensamen, „ „

mit

q. s. verdünntem Weingeist v. 57 Vol. pCt

in derselben Weise, wie unter Akonittinktur Ph. Brit. beschrieben,

74,0 g oder 80 ccm Tinktur.

b) Vorschrift der Ph. U. St.

10,0 Enzianwurzel, Pulver M/50,
4,0 Pomeranzenschale, Pulver M/30,
10,0 Malabar-Kardamomen, Pulv. M/15,

befeuchtet man mit

100,0 einer Mischung,

bestehend aus

60 ccm Weingeist von 94 pCt,
40 „ destilliertem Wasser,

lässt 24 Stunden stehen, bringt in einen Verdrängungsapparat und verdrängt mit

q. s. obiger Mischung,

dass die Gesamtmenge des Aufgefangenen

100 ccm

beträgt.

Tinctura Guajaci ligni.

Guajakholztinktur.

200,0 Guajakholz, Pulver M/8,
1000,0 Weingeist von 90 pCt.

Tinctura Guajaci resinae.

Guajaktinktur. Guajakharztinktur.

Vorschrift der Ph. G. I. und Ph. Austr. VII.

200,0 zerstossenes Guajakharz,
1000,0 Weingeist von 90 pCt.

Tinctura Guajaci resinae ammoniata.

Ammoniakhaltige Guajaktinktur.
Ammoniated tincture of guajac.

a) Vorschrift der Ph. G. I.

200,0 zerstossenes Guajakharz,
670,0 Weingeist von 90 pCt,
330,0 Ammoniakflüssigkeit v. 10 pCt.

b) Vorschrift der Ph. U. St.

200,0 zerstossenes Guajakharz,
725,0 aromatischer Ammoniakspiritus Ph. U. St.

Man maceriert 7 Tage und bringt das Filtrat mit

q. s. aromatischem Ammoniakspiritus Ph. U. St.

auf

1000 ccm.

Tinctura Guaranae.

Guaranatinktur.

20,0 Guarana, Pulver M/8,
100,0 Weingeist von 90 pCt.

Tinctura Guaranae composita.

Zusammengesetzte Guaranatinktur.

Vorschrift des Dresdner Ap. V.

40,0 gepulverte Guarana,
200,0 verdünnter Weingeist v. 68 pCt,
1,0 Koffeïn.

Tinctura haemostyptica.

(*Denzel.*)

Vorschrift der Bad. Ergänzungstaxe.

100,0 Mutterkornpulver,
200,0 Weingeist von 90 pCt,
20,0 Schwefelsäure,
5000,0 destilliertes Wasser

kocht man ein auf

2000,0,

fügt

20,0 Calciumkarbonat

hinzu, presst die Flüssigkeit ab und dampft sie ab auf

700,0.

Man fügt nun eine Mischung von

300,0 Weingeist von 90 pCt,
30 Tropfen Zimtöl

hinzu, stellt 2 Tage kühl und filtriert dann.

Tinctura Helenii.

Tinctura Enulae. Alanttinktur.

20,0 fein zerschnittene, im Mörser zerquetschte Alantwurzel,
100,0 verdünnter Weingeist v. 68 pCt.

Tinctura Hellebori nigri.

Tinctura Melampodii. Nieswurztinktur.

100,0 schwarze Nieswurz, Pulver M/8,
1000,0 verdünnter Weingeist v. 68 pCt.

Tinctura Hellebori viridis.

Grüne Nieswurztinktur.
Ph. G. I.

100,0 grüne Nieswurz, Pulver M/8,
1000,0 verdünnter Weingeist v. 68 pCt.

Tinctura Hyoscyami.

Bilsenkrauttinktur.

a) aus frischem Kraut.

1000,0 frisches Bilsenkraut

zerquetscht man im steinernen Mörser möglichst gleichmässig, vermischt die Masse mit

1200,0 Weingeist von 90 pCt

und lässt die Mischung eine Woche bei 15—20° C stehen.

Man presst nun aus, stellt die Pressflüssigkeit 2 Tage kalt und filtriert dann.

Die Tinktur ist vor Tageslicht zu schützen.

b) aus trockenem Kraut.

100,0 fein zerschnittenes Bilsenkraut,
1000,0 verdünnter Weingeist v. 68 pCt.

Tinctura Hyoscyami aetherea.

Ätherische Bilsenkrauttinktur.

100,0 fein zerschnittenes Bilsenkraut,
1000,0 Ätherweingeist.

Tinctura Ignatii seminis.

Ignatiusbohnentinktur.

100,0 Ignatiusbohnen, Pulver M/8,
1000,0 verdünnter Weingeist v. 68 pCt.

Tinctura Ipecacuanhae.

Brechwurzeltinktur.

a) D. A. III.

10,0 Brechwurzel, Pulver M/8,
100,0 verdünnter Weingeist v. 68 pCt.

Analytische Werte nach *E. Dieterich*:

Spez. Gew. 0,900—0,910;
Trockenrückst. 1,40—2,00 pCt;
Säurezahl 5,18.

b) Vorschrift der Ph. Austr. VII.

Man bereitet sie aus grob zerstossener Brechwurzel, wie die Sturmhutwurzeltinktur.

Die Brechwurzel wird besser fein gepulvert verwendet.

Tinctura Jaborandi.

Jaboranditinktur.

20,0 fein zerschnittene Jaborandiblätter,
100,0 verdünnter Weingeist v. 68 pCt.

Tinctura Jalapae resinae.

Jalapenharztinktur.

Ph. G. I.

100,0 zerstossenes Jalapenharz,
1000,0 Weingeist von 90 pCt.

Tinctura Jalapae tuberum.

Jalapenknollentinktur.

200,0 Jalapenknollen, Pulver M/30,
1000,0 Weingeist von 90 pCt.

Tinctura Jodi.

Jodtinktur. Tincture of iodine.

a) Vorschrift des D. A. IV.

Zu bereiten aus:

1 Teil Jod,
10 Teilen Weingeist von 90 pCt.

Jodtinktur ist ohne Erwärmen in einer mit Glasstöpsel verschlossenen Flasche zu bereiten. Das spez. Gew. soll 0,895—0,898 betragen.

Dazu ist zu bemerken, dass mehrere Tage nötig sind, um das Jod in Lösung überzuführen. Durch häufiges und anhaltendes Schütteln kann man den Vorgang wesentlich unterstützen.

Noch schneller kommt man zum Ziel, wenn man das Jod, in Gaze eingebunden, soweit in den Weingeist einhängt, dass das Päuschchen zur Hälfte über das Niveau der Flüssigkeit herausragt.

Es tritt dabei in letzterer eine starke Diffusionsbewegung und damit baldige Lösung ein.

b) Vorschrift der Ph. Austr. VII.

10,0 Jod

löst man durch Verreiben im Glasmörser in

150,0 Weingeist von 90 pCt.

c) Vorschrift der Ph. Brit.

10,0 Jod,
10,0 Kaliumjodid

löst man in

33,5 Weingeist von 88,76 Vol. pCt.

d) Vorschrift der Ph. U. St.

7,0 Jod

zerreibt man zunächst für sich, dann mit

Weingeist von 94 pCt,

spült mit letzterem das ungelöste Jod in eine Flasche, so dass die Gesamtmenge

100 ccm

beträgt, und bringt durch zeitweiliges Schütteln völlig in Lösung.

Tinctura Jodi aetherea.

Ätherische Jodtinktur.

5,0 Jod

löst man in

95,0 Äther.

Tinctura Jodi decolorata.

Tinctura Jodi decolor. Farblose Jodtinktur.

D. A. III.

20,0 Jod,
20,0 Natriumthiosulfat,
20,0 destilliertes Wasser

bringt man in eine Flasche, stellt diese in ein mit kaltem Wasser gefülltes Gefäss und lässt hier unter öfterem Umschütteln so lange stehen, bis Lösung erfolgt ist.

Man mischt nun allmählig

32,0 Ammoniakflüssigkeit v. 10 pCt

und nach einigen Minuten

150,0 Weingeist von 90 pCt

hinzu und stellt zurück.

Nach 8 Tagen giesst man von den etwa ausgeschiedenen Krystallen ab und filtriert.

Das Abkühlen beim Herstellen der Lösung von Jod und Natriumthiosulfat ist ebenso notwendig, wie später der allmähliche Zusatz von Ammoniak. Ein Nichteinhalten dieser Vorschriften oder gar ein Erwärmen der Mischung, wie es ältere Vorschriften verlangen, hat nicht selten das Misslingen im Gefolge.

Tinctura Jodi fortior.

Stärkere Jodtinktur.

10,0 fein zerriebenes Jod

löst man ohne Anwendung von Wärme, aber unter häufigem Schütteln in

80,0 absolutem Alkohol.

Das spez. Gew. wird 0,871—0,875 betragen.

Tinctura Jodi oleosa.

Ölige Jodtinktur.

10,0 Jod,
20,0 Ricinusöl,
70,0 absoluter Alkohol.

Man löst durch Maceration und öfteres Umschütteln.

Der Vorzug dieser Tinktur vor der gewöhnlichen Jodtinktur besteht darin, dass sie weniger ätzend wirkt und weniger schmerzt.

Tinctura kalina.

Kalitinktur.

10,0 zerriebenes geschmolz. Ätzkali,
60,0 absoluten Alkohol

erwärmt man auf 25° C, erhält 2—3 Tage in dieser Temperatur, stellt dann ebenso lange kalt und giesst schliesslich klar ab.

Tinctura Kino.

Kinotinktur. Ph. G. I.

200,0 Kino, Pulver M/8,
1000,0 Weingeist von 90 pCt.

Jede Erwärmung ist zu vermeiden, da die Tinktur hierdurch Neigung zum Gelatinieren erhält.

Tinctura Kreosoti.

Form. magistr. Berol.

6,0 Kreosot,
24,0 Enziantinktur.

Tinctura Laccae.

Tinctura Laccae aluminata. Lacktinktur.

a) 20,0 Körnerlack, Pulver M/8,
5,0 Kali-Alaun,
90,0 destilliertes Wasser

erhitzt man eine Stunde im Dampfbad und seiht durch.

Der Seihflüssigkeit fügt man

10,0 Rosenwasser,
10,0 Löffelkrautspiritus,
1 Tropfen Salbeiöl

hinzu, lässt einige Tage absetzen und filtriert dann.

b) Vorschrift d. Dresdner Ap. V.

20,0 gepulverten Körnerlack,
10,0 Kalialaun,
140,0 destilliertes Wasser

erhitzt man im Dampfbad und seiht dann durch.

Auf

120,0 Seihflüssigkeit

setzt man zu

40,0 Rosenwasser,
40,0 Salbeiwasser,
0,2 Salicylsäure.

Man stellt die Mischung einen Tag kühl und filtriert sie dann.

Tinctura Lactucae virosae.

Giftlattichtinktur.

1000,0 frischen Giftlattich

zerquetscht man im steinernen Mörser möglichst gleichmässig, vermischt die Masse mit

1200,0 Weingeist von 90 pCt

und lässt die Mischung eine Woche bei 15 bis 20° C stehen.

Man presst nun aus, stellt die Pressflüssigkeit 2 Tage kalt und filtriert sie dann.

Das Filtrat ist vor Tageslicht zu schützen.

Tinctura Lavandulae composita.

Spiritus Lavandulae compositus. Rote Schlagtropfen.
Compound tincture of lavender.

a) 10,0 chinesischen Zimt, Pulver M/8,
10,0 Muskatnüsse, " "
20,0 Sandelholz, " "
950,0 Weingeist von 90 pCt,
100,0 destilliertes Wasser

maceriert man einige Tage und seiht durch. Der Seihflüssigkeit setzt man

7,5 Lavendelöl,
2,5 Rosmarinöl

zu, schüttelt gut durch und filtriert.

b) Vorschrift der Ph. Brit.

10,0 Ceylonzimt, Pulver M/8,
10,0 Muskatnüsse, " "
20,0 Sandelholz, " "
1000,0 Weingeist von 88,76 Vol. pCt

maceriert man 7 Tage, seiht ab, presst aus, löst in der Seihflüssigkeit

5,0 Lavendelöl,
0,5 Rosmarinöl,

filtriert und bringt mit

Weingeist von 88,76 Vol. pCt

auf ein Gesamtgewicht von

1000,0.

c) Vorschrift der Ph. U. St.

10,0 Muskatnüsse, Pulver M/15,
5,0 Nelken, " "
20,0 chinesischen Zimt, " M/30,
10,0 Sandelholz, " "

mischt man, feuchtet an und behandelt im Verdrängungsapparat mit einer Lösung von

7,0 Lavendelöl,
2,0 Rosmarinöl

in

575,0 Weingeist von 94 pCt,

der man

250,0 destilliertes Wasser

zugesetzt hat. Man verdrängt zuletzt mit so viel

verdünntem Weingeist von 48,6 pCt,

dass die Gesamtmenge

1000 ccm

beträgt.

Tinctura laxativa.

Tinctura Sennae cum Rheo. Blutreinigungs-Elixier.
Blutreinigungstropfen.

a) 100,0 fein zerschnittene Alexandriner Sennesblätter,
50,0 fein zerschnittener Rhabarber,
25,0 Jalapenknollen, Pulver M/8,
20,0 Sternanis, " "
20,0 Koriander, Pulver M/8,
400,0 destilliertes Wasser,
600,0 Weingeist von 90 pCt.

Man maceriert 8 Tage, presst aus, löst in der Pressflüssigkeit

100,0 Zucker, Pulver M/30,

und filtriert nach mehrtägigem Stehen.

b) 5,0 zerstossenes Jalapenharz,
5,0 " Scamoniumharz,
20,0 Aloë, Pulver M/5,
20,0 Koriander, " M/8,
20,0 Kümmel, " "
10,0 Malabar-Kardamomen, Pulv. M/8,
50,0 Faulbaumrinde, " "

maceriert man mit

600,0 destilliertem Wasser

und

400,0 Weingeist von 90 pCt

acht Tage.

Man presst dann aus, filtriert die Pressflüssigkeit nach mehrtägigem Stehen und setzt dem Filtrat

5 Tropfen ätherisches Kamillenöl

zu.

Tinctura Levistici.

Liebstöckeltinktur.

20,0 feinzerschnitt. Liebstöckelwurzel,
100,0 verdünnter Weingeist v. 68 pCt.

Tinctura ligni Campechiani.

Blauholztinktur. Blauholz-Indikator.

10,0 geraspeltes Blauholz,
100,0 Weingeist von 90 pCt

maceriert man mehrere Tage und filtriert. Dem Filtrat setzt man tropfenweise

q. s. Normal-Ammoniak

zu, bis ein Dunklerwerden der Tinktur eintritt. Die Tinktur ist dann — eine Hauptbedingung für ihre Verwendung als Indikator — neutral.

Die so bereitete Blauholztinktur ist haltbar, während sich eine mit verdünntem Weingeist hergestellte Tinktur schon nach wenigen Tagen zersetzt. Sie eignet sich besser, wie jeder andere Indikator zum Titrieren von Alkaloiden, z B. beim Bestimmen derselben in narkotischen Extrakten.

Tinctura Limonis.

Tinctura Citri. Tincture of lemon peel.

Vorschrift der Ph. Brit.

10,0 feinzerschnittene frische Citronenschale,
74,0 verdünnter Weingeist v. 57 Vol. pCt.

Man maceriert 7 Tage und bringt die Seihflüssigkeit mit

q. s. verdünntem Weingeist v. 57 Vol. pCt

auf ein Gewicht von

74,0.

Tinctura Lithanthracis.

Nach *Unna*.

30,0 Steinkohlenteer,
20,0 Weingeist von 90 pCt,
10,0 Äther

schüttelt man in einer verschlossenen Flasche gut durch, lässt dann absetzen und giesst die überstehende klare Flüssigkeit ab.

Das Absetzen der ungelösten Teile kann man dadurch befördern, dass man der Mischung 2 g feinstes Talkpulver zusetzt.

Tinctura Lobeliae.

Lobelientinktur.

a) Vorschrift des D. A. IV.

Zu bereiten aus:

1 Teil mittelfein zerschnittenem Lobelienkraute,
10 Teilen verdünntem Weingeist (v. 68 pCt).

Es ist richtiger, das Kraut so fein wie möglich zu zerschneiden.

Analytische Werte n. *E. Dieterich:*

Spez. Gew. 0,898–0,905;
Trockenrückstand 1,21—1,95 pCt;
Säurezahl 5,60—5,88.

b) Vorschrift der Ph. Austr. VII.

Man bereitet sie aus gepulvertem Lobelienkraut, wie die Sturmhutwurzeltinktur.

Tinctura Lobeliae aetherea.

Ätherische Lobelientinktur.

100,0 fein zerschnitt. Lobelienkraut,
1000,0 Ätherweingeist.

Tinctura Lupulini.

Lupulintinktur.

200,0 frisches Lupulin,
1000,0 Weingeist von 90 pCt.

Tinctura Macidis.

Macistinktur.

Ph. G. I.

20,0 fein zerschnittene Macis,
100,0 Weingeist von 90 pCt.

Tinctura Mastichis composita.

Zusammengesetzte Mastixtinktur.

30,0 Mastix,
30,0 Olibanum,
30,0 Myrrhe,

sämtlich zerstossen,

1000,0 Weingeist von 90 pCt.

Tinctura Matico.

Matikotinktur.

20,0 fein zerschnittene Matikoblätter,
100,0 verdünnter Weingeist v. 68 pCt.

Tinctura Menthae crispae.

Krauseminztinktur.

200,0 fein zerschnittene Krauseminzblätter,
1000,0 verdünnter Weingeist v. 68 pCt,
0,5 Krauseminzöl

lässt man bei 15° C 8 Tage lang stehen und presst dann aus. Die Pressflüssigkeit setzt man mindestens 2 Tage der Kellertemperatur aus und filtriert sie dann.

Tinctura Menthae piperitae.

Pfefferminztinktur.

200,0 fein zerschnittene Pfefferminzblätter,
1000,0 verdünnten Weingeist v. 68 pCt

maceriert man acht Tage und presst dann aus. Die Pressflüssigkeit lässt man einige Tage kühl stehen und filtriert sie dann.

Tinctura Moschi.

Moschustinktur.

Vorschrift des D. A. III.

2,0 Moschus

reibt man mit

50,0 destilliertem Wasser

an und fügt dann

50,0 Weingeist von 90 pCt

hinzu.

Spez. Gew. 0,957—0,962.

Tinctura Moschi aetherea.

Ätherische Moschustinktur.

2,0 Moschus

mit

10,0 Milchzucker, Pulver M/50,

verrieben mischt man mit

10,0 destilliertem Wasser
und setzt dann
95,0 Ätherweingeist
zu.

Tinctura Moschi ammoniata.

Ammoniakhaltige Moschustinktur.

2,0 Moschus,
2,0 Milchzucker, Pulver M/50,
verreibt man mit einander, verteilt in
40,0 destilliertem Wasser
und fügt
60,0 Weingeist von 90 pCt,
2,0 Ammoniakflüssigkeit v. 10 pCt
hinzu.

Tinctura Moschi composita.

Zusammengesetzte Moschustinktur.

2,0 Moschus,
0,5 Ambra,
0,5 Vanillin,
0,01 Kumarin,
1,0 Milchzucker
verreibt man fein mit
30,0 destilliertem Wasser,
setzt
70,0 Weingeist von 90 pCt
zu und filtriert nach achttägigem Stehen.

Die Tinktur dient Parfümeriezwecken.

Tinctura Myrrhae.

Myrrhentinktur. Tinctur of myrrh.

a) Vorschrift d. D. A. IV. u. d. Ph. Austr. VII.

Zu bereiten aus:
1 Teil grob gepulverter Myrrhe,
5 Teilen Weingeist (v. 90 pCt).

Da die Myrrhe viel gummöse Teile enthält, leistet sie dem Ausziehen durch Weingeist viel Widerstand. Es erscheint deshalb geboten, die Myrrhe so fein wie möglich im Mörser zu zerstossen, allerdings ohne sie vorher zu trocknen.

Analytische Werte n. *E. Dieterich:*
Spez. Gew. 0,842—0,852;
Trockenrückst. 4,25—6,10 pCt;
Säurezahl 7,00—7,28.

b) Vorschrift der Ph. Brit.

Man bereitet sie aus
10,0 Myrrhe, Pulver M/20,
mit
q. s. Weingeist von 88,76 Vol. pCt
in derselben Weise, wie unter Akonittinktur Ph. Brit beschrieben,
67,0 g oder 80 ccm Tinktur.

c) Vorschrift der Ph. U. St.

20,0 Myrrhe, Pulver M/8,
65,0 Weingeist von 94 pCt.

Man maceriert 7 Tage, filtriert und wäscht das Filtrat mit
q. s. Weingeist von 94 pCt,
sodass die Gesamtmenge
100 ccm
beträgt.

Tinctura Myrtilli fructus.

Heidelbeertinktur.

200,0 getrocknete Heidelbeeren,
1000,0 verdünnter Weingeist v. 68 pCt.

Tinctura Nicotianae.

Tabaktinktur.

1000,0 frische Tabakblätter
zerquetscht man im steinernen Mörser möglichst gleichmässig, vermischt die Masse mit
1200,0 Weingeist von 90 pCt
und lässt die Mischung eine Woche bei 15 bis 20° C stehen.

Man presst nun aus, stellt die Pressflüssigkeit 2 Tage kalt und filtriert sie dann.

Die Tinktur ist vor Tageslicht zu schützen.

Tinctura Opii ammoniata.

Laudanum n. *Warner*. Ammoniakhaltige Opiumtinktur. Ammoniated tincture of opium.

a) 6,0 safranhaltige Opiumtinktur,
74,0 benzoësäurehaltige „
24,0 Ammoniakflüssigkeit v. 10 pCt.

Man mischt und filtriert nach einigen Stunden.

b) Vorschrift der Ph. Brit.

1,2 Opium, Pulver M/8,
2,0 Safran, „ „
2,0 Benzoësäure,
0,6 Anisöl,
18,0 Ammoniakflüssigkeit von 0,891 spez. Gew.,
68,0 Weingeist von 88,76 Vol. pCt.

Man maceriert 7 Tage und bringt die Seihflüssigkeit mit
q. s. Weingeist von 88,76 Vol. pCt
auf
100 ccm.

Tinctura Opii benzoïca.

Elixir paregoricum. Tinctura Opii camphorata. Tinctura Camphorae composita. Benzoësäurehaltige (benzoësaure) Opiumtinktur. Compound tincture of camphor. Camphorated tincture of opium.

Vorschrift des D. A. IV.

Zu bereiten aus:

1 Teil mittelfein gepulvertem Opium,
1 Teil Anethol,
2 Teilen Kampfer,
4 „ Benzoësäure,
192 „ verdünntem Weingeist (v. 68 pCt).

Analytische Werte nach *E. Dieterich:*

Spez. Gew. 0,895—0,927;
Trockenrückst. 0,35—0,60 pCt;
Säurezahl 14,00.

b) Vorschrift der Ph. Brit.

1,0 Opium, Pulver M/30,
0,4 Anisöl,
0,75 Kampfer,
1,0 Benzoësäure,
200,0 verdünnter Weingeist v. 57 Vol. pCt.

Man maceriert 7 Tage, filtriert und bringt mit

q. s. verdünntem Weingeist v. 57 Vol. pCt

auf ein Gewicht von

200,0.

c) Vorschrift der Ph. U. St.

4,0 Opium, Pulver M/30,
4,0 Anisöl,
4,0 Kampfer,
4,0 Benzoësäure,
50,0 Glycerin v. 1,23 spez. Gew.,
840,0 verdünnt. Weingeist v. 48,6 pCt.

Man maceriert 3 Tage, filtriert und wäscht mit soviel

verdünnt. Weingeist v. 48,6 pCt

nach, dass die Gesamtmenge

1000 ccm

beträgt.

Tinctura Opii crocata.

Laudanum (liquidum) n. *Sydenham.* Vinum Opii (aromaticum) compositum. Safranhaltige Opiumtinktur.

a) Vorschrift des D. A. IV.

Zu bereiten aus:

15 Teilen mittelfein gepulvertem Opium,
5 Teilen Safran,
1 Teil mittelfein zerschnittenen Gewürznelken,
1 Teil grob gepulvertem chinesischem Zimt,
70 Teilen verdünntem Weingeist von 68 pCt,
70 Teilen Wasser.

Vorgeschrieben ist ein spez. Gewicht von 0,980—0,984 und ein Morphingehalt von annähernd 1—1,2 pCt.

Es ist ungerechtfertigt, dass die Gewürznelken zerschnitten und nicht ebenfalls grob gepulvert werden sollen; das letztere Zerkleinerungsverfahren verdient den Vorzug.

Analytische Werte nach *E. Dieterich:*

Spez. Gew. 0,980—0,984;
Trockenrückst. 4,78—6,92 pCt;
Morphingehalt 1,0—1,27 pCt;
Säurezahl 16,80—17,08.

Das vom Arzneibuch angenommene spez. Gew. scheint sich in zu engen Grenzen zu bewegen.

b) Vorschrift der Ph. Austr. VII.

2,0 Safran,
165,0 geistiges Zimtwasser,
15,0 Weingeist von 90 pCt

digeriert man bis zur Erschöpfung des Safrans, seiht ab und presst aus.

Von der Seihflüssigkeit nimmt man so viel als nötig ist, um

15,0 grob gepulvertes Opium

so zu durchfeuchten, dass sich das Pulver nicht zusammenballt. Nach einer Stunde bringt man das Pulver in einen Verdrängungsapparat und giesst so viel von der erwähnten Seihflüssigkeit darauf, dass die Masse damit überdeckt ist. Nach 48 Stunden lässt man die Flüssigkeit abtropfen und giesst auf den Rückstand nach und nach von der Seihflüssigkeit so viel, dass die aufgefangene Menge

150,0

beträgt; diese filtriert man nach 48 Stunden. Der Morphingehalt dieser Tinktur beträgt annähernd 1 pCt; man verwendet jedoch besser „mittelfein“ gepulvertes Opium.

Tinctura Opii simplex.

Tinctura thebaica. Opiumtinktur. Einfache Opiumtinktur. Laudanum. Tincture of opium.

a) Vorschrift des D. A. IV.

Zu bereiten aus:

15 Teilen mittelfein gepulvertem Opium,
70 Teilen verdünntem Weingeist von 68 pCt,
70 Teilen Wasser.

Das Deutsche Arzneibuch schreibt ein spez. Gew. von 0,974—0,978 und einen Morphingehalt von annähernd 1 pCt vor.

Analytische Werte nach *E. Dieterich:*
Spez. Gew. 0,974—0,978;
Trockenrückst. 4,00—5,81 pCt;
Morphingehalt 1,00—1,51 pCt;
Säurezahl 15,40—17,08.

Das vom Arzneibuch angenommene spez. Gew. scheint sich in zu engen Grenzen zu bewegen.

b) Vorschrift der Ph. Austr. VII.

Aus
10,0 grob gepulvertem Opium,
45,0 Weingeist von 90 pCt,
75,0 destilliertem Wasser

stellt man nach dem Verdrängungsverfahren, genau wie bei der safranhaltigen Opiumtinktur beschrieben,

100,0 Tinktur

dar.

Der Morphingehalt beträgt annähernd 1 pCt.

c) Vorschrift der Ph. Brit.

6,0 Opium, Pulver M/30,
74,0 verdünnter Weingeist v. 57 Vol. pCt.

Man maceriert 7 Tage und bringt die Seihflüssigkeit mit

verdünntem Weingeist von 57 Vol. pCt

auf

74,0.

d) Vorschrift der Ph. U. St.

100,0 Opium, Pulver M/30,
50,0 gefälltes Calciumphosphat

mischt man, reibt das Gemisch mit

400,0 destilliertem Wasser von 90°

an und lässt 12 Stunden unter bisweiligem Umrühren stehen.

Man setzt alsdann

330,0 Weingeist von 94 pCt

hinzu, bringt in einen Verdrängungsapparat, giesst so lange zurück, als die Flüssigkeit trübe abläuft und verdrängt zuletzt mit so viel

verdünntem Weingeist v. 48,6 pCt,

dass die Gesamtmenge

1000 ccm

beträgt.

Tinctura Papaveris composita.

Tinctura Diacodii.
Zusammengesetzte Mohntinktur.

750,0 Mohnköpfe, Pulver M/8,
4000,0 destilliertes Wasser

erhitzt man zwei Stunden im Dampfapparat und presst dann aus.

Die Pressflüssigkeit dampft man auf

500,0

ein, löst darin

100,0 Zucker, Pulver M/8,
100,0 Süssholzextrakt,

bringt das Ganze in eine Flasche und fügt

300,0 Weingeist von 90 pCt

zu. Nach mehrtägigem Stehen filtriert man.

Tinctura Pareirae.

Pareiratinktur. Grieswurzeltinktur.

20,0 fein zerschnittene Pareirawurzel,
100,0 verdünnter Weingeist v. 68 pCt.

Tinctura Pepsini.

a) 10,0 Pepsin

verreibt man mit

20,0 Glycerin v. 1,23 spez. Gew.,

setzt

5,0 Salzsäure von 1,124 spez. Gew.

zu und verdünnt mit

50,0 destilliertem Wasser

und

15,0 Weingeist von 90 pCt.

Nach mehrtägigem Stehen filtriert man.

b) Form. magistr. Berol.

2,0 Pepsin

löst man in

2,0 Salzsäure von 1,24 spez. Gew.,
26,0 Chinatinktur.

Tinctura Pimpinellae.

Bibernelltinktur. Pimpinelltinktur.

Vorschrift des D. A. IV.

Zu bereiten aus:

1 Teil mittelfein zerschnittener Bibernellwurzel,
5 Teilen verdünntem Weingeist von 68 pCt.

Es ist richtiger, die Wurzel fein zu schneiden oder noch besser durch Stossen im Mörser in grobes Pulver zu verwandeln.

Analytische Werte nach *E. Dieterich:*
Spez. Gew. 0,902—0,913;
Trockenrückst. 2,44—4,41 pCt;
Säurezahl 4,20—6,16.

Tinctura Pini composita.

Tinctura Lignorum. Holztinktur.

Ph. G. I.

90,0 zerschnittene Fichtensprossen,
60,0 Guajakholz, Pulver M/8,
30,0 Sassafrasholz, „ „
30,0 zerstossene Wacholderbeeren,
1000,0 verdünnter Weingeist v. 68 pCt.

Tinctura Pulsatillae.

Küchenschelletinktur.

1000,0 frische Küchenschelle

zerquetscht man möglichst gleichmässig im steinernen Mörser, vermischt die Masse mit

1200,0 Weingeist von 90 pCt

und lässt die Mischung eine Woche bei 15 bis 20° C stehen.

Man presst nun aus, stellt die Seihflüssigkeit 2 Tage kalt und filtriert sie hierauf.

Die Tinktur ist vor Tageslicht zu schützen.

Tinctura Pyrethri.

Bertramwurzeltinktur.

200,0 Bertramwurzel, Pulver M/8,
1000,0 verdünnter Weingeist v. 68 pCt.

Tinctura Pyrethri aetherea.

Ätherische Bertramwurzeltinktur.

100,0 Bertramwurzel, Pulver M/8,
1000,0 Ätherweingeist.

Tinctura Quassiae.

Quassiaholztinktur.

200,0 Quassiaholz, Pulver M/8,
1000,0 verdünnter Weingeist v. 68 pCt.

Tinctura Quebracho.

Quebrachotinktur.

a) 20,0 Quebrachorinde, Pulver M/8,
100,0 verdünnter Weingeist v. 68 pCt.

b) Vorschrift v. *Pentzold.*

Vorschrift des Münchn. Ap. V.

100,0 Quebrachorinde, Pulver M/8,
1000,0 Weingeist von 90 pCt

maceriert man 8 Tage, presst ab, filtriert die Tinktur, dampft diese bis zum dicken Extrakt ein und löst dieses in

200,0 kochendem destillierten Wasser.

Nach dem Erkalten filtriert man.

Tinctura Quillayae.

Quillayatinktur.

a) 200,0 zerschnittene Quillayarinde,
800,0 destilliertes Wasser,
200,0 Weingeist von 90 pCt.

Um das Saponin und das Sapogenin in Lösung überzuführen, ist der vorgeschriebene Wasserüberschuss notwendig.

b) Vorschrift des Dresdner Ap. V.

200,0 zerschnittene Quillayarinde,
1000,0 verdünnten Weingeist v. 68 pCt.

Diese Vorschrift lässt die Schwerlöslichkeit des Saponins und Sapogenins unbeachtet.

Tinctura Ratanhiae.

Tinctura Krameriae. Ratanhiatinktur.

Vorschrift des D. A. IV und der Ph. Austr. VII. Zu bereiten aus

1 Teil mittelfein zerschnittener Ratanhiawurzel,
5 Teilen verdünntem Weingeist (von 68 pCt).

Analytische Werte n. *E. Dieterich:*

Spez. Gew. 0,910—0,925;
Trockenrückst. 3,80—7,14;
Säurezahl 2,80.

Tinctura Ratanhiae borica.

Borsäurehaltige Ratanhiatinktur.

Vorschrift des Dresdner Ap. V.

5,0 Borsäure,
120,0 Weingeist von 90 pCt,
15,0 Ratanhiatinktur,
0,5 Pfefferminzöl.

Tinctura Ratanhiae saccharata.

Zuckerhaltige Ratanhiatinktur.

20,0 Ratanhiawurzel, Pulver M/8,
10,0 gebrannter Zucker,
40,0 destilliertes Wasser,
60,0 Weingeist von 90 pCt.

Tinctura Ratanhiae salicylata.

Salicyl-Ratanhiatinktur.

Vorschrift des Dresdner Ap. V.

5,0 Salicylsäure,
120,0 Weingeist von 90 pCt,
15,0 Ratanhiatinktur,
0,5 Pfefferminzöl.

Tinctura Ratanhiae c. Salolo.

Salolhaltige Ratanhiatinktur.

Vorschrift des Dresdner Ap. V.

5,0 Salol,
120,0 Weingeist von 90 pCt,
15,0 Ratanhiatinktur,
0,5 Pfefferminzöl.

Tinctura Rhei aquosa.

Infusum Rhei aquosum. Infusum Rhei kalinum. Wässerige Rhabarbertinktur.

a) Vorschrift des D. A. IV.

Zu bereiten aus

10 Teilen in Scheiben zerschnittenem Rhabarber,
1 Teil Natriumborat,
1 „ Kaliumkarbonat,
90 Teilen Wasser,
15 „ Zimtwasser,
9 „ Weingeist (von 90 pCt).

Der Rhabarber, das Natriumborat und das Kaliumkarbonat werden mit dem zum Sieden erhitzten Wasser übergossen und in einem verschlossenem Gefässe eine Viertelstunde lang ausgezogen. Darauf wird der Weingeist zugemischt. Nach einer Stunde wird die Mischung durch ein wollenes Tuch geseiht, und das Ungelöste gelinde ausgedrückt. Der so erhaltenen Flüssigkeit werden endlich auf je 85 Teile 15 Teile Zimtwasser zugemischt.

b) Vorschrift zur Schnellbereitung:

5,0 alkalisches Rhabarberextrakt (Extr. Rhei alkalin. Helfenberg)

löst man durch Erhitzen in

75,0 destilliertem Wasser,

lässt die Lösung erkalten und fügt

15,0 Zimtwasser,
10,0 Weingeist von 90 pCt

hinzu.

Analytische Werte n. *E. Dieterich*:

Spez. Gew. 1,014—1,017;
Trockenrückst. 4,49—5,50 pCt;
Säurezahl 5,60.

c) Vorschrift der Ph. Austr. VII.

10,0 zerschnittene Rhabarberwurzel,
3,0 krystallisiertes Natriumkarbonat

übergiesst man mit

150,0 heissem destillierten Wasser,

seiht nach einer Viertelstunde ab, drückt aus und filtriert. Man verwende nur sorgfältig kurz vor dem Gebrauch von Staub befreite Rhabarberstücke, sonst ist die Filtration noch nicht beendet, wenn der Aufguss bereits verdorben ist! Ehe man filtriert, thut man gut, die Flüssigkeit 6 Stunden lang absetzen zu lassen.

Tinctura Rhei n. *Koelreuter*.

150,0 zerschnittene Rhabarberwurzel,
50,0 fein zerschnittene Pomeranzenschalen,
25,0 fein zerschnittenes Tausendgüldenkraut,
15,0 zerquetschter Fenchel,
500,0 Weingeist von 90 pCt,
500,0 destilliertes Wasser.

Tinctura Rhei spirituosa.

Tinctura Rhei amara. Tinctura Rhei Ph. U. St. Weingeistige Rhabarbertinktur. Tincture of rhubarb Ph. U. St.

a) 60,0 fein zerschnittener Rhabarber,
20,0 Enzianwurzel, Pulver M/8,
5,0 virginische Schlangenwurzel, Pulver M/8,
1000,0 verdünnter Weingeist v. 68 pCt.

b) Vorschrift der Ph. U. St.

100,0 Rhabarber, Pulver M/15,
20,0 Malabar-Kardamomen, „ „

befeuchtet man mit

200,0 einer Mischung,

bestehend aus

125,0 Glycerin v. 1,23 spez. Gew.,
500,0 Weingeist von 94 pCt,
300,0 destilliertem Wasser,

lässt 24 Stunden stehen, bringt in einen Verdrängungsapparat und verdrängt zunächst mit dem Rest der Mischung, sodann mit einer Mischung aus

500,0 Weingeist von 94 pCt,
300,0 destilliertem Wasser,

bis die Gesamtmenge des Abgelaufenen

1000 ccm

beträgt.

Tinctura Rhei vinosa.

Tinctura Rhei aromatica. Tinctura Rhei vinosa Darelli. Vinum Rhei. Weinige Rhabarbertinktur. *Darellis* weinige Rhabarbertinktur.

a) Vorschrift des D. A. IV.

Zu bereiten aus

8 Teilen in Scheiben zerschnittenem Rhabarber,
2 Teilen mittelfein zerschnittenen Pomeranzenschalen,
1 Teil zerquetschten Malabar-Kardamomen,
100 Teilen Xereswein.

In diesem Auszug wird nach dem Filtrieren der siebente Teil seines Gewichtes Zucker aufgelöst.

Die in der Vorschrift nicht vorgesehene Schwierigkeit besteht darin, ein klares und klar bleibendes Filtrat zu erhalten. Um dies zu erreichen, versetzt man die durch Auspressen gewonnene Seihflüssigkeit mit

2,0 Talk, Pulver M/50,

stellt 2—3 Tage in den Keller und filtriert dann. Nun löst man im Filtrat den Zucker.

Analytische Werte n. *E. Dieterich:*

Spez. Gew. 1,044—1,067;
Trockenrückstand 14,00—21,50 pCt;
Säurezahl 8,96—9,10.

b) Vorschrift der Ph. Austr. VII.

20,0 zerstossene Rhabarberwurzel,
2,0 „ Kardamomen,
5,0 zerschnittene Orangenschalen,
200,0 Malagawein.

Man digeriert 3 Tage, seiht ab, presst aus, löst in der Flüssigkeit

30,0 gepulverten Zucker

und filtriert.

Man verwende zerschnittene Rhabarberwurzel und beachte weiter die Bemerkung unter a).

Tinctura Rhois aromatica.

Gewürzsumachtinktur.

20,0 Gewürzsumach-Fluidextrakt,
40,0 Weingeist von 90 pCt,
40,0 destilliertes Wasser.

Tinctura Rusci.

Birkenteertinktur.

Vorschrift der Bad. Ergänzungstaxe.

100,0 Birkenteer,
200,0 Ätherweingeist.

Man löst und filtriert.

Tinctura Rusci n. *Hebra.*

Hebras Birkenöltinktur.

1,0 Lavendelöl,
1,0 Rautenöl,
1,0 Rosmarinöl,
25,0 rektifiziertes Birkenöl,
36,0 Äther,
36,0 Weingeist von 90 pCt.

Tinctura Rusci composita.

Zusammengesetzte Birkenteertinktur.

Vorschrift d. Dresdner Ap. V.

20,0 Birkenteer,
30,0 Weingeist von 90 pCt,
30,0 Äther,
1,0 Lavendelöl,
1,0 Rosmarinöl,
1,0 Rautenöl.

Man stellt die Mischung einige Tage kühl und filtriert sie dann.

Tinctura Sabadillae.

Sabadilltinktur.

100,0 zerstossener Sabadillsamen,
1000,0 verdünnter Weingeist v. 68 pCt.

Tinctura Sabinae.

Sadebaumtinktur.

100,0 Sadebaum, Pulver M/8,
1000,0 verdünnter Weingeist v. 68 pCt.

Tinctura Sacchari.

Tinctura Sacchari tosti. Tinctura dulcis.
Zuckercouleurtinktur.

50,0 käufliche Zuckercouleur,
25,0 Weingeist von 90 pCt,
25,0 destilliertes Wasser.

Man löst durch schwaches Erwärmen und filtriert nach mehrtägigem Stehen.

Tinctura Scillae.

Meerzwiebeltinktur. Tincture of squill.

a) Vorschrift des D. A. IV.

Zu bereiten aus:

1 Teil mittelfein zerschnittener Meerzwiebel,
5 Teilen verdünntem Weingeist von 68 pCt.

Die durch Auspressen erhaltene Seihflüssigkeit liefert gern ein trübes oder nachtrübendes Filtrat. Um dies zu vermeiden, setzt man der Seihflüssigkeit

1,0 Talk, Pulver M/50,

zu, stellt unter öfterem Umschütteln kühl und filtriert dann.

Analytische Werte n. *E. Dieterich:*

Spez. Gew. 0,920—0,952;
Trockenrückst. 8,15—14,21 pCt;
Säurezahl 6,58—8,40.

b) Vorschrift der Ph. Brit.
Man bereitet aus
10,0 feinzerschnittener Meerzwiebel
mit
q. s. verdünntem Weingeist v. 57 Vol. pCt
in derselben Weise, wie unter Akonittinktur Ph. Brit. beschrieben,
74,0 g oder 80 ccm Tinktur.

c) Vorschrift der Ph. U. St.
Man bereitet aus
15,0 fein zerschnittener Meerzwiebel
mit
q. s. eines Gemisches aus
62,0 Weingeist von 94 pCt,
25,0 destilliertem Wasser
in derselben Weise, wie unter Akonittinktur Ph. U. St. beschrieben,
100 ccm Tinktur.

Tinctura Scillae kalina.

Kalihaltige Meerzwiebeltinktur.
Ph. G. I.

20,0 Ätzkali
löst man in
1000,0 verdünntem Weingeist v. 68 pCt
und setzt dann zu
160,0 zerschnittene Meerzwiebel.

Tinctura Secalis cornuti.

Tinctura Ergotae. Mutterkorntinktur. Tincture of ergot.

a) Ph. G. I.
100,0 Mutterkorn, Pulver M/8,
1000,0 verdünntem Weingeist v. 68 pCt.

b) Vorschrift der Ph. Brit.
Man bereitet aus
20,0 Mutterkorn, Pulver M/20,
mit
q. s. verdünntem Weingeist v. 57 Vol. pCt
in derselben Weise, wie unter Akonittinktur Ph. Brit. beschrieben,
74,0 g oder 80 ccm Tinktur.

Tinctura Sennae.

Sennatinktur. Tincture of senna.

a) 20,0 fein zerschnittene Sennesblätter,
50,0 Weingeist von 90 pCt,
50,0 destilliertes Wasser.

b) Vorschrift der Ph. Brit.
Man bereitet aus
10,0 Sennesblätter, Pulver M/30
8,0 fein zerschnittenen von den Samen befreiten Rosinen,
2,0 Kümmel, Pulver M/20,
2,0 Koriander, „ „
mit
q. s. verdünntem Weingeist v. 57 Vol. pCt
in derselben Weise, wie unter Akonittinktur Ph. Brit. beschrieben,
74,0 g oder 80 ccm Tinktur.

Tinctura Sinapis.

Senftinktur.

3,0 entöltes Senfmehl
oder
4,5 zerstossenen Senfsamen
feuchtet man in einer Glasbüchse mit
10,0 destilliertem Wasser
an, verkorkt die Büchse und stellt 6 Stunden zurück.

Man fügt nun
100,0 verdünnten Weingeist v. 68 pCt
hinzu, maceriert noch 3 Tage und filtriert schliesslich.

Das entölte Senfmehl liefert eine kräftigere Tinktur.

Tinctura Spigeliae.

Spigeliatinktur.

20,0 fein zerschnittenes Spigeliakraut,
100,0 verdünnten Weingeist v. 68 pCt.

Tinctura Spilanthis composita.

Paratinktur. Zusammengesetzte Parakressentinktur.

a) Vorschrift der Ph. Austr. VII.
25,0 zerschnittenes Parakressenkraut,
20,0 grob zerstossene Bertramwurzel,
120,0 Weingeist von 90 pCt.
Man digeriert 3 Tage.

b) 200,0 fein zerschnittene Parakresse,
200,0 Bertramwurzel, Pulver M/8,
1000,0 verdünnten Weingeist v. 68 pCt.

Tinctera stomachica.

Magentinktur.

a) 20,0 Enzianwurzel,
20,0 Galgant,

20,0 Kalmuswurzel,
10,0 Rhabarber,
10,0 Pomeranzenschalen,
5,0 Angelikawurzel,
5,0 spanischer Pfeffer,
5,0 Pfefferminzblätter,
5,0 Fenchel,
5,0 Sandelholz,
alle entsprechend zerkleinert,
1000,0 verdünnter Weingeist v. 68 pCt.

Die Tinktur wird theelöffelweise genommen.

b) Form. magistr. Berol.

10,0 bittere Tinktur,
10,0 wässerige Rhabarbertinktur,
10,0 Ingwertinktur.

Tinctura stomachico-laxans.

Essentia stomachico-laxans. Abführende Magentinktur oder Magenessenz.

Vorschr. des Wiener Apoth.-Haupt-Grem.

50,0 Kaskara Sagrada, Pulver M/8,
50,0 zerschnittenen Rhabarber,
5,0 Enzianwurzel, Pulver M/8,
5,0 Zitwerwurzel „ „
5,0 zerschnittenen Safran,
1000,0 verdünnten Weingeist v. 68 pCt

lässt man in verschlossenem Gefäss 8 Tage in Zimmertemperatur stehen, presst dann aus, stellt die Pressflüssigkeit 2—3 Tage in den Keller und filtriert schliesslich.

Tinctura Stramonii ex herba recente.

Stechapfeltinktur.

1000,0 frisches Stechapfelkraut

zerquetscht man im steinernen Mörser möglichst gleichmässig, vermischt die Masse mit

1200,0 Weingeist von 90 pCt

und lässt die Mischung bei 15—20° C eine Woche stehen.

Man presst nun aus, stellt die Seihflüssigkeit 2 Tage kalt und filtriert sie hierauf.

Die Tinktur ist vor Tageslicht zu schützen.

Tinctura Stramonii seminis.

Stechapfelsamentinktur.

Ph. G. I.

100,0 zerstossener Stechapfelsamen,
1000,0 verdünnter Weingeist v. 68 pCt.

Tinctura Stramonii seminis aetherea.

Ätherische Stechapfelsamentinktur.

100,0 zerstossener Stechapfelsamen,
1000,0 Ätherweingeist.

Tinctura Strophanti.

Strophantustinktur.

a) Vorschrift des D. A. IV.

Zu bereiten aus:

1 Teil mittelfein gepulvertem Strophantussamen,
10 Teilen verdünntem Weingeist von 68 pCt.

Da sich das fette Öl durch Auspressen nicht völlig entfernen lässt, so scheidet die Tinktur häufig wiederholt auf dem Lager solches aus; es ist daher besser, die Samen mit Petroläther, der kein Alkaloid aufnimmt, zu entfetten.

Analytische Werte n. *E. Dieterich:*

Spez. Gew. 0,898—0,908;
Trockenrückst. 1,15—2,05 pCt;
Säurezahl 3,64.

b) Vorschrift der Ph. Austr. VII.

5,0 gepulverten Strophantussamen

befreit man mit der nötigen Menge Äther vom fetten Öl und bereitet aus dem Rückstand mit Weingeist von 90 pCt, wie die Sturmhutwurzeltinktur,

100,0 Tinktur.

Der entfettete Strophantussamen muss, ehe man ihn mit Weingeist behandelt, durch Trocknen bei mässiger Wärme völlig vom Äther befreit werden.

Das Entfetten mit Äther hat Alkaloidverlust zur Folge. Vergleiche unter a).

Tinctura Strychni.

Tinctura Nucis vomicae. Brechnusstinktur. Krähenaugentinktur. Tincture of nux vomica.

a) Vorschrift des D. A. IV.

Zu bereiten aus:

1 Teil grob gepulverter Brechnuss,
10 Teilen verdünnten Weingeist (v. 68 pCt).

Ein grobes Pulver von Brechnüssen existiert nicht im Handel, wohl aber eine Rasur derselben. Es würde also richtiger heissen: g e r a s p e l t e Brechnüsse.

Analytische Werte n. *E. Dieterich:*

Spez. Gew. 0.896—0,910;
Trockenrückst. 0,85—1,60;
Säurezahl 3,64;
Alkaloidgehalt 0,25—0,30 pCt.

b) Vorschrift der Ph. Austr. VII.

Man bereitet sie aus gepulverten Brechnüssen, wie die Sturmhutwurzeltinktur. Vergleiche unter a).

c) Vorschrift der Ph. Brit.

132 ccm destilliertes Wasser

verdünnt man mit

q. s. Weingeist von 88,76 Vol. pCt

auf

660 ccm

und löst darin

10,0 Strychnosextrakt von 15 pCt Alkaloidgehalt.

d) Vorschrift der Ph. U. St.

20,0 Strychnosextrakt von 15 pCt Alkaloidgehalt

löst man in so viel eines Gemisches von

246,0 Weingeist von 94 pCt,
100,0 destilliertem Wasser,

dass die Gesamtmenge

1000 ccm

beträgt.

Tinctura Strychni aetherea.

Ätherische Brechnusstinktur.
Ph. G. I.

100,0 geraspelte Brechnüsse,
1000,0 Ätherweingeist.

Tinctura Strychni n. *Rademacher*.

Rademachers Brechnusstinktur.

10,0 geraspelte Brechnüsse,
30,0 Weingeist von 90 pCt,
30,0 destilliertes Wasser

lässt man 3 Tage bei 15—20° C stehen und presst dann aus. Die Seihflüssigkeit versetzt man mit

1,0 Talk, Pulver M/50,

stellt sie unter öfterem Umschütteln 2 Tage zurück und filtriert sie dann.

Tinctura Sumbuli.

Sumbultinktur.

20,0 fein zerschnittene Sumbulwurzel,
100,0 verdünnten Weingeist v. 68 pCt.

Tinctura Taxi.

Taxustinktur. Eibentinktur.

a) 10,0 zerstampfte frische Taxusblätter,
25,0 Weingeist von 90 pCt.

b) 20,0 getrocknete fein zerschnittene Taxusblätter,
100,0 verdünnter Weingeist v. 68 pCt.

Tinctura Theae.

Theetinktur.

200,0 zerstossenen schwarzen Thee,
1000,0 Arrak oder Rum.

Gebrauchsanweisung:

„Auf Zucker zu nehmen, oder 1 Theelöffel voll auf eine Tasse heisses Wasser. Touristen sehr zu empfehlen."

Tinctura Theae saccharata.

Sirupus Theae. Theeextrakt.

100,0 Theetinktur,
200,0 weissen Sirup

mischt man und filtriert nach mehrtägigem Stehen.

Gebrauchsanweisung:

„Man nimmt 2—3 Theelöffel voll auf eine Tasse heisses Wasser und erhält damit einen vorzüglichen verzuckerten Rumthee. Auch mit kaltem Wasser gemischt bildet das Theeextrakt für Touristen ein anregendes und erfrischendes Getränk."

Tinctura Thujae.

Lebensbaumtinktur.
Ph. G. I.

1000,0 frische Lebensbaumspitzen

zerquetscht man möglichst gleichmässig im steinernen Mörser, vermischt die Masse mit

1200,0 Weingeist von 90 pCt

und lässt die Mischung bei 15—20° C eine Woche lang stehen.

Man presst nun aus, stellt die Seihflüssigkeit 2 Tage kalt und filtriert sie hierauf.

Die Tinktur ist vor Tageslicht zu schützen.

Tinctura Toxicodendri.

Giftsumachtinktur.
Ph. G. I.

1000,0 frische Giftsumachblätter

zerquetscht man im steinernen Mörser möglichst gleichmässig, mischt die Masse mit

1200,0 Weingeist von 90 pCt

und lässt die Mischung bei 15—20° C eine Woche lang stehen.

Man presst nun aus, stellt die Seihflüssigkeit 2 Tage kalt und filtriert sie sodann.

Die Tinktur ist vor Tageslicht zu schützen.

Tinctura Valerianae.

Baldriantinktur. Tincture of valerian.

a) Vorschrift des D. A. IV.

Zu bereiten aus:

1 Teil mittelfein zerschnittenen Baldrian,
5 Teilen verdünnten Weingeist (v. 68 pCt).

Es ist notwendig, dass man die zerschnittene Baldrianwurzel noch besonders im Mörser zerquetscht, bevor man sie mit dem Weingeist ansetzt.

Analytische Werte n. *E. Dieterich*:
Spez. Gew. 0,903—0,918;
Trockenrückst. 2,57—5,83 pCt;
Säurezahl 5,32—5,46.

b) Vorschrift der Ph. Austr. VII.

200,0 gepulverte Baldrianwurzel,
1000,0 verdünnter Weingeist v. 68 pCt.

Man digeriert 3 Tage.

c) Vorschrift der Ph. Brit.

Man bereitet aus

10,0 Baldrianwurzel, Pulver M/40,

mit

q. s. verdünntem Weingeist v. 57 Vol. pCt

in derselben Weise, wie unter Akonittinktur Ph. Brit. beschrieben.

74,0 g oder 80 ccm Tinktur.

d) Vorschrift der Ph. U. St.

Man bereitet aus

20,0 Baldrianwurzel, Pulver M/40,

mit

q. s. eines Gemisches aus
62,0 Weingeist von 94 pCt,
25,0 destilliertem Wasser

in derselben Weise, wie unter Akonittinktur Ph. U. St. beschrieben,

100 ccm Tinktur.

Tinctura Valerianae aetherea.

Ätherische Baldriantinktur.

Vorschrift des D. A. IV.

Zu bereiten aus:

1 Teil mittelfein zerschnittenem Baldrian,
5 Teilen Ätherweingeist.

Da Ätherweingeist noch weniger wie Weingeist geeignet ist, das Pflanzenzellgewebe zu durchdringen, so ist es hier wie bei der gewöhnlichen Baldriantinktur notwendig, die zerschnittene Wurzel vor dem Ansetzen mit Ätherweingeist zu zerquetschen. Es bietet dies noch den weiteren Vorteil, dass die Wurzel an Ausdehnung verliert und dadurch beim Filtrieren weniger Ätherweingeist auf dem Filter zurückhält. Es ist dies wohl zu berücksichtigen, weil man ätherische Tinkturen nicht auspressen darf.

Analytische Werte n. *E. Dieterich*:
Spez. Gew. 0,812—0,827;
Trockenrückstand 1,0—2,5 pCt;
Säurezahl 4,48—5,04.

Tinctura Valerianae ammoniata.

Ammoniakhaltige Baldriantinktur.
Ammoniated tincture of valerian.

a) 100,0 Baldrianwurzel, Pulver M/8,
800,0 verdünnter Weingeist v. 68 pCt,
200,0 Ammoniakflüssigkeit v. 10 pCt.

b) Vorschrift der Ph. Brit.

10,0 Baldrianwurzel, Pulver M/8,
72,0 aromatischer Ammoniakspiritus Ph. Brit.

Man maceriert 7 Tage, bringt die Seihflüssigkeit mit aromatischem Ammoniakspiritus auf

72,0 g oder 80 ccm

und filtriert.

c) Vorschrift der Ph. U. St.

Aus

20,0 Baldrianwurzel, Pulver M/40,

stellt man mit

q. s. aromatischem Ammoniakspiritus Ph. U. St.

nach dem Verdrängungsverfahren

100 ccm Tinktur

her.

Tinctura Vanillae.

Vanilletinktur.

a) Ph. G. I.

20,0 zerschnittene und zerquetschte Vanille,
100,0 verdünnter Weingeist v. 68 pCt.

b) Vorschrift der Ph. Austr. VII.

10,0 klein zerschnittene Vanille

verreibt man mit

100,0 Weingeist von 90 pCt,

digeriert 8 Tage, seiht ab, presst den Rückstand stark aus und filtriert die Tinktur.

Tinctura Veratri.

Nieswurztinktur.

Vorschrift des D. A. IV.

Zu bereiten aus

1 Teil mittelfein zerschnittener weisser Niesswurzel,
10 Teilen verdünntem Weingeist.

Analytische Werte n. *E. Dieterich:*

Spez. Gew. 0,898—0,904;
Trockenrückstand 1,35—2,10 pCt;
Säurezahl 3,92—4,20.

Tinctura vulneraria.

Wundtinktur. Wundwasser.

20,0 Sandelholz, Pulver M/8,
50,0 Chinatinktur,
950,0 weisse Arquebusade.

Man digeriert 24 Stunden und filtriert.

Tinctura vulneraria benzoïca.

Balsamische Wundessenz.

90,0 Wundwasser (Tinct. vulnerar.),
10,0 Benzoëtinktur,
1,0 Perubalsam

mischt man, lässt vier bis fünf Tage ruhig stehen uud filtriert.

Tinctura vulneraria rubra.

Aqua vulneraria rubra. Rotes Wund- und Heilwasser.

10,0 Kamillen,
10,0 Lavendelblüten,
10,0 Fenchel,
10,0 Wermutkraut,
10,0 Melissenblätter,
10,0 Krauseminzblätter,
10,0 Rosmarinblätter,
10,0 Rautenblätter,
10,0 Quendel,
10,0 Sandelholz, Pulver M/8,

alle entsprechend zerkleinert,

500,0 Weingeist von 90 pCt,
500,0 destilliertes Wasser.

Tinctura Zedoariae composita.

Tinctura carminativa. Tinctura carminativa n. *Wedel.* Muttertropfen. Blähungtreibende Tinktur. *Wedel*sche Tropfen.

80,0 Zitwerwurzel, Pulver M/8,
40,0 Kalmuswurzel, „ „
40,0 Galgantwurzel, „ „
20,0 zerschnittene römische Kamillen,
20,0 zerstossenen Anis,
20,0 „ Kümmel,
15,0 zerstossene Lorbeeren,
15,0 „ Nelken,
5,0 Pomeranzenschalen, Pulver M/8,
20,0 zerschnittene Muskatblüte

maceriert man mit

500,0 Pfefferminzwasser,
500,0 Weingeist von 90 pCt

acht Tage lang, presst aus und versetzt die Pressflüssigkeit mit

100,0 versüsstem Salpetergeist.

Nach mehrtägigem Stehen filtriert man.

Tinctura Zibethi.

Zibeth-Tinktur.

2,0 Zibeth,
50,0 destilliertes Wasser,
50,0 verdünnter Weingeist v. 68 pCt.

Tinctura Zingiberis.

Ingwertinktur. Tincture of ginger.

a) Vorschrift des D. A. IV.

Zu bereiten aus

1 Teil mittelfein zerschnittenem Ingwer,
5 Teilen verdünntem Weingeist (von 68 pCt).

Eine klar bleibende Ingwertinktur habe ich nur dadtrch erhalten können, dass ich die Maceration nicht in Zimmertemperatur, sondern im Keller vornahm. Es ist dann aber nötig, den Ingwer zu grobem Pulver zu stossen und dadurch das Ausziehen zu erleichtern.

Trüb gewordene Tinktur filtriert man nach Zusatz von 1 pCt feinstem Talkpulver.

Analytische Werte n. *E. Dieterich:*

Spez. Gew. 0,895—0,905;
Trockenrückstand 0,75—1,5 pCt;
Säurezahl 2,8—3,08.

b) Vorschrift der Ph. Brit.

Man bereitet aus

10,0 Ingwer, Pulver M/30,

mit

q. s. Weingeist von 88,76 Vol. pCt

in derselben Weise, wie unter Akonittinktur Ph. Brit. beschrieben.

67,0 g oder 80 ccm Tinktur.

c) Vorschrift der Ph. U. St.

Aus

20,0 Ingwer, Pulver M/30,

stellt man mit

q. s. Weingeist von 94 pCt

nach dem Verdrängungsverfahren
100 ccm Tinktur
her.

Tinctura Zingiberis fortior.
Strong tincture of ginger. Essence of ginger.
Vorschrift der Ph. Brit.
100,0 Ingwer, Pulver M/30,

übergiesst man in einem Verdrängungsapparat mit
100 ccm Weingeist von 88,76 pCt,
lässt zwei Stunden stehen und verdrängt mit Weingeit von 88,76 pCt, bis die aufgefangene Flüssigkeit
200 ccm oder 168,0 g
beträgt.

Schluss der Abteilung „Tincturae".

Tinte.

Atramentum.

Nach *E. Dieterich.*

Die frühere Zeit stellte im allgemeinen an eine gute Tinte sehr bescheidene Anforderungen; man war zufrieden, wenn sie schwarze Schriftzüge lieferte, und verzieh ihr dafür, dass sie nach kurzer Zeit einen dicken Satz bildete, denn man hielt dies Vorkommnis für eine notwendige Eigenschaft, vielleicht sogar für ein Vorrecht einer guten Tinte, und liess sich die Mühe nicht verdriessen, den Satz regelmässig vor dem Schreiben aufzurühren. Ein Hölzchen dazu war deshalb der stete Begleiter des Tintenfasses und gehörte zu diesem als notwendiger Hilfsapparat ebenso, wie die Feder zum Schreiben. Dass man bei einem solchen Gemisch mit dem Schreiben selbst oft seine liebe Not hatte, kann nicht Wunder nehmen, allein wie in allem sich mit der vorwärts schreitenden Zeit der Drang nach Vervollkommnung geltend machte, so musste man auch an die Tinte höhere Ansprüche stellen, besonders als Fabriken Präparate (ich erinnere in erster Linie an die sogen. Alizarintinte von *Aug. Leonhardi* in Dresden) in den Handel brachten, welche klar waren und es bei einigermassen sorgfältiger Aufbewahrung auch blieben, dabei ausgezeichnet aus der Feder flossen und Schriftzüge lieferten, die in kurzer Zeit auf dem Papier tief schwarz wurden.

Neue Bedürfnisse pflegen neue Industrien ins Leben zu rufen, und so erschienen mit dem Bekanntwerden und der Ausbreitung des Kopierverfahrens auch bald neben den fabrikmässig erzeugten Gallus-Kanzleitinten ebenso gewonnene Blauholz-(Kopier-)Tinten und später sogar Gallus- und Anilin-Kopiertinten im Handel. Diese haben gemeinsam vermöge ihrer sachgemässen Herstellung die selbst bereiteten Tinten derart aus dem Felde geschlagen, dass man sich schliesslich weit und breit an den Gedanken gewöhnte, es könnten gute Tinten überhaupt nur fabrikmässig hergestellt werden!

Nichtsdestoweniger ist die Bereitung der Tinten ein Gebiet, welches auch die Kleinindustrie des Apothekers mit Erfolg bebauen kann und auch bebauen möchte, denn die Nachfrage nach guten Tintenvorschriften in den Fachblättern war früher immerwährend vorhanden und kehrt auch jetzt noch stetig wieder. Ich habe mich von der I. Auflage dieses Buches an der Aufgabe unterzogen, diese offenbar bestehende Lücke auszufüllen und jenes undurchdringliche Dunkel zu lichten, was bisher über der Fabrikation der Tinten schwebte; allerdings konnte ich dies nicht an der Hand der zahlreichen Vorschriften, die sich massenhaft in allen Handbüchern, Zeitschriften, Rezept-Taschenbüchern usw. vorfinden, sondern ich musste eigene Wege einschlagen und dabei stets die hervorragenden Eigenschaften der Tinten des Handels im Auge behalten.

Als Grundlage für meine Versuche diente zunächst die quantitative Analyse der verschiedenen Handelssorten; aber sie lieferte nur dürftige Fingerzeige, da ihre Leistungsfähigkeit auf diesem Gebiet ja eine beschränkte ist. Immerhin konnte der Gehalt an mineralischen Bestandteilen und bei Gallustinten der an Eisen quantitiv festgestellt werden.

Die Eigenschaften, welche man von einer guten Tinte heutzutage verlangt, sind kurz folgende:

a) sie soll leicht aus der Feder, aber nicht auf dem Papier fliessen und darf nicht tropfen;

b) sie darf nicht ein in einer Flüssigkeit fein verteilter Niederschlag sein und mit der Zeit einen Bodensatz bilden, vielmehr soll sie eine klare Lösung vorstellen;

c) die Farbe soll gesättigt sein und darf auf dem Papier auch bei langem Lagern nicht verblassen;
d) sie darf nicht schimmeln oder sich sonstwie zersetzen;
e) sie muss je nach Erfordernis kopieren oder darf dies nicht thun.

Ihrer Verwendung entsprechend teilt man die Tinten zur Zeit in folgende drei Klassen ein:

a) Kanzleitinten, welche aus Galläpfel oder Tannin bereitet sein müssen, um den gesetzlichen Ansprüchen zu genügen, und welche für Akten, Dokumente, überhaupt Schriftstücke, von welchen man eine lange Dauer beansprucht, verwendet werden;
b) Kopiertinten, welche aus Galläpfeln, bezw. Tannin oder aus Blauholz, neuerdings sogar aus Teerfarben hergestellt werden und vor allem gute Kopien liefern sollen;
c) Schreibtinten für Haus- und Schulgebrauch, von welchen man wohl für den Gebrauch gute Eigenschaften, nicht aber eine besondere Dauer der Schrift verlangt.

Obwohl die Bezeichnung „Schreibtinten“ nicht zutreffend ist, da man ja alle Tinten verschreibt, so habe ich doch obige Einteilung, nachdem sie einmal gebräuchlich ist, beibehalten.

Ihrer Zusammensetzung nach kann man die Tinten in vier verschiedene Gruppen einteilen, nämlich in

I. Gallustinten,
II. Blauholztinten,
III. Anilintinten,
IV. Verschiedene Tinten;

denen sich

V. Tintenextrakte

anreihen.

Gruppe I liefert Kanzlei- und Kopiertinten, Gruppe II Kopier- und Schultinten, Gruppe III enthält Kopier- und sogen. Schreibtinten, ferner die bunten Tinten für Liniier-Anstalten und den korrigierenden Lehrer; Gruppe IV setzt sich aus Formen zusammen, welche ausserhalb des Rahmens der drei vorhergenannten Gruppen liegen, und Gruppe V enthält die in Wasser zu lösenden Tintenextrakte zur schnellen Bereitung der Tinten.

Bei meinen jahrelang fortgesetzten Versuchen stiess ich auf das interessante Ergebnis dass die in früheren Zeiten üblichen Zusätze zu den Gallustinten, wie z. B.

Essigsäure und ihre Salze,
Oxalsäure und ihre Salze,
Salpetersäure und ihre Salze,
Weinsaure Salze,
Natriumchlorid,
Ammoniumchlorid,
Kaliumchlorat,
Kupfer-Sulfat und -Acetat,
Alaun und selbst Blauholz

nicht nur keine Berechtigung haben, sondern der Gallustinte geradezu schädlich sind. Weiterhin konnte ich auch den alten Glauben, dass man aus chinesischen Galläpfeln keine Tinte bereiten könne, wiederlegen; nachträglich eingezogene Erkundigungen bestätigten meine Erfahrung insofern, als in Tintenfabriken fast ausschliesslich chinesische Galläpfel ja neben denselben auch andere gerbstoffhaltige Substanzen, z. B. Myrabolanen, Sumach, ferner die Extrakte von Knoppern, Kastanien und Eichenholz usw. Verwendung finden.

Vergleiche, welche ich anstellte zwischen Tinten, die bei gleichem Gehalt an Eisensalzen aus dem Auszuge chinesischer Galläpfel und einer gleichwertigen Lösung käuflichen Tannins hergestellt waren, liessen trotz des gleichen Gehalts an Tintenkörper einen Unterschied erkennen. Die aus Galläpfeln hergestellte Tinte liefert schwärzer werdende Schriftzüge, als die aus käuflichem Tannin bereitete.

Es ist dieser Unterschied jedenfalls auf die mit den chinesischen Gallen durch Fermentation bewirkte teilweise Umwandlung des Tannins in Gallussäure und deren Zwischenstufen zurückzuführen. Ich suchte mich von der Richtigkeit dieser Annahme durch Versuche, welche ich mit reiner Gallussäure anstellte, zu überzeugen. Dabei fand ich, dass Tannin, bez. Galläpfelgerbsäure überhaupt nicht erforderlich ist zur Tintenbereitung, sondern dass vielmehr schon verhältnismässig geringe Mengen reiner Gallussäure zur Herstellung einer Tinte von vorzüglichen Eigenschaften genügen.

Leider musste ich davon Abstand nehmen, nur Gallussäure zur Herstellung von Gallustinten in Vorschlag zu bringen. Einmal kommt hierbei der höhere Preis der Gallussäure in Frage, dann aber auch besonders die Schwerlöslichkeit der Gallussäure, welche ihrer ausschliesslichen Anwendung in der Tintenfabrikation hindernd entgegensteht. Die reinen Gallussäuretinten können infolgedessen nicht auf den Gehalt gebracht werden, der bei der Tintenklasse I nach Anforderung der Behörden vorausgesetzt wird. Ich musste deshalb darnach trachten, auf eine einfache und billige Weise sowohl das in den chinesischen Gallen enthaltene, als auch das käufliche Tannin wenigstens teilweise in Gallussäure überzuführen. Über die diesbezüglichen Arbeiten, welche von Erfolg begleitet waren, werde ich weiter unten berichten.

Als völlig unbrauchbar muss ich die von *Berzelius* und nach ihm in allen Handbüchern empfohlene Vanadintinte bezeichnen; frisch bereitet ist sie dünnflüssig, schreibt grauschwarz, auf dem Papier grünlichschwarz werdend; aber nach 24 Stunden zersetzt sie sich zu einem dicken Brei, der allem anderen, nur nicht einer Tinte ähnlich sieht. Nimmt man statt der von *Berzelius* verwendeten Galläpfelabkochung Tanninlösung, so erhält man eine grünschwarze Flüssigkeit, welche frisch bereitet tiefschwarz aus der Feder fliesst; aber diese Schriftzüge verändern sich auf dem Papier und werden gelb. Auch bei dieser Herstellung hat die Tinte den rationell bereiteten Gallustinten gegenüber keine Vorzüge.

Ein ebenso unbrauchbares Präparat ist eine sog. neutrale Pyrogallustinte. Sie verdient den Namen „Tinte“ ebenfalls nicht. Weiter steht die früher allgemein gebräuchliche aus Galläpfelpulver, arabischem Gummi und Eisenvitriol hergestellte „Galläpfeltinte“ so wenig auf der Höhe, dass sie nur noch ein historisches Interesse beanspruchen darf.

Gegenüber den hohen Anforderungen, welche man zur Zeit an eine Tinte stellt, muss auch betont werden, dass alle Tinten beim Gebrauch eine entsprechend sorgfältige Behandlung voraussetzen. In erster Linie ist das Tintenzeug gut zu reinigen, ehe eine neue Tintensorte eingegossen werden darf; ferner sind alle Tintenfässer, welche nicht verschlossen werden können, zu verwerfen. Eine Flüssigkeit, welche die Bestimmung hat, sich an der Luft zu verändern und unlöslich zu werden, darf man dieser Einwirkung auch nicht vorzeitig und unnütz aussetzen. Sehr ratsam ist auch das Reinigen der Federn beim Aussergebrauchsetzen.

Obwohl die Herstellung von Tinten nach den hier folgenden Vorschriften keine Schwierigkeiten bietet, so gehört nichtsdestoweniger ein sorgfältiges arbeiten zum Gelingen, und es ist besonders notwendig, dass die in den Vorschriften angegebene Reihenfolge genau eingehalten wird.

Die Vorschriften sind ohne Ausnahme praktisch erprobt und geben die meisten im Handel befindlichen Marken wieder. Sie sind durchgehends in dieser Auflage sehr vereinfacht.

Hübsche Etiketten liefert *Ad. Vomáčka* in Prag.

I. Gallustinten.

Um die in der allgemeinen Einleitung bereits angedeutete Überführung einerseits des käuflichen und andrerseits des in den Galläpfeln enthaltenen Tannins in Gallussäure zu bewirken, lehnte ich mich an ältere Erfahrungen an. Ich erinnerte mich, dass wässerige Tanninlösungen durch Erhitzen mit Säuren oder durch längeres Stehen an der Luft (die letztere, wie man annimmt, durch Fermentation) Gallussäure bilden, und überzeugte mich durch Versuche, dass man auf diese Weise wohl imstande ist, sowohl mit den Oxydul-, als auch mit den Oxydsalzen des Eisens ganz vorzügliche Tinten herzustellen.

Eine Behandlung dünner Lösungen konnte aber als zu unbequem nicht in Betracht gezogen werden, dagegen war die Säurebehandlung konzentrierter Lösungen von käuflichem Tannin dadurch, dass den Gallustinten ohnehin Säuren zugesetzt werden müssen, möglich. Ich zähle die Umwege, auf welchen ich schliesslich zu den günstigen Ergebnissen kam, nicht auf, sondern führe nur an, dass ich beim Erhitzen von sehr konzentrierten Tanninlösungen mit Schwefelsäure, Salzsäure und Oxalsäure oder mit aus diesen Säuren hergestellten Mischungen, ferner durch das Fermentieren gepulverter, mit Wasser genässter Galläpfel die gewünschten Ergebnisse erhielt. Damit waren die in den Bereitungsweisen einzuschlagenden Wege vorgezeichnet; Einzelheiten dabei, wie sie sich aus den Vorschriften ergeben, stellte ich durch zahlreiche Versuche fest.

Im Allgemeinen kann ich vorausschicken, dass ich als Lösungsmittel für das Eisentannat bei den Galluskopiertinten ausschliesslich Schwefelsäure und Oxalsäure, je nach Bestimmung der Tinten, gleichzeitig und in verschiedenen Verhältnissen zu einander als am zweckmässigsten fand.

Die Salzsäure habe ich verlassen, weil sie weniger haltbare Tinten liefert und ausserdem die Stahlfedern angreift.

Im Prinzip bin ich dabei stehen geblieben, einen Teil des Gerbstoffes in den Gallen einerseits durch Fermentation und andrerseits Tannin durch teilweise Oxydation in Gallussäure und seine Zwischenstufen überzuführen.

Das Eisen verwende ich gleichzeitig in Form von Ferrisulfat und Ferrosulfat und zwar in verschiedenen Verhältnissen je nach Zweck der Tinten. So enthalten die Gallus-Kopiertinten, gleichgiltig ob sie aus Galläpfeln oder direkt aus Tannin hergestellt sind, mehr Oxydul- und weniger Oxydsalz, während ich bei Dokumenten- und Kanzleitinten ein umgekehrtes Verhältnis einhalte. Durch die gleichzeitige Anwendung beider Oxydationsstufen des Eisens erhält man ein rascheres Schwarzwerden der Schriftzüge, ausserdem ist bei den Oxydulsalzen die Kopierfähigkeit der mit solchen Tinten gemachten Schriftzüge eine andauerndere, als bei Verwendung der Oxydsalze.

Statt destillierten Wassers kann Regenwasser genommen werden.

Alle auf diese moderne Weise hergestellten Tintenkörper liefern auf dem Papier nur blasse Schriftzüge; um als „Tinten“ gelten zu können, muss man ihnen Teerfarbstoffe und in einem einzigen Fall Indigo in löslicher Form zusetzen.

Bemerkenswert ist, dass verschiedene Anilinfarben die Tinten dickflüssiger, andere wieder sie leichter aus der Feder fliessend machen. Da die Tannintinten ohne Ausnahme dünnflüssiger als die Galläpfeltinten sind, so musste auf die erwähnten Eigenschaften der Anilinfarben bei Feststellung der zum Färben nötigen Mengen Rücksicht genommen werden. Ich möchte ferner noch hervorheben, dass durch die teilweise Überführung des Tannins in Gallussäure die Stahlfedern von solchen Tinten viel weniger angegriffen werden, als von reinen Tannin- oder Galläpfeltinten.

Jeder Gruppe von Vorschriften schicke ich die Herstellungsweise der Tintenkörper, aus welchen die Tinten bereitet werden, voraus.

Die Ausbeuten, welche nach den hier aufgeführten Vorschriften gewonnen werden, habe ich diesmal nach Mass und nicht nach Gewicht angegeben, und zwar in Rücksicht darauf, dass die deutsche Reichsregierung die von ihr gestellten quantitativen Anforderungen je auf 1 Liter Tinte festgelegt hat.

A. Galläpfel-Tinten.

Galläpfel-Tintenkörper I.

Oxydul-Tintenkörper.

200,0 chinesische Galläpfel

zerstösst man grob, besprengt sie dann mit so viel Wasser, dass sie sich feucht (nicht nass!) anfühlen und lässt die Masse in einem mässig warmen Raum (20—25 ° C) stehen, bis sie von Schimmelbildung dicht durchsetzt ist. Um dies möglichst rasch zu erreichen, ist es erforderlich, täglich das verdunstete Wasser durch erneutes Besprengen der zerstossenen Gallen mit der Vorsicht zu ersetzen, dass sich letztere, wie schon gesagt, nur feucht anfühlen. Die Fermentation wird in 8—10 Tagen, je nach Temperatur, beendigt sein. Man zieht dann die Gallen im Dampfbad 1 Stunde lang mit

400,0 Wasser (Regenwasser)

aus, presst ab und behandelt den Pressrückstand in gleicher Weise noch 2 mal mit je

400,0 Wasser

und

200,0 Wasser.

Den vereinigten Auszügen setzt man zu

10,0 g Glycerin v. 1,23 spez. Gew.,
7,0 „ Schwefelsäure von 1,838 spez. Gew.,
80,0 „ krystallisiertes Ferrosulfat,
2,0 „ weissen Bolus,

letzteren in etwas Wasser verrieben, erhitzt und lässt 5 Minuten lang sieden. Man lässt nun den Tintenkörper 8 Tage hindurch bei 15—20 ° C in offenem Gefäss stehen, filtriert dann die Mischung und wäscht das Filter mit so viel Wasser nach, dass das Gesamtfiltrat

1 Liter

misst.

Man füllt den nun fertigen Tintenkörper in Flaschen, verkorkt diese und bewahrt sie an einem dunkeln und kühlen Ort auf.

Galläpfel-Tintenkörper II.

Oxyd-Tintenkörper.

200,0 g chinesische Galläpfel

behandelt man in gleicher Weise, wie beim Galläpfel-Tintenkörper I beschrieben ist, setzt den vereinigten Auszügen dann zu

10,0 g Glycerin v. 1,23 spez. Gew.,
3,5 „ Schwefelsäure von 1,838 spez. Gew.,
7,0 „ Oxalsäure,
160,0 „ Ferrisulfatlösung (10 pCt Fe),
2,0 „ weissen Bolus,

letzteren in etwas Wasser verrieben, kocht nach dortiger Angabe auf und bringt auf

1 Liter Gesamtfiltrat.

Die übrige Behandlung ist wie bei Galläpfel-Tintenkörper I.

Galläpfel-Kopiertinte.

700,0 ccm Galläpfel-Tintenkörper I,
100,0 „ „ „ II,
200,0 „ destilliertes Wasser,
4,0 g Glycerin v. 1,23 spez. Gew.,
20,0 „ arabisches Gummi,
1,0 „ Karbolsäure.

Dieser Menge setzt man je nach Wunsch nachstehende Pigmente zu.

Für
Blau: 6,0 g Phenolblau 3 F †.
Rot: 7,5 „ Ponceau R R †.
Grün: 6,0 „ Anilingrün D †.

Violett { 2,5 g Phenolblau 3 F †,
2,5 „ Ponceau R R †.

Schwarz { 2,5 g Anilingrün D †,
2,5 „ Ponceau R R †,
2,5 „ Phenolblau 3 F †.

Sogenannte Alizarintinte { 6,0 g trockener Indigocarmin.

Rot { 5,0 g Ponceau R R †,
0,5 „ Phenolblau 3 F †,
0,5 „ Anilingrün D †.

Grün { 5,0 g Anilingrün D †,
0,5 „ Phenolblau 3 F †,
0,5 „ Ponceau R R †.

Violett { 2,0 Phenolblau 3 F †,
2,0 Ponceau R R †.

Schwarz { 2,0 Anilingrün D †,
2,0 Ponceau R R †,
2,0 Phenolblau 3 F †.

Galläpfel-Dokumententinte.

100,0 ccm Galläpfel-Tintenkörper I,
300,0 „ „ „ II,
600,0 „ destilliertes Wasser,
20,0 g arabisches Gummi,
1,0 „ Karbolsäure.

Dieser Menge setzt man je nach Wunsch folgende Pigmente zu.

Für

Blau { 4,0 g Phenolblau 3 F †,
1,0 „ Ponceau R R †,
1,0 „ Anilingrün D †.

Galläpfel-Kanzleitinte.

75,0 ccm Galläpfel-Tintenkörper I,
225,0 „ „ „ II,
700,0 „ destilliertes Wasser,
30,0 g arabisches Gummi,
1,0 „ Karbolsäure.

Man färbt wie bei der Galläpfel-Dokumententinte.

B. Tannin-Tinten.

Tannin-Tintenkörper I.

Oxydul-Tintenkörper.

100,0 g technisches Tannin,
12,0 „ Glycerin v. 1,23 spez. Gew.,
7,0 „ Schwefelsäure v. 1,838 spez. Gew.,
50,0 ccm destilliertes Wasser

mischt man, erhitzt die Mischung in einem bedeckten Porzellangefäss 30 Stunden lang im Dampfbad und verdünnt dann die Masse mit

500,0 ccm destilliertem Wasser.

Andrerseits löst man

80,0 g krystallisiertes Ferrosulfat

in

400,0 ccm destilliertem Wasser,

vermischt beide Lösungen, fügt

2,0 g weissen Bolus,

den man mit etwas Wasser fein verreibt, hinzu, erhitzt die Mischung zum Sieden und erhält sie 5 Minuten lang darin. Man lässt dann die Masse 8 Tage lang in offenem Gefäss stehen, filtriert sie und wäscht das Filter mit soviel Wasser nach, dass das Gesamtfiltrat

1 Liter

misst.

Man füllt den nun fertigen Tintenkörper in Flaschen, verkorkt diese und bewahrt sie an einem dunklen und kühlen Ort auf.

Tannin-Tintenkörper II.

Oxyd-Tintenkörper.

100,0 technisches Tannin,
10,0 Glycerin v. 1,23 spez. Gew.,
3,0 Schwefelsäure von 1,838 sp. G.
6,0 Oxalsäure,
50,0 destilliertes Wasser

mischt man, erhitzt die Mischung in einem bedeckten Porzellangefäss 30 Stunden im Dampfbad und löst dann die Masse in

500 ccm destilliertem Wasser.

† S. Bezugsquellen-Verzeichnis.

Andrerseits verdünnt man

160,0 g Ferrisulfatlösung (10 pCt Fe)

mit

400 ccm destilliertem Wasser,

vermischt beide Lösungen, fügt

2,0 g weissen Bolus,

den man mit etwas Wasser fein anreibt, hinzu, erhitzt die Mischung zum Sieden und erhält sie 5 Minuten darin.

Man lässt dann die Masse 8 Tage lang in offenem Gefäss stehen, filtriert sie und wäscht das Filter mit so viel Wasser nach, dass das Gesamtfiltrat

1 Liter

misst.

Man füllt den nun fertigen Tintenkörper in Flaschen, verkorkt diese und bewahrt sie an einem dunkeln und kühlen Ort auf.

Tannin-Kopiertinte.

900,0 ccm Tannin-Tintenkörper I,
100,0 „ „ II,

mischt man, löst darin

15,0 arabisches Gummi

und fügt hinzu

1,0 Karbolsäure.

Man färbt diese Menge je nach Wunsch in gleicher Weise, wie bei der Galläpfel-Kopiertinte angegeben ist.

Tannin-Dokumententinte.

100,0 ccm Tannin-Tintenkörper I,
300,0 „ „ II,
600,0 „ destilliertes Wasser

mischt man, löst darin

20,0 g arabisches Gummi

und fügt

1,0 g Karbolsäure

hinzu.

Man färbt mit den bei der Galläpfel-Dokumententinte angegebenen Pigmenten.

Tannin-Kanzleitinte.

75,0 ccm Tannin-Tintenkörper I,
225,0 „ „ II,
700,0 „ destilliertes Wasser

mischt man, löst in der Mischung

25,0 g arabisches Gummi

und fügt

1,0 Karbolsäure

hinzu.

Man färbt mit den bei der Galläpfel-Dokumententinte angegebenen Pigmenten.

II. Blauholztinten.

Die Blauholztinten sind durchgehend Chromtinten, welche jetzt wohl ausschliesslich aus Blauholzextrakt unter Anwendung von Kaliumdichromat, Chromalaun, verschiedenen in der Färberei als Beizen gebrauchten Salzen und Säuren bezw. sauren Salzen hergestellt werden. Je weniger Chromsalz und je mehr Säure bezw. saure Salze man anwendet, desto helleres Rot erhält die Tinte und desto dünnflüssiger wird sie. Das umgekehrte Verhältnis dieser Zusätze liefert dunkler schreibende Tinten, die in der Regel auch etwas dickflüssiger sind. Bei allen, die Blauholz-Schultinte natürlich ausgenommen, ist die Kopierfähigkeit ganz vorzüglich; Schriftzüge, mit solchen Tinten hergestellt, lassen sich nach Wochen, ja selbst nach Monaten noch mit Leichtigkeit kopieren.

Mit den Gallus-Kopiertinten verglichen, haben die Blauholz-Kopiertinten den Nachteil, dass die Schriftzüge leichter vom Papier entfernt werden können. Ihr Vorzug vor den Gallus-Kopiertinten besteht darin, dass sie bis 4 Blatt genässtes Seidenkopierpapier auf einmal durchdringen und auf diese Weise ebenso viele gute Kopien gleichzeitig liefern, während die ersteren selten mehr als zwei gute Abdrücke zu geben vermögen und ihre Kopierfähigkeit nur kurze Zeit behalten. Diese ausserordentliche Diffusionsfähigkeit hat aber auch den Nachteil, dass die Abdrücke im feuchten Kopierpapier breit laufen und dadurch undeutlich werden. Es ist dies von der mehr oder weniger grossen Diffusionsfähigkeit des Kopierpapiers abhängig. Man verwendet deshalb für sehr durchlässige Papiere weniger diffundierende Tinten. Bei den Blauholztinten sind dies die mit höherem Chromgehalt, nämlich die violette und veilchenblaue Blauholz-Kopiertinte. Die Kopierfähigkeit aller Tinten wird übrigens sofort aufgehoben, sobald Ammoniakdämpfe — geringe Mengen genügen dazu — auf die zu kopierenden Schriftstücke einwirken.

Um sie in diesem Falle oder bei einer sehr alten Schrift wieder herzustellen, nimmt man zum Anfeuchten des Kopierpapiers eine nach folgender Vorschrift bereitete Lösung:

Kopierwasser.

1,0 Kaliumchromat,

löst man in

1000,0 Wasser.

Man erhält damit selbst bei Schriften, welche Jahre alt und gegen gewöhnliches Wasser ganz unempfindlich sind, noch vorzügliche Abzüge.

Da fast alle im Handel vorkommenden Blauholzextrakte mehr oder weniger viel unlösliche Bestandteile enthalten, ist es aus praktischen Gründen angezeigt, sich erst eine klare Blauholzextraktlösung (von bestimmtem Gehalt) herzustellen. Dieselbe bildet die Grundlage für alle Zusammensetzungen.

Blauholz-Extraktlösung.

200,0 bestes französisches Blauholzextrakt

löst man unter Erhitzen im Dampfbad in

1000,0 Wasser,

stellt die Lösung ca. 8 Tage zum Absetzen beiseite und giesst vom entstandenen Bodensatz klar ab.

Rote Blauholz-Kopiertinte.

Hämateïn-Kopiertinte.
Veilchenblauschwarze Kopiertinte.

600,0 ccm Blauholzextraktlösung

erhitzt man im Dampfbad $^1/_4$ Stunde lang mit

1,5 g Schwefelsäure v. 1,838 spez. Gew.

Inzwischen stellt man sich folgende Oxydationsmischung her:

40,0 g Aluminiumsulfat

löst man bei mässiger Wärme in

400,0 g Wasser,

fügt

40,0 g Kaliumkarbonat

hinzu, und rührt so lange um, bis keine Kohlensäureentwicklung mehr stattfindet. Hierauf setzt man

40,0 g Oxalsäure

zu und erwärmt unter Umrühren, bis sich der Thonerdeniederschlag gelöst hat und ebenfalls keine Kohlensäure mehr entweicht. Sodann fügt man noch

3,0 g Kaliumdichromat

hinzu und giesst diese Lösung in dünnem Strahl unter beständigem Umrühren in die Blauholzextraktlösung, erhitzt noch $^1/_4$ Stunde im Dampfbad und bringt durch Zusatz von Wasser auf

1 Liter Gesamtmenge.

Hierauf setzt man noch

10,0 g arabisches Gummi,

sodann

1,0 g Karbolsäure

zu, lässt die Tinte 14 Tage lang absetzen, giesst dann klar ab und füllt auf Flaschen.

Diese Tinte sieht schön rot aus, fliesst rötlich aus der Feder und dunkelt rasch nach. In Bezug auf Kopierfähigkeit übertrifft sie alle anderen Tinten.

Violette Blauholz-Kopiertinte.

{600,0 ccm Blauholzextraktlösung,
{ 1,5 g Schwefelsäure,
| 40,0 „ Aluminiumsulfat,
| 400,0 „ Wasser,
| 40,0 „ Kaliumkarbonat,
| 40,0 „ Oxalsäure,
| 3,5 „ Kaliumdichromat,
| 10,0 „ arabisches Gummi,
| 1,0 „ Karbolsäure.

Man verfährt wie bei der roten Blauholz-Kopiertinte. Die Schriftzüge und Kopien erscheinen dunkelviolett, die Kopierfähigkeit ist gut.

Veilchenblaue Blauholz-Kopiertinte.

{600,0 ccm Blauholzextraktlösung,
{ 1,5 g Schwefelsäure,
| 40,0 „ Aluminiumsulfat,
| 400,0 „ Wasser,
| 40,0 „ Kaliumkarbonat,
| 40,0 „ Oxalsäure,
| 4,0 „ Kaliumdichromat,
| 10,0 „ arabisches Gummi,
| 1,0 „ Karbolsäure.

Man verfährt wie bei der roten Blauholz-Kopiertinte. Sie fliesst dunkelblau aus der Feder, trocknet schwarzblau und liefert schwarzblaue Kopien, die Kopierfähigkeit ist gut.

Schultinte.

Tiefschwarze Kaisertinte.

200,0 ccm Blauholzextraktlösung

verdünnt man mit

500,0 ccm Wasser,

erhitzt im Dampfbad auf ca. 90 °C und setzt tropfenweise folgende, vorher bereitete Oxydationslösung:

2,0 g Kaliumdichromat,
50,0 „ Chromalaun,
10,0 „ Oxalsäure

gelöst und

150,0 ccm Wasser

zu. Man erhält die Temperatur noch 1/2 Stunde auf 90 ° C, verdünnt dann mit Wasser auf

1 Liter Gesamtmenge,

fügt

15,0 g arabisches Gummi,
1,0 „ Karbolsäure

hinzu und lässt 2—3 Tage absetzen. Hierauf giesst man klar ab und füllt auf Flaschen.

Diese Tinte fliesst schwarz aus der Feder und trocknet ebenso auf dem Papier ein. Sie ist ausserordentlich billig und deshalb besonders für Schulzwecke geeignet.

III. Anilintinten.

Durch die Fortschritte der Teerfarbenindustrie stehen jetzt auch solche Farben zur Verfügung, welche gute Kopiertinten liefern. Wenngleich letztere nicht den Wert der Blauholz- oder gar Gallus-Kopiertinten besitzen, so sind sie doch für jene Fälle, in welchen es sich nicht um eine längere Dauer der Schriftstücke handelt, wohl verwendbar und geben Abzüge, welche den Hektogrammen mindestens gleichgestellt werden müssen. An dieser Stelle möchte ich zugleich bemerken, dass man weitaus mehr und schönere Kopien erhält, wenn man die genässten Kopierblätter nicht auf einmal auflegt. Wenn es darauf ankommt, von demselben Schriftstück mehrere Abdrücke zu erlangen, verfährt man besser so, dass man jede Kopie einzeln von demselben Original abnimmt. Es lassen sich so mit violetter Anilin-Kopiertinte leicht 5—6 scharfe Abdrücke erzielen. Für die Verwendung auf Kanzleien sind die reinen Anilintinten, da die Schriftstücke durch Luft und Licht ausbleichen, natürlich ausgeschlossen, um so brauchbarer dagegen als sogenannte Schreibtinten (Salontinten). In den nachstehenden Vorschriften werden die hier besprochenen Fälle Berücksichtigung finden. Dazu ist noch zu bemerken, dass verschiedene Teerfarben durch kalkhaltiges Wasser zersetzt und dass solche Lösungen mit der Zeit dick werden. Man darf deshalb nur destilliertes, höchstens Regenwasser verwenden.

A. Anilin-Schreibtinten.

Schwarze Anilin-Schreibtinte.

Schwarze Schultinte.

3,0 Anilingrün D, †
3,0 Ponceau RR, †
3,0 Phenolblau 3 F †

übergiesst man mit

60,0 kaltem destillierten Wasser,

lässt 2 Stunden stehen und fügt dann

900,0 heisses destilliertes Wasser,
20,0 Zucker, Pulver M/8,
1,0 Karbolsäure

hinzu. Man rührt so lange um, bis alles gelöst ist.

Die Tinte schreibt hübsch schwarz.

Blaue Anilin-Schreibtinte.

{ 5,0 Resorcinblau M, †
{ 30,0 kaltes destilliertes Wasser,
940,0 heisses destilliertes Wasser,
20,0 Zucker, Pulver M/8,
1,0 Oxalsäure.

Man hält das bei der schwarzen Anilin-Schreibtinte vorgeschriebene Verfahren ein.

Diese Tinte schreibt schön blau, fliesst gut aus der Feder, hat aber den Nachteil, dass die Federn, die sie beim Schreiben etwas beschlagt, öfters gereinigt werden müssen.

Violette Anilin-Schreibtinte.

{ 10,0 Methylviolett 3 B, †
{ 30,0 kaltes destilliertes Wasser,
950,0 heisses „ „
10,0 Zucker, Pulver M/8,
2,0 Oxalsäure.

Man hält das bei der schwarzen Anilin-Schreibtinte vorgeschriebene Verfahren ein.

Die Tinte fliesst gut aus der Feder und liefert schön violette Schriftzüge.

Blaue Salontinte.

Cyanentinte

6,0 Resorcinblau M, †

übergiesst man mit

† S. Bezugsquellen-Verzeichnis.

20,0 kaltem destillierten Wasser,

fügt nach 2 Stunden

960,0 heisses destilliertes Wasser

und

3,0 Oxalsäure

zu.

Man verreibt nun

1 Tropfen Patchouliöl

mit

20,0 Zucker, Pulver M/50,

setzt die Verreibung zu und rührt so lange um, bis sich alles gelöst hat.

Man füllt die fertige Tinte auf kleine Fläschchen.

Die Tinte schreibt schön blau und verbreitet beim Schreiben einen angenehmen Geruch.

Violette Salontinte.

{ 6,0 Methylviolett 3 B, †
{ 20,0 kaltes destilliertes Wasser,
960,0 heisses " "
5,0 verdünnte Essigsäure v. 30 pCt
{ 1 Tropfen Patchouliöl,
{ 20,0 Zucker, Pulver M/50.

Man hält das bei der blauen Salontinte angegebene Verfahren ein und füllt die fertige Tinte auf kleine Fläschchen ab.

Diese Tinte liefert schön violette Schriftzüge.

Grüne Salontinte.

{ 10,0 wasserlösliches Methylgrün (bläulich), †
{ 30,0 kaltes destilliertes Wasser,
950,0 heisses " "
{ 1 Tropfen Patchouliöl,
{ 20,0 Zucker, Pulver M/50.

Man hält das bei der blauen Salontinte angegebene Verfahren ein und füllt die fertige Tinte auf kleine Fläschchen ab.

Die Tinte schreibt hübsch blaugrün.

Rote (Eosin-)Tinte.

Scharlachtinte. Korallentinte.

15,0 Eosin A, gelblich, †
30,0 Zucker, Pulver M/8,
1000,0 destilliertes Wasser.

Bereitung wie bei den Salontinten.

Orange-Tinte.

15,0 Anilin-Orange, †
30,0 Zucker, Pulver M/8,
1000,0 destilliertes Wasser.

Bereitung wie bei den Salontinten.

B. Anilin-Kopiertinten.

Violette Anilin-Kopiertinte.

20,0 Methylviolett 3 B †

löst man durch Erwärmen in

940,0 destilliertem Wasser

und setzt dann

10,0 Zucker,
10,0 Milchzucker,
2,0 Oxalsäure

zu.

Blaue Anilin-Kopiertinte.

10,0 Resorcinblau M †

löst man unter Erwärmen in

950,0 destilliertem Wasser

und setzt dann

10,0 Zucker,
10,0 Milchzucker,
2,0 Oxalsäure

zu.

Rote Anilin-Kopiertinte.

25,0 Eosin A, gelblich, †
30,0 Zucker

löst man ohne Anwendung von Wärme in

1000,0 destilliertem Wasser

und filtriert die Lösung.

---

† S. Bezugsquellen-Verzeichnis.

IV. Verschiedene Tinten.

Violette Hektographentinte.

10,0 Methylviolett 3 B †

löst man durch Erwärmen in

10,0 Weingeist von 90 pCt,
90,0 destilliertem Wasser.

Rote Hektographentinte.

30,0 Eosin ff 40 †

löst man durch Erwärmen in

65,0 destilliertem Wasser,
5,0 Glycerin v. 1,23 spez. Gew.

Blaue Hektographentinte.

10,0 Resorcinblau M †

löst man unter Erwärmen in einer Mischung von

85,0 destilliertem Wasser,
1,0 Essigsäure v. 30 pCt,
4,0 Glycerin v. 1,23 spez. Gew.
10,0 Weingeist von 90 pCt.

Grüne Hektographentinte.

20,0 Anilingrün D †

löst man unter Erwärmen in einer Mischung von

85,0 destilliertem Wasser,
1,0 Essigsäure von 30 pCt,
4,0 Glycerin v. 1,23 spez. Gew.
10,0 Weingeist von 90 pCt.

Sympathetische Tinte.

10,0 Kobaltchlorür

löst man in

90,0 destilliertem Wasser

und fügt

2,0 Glycerin v. 1,23 spez. Gew.

hinzu.

Die auf dem Papier unsichtbaren Schriftzüge werden beim Erwärmen blau.

Wäschezeichentinte, schwarze.

a) 25,0 Silbernitrat,
15,0 arabisches Gummi, Pulver M/30,

löst man in

60,0 Ammoniakflüssigkeit v. 10 pCt

und verreibt damit

2,0 Russ oder fein verriebenen Indigo.

Die Gebrauchsanweisung lautet:

„Man schreibt mit einer Kielfeder, lässt trocknen und überfährt mit der heissen Plättglocke.“

Nimmt man statt der oben vorgeschriebenen Menge

25,0 arabisches Gummi, Pulver M/30,

und streicht die Tinte auf eine Glasplatte, so kann man sie mit einem Kautschukstempel auf die Wäsche aufstempeln, indem man die Glasplatte als Färbekissen benützt. Man lässt dann ebenso wie beim Schreiben trocknen und überfährt mit der Plättglocke.

b) 425,0 Anilinöl, †
25,0 chlorsaures Kalium,
130,0 destilliertes Wasser

erhitzt man in einem geräumigen Kolben im Wasserbad zwischen 80—90° C so lange, bis das chlorsaure Kali völlig gelöst ist. Sodann setzt man

170,0 reine Salzsäure, 1,124 spez. Gew.,

zu und erhitzt weiter, bis die Flüssigkeit anfängt, sich dunkler zu färben. Hierauf fügt man eine Lösung von

30,0 chem. rein. Kupferchlorid

in

90,0 destilliertem Wasser

und zuletzt

170,0 reine Salzsäure, 1,124 spez. Gew.,

hinzu und erhitzt im Wasserbad so lange, bis die Tinte eine schön rotviolette Farbe angenommen hat.

Man stellt sodann einige Tage in gut verschlossener Flasche beiseite und giesst dann klar von dem entstandenen geringen Bodensatz ab.

Diese Farbe lässt sich gleich gut zum Stempeln wie auch zum Zeichnen der Gewebe mittels Feder benützen, es können jedoch nur Kautschukstempel oder Gänsekielfedern, nicht aber Metallstempel oder Stahlfedern verwendet werden. Sie eignet sich ferner nur zum Zeichnen von Geweben aus Pflanzenfaser (Leinen, Baumwolle, Nessel usw.), nicht aber für Wolle und Seide; ferner bildet sich kein Anilinschwarz, welche, wie schon erwähnt, die Grundlage dieser Tinte ist, bei Gegenwart freier Alkalien oder alkalisch reagierender Salze. Die damit hergestellten Stempelabdrücke oder Schriftzüge erscheinen auf dem Gewebe gleich nach dem Stempeln verhältnismässig blass (rötlich), werden beim Liegen an der Luft grün und gehen dann, sobald sie mit Seife oder Alkalien gewaschen werden, in ein tiefes Sammetschwarz über.

Man füllt die klare Tinte in ca. 5,0 fassende Flaschen und giebt die unter c) angegebene Gebrauchsanweisung dazu.

---

† S. Bezugsquellen-Verzeichnis.

c) 10,0 chem. rein. Kupferchlorid

löst man in

10,0 Wasser,

fügt

71,0 Anilinöl †

und

50,0 reine Salzsäure v. 1,124 spez. Gew.

hinzu und erhitzt bis zum Kochen. Man lässt nun etwas abkühlen und mischt, da eine ziemlich heftige Reaktion dabei einzutreten pflegt, in kleinen Mengen unter Umrühren

20,0 reine Salzsäure v. 1,124 spez. Gew.

hinzu.

Dieser Mischung setzt man in kleinen Partien

10,0 chem. rein. Kaliumdichromat,

in

30,0 heissem Wasser

gelöst und

40,0 reine Salzsäure v. 1,124 spez. Gew.

in der Weise zu, dass man abwechselnd die Lösung des Kaliumdichromats und die Salzsäure ın kleinen Mengen unter fortwährendem Umrühren einträgt. Hat man die Flüssigkeiten zusammen gemischt, so erhitzt man sie noch so lange, bis sie einen angenehm bittermandelähnlichen Geruch angenommen hat, und bis ein Tropfen davon, auf eine Glasplatte gebracht, erst rotviolett aussieht, an der Luft aber in kurzer Zeit eine grünliche Färbung annimmt. Die Tinte ist nun fertig, wird durch Fliesspapier filtriert und in Flaschen gefüllt, welche gut zu verschliessen sind.

Gebrauchsanweisung:

„Die zu zeichnenden Wäschestücke werden zunächst durch Wa chen an den Stellen, welche gezeichnet werden sollen, sorgfältig von etwa vorhandener Appretur, wie Stärke, Leim usw., gereinigt und wieder getrocknet. Man trägt nun die Farbe mittels Kautschukstempels oder Gänsekielfeder auf, lässt die gezeichneten Stücke so lange an der Luft liegen, bis die Zeichnung eine dunkelgrüne Farbe angenommen hat, und wäscht sodann mit Seife und Wasser oder legt die Stücke 5 Minuten lang in eine heisse Seifenlösung. Je dunkler das Grün der Zeichnung vor dem Waschen war, desto tiefer schwarz tritt dieselbe nach dem Waschen hervor."

Rote Karmintinte.

2,0 roten Karmin,
2,0 Ammoniumkarbonat

löst man in

20,0 Ammoniakflüssigkeit v. 10 pCt

und fügt

15,0 Gummischleim,
65,0 destilliertes Wasser

hinzn.

Die damit gefüllten Flaschen müssen stets gut verkorkt gehalten werden, damit nicht durch Verdunsten von Ammoniak Karminausscheidungen stattfinden.

Diese Tinte muss mit Gänsekielfedern geschrieben werden, da sie durch Stahlfedern missfarbig wird.

Rote Kochenilletinte.

5,0 feingeriebene Kochenille,
10,0 Kaliumkarbonat,
100,0 destilliertes Wasser

maceriert man in einen Kolben zwei Tage lang, setzt dann

30,0 Weinstein,
2,0 Kali-Alaun

zu, erhitzt im Dampfbad bis zur völligen Entweichung der Kohlensäure, fügt jetzt

5,0 Weingeist von 90 pCt

hinzu und filtriert.

Das abgelaufene Filter wäscht man mit

10,0 destilliertem Wasser

nach und löst im Gesamtfiltrat

5,0 arabisches Gummi.

Nachdem man noch

2 Tropfen Nelkenöl

hinzufügte, füllt man auf kleine Fläschchen ab, verkorkt dieselben und bewahrt sie liegend auf.

Wenn auch die Kochenilletinte einem Anilinpräparat im Feuer der Farbe nachsteht, so besitzt sie doch den Vorzug, dass die damit hergestellten Schriftzüge von aussergewöhnlicher Dauer sind.

Glas-Ätztinte.

Diamanttinte.

10,0 Ammoniumfluorid,
10,0 Baryumsulfat

verreibt man im Porzellanmörser innig miteinander, bringt die Mischung in ein Platin- oder Bleigefäss und rührt hier mittels Platindrahtes mit

q. s. rauchender Fluorwasserstoffsäure

† S. Bezugsquellen-Verzeichnis.

zu einem dünnen, zum Schreiben geeigneten Brei an.

Man schreibt mit einer Stahlfeder auf das zu bezeichnende Glas, wäscht nach etwa einer halben Minute mit Wasser ab und reibt die geätzten Stellen, um sie besser sichtbar zu machen, mit Druckerschwärze ein.

Es ist praktisch, für analytische Arbeiten mit obiger Tinte auf sämtlichen Glasgefässen die Tara anzumerken.

Zink- und Zinn-Ätztinte, schwarze.

3,0 Kaliumchlorat,
6,0 Kupfersulfat

löst man in

70,0 destilliertem Wasser.

Andrerseits bereitet man eine Lösung von

0,05 Resorcinblau M †,
20,0 destilliertem Wasser,
5,0 verdünnter Essigsäure v. 30 pCt

und mischt beide Lösungen.

Mittels Stahlfeder schreibt man mit dieser Tinte sowohl auf Zink-, als auch auf Weissblech; das Blech muss man jedoch vorher mit Schmirgelpapier blank reiben.

Die Haltbarkeit dieser Tinte ist eine beschränkte; man bereitet sie deshalb am besten frisch.

V. Tintenextrakte.

Im Gegensatz zu den früher üblichen Tintenpulvern sind die Extrakte fast ganz in Wasser löslich und eine Mischung derjenigen Bestandteile, aus welchen Tinten, denen sie entsprechen sollen, zusammengesetzt sind. Sie bilden den Pulvern gegenüber einen grossen Fortschritt und liefern sehr gute Tinten; ausserdem sind sie bei guter Verpackung haltbar. Für eine Apotheke eignet sich die Bereitung der Extrakte ebensogut, wie die der Tinten.

Wie ich schon in der Einleitung zu den Gallustinten erwähnte, dient ein oxydiertes Tannin, dessen Vorschrift hier angegeben ist, als Grundlage zur Bereitung der Gallus-Tintenextrakte.

Bei den sogen. Anilin-Tintenextrakten giesst man einfach mit kochendem Wasser auf. Das Abkochen des Wassers ist notwendig, um eine spätere Schimmelbildung, welche bei einigen Anilintinten gerne eintritt, möglichst zu verhüten.

Die nachfolgend beschriebenen Extrakte sind alle für 1 Liter Tinte berechnet. Ich kann schon hier die dazu nötigen Gebrauchsanweisungen anführen:

a) Für Gallus-Tintenextrakte.

Gebrauchsanweisung:

„Den Inhalt der Büchse übergiesst man in einem irdenen Topf mit 1¼ Liter kochend heissem Regenwasser, lässt den Aufguss 10—15 Minuten langsam sieden und dann erkalten. Nach 24 Stunden füllt man die Tinte in eine Flasche, verbindet diese lose mit Papier und stellt sie in den Keller. Nach 1—2 Wochen giesst man die klare Tinte vom Bodensatz ab und füllt sie auf kleine Fläschchen, die man gut verkorkt. Stellt man die Tinte für den eigenen Gebrauch her, so ist ein Abgiessen und Abfüllen nicht notwendig; man hat dann nur nötig, die Flasche fest zu verkorken."

b) Für Blauholz-Tintenextrakte.

Gebrauchsanweisung:

„Den Inhalt der Büchse übergiesst man in einem irdenen Topfe mit einem Liter kochend heissem Wasser, rührt 10 Minuten lang mit einem Holzspan um bis zur völligen Lösung und lässt erkalten. Man stellt nun den Topf lose bedeckt 3 Tage in den Keller, giesst sodann die Tinte vom Bodensatz ab, füllt sie in Flaschen und verkorkt diese."

c) Für Anilin-Tintenextrakte.

Gebrauchsanweisung:

„Man schüttelt den Inhalt des Beutels in einen irdenen Topf, übergiesst hier mit 1 Liter kochendem Regenwasser und rührt mit einem Holzspan um bis zur völligen Lösung. Nach dem Erkalten füllt man die nun fertige Tinte auf kleine Fläschchen ab."

---

† S. Bezugsquellen-Verzeichnis.

A. Extrakte zu Gallustinten.

Oxydiertes Tannin.

Tanninum oxydatum.

100,0 technisches Tannin,
50,0 destilliertes Wasser,
10,0 Glycerin v. 1,23 spez. Gew.,
6,0 engl. Schwefelsäure von 1,838 spez. Gew.,
6,0 Oxalsäure

erhitzt man in einem bedeckten Porzellangefäss im Dampfbad 30 Stunden lang und dampft dann auf ein Gewicht von

150,0

ab.

Extrakte zu Gallus-Kopiertinten.

100,0 oxydiertes Tannin,
6,0 Glycerin v. 1,23 spez. Gew.,
30,0 arabisches Gummi, Pulver M/30,
25,0 entwässertes, fein zerriebenes Ferrosulfat,
25,0 trockenes Ferrisulfat,
1,0 Karbolsäure

mischt man, füllt die Mischung in eine Weithalsbüchse und verkorkt diese.

Man setzt auf obige Menge, die 1 Liter Tinte giebt, je nach Wunsch folgende Farbstoffe zu.

Blau: 6,0 Phenolblau 3 F †.

Rot: 7,5 Ponceau R R †.

Grün: 6,0 Anilingrün D †.

Violett { 2,5 Phenolblau 3 F †, 2,5 Ponceau R R †.

Schwarz { 2,5 Anilingrün D †, 2,5 Ponceau R R †, 2,5 Phenolblau 3 F †.

Gebrauchsanweisung s. Einleitung.

Extrakte zu Gallus-Dokumententinten.

60,0 oxydiertes Tannin,
25,0 arabisches Gummi, Pulver M/30,
15,0 entwässertes, fein zerriebenes Ferrosulfat,
15,0 trockenes Ferrisulfat,
1,0 Karbolsäure

mischt man.

Die zuzusetzenden Farbstoffe sind bei den Extrakten zu den Gallus-Kopiertinten angegeben.

Die Gebrauchsanweisung s. Einleitung.

Extrakte zu Gallus-Kanzleitinten.

45,0 oxydiertes Tannin,
30,0 arabisches Gummi, Pulver M/30,
10,0 entwässertes, fein zerriebenes Ferrosulfat,
15,0 trockenes Ferrisulfat,
1,0 Karbolsäure

mischt man.

Die zuzusetzenden Farbstoffe sind bei dem Extrakte zu den Gallus-Kopiertinten angegeben.

Die Gebrauchsanweisung befindet sich in der Einleitung.

B. Extrakte zu Blauholz-Tinten.

Extrakt zu roter Blauholz-Kopiertinte.

100,0 franz. Blauholzextrakt,
40,0 schwefelsaure Thonerde,
40,0 neutrales oxalsaures Kalium,
20,0 Kaliumbisulfat,
3,0 Kaliumdichromat,
1,5 Salicylsäure,

grob gepulvert, mischt man, füllt in eine Glasbüchse oder Blechdose und giebt die unter b) für Tintenextrakte angegebene Gebrauchsanweisung bei.

Extrakt zu violetter Blauholz-Kopiertinte.

100,0 franz. Blauholzextrakt,
40,0 schwefelsaure Thonerde,
60,0 neutrales oxalsaures Kalium,
20,0 Kaliumbisulfat,
4,0 Kaliumdichromat,
1,5 Salicylsäure,

grob gepulvert, mischt man, füllt die Mischung in eine Glasbüchse oder Blechdose und giebt die unter b) für Tintenextrakte aufgeführte Gebrauchsanweisung bei.

† S. Bezugsquellen-Verzeichnis.

Extrakt zu Blauholz-Schultinte.

70,0 franz. Blauholzextrakt,
2,0 Kaliumdichromat,
50,0 Chromalaun,
10,0 Oxalsäure,
1,5 Salicylsäure,

alles in grober Pulverform, mischt man, füllt die Mischung in eine Glasbüchse oder Blechdose und giebt die für Tintenextrakte aufgeführte Gebrauchsanweisung b) bei.

C. Extrakte zu Anilin-Tinten.

Extrakt zu schwarzer Anilin-Schreibtinte.

2,5 Anilingrün D, †
2,5 Ponceau RR, †
2,5 Phenolblau 3 F, †
20,0 Zucker, Pulver M/8,
1,0 Kaliumbisulfat

verreibt und mischt man und füllt die Mischung in einen Pergamentpapierbeutel. Man schlägt letzteren in Papier ein, verklebt dieses und umspannt das Päckchen mit einem Band, welches die Gebrauchsanweisung c) trägt.

Extrakt zu blauer Anilin-Schreibtinte.

6,0 Resorcinblau M, †
20,0 Zucker, Pulver M/8,
1,0 Oxalsäure.

Man verfährt wie bei dem Extrakt zu schwarzer Anilin-Schreibtinte und fügt Gebrauchsanweisung c) bei.

Extrakt zu violetter Anilin-Schreibtinte.

6,0 Methylviolett 3 B, †
10,0 Zucker, Pulver M/8,
2,0 Oxalsäure.

Man verfährt wie bei dem Extrakt zu schwarzer Anilin-Schreibtinte und fügt Gebrauchsanweisung c) bei.

Extrakt zu roter Anilin-Schreibtinte.

10,0 Eosin A gelblich, †
30,0 Zucker, Pulver M/8.

Man verfährt wie bei dem Extrakt zur schwarzen Anilin-Schreibtinte und fügt Gebrauchsanweisung c) bei.

Extrakt zu violetter Anilin-Kopiertinte.

12,0 Methylviolett 3 B, †
10,0 Zucker, Pulver M/8,
2,0 Oxalsäure.

Man verfährt wie bei dem Extrakt zur schwarzen Anilin-Schreibtinte und fügt Gebrauchsanweisung c) bei.

Extrakt zu blauer Anilin-Kopiertinte.

10,0 Resorcinblau M, †
10,0 Zucker, Pulver M/8,
2,0 Oxalsäure.

Man verfährt wie bei dem Extrakt zur schwarzen Anilin-Schreibtinte und fügt Gebrauchsanweisung c) bei.

Extrakt zu roter Anilin-Kopiertinte.

15,0 Eosin A gelblich, †
30,0 Zucker, Pulver M/8.

Man verfährt wie bei dem Extrakt zur schwarzen Anilin-Schreibtinte und fügt Gebrauchsanweisung c) bei.

Schluss der Abteilung „Tinte“.

Treibriemen-Adhäsionspulver.

Adhäsionspulver für Treibriemen.

500,0 gröblich gepulvertes Kolophon,
500,0 Schlämmkreide

mischt man.

Das Pulver wird aufgestreut.

Treibriemen-Adhäsionsschmiere.

Adhäsionsschmiere für Treibriemen.

600,0 Kolophon,
300,0 Leinöl,
100,0 Schlämmkreide.

Man schmilzt das Kolophon und setzt dann die mit dem Öl angerührte Schlämmkreide zu.

---

† S. Bezugsquellen-Verzeichnis.

Die Schmiere wird mittels Spatels auf den rutschenden Riemen an einzelnen Stellen aufgetragen. Die Verteilung findet durch das Laufen des Riemens statt.

Treibriemenschmiere.

Zum Geschmeidigmachen der Treibriemen.

200,0 Rindstalg,
700,0 Fischthran

mischt man durch Schmelzen und rührt, wenn die Masse zu erkalten beginnt,

100,0 Wasser

nach und nach darunter, so dass das Ganze eine gleichmässige Mischung darstellt.

Vielfach findet man zur Herstellung von Adhäsionsschmiere kostbare Artikel, wie Kopal, Guttapercha, Kautschuk usw. empfohlen. Nach meinen in der Praxis gesammelten Erfahrungen ist dies der reinste Luxus, da Kolophon, besonders in Verbindung mit Kreide, vollständig ausreicht.

Trockenelementfüllung.

Füllung für Trockenelemente.
Nach *B. Fischer.*

30,0 krystallisiertes Calciumchlorid,
30,0 granuliertes geschmolzenes Calciumchlorid,
15,0 Ammoniumsulfat,
25,0 krystallisiertes Zinksulfat

mischt man ohne Druck und ohne Reiben.

Trochisci siehe **Pastilli.**

Trocknen.

Bearbeitet von Dr. *E. Bosetti.*

Das Trocknen ist eine Arbeit, deren sachgemässe Ausführung sehr bestimmend für die Güte der davon betroffenen Waren ist. Man kann z. B. ebensowohl durch eine zu hohe als auch durch eine zu niedrige Temperatur schädigend wirken und muss daher von Fall zu Fall, wie es die praktische Erfahrung an die Hand giebt, seine Massnahmen treffen.

Im Allgemeinen kann man als Regel annehmen, dass man rasch trocknen muss, da sich besonders feuchte Droguen schnell zu zersetzen pflegen und damit sowohl unansehnlich werden, als auch wirksame Bestandteile verlieren. Da das Trocknen auf der Abgabe der wässerigen Bestandteile des Trockengutes an die umgebende Luft beruht, so beschleunigt man dasselbe vornehmlich dadurch, dass man diese Luft in Bewegung erhält und erneuert, dass man ihr möglichst viel Zutritt verschafft, indem man das Trockengut in dünner Schicht auflegt und dass man sie durch Wärmezufuhr befähigt, Feuchtigkeit aufzunehmen.

Frische Pflanzenteile, besonders Blätter, erhalten ein vorzügliches Ansehen, wenn man sie unter Beachtung des Vorstehenden bei 35 ° C nicht übersteigender Wärme trocknet; die hieraus bereiteten Pulver sind zumeist von schön grüner Farbe und verraten durch kräftigen Geruch ihre Abstammung. Eine besondere Behandlung verlangen diejenigen frischen Pflanzenteile, aus denen durch Destillation mit Wasserdämpfen ätherische Öle gewonnen werden können. Letztere entwickeln sich bei vielen zu voller Stärke erst während des Welkens und Trocknens; verläuft dieses zu rasch oder zu langsam, so tritt eine Verminderung des Ölgehalts ein. Am besten hat sich hier eine Wärme von 25 ° C bewährt. Die praktischen Verhältnisse liegen meist so, dass in den Zeiten, in denen frische Pflanzenteile zum Trocknen gelangen, die in den Apotheken hierzu vorhandenen Einrichtungen nicht ausreichen, um vorstehende Grundsätze zur Anwendung zu bringen. Man sorge bei der Benützung von Bodenräumen usw. wenigstens für möglichst viel Luftzug, da dieser bis zu einem gewissen Grad die mangelnde Wärme zu ersetzen vermag.

Seifen pflegen bei zu raschem Trocknen missfarbig zu werden, indem sich an den Kanten und Ecken der Stücke bräunliche Flecke bilden; man vermeidet dies dadurch, dass man die Stücke zunächst 1—2 Tage der Zimmerwärme aussetzt, ehe man das eigentliche Trocknen beginnt.

Wie bereits angedeutet, verlangt die Eigenart jedes Stoffes auch hinsichtlich der anzuwendenden Wärme Berücksichtigung; im allgemeinen kann man nach meinen Erfahrungen folgende Höchsttemperaturen anwenden:

für Cachou oder Succus in Rhomben . . 30° C
„ Pastillen . . . . 30° „
„ Pillen . . . . 30° „
„ Niederschläge, ausgepresste . . . . 30° „
„ Salze, krystallisierte . . . . 35° „
„ Pflanzenteile . . . . 35° „
„ Seifen . . . . 35° „
„ Weinstein- und Citronensäure . . . . 35° „
„ Trockne Extrakte . . . . 50° „
„ Lamellenpräparate . . . . 70° „

Was nun die Apparate zum Trocknen anbetrifft, so bedient man sich dazu im pharm. Laboratorium ausschliesslich des Trockenschranks, weil derselbe den grossen Vorzug besitzt, für alle Arten von Trockengut verwendet werden zu können.

Ein guter Trockenschrank soll so beschaffen sein, dass man in demselben je nach Bedarf Temperaturen von 30—70° C und zwar andauernd erzielen kann, weiterhin soll in demselben, entsprechend den zu Anfang erörterten Grundsätzen, für eine gehörige Lufterneuerung gesorgt sein. Da die Trockenschränke wohl immer durch die abgehende Hitze der Dampfapparate — in kleinen Geschäften der Küchenöfen — geheizt werden, so hat man bei Anlage eines solchen Schrankes sowohl für eine ausgiebige Erwärmung, als auch für die Möglichkeit, die Wärme durch Schiebevorrichtungen abzuleiten, Sorge zu tragen. Bei grossen Trockenschränken genügt bisweilen die erwähnte Heizquelle nicht, um die richtige Wärme hervorzurufen; hier verstärkt man letztere zweckmässig, wo gespannter Dampf zur Verfügung steht, dadurch, dass man im Boden des Schrankes eine Dampfschlange oder einen Rippenheizkörper anbringt.

Die Horden der Trockenschränke sind zumeist so eingerichtet, dass an den Seiten abwechselnd rechts und links Aussparungen gelassen sind, durch welche die Luft gezwungen werden soll, über alle Horden hinwegzustreichen. Es ist dies unnötige Mühe, denn die Luft trocknet mindestens ebensoschnell, wenn man sie durch die Horden hindurchstreichen lässt und fortwährend erneuert, als wenn man die Horden durch starke Lagen Papier unwirksam macht und die Luft zwingt, darüber hinwegzustreichen.

Sehr empfehlenswert zum Einlegen in die Trockenschränke sind die gesetzlich geschützten Horden aus emailliertem Eisen von *G. Christ* in Berlin; dieselben bestehen aus einem Holzrahmen mit Platten von emailliertem Eisen. Letztere lassen sich bequem herausnehmen und durch Abwaschen reinigen, auch lassen sich Kräuter, Gemüse darauf trocknen, ohne die Farbe zu verlieren, wie dies bisweilen bei Horden aus verzinntem Drahtgeflecht beobachtet wird.

Die Erneuerung der Luft bewirkt man am besten dadurch, dass man den Trockenschrank oben durch ein Rohr mit einem geheizten Schornstein verbindet und gleichzeitig an der gegenüberliegenden Seite unten durch eine Anzahl Löcher, die durch einen Schieber mehr oder weniger geschlossen werden können, der Luft den Eintritt gestattet. Bei grösseren Schränken ist diese Anordnung unumgänglich notwendig, bei kleineren genügt an Stelle des Abzugsrohrs eine Anzahl Löcher, die die austretende Luft ins Freie führen.

Das Trocknen bei höheren Graden, als den vorstehend beschriebenen, kommt in der eigentlichen pharm. Praxis kaum vor, wohl aber in der analytischen — auch zum Sterilisieren sind in dieser Beziehung zuverlässige Apparate erwünscht — und so mögen im folgenden einige Trockenschränke für niedere und höhere Temperaturen beschrieben sein, die gegenüber den gewöhnlichen Trockenapparaten den Vorzug besitzen, verschiedene andauernde Temperaturen zu liefern. Von der Brauchbarkeit derselben habe ich mich durch Versuche überzeugt.

Der umstehend abgebildete (Abb. 59), der Firma *Max Kähler & Martini* in Berlin patentierte Trockenschrank besteht aus starkem, aussen mit Asbestplatten belegten Eisenblech und kann durch Einlegen von vier Blechscheiben in vier Räume von verschiedener Temperatur getrennt werden. Die Verbrennungsgase der Wärmequelle werden durch den Trockenschrank mittels 4 Röhren hindurchgeleitet, die Wärme der letzteren erzeugt gleichzeitig einen trockenen Luftstrom, der unten in den Apparat eintritt und ihn oben wieder verlässt. Der Apparat wird gewöhnlich in den Massen 30×30×45 cm hergestellt. Bei meinen Versuchen erzielte in drei Abteilungen des Apparates a) eine gewöhnliche Spirituslampe, b) ein *Barteth*scher Spiritusbrenner binnen einer halben Stunde in der

	a	b
I. Abteilung	140° C	150° C
II. „	105° „	130° „
III. „	105° „	113° „

Verkleinert man die Flamme, so kann man auch niedrigere Temperaturen erhalten.

Das „Luftbad mit Luftzirkulation" (Abb. 60) derselben Firma enthält zwei mit Röhren verbundene Böden, von denen der untere eine Öffnung zum Unterstellen der Wärmequelle enthält. Die Verbrennungsgase fliessen auf diese Weise, ohne in den Schrank zu gelangen, seitlich ab, die Wärme erzeugt einen durch die erwähnten Röhren in dem Trockenschrank aufsteigenden, oben wiederaustretenden, trocknen Luftstrom. Eine einfache Spirituslampe erzielte bei meinen Versuchen in diesem Schrank nach halbstündiger Einwirkung die folgenden Temperaturen:

I im unteren Teil 287° C
II im mittleren „ 265° C
III im oberen „ 256° C.

Durch Einlegebleche kann auch dieser Trockenkasten in verschiedene Abteilungen, geteilt werden; er wird gewöhnlich in den Massen 25 × 15 × 15 cm gebaut.

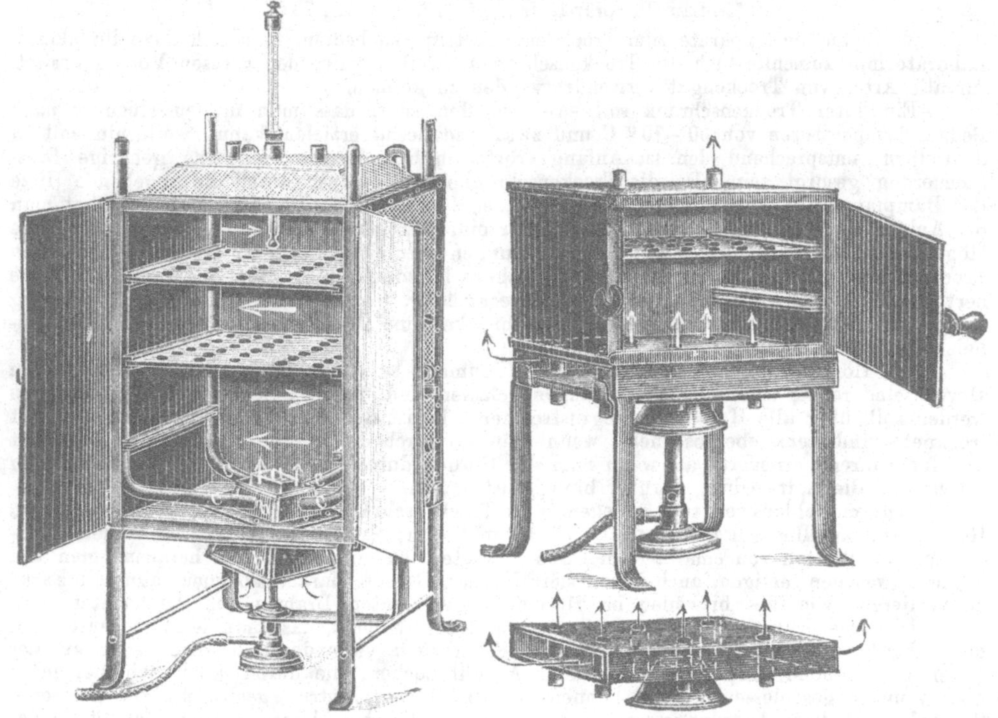

Abb. 59. **Trockenschrank** von *Max Kähler & Martini* in Berlin.

Abb. 60. **Luftbad mit Luftzirkulation** von *Max Kähler & Martini* in Berlin.

Das Trocknen auf kaltem Weg durch wasserentziehende Mittel, wie Calciumchlorid Schwefelsäure oder Ätzkalk, wird im allgemeinen im pharmazeutischen Laboratorium nur wenig angewendet, die bekannte mit Blech ausgeschlagene und mit Ätzkalk beschickte Trockenkiste dient mehr zum Aufbewahren schon trockner, aber leicht feuchtwerdender Körper.

In jüngster Zeit hat *Fr. Töllner* in Bremen einen Kalttrockenschrank (Abb. 61) gebaut, der auf der Eigenschaft des Atzkalkes, leicht Feuchtigkeit aus der Luft anzuziehen und damit zu Pulver zu zerfallen beruht und so das Trockenverfahren auf kaltem Wege zu einem bequemen und handlichen gestaltet. Der mit Metall ausgeschlagene Holzmantel wird im Innern durch eine Querwand aus Asbestpappe, die durch ein durchlochtes Blech verstärkt ist, in eine grössere zur Aufnahme der Horden bestimmte und in eine kleinere, den Ätzkalk enthaltende Abteilung getrennt. Der Raum für den Ätzkalk ist so eingerichtet, dass derselbe nur durch die Asbestwand mit der Luft des Trockenschranks Verbindung hat; ein Eisenrost trägt den Atzkalk und ein darunter befindlicher ausziehbarer Kasten nimmt ihn im verbrauchten Zustand, als Pulver auf. Der Apparat wird in drei verschiedenen Grössen angefertigt, das darin getrocknete Gut ist von sehr schönem Aussehen, er hat aber den Fehler, dass das ganze Verfahren gegenüber dem bisherigen zu lange dauert.

Abb. 61. **Kalt-Trockenschrank von *Fr. Töllner* in Bremen.**

So verloren nach meinen Versuchen 10,0 Sennesblätterpulver von 8,15 pCt Feuchtigkeit (durch Trocknen bei 100⁰ C bestimmt) nach viereinhalbstündigem Verweilen im Kalttrockenschrank 1,07 pCt, bei 35⁰ C in einem der vorher beschriebenen Trockenschränke, 1,94 pCt Feuchtigkeit. Körper wie Vanille, spanischer Pfeffer, Opium, Manna, Fenchel, Safran erhält man im *Töllner*schen Schrank trocken von ausgezeichneter Beschaffenheit, ebenso eignet sich der Apparat wegen seiner praktischen Handhabung vorzüglich zur Aufbewahrung von trockenen Extrakten, Pasten, Pflastern mit Pflanzenpulvern usw. mehr.

Uhrenöl.

1000,0 bestes Olivenöl

giebt man in eine doppeltgrosse Dekantierflasche, setzt eine Lösung von

20,0 Gerbsäure

in

200,0 Wasser

zu und schüttelt bis zum vollständigen Emulgieren. Man lässt nun 8 Tage unter häufigem, kräftigen Schütteln in Zimmertemperatur stehen, fügt hierauf

50,0 Talk, Pulver M/50,

zu und, wenn auch dieses gut untergeschüttelt ist,

800,0 Wasser.

Man lässt 24 Stunden absetzen, die untere (Wasser-)Schicht sodann ablaufen und wiederholt das Auswaschen mit Wasser so oft, als das Waschwasser mit Eisenchlorid noch eine Färbung giebt.

Man giesst nun den Flascheninhalt in eine Abdampfschale, fügt hier

100,0 scharf getrocknetes und fein verriebenes Kochsalz

hinzu, lässt unter öfterem Rühren 24 Stunden stehen und filtriert dann durch Papier.

Das nun fertige Uhrenöl füllt man auf braune Glasfläschchen von 20—25 g Inhalt, verkorkt diese gut und bewahrt sie in kühler Temperatur auf.

Unguenta.

Salben.

Den Salben wird heute eine höhere Bedeutung von ärztlicher Seite beigemessen, als noch vor wenigen Jahrzehnten; die Entwicklung der Dermatologie hat zu manchem Mittel und mancher Form zurückgreifen lassen, die als veraltet anzusehen man sich bereits gewöhnt hatte. Aus den Salben sind auch die in einem weiteren Abschnitt zu behandelnden *Unna*schen Salbenmulle hervorgegangen.

Das Deutsche Arzneibuch stellt für die Bereitung und Beschaffenheit der Salben folgende Regeln auf:

„Bei der Bereitung der Salben ist in der Weise zu verfahren, dass die schwerer schmelzbaren Bestandteile für sich oder unter geringem Zusatz der leichter schmelzbaren Körper geschmolzen, und die letzteren der geschmolzenen Masse nach und nach zugesetzt werden, wobei jede unnötige Wärmeerhöhung zu vermeiden ist.

Diejenigen Salben, welche nur aus Wachs oder Harz und Fett oder Öl bestehen, müssen nach dem Zusammenschmelzen der einzelnen Bestandteile bis zum vollständigen Erkalten fortwährend gerührt werden. Wasserhaltige Zusätze werden den Salben während des Erkaltens unter Umrühren beigemischt. Sollen den Salben pulverförmige Körper hinzugesetzt werden, so müssen die letzteren als feinstes, wenn nötig, geschlämmtes Pulver zur Anwendung kommen und zuvor mit einer kleinen Menge des nötigenfalls etwas erwärmten Salbenkörpers gleichmässig verrieben werden.

Wasserlösliche Extrakte oder Salze sind vor der Mischung mit dem Salbenkörper mit wenig Wasser anzureiben oder in Wasser zu lösen, mit Ausnahme des Brechweinsteins, welcher als feines trockenes Pulver zugesetzt werden muss.

Die Salben müssen eine gleichmässige Beschaffenheit haben und dürfen weder ranzig riechen, noch Schimmelbildung zeigen.

Feine Verreibungen von Metalloxyden usw. erzielt man nur sehr schwierig in der Reibschale, dagegen auf leichte Weise und in grosser Vollkommenheit mit der der Farbenmühle nachgebildeten Salbenmühle.

Abb. 62. **Salbenmühle von *Rob. Liebau* in Chemnitz.**

Rob. Liebau in Chemnitz fertigt sehr praktische Salbenmühlen an, die sich von den gewöhnlichen Farbenmühlen dadurch unterscheiden, dass der Einfülltrichter cylindrisch ist und dass man durch Auflegen eines schweren Kolbens auf die eingefüllte Masse einen Druck auf letztere ausüben und dadurch den Mahlvorgang fördern kann. Neuerdings stellt Herr *Liebau* bei diesen Mühlen die reibenden Teile aus Porzellan her und erreicht dadurch, dass die geriebenen Massen nicht eisenhaltig werden können.

Man kann auf diesen Salbenmühlen auch wachs- oder paraffinhaltige Mischungen nach dem Erkalten verreiben und vollständig knotenfrei herstellen, — eine Arbeit, die bekanntlich im Mörser erhebliche Schwierigkeiten verursacht.

Der in der pharmazeutischen Technik unermüdliche Herr *Rob. Liebau* in Chemnitz baut ferner neuerdings eine von ihm erfundene Salbenreib- und Mischmaschine, die sich mir als sehr brauchbar erwiesen hat. Sie eignet sich ebensowohl zum feinen Verreiben von Quecksilber, Metalloxyden usw. als auch zum Mischen von Pulvern. Die Maschine ist so eingerichtet, dass man den Kreis, welchen das Pistill beschreibt, enger und weiter stellen kann. Man ist dadurch imstande, jede beliebige Reibschale bis zum lichten Durchmesser von 350 mm einsetzen zu können. Die Scheibe, auf welche die Reibschale zu stehen kommt, ist graduiert, was ein genaues centrisches Spannen sehr erleichtert, die grössere oder kleinere Bewegung der Pistille wird dadurch erzielt, dass man die auf der Excenterscheibe befindliche Flügelschraube lüftet und ein wenig verschiebt. Den Spatel, welcher die Aufgabe hat, die Salbe immer nach der Mitte zu streichen, verstellt man bei kleineren Schalen nach innen, bei grösseren nach aussen. Nachdem das Verreiben beendet, wird das sich frei auf- und abbewegende Pistill hochgehoben und mittelst der in der Hülse angebrachten Schraube festgestellt, wodurch sich die Reibschale nach Beseitigung der Stelleisen ganz bequem herausnehmen lässt. Schliesslich sei noch erwähnt, dass die Maschine ausserordentlich schnell und leicht arbeitet, sodass in kürzester Zeit grössere Posten feinster Salben ohne irgend welche Anstrengung erzeugt werden können.

Die hier beigegebene Abbildung veranschaulicht diese sehr praktische Maschine.

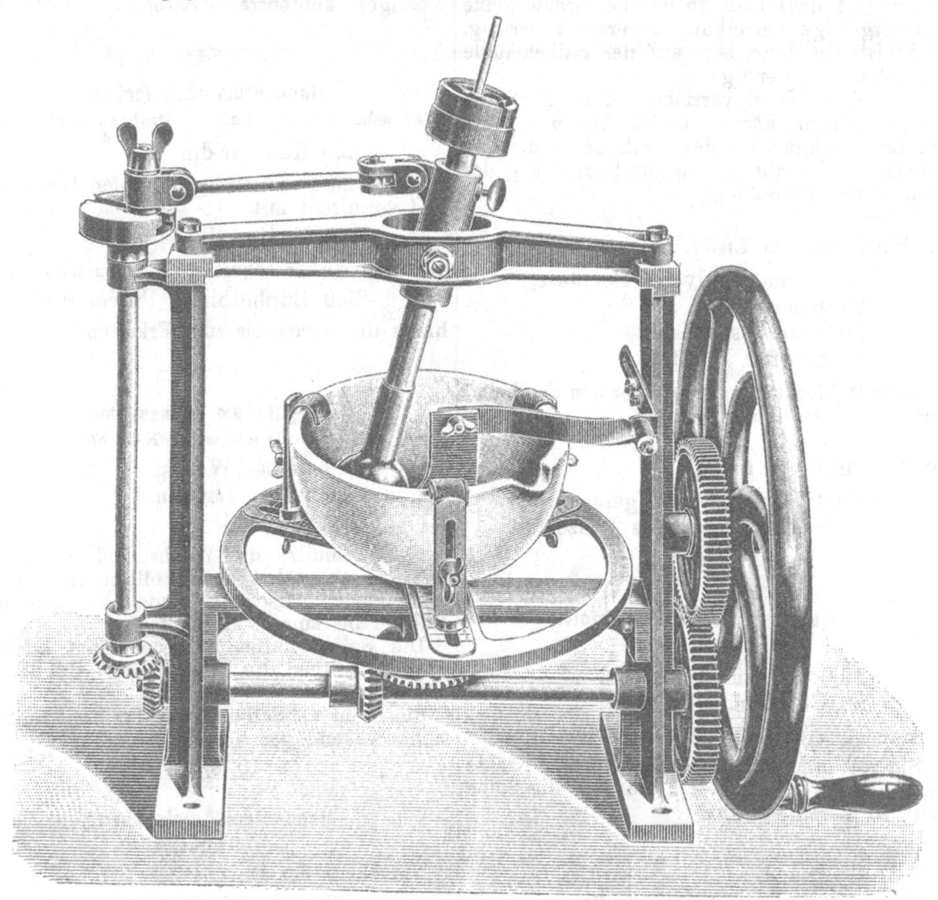

Abb. 63. **Salbenreib- und Mischmaschine von *Rob. Liebau* in Chemnitz.**

Zum Mischen von Salben in der Rezeptur bedient man sich heute vielfach und, wie ich mich überzeugte, mit Vorteil der gläsernen Präparierplatten †. Als Reibmittel dient hier ein dünner, messerartiger Stahlspatel, mit dem sich das Präparieren von Metalloxyden in überraschend kurzer Zeit und vollständiger vollziehen lässt, als in der Reibschale.

Unguentum Aceti n. *Unna*.

Essigsalbe.

10,0 Wachssalbe,
20,0 reines Wollfett

mischt man und setzt nach und nach
40,0 Essig
hinzu.

† S. Bezugsquellen-Verzeichnis.

Unguentum Acidi borici.

Unguentum boricum. Borsalbe.

a) Vorschrift des D. A. IV.

Zu bereiten aus:

1 Teil fein gepulverter Borsäure

und

9 Teilen Paraffinsalbe.

Dazu ist zu bemerken, dass die Borsäure einen Feinheitsgrad von mindestens M/50 haben muss und dass man in der Reibschale keine mustergültige Verreibung zu erzielen vermag. Es ist das Verreiben auf der Salbenmühle unbedingt notwendig.

Auf dem Nagel verrieben, darf die Salbe keine harten Körner fühlen lassen. Diese Probe verlangt zwar das Deutsche Arzneibuch nicht, sie ist aber nötig zur Beurteilung des Grades der Verreibung.

b) Vorschrift von *Lister*.

20,0 fein gepulverte Borsäure,
20,0 Mandelöl,
20,0 weisses Wachs,
40,0 reines Wollfett.

Es gilt hier das unter a) über den Feinheitsgrad der Verreibung Gesagte.

c) Vorschrift von *Credé*.

10,0 Borsäure, fein gepulverte,
90,0 frisch bereitetes Benzoëfett.

Unguentum Acidi oxynaphtoïci.

(Contra Scabiem.)

10,0 α-Oxynaphtoësäure,
90,0 Schweinefett.

Man verreibt fein und mischt zur Salbe.

Sie soll ein vorzügliches Mittel gegen Krätze sein. Gegen Räude der Tiere wird die Salbe halb so stark gemacht.

Unguentum Acidi salicylici.

Salicylsalbe.

10,0 Salicylsäure,
90,0 Paraffinsalbe.

Die Salicylsäure muss sehr fein verrieben werden.

Unguentum acre.

Scharfe Salbe. Hufsalbe.
Ph. G. I.

25,0 Euphorbium, Pulver M/30,
125,0 spanische Fliegen, „ „

reibt man unter Erwärmen mit

200,0 Terpentin

an.

Andrerseits schmilzt man im Dampfbad

600,0 Schweinefett,
50,0 gelbes Wachs,

setzt die andere Masse zu und digeriert bei 50—60° C, nachdem man das Gefäss bedeckte, zwei bis drei Stunden.

Man lässt nun fast erstarren und rührt dann bis zum völligen Erkalten zu einer gleichmässigen, knotenfreien Salbe.

Unguentum acre fortius.

(Ad usum veterinarum.) Verstärkte scharfe Salbe.

2,0 Kantharidin

verreibt man mit einigen Tropfen Terpentinöl und vermischt mit

970,0 Königssalbe

die man vorher schmolz. Man mischt dann

25,0 Euphorbium, Pulver M/30,

hinzu und rührt bis zum Erkalten.

Unguentum adhaesivum.

Lanolin-Wachspaste. Nach *Stern*.

40,0 gelbes Wachs,
40,0 reines Lanolin,
20,0 Olivenöl.

Man schmilzt das Wachs und das Öl zusammen, verrührt das Wollfett in der geschmolzenen Mischung und fährt mit dem Rühren bis zum Erkalten fort.

Die Salbe haftet auf der Haut wie ein Pflaster, daher die Bezeichnung „Unguentum adhaesivum.

Sie dient als Salbenkörper bei Kopf und Gesichts-Ausschlägen der Kinder.

Unguentum Adipis Lanae.

Wollfettsalbe.

Vorschrift des D. A. IV.

20 Teile Wollfett

werden bei gelinder Wärme im Wasserbade mit

5 Teilen Wasser

gemischt und darauf mit

5 Teilen Olivenöl

versetzt.

An dieser Zusammensetzung ist auszusetzen, dass sie in kurzer Zeit einen ranzigen Geruch annimmt. Es wäre wohl richtiger gewesen, statt des Olivenöles flüssiges Paraffin zu nehmen.

Unguentum Aeruginis.

Ägyptische oder Apostelsalbe.

140,0 gelbes Wachs,
450,0 Olivenöl,
200,0 Bleiweisspflaster,
30,0 Fichtenharz

schmilzt man im Dampfbad.

Andrerseits verreibt man

30,0 Grünspan

möglichst fein mit

50,0 Olivenöl,

setzt die Verreibung der geschmolzenen Masse und zuletzt

100,0 Weihrauch, Pulver M/30,

zu.

Man rührt bis zum Erkalten.

Unguentum Aluminii acetici n. *Unna.*

10,0 Wachssalbe,
20,0 reines Wollfett

mischt man und setzt nach und nach

40,0 Aluminiumacetatlösung

zu.

Unguentum Alumnoli.

Alumnol-Salbe.

10,0 Alumnol,
45,0 reines Wollfett,
45,0 flüssiges Paraffin

mischt man.

Unguentum anteczematicum n. *Unna.*

a) 25,0 Bleiglätte

kocht man mit

75,0 Essig,

bis das Gewicht der Masse

50,0

beträgt.

Man mischt dann

25,0 Olivenöl,
25,0 Benzoëfett

hinzu und rührt bis zum Erkalten.

Nach *Unna* soll dies die beste Salbe gegen nässende Ekzeme sein.

b) 10,0 Kadöl,
20,0 reines Wollfett,
30,0 Zinksalbe,
40,0 Calciumchloridlösung (33,3 pCt).

Unguentum antephelidicum n. *Hebra.*

Sommersprossensalbe.

5,0 weisses Quecksilberpräcipitat,
5,0 basisches Wismutnitrat,
20,0 Glycerinsalbe

mischt man.

Man bestreicht mit dieser Salbe Sommersprossen und Leberflecke alle zwei bis drei Tage. Eine tägliche Anwendung würde zu stark reizen.

Unguentum Argenti colloidalis n. *Credé.*

*Credé*sche Silbersalbe.

7,0 gelbes Wachs,
78,0 Schweinefett,
2,0 Benzoëäther

bereitet man zur Salbe.

Man vermischt dann damit

15,0 kolloidales Silber,

das man vorher mit etwas Wasser, ohne mit dem Pistill aufzudrücken, anreibt.

Unguentum aromaticum.

Aromatische Salbe.

Vorschrift der Ph. Austr. VII.

125,0 zerschnittenen Wermut

stösst man mit

250,0 verdünnt. Weingeist v. 68 pCt

zu Brei, digeriert sechs Stunden lang, erwärmt mit

1000,0 Schweinefett

bis zum Verschwinden aller Feuchtigkeit und seiht durch. Man setzt dann

250,0 gelbes Wachs,
125,0 Lorbeeröl

hinzu, schmilzt zusammen und seiht wiederum durch. Der halb erkalteten Salbe mischt man

10,0 Wacholderöl,
10,0 Pfefferminzöl,
10,0 Rosmarinöl,
10,0 Lavendelöl

hinzu und rührt bis zum völligen Erkalten zu einer gleichmässigen Salbe.

Anstatt zerschnittenen Wermut verwendet man besser Pulver M/8, erhitzt ferner das mit verdünntem Weingeist digerierte, sodann mit dem Fett versetzte Pulver im Dampfbad, presst aus und filtriert. Zum Filtrat schmilzt man sodann filtriertes Wachs und filtriertes Lorbeeröl.

Unguentum arsenicale n. *Hellmund.*

Unguentum Cosmi. *Hellmunds* Arsensalbe.

10,0 kosmisches Pulver (Pulvis arsenicalis Cosmi)

mischt man sehr genau mit

90,0 *Hellmunds* narkotisch-balsamischer Salbe.

Unguentum basilicum.

Königssalbe.

a) Vorschrift des D. A. IV.

Zu bereiten aus:

9 Teilen Olivenöl,
3 „ gelbem Wachs,
3 „ Kolophon,
3 „ Hammeltalg,
2 „ Terpentin.

Das Verrühren der erkaltenden Salbe nimmt man am besten auf der schwach angewärmten Salbenmühle vor.

b) fuscum, in Österreich gebräuchlich.

36,0 Olivenöl,
16,0 Japantalg,
12,0 Kolophon

schmilzt man zusammen und setzt dazu

12,0 Hammeltalg,
12,0 schwarzes Schiffspech,
12,0 Terpentin.

Man rührt bis zum Erkalten.

Unguentum Belladonnae.

Belladonnasalbe.

10,0 Belladonnaextrakt

löst man in

5,0 Glycerin v. 1,23 spez. Gew.

und mischt

85,0 Wachssalbe

hinzu.

Das Extrakt direkt, also ohne vorheriges Lösen in Glycerin, mit der Wachssalbe zu mischen, kann nicht empfohlen werden, weil die dicke Konsistenz des Extrakts der Resorption entgegensteht.

Unguentum Bismuti.

Wismutsalbe.

20,0 basisches Wismutnitrat,
80,0 Cold-Cream

mischt man sehr genau.

Die Salbe dient als Schönheitsmittel bei aufgerissener rauher Haut und wird abends eingerieben.

Unguentum boraxatum.

Unguentum ad perniones n. *Hufeland*. Boraxsalbe

20,0 Borax, Pulver M/50,
80,0 Rosensalbe

mischt man.

Unguentum boricum nach *Credé*.

Credés Borsalbe.

12,5 Borsäure, Pulver M/50,

mischt man mit

87,5 Wachssalbe.

Unguentum boro-glycerinatum n. *Lister-Köhler*.

Bor-Glycerinsalbe.

40,0 reines Wollfett,
20,0 Paraffinsalbe

verreibt man gut mit einander.

Andrerseits löst man durch Kochen

10,0 Borsäure

in

30,0 Glycerin v. 1,23 spez. Gew.

verdünnt die Lösung mit

40,0 destilliertem Wasser

und lässt auf 50° C abkühlen.

Man setzt nun diese Lösung allmählich der Salbenmasse zu, indem man mischt und schaumig rührt.

Die Salbe hat ein coldcreamartiges Aussehen, hält sich und soll von vorzüglich heilender Wirkung sein.

Unguentum Bursae pastoris nach *Rademacher*.

Hirtentäschelsalbe.

500,0 frisches Hirtentäschelkraut

zerquetscht man im Marmormörser zu einer gleichmässigen Masse.

Andrerseits schmilzt man

1000,0 Schweinefett,

verrührt darin das zerquetschte Kraut und kocht die Mischung auf freiem Feuer vorsichtig so lange, bis alle Feuchtigkeit verdunstet ist.

Man presst dann aus, lässt einige Minuten absetzen und giesst schliesslich klar ab.

Unguentum cadinum.

Kadinsalbe.

5,0 Kadöl

mischt man mit

95,0 Schweinefett.

Unguentum calaminaris nach *Rademacher*.

Galmeisalbe.

60,0 präparierten Galmei,
60,0 gepulverten armenischen Bolus,
60,0 präparierte Bleiglätte,
60,0 gepulvertes Bleiweiss

verreibt man fein, am besten auf der Salbenmühle, mit

200,0 geschmolzenem Schweinefett.

Andrerseits schmilzt man

160,0 Schweinefett,
90,0 gelbes Wachs

mit einander, setzt der geschmolzenen Masse die Verreibung und

7,5 verriebenen Kampfer

zu und rührt bis zum Erkalten.

Noch besser reibt man die halberkaltete Masse durch die Salbenmühle.

Unguentum Calcii bisulfurosi nach *Unna*.

10,0 Wachssalbe,
20,0 reines Wollfett

mischt man und setzt nach und nach

40,0 Lösung von doppelschwefligsaurem Kalk, 1,06—1,10 spez. Gew.

zu.

Unguentum Calcii chlorati nach *Unna*.

Chlorcalciumsalbe.

10,0 Wachssalbe,
20,0 reines Wollfett

mischt man und fügt nach und nach

40,0 Chlorcalciumlösung (33,3 pCt)

hinzu.

Unguentum camphoratum.

Kampfersalbe.

20,0 fein zerriebenen Kampfer

vermischt man mit

80,0 Wachssalbe

unter Erwärmen der Masse, die man bis zum Erkalten rührt.

Unguentum Cantharidum.

Spanischfliegensalbe.

a) Vorschrift des D. A. IV.

Zu bereiten aus:

3 Teilen Spanischfliegenöl

und

2 Teilen gelbem Wachs.

Eine sicherer wirkende Salbe erhält man mit Kantharidin nach folgender Vorschrift.

b) Vorschrift von *E. Dieterich:*

600,0 Olivenöl,
400,0 gelbes Wachs

schmilzt man miteinander.

Andrerseits verreibt man sehr fein

1,5 Kantharidin

mit

2,0 Olivenöl,

setzt die Verreibung der geschmolzenen Masse zu, erhitzt noch 2 Minuten im Dampfbad und rührt bis zum Erkalten. Am besten lässt man die halberkaltete Masse durch die Salbenmühle gehen.

Unguentum Cantharidum pro usu veterinario.

Spanischfliegensalbe für tierärztlichen Gebrauch.

a) Vorschrift des D. A. IV.

2 Teile mittelfein gepulverte spanische Fliegen

werden mit

2 Teilen Olivenöl

und

2 Teilen Schweineschmalz

10 Stunden lang im Wasserbade unter wiederholtem Umrühren erwärmt und darauf mit

1 Teil gelbem Wachs

und

2 Teilen Terpentin

versetzt; nach Entfernung vom Wasserbade setzt man der geschmolzenen Masse

1 Teil mittelfein gepulvertes Euphorbium

zu und rührt das Gemenge bis zum Erkalten.

b) Vorschrift von *E. Dieterich:*

150,0 gelbes Wachs,
500,0 Olivenöl,
250,0 Terpentin,
100,0 Euphorbium, Pulver M/30,
1,5 Kantharidin.

Man bricht einige Gramm vom Olivenöl ab, verreibt damit das Kantharidin und setzt dieses der noch heissen Salbenmasse zu. Man verfährt weiter wie bei a).

Unguentum carbolisatum.

Karbolsalbe.

5,0 kryst. Karbolsäure

löst man in

95,0 geschmolzenem Schweinefett.

Unguentum carbolisatum n. *Lister*.

Listers Karbolsalbe.

5,0 kryst. Karbolsäure,
20,0 Leinöl

mischt man mit

q. s. Schlämmkreide,

dass eine weiche Salbe daraus entsteht.

Unguentum cereum.

Unguentum simplex. Wachssalbe.

Vorschrift des D. A. IV.

Zu bereiten aus:

7 Teilen Olivenöl

und

3 Teilen gelbem Wachs.

Das Verrühren der Salbe ist eine umständliche Arbeit und gelingt am besten in der erwärmten Salbenmühle.

Bemerkenswert ist, dass das Wachs um so weniger harte Knoten ausscheidet, bei je niederer Temperatur es geschmolzen wurde.

Unguentum Cerussae.

Bleiweisssalbe.

a) Vorschrift des D. A. IV.

Zu bereiten aus:

3 Teilen fein gepulvertem Bleiweiss,
7 „ Paraffinsalbe.

Es ist fast unmöglich, die Bleiweisssalbe in der Reibschale so fein zu verreiben, dass man beim Prüfen auf dem Fingernagel keine harten Körner mehr spürt. Ein in dieser Beziehung vorzügliches Ergebnis erzielt man dagegen in kurzer Zeit bei Anwendung der erwärmten Salbenmühle.

Man lässt dann die mit dem Spatel zusammengerührte Masse 2 mal durch die Mühle laufen, das erste Mal bei gröberer, das zweite Mal bei feinerer Einstellung.

b) Vorschrift der Ph. Austr. VII.

200,0 Schweinefett,
40,0 einfaches Diachylonpflaster

schmilzt man zusammen, lässt erkalten und verrührt damit

120,0 feinst gepulvertes Bleiweiss.

Siehe die Bemerkung unter a).

Unguentum Cerussae camphoratum.

Kampferhaltige Bleiweisssalbe.

Vorschrift des D. A. IV.

Zu bereiten aus:

19 Teilen Bleiweisssalbe,
1 Teil fein zerriebenem Kampfer.

Man verreibt den Kampfer mit etwas Salbe und fügt dann den Rest der letzteren hinzu.

Unguentum Chloroformii.

Chloroformsalbe.

75,0 Wachssalbe

vermischt man unter allmählichem Zusetzen mit

25,0 Chloroform.

Unguentum Chlorali hydrati.

Chloralhydratsalbe.

10,0 gelbes Wachs,
80,0 Schweinefett

schmilzt man, setzt

10,0 fein zerriebenes Chloralhydrat

zu und erwärmt bis zur Lösung des letzteren. Man rührt nun bis zum Erkalten.

Unguentum Chrysarobini.

Chrysarobinsalbe.

10,0 Chrysarobin,
90,0 Schweinefett

mischt man gut miteinander.

Unguentum Chrysarobini compositum.

Zusammengesetzte Chrysarobinsalbe.
Nach *Unna*.

5,0 Chrysarobin,
5,0 Ichthyol-Ammon,
2,0 Salicylsäure,
88,0 gelbes Vaselin

mischt man.

Diese Vorschrift ist auch vom Hamburger Apothekerverein angenommen worden.

Unguentum cinereum Alumnoli.

Unguentum Hydrargyro-Alumnoli.
Alumnol-Quecksilbersalbe.

10,0 Alumnol,
90,0 graue Quecksilbersalbe

mischt man.

Unguentum cinereum lanolinatum fortius n. *Lang*.

Langs stärkere graue Lanolinsalbe.

30,0 reines Wollfett,
60,0 Quecksilber,
100,0—120,0 Chloroform.

Wollfett und Quecksilber verreibt man in einer geräumigen Reibschale unter allmählichem Zusatz des Chloroforms mit einander bis zur feinsten Verteilung des Quecksilbers. Man setzt schliesslich das Reiben so lange fort, bis der Geruch nach Chloroform verschwunden ist.

Unguentum cinereum lanolinatum mite n. *Lang.*

Langs schwächere graue Lanolinsalbe.

50,0 reines Wollfett,
50,0 Quecksilber,
100,0—120,0 Chloroform.

Bereitung wie beim vorhergehenden.

Unguentum ad clavos.

Hühneraugensalbe.

8,0 gereinigtes Fichtenharz,
12,0 Lärchenterpentin,
48,0 gelbes Wachs,
16,0 viskoses Vaselin

schmilzt man, löst

8,0 Salicylsäure

darin und fügt

8,0 Perubalsam

hinzu.

Gebrauchsanweisung:

„Man bestreicht ein Stückchen Leinwand mit der Salbe und belegt damit das Hühnerauge. Diese Behandlung ist täglich zu wiederholen. Warme Fussbäder unterstützen das Erweichen des Hühnerauges.“

Unguentum ad combustiones.

Brandsalbe.

a) Vorschrift v. *Stahl.*

10,0 gelbes Wachs

schmilzt man, setzt

20,0 frische ungesalzene Butter

zu und rührt, bis die Masse gleichmässig und wieder erkaltet ist.

b) Aristol-Brandsalbe:

10,0 Aristol,
20,0 Olivenöl.

Man verreibt gut und fügt dann hinzu

30,0 amerikanisches Vaselin,
35,0 reines Wollfett.

Unguentum Conii.

Schierlingsalbe.

10,0 Schirlingextrakt,
5,0 Glycerin v. 1,23 spez. Gew.

Man löst und mischt

85,0 Wachssalbe

hinzu.

Das Extrakt unmittelbar, also ohne vorheriges Verdünnen mit Glycerin mit der Salbe zu mischen, kann nicht empfohlen werden, weil die dicke Beschaffenheit des Extrakts ein Hindernis der Aufnahme durch die Haut ist.

Unguentum Creolini.

Kreolinsalbe.

2,0 Kreolin,
98,0 Wachssalbe

mischt man.

Unguentum Creosoti.

Kreosotsalbe.

15,0 Kreosot,
85,0 Wachssalbe

mischt man.

Unguentum Creosoti salicylatum.

Kreosot-Salicylsalbe.

10,0 Salicylsäure

verreibt man sehr fein mit

20,0 Kreosot

und mischt dann

70,0 Wachssalbe

hinzu.

Diese Salbe entspricht im Gehalt an Kreosot und Salicylsäure dem *Unna*schen Salbenstift.

Unguentum contra Decubitum.

Form. magistr. Berol.

2,5 fein zerriebenes Zinksulfat,
5,0 „ „ Bleiacetat,
1,0 Myrrhentinktur,
41,5 amerikanisches Vaselin.

Unguentum Dermatoli.

Dermatolsalbe.

a) 100,0 Dermatol

verreibt man fein mit

900,0 amerikanischem Vaselin.

b) 100,0 Dermatol

verreibt man fein mit

700,0 reinem Wollfett,
200,0 Wachssalbe.

Das Verreiben nimmt man am besten mit der erwärmten Salbenmühle † vor.

Unguentum diachylon.

Unguentum diachylon n. *Hebra*. Unguentum Hebrae-Bleipflastersalbe. Diachylonsalbe. Hebra-Salbe.

a) Vorschrift des D. A. IV.

Zu bereiten aus:

1 Teil Bleipflaster,
1 „ Olivenöl.

Die Bestandteile werden bei gelinder Wärme im Wasserbade zusammengeschmolzen, darauf bis zum völligen Erkalten umgerührt und nach einigen Stunden nochmals durchgerührt.

Da das Arzneibuch nur noch ein von Wasser und Glycerin freies Bleipflaster kennt, muss also auch hier ein solches Verwendung finden. Mit einem solchen Bleipflaster erhält man jedoch nach obiger Vorschrift keine gleichmässige, vielmehr eine grobkörnige Hebrasalbe. Die gleichmässige Beschaffenheit kann man erst dadurch erzielen, dass man 5 pCt Wasser zusetzt.

b) Vorschrift der Ph. Austr. VII.

Zu

100,0 frisch bereitetem noch flüssigen einfachen Diachylonpflaster

setzt man soviel

(ungefähr 70,0) Olivenöl,

dass daraus eine weiche Salbe entsteht, unter die man noch

4,0 Lavendelöl

rührt.

Wo die Salbe stark geht, kocht man sie besser nach der *Hebra*schen Originalvorschrift auf folgende Weise:

c) 500,0 Bleiglätte

rührt man in einem geräumigen Kessel mit

125,0 Wasser

an, setzt

2500,0 Olivenöl

zu und kocht auf freiem Feuer oder mit gespannten Dämpfen unter andauerndem Rühren und öfterem Ersetzen des verdampfenden Wassers bis zum völligen Verschwinden der rötlichen Farbe. Man verdampft dann im Dampfbad das überschüssige Wasser, wäscht, wenn die Masse nicht mehr schaumig ist, mit warmem Wasser wiederholt und so oft aus, als das Waschwasser noch einen süsslichen Geschmack annimmt. Man verdunstet nun unter stetem Rühren das noch in der Masse enthaltene Wasser so weit wie möglich.

Schliesslich mischt man

30,0 Lavendelöl

unter, füllt die jetzt fertige Salbe in nicht zu grosse Weithalsgläser, verkorkt diese gut und bewahrt sie, vor Tageslicht geschützt, an einem kühlen Ort auf.

Eine auf diese Weise bereitete Salbe zeigt eine gute Haltbarkeit.

Man kann ausserdem die Haltbarkeit nach *Karl Dieterich* noch dadurch erhöhen, dass man die Salbe unter einer fingerhohen Schicht Wasser aufbewahrt.

Unguentum diachylon carbolisatum.

Diachylonkarbolsalbe.

a) Vorschrift v. *Lassar*.

50,0 Bleipflaster,
50,0 gelbes Vaselin

schmilzt man vorsichtig und setzt dann

2,0 Karbolsäure

zu.

b) Form. magistr. Berol.

2,0 verflüssigte Karbolsäure,
98,0 Diachylonsalbe

mischt man.

Unguentum diachylon vaselinatum.

Unguentum vaselino-plumbicum.

a) Vorschrift des Münchn. Ap. V.

50,0 Bleipflaster,
50,0 gelbes amerikan. Vaselin

schmilzt man zusammen.

b) Vorschrift d. Dresdner Ap. V.

50,0 Bleipflaster,
40,0 gelbes Vaselin,
10,0 flüssiges Paraffin.

Unguentum Digitalis.

Fingerhutsalbe.

10,0 Fingerhutextrakt

löst man in

5,0 Glycerin v. 1,23 spez. Gew.

und mischt

85,0 Wachssalbe

hinzu.

Das Extrakt unmittelbar, also ohne vorheriges Lösen in Glycerin, mit der Wachssalbe zu mischen, kann nicht empfohlen werden, weil die dicke Beschaffenheit des Extrakts der Aufnahme durch die Haut entgegensteht.

---

† S. Bezugsquellen-Verzeichnis.

Unguentum domesticum.

Nach *Unna*.

40,0 Eigelb,
60,0 Mandelöl

mischt und emulgiert man.

Statt des Mandelöls kann man auch Steinnuss-(Arachis-)Öl verwenden.

Die Salbengrundlage verträgt nach *Unna* folgende Zumischungen:

pCt
10 Perubalsam,
10 Storax,
10 Kadöl,
10 Holzteer,
10 Liantral,
10 Ichthyol,
10 Talk,
10 Stärkepuder,
5 Bleiacetat,
10 Bleiessig,
½ Sublimat,
10 Schwefel,
10 Kampfer,
33⅓ Essig,
10 Kalkwasser,
50 Bleiwasser.

Unguentum durum n. *Miehle.*

Harte Salbengrundlage. Nach *Miehle.*

40,0 festes Paraffin D. A. IV.,
10,0 reines Wollfett,
50,0 flüssiges Paraffin D. A. IV.

schmilzt man bei möglichst niederer Temperatur rührt die Masse bis zum Erkalten und treibt sie dann durch eine Salbenmühle.

So lautet die Originalvorschrift, zu der bemerkt sein mag, dass es überflüssig ist, die Masse bis zum Erkalten zu rühren, weil die Salbenmühle etwa vorhandene Knoten ohnedem zerdrückt und verreibt.

Unguentum durum hat nach *Miehle* die Konsistenz von Unguentum cereum und das Ausstehen einer mit weissem Wachs bereiteten Salbe.

Bei 65-facher Vergrösserung sieht man nur Gerinnsel, welchem Ausscheidungen von festem Paraffin einverleibt sind. Die Konsistenz dieser Salbengrundlage macht sie zu Decksalben vorzüglich geeignet; Viskosität und die Fähigkeit, in die Haut einzudringen, genügen.

Unguentum durum nimmt mit Leichtigkeit 10 pCt und mehr Wasser auf, ist also zur Bereitung von Bleisalbe, Karbolsalbe, ferner von Salben mit essigsaurer Thonerdelösung und anderen antiseptischen Flüssigkeiten geeignet.

Siehe auch Unguentum molle n. *Miehle.*

Zweifellos haben die Salbengrundlagen *Miehles*, das Unguentum durum und molle, viel für sich, besonders ihrer grossen Haltbarkeit wegen neben ihrer Eigenschaft der Wasseraufnahmefähigkeit, die bekanntlich mit der Resorptionsfähigkeit korrespondiert. Sie verdienen sicher den Vorzug vor der wenig glücklich gewählten Paraffinsalbe des Deutschen Arzneibuches. Ich stehe deshalb nicht an, den von *Miehle* veröffentlichten Salbenzusammensetzungen an dieser Stelle einen Platz zu geben.

Unguentum durum Aluminii acetici.

Harte Aluminiumacetat-Salbe. Nach *Miehle.*

1 pCt.

12,5 Aluminiumacetatlösung D. A. IV.,
87,5 harte Salbengrundlage nach *Miehle*

mischt man.

Unguentum durum Argenti nitrici.

Harte Höllensteinsalbe. Nach *Miehle.*

1—2 pCt.

1—2,0 Silbernitrat,
5,0 destilliertes Wasser,
85,0 harte Salbengrundlage nach *Miehle*
10,0 Perubalsam

mischt man.

Miehle schreibt für Wasser „quantum satis" vor. Ich habe dagegen diesen unbestimmten Begriff mit 5,0 festgelegt.

Unguentum durum boricum.

Harte Borsalbe. Nach *Miehle.*

10 pCt.

10,0 Borsäure, Pulver M/50,
90,0 harte Salbengrundlage nach *Miehle.*

Unguentum durum carbolicum.

Harte Karbolsalbe. Nach *Miehle.*

½ pCt.

0,5 verflüssigte Karbolsäure,
10,0 destilliertes Wasser,
90,0 harte Salbengrundlage nach *Miehle.*

Die Mischung dient als Decksalbe.

Unguentum durum Formaldehydi.

Harte Formaldehydsalbe. Nach *Miehle.*

2 pCt.

2,0 gelöstes Formaldehyd,
98,0 harte Salbengrundlage nach *Miehle.*

Unguentum durum Hydrargyri cinereum.
Harte graue Quecksilbersalbe. Nach *Miehle.*
23½ pCt.

125,0 konzentrierte graue Quecksilbersalbe nach *Miehle*,
175,0 harte Salbengrundlage nach *Miehle*

mischt man.

Unguentum durum Jodoformii.
Harte Jodoformsalbe. Nach *Miehle.*
1—10 pCt.

1—10,0 Jodoform,
99—90,0 harte Salbengrundlage nach *Miehle.*

Unguentum durum Plumbi.
Harte Bleisalbe. Nach *Miehle.*
10 pCt.

10,0 Bleiessig,
90,0 harte Salbengrundlage nach *Miehle.*

Nach *Miehle* entspricht diese Mischung allen an eine Kühlsalbe gestellten Anforderungen.

Unguentum durum Plumbi tannici.
Harte Bleitannatsalbe.
Nach *Miehle.*

5,0 Gerbsäure,
10,0 Bleiessig,
85,0 harte Salbengrundlage nach *Miehle.*

Unguentum durum Zinci.
Harte Zinksalbe. Nach *Miehle.*
10 pCt.

10,0 feinst gepulvertes Zinkoxyd,
90,0 harte Salbengrundlage nach *Miehle.*

Nach *Miehle* eine Decksalbe.

Unguentum Eigoni.
Jod-Eigon-Salbe.
Nach *K. Dieterich.*

a) 10,0 Jod-Eigon, feinst gepulvert,
40,0 Lanolin,
50,0 gelbes Vaselin.

b) 30,0 Jod-Eigon, feinst gepulvert,
20,0 Lanolin,
50,0 gelbes Vaselin.

Unguentum Elemi.
Balsamum Arcaei. Elemisalbe.

25,0 Elemi,
25,0 Lärchenterpentin,
25,0 Hammeltalg,
25,0 Schweinefett

schmilzt man und seiht durch.

Unguentum Elemi rubrum.
Balsamum Arcaei rubrum. Rote Elemisalbe.

5,0 roten Bolus

verreibt man fein, am besten auf einer Salbenmühle mit

95,0 Elemisalbe.

Unguentum Euphorbii.
Euphorbiumsalbe.

5,0 Euphorbium, Pulver M/50,

mischt man mit

95,0 Schweinefett.

Unguentum exsiccans.
Galmeisalbe.

100,0 Schweinefett,
25,0 gelbes Wachs,
15,0 roter Bolus,
15,0 Bleiweiss,
15,0 Galmei,
15,0 Bleiglätte

verreibt bezw. mischt man und fügt dann hinzu

2,0 Kampfer,

gelöst in

4,0 Olivenöl.

Unguentum ad Favum.
Grindsalbe.
Nach *Pyrogof.*

15,0 Schwefelblüten,
5,0 kryst. Natriumkarbonat,
5,0 Holzteer,
5,0 Jodtinktur,
100,0 Schweinefett

mischt man.

Unguentum flavum.
Unguentum Altheae. Altheesalbe.

a) Ph. G. I.

20,0 mittelfein gepulverte Kurkumawurzel,

1000,0 Schweinefett,
60,0 gereinigtes Fichtenharz

erhitzt man im Dampfbad 1/2 Stunde und fügt dann

60,0 gelbes Wachs

hinzu. Wenn letzteres geschmolzen ist, seiht man die Masse durch.

Das Fichtenharz löst das Kurkumagelb in reichlicherem Masse, wie das Schweinefett allein; man erhält daher eine dunkler gefärbte Salbe, wenn man es gleich zusetzt.

b) Vorschrift v. *E. Dieterich*:

60,0 Kolophon

schmilzt man im Dampfbad, setzt dann

3,0 weingeistiges Kurkumaextrakt

zu, erhitzt die Mischung 5—6 Stunden im Dampfbad und fügt schliesslich hinzu

60,0 gelbes Wachs,
1000,0 Schweinefett.

Man lässt noch 1 Stunde im Dampfbad stehen und giesst dann klar vom geringen Bodensatz ab.

Je nachdem man die Menge des Kurkumaextrakts verringert oder vermehrt, erhält man eine heller oder dunkler gefärbte Salbe.

Die Verwendung des Extrakts hat den grossen Vorzug, dass man das Durchseihen vermeidet und dadurch fast keinen Verlust hat.

Unguentum ad Fonticulos.

Fontanellsalbe.

5,0 Euphorbium, Pulver M/30,

mischt man mit

95,0 Spanischfliegensalbe.

Unguentum Gallae.

Galläpfelsalbe. Ointment of galls. Nutgall ointment.

a) Vorschrift der Ph. Brit.

10,0 Galläpfel, Pulver M/50,
55,0 Benzoëfett (aus Harz bereitet)

mischt man.

b) Vorschrift der Ph. U. St.

10,0 Galläpfel, Pulver M/50,
90,0 Benzoëfett (aus Harz bereitet)

mischt man.

Unguentum Gallae cum Opio.

Ointment of galls and opium.

Vorschrift der Ph. Brit.

10,0 Opium, Pulver M/30,
136,0 Galläpfelsalbe

mischt man.

Unguentum Glycerini.

Glycerinum gelatinosum. Glycerinum Amyli. Glycerolatum simplex. Glycerinsalbe.

a) Vorschrift des D. A. IV.

Zu bereiten aus

10 Teilen Weizenstärke,
15 „ Wasser,
90 „ Glycerin.

Man rührt die Stärke mit dem Wasser an, mischt das Glycerin zu und erhitzt das Ganze im Wasserbad unter Umrühren so lange, bis eine durchscheinende Gallerte entstanden ist.

b) Vorschrift der Ph. Austr. VII.

4,0 Stärke

mischt man mit

60,0 Glycerin v. 1,23 spez. Gew.

in einer Porzellanschale und erwärmt gelinde unter beständigem Umrühren, bis eine gallertartige Masse entstanden ist.

Unguentum Hydrargyri album.

Unguentum Hydrargyri praecipitati albi. Unguentum ad Scabiem n. *Zeller*. Weisse Quecksilbersalbe. Weisse Präcipitatsalbe.

a) Vorschrift des D. A. IV.

Zu bereiten aus:

1 Teil weissem Quecksilberpräcipitat,
9 Teilen Paraffinsalbe.

Es ist schwierig und in der Reibschale kaum möglich, eine tadellose Verreibung zu erhalten. Am besten verfährt man, wenn man das Präcipitat mit dem gleichen Gewicht Paraffinsalbe verreibt und dann erst den Rest der letzteren hinzumischt.

Eine vorzügliche Verreibung erhält man bei Einhaltung dieses Verhältnisses mit der Salbenmühle.

b) 2 pCt nach *Unna:*

88,0 reines Wollfett,
10,0 Olivenöl,
2,0 weisses Quecksilberpräcipitat.

Unguentum Hydrargyri bichlorati.

Sublimatsalbe.

a) 1,0 Quecksilberchlorid

löst man in

5,0 Weingeist von 90 pCt,
5,0 Glycerin v. 1,23 spez. Gew.

und vermischt die Lösung mit

90,0 Benzoëfett.

Eine in der Dermatologie viel gebrauchte Salbe.

b) nach *Unna* 0,1—1,0 pCt.

44,0 reines Wollfett,
5,0 Olivenöl,
0,05—0,5 Sublimat,
10,0 destilliertes Wasser.

Unguentum Hydrargyri bijodati.

Quecksilberjodidsalbe.

3,0 Quecksilberjodid

verreibt und mischt man mit

97,0 grauer Salbe.

Unguentum Hydrargyri cinereum.

Unguentum Hydrargyri. Unguentum Neapolitanum. Unguentum mercuriale. Graue Quecksilbersalbe. Graue Salbe.

a) Vorschrift des D. A. IV.

100 Teile Quecksilber

werden mit einem Gemisch von

15 Teilen wasserfreiem Wollfett

und

3 Teilen Olivenöl

mit der Vorsicht verrieben, dass das Metall in kleinen Mengen zugemischt wird, und erst dann ein weiterer Zusatz erfolgt, wenn für das unbewaffnete Auge Quecksilberkügelchen nicht mehr sichtbar sind. Darauf wird ein durch Zusammenschmelzen bereitetes und nahezu erkaltetes Gemisch von

112 Teilen Schweineschmalz

und

70 Teilen Hammeltalg

hinzugefügt und sehr sorgfältig durchgemischt.

Auch das Deutsche Arzneibuch IV., dem diese Vorschrift entstammt, verlangt nur, dass mit blossem Auge keine Quecksilberkügelchen wahrnehmbar sein sollen. Da man die Verreibung so weit treiben kann, dass auch bei dreifacher Vergrösserung Kügelchen nicht mehr sichtbar sind, und da mit der feineren Verteilung des Quecksilbers die Wirkung der Salbe steigt, so muss diese höhere Leistung unbedingt beansprucht werden. Das D. A. IV. befindet sich hier also nicht auf der Höhe.

b) Vorschrift der Ph. Austr. VII.

100,0 Quecksilber

verreibt man aufs Innigste mit

100,0 reinem Wollfett

bis Metallkügelchen nicht mehr zu erkennen sind und mischt dann

100,0 einfache Salbe

hinzu.

† S. Bezugsquellen-Verzeichnis.

Es ist zweckmässig zum Töten des Quecksilbers auf obige Menge nur 50,0 reines Wollfett zu verwenden. Siehe die Bemerkung unter a).

c) 400,0 Quecksilberverreibung (Hydrarg. extinct. = 333,0 Hg), †
200,0 Talg,
400,0 Schweinefett

mischt man.

Unguentum Hydrargyri cinereum concentratum.

Konzentrierte graue Quecksilbersalbe.

80 pCt. Nach *Miehle*.

100,0 Quecksilber,
25,0 reinstes Wollfett (Alapurin)

verreibt man 20 Minuten oder so lange, bis bei mikroskopischer Messung die Metallkügelchen die Grösse von 2—4 Mikromillimeter nicht überschreiten.

So weit *Miehle*. Ich glaube, es ist richtiger, 4 μ als Maximalgrösse anzunehmen.

Unguentum Hydrargyri cinereum cum Lanolino paratum.

s. Lanolimentum Hydrargyri.

Unguentum Hydrargyri cinereum c. Loretino.

Loretin-Quecksilbersalbe.

Nach *E. Dieterich*.

98,0 graue Quecksilbersalbe,
2,0 Loretin.

Unguentum Hydrargyri cinereum mite.

Milde graue Salbe.

a) Vorschrift des Münchn. Ap. V.

300,0 graue Salbe,
200,0 Talg,
500,0 Schweinefett

mischt man.

b) 300,0 graue Salbe,
200,0 Benzoëtalg,
400,0 Benzoëfett

vermischt man.

Die Verwendung von Benzoëfett bez. -talg bewahrt diese Salbe ganz ausserordentlich vor dem Ranzigwerden.

Unguentum Hydrargyri citrinum.
Unguentum Hydrargyri nitrici.
Gelbe Quecksilbersalbe. Citronensalbe.

5,0 Quecksilber,
15,0 reine Salpetersäure

giebt man in ein Hundertgramm-Kölbchen und erwärmt vorsichtig so lange, als noch Gasentwicklung stattfindet.

Man giesst nun die Lösung von dem etwa ungelöst gebliebenen Rest Quecksilber ab, vermischt mit vorher geschmolzenem und halberkaltetem

90,0 Schweinefett

und giesst in 15 mm dicker Schicht in eine Papierkapsel aus. Nach dem Erkalten zieht man das Papier ab, teilt die Tafel mit scharfem Hornmesser oder einem lanzettförmig zugeschnittenen Stückchen hartem Holz in Quadrate und bewahrt diese in Porzellangefässen auf.

Um zu vermeiden, dass die Salbe überschüssige Säure enthält, ist die Salpetersäuremenge etwas knapp bemessen.

Unguentum Hydrargyri jodati.
Quecksilberjodürsalbe.

5,0 Quecksilberjodür

verreibt und mischt man mit

95,0 Schweinefett.

Unguentum Hydrargyri oxydati flavi
Nach *Pagenstecher*.
Unguentum ophtalmicum n. *Pagenstecher*.
Pagenstechers Augensalbe.

0,15 gelbes Quecksilberoxyd

verreibt und mischt man mit

5,0 Cold-Cream.

Unguentum Hydrargyri oxydati flavi nach *Unna*.
Gelbe Quecksilbersalbe nach *Unna*.

88,0 reines Wollfett,
10,0 Olivenöl,
2,0 gelbes Quecksilberoxyd.

Unguentum Hydrargyri rubrum.
Unguentum Praecipitati rubri. Rote Quecksilbersalbe.
Rote Präcipitatsalbe.

Vorschrift des D. A. IV.
Zu bereiten aus

1 Teil rotem Quecksilberoxyd,
9 Teilen Paraffinsalbe.

Am besten verfährt man so, dass man zum Verreiben obiger Menge Quecksilberoxyd nur 5,0 Paraffinsalbe verwendet und, wenn man grössere Mengen herzustellen hat, die Salbenmühle benützt.

Unguentum Hydrogenii peroxydati nach *Unna*.
Mitessersalbe.

10,0 Vaselin,
20,0 reines Wollfett

mischt man und setzt nach und nach

20,0—40,0 Wasserstoffsuperoxyd

hinzu.

Die Salbe soll nach *Unnas* Angabe ein vortreffliches Mittel gegen Mitesser insofern sein, als sie die schwarzen Punkte bleicht.

Unguentum Hyoscyami.
Bilsenkrautsalbe.

10,0 Bilsenkrautextrakt

löst man in

5,0 Glycerin v. 1,23 spez. Gew.

und vermischt mit

85,0 Wachssalbe.

Das Extrakt unmittelbar, d. h. ohne vorheriges Verdünnen durch Glycerin, mit der Wachssalbe zu mischen, ist nicht empfehlenswert, weil die dicke Beschaffenheit des Extrakts ein Hindernis für seine Aufnahme durch die Haut ist.

Unguentum Ichthyoli.
Ichthyolsalbe.

a) Vorschrift von *Unna*.

10,0 Ichthyolammonium,
10,0 destilliertes Wasser,
30,0 Schweinefett,
50,0 reines Wollfett

mischt man.

Dient als Kühlsalbe.

b) Form. magistr. Berol.

5,0 Ichthyolammonium,
45,0 Schweinefett.

Unguentum Ichthyoli salicylatum nach *Unna*.
Ichthyol-Salicylsalbe.

10,0 Ichthyolammonium,
2,0 Salicylsäure,
44,0 Schweinefett,
44,0 reines Wollfett.

Der Zusatz von Salicylsäure hat den Zweck, den beim Ichthyolgebrauch öfters auftretenden Juckreiz zu vermindern.

Unguentum Itroli.

Itrolsalbe. Nach *Credé*.

1 pCt.

a) 1,0 Itrol,
19,0 Vaselin,
80,0 reines Wollfett.

b) 1,0 Itrol,
99,0 Vaselin.

c) 1,0 Itrol,
99,0 Benzoëfett.

Man mischt genau und schützt die Salbe vor Einwirkung des Tageslichtes.

Unguentum Jodi nach *Rademacher*.

Rademachers Jodsalbe.

5,0 Jod

verreibt man sehr fein mit

5,0 Weingeist von 90 pCt

und mischt dann

95,0 Schweinefett

hinzu. Man schmilzt und rührt bis zum Erkalten.

Unguentum Jodoformii.

Jodoformsalbe.

a) 10,0 Jodoform

verreibt und mischt man mit

90,0 Schweinefett.

b) Form. magistr. Berol.

5,0 Jodoform

verreibt und mischt man mit

45,0 amerikanischem Vaselin.

Unguentum Jodoli.

Jodolsalbe.

10,0 Jodol

verreibt und mischt man mit

90,0 Schweinefett.

Unguentum Juniperi.

Wacholdersalbe.

Vorschrift der Ph. Austr. VII.

60,0 zerschnittenes Wermutkraut

zerstösst man mit

120,0 verdünnt. Weingeist v. 68 pCt,

digeriert sechs Stunden lang und erwärmt mit

500,0 Schweinefett,

bis die Feuchtigkeit verflüchtigt ist. Man seiht ab, schmilzt dazu

100,0 gelbes Wachs,

seiht wiederum durch und mischt unter die erkaltete Salbe

50,0 Wacholderöl.

Vergleiche hierzu die Bemerkung unter Unguentum aromaticum.

Unguentum Kalii bromati.

Bromkaliumsalbe.

20,0 Kaliumbromid

verreibt man zu sehr feinem Pulver und mischt mit

10,0 Olivenöl

und

70,0 Wachssalbe.

Unguentum Kalii jodati.

Jodkaliumsalbe. Kaliumjodidsalbe.

a) Vorschrift des D. A. IV.

20 Teile Kaliumjodid

und

0,25 Teile Natriumthiosulfat

werden unter Zusammenreiben in

15 Teilen Wasser

aufgelöst und alsdann mit

165 Teilen Schweineschmalz

versetzt.

b) Verbesserte Vorschrift der Ph. G. II.

10,0 Kaliumjodid

löst man in

9,0 destilliertem Wasser,

fügt

1,0 medizinische Seife, Pulver M/50,

zu und mischt, wenn die Seife gleichmässig verrieben ist,

80,0 Paraffinsalbe

unter.

Man erhält auf diese Weise mit leichter Mühe eine gleichmässige, beim Aufbewahren unveränderliche Salbe.

Ein Zusatz von Wollfett sowohl, wie auch von Ricinusöl macht die Paraffinsalbe für die Aufnahme wässeriger Lösungen nicht so fähig, wie eine geringe Menge Seife.

Unguentum Kalii jodati cum Jodo.

Unguentum Jodi. Jodhaltige Kaliumjodidsalbe.

a) 10,0 Kaliumjodid,
1,0 Jod

löst man unter Zusammenreiben in

9,0 destilliertem Wasser

und mischt

80,0 Schweinefett

hinzu.

b) Form. magistr. Berol.

0,5 Jod,
2,5 Kaliumjodid,
2,0 destilliertes Wasser,
20,0 Schweinefett.

Unguentum laurinum.

Lorbeersalbe.

700,0 Schweinefett,
150,0 Hammeltalg

schmilzt man und löst dann in der warmen Masse

150,0 Lorbeeröl,
2,0 Chlorophyll *Schütz*. †

Schliesslich fügt man

3,0 Cajeputöl,
3,0 Wacholderbeeröl,
3,0 Sadebaumöl,
3,0 Terpentinöl

hinzu.

Unguentum leniens.

Unguentum Cetacei. Unguentum emolliens. Cold-Cream. Crême céleste.

a) Vorschrift des D. A. IV.

Zu bereiten aus

7 Teilen weissem Wachs,
8 „ Walrat,
57 „ Mandelöl,
28 „ Wasser.

Zu 50 g dieser schaumig gerührten Salbe mischt man 1 Tropfen Rosenöl.

Hierzu ist folgendes zu bemerken:

Kein fettes Öl verträgt das Erhitzen weniger, wie das Mandelöl Man verfährt deshalb derart, dass man das Wachs mit Walrat schmilzt, dann das Mandelöl in kleinen Mengen zusetzt und nun die Masse bis fast zum Erkalten rührt. Sind alle Knoten zerteilt, so setzt man nach und nach das Wasser zu und fährt hierauf mit dem Rühren noch 15 Minuten fort.

Siehe auch „Cold-Cream" in der Abteilung „Parfümerie".

† S. Bezugsquellen-Verzeichnis.

b) Vorschrift der Ph. Austr. VII.

4,0 weisses Wachs,
8,0 Walrat,
32,0 Mandelöl

schmilzt man zusammen, seiht durch und setzt der halb erkalteten Masse unter beständigem Verreiben

8,0 Rosenwasser

hinzu, sodass eine weiche Salbe entsteht.

Siehe die Bemerkung unter a).

Unguentum Linariae.

Leinsalbe.

Nach *E. Dieterich*.

200,0 Leinkraut, Pulver M/8,

befeuchtet man in einer Steingutbüchse mit

150,0 Weingeist von 90 pCt,
5,0 Ammoniakflüssigkeit v. 10 pCt,

drückt fest ein und verbindet das Gefäss mit Pergamentpapier.

Nach zwölf Stunden schmilzt man

1000,0 Schweinefett,

trägt das angefeuchtete Kraut ein, digeriert unter öfterem Umrühren 5—6 Stunden bei einer Temperatur von 50—60 ° C und presst dann aus.

Man filtriert nun durch den unter „Filtrieren" angegebenen Dampftrichter.

Das Filtrieren ist notwendig, weil sonst die Salbe Teile des Krautes enthält.

Durch Neutralisation der im Kraut enthaltenen Säure mit Ammoniak erzielt man eine prächtig grüne Salbe.

Unguentum Loretini.

Loretinsalbe.

I. 10 pCt.

a) 100,0 Loretin,
900,0 amerikanisches Vaselin.

b) 100,0 Loretin,
200,0 Wachssalbe,
700,0 reines Wollfett

verreibt man fein.

II. Vorschrift v. *Schnaudigel*.

c) 5 pCt.

5,0 Loretin,
50,0 reines Wollfett,
50,0 Paraffinsalbe.

b) 10 pCt.

60,0 reines Wollfett (Adeps lanae),
18,0 Olivenöl,

12,0 destilliertes Wasser,
10,0 Loretin.

Unguentum Majoranae.

Majoransalbe. Majoranbutter.

Vorschrift von *E. Dieterich:*

200,0 Majorankraut, Pulver M/8,
150,0 Weingeist von 90 pCt,
5,0 Ammoniakflüssigkeit v. 10 pCt,
1000,0 Schweinefett.

Bereitung wie bei Unguentum Linariae. Auch hier erzielt man eine schön grüne Salbe durch Verwendung eines entsprechend schönen Krautes und Neutralisation mit Ammoniak.

Unguentum Mezereï.

Unguentum epispasticum. Unguentum ad Fonticulos. Fontanellsalbe.

10,0 Seidelbastextrakt,

löst man in

5,0 Weingeist von 90 pCt

und vermischt mit

85,0 Wachssalbe.

Unguentum molle Miehle.

Weiche Salbengrundlage.
Nach *Miehle.*

22,0 festes Paraffin D. A. IV.,
10,0 reines Wollfett,
68,0 flüssiges Paraffin D. A. IV.

schmilzt man bei möglichst niedriger Temperatur, rührt die Masse bis zum Erkalten und treibt sie dann durch eine Salbenmühle.

Unguentum molle hat nach *Miehle* Aussehen und Konsistenz eines weichen Vaselins. Bei 65-facher Vergrösserung sieht man ein homogenes Gerinsel, in welchem Öltropfen von Paraffinöl nicht und feste Ausscheidungen von Paraffin nur ganz vereinzelt zu sehen sein dürfen. Diese Salbengrundlage ist unbegrenzt haltbar, billig und leicht herzustellen, hat eine bessere Konsistenz als Paraffinsalbe und übertrifft diese auch an Viskosität und in der Fähigkeit, in die Haut einzudringen.

Unguentum molle giebt mit gleichen Teilen Glycerin eine gleichmässige geschmeidige Salbe und nimmt mit Leichtigkeit 100 pCt Wasser auf.

Unguentum molle Bismuti subnitrici.

Weiche Wismutsalbe.
Nach *Miehle.*
10 pCt.

10,0 basisches Wismutnitrat,
90,0 weiche Salbengrundlage nach *Miehle.*

Unguentum molle carbolicum.

Weiche Karbolsalbe.
Nach *Miehle.*
0,5 pCt.

0,5 verflüssigte Karbolsäure,
10,0 destilliertes Wasser,
90,0 weiche Salbengrundlage nach *Miehle.*

Unguentum molle Cerussae.

Weiche Bleiweisssalbe.
Nach *Miehle.*
30 pCt.

30,0 fein gepulvertes Bleiweiss,
70,0 weiche Salbengrundlage nach *Miehle.*

Austrocknende Salbe.

Unguentum molle Cerussae camphoratum.

Weiche kampferhaltige Bleiweisssalbe.
Nach *Miehle.*

5,0 verriebenen Kampfer,
95,0 weiche Bleiweisssalbe nach *Miehle*

mischt man.

Eine austrocknende zerteilende Salbe.

Unguentum molle diachylon.

Weiche Diachylonsalbe.
Nach *Miehle.*

50,0 Bleipflaster,
50,0 weiche Salbengrundlage nach *Miehle*

schmilzt man und rührt die Mischung bis zum Erkalten.

Nach *Miehle* eine haltbare Salbe von gleichmässiger weisser Farbe.

Unguentum molle glycerinatum.

Weiche Glycerinsalbe.
Nach *Miehle.*

50,0 Glycerin v. 1,23 spez. Gew.,
50,0 weiche Salbengrundlage nach *Miehle.*

Nach *Miehle* eine haltbare gleichmässige geschmeidige Salbe.

Unguentum molle glycerinatum boricum.

Weiche Bor-Glycerinsalbe.
Nach *Miehle.*

2,0 Borsäure
löst man durch Erwärmen in
48,0 Glycerin v. 1,23 spez. Gew.
und mischt die Lösung mit
50,0 weicher Salbengrundlage nach *Miehle.*

Unguentum molle Hydrargyri album.

Weiche weisse Präcipitatsalbe.
Nach *Miehle.*

10,0 weisses Quecksilberpräcipitat,
90,0 weiche Salbengrundlage nach *Miehle.*

Unguentum molle Hydrargyri cinereum.

Weiche graue Quecksilbersalbe.
Nach *Miehle.*
23 1/2 pCt.

125,0 konzentrierte graue Quecksilbersalbe nach *Miehle,*
175,0 weiche Salbengrundlage nach *Miehle*
mischt man.

Unguentum molle Hydrargyri rubrum.

Weiche rote Präcipitatsalbe.
Nach *Miehle.*

2,0 rotes Quecksilberoxyd,
98,0 weiche Salbengrundlage nach *Miehle.*

Unguentum molle Ichthyoli.

Weiche Ichthyolsalbe.
Nach *Miehle.*
5—20 pCt.

5—20,0 Ichthyol-Ammon,
95—80,0 weiche Salbengrundlage nach *Miehle.*

Unguentum molle Jodi.

Weiche Jodsalbe.
Nach *Miehle.*
1—20 pCt.

1—20,0 Jod,
0,5—10,0 Kaliumjodid,
0,5—10,0 destilliertes Wasser,
q. s. weiche Salbengrundlage nach *Miehle*
zu
100,0 Gesamtgewicht.

Unguentum molle Kalii jodati.

Weiche Jodkaliumsalbe.
Nach *Miehle.*

10,0 Kaliumjodid,
0,1 Natriumthiosulfat,
q. s. destilliertes Wasser,
q. s. weiche Salbengrundlage nach *Miehle,*
zu
100,0 Gesamtgewicht.

Unguentum molle leniens.

Weicher Coldcream
Nach *Miehle.*

50,0 weiche Salbengrundlage nach *Miehle,*
50,0 destilliertes Wasser,
2 Tropfen Rosenöl.

Unguentum molle ophthalmicum.

Weiche Augensalbe.
Nach *Miehle.*

1,0 gelbes Quecksilberoxyd,
99,0 weiche Salbengrundlage nach *Miehle.*

Unguentum molle salicylicum.

Weiche Salicylsalbe.
Nach *Miehle.*
10 pCt.

10,0 Salicylsäure,
10,0 Terpentinöl,
10,0 reines Wollfett,
70,0 weiche Salbengrundlage nach *Miehle.*

Miehle folgte bei dieser Vorschrift dem Vorgehen *Bourgetes.*

Unguentum molle sulfuratum compositum.

Weiche zusammengesetzte Schwefelsalbe.
Nach *Miehle.*

10,0 rohe Schwefelblumen, feinst gepulvert,
10,0 Zinksulfat, Pulver M/30,
80,0 weiche Salbengrundlage nach *Miehle.*

Nach *Miehle* eine ganz vorzügliche Krätzsalbe.

Unguentum molle Veratrini.
Weiche Veratrinsalbe.
Nach *Miehle.*

1,0 Veratrin,
q. s. Weingeist,
q. s. weiche Salbengrundlage nach *Miehle*
zu
100,0 Gesamtgewicht.

Unguentum molle Zinci concentratum.
Weiche konzentrierte Zinksalbe.
Nach *Miehle.*

50,0 feinst gepulvertes Zinkoxyd,
50,0 weiche Salbengrundlage nach *Miehle.*

Unguentum molle Zinci cum Amylo.
Weiche Zink-Amylum-Salbe.
Nach *Miehle.*

25,0 feinst gepulvertes Zinkoxyd,
25,0 „ gepulverte Weizenstärke,
50,0 weiche Salbengrundlage nach *Miehle.*

Unguentum molle Zinci cum Amylo salicylatum.
Weiche Zink-Amylum-Salicylsalbe.
Nach *Miehle.*

25,0 feinst gepulvertes Zinkoxyd,
25,0 „ gepulverte Weizenstärke,
1,0 „ „ Salicylsäure,
49,0 weiche Salbengrundlage nach *Miehle.*

Ich möchte empfehlen, die Salicylsäure für sich mit etwas Salbengrundlage fein zu verreiben und dafür von dem Verlangen, sie fein zu pulvern, abzusehen.

Unguentum Naphtalini.
Naphtalinsalbe

20,0 Naphtalin

verreibt man sehr fein und mischt mit

70,0 Benzoëfett,
10,0 Olivenöl.

Unguentum narcotico-balsamicum n. *Hellmund.*
Hellmunds narkotisch-balsamische Salbe.

2,0 höchst fein geriebenes Bleiacetat,
3,0 Schierlingextrakt

mischt man genau und setzt dann zu

48,0 Wachssalbe,
6,0 Perubalsam,
1,0 safranhaltige Opiumtinktur.

Unguentum ophthalmicum.
Augensalbe. Augenbalsam.

a) 60,0 Mandelöl,
38,0 filtriertes gelbes Wachs

schmilzt man und lässt nahezu erkalten.

Man verrührt dann zu einer gleichmässigen Masse und mischt hinzu.

2,0 rotes Quecksilberoxyd.

b) Form. magistr. Berol.

0,1 gelbes Quecksilberoxyd,
9,9 amerikanisches Vaselin.

c) Vorschrift von *Arlt.*

1,0 weisses Quecksilberpräcipitat,
1,5 Belladonnaextrakt,
1,0 destilliertes Wasser,
10,0 Wachssalbe.

Man löst das Extrakt im Wasser, verreibt damit das Präcipitat und vermischt dann mit der Wachssalbe.

d) Vorschrift nach *Unna.*

4,0 Zinksulfat,
16,0 destilliertes Wasser,
80,0 reines Wollfett.

e) Vorschrift nach *Unna.*

0,5 Atropinsulfat,
5,0 destilliertes Wasser,
95,0 reines Wollfett.

Unguentum ophthalmicum compositum.
Unguentum ophtalmicum St. Yves.
Yves Augensbalsam.

70,0 Schweinefett,
12,0 filtriertes gelbes Wachs

schmilzt man, lässt erkalten, verreibt und mischt damit

7,5 rotes Quecksilberoxyd,
3,0 Zinkoxyd.

Man fügt dann noch

2,5 Kampfer,

gelöst in

5,0 Mandelöl

hinzu.

Unguentum opiatum.

Opiumsalbe.

5,0 Opiumextrakt,
gelöst in
2,0 destilliertem Wasser,
3,0 Glycerin v. 1,23 spez. Gew.,
vermischt man mit
90,0 Wachssalbe.

Der Glycerinzusatz ist notwendig, um das Schimmeln der Salbe zu verhüten.

Unguentum oxygenatum.

Oxygenierte Salbe.

100,0 Schweinefett,
in einer Porzellanschale geschmolzen, versetzt man mit
6,0 Salpetersäure
und erhitzt bei einer Temperatur, welche 45° C nicht übersteigt, unter fortwährendem Rühren mit einem Glasstab so lange, bis eine entnommene Probe blaues Lackmuspapier nicht mehr rötet. Man giesst nun in 15 mm dicker Schicht in Papierkapsel aus, zerschneidet die erkaltete Tafel mit einem Hornmesser oder einem lanzettförmig geschnittenen Stückchen hartem Holz in Quadrate und bewahrt diese in Porzellanbüchsen auf.

Unguentum Paraffini album.

Weisse Paraffinsalbe.

Vorschrift des D. A. IV.
Zu bereiten aus
1 Teil festem weissen Paraffin,
4 Teilen flüssigem weissen Paraffin.

Man rührt die halb erkaltete Mischung entweder so lange, bis sie knotenfrei ist, oder lässt sie durch die Salbenmühle gehen. Auf letztere Weise erhält man das „Unguentum Paraffini agitatum" des Handels.

Unguentum Paraffini flavum.

Gelbe Paraffinsalbe.

20,0 festes halbweisses Paraffin,
80,0 flüssiges gelbes Paraffin.

Zu bereiten wie Unguentum Paraffini D. A. IV.

Unguentum contra Perniones.

Frostsalbe.

a) Vorschrift von *Lassar*.
2,0 Karbolsäure,
40,0 Bleisalbe,
40,0 reines Wollfett,
20,0 Olivenöl,
1,0 Lavendelöl
mischt man.

b) Vorschrift von *Carrié*.
10,0 Kampfer
löst man in
45,0 reinem Wollfett,
40,0 amerikan. Vaselin
und mischt
5,0 Salzsäure von 1,124 spez. Gew.
hinzu.

c) Form. magistr. Berol.
5,0 fein zerriebenen Kampfer
löst man in
45,0 amerikan. Vaselin.

d) Vorschrift von *Dummreicher*.
18,0 Kakaoöl,
70,0 Wachssalbe
schmilzt man zusammen, rührt bis zum Erkalten und verreibt damit
3,0 Alaun, Pulver M/30,
9,0 fein zerriebenes Bleiacetat.

e) Vorschrift d. Wiener Apoth.-Haupt-Gremiums.
100,0 Bleizuckersalbe (Ungt. Plumbi acet. Ph. Austr. VII).
50,0 reines Wollfett,
30,0 Kampferöl,
15,0 Perubalsam,
5,0 Bergamottöl
mischt man.

Unguentum Picis liquidae.

Teersalbe.

60,0 Holzteer,
20,0 gelbes Wachs,
20,0 Hammeltalg
mischt. man durch Schmelzen.

Die geschmolzene Mischung rührt man bis zum Erkalten.

Unguentum Plumbi.

Unguentum Saturni. Bleisalbe. Bleicerat.

a) Vorschrift des D. A. IV.
1 Teil Bleiessig,
1 „ Wollfett und
80 Teile Paraffinsalbe.

Statt des Abdampfens von Bleiessig ist die Verwendung des im Handel befindlichen Liquor Plumbi subacetici d u p l e x sehr zu empfehlen.

Mit der Ersetzung eines Fettes durch Paraffinsalbe hat das Unguentum Plumbi seinen Beruf als Kühlsalbe vollständig verfehlt.

Kühlende Bleisalben erhält man nach folgenden Vorschriften:

b) 92,0 Wachssalbe,
8,0 Bleiessig.

c) 92,0 Benzoëfett,
8,0 Bleiessig.

d) 88,0 Schweinefett,
4,0 Glycerin v. 1,23 spez. Gew.,
8,0 Bleiessig.

Alle drei Vorschriften geben Bleisalben, welche ihre Farbe nicht verändern; nichtsdestoweniger zersetzen sie sich unter Freiwerden von Essigsäure.

Unguentum Plumbi acetici.

Vorschrift der Ph. Austr. VII.

300,0 Schweinefett,
100,0 weisses Wachs

schmilzt man zusammen, seiht durch, lässt halb erkalten und rührt darunter eine Auflösung von

6,0 essigsaurem Blei

in

20,0 destilliertem Wasser.

Unguentum Plumbi jodati.

Jodbleisalbe.

10,0 Bleijodid,
90,0 Schweinefett

mischt man.

Unguentum Plumbi tannici.

Unguentum ad Decubitum. Tannin-Bleisalbe.

Vorschrift des D. A. IV.

1 Teil Gerbsäure,

und

2 Teile Bleiessig

werden zu einem gleichmässigen Brei verrieben und mit

17 Teilen Schweineschmalz

gemischt.

Die Salbe ist nach Vorschrift des Deutschen Arzneibuchs IV. stets frisch zu bereiten.

Unguentum pomadinum.

Pomade nach *Unna.*

10,0 Kakaoöl,
20,0 Mandelöl,
1 Tropfen Rosenöl.

Unguentum pomadinum aromaticum.

Nach *Unna.*

80,0 Wachssalbe (mit weissem Wachs bereitet),
20,0 aromatische Tinktur

mischt man im angewärmten Mörser.

Unguentum pomadinum compositum.

Zusammengesetzte Pomade nach *Unna.*

100,0 Pomade nach *Unna,*
4,0 gefällter Schwefel,
2,0 feinst zerriebenes Resorcin.

Unguentum pomadinum sulfuratum.

Schwefelpomade nach *Unna.*

10,0 Kakaoöl,
20,0 Mandelöl,
1,0 gefällter Schwefel,
2 Tropfen Rosenöl.

Unguentum Populi.

Pappelsalbe.

250,0 trockene Pappelknospen

zerstösst man zu gröblichem Pulver, befeuchtet dieses in einer gläsernen Weithalsbüchse mit

200,0 Ätherweingeist,
5,0 Ammoniakflüssigkeit v. 10 pCt,

drückt, nachdem die Mischung vollzogen ist, fest ein und verkorkt die Büchse.

Nach 24-stündigem Stehen schmilzt man

50,0 gelbes Wachs,
600,0 Schweinefett

mit einander, trägt den Inhalt der Glasbüchse ein und digeriert unter zeitweiligem Rühren bei einer 70 ⁰ C nicht übersteigenden Temperatur 4—5 Stunden lang.

Man presst dann in einer erwärmten Presse aus, digeriert den Pressrückstand nochmals 4 Stunden mit

400,0 Schweinefett

und presst wieder aus.

Die vereinigten Auszüge erhitzt man im Dampfbad unter Rühren so lange, als noch Äthergeruch wahrzunehmen ist, und filtriert dann durch den unter „Filtrieren“ angegebenen Dampftrichter.

Eine auf diese Weise bereitete Pappelsalbe ist schön apfelgrün und von kräftigem Geruch. Künstliche Färbemittel sind hier nicht notwendig.

Es ist bei dieser Salbe besonders darauf zu achten, dass sie filtriert und dadurch von Unreinigkeiten befreit wird.

Unguentum Pyrogalloli.

Pyrogallolsalbe.

10,0 Pyrogallol

verreibt man möglichst fein und vermischt mit

90,0 Wachssalbe.

Die Salbe ist vor Tageslicht zu schützen und in dicht verschlossener Büchse aufzubewahren.

Unguentum Pyrogalloli compositum.

Zusammengesetzte Pyrogallolsalbe.

Vorschrift des Hamb. Ap. V.

2,0 Salicylsäure,
5,0 Pyrogallol,
5,0 Ichthyol-Ammon,
88,0 gelbes Vaselin

mischt man.

Unguentum refrigerans nach *Unna*.

Cremor regriferans nach *Unna*. *Unnas* Kühlsalbe.

a) 5,0 weisses Wachs,
5,0 Walrat,
50,0 Mandelöl,
50,0 Rosenwasser.

Man schmilzt die drei ersten Bestandteile, lässt nahezu erkalten, verrührt dann zur gleichmässigen Masse und fügt nach und nach das Rosenwasser zu. Schliesslich setzt man das Rühren bis zum Schaumigwerden der Salbe fort.

b) 10,0 Benzoëfett,
20,0 reines Wollfett,
30,0 Rosenwasser.

c) 10,0 Benzoëfett,
20,0 reines Wollfett,
40,0 Rosenwasser.

d) 10,0 Benzoëfett,
20,0 reines Wollfett,
50,0 Rosenwasser.

e) 40,0 reines Wollfett,
10,0 Mandelöl,
50,0 Rosenwasser,
10 Tropfen Bergamottöl.

f) 30,0 reines Wollfett,
10,0 Mandelöl,
60,0 Rosenwasser,
10 Tropfen Bergamottöl.

g) 45,0 reines Wollfett,
15,0 Mandelöl,
40,0 Rosenwasser,
10 Tropfen Bergamottöl.

Ihre Anwendung ist die des Cold Cream.

Unguentum refrigerans Aquae Calcis nach *Unna*.

Kalkwasserkühlsalbe nach *Unna*.

10,0 Benzoëfett,
20,0 reines Wollfett,
30,0 Kalkwasser.

Dient als Salbengrundlage bei Verbrennungen.

Unguentum refrigerans Plumbi subacetici nach *Unna*.

Blei-Kühlsalbe.

10,0 Benzoëfett,
20,0 reines Wollfett,
30,0 Bleiessig.

Man wendet die Salbe wie Ceratum Goulardi an.

Unguentum refrigerans pomadinum nach *Unna*.

Kühlpomade.

a) 10,0 reines Wollfett,
20,0 Benzoëpomade,
30,0 Rosenwasser.

b) 10,0 reines Wollfett,
20,0 Benzoëpomade,
30,0 Kalkwasser.

Als Pomade zu gebrauchen.

Unguentum refrigerans Zinci nach *Unna*.

Zink-Kühlsalbe.

a) 10,0 reines Wollfett,
20,0 Zinkbenzoësalbe,
30,0 Rosenwasser.

An Stelle der officinellen Zinksalbe zu verwenden.

b) 80,0 reines Wollfett,
10,0 Olivenöl,
10,0 Zinkoxyd.

Unguentum Resorcini.

Resorcinsalbe.

10,0 Resorcin

verreibt man zu sehr feinem Pulver und vermischt mit

90,0 Benzoëfett.

Unguentum Resorcini compositum.

Zusammengesetzte Resorcinsalbe.

Vorschrift des Hamb. Ap. V.

2,0 Salicylsäure,
5,0 Resorcin,
5,0 Ichthyol-Ammon,
88,0 gelbes Vaselin

mischt man.

Unguentum Ricordii.

Vorschrift des Münchn. Ap. V.

1,0 Quecksilberjodür,
30,0 Schweinefett

mischt man.

Unguentum rosatum.

Unguentum refrigerans. Unguentum pomadinum Ph. Austr. VII. Rosensalbe. Kühlsalbe.

a) Vorschrift der Ph. Austr. VII.

600,0 Schweinefett,
150,0 weisses Wachs

schmilzt man zusammen, seiht durch, lässt halb erkalten und mischt darunter

3,0 Bergamottöl,
1,0 Rosenöl.

b) 20,0 weisses Wachs,
100,0 Schweinefett

schmilzt man und vermischt mit der halb erkalteten Masse

10,0 Rosenwasser.

Unguentum Rosmarini compositum.

Unguentum nervinum. Unguentum aromaticum. Nervensalbe.

Vorschrift des D. A. IV.

Zu bereiten aus

16 Teilen Schweineschmalz,
8 „ Hammeltalg,
2 „ gelbem Wachs

und

2 Teilen Muskatnussöl.

Dieser Mischung werden zugemischt

1 Teil Rosmarinöl

und

1 Teil Wacholderöl.

Unguentum rubrum sulfuratum nach *Lassar.*

Lassars rote Schwefelsalbe.

1,0 Zinnober,
25,0 sublimierten Schwefel

verreibt man fein mit

74,0 gelbem Vaselin

und setzt

1,0 Bergamottöl

hinzu.

Unguentum Sabadillae.

Sabadillsalbe.

Vorschrift der Ph. Austr. VII.

50,0 gepulverten Sabadillsamen

mischt man mit bei gelinder Wärme geschmolzener

200,0 einfacher Salbe,

setzt

2,0 Lavendelöl

hinzu und rührt bis zum Erkalten.

Unguentum Sabinae.

Sadebaumsalbe.

10,0 Sadebaumextrakt

löst man in

2,0 Weingeist von 90 pCt,
3,0 Glycerin v. 1,23 spez. Gew.

und mischt

85,0 Wachssalbe

hinzu.

Unguentum salicylatum.

Salicylsalbe.

a) 10,0 Salicylsäure

löst man in

5,0 Weingeist von 90 pCt,
5,0 Glycerin v. 1,23 spez. Gew.

und vermischt mit

80,0 Wachssalbe.

b) 10,0 Salicylsäure

verreibt und mischt man mit

90,0 Benzoëfett.

Das Verhältnis der Salicylsäure kann beliebig verändert werden.

Unguentum Saloli.

Salolsalbe.

1,0—10,0 Salol

verreibt man mit

30,0 Schweinefett,
70,0 reinem Wollfett.

Unguentum contra Scabiem.
Unguentum psoricum. Krätzsalbe.

a) 10,0 Schwefelkalium
löst man in
10,0 destilliertem Wasser
und vermischt mit
80,0 Schweinefett.

b) 20,0 gereinigten Storax,
10,0 Ricinusöl
mischt man und setzt
70,0 Schweinefett
zu.

Unguentum contra Scabiem Anglicum.
Englische Krätzsalbe.

20,0 Schwefelblumen,
6,0 weisse Niesswurz, Pulver M/50
1,0 Kaliumnitrat, „ „
20,0 Kaliseife,
60,0 Schweinefett,
3 Tropfen Bergamottöl
mischt man zur Salbe.

Unguentum contra Scabiem nach *Hebra*.
Hebras Krätzsalbe.

12,0 Schwefelblumen,
12,0 rohen Buchenholzteer,
8,0 präparierte Kreide,
24,0 Kaliseife,
24,0 Schweinefett
mischt man unter Erwärmen zur Salbe.

Unguentum simplex.
Einfache Salbe.

Vorschrift der Ph. Austr. VII.
200,0 Schweinefett,
50,0 weisses Wachs
schmilzt man zusammen, seiht durch und rührt bis zum Erkalten.

Unguentum Stramonii.
Stechapfelsalbe.

10,0 Stechapfelextrakt
löst man in
5,0 Glycerin v. 1,23 spez. Gew.
und vermischt mit
85,0 Wachssalbe.

Das unverdünnte Extrakt mit der Wachssalbe zu mischen, ist nicht zu empfehlen, weil es schwer von der Haut aufgenommen wird.

Unguentum Styracis.
Unguentum Styracis compositum. Storaxsalbe.

a) 20,0 gereinigten Storax,
30,0 Elemisalbe,
50,0 Königssalbe
mischt man.

b) 400,0 Olivenöl,
100,0 gelbes Wachs,
50,0 Kolophon,
50,0 Elemi
schmilzt man und setzt der erkaltenden Masse
300,0 gereinigten Storax
zu.

Die Vorschrift b) ist der Ph. Helvet. entnommen.

Unguentum sulfurato-saponatum.
Unguentum saponato-sulfuratum. Schwefel-Seifensalbe.

25,0 Schwefelblumen,
25,0 Kaliseife,
50,0 Schweinefett
mischt man unter Erwärmen zur Salbe.

Unguentum sulfuratum.
Schwefelsalbe.

a) Vorschrift der Ph. Austr. VII.
60,0 Kaliseife,
60,0 Schweinefett
schmilzt man bei gelinder Wärme zusammen, seiht durch und siebt unter beständigem Umrühren eine Mischung ein aus
30,0 Schwefelblumen,
20,0 gepulverter Kreide.
Zuletzt setzt man
30,0 Teer
hinzu und rührt bis zum Erkalten.

b) 10,0 gereinigter Schwefel,
20,0 Schweinefett.

c) 30,0 gefällter Schwefel,
10,0 Olivenöl,
60,0 Benzoëfett.
Man mischt.

Unguentum sulfuratum compositum.

Unguentum Zinci sulfuratum. Krätzsalbe.
Ph. G. I.

10,0 gereinigten Schwefel,
10,0 Zinksulfat, Pulver M/30,
80,0 Schweinefett

verreibt man l. a. miteinander.

Die feinste Verreibung erhält man mit der Salbenmühle.

Unguentum sulfuratum nach *Wilkinson-Hebra*.

Unguentum contra scabiem n. *Wilkinson-Hebra*.
Wilkinson-Hebras Schwefelsalbe.

a) 15,0 Schwefelblumen,
15,0 Birkenteer,
30,0 Hausseife, Pulver M/50,
30,0 Schweinefett,
10,0 geschlämmte Kreide.

Die Kreide würde nach meinen Erfahrungen besser wegbleiben, da sie beim Erwärmen und bei langerem Lagern mit der Seife das in Wasser unlösliche Kalkoleat bildet und somit die Zersetzung der Salbe herbeiführt.

Eine feine Verreibung erhält man nur mit der erwärmten Salbenmühle.

b) Form. magistr. Berol.
10,0 geschlämmte Kreide,
15,0 Birkenteeröl,
15,0 Schwefelblumen,
30,0 käufliche Schmierseife,
30,0 Schweinefett.

Vergleiche unter a).

Unguentum Tartari stibiati.

Unguentum stibiatum. Brechweinsteinsalbe.
Pustelsalbe.

Vorschrift des D. A. IV.

Zu bereiten aus
2 Teilen fein gepulvertem Brechweinstein,
8 Teilen Paraffinsalbe.

Der Brechweinstein, wenn auch noch so fein gepulvert, lässt sich sehr schwer fein verreiben. Ein günstiges Ergebnis erreicht man nur mit der erwärmten Salbenmühle in der Weise, dass man obige Menge Brechweinstein mit dem gleichen Gewicht Salbe verreibt und dann erst den Rest Paraffinsalbe zumischt.

Der Brechweinstein darf nicht mit Wasser angerieben werden.

Unguentum Terebinthinae.

Unguentum digestivum. Terpentinsalbe. Digestivsalbe.

Vorschrift des D. A. IV.

Zu bereiten aus
1 Teil gelbem Wachs,
1 Teil Terpentin,
1 „ Terpentinöl.

Das Rühren bis zum Erkalten führt man am besten mit der Salbenmühle aus.

Unguentum Terebinthinae compositum.

Unguentum digestivum.
Zusammengesetzte Terpentinsalbe.

70,0 Lärchenterpentin,
8,0 Eigelb

emulgiert man gut und mischt dann hinzu
2,0 Myrrhe, Pulver M/30,
2,0 Aloë „ „
18,0 Olivenöl.

Unguentum Thioli nach *Jacobsen*.

Thiolsalbe.

a) 20,0 flüssiges Thiol,
80,0 Benzoëfett

mischt man.

b) 10,0 flüssiges Thiol,
20,0 Benzoëfett,
70,0 reines Wollfett

mischt man.

Unguentum Vaselini plumbicum.

Bleivaselinsalbe.

50,0 Bleipflaster,
50,0 Paraffinsalbe

schmilzt man zusammen und rührt unter die halb erkaltete Masse
1,0 Bergamottöl.

Unguentum Veratrini.

Veratrinsalbe.

Form. magistr. Berol.
0,25 Veratrin

reibt man mit wenig
Olivenöl

an und setzt hinzu
25,0 Schweinefett.

Unguentum vulnerarium nach *Lister*.

Unguentum boricum nach *Lister*. *Listers* Verbandsalbe.

10,0 Borsäure, Pulver M/50,

verreibt man sehr fein mit
10,0 Mandelöl.

Andrerseits schmilzt man

10,0 Mandelöl,
10,0 weisses Wachs,
20,0 festes Paraffin

mit einander, setzt die Verreibung zu und rührt bis zum Erkalten.

Das Verreiben der Borsäure führt man am besten und zugleich am raschesten auf der Salbenmühle aus.

Unguentum Wilkinsoni

s. Unguentum sulfuratum nach *Wilkinson-Hebra*.

Unguentum Wilsoni

s. Unguentum Zinci nach *Wilson*.

Unguentum Wilson thiolatum.

Thiol-Wilsonsalbe.

20,0 Zinkoxyd

verreibt man fein mit

70,0 Benzoëfett

und vermischt die Verreibung mit

10,0 flüssigem Thiol.

Das Zinkoxyd verreibt man mit dem gleichen Gewicht Benzoëfett, am besten auf der erwärmten Salbenmühle.

Unguentum Zinci.

Unguentum Zinci oxydati. Unguentum Zinci Wilsoni Ph. Austr. VII. Unguentum Zinci oxydi. Zinksalbe. Ointment of zinc. Ointment of zinc oxide.

a) Vorschrift des D. A. III.

Zu bereiten aus

10,0 rohem Zinkoxyd,
90,0 Schweinefett.

Eine wirklich feine Verreibung erhält man nur auf der erwärmten Salbenmühle. Man reibt dann gleiche Gewichtsteile Zinkoxyd und Fett zusammen.

Da die Zinksalbe als Kühlmittel dient, verdient die wasserhaltige Zinksalbe (Unguentum Zinci refrigerans) den Vorzug.

b) Vorschrift der Ph. Austr. VII.

100,0 Benzoëfett,
20,0 weisses Wachs

schmilzt man zusammen, seiht ab, lässt halb erkalten, vermischt mit einer Verreibung von

20,0 Zinkoxyd,
10,0 Mandelöl

und rührt bis zum Erkalten.

Vergleiche unter a).

c) Vorschrift der Ph. Brit.

20,0 Zinkoxyd

verreibt man mit

110,0 bei gelinder Wärme geschmolzenem Benzoëfett (aus Harz bereitet)

und rührt bis zum Erkalten.

Vergleiche unter a).

d) Vorschrift der Ph. U. St.

Man bereitet sie wie unter c) aus

20,0 Zinkoxyd,
80,0 Benzoëfett (aus Harz bereitet).

Unguentum Zinci cuticulose.

Nach *Rausch-Ehrlich*.

0,3 roten Bolus,
4,0 Glycerin v. 1,23 spez. Gew.

verreibt man sehr fein und vermischt mit

94,0 Zinksalbe.

Unguentum Zinci thiolatum.

Zinkthiolsalbe.

10,0 flüssiges Thiol,
10,0 Zinkoxyd,
80,0 Benzoëfett

mischt man.

Unguentum Zinci nach *Wilson*.

Unguentum Wilsoni. Unguentum Zinci benzoatum. *Wilsons* Zinksalbe. Benzoë-Zinksalbe.

a) 20,0 Zinkoxyd

verreibt man mit

70,0 Benzoëfett

und setzt schliesslich

10,0 destilliertes Wasser

zu.

b) Vorschrift von *Wilson-Unna*.

15,0 Zinkoxyd,
85,0 Benzoëfett (1 : 100 aus Harz bereitet).

c) Form. magistr. Berol.

5,0 rohes Zinkoxyd

verreibt man mit

45,0 Benzoëfett.

Schluss der Abteilung „Unguenta“.

Unguentum extensum.

Steatinum. Salbenmull.

Der „Salbenmull", d. h. ein unappretierter, mit Salbenmasse gefüllter Mull, entstand in den siebziger Jahren, indem der bekannte Dermatologe *Unna* in Gemeinschaft mit dem Apotheker Dr. *Mielck* in Hamburg den Gedanken, Salben ähnlich wie Pflaster auf Stoffe zu streichen, ausführte. Die hier folgenden Vorschriften sind von *E. Dieterich* ausgearbeitet.

Die Anwendung dieser Arzneiform besteht darin, dass man den Mull auflegt, mit Ceresin-Seidenpapier bedeckt und mit Binden oder sonstwie befestigt. Die Aufnahme der Salbe durch die Haut geht auf diese Weise ganz von selbst und gleichmässiger von statten, als dies durch Einreiben erzielt werden kann.

Um Salbenmulle schön gleichmässig herzustellen, sind grössere maschinelle Einrichtungen notwendig; für den kleineren Betrieb eignet sich eine der unter „Emplastrum" abgebildeten und beschriebenen Kasten-Pflasterstreichmaschinen.

Beim Gebrauch derselben hat man zu beachten, dass man es in den meisten Fällen mit Massen zu thun hat, welche feste Körper in feinster Verteilung enthalten; das Streichen muss daher schnell geschehen und die Massen dürfen nur halbflüssig sein, damit jede Entmischung vermieden wird.

Einzelne Meter stellt man sich auf folgende Weise her:

Man nässt ein entsprechend grosses Stück Pergamentpapier, legt dasselbe auf eine gleichmässig glatte Tischfläche, streicht mit einem Tuch glatt und trocknet hierbei alles überflüssige Wasser ab.

Man befestigt nun das zu füllende Stück Mull mit Kopierzwecken auf dem Pergamentpapier und streicht die Salbenmasse, die halb erkaltet sein muss, mit einem mindestens 75 mm breiten Borstenpinsel so gleichmässig als dies möglich ist auf.

Wenn alle Masse aufgetragen ist, glättet man mit zwei elastischen Pflasterspateln, die man durch Eintauchen in heisses Wasser erhitzt und, um keine Zeit zu verlieren, wechselt. Natürlich muss das anhängende Wasser immer wieder von den Spateln abgewischt werden.

Sobald man eine glatte Fläche erzielt zu haben glaubt, entfernt man die Kopierzwecken, wickelt das eine Mull-Ende um ein gerades Stück Holz oder Lineal und zieht den Salbenmull vom Pergamentpapier ab. Man hängt ihn nun in kühlem Raum über eine Schnur, belegt mit Ceresin-Seidenpapier und rollt nach einigen Stunden auf.

Bei einiger Geschicklichkeit erzielt man auf diese Weise ebenso schöne Salbenmulle, wie man seiner Zeit Sparadrape von grosser Gleichmässigkeit mit der Hand zu streichen imstande war.

Da die Salbenmulle der Einwirkung der Luft in höherem Mass ausgesetzt sind, als die Salben, so thut man gut, nicht zu grossen Vorrat davon zu halten.

Die Herstellung der verschiedenen Massen ist einfach, bei den Verreibungen ist jedoch aus dem oben erwähnten Grunde die Benützung der Salbenmühle noch notwendiger wie bei den Salben.

Unguentum Alumnoli extensum.

10 pCt.

Alumnol-Salbenmull.

70,0 Benzoëtalg,
20,0 Benzoëfett,
10,0 Alumnol.

Unguentum Bismuti extensum.

10 pCt.

Wismut-Salbenmull.

70,0 Benzoëtalg,
20,0 Benzoëfett,
10,0 basisches Wismutnitrat.

Unguentum boricum extensum.

10 pCt.

Bor-Salbenmull.

70,0 Benzoëtalg,
20,0 Benzoëfett,
10,0 Borsäure, Pulver M/50.

Unguentum carbolisatum extensum.

10 pCt.

Karbol-Salbenmull.

90,0 Benzoëtalg,
10,0 krystallisierte Karbolsäure.

Unguentum Cerussae extensum.

30 pCt.

Bleiweiss-Salbenmull.

50,0 Benzoëtalg,
20,0 Benzoëfett,
30,0 Bleiweiss.

Unguentum Creolini extensum.

5 pCt.

Kreolin-Salbenmull.

90,0 Benzoëtalg,
5,0 Benzoëfett,
5,0 Kreolin.

Unguentum Chrysarobini extensum.

10 pCt.

Chrysarobin-Salbenmull.

70,0 Benzoëtalg,
20,0 Benzoëfett,
10,0 Chrysarobin.

Unguentum Dermatoli extensum.

10 pCt.

Dermatol-Salbenmull.

70,0 Benzoëtalg,
20,0 Benzoëfett,
10,0 Dermatol.

Unguentum diachylon extensum.

Hebras Salbenmull. Bleipflaster-Salbenmull.
Diachylon-Salbenmull.

50,0 Bleipflaster,
30,0 Benzoëtalg,
20,0 Benzoëfett.

Unguentum diachylon balsamicum extensum.

10 pCt.

Balsamischer Bleipflaster-Salbenmull.

50,0 Bleipflaster,
30,0 Benzoëtalg,
10,0 Benzoëfett,
10,0 Perubalsam.

Unguentum diachylon boricum extensum.

10 pCt.

Bor-Bleipflaster-Salbenmull.

50,0 Bleipflaster,
20,0 Benzoëtalg,
20,0 Benzoëfett,
10,0 Borsäure, Pulver M/50.

Unguentum diachylon carbolisatum extensum.

10 pCt.

Karbol-Bleipflaster-Salbenmull.

50,0 Bleipflaster,
30,0 Benzoëtalg,
10,0 Benzoëfett,
10,0 kryst. Karbolsäure.

Unguentum diachylon piceatum extensum.

10 pCt.

Teer-Bleipflaster-Salbenmull.

50,0 Bleipflaster,
30,0 Benzoëtalg,
10,0 Benzoëfett,
10,0 Holzteer.

Unguentum Eigoni extensum.

Jod-Eigon-Salbenmull.

Nach *K. Dieterich.*

a) 5 pCt:

75,0 Benzoëtalg,
20,0 Benzoëfett,
5,0 Jod-Eigon, feinst gepulvert.

b) 10 pCt:

70,0 Benzoëtalg,
20,0 Benzoëfett,
10,0 Jod-Eigon, feinst gepulvert.

Unguentum Hydrargyri praecipitati albi extensum.

10 pCt.

Weisser Präcipitat-Salbenmull.

70,0 Benzoëtalg,
20,0 Benzoëfett,
10,0 weisses Quecksilberpräcipitat.

Unguentum Hydrargyri bichlorati extensum.

0,2 pCt.

Sublimat-Salbenmull.

90,0 Benzoëtalg,
5,0 Benzoëfett,
0,2 Quecksilberchlorid,
5,0 Weingeist von 90 pCt.

Unguentum Hydrargyri bichlorati extensum.

1 pCt.

Sublimat-Salbenmull.

85,0 Benzoëtalg,
5,0 Benzoëfett,
1,0 Quecksilberchlorid,
9,0 Weingeist von 90 pCt.

Unguentum Hydrargyri cinereum extensum.
20 pCt.
Grauer Quecksilber-Salbenmull.

60,0 graue Salbe,
40,0 Benzoëtalg.

Unguentum Hydrargyri cinereum carbolisatum extensum.
20 : 5 pCt.
Karbol-Quecksilber-Salbenmull.

60,0 graue Salbe,
35,0 Benzoëtalg,
5,0 krystallisierte Karbolsäure.

Unguentum Hydrargyri rubrum extensum.
10 pCt.
Roter Präcipitat-Salbenmull.

80,0 Benzoëtalg,
10,0 Benzoëfett,
10,0 rotes Quecksilberoxyd.

Unguentum Ichthyoli extensum.
10 pCt.
Ichthyol-Salbenmull.

80,0 Benzoëtalg,
10,0 Benzoëfett,
10,0 Ichthyolammonium.

Unguentum Jodoformii extensum.
5 pCt.
Jodoform-Salbenmull.

85,0 Benzoëtalg,
10,0 Benzoëfett,
5,0 Jodoform.

Unguentum Jodoformii extensum.
10 pCt.
Jodoform-Salbenmull.

75,0 Benzoëtalg,
15,0 Benzoëfett,
10,0 Jodoform.

Unguentum Jodoli extensum.
10 pCt.
Jodol-Salbenmull.

75,0 Benzoëtalg,
15,0 Benzoëfett,
10,0 Jodol.

Unguentum Kalii jodati.
10 pCt.
Jodkalium-Salbenmull.

70,0 Benzoëtalg,
5,0 Benzoëfett,
10,0 Kaliumjodid,
1,0 Natriumthiosulfat,
5,0 destilliertes Wasser,
9,0 Glycerin v. 1,23 spez. Gew.

Unguentum Kreosoti salicylatum.
20 : 10 pCt.
Kreosot-Salicyl-Salbenmull.

65,0 Benzoëtalg,
5,0 gelbes Wachs,
10,0 Salicylsäure,
20,0 Kreosot.

Unguentum Loretini extensum.
Loretin-Salbenmull.

a) 5 pCt.

5,0 Loretin,
85,0 Benzoëtalg,
10,0 Benzoëfett.

b) 10 pCt.

10,0 Loretin,
75,0 Benzoëtalg,
15,0 Benzoëfett.

Unguentum Minii rubri extensum.
25 pCt.
Roter Mennig-Salbenmull.

64,0 Benzoëtalg,
10,0 Benzoëfett,
1,0 Kampfer,
25,0 präparierte Mennige.

Unguentum Picis extensum.
10 pCt.
Teer-Salbenmull.

85,0 Benzoëtalg,
10,0 Holzteer (bezw. Wacholderholzteer, Birkenteer),
5,0 gelbes Wachs.

Unguentum Plumbi extensum.
Blei-Salbenmull.

80,0 Benzoëtalg,
4,0 Benzoëfett,

8,0 Glycerin v. 1,23 spez. Gew.
8,0 Bleiessig.

Unguentum Plumbi jodati extensum.
10 pCt.
Jodblei-Salbenmull.

70,0 Benzoëtalg,
20,0 Benzoëfett,
10,0 Bleijodid.

Unguentum Resorcini extensum.
10 pCt.
Resorcin-Salbenmull.

70,0 Benzoëtalg,
20,0 Benzoëfett,
10,0 Resorcin.

Unguentum salicylatum extensum.
10 pCt.
Salicyl-Salbenmull.

80,0 Benzoëtalg,
10,0 Benzoëfett,
10,0 Salicylsäure.

Unguentum salicylatum extensum.
20 pCt.
Salicyl-Salbenmull.

65,0 Benzoëtalg,
15,0 Benzoëfett,
20,0 Salicylsäure.

Unguentum saponatum extensum.
20 pCt.
Kaliseife-Salbenmull.

80,0 Benzoëtalg,
20,0 Kaliseife.

Unguentum Thioli extensum.
10 pCt.
Thiol-Salbenmull.

80,0 Benzoëtalg,
10,0 Benzoëfett,
10,0 flüssiges Thiol.

Unguentum Thymoli extensum.
5 pCt.
Thymol-Salbenmull.

85,0 Benzoëtalg,
10,0 Benzoëfett,
5,0 Thymol.

Unguentum Wilkinsoni extensum.
Wilkinson-Salbenmull.

12,5 sublimiortor Sohwofol,
7,5 präparierte Kreide,
15,0 Birkenteer,
30,0 Benzoëtalg,
5,0 gelbes Wachs,
30,0 Kaliseife.

Unguentum Wilson thiolatum extensum.
Unguentum Zinci thiolatum extensum.
Zink-Thiol-Salbenmull. Thiol-*Wilson*-Salbenmull.

70,0 Benzoëtalg,
10,0 Benzoëfett,
10,0 flüssiges Thiol,
10,0 Zinkoxyd.

Unguentum Zinci extensum.
10 pCt.
Zink-Salbenmull.

70,0 Benzoëtalg,
20,0 Benzoëfett,
10,0 Zinkoxyd.

Unguentum Zinci carbolisatum extensum.
10 : 5 pCt.
Karbol-Zink-Salbenmull.

70,0 Benzoëtalg,
15,0 Benzoëfett,
5,0 kryst. Karbolsäure,
10,0 Zinkoxyd.

Unguentum Zinci ichthyolatum extensum.
aa 10 pCt.
Ichthyol-Zink-Salbenmull.

70,0 Benzoëtalg,
10,0 Benzoëfett,
10,0 Ichthyol,
10,0 Zinkoxyd.

Unguentum Zinci salicylatum extensum.

10 : 5 pCt.

Salicyl-Zink-Salbenmull.

70,0 Benzoëtalg,
15,0 Benzoëfett,
5,0 Salicylsäure,
10,0 Zinkoxyd.

Schluss der Abteilung „Unguentum extensum".

Vaselinum benzoatum.

Benzoë-Vaselin.

60,0 flüssiges Paraffin,
40,0 festes Paraffin

schmilzt man, löst darin

2,0 Benzoësäure

und parfümiert mit

1 Tropfen Perubalsam.

Man giesst in Stangen, welche in Dosen mit verschiebbarem Boden verabfolgt werden.

Vaselinum camphoratum.

Kampfer-Vaselin.

60,0 flüssiges Paraffin,
40,0 festes Paraffin

schmilzt man, löst darin

5,0 Kampfer

und giesst in Stangen, welche in Metalldosen mit verschiebbarem Boden abgegeben werden können.

Vaselinum carbolisatum.

Karbol-Vaselin.

97,0 gelbes Vaselin,
3,0 krystallisierte Karbolsäure.

Vaselinum jodatum.

Jod-Vaselin.

60,0 flüssiges Paraffin,
40,0 festes Paraffin

schmilzt man, löst durch Erwärmen darin

5,0 Jod

und giesst in Stangen, welche man in Wachs- oder Guttapercha-Papier einwickelt.

Vaselinum labiale.

Vaselin-Lippenpomade.

60,0 flüssiges Paraffin,
40,0 festes Paraffin

schmilzt man, löst darin

1,0 Benzoësäure,
0,2 Alkannin,

setzt

2 Tropfen Bergamottöl,
2 „ Citronenöl

zu, giesst in dünne Stangen aus und schlägt diese in Stanniol ein.

Vaselinum Loretini.

Loretin-Vaselin.

Nach *E. Dieterich.*

2,0 Loretin,
88,0 gelbes viskoses Vaselin,
10,0 „ Wachs,
5 Tropfen Wintergreenöl.

Man giesst in Stangen, welche 20 mm dick und 75 mm lang sind.

Vaselinum salicylatum.

Salicyl-Vaselin.

a) 60,0 flüssiges Paraffin,
40,0 festes „

schmilzt man, mischt

2,0 Salicylsäure,

die man mit einigen Tropfen der geschmolzenen Masse im erwärmten Mörser fein verrieb, hinzu und parfümiert mit

2 Tropfen Citronenöl,
2 „ Bergamottöl,
1 „ Wintergreenöl.

Man giesst in dicke Stangen und verabfolgt diese in Metalldosen mit verschiebbarem Boden.

Die Salicylsäure löst sich nur zum geringen Teil in Kohlenwasserstoffen, weshalb sie fein verrieben darin verteilt wird.

b) Vorschrift des Münchn. Ap. Ver.

2,0 Salicylsäure,
88,0 gelbes amerikanisches Vaselin,
10,0 gelbes Wachs,
5 Tropfen Wintergreenöl.

Man bereitet die Salbe wie unter a).

Vasolimentum.

Nach *Bedall-Roch.*

Man versteht nach dem Verfahren darunter einen dem „Vasogen" gleichkommenden Salbenkörper, der sich mit verschiedenen Medikamenten mischen lässt und in diesen Formen Anklang gefunden hat. Die Verfasser empfehlen für die medikamentösen Mischungen folgende zwei Grundlagen:

Vasolimentum liquidum.

Flüssiges Vasoliment.

60,0 flüssiges Paraffin,
30,0 weisses Oleïn,
10,0 weingeistige Ammoniakflüssigkeit v. 10 pCt

mischt man durch Schütteln in einer Flasche.

Vasolimentum spissum.

Dickes Vasoliment.

60,0 weisse Paraffinsalbe,
30,0 weisses Oleïn,
10,0 weingeistige Ammoniakflüssigkeit von 10 pCt

mischt man in einer schwach angewärmten Schale in der Weise, dass man das Ammoniak zuletzt zusetzt. Man dampft dann auf

90,0 Gesamtgewicht

ab.

Ich möchte dazu bemerken, dass die Verwendung einer gereinigten Ölsäure geboten erscheint, da das Oleïn des Handels mitunter sehr verunreinigt ist und nicht selten viel unzersetzte Glyceride, ja sogar von zweifelhafter Güte, enthält. Im Übrigen ist nichts gegen die Zusammensetzung einzuwenden.

Nachstehend die von *Bedall* ausgearbeiteten Vorschriften zu den medikamentösen Mischungen:

Vasolimentum Chloroformii camphoratum.

Chloroform-Kampfer-Vasoliment.

30,0 Kampfer

löst man in

30,0 Chloroform

und vermischt die Lösung mit 30,0 flüssigem Vasoliment.

Vasolimentum Creolini.

Kreolin-Vasoliment.

5,0 Kreolin,
95,0 flüssiges Vasoliment

mischt man, nötigenfalls unter Anwendung gelinder Wärme.

Vasolimentum Creosoti.

Kreosot-Vasoliment.

5,0 Kreosot,
95,0 flüssiges Vasoliment

mischt man.

Vasolimentum empyrheumaticum.

Wacholderteer-Vasoliment.

25,0 Wacholderteer,
75,0 flüssiges Vasoliment

mischt man.

Vasolimentum Eucalyptoli.

Eukalyptol-Vasoliment.

20,0 Eukalyptol,
80,0 flüssiges Vasoliment

mischt man.

Vasolimentum Guajacoli.

Guajakol-Vasoliment.

20,0 Guajakol,
80,0 flüssiges Vasoliment

mischt man.

Vasolimentum Hydrargyri.

Quecksilber-Vasoliment.

40,0 Quecksilber

verreibt man kunstgerecht mit

20,0 Wollfett

und mischt dann

60,0 dickes Vasoliment

hinzu.

Vasolimentum Ichthyoli.

Ichthyol-Vasoliment.

10,0 Ichthyolammonium,
90,0 flüssiges Vasoliment

mischt man.

Vasolimentum jodatum.
Jod-Vasoliment.

6,0 Jod
löst man durch Reiben in
94,0 flüssigem Vasoliment.

Vasolimentum Jodoformii.
Jodoform-Vasoliment

a) 1,5 Jodoform
löst man durch gelindes Erwärmen in
98,5 flüssigem Vasoliment.

b) Vorschrift von *Wippern*.
3,0 Jodoform
löst man unter gelindem Erwärmen in
27,0 Leinöl,
70,0 flüssigem Vasoliment.

Vasolimentum Jodoformii desodoratum.
Jodoform-Vasoliment mit vermindertem Geruch.

a) 1,5 Jodoform,
1,5 Eukalyptol,
97,0 flüssiges Vasoliment
erwärmt man gelind bis zur Lösung des Jodoforms.

b) 97,0 Jodoform-Vasoliment b,
3,0 Eukalyptol
mischt man.

Vasolimentum Mentholi.
Menthol-Vasoliment.

2,0 Menthol,
98,0 flüssiges Vasoliment
mischt man unter gelindem Erwärmen.

Vasolimentum Naphtoli.
Naphtol-Vasoliment.

10,0 Naphtol
löst man unter gelindem Erwärmen in
90,0 flüssigem Vasoliment.

Vasolimentum Picis liquidae.
Holzteer-Vasoliment.

25,0 Holzteer,
35,0 flüssiges Paraffin,
30,0 Ölsäure,
10,0 weingeistige Ammoniakflüssigkeit von 10 pCt
erwärmt man, bis Lösung erfolgt, stellt dann die Mischung zurück und filtriert nach 24 Stunden.

Vasolimentum salicylicum.
Salicyl-Vasoliment.

2,0 Salicylsäure
löst man durch Reiben in einer Schale in
98,0 flüssigem Vasoliment.

Vasolimentum Sulfuris.

Vorschrift von *Wippern*.
3,0 gereinigten Schwefel
löst man unter Erhitzen in
37,0 Leinöl
und versetzt dann mit
q. s. flüssigem Vasoliment,
dass das Gesamtgewicht
100,0
beträgt.

Vasolimentum Terebinthinae.
Terpentin-Vasoliment.

20,0 Lärchen-Terpentin
mischt man unter gelindem Erwärmen mit
80,0 flüssigem Vasoliment.

Vasolimentum Thioli.
Thiol-Vasoliment.

5,0 flüssiges Thiol,
95,0 „ Vasoliment
mischt man.

Schluss der Abteilung „Vasolimentum".

Verbandstoffe.

Bearbeitet von *E. Dieterich.*

Seit Einführung der Antisepsis gehören besondere Verbandstoffe zu den unentbehrlichen Hilfsmitteln der Chirurgie und bilden einen stehenden Handelsartikel der Apotheken. Die Herstellung der zu verarbeitenden Rohstoffe setzt bedeutende maschinelle Einrichtungen voraus, während das Tränken derselben mit Vorteil in kleinem Massstab ausgeführt werden kann. An dieser Stelle kommen nur die getränkten Verbandstoffe in Betracht, und zwar mit besonderer Berücksichtigung der gebräuchlichen Formen, Packungen usw.

Der Übersichtlichkeit wegen teile ich die ganzen Verbandstoffe in folgende vier Gruppen:

I. Gaze,
II. Watte,
III. Jute,
IV. Verschiedene

und werde, um die Vorschriften möglichst kurz fassen zu können, zu Eingang einer jeden Abteilung die in Bezug auf Herstellung usw. notwendigen allgemeinen Angaben machen. Im allgemeinen kann ich vorausschicken, dass man die öfters bedingte Abhaltung des Tageslichts am besten erreicht, wenn man in die Fenster der Arbeitslokale gelbe Glasscheiben einziehen lässt. Ausserdem füge ich noch, soweit ich hierzu imstande bin, die Bezugsquellen für die Rohstoffe bei.

Dass sämtliche Arbeiten mit grosser Genauigkeit und Sauberkeit ausgeführt werden müssen, ist selbstverständlich.

Wie mir von verschiedenen Seiten bestimmt versichert wird, machen es sich einige Winkelfabrikanten, die ja auch auf diesem Felde nicht fehlen, insofern bequem, als sie ihre Stoffe nicht durch Eintauchen und Auspressen, bis zu einem bestimmten Gewicht, sondern einfach durch Verteilen der Flüssigkeit mittels Verstäubers tränken; es kann auf diese Weise die Verteilung des Medikamentes auf der Unterlage — besonders bei Watte nicht — niemals so gleichmässig sein, wie beim Eintauchen des Stoffes in die Lösung. Das Verstäuben sollte deshalb nur im Notfall stattfinden, niemals aber zur Regel werden.

Es muss von den Verbandstoffen ein bestimmter, den Angaben entsprechender Gehalt an Medikament verlangt werden. Man erreicht dies bei der Herstellung dadurch, dass man den mit einer bestimmten Lösung getränkten Stoff bis auf ein berechnetes Gewicht auspresst. Am einfachsten bestimmt man dieses Gewicht indirekt in der Weise, dass man die abgepresste Flüssigkeit in einer gewogenen Schale auffängt und von Zeit zu Zeit wiegt.

Zum Auspressen kann man sich bei extemporierten Bereitungen oder in besonderen Fällen, für welche die Vorschriften entsprechende Angaben enthalten werden, der Wringmaschine bedienen. Der gewünschte Gehalt an Zusatzstoffen wird aber auf diese Weise nur in den seltensten Fällen erreicht werden können.

Das zum Bereiten von Lösungen verwendete gewöhnliche oder destillierte Wasser muss vorher durch Aufkochen sterilisiert und dann in mit Wattepfropfen verschlossenen Enghalsflaschen oder Ballons aufbewahrt werden.

Beim Arbeiten im grösseren Massstab kann man emaillierte Eisenblechgefässe verwenden, jedoch nur dann, wenn die Emaille derselben unverletzt ist.

Die bei den Vorschriften vorgesehenen Verhältnisse sind so berechnet, dass z. B. eine zehnprozentige Gaze oder Watte aus

90 pCt Gaze oder Watte

und

10 „ Medikament

besteht. Zusatzstoffe, z. B. Glycerin, Kolophon usw., sind ebenfalls in Berechnung gezogen. Dagegen ist der bei einem glycerinhaltigen Verbandstoff schwankende Feuchtigkeitsgehalt nicht berücksichtigt. Bei der Untersuchung wird er dagegen in Betracht zu ziehen sein.

Über das Sterilisieren von Verbandstoffen siehe unter „Sterilisieren“.

Eine Presse, um Verbandstoffe auf handliche Pakete zu bringen, ist unter „Pressen“ abgebildet.

I. Gaze. †

Tela. Verbandmull.

Man benützt am besten gebleichte und durch Laugenbehandlung entfettete Gaze, welche aus 15×15 Fäden pro 1 qcm besteht, 1 m breit ist und pro 1 laufenden Meter (= 1 qm) 40 bis 45 g wiegt, so dass 22—25 m 1 kg entsprechen.

† S. Bezugsquellen-Verzeichnis.

Um die Gaze zu tränken, stellt man vor allem ihr Gewicht fest, bereitet diesem entsprechend die nötige Menge Tränkflüssigkeit, knetet die Gaze in dieser 15—20 Minuten und presst sie dann bis zu einem bestimmten Gewicht und so weit aus, dass der verlangte prozentische Gehalt an Arzneistoff in der Gaze zurückbleibt. Am einfachsten wägt man die ablaufende Pressflüssigkeit.

In der Regel hält eine gute hydrophile Gaze trotz Auspressens noch die $1\frac{1}{4}$-fache Menge Flüssigkeit von ihrem Eigengewicht zurück, so dass z. B. 1000,0 Gaze, welche in eine wässerig-weingeistige Salicylsäurelösung getaucht wurden, nach dem Pressen 2250,0 wiegen müssen. Es wird Sache der einzelnen Vorschriften sein, hierfür die nötigen Anleitungen zu geben.

Die für die nachfolgenden Verbandgazen gegebenen Vorschriften setzen in der grossen Mehrzahl ein Herstellungsverfahren voraus, das gleich hier eine Stelle finden möge. Es ist hier eine 10-prozentige Gaze gedacht und dabei berücksichtigt, dass hydrophile Gaze 125 pCt seines Eigengewichtes Flüssigkeit beim Auspressen zurückhält. Man verfährt folgendermassen:

120,0 Medikament

löst man in

1380,0 Lösungsmittel,

tränkt mit dieser Lösung durch Kneten

900,0 hydrophile Gaze,

presst sie sodann auf ein Gewicht von

2150,0

aus, zerzupft und trocknet sie.

Bei 5-prozentiger Gaze presst man auf ein Gewicht von 2200,0 aus; so ergeben sich für die verschiedenen Prozentsätze nachstehende beim Auspressen einzuhaltende Gewichtsätze:

1 pCt	= 2240,0	Gewicht der ausgepressten Gaze (Pressgewicht).
2 „	= 2230,0	
3 „	= 2220,0	
4 „	= 2210,0	
5 „	= 2200,0	
6 „	= 2190,0	
7 „	= 2180,0	
8 „	= 2170,0	
9 „	= 2160,0	
10 „	= 2150,0	
15 „	= 2100,0	
20 „	= 2050,0	

Da die Vorschriften im Interesse des Platzes knapp gefasst werden müssen, gebe ich nur die Mengen der Bestandteile und das Pressgewicht für jede Vorschrift an, verweise aber bezüglich der Herstellungsweise auf die Einleitung.

Für grössere Mengen lässt man sich zum Tränken Becken von emailliertem Eisenblech machen und benützt, wo diese nicht statthaft sind, wie z. B. bei Salicylsäure, Chamottegefässe bezw. Tröge. Bei kleinen Mengen behilft man sich mit der gewöhnlichen Abdampfschale.

Als Wärmequelle steht das Dampfbad zur Verfügung und das Auspressen bewirkt man bei grösseren Mengen in einer beliebigen Presse, hat aber in Rücksicht auf die gleichmässige Verteilung der Masse im Stoffe darauf zu achten, dass derselbe eine gleichförmige Lage bildet. Verfügt man nicht über eine Presse mit Holzschalen oder will auch diese nicht mit Jodoform oder sonst stark riechenden Stoffen in Berührung bringen, so legt man die Pressschalen mit Pergamentpapier aus.

Will man eine bestimmte Menge Gaze tränken, ohne einen Überschuss Tränkungsflüssigkeit abzupressen, so legt man den Stoff in diese, knetet 10—15 Minuten und beschwert ihn mit Gewichten. Nach mehrfachem Drehen und Wenden sind, nötigenfalls bei Anwendung einer Wärme von 50—60° C, nur wenige Stunden notwendig, um die Tränkungsflüssigkeit gleichmässig im Stoffe zu verteilen. Der Vorsicht wegen kann man schliesslich den Stoff noch in eine Presse unter Anwendung von nur so viel Druck, dass keine Flüssigkeit abläuft, einpressen.

Dasselbe Verfahren wendet man bei Tränkungen an, bei welchem Lösungsmittel fehlen, wie bei der *Lister*schen Eukalyptus- und Karbol-Gaze.

Um einzelne Meter stets frisch zu bereiten, stellt man sich eine grössere Menge der betreffenden Flüssigkeit her, tränkt die Gaze darin, legt letztere auf Pergamentpapier in länglicher Form zusammen, umhüllt mit demselben Papier und dreht durch eine Wringmaschine. Man übt damit ungefähr den Druck aus, der bei Gaze notwendig ist, um ihr das $1\frac{1}{4}$-fache des eigenen Gewichts an Flüssigkeit zu erhalten.

Das Trocknen kann bei weingeistigen und wässerigen Lösungen auf Schnüren oder Holzstäbchen erfolgen, bei fettigen oder ätherischen dagegen haspelt man den aus der Presse kommenden Mull auf einen Haspel von entsprechender Breite, belässt ihn hier ungefähr 24 Stunden und schneidet nun nach Wunsch ab.

Alle Verbandgazen kommen in Längen von 1, 5 und 10 m in den Handel. Je nachdem der einverleibte Arzneistoff flüchtig oder nicht flüchtig ist, benützt man als Verpackung Glasbüchsen, Pergamentpapier, Ceresinpapier und Stanniol. Besondere Angaben hierfür zu machen, halte ich dagegen nicht für notwendig, da die Preislisten der Verbandstofffabriken hierüber jedweden Aufschluss geben.

Actol-Gaze

siehe Silber-Gaze.

Alembrothsalz-Gaze.

Tela salis Alembrothi.

1,0 Ammoniumchlorid,
2,5 Quecksilberchlorid

löst man in

1500,0 destilliertem Wasser,

tränkt damit

1000,0 hydrophile Gaze.

Eine schwächere Gaze stellt man mit

0,3 Ammoniumchlorid,
0,75 Quecksilberchlorid

her.

Wird die Gaze gefärbt gewünscht, so setzt man der Lösung

0,1 Anilin-Wasserblau I B †

zu.

Bereitungsweise in der Einleitung.

Alumnol-Gaze

5 pCt.

Tela Alumnoli.

60,0 Alumnol,
30,0 Glycerin v. 1,23 spez. Gew.,
1410,0 destilliertes Wasser,
925,0 hydrophile Gaze.

Pressgewicht: 2175,0.

Bereitungsweise in der Einleitung.

Amyloform-Gaze

10 pCt.

Tela Amyloformii.

100,0 Amyloform,
50,0 Glycerin v. 1,23 spez. Gew.,
q. s. destilliertes Wasser

verreibt man fein, verdünnt mit

1000,0 destilliertem Wasser

und imprägniert damit

850,0 hydrophile Gaze

in der Weise, dass man die Gaze durch die Masse, die fortwährend gerührt werden muss, zieht, dann durch die Wringmaschine führt und schliesslich trocknet.

Die Wringmaschine darf nicht zu eng und muss so eingestellt werden, dass die Masse auf die vorgeschriebene Menge Gaze verbraucht wird.

Benzoësäure-Gaze.

Tela benzoïca.

a) 5 pCt:

60,0 Benzoësäure,
60,0 Glycerin v. 1,23 spez. Gew.,
680,0 Weingeist von 90 pCt,
700,0 destilliertes Wasser,
900,0 hydrophile Gaze.

Pressgewicht 2150,0.

b) 10 pCt:

120,0 Benzoësäure,
60,0 Glycerin v. 1,23 spez. Gew.,
650,0 Weingeist von 90 pCt,
650,0 destilliertes Wasser,
850,0 hydrophile Gaze.

Pressgewicht 2100,0.

c) 5 pCt nach *von Bruns jun.*

60,0 Benzoësäure,
25,0 Ricinusöl = { 12,5 Kolophon, 12,5 Ricinusöl,
1415,0 Weingeist von 95 pCt.

Man tränkt mit dieser Lösung

930,0 hydrophile Gaze.

Pressgewicht 2180,0.

d) 10 pCt nach *von Bruns jun.*

120,0 Benzoësäure,
60,0 Ricinusöl = { 25,0 Ricinusöl, 25,0 Kolophon,
1330,0 Weingeist von 95 pCt,
850,0 hydrophile Gaze.

Pressgewicht 2100,0.

Bereitungsweise in der Einleitung.

---

† S. Bezugsquellen-Verzeichnis.

Borsäure-Gaze.

Tela acidi borici.

10 pCt.

120,0 Borsäure,
1380,0 heisses destilliertes Wasser,
900,0 hydrophile Gaze.

Pressgewicht 2150,0.
Herstellungsweise in der Einleitung.

Borosalicyl-Gaze.

120,0 Borosalicylat

löst man durch Erhitzen in

1300,0 destilliertem Wasser,

fügt

60,0 Glycerin von 1,23 spez. Gew.

hinzu, tränkt mit der Lösung

850,0 hydrophile Gaze.

Pressgewicht 2100,0.
Bereitungsweise in der Einleitung.

Chinolintartrat-Gaze.

5 pCt.

Tela Chinolini. Chinolin-Gaze.

60,0 Chinolintartrat,
30,0 Glycerin v. 1,23 spez. Gew.,
1410,0 destilliertes Wasser,
925,0 hydrophile Gaze.

Pressgewicht 2175,0.
Bereitungsweise in der Einleitung.

Chinosol-Gaze.

5 pCt.

Tela Chinosoli.

60,0 Chinosol,
60,0 Glycerin v. 1,23 spez. Gew.,
1380,0 destilliertes Wasser,
900,0 hydrophile Gaze.

Pressgewicht 2150,0.
Bereitungsweise in der Einleitung.

Dermatol-Gaze.

Tela Dermatoli.

a) 5 pCt:

50,0 Dermatol,
50,0 Glycerin v. 1,23 spez. Gew.,
1150,0 destilliertes Wasser,
900,0 hydrophile Gaze.

b) 10 pCt:

100,0 Dermatol,
80,0 Glycerin v. 1,23 spez. Gew.,
1000,0 destilliertes Wasser,
820,0 hydrophile Gaze.

Bereitungsweise wie bei Amyloform-Gaze.

Eisenchlorid-Gaze.

20 pCt.

500,0 Eisenchloridlösung v. 10 pCt Fe,
1000,0 destilliertes Wasser,
800,0 hydrophile Gaze.

Pressgewicht 2050,0.
Bereitungsweise in der Einleitung, nur trocknet man die getränkte Gaze in einem vor Tageslicht geschützten dunklen Raum.
Die Eisenchloridgaze ist hygroskopisch und muss deshalb in gut verschlossenen braunen Glasbüchsen aufbewahrt werden.

Essigsaure Thonerde-Gaze nach *Burow*.

Tela Aluminii acetici.

a) 5 pCt:

750,0 Aluminiumacetatlösung,
750,0 destilliertes Wasser,
950,0 hydrophile Gaze.

Pressgewicht 2200,0.

b) 10 pCt:

1500,0 Aluminiumacetatlösung,
900,0 hydrophile Gaze.

Pressgewicht 2150,0.
Bereitungsweise in der Einleitung.

Eukalyptus-Gaze nach *Lister*.

Tela Eucalypti.

4 pCt.

40,0 Eukalyptusöl,
60,0 Dammarharz,
100,0 festes Paraffin,
800,0 hydrophile Gaze.

Bereitung wie bei der *Lister*schen Karbol-Gaze.

Europhen-Gaze.

5 pCt.

Tela Europheni.

60,0 Europhen,
1,0 Ammoniakflüssigkeit v. 10 pCt,
60,0 Glycerin v. 1,23 spez. Gew.,
1380,0 Weingeist von 90 pCt,
900,0 hydrophile Gaze.

Pressgewicht 2150,0.
Bereitungsweise in der Einleitung.

Eukalyptus Gaze nach *Nussbaum.*

Tela Eucalypti.

7½ pCt.

100,0 Eukalyptusöl,
löst man in
500,0 absolutem Alkohol,
setzt
900,0 heisses destilliertes Wasser
zu und tränkt damit
900,0 hydrophile Gaze.

Pressgewicht 2175,0.
Bereitungsweise in der Einleitung.

Ferripyrin-Gaze.

10 pCt.

120,0 Ferripyrin,
60,0 Glycerin v. 1,23 spez. Gew.,
1320,0 destilliertes Wasser,
850,0 hydrophile Gaze.

Pressgewicht 2100,0.
Bereitungsweise in der Einleitung.

Glutol-Gaze.

10 pCt.

Tela Glutoli.

Man bereitet sie wie die Amyloform-Gaze.

Ichthyol-Gaze.

20 pCt.

Tela Ichthyoli.

250,0 Ichthyolammonium,
1250,0 destilliertes Wasser,
800,0 hydrophile Gaze.

Pressgewicht 2050,0.
Bereitungsweise in der Einleitung.

Itrol-Gaze

s. Silbergaze.

Jodoform-Gaze nach *von Mosetig.*

Tela Jodoformii.

a) 10 pCt.
100,0 Jodoform,
700,0 Äther,
700,0 Weingeist von 90 pCt,
900,0 hydrophile Gaze.

b) 20 pCt.
200,0 Jodoform,
1200,0 Äther,
800,0 hydrophile Gaze.

Man tränkt unter Abhaltung des Tageslichts in beiden Fällen die Gaze mit der Lösung, schlägt in Pergamentpapier ein, beschwert so einige Stunden mit Gewichten und trocknet dann auf dem Haspel mit der gleichen Vorsicht, das Tageslicht abzuhalten.

Um höhere Prozentsätze zu gewinnen, zieht man die einmal getränkte und getrocknete Gaze zweimal oder öfter durch die Jodoformlösung.

Die Gaze darf nicht eine Spur Stärke-Appretur enthalten. Dadurch würde das Jodoform zersetzt und Jod frei werden. Eine solche kann nur dann Verwendung finden, wenn man die Gaze vorher mit Natriumthiosulfatlösung von ¼ pCt Gehalt tränkt, trocknet und dann erst mit der Jodoformlösung behandelt.

Jodoform-Gaze nach *von Billroth.*

Tela Jodoformii.

20 pCt.

200,0 Jodoform, feinst präpariert,
streut man mittels Streubüchse in
800,0 hydrophile Gaze
ein und verreibt trocken damit. Auf eine gleichmässige Verteilung ist besonders zu achten.

Jodoform-Gaze, klebend nach *von Billroth.*

Tela Jodoformii.

50 pCt.

100,0 Kolophon,
900,0 Weingeist von 90 pCt,
100,0 Äther.
Man löst, setzt
50,0 Glycerin v. 1,23 spez. Gew.,
zu und tränkt mit der Lösung durch Kneten und zwei- bis dreistündiges Belasten
500,0 hydrophile Gaze.

Man streut dann in die feuchte Gaze mittels Streubüchse möglichst gleichmässig
500,0 Jodoform, feinst präpariert,
ein, haspelt unter Abhaltung des Tageslichts auf und lässt auf dem Haspel 24 Stunden trocknen.

Zur Bereitung ex tempore reibt man das Jodoform in Karbol-Gaze, und zwar 20 g auf 1 Meter ein.

Jodoform-Gaze nach *Wölfer.*

Tela Jodoformii.

20 pCt.

200,0 Kolophon

löst man in

1000,0 Weingeist von 90 pCt,

setzt der Lösung

100,0 Glycerin v. 1,23 spez. Gew.,

zu und tränkt damit

500,0 hydrophile Gaze

durch längeres Kneten und zwei- bis dreistündiges Belasten.

Die feuchte Gaze bestreut man recht gleichmässig mittels Streubüchse mit

200,0 Jodoform, feinst präpariert,

haspelt auf und lässt 24 Stunden auf dem Haspel trocknen. Während der ganzen Arbeit ist das Tageslicht abzuhalten.

Auch hier dürfte es in eiligen Fällen gestattet sein, die Karbol-Gaze als Grundstoff zu nehmen und 8,0 Jodoform auf 1 Meter einzustreuen und zu verreiben.

Jodoform-Tannin-Gaze.

5 + 5 pCt.

Nach von *Billroth.*

60,0 Jodoform,
60,0 Tannin,
60,0 Kolophon,
60,0 Glycerin v. 1,23 spez. Gew.,
630,0 Äther,
630,0 Weingeist von 90 pCt,
750,0 hydrophile Gaze.

Pressgewicht 2000,0.
Bereitungsweise in der Einleitung.

Jodoformin-Gaze.

5 pCt.

Tela Jodoformini.

Man bereitet sie wie die Amyloform-Gaze.

Jodol-Gaze.

a) 10 pCt.

100,0 Jodol,
1950,0 Weingeist von 90 pCt,
50,0 Glycerin v. 1,23 spez. Gew.,
850,0 hydrophile Gaze.

b) 20 pCt.

200,0 Jodol,
1700,0 Weingeist von 90 pCt,
100,0 Glycerin v. 1,23 spez. Gew.,
700,0 hydrophile Gaze.

Man löst das Jodol unter Anwendung von Wärme (50° C) im Weingeist, setzt nach und nach das Glycerin zu und tränkt mit dieser Flüssigkeit die Gaze. Letztere schlägt man sodann in Pergamentpapier ein und beschwert das Paket mit Gewichten. Nach 6 Stunden trocknet man die Gaze unter Abhaltung des Tageslichts auf dem Haspel oder Hängen über Holzstäbe.

Die Gaze muss frei von Stärke sein. Wäre nur stärkehaltige Gaze verfügbar, so wäscht man sie aus und zieht sie dann durch eine Natriumthiosulfatlösung von 1/4 pCt Gehalt und trocknet nun. Erst nach dem völligen Eintrocknen darf diese Gaze mit der Jodollösung in Berührung gebracht werden.

Karbol-Gaze.

Karbolsäure-Gaze. Tela carbolisata.

a) 5 Ct.

60,0 kryst. Karbolsäure,
30,0 Glycerin v. 1,23 spez. Gew.,
310,0 Weingeist von 90 pCt,
1100,0 destilliertes Wasser,
930,0 hydrophile Gaze.

Pressgewicht 2180,0.

b) 10 pCt.

120,0 kryst. Karbolsäure,
60,0 Glycerin v. 1,23 spez. Gew.,
620,0 Weingeist von 90 pCt,
700,0 destilliertes Wasser,
850,0 hydrophile Gaze.

Pressgewicht 2100,0.
Bereitungsweise in der Einleitung.

Karbol-Gaze Ph. Hung. II.

Tela carbolisata.

100,0 krystallisierte Karbolsäure,
900,0 Weingeist von 90 pCt.

Man taucht in die Lösung entfettete und getrocknete Gaze, presst sie aus und trocknet.

Kreolin-Gaze.

Tela creolinata.

a) 4 pCt.

50,0 Kreolin

löst man in

1450,0 destilliertem Wasser,

tränkt mit dieser Lösung

950,0 hydrophile Gaze.

Pressgewicht 2200,0.

b) 10 pCt.

120,0 Kreolin,
1380,0 destilliertes Wasser,
900,0 hydrophile Gaze.

Pressgewicht 2150,0.
Bereitungsweise in der Einleitung.

Loretinkalk-Gaze ca. 5 pCt.

20,0 krystallisiertes Calciumchlorid

löst man in

1460,0 destilliertem Wasser,

tränkt in der Lösung

950,0 hydrophile Gaze

und presst dann aus bis zu einem Gewicht von

2250,0.

Man zieht dann die ausgepresste Gaze langsam 2 mal durch eine neutrale Lösung von Natriumloretinat, die man sich bereitet hat durch allmähliches Eintragen von

60,0 Loretin

in eine auf 50—60° C erwärmte Lösung aus

ca. 9,0 kalziniertem Natriumkarbonat

und

1000,0 destilliertem Wasser.

Man drückt sodann die Gaze aus und trocknet sie durch Aufhängen.

Die verwendeten Salze müssen frei von Eisen sein.

Da bei der Arbeit Verluste unvermeidlich sind, sind sowohl das Calciumchlorid, als auch das Natriumloretinat im Überschuss vorgeschrieben, so dass mit Sicherheit der vorgeschriebene Gehalt erreicht wird.

Loretinnatrium-Gaze.
10 pCt.

120,0 Loretinnatrium

löst man in

1380,0 warmem Wasser

und tränkt damit

900,0 hydrophile Gaze (22—25 m).

Pressgewicht 2150,0.
Bereitungsweise in der Einleitung.

Lysol-Gaze.
Tela Lysoli.

a) 5 pCt.

60,0 Lysol,
90,0 Weingeist von 90 pCt,
1350,0 destilliertes Wasser,
950,0 hydrophile Gaze.

Pressgewicht 2200,0.

b) 10 pCt.

120,0 Lysol,
180,0 Weingeist von 90 pCt,
1200,0 destilliertes Wasser,
900,0 hydrophile Gaze.

Pressgewicht 2150,0.
Bereitungsweise in der Einleitung.

Naphtalin-Gaze.
Tela Naphtalini.

a) 10 pCt.

120,0 Naphtalin,
60,0 Glycerin v. 1,23 spez. Gew.,
1320,0 Weingeist von 90 pCt.
925,0 hydrophile Gaze.

Pressgewicht 2175,0.

b) 20 pCt.

240,0 Naphtalin,
120,0 Glycerin v. 1,23 spez. Gew.,
1140,0 Weingeist von 90 pCt,
700,0 hydrophile Gaze.

Man tränkt in erwärmtem Becken, presst auf ein Gewicht von

1950,0

aus und trocknet.

Perubalsam-Gaze.
15 pCt.
Tela balsami peruviani.

180,0 Perubalsam,
60,0 Kolophon,
1260,0 Weingeist von 95 pCt,
800,0 hydrophile Gaze.

Pressgewicht 2050,0.
Bereitungsweise in der Einleitung.
Der Kolophonzusatz hat nur den Zweck, die getränkte Gaze weniger klebend erscheinen zu lassen.

Perubalsam-Jodoform-Gaze.

Man streut in die Perubalsam-Gaze eine beliebige Menge Jodoform ein.

Pikrinsäure-Gaze.
1 pCt.
Tela picrinata.

12,0 Pikrinsäure,
1488,0 destilliertes Wasser,
990,0 hydrophile Gaze.

Pressgewicht 2240,0.
Bereitungsweise in der Einleitung.

Pyoktanin-Gaze.

0,2 pCt.

Tela Pyoctanini.

2,4 Pyoktanin, blau oder gelb,
500,0 Weingeist von 90 pCt,
1000,0 destilliertes Wasser,
1000,0 hydrophile Gaze.

Pressgewicht 2250,0.
Bereitungsweise in der Einleitung.

Resorcin-Gaze.

10 pCt.

Tela Resorcini.

120,0 Resorcin
löst man in
60,0 Glycerin v. 1,23 spez. Gew.,
860,0 destilliertem Wasser,
460,0 Weingeist von 90 pCt,
tränkt mit dieser Lösung
850,0 hydrophile Gaze.

Pressgewicht 2100,0.
Herstellungsweise in der Einleitung.

Salicyl-Gaze.

Salicylsäure-Gaze. Tela salicylata.

a) 5 pCt.
60,0 Salicylsäure,
60,0 Glycerin v. 1,23 spez. Gew.,
280,0 Weingeist von 90 pCt,
1100,0 destilliertes Wasser,
900,0 hydrophile Gaze.

Pressgewicht 2150,0.

b) 10 pCt.
120,0 Salicylsäure,
120,0 Glycerin v. 1,23 spez. Gew.,
560,0 Weingeist von 90 pCt,
800,0 hydrophile Gaze.

Pressgewicht 2050,0.
Bereitungsweise in der Einleitung, nur ist die Lösung zu erwärmen.

Die älteren Vorschriften von *Thiersch*, *Bruns* usw. werden kaum mehr ausgeführt; sie sind deshalb nicht mehr hier aufgeführt.

Salol-Gaze.

10 pCt.

Tela Saloli.

120,0 Salol,
120,0 Glycerin v. 1,23 spez. Gew.,
1160,0 Weingeist von 90 pCt,
200,0 Äther,
800,0 hydrophile Gaze.

Pressgewicht 2050,0.
Bereitungsweise in der Einleitung.

Sero-Sublimat-Gaze nach *Lister*.

Tela-Sero-Sublimati. Tela Hydrargyri albuminati.

6,0 Quecksilberchlorid
verreibt man fein und löst es durch Reiben in
600,0 Pferdeblut-Serum.
Man verdünnt mit
900,0 destilliertem Wasser,
seiht ab und tränkt damit
900,0 hydrophile Gaze (22—25 m).
Nachdem man bis auf ein Gewicht von
2250,0
abgepresst hat, hängt man die getränkte Gaze zum Trocknen auf Schnüre oder Holzstäbe, vermeidet aber hierbei die Einwirkung des Tages- oder gar Sonnenlichts.

Da Pferdeblut-Serum nicht überall zur Verfügung steht, möchte ich zum aushilfsweisen Gebrauch den früher von mir beschriebenen „Liquor Hydrargyri albuminati“ empfehlen. Die Vorschrift für obige Gaze würde dann lauten:

6,0 Quecksilberchlorid,
24,0 Natriumchlorid
löst man durch Verreiben in
90,0 Hühnereiweiss,
welches vorher zu Schnee geschlagen worden war und sich wieder verflüssigt hat, verdünnt die Lösung mit
1460,0 destilliertem Wasser,
seiht durch ein dichtes Leinentuch und tränkt damit
950,0 hydrophile Gaze (22—25 m).
Man presst bis zu einem Gewicht von
2250,0
ab und verfährt wie oben.

Einen weiteren Ersatz für das Pferdeblut-Serum besitzen wir in dem im Handel befindlichen Albuminum siccum (aus Blut); man nimmt davon den zehnten Teil des vorgeschriebenen Serum und löst in neun Teilen Wasser.

Silber-Gaze.

Dieselbe wird nach einem patentierten Verfahren hergestellt, derart, dass metallisches Silber auf die Faser niedergeschlagen wird. Sie soll ausserordentlich wirksam sein, während mir eine halbprozentige Actol- oder Itrol-Gaze bezw. -Watte von sachverständiger Seite als zu schwach wirkend bezeichnet wurde. Ich gebe deshalb zu letzteren keine Vorschriften.

Sozojodol-Gaze.

5 pCt.

Tela Sozojodoli.

60,0 Sozojodolnatrium,
30,0 Glycerin v. 1,23 spez. Gew.,
1410,0 destilliertes Wasser,
925,0 hydrophile Gaze.

Pressgewicht 2175,0.
Bereitungsweise in der Einleitung.

Sublimat-Gaze.

Tela Sublimati.

a) 0,5 pCt:

6,0 Quecksilberchlorid,
6,0 Natriumchlorid,
1500,0 destilliertes Wasser,
1000,0 hydrophile Gaze.

Pressgewicht 2250,0.

b) 1/3 pCt nach *Bergmann:*

3,6 Quecksilberchlorid

löst man in

120,0 Glycerin v. 1,23 spez. Gew.,
150,0 Weingeist von 90 pCt,
1200,0 destilliertem Wasser,

tränkt damit

900,0 hydrophile Gaze.

Pressgewicht 2150,0.

c) 1/4 pCt nach *Maas*:

3,0 Quecksilberchlorid,
60,0 Natriumchlorid,
60,0 Glycerin v. 1,23 spez. Gew.,
1400,0 destilliertes Wasser,
900,0 hydrophile Gaze.

Pressgewicht 2150,0.

d) 1/2 pCt nach *Maas*:

6,0 Quecksilberchlorid,
60,0 Natriumchlorid,
60,0 Glycerin v. 1,23 spez. Gew.,
1400,0 destilliertes Wasser,
900,0 hydrophile Gaze (22—25 m).

Pressgewicht 2150,0.
Bereitungsweise in der Einleitung.

Sublimat-Gaze nach der Deutschen Kriegs-Sanitätsordnung.

Tela Hydrargyri bichlorati. Tela Sublimati.

50,0 Quecksilberchlorid,
5000,0 Weingeist von 90 pCt,
7500,0 destilliertes Wasser,
2500,0 Glycerin v. 1,23 spez. Gew.,
0,5 Fuchsin.

Mit dieser Lösung tränkt man ungefähr 400 Meter Gaze und zieht durch eine Wringmaschine. Das Trocknen geschieht wie bei den vorhergehenden Nummern. Die Färbung hat nur den Zweck, die getränkte Gaze von der ungetränkten zu kennzeichnen.

Tannin-Gaze.

Tela acidi tannici.

50 pCt.

500,0 Gerbsäure,
600,0 destilliertes Wasser,
600,0 Weingeist von 90 pCt

löst man und tränkt damit in erwärmtem Becken unter Kneten

1000,0 hydrophile Gaze (22—25 m),

beschwert mit Gewichten und hängt nach drei- bis vierstündigem Stehen in einem warmen (ca. 20 ^{0} C) Raum zum Trocknen auf.

Die trockene Gaze ist beim Aufbewahren vor Licht und Luft zu schützen.

Thioform-Gaze.

5 pCt.

Tela Thioformii.

Bereitung wie Amyloform-Gaze.

Thymol-Gaze.

Tela Thymoli.

a) 2 pCt hydrophil:

25,0 Thymol,
1475,0 Weingeist von 90 pCt,
975,0 hydrophile Gaze.

Pressgewicht 2225,0.
Herstellungsweise in der Einleitung.

b) 3 pCt fettig:

30,0 Thymol,
1000,0 weisses Ceresin,
250,0 Olivenöl,
1000,0 hydrophile Gaze.

Man zieht die Gaze durch die geschmolzene heisse Masse und führt sie dann durch die Wringmaschine. Die erkaltete Gaze ist versandfertig.

Weinsäure-Gaze.

Tela acidi tartarici.

2 pCt.

25,0 Weinsäure

löst man in

1475,0 destilliertem Wasser
und tränkt damit
975,0 hydrophile Gaze.
Pressgewicht 2230,0.
Bereitungsweise in der Einleitung.

Weinsäure-Sublimat-Gaze.
Tela acidi tartarici c. Sublimato.
1 : 1/4 pCt.

12,0 Weinsäure,
3,0 Quecksilberchlorid
löst man in
1485,0 destilliertem Wasser
und tränkt damit
990,0 hydrophile Gaze.
Pressgewicht 2240,0.
Bereitungsweise in der Einleitung.

Wismut-Amylum-Gaze.
5 pCt.

20,0 Weizenstärke
mit
40,0 kaltem Wasser
angerührt, brüht man unter Rühren mit
1250,0 kochendem Wasser
auf, lässt diesen Kleister erkalten und vermischt dann damit die fein verriebene Mischung von
50,0 Wismutsubnitrat
mit
150,0 Weizenstärke.
Durch diese Mischung zieht man
930,0 hydrophile Gaze,
führt sie dann durch die Wringmaschine und trocknet sie sodann unter Abhaltung des Tageslichtes.

Wismutoxyjodid-Gaze.
5 pCt.

Bereitung wie Amyloform-Gaze.

Zinkchlorid-Gaze.
10 pCt.
Chlorzink-Gaze. Tela Zinci chlorati.

120,0 Zinkchlorid,
1380,0 destilliertes Wasser,
900,0 hydrophile Gaze.
Pressgewicht 2150,0.
Bereitungsweise in der Einleitung.

Zinksulfophenylat-Gaze.
10 pCt.
Tela Zinci sulfocarbolici.

120,0 Zinksulfophenylat,
60,0 Glycerin v. 1,23 spez. Gew.,
1320,0 destilliertes Wasser,
850,0 hydrophile Gaze.
Pressgewicht 2100,0.
Bereitungsweise in der Einleitung.

Xeroform-Gaze.
5 u. 10 pCt.

Bereitung wie Amyloform-Gaze.

II. Watte. †

Gossypium. Watta.

Hydrophile Watte. Verband-Baumwolle. Charpie-Baumwolle.

Das Entfetten der Rohbaumwolle geschieht durch wiederholte Laugenbehandlung und nicht, wie man verschiedentlich angegeben findet, durch Extraktion mit Benzin oder dergleichen. Der Laugenbehandlung folgt das Bleichen, dann das Trocknen und den Schluss macht das Krempeln, um der Watte die durch die verschiedenen Wäschen verloren gegangene lockere Beschaffenheit wieder zu geben. Diese Arbeiten sind nur im grossen durchführbar, so dass es sich auch hier gebietet, die hydrophile Watte zu beziehen und nur das Tränken derselben vorzunehmen.

Eine gute Verbandwatte soll nicht mehr wie 0,3 pCt Glührückstand ergeben.

Verbandwatte besitzt ein grosses Aufsaugevermögen und hält, in Wasser getaucht und ausgepresst, davon das Doppelte des eigenen Gewichts zurück.

Das Herstellungsverfahren für imprägnierte Watte wird hierauf Rücksicht nehmen und dahin lauten müssen, die Watte in der Medikamentlösung zu tränken und bis auf das 3-fache

† S. Bezugsquellen-Verzeichnis.

Gewicht auszupressen. Die von der Watte zurückgehaltene Medikamentlösung muss denjenigen Prozentsatz Medikament enthalten, welchen man der Watte zuführen will.

Zur Herstellung einer 10-prozentigen Watte hätte man demnach folgendes, für die meisten der nachfolgenden Vorschriften giltige Verfahren, einzuhalten:

150,0 Medikament,

gelöst in

2850,0 Lösungsmittel.

Man tränkt damit

900,0 hydrophile Watte,

presst sie auf ein Gewicht von

2900,0

aus, zerzupft die Watte und trocknet sie.

Das Gewicht der ausgepressten Watte bestimmt man am bequemsten indirekt in der Weise, dass man die Pressflüssigkeit in einer gewogenen Schale auffängt und wägt.

Bei den anderen Prozentsätzen ergeben sich folgende beim Auspressen der getränkten Watte einzuhaltende Gewichte:

	Gewicht der ausgepressten Watte (Pressgewicht)
1 pCt	= 2990,0
2 „	= 2980,0
3 „	= 2970,0
4 „	= 2960,0
5 „	= 2950,0
6 „	= 2940,0
7 „	= 2930,0
8 „	= 2920,0
9 „	= 2910,0
10 „	= 2900,0
15 „	= 2850,0
20 „	= 2800,0

Das Tränken, ähnlich wie bei der Gaze, besteht darin, die hydrophile Watte in der Flüssigkeit zu kneten und sie je nach Vorschrift entweder bis zu einem bestimmten Gewicht auszupressen oder mit Gewichten zu belasten und einige Stunden ruhig sich selbst zu überlassen. Die Farbstoffzusätze haben den gleichen Zweck wie bei der Gaze.

Das Trocknen geschieht auf Horden in Trockenschränken oder in Zimmertemperatur.

Die getrocknete Watte wird durch Auseinanderzupfen, besser noch durch Krempeln, das man auch mit kleinen Handmaschinen ausführen kann, gelockert und in Pakete zu 25, 50, 100 und 250 g Inhalt gepackt. Eine für diesen Zweck bestimmte Paketpresse ist unter „Pressen“ abgebildet.

Als Einhüllungsstoff dient, je nachdem es sich um flüchtige oder nicht flüchtige Stoffe handelt, Glas, Stanniol, Pergament- oder Ceresin-Papier.

Alembrothsalz-Watte.

Gossypium salis Alembrothi.

1,5 Ammoniumchlorid,
3,75 Quecksilberchlorid,
500,0 Weingeist von 90 pCt,
2500,0 destilliertes Wasser,
1000,0 hydrophile Watte.

Pressgewicht 3000,0.
Herstellungsweise in der Einleitung.

Arnika-Watte.

Gossypium arnicatum.

20 pCt Tinktur und 10 pCt Glycerin.

300,0 Arnikatinktur,
120,0 Glycerin v. 1,23 spez. Gew.,
2500,0 verdünnt. Weingeist von 68 pCt,
900,0 hydrophile Watte.

Pressgewicht 2900,0.
Herstellungsweise in der Einleitung.

Benzoësäure-Watte.

Gossypium benzoïcum.

a) 4 pCt.

60,0 Benzoësäure,
60,0 Glycerin v. 1,23 spez. Gew.,
1440,0 Weingeist von 90 pCt,
1440,0 destilliertes Wasser,
920,0 hydrophile Watte.

Pressgewicht 2920,0.

b) 10 pCt.

150,0 Benzoësäure,
75,0 Glycerin v. 1,23 spez. Gew.,
1400,0 Weingeist von 90 pCt,
1450,0 destilliertes Wasser,
850,0 hydrophile Watte.

Pressgewicht 2900,0.

Borsäure-Watte.

Gossypium acidi borici.

a) 5 pCt.

75,0 Borsäure,
2925,0 heisses destilliertes Wasser,
950,0 hydrophile Watte.

Pressgewicht 2950,0.

b) 10 pCt.

150,0 Borsäure,
2850,0 heisses destilliertes Wasser,
900,0 hydrophile Watte.

Pressgewicht 2900,0.

c) 20 pCt.

300,0 Borsäure,
2700,0 heisses destilliertes Wasser,
0,2 Fuchsin,
800,0 hydrophile Watte.

Pressgewicht 2800,0.
Herstellungsweise in der Einleitung.

Chlorzink-Watte nach *Bardeleben*.

10 pCt.

Zinkchlorid-Watte. Gossypium Zinci chlorati.

150,0 Zinkchlorid,
2850,0 heisses destilliertes Wasser,
900,0 hydrophile Watte.

Pressgewicht 2900,0.
Herstellungsweise in der Einleitung.

Eisenchlorid-Watte.

Gossypium haemostaticum. Gossypium Ferri sesquichlorati.

750,0 Eisenchloridlösung,
1175,0 destilliertes Wasser,
1000,0 Weingeist von 90 pCt,
750,0 hydrophile Watte.

Pressgewicht 2750,0.
Herstellungsweise in der Einleitung.

Essigsaure Thonerde-Watte nach *Burow*.

Gossypium Aluminii acetici.

a) 5 pCt.

1000,0 Aluminiumacetatlösung,
2000,0 destilliertes Wasser,
950,0 hydrophile Watte.

Pressgewicht 2950,0.

b) 10 pCt.

2000,0 Aluminiumacetatlösung,
1000,0 destilliertes Wasser,
900,0 hydrophile Watte.

Pressgewicht 2900,0.
Herstellungsweise in der Einleitung.

Ferripyrin-Watte.

10 pCt.

Gossypium Ferripyrini.

150,0 Ferripyrin,
75,0 Glycerin v. 1,23 spez. Gew.,
1850,0 destilliertes Wasser,
850,0 hydrophile Watte.

Pressgewicht 2850,0.
Herstellungsweise in der Einleitung.

Ichthyol-Watte.

Gossypium Ichthyoli.

a) 20 pCt.

300,0 Ichthyolammonium,
700,0 Weingeist von 90 pCt,
2000,0 destilliertes Wasser,
800,0 hydrophile Watte.

Pressgewicht 2800,0.

b) 50 pCt.

750,0 Ichthyolammonium,
750,0 Weingeist von 90 pCt,
1500,0 destilliertes Wasser,
500,0 hydrophile Watte.

Pressgewicht 2000,0.
Herstellungsweise in der Einleitung.

Jod-Watte.

10 pCt.

Gossypium jodatum.

10,0 Jod

breitet man auf dem Boden einer Weithals-Glasbüchse aus, schichtet

100,0 hydrophile Watte

darüber, verbindet die Büchse mit glyceriniertem Pergamentpapier und erhitzt nun in einem Wasserbad von 50—60° C so lange, bis sich alles Jod verflüchtigt und die Baumwolle gleichmässig durchzogen hat.

Man verabfolgt in gut verkorkten Glasbüchsen.

Jodoform-Watte nach *von Mosetig*.

Gossypium jodoformiatum.

a) 4 und 5 pCt.

60,0 bezw. 75,0 Jodoform,
600,0 „ 750,0 Äther,
2340,0 „ 2175,0 Weing. v. 95 pCt,
960,0 „ 950,0 hydrophile Watte.

Pressgewicht 2960,0 bezw. 2950,0.

b) 10 pCt.
150,0 Jodoform,
50,0 Ricinusöl,
25,0 Kolophon,
1250,0 Äther,
1500,0 Weingeist von 95 pCt,
850,0 hydrophile Watte.
Pressgewicht 2850,0.

c) 20 pCt.
300,0 Jodoform,
100,0 Ricinusöl,
50,0 Kolophon,
2000,0 Äther,
500,0 Weingeist von 95 pCt,
800,0 hydrophile Watte.
Pressgewicht 2700,0.

Bei Herstellung der vier Prozentsätze muss man sich einer gewissen Schnelligkeit befleissigen.

Man schlägt jede Nummer nach dem Tränken in dünnes Pergamentpapier, sticht am Rande eine Reihe von Löchern ein und presst aus.

Das Trocknen geschieht durch Ausbreiten an der Luft. Während der ganzen Arbeit ist das Tageslicht abzuhalten.

Jodol-Watte.

a) 5 pCt.
75,0 Jodol,
2900,0 Weingeist von 90 pCt,
75,0 Glycerin v. 1,23 spez. Gew.,
900,0 hydrophile Watte.
Pressgewicht 2900,0.

b) 10 pCt.
150,0 Jodol,
2750,0 Weingeist von 90 pCt,
75,0 Glycerin v. 1,23 spez. Gew.,
850,0 hydrophile Watte.
Pressgewicht 2850,0.

Man löst das Jodol unter Anwendung von Wärme (50° C) im Weingeist, setzt nach und nach das Glycerin zu und tränkt mit dieser Lösung die Watte unter Kneten. Man schlägt sie sodann in Pergamentpapier ein, durchsticht dieses an den Seiten des Pakets mit einer Nadel und presst das Paket aus.

Die ausgepresste Watte zerzupft man oberflächlich und trocknet sie durch Ausbreiten an der Luft, aber unter Abhaltung des Tageslichts.

Karbol-Watte.

Gossypium carbolisatum. Karbolsäure-Watte.

a) 5 pCt.
75,0 kryst. Karbolsäure,
30,0 Glycerin v. 1,23 spez. Gew.,
395,0 Weingeist von 90 pCt,
2500,0 destilliertes Wasser,
930,0 hydrophile Watte.
Pressgewicht 2930,0.

b) 10 pCt.
150,0 kryst. Karbolsäure,
75,0 Glycerin v. 1,23 spez. Gew.,
790,0 Weingeist von 90 pCt,
2000,0 destilliertes Wasser,
850,0 hydrophile Watte.
Pressgewicht 2850,0.
Herstellungsweise in der Einleitung.

Kokaïn-Watte.

Gossypium Cocaïni.

3,0 Kokaïnhydrochlorid,
100,0 destilliertes Wasser,
50,0 Weingeist von 90 pCt,
100,0 hydrophile Watte.

Man tränkt laut Einleitung und trocknet bei 30° C.

Kokaïn-Bor-Watte.

Gossypium Boro-Cocaïni.

a) 2,0 Kokaïnhydrochlorid,
5,0 Borsäure,
3,0 kryst. Karbolsäure,
10,0 Glycerin v. 1,23 spez. Gew.,
50,0 Weingeist von 90 pCt,
80,0 destilliertes Wasser,
80,0 hydrophile Watte.

Man tränkt laut Einleitung und trocknet durch Ausbreiten an der Luft.

b) Vorschrift nach *Eller*.
2,0 Borsäure
löst man durch Erhitzen in
4,0 Glycerin v. 1,23 spez. Gew.,
verdünnt mit
30,0 destilliertem Wasser,
fügt
2,0 Kokaïnhydrochlorid,
1,0 kryst. Karbolsäure
hinzu und drängt damit
30,0 hydrophile Watte.

Die Kokaïn-Bor-Watte soll ein gutes Mittel gegen Brandwunden sein.

Kokaïn-Morphium-Watte.

Gossypium Cocaïno-Morphii.

3,0 Kokaïnhydrochlorid,
1,5 Morphinhydrochlorid,

75,0 Weingeist von 90 pCt,
75,0 destilliertes Wasser,
100,0 hydrophile Watte.

Man tränkt laut Einleitung und trocknet bei 30° C.

Die Kokaïn-Morphium-Watte wird als schmerzstillendes Mittel zum Tamponieren hohler Zähne benützt.

Kreolin-Watte.

Gossypium Creolini.

a) 5 pCt.

75,0 Kreolin,
75,0 Weingeist von 90 pCt,
2850,0 destilliertes Wasser,
950,0 hydrophile Watte.

Pressgewicht 2950,0.

b) 10 pCt.

150,0 Kreolin,
150,0 Weingeist von 90 pCt,
2700,0 destilliertes Wasser,
900,0 hydrophile Watte.

Pressgewicht 2900,0.
Herstellungsweise in der Einleitung.

Kupfersulfat-Watte.

Gossypium Cupri sulfurici.

2 pCt.

30,0 Kupfersulfat,
2700,0 destilliertes Wasser,
980,0 hydrophile Watte.

Pressgewicht 2980,0.
Herstellungsweise in der Einleitung.

Loretinnatrium-Watte.

10 pCt.

150,0 Loretinnatrium,
2850,0 warmes Wasser,
900,0 hydrophile Watte.

Pressgewicht 2900,0.
Herstellungsweise in der Einleitung.
Man trocknet unter Abhaltung des Tageslichtes bei einer Temperatur von 20—25° C.

Lysol-Watte.

Gossypium Lysoli.

a) 5 pCt.

75,0 Lysol,
125,0 Weingeist von 90 pCt,
2800,0 destilliertes Wasser,
950,0 hydrophile Watte.

Pressgewicht 2950,0.

b) 10 pCt.

150,0 Lysol,
150,0 Weingeist von 90 pCt,
2600,0 destilliertes Wasser,
900,0 hydrophile Watte.

Pressgewicht 2900,0.
Herstellungsweise in der Einleitung.

Naphtalin-Watte.

Gossypium Naphtalini.

a) 5 pCt.

75,0 Naphtalin,
30,0 Glycerin v. 1,23 spez. Gew.,
2885,0 Weingeist von 90 pCt,
930,0 hydrophile Watte.

Pressgewicht 2930,0.

b) 10 pCt.

150,0 Naphtalin,
75,0 Glycerin v. 1,23 spez. Gew.,
2775,0 Weingeist von 90 pCt,
850,0 hydrophile Watte.

Pressgewicht 2850,0.
Herstellungsweise in der Einleitung.

Oxynaphtoë-Watte nach *Helbig*.

Gossypium acidi α-oxynaphtoïci.

37,5 Oxynaphtoësäure,
2500,0 Weingeist von 90 pCt,
500,0 Glycerin v. 1,23 spez. Gew.,
0,05 Fuchsin.

Man löst und tränkt damit
2000,0 hydrophile Watte.

Man trocknet durch Ausbreiten an der Luft.

Pyoktanin-Watte.

0,1 pCt.

Gossypium Pyoctanini.

1,5 Pyoktanin, blau oder gelb,
1000,0 Weingeist von 90 pCt,
2000,0 destilliertes Wasser,
1000,0 hydrophile Watte.

Man verfährt nach den Angaben der Einleitung und presst auf ein Gewicht von
3000,0
ab.

Resorcin-Watte.

Gossypium resorcinatum.

a) 3 pCt.

45,0 Resorcin,
45,0 Glycerin v. 1,23 spez. Gew.,
900,0 Weingeist von 90 pCt,
2000,0 destilliertes Wasser,
940,0 hydrophile Watte.

Pressgewicht 2940,0.

b) 5 pCt.

75,0 Resorcin,
75,0 Glycerin v. 1,23 spez. Gew.,
850,0 Weingeist von 90 pCt,
2000,0 destilliertes Wasser,
900,0 hydrophile Watte.

Pressgewicht 2900,0.

Herstellungsweise in der Einleitung.

Salicyl-Watte.

Salicylsäure-Watte. Gossypium salicylatum..

a) 5 pCt.

75,0 Salicylsäure,
75,0 Glycerin v. 1,23 spez. Gew.,
250,0 Weingeist von 90 pCt,
2600,0 destilliertes Wasser,
900,0 hydrophile Watte.

Pressgewicht 2900,0.

b) 10 pCt.

150,0 Salicylsäure,
150,0 Glycerin v. 1,23 spez. Gew.,
500,0 Weingeist von 90 pCt,
2200,0 destilliertes Wasser,
800,0 hydrophile Watte.

Pressgewicht 2800,0.

Herstellungsweise in der Einleitung.

Salol-Watte.

5 pCt.

Gossypium Saloli.

75,0 Salol,
75,0 Glycerin v. 1,23 spez. Gew.,
2650,0 Weingeist von 90 pCt,
200,0 Äther,
850,0 hydrophile Watte.

Pressgewicht 2900,0.

Herstellungsweise in der Einleitung.

Sero-Sublimat-Watte nach *Lister*.

Gossypium Sero-Sublimati.
Gossypium Hydrargyri albuminati.

$^1/_2$ pCt.

7,5 Quecksilberchlorid

löst man durch Verreiben in

750,0 Pferdeblut-Serum,

verdünnt mit

2250,0 destilliertem Wasser,

tränkt

880,0 hydrophile Watte

und presst bis zu einem Gewicht von

2880,0

aus.

In Ermangelung von Pferdeblut-Serum benützt man den von mir beschriebenen „Liquor Hydrargyri albuminati". Die Vorschrift lautet dann

7,5 Quecksilberchlorid,
30,0 Natriumchlorid

löst man durch Verreiben in

110,0 Hühnereiweiss,

verdünnt mit

2950,0 destilliertem Wasser,

tränkt damit

850,0 hydrophile Watte

und presst bis auf

2850,0

aus.

Man trocknet die nach beiden Vorschriften hergestellten Watten bei 25—30° C.

Die Einwirkung von Tageslicht ist zu vermeiden.

Über die aushilfsweise Verwendung von Albuminum siccum des Handels s. Sero-Sublimat-Gaze.

Sublimat-Watte.

0,5 pCt.

7,5 Quecksilberchlorid,
7,5 Natriumchlorid,
3000,0 destilliertes Wasser,
985,0 hydrophile Watte.

Pressgewicht 2985,0.

Herstellungsweise in der Einleitung.

Tannin-Karbol-Watte.

10 : 8 pCt.

Gossypium Tannini carbolisatum.

150,0 Gerbsäure,
150,0 krystallisierte Karbolsäure,
150,0 Ricinusöl,

2550,0 Weingeist von 95 pCt,
700,0 hydrophile Watte.

Man verfährt laut Einleitung, presst bis auf ein Gewicht von

2700,0

ab und trocknet durch Ausbreiten an der Luft.

Thymol-Watte.
1 pCt.
Gossypium Thymoli.

15,0 Thymol,
75,0 Glycerin v. 1,23 spez. Gew.,
2910,0 Weingeist von 90 pCt,
940,0 hydrophile Watte.

Pressgewicht 2940,0.
Herstellungweise in der Einleitung.

Weinsäure-Watte.
2 pCt.
Gossypium acidi tartarici.

30,0 Weinsäure,
2700,0 destilliertes Wasser,
970,0 hydrophile Watte.

Pressgewicht 2980,0.
Herstellungsweise in der Einleitung.

Weinsäure-Sublimat-Watte.
1 : 1/4 pCt.
Gossypium acidi tartarici c. Sublimato.

15,0 Weinsäure,
3,75 Quecksilberchlorid,
1500,0 destilliertes Wasser,
1500,0 Weingeist von 90 pCt,
980,0 hydrophile Watte.

Pressgewicht 2230,0.
Herstellungsweise in der Einleitung.

Zinksulfophenylat-Watte.
5 pCt.
Gossypium Zinci sulfocarbolici.

75,0 Zinksulfophenylat,
75,0 Glycerin v. 1,23 spez. Gew.
2850,0 destilliertes Wasser,
900,0 hydrophile Watte.

Pressgewicht 2150,0.
Herstellungsweise in der Einleitung.

III. Jute. †

Juta.

Man verwendet eine ungebleichte, sogen. Roh-Jute und eine gebleichte Jute. Da sich die letztere besser zum Tränken eignet wie die erstere, so wird in den folgenden Vorschriften nur die bessere Ware Berücksichtigung finden. Im allgemeinen besitzt Jute kein so grosses Aufsaugevermögen wie Baumwolle; dafür ist sie aber durchlässiger und bäckt nicht so leicht zusammen.

Ganz wie bei der Watte und der Gaze knetet man die Jute in der Tränkflüssigkeit und presst sie bis zu den in den Vorschriften angegebenen Pressgewichten aus. Dann trocknet man. Die ausgepresste Jute hält, ähnlich der Gaze, 1 1/4 ihres Eigengewichtes Flüssigkeit zurück.

Das ganze Verfahren, ebenso die Verpackung, ist das bei der Watte gebräuchliche.

Benzoë-Jute.
Juta benzoata. Juta acidi benzoïci.

a) 5 pCt.

60,0 Benzoësäure,
30,0 Glycerin v. 1,23 spez. Gew.,
1410,0 Weingeist von 95 pCt,
925,0 gebleichte Jute.

Pressgewicht 2175,0.

b) 10 pCt.

120,0 Benzoësäure,
60,0 Ricinusöl,
1320,0 Weingeist von 95 pCt,
850,0 gebleichte Jute.

Pressgewicht 2100,0.
Herstellungsweise in der Einleitung zu Gaze.

Chlorzink-Jute nach *Bardeleben.*
10 pCt.
Zinkchlorid-Jute. Juta Zinci chlorati.

120,0 Zinkchlorid,
1380,0 heisses destilliertes Wasser,
900,0 gebleichte Jute.

† S. Bezugsquellen-Verzeichnis.

Pressgewicht 2150,0.
Herstellungsweise in der Einleitung zu Gaze.

Essigsaure Thonerde-Jute nach *Burow*.

Juta Aluminii acetici.

a) 5 pCt.

750,0 Aluminiumacetatlösung,
750,0 destilliertes Wasser,
950,0 gebleichte Jute.

Pressgewicht 2200,0.

b) 10 pCt.

1500,0 Aluminiumacetatlösung,
900,0 gebleichte Jute.

Pressgewicht 2150,0.
Herstellungsweise in der Einleitung zu Gaze.

Jodoform-Jute.

10 pCt.

Juta jodoformiata.

100,0 Jodoform,
30,0 Kolophon,
30,0 Ricinusöl,
700,0 Äther,
500,0 Weingeist von 90 pCt,
1000,0 gebleichte Jute.

Man tränkt und trocknet ohne auszupressen an der Luft, vermeidet aber die Einwirkung des Tageslichts.

Karbol-Jute, unfixiert.

Juta carbolisata.

a) 5 pCt.

60,0 krystallisierte Karbolsäure,
1000,0 Weingeist von 90 pCt,
440,0 destilliertes Wasser,
925,0 gebleichte Jute.

Pressgewicht 2200,0.

b) 10 pCt.

120,0 krystallisierte Karbolsäure,
1000,0 Weingeist von 90 pCt,
380,0 destilliertes Wasser,
900,0 gebleichte Jute.

Pressgewicht 2150,0.
Herstellungsweise in der Einleitung zu Gaze.

Karbol-Jute, fixiert, nach *Münnich*.

Juta carbolisata.

8 pCt.

80,0 krystallisierte Karbolsäure,
200,0 Kolophon,
100,0 Walrat,
1250,0 Weingeist von 95 pCt,
920,0 gebleichte Jute.

Man tränkt in warmer Lösung, ohne abzupressen, beschwert unter Erwärmen einige Stunden mit Gewichten und trocknet an der Luft.

Karbol-Spiritus-Jute.

Juta carbolo-spirituosa.

10 pCt.

100,0 krystallisierte Karbolsäure,
600,0 Weingeist von 90 pCt.

Man begiesst mit dieser Lösung

900,0 Pressstücke von Jute

von allen Seiten möglichst gleichmässig, schlägt sie dann in Pergamentpapier ein und bewahrt sie so auf.

Resorcin-Jute.

Juta resorcinata.

5 pCt.

60,0 Resorcin,
60,0 Glycerin v. 1,23 spez. Gew.,
380,0 Weingeist von 90 pCt,
1000,0 destilliertes Wasser,
900,0 gebleichte Jute.

Pressgewicht 2155,0.
Herstellungsweise in der Einleitung zu Gaze.

Salicyl-Jute.

Juta salicylata.

a) 5 pCt.

60,0 Salicylsäure,
30,0 Glycerin v. 1,23 spez. Gew.,
1400,0 Weingeist von 90 pCt,
925,0 gebleichte Jute.

Pressgewicht 2175,0.

b) 10 pCt.

120,0 Salicylsäure,
60,0 Ricinusöl,
1320,0 Weingeist von 90 pCt,
850,0 gebleichte Jute.

Pressgewicht 2100,0.
Herstellungsweise in der Einleitung zu Gaze.

Sero-Sublimat-Jute.

Juta Sero-Sublimati. Juta Hydrargyri albuminati.

a) $^1/_4$ pCt.

2,5 Quecksilberchlorid,
250,0 Pferdeblut-Serum,

1250,0 destilliertes Wasser,
970,0 gebleichte Jute.

b) 1/2 pCt.

5,0 Quecksilberchlorid,
500,0 Pferdeblut-Serum,
1000,0 destilliertes Wasser,
940,0 gebleichte Jute.

a und b, gut getränkt, trocknet man, ohne sie vorher auszupressen, bei 25—30 ° C.

In Ermanglung von Pferdeblut-Serum benützt man den von mir beschriebenen „Liquor Hydrargyri albuminati". Die Vorschrift lautet dann:

2,5 bez. 5,0 Quecksilberchlorid,
2,5 „ 5,0 Natriumchlorid,
10,0 „ 25,0 Hühnereiweiss,
1500,0 destilliertes Wasser,
1000,0 gebleichte Jute.

Herstellung wie oben.

Über die Verwendung des Albuminum siccum des Handels s. Sero-Sublimat-Gaze.

Sublimat-Chlornatrium-Jute.

Juta Sublimati et Natrii chlorati.

1/2 pCt.

5,0 Quecksilberchlorid,
50,0 Natriumchlorid,
50,0 Glycerin v. 1,23 spez. Gew.,
1400,0 destilliertes Wasser,
900,0 gebleichte Jute.

Man tränkt und trocknet bei 25—30 ° C, ohne vorher auszupressen.

IV. Verschiedene.

Holzwolle. †

Eine leichte, wollige Masse, welche grosse Mengen Flüssigkeit in sich aufzunehmen vermag und sich dabei durch Billigkeit auszeichnet. Sie findet sowohl in rohem Zustand, als auch mit Sublimat getränkt Anwendung, wird aber jetzt vielfach durch gesiebte Sägespäne ersetzt.

Sublimat-Holzwolle.

3/10 und 1/2 pCt.

3,0 bez. 5,0 Quecksilberchlorid,
60,0 Glycerin v. 1,23 spez. Gew.,
500,0 Weingeist von 90 pCt,
1500,0 destilliertes Wasser,
950,0 Holzwolle. †

Man mischt gut und trocknet bei 25—30 ° C.

Bor-Lint.

5 pCt.

50,0 Borsäure,
1000,0 heisses destilliertes Wasser,

man löst, setzt

500,0 Weingeist von 90 pCt

zu, tränkt damit

950,0 Lint, †

und trocknet durch Hängen auf Schnüre oder Holzleisten.

Jodoform-Lint.

10 pCt.

100,0 Jodoform,
700,0 Äther.

Man begiesst mit dieser Lösung

900,0 Lint, †

beschwert mit Gewichten und hängt nach drei bis vier Stunden zum Trocknen auf Schnüre oder Stäbe. Während der ganzen Arbeit ist das Tageslicht zu vermeiden.

Kreolin-Lint.

2 pCt.

20,0 Kreolin

löst man in

1000,0 destilliertem Wasser,
500,0 Weingeist von 90 pCt,

tränkt

980,0 Lint, †

damit und trocknet durch Hängen auf Schnüre oder Holzleisten.

Weinsäure-Sublimat-Lint.

1 : 1/4 pCt.

10,0 Weinsäure,
2,5 Quecksilberchlorid

löst man in

† S. Bezugsquellen-Verzeichnis.

1000,0 destilliertem Wasser,
500,0 Weingeist von 90 pCt,

tränkt damit

1000,0 Lint †

und trocknet unter Vermeidung des Tageslichts durch Hängen auf Schnüre oder Holzstäbe.

Torfmull, gereinigter.

Gereinigter Torfmull.

Die Reinigung bewerkstelligt man in der Weise, dass man durch Sieben sowohl zu grobe, als auch zu feine Teile abscheidet und das Zurückbleibende durch mehrfaches Auswässern von den löslichen Stoffen befreit.

Jodoform-Torfmull nach *Neuber*.

2, 5 und 10 pCt.

10,0 Kolophon,
2,5 Glycerin v. 1,23 spez. Gew.,
1000,0 Weingeist von 90 pCt,
970,0 bezw. 930,0 bezw. 890,0 gereinigter Torfmull. †

Man verteilt die Lösung möglichst gleichmässig im Mull und mischt dann sofort durch Einstreuen mittels Streubüchse

20,0 bezw. 50,0 bezw. 100,0 Jodoform (praeparatum)

unter.

Zum Trocknen genügt Ausbreiten an der Luft.

Karbol-Torfmull nach *Neuber*.

2, 5 und 10 pCt.

20,0 bezw. 50,0 und 100,0 krystallisierte Karbolsäure,
40,0 Kolophon,
20,0 Ricinusöl,
1000,0 Weingeist von 90 pCt,
920,0 bezw. 890,0 und 840,0 gereinigter Torfmull. †

Lösung und Torf mischt man möglichst gleichmässig und trocknet in gewöhnlicher Zimmertemperatur.

Sublimat-Torfmull nach *von Bruns jun.*

$^1/_2$ pCt.

5,0 Quecksilberchlorid,
50,0 Glycerin v. 1,23 spez. Gew.,
1000,0 Weingeist von 90 pCt

löst man.

Andrerseits nässt man

950,0 gereinigten Torfmull †

mit

5000,0 destilliertem Wasser,

presst aus und begiesst den Presskuchen mit der Sublimatlösung.

Man zerreibt, mischt gut und trocknet bei 25—30° C.

Jodoform-Werg.

Man bereitet es wie Jodoform-Jute.

Sublimat-Werg.

Man bereitet es wie Sublimat-Jute.

Moos. †

Verband-Moos.

Es ist ein Flüssigkeiten stark aufsaugender Körper, welcher dieser Eigenschaft wegen in der Form von Kissen, Filz, Pappe, Blättern und Binden mit Vorliebe angewendet wird.

Sublimat-Moos.

$^1/_2$ pCt.

Man bereitet es wie Sublimat-Torfmull.

NB. Das Moos muss vor dem Tränken gut ausgewässert werden.

Salicyl-Wattebäuschchen.

Zehnprozentige Salicylwatte teilt man in

2,0 schwere („grössere“),
1,0 „ („kleinere“)

Bäuschchen ab und verpackt sie.

Sublimat-Wattebäuschchen.

Man stellt sie aus Sublimatwatte her wie Salicyl-Wattebäuschchen.

Verbandpulver nach *Bottini*.

90,0 Magnesiumoxyd oder Zuckerpulver,
10,0 fein zerriebenes Zinksulfophenylat

mischt man.

---

† S. Bezugsquellen-Verzeichnis.

Jodoform-Sand nach *Schede*.

10 pCt.

50,0 Kolophon,
50,0 Ricinusöl,
100,0 Äther,
100,0 geglühter Sand.

Man mischt gut, streut

100,0 Jodoform

ein und wiederholt das Mischen.

Karbol-Sand nach *Jurié*.

5 und 10 pCt.

50,0 bezw. 100,0 kryst. Karbolsäure,
100,0 bezw. 200,0 Kolophon,
200,0 Äther,
1000,0 geglühter Sand.

Man mischt gut und trocknet bei gewöhnlicher Zimmertemperatur.

Sublimat-Sand nach *Schede*.

$^2/_{10}$ und $^4/_{10}$ pCt.

2,0 bezw. 4,0 Quecksilberchlorid,
20,0 „ 40,0 Glycerin v. 1,23 sp. G.,
100,0 Weingeist von 90 pCt,
1000,0 geglühter Sand.

Man mischt und trocknet bei gewöhnlicher Zimmertemperatur.

Binden. †

Man bezieht dieselben.

Cambric-Binden. †

Man bezieht dieselben.

Flanell-Binden. †

Man bezieht dieselben.

Gaze-Binden.

Jodoform-Gaze,
Karbol-Gaze,
Salicyl-Gaze,
Sublimat-Gaze.

Man schneidet die betreffenden, präparierten Gazen auf der Bindenschneidemaschine † in Streifen von 5, 8 und 10 cm Breite und wickelt diese mit dem Bindenwickler † auf.

Gips-Binden.

10 m appretierte Gaze, 6, 8 oder 10 cm breit,

wickelt man mit dem Bindenwickler † auf und streut währenddem möglichst reichlich

q. s. Verbandgips

ein, so dass die Maschen von letzterem gefüllt sind.

Zur Herstellung in grösseren Mengen bedient man sich der Gipsbinden-Maschine †, eines kleinen Apparats, mittels dessen man die Maschen des Stoffes während des Wickelns gleichmässig mit gebranntem Gips füllt.

Die fertigen Rollen setzt man in Blechbüchsen, deren Deckel gut schliessen, ein und umklebt den Deckelrand mit einem Papierstreifen, der die Bezeichnung trägt.

Schlauch-Binden. †

Man bezieht dieselben.

Resorbierbares Roh-Katgut. †

Dasselbe wird in der Weise hergestellt, dass der „grüne" (dem Tier frisch entnommene) Hammeldarm, nachdem er gut gereinigt ist, in Streifen geschnitten und sofort zu Saiten gedreht und getrocknet wird. Die Saite wird dann, um sie von Fett zu befreien, mit Äther oder Chloroform ausgezogen. Roh-Katgut ist durch Äther-Extraktion auf seinen Fettgehalt zu prüfen.

Chromsäure-Katgut. †

200,0 Roh-Katgut

rollt man auf einen Cylinder und legt denselben in dieser Form 48 Stunden in eine Lösung von

1,0 Chromsäure,
4000,0 destilliertem Wasser,
200,0 kryst. Karbolsäure.

Man nimmt dann das Katgut heraus, spannt es auf und bewahrt es, nachdem es trocken, in 20-proz. Karbolöl auf.

Formalin-Katgut.

Q. s. entfettetes Roh-Katgut

legt man 24 Stunden in eine

2-proz. wässerige Formalinlösung,

lässt abtropfen und bewahrt das so behandelte Katgut in einer 0,8-proz. Formalinlösung in gut verschlossenen braunen Gläsern auf.

---

† S. Bezugsquellen-Verzeichnis.

Juniperus-Katgut nach *Kocher*.

Roh-Katgut

legt man 24 Stunden in

Wacholderbeeröl,

wickelt es dann auf Rollen und bewahrt es entweder in Wacholderbeeröl oder in folgender Lösung auf:

0,5 Quecksilberchlorid,
100,0 Glycerin v. 1,23 spez. Gew.,
900,0 Weingeist von 90 pCt.

Karbol-Katgut.

a) Vorschrift v. *Lister*.

9,0 krystallisierte Karbolsäure,
1,0 destilliertes Wasser,
50,0 Olivenöl

giebt man in eine Weithalsglasbüchse und fügt

q. s. Roh-Katgut

hinzu, dass letzteres von der Flüssigkeit vollständig bedeckt wird.

Unter zeitweiligem Umschütteln muss das Katgut so lange in der trüben Flüssigkeit bleiben, bis sie sich vollständig geklärt hat. Damit ist das Katgut, welches die Karbolsäure und das Wasser in sich aufgenommen hat, geschmeidig und weich („reif" lautet der Terminus technicus) geworden: es wird nun auf Glasrollen aufgewickelt und in einer Mischung von

20,0 krystallisierter Karbolsäure,
80,0 Olivenöl
(ohne Wasserzusatz)

aufbewahrt.

b) Vorschrift von *Block:*

Rohes Katgut, auf Glasspule gerollt, lässt man 48 Stunden in 5-prozentigem Karbolwasser liegen, wickelt es dann in einer Schüssel in frischem 5-prozentigen Karbolwasser ab, rollt hiernach wieder, diesmal fest auf die Spule und bewahrt in 5-prozentigem Karbolalkohol auf.

Karbolalkohol-Katgut nach *Block*.

Man bereitet es wie das Karbol-Katgut b, verwendet aber statt des Karbolwassers 5-prozentigen Karbolalkohol.

Katgut-Rollen.

Die bisherige Art des Aufrollens hatte den Nachteil, dass die Imprägnierflüssigkeit nur ungleichmässig in das Katgut einzudringen vermochte.

Eine neue Rolle (System *Essbach,* D. R. Pat. No. 103029) welche von *Alexander Kuchler & Söhne* in Ilmenau in Thüringen angefertigt wird, vermeidet jene Nachteile dadurch, dass das Katgut hohl auf der Rolle liegt.

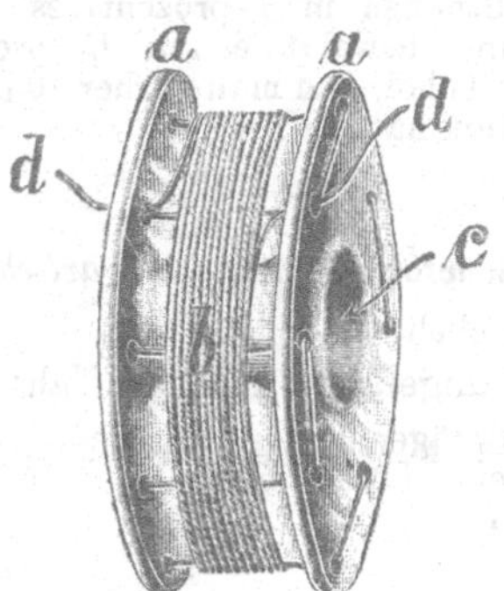

Abb. 64.

Wie die Abb. 64 zeigt, besteht die Rolle aus 2 Scheiben (*a*) von ca. 40 mm Durchmesser, welche durch eine Welle (*c*) von ca. 12 mm Durchmesser verbunden sind. Am äusseren Rande der Scheiben sind je 8 sich gegenüberliegende Löcher gebohrt. Durch die Löcher wird von einer Scheibe zur anderen ein starker Katgut- oder Seidenfaden gezogen und verknotet. Dieser Faden dient als Unterlage, auf welche der Nähfaden aufgewickelt wird. Letzteren zieht man links durch eines der kleinen Löcher (*d*), wickelt ihn auf und lässt das Ende rechts durch ein anderes der kleinen Löcher auslaufen, wodurch derselbe festgehalten wird. Es können nach Belieben eine grössere Anzahl Faden auf die Rolle gewickelt werden. Das Verfahren ist ausserordentlich einfach und sicher. — Die Rollen werden auf Glasachsen

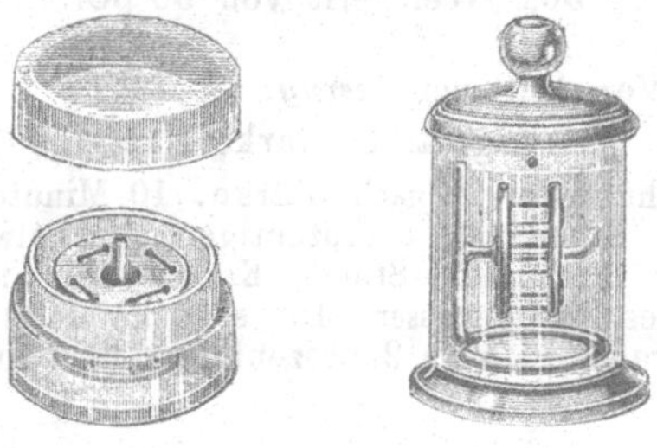

Abb. 65. Abb. 66.

aufgesteckt und in besondere dazu passende Glasdosen, welche die Imprägnierflüssigkeit aufnehmen, eingesetzt, wie die Abb. 65 und 66 zeigen.

Sublimat-Katgut.

a) Vorschrift von *Bergmann:*

Rohes Katgut, auf Glasspule gerollt, legt man in 5-prozentigen Sublimatalkohol und erneuert die Lösung alle 2 Tage und so oft, bis sie sich klar hält. Man bewahrt dann in der klar bleibenden Lösung auf.

b) Vorschrift von *Schede-Kümmell:*

Rohes Katgut, auf Glasspule gerollt, legt man 12 Stunden in 1-prozentiges Sublimatwasser und bewahrt es in $^1/_2$-prozentigem Sublimatalkohol, dem man vorher 10 pCt Glycerin zugefügt hat, auf.

Jodoform-Seide nach *Partsch.*

Man wickelt

ungefärbte kräftige Nähseide

auf Objektträger, legt sie in dieser Form zwei Tage in eine Lösung von

10,0 Jodoform

in

90,0 Äther,

lässt dann einige Augenblicke trocknen und bewahrt in gut verschlossenen Glasbüchsen auf.

Karbol-Seide.

a) Vorschrift von *Lister:*

ungefärbte starke Nähseide

legt man in eine warme Mischung von

1,0 weissem Wachs,
10,0 kryst. Karbolsäure

und belässt sie bis zum Erkalten darin.

Man befreit die Seide durch Abreiben mit einem Tuch vom Überschuss und bewahrt sie dann in folgender Mischung auf:

5,0 krystallisierte Karbolsäure,
45,0 Glycerin v. 1,23 spez. Gew.,
50,0 Weingeist von 90 pCt.

b) Vorschrift von *Czerny:*

ungefärbte starke Nähseide

kocht man je nach Stärke, 10 Minuten bis 1 $^1/_2$ Stunde in 5-prozentigem Karbolwasser. Für jede halbe Stunde Kochen nimmt man neues Karbolwasser. Die so behandelte Seide bewahrt man in 2-prozentigem Karbolwasser auf.

Sublimat-Seide.

a) ungefärbte starke Nähseide

legt man 24 Stunden in eine Lösung von

1,0 Quecksilberchlorid

in

100,0 destilliertem Wasser

und bewahrt dann in nachstehender Lösung auf:

0,5 Quecksilberchlorid,
100,0 Glycerin v. 1,23 spez. Gew.,
900,0 Weingeist von 90 pCt.

b) Vorschrift von *Schede-Kümmell:*

Ungefärbte starke Nähseide kocht man zwei Stunden lang in 1-prozentigem Sublimatwasser und bewahrt in $^1/_{10}$-prozentigem Sublimatwasser auf.

Karbolisiertes Silk-Protektiv.

Silk-Protektiv †

bestreicht man auf einer Seite mittels breiten Fischhaarpinsels mit folgender Lösung:

5,0 Dextrin,
10,0 Stärke,
80,0 destilliertes Wasser

erhitzt man bis zur Verkleisterung der Stärke und setzt nach dem Abkühlen

5,0 krystallisierte Karbolsäure

zu.

Guttapercha-Mull. †

Der Stoff kann an Stelle des Silk-Protektivs und des Guttapercha-Papiers benützt und hierfür empfohlen werden.

Karbol-Schwämme.

Gebleichte Schwämme*)

legt man 24 Stunden in folgende Lösung:

50,0 krystallisierte Karbolsäure,
200,0 Weingeist von 90 pCt,
750,0 destilliertes Wasser

und bewahrt in derselben Lösung auf, nachdem man sie mit dem gleichen Raumteil destilliertem Wasser verdünnt hat.

Karbol-Lösung

zum Einlegen von Drainröhren, Instrumenten, Schwämmen, Seide usw.

25,0 krystallisierte Karbolsäure,
975,0 Weingeist von 90 pCt.

Sublimat-Lösung

für denselben Zweck wie die Karbollösung.

1,0 Quecksilberchlorid
100,0 Glycerin v. 1,23 spez. Gew.,
900,0 Weingeist von 90 pCt.

---

*) S. im Manual: „Bleichen von Schwämmen".
† S. Bezugsquellen-Verzeichnis.

Verbandkästen.

Notverbandkästen.

Die Zusammenstellung einzelner Verbandkästen ist nicht lohnend, weshalb der Bezug von vertrauenswürdigen Firmen (*Knoke & Dressler* in Dresden) vorzuziehen ist.

Die genannte Firma hält Verbandkästen für Fabriken, Touristen, Familiengebrauch, Feuerwehren, Turnvereine usw., überhaupt alle Artikel der Krankenpflege auf Lager.

Chromleim-Papier. Chromleim-Taffet.

Christia. Fibrine-Christia.

Unter den letzteren beiden Bezeichnungen kommt im Handel ein Verbandstoff vor, welcher als Ersatz des Guttapercha-Papiers, der geölten Seide, des Protektiv-Silk usw. empfohlen wird.

Die Untersuchung des Papiers zeigte, dass dasselbe 25 pCt wasserlösliche Bestandteile enthält, beim Trocknen bei 100° C 16 pCt Verlust erleidet und im übrigen zu 30 pCt aus Sulfitpapier (imitiertem Pergamentpapier) besteht, welches mit einer Lösung von Chromleim bestrichen und dann belichtet worden ist.

Nach diesen Befunden kann keine Rede davon sein, dass das Chromleim-Papier, wie es wohl besser genannt wird, das Guttaperchapapier und andere Verbandstoffe ersetzen kann, wenn es auch für einige bestimmte Zwecke seine Vorzüge vor diesen haben mag.

Die Chromleimmasse stellt man sich folgendermassen her:

150,0 Gelatine

übergiesst man mit

700,0 kaltem Wasser,

lässt einige Minuten quellen und erwärmt dann unter Rühren bis zum Lösen der Gelatine.

Man fügt dann

15,0 fein zerriebenes Kaliumdichromat

hinzu, setzt das Erwärmen noch so lange fort, bis sich auch dieses aufgelöst hat und rührt schliesslich

150,0 Glycerin von 30°

darunter.

Diese Masse streicht man mit einem breiten Pinsel auf Sulfitpapier (imitiertes Pergamentpapier), Batist, Baumwollenmull, Marceline usw. Wenn die Masse getrocknet ist, belichtet man sie. Durch die Reduktion der Chromsäure zu Chromhydrooxyd geht die gelbe Farbe in ein schmutziges Grün über und die Masse wird, soweit sie aus Gelatine besteht, in Wasser unlöslich; das Glycerin dagegen bleibt unverändert.

Schluss der Abteilung „Verbandstoffe"

Vernix Thioli.

Thiolfirnis.

99,0 flüssiges Thiol,
1,0 Glycerin v. 1,23 spez. Gew.,

mischt man.

Vernix Thioli dilutus.

Verdünnter Thiolfirnis.

20,0—80,0 flüssiges Thiol,
80,0—20,0 destilliertes Wasser

mischt man.

Verreiben.

Nasses Verreiben. Lävigieren. Präparieren.

Unter Lävigieren versteht man das Verreiben harter, grobkörniger Körper anorganischen Ursprungs mit einer Flüssigkeit. Man bedient sich dazu einer grossen Reibschale oder einer Lävigiermaschine, wie sie von Utensilienhandlungen geliefert wird.

Die Wassermenge muss zu dem zu verreibenden Körper in einem bestimmten Verhältnis stehen und damit einen dünnen Brei bilden.

Man reibt so lange, als sich zwischen den Fingern noch harte Körner fühlen lassen, hat aber damit noch nicht die Gewissheit, dass die Masse gleichmässig fein ist.

Man „schlämmt" daher aus Vorsicht die Verreibungen und beginnt mit dem vom „Schlämmen" (siehe dieses Kapitel) übrig bleibenden Bodensatz nochmals das Lävigieren. Erst dann ist man sicher, ein gleichmässig feines Präparat zu erhalten.

Versilberung von Glaskugeln.

Nach *Buchheister*.

I. 5,0 Silbernitrat

löst man in

40,0 destilliertem Wasser

und vermischt mit einer Lösung, welche man aus

4,0 Kali-Natriumtartrat

und

920,0 destilliertem Wasser

hergestellt hat.

Man erhitzt die Mischung, lässt sie erkalten und filtriert dann.

II. 2,0 Kaliumnitrat,
1000,0 destilliertes Wasser.

Man löst und filtriert.

* *
*

Die zu versilbernden Glasgefässe reinigt man vor Allem gut, dann füllt man sie zur Hälfte mit Flüssigkeit I und füllt die andere Hälfte mit Flüssigkeit II auf. Die Versilberung tritt dann sofort ein.

Durch Verwendung von farbigen Glaskugeln kann man verschiedene Farben erzielen.

Vinum medicinale.

Vinum. Medizinal- und sonstige Weine.

Die Weinform der Medikamente hat vom Standpunkt des Geschmackes aus gewiss eine Berechtigung in jenen Fällen, in welchen die weinigen Auszüge in grösseren Mengen genommen werden. Handelt es sich dagegen um die tropfenweise verordneten Auszüge, dann wäre in Anbetracht der Verschiedenheit der Weine das vom Deutschen Arzneibuch bei Tinctura Opii crocata gegebene Beispiel nachzuahmen und statt des Weines verdünnter Weingeist zu verwenden. Alkaloidhaltige Pflanzenteile mit Wein auszuziehen (ich erinnere an Vinum Cocae, Colchici, Ipecacuanhae usw.), ist durchaus fehlerhaft, weil der Gerbstoff des Weines die Alkaloide ausfällt und weil andrerseits zu wenig Alkohol vorhanden ist, um die Fällung zu verhindern. Will man durchaus Wein benützen, so hat man demselben einen Zusatz von mindestens 10 pCt Weingeist zu geben oder man muss, wie ich es bei Chinawein zuerst empfahl, vorher den Gerbstoff durch Behandeln mit Gelatine entfernen. Als verdünnten Weingeist möchte ich, um dem Geruche des Publikums wenigstens einigermassen Rechnung zu tragen, eine Mischung von 45 Kognak, 45 Wasser und 10 gereinigtem Honig vorschlagen. In welcher Weise die Frage gelöst wird, mag höheren Stellen überlassen bleiben, aber irgend eine Änderung scheint dringend geboten, denn die jetzt geltenden Vorschriften stehen nicht auf der Höhe der Zeit.

Vinum Absinthii.

Wermut-Wein.

a) 10,0 Wermut,
1000,0 Weisswein.

Man maceriert 8 Tage, presst aus und filtriert.

b) 50,0 Wermut,
50,0 Ivakraut,
20,0 Galgantwurzel,
10,0 Ingwer,
10,0 chinesischen Zimt,
1,0 Muskatblüte,
1,0 Angelikawurzel,
1,0 Lupulin,
1,0 Anis,

sämtlich entsprechend zerkleinert,

1100,0 Kognak

maceriert man acht Tage, presst aus und setzt der Pressflüssigkeit zu

5 Tropfen französisches Wermutöl,
5 „ Galgantöl,
5 „ Citronenöl,
2 „ äther. Bittermandelöl,
0,1 Kumarin,
2000,0 Zucker, Pulver M/30,
7000,0 Weisswein,
5,0 versüssten Salpetergeist,
1,0 Essigäther.

Nach mehrtägigem Stehen im kühlen Raum filtriert man.

Vinum antiscorbuticum.

Skorbut-Wein.

5,0 Natriumchlorid,
10,0 Bitterkleeextrakt

löst man in

900,0 Weisswein

und mischt

25,0 Senfspiritus
60,0 Löffelkrautspiritus

hinzu.

Nach mehrtägigem Stehen filtriert man.

Vinum aromaticum.

Aromatischer Wein.

100,0 aromatische Kräuter,
200,0 weisse Arquebusade,
800,0 Rotwein.

Man maceriert acht Tage, presst dann aus und filtriert die Flüssigkeit nach mehrtägigem Stehen.

Vinum Aurantii corticis.

Pomeranzen-Wein.

50,0 Pomeranzenschalen, Pulver M/8,
1000,0 Xereswein.

Man maceriert acht Tage, presst dann aus und filtriert nach mehrtägigem Stehen.

Vinum Aurantii martiatum.

Eisen-Pomeranzenwein.

1,0 äpfelsaures Eisenextrakt

löst man in

100,0 Pomeranzenwein

und filtriert nach mehrtägigem Stehen.

Vinum camphoratum.

Kampferwein.

Vorschrift des D. A. IV.

Eine Lösung von

1 Teil Kampfer

in

1 Teil Weingeist von 90 pCt

wird nach und nach unter Umrühren mit

3 Teilen Gummischleim

und

45 Teilen Weisswein

versetzt.

Vinum Cardui benedicti.

Kardobenediktenwein.

50,0 Kardobenediktenkraut,
1000,0 Xereswein.

Man maceriert acht Tage, presst aus und filtriert die Seihflüssigkeit nach mehrtägigem Stehen.

Vinum Cascarae Sagradae.

Sagrada-Wein. Kaskara-Wein.

a) Vorschrift von *E. Dieterich:*

1,0 Gelatine

lässt man in

10,0 destilliertem Wasser

aufquellen, löst durch Erwärmen, verdünnt die Lösung mit

900,0 Xereswein

und setzt

50,0 entbittertes Kaskara-Sagrada Fluidextrakt,
50,0 Zucker, Pulver M/30,

zu.

Man stellt 8 Tage kühl und filtriert dann. Die Gelatine verhindert das Nachtrüben des Weines.

Will man unentbitterten Sagradawein herstellen, so maceriert man

b) 50,0 Kaskara-Sagrada, Pulver M/8,
50,0 Zucker, " "

mit

1000,0 Xereswein,

nachdem man die oben angegebene Gelatinelösung zugesetzt hat, 8 Tage hindurch, presst dann aus und filtriert die Seihflüssigkeit nach mehrtägigem Stehen.

c) Vorschrift des Münchn. Ap. Ver.

50,0 Kaskara-Sagrada-Fluidextrakt,
50,0 Xereswein

mischt man.

Vergleiche unter a).

d) Vorschrift d. Dresdner Ap. V.

30,0 entbittertes Sagradafluidextrakt,
65,0 Malagawein,
5,0 zusammengesetzte Pomeranzentinktur.

Vinum Centaurii.

Tausendgüldenkrautwein.

50,0 fein zerschnittenes Tausendgüldenkraut,
10,0 fein zerschnittene Pomeranzenschalen,
1000,0 Xereswein

lässt man acht Tage lang bei Zimmertemperatur stehen, presst dann aus, stellt die Seihflüssigkeit 2 Tage in einen kühlen Raum und filtriert schliesslich.

Vinum Chinae.

China-Wein.

a) Vorschrift d. D. A. IV.

1 Teil weisser Leim

wird in

10 Teilen Wasser

in der Wärme gelöst. Die warme Lösung wird mit

1000,0 Teilen Xereswein

vermischt. Nach Zusatz von

40 Teilen grob gepulverter Chinarinde

lässt man das Gemisch acht Tage lang bei 15—20° C stehen und presst es alsdann aus. Der abgepressten Flüssigkeit fügt man

100,0 Teile gepulverten Zucker

und

2 Teile Pomeranzentinktur

hinzu, lässt 14 Tage an einem kühlen Orte stehen und filtriert.

b) Vorschrift der Ph. Austr. VII.

25,0 zerstossene Chinarinde,
25,0 Kognak,
500,0 Malagawein

lässt man acht Tage lang unter öfterem Umschütteln stehen, seiht ab, presst aus und filtriert.
Vergleiche unter a).

c) Vorschrift von *E. Dieterich:*

Unversüsst aus Tinktur.

1,0 Gelatine

lässt man in

10,0 destilliertem Wasser

aufquellen, führt durch Erwärmen in Lösung über und verdünnt dieselbe mit

800,0 Xeres- oder Rotwein.

Man mischt nun

200,0 Chinatinktur

hinzu, stellt unter öfterem Umschütteln 8 Tage lang sehr kalt und filtriert dann.

d) versüsst aus Tinktur nach *E. Dieterich:*

Man verfährt wie bei c), nimmt aber nur

600,0 Wein

und dafür

200,0 weissen Sirup.

e) unversüsst aus Rinde nach *E. Dieterich:*

1,0 Gelatine

lässt man in

10,0 destilliertem Wasser

aufquellen, führt durch Erwärmen in Lösung über, verdünnt diese mit

1050,0 Xeres- oder Rotwein

und maceriert damit

40,0 Chinarinde, Pulver M/50.

Nach achttägigem, durch öfteres Schütteln unterbrochenem Stehen giesst man die überstehende Flüssigkeit ab und presst den Bodensatz aus. Die Seihflüssigkeit stellt man acht Tage in den Keller und filtriert sie dann.

f) versüsst aus Rinde nach *E. Dieterich:*

Man verfährt wie bei e), verwendet aber nur

900,0 Wein

und löst in der Seihflüssigkeit

100,0 Zucker, Pulver M/30.

Die sonst gebräuchlichen Vorschriften lieferten Präparate, welche fortwährend nachtrübten und wiederholt filtriert werden mussten. Wie die Untersuchung zeigte, bestand der Niederschlag zumeist aus Alkaloid —, in der Hauptsache Chinin-Tannat. Der Wein wurde also mit dem Alter immer ärmer an beiden Stoffen.

Diese Ausscheidung findet nur bei niederem, nicht aber bei hohem Weingeistgehalt, z. B. der Tinktur, statt. Sollten dem Wein die Alkaloïde erhalten bleiben, so musste in Anbetracht dessen, dass man von zwei Übeln das kleinere wählt, der Gerbstoff entfernt werden. Ich erreichte dies mit 1 g Gelatine auf 1 kg Wein.

Die Gelatine bewirkt einen reichlichen, flockigen, hellockerfarbenen Niederschlag, welcher einen Teil des Farbstoffs mit niederreisst, aber nur Spuren der Alkaloïde enthält.

Der abfiltrierte Wein besitzt, je nachdem man Xeres- oder Rotwein verwendet, eine dunkle Madeirafarbe oder ist hellbraunrot. Er ist goldklar und behält diese Eigenschaft bei, wenn man ihn sachgemäss, d. h. vor Licht geschützt und bei einer Temperatur, welche nicht niedriger als diejenige ist, bei der der Wein filtriert wurde, aufbewahrt. Die Arzneiweine stehen ihrer Natur nach zwischen den eigentlichen Weinen und Tinkturen — man muss sie also auch dementsprechend behandeln.

Der Geschmack des nach obiger Vorschrift bereiteten Chinaweins ist kräftig und angenehm; ein Zusatz von Pomeranzentinktur verbessert denselben noch.

Eigentümlich ist es, dass der aus der Tinktur hergestellte Wein etwas dunkler ausfällt, wie der direkt mit Rinde bereitete.

Vinum Chinae ferratum.

China-Eisen-Wein. Eisen-China-Wein.

5,0 Ferriammoniumcitrat

löst man ohne Anwendung von Wärme in

1000,0 Chinawein nach *E. Dieterich.*

Man stellt die Lösung mindestens acht Tage in den Keller und filtriert sie dann.

Die Haltbarkeit ist keine dauernde infolge des Eisenzusatzes.

Vinum Chinini.

Vinum Quininae Ph. Brit. Chinin Wein. Wine of quinine Ph. Brit.

a) Vorschrift der Ph. Brit.

3,0 Citronensäure

löst man in

880,0 Pomeranzenwein,

setzt

2,0 Chininsulfat

hinzu, lässt in einer verschlossenen Flasche 3 Tage unter häufigem Umschütteln stehen und filtriert.

b) Vorschrift von *E. Dieterich:*

0,5 Gelatine

lässt man in

10,0 destilliertem Wasser

aufquellen, führt durch Erwärmen in Lösung über und verdünnt diese durch

970,0 Xereswein.

Andrerseits löst man

1,0 Chininhydrochlorid

in

20,0 destilliertem Wasser,
10 Tropfen Salzsäure

und setzt diese Lösung dem mit Gelatine versetzten Wein zu. Man lässt acht Tage ruhig stehen und filtriert dann.

Der nach diesem Verfahren hergestellte Chininwein ist und bleibt goldklar.

Um ihn zu versüssen, nimmt man 50 g weniger Wein und dafür Zucker, Pulver M/30.

Vinum Cocae.

Vinum Coca. Koka-Wein.

a) 100,0 Kokablätter, Pulver M/8,
1000,0 Xereswein.

b) 50,0 Kokablätter, Pulver M/8,
1000,0 Xereswein.

Man maceriert acht Tage, presst aus und filtriert die Seihflüssigkeit nach mehrtägigem Stehen.

Um den Kokawein zu versüssen, ersetzt man 50 g Wein durch das gleiche Gewicht Zucker.

Für den Handverkauf eignet sich am besten der schwächere und versüsste Wein.

c) Vorschrift des Münchn. Ap. Ver.

5,0 Koka-Fluidextrakt,
95,0 Xereswein.

d) Vorschrift von *E. Dieterich.*

Man hält die unter a) oder b) angegebenen Verhältnisse ein, verwendet aber statt des reinen Weines eine Mischung von 900,0 Wein und 100,0 Weingeist von 90 pCt.

Vinum Colae.

Vinum Cola. Kola-Wein.

a) 25,0 Kolasamen, Pulver M/8,
1000,0 Xereswein,
50,0 Zucker

maceriert man 8 Tage, presst dann aus und filtriert die Seihflüssigkeit nach mehrtägigem Stehen.

Statt der Kolasamen kann man auch die gleiche Menge Fluidextrakt nehmen.

Der so bereitete Kolawein enthält zwar die Bestandteile der Kolafrüchte unverändert, hat jedoch einen bitterlichen Geschmack. Höchst angenehm und kräftig schmeckt dagegen der nach folgender Vorschrift bereitete Wein.

b) Vorschrift des Münchn. Ap. Ver.

5,0 Kola-Fluidextrakt,
95,0 Xereswein.

Vergleiche unter a).

Vinum Colchici.

Vinum Colchici seminis. Zeitlosenwein. Zeitlosensamenwein.

a) Vorschrift des D. A. IV.

1 Teil grob gepulverten Zeitlosensamen

lässt man mit

10 Teilen Xereswein

8 Tage lang unter wiederholtem Umschütteln bei 15—20° C stehen und presst dann aus. Die Flüssigkeit wird nach dem Absetzen filtriert.

b) Vorschrift der Ph. Austr. VII.

10,0 zerstossenen Zeitlosensamen,
100,0 Malagawein

digeriert man 6 Tage lang, presst aus und filtriert.

c) Vorschrift von *E. Dieterich.*

Ein haltbares Präparat ist nur zu erzielen, wenn man eine Mischung von 90 pCt Wein und 10 pCt Weingeist verwendet.

Vinum Colchici compositum.

Liquor Colchici compositus. Tinctura Colchici composita. Liqueur Laville.
Nach *E. Dieterich.*

20,0 Herbstzeitlosensamen, Pulv. M/8,
2,0 Akonitknollen, Pulver M/8,

10,0 Zucker,
15,0 Weingeist v. 90 pCt,
145,0 Xereswein.

Man lässt in verkorkter Flasche 8 Tage bei 15—20° C stehen, stellt sodann 2 Tage in den Keller und filtriert schliesslich.

Nach der von mir ausgeführten Untersuchung des Originals ist obige Zusammensetzung, wie auch die praktische Anwendung ergeben hat, die einzig richtige.

Bei akuten Anfällen von Podagra nimmt man $^1/_2$ bis $^1/_1$ Kaffeelöffel voll, wiederholt dies nach 5 Stunden und allerhöchstens nach abermals 5 Stunden. Mehr und öfter vom Liqueur Laville zu nehmen, kann nachteilige Folgen haben. Leichte Kost während des Anfalles ist anzuraten.

Es existieren Vorschriften, welche Coloquintenextrakt als Bestandteil aufführen. Das ist ganz falsch, denn das Original enthält keine Spur von Colocynthidin, wenn dies auch die dem Liqueur Laville beigegebene Broschüre behauptet, wohl aber enthält das Original neben den Extraktivstoffen des Herbstzeitlosensamens geringe Mengen von Akonitin.

Der Liqueur Laville darf nur auf ärztliche Verordnung verabfolgt werden.

Vinum Creosoti.

Kreosotwein.

1,0 Kreosot,
1 Tropfen Pfefferminzöl

löst man in

200,0 Xereswein.

Ein Theelöffel vell (= 5 ccm enthält 0,025 Kreosot.)

Vinum Condurango.

Kondurangowein.

Vorschrift d. D. A. IV.

Zu bereiten aus:

1 Teil fein zerschnittener Kondurangorinde

mit

10 Teilen Xereswein.

Die Mischung lässt man 8 Tage lang unter wiederholtem Umschütteln bei 15—20° C stehen und presst dann aus. Die Flüssigkeit wird filtriert.

Vinum Condurango ferratum.

Kondurango-Eisenwein.

1,0 Ferriammoniumcitrat

löst man in

100,0 Kondurangowein.

Vinum detannatum.

Gerbsäurefreier (detannierter) Wein.
Nach *E. Dieterich.*

a) Xeres, Madeira usw.

0,5 Gelatine

lässt man in

10,0 destilliertem Wasser

aufquellen, bringt sie dann durch Erwärmen zum Lösen, vermischt die Lösung mit

1000,0 Xereswein

und erwärmt die Mischung auf 40° C.

Man lässt sie dann 14 Tage kühl stehen und filtriert schliesslich.

b) Rotwein.

Man verfährt wie bei a, nimmt aber

1,0 Gelatine.

c) Weisswein.

Man verfährt wie bei a, nimmt aber nur

0,2 Gelatine.

Vinum diureticum.

Vinum diureticum amarum.

a)
3,0 Meerzwiebel,
3,0 Angelikawurzel,
3,0 Kalmuswurzel,
12,0 Pomeranzenschale,
12,0 Chinarinde,
12,0 Citronenschale,
6,0 Wermut,
6,0 Melisse,
3,0 Wacholderbeeren,
3,0 Muskatblüte,
40,0 Weingeist von 90 pCt,
760,0 Weisswein.

b)
10,0 fein zerschnittene Meerzwiebeln,
10,0 „ „ Fingerhutblätter,
60,0 zerquetschte Wacholderbeeren,
1000,0 Xereswein,
2,5 Kaliumacetat.

Nach achttägiger Maceration presst man aus und filtriert die Seihflüssigkeit, nachdem man sie mehrere Tage ruhig hatte stehen lassen. Bei b) setzt man das Kaliumacetat nach dem Filtrieren zu.

c) Vorschrift des Dresdner Ap. V.

3,0 zerschnittene Meerzwiebeln,
6,0 „ Fingerhutblätter,
30,0 zerquetschte Wacholderbeeren,
9,0 Kaliumacetat,
50,0 Weingeist,
400,0 Weisswein.

Nach viertägigem Stehen presst man ab, lässt die Pressflüssigkeit absetzen und filtriert sie dann.

Vinum ferratum.

Vinum martiatum. Vinum Ferri. Stahlwein. Eisenwein. Wine of iron.

a) Vorschrift von *E. Dieterich.*

0,5 Ferri-Ammoniumcitrat

löst man in

100,0 gerbsäurefreiem Xereswein.

b) Vorschrift der Ph. Brit.

10,0 feinen Eisendraht,
200,0 Xereswein

bringt man in eine verschliessbare Flasche und ordnet den Eisendraht derartig an, dass er zum grössten Teil, aber nicht völlig vom Wein bedeckt ist. Man lässt unter häufigem Umschütteln und zeitweiligem Lüften des Stöpsels dreissig Tage damit stehen und filtriert alsdann.

Vinum Frangulae.

Frangulawein.

a) Man bereitet ihn aus entbittertem Faulbaumrinde-Fluidextrakt oder aus Faulbaumrinde, Pulver M/8, wie Vinum Cascarae Sagradae.

b) Vorschrift des Münchn. Ap. Ver.

50,0 Faulbaumrinde-Fluidextrakt,
50,0 Xereswein

mischt man.

Vinum Gentianae.

Enzianwein.

50,0 Enzianwurzel, Pulver M/8,
1000,0 Xereswein.

Man maceriert acht Tage, presst aus und filtriert die Seihflüssigkeit nach mehrtägigem Stehen.

Vinum Gentianae compositum.

Zusammengesetzter Enzianwein.

50,0 Pomeranzenschalentinktur,
25,0 aromatische Tinktur,
925,0 Enzianwein

mischt man und filtriert nach mehrtägigem Stehen.

Vinum Ipecacuanhae.

Brechwurzelwein. Ipecacuanhawein. Wine of ipecacuanha. Wine of ipecac.

a) Vorschrift des D. A. IV.

1 Teil fein zerschnittene Brechwurzel

lässt man mit

10 Teilen Xereswein

8 Tage lang unter wiederholtem Umschütteln bei 15—20° C stehen und presst dann aus. Die Flüssigkeit wird nach dem Absetzen filtriert.

Der im Wein enthaltene Gerbstoff fällt nach und nach das Alkaloïd der Brechwurz, das Emetin, aus. Der nach dem Arzneibuch bereitete Ipecacuanhawein wird daher mit dem Alter schwächer werden. Es ist deshalb richtiger, einen gerbsäurefreien Xereswein, Vinum detannatum, zu verwenden oder dem Wein, um dies zu verhüten, mindestens 10 pCt Weingeist zuzusetzen.

b) Vorschrift der Ph. Brit.

30,0 Brechwurzel, Pulver M/30,
32,0 Essigsäure von 33 pCt

maceriert man 24 Stunden, bringt in einen Verdrängungsapparat und verdrängt mit so viel destilliertem Wasser, dass die aufgefangene Flüssigkeit

600,0

beträgt. Diese verdampft man im Wasserbad zur Trockne, reibt den Rückstand fein, übergiesst ihn mit

600,0 Xereswein,

lässt unter häufigem emschütteln 24 Stunden stehen und filtriert.

Vergleiche unter a).

c) Vorschrift der Ph. U. St.

100 ccm Brechwurzelfluidextrakt,
100 „ Weingeist von 94 pCt,
800 „ Weisswein

mischt man, setzt fünf Tage bei Seite und filtriert.

Vinum jodatum.

Jodwein.

5,0 Jodtinktur,
1000,0 Weisswein

mischt man.

Gerbstoffhaltige Weine sind hierbei zu vermeiden.

Vinum Mellis.

Honigwein.

15 kg besten Rohhonig,
15 kg ultramarinfreie Raffinade,
60,0 Weinsäure

löst man in

60 l warmem Wasser,

fügt

20 l frischen Weinmost

hinzu, füllt in ein Fass, dass man wiederholt mit kochend heissem Wasser ausgewaschen hat, und trägt schliesslich

300,0 rohen roten Weinstein, Pulver M/30,

ein.

Das Fass muss so gewählt sein, dass es nahezu bis an den Spund gefüllt wird und einige Finger breit unter demselben frei bleibt.

Man bringt nun das Fass in einen Raum, dessen Temperatur 17—20° C beträgt, und bedeckt das Spundloch mit einem Sandsäckchen, dessen Inhalt gewaschen und wieder getrocknet ist. Es wird sofort die Gärung eintreten; sie kann zuweilen so stürmisch sein, dass zwischen dem Sandsäckchen und dem Spundloch Hefe und Schaum austritt. Derselbe ist sofort abzuwaschen.

Ist die stürmische Gärung, welche ungefähr 14 Tage andauert, vorüber, so setzt man einen Gärspund auf und lässt bis Mitte Dezember ruhig liegen.

Man zieht nun den halbfertigen Wein mit einem Heber vorsichtig von der Hefe ab und füllt ihn auf ein Fass, das ihn bis auf 3—4 Flaschen zu fassen vermag. Die letzteren, welche zum Nachfüllen des Fasses bestimmt sind, verschliesst man mit Korken, legt sie aber nicht, sondern lässt sie aufrecht stehen; das Fass dagegen verschliesst man mit einem Spund, dessen Ende 5—10 cm tief in den Wein hineinreicht.

Man bringt nun das Eess in einen Keller von 13—16° C, schlägt den Spund alle 4 Wochen auf und füllt aus den zurückgestellten Flaschen bis oben voll.

Ende Februar bis Mitte März zieht man den Wein abermals von der Hefe ab und füllt ihn in ein neues Fass. Hier lässt man ihn bis zum nächsten Herbst liegen und zieht ihn dann auf Flaschen.

Der Honigwein wurde mehrfach als ein guter Haustrunk empfohlen. Ich habe ihn wiederholt hergestellt und bin schliesslich bei obiger Vorschrift stehen geblieben. So bereitet schmeckt er nicht unangenehm, immer aber fehlt ihm der kräftige Geschmack, wie wir ihn vom reinen Traubenwein her kennen. Nur aus Honig hergestellt, also ohne Zucker und ohne Weinmost, ist der Wein von wenig angenehmem Geschmack, er erinnert dann gar zu stark an Honig und erregt bei längerem Gebrauch häufig Abneigung dagegen.

Vinum Myrtilli.

Heidelbeerwein.

100 kg Heidelbeeren

wäscht man mit kaltem Wasser ab, lässt gut abtropfen, versetzt mit

2 kg ultramarinfreier Raffinade,
10,0 Fliederblüten,
2,0 Nelken, Pulver M/8,
4,0 chines. Zimt, „ „
10,0 Ingwer, „ „

zerquetscht gut und presst nach zwei Tagen aus. Den Pressrückstand knetet man mit

ebensoviel Wasser,

als man Saft erhalten hat, durch, presst nach 12—24 Stunden abermals aus und bezeichnet diese Pressflüssigkeit als „Nachsaft".

Zum Gären des Weines hält man folgende Verhältnisse ein:

30 l Saft,
10 l Nachsaft,
10 l Wasser,
10 kg ultramarinfreie Raffinade,
50 g roher roter Weinstein, Pulver M/30.

Man löst den Zucker im lauwarm gemachten Wasser, fügt Saft, Nachsaft und den Weinstein hinzu und füllt in ein Fass, das fast davon gefüllt wird. Im übrigen verfährt man so, wie unter Vinum Mellis genau beschrieben wurde.

Der Heidelbeerwein nach obiger Vorschrift hat einen dem italienischen Rotwein ähnlichen Geschmack. Will man ihn herber und leichter machen, so nimmt man statt der vorgeschriebenen 10 l Wasser deren 15.

Vinum Quebracho.

Quebrachowein.

100,0 Quebrachorinde, Pulver M/8,
1000,0 Xereswein

maceriert man acht Tage, presst dann aus und filtriert die Seihflüssigkeit.

Vinum Pepsini.

Pepsinwein.

a) Vorschrift des D. A. IV.

24 Teile Pepsin

werden mit

20 Teilen Glycerin,
3 „ Salzsäure v. 1,124 spez. Gew.
20 „ Wasser

gut gemischt. Die Mischung lässt man 24 Stunden lang unter wiederholtem Umschütteln stehen.

Hierauf fügt man

92 Teile weissen Sirup,
2 „ Pomeranzentinktur,
839 „ Xereswein

hinzu, filtriert nach dem Absetzen und wäscht nötigenfalls das Filter mit soviel Xereswein nach, dass das Gesamtgewicht

1000 Teile
beträgt.

Einen sehr haltbaren Wein erhält man nach folgender Vorschrift:

b) Vorschrift von *E. Dieterich.*

1,0 Gelatine
löst man in
10,0 destilliertem Wasser
und verdünnt die Lösung mit
900,0 Weisswein.

Andrerseits reibt man
25,0 Pepsin „Witte"
mit
25,0 Glycerin v. 1,23 spez. Gew.,
25,0 destilliertem Wasser
an, spült mit dem Wein in eine Flasche und setzt
2,5 Salzsäure v. 1,124 spez. Gew.
zu.

Man lässt unter öfterem Umschütteln 8 Tage stehen und filtriert dann.

Vinum Peptoni.

Peptonwein.

5,0 Pepton „Gehe"
löst man ohne Anwendung von Wärme in
95,0 Malagawein.

Nach mehrtägigem Stehen filtriert man.

Vinum Ribis.

Vinum Ribium. Johannisbeerwein.

50 kg Johannisbeeren (weisse oder rote, von schwarzen höchstens 0,5 kg darunter)
beert man von den Stielen ab, liest die Blätter und sonstigen Unreinigkeiten aus, bringt die reinen Beeren mit
1 kg ultramarinfreier Raffinade
in ein reines Fass und zerquetscht sie hier gut.

Nach zweitägigem Stehen in einer Temperatur von 12—15° C presst man aus.

Den Pressrückstand knetet man mit
ebensoviel Wasser,
als man Saft erhielt, nach Zusatz von
1 kg ultramarinfreier Raffinade
durch, presst nach 12—24 Stunden abermals aus und bezeichnet diese Pressflüssigkeit als „Nachsaft".

Je nachdem man Tisch-, Dessert- oder Liqueur-Wein zu erzielen wünscht, hält man nachstehende Verhältnisse ein.

Tischwein.

30 l Saft erster Pressung,
30 l Nachsaft,
30 l Wasser,
10 kg ultramarinfreie Raffinade,
150 g roher roter Weinstein, Pulv. M/30.

Dessertwein.

30 l Saft erster Pressung,
30 l Nachsaft,
30 l Wasser,
15 kg ultramarinfreie Raffinade,
200 g roher roter Weinstein, Pulv. M/30.

Liqueurwein.

30 l Saft erster Pressung,
30 l Nachsaft,
30 l Wasser,
20 kg ultramarinfreie Raffinade,
250 g roher roter Weinstein, Pulv. M/30.

* * *

Obige Vorschriften führt man genau so, wie es unter Vinum Mellis angegeben wurde, aus.

Vinum Ribis Grossulariae.

Stachelbeerwein.

Man hält die unter Vinum Ribis angegebenen Verhältnisse ein, nimmt aber statt 30 l nur 15 l Wasser und verfährt im übrigen so, wie bei Vinum Mellis angegeben wurde.

Vinum Rubi Idaei.

Himbeerwein.

50 kg frische Himbeeren,
1 kg ultramarinfreie Raffinade
zerquetscht man, lässt bei 12—15° C 2 Tage ruhig stehen und presst dann aus.

Den Pressrückstand knetet man mit
ebensoviel Wasser,
als man Saft erhielt, nach Zusatz von
1 kg ultramarinfreier Raffinade
durch, presst nach 12—24 Stunden abermals aus und bezeichnet die Pressflüssigkeit als „Nachsaft".

Zur Bereitung des Himbeerweins hält man folgende Verhältnisse ein:

30 l Saft erster Pressung,
30 l Nachsaft,
30 l Wasser,
20 kg ultramarinfreie Raffinade,
50 g roher roter Weinstein, Pulv. M/30.

Man hält für die Gärung das bei Vinum Mellis angegebene Verfahren ein.

Vinum Rubi fruticosi.

Brombeerwein.

50 kg völlig reife Brombeeren,
1 kg ultramarinfreie Raffinade

zerquetscht man gut, lässt in einer Temperatur von 12—15 ° C ruhig stehen und presst nach 2 Tagen scharf aus. Durch Behandeln der Pressrückstände mit Wasser einen „Nachsaft" zu gewinnen, ist nicht angezeigt, weil die Brombeeren wenig Säure enthalten.

Zur Herstellung der Weine hält man folgende Verhältnisse ein:

Tischwein.

30 l Saft,
4,5 kg ultramarinfreie Raffinade,
150 g roher roter Weinstein, Pulv. M/30.

Dessertwein.

30 l Saft,
6 kg ultramarinfreie Raffinade,
150 g roher roter Weinstein, Pulv. M/30.

Liqueurwein.

30 l Saft,
9 kg ultramarinfreie Raffinade,
150 g roher roter Weinstein, Pulv. M/30.

Für die Gärung der Weine befolgt man die unter Vinum Mellis gegebenen Vorschriften.

Vinum Scillae.

Meerzwiebelwein.

100,0 zerschnittene Meerzwiebel,
1000,0 Xeres.

Man verfährt wie beim Condurangowein D. A. IV.

Vinum Secalis cornuti n. *Balardini.*

Mutterkornwein.

25,0 Mutterkorn, Pulver M/8,
1000,0 Weisswein.

Man maceriert acht Tage und filtriert dann.

Vinum Sennae.

Sennawein.

Nach *E. Dieterich.*

50,0 zerschnittene entharzte Alexandr. Sennesblätter,
850,0 Xereswein.

Man maceriert acht Tage, presst aus und versetzt die Seihflüssigkeit mit einer Lösung von

1,0 Gelatine

in

10,0 destilliertem Wasser,

ferner mit

30,0 Pomeranzenschalentinktur,
15,0 Ingwertinktur,
5,0 aromatischer Tinktur,
100,0 gereinigtem Honig.

Nach achttägigem Stehen filtriert man.

Der so bereitete Sennawein hält sich klar und bildet, esslöffelweise genommen, ein angenehmes Eröffnungsmittel für Haemorrhoïdarier.

Vinum stibiatum.

Vinum Stibio-Kalii tartarici. Brechwein.

a) Vorschrift des D. A. IV.

Eine filtrierte Auflösung von

1 Teil Brechweinstein

in

249 Teilen Xereswein.

b) Vorschrift der Ph. Austr. VII.

1,0 gepulverten Brechweinstein

löst man in

250,0 Malagawein

und filtriert.

Vinum Valerianae.

Baldrianwein.

50,0 Baldrianwurzel, Pulver M/8,
1000,0 Xereswein.

Man maceriert acht Tage, presst aus und filtriert die Seihflüssigkeit nach mehrtägigem Stehen.

Schluss der Abteilung „Medizinal- und sonstige Weine".

Viscum aucuparium.

Vogel-Leim.

700,0 Fichtenharz,
300,0 Leinöl

schmilzt man mit einander.

Viscum brumaticeps.

Brumata-Leim. Raupenleim.

a) 535,0 Fichtenharz,
450,0 Leinöl,
15,0 festes Paraffin.

b) 900,0 Holzteer,
100,0 Fichtenharz.

c) Vorschrift nach *Persing*.
700,0 Holzteer,
300,0 Kolophon,
300,0 Fischthran,
500,0 grüne Seife.
Man schmilzt und rührt bis zum Erkalten.

Wachspech für Sattler.

a) gelbes:
50,0 gereinigtes Fichtenharz,
50,0 gelbes Wachs.

b) schwarzes:
50,0 gereinigtes Fichtenharz,
46,0 gelbes Wachs
schmilzt man und setzt eine Verreibung von
1,0 Kienruss,
3,0 Leinöl
zu.

Wanzenmittel.

200,0 Schmierseife
löst man durch Erwärmen in
650,0 Wasser,
setzt der warmen Lösung
50,0 gewöhnlichen Terpentin,
zuletzt
100,0 Petroleum
zu und rührt bis zum Erkalten.

Die frisch ausgewaschenen Bettstellen streicht man mittels Pinsel mit obiger Masse aus. Dieses Wanzenmittel eignet sich auch zum Anstreichen der Wände.

Waschmittel für Strohhüte.

I. 10,0 Natriumthiosulfat,
5,0 Glycerin v. 1,23 spez. Gew.,
10,0 Weingeist von 90 pCt,
75,0 destilliertes Wasser.
Man löst und filtriert.

II. 2,0 Citronensäure,
10,0 Weingeist von 90 pCt,
90,0 destilliertes Wasser.
Man löst und filtriert.

Beide Flüssigkeiten giebt man mit folgender Gebrauchsanweisung ans Publikum ab:

„Den Inhalt der Flasche I streicht man mit einem Schwämmchen auf den zu waschenden Strohhut, so dass jede Stelle getroffen ist, und legt den Hut 24 Stunden in den Keller.

Man streicht nun die Flüssigkeit II darüber, legt nochmals 24 Stunden in den Keller und plättet dann mit einer reinen, nicht zu heissen Plättglocke."

Wärmeschutzmasse für Dampfleitungsrohre, Dampfkessel usw.

Die von einem etwaigen Ölfarbeanstrich durch Einschmieren mit grüner Seife und nachheriges Abscheuern gereinigten Rohre werden geheizt und nur in diesem Zustand mit einer „Grundiermasse" und einer „Deckmasse" überzogen.

Die Vorschriften zu diesen Zusammensetzungen lauten:

Grundiermasse.

200,0 flüssiges Natronwasserglas,
100,0 Wasser,
150,0 feinen Sand,
30,0 gesiebte Sägespäne
mischt man durch Rühren mit einem Spatel und trägt die Masse auf die heissen Rohre mit einem Borstenpinsel dick auf. Man macht mit dieser Masse nur einen Strich.

Deckmasse.

600,0 trockener Lehm,
80,0 gesiebte Sägespäne,
30,0 gemahlene Korkabfälle,
40,0 Kartoffelstärke,
40,0 Kartoffelaextrin,
40,0 Wasserglaspulver,
300,0 Wasser.

Man knetet den Lehm mit dem Wasser gut durch und setzt dann die vorher gemischten pulverigen Körper zu. Zum Verkauf kann man auch sämtliche trockenen Bestandteile grob gepulvert mischen und dem Käufer die zum Selbstankneten notwendige Wassermenge angeben.

Die breiige Masse trägt man mit der Maurerkelle auf die geheizten und grundierten Metallflächen 5—10 mm dick auf. Wenn diese Schicht völlig trocken ist, kann man das „Decken" wiederholen und zwar so oft, bis die Gesamtschicht eine Dicke von mindestens 20 mm hat. Immer aber ist die Vorsicht notwendig, dass man weitere Schichten nicht eher aufträgt, als bis die vorhergehenden trocken sind.

Um schliesslich die Masse zu glätten, überpinselt man die letzte, noch nasse Schicht mit Wasser.

Diese Masse, bei mir selbst seit Jahren in Gebrauch, hindert die Wärmeausstrahlung ganz vorzüglich und erspart, besonders bei grösseren Anlagen, viel Kohlen.

Für den Apotheker bildet die gemischte trockene Masse einen ertragsfähigen Verkaufsartikel.

Wichse.

Stiefelwichse. Glanzwichse.

I. Feste.

a) 250,0 Beinschwarz,
80,0 Dextrin,
20,0 Alaun, Pulver M/30,

mischt man oberflächlich, rührt dann

250,0 Melasse,
100,0 Holzessig,
150,0 Wasser

und, wenn die Masse gleichmässig ist,

65,0 gemeines Olivenöl

darunter.

Zuletzt mischt man noch

85,0 englische Schwefelsäure

hinzu und giesst sofort in Blechdosen aus.

Die Wichse zeichnet sich durch sehr hohen Glanz aus.

b) 400,0 Beinschwarz,
200,0 Melasse,
300,0 heisses Wasser

mischt man und fügt der noch heissen Mischung

100,0 englische Schwefelsäure

hinzu. Nach viertelstündigem Stehen rührt man

60,0 Sesamöl,
60,0 Glycerin v. 1,23 spez. Gew.,
200,0 Wasser,
10,0 Karbolsäure

unter.

II. Flüssige.

150,0 Spodium,
37,5 Olivenöl,
75,0 Melasse

verrührt man gleichmässig und mischt dann

37,5 englische Schwefelsäure

hinzu.

Man verdünnt nun mit einer Lösung aus

37,5 arabischem Gummi,
37,5 Glukose,
625,0 Wasser

und bewahrt die Mischung in einer verschlossenen Flasche auf.

Die flüssige Wichse, welche dem Leder einen hohen Glanz giebt, muss vor dem Gebrauche geschüttelt werden. Die Flasche ist gut verkorkt zu halten.

Witterungen.

I. Für Krebse.

70,0 alten ranzigen Talg,
20,0 Leberthran,
10,0 Spicköl

mischt man unter Erhitzen.

Gebrauchsanweisung:

„*Man verreibt die Witterung mit den Händen auf den trockenen Krebsnetzen vor Beginn des Fangens. Auch den Köder selbst schmiert man etwas damit ein.*“

II. Für Raubtiere (Füchse, Marder, Iltis usw.)

0,3 Moschus,
0,2 Zibeth,
3,0 kanadisches Bibergeil,
5 Tropfen Kaskarillöl,
5 „ Baldrianöl,
5 „ Angelikaöl,
5 „ Patchouliöl,
50,0 Leberthran,
50,0 Weizenstärke, Pulver M/30.

Man mischt gut, bringt in eine Glasbüchse und verschliesst dieselbe fest.

Bei der Herstellung sowohl wie beim Abgeben muss man jede Berührung mit den Händen vermeiden, da eine solche von den zu ködernden Tieren unfehlbar gewittert würde.

III. Für Katzen.

Man nimmt Baldrian oder Katzengamander (Marum verum) als Köder in die Fallen.

IV. Für Schmetterlinge.

a) zum Fangen schädlicher Schmetterlinge:

930,0 Fliegenleim,
50,0 Honig,
20,0 Äpfeläther,
0,5 Kumarin

mischt man unter schwachem Erwärmen.

Gebrauchsanweisung:

„*Man bestreicht Holzstöcke mit der Witterung und stellt diese im Garten, den man schützen will, auf. Die Tiere kleben fest und sterben hier.*“

b) zum Fangen von für Sammlungen bestimmten Schmetterlingen:

1000,0 rohen Honig,
10,0 Kumarinzucker,
20,0 Äpfeläther

mischt man unter gelindem Erwärmen.

Gebrauchsanweisung:

„*Man bestreicht dicke Strickwolle mit der Witterung, spannt den so zubereiteten Faden gegen Abend von Busch zu Busch und sucht den Faden Nachts von Stunde zu*

Stunde mit einer stark leuchtenden Laterne ab. Die sitzenden Tiere, vom Lichte geblendet, lassen sich mit der Hand abnehmen.“

Wund-Cream.

Präservativ-Cream.

35,0 Kaliseife,
45,0 Wasser,
15,0 Vaselin,
5,0 Zinkoxyd

mischt man zur Salbe.

Der Wund-Cream wird als Heilmittel bei Aufreiben der Haut durch Gehen oder Reiten angewendet. Auch beim Aufziehen oder beim Satteldruck der Pferde soll er gute Dienste thun.

Die Anwendung erfolgt derart, dass man ein Stückchen Leinwand mit dem Cream bestreicht, dieselbe dann auf die Wunde und hierüber etwas Guttaperchapapier legt.

Zahn- und Zahnwehmittel.

I. Cera dentaria. Cera Jodoli. Zahnwachs.

15,0 Jodol

verreibt man in einer Reibschale sehr fein mit

10,0 flüssigem Paraffin,
10,0 Lärchenterpentin

und vermischt mit

65,0 filtriertem gelben Wachs,

welches man vorher schmolz und mit

0,2 Alkannin

gefärbt hatte.

Man giesst in Tafeln aus.

Zum Gebrauch knetet man das Wachs, bis es weich ist, und füllt damit hohle Zähne aus. Der Jodolzusatz hat den Zweck, das Fortschreiten der Karies zu hindern; statt desselben kann man auch Salol nehmen.

II. Caementum dentarium. Zahnkitt.

a) 40,0 Mastix,
40,0 Äther.

Man löst, fügt

20,0 Bernstein, Pulver M/50,

hinzu und lässt den Äther so weit verdunsten, bis eine weiche, aber bildsame Masse verbleibt.

b) gegen Karies.

10,0 Salol,
10,0 Lärchenterpentin

verreibt man mit einander und knetet

80,0 Guttapercha,

welche man in warmem Wasser erweichte, darunter.

c) Vorschrift nach *Würth.*

20,0 Kopal

löst man in

15,0 Weingeist von 90 pCt

und knetet

q. s. Asbestpulver

darunter, bis zur bildsamen Masse.

Die Mischungen dienen zum Ausfüllen hohler Zähne, bei welchen man das Fortschreiten der Karies verhindern will; beim Gebrauch erweicht man sie in warmem Wasser.

d) 98,0 reines Zinkoxyd,
2,0 gebrannte Magnesia

knetet man mit

q. s. glasiger Phosphorsäure

zu einer bildsamen Masse an und füllt damit die Höhlung des Zahnes, die man vorher sehr gut gereinigt hat, aus.

Die Anwendung von Zahnzement setzt eigentlich eine Entfernung aller kariösen Teile voraus. Da dies dem Laien nicht möglich, wird der Erfolg stets ein zweifelhafter sein.

* * *

Von der Aufnahme metallischer Plomben glaubte ich absehen zu können, da diese in die Zahntechnik gehören und in einer Apotheke kaum begehrt werden dürften.

III. Caementum odontalgicum. Zahnwehkitt.

20,0 Mastix,
5,0 Nelkenöl,
50,0 Schwefelkohlenstoff,
10,0 Bernstein, Pulver M/50,
10,0 Opium, Pulver M/30,
5,0 Gerbsäure.

Wenn der Mastix im Schwefelkohlenstoff gelöst ist, setzt man das Nelkenöl und die vorher gemischten Pulver zu.

Der Geruch des Schwefelkohlenstoffs, dem die augenblickliche schmerzstillende Wirkung zuzuschreiben ist, wird zum grossen Teil durch das Nelkenöl verdeckt.

Man könnte nötigenfalls den Schwefelkohlenstoff durch Chloroform ersetzen.

IV. Guttae odontalgicae. Zahntropfen.

a) Odontine.

15,0 Kampfer,
25,0 Weingeist von 90 pCt,
60,0 Chloroform

löst man und filtriert. Die Anwendung der Odontine ist eine zweifache insofern, als dieselbe entweder mit Watte in den hohlen Zahn gebracht oder auf Watte, welche man in die Ohren stopft, getropft wird. Hierauf hat die Gebrauchsanweisung Rücksicht zu nehmen.

Nachstehende Mischungen sind nur darauf berechnet, auf Watte in hohle Zähne gebracht zu werden.

b) 10,0 Kajeputöl,
10,0 Nelkenöl,
10,0 Wacholderbeeröl,
70,0 Äther.

c) 1,0 Kajeputöl,
1,0 Nelkenöl,
2,0 Chloroform.

d) 2,0 Kampfer,
2,0 Chloralhydrat,
1,0 Pfefferminzgeist.

e) 2,0 Hanftinktur,
2,0 Nelkenöl,
2,0 Chloroform.

f) 30,0 Weingeist von 95 pCt,
25,0 einfache Opiumtinktur,
25,0 Chloroform,
15,0 Nelkenöl,
5,0 Karbolsäure
mischt man.

g) 50,0 Chloroform,
30,0 Mastix,
20,0 Perubalsam.

Man löst und filtriert nach mehrtägigem Stehen.

h) Doberaner Zahntropfen.

1,0 safranhaltige Opiumtinktur,
1,0 Pfefferminzöl,
1,0 Ätherweingeist.

i) Gelbe Zahntropfen.

0,5 Morphinhydrochlorid,
1,5 Kokaïnhydrochlorid
löst man in
60,0 Weingeist von 90 pCt
und setzt
10,0 Menthol,
10,0 Nelkenöl,
18,0 Chloroform,
1,0 Safrantinktur
zu.

k) Rote Zahntropfen.

0,1 Alkannin
auf obige Vorschrift.

l) Grüne Zahntropfen.

0,1 Chlorophyll *Schütz* †
auf obige Vorschrift.

† S. Bezugsquellen-Verzeichnis.

m) Menthol-Zahntropfen.

15,0 Menthol,
15,0 Chloroform,
15,0 Nelkenöl,
5,0 Karbolsäure,
1,0 Kokaïnhydrochlorid,
50,0 Essigäther.

Man löst und mischt.

Die zu den Zahntropfen verwendeten Etiketten † müssen die Gebrauchsanweisung tragen.

Vergleiche weiter „Kreosotum chloroformiatum, sinapisatum u. venale".

V. Pasta odontalgica. Pasta Camphorae. Zahnwehpaste. Kampferpaste.

80,0 fein zerriebener Kampfer,
10,0 Olivenöl.

Man verreibt und setzt noch
q. s. Weingeist von 90 pCt
zu, dass die Masse die Beschaffenheit einer weichen Salbe erhält, wozu ungefähr 10,0 Weingeist von 90 pCt notwendig sein werden. Man bringt sie mit Watte in den hohlen Zahn oder ins Ohr.

VI. Pilulae odontalgicae. Zahnpillen.

a) 5,0 Opium, Pulver M/30,
5,0 Belladonnawurzel, „ M/50,
5,0 Bertramwurzel, „ „
7,0 gelbes Wachs,
2,0 Mandelöl,
15 Tropfen Kajeputöl,
15 „ Nelkenöl.

Man stellt Pillen von 0,05 her und bestreut mit Nelkenpulver. Man drückt eine Pille in den schmerzenden hohlen Zahn.

b) 5,0 Opium, Pulver M/30,
2,5 Bertramwurzel, „ M/50,
q. s. Kreosot.

Man formt aus dieser Masse Pillen von 0,03 Gewicht und lässt eine Pille in den schmerzenden hohlen Zahn drücken.

c) 1,0 Kokaïnhydrochlorid,
4,0 Opium, Pulver M/30,
1,0 Menthol,
3,0 Altheewurzel, Pulver M/50,
q. s. Gummischleim.

Man stellt Pillen von 0,03 Gewicht her und lässt eine Pille in die Höhlung des schmerzenden Zahnes einlegen.

Alle drei Nummern müssen in gut verschlossenen Gefässen aufbewahrt werden.

Zincum aceticum.

Zinkacetat.

100,0 Zinkoxyd,
100,0 destilliertes Wasser

giebt man in eine Kochflasche, lässt 24 Stunden stehen, fügt

500,0 verdünnte Essigsäure v. 30 pCt,
10,0 geraspeltes Zink

hinzu, erhitzt bis zur Lösung im Wasserbad, filtriert noch heiss und stellt das Filtrat zur Krystallisation zurück.

Nach mehrtägigem Stehen giesst man die Mutterlauge von den Krystallen, welche man auf Löschpapier bei gewöhnlicher Temperatur trocknet, ab, dampft auf ungefähr die Hälfte des Raumteils ein und lässt nochmals krystallisieren.

Die Ausbeute wird gegen

300,0

betragen.

Zincum chloratum in bacillis nach *Koebner*.

Zinkchlorid in Stangen.

80,0 Zinkchlorid,
20,0 Kaliumnitrat

zerreibt man mit einander, schmilzt in einem Porzellanschälchen über einer Flamme unter Vermeidung von Überhitzung (Entwicklung von Untersalpetersäuredämpfen) und giesst in 5 mm weite Glasröhren, welche man vorher mit etwas Paraffinöl aus- und mit einem Baumwollpfropfen nachgewischt hatte, aus.

Die auf beiden Seiten verkorkten Glasröhren lässt man 12—24 Stunden im kühlen Raum liegen, stösst dann die Stifte aus, taucht sie in geschmolzenes Kakaoöl, hüllt sie nach dem Erkalten in Guttaperchapapier und bewahrt sie unter sorgfältigem Abschluss der Luft in Glasbüchsen auf.

Zincum oxydatum.

Flores Zinci. Zinkoxyd.

Vorschrift der Ph. Austr. VII.

In eine filtrierte, zum Kochen erhitzte Lösung von

320,0 krystallisiertem Natriumkarbonat

in

1800,0 destilliertem Wasser

trägt man eine Lösung von

300,0 Zinksulfat

in

900,0 destilliertem Wasser

tropfenweise ein. Man erhält alsdann die Flüssigkeit noch so lange im Sieden, bis der anfänglich gallertartige Niederschlag sich in einen pulverförmigen, leicht absetzenden verwandelt hat.

Man wäscht hierauf den Niederschlag durch Absetzenlassen mit heissem Wasser so lange aus, bis das Waschwasser durch Baryumnitrat nicht mehr getrübt wird, sammelt auf einem Tuch und trocknet.

Die trockene Masse glüht man in einem gut bedeckten Tiegel so lange, bis eine der Mitte entnommene (erkaltete!) Probe mit Säuren nicht mehr aufbraust und bewahrt das Präparat in einem wohl verschlossenen Gefäss auf.

Verzeichnis der Bestandteile,

welche zur Ausführung der Vorschriften notwendig sind, der

technischen Ausdrücke

(termini technici)

und der dazu gehörigen Hilfsworte,

in **deutscher**, lateinischer, *französischer* und englischer Sprache.

Abgekocht: decoctus — *cuit* — decocted.

Abgepflückt: lectus — *cueilli* — picked, gathered.

Abgepresst: expressus — *exprimé* — expressed.

Abgerahmt: emunctus — *écrémé* — skimmed.

Abgesiebt: per cribrum transmissus, decribratus — *tamisé* — sifted off.

Abgetropft: deguttatus — *égoutté* — dropped, by drops.

Abkochung: decoctio, decoctum — *décoction* — decoction.

Absetzen: sedere — *déposer* — to deposit.

Absinthium: absinthium — *absinthe, aluyne* — absinthium, wormwood.

Absolut: absolutus — *absolu* — absolute.

Absud: decoctum, infusum — *décoction, infusion* — infusion.

Aceton: acetonum — *acétone, esprit pyroacétique* — acetone.

Afrikanisch: Africanus — *Africain* — African.

Agaricin: agaricinum — *agaricine* — agaricin.

Akaziengummi: gummi arabicum seu Senegalense — *gomme arabique* — gum acacia.

Akonitknollen: tubera aconiti — *racine d'aconit* — monkshood, wolfsbane.

Akonitkraut: herba aconiti — *feuilles d'aconit* — aconite leaves.

Alantwurzel: radix helenii, radix enulae — *racine d'aunée* — elecampane root, inula.

Alantwurzelextrakt: extractum helenii — *extrait de racine d'aunée* — extract of elecampane root.

Alaun: alumen (kalinum) — *alun blanc* — potash alum.

Alkoholisiert: alcoholisatus — *alcoolisé* — alcoholized.

Alexandriner: Alexandrinus — *d'Aléxandrie* — of Alexandria.

Alizarin: alizarinum — *alizarine* — alizarin.

Alkalisch: alcalinus — *alcalin* — alkaline.

Alkaloidgehalt: pretium alcaloïdes — *proportion dosage des alcaloïdes* — content of alkaloid, alkaloidal content.

Alkannawurzel: radix alcannae — *racine d'orcanette* — alkanna root, alkanes root.

Alkannin: alcanninum — *alcannine* — alcannin.

Alkohol: alkohol — *alcool* — alcohol.

Alkoholisch: alcoholicus — *alcoolisé* — alcoholic.

Aloë: aloë — *aloës* — aloes.

Aloëextrakt: extractum aloës — *extrait d'aloès* — extract of aloes.

Aloetinktur: tinctura aloës — *teinture d'aloès* — tincture of aloes.

Alt: antiquus, vetus — *ancien* — ancient, matured.

Altheewurzel: radix altheae — *racine d'althée, racine de guimauve* — marshmallow root.

Aluminium: aluminium — *aluminium* — aluminium.

Aluminiumacetat: aluminium aceticum, alumina acetica — *acétate d'alumine* — acetate of aluminium.

Aluminiumacetatlösung: liquor aluminii acetici, alumina acetica liquida — *acétate d'alumine liquide* — solution of acetate of aluminium.

Aluminiumsulfat: aluminium sulfuricum — *sulfate d'alumine* — sulphate of aluminium.

Alumnol: alumnolum — *alumnole* — alumnol.

Ambra: ambra grisea — *ambre gris* — ambergris.

Ambratinktur: tinctura ambrae — *teinture d'ambre* — tincture of amber.

Ameisen: formicae — *fourmis* — ants.

Ameisensäure: acidum formicicum — *acide formique* — formic acid.

Ameisenspiritus: spiritus formicarum — *alcoolat de fourmis* — spirit of ants.

Ameisentinktur: tinctura formicarum — *teinture de formis* — tincture of ants, formic tincture.

Amerikanisch: Americanus — *Américain* — American.

Ammoniacum: gummi-resina ammoniacum — *gomme-résine ammoniaque* — gum ammoniac.

Ammoniak: liquor ammonii caustici, ammonium causticum solutum — *ammoniaque caustique* — liquid ammonia.

Ammoniakalisch: ammoniacalis — *ammoniacal* — ammoniacal.

Ammoniakflüssigkeit: vide Ammoniak.

Ammoniakgummi: vide Ammoniacum.

Ammoniakharz: vide Ammoniacum.

Ammoniakspiritus: vide Ammoniak.

Ammoniumacetat: ammonium aceticum — *acétate d'ammoniaque* — acetate of ammonium.

Ammoniumbichromat: ammonium bichromicum — *bichromate d'ammoniaque* — bichromate of ammonium.

Ammoniumbromid: ammonium bromatum, hydrobromicum — *bromure d'ammonium bromhydrate d'ammoniaque* — bromide of ammonium.

Ammoniumchlorid: ammonium chloratum, a. muriaticum, a. hydrochloricum — *chlorhydrate d'ammoniaque, sel ammoniac* — hydrochlorate or muriate of ammonium.

Ammoniumcitrat: ammonium citricum — *citrate d'ammoniaque* — citrate of ammonium.

Ammoniumfluorid: ammonium fluoratum, a. hydrofluoricum — *fluorure d'ammonium* — fluoride of ammonium.

Ammoniumjodid: ammonium jodatum, a. hydrojodicum — *iodure d'ammonium* — iodide of ammonium.

Ammoniumkarbonat: ammonium carbonicum, sal alkali volatile — *carbonate d'ammoniaque, sel volatil d'Angleterre* — sesquicarbonate of ammonium.

Ammoniumnitrat: ammonium nitricum — *nitrate d'ammoniaque* — nitrate of ammonium.

Ammoniumphosphat: ammonium phosphoricum — *phosphate d'ammoniaque* — phosphate of ammonium.

Ammoniumsulfat: ammonium sulfuricum — *sulfate d'ammoniaque* — sulphate of ammonium.

Ammoniumsulfid: ammonium sulfuratum — *sulfhydrate d'ammoniaque* — sulphydrate of ammonium.

Ammoniumtartrat: ammonium tartaricum — *tartrate d'ammoniaque* — tartrate of ammonium.

Amorph: amorphis — *amorphe* — amorphous.

Anakardien: anacardiae — *anacardes* — cashew nut.

Annanasessenz: essentia ananas — *alcoolature d'ananas* — pine apple essence.

Andornextrakt: extractum marrubii — *extrait de marrube* — extract of horehound.

Angefeuchtet: humidus — *humecté* — moist.

Angelikaaufguss: infusum angelicae — *infusion d'angélique* — infusion of angelica root.

Angelikaöl (aeth.): oleum angelicae — *huile volatile d'angélique* — spirit of angelica.

Angelikaspiritus: spiritus angelicae — *alcoolat d'angélique* — angelica spirit.

Angelikawurzel: radix angelicae — *racine d'angélique* — angelica root.

Angelikawurzelöl: vide Angelikaöl.

Angosturarinde: cortex angosturae *écorce d'angusture de Colombie* — angustura bark.

Anilin-Blau: anilinum coeruleum — *bleu de Lyon, bleu de lumière, bleu de Parme* — aniline blue.

Anilin-Bordeauxrot: anilinum rubrum — *aniline rouge-Bordeaux* — bordeaux-red, aniline.

Anilin-Citronengelb: anilinum flavum — *aniline jaune* — aniline yellow.

Anilin-Grün: anilinum viride — *vert à l'iode, vert de nuit* — aniline green.

Anilin-Orange: vide Anilingelb.

Anilinöl: anilinum — *aniline* — aniline oil.

Anilin-Scharlachrot: anilinum scarlatino-rubrum — *roseïne* — roseïne.

Anilin-Schwarz: anilinum nigrum — *nigrosine* — nigrosine.

Anilin-Tiefschwarz: vide Anilin-Schwarz.

Anilin-Violett: anilinum violaceum *violet de Paris* — aniline violet.

Anilin-Wasserblau: vide Anilin-Blau.

Anis: fructus anisi — *anis ou anis vert* — aniseed.

Anisöl: oleum anisi — *huile volatile d'anis* — oil of anise.

Anissamen: vide Anis.

Antifebrin: antifebrinum — *antifébrine* — antifebrin.

Antipyrin: antipyrinum — *antipyrine* — antipyrin.

Apfelsinen: fructus aurantii dulcis — *oranges* — sweet orange.

Apfelsinenessenz: essentia aurantii dulcis — *alcoolature d'oranges* — essence of sweet orange.

Apfelsinen-Limonadenessenz: vide Apfelsinen-Essenz.

Apfelsinenschale: cortex aurantii dulcis — *écorce d'oranges douces* — sweet orange peel.

Apfelsinenschalensirup: sirupus corticis aurantii dulcis — *sirop d'écorces d'oranges douces* — syrup of sweet orange peel.

Appretiert: appressus — *apprêté* — dressed, prepared.

Arabisch: Arabicus — *Arabe, d'Arabie* — Arabic.

Aristol: aristolum — *aristole* — aristol.

Armenisch: Armenus — *d'Arménie* — Armenian.

Arnikablumenöl: oleum florum arnicae — *huile volatile de fleurs d'arnica* — oil of arnica flowers.

Arnikablüten: flores arnicae — *fleurs d'arnica* — arnica flowers.

Arnikablütenöl: vide Arnikablumenöl.

Arnikaöl: vide Arnikablumenöl.

Arnikapflanze: planta arnicae — *plante d'arnica* — arnica herb.

Arnikatinktur: tinctura arnicae — *teinture d'arnica* — tincture of arnica.

Arnikawurzel: radix arnicae — *racine d'arnica* — arnica root.

Arnikawurzelöl: oleum radicis arnicae — *huile volatile de racine d'arnica* — oil of arnica root.

Aromatisch: aromaticus — *aromatique* — aromatic.

Aronwurzel: radix ari, tubera aronis — *arum, gouet* — arum root.

Arquebusade: aqua vulneraria spirituosa.

Arrak: arac, spiritus oryzae — *arac, arack* — arrack.

Arsenige Säure: acidum arsenicosum, arsenicum album — *acide arsénieux, arsénic blanc* — arsenious acid, white arsenic.

Arsenlösung: solutio arsenicalis — *solution arsenicale* — Fowler's solution.

Arsensauer: arsenicicus — *arsénique* — arsenic.

Arsensäure: acidum arsenicicum — *acide arsénique* — arsenic acid.

Asa foetida: asa foetida — *ase fétide* — asafoetida.

Asant: vide asa foetida.

Asantöl: oleum asae foetidae — *huile volatile d'ase fétide* — oil of asafoetida.

Asbestpulver: alumen plumosum — *alun de plume* — asbestos (powdered).

Asparagin: asparaginum — *asparagine* — asparagin.

Asphalt: asphaltum — *goudron minéral* — asphalt, bitumen.

Atropinsulfat: atropinum sulfuricum — *sulfate d'atropine* — sulphate of atropine.

Attich: vide Attichbeeren.

Attichbeeren: fructus ebuli, baccae ebuli — *baies d'hièble* — dwarf elderberries.

Attichwurzel: radix ebuli — *racine d'hièble* — dwarf elderroot.

Augenessenz: essentia ophthalmica — *collyre concentré* — eyelotion essence, ophthalmic spirit.

Augentrost: herba euphrasiae — *euphrase* — euphrasia, eyebright.

Auripigment: auripigmentum — *orpiment* — orpiment.

Ausgelesen: electus — *élu, choisi* — selected.

Ausgekocht: excoctus — *extrait par la cuisson* — extracted by boiling.

Ausgelassen: fusus — *fondu* — fused.

Ausgepresst: expressus — *exprimé* — expressed.

Ausgesucht: vide ausgelesen.

Ausgetrocknet: exsiccatus — *desséché* — desiccated.

Ausgewaschen: elutus — *lixirié* — washed, elutriated.

Austernschalen: conchae — *écaille d'huîtres* — oyster shells.

Azolithmin: azolithminum — *azolithmine* — azolitmin.

Äpfel: mala — *pommes* — apples.

Äpfeläther: amylium valerianicum, aether malorum — *amyl valérianique de pomme reinette* — amyl valerianate, essence of apples.

Äpfelsauer: malatus — *malique* — malic.

Äther: aether — *éther* — ether.

Ätherisch: aethereus — *éthéré* — ethereal.

Ätherweingeist: spiritus aethereus, liquor anodynus Hoffmanni, spiritus sulfurico-aethereus — *alcool d'éther, alcool sulfurique éthéré, esprit anodin d'Hoffmann, liqueur d'Hoffmann* — spirit of ether, Hoffmann's anodyne.

Ätzkali: kali causticum, k. hydricum, lapis causticus — *potasse caustique* — potassium hydrate.

Ätzkalk: calcium oxydatum causticum, calcaria usta — *chaux vive, marbre calciné* — caustic lime.

Ätznatron: natrum causticum, natrium hydricum — *soude caustique* — caustic soda.

Bachbunge: herba beccabungae — *becca bunga* — brooklime.

Baldrian: radix valerianae — *racine de valériane* — valerian root.

Baldrianaufguss: infusum valerianae — *infusion de valériane* — infusion of valerian.

Baldrianöl: oleum valerianae — *huile volatile de valériane* — valerian oil.

Baldriansäure: acidum valerianicum — *acide valérianique* — valerianic acid.

Baldriantinktur: tinctura valerianae — *teinture de valériane* — tincture of valerian.

Baldrianwurzel: vide Baldrian.

Balsam: balsamum — *baume* — balsam.

Balsamisch: balsamicus — *balsamique, balsamifère* — balsamic.

Barbadosaloë: aloë Barbadense — *aloès des Barbades* — Barbadoes aloes.

Baryumchlorid: baryum chloratum, baryta chlorata — *chlorure de baryum* — chloride of barium.

Baryumkarbonat: baryum carbonicum, baryta carbonica — *carbonate de baryte* — carbonate of barium.

Baryumnitrat: baryum nitricum, baryta nitrica — *nitrate de baryte* — nitrate of barium.

Baryumsulfat: baryum sulfuricum, baryta sulfurica, spathum ponderosum — *sulfate de baryte, spath pesant* — sulphate of barium, heavy spar.
Baryumsulfid: baryum sulfuratum — *sulfure de baryum* — sulphide of barium.
Basisch: basicus — *basique* — basic.
Baumöl: oleum olivarum — *huile d'olives, huile fine vierge* — olive oil, sweet oil, virgin oil.
Baumwolle: gossypium — *coton* — cotton.
Baumwollsamenöl: oleum gossypii — *huile de coton* — cotton seed oil.
Bayöl: oleum myrciae acris — *huile volatile de myrcia* — myrcia oil, oil of bay.
Bärlappsamen: semen lycopodii, lycopodium — *lycopode, soufre végétal* — lycopodium.
Bärentraube: arctostaphylos uva ursi — *busserole* — bearberry.
Bärentraubenblätter: folia uvae ursi — *feuilles de busserole* — bearberry leaves.
Becherhülle: cupula — *cupule* — cup.
Befreit: liberatus — *libéré* — liberated, set free.
Beifusswurzel: radix artemisiae — *racine d'armoise* — mugwort root, artemisia root.
Beinschwarz: spodium nigrum, ebur ustum — *noire d'ivoire, noir d'os* — ivory black, bone black.
Belladonnablätter: folia belladonnae — *feuilles de belladone* — belladonna leaves.
Belladonna-Extrakt: extractum belladonnae — *extrait de belladone* — extract of belladonna.
Belladonna-Fluidextrakt: extractum belladonnae fluidum — *extrait fluide de belladone* — fluid extract of belladonna.
Belladonnakraut: herba belladonnae — *herbe de belladone* — belladonna herb.
Belladonnaöl: oleum belladonnae — *huile de belladone* — belladonna oil.
Belladonnapflaster: emplastrum belladonnae — *emplâtre de belladone* — belladonna plaster.
Belladonnawurzel: radix belladonnae — *racine de belladone* — belladonna root.
Benediktiner-Essenz: essentia benedictinorum — *esprit (eau) des bénédictins* — benedictine essence.
Benzin: benzinum — *benzine* — benzin.
Benzoë: benzoë — *benjoin* — benzoin, gum benjamin.
Benzoëfett: adeps benzoatus — *axonge benzoïnée* — benzoated lard.
Benzoëharz: vide Benzoë.
Benzoëöl: oleum benzoës — *huile benzoïnée* — benzoated oil.
Benzoëpomade: unguentum benzoës — *pommade benzoïnée* — benzoated pomade.
Benzoësauer: benzoïcus — *benzoïque* — benzoic.
Benzoësäure: acidum benzoïcum, flores benzoes — *acide benzoïque* — benzoic acid.
Benzoësäurehaltig: benzoatus, benzoïnatus — *benzoïnée* — benzoated.
Benzoëtalg: sebum benzoatum — *suif benzoïnée* — benzoated tallow.
Benzoëtinktur: tinctura benzoës — *teinture de benjoin* — tincture of benzoin.
Berberis: berberis — *berbéris, épine vinette* — barberry.
Berberiswurzel: radix berberidis *racine de berbéris* — barberry root.
Berberitzenbeeren: fructus, baccae berberidis — *baies de berbéris, d'epine vinette* — barberry berries.
Bereitet: paratus — *préparé* — prepared.
Bereitung: praeparatio — *préparation* — preparation.
Bergamottöl: oleum bergamottae — *huile volatile de bergamote* — oil of bergamot.
Bergpetersilienextrakt: extractum petroselini — *extrait de lirèche* — extract of parsley.
Bernstein: succinum — *succin, ambre jaune* — amber.
Bernsteinabfall: reliquum succini, succinum in fragmentis — *débris d'ambre jaune* — amber chips.
Bernstein-Firnis: vernix succini — *vernis au succin* — amber varnish.
Bernsteinkolophon: colophonium succini — *colophane de succin* — amber resin.
Bernsteinöl: oleum succini — *huile de succin* — oil of amber.
Bernsteinsauer: succinicus — *succinique* — succinic.
Bernsteinsäure: acidum succinicum — *acide succinique, sel volatil de succin* — succinic acid.
Bertramwurzel: radix pyrethri — *racine de pyrèthre* — pellitory root.
Best: optimus — *bon mieux* — best.
Bestimmt: constitutus, destinatus — *destiné* — determined, ascertained.
Betonienblätter: folia betonicae — *feuilles de betone* — betony leaves.
Bezeichnet: designatus — *désigné* — marked, indicated.
Bibergeil: castoreum — *castoréum* — castoreum.
Bibergeiltinktur: tinctura castorei — *teinture de castoréum* — tincture of castoreum.
Bibernellextrakt: extractum pimpinellae — *extrait de pimpernelle* — extract of pimpinella.
Bibernellwurzel: radix pimpinellae — *racine de pimpernelle* — pimpinella root.
Bienenwachs: cera alba, flava — *cire blanche, jaune* — white, yellow wax, beeswax.
Bierhefe: faex cervisiae — *levure de bière* — beer yeast.
Bilsenkraut: herba hyoscyami — *feuilles de jusquiame* — henbane leaves.
Bilsenkrautblätter: vide Bilsenkraut.
Bilsenkrautextrakt: extractum hyoscyami — *extrait de jusquiame* extract of henbane.
Bilsenkrautöl: oleum hyoscyami — *huile de jusquiame* — henbane oil.
Bilsenkrautpflaster: emplastrum hyoscyami — *emplâtre de jusquiame* — henbane plaster.
Bilsenkrautsamen: semen hyoscyami — *semence de jusquiame* — henbane seed.
Bimsstein: lapis pumicis — *pierre ponce* — pumice stone.
Birkenöl: oleum rusci, betulinum — *huile de bouleau* — birch oil.
Birkenteer: vide Birkenöl.
Birkenteeröl: vide Birkenöl.
Bischofessenz: essentia episcopalis — *essence de bischof* — bishop's essence.
Bitter: amarus — *amer* — bitter.
Bitterklee: trifolium fibrinum — *trèfle des marais* — buck bean, marsh trefoil.
Bitterkleeextrakt: extractum trifolii — *extrait de trèfle de ményanthe* — extract of buckbean.
Bitter-Mandelemulsion: emulsio amygdalarum amararum — *émulsion d'amandes amères* — emulsion of bitter almonds.
Bittermandelöl: oleum amygdalarum amararum — *huile volatile d'amandes amères* — oil of bitter almond.
Bittermandelwasser: aqua amygdalarum amararum — *eau d'amandes amères* — bitter almond water.
Bitter-Pomeranzenöl: oleum aurantii amari — *huile volatile d'oranges amères* — oil of bitter orange.
Bittersalz: magnesium sulfuricum, sal amarum — *sulfate de magnésie, sel amer* — sulphate of magnesia, Epsom salts.
Bittersüss-Extrakt: extractum dulcamarae — *extrait de douce-amère* — extract of dulcamara.
Bittersüssstengel: stipites dulcamarae — *tiges de douce-amère* — dulcamara tops.
Blatt: folium — *feuille* — leaf.
Blattgold: aurum foliatum — *or battu, or en feuilles* — gold leaf.
Blattsilber: argentum foliatum — *argent battu, a. en feuilles* — silver leaf.
Blau: caeruleus, coeruleus — *bleu* — blue.
Blaudsche Pillen: pilulae Blaudii — *pilules de Blaud* — Blaud's pills.
Blauholz: lignum campechianum — *bois de Campêche* — logwood, Campeachy wood.
Blauholzextrakt: extractum ligni campechiani — *extrait de bois de Campêche* — extract of logwood.
Blätter: folia — *feuilles* — leaves.
Blätter-Kautschuk: resina elastica foliata, gummi elasticum in foliis — *caoutschouc en feuilles* — India rubber leaves.
Blei: plumbum — *plomb* — lead.
Bleiacetat: plumbum aceticum — *acétate de plomb* — acetate of lead.
Bleiessig: liquor plumbi subacetici, acetum plumbi, extractum Saturni — *sous-acétate de plomb, extrait de Saturne, extrait de Goulard* — solution of subacetate of lead, Goulard's extract.
Bleiglätte: lithargyrum — *litharge, oxyde de plomb* — litharge, oxide of lead.
Bleijodid: plumbum jodatum — *iodure de plomb* — iodide of lead.
Bleioxyd: plumbum oxydatum — *oxyde de plomb, massicot* — oxyde of lead.
Bleipflaster: emplastrum plumbi, lithargyri — *emplâtre de plomb simple* — lead plaster.
Bleisalbe: unguentum plumbi — *pommade de Saturne* — ointment of subacetate of lead.
Bleiwasser: aqua plumbi, Saturni, Goulardi — *eau blanche de*

Goulard, de Saturne — Goulard's water, lead water.

Bleiweiss: cerussa, plumbum carbonicum — *blanc de céruse, de plomb* — cerussa, white lead, ceruse.

Bleiweiss-Lanolinsalbe: unguentum cerussae cum lanolino — *pommade de céruse à la lanoline* — withe lead ointment with lanoline.

Bleiweisspflaster: emplastrum cerussae — *emplâtre de blanc de céruse* — carbonate lead plaster.

Bleiweisssalbe: unguentum cerussae — *pommade de céruse, onguent blanc de Rhozès* — ointment of carbonate of lead.

Bleizucker: plumbum aceticum, saccharum Saturni — *sucre de Saturne, acétate de plomb* — sugar of lead, acetate of lead.

Blond: flavus — *blond* — light coloured, pale.

Blutalbumin: albuminum e sanguine — *albumine de sang* — blood albumen.

Blutlaugensalz, gelbes: kalium ferrocyanatum, kalium borussicum flavum — *cyanure ferroso-potassique, prussiate jaune de potasse* — yellow prussiate of potash, ferrocyanide of potassium.

Blutschellack: lacca in tabulis, in baculis — *laque, gomme-laque* — shellac (garnet lac), orange lac.

Blutstein: lapis haematidis, lapis sanguineus — *haematite* — hematite.

Blühend: florens — *florissant, en fleurs* — flowering.

Blüte: flos — *fleur* — flower.

Bocksblut: sanguis hirci — *sang du bélier* — buck's blood.

Bockshornklee: trigonella foenumgraecum — *fenugrec* — fenugreek.

Bockshornsamen: semen faenugraeci — *semence de fenugrec* — fenugreek seed.

Bohnen: fabae — *fèves* — beans.

Bohnenmehl: farina fabarum — *farine de fèves* — bean meal.

Bolus: bolus — *bol d'Arménie* — pipe clay.

Borax: natrium biboricum — *borax, biborate de soude* — borax, biborate of soda.

Boraxpulver: pulvis boracis — *borax en poudre* — powdered borax.

Boroglycerin: boroglycerinum — *boroglycérine* — boroglycerin.

Borsauer: boricus — *borique* — boric.

Borsäure: acidum boricum — *acide borique* — boric acid.

Braun: fuscus — *brun* — brown.

Braunkohlenasche: cinis pyrocarbonis — *cendre de lignite* — lignite ash.

Braunkohlen-Paraffin: paraffinum pyrocarbonis — *paraffine de lignite* — paraffin.

Braunstein: manganum peroxydatum — *peroxyde de manganèse* — black oxide of manganese.

Brausepulver: pulvis aërophorus, effervescens — *poudre effervescente, poudre gazeuse* — effervescing powder.

Brechnuss: semen strychni, nux vomica — *noix vomique* — nux vomica.

Brechnusstinktur: tinctura strychni — *teinture de noix vomique* — tincture of nux vomica.

Brechweinstein: tartarus stibiatus, stibio-kalium tartaricum — *emétique tartre stibié* — tartar emetic, tartarated antimony.

Brechwurzel: radix ipecacuanhae — *ipéca, racine d'ipécacuanha* — ipecacuanha.

Brechwurzel-Dauerextrakt: extractum ipecacuanhae solidum — *extrait sec d'ipéca* — solid extract of ipecacuanha.

Brechwurzelsirup: sirupus ipecacuanhae — *sirop d'ipéca* — sirup of ipecacuanha.

Brechwurzelwein: vinum ipecacuanhae — *vin d'ipéca* — ipecacuanhae wine.

Brennesselblätter: folia urticae — *feuilles d'ortie* — common nettle leaves.

Brennspiritus: spiritus denaturatus — *alcool à brûler* — methylated spirit.

Brenzlich: empyreumaticus — *empyreumatique* — empyreumatic.

Brillantgrün: anilinum viride — *vert à l'iode, vert de nuit* — aniline green.

Brom: bromum — *brôme* — bromine.

Brombeeren: fructus rubi fruticosi — *mûre sauvage* — blackberries.

Bromkalium: kalium bromatum — *bromure de potassium* — bromide of potassium.

Bronzepulver: color metallicus — *couleur de bronze* — bronze powder.

Brotteig: massa farinae subactae — *pâte du pain* — breadstuff.

Brunnenkresse: nasturtium — *cresson de fontaine* — water cress.

Brunnenwasser: aqua fontana — *eau de fontaine* — spring water, well water.

Brustelixir: elixir pectorale — *elixir pectoral* — pectoral elixir.

Brustpulver: pulvis liquiritiae compositus — *poudre laxative* — liquorice powder.

Brustthee: species pectorales — *thé pectoral* — pectoral tea.

Buchenholzteer: pix fagi — *goudron de hêtre* — beech tar.

Butter: butyrum — *beurre* — butter.

Butteräther: aether butyricus — *éther butyrique* — butyric ether.

Büttenruss: fuligo — *noir de fumée* — lampblack.

Cadinöl: oleum cadinum, ol. juniperi empyreumaticum — *huile de cade* — oil of cade, juniper tar oil.

Cajeputöl: oleum cajeputi — *huile volatile de cajeput* — oil of cajeput.

Calciniert: calcinatus — *calciné* — calcined.

Calciumchlorid: calcium chloratum, c. muriaticum — *chlorure de calcium* — chloride of calcium.

Calciumglycerophosphat: calcium glycerophosphoricum — *glycerophosphate de chaux* — glycerophosphate of calcium.

Calciumhydroxyd: calcium hydroxydatum — *chaux hydratée* — hydrate of calcium, slaked lime.

Calciumhypophosphit: calcium hypophosphorosum — *hypophosphite de chaux* — hypophosphite of calcium.

Calciumkarbonat: calcium carbonicum — *carbonate de chaux* — carbonate of calcium.

Calciumlaktat: calcium lacticum — *lactate de chaux* — lactate of calcium.

Calciumoxysulfuret: calcium oxysulfuratum — *oxysulfate de chaux* — oxysulphate of calcium.

Calciumphosphat: calcium phosphoricum — *phosphate de chaux* — phosphate of calcium.

Calciumsulfat: Calcium sulfuricum — *sulfate de chaux, plâtre* — sulphate of calcium, gypsum.

Calisaya-Chinarinde: cortex chinae calisaya regiae — *écorce de quinquina calisaya* — calisaya cinchona bark.

Calomel: hydrargyrum chloratum mite, mercurius dulcis — *mercure doux, protochlorure de mercure, calomel* — subchloride of mercury, calomel.

Campecheholz: lignum campechianum — *bois de Campêche, de sang, des Indes* — log wood, Campeachy wood.

Canadisch: Canadensis — *de Canada* — Canadian.

Cantharidin: cantharidinum — *cantharidine* — cantharidin.

Carduus benedictus: carduus benedictus — *chardon bénit* — blessed thistle.

Carrageen: carrageen — *mousse d'Irlande, mousse marine perlée, carragaheen* — carrageen moss, Irish moss.

Carvol: oleum carvi, carvolum — *carvol, huile volatile de cumin* — oil of caraway.

Cascara Sagrada: rhamnus purshiana — *cascara sagrada* — sacred bark.

Cascaraextrakt: extractum cascarae sagradae — *extrait de cascara sagrada* — extract of sacred bark.

Catechutinktur: tinctura catechu — *teinture de cachou, t. de terre de Japon* — tincture of catechu.

Cedernholz: lignum cedri — *bois de cedre* — cedar wood.

Cerat: ceratum — *cérate* — cerate.

Ceresin: ceresinum, cera mineralis — *cérésine, cire minérale* — mineral wax.

Cerise: anilinum ceraso-rubrum — *cerise, rouge cerise* — cherry red.

Ceylonzimt: cortex cinnamomi ceylanici — *cannelle de Ceylan* — cinnamon bark.

Ceylon-Zimtöl: oleum cinnamomi Ceylanici — *huile volatile de cannelle de Ceylan* — oil of cinnamon.

Ceylonzimttinktur: tinctura cinnamomi Ceylanici — *teinture de cannelle de Ceylan* — tincture of cinnamon.

Chinaabkochung: decoctum chinae — *décoction de quinquina* — decoction of cinchona.

Chinaextrakt: extractum chinae — *extrait de quinquina* — extract of cinchona.

Chinarinde: cortex chinae — *écorce de quinquina* — cinchona bark.

Chinatinktur: tinctura chinae — *teinture de quinquina* — tincture of cinchona.

Chinawurzel: radix chinae — *racine de squine* — china root.

Chinesisch: Chinensis, Sinensis — *Chinois, de la Chine* — Chinese.

Chinidinsulfat: chinidinum sulfuricum — *sulfate de quinidine* — sulphate of quinidine.

Chinin: chininum — *quinine* — quinine.

Chininhydrochlorid: chininum hydrochloricum — *chlorhydrate de quinine* — hydrochlorate of quinine, muriate of quinine.

Chininsulfat: chininum sulfuricum — *sulfate de quinine* — sulphate of quinine.

Chinintannat: chininum tannicum — *tannate de quinine* — tannate of quinine.

Chinoidin: chinoidinum — *quinoidine* — quinoidine.

Chinolin: chinolinum — *chinoline* — chinolin.

Chinosol: chinosolum — *chinosole* — chinosol.

Chloralhydrat: chloralum hydratum — *chloral hydraté* — chloral hydras, hydrate of chloral.

Chloranilin: anilinum chloratum — *chlorhydrate d'aniline* — hydrochlorate of aniline.

Chlorbaryum: baryum chloratum, baryta chlorata — *chlorure de baryum* — chloride of barium.

Chlorcalcium: calcium chloratum — *chlorure de calcium* — chloride of calcium.

Chloreisentinktur: tinctura ferri chlorati — *teinture de chlorure de fer* — tincture of chloride of iron.

Chlorkalium: kalium chloratum — *chlorure de potassium* — chloride of potassium.

Chlorkalk: calcaria hypochlorosa, calcaria chlorata — *chlorure de chaux sec, hypochlorite de chaux* — chlorinated lime, bleaching powder.

Chlormagnesium: magnesium chloratum — *chlorure de magnésie* — chloride of magnesium.

Chlornatrium: natrium chloratum — *chlorure de sodium* — chloride of sodium.

Chloroform: chloroformium — *chloroforme* — chloroform.

Chlorophyll: chlorophyll — *chlorophylle* — chlorophyll.

Chlorsauer: chloricus — *chlorique* — chloric.

Chlorwasser: aqua chlorata — *eau chlorée, chlore liquide* — solution of chlorine, chlorine water.

Chlorwasserstoffsäure: acidum hydrochloricum, acidum muriaticum — *acide chlorhydrique* — hydrochloric acid, muriatic acid.

Chlorzink: zincum chloratum — *chlorure de zinc* — chloride of zinc, butter of zinc.

Chokoladepulver: pulvis cacaonis saccharatae — *chocolat en poudre* — chocolate powder.

Chromalaun: alumen chromicum — *alun de chrôme* — chrome alum.

Chromgelb: plumbum chromicum — *jaune de chrôme* — chrome yellow.

Chromsäure: acidum chromicum — *acide chromique* — chromic acid.

Chrysanthemumblüten: flores chrysanthemi — *fleurs de chrysanthème* — chrysanthemum flowers.

Chrysanthemum-Tinktur: tinctura chrysanthemi — *teinture de chrysanthème* — tincture of chrysanthemum.

Chrysarobin: chrysarobinum — *chrysarobine* — chrysarobin, araroba powder.

Cichorienblätter: folia cichorei — *feuilles de chicorée* — chicory leaves.

Cichorienkraut: herba cichorei — *herbe de chicorée* — chicory herb.

Cichorienwurzel: radix cichorei — *racine de chicorée* — chicory root.

Cina: flores cinae — *semen contra* — wormseed.

Cinchoninhydrochlorid: cinchoninum hydrochloricum — *hydrochlorate de cinchonine* — hydrochlorate of cinchonine.

Citronat: conditum citri — *citron confit* — candied lemon.

Citrone: fructus citri — *citron* — lemon.

Citronellöl: oleum melissae Indicum, ol. citronellae — *huile volatile de citronelle* — oil of citronella.

Citronenessenz: essentia citri — *alcoolat de citron* — essence of lemon.

Citronenöl: oleum citri — *huile volatile de citron* — oil of lemon.

Citronen-Ölzucker: elaeosaccharum citri — *oléosaccharure de citron* — sugar of oil of lemon.

Citronensaft: succus citri — *suc de citrons* — lemon juice.

Citronensäure: acidum citricum — *acide citrique* — citric acid.

Citronenschale: cortex fructus citri — *écorce de citron* — lemon peel.

Cochenille: coccionella — *cochenille* — cochineal.

Codeïn: codeinum — *codéïne* — codeine.

Cognac: spiritus e vino — *cognac, esprit de vin* — cognac, brandy.

Cognacessenz: essentia ad cognac — *essence de cognac* — essence of cognac.

Cold-Cream: unguentum leniens — *cold-cream* — cold cream.

Colombowurzel: radix Colombo, r. Columbae — *racine de Colombo* — Calumba root.

Condurangoabkochung: decoctum condurango — *décoction de condurango* — decoction of condurango.

Condurangorinde: cortex condurango — *écorce de condurango* — condurango bark.

Corianderöl: oleum coriandri — *huile volatile de coriandre* — oil of coriander.

Cotorinde: cortex coto — *écorce de coto* — coto bark.

Cumarin: cumarinum — *coumarine* — coumarin.

Curassaorinde: cortex Curaçao — *écorce de Curaçao* — Curaçao orange peel.

Curassaoschalen: testae Curaçao — *écorce de Curaçao* — Curaçao orange peel.

Damianablätter: folia damianae — *feuilles de damiane* — damiana leaves.

Dammar: Dammara, resina Dammar — *Damar* — Dammar.

Dammarharz: vide Dammar.

Dammarpflaster: emplastrum Dammari — *emplâtre de Damar* — Dammar-plaster.

Dampf: vapor — *vapeur* — vapour.

Datteln: dactyli — *dattes* — dates.

Daturin: daturinum — *daturine* — daturine.

Defibriniert: defibrinatus — *défibriné* — defibrinated.

Denaturiert: denaturatus — *dénaturé* — denatured.

Dermatol: dermatolum — *dermatol* — dermatol.

Destillat: destillatum — *destillé* — destillate.

Destilliert: destillatus — *destillé* — destilled.

Deutsch: Germanicus — *Allemand* — German.

Dextrin: dextrinum — *dextrine* — dextrin.

Diachylonpflaster: emplastrum diachylon, emplastrum plumbi, e. simplex, e. lithargyri — *emplâtre de diachylon, emplâtre simple* — lead plaster.

Diachylonsalbe: unguentum diachylon — *pomade de Hebra* — ointment of Hebra.

Dialysiert: dialysatus — *dialysé* — dialysed.

Diamant-Fuchsin: fuchsinum — *fuchsine* — fuchsine.

Dick: crassus — *épais* — thick, viscid.

Digitalin: digitalinum — *digitaline* — digitalin.

Dillsamen: fructus anethi — *semence d' anet* — dill fruit.

Diphenylsauer: diphenylicus — *diphénique* — diphenic, dicarbolic.

Doppelschwefligsauer: bisulfurosus — *bisulfite* — bi-sulphurous.

Dostenkraut: herba origani vulgaris — *herbe de Origan* — origanum herb.

Dowersches Pulver: pulvis Doweri — *poudre de Dower* — Dover's powder.

Drachenblut: sanguis draconis — *sangdragon* — dragon's blood.

Draht: metallum fillatum — *fil métallique* — wire.

Dreifach: triplex — *triple* — triple.

Dunkel: obscurus — *obscur, foncé* — dark.

Durch: per — *par* — through, by.

Durchgeseiht: colatus — *passé* — strained, filtered.

Dünn: tenuis, subtilis — *mince subtile* — thin.

Ebenso: eodem modo — *de même, manière* — in the same manner.

Ebensoviel: totidem — *autant* — as much as.

Ebereschenbeeren: baccae sorbi aucupariae — *baies de sorbier* — mountain ashberries.

Ehrenpreis: herba veronicae — *véronique* — veronica.

Eibisch: vide Eibischwurzel.

Eibischblätter: folia altheae — *feuilles de guimauve* — marshmallow leaves.

Eibischsaft: vide Eibischsirup.

Eibischschleim: mucilago altheae *mucilage de guimauve* — mucilage of marshmallow.

Eibischsirup: sirupus altheae — *sirop de guimauve* — syrup of marshmallow.

Eibischwurzel: radix altheae — *racine de guimauve, r. d'althée* — marshmallow root.

Eichelkaffee: glandes quercus tosti — *glands torréfié* — roasted acorns.
Eichelmalzextrakt: extractum glandium maltosum — *extrait de malt aux glands* — extract of malted acorns.
Eicheln: glandes, semen quercus — *glands* — acorns.
Eichenrinde: cortex quercus — *écorce de chêne* — oak bark.
Eier: ova — *oeufs* — eggs.
Eigelb: vittelum ovi — *jaune d'oeuf* — yolk of eggs.
Einer: unus — *un* — one.
Einfach: simplex — *simple* — simple.
Eisen: ferrum — *fer* — iron.
Eisenacetat: ferrum aceticum — *acétate de fer* — acetate of iron.
Eisenacetatlösung: liquor ferri acetici — *solution d'acétate de fer* — solution of acetate of iron.
Eisenalaun: ferrum aluminatum, alumen ferricum — *alun de fer potassique* — potassic iron alum.
Eisenalbuminat: ferrum albuminatum — *albuminate de fer* — albuminate of iron.
Eisenalbuminat-Natriumcitrat: ferrum albuminatum cum natrio citrico — *albuminate de fer au citrate de soude* — albuminate of iron and citrate of sodium.
Eisenchinincitrat: chininum ferrocitricum — *citrate de fer et de quinine* — citrate of iron and quinine.
Eisen-Chinin-Peptonat: chininum ferro-peptonatum — *peptonate de fer et de quinine* — peptonate of iron and quinine.
Eisenchlorid: ferrum sesquichloratum — *perchlorure de fer* — perchloride of iron.
Eisenchloridlösung: liquor ferri sesquichlorati — *solution de perchlorure de fer* — solution of perchloride of iron.
Eisenchlorür: ferrum chloratum, ferrum oxymuriaticum — *protochlorure de fer, chlorure ferreux* — chloride of iron.
Eisencitrat: ferrum citricum — *citrate de fer* — citrate of iron.
Eisendextrinat: ferrum dextrinatum — *dextrinate de fer* — dextrinate of iron.
Eisendraht: ferrum in filis, filatum — *fil de fer* — iron wire.
Eisendrehspäne: vide Eisenfeile.
Eisenextrakt: extractum ferri pomatum, malatis ferri — *extrait de malate de fer* — extract of malate of iron.
Eisenfeile: ferrum pulveratum, limatum, limatura ferri — *limaille de fer* — iron filings.
Eisenflüssigkeit: liquor ferri — *solution ferrugineuse* — solution of iron.
Eisenfrei: sine ferro — *sans fer* — free from iron.
Eisenhutknollen: tubera, radix aconiti — *racine d'aconit* — aconite root.
Eisenhutknollenextrakt: extractum aconiti — *extrait d'aconit* — extract of aconite.
Eisenjodür: ferrum jodatum, f. hydrojodicum — *iodure de fer* — iodide of iron.
Eisenleberthran: oleum jecoris aselli ferratum — *huile de foie de morue ferrugineuse* — cod liver oil with iron.
Eisenlösung: vide Eisenflüssigkeit.
Eisen-Manganpeptonat: ferro manganum peptonatum — *peptonate de fer et manganèse* — peptonate of iron and manganese.
Eisen-Mangansaccharat: ferro manganum saccharatum — *saccharate de fer et mangenèse* — saccharate of iron and manganese.
Eisenocker: caput mortuum — *rouge d'Angleterre, rouge à polir* — jeweller's red.
Eisenoxychlorid: ferrum oxychloratum — *oxychlorure de fer* — oxychloride of iron.
Eisenoxyd: ferrum oxydatum — *oxyde de fer* — oxyde of iron.
Eisenoxyd-Ammoniumcitrat: ammonioferrum citricum, ferrum citricum ammoniatum — *citrate de fer ammoniacal* — citrate of iron and ammonia.
Eisenoxydpyrophosphat: ferrum pyrophosphoricum — *pyrophosphate de fer* — pyrophosphate of iron.
Eisenpeptonat: ferrum peptonatum — *peptonate de fer* — peptonate of iron.
Eisenpeptonatliquor: liquor ferri peptonati — *peptonate de fer liquide* — solution of peptonate of iron.
Eisenpulver: vide Eisenfeile.
Eisensaccharat: ferrum saccharatum — *saccharure de fer* — saccharate of iron.
Eisensalmiak: ammonium chloratum ferratum — *chlorure de fer ammoniacal* — ammonio-chloride of iron.
Eisenspäne: vide Eisenfeile.
Eisenvitriol: ferrum sulfuricum — *sulfate de fer* — sulfate of iron, ferrous sulphate, green vitriol.
Eisenweinstein: ferro-kalium tartaricum, tartarus ferratus — *tartrate de fer et de potasse* — tartrate of potassium and iron.
Eisenzucker: ferrum saccharatum — *saccharate de fer* — saccharate of iron.
Eisessig: acidum aceticum glaciale — *acide acétique cristallisable* — glacial acetic acid.
Eiweiss: albumen ovi — *blanc d'oeuf* — white of eggs.
Elastisch: elasticus — *élastique* — elastic.
Elemi: elemi, resina elemi — *résine élémi* — elemi.
Elemiharz: vide Elemi.
Elemisalbe: unguentum elemi — *onguent d'élémi* — ointment of elemi.
Engelsüsswurzel: radix polypodii — *racine de fougère douce* — polypody root.
Engelwurzel: radix angelicae — *racine d'angélique* — angelica root.
Englisch: Anglicus — *Anglais* — English.
Entbittert: examaratus — *débarassé ou privé d'amertume* — deprived of bitter principle.
Entharzt: deresinatus — *sans résine* — freed from resin.
Entölt: desoleatus, exoleatus — *déshuilé* — freed from oil.
Entwässert: exsiccatus — *déshydraté* — dried.
Enzian: gentiana — *gentiane* — gentian.
Enzianextrakt: extractum gentianae — *extrait de gentiane* — extract of Gentian.
Enziantinktur: tinctura gentianae — *teinture de gentiane* — tincture of gentian.
Enzianwein: vinum gentianae — *vin de gentiane* — wine of gentian.
Enzianwurzel: radix gentianae — *racine de gentiane* — gentian root.
Eosin: eosinum — *éosine* — eosin.
Erbsengross: magnitudine grani pisi — *de la grandeur d'un pois* — pea sized.
Erdbeerblätter: folia fragariae — *feuilles de fraisiers* — strawberry leaves.
Erdbeeren: fructus fragariae vescae — *fraises* — strawberries.
Erde: terra — *terre* — earth.
Erdrauch: fumaria — *fumeterre* — fumitory.
Erkaltet: refrigeratus — *refroidi* — cooled, refrigerated.
Erster: primus — *premier* — first.
Erwärmt: calefactus — *chauffé* — warmed, heated.
Erythrosin: erythrosinum — *erythrosine* — erythrosin.
Essig: acetum — *vinaigre* — vinegar.
Essigäther: aether aceticus — *éther acétique* — acetic ether.
Essigessenz; essentia aceti — *essence de vinaigre* — essence of vinegar.
Essigsauer: aceticus — *acétique* — acetic.
Essigsäure: acidum aceticum — *acide acétique* — acetic acid.
Essigsprit: vide Essig.
Estragonkraut: herba dracunculi — *estragon* — tarragon.
Eucalyptol: eucalyptolum — *eucalyptol* — eucalyptol.
Eukalyptusblätter: folia eucalypti — *feuilles d'eucalyptus* — eucalyptus leaves.
Eukalyptusöl: oleum eucalypti — *huile volatile d'eucalyptus* — oil of eucalyptus.
Euphorbium: euphorbium — *euphorbe* — euphorbium.
Euphorbiumtinktur: tinctura euphorbii — *teinture d'euphorbe* — tincture of euphorbium.
Europhen: europhenum — *europhéne* — europhen.
Extrakt: extractum — *extrait* — extract.
Extraktlösung: solutio extracti — *solution d'extrait* — solution of extract.
Extrastark: fortissimus — *extra-fort* — extra thick, extra strong.

Fadenförmig: filiformis — *filiforme* — filiform.
Farblos: decoloratus — *incolore* — colourless.
Farnextrakt: extractum filicis maris — *extrait de fougère mâle* — extract of male fern.
Farnkrautextrakt: vide Farnextrakt.
Farnwurzel: rhizoma filicis maris — *racine de fougère mâle* — male fern root.
Farnwurzelextrakt: extractum rhizomatis filicis — *extrait de racine de fougère* — extract of male fern.
Faulbaumrinde: cortex rhamni frangulae — *écorce de bourdaine* — frangula bark.

Faulbaumrinden-Fluidextrakt: extractum frangulae fluidum — *extrait fluide de bourdaine* — fluid extract of rhamnus frangula.

Federspulen: caules pennae — *tuyaux de plumes* — quills.

Feigen: caricae — *figues* — figs.

Fein: subtilis — *fin* — fine.

Feingemahlen: subtilissime pulveratus — *en poudre impalpable* — very finely powdered.

Feingepulvert: vide Feingemahlen.

Feingerieben: vide Feingemahlen.

Feingeschnitten: minutim concisus — *coupé en menus morceaux* — cut small.

Feingesiebt: subtile cribratus — *finement tamisé* — finely sifted.

Feinzerschnitten: vide Feingeschnitten.

Feldthymian: thymus serpyllum — *serpolet* — thyme.

Feldthymianöl: oleum serpylli — *huile volatile de serpolet* — oil of thyme.

Fenchel: fructus foeniculi — *semence de fenouil* — fennel seed.

Fenchelaufguss: infusum foeniculi — *infusion de fenouil* — infusion of fennel seed.

Fenchelöl: oleum foeniculi — *huile volatile de fenouil* — oil of fennel.

Fenchelölzucker: elaeosaccharum foeniculi — *oléosaccharure de fenouil* — oleosaccharate of fennel.

Fenchelsirup: sirupus foeniculi — *sirop de fenouil* — syrup of fennel.

Fencheltinktur: tinctura foeniculi — *teinture de fenouil* — tincture of fennel.

Fenchelwasser: aqua foeniculi — *eau de fenouil* — fennel water.

Fernambukholz: lignum Fernambuco — *bois de Brésil, bois de Fernambouc* — Brazil wood, Pernambuco wood.

Ferrialbuminat: ferrum albuminatum — *albuminate de fer* — albuminate of iron.

Ferri-Ammoniumcitrat: vide Eisenammoniumcitrat.

Ferri-Natriumpyrophosphat: ferri-natrium pyrophosphoricum, natrium pyrophosphoricum ferratum — *pyrophosphate de fer et de soude* — pyrophosphate of iron and sodium.

Ferriphosphat: ferrum phosphoricum oxydatum — *phosphate ferrique* — phosphate of peroxyde of iron.

Ferripyrin: ferripirinum — *ferripyrine* — ferripyrin.

Ferripyrophosphat: ferrum pyrophosphoricum oxydatum — *pyrophosphate de fer* — pyrophosphate of iron.

Ferripyrophosphat-Ammoniumcitrat: ferrum pyrophosphoricum cum ammonio citrico — *pyrophosphate de fer citroammoniacal* — pyrophosphate of iron and citrate of ammonium.

Ferrisaccharat: vide Eisensaccharat.

Ferrisulfat: ferrum sulfuricum oxydatum — *sulfate ferrique* — persulphate of iron.

Ferrisulfatlösung: liquor ferri sulfurici oxydati — *solution de persulfate de fer* — solution of persulphate of iron.

Ferrokarbonat: ferrum carbonicum — *carbonate de fer* — carbonate of iron.

Ferrolaktat: vide Eisenlaktat.

Ferrosulfat: vide Eisensulfat.

Ferrum: vide Eisen.

Fest: constans, stabilis — *fixe* — constant, stable.

Fett: pinguis — *gras* — fatty, greasy.

Feucht: humidus — *humide* — humid, damp, moist.

Fichtenharz: resina pini — *galipot* — resin, rosin, colophony.

Fichtennadelextrakt: extractum foliorum pini — *extrait de pin* — fir-wool extract.

Fichtennadelöl: oleum pini sylvestris — *huile volatile de pin* — fir-wood oil.

Fichtensprossen: turiones pini — *bourgeons de sapin* — pine sprouts.

Fieberkleeblätter: folia trifolii fibrini — *trèfle d'eau ménganthe* — bogbean leaves.

Filtrat: filtratum — *filtré* — filtered.

Filtrieren: filtrare — *filtrer* — to filter.

Filtrierpapierabfälle: reliqua chartae filtrantis — *déchets de papier à filtrer* — teased (or carded) filtering paper.

Filtriert: filtratus — *filtré* — filtered.

Fingerhutblätter: folia digitalis — *feuilles de digitale* — digitalis leaves.

Fingerhutextrakt: extractum digitalis — *extrait de digitale* — extract of digitalis.

Fingerhutkraut: vide Fingerhutblätter.

Fingerhuttinktur: tinctura digitalis — *teinture de digitale* — tincture of digitalis.

Fischthran: oleum jecoris aselli, morrhuae commune — *huile de foie de morue ordinaire* — unrefined cod liver oil.

Flasche: lagena — *bouteille* — bottle.

Fläche: planitia — *surface, plan* — surface, plan.

Fleischextrakt: extractum carnis — *extrait de viande* — extract of meat.

Fleischteile: partes carnis — *parties de viande* — parts of meat.

Fliederaufguss: infusum sambuci — *infusion de sureau* — infusion of elder flowers.

Fliederbeeren: baccae fructus sambuci — *baies de sureau* — elderberries.

Fliederblüten: flores sambuci — *fleurs de sureau* — elder flowers.

Fliedermus: roob, succus sambuci inspissatus — *rob de sureau* — inspissated elderberry juice.

Fliederwasser: aqua sambuci — *eau de fleurs de sureau* — elder flower water.

Fliederwasseressenz: essentia aquae sambuci — *essence de fleurs de sureau* — essence of elder flower water.

Fliegen: muscae — *mouches* — flies.

Fliegenleim: colla pro muscis — *glu pour les mouches* — fly gum.

Florentinerlack: lacca Florentina — *laque de Florence* — Florence lac.

Florenze-Seide: serica Florentina — *soie de Florence* — Florence silk.

Fluidextrakt: extractum fluidum *extrait fluide* — fluid extrakt.

Flüchtig: volatilis — *volatil* — volatile essential, aetherial.

Flüssig: fluidus — *fluide* — liquid, fluid.

Flüssigkeit: fluidum — *liquide, fluide* — fluid, liquid.

Foenumgraecum: semen foeni graeci — *fenugrec* — fenugreek.

Formaldehyd: formaldehydum — *formáldéhyde* — formaldehydum.

Formalin: formalinum — *formaline* — formalin.

Fowlersche Lösung: solutio Fowleri — *liqueur de Fowler* — Fowler's solution.

Frangulaextrakt: extractum frangulae — *extrait de bourdaine* — extrakt of rhamnus frangula.

Franzbranntwein: spiritus vini gallici — *cognac* — french brandy.

Französisch: Gallicus — *Français* — French.

Frauenhaar: capillum veneris — *capillaire* — maidenhair.

Frisch: recens — *frais* — fresh.

Fruchtsaft: succus fructuum — *suc de fruits* — fruit juice.

Früchte: fructus — *fruits* — fruit.

Frühjahr: tempus vernum — *printemps* — spring.

Fuchsin: fuchsinum — *fuchsine* — fuchsine.

Fuselöl: alcohol amylicus — *alcool amylique* — amylic alcohol, fuseloil.

Galbanum: (gummi-resina) galbanum — *galbanum* — galbanum.

Galbanumpflaster: emplastrum galbani — *emplâtre de galbanum* — galbanum plaster.

Galegaextrakt: extractum galegae — *extrait de galega* — extract of galega.

Galegakraut: herba galegae — *herbe de galega* — galega herb.

Galgantöl: oleum galangae — *huile volatile de galanga* — oil of galangal.

Galgantwurzel: radix galangae — *racine de galanga* — galanga root.

Galläpfel: gallae — *noix de galles* — galls.

Galläpfelauszug: extractum gallarum — *extrait de noix de galles* — extract of galls.

Galläpfelsalbe: unguentum gallarum — *pommade de noix de galles* — ointment of galls.

Galläpfeltinktur: tinctura gallarum — *teinture de noix de galles* — tincture of galls.

Gallerte: gelatina — *gélatine* — gelatine.

Gallussäure: acidum gallicum — *acide gallique* — gallic acid.

Galmei: lapis calaminaris — *calamines* — calamine.

Ganz: totus — *entier, tout* — whole, entire, complete.

Gartenerde: terra hortensis — *terre végétale* — garden earth.

Gas-Russ: fuligo — *noir de fumée du gaz* — gas black.

Gaze: gaza — *gaze* — gauze.

Gebleicht: pallidus — *blanchi* — bleached, whitened.

Gebrannt: ustus — *brûlé, calciné* — burnt, calcined.

Gefällt: praecipitatus — *précipité* — precipitated.

Gefärbt: coloratus — *coloré* — coloured, dyed.

Geglüht: calcinatus — *calciné* — calcined.

Gegoren: fermentatus — *fermenté* — fermented.

Geistig: spirituosus — *spiritueux* — spirituous.
Geklärt: clarefactus — *clarifié* — clarified.
Gelatine: gelatina — *gélatine* — gelatine.
Gelatinelösung: gelatina soluta — *solution de gélatine* — solution of gelatine.
Gelb: flavus — *jaune* — yellow.
Gelbbeeren: fructus baccae spinae cervinae — *baies jaunes de nerprun* — yellow berries.
Gelbgefärbt: vide Gelb.
Gelblich: flavescens — *jaunâtre* — yellowish.
Gelbwurzel: rhizoma curcumae — *racine de curcuma* — turmeric.
Gelind: moderatus — *modéré* — soft, moderate, gentle.
Gelöscht: extinctus — *éteint* — extinguished, slaked.
Gelöst: solutus — *dissout* — dissolved.
Gelsemiumwurzel: radix gelsemini — *racine de gelsemine* — gelsemium root.
Gemahlen: molitus — *moulu* — ground.
Gemein: communis — *ordinaire* — common.
Gemisch: mixtura — *mélange* — mixture.
Gemischt: mixtus — *mêlé* — mixed.
Gepresst: pressus — *exprimé* — pressed.
Gepulvert: pulveratus — *pulverisé* — powdered.
Gequetscht: torsus — *écrasé* — crushed.
Geraniumöl: oleum geranii — *huile volatile de géranium* — oil of geranium.
Geraspelt: raspatus — *râpé* — rasped.
Gerbsäure: acidum tannicum, tanninum — *tannin* — tannic acid.
Gereinigt: depuratus — *épuré* — purified.
Gerieben: tritus — *râpé* — rubbed, triturated.
Geröstet: tostus — *torréfié* — roasted.
Gerste: hordeum — *orge, gruau* — barley.
Gerstengraupen: polenta hordei, hordeum perlatum — *orge perlée* — pearl barley.
Gerstenmalz: maltum hordei — *malt d'orge* — barley malt, malted barley.
Gerstenmehl: farina hordei — *farine d'orge* — barley meal.
Gesammelt: collectus — *rassemblé, recueilli, ramassé* — collected.
Gesamtgewicht: pondus totus — *poids total* — gross weight, total weight.
Geschabt: raspatus — *râpé* — shaved, scraped.
Geschält: mundatus — *pelé* — peeled.
Geschlämmt: praeparatus — *lévigé* — prepared by washing.
Geschmolzen: fusus — *fondu* — fused, melted.
Geschnitten: concisus — *coupé* — cut.
Geschroten: molitus — *perlé, moulu* — bruised.
Geschwefelt: sulfuratus — *sulfureux* — sulphurated.
Gesiebt: cribratus — *criblé* — sifted.

Getrocknet: siccatus — *desseché* — dried.
Geruchlos: sine odore — *inodore* — without smell.
Gewiegt: motus — *haché* — chopped.
Gewöhnlich: communis — *ordinaire* — common, usually, commonly.
Gewürzessigsäure: acidum aceticum aromaticum — *acide acétique aromatique* — aromatic acetic acid.
Gewürznelken: caryophylli — *girofles* — cloves.
Gewürzsumach: rhus aromatica — *sumac aromatique* — aromatic sumach.
Giftlattich: Lactuca virosa — *laitue vireuse* — lettuce.
Giftlattichkraut: herba lactucae — *feuilles de laitue vireuse* — lettuce herb.
Giftsumachblätter: folia toxicodendri — *feuilles de sumac vénéneux* — poison oak leaves, sumach leaves.
Gips: calcium sulfuricum ustum — *plâtre, sulfate de chaux calciné* — sulphate of calcium, gypsum, plaster of Paris.
Glaubersalz: natrium sulfuricum, sal mirabile Glauberi — *sel de Glauber, sulfate de soude* — Glauber's salt, sulphate of sodium.
Glukose: glucose — *glucose* — grape sugar.
Glutol: glutolum — *glutole* — glutol.
Glycerin: glycerinum — *glycérine* — glycerine.
Glyceringelatine: gelatina glycerini — *glycérine gélatinée, glycérine solidifié à la gélatine* — glycerine jelly.
Glycerinhaltig: glycerinatus — *glycériné* — glycerinated.
Glycerinsalbe: unguentum glycerini — *glycérolé* — glycerine ointment.
Glycerinwasser: aqua glycerini — *eau glycérinée* — glycerine water.
Gold: aurum — *or* — gold.
Goldocker: terra ochrea aurea, ochrea, citrina — *ocre jaune* — yellow ochre.
Goldschwefel: stibium sulfuratum aurantiacum — *soufre doré d'Antimoine* — golden sulphide of antimony.
Gossypiumwurzelrinde: cortex radicis gossypii — *écorce de racine de coton* — cotton root bark.
Gottesgnadenkraut: herba gratiolae — *gratiole* — hedge hyssop, gratiola herb.
Granatrinde: cortex granati — *écorce de grenades* — pomegranate bark.
Granatwurzelrinde: cortex radicis granati — *écorce de racine de grenadier* — pomegranate root bark.
Graphit: graphites, plumbago — *graphite* — graphite, black-lead.
Grau: griseus — *gris* — gray.
Grindeliakraut: herba grindeliae — *herbe de grindelia* — grindelia herb.
Grob: grosso modo — *un peu grossier* — coarse.
Gross: magnus — *grand* — large.
Grösser: major — *plus grand* — larger.
Grundlage: basis — *base* — basis, base.
Grün: viridis — *vert* — green.
Grünspan: aerugo, cuprum subaceticum — *sous-acétate de cuivre, vert de gris* — verdigris.

Guajacum: resina guajaci — *résine gaïac* — guaiacum resin.
Guajakholz: lignum guajaci — *bois de gaïac* — guaiacum wood.
Guajakol: guajacolum — *gaïacole* — guaiacol.
Guajaktinktur: tinctura guajaci — *teinture de gaïac* — tincture of guaiacum.
Guarana: pasta guarana, paullinia — *guarana* — guarana.
Guarana-Pasta: vide guarana.
Gummi: gummi — *gomme* — gum.
Gummigutt: gummi gutti — *gomme-gutte* — gamboge.
Gummischleim: mucilago gummi arabici — *mucilago de gomme* — mucilago of acacia.
Gummisirup: sirupus gummi arabici — *sirop de gomme* — syrup of acacia.
Gut: bonus — *bon* — good.
Guttapercha: guttapercha, percha — *guttapercha* — gutta percha.
Hagebutten: fructus cynosbati — *cynorrhodon* — hips, fruit of the dog rose.
Halbweiss: semialbus — *demi-blanc* — half white, semi-white.
Hallersches Sauer: acidum Halleri, mixtura sulfurica acida — *eau de Rabel* — Haller's elixir.
Hamamelískraut: herba hamamelidis — *herbe de hamamélis* — hamamelis herb.
Hammeltalg: sebum ovile — *suif de mouton* — mutton suet.
Hämoglobinextrakt: extractum haemoglobini — *extrait de haemoglobine* — extract of haemoglobin.
Hanf: cannabis — *chanvre* — Indian hemp, cannabis.
Hanfextrakt: extractum cannabis — *extrait de chanvre* — extract of Indian hemp, of cannabis.
Hanfkraut: herba cannabis — *herbe de chanvre* — herb or tops of cannabis.
Hanfsamen: semen cannabis — *chènevis* — seed of Indian hemp.
Hanftinktur: tinctura cannabis — *teinture de chanvre* — tincture of Indian hemp, of cannabis.
Hart: durus — *dur* — hard.
Harzöl: oleum colophonii — *retinol* — resin oil.
Haselwurzblätter: radix asari cum herba — *racine de cabaret* — asarabacca root.
Haselwurzel: vide Haselwurzelblätter.
Hauhechelwurzel: radix ononidis — *racine d'arrête-boeuf, bugrane* — ononis root.
Hausenblase: ichthyocolla, colla piscium — *ichthyocolle, colle de poisson* — isinglass.
Hausseife: sapo domesticus — *savon commun* — common soap, economy soap.
Hebra-Salbe: unguentum Hebrae, u. diachylum — *pommade d'Hébra* — Hebra's ointment.
Heftpflaster: emplastrum adhaesivum — *emplâtre adhésif, sparadrap* — adhesive plaster, resin plaster, sticking plaster.
Heftpflastermasse: emplastrum adhaesivum in massa — *emplâtre adhésif en masse* — adhesive plaster in mass.
Heidelbeeren: baccae myrtillorum — *baies de myrtille, d'airelle, de brinbelles* — bilberries, whortleberries.

Heiss: calidus — *chaud* — hot.

Heliotropin: heliotropinum — *héliotropine* — heliotropine.

Hell: clarus, luteus — *clair* — clear.

Hellgelb: subflavus — *jaune clair* — light yellow, pale yellow, straw yellow.

Herbstzeitlosensamen: semen colchici — *semence de colchique* — colchicum seed.

Himbeeren: fructus rubi idaei — *framboises* — raspberries.

Himbeeressenz: essentia rubi idaei — *essence de framboises* — raspberry essence.

Himbeersaft: succus rubi idaei — *suc de framboises* — raspberry juice.

Himbeersirup: sirupus rubi idaei — *sirop de framboises* — syrup of raspberries.

Himbeerwasser-Essenz: essentia aquae rubi idaei — *alcoolat de framboises* — essence for raspberry water.

Himmelschlüssel: flores primulae *fleures de primevère* — primrose.

Hirschhorn: cornu cervi — *corne de cerf* — hartshorn.

Hirschhornöl: oleum cornu cervi, oleum animale foetidum — *huile de corne de cerf* — hartshorn oil.

Hirschhornsalz: ammonium carbonicum, sal alcali volatile — *sel volatil d'ammoniaque, souscarbonate d'ammoniaque* — sesquicarbonate of ammonium.

Hirschzunge: scolopendrium — *scolopendria* — hartstongue.

Hirtentäschelkraut: herba bursae pastoris — *panetière* — shepherd's purse.

Hitze: calor — *chaleur* — heat.

Holunderblätter: folia sambuci — *feuilles de sureau* — elder leaves.

Holunderblüten: flores sambuci — *fleurs de sureau* — elder flowers.

Holunderblütenwasser: aqua florum sambuci — *eau de fleurs de sureau* — elder flower water.

Holunderfrüchte: fructus, baccae sambuci — *baies de sureau* — elder berries.

Holundersalse (Holundermus): succus sambuci inspissatus — *rob de sureau* — inspissated elderberry juice.

Holunderwurzel: radix sambuci — *racine de sureau* — elder root.

Holzessig: acetum pyrolignosum — *acide pyroligneux* — wood vinegar.

Holzessigsauer: pyrolignosus — *pyroligneux* — pyroligneous acid.

Holzkohle: carbo ligni — *charbon de bois* — wood charcoal, vegetable charcoal.

Holzteer: pix liquida — *goudron* — tar.

Holzwolle: watta lignosa — *ouate de bois* — wood wool.

Honig: mel — *miel* — honey.

Hopfen: strobuli humuli lupuli — *houblon* — hops.

Hopfenextrakt: extractum humuli lupuli — *extrait de houblon* — extract of hops.

Hopfenöl: oleum humuli lupuli — *huile volatile de houblon* — oil of hops.

Huflattich: tussilago farfara — *tussilage, pas-d'ane* — coltsfoot.

Huflattichblätter: folia farfarae — *feuilles de tussilage* — coltsfoot leaves.

Hühnereier: ova gallinacea — *oeufs de poule* — hen's eggs.

Hühnereiweiss: albumen ovi — *blanc d'oeuf* — white of eggs.

Hundertfach: centuplex — *centuple* — hundredfold.

Hydrastis: hydrastis Canadensis *hydrastis Canadensis* — hydrastis Canadensis.

Hydrastiswurzel: radix hydrastidis — *racine d'hydrastis* — hydrastis root, golden seal root.

Hydrophil: hydrophilus — *hydrophile* — hydrophil.

Hydroxylamin: hydroxylaminum — *hydroxylamine* — hydroxylamine.

Ichthyol: ichthyolum — *ichthyol* — ichthyol.

Ichthyol-Ammonium: ammonium-sulfo-ichthyolicum — *ichthyolate d'ammoniaque* — ammonium ichthyol.

Ichthyol-Natrium: natrium sulfoichthyolicum — *ichthyolate de soude* — sodium ichthyol.

Ignatiusbohnen: fabae St. Ignatii — *fèves de St. Ignace* — St. Ignatius' beans.

Indigo: indigo — *indigo* — indigo.

Indigokarminlösung: carminum coeruleum solutum — *solution d'indigo* — solution of indigo carmine.

Indigotin: indigotinum — *indigotine* — indigotine.

Indisch: Indicus — *de l'Inde* — Indian.

Infusum: infusum — *infusion* — infusion.

Ingwer: rhizoma zingiberis — *gingembre* — ginger.

Ingwerfluidextrakt: extractum zingiberis fluidum — *extrait fluide de gingembre* — fluid extract of ginger.

Ingweröl: oleum zingiberis — *huile volatile de gingembre* — ginger oil.

Ingwersirup: sirupus zingiberis — *sirop de gingembre* — syrup of ginger.

Ingwertinktur: tinctura zingiberis — *teinture de gingembre* — tincture of ginger.

Ingwerwurzel: rhizoma zingiberis — *racine de gingembre* — ginger root.

Insektenpulver: pulvis insectorum — *poudre insecticide* — insect powder.

Inulin: inulinum — *inuline* — inulin.

Irländisch: Irlandicus — *d'Irlande* — Irish.

Isländisch: Islandicus — *d'Islande* — of Iceland.

Isländisch-Moos: lichen Islandicus — *lichen gris* — Iceland moos.

Isopöl: oleum hyssopi — *huile volatile d'hyssope* — oil of hyssop.

Itrol: itrolum — *itrole* — itrol.

Ivaextrakt: extractum achilleae moschatae — *extrait d'achillea moschata* — extract of iva (achillae moschata).

Ivakraut: herba achilleae moschatae — *herbe d'achillea moschata* — iva herb.

Jaborandiblätter: folia jaborandi — *feuilles de jaborandi* — jaborandi leaves.

Jalapenharz: resina jalapae — *résine de jalap* — jalap resin.

Jalapenknollen: tubera jalapae — *racine de jalap* — jalap tubers.

Jalapenseife: sapo jalapinus — *savon de jalap* — jalap soap.

Japan-Gelatine: gelatina Japonica — *gélatine de Japon* — agar-agar.

Japanisch: Japonicus — *Japonais, de Japon* — Japanese.

Japantalg: sebum Japonicum — *suif de Japon* — Japanese tallow.

Japanwachs: cera Japonica — *cire végétale* — Japanese wax.

Jasminessenz: spiritus jasmini triplex — *esprit de jasmin triple* — triple essence of jasmine.

Jasminöl: oleum jasmini — *huile de jasmin* — oil of jasmine.

Jod: jodum — *iode* — iodine.

Jodblei: plumbum jodatum — *iodure de plomb* — iodide of lead.

Jod-Eigon-Natrium: eigonum jodatum natrium — *iod-albuminate de sodium* — iodized albuminate of sodium.

Jodeisenmangan-Peptonat: ferro manganum jodopeptonatum — *peptonate de fer et manganèse iodé* — iodized peptonate of iron and manganese.

Jod-Eigon: eigonum jodatum, albuminum jodatum — *albumine iodée* — iodized albumen.

Jodeisensirup: sirupus ferri jodati *sirop d'iodure de fer* — syrup of iodide of iron.

Jodkalium: kalium jodatum — *iodure de potassium* — iodide of potassium.

Jodoform: jodoformium — *iodoforme* — iodoform.

Jodoformpulver: jodoformium pulveratum — *iodoforme en poudre* — powdered iodoform.

Jodol: jodolum — *iodol* — iodol.

Jodstärke: amylum jodatum — *iodure d'amidon* — iodized starch.

Jodtinktur: tinctura jodi — *teinture d'iode* — tincture of iodine.

Johannisbeeren: fructus ribis — *groseilles* — currants.

Johannisbrot: siliqua dulcis — *caroube* — St. John's bread, carob.

Johanniskraut: herba hyperici — *herbe de mille-pertuis* — St. John's wort.

Judenkirschen: baccae, fructus alkekengi — *baies d'alkékenge* — alkekengi berries, common winter cherries.

Juglans: Walnuss — *noyer* — walnut.

Jujuben: jujubae — *jujubes* — lozenges.

Jung: juvenis, novellus — *jeune, nouveau* — young, new.

Jute: juta — *jute* — jute.

Kadinöl: oleum cadinum, oleum juniperi empyreumaticum — *huile de cade* — oil of cade, juniper tar oil.

Kaffee: coffea arabica — *café* — coffee.

Kaffeebohnen: semen coffeae — *café en grains* — coffee beans.

Kaffeïn: coffeïnum — *caféine* — caffeine.

Kaffeïncitrat: coffeïnum citricum — *citrate de caféine* — citrate of caffeine.

Kajeputöl: oleum cajeputi — *huile volatile de cajeput* — oil of cajeput.

Kakao: cacao — *cacao* — cocoa.

Kakaobohnen: fabae cacao — *semences de cacao* — cocoa beans.

Kakaobutter: butyrum cacao, oleum cacao — *beurre de cacao* — cocoa butter.

Kakaomasse: pasta cacao — *pâte de cacao* — cocoa paste.

Kakaoöl: vide Kakaobutter.

Kalabarbohnen: fabae calebaricae — *fèves de calabar* — calabar beans.

Kali-Alaun: alumen, alumen kalinum — *alun de potasse* — potash alum.

Kalifeldspatpulver: alumini-kalium silicicum pulverisatum — *poudre de feldspath, spat fusible en poudre* — powdered orthoclas, feldspar in powder.

Kalilauge. liquor kali caustici, kalium hydricum solutum — *solution de potasse caustique* — solution of caustic potash.

Kali-Natrium: *potasse, soude* — potash, soda.

Kaliseife: sapo kalinus, sapo viridis — *savon potassique* — potash soap, soft soap.

Kalitinktur: tinctura kalina — *teinture de potasse caustique* — tincture of caustic potash.

Kalium: kalium — *potassium* — potassium.

Kaliumacetat: kalium aceticum — *acétate de potasse* — acetate of potassium.

Kaliumacetatlösung: liquor kalii acetici — *solution d'acétate de potasse* — solution of acetate of potassium.

Kaliumbichromat: kalium bichromicum — *bichromate de potasse* — bichromate of potassium.

Kaliumbikarbonat: kalium bicarbonicum — *bicarbonate de potasse* — bicarbonate of potassium.

Kaliumbisulfat: kalium bisulfuricum — *bisulfate de potasse* — bisulphate of potassium.

Kaliumbromid: kalium bromatum — *bromure de potassium* — bromide of potassium.

Kaliumchlorat: kalium chloricum — *chlorate de potasse* — chlorate of potassium.

Kaliumchlorid: kalium chloratum — *chlorure de potassium* — chloride of potassium.

Kaliumchromat: kalium chromicum — *chromate de potasse* — chromate of potassium.

Kaliumdichromat: vide Kaliumbichromat.

Kaliumhydroxyd: kalium hydricum, k. causticum — *potasse caustique* — caustic potash, potassium hydrate.

Kaliumjodid: kalium jodatum — *iodure de potassium* — iodide of potassium.

Kaliumkarbonat: kalium carbonicum — *carbonate de potasse* — carbonate of potassium.

Kaliumkarbonatlösung: liquor kalii carbonici — *solution de carbonate de potasse* — solution of carbonate of potassium.

Kaliumnatriumtartrat: kalio-natrium tartaricum, tartarus natronatus, sal Seignetti — *sel de Seignette, tartrate de soude et de potasse* — tartarated soda, Rochelle salts.

Kaliumnitrat: kalium nitricum — *nitrate de potasse* — nitrate of potassium, saltpetre.

Kaliumpermanganat: kalium permanganicum — *permanganate de potasse* — permanganate of potassium.

Kaliumphosphat: kalium phosphoricum — *phosphate de potasse* — phosphate of potassium.

Kaliumsulfat: kalium sulfuricum — *sulfate de potasse* — sulfate of potassium.

Kaliumsulfid: kalium sulfuratum, hepar sulfuris — *sulfure de potassium* — liver of sulphur, sulphuret of potassium.

Kaliumtartrat: kalium tartaricum — *tartrate de potasse* — tartrate of potassium.

Kalk: calcium — *chaux* — lime.

Kalkhydrat: calcium hydricum — *chaux hydratée* — slaked lime.

Kalkliniment: linimentum calcis — *liniment calcaire* — lime liniment, carron oil.

Kalkwasser: aqua calcis, aqua calcariae — *eau de chaux* — lime water.

Kalmus: calamus — *acore vrai* — calamus, sweet flag.

Kalmusöl: oleum calami — *huile volatile d'acore vrai* — oil of calamus.

Kalmuswurzel: radix calami — *racine d'acore vrai* — calamus root.

Kalomel: calomel, hydrargyrum chloratum mite, mercurius dulcis — *mercure doux, protochlorure de mercure, calomel* — calomel, subchloride of mercury.

Kalt: frigidus — *froid* — cold, frigid.

Kamala: kamala — *kamala* — kamala.

Kamillen: flores chamomillae — *fleurs de camomille* — chamomile flowers.

Kamillenaufguss: infusum chamomillae — *infusion de camomille* — infusion of chamomile, chamomile tea.

Kamillenöl: oleum chamomillae — *huile de camomille* — oil of chamomile.

Kamillensirup: sirupus chamomillae — *sirop de camomille* — syrup of chamomile.

Kamillenthee: vide Kamillenaufguss.

Kamillenwasser: aqua chamomillae — *eau de camomille* — chamomile water.

Kammfett: adeps cristae — *graisse de garrot, graisse de cheval* — horse fat.

Kampfer: camphora — *camphre* — camphor.

Kampferliniment: linimentum camphoratum — *liniment camphré* — camphor liniment.

Kampfermonobromid: camphora monobromata — *bromure de camphre* — bromide of camphor.

Kampferöl: oleum camphoratum — *huile camphré* — camphor oil.

Kampfer-Sesamöl: oleum sesami camphoratum — *huile de sesame camphré* — camphorated sesame oil.

Kampferspiritus: spiritus camphoratus — *alcool camphré* — spirit of camphor.

Kampferwasser: aqua camphorae *eau camphré* — camphor water.

Kanadisch: Canadensis — *de Canada* — Canadian.

Kandiert: conditus — *candi* — candied.

Kantharidin: cantharidinum — *cantharidine* — cantharidin.

Kaolin: caolinum — *kaolin* — kaolin, china clay.

Kapern (Kappern): cappares — *câpres* — capers.

Kapsikumextrakt: extractum capsici — *extrait de capsicum* — extract of capsicum.

Kapsikumtinktur: vide Spanischpfeffertinktur.

Karbolsäure: acidum carbolicum, phenylicum — *acide phénique, acide carbolique, phénol* — carbolic acid, phenol.

Kardamomen: fructus cardamomi — *cardamome* — cardamom.

Kardamomensamen: semen cardamomi — *semence de cardamome* — cardamom seed.

Kardamomöl: oleum cardamomi — *huile volatile de cardamome* — oil of cardamom.

Kardamomtinktur: tinctura cardamomi — *teinture de cardamome* — tincture of cardamom.

Kardinalessenz: essentia cardinalis — *essence de cardinal* — cardinal's essence.

Kardobenediktenextrakt: extractum cardui benedicti — *extrait de chardon béni* — extract of blessed thistle.

Kardobenediktenkraut: herba cardui benedicti — *herbe de chardon béni* — blessed thistle.

Karmelitergeist: spiritus melissae compositus — *eau de mélisse des carmes* — spirit of balm.

Karmin: carminum — *carmin* — carmine.

Karminlösung: solutio carmini — *solution de carmin* — solution of carmine.

Karnaubawachs: cera carnauba — *cire de carnauba* — carnauba wax.

Karthamin: carthaminum — *carthamine* — carthamin.

Kartoffeldextrin: dextrinum — *dextrine* — dextrine.

Kartoffelmehl: amylum solani — *fécule de pommes de terre* — potato flour, potato starch.

Kartoffelstärke: vide Kartoffelmehl.

Kasein: caseinum — *caséine* — casein.

Kaskara-Sagrada-Fluidextrakt: extractum fluidum cascarae sagradae — *extrait fluide de cascara sagrada* — fluid extract of cascara sagrada.

Kaskarille: cascarilla — *cascarille* — cascarilla.

Kaskarillextrakt: extractum cascarillae — *extrait de cascarille* — extract of cascarilla.

Kaskarillöl: oleum cascarillae — *huile volatile de cascarille* — cascarilla oil.

Kaskarillrinde: cortex cascarillae — *écorce de cascarille* — cascarilla bark.

Kaskarilltinktur: tinctura cascarillae — *teinture de cascarille* — tincture of cascarilla.

Kassiaöl: oleum cassiae — *huile volatile de cassia* — cassia oil.

Kasslerbraun: terra Casselana — *terre de Cassel* — Cassel brown.

Kastanienblätter: folia castaneae *feuilles de châtaignier* — chestnut leaves.

Katechu: catechu — *cachou* — catechu, brown cutch.

Katechutinktur: tinctura catechu *teinture de cachou* — tincture of catechu.

Kautschuk: resina elastica — *caoutchouc* — india rubber.

Kautschukpflasterkörper: corpus pro collemplastro.

Kava: kava — *kava* — kava-kava.

Kälberlungen: pulmones vitulorum *poumons de veaux* — calf's lungs.

Käuflich: venalis — *par achat* — by purchase.

Kelch: calix — *calice* — calix.

Kernseife: sapo sebaceus — *savon de suif* — hard soap.

Kessel: cortina — *chaudron, bassin* — boiler.

Kienöl: oleum pini — *huile volatile de pin* — fir-wool oil.

Kienruss: fuligo — *noir de fumée* — pine soot, lampblack.

Kieselguhr: terra infusoria — *terre infusoire, tripoli* — kieselguhr.

Kino: kino — *gomme kino* — kino.

Kirschenbaumrinde: cortex pruni cerasi — *écorce de cerisier* — cherry-tree bark.

Kirschlorbeerblätter: folia laurocerasi — *feuilles de laurier-cerise* — cherry laurel leaves.

Kirschsirup: sirupus cerasorum — *sirop de cerise* — syrup of cherries.

Klar: clarus, limpidus — *clair* — clear, limpid.

Klatschrosen: flores rhoeados — *fleurs de coquelicot* — red poppy flowers.

Klatschrosenblätter: vide Klatschrosen.

Klatschrosenblüten: vide Klatschrosen.

Klatschrosensirup: sirupus rhoeados — *sirop de coquelicot* — syrup of red poppy.

Klauenöl: oleum pedum tauri — *huile de pied de boeuf* — neat's foot oil.

Kleie: furfur — *son* — bran.

Klein: parvus — *petit, mince* — little, small.

Kleiner: minor — *plus petit* — smaller.

Kleingeschnitten: minutim concisus — *coupé menu* — cut small.

Kleinkrystallisiert: parve crystallisatus — *en petits cristaux* — in small crystals.

Klettenwurzel: radix bardanae — *racine de bardane* — burdock root, lappa.

Knoblauch: allium sativum — *ail* garlic.

Knochen: os — *os* — bone.

Knochenkohle: carbo ossium — *noir animal* — bone black, animal charcoal, ivory black.

Knochenmehl: farina ossium — *poudre d'os* — bone meal.

Knollen: tubera — *tubercule* — tubers.

Kobaltchlorür: cobaltum chloratum — *protochlorure de cobalt* — chloride of cobalt.

Kochen: coquere — *cuire, bouillir* — to boil.

Kochend: coquens — *bouillant* — boiling.

Kochenille: vide Cochenille.

Kochsalz: sal culinare — *sel de cuisine* — common salt.

Kodeïnhydrochlorid: codeinum hydrochloricum — *hydrochlorate de codéine* — hydrochlorate of codeine.

Kohle: carbo — *charbon* — charcoal.

Kohlensauer: carbonicus — *carbonique* — carbonic.

Kokablätter: folia cocae — *feuilles de coca* — coca leaves.

Kokaïnhydrochlorid: cocaïnum hydrochloricum — *hydrochlorate de cocaïne* — hydrochlorate of cocaine.

Kokosöl: oleum cocos — *huile ou beurre de coco* — coco nut oil.

Kokosseife: sapo cocos — *savon de coco* — coco nut soap.

Kola-Fluidextrakt: extractum colae fluidum — *extrait fluide de kola* — fluid extract of kola.

Kolanüsse: nuces colae — *noix de kola* — kola nuts.

Kolasamen: semen colae — *noix de kola* — kola seed.

Kolatinktur: tinctura colae — *teinture de kola* — tincture of kola.

Kollodium: collodium — *collodion* — collodion.

Kollodiumwolle: pyroxylinum — *coton poudre* — pyroxylin, gun cotton.

Kolloidales Silber: argentum colloidale — *argent gélatineux* — colloidal silver.

Kolloxylin: colloxylinum — *colloxyline* — colloxylin.

Kolombowurzel: radix colombo — *racine de Colombo* — Calumba root.

Kolonialsirup: sirupus sacchari, melassa — *mélasse* — molasses, golden syrup.

Kolophon: colophonium — *colophane* — colophony, yellow resin.

Koloquinten: colocynthides — *coloquinthes* — colocynth, bitter apple.

Koloquintenextrakt: extractum colocynthidis — *extrait de coloquinthe* — extract of colocinth.

Koloquintensamen: semen colocinthidis — *semence de coloquinthe* — colocynth seed.

Kondurango-Fluidextrakt: vide Condurango.

Kondurangorinde: vide Condurango.

Kondurangowein: vinum condurango — *vin de condurango* — condurango wine.

Kongorot: rubrum Congo — *rouge du Congo* — Congo red.

Konzentriert: concentratus — *concentré* — concentrated.

Kopaivabalsam: balsamum copaivae — *baume de copahu* — copaiba balsam.

Kopal: copal, gummi copal — *copal* — copal.

Kopalfirnis: vernix copal — *vernis de copal* — copal varnish.

Korallenwurzel: radix polypodii — *racine de polypode* — polypodium root.

Koriander: semen, fructus coriandri — *semence de coriandre* — coriander seed.

Korianderöl: oleum coriandri — *huile volatile de coriandre* — coriander oil.

Korinthen: passulae minores — *raisins de corinthe* — currants.

Kornblumen: flores cyani — *bluet* — corn flowers.

Kornspiritus: spiritus secalis — *eau-de-vie de grain* — corn brandy, grain spirit.

Kornsprit: vide Kornspiritus.

Kosmisch: cosmicus — *cosmique* — cosmic.

Kosoblüten: flores kosso seu kusso — *cousso* — kousso, koosso.

Koto-Fluidextrakt: extractum coto fluidum — *extrait fluide de coto* — fluid extract of coto.

Kotorinde: cortex coto — *écorce de coto* — coto bark.

Kölnisch: Coloniensis — *de Cologne* — of Cologne.

Königssalbe: unguentum basilicum — *onguent basilicum* — basilicon ointment.

Körnerlack: lacca in granis — *laque en grains* — seed lac.

Krauseminzblätter: folia menthae crispae — *feuilles de menthe crépue* — spearmint leaves

Krauseminzkraut: herba menthae crispae — *herbe de menthe crépue* — spearmint herb.

Krauseminzöl: oleum menthae crispae — *huile volatile de menthe crépue* — oil of spearmint.

Krauseminzwasser: aqua menthae crispae — *eau de menthe crépue* — spearmint water.

Kraut: herba — *herbe* — herb.

Kräftig: fortis — *fort* — strong.

Krähenaugenextrakt: extractum strychni, nucis vomicae — *extrait de noix vomique* — extract of nux vomica.

Kräuter: vide Kraut.

Kräutersaft: succus herbarum — *suc d'herbes* — juice of herbs.

Krebssteine: lapides cancrorum — *yeux d'écrevisse* — crab's eyes.

Kreide: creta — *craie* — chalk.

Kreolin: creolinum — *créoline* — creolin.

Kreosot: creosotum — *créosote* — creosote.

Kreosotwasser: aqua cresoti — *eau de créosote* — creosote water.

Kresol: cresolum — *crésole* — cresol.

Kresolseifenlösung: liquor cresoli saponatus — *solution de savon de crésole* — solution of cresol soap.

Kreuzbeeren: fructus rhamni catharticae, spinae cervinae — *baies de nerprun* — buckthorn berries.

Krotonöl: oleum crotonus — *huile de croton* — croton oil.

Kruste: crusta — *croûte* — crust.

Krystall: crystallus — *cristal* — crystal.

Krystallisiert: crystallisatus — *cristallisé* — crystallized.

Krystallsoda: natrium carbonicum crystallisatum — *cristaux de soude* — soda crystals.

Krystallzucker: saccharum crystallisatum — *sucre cristallisé* — crystal sugar, cube sugar.

Kubeben: cubebae — *cubèbes* — cubebs.

Kuhmilch: lac vaccinum — *lait de vache* — cow's milk.

Kumarin: cumarinum — *coumarine* — coumarin.

Kumarinzucker: elaeosaccharum cumarini — *saccharure de coumarine* — coumarin sugar.

Kupferacetat: cuprum aceticum — *acétate de cuivre* — acetate of copper.

Kupferalaun: cuprum aluminatum, lapis divinus — *pierre divine* — aluminate of copper.

Kupferammoniumsulfat: cuprum sulfurico-ammoniatum — *sulfate de cuivre ammoniacal* — ammoniated sulphate of copper.

Kupferchlorid: cuprum chloratum — *chlorure de cuivre* — chloride of copper.

Kupferdraht: cuprum filatum — *fil de cuivre* — copper wire.

Kupferoxyd: cuprum oxydatum — *oxyde de cuivre* — peroxide of copper, black oxide of copper.

Kupfersulfat: cuprum sulfuricum — *sulfate de cuivre* — sulphate of copper.

Kupfervitriol: vide Kupfersulfat.

Kurkuma: curcuma — *curcuma* — turmeric.

Kurkumaextrakt: extractum curcumae — *extrait de curcuma* — extract of turmeric.

Kurkumatinktur: tinctura curcumae — *teinture de curcuma* — tincture of turmeric.

Kurkumawurzel: radix curcumae — *racine de curcuma* — turmeric root.

Küchenschelle: herba pulsatillae — *coquelourde* — pasque flower, pulsatilla.

Küchenschellenkraut: vide Küchenschelle.

Kümmel: fructus carvi — *fruit de carvi* — caraway fruit.

Kümmelöl: oleum carvi — *huile volatile de carvi* — oil of caraway.

Künstlich: artificialis, factitius — *artificiel, postiche* — artificial.

Kürbiskern: semen cucurbitae — *pépin de citrouille* — cucumber seed.

Labmagen: abomasus — *caillette* — calf's stomach, vell.

Lackmus: lacca musica — *tournesol* — litmus.

Lampenruss: fuligo — *noir de fumée* — lampblack.

Landtabak: nicotiana rustica — *tabac ordinaire* — common tobacco.

Lang: longus — *long* — long.

Lanolin: lanolinum — *lanoline* — lanoline.

Latschenkiefernöl: oleum pini pumilionis — *huile volatile de pin alpestre* — oil of dwarf pine, pumilio oil.

Lattichblätter: folia lactucae — *feuilles de laitue* — wild lettuce leaves.

Lauwarm: calidus — *tiède* — tepid.

Lavendelblüten: flores lavandulae — *fleurs de lavande* — lavender flowers.

Lavendelgeist: spiritus lavandulae — *alcoolat de lavande* — spirit of lavender.

Lavendelöl: oleum lavandulae — *huile volatile de lavande* — oil of lavender.

Lavendelspiritus: vide Lavendelgeist.

Lavendeltinktur: tinctura lavandulae — *teinture de lavande* — tincture of lavender.

Lärchenschwamm: agaricus albus, fungus laricis, boletus laricinus — *agaric blanc* — agaric.

Lärchenterpentin: terebinthina laricina — *térebenthine de Venise* — larch turpentine, Venice turpentine.

Lebensbalsam: balsamum vitae, elixir ad longam vitam — *baume de vie, élixir de longue vie* — balsam of life.

Lebensbaumspitzen: summitates sabinae — *sabine* — savine tops.

Leberthran: oleum jecoris aselli — *huile de foie de morue* — cod liver oil

Lehm: lutum — *lut, terre glaise* — loam.

Leim: colla — *colle forte* — glue.

Leinkraut: herba linariae — *linaire* — wild flax.

Leinkuchen: placenta seminis lini — *tourteau de lin* — linseed cake.

Leinmehlaufguss: infusum seminis lini — *infusion de graine de lin* — infusion of linseed.

Leinöl: oleum lini — *huile de lin* — linseed oil.

Leinölfirnis: vernix lini — *vernis à l'huile de lin* — linseed varnish.

Leinsamen: semen lini — *graine de lin* — linseed.

Leinsamenabkochung: decoctum seminis lini — *décoction de graine de lin* — decoction of linseed.

Leinsamenmehl: semen lini pulveratum — *farine de graine de lin* — linseed meal.

Liantral: liantralum — *liantral* — liantral.

Liebstöckelwurzel: radix levistici — *racine de livèche* — lovage root.

Limonadesaft: sirupus ad limonadam — *sirop pour limonade* — lemonade syrop.

Lindenblüten: flores tiliae — *fleurs de tilleuls* — limetree flowers, linden flowers.

Lindenkohle: carbo tiliae — *charbon de tilleul* — linden wood charcoal.

Liniment: linimentum — *liniment, baume* — liniment.

Lint: lintum — *lint* — lint.

Liter: litrum — *litre* — litre.

Lithiumchlorid: lithium chloratum — *chlorure de lithium* — chloride of lithium.

Lithiumcitrat: lithium citricum — *citrate de lithine* — citrate of lithium.

Lithiumkarbonat: lithium carbonicum — *carbonate de lithine* — carbonate of lithium.

Lobelienkraut: herba lobeliae — *herbe de lobélie enflée* — lobelia, Indian tobacco.

Lorbeerblätteröl: oleum foliorum lauri — *huile de feuilles de laurier* — oil of laurel leaves.

Lorbeeren: fructus, baccae lauri — *baies de laurier* — bayberries, laurel berries.

Lorbeerfrüchte: vide Lorbeeren.

Lorbeeröl: oleum lauri — *huile de laurier* — laurel oil, bayberry oil.

Loretin: loretinum — *loretine* — loretine.

Loretinnatrium: vide Natriumloretinat.

Löffelkraut: herba cochleariae — *cochléaria* — scurvy grass, cochlearia.

Löffelkrautöl: oleum cochleariae — *huile volatile de cochléaria* — scurvy grass oil, oil of cochlearia.

Löffelkrautspiritus: spiritus cochleariae — *alcoolat de cochléaria* — scurvy grass spirit, spirit of cochlearia.

Löschpapier: charta bibula — *papier brouillard, papier Joseph* — blotting paper.

Löslich: solubilis — *soluble* — soluble.

Lösung: solutio — *solution* — solution.

Lösungsmittel: menstruum — *dissolvant* — solvent.

Löwenzahn: leontodon taraxacum — *léontodon, pissenlit* — dandelion.

Löwenzahnblätter: folia taraxaci — *feuilles de pissenlit* — dandelion leaves.

Löwenzahnextrakt: extractum taraxaci — *extrait de pissenlit* — extract of dandelion.

Löwenzahnwurzel: radix taraxaci — *racine de pissenlit* — dandelion-root.

Lungenkraut: herba pulmonariae — *pulmonaire* — lungwort.

Lupulin: lupulinum — *lupuline* — lupulin.

Lysol: lysolum — *lysole* — lysol.

Macis: macis — *macis, fleur de muscade* — mace.

Macisöl: oleum macidis — *huile volatile de macis* — essential oil of mace.

Macistinktur: tinctura macidis — *teinture de macis* — tincture of mace.

Magnesia: magnesia — *magnésie* — magnesia.

Magnesium: magnesium — *magnésium* — magnesium.

Magnesiumchlorid: magnesium chloratum — *chorure de magnésium* — chloride of magnesium.

Magnesiumcitrat: magnesium citricum — *citrate de magnésie* — citrate of magnesium.

Magnesiumkarbonat: magnesium carbonicum — *carbonate de magnésie* — carbonate of magnesium.

Magnesiumlaktat: magnesium lacticum — *lactate de magnésie* — lactate of magnesium.

Magnesiumoxyd: magnesia usta — *magnésie calcinée* — light calcined magnesia.

Magnesiumsulfat: magnesium sulfuricum, sal amarum — *sulfate de magnésie, sel amer, sel de Seidlitz* — sulphate of magnesium, Epsom salts.

Maiblumen: flores convallariae majalis — *muguets* — lilies of the valley.

Maiblumenblüten: vide Maiblumen.

Maismehl: farina maïdis — *farine de maïs, maïzéna* — maize flour.

Maisnarben: stigmata maïdis — *stigmates de maïs* — corn silk.

Majoran: herba majoranae — *marjolaine* — majoram.

Majorankraut: vide Majoran.

Majoranöl: oleum majoranae — *huile volatile de marjolaine* — oil of majoram.

Malabar-Kardamomen: fructus cardamomi Malabarenses — *cardamome de Malabar* — Malabar cardamoms.

Malagawein: vinum Malacense — *vin de Malaga* — Malaga wine.

Malvenblätter: folia malvae — *feuilles de mauve* — mallow leaves.

Malvenblüten: flores malvae — *fleurs de mauve* — mallow flowers.

Malzextrakt: extractum malti — *extrait de malt* — extract of malt.

Malzmehl: farina malti — *farine de malt* — ground malt.

Manakawurzel: radix manaca — *racine de manaca* — manaca root.

Mandelemulsion: emulsio amygdalarum — *émulsion d'amandes* — emulsion of almonds.

Mandelkleie: farina. furfur amygdalarum — *son d'amandes* — almond meal.

Mandeln: amygdalae — *amandes* — almonds.

Mandelöl: oleum amygdalarum — *huile d'amandes* — almond oil.

Mangan: manganum — *manganèse* — manganese.

Manganchlorür: manganum chloratum — *chlorure de manganèse* — chloride of manganese.

Mangandextrinat: manganum dextrinatum — *dextrinate de manganèse* — dextrinate of manganese.

Manganglukosat: manganum glucosatum — *glucosate de manganèse* — glucosate of manganese.

Manganoxyd: manganum oxydatum — *oxyde de manganèse* — oxyd of manganese.

Mangansaccharat: manganum saccharatum — *saccharate de manganèse* — saccharate of manganese.

Mangansulfat: manganum sulfuricum — *sulfate de manganèse* — sulphate of manganese.

Manganzucker: vide Mangansaccharat.

Manila-Kopal: vide Copal.

Manna: manna — *manne* — manna.

Manna Calabrina: *manne de Calabre* — Calabrian manna.

Mannasirup: sirupus mannae — *sirop de manne* — syrup of manna.

Mannit: mannitum — *mannite* — mannite.

Marantastärke: amylum marantae — *arrowroot* — arrow root.

Maraskino-Essenz: essentia maraskino — *essence de marasquin* — marasquino essence.

Marineblau: coeruleum marinum *bleumarin* — marine blue.

Mark: medulla — *moelle* — marrow.

Marmor: marmora, calcium carbonicum — *marbre, carbonate de chaux* — marble, carbonate of calcium.

Masse: massa — *masse* — mass.

Mastix: resina mastix — *mastix* — mastic.

Matikoblätter: folia matico — *feuilles de matico* — matico leaves.

Matikoöl, ätherisches: oleum aethereum matico — *huile volatile de matico* — oil of matico.

Maulbeeren: fructus mori — *mûres* — mulberries.

Mässig: moderatus — *modéré* — moderated.

Medizinisch: medicatus — *médicinal* — medicinal, medicated.

Meerrettich: vide Meerretichwurzel.

Meerrettichwurzel: radix armoraciae — *racine de raifort* — horseradish root.

Meerzwiebel: bulbus scillae — *oignon marin, bulbe de scille* — squill.

Meerzwiebelessig: acetum scillae — *vinaigre de scille* — vinegar of squill.

Meerzwiebelextrakt: extractum scillae — *extrait de scille* — extract of squill.

Meerzwiebelsauerhonig: oxymel scillae — *oxymel scillitique* — oxymel of squill.

Meerzwiebelschalen: cortex bulbi scillae — *squames de scille* — squill rind.

Mehl: farina — *farine* — meal.

Mehlform: fariniforma — *forme farineuse* — ground, mealy.

Melasse: sirupus domesticus — *mélasse* — molasses, golden syrup.

Melassesirup: vide Melasse.

Melilotenpflaster: emplastrum meliloti — *emplâtre de mélilot* — melilot plaster.

Melisse: herba melissae — *feuilles de mélisse citronelle* — balm.

Melissenblätter: vide Melisse.

Melissengeist: spiritus melissae — *alcool de mélisse citronelle* — spirit of balm.

Melissenkraut: vide Melisse.

Melissenspiritus: vide Melissengeist.

Melissenwasser: aqua melissae — *eau de mélisse* — balm water.

Melonensamen: semen melonum — *pepins de melon* — melon seeds.

Menge: quantitas — *quantité* — quantity.

Mennige: minium — *minium* — red oxide of lead, red lead, minium.

Menthol: mentholum — *menthol* — menthol.

Mercurialseife: sapo mercurialis — *savon mercuriel* — mercurial soap.

Metallfrei: sine metallo — *sans métal* — free from metal.

Metallisch: metallicus — *métallique* — metallic.

Methylalkohol: alcohol methylicus — *alcool de méthyle* — methyl alcohol, pyroxylic spirit.

Methyl-Grün: methylum viride — *vert de méthyle* — methyl green.

Methylviolet: methylum violaceum — *violet de méthyle* — methyl violet.

Milch: lac — *lait* — milk.

Milchsauer: lacticus — *lactique* — lactic.

Milchsäure: acidum lacticum — *acide lactique* — lactic acid.

Milchzucker: saccharum lactis — *lactose* — sugar of milk, lactin.

Mild: mollis, mitis — *doux* — mild, soft

Mirbanessenz: essentia mirbani, nitrobenzolum — *essence de mirbane* — nitrobenzol.

Mirbanöl: vide Mirbanessenz.

Mischung: mixtura — *mixture* — mixture.

Mistel: viscum — *gui* — mistletoe.

Mistelstengel: stipites visci — *queues de gui* — mistletoe stalks.

Mittelfein: subtilis — *mé-fin* — medium grained, half coarse.

Mixtura: vide Mischung.

Mohnköpfe: capita papaveris — *têtes ou capsules de pavots* — poppy capsules.

Mohnöl: oleum papaveris — *huile d'oeillette* — poppy oil.

Mohnsaft: sirupus papaveris — *sirop de pavot* — syrup of poppies.

Mohnsamen: semen papaveris — *graine de pavot* — poppy seed.

Mohnsamenemulsion: emulsio papaveris — *émulsion de graine de pavot* — emulsion of poppies.

Mohnsirup: vide Mohnsaft.

Molken: serum lactis — *petit-lait* — whey.

Monochloressigsäure: acidum monochloraceticum — *acide monochloracétique* — monochloracetic acid.

Moos: muscus — *mousse* — moss.

Morphinhydrochlorid: morphium hydrochloricum — *hydrochlorate de morphine* — hydrochlorate of morphine.

Morphinsulfat: morphium sulfuricum — *sulfate de morphine* — sulphate of morphine.

Morphiumacetat: morphium aceticum — *acétate de morphine* — acetate of morphine.

Morphiumhydrochlorid: vide Morphinhydrochlorid.

Morsellenspecies: species morsulorum — *espèces melange pour tablettes* — aromatics for stomachic tablets.

Moschus: moschus — *musc* — musk.

Moschustinktur: tinctura moschi — *teinture de musc* — tincture of musk, essence of musk.

Moselwein: vinum Mosellense — *vin de Moselle* — Moselle wine.

Mörser: mortarius — *mortier* — mortar.

Muskatblüte: macis — *macis* — mace.

Muskatbutter: oleum nucistae, balsamum nucis moschatae — *beurre de muscade* — expressed oil of nutmeg, nutmeg butter.

Muskatnuss: nux moschata — *muscade* — nutmeg.

Muskatnussöl: vide Muskatbutter.

Mutterkorn: secale cornutum — *ergot de seigle* — ergot, ergot of rye.

Mutterkornextrakt: extractum secalis cornuti — *extrait d'ergot de seigle* — extract of ergot.

Mutterpflaster· emplastrum matris, fuscum, hamburgense — *emplâtre brun, onguent de la mère* — mother plaster.

Myrrhe: myrrha — *myrrhe* — myrrh.

Myrrhenextrakt: extractum myrrhae — *extrait de myrrhe* — extract of myrrh.

Myrrhentinktur: tinctura myrrhae *teinture de myrrhe* — tincture of myrrh.

Naphtalin: naphtalinum — *naphtaline* — naphtalin.

Naphtalinpulver: naphtalinum pulveratum — *naphtaline en poudre* — naphtalin powder.

Naphtol: naphtolum — *naphtol* — naphtol.

Narkotisch: narcoticus — *narcotique* — narcotic.

Nass: humidus — *humide, mouillé* — humid, wet, moist.

Natrium: natrium — *sodium* — sodium.

Natriumacetat: natrium aceticum *acétate de soude* — acetate of sodium.

Natriumbenzoat: natrium benzoicum — *benzoate de soude* — benzoate of sodium.

Natriumbikarbonat: natrium bicarbonicum — *bicarbonat de soude* — bicarbonate of sodium.

Natriumborosalicylat: natrium borosalicylicum — *borosalicylate de soude* — borosalicylate of sodium.

Natriumbromid: natrium bromatum *bromure de sodium* — bromide of sodium.

Natriumchlorid: natrium chloratum — *chlorure de soude* — chloride of sodium.

Natriumcitrat: natrium citricum — *citrate de soude* — citrate of sodium.

Natrium - Ferripyrophosphat: ferrum pyrophosphoricum natronatum, natrium pyrophosphoricum ferratum — *pyrophosphate de fer et de soude* — pyrophosphate of iron and sodium.

Natriumjodid: natrium jodatum — *iodure de sodium* — iodide of sodium.

Natriumkarbonat: natrium carbonicum — *carbonate de soude* — carbonate of sodium.

Natriumlaktat: natrium lacticum — *lactate de soude* — lactate of sodium.

Natriumloretinat: natrium loretinicum — *loretinate de soude* — loretinate of sodium.

Natriumnitrat: natrium nitricum — *nitrat de soude* — nitrate of sodium.

Natriumphosphat: natrium phosphoricum — *phosphate de soude* — phosphate of sodium.

Natriumpyrophosphat: natrium pyrophosphoricum — *pyrophosphate de soude* — pyrophosphate of sodium.

Natriumsalicylat: natrium salicylicum — *salicylate de soude* — salicylate of sodium.

Natriumsulfid: natrium sulfuratum — *sulfite de sodium* — sulphite of sodium.

Natriumthiosulfat: natrium subsulfurosum, natrium thiosulfuricum — *hyposulfite de soude* — hyposulphite of sodium.

Natron: natrium — *soude* — soda.

Natronlauge: liquor natri hydrici, natrium causticum solutum — *soude caustique liquide* — solution of caustic soda.

Natronwasserglas: liquor natrii silicici — *silicate de soude* — soluble glass, solution of silicate of sodium, water glass.

Nähseide: bombycina chirurgica, bombycina ad serendum — *soie pour sutures* — surgical silk.

Nagel: clavus — *clou* — nail.

Nelke: caryophyllus — *girofle* — clove.

Nelkenöl: oleum caryophyllorum — *huile volatile de girofle* — oil of cloves.

Nelkenpfeffer: pimentum, semen amomi — *piment des Anglais* — Jamaica pepper, allspice, piments.

Nerolin: nerolinum — *néroline* — nerolin.

Neroliöl: oleum neroli — *huile volatile de fleurs d'oranger, néroli* — oil of orange flowers, oil of neroli

Neutral: neutralis — *neutre* — neutral.

Niederschlagend: temperans — *tempérant* — tempering.

Nieswurz, schwarze: radix hellebori nigri — *hellébore noir* — black hellebore root.

Nieswurzelextrakt: extractum hellebori — *extrait d'hellébore* — extract of hellebore.

Nigrosin: nigrosinum — *nigrosine* — nigrosine.

Nitrobenzol: nitrobenzolum, essentia mirbani — *nitrobenzol* — nitrobenzol.

Nitroglycerin: nitroglycerinum — *nitroglycérine* — nitroglycerine.

Nussblätter: folia juglandis — *feuilles de noyer* — walnut leaves.

Obergärig: superfermentatio — *fermentation superficielle* — surface fermentation.

Ochsengalle: fel tauri — *fiel de boeuf* — ox gall.

Ochsenmark: medulla bovi — *moelle de boeuf* — ox marrow.

Oder: aut — *ou* — or.

Ohne: sine — *sans* — without.

Oleïnseife: sapo oleïnicus — *savon blanc de Marseille* — hard soap, Castile soap.

Olibanum: olibanum — *oliban* — olibanum.

Olivenöl: oleum olivarum — *huile d'olives, huile fine vierge* — olive oil, virgin oil.

Opium: opium — *opium, laudanum* — opium.

Opiumextrakt: extractum opii — *extrait d'opium* — extract of opium.

Opiumtinktur: tinctura opii — *teinture d'opium* — tincture of opium.

Orangeblütenöl: oleum florum aurantii, oleum neroli — *huile volatile de fleurs d'oranger, néroli* — oil of orange flowers.

Orangeblütenwasser: aqua florum aurantii — *eau de fleurs d'oranger* — orange flower water.

Orangen: fructus aurantii — *oranges* — oranges.

Orangenschalen: cortex fructus aurantii — *écorce d'orange* — orange peel.

Orangeschalentinktur: tinctura corticis aurantii — *teinture d'écorces d'orange* — tincture of orange peels.

Orientalisch: Orientalis — *Oriental* — Oriental.

Origanumöl: oleum origani — *huile volatile d'origan* — oil of origanum.

Orlean: orleana — *rocou, jaune d'Orléans* — annotto.

Orleanextrakt: extractum orleanae — *extrait de rocou* — extract of annotto.

Oxalsauer: oxalicus — *oxalique* — oxalic.

Oxalsäure: acidum oxalicum — *acide oxalique* — oxalic acid.

Oxycroceumpflaster: emplastrum ocycroceum — engl.: oxycroceum plaster.

Oxydiert: oxydatus — *oxydé* — oxidized.

Ozokerit: cera mineralis — *cire minérale, cérésine* — mineral-wax, ozokerit.

Öl: oleum — *huile* — oil.

Öllöslich: oleo-solubilis — *soluble dans l'huile* — soluble in oil.

Ölsäure: acidum oleïnicum — *acide oléïque* — oleic acid.

Ölseife: vide Oleïnseife.

Palmarosaöl: oleum geranii, oleum palmae rosae, oleum pelargonii — *huile volatile de géranium* — oil of geranium, palmarosa oil.

Papierkapsel: capsula papyracea — *capsule en papier* — paper capsule, cachet.

Pappelknospe: gemmae populi, oculi populi — *bourgeons de peuplier* — poplar buds.

Pappelknospenöl: oleum populi gemmarum — *huile de bourgeons de peuplier* — oil of poplar buds.

Pappelsalbe: unguentum populi — *onguent de populéum* — ointment of poplar buds.

Paraffin: paraffinum — *paraffine* — paraffin.

Paraffinöl: oleum paraffini — *vaseline liquide, huile de paraffine* — paraffin oil.

Paraffinsalbe: unguentum paraffini — *onguent de paraffine, vaseline* — soft paraffin, petroleum jelly.

Parakresse: herba spilanthis oleraceae — *cresson de Para* — Para cress.

Parakressenkraut: vide Parakresse.

Parakressentinktur: tinctura spilanthis — *teinture de cresson de Para* — tincture of Para cress.

Paraphenolsulfosauer: sulfoparaphenolicus — *sulphoparaphénique* — sulphoparaphenic

Pareirawurzel: radix pareirae bravae — *racine de pareire* — pareira root.

Pariser: Parisiensis — *Parisien, de Paris* — Parisian.

Pariserblau: coeruleum Parisiense — *bleu de Paris* — Paris blue.

Patschoulíblätter: folia patchouly — *feuilles de patchouli* — patchouli leaves.

Patschoulikraut: vide Patschouliblätter.

Patschouliöl: oleum patchouly — *huile volatile de patchouli* — oil of patchouli.

Pech: pix — *poix* — pitch.

Peccoblütenthee: thea Peccensis — *thé de Pecco* — tea of Pecco.

Pepsin: pepsinum — *pepsine* — pepsin.

Pepsinwein: vinum pepsini — *vin de pepsine* — pepsin wine.

Pepto-Jod-Eigon: peptonum jodatum — *peptone iodée* — iodized peptone.

Pepton: peptonum — *peptone* — peptone.

Perlgerste: vide Gerstengraupen.

Peruanisch: Peruvianus — *de Pérou* — Peruvian.

Perubalsam: balsamum Peruvianum — *baume du Pérou, baume de l'Inde noir* — balsame of Peru, Peru balsam.

Petersilienfrüchte: fructus petroselini — *semence de persil* — parsley fruit.

Petersilienöl: oleum petroselini — *apiol, huile volatile de persil* — oil of parsley.

Petersiliensamen: semen petroselini — *semence de persil* — parsley seed.

Petersiliensamenöl: oleum petroselini — *apiol, huile volatile de persil* — oil of parsley seed.

Petersilienwasser: aqua petroselini — *eau de persil* — parsley water.

Petroleum: oleum petrae, petroleum — *pétrole* — petroleum.

Petroleumäther: aether petrolei — *éther de pétrole* — petroleum ether.

Petroleumruss: fuligo petrolei — *noir de fumée de pétrole* — petroleum black.

Pfeffer: piper — *poivre* — pepper.

Pfefferminz: mentha piperita — *menthe poivrée* — peppermint.

Pfefferminzaufguss: infusum menthae piperitae — *infusion de menthe poivrée* — infusion of peppermint.

Pfefferminzblätter: folia menthae piperitae — *feuilles de menthe poivrée* — peppermint leaves.

Pfefferminzgeist: spiritus menthae piperitae — *alcoolat de menthe poivrée* — spirit of peppermint.

Pfefferminzöl: oleum menthae piperitae — *huile volatile de menthe poivrée* — oil of peppermint.

Pfefferminzsirup: sirupus menthae piperitae — *sirop de menthe poivrée* — syrup of peppermint.

Pfefferminzwasser: aqua menthae piperitae — *eau de menthe poivrée* — peppermint water.

Pferdeblut-Serum: serum sanguinis equorum — *sérum de cheval* — horse serum.

Pfingstrosenwurzel: radix paeoniae — *racine de pivoine* — peony root.

Pfingstwurzel: vide Pfingstrosenwurzel.

Pflanzenfarbstoff: chlorophyllum — *chlorophylle* — chlorophyll.

Pflaster: emplastrum — *emplâtre* — plaster.

Pflaumen: fructus pruni domestici — *prunes* — prunes, french plums.

Phenacetin: phenacetinum — *phenacétine* — phenacetine.

Phenocoll: phenocollum — *phénocolle* — phenocolle.

Phosphor: phosphorus — *phosphore* — phosphorus.

Phosphoröl: oleum phosphoratum — *huile phosphorée* — phosphorated oil.

Phosphorsauer: phosphoricus — *phosphorique* — phosphoric.

Phosphorsäure: acidum phosphoricum — *acide phosphorique* — phosphoric acid.

Physostigminsulfat: physostigminum, eserinum sulfuricum — *sulfate d'eserine* — eserine sulphate, physostigmine sulphate.

Pillenmasse: massa pillularum — *masse pilulaire* — pill mass.

Pilocarpinhydrochlorid: pilocarpinum hydrochloricum — *chlorhydrate de pilocarpine* — pilocarpine hydrochlorate.

Pimentöl: oleum amomi, pimenti — *huile volatile de piment* — oil of pimento.

Piperazin: piperacinum — *pipérazine* — piperazine.

Piscidiarinde: cortex piscidiae — *écorce de piscidia* — piscidia bark, Jamaica dogwood bark.

Pistazie: semen pistaciae — *pistache* — pistachio nuts or kernels.

Podophyllin: podophillinum — *podophylline* — podophyllin.

Pomeranzen: fructus aurantii — *oranges amères* — bitter oranges.

Pomeranzenblütensirup: sirupus florum aurantii — *sirop de fleurs d'oranger* — syrup of orange flowers.

Pomeranzenblütenwasser: aqua florum aurantii, naphae — *eau de fleurs d'oranger* — orange flower water.

Pomeranzenöl: oleum aurantii — *huile volatile d'oranges* — oil of bitter orange.

Pomeranzenschale: cortex fructus aurantii — *écorce d'oranges amères* — bitter orange peel.

Pomeranzenschalenextrakt: extractum corticis aurantii — *extrait d'écorce d'oranges amères* — extract of bitter orange peel.

Pomeranzenschalenöl: vide Pomeranzenöl.

Pomeranzenschalensirup: sirupus corticis aurantii — *sirop d'écorce d'oranges amères* — syrup of bitter orange peel.

Pomeranzenschalentinktur: tinctura corticis aurantii — *teinture d'écorce d'oranges amères* — tincture of bitter orange peel.

Pomeranzentinktur: vide Pomeranzenschalentinktur.

Pomeranzenwein: vinum aurantii — *vin d'oranges* — orange wine.

Portugallöl: oleum Portugallo — *huile volatile de Portugal* — Portugal oil.

Pottasche: kalium carbonicum, potassa — *carbonate de potasse* — potash, carbonate of potassium.

Präcipitiert: praecipitatus — *précipité* — precipitated.

Präparat: praeparatum — *préparation* — preparation.

Präpariert: praeparatus — *préparé* — prepared.

Presshefe: fermentum pressum — *levure sèche* — dry yeast.

Pressung: pressio — *pression* — pressure.

Provenceröl: oleum olivarum provinciale — *huile d'olives, huile fine vierge* — olive oil, fine virgin oil.

Pulver: pulvis — *poudre* — powder.

Pulverförmig: pulveriformis — *pulvérulent* — powdered.

Pulverseife: sapo pulveratus — *savon en poudre* — powdered soap.

Pulpa: pulpa — *pulpe* — pulp.

Pyoktanin: pyoctaninum — *pyoctanine* — pyoctanin.

Pyrogallol: pyrogallolum, acidum pyrogallicum — *acide pyrogallique* — pyrogallic acid.

Pyrogallussäure: vide Pyrogallol.

Pyrogallussäurelösung: solutio acidi pyrogallici — *solution d'acide pyrogallique* — solution of pyrogallic acid.

Quassia: vide Quassiaholz.

Quassiaholz: lignum quassiae — *bois de quassia amara* — quassia wood, bitter wood.

Quassiarinde: cortex quassiae — *écorce de quassia amara* — quassia bark.

Quassiasirup: sirupus quassiae — *sirop de quassia amara* — syrup of quassia.

Quebrachorinde: cortex quebracho — *écorce de quebracho* — quebracho bark.

Queckenwurzel: radix graminis — *racine de chiendent* — quitch root, dog grass.

Quecksilber: hydrargyrum — *mercure, vif-argent* — mercury, quicksilver.

Quecksilberchlorid: hydrargyrum bichloratum corrosivum — *sublimé corrosif, bichlorure d'hydrargyre* — corrosive sublimate, bichloride of mercury.

Quecksilberchlorür: hydrargyrum chloratum mite, mercurius dulcis, calomel — *mercure doux, protochlorure de mercure* — subchloride of mercury, calomel.

Quecksilberjodid: hydrargyrum bijodatum rubrum — *biiodure de mercure* — red iodide of mercury, mercuric iodide.

Quecksilberjodür: hydrargyrum jodatum flavum — *protoiodure de mercure* — protoiodide of mercury, yellow mercurous iodide.

Quecksilberoleat: hydrargyrum oleïnicum — *oléate de mercure* — oleate of mercury.

Quecksilberoxyd, rotes: hydrargyrum oxydatum rubrum — *oxyde rouge de mercure* — red oxide of mercury, red precipitate.

Quecksilberpflaster: emplastrum hydrargyri, emplastrum mercuriale — *emplâtre mercuriel, emplâtre gris* — mercurial plaster.

Quecksilberpräcipitat, weisses: hydrargyrum praecipitatum album, hydrargyrum amidatobichloratum — *amidochlorure de mercure, mercure précipité blanc* — ammoniated mercury, mercuric ammonium chloride, white precipitate.

Quecksilbersulfid, rotes: hydrargyrum sulfuratum rubrum, cinnabaris — *cinabre, sulfure de mercure* — cinnabar, red sulphide of mercury.

Quecksilberverreibung: hydrargyrum extinctum — *mercure trituré* — mercury ground sufficiently.

Quendel: herba serpylli — *serpolet* — thyme.

Quendelspiritus: spiritus serpylli — *alcoolat de serpolet* — spirit of thyme.

Quillayarinde: cortex quillaiae — *écorce de quillaya* — quillaia bark, soap bark.

Quillayarindenextrakt: extractum corticis quillaiae — *extrait d'écorce de quillaya* — extract of quillaia bark.

Quillayatinktur: tinctura quillaiae — *teinture de quillaya* — tincture of quillaia.

Quittenkörner: semen cydoniorum — *pepins de coing* — quince seeds.

Quittensaft: succus cydoniorum — *suc de coing* — quince juice.

Quittensamen: vide Quittenkörner.

Quittenschleim: mucilago cydoniae — *mucilage de coing* — quince mucilage.

Raffinade-Zucker: saccharum raffinatum — *sucre raffiné* — refined sugar.

Raffiniert: raffinatus — *raffiné* — refined.

Reinfarnblüten: flores tanaceti — *fleurs de tanaisie* — tansy flowers.

Reinfarnkraut: herba tanaceti — *herbe de tanaisie* — tansy herb.

Rainfarnöl: oleum tanaceti — *huile volatile de tanaisie* — tansy oil.

Ranzig: rancidus — *rance* — rancid.

Rasierseifenpulver: sapo ad rasum pulveratus — *poudre de savon à raser* — powdered shaving soap, shaving powder.

Ratanhiaextrakt: extractum ratanhiae — *extrait de ratanhia* — extract of rhatany.

Ratanhiatinktur: tinctura ratanhiae — *teinture de ratanhia* — tincture of rhatany.

Ratanhiawurzel: radix ratanhiae — *racine de ratanhia* — rhatany root.
Rauchend: fumans — *fumant* — fuming.
Raumteil: volumen — *volume* — volume.
Raute: vide Rautenblätter.
Rautenblätter: folia rutae — *feuilles de rue* — rue leaves.
Rautenöl: oleum rutae — *huile volatile de rue* — oil of rue.
Räucheressenz: essentia fumalis — *parfum à brûler* — perfuming essence, fumigating essence.
Räucherpulverkräuter: pulvis fumalis, species fumales — *poudre fumale* — incense powder, fumigating powder.
Räuchertinktur: tinctura fumalis — *teinture aromatique pour fumigations* — perfuming tincture, fumigating tincture.
Rebenschwarz: nigrum e vitibustis — *noir d'Allemagne* — German black.
Reduziert: reductus — *réduit* — reduced.
Regenwasser: aqua pluvialis — *eau de pluie* — rain water.
Reif: maturus — *mur* — mature.
Rein: purus — *pur* — pure.
Reismehl: farina oryzae — *farine de riz* — rice flour.
Reisstärke: amylum oryzae — *amidon de riz* — rice starch.
Rektifiziert: rectificatus — *rectifié* — rectified.
Resorcin: resorcinum — *résorcine* — resorcin.
Resorcin, essigsaures: resorcinum aceticum — *acétate de résorcine* — acetate of resorcin.
Rhabarber: vide Rhabarberwurzel.
Rhabarberaufguss: infusum rhei — *infusion de rhubarbe* — rhubarb infusion.
Rhabarberextrakt: extractum rhei — *extrait de rhubarbe* — extract of rhubarb.
Rhabarbersirup: sirupus rhei — *sirop de rhubarbe* — syrup of rhubarb.
Rhabarbertinktur: tinctura rhei — *teinture de rhubarbe* — tincture of rhubarb.
Rhabarberwurzel: radix rhei — *racine de rhubarbe* — rhubarb root.
Ricinusöl: oleum ricini — *huile de ricin* — castor oil.
Rinde: cortex — *écorce* — bark.
Rindermark: medulla bovis — *moelle de boeuf* — ox marrow.
Rindsblut: sanguis tauri — *sang de boeuf* — ox blood.
Rindstalg: sebum taurinum, bovinum — *suif de boeuf* — beef suet.
Rittersporn: delphinium — *pied d'alouette* — larkspur.
Roggenmehl: farina secalis — *farine de seigle* — rye flour.
Roh: crudus — *cru* — crude.
Rosenblätter: folia rosae — *feuilles de rose* — rose leaves
Rosenblätterextrakt: extractum foliorum rosae — *extrait de feuilles de rose* — extract of rose leaves.
Rosenblumenblätter: vide Rosenblätter.
Rosenblüten: flores rosarum — *fleurs de rose* — rose flowers.
Rosenextrakt: vide Rosenblätterextrakt.
Rosenholzöl: oleum ligni rhodii — *huile volatile de bois de rhodes* — oil of rhodium.
Rosenhonig: mel rosatum — *miel rosat* — honey of rose.
Rosenkonserve: conserva rosarum — *conserve de rose* — confection of rose.
Rosenöl: oleum rosarum — *huile volatile de rose* — oil of rose.
Rosensalbe: unguentum rosatum — *pommade rosat* — rose ointment
Rosenwasser: aqua rosarum — *eau de roses* — rose water.
Rosinen: passulae majores und minores — *raisins secs* — raisins.
Rosmarin: vide Rosmarinblätter.
Rosmarinblätter: folia rosmarini — *feuilles de rosmarin* — rosemary leaves.
Rosmarinöl: oleum rosmarini — *huile volatile de rosmarin* — oil of rosemary.
Rosmarinspiritus: spiritus rosmarini — *alcoolat de rosmarin* — spirit of rosemary.
Rosskastanienrinde: cortex hippocastani — *écorce de marron de l'Inde* — bark of horse chestnut.
Rot: ruber — *rouge* — red.
Rotgefärbt: ruber coloratus — *rougi* — red coloured.
Rotwein: vinum rubrum — *vin rouge* — red wine.
Röhrenkassie: cassia canellata, cassia fistula — *casse à purger* — cassia fistula.
Römisch: romanus — *Romain* — Roman.
Rum: rum — *rhum* — rum.
Russ: fuligo — *noir de fumée* — soot.
Russisch: Russicus — *de Russie* — Russian.
Rüböl: oleum rapae — *huile de navette* — rape oil.

Sabadillfrüchte: fructus sabadillae — *cévadille* — cevadilla.
Sabadillsamen: vide Sabadillfrüchte.
Saccharin: saccharin — *saccharine* — saccharin.
Sadebaum: Juniperus sabina — *sabine* — savin.
Sadebaumextrakt: extractum sabinae — *extrait de sabine* — extract of savin.
Sadebaumöl: oleum sabinae — *huile volatile de sabine* — oil of savin.
Sadebaumspitzen: summitates sabinae — *sabine* — savin tops.
Safran: crocus — *safran* — saffron.
Safrantinktur: tinctura croci — *teinture de safran* — tincture of saffron.
Saft: succus — *jus, suc* — juice.
Sagradarinde: cortex cascarae sagradae, cortex rhamni purshiana — *écorce de cascara sagrada* — cascara sagrada, sacred bark.
Salbe: unguentum — *pommade, onguent* — ointment.
Salbei: salvia officinalis — *sauge* — sage.
Salbeiaufguss: infusum salviae — *infusion de sauge* — infusion of sage.
Salbeiblätter: folia salviae — *feuilles de sauge* — sage leaves.
Salbeiöl: oleum salviae — *huile volatile de sauge* — oil of sage.
Salbeispiritus: spiritus salviae — *alcoolat de sauge* — spirit of sage.
Salbeiwasser: aqua salviae — *eau de sauge* — sage water.
Salbengrundlage, harte oder weiche: unguentum durum seu molle — *base d'onguent tendre ou dure* — ointment basis, hard or soft.
Salbenseife: sapo unguinosus — *onguent de savon* — soap ointment.
Salep: tubera salep — *salep* — salep.
Salicylsauer: salicylicus — *salicylique* — salicylic.
Salicylsäure: acidum salicylicum — *acide salicylique* — salicylic acid.
Salipyrin: salipyrinum — *salipyrine* — salipyrin.
Salmiakgeist: liquor ammonii caustici, ammonium causticum solutum — *ammoniaque caustique* — solution of ammonia.
Salol: salolum — *salol* — salol.
Salpeter: kalium nitricum, nitrum — *nitrate de potasse, salpêtre* — nitrate of potash, nitre, saltpetre.
Salpetergeist: spiritus aetheris nitrosi — *esprit de nitre dulcifié* — nitrous ether, sweet spirit of nitre.
Salpeterpapier: charta nitrata — *papier nitré* — saltpetre paper.
Salpetersäure: acidum nitricum — *acide nitrique, azotique* — nitric acid.
Salz: sal — *sel* — salt.
Salzgeist: vide Salzsäure.
Salzsauer: hydrochloricus — *hydrochlorique* — hydrochloric.
Salzsäure: acidum hydrochloricum — *acide chlorhydrique, muriatique* — hydrochloric acid, muriatic acid.
Samen: semen — *semence, graine* — seed.
Samt: cum — *avec* — with.
Sand: arena — *sable* — sand.
Sandarak: sandaraca — *sandaraque* sandarac, gum juniper.
Sandel, blauer: lignum santalinum coeruleum — *santal néphrétique* — blue sandalwood.
Sandelholz: lignum santali — *santal* — sandalwood.
Sandelholzextrakt: extractum ligni santali — *extrait de santal* — extract of sandalwood.
Sandelholzöl: oleum ligni santali — *huile volatile de santal* — oil of sandalwood.
Santonin: santoninum — *santonine* — santonin.
Saponin: vide Quillayarindenextrakt.
Sardelle: sardella — *sardine* — sardine.
Sarsaparillwurzel: radix sarsaparillae — *salsepareille* — sarsaparilla.
Sassafras: vide Sassafrasholz.
Sassafrasholz: lignum sassafras — *bois de sassafras* — sassafraswood.
Sassafrasholzöl: oleum ligni sassafras — *huile volatile de sassafras* — oil of sassafras.
Sassafrasöl: oleum sassafras — *huile volatile de sassafras* — oil of sassafras.
Sassafraswurzel: radix sassafras — *racine de sassafras* — sassafras root.
Sauer: acidus — *acide* — acid.
Sauerkirschen: cerasa acida — *cerises aigres* — morello cherries.

Sauerkirschensirup: sirupus cerasorum acidorum — *sirop de cerises aigres* — syrup of morello cherries.
Sägespäne: farina ligni — *sciure* — sawdust.
Säure: acidum — *acide* — acid.
Scabiosenblätter: folia scabiosae — *feuilles de scabieuse* — scabious leaves.
Schafgarbe: millefolium — *mille-feuilles* — milfoil, yarrow.
Schafgarbenextrakt: extractum millefolii — *extrait de mille-feuilles* — extract of milfoil.
Schafgarbenöl: oleum millefolii — *huile volatile de mille-feuilles* — oil of milfoil.
Schale: testa, cortex — *écaille, test, écorce* — peel, rind.
Scharf: fortis, acer — *fort, tranchant, pénétrant* — strong, acrid.
Schaumgold: aurum musivum — *or musif* — gold leaf.
Scheibe: discus — *disque* — disc.
Schellack: lacca in tabulis — *laque, gommelaque, laque en bâtons* — shellac.
Schellacklösung: solutio laccae — *solution de laque* — shellac varnish.
Schierling: conium maculatum — *ciguë* — hemlock.
Schierlingextrakt: extractum conii — *extrait de ciguë* — extract of hemlock.
Schierlingkraut: herba conii — *herbe de ciguë* — hemlock herb.
Schierlingpflaster: emplastrum conii — *emplâtre de ciguë* — hemlock plaster.
Schiffspech: pix navalis — *brai* — pitch.
Schilddrüse: glans thyreoideae — *glande thyroïde* — thyroid gland.
Schlangenwurzel, virg.: radix serpentariae virginianae — *racine de serpentaire* — serpentary root, virginia snakeroot.
Schlehblüten: flores acaciae — *fleurs d'aubépine* — acacia flowers.
Schlemmkreide: creta praeparata — *craie lévigée* — prepared chalk.
Schmelzpunkt: status fusionis — *point de fusion* — melting point.
Schmer: adeps — *saindoux* — lard.
Schmierseife: sapo viridis — *savon vert, noir* — soft soap.
Schmirgel: lapis smiridis — *émeri* — emery.
Schneeweiss: zincum oxydatum — *blanc de zinc, blanc de neige* — zinc white, oxide of zinc.
Schöllkraut: chelidonium — *chélidoine* — celandine, chelidonium.
Schwamm-Abfälle: reliqua spongiarum — *déchets d'éponges* — sponge trimmings.
Schwammkohle: carbo spongiae — *éponges calcinées* — burnt sponge.
Schwarz: niger — *noir* — black.
Schwarzwurzel· radix consolidae, radix symphyti — *racine de grande consoude* — comfrey root.
Schwämme: spongiae — *éponges* — sponges.
Schwefel: sulfur — *soufre* — sulphur, brimstone.
Schwefelammonium: ammonium hydrosulfuratum — *polysulfure d'ammonium, sulfhydrate d'ammoniaque* — sulphydrate of ammonium.
Schwefelantimon, schwarzes: stibium sulfuratum nigrum, antimonium crudum — *antimoine cru, sulfure d'antimoine* — crude antimony, black antimony.
Schwefelblumen: flores sulfuris — *fleurs de soufre* — flowers of sulphur, sublimed sulphur
Schwefelblüte: vide Schwefelblumen.
Schwefelkalium: kalium sulfuratum, hepar sulfuris — *sulfure de potassium solide, foie de soufre* — sulphurated potash, liver of sulphur.
Schwefelkohlenstoff: carboneum sulfuratum, alcohol sulfuris — *sulfure de carbone* — carbon bisulphide.
Schwefelnatrium: natrium sulfuratum — *sulfure de sodium* — sulphurated soda, sulphide of soda.
Schwefelsaurer: sulfuricus — *sulfurique* — sulphuric.
Schwefelsäure: acidum sulfuricum — *acide sulfurique* — sulphuric acid.
Schwefelseife: sapo sulfuris — *savon soufré* — sulphur soap.
Schwefelwasserstoffgas: hydrogenium sulfuratum, acidum hydrothionicum — *acide sulfhydrique* — sulphurated hydrogen.
Schwefligsauer: sulfurosus — *sulfureux* — sulphurous.
Schwefligsäureanhydrid: acidum sulfurosum — *acide sulfureux* — sulphurous acid.
Schweinefett: adeps suillus — *axonge* — lard.
Schwer: gravis, ponderosus — *pesant, difficile, lourd* — ponderous, heavy.
Schwerspat: barium sulfuricum, spathum ponderosum — *sulfate de baryte, spath pesant* — heavy spar, barium sulphate.
Seidelbastextrakt: extractum mezerei — *extrait de garou* — extract of mezereon.
Seidelbastrinde: cortex mezerei — *écorce de garou, sainbois* — mezereon bark.
Seidentaffet: taffetas bombycina — *taffetas* — taffeta.
Seife: sapo — *savon* — soap.
Seifenliniment: linimentum saponatum — *liniment savonneux* — soap liniment.
Seifenpflaster: emplastrum saponatum — *emplâtre de savon* — soap plaster.
Seifenspiritus: spiritus saponatus — *teinture de savon* — spirit of soap.
Seifenwasser: aqua saponis — *eau de savon* — soap water.
Seifenwurzel: radix saponariae — *racine de saponaire* — soapwort.
Seihflüssigkeit: colatura — *colature* — colature.
Selleriewurzel: radix apii — *racine de séleri* — celery root.
Senegaabkochung: decoctum senegae — *décoction de polygala* — decoction of senega.
Senega-Dauerextrakt: extractum senegae solidum — *extrait sec de polygala* — solid extract of senega.
Senegasirup: sirupus senegae — *sirop de polygala* — syrup of senega.
Senegawurzel: radix senegae — *racine de polygala* — senega root.
Senf: vide Senfsamen.
Senfmehl: semen sinapis pulveratum, farina sinapis — *farine de moutarde* — mustard flour.
Senföl: oleum sinapis — *huile volatile de moutarde* — oil of mustard.
Senfpulver: vide Senfmehl.
Senfsamen: semen sinapis — *graine de moutarde* — mustard seed.
Senfspiritus: spiritus sinapis — *alcoolat de moutarde* — spirit of mustard.
Sennaaufguss: infusum sennae — *infusion de séné* — infusion of senna.
Senna-Dauerextrakt: extractum sennae solidum — *extrait sec de séné* — solid extract of senna.
Sennalatwerge: electuarium sennae — *électuaire de séné* — electuary of senna, confection of senna.
Sennasirup: sirupus sennae — *sirop de séne* — syrup of senna.
Sennesblätter: folia sennae — *feuilles de séné* — senna leaves.
Sesamöl: oleum sesami — *huile de sésame* — sesame oil.
Siambenzoë: benzoë Siam — *benjoin de Siam* — Siam benzoin.
Sibirisch: Sibiricus — *de Sibérie, Sibérien* — Siberian.
Siccativpulver: pulvis siccativi — *siccatif en poudre* — powdered siccative.
Siedend: ebulliens — *bouillant* — boiling.
Silbernitrat: argentum nitricum — *nitrate d'argent* — nitrate of silver.
Silbernitratlösung: solutio argenti nitrici — *solution de nitrate d'argent* — solution of nitrate of silver.
Sirup: sirupus, syrupus — *sirop* — syrup.
Skamoniumharz: scamonium, resina scamonii — *résine de scamonée* — resin of scamony.
Socotrinaloë: aloe socotrina — *aloës socotrin* — socotrine aloes.
Soda: natrium carbonicum — *soude* — soda.
Sozojodolnatrium: natrium sozojodolicum — *sozoiodolate de soude* — sozoiodolate of sodium.
Spanisch: Hispanicus — *Espagnol* — Spanish.
Spanischfliegenöl: oleum cantharidum — *huile de cantharides* — oil of cantharides.
Spanischfliegensalbe: unguentum cantharidum — *pommade de cantharides* — ointment of cantharides, blistering ointment.
Spanisch-Pfeffertinktur: tinctura capsici, piperis hispanici — *teinture de poivre des jardins* — tincture of capsicum.
Speise-Essig: acetum commune — *vinaigre* — vinegar.
Spiköl: oleum spicae — *huile volatile de lavande aspic* — oil of spike.
Spiessglanz: stibium — *antimoine* — antimony.
Spigeliakraut: herba spigeliae — *herbe de spigelia* — spigelia herb.
Spiritus: spiritus — *alcool, esprit* — alcohol, spirit.
Spitzwegerich: herba plantaginis — *plantain* — plantain.
Spitzwegerichextrakt: extractum plantaginis — *extrait de plantain* — extract of plantain.

Spodium: spodium, eburustum — *noir d'os, noir d'ivoire* — ivory black, bone black.
Stangenschwefel: sulfur in bacillis — *soufre en canons* — roll sulphur, cane brimstone.
Staubfrei: a pulvere liber — *privé de poudre* — free from dust.
Stärke: amylum — *amidon* — starch.
Stärkesirup: sirupus amyli — *sirop d'amidon* — starch syrup
Stearin: stearinum — *stéarine* — stearin.
Stearinsäure: acidum stearinicum — *acide stéarique* — stearic acid.
Stearinseife: sapo stearinicus — *savon de stéarine* — stearin soap.
Stechapfelblätter: folia stramonii — *feuilles de stramoine* — thorn-apple leaves, stramonium leaves.
Stechapfelextrakt: extractum stramonii — *extrait de stramoine* — extract of stramonium.
Stechapfelkraut: vide Stechapfelblätter.
Stechapfelsamen: semen stramonii — *semence de stramoine* — stramonium seed.
Steinklee: vide Steinkleekraut.
Steinkleekraut: herba meliloti — *mélilot* — melilot herb, sweet clover.
Steinkohlenteer: pix lithantracis — *goudron minéral* — coal tar.
Steinkohlenteeröl: acidum carbolicum crudum — *acide phénique ordinaire* — crude carbolic acid.
Stempelkissenmasse: *masse pour tampon* — endorsing ink.
Stephanskörner: semen staphidis agriae — *semences de staphisaigre* — stavesacre seed.
Sternanis: semen anisi stellati — *anis étoile, badiane* — star anise.
Sternanisöl: oleum anisi stellati — *huile volatile d'anis étoilé* — star anise oil.
Stiefmütterchenkraut: herba violae tricoloris, jaceae — *pensée sauvage* — pansy, wood violet.
Stiel: stipes, stylus, stigma — *manche, tige* — stalk.
Stockrosenblüten: flores malvae arboreae — *fleurs de mauve arborée* — garden-mallow flowers, hollyhock flowers.
Storax: styrax — *styrax* — storax.
Strontiumnitrat: strontium nitricum — *nitrate de strontiane* — nitrate of strontium.
Strontiumoxalat: strontium oxalicum — *oxalate de strontiane* — oxalate of strontium.
Strontiumsulfid: strontium sulfuratum — *sulfure de strontiane* — sulfide of strontium.
Strophantussamen: semen strophanti — *semences de strophante* — strophantus seed.
Strychnin: strychninum — *strychnine* — strychnine.
Strychninnitrat: strychninum nitricum — *nitrate de strychnine* — nitrate of strychnine.
Strychnosextrakt: extractum strychni, nucis vomicae — *extrait de noix vomique* — extract of nux vomica.
Sturmhutwurzel: radix tubera aconiti — *racine d'aconit* — aconite root, monkshood, wolfsbane.
Stückenzucker: saccharum in frustis — *sucre en morceaux* — loaf sugar.
Sublimat: hydrargyrum bichloratum corrosivum, mercurius sublimatus — *sublimé corrosif, chlorure mercurique* — corrosive sublimate.
Sublimiert: sublimatus — *sublimé* — sublimed.
Succus liquiritiae Barracco: *suc de réglisse de Barracco* — liquorice juice, Barracco brand.
Sulfo-Karbolsäure: acidum sulfocarbolicum — *acide sulfophénique* — sulphocarbolic acid.
Sulfonal: sulfonalum — *sulfonal* — sulphonal.
Sumatra-Benzoë: benzoë Sumatra — *benjoin de Sumatra* — Sumatra benzoin.
Sumbulíwurzel: radix sumbuli — *racine de sumbul* — sumbul root.
Süss: dulcis — *doux* — sweet.
Süssholz: radix liquiritiae, r. glycyrrhizae — *racine de réglisse* — liquorice root.
Süssholzextrakt: extractum liquiritiae — *extrait de réglisse* — extract of liquorice.
Süssholzsaft: succus liquiritiae — *suc de réglisse* — liquorice juice.
Süssholzsirup: sirupus liquiritiae — *sirop de réglisse* — syrup of liquorice.
Süssholzwurzel: vide Süssholz.
Süssholzwurzelextrakt: vide Süssholzextrakt.
Süss-Pomeranzenöl: oleum aurantii dulcis — *huile volatile d'oranges, essence de Portugal* — oil of orange.
Syndetikon: colla fluidum — *colle liquide* — liquid glue, cement.
Syrisch: Syricus, Syriacus — *de Syrie* — Syrian.

Tabakblätter: folia nicotianae — *feuilles du tabac* — tabacco leaves.
Talg: sebum — *suif* — tallow, suet.
Talgseife: sapo sebaceus — *savon de suif* — tallow soap.
Talk: talcum — *talc* — talc.
Tamarinden: fructus tamarindorum — *tamarins* — tamarinds.
Tamarindenextrakt: extractum tamarindorum — *extrait de tamarins* — extract of tamarinds.
Tamarindenfrüchte: vide Tamarinden.
Tamarindenmus: pulpa tamarindorum — *pulpe de tamarins* — pulp of tamarinds.
Tannin: acidum tannicum, tanninum — *acide tannique, tannin* — tannic acid.
Tanninlösung: solutio acidi tannici — *solution d'acide tannique* — solution of tannic acid.
Taubnesselblüten: flores lamii — *fleurs d'ortie blanche* — dead nettle flowers.
Tausendblumenöl: oleum milleflorum — *essence de mille-fleurs* — thousand flowers oil.
Tausendgüldenkraut: herba centaurii — *herbe de petite centaurée* — centaury herb.
Tausendgüldenkrautextrakt: extractum centaurii — *extrait de petite centaurée* — extract of centaury.
Taxusblätter: folia taxi — *feuilles d'if commun* — yew leaves.
Teer: pix liquida — *goudron* — tar.
Teerschwefelseife: sapo picis liquidae sulfuratus — *savon de goudron soufré* — tar sulphur soap.
Teil: pars — *partie* — part.
Terpentin: terebinthina — *térébenthine* — turpentine.
Terpentinöl: oleum terebinthinae — *huile volatile (essence) de térébenthine* — oil of turpentine.
Terpinhydrat: terpinum hydratum — *terpène hydraté* — terebene.
Terpinol: terpinolum — *terpinol* — terpinol.
Thapsiaharz: resina thapsiae — *résine de thapsia* — thapsia resin.
Thee: thea — *thé* — tea.
Theeaufguss: infusum theae — *infusion de thé* — infusion of tea.
Theetinktur: tinctura theae — *teinture de thé* — tincture of tea.
Theriak: electuarium theriacale — *thériaque, électuaire thériacal* — confection of opium.
Thiol: thiolum — *thiol* — thiol.
Thon: argilla, bolus alba — *argile* — pipeclay.
Thonerde: vide Thon.
Thonerdehydrat: alumina hydrata — *hydrate d'alumine* — hydrated alumina.
Thymian: herba thymi — *thym vulgaire* — thyme.
Thymianblätter: vide Thymian.
Thymianöl: oleum thymi — *huile volatile de thym* — oil of thyme.
Thymol: thymolum — *thymol* — thymol.
Thymolessigsauer: thymoaceticus — *thymoacétique* — thymo-acetic.
Tieröl: oleum animale foetidum, oleum cornu cervi — *huile animale, huile de corne de cerf* — animal oil.
Tinktur: tinctura — *teinture* — tincture.
Tischlerleim: colla, gluten — *colle forte* — glue.
Tollkirschenblätter: folia belladonnae — *feuilles de belladone* — belladonna leaves.
Tolubalsam: balsamum tolutanum — *baume de Tolu* — balsam of Tolu.
Tolubalsamsirup: sirupus balsami tolutani — *sirop de baume de Tolu* — syrup of Tolu.
Tolubalsamtinktur: tinctura balsami, tolutani — *teinture de baume de Tolu* — tincture of Tolu.
Toluol: toluolum — *toluol* — toluol.
Tormentillwurzel: radix tormentillae — *racine de tormentille* — tormentil root.
Tragant: tragacantha — *gomme adragante* — tragacanth.
Tragantschleim: mucilago tragacanthae — *mucilage de gomme adragante* — mucilage of tragacanth.
Trank: potio — *potion* — draught.
Traube: uva — *raisin* — grape.
Traubenzucker: glucose, dextrose — *glycose, sucre de raisin* — grape sugar, glucose.
Tribromphenolsauer: tribromphenylicus — *tribromphénique* — tribromophenic.
Trichloressigsäure: acidum trichloraceticum — *acide trichloracétique* — trichloracetic acid.
Triebe: turiones — *bourgeons* — sprouts, shoots.

Trocken: siccus, siccatus — *sec* — dry, dried.
Tropfen: guttae — *gouttes* — drops.

Ultramarin: vide Ultramarinblau.
Ultramarinblau: coeruleum ultramarini — *outremer, azur* — ultramarine.
Umbrabraun: terra umbracca — *terre d'ombre* — umber.
Und: et — *et* — and.
Unecht: falsus — *faux, contrefait, imité* — false, spurious.
Ungefähr: circiter — *à-peu-près* — about, near.
Ungefärbt: incoloratus — *incolore* — uncoloured.
Ungesalzen: non salitus — *non salé, sans sel* — unsalted.
Unreif: immaturus — *vert, non-mûr* — unripe.
Unterphosphorigsauer: subphosphorosus — *hypophosphoreux* — hypophosphorous.
Unterschwefligsauer: subsulfurosus — *hyposulfureux* — hyposulphurous.
Übersteigend: transiens — *débordant* — surpassing, exceeding.

Vanille: vanilla — *vanille* — vanilla.
Vanilletinktur: tinctura vanillae — *teinture de vanille* — tincture of vanilla.
Vanillin: vanillinum — *vanilline* — vanillin.
Vanilleessenz: essentia vanillae — *essence de vanille* — essence of vanilla.
Vanillinzucker: saccharum vanillini — *saccharure de vanilline* — vanillin sugar.
Vaselin: vaselinum — *vaseline* — vaseline, petroleum jelly.
Vaselinöl: oleum vaselini — *huile de vaseline* — vaseline oil.
Vasoliment: vasolimentum — *vasoliment* — vasoliment.
Veilchenblüten: flores violarum — *fleurs de violettes* — violet flowers.
Veilchenpulver: pulvis violarum — *poudre de violettes* — violet powder.
Veilchenwurzel: radix iridis — *racine d'iris de Florence, racine de violette* — orris root.
Veilchenwurzelöl: oleum radicis iridis — *huile volatile de racine d'iris* — oil of orris.
Venetianisch: Venetianus — *de Venise* — Venetian.
Veratrin: veratrinum — *vératrine* — veratrine.
Verbandgips: gypsum — *plâtre à pansement* — plaster of Paris (for bandages).
Verbandwatte: watta — *ouate à pansement* — absorbent cotton wool.
Verdünnt: dilutus — *dilué* — diluted.
Verflüssigt: liquidus — *liquide* — liquid.
Verrieben: tritus — *trituré broyé* — triturated.
Versüsst: dulcefactus — *édulcoré* — sweetened.
Verzuckert: conditus, saccharatus — *candi* — sugar coated, sweetened.
Vesuvin: Vesuvinum — *Vésuvine* — Vesuvine.
Viburnumrinde: cortex viburni — *écorce de viorne* — viburnum bark.
Virginisch: Virginianus — *de Virginie* — Virginian.

Vorlauf: primo transitum — *premier jet* — first running.
Völlig: plene, perfecte — *tout-à-fait* — completely, entirely.

Wacholderbeeren: fructus juniperi — *baies de genièvre* — juniper berries.
Wacholderbeeröl: oleum juniperi baccarum — *huile volatile de baies de genièvre* — oil of juniper berries.
Wacholderbeersaft: succus juniperi inspissatus — *rob de genièvre* — extract of juniper berries.
Wacholderholzöl: oleum juniperi ligni — *huile volatile de bois de genièvre* — oil of juniper wood.
Wacholderholzteer: pix juniperi liquida, oleum cadini — *goudron de genièvre* — oil of cade, juniper tar.
Wacholdermus: vide Wacholderbeersaft.
Wacholderöl: vide Wacholderholzöl.
Wacholdersaft: vide Wacholderbeersaft.
Wacholderspiritus: spiritus juniperi — *alcoolat de genièvre* — spirit of juniper.
Wacholderspitzen: summitates juniperi — *feuilles de genièvre* — juniper leaves.
Wachs: cera — *cire* — wax.
Wachssalbe: unguentum cereum, unguentum simplex — *cérat simple* — wax ointment, simple ointment.
Walderdbeeren: fructus fragariae vescae — *fraises* — strawberries.
Waldmeister: asperula odorata, herba hepaticae stellatae, herba matrisylvae — *aspérule* — woodruff.
Waldmeister-Essenz: essentia asperulae — *alcoolat d'aspérule* — essence of woodruff.
Walnussschalen: cortex nucis juglandis — *brou de noix* — walnut shells.
Walrat: cetaceum, spermaceti — *blanc de balaine, blanc de cachalot* — spermaceti.
Warm: tepidus, calidus — *chaud* — warm.
Wasser: aqua — *eau* — water.
Wasserblau (Anilin-): coeruleum anilini — *bleu de Parme, bleu de Lyon* — aniline blue.
Wasserglas: kalium (natrium) silicicum — *silicate de potasse (soude), verre soluble* — water glass, silicate of potassium, soluble glass.
Wasserlöslich: solubile in aqua — *soluble dans l'eau* — soluble in water.
Wasserstoffsuperoxyd: hydrogenium peroxydatum — *eau oxygénée* — peroxide of hydrogen.
Watte: watta — *ouate* — cotton wool.
Wärme: calor — *chaleur* — heat.
Wässerig: aquosus — *aqueux* — aqueous.
Weg (auf nassem Weg): modus, via — *mode, voie* — way, manner, process (by wet process).
Weich: tenuis, mollis — *mou, tendre* — soft, tender.
Weihrauch: olibanum — *oliban* — olibanum.
Wein: vinum — *vin* — wine.
Weinbeeren: vide Rosinen.

Weinessig: acetum vini — *vinaigre* — wine vinegar.
Weingeist: spiritus — *alcool, esprit* — alcohol, spirit of wine.
Weingeistig: spirituosus — *spiritueux* — spirituous.
Weingeistlöslich: solubilis in spiritu — *soluble dans l'alcool* — soluble in alcohol.
Weingeistmischung: mixtura spirituosa — *mixture spiritueuse* — spirituous mixture.
Weinig: vinosus — *vineux* — vinous.
Weinmost: mostum — *moût* — must.
Weinrot: rubrum vini — *rouge du vin* — wine-red.
Weinsauer: tartaricus — *tartrique* — tartaric.
Weinsäure: acidum tartaricum — *acide tartrique* — tartaric acid.
Weinstein: kalium bitartaricum, tartarus — *bitartrate de potasse* — acid tartrate of potassium, cream of tartar.
Wenig: parve — *peu* — little.
Weiss: albus — *blanc* — white
Weisswein: vinum album — *vin blanc* — white wine.
Weizen: triticum — *froment* — wheat.
Weizenkleie: furfur tritici — *son de froment* — wheat bran.
Weizenmehl: farina tritici — *farine de froment* — wheaten meal, flour.
Weizenstärke: amylum tritici — *amidon de froment* — wheat starch.
Wermut: absynthium — *absinthe* — absinthium.
Wermutextrakt: extractum absinthii — *extrait d'absinthe* — extract of wormwood.
Wermutkraut: herba absinthii — *herbe d'absinthe* — wormwood herb.
Wermutöl: oleum absinthii — *huile volatile d'absinthe* — oil of wormwood.
Wermuttinktur: tinctura absinthii *teinture d'absinthe* — tincture of wormwood.
Westindisch: Westindicus — *de l'Inde occidentale* — West Indian.
Wiener: Viennensis — *Viennois, de Vienne* — Viennese.
Wintergreenöl: oleum gaultheriae — *huile volatile gaulthéria* — oil of wintergreen.
Wismutcitrat: bismuthum citricum — *citrate de bismuth* — citrate of bismuth.
Wismutkarbonat: bismuthum carbonicum — *carbonate de bismuth* — carbonate of bismuth.
Wismutmetall: bismuthum metallicum — *bismuth* — bismuth.
Wismutoxyjodid: bismuthum oxyjodatum — *oxiiodure de bismuth* — oxiiodide of bismuth.
Wismutsubnitrat: Bismuthum subnitricum — *sousnitrate de bismuth* — subnitrate of bismuth.
Wohlverleiblüten: flores arnicae — *fleurs d'arnica* — arnica flowers.
Wohlverleiwurzel: radix arnicae — *racine d'arnica* — arnica root.
Wolframsauer: wolframicus — *tungstaté* — tungstatic.
Wollblumen: flores verbasci — *fleurs de molène, fleurs de bouillon blanc* — mullein flowers.
Wollfett: adeps lanae, lanolinum — *lanoline, suint de laine* — lanoline, wool fat.

Wollkrautblüten: vide Wollblumen.
Wundwasser: aqua vulneraria — *eau vulnéraire* — wound water.
Wurmfarnwurzel: radix filicis mas — *racine de fougère mâle* — root of male shield fern.
Wurmsamen: flores cinae — *semencine, semen-contra* — worm seed.
Wurzel: radix — *racine* — root.
Wurzelrinde: cortex radicis — *écorce de racine* — root bark.

Xereswein: vinum xerense — *vin de xerès, sherry* — sherry.
Xanthogensauer: xantogenicus — *xantholgénique* — xanthogenic.

Ylang-Ylangöl: oleum anonae, oleum unonae — *ylang-ylang* — ylang ylang oil.

Zahnpulverkörper: corpus pulveris dentifricii — *mélange pour la poudre dentifrice* — base for tooth powder.
Zehnfacher: decemplex — *décuple* — tenfold.
Zeitlosenessig: acetum colchici — *vinaigre de colchique* — vinegar of colchicum.
Zeitlosensamen: semen colchici — *semence de colchique* — colchicum seed.
Zeitlosenzwiebel: tubera colchici, bulbus colchici — *bulbe de colchique* — colchicum bulbs.
Zerquetscht: contusus — *écrasé, broyé* — crushed, bruised.
Zerrieben: tritus — *trituré* — triturated.
Zerschnitten: concisus — *découpé, tranché* — cut, incised.
Zerstampft: contusus — *contus* — crushed, bruised.
Zerstossen: vide zerstampft.
Zibeth: zibethum — *civette* — civet.
Zibethtinktur: tinctura zibethi — *teinture de civette* — tincture of civet.
Zimt: cortex cinnamomi — *cannelle de Chine* — cinnamon bark.
Zimtkassie: vide Zimt.
Zimtöl: oleum cinnamomi — *huile volatile de cannelle* — oil of cinnamon.
Zimtpulver: pulvis corticis cinnamomi — *poudre de cannelle* — powdered cinnamon.
Zimtrinde: cortex cinnamomi — *écorce de cannelle* — cinnamon bark.
Zimtspiritus: spiritus cinnamomi — *alcoolat de cannelle* — spirit of cinnamon.
Zimttinktur: tinctura cinnamomi — *teinture de cannelle* — tincture of cinnamon.
Zimtwasser: aqua cinnamomi — *eau de cannelle* — cinnamon water.
Zink: zincum — *zinc* — zinc.
Zinkbenzoësalbe: unguentum zinci benzoatum — *pommade d'oxyde de zinc benzoïnée* — benzoated zinc ointment.
Zinkbromid: zincum bromatum — *bromure de zinc* — bromide of zinc.
Zinkchlorid: zincum chloratum — *chlorure de zinc* — chloride of zinc.
Zinkoxyd: zincum oxydatum, flores zinci — *oxyde de zinc, blanc de zinc, fleurs de zinc, blanc de neige* — oxide of zinc, zinc white, flowers of zinc.
Zinksalbe: unguentum zinci — *pommade d'oxyde de zinc* — zinc ointment.
Zinksulfat: zincum sulfuricum, vitriolum zinci — *vitriol blanc, sulfate de zinc* — sulphate of zinc.
Zinksulfophenylat: zincum sulfocarbolicum — *sulphophénate de zinc* — sulphocarbolate of zinc.
Zinkweiss: vide Zinkoxyd.
Zinn: stannum — *étain* — tin.
Zinnasche: cinis Jovis, cinis stanni — *potee d'étain* — putty powder.
Zinnkraut: herba equiseti — *prèle* — equisetum, scouring rush, horsetail.
Zinnober: cinnabaris, hydrargyrum sulfuratum rubrum — *cinnabre, sulfure de mercure* — cinnabar, red sulphide of mercury.
Zinnsalz: stannum chloratum, sal stanni, jovis — *protochlorure d'étain* — tin salt, protochloride of tin.
Zitwerwurzel: rhizoma zedoariae — *zédoaire* — zedoary root.
Zucker: saccharum — *sucre* — sugar.
Zuckercouleur: saccharum tostum — *caramel* — caramel.
Zuckercouleurtinktur: vide Zuckercouleur.
Zuckerkant: saccharum crystallisatum — *sucre candi* — sugar candy.
Zuckerküchelchen: rotulae sacchari — *pastilles de sucre* — sugar granules (pastilles).
Zuckerlösung: solutio sacchari — *solution de sucre* — solution of sugar.
Zuckerplätzchen: vide Zuckerküchelchen.
Zuckerpulver: saccharum pulveratum — *poudre de sucre* — powdered sugar.
Zuckersirup: sirupus sacchari — *sirop simple, sirop de sucre* — simple syrup.
Zusammengesetzt: compositus — *composé* — compound.
Zwetschenmus: pulpa pruni fructus — *confiture de pruneau* — pulped plums.
Zwiebel: bulbus — *bulbe* — bulb.

Bezugsquellen

für die in den Vorschriften mit † gekennzeichneten, ausserhalb des Rahmens gewöhnlichen Apothekenbedarfs liegenden Gegenstände.

Alkoholischer Pflanzenfarbstoff: siehe Chlorophyll.
Aluminiumacetat, basisch-trockenes: *Athenstaedt & Redecker*, Hemelingen bei Bremen.
Ananasessenz aus frischen Früchten: siehe Essenzen.
Anilinfarben, auch öllösliche: *Franz Schaal*, Dresden.
Anilin-Blau, öllösliches,
— -Bordeauxrot,
— -Grün D,
— -Orange,
— -Öl,
— -Tiefschwarz,
— -Wasserblau I B
} *Franz Schaal*, Dresden.
Apfelsinenessenz aus frischen Früchten: s. Essenzen.
Artikel für Krankenpflege: *Knoke & Dressler*, Dresden.
Aufguss (Infundier-) Apparat von Kupfer ohne Lötung: *E. A. Lentz*, Berlin C., Spandauerstr. 36/37.
Äther-Extraktionsapparate: *Gust. Christ*, Berlin S., Fürstenstrasse 17.

Benediktinerflaschen: Akt.-Ges. f. Glasindustrie, vorm. *Fr. Siemens*, Dresden.
Billrot-Batist: *M. J. Elsinger & Söhne*, Wien, Volksgartenstrasse.
Binden, Cambric-, Schlauch- und Flanell-: *Max Kermes*, Hainichen in Sachsen.
Bindenschneidemaschinen: *Fr. Feldmann*, Apotheker in Leck.
Bindenwickler: { Apotheker *Just*, Filehne.
Max Kaehler & Martini, Berlin W., Wilhelmstrasse 50.
Bischofessenz aus frischen Früchten: siehe Essenzen.
Blauholzextrakt, französisches, extrafein: *Gehe & Co.*, Dresden.
Blätter-Kautschuk: *Gehe & Co.*, Dresden.
Blechdosen von Remontoiruhrform: siehe Mentholindosen.
Bougiesformen: *Rob. Liebau*, Chemnitz.
Bougiesspritzen: *Rob. Liebau*, Chemnitz.
Brausepulverkannen: *Moritz Seiffert*, Porzellanhandlung in Meissen.
Brillantgrün O: *Franz Schaal*, Dresden.

Cambric-Binden: *Max Kermes*, Hainichen in Sachsen.
Carmin-Zinnober: *Pabst & Lambrecht*, Nürnberg.
Catgut: siehe Katgut.
Celloidin: *Gehe & Co.*, Dresden.

Centrifugen: *Gust. Christ*, Berlin S., Fürstenstrasse 17.
E. A. Lentz, Berlin C., Spandauerstrasse 36/37.
Rob. Liebau, Chemnitz, für grösseren Betrieb.
Hennig & Martin, Leipzig, auch für kleineren Betrieb.

Cerise D IV: *Franz Schaal*, Dresden.

Charpiebaumwolle: Maschinenfabrik „Germania“, Chemnitz, für grössere Bezüge.
Robert Schneider, Marienberg in Sachsen, auch für kleinere Bezüge.
Max Kermes, Hainichen in Sachsen.

Chlorophyll: Apotheker *Jos. F. Schütz*, Wien, Breitensee, Hauptstrasse 20.
Niederlagen in Deutschland: Apotheker *Rich. Jacobi*, Elberfeld.
„ *H. Kahle*, Königsberg i. Pr.

Chokoladeformen: *E. A. Lentz*, Berlin C., Spandauerstr. 36/37.
Christ-Dieterichsche Perkolatoren: *Gust. Christ*, Berlin S., Fürstenstr. 17.
Citronenessenz aus frischen Früchten: siehe Essenzen.
Colierpresse: *E. A. Lentz*, Berlin C., Spandauerstr. 36/37.
Collodium gelatinosum: *Gehe & Co.*, Dresden.

Comprimiermaschinen für komprim. Medikamente: *Hennig & Martin*, Leipzig.
Robert Liebau, Chemnitz.
Fritz Kilian, Berlin N., Schönhauser-Allee 167 a.
E. A. Lentz, Berlin C., Spandauerstrasse 36/37.

Dampfapparat f. gespannten Dampf v. $^1/_2$ Atmosphäre-Spannung: *E. A. Lentz*, Berlin C., Spandauerstr. 36/37.
Dampfapparat, verbesserter: *E. A. Lentz*, Berlin C., Spandauerstr. 36/37.
Dampfdestillier-, Abdampf- und Kochapparat: *Gust. Christ*, Berlin S., Fürstenstr. 17.
Dampfsterilisier-Apparate: *Gust. Christ*, Berlin S., Fürstenstr. 17.
Dampftrichter: *Rob. Liebau*, Maschinenfabrik, Chemnitz.
— *Gust. Christ*, Berlin S., Fürstenstr. 17.
Deutscher Zinnober: *Pabst & Lambrecht*, Nürnberg.
Diamantfuchsin I klein kryst.: *Franz Schaal*, Dresden.
Dieterichsche Pillenmaschine: *Rob. Liebau*, Chemnitz.
Dieterichscher Spiralkühler: *Gust. Christ*, Berlin S., Fürstenstr. 17.
Dragéekessel: *Gust. Christ*, Berlin S., Fürstenstr, 17.

Echtblau R.: *Franz Schaal*, Dresden.
Echtponceau G G N: *Franz Schaal*, Dresden.
Eismaschinen, kleine: *Warmbrunn, Quilitz & Co.*, Berlin.
Englisch Rot: *Pabst & Lambrecht*, Nürnberg.
Eosin B B N oder A gelblich: *Franz Schaal*, Dresden.
Eosin ff. 40: *Franz Schaal*, Dresden.
Erythrosin I N: *Franz Schaal*, Dresden.

Essigessenz: *Hartmann & Hauers*, Hannover.
Chem. Fabrik „Eisenbüttel“ bei Braunschweig.

Etiketten für die meisten Handverkaufsartikel: *Ph. Mr. Adolf Vomáčka*, Prag II.

Etiketten für Seifen und Parfümerien: *Bornschein & Lebe*, Gera.
Julius Stentz, Berlin S., Prinzenstrasse 50.

Excelsiormühlen: *E. A. Lentz*, Berlin C., Spandauerstrasse 36/37.
Extraktionsapparate: *Gust. Christ*, Berlin S., Fürstenstrasse 17.
Extraktrührer: *Gust. Christ*, Berlin S., Fürstenstrasse 17.

Filterfalter: *Otto Ziegler*, Augsburg.
Filterpresse: *Gust. Christ*, Berlin S., Fürstenstrasse 17.

Flanell-Binden: *Max Kermes*, Hainichen in Sachsen.
Flüssige Raffinade: *Gebrüder Langelütje*, Cölln-Meissen.
Französisches Blauholzextrakt, extrafein: *Gehe & Co.*, Dresden.

Gaze, als Verbandstoff: siehe hydrophile Gaze.
Gelatine-Etiketten: *C. Bender*, Dresden-Neustadt.
Gipsbinden-Maschine: *Ed. Capelle*, Berlin SO., Kaiser-Franz-Grenadier-Platz 8.
Glasperkolator: *von Poncets Glashüttenwerke*, Berlin SO., Köpenickerstrasse 54.
Gommelin: *Gehe & Co.*, Dresden.
Grüner Pflanzenfarbstoff: siehe Chlorophyll.
Gussformen für Cerate: { *Rob. Liebau*, Chemnitz. / *E. A. Lentz*, Berlin C., Spandauerstrasse 36/37.
— — Vaginalkugeln: *Rob. Liebau*, Chemnitz.
Guttapercha-Mull: *A. Baumert*, Berlin S., Landsbergerstrasse 71.

Harzöl: *E. T. Gleitsmann*, Dresden-A., Blumenstrasse.
Hämoglobinextrakt: Apoth. *Friedr. Gust. Sauer*, Berlin C. 2.
Heber mit Ansaugevorrichtung: *Hch. Hartwig*, Gehlberg i./Th.
Heisswassertrichter: *Gust. Christ*, Berlin S., Fürstenstrasse 17.
Heliotropin: *Schimmel & Co.*, Leipzig.
Himbeerrot, flüssiges: Chemische Fabrik Helfenberg A. G. vorm. *Eugen Dieterich*, Helfenberg (Sachsen).
Holzhülsen zu Migränestiften: { *R. Borsch*, Berlin NO., Büschingstrasse 28. / *Heinr. Bette*, in Siedlinghausen i. W., Station Olsberg.
Holzwolle als Verbandstoffe: { *P. Hartmann*, Heidenheim. / Holzstoff- und Pappenfabrik, Ziegenrück in Thüringen.
Hydraulische Pressen für den Kleinbetrieb: { *A. L. G. Dehne*, Halle a. S. / *Bassermann & Mont*, Mannheim.
Hydrophile Gaze: { *F. A. Boehler & Sohn*, Plauen i. V. / *Stook & Schroeder*, Plauen i. V.
Hydrophile Watte: { Maschinenfabrik „Germania", Chemnitz, für grössere Bezüge. / *Robert Schneider*, Marienberg in Sachsen, auch für kleinere Bezüge.

Indigotin: *Gehe & Co.*, Dresden.
Ingweröl, extrastark: *Schimmel & Co.*, Leipzig.
Invertzucker: { Zuckerfabrik „Hettersheim" bei Höchst am Main. / „ „Mainkur" bei Frankfurt am Main.
Janonlösung: *Schimmel & Co.* in Leipzig.
Jute: Braunschweiger Aktiengesellschaft für Jutefabrikation, Braunschweig.

Kalt-Trockenschrank: *Fr. Töllner*, Bremen.
Kardinalessenz aus frischen Früchten: siehe Essenzen.
Katgut, rohes: *E. Dronke's* Katgut-Handlung, Köln a. Rh.
— -Rollen: *Alex. Küchler & Söhne*, Ilmenau.
Kautschuk in Blättern: *Gehe & Co.*, Dresden.
Kolierpresse: *E. A. Lentz*, Berlin C., Spandauerstrasse 36/37.
Komprimier-Maschinen: { *Hennig & Martin*, Leipzig. / *Fr. Kilian*, Berlin N., Schönhauser-Allee 167a. / *E. A. Lentz*, Berlin C., Spandauerstrasse 36/37. / *Rob. Liebau*, Chemnitz.
Kornsprit: Dresdner Kornsprit- und Presshefenfabrik, sonst *J. L. Bramsch*, Dresden.
Krankenpflege, Artikel für: *Knoke & Dressler*, Dresden.
Kronenöl, Kronen-Tafelöl: *Fr. Kollmar*, Besigheim in Württemberg.

Kugeltrommeln: { Mechaniker *Fr. Bossert*, Cannstatt.
E. A. Lentz, Berlin C., Spandauerstrasse 36/37. }

Leichtspat: *Friedr. Müller*, Schweina bei Eisenach.

Lint: { *F. Oberdorfer*, Heidenheim in Württemberg.
The Liverpool Lint-Co., N., Liverpool, Markstreet Mills, Netherfield Road.
Robinson & Sons, Cottonspinners, Wheatbridge Mills, near Chesterfield.
Louis Ritz, Hamburg. }

Luftbad mit Luftzirkulation: *Max Kähler & Martini*, Berlin.

Maraskinoflaschen: *Otto Buhlmann*, Leipzig am Thüringer Bahnhof.
Marineblau B N: *Franz Schaal*, Dresden.
Maschine f. Hohl- und Voll-Suppositorien: *Rob. Liebau*, Chemnitz.
— — Voll-Suppositorien: *Rob. Liebau*, Chemnitz.

Mentholindosen in Remontoiruhrform: { *Gebr. Schmitz*, Geldern, Rheinland.
Gebr. Koppe, Berlin SO., Reichenbergerstr. 47. }

Metallweiss: *Pabst & Lambrecht*, Nürnberg.
Methylgrün, bläulich oder gelblich: *Franz Schaal*, Dresden.
Methylviolett B, 3 B, 6 B oder R: *Franz Schaal*, Dresden.
Methylviolett, weingeistlösliches: *Franz Schaal*, Dresden.
Mineralwasser-Kannen: *Moritz Seiffert*, Porzellanhandlung in Meissen.

Moos, Verband-
— -Binden, (Perioden-Binden)
— -Filz
— -Kissen
— -Pappe
— -Unterlage für Wochenbetten
} Apotheker *Beckström*, Neustrelitz.
M. Marwede, Neustadt-Rübenberge, Prov. Hannover.

Mostrich-Mühlen: *Otto Behrle*, Renchen in Baden.

Naphtolgelb S, pat.: *Franz Schaal*, Dresden.
Nerolin: *Schimmel & Co.*, Leipzig.
Neuviktoriagrün II: *Franz Schaal*, Dresden.

Nigrosin, spirituslöslich
— W
} *Franz Schaal*, Dresden.

Not-Verbandkästen: *Knoke & Dressler*, Dresden.

Orange II: *Franz Schaal*, Dresden.
Orangeextrait: *Schimmel & Co.*, Leipzig.
Orleanextrakt, ätherisches: *Gehe & Co.*, Dresden.
Öllösliche Anilinfarben: *Franz Schaal*, Dresden.

Paketpresse: *Gust. Christ*, Berlin S., Fürstenstr. 17.
Pastillen-Dosierer: *Bach & Riedel*, Berlin.

— -Maschine
— -Stecher
} *E. A. Lentz*, Berlin C., Spandauerstr. 36/37.

Pepton, kochsalzfrei: *Gehe & Co.*, Dresden.

Perkolatoren { aus emaill. Blech oder Kupfer: *Gust. Christ*, Berlin S., Fürstenstr. 17.
aus Glas: *von Poncets* Glashüttenwerke, Berlin SO., Köpenickerstr. 54. }

Pflanzenfarbstoff, grüner: siehe Chlorophyll.

Pflaster-Perforiermaschine
— -Pressen
— -Schneidemaschine
} *E. A. Lentz*, Berlin C., Spandauerstr. 36/37.

Pflaster-Streichmaschine: { *E. A. Lentz*, Berlin C., Spandauerstr. 36/37.
Rob. Liebau, Chemnitz. }

Phenolblau 3 F } *Franz Schaal*, Dresden.
Phenolschwarz B }
Pillen-Maschinen: *Fritz Kilian*, Berlin N., Schönhauser-Allee 167 a.
— — Dieterichsche: *Rob. Liebau*, Chemnitz.
— -Masse-Knetapparat: { *E. A. Lentz*, Berlin C., Spandauerstr. 36/37.
{ *Fritz Kilian*, Berlin N., Schönhauser-Allee 167 a.
— -Strangpresse: *E. A. Lentz*, Berlin C., Spandauerstr. 36/37.
Pomeranzenschalenmark in Speziesform: *Wilh. Kathe*, Halle a. S.
Ponceau RR: *Franz Schaal*, Dresden.
Präpariermühlen für Salben: *Rob. Liebau*, Chemnitz.
Präparierplatten für Salben: *Schlag & Berend*, Berlin.
Presse für Voll-Suppositorien- und Vaginalkugeln: *E. A. Lentz*, Berlin C., Spandauerstrasse 36/37.
Pressen:
a) mit Spindel-Antrieb: { *Gust. Christ*, Berlin S., Fürstenstr. 17.
{ *Ph. Mayfarth & Co.*, Frankfurt a. M., Baumweg 7.
b) hydraulische für Kleinbetrieb: { *Bassermann & Mont*, Mannheim.
{ *A. L. G. Dehne*, Halle a. S.
Protektiv-Silk: *Louis Ritz*, Hamburg.
Pulverisier-Mühle: *Gust. Christ*, Berlin S., Fürstenstr. 17.
Pulvermühle s. auch Excelsiormühle.
— : *E. A. Lentz*, Berlin C., Spandauerstr. 36/37.
Putzpomaden-Pulver R. T.: *Heinrich Bruck*, Berlin SO., Michaelkirchstrasse 43.

Quecksilberverreibung: Chemische Fabrik in Helfenberg A. G. vorm. *Eugen Dieterich*, Helfenberg (Sachsen).

Raffinade, flüssige, s. flüssige Raffinade.
Räucherpulver-Species, a. Parenchym d. Pomeranzenschalen hergest.: *Wilh. Kathe*, Halle a. S.
Resorcinblau M: *Franz Schaal*, Dresden.
Roh-Katgut: *E. Dronke*, Cöln a. Rh., Hohenstaufenring 32.
Rosenblätterextrakt, weingeistiges: Chemische Fabrik Helfenberg A. G. vorm. *Eugen Dieterich*, Helfenberg (Sachsen).

Salbenmühlen: *Rob. Liebau*, Chemnitz.
Salbenreib- und Mischmaschine: *Rob. Liebau*, Chemnitz.
Sandelholzextrakt, weingeistiges: *Gehe & Co.*, Dresden.
Schlauchbinden: { *Karl Willhain*, Limbach bei Chemnitz.
{ *Max Kermes*, Hainichen in Sachsen.
Schleudermaschinen: s. Centrifugen.
Schnell-Aufguss- (Infundier-) Apparat mit beständigem Wasserstand: *E. A. Lentz*, Berlin C., Spandauerstrasse 36/37.
Schwerspat: *Friedr. Müller*, Schweina bei Eisenach.
Senfmühlen: *Otto Behrle*, Renchen in Baden.
Siebe von bestimmter Maschenzahl: *J. J. Fliegel*, Schwedt a. O.
Siegellackformen { eiserne: *E. Kaufmann*, Kunstschlosserei, Leipzig, Kreuzstr. 28.
{ steinerne: *Karl Häusler*, Marmorschleiferei, Leipzig-Neust., Kirchstr. 93.
Silk-Protektiv: *Louis Ritz*, Hamburg.
Spindelpresse als Hohlsuppositorienpresse: *E. A. Lentz*, Berlin C., Spandauerstrasse 36/37.
— als Pflasterpresse: *E. A. Lentz*, Berlin C., Spandauerstrasse 36/37.
— als Pillenstrangpresse: *E. A. Lentz*, Berlin C., Spandauerstrasse 36/37.
Spiralkühler: *Gust. Christ*, Berlin S., Fürstenstrasse 17.
Spritzkorke für Kölnisch-Wasser: *Arthur Jacobi*, Berlin SW., Wilhelmstrasse 124.
Steinkohlenteeröl, schweres: *C. Homburg*, Wriezen a. O.

Sublimierschalen aus Chamottemasse: *Ernst March Söhne*, Charlottenburg.
Succuspressen: *Gust. Christ*, Berlin S., Fürstenstrasse 17.
Suppositorien-Formen } *Rob. Liebau*, Chemnitz.
— -Pressen } *E. A. Lentz*, Berlin C., Spandauerstrasse 36/37.
Süssholzextrakt: Chemische Fabrik Helfenberg A. G. vorm. *Eugen Dieterich*, Helfenberg (Sachsen).

Tablettenmaschine für Verreibungstabletten: { *E. A. Lentz*, Berlin C., Spandauerstr. 36/37. Hannoversche Gummi-Kamm-Kompagnie, Hannover.
Tablettenpressen: { *Hennig & Martin*, Leipzig. *Fritz Kilian*, Berlin N., Schönhauser-Allee 167a. *E. A. Lentz*, Berlin C., Spandauerstrasse 36/37. *Rob. Liebau*, Chemnitz.
Tamarindenextrakt, zusammengesetztes: Chemische Fabrik Helfenberg A. G. vorm. *Eugen Dieterich*, Helfenberg (Sachsen).
Tiefschwarz R: *Franz Schaal*, Dresden.
Tinkturen-, Fleischsaft- und Mandelölpresse: *Gust. Christ*, Berlin S., Fürstenstrasse 17.
Tinkturenpressen: *Gust. Christ*, Berlin S., Fürstenstrasse 17.
Torfmull, roh: *G. Neuber*, Uetersen in Holstein.
Trichter, Unnascher: *Gust. Christ*, Berlin S., Fürstenstrasse 17.
Tripelmehl, weisses: *Heinrich Bruck*, Berlin SO., Michaelkirchstrasse 43.
Trockenhorden, emaillierte, mit herausnehmbarem Boden: *Gust. Christ*, Berlin S., Fürstenstrasse 17.
Trockenschränke: *Max Kähler & Martini*, Berlin.

Vaginalkugel-Gussformen: { *E. A. Lentz*, Berlin C., Spandauerstrasse 36/37. *Robert Liebau*, Chemnitz.
Vakuumapparate für Klein- und Grossbetrieb: { *Gust. Christ*, Berlin S., Fürstenstr. 17. *E.A.Lentz*, Berlin C., Spandauerstr. 36/37.
— mit Rührwerk: *Gg. Jb. Mürrle*, Pforzheim.
— zum Abdampfen schäumender Flüssigkeiten: *Paul Neubäcker*, Danzig.
Vanilleessenz aus frischen Früchten: siehe Essenzen.
Veilchenwurzelöl: *Schimmel & Co.*, Leipzig.
Verbandkästen: *Knoke & Dressler*, Dresden.
Verbandmoos: { Apotheker *Beckström*, Neustrelitz. *M. Marwede*, Neustadt-Rübenberge, Provinz Hannover.
Verbandstoffpressen: *Gust. Christ*, Berlin S., Fürstenstrasse 17.
Vesuvin B oder S: *Franz Schaal*, Dresden.
Voll- und Hohlsuppositorien-Pressen: { *E. A. Lentz*, Berlin C., Spandauerstrasse 36/37. *Rob. Liebau*, Chemnitz.

Wasserblau IB oder TB: *Franz Schaal*, Dresden.
Wasserkoch-Apparat n. Siemens: *E. A. Lentz*, Berlin C., Spandauerstrasse 36/37.
Wasserstoffsuperoxyd: *Königswarter & Ebell*, Linden vor Hannover.
Watte, hydrophile: { Maschinenfabrik „Germania“ Chemnitz, für grössere Bezüge. *Rob. Schneider*, Marienberg in Sachsen, auch für kleinere Bezüge.
Weingeistiges Rosenblätterextrakt: Chemische Fabrik Helfenberg A. G. vorm. *Eugen Dieterich*, Helfenberg (Sachsen).

Zinnober, deutscher und Carmin: *Pabst & Lambrecht*, Nürnberg.

Inhaltsverzeichnis.

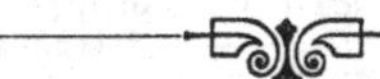

Printed in the United States
By Bookmasters

Printed in the United States
By Bookmasters